飞行控制系统分析与设计

李志信　王敏文　编著

西北工业大学出版社

西　安

【内容简介】 本书内容包括五篇共16章,系统地描述了飞行器空气动力特性、操纵系统部件特性和传感器特性。书中以状态空间理论为基础,描述了飞机稳定性和动力学模态特性;以多变量解耦理论为基础,论述了典型飞行控制系统的分析与设计方法;论述了飞行控制系统的功能和设计指标、飞行品质规范的主要指标;在现代飞行控制系统发展方面,论述了主动控制技术、综合控制技术和推力矢量控制技术。

全书对飞行控制系统原理及其部件原理进行了比较完整、详细的描述,并对典型飞行控制系统建模方法、设计分析方法、试飞结果进行了论述,体现了我国飞行控制技术的工程实践水平,具有很强的工程实践背景,在国内飞行控制专业书籍中尚不多见。

本书可作为大专院校航空航天专业师生、航空航天工程技术人员的参考书,亦可作为飞行控制技术培训班、高研班的参考书。

图书在版编目(CIP)数据

飞行控制系统分析与设计/李志信,王敏文编著
.—西安:西北工业大学出版社,2019.10
ISBN 978-7-5612-6496-6

Ⅰ.①飞… Ⅱ.①李… ②王… Ⅲ.①飞行控制系统-分析 ②飞行控制系统-设计 Ⅳ.①V249

中国版本图书馆CIP数据核字(2019)第133825号

FEIXING KONGZHI XITONG FENXI YU SHEJI
飞行控制系统分析与设计

责任编辑: 李阿盟 **策划编辑:** 肖亚辉
责任校对: 孙 倩 张 潼 **装帧设计:** 郭 伟
出版发行: 西北工业大学出版社
通信地址: 西安市友谊西路127号 邮编:710072
电 话: (029)88491757,88493844
网 址: www.nwpup.com
印 刷 者: 陕西向阳印务有限公司
开 本: 889 mm×1 194 mm 1/16
印 张: 44.25
字 数: 1 433千字
版 次: 2019年10月第1版 2019年10月第1次印刷
定 价: 358.00元

如有印装问题请与出版社联系调换

前　　言

在我国国民经济飞速发展的过程中，一些强有力的技术手段无疑起着至关重要的作用，自动控制技术就是其中之一。在国防设备中，自动控制的应用更是不胜枚举。控制技术在飞机系统中的应用是一种工程实践，笔者把实际工程中所用到的诸多分析方法和设计原则加以整理和总结，使之成为一种基本技术方法，即便是昙花一现的特殊解，但作为一个过程记录也是有意义的。

飞行控制系统旨在完成对六自由度运动的有人或无人驾驶飞机各种模态的控制任务。在飞机上装备的控制系统和控制过程一样复杂和多样，并且还在不断地持续发展之中。多年来，源自多种实际飞机控制工程中的一些分析和综合方法，不仅适用于一些现有机种的控制任务，而且由工程实践得到的某些基本原理和技术方法也可应用于其他机种和未来飞机控制系统的分析与设计中。这种认识是建立在事物具有共性和特殊性的基础之上的。因此，本书在介绍一些基本原理的基础上，给出一些专门问题的特殊解算方法，供读者参考、使用。如果能够起到抛砖引玉的作用，便实现了编著本书的基本用意。

飞机飞行控制工程的任务是从改善飞行品质（包括稳定性、操纵性和抗扰动性）开始，直到姿态保持/引导、航迹保持/引导、飞/火综合控制和推力矢量控制技术等，协助或代替驾驶员完成飞行和作战任务，改善飞机性能，减轻驾驶员负担，完成单靠驾驶员难以完成的任务。本书介绍了各种控制功能的明确定义和物理概念，给出了有关系统的描述方程和数学模型（包括飞机线性、非线性的操纵与阵风扰动方程、紊流模型和各种元、部件的线性与非线性数学模型），以及多种简单、实用的系统结构图和参数选择公式，并且给出了某些实例，证明这种分析、设计方法的正确性。这是本书内容上的一个突出特点。

理论分析是技术科学的主要内容，它常常使用比较深奥的数学工具。本书重在理论分析，并将理论付诸实践——解决系统设计问题。理论分析的主要任务是分析任何对象中的信息过程，利用这些信息，通过综合和计算完成具有一定目的的动作。在理论分析中，多年来在多种飞机上的工程实践证明了线性化系统为基础的分析与综合法具有广泛性和有效性。尽管飞行控制系统已经用于严重非线性运动的现代飞机中，利用数学方法抽象出的定常和准定常运动作为飞机飞行特性的最基本描述，仍然具有很强的生命力。

为了获得飞机飞行力学和控制工程的新知识，除引进各种早已成熟的解算方法外，本书给出了由工程实践得到的某些技术方法和由这些方法揭示出的飞行力学和控制工程中的某些新问题。

为了兼顾读者的不同需要，本书从一般概念开始介绍飞机和飞行控制系统主要部件的基本特性，直到未来飞行控制器的发展。全书分成 5 篇共 16 章，各篇的主要内容如下：

第一篇（第 1～3 章）介绍控制对象——飞机和飞行控制系统主要部件（伺服系统和敏感元件）的基本特性。通过专用词汇的定义，简单讲述空气动力学的一些最基本的概念；依照物理概念讲述飞机上的空气动力和力矩，并在某些假设条件下，建立线性和非线性飞机运动方程，以及伺服系统和主要敏感元件的静、动态特性。

第二篇（第 4～8 章）利用状态空间法控制理论分析飞机的飞行动力学特性，讨论飞机的稳定性、操纵性和抗干扰能力，建立风场模型，分析阵风和风切变对飞机的扰动作用。本篇不仅利用线性状态方程分析小扰动情况下飞机运动特性（包括飞机的固有特性），还利用非线性运动方程和参数冻结法分析飞机大扰动特性（包括飞机急滚惯性交感运动和大迎角飞行特性）。

第三篇（第 9～11 章）简要介绍控制理论和某些设计方法（包括经典方法和现代控制理论），重点讲述多变量不变性解耦控制原理，提出利用双对角主矩阵和单对角控制系数矩阵实现双输入双输出控制和局部解耦方法，从而获得多个独立的二阶系统；对于飞机飞行控制系统的设计应在不变性解耦的条件下，以 PID 控制和状态反馈构成的串联、嵌套的结构形式为基础，采用隐式模型跟踪的鲁棒控制设计方法，可以用于各种功能的飞机飞行控制回路的设计中，实践证明了这种设计方法的正确性。本篇还讲述数字控制理论，给出一种切实可行的离散化设计方法。

第四篇(第 12 和 13 章)的主要内容是利用上述设计方法具体用于改进飞行品质和减轻驾驶员负担的纵向和横侧向运动的基本控制器设计中，给出包括控制增稳和电传操纵系统的增稳系统、姿态保持/引导、航迹保持/引导和自动下滑着陆引导的控制回路的结构和参数选择方法，并给出某些设计实例，空中试飞证明了这些结构形式和参数确定方法是正确的。

第五篇(第 14～16 章)讲述现代和未来飞机飞行控制系统的发展，主要阐述采用主动控制技术的现代飞机设计中的飞行力学问题，其中包括放宽纵向静稳定性飞机的飞行性能和动力学特点，直接力控制的结构和运动特点，给出某飞机直接力控制功能简化结构图和参数确定方法。另外，还简要地介绍其他主动控制技术的用途。飞行/火力和飞行/推力综合控制系统是提高飞机作战能力和扩大飞行包线、提高飞行性能的重要发展，本书给出一种空-空跟踪、空-空射击的飞行/火力综合控制的结构和设计方法，有待进一步研究与应用。对于推力矢量控制技术，本书仅仅给出概念性的叙述，提醒从事该领域研究和工作的有志之士，务必重视这种最新技术的发展，不仅在思想上而且在行动上应该做出某些准备，力图赶上世界飞机发展的新潮流。

本书总结和整理了笔者在飞行控制工程研究中的一些技术工作和学习心得，特别是总结了主动控制技术设计与验证中的一些设计与实践经验。

本书由李志信、王敏文编著，李宝来、王跃萍对全书进行了校对，在此表示感谢。

本书是笔者在几十年工作的基础上总结提炼而成的，其中大部分的分系统设计经过试验、试飞证明是正确的，少部分系统也在地面半物理试验中得到了验证。笔者多年的工作业绩与很多飞行控制设计、试验者的帮助是分不开的，他们是张汝麟、李利春、岳保康、宋翔贵、申安玉、王非、郭恩友、李宝来、张志英、赵玉、信福兴、黄清海、王琳、马良甫、周良龙、韩容庆、刘锡成、汪德才、李德全、张增玉、邢玉琛、李培芳、胡常胜、张海明、杨增明、孔祥梅、杨世华、张永孝、杨锦清、朱雪耀、张辉、车军、张翔伦、左玲、王旭、朱容芳、张儒卿、蒋怡、卜秀珍、石健蓉和沈健等。在此感谢这些共事的同志们！

特别感谢所有参考文献的作者给予我们的有形和无形的帮助。

由于水平有限，书中难免会有疏漏之处，肯请专家、学者批评指正。

编著者

2019 年 1 月

目　　录

第一篇　控制对象与主要部件的基本特性

第三篇 控制系统分析与设计方法

第五篇　现代飞行控制系统的发展

第一篇　控制对象与主要部件的基本特性

第 1 章　控制对象——飞机的基本特性

飞机的每一个飞行阶段都是为完成一个既定任务而进行的。在实现这些既定任务的过程中，驾驶员或飞行控制系统要依据飞机的实际运动状态和飞行任务要求的理想运动状态之间的差值来决定下一步操纵舵面的运动方向和大小，以使飞机按要求的飞行状态和轨迹飞行。

如图 1－1 所示为驾驶员闭环操纵原理方块图。例如要求驾驶员操纵飞机做平直巡航飞行，当外界扰动使飞机抬头上仰时，驾驶员就看到安装在他面前的陀螺地平仪中的指示小飞机不在仪表地平线上，而在偏上的位置上，这时驾驶员就向前推杆使飞机低头。若小飞机位置偏低，驾驶员通过拉杆使飞机向上运动，这样可能反复多次，直到小飞机逐渐回到地平仪中的地平线位置为止。当巡航时间较长时，驾驶员如此不停地进行修正是很容易疲劳的。

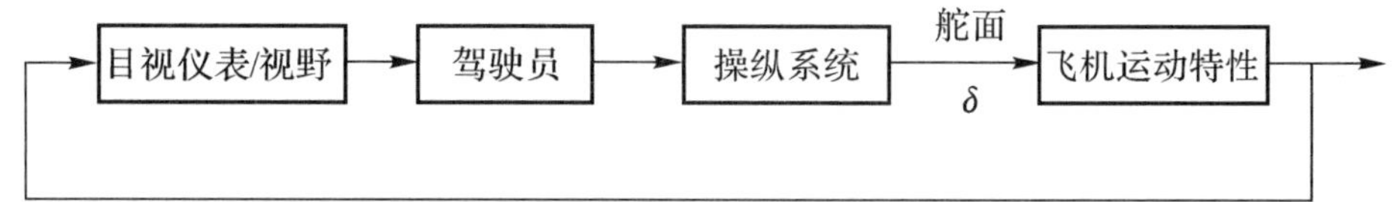

图 1－1　驾驶员闭环操纵原理方块图

为了减轻驾驶员的工作负担，早在 1891 年，海诺姆・马克西姆设计和制造的飞行器上便安装了用于改善飞行器纵向稳定性的飞行控制系统。在该系统中采用陀螺提供反馈信号，用伺服作动器偏转升降舵。这个设想在原理和方法上与现代飞行控制系统惊人地相似，其工作原理方块图如图 1－2 所示。图 1－2 和图 1－1比较可以看出，自动飞行控制系统的各个环节的功用与驾驶员闭环操纵系统中驾驶员身体的某些部位的功用是类似的。在飞行控制系统中，敏感元件就是测量元件，常用的敏感元件包括上述陀螺传感器。它能敏感飞机的三个姿态角或三个角速率，并能输出与敏感的运动变量成比例的电压信号。敏感元件相当于驾驶员的眼睛和大脑。飞行控制系统的执行元件是舵机回路，它相当于驾驶员的手和脚。敏感元件和执行机构的作用相当于驾驶员的作用，因此，把这种用于姿态保持或控制的飞行控制系统称为自动驾驶仪。

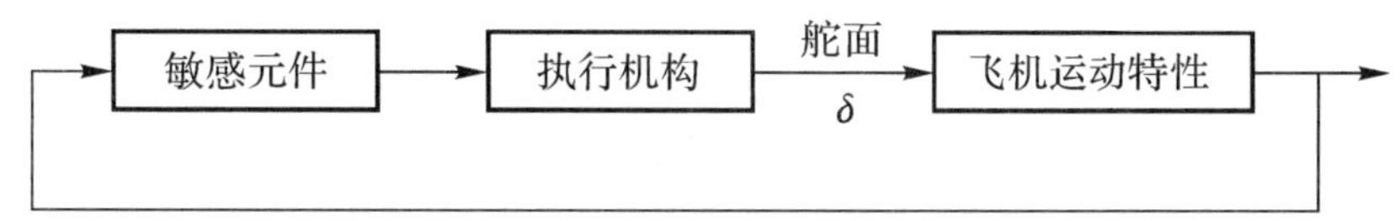

图 1－2　自动驾驶仪控制原理图

随着现代飞机的飞行速度和高度的增大，以及飞行任务的不断增加，不仅对飞机的性能要求越来越高，并且，对飞行控制系统的功能要求也越来越多。希望飞行控制系统不仅代替飞行员控制飞机，而且还能实现仅靠飞行员无法完成的任务，使得飞机设计进入一个新的发展阶段，即主动控制阶段。在这里由计算机来决定操纵面的偏转大小，采用适当的控制和调节规律可使飞机的静、动态特性发生很大的变化。主动控制系统能最大限度地提高飞机的性能，使得飞机设计师能够按照性能指标来进行飞机气动布局及飞行力学方面的设计，而不顾及古典设计方法所必须满足的那些限制条件。这一点对于稳定性要求尤为明显。在古典设计中是通过飞机的固有稳定性来保证飞机对稳定性的要求的，即使飞行性能有某种程度的损失也在所不惜。然而，主动控制技术给出了这样的可能性，即按飞行性能要求制订飞机最佳气动布局，即便这种布局使飞机不稳定，但通过主动控制系统仍可使它达到具有足够稳定性的要求。为提高现代飞机的速度和高度，所设计的飞机气动布局很难获得在所有飞行范围内具有满意的稳定性和操纵性，解决的办法就是在飞机上安装一种自动器来改善高空、高速飞行时的操稳特性。这种自动器称为增稳系统或控制增稳系统。

带增稳控制系统的驾驶员闭环操纵系统方块图如图 1-3 所示。仅仅具有增稳系统的飞机，驾驶员和增稳装置可以同时工作，也可单独工作。当驾驶员移动驾驶杆时，杆系上杆力（杆位移）通过复合机构传输到助力器推动舵面偏转；而增稳装置工作时，舵机输出的位移也是通过复合机构传输到助力器以推动舵面偏转的。这样一来，驾驶员可以操纵飞机使其达到预定的飞行状态和姿态上。增稳系统和飞机运动特性组成的闭合回路也属于飞行控制系统范畴。

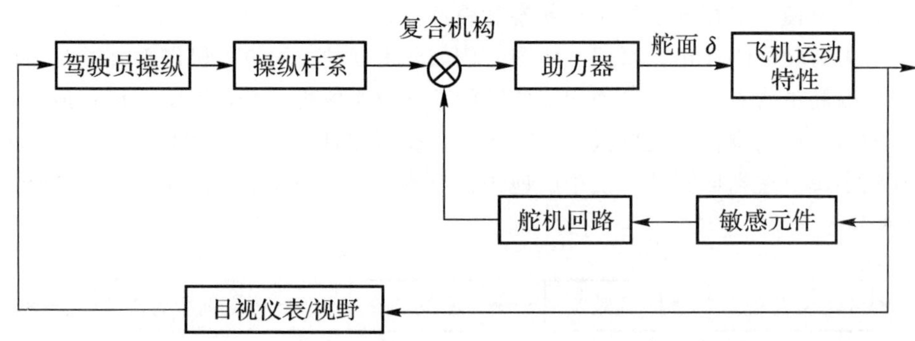

图 1-3　带增稳控制系统的驾驶员闭环操纵系统方块图

对于从事飞机飞行控制系统设计的人员来说，很重要的一点是要了解控制对象——飞机的动力学特性。然而，作为飞机飞行控制系统的设计者，尤其是控制律设计者、系统设计者和试验人员，必须了解飞机的飞行性能受飞机本身固有特性（即几何外形、质量和发动机性能等）的制约；飞机在飞行中受到外界干扰后的响应特性以及飞机对由控制系统产生的操纵动作（如舵面偏转和发动机油门杆位置变化）的反应特性如何。这种研究飞机运动规律和总体性能的学科就是飞行动力学。

另外，包括飞机在内的飞行器运动总是与它受到的外作用力相联系的。在空气中飞行的飞机受到的外力主要有地球引力、发动机推力和空气动力，这些不仅对飞机质心产生力，而且后两者还对质心产生力矩。因此，为了弄清飞机的运动特性，除了要知道发动机特性外，尤为重要的是必须深入了解作用在飞机上的空气动力和力矩特性。更为具体地说，应当了解空气流动的基本规律，了解当空气流过飞机时所产生的空气动力的原理，以及空气动力的大小和分布如何受飞机飞行条件（速度和高度）、飞机的几何外形和飞行角度的影响，这种研究空气动力的学科称为空气动力学。

飞机运动是一种动力学过程，在这种运动过程中，各种物理过程存在着相互作用。按照它们的数学描述可以划分为不同的学科，除包括流体力学在内的空气动力学、刚体运动的飞行动力学外，还有弹性自由度的飞机气动弹性力学和动力装置的热力学等。

飞行控制系统的受控对象是飞行器，为了有效地控制它，必须了解它的运动特性。在本书第一篇的内容中包含飞机运动方程的建立，也就是对飞机运动进行最原始的数学描述。在建立飞机运动方程之前，必须首先讲述一些空气动力学方面的最基本的概念，即空气的物理性质以及空气在低速和高速流动时的基本规律。在建立飞机运动方程之前，还必须讲述飞机上空气动力和力矩产生的原理及其与飞机的几何外形、飞行条件和角度的关系，并且还应定义各种描述飞机运动的坐标系以及它们之间的转换关系。在飞机飞行控制系统的分析与设计中，与控制对象直接相关的是飞行动力学特性，因此，飞行动力学的分析应是本章的核心问题之一。本章讲述控制对象的动力学特性，用以帮助读者从飞行动力学特性方面详细地了解飞机，从而正确地理解飞行控制系统的功能、结构以及分析和设计方法，而最终获得合理的控制技术措施。飞行动力学特性分析将在第二篇中讲述。

1.1　空气动力学基本知识

空气动力学是研究物体(如飞机或导弹等飞行器)和空气做相对运动时,空气的运动规律及其作用力规律的学科。在这种相对运动过程中,空气作用在物体上的力叫作空气动力,它是空气作用在物体外表面上的分布力的合力。

1.相对性原理

当飞行器以某一速度 v 在静止空气中运动时,飞行器与空气的相对运动规律和相互作用力,与当飞行器固定不动而让空气以同样大小和相反方向的速度 v 流过飞行器的情况是等效的。这就是相对性原理。这个原理给空气动力学研究提供了方便,飞行器的风洞试验就建立在这个理论基础上。

2.低速和高速空气动力学

按速度的大小,可以把空气动力学分成低速空气动力学和高速空气动力学。当气流速度足够低时,空气的密度变化可忽略不计,这个速度范围内的空气动力学称为低速空气动力学。当飞行速度较高时,空气流动所引起的空气密度的变化必须考虑,这就是高速空气动力学的主要特征。

高速空气动力学又可分为亚声速空气动力学(即流体速度小于声速)、跨声速空气动力学(即流速在声速附近)和超声速空气动力学(即流速大于声速)。在各个不同速度范围内的空气有不同的流动规律,因而在研究和计算中也应有区别。

当机翼表面上某点的当地速度首先达到声速时,翼面上出现局部超声速区,将产生局部激波,其对应的飞行马赫数称为临界马赫数,标记为 Ma_{LJ}。

飞机飞行速度的范围划分:定义飞行马赫数为飞行速度与前方空气声速之比。当 $Ma<0.5$ 时为低速飞行,$0.5<Ma<M_{LJ}$ 时为亚声速飞行,$Ma_{LJ}<Ma<1.5$ 时为跨声速飞行,$1.5<Ma<5$ 时为超声速飞行,$Ma>5$时为高超声速飞行。

1.1.1　空气的物理属性

1.空气的连续性假设

由于飞行器的特征长度远大于空气分子的平均自由行程,所以在研究与空气做相对运动和它们之间的相互作用力时,可以忽略空气的微观结构,只考虑它的宏观特性,也就是把空气看作是连续的、没有间隙的流体。这个假设叫作连续性假设。只有在这种假设条件下,才能把空气的密度、压强和温度等状态参数看成是空间的连续函数,才能利用连续函数的微分、积分等数学工具进行分析和研究。

2.空气的密度

物体单位体积内所含的质量称为密度(或称质量密度)。某空间内空气的平均密度为

$$\rho=\frac{\Delta m}{\Delta V} \tag{1-1}$$

式中,ΔV 为这块空间的体积;Δm 为这块空间的空气质量。

当 $\Delta V\rightarrow 0$ 时,$\Delta m/\Delta V$ 的极限值为

$$\rho=\lim_{\Delta V\rightarrow 0}\frac{\Delta m}{\Delta V} \tag{1-2}$$

式中,ρ 为某点 P 的空气密度。在国际单位制中,密度的单位是 kg/m^3,在工程单位制中密度的单位是 $kgf\cdot s^2/m^4$。国际单位中的 kg 是质量单位,而在工程单位制中的 kgf 是作为力的单位,为了避免混淆,书中写成 kgf 以表示千克力,1 kgf＝9.806 65 N。

3.空气的压强和温度

和任何一个受力固体元件一样,在流动着的流体内部,任取一个面积为 $\Delta\omega$ 的剖面,在这个剖面上一般

都有法向力 ΔP 和切向力 ΔT。切向力只有在流动时才会表现出来，法向力总是存在的。

法向应力定义为

$$p=\lim_{\Delta\omega\to 0}\frac{\Delta P}{\Delta\omega} \tag{1-3}$$

即垂直作用在单位表面面积上的力称为法向应力或压强。压强以压迫力(指向流体中某点)为正，吸引力为负。

压强的单位在国际单位制中是 $\mathrm{N/m^2}$ 或 Pa，在工程单位制中是 $\mathrm{kgf/m^2}$，$1\ \mathrm{kgf/m^2}=9.806\ 65\ \mathrm{Pa}$。实际应用时也可用 bar 作为压强单位，$1\ \mathrm{bar}=10^5\ \mathrm{Pa}$。

在流体中切向应力 τ 也称为摩擦应力，其定义为

$$\tau=\lim_{\Delta\omega\to 0}\frac{\Delta T}{\Delta\omega} \tag{1-4}$$

在静止流体中，不存在黏性摩擦应力。有些流体的黏性摩擦应力很小，可以忽略不计，此种流体称为理想流体。在理想流体中，任何一点的压强大小与方位无关，即理想流体任何方向的压强数值是一样的。

气体状态方程把气体的三个基本参数 —— 压强、密度和温度联系起来。依据气体分子运动基本原理，气体状态方程为

$$p=\rho RT \tag{1-5}$$

式中，R 称为气体常数。通常空气的气体常数 $R=287.053\ \mathrm{m^2/(s^2\cdot K)}$。式中的温度 T 是用绝对温度(K)来度量的。

4. 空气的可压缩性

当空气受到压力作用时，其体积和密度会发生变化，这种性质叫作压缩性，或称作弹性。流过物体的一股气流受到物体的阻滞作用，会使气流各点的速度和压强都发生变化。在一定速度范围内，由于流速不大，则引起的密度变化不大，可以忽略不计。上述空气的可压缩性，不是指静止空气在压力作用下的压缩性，而是指空气在流动过程中由于本身压强的变化而引起的密度变化。通常利用 $\mathrm{d}p/\mathrm{d}\rho$ 这个量来衡量空气流的可压缩性的大小。

5. 空气的黏性

和任何流体一样，空气是有黏性的。黏性的作用使气流速度变得不均匀。空气的黏性对速度影响的示意图如图 1-4 所示，当气流没有流到平板前时是均匀的，一旦流到平板上，直接贴在板面上的那一层气流速度降为零；沿法线向上，气流速度由零逐渐变大，在离平板相当远的那层气流速度和原来没有差别。

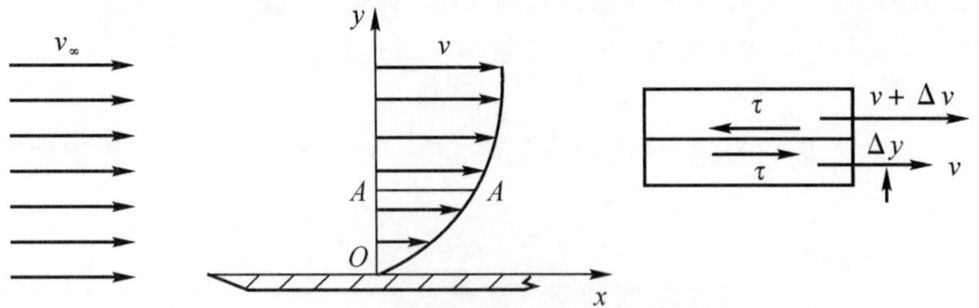

图 1-4　空气的黏性对速度影响的示意图

气流相邻两层的速度差别(即 $\mathrm{d}v/\mathrm{d}y\neq 0$) 使两层气流之间存在着摩擦力。单位面积上的摩擦力称为摩擦应力，记为 τ。这种摩擦力使慢速层气流产生后拽力，阻止快速层气流流动，而快速流动的那层气流，按顺流方向前拉慢速流动的气流层。紧挨板面的那层气流对板面也有一个牵扯力的作用；相反，板面对这层气流也存在着一个阻滞力作用，这就是板面的摩擦力。这就是说，板面对紧挨层气流产生与气流方向相反的摩擦阻力；而紧挨层气流对板面产生与气流方向相同的摩擦诱导力。

牛顿(Newton) 指出，流体内部的摩擦应力 τ 与速度梯度的关系为

$$\tau = \mu \frac{dv}{dy} \tag{1-6}$$

称为牛顿黏性内摩擦定律。式中，μ 称为黏度或黏性系数。黏度 μ 是反映流体本身的固有特性的系数；而摩擦应力 τ 则取决于 μ 和速度梯度 dv/dy。理想流体是指 μ 和 dv/dy 都很小，因而是 $\tau \approx 0$ 的流体。

如果流体不是一层一层地流动(称为层流)，而是紊乱地流动(称为紊流)，则由于流体微团的乱动带来动量交换，因此紊流比层流的摩擦阻力要大得多。

6. 附面层概念

实际飞行中的飞行器外表面气流速度 v 从零到 v_∞ 的范围很小。但在该范围内 dv/dy 的值很大，因而 τ 也大，不可忽略。空气动力学把靠近物体表面非常薄的黏性层称为附面层。而在这一薄层之外，由于 dv/dy 很小，这对 μ 很小的空气来说，τ 可以忽略不计，气流仍可以认为是理想气流。物体表面的摩擦应力由物体表面上的速度梯度来决定，即

$$\tau_0 = \mu \left(\frac{dv}{dy}\right)_{y=0} \tag{1-7}$$

沿物体表面上任一点法线上的速度分布规律 $v(y)$，叫作速度型。而速度型又与附面层内的流态有关。

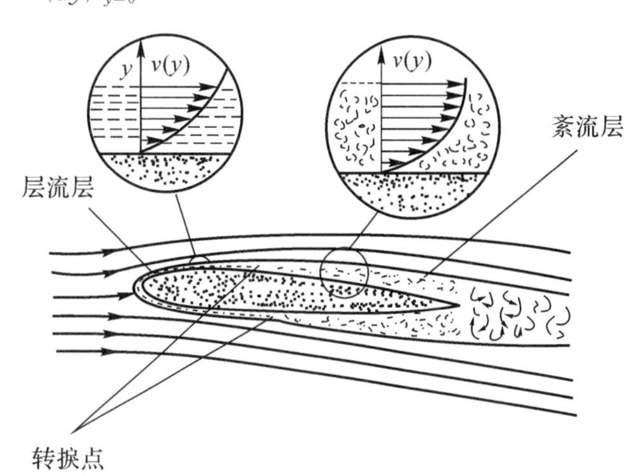

图 1-5　附面层示意图

如图 1-5 所示是直匀流流过翼型时，其表面附面层内的流态放大示意图。在翼型前面一段的附面层内，规矩的气流一层一层流动着，各层之间仅仅存在分子热运动带来的气体分子交换，不存在流体微团的交换，故各层之间的动量交换不大，互相之间的牵扯力很小。因而，从零值增大的表面速度增大缓慢，即表面梯度较小，这种按层次流的流态附面层称为层流附面层。由层流附面层经过转捩点之后，变为紊流附面层。紊流附面层的特点是流体微团不是保持在一层内流动，而是在一面向前进一面又不规则地横向乱流。在紧挨物体表面和它附近空气层之间，微团气流乱流带来的动量变换很大，使物体表面气流速度由零值迅速增大，这就使得紊流附面层靠近物体表面的速度梯度大，因而紊流附面层表面的摩擦应力也比层流的摩擦应力大。

1.1.2　流体运动学简介

1. 流场

流动的介质称为流体，流体所占据的空间称为流场，可用连续函数对流场作数学描述，可沿用描述刚体运动的办法来描述流体，也可把流场中的流动速度、加速度以及流体的状态参数(密度 ρ、压强 p、温度 T 等)表示成几何位置和时间的函数。当叙述流场中某点的流速和状态参数时，是指以该点为中心的一个很小邻域中的分子群，称为流体微团。

2. 定常流与非定常流

如果流场中各点的速度、密度和压强等参数只与几何位置有关，不随时间变化，则称为定型流场，或称为定常流；否则，当流场中各点的速度、密度和压强等参数随时间变化时，则称为非定型流场，或称为非定常流。在以下讨论中流场全属于定常流范畴。

3. 流线和流管

流场中存在着一类曲线，在某瞬间，这条曲线上的任何一点的切线都和该点上的微团速度指向一致，这

类曲线称为流线。在定常流中，因各点的流速方向和大小均不随时间变化，故流线的形状也不随时间变化；两条流线不会相交，流体微团不能穿过流线。

在三维空间内，经过一条非流线的封闭曲线的全部流线围成的一条管子叫作流管。在定常流中，流管形状保持不变，流体不能穿越管壁流入或流出。

4.旋涡流

通常流体微团的运动可分为平移、旋转和变形三种形式。当流体微团在运动中只存在平移和变形运动，而没有旋转运动时，这种流动称为无旋流或位流；若流体微团同时还存在旋转运动(有角速度)，就称其为旋涡流或涡流。旋涡流的根本特征是微团的旋转。弯曲的流动流线，在微团无旋转的情况下，仍然是无旋流。

当直匀流流过机翼时，在机翼后方存在气流旋转，从机翼内侧观测，两机翼产生的旋涡都是由上翼面往下翼面旋转的；翼尖后缘拖出的旋涡最强，机翼中段旋涡最弱。可近似用翼尖处拖出的两条涡代替整个机翼后面的涡系，通常叫作尾涡系，也称为自由涡。

涡线在它的周围会感应出速度场，称之为诱导速度场。可以设想，诱导速度是旋转的涡心通过黏性作用带动周围空气运动的速度。空气动力学把垂直于自由涡系向下的诱导速度分量叫作下洗流，或简称下洗。下洗速度 v_y 与来流速度 v_∞ 的合速度为 v，v 与 v_∞ 的夹角 ε 叫作下洗角。

由于尾翼一般安装在机翼的尾涡区，所以尾翼的升力会受到机翼下洗流的影响。

1.1.3 低速一维流的基本方程

1.连续方程

可以把一般空间流动中的整个流场划分为许多基元流管，如图 1-6 所示。当这些流管的截面是无限小时，在它的每个横截面上的气流参数都可认为是均匀分布的，因此各流动参数(速度、压强等)都是沿基元管轴线坐标的函数，这种流动称为一维流。作为自然界基本规律之一的质量守恒定律在一维管流中的具体形式就是流过该基元管任何截面积的流量是相等的。

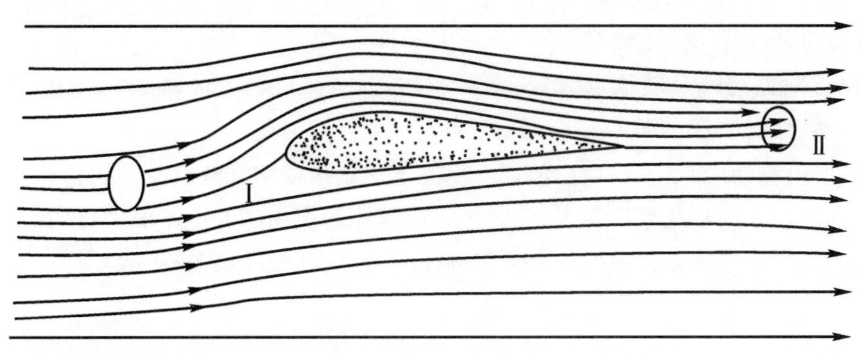

图 1-6 基元流管

从图 1-6 中取基元流管两个横截面 Ⅰ 和 Ⅱ，并设截面 Ⅰ 的管截面积为 A_1，流速为 v_1，密度为 ρ_1；截面 Ⅱ 的管截面积为 A_2，流速为 v_2，密度为 ρ_2，且当流动为定常时，各截面积所有参数都不随时间变化，那么，单位时间通过这两截面积的质量 $\rho_1 A_1 v_1$ 和 $\rho_2 A_2 v_2$ 是恒等的。当 $\rho A v$ 为该管流任一截面积流过的流体质量时，依据质量守恒定律得到

$$\rho_1 A_1 v_1 = \rho_2 A_2 v_2 = \rho A v = m \tag{1-8}$$

式(1-8)称为连续方程。当流体为不可压缩流体，即 $\rho=\text{const}$ 时，式(1-8)可简化为

$$A_1 v_1 = A_2 v_2 = A v \tag{1-9}$$

式(1-9) 表明了不可压缩的一维定常流中，流管沿程各截面上的流速是与截面积成反比例变化的。

2.伯努利方程

由于流体的温度保持不变，内能不变，因此流体微团的总能量等于动能和压力位能之和，不计由于空气密度小所形成的很小的高度位能。动能和位能之和总称为机械能。

如图 1-6 所示，单位时间内通过截面 Ⅰ 的气体质量为 m，其动能为 $mv_1^2/2$；当通过截面 Ⅱ 时，其动能为 $mv_2^2/2$。压力位能则等于单位时间内压力在流体经过的路程上所做的功，即截面 Ⅰ 和截面 Ⅱ 上的压力位能分别为 $p_1A_1v_1$ 和 $p_2A_2v_2$。依据机械能守恒定律得到

$$\frac{mv_1^2}{2}+p_1A_1v_1=\frac{mv_2^2}{2}+p_2A_2v_2 \tag{1-10}$$

并由式(1-8) 得到

$$p_1+\frac{1}{2}\rho_1v_1^2=p_2+\frac{1}{2}\rho_2v_2^2 \tag{1-11}$$

式(1-11) 可一般地写为

$$p+\frac{1}{2}\rho v^2=c \tag{1-12}$$

此式便是伯努利(Bernoulli) 方程。它的左边第 1 项称为静压，第 2 项称为动压或速压。伯努利方程的物理意义在于：对于不可压缩的理想气流，沿流管(或流线) 任一截面(或任一点) 处的静压与动压之和为常数。这个常数可以认为是当 $v=0$ 时的气体压强，以 p_0 表示，称为总压。p_0 代表单位体积气体的总机械能。应注意到，伯努利方程仅仅适用于不可压缩(密度不变)、沿一维流管(流线) 的理想(无黏性) 气体。

1.1.4 高速一维流的基本方程

1. 由牛顿第二定律决定的压强增量与流速增量的关系

由物理学可知，物体的质量 m 与速度 v 的乘积称为物体的动量，这是一个矢量，其方向与速度相同。牛顿第二运动定律是由动量描述的，即

$$F=\frac{\mathrm{d}(mv)}{\mathrm{d}t} \tag{1-13}$$

这就是说，在任一瞬时，物体动量的时间变化率，在量值上等于这一瞬时作用在物体上的合力。当物体的质量为恒定不变，即 $\mathrm{d}m/\mathrm{d}t=0$ 时，牛顿第二定律描述为

$$F=m\frac{\mathrm{d}v}{\mathrm{d}t}=ma \tag{1-14}$$

式中，a 为物体的加速度，且 $a=\mathrm{d}v/\mathrm{d}t$。然而，根据相对论力学可知，物体的质量和它的运动速度有关。牛顿第二定律也可用于流体运动上。

在流管上取两个挨得很近的截面 Ⅰ 和 Ⅱ，当截面 Ⅰ 的面积为 A，压强为 p，流速为 v 时，截面 Ⅱ 对应的量分别为 $A+\mathrm{d}A$，$p+\mathrm{d}p$ 和 $v+\mathrm{d}v$。因为 Ⅰ 和 Ⅱ 的距离很小，可认为两截面上的流速不变，但压强方向正好相反，指向 Ⅰ，Ⅱ 两截面之间的流体内部。尽管流管中侧表面上的压强是变化的，然而这段长度很短的流体的侧表面压强可用平均值表示，即为 $p+\frac{1}{2}\mathrm{d}p$。截面 Ⅰ 上的作用力为 $F_1=pA$，截面 Ⅱ 上的作用力为 $F_2=-(A+\mathrm{d}A)(p+\mathrm{d}p)$。流体侧表面上压强合力沿流管中心线的分量为 $\left(p+\frac{1}{2}\mathrm{d}p\right)\mathrm{d}A$。这样一来，在忽略流体重力的情况下，作用在由截面 Ⅰ，Ⅱ 构成的流体上的合力在两截面垂直方向上的分量为

$$F_S=pA-(p+\mathrm{d}p)(A+\mathrm{d}A)+\left(p+\frac{1}{2}\mathrm{d}p\right)\mathrm{d}A \tag{1-15}$$

当展开式(1-15) 并略去微小量时，得到

$$F_S=-A\mathrm{d}p \tag{1-16}$$

由 Ⅰ，Ⅱ 两截面决定的流管中的流体质量为

$$m=\rho\left(A+\frac{1}{2}\mathrm{d}A\right)\mathrm{d}S \tag{1-17}$$

式中,dS 为截面 Ⅰ 和截面 Ⅱ 之间的距离。流体加速度 a 可写为

$$a=\frac{\mathrm{d}v}{\mathrm{d}t}=\frac{\mathrm{d}v}{\mathrm{d}S}v \tag{1-18}$$

这样一来,在忽略重力对该流体侧表面上压力的情况下,依据牛顿第二定律得到

$$-A\mathrm{d}p=\rho\left(A+\frac{1}{2}\mathrm{d}A\right)\mathrm{d}S\,\frac{\mathrm{d}v}{\mathrm{d}S}v \tag{1-19}$$

当忽略二阶以上高阶微小量时,得到流体压强增量与流速增量的关系式为

$$\rho v\,\mathrm{d}v=-\,\mathrm{d}p \tag{1-20}$$

2. 高速流中质量方程的微分方程

在低速一维流中,由连续方程(vA=const)描述的流速与截面积是成反比的关系。但在高速流中由于密度 ρ 的变化,质量方程(ρvA=const)两边取微分后,得到

$$vA\,\mathrm{d}\rho+\rho A\,\mathrm{d}v+\rho v\,\mathrm{d}A=0 \tag{1-21}$$

当将式(1-21) 两边同时除以 ρvA 时,得到高速流中质量方程的微分方程为

$$\frac{\mathrm{d}\rho}{\rho}+\frac{\mathrm{d}v}{v}+\frac{\mathrm{d}A}{A}=0 \tag{1-22}$$

3. 声速 a 和马赫数 Ma

声速是微弱扰动在气体中的传播速度,这是空气动力学对声速的定义。在流管中,当左边的微弱扰动气体以速度 a 向右传播时,相对来说,可认为右边的未受扰动的气体以速度 a 向左运动。且当左边的气体密度 $\rho_z=\rho_y+\mathrm{d}\rho$ 和运动速度 $v_z=a+\mathrm{d}v$ 时,那么,依据质量方程得到

$$\rho_y a=(\rho_y+\mathrm{d}\rho)(a+\mathrm{d}v) \tag{1-23}$$

式中,ρ_y 为右边气体密度。展开式(1-23) 并略去微小量得到

$$\rho_y\mathrm{d}v=-a\mathrm{d}\rho \tag{1-24}$$

当式(1-20) 中 $v=a$ 和 $\rho=\rho_y$ 时,将式(1-24) 等号左、右分别除以式(1-20) 等号左、右,从而得到

$$a^2=\frac{\mathrm{d}p}{\mathrm{d}\rho} \tag{1-25}$$

Ma 定义为气流速度对当地声速之比,即

$$Ma=v/a \tag{1-26}$$

马赫数在高速流动中是一个极其重要的参数,所有高速流动的规律都与马赫数有关,所有高速空气动力或它们的系数都与马赫数有关。

4. 流速与管截面面积的关系

由式(1-20) 得到

$$v\mathrm{d}v=-\frac{1}{\rho}\mathrm{d}p \tag{1-27}$$

将式(1-25) 等号左、右两边分别除以式(1-27) 等号左、右两边,得到

$$\frac{\mathrm{d}\rho}{\rho}=-\frac{v^2}{a^2}\frac{\mathrm{d}v}{v}=-Ma^2\,\frac{\mathrm{d}v}{v} \tag{1-28}$$

再将式(1-28) 代入式(1-22) 得到

$$(Ma^2-1)\,\frac{\mathrm{d}v}{v}=\frac{\mathrm{d}A}{A} \tag{1-29}$$

这就是可压流的速度变化与管截面面积变化之间的关系。可由式(1-29) 得出如下结论:当流动速度是亚声速,即 $Ma<1$ 时,小于零的(Ma^2-1) 使 dv 与 dA 反号,即当管截面面积扩大时速度减小,当截面面积缩小时速度增大。这种变化关系尽管不像低速那样 v 与 A 正好成反比,但变化趋势和低速是一样的。当流动是超声速,即 $Ma>1$ 时,$(Ma^2-1)>0$,使得 dv 与 dA 同号,即当截面面积扩大(d$A>0$) 时,速度也增大(d$v>0$)。这个结论与低速流的速度和截面面积的关系完全相反。

分析式(1-29)，还可得到如下结论：遇到超声速气流的面积扩大时，气流发生的变化过程是膨胀过程，因此气流是加速、降压、降温、降密度的过程；反之，当遇到超声速气流的面积缩小时，则气流就减速、增压、增温和增密度，即发生压缩过程；当 $Ma=1$ 时，$\mathrm{d}A=0$，管截面面积为极小值。这表明，在管流中声速只能发生在管截面面积最小处。当然，最小截面面积处能否获得声速还要看其他条件。对于一个先收缩后扩张的管道，若两端压强差足够大，气流先在收缩段做亚声速加速，流到截面积最小处，流速刚好达到声速，然后在扩张段又做超声速加速。对于这种流动规律可以用在分析声速附近气流流过机翼时，所受的空气动力和力矩的特性上。

高速流中还存在另外一些物理现象，如马赫波、激波、膨胀波和临界马赫数等基本概念，在此不一一介绍。

1.1.5　空气动力和力矩

包括飞机在内的飞行器在运动时，作用在它上面的空气动力和力矩与它的几何参数(尺寸和形状)、飞行速度、飞行高度和它相对于飞行速度的夹角等因素有关。在研制飞行器时，为了确定它的强度、构造形式和气动外形，以及决定发动机类型，确定飞行性能和分析研究它的稳定性和可操纵性，设计人员必须知道作用在飞行器上的力和力矩的变化规律。获得这些数据材料的方法除风洞试验外，理论分析和计算也是一个得力的传统方法。本章仅在理论计算方面给出一些有用的关系式，并做出相应的理论分析结果。

在空气动力学的分析、计算和试验中，常常将机体外表面上的分布力和力矩集中为某特定点上的合力向量 $\boldsymbol{R}$ 和合力矩向量 $\boldsymbol{M}$，并将它们以分量形式分布到某个参考轴系中。常用的参考轴系包括机体坐标系 $Ox_ty_tz_t$ 和气流坐标系 $Ox_qy_qz_q$ 等。几种在动力学分析和控制系统设计中用到的坐标轴系以及它们之间的关系将在第1.3节中介绍。这些坐标轴系都是直角右手坐标系。

空气动力合力向量 $\boldsymbol{R}$ 在气流坐标轴系上分解：沿轴 Ox_q 负方向的分量 Q 称为阻力，即 Q 在飞行速度方向的反方向上为正；沿轴 Oy_q 方向的分量 Y 称为升力，即 Y 在飞机对称面内指向上方为正；沿 Oz_q 方向的分量 Z 称为侧力，指向右方为正。

通常把空气动力合力矩 $\boldsymbol{M}$ 沿机体轴系分解：沿轴 Ox_t 的分量 M_x 称为滚转力矩，当这个力矩使飞机向右滚转时为正；沿轴 Oy_t 的分量 M_y 称为偏航力矩，当它使机头向左偏转时 M_y 为正；沿轴 Oz_t 的分量 M_z 称为俯仰力矩，当它使飞机抬头时 M_z 为正。

空气动力学常常采用无因次气动力系数形式表示 Q,Y,Z 和 M_x,M_y,M_z 的大小。其中无因次的空气动力系数为

$$c_x=\frac{Q}{\frac{1}{2}\rho v^2 S} \tag{1-30}$$

$$c_y=\frac{Y}{\frac{1}{2}\rho v^2 S} \tag{1-31}$$

$$c_z=\frac{Z}{\frac{1}{2}\rho v^2 S} \tag{1-32}$$

类似地，无因次的空气动力矩系数为

$$m_x=\frac{M_x}{\frac{1}{2}\rho v^2 Sl} \tag{1-33}$$

$$m_y=\frac{M_y}{\frac{1}{2}\rho v^2 Sl} \tag{1-34}$$

$$m_z = \frac{M_z}{\frac{1}{2}\rho v^2 S b_A} \tag{1-35}$$

式中，S 为机翼的水平投影面积；b_A 为机翼的平均气动弦长；l 为机翼展长；ρ 为空气密度；v 为飞行速度。

1.2 飞机的空气动力学特性

1.2.1 升力的产生

1.2.1.1 机翼的几何特性

机翼是飞机产生升力的主要部件，机翼产生的升力大小取决于机翼剖面形状和机翼平面形状。

1. 机翼剖面的几何参数

用平行于飞机对称面的平面可把机翼剖开，这样形成的机翼剖面称为翼型。但有时在讨论后掠翼的问题时，翼型是指与机翼前缘相垂直的剖面。典型翼型分为低速翼型、亚声速翼型和超声速翼型，其主要区别在于前两者的翼型前头往往是具有弯度和较厚的圆头，而后者的往往是较薄的上、下对称的尖头。通常翼型的几何参数如图 1-7 所示。

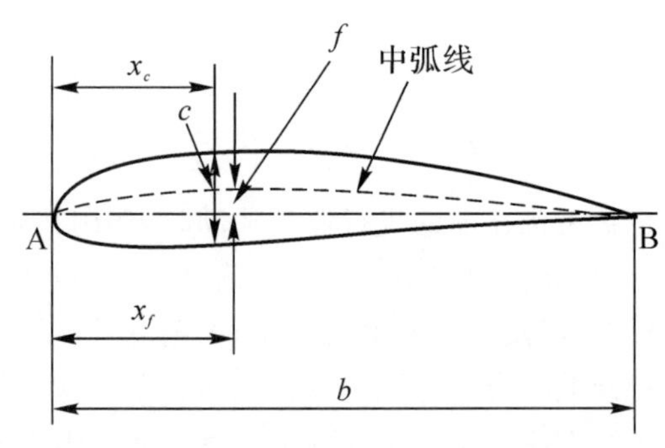

图 1-7　翼型的几何参数

翼型的几何参数如下：

(1) 翼弦 b—— 连接前缘 A 与后缘 B 的直线长度。

(2) 厚度 c—— 垂直于几何弦并介于上、下表面之间的各线段长度，代表翼剖面沿弦线的厚度分布，其中最大(最厚) 者称为翼剖面厚度。其相对厚度为

$$\bar{c} = \frac{c}{b} \times 100\% \tag{1-36}$$

最大厚度的位置由前缘算起，记为 x_c，相对位置为 $\bar{x}_c = x_c/b$。

(3) 弯度 f—— 垂直于翼弦线的各直线与上、下翼表面交点之间线段的中点连线称为中弧线，中弧线离几何弦的最大高度 f 称为弯度，它表示翼型的对称程度。相对弯度定义为

$$\bar{f} = \frac{f}{b} \times 100\% \tag{1-37}$$

最大弯度的位置也是由前缘算起的，记为 x_f，相对值为 $\bar{x}_f = x_f/b$。对于超声速翼型大都为对称的，即上、下翼表面曲线相同，且对称于几何弦，此时 $\bar{f} = 0$。

2. 机翼平面形状的几何参数

描述机翼几何形状是按结构坐标系定义的，该坐标系轴与轴垂直，按右手法则确定 Ox，Oy 和 Oz 的方向。其中 O 取在翼根弦的前缘，Ox 沿翼根弦线或平行于机身轴线，指向后；Oy 平行于飞机对称面，指向上；垂直于 xOy 的 Oz，指向左。

机翼平面形状的几何参数定义如下：

(1) 翼展 l—— 左、右翼梢之间的距离。

(2) 翼弦 b—— 平行于飞机对称面的翼剖面弦长，b 的大小是坐标 Oz 的函数。

(3) 机翼面积 S—— 机翼在结构坐标系 xOz 平面上的投影面积。对于展弦比很小的飞机，机翼面积通常指左、右两侧外露翼的面积；当展弦比较大时，机翼面积通常包括被机身所遮盖的那部分面积在内。

(4) 展弦比 λ—— 翼展与平均弦长之比，即

$$\lambda = \frac{l}{b_{pj}} \tag{1-38}$$

式中，$b_{pj} = S/l$，故

$$\lambda = \frac{l^2}{S} \tag{1-39}$$

(5) 后掠角 χ—— 机翼前缘线(或后缘线)在 xOz 平面上的投影线与 Oz 的夹角称为前(后)缘后掠角。

(6) 安装角 φ—— 机翼根弦线与机身轴线之间的夹角。

(7) 上(下)反角 ψ—— 一侧机翼弦平面与 xOz 平面的夹角，翼梢向上翘的叫作上反角($\psi > 0$)，翼梢下垂的叫作下反角($\psi < 0$)。

(8) 平均气动弦 b_A—— 假想一个矩形机翼，它的面积、俯仰力矩和气动合力与实际的任意平面形状的机翼相同，那么，空气动力学便把这种矩形机翼的弦长称为某任意平面形状机翼的平均气动弦。根据这个定义，理论上推导出它与其他几何形状参数的关系式为

$$b_A = \frac{2}{S}\int_0^{\frac{l}{2}} b^2(z)\,\mathrm{d}z \tag{1-40}$$

式中，平均气动弦长 b_A 是飞机纵向特征长度，在实际工程中展弦比 λ 可表示为

$$\lambda = \frac{l}{b_A} \tag{1-41}$$

在俯仰力矩系数 m_z 的定义中也要用到它。除此之外，在后面将要讲述的相对重心位置和相对焦点位置也要用平均气动弦作为相对量来表示。因此，b_A 是一个特别重要的参数。

1.2.1.2　机翼升力的产生

为了了解飞机如何才能飞行，怎样才能操纵和控制飞行航迹和飞行姿态，有关空气动力定义的升力、阻力和力矩形成方面的知识是很重要的。飞机能够升入高空主要是由升力和发动机推力来实现的，然而，升力的产生必须伴随着阻力和力矩的产生。阻力的产生带来能量的消耗，能量的损失又需要飞机推力加以平衡；力矩的产生将使飞机在定常飞行中不平衡，必须通过调节平尾(升降舵)的位置来实现总力矩为零。阻力和力矩的产生将在下面讲述。

可用一个简单的翼型来说明升力的产生。绕翼剖面的速度场可以描述为一个具有平移速度的来流和一个具有环形旋转涡流的叠加，如图 1-8(a) 所示。由此在翼型上表面上速度提高和使当地压强下降，而机翼下表面的速度减小和使此处的压强增大(见图 1-8(b))。把压强差 Δp 对机翼面积积分就得到总的升力，并且表示为

$$Y = \frac{1}{2}\rho v^2 S c_y = q S c_y \tag{1-42}$$

式中，$q = \frac{1}{2}\rho v^2$ 称为动压；S 为机翼面积；c_y 为无因次升力系数。

c_y 与气流所流过的物体几何关系和迎角 α 有关。

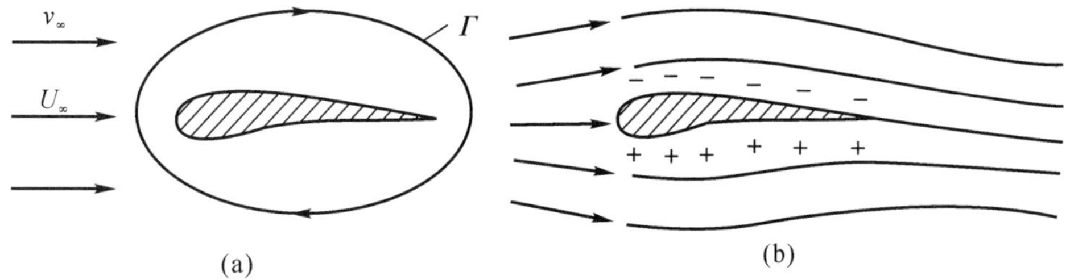

图 1-8　翼型升力的产生

(a) 机翼平流和环流的叠加；(b) 机翼上、下翼面压强差

1.迎角的影响

在无黏性亚声速气流中，每个翼剖面形状相同，翼展无限长的机翼升力系数是迎角的函数，即

$$c_y = 2\pi(\alpha - \alpha_0) \tag{1-43}$$

式中，α 为飞行迎角，定义为飞行速度矢量 $\boldsymbol{v}$ 在飞机对称面的投影线 Ox_b 与飞机机体轴 Ox_t 之间的夹角。当速度矢量投影 Ox_b 在 Ox_t 下方时，α 为正。α_0 是当 $c_y=0$ 时的迎角，称为零升迎角，即飞机在这个迎角上飞行时，机翼升力为零。α_0 与翼型相对弯度 f/b_A 成正比($\alpha_0=2f/b_A$)。

由式(1-43)可知，升力由两部分组成，一部分与迎角 α 成正比，另一部分则取决于零升迎角。而零升迎角是中弧线形状的函数。据分析，一般具有正弯度($\bar{f}>0$)的翼型，α_0 为负值。当中弧线为直线(即对称翼型)时，$\alpha_0=0$。

将式(1-43)对 α 取微分，得到升力系数 c_y 随 α 的变化关系是一条直线，其斜率为

$$\frac{\mathrm{d}c_y}{\mathrm{d}\alpha} = c_y^\alpha = 2\pi(1/\mathrm{rad}) \tag{1-44}$$

c_y^α 称为升力线斜率。这样一来，式(1-43)还可表示为

$$c_y = c_y^\alpha(\alpha - \alpha_0) \tag{1-45}$$

由式(1-45)得到的 c_y 随 α 的变化曲线是一条通过(α_0,0)点和斜率为 2π 的直线，如图1-9所示。但在试验中得到的 $c_y^\alpha < 2\pi$，并约为 1.8π；当机翼厚度增加时，c_y^α 略为有所减小。迎角达到约 $15°$ 之前，升力线斜率 c_y^α 为常数，若迎角进一步增大，机翼上表面绕流出现涡流使之发生分离，从而使升力线斜率减小，并在达到最大值 $c_{y\max}$ 之后变为负值，如图1-9实线所示。这种现象称为失速，$c_{y\max}$ 所对应的迎角称为临界迎角或失速迎角，图中以 α_{lj} 表示。

在有限展长机翼情况下，机翼翼梢处压力处于平衡，环量以自由涡形式向后延伸。这条向内旋转的涡诱导出由上向下的附加流动，引起当地迎角减小一个诱导迎角 α_y，从而在机翼后面产生一个下洗流，它又减小了平尾的有效迎角。人们通过选择机翼几何形状和机翼扭转，试图减小 α_y。

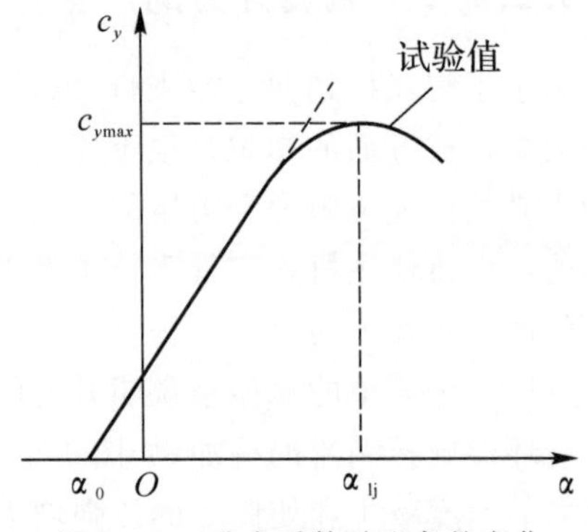

图1-9　升力系数随迎角的变化

2.马赫数的影响

除了动压、迎角和翼剖面等因素外，马赫数是对升力影响最重要的因素。一直到较高的亚声速范围($Ma<0.7$)，马赫数的影响都不大，而在跨声速和超声速范围，与马赫数有关的压缩性，使马赫数具有决定性的作用。

在亚声速范围内，机翼上的压强随马赫数的增大而增大，因而 c_y 和 c_y^α 也增大。在 $Ma<1$ 的范围内，亚声速翼型的升力斜率公式为

$$c_y^\alpha(Ma) = \frac{c_{yMa=0}^\alpha}{\sqrt{1-Ma^2}} \approx \frac{2\pi}{\sqrt{1-Ma^2}} \tag{1-46}$$

式中，$c_{yMa=0}^\alpha$ 是不可压缩情况下的升力线斜率，近似平板情况下的值。在超声速范围($Ma>1$)，流动特性完全改变了，因为此时压力扰动只能在流动方向上传播。由近似理论给出了超声速翼形的升力线斜率为

$$c_y^\alpha = \frac{4}{\sqrt{Ma^2-1}} \tag{1-47}$$

由于超声速翼型是对称翼型，零升迎角 $\alpha_0=0$，所以 $c_y-\alpha$ 曲线通过坐标原点。

3.襟翼的作用

为了改变升力和阻力，在机翼的后缘或前缘装有襟翼。襟翼增大了机翼弯度 f/b，因而提高了升力。可向后移动的后缘襟翼还增加了机翼弦长，从而进一步提高升力。为了给上表面气流输入能量，并使气流分离延缓到较大的迎角，襟翼上还开有裂缝。

按结构形式来分，也可用前缘襟翼增大机翼弯度和机翼弦长，以提高后缘襟翼的效能。在同时放下前、后缘襟翼的情况下，还会减小附加的机翼力矩。为避免气流在前缘处分离，前缘襟翼也常常开有裂缝。

4. 扰流板的作用

为使气流发生局部分离，从而有效地减少升力，可以打开机翼上表面上的扰流板，在全部飞行范围内，它都可作为空气制动器用。当飞机低速飞行时仅靠副翼滚转力矩不足时，通过单侧打开扰流板可用于辅助滚转操纵。

1.2.1.3　平尾的升力

在飞机各部件中，机翼是产生升力的主要部件，其次就是水平尾翼了。当然水平尾翼的作用主要不是提供升力，而是力矩。但是，它所提供的力矩大小与它产生的升力大小有关。

一般正常外形的飞机，水平尾翼安装在机翼后面的机身上，并由水平安定面和升降舵组成。对于现代高性能飞机，整个水平尾翼都是可动的，称为全动平尾。升降舵或全动平尾偏角的极性是这样规定的：当其后缘向下时，极性为正。

平尾可以看作是一个小机翼，它产生升力的原理与机翼是一样的。然而，它在机翼和机身组合体之后，使得尾翼处的气流受到翼-身组合体的阻滞影响，还会引起迎面来流速度矢量角度变化。因此尾翼的气流流动情况与机翼有所不同。

翼-身组合体的阻滞作用，使尾翼来流速度比机翼的来流速度小，并定义阻滞系数

$$k_{\mathrm{q}}=\frac{q_{\mathrm{pw}}}{q} \tag{1-48}$$

式中，q_{pw} 为平尾处的平均动压。

当定义 v_{pw} 为机翼处速度 v 和其后拖出的下洗速度 v_y 的矢量和时

$$q_{\mathrm{pw}}=\frac{1}{2}\rho v_{\mathrm{pw}}^2 \tag{1-49}$$

由于 $q=\frac{1}{2}\rho v^2$，并认为空气密度变化不大时，也可取

$$k_{\mathrm{q}}=\left(\frac{v_{\mathrm{pw}}}{v}\right)^2 \tag{1-50}$$

于是平尾处的来流平均速度为

$$v_{\mathrm{pw}}=\sqrt{k_{\mathrm{q}}}\,v \tag{1-51}$$

事实上，机翼后面拖出的涡流产生的下洗速度（也叫诱导速度）是不均匀的，下洗速度 v_y 是平均速度，并定义 v_y 与 v_{pw} 的夹角 ε 为下洗角，即

$$\varepsilon=\arctan\frac{v_y}{v_{\mathrm{pw}}}\approx\frac{v_y}{v_{\mathrm{pw}}}=\frac{v_y}{\sqrt{k_{\mathrm{q}}}\,v} \tag{1-52}$$

尾翼下洗角的大小与机翼迎角 α_y、平尾安装角 φ_{pw}、机翼展弦比 λ 和机翼升力斜率 c_{yy}^{α} 有关。

当仿效机翼升力系数表达式时，可以得到所谓翼-身组合体的升力系数表达式

$$c_{yy\text{-}s}=c_{yy\text{-}s}^{\alpha}(\alpha-\alpha_{oy\text{-}s}) \tag{1-53}$$

式中，$c_{yy\text{-}s}^{\alpha}$ 是包括头部在内的翼-身组合体升力线斜率；$\alpha_{oy\text{-}s}$ 是翼-身组合体零升迎角。

理论分析给出翼-身组合体在尾翼附近产生的下洗角 ε 与翼-身组合体的有效迎角$(\alpha-\alpha_{oy\text{-}s})$成如下关系：

$$\varepsilon=\varepsilon^{\alpha}(\alpha-\alpha_{oy\text{-}s}) \tag{1-54}$$

式中，$\varepsilon^{\alpha}=\partial\varepsilon/\partial\alpha$ 为常数，通常可由实验或理论计算得到。

这样便可得到平尾的有效迎角为

$$\alpha_{\mathrm{pw}}=\alpha-\varepsilon+\varphi_{\mathrm{pw}}=(1-\varepsilon^{\alpha})\alpha+\varepsilon^{\alpha}\alpha_{oy\text{-}s}+\varphi_{\mathrm{pw}} \tag{1-55}$$

式中，φ_{pw} 为平尾安装角，即平尾弦线与机身轴线的夹角，且以尾翼前缘高于后缘情况下为正，实际飞机通常为负。当平尾升力系数和其升力线斜率分别由 c_{ypw}，c_{ypw}^{α} 表示时，则

$$c_{ypw} = c_{ypw}^{\alpha}\alpha_{pw} = c_{ypw}^{\alpha}[(1-\varepsilon^{\alpha})\alpha + \varepsilon^{\alpha}\alpha_{oy\text{-}s} + \varphi_{pw}] \tag{1-56}$$

当由 δ_z 表示升降舵(或全动平尾) 偏角，且后缘下偏为正值时，那么，整个平尾的升力系数为

$$c_{ypw} = c_{ypw}^{\alpha}[(1-\varepsilon^{\alpha})\alpha + \varepsilon^{\alpha}\alpha_{oy\text{-}s} + \varphi_{pw}] + c_{ypw}^{\delta_z}\delta_z \tag{1-57}$$

式中，$c_{ypw}^{\delta_z}$ 为单位 δ_z 偏度引起的平尾升力系数的增量。

1.2.1.4　机身对升力的影响

机身一般可以近似为圆头(或尖头) 加一段圆柱体组成。理论和实践都能证明，气流流过圆柱体时，通常不产生升力，只有在大迎角情况下，机身背部分离出许多涡流，才有升力。但是，机身头部只要有迎角就有升力。因此，单独机身头部的升力系数就可代表全机身的升力系数。

机翼与圆柱体机身之间对于升力的产生存在相互影响。从某一迎角 α 流过圆柱体的气流，分解为平行于圆柱体轴线的纵向流动和垂直于圆柱体轴线由下向上的横向流动。纵向流动不产生升力，但在不太大的迎角范围内，亚声速的横向气流在绕过圆柱体的过程中，速度增大，这个在机身上的上洗流使机翼靠近机身的部位迎角增大，从而机身使机翼升力增大。当考虑机翼对机身升力影响时，机翼上表面的低压也会传到机身上表面，机翼下表面的高压也会传到机身下表面，这便使机身上、下产生压力差，从而便产生了机身升力。

综上所述，翼-身组合体升力系数 $c_{yy\text{-}s}$ 包括机身头部的升力系数，有机身时的机翼升力系数和有机翼时的机身升力系数(不包括机身头部的升力系数)。

翼-身组合体升力系数 $c_{yy\text{-}s}$ 随机头最大直径(机身直径) 和翼展之比的增大而增大；飞机上的腹鳍、背鳍等也有增大翼-身组合体升力系数的作用。除此以外，正值的机翼安装角($\varphi>0$，对应翼梢高于翼根) 也可有效地提高翼-身组合体升力系数，包括这些因素的升力系数各项表达式，在此无须列出。但最终它可简化成为式(1-53) 所描述的形式。其中 $c_{yy\text{-}s}^{\alpha}$ 是机身直径与翼展之比、机翼升力线斜率和机头升力线斜率的函数，$\alpha_{oy\text{-}s}$ 是机翼安装角 φ 和单独机翼零升迎角 α_{oyi} 的函数。

1.2.1.5　全机升力

全机的升力包括翼-身组合体的升力和平尾升力。当由 $Y_{y\text{-}s}$ 表示翼-身组合体升力和 Y_{pw} 表示平尾升力时，全机升力可表示为

$$Y = Y_{y\text{-}s} + Y_{pw} \tag{1-58}$$

依据式(1-31) 和动压的定义，得到以系数表示的升力表达式为

$$c_y qS = c_{yy\text{-}s} qS + c_{ypw} q_{pw} S_{pw} \tag{1-59}$$

式中，S_{pw} 为尾翼面积。其全机的升力系数为

$$c_y = c_{yy\text{-}s} + c_{ypw} k_q \frac{S_{pw}}{S} \tag{1-60}$$

当把 c_y 写成为 α，δ_z 的函数时，全机升力系数为

$$c_y = c_y^{\alpha}\alpha + c_{y0} + c_y^{\delta_z}\delta_z \tag{1-61}$$

式中，全机升力线斜率为

$$c_y^{\alpha} = c_{yy\text{-}s}^{\alpha} + c_{ypw}^{\alpha}(1-\varepsilon^{\alpha})k_q \frac{S_{pw}}{S} \tag{1-62}$$

c_{y0} 是当 $\alpha=0$ 和 $\delta_z=0$ 时的升力系数，其表达式为

$$c_{y0} = -c_{yy\text{-}s}^{\alpha}\alpha_{oy\text{-}s} + c_{ypw}^{\alpha}(\varepsilon^{\alpha}\alpha_{oy\text{-}s} + \varphi_{pw})k_q \frac{S_{pw}}{S} \tag{1-63}$$

$c_y^{\delta_z}$ 是升降舵(或全动平尾) 单位偏度产生的升力系数，其表达式为

$$c_y^{\delta_z}=c_{ypw}^{\delta_z}k_q\frac{S_{pw}}{S} \tag{1-64}$$

按式(1-61)可以获得不同δ_z值时的升力系数随α的变化曲线，如图1-10所示是全机升力特性线性部分的示意图。

全机升力系数的另一个表达式为

$$c_y=c_y^{\alpha}(\alpha-\alpha_0)+c_y^{\delta_z}\delta_z \tag{1-65}$$

式中

$$\alpha_0=-\frac{c_{y0}}{c_y^{\alpha}} \tag{1-66}$$

全机的升力线斜率c_y^{α}和全机零升迎角α_0取决于整架飞机的外形和气动布局。对于全机升力特性来说是有重要意义的。α_0一般为$-2°\sim-4°$，对于某些机翼安装角较大的低速飞机，α_0可达$-6°\sim-7°$。

升力系数c_y不仅仅是飞行参数α和升降舵舵面偏度δ_z的函数，而且还与飞行马赫数有关。这种关系是由c_y^{α}随马赫数变化来表征的。图1-11为c_y^{α}随马赫数变化的示意图。图中Ma_{lj}为临界马赫数。由于流经机翼表面上的当地速度与飞行速度是不一样的，机翼表面上各点的当地速度也不一样，而且上表面各点速度往往大于飞行速度。当机翼表面上某点的当地速度首先达到声速时，其对应的飞行马赫数称为临界马赫数。飞机在低速飞行($Ma<0.5$)时，c_y^{α}基本保持为常数；当Ma在$0.5\sim Ma_{lj}$之间时，c_y^{α}略有增加；当$Ma>Ma_{lj}$时，c_y^{α}急剧增加，直至$Ma=1.2$左右时，c_y^{α}又随马赫数的增加而减小。这种变化规律是超声速飞机多种气动导数随马赫数变化的典型规律。

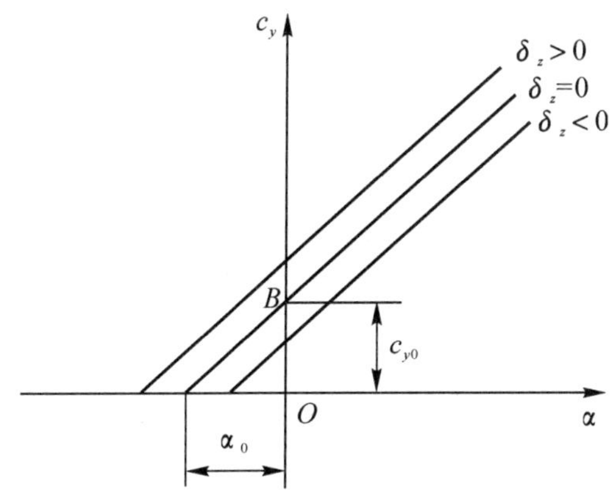

图1-10　全机升力系数随α的变化曲线(线性部分)

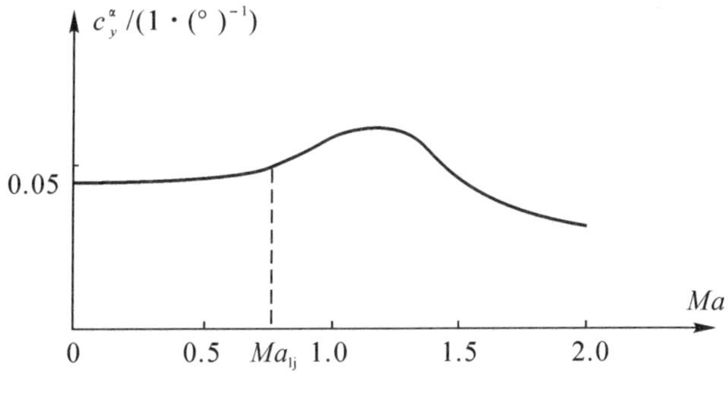

图1-11　超声速飞机c_y^{α}随马赫数的变化示意图

1.2.2　侧向力的产生

当飞机速度矢量不在飞机对称面内时，称飞机带侧滑飞行。飞行速度矢量与飞机对称面之间的夹角称为侧滑角，并以β表示。当飞机速度矢量偏向对称面右方时，称为右侧滑，β为正值。

飞机在做对称定常直线飞行时，没有侧滑角，没有侧向力存在。当飞机带侧滑飞行时，如带侧滑的盘旋运动或在对称定常直线飞行中受到侧向风扰动出现侧滑角情况下，气流不对称地绕过飞机而产生侧力，即垂直于$\boldsymbol{v}$和沿轴Oz_q的气动分力，并指向右，为正值。

产生侧向力的部件主要为垂直尾翼(简称垂尾)和机身。垂尾产生侧力的原理与机翼产生升力的原理相同。带有侧滑角飞行中的垂尾，侧滑角β的存在相当于垂尾具有“迎角”α，使得垂尾两个侧面的气动压力不同，从而压差产生了侧向力。同样，侧滑飞行中的机身也产生少量的侧向力。

与升力系数一样，在无气流分离的情况下，侧向力系数是侧滑角的线性函数，即

$$c_z = c_z^{\beta}\beta \tag{1-67}$$

由于垂尾和机身外形是左右对称的，所以不存在零侧力对应的侧滑角 β_0 对侧力系数 c_z 的影响。

在垂尾上的可操纵部分称为方向舵。左、右偏转方向舵相当于垂尾产生了弯度，不对称的垂尾剖面产生了侧向力。当单位方向舵偏度产生的侧力系数为 $c_z^{\delta_y}$ 时，具有侧滑角和方向舵偏角的全机侧力系数表达式为

$$c_z = c_z^{\beta}\beta + c_z^{\delta_y}\delta_y \tag{1-68}$$

仿效升力与升力系数的关系，得到侧向力表达式为

$$Z = c_z qS = (c_z^{\beta}\beta + c_z^{\delta_y}\delta_y)qS \tag{1-69}$$

由于侧力线斜率 c_z^{β} 比升力线斜率 c_y^{α} 小得多，所以由侧滑角引起的侧力要比相同大小的迎角引起的升力也小得多。

1.2.3 飞行阻力的产生

平行于来流方向且与飞机运动方向相反的空气动力分量称为阻力，它由翼型阻力、激波阻力、诱导阻力和配平阻力等部分组成，其中激波阻力和诱导阻力与升力的产生具有因果关系，其他阻力是与升力无关的寄生阻力。

飞行阻力的来源与分类比升力更为复杂，精确的计算出来很不容易，一般都是依靠试验来确定的。在飞行力学中常把阻力系数写成

$$c_x = c_{x0} + Ac_y^2 \tag{1-70}$$

式中，c_{x0} 称为零升阻力系数，是升力为零时的阻力系数；Ac_y^2 称为升致阻力系数，它是产生升力时伴随出现的阻力，这是为获得升力必须付出的代价。

零升阻力包括物体表面的摩擦阻力和黏性压差阻力等，升致阻力包括诱导阻力和激波阻力等。

1. 零升阻力

空气是一种会产生摩擦的流体介质。如果空气流过飞机，则在机翼上表面的法向出现压力，在切向也出现切向力。与此相应地将翼形阻力划分为压力阻力和摩擦力。压力阻力等于作用在物体表面上的压力积分，与物体在流动方向上的截面积成比例，并与马赫数密切相关。摩擦阻力是由物体与气体接触表面上附面层内的黏性切向力形成的，与接触表面面积和物体表面粗糙度成比例。

压差阻力和摩擦阻力决定了飞机的最小阻力，它不仅由机翼和尾翼产生，而且也由机身和发动机短舱等产生，即与飞机总表面面积有关。

2. 激波阻力

当气流以超声速流经物体时，在物体头部前存在一个称为激波的分界面，在激波前气流不受扰动，气流速度大小和方向不变，各状态参数都为常数；气流流过激波之后，其流速突然变小，温度、压强和密度等突然升高，出现一种阶跃变化。因此，激波是在超声速气流遇到物体时各状态参数不连续的分界面。

气流在亚声速流动时，总的空气动力矢量 $\boldsymbol{R}$ 近似垂直于来流方向，而超声速流动时，由于特殊的压力和流动关系，总的空气动力矢量 $\boldsymbol{R}$ 垂直于机翼表面，或近似认为垂直于机翼弦线，这样在存在迎角的情况下总空气动力不垂直于来流方向，而且在来流方向上存在着称为激波阻力的空气动力分量。它的系数大小与迎角 α 以及机翼相对厚度 f/b_A 有关。因此，超声速飞机要选用尽量薄的机翼为好。

对于高亚声速范围（$0.8 < Ma < 1$），机翼上会出现局部超声速区，这时在此局部出现激波和阻力激增现象。如果激波在翼剖面上出现抖振的前后跳动现象，那么，它将引起俯仰力矩的强烈变化，因此无论如何也要避免这种现象出现，甚至宁可限制允许使用的飞行速度。

为了有效地减小激波阻力，一般采用尖缘薄翼型、大后掠角和小展弦比机翼，以及采用尖锐头部和细长的机身，可有利于跨声速或超声速飞机把激波阻力猛增现象推移到较高的马赫数。

3. 诱导阻力

诱导阻力是指亚声速飞行时的升致阻力。当飞机在亚声速飞行时，在有限展长的情况下，机翼不仅对平尾有下洗影响，翼梢上的自由涡对机翼自身也存在下洗作用，尽管它小于对平尾的下洗作用。如图 1-12 所示，图中 α_{yd} 为机翼自身诱导出的迎角。它使来流方向高于原来流方向，又因为亚声速飞行时所产生的升力基本上与来流方向垂直，这样一来，就使总的升力系数矢量 c'_y 向后倾斜，它在未受扰动的原来流方向上产生诱导阻力的分量。其诱导阻力系数

$$c_{xyd} = c'_y \sin\alpha_{yd} \approx c'_y \alpha_{yd} \tag{1-71}$$

因为 α_{yd} 与 c_y 成正比，所以 c_{xyd} 随升力系数的二次方而增大。这样，总阻力系数为

$$c_x = c_{x0} + c_{xyd} = c_{x0} + Ac_y^2 \tag{1-72}$$

李林塔尔(Lilienthal)用极曲线表示这种关系，至今仍是最常用的表达方式。图 1-13 给出了极曲线的例子。

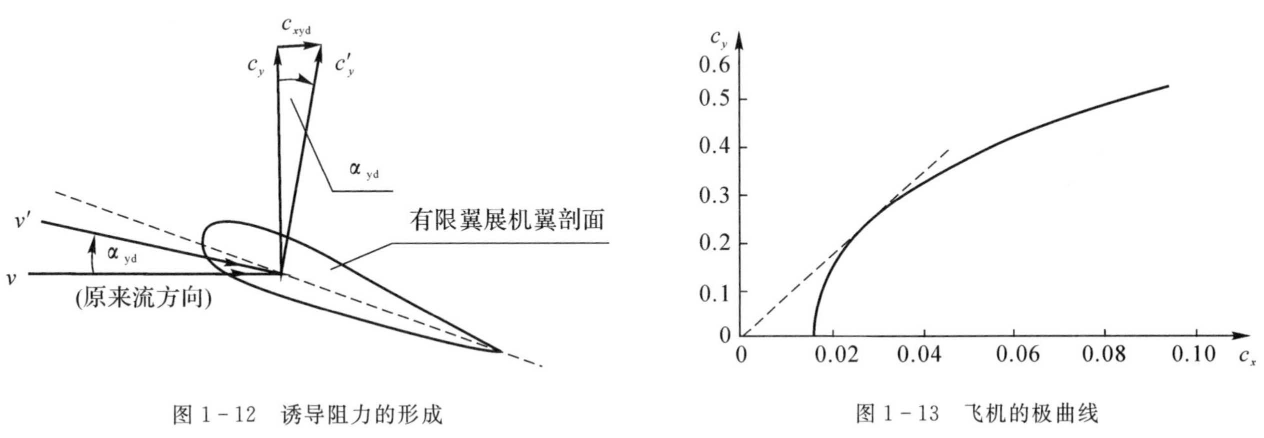

图 1-12　诱导阻力的形成

图 1-13　飞机的极曲线

4. 配平阻力

定常飞行中，在飞机上的所有力矩之和应等于零，势必依靠某些操纵面的相应偏度来实现。对于飞机俯仰力矩的平衡，需要合适的升降舵(或全动平尾)偏度，这样便会在尾翼上诱发阻力。伴随力矩平衡所产生的阻力之和，称为配平阻力。在巡航飞行等续航飞行阶段，由于配平阻力的存在，燃料消耗增大和飞行所需费用明显提高，因此，要尽量减小配平阻力。

当迎角增大时，总的升力作用点向前移动。为了补偿这种升力作用点的移动影响，现代飞行控制系统采用了"α 配平"工作方式；而在跨声速飞行阶段，随着马赫数的增加，升力作用点向后移动，需要调整平尾安装角 φ_{pw} 的"马赫数配平"工作方式。亚声速和超声速飞行的整个范围内，俯仰力矩变化剧烈，必须寻找其他解决力矩平衡的途径，如调整飞机重心，以减小飞机不平衡力矩，从而达到减小舵面配平偏度和配平阻力的目的，这将有效地减少燃料消耗和不必要的花费。对于作战飞机来说，减少配平阻力，还可有效地提高机动能力和增大作战半径，延长作战有效时间。

1.2.4　飞机的俯仰力矩

1.2.4.1　对称定常直线飞行条件下的俯仰力矩

俯仰力矩 M_z 是作用在飞机上的空气动力对体轴 Oz_t 产生的力矩，且当空气动力在飞机对称面上时，俯仰力矩是通过重心的。其系数定义为

$$m_z = \frac{M_z}{qSb_A} \tag{1-73}$$

当飞行状态为对称定常直线飞行时，在迎角 α 和升降舵偏度 δ_z 不大时，俯仰力矩系数可以表示为线性关

系式

$$m_z = m_{z0} + m_z^{\alpha}(\alpha - \alpha_0) + m_z^{\delta_z}\delta_z \tag{1-74}$$

式中，$m_z^{\alpha} = \dfrac{\partial m_z}{\partial \alpha}$ 为纵向静稳定导数；$m_z^{\delta_z} = \dfrac{\partial m_z}{\partial \delta_z}$ 表示升降舵偏转单位角度产生的俯仰力矩系数，称为升降舵操纵效率；α_0 为前述零升迎角，m_{z0} 值是由飞机机体在 $x_t O z_t$ 平面上、下不对称造成的。它是在 $\alpha = \alpha_0$ 和 $\delta_z = 0$，即 $c_y = 0$ 时的俯仰力矩系数，称为零升力矩系数。图 1-14 给出了当 $\delta_z = 0$ 时 m_z 随 α 变化的曲线。若 $m_{z0} < 0$（虚线），则只有在小于零升迎角 α_0 的迎角 α_2 下，纵向力矩才能平衡（$m_z = 0$），然而，这时升力系数 c_y 为负。这样的飞机当然不能使用，因此通常要求 $m_{z0} > 0$。这一点通常是由平尾负安装角来保证的。

图 1-14 中的曲线表征了 $m_z^{\alpha} = \partial m_z / \partial \alpha$ 为负值。只有 m_z^{α} 为负值，当迎角扰动时，飞机才能具有恢复平衡的能力。

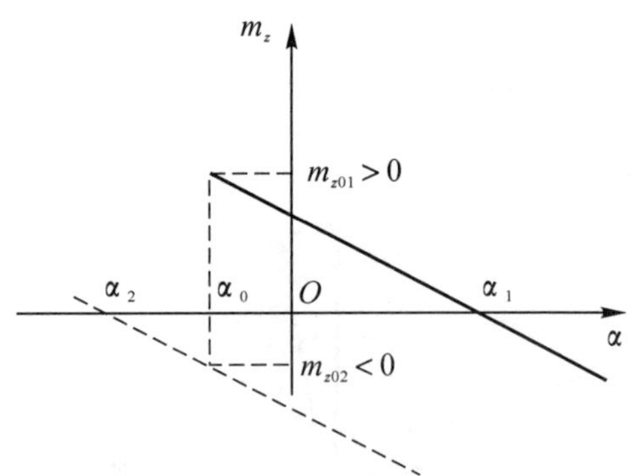

图 1-14　$\delta_z = 0$ 时 m_z 与 α 的关系曲线

为使飞机能定常飞行，应满足如下条件：

(1) 升力、阻力、重力和推力之和力为零，并近似为 $Y = G$ 和 $Q = P$；

(2) 绕飞机重心的力矩为零。

为满足上述两个条件，绕 z 轴的俯仰力矩应满足如下要求：

第一，$Y = 0$ 时 $M_z > 0$，从而使飞机上仰，以便建立正的迎角和必要的升力；

第二，$m_z^{\alpha} = \partial m_z / \partial \alpha < 0$，以便飞机在迎角扰动情况下（例如阵风引起的迎角变化），飞机能返回它的平行位置。

对于俯仰力矩的第一个要求，由式(1-65)可知，在 $\delta_z = 0$ 的条件下，当 $\alpha = \alpha_0$ 时 $c_y = 0$ 和 $Y = 0$，又由式(1-74)可知，当 $\alpha = \alpha_0$ 时 $m_z = m_{z0}$。因此，只有 $m_{z0} > 0$ 时，才能实现 $M_z > 0$。对于第二个要求说明，俯仰力矩 $M_z(\alpha)$ 必须具有弹簧那样的恢复特性，即在弹簧可动端发生位移后，能自动恢复到原先的工作平衡点。图 1-14 给出的 m_z-α 曲线具有这种自恢复特性。对俯仰力矩特性的这两个稳定性要求，可归结为力矩系数的要求，即

$$m_{z0} > 0 \tag{1-75}$$

$$\partial m_z / \partial \alpha = m_z^{\alpha} < 0 \tag{1-76}$$

静稳定导数 m_z^{α} 是飞机纵向运动中的一个重要参数，它取决于全机的焦点（中性点）与飞机重心的相对位置。焦点不同于压力中心的飞机总空气动力 $\boldsymbol{R}$ 的作用点。

压力中心一般随 α 的变化而前后移动，利用它来获得俯仰力矩是很不方便的。实际上，当马赫数一定时，无论是单独机翼或者整架飞机，都存在着这样一个点，该点称为焦点或中性点。在焦点上的气动力矩不随迎角 α 变化，因此焦点是迎角增量 $\Delta\alpha$ 引起的升力增量 ΔY 的作用点，即迎角的任何变化产生的升力增量对焦点不产生力矩增量，因而，对焦点的力矩就是 $\alpha = \alpha_0$（即升力为零）时的力矩 M_{z0}。

1. 机翼上的俯仰力矩

当气流流过无限翼展机翼时，机翼上的空气动力和焦点如图 1-15 所示，在机翼焦点 F_y 上的空气动力系数分量是 $c_{yjy}^{\alpha}\alpha$，作用在 $\alpha = 0$ 时的压力中心 D_y 上的升力系数分量是 $c_{yjy(\alpha=0)}$。如不考虑重心移动，按图 1-15 可得对重心的机翼力矩为

$$M_{zjy} = M_{zjy(Y=0)} + \Delta x_{Dy} Y(\alpha) = M_{zjy(Y=0)} + \Delta x_{Dy} Y_{yjy(\alpha=0)} + \Delta x_{Fy} \Delta Y_{jy}(\alpha) \tag{1-77}$$

式中第二种表达式已把与迎角有关和无关部分分开。代入式(1-31)和式(1-35)得到

$$m_{zjy} = m_{zjy(Y=0)} + \frac{\Delta x_{Dy}}{b_A} c_{yjy(\alpha=0)} + \frac{\Delta x_{Fy}}{b_A} c_{yjy}^{\alpha}\alpha \tag{1-78}$$

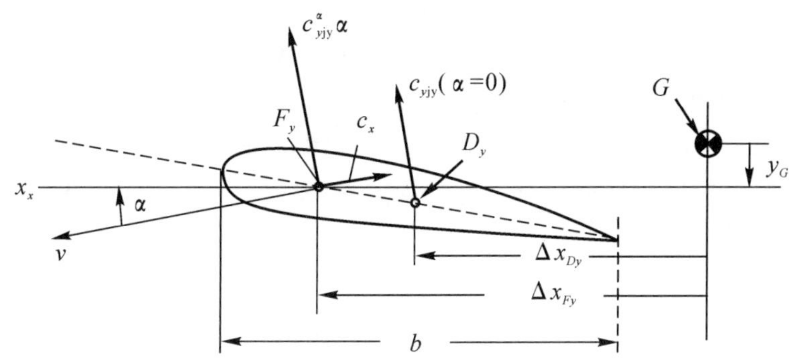

图 1-15 机翼上的空气动力和焦点

尽管重心和压力中心都是变化的，但是 $\Delta x_{Fy}-\Delta x_{Dy}=\Delta x_{DF}=b_A/4$ 可近似不变，展开式(1-78)可得

$$m_{zjy}=m_{zjy(Y=0)}-\frac{\Delta x_{DF}}{b_A}c_{yjy(\alpha=0)}+\frac{\Delta x_{Fy}}{b_A}(c_{yjy}^{\alpha}\alpha+c_{yjy(\alpha=0)}) \tag{1-79}$$

式中，前两项为常数。也就是说，这两项不仅与 α 无关，而且也与重心位置无关。因此，在线性情况下，式(1-79)可写成

$$m_{zjy}=m_{zjy0}+\frac{\partial m_z}{\partial c_y}\frac{\partial c_y}{\partial \alpha}\bigg|_{\alpha=\alpha_0}\alpha=m_{zjy0}+m_{zjy}^{\alpha}\alpha \tag{1-80}$$

式中

$$m_{zjy}^{\alpha}=\frac{\partial m_z}{\partial c_y}c_{yjy}^{\alpha}=\frac{\Delta x_{Fy}}{b_A}c_{yjy}^{\alpha} \tag{1-81}$$

$$m_{zjy0}=m_{zjy(\alpha=\alpha_0)}+\frac{\Delta x_{Dy}}{b_A}c_{yjy(\alpha=0)} \tag{1-82}$$

式(1-81)表征了力矩平衡时的“弹簧效应”，它与 $\alpha=0$ 时的机翼压力中心至焦点的距离 Δx_{Fy} 成正比。为满足式(1-75)和式(1-76)两个稳定性要求，则应满足：

(1) 当 $\alpha=0$ 时，气动压力中心在重心之前，则 $M_{z(\alpha=0)}>0$。在 $m_z^{\alpha}<0$ 的条件下，必然存在 $m_{z0}>0$；

(2) 气动焦点应在重心后面，从而使得 $m_z^{\alpha}=\dfrac{\partial m_z}{\partial \alpha}<0$。

对于单独机翼来说，上述两个要求是矛盾的，对于无尾的飞翼式飞机往往难以解决。解决这个矛盾的最有效方法是加平尾，然而，这就要对平尾产生的附加阻力付出代价。出于包括这个原因在内的各种原因，飞机也可设计成具有负弹簧效应($m_z^{\alpha}>0$)，在这种情况下，必须通过飞行控制系统实现纵向静稳定。

2. 平尾的俯仰力矩

在讨论机翼时，机翼的有关量用角标jy表示，例如机翼升力系数表示为 c_{yjy}。现在，对于平尾有关参数采取惯用的角标“pw”表示，如 v_{pw}，S_{pw}，c_{ypw} 等。

为使承载面-机翼具有良好的升力特性，机翼翼型应具有弯度。对于平衡机翼力矩特性的平尾，通常采用对称翼型。除鸭式布局的飞机外，绝大多数的飞机平尾都安装在机翼后面。

如图 1-15 所示，在零升力情况下，负值的 α(等于 α_0)使得机翼焦点上产生负值的升力 $c_{yjy}^{\alpha}\alpha_0$，并且

$$c_{yjy}^{\alpha}\alpha_0=-c_{yjy(\alpha=0)} \tag{1-83}$$

$$m_{zjy0}=\frac{\Delta x_{Fy}}{b_A}c_{yjy}^{\alpha}\alpha_0+\frac{\Delta x_{Dy}}{b_A}c_{yjy(\alpha=0)}=c_{yjy}^{\alpha}\alpha_0\,\frac{\Delta x_{Fy}-\Delta x_{Dy}}{b_A}<0 \tag{1-84}$$

由于 α_0 为负值和 $\Delta x_{Fy}>\Delta x_{Dy}$，所以机翼零升力矩系数 m_{zjy0} 为负值。

这样一来，当 $Y=0$ 时，两种布局情况下，平尾或鸭翼都应产生一个在数值上大于负值的零升力矩。为此，前一种布局的平尾应产生一个负升力，即需要一个负值的安装角 φ_{pw}(后缘高于前缘)，产生一个正力矩；后一种布局的鸭翼，应产生一个正值的附加升力(这是它的优点)，其安装角应为前缘高于后缘。然而，鸭翼

布局使飞机受到流场下洗的影响,因此需要在整个迎角范围内配置好它的位置和结构。

尾翼对飞机重心的力矩是按图1-16的方式产生的。和平尾升力一样,尾翼处气流受到机翼下洗的强烈影响是平尾力矩大的主要原因。除此以外,力矩还与机翼迎角α_L(近似为α)、平尾安装角φ_{pw}和上、下安装位置y_{pw}等因素有关。仿效升力的表达式,并以v^2S为因子,得到平尾升力表达式

$$Y_{pw}=\frac{\rho}{2}v^2S\left(\frac{v_{pw}}{v}\right)^2\frac{S_{pw}}{S}c_{ypw}=\frac{\rho}{2}v^2Sk_q\frac{S_{pw}}{S}C_{ypw} \tag{1-85}$$

式中,c_{ypw}由式(1-56)表示;k_q同式(1-48)或式(1-50)。

将式(1-85)两端同除以$\frac{1}{2}v^2S$,得到的平尾升力系数的折算值(相对于机翼上的量)为

$$\Delta c_{ypw}=k_q\frac{S_{pw}}{S}c_{ypw} \tag{1-86}$$

考虑到平尾为对称翼型,其零升力矩系数为零,而且不考虑平尾的高低位置y_{pw},当平尾力矩系数也是相对机翼上的量时,那么这个平尾力矩的相对值为

$$\Delta M_{zpw}=Y_{pw}\Delta x_{pw}=\frac{\rho}{2}v^2Sk_q\frac{S_{pw}}{S}c_{ypw}\Delta x_{pw}=\frac{\rho}{2}v^2Sb_A\Delta m_{zpw} \tag{1-87}$$

式中,Δx_{pw}为平尾焦点F_{pw}至飞机重心G处的距离,且为负值。这样,再由式(1-57)、式(1-87)得到平尾力矩系数相对值为

$$\Delta m_{zpw}=k_q\frac{S_{pw}}{S}\frac{\Delta x_{pw}}{b_A}c_{ypw}=k_q\frac{S_{pw}}{S}\frac{\Delta x_{pw}}{b_A}c_{ypw}^{\alpha}[\alpha+\varphi_{pw}-\varepsilon^{\alpha}(\alpha-\alpha_{oy-s})] \tag{1-88}$$

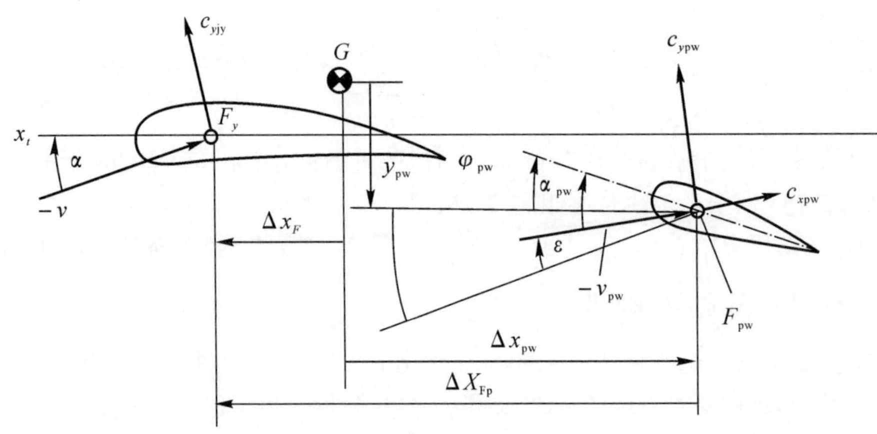

图1-16 平尾绕飞机重心的力矩

F_y—机翼焦点; F_{pw}—平尾焦点

3. 全机的俯仰力矩

绕飞机重心的总的空气动力俯仰力矩由翼-身部分和平尾部分组成。可以由式(1-61)表示的全机升力系数c_y导出全机俯仰力矩系数,其中c_y^{α}和c_{y0}分别由式(1-62)和式(1-63)表示。全机的升力与力矩如图1-17所示,与迎角有关的升力系数分量$c_y^{\alpha}\alpha$作用在全机焦点F上,与迎角无关的升力系数分量c_{y0}作用在$\alpha=0$时的全机压力中心D上,那么,在$\delta_z=0$的情况下,全机的俯仰力矩系数为

$$m_z=\frac{x_G-x_F}{b_A}c_y^{\alpha}\alpha+\frac{x_G-x_D}{b_A}c_{y0}=-\Delta\bar{x}_Fc_y^{\alpha}\alpha-\Delta\bar{x}_Dc_{y0} \tag{1-89}$$

式中,x_F,x_D,x_G分别为平均气动弦前缘至全机焦点F,$\alpha=0$时的全机压力中心D和重心位置G的距离,且

$$\left.\begin{aligned}\Delta\bar{x}_F&=\frac{x_F-x_G}{b_A}\\ \Delta\bar{x}_D&=\frac{x_D-x_G}{b_A}\end{aligned}\right\} \tag{1-90}$$

当 α_0 为全机零升迎角，并由式(1-66)表示时，式(1-89)还可表示为

$$m_z = m_{z0} + m_z^\alpha(\alpha - \alpha_0) \tag{1-91}$$

其中

$$m_z^\alpha = \frac{\partial m_z}{\partial \alpha} = -\Delta \bar{x}_F c_y^\alpha = \frac{x_G - x_F}{b_A} c_y^\alpha \tag{1-92}$$

$$m_{z0} = \frac{x_F - x_D}{b_A} c_{y0} \tag{1-93}$$

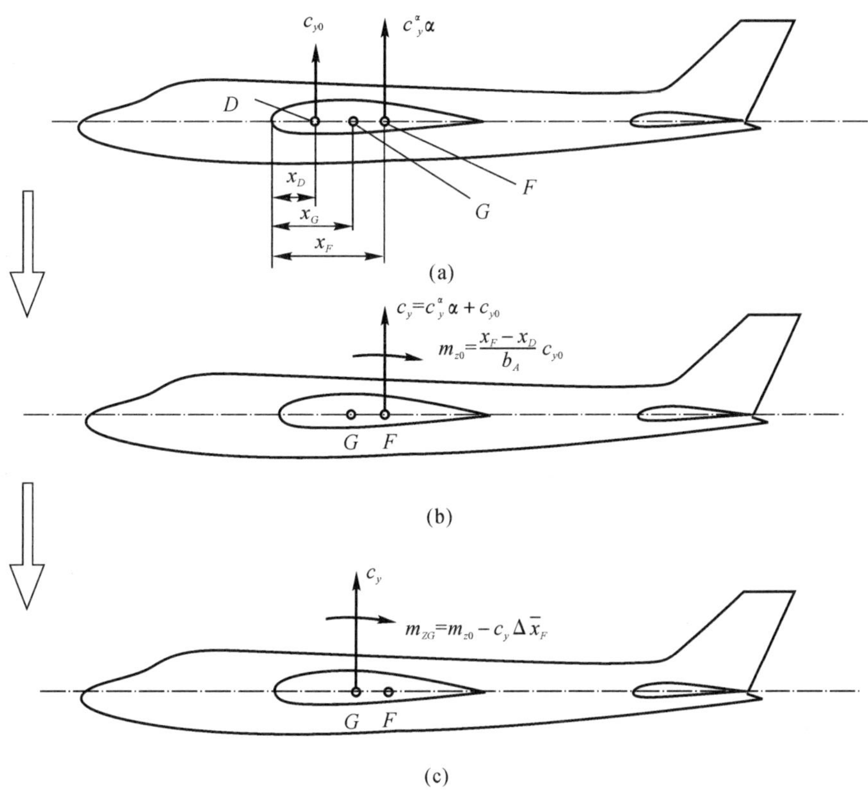

图 1-17　全机的升力与力矩

对于全机，往往求对重心的力矩，可由图 1-17 得到

$$m_{zG} = m_{z0} - c_y \Delta \bar{x}_F \tag{1-94}$$

式中，m_{z0} 为全机零升力矩系数，并由式(1-93)表示；c_y 为全机升力系数，并由式(1-61)表示。由式(1-94)对 c_y 求偏导数，得到

$$m_z^{c_y} = \frac{\partial m_z}{\partial c_y} = -\Delta \bar{x}_F = \frac{x_G - x_F}{b_A} \tag{1-95}$$

显然导数 $m_z^{c_y}$ 是与全机焦点位置有关的量，通常要求 $|m_z^{c_y}| \geqslant 0.05$。

由式(1-92)可知，m_z^α 也是与焦点位置和重心位置有关的量。当 $x_G > x_F$，即重心在焦点之后时，$m_z^\alpha > 0$，对应纵向运动静不稳定；当 $x_G < x_F$，即重心在焦点之前时，$m_z^\alpha < 0$，纵向运动是静稳定的。可见当飞行马赫数一定时，改变重心位置就可以改变 m_z^α 的大小和符号。

正如在 1.2.4.1 节描述的内容，m_{z0} 不能小于或等于零，只有在小于零升迎角 α_0 的迎角下飞行时，力矩才能平衡，然而这时的升力系数 c_y 小于零，升力为负的飞机当然不能飞行；不仅需要 $m_{z0} > 0$，而且还应有足够大的值，才能使得如图 1-14 所示中的 α_1 足够大，以减小升降舵配平负偏度(后缘向上)或增大升降舵配平正偏度，从而提高了飞机的总升力系数 c_y。

由式(1-93)可知，$\alpha=0$ 对应的全机压力中心 D 应在全机焦点之前，即 $x_F > x_D$，使得在 c_{y0} 为正值的情况下 m_{z0} 为正值。如果 $m_z^\alpha < 0$，即重心在全机焦点之前时，那么，当压力中心 D 在重心之前时，足够大的 $(x_F - x_D)$ 使正值的 m_{z0} 也足够大，可以通过增大机翼弯度、后掠和扭转增加 c_{y0} 和 m_{z0} 值。

正值 m_{z0} 情况下的俯仰力矩系数与 α 的关系曲线 —— 俯仰静稳定性曲线如图 1-18 所示。

全机焦点随马赫数的增加而往后移动，图 1-19 给出了典型超声速飞机的 $m_z^{c_y}$ 随马赫数变化的曲线。

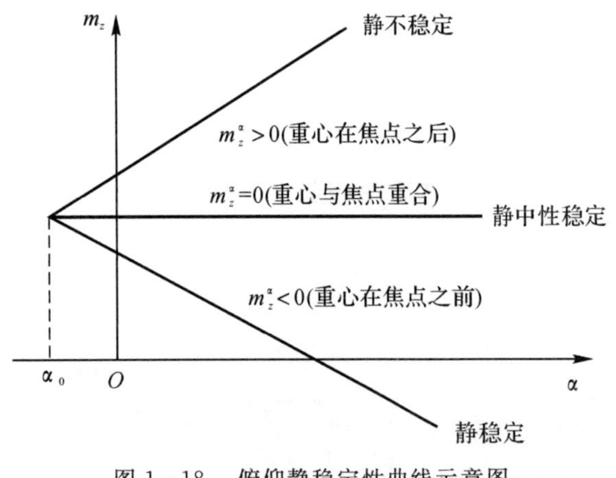

图 1-18　俯仰静稳定性曲线示意图

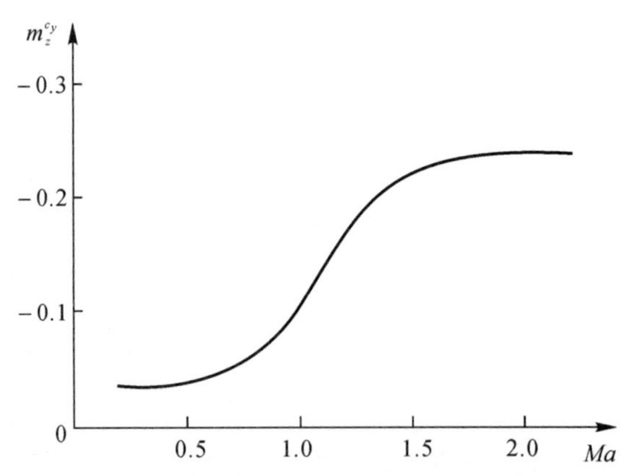

图 1-19　超声速飞机的 $m_z^{c_y}$ 随马赫数变化的曲线

m_z^α 和 $m_z^{c_y}$ 不仅直接决定了飞机纵向静定性，同时还间接地影响飞机纵向运动的操纵特性，因此，对它的分析和确定是飞机设计者的重要内容之一，也是飞行控制系统设计者所关心的问题之一，因为它是纵向控制系统控制律设计的重要依据。

1.2.4.2　非定常曲线飞行时的俯仰力矩

飞机在实际飞行中作为定常直线飞行是不易保持的，反而经常处于非定常的曲线飞行中。除驾驶员操纵飞机作一些需要的航迹和姿态曲线运动外，外界的扰动也使飞机处于不必要的曲线运动中。如果精确地考虑到非定常的流动效应来分析空气动力和力矩是相当复杂的事，然而，在工程上往往采用“准定常”方法来分析这种非定常的曲线飞行。

利用准定常的分析处理方法，可在非定常的纵向曲线运动中确定某一个时刻的力和力矩：其一，按静态条件确定迎角 α 和升降舵 δ_z 产生的力和力矩；其二，按在等角速度转动中确定俯仰角速率 ω_z 产生的力和力矩；其三，确定由迎角随时间的等速率变化 $\dot{\alpha}=\mathrm{d}\alpha/\mathrm{d}t$ 产生的力和力矩。在某瞬时的 α 和 δ_z 产生的力和力矩的分析同上。本小节主要讨论 ω_z 和 $\dot{\alpha}$ 引起的俯仰力矩。

1. 俯仰角速率 ω_z 引起的俯仰力矩

当飞机绕体轴 Oz_t 转动时，机翼、机身和平尾都会产生俯仰力矩。其中，以平尾的作用最为显著，而由于机翼安装位置沿 Oz_t 附近，因此它所产生的俯仰力矩不大，除非是大后掠机翼；升力不大的机身也不会产生大的俯仰力矩。

当飞机以正俯仰角速率 ω_z 做俯仰运动时，在平尾的压力中心处将产生一个大小为 $L_{pw}\omega_z$ 的垂直向下的速度，相对空气则是向上的气流速度。L_{pw} 是飞机重心到平尾压力中心的距离。这个附加的向上气流引起的平尾附加迎角为

$$\Delta\alpha_{pw}(\omega_z) \approx \frac{L_{pw}\omega_z}{v_{pw}} = \frac{L_{pw}\omega_z}{\sqrt{k_q}\,v} \tag{1-96}$$

从而引起的附加升力为

$$\Delta Y_{pw}(\omega_z) = c_{ypw}^\alpha \Delta\alpha_{pw}(\omega_z) S_{pw} k_q q = c_{ypw}^\alpha \frac{L_{pw}}{v} S_{pw} \sqrt{k_q}\, q\omega_z \tag{1-97}$$

因此，由该升力产生的附加力矩为

$$\Delta M_{zpw}(\omega_z) = -\Delta Y_{pw}(\omega_z)L_{pw} = -c_{ypw}^{\alpha}\frac{L_{pw}^2}{v}S_{pw}\sqrt{k_q}\,q\omega_z \tag{1-98}$$

空气动力学通常定义下列各无因次量：

$$\left.\begin{aligned}\bar{\omega}_z &= \frac{\omega_z b_A}{v}\\ A_{pw} &= \frac{S_{pw}L_{pw}}{Sb_A}\\ \bar{L}_{pw} &= \frac{L_{pw}}{b_A}\end{aligned}\right\} \tag{1-99}$$

那么，以无因次量表示的由 ω_z 引起的附加力矩表达式应为

$$\Delta M_{zpw}(\bar{\omega}_z) = -c_{ypw}^{\alpha}A_{pw}\bar{L}_{pw}Sb_A\sqrt{k_q}\,q\,\bar{\omega}_z \tag{1-100}$$

从而得到 ω_z 引起的附加力矩系数为

$$\Delta m_{zpw}(\bar{\omega}_z) = \frac{\Delta M_{zpw}(\bar{\omega}_z)}{qSb_A} = -c_{ypw}^{\alpha}A_{pw}\bar{L}_{pw}\sqrt{k_q}\,\bar{\omega}_z \tag{1-101}$$

对 $\bar{\omega}_z$ 取偏导，得到平尾对 $\bar{\omega}_z$ 的附加力矩导数为

$$m_{zpw}^{\bar{\omega}_z} = \frac{\partial m_{zpw}(\bar{\omega}_z)}{\partial \bar{\omega}_z} = -c_{ypw}^{\alpha}A_{pw}\bar{L}_{pw}\sqrt{k_q} \tag{1-102}$$

在这里应该特别指出，为了书写方便，空气动力学把无因次导数 $m_z^{\bar{\omega}_z}$ 简写成 $m_z^{\omega_z}$。在以后将要讨论的 $\omega_z^{\dot{\alpha}}$，$\omega_x^{\omega_x}$，$\omega_y^{\omega_y}$ 等角速度导数都采用了类似的简化符号。

由空气动力学的经验可知，由于 ω_z 的存在，平尾产生的俯仰力矩再放大 10%～20% 可代替全机的俯仰力矩值，并且，通常取全机俯仰角速度引起的俯仰力矩导数为

$$m_z^{\omega_z} = (1.1 \sim 1.2)m_{zpw}^{\omega_z} \tag{1-103}$$

由于式(1-102)中 c_{ypw}^{α}，A_{pw}，$\bar{L}_{pw}$ 和 $\sqrt{k_q}$ 等参数，在平尾局部失速前都为正值(平尾失速后 c_{ypw}^{α} 为负)，因此，在平尾失速前 $m_z^{\omega_z}$ 为负值。它表征了俯仰力矩 $\Delta M_z(\omega_z)$ 是阻止飞机作俯仰运动的，故称导数 $m_z^{\omega_z}$ 为俯仰阻尼导数。

由于 ΔY_{pw} 与全机升力 Y 相比足够小，因此通常不考虑 ΔY_{pw} 对全机升力的影响；但是，由于足够大的力臂 L_{pw} 与 ΔY_{pw} 的乘积也足够大，因此，不能忽略它对全机俯仰力矩的影响。

2. 迎角变化率 $\dot{\alpha}$ 引起的俯仰力矩

准定常的分析方法，把某一时刻的力和力矩用定常飞行时的力和力矩来描述，这将给非定常曲线飞行的力和力矩带来误差。例如，在非定常曲线飞行时，瞬时的平尾升力不等于定常飞行时的平尾升力。实际上，此时刻翼-身对平尾产生的下洗角 ε 是前某一时刻的值，这是因为平尾在翼-身之后有距离 L_{pw}，翼-身组合体产生的涡流要经过这段距离所需的时间间隔 τ 才能达到平尾处，并且

$$\tau \approx \frac{L_{pw}}{v_{pw}} = \frac{L_{pw}}{\sqrt{k_q}\,v} \tag{1-104}$$

如果此时刻为 t_0 时，那么描述下洗角 ε 的式(1-54)中的 α 不应等于 $\alpha(t_0)$，而是 $\alpha(t_0-\tau)$，且当

$$\Delta\alpha = \alpha(t_0) - \alpha(t_0-\tau) \approx \frac{d\alpha}{dt}\tau \tag{1-105}$$

时，人为造成的下洗角增量为

$$\Delta\varepsilon = \varepsilon^{\alpha}\Delta\alpha = \varepsilon^{\alpha}\frac{d\alpha}{dt}\tau = \varepsilon^{\alpha}\dot{\alpha}\frac{L_{pw}}{\sqrt{k_q}\,v} \tag{1-106}$$

这就相当于平尾升力少计算了一个量，即为

$$\Delta Y_{pw} = c_{ypw}^{\alpha}\Delta\varepsilon = c_{ypw}^{\alpha}\varepsilon^{\alpha}\dot{\alpha}\frac{L_{pw}}{v}\sqrt{k_q}\,qS_{pw} \tag{1-107}$$

当考虑到 $\dot{\alpha}$ 很小时，这个升力系数增量与全机升力系数相比可以忽略；但是，L_{pw} 值足够大，使得由 $\dot{\alpha}$ 引起的和少计算了的俯仰力矩增量

$$\Delta M(\dot{\alpha}) = -L_{pw}\Delta Y_{pw}(\dot{\alpha}) = -c_{ypw}^{\alpha}\varepsilon^{\alpha}\dot{\alpha}\frac{L_{pw}^{2}}{v}\sqrt{k_{q}}\,qS_{pw} \tag{1-108}$$

应该增加到全机俯仰力矩中去。

当空气动力学定义

$$\bar{\dot{\alpha}} = \frac{\dot{\alpha}b_{A}}{v}$$

和由式(1-99)定义 A_{pw} 和 $\bar{L}_{pw}$ 时，由 $\dot{\alpha}$ 引起的俯仰力矩增量可写为

$$\Delta M_{z}(\bar{\dot{\alpha}}) = -c_{ypw}^{\alpha}A_{pw}\bar{L}_{pw}\sqrt{k_{q}}\,\varepsilon^{\alpha}Sb_{A}q\,\bar{\dot{\alpha}} \tag{1-109}$$

其系数为

$$\Delta m_{z}(\bar{\dot{\alpha}}) = \frac{\Delta M_{z}(\bar{\dot{\alpha}})}{qSb_{A}} = -c_{ypw}^{\alpha}A_{pw}\bar{L}_{pw}\sqrt{k_{q}}\,\varepsilon^{\alpha}\,\bar{\dot{\alpha}} \tag{1-110}$$

$\Delta m_{z}(\bar{\dot{\alpha}})$ 对 $\bar{\dot{\alpha}}$ 的偏导数为

$$m_{z}^{\dot{\alpha}} = m_{z}^{\bar{\dot{\alpha}}} = \frac{\partial m_{z}}{\partial\bar{\dot{\alpha}}} = -c_{ypw}^{\alpha}A_{pw}\bar{L}_{pw}\sqrt{k_{q}}\,\varepsilon^{\alpha} \tag{1-111}$$

并由式(1-102)得到

$$m_{z}^{\dot{\alpha}} = m_{z}^{\omega_{z}}\varepsilon^{\alpha} \tag{1-112}$$

可见，$m_{z}^{\dot{\alpha}}$ 和 $m_{z}^{\omega_{z}}$ 一样，负值的 $m_{z}^{\dot{\alpha}}$ 使得具有 $\dot{\alpha}$ 的飞机，产生了减小 $\dot{\alpha}$ 量值的力矩，因此，$m_{z}^{\dot{\alpha}}$ 也称为阻尼导数。

3. 全机的俯仰力矩系数

综合以上所述内容，在迎角和升降舵偏度不太大的条件下，俯仰力矩系数可以写成如下线性形式：

$$m_{z} = m_{z0} + m_{z}^{\alpha}(\alpha-\alpha_{0}) + m_{z}^{\omega_{z}}\bar{\omega}_{z} + m_{z}^{\dot{\alpha}}\bar{\dot{\alpha}} + m_{z}^{\delta_{z}}\delta_{z} \tag{1-113}$$

当 ω_{z} 和 $\dot{\alpha}$ 为零时，它描述定常飞行中的静态力矩。当 $\alpha,\delta_{z},\omega_{z},\dot{\alpha}$ 不为零时，则它以准定常方法描述飞机非定常曲线飞行时的俯仰力矩。

1.2.5 飞机的滚转力矩和偏航力矩

绕机体轴 Ox_{t} 的力矩称为滚转力矩，绕机体轴 Oy_{t} 的力矩称为偏航力矩。滚转力矩和偏航力矩统称为横侧力矩。除侧向力外，飞机横侧向运动还决定于横侧力矩的大小和方向。复杂的侧向力和横侧向力矩的表达式决定了横侧向运动要比纵向运动复杂得多。飞机的纵向运动是指沿 Ox_{t} 和 Oy_{t} 轴的移动以及绕 Oz_{t} 轴的转动，对纵向运动来说，只包含一个纵向力矩 M_{z}。飞机的横侧向运动是指飞机沿 Oz_{t} 轴移动和绕轴 Ox_{t} 和轴 Oy_{t} 的转动。因此，对于横侧向运动来说，它包含着 M_{x} 和 M_{y} 两个力矩。空气动力学和飞行力学有时把绕轴 Ox_{t} 的转动称为横向运动，把沿 Oz_{t} 轴的移动和绕 Oy_{t} 轴的转动称为偏航运动，或称为侧向运动，或称为航向运动。由于横向运动和侧向运动在大多数操纵与扰动情况下，同时出现和相互耦合，两种运动变量对两个力矩(M_{x},M_{y})和一个侧力(Z)都有不可分割的影响。因此，横侧向的耦合运动难以分开处理。另外，从操纵面可知，纵向的升降舵主要用以产生 M_{z}；而横侧向的副翼 δ_{x} 和方向舵 δ_{y} 同时对 M_{x} 和 M_{y} 都有显著的影响。

1.2.5.1 横侧向力矩系数的一般表达式

为了便于分析，假设横侧向各运动变量不够大，可以类似于俯仰力矩系数的一般表达式，分别由式(1-114)和式(1-115)给出滚转力矩系数和偏航力矩系数的线性表达式：

$$m_{x} = m_{x}^{\beta}\beta + m_{x}^{\omega_{x}}\bar{\omega}_{x} + m_{x}^{\omega_{y}}\bar{\omega}_{y} + m_{x}^{\delta_{x}}\delta_{x} + m_{x}^{\delta_{y}}\delta_{y} \tag{1-114}$$

$$m_y = m_y^{\beta}\beta + m_y^{\omega_x}\bar{\omega}_x + m_y^{\omega_y}\bar{\omega}_y + m_y^{\delta_x}\delta_x + m_y^{\delta_y}\delta_y \tag{1-115}$$

式中的无因次角速度定义如下：

$$\bar{\omega}_x = \frac{\omega_x}{v}\frac{l}{2} \tag{1-116}$$

$$\bar{\omega}_y = \frac{\omega_y}{v}\frac{l}{2} \tag{1-117}$$

和纵向阻尼导数一样，$m_x^{\omega_x}$，$m_x^{\omega_y}$，$m_y^{\omega_x}$，$m_y^{\omega_y}$ 都是无因次角速度的导数，其表达式分别为

$$\left.\begin{aligned} m_x^{\omega_x} &= \frac{\partial m_x}{\partial\left(\dfrac{\omega_x l}{2v}\right)} \\ m_x^{\omega_y} &= \frac{\partial m_x}{\partial\left(\dfrac{\omega_y l}{2v}\right)} \\ m_y^{\omega_x} &= \frac{\partial m_y}{\partial\left(\dfrac{\omega_x l}{2v}\right)} \\ m_y^{\omega_y} &= \frac{\partial m_y}{\partial\left(\dfrac{\omega_y l}{2v}\right)} \end{aligned}\right\} \tag{1-118}$$

这些导数总称为动导数；相反，m_x^{β}，m_y^{β}，$m_x^{\delta_x}$，$m_x^{\delta_y}$，$m_y^{\delta_x}$ 和 $m_y^{\delta_y}$ 称为静导数。

由于飞机具有垂直对称面（Ox_ty_t），所以在对称飞行时，横侧向力矩为零，即 $m_{x0} = m_{y0} = 0$。

静导数 m_y^{β} 和 m_x^{β} 分别称为航向静稳定性导数和横向静稳定性导数。$m_x^{\delta_x}$，$m_x^{\delta_y}$ 和 $m_y^{\delta_x}$，$m_y^{\delta_y}$ 分别表示对应的操纵面单位角度产生的滚转力矩系数和偏航力矩系数。一般情况下，$m_x^{\delta_x}$，$m_x^{\delta_y}$ 和 $m_y^{\delta_y}$ 都足够大，不可忽略。唯独 $m_y^{\delta_x}$ 相对其他三个力矩导数来说，其数值要小得多，一般情况下 $m_y^{\delta_x} \approx 0$。

在动导数中，$m_y^{\omega_y}$ 称为航向（或偏航）阻尼导数，$m_x^{\omega_x}$ 称为横向（或滚转）阻尼导数，$m_x^{\omega_y}$ 和 $m_y^{\omega_x}$ 称为横航向速率交叉导数。

所有这些静、动导数的大小取决于飞机外形和气动布局。和气动导数 c_y^{α}，$m_z^{c_y}$ 一样，是马赫数的函数。在亚声速飞行时，每个导数都分别近似为某个常数值；在跨声速左右，这些导数随马赫数的增加急剧增大，但在 $Ma = 1.2 \sim 1.5$ 范围内，都要随马赫数的增大而减小。

1.2.5.2　横侧向各力矩导数的影响因素

（一）横向静稳定性导数 m_x^{β}

扰动可引起飞机倾斜，倾斜引起的飞机侧向分力为 $Y\sin\gamma$，飞机在侧向力的作用下，便产生侧向分速度，从而便产生了侧滑角，并且正倾斜产生正侧滑角，对应右倾斜产生右侧滑角。若 $m_x^{\beta} < 0$，使得侧滑角产生的滚转力矩（力矩系数为 $m_x^{\beta}\beta$）极性与侧滑角和倾斜角的极性相反。因此，此力矩起到消除倾斜角和侧滑角的作用。m_x^{β} 为负值时，有恢复机翼水平和消除侧滑角的双重作用，故称它为横向静稳定性导数。相反，当 $m_x^{\beta} > 0$ 时，表征飞机具有双重（滚转和侧滑）静不稳定作用，称其为横向不稳定。

影响 m_x^{β} 大小的主要因素包括机翼后掠角 χ、上反角 ψ 和垂直尾翼的气动布局等。

1. 机翼上反角对 m_x^{β} 的作用

正的上反角（翼梢上翘）使侧滑方向的机翼下出现一个垂直向上的速度分量

$$v\sin|\beta|\sin\psi$$

而在另外一个机翼下出现了一个垂直向下的相同大小的速度分量，从而使得侧滑方向的机翼迎角增大，升力增加，而另一个机翼迎角减小和升力降低。结果，左、右两机翼的升力差产生滚转力矩并使飞机向着侧滑反

方向倾斜，即正的机翼上反角提供了横向稳定性($\Delta m_x^\beta(\psi)<0$)。相反，负上反角提供横向静不稳定性。

2. 机翼后掠角 χ 对 m_x^β 的作用

当飞机具有后掠机翼时，在侧滑方向机翼前缘的垂直速度分量为

$$v_{cz}=v\cos(\chi-|\beta|)$$

在侧滑反方向机翼前缘的垂直速度分量为

$$v_{cf}=v\cos(\chi+|\beta|)$$

不同的机翼前缘垂直速度使侧滑方向机翼产生的升力大于侧滑反方向机翼产生的升力，从而产生使飞机向侧滑反方向倾斜的滚转力矩，因此 $\Delta m_x^\beta(\chi)<0$，即后掠角 χ 为飞机提供横向静稳定性。

机翼上反角 ψ 和后掠角 χ 的综合作用，使侧滑方向的机翼迎角增量为

$$\Delta\alpha_{cz}=\frac{\sin|\beta|\sin\psi}{\cos(\chi-|\beta|)}$$

而侧滑反方向机翼迎角增量为

$$\Delta\alpha_{cf}=-\frac{\sin|\beta|\sin\psi}{\cos(\chi+|\beta|)}$$

正向的迎角增量 $\Delta\alpha_{cz}$ 使侧滑方向机翼升力增大，负向的迎角增量 $\Delta\alpha_{cf}$ 使侧滑反方向机翼升力减小。两机翼的升力差产生向侧滑反方向滚转的横向力矩，从而使飞机增大了横向静稳定性($\Delta m_x^\beta(\psi,\chi)<0$)。

3. 垂直尾翼对 m_x^β 的影响

当飞机处于侧滑飞行时，垂直尾翼的侧滑角 β_{cw} 可认为近似等于 β，那么，具有侧滑角的垂直尾翼的滚转力矩表示为

$$(M_x)_{cw}qSl=c_{zcw}^\beta\beta_{cw}q_{cw}y_{cw}\approx c_z^\beta\beta qS_{cw}y_{cw} \tag{1-119}$$

式中，q_{cw}，S_{cw} 分别为立尾处的动压和立尾有效面积；y_{cw} 为立尾压力中心至轴 Ox_t 的垂直距离。等式两边同除以 qSl，并对 β 取偏导数，得到

$$(m_x^\beta)_{cw}=c_z^\beta\frac{S_{cw}y_{cw}}{Sl} \tag{1-120}$$

对一般飞机来说，垂直尾翼处于 Ox_t 轴上方，即 $y_{cw}>0$，又因 $c_z^\beta<0$(正侧滑角产生负侧力)，故 $(m_x^\beta)_{cw}<0$，即垂尾提供负的滚转力矩导数，从而增加了横向静稳定性。然而，对于下垂尾或腹鳍，由于 $y_{cw}<0$，故它们提供正的 m_x^β，从而减小了横向静稳定性。

(二) 航向静稳定性导数 m_y^β

对于飞机的 m_y^β 影响最大的是垂直尾翼，相比之下，机身的影响小很多。因此，在此主要分析垂尾对 m_y^β 的影响。

由垂尾产生的偏航力矩为

$$M_y=Z_{cw}L_{cw} \tag{1-121}$$

式中，Z_{cw} 为垂直尾翼的侧向力；L_{cw} 为飞机重心到垂尾压力中心的距离。

当 $\beta>0$ 时，$Z_{cw}<0$ 和 $M_y<0$。因而，表达式为

$$(m_y^\beta)_{cw}=c_z^\beta\frac{S_{cw}L_{cw}}{Sl} \tag{1-122}$$

的垂尾力矩导数也为负值。垂尾主要按 m_y^β 的要求设计。然而，垂尾压力中心处于 Ox_t 的上方，使得垂尾同时也提供一定负值的$(m_x^\beta)_{cw}$。为减小波阻而确定的机翼后掠角 χ 也提供一定负值的 Δm_x^β，其结果使得负的 m_x^β 的数量特别大，又因足够大的航向稳定性要求，才出现了大后掠机翼和大垂尾(或双垂尾)的现代飞机。然而，由于飞行品质规范对 m_x^β 和 m_y^β 的比例有要求，即对 $|\varphi/\beta|_d$ 值的要求，需要减小过大量值的 m_x^β。对于大垂尾、大后掠机翼的飞机，往往同时采用较大的下反角机翼。

(三) 横航向阻尼导数 $m_x^{\omega_x}$ 和 $m_y^{\omega_y}$ 的主要影响因素

1. $m_x^{\omega_x}$ 的影响因素

ω_x 引起的滚转力矩主要由机翼产生，平尾、垂尾也有一定的影响。当飞机绕轴 Ox_t 滚转时，下沉机翼迎角增加，故升力增加，上浮机翼迎角减小，故升力减小，二者产生了与滚转方向相反的力矩 M_x，起到阻止滚转的作用，因此，由 ω_x 产生的力矩称为横向阻尼力矩，滚转速率力矩导数 $m_x^{\omega_x}$ 称滚转阻尼导数。

平尾和垂尾的作用原理与机翼相似，都是起阻止滚转的作用，只是效果小于机翼而已。

滚转阻尼力矩 $M_x(\bar{\omega}_x)$ 的表达式可写为

$$M_x(\bar{\omega}_x)=m_x^{\omega_x}qSl\bar{\omega}_x \tag{1-123}$$

2. $m_y^{\omega_y}$ 的影响因素

ω_y 引起的偏航力矩主要由垂直尾翼产生，机翼、机身也有一定影响。当 $\omega_y\neq0$ 时，垂尾迎风面产生附加侧滑角为

$$\Delta\beta_{cw}=\omega_y L_{cw}/\sqrt{k_q}\,v \tag{1-124}$$

与 ω_y 极性相同的侧向力 Z_{cw}。同时，前行机翼速度增大和阻力增大，后退机翼的速度减小和阻力减小。这样一来，由偏航速率产生的垂尾侧力和两机翼的阻力差共同产生的合偏航力矩，总是阻止飞机偏航运动的。因此对于 $M_y(\omega_y)$ 的阻尼导数 $m_y^{\omega_y}<0$，并且，偏航力矩为

$$M_y(\bar{\omega}_y)=m_y^{\omega_y}qSl\bar{\omega}_y \tag{1-125}$$

(四) 交叉导数 $m_x^{\omega_y}$ 和 $m_y^{\omega_x}$ 的影响因素

1. $m_x^{\omega_y}$ 的影响因素

偏航速率 $\omega_y\neq0$，前行机翼的速度增大和升力增大，后退机翼的速度减小和升力减小，两机翼的升力差产生滚转力矩，并使飞机向着与 ω_y 极性相反方向倾斜。此外，$\omega_y\neq0$ 时在垂尾上产生附加侧滑角和与 ω_y 极性相反的侧向力 Z_{cw}。由于垂尾上的压力中心一般在轴 Ox_t 上方，所以这个垂尾侧力产生的滚转力矩也向着与 ω_y 极性相反的方向倾斜。总之，无论机翼还是垂尾，在具有偏航速率的运动中，总是产生与 ω_y 极性相反的滚转力矩，因此，通常 $m_x^{\omega_y}<0$，其滚转力矩表达式为

$$M_x(\bar{\omega}_y)=m_x^{\omega_y}qSl\bar{\omega}_y \tag{1-126}$$

2. $m_y^{\omega_x}$ 的影响因素

和 $m_x^{\omega_x}$ 一样，交叉导数 $m_y^{\omega_x}$ 的主要影响部件是机翼和垂尾。当 $\omega_x\neq0$ 时，下沉机翼迎角的增加使阻力增大，上浮机翼迎角的减小使阻力减小。因此，由两机翼的阻力差产生的偏航力矩极性总是与 ω_x 的极性相反。在滚转中，垂尾迎风面的气流速度增加和产生附加侧滑角，从而使得在飞机重心后的垂尾上产生与 ω_x 极性相反的侧力和偏航力矩。无论机翼还是垂尾，在具有滚转速率的运动中，都能产生与 ω_x 极性相反的偏航力矩，因此，通常交叉导数 $m_y^{\omega_x}<0$，其偏航力矩表达式为

$$M_y(\bar{\omega}_x)=m_y^{\omega_x}qSl\bar{\omega}_x \tag{1-127}$$

(五) 副翼和方向舵偏转引起的力矩

副翼是进行横向(滚转)操纵的控制面。它是安装在机翼外侧后缘处的两个活动面，不同的偏转方向，使飞机左、右副翼的迎角和升力、阻力不同。两机翼的升力差形成滚转力矩，阻力差形成偏航力矩。当驾驶员向左压杆时，右副翼向下偏，左副翼向上偏(规定这样的副翼偏角 δ_x 为正)，结果使右机翼升力增大，阻力也增大，使左机翼升力减小，阻力也减小。这种升力和阻力沿展向的变化分别产生绕轴 Ox_t 负的滚转力矩 M_x 和绕轴 Oy_t 负的偏航力矩 M_y，因此导致副翼导数 $m_x^{\delta_x}$ 和 $m_y^{\delta_x}$ 都小于零。但是，这一偏航力矩可用上偏副翼角度大和下偏副翼角度小的所谓“差动副翼”来使之减至最小，正如前面提到的，可认为 $m_y^{\delta_x}\approx0$。

副翼偏转产生的滚转力矩表达式为

$$M_x(\delta_x)=m_x^{\delta_x}qSl\delta_x \tag{1-128}$$

方向舵是进行偏航(航向)操纵的控制面。飞机的方向舵安装在垂直尾翼后部的活动舵面上,它是通过驾驶员踏蹬实施操纵的。当右脚前蹬时,方向舵向右偏转,并规定此时方向舵偏角 δ_y 为正。这时垂尾上产生向左的侧向力,从而产生负的偏航力矩 M_y,因此,方向舵操纵导数 $m_y^{\delta_y}<0$。由于飞机的方向舵安装在机身后上部,所以当方向舵偏转时,除产生偏航力矩外,还会产生滚转力矩,且极性与方向舵偏度极性相反,即 $m_x^{\delta_y}<0$。

这样一来,副翼和方向舵在小偏度的线性范围内,横侧向操纵面产生的操纵力矩系数可写为

$$\Delta m_x=m_x^{\delta_x}\delta_x+m_x^{\delta_y}\delta_y \tag{1-129}$$

$$\Delta m_y=m_y^{\delta_y}\delta_y \tag{1-130}$$

1.2.6 飞行状态的变化对气动导数的影响

飞机的空气动力特性要受到飞行高度和速度变化的影响。现代高性能飞机允许的高度和马赫数变化范围很大。在这么大的高度、马赫数变化范围内,飞机的气动力和力矩特性变化也是非常大的。气动力和力矩受飞行状态变化影响的主要因素是马赫数的变化,其中阻力特性和失速特性还受与黏性问题有关的雷诺数 Re 的影响,本书在此只讨论马赫数变化的影响,而不涉及黏性问题。

在上述有关小节中,给出了 c_y^α 和 $m_z^{c_y}$ 随马赫数变化的特性曲线。同样,其他所有纵向、横侧向的静、动导数,在高速飞行时都要随马赫数变化而变化。马赫数变化影响最大的范围是在跨声速区。亚声速范围内,各导数随马赫数增加基本上都有所增大,但变化幅度不大;在超声速范围,各导数均随马赫数增大而较快下降。现代超声速飞机在高空飞行时,阻尼导数和操纵面效能都有所下降,使得飞机的操纵性变差,为此,这类飞机除去采用全动平尾外,非常需要安装飞行控制系统控制增稳装置来改善其操纵性和稳定性。本书将在后面各有关篇、章中详细介绍这类功能的飞行自动控制器。

1.3 飞机运动方程的建立

飞机运动方程是对飞机运动规律的原始数学描述,也是飞机飞行控制系统控制对象物理量变化的数学描述。建立飞机的运动方程也就是建立飞行控制系统控制对象的数学模型。飞机的稳定性和操纵性分析、飞行航迹和飞行性能的计算无不利用飞机的运动方程;飞行控制系统的分析和设计以及飞行控制系统仿真计算、地面物理试验等也必须依靠飞机运动方程才能完成。因此,建立合适的线性和非线性飞机运动方程是至关重要和别无办法代替的。

严格地、全面地描述飞机的运动是非常复杂的。为了便于了解和切实可行地用于飞机飞行动力学分析和飞行控制系统的综合、设计中,需要给出某些假设条件,才能获得既简单又实用的线性化方程。复杂的非线性运动方程适用于数值仿真;线性化运动方程除便于飞行动力学分析外,更为重要的是在控制器的初步设计中,进行稳定性、可控性和可观测性以及飞行品质等方面的研究,从而获得正确的控制方案、控制器结构和参数。

本节先建立原始形式的飞机运动方程,它们是非线性的微分方程和代数方程,再进一步进行简化处理,在限制变量数值大小的基础上,在规定的工作点(工作状态)附近,建立线性化运动方程。然而,在这两种运动方程建立之前,首先应该给出几种不同的坐标系。选择描述飞机运动的坐标系可以减小运动方程的复杂性,方便地确定飞机相对地面和相对航线的位置。

1.3.1 坐标系的种类和转换方法

在飞行动力学中,要使用多种坐标系。作用在飞机上的重力、推力、空气动力和力矩在不同的坐标系上发生作用。采用地面坐标系描述重力、风和紊流以及飞行航迹是合适的;采用机体轴坐标系可描述使飞机转

动的力矩和发动机推力；采用速度轴坐标系或稳定轴坐标系可使空气动力的描述尽可能简单。

作用在飞机上的力和力矩可分别采用不同的坐标系来描述，但是最终在列写飞机运动方程时，应该采用能简化运动方程的坐标系，那么就需要将那些不同坐标系描述的力和力矩转换为运动方程采用的坐标系。在完成地面引导和空中格斗的数学仿真和物理试验中，也需要进行各种坐标系之间的转换。通常以矩阵形式描述的坐标转换计算是十分复杂的。

1.3.1.1　飞机运动变量及其坐标系

为了定义运动变量和建立运动方程，需要定义一些坐标系，这些坐标系都是右手定则确定的直角坐标系。

为了表征飞机运动状态，要使用一些运动变量(或运动参数)。飞机的运动变量主要包括飞机在空间的位置，飞机的姿态，飞行速度的大小和相对地面的方向，飞行速度相对机体的方向，以及飞机的旋转角速率等。更一般地说，还包括飞机的加速度(过载)、操纵面偏转角和油门杆位置等。

(一)机体坐标系

描述飞机本身结构的坐标系是与飞机机体固连和随着飞机一起运动的机体坐标系 $Ox_ty_tz_t$(见图 1-20)。它的原点 O 位于飞机的质心；轴 Ox_t(飞机纵轴) 取为平行于机身轴线或机翼平均气动弦，指向前；轴 Oy_t(竖轴) 在飞机对称面内，垂直于轴 Ox_t，指向上；轴 Oz_t 垂直于飞机对称平面，指向右。

与机体轴系直接有关的飞机变量：

ω_x—— 飞机自身绕轴 Ox_t 的旋转角速度，称为滚转角速度(rad/s)；

ω_y—— 飞机自身绕轴 Oy_t 的旋转角速度，称为偏航角速度(rad/s)；

ω_z—— 飞机自身绕轴 Oz_t 的旋转角速度，称为俯仰角速度(rad/s)。

以上三种飞机运动角速度的正向是按右手握手定则决定的，即握手时大拇指指向机体坐标系相对应的轴的指向，那么，与手心相握的其余四指的旋转方向表征飞机正向旋转。

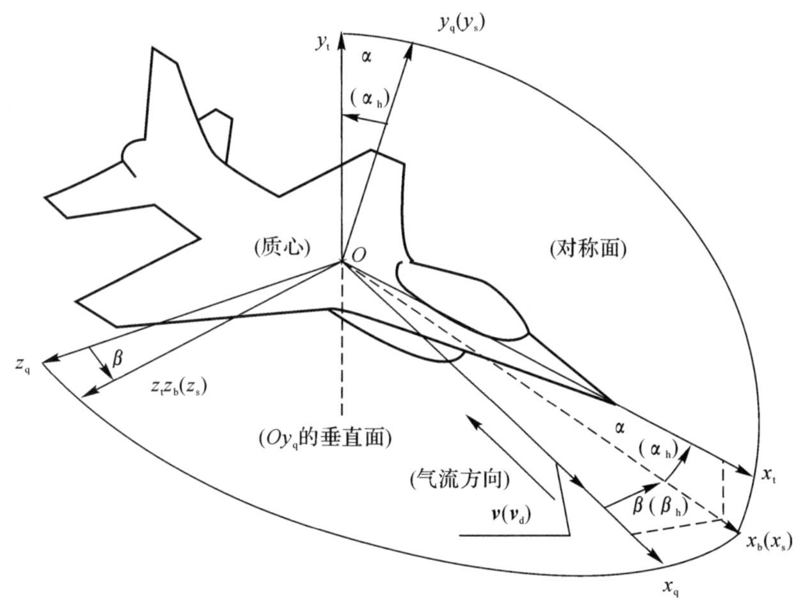

图 1-20　竖轴在飞机对称面上的三个坐标轴系
(机体轴系、气流轴系、稳定轴系)

操纵面偏转角度的极性也按右手握手定则决定，其握手时的大拇指指向机体轴系相应的轴的方向，那么，与手心相握的其余四指的偏转方向，表征飞机的相应操纵面正向偏转，其中，偏转方向相反的左、右副翼是按右副翼偏转方向规定的。

相应的驾驶杆偏转位置的极性是这样规定的，对应正操纵面的驾驶杆位置为正，即前推为正（$\delta_z > 0$），后拉为负（$\delta_z < 0$）；左压为正（$\delta_x > 0$），右压为负（$\delta_x < 0$）。对于实现方向舵偏转的脚蹬位置的极性是，右脚前蹬为正（方向舵右偏，$\delta_y > 0$）和左脚前蹬为负（方向舵左偏，$\delta_y < 0$）。

（二）气流坐标系

作用在飞机上的气动力取决于飞机质心相对于大气的速度（与空速大小相等，方向相反）。与空速有关的坐标系是气流坐标系 $Ox_q y_q z_q$，如图 1-20 所示。其原点 O 位于飞机质心上；轴 Ox_q 沿空速 $\boldsymbol{v}$ 方向，指向前；轴 Oy_q 在飞机对称面内，垂直于 Ox_q，指向上；轴 Oz_q 垂直于平面 $Ox_q y_q$，指向右。在空气动力学中，阻力 Q、升力 Y 和侧力 Z 就是总的气动力在气流坐标系各轴上的分量（Q 与 x_q 方向相反）。

气流坐标系与机体坐标系之间的关系用如下两个角度来确定。对于空速 $\boldsymbol{v}$（即轴 Ox_q）与飞机对称面 $x_t O y_t$ 之间的夹角称为侧滑角 β，且当空速矢量偏向机体轴 Ox_t 右侧时 β 为正值；空速 $\boldsymbol{v}$ 在对称面上的投影（虚线表示）与轴 Ox_t 之间的夹角称为迎角 α，且当空速矢量投影偏向轴 Ox_t 下方时 α 为正值。这两个角度是飞机运动的重要角度，它确定了空速矢量（或气流矢量）相对机体的方位。

（三）半机体坐标系和稳定性坐标系

如果按右手定则绕轴 Oy_q 转动轴 Ox_q 和 Oz_q，使 Ox_q 至对称面上，形成半机体坐标系 $Ox_b y_b z_b$，如图 1-20 所示，轴 Ox_q 和 Oz_q 的旋转角度为侧滑角。在无风的情况下，这种坐标系称为稳定性坐标系，记为 $Ox_s y_s z_s$。在风速扰动中，此坐标系固连于飞机和对地速度上，其中轴 Ox_s 是对地速度矢量在对称面上的投影，轴 Oy_s 在对称面内，Oz_s 垂直 $x_s O y_s$，且与 Oz_t 同轴。如果再绕轴 Oz_s（即 Oz_t）转过角度 α_h 就与机体轴系 $Ox_t y_t z_t$ 相重合。对地速度矢量 $\boldsymbol{v}_d$ 与对称面的夹角为 β_h。

（四）地面坐标系

一个固定在大地表面上的坐标系 $O_d x_d y_d z_d$ 称为地面坐标系，如图 1-21 所示。它的原点为 O_d 取在海平面或地面上的某点（例如起飞点）上，轴 $O_d y_d$ 铅垂向上，轴 $O_d x_d$ 和 $O_d z_d$ 在水平面内，只要能满足右手直角坐标系要求，在大地上的方向可以随意选取。

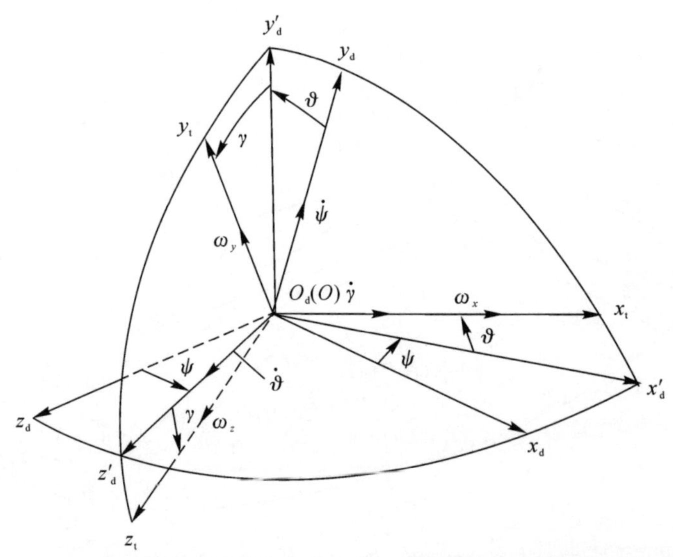

图 1-21　地面坐标系（经坐标系 $Ox'_d y_d z'_d$）变换至机体坐标系的方位关系

利用飞机质心 O 在地面坐标中的坐标 x_d，y_d 和 z_d 便可确定飞机在空间的位置。

如果把坐标原点取在飞机质心 O 上，而三个坐标轴的方向分别平行于地面坐标系的三个轴，则构成飞机牵连地面坐标系。如果仅仅关心坐标系的方向时，这两种坐标系的作用是一样的，因此，有时把牵连地面坐标系简称为地面坐标系（$Ox_d y_d z_d$）。

为了描述飞机在空间的姿态，可以用机体坐标系与地面坐标之间的方位关系表示。任何两个坐标系之间的方位都可通过三个欧拉角表示。当把地面坐标系的原点 O_d 放在质心 O 上，即与机体轴系原点重合时，通过相继的三次旋转，即作三次欧拉角变换，得到地面轴系与机体轴系相联系的角度，如图 1-21 所示。

ψ—— 偏航角（又称航向角），按右手握手定则绕轴 Oy_d 转动轴 Ox_d 和 Oz_d，使 Ox_d 与平面 $x_t Oy_d$ 上轴 Ox'_d 重合得到；

ϑ —— 俯仰角，按右手握手定则绕坐标系 $Ox'_d y_d z'_d$ 的轴 Oz'_d 转动轴 Ox'_d 和 Oy_d，使 Ox'_d 与 Ox_t 重合得到；

γ—— 滚转角（又称倾斜角），同样方法绕轴 Ox_t 转动轴 Oy'_d 和 Oz'_d，使 Oy'_d 与 Oy_t 和 Oz'_d 与 Oz_t 重合得到。

偏航角、俯仰角和倾斜角 ψ，ϑ 和 γ 的微分量 $\dot{\psi}$，$\dot{\vartheta}$ 和 $\dot{\gamma}$ 的极性由右手握手定则决定。

（五）航迹坐标系

当利用飞机质心运动方程描述飞机质心相对于地面的速度（称为对地速度或地速）$\boldsymbol{v}_d$ 变化时，采用航迹坐标系 $Ox_h y_h z_h$，如图 1-22 所示。其原点为质心 O；轴 Ox_h 沿地速 $\boldsymbol{v}_d$ 方向；轴 Oy_h 在包含轴 Ox_h 的铅垂面内，垂直于 Ox_h，指向上；轴 Oz_h 垂直于这个铅垂面（因而是水平线），指向右。

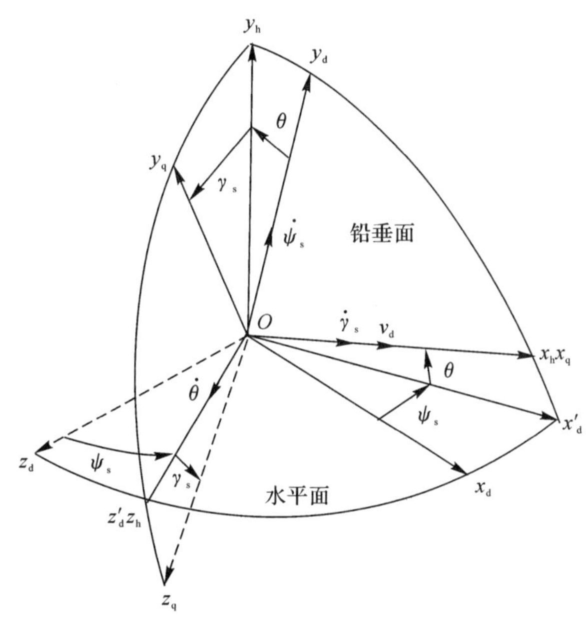

图 1-22　地面坐标经欧拉转换至航迹坐标系和气流坐标系的方位关系

由定义可知，航迹坐标系的指向完全是由飞机地速矢量 $\boldsymbol{v}_d$ 决定的，而地速方向用如下两个角度来确定：

ψ_s—— 称为航迹偏角或航迹方位角。它是地速 $\boldsymbol{v}_d$ 在水平面上的投影与轴 Ox_d 之间的夹角，且当地速 $\boldsymbol{v}_d$ 左偏离于铅垂直面 $x_d Oy_d$ 时角 ψ_s 为正。按右手定则绕轴 Oy_d 转动轴 Ox_d 和 Oz_d，使得 Ox_d 达铅垂面与 Ox'_d 重合时得到。

θ—— 称为航迹倾角，也称为航迹角。它是对地速度与水平面 $x_d Oz_d$ 之间的夹角，且 $\boldsymbol{v}_d$ 在飞机爬升方向上 θ 为正。按右手握手定则绕轴 Oz'_d 转动 Ox'_d 和 Oy_d，使轴 Ox'_d 与地速矢量 $\boldsymbol{v}_d$ 重合得到。

经过两次旋转得到航迹坐标系 $Ox_h y_h z_h$。如果再绕轴 Ox_h 转动轴 Oy_h 和 Oz_h 至 Oy_h 在飞机对称面上与 Oy_q 重合时，得到绕速度矢量的倾斜角 γ_s 和无风扰动时的气流坐标系 $Ox_q y_q z_q$。γ_s 与 γ 的区别在于 γ_s 是绕航迹轴 Ox_h 转动时得到的，γ 是绕机体轴 Ox_t 得到的。

航迹方位角、航迹倾角和绕速度矢量的倾斜角的微分量 $\dot{\psi}_s$，$\dot{\theta}$ 和 $\dot{\gamma}_s$ 的极性也是按右手握手定则确定的。

1.3.1.2 空间坐标系的转换方法

以上所介绍的各个坐标系之间的关系以及所定义的角度的意义，可以用一个简明的方法表示，如图1－23所示，图中，s_d，s_h，s_q 和 s_t 分别表示地面坐标系、航迹坐标系、无风的气流坐标系和机体坐标系；图中，$R_y(\psi_s)$ 表示绕轴 y 转过角度 ψ_s，其他以此类推。

图1－23只能帮助我们认识到在这些坐标系中，某一个坐标系是另外一个坐标系通过一次，或两次，或三次旋转而得到的，并且以图标形式给出了两个坐标系轴与轴之间的方位角，但是，它不能够给出在两种坐标系轴上的两组变量之间的关系式。因此，图解形式的变换不能用于飞机运动方程的建立、运动特性的分析和数值计算中去。必须找到任何两种坐标系表征的两组变量（位置、速度、角速度、力和力矩等）之间的关系式，才能有效地使用多种坐标系所表征的变量。可以利用某两种坐标系之间方位角的正、余弦函数构成的非奇异矩阵来表示两种坐标系之间的关系式。那将使十分复杂的任两种坐标系的转换问题变为相当容易列写和数值计算的矩阵（或逆矩阵）因子的乘积。这便给运动方程的建立，飞行动力学分析、计算和飞行控制系统的设计、试验带来极大的方便。

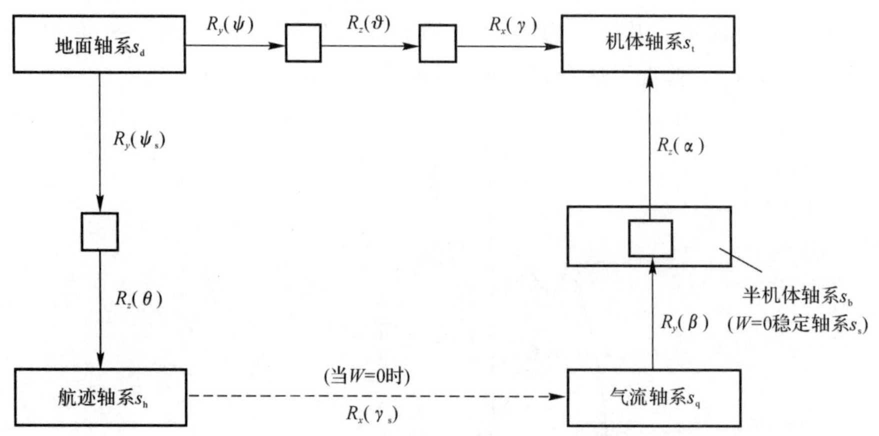

图1－23 各坐标系之间的关系框图

(一) 一次旋转坐标变换矩阵

首先讨论一次旋转三种情况下的坐标变换。

若坐标系 $Ox_ay_az_a$ 按右手定则仅绕轴 Oz_a 转过角度 φ，成为 $Ox_by_bz_b$，如图1－24左部所示，则显然有

$$\left.\begin{aligned} x_b &= x_a\cos\varphi + y_a\sin\varphi \\ y_b &= -x_a\sin\varphi + y_a\cos\varphi \\ z_b &= z_a \end{aligned}\right\} \tag{1-131}$$

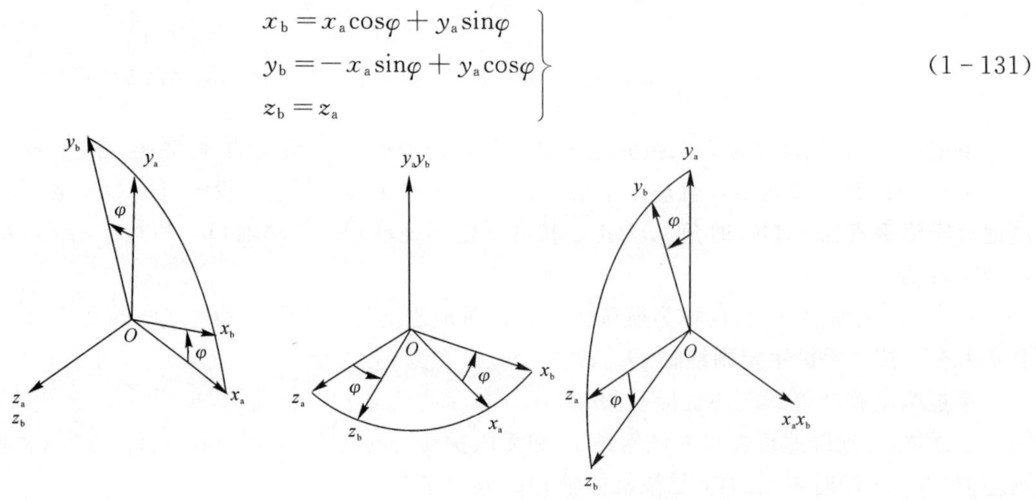

图1－24 坐标系的基本旋转变换

由此得到绕 Oz_a 轴旋转时坐标变换矩阵

$$\boldsymbol{B}_z(\varphi)=\boldsymbol{B}_a^b(\varphi)=\begin{bmatrix}\cos\varphi & \sin\varphi & 0\\ -\sin\varphi & \cos\varphi & 0\\ 0 & 0 & 1\end{bmatrix} \tag{1-132}$$

同理若坐标系 $Ox_ay_az_a$ 按右手定则仅绕轴 Oy_a 转过角 φ，成为 $Ox_by_bz_b$（见图 1－24 中部），则

$$\boldsymbol{B}_y(\varphi)=\boldsymbol{B}_a^b(\varphi)=\begin{bmatrix}\cos\varphi & 0 & -\sin\varphi\\ 0 & 1 & 0\\ \sin\varphi & 0 & \cos\varphi\end{bmatrix} \tag{1-133}$$

若坐标系 $Ox_ay_az_a$ 按右手定则仅绕轴 Ox_a 转过角 φ，成为 $Ox_by_bz_b$（见图 1－24 右部），则

$$\boldsymbol{B}_x(\varphi)=\boldsymbol{B}_a^b(\varphi)=\begin{bmatrix}1 & 0 & 0\\ 0 & \cos\varphi & \sin\varphi\\ 0 & -\sin\varphi & \cos\varphi\end{bmatrix} \tag{1-134}$$

矩阵 $\boldsymbol{B}_z(\varphi)$，$\boldsymbol{B}_y(\varphi)$ 和 $\boldsymbol{B}_x(\varphi)$ 称为基元旋转矩阵。

（二）三次旋转坐标变换矩阵

如果坐标系 $Ox_ay_az_a$ 按右手定则首先绕轴 Oz_a 转过角度 ζ 成为 $Ox'y'z_a$，然后绕 Oy' 转过角度 η 成为 $Ox_by'z'$，最后绕轴 Ox_b 转过角度 ξ，达到坐标系 $Ox_by_bz_b$（见图 1－25），则根据上述基元旋转的原理，得到

$$\begin{bmatrix}x'\\ y'\\ z_a\end{bmatrix}=\boldsymbol{B}_z(\zeta)\begin{bmatrix}x_a\\ y_a\\ z_a\end{bmatrix} \tag{1-135}$$

$$\begin{bmatrix}x_b\\ y'\\ z'\end{bmatrix}=\boldsymbol{B}_y(\eta)\begin{bmatrix}x'\\ y'\\ z_a\end{bmatrix} \tag{1-136}$$

$$\begin{bmatrix}x_b\\ y_b\\ z_b\end{bmatrix}=\boldsymbol{B}_x(\xi)\begin{bmatrix}x_b\\ y'\\ z'\end{bmatrix} \tag{1-137}$$

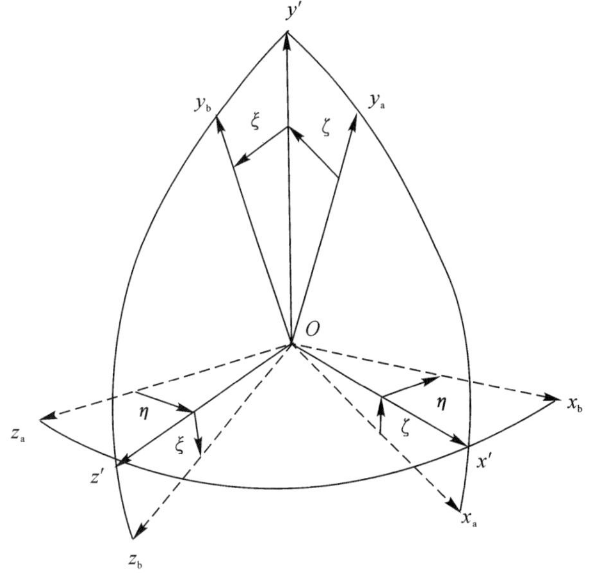

图 1－25　坐标系的三次旋转变换

这样一来，从 $Ox_ay_az_a$ 到 $Ox_by_bz_b$ 的坐标变换矩阵为

$$\boldsymbol{B}_a^b(\zeta,\eta,\xi)=\boldsymbol{B}_x(\xi)\boldsymbol{B}_y(\eta)\boldsymbol{B}_z(\zeta) \tag{1-138}$$

式中，$\boldsymbol{B}_x(\xi)$，$\boldsymbol{B}_y(\eta)$ 和 $\boldsymbol{B}_z(\zeta)$ 的表达式见式(1－132)、式(1－133) 和式(1－134)，且式中的 φ 分别由 ξ，η 和 ζ 代替。应该注意式(1－138) 相乘矩阵的顺序，恰好与坐标系旋转变换顺序相反。

任何两个坐标系之间的方位关系，可以通过三个欧拉角表示。在把它们的坐标原点重合后，其中任一个坐标系可以经过三次旋转，达到另一个坐标系重合的位置。这样，只要按照每一次转过的角度及其所绕转轴的名称，则可列出像式(1－138) 那样的矩阵乘积，其中作为相乘因子的基元旋转矩阵的排列顺序应与转动轴的顺序相反，这样三个基元旋转矩阵相乘以后，便可得到由一个坐标系到另一个坐标系的变换矩阵。

（三）飞机运动坐标系的变换矩阵

1. 地面坐标系到机体坐标系的变换矩阵

地面坐标系到机体坐标系可经过三次旋转，那么，依据式(1－138) 得到地面坐标系到机体坐标系的变换矩阵为

$$\boldsymbol{B}_{\mathrm{d}}^{\mathrm{t}}(\psi,\theta,\gamma)=\begin{bmatrix}1 & 0 & 0\\ 0 & \cos\gamma & \sin\gamma\\ 0 & -\sin\gamma & \cos\gamma\end{bmatrix}\begin{bmatrix}\cos\vartheta & \sin\vartheta & 0\\ -\sin\vartheta & \cos\vartheta & 0\\ 0 & 0 & 1\end{bmatrix}\begin{bmatrix}\cos\psi & 0 & -\sin\psi\\ 0 & 1 & 0\\ \sin\psi & 0 & \cos\psi\end{bmatrix}=$$

$$\begin{bmatrix}\cos\vartheta\cos\psi & \sin\vartheta & -\cos\vartheta\sin\psi\\ \sin\gamma\sin\psi-\cos\gamma\sin\vartheta\cos\psi & \cos\gamma\cos\vartheta & \cos\gamma\sin\vartheta\sin\psi+\sin\gamma\cos\psi\\ \sin\gamma\sin\vartheta\cos\psi+\cos\gamma\sin\psi & -\sin\gamma\cos\vartheta & \cos\gamma\cos\psi-\sin\gamma\sin\vartheta\sin\psi\end{bmatrix} \tag{1-139}$$

在已知三个姿态变化率$(\dot{\psi},\dot{\vartheta},\dot{\gamma})$的情况下，可按下式得到飞机的三个角速率分量：

$$\begin{bmatrix}\omega_x\\ \omega_y\\ \omega_z\end{bmatrix}=\boldsymbol{B}_{\mathrm{d}}^{\mathrm{t}}\begin{bmatrix}\dot{\gamma}\\ \dot{\psi}\\ \dot{\vartheta}\end{bmatrix} \tag{1-140}$$

显然

$$[\dot{\gamma}\quad \dot{\psi}\quad \dot{\vartheta}]^{\mathrm{T}}=(\boldsymbol{B}_{\mathrm{d}}^{\mathrm{t}})^{-1}[\omega_x\quad \omega_y\quad \omega_z]^{\mathrm{T}} \tag{1-141}$$

2. 气流坐标系到机体坐标系的变换矩阵

气流坐标系到机体坐标系的变换可经过两次旋转，第一次绕 Oy_{q} 轴转过 β 角，第二次绕 Oz_{t} 轴转过 α 角。这样一来，可以得到气流坐标系到机体坐标系的变换矩阵为

$$\boldsymbol{B}_{\mathrm{q}}^{\mathrm{t}}=\boldsymbol{B}_z(\alpha)\boldsymbol{B}_y(\beta)=\begin{bmatrix}\cos\alpha\cos\beta & \sin\alpha & -\cos\alpha\sin\beta\\ -\sin\alpha\cos\beta & \cos\alpha & \sin\alpha\sin\beta\\ \sin\beta & 0 & \cos\beta\end{bmatrix} \tag{1-142}$$

3. 地面坐标系到航迹坐标系的变换矩阵

地面坐标系到航迹坐标系需要经过两次旋转。第一次是绕轴 Oy_{d} 转过航迹偏角 ψ_{s}，第二次是绕轴 Oz_{h} 转过航迹倾角 θ。这样一来，便可得到地面坐标系到航迹坐标系的变换矩阵为

$$\boldsymbol{B}_{\mathrm{d}}^{\mathrm{h}}=\boldsymbol{B}_z(\theta)\boldsymbol{B}_y(\psi_{\mathrm{s}})=\begin{bmatrix}\cos\theta\cos\psi_{\mathrm{s}} & \sin\theta & -\cos\theta\sin\psi_{\mathrm{s}}\\ -\sin\theta\cos\psi_{\mathrm{s}} & \cos\theta & \sin\theta\sin\psi_{\mathrm{s}}\\ \sin\psi_{\mathrm{s}} & 0 & \cos\psi_{\mathrm{s}}\end{bmatrix} \tag{1-143}$$

4. 稳定轴系到机体轴系的变换矩阵

根据一次旋转的基本原理，即绕 Oz_{s}(或 Oz_{t})转过角 α_{h} 的一次变换，得到稳定坐标系到机体坐标系的变换矩阵为

$$\boldsymbol{B}_{\mathrm{s}}^{\mathrm{t}}=\boldsymbol{B}_z(\alpha_{\mathrm{h}})=\begin{bmatrix}\cos\alpha_{\mathrm{h}} & \sin\alpha_{\mathrm{h}} & 0\\ -\sin\alpha_{\mathrm{h}} & \cos\alpha_{\mathrm{h}} & 0\\ 0 & 0 & 1\end{bmatrix} \tag{1-144}$$

1.3.2 飞机的非线性运动方程

本节讨论飞机六自由度运动的非线性微分方程。这些方程是在下列简化假设条件给出的：

(1) 把地球视为惯性系统，即视为静止的平面。在亚声速范围内，这个假设不会造成误差。

(2) 假设飞机为刚体，不考虑机翼、机身和尾翼的弹性自由度。只要弹性振动频率明显高于飞机刚体运动的频率，而且操纵面的偏转不明显地激发弹性运动，这个假设就是正确的。

(3) 飞机相对 $x_{\mathrm{t}}Oy_{\mathrm{t}}$ 平面对称，使得惯性积 J_{zx} 和 J_{yz} 为零。

(4) 把作用在飞机各部件上的所有外力综合成作用在重心上的合力。当空气动力可视为准定常时，这种单点模型是有效的。

(5) 由机翼、尾翼和机身绕流产生的空气动力均可视为准定常的，不考虑其非定常效应。只要非均匀来流的波长大于机翼弦长的8倍，这个假设是允许的。

(6) 不考虑飞机和地面(起飞、着陆阶段)之间的相互作用，这不仅涉及地面效应，而且还涉及作用在起落架上的力。

1.3.2.1　坐标系的选择

由于作用在飞机上的重力、推力和空气动力在不同的坐标系上发生作用，所以在选择描述飞机运动的坐标系时，总要做一些妥协。这种选择也最后决定了状态方程的状态变量。

利用地面坐标系描述飞行航迹最为合适，利用地面坐标系描述重力、风和紊流也最合适。这样，当把地球视为惯性系时，由重力、风等引起的力矢量、力矩矢量在微分方程中的欧拉项消失了。然而，困难在于：空气动力必须经过欧拉角变换才行。为了尽可能简单地描述在微分方程中的空气动力，最好采用气流坐标系，但是，最大缺点是必须对重力、发动机推力和惯性力、力矩进行变换，这就使方程很复杂。

坐标系选择的折中方案是选择与飞机固连的机体坐标系，这种坐标系的轴在飞机惯性主轴方向上。这样一来，惯性矩可为常数，但在欧拉项中含有机体轴系的变量 ω_x，ω_y，ω_z 和 $\boldsymbol{v}_d$。推力近似与飞机固连，而空气动力只需经过小角度的 α 和 β 进行变换，重力也可很简单地引入。

基于以上原因，本章按与飞机固连的方法列写全量的非线性方程，按相对于惯性空间的运动给出这些方程的状态矢量元素。

当进行方程线性化时，通常要改变飞机机体坐标系，使它转动一个定常迎角 α。这样就使规定的定常升力和定常阻力分别在 y 轴方向和 x 轴反方向上。这种所谓“稳定轴系”，在定常、无侧滑情况下与气流坐标系一致，将它“冻结”在飞机上，因而在动态情况下与飞机固连。它的优点在于：当工作点发生变化时，升力、阻力和侧力矢量对该坐标系只产生微小偏差。因此，线性化方程通常在稳定轴上列写，为了使惯性矩不变起见，线性化力矩方程在与飞机固连的主轴上列写。在 $\beta_0=0$ 的定常飞行情况下，z_t 与 z_s 轴重合，对于俯仰力矩方程的列写没有什么差别。

1.3.2.2　移动速度的微分方程

刚体飞机的六自由度的运动过程可用移动速度、转动角速度、位置(航迹)和姿态角等4个微分方程组来描述。其中，移动速度微分方程可用任意旋转的参考坐标系来描述，还可用上述给出的机体坐标系、航迹坐标系和地面坐标系分别表示。下面分别给出这几种坐标系表示的飞机质心移动速度的微分方程。

1. 在一般旋转参考坐标系中的质心移动速度微分方程

根据牛顿第二运动定律可知，飞机质心移动微分方程最简单的描述是

$$m\frac{\mathrm{d}\boldsymbol{v}}{\mathrm{d}t}=\boldsymbol{F} \tag{1-145}$$

式中，m 是飞机的质量；$\boldsymbol{v}$ 是飞机的惯性(绝对) 速度；$\boldsymbol{F}$ 是作用在飞机上的所有外力的合力。

设想存在一个以角速度 $\boldsymbol{\omega}$ 相对于惯性(或地面) 坐标系旋转的参考坐标系 $Oxyz$，它的三个坐标单位向量分别为 $\boldsymbol{i}$，$\boldsymbol{j}$，$\boldsymbol{k}$。于是可以写出：

$$\left.\begin{aligned}\boldsymbol{v}&=v_x\boldsymbol{i}+v_y\boldsymbol{j}+v_z\boldsymbol{k}\\ \boldsymbol{F}&=f_x\boldsymbol{i}+f_y\boldsymbol{j}+f_z\boldsymbol{k}\\ \boldsymbol{\omega}&=\omega_x\boldsymbol{i}+\omega_y\boldsymbol{j}+\omega_z\boldsymbol{k}\end{aligned}\right\} \tag{1-146}$$

由于 $\boldsymbol{i}$，$\boldsymbol{j}$，$\boldsymbol{k}$ 的方向是旋转变化的，故将式(1-146) 代入式(1-145)，得到

$$m\left(\frac{\mathrm{d}v_x}{\mathrm{d}t}\boldsymbol{i}+\frac{\mathrm{d}v_y}{\mathrm{d}t}\boldsymbol{j}+\frac{\mathrm{d}v_z}{\mathrm{d}t}\boldsymbol{k}+v_x\frac{\mathrm{d}\boldsymbol{i}}{\mathrm{d}t}+v_y\frac{\mathrm{d}\boldsymbol{j}}{\mathrm{d}t}+v_z\frac{\mathrm{d}\boldsymbol{k}}{\mathrm{d}t}\right)=f_x\boldsymbol{i}+f_y\boldsymbol{j}+f_z\boldsymbol{k} \tag{1-147}$$

又依据理论力学原理，并进行向量运算，得到

$$\left.\begin{aligned}\frac{\mathrm{d}\boldsymbol{i}}{\mathrm{d}t}&=\boldsymbol{\omega}\times\boldsymbol{i}=(\omega_x\boldsymbol{i}+\omega_y\boldsymbol{j}+\omega_z\boldsymbol{k})\times\boldsymbol{i}=-\omega_y\boldsymbol{k}+\omega_z\boldsymbol{j}\\ \frac{\mathrm{d}\boldsymbol{j}}{\mathrm{d}t}&=\boldsymbol{\omega}\times\boldsymbol{j}=-\omega_z\boldsymbol{i}+\omega_x\boldsymbol{k}\\ \frac{\mathrm{d}\boldsymbol{k}}{\mathrm{d}t}&=\boldsymbol{\omega}\times\boldsymbol{k}=-\omega_x\boldsymbol{j}+\omega_y\boldsymbol{i}\end{aligned}\right\} \tag{1-148}$$

把式(1－148)代入式(1－147)，得到在任意旋转参考坐标系中列写的飞机质心移动微分方程为

$$\left.\begin{aligned} m\left(\frac{\mathrm{d}v_x}{\mathrm{d}t}+\omega_y v_x-\omega_z v_y\right)&=f_x\\ m\left(\frac{\mathrm{d}v_y}{\mathrm{d}t}+\omega_z v_x-\omega_x v_z\right)&=f_y\\ m\left(\frac{\mathrm{d}v_z}{\mathrm{d}t}+\omega_x v_y-\omega_y v_x\right)&=f_z \end{aligned}\right\} \tag{1-149}$$

式中，$\frac{\mathrm{d}v_x}{\mathrm{d}t}$，$\frac{\mathrm{d}v_y}{\mathrm{d}t}$和$\frac{\mathrm{d}v_z}{\mathrm{d}t}$是绝对速度$\boldsymbol{v}$在参考坐标系上分量的微分；每个方程左边的第2，3项是由参考坐标系相对惯性空间转动引起的，又称欧拉项。

2. *在机体坐标系中的质心移动微分方程*

当把机体坐标系作为上述的旋转参考坐标系时，飞机旋转角速度在机体轴的分量分别为ω_x，ω_y和ω_z，质心位移速度在机体轴上的分量分别为v_{xt}，v_{yt}和v_{zt}。

作用在飞机上的合力为

$$\boldsymbol{F}=\boldsymbol{P}+\boldsymbol{R}+m\boldsymbol{g} \tag{1-150}$$

式中，$\boldsymbol{P}$为发动机推力；$\boldsymbol{R}$为气动力；$m\boldsymbol{g}$为重力。

当采用机体轴系的分量表示时，于是有

$$\begin{bmatrix}F_{xt}\\F_{yt}\\F_{zt}\end{bmatrix}=\begin{bmatrix}P\cos\varphi_P\\P\sin\varphi_P\\0\end{bmatrix}+\boldsymbol{B}_{\mathrm{q}}^{\mathrm{t}}\begin{bmatrix}-Q\\Y\\Z\end{bmatrix}+\boldsymbol{B}_{\mathrm{d}}^{\mathrm{t}}\begin{bmatrix}0\\-mg\\0\end{bmatrix} \tag{1-151}$$

式中，$P\cos\varphi_P$，$P\sin\varphi_P$分别为发动机推力在机体坐标系轴Ox_{t}和Oy_{t}上的分量。

把1.3.1.2节(三)给出的坐标变换矩阵$\boldsymbol{B}_{\mathrm{q}}^{\mathrm{t}}$，$\boldsymbol{B}_{\mathrm{d}}^{\mathrm{t}}$的表达式代入式(1－151)，展开后再代入式(1－149)右端，就可得到在机体坐标系中列写的飞机质心移动微分方程

$$\left.\begin{aligned} m\left(\frac{\mathrm{d}v_{xt}}{\mathrm{d}t}+\omega_y v_{zt}-\omega_z v_{yt}\right)&=P\cos\varphi_P-Q\cos\alpha\cos\beta+Y\sin\alpha-Z\cos\alpha\sin\beta-mg\sin\vartheta\\ m\left(\frac{\mathrm{d}v_{yt}}{\mathrm{d}t}+\omega_z v_{xt}-\omega_x v_{zt}\right)&=P\sin\varphi_P+Q\sin\alpha\cos\beta+Y\cos\alpha+Z\sin\alpha\sin\beta-mg\cos\vartheta\cos\gamma\\ m\left(\frac{\mathrm{d}v_{zt}}{\mathrm{d}t}+\omega_x v_{yt}-\omega_y v_{xt}\right)&=-Q\sin\beta+Z\cos\beta+mg\cos\vartheta\sin\gamma \end{aligned}\right\} \tag{1-152}$$

3. *在航迹坐标系中的质心移动微分方程*

由于航迹坐标系的轴Ox_{h}沿地速$\boldsymbol{v}_{\mathrm{d}}$方向，即是沿飞机质心绝对速度方向，因此，当取航迹坐标系为参考坐标系时，坐标系中的绝对速度分量为$(v,0,0)$。如图1－22所示，由地面(惯性)坐标系至航迹坐标系只需两次旋转的欧拉变换，存在于惯性(地面)轴上的飞机旋转角速度仅有$\dot{\psi}_{\mathrm{s}}$和$\dot{\theta}$，那么它们在航迹轴系的角速度分量为$\dot{\psi}_{\mathrm{s}}\sin\theta$，$\dot{\psi}_{\mathrm{s}}\cos\theta$，$\dot{\theta}$。于是，方程式(1－149)左边向量为

$$m\begin{bmatrix}\dot{v}+0-0\\0+\dot{\theta}v-0\\0+0-\dot{\psi}_{\mathrm{s}}\cos\theta v\end{bmatrix}$$

右边向量为

$$\begin{bmatrix}F_{xh}\\F_{yh}\\F_{zh}\end{bmatrix}=\boldsymbol{B}_{\mathrm{t}}^{\mathrm{h}}\begin{bmatrix}P\cos\varphi_P\\P\sin\varphi_P\\0\end{bmatrix}+\boldsymbol{B}_{\mathrm{q}}^{\mathrm{h}}\begin{bmatrix}-Q\\Y\\Z\end{bmatrix}+\boldsymbol{B}_{\mathrm{d}}^{\mathrm{h}}\begin{bmatrix}0\\-mg\\0\end{bmatrix} \tag{1-153}$$

式中

$$\boldsymbol{B}_{\mathrm{t}}^{\mathrm{h}}=\boldsymbol{B}_{\mathrm{q}}^{\mathrm{h}}\boldsymbol{B}_{\mathrm{t}}^{\mathrm{q}} \tag{1-154}$$

把式(1-154)展开，并代入式(1-149)，得到在航迹坐标系中列写的飞机质心移动微分方程

$$\left.\begin{aligned}&m\frac{\mathrm{d}v}{\mathrm{d}t}=P\cos(\alpha+\varphi_P)\cos\beta-Q-mg\sin\theta\\&mv\frac{\mathrm{d}\theta}{\mathrm{d}t}=P[\cos(\alpha+\varphi_P)\sin\beta\sin\gamma_s+\sin(\alpha+\varphi_P)\cos\gamma_s]+Y\cos\gamma_s-Z\sin\gamma_s-mg\cos\theta\\&-mv\cos\theta\frac{\mathrm{d}\psi_s}{\mathrm{d}t}=P[-\cos(\alpha+\varphi_P)\sin\beta\cos\gamma_s+\sin(\alpha+\varphi_P)\sin\gamma_s]+Y\sin\gamma_s+Z\cos\gamma_s\end{aligned}\right\}\tag{1-155}$$

1.3.2.3　飞机转动角速度的微分方程

与牛顿第二定律 $m\dfrac{\mathrm{d}v}{\mathrm{d}t}=F$ 相似的描述转动角速度最简单的微分方程是转动定律，即

$$\frac{\mathrm{d}\boldsymbol{H}}{\mathrm{d}t}=\boldsymbol{M}\tag{1-156}$$

式中，$\boldsymbol{M}$ 是刚体旋转轴上所受的合力矩；$\boldsymbol{H}=J\boldsymbol{\omega}$，是在该轴上的角动量(动量矩)；$\boldsymbol{\omega}$ 为在该轴上的旋转角速度，$\boldsymbol{H}$ 与 $\boldsymbol{\omega}$ 的方向相一致。

类似于式(1-146)，将 $\boldsymbol{H}$，$\boldsymbol{M}$ 和 $\boldsymbol{\omega}$ 用参考轴系上的分量表示，从而得到在参考坐标系中列写的微分方程

$$\left.\begin{aligned}&\frac{\mathrm{d}H_x}{\mathrm{d}t}+\omega_yH_z-\omega_zH_y=\sum M_x\\&\frac{\mathrm{d}H_y}{\mathrm{d}t}+\omega_zH_x-\omega_xH_z=\sum M_y\\&\frac{\mathrm{d}H_z}{\mathrm{d}t}+\omega_xH_y-\omega_yH_x=\sum M_z\end{aligned}\right\}\tag{1-157}$$

式中，下角标 x,y,z 是以质心为原点的任何一个与刚体固连的坐标系 $Oxyz$ 三个轴的代号；$\sum M_x$，$\sum M_y$，$\sum M_z$ 是作用在刚体上的总力矩在固连坐标系中三个轴上的分量；ω_x，ω_y，ω_z 是刚体角速度在固连坐标系三个轴上的分量；H_x，H_y，H_z 是刚体相对于质心的角动量在固连坐标系三个轴上的分量，且由下列矩阵方程表示：

$$\begin{bmatrix}H_x\\H_y\\H_z\end{bmatrix}=\begin{bmatrix}J_x&-J_{xy}&-J_{zx}\\-J_{xy}&J_y&-J_{yz}\\-J_{zx}&-J_{yz}&J_z\end{bmatrix}\begin{bmatrix}\omega_x\\\omega_y\\\omega_z\end{bmatrix}\tag{1-158}$$

式中，J_x，J_y，J_z 为刚体的惯性矩；J_{xy}，J_{yz}，J_{zx} 为惯性积。

对于具有对称面 Ox_ty_t 的飞机来说，由机体坐标系表示的固连坐标系的惯性积 $J_{yz}=J_{zx}=0$；而且在正常情况下，对称的发动机推力对轴 Ox_t 和 Oy_t 不产生力矩，对轴 Oz_t 则可产生力矩 $-Pe_P$(e_P 是推力偏心距，且当推力线在重心之上时为正值)。将气动力矩定义为 M_x，M_y 和 M_z，并考虑到惯性矩和惯性积不随时间变化，于是得到的飞机绕质心转动角速度的微分方程为

$$\left.\begin{aligned}&J_x\frac{\mathrm{d}\omega_x}{\mathrm{d}t}+(J_z-J_y)\omega_y\omega_z+J_{xy}\left(\omega_z\omega_x-\frac{\mathrm{d}\omega_y}{\mathrm{d}t}\right)=M_x\\&J_y\frac{\mathrm{d}\omega_y}{\mathrm{d}t}+(J_x-J_z)\omega_z\omega_x-J_{xy}\left(\omega_y\omega_z+\frac{\mathrm{d}\omega_x}{\mathrm{d}t}\right)=M_y\\&J_z\frac{\mathrm{d}\omega_z}{\mathrm{d}t}+(J_y-J_x)\omega_x\omega_y+J_{xy}(\omega_y^2-\omega_x^2)=M_z-Pe_P\end{aligned}\right\}\tag{1-159}$$

1.3.2.4　其他两个微分方程

1. 位置(航迹)的微分方程

为了获得飞机质心在空间的位置，需要知道它在地面坐标系中的速度分量，这里给出两种非地面坐标系

变换到地面坐标系的转换公式。

当由航迹坐标系转换到地面坐标系时，地面坐标系轴上的地速分量为

$$\begin{bmatrix} v_{xd} \\ v_{yd} \\ v_{zd} \end{bmatrix} = \boldsymbol{B}_{h}^{d} \begin{bmatrix} v_{xh} \\ v_{yh} \\ v_{zh} \end{bmatrix} = \boldsymbol{B}_{h}^{d} \begin{bmatrix} v \\ 0 \\ 0 \end{bmatrix} \tag{1-160}$$

可由 $\boldsymbol{B}_{d}^{h}$ 的表达式得到它的逆矩阵 $\boldsymbol{B}_{h}^{d}$，从而得到由航迹坐标系转换的位置微分方程为

$$\left.\begin{aligned} \frac{dx_d}{dt} &= v_{xd} = v\cos\theta\cos\psi_s \\ \frac{dy_d}{dt} &= v_{yd} = v\sin\theta \\ \frac{dz_d}{dt} &= v_{zd} = -v\cos\theta\sin\psi_s \end{aligned}\right\} \tag{1-161}$$

同样方法可以得到由机体坐标系转换的位置微分方程为

$$\left.\begin{aligned} \frac{dx_d}{dt} &= v_{xt}\cos\vartheta\cos\psi + v_{yt}(-\cos\gamma\sin\vartheta\cos\psi + \sin\gamma\sin\psi) + v_{zt}(\sin\gamma\sin\vartheta\cos\psi + \cos\gamma\sin\psi) \\ \frac{dy_d}{dt} &= v_{xt}\sin\vartheta + v_{yt}\cos\gamma\cos\vartheta - v_{zt}\sin\gamma\cos\vartheta \\ \frac{dz_d}{dt} &= -v_{xt}\cos\vartheta\sin\psi + v_{yt}(\cos\gamma\sin\vartheta\sin\psi - \sin\gamma\cos\psi) + v_{zt}(-\sin\gamma\sin\vartheta\sin\psi + \cos\gamma\cos\psi) \end{aligned}\right\} \tag{1-162}$$

另外，可以根据 v,α,β 值求得 v_{xt},v_{yt} 和 v_{zt}，即

$$\begin{bmatrix} v_{xt} \\ v_{yt} \\ v_{zt} \end{bmatrix} = \boldsymbol{B}_{q}^{t} \begin{bmatrix} v \\ 0 \\ 0 \end{bmatrix} = \begin{bmatrix} v\cos\alpha\cos\beta \\ -v\sin\alpha\cos\beta \\ v\sin\beta \end{bmatrix} \tag{1-163}$$

也可利用 v_{xt},v_{yt} 和 v_{zt} 获得

$$\left.\begin{aligned} v &= \sqrt{v_{xt}^2 + v_{yt}^2 + v_{zt}^2} \\ \beta &= \arcsin(v_{zt}/v) \\ \alpha &= -\arctan(v_{yt}/v_{xt}) \end{aligned}\right\} \tag{1-164}$$

2. 姿态角的微分方程

可以按照如下公式得到由 $\dot{\psi},\dot{\vartheta},\dot{\gamma}$ 和 ψ,ϑ,γ 表示的飞机角速度向量在机体轴系上的分量，即

$$\begin{bmatrix} \omega_{xt} \\ \omega_{yt} \\ \omega_{zt} \end{bmatrix} = \begin{bmatrix} \dot{\gamma} \\ 0 \\ 0 \end{bmatrix} + \boldsymbol{B}_{d}^{t} \begin{bmatrix} \dot{\vartheta}\sin\psi \\ \dot{\psi} \\ \dot{\vartheta}\cos\psi \end{bmatrix} = \begin{bmatrix} 1 & \sin\vartheta & 0 \\ 0 & \cos\gamma\cos\vartheta & \sin\gamma \\ 0 & -\sin\gamma\cos\vartheta & \cos\gamma \end{bmatrix} \begin{bmatrix} \dot{\gamma} \\ \dot{\psi} \\ \dot{\vartheta} \end{bmatrix} \tag{1-165}$$

对式(1-165)最右端方阵求逆，得到姿态角的微分方程为

$$\left.\begin{aligned} \frac{d\gamma}{dt} &= \omega_x - \tan\vartheta(\omega_y\cos\gamma - \omega_z\sin\gamma) \\ \frac{d\psi}{dt} &= \frac{1}{\cos\vartheta}(\omega_y\cos\gamma - \omega_z\sin\gamma) \\ \frac{d\vartheta}{dt} &= \omega_y\sin\gamma + \omega_z\cos\gamma \end{aligned}\right\} \tag{1-166}$$

1.3.2.5　三个几何关系式

从以上所述定义的8个飞机运动方位角 $\gamma,\psi,\vartheta,\gamma_s,\psi_s,\theta,\alpha$ 和 β 中，有5个是独立的，另外3个可由几何关系式得到。如果已知 $\gamma,\psi,\vartheta,\psi_s$ 和 θ 时，可利用以下3个关系式确定另外3个角度 α,β 和 γ_s：

$$\left.\begin{aligned}&\sin\beta=[\sin\gamma\sin\vartheta\cos(\psi-\psi_s)+\cos\gamma\sin(\psi-\psi_s)]\cos\theta-\sin\gamma\cos\vartheta\sin\theta\\&\sin\alpha=\{[\cos\gamma\sin\vartheta\cos(\psi-\psi_s)-\sin\gamma\sin(\psi-\psi_s)]\cos\theta-\cos\gamma\cos\vartheta\sin\theta\}/\cos\beta\\&\sin\gamma_s=(\sin\vartheta\cos\alpha\sin\beta-\cos\gamma\cos\vartheta\sin\alpha\sin\beta+\sin\gamma\cos\vartheta\cos\beta)/\cos\theta\end{aligned}\right\}\tag{1-167}$$

1.3.2.6　对于飞机六自由度非线性运动方程的讨论

飞机的最基本的全量运动方程是由以上所述非线性微分方程组和一些代数方程式组成的。非线性的特点使得不能利用解析法而只能用数值计算法求解，也就是在给定原始数据、初始条件和规定的操纵指令情况下，利用数字计算机的数值计算，才能获得飞机运动过程仿真的数值结果。

在数值计算中，还应考虑与发动机油门杆位置、飞行高度和飞行速度有关的推力方程

$$P=P(v,h,\delta_T)\tag{1-168}$$

由于空气动力和力矩是多个运动变量、操纵面偏度的函数，例如

$$\left.\begin{aligned}&Q=Q(v,h,\alpha,\beta,\delta_z,\delta_y,\delta_x,)\\&Y=Y(v,h,\alpha,\delta_z,\delta_f)\\&Z=Z(v,h,\beta,\delta_y)\\&M_x=M_x(v,h,\alpha,\beta,\omega_x,\omega_y,\delta_x,\delta_y)\\&M_y=M_y(v,h,\alpha,\beta,\omega_x,\omega_y,\delta_x,\delta_y)\\&M_z=M_z(v,h,\alpha,\omega_z,\dot{\alpha},\delta_z,\delta_f)\end{aligned}\right\}\tag{1-169}$$

所以，必须在每一步的计算中，依据某些运动变量和操纵面偏度的变化以及风速的影响，计算这些空气动力和力矩。在飞机运动方程中，多数项与动压有关，可依据动压表达式 $q=\frac{1}{2}\rho v^2$ 代入空速 v 和飞行高度对应的大气密度 ρ，直接算出动压值。风洞试验或计算方法给出了力和力矩系数随多维运动变量变化的数值，必须利用多维线性插值方法计算出每一步(对应某一瞬时）的系数值。建立适合飞机六自由度非线性计算的多维线性插值计算程序是必要的。

由于不同飞行阶段的飞行任务不同，与空气动力和力矩有关的操纵面 $\delta_x,\delta_y,\delta_z,\delta_f$ 和油门杆位置 δ_T，要求按某一操纵方式和变化规律给定。因此，在飞机的六自由度运动的仿真计算中，还应给出合适的操纵方程。同时，还应涉及有关机械操纵系统中主要部件(杆系、助力器和舵机回路）的静、动态特性。

依据不同的飞行任务和试验目的确定飞机质心移动方程，应该是按机体轴系列写的式(1－152)还是按航迹坐标系列写的式(1－155)。在六自由度运动的仿真计算中，可采用“机体-机体”(TT)和“航迹-机体”(HT)两种体系列写，差别在于质心位移微分方程组。TT 体系的方程组是由式(1－152)、式(1－162)、式(1－164)、式(1－159)和式(1－166)构成的；HT 体系的方程组是由式(1－155)、式(1－159)、式(1－161)、式(1－166)和式(1－167)构成的。因有风时 γ_s 无定义，故后者仅适于无风情况。

在六自由度非线性仿真计算中一个值得注意的问题是欧拉角方程存在一对奇异点，使得在数值计算中趋近该点附近会产生较大的解算误差，姿态角速度由正常的量趋向于无穷，无法确定它们的真实值，从而使非寻常的全姿态角解算产生困难。因此，过去通常使用的欧拉方程的求解不完整，难以实施全姿态的数值计算。例如，当绕机体轴系变换为地面轴系时，先后产生姿态角 ψ,ϑ 和 γ，那么，求解姿态角速度的欧拉方程由式(1－166)表示。显然，当 $\vartheta=\pm90°$时，出现一对奇异点，使得 $\dot{\psi}$ 和 $\dot{\gamma}$ 趋向无穷，在解算过程中计算机超载、溢出。为克服这一困难，通常采用一种消极应付的办法，在奇异点附近某一死区给出定值，这将使奇异区出现解算误差。因此，由式(1－166)表示的欧拉方程不适于大机动飞行模拟的全姿态解算。

为了解决欧拉方程的奇异性，国外除提出欧拉方程定值法外，还提出了广义欧拉法、四元数法和方向余弦法等多种克服方法。其中，四元数法被誉为最佳方法，但它有原理性缺陷，即由积分求有界参数难以确定边界值，从而产生方法误差。

为克服欧拉方程的奇异性，中国飞行试验研究院黄雪樵等人早在 1978 年就开始着手研究，创立了一种

双欧拉方程分区接替运算的新方法，简称“双欧拉法”。理论分析和实际验证表明，该方法不存在原理误差，无须修正便根除了“单欧拉法”的奇异性，比较国外其他方法，该方法具有准确性高和使用简便等优点。它在飞行模拟器和飞行数值仿真中，具有普遍应用的价值。

1.3.3 飞机的线性化状态方程

由 1.3.2 节推导的飞机六自由度非线性方程组这种复杂的形式，只能适用于作仿真计算和地面物理试验中，不适用于飞行动力学分析和飞行控制系统的初步设计中，应对这些方程进行简化处理。这样做是有可能的，例如，限制各个变量数值的大小，或者只允许它们同规定的工作状态（工作点）发生小的偏离，这样，就在工作点附近对方程进行线性化处理；同时，由于飞机具有对称性，可把方程组分解为对称的纵向运动和非对称的横侧向运动。

在线性化过程中，首先把方程限于描述小角度和小角速度变量的关系式，略去 2 次项。这样，首先把变换矩阵和欧拉项线性化，而后单独线性化空气动力项。

把描述飞机纵向运动和横侧向运动的线性化微分方程都变换为标准形式的状态方程，这样，这些方程就能适用于现代控制理论的所有线性化分析和综合方法，及其与计算相应的软件包。

1.3.3.1 线性化的基本概念与假设

1. 基准运动状态和小扰动的基本概念

飞机在平衡条件下按给定规律进行的运动称为基准运动或称为未扰动运动。具有右下角标“$*$”的运动变量称为基准运动参数，例如 v_*，α_*，θ_*。

飞机在平衡状态受到扰动后发生的运动称为受扰运动。这种运动的起因包括两种情况，其一是外扰（例如突风）引起的，其二为操纵面突然偏转等因素引起的。受扰运动参数不附加特殊记号，例如 v，α，θ。受扰运动变量与基准运动变量之间的偏差或增量，采用前置符号“Δ”表示，例如

$$\left.\begin{aligned}\Delta v &= v - v_* \\ \Delta\alpha &= \alpha - \alpha_* \\ \Delta\theta &= \theta - \theta_*\end{aligned}\right\} \tag{1-170}$$

然而，在实际的飞机运动线性化方程中，为方便起见，对于平衡条件下的基准运动方程中的变量用右下角标“$*$”表示，对于偏差或增量方程中的变量不附加任何标记，这是飞行力学和飞行控制系统分析和设计人员共同默认的。

用于飞行动力学分析和飞行控制系统初步设计中所采用的线性化方程是以微小偏差为状态变量的方程，因此，可称为小扰动方程，有时也称为增量方程。

2. 线性化方程的基本假设

除了上一节开头对非线性六自由度运动方程作的那些假设外，对于线性化方程的建立和纵向、横侧向运动方程的合理分开，还应作如下假设：

(1) 为便于方程简化，将基准（未扰动）运动局限于对称运动，因而 $\gamma_* = \beta_* = v_{zt*} = 0$，而且还选择地面坐标系的 $x_d O y_d$ 平面与基准运动平面相重合，从而使得 $\psi_* = \psi_{s*} = Z_{d*} = 0$。

(2) 基准运动是定常直线运动，即 $\omega_{z*} = \dot{\theta}_* = 0$，所有的基准运动变量为常数。实际上对于慢变化的基准运动，则在不太长的时间间隔内可近似认为基准运动是定常的。

(3) 扰动运动中运动变量的偏差足够小，以至于使两个变量的乘积可按多变量函数的泰勒级数取一次项以下近似，忽略 2 次以上偏差的乘积项。如 $x = x_* + \Delta x$ 和 $y = y_* + \Delta y$ 以及 Δx，Δy 为小变量时，有

$$xy = x_* y_* + x_* \Delta y + y_* \Delta x \tag{1-171}$$

这种处理方法称为“系数冻结”法。

(4) 在基准飞行状态附近，横侧向小扰动量不影响纵向气动力和力矩；反之，纵向小扰动量不影响横侧

向气动力和力矩。

1.3.3.2　欧拉项和变换矩阵的简化

线性化的第一步，首先略去作为二阶项的小变量的乘积。所谓“小”变量只是与方程中其他项相比而言。假定某变量的量值小于另一个变量的10%，那么，它的二次方对方程的贡献小于1%，故在近似计算时可忽略不计。

若能把欧拉项化简，则上述六自由度非线性方程将明显简化。假设转动角速度 ω_x，ω_y 和 ω_z 都是小量，就属于这种情况，因为这将使转动角速度微分方程组式(1-159)中的欧拉项全部消失。这种简化对大部分飞行范围都成立。但用这种简化描述飞机机动飞行，尤其是描述战斗机的机动飞行来说就不够了。若想线性分析这类飞机飞行，必须分别作单独线性化处理。

除此以外，如果与飞行方向垂直的速度分量(v_{yt}，v_{zt})是小量，则移动速度方程组式(1-152)中的欧拉项就变得相当简单了，即

$$\begin{bmatrix} \omega_y v_{zt} - \omega_z v_{yt} \\ \omega_z v_{xt} - \omega_x v_{zt} \\ \omega_x v_{yt} - \omega_y v_{xt} \end{bmatrix} \approx \begin{bmatrix} 0 \\ \omega_z v_{xt} \\ -\omega_y v_{xt} \end{bmatrix} \tag{1-172}$$

这样一来，机体轴系描述的移动速度微分方程组式(1-152)与航迹轴系移动速度微分方程组式(1-155)的结构同样简单。

若坐标系转换之间的角度都是小角度时，则可使变换矩阵得到进一步简化。这些坐标变换矩阵中的三角函数都可按线性化处理，如

$$\cos x = 1 - \frac{x^2}{2!} + \frac{x^4}{4!} - \cdots \approx 1 \quad (8^\circ \text{ 时误差为 } 0.727\%) \tag{1-173}$$

$$\sin x = x - \frac{x^3}{3!} + \frac{x^5}{5!} - \cdots \approx x \quad (12^\circ \text{ 时误差为 } 0.983\%) \tag{1-174}$$

对固定翼飞机来说，速度矢量 $\boldsymbol{v}$ 或 $\boldsymbol{v}_d$ 同飞机纵轴的夹角都是小角度。极低速飞行时的飞行状态是少数例外情况，例如尾旋时将出现大迎角和大侧滑角。一般来说，α，β，α_h 和 β_h 等变量都可认为是小量(即 $<10^\circ$)。在正常飞行情况下，ϑ 和 θ 也很少超过 10°。因而，在无风的情况下，由式(1-167)描述的三个几何关系的简化式应为

$$\left.\begin{aligned} \beta_h &= (\psi - \psi_s)\cos\gamma \\ \alpha_h &= (\vartheta - \theta)\cos\gamma \\ \gamma_s &= \gamma \end{aligned}\right\} \tag{1-175}$$

若倾斜角 γ 也是小量时，在无风条件下

$$\left.\begin{aligned} \beta &= \beta_h = \psi - \psi_s \\ \alpha &= \alpha_h = \vartheta - \theta \\ \gamma_s &= \gamma \end{aligned}\right\} \tag{1-176}$$

1.3.3.3　力和力矩坐标系转换的简化

作用在飞机上的力包括重力 $\boldsymbol{G}$，空气动力 $\boldsymbol{R}$ 和发动机推力 $\boldsymbol{P}$。其中，重力方向作用在地面坐标系 Oy_d 轴上，且极性为负，即

$$\boldsymbol{G}_d = \begin{bmatrix} 0 \\ -mg \\ 0 \end{bmatrix} \tag{1-177}$$

空气动力 $\boldsymbol{R}$ 分布在气流轴系的三个轴上，即

$$\boldsymbol{R}_{\mathrm{q}}=\begin{bmatrix}-Q\\Y\\Z\end{bmatrix} \tag{1-178}$$

发动机推力 $\boldsymbol{P}$ 在机体轴上分布的矢量为

$$\boldsymbol{P}_{\mathrm{t}}=\begin{bmatrix}\cos\varphi_P\\\sin\varphi_P\\0\end{bmatrix}P \tag{1-179}$$

如果将 $\boldsymbol{G}_{\mathrm{d}}$,$\boldsymbol{R}_{\mathrm{q}}$ 转变到机体轴系上,应考虑到平衡状态的迎角为 α_* 和侧滑角为 0,从而得到

$$\boldsymbol{G}_{\mathrm{t}}=\boldsymbol{B}_{\mathrm{d}}^{\mathrm{t}}\boldsymbol{G}_{\mathrm{d}}=\begin{bmatrix}-\vartheta\\-1\\\gamma\end{bmatrix}mg \tag{1-180}$$

$$\boldsymbol{R}_{\mathrm{t}}=\boldsymbol{B}_{\mathrm{q}}^{\mathrm{t}}\boldsymbol{R}_{\mathrm{q}}=\begin{bmatrix}-Q+\alpha_*Y\\\alpha_*Q+Y\\Z\end{bmatrix} \tag{1-181}$$

通过重心的重力对重心无力矩,上述给出的空气动力力矩已经在飞机机体坐标系上。只有在对称面内的发动机推力线不通过飞机重心,那么,便存在绕轴 Oz_{t} 的推力力矩,当认为推力安装角 φ_P 很小,且当飞机重心至推力线的距离为 y_P 时,推力产生的力矩矢量为

$$\boldsymbol{M}_{\mathrm{t}}^{P}=\begin{bmatrix}0\\0\\y_P\end{bmatrix}P \tag{1-182}$$

1.3.3.4　微分方程的简化表达式

以上进行了飞机运动方程中欧拉项以及与变换矩阵有关的作用力和力矩的简化处理,汇总这些简化的限制条件如下:

(1) 各个转动角速度分量 ω_x,ω_y 和 ω_z 为小量;

(2) 转换矩阵有关的角度 α,β,α_{h},β_{h},$(\psi-\psi_{\mathrm{s}})$,ϑ,θ 和 γ 皆为小量。

这里应该特别注意的是小倾斜角 γ 尤其重要。这些限制假设意味着线性化方程不适于飞机曲线飞行。对于曲线飞行应该导出新的线性化方程。下面将采用这些简化假设把速度、位置、转动角速度、姿态角等 4 种微分方程汇总起来,进一步再把多变量函数的空气动力和力矩项实施小扰动线性化处理,最后得到纵向和横侧向运动相对独立的线性化方程组 —— 状态方程。

(一) 速度和位置微分方程的简化

为方便起见,在本书的各篇、章、节中,除非注明以外,通常给出的飞行速度 $\boldsymbol{v}$ 均为无风时的飞行速度,是惯性空间定义的飞行速度,是空速也是对地速度。这样,在上述给出的小角度假设或无风的前提条件下,坐标系转换方面带来的差别就可忽略不计了,那么

$$\begin{bmatrix}v_{x\mathrm{t}}\\v_{y\mathrm{t}}\\v_{z\mathrm{t}}\end{bmatrix}\approx\begin{bmatrix}v_{x\mathrm{q}}\\v_{y\mathrm{q}}\\v_{z\mathrm{q}}\end{bmatrix}\approx\begin{bmatrix}v_{x\mathrm{h}}\\v_{y\mathrm{h}}\\v_{z\mathrm{h}}\end{bmatrix} \tag{1-183}$$

通过上述飞机作用力的简化,得到移动速度微分方程为

$$\begin{bmatrix}\dot{v}_{x\mathrm{t}}\\\dot{v}_{y\mathrm{t}}\\\dot{v}_{z\mathrm{t}}\end{bmatrix}=\frac{1}{m}\begin{bmatrix}-Q+\alpha_*Y+P\\\alpha_*Q+Y+\varphi_PP\\Z\end{bmatrix}+\begin{bmatrix}-\vartheta\\-1\\\gamma\end{bmatrix}g+\begin{bmatrix}0\\\omega_zv_{x\mathrm{t}}\\\omega_yv_{x\mathrm{t}}\end{bmatrix} \tag{1-184}$$

当与基准飞行航迹发生偏差，即当

$$\left.\begin{array}{l} v=v_*+\Delta v \\ \psi_s=\psi_{s*}+\Delta\psi_s \\ \theta=\theta_*+\Delta\theta \end{array}\right\} \tag{1-185}$$

时，位置偏差（$\Delta x=x-x_*$，$\Delta y=y-y_*$ 和 $\Delta z=z-z_*$）的微分方程为

$$\begin{bmatrix} \Delta\dot{x}_d \\ \Delta\dot{y}_d \\ \Delta\dot{z}_d \end{bmatrix}=\begin{bmatrix} \Delta v \\ \Delta\theta v_*+\Delta v\theta_* \\ -\Delta\psi_s v_*-\Delta v\psi_{s*} \end{bmatrix} \tag{1-186}$$

（二）转动角速度和姿态角的微分方程

转动角速度微分方程近似为

$$\begin{bmatrix} \dot{\omega}_x \\ \dot{\omega}_y \\ \dot{\omega}_z \end{bmatrix}=\begin{bmatrix} \dfrac{J_y}{\Delta} & \dfrac{J_{xy}}{\Delta} & 0 \\ \dfrac{J_{xy}}{\Delta} & \dfrac{J_x}{\Delta} & 0 \\ 0 & 0 & \dfrac{1}{J_z} \end{bmatrix}\begin{bmatrix} M_x \\ M_y \\ M_z+Y_P P \end{bmatrix}. \tag{1-187}$$

式中

$$\Delta=J_xJ_y-J_{xy}^2$$

假设欧拉角 γ 和 ϑ 为小量，则由式(1-166)表示的机体转动角速度和欧拉角导数之间的变换就变得很简单，即

$$\begin{bmatrix} \dot{\gamma} \\ \dot{\psi} \\ \dot{\vartheta} \end{bmatrix}=\begin{bmatrix} 1 & -\vartheta_* & 0 \\ 0 & 1 & -\gamma_* \\ 0 & \gamma_* & 1 \end{bmatrix}\begin{bmatrix} \omega_x \\ \omega_y \\ \omega_z \end{bmatrix}\approx\begin{bmatrix} \omega_x \\ \omega_y \\ \omega_z \end{bmatrix} \tag{1-188}$$

这里也按一贯做法，略去小量的乘积项。

1.3.3.5　纵向和横侧向运动方程的分组和坐标系选择

由式(1-184)～式(1-188)可以看出，所有这些方程可划分成互不相关的两组方程。这种分组涉及把“对称”运动同“非对称”运动分开，例如，由速度微分方程式(1-184)第1个方程和第2个方程只与作用在飞机对称面内的状态变量和力有关，而其第3个方程——除了 $\boldsymbol{v}$ 之外，只同对称面以外的一些变量有关。转动角速度微分方程式(1-187)也是一样，只是与速度微分方程的划分相反。在只限于对称直线飞行或非对称侧向运动，在小偏差的情况下，这种划分也适用于姿态角和位置的微分方程。因此，为使用方便起见，显然可以把总的系统分成彼此无关的两组方程——在对称面内直线飞行的小扰动纵向运动方程和在非对称面内飞行的小扰动横侧向运动方程。

在建立纵向运动方程时，为使方程简单，应尽量避免方程中具有欧拉项。当利用式(1-184)第1、第2方程作为纵向运动位移速度微分方程时，在第2方程中存在欧拉项 $\omega_z y_{xt}$，量值足够大的 v_{xt} 和 $\omega_z(=\Delta\omega_z)$ 值，使得不能人为去掉这一项。考虑到欧拉项的影响，不妨利用在航迹坐标系中列写的质心位移微分方程式(1-155)的第1和第2方程的简化方程

$$\begin{bmatrix} \dot{v} \\ \dot{\theta} \end{bmatrix}=\frac{1}{m}\begin{bmatrix} -Q+P \\ \dfrac{1}{v_*}Y \end{bmatrix}-\begin{bmatrix} \theta \\ \dfrac{1}{v_*} \end{bmatrix}g \tag{1-189}$$

更为合适。

由于航迹轴系的轴 Oz_h 与机体轴系的轴 Oz_t 重合，所以式(1-187)的第3方程可以作为由航迹坐标系表

示的俯仰角速度的微分方程，并与式(1-189)构成纵向运动的简化方程组。

因此，由式(1-184)的第3个方程和式(1-187)的第1,2方程构成的联立方程，可作为横侧向运动的简化方程组。在认为横侧向运动不影响纵向运动时，不变的飞行速度 v(惯性空间)和 v_{zt} 近似相等，以及变化的 $\dot{v}_{zt}$ 可近似为

$$\dot{v}_{zt}=\frac{dv_{zt}}{dt}=\frac{d\beta}{dt}v \tag{1-190}$$

1.3.3.6 纵向运动和横侧向运动状态方程的建立

上述未经简化的移动微分方程、位置微分方程、转动角速度微分方程和姿态角微分方程以及经简化的相对应的4种微分方程组，不能作为飞机运动的状态方程使用，不能利用控制理论对飞行动力学特性进行分析，也不能用于飞行控制系统的综合、设计中。空气动力和力矩是许多运动变量的函数，而且并非是线性函数，因此，在建立飞机运动状态方程之前，应该首先对作用在飞机上的力和力矩建立与运动变量之间的近似线性关系，从而获得描述飞机纵向和横侧向运动的状态方程。

(一) 状态方程线性化的基本过程

任何一种运动方程(微分或代数)可表示成如下形式：

$$f(x,y,\cdots)=0 \tag{1-191}$$

式中，$x,y,\cdots$ 是运动变量或它们对时间的导数。受扰前的基准运动和受扰运动都应满足式(1-191)，即

$$f(x_*,y_*,\cdots)=0 \tag{1-192}$$

$$f(x_*+\Delta x,y_*+\Delta y,\cdots)=0 \tag{1-193}$$

把式(1-193)在基准点处按泰勒级数展开，得到

$$f(x,y,\cdots)=f(x_*,y_*,\cdots)+\left(\frac{\partial f}{\partial x}\Delta x+\frac{\partial f}{\partial y}\Delta y\right)+\cdots+\mathrm{Rest} \tag{1-194}$$

当 $\Delta x,\Delta y$ 等偏差为小量时，包含2次偏差以上的余数“Rest”也为小量，可忽略不计。因此，在考虑到式(1-192)后，得到

$$\left(\frac{\partial f}{\partial x}\Delta x\right)+\left(\frac{\partial f}{\partial y}\Delta y\right)+\cdots=0 \tag{1-195}$$

这个运动方程是式(1-191)的线性化结果，它是运动方程线性化的基本公式。

(二) 力和力矩的偏量函数

作用在飞机上的力和力矩包括 Y,Q,Z,P,M_x,M_y 和 M_z 等，它们是飞机运动变量(v,α,β,h 等)和操纵面偏度($\delta_x,\delta_y,\delta_z,\delta_f$ 等)的函数，可由一般性函数表示为

$$A=A(a,b,\cdots) \tag{1-196}$$

当 $a,b,\cdots$ 变量在基准点处存在小量偏差($\Delta a,\Delta b,\cdots$)时，式(1-196)也可由下式近似表示：

$$A=A(a_*,b_*,\cdots)+\Delta A \tag{1-197}$$

式中，ΔA 是 A 与基准状态的偏量，且

$$\Delta A=\left(\frac{\partial A}{\partial a}\right)_*\Delta a+\left(\frac{\partial A}{\partial b}\right)_*\Delta b+\cdots \tag{1-198}$$

或者写为

$$\Delta A=A^a\Delta a+A^b\Delta b+\cdots \tag{1-199}$$

式中，偏导数 $A^a=(\partial A/\partial a)_*$ 等是在基准状态取值的。

在列写飞机作用力和力矩时，可按式(1-197)分为基准量($A(a_*,b_*,\cdots)$)和偏差量($\Delta A=A^a\Delta a+A^b\Delta b+\cdots$)之和近似表示。必须考虑每个作用力和力矩的具体特性，判断它们与哪些参数有关。本书按矩阵形式分别给出纵向运动和横侧向运动的力和力矩偏量表达式如下：

$$\begin{bmatrix}\Delta Q\\ \Delta Y\\ \Delta M_z\\ \Delta P\end{bmatrix}=\begin{bmatrix}Q^v & Q^h & Q^\alpha & Q^{\delta_z} & 0 & 0 & 0\\ Y^v & Y^h & Y^\alpha & Y^{\delta_z} & 0 & Y^{\dot\alpha} & Y^{\omega_z}\\ M_z^v & M_z^h & M_z^\alpha & M_z^{\delta_z} & 0 & M_z^{\dot\alpha} & M_z^{\omega_z}\\ P^v & P^h & 0 & 0 & 1 & 0 & 0\end{bmatrix}\begin{bmatrix}\Delta v\\ \Delta h\\ \Delta\alpha\\ \Delta\delta_z\\ \Delta P_c\\ \Delta\dot\alpha\\ \Delta\omega_z\end{bmatrix} \tag{1-200}$$

$$\begin{bmatrix}\Delta Z\\ \Delta M_x\\ \Delta M_y\end{bmatrix}=\begin{bmatrix}Z^\beta & Z^{\omega_x} & Z^{\omega_y} & 0 & Z^{\delta_y}\\ M_x^\beta & M_x^{\omega_x} & M_x^{\omega_y} & M_x^{\delta_x} & M_x^{\delta_y}\\ M_y^\beta & M_y^{\omega_x} & M_y^{\omega_y} & M_y^{\delta_y} & M_y^{\delta_y}\end{bmatrix}\begin{bmatrix}\Delta\beta\\ \Delta\omega_x\\ \Delta\omega_y\\ \Delta\delta_x\\ \Delta\delta_y\end{bmatrix} \tag{1-201}$$

式中，Δh 是高度的偏量；力和力矩的导数是由气动系数的导数来表示的。在式(1-200)中：

(1) Q^v 是由于 $Q=c_x\ \dfrac{1}{2}\rho v^2 S$，所以得到

$$Q^v=\frac{\partial Q}{\partial v}=\frac{\partial c_x}{\partial Ma}\frac{\partial Ma}{\partial v}\ \frac{1}{2}\rho v_*^2\ S+c_{x*}\rho v_*S \tag{1-202}$$

又因 $Ma=v/a$ 得到 $\partial Ma/\partial v=1/a$，并用 c_x^{Ma} 表示 $\partial c_x/\partial Ma$，以及考虑到 $v_*/a_*=Ma_*$，所以

$$Q^v=\rho_*v_*S\left(\frac{1}{2}c_x^{Ma}Ma_*+c_{x*}\right) \tag{1-203}$$

(2) Q^h 是由于 h 的变化不仅直接影响 ρ，而且还通过声速影响马赫数。得到

$$Q^h=\frac{\partial Q}{\partial h}=\frac{\partial c_x}{\partial Ma}\ \frac{\partial Ma}{\partial a}\frac{\partial a}{\partial h}\ \frac{1}{2}\rho_*v_*^2\ S+\frac{\partial\rho}{\partial h}c_{x*}\ \frac{1}{2}v_*^2\ S \tag{1-204}$$

又因 $Ma=v/a$，所以

$$\frac{\partial Ma}{\partial a}=-\frac{v_*}{a_*^2}=-\frac{Ma_*}{a_*} \tag{1-205}$$

又得到

$$Q^h=\frac{1}{2}\rho_*v_*^2\ S\left(-c_{x*}^{Ma}\ Ma_*\ \frac{a^h}{a_*}+c_{x*}\ \frac{\rho^h}{\rho_*}\right) \tag{1-206}$$

式中，a^h，ρ^h 可由标准大气公式推出。

(3) Y^α，$M_z^{\omega_x}$，$M_x^{\omega_z}$ 等导数可直接按式(1-31)、式(1-33)和式(1-35)得到，即

$$Y^\alpha=c_y^\alpha\ \frac{1}{2}\rho v_*^2\ S \tag{1-207}$$

$$M_x^{\omega_x}=m_x^{\omega_x}\ \frac{1}{4}\rho_*v_*Sl^2 \tag{1-208}$$

其中

$$m_x^{\omega_x}=\frac{\partial m_x}{\partial(\omega_x l/2v)} \tag{1-209}$$

$$M_z^{\omega_z}=m_z^{\omega_z}\ \frac{1}{2}\rho_*v_*Sb_A^2 \tag{1-210}$$

式中

$$m_z^{\omega_z}=\frac{\partial m_z}{\partial(\omega_z b_A/v)} \tag{1-211}$$

其余的导数可按上述例子推出。这些导数的全部结果见表 1-1。

表 1-1　飞机空气动力和力矩的导数(纵向和横侧向)

纵　向		横侧向	
导数	表达式	导数	表达式
Q^v	$\frac{1}{2}\rho_* v_* S(c_x^{Ma} Ma_* + 2c_{x_*})$	Z^β	$\frac{1}{2}\rho_* v_*^2 Sc_z^\beta$
Q^h	$\frac{1}{2}\rho_* v_*^2 S\left(-c_x^{Ma} Ma_* \frac{a^h}{a_*} + c_{x*}\frac{\rho^h}{\rho_*}\right)$	Z^{ω_x}	$\frac{1}{4}\rho_* v_* Slc_z^{\omega_x}$
Q^α	$\frac{1}{2}\rho_* v_*^2 Sc_x^\alpha$	Z^{ω_y}	$\frac{1}{4}\rho_* v_* Slc_z^{\omega_y}$
Q^{δ_z}	$\frac{1}{2}\rho_* v_*^2 Sc_x^{\delta_z}$	Z^{δ_y}	$\frac{1}{4}\rho_* v_*^2 Sc_z^{\delta_y}$
Y^v	$\frac{1}{2}\rho_* v_* S(c_y^{Ma} Ma_* + 2c_{y*})$	M_x^β	$\frac{1}{2}\rho_* v_*^2 Slm_x^\beta$
Y^h	$\frac{1}{2}\rho_* v_*^2 S\left(-c_y^{Ma} Ma_* \frac{a^h}{a_*} + c_{y*}\frac{\rho^h}{\rho_*}\right)$	$M_x^{\omega_x}$	$\frac{1}{4}\rho_* v_* Sl^2 m_x^{\omega_x}$
Y^α	$\frac{1}{2}\rho_* v_*^2 Sc_y^\alpha$	$M_x^{\omega_y}$	$\frac{1}{4}\rho_* v_* Sl^2 m_x^{\omega_y}$
$Y^{\dot\alpha}$	$\frac{1}{2}\rho_* v_* Sb_A c_y^{\dot\alpha}$	$M_x^{\delta_x}$	$\frac{1}{2}\rho_* v_*^2 Slm_x^{\delta_x}$
Y^{ω_z}	$\frac{1}{2}\rho_* v_* Sb_A c_y^{\omega_z}$	$M_x^{\delta_y}$	$\frac{1}{2}\rho_* v_*^2 Slm_x^{\delta_y}$
Y^{δ_z}	$\frac{1}{2}\rho_* v_*^2 Sc_y^{\delta_z}$	M_y^β	$\frac{1}{2}\rho_* v_*^2 Slm_y^\beta$
M_z^v	$\frac{1}{2}\rho_* v_*^2 Sb_A(m_z^{Ma} Ma_* + 2m_{z*})$	$M_y^{\omega_x}$	$\frac{1}{4}\rho_* v_* Sl^2 m_y^{\omega_x}$
M_z^h	$\frac{1}{2}\rho_* v_*^2 Sb_A\left(-m_z^{Ma} Ma_* \frac{a^h}{a_*} + m_{z*}\frac{\rho^h}{\rho_*}\right)$	$M_y^{\omega_y}$	$\frac{1}{4}\rho_* v_* Sl^2 m_y^{\omega_y}$
M_z^α	$\frac{1}{2}\rho_* v_*^2 Sb_A m_z^\alpha$	$M_y^{\delta_x}$	$\frac{1}{2}\rho_* v_*^2 Slm_y^{\delta_x}$
$M_z^{\dot\alpha}$	$\frac{1}{2}\rho_* v_* Sb_A^2 m_z^{\dot\alpha}$	$M_y^{\delta_y}$	$\frac{1}{2}\rho_* v_*^2 Slm_y^{\delta_y}$
$M_z^{\omega_z}$	$\frac{1}{2}\rho_* v_* Sb_A^2 m_z^{\omega_z}$		
$M_z^{\delta_z}$	$\frac{1}{2}\rho_* v_*^2 Sb_A m_z^{\delta_z}$		

(三) 纵向小扰动状态方程

依据 1.3.3.5 节所述,将飞机运动线性化方程划分成互相独立的两组 —— 纵向线性化方程组和横侧向线性化方程组。纵向方程组是由式(1-189) 和式(1-187)、式(1-188) 的第 3 方程联立得到的,但它不是纵向小扰动状态方程,还必须进行必要的加工和整理:按上述两小节所述原理构成的全量线性化方程,并划分为基准状态平衡方程组和小偏量(小扰动) 方程组;再利用关系式 $\Delta\theta=\Delta\vartheta-\Delta\alpha$ 和 $\Delta\omega_z=\partial\Delta\vartheta/\partial t$,消去变量 $\Delta\theta$ 和 $\mathrm{d}\Delta\theta/\mathrm{d}t$;并把 $\Delta\delta_z$ 和 $\Delta\delta_T$ 作为输入变量有关项放在方程组右边,把偏量 $\Delta v,\Delta\alpha,\Delta h,\Delta\omega_z$ 和 $\Delta\dot\alpha$ 作为状态变量及有关它们的项也放在方程组右边;忽略包含 Δh 的项,以及 $y^{\dot\alpha}$ 和 y^{ω_z} 近似为零。这样便可得到由气流轴系或航迹轴系或稳定轴系(无风和无非对称面运动) 描述的纵向小扰动状态方程为

$$\begin{bmatrix}\dot\alpha\\ \dot v\\ \dot\vartheta\\ \dot\omega_z\end{bmatrix}=\begin{bmatrix}-y^\alpha & -y^v & 0 & 1\\ x^\alpha+g & x^v & -g & 0\\ 0 & 0 & 0 & 1\\ \mu_z^\alpha-\mu_z^{\dot\alpha}y^\alpha & \mu_z^v-\mu_z^{\dot\alpha}y^v & 0 & \mu_z^{\omega_z}+\mu_z^{\dot\alpha}\end{bmatrix}\begin{bmatrix}\Delta\alpha\\ \Delta v\\ \Delta\vartheta\\ \Delta\omega_z\end{bmatrix}+\begin{bmatrix}-y^{\delta_z} & -y^{\delta_T}\\ x^{\delta_z} & x^{\delta_T}\\ 0 & 0\\ \mu_z^{\delta_z}-\mu_z^{\dot\alpha}y^{\delta_z} & \mu_z^{\delta_T}-\mu_z^{\dot\alpha}y^{\delta_T}\end{bmatrix}\begin{bmatrix}\Delta\delta_z\\ \Delta\delta_T\end{bmatrix}\tag{1-212}$$

式中各系数的表达式见表 1-2。

表 1-2　飞机纵向小扰动状态方程系数表达式

A 阵系数			B 阵系数		
序号	系数	表达式	序号	系数	表达式
a_{11}	$-y^{\alpha}$	$-Y^{\alpha}/mv_*$	b_{11}	$-y^{\delta_z}$	$-Y^{\delta_z}/mv_*$
a_{12}	$-y^{v}$	$-Y^{v}/mv_*$	b_{12}	$-y^{\delta_T}$	0
a_{13}	0	0	b_{13}		
a_{14}	1	1	b_{21}	$-x^{\delta_z}$	$-Q^{\delta_z}/m$
a_{21}	$x^{\alpha}+g$	$-Q^{\alpha}/m+g$	b_{22}	$-x^{\delta_T}$	$1/m$
a_{22}	x^{v}	$(P^{v}-Q^{v})/m$	b_{23}		
a_{23}	$-g$	$-g$	b_{31}	0	0
a_{24}	0	0	b_{32}	0	0
a_{31}	0	0	b_{33}		
a_{32}	0	0	b_{41}	$\mu_z^{\delta_z}-\mu_z^{\dot{\alpha}}y^{\delta_z}$	$(M_z^{\delta_z}-M_z^{\dot{\alpha}}Y^{\delta_z})/J_z$
a_{33}	0	0	b_{42}	$\mu_z^{\delta_T}-\mu_z^{\dot{\alpha}}y^{\delta_T}$	$(M_z^{\delta_T}-M_z^{\dot{\alpha}}Y^{\delta_T})/J_z$
a_{34}	1	1	b_{43}		
a_{41}	$\mu_z^{\alpha}-\mu_z^{\dot{\alpha}}y^{\alpha}$	$(M_z^{\alpha}-M_z^{\dot{\alpha}}Y^{\alpha})/J_z$			
a_{42}	$\mu_z^{v}-\mu_z^{\dot{\alpha}}y^{v}$	$(M_z^{v}-M_z^{\dot{\alpha}}Y^{v})/J_z$			
a_{43}	0	0			
a_{44}	$\mu_z^{\omega_z}+\mu_z^{\dot{\alpha}}$	$(M_z^{\omega_z}+M_z^{\dot{\alpha}})/J_z$			

应该指出，当 θ_* 不是小量时，纵向小扰动状态方程应如下：

$$\begin{bmatrix}\Delta\dot{\alpha}\\ \Delta\dot{v}\\ \Delta\dot{\vartheta}\\ \Delta\dot{\omega}_z\end{bmatrix}=\begin{bmatrix}-y^{\alpha}+g\sin\theta_*/v_* & -y^{v} & -g\sin\theta_*/v_* & 1\\ x^{\alpha}+g\sin\theta_* & x^{v} & -g\cos\theta_* & 0\\ 0 & 0 & 0 & 1\\ \mu_z^{\alpha}-\mu_z^{\dot{\alpha}}(y^{\alpha}-g\sin\theta_*/v_*) & \mu_z^{v}-\mu_z^{\dot{\alpha}}y^{v} & -\mu_z^{\dot{\alpha}}g\sin\theta_*/v_* & \mu_z^{\omega_z}+\mu_z^{\dot{\alpha}}\end{bmatrix}\begin{bmatrix}\Delta\alpha\\ \Delta v\\ \Delta\vartheta\\ \Delta\omega_z\end{bmatrix}+$$

$$\begin{bmatrix}-y^{\delta_z} & -y^{\delta_T}\\ x^{\delta_z} & x^{\delta_T}\\ 0 & 0\\ \mu_z^{\delta_z}-\mu_z^{\dot{\alpha}}y^{\delta_z} & \mu_z^{\delta_T}-\mu_z^{\dot{\alpha}}y^{\delta_T}\end{bmatrix}\begin{bmatrix}\Delta\delta_z\\ \Delta\delta_T\end{bmatrix} \tag{1-213}$$

(四) 横侧向小扰动状态方程

横侧向方程组是由式(1-187)第 1,2 方程，式(1-184)第 3 方程和式(1-188)第 1 方程联立得到的。为获得状态方程形式，也必须进行整理。首先按上述线性化原理构成包括基准状态的平衡方程组和小偏量(小扰动)方程组，但由于基准运动中所有横侧向变量都为零，因此，横侧向变量的偏量就等于该变量本身，前置符号"Δ"不必写出；把 δ_x,δ_y 作为输入变量，并且与 δ_x,δ_y 有关的项放在方程组等号右边；把 β,ω_x,ω_y 和 γ 等变量作为状态变量，并且与它们有关的项也放在方程组右边。这样，便可得到由机体轴系描述的横侧向小扰动状态方程如下：

$$\begin{bmatrix}\dot{\beta}\\ \dot{\omega}_x\\ \dot{\gamma}\\ \dot{\omega}_y\end{bmatrix}=\begin{bmatrix}z^{\beta} & \alpha_* & g/v_* & 1\\ \mu_x^{\beta} & \mu_x^{\omega_x} & 0 & \mu_x^{\omega_y}\\ 0 & 1 & 0 & 0\\ \mu_y^{\beta} & \mu_y^{\omega_x} & 0 & \mu_y^{\omega_y}\end{bmatrix}\begin{bmatrix}\beta\\ \omega_x\\ \gamma\\ \omega_y\end{bmatrix}+\begin{bmatrix}0 & z^{\delta_y}\\ \mu_x^{\delta_x} & \mu_x^{\delta_y}\\ 0 & 0\\ \mu_y^{\delta_x} & \mu_y^{\delta_y}\end{bmatrix}\begin{bmatrix}\delta_x\\ \delta_y\end{bmatrix} \tag{1-214}$$

式中,状态方程系数见表 1-3。

当飞机俯仰姿态角不是小角度时,式(1-214)的 a_{13}(第1方程中的 g/v_*)应改为 $g\cos\vartheta_*/v_*$,以及 a_{43} 应改为 $-\tan\vartheta_*$。

表 1-3　飞机横侧向小扰动状态方程系数

A 阵系数			**B** 阵系数		
序号	系数	表达式	序号	系数	表达式
a_{11}	z^{β}	Z^{β}/mv_*	b_{11}	0	0
a_{12}	$\alpha_*+z^{\omega_x}$	$\alpha_*+Z^{\omega_x}\approx\alpha_*$	b_{12}	z^{δ_y}	Z^{δ_y}/mv_*
a_{13}	$g\cos\vartheta_*/v_*$	$g\cos\vartheta_*/v_*\approx g/v_*$	b_{21}	$\mu_x^{\delta_x}$	$\left(M_x^{\delta_x}+M_y^{\delta_x}\frac{J_{xy}}{J_y}\right)\frac{1}{J_x\Lambda}$
a_{14}	$1+z^{\omega_y}$	$1+Z^{\omega_y}\approx 1$	b_{22}	$\mu_x^{\delta_y}$	$\left(M_x^{\delta_y}+M_y^{\delta_y}\frac{J_{xy}}{J_y}\right)\frac{1}{J_x\Lambda}$
a_{21}	μ_x^{β}	$\left(M_x^{\beta}+M_y^{\beta}\frac{J_{xy}}{J_y}\right)\frac{1}{J_x\Lambda}$	b_{31}	0	0
a_{22}	$\mu_x^{\omega_x}$	$\left(M_x^{\omega_x}+M_y^{\omega_x}\frac{J_{xy}}{J_y}\right)\frac{1}{J_x\Lambda}$	b_{32}	0	0
a_{23}	0	0	b_{41}	$\mu_y^{\delta_x}$	$\left(M_y^{\delta_x}+M_x^{\delta_x}\frac{J_{xy}}{J_y}\right)\frac{1}{J_x\Lambda}$
a_{24}	$\mu_x^{\omega_y}$	$\left(M_x^{\omega_y}+M_y^{\omega_y}\frac{J_{xy}}{J_y}\right)\frac{1}{J_x\Lambda}$	b_{42}	$\mu_y^{\delta_y}$	$\left(M_y^{\delta_y}+M_x^{\delta_y}\frac{J_{xy}}{J_y}\right)\frac{1}{J_x\Lambda}$
a_{31}	0	0	注:$\Lambda=1-\frac{J_{xy}^2}{J_xJ_y}$;$Z^{\omega_x}$,$Z^{\omega_y}$ 近似为 0		
a_{32}	1	1			
a_{33}	0	0			
a_{34}	$-\tan\vartheta_*$	$-\tan\vartheta_*\approx 0$			
a_{41}	μ_y^{β}	$\left(M_y^{\beta}+M_x^{\beta}\frac{J_{xy}}{J_x}\right)\frac{1}{J_y\Lambda}$			
a_{42}	$\mu_y^{\omega_x}$	$\left(M_y^{\omega_x}+M_x^{\omega_x}\frac{J_{xy}}{J_x}\right)\frac{1}{J_y\Lambda}$			
a_{43}	0	0			
a_{44}	$\mu_y^{\omega_y}$	$\left(M_y^{\omega_y}+M_x^{\omega_y}\frac{J_{xy}}{J_x}\right)\frac{1}{J_y\Lambda}$			

俄罗斯和我国在过去习惯用机体坐标系建立横侧向运动方程,然而,美国等西方国家习惯于用稳定轴系建立横侧向运动方程。用稳定轴系描述的横侧向状态方程相比机体轴系简单一些,前者方程系数 a_{12} 为 0,而后者为 α_*。足够大的 α_* 将给横侧向运动的分析带来一定的难度。本书在第二篇中将给出机体轴系到稳定轴系转换的系数公式。实际上,通过初等变换方法也可将机体轴系描述的横侧向运动状态方程转换为与稳定轴系相同形式的方程。在第二篇中给出了这种变换,在此不赘述。

第2章　飞机操纵系统元件特性

在飞行品质分析和飞行控制系统初步设计中，常把操纵系统近似处理为线性系统。但是，在操纵系统动力学研究和进一步的飞行控制系统综合中，必须考虑系统的摩擦、预载、间隙、刚度、质量不平衡、惯量和非线性传动等因素。因为系统中的非线性环节，如摩擦、间隙等，在小操纵输入时，能造成明显的操纵系统滞后，这不仅影响人-机闭环系统的稳定性，也影响飞行控制闭环回路的稳定性。在操纵系统某些简化的基础上，给出包括由摩擦、预加载等的启动力，摩擦和间隙引起的空行程，以及助力操纵引起的操纵面偏转速率限制等，进行有无飞行控制系统情况下的系统分析、模拟仿真和数字解算，还应在考虑了这些线性和非线性因素的条件下，进行地面模拟试验和飞行试验。

本章首先介绍某些常规的操纵系统元件(如电动或电液式操纵机构)的工作原理，重点分析它们的动态特性；其次介绍操纵系统的工作方式，即驾驶员的操作元、部件和控制器与执行机构之间的连接。

纯电传操纵是现代数字式飞行控制系统的基本前提条件。现代飞行控制系统应与飞机并行设计，尽量早地固定在飞机设计方案中，以供飞机首飞使用。

2.1　操　纵　面

飞行品质规范把操纵系统分为“主”“次”两种，主操纵系统产生绕飞机重心的力矩，通过姿态变化间接地控制飞行航迹；次操纵系统元件用以调整飞机构形，其中，着陆襟翼是最重要的次操纵元件。然而，次操纵系统元件可以直接改变空气动力矢量(如直接升力控制)，它是长期以来一直在寻求的有效而经济的快速控制飞机航迹的好办法。这种主动控制方式，有利于提高飞机的机动能力，还可以有效地减小突风载荷和机动飞行中的空气动力引起的过大载荷，从而减轻了飞机的结构质量。因此，次操纵系统在一定场合下可以起到主要操纵的作用。主、次地位应该用辩证方法看待。

2.1.1　常规的操纵面

常规的主操纵面是用于调整空气动力的舵面和发动机推力的油门。其中，操纵和稳定飞机姿态的经典空气动力操纵量有副翼 / 滚转扰流片的偏度 δ_x，升降舵偏度 δ_z 和方向舵偏度 δ_y。作为常规操纵的发动机推力操纵元件是油门调节度 δ_T。

在手动操纵飞行时，由驾驶员连续不断地操纵这些操纵面，因此称为主操纵是当之无愧的。从开始有飞行控制系统直至现在，它们仍然作为基本的控制面。

最主要的次操纵机构如下：

(1) 升降舵配平装置，该装置使升降舵偏转或调节活动平尾的安装角，以实现飞机俯仰力矩平衡。

(2) 前后缘襟翼增升装置，它在起飞着陆时增大机翼面积和机翼弯度。协调动作的前、后缘襟翼偏度可用 δ_f 来表示。同时，二者还产生俯仰力矩和飞行阻力，可用升降舵协调操纵补偿俯仰力矩的产生，阻力的产生可增大发动机推力，给予补偿。

(3) 减速板(或扰流板、空气制动装置)，在着陆飞行中增大飞行阻力，减小升力，从而降低飞机总能量。滚转扰流片也可用于大迎角、大马赫数飞行中，产生滚转力矩，以补偿副翼滚转效率的降低。

操纵面的效能受到操纵增益和最大偏度的限制。操纵面效能随飞行高度的增大而降低，随着动压的增大而增大。随动压和高度变化的力臂调节器可有效地调节升降舵(平尾) 操纵增益，使飞机具有良好的操纵特性。依据飞行强度极限要求，为避免出现危险的飞行状态，必须限制操纵面产生的力，它们的偏度和速率应受到限制，高动压时偏度和速率应减小。然而，过小的升降舵偏转速率和偏度，对于纵向静不稳定飞机来说，比例加积分的纵向控制增稳系统可能产生大幅度极限环振荡，容易发生灾难性的事故。

在低速飞行使用的着陆襟翼的突然偏转，可能引起机翼、机身和尾翼的弹性变形，因此，在确定舵面效能时，必须限制操纵面的力。

利用油门杆调节发动机推力是一个复杂的工作过程。在巡航飞行时，可通过驾驶员偶尔通过油门杆调整推力，稳定飞行速度和飞行高度，补偿质量变化和常值风的影响。在机动飞行和着陆飞行中，连续变化的推力操纵，不仅供驾驶员，也供飞行控制系统使用。推力是飞机唯一给出能量的操纵量，而其他操纵面除使能量转换外，还能消耗能量。常规飞机的推力操纵只能改变其大小，不能改变其方向；未来的飞机可实现推力转向，有效地增大飞机的机动能力，改变飞行航迹，反推力装置可使飞机迅速减速。

2.1.2　未来飞机的专用操纵面

高性能飞机的专用操纵面可担负一系列的特殊功能。随着技术的迅速发展，这些操纵装置是多种多样的，其主要类型包括以下几种。

1. 调整飞机构形的操纵装置

飞机构形的改变，可使飞机在起飞、着陆，低速、高速等不同飞行阶段都具有良好的飞行性能和飞行品质。例如，能改变飞机构形的增升装置，可用于起飞、着陆中；由发动机尾喷口转向或流经双缝襟翼的转动实现的喷流转向，可产生附加升力和力矩；在转动机翼的同时，转动发动机使推力方向至轴 Oy 反方向上，也可有效提高升力；绕轴 Oy 转动机翼可改变机翼后掠角，使飞机适于低速和高速飞行。

2. 改善飞机操纵性和机动性的操纵面

这种类型的操纵面提供附加自由度的操纵，以改善飞机操纵性和机动性。最简单的措施是使用现有操纵系统，直接产生升力、侧力和力矩，如同方向偏转副翼，可提供附加升力和用于直接力控制；又如，通过差动偏转全动平尾，将有效地协助副翼在大马赫数、大迎角飞行中增大滚转能力；另外还可通过增设附加操纵面，改善操纵性和机动性，如在飞机前部加装水平或垂直操纵面，和尾翼一起进行直接力（升力和侧力）操纵，快速修正航迹或机头指向。无尾飞机的机翼后缘襟翼在控制升力和阻力的同时，兼顾俯仰和滚转操纵。应把相应的控制信号按不同极性综合起来，使其襟翼既可同方向偏转，又可差动偏转，这种可操纵的快速率襟翼又称为襟副翼；在机翼上加装制动板，当然也可在尾翼（平尾或垂尾）和挂架上加装这种制动装置，可以直接地调节气动阻力，以代替滞后反应的发动机推力操纵；对于动压低和舵面气动效能不足的飞行范围，可用吹气喷嘴和控制火箭发动机产生力矩，这既可用于航天飞机再入段的操纵，也可用于垂直起落飞机悬停飞行中的操纵。

3. 机翼载荷减缓或阵风缓和操纵面

对于大型运输类飞机，通过合适的控制技术可以调节飞机的弹性自由度，延长飞机的使用寿命，减轻飞机的结构质量，增加驾驶员和乘客的舒适性。一种措施是机动载荷控制，另外两种措施是颤振抑制和阵风载荷减缓控制，这些属于主动控制范畴的技术措施将在第五篇作较为详细的介绍，在此不再多述。

2.2　操纵面驱动器

在飞机上操纵面偏转所采用的驱动器大致分为三种：电动驱动器、气动驱动器和液压驱动器。在所有电动驱动力矩和速度能胜任的地方，都应使用电动操纵机构，因为它可以省去或减少气动或液压能源。对于小型低速飞机，在不得不用驱动装置的地方，往往采用电动驱动器；在舵面铰链力矩不大的情况下，驾驶员可利用机械杆系（驾驶杆系、脚蹬操纵机构）用手或脚直接操纵升降舵、副翼和方向舵。早期的飞行控制系统所采用的伺服装置，往往是电动的或气动的，通过它直接拉动操纵面。

随着飞机尺寸的增大和飞行速度的增加，舵面偏转的铰链力矩变得越来越大，即便利用空气动力补偿的办法，驾驶员也不能力所从心地在规定的范围之内操纵舵面。对于高性能和大型飞机需要施加的舵面操纵力、运动速度和控制功率都非常大，一般情况下，电动和气动驱动器无法胜任，只有依靠液压驱动器来完成，因为它具有很高的功率质量比和功率体积比。工作可靠的液压能源，不仅能协助驾驶员操纵舵面，它的高速度、高通频带和相位滞后小的特点，非常适合于飞机控制系统的伺服装置来用。

操纵驱动器可分为两种类型，一种是机械操纵系统的舵面偏转驱动装置，通常称为助力器，它必须承担作用在舵面上的惯性力和气动力，并具有很高的运动速度和很大的功率。另一种是飞行控制系统的伺服器，它把控制系统调节器综合的电信号转换为机械位移，并与人工操纵位移串联或并联后作为助力器的机械输入，它不像助力器有那样大的输出力，但应具有比助力器更大的运动速度，通常称它为飞行控制系统的舵机回路。助力器是机械位置反馈回路，舵机回路是位置电反馈回路，有些情况，如操纵配平机构和油门伺服机构只是用来积分控制偏差的。

作为驱动舵面的助力器特性取决于它的作动器本身和它推动的舵面及相连杆系。因此，在列写助力器运动方程式时，总是把助力器本身、连杆和舵面看成是一个整体。无论电动伺服机构的电机或者液压伺服器的作动器都具有积分特性，即在输出端的正常(不是饱和段) 运行速度正比于输入信号(机械的或电的)，但是，由于惯性的作用，给建立的积分关系带来滞后。

在初步设计飞行控制器时，为方便系统综合，应尽量简化助力器和舵机的动态特性。可忽略助力器输出端的质量、阻尼、气动力和油液可压缩性等一切滞后影响，这样无任何负载的作动器可近似为一个典型的积分环节，其传递函数近似为

$$G_z(s) = \frac{K}{s} \tag{2-1}$$

对于电动舵机或具有电-液伺服阀的液压舵机，仅仅考虑伺服阀流量特性和反馈杆形成的惯性作用，不考虑磁场建立和输出质量带来的滞后影响。那么，电动机和液压作动器的传递函数可近似为

$$G_s(s) = \frac{1}{s(T_s s + 1)} \tag{2-2}$$

式中，T_s 是电动舵机或电-液伺服阀的惯性时间常数。有关电动舵机或伺服阀方程的详细推导可参阅有关文献。本书对于电液伺服阀时间常数 T_s 将在下面给出复杂和简化的两种表达式。

除某些操纵特性要求积分偏差外，通常要求舵面偏转应与操纵输入或控制偏差信号成比例，使得无论舵机回路或助力系统应具有比例特性。因此，助力器和舵机伺服回路应为位置反馈。同时，调节开环增益将有效地改善它们的线性特性。表 2-1 给出了这些舵面驱动装置的单独传递函数，可见由式(2-1)、式(2-2) 和比例反馈构成的助力器和舵机回路具有一阶或者二阶特性。表 2-1 给出有关它们动态特性的数据范围。

表 2-1　飞机舵面驱动装置的传递函数和典型数据

驱动装置	近似传递函数	典型数据	扰动响应
液压助力器	$\dfrac{K}{Ts+1}$	$T \approx 0.03\ \mathrm{s}$	线性范围窄 结构复杂，温度影响大
液压舵机回路	$\dfrac{K}{(s/\omega_0)^2 + 2\zeta_0/\omega_0 s + 1}$	$\omega_0 \approx 60\ \mathrm{s}^{-1}$ $\zeta_0 = 0.4 \sim 0.8$	线性范围窄 结构复杂，温度影响大
电动舵机回路	$\dfrac{K}{(s/\omega_0)^2 + 2\zeta_0/\omega_0 s + 1}$	$\omega_0 \approx 30\ \mathrm{s}^{-1}$ $\zeta_0 = 0.7 \sim 1.0$	输出速度有限 滞后较大

若控制器只控制飞机刚体运动和在刚体运动频率范围内有效，与飞机运动相比，足够快的操纵面驱动装置的固有特性对控制器性能的影响可以不予考虑。但是，当考虑到弹性模态稳定性时，过快的舵面驱动器固有特性，会使结构弹性模态不满足相位稳定条件。然而，对于那些属于高频运动的控制器，如阵风减缓系统、

弹性自由度控制系统，必须提高控制作用的频带，否则对这些高频运动的控制将不会奏效。可以通过引入合适反馈的办法提高伺服系统的交界频率，构成快速伺服回路，以便控制器的作用扩展到所需频率范围内。

由扭转力矩要求的电动舵机的减速器会产生间隙特性；由最大流量限制的液压伺服机构的速度饱和特性，导致了具有位置反馈的伺服器时间常数随输入幅值的增大而减小。这些伺服器的非线性影响致使它们的快速性难以提高。

此外还有一些非线性影响是伺服器(助力器或舵机）与舵面之间的弹性和间隙、伺服器的安装支撑刚度和间隙。例如，某种结构形式的助力器，当将它安装在飞机上时，不大的支撑刚度和大的安装间隙，会使它带动舵面一起抖振。这种抖振现象的产生将在下一节进行分析和讨论。为减少这类问题的产生，应把驱动装置尽量安装在靠近舵面的位置，可有效地提高连杆和支撑刚度，减小杆系连接和机座安装间隙，以减少诱发弹簧-质量系统连杆振动的危险。选择合适反馈形式的助力器，对于解决助力系统(包括连杆、舵面和支撑在内的助力器）抖振是最有效的办法。为了提高伺服系统的线性特性和频带，必须精心设计它的反馈回路，这是飞行控制系统设计的一个重要问题之一。

在这一节的最后，应该指出操纵驱动装置应按余度技术设计，这是伺服系统设计的另一个重要问题。它不仅要求伺服器本身具有二重、三重或四重结构，并且带有合适的监控装置，实施故障识别和故障修正；同时，几重伺服器还应由不同的电源供电和不同的油源供油。

2.3 液压助力系统特性分析

液压助力器是直接驱动舵面偏转的执行机构，这种液压位置伺服器几乎毫不例外地采用机械式反馈。从结构上分为固定壳体和活动壳体两种形式，但工作原理、结构和性能上无任何区别。从反馈形式上又可分为内反馈和外反馈两种。应该指出，这两种形式，当仅从单独的位置系统角度分析来看时，在工作原理和结构特点上也不尽相同，但当考虑到它只是操纵系统的一个环节时，其他操纵系统环节的线性和非线性因素将对两种形式的助力器动态特性产生相同和不相同的影响，把与实际操纵系统连接在一起的助力器称为助力系统。

助力系统是人工操纵或飞行控制中一个重要的组织部分，很有必要对它的静、动态特性进行比较深入的了解，因此，在本小节对助力系统特性进行较为详细的分析。

舵面操纵助力系统是一种机械输入、机械反馈式的全功率液压作动系统。它的负载包括舵面惯性、铰链力矩以及作动器输出至舵面间的弹性力等；助力器的支座运动，包括支座弹性变形和间隙游动；助力器的输入负载，主要为滑阀摩擦力，舵机(或驾驶杆）至助力器输入点处的弹性力等。这些线性和非线性因素决定了助力系统的静、动态特性。

助力器的内、外反馈形式的区别在于它的支座运动是否影响滑阀开度，当滑阀相对位移仅仅取决于助力器本身的机械输入和作动器输出位移的偏差，与支座位移无关时，称为内反馈式助力器；当滑阀位移不仅与助力器输入、输出位移之差成比例，而且还随由助力器两油腔压力差变化产生的支座位移而减小时，称为外反馈式助力器。内、外反馈之说，来源于助力器结构形式，实际在某些飞机安装的两种助力器，内反馈助力器不存在机构反馈连杆，而外反馈助力器由于结构安排的需要，在助力器壳体外部存在一个机械反馈连杆。下面讨论两种形式的助力器的稳定特性。

2.3.1 内反馈式助力系统的特性分析

图 2-1 是一个典型内反馈式助力系统的原理图。以下对如图 2-1 所示环节建立数学模型，讨论和分析它的线性和非线性特性。

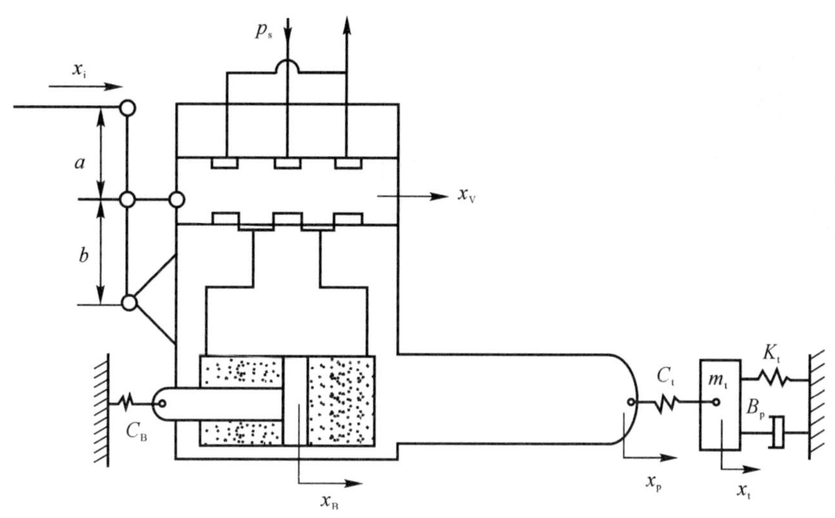

图 2-1　内反馈式助力系统原理图

2.3.1.1　线性分析

(一) 数学模型的建立

1. 滑阀位移与机械输入和输出位移的关系

包括壳体在内的作动筒为能动件，安装在支座上的活塞为固定件。机械输入引起的滑阀位移为

$$x'_V=\frac{b}{a+b}x_i \tag{2-3}$$

式中，x_i 为机械输入位移。由机械反馈引起的滑阀位移为

$$x''_V=\frac{a}{a+b}x_p \tag{2-4}$$

式中，x_p 为助力器缸体位移。合并式(2-3)和式(2-4)得到分油活门滑阀的总相对位移为

$$x_V=x'_V+x''_V=\frac{b}{a+b}x_i+\frac{a}{a+b}x_p \tag{2-5}$$

由式(2-5)得到滑阀位移与机械输入和作动器输出位移的关系式为

$$x=x_V-x_p=K_f(x_i-x_p) \tag{2-6}$$

式中，$K_f=\dfrac{b}{a+b}$是助力器的机械反馈系数，是假定输入不动的情况下，滑阀的反向开度与输出端位移之比。在这种结构情况下，输入传动比与反馈系数相等。

2. 滑阀流量方程

助力器控制滑阀的负载流量 Q_L 与负载压力 p_L 和阀芯位移 x 之间的关系，反映了滑阀的静特性，可用一个非线性的代数方程来描述

$$Q_L=Kx\sqrt{p_s-p_L} \tag{2-7}$$

式中，Q_L 为通过滑阀窗口的流量；x 为滑阀相对窗口的位移；p_L 为活塞单位面积上的负载压力；p_s 为油源供油压力；$K=\dfrac{\sqrt{2}}{2}\mu L$，其中 μ 为流量系数，L 为滑阀窗口宽度。

将式(2-7)进行线性化处理，按泰勒级数展开，取一次项，得到以增量形式表示的滑阀流量方程为

$$\Delta Q_L=K_q\Delta x-K_c\Delta p_L \tag{2-8}$$

式中，$K_q=\dfrac{\partial Q_L}{\partial x}\bigg|_{p_L=p_L^*}=Kx\sqrt{p_s-p_{L*}}$，为流量-滑阀位移特性的斜率；$K_c=\dfrac{\partial Q_L}{\partial p_L}\bigg|_{\substack{p_L=p_L^*\\x=x^*}}=\dfrac{Kx^*}{2\sqrt{p_s-p_{L^*}}}$，为流

量-负载压力特性的斜率。

其中，p_L^*，x^* 分别为稳态工作点的负载压力和滑阀相对窗口的位移。由于所研究的问题是在稳定工作点附近作微量运动的规律，可以用变量本身表示在初始条件下的变化，所以，增量形式的方程也可写成非增量形式，即

$$Q_L = K_q x - K_c p_L \tag{2-9}$$

给出某飞机平尾助力器的流量特性如图 2-2 所示。

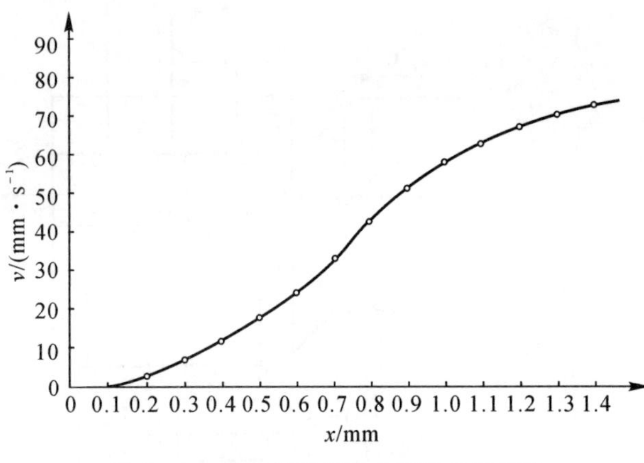

图 2-2　某飞机平尾助力器的流量特性

图中流量速度

$$v = \frac{Q_L}{A_p} \tag{2-10}$$

式中，A_p 为活塞有效面积。

3. 作动器的微分方程

首先假设作动器油缸工作腔中各处油压相同，液体在腔内流速很小，故流动阻力损失和管道动特性可忽略不计，油缸内、外泄漏为层流流动，油液和体积弹性模数为常数，并假定活塞在中间位置作小幅位移，动态的两腔压力之和为 $p_1 + p_2 = p_s$，而负载压力 p_L 为两腔压力之差，即 $p_1 - p_2 = p_L$。在这些情况下，分油活门输出的负载流量 Q_L 由下式表示：

$$Q_L = A_p \frac{d(x_P - x_B)}{dt} + C_{tp} p_L + \frac{V_t}{4\beta_e} \frac{dp_L}{dt} \tag{2-11}$$

式中，x_B 为活塞位移(退让量)；C_{tp} 为包括内漏和外漏的油缸总泄漏系数；V_t 为两个油腔的总容积；β_e 为有效体积弹性模数(包括油液和混入的空气等)。

式(2-11)意味着由分油活门输出的总流量，不仅包括用于作动器产生位移速度的流量，同时还包括不可避免的漏油量，以及由于油液的可压缩性引起的容积的变化。

4. 作动器输出力与负载力的平衡方程

首先给出几个假设条件：

(1) 助力器输出端至舵面的机械弹性元件都集中在助力器输出端；

(2) 助力器输出端至舵面的全部质量、阻尼力和气动弹性力都集中在机械弹性元件之后；

(3) 在线性分析中不考虑机械间隙和摩擦力等非线性影响。

由图 2-1 可知，作动器上的有效推力与助力器输出端弹性元件的弹性力的平衡式为

$$F_c = A_p p_L = C_t(x_p - x_t) \tag{2-12}$$

式中，F_c 为作动器的输出力；C_t 为助力器输出端至舵面间弹性元件的弹性刚度折合到助力器输出端的等效值；x_t 为舵偏度折合到助力器输出端的等效位移。

助力器输出端弹性元件的弹性力与负载力的平衡方程为

$$C_t(x_p - x_t) = m_t \frac{d^2 x_t}{dt} + B_p \frac{dx_t}{dt} + K_t x_t + F_L \tag{2-13}$$

式中，m_t 为作动器、杆系和舵面转动惯量折合到助力器输出端的等效质量；B_p 为作动筒相对活塞以及舵面相对于空气的黏性阻尼力折合到助力器输出端的阻尼系数；K_t 为舵面所受的气动弹性力矩折合到助力器输出端的弹性刚度；F_L 为作用在舵面上的其他负载力折合到助力器输出端的等效力。

5. 助力器支撑力与负载力的平衡式

助力器的安装支撑刚度不是无穷大，它会使得助力器在负载力的作用下，产生退让，支撑力与负载力的平衡方程为

$$-C_B x_B = A_p p_L \tag{2-14}$$

式中，x_B 为助力器支座处的弹性位移；C_B 为助力器支座处的弹性支撑刚度。

(二) 助力系统结构图和传递函数

1. 助力系统结构图的建立和转换

根据上述五个环节的微分方程，即利用式(2-6)、式(2-9)以及式(2-11)～式(2-14)可以得到如图2-1所示的内反馈液压助力系统(包括负载)的结构图如图2-3所示。运用等效变换法则，将图2-3变换为具有双输入(x_i 和 F_L)单输出(x_t)的等效结构图，如图2-4所示。

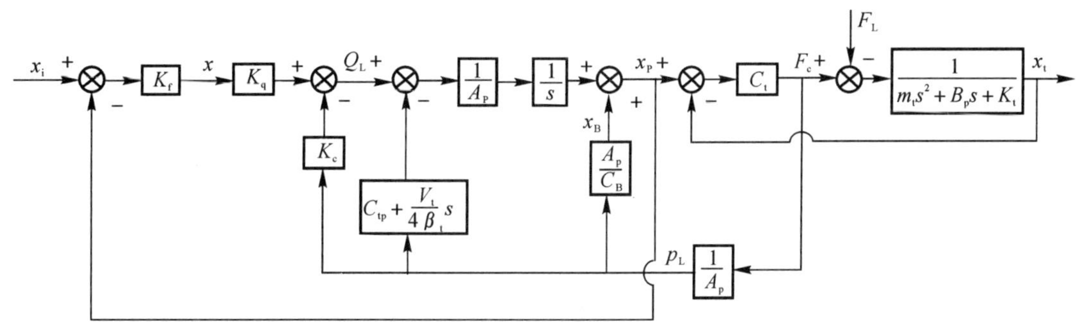

图2-3　内反馈液压助力系统的弹性-负载结构图

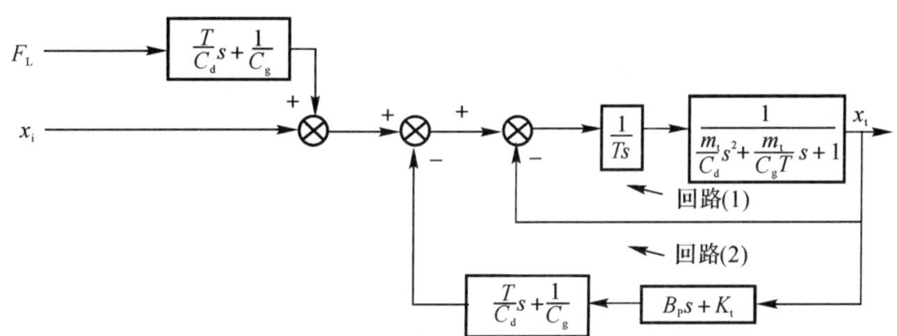

图2-4　图2-3的转换结构图

在图2-4中

$$\frac{1}{C_g}=\frac{1}{C_t}+\frac{1}{C_Q}\quad (C_g\text{ 称为静刚度}) \tag{2-15}$$

$$\frac{1}{C_d}=\frac{1}{C_t}+\frac{1}{C_B}+\frac{1}{C_V}\quad (C_d\text{ 称为动刚度}) \tag{2-16}$$

$$T=\frac{A_p}{K_f K_q}\quad (T\text{ 称为助力器时间常数}) \tag{2-17}$$

$$C_V=\frac{4\beta_e A_p^2}{v_t}\quad (C_V\text{ 称为油液弹性刚度}) \tag{2-18}$$

$$C_Q=\frac{K_f K_q A_p}{C_{tp}+K_c}\quad (C_Q\text{ 称为流量弹性刚度}) \tag{2-19}$$

2. 助力系统的传递函数

(1) 机械输入作用下的传递函数。假设舵面干扰力矩 F_L 为零，按图2-4很容易地得到机械输入 x_i 作用下的助力系统闭环传递函数为

$$\frac{x_t}{x_i}(s)=\frac{1}{a_0 s^3+a_1 s^2+a_2 s+a_3} \tag{2-20}$$

式中
$$a_0=\frac{T}{C_d}m_t$$

$$a_1=\frac{m_t}{C_g}+\frac{TB_p}{C_d}$$

$$a_2=\frac{B_p}{C_g}+\left(\frac{K_t}{C_d}+1\right)T$$

$$a_3=\frac{K_t}{C_g}+1$$

(2) 舵面干扰力作用下的传递函数。当机械输入 x_i 为零时，依据图 2-4 得到舵面干扰力 F_L 作用下助力系统闭环传递函数为

$$\frac{x_t}{F_L}(s)=\frac{-\left(\frac{1}{C_g}+\frac{T}{C_d}s\right)}{a_0s^3+a_1s^2+a_2s+a_3} \tag{2-21}$$

式中，a_0，a_1，a_2 和 a_3 的表达式同式(2-20) 定义。

3. 助力系统的静、动刚度概念

助力系统的刚度是这样定义的：当助力器机械输入 x_i 为零时，在飞机舵面上施加力矩，助力器输出端受到的力与舵面偏度折合在助力器输出端的位移之比。为了获得助力器输出端受到的力 p_LA_p 对舵面等效干扰力 F_L 的传递函数，利用克莱姆法则求解助力器联立方程

$$\left.\begin{aligned}&(A_Ps+K_fK_q)x_p+\left[A_p^2\left(\frac{1}{C_B}+\frac{1}{C_V}\right)s+(K_c+C_{tp})\right]p_L=K_qK_fx_i\\&-C_tx_p+(m_ts^2+B_ps+K_t+C_t)x_t=-F_L\\&C_tx_p-A_pp_L-C_tx_t=0\end{aligned}\right\} \tag{2-22}$$

是方便的，解出的助力系统刚度传递函数为

$$C(s)=\frac{p_LA_p}{x_t}(s)=\frac{s+\frac{1}{T}}{\frac{1}{C_d}s+\frac{1}{C_gT}} \tag{2-23}$$

将 $s=j\omega$ 代入式(2-23)，且当 $\omega=0$ 时，定义 $C(0)$ 为助力系统静刚度，即

$$C(0)=C_g \tag{2-24}$$

当 $\omega\to\infty$ 时，定义 $C(j\infty)$ 为助力系统的动刚度，即

$$C(j\infty)=C_d \tag{2-25}$$

(三) 助力系统稳定性分析

稳定性是助力系统最重要的特性，稳定性的好坏直接影响人工操纵和飞行控制系统的性能。因此，助力系统的动态设计常以稳定性要求为中心来进行。对于三阶的助力系统来说，采用劳斯稳定判据进行稳定性分析是很方便的。

1. 稳定条件的推导

对于三阶的助力系统来说，系统的稳定条件为

$$\left.\begin{aligned}&a_0>0,a_1>0,a_2>0,a_3>0\\&a_1a_2-a_0a_3>0\end{aligned}\right\} \tag{2-26}$$

a_0，a_1，a_2 和 a_3 大于零通常是能够满足的，因此助力系统的稳定条件主要取决于第二个不等式，由式(2-20) 定义的系数表达式可以得到线性助力系统的稳定条件

$$\left(\frac{1}{C_g}+\frac{TB_p}{C_dm_t}\right)\left(\frac{B_p}{C_gT}+\frac{K_t}{C_d}+1\right)>\frac{1}{C_d}\left(\frac{K_t}{C_g}+1\right) \tag{2-27}$$

且当 $B_p\left(\frac{1}{C_gT}+\frac{B_p}{C_dm_t}\right)\ll\frac{1}{C_g}$ 时，式(2-27) 可以简化为

$$\frac{C_d}{1-\frac{TB_p}{m_t}\left(\frac{K_t}{C_d}+1\right)}>C_g \tag{2-28}$$

当 $B_p\approx 0$ 时，式(2-27)进一步简化为

$$C_d > C_g \tag{2-29}$$

这便是通常说的助力系统的稳定条件：动刚度大于静刚度。当 C_d，C_g 的表达式代入式(2-29)时，得到由助力器支座刚度 C_B，油液弹性刚度 C_V 和流量弹性刚度 C_Q 等表示的内反馈助力系统的稳定条件

$$\frac{1}{C_B}+\frac{1}{C_V}<\frac{1}{C_Q} \tag{2-30}$$

再将式(2-18)和式(2-19)表示的 C_V，C_Q 表达式代入式(2-30)，得到由结构和油液参数表示的内反馈助力系统的稳定条件

$$\frac{1}{C_B}+\frac{V_t}{4\beta_e A_p^2}<\frac{T(K_c+C_{tp})}{A_p^2} \tag{2-31}$$

2. 内反馈助力系统结构参数对稳定性影响的讨论

(1) 总流量-压力系数 K_{ce} 的影响。

定义

$$K_{ce}=K_c+C_{tp} \tag{2-32}$$

称为总流量-压力系数。由式(2-31)可知：

—— 流量压力反馈系数 K_c 越大，系统稳定性越好。由式(2-8)定义的 K_c 的表达式可知，滑阀在零位附近，由于 $x^*\approx 0$ 和 $p_L^*\approx 0$，便得 K_c 值最小，导致系数稳定性最差。随着 x^* 和 p^* 的增大，系统稳定性提高。供油压力的增加，使 K_c 减小，系统稳定性变差。

—— 增大泄漏系数 C_{tp} 可提高系统稳定性，但导致功率损失和系统静刚度降低。

(2) 助力器时间常数 T 的影响。

由式(2-31)可知，助力器时间常数 T 的增大，使系统稳定性变好，又从式(2-17)T 的表达式可以得到如下结论：

—— 降低机械反馈系数 K_f，对稳定性有利。

—— 降低流量系数 K_q，系统稳定性变好。根据式(2-8)K_q 的定义可知，供油压力 p_s 的增加，负载压力 p_L^* 的减小，都使系统稳定性变差。再从式(2-7)K 的表达式可知，滑阀窗口宽度 L 增大，也导致系统稳定性变差。滑阀在零位处时，K_q 最大和 K_c 最小，使系统在滑阀零位处稳定性最差。可用减小零位窗口宽度的办法，提高滑阀在零位处的系统稳定性。正如某飞机平尾助力器滑阀窗口为双菱形，目的在于提高滑阀零位处系统的稳定性。

(3) 减小活塞有效面积可提高系统稳定性。

(4) 油液压缩系数 $\frac{V_t}{4\beta_e}$ 的影响。

由式(2-31)可以得到如下结论：

—— 油缸总容积 V_t 越小，对系统稳定性越有利，为此应采用短行程油缸。

—— 有效油液体积模数 β_e 值越大，系统稳定性越好。油液中含有空气使 β_e 降低，可能使系统产生自振和爬行现象，应尽量不使用软输油管。

(5) 支座刚度 C_B 越大，系统稳定性越好。

从式(2-27)或式(2-28)可知，在黏性系数 B_P 较大的情况下，气动弹性力系数 K_t 的增大和惯性力系数 m_t 的减小，使系统稳定性提高。

3.利用波德图估算助力系统的稳定储备

图 2-4 中回路(1)相当于飞机停放在地面上，气动阻尼力和气动弹性力为零；回路(2)相当于飞机在空中飞行状态。当 $B_p \approx 0$ 时，如图 2-4 所示的开环频率特性函数为

$$W(j\omega)=\frac{1+\frac{K_t}{C_g}+\frac{K_t T}{C_d}j\omega}{Tj\omega\left(1-\frac{m_t}{C_d}\omega^2+\frac{m_t}{C_g T}j\omega\right)} \tag{2-33}$$

利用式(2-33)做出某飞机平尾助力系统的开环对数频率特性，如图 2-5 所示。

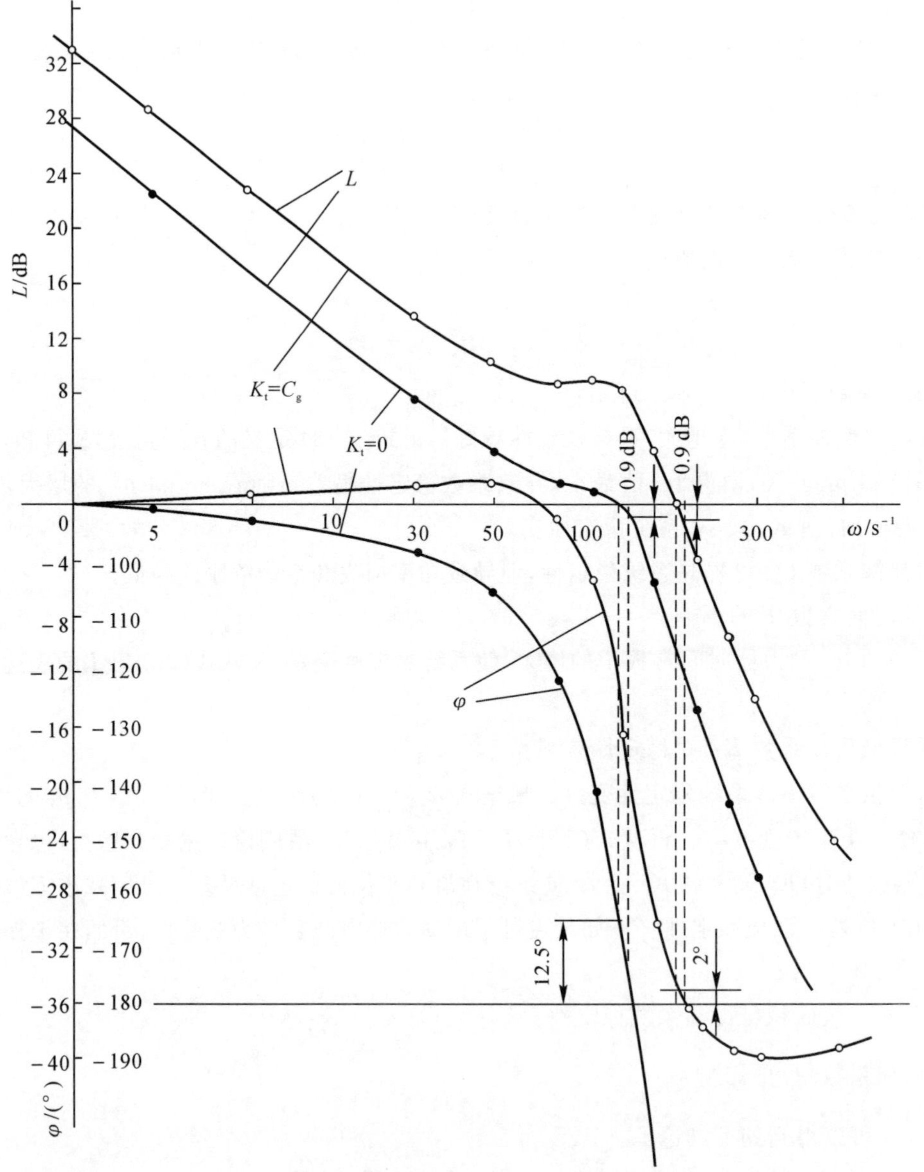

图 2-5 某飞机平尾助力系统开环对数频率特性曲线

(给定参数：$T=0.015\,4$ s，$C_d=1\,579$ kg/mm，$C_g=1\,424$ kg/mm，$m_t=0.1$ kg·s²/mm)

由图 2-5 可知，某飞机平尾助力系统是线性稳定系统。但是，稳定储备很低，在地面状态($K_t=0$)相位储备仅有 12.5°，增益储备仅有 0.9 dB；在空中飞行状态，且 $K_t=C_g$ 时，稳定储备更低，相位储备只有 2°，增益储备仍为 0.9 dB。

2.3.1.2　非线性分析

在助力系统非线性分析中，着重分析助力器安装座间隙和滑阀摩擦力等非线性对助力系统稳定性的影响。为了便于分析，本节采用了目前在工程中广泛应用的，基于频率域分析的描述函数法。具有上述非线性特性的内反馈式助力系统非线性结构图，如图 2 - 6 所示。

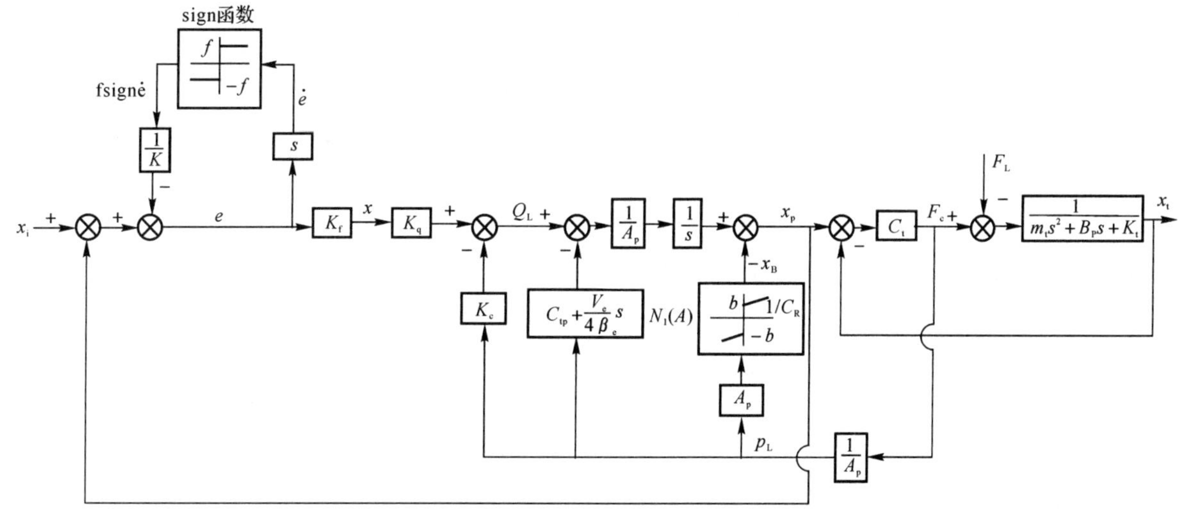

图 2 - 6　内反馈式助力系统非线性结构图

(一) 支座间隙对系统稳定性影响的分析

助力器的动件相对不动件直线运动，而不动件相对机体存在旋转运动。因此，需要用轴承和销子将助力器不动件与机体连接起来。这种连接方式不可能没有间隙。试验表明，这种支座间隙对系统稳定性有很大影响。随着支座间隙的增大，系统将出现抖动，且间隙越大，抖动幅度越大。

在负载力的作用下，助力器安装间隙和支撑刚度使助力器产生退让量为

$$-x_B = b\text{sign}p_L + A_P p_L / C_B \tag{2-34}$$

式中，b 为间隙宽度

$$\text{sign}p_L = \begin{cases} 1 & (\text{当 } p_L > 0 \text{ 时}) \\ -1 & (\text{当 } p_L < 0 \text{ 时}) \end{cases} \tag{2-35}$$

式(2 - 34) 中 x_B 与 p_L 的关系可用图 2 - 6 中的非线性性函数 $N_1(A)$ 表示。当用描述函数表示时

$$N_1(A) = \frac{1}{C_B} + \frac{4b}{\pi A} \tag{2-36}$$

式中，A 为非线性环节的正弦输入振幅。

为了便于分析，仅仅考虑支座间隙一个非线性环节，那么图 2 - 6 可变换为图 2 - 7，其闭环传递函数为

$$\frac{x_t}{x_i}(s) = \frac{1}{b_0 s^3 + b_1 s^2 + b_2 s + b_3} \tag{2-37}$$

式中

$$b_0 = \frac{Tm_t}{C'_d}$$

$$b_1 = \frac{m_t}{C_g} + \frac{TB_p}{C'_d}$$

$$b_2 = \frac{B_p}{C_g} + T\left(\frac{K_t}{C'_d} + 1\right)$$

$$b_3 = \frac{K_t}{C_g} + 1$$

以及

$$\frac{1}{C'_{\mathrm{d}}}=\frac{1}{C_{\mathrm{d}}}+\frac{4b}{\pi A}$$

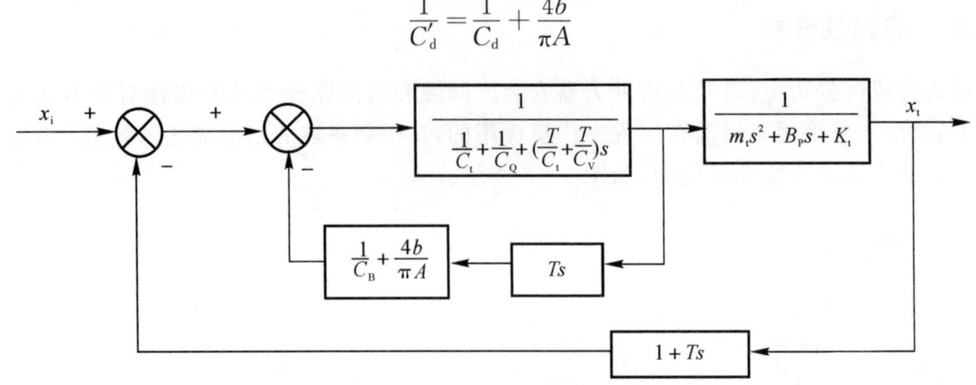

图 2-7　具有支座间隙环节的助力系统转换结构图

利用劳斯稳定判据得到具有支座间隙的助力系统的稳定条件为

$$\frac{1}{C_{\mathrm{d}}}+\frac{4b}{\pi A}<\frac{1}{C_{\mathrm{g}}} \tag{2-38}$$

或者

$$\frac{1}{C_{\mathrm{B}}}+\frac{1}{C_{\mathrm{V}}}+\frac{4b}{\pi A}<\frac{1}{C_{\mathrm{Q}}} \tag{2-39}$$

可见，具有支座间隙环节的非线性助力系统，较原线性系统的稳定性变差，并且随间隙宽度 b 的增大稳定条件越不能满足。

由式(2-38)可以得到临界稳定时的非线性环节输入振幅

$$A^{*}=\frac{4b}{\pi}\frac{C_{\mathrm{d}}C_{\mathrm{g}}}{C_{\mathrm{d}}-C_{\mathrm{g}}} \tag{2-40}$$

利用奈奎斯特图可以进一步分析助力系统的稳定性。当传递函数式(2-37)的特征式为零时可以用式(2-41)所示频率特性函数代替，即

$$G(\mathrm{j}\omega)=-\frac{1}{N'_{1}(A)} \tag{2-41}$$

式中

$$G(\mathrm{j}\omega)=\frac{C_{\mathrm{d}}\mathrm{j}\omega\left(\frac{K_{\mathrm{t}}}{m_{\mathrm{t}}}-\omega^{2}+\frac{B_{\mathrm{p}}}{m_{\mathrm{t}}}\mathrm{j}\omega\right)}{\frac{a_{3}}{a_{0}}-\frac{a_{1}}{a_{0}}\omega^{2}+\mathrm{j}\omega\left(\frac{a_{2}}{a_{0}}-\omega^{2}\right)} \tag{2-42}$$

为特征式频率特性部分，而

$$\frac{1}{N'_{1}(A)}=\frac{\pi A}{4b} \tag{2-43}$$

为特征式非线性部分描述函数的倒数；a_0，a_1，a_2 和 a_3 同式(2-20)中表达式。按给定参数值，以及 $B_{\mathrm{p}}=0$ 和 K_{t} 分别为 0 和 C_{g} 值，以 ω 为变量做出 $G(\mathrm{j}\omega)$ 的轨迹图和以 A/b 为变量做出 $-\frac{1}{N'(A)}$ 的轨迹图，如图 2-8 所示。

从奈奎斯特图上可知，线性部分的频率特性曲线与非线性环节描述函数的负倒特性曲线相交于坐标原点和 P 点。依据奈奎斯特稳定判据，可以判断，交点 P 为稳定自振工作点，系统可能出现稳定的自持振荡，在 P 点处的振幅 A^{*} 为非线性环节输入信号的自持振荡振幅，并由式(2-40)决定，不随气动弹性梯度变化；在 $B_{\mathrm{p}}=0$ 的条件下，交点 P 处对应的自振频率 ω^{*} 可由 $G(\mathrm{j}\omega)$ 的虚部为零推出

$$\omega^{*}=\sqrt{\frac{K_{\mathrm{t}}+C_{\mathrm{g}}}{m_{\mathrm{t}}}} \tag{2-44}$$

当 $K_t=0$，即在地面试验时 $\omega^*=\sqrt{C_g/m_t}$，大约为 19 Hz。自振频率随气动弹性梯度的增加而增加。

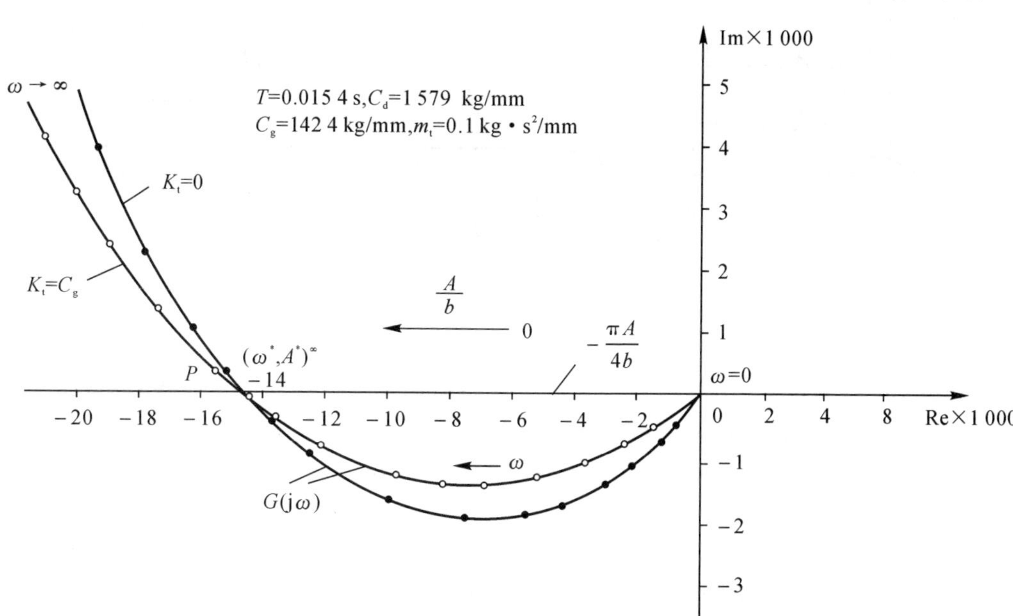

图 2-8　具有支座间隙的内反馈式助力系统的线性特性 $G(j\omega)$ 和间隙环节负倒描述函数 $-\dfrac{\pi A}{4b}$ 的轨迹线

根据图 2-6 中 F_C 与 x_p 的线性关系，支座间隙环节的输入振幅 A 可以由助力器输出位移振幅 A_0 表示

$$A=\left|\frac{C_t(K_t-m_t\omega^2+B_p j\omega)}{C_t+K_t-m_t\omega^2+B_p j\omega}\right|A_0 \tag{2-45}$$

当 $B_p=0$ 时，并将式(2-44)决定的 ω^* 代入式(2-45)，得到

$$A=\frac{C_tC_g}{C_t-C_g}A_0=C_QA_0 \tag{2-46}$$

将式(2-46)代入式(2-39)得到具有支座间隙的助力系统稳定条件的另一种形式为

$$\frac{1}{C_B}+\frac{1}{C_V}<\frac{1}{C_Q}\left(1-\frac{4b}{\pi A_0}\right) \tag{2-47}$$

根据式(2-46)和式(2-47)，得到内反馈式助力器输出位移的稳定振幅为

$$A_0^*=\frac{4}{\pi}\frac{b}{1-\dfrac{(C_g+C_V)C_Q}{C_BC_V}} \tag{2-48}$$

可见，对于稳定的线性助力系统($\dfrac{(C_g+C_V)C_Q}{C_BC_V}<1$)来说，除支座间隙宽度 b 直接影响抖振振幅外，支座刚度 C_B 和油液弹性刚度 C_V 的增大，以及流量弹性刚度 C_Q 的减小，都可使助力器输出振幅减小。又从 C_Q 的表达式可知，大的流量系数 K_q 和小的泄漏系数 C_{tp} 使抖振幅值增大。

(二) 滑阀摩擦力抑制抖振的分析

任何机械输入的液压伺服装置的控制滑阀都有摩擦力。它和其他杆系中的摩擦力不同，受助力器机械反馈的影响。在忽略了杆系惯性、间隙和其他摩擦力的情况下，由这个特殊的摩擦力与驾驶杆(或舵机)至滑阀间的弹性刚度构成的非线性示意结构图如图 2-9 所示。K_1 和 K_2 分别为驾驶杆和舵机至滑阀间的杆系弹性刚度，K_B 为载荷机构的弹性刚度。滑阀摩擦力用干摩擦 f 表示。

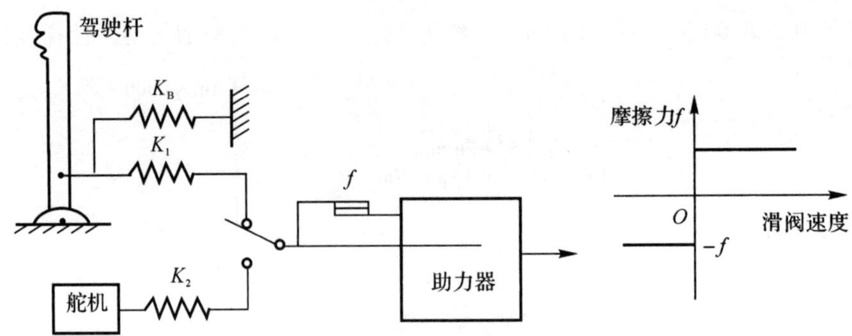

图 2-9　滑阀摩擦力与杆系弹性示意图

从物理概念上分析，由于这个特殊摩擦力在液压助力器机械反馈中所处的位置，以及操纵链中弹性元件的存在，所以在驾驶杆(或舵机输出)一段位移之前，助力器输出不变，直到被压缩的弹性元件产生的弹性力克服了滑阀摩擦力为止，它才开始运动。这个摩擦力经常在反方向上阻止助力器运动。助力器的机械反馈运动同样在摩擦力的作用下，在开始位移时压缩弹性元件，滑阀不移动，无反馈作用。于是助力器将继续运动一段距离，直至弹性力大到足以克服滑阀摩擦力为止，带动滑阀移动和消除滑阀误差，助力器才停止运动。总之，定性地来说，滑阀摩擦力和操纵链中弹性元件的存在，使助力器滞后增大和增益提高。这两个特点使飞行控制系统或驾驶员的操纵分别造成极限环振荡和驾驶员诱发振荡，然而，它对抑制助力系统抖振是有利的。

由图2-6近似得到描述函数表示的、具有支座间隙和滑阀摩擦特性的助力系统方块图如图2-10所示。图中 K 代替驾驶杆(或舵机)至助力器滑阀间的弹性刚度。A_0 为助力器输出位移的振幅。

为了便于分析，对于高频抖动的助力系统来说，在

$$T\omega^* \gg \frac{4f}{\pi A_0 K} \tag{2-49}$$

情况下，由图 2-10 回路Ⅰ表示的助力器本身的传递函数可近似表示为

$$G_z(s) = \frac{1}{Ts+1-\dfrac{4f}{\pi A_0 K}} \approx \frac{1+\dfrac{4f}{\pi A_0 K}}{\left(1+\dfrac{4f}{\pi A_0 K}\right)Ts+1} \tag{2-50}$$

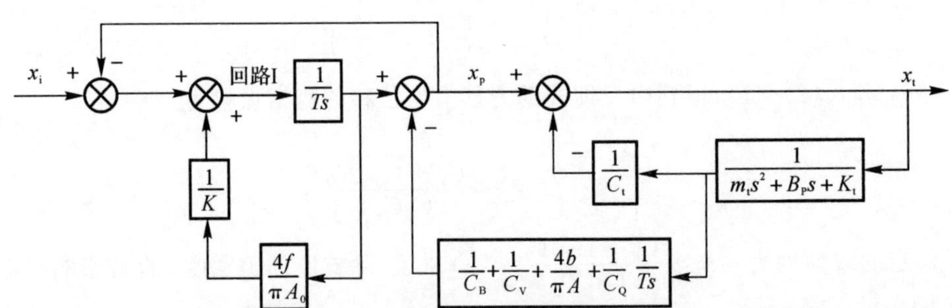

图 2-10　具有用描述函数表示的支座间隙和滑阀摩擦力的内反馈助力系统方块图

式(2-50)表明了助力器时间常数和增益二者都增大了 $1+\dfrac{4f}{\pi A_0 K}$ 倍。这样一来，具有支座间隙和滑阀摩擦力的内反馈助力系统传递函数为

$$\frac{x_t}{x_i}(s) = \frac{1+\dfrac{4f}{\pi A_0 K}}{c_0 s^3+c_1 s^2+c_2 s+c_3} \tag{2-51}$$

式中

$$c_0 = T'm_t \frac{1}{C'_d}$$

$$c_1 = T'B_p \frac{1}{C'_d} + m_t \frac{1}{C'_g}$$

$$c_2 = T'\left(K_t \frac{1}{C'_d} + 1\right) + B_p \frac{1}{C'_g}$$

$$c_3 = 1 + K_t \frac{1}{C'_g}$$

式中，$T' = \left(1 + \frac{4f}{\pi A_0 K}\right) T$，$\frac{1}{C'_g} = \frac{1}{C_t} + \left(1 + \frac{4f}{\pi A_0 K}\right) \frac{1}{C_Q}$ 和 $\frac{1}{C'_d} = \frac{1}{C_d} + \frac{4b}{\pi A}$。

比较式(2－37)中各系数 b_0，b_1，b_2 和 b_3 的表达式，可知除 T 和 C_g 右上角有“ ′ ”外，其他完全相同。

依据劳斯稳定判据，并考虑到 $B_p \approx 0$ 时，得到具有支座间隙和滑阀摩擦力的内反馈助力系统稳定条件为

$$C'_d > C'_g \tag{2-52}$$

$$\frac{1}{C_B} + \frac{1}{C_V} + \frac{4b}{\pi A} < \frac{1}{C_Q}\left(1 + \frac{4f}{\pi A_0 K}\right) \tag{2-53}$$

同样推导方法，还可得到具有支座间隙和滑阀摩擦力情况下的助力系统的自振频率为

$$\omega^* = \sqrt{\frac{K_t + C'_g}{m_t}} \tag{2-54}$$

注意到上述各式中 A 为支座间隙环节的输入振幅；A_0 为助力器输出端的振幅，在支座间隙和滑阀摩擦力存在的情况下，二者的关系可写为

$$A = \frac{C_t C'_g}{C_t - C'_g} A_0 = C'_Q A_0 = \frac{C_Q}{1 + \frac{4f}{\pi A_0 K}} A_0 \tag{2-55}$$

将式(2－55)代入式(2－53)，得到具有支座间隙和滑阀摩擦力的内反馈助力系统稳定条件为

$$\frac{(C_B + C_V)C_Q}{C_B C_V} < \left(1 + \frac{4f}{\pi A_0 K}\right)\left(1 - \frac{4b}{\pi A_0}\right) \tag{2-56}$$

考虑到 $\frac{4b}{\pi A_0}$，$\frac{4f}{\pi A_0 K}$ 都很小，式(2－56)可简化为

$$\frac{C_B + C_V}{C_B C_V} C_Q < 1 + \frac{4}{\pi A_0}\left(\frac{f}{K} - b\right) \tag{2-57}$$

并由式(2－57)得到在这种情况下的内反馈助力系统输出位移的稳定振幅表达式

$$A_0^* = \frac{4}{\pi} \frac{b - \frac{f}{K}}{1 - \frac{(C_B + C_V)C_Q}{C_B C_V}} \tag{2-58}$$

比较式(2-48)和式(2-58)可知，在线性系统稳定的情况下，即 $\frac{C_B + C_V}{C_B C_V} C_Q < 1$ 时，随着滑阀摩擦力和助力器输入刚度比值 $\frac{f}{K}$ 的增大，可以有效地减小助力系统抖振振幅，当足够大的 f 和足够小的 K 值，使

$$\frac{f}{K} \geqslant b \tag{2-59}$$

时，便可消除由于支座间隙引起的抖振现象。

上面是用线性化的描述函数法分析的，与实际的非线性特性还有差别。事实上，由于滑阀摩擦力的作

用，当滑阀输入的高频抖动位移幅值小于$\frac{f}{K}$时，弹性力不足以克服摩擦力，因此，滑阀不会产生位移和高频抖动，即使助力器是线性不稳定的，也不会激发助力系统高频抖动。

2.3.1.3 内反馈式助力系统稳定性分析结论

(1) 助力器流量系数 K_q 过大是内反馈助力器容易出现抖振的重要原因之一。大的流量系数 K_q 使流量弹性刚度 C_Q 和助力系统静刚度 C_g 增大，当静刚度大于动刚度($C_g > C_d$)时，助力系统线性不稳定。应合理设计滑阀窗口零位处的形状，以降低零位处的 K_q 值。

(2) 助力器安装支座间隙过大是引起内反馈助力系统抖振的另一个重要原因。如果滑阀摩擦力为零，支座间隙引起的抖振是不可避免的。减小助力器支座间隙，可有效地减小抖动幅值，甚至可消除抖振现象。

(3) 增大滑阀摩擦力和降低输入杆系弹性刚度，可增加内反馈助力系统的稳定性和抑制/消除抖振现象。当手动操纵助力器改用于电传控制系统时，舵机至助力器输入间的机械刚度会远大于手动操纵链杆系的刚度，致使机械备份状态助力系统不易出现抖振现象，而在电传工作状态系统容易出现抖动现象。可利用增加滑阀摩擦力和减小舵机至助力器之间机械刚度的办法来消除这种高频抖动。

(4) 对于具有滑阀摩擦特性的助力系统，存在一个抖振起始振幅

$$A_e = \frac{f}{K} \tag{2-60}$$

当助力系统输入的高频噪声幅值小于 A_e 时，系统不会出现抖振。包括降低飞行控制系统开环增益，增大滤波器时间常数和降低舵机回路通频带等一切措施可有效地减小噪声干扰幅度，也是抑制/消除抖振的好办法。

在这里应该特别指出的是，不能无限制地增大助力器输入端的摩擦力，否则会产生飞机“飘摆”的不稳定现象。这种“飘摆”现象在这里采用物理概念说明如下：在飞行中，纵向操纵驾驶杆使平尾相应地偏转，当操纵杆回到中立位置而停止操纵时，助力器的动件继续移动一段很短的距离后，即使滑阀回到中立位置，动件也就停止在中立位置，平尾也相应地停止偏转，这是正常工作情况。但在滑阀摩擦力大于助力器前操纵杆系的摩擦力时，虽然驾驶杆已停止运动，但动件会带着阀芯克服助力器前操纵杆系的摩擦力并消除其间隙继续运动。同时，不断压缩载荷机构弹簧，当弹簧的恢复力与系统的摩擦力之和大于滑阀摩擦力时，阀芯停止移动，并与动件产生相对位移而关闭油路，但在阀芯与动件产生相对运动后，其动摩擦力比静摩擦力小得多，在载荷机构弹簧恢复力和惯性力的作用下，阀芯越过中立位置作反向移动时，从而反向打开油路，使动件反向运动。如此重复上述过程，使平尾缓慢地上下偏转，此时飞机就产生空中纵向飘摆。出现飘摆后，如果飞行员力图以修正杆量来排除，往往适得其反。这种不良现象很影响飞机飞行和作战性能，因此要求助力器滑阀摩擦力应小于助力器前操纵杆系的摩擦力。这实际上是操纵系统相位滞后带来的人-机闭环不稳定。

对于飞行控制系统来说，当助力器滑阀摩擦力大于助力器前操纵杆系摩擦力时，在飞行控制工作状态可能产生力反传，即舵机的移动未能使助力器滑阀移动，反而使与舵机输出杆并联的驾驶杆操纵杆系移动。这个问题很严重，舵面不是按飞行控制系统控制律规定的方向和大小去偏转的，驾驶杆的位置也不是由驾驶员操纵的大小和方向来移动的，从而使得飞机飞行不仅不受控制器控制，也不受驾驶员手动控制，事实上是在“乱动”。因此，力反传现象是必须要杜绝的。

有多种方法解决力反传问题，操纵系统中加预载不仅能达到把驾驶杆回到中立位置的目的，对力反传问题也是有利的；在滑阀输入端配置液压作动器，它具有最强烈的反作用。在控制系统与操纵系统组合方式概述这一节将涉及力反传问题的讨论。

2.3.2　外反馈式助力系统的特性分析

2.3.2.1　外反馈式助力系统的结构图

外反馈式助力系统的结构原理图如图 2-11 所示。若设 x_i 正方向向右，则与之相应的 x_p，x_t 正方向向左。当定义助力系统退让量 x_B 的正方向与 x_p，x_t 相一致时，便可利用除式(2-6)以外的内反馈式助力系统的一系列关系式。内反馈式助力系统的滑阀相对位移 x 仅仅与机械输入 x_i 和助力器输出位移 x_p 有关，外反馈式助力系统的滑阀相对位移 x 除此以外，还与助力器退让量有关，可用下式表示：

$$x = K_f(x_i - x_p) + x_B \tag{2-61}$$

相应地在外反馈式助力系统结构图上增加了一路反馈，如图 2-12 所示为具有支座弹性和间隙的外反馈式助力系统结构图。由实线画出的方块图是另一种形式的内反馈式助力系统的结构图，用虚线画出的部分方块图是外反馈式比内反馈式增加的结构，表征了两种结构形式助力系统的区别。

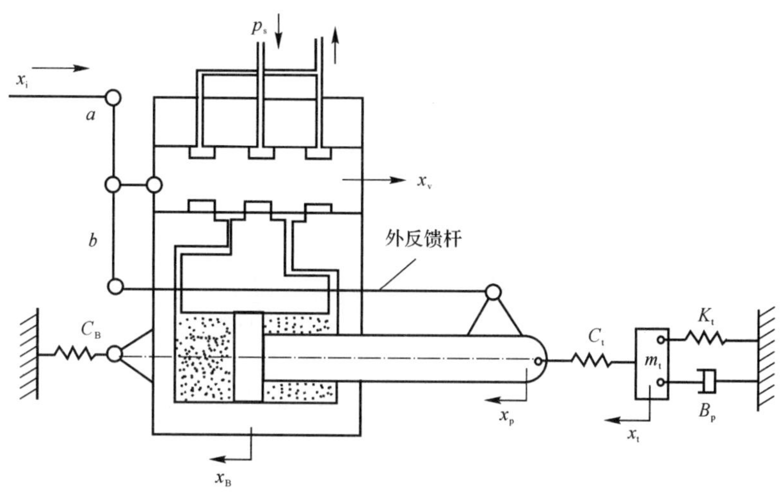

图 2-11　外反馈式助力系统原理图

2.3.2.2　支座弹性刚度对外反馈式助力系统稳定性的影响

当不考虑支座间隙影响，即图 2-12 中 $b=0$ 时，运用等效变换法则，将图 2-12 变换为具有双输入(x_i 和 F_L)和单输出(x_t)的转换结构图，如图 2-13 所示。图中，在第 1 个方块内，存在参数 $\dfrac{1}{K_f C_B}$，这是与内反馈式助力系统结构图的区别；当这一项为零时，图 2-13 便是内反馈式助力系统的转换结构图。在外反馈式助力系统线性特性分析中，主要讨论支座弹性刚度 C_B 对系统稳定性的影响。

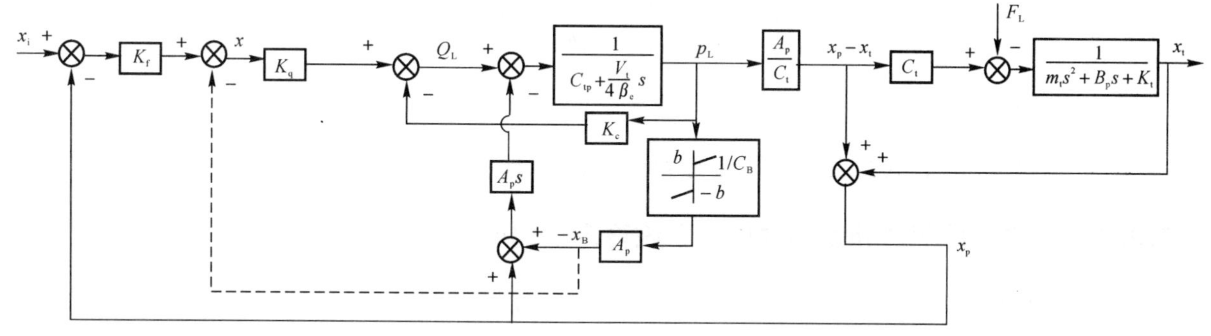

图 2-12　外反馈式助力系统线性结构图

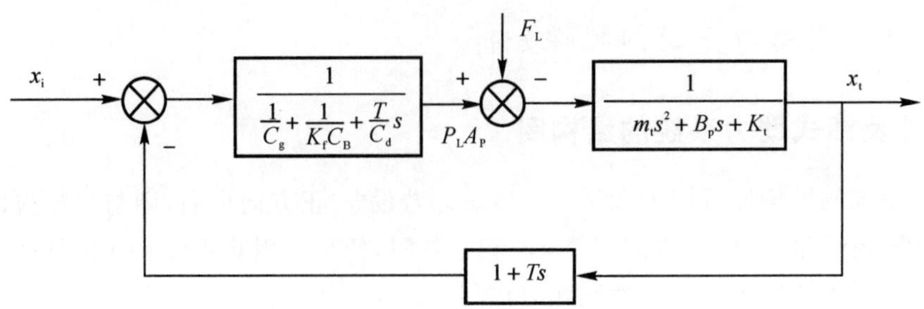

图 2－13　图 2－12 的转换图($b=0$)

按图 2－13 很容易得到外反馈式助力系统对机械输入和舵面干扰力的传递函数，可表示为

$$\frac{x_t}{x_i}(s)=\frac{1}{a'_0s^3+a'_1s^2+a'_2s+a'_3s} \tag{2-62}$$

$$\frac{x_t}{F_L}(s)=\frac{-\left(\dfrac{1}{C'_g}+\dfrac{T}{C_d}s\right)}{a'_0s^3+a'_1s^2+a'_2s+a'_3} \tag{2-63}$$

式中

$$a'_0=\frac{T}{C_d}m_t$$

$$a'_1=\frac{m_t}{C_g}+\frac{TB_p}{C_d}+\frac{m_t}{K_fC_B}$$

$$a'_2=\frac{B_p}{C_g}+\left(\frac{K_t}{C_d}+1\right)T+\frac{B_p}{K_fC_B}$$

$$a'_3=\frac{K_t}{C_g}+1+\frac{K_t}{K_fC_B}$$

对于三阶的特征式

$$a'_0s^3+a'_1s^2+a'_2s+a'_3=0 \tag{2-64}$$

应用劳斯稳定性判据分析系统的稳定性是很方便的，其稳定条件除 a'_0，a'_1，a'_2和 a'_3都大于零外，还要求

$$a'_1a'_2>a'_0a'_3 \tag{2-65}$$

按 2.3.1.1(三) 所述方法，在 $B_p=0$ 的情况下，得到外反馈式助力系统的稳定条件

$$C_d>\frac{1}{\dfrac{1}{C_g}+\dfrac{1}{K_fC_B}} \tag{2-66}$$

式中，C_g，C_d 分别由式(2－15) 和式(2－16) 表征。将式(2－66) 用 C_g，C_d 的原始参数展开表示时，得到外反馈式助力系统的稳定条件为

$$\frac{A_p^2}{C_B}\left(1-\frac{1}{K_f}\right)+\frac{V_t}{4\beta_e}<\frac{A_p}{K_fK_q}(K_c+C_{tp}) \tag{2-67}$$

由于式(2－6) 定义的助力器机械反馈系数 $K_f=\dfrac{b}{a+b}$，故 $K_f<1$ 和式(2－67) 的左边第 1 项为负值。因此，可以这样说，对于外反馈式助力系统，其支座弹性刚度 C_B 越小，系统稳定性越好。

2.3.2.3　支座间隙对外反馈式助力系统稳定性的影响

当助力器具有安装间隙时，在间隙范围内 $C_B=0$，因此，在这个范围内，外反馈式助力系统的稳定性最好，系统不会出现象抖振那样的极限环振荡。这就是说，外反馈式助力系统不会因支座间隙而产生系统抖振。

利用描述函数法分析支座间隙对外反馈式助力系统的稳定性影响。当存在支座间隙，且输入为压力(p_L)、输出为位移(x_B)时，它可由继电特性环节来描述，其描述函数为$\dfrac{4b}{\pi A}$。

具有支座间隙特性，并由描述函数描述的外反馈式助力系统的结构图，可由图 2-14 表示。

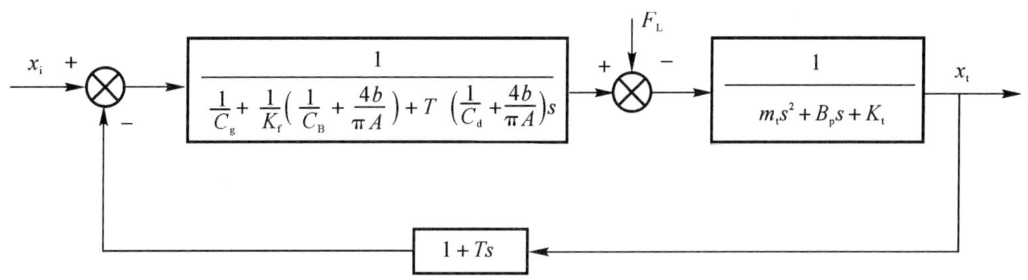

图 2-14　由描述函数表征支座间隙的外反馈式助力系统结构图

由图 2-14 得到的闭环特征式为

$$b'_0 s^3+b'_1 s^2+b'_2 s+b'_3=0 \tag{2-68}$$

式中

$$b'_0=\left(\frac{1}{C_d}+\frac{4b}{\pi A}\right)Tm_t$$

$$b'_1=m_t\left[\frac{1}{C_g}+\frac{1}{K_f}\left(\frac{1}{C_B}+\frac{4b}{\pi A}\right)\right]+TB_p\left(\frac{1}{C_d}+\frac{4b}{\pi A}\right)$$

$$b'_2=B_p\left[\frac{1}{C_g}+\frac{1}{K_f}\left(\frac{1}{C_B}+\frac{4b}{\pi A}\right)\right]+T\left[K_t\left(\frac{1}{C_d}+\frac{4b}{\pi A}\right)+1\right]$$

$$b'_3=K_t\left[\frac{1}{C_g}+\frac{1}{K_f}\left(\frac{1}{C_B}+\frac{4b}{\pi A}\right)\right]+1$$

将 $b'_0\sim b'_3$ 的表达式代入式(2-68)，并将 s 代以 $\mathrm{j}\omega$，得到

$$\frac{C_d\left[\mathrm{j}\omega\left(\dfrac{B_p}{K_f Tm_t}+\dfrac{K_t}{m_t}-\omega^2\right)-\left(\dfrac{1}{K_f T}+\dfrac{B_p}{m_t}\right)\omega^2+\dfrac{K_t}{K_f m_t T}\right]}{\dfrac{a'_3}{a'_0}-\dfrac{a'_1}{a'_0}\omega^2+\mathrm{j}\omega\left(\dfrac{a'_2}{a'_0}-\omega^2\right)}=-\frac{\pi A}{4b} \tag{2-69}$$

式(2-69)等号左边部分为外反馈式助力系统的线性部分的频率特性 $G(\mathrm{j}\omega)$；右边部分为非线性部分描述函数的负倒数；式中 a'_0，a'_1，a'_2 和 a'_3 同式(2-62)中的系数定义。给定 C_d，C_g，C_B，m_t，T 和 K_f 等参数值，在 $B_p=K_t=0$ 的情况下，以 ω 为变量做出外反馈式助力系统线性部分频率特性 $G(\mathrm{j}\omega)$ 轨迹曲线和以$\left(\dfrac{A}{b}\right)$为变量做出非线性环节负倒描述函数轨迹曲线，即奈奎斯特图，如图 2-15 所示。

从奈奎斯特图上可知，线性部分的特性曲线与非线性环节负倒描述函数曲线相交于二者起始点所在的坐标原点上。同样，当 K_t 不为零时二者也不相交(图中未画出)。这样一来，可以得出结论，对于外反馈式助力系统，在机械反馈增益 $K_f<1$ 的情况下，不因支座间隙的存在而产生抖动那样的极限环振荡。

总之，如同图 2-11 所示结构形式的助力系统，不仅支座弹性刚度的减小有利于改善系统稳定性，而且，支座间隙也不引起系统极限环振荡。因此，这种结构形式的助力器应该得到推广应用。在我国飞机助力器的发展过程中，开始各机种多采用内反馈式助力器，大多都曾遇到过棘手的抖振问题，后来，在某些飞机上采用了外反馈式助力器，抖振问题得到大幅改善。

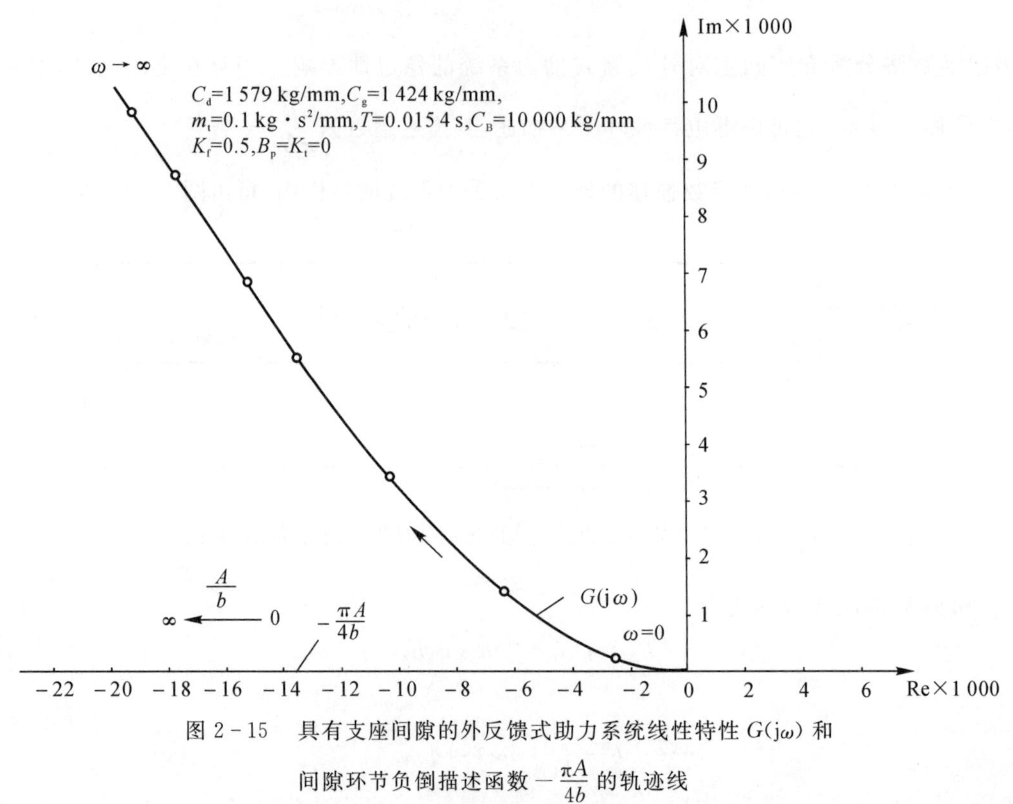

图 2-15　具有支座间隙的外反馈式助力系统线性特性 $G(j\omega)$ 和间隙环节负倒描述函数 $-\frac{\pi A}{4b}$ 的轨迹线

2.4　舵机回路设计

舵机回路是飞行控制系统的直接驱动作动回路或辅助(副)作动回路，是飞行控制系统不可缺少的重要组成部分。当飞机不存在直接带动舵面偏转的助力器时，舵机可作为直接推动舵面的执行机构；当具有带动舵面偏转的助力器时，则舵机称为辅助作动器或副舵机。飞行控制系统通常采用电动舵机、液压舵机两种。为了使舵机的输入、输出关系具有良好的静、动态特性，必须通过信号放大和输出(位置或速度)反馈构成伺服回路才能得到，这个能直接或间接使舵面偏转的伺服回路称为舵机回路，或俗称为"小闭环"，舵机是这个回路的执行元件。

2.4.1　液压舵机回路设计与分析

典型液压舵机以高压(21 MPa 或更高)油体作为能源。高压油是飞机液压系统提供的，按其作用可分为直接驱动舵面偏转的液压舵机和间接驱动舵面偏转的液压副舵机两种。而当前通常在飞机上安装的是液压副舵机，对于非电传操纵的飞行控制系统来说，它的输出端与驾驶杆系串联或并联，共同驱动助力器产生力(力矩)和位移(速度)，带动相应舵面偏转。并联舵机能使驾驶杆与它同步运行，串联舵机则不使驾驶杆联动。在低速飞机上的电动舵机和未来的用于电传操纵系统的数字式直接驱动作动系统，可以直接驱动舵面偏转，具有助力器那样的大功率作动器。

2.4.1.1　液压舵机回路的组成

液压舵机或副舵机回路统称为液压舵机回路，主要包括综合放大器、液压舵机和反馈装置三个部分。

1. 综合放大器

飞行控制系统中的综合放大器一般都是电气式的。它通常包括信号的解调、综合和放大等部分，有的还包含某些校正网络。信号的解调部分将来自敏感元件的各控制信号和来自反馈装置的信号，如果是一定频率的交流信号，那么便首先将交变信号变为直流信号，因为放大器往往是直流放大器，这种解调线路是必需的；对于高输入阻抗的运算放大器，按并联综合方法，将全部输入和反馈信号串接高阻抗电阻并联接入放大器输入口，各信号的交叉影响将很小。对于数字式飞行控制系统这种综合仅仅在D/A转换器输出与反馈直流信号之间进行；对于模拟式飞行控制系统来说，利用校正网络改善舵机回路和飞行控制系统的调节质量也是必要的；放大器的作用是将其输入口综合信号实施电压放大和电流（功率）放大；功率足够大的放大器输出电流到舵机伺服阀线圈内，以控制舵机按飞控系统控制律要求工作。

2.液压舵机

液压舵机通常由电液伺服阀和液压作动器组成。电液伺服阀按照综合放大器输出的电流，通过力矩马达控制高压油的流动方向和流量大小，推动作动器的可动件（可能是活塞也可能是筒体）运动，使作动器输出较大的功率，推动助力器滑阀移动或以很大的功率直接推动舵面偏转（前者是副舵机，后者是直接驱动舵机）。

3.反馈装置

反馈装置的作用是将舵机输出位移或速度变成电信号返回到综合放大器中去，构成闭环回路，以改善舵机运动的动态品质和提高舵机控制精度。当反馈信号为舵机位移信号时，称为位置（硬）反馈；当反馈信号为舵机速度信号时，称为速度（软）反馈。通常的飞行控制系统舵机回路的位置（线位移）反馈安装在舵机上，作为硬反馈装置。

舵机回路除包括以上三个主要部件外，还需要一些辅助装置，当然这些装置不是舵机回路专用的，但却是不可缺少的。如液压舵机需要有液压源才能工作，综合放大器和反馈装置需要有电源才能工作。如图2-16所示为液压舵机回路的闭环方块图。

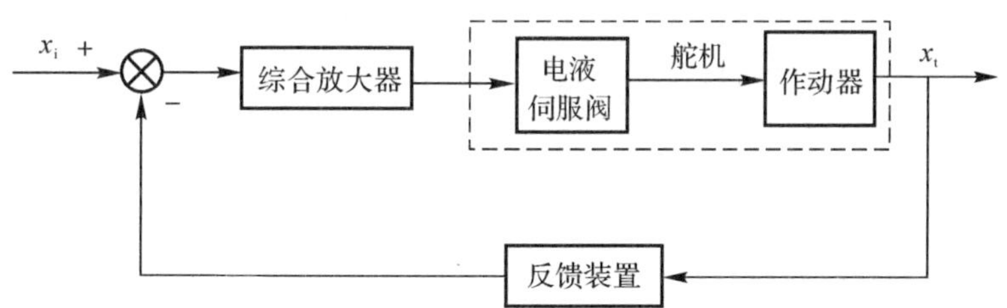

图2-16　液压舵机回路方块图

液压舵机的设计首先依据输出力、位移和速度要求设计作动器，然后再根据作动器要求，设计或选用电液伺服阀。在结构设计完成后，再进行舵机静特性分析和舵机回路动特性分析。通过分析，可以获得设计所达到的技术指标和分析影响性能的因素，以便进行修正设计。

2.4.1.2　舵机回路设计内容和步骤

1.全面了解设计任务书中提出的各项要求

应全面了解与舵机相对应的飞机舵面偏转角、角速度和负载力（力矩）的大小，充分理解飞行控制系统对舵机回路性能的设计要求，其中：

1）静态额定性能包括控制信号的形式与大小、输出的额定静特性、工作范围、额定速度和额定功率等；

2）静态极限指标包括最大行程、最大速度和加速度、最大输出力（或力矩）等；

3）静态精度包括静态误差、分辨率和静态刚度等；

4）动态特性包括闭环频率响应特性、带宽、动态刚度、开环频率响应特性、稳定储备、时间响应特性等；

5）某些特殊要求：如高、低温条件下的各项性能指标，高空条件下的性能要求等；

6）负载能力和抗干扰特性：如不同载荷情况下的性能，抗电磁干扰的能力等；

7)航空产品一般技术要求:如质量、安全性、可靠性、经济性、研制周期和寿命期限等。

负载条件分析。确定作用于系统的外负载是设计中的一个基本问题,它对系统的结构和性能影响很大。确定负载的性质和大小应符合客观实际情况。一般作用在舵机上的负载包括惯性负载、弹性负载、黏性负载、摩擦力、冲击力、振动力和各种随机干扰力等。

2. 拟定控制方案和系统方块图

在了解上述情况后,可以初步拟定舵机回路控制方案和方块图。在这个控制回路方案中,需要多个控制部件,确定哪些部件可以订购成品件,哪些部件需要自行设计。为了缩短研制周期和节约经费,最好采用现购成品件或经少许修改就能使用的成品件。

3. 主要参数的确定

首先从静态设计入手,即根据静态性能初步确定各组成部件的主要参数。

(1)作动器参数的选择。对于直接驱动舵面的作动器来说,内容如下:

1) 负载力的估算。舵机的输出力应大于负载力。直接驱动舵面的舵机负载力包括舵面偏转铰链力矩 M_h 对舵机形成的负载力 F_h,惯性力 F_n,摩擦力 F_t 和阻尼力 F_e 等。按下列公式分别给出这些负载力的近似计算公式。

对应铰链力矩 M_h 的舵机负载力 F_h 表示为

$$F_h=\frac{M_h}{r_t}=\frac{K_h\delta}{r_t}=\frac{K_h}{r_t^2}x_t=K_t x_t \tag{2-70}$$

式中,δ 为舵偏角;F_h 为铰链力矩对舵机形成的负载力;r_t 为舵面到舵机输出端的传动比;x_t 为舵机输出位移,$x_t=r_t\delta$;K_t 为铰链力矩折算系数,且

$$K_t=\frac{K_h}{r_t^2}=m_h^{\delta}qS_{\delta}b_{A\delta} \tag{2-71}$$

式中,q 为动压,$q=1/2\rho v^2$;S_δ 为舵面面积;$b_{A\delta}$ 为舵面平均气动弦长;m_h^{δ} 为铰链力矩系数 m_h 对 δ 的偏导数。

2) 惯性力 F_n 的估算。惯性力包括舵机运动部分(动件)的惯性力、传动机构和舵面折算到舵机输出端的惯性力,即

$$F_n=m_t\frac{d^2x_t}{dt^2}=\left(\frac{J}{r_t^2}+m_c\right)\frac{d^2x_t}{dt^2} \tag{2-72}$$

式中,J 为舵面对舵面转轴的转动惯量;m_c 为舵机动件和传动机构质量折算到舵机输出端的质量之和;m_t 为在舵机输出端上的总折算质量。

3) 摩擦力 F_t 的估算。摩擦力是由各活动连接部分产生的,其作用方向与运动方向相反,难以用数学关系式表示。

4) 阻尼力 F_l 的估算。阻尼力包括舵机动件、传动机构的阻尼力和舵面偏转阻尼力矩折算到舵机输出端上的阻尼力,即

$$F_l=B_p\frac{dx_t}{dt}=\left(\frac{B_h}{r_t^2}+B_c\right)\frac{dx_t}{dt} \tag{2-73}$$

式中,B_h 为舵面转动时的阻尼系数,当飞行高度和速度一定时,有

$$B_h=m_h^{\dot\delta}qS_{\delta}b_{As}=\text{常数} \tag{2-74}$$

式中,$m_h^{\dot\delta}$ 为 m_h 对 $\dot\delta$ 的偏导数;B_c 为舵机动件和传动机构的阻尼系数;B_p 为在舵机输出端上的总折算阻尼系数。

以上各项负载力都是有方向性的,有些力有时是舵机的负载力,有时则变为与舵机输出力相同方向的力。在舵机设计中,应保证其最大输出力大于以上各项负载力之和的最大值。

5) 按照额定作用范围、负载力和液压系统压力,确定液压作动器的主要特征参数。

① 作动筒有效面积,即

$$A_t = \frac{F_{max}}{p_f} \tag{2-75}$$

式中，F_{max} 为各种负载的最大合力；p_f 为作动器的负载压力；A_t 为作动器有效面积。

② 作动器的工作行程，即

$$L = L_\delta + \Delta L \tag{2-76}$$

式中，L_δ 为舵面最大偏度折算到舵机输出端的位移(cm)；ΔL 为设计中给定的行程余量(cm)；L 为作动器的工作行程。

6) 舵机的速度要求。为保证飞行控制系统的稳定性和控制性能，舵面偏转角速度应有一定要求。这就要对舵机的输出速度(舵机动件运动速度)提出期望要求。而液压系统则必须保证这个速度所需要的流量要求，即

$$Q_f = A_t v \tag{2-77}$$

式中，Q_f 为作动筒流量；A_t 为活塞有效面积；v 为作动器动件速度。

(2) 驱动功率的估算和能源油泵的选择。当求得系统的负载压力 p_f 和流量 Q_f 后，便可确定舵机的驱动功率，即

$$N = p_s Q_s \frac{1}{\eta} \tag{2-78}$$

式中

$$\left.\begin{aligned} p_s &= 1.5 p_f \\ Q_s &= \sqrt{3} Q_f \end{aligned}\right\} \tag{2-79}$$

且 p_s，Q_s 为油源供油压力和流量；η 为总效率系数。

一般情况下，系统能源油泵可根据压力 p_s、流量 Q_s 及功率 N 选定。对于流量泵调速系统，还必须考虑其调速与负载特性和动态特性等。

(3) 电液伺服阀的选择。对于直接驱动舵面的舵机回路来说，在选择电液伺服阀时，必须首先根据负载力 F 和负载速度 v 做出 $F-v$ 负载特性曲线，或者按照关系式 $p_f = F/A_t$ 和 $Q_f = A_t v$，做出相应的 $Q_f - p_f$ 负载特性曲线。在选择伺服阀时，应首先考虑伺服阀的静特性，即使它的流量-压力特性曲线能包围负载特性曲线。一般来说，只要阀的特性曲线能包住负载特性曲线，就表示它能胜任这个系统工作。但也不能过多地超过负载曲线，以免功率浪费。但在实际工作中，在选择阀时应留有一定余量，以免负载特性曲线存在计算误差。

在选择电液伺服阀时，除考虑其静特性外，还应考虑伺服阀的类别和动态特性。对于飞行控制系统中的舵机应选择流量伺服阀；对于负载力大的刹车减速装置，应选择压力伺服阀。另外，对于不同反馈形式和不同综合(电流、磁通)方法的伺服阀，应依据需要使之充分发挥其特点的作用。对于控制速度要求高的飞控系统来说(如主动颤振抑制)，应选择时间常数小的伺服阀，以改善系统动态特性。

(4) 综合放大器及其他电子元件的设计和选择。综合放大器通常由前置放大级和功率放大级组成，其输出量应尽可能地在最大功率水平上复现输入量。放大器一般是具有高放大倍数和电反馈。前置放大级一般是便利于输入信号综合和高输入阻抗的电压放大器，其放大系数按舵机回路总放大系数的合理分配值给出，并可通过输入并联电阻值调整。功率放大级是将电压变为伺服阀所需的控制电流，其线性段和最大值按伺服阀要求确定。足够小的输出阻抗将控制功率有效地驱动电液伺服阀中的力矩马达。采用晶体管集成电路实现的综合放大器具有足够小的时间常数，可以将它看作一个比例放大环节。它的输出阻抗和力矩马达线圈的电阻、电感构成了液压舵机回路的惯性时间常数($T = L/R$)。

液压舵机回路的反馈传感器通常都采用线位移传感器，它是一个惯性小的比例环节，它的线性度和灵敏度要求较高，在此不多叙述。

2.4.1.3 电液伺服阀控制液压作动器的工作原理

电液伺服阀又称液压放大器。飞行控制系统控制舵面运动如果是由液压舵机(和助力器)驱动完成的，那么首先需要将控制器的电信号转换为油液流量，再由油液流量转换为舵机的机械位移和力。电液伺服阀便是由电控制信号转换为油液能量的变换器。这种变换器必须具有很大的功率放大能力。广泛使用的是一种按照喷嘴-挡板原理工作的电液前置放大器，其工作原理如图 2-17 所示，它具有一种动铁(运动部分是衔铁)式电气机械转换器。

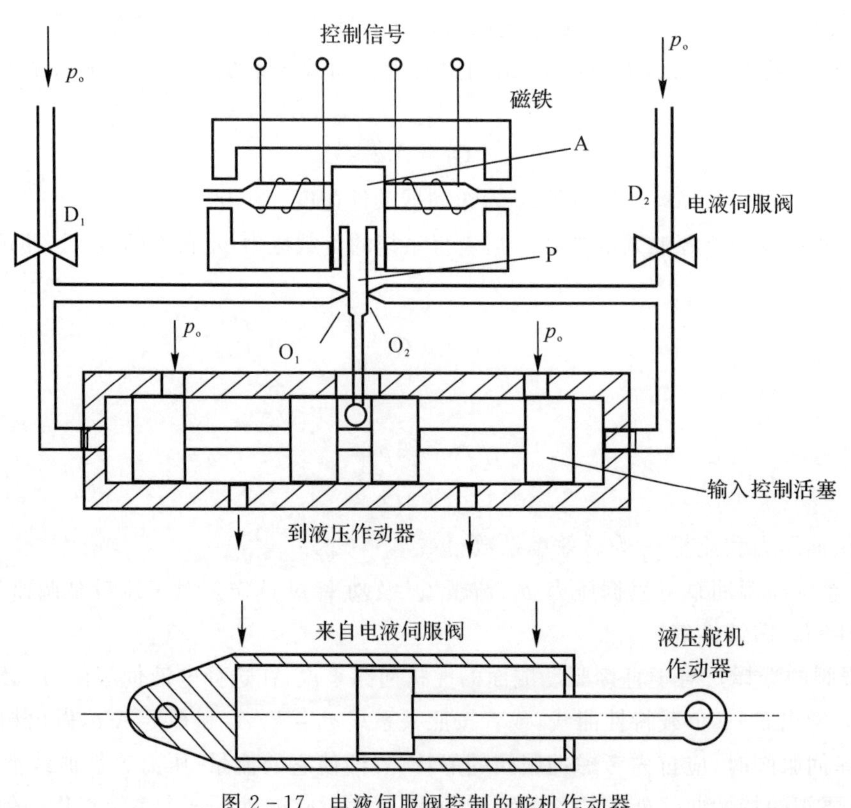

图 2-17 电液伺服阀控制的舵机作动器

综合放大器的输出电流使衔铁 A 弹性偏移，例如向右移动，这时，挡板 P 到喷嘴孔 O_2 的距离变小，而到喷嘴孔 O_1 的距离增大了。由此造成在与节流阀 D_1 和 D_2 相连接的输入管路的右侧液压管路的压力增高，左侧管路的压力减小，伺服分配活塞向左移动，直到它把弹性连接的挡板恢复到原来的相对位置，重新建立压力平衡为止。这时，就将左面的油液流入舵机作动筒左侧，使作动器活塞向右移动。因此，分配阀本身的作用如同一个比例放大器，因为分配活塞的偏移量与电流成正比。节流阀的开度和喷嘴的开度量级为 0.25 mm，喷嘴-挡板的距离约为 0.025 mm，由此可见，分配阀对于液压油中的很小的杂质的反应极为敏感。这是飞行控制器安全性最关键的部件之一。

在舵机作动器中，活塞速度与油液流量成正比，它起积分作用，因而为构成位置控制系统，必须安装活塞位移反馈传感器。因此，对于位置控制的舵机回路，必须由综合电放大器、电液伺服阀、主作动器和电反馈构成舵机回路总结构。因为分配活塞的位移和油液流量都与作动器活塞运行速度成正比，所以分配活塞位移可直接作为微分反馈用。除此以外，这两种反馈信号都可通过飞控计算机计算和处理，以监控分配阀和主作动器的运行。

如图 2-17 所示结构的电液伺服阀是滑阀位置反馈，其主要控制的物理量是阀的输出流量，因此，又称为流量伺服阀。对于飞行控制系统的大部分场合下，液压伺服系统的控制对象是执行机构的运动速度或位置，因此流量伺服阀用得最多。流量伺服阀的另一种结构形式是负载流量反馈伺服阀，但由于结构复杂，产量较少。

2.4.1.4　液压舵机回路特性分析

在2.3节对助力系统做了较为详细的分析，对于控制系统的另一种（个）重要的伺服系统——舵机回路也应作较为详细的讨论，尤其是对于现代飞机飞控系统常用的液压控制回路更应首先介绍，电动舵机回路特性将在后面叙述。

液压舵机分为直接驱动式和间接驱动式两种，直接驱动式舵机直接带动舵面运动。因此，由它构成的舵机回路静、动特性不仅与它本身的特征参数有关，而且与舵面有关的（如负载力等）参数也有关。本节着重讨论这种舵机回路的特性，对于具有助力器的舵机回路分析贯穿于舵机回路分析中。

如图2-18所示为液压舵机回路方块图，舵机输出通过传动机构驱动助力器，助力器再通过传动链驱动舵面偏转。取消由虚线表示的方块，舵机输出通过传动机构驱动舵面便是直接驱动舵机回路。

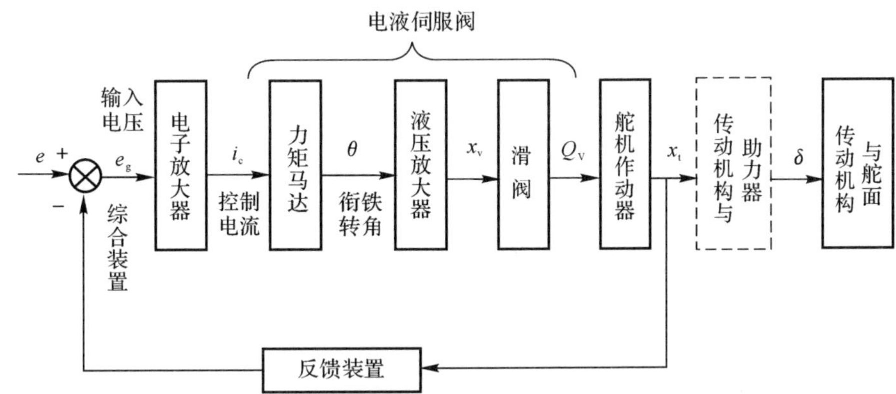

图2-18　控制舵面的液压舵机回路方块图

（一）电液伺服阀特性分析

最广泛使用的喷嘴挡板-滑阀式力反馈电液伺服阀结构图如图2-17所示，是由动铁式永磁力矩马达、喷嘴挡板前置放大器和滑阀三大部分组成的。

1. 力矩马达的结构图和传递函数

力矩马达的电压平衡方程为

$$e_c = K_g e_g = R i_c + L\frac{\mathrm{d}i_c}{\mathrm{d}t} + E\frac{\mathrm{d}\theta}{\mathrm{d}t} \tag{2-80}$$

式中，R为力矩马达对控制电流i_c的电阻，包括线圈电阻和放大器内阻（Ω）；L为力矩马达对控制电流i_c的电感（H）；E为力矩马达的反电势常数。

力矩马达的电磁力矩公式为

$$M_d = K_e i_c + K_m \theta \tag{2-81}$$

式中，K_e为力矩马达的中位电磁力矩系数（kg·cm/A）；K_m为力矩马达的电磁弹簧刚度（kg·cm/rad）。

力矩马达衔铁组件的动力学平衡方程为

$$M_d = J_a\frac{\mathrm{d}^2\theta}{\mathrm{d}t^2} + B_a\frac{\mathrm{d}\theta}{\mathrm{d}t} + K_a\theta + M_L \tag{2-82}$$

式中，J_a为衔铁组件的转动惯量；B_a为衔铁组件的黏性阻尼系数；K_a为弹簧管刚度。

由式（2-80）～式（2-82）得到电液伺服阀力矩马达的动态结构图如图2-19所示。由图可见，它是由控制线圈回路构成的惯性环节、衔铁机械运动构成的振荡环节以及电磁弹簧刚度和随衔铁运动速度变化的反电势构成的两个反馈环节组成的。

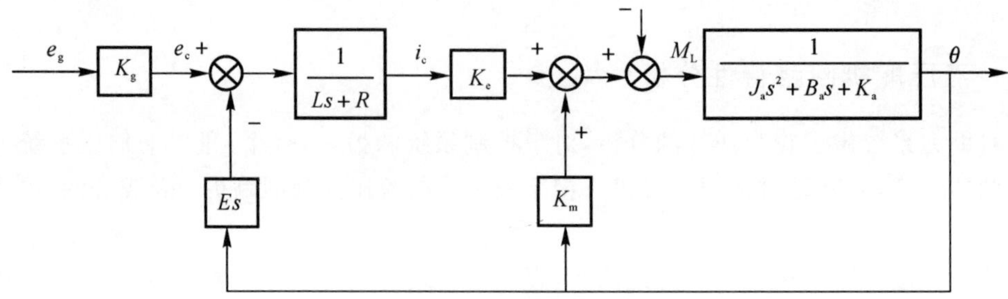

图 2-19　力矩马达结构图

由图 2-19 得到力矩马达的传递函数为

$$\frac{\theta}{e_{g}}(s)=\frac{\dfrac{K_{g}K_{e}}{LJ_{a}}}{s^{3}+a_{1}s^{2}+a_{2}s+a_{3}} \tag{2-83}$$

$$\frac{\theta}{M_{L}}(s)=\frac{\left(s+\dfrac{R}{L}\right)/J_{a}}{s^{3}+a_{1}s^{2}+a_{2}s+a_{3}} \tag{2-84}$$

式中

$$a_{1}=\frac{B_{a}}{J_{a}}+\frac{R}{L}$$

$$a_{2}=\frac{K_{a}-K_{m}}{J_{a}}+\frac{B_{a}R}{J_{a}L}+\frac{EK_{e}}{J_{a}L}$$

$$a_{3}=\frac{K_{a}-K_{m}}{J_{a}}\frac{R}{L}$$

2. 电液伺服阀的其他传递关系与结构图的建立

除建立力矩马达结构图外，为完整地建立电伺服阀的结构图和传递函数，还需要获得挡板位移与衔铁转角、滑阀位移与挡板位移和作动器位移与滑阀位移之间的关系。

(1) 挡板位移 x_d 与衔铁转角 θ 之间的关系为

$$x_{d}=r\theta \tag{2-85}$$

(2) 喷嘴挡板-滑阀环节的传递函数为

$$\frac{x_{V}}{x_{d}}(s)=\frac{\dfrac{K_{qp}}{A_{V}}}{s\left(\dfrac{1}{\omega_{hp}^{2}}s^{2}+\dfrac{2\zeta_{hp}}{\omega_{hp}}s+1\right)} \tag{2-86}$$

式中，x_V 为滑阀位移(cm)；K_{qp} 为喷嘴挡板的流量增益(cm^2/s)；A_V 为阀芯面积(cm^2)；ω_{hp} 为喷嘴挡板-滑阀环节的固有频率(rad/s)；ζ_{hp} 为喷嘴挡板-滑阀环节的相对阻尼系数。

(3) 滑阀位移与输出流量的关系为

$$Q_{V}=K_{q}x_{V} \tag{2-87}$$

式中，Q_V 为滑阀无负载流量(kg/cm^2)；K_q 为滑阀空载流量系数(cm^2/s)。

(4) 力矩马达的力矩平衡关系。力矩马达的衔铁组件在工作中，除主动控制力矩 $K_s i_c+K_m\theta$ 和惯性力矩 $J_a\dfrac{d^2\theta}{dt^2}$、阻尼力矩 $B_a\dfrac{d\theta}{dt}$ 以及弹簧管力矩 $K_a\theta$ 外，还有反馈杆变形力矩

$$M_{f}=(r+b)K_{f}[(r+b)\theta+x_{V}] \tag{2-88}$$

和液动力矩

$$M_{y}=K_{p}p_{p}-K_{\theta}\theta \tag{2-89}$$

式中，$r+b$ 为转动中心到反馈杆端点距离；K_f 为反馈杆刚度；p_p 为阀芯压力差；K_p，K_θ 为由双喷嘴挡板受力公式得到的液动力矩系数。

(5) 作用在挡板上的压力反馈回路。作用在滑阀上有两个反馈回路，第 1 个已在力矩马达的力矩平衡方程中给出，这是由于反馈杆的作用，构成滑阀位移的力反馈回路；第 2 个是由滑阀位移和作动器负载形成的，其滑阀受力方程为

$$p_p A_V = m_V \frac{dx_V^2}{dt^2} + 0.43W(p_s - p_f)x_V \tag{2-90}$$

式中，W 为阀套窗口宽度(cm)。

由于惯性负载通过压力反馈回路影响到阀的稳定性，因此，为使阀的稳定性不受负载影响，应使压力反馈回路的作用尽量减少，需要满足条件

$$\frac{r}{r+b}\frac{A_z}{A_V}\frac{0.43Wp_s}{K_f} < 1 \tag{2-91}$$

式中，A_z 为喷嘴截面积(cm^2)；r 为衔铁转动中心到喷嘴中心的距离(cm)。

在其他参数已定的情况下，可选择反馈杆刚度 K_f 来满足以上条件，以使压力反馈回路的影响减小到可以忽略的地步。这样一来，便可得到忽略压力反馈的力反馈式电流伺服阀的结构图，如图 2-20 所示。

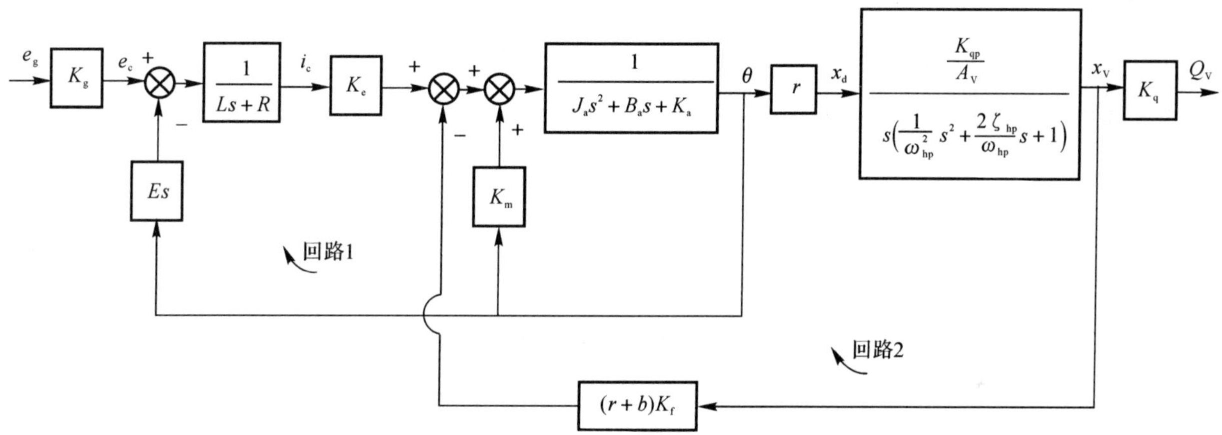

图 2-20　忽略压力反馈的力反馈电液伺服阀结构图

3. 力反馈伺服阀的简化传递函数

在忽略了压力反馈回路的情况下，喷嘴挡板式电液伺服阀的力反馈回路便可代表完整的伺服阀回路，分析伺服阀回路就是分析力反馈回路。分析力反馈回路的目的在于求出伺服阀回路的稳定条件，确定放大系数和截止频率。

由图 2-20 得到回路 1 的传递函数为

$$G_1(s) = \frac{\frac{1}{K_L}}{\frac{J_a}{K_L}s^2 + \left[\frac{B_a}{K_L} + \frac{\frac{K_e E}{R}}{1-T_a s}\right]s + 1} \tag{2-92}$$

式中，$K_L = K_a - K_m - K_\theta + (r+b)^2 K_f$，为力矩马达总刚度。$T_a = \frac{L}{R}$，其值很小，使得式(2-92) 简化为

$$G_1(s) = \frac{\frac{1}{K_L}}{\frac{1}{\omega_{mf}^2}s^2 + \frac{2\zeta_{mf}}{\omega_{mf}}s + 1} \tag{2-93}$$

式中，$\omega_{\mathrm{mf}}=\sqrt{\dfrac{K_{\mathrm{L}}}{J_{\mathrm{a}}}}$ 为力矩马达衔铁组件的固有频率(rad/s)；$\zeta_{\mathrm{mf}}=\left(\dfrac{B_{\mathrm{a}}}{2}+\dfrac{K_{\mathrm{e}}E}{2R}\right)\sqrt{\dfrac{J_{\mathrm{a}}}{K_{\mathrm{L}}}}$ 为力矩马达衔铁组件的相对阻尼系数。

这样一来，由图 2-20 得到力反馈电液伺服阀的转换结构图，如图 2-21 所示，并由此得到力反馈回路的开环传递函数为

$$W(s)=\frac{r(r+b)K_{\mathrm{f}}\dfrac{K_{\mathrm{qp}}}{A_{\mathrm{V}}K_{\mathrm{L}}}}{\left(\dfrac{1}{\omega_{\mathrm{mf}}^{2}}s^{2}+\dfrac{2\zeta_{\mathrm{mf}}}{\omega_{\mathrm{mf}}}s+1\right)\left(\dfrac{1}{\omega_{\mathrm{hp}}^{2}}s^{2}+\dfrac{2\zeta_{\mathrm{hp}}}{\omega_{\mathrm{hp}}}s+1\right)} \tag{2-94}$$

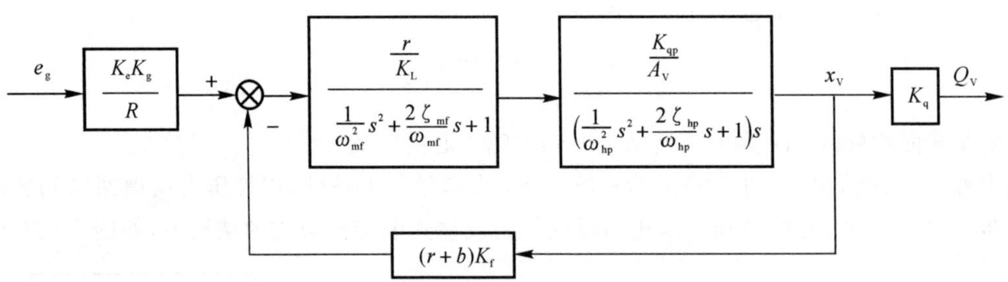

图 2-21　力反馈电液伺服阀的转换结构图

由开环传递函数表示的闭环传递函数为

$$G(s)=\frac{W(s)}{1+W(s)} \tag{2-95}$$

其特征方程可由

$$1+W(s)=0 \tag{2-96}$$

获得。考虑到 ω_{mf} 比 ω_{hp} 小得多，认为$\dfrac{1}{\omega_{\mathrm{hp}}}\approx 0$，因此，近似得到

$$\left(\frac{1}{\omega_{\mathrm{mf}}^{2}}s^{2}+\frac{2\zeta_{\mathrm{mf}}}{\omega_{\mathrm{mf}}}s+1\right)s+r(r+b)K_{\mathrm{f}}\frac{K_{\mathrm{qp}}}{A_{\mathrm{V}}K_{\mathrm{L}}}=0 \tag{2-97}$$

当令

$$K_{\mathrm{Vf}}=\frac{r(r+b)K_{\mathrm{f}}K_{\mathrm{qp}}}{A_{\mathrm{V}}K_{\mathrm{L}}} \tag{2-98}$$

时则有

$$\frac{s^{3}}{\omega_{\mathrm{mf}}^{2}}+\frac{2\zeta_{\mathrm{mf}}}{\omega_{\mathrm{mf}}}s^{2}+s+K_{\mathrm{Vf}}=0 \tag{2-99}$$

依据劳斯稳定判据得稳定条件，除式(2-99)各系数都大于零外，还需

$$\frac{K_{\mathrm{Vf}}}{\omega_{\mathrm{mf}}}<2\zeta_{\mathrm{mf}} \tag{2-100}$$

这就说明，只要 K_{Vf}，ω_{mf} 和 ζ_{mf} 三者之间的关系满足式(2-100)，即可保证伺服阀工作是稳定的。式中 K_{Vf} 为力反馈回路的开环增益，在保证稳定的情况下，选择尽量大的 K_{Vf} 值，以提高伺服阀频带宽度。

将 K_{L} 的表达式代入式(2-98)中，得到

$$K_{\mathrm{Vf}}=\frac{r(r+b)K_{\mathrm{f}}K_{\mathrm{qp}}}{A_{\mathrm{V}}[K_{\mathrm{a}}-K_{\mathrm{m}}-K_{\theta}+(r+b)^{2}K_{\mathrm{f}}]} \tag{2-101}$$

当称为力矩马达纯刚度的 $K_{\mathrm{a}}-K_{\mathrm{m}}-K_{\theta}=0$ 时，力反馈回路放大系数为

$$K_{\mathrm{Vf}}=\frac{r}{r+b}\frac{K_{\mathrm{qp}}}{A_{\mathrm{V}}} \tag{2-102}$$

可以利用式(2-94)做出伺服阀系统的开环对数频率特性,并求出伺服阀系统的截止频率。根据实际情况:$\frac{1}{T_a} \gg \omega_{hp} \gg \omega_{mf}$,因此由式(2-94)表示的开环传递函数,还可做些简化。当忽略固有频率高次项系数时,式(2-94)便可简化为

$$W(s)=\frac{K_{Vf}}{s\left(\frac{s^2}{\omega_{mf}^2}+\frac{2\zeta_{mf}}{\omega_{mf}}s+1\right)} \quad (2-103)$$

依据式(2-103)做出开环对数频率特性是方便的,如图2-22所示。其截止频率为

$$\omega_{cf}=K_{Vf} \quad (2-104)$$

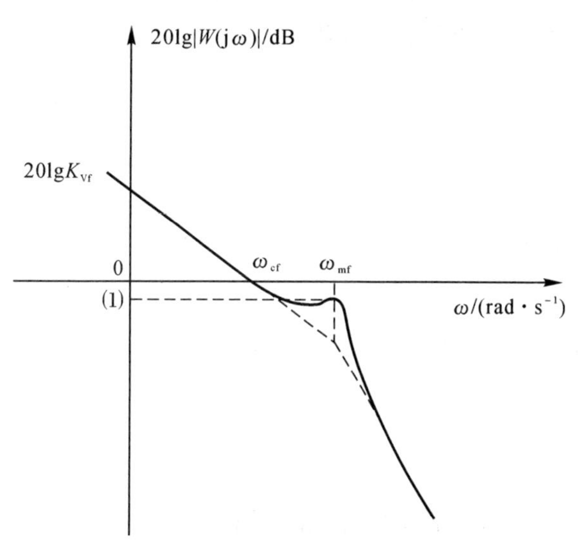

图2-22 伺服阀开环对数频率特性

在忽略力矩马达线圈电感和滑阀质量影响,即 $T_a=\frac{L}{R}\approx 0$ 和 $\frac{1}{\omega_{hp}}\approx 0$,$\zeta_{np}\approx 0$ 时,由图2-21得到力反馈电液伺服阀的简化传递函数为

$$\frac{x_V}{e_g}(s)=\frac{K_eK_g}{R}\frac{\frac{rK_{qp}}{A_VK_L}}{\left(\frac{s^2}{\omega_{mf}^2}+\frac{2\zeta_{mf}}{\omega_{mf}}s+1\right)s+K_{Vf}} \quad (2-105)$$

在式(2-105)中如果选择的 $K_{Vf}\ll\omega_{mf}$,那么式(2-105)可近似写为

$$\frac{x_V}{e_g}(s)=\frac{K_eK_g}{R}\frac{\frac{rK_{qp}}{A_VK_L}}{\left(\frac{1}{\omega_{mf}^2}s^2+\frac{2\zeta_{mf}}{\omega_{mf}}s+1\right)(s+K_{Vf})}=\frac{\frac{K_eK_g}{R(r+b)K_f}}{\left(\frac{s}{K_{Vf}}+1\right)\left(\frac{s^2}{\omega_{mf}}+\frac{2\zeta_{mf}}{\omega_{mf}}s+1\right)} \quad (2-106)$$

因此,力反馈电液伺服阀的传递函数由以开环截止频率 K_{Vf} 为转折频率的非周期环节与以力矩马达衔铁组件的固有频率为 ω_{mf} 的振荡环节串联而成,如图2-23所示。

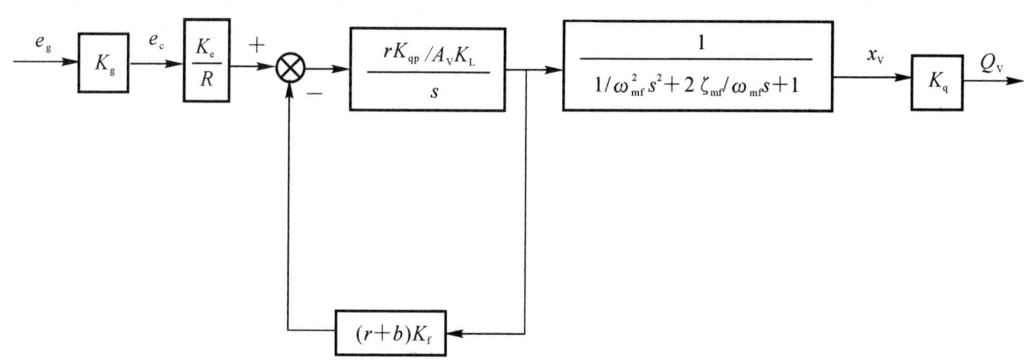

图2-23 力反馈电液伺服阀的简化方块图

通常情况下,由于 $\omega_{mf}\gg K_{Vf}$,所以在粗略的舵机回路仿真计算时,往往把伺服阀看作为非周期环节,即传递函数为

$$\frac{x_V}{e_q}(s)=\frac{K_sK_g}{T_ss+1} \quad (2-107)$$

式中

$$K_s=\frac{K_e}{R(r+b)K_f} \quad (2-108)$$

$$T_s=\frac{1}{K_{Vf}}=\frac{1}{\omega_{cf}}=\frac{r+b}{r}\frac{A_V}{K_{qp}} \tag{2-109}$$

4. 力反馈电液伺服阀的静态方程

所谓伺服阀的静态关系是指伺服阀的输出流量 Q_V 与输入电流 i_c 的稳态关系。由式(2-107)可知，稳态情况下，伺服阀的传递系数为

$$\frac{x_V}{e_g}(0)=\frac{K_e K_g}{R(r+b)K_f}=K_s K_g \tag{2-110}$$

在稳态情况下，力矩马达的电压平衡方程为

$$K_g e_g=Ri_c \tag{2-111}$$

伺服阀流量 Q_V 与滑阀位移的关系为

$$Q_V=C_V W\sqrt{p_s-p_f}\,x_V=K_q x_V \tag{2-112}$$

式中，$K_q=C_V W\sqrt{p_s-p_L}$。这样一来，由式(2-110)、式(2-111)和式(2-112)得到输出流量与输入电流的关系式为

$$Q_V=\frac{K_e}{(r+b)K_f}K_q i_c \tag{2-113}$$

(二) 液压舵机作动器的结构图与传递函数

和助力系统的作动器一样，舵机作动器的微分方程也应由式(2-11)表示。

如果利用液压舵机直接驱动舵面时，其作动器可基于两个出发点给出它的结构图，这和助力系统作动器也是一样的，可以以流量也可以以压力为基础做出两种形式的结构图。

以流量为基础的作动器方块图如图2-24所示，它考虑了舵面惯性、阻尼和气动力的影响，也考虑了输出支承、支座弹性刚度、油液的可压缩性和缸体内、外油液的泄漏。

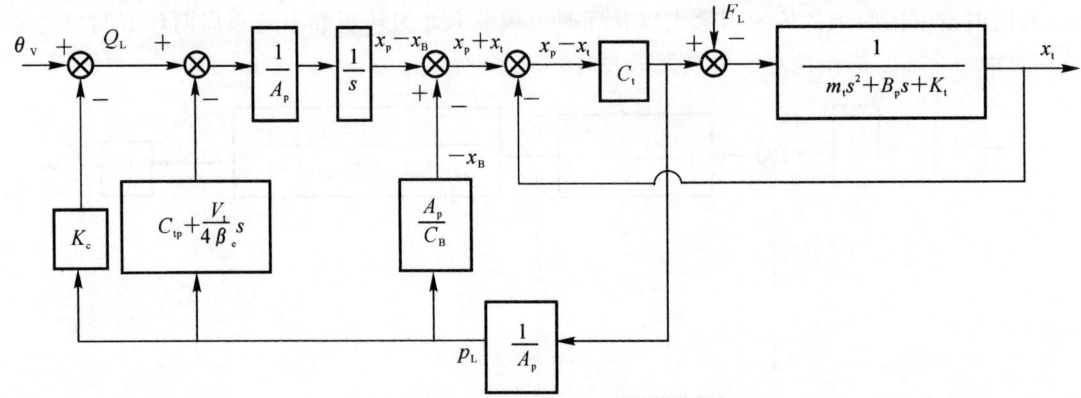

图 2-24　以流量为基础的舵机作动器结构图

以压力为基础的舵机作动器结构图如图 2-25 所示，也考虑了上述各种负载、刚度、油液的可压缩性和泄漏。

当惯性负载大，动态过程比较缓慢和泄漏较大时，适于采用以压力为基础的舵机作动器结构图；相反，如果惯性负载较小，动态过程较快，则适于采用流量为基础的结构图。

以压力为基础的舵机作动器结构图(见图 2-25)可以变换为图 2-26，以流量为基础的舵机作动器结构图(见图 2-24)可以变换为图 2-27，图中 C_d 由式(2-16)定义。

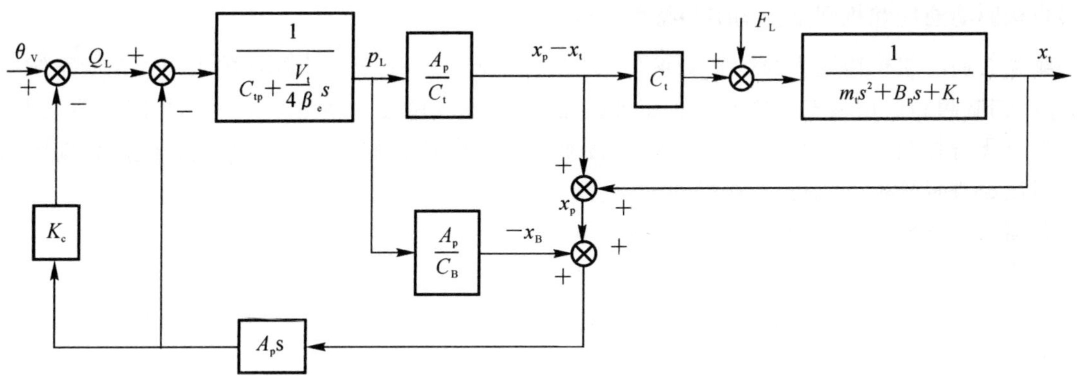

图 2-25　以压力为基础的舵机作动器结构图

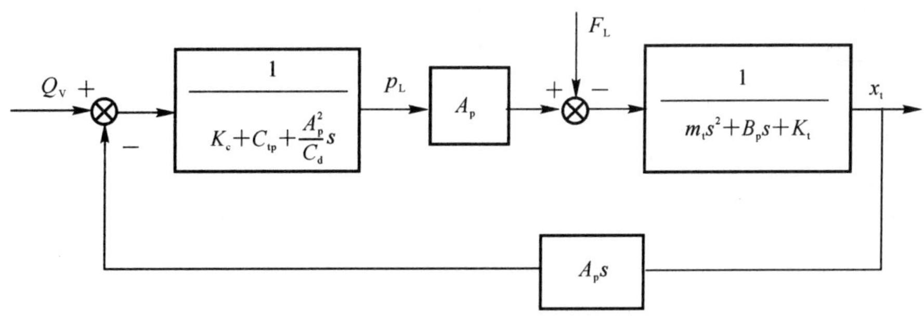

图 2-26　以压力为基础的舵机作动器结构图的转换图

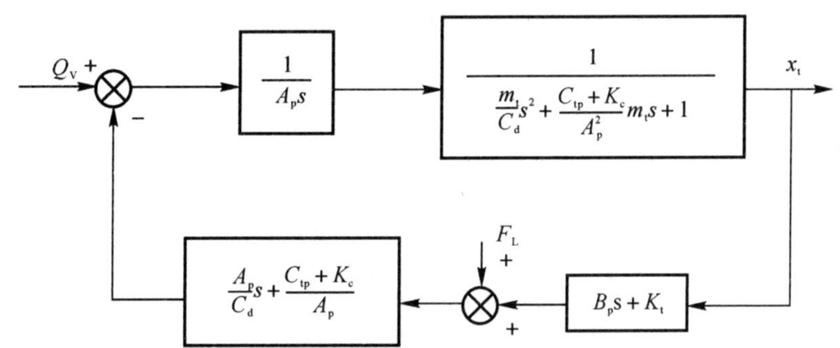

图 2-27　以流量为基础的舵机作动器结构图的转换图

无论图 2-26 或者图 2-27，x_t 对 Q_V 和 x_t 对 F_L 的传递函数是相同的，即

$$\frac{x_t}{Q_V}(s)=\frac{A_p}{a_0s^3+a_1s^2+a_2s+a_3} \tag{2-114}$$

$$\frac{x_t}{F_L}(s)=-\frac{\frac{A_p^2}{C_d}s+C_{tp}+K_c}{a_0s^3+a_1s^2+a_2s+a_3} \tag{2-115}$$

式中

$$a_0=\frac{A_p^2}{C_d}m_t$$

$$a_1=\frac{A_p^2}{C_d}B_p+(C_{tp}+K_c)m_t$$

$$a_2=\frac{A_p^2}{C_d}K_t+(C_{tp}+K_c)B_p+A_p^2$$

$$a_3=(C_{tp}+K_c)K_t$$

(三)直接驱动液压舵机回路结构图与特性分析

直接驱动舵面的舵机回路和间接驱动舵面(驱动助力器)的副舵机回路都常用于飞行控制系统中。由液压舵机、电液伺服阀和反馈装置构成的液压舵机回路,在有限权限控制增稳系统中往往用于驱动助力器,在全电传高性能飞行控制系统中采用大功率的、直接驱动舵面的液压舵机回路。本小节首先对直接驱动舵面的液压舵机回路进行分析,而后讨论副舵机回路。

1. 直接驱动液压舵机回路的结构图与传递函数

依据如图 2-21 所示力反馈电液伺服阀转换结构图和图 2-26 所示以压力为基础的舵机作动器转换结构图,以及安装在舵机上的测量动件与不动件位移差的反馈装置构成的反馈回路,便可构成直接驱动舵面偏转的舵机回路,如图 2-28 所示。

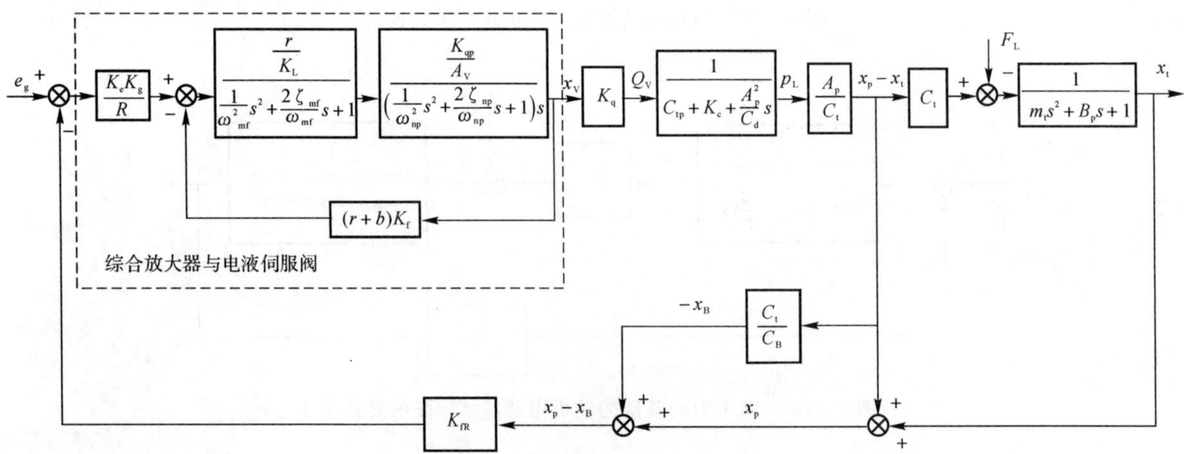

图 2-28　直接驱动舵面式液压舵机回路结构图

令

$$K_{\mathrm{f}}(s)=K_{\mathrm{fR}}\frac{x_{\mathrm{V}}}{e_{\mathrm{g}}}(s) \tag{2-116}$$

式中,K_{fR}为反馈装置增益;$\frac{x_{\mathrm{V}}}{e_{\mathrm{g}}}(s)$为具有综合放大器的力反馈伺服阀的传递函数,即图 2-28 中虚线方框内的传递函数,可近似由式(2-105)或式(2-107)表示。

可根据图 2-12 转换为图 2-13 的转换方法,将图 2-28 转换为图 2-29。但应该注意到 $K_{\mathrm{f}}(s)$不是常系数 K_{f},而是由式(2-116)表示的动态环节;同时还应知道,对于由图 2-12 表示的外反馈助力系统的支座弹性引起的退让量 x_{B},直接带动助力器滑阀套运动,形成退让量 x_{B} 负反馈;对于由图 2-28 表示的液压舵机支座弹性引起的退让量 x_{B},是通过位移传感器构成负反馈的;另外,图 2-28 没考虑支座间隙,即 $b=0$。

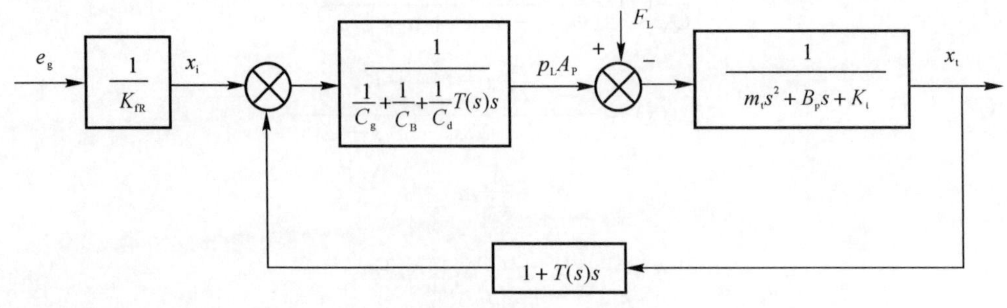

图 2-29　图 2-28 的转换图

图 2-29 中的 $T(s)$表示为

$$T(s)=\frac{A_p}{K_q K_f(s)} \tag{2-117}$$

式中，$K_f(s)$由式(2-116)表示。

图2-29中的x_i是为与图2-13比较而设置的，实际上舵机不存在这个输入位移。

可以利用图2-29来分析直接驱动舵面的液压回路静、动特性。为便于舵机回路分析，仍需给出某些假设条件，可分不同情况，对系统进行简化，才能做到有的放矢。

在$\omega_{hp}\gg\omega_{mf}\gg K_{Vf}$的情况下，力反馈式电液伺服阀特性可近似由式(2-107)表示的惯性环节描述，那么，由式(2-117)给出的$T(s)$可近似地表示为

$$T(s)=\frac{1}{K}(T_s s+1)=\frac{A_p}{K_q K_{fR} K_s K_g}\left(\frac{1}{K_{Vf}}s+1\right) \tag{2-118}$$

式中，K_s，T_s分别由式(2-108)和式(2-109)表示，并且当由式(2-102)表示的K_{Vf}很大，即$\frac{r}{r+b}\frac{K_{qp}}{A_V}\gg1$时，$T(s)$的近似表达式为

$$T(s)\approx\frac{1}{K}=\frac{A_p}{K_q K_{fR} K_s K_g}=\frac{A_p R(r+b)K_f}{K_q K_{fR} K_e K_g} \tag{2-119}$$

这里应该特别指出，为提高伺服阀的频带宽度，使$T(s)$近似为比例环节，在保证伺服阀稳定的前提下，应使K_{Vf}尽量大，即尽量增大喷嘴挡板流量增益K_{qp}和减小滑阀阀芯端面积A_V。国外几种电液伺服阀的K_{Vf}值列于表2-2。

表2-2　国外几种电液伺服阀的频带宽度

$K_{Vf}=\omega_s$	型号			
	MOOG31	MOOG35	3F	4F
$K_{Vf}=\frac{r}{r+b}\frac{K_{qp}}{A_V}$	2 280 s^{-1} (363 Hz)	576 s^{-1} (91.5 Hz)	1350 s^{-1} (215 Hz)	218 s^{-1} (34.8 Hz)

这样一来，简化了的电液伺服阀特性构成的直接驱动式液压舵机回路结构图如图2-30所示。其开环传递函数为

$$W(s)=\frac{K}{s\left(\frac{1}{K_{Vf}}s+1\right)\frac{1}{C_d}+K\left(\frac{1}{C_g}+\frac{1}{C_B}\right)}\frac{s\left(\frac{1}{K_{Vf}}s+1\right)\frac{1}{K}+1}{m_t s^2+B_p s+K_t} \tag{2-120}$$

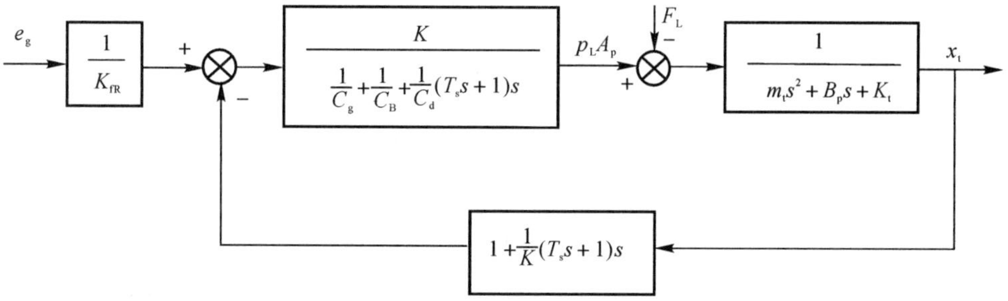

e_g → $\frac{1}{K_{fR}}$ → ⊗(+, −) → $\frac{K}{\frac{1}{C_g}+\frac{1}{C_B}+\frac{1}{C_d}(T_s s+1)s}$ → $p_L A_p$ → ⊗(+, F_L −) → $\frac{1}{m_t s^2+B_p s+K_t}$ → x_t；反馈：$1+\frac{1}{K}(T_s s+1)s$

图2-30　伺服阀简化的液压舵机回路结构图

其闭环传递函数为

$$G(s)=\frac{x_t}{e_g}(s)=\frac{\frac{K}{K_{fR}}}{a_0 s^4+a_1 s^3+a_2 s^2+a_3 s+a_4} \tag{2-121}$$

式中

$$a_0=\frac{m^{t}}{K_{Vf}C_d}$$

$$a_1=\frac{m_t}{C_d}+\frac{B_p}{K_{Vf}C_d}$$

$$a_2=\frac{K_t}{K_{Vf}C_d}+K\left(\frac{1}{C_g}+\frac{1}{C_B}\right)m_t+\frac{B_p}{C_d}+\frac{1}{K_{Vf}}$$

$$a_3=\frac{K_t}{C_d}+B_pK\left(\frac{1}{C_g}+\frac{1}{C_B}\right)+1$$

$$a_4=K\left(\frac{1}{C_g}+\frac{1}{C_B}\right)K_t+K$$

2. 直接驱动液压舵机回路的静特性分析

任何一个单输入-单输出的反馈回路，都可化为单位反馈的单输入-单输出反馈回路，只要将反馈增益移至前向回路中和将输入信号除以反馈增益即可等效。这样便可利用尼格尔斯列线图分析反馈系统开、闭环特性。

在稳态时，液压舵机回路的闭环传递系数为

$$G(o)=\frac{1}{K_{fR}}\left[\frac{1}{K_t\left(\frac{1}{C_g}+\frac{1}{C_B}\right)+1}\right] \tag{2-122}$$

即由它代表了直接驱动液压舵机回路的静态特性(增益)。然而，反馈增位置 K_{fR} 不能反映舵机回路静态特性对飞行控制系统特性的影响。影响飞行控制系统性能的是因子 $\left[K_t\left(\frac{1}{C_g}+\frac{1}{C_B}\right)+1\right]^{-1}$。由于 K_t 的大小是随舵面铰链力矩系数 M_δ 而改变的，并且 M_δ 随飞行高度和马赫数的变化是无法正确预测的，因此，无法进行增益补偿。有效的办法是增加舵机输出链的弹性刚度 C_t 和支座弹性刚度 C_B。

3. 直接驱动液压舵机回路的动特性分析

首先分析电液伺服阀的时间常数 T_s 小到可以忽略的情况。在这种情况下，液压舵机回路的开环传递函数可近似为

$$W(s)=\frac{K}{\frac{1}{C_d}s+K\left(\frac{1}{C_g}+\frac{1}{C_B}\right)}\frac{\frac{1}{K}s+1}{m_ts^2+B_ps+K_t} \tag{2-123}$$

闭环传递函数可近似为

$$G(s)=\frac{1}{a_0s^3+a_1s^2+a_2s+a_3} \tag{2-124}$$

式中

$$a_0=\frac{m_t}{KC_d}$$

$$a_1=m_t\left(\frac{1}{C_g}+\frac{1}{C_B}\right)+\frac{B_p}{KC_d}$$

$$a_2=\frac{K_t}{KC_d}+B_p\left(\frac{1}{C_g}+\frac{1}{C_B}\right)+\frac{1}{K}$$

$$a_3=1+\left(\frac{1}{C_g}+\frac{1}{C_B}\right)K_t$$

依据劳斯稳定判据对三阶系统稳定性分析是方便的。除满足 a_0，a_1，a_2 和 a_3 都大于零外，还应该满足 $a_1a_2>a_0a_3$，那么便可得到

$$\left(\frac{1}{C_g}+\frac{1}{C_B}+\frac{B_p}{KC_d}\right)\left[B_pK\left(\frac{1}{C_g}+\frac{1}{C_B}\right)+\frac{K_t}{C_d}+1\right]>\frac{1}{C_d}\left[1+K_t\left(\frac{1}{C_g}+\frac{1}{C_B}\right)\right] \tag{2-125}$$

在 $B_p\approx0$ 的情况下，得到稳定条件为

$$\frac{1}{C_d}<\frac{1}{C_g}+\frac{1}{C_B} \tag{2-126}$$

式中，C_g，C_d 分别由式(2-15)和式(2-16)表示，经整理后得到稳定条件为

$$C_Q<C_V \tag{2-127}$$

式中，C_V 由式(2-18)表示；C_Q 由式(2-19)表示，并且式(2-19)中的 K_f 可表示为

$$K_f= K_{fR}K_sK_g \tag{2-128}$$

这样，在 T_s 很小的情况下，最终得到的液压舵机回路的稳定条件

$$K=\frac{K_{fR}K_sK_gK_q}{A_p}<\frac{4\beta_e}{V_t}(C_{tp}+K_c) \tag{2-129}$$

可见，液压舵机回路的稳定性与舵机输出端连接刚度 C_t 和支座弹性刚度 C_B 无关，也与惯性和弹性负载没有直接关系。对于液压舵机回路的稳定性，式(2-129)给出了主要影响参数，尽管这个稳定条件是在一定条件下(足够小的 T_s 可以忽略不计)得到的，但具有普遍意义。当 T_s 不很小时，式(2-129)可能不够准确和不全面地描述液压舵机回路的稳定性，但能定性地说明这些参数对稳定性影响的作用，下面对这些参数的作用分别进行讨论：

(1)流量放大系数 K_q 表征了伺服阀滑阀位移 x_V 与进入作动器内油液流量的关系，则

$$K_V=\frac{K_q}{A_p} \tag{2-130}$$

说明了对稳定影响的参数是舵机速度放大系数 K_V。K_V 值大表征了相同输入量 x_V 情况下，舵机作动器位移速度大；在舵机输出位移幅值不变的情况下，舵机运动频率要高。因此，在保证系统稳定性的条件下，提高 K_V 值，可有效地提高舵机回路的频带宽度，满足飞行控制系统对舵机回路带宽的要求。提高 K_V 无外乎加大 K_q 和减小 A_p，但减小 A_p 应受到舵机负载能力的限制，不能任意地减小。K_q 取决于结构参数和负载压力，由式(2-8)定义可知

$$K_q=K\sqrt{p_s-p_L^*} \tag{2-131}$$

式中，p_L^* 是舵机稳态工作点的负载压力。由于所研究的稳定性问题是在稳定工作点附近的微量运动规律，因此，由式(2-131)可知，在舵机原点即 $p_L=0$ 时，K_q 最大，即 K_V 最大，在最大负载(通常设计为 $p_{Lmax}=\frac{2}{3}p_s$)处，K_V 最小。这样，在稳定性分析时，应取原点处(即 $p_L^*=0$)的流量放大系数，即

$$K_{q0}=K\sqrt{p_s} \tag{2-132}$$

这不仅因为放大器一般工作在原点附近，更主要是因为原点的流量放大系数最大，这时如能稳定工作，则其他工作点的稳定性一般不成问题。但是，在计算舵机回路带宽时，应采用最小的流量放大系数，取 $p_L=\frac{2}{3}p_s$，故 $K_{qmin}=57.74\%K_{q0}$。

(2)作动器流量-负载压力斜率 K_c 和内外泄漏系数对稳定性影响也是很关键的。由于式(2-8)定义

$$K_c=\frac{\partial Q_L}{\partial p_L}\bigg|_{\substack{p_L=p_L^*\\x=x^*}}=\frac{Kx^*}{2\sqrt{p_s-p_L^*}} \tag{2-133}$$

式中，p_L^* 的定义同上述；x^* 是工作点处伺服阀相对窗口的位移。

K_c 也称为伺服阀的弹性系数，即

$$K_c=C_VWx_V\frac{\sqrt{\frac{1}{\rho}(p_s-p_L)}}{2(p_s-p_L)} \tag{2-134}$$

可见，K_c 是随 x_V 和 p_L 而变化的，x_V 加大时 K_c 加大。那么 K_c 应取多大呢？根据实际工作范围，阀芯一般在很小的范围内移动，通常在原点附近±0.3 mm 至±1.0 mm。表 2-3 给出国外某些伺服阀的 x_{Vmax} 值。从稳定性考虑 K_c 也应取原点附近的值，因为原点处 K_c 最小，当 K_c 最小时系统是稳定的，那么随着负

载的变大和 x_V 的增加，系统应更加稳定了。但是，从式(2-134)上看，原点处 $x_V=0$ 和 $K_c=0$，但是式(2-130)右边不为零，因为加工精度再高也还有径向间隙，棱边也还是有圆角的，所以阀芯在零位时，也总是存在泄漏的，不为零的泄漏系数 C_{tp} 使得因子 $(C_{tp}+K_c)$ 不为零。压力反馈伺服阀和动压反馈伺服阀都要增大 K_c，以提高系统稳定性的作用。和 K_q 一样，在计算舵机回路通频带中，应采用最大值的 K_c，取 $p_L=\frac{2}{3}p_s$，在这种情况下通频带能满足要求，那么在任何小负载情况下，小的 K_c 决定的通频带也能满足要求。

表 2-3　国外某些伺服阀滑阀最大位移

$x_{V\max}$/cm	型号			
	MOOG31	MOOG35	3F	4F
$x_{V\max}=\frac{K_c}{(r+b)K_f}i_{c\max}$	0.034 8	0.098 0	0.028 7	0.086 5

(3)作动筒两腔中的油液存在可压缩性，当活塞在中间位置时，两腔容积为 V_t。如果活塞不在中间位置时，有效容积为

$$V'_t=\frac{1}{\frac{1}{V_{t1}}+\frac{1}{V_{t2}}}<V_t \tag{2-135}$$

因此，$V_{t1}=V_{t2}=V_t$，即容积最大时能满足稳定性要求时，那么在 $V_{t1}\neq V_{t2}$，即 $V'_t<V_t$ 时也能满足稳定性要求。

应该选择弹性模数 β_e 大的油液以提高舵机回路的稳定性。混入空气的油液，β_e 的减小致使系统稳定性降低。

(4)除以上影响系统稳定性的参数外，开环放大系数

$$K_W=K_{fR}K_gK_s \tag{2-136}$$

对舵机回路稳定性影响也很大，如果 K_{fR} 的大小是由舵机回路传动比决定的，K_s 是由伺服阀静、动态特性决定的，那么 K_g 便是由舵机回路静、动态特性决定的。调节 K_g 的大小，不仅要使舵机回路具有良好的稳定性，满足系统对稳定储备的要求，足够大的 K_g 可以有效地减小舵机回路静态误差和改善时域、频域特性。

还可利用根轨迹法分析 T_s 小到可以忽略的舵机回路的稳定性。当

$$C_Q=C_V \tag{2-137}$$

时，由式(2-123)表示的开环传递函数可以变换为

$$W(s)=\frac{s+K}{\frac{1}{C_d}(s+K)(m_ts^2+B_ps+K_t)} \tag{2-138}$$

式中

$$\frac{1}{C_d}=\frac{1}{C_g}+\frac{1}{C_B}=\frac{1}{C_t}+\frac{1}{C_B}+\frac{1}{C_V}=\frac{1}{C_t}+\frac{1}{C_B}+\frac{1}{C_Q} \tag{2-139}$$

在 $B_p=0$ 时的闭环根轨迹图如图 2-31(a)所示。当 $C_Q\neq C_V$ 时，开环传递函数表示为

$$W(s)=\frac{s+K}{\frac{1}{C_d}\left[s+KC_d\left(\frac{1}{C_g}+\frac{1}{C_B}\right)\right](m_ts^2+B_ps+K_t)} \tag{2-140}$$

并且，当 $C_d\left(\frac{1}{C_g}+\frac{1}{C_B}\right)>1$，即 $C_Q<C_V$ 时，极点 $-KC_d\left(\frac{1}{C_g}+\frac{1}{C_B}\right)$ 在零点 $-K$ 的左边，根轨迹图如图 2-31(b)所示。可见，任何值的开环增益，系统都是稳定的；又当 $C_d\left(\frac{1}{C_g}+\frac{1}{C_B}\right)<1$，即 $C_Q>C_V$ 时，极点 $-KC_d$

$\left(\frac{1}{C_g}+\frac{1}{C_B}\right)$在零点$-K$的左边，其根轨迹图如图2-31(c)所示，因此，任何值的开环增益，系统总是不稳定的。

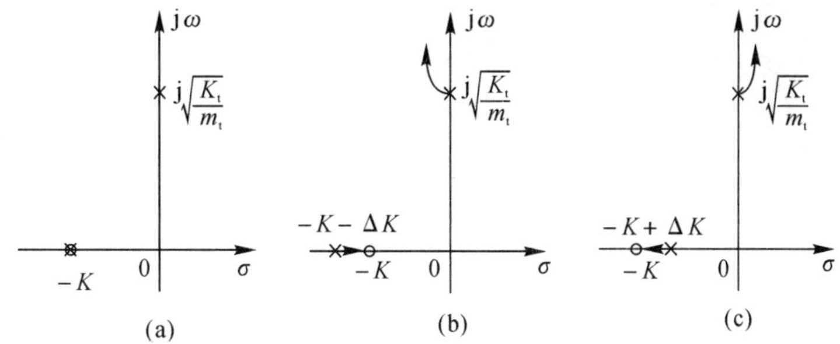

图2-31　在$T_s=0$和$B_p=0$情况下液压舵机回路的根轨迹图

(a)$C_Q=C_V$；(b)$C_Q<C_V$；(c)$C_Q>C_V$

由图2-30得到$T_s\neq0$时的开环传递函数为

$$W(s)=\frac{s(T_s s+1)+K}{\frac{1}{C_d}\left[s(T_s s+1)+KC_d\left(\frac{1}{C_g}+\frac{1}{C_B}\right)\right](m_t s^2+B_p s+K_t)} \tag{2-141}$$

当$C_d\left(\frac{1}{C_g}+\frac{1}{C_B}\right)=1$，即$C_Q=C_V$时，由式(2-141)得到

$$W(s)=\frac{T_s s^2+s+K}{\frac{1}{C_d}(T_s s^2+s+K)(m_t s^2+B_p s+K_t)} \tag{2-142}$$

其闭环根轨迹图如图2-32(a)所示，两对零、极点偶相重合，另一对极点沿虚轴向上移动，系统处于中立稳定状态。

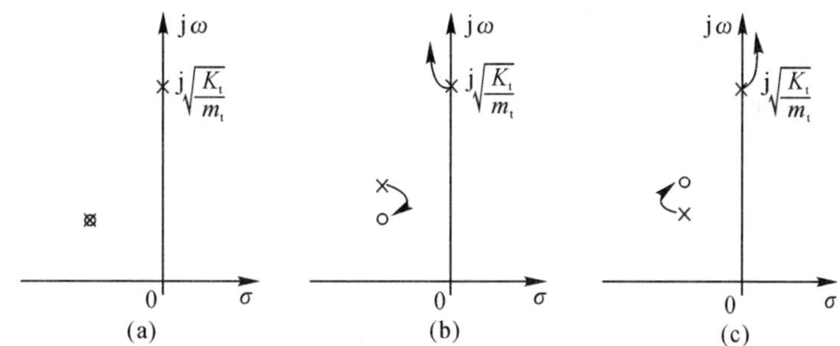

图2-32　在$T_s\neq0$和$B_p=0$的情况下液压舵机回路的根轨迹图

(a)$C_Q=C_V$；(b)$C_Q<C_V$；(c)$C_Q>C_V$

当$C_d\left(\frac{1}{C_g}+\frac{1}{C_B}\right)>1$，即$C_Q<C_V$时，$s$平面上的一对极点较一对零点远离横轴，其根轨迹图如图2-32(b)所示，可见任何值的开环增益，系统都是稳定的；当$C_d\left(\frac{1}{C_g}+\frac{1}{C_B}\right)<1$，即$C_Q>C_V$时，这对极点比这对零点至横轴距离较近，其根轨迹图如图2-32(c)所示，可见任何值的开环增益系统都是不稳定的。

以上分析说明电液伺服阀的简化时间常数T_s的大小不影响液压舵机回路的稳定性。液压舵机回路的稳定条件不因不同大小的T_s值而改变。由式(2-129)或式(2-126)、式(2-127)描述的液压舵机回路的稳定性具有普遍意义。

实际上液压舵机回路的稳定性与负载黏性阻尼系数B_p有关，一般情况下，B_p很小但不为零，它使舵机负载特性决定的一对复极点不在虚轴上，而是在虚轴左边为$\frac{B_p}{2}\sqrt{\frac{m_t}{K_t}}$距离的平行线上。因此，$B_p$的存在提高了液压舵机回路的稳定性，不为零的 B_p 使得 C_Q 稍大于 C_V 情况下，舵机回路仍然是稳定的。

在实际系统分析中，B_p 不能忽略，但一般很难确定。属于软参数的 B_p，不同因素形成的阻尼力主要如下：

1）液体黏性阻尼，包括活塞与油缸间隙中的阻尼力和活塞在油液中运动的油液阻尼力；

2）舵面运动气流阻尼力；

3）干摩擦阻尼力；

4）人工阻尼孔，为减小振动，在活塞上增加两腔相通的阻尼孔或在舵机输出端设置阻尼油缸。

除线性参数影响液压舵机回路稳定性外，非线性因素能使舵机回路产生极限环振荡（自持振荡），这种振荡不仅严重影响系统的精度，而且能使机件产生磨损和变形，缩短产品使用寿命。在元件设计方面应尽量避免这些非线性因素的产生。

还有一些非线性因素，如死区、间隙和饱和段，可能不影响舵机回路的稳定性，但对飞行控制系统的稳定性有严重的影响。舵机回路的死区或间隙能引起增稳系统的小幅极限环振荡；舵机速度饱和能导致放宽静稳定性飞机的电传操纵系统产生大幅值的极限环振荡，过大的和不可控制的法向过载振荡能产生灾难性的事故，必须杜绝这种现象产生。有关这方面的分析将在本书第三篇中讲述。

下面分别说明一下各典型非线性环节对舵机回路的影响。

• 死区：在此是指由于摩擦和滑阀正重叠量所引起的死区。这类非线性对控制静差有影响，是增稳系统极限环振荡的主要因素，但它对舵机回路的稳定性没有影响，不会使舵机回路产生极限环振荡，反而对其他因素引起的极限环振荡有减少振荡次数和缩短振荡过程时间的作用。利用增加滑阀与窗口重叠量的办法，可改善舵机回路的稳定性。

• 饱和：如果输入信号超过规定值，各有关元、部件应同时处于饱和段工作，如力矩马达和滑阀的饱和段应是对应一致的。舵机速度和位置的饱和，使过大控制信号的控制作用降低，尽管对舵机回路稳定性有改善作用，但如上面所述，它会严重地影响放宽静稳定性飞机的比例加积分式电传操纵系统的稳定性，在大杆操纵情况下容易产生用回杆办法不能解除的极限环振荡，灾难来源于大幅值的法向过载振荡。

• 空回型非线性：造成空回非线性的主要原因是传动链间隙、连接件的销钉间隙以及库仑摩擦等。其形状如图 2－33(a) 所示。这类非线性对舵机回路稳定性影响颇大，舵机回路中的间隙因所在位置不同对舵机回路的影响亦不同。反馈回路中的传动间隙尤为严重，除增大静差外，会引起舵机回路在零位附近出现持续振荡。图 2－33(b) 给出了空回非线性描述函数的负倒特性曲线，处于第三象限内的这条曲线有可能要与二阶或二阶以上的一次积分系统的开环频率特性曲线相交，极限环振荡出现的可能性很大，振荡幅值尽管不大，然而是飞行员所讨厌的。当 $C_Q < C_V$ 时，由于零点的超前角比极点的滞后角要大，因此，这种情况下的自振可能性要小。减小空回间隙，可有效地降低自振振幅。

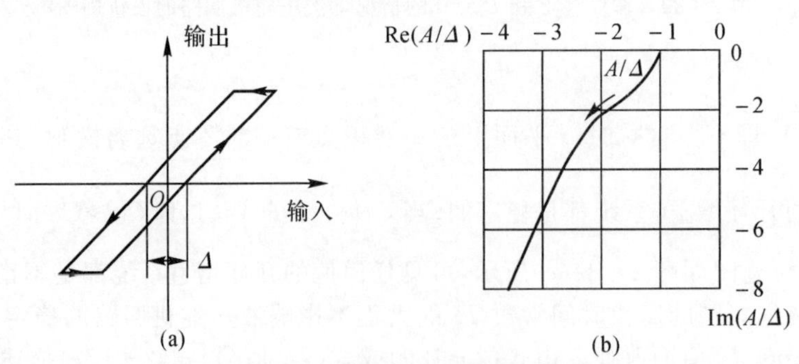

图 2－33　空回非线性特性曲线

(a) 空回非线性；(b) 空回非线性的负倒描述函数

• 迟滞：电液伺服阀的力矩马达，由于设计原因，导磁材料的选择不妥及其热处理不当时，会产生如图

2-34所示迟滞非线性，它只影响灵敏度和误差，几度的相移对系统稳定性影响较小。应该注意迟滞绝不是空回非线性，不能认为它与空回非线性具有相同的影响作用。

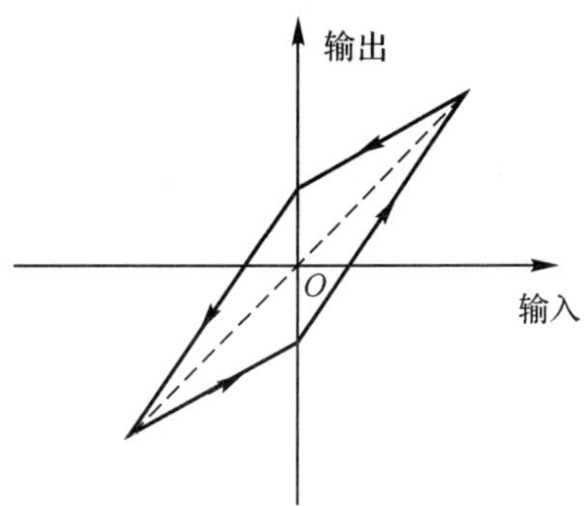

图2-34　迟滞非线性的典型化曲线

在此，应该特别指出，在直接驱动舵机回路的设计中，除依据负载要求、工作范围和系统压力等，确定舵机执行机构的主要特征参数，如活塞有效面积、工作行程和作动筒流量等，以及依据负载特性曲线，选择伺服阀流量-压力特性外，为解决舵机回路稳定性问题，需要依据测得的油液压缩系数 β_e、泄漏系数 C_{tp} 和伺服阀的弹性系数 K_c 的最小值，按式(2-129)确定舵机回路的开环放大系数的最大值 K。还应该按照如图2-35所示方块图和初选伺服阀的时间常数 T_s 的大小，确定舵机回路最佳复零点的位置，初选增益 K 值，并验证是否小于最大值。若能给出参数 m_t，B_p，K_t，C_g，C_d，C_B 的估算值，可按图2-30计算舵机回路的稳定裕度和频带宽度。最后依据 K 值、舵机回路传动比$\dfrac{1}{K_{fR}}$、伺服阀放大系数 K_s 和 K_q 的最大值确定舵机回路放大器的放大系数 K_g。在确定舵机回路参数值时，应反复计算和修改。

考虑到 $B_p\neq0$，可允许 C_Q 稍小于 C_V，那么，由图2-35得到的理想化复极点(图2-30中的零点)可近似为图2-30的闭环复极点，其固有频率和阻尼比分别为

$$\omega_d=\sqrt{\frac{K}{T_s}} \tag{2-143}$$

$$\zeta_d=\frac{1}{2\sqrt{KT_s}} \tag{2-144}$$

考虑到 $B_p\neq0$，在两对零、极点近似相等的情况下，由三种负载特性引起的作动器特征复极点可由图2-36获得，其固有频率和阻尼比分别为

$$\omega_h=\sqrt{\frac{C_d+K_t}{m_t}} \tag{2-145}$$

$$\zeta_h=\frac{B_p}{2\sqrt{(K_t+C_d)m_t}} \tag{2-146}$$

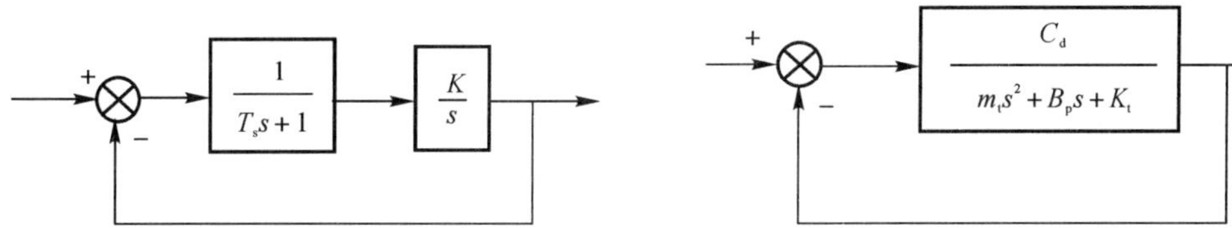

图2-35　最简化的液压舵机回路方块图　　　图2-36　作动器振荡环节的简化结构图

这样一来，便可得到液压舵机回路输入、输出的传递函数近似表达式为

$$G(s)=\frac{x_t}{e_g}(s)\approx\frac{\dfrac{1}{K_{fR}\left(1+\dfrac{K_t}{C_{gd}}\right)}}{\left(\dfrac{1}{\omega_d^2}s^2+\dfrac{2\zeta_d}{\omega_d}s+1\right)\left(\dfrac{1}{\omega_h^2}s^2+\dfrac{2\zeta_h}{\omega_h}s+1\right)} \tag{2-147}$$

式中，ω_d，ζ_d 分别由式(2－143)和式(2－144)表示；ω_h，ζ_h 分别由式(2－145)和式(2－146)表示；$\dfrac{1}{C_{gd}}=\dfrac{1}{C_g}+\dfrac{1}{C_B}$。

(四)直接驱动液压舵机回路的干扰特性

负载干扰力 F_L 变化对舵机输出 x_t 的影响，常是工程中感兴趣的问题。刚度就是衡量负载力变化时对输出量 x_t 影响的指标。静刚度是常值负载干扰力影响静态误差的量度，动刚度则是描述刚度在动态过程中的变化规律。

由图 2－30 得到干扰 F_L 与舵机输出位移 x_t 和舵机输出力 $A_p p_L$ 的传递函数分别为

$$\frac{x_t}{F_L}(s)=-\frac{K\left(\dfrac{1}{C_g}+\dfrac{1}{C_B}\right)+\dfrac{1}{C_d}s(T_s s+1)}{a_0 s^4+a_1 s^3+a_2 s^2+a_3 s+a_4} \tag{2-148}$$

$$\frac{p_L A_p}{F_L}(s)=\frac{K+s(T_s s+1)}{a_0 s^4+a_1 s^3+a_2 s^2+a_3 s+a_4} \tag{2-149}$$

式中，a_0，a_1，a_2，a_3，a_4 的定义同式(2－121)。由式(2－149)除以式(2－148)得到舵机回路刚度特征函数为

$$\frac{p_L A_p}{x_t}(s)=-\frac{K+s(T_s s+1)}{K\left(\dfrac{1}{C_g}+\dfrac{1}{C_B}\right)+\dfrac{1}{C_d}s(T_s s+1)} \tag{2-150}$$

称 $s=\mathrm{j}0$ 时的舵机回路刚度为静刚度，又称 $s=\mathrm{j}\infty$ 时的舵机回路刚度为动刚度，当定义 C_{gd} 为舵机回路静刚度和 C_{dd} 为舵机回路动刚度时，得到

$$\frac{1}{C_{gd}}=\frac{x_t}{p_L A_p}(\mathrm{j}0)=\frac{1}{C_g}+\frac{1}{C_B}=\frac{1}{C_t}+\frac{1}{C_Q}+\frac{1}{C_B} \tag{2-151}$$

$$\frac{1}{C_{dd}}=\frac{x_t}{p_L A_p}(\mathrm{j}\infty)=\frac{1}{C_d}=\frac{1}{C_t}+\frac{1}{C_V}+\frac{1}{C_B} \tag{2-152}$$

式中，C_t 是舵机输出至舵面之间的连接刚度；C_B 是舵机支座弹性刚度；称为舵机回路流量弹性刚度的 C_Q 和称为油液弹性刚度的 C_V 分别为

$$C_Q=\frac{K_q A_p K_{fR} K_s K_g}{C_{tp}+K_c} \tag{2-153}$$

$$C_V=\frac{4\beta_e A_p^2}{V_t} \tag{2-154}$$

由式(2－151)和式(2－152)可见，舵机回路的静刚度是连接刚度、支座刚度和流量弹性刚度的并联刚度和，动刚度是连接刚度、支座刚度和油液弹性刚度并联刚度和。二者不同之处在于前者与流量弹性刚度 C_Q 并联，后者与油液弹性刚度 C_V 并联；二者相同之处是都与连接刚度 C_t 和支座刚度 C_B 并联。如果 C_Q 与 C_V 近似相等，那么，舵机回路的静、动刚度相等。

由舵机回路的稳定条件式(2－126)可知，当

$$\left.\begin{aligned}&C_{dd}>C_{gd},C_V>C_Q\\&\frac{4\beta_e A_p}{V_t}>\frac{K_q K_{fR} K_s K_g}{C_{tp}+K_c}\end{aligned}\right\} \tag{2-155}$$

即舵机回路动刚度大于静刚度时，舵机回路是稳定的。式(2－155)便是舵机回路的稳定条件。这个结论与内反馈助力系统是一致的，并且二者的动刚度定义是相同的。液压舵机回路的静刚度定义与内反馈助力系

统不同,不同点在于前者还与支座刚度并联,而后者与支座刚度无关。

当减小作动器泄漏量和活塞处于中间位置时,大值的 C_{tp} 和 K_c 使流量弹性刚度 C_Q 和舵机回路静刚度 C_{gd} 增加,从而使常值干扰力 F_L 引起的舵机位移静态误差减小,然而稳定性降低了。

提高油液弹性刚度 C_V,可增加舵机回路动刚度 C_{dd},使得交变的干扰力 F_L 产生的舵机位移减小,同时还提高了系统的稳定性。

将 $s=\mathrm{j}\omega$ 代入式(2-150)得到随干扰力 F_L 交变频率变化的刚度特性。当 $C_{dd}=C_{gd}$ 时,$\left|-\dfrac{p_2A_L}{x_t}(\mathrm{j}\omega)\right|$ 不随 ω 改变而改变,且如图 2-37(a)所示,由于 $C_Q=C_V$,所以 $C_{gd}=C_{dd}$。当 $C_Q<C_V$ 时,稳定的舵机回路负载动态刚度特性如图 2-37(b)所示,负载动态刚度在低频段近似为静刚度 C_{gd};在高频段近似为动刚度 C_{dd}。图中 ω_d 由式(2-143)表示,ω'_d 可近似表示为

$$\omega'_d=\sqrt{\frac{KC_{dd}}{T_sC_{gd}}} \tag{2-156}$$

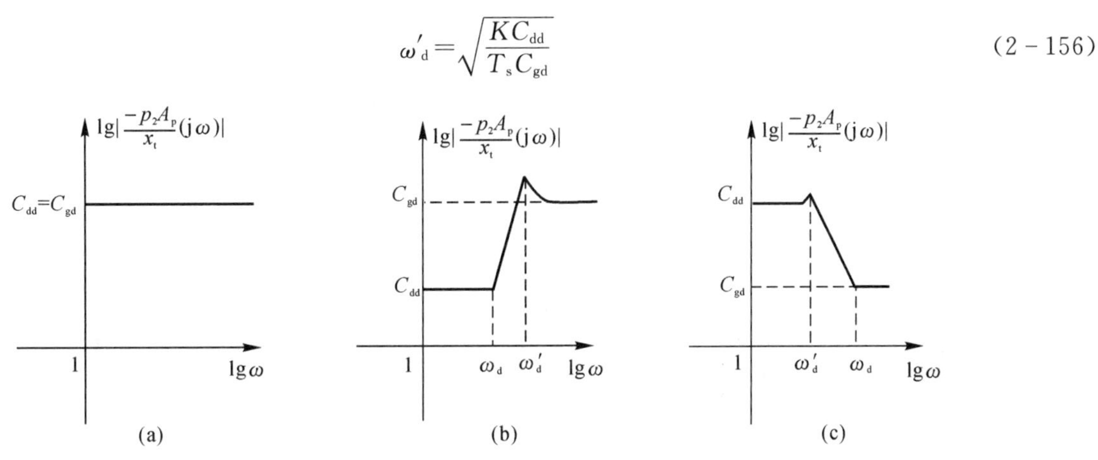

图 2-37　液压舵机回路负载刚度频率特性

(a)$C_Q=C_V$;　(b)$C_Q<C_V$;　(c)$C_Q>C_V$

由于由式(2-144)表示的 ζ_d 往往小于 1,所以在 $\omega=\omega_d$ 处,负载动态刚度下降为比 C_{gd} 小的值;又由于

$$\zeta'_d=\frac{1}{2\sqrt{T_sK\dfrac{C_{dd}}{C_{gd}}}} \tag{2-157}$$

比 ζ_h 还小,所以在 $\omega=\omega'_d$ 处,负载动态刚度上升为比 C_{dd} 大的值。在舵机回路设计中应该调整 K 值使得 ζ_h 在 0.707~1.0 之间,可以避免这种负载动态刚度下降的现象;同时,在 ω'_d 处的上升现象也会得到改善。当 $C_Q>C_V$ 时,不稳定的舵机回路负载动态刚度曲线如图 2-37(c)所示,实际工程中不存在这种舵机回路,无须对它的负载刚度特性进行讨论。

讨论舵机闭环回路的负载静态刚度似乎比讨论动态刚度更有实际意义。静态刚度大是液压舵机回路的特点,这是它被广泛应用的原因之一。增大作动器活塞有效面积,减小伺服器的柔度系数,控制泄漏都有助于提高静态刚度。这也说明为什么在位置控制系统中,总是采用零重叠或带少许正重叠伺服阀的原因。

(五)液压副舵机回路结构图和传递函数

液压副舵机回路通常也是位置控制系统,由于它不直接驱动舵面,而是带动助力器滑阀运动的,所以,它的弹性负载系数 K_t 为零,惯性负载系数 m_t 很小;如果不是为增加舵机回路阻尼特性,而采取增大黏性阻尼力措施时,它的黏性阻尼系数 B_p 也很小。在这种情况下,采用以流量为基础的结构图进行系统分析和综合是合适的。如图 2-38 所示,是以流量为基础的液压副舵机回路结构图。其中,伺服阀环节以惯性环节 $\dfrac{K_s}{T_ss+1}$ 近似,位置反馈是由测量舵机动件位移与固定件退让量之差的位移传感器实现的。

利用等效变换法,将图 2-38 变换为图 2-39,其图中的 C_{gd} 和 C_{dd} 分别由式(2-151)、式(2-152)定义,

并且 C_Q，C_V 分别如式(2-153)和式(2-154)所示。可以推导出图 2-39 所示的闭环传递函数 $\frac{x_t}{e_g}(s)$ 和 $\frac{x_t}{F_L}(s)$ 分别为

$$\frac{x_t}{e_g}(s)=\frac{\dfrac{K}{K_{fR}}}{a_0 s^4+a_1 s^3+a_2 s^2++a_3 s+a_4} \tag{2-158}$$

$$\frac{x_t}{F_L}(s)=\frac{\dfrac{K}{C_{gd}}+\dfrac{1}{C_{dd}}s(T_s s+1)}{a_0 s^4+a_1 s^3+a_2 s^2+a_3 s+a_4} \tag{2-159}$$

式中，

$$a_0=\frac{m_t T_s}{C_{dd}}$$

$$a_1=\frac{m_t}{C_{dd}}+\frac{T_s B_p}{C_{dd}}$$

$$a_2=\frac{m_t K}{C_{gd}}+\frac{B_p}{C_{dd}}+T_s$$

$$a_3=\frac{B_p K}{C_{gd}}+1$$

$$a_4=K$$

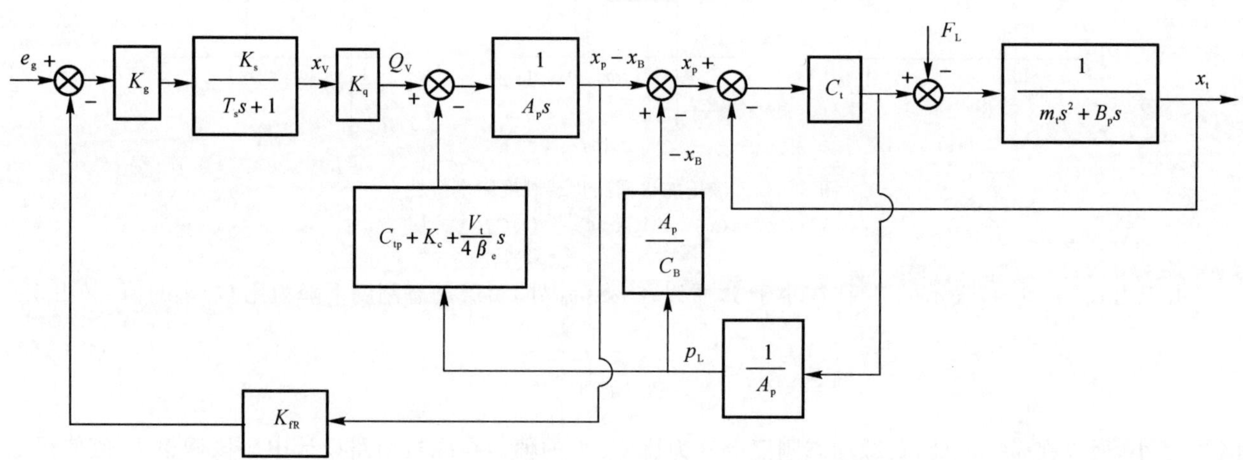

图 2-38 液压副舵机回路结构图

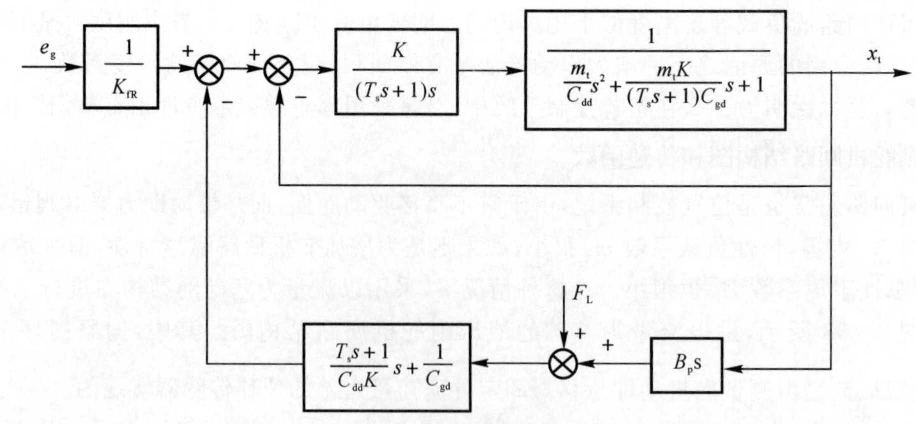

图 2-39 图 2-38 的变换图

当认为舵机连接刚度 C_t 和支座弹性刚度 C_B 都为无穷大时，从而得到

$$C_{gd}=C_Q=\frac{K_q A_p K_{fR} K_s K_g}{C_{tp}+K_c} \tag{2-160}$$

$$C_{dd}=C_V=\frac{4\beta_e A_p^2}{V_t} \tag{2-161}$$

对于不直接驱动舵面的副舵机来说，其惯性负载系数 m_t 很小，可以忽略，在这种情况下的副舵机回路结构图可简化为图 2-40 所示结构图。其闭环传递函数为

$$\frac{x_t}{e_g}(s)=\frac{\dfrac{K}{K_{fR}}}{s(T_s s+1)+K+\left[\dfrac{1}{C_{dd}}(T_s s+1)s+\dfrac{K}{C_{gd}}\right]B_p s} \tag{2-162}$$

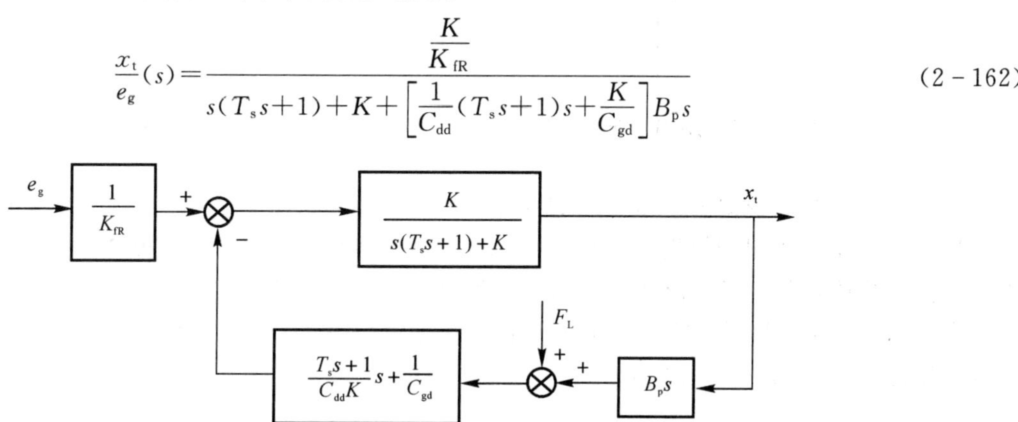

图 2-40 当 $m_t\approx 0$ 时的副舵机回路结构图

当 $C_{dd}=C_{gd}$时，式(2-162)可改写为

$$\frac{x_t}{e_g}(s)=\frac{\dfrac{K}{K_{fR}}}{[(T_s s+1)s+K]\left(\dfrac{B_p}{C_{dd}}s+1\right)}=\frac{1}{K_{fR}}\frac{1}{\left(\dfrac{1}{\omega_d^2}s^2+\dfrac{2\zeta_d}{\omega_d}s+1\right)\left(\dfrac{B_p}{C_{dd}}s+1\right)} \tag{2-163}$$

式中，ω_d，ζ_d 分别由式(2-143)和式(2-144)表示，合理地选择 K 值，使得 $\zeta_d=0.707$ 时，舵机回路便具有良好的时域特性。然而，为保证舵机回路的稳定性，要求 $C_{dd}>C_{gd}$，闭环特征根将有所变化。例如，当 $C_{dd}>C_{gd}$，并且

$$\frac{1}{C_{gd}}=\frac{1}{C_{dd}}+\Delta_c \tag{2-164}$$

代入式(1-162)的特征式，得到特征式的另一种形式为

$$\left(\frac{1}{\omega_d^2}s^2+\frac{2\zeta_d}{\omega_d}s+1\right)\left(\frac{B_p}{C_{dd}}s+1\right)+\Delta_c B_p s=0 \tag{2-165}$$

可见，特征根将按图 2-41 根轨迹图变化，在 B_p，Δ_c 不太大的情况下，复极点的阻尼比增大和实极点有所减小。因此，当舵机回路阻尼比较小时，可通过减小 C_Q 或/和增大 C_V 使 Δ_c 增大的办法，提高振荡阻尼比。然而，这种措施如果有效必须保证舵机回路的频带宽度满足要求才行。当系统频带要求很高时，这对于弹性模态的控制系统来说，高频带要求是不过分的，那么，在具有足够推力的情况下，减小活塞有效面积 A_p 可有效地增大 K 值和减小 C_Q 值，这将有效地增大舵机回路通频带，然而在 B_p 较小的情况下，阻尼比的增加将是不显著的，应该寻求同时增大通频带和阻尼比更好的办法。

按如图 2-40 所示得到开环传递函数为

$$W(s)=\frac{\dfrac{B_p}{C_{dd}}\left(\dfrac{1}{\omega_d'^2}s^2+\dfrac{2\zeta_d'}{\omega_d'}s+1\right)s}{\dfrac{1}{\omega_d^2}s^2+\dfrac{2\zeta_d}{\omega_d}s+1} \tag{2-166}$$

式中，ω_d'，ζ_d'的定义分别同式(2-156)和式(2-157)。当 $C_{dd}>C_{gd}$时，其闭环根轨迹图如图 2-42 所示。

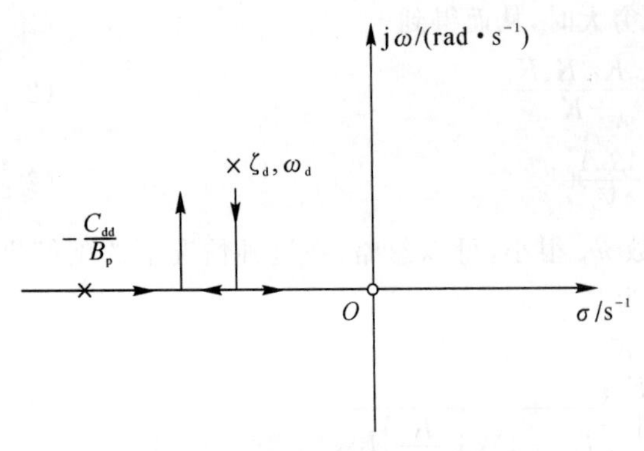

图 2-41 随 Δ_c 变化的副舵机回路的根轨迹图

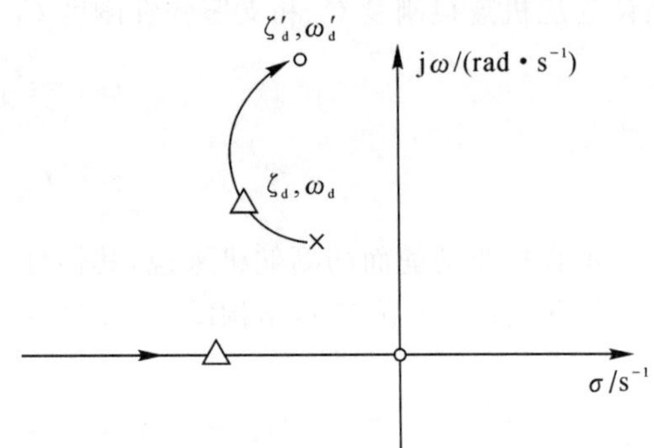

图 2-42 随 B_p 变化的副舵机回路的根轨迹图

由图 2-42 可知，依据上述办法，合理地增大舵机作动器黏性负载力系数 B_p，可有效地提高闭环特征频率和阻尼比。当然，如果能够提高油源压力，可适当减小舵机作动器有效面积 A_p，同时将作动器加装阻尼筒以增大黏性阻尼系数 B_p，那将有效地提高舵机回路频带宽度和阻尼比。

当 m_t 和 B_p 小到都可忽略时，副舵机回路可简化为如图 2-43 所示结构。依据图 2-43 得到舵机输出与输入和力干扰的传递函数分别为

$$\frac{x_t}{e_g}(s)=\frac{\dfrac{1}{K_{fR}}}{\dfrac{1}{\omega_d^2}s^2+\dfrac{2\zeta_d}{\omega_d}s+1} \tag{2-167}$$

$$\frac{x_t}{F_L}(s)=-\frac{\dfrac{1}{C_{dd}K}\left[s(T_s s+1)+\dfrac{C_{dd}}{C_{gd}}K\right]}{\dfrac{1}{\omega_d^2}s^2+\dfrac{2\zeta_d}{\omega_d}s+1} \tag{2-168}$$

式中，ω_d，ζ_d 分别由式(2-143)和式(2-144)表示；K 由式(2-129)表示；C_{gd}，C_{dd} 分别由式(2-151)和式(2-152)表示。其中 C_θ，C_V 分别由式(2-153)和式(2-154)表示。

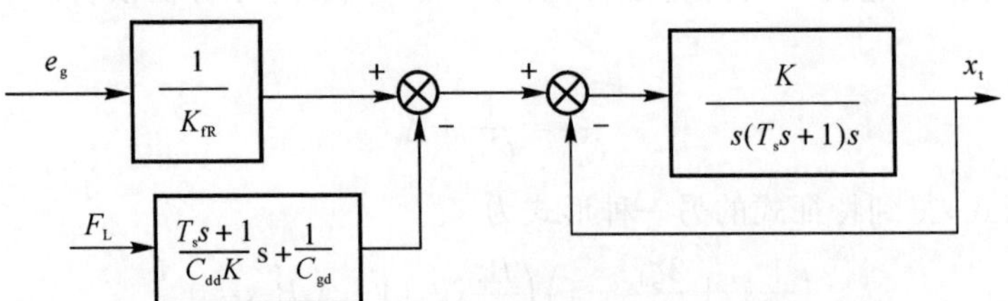

图 2-43 当舵机三种负载全为零时的舵机回路结构图

2.4.2 电动舵机回路的分析

2.4.2.1 电动舵机回路的结构图

任何一种形式的执行机构动态特性都与舵机负载具有相同的关系。用于平衡负载力矩的电机力矩 M_δ 为舵机输出端的总质量加速，并且它还用来平衡舵面偏转弹性力矩在舵机输出端上的折合力矩。如果还考虑舵面等元、部件存在黏性阻尼力矩的话，电动舵机输出的力矩平衡方程为

$$M_\delta=J_t\frac{d^2\theta_t}{dt^2}+B_p\frac{d\theta_t}{dt}+K_t\theta_t+M_L \tag{2-169}$$

然而，和液压舵机一样，舵机输出与舵面的连接存在着弹性刚度，使得舵机位移 x_p、舵机偏转角的折合

位移 x_t 和舵机输出力 F_d 的关系为

$$F_d = C_t(x_p - x_t) \tag{2-170}$$

舵机的安装处可认为是具有一定刚度 C_B 的弹性件，那么舵机的退让量 θ_B 与舵机输出力矩 M_δ 的关系为

$$M_\delta = -C_B\theta_B \tag{2-171}$$

舵机的执行电机可以是直流的，如有刷稀土永磁直流电机或无刷稀土永磁直流电机，具有体积小、功率高、惯性小、频带宽和灵敏度高等优点，也可采交流的，如二相异步电动机等。电动舵机又分为直接式电动舵机和间接式电动舵机。直接式如上述直流或交流电控制舵机，间接式如磁粉离合器控制的电动舵机。当前，在国内外某些小型飞机的飞行控制系统中，由于稀土永磁直流电动机具有明显的优点，所以经常被系统设计师们选用。

电动舵机伺服放大器将微弱的输入电信号 e_g 放大为舵机电动机的输入电压 u_g，那么这个具有电机反电动势

$$E = K_V\Omega \quad (\Omega\text{ 为电动机角速度}) \tag{2-172}$$

和内阻 R、电感 L 的电路关系式为

$$u_g = K_g e_g = K_V\Omega + Ri + L\frac{di}{dt} \tag{2-173}$$

电动机转动力矩 M_e 与所加电流（伺服放大器的输出电流）成正比，除平衡速度特性对力矩的反馈作用外，剩余的电动机力矩 ΔM 用于平衡舵机输出端的全部负载力矩，其平衡方程为

$$M_e = K_I i = K_M\Omega + \Delta M \tag{2-174}$$

式中，K_M 是由电动机运动角速度 Ω 产生的反力矩系数，它是由电动机机械特性决定的。

舵机输出角速度与退让量角速度之差 $\dot{\theta}_p - \dot{\theta}_B$ 等于电动机角速度 Ω 乘以减速器传动比 K_J，即

$$\frac{d}{dt}(\theta_p - \theta_B) = K_J\Omega \tag{2-175}$$

式中，K_J 的大小是由电动机输出力矩 ΔM 与舵机输出端负载力矩的关系式

$$\Delta M = K_J M_\delta \tag{2-176}$$

和 ΔM，M_δ 的最大值决定的。

为了调整电动舵机的传动比、通频带和阻尼比，电动舵机回路往往配置 PD 反馈。直接在舵面上引出比例反馈信号，要比直接在舵机上引出要好。尽管这样会影响舵机回路的完整性和可靠性，但能有效地降低钢索或者连杆的弹性影响。同样，直接安装在舵面连接部位上的测速电机反馈，可有效地提高舵机回路稳定性、带宽和阻尼性。这两种（也可能仅仅是位置反馈一种）反馈信号通过不同的增益放大与输入信号 e_g 综合于伺服放大器输入口。其输入、反馈综合与放大的电压方程为

$$u_g = K_g\left(e_g - K_\theta\theta_t - K_{\dot{\theta}}\frac{d\theta_t}{dt}\right) \tag{2-177}$$

通过以上所述各个方程中输入、输出的各个变量的连接，便可得到电动舵机回路的结构图，如图 2-44 所示。

2.4.2.2　电动舵机机械特性选择

在分析电动舵机回路特性时，必须考虑各种不同性质的负载，如惯性负载、弹性负载、黏性负载和干摩擦等影响。由电动机机械特性可知，大负载力矩将直接影响舵机速度，使舵机回路稳定性、通频带和灵敏度降低，甚至不能用于大操纵和大过载的机动飞行中。这里涉及按负载特性曲线选择机械特性合适的电动机用于舵机回路中。现举例加以说明，当仅有惯性负载，以一定振幅和频率做正弦运动时，其负载特性可以按动力学原理求得为

$$v = a\omega\cos\omega t \tag{2-178}$$

$$F = -\frac{G}{g} a\omega^2 \sin\omega t \tag{2-179}$$

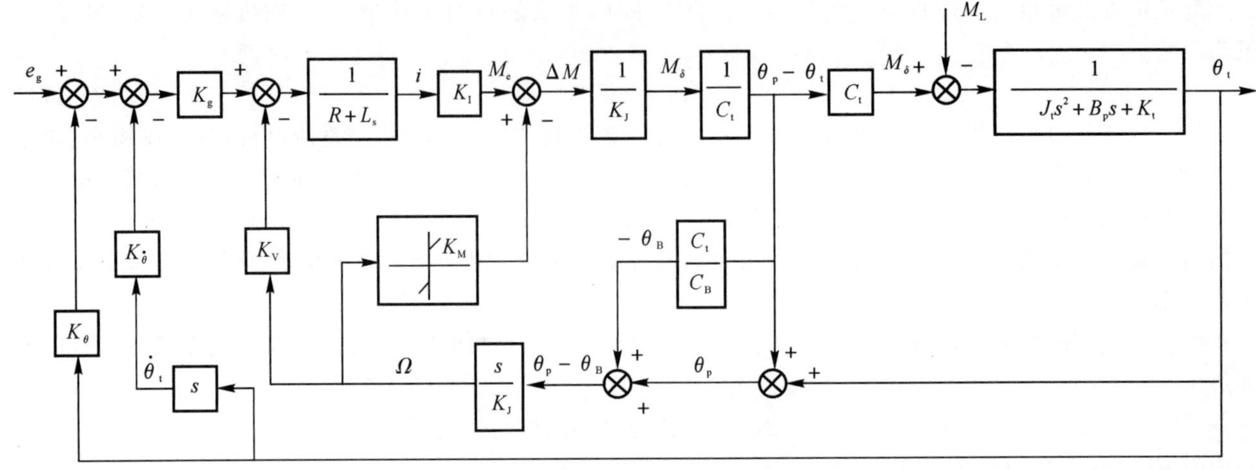

图 2-44　直接驱动式电动舵机回路结构图

依据三角函数公式，由式(2-178)和式(2-179)得到力 F 与速度 v 的关系式为

$$\frac{F^2}{\left(\frac{G}{g}a\omega^2\right)^2} + \frac{v^2}{(a\omega)^2} = 1 \tag{2-180}$$

由此可见，这是一条椭圆轨迹线，如把它画在 $v-F$ 坐标平面上，得到如图 2-45 所示形式。合理地给定振幅 a 和频率 ω（如 a 为舵面最大偏度对应值的一半，$\omega=3/\mathrm{s}$），便可得到负载特性曲线。

在选择电动机时，应该首先考虑电机的机械特性，即角速度与负载力矩的关系曲线，它应能包围实际上可能的负载力矩特性曲线。一般地说，如果电动机机械特性曲线能包围住负载曲线，就表示它能胜任这项工作。最好的选择是既不能不包围负载特性曲线，又不能过多地超过负载特性曲线。这就是说，选择的电动机能在实际负载力矩情况下工作，又没有过多的功率浪费。

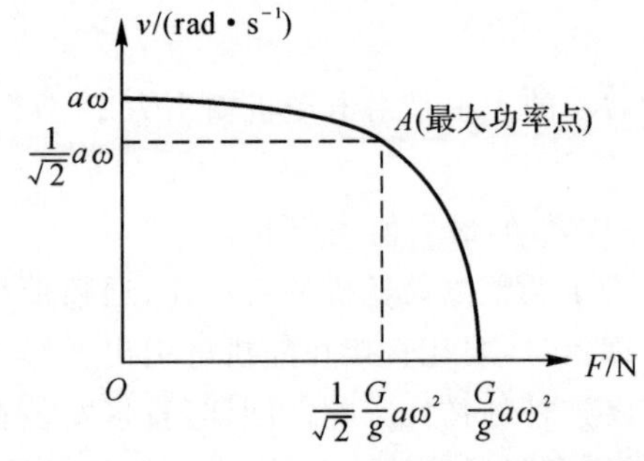

图 2-45　以 v 和 F 表示的惯性负载特性曲线

电动舵机中电动机的机械特性可用一族非线性曲线表示，其典型例子如图 2-46 所示。这种力矩-角速度的非线性关系，使得舵机回路特性难以分析。工程实践表明，采用线性化的方法研究某平衡工作点附近的增量运动是切实可行的好办法。把非线性机械特性曲线上某一点斜率 K_M 构成角速度 Ω 对力矩 M_e 的负反馈作用，如图 2-44 所示，用于舵机回路的动态分析中，代替力矩 M_e 与角速度 Ω 的非线性关系。

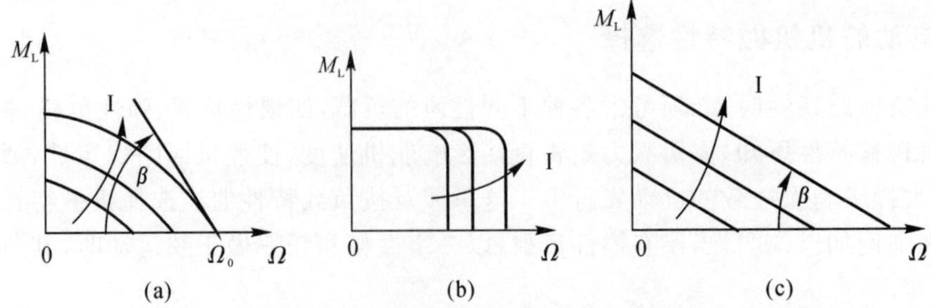

图 2-46　电动舵机中电动机的机械特性

(a)二相异步电动机；(b)磁滞电动机；(c)线性化后的电机机械特性

在图 2－44 中，K_M 的大小是由电动机机械特性决定的，当 β 角由图 2－46 定义时，则

$$K_M=-\frac{\partial M}{\partial \Omega}\bigg|_{I=C}\tan\beta \tag{1-181}$$

对于图 2－46(a)来说，除去转速与负载能随控制电流增大而增加外，对应空载时的最大转速处 K_M 最大，随负载力矩的增大转速和 K_M 都减小。图 2－46(b)表示了磁滞电动机的角速度随控制电流增大而增加，负载能力不受输入电流影响。在常值控制电流作用下的最大转速处的 K_M 接近无穷大，其他处的 K_M 近似为零。在电动舵机回路的分析中，常把非线性的机械特性近似为线性机械特性（见图 2－46(c)），其斜率 K_M 取为最大转速处（即负载力矩为零处）的最大 K_M 值。

2.4.2.3　电动舵机回路的基本类型

电动舵机伺服回路常用的反馈形式有位置反馈（又称硬反馈）、速度反馈（又称软反馈）和弹性反馈（又称均衡反馈）。与此相应的舵机回路有硬反馈式、软反馈式和弹性反馈式三种基本类型。但是，有的舵机回路同时引入位置和速度两种反馈，这种舵机回路也称为硬反馈式（又称位置式）舵机回路，速率反馈的目的在于改善舵机回路的稳定性和动态特性。

引入位置反馈（无速度反馈或有速度反馈）得到的硬反馈式舵机回路传递函数近似为

$$G_s(s)=\frac{K_s\omega_s^2}{s^2+2\zeta_s\omega_s s+\omega_s^2} \tag{2-182}$$

式中，K_s 等于位置反馈系数的倒数。足够大的舵机回路固有频率 ω_s 和合适的阻尼比 ζ_s，使飞行控制系统的指令可近似为按比例控制舵面偏角。

仅仅引入速率反馈（不引入位置反馈）的舵机回路的传递函数可近似表示为

$$G(s)=\frac{K_s}{s(T_s s+1)} \tag{2-183}$$

式中，K_s 可近似为速度反馈增益的倒数。足够小的惯性环节时间常数，使飞行控制系统的指令正比于舵面偏转速率。

引入弹性反馈构成的均衡式舵机回路，是由位置反馈串联一个传递函数为

$$W(s)=\frac{Ts}{Ts+1} \tag{1-184}$$

的高通网络。其传递函数可近似为

$$G_s=\frac{K_s(Ts+1)}{s(T_s s+1)} \tag{1-185}$$

可见，这种反馈形式的舵机回路工作在低频段可近似为一个积分环节，工作在高频段可近似为一个比例环节。这就是说，弹性反馈式舵机回路的低频特性接近软反馈式的舵机回路特性，高频特性则接近于硬反馈式的舵机回路特性。它使飞行控制系统在正常的操纵和干扰过程中既有比例控制的快速性特点，又有消除静态误差的积分作用，是一种兼有硬反馈式特点和软反馈式特点的舵机回路。

综上所述，引入不同形式的反馈可以构成特性各异的舵机回路，它们的性能在很大程度上取决于反馈的不同性质和大小。三种不同形式的舵机回路，为飞行控制系统提供了三种不同的控制律——比例式、积分式和均衡式。

对于液压舵机回路基本类型也可按反馈形式分为三种类型，但是，通常在增稳或控制增稳系统中使用的是比例式舵机回路。

2.4.2.4　脉冲调宽式电动舵机回路的分析

当前现役和正在设计的飞行控制系统中的电动舵机回路多半采用了脉冲调宽线路控制。这种电动舵机回路具有灵敏度高、频带宽度大和无极限环振荡等特点。不像一般功率放大器控制的电动舵机回路那样，受

传输链中间隙的影响，其频带宽度和灵敏度不能太高，否则会引起舵机回路自持振荡。

(一)电动舵机回路中的电动机结构图与传递函数

某型直流电动舵机是典型的有刷稀土永磁直流电动机。如图2-47所示是直流电动舵机的数学模型。外加输入电压 u 与转速在电枢中产生的反电势 E 的差值 $u-E$ 作用于电枢绕组中，此信号经电阻和电感构成的阻抗 $\left(R+L\dfrac{\mathrm{d}}{\mathrm{d}t}\right)$ 得到电枢电流 I，并由 I 产生电磁转矩 M_e。

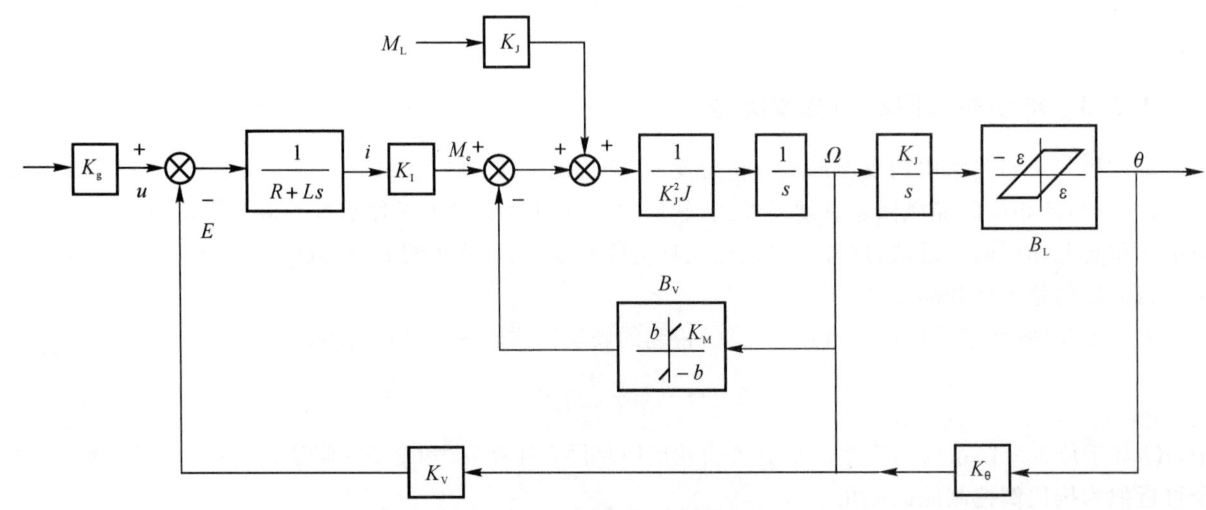

图2-47　直流电动舵机结构图

在图2-47中，各参数的物理意义：R 为电枢绕组电阻和伺服放大器输出电阻之和(19.9 Ω)；L 为电枢绕组电感(0.015 H)；K_I 为 $c_m\Phi$ 电机的电磁转矩常数(0.036 9 N·m/A)；$K_V=\dfrac{60C_e\Phi}{2\pi}$(0.037 7 V/(rad·s^{-1}))；$C_e\Phi$ 为电机电势常数；JK_J^2 为电机转子及惯性负载的转动惯量(0.96×10^{-6} N·m·s^2)(无负载)，(1.55×10^{-6} N·m·s^2)(含负载)；K_J 为减速器传动比(1/26.51 mm/rad)；K_θ 为位置反馈电位计系数(0.575 V/mm)；B_V 为静、动摩擦力矩；B_L 为输出传动间隙；Φ 为磁极产生的磁通量。

包括静、动摩擦力矩和负载力矩的合力矩 M_c 统称为阻抗力矩。当不计阻抗力矩 M_c 的影响时，输入电压 u 到舵机输出速度的等效传递函数为

$$\frac{\dot{\theta}}{u}(s)=\frac{K_\Omega K_J}{T_M T_E s^2+T_M s+1} \tag{2-186}$$

式中，$K_\Omega=\dfrac{2\pi}{60C_e\Phi}$ 为电机转速常数；$T_M=\dfrac{2\pi RJK_J^2}{60C_eC_m\Phi^2}$ 为电机的机电时间常数；$T_E=\dfrac{L}{R}$ 为电枢的电磁时间常数。

由于 $T_E\ll T_M$，因此，式(2-186)可近似表示为

$$\frac{\dot{\theta}}{u}(s)=\frac{K_\Omega K_J}{T_M s+1} \tag{2-187}$$

则输入电压 u 到输出位移 θ 的等效传递函数为

$$\frac{\theta}{u}(s)=\frac{K_\Omega K_J}{(T_M s+1)s} \tag{2-188}$$

由式(2-186)和式(2-188)得到电动机到传动机构输出的频率特性为

$$W_d(s)=\frac{K_\Omega K_J}{(T_M\mathrm{j}\omega+1-T_M T_E\omega^2)\mathrm{j}\omega}\approx\frac{K_\Omega K_J}{(T_M\mathrm{j}\omega+1)\mathrm{j}\omega} \tag{2-189}$$

(二)一般电动舵机回路的自振特性分析

仅仅考虑了惯性质量影响的舵机线性特性的式(2-188)是电动舵机执行机构的传递函数,它足够准确地描述了电动舵机的运动特性,在很多情况下(例如稳定性分析中)决不能由积分环节近似描述。在稳定性分析中对于每个环节都应给出正确的线性函数描述,才能得到正确的分析结果。

然而,伺服驱动机构非线性特性,例如输出至舵面传递链中的间隙,至少与线性特性同样重要。这种非线性特性首先是由伺服驱动机构本身的非线性限制造成的。在电动伺服操纵机构上,大多需要很大的减速器传动比,以达到所要求的扭转力矩,因此,存在足够大的间隙 ε,会使电动舵机回路产生较大幅值的极限环振荡,使得包括法向过载在内的飞机运动变量出现剩余振荡,并且其振幅超过规范要求值。

通常采用的伺服放大器给出了足够的控制功率控制电动机运转,然而它的输入、输出关系可近似为一个比例器,即输入电压与输出电流的关系,在不计电枢感抗影响时,可近似表示为

$$\frac{i}{u_g}(s)=K_g \tag{2-190}$$

这样一来,闭环回路内具有间隙环节的电动舵机位置反馈伺服系统如图 2-48 所示。其中,间隙环节的描述函数为 $N\left(\frac{A}{\varepsilon}\right)$。

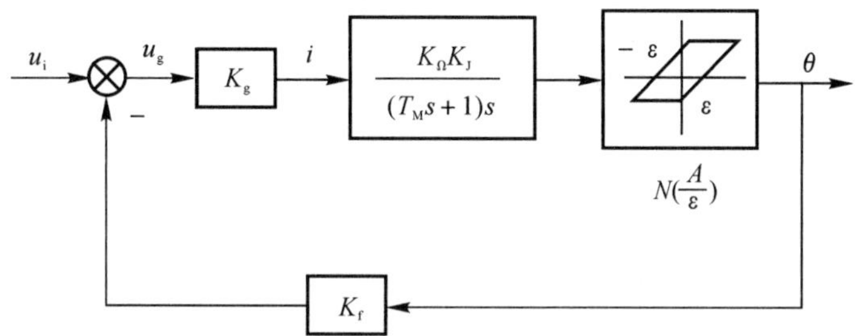

图 2-48　电动舵机位置反馈伺服系统

由如图 2-48 所示的电动舵机结构图可知,如果存在实际频率 ω 和振动幅值 A 能满足

$$G(\mathrm{j}\omega)=-\frac{1}{N\left(\frac{A}{\varepsilon}\right)} \tag{2-191}$$

式中,$G(\mathrm{j}\omega)$为线性部分的频率特性,且

$$G(\mathrm{j}\omega)=\frac{K_g K_\Omega K_J K_f}{(T_M \mathrm{j}\omega+1)\mathrm{j}\omega} \tag{2-192}$$

那么舵机回路便会出现自振荡现象。将 $G(\mathrm{j}\omega)$和 $-N\left(\frac{A}{\varepsilon}\right)$按实、虚部形式同时画在一张幅相特性图上,便可按奈奎斯特稳定判据判断系统的稳定性,并且还能方便地求出自振频率和振幅值。如图 2-49 所示为电动舵机回路 $G(\mathrm{j}\omega)$和 $-\frac{1}{N\left(\frac{A}{\varepsilon}\right)}$的奈奎斯特曲线。频率特性曲线 $G(\mathrm{j}\omega)$随着 $K(=K_g K_\Omega K_J K_f)$的增加向右边扩展,直至与 $-N\left(\frac{A}{\varepsilon}\right)$曲线相交(通常有两个交点)时,舵机回路出现极限环振荡。其中 A 点为起始自振点,B 点为稳定自振点。

这就是说,利用一般的功率放大器作为电动舵机回路的伺服放大器,其放大系数 K_g 不能太大,否则,传动链间隙的存在会产生极限环振荡现象。开环增益 K 的大小受到系统自振的限制,使得电动舵机回路灵敏度和通频带不能达到满意的地步。由传动间隙引起的极限环振荡还受电动机时间常数 T_M 的影响,当 T_M 越大时,在 K 值不大的情况下,便会出现这种振荡。因此,T_M 越大,舵机回路的灵敏度和通频带越低。脉冲

调宽式放大器可以避免电动舵机回路出现自持振荡，有效地提高电动位置伺服系统的灵敏度和通频带。

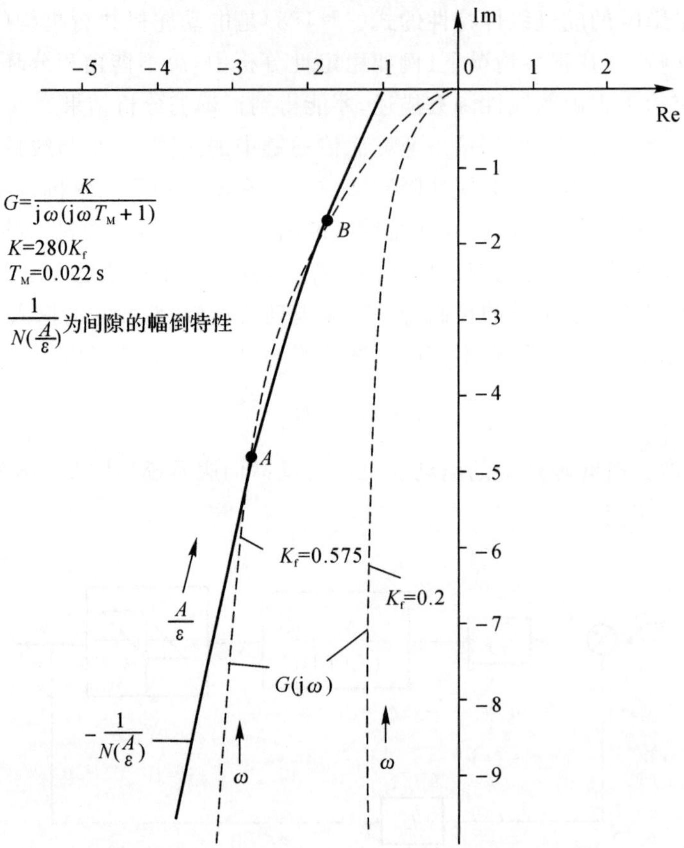

图 2-49　电动舵机回路 $G(j\omega)$ 和 $-N\left(\frac{A}{\varepsilon}\right)$ 的奈奎斯特曲线

(三)脉冲调宽线路的工作原理和输出特性

在某自动驾驶仪中采用的电动舵机伺服系统是由频率可变的脉冲调宽线路控制的。脉冲调宽控制也可以看作是一个模拟/逻辑变换器，是将输入的正、负电压 u_g 转换为控制电动机正、反转的逻辑电平 y，输入电压的大小决定了正、负逻辑电平持续时间的长短(即脉冲宽度)。为理解脉冲调宽控制线路的工作原理，给出脉冲调宽控制线路的功能图，如图 2-50 所示。它是由信号综合滤波、迟滞滤波放大、开关型功率放大电路(H 桥)和电压反馈电路组成的。

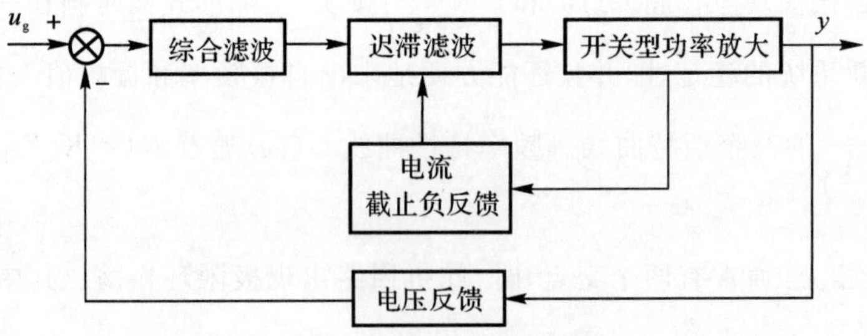

图 2-50　脉冲调宽线路功能图

在快速启动、制动和反转过程中的可逆开关型伺服系统的电机电枢电流和电磁转矩经常处于冲击和波动状态。为减小这种冲击和波动，引入电流截止反馈，以稳定电枢电流和电磁转矩，从而起到保护电机的作用。

给出某伺服系统的脉冲调宽控制线路的数学模型，如图 2-51 所示。在此数学模型中省略了电流截止负反馈。图中各参数分别为 $K_1=260$，$T_1=0.022$，$K_3=0.1$，$P_1=0.5$，$P_2=1.1$ 和限幅参数 LIM=5。

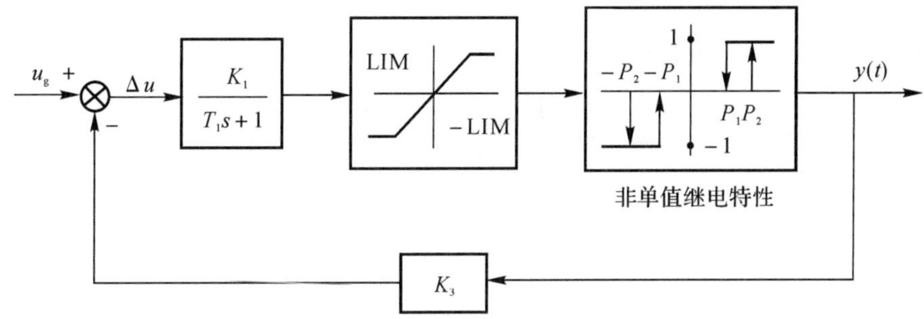

图 2-51　脉冲调宽线路的数学模型

为了便于系统分析，LIM 值足够大，可以不考虑它的影响，并把图 2-52 改写为如图 2-53 所示形式。

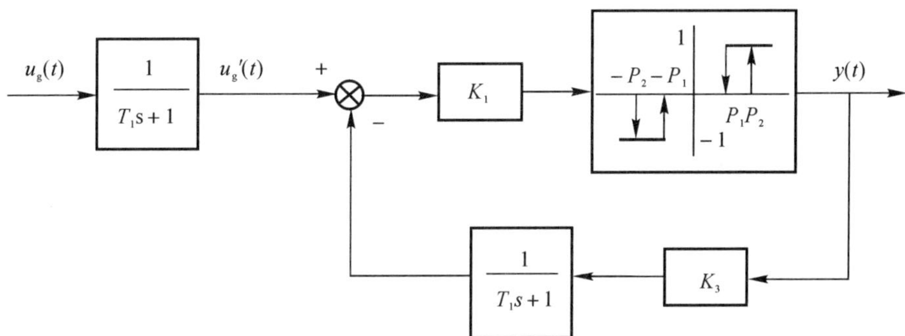

图 2-52　图 2-51 的变换图

对于非单值继电特性来说，输出量 $y(t)$ 与输入量 $u'_g(t)$ 的关系在 u'_g 为常值情况下，$y(t)$ 的时域特性可由图 2-53 表示，并且由图 2-54(a)(b)(c)三种情况分别表示 $y(t)$ 的三种值。

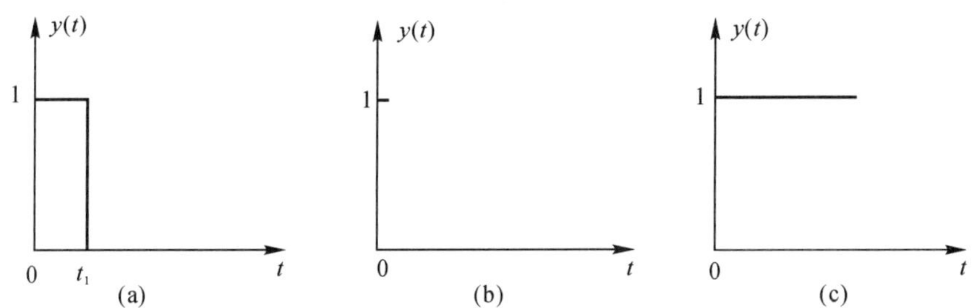

图 2-53　输入 u'_g 为正值时输出量 $y(t)$ 的时域特性

(a) $P_2\leqslant K_1u'_g<K_1K_3+P_1$；　(b) $K_1u'_g<P_2$；　(c) $K_1u'_g\geqslant K_1K_3+P_1$

图 2-53(a)中 t_1 值可由

$$K_1K_3(1-e^{-\frac{t_1}{T_1}})=K_1u'_g-P_1 \tag{2-193}$$

确定。当将 u'_g 分解为

$$u'_g=u'_{go}+\Delta u'_g \tag{2-194}$$

式中，$u'_{go}=\dfrac{P_1}{K_1}$。从而得到脉冲宽度

$$t_1=-T_1\ln\left(1-\frac{K_1u'_g-P_1}{K_1K_3}\right)=-T_1\ln\left(1-\frac{\Delta u'_g}{K_3}\right) \tag{2-195}$$

当考虑到自然对数函数的幂级数展开式

$$\ln(1-x)=-\left(x+\frac{x^2}{2}+\frac{x^3}{3}+\cdots+\frac{x^n}{n}+\cdots\right)\quad(-1\leqslant x<1) \tag{2-196}$$

和$\dfrac{Ku'_g-P_1}{K_1K_3}\ll 1$的情况时，得到 t_1 的近似表达式

$$t_1\approx T_1\ \frac{K_1u'_g-P_1}{K_1K_3}=\frac{T_1}{K_3}\Delta u'_g \tag{2-197}$$

(四)脉冲调宽线路的传递函数与频率特性

如图 2-52 所示的脉冲调宽线路的传递函数可表示为

$$W_M(s)=\frac{1}{T_1s+1}y(s)/u'_g(s) \tag{2-198}$$

式中，$y(s)$为 $y(t)$的拉普拉斯变换，并由图 2-53 可知，当 $K_1u'_g<P_2$ 时，即由图 2-53(b)中的 $y(t)$为零，因此，在这种情况下 $y(s)=0$；又当 $K_1u'_g\geqslant K_1K_3+P_1$ 时，即图 2-53(c)中 $y(t)$可表示为

$$y(t)=u(t) \tag{2-199}$$

式中，$u(t)$为单位阶跃函数，因此，这种情况下，有

$$y(s)=\mathscr{L}[u(t)]=\frac{1}{s}\quad(K_1u'_g\geqslant K_1K_3+P_1) \tag{2-200}$$

对于如图 2-53(a)所示情况，$y(t)$可分解为两个单位阶跃函数的叠加，如图 2-54 所示，即

$$y(t)=u(t)-u(t-t_1) \tag{2-201}$$

式中，$u(t)$为单位阶跃函数，而 $u(t-t_1)$为单位滞后函数，即对于自变量 $t-t_1$ 的负值等于零，对于 $t\geqslant t_1$ 的值，$u(t-t_1)$等于 1，并且它的拉普拉斯变换为$\dfrac{e^{-t_1s}}{s}$。因此，这种情况下 $y(t)$的拉普拉斯变换式为

$$y(s)=\mathscr{L}[u(t)-u(t-t_1)]=\frac{1-e^{-t_1s}}{s}\quad(P_2\leqslant K_1u'_g<K_1K_3+P_1) \tag{2-202}$$

如果输入量 $u'_g(t)$为阶跃，即其拉普拉斯变换为

$$u'_g(s)=\frac{[u'_g]}{s} \tag{2-203}$$

式中，$[u'_g]$表示满足下列条件的函数：

$$t>0\text{ 时}[u'_g]=u'_g;t<0\text{ 时},[u'_g]=0 \tag{2-204}$$

这样一来，便可得到脉冲调宽线路的传递函数为

$$W_M(s)=\frac{1}{T_1s+1}\times\begin{cases}0 & (K_1u'_g<P_2)\\ \dfrac{1}{[u'_g]} & (K_1u'_g\geqslant K_1K_3+P_2)\\ \dfrac{1-e^{-t_1s}}{[u'_g]} & (P_2\leqslant K_1u'_g<K_1K_3+P_1)\end{cases} \tag{2-205}$$

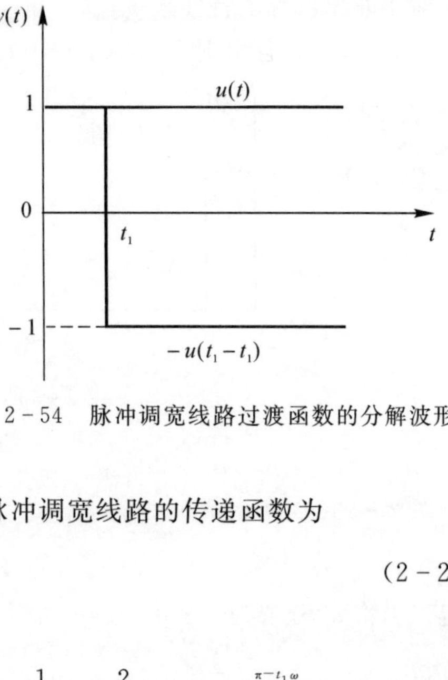

图 2-54　脉冲调宽线路过渡函数的分解波形

由于系统经常工作在 $P_2\leqslant K_1u'_g<K_1K_3+P_1$ 的情况下，那么脉冲调宽线路的传递函数为

$$W_M(s)=\frac{1}{T_1s+1}\frac{1-e^{-t_1s}}{[u'_g]} \tag{2-206}$$

将 $s=j\omega$ 代入式(2-206)，得到脉冲调宽线路的频率特性

$$W_M(j\omega)=\frac{1}{jT_1\omega+1}\frac{2}{[u'_g]}\sin t_1\omega\left(\sin\frac{t_1\omega}{2}+j\cos\frac{t_1\omega}{2}\right)=\frac{1}{jT_1\omega+1}\frac{2}{[u'_g]}\sin t_1\omega e^{j\left(\frac{\pi-t_1\omega}{2}\right)} \tag{2-207}$$

可见，脉冲调宽线路的频率特性与输入信号$[u'_g]$有关，$[u'_g]$越小，其增益越大。

给出某些参数值，做出脉冲调宽线路的频率特性如图 2-55 所示。

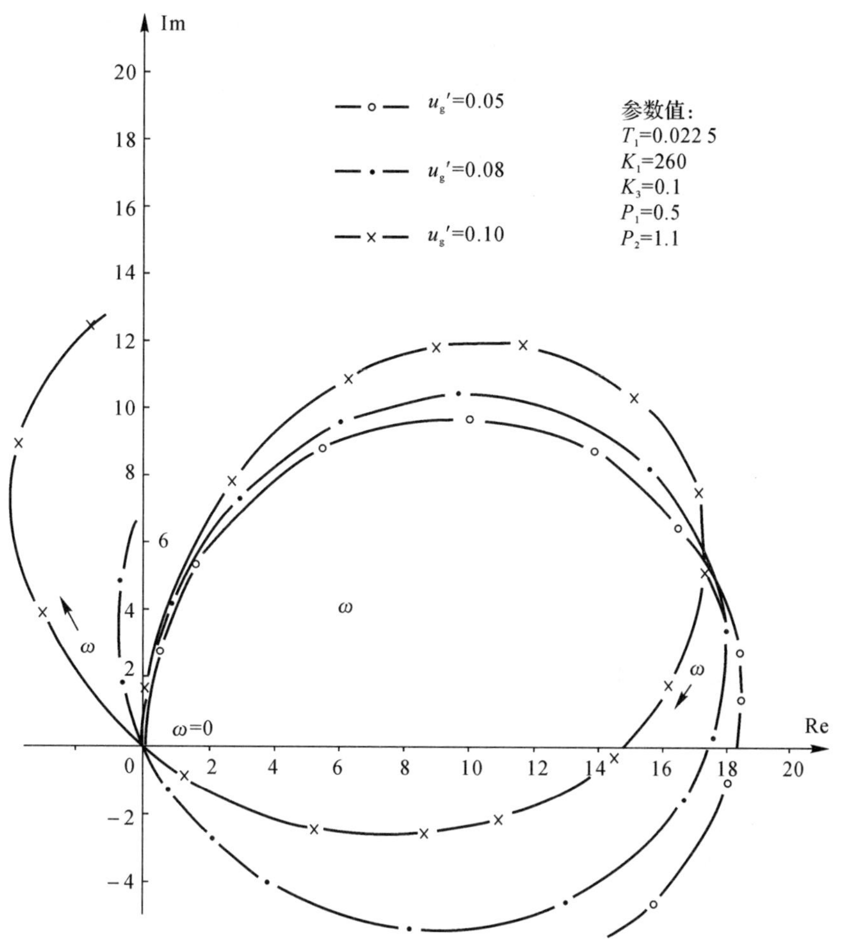

图 2-55　脉冲调宽线路的频率特性($W_M(j\omega)$)

(五)脉冲调宽式电动舵机回路稳定性分析

依据脉冲调宽线路、舵机电动机、机械传动比、间隙非线性环节和反馈电位计等元、部件的线性和非线性特性函数,得到脉冲调宽电动舵机回路的结构图,如图 2-56 所示。图中 $N\left(\frac{A}{\varepsilon}\right)$ 为间隙环节的描述函数,K_f 为反馈电位计的反馈系数。

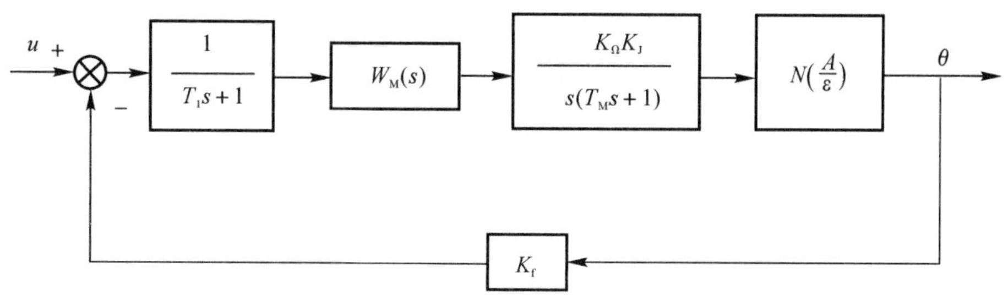

图 2-56　脉冲调宽电动舵机回路结构图

脉冲调宽式电动舵机回路的开环传递函数为

$$W(s)=\frac{1}{T_1 s+1}W_M(s)\frac{K_\Omega K_J}{s(T_M s+1)}N\left(\frac{A}{\varepsilon}\right) \qquad (2-208)$$

在 $P_2 \leqslant K_1 u'_g < K_1 K_3 + P_1$ 的情况下,式(2-208)可改写为

$$W(s)=\frac{1}{T_1 s+1}\frac{1-e^{-t_1 s}}{[u'_g]}\frac{K_\Omega K_J K_f}{s(T_M s+1)}N\left(\frac{A}{\varepsilon}\right) \tag{2-209}$$

将 $s=j\omega$ 代入式(2-209)中，得到脉冲调宽式电动舵机回路的开环频率特性为

$$W(j\omega)=\frac{1}{jT_1\omega+1}\frac{t_1}{[u'_g]}\frac{\sin\frac{\omega t_1}{2}}{\frac{\omega t_1}{2}}e^{-j\frac{\omega t_1}{2}}\frac{K_\Omega K_J K_f}{jT_M\omega+1}N\left(\frac{A}{\varepsilon}\right) \tag{2-210}$$

当令

$$G(j\omega)=\frac{1}{jT_1\omega+1}\frac{t_1}{[u'_g]}\frac{\sin\frac{\omega t_1}{2}}{\frac{\omega t_1}{2}}e^{-j\frac{\omega t_1}{2}}\frac{K_\Omega K_J K_f}{jT_M\omega+1} \tag{2-211}$$

时，开环频率特性式(2-210)可改写为

$$W(j)=G(j\omega)N\left(\frac{A}{\varepsilon}\right) \tag{2-212}$$

利用描述函数法分析脉冲调宽式电动舵机回路的自振特性，即在幅相特性图上的 $G(j\omega)$，$-\frac{1}{N\left(\frac{A}{\varepsilon}\right)}$曲线有交点，即存在一个或两个正实数 ω 能满足

$$G(j\omega)=-\frac{1}{N\left(\frac{A}{\varepsilon}\right)} \tag{2-213}$$

时，则有可能产生极限环振荡。然而，$G(j\omega)$不仅是频率 ω 的函数，也是输入信号 u'_g的函数，将由式(2-197)表征的 t_1 表达式代入式(2-211)，得到开环线性部分频率特性的表达式

$$G(j\omega)=\frac{1}{jT_1\omega+1}\frac{T_1}{K_3}\left(1-\frac{P_1}{K_1u'_g}\right)\frac{\sin\frac{\omega T_1(K_1u'_g-P_1)}{2K_1K_3}}{\frac{\omega T_1(K_1u'_g-P_1)}{2K_1K_3}}e^{-j\frac{\omega T_1(K_1u'_g-P_1)}{2K_1K_3}}\frac{K_f K_\Omega K_J}{jT_M\omega+1} \tag{2-214}$$

可见，$G(j\omega)$的增益(模值)随 u'_g的增大而增大，$G(j\omega)$的相位角随 u'_g的增大而滞后增加。

按脉冲调宽线路的工作范围，即按不等式

$$P_2\leqslant K_1u'_g<K_1K_3+P_1 \tag{2-215}$$

确定 u'_g的最大值和最小值分别为

$$u'_{gmax}=K_3+\frac{P_1}{K_1}\approx K_3 \tag{2-216}$$

$$u'_{gmin}=\frac{P_2}{K_1} \tag{2-217}$$

并分别代入式(2-214)，得到两种开环线性部分频率特性近似表达式

$$G_m(j\omega)\approx\frac{T_1}{K_3}\left(1-\frac{P_1}{K_1K_3}\right)\frac{\sin\frac{T_1\omega}{2}}{\frac{T_1\omega}{2}}e^{-j\frac{T_1\omega}{2}}\frac{1}{jT_1\omega+1}\frac{K_fK_\Omega K_J}{jT_M\omega+1} \tag{2-218}$$

$$G_n(j\omega)\approx\frac{T_1}{K_3}\left(1-\frac{P_1}{P_2}\right)\frac{\sin\frac{\omega T_1(P_2-P_1)}{2K_1K_3}}{\omega T_1\frac{P_2-P_1}{2K_1K_3}}e^{-j\frac{T_1\omega(P_2-P_1)}{2K_1K_3}}\frac{1}{jT_1\omega+1}\frac{K_\Omega K_J K_f}{jT_M\omega+1} \tag{2-219}$$

按图 2-55 中参数值以及 $K_\Omega K_J=28$ mm/V，$T_M=0.022$ s 和分别按 K_f 为 0.2 V/mm 和0.575 V/mm 做出脉冲调宽式电动舵机回路的开环线性部分频率特性 $G_m(j\omega)$，$G_n(j\omega)$两条曲线，如图 2-57(a)(b)所示。

将间隙环节的负倒幅频特性曲线也画于图中，可见，两种反馈的两种 $G(j\omega)$ 曲线都不与 $-\dfrac{1}{N\left(\dfrac{A}{\varepsilon}\right)}$ 曲线相交，显然，这种脉冲调宽式电动舵机回路不会因为传动间隙引起极限环振荡，并且，这种舵机回路特性介于二阶与三阶之间。

如果不是采用脉冲调宽放大器而是采用一般功率放大器的电动舵机回路，如图 2-48 所示，其中放大器放大系数 $K_g=\dfrac{1}{K_3}$，K_Ω，K_J，K_f，T_M 取上述值。其开环线性部分频率特性可表示为

$$G(j\omega)=\frac{\dfrac{K_\Omega K_J K_f}{K_3}}{j\omega(jT_M\omega+1)} \tag{2-220}$$

由图 2-49 所示，可见，一般电动舵机回路的开环线性部分频率特性曲线在 K 值较大的情况下，与 $-\dfrac{1}{N\left(\dfrac{A}{\varepsilon}\right)}$ 曲线有 A 和 B 两个交点，并且可以判断出 A 点为起始振荡的不稳定工作点，B 点为保持一定幅值和频率的稳定工作点。当然，如果降低开环增益，如 $K_f=0.2\ \mathrm{V/mm}$ 时，$G(j\omega)$ 与 $-\dfrac{1}{N\left(\dfrac{A}{\varepsilon}\right)}$ 曲线不相交，这就是说在低开环增益情况下，一般电动舵机回路也不产生极限环振荡。然而，低开环增益将使闭环带宽降低，很有可能不能满足飞行控制系统对频率带宽的要求。

(六)脉冲调宽式电动舵机回路的闭环传递函数与带宽估计

当间隙环节的描述函数 $N\left(\dfrac{A}{\varepsilon}\right)$ 近似为 1 时，由图 2-56 可以获得脉冲调宽式电动舵机回路的闭环传递函数。对一个非线性系统，找到它近似于线性的传递函数，必须做出某些假设。对于脉冲调宽式电动舵机回路，应按两种 u'_g 极限值分别得到对应的闭环传递函数。那么，这种舵机回路的传递函数可在这两种情况决定的传递函数之间。

首先获得 $u'_g=K_3$ 时闭环传递函数。假设 $T_1\omega$ 为小角度，因此，可以得到如下两个近似式：

$$\sin\frac{T_1\omega}{2}\approx\frac{T_1\omega}{2} \tag{2-221}$$

$$e^{-j\frac{T_1\omega}{2}}\approx\frac{1}{j\dfrac{T_1\omega}{2}+1}\quad 和\quad e^{-\frac{T_1}{2}s}\approx\frac{1}{\dfrac{T_1}{2}s+1} \tag{2-222}$$

这样一来，当用 $\Phi_m(s)$ 表示 $u'_g=K_3$ 时的闭环传递函数时，得到

$$\Phi_m(s)=\frac{K_\Omega K_J\dfrac{T_1}{K_3}\left(1-\dfrac{P_1}{K_1K_3}\right)}{\left(\dfrac{T_1}{2}s+1\right)(T_1s+1)(T_Ms+1)+K_\Omega K_J K_f\dfrac{T_1}{K_3}\left(1-\dfrac{P_1}{K_1K_3}\right)} \tag{2-223}$$

当考虑到反馈系数小的闭环大根近似等于开环大根时得到

$$\Phi_m(s)\approx\frac{K_\Omega K_J\dfrac{1}{K_3T_M}\left(1-\dfrac{P_1}{K_1K_3}\right)e^{\frac{-T_1}{2}s}}{\left(s+\dfrac{1}{T_1}\right)\left(s+\dfrac{1}{T_M}\right)+K_\Omega K_J K_f\dfrac{1}{K_3T_M}\left(1-\dfrac{P_1}{K_1K_3}\right)} \tag{2-224}$$

当 $u'_g=\dfrac{P_2}{K_1}$ 时，可以获得另一种闭环传递函数。同样，当 $T_1\omega$ 为小角度时，可以得到如下两个近似式：

$$\sin\frac{\omega T_1(P_2-P_1)}{2K_1K_3}\approx\frac{\omega T_1(P_2-P_1)}{2K_1K_3} \tag{2-225}$$

$$\left.\begin{aligned}e^{-j\frac{T_1\omega(P_2-P_1)}{2K_1K_3}} &\approx \frac{1}{j\dfrac{\omega T_1(P_2-P_1)}{2K_1K_3}+1}\\ e^{-\frac{T_1(P_2-P_1)}{2K_1K_3}s} &\approx \frac{1}{\dfrac{T_1(P_2-P_1)}{2K_1K_3}s+1}\end{aligned}\right\} \tag{2-226}$$

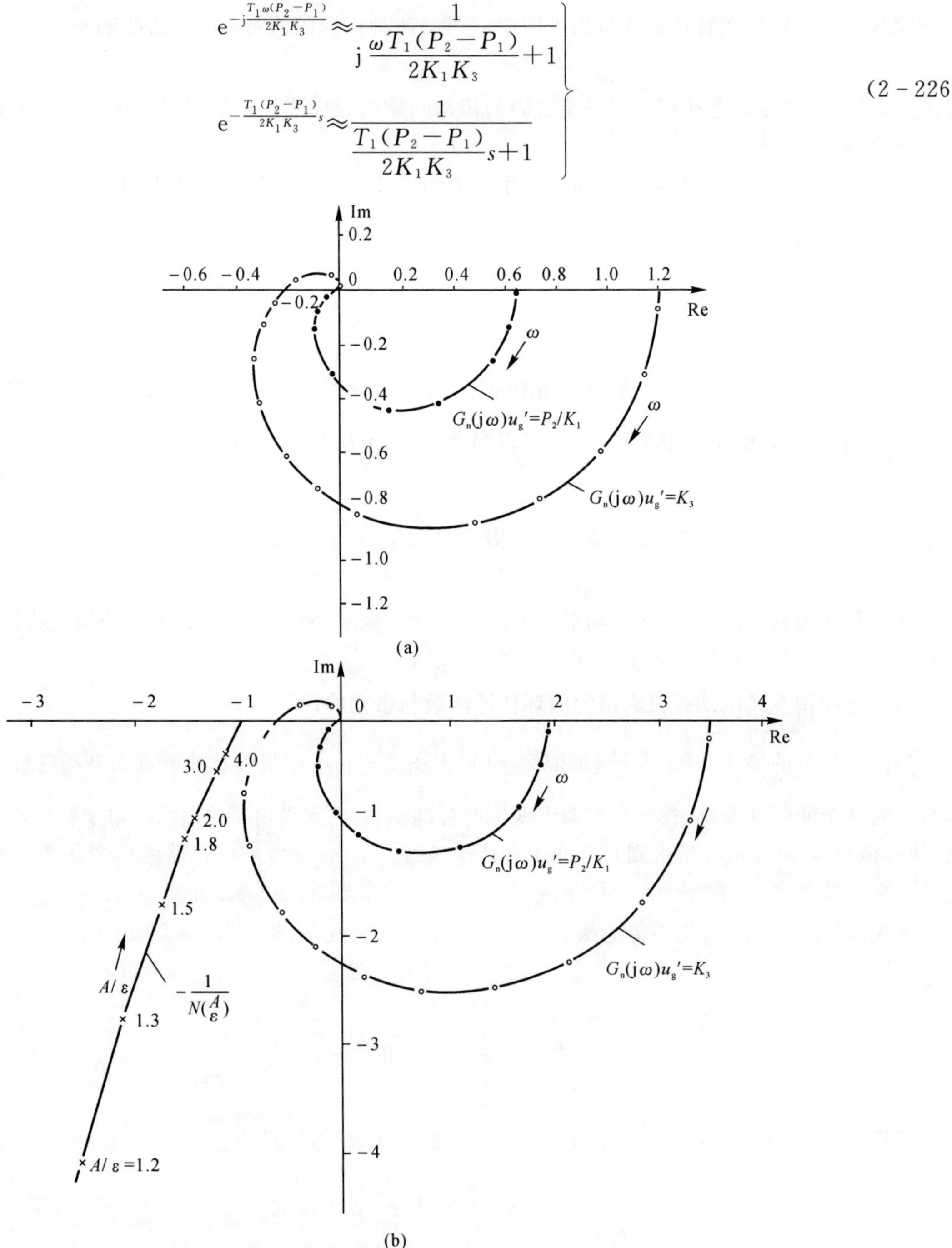

图 2-57　脉冲调宽式电动舵机回路开环频率特性曲线

(a)$K_f=0.2$ V/mm；(b)$K_f=0.575$ V/mm

(图中参数：$T_1=0.022, K_1=260, K_3=0.1, P_1=0.5, P_2=1.1, K_\Omega K_J=28, T_M=0.022$)

这样一来，便可得由 $\Phi_n(s)$ 表示的 $u'_g=\dfrac{P_2}{K_1}$时的闭环传递函数为

$$\Phi_n(s)=\frac{K_\Omega K_J\dfrac{T_1}{K_3}\left(1-\dfrac{P_1}{P_2}\right)}{\left[\dfrac{T_1(P_2-P_1)}{2K_1K_3}s+1\right](T_1s+1)(T_Ms+1)+K_\Omega K_J K_f\dfrac{T_1}{K_3}\left(1-\dfrac{P_1}{P_2}\right)} \tag{2-227}$$

同样，考虑到反馈系数的闭环大根近似等于开环大根时得到

$$\Phi_{n}(s)\approx\frac{K_{\Omega}K_{J}\dfrac{1}{K_{3}T_{M}}\left(1-\dfrac{P_{1}}{P_{2}}\right)e^{-\frac{T_{1}(P_{2}-P_{1})}{2K_{1}K_{3}}s}}{\left(s+\dfrac{1}{T_{1}}\right)\left(s+\dfrac{1}{T_{M}}\right)+K_{\Omega}K_{J}K_{f}\dfrac{1}{K_{3}T_{M}}\left(1-\dfrac{P_{1}}{P_{2}}\right)}\tag{2-228}$$

由式(2-224)和式(2-228)可知，闭环的脉冲调宽式电动舵机回路可近似认为是一个二阶系统和一个纯滞后环节串联。随着输入信号的增加，即 u'_{g} 由 $\dfrac{P_{2}}{K}$ 增加到 K_{3} 时，纯滞后时间常数由 $\dfrac{T(P_{2}-P_{1})}{2K_{1}K_{2}}$ 增加到 $\dfrac{T_{1}}{2}$。

一个实际闭环回路的通频带，往往需要通过测量闭环系统的频率特性的试验方法获得。高频的试验信号使得 u'_{g} 接近它的最小值 $\left(u'_{gmin}=\dfrac{P_{2}}{K_{1}}\right)$，因此，利用式(2-228)估算脉冲调宽式电动舵机回路的通频带是合理的。通过试验和根据试验数据确定闭环回路的频率带宽时，通常是按闭环回路相频特性曲线上 $-\dfrac{\pi}{2}$ 点对应的频率值确定为闭环系统带宽的。这样一来，脉冲调宽式电动舵机回路的通频带可由

$$\arctan\frac{2\zeta_{0}\dfrac{\omega_{b}}{\omega_{0}}}{1-\left(\dfrac{\omega_{b}}{\omega_{0}}\right)^{2}}+\tau\omega_{b}=\frac{\pi}{2}\tag{2-229}$$

决定。式中，ω_{b} 为频率带宽；ω_{0} 为舵机回路的固有频率，且

$$\omega_{0}=\sqrt{\frac{1}{T_{M}}\left[\frac{1}{T_{1}}+K_{\Omega}K_{J}K_{f}\frac{1}{K_{3}}\left(1-\frac{P_{1}}{P_{2}}\right)\right]}\tag{2-230}$$

式中，ζ_{0} 为舵机回路的阻尼比，且

$$\zeta_{0}=\frac{\dfrac{1}{T_{1}}-\dfrac{1}{T_{M}}}{2\omega_{0}}=\frac{\dfrac{1}{T_{1}}+\dfrac{1}{T_{M}}}{2\sqrt{\dfrac{1}{T_{M}}\left[\dfrac{1}{T_{1}}+K_{\Omega}K_{J}K_{f}\dfrac{1}{K_{3}}\left(1-\dfrac{P_{1}}{P_{2}}\right)\right]}}\tag{2-231}$$

式中，τ 为舵机回路的纯滞后的时间常数，且在

$$\frac{T_{1}(P_{2}-P_{1})}{2K_{1}K_{3}}\sim\frac{T_{1}}{2}$$

范围内。对于由式(2-229)表示的超越函数方程可用迭代法解出舵机回路的通频带 ω_{b}。

总之，脉冲调宽式电动舵机回路具有稳定性好、带宽大和精度高等优点。相比一般线性放大器控制的电动舵机回路来说，允许足够大的开环增益，而不致由传动间隙引起极限环振荡。足够高的通频带受纯滞后环节的影响，纯滞后环节的时间常数 τ 随输入信号增加而增大，因此，在闭环回路测试中，随着输入振荡信号幅值的增加而带宽降低；该舵机回路的灵敏度应有两个概念：其一，从输入信号驱动舵机动与不动来定义，则灵敏度由开关 P_{2} 值和放大系数 K_{1} 决定，即舵机回路输入误差为

$$\Delta u=\frac{P_{2}}{K_{1}}\tag{2-232}$$

其二，是按一般控制原理定义的灵敏度是输入信号激起系统运动后，输出信号的稳态误差(或准确度)，并由误差系数(输入信号的倍数)定义，即

$$C_{0}=1-\Phi(0)\tag{2-233}$$

由式(2-224)和式(2-228)可见，小输入时误差系数大，而大输入时误差系数小。

脉冲调宽式电动舵机回路频带宽、灵敏度高的主要原因在于这种电动舵机回路的开环相位角滞后减小了，这种减小来自脉冲调宽线路。由式(2-206)所描述的传递函数可知，因式$(1-e^{-t_{1}s})$给出了相位超前的可能性。又从式(2-207)表示的脉冲调宽线路的频率特性可知，脉冲调宽线路的相位角为

$$\varphi_{M}=\frac{\pi-t_{1}\omega}{2}-\arctan(T_{1}\omega)\tag{2-234}$$

式中，t_1 是由式(2－197)决定的；u'_g 由式(2－215)不等式决定；T_1 是设计者给定的。因此，在有效的频率 ω 范围内，可让 φ_M 大于零，即脉冲调宽线路在有效的频率范围内具有超前作用。

2.5 控制系统与操纵系统组合方式概述

以上各节强调了飞行控制系统伺服器自身的特性，这些元件在正常工作中是经常使用的，并且通常构成从驾驶杆至舵面的不可缺少的完整操纵链。对于控制增稳系统来说，这种连接不仅仅是舵机与主操纵系统的连接，而且应该是控制增稳系统结构中的指令引入(输入)与作动器(输出)形式的合理“组合”问题。共有三种输入感测方式和四种作动方案，构成 12 种可能的系统结构组合。按四种作动方案分类叙述，并将三种输入感测方式列于这四种作动方案中进行讨论，而不是对 12 种结构的每一种进行详述。

对于上述各种方案来说，控制增稳系统需要大的有效作动权限。为满足此项要求，常用方法有两种，即采用“全权限串联位置伺服器”或用“有限权限串联伺服器”加“大权限并联作动器”。四种作动方案包括全权限串联作动，有限权限的串联作动加自动并联配平，有限权限的串联和并联作动，具有前面回路复合特性的串联作动。

涉及的三种基本的输入指令形式如下：

(1) 在驾驶员手臂上输入的直接力(杆力)；

(2) 力感觉元件的位移(伪杆力)；

(3) 驾驶员手臂输入位移(杆位移)。

这些属性结合着全权限位置串联作动器进行全面的叙述，而在其他作动方案中，除某些特殊情况外不再作赘述。在四种作动方案的前提下所进行的以上三种指令形式的讨论，要涉及许多感兴趣的问题，因而是本节的主要内容。

在输入信号与反馈信号相减之前，引入两种整形方式：滞后(或低通)和非线性增益作为预整形问题的讨论，也是本节的内容。

2.5.1 指令引入与作动系统的组合

现代飞机飞行控制系统的内回路是控制增稳系统，控制增稳系统又是许多操纵系统元件的复合体，它要受到这些元部件本身性能的影响。其中，连接关系最复杂的地方是作动器——一切飞行控制作用的最终公共通路。尽管上述各节中，已经对作动器的某些特性进行了分析，特别是动态稳定性方面、与负载和一些辅助结构的连接以及非线性方面的影响。但在下述内容中，为使内容更加完整，还有可能重述一些上述内容。

飞行控制系统和操纵系统的两种作动器(副舵机和助力器)安装方式是串联式和并联式。串联安装的副舵机只能通过助力器(或直接)驱动舵面运动，而不会带动驾驶杆；而并联副舵机却同时驱动舵面和驾驶杆。将高频抖动信号与驾驶杆隔离开，这是希望的而且已经普遍实现了的。因此，对于阻尼和增稳系统来说，采用串联式副舵机是合理的；并联式副舵机通常用于自动驾驶仪的航迹、速度和角位置控制；并联移动驾驶杆，可直接给出自动驾驶仪的工作指示，因而，从安全角度来看，它具有给予驾驶员监视系统工作的手段和优点。

控制增稳系统的一个极其重要的需求是高权限伺服作动器，以适应大的输入指令，避免进入位置限幅和失去指令增稳作用。然而，当系统出现硬件故障时，飞机的安全问题变得更为重要。为解决硬性故障引起的飞行安全问题，最常用的方法是限制串联作动器权限到足够小的程度，并且再将这个限制了权限的串联副舵机与自动配平系统结合起来使用。后者可使舵机作动权限提高到全偏的地步。在现代飞行控制系统中采用二余度、三余度或四余度技术，可使副舵机权限提高到最大值。

余度、故障监视等带来的特殊部件问题是飞控系统部件中高度专门化的问题之一，本节不涉及这方面内容。

2.5.1.1　全权限串联副舵机

具有机械操纵链的全权限的串联作动系统的示意图如图 2－58 所示。这个系统要能正常工作，串联副舵机与驾驶杆之间的机械阻抗必须远大于副舵机与助力器分油活门之间的机械阻抗。在副舵机与驾驶杆之间的操纵链中应无任何游隙的情况下，提供足够大的摩擦力和感觉系统启动力，使得副舵机的全部运动传递到助力器的分油活门。副舵机作动器必须克服助力器分油活门摩擦力、定中力和液体伯努利力。

副舵机和人工操纵的综合输入引起助力器分油活门“到底”（滑阀与作动器壳体相撞），即当分油活门处的阻抗为无穷大时，副舵机的运动将被反传到驾驶杆。在使用同一舵面的俯仰和横滚操纵构成的复合输入时，容易出现这种反传现象，对于负载特性不太好的助力器来说，过大的舵面负载力，使助力器速度受到限制，那么，这种反传现象更容易产生。

全权限副舵机的其他一些特点与驾驶员输入敏感器的形式和安装部位相关，下面将按三种形式的指令信号传感器分别进行讨论。

1. 杆力传感器的影响

这种形式的输入指令传感器对于希望提供基本不变的单位过载杆力（每 g 杆力）特性的系统是有吸引力的，但是，这种感测方法可能引起如下问题：

（1）对感觉系统的影响。这个杆力感测形式提供了驾驶杆-舵面的双重控制通道。感觉系统的完整性是一个应该关心的问题。当驾驶杆与载荷弹簧之间的机械链断时，两种控制通道都失效。因而需要缩短驾驶杆与载荷弹簧之间的距离，即载荷弹簧尽可能地靠近驾驶杆安装，并且串联副舵机应尽可能地靠近助力器。但是，当副舵机支撑于载荷弹簧与副舵机之间的杆系上时，那么当这段机械链断了时，两种控制通道也将同时失效。应该注意到，如图 2－58 所示串联作动结构存在这种问题，通过复合机构把副舵机与助力器组合的分离式或复合式作动结构，在方案性问题上是相同的。

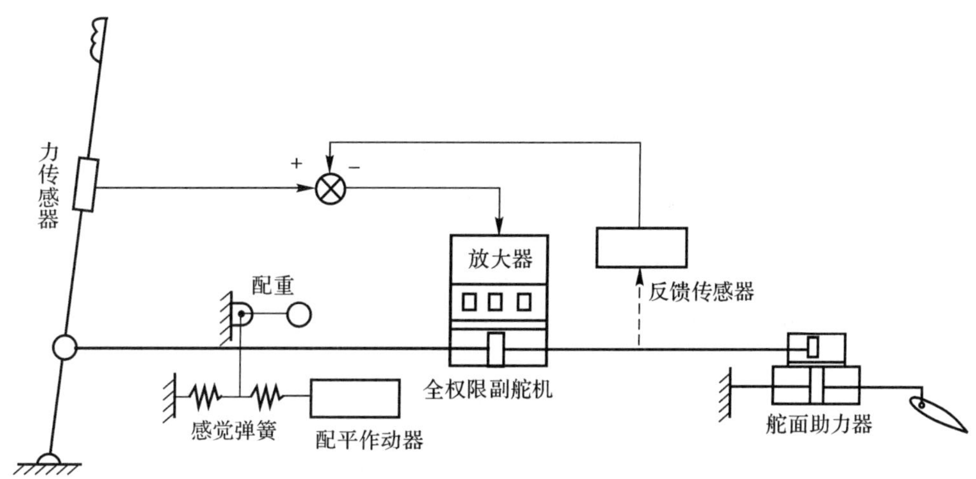

图 2－58　全权限串联作动系统示意图

在飞行控制系统与飞机同时设计时，感觉系统的弹簧梯度的选择，应能提供杆位移、杆力和感力传感器的输出梯度三者之间的正确协调，不仅能满足大杆幅操纵时的机动性要求和小杆幅操纵时的精确性要求，同时，还能使副舵机输出的静态位移接近于零，从而减小飞控系统故障时引起的扰动。

灵敏的杆力传感器输出特性会使不被注意的力产生扰动指令。通过在杆力电气信号上设置一个电气死区来与理想的驾驶杆机械启动死区相匹配。然而，由于杆系摩擦力在产品公差和外场使用条件下会有较大的和难以设计控制的变化范围；同时，黏性摩擦力分量将随着操纵速度的减小而迅速“回落”，这些特性强烈地影响着小操纵区段的操纵精确度。如果将死区设置得足够大，那么，机械的舵面偏转出现在电气指令响应之前，这时增稳的反馈作用使飞机产生特殊的飞机运动响应，这在驾驶杆小操纵范围内存在一个操纵反效区。

尽管在载荷弹簧机构上加预载的办法可以改善驾驶杆与载荷机构之间的摩擦力和间隙引起的驾驶杆不回中现象，但过大的预载会在一定杆力范围内出现杆力指令单控制通道工作，虽然这个问题并不太重要，但总对小操纵响应有影响。

(2)对配平系统的影响。由驾驶员通过带有此种形式的指令传感器和感觉配平作动器的作动方案进行人工杆力配平，将是十分困难的。如果驾驶员施力于驾驶杆，使舵面达到一个希望平衡位置，继而又启动人工配平马达力图卸去杆力，减轻自己的负担，那么，随着杆力的减小，副舵机将收回到中立位置且舵面偏度减小。在杆力减小到零的同时，为了恢复原来舵面的恒定位置，需要杆力为零的驾驶杆运动，其运动方向与杆力配平方向相反，大小与副舵机位移对应相等。用这种机械链位移代替副舵机的办法，得以保持原有的舵面位置，这将造成不正常的配平作用和误差，并为驾驶员所强烈反对。可补偿的办法是在将配平指令引入感觉配平作动器的同时，控制一种杆力信号配平补偿逻辑，如图 2-59 所示，它可及时地补偿杆力配平时杆力信号的减小。

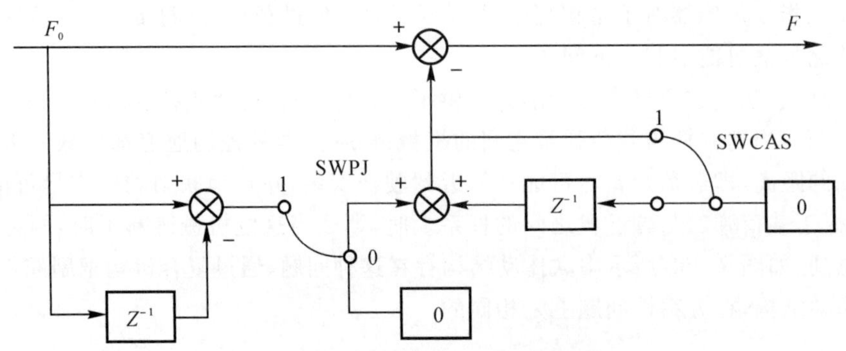

图 2-59　杆力信号配平补偿逻辑图

SWPJ—配平指令开关；　SWCAS—控制增稳开关

另一种方法是将控制增稳系统前向通道设计为中性速度稳定性，即由比例加积分的过载控制实现驾驶杆中立位置处永恒地作为配平杆位置。但是，这也会带来几个问题，首先，飞机在平直飞行中驾驶杆经常处于中立位置，与飞行状态无关。这就破坏了驾驶杆位置与舵面位置的对应关系，从而使驾驶员在机动飞行和起飞、着陆等飞行状态中丧失了一个至关重要的信息源。其次，如果驾驶员试图在大过载的上升转弯中使杆力配平到零，由于飞机在正航迹角条件下飞行，重力在法向加速度传感器测量轴的分量被减小，且法向过载测量误差为

$$\Delta n = 1 - \cos\vartheta\cos\gamma \tag{2-235}$$

这时，负反馈的过载测量误差 Δn 将使舵面按比例加积分的控制向上(负方向)偏转，因此，必须将驾驶杆推向前，以给出使舵面向下(正偏)偏转的指令输入，这种状态是驾驶员不希望的。最后还应指出，采用这种中性速度稳定性结构，由于舵机位置不处于中立位置附近，所以当增稳系统因故障而断开时，瞬时的扰动可能产生危险。

(3)力反传的影响。如果遇到驾驶杆力反传，驾驶杆在驾驶员手中瞬时冲动和高频跳动，在空中遇到这种问题那将是灾难性的。

(4)配重的影响。操纵系统中的配重是为了增加感觉力而有意设置的，或者是由于操纵系统质量不平衡而无意造成的。任何配重作用将为力传感器所敏感，并传送给增稳系统，结果是杆力变轻和引起过分操纵的趋势。这个结果取决于所利用的飞机响应反馈，但在一般情况下取决于控制增稳飞机响应的那些指令信号。反映到驾驶员手上的任何不平衡力，将为指令增稳系统杆力传感器所感测，并通过系统立即造成舵面偏转。

驾驶员手臂的配重效应，也能显著地增加不希望的输入，特别是在大的加速度或减速飞行中，如从舰上

弹起的情况更是如此。由于这个原因，海军的一些飞机的指令增稳系统在起飞阶段是断开的。这个同样的特性，在紧急着陆和拦阻着舰期间，能引起舵机、助力器“到底”。

(5)通/断飞控系统引起的过渡过程。在通/断系统的同时，系统出现通/断过渡过程，如果不能妥善解决，将受到驾驶员的激烈反对。控制增稳系统的通、断，往往靠 CAS 开关和起落架收放开关(LGH)控制。尽管在平飞和杆力很小的情况下，舵机处于中立位置附近，使得当通、断控制增稳系统时，飞机的瞬态响应很小。然而，在大机动飞行中，如果存在大杆力和大舵机位移时，通、断控制增稳系统，将使舵机快速运动，使飞机产生不希望的瞬态响应。

利用通、断淡化逻辑和位移限制逻辑可有效地减小这种通/断过程响应。

除以上所述各种因素对系统的影响外，还有结构挠性、传感器零位等对系统特性也有很大影响，在此不多赘述。

2. 伪杆力传感器影响

伪杆力是借助于位移传感器跨接安装在载荷弹簧两端而获得的，只要载荷弹簧有偏移，就有输出电信号给副舵机回路。这种感测方式与操纵系统其他因素之间的相互影响如下。

(1)感觉系统的影响。感觉系统的完整性要求同上述。感觉系统启动性问题不存在，这种结构不需要电气死区与机械启动特性相匹配。

载荷弹簧的回中与游隙非线性可能成为主要问题。磨损和老化使载荷弹簧出现大的游隙和摩擦力，造成弹簧和传感器不能回到中立位置，因此传感器便有一个零位偏值输出，其大小和方向不确定。由于传感器输出通过副舵机指令飞机运动，所以，这些感觉系统中的非线性影响，便可造成在驾驶杆小操纵范围内和配平中的不太精确控制。

(2)配平系统影响。同样可通过配平作动器将杆力配平到零，因此，也容易遇到与杆力传感器相同的问题。

(3)反传力影响。一旦反传力超过摩擦力，剩下的反传力引起载荷弹簧按增加压缩(或伸长)的方向变化(与驾驶员指令相同的方向增大)，反回来又造成更加剧烈地驱动副舵机的后果，因而这个系统是发散的，直至驾驶杆作用的弹簧压缩(或伸长)到极限为止。

(4)配重影响。有意义的人为配重使驾驶杆产生试图使它回中的恢复力，使载荷弹簧行程回收，位移传感器输出减小，因此机械和指令增稳两个通道都使每 g 杆力特性增大。

无意义的杆系质量和手臂惯性引起的配重效应，将发生在增大载荷弹簧和位移传感器位移的方向上。

(5)通/断过程影响。通/断飞行控制系统时，其瞬态扰动特性同杆力传感器情况。

除此以外的其他影响，如结构挠性影响不存在，传感器零位影响取决于它自身特性和安装位置，与指令传感器形式无关。

3. 杆位移传感器影响

驾驶杆位移可由安装在操纵系统中任何部位的位移传感器来感测。但是，为了减小操纵系统中非线性的影响，必须使传感器安装在具有预载的地方。这个部位最好是跨接在感觉系统(包括载荷弹簧和配平作动器)的两端，这种感测方式与操纵系统的其他因素的相互影响如下：

(1)感觉系统的影响。对于跨接在感觉系统两端的位移传感器来说，感觉系统的完整性要求与上述内容相同。但是，当传感器安装在驾驶杆和“地”之间时，驾驶杆与感觉系统之间的机械完整性可以不再作要求，并且至助力器的机械和电气两个通道的操纵是互不相关的，因此，构成了余度操纵，飞机的安全可靠性提高了。

这种系统不需要电气死区来匹配机械启动特性，因为直到超出机械启动段为止，并无电气信号输出。

除载荷弹簧摩擦力和游隙的存在外，弹簧还通过配平作动器到“地”之间还可能存在间隙等非线性，这些因素势必产生与伪杆力感测方式相同的问题。

(2)配平系统的影响。按照这种结构，当通过配平作动器将杆力配平到零时，只减轻了弹簧载荷，而不改变操纵链相对“地”的位置，因此，驾驶员能保持希望的驾驶杆位置和相应的指令信号，并在这个位置上将杆力配平到零。如果驾驶员无须通过驾驶杆而启动配平系统操纵飞机，那么配平作动器就驱动整个操纵系统，包括驾驶杆位移指令传感器在内，从而，在驱动驾驶杆运动的同时，还驱动副舵机运动，使机械和电气通道都工作。

小的和个别的配平输入可直接引入副舵机回路，以抵消驾驶杆位移传感器的偏置和驾驶杆回中误差；但是，这不适合于将个别的大的配平信号引入副舵机回路中，因为它会改变驾驶杆(和杆位移传感器)与舵面之间的中立位置相一致的关系。

(3)反传力的影响。反传力的影响与伪杆力感测方式相同，即可以是有害的发散或相反，取决于操纵系统正向还是反向连接方法。

其他因素的影响与伪杆力传感器情况基本相同。

2.5.1.2 有限权限串联副舵机加并联配平

此类系统的典型结构简图如图 2-60 所示。这种折中方案，能使指令增稳系统获得全权限舵面，而又不会带来全权限副舵机方案中所遇到的故障安全性问题。有限权限的串联副舵机可完成全部增稳功能。并联全权限的配平作动器作用于串联副舵机偏转超过了预定的幅值和时间限制时，全权限的配平作动器就按回中的方向来驱动串联舵机。在此种情况下，串联副舵机经常工作在中立位置附近，并且副舵机的最大权限可以给定在这种水平。即当出现硬性故障时，将能防止结构损坏，驾驶员能通过操纵驾驶杆，而最终将故障的副舵机位移抵消，并且还有一定操纵余量，操纵飞机安全返航。

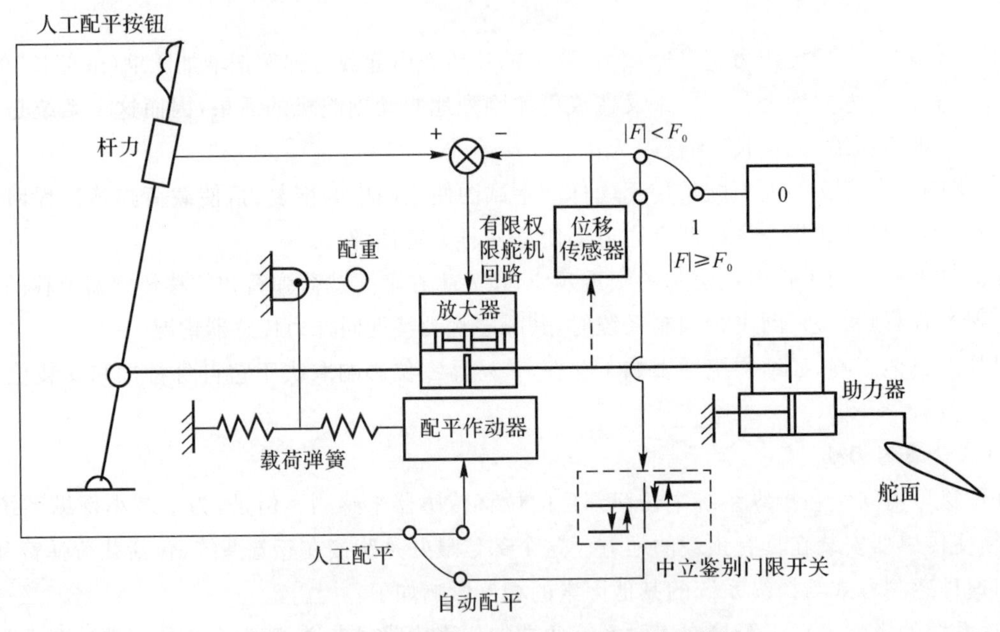

图 2-60 有限权限副舵机加并联配平结构简图

这种系统存在着上述小节中对三种电气感测指令形式所描述的相同问题。此外，该系统的一些其他特点叙述如下。

由于助力器的响应速度比配平作动器和有权限串联舵机高，反传的趋势减小了，但不能消除。

中立位置鉴别开关对于串联舵机的中立位置必须有一个明显的死区，才能防止配平舵机出现不希望的振荡。对于数字式飞行控制系统来说，将这种鉴别开关设计为非单值继电特性，即如图 2-60 中所示，鉴别门限可取得更小，稳定性更好并且串联舵机始终处于更接近中立位置处。

在大机动飞行期间，系统将企图自动地使杆力配平到零。如果在一个方向上施加机动杆力并保持一段时间，所需的杆力将随配平系统抵消舵机输出而减小。这就造成机动杆力变轻，并为驾驶员所反对，另外，要使舵面转回到它的初始的、机动前的位置，必须在驾驶杆上施加反方向力，通过舵机反方向运动和飞机反方向响应，启动配平作动器和转回到原来位置为止。因此，驾驶员不能完成从配平点瞬时离开的机动操纵继而放松杆力恢复到原配平状态，这就是说，驾驶员不能容易地恢复到原来建立的配平点。代替的办法是驾驶员必须通过杆力恒定地“驱动”配平系统，直到指示灯指示恢复到原来位置为止，这就会：

——增大驾驶员工作负担；

——造成精确控制困难；

——在低动压飞行状态，当需要大的舵偏角来做机动时，是特别令人讨厌的；

——使得失速和螺旋的改出更为棘手。

以上特点导致操纵困难的程度，取决于配平作动器的速度。配平速度越高，操纵特性的下降也越大。因而，配平速度必须在两种限度之间进行折中选取，其上限是不引起串联舵机“到底”，其下限是不致引起操纵品质下降的地步。

驾驶员和配平作动器之间的矛盾，可通过设置一种开关逻辑来缓和，如图 2-60 所示，它在驾驶员指令机动期间，使并联配平不工作，并且，在这期间为能使杆力配平到零，驾驶员可以通过驾驶杆上的按钮实现人工配平。这不仅能将杆力配平到零，还可通过人工配平而无须通过驾驶杆操纵飞机，但是杆力(或伪杆力)感测方式应该为握杆，尽量保持驾驶杆位置不变；位移感测方式应该是松杆，以能给出电气指令信号。

还应该特别指出，对于比例加积分的前向控制方案，当串联舵机位移达到极限时，飞机的运动响应不足以抵消指令(杆力，或伪杆力，或杆位移)信号，那么，前向积分器将舵机输入信号积分到一定程度，以至于反向指令也不能很快使舵机反向运动，即出现空行程现象。为此引入前向控制逻辑，如图 2-61 所示，实现当舵机位移达极限时，不存在空行程问题。当舵机回路输入信号超过舵机位移最大或最小值时，其增量信号反馈到前向积分器输入端，并且当选择反馈系数 K_L 足够大时，便会将舵机输入信号增量减小到近似为零，如果此时继续增大杆力，反馈的作用使舵机回路输入信号增加很小，舵机仍保持在最大(或最小)位置，如果此时反向操纵驾驶杆，和反馈相同极性的信号，使输出为零的前向积分器反向积分，连同极性相同的比例信号一起，向相反方向驱动舵机，舵机立刻向反向移动，从而根除了舵机随输入信号移动的空行程。

为防止和减小通/断飞行控制系统时的通/断干扰，应设置如图 2-61 所示通/断淡化逻辑。当断开控制系统时，通常让系统控制开关 SWCAS 或起落架收放开关 MLG 将舵机输入信号反馈到前向积分器输入端，只要合理地选择反馈增益 K_{10} 的极性和大小，便将舵机回路的输入信号和它控制的舵机一起缓慢地回到零，并保持在零位。在接通系统的同时，又施加杆力(或杆位移)的情况下，由于淡化回路的反馈点在比例加积分综合之后，这将使系统接通前，杆指令信号或者任何反馈传感器的输出(包括零位输出)都被闭环的积分作用抵消为零，因此，在系统接通时，串联副舵机的输入为零，致使系统在接通时刻，串联副舵机将不出现接通过渡过程。又当飞机平直飞行时接通飞行控制系统，驾驶员可通过人工配平装置将杆力配平到零。为使这种通/断淡化逻辑能够有效，必须将反馈点选择在串联舵机回路所有输入信号之后。应该注意的问题是，通/断淡化逻辑要求在断开系统时舵机不应立即回中。

在大机动操纵中，为防止助力器功率反传(分油活门“到底”)和大幅极限环振荡(第三篇内容)，除增加指令滤波器时间常数外(下一节叙述)，减小指令速率对于限制执行机构(舵机或助力器)速度是有效的。在如图 2-62 所示舵偏速率限制回路中，减小饱和特性限制值，将有效地减小舵机输入信号的变化速率。如果用于消除功率反传，按助力器位移信号的本拍与前拍之差的最大值，有余量地控制 L 值，是解决功率反传的好办法。L 的最大值为舵偏速率与采样周期的乘积，其作用原理详见第 13 章。

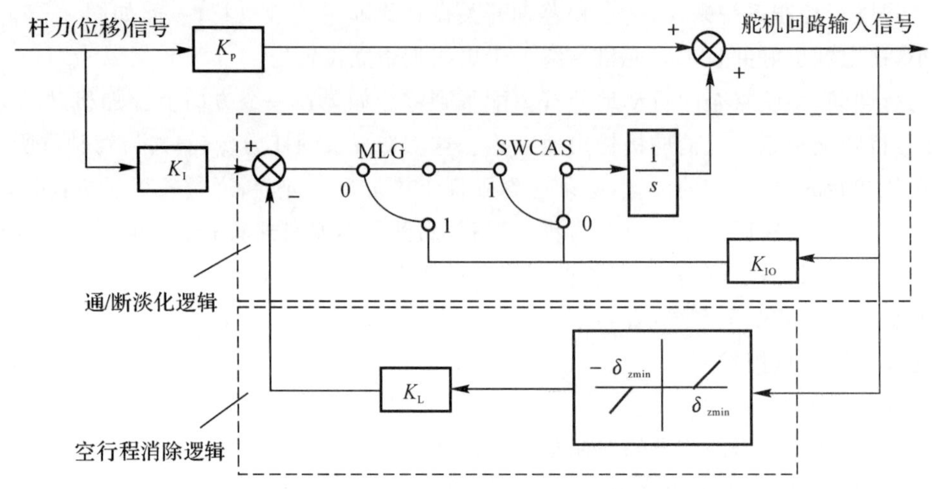

图 2-61　前向控制补偿逻辑

MLG—起落架开关信号；　SWCAS—控制增稳系统接通断开信号

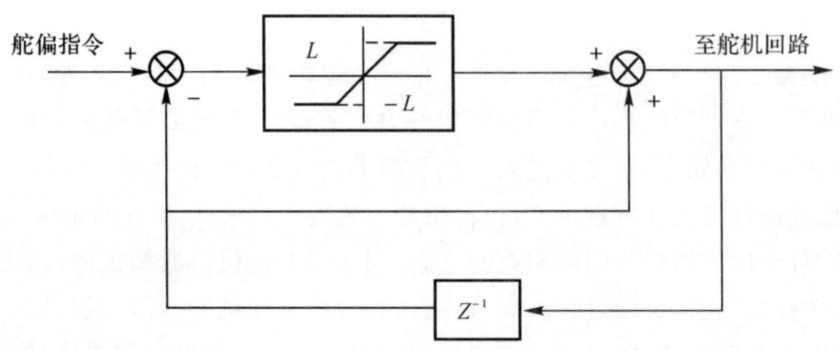

图 2-62　舵偏速率限制回路

2.5.1.3　有限权限的串联和并联副舵机

此种结构形式的典型结构简图如图 2-63 所示。有限权限的串联副舵机提供具有高频作用的增稳功能(阻尼和抑制扰动等)；并联舵机提供必要的权限以适应航迹控制方式(即自动驾驶仪控制驾驶杆，各种保持功能等)和(或)在驾驶杆输入时，可作为功率作动器(助力器)使用。由于并联舵机是与“地”刚性连接的，只有在故障期间出现超功率操纵除外，它起到机械预载或机械隔离作用，所以，无法实现杆位移的感测方式，而必须通过在驾驶杆上的真实力感测杆位移。所造成的感觉力取决于力传感器和并联舵机之间的感觉系统弹簧梯度、并联舵机输出弹簧梯度和电气增益的比值。

虽然并联舵机一般认为是有权限的，但实际上可以不是这样。其作动器的功率通常是加以限制的，从而使驾驶员在应急情况时能够克服这个功率。当整个操纵系统工作时，并联舵机作动器要克服感觉弹簧、助力器分油活门以及其他机械系统的摩擦力、惯性力等。当这些力的总和与作动器功率限制相等时，并联舵机便失效，并且它的作动权限受到限制。因此，应把并联舵机作动权限设计得足够大，给定在能为驾驶员所克服的限度上。如果力限制是作动器内部实现的，而非外部离合器等传送限制装置的作用实现的，那么在接近失效时，作动器机械特性决定的动态性能就会发生变化。这在飞控系统的前向通路中，驾驶员的大指令机动，会引起附加的相位滞后。

这种力限制影响可通过并联舵机输出的自动配平作动器的交联来予以减小。但这需要一个快的配平速率，以防止在大机动时配平作动器与并联舵机的相位失调，从而实际上增大了并联舵机的负担。另一种可能是把配平作动器作为并联舵机来用，从而降低了系统的复杂性。在这种情况下，杆力信号用来驱动配平作动器。遗憾的是，驾驶员不能克服配平作动器功率，并且还应克服配平作动器故障状态所需的作动器功率，因此，又带来一个安全问题。

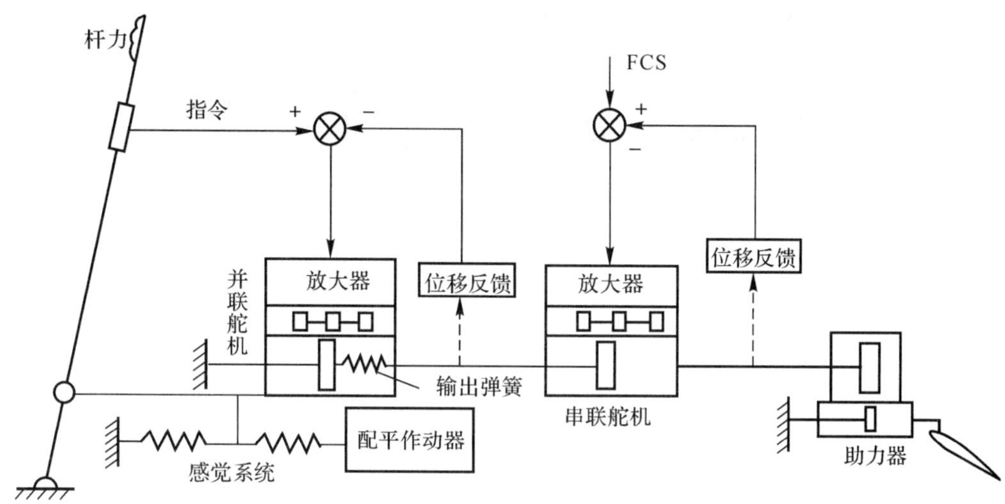

图 2-63　全权限并联舵机助力器加有限权限串联舵机和配平结构简图

除上述情况外，还有如下所述相互影响：

(1)感觉系统的影响。当感觉系统与并联舵机之间的机械连接断开时，也能维持全部操纵功能。除非并联舵机在驾驶杆与载荷弹簧之间，那就不能维持正常操纵了。力传感器需要一个死区，防止不被注意的力的干扰，但不受机械杆力停滞、摩擦和黏滞特性匹配的限制。感觉系统的定中问题也不是很关心的问题了。

(2)配平系统的影响。人工配平造成的前面所述问题仍然存在。另外，驾驶员配平的失误，使并联舵机存在稳态负载，从而使并联舵机在一个方向上容易失效。因此，人工配平是有缺陷的。

(3)反传的影响。如果助力器分油活门"到底"，这种结构不会出现反传，它所造成的后果，只会引起并联舵机失效，其影响取决于失效力。反传能造成操纵系统或支撑结构损坏。

(4)配重影响。任何有意或无意的质量不平衡，都给并联舵机增加了负荷，并且，当驾驶杆不在中立位置时杆力传感器质量不平衡会带来不良影响。

(5)通/断影响。当并联舵机相对感觉弹簧保持在配平位置时，断开系统时可出现剧烈的不良过渡过程。

(6)其他影响。不存在结构挠性和传感器零位影响，传感器易损性较大。

2.5.1.4　具有前向回路复合特性的串联副舵机

除上述已经说明的比例加积分式前向回路外，还有两种同样作动原则的是带高通位置反馈的串联舵机和带有分离式串联配平马达的串联舵机。当这两种方法应用于不同目的时，提供了很相似的动态特性。

(一)大权限和具有高通反馈的伺服回路

这种大权限串联舵机回路方块图如图 2-64 所示。

闭环回路的传递函数为

$$\Phi(s)=\frac{(T_{\mathrm{WO}}s+1)K}{(T_{\mathrm{WO}}s+1+KT_{\mathrm{WO}})s} \tag{2-236}$$

在一般情况下，$T_{\mathrm{WO}}\gg 1/K$，从而使得串联舵机在低于$\frac{1}{T_{\mathrm{WO}}}$的频率上，相当于一个积分或速率反馈舵机回路，而在$\omega=\frac{1}{T_{\mathrm{WO}}}\sim K$之间的宽广频带上相当于一个位置系统。积分的作用使在非零值输出情况下，抵消指令与反馈的误差，这使舵机能自动地补偿舵面效率的变化，从而不必要按飞行状态变化的需要来配平舵面位置。但是，和比例加积分控制一样，它改变了驾驶杆中立位置与舵机中立位置之间的对应关系。这实际上造成了飞机具有中立速度稳定性，驾驶员不再能按飞行速度的变化来配平驾驶杆位置。从飞机气动力角度来看，它造成的结果似乎是飞机重心位置随飞行速度变化始终是漂移在中性点位置。

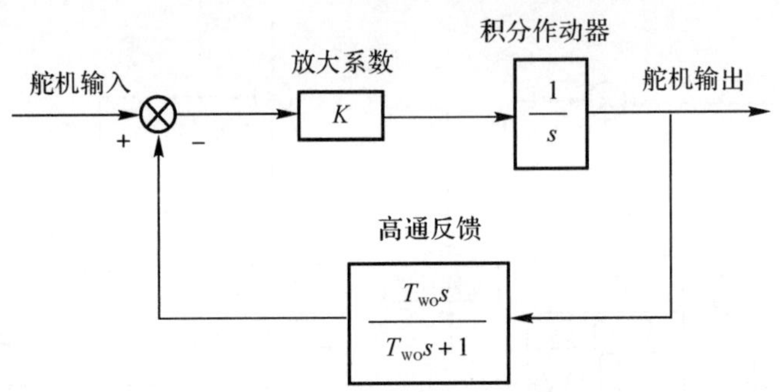

图 2-64　具有大权限的高通反馈的前向回路复合控制

(二) 带有串联配平的有限权限串联舵机

这种结构一般用于小权限串联舵机，其结构图如图 2-65 所示。闭环传递函数为

$$\Phi(s)=\frac{1}{Ts+1}\left(1+\frac{K}{s}\right)=K\frac{\frac{1}{K}s+1}{s(Ts+1)} \tag{2-237}$$

当按 $T\ll 1/K$ 选择参数时，其复合作用在低频段相当于一个积分器或速率反馈回路，而在中频段(机动操纵和短周期模态分量)相当于一个位置舵机。积分的作用，使串联舵机在低频段维持在中立位置附近，防止舵机位移到极限，和并联配平一样，仍然需要一个串联配平作动器死区，以防止因串联配平引起的抖动和振荡。

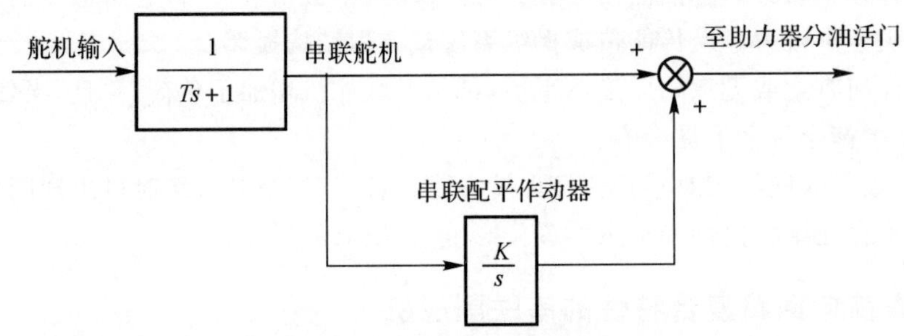

图 2-65　具有小权限串联舵机和串联配平的前向复合控制

利用串联配平可有效地抵消串联舵机的偏差。这种结构适于杆位移传感器，正常操纵包括机械指令和电气指令同时驱动助力器和舵面。允许驾驶员通过人工配平作用操纵飞机，所获得的响应方向相同，并且电气通道的作用改善了机械通道操纵的响应特性。这种结构在人工配平卸去杆力的过程中，无论是电气还是机械操纵都不会引起舵面和飞机运动。

最后，应该特别指出，上述两种结构方案，增大了系统的低频滞后，较比例加积分的前向复合控制复杂多了。当用于增稳或控制增稳功能时，和比例加积分的复合控制一样，给基本飞机稳定性带来了错觉，也给气动特性蒙上了重心漂移的假象。

2.5.2　电气指令的整形与滤波

飞行控制系统与操纵系统的组合，就对驾驶员的作用来说，飞行控制系统相当于一个助力器的作用一样，是帮助驾驶员完成飞行任务的。如图 2-66 所示典型系统，有两个通道至助力器和舵面：机械的和电气的。它们在系统设计和调整中应该具有良好的分配灵活性。作为一个实际系统，过分简单的方法是不适用的。为了提供希望的特性，需要充分地利用这种灵活性，将飞行控制系统的每一个环节设计好，使它能在整个飞行范围内，协助驾驶员完成飞行任务。输入给滚转增稳系统中的指令信号，在整个操纵范围内，对于杆力（或杆位移）的增益是线性不变的，这样经常是不适宜的。这种结构形式的飞行控制系统，应该提供这样一种操纵，才能很好地实现良好的滚转操纵，即它对小幅杆输入应该具有小的输入信号增益，对于大幅的机动操纵，应该是大的输入增益，才能实现小输入的精确性和大操纵的高机动能力。

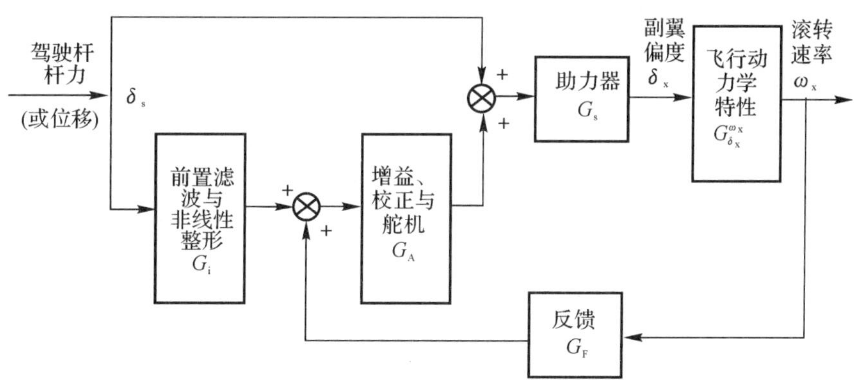

图 2-66　滚转速度指令增稳系统结构图

当选择指令前向传递函数 G_i 时，有以下三点最需要考虑：

(1) 对于某些飞行状态要求全偏副翼，以获得最大机动性能，最少不能低于机械通道的操纵响应，那么便需要

$$G_i \geqslant G_F G_s G_{\delta_x}^{\omega_x} \quad (\delta_x > 0) \tag{2-238}$$

或者

$$\frac{G_i}{G_F G_s} \geqslant G_{\delta_x}^{\omega_x} \quad (\delta_s \text{ 为大值时}) \tag{2-239}$$

(2) 最大杆偏移应给出最大滚转速率

$$\frac{\omega_{x\max}}{\delta_{s\max}} \approx \frac{1+G_i G_A}{G_F G_A} \approx \frac{G_i}{G_F} \quad (\delta_s \text{ 为最大值时}) \tag{2-240}$$

(3) 对于驾驶杆中立位置附近的良好飞行品质来说，存在一个最佳飞机增益 K_{zj}。它是受操作者强烈影响的函数，而且它与驾驶装置的形式有关。受被控对象最佳响应制约的有效增益，基本上是在太灵敏和太迟钝之间的一个折中值，方程式(2-240) 同样作为最佳指令增益 K_{zj} 的选择，不过是当 δ_s 为小值情况下，即为

$$K_{zj} = \frac{1+G_i G_A}{G_F G_A} \approx \frac{G_i}{G_F} \quad (\delta_s \text{ 为小值}) \tag{2-241}$$

可见，前两个条件都用于大操纵杆偏移，而第 3 个条件是对小操纵而言的，然而却是最重要的。两种条件往往存在不可避免的矛盾，方程式(2-240) 和式(2-241) 同时满足的可能性很小。

对于上述灵敏度和机动性要求条件的矛盾，有两种解决方法：一个是在 G_i 中设置低通滤波器，另一种方法是在前向通路 G_i 中，或者有时在反馈环节 G_F 中进行非线性整形。下面分别叙述两种解决灵敏度与大机动矛盾的方法。

1)滞后整形。这种结构形式一般利用线性的或接近线性的指令传感器提供输出信号，其电气指令增益是照顾全偏驾驶杆机动要求确定的。这个信号继而通过一个滞后滤波器模型，以降低快速（高频段）驾驶杆运动的增益，从而降低了在需要小而快的驾驶杆偏移的操纵状态的控制灵敏度。遗憾的是，这个作用要能有效，需要比较低的截止频率，这样就在前向回路中引起可观的相位滞后。这个相位滞后，又继而表现于所有

控制回路的动态特性之中，并且在某确定的飞行状态下，使飞行航迹控制品质显著降低。这就限制了人-机姿态闭合回路的快速性和飞行航迹控制的精确度。这种大滞后滤波器时间常数的影响会使飞机着陆和着舰性能下降。在大动压飞行状态下，当驾驶员实施精确的航迹控制时，指令滤波器的相位滞后还可能引起驾驶员诱发振荡。这种滤波器或滞后模型如果被采用了，在飞行包线内遇到的最大短周期频率上，应以不引起可观的相位滞后为前提。

2)非线性增益整形。另一种方法是按驾驶杆输入信号的大小，按给定函数进行非线性指令增益的整形。如图 2-67 所示给出一个指令增益非线性整形示意图。它在驾驶杆中间位置提供了小的指令梯度，而当接近驾驶杆全偏时提供大的增益。为使指令增益具有连续性，可将折线形式的增益变化函数变为杆指令的二次函数，即对杆力(或位移)变化速度为线性函数。在过去的一些方案中，已经发现，对于战斗机的使命和操纵任务来说，增益变化三倍是期望值。这种增益整形方式，近似于常规机械操纵通道中的非线性机构，对小驾驶杆偏度给出小的机械传动增益所造成的“柔和”影响。因此，这也改善了电气和机械通道之间，在助力器上的驾驶杆小输入的协调性，防止了驾驶杆中立位置出现过分的操纵灵敏度，并且在重要的频带内，控制系统不会带来相位滞后。但是，仍然还希望在伺服器响应频带内，设置某些滞后滤波器，以降低指令传感器、各个反馈传感器的不希望的高频“过驱动”。这些滤波器可以是一阶的，也可以是二阶的，视传感器接受噪声幅值的大小而异，但必须注意这些滤波器引起的滞后不会影响飞行品质。

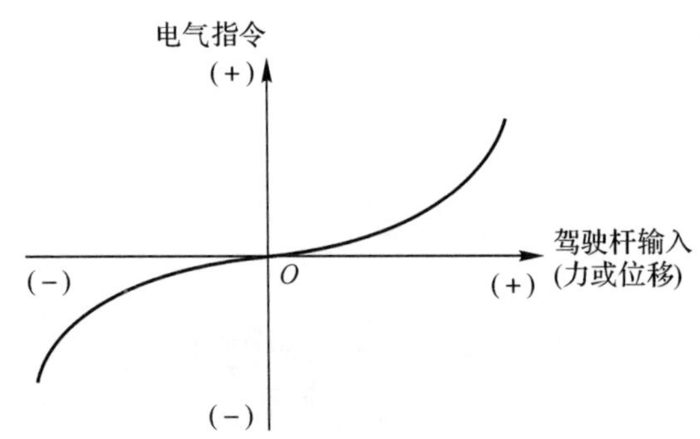

图 2-67　指令增益非线性整形示意图

第3章 传感器特性概述

本章叙述一些广泛遇到的飞机响应反馈传感器的形式与特点、传感器的测量方向和安装位置以及测量方法等。

飞行控制系统中的反馈传感器，最初是从已有的飞行仪表或导航设备中借用的，至今在某些方面仍然存在这种情况。为了在现有的机载信号设备中获得控制信号，最简单的方法是给飞行仪表本身配备电接(插)头。但是，对于较新式的飞行控制和引导系统，进一步把显示器等简单设备发展为由测试中心(如大气数字计算机、惯性平台或惯性导航系统)管理的从属设备。这样就有了控制器所需的电信号。现代机载测量系统的特点是，多余度测量传感器信号经数据总线传送给测量中心，测量中心再把它输送到显示系统、控制系统、导航系统和飞行管理系统等。

测量一个物理量并把它用于控制系统、显示器等装置中大约需要五个步骤：

1) 按物理效应尽量没有误差地测量这个变量，如果这个变量本身不能测量，可利用某个变量代替。

2) 把物理效应变换为位移、偏转角和电压等有名数量，也可变换为无名数的数字量。这种变换通常分为多级进行，而且应尽量做到对非线性、误差影响的补偿，并换算成所希望的测量变量。

3) 应把测量数据从测量点传送到控制系统、导航系统或显示器中去，或者把它存储起来。过去多为各种设备使用不同传感器和分别单线传输，而以测量系统综合为特点的现代飞行控制系统则采用数据总线来传输。

4) 进行纯化处理。这是在进一步处理之前应该做到的，即要检验它的有效性，对信号要进行误差分离、噪声滤波等。

5) 如果在测量发送器中还未作处理，那么就必须将测量数据折算到希望的飞行力学变量或者其他变量中(如由动压、静压和温度来确定马赫数)，为此，应装备各种专用计算机，如大气计算机、惯性导航系统等。

以上是飞行控制系统反馈传感器测量链的五个部分。本章仅仅介绍前两个部分，试图使控制技术人员注意到与测量有关的一些问题，在这里只限于一般概念方面的介绍。以简单的方式说明：能够测量哪些变量，这些变量是按什么原理测量的，并估计是何种类型的误差。

由于测量量是由坐标系的转动或移动组成的，因此，重要的是要明确知道有哪些变量是在什么坐标系中测量出来的。例如，飞机相对于惯性空间的转动角速度是由陀螺安装所规定的飞机固连坐标系中测量的。测量误差的存在，大多数是因为不知道传感器的确切安装位置，或者模型化不够全面而造成的。

飞行测量技术的特殊性表现在：要测量的是在运动空气场中的飞机六自由度的运动变量；大多要在运动的飞机上，并在加速度、振动和大温度范围的气候等的影响下进行测量，并且要求质量和能量消耗要尽量小的条件下，测量出可靠性高的测量信息。

测量量的分类如下：

—— 空气动力学量(v，α，β，H，$\dot{H}$)；

—— 惯性量($\boldsymbol{\omega}$，γ，$\boldsymbol{v}_{\mathrm{h}}$，$\boldsymbol{S}$)；

—— 方位角测量(ψ，地磁场)；

—— 用于定位的无线电技术测量量(H，v_{h}，R，ε，ρ)。

3.1　状态变量和输出变量的可测量性

选择有关变量的原则是，建立状态方程要尽量接近实际和尽可能简单。由此得到的与控制工程有关的量，其中一大部分作为状态变量，一少部分作为输出变量。

3.1.1　飞机上供控制用的可测量量的组成

在使用飞机上用于控制系统的可测量量时，可把它们分组如下：

1. 直接可测量的量

——大气状态(压强和温度)；

——加速度分量(力与质量比)；

——角速度分量(角速度陀螺给出)；

——姿态角(姿态陀螺给出)；

——方位角(磁罗盘给出)；

——航迹速度(多普勒方法得到)；

——气流角(风标仪、压力探头测得)；

——距离(时距测量)；

——位置(无线电测向)。

2. 间接可测量量

——角加速度(加速度差)，当用角加速度陀螺测量时，则为直接可测量量；

——来流速度(动压)；

——马赫数(压力测量和温度测量)；

——气压高度(压强测量)；

——航迹速度和位置矢量(惯性系统给出)。

还有一些变量只有通过大量复杂的测量、计算和仿真才能确定，然而在飞行中还不够准确地确定，如：

——风速梯度；

——风速矢量；

——力矩矢量 $\boldsymbol{M}$ 和力矢量 $\boldsymbol{F}$；

——飞机质量、惯性矩；

——航迹速度在机体轴上的分量。

测量量的不精确性在于由大的量去求小差别，如由飞行速度和航迹速度计算风速，或者不能确切地了解换算参数，如在变质量的飞机上由加速度测量值确定力。其中最为严重的问题之一是高度的测量。利用气压测量的高度是与大气有关的气压高度，利用无线电测高仪测量的高度只限于距离地面 750 m 以下的相对高度。

3.1.2　测量误差

按测量方法产生误差的原因分类如下。

1. 测量原理误差

——物理变量与测量量之间存在着不能准确把握的、可能是非线性的关系，例如气压与高度之间的关系是通过大气状态换算出来的，但给出的测量模式是按标准大气确定的。

——测量的量只是在飞机某处测量的，不一定能代表真实情况，例如重心移动情况下的加速度测量，在飞机机体上的压力测量(位置误差)等。

——测量量与飞机运动有关，例如在立尾上测量空速要受到俯仰转动角速度的影响，地磁场分量与飞机运动的姿态有关。

——测量量受飞机上的不确定的干扰影响。如在机身上测量压力与实际流场情况有关，地磁场的测量受其他铁制部件的影响。

——测量量受地面环境的干扰影响。雷达测量受地面状态、机场建筑的反射、无线电波多径传播的影响，大气状态对时距测量的影响。

对于这些因素引起的测量误差需要进行很复杂的校准才行，而且有些要在空中进行。但由于存在一些不明的时变影响，也只能做有限的校正。

2. 设备原理误差

——对于实际的物理变量和所测量的代替量之间的关系了解不够。如膜盒的偏转与压力之间的关系受到迟滞和温度的影响。

——因摩擦、弹性和不平衡力的影响。如与支架有关的陀螺漂移。

——测量方向(平面)因传感器偏转(如角速度陀螺)，或飞机弹性变形而发生变化。

——按垂线方向校准的传感器支架使测量平面与加速度有关。如支承陀螺或罗盘的加速度误差。

——传感器的动态特性造成测量量漂移和失真。如长的压力管路造成压力测量滞后，加速度计和角速度陀螺的振荡特性，风标测向仪的弱阻尼等。

——测量范围太大或太小，造成精度下降、超出测量范围和非线性失真。

可以用下列方法减小这些误差：通过补偿的办法把传感器偏转减小到最小(角速度陀螺、压力计)；或者把传感器用托架架起来(指向垂直方向)。尽可能提高传感器频带宽度，按飞行任务选择合适的测量范围。

3. 测量数据传输和处理造成的误差

——杂乱的干扰信号；

——数字传输中的有限字长和相对时移；

——采样频率低；

——进一步处理中的不准确积分和微分；

——频率范围受测量噪声滤波的限制。

所有信号都存在这类误差，应妥善地进行信号处理和数据处理，把它们的影响减小到最小。

另外，还有滤波和纯化造成的误差，如测量动力学和测量误差模型不够清楚；原始数据与飞行力学的近似关系和换算参数尚不确切等因素引起的误差，要想消除它需要做出很高昂的仿真研究和辨识研究，否则，对它们的修正是不可能的。如果是原始测量数据问题，还需提出新的滤波和纯化方法。

3.1.3　测量动力学

每一个测量数据通常都有很小的测量滞后。这种滞后现象包括，有些传感器具有明显的固有特性，因为它们也像弹簧-质量系统那样振荡。如加速度计、角速度陀螺和风标仪；基于测量压力原理的传感器，具有一阶延迟，它的时间常数与管道长度和容积有关。还有一些传感器提供的测量数据实际上是没有滞后的，例如姿态陀螺，它测量的是一个空间固定的惯性质量相对于固连在飞机上的机匣的角度。无线电技术测量方法中传输时间的大小可能从毫秒级到秒级。此外，还应考虑测量数据变换、采样、传输、滤波和处理过程中的时间延迟。

表 3－1 给出了某些测量传感器的传输特性或固有特性。由于测量设备结构多种多样，而且与它们的精度级别和技术水平有关，因此，这里不能样样详细说明。应从控制技术要求出发，首先检查一下测量传感器的动态特性对控制过程影响到何种程度，或者是否在控制设计中可以略去动态特性的影响。绝大多数确实属于这种情况，因为与控制对象的固有特性相比，测量传感器动态特性要高得多。由于视为刚体运动的飞机频带小于 1 Hz，所以，如果在 1 Hz 频率的相位滞后只有几度，那么便可不计该测量传感器动态特性的影响。当然，如果在测量中飞机的弹性自由度被测量和起作用，那么便需要较高通频带的传感器。

表 3-1 某些传感器的固有特性参数

空速表	$\frac{K}{Ts+1}$	$T=0.2\sim0.5$ s
高度表		$T=0.3\sim1.0$ s
升降速度表		$T=0.5\sim2.0$ s
加速度计	$\frac{K\omega_0^2}{s^2+2\zeta_0\omega_0 s+\omega_0^2}$	$\omega_0=120\sim300\ \mathrm{s}^{-1},\zeta_0=0.7\sim1.0$
角速度陀螺		$\omega_0=60\sim180\ \mathrm{s}^{-1},\zeta_0=0.7\sim1.0$
风标式迎角传感器		$\omega_0=30\sim120\ \mathrm{s}^{-1},\zeta_0=0.05\sim0.2$

3.2 空气动力学量的测量

气压高度、垂直速度、空速和马赫数等大气数据传感器都是基于膜盒式测压原理构成的传感器。它是将测量量的等效参量按国际标准大气规定的一种平均温度和密度随高度的分布规律换算到各有关空气动力学量上去的。

3.2.1 标准大气与气压高度表工作原理

3.2.1.1 标准大气的定义

包围整个地球的空气层总称为大气。气压高度测量原理基于标准大气静压与高度之间的关系。

目前,国际上使用的主要有三种标准大气,即国际标准大气、美国标准大气和俄罗斯标准大气。我国平均纬度在北纬35°左右,接近国际标准大气的条件,故采用国际标准大气。

按不同特性,大气可以划分为几层。从海平面算起,在平均高 11 km 以下的最低层称为对流层。对流层集中了整个大气质量的3/4左右。平均高度在 11~32 km 之间的一层空气称为平流层,其质量约占整个大气的1/4。在平流层里大气中只有水平方向运动,没有雷雨等气象变化。从 32~80 km 平均高度范围内的空气层称为中间大气层,其质量仅占整个大气的1/3 000。再往外便是高温层和外层大气。

除航天飞机外的普通飞机主要在对流层或平流层飞行。在这两个低层的空气大气参数(p,ρ,T)是很稳定的,随地域和时间的不同而异。由于进行飞机设计或进行空气动力学试验研究时,都需要用到由大气参数决定的大气条件,为此,国际上一般采用统一的空气压强、温度和密度随高度变化的假设关系式。由这一关系式描述的大气称为"标准大气"。

标准大气用平均海平面作为零高度,规定在海平面上,大气温度 $T_0=288.15$ K,压强 $p_0=101\ 325$ Pa,密度 $\rho_0=1.225\ \mathrm{kg/m^3}$,并且规定了不同大气层温度 T 随高度 H 变化的梯度。其他参数(p,ρ 等)根据高度关系式也可相应地推导出来。通常在教科书和文献上,标准大气数据是以表格形式给出的,称为大气数据表。本章给出大气状态方程和海平面标准大气物理参数,供飞行控制系统设计、大气数据传感器设计和试验中使用。

根据国际标准大气的规定,假定大气是完全气体,并认为大气是静止的,其温度随海拔高度的变化规律是理想的。根据上述条件,可以得到大气的状态方程、静力学方程和声速表达式,即

$$p=\rho RT \tag{3-1}$$

$$\frac{\mathrm{d}p}{\mathrm{d}H}=-\rho g \tag{3-2}$$

$$a=\sqrt{kRT}\approx 20.047\sqrt{T} \tag{3-3}$$

式中，$R=\frac{p}{\rho T}=287.053\ \mathrm{m^2/(s^2\cdot K)}$，是由气体状态方程决定的气体常数；$g$ 为重力加速度，海平面上 $g_0=9.806\ 65\ \mathrm{m/s^2}$；$k=\frac{c_p}{c_V}=1.4$，称为比热容之比，其中 $c_V=\left(\frac{\mathrm{d}q}{\mathrm{d}T}\right)_{V=c}$ 是单位质量气体在体积不变时的热容量(q)，称为定容比热容；$c_p=\left(\frac{\mathrm{d}q}{\mathrm{d}T}\right)_{p=c}$ 表示定压比热容。

除 T_0，p_0，ρ_0 和 g_0 外其他海平面标准大气物理参数如下：

大气温度：$t_0=15℃$；

大气黏度系数：$\mu_0=1.789\ 4\times10^{-5}\ \mathrm{N\cdot s/m^2}$；

声速：$a_0=340.294\ \mathrm{m/s}$；

大气运动黏度：$\gamma_0=\mu_0/\rho_0=1.460\ 75\times10^{-5}\ \mathrm{m^2/s}$。

由上述关系式和基本数据，并根据理想的温度随高度的变化关系，便可得到大气压强、密度以及声速随高度的变化值。

3.2.1.2　大气物理参数随高度变化的计算公式

当 $H\leqslant 11\ 000$ m 时，有

$$T=T_0+\tau H\quad(\mathrm{K})\tag{3-4}$$

$$p=p_0\left(\frac{T}{T_0}\right)^{-g_0/\tau R}(\mathrm{Pa})\tag{3-5}$$

$$\rho=\rho_0\left(\frac{T}{T_0}\right)^{-g_0/\tau R-1}(\mathrm{kg/m^3})\tag{3-6}$$

式中，$\tau=\frac{\mathrm{d}T}{\mathrm{d}H}=-0.006\ 5\ \mathrm{K/m}$。

当 $11\ 000\ \mathrm{m}<H\leqslant 20\ 000$ m 时，有

$$T=T_{11}=216.65(\mathrm{K})\tag{3-7}$$

$$p=p_{11}\mathrm{e}^{-\frac{g_0}{RT_{11}}(H-1\ 100)}(\mathrm{Pa})\tag{3-8}$$

$$\rho=\rho_{11}\mathrm{e}^{-\frac{g_0}{RT_{11}}(H-11\ 000)}(\mathrm{kg/m^3})\tag{3-9}$$

式中，T_{11}，p_{11} 和 ρ_{11} 是 $H=11\ 000$ m 高度的大气参数。

当 $20\ 000\ \mathrm{m}<H\leqslant 32\ 000$ m 时，有

$$T=216.65+0.001(H-20\ 000)(\mathrm{K})\tag{3-10}$$

$$p=5\ 474.32[1+4.615\ 74\times10^{-6}(H-20\ 000)]^{-34.163\ 2}(\mathrm{Pa})\tag{3-11}$$

$$\rho=0.088\ 03[1+4.615\ 74\times10^{-6}(H-20\ 000)]^{-35.163\ 2}(\mathrm{kg/m^3})\tag{3-12}$$

3.2.1.3　气压高度表的工作原理

飞行高度分绝对高度、相对高度和标准气压高度三种。绝对高度是指飞机与海平面之间的垂直距离；相对高度是指飞机相对于目标(山顶、地面和机场水平面)之间的垂直距离；标准气压高度是指飞机与大气压力为 101 325 Pa 的气压面之间的垂直距离。

测量高度的方法常用的有下列几种：

(1) 利用无线度高度表测量相对地面的高度。由无线电表发出电磁波，以光速 $c(c=3\times10^8\ \mathrm{m/s})$ 传播，且当遇到地面后反射回无线电高度表接收机天线，依据发射与回收电磁波的时间差 Δt，并按

$$H_{\mathrm{d}}=\frac{1}{2}c\Delta t\tag{3-13}$$

计算出飞机与地面的高度。但因测量范围有限(750 m 以下),仅仅用于低空飞行和着陆飞行中。

(2) 利用惯性导航系统按垂直方向加速度积分测量飞机相对机场水平面的垂直距离,即

$$H_j = \iint a_y \mathrm{d}t^2 \tag{3-14}$$

式中,a_y 为地面垂直方向上的加速度。然而,需要一个精度很高的安装在惯性平台上的加速度传感器。

(3) 依据大气压力(静压)随高度升高而减小的原理测量气压高度,这种高度传感器称为气压式高度传感器。本节重点介绍气压式高度传感器的工作原理。

在飞机机头前沿装有测量总压和静压的空速管(皮托管),如图 3-1 所示。为了获得气压高度信息,空速管通过远离头部的静压孔接收了近似为静压 p_s 的大气,并输送给高度表的密封盒内,真空膜盒膨胀,其膨胀尺度转换为与 p_s 的变化成比例的电信号。

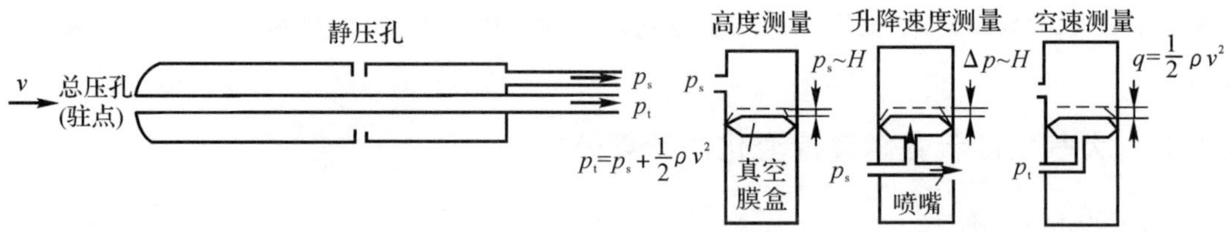

图 3-1　空速管测量原理

由式(3-4) 和式(3-5) 得到高度与静压的关系式为

$$H_Q = \frac{T_0}{\tau}\left[\left(\frac{p}{p_0}\right)^{\frac{-\tau R}{g}} - 1\right] \tag{3-15}$$

式中,p 可近似为空速管测量的静压 p_s。当取 $\tau = -0.0065$(K/m) 和 $g \approx g_0$ 时,便可得到气压高度 H_Q 与静压 p_s 的关系,如图 3-2 所示。这种输入(大气静压 p_s) 与输出(与高度成比例的电信号) 的非线性关系,可通过真实膜盒的构造来实现,也可通过大气数据计算机软件实现。

这种气压高度表设置有调零机构,可使对某一基准气压面的高度为零时,传感器输出也为零。例如,在巡航飞行中把 p_0 调到 101 325 Pa,这样,可使在一个空间的所有高度表的方法误差都一样;在机场附近,重要的是要知道飞机的离地高度,把 p_0 调定到推算的相对海平面的当时当地的地面气压,这样,一个理想的高度表在当时地面上显示的是机场海拔高度。

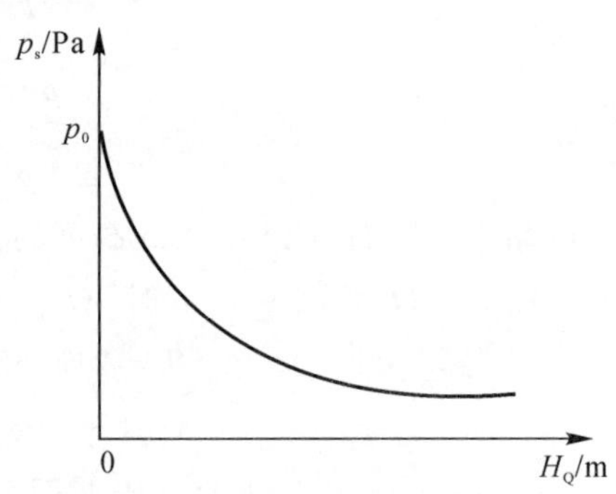

图 3-2　高度与大气静压的非线性关系

这种高度通常显示的不是对地面的绝对高度,而是对平均海平面的气压高度,因而用这个测量参数控制飞行高度,将使飞机在一个等压平面上飞行。

气压高度的测量误差在地面附近可达 25 m,但由于压力与高度的非线性关系,随高度的增加,其允许误差为每 300 m 高度增加 3 m 误差。由于气压高度表存在这样大的原理误差,所以在地面附近(如着陆阶段) 应转入精确的无线电高度表测量。

高度差传感器能提供飞机控制系统高度差信号,即它能测量飞机飞行高度相对给定高度的偏差,并输出与高度差成比例的电信号;对于大气数据计算机来说,输出的是与高度差成比例的数据码。可以利用带有电磁离合器的随动系统,即利用机械的自动回零系统来实现。为解决随动系统的快速性与稳定性的矛盾,引入电动测速机信号,以提高高度差信号的精度。利用气压高度传感器信号和数字式自动回零逻辑可以获得接近即时的高度差信号,因此,可以有效地提高高度差信号的精度。

3.2.2　垂直速度表

因为除了天气条件影响外，当地的静压只与高度（温度、密度分布）有关，而与稳定的当地空气流动（例如上升气流）无关，所以，采用静压对时间变化测量的是绝对高度的变化（垂直速度、爬升率），而绝不是对周围空气的相对速度，并由式（3－2）可得

$$\frac{\mathrm{d}H}{\mathrm{d}t}=\frac{\mathrm{d}H}{\mathrm{d}p}\frac{\mathrm{d}p}{\mathrm{d}t}=-\frac{1}{\rho g}\frac{\mathrm{d}p}{\mathrm{d}t}=v_y \tag{3-16}$$

式中，压力随时间变化的测量通常是利用即时的膜盒内静压与升降速度表表盒内压力之差 Δp 近似表示的。在图 3－1 中，升降速度表表盒内压力是通过喷嘴（或毛细管）引入静压的，因此，它不是即时的，而是有延时的。如果这种近似方法获得的压力对时间变化的精确度是足够的话，那么，必须使喷嘴设计的灵敏度与测量滞后达到良好的协调，能充分地补偿平衡过程与温度和密度的关系。这种滞后随高度的增大而明显增大，尽管对显示来说是足够的，但对控制使用就不够了。可以采用相位超前滤波的办法减小这种滞后，然而，采用这种滤波校正法，还不如利用高度信号微分的办法，其实现更方便，滞后影响更小且测量量更精确。

3.2.3　空速和马赫数的测量方法

3.2.3.1　空速传感器

飞行速度是飞机飞行中一个很重要的飞行性能参数。通常说的飞行速度是指飞机相对于空气的速度，称为空速；飞机相对地面的速度称为地速。然而，速度传感器测量的飞行速度有真空速、指示空速、当量空速和地速等。这些速度的定义如下：

真空速：飞机相对于空气的速度，或者说考虑了空气密度影响的飞机相对空气的运动速度；

指示空速：忽略了空气密度变化的飞机运动速度，相对于真空速而言，真空速随空气密度而变化，当空速表达式中空气密度 ρ 用平均海平面空气密度 ρ_0 代替时，获得的空速称为指示空速，或仪表速度，简称为表速；

当量空速：计入空气压缩性的指示空速称为当量空速；

地速：飞机相对于地面运动速度的水平分量，是真空速和风速水平分量的向量和。

（一）空速测量的理论基础

由于动压 q 的表达式为

$$q=\frac{1}{2}\rho v^2 \tag{3-17}$$

式中，v 为空速。当将 q 作为测量量时，通过计算便可得到空速。要获得动压 q，可利用如图 3－1 所示空速管前端驻点上的总压 p_t 与静压 p_s 之差得到 q。

飞机在低速飞行时，可以认为空气是不可压缩的，那么，低速不可压缩的能量方程 —— 伯努利方程为

$$p+\frac{\rho v^2}{2}=C \tag{3-18}$$

飞机在高速飞行时，可认为空气是可压缩的，总能量为常数的能量方程为

$$\frac{k}{k-1}\frac{p}{\rho}+\frac{v^2}{2}=C \tag{3-19}$$

在无黏性摩擦的情况下，气流速度减小到零时各气流参数称为总参数。这时相应的伯努利方程中的温度、压强和密度都到达最大值，并分别称为总温 T_t、总压 p_t 和总密度 ρ_t。

在流动过程中任何一点的当地参数称为静参数，记为 p_s，T_s，ρ_s，并分别称为静压、静温和静密度。

这样一来，在流场中任意一点都具有总参数和静参数，并且每种总参数与静参数之比的公式分别为

$$\frac{T_t}{T_s}=1+\frac{k-1}{2}Ma^2 \tag{3-20}$$

$$\frac{p_{\mathrm{t}}}{p_{\mathrm{s}}}=\left(1+\frac{k-1}{2}Ma^{2}\right)^{\frac{k}{k-1}} \tag{3-21}$$

$$\frac{\rho_{\mathrm{t}}}{\rho_{\mathrm{s}}}=\left(1+\frac{k-1)}{2}Ma^{2}\right)^{\frac{1}{k-1}} \tag{3-22}$$

在黏流中，由于黏性摩擦的作用，p_{t} 下降，ρ_{t} 也下降，所以，式(3-21)和式(3-22)不能应用。这在具有激波的飞行中便是如此。无论是理想气流还是黏性流，只要是绝热的，流场中各处的总温 T_{t} 是不变的。

如图 3-1 所示的空速管的内管称为总压管，与侧面多个小圆孔相连的外管称为静压管。迎面而来的气流在空速管头部受阻滞，可以认为完全失去动能和速度为零，但由能量不变定律可知，驻点处的动能转化为压力能，因此驻点处的压力 p 为总压，即内管传输的气压可近似为总压 p_{t}。当外管传输的气压 p 近似为静压 p_{s} 时，动压 q 可近似表示为

$$q=\frac{1}{2}\rho v^{2}=p_{\mathrm{t}}-p_{\mathrm{s}} \tag{3-23}$$

通常，飞行速度小于 400 km/h 时，便可认为空气是不可压缩的，其流动过程是等密度的，这样便可得到空速的表达式为

$$v=\sqrt{\frac{2(p_{\mathrm{t}}-p_{\mathrm{s}})}{\rho_{\mathrm{s}}}}=\sqrt{\frac{2q}{\rho_{\mathrm{s}}}}=f(q,\rho_{\mathrm{s}}) \tag{3-24}$$

式中，ρ_{s} 为当地（飞机所处高度）静密度。

当飞行速度大于 400 km/h 时，空气的压缩效应显著，并考虑到驻点处速度 v_{z} 为零，以及 $Ma=\dfrac{v}{a}$ 和 $a=\sqrt{kRT}$，由式(3-21)得到

$$p_{\mathrm{z}}=p_{\mathrm{t}}=\left[\frac{v^{2}\rho_{\mathrm{s}}(k-1)}{2kp_{\mathrm{s}}}+1\right]^{\frac{k}{k-1}}p_{\mathrm{s}} \tag{3-25}$$

式中，p_{z} 为驻点处的静压，也是总压($p_{\mathrm{z}}=p_{\mathrm{t}}$)，这也就是空速管测量的总压。为了获得有压缩效应的飞行速度，在式(3-25)两端分别减去 p_{s}，并考虑 $p_{\mathrm{z}}=p_{\mathrm{t}}$ 和 $q=p_{\mathrm{t}}-p_{\mathrm{s}}$，便可由式(3-25)得到

$$v=\sqrt{\frac{2kp_{\mathrm{s}}}{(k-1)\rho_{\mathrm{s}}}\left[\left(1+\frac{q}{p_{\mathrm{s}}}\right)^{\frac{k-1}{k}}-1\right]}=f(q,\rho_{\mathrm{s}},p_{\mathrm{s}}) \tag{3-26}$$

应该指出，当飞行速度大于 400 km/h 时，将产生激波，动压与飞行速度的关系为

$$q=p_{\mathrm{t}}-p_{\mathrm{s}}=\left[\frac{167v^{2}}{a^{2}\,(7v^{2}-a^{2})^{2.5}}-1\right] \tag{3-27}$$

由于空速管安装在飞机头部，它的前面通常都存在激波，其轴线稍有倾斜，便会产生很大的静压测量误差。

(二) 压差式空速表的工作原理

图 3-1 为压差式空速传感器的示意图。其工作原理是，空速管接收总压 p_{t} 和静压 p_{s}，并分别送到开口膜盒和密封壳体内，此时开口膜盒在压差($\Delta p=p_{\mathrm{t}}-p_{\mathrm{s}}=q$)作用下，产生位移，并输出与动压成正比的电信号。动压这个飞行速度代替量便反映了飞行速度的大小。

然而，由式(3-23)和式(3-26)可知，空速 v 不仅与压差 Δp(即 q)有关，也与静压 p_{s} 和静密度 ρ_{s} 有关。由于大气静密度 ρ_{s} 不易测准，为了方便，人们通常用标准大气的海平面空气密度 ρ_{0} 代替 ρ_{s}。

当飞行速度小于 400 km/h 时，式(3-24)改写为

$$v_{\mathrm{bs}}=\sqrt{\frac{2q}{\rho_{0}}}=f(q) \tag{3-28}$$

式中，v_{bs} 为表速。这样一来，由大气状态方程式(3-1)得到真空速与表速的关系式

$$v_{\mathrm{zs}}=v_{\mathrm{bs}}\sqrt{\frac{\rho_{0}}{\rho_{\mathrm{s}}}}=v_{\mathrm{bs}}\sqrt{\frac{p_{0}T_{\mathrm{s}}}{T_{0}p_{\mathrm{s}}}}=f(q,\rho_{\mathrm{s}},T_{\mathrm{s}}) \tag{3-29}$$

式中，p_0，T_0 分别为标准大气海平面的静压和绝对温度；ρ_s，p_s，T_s 分别为某飞行高度上的静密度、静压和静温度。这就是说，当用测得的当地静压 p_s 和静温 T_s 去修正表速 v_{bs} 时，便可得到真空速。

当飞行速度大于 400 km/h，并且 $q<\rho_s$ 时，由于函数$(1+x)^m(m>0)$ 的幂级数展开为

$$(1\pm x)^m=1\pm mx+\frac{m(m-1)}{2!}x^2\pm\frac{m(m-1)(m-2)}{3!}x^3+\cdots\quad(m>0)\tag{3-30}$$

当 $x<1$ 时，可取前三项为近似值，那么，由式(3-26) 表示的可压缩性飞行速度的表达式可近似为

$$v\approx\sqrt{\frac{2q}{\rho_s}\left(1-\frac{q}{2kp_s}\right)}\tag{3-31}$$

由于 $Ma=\frac{v}{a}$，$a=\sqrt{kRT}$ 和 $q=\frac{1}{2}\rho_s v^2$，得到

$$Ma=\sqrt{\frac{2q}{kp_s}}\tag{3-32}$$

那么，由式(3-31) 表示的可压缩性飞行速度的近似表达式为

$$v=v_b\sqrt{1-0.25Ma^2}$$

式中，v_b 为不考虑空气可压缩性时的飞行速度。可见计入空气的可压缩性时，飞行速度降低了。

和低速飞行一样，不易测量的当地空气密度使得空速表设计者采用了标准大气海平面空气密度 ρ_0 代替当地密度 ρ_s，那么，具有可压缩性效应的表速称为当量空速，并可表示为

$$v_{dL}=\sqrt{\frac{2q}{\rho_0}(1-0.25Ma^2)}=f(q,Ma)\tag{3-33}$$

在这种情况下，真空速与当量空速和表速的关系式为

$$v_{zs}=v_{dL}\sqrt{\frac{\rho_0}{\rho_s}}=v_{bs}\sqrt{1-0.25Ma^2}\sqrt{\frac{p_0T_s}{T_0p_s}}=f(q,p_s,T_s,Ma)\tag{3-34}$$

这就是说，在大速度飞行时，用测得的静压 p_s、静温 T_s 和 Ma 去修正表速 v_{bs}，便可得到真空速。

3.2.3.2　马赫数传感器

在高亚声速和超声速飞行范围内，马赫数对于确定飞行范围及飞行边界范围，都比空速重要得多。由式(3-3)可知，虽然声速与温度 T 有直接关系，但可以不测量温度，而只从动压 q 和静压 p_s 的关系式(3-32) 直接确定马赫数值更为方便得多，式中 k 可取 1.405。

3.2.4　迎角和侧滑角的测量

迎角(α) 和侧滑角(β) 是另一类空气动力学量。飞机升力的大小取决于飞行迎角；飞机在作平面转弯时所需的侧力大小取决于侧滑角的大小。在飞行控制系统中引入迎角和侧滑角反馈可以有效地增大飞机的纵向和横侧向的静稳定性。在电传控制系统中利用 α 和 β 角反馈信号可有效地补偿飞机被放宽了的纵向和横侧向稳定性，在大迎角飞行中为防止失速的产生，引入 α 反馈构成迎角限制器，以确保飞机在整个飞行包线内的安全飞行。这些问题是不能用加速度反馈来代替的，因此迎角和侧滑角的测量是很重要的。

依据迎角和侧滑角的定义，当机翼(或机身) 相对气流方向变化时，机翼(或机身) 上、下(或左、右) 表面压力产生变化，这个压力差变化的大小直接与迎角(或侧滑角) 的大小和方向有关。因此，人们试图利用这个压差来衡量迎角(或侧滑角) 的大小。几种迎角和侧滑角的测量方法都基于这个原理。

3.2.4.1　风标式迎角(侧滑角) 测量方法

一个典型的风标式迎角传感器结构图如图 3-3 所示。它的叶片转轴垂直于飞机对称面安装，当飞机在某飞行迎角飞行时，上、下面对称的叶片绕转轴向着迎面来的气流方向旋转，直至与气流方向一致时为止。

故称这种传感器为风标式迎角传感器。当叶片转轴在飞机对称面上并与机体轴 y_t 重合时,这种风标式传感器便是侧滑角传感器。

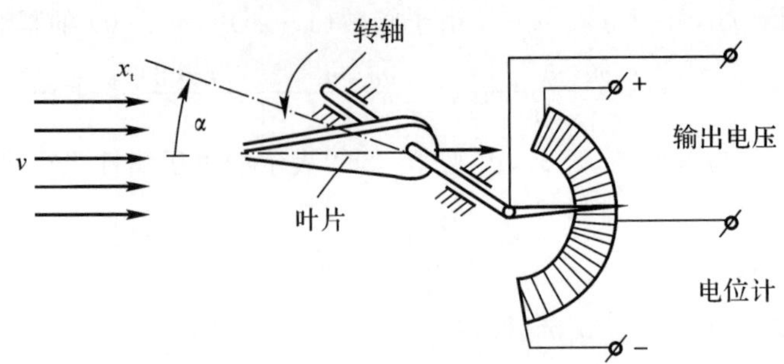

图 3-3　风标式迎角传感器结构图

为使风标工作时比较稳定,应加装阻尼器;为防止风标表面结冰,需加装加温器。

风标式传感器具有构造简单,体积小,没有测量方法误差等优点。若制造公差小,安装位置正确,它可提供较高的测量精度,如在 $\pm 0.1^\circ \sim \pm 0.2^\circ$ 范围内。

然而,正确的安装位置是难以寻找的。靠感受气流方向来测量变量的风标式传感器,其安装位置附近具有扰动流场时,则不可获得正确的测量量。对于高速飞机来说,要找到气流平稳和无激波的部位是非常困难的。因此,一般将它安装在机头或机翼处,并且需要经过风洞或试飞来校正其误差。

这种传感器的另外一个缺点是容易受到机械性损害,难以维护和使用。

3.2.4.2　压力差式迎角(或侧滑角)传感器

利用压力差来测量 α 和 β,类似于空速传感器,头部为球形体的空速管的轴线两边分布着对称的两个小孔,如图 3-4 所示。当气流方向与压差管轴线成 α 角时,上、下两个气孔的压力 p_1, p_2 不相等,且 $p_1 = q\cos(\varphi - \alpha) + p_s$ 和 $p_2 = q\cos(\varphi + \alpha) + p_s$。这样一来,其压差为

$$\Delta p = q[\cos(\varphi - \alpha) - \cos(\varphi + \alpha)] = 2q\sin\varphi\sin\alpha \tag{3-35}$$

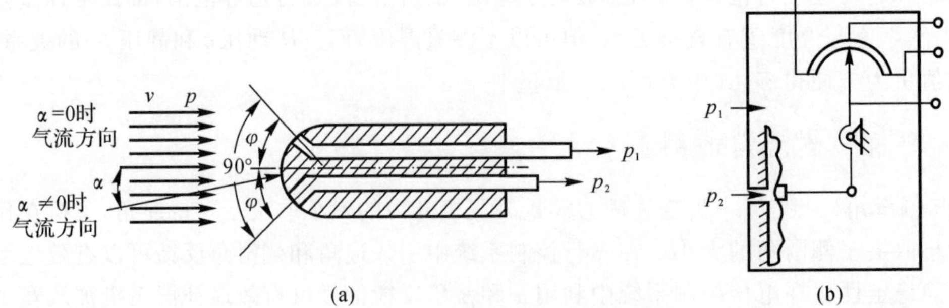

图 3-4　压力差式迎角传感器原理图

(a) 压差管;　(b) 开口膜盒压力传感器原理图

给定 φ 一个确定值,在 α 较小的情况下,得到迎角的近似表达式

$$\alpha \approx \frac{p_1 - p_2}{qr\sin\varphi} = f(\Delta p, q) \tag{3-36}$$

式中,r 是与球面曲率有关的系数。在半球形头部,除了测量迎角的两个对称孔外,在与其成 90° 的侧向轴线两边还有两个对称孔,用以测量飞机侧滑角;另一个孔是开在压差管端点中心轴线处,以测量总压。这就是说,具有五孔探头的压差式传感器可同时测量迎角、侧滑角和总压。最广泛应用的是使用两个成 10° 角安装

的空速管代替，并分别安装于飞机左、右两边。

这种测量迎角和侧滑角的测量方法，会因安装位置处的来流状态而产生误差(上洗或侧洗误差)。因此，和风标式传感器一样，五孔探头也装在机头前方的测量杆上，以尽量观测到未受飞机扰动的气流。又因这种传感器未装在飞机重心上，所以又会因飞机转动角速度造成其他误差，但可用 ω_x，ω_y 和 ω_z 的测量值予以修正。

3.2.4.3　压差归零式迎角(或侧滑角)传感器

压差归零式迎角(侧滑角)传感器是压差式的一种发展。图 3-5 为一种压差归零式迎角传感器结构图。它由敏感部分(探头)、变换传动部分(气道、气室和桨叶)、输出部分(电位计、电刷)和温控部分(探头、壳体加热器及其温度继电器)组成。探头是一个中间有隔板，在中心线两侧对称开出两排进气孔的圆锥。圆锥形探头与中间有气道的空心轴相连，在空心轴上固定着桨叶和电刷，该传感器装在飞机上，其探头的轴线平行于飞机横轴 Oz_t(若轴线平行于飞机纵轴 Ox_t，则可测出飞机的侧滑角)。

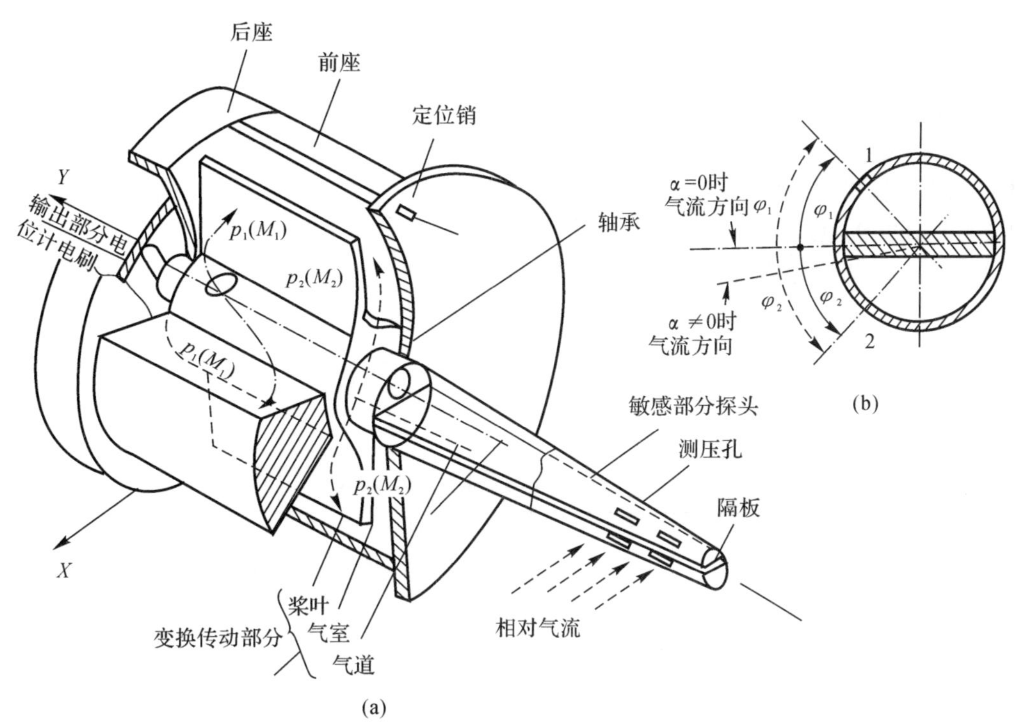

图 3-5　压差归零式迎角传感器结构图

(a) 结构图；(b) 探头的横截面图

压差归零式迎角传感器的工作原理是，当迎角为零时，两排测压孔对称地正对着迎面气流，夹角相等，感受压力相等，桨叶不动和没有电信号输出；当迎角不为零时，两排测压孔感受的压力 p_1 和 p_2 不相等，并且 $p_1 < p_2$，经过气道进入气室，分别作用在等面积的桨叶上。由此产生沿 Oz 轴方向相反的力矩，使桨叶和探头转动，直至压差 $\Delta p(=p_2-p_1)$ 为零的位置，停止转动。此时两排测压孔又对称地正对着迎面气流。显然，探头转过的角度便是飞机当时的迎角。固定在转轴上的电刷也转过相同角度，并输出一个与迎角成比例的电信号。

由于这种测量方法是直接测量迎角的，与其他飞行参数无关，所以，它的测量精度要比压差式迎角传感器高。

从理论上讲，探头一直转到两排测压孔又对称地对正迎面气流为止。但实际上，转轴与支撑轴承之间具有摩擦力，使得它必然有一个不大的误差角存在。气流黏性、桨叶组件的质量不平衡和光洁度不理想等也会造成原理和制造误差。安装位置应寻找气流扰动较小的位置，探头指向应尽量与 Oz_t 轴平行，以使误差减小到最小。

安装在飞机机体或机翼上某一特定位置的压差归零式迎角传感器，总会受到气流扰动的影响，使得它无法测得真实迎角，而且是所谓“局部迎角”。这种扰动气流流动方向与马赫数有关，因此，“局部迎角”与真实迎角的误差也与马赫数有关。为此，必须按马赫数的大小对与迎角成比例的电信号比例系数进行修正，以减小这种迎角传感器的输出误差。

3.2.5 大气数据计算机

对于现代高性能飞机，现代化程度的提高对大气数据信息增大很多，而且在性能方面(包括静态误差和动态特性)的要求也很严格。需要有一个大气数据计算装置对各测量设备给出的信号进行复杂的计算和修正，并按总线传输给座舱显示系统、发动机控制系统、火力控制系统、失速警告系统和飞行控制系统等装置中去。这种装置称为大气数据系统，或称为大气数据计算机。

3.2.5.1 大气数据计算机的组成

事实上已经证实，把总压 p_t、静压 p_s 和测得的气温(总温)等数据送到大气数据计算机中，它可集中和输出全部所需量，包括飞行高度 H、真空速 v_{zs}、马赫数 Ma、大气静温 T_s 和大气静密度 ρ_s 等，此外，迎角和侧滑角也可在大气数据计算机中计算和修正，尤其当依据压差式或压差归零式传感器测量时更是这样。如图 3-6 所示为大气数据计算机原理图。

原始数据传感器除静压传感器和动压传感器外，还有总温传感器。顾名思义，大气总温传感器是一种测量总温 T_t 的敏感元件，利用式(3-20)便可求出大气静温 T_s，即

$$T_s=\frac{T_t}{1+\frac{k-1}{2}Ma^2}\approx\frac{T_t}{1+0.2Ma^2} \tag{3-37}$$

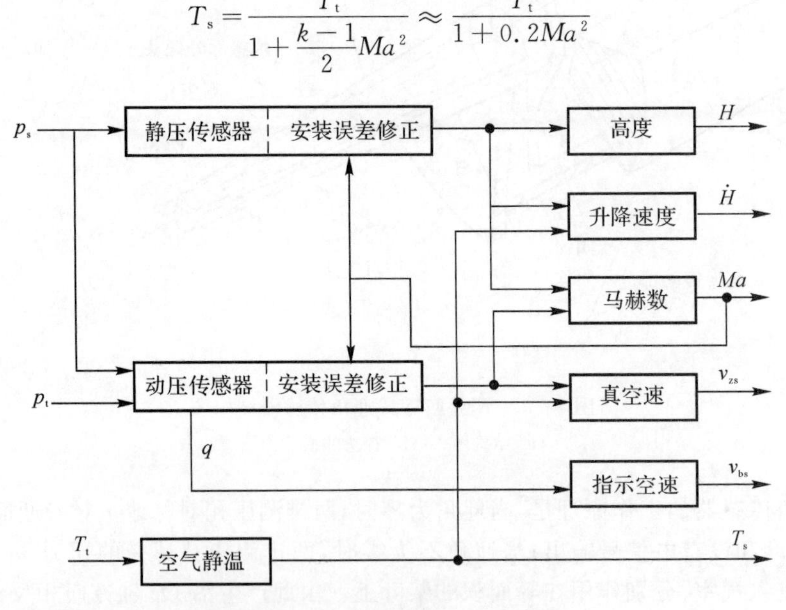

图 3-6　大气数据计算机的组成

一般的大气数据计算机采用拉瓦管式总温传感器。依据附面层概念(见第一篇第1章)设计一个大气流管，其管截面积是沿轴线方向先收缩而后扩张的，称为拉瓦管。其中间收、扩交接处的截面积最小，此处称为拉瓦管“喉道”。气流流经喉道时的流速均可达到 $Ma=1$。具有黏性的气流使管壁形成附面层。在附面层中贴近壁面的流体几乎全部被阻滞。流速降为零的气流温度便是所要测量的总温。这样一来，便可通过铂(或镍)制热电阻丝敏感总温的大小。这种电阻丝具有温度变化范围大和测量精度高的特点。

被瓦拉管测得的总温 T_t 按下式求得大气静温 T_s，即

$$T_s = \frac{T_t}{1+0.2kMa^2} \tag{3-38}$$

比较式(3-37)可知，式(3-38)中增加了一个系数 k，称为感温元件的恢复系数，以减小总温传感器测量误差。

大气数据计算机具有误差修正和补偿的解算装置，它可依据原始数据(静压和动压)修正和补偿变量(如马赫数和静温等)，利用输出变量的函数关系，按加、减、乘、除、二次方、开二次方等运算方法，获得静态误差小且动态接近即时的大气数据信息，并能给出迎角的修正变量(如 q，马赫数等)。

3.2.5.2　大气数据系统的计算公式

为了获得所需的大气数据，可按本节前面所述公式计算，如：

高度 H 值可按式(3-15)或式(3-8)计算；

表速和真空速 v_{bs}，v_{zs} 可分别采用式(3-28)和式(3-29)计算；

马赫数 Ma 可由式(3-32)计算；

迎角 α 可按式(3-36)修正或由试验、试飞得到的与某变量的函数关系进行修正；

升降速度 v_y 可按式(3-16)计算；

大气静密度 ρ_s 可根据大气状态方程式(3-1)按下式计算，即

$$\rho_s = \frac{\rho_0 T_0 p_s}{p_0 T_s} \tag{3-39}$$

式中，ρ_0，T_0 和 p_0 为海平面标准大气物理参数；p_s，T_s 分别为静压力和静温度。

3.3　惯性量的测量

在飞行控制系统中使用的测量传感器除基于膜盒式测压原理测量空气动力学量以外，还有不少传感器是基于弹性-质量组合来测量力和力矩等惯性量的，如加速度计和角速度陀螺。与测量空气动力学量不同，它们是不需要装在飞机外部的探测器，因此，可按照需要安装在飞机壳体内合适的部位上。它们适用于提高飞机的快速特征运动的阻尼、抑制阵风扰动。

由于弹簧和质量机构的组合会产生阻尼较小的摆动，所以需要各种方式的阻尼措施才能获得很好的动力学特性。非理想的弹簧特性会产生零点误差和迟滞现象。由于它们通常用于最简单的基本回路中，所以这些传感器不仅是最广泛、最经常被采用的，而且很有必要在飞行控制系统的设计中，尤其是在精确计算控制回路特性时，必须考虑它们的动态特性和静态误差。

这种传感器，视安装部位的不同，无论加速度计还是角速率陀螺都能或多或少地测量飞机的弹性特征运动。如果所测量和控制的只是飞机的刚体运动，那么，加速度计必须安装于弹性振型的波节(驻点)处，角速率陀螺必须安装在机体弹性基波的波腹处。但是，由于还存在许多高频谐波，采用这种方法并不能完全补偿，还需要合适截止频率的低通滤波器，以抑制测量信号中的高频分量。然而，如果是与此相反的目的，如要控制(阻尼)的是结构弹性固有振动，二者调换上述的安装位置，那将获得有效的控制。

当自由陀螺仪不与弹簧连接，而是悬挂在万向支架上时，这种与惯性空间固连的转动质量可提供测量角度的固定基准。这种角度测量最大的优点是没有时间滞后，因此，常被用于姿态控制的自动驾驶仪中，以及在航迹控制时的方位角控制中，用以提高回路阻尼。但是，由于万向框架结构复杂，这种自由陀螺仪一般要比其他传感器昂贵得多，并易受干扰。

为了便于测量方向的校准和共同处理它们的测量信号，三个测量轴(Ox_t，Oy_t 和 Oz_t)上的陀螺仪和加速度计，常常安装于彼此紧密连接的一个测量平台上。三个角速率陀螺仪和三个加速度计给纵向和侧向运

动的基本控制提供了足够的信息。综合这些信息，不仅可以确定航迹速度矢量，甚至还可确定飞机的位置(详见“导航系统”这一小节)。如果能将这些传感器相互之间以一定角度(如60°)安装，那么它们之间便构成解析余度，并可彼此检测。具有这些信息，并且还可作进一步处理的高质量系统，被称为“惯性基准系统”。

3.3.1 加速度传感器

直接安装在飞机壳体上的加速度计，其弹簧力平衡飞机的惯性力矩和地球引力的矢量和在弹簧力方向的分量。因此，加速度感测的量并非是飞机的加速度，而是“比力”。比力代表了作用在单位质量上的弹簧力。因此，加速度计又称比力敏感器。若加速度计敏感轴与 Ox_h 或 Oz_h 重合时，则分别测量飞机的纵向和侧向比力；若加速度计敏感轴与 Oy_h 重合时，则测量的是飞机法向比力。比力与加速度的量纲相同。在控制器设计中，应涉及在安装轴上所测量的比力分量，须换算到控制器设计所采用的方程组的坐标系上去。

3.3.1.1 由机体轴系表示的加速度分量

相对于固定坐标系(惯性空间)的活动坐标系(飞机)上任一 P 点，其加速度表达式为

$$\boldsymbol{a}=\boldsymbol{a}_0+\frac{\mathrm{d}^2\boldsymbol{r}}{\mathrm{d}t^2}+\frac{\mathrm{d}\boldsymbol{\omega}}{\mathrm{d}t}\times\boldsymbol{r}+2\boldsymbol{\omega}\times\frac{\mathrm{d}\boldsymbol{r}}{\mathrm{d}t}+\boldsymbol{\omega}\times(\boldsymbol{\omega}\times\boldsymbol{r}) \tag{3-40}$$

其中第一、第三、第五项合起来即是点 P 的牵连加速度，第二项是相对加速度，第四项为科氏(Coriolis)加速度。式中 $\boldsymbol{r}$ 为加速度传感器至飞机重心的距离，$\boldsymbol{\omega}$ 为飞机的转动角速度，$\boldsymbol{a}_0$ 为飞机重心处的加速度，即

$$\boldsymbol{a}_0=\frac{\mathrm{d}\boldsymbol{v}_\mathrm{d}}{\mathrm{d}t}+\boldsymbol{\omega}\times\boldsymbol{v}_\mathrm{d} \tag{3-41}$$

式中，$\boldsymbol{v}_\mathrm{d}$ 为飞机地速。当将加速度传感器安装在飞机重心上时，$\boldsymbol{r}=\boldsymbol{0}$，$\frac{\mathrm{d}\boldsymbol{r}}{\mathrm{d}t}=\boldsymbol{0}$，$\frac{\mathrm{d}^2\boldsymbol{r}}{\mathrm{d}t^2}=\boldsymbol{0}$ 和 $\boldsymbol{a}=\boldsymbol{a}_0$。

可以得到在重心处 Ox_t，Oy_t，Oz_t 方向上的加速度分量 a_x，a_y 和 a_z 的表达式，即

$$a_x=\frac{\mathrm{d}v_x}{\mathrm{d}t}+\omega_y v_z-\omega_z v_y\approx\frac{\mathrm{d}v_\mathrm{d}}{\mathrm{d}t} \tag{3-42}$$

$$a_y=\frac{\mathrm{d}v_y}{\mathrm{d}t}+\omega_z v_x-\omega_x v_z\approx\omega_z v_\mathrm{d} \tag{3-43}$$

$$a_z=\frac{\mathrm{d}v_z}{\mathrm{d}t}+\omega_x v_y-\omega_y v_x\approx-\omega_y v_\mathrm{d} \tag{3-44}$$

这里 v_x，v_y，v_z 是飞机重心处的绝对速度在机体轴上的分量；ω_x，ω_y，ω_z 是绕这三个机体轴的角速度。$\frac{\mathrm{d}v_x}{\mathrm{d}t}$，$\frac{\mathrm{d}v_y}{\mathrm{d}t}$ 和 $\frac{\mathrm{d}v_z}{\mathrm{d}t}$ 是绝对速度在机体坐标系上的微分，即在其三个轴上的线加速度；$\omega_y v_x$ 等项是由机体坐标系相对惯性空间转动引起的加速度，称为加速度欧拉项。

依据式(1-149)和式(1-153)得到这些加速度分量与推力、气动力和重力的关系，即

$$\begin{bmatrix}a_x\\a_y\\a_z\end{bmatrix}=\begin{bmatrix}\frac{\mathrm{d}v_x}{\mathrm{d}t}+\omega_y v_x-\omega_z v_y\\ \frac{\mathrm{d}v_y}{\mathrm{d}t}+\omega_z v_x-\omega_x v_z\\ \frac{\mathrm{d}v_z}{\mathrm{d}t}+\omega_x v_y-\omega_y v_x\end{bmatrix}=\frac{1}{m}\begin{bmatrix}P\cos\varphi_P\\P\sin\varphi_P\\0\end{bmatrix}+\frac{\boldsymbol{B}_\mathrm{q}^\mathrm{t}}{m}\begin{bmatrix}-Q\\Y\\Z\end{bmatrix}+\frac{\boldsymbol{B}_\mathrm{d}^\mathrm{t}}{m}\begin{bmatrix}0\\-mg\\0\end{bmatrix} \tag{3-45}$$

式中，$\boldsymbol{B}_\mathrm{q}^\mathrm{t}$，$\boldsymbol{B}_\mathrm{d}^\mathrm{t}$ 分别由式(1-142)、式(1-139)表示，φ_P 为发动机推力与飞机纵轴的安装角。

3.3.1.2 加速度传感器测量比力的工作原理

简单的加速度传感器工作原理图如图3-7所示，以纵向加速度计为例，图中，ε 为安装误差角，B 为与比

力成比例的重块(m) 位移。

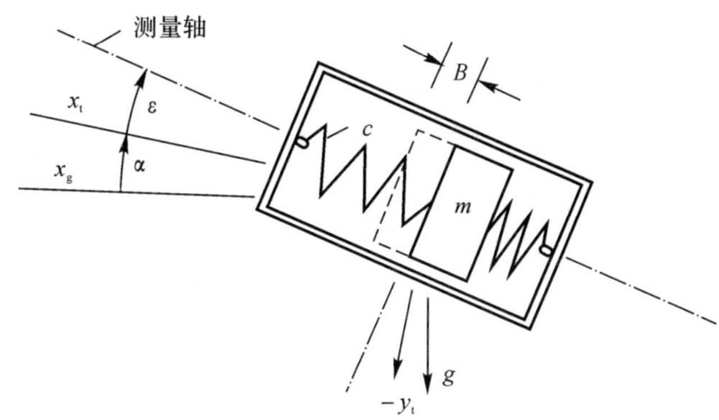

图 3-7　加速度传感器工作原理图

加速度计的主要组成部分有弹簧"c"、弹簧所支承的可动质量块"m"、位移-电信号转换器(如电位计) 和阻尼器(后二者图中未画出)。

安装在飞机重心处壳体上的加速度计,它所敏感的加速度是飞机加速度与重力加速度矢量之差,即

$$\boldsymbol{b}_t = (\boldsymbol{a}_0)_t - \frac{1}{m}\boldsymbol{G}_d \tag{3-46}$$

这就是说,在飞机重心处安装的加速度计所测量的加速度是"比力",并且它在机体轴上的分量为

$$\begin{bmatrix} b_x \\ b_y \\ b_z \end{bmatrix} = \begin{bmatrix} a_x \\ a_y \\ a_z \end{bmatrix} - \boldsymbol{B}_d^t \begin{bmatrix} 0 \\ -g \\ 0 \end{bmatrix} = \begin{bmatrix} \dfrac{P}{m}\cos\varphi_P \\ \dfrac{P}{m}\sin\varphi_P \\ 0 \end{bmatrix} + \begin{bmatrix} \cos\alpha\cos\beta & \sin\alpha & -\cos\alpha\sin\beta \\ \sin\alpha\cos\beta & \cos\alpha & \sin\alpha\sin\beta \\ \sin\beta & 0 & \cos\beta \end{bmatrix} \begin{bmatrix} -Q \\ Y \\ Z \end{bmatrix} \frac{1}{m} \tag{3-47}$$

当 φ_P,α 和 β 的数值很小时,装在重心处的加速度计测量的在机体轴上的比力分量为

$$\begin{bmatrix} b_x \\ b_y \\ b_z \end{bmatrix} \approx \begin{bmatrix} \dfrac{P}{m} \\ 0 \\ 0 \end{bmatrix} + \begin{bmatrix} -\dfrac{Q}{m} \\ \dfrac{Y}{m} \\ \dfrac{Z}{m} \end{bmatrix} \tag{3-48}$$

3.3.1.3　用加速度计近似测量飞行迎角和侧滑角

由于迎角和侧滑角传感器测量精度差、结构复杂和代价昂贵等原因,以及用于改善飞机固有特性的需要,采用法向和侧向加速度计分别代替迎角和侧滑传感器,用于飞行控制系统的最基本回路中是非常合理的。两个惯性量之所以能代替两个空气动力学量,是因为法向和侧向两个比力分别是迎角和侧滑角的线性函数。然而,在边界控制中,在静稳定性补偿中,尽管迎角传感器精度不高,但不能不用迎角信号作为反馈信号,它不仅能正确地显示飞机已接近失速迎角,而且还能控制它不超过某个限制值。由于法向加速度是迎角的变系数函数,所以难以估算迎角值;同时,在大迎角情况下,其系数极性也要改变,在这种情况下,决不能采用法向比力作为反馈信号,否则,不但不能增稳,反而会减小静稳定性。

由式(1-31) 和式(1-65) 可得

$$Y = c_y qS = [c_y^\alpha(\alpha - \alpha_0) + c_y^{\delta_z}\delta_z]qS \tag{3-49}$$

代入由式(3-48) 表示的 b_y 表达式中,得到

$$b_y = \frac{qS}{m}[c_y^\alpha(\alpha - \alpha_0) + c_y^{\delta_z}\delta_z] \tag{3-50}$$

可见,法向比力 b_y 与 α 和 δ_z 成正比,但 $c_y^{\delta_z}$ 的数值很小,使得式(3-50)右边第一项远大于第二项。因此

$$b_y \approx \frac{qS}{m} c_y^{\alpha}(\alpha - \alpha_0) \tag{3-51}$$

这便说明了法向比力可以代替飞行迎角用于飞行控制系统中,但 q 是速度 v 和高度的函数,c_y^{α} 是马赫数的函数,使 α 与 b_y 的比例系数随飞行状态不同而异。如果由 b_y 求解 α 时,必须按动压 q 和马赫数进行修正才行。

应该注意到对应失速迎角 α_s 的升力系数 c_{ys} 为最大值,并且当 $\alpha < \alpha_s$ 时,$c_y^{\alpha} > 0$,当 $\alpha > \alpha_s$ 时 c_y^{α} 的极性反号,使得 b_y 变为正反馈信号。这样一来,当利用 b_y 作为飞机纵向基本回路反馈信号时,如果没有 α 限制器,将 α 限制在 $\alpha < \alpha_s$ 的范围内时,那么在 $\alpha > \alpha_s$ 时 b_y 的反馈极性必须改变。

同样,由式(1-69)和式(3-48)表示的 b_z 表达式得到

$$b_z = \frac{qS}{m}(c_z^{\beta}\beta + c_z^{\delta_y}\delta_y) \tag{3-52}$$

当 $c_z^{\delta_y}$ 的数值很小,使得式(3-52)第一项远大于第二项时,式(3-52)可简化为

$$b_z \approx \frac{qS}{m} c_z^{\beta}\beta \tag{3-53}$$

因此,侧向比力可以代替侧滑角用于飞行控制系统的基本回路中,以改善飞机侧向运动固有特性。

加速度计的灵敏度很高,其不灵敏区 $\Delta b \leqslant 10^{-5}g$。然而,其主要缺点是安装精度难以保证。直接安装在飞机壳体上的加速度计的敏感轴很难与测量轴重合。不仅航迹坐标系的各轴难以找到,就连机体坐标系的轴方向也难以确定。尽管每架飞机都给出了一条纵向基准轴线,在加速度计安装过程中也难以找到。同时,由于重力分量与飞机姿态角有关,飞行中变化的飞机姿态也给重力补偿造成困难。在飞行控制系统设计中,在安装轴上测量的比力值也应计入控制器的方程中,一起进行精确的仿真计算。

最后,还应指出,飞机重心随装载情况和飞行马赫数而变化,固定安装的加速度计必然敏感由转动引起的牵连加速度。但这往往是有利的,如装在重心前面弹性振动节点处的侧向加速度计,测量的信号为

$$b_{zch} = b_z + K_b\dot{\omega}_y \tag{3-54}$$

按这种方式,采用唯一一个传感器就可获得同时改善固有频率和阻尼的偏航增稳系统。在基本回路设计中,也应考虑转动角加速度对不在重心处安装的加速度计的影响。

3.3.2 陀螺仪

3.3.2.1 陀螺仪工作的理论依据

最基本的陀螺仪工作的理论依据是动量矩(角动量)定理,并由如下矢量方程描述:

$$\boldsymbol{M} = \frac{\mathrm{d}\boldsymbol{H}}{\mathrm{d}t} \tag{3-55}$$

它表征刚体对任一点的动量矩 $\boldsymbol{H}$ 对时间的导数 $\mathrm{d}\boldsymbol{H}/\mathrm{d}t$ 等于绕同一点作用于刚体上的外力矩 $\boldsymbol{M}$。当装在飞机上的陀螺仪转子绕转动轴以恒定的高转速 $\boldsymbol{\Omega}$ 旋转时,陀螺仪动量矩 $\boldsymbol{H}$ 在惯性系中的时间导数与在飞机(动系)上的相对时间导数之间的关系为

$$\boldsymbol{M} = \frac{\mathrm{d}\boldsymbol{H}}{\mathrm{d}t} = \frac{\mathrm{d}(J\boldsymbol{\Omega})}{\mathrm{d}t} = J\frac{\mathrm{d}(\boldsymbol{\Omega} - \boldsymbol{\omega})}{\mathrm{d}t} + \boldsymbol{\omega} \times \boldsymbol{H} \approx J\frac{\mathrm{d}\boldsymbol{\Omega}}{\mathrm{d}t} + \boldsymbol{\omega} \times (J\boldsymbol{\Omega}) \tag{3-56}$$

式中,J 为陀螺的转动惯量;$\boldsymbol{\omega}$ 为飞机相对惯性空间的转动角速度。由于 $\Omega \gg \omega$,$\boldsymbol{\Omega} - \boldsymbol{\omega} \approx \boldsymbol{\Omega}$,所以,陀螺相对于飞机固连轴系的角速度($\boldsymbol{\Omega} - \boldsymbol{\omega}$)近似为常数 $\boldsymbol{\Omega}$,从而式(3-56)等号右边第一项可近似为零。举例说明,当陀螺转子旋转轴与飞机机体纵轴重合时,得到

$$\boldsymbol{M} = \begin{bmatrix} \omega_x \\ \omega_y \\ \omega_z \end{bmatrix} \times J \begin{bmatrix} \Omega \\ 0 \\ 0 \end{bmatrix} = J \begin{bmatrix} \boldsymbol{i}_t & \boldsymbol{j}_t & \boldsymbol{k}_t \\ \omega_x & \omega_y & \omega_z \\ \Omega & 0 & 0 \end{bmatrix} = \omega_z J\Omega \boldsymbol{j}_t - \omega_y J\Omega \boldsymbol{k}_t \tag{3-57}$$

式中，$\boldsymbol{i}_t$，$\boldsymbol{j}_t$ 和 $\boldsymbol{k}_t$ 分别为飞机机体轴系 Ox_t，Oy_t 和 Oz_t 轴上单位向量。因此，用陀螺就能测出与其旋转轴垂直的机体转动角速度（这里为 ω_y，ω_z），而不感受绕它的旋转轴的转动角速度（ω_x）。

3.3.2.2　不同类型陀螺的基本特性

按支承结构来分，陀螺仪分为单自由度陀螺和双自由度陀螺。不同结构的陀螺有不同的特性并用于飞机运动不同变量的测量中，为飞行显示器和飞行控制系统等提供不同的惯性运动变量。

（一）单自由度陀螺

如图3-8所示为单自由度陀螺原理图。它由转子、内环、基座和两对轴承组成。陀螺转子通过一对轴承与内框连接起来，与转子轴垂直的内框轴通过另一对轴承将内框与基座连接起来。

单自由度陀螺的进动性。如图3-8所示，转子轴方向 Oz 与飞机机体轴 Oz_t 平行，内框轴 Ox 与飞机 Ox_t 轴平行，那么，它对偏航角速率的反应是产生一个力矩，即

$$M_y = \omega_y J\Omega \tag{3-58}$$

如果内框轴是一个弹性扭杆，在上述力矩作用下，使陀螺转子轴绕内框轴 Ox 进动，在线性扭杆弹性和转子转速（Ω）恒定的情况下，便产生一个绕 Ox 轴的偏角 β，且与飞机角速率 ω_y 成正比，即

$$\beta = \frac{J\Omega}{c}\omega_y \tag{3-59}$$

（二）二自由度陀螺仪

图3-9所示为二自由度陀螺结构图。陀螺转子由万向支架的内框通过轴承支承；内框再由外框支承，其外框支承轴与内框支承轴垂直；外框轴再通过轴承与基座连接。这样，陀螺在坐标系 $Oxyz$ 中有两个自由度，即陀螺转子可相对于内框轴 Ox 和外框轴 Oy 转动。因此，称这种陀螺仪为二自由度陀螺仪。从结构上比较，二自由度陀螺仪比单自由度陀螺仪增加一个外框。

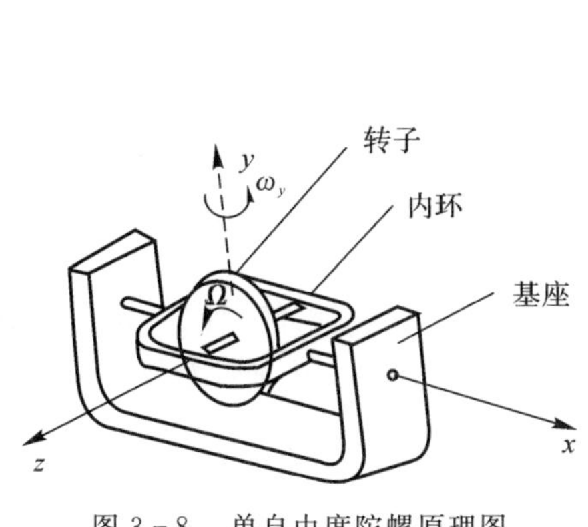

图3-8　单自由度陀螺原理图

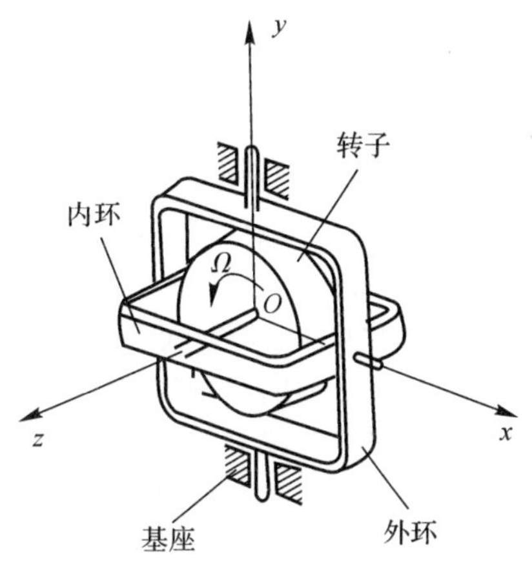

图3-9　二自由度陀螺仪结构原理图

1. 二自由度陀螺仪的定向性

对于高速旋转的物体，如果没有外力矩的作用，自转轴将相对于惯性空间保持方向不变。利用万向支架支撑的陀螺仪转子轴保持方向的这种特性称为陀螺的定向性。这就是说，与陀螺转子轴在一起的内框上存在一个稳定轴线（如图3-9所示的 Oz 轴），不随飞机固连轴系相对惯性空间坐标系转动，保持它在惯性空间内的方向不变。因此，当飞机绕转子轴方向相垂直的两个方向转动时，在 $Oxyz$ 坐标系与 $Ox_ty_tz_t$ 坐标系对应轴向平行的情况下，万向支架两框之间的夹角相当于飞机固连的陀螺仪外壳相对于空间固定轴的姿态角。

然而，飞机的姿态角是相对地面坐标系而言的，而不是相对惯性空间的变化角。由于地球在自转，所以

这些姿态角并不是常值不变的。地球自转对陀螺的影响如图 3-10 所示，在某一地面固定点 I 上的二自由度陀螺，已在某一瞬时($t_0=0$)和某一纬度 φ 处被校准，其转子轴指向北，且初始航向角和俯仰角都为零($\psi_0=0$ 和 $\vartheta_0=0$)，按右手螺旋方向转动的地球按下列两式改变航向角和俯仰角：

$$\Delta\psi=\varphi\sin(\omega_g t) \tag{3-60}$$

$$\Delta\vartheta=\varphi[1-\cos(\omega_g t)] \tag{3-61}$$

当地球转角 $\omega_g t_1=90°$ 时，陀螺位置在 Ⅱ 处，可见“航向误差”为 φ，“俯仰误差”为 φ；又当地球转角 $\omega_g t_2=180°$ 时，陀螺位置在 Ⅲ 处，可见“航向误差”为零，但“俯仰误差”为 2φ。上面的讨论限于陀螺仪固定在地球表面上某一位置。如果陀螺仪安装在飞行器上，这种误差与飞行器在空中的位置变化有关(称为陀螺视在漂移)，在高速度飞行情况下必须予以考虑。

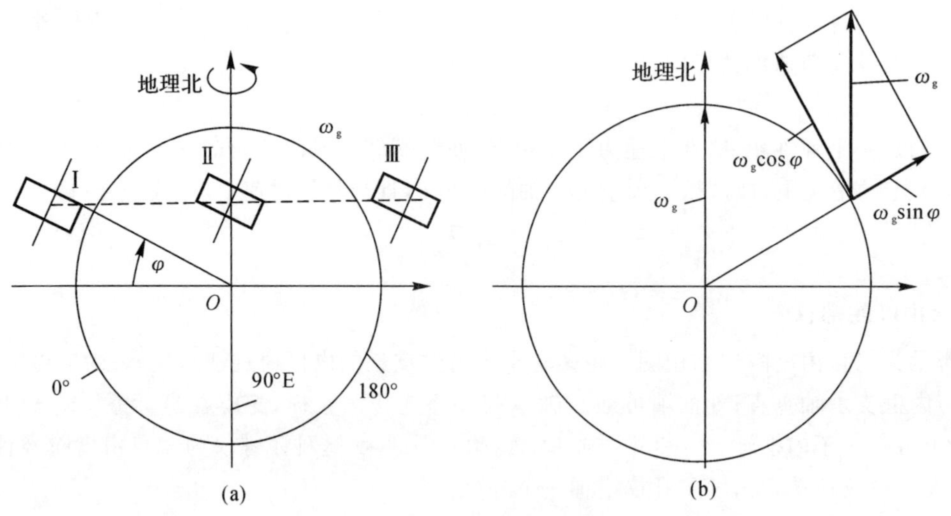

图 3-10　地球自转对陀螺的影响

陀螺仪相对惯性空间有定向(轴)性，但地球相对惯性空间是运动的，因此，陀螺仪相对地球的运动是姿态角的变化。通常把陀螺仪相对地球的运动称为表观运动。实际上，把太阳系看作惯性空间也是近似的，太阳也是绕银河系中心以一定转速旋转运动的。对于太阳系中的宇宙飞船，应该考虑地球的公转，而对于地球表面飞行的飞机，只考虑地球自转的影响就足够精确了。而对于短时间工作的火箭和导弹，由于工作时间很短，地球的自转位置变化很小，所以，可不考虑地球自转的影响。

可以采用力矩修正的办法使陀螺转子方向跟踪地垂线或水平面，即使俯仰和倾斜姿态陀螺的转子轴对准铅垂线，而航向陀螺转子对准磁北方向。这样，就可修正地球自转误差。这种带有修正装置的陀螺称为定位陀螺，不加任何控制和补偿的陀螺称为自由陀螺。

2. 陀螺的进动特性

如果陀螺轴承存在摩擦力矩和不平衡力矩，则它将按式(3-56)(第一项为零)决定的角速度 $\boldsymbol{\omega}$ 的方向和大小转动，这种转动称为进动，$\boldsymbol{\omega}$ 称为陀螺进动角速度。由这种原因引起的陀螺仪误差，称为陀螺仪漂移。当干扰力矩越小时，漂移越小，说明陀螺仪的稳定性越好，测量精度越高。

3. 陀螺力矩特性

相反，如果陀螺仪感受到飞机的转动角速度，那么陀螺将力图使陀螺自转轴向着飞机转动轴方向转动。这也是一种陀螺进动现象，它是在飞机转动时，产生的惯性力矩，即为陀螺力矩的作用下产生的。陀螺力矩可表示为

$$\boldsymbol{M}_1=\boldsymbol{H}\times\boldsymbol{\omega}=J\boldsymbol{\Omega}\times\boldsymbol{\omega} \tag{3-62}$$

式中，$\boldsymbol{\Omega}$，$\boldsymbol{\omega}$ 的定义同式(3-56)。由式(3-62)和式(3-56)可见，陀螺力矩的方向与外力矩的方向相反，但大小相等。

3.3.2.3　角速率陀螺

角速率陀螺是一种只能绕一个轴偏转的单自由度陀螺，它只有内框，没有外框，并且内框支承轴与弹簧和阻尼器连接，如图 3-11 所示。当转子轴与 Oz_t 轴重合，内框支承轴与 Ox_t 重合时，角速度的测量轴便与 Oy_t 轴重合。在 Oy 轴上存在一个角速度 ω_y，同时在内框支承轴上出现陀螺力矩 M_l，并指向 Ox 相反方向。在它的作用下，陀螺转子轴绕 Ox 轴向着 Oy 轴方向进动，继而内框轴上产生弹簧力矩 M_β，其方向沿 Ox 为正向，且当

$$M_\beta = K\beta = -M_l = \omega_y J\Omega \tag{3-63}$$

时，陀螺进动停止。式中，β 为陀螺进动角；K 为弹簧弹性系数。可见陀螺进动角 β 正比于飞机角速度 ω_g。在内框轴上安装阻尼器的目的在于改善角速度陀螺的阻尼特性。

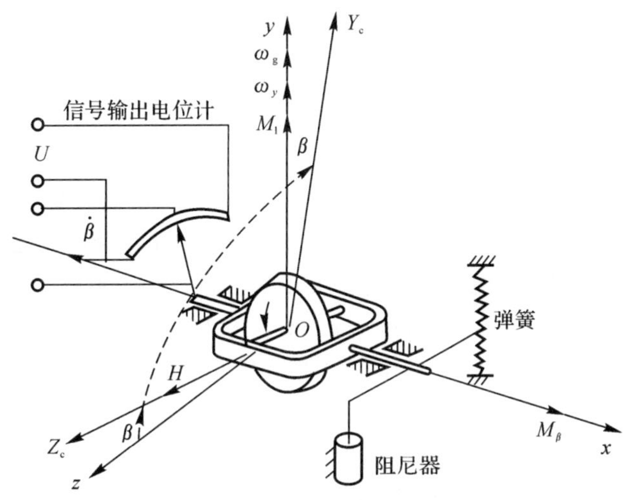

图 3-11　角速度陀螺原理图

角速度陀螺的动态特性，可由下列传递函数表示，即

$$\frac{\beta}{\omega_y}(s) = \frac{K_1\omega_0^2}{s^2 + 2\zeta_0\omega_0 s + \omega_0^2} \tag{3-64}$$

式中

$$\omega_0 = \sqrt{K/J_x}$$

$$\zeta_0 = K_z/2\sqrt{K/J_x}$$

其中，K 为内框轴弹簧刚度；J_x 为陀螺仪内框轴 Ox 上的转动惯量；K_z 为阻尼系数；K_1 为电信号传感器输出信号系数。足够大的弹簧系数和阻尼器系数，使得角速度陀螺仪具有良好的静、动特性，即当代的角速度陀螺传感器具有很小的不灵敏度（$< 0.05°/s$）和很高的固有频率（f_0 在 20 ～ 40 Hz 范围内）。

单自由度陀螺不仅能测量飞机的转动角速度，还可将内框轴上弹簧去掉，构成积分陀螺仪，它的输出经过修正后可作为飞机相应的姿态角。角速度陀螺仪还可作为微分陀螺使用，在弹性内框轴上安装一个测速发电机作为输出信号传感器，那么，它便给出与角加速度成正比的电信号。

3.3.2.4　陀螺地平仪(垂直陀螺仪)

(一) 两个框架的垂直陀螺仪

陀螺地平仪或垂直陀螺仪是测量飞机俯仰角和倾斜角的陀螺仪，前者用于显示器，后者用于控制系统，或者就陀螺传感器而言，是二者共用的。

垂直陀螺仪是一个架在两个万向框架(环) 内的具有铅垂修正功能的自由陀螺，如图 3-12 所示，为垂直

陀螺原理结构图。转子轴向上，沿 Oy 轴，水平安装的内框轴沿 Ox 轴，水平安装的外框轴沿 Oz 轴，在内框下面装有液体开关，在 Ox，Oz 轴上分别装有力矩马达 Ⅱ 和 Ⅰ。

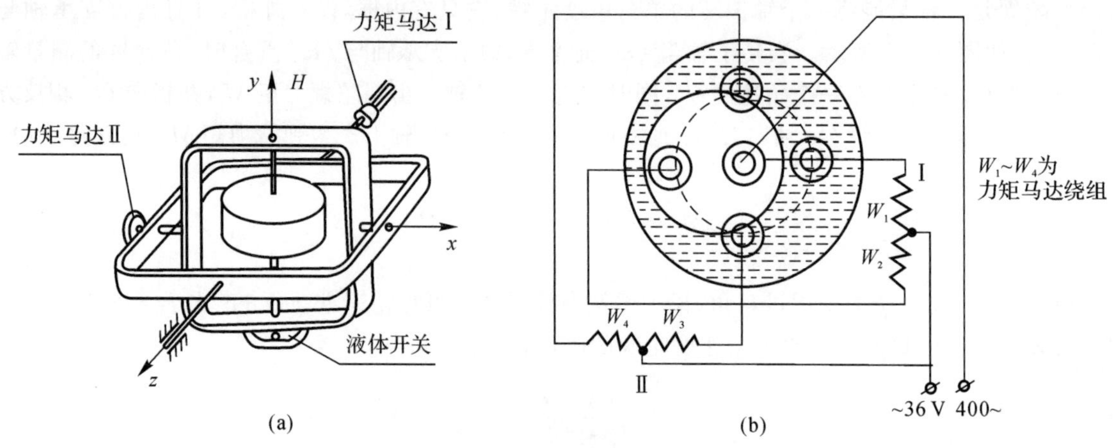

图 3－12　垂直陀螺仪原理图

(a) 垂直陀螺结构原理图；(b) 双向液体开关原理图

由于万向框架的不平衡、轴承摩擦力以及地球自转产生的扰动，所以二自由度陀螺仪会慢慢漂移，这种漂移现象可以通过校正系统予以补偿，使陀螺以大约为 2 °/min 的角速度回到铅垂方向上去。

由水银水平仪构成的一个双向(或两个单向) 液体开关感受转子轴离开铅垂线的偏差，接通力矩马达，产生陀螺修正力矩，使陀螺按进动原理，即按式(3－58) 交叉控制转子轴进动到铅垂方向。

但是，在水平面内具有加速度分量时，利用水银水平仪测量的铅垂线不是真铅垂线，水平面内的加速度使铅垂线产生定位误差。因此，若飞机在长时间加速飞行和作曲线飞行时，就会存在这种误差，尤其在起飞时，定位误差甚大。为了克服转弯飞行中出现的这种误差，当飞机倾斜角较大($|\gamma| > 5°$) 时，断开横向修正装置；当飞机加速时断开纵向修正装置。对于机动性能好的歼击飞机来说，这种修正断开装置是很有必要的。

(二) 随动托架式垂直陀螺仪

对歼击机来说，为满足俯仰、滚转超过 360° 的飞行要求，在万向支架外面加装一个随动托架，托架轴与内框轴重合或平行。用随动系统实现的托架隔离了万向支架与飞机机体的连接，如图3－13所示。静态的随动托架系统使陀螺转子与外框轴始终保持垂直，当转子轴在铅垂线上时，内框轴和外框轴都在水平面内垂直于转子轴。这就是说，具有托架系统的垂直陀螺，其转子轴、内框轴和外框轴分别与地面轴系的 Oy_d，Ox_d 和 Oz_d 平行。随动托架轴通过轴承与飞行机体连接，并且与机体轴 Ox_t 平行。

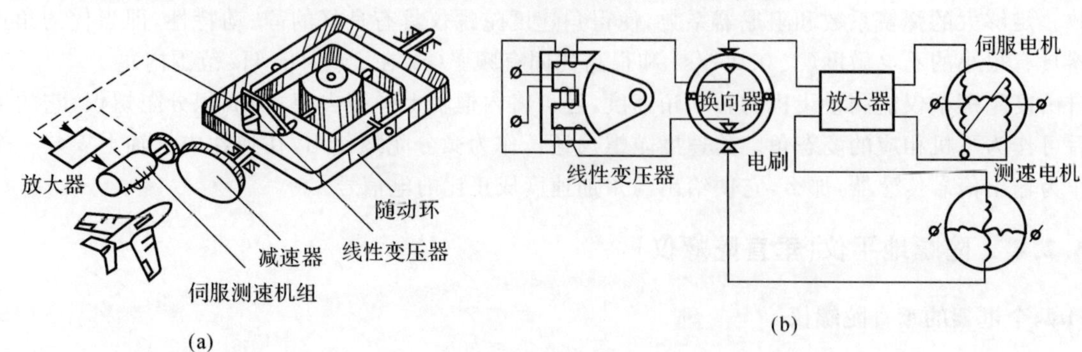

图 3－13　随动托架原理示意图

(a) 陀螺地平仪的随动环境装置；(b) 随动环装置的电路联系

依据姿态角(ϑ和γ)的定义，确定俯仰角和倾斜角测量同步器的安装位置。如果托架式垂直陀螺仪在初始位置与 Ox_t 平行的托架轴和与 Ox_d 平行的内框轴共轴，与 Oz_d 平行的外框轴与 Oz_t 平行；当飞机抬头时，带动托架绕外框轴转动一个角度，即绕 Oz_d(或 Oz_t) 转动一角度，依据姿态角定义可知，这个绕外框轴转动的角度便是俯仰角 ϑ。因此，俯仰同步器的发送器转子应装在陀螺的外框上，定子装在托架上，并与发送器转子同轴；当飞机在上述抬头位置绕托架轴(即 Ox_t 轴) 向右倾斜一个角度时，依据倾斜角定义，这个角便是倾斜角，因此，将倾斜同步器发送器转子安装在随动托架轴上，定子装在陀螺仪壳体(即飞机机体) 上，并与发送器转子同轴。图 3-14 为托架式垂直陀螺仪信号的产生与变换原理图。

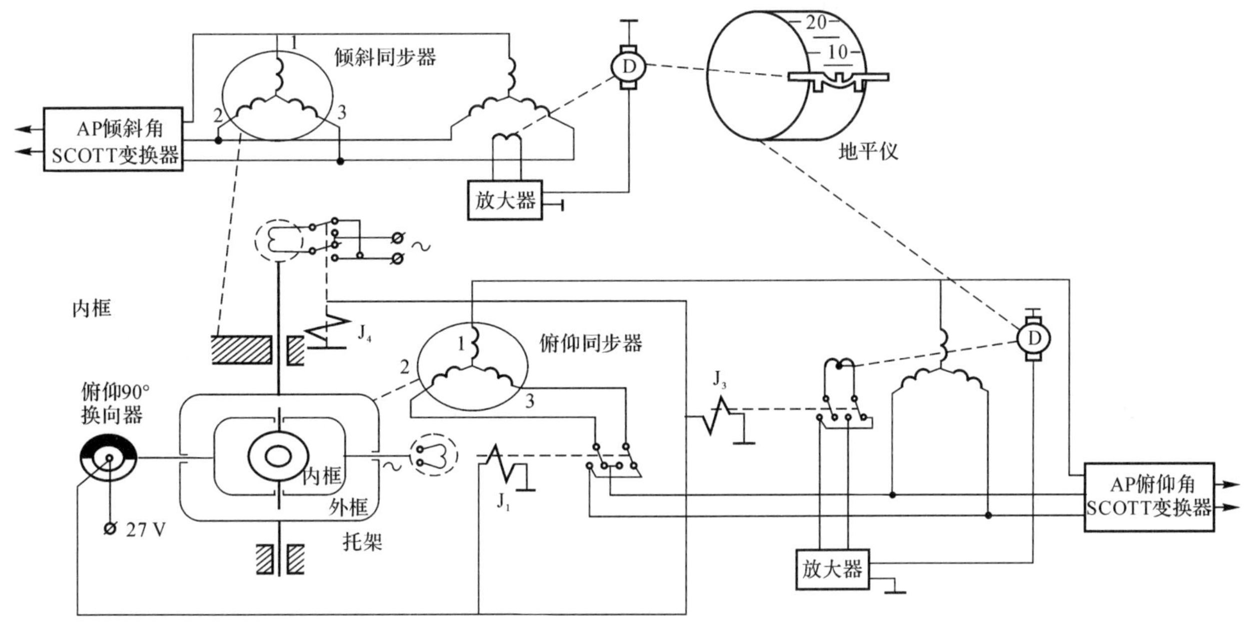

图 3-14　托架式垂直陀螺仪信号的产生与变换原理图

1. 俯仰角与倾斜角的指示器显示

为了正确地显示飞机的倾斜角和俯仰角，在垂直陀螺仪的外框轴上装有一个换向器。当 $|\vartheta|\geqslant 90°$ 时，它将三个继电器(J_1，J_3 和 J_4) 的 27 V 电源线接通，J_1 和 J_3 分别将俯仰发送器定子的 2，3 线互换，将接收器转子的两根输出线换接，J_4 使倾斜发送器转子线圈的两根电源线互换。

在俯仰角小于 90°($|\vartheta|<90°$) 的情况下，当飞机作倾斜运动时，倾斜同步接收器转子输出失调信号 $\sin(\gamma-\gamma_0)$，加给倾斜指示系统放大器，使倾斜指示系统电动机带动倾斜接收器转子和“小飞机”一起转动，转动角度为$\gamma-\gamma_0$；当飞机作俯仰运动时，俯仰同步接收器转子输出失调信号 $\sin(\vartheta-\vartheta_0)$，加给俯仰指示系统放大器，使俯仰指示系统电动机带动俯仰接收器转子和俯仰指示器盘一起转动，转动角度为 $\vartheta-\vartheta_0$。

当$|\vartheta|\geqslant 90°$ 时，J_4 将倾斜同步器发送器转子线圈的两根电源线互换，接收器定子磁通的方向立即反向 180°，转子输出失调信号为 $-\sin(\gamma+\gamma_0)$，倾斜指示系统由负反馈变为正反馈，系统处于不稳定状态。一旦有失调信号，倾斜指示系统电动机带动接收机转子和“小飞机”迅速转动 180°(或正或负)，使转子输出的失调信号变为 $-\sin(\gamma-\gamma_0+180°)=\sin(\gamma-\gamma_0)$，倾斜指示系统恢复稳定状态。“小飞机”指示飞机处于倒飞状态，并正常指示飞机倾斜角。

当$|\vartheta|\geqslant 90°$ 时，俯仰同步发送器定子的三相整步绕组 2，3 线换接和指示器接收器转子两根输出线互换，使得指示器转盘反转，其反转角度为 $\Delta\vartheta=\vartheta-90°$，直观上给飞行员的感觉是飞机俯仰角从 90° 位置上减小。

2. SCOTT 变换器的输出信号

飞行控制系统所需的俯仰、倾斜和航向信号取自相对应的同步器定子三相同步绕组，由于三相同步绕组给出的是三相整步余弦信号，需要经过变换器将它转换为俯仰角、倾斜角和航向角。这种变换器称为STOTT变换器。

如图3-15(a)所示，飞机俯仰运动所产生的俯仰角ϑ首先被垂直陀螺仪敏感，转换为俯仰陀螺信号ϑ_T，经同步发生器转换为余弦函数$\cos\vartheta_T$，再经过SCOTT变换器变换为俯仰角ϑ_c。

当$0^\circ \leqslant \vartheta < 90^\circ$时，同步发送器输出为$\cos\vartheta_T$，SCOTT变换器输出的是垂直陀螺仪敏感的飞机俯仰角，即

$$\vartheta_c = \vartheta_T = \vartheta \quad (0^\circ \leqslant \vartheta < 90^\circ) \tag{3-65}$$

当$90^\circ \leqslant \vartheta < 180^\circ$时，俯仰同步发送器定子2，3线换线，将俯仰角增量$\vartheta_T - 90^\circ$由正值变为负值，同步器输出变为$\cos(180^\circ - \vartheta_T)$，使得SCOTT变换器的输出为

$$\vartheta_c = 180^\circ - \vartheta_T = 180^\circ - \vartheta \quad (90^\circ \leqslant \vartheta < 180^\circ) \tag{3-66}$$

当$-90^\circ \leqslant \vartheta < 0^\circ$时，尽管同步器输出为$\cos\vartheta_T$，但由于SCOTT变换器对负角度不能给“—”号，而是增加360°来表示，所以得到

$$\vartheta_c = 360^\circ + \vartheta_T = 360^\circ + \vartheta \quad (-90^\circ \leqslant \vartheta < 0^\circ) \tag{3-67}$$

当$-180^\circ \leqslant \vartheta < -90^\circ$时，俯仰同步发送器定子2，3线换线，将俯仰角增量$\vartheta_T + 90^\circ$由负变正，使同步器输出为$\cos(-180^\circ - \vartheta_T)$，又因SCOTT变换器对负角度增加360°，因此得到

$$\vartheta_c = 180^\circ - \vartheta_T = 180^\circ - \vartheta \quad (-180^\circ \leqslant \vartheta < -90^\circ) \tag{3-68}$$

这样一来，便可得到ϑ_c与ϑ的函数关系，如图3-15(b)所示。

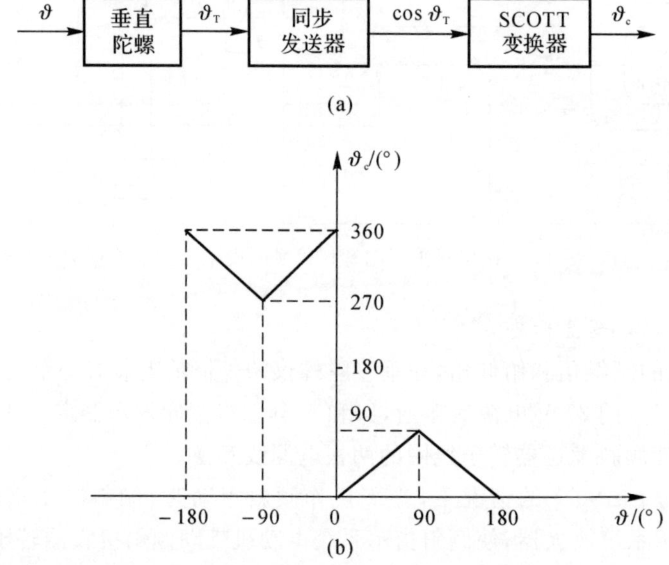

图3-15　垂直陀螺俯仰轴-SCOTT变换器的输入输出特性

(a) 俯仰角-垂直陀螺-同步发送器-SCOTT变换器结构原理图；(b) 俯仰角SCOTT变换器的输出特性

图3-16(a)所示为倾斜(偏航)-SCOTT变换器的结构原理图。

当$|\vartheta| < 90^\circ$时，同步器输出为$\cos\gamma_T$，对于正值的倾斜角来说为

$$\gamma_c = \gamma_T = \gamma \quad (|\vartheta| < 90^\circ, \gamma \geqslant 0^\circ) \tag{3-69}$$

对于负值的倾斜角来说，由于SCOTT变换器对负值角度增加360°，所以得到

$$\gamma_c = \gamma_T + 360^\circ = \gamma + 360^\circ \quad (|\vartheta| < 90^\circ, \gamma < 0^\circ) \tag{3-70}$$

当$|\vartheta| \geqslant 90^\circ$时，倾斜同步发送器转子的激磁线圈换接，使同步器输出为$\cos(\gamma_T \pm 180^\circ)$，又因SCOTT变换器对负角度增加360°，因此，倾斜角SCOTT变换器的输出为

$$\gamma_c = \gamma_T + 180^\circ = \gamma + 180^\circ \quad (|\vartheta| \geqslant 90^\circ) \tag{3-71}$$

这样一来，倾斜角-垂直陀螺仪-同步发送器-SCOTT变换器的输入、输出特性如图3-16(b)所示。

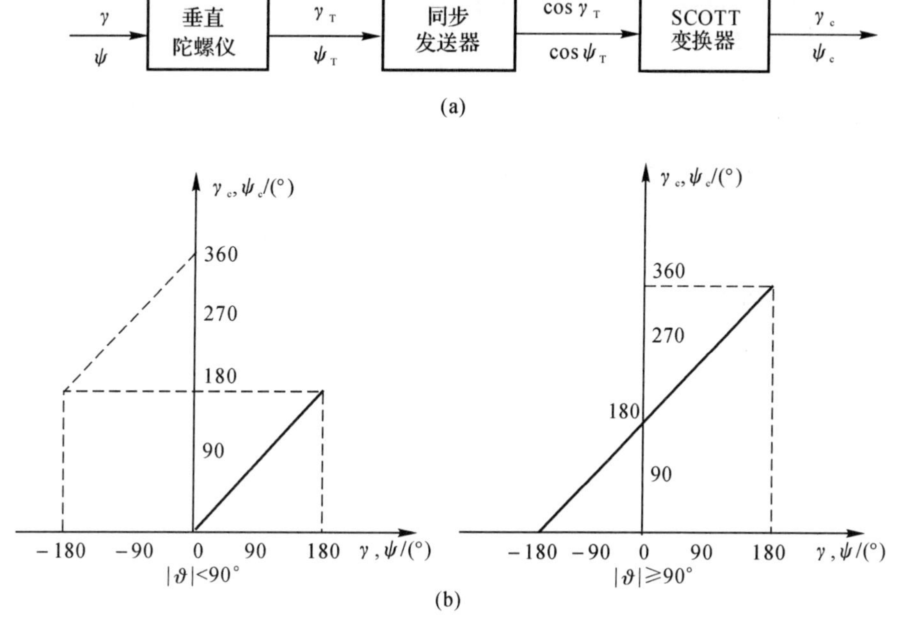

图 3-16　倾斜(偏航)-SCOTT 变换器的输入输出特性

(a) 倾斜(偏航)-SCOTT 变换器的结构原理图； (b) 倾斜(偏航)-SCOTT 变换器的输出特性

为了适应指示器要求，当$|\vartheta|\geqslant 90°$时，俯仰角同步发送器定子 2,3 线换线和倾斜同步器转子线圈的两根电源线互换，以及由于 SCOTT 变换器对负值信号增加 360°，这些变化必须纠正过来，才能用于飞行控制系统，这种修正措施也要满足自动驾驶仪不同工作模式的要求，在此不多介绍。

另外，当倾斜角大于 90°，即$|\gamma|\geqslant 90°$时，必须改变俯仰角极性，相反的升降舵偏转才能使俯仰-升降舵构成负反馈回路，满足姿态保持或控制要求。

由托架式垂直陀螺仪结构图可知，当俯仰角接近 90°，即$|\vartheta|\approx 90°$时，保持在铅垂线上的陀螺转子轴方向与飞机滚转角速度的方向近似平行，陀螺动量矩 H 在 Ox_t 轴上的分量很小，使得垂直陀螺测量的倾斜角不准确，不能用于飞行控制系统中，因此，当俯仰角在±81°～±99°范围内时应断开飞行控制系统的倾斜角控制通道。实际上倾斜角不准确时也难以确定俯仰角极性。

3.3.2.5　航向陀螺仪和陀螺磁罗盘

采用双自由度陀螺测量飞机的航向角是合适的，它的自转轴被调到地平面内的磁北方向上，由飞机壳体支承的外框轴相对机体的转角可近似为航向角。如图 3-17 所示，依据定义，航向角是飞机纵轴在水平面上的投影与子午线间的夹角。子午线分地理子午线和磁子午线，相对应的有真航向角和磁航向角，两个航向角之间的差角称为磁差角。依据当地经、纬度(λ,φ)可计算出磁差角，这样，便可由磁航向角和磁差角计算出真航向角。

(一)航向角基准

航向角基准最好选取为地理子午线，但实际上难以寻找。常用的方法是用磁罗盘定出磁航向，再用计算得到的磁差角加以补偿后获得真航向角。所谓磁罗盘是带角度传感器的指南针。地球表面的磁场强度方向与地平面有夹角，称为地磁倾角(见图 3-18)。加配重或改变重心的办法可以补偿误差，从而测出磁航向。由于飞机加速度或转弯以及当地铁矿物质的影响，磁罗盘会产生误差，所以实际使用的磁罗盘是它与陀螺结合起来构成的陀螺磁罗盘。

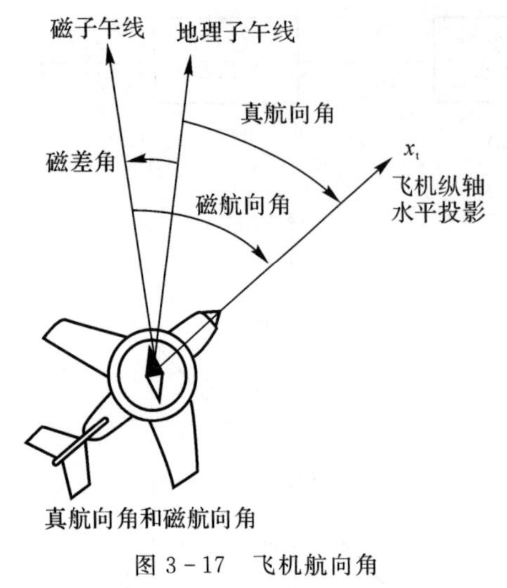

图 3-17　飞机航向角

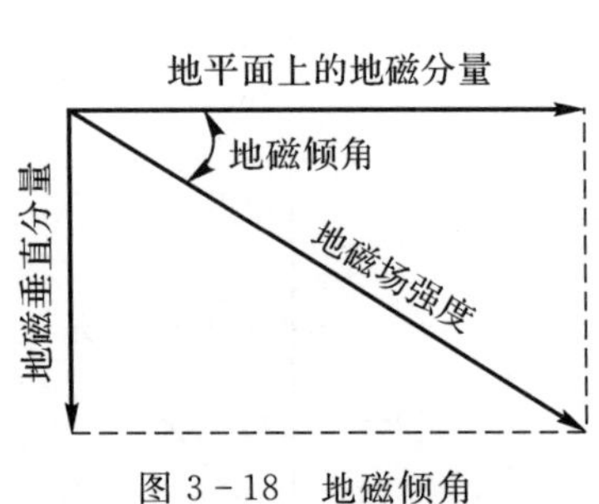

图 3-18　地磁倾角

(二)航向陀螺仪的组成和基本原理

如图 3-19 所示为航向陀螺原理结构图。具有水平修正(水平仪)装置的陀螺转子轴保持在水平面内;具有方位修正装置(以消除地球自转引起的方位差)的陀螺转子轴应以子午面(通过子午线的铅垂面)为基准;在航向陀螺工作较长一段时间后,干扰力矩(如轴承摩擦力)引起陀螺较大的漂移和产生较大的误差,必须通过磁罗盘进行方法修正。单独航向陀螺仪称为陀螺半罗盘,当它与磁罗盘配合使用时才构成全罗盘。

通过水平修正和方位修正以磁罗盘校准的航向陀螺仪,除通过指示器显示飞机航向外,还可通过方向同步器或电位计给出飞行控制系统航向角信号。指示器是由同步器、放大器、电动机和减速器等部件组成的随动系统。当自动驾驶仪采用外框轴上的电位计信号时,需要电磁铁离合器控制接通或断开。

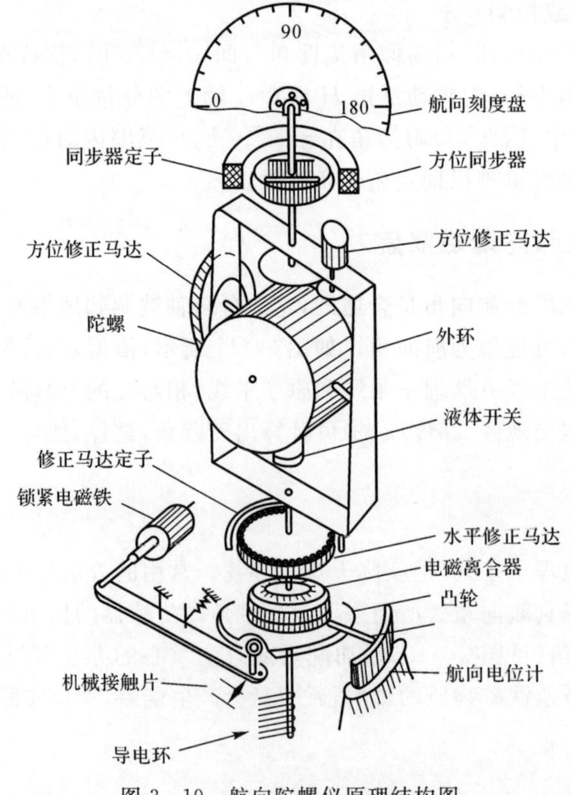

图 3-19　航向陀螺仪原理结构图

(三)陀螺磁罗盘

图 3-20 为远距陀螺磁罗盘原理示意图，它由磁场探测器、陀螺半罗盘和航向指示器组成。它由两套同步器和两套随动系统组成，即在磁场探测器和陀螺半罗盘中分别具有航向同步发送器和跟踪同步发送器。航向指示器具有两个与航向刻度盘共轴的同步器转子。

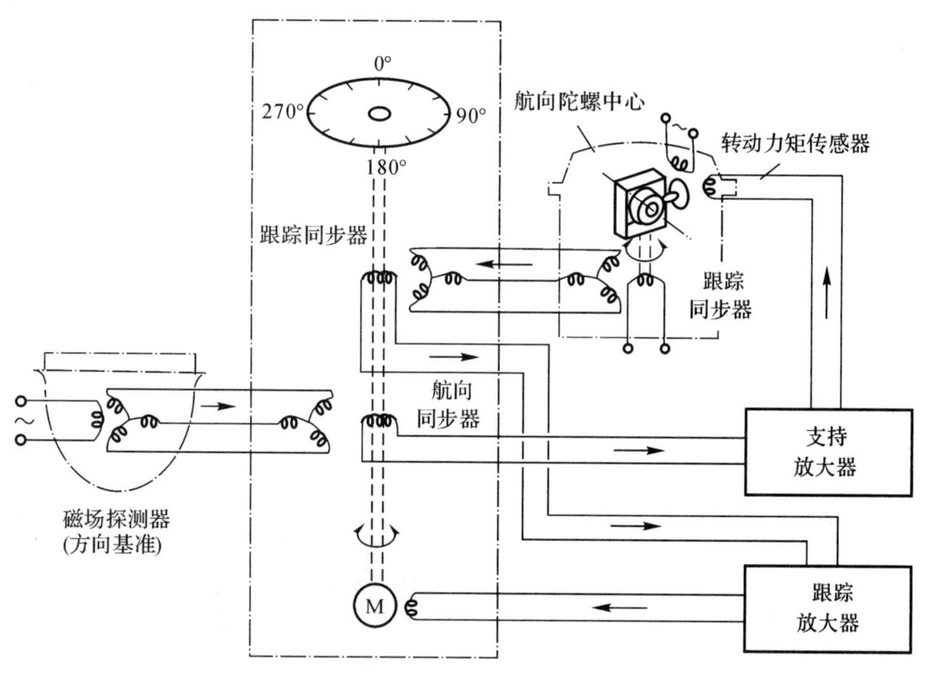

图 3-20　远距陀螺磁罗盘原理示意图

当飞机作等速直线飞行时，磁航向探测器和陀螺半罗盘进行同步协调工作。二者若不同步，航向同步发送器给出不同步电压，经放大器放大，送给内框轴上力矩马达线圈，产生力矩，使陀螺转子按减小航向误差的方向进动，并带动跟踪同步器转子转动。跟踪同步器给出不同步电压通过跟踪放大器放大，驱动指示器电动机转动，并同时带动航向刻度盘、跟踪同步器转子和航向同步器转子转动，直至航向同步器和跟踪同步器同步为止。这样在调节航向指示器的同时，给出控制器使用的航向信号。这种状态称为磁修正状态。当飞机转弯时，可通过开关断开航向同步发送器信号，停止磁航向探测器和陀螺半罗盘之间的协调，单独工作的陀螺半罗盘直接驱动指示器和给出控制器航向角信号。这种状态称为陀螺半罗盘状态。

由于跟踪同步器输出的是航向余弦信号，必须通过 SCOTT 变换器转换为航向信号，才能用于飞行控制系统中。SCOTT 变换器输出的航向角 ψ_c 与飞机航向角 ψ 的关系如图 3-16(b)所示。

(四)陀螺磁罗盘的原理误差

欧拉角(ψ,ϑ 和 γ)是利用机体坐标系与地面坐标系之间的方向关系定义的。其中 ψ 是坐标系 $Ox_d y_d z_d$ 绕铅垂轴 Oy_d 转至与 Ox_t 在水平面上的投影相重合时的角度。然而，由于陀螺半罗盘的航向测量轴是在机体上安装的陀螺外框轴，它平行于飞机机体轴 Oy_t，因此它所测量的角度是飞机机体绕 Oy_t 转动的角度，当这个角为 ψ_t 时，那么它与 ψ,ϑ 和 γ 的关系式为

$$\psi_t=\arctan\left(\frac{\sin\psi\cos\gamma-\cos\psi\sin\vartheta\sin\gamma}{\cos\psi\cos\vartheta}\right) \tag{3-72}$$

可见，只有当 γ,ϑ 都为零时，才能使得 $\psi_t=\psi$。这就是说，当倾斜角和俯仰角较大时，利用陀螺磁罗盘测量的角度不是航向角。只有在飞机平直飞行的情况下，陀螺磁罗盘才能给出比较真实的航向角。

这样一来，通常的陀螺磁罗盘的测量误差较大，平直飞行时航向误差为 ±1°，转弯时航向误差可达 ±4°。

3.3.2.6 陀螺仪的发展

随着飞机和飞行控制系统的发展，对于导航、制导方面的要求愈来愈高，从而促进了陀螺仪的发展。陀螺仪发展的关键问题是减小漂移误差、简化结构、减轻质量、增加工作可靠性和增长寿命。因此，长期以来，人们主要为减小陀螺支承摩擦力而努力，曾经成功地研制出液浮陀螺、静电陀螺等。如液浮陀螺漂移精度可达 0.001°/h，但其结构复杂，加工精度要求高。其后，又发展了"挠性陀螺"，在支承上做了很大改进，使陀螺的体积减小、质量减轻、工作可靠，其精度接近液浮陀螺，目前被广泛应用于惯性导航(简称惯导)系统中。后来，又出现了激光陀螺等光学陀螺仪，它从原理上发生了根本变化，无论在结构、体积、质量和工作可靠性方面都得到了较大的改善。

(一)挠性陀螺仪

挠性陀螺仪的转子由挠性接头支承，是一种无摩擦的弹性支承。实际的挠性陀螺仪有两种结构形式，即细颈式挠性陀螺仪和动力调谐式挠性陀螺仪。

如图 3－21 所示为细颈式挠性陀螺仪原理结构图。通过具有弹性的、连接在驱动轴上的细颈挠性接头支承陀螺转子，驱动电机带动驱动轴并通过挠性接头使转子高速旋转。当绕 y 轴的惯性矩为 J 和转子角速度为 Ω 时，转子的角动量 $H=J\Omega$。于是它具有一般双自由度陀螺的特性，将转子轴线稳定于惯性空间。在转子边缘镶嵌了力矩器永磁环，在 x 轴和 z 轴方向固连着力矩器线圈，当通入电流时，将在 x 轴或 z 轴上产生修正力矩。固定在壳体上的磁感应传感器测出转子相对壳体倾斜后的间隙变化，经转换可以得到绕 x 轴和 z 轴的转角。

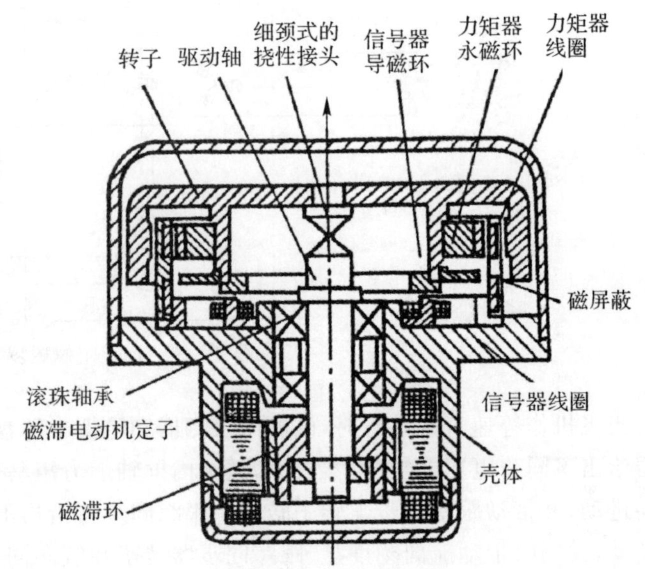

图 3－21 细颈式挠性陀螺仪原理结构图

当转子轴倾斜，即与驱动轴方向不一致时，出现两个原理性误差。其一为挠性支承弹性元件弯曲变形产生的弹性力矩，使转子进动；转子进动又引起新的弹性力矩和新的转子进动，循环力矩和进动的产生，最终使转子形成锥形运动，这便出现转子锥形运动误差。其二，在高速旋转的转子周围存在着介质、磁场感应和涡流阻尼等影响，形成阻尼力矩。当转子轴与驱动轴重合时，驱动力矩平衡阻尼力矩；当转子轴与驱动轴有偏角时，驱动力矩的一个分量平衡阻尼力矩，而另外一个驱动力矩分量与转子轴方向垂直，即出现正交阻尼力矩，使转子进动，从而产生误差。挠性陀螺必须采取措施补偿弹性力矩并减小正交阻尼力矩，以减小两种力矩引起的误差。

如图 3－22(a)所示为动力调谐式挠性陀螺的挠性接头，没有细颈轴，而是利用一个平衡环分别通过一对共轴内扭杆与驱动轴连接和一对共轴外扭杆与陀螺转子连接的。内扭杆垂直于驱动轴，外扭杆垂直于内扭杆，内、外扭杆只有扭转弹性变形，没有弯曲变形。当转子绕内扭杆有转角时，通过外扭杆带动平衡环一起绕内扭杆偏转，则内扭杆产生扭转弹性变形；当转子绕外扭杆轴线有转角时，它不会带动平衡环绕外扭杆轴线偏转，仅是外扭杆产生扭杆弹性变形。这样一来，由内、外扭杆和平衡环构成的挠性接头既起支承作用，又提供了所需的自由度。当这种挠性陀螺仪的其他元件配置同细颈式挠性陀螺仪时，它同样能提供姿态变化的输出信号和引入产生修正力矩的输入电流。它要求内、外扭杆绕自身轴线的扭转刚度要低，弯曲刚度要高。

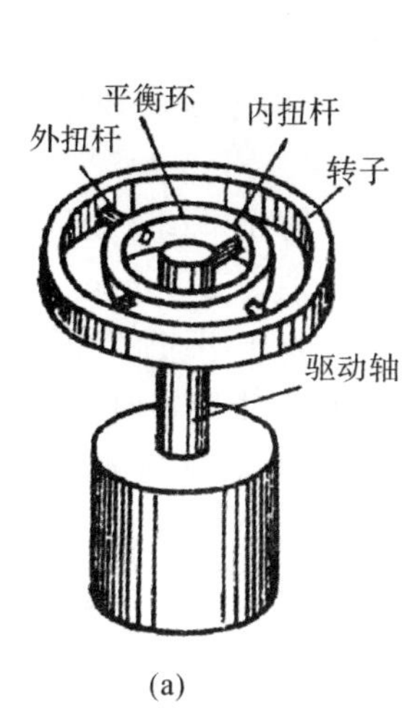

(a)

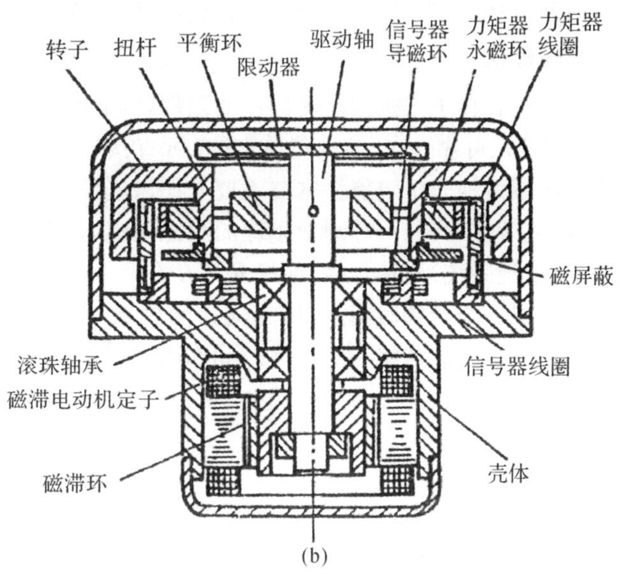

(b)

图 3-22　动力调谐式挠性陀螺仪

(a)动力调谐式挠性陀螺仪的挠性接头；（b)动力调谐式挠性陀螺仪的结构原理图

当自转轴与驱动轴之间出现相对偏角时，扭杆的扭转变形，同样会产生作用在转子上的弹性力矩，即具有一般的机械弹簧效应；在弹性力矩的作用下，陀螺转子带动平衡转子转动，同时会产生一个与一般机械弹性力矩方向相反的作用在转子上的动力反弹性力矩，即所谓“动力反弹簧效应”。动力调谐式挠性陀螺的工作原理，就是利用平衡环效应产生反弹性力矩补偿挠性支承具有的机械弹簧力矩。当能满足完全补偿要求时，便可起到“调谐”作用。这就是说，当自转轴与驱动轴之间产生相对偏角时，在扭杆上产生两种力矩，其一为机械弹性力矩，其二为由陀螺转子进动产生的动力反弹性力矩，这两种力矩在扭杆上产生的刚度系数为

$$K=K_s-\left(J_e-\frac{J_y}{2}\right)\Omega^2 \tag{3-73}$$

式中，K 为扭杆上的总刚度系数，或称剩余刚度系数；K_s 为扭杆的机械弹性刚度系数；Ω 为转子的自转角速度；J_e 为平衡环绕其任一直径的转动惯量，又称平衡环赤道轴上的转动惯量；J_y 为平衡环绕转轴的转动惯量。

当陀螺转子达到额定转速，并且扭杆上的总（或剩余）刚度系数为零时，即在挠性陀螺调谐的条件下，得到

$$K_s=\left(J_e-\frac{J_y}{2}\right)\Omega^2 \tag{3-74}$$

当扭杆的弹性系数与平衡环转动惯量以及转子的转速满足式(3-74)时，挠性陀螺仪被调谐，转子不受挠性支承的弹性约束，自转轴的锥形运动才会消失。因此，自转轴相对惯性空间才具有很高的稳定性，即动力调谐。在结构设计完成后，可按下式确定转子的额定转速：

$$\Omega_0=\sqrt{\frac{K_s}{J_e-\frac{J_y}{2}}} \tag{3-75}$$

或者

$$n_0=\frac{60}{2\pi}\Omega_0=\frac{30}{\pi}\sqrt{\frac{K_s}{J_e-J_y/2}} \tag{3-76}$$

n_0 称为挠性陀螺调谐转速。

现广泛应用的挠性陀螺已应用于垂直陀螺仪、航向陀螺仪和惯导系统中。由于挠性陀螺的工作角度受

挠性支承结构的限制，必须通过随动系统实现大角度范围的测量。

(二)激光陀螺仪

光学陀螺是没有转子等机械活动部件的陀螺，因此它不存在由机电型陀螺产生的误差，并且测量范围大(0.01°/h～400°/h)、可靠性高、结构简单，并且可直接输出数字信号，它是惯性导航系统的理想元件。有激光陀螺和光纤陀螺两种光学陀螺。本节主要介绍激光陀螺仪。

基于"塞纳克效应"(Sagnac)测量原理的激光陀螺，是当两束光(透射光与反射光)以相反的方向沿一个封闭的光环(反射镜系统)路径传播，如果光环存在一个转动角速度 Ω，而且其转轴垂直于光环平面，则这两个光束之间会形成一个传播时间差(因为光速为常数 c)。光束传播一周时两束光所用时间和路程不相等，与光环转动同方向的光束传播一周所需时间和路程增大，与光环转动方向相反的光束所需时间和路程减小。从而两个光束之间会形成一个传播时间差 Δt 和光程差 Δl。可以证明光程差与光环转动速度的关系式为

$$\Delta l=\frac{4S}{kc}\Omega \tag{3-77}$$

式中，c 为光速；S 为光环围成的面积；k 为系数。

可见，测量灵敏度与光环围成的面积成正比，因而，采用环形多匝输送光线(激光)的光学纤维可使灵敏度倍增。

当激光光束沿光环一周传播的时间不同时，它所对应的频率也不同。对于光环静止时，两束激光的传播频率都为

$$\omega=g\,\frac{c}{l} \tag{3-78}$$

式中，g 为常数；l 为光环一周的光程；c 为光速；ω 为光束传播频率。

当光环平面绕轴线转动时，$\Omega\neq0$，两光束光程不等，故传播频率也不相等。当某光束的传播频率为 ω_1，光程为 l_1，另一光束的传播频率为 ω_2，光程为 l_2 时，则两束激光频率差为

$$\Delta\omega=\omega_1-\omega_2=gc\left(\frac{1}{l_1}-\frac{1}{l_2}\right) \tag{3-79}$$

将式(3-79)左、右同除式(3-78)左、右，得到

$$\frac{\Delta\omega}{\omega}=l\left(\frac{1}{l_1}-\frac{1}{l_2}\right) \tag{3-80}$$

当令 $\Delta l=l_1-l_2$ 时，$l_1=l+\frac{\Delta l}{2}$ 和 $l_2=l-\frac{\Delta l}{2}$，并考虑到 $l^2\gg(\Delta l/2)^2$，得到

$$\frac{\Delta\omega}{\omega}=l\,\frac{\Delta l}{l^2-\frac{(\Delta l)^2}{4}}\approx\frac{\Delta l}{l} \tag{3-81}$$

代入式(3-77)和 $c=\omega\lambda$，得到

$$\Delta\omega=\frac{4S}{l\lambda k}\Omega=K\Omega \tag{3-82}$$

式中，K 为激光陀螺灵敏度，$K=\frac{4S}{l\lambda k}$；λ 为传播频率为 ω 时的激波波长。

因此，利用激光陀螺仪测出的频差可以算出光环的角速度。当光环平面垂直于某一机体轴时，那么它便可以用于飞机角速度的测量。

3.3.3 导航系统

导航是寻找航路，引导飞机通过最有利的航线和在规定的时间内到达目的地的技术。导航系统的种类很多，包括仪表导航、无线电台导航、多普勒导航、天文导航、卫星导航和惯性导航等。本章着重介绍惯性导航系统(INS)。惯性导航系统以陀螺仪和加速度计为基本元件，分为平台式和捷联式两种类型，本章着重介

绍平台式惯导系统。

捷联式惯性导航系统(Strap - down)是由固连在飞机上的加速度计和角速率陀螺仪组成的,并经过相应的坐标变换和数值计算出速度和位置。这种系统成本较低。它的优点是与飞机固连的加速度分量和转动角速度分量也可作为测量值来使用。

因为这种系统基于飞机自主测量,不接受地面设备的指示,所以在全球范围内(包括陆上和海上)都可使用。它的精度主要取决于它所采用的陀螺仪,还与起飞点上的水平面和指北方向等调整误差有关。

新式惯导系统不仅在巡航飞行阶段给自动驾驶仪提供导航参数和导引数据,而且还给飞行控制系统提供高精度的姿态和角加速度数据。与所有导航系统一样,惯性导航系统允许预置规定的航路点以及各航路点之间的基准线(航向)。惯性导航系统输入量有来自大气数据计算机的真空速、航向陀螺仪的航向角;它提供地速($v_d\cos\theta$)、对地真航向、偏流角($\beta=\psi-\chi$)、相对于规定飞行航迹的侧向偏移(z)、到各航路点的距离以及从与真空速和航向角的比较中得到风的方向和大小。

由测量的加速度矢量积分出航迹速度,再由航迹速度矢量积分确定位置,从原理上讲是可行的。但是,需要满足一定的条件才能实现。加速度矢量的测量轴与惯性空间或者地面坐标系之间的变换关系应该是准确的,或者加速度计安装在始终与地平面平行,并指向地理北向的平台上。除此以外,还必须准确地知道起始位置,并且没有误差地完成二重积分。

飞机在飞行中,惯性导航系统通常能提供飞机的姿态角(俯仰角和倾斜角)、航向角、地速和位置。这些信号或数据可供飞行控制系统、火力控制系统和飞行管理系统等使用。

3.3.3.1 平台式惯性导航系统的测量原理

平台式惯性导航系统主要由陀螺构成的高精度稳定平台和装在平台上的加速度计组成。这种装置既能进行高精度的水平修正,又可正确地测出飞机在三个地面轴系方向的飞行加速度。加速度信号经计算可得各种飞行参数,用于飞行控制等系统中。因此,平台式惯性导航系统还包括导航计算机、校准控制器、显示器和转接器等部件。

这种惯性平台以很高的精度提供如下信息:

—— 真北方向;

—— 真铅垂方向;

—— 欧拉角 ψ,ϑ,γ;

—— 在地面坐标系上的加速度和速度分量;

—— 以地理经、纬度表示的飞机位置。

利用高精度的计算机积分算法,将北向和东向加速度进行一次积分,将分别得到北向和东向飞行速度,即

$$v_N=\int_0^t \dot{v}_N\mathrm{d}t \quad 和 \quad v_E=\int_0^t \dot{v}_E\mathrm{d}t \tag{3-83}$$

进一步地2次积分,将获得飞机北向与东向的飞行距离,即

$$L_N=\int_0^t v_N\mathrm{d}t=\int_0^t\int_0^t \dot{v}_N\mathrm{d}t^2 \tag{3-84}$$

$$L_E=\int_0^t v_E\mathrm{d}t=\int_0^t\int_0^t \dot{v}_E\mathrm{d}t^2 \tag{3-85}$$

飞机的航向角可以由下式解算得到:

$$\tan\psi=v_E/v_N \tag{3-86}$$

飞机的纬度变化角速度可由下式得到:

$$\dot{\varphi}=v_N/R \tag{3-87}$$

式中,R 为地球半径。

积分得到飞机所在纬度：

$$\varphi=\varphi_0+\frac{1}{R}\int_0^t v_{\mathrm{N}}\mathrm{d}t \tag{3-88}$$

式中，φ_0 为飞机的初始纬度。

飞机的经度变化角速度为

$$\dot{\lambda}=\frac{v_{\mathrm{E}}}{R\cos\varphi} \tag{3-89}$$

积分得到飞机的所处经度：

$$\lambda=\lambda_0+\frac{1}{R\cos\varphi}\int_0^t v_{\mathrm{E}}\mathrm{d}t \tag{3-90}$$

式中，λ_0 为飞机初始经度。

由于这些飞行参数是通过对平台上的加速度输出信号的积分和二重积分得到的，所以如果对这些参数的精度要求很高时，对平台和加速度计的安装精度和测量精度的要求将极高。当加速度计同时测量重力加速度分量时，则会产生很大的误差。20 世纪 20 年代由 M. 舒拉提出的，利用保持真垂线并使其不受悬挂点处加速度干扰的物理摆的原理，修正陀螺平台系统有关参数，使平台系统在加速度作用下控制平台转动角，使其等于飞机运动引起的地垂线偏转的角度，使平台始终与地垂线垂直。

3.3.3.2 陀螺平台工作原理

1. 陀螺仪稳定装置

陀螺稳定装置是以陀螺仪为测量元件的自动稳定装置。这里所说的稳定与陀螺仪一样，可以是稳定一根轴，相对于这个轴保持原来的角位置，即说它是稳定轴；若是稳定两个轴，那就是稳定一个平面；若稳定三个轴，则可稳定一个空间。如果一个双轴稳定装置还装有修正系统（如液体开关），则可稳定在另外一个坐标系（如地面坐标系）的平面（如水平面）上。惯导系统中的陀螺平台便是利用舒拉摆原理构成修正回路，将该平台稳定在水平面上的。

由于在陀螺稳定装置的转动轴上是由电动力矩器产生的力矩去平衡干扰力矩的，所以稳定轴上的平衡力矩大和稳定功率高。随着精密陀螺和快速随动系统的发展，陀螺稳定装置也发展很快，精度愈来愈高，广泛应用于稳定坦克炮架、飞机雷达天线以及惯导系统中的陀螺平台等。

下面仅以单轴稳定装置说明其工作原理，进一步介绍双轴稳定装置即陀螺平台的组成和原理。

2. 单轴稳定装置的工作原理

如图 3-23 所示为单轴稳定装置的原理结构图。装置的 z 轴为稳定轴，并支承于基座上。稳定轴上装有电动机和减速器 6，装置上装有带内环的陀螺 2，它实际上是一个单自由度陀螺。内环轴称为修正轴，修正 x 轴上装有信号传感器 3 和力矩器 1，并以下述原理构成修正系统，以保证装置的 z 轴稳定在水平面内。可见，稳定装置由稳定系统和修正系统两部分组成。

由上述元、部件构成的单轴稳定系统，当 z 轴上有干扰力矩 M_z（见图 3-23）引起陀螺进动，进动角速度为 $\dot{\beta}$，从而产生陀螺力矩 $L\dot{\beta}$。陀螺内环出现 β 后，信号传感器的敏感信号经放大器放大输入给稳定电机，稳定电机根据信号的极性和大小给出一定（方向和大小）的稳定力矩 M_{D}（与 M_z 反向且与 $\boldsymbol{H}\times\dot{\boldsymbol{\beta}}$ 同向），经过减速器改变大小并作用于 z 轴上，抵消干扰力矩 M_z。

在整个稳定过程中，陀螺力矩和稳定装置力矩先后产生，共同平衡外干扰力矩。在过程的初始阶段以陀螺力矩为主，而后随着 β 角的增大，稳定装置力矩增大，$\dot{\beta}$ 和陀螺力矩减小，直至 β 增加到一定值，稳定装置力矩完全平衡外干扰力矩，陀螺进动停止且 $\dot{\beta}=0$。因此，当外干扰作用于陀螺稳定器稳定轴时，陀螺稳定器能通过稳定装置将自身相对于稳定轴保持在原来角位置上。

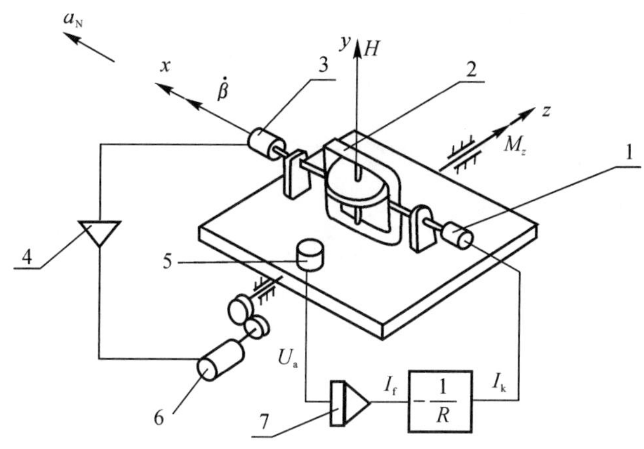

图 3-23　单轴惯导系统原理结构图

1—力矩器；2—陀螺；3—传感器；4—放大器；5—加速度计；6—稳定电机；7—积分器

3. 陀螺平台装置

该装置相对于惯性空间两轴保持稳定，即构成双轴稳定装置，又称稳定平台。

双轴稳定装置实际上是由两套单轴稳定装置正交配置而成的，工作原理与单轴稳定装置相同。在装置上安装两个单自由度陀螺仪，分别感受两个稳定轴的干扰力矩，然后分别给出两个进动轴的进动角度信号，并分别驱动各自的稳定电机，产生与干扰力矩相平衡的稳定力矩，从而达到双轴稳定的目的。如果装置跟踪当地水平面，则装置上必须装有某种感测元件，以感受装置相对于地平面的偏角，分别输出信号到两个陀螺仪进动轴上的修正电机，使陀螺进动直至装置返回到水平位置为止。这种修正回路的输入信号是角度偏差，通过调节器的修正电机产生陀螺进动力矩，输出信号为进动角并反馈于稳定装置，使其输入、输出信号平衡为零。

3.3.3.3　地垂线偏角的修正方法

1. 舒拉摆修正原理

陀螺平台与地垂线偏角的修正是基于舒拉摆修正原理实现的。在不考虑飞机离地高度和地球自转的情况下，飞机以加速度 a_N 沿大圆弧飞行。设想飞机体内悬挂一个物理(复)摆，在飞机的起始位置，物理摆停留在地垂线 AO 方向，经过一段时间后飞机到达地垂线为 BO 方向处，如图 3-24 所示。

由于加速度 a_N 使摆偏离 BO 地垂线 α 角，物理摆偏离初始位置的角度为 α_a 和偏离地垂线 BO 的角度为 α_b。这样一来，物理摆的运动方程为

$$J\ddot{\alpha}_a = ml\cos\alpha \cdot a_N - ml\sin\alpha \cdot g \quad (3-91)$$

式中，l 为物理摆质量中心至悬挂点的距离；J 为摆绕支点的转动惯量；m 为摆的质量；g 为重力加速度。

角度与角加速度的关系分别由下式表示：

$$\alpha_a = \alpha_b + \alpha \quad 和 \quad \ddot{\alpha}_a = \ddot{\alpha}_b + \ddot{\alpha} \quad (3-92)$$

式中

$$\ddot{\alpha}_b = \frac{a_N}{R} \quad (3-93)$$

表征了飞机运动相对于地垂线的角加速度。若 α 为小角度($<5°$)时，则式(3-91)可改写为

$$J(\ddot{\alpha}_b + \ddot{\alpha}) = lma_N - lm\alpha g \quad (3-94)$$

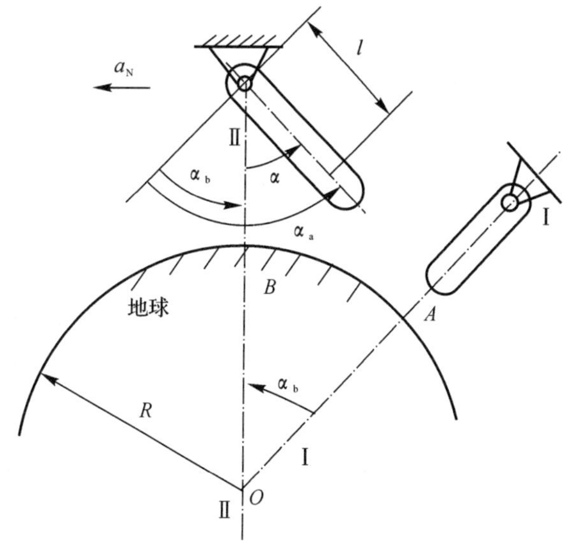

图 3-24　物理摆与地球间的几何关系

将式(3-93)代入式(3-94),得到

$$\ddot{\alpha}+\frac{lmg}{J}\alpha=\left(\frac{lm}{J}-\frac{1}{R}\right)a_{N} \tag{3-95}$$

式(3-95)表征了物理摆在外加速度a_N作用下的微分方程,式中$\frac{lma_N}{J}$表征了物理摆在加速度a_N作用下的角加速度。若物理摆的参数满足

$$\frac{lm}{J}=\frac{1}{R} \tag{3-96}$$

即摆的角加速度等于地垂线变化的角加速度时,实现了舒拉摆条件,并且

$$\alpha_{a}=\alpha_{b} \quad 和 \quad \alpha=0 \tag{3-97}$$

使得摆就跟踪了地垂线运动,即不再偏离地垂线。这种物理摆称为舒拉摆。

此种摆的运动为简谐运动,其运动方程为

$$\ddot{\alpha}+\frac{lmg}{J}\alpha=0 \tag{3-98}$$

又考虑到舒拉摆的实现条件式(3-96),得到

$$\ddot{\alpha}+\frac{g}{R}\alpha=0 \tag{3-99}$$

其圆频率和振荡周期分别由下式表示:

$$\left.\begin{aligned}&\omega_{s}^{2}=\frac{g}{R}\\&T=2\pi/\omega_{s}=2\pi\sqrt{R/g}=84.4\ \text{min}\end{aligned}\right\} \tag{3-100}$$

2. 单轴平台修正方法

一个实际的物理摆不可能满足上述条件,因为这要求物理摆的摆长很长,当

$$J=l^{2}m \tag{3-101}$$

即摆的质量完全集中到质量中心时,转动惯量等于摆的集中质量与质量中心到摆转轴的距离二次方的乘积。将式(3-101)代入式(3-96),得到$l=R$。可见,摆长等于地球半径的摆是不可能实现的。

可以利用一个专门的平台修正系统,修正平台系统有关参数,使平台在加速度作用下控制平台转动角等于飞机引起的地垂线偏角,即使$\alpha=0$。

图3-23也画出了单轴平台修正系统,沿z轴为稳定轴,x轴为修正轴,并沿飞行方向安装,陀螺角动量H垂直向上,系统由加速度计5,积分器7和力矩马达1组成。依据图3-23得到单自由度惯导修正回路如图3-25所示。由式(3-94)得到

$$\ddot{\alpha}_{a}=\ddot{\alpha}_{b}+\dot{\alpha}=\frac{lm}{J}(a_{N}-g\alpha)=K(a_{N}-g\alpha) \tag{3-102}$$

式中

$$K=\frac{lm}{J}=\frac{K_{a}K_{u}K_{m}}{RH}$$

其中,K_a,K_u,K_m分别为加速度计、积分器和力矩马达的传递系数;H为陀螺的角动量;R为地球半径。

积分的作用使$\ddot{\alpha}_a$变化为$\dot{\alpha}_a$,即物理摆在加速度a_N和重力分量$g\alpha$的作用下,角速度的传递函数为

$$\frac{\dot{\alpha}_{a}}{a_{N}-g\alpha}(s)=\frac{K}{s} \tag{3-103}$$

又依据式(3-93)得到飞机在加速度a_N作用下角速度$\dot{\alpha}_b$的传递函数:

$$\frac{\dot{\alpha}_{b}}{a_{N}}(s)=\frac{1}{Rs} \tag{3-104}$$

这样一来,依据式(3-92)得到平台偏离角(相对地垂线BO)α等于$\dot{\alpha}_a$,$\dot{\alpha}_b$之差的积分。

由图 3-25(a) 可见，要使平台经舒拉摆修正后可准确跟踪地垂线，不受飞机机体运动干扰，即 $\alpha=0$，则必须满足

$$\frac{K_a K_u K_m}{H}=1 \tag{3-105}$$

此时，图 3-25(a) 可简化为图 3-25(b)，并清楚地表示了它具有舒拉摆的运动特性。回路输出与飞机的加速度 a_N 无关，并具有周期等于 84.4 min 的谐振特性。

这就是说，当飞机以加速度 a_N 运动时，加速度计感测的加速度通过计算精确地给陀螺施加力矩，使平台进动，若进动角速率 $\dot{\alpha}_a$ 等于理想情况下地垂线变化角速度 $\dot{\alpha}_b=a_N/Rs$，那么陀螺平台就将保持在水平位置上。依据图 3-25 可知，系统的特征方程同式(3-99)，谐振频率和周期也与式(3-100) 相同，因此，惯导系统水平修正回路完全实现舒拉摆原理。当采用舒拉摆原理设计平台水平修正回路时，只要回路中的元、部件精度足够高，那么就可大大地提高惯性平台的精度。

为进一步提高导航精度，还应考虑地球自转和不同飞行高度上加速度 g 的变化，地球形状的变化以及惯导系统的初始指北定位误差等问题。

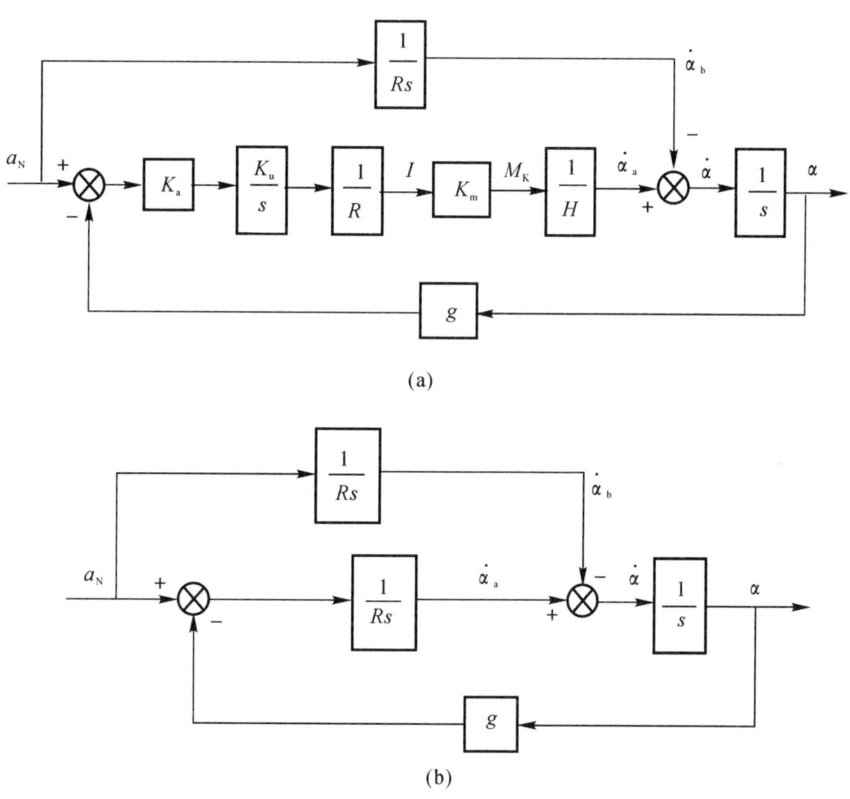

图 3-25　单自由度惯导修正回路方块图

3.4　飞机位置的确定

原理上，有两种确定飞机位置的方法，又称定位方法。第一种方法是直接测量飞机相对于地面固定点的位置，例如，相对于无线电信标的位置。这种方法包括两个要素：测距和测向。把这样测出的位置同该时刻所希望的值进行比较，由此定出航迹修正量。从前、后两个测量结果的差值，可以计算出平均航迹速度的大小和方向。所有无线电技术方法(除多普勒测量方法外)都属于这种定位方法。本节主要介绍无线电技术定位法。

与此相反的第二种方法是根据测出的速度大小和方向(罗盘),由速度对时间积分,计算出飞过的路程。按照这种方法,只要知道起始点所处位置便可确定飞机实际所处的位置。人们把这样的导航方法称为推测导航,这种依据罗盘指示逐段确定航路的方法也称为“航迹推算法”。

多种多样的无线电定位法,可归结为几种测量原理。对于老式定向方法是采用场强测量方法,测量最大场强方向和在场强平面内飞行;大多数新式方法是基于对反射信号或者“应答”信号的过渡时间的测量(时间或相位测量),或者基于包含信号发射时刻信息的信号。障碍物会造成场强和过渡时间的测量误差。

航空中用于定位的地面固定点一般是无线电信标。由图 3-26 可知,所有定位方法有两个要素,即测向和测距。若只研究水平面,那么从飞机上看,固定点在相对测量角 ρ_{xi} 上;如果相对磁北定位,这个测向角为

$$\rho = \rho_{xi} + \Psi \tag{3-106}$$

连接飞机与地面固定点的轨迹是一条基准线(或称定位线),它的长度等于水平面上的距离。如果飞行高度不能忽略时,那么飞机与地面固定点的斜距为 R。由图 3-26(b)可知,飞机的俯仰测向角为 ε,它位于包含基准线的铅垂面(即基准平面)内。

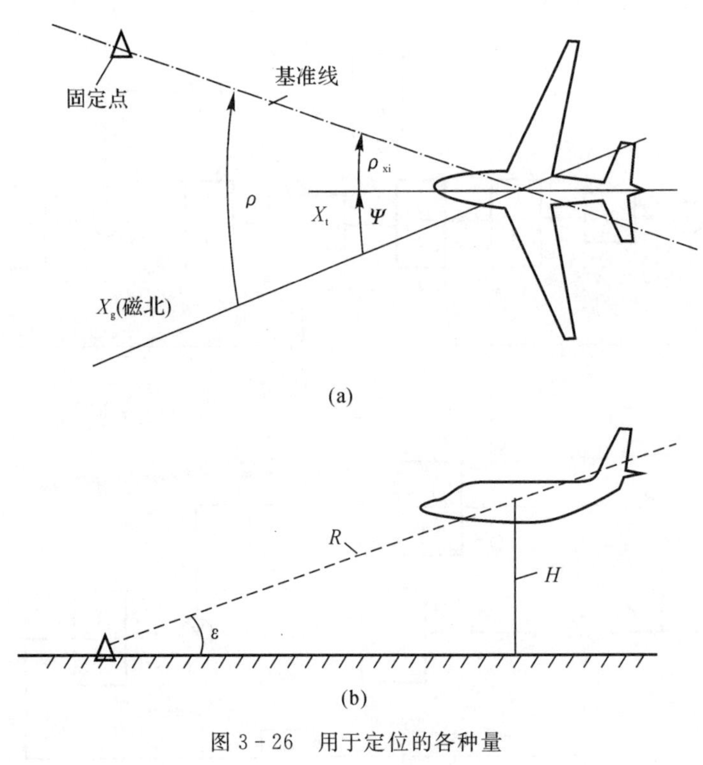

图 3-26　用于定位的各种量

(a)水平面；(b)铅垂面

3.4.1　无线电测高或雷达测高

与气压高度不同,无线电测高和雷达测高提供的是到当地地面的距离,它们主要应用于地面附近。两种测高仪都是按传播时间测量原理工作的。无线电测高仪是把由飞机发射的超高频(UHF)信号在它的频率上调制成 60 Hz 的锯齿形曲线。所发射的信号和由地面反射而又被接收的信号之间的频差,是传播时间的一个度量尺度,因此,也是一个对地高度的度量尺度,这个频率差约为 1 Hz/m。为了测量高度,雷达测高仪采用的是雷达脉冲,除此以外,它仍按上述原理工作。无线电测高仪的测量范围约为 750 m,受量化限制的测量精度在地面附近约为 0.6 m。雷达测高仪可用于较高的高度,其精度为 1 m 或 2%。因为测高仪是固定安装在飞机上的,在计算时应考虑飞机的转动角速度影响。

近年来,一种新型测高仪——激光测高仪已经在试验机上试用,这种测高仪的性能远高于无线电或雷达

测高仪。

3.4.2　无线电测距

到地面固定点的斜距是用无线电测距仪测量的。飞机发射一个询问信号，在所选择的测距装置(DME)站内触发一个应答信号。询问信号和应答信号之间的传播时间又是距离的一种尺度。若距发射机距离较远，实际上 R 等于水平距离，然而在发射机附近，则应注意考虑"高度误差"。由于 DME 信号直线传播的缘故，在低高度下其作用距离会受到障碍物的限制。随高度的增加测量距离增大，可达 200 n mile。随机重复询问-应答方法使在接近接收机的 20 s 时间内，测量和计算的脉冲重复频率为 25～30 次/s。现代的 DME 系统的量化量为 0.1 km，有望量化量为 10 m，那么，与量化量相同的精度可提高到 10 m。

对于显示来说，可直接利用 DME 信号随时间的变化来确定速度，但对飞行控制系统来说，由于量化方面的原因，是不能直接应用的，只能用来辅助其他的速度信号。应该注意的是，它所显示的是相对 DME 站的速度。当绕 DME 站作圆周飞行时，其速度值为零。

3.4.3　自动无线电测向(无线电罗盘)

自动无线电测向仪(ADF)的相对精度虽然不高，但仍常常作为定位辅助手段，不仅用于航线飞行，而且也作为小型机场进场的辅助设备(定位器)，另外也作为等待转弯(等待定位点)的参考，或者用在近距交通范围的初始进场定位。ADF 接收机的输出信号指示是全向中波无线电信标(NDB)相对飞机纵轴的方向，如图 3-27 所示。其测量原理是基于最大场强搜索，过去是通过自动跟踪飞机上的定向天线的方法，现在则是用固定安装在飞机上的铁氧体天线(测向器)。所选择的电台相对于飞机纵轴的方位角 ρ_{xi} 称为水平测向角。为了求出绝对磁航向，还要加磁方位角 Ψ_m，由此可得到全向中波信标的基准线相对磁北方向的水平测向角 ρ_m。

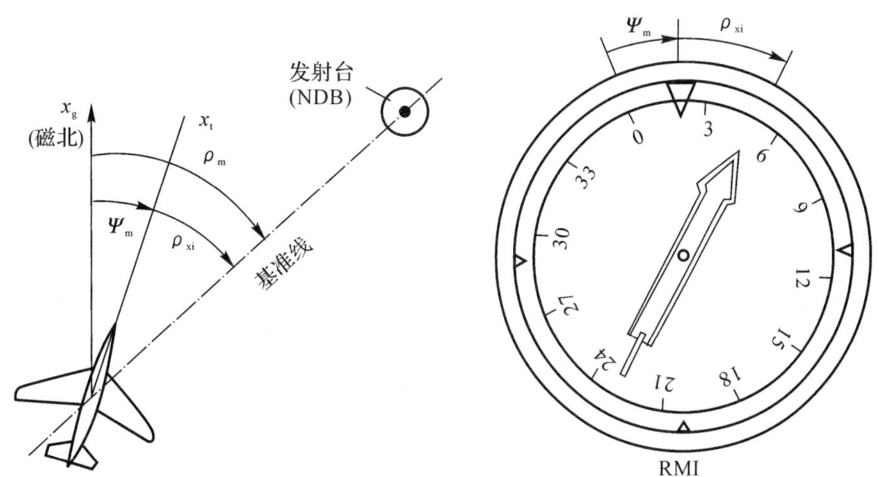

图 3-27　用 NDB 确定基准线

简单的显示仪表是与发射台方向一致的指针与固定罗盘刻度之间的夹角，它表征了机体轴 Ox_t 和地面固定点与飞机所处位置的连线(基准线)在水平面上的两条投影线的夹角(水平方位角)。而在一些复杂的仪表上(如无线电磁指示仪 RMI)，由于罗盘受航向陀螺仪控制，这样，在一块飞行仪表上同时给出了航向角 ψ_m 和固定点方位角 ρ_{xi}。

3.4.4　超短波(UKW)旋转式无线电信标(VOR 和 TACAN)

飞机上接收到的旋转式无线电信标的信号，等于从电台方向所看到的飞机相对磁北(有磁偏的)方向的方位角。这种地面测向不用罗盘就可提供一条基准线，因此，与罗盘误差无关。

在超短波(UKW)波段工作的VOR(VHF甚高频全向信标)发射台，由一个固定天线发射全向超短波(UKW)基准信号。一台以30 r/min转动的偶极天线(或者一个带有旋转方向图的固定的铁氧天线)发射另一个用3 Hz调相的信号。在飞机上所测出的两个接收信号之间的相角，相当于从无线电台发射出的测向角ρ'，如图3-28所示，即相当于磁北和飞机相对发射台当时所在的基准线之间的夹角。为军用目的而发展的战术空中导航设备(UHF-TACAN)方法，提供同样的信息，只是具有更高的精度和更大的抗干扰性。水平测向角$\rho=\rho'-180°$是显示的基础，这个角度就是从飞机上看发射机相对磁北的方位。然而，由于对自动无线电测向仪(ADF)的兼容性(VOR信号也可在RMI上显示)，在VOR接收机上首先(通过一个自动差动同步机)构成角度$\rho_{xi}=\rho-\psi$，从而指针相对于刻度盘纵轴发生偏转，罗盘分度盘的偏转由陀螺仪罗盘信号分开实现，所以原始测量角ρ不能作为电信号使用。

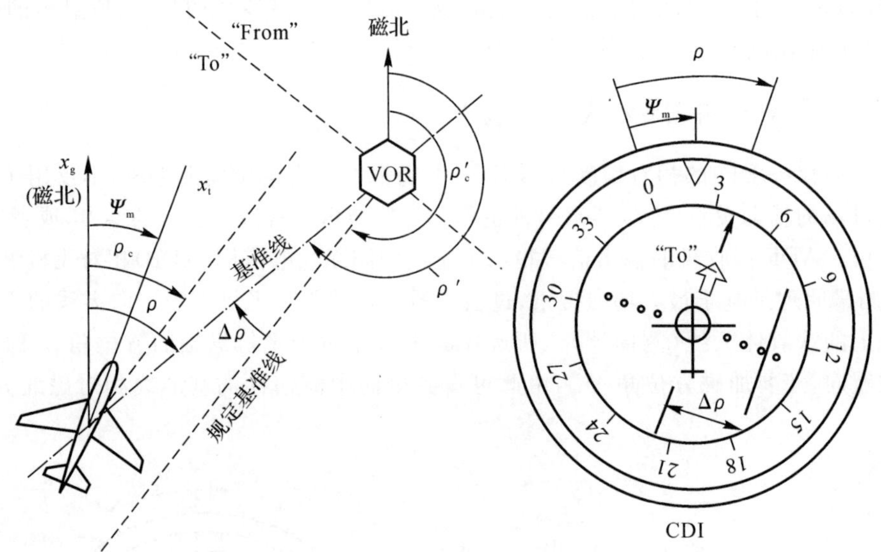

图3-28　用VOR/TACAN确定基准线

VOR显示仪比RMI扩充显示了储存的规定基准线，称为“航向偏差指示器”(CDI)。在较新的仪表系统中，VOR读数被综合成中央导航仪表“水平状态指示器(HIS)”。

若在飞机上预选的基准线相对磁北向的角度为$\rho_c=\sigma_c$，飞机应沿该基准线飞向VOR发射台，或者飞离这个发射台，那么，在飞机上可以计算出当时的基准线和规定航迹之间的测向角偏差$\Delta\rho$(VOR误差)，并把这个误差$\Delta\rho$作为偏离航迹的一种度量，通过指针(标线)的侧向移动，显示在“航向偏差指示器(CDI)”上，划分为左、右5个圆点的刻度，表征满量程为±10°。把信号$\Delta\rho$输入给控制器，稳定信标航迹的控制器会把飞机保证在规定的基准线上。

在航向偏差指示器(CDI)上给出了“飞向”还是“飞离”VOR发射台的标记，由“To”和“From”的箭头表示，显示飞机与发射台的向、背，其中规定：当$\rho_c-90°<\rho<\rho_c+90°$为“To”；当$\rho_c+90°<\rho<\rho_c-90°$为“From”。这些附加的信息也供控制器使用。

由超短波(UKW)波段工作的VOR发射台，其使用距离与高度有关，当在300 m以上高度至少有74 km。角度测量精度在发射端为1°，通过机载设备后的精度为5°左右。

3.4.5　远程定位法

无线电方法可用于远距离飞行和越洋飞行的定位和平面导航。依据对多个发射台的相对距离的测量，按照一定的方法计算出飞机所在位置(地球经度和纬度)，并把它们显示出来。机载计算机能够储存多个航路点上的飞行计划，计算出所希望的大圆圈的飞行航迹，并同实际航迹相比较。由两次连续测量之间的差值，计算出对地球的实际速度和实际航向角。还可给出地速、航迹角或航迹方位角、至预选航迹的距离、偏流角以及到下一个航路点的距离和剩余时间。

3.4.6　卫星定位

高精度和低精度的全球定位系统(GPS)已分别用于美国军方和民品上。GPS 机载设备小、质量轻而价格便宜，这种方法在全球范围内提供的精度优于 100 m，远远超过了其他类型的远距定位法。

这种测量方法的基本原理是，对于瞬时位置已知的多颗卫星，可每次至少对 3 颗卫星测量其距离。因此，飞机位置是以这些卫星为中心的 3 个球面的交点。为了补偿时间误差，还需对第 4 颗卫星进行测量。为了在任何时刻、在地球上的任何地方至少能看到 4 颗卫星，在均匀分布的轨道上，把 24 颗卫星安置在 20 000 km的高度上(每天运转两次)，不断地对它们的轨道参数进行监视和修正。这些卫星都装有原子钟，以使它们彼此准确地同步运行，它们在超高频(UHF)频带上发射伪随机代码。在民用工作型(c)中，这个代码每毫秒重复 1 次。

首先，机载接收机接通时刻应与卫星代码同步，所接收的信号应包括卫星的轨道参数和信息发射的准确时间。用石英钟在飞机上测出所收到的卫星信号传播时间，并换算成距离。由于简单的机械钟表测量时间含有误差，所以这个时间测量需通过确定对第 4 颗卫星的距离，用一种补偿法加以修正。

测量和计算时间总计约 1 s，在这个时间间隔内，不仅卫星、地球，而且飞机都在连续运动。除此以外，电离层内不同的电波传播，造成传播时间误差。当接收机固定在地面上时，可以准确地修正这个误差。这样，在卫星大地测量中其精确度达到厘米级范围。然而，由于飞机不断地变换位置，所以这种修正变得很困难，另外，还要求测量是实时的。

除了机载接收机外，如果开动在机场附近固定安装的地面接收机，那么，可以求出当地的误差，并用无线电转发给机载计算机。采用这种差分 GPS 方法，在稳定飞行阶段，不仅航向，而且垂直方向的精度都小于 20 cm，这种方法可以满足精密进近要求。除此之外，这种方法不仅可以代替无线电导航设备，而且也可用在机场滑行道的引导中。

飞机作动态飞行时会造成另外的误差，这类误差是因为石英钟对加速度的敏感性，以及曲线飞行中的遮暗(天线-卫星间的描准线)影响，造成接收暂时中断。由此造成的误差显示可达 100 m。另外，GPS 的动态特性不能令人满意，当飞机加速时，与惯导系统(INS)相比，它有 6 s 的滞后误差。一种补偿的办法是 GPS 与 INS 的互相支持。用卡尔曼滤波器也可把 INS 良好的动态特性和 GPS 良好的稳定性相互结合起来。INS 为卫星的遮暗和捕获阶段提供了必要的补偿手段。

第二篇　飞机动力学特性状态空间法分析

第 4 章 控制理论基础

由一些互相作用着的装置所组成的任何整体称为动力学系统，这一整体可以用一些随时间在空间变化的变量来描述，这种变量通常叫作广义坐标。

全面描述动力学系统行为所必需的最少独立变量或广义坐标数，称为自由度数。例如，当把飞机看作刚体时，它就有六个自由度，因为它的运动完全决定于这六个变量：重心的三个位移坐标量和描述飞机相对重心的三个角坐标量。

表征动力学系统性质的动力学特性是指其变量(广义坐标)变化的特性。广义坐标的变化是由加在动力学系统上的扰动引起的。加入这类扰动的地方通常叫作动力学系统的输入端；而这类扰动所引起其动力学系统变量变化的效果称为输入响应；而观测输入响应的地方叫作输出端。

任何动力学系统特性都是由它本身具有的某些参量决定的，例如飞机质量、转动惯量、气动力和力矩系数等，都可作为动力学系统参量。

动力学系统的参量(系数)可能是恒值，也可能随时间和空间变化。当系统所有参量都是恒值时，系统称常系数线性系统，或称时不变线性系统，或简称为线性系统。所谓恒参量，显然是指在全部时间内保持不变，不依时间以及系统变化过程为转移的参量。然而在任何真实的系统中，其参量不会严格地保持不变，不过在一定条件下，按照一定的标准来衡量，可认为它们是恒定不变的。

变化着的参量可能是其他各种参量的函数。如果某些参量是时间的函数，那么系统称为时变参量线性系统。但是，系统参量通常不是时间的函数，而是那些描述系统行为所用的变量本身的函数。例如飞机气动力和力矩系数是飞机运动变量(如飞行速度、飞行迎角等)的函数。

如果系统中有的参量不能保持为恒值，而是随着描述行为的变量而变化，那么系统叫作非线性系统。实际上作为大机动飞行的飞机就是一个非线性系统。

任何线性系统的一个最重要的性质是，如果有好几个扰动同时作用于系统上，那么它们的总效果等于每个扰动单独引起的效果之和；或者任何随时间变化的输入引起的系统总响应可以化为多个典型时间函数输入响应的总和。把各种扰动或典型时间函数所引起的各个响应相加的原理，称为线性系统的叠加原理。

要解决任何动力学系统的分析问题，首先必须列出被分析系统的微分方程或状态方程。任何动力学系统的方程式可以分成两大类，一类是静(定)态方程，或叫作调整过程的静力学方程，另一种是描述过渡过程的方程式，叫作调整过程的动力学方程式。由于在定态下系统输入、输出都是恒定的，因此定态方程通常是代数方程。这些方程把扰动和广义坐标联系起来，决定了系统的静态特性；调整过程的动力学方程式通常是微分方程或积分方程，对于具有分布参数的系统来说，其动力学方程式是偏微分方程式。动力学方程式决定系统在扰动作用开始至系统变量变化结束的整个过渡过程中的行为。只有系统的动力学方程才能全面地描述系统的动、静态特性。

在第一篇中经线性化推导出的飞机小扰动线性化方程提供了分析飞机动态特性所必需的数学模型。包括纵向和横侧向在内的飞机动力学特性可用常微分方程描述，在该方程中时间 t 是独立的自变量。当用矩阵表示时，n 阶的微分方程式可用一阶矩阵微分方程表示。如果用向量形式表示 n 个变量称为状态向量，那么矩阵微分方程就叫作状态方程，其形式为

$$\dot{\boldsymbol{x}} = \boldsymbol{A}\boldsymbol{x} + \boldsymbol{B}\boldsymbol{u} \tag{4-1}$$

式中，$\boldsymbol{x}$ 为n 个变量的状态向量；$\boldsymbol{A}$ 为 $n\times n$ 阶系统矩阵；$\boldsymbol{u}$ 为r 个控制变量组成的输入向量；$\boldsymbol{B}$ 是 $n\times r$ 个加权系数组成的控制矩阵。

观测到的包括飞机运动变量在内的飞机运动的输出量 $\boldsymbol{y}$ 是若干个状态变量和输入变量的组合，以向量形式表示的输出变量

$$\boldsymbol{y}=\boldsymbol{Cx}+\boldsymbol{Du} \tag{4-2}$$

式中，$\boldsymbol{y}$ 为 m 个变量的输出向量；$\boldsymbol{C}$ 为 $m\times n$ 个状态变量系数组成的矩阵；$\boldsymbol{D}$ 为 $m\times r$ 个输入变量系数组成的矩阵。

本篇首先重点分析作为控制对象的飞机动力学特性，即是在有无外部激励时的飞机本身固有的动力学特性；其次是利用一种近似解耦分析法，描述、分析和讨论飞机运动的各个自由度和模态特性，寻找影响各种运动特性的主要因素；最后是为飞行控制系统设计，包括控制通道和前向、反馈回路结构和参数选择奠定基础。

由式(4-1)和式(4-2)表示的状态方程和输出方程是线性时不变微分方程组和代数方程组的一般形式。它描述了系统的动态特性，包括系统稳定性和模态特性，是系统特性分析的基础，包括纵向和横侧向的飞机小扰动方程都可归结为式(4-1)、式(4-2)描述的状态方程和输出方程，因此，在研究、分析飞机动力学特性之前，有必要对一般的线性时不变系统方程的解、特征值和特征向量特性、稳定性和可控、可观性进行分析，并用于飞机运动的一般性和特殊性分析中。

4.1 状态方程的拉普拉斯变换解

设 $\boldsymbol{x}(0)$ 为状态向量 $\boldsymbol{x}$ 的初始值，$\boldsymbol{x}(s)$，$\boldsymbol{u}(s)$ 分别代表状态向量 $\boldsymbol{x}$ 和输入向量 $\boldsymbol{u}$ 的拉普拉斯(Laplace)变换向量。那么由状态方程式(4-1)和输出方程式(4-2)得到拉普拉斯变换式

$$\left.\begin{aligned}\boldsymbol{x}(s)&=\boldsymbol{Ax}(s)+\boldsymbol{Bu}(s)+\boldsymbol{x}(0)\\ \boldsymbol{y}(s)&=\boldsymbol{Cx}(s)+\boldsymbol{Du}(s)\end{aligned}\right\} \tag{4-3}$$

由此得到拉普拉斯变换的解

$$\boldsymbol{x}(s)=[s\boldsymbol{I}-\boldsymbol{A}]^{-1}[\boldsymbol{x}(0)+\boldsymbol{Bu}(s)]=\frac{\mathrm{adj}[s\boldsymbol{I}-\boldsymbol{A}]}{|s\boldsymbol{I}-\boldsymbol{A}|}[\boldsymbol{x}(0)+\boldsymbol{Bu}(s)] \tag{4-4}$$

和输入-输出传递函矩阵

$$\boldsymbol{G}(s)=\frac{\boldsymbol{y}(s)}{\boldsymbol{u}(s)}=\frac{\boldsymbol{C}\mathrm{adj}[s\boldsymbol{I}-\boldsymbol{A}]}{|s\boldsymbol{I}-\boldsymbol{A}|}\boldsymbol{B}+\boldsymbol{D} \tag{4-5}$$

式中，$\mathrm{adj}[s\boldsymbol{I}-\boldsymbol{A}]$ 为伴随矩阵；$|s\boldsymbol{I}-\boldsymbol{A}|$ 为状态方程的特征行列式。

$|s\boldsymbol{I}-\boldsymbol{A}|$ 可按 s 的不同阶次展开为特征多项式，即

$$D(s)=|s\boldsymbol{I}-\boldsymbol{A}|=s^n+a_{n-1}s^{n-1}+\cdots+a_1s+a_0 \tag{4-6}$$

4.2 特征值与特征向量

将特征多项式 $D(s)$ 化为 s 的因子式：

$$D(s)=(s-\lambda_1)(s-\lambda_2)\cdots(s-\lambda_n)$$

式中，$\lambda_1,\lambda_2,\cdots,\lambda_n$ 均为特征方程 $D(s)=0$ 的根。

$\lambda_1,\lambda_2,\cdots,\lambda_n$ 中的每一个都称为特征值或特征根。n 阶矩阵方程有 n 个特征值，可能是实数，也可能是复数。如果有一个特征值为复数时，必然存在另一个特征值为其共轭复数，与特征值相应的指数函数 $\mathrm{e}^{\lambda_k t}$ 称为系统的固有振型或模态。当实数特征值或复数特征值的实部为负数时，固有振型是稳定的；当实数特征值或复数特征值的实部为正数时，固有振型是不稳定的。

为了便于状态空间分析和系统设计，用线性变换方法将状态空间坐标变换为另一个坐标。将一个一般系统转换为另一个有利于系统分析和设计的典型系统。事实上，描述给定系统的一组状态变量并不是唯一

的。如果 $\boldsymbol{x}$ 是状态向量，那么 $\boldsymbol{z}=\boldsymbol{T}^{-1}\boldsymbol{x}$ 也是一个状态向量。将状态方程式(4-1)两边左乘以 $\boldsymbol{T}^{-1}$，并将 $\boldsymbol{z}$ 代以 $\boldsymbol{T}^{-1}\boldsymbol{x}$，得到状态变量 $\boldsymbol{z}$ 的状态方程

$$\dot{\boldsymbol{z}}=\boldsymbol{T}^{-1}\boldsymbol{A}\boldsymbol{T}\boldsymbol{z}+\boldsymbol{T}^{-1}\boldsymbol{B}\boldsymbol{u} \tag{4-7}$$

式中，$\boldsymbol{T}$ 为任意的非奇异矩阵。

给定不同的 $\boldsymbol{T}$ 矩阵可以得到无限个相似状态方程的系统，它们都有相同的特征值。为了证明在一个线性变换下特征值的不变性，必须证明特征行列式 $|s\boldsymbol{I}-\boldsymbol{A}|$ 和 $|s\boldsymbol{I}-\boldsymbol{T}^{-1}\boldsymbol{A}\boldsymbol{T}|$ 是相等的。根据行列式乘积运算性质，可以得到

$$|s\boldsymbol{I}-\boldsymbol{T}^{-1}\boldsymbol{A}\boldsymbol{T}|=|s\boldsymbol{T}^{-1}\boldsymbol{T}-\boldsymbol{T}^{-1}\boldsymbol{A}\boldsymbol{T}|=|\boldsymbol{T}^{-1}(s\boldsymbol{I}-\boldsymbol{A})\boldsymbol{T}|=|\boldsymbol{T}^{-1}||\boldsymbol{T}||s\boldsymbol{I}-\boldsymbol{A}| \tag{4-8}$$

由于行列式 $|\boldsymbol{T}^{-1}||\boldsymbol{T}|$ 的乘积是 $\boldsymbol{T}^{-1}$，$\boldsymbol{T}$ 乘积的行列式 $|\boldsymbol{T}^{-1}\boldsymbol{T}|$，所以得到

$$|s\boldsymbol{I}-\boldsymbol{T}^{-1}\boldsymbol{A}\boldsymbol{T}|=|\boldsymbol{T}^{-1}\boldsymbol{T}||s\boldsymbol{I}-\boldsymbol{A}|=|s\boldsymbol{I}-\boldsymbol{A}| \tag{4-9}$$

这便证明了状态坐标变换后，状态矩阵 $\boldsymbol{A}$ 的特征值是不变的。在系统分析和设计中，为确定(或近似确定)特征值，简化状态方程，选择状态(或输出)反馈，状态矩阵 $\boldsymbol{A}$ 的相似转换是有用的。

可以证明一个有意义的特征式表示形式，如下式所示：

$$D(s)=(D_{ik}D_{pj}-D_{ij}D_{pk})\div(D_{pk})_{ij}\quad(i<p,k<j) \tag{4-10}$$

式中，$D(s)=|s\boldsymbol{I}-\boldsymbol{A}|$，$D_{ik}$，$D_{pj}$，$D_{ij}$ 和 D_{pk} 是行列式 $|s\boldsymbol{I}-\boldsymbol{A}|$ 的代数余子式，$(D_{pk})_{ij}$ 为行列式 $|s\boldsymbol{I}-\boldsymbol{A}|$ 去掉第 p,i 行和第 k,j 列后得到的余子式乘以 $(-1)^{i+j+p+k}$。

利用行列式的性质证明式(4-10)成立。

设一个 n 阶线性方程组

$$\boldsymbol{A}\boldsymbol{x}=\boldsymbol{E} \tag{4-11}$$

式中

$$\boldsymbol{A}=\begin{bmatrix}a_{11} & a_{12} & \cdots & a_{1n}\\ a_{21} & a_{22} & \cdots & a_{2n}\\ \vdots & \vdots & & \vdots\\ a_{n1} & a_{n2} & \cdots & a_{nn}\end{bmatrix},\quad \boldsymbol{x}=[x_1\quad x_2\quad\cdots\quad x_n]^{\mathrm{T}},\quad \boldsymbol{E}=[0\quad\cdots\quad 0\quad \underset{(\text{第 } i \text{ 个元素})}{1}\quad 0\quad\cdots]^{\mathrm{T}}$$

只要矩阵 $\boldsymbol{A}$ 满秩，此线性方程组的解既存在又唯一。由克莱姆(Cramer)法则得到

$$x_j=\frac{D_{ij}}{D} \tag{4-12}$$

$$x_k=\frac{D_{ik}}{D}\quad(k<j) \tag{4-13}$$

式中，$D=\det A$，D_{ij}，D_{ik} 为 D 的代数余子式。当将 x_j 作为已知数代入式(4-11)时，可用 $n-1$ 个未知数的 $n-1$ 阶方程

$$\boldsymbol{A}_{pj}\boldsymbol{x}_{-j}=\boldsymbol{F} \tag{4-14}$$

代替。式中矩阵 $\boldsymbol{A}_{pj}$ 为矩阵 $\boldsymbol{A}$ 去掉第 $p(p>j)$ 行和第 j 列构成的矩阵，即

$$\boldsymbol{A}_{pj}=\begin{bmatrix}a_{11} & a_{12} & \cdots & a_{1j-1} & a_{1j+1} & \cdots & a_{1n}\\ \cdots & \cdots & & \cdots & \cdots & & \cdots\\ a_{p-11} & a_{p-12} & \cdots & a_{p-1j-1} & a_{p-1j+1} & \cdots & a_{p-1n}\\ a_{p+11} & a_{p+12} & \cdots & a_{p+1j-1} & a_{p+1j+1} & \cdots & a_{p+1n}\\ \cdots & \cdots & & \cdots & \cdots & & \cdots\\ a_{n1} & a_{n2} & \cdots & a_{nj-1} & a_{nj+1} & \cdots & a_{nn}\end{bmatrix},\quad \boldsymbol{x}_{-j}=[x_1\cdots x_{j-1}x_{j+1}\cdots x_n]^{\mathrm{T}}$$

和

$$\boldsymbol{F}=\left[-\frac{D_{ij}}{D}a_{1j}\quad\cdots\quad -\frac{D_{ij}}{D}a_{ij}+1\quad\cdots\quad -\frac{D_{ij}}{D}a_{p-1j}\quad -\frac{D_{ij}}{D}a_{p+1j}\quad\cdots\quad -\frac{D_{ij}}{D}a_{nj}\right]^{\mathrm{T}}$$

再按克莱姆法则由式(4-14)解出 x_k 的另一表达式为

$$x_k = \frac{-\frac{D_{ij}}{D}\begin{vmatrix} a_{11} & \cdots & a_{1k-1} & a_{1j} & a_{1k+1} & \cdots & a_{1j-1} & a_{1j+1} & \cdots & a_{1n} \\ \cdots & & \cdots & \cdots & \cdots & & \cdots & \cdots & & \cdots \\ a_{i1} & \cdots & a_{ik-1} & a_{ij}-\frac{D}{D_{ij}} & a_{ik+1} & \cdots & a_{ij-1} & a_{ij+1} & \cdots & a_{in} \\ \cdots & & \cdots & \cdots & \cdots & & \cdots & \cdots & & \cdots \\ a_{p-11} & \cdots & a_{p-1k-1} & a_{p-1j} & a_{p-1k+1} & \cdots & a_{p-1j-1} & a_{p-1j+1} & \cdots & a_{p-1n} \\ a_{p+11} & \cdots & a_{p+1k-1} & a_{p+1j} & a_{p+1p_2+1} & \cdots & a_{p+1j-1} & a_{p+1j+1} & \cdots & a_{p+1n} \\ \cdots & & \cdots & \cdots & \cdots & & \cdots & \cdots & & \cdots \\ a_{n1} & \cdots & a_{nk-1} & a_{nj} & a_{nk+1} & \cdots & a_{nj-1} & a_{nj+1} & \cdots & a_{nn} \end{vmatrix}}{M_{pj}} \tag{4-15}$$

式中，$M_{pj}=\det\boldsymbol{A}_{pj}$。将式(4－15)分子行列式分解为两个行列式之和，并分别用展开式和列交换式表示，得到

$$x_k=(-1)^{j+k}\frac{D_{ij}M_{pk}}{DM_{pj}}+\frac{(M_{pj})_{ik}}{M_{pj}}(-1)^{i+k}\quad(i<p,k<j) \tag{4-16}$$

式中，M_{pk} 为 D 的余子式；$(M_{pj})_{ik}$ 为 M_{pj} 的余子式，即 D 去掉第 p,i 行第 j,k 列的余子式。

当用 D 的代数余子式表示，即当 $D_{pj}=(-1)^{p+j}M_{pj}$，$D_{pk}=(-1)^{p+k}M_{pk}$ 和 $(D_{pj})_{ik}=(-1)^{p+j+i+k}(M_{pj})_{ik}$ 时，得到

$$x_k=\frac{D_{ij}D_{pk}}{DD_{pj}}+\frac{(D_{pj})_{ik}}{D_{pj}}\quad(i<p,k<j) \tag{4-17}$$

并由式(4－13)、式(4－17)得到式(4－10)。

有许多近似求解特征值的方法，都是按已知的 s 多项式系数迭代计算得到的。本节给出的特征式表达式(4－10)，不是用来解算特征值，而是试图利用特征行列式与其代数余子式的这种关系来分析有关多变量系统的某些问题。当状态变量多，即维数 n 很大时，由式(4－10)表示的特征式中的代数余子式个数要比行列式展开式中代数余子式的个数少得多。利用式(4-10)可以得到以参数表达式形式表示的 n 阶系统矩阵 $\boldsymbol{A}$ 的左、右特征向量(矩阵)，因此便可得到以参数表达式形式表示的 n 阶状态方程的拉普拉斯变换解和时域解的分解式，为系统的控制和观测矩阵提供了以参数形式给出的表达式；最有实际意义的是，当利用式(4－10)分析多变量不变性系统时，可得到一种很有实用价值的双对角线二维解耦系统，将为多变量系统的分析和设计开辟一条新的途径。

由于

$$\mathrm{adj}[s\boldsymbol{I}-\boldsymbol{A}]=[s\boldsymbol{I}-\boldsymbol{A}]^{-1}D(s) \tag{4-18}$$

当将式(4－18)左乘以$[\lambda_k\boldsymbol{I}-\boldsymbol{A}]$，并将 s 代以 λ_k，得到

$$[\lambda_k\boldsymbol{I}-\boldsymbol{A}][D_1(\lambda_k)\quad\cdots\quad D_n(\lambda_k)]=D(\lambda_k)=0 \tag{4-19}$$

式中

$$[D_1(\lambda_k)\quad\cdots\quad D_n(\lambda_k)]=\mathrm{adj}[\lambda_k\boldsymbol{I}-\boldsymbol{A}]$$

$$\boldsymbol{D}_i(\lambda_k)=[D_{i1}(\lambda_k)\quad\cdots\quad D_{in}(\lambda_k)]^{\mathrm{T}}\quad(i=1,\cdots,n)$$

式(4－19)表明 $\mathrm{adj}[\lambda_k\boldsymbol{I}-\boldsymbol{A}]$ 的任何一列 $\boldsymbol{D}_i(\lambda_k)$ 以及以任何常数 c_k 构成的 $c_k\boldsymbol{D}_i(\lambda_k)$ 满足右特征向量的定义，即

$$[\lambda_k\boldsymbol{I}-\boldsymbol{A}]W_k=0\quad(k=1,\cdots,n) \tag{4-20}$$

式中，$W_k=c_k\boldsymbol{D}_i(\lambda_k)$ 和 i 为 $1,\cdots,n$ 中任何一个自然数。

还可将式(4－18)右乘以$[\lambda_k\boldsymbol{I}-\boldsymbol{A}]$，并将 s 代以 λ_k 得到

$$[D'_1(\lambda_k)\quad\cdots\quad D'_n(\lambda_k)]^{\mathrm{T}}[\lambda_k\boldsymbol{I}-\boldsymbol{A}]=0 \tag{4-21}$$

式中

$$[D'_1(\lambda_k) \quad \cdots \quad D'_n(\lambda_k)]^{\mathrm{T}} = \mathrm{adj}[\lambda_k \boldsymbol{I} - \boldsymbol{A}]$$

$$D'_j(\lambda_k) = [D_{1j}(\lambda_k) \quad \cdots \quad D_{nj}(\lambda_k)] \quad (j=1,\cdots,n)$$

式(4-21)表明了 $\mathrm{adj}[\lambda_k \boldsymbol{I}-\boldsymbol{A}]$ 的任何一行 $D'_j(\lambda_k)$ 以及以任何常数 c'_k 构成的 $c'_k D'_j(\lambda_k)$ 满足左特征向量的定义，即

$$\boldsymbol{W}'_k[\lambda_k \boldsymbol{I} - \boldsymbol{A}] = 0 \quad (k=1,\cdots,n) \tag{4-22}$$

式中，$W'_k(\lambda_k) = c'_k D'_j(\lambda_k)$ 和 j 为 $1,\cdots,n$ 中任何一个。

为全面地描述特征向量与其 n 个特征值的关系，式(4-19)可归结为

$$\boldsymbol{A}[\boldsymbol{W}_1 \quad \cdots \quad \boldsymbol{W}_n] = [\boldsymbol{W}_1 \quad \cdots \quad \boldsymbol{W}_n]\begin{bmatrix}\lambda_1 & & \\ & \ddots & \\ & & \lambda_n\end{bmatrix} = \boldsymbol{W\Lambda} \tag{4-23}$$

式中，$\boldsymbol{W}$ 的每一列 $\boldsymbol{W}_i$ 是 $\mathrm{adj}[\lambda_k \boldsymbol{I} - \boldsymbol{A}]$ 的任一列，且 s 分别代以 $\lambda_1,\cdots\lambda_n$，即

$$\boldsymbol{W} = [\boldsymbol{W}_1 \quad \cdots \quad \boldsymbol{W}_n] = \begin{bmatrix} D_{i1}(\lambda_1) & \cdots & D_{i1}(\lambda_n) \\ \vdots & & \vdots \\ D_{in}(\lambda_1) & \cdots & D_{in}(\lambda_n)\end{bmatrix}\boldsymbol{C} \tag{4-24}$$

式中，$\boldsymbol{C} = \begin{bmatrix} c_1 & & \\ & \ddots & \\ & & c_n\end{bmatrix}$；$i$ 为 $1,\cdots,n$ 中任何一个自然数。

再将式(4-23)右乘以 $\boldsymbol{W}^{-1}$，得到状态矩阵 $\boldsymbol{A}$ 与特征值矩阵 $\boldsymbol{\Lambda}$ 和右特征矩阵 $\boldsymbol{W}$ 的关系为

$$\boldsymbol{A} = \boldsymbol{W\Lambda W}^{-1} \tag{4-25}$$

同样也可得到状态矩阵 $\boldsymbol{A}$ 与特征值矩阵 $\boldsymbol{\Lambda}$ 和左特征矩阵 $\boldsymbol{W}'$ 的关系为

$$\boldsymbol{A} = \boldsymbol{W}'^{-1}\boldsymbol{\Lambda W}' \tag{4-26}$$

$$\boldsymbol{W}' = [\boldsymbol{W}'_1 \quad \cdots \quad \boldsymbol{W}'_n]^{\mathrm{T}} = \boldsymbol{C}'\begin{bmatrix} D_{1j}(\lambda_1) & \cdots & D_{nj}(\lambda_1) \\ \vdots & & \vdots \\ D_{1j}(\lambda_n) & \cdots & D_{nj}(\lambda_n)\end{bmatrix} \tag{4-27}$$

式中，$\boldsymbol{C}' = \begin{bmatrix} c'_1 & & \\ & \ddots & \\ & & c'_n\end{bmatrix}$，$j$ 为 $1,\cdots,n$ 中任何一个自然数。

由于式(4-20)中的 $\boldsymbol{W}_k$ 是 $\mathrm{adj}[\lambda_k \boldsymbol{I}-\boldsymbol{A}]$ 的任何一列，当人为确定 $\boldsymbol{W}_1$ 是 $\mathrm{adj}[\lambda_1 \boldsymbol{I}-\boldsymbol{A}]$ 的第一列，…，$\boldsymbol{W}_n$ 是 $\mathrm{adj}[\lambda_n \boldsymbol{I}-\boldsymbol{A}]$ 的第 n 列，即 $\boldsymbol{W}$ 的每一列是 $\mathrm{adj}[s\boldsymbol{I}-\boldsymbol{A}]$ 的对应列，且 s 代以对应的特征值时，那么

$$\boldsymbol{W} = \begin{bmatrix} D_{11}(\lambda_1) & \cdots & D_{n1}(\lambda_n) \\ \vdots & & \vdots \\ D_{1n}(\lambda_1) & \cdots & D_{nn}(\lambda_n)\end{bmatrix}\boldsymbol{C} \tag{4-28}$$

同样，$\boldsymbol{W}'$ 也可用 $\mathrm{adj}[s\boldsymbol{I}-\boldsymbol{A}]$ 的全部行向量，且 s 分别代以特征值 $\lambda_1,\cdots,\lambda_n$ 来表示，即

$$\boldsymbol{W}' = \boldsymbol{C}'\begin{bmatrix} D_{11}(\lambda_1) & \cdots & D_{n1}(\lambda_1) \\ \vdots & & \vdots \\ D_{1n}(\lambda_n) & \cdots & D_{nn}(\lambda_n)\end{bmatrix} \tag{4-29}$$

在式(4-24)、式(4-27)中的 $\boldsymbol{C}$ 和 $\boldsymbol{C}'$ 为任意常数 c_i 组成的对角阵。

对应特征值对角阵 $\boldsymbol{\Lambda}$ 的振型(模态)矩阵可由指数函数 $\mathrm{e}^{\boldsymbol{\Lambda}t}$ 表示，因为

$$\mathrm{e}^{\boldsymbol{\Lambda}t} = \boldsymbol{I} + \boldsymbol{\Lambda}t + \boldsymbol{\Lambda}^2\frac{t^2}{2!} + \boldsymbol{\Lambda}^3\frac{t^3}{3!} + \cdots = \sum_{\gamma=0}^{\infty}\frac{(\boldsymbol{\Lambda}t)^{\gamma}}{\gamma!} \tag{4-30}$$

将对角阵 $\boldsymbol{\Lambda}$ 的表达式代入式(4-30)，得到指数函数 $\mathrm{e}^{\boldsymbol{\Lambda}t}$ 的矩阵表达式为

$$\mathrm{e}^{\boldsymbol{\Lambda}t}=\begin{bmatrix}\mathrm{e}^{\lambda_1 t} & & \\ & \ddots & \\ & & \mathrm{e}^{\lambda_n t}\end{bmatrix} \tag{4-31}$$

将式(4-31)左、右分别乘以 $\boldsymbol{T},\boldsymbol{T}^{-1}$，得到

$$\boldsymbol{T}\mathrm{e}^{\boldsymbol{\Lambda}t}\boldsymbol{T}^{-1}=\sum_{\gamma=0}^{\infty}\frac{(\boldsymbol{T\Lambda T}^{-1})^{\gamma}t^{\gamma}}{\gamma\,!} \tag{4-32}$$

当将 $\boldsymbol{W}$(或 $\boldsymbol{W}'$)代以 $\boldsymbol{T}$(或 $\boldsymbol{T}^{-1}$)和 $\boldsymbol{A}$ 代以 $\boldsymbol{W\Lambda W}^{-1}$(或 $\boldsymbol{A}$ 代以 $\boldsymbol{W}'^{-1}\boldsymbol{\Lambda W}'$)时，得到指数函数 $\mathrm{e}^{\boldsymbol{A}t}$ 与指数函数 $\mathrm{e}^{\boldsymbol{\Lambda}t}$ 和特征矩阵 $\boldsymbol{W}$(或 $\boldsymbol{W}'$)的关系为

$$\mathrm{e}^{\boldsymbol{A}t}=\boldsymbol{W}\mathrm{e}^{\boldsymbol{\Lambda}t}\boldsymbol{W}^{-1}=\boldsymbol{W}'^{-1}\mathrm{e}^{\boldsymbol{\Lambda}t}\boldsymbol{W}' \tag{4-33}$$

4.3 状态变量拉普拉斯变换解的分解式

展开式(4-4)，得到状态方程的拉普拉斯变换解为

$$\begin{bmatrix}x_1(s)\\ \vdots \\ x_n(s)\end{bmatrix}=\frac{1}{D(s)}(\mathrm{adj}[s\boldsymbol{I}-\boldsymbol{A}])\left(\begin{bmatrix}x_1(0)\\ \vdots \\ x_n(0)\end{bmatrix}+\begin{bmatrix}b_{11} & \cdots & b_{1m}\\ \vdots & & \vdots\\ b_{n1} & \cdots & b_{nm}\end{bmatrix}\begin{bmatrix}u_1(s)\\ \vdots \\ u_m(s)\end{bmatrix}\right) \tag{4-34}$$

此式表明了全部初始条件和全部输入变量会引起任一状态变量的变化。由于$\dfrac{1}{D(s)}$是所有状态变量表达式的公有项，说明了全部特征值在每个状态变量表达式中都可能出现；同时还说明了任何输入和初始条件都可能激起与特征值对应的固有振型。

对于高阶的单输入-单输出系统，当特征值全不相同时，按$\dfrac{c_1}{s-\lambda_1},\cdots,\dfrac{c_n}{s-\lambda_n}$ 等 n 个分式分项的单变量 $\boldsymbol{x}(s)$ 解的分解式为

$$\boldsymbol{x}(s)=\frac{M(s)}{D(s)}\boldsymbol{u}(s)=\left(\frac{c_1}{s-\lambda_1}+\cdots+\frac{c_i}{s-\lambda_i}+\cdots+\frac{c_n}{s-\lambda_n}\right)\boldsymbol{u}(s)=\sum_{i=1}^{n}\frac{c_i}{s-\lambda_i}\boldsymbol{u}(s) \tag{4-35}$$

式中

$$c_i=\left[(s-\lambda_i)\frac{M(s)}{D(s)}\right]_{s=\lambda_i}=\frac{M(\lambda_i)}{\left[\dfrac{\mathrm{d}}{\mathrm{d}s}D(s)\right]_{s=\lambda_i}}$$

和单变量高阶系统一样，多输入-多输出系统的状态变量拉普拉斯变换式也可以表示为按特征式因子分式分项构成的分解式。由式(4-34)得到状态变量 $\boldsymbol{x}(s)$ 的拉普拉斯变换解的分解式

$$\boldsymbol{x}(s)=\sum_{k=1}^{n}\left\{\left[\frac{\mathrm{adj}[s\boldsymbol{I}-\boldsymbol{A}]}{\dfrac{\mathrm{d}}{\mathrm{d}s}D(s)}\right]_{s=\lambda_k}\frac{1}{s-\lambda_k}[\boldsymbol{x}(0)+\boldsymbol{Bu}(s)]\right\} \tag{4-36}$$

式中，包括初始条件向量 $\boldsymbol{x}(0)$ 和输入向量 $\boldsymbol{u}(s)$ 的激励信号都是经拉普拉斯变换的象函数；$\boldsymbol{u}(s)$ 的表达式取决于它的原函数 $\boldsymbol{u}(t)$ 的形式。

对于没有重根的实际系统来说，状态方程拉普拉斯变换解的分解式可由式(4-36)改写为

$$\boldsymbol{x}(s)=\sum_{k=1}^{n}\left\{\frac{\boldsymbol{p}_k\boldsymbol{r}_k}{s-\lambda_k}[\boldsymbol{x}(0)+\boldsymbol{Bu}(s)]\right\} \tag{4-37}$$

式中

$$\boldsymbol{r}_k=\frac{\boldsymbol{D}'_k}{\left[\dfrac{\mathrm{d}}{\mathrm{d}s}D(s)\right]_{s=\lambda_k}},\quad \boldsymbol{D}'_k=[D_{1j}(\lambda_k)\quad D_{2j}(\lambda_k)\quad\cdots\quad D_{nj}(\lambda_k)]$$

$$\boldsymbol{p}_k=\begin{bmatrix}[D_{11}(\lambda_k)f_1+ & \cdots & +D_{n1}(\lambda_k)f_n]/D'_kF\\ \cdots & & \cdots\\ [D_{1j-1}(\lambda_k)f_1+ & \cdots & +D_{nj-1}(\lambda_k)f_n]/D'_kF\\ & 1 & \\ [D_{1j+1}(\lambda_k)f_1+ & \cdots & +D_{nj+1}(\lambda_k)f_n]/D'_kF\\ \cdots & & \cdots\\ [D_{1n}(\lambda_k)f_1+ & \cdots & +D_{nn}(\lambda_k)f_n]/D'_kF\end{bmatrix},\quad \boldsymbol{F}=[f_1\ \cdots\ f_n]^{\mathrm{T}}=[\boldsymbol{x}(0)+\boldsymbol{Bu}(s)]$$

可以利用本节给出的特征式 $D(s)$ 的表达式(4-10) 推导出 $\boldsymbol{p}_k$ 的简化式。

当将 $s=\lambda_k$ 代入式(4-10) 时，由于 λ_k 是系统的特征值，不仅使 $D(\lambda_k)=0$，还可使得 $|\lambda_k\boldsymbol{I}-\boldsymbol{A}|$ 的代数余子式成为如下式所示关系：

$$\frac{D_{ij}(\lambda_k)}{D_{ik}(\lambda_k)}=\frac{D_{pj}(\lambda_k)}{D_{pk}(\lambda_k)}\tag{4-38}$$

式中，$D_{ik}(\lambda_k)$，$D_{pk}(\lambda_k)$ 不为零。且当 $i=1,\cdots,n-1,j=1,\cdots,n,k=l$ 和 $p=n$ 时，得到

$$\left.\begin{aligned}&\frac{D_{11}(\lambda_k)}{D_{1j}(\lambda_k)}=\frac{D_{21}(\lambda_k)}{D_{2j}(\lambda_k)}=\cdots=\frac{D_{n1}(\lambda_k)}{D_{nj}(\lambda_k)}\\&\cdots\cdots\\&\frac{D_{1n}(\lambda_k)}{D_{1j}(\lambda_k)}=\frac{D_{2n}(\lambda_k)}{D_{2j}(\lambda_k)}=\cdots=\frac{D_{nn}(\lambda_k)}{D_{nj}(\lambda_k)}\end{aligned}\right\}\tag{4-39}$$

这样一来，根据等比定理，即若 $\dfrac{a_1}{b_1}=\dfrac{a_2}{b_2}=\cdots=\dfrac{a_n}{b_n}$，则

$$\frac{K_1a_1+K_2a_2+\cdots+K_na_n}{K_1b_1+K_2b_2+\cdots+K_nb_n}=\frac{a_i}{b_i}$$

式中，K_i 为一组任意常数；i 为 1，…，n 中任一自然数；b_i 不为零。那么便可得到

$$\left.\begin{aligned}&\frac{D_{11}(\lambda_k)f_1+D_{21}(\lambda_k)f_2+\cdots+D_{n1}(\lambda_k)f_n}{D_{1j}(\lambda_k)f_1+D_{2j}(\lambda_k)f_2+\cdots+D_{nj}(\lambda_k)f_n}=\frac{D_{i1}(\lambda_k)}{D_{ij}(\lambda_k)}\\&\cdots\cdots\\&\frac{D_{1n}(\lambda_k)f_1+D_{2n}(\lambda_k)f_2+\cdots+D_{nn}(\lambda_k)f_n}{D_{1j}(\lambda_k)f_1+D_{2j}(\lambda_k)f_2+\cdots+D_{nj}(\lambda_k)f_n}=\frac{D_{in}(\lambda_k)}{D_{ij}(\lambda_k)}\end{aligned}\right\}\tag{4-40}$$

式中，i,j 值各为 1，…，n 中的任意自然数。因此，由式(4-37) 定义的 $\boldsymbol{p}_k$ 可转化为

$$\boldsymbol{p}_k=[D_{i1}(\lambda_k)\quad\cdots\quad D_{in}(\lambda_k)]^{\mathrm{T}}\frac{1}{D_{ij}(\lambda_k)}\tag{4-41}$$

比较由式(4-20) 定义的 $\boldsymbol{W}_k$，可见由式(4-41) 表征的 $\boldsymbol{p}_k$ 是系统 $\boldsymbol{A}$ 的一个右特征向量，$\boldsymbol{p}_k$ 与 $\boldsymbol{W}_k$ 的差别在于：$\boldsymbol{p}_k$ 的常数因子 $\dfrac{1}{D_{ij}(\lambda_k)}$ 是一个定常数，而 $\boldsymbol{W}_k$ 的常数因子 c_k 是任意值。只有当 $c_k=\dfrac{1}{D_{ij}(\lambda_k)}$ 时，则

$$\boldsymbol{p}_k=\boldsymbol{W}_k\tag{4-42}$$

比较式(4-22) 中定义的 $\boldsymbol{W}'_k$，可见由式(4-37) 定义的 $\boldsymbol{r}_k$ 是系统 $\boldsymbol{A}$ 的一个左特征向量，$\boldsymbol{r}_k$ 与 $\boldsymbol{W}'_k$ 的差别在于：$\boldsymbol{r}_k$ 的常数因子 $\dfrac{1}{\left[\dfrac{\mathrm{d}}{\mathrm{d}s}D(s)\right]_{s=\lambda_k}}$ 是一个定常数，而 $\boldsymbol{W}'_k$ 的常数因子 c'_k 是任意值。只有当 $c'_k=\dfrac{1}{\left[\dfrac{\mathrm{d}}{\mathrm{d}s}D(s)\right]_{s=\lambda_k}}$ 时，则

$$\boldsymbol{r}_k=\boldsymbol{W}'_k\tag{4-43}$$

系统 $\boldsymbol{A}$ 存在着式(4-41) 表示的 n 个右特征向量 $\boldsymbol{p}_1(\lambda_1),\cdots,\boldsymbol{p}_n(\lambda_n)$ 和由式(4-37) 表示的 n 个左特征向量 $\boldsymbol{r}_1(\lambda_1),\cdots,\boldsymbol{r}_n(\lambda_n)$，可以用右特征矩阵 $\boldsymbol{P}$ 和左特征矩阵 $\boldsymbol{R}$ 分别表示这 n 个右特征向量和 n 个左特征向量，即

$$\boldsymbol{P}=[p_1(\lambda_1)\quad\cdots\quad p_n(\lambda_n)]=\begin{bmatrix}D_{i1}(\lambda_1) & \cdots & D_{i1}(\lambda_n)\\ \vdots & & \vdots\\ D_{in}(\lambda_1) & \cdots & D_{in}(\lambda_n)\end{bmatrix}\begin{bmatrix}\dfrac{1}{D_{ij}(\lambda_1)} & & \\ & \ddots & \\ & & \dfrac{1}{D_{ij}(\lambda_n)}\end{bmatrix}\tag{4-44}$$

$$\boldsymbol{R}=[r_1(\lambda_1)\quad\cdots\quad r_n(\lambda_n)]^{\mathrm{T}}=\begin{bmatrix}\dfrac{1}{\left[\dfrac{\mathrm{d}}{\mathrm{d}s}D(s)\right]_{s=\lambda_1}} & & \\ & \ddots & \\ & & \dfrac{1}{\left[\dfrac{\mathrm{d}}{\mathrm{d}s}D(s)\right]_{s=\lambda_n}}\end{bmatrix}\begin{bmatrix}D_{1j}(\lambda_1) & \cdots & D_{nj}(\lambda_1)\\ \vdots & & \vdots\\ D_{1j}(\lambda_n) & \cdots & D_{nj}(\lambda_n)\end{bmatrix}\tag{4-45}$$

式中，$D_{ij}(\lambda_k)$，$\left[\dfrac{\mathrm{d}}{\mathrm{d}s}D(s)\right]_{s=\lambda_k}$ $(k=1,\cdots,n)$ 不为零；$\boldsymbol{P}$，$\boldsymbol{R}$ 分别是 $\boldsymbol{W}$，$\boldsymbol{W}'$ 的一个特定的右、左特征矩阵。

由式(4-44)可知，$\boldsymbol{P}$ 的 n 个列向量是 $\mathrm{adj}[s\boldsymbol{I}-\boldsymbol{A}]$ 的任一列 (i) 向量除以 $D_{ij}(s)$，且 s 代入不同的特征值。由式(4-45)可知，$\boldsymbol{R}$ 的 n 个行向量是 $\mathrm{adj}[s\boldsymbol{I}-\boldsymbol{A}]$ 的任一行 (j) 向量除以 $\left[\dfrac{\mathrm{d}}{\mathrm{d}s}D(s)\right]$，且 s 代以不同的特征值。由式(4-44)表示的 $\boldsymbol{P}$ 的另一个特点是，$\boldsymbol{P}$ 的第 j 行各分量全为 1。

由于由式(4-41)表示的 $\boldsymbol{p}_k$ 的表达式中的 i 和由式(4-37)定义的 $\boldsymbol{r}_k$ 的表达式中的 j 可在自然数列 $1\sim n$ 范围内取任何数，当取 $i=j=k$ 时，即使其某个特征值 λ_k 相对应的 $\boldsymbol{p}_k$ 是 $\mathrm{adj}[\lambda_k\boldsymbol{I}-\boldsymbol{A}]$ 的第 k 列，那么式(4-41)可改写为

$$\boldsymbol{p}_k=[D_{k1}(\lambda_k)\quad\cdots\quad D_{kn}(\lambda_k)]^{\mathrm{T}}\frac{1}{D_{kk}(\lambda_k)}\tag{4-46}$$

式中，$D_{kk}(\lambda_k)$ 不为零，由式(4-37)定义的 $\boldsymbol{r}_k$ 可改写为

$$\boldsymbol{r}_k=[D_{1k}(\lambda_k)\quad\cdots\quad D_{nk}(\lambda_k)]\Big/\left[\frac{\mathrm{d}}{\mathrm{d}s}D(s)\right]_{s=\lambda_k}\tag{4-47}$$

在这种条件下得到右特征矩阵和左特征矩阵的另一种形式的表达式

$$\boldsymbol{P}=[p_1(\lambda_1)\quad\cdots\quad p_n(\lambda_n)]=\begin{bmatrix}D_{11}(\lambda_1) & \cdots & D_{n1}(\lambda_n)\\ \vdots & & \vdots\\ D_{1n}(\lambda_1) & \cdots & D_{nn}(\lambda_n)\end{bmatrix}\begin{bmatrix}\dfrac{1}{D_{11}(\lambda_1)} & & \\ & \ddots & \\ & & \dfrac{1}{D_{nn}(\lambda_n)}\end{bmatrix}\tag{4-48}$$

$$\boldsymbol{R}=[r_1(\lambda_1)\quad\cdots\quad r_n(\lambda_n)]^{\mathrm{T}}=\begin{bmatrix}\dfrac{1}{\left[\dfrac{\mathrm{d}}{\mathrm{d}s}D(s)\right]_{s=\lambda_1}} & & \\ & \ddots & \\ & & \dfrac{1}{\left[\dfrac{\mathrm{d}}{\mathrm{d}s}D(s)\right]_{s=\lambda_n}}\end{bmatrix}\begin{bmatrix}D_{11}(\lambda_1) & \cdots & D_{n1}(\lambda_1)\\ \vdots & & \vdots\\ D_{1n}(\lambda_n) & \cdots & D_{nn}(\lambda_n)\end{bmatrix}\tag{4-49}$$

式中，$D_{kk}(\lambda_k)$，$\left[\dfrac{\mathrm{d}}{\mathrm{d}s}D(s)\right]_{s=\lambda_k}$ $(k=1,\cdots,n)$ 都不为零，并由式(4-48)、式(4-49)可知，$\boldsymbol{P}$ 的第 k 列是

adj$[s\boldsymbol{I}-\boldsymbol{A}]$ 的第 k 列除以 $D_{kk}(s)$；$\boldsymbol{R}$ 的第 k 行是 adj$[s\boldsymbol{I}-\boldsymbol{A}]$ 的第 k 行除以 $\left[\frac{\mathrm{d}}{\mathrm{d}s}D(s)\right]$，且 s 代入以 λ_k；$\boldsymbol{P}$ 的右斜对角元素都为 1。

这样一来，由式(4－37)表示的状态方程总和形式的拉普拉斯解可由矩阵形式代替，即

$$\boldsymbol{x}(s)=\boldsymbol{P}[s\boldsymbol{I}-\boldsymbol{\Lambda}]^{-1}\boldsymbol{R}[\boldsymbol{x}(0)+\boldsymbol{Bu}(s)] \tag{4-50}$$

式中，$[s\boldsymbol{I}-\boldsymbol{\Lambda}]^{-1}=\mathrm{diag}\left[\frac{1}{s-\lambda_1}\cdots\frac{1}{s-\lambda_n}\right]$。比较式(4－4)和式(4－50)得到

$$[s\boldsymbol{I}-\boldsymbol{A}]^{-1}=\boldsymbol{P}[s\boldsymbol{I}-\boldsymbol{\Lambda}]^{-1}\boldsymbol{R} \tag{4-51}$$

只有当特定的右特征矩阵 $\boldsymbol{P}$ 和左特征矩阵 $\boldsymbol{R}$ 互为逆阵时，式(4－51)才能成立。$\boldsymbol{P}$,$\boldsymbol{R}$ 互逆将在本章 4.4 节给予证明。由于 $\boldsymbol{P}$ 为系统 $\boldsymbol{A}$ 的右特征矩阵，且 $\boldsymbol{R}$ 为 $\boldsymbol{P}$ 的逆阵，因此由式(4－25)或式(4－26)得到

$$\boldsymbol{A}=\boldsymbol{P\Lambda R} \tag{4-52}$$

将式(4－51)代入式(4－5)，得到输入-输出传递矩阵分解式的矩阵形式为

$$\boldsymbol{G}(s)=\frac{\boldsymbol{Y}(s)}{\boldsymbol{u}(s)}=\boldsymbol{CP}[s\boldsymbol{I}-\boldsymbol{\Lambda}]^{-1}\boldsymbol{RB}+\boldsymbol{D} \tag{4-53}$$

式中的 $\boldsymbol{C}$,$\boldsymbol{D}$ 同式(4－5)。

由于输入向量的各个分量通常是时间的函数，并具有随机性质，预先无法知道，更不能用解析的方法表示。只有在典型的试验中，人为给出的试验信号通常包括阶跃、斜坡、指数、脉冲或正(余)弦函数。

由输入向量激起的固有振型 $\mathrm{e}^{\lambda_k t}$ 的大小和相位，除输入向量本身外，还取决于控制系数 $\boldsymbol{B}$ 和系统左特征向量 $\boldsymbol{r}_k$；某振型 $\mathrm{e}^{\lambda_k t}$ 在不同状态变量中幅值和相位分布，取决于系统右特征向量 $\boldsymbol{p}_k$ 的分量配置。

由式(4－37)可以得到输入变量对于任意振型的激发及其在状态变量中的分布图，如图 4－1 所示。图中，$\boldsymbol{b}_g$ 为控制系数阵 $\boldsymbol{B}$ 的第 g 行向量，即

$$\boldsymbol{b}_g=[b_{g1}\quad\cdots\quad b_{gm}]\quad(g=1,\cdots,n) \tag{4-54}$$

变量 $x_{1k},\cdots,x_{kk},\cdots,x_{nk}$ 为状态变量 $x_1,\cdots,x_k,\cdots,x_n$ 响应中，某个振型 $\mathrm{e}^{\lambda_k t}$ 的分量。

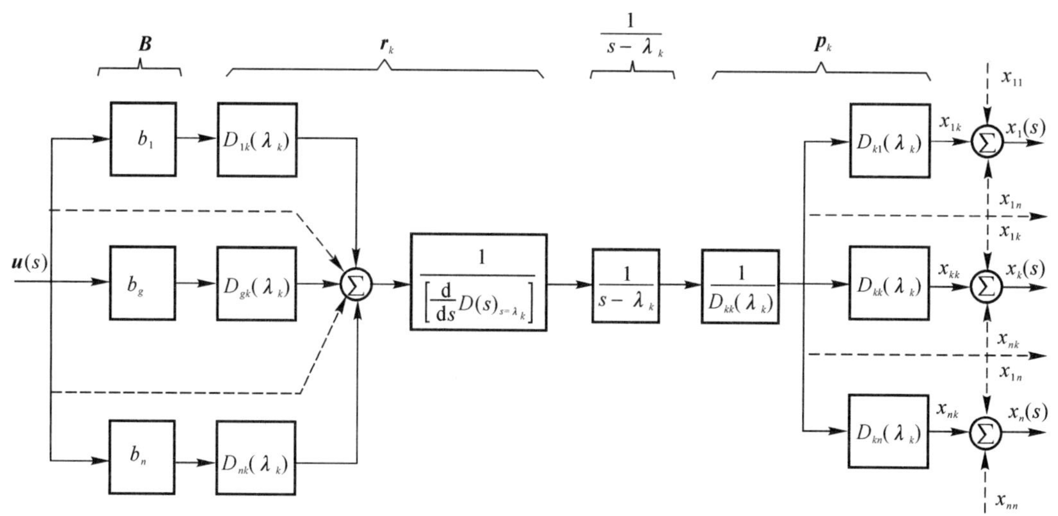

图 4－1　输入向量 $\boldsymbol{u}(s)$ 激起的任一振型 $\mathrm{e}^{\lambda_k t}$ 在状态变量 $\boldsymbol{x}(s)$ 中的分布图

由图 4－1 可直观地看出，系统任一振型在状态变量中的分布取决于右特征向量 $\boldsymbol{p}_k$，因此，右特征向量 $\boldsymbol{p}_k$ 可称为振型分布向量，而右特征矩阵 $\boldsymbol{P}$ 可称为振型分布矩阵。

由控制系数阵 $\boldsymbol{B}$ 加权的输入向量通过左特征向量 $\boldsymbol{r}_k$ 激起对应的振型 $\mathrm{e}^{\lambda_k t}$，$\boldsymbol{r}_k$ 的分量的不同分布，使该振型的幅值和相位区别于其他振型。因此，$\boldsymbol{r}_k$ 可称为振型控制向量，$\boldsymbol{R}$ 可称为振型控制矩阵。

4.4 状态方程的时域解

利用状态方程拉普拉斯变换解的分解式，通过拉普拉斯反变换，便很容易地得到状态方程的时域解。

在输入变量为零的条件下，对式(4－50) 等号两边实施拉普拉斯反变换，得到输入向量为零的条件下状态方程的时域解为

$$\boldsymbol{x}(t)=\boldsymbol{P}\mathrm{e}^{\boldsymbol{\Lambda}t}\boldsymbol{R}\boldsymbol{x}(0)=\boldsymbol{P}\begin{bmatrix}\mathrm{e}^{\lambda_1 t} & & \\ & \ddots & \\ & & \mathrm{e}^{\lambda_n t}\end{bmatrix}\boldsymbol{R}\boldsymbol{x}(0) \tag{4-55}$$

由于当 $t=0$ 时，$\boldsymbol{x}(t)=\boldsymbol{x}(0)$，得到

$$\boldsymbol{PR}=\boldsymbol{I} \tag{4-56}$$

即系统矩阵 $\boldsymbol{A}$ 的左、右特征矩阵 $\boldsymbol{R},\boldsymbol{P}$ 互为逆矩阵。按式(4－48)、式(4－49) 表征的 $\boldsymbol{P},\boldsymbol{R}$ 表达式，得到

$$\begin{bmatrix}D_{11}(\lambda_1) & & \\ & \ddots & \\ & & D_{nn}(\lambda_n)\end{bmatrix}\begin{bmatrix}D_{11}(\lambda_1) & \cdots & D_{n1}(\lambda_n) \\ \vdots & & \vdots \\ D_{1n}(\lambda_1) & \cdots & D_{nn}(\lambda_n)\end{bmatrix}^{-1}=\begin{bmatrix}\dfrac{1}{\left[\dfrac{\mathrm{d}}{\mathrm{d}s}D(s)\right]_{s=\lambda_1}} & & \\ & \ddots & \\ & & \dfrac{1}{\left[\dfrac{\mathrm{d}}{\mathrm{d}s}D(s)\right]_{s=\lambda_n}}\end{bmatrix}\times$$

$$\begin{bmatrix}D_{11}(\lambda_1) & \cdots & D_{n1}(\lambda_1) \\ \vdots & & \vdots \\ D_{1n}(\lambda_n) & \cdots & D_{nn}(\lambda_n)\end{bmatrix} \tag{4-57}$$

还可由式(4－33) 得到指数函数 $\mathrm{e}^{\boldsymbol{A}t}$ 与 $\mathrm{e}^{\boldsymbol{\Lambda}t}$ 的另一个关系式为

$$\mathrm{e}^{\boldsymbol{A}t}=\boldsymbol{P}\mathrm{e}^{\boldsymbol{\Lambda}t}\boldsymbol{R}=\boldsymbol{P}\mathrm{e}^{\boldsymbol{\Lambda}t}\boldsymbol{P}^{-1}=\boldsymbol{R}^{-1}\mathrm{e}^{\boldsymbol{\Lambda}t}\boldsymbol{R} \tag{4-58}$$

式中

$$\boldsymbol{P}^{-1}=\begin{bmatrix}D_{11}(\lambda_1) & & \\ & \ddots & \\ & & D_{nn}(\lambda_n)\end{bmatrix}\begin{bmatrix}D_{11}(\lambda_1) & \cdots & D_{n1}(\lambda_n) \\ \vdots & & \vdots \\ D_{1n}(\lambda_1) & \cdots & D_{nn}(\lambda_n)\end{bmatrix}^{-1}$$

$$\boldsymbol{R}^{-1}=\begin{bmatrix}D_{11}(\lambda_1) & \cdots & D_{n1}(\lambda_1) \\ \vdots & & \vdots \\ D_{1n}(\lambda_n) & \cdots & D_{nn}(\lambda_n)\end{bmatrix}^{-1}\begin{bmatrix}\left[\dfrac{\mathrm{d}}{\mathrm{d}s}D(s)\right]_{s=\lambda_1} & & \\ & \ddots & \\ & & \left[\dfrac{\mathrm{d}}{\mathrm{d}s}D(s)\right]_{s=\lambda_n}\end{bmatrix}$$

将式(4－58) 代入式(4－55)，得到

$$\boldsymbol{x}(t)=\boldsymbol{P}\mathrm{e}^{\boldsymbol{\Lambda}t}\boldsymbol{P}^{-1}\boldsymbol{x}(0)=\boldsymbol{R}^{-1}\mathrm{e}^{\boldsymbol{\Lambda}t}\boldsymbol{R}\boldsymbol{x}(0)=\mathrm{e}^{\boldsymbol{A}t}\boldsymbol{x}(0) \tag{4-59}$$

事实上，式(4-57) 是齐次状态方程 $\dot{\boldsymbol{x}}=\boldsymbol{A}\boldsymbol{x}$ 的唯一解，它表征了初始状态的转移。因此称 $\mathrm{e}^{\boldsymbol{A}t}$ 为状态转移矩阵。

对于状态方程齐次方程解也可由式(4－37) 得到它的总和形式为

$$\boldsymbol{x}(t)=\sum_{k=1}^{n}\mathrm{e}^{\lambda_k t}\boldsymbol{p}_k\boldsymbol{r}_k\boldsymbol{x}(0) \tag{4-60}$$

按计算程序可以得到由数字表示的特征矩阵 $\boldsymbol{W}$ 和 $\boldsymbol{W}^{-1}$，因此，可以获得由式(4-31) 表示的 $\mathrm{e}^{\boldsymbol{A}t}$，从而得到 $\mathrm{e}^{\boldsymbol{A}t}\boldsymbol{x}(0)$。然而，由特征方程代数余子式和特征值表征的特征矩阵 $\boldsymbol{P}$ 和 $\boldsymbol{R}$，要比由数字表示的特征矩阵 $\boldsymbol{W}$，$\boldsymbol{W}^{-1}$，具有更直观的物理解释和简单的函数关系。

对于状态方程的解可由式(4-50)实施拉普拉斯反变换得到。当$\boldsymbol{u}(t)$为阶跃函数时，其状态变量拉普拉斯解为

$$\boldsymbol{x}(s)=\boldsymbol{P}\begin{bmatrix}\frac{1}{s(s-\lambda_1)} & & \\ & \ddots & \\ & & \frac{1}{s(s-\lambda_n)}\end{bmatrix}\boldsymbol{RBu} \tag{4-61}$$

将$\frac{1}{s(s-\lambda_k)}$分解为因式分式分项式，得到

$$\frac{1}{s(s-\lambda_k)}=\left(\frac{1}{s-\lambda_k}-\frac{1}{s}\right)\frac{1}{\lambda_k} \tag{4-62}$$

并代入式(4-61)，得到

$$\boldsymbol{x}(s)=\boldsymbol{P}\begin{bmatrix}\left(\frac{1}{s-\lambda_1}-\frac{1}{s}\right)\frac{1}{\lambda_1} & & \\ & \ddots & \\ & & \left(\frac{1}{s-\lambda_n}-\frac{1}{s}\right)\frac{1}{\lambda_n}\end{bmatrix}\boldsymbol{RBu} \tag{4-63}$$

这样一来，对式(4-63)实施拉普拉斯反变换，得到状态方程矩阵形式的时域解为

$$\boldsymbol{x}(t)=\boldsymbol{P}\begin{bmatrix}(\mathrm{e}^{\lambda_1 t}-1)\frac{1}{\lambda_1} & & \\ & \ddots & \\ & & (\mathrm{e}^{\lambda_n t}-1)\frac{1}{\lambda_n}\end{bmatrix}\boldsymbol{RBu} \tag{4-64}$$

还可对式(4-37)实施拉普拉斯反变换，得到总和形式的时域解为

$$\boldsymbol{x}(t)=\sum_{k=1}^{n}\left\{\frac{1}{\lambda_k}[\mathrm{e}^{\lambda_k t}-1]\boldsymbol{p}_k\boldsymbol{r}_k\boldsymbol{Bu}\right\} \tag{4-65}$$

比较式(4-55)、式(4-64)或式(4-60)、式(4-65)可知，在初始条件或者阶跃函数的输入激励下，状态方程的齐次解或特解都是特征向量的函数；不同之处在于，特解的每个振型分量的幅值与其对应的特征值成反比；在特解中还增加了一个常值分量，它的幅值与其对应的振型分量的初始值相同，且符号相反。

4.5　状态方程解的稳定性

按一次近似得到的状态微分方程所描述的系统稳定性是指系统在使它偏离平衡状态的扰动作用终止后，能返回原来平衡状态的能力。

线性状态方程稳定性的特点是，绝对值有限的任何输入作用所引起的系统状态变量的变化也是有限的。

由泰勒级数展开式取一次项的线性化处理得到线性状态微分方程组，其特征方程式通常由下式表示：

$$D(s)=\begin{vmatrix}s-a_{11} & -a_{12} & \cdots & -a_{1n}\\ -a_{21} & s-a_{22} & \cdots & -a_{2n}\\ \vdots & \vdots & & \vdots\\ -a_{n1} & -a_{n2} & \cdots & s-a_{nn}\end{vmatrix}=0 \tag{4-66}$$

研究它的特征值$\lambda_k(k=1,\cdots,n)$，李雅普诺夫证明了两个基本定理：

第一定理　如果一次近似的特征方程式所有特征值的实部都是负的，那么无扰动运动就是渐近稳定的，与展开式中高于一次微量的各项无关；

第二定理　如果在一次近似的特征方程式的各特征值中，至少有一个具有正实部，那么无扰动运动便是

不稳定的，与展开式中高于一次微量的各项无关。

然而，正像李雅普诺夫所指出的，在临界情况下，即特征方程各特征值中有一组特征值的实部为零，而其余特征值实部为负的情况下，无扰动运动的稳定性决定于不含低于二次微量的项。因此，在这种情况下，必须对非线性的原始方程进行研究。应该注意到，研究临界情况对于解决一系列重要应用问题，特别是飞机纵向稳定性问题来说是特别引人注意的。

但是，由李雅普诺夫两个定理说明的特征式所有特征值实部都为负的充要条件才更具有实际意义。在系统分析中应该注意到临界情况的存在，对飞机纵向运动的临界稳定性最好采用全量微分方程进行仿真研究。

有各种形式的稳定判据。但从数学观点来看，这些稳定判据都是等效的，因为它们表示的是同一个事实：所有特征值的实部全为负或所有特征值都在复平面的左半部。然而，从实用观点来看，每种判据都具有一定的特点，在解决具体问题时，选择得当的方法，便可最简单、最有效地确定系统的稳定性。

在这些稳定判据中，劳斯-霍尔维茨(Routh - Hurwitz)判据适合于状态方程分析，依据特征方程

$$D(s)=s^n+a_1s^{n-1}+\cdots+a_n=0 \tag{4-67}$$

的系数便可判断系统的稳定性，无须求解特征值。因此，劳斯-霍尔维茨稳定判据在状态变量分析中特别有用。劳斯-霍尔维茨稳定判据，即系统稳定的必要、充分条件如下：

1) 特征方程系数 $a_1>0,a_2>0,\cdots,a_n>0$；

2) 霍尔维茨行列式

$$\begin{vmatrix} a_1 & 1 & 0 & 0 & \cdots \\ a_3 & a_2 & a_1 & 1 & \cdots \\ a_5 & a_4 & a_3 & a_2 & \cdots \\ a_7 & a_6 & a_5 & a_4 & \cdots \\ \vdots & \vdots & \vdots & \vdots & \ddots \end{vmatrix}$$

的所有左上部的子行列式都大于零。

在飞机控制系统设计中，经常利用乃奎斯特、伯德和尼格尔斯等人提出的频率法判别系统的稳定性，详细内容将在第三篇介绍。

4.6 可控性与可观测性

系统的可控性和可观测性是状态变量分析和设计的重要方面。如果一个系统可以由某一个外加输入驱动到任意状态，该系统对这个输入是可控的；反之，如果系统在某个输入的作用下，不能达到任意状态，对这个输入来说，系统是不可控的。如果由系统的输出 $\boldsymbol{y}$ 测量值可以推算出状态 $\boldsymbol{x}$，则系统被称为可观测的，如果由 $\boldsymbol{y}$ 不能推算出 $\boldsymbol{x}$，那么系统就是不可观测的。

对于固有振型来说，可控性意味着所有振型可由输入激发；可观性意味着在输出 $\boldsymbol{y}$ 中可以检测到任一个被激发的振型。

4.6.1 用伴随矩阵描述的振型可控性判据

有众多的系统可控 / 不可控判别式，对于一个典型的多输入、多输出系统，最简单的是在系统矩阵 $\boldsymbol{A}$ 的特征向量互不相同的条件下，左特征矩阵与控制系统阵的乘积没有一行的所有分量都为零时，系统才是完全可控的；反之则为不可控系统。实际上这个可控性判据是振型可控性判据。

由式(4-50)、式(4-53)给出的状态和输出分别与输入的关系可知，可控 / 不可控条件为 $\boldsymbol{RB}$ 没有一行的所有元素都为零时，则系统是振型可控的；反之则为振型不可控系统。如果 $\boldsymbol{RB}$ 的某一行元素全为零，表征了在全部输入条件下，与这一行相对应的某一特征值的 r 个分项系数全为零。因此，对应这个特征值的振型

不能被任何输入激发。

对于无重根的实际系统来说，左特征矩阵 $\boldsymbol{R}$ 的表达式中对角阵

$$\begin{bmatrix} \dfrac{1}{\left[\dfrac{\mathrm{d}}{\mathrm{d}s}D(s)\right]_{s=\lambda_1}} & & \\ & \ddots & \\ & & \dfrac{1}{\left[\dfrac{\mathrm{d}}{\mathrm{d}s}D(s)\right]_{s=\lambda_n}} \end{bmatrix}$$

的全部 n 个元素都不为零；因此，这 n 个元素分别为 $\boldsymbol{RB}$ 矩阵各个行向量的不为零的常数。这样一来，振型可控性取决于由式(4－45) 或式(4－49) 表征的 $\boldsymbol{R}$ 阵中除上述对角阵外的另一个矩阵因子与 $\boldsymbol{B}$ 阵的乘积阵，即

$$\begin{bmatrix} D_{1j}(\lambda_1) & \cdots & D_{nj}(\lambda_1) \\ \vdots & & \vdots \\ D_{1j}(\lambda_n) & \cdots & D_{nj}(\lambda_n) \end{bmatrix}\boldsymbol{B} \quad (j=1,\cdots,n)$$

或者左特征矩阵由 $\boldsymbol{R}'$ 表示时

$$\begin{bmatrix} D_{11}(\lambda_1) & \cdots & D_{n1}(\lambda_1) \\ \vdots & & \vdots \\ D_{1n}(\lambda_n) & \cdots & D_{nn}(\lambda_n) \end{bmatrix}\boldsymbol{B}$$

没有一行元素都为零时，则系统是振型完全可控的；反之则为振型不可控。二者也是由式(4－27)、式(4－29) 表征的左特征矩阵 $\boldsymbol{W}'$ 表达式中除常数对角阵外的另一个矩阵因子与 $\boldsymbol{B}$ 阵的乘积阵。

由于式(4－44) 表征的 $\boldsymbol{P}$ 阵第 j 行全为 1 和由式(4－48) 表征的 $\boldsymbol{P}$ 阵右斜对角元素都为 1，因此，由式(4－50) 和式(4－64) 表征的状态方程解可知，如果系统是振型完全可控的，则系统也是状态完全可控的。

有学者早已证明，如果系统状态可控，则所有固有振型都可以被激发；如系统状态不可控，则某些固有振型就不能激发。

由于

$$\frac{\mathrm{d}}{\mathrm{d}t}[\mathrm{e}^{-\boldsymbol{A}t}\boldsymbol{x}(t)]=\mathrm{e}^{-\boldsymbol{A}t}[\dot{\boldsymbol{x}}(t)-\boldsymbol{A}\boldsymbol{x}(t)]=\mathrm{e}^{-\boldsymbol{A}t}\boldsymbol{B}\boldsymbol{u}(t) \tag{4-68}$$

和依据凯莱-哈密尔顿定理

$$\boldsymbol{A}^n+a_{n-1}\boldsymbol{A}^{n-1}+\cdots+a_1\boldsymbol{A}+a_0\boldsymbol{I}=\boldsymbol{0}$$

获得的

$$\mathrm{e}^{\boldsymbol{A}t}=\sum_{k=0}^{\infty}\frac{\boldsymbol{A}^k}{k\,!}t^k=\sum_{k=0}^{n-1}b_k(t)\boldsymbol{A}^k$$

得到在初始条件为零时的状态方程的特解

$$\boldsymbol{x}(t)=\int_0^t\mathrm{e}^{\boldsymbol{A}(t-\tau)}\boldsymbol{B}\boldsymbol{u}(\tau)\mathrm{d}\tau=\boldsymbol{B}\int_0^t b_0(t-\tau)\boldsymbol{u}(\tau)\mathrm{d}\tau+\boldsymbol{AB}\int_0^t b_1(t-\tau)u(\tau)\mathrm{d}\tau+\cdots+\boldsymbol{A}^{n-1}\boldsymbol{B}\int_0^t b_{n-1}(t-\tau)u(\tau)\mathrm{d}\tau \tag{4-69}$$

且当令

$$f_k(t)=\int_0^t b_k(t-\tau)u(\tau)\mathrm{d}\tau \quad (k=0,\cdots,n-1)$$

时，得到

$$\boldsymbol{x}(t)=\sum_{k=0}^{n-1}\boldsymbol{A}^k\boldsymbol{B}f_k=[\boldsymbol{B}\quad \boldsymbol{AB}\quad \cdots\quad \boldsymbol{A}^{n-1}\boldsymbol{B}][f_0\quad \cdots\quad f_{n-1}]^{\mathrm{T}}=\boldsymbol{Q}\boldsymbol{f}(t)$$

如果当 $\boldsymbol{B}$ 为 $n\times 1$ 阶时，那么满秩的 $n\times n$ 阶矩阵 $\boldsymbol{Q}$，使得

$$\boldsymbol{f}(t)=\boldsymbol{Q}^{-1}\boldsymbol{x}(t)$$

存在；因此，也存在一个与 $\boldsymbol{f}(t)$ 对应的合适的且不是唯一的输入 $\boldsymbol{u}(t)$。这样一来，根据可控性定义得到对于一个输入的系统状态可控性的充要条件为 $n\times n$ 阶矩阵

$$\boldsymbol{Q}=[\boldsymbol{B} \quad \boldsymbol{AB} \quad \cdots \quad \boldsymbol{A}^{n-1}\boldsymbol{B}] \tag{4-70}$$

是满秩的。这个结论也可推广到输入向量是 r 维的情况，系统可控性条件是 $n\times nr$ 阶矩阵 $\boldsymbol{Q}$ 是满秩的。

如果将可控性条件引入对角线系统，将式(4－25) 或式(4－26) 代入式(4－70)，得到

$$\boldsymbol{Q}=\boldsymbol{W}[\boldsymbol{W}^{-1}\boldsymbol{B} \quad \boldsymbol{\Lambda W}^{-1}\boldsymbol{B} \quad \cdots \quad \boldsymbol{\Lambda}^{n-1}\boldsymbol{W}^{-1}\boldsymbol{B}] \tag{4-71}$$

或

$$\boldsymbol{Q}=\boldsymbol{W}'^{-1}[\boldsymbol{W}'\boldsymbol{B} \quad \boldsymbol{\Lambda W}'\boldsymbol{B} \quad \cdots \quad \boldsymbol{\Lambda}^{n-1}\boldsymbol{W}'\boldsymbol{B}] \tag{4-72}$$

将由式(4－28)、式(4－29) 表征的 $\boldsymbol{W},\boldsymbol{W}'$ 表达式代入式(4－71)、式(4－72)，得到状态可控性判据为矩阵

$$\boldsymbol{Q}=\boldsymbol{W}[\boldsymbol{g} \quad \boldsymbol{\Lambda g} \quad \cdots \quad \boldsymbol{\Lambda}^{n-1}\boldsymbol{g}] \tag{4-73}$$

或

$$\boldsymbol{Q}=\boldsymbol{W}'^{-1}[\boldsymbol{g}' \quad \boldsymbol{\Lambda g}' \quad \cdots \quad \boldsymbol{\Lambda}^{n-1}\boldsymbol{g}'] \tag{4-74}$$

是满秩的。式中 $\boldsymbol{g}=\boldsymbol{W}^{-1}\boldsymbol{B},\boldsymbol{g}'=\boldsymbol{W}'\boldsymbol{B}$，且当 $\boldsymbol{W},\boldsymbol{W}'$ 分别由式(4－24) 和式(4－27) 表示时，得到

$$\boldsymbol{g}=\begin{bmatrix} D_{11}(\lambda_1) & \cdots & D_{n1}(\lambda_n) \\ \vdots & & \vdots \\ D_{1n}(\lambda_1) & \cdots & D_{nn}(\lambda_n)\end{bmatrix}^{-1}\boldsymbol{B} \quad 和 \quad \boldsymbol{g}'=\begin{bmatrix} D_{11}(\lambda_1) & \cdots & D_{n1}(\lambda_1) \\ \vdots & & \vdots \\ D_{1n}(\lambda_n) & \cdots & D_{nn}(\lambda_n)\end{bmatrix}\boldsymbol{B}$$

由式(4－74) 可知，非奇异矩阵 $\boldsymbol{W}'^{-1}$ 使得系统的可控性取决于 $\boldsymbol{g}'$。这就是说，当 $\boldsymbol{g}'$ 没有一行元素都为零时，系统既是振型完全可控又是状态完全可控，并由式(4－57) 得到

$$\boldsymbol{g}=\begin{bmatrix} D_{11}(\lambda_1) & \cdots & D_{n1}(\lambda_n) \\ \vdots & & \vdots \\ D_{1n}(\lambda_1) & \cdots & D_{nn}(\lambda_n)\end{bmatrix}^{-1}\boldsymbol{B}=\begin{bmatrix} \dfrac{1}{\left[\boldsymbol{D}_{11}(s)\dfrac{\mathrm{d}}{\mathrm{d}s}D(s)\right]_{s=\lambda_1}} & & \\ & \ddots & \\ & & \dfrac{1}{\left[D_{nn}(s)\dfrac{\mathrm{d}}{\mathrm{d}s}D(s)\right]_{s=\lambda_n}}\end{bmatrix}\boldsymbol{g}' \tag{4-75}$$

由于式中对角阵的各元素不为零，使得当 $\boldsymbol{g}'$ 没有一行元素都为零时，$\boldsymbol{g}$ 也没有一行元素都为零，故由式(4－73) 和式(4－74) 表征的状态完全可控制判据与振型完全可控判据是等价的。因此，在系统分析和设计中，可根据两种可控性判据在使用中的难易程度，决定采用哪种可控性判据。

4.6.2 主导极点和主导特征向量以及主控状态变量

对于一个实际系统的稳定性、瞬态响应速度和平稳度，可以作为系统性能的主要方面，其中系统的特征值和特征向量是最准确、最全面地显示和决定系统性能的指标。为了有效地改变系统的极点位置，分析系统的振型可控性是必要的。利用左特征矩阵描述的振型可控性判据，不仅能确定系统的可控性，更重要的还是在状态变量分析中，找到控制某特征值最有效的是哪个输入变量(或控制通道)。可利用这个输入(通道) 去改善这个实极点或这对复极点的位置，把这个(对) 特征值定义为对应某个输入的主导极点(振型)，对应 r 个输入最少有 r 个主导极点。在每个输入变量中引入对应的主导振型分布比例最大的一个(或两个) 状态(或输出) 变量作为状态(或输出) 反馈，用以有效地改善与输入对应的主导极点的位置。当某一个(实极点) 或某两个(复极点) 特征值是某输入变量的主导极点时，则是另外一些输入变量的非主导极点。由于输入变量的个数通常少于特征值的个数，所以可能还有一些极点不能如愿地安置在合适的位置。为了减少这些非主导极点对系统的影响，可采用解耦的办法减少这些主导振型在全部状态中的分布比例，便可有效地改善系统性能。

状态方程的每一个输入变量之所以能有效地控制相对应的主导振型，是因为系统中存在着一个与它对

应的左特征向量，可称为主导左特征向量，而且，每个输入变量主要控制一个（或两个）含主导振型分量最多的状态变量，称为主控状态。这就是说，任何一个输入变量，通过它的控制系数向量和主导左特征向量，在主控状态变量中激起它的主导振型。通常在输入变量的控制系数向量中，存在一个绝对值最大的控制系数，在它的主导左特征向量中也存在一个幅值最大的分量，二者的乘积使主控状态变量中主导振型分量最大。因此，可以说某输入变量通过它的控制系数向量和主导左特征向量的乘积控制其主导振型的幅值和相位，该主导振型又通过与它对应的右特征向量按其分量的大小和相位控制全部状态变量，并以幅值最大的分量去控制该输入的主导状态。

如何确定输入的主导极点、主导左特征向量和主控状态，是系统分析和设计首先需要解决的问题。

每个输入变量的控制系数向量是控制系数阵 $\boldsymbol{B}$ 的某一列向量。在某输入 u_j 的控制系数向量 $\boldsymbol{b}_j$ 的分量中，通常存在一个绝对值的最大分量 b_{kj}，为 $\boldsymbol{b}_j$ 的第 k 行分量。给出式(4－76)

$$\boldsymbol{H}_k(s)=\boldsymbol{D}_k(s)\boldsymbol{b}_j\Big/\left[\frac{\mathrm{d}}{\mathrm{d}x}D(s)\right] \tag{4-76}$$

式中，$\boldsymbol{D}_k(s)=[D_{1k}(s) \quad \cdots \quad D_{nk}(s)]$；$\boldsymbol{b}_j=[b_{1j} \quad \cdots \quad b_{nj}]^{\mathrm{T}}$。将 $s=\lambda_1,\cdots,\lambda_n$，分别代入式(4-76)，获得的 n 个计算值中存在一个幅值最大的 $\boldsymbol{H}_k(\lambda_k)$。与其对应的特征值 λ_k 便是主导极点。当 λ_k 为复数时，还存在另外一个主导极点，它是主导极点 λ_k 的共轭复数 $\bar{\lambda}_k$。

主左特征向量可由式(4－47)表示，即

$$\boldsymbol{r}_k=\boldsymbol{D}_k(\lambda_k)\Big/\left[\frac{\mathrm{d}}{\mathrm{d}s}D(s)\right]_{s=\lambda_k} \tag{4-77}$$

式中，$\boldsymbol{D}_k(\lambda_k)=[D_{1k}(\lambda_k) \quad \cdots \quad D_{kk}(\lambda_k) \quad \cdots \quad D_{nk}(\lambda_k)]$。

当然，主导特征向量也可为式(4-37)定义的 $\boldsymbol{r}_k$。当 λ_k 为复数时，给出式(4-78)，按 l 为除 k 外的其他值计算，幅值最大的 $\boldsymbol{H}_l(\bar{\lambda}_k)$，譬如

$$\boldsymbol{H}_l(\bar{\lambda}_k)=\boldsymbol{D}_l(\bar{\lambda}_k)\Big/\left[\frac{\mathrm{d}}{\mathrm{d}s}D(s)\right]_{s=\bar{\lambda}_k} b_j \tag{4-78}$$

式中，$\boldsymbol{D}_l(\bar{\lambda}_k)=[D_{1l}(\bar{\lambda}_k) \quad \cdots \quad D_{nl}(\bar{\lambda}_k)]$。

按 l 为除 k 外的其他值计算，幅值最大的 $\boldsymbol{H}_l(\bar{\lambda}_k)$ 譬如对应 $l=n+1-k$，那么另一个主导左特征向量为

$$\boldsymbol{r}_{n+1-k}=[D_{1n+1-k}(\bar{\lambda}_k) \quad \cdots \quad D_{nn+1-k}(\bar{\lambda}_k)]\Big/\left[\frac{\mathrm{d}}{\mathrm{d}s}D(s)\right]_{s=\bar{\lambda}_k} \tag{4-79}$$

将 $\mathrm{adj}[s\boldsymbol{I}-\boldsymbol{A}]$ 第 k 列的各分量中 s 代以 λ_k 所构成的特征向量

$$\boldsymbol{p}_k=[D_{k1}(\lambda_k) \quad \cdots \quad D_{kn}(\lambda_k)]/D_{kk}(\lambda_k) \tag{4-80}$$

是对应输入 $\boldsymbol{u}_j$ 的主导右特征向量。当 λ_k 为复根时，如果另一个左特征向量由式(4-79)表示，那么另一个右特征向量为

$$\boldsymbol{p}_{n+1-k}=[D_{n+1-k}(\bar{\lambda}_k) \quad \cdots \quad D_{n+1-k}(\bar{\lambda}_k)]/D_{n+1-k \quad n+1-k}(\bar{\lambda}_k) \tag{4-81}$$

当输入变量 $\boldsymbol{u}_j$ 的主导极点为 λ_k，主导左特征向量为 $\boldsymbol{r}_k$（或／和 r'_{n+1-k}），主导右特征向量为 $\boldsymbol{p}_k$（或／和 $\boldsymbol{p}_{n+1-k}$）时，$\boldsymbol{u}_j$ 的主控变量为 $\boldsymbol{x}_k$（或／和 $\boldsymbol{x}_{u+1-k}$）。

对于一个单输入的实际系统，它的振型控制与状态分布结构图通常可由图 4－2 表示。图中

$$\boldsymbol{D}_i(\lambda_i)=[D_{1i}(\lambda_i) \quad \cdots \quad D_{ni}(\lambda_i)] \quad (i=1\cdots,k,\cdots n) \tag{4-82}$$

$$\boldsymbol{b}_j=[b_{1j} \quad \cdots \quad b_{kj} \quad \cdots \quad b_{nj}]^{\mathrm{T}} \tag{4-83}$$

假设在 $\boldsymbol{b}_j$ 的分量中，b_{kj} 的绝对值为最大。向量乘积

$$\boldsymbol{r}_i\boldsymbol{b}_j=\boldsymbol{D}_i(\lambda_i)\Big/\left[\frac{\mathrm{d}}{\mathrm{d}s}D(s)\right]_{s=\lambda_i}\boldsymbol{b}_j \quad (i=1,\cdots,n) \tag{4-84}$$

构成了输入变量 $\boldsymbol{u}_j$ 对振型 $\mathrm{e}^{\lambda_i t}$ 的控制分量，n 个控制分量构成了输入变量 $\boldsymbol{u}_j$ 对全部振型控制的控制向量为

$$\boldsymbol{Rb}_j=[r_1 \quad \cdots \quad r_k \quad \cdots \quad r_n]\boldsymbol{b}_j \tag{4-85}$$

它的每个分量控制一个振型。在 n 个控制分量中，幅值最大的控制分量 $\boldsymbol{r}_k\boldsymbol{b}_j$ 对应的左特征分量 $\boldsymbol{r}_k$ 为主导左

特征分量，它所控制的振型 $e^{\lambda_k t}$ 为主导振型。

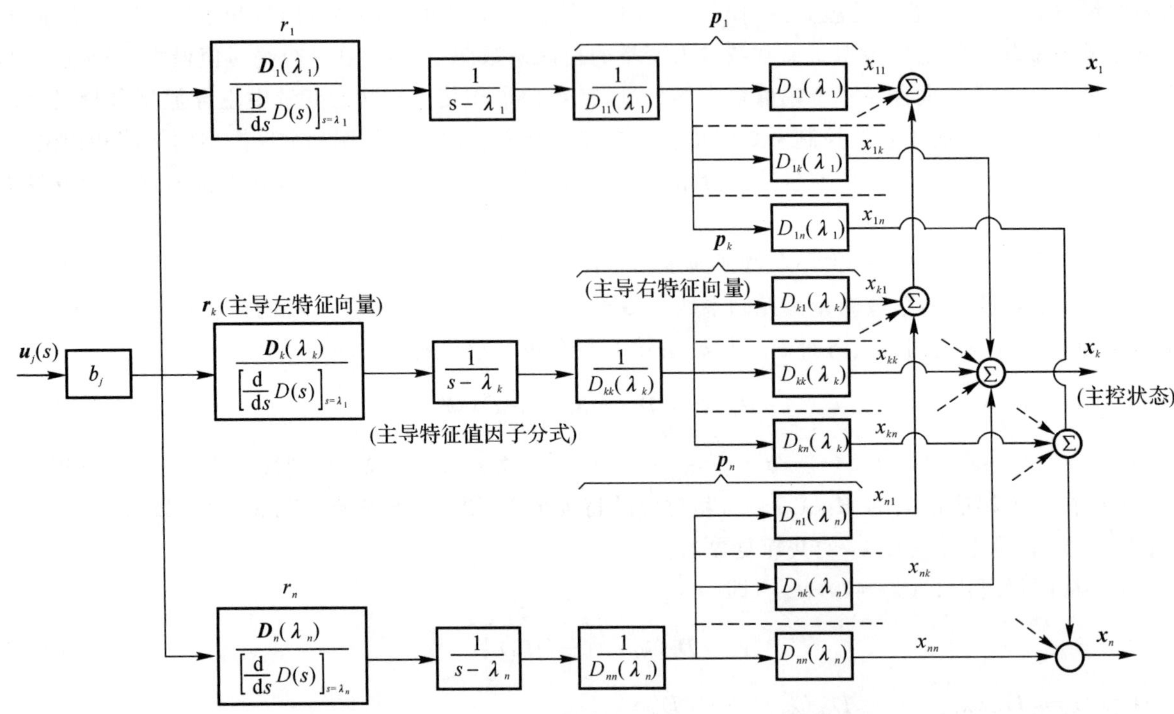

图 4-2　单变量输入振型控制与在状态变量中分布的结构图

图中 $D_{i1}(\lambda_i),\cdots,D_{in}(\lambda_i)(i=1,\cdots,k,\cdots,n)$ 分别和 $\dfrac{1}{D_{ii}(\lambda_i)}$ 的乘积给出了 n 阶右特征向量 $\boldsymbol{p}_i$，即

$$\boldsymbol{p}_i=[D_{i1}(\lambda_i)\quad\cdots\quad D_{ik}(\lambda_i)\quad\cdots\quad D_{in}(\lambda_i)]/D_{ii}(\lambda_i)\quad(i=1,\cdots,n)\tag{4-86}$$

它将每个振型 $e^{\lambda_k t}$ 分布于 n 个状态变量中，n 个右特征向量构成的右特征矩阵

$$\boldsymbol{P}=[p_1\quad\cdots\quad p_k\quad\cdots\quad p_n]\tag{4-87}$$

将 n 个特征振型以不同幅值和相位分布于 n 个状态变量中。其中，与主导振型 $e^{\lambda_k t}$ 对应的右特征向量 $\boldsymbol{p}_k$ 为右主导特征向量。与 $\boldsymbol{p}_k$ 的最大幅值分量 $D_{kk}(\lambda_k)$ 相对应的状态变量 $\boldsymbol{x}_k$ 为主控状态。

每个状态变量包含着 n 个振型分量，即

$$x_j=\sum_{i=1}^{n}x_{ij}\tag{4-88}$$

在主控状态变量 $\boldsymbol{x}_k$ 中，包含的主导振型 $e^{\lambda_k t}$ 分量 x_{kk} 的幅值为最大。

有不少的实际系统，某输入对应的主导极点往往是一对共轭复数。在这种情况下，它的左、右主导特征向量分别都为一对共轭复数向量，并且该输入变量有两个主控状态。

由图 4-2 表征的动力学系统结构，不仅给出了简单、直观的物理概念，更重要的是这种振型控制与状态分布结构图将给状态方程动力学特性分析和控制系统设计带来方便。

4.6.3　传递矩阵与可观测性

对于单输入、单输出线性定常系统的传递函数，定义为初始条件为零时，输出量的拉普拉斯变换与输入量的拉普拉斯变换之比。对于一个多输入、多输出的多变量系统，把 r 个输入量看作一个向量的各分量，而把这一向量称为输入向量。同样，把 m 个输出看作是输出向量的各分量。和单输入、单输出系统传递函数一样，定义为初始条件为零时，联系输出向量拉普拉斯变换与输入向量拉普拉斯变换的矩阵，称为输出向量

与输入向量之间的传递矩阵。

当由拉普拉斯变换得到的多输入-多输出系统的状态空间表达式为

$$\left.\begin{aligned}s\boldsymbol{x}(s)-\boldsymbol{x}(0)&=\boldsymbol{A}\boldsymbol{x}(s)+\boldsymbol{B}\boldsymbol{u}(s)\\ \boldsymbol{y}(s)&=\boldsymbol{C}\boldsymbol{x}(s)\end{aligned}\right\}\tag{4-89}$$

时,用 $\boldsymbol{G}(s)$ 表示传递矩阵,则输出 $\boldsymbol{y}(s)$ 与输入 $\boldsymbol{u}(s)$ 的关系为

$$\boldsymbol{y}(s)=\boldsymbol{G}(s)\boldsymbol{u}(s)\tag{4-90}$$

当输入 $\boldsymbol{u}$ 为 r 维向量,而输出 $\boldsymbol{y}$ 为 m 维向量时,那么传递矩阵为 $m\times r$ 阶矩阵。以展开式表示时,方程式(4-90)可写成为

$$\begin{bmatrix}y_1\\y_2\\\vdots\\y_m\end{bmatrix}=\begin{bmatrix}G_{11}(s)&G_{12}(s)&\cdots&G_{1r}(s)\\G_{21}(s)&G_{22}(s)&\cdots&G_{2r}(s)\\\vdots&\vdots&&\vdots\\G_{m1}(s)&G_{m2}(s)&\cdots&G_{mr}(s)\end{bmatrix}\begin{bmatrix}u_1\\u_2\\\vdots\\u_r\end{bmatrix}\tag{4-91}$$

$\boldsymbol{G}(s)$ 的各分量 $G_{ij}(s)$ 是第 i 个输出对第 j 个输入的传递函数。

根据拉普拉斯变换的多输入-多输出系统状态空间表达式,得到在 $\boldsymbol{x}(0)=\boldsymbol{0}$ 情况下的传递矩阵表达式为

$$\frac{\boldsymbol{y}}{\boldsymbol{u}}(s)=\boldsymbol{G}(s)=\boldsymbol{C}[s\boldsymbol{I}-\boldsymbol{A}]^{-1}\boldsymbol{B}=\frac{\boldsymbol{C}}{\boldsymbol{D}(s)}\mathrm{adj}[s\boldsymbol{I}-\boldsymbol{A}]\boldsymbol{B}=\frac{\boldsymbol{C}}{\boldsymbol{D}(s)}\begin{bmatrix}D_{11}(s)&\cdots&D_{n1}(s)\\\vdots&&\vdots\\D_{1n}(s)&\cdots&D_{nn}(s)\end{bmatrix}\boldsymbol{B}\tag{4-92}$$

式中,$\boldsymbol{D}(s)=|s\boldsymbol{I}-\boldsymbol{A}|$。

如果每一个初始状态 $\boldsymbol{x}(0)$ 都可通过在一个有限的时间间隔内,由 $\boldsymbol{y}(t)$ 的观测值来确定,那么系统叫作完全可观测的;对于初始状态 $\boldsymbol{x}(0)$ 不为零,且当输出在一个有限时间内为零,则称状态 $\boldsymbol{x}(0)$ 在这个有限时间内,是不可观测的。

在没有外激励作用的情况下,输出向量($\boldsymbol{y}(t)$)仅为状态初始值的函数,并由式(4-59)得到

$$\boldsymbol{y}(t)=\boldsymbol{C}\mathrm{e}^{\boldsymbol{A}t}\boldsymbol{x}(0)\tag{4-93}$$

依据 $\mathrm{e}^{\boldsymbol{A}t}$ 的幂函数,得到

$$\boldsymbol{y}(t)=\sum_{k=0}^{n-1}b_k(t)\boldsymbol{C}\boldsymbol{A}^k\boldsymbol{x}(0)\tag{4-94}$$

其展开式为

$$\begin{aligned}\boldsymbol{y}(t)=&b_0(t)\boldsymbol{C}\boldsymbol{x}(0)+b_1(t)\boldsymbol{C}\boldsymbol{A}\boldsymbol{x}(0)+\cdots+b_{n-1}(t)\boldsymbol{C}\boldsymbol{A}^{n-1}\boldsymbol{x}(0)=\\&[b_0(t)\quad b_1(t)\quad\cdots\quad b_{n-1}(t)][\boldsymbol{C}^{\mathrm{T}}\quad\boldsymbol{A}^{\mathrm{T}}\quad\boldsymbol{C}^{\mathrm{T}}\quad\cdots\quad(\boldsymbol{A}^{\mathrm{T}})^{n-1}\boldsymbol{C}^{\mathrm{T}}]\boldsymbol{x}(0)\end{aligned}$$

由式(4-94)得到的完全可观测的判据为,只有当 $n\times nm$ 阶矩阵

$$[\boldsymbol{C}^{\mathrm{T}}\quad\boldsymbol{A}^{\mathrm{T}}\boldsymbol{C}^{\mathrm{T}}\quad\cdots\quad(\boldsymbol{A}^{\mathrm{T}})^{n-1}\boldsymbol{C}^{\mathrm{T}}]$$

的秩为 n 时,或者它具有 n 个线性无关的列向量时,系统才是完全可观测的。

当令变量 $\boldsymbol{z}$ 与 $\boldsymbol{x}$ 的关系为

$$\boldsymbol{x}=\boldsymbol{W}\boldsymbol{z}$$

且当 $\boldsymbol{W}$ 为 $\boldsymbol{A}$ 的非奇异特征矩阵时

$$\begin{cases}\dot{\boldsymbol{z}}=\boldsymbol{W}^{-1}\boldsymbol{A}\boldsymbol{W}\boldsymbol{z}=\boldsymbol{\Lambda}\boldsymbol{z}\\\boldsymbol{y}=\boldsymbol{C}\boldsymbol{W}\boldsymbol{z}\end{cases}$$

则由式(4-93)得到

$$\boldsymbol{y}(t)=\boldsymbol{C}\boldsymbol{W}\mathrm{e}^{\boldsymbol{\Lambda}t}\boldsymbol{z}(0)$$

其展开式为

$$\boldsymbol{y}(t)=\boldsymbol{C}\boldsymbol{W}\begin{bmatrix}\mathrm{e}^{\lambda_1t}&&\\&\ddots&\\&&\mathrm{e}^{\lambda_nt}\end{bmatrix}\boldsymbol{z}(0)=\boldsymbol{C}\boldsymbol{W}\begin{bmatrix}\mathrm{e}^{\lambda_1t}z_1(0)\\\vdots\\\mathrm{e}^{\lambda_nt}z_n(0)\end{bmatrix}\tag{4-95}$$

这样一来，得到完全可观测性判据的另一种形式——振型完全可观测性判据：如果 $m\times n$ 阶矩阵 $\boldsymbol{CW}$ 的对应某一振型的任一列中都不包含全为零的分量，那么系统便是完全可观测的。这是因为：如果 $\boldsymbol{CW}$ 的第 i 列中包括全为零的分量，那么在输出方程中将不出现与该列对应的振型分量 $e^{\lambda_i t}z_i(0)$，因而也就不能由 $\boldsymbol{y}(t)$ 的观测值中确定。因此，用非奇矩阵 $\boldsymbol{W}$ 与 $\boldsymbol{z}(0)$ 表示的含有全部固有振型分量的 $\boldsymbol{x}(0)$ 是不能通过 $\boldsymbol{y}(t)$ 来确定。当将 $\boldsymbol{W}$ 由式(4-24)或式(4-28)表示，即将 $\mathrm{adj}[s\boldsymbol{I}-\boldsymbol{A}]$ 各列分量中 s 按列序号分别以 $\lambda_k(k=1,\cdots,n)$ 所构成的矩阵代替右特征矩阵 $\boldsymbol{W}$ 时，得到由系统伴随矩阵表示的振型完全可观测性条件是：矩阵

$$\boldsymbol{CW}=\boldsymbol{C}\begin{bmatrix}D_{i1}(\lambda_1) & \cdots & D_{i1}(\lambda_n)\\ \vdots & & \vdots\\ D_{in}(\lambda_1) & \cdots & D_{in}(\lambda_n)\end{bmatrix} \quad 或 \quad \boldsymbol{CW}=\boldsymbol{C}\begin{bmatrix}D_{11}(\lambda_1) & \cdots & D_{n1}(\lambda_n)\\ \vdots & & \vdots\\ D_{1n}(\lambda_1) & \cdots & D_{nn}(\lambda_n)\end{bmatrix}$$

没有一列中全为零的分量，那么系统便是完全可观测的。其中 $\boldsymbol{C}$ 由式(4-2)定义。

4.6.4 由控制和观测矩阵构成的多输入-多输出系统

由式(4-53)表征的输入-输出传递矩阵分解式得到对应某振型 $e^{\lambda_k t}$ 的输入-输出关系为

$$\frac{\boldsymbol{y}_k}{\boldsymbol{u}}(s)=\frac{1}{\left[\dfrac{\mathrm{d}}{\mathrm{d}s}D(s)\right]_{s=\lambda_k}}\frac{1}{D_{kk}(\lambda_k)}\boldsymbol{C}\begin{bmatrix}D_{k1}(\lambda_k)\\ \vdots\\ D_{kn}(\lambda_k)\end{bmatrix}\frac{1}{s-\lambda_k}[D_{1k}(\lambda_k)\quad\cdots\quad D_{nk}(\lambda_k)]\boldsymbol{B} \tag{4-96}$$

式中，$\boldsymbol{y}_k$ 为输出向量 $\boldsymbol{y}(t)$ 的分量中，某振型(λ_k)分量构成的向量。由式(4-96)可知，系统可分解为输入对振型的“控制”和输出对振型的“观测”两部分。输入到振型的“控制部分”为行向量

$$[D_{1k}(\lambda_k)\quad\cdots\quad D_{nk}(\lambda_k)]\boldsymbol{B}$$

对于完全可控的 n 阶系统来说，存在 n 个“控制行向量”，分别控制 n 个固有振型。振型到输出 $\boldsymbol{y}(t)$ 的“观测部分”为列向量

$$\boldsymbol{C}[D_{k1}(\lambda_k)\quad\cdots\quad D_{kn}(\lambda_k)]^{\mathrm{T}}$$

对于完全可观测的 n 阶系统来说，存在 n 个“观测列向量”，分别观测 n 个固有振型，并按其列向量分量的幅值和相位分配于 m 个输出中。

这样一来，由控制矩阵和观测矩阵组成的传递矩阵分解式更改为

$$\frac{\boldsymbol{y}}{\boldsymbol{u}}(s)=\boldsymbol{CP}[s\boldsymbol{I}-\boldsymbol{\Lambda}]^{-1}\boldsymbol{RB} \tag{4-97}$$

式中

$$[s\boldsymbol{I}-\boldsymbol{\Lambda}]^{-1}=\begin{bmatrix}\dfrac{1}{s-\lambda_1} & & \\ & \ddots & \\ & & \dfrac{1}{s-\lambda_n}\end{bmatrix}$$

$$\boldsymbol{RB}=\begin{bmatrix}\dfrac{1}{\left[\dfrac{\mathrm{d}}{\mathrm{d}s}D(s)\right]_{s=\lambda_1}} & & \\ & \ddots & \\ & & \dfrac{1}{\left[\dfrac{\mathrm{d}}{\mathrm{d}s}D(s)\right]_{s=\lambda_n}}\end{bmatrix}\begin{bmatrix}D_{11}(\lambda_1) & \cdots & D_{n1}(\lambda_1)\\ \vdots & & \vdots\\ D_{1n}(\lambda_n) & \cdots & D_{nn}(\lambda_n)\end{bmatrix}\begin{bmatrix}b_{11} & \cdots & b_{1r}\\ \vdots & & \vdots\\ b_{n1} & \cdots & b_{nr}\end{bmatrix}$$

称为控制矩阵。

$$\boldsymbol{CP}=\begin{bmatrix} c_{11} & \cdots & c_{1m} \\ \vdots & & \vdots \\ c_{n1} & \cdots & c_{nm} \end{bmatrix}\begin{bmatrix} D_{11}(\lambda_1) & \cdots & D_{n1}(\lambda_n) \\ \vdots & & \vdots \\ D_{1n}(\lambda_1) & \cdots & D_{nn}(\lambda_n) \end{bmatrix}\begin{bmatrix} \dfrac{1}{D_{11}(\lambda_1)} & & \\ & \ddots & \\ & & \dfrac{1}{D_{nn}(\lambda_n)} \end{bmatrix}$$

称为观测矩阵。

由控制矩阵和观测矩阵构成的多输入-多输出系统结构图如图 4－3 所示。

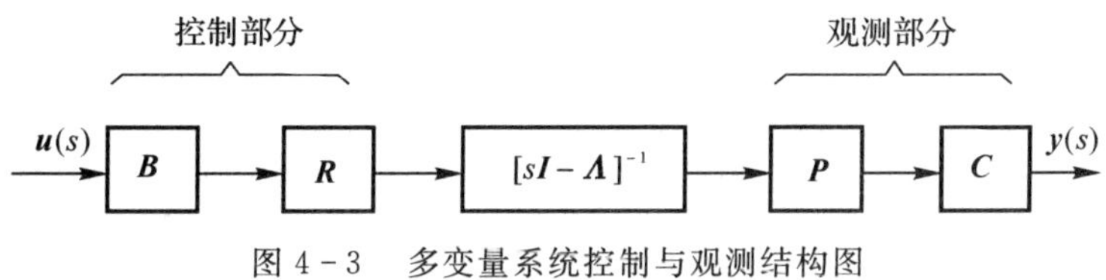

图 4－3　多变量系统控制与观测结构图

图中 $\boldsymbol{P},\boldsymbol{R}$ 分别由式(4－44) 和式(4－45) 或者由式(4－48) 和式(4－49) 表示；$\boldsymbol{B},\boldsymbol{C}$ 分别由式(4－1) 和式(4－2) 定义。

4.7　多变量不变性解耦系统的传递矩阵和特征式以及特征向量

所谓多变量不变性系统是指多变量系统的某些状态变量对于某些输入的控制作用具有不变性的系统。例如，当初始条件为零时，多变量系统在某些输入激励下，某些状态在整个过程时间间隔内保持不变。这表征了这些状态对这些输入的传递函数分子为零。且由于传递函数的分子是 s 的多项式，这将意味着包括 0 次项在内的 s 各项系数全为零。对于一个变量多、s 阶次高的多变量系统来说，复杂的系数表达式不便于系统的分析与设计。本节着重于不变性解耦特性分析和传递矩阵、特征式和特征向量的求解。对不变性实现条件、前向回路和反馈回路设计暂不叙述。

4.7.1　双变量不变性局部解耦系统的分析

当状态方程与输出方程

$$\left.\begin{aligned} \dot{\boldsymbol{x}} &= \boldsymbol{Ax}+\boldsymbol{Bu} \\ \boldsymbol{y} &= \boldsymbol{Cx} \end{aligned}\right\} \tag{4-98}$$

的状态系数矩阵为

$$\boldsymbol{A}=\begin{bmatrix} a_{11} & 0 & \cdots & 0 & a_{1n} \\ a_{21} & a_{22} & \cdots & a_{2n-1} & a_{2n} \\ \vdots & \vdots & & \vdots & \vdots \\ a_{n1} & 0 & \cdots & 0 & a_{nn} \end{bmatrix}$$

和控制系数矩阵

$$\boldsymbol{B}=\begin{bmatrix} b_{11} & 0 & \cdots & 0 & 0 \\ b_{21} & b_{22} & \cdots & b_{2r-1} & b_{2r} \\ \vdots & \vdots & & \vdots & \vdots \\ 0 & 0 & \cdots & 0 & b_{nr} \end{bmatrix}$$

时，式(4－98) 所示状态方程便是双变量不变性局部解耦系统，这个系统的状态 $\boldsymbol{x}_1$ 和 $\boldsymbol{x}_n$ 在除 $\boldsymbol{u}_1,\boldsymbol{u}_r$ 外的任何输入 $\boldsymbol{u}_j(j\neq 1,r)$ 作用下实现不变性。

4.7.1.1 双变量局部解耦系统传递矩阵的简化

局部解耦系统输出变量 $\boldsymbol{y}$ 对输入变量 $\boldsymbol{u}_j$ 的传递矩阵，可由克莱姆法则得到，即

$$\frac{\boldsymbol{y}}{\boldsymbol{u}_j}(s)=\boldsymbol{C}[s\boldsymbol{I}-\boldsymbol{A}]^{-1}\boldsymbol{b}_j=\boldsymbol{C}\frac{\mathrm{adj}[s\boldsymbol{I}-\boldsymbol{A}]}{D(s)}\boldsymbol{b}_j=\frac{\boldsymbol{C}}{D(s)}\begin{bmatrix}D_{11}(s) & \cdots & D_{n1}(s)\\ \vdots & & \vdots\\ D_{1n}(s) & \cdots & D_{nn}(s)\end{bmatrix}\boldsymbol{b}_j \tag{4-99}$$

式中，$\boldsymbol{u}_j$ 为除 $\boldsymbol{u}_1$，$\boldsymbol{u}_r$ 外的局部解耦系统其他的任一个输入变量，其控制系数向量为

$$\boldsymbol{b}_j=[0\quad b_{2j}\quad \cdots\quad b_{n-1j}\quad 0]^{\mathrm{T}}$$

由式(4-98)得到 $\det[s\boldsymbol{I}-\boldsymbol{A}]$ 的代数余子式

$$D_{i1}(s)=(-1)^{i+1}\begin{vmatrix}0 & \cdots & 0 & -a_{1n}\\ \vdots & & \vdots & \vdots\\ -a_{i-12} & \cdots & -a_{i-1n-1} & -a_{i-1n}\\ -a_{i+12} & \cdots & -a_{i+1n-1} & -a_{i+1n}\\ \vdots & & \vdots & \\ 0 & \cdots & 0 & s-a_{nn}\end{vmatrix}\equiv 0 \tag{4-100}$$

和

$$D_{in}(s)=(-1)^{i+n}\begin{vmatrix}s-a_{11} & 0 & \cdots & 0\\ \vdots & \vdots & & \vdots\\ -a_{i-11} & -a_{i-12} & \cdots & -a_{i-1n-1}\\ -a_{i+11} & -a_{i+12} & \cdots & -a_{i+1n-1}\\ \vdots & \vdots & & \\ -a_{n1} & 0 & \cdots & 0\end{vmatrix}\equiv 0 \tag{4-101}$$

式中，$i=2,\cdots,n-1$。$D_{i1}(s)$，$D_{in}(s)$ 恒为零是指二者等于零且与 s 值无关。这样一来，由式(4-99)描述的传递矩阵可改写为

$$\frac{\boldsymbol{y}}{\boldsymbol{u}_j}=\frac{\boldsymbol{C}}{D(s)}\begin{bmatrix}D_{11}(s) & 0 & \cdots & 0 & D_{n1}(s)\\ D_{12}(s) & D_{22}(s) & \cdots & D_{n-12}(s) & D_{n2}(s)\\ \vdots & \vdots & & \vdots & \vdots\\ D_{1n-1}(s) & D_{2n-1}(s) & \cdots & D_{n-1n-1}(s) & D_{nn-1}(s)\\ D_{1n}(s) & 0 & \cdots & 0 & D_{nn}(s)\end{bmatrix}\boldsymbol{b}_j\quad (j=2,\cdots,n-1) \tag{4-102}$$

或按特征因子分式分解式表示

$$\frac{\boldsymbol{y}}{\boldsymbol{u}_z}(s)=\boldsymbol{CP}[s\boldsymbol{I}-\boldsymbol{\Lambda}]^{-1}\boldsymbol{Rb}_j \tag{1-103}$$

式中

$$\boldsymbol{P}=\begin{bmatrix}D_{11}(\lambda_1) & 0 & \cdots & 0 & D_{n1}(\lambda_n)\\ D_{12}(\lambda_1) & D_{22}(\lambda_2) & \cdots & D_{n-12}(\lambda_{n-1}) & D_{n2}(\lambda_n)\\ \vdots & \vdots & & \vdots & \vdots\\ D_{1n-1}(\lambda_1) & D_{2n-1}(\lambda_2) & \cdots & D_{n-1n-1}(\lambda_{n-1}) & D_{nn-1}(\lambda_n)\\ D_{1n}(\lambda_1) & 0 & \cdots & 0 & D_{nn}(\lambda_n)\end{bmatrix}\mathrm{diag}\left[\frac{1}{D_{11}(\lambda_1)}\quad\cdots\quad\frac{1}{D_{nn}(\lambda_n)}\right]$$

$$\boldsymbol{R}=\mathrm{diag}\left[\frac{1}{\left[\frac{\mathrm{d}}{\mathrm{d}s}D(s)\right]_{s=\lambda_1}}\quad\cdots\quad\frac{1}{\left[\frac{\mathrm{d}}{\mathrm{d}s}D(s)\right]_{s=\lambda_n}}\right]\times\begin{bmatrix}D_{11}(\lambda_1) & 0 & \cdots & 0 & D_{n1}(\lambda_1)\\ D_{12}(\lambda_2) & D_{22}(\lambda_2) & \cdots & D_{n-12}(\lambda_2) & D_{n2}(\lambda_2)\\ \vdots & \vdots & & \vdots & \vdots\\ D_{1n-1}(\lambda_{n-1}) & D_{2n-1}(\lambda_{n-1}) & \cdots & D_{n-1n-1}(\lambda_{n-1}) & D_{nn-1}(\lambda_{n-1})\\ D_{1n}(\lambda_n) & 0 & \cdots & 0 & D_{nn}(\lambda_n)\end{bmatrix}$$

由于 $\qquad [D_{11}(\lambda_1) \quad 0 \quad \cdots \quad 0 \quad D_{n1}(\lambda_1)][0 \quad b_{2j} \quad \cdots \quad b_{n-1j} \quad 0]^{\mathrm{T}} \equiv 0$

和 $\qquad [D_{1n}(\lambda_n) \quad 0 \quad \cdots \quad 0 \quad D_{nn}(\lambda_n)][0 \quad b_{2j} \quad \cdots \quad b_{n-1j} \quad 0]^{\mathrm{T}} \equiv 0$

即输入 $\boldsymbol{u}_j$ 的“控制部分”$\boldsymbol{Rb}_j$ 向量的第 $1,n$ 两个分量为零。这便使得除 $\boldsymbol{u}_1,\boldsymbol{u}_n$ 外的其他任何输入变量 $\boldsymbol{u}_j(j\neq 1,n)$ 不能激发振型 $\mathrm{e}^{\lambda_1 t}$ 和 $\mathrm{e}^{\lambda_n t}$ 和在输出向量 $y(t)$ 的全部分量中都不包含振型 $\mathrm{e}^{\lambda_1 t}$ 和 $\mathrm{e}^{\lambda_n t}$。

对于式(4－98)表示的双变量不变性系统，其“观测部分”的右特征矩阵 $\boldsymbol{P}$ 的第 $1,n$ 行分量中除首、末各两个分量不为零外，其他分量全为零。这便使得状态变量 $\boldsymbol{x}_1,\boldsymbol{x}_n$ 响应中，不仅不含有振型分量 $\mathrm{e}^{\lambda_1 t}$ 和 $\mathrm{e}^{\lambda_n t}$，而且也不含有其他振型分量，包括 $\mathrm{e}^{\lambda_2 t},\cdots,\mathrm{e}^{\lambda_{n-1} t}$，即状态 $\boldsymbol{x}_1,\boldsymbol{x}_n$ 对于某些输入 $\boldsymbol{u}_j(j\neq 1,n)$ 不能激起任何振型响应，在输入 $\boldsymbol{u}_j$ 的整个控制过程时间间隔内保持不变。

由式(4－10)得到双变量不变性系统的特征方程为

$$D(s)=\det[s\boldsymbol{I}-\boldsymbol{A}]=(D_{i1}D_{nk}-D_{ik}D_{n1})\div(D_{n1})_{ik}=0 \quad (i\neq n,k\neq 1) \tag{4-104}$$

$D_{i1}\equiv 0$ 和 $D_{in}\equiv 0(i\neq 1,n)$，使得双变量不变性解耦系统的特征方程简化为

$$D(s)=-D_{ik}D_{n1}\div(D_{n1})_{ik} \quad (i\neq 1,n,k\neq 1,n) \tag{4-105}$$

将式(4－98)定义的 $\boldsymbol{b}_j$ 和由式(4－105)表征的 $D(s)$ 代入式(4－102)，得到输出 $\boldsymbol{y}(s)$ 与输入 $\boldsymbol{u}_j$ 的简化传递矩阵为

$$\frac{\boldsymbol{y}'}{\boldsymbol{u}_j}(s)=-\frac{C'}{D_{n1}(s)}\begin{bmatrix}(D_{n1})_{22} & \cdots & (D_{n1})_{n-12}\\ \vdots & & \vdots\\ (D_{n1})_{2n-1} & \cdots & (D_{n1})_{n-1n-1}\end{bmatrix}\boldsymbol{b}'_j \quad (i=2,\cdots,r-1) \tag{4-106}$$

式中，$\boldsymbol{b}'_j=[b_{2j} \quad \cdots \quad b_{n-1j}]^{\mathrm{T}}$；$C'=\mathrm{diag}(c_2 \quad \cdots \quad c_{n-1})$；$\boldsymbol{y}'=[y_2 \quad \cdots \quad y_{n-1}]$ 和 $(D_{n1})_{ij}$ 由式(4－10)定义。

以上分析说明，双变量不变性系统在某些输入 $\boldsymbol{u}_j(j\neq 1,n)$ 激励下，不能控制状态 $\boldsymbol{x}_1$ 和 $\boldsymbol{x}_n$，在受控的状态 $\boldsymbol{x}_2,\cdots,\boldsymbol{x}_{n-1}$ 中不能激发振型 $\mathrm{e}^{\lambda_1 t}$ 和 $\mathrm{e}^{\lambda_n t}$；同时，在输出向量 $\boldsymbol{y}(t)$ 的每个分量中不含状态 $\boldsymbol{x}_1$ 和 $\boldsymbol{x}_n$，也不含振型 $\mathrm{e}^{\lambda_1 t}$ 和 $\mathrm{e}^{\lambda_n t}$；输出 $\boldsymbol{y}(t)$ 与某些输入 $\boldsymbol{u}_j$ 的传递矩阵得到了简化。

4.7.1.2　双变量局部解耦系统特征式的分解

可以证明由式(4－98)表征的双变量不变性局部解耦系统的特征方程为

$$D(s)=\begin{vmatrix}s-a_{11} & -a_{1n}\\ -a_{n1} & s-a_{nn}\end{vmatrix}\begin{vmatrix}s-a_{22} & \cdots & a_{2n-1}\\ \vdots & & \vdots\\ -a_{n-12} & \cdots & s-a_{n-1n-1}\end{vmatrix}=0 \tag{4-107}$$

当令

$$M_{ik}(s)=\begin{vmatrix}s-a_{11} & 0\cdots & 0 & 0\cdots & 0 & -a_{1n}\\ \vdots & & \vdots & \vdots & & \vdots\\ -a_{i-11} & \cdots & -a_{i-1k-1} & -a_{i-1k+1} & \cdots & -a_{i-1n}\\ -a_{i+11} & \cdots & -a_{i+1k-1} & -a_{i+1k+1} & \cdots & -a_{i+1n}\\ \vdots & & \vdots & \vdots & & \vdots\\ -a_{n1} & 0\cdots & 0 & 0\cdots & 0 & s-a_{nn}\end{vmatrix} \tag{4-108}$$

即为双变量不变性局部解耦系统主行列式 $\det[s\boldsymbol{I}-\boldsymbol{A}]$ 的余子式，它的展开式为

$$M_{ik}(s)=(s-a_{11})(M_{ik})_{11}-(-1)^n(M_{ik})_{n-11}a_{n1} \tag{4-109}$$

式中，$(M_{ik})_{11}$，$(M_{ik})_{n-11}$ 是 M_{ik} 的两个余子式。

为了找到 $(M_{ik})_{11}$ 与 $(M_{ik})_{n-11}$ 之间的关系，将 $(M_{ik})_{11}$ 的第 $n-2$ 行交换 $n-3$ 次至 $(M_{ik})_{n-11}$ 的第1行，且根据行列式行(列)交换性质得到

$$(M_{ik})_{11}=(-1)^n\frac{s-a_{nn}}{a_{1n}}(M_{ik})_{n-11} \tag{4-110}$$

再将式(4－110)代入式(4－109)，得到

$$M_{ik}(s)=(-1)^{n}\left[\frac{(s-a_{11})(s-a_{nn})}{a_{1n}}-a_{n1}\right](M_{ik})_{n-11} \tag{4-111}$$

由于在 $\det[s\boldsymbol{I}-\boldsymbol{A}]$ 中去掉第 i,n 行和第 k,l 列，相当于在 M_{ik} 中去掉第 $n-1$ 行和第 1 列，那么根据式(4-10) 定义的$(D_{ik})_{n1}$，得到

$$(M_{ik})_{n-11}=(-1)^{i+k+n+1}(D_{n1})_{ik} \tag{4-112}$$

将式(4-112) 代入式(4-111)，再乘以$(-1)^{i+k}$，得到

$$D_{ik}(s)=(-1)^{i+k}M_{ik}(s)=\left[a_{n1}-\frac{(s-a_{11})(s-a_{nn})}{a_{1n}}\right](D_{n1})_{ik} \tag{4-113}$$

由于双变量不变性系统主行列式 $\det[s\boldsymbol{I}-\boldsymbol{A}]$ 的代数余子式 $D_{n1}(s)$ 的第 1 行元素中，除第 $n-1$ 个元素为 a_{1n} 外，其他元素都为零，得到

$$D_{n1}(s)=a_{1n}(M_{n1})_{1n-1}=a_{1n}\begin{vmatrix} s-a_{22} & \cdots & -a_{2n-1} \\ \vdots & & \vdots \\ -a_{n-12} & \cdots & s-a_{n-1n-1} \end{vmatrix} \tag{4-114}$$

将式(4-113)、式(4-114) 代入式(4-105) 得到式(4-107)，证毕。

$D(s)$ 也可用特征行列式表示，即

$$D(s)=\det[s\boldsymbol{I}-\boldsymbol{A}]=\begin{vmatrix} s-a_{11} & 0 & \cdots & 0 & -a_{1n} \\ 0 & s-a_{22} & \cdots & -a_{2n-1} & 0 \\ \vdots & \vdots & & \vdots & \vdots \\ 0 & -a_{n-12} & \cdots & s-a_{n-1n-1} & 0 \\ -a_{n1} & 0 & \cdots & 0 & s-a_{nn} \end{vmatrix}=0 \tag{4-115}$$

并且由

$$\begin{vmatrix} s-a_{11} & -a_{1n} \\ -a_{n1} & s-a_{nn} \end{vmatrix}=0 \tag{4-116}$$

得到特征值 λ_1,λ_n 和由

$$(M_{n1})_{1n-1}=\begin{vmatrix} s-a_{22} & \cdots & -a_{2n-1} \\ \vdots & & \vdots \\ -a_{n-12} & \cdots & s-a_{n-1n-1} \end{vmatrix}=0 \tag{4-117}$$

得到特征值 $\lambda_2,\cdots,\lambda_{n-1}$。

由以上分析得到了双变量不变性解耦分解的两个因子的特征方程。其中一个因子是双变量不变性系统主矩阵 4 个角上的 4 个元素构成，且由式(4-116) 表示。另外一个因子是 $\det[s\boldsymbol{I}-\boldsymbol{A}]$ 去掉第 $1,n$ 行和第 $1,n$ 列后的余子式，即由式(4-117) 表示，由它解出的特征根与 $\det[s\boldsymbol{I}-\boldsymbol{A}]$ 的第 $1,n$ 行和第 $1,n$ 列的任何元素无关。

4.7.1.3 双变量局部解耦系统的左、右特征矩阵

由式(4-105)、式(4-107)、式(4-112) 和式(4-114) 得到 $\mathrm{adj}[s\boldsymbol{I}-\boldsymbol{A}]$ 的元素

$$D_{ik}(s)=-D(s)(D_{n1})_{ik}\div D_{n1}=[(s-a_{11})(s-a_{nn})-a_{1n}a_{n1}](D_{n1})_{ik}\div a_{1n}\quad(i\neq 1,n;k\neq 1,n) \tag{4-118}$$

由式(4-100)、式(4-101) 可知

$$D_{i1}(s)=D_{in}(s)\equiv 0\quad(i=2,\cdots,n-1) \tag{4-119}$$

除 $D_{12},\cdots,D_{1n-1}$ 和 $D_{n2},\cdots,D_{nn-1}$ 不能化为因子式外，还有 4 个元素 $D_{11}(s),D_{n1}(s),D_{1n}(s),D_{nn}(s)$ 分别为

$$\left.\begin{aligned} D_{11}(s) &= (s-a_{nn})D'(s) \\ D_{n1}(s) &= a_{1n}D'(s) \\ D_{1n}(s) &= a_{n1}D'(s) \\ D_{nn}(s) &= (s-a_{11})D'(s) \end{aligned}\right\} \tag{4-120}$$

式中
$$D'(s)=\begin{vmatrix} s-a_{22} & \cdots & -a_{2n-1} \\ \vdots & & \vdots \\ -a_{n-12} & \cdots & -a_{n-1n-1} \end{vmatrix}$$

由式(4-118)可知，局部解耦系统的伴随阵 adj$[s\boldsymbol{I}-\boldsymbol{A}]$ 除第 1，n 行和第 1，n 列的分量外，其他$(n-2)^2$个分量中都包含有与特征值 λ_1，λ_n 相消的零点；由式(4-120)可知，局部解耦系统伴随阵 adj$[s\boldsymbol{I}-\boldsymbol{A}]$ 的 4 个角上的分量都包含与特征值 $\lambda_2,\cdots,\lambda_{n-1}$ 相消的零点。

将由式(4-118)、式(4-119)和式(4-120)表示的 adj$[s\boldsymbol{I}-\boldsymbol{A}]$ 的某些元素表达式代入式(4-103)定义的 $\boldsymbol{P}$，$\boldsymbol{R}$ 表达式中，得到

$$\boldsymbol{P}=[\boldsymbol{p}_1 \quad \cdots \quad \boldsymbol{p}_n]=\begin{bmatrix} 1 & 0 & \cdots & 0 & \dfrac{a_{1n}}{\lambda_1-a_{nn}} \\ \dfrac{D_{12}(\lambda_1)}{D_{11}(\lambda_1)} & 1 & \cdots & \dfrac{(D_{n1})_{n-12}(\lambda_{n-1})}{(D_{n1})_{n-1n-1}(\lambda_{n-1})} & \dfrac{D_{n2}(\lambda_n)}{D_{nn}(\lambda_n)} \\ \vdots & \vdots & & \vdots & \vdots \\ \dfrac{D_{1n-1}(\lambda_1)}{D_{11}(\lambda_1)} & \dfrac{(D_{n1})_{2n-1}(\lambda_2)}{(D_{n1})_{22}(\lambda_2)} & \cdots & 1 & \dfrac{D_{nn-1}(\lambda_n)}{D_{nn}(\lambda_n)} \\ \dfrac{a_{n1}}{\lambda_1-a_{nn}} & 0 & \cdots & 0 & 1 \end{bmatrix} \tag{4-121}$$

$$\boldsymbol{R}=[\boldsymbol{r}_1 \quad \cdots \quad \boldsymbol{r}_n]^{\mathrm{T}}=M\begin{bmatrix} 1 & 0 & \cdots & 0 & \dfrac{a_{1n}}{\lambda_1-a_{nn}} \\ \dfrac{D_{12}(\lambda_2)}{D_{22}(\lambda_2)} & 1 & \cdots & \dfrac{(D_{n1})_{n-12}(\lambda_2)}{(D_{n1})_{22}(\lambda_2)} & \dfrac{D_{n2}(\lambda_2)}{D_{22}(\lambda_2)} \\ \vdots & \vdots & & \vdots & \vdots \\ \dfrac{D_{1n}(\lambda_{n-1})}{D_{n-1n-1}(\lambda_{n-1})} & \dfrac{(D_{n1})_{2n-1}(\lambda_{n-1})}{(D_{n1})_{n-1n-1}(\lambda_{n-1})} & \cdots & 1 & \dfrac{D_{nn-1}(\lambda_{n-1})}{D_{n-1n-1}(\lambda_{n-1})} \\ \dfrac{a_{n1}}{\lambda_n-a_{11}} & 0 & \cdots & 0 & 1 \end{bmatrix} \tag{4-122}$$

式中

$$M=\operatorname{diag}\left[\frac{D_{11}(\lambda_1)}{\left[\dfrac{\mathrm{d}}{\mathrm{d}s}D(s)\right]_{s=\lambda_1}} \quad \cdots \quad \frac{D_{nn}(\lambda_n)}{\left[\dfrac{\mathrm{d}}{\mathrm{d}s}D(s)\right]_{s=\lambda_n}}\right]=$$

$$\begin{bmatrix} \dfrac{\lambda_1-a_{nn}}{\lambda_1-\lambda_n} & & & & \\ & \dfrac{(D_{n1})_{22}(\lambda_2)}{a_{1n}\left[\dfrac{\mathrm{d}}{\mathrm{d}s}D(s)\right]_{s=\lambda_2}} & & & \\ & & \ddots & & \\ & & & \dfrac{(D_{n1})_{n-1n-1}(\lambda_{n-1})}{a_{1n}\left[\dfrac{\mathrm{d}}{\mathrm{d}s}D(s)\right]_{s=\lambda_{n-1}}} & \\ & & & & \dfrac{\lambda_n-a_{11}}{\lambda_n-\lambda_1} \end{bmatrix}$$

由式(4-98)定义的局部解耦系统在输入变量 $\boldsymbol{u}_j(j=2,\cdots,r-1)$ 的激励下，具有如下特点：

1）当控制系数向量 $\boldsymbol{b}_j$ 由式(1-99)表示时，系统的控制向量分量

$$\boldsymbol{r}_1\boldsymbol{b}_j=\begin{bmatrix}1 & 0 & \cdots & 0 & \dfrac{a_{1n}}{\lambda_1-a_{nn}}\end{bmatrix}\begin{bmatrix}0 & b_{2j} & \cdots & b_{n-1j} & 0\end{bmatrix}^{\mathrm{T}}\frac{\lambda_1-a_{nn}}{\lambda_1-\lambda_n}$$

和

$$\boldsymbol{r}_n\boldsymbol{b}_j=\begin{bmatrix}1 & 0 & \cdots & 0 & 1\end{bmatrix}\begin{bmatrix}0 & b_{2j} & \cdots & b_{n-1j} & 0\end{bmatrix}^{\mathrm{T}}\frac{\lambda_n-a_{11}}{\lambda_n-\lambda_1}$$

都为零，使得输入变量 $\boldsymbol{u}_j$ 不能激发振型 $\mathrm{e}^{\lambda_1 t}$ 和 $\mathrm{e}^{\lambda_n t}$，因此在任何状态变量响应中不存在振型 $\mathrm{e}^{\lambda_1 t}$ 和 $\mathrm{e}^{\lambda_n t}$。

2）输入 $\boldsymbol{u}_j$ 通过控制向量分量

$$\boldsymbol{r}_k\boldsymbol{b}_j=\begin{bmatrix}\dfrac{D_{1k}(\lambda_k)}{D_{kk}(\lambda_k)} & \dfrac{(D_{n1})_{2k}(\lambda_k)}{(D_{n1})_{kk}(\lambda_k)} & \cdots & \dfrac{(D_{n1})_{n-1k}(\lambda_k)}{(D_{n1})_{kk}(\lambda_k)} & \dfrac{D_{nk}(\lambda_k)}{D_{kk}(\lambda_k)}\end{bmatrix}\times$$
$$\begin{bmatrix}0 & b_{2j} & \cdots & b_{n-1j} & 0\end{bmatrix}^{\mathrm{T}}\frac{(D_{n1})_{kk}(\lambda_k)}{a_{1n}\left[\dfrac{\mathrm{d}D'(s)}{\mathrm{d}s}\right]_{s=\lambda_k}}\quad(k=2,\cdots,n-1)$$

和按 $k=2,\cdots,n-1$ 的顺序，分别激发 $\mathrm{e}^{\lambda_2 t},\cdots,\mathrm{e}^{\lambda_{n-1} t}$。式中 $D'(s)$ 由式(4-120)定义。

3）尽管表征振型 $\mathrm{e}^{\lambda_1 t}$ 和 $\mathrm{e}^{\lambda_n t}$ 分布的右特征向量 $\boldsymbol{p}_1$ 和 $\boldsymbol{p}_n$ 的各个分量都不为零，但由于振型 $\mathrm{e}^{\lambda_1 t}$ 和 $\mathrm{e}^{\lambda_n t}$ 控制向量 $r_1\boldsymbol{b}_j$ 和 x_{n-1} 都为零，所以系统在输入 $\boldsymbol{u}_j$ 激励下，$\boldsymbol{x}_2,\cdots,\boldsymbol{x}_{n-1}$ 的响应中都不存在振型 $\mathrm{e}^{\lambda_1 t}$ 和 $\mathrm{e}^{\lambda_n t}$；在状态 $\boldsymbol{x}_2,\cdots,\boldsymbol{x}_{n-1}$ 的响应中仅含有 $\mathrm{e}^{\lambda_2 t},\cdots,\mathrm{e}^{\lambda_{n-1} t}$ 各振型。

4）在局部解耦系统的右特征向量 $\boldsymbol{p}_k(k=2,\cdots,n-1)$ 中，第 $1,n$ 分量都为零，使得系统在输入变量 $\boldsymbol{u}_j(j=2,\cdots,r-1)$ 的激励下，状态变量 $\boldsymbol{x}_1(t),\boldsymbol{x}_n(t)$ 响应中不仅不存在振型 $\mathrm{e}^{\lambda_1 t}$ 和 $\mathrm{e}^{\lambda_n t}$，而且也不存在振型 $\mathrm{e}^{\lambda_2 t},\cdots,\mathrm{e}^{\lambda_{n-1} t}$。这就是说，系统在输入 $\boldsymbol{u}_j$ 激励下，不产生状态变量 $\boldsymbol{x}_1,\boldsymbol{x}_n$ 响应。

5）由于状态 $\boldsymbol{x}_1,\boldsymbol{x}_n$ 对输入 $\boldsymbol{u}_j$ 的响应中，不含有任何固有振型，所以 $\boldsymbol{x}_1,\boldsymbol{x}_n$ 对 $\boldsymbol{u}_j$ 的传递函数分子全为 0；由于 $\boldsymbol{x}_2,\cdots,\boldsymbol{x}_{n-1}$ 对 $\boldsymbol{u}_j$ 的响应中不含振型 $\mathrm{e}^{\lambda_1 t}$ 和 $\mathrm{e}^{\lambda_n t}$，所以 $\boldsymbol{x}_2,\cdots,\boldsymbol{x}_{n-1}$ 对输入 $\boldsymbol{u}_j$ 的传递函数分子中存在与极点 λ_1,λ_n 相消的两个零点。

该局部解耦系统在输入变量 $\boldsymbol{u}_1,\boldsymbol{u}_r$ 激励下，具有如下特点：

1）当输入变量 $\boldsymbol{u}_1,\boldsymbol{u}_r$ 的控制系数向量 $\boldsymbol{b}_1,\boldsymbol{b}_r$ 由式(4-98)表示时，由于控制向量 $\boldsymbol{R}\boldsymbol{b}_1,\boldsymbol{R}\boldsymbol{b}_r$ 没有一个分量为零，所以输入变量 $\boldsymbol{u}_1,\boldsymbol{u}_r$ 能激发全部振型。

2）由式(4-121)表征的 $\boldsymbol{p}_1$ 和 $\boldsymbol{p}_n$ 的各分量都不为零，使得振型 $\mathrm{e}^{\lambda_1 t}$ 和 $\mathrm{e}^{\lambda_n t}$ 分布于全部状态变量响应中；$\boldsymbol{p}_2,\cdots,\boldsymbol{p}_n$ 的第 1、第 n 个分量都为零，其他分量不为零，使得振型 $\mathrm{e}^{\lambda_2 t},\cdots,\mathrm{e}^{\lambda_{n-1} t}$ 在状态变量 $\boldsymbol{x}_1,\boldsymbol{x}_n$ 响应中为零分布，在其他状态变量响应中不为零。

这就是说，由式(4-98)表示的局部解耦系统，在输入变量 $\boldsymbol{u}_1,\boldsymbol{u}_r$ 的激励下，在状态 $\boldsymbol{x}_1$ 和 $\boldsymbol{x}_n$ 响应中，仅仅含有振型 $\mathrm{e}^{\lambda_1 t}$ 和 $\mathrm{e}^{\lambda_n t}$；状态 $\boldsymbol{x}_2,\cdots,\boldsymbol{x}_{n-1}$ 在输入 $\boldsymbol{u}_1,\boldsymbol{u}_r$ 激励下，不仅响应不为零，且含有全部振型。

3）在状态变量 $\boldsymbol{x}_1,\boldsymbol{x}_n$ 响应中，仅仅存在振型 $\mathrm{e}^{\lambda_1 t}$ 和 $\mathrm{e}^{\lambda_n t}$，说明了状态变量 $\boldsymbol{x}_1,\boldsymbol{x}_n$ 对输入变量 $\boldsymbol{u}_1,\boldsymbol{u}_r$ 的传递函数中，存在与特征值 $\lambda_2,\cdots,\lambda_{n-1}$ 相消的 $n-2$ 个零点。

4.7.1.4 双变量局部解耦系统状态方程的分解

根据式(4-10)关于 $(D_{n1})_{ik}$ 的定义，得到式(4-106)所示矩阵的某一行与 b'_j 的乘积，即

$$-\begin{bmatrix}(D_{n1})_{2k} & \cdots & (D_{n1})_{n-1k}\end{bmatrix}\boldsymbol{b}'_j=-\sum_{i=2}^{n-1}\left[(D_{n1})_{ik}b_{ij}\right]=\sum_{i=2}^{n-1}\left[(-1)^{i+k+n}(M_{n1})_{ik}b_{ij}\right]=$$
$$(-1)^{n+1}\begin{vmatrix}0 & \cdots & 0 & 0 & 0 & \cdots & -a_{1n}\\ s-a_{22} & \cdots & -a_{2k-1} & b_{2j} & -a_{2k+1} & \cdots & -a_{2n}\\ \vdots & & \vdots & \vdots & \vdots & & \vdots\\ -a_{n-12} & \cdots & -a_{n-1k-1} & b_{n-1j} & -a_{n-1k+1} & \cdots & -a_{n-1n}\end{vmatrix}=$$

$$a_{1n}\begin{vmatrix} s-a_{22} & \cdots & -a_{2k-1} & b_{2j} & -a_{2k+1} & \cdots & -a_{2n-1} \\ \vdots & & \vdots & \vdots & \vdots & & \\ -a_{n-12} & \cdots & -a_{n-1k-1} & b_{n-1j} & -a_{n-1k+1} & \cdots & s-a_{n-1n-1} \end{vmatrix} \tag{4-123}$$

事实上，式(4－123)是双变量局部解耦系统输出 $\boldsymbol{y}_k$ 对输入 $\boldsymbol{u}_j$ 的传递函数分子，其分母由式(4－114)表示。因此，对于由式(4－99)定义的输入 $\boldsymbol{b}_j$ 和由式(4－98)定义的双变量局部解耦系统状态方程可简化为

$$\dot{\boldsymbol{x}}'=\boldsymbol{A}'\boldsymbol{x}'+\boldsymbol{B}'\boldsymbol{u}' \tag{4-124}$$

式中

$$\boldsymbol{x}'=[x_2 \quad \cdots \quad x_{n-1}]^{\mathrm{T}},\quad \boldsymbol{u}'=[u_2 \quad \cdots \quad u_{r-1}]^{\mathrm{T}}$$

$$\boldsymbol{A}'=\begin{bmatrix} a_{22} & \cdots & a_{2n-1} \\ \vdots & & \vdots \\ a_{n-12} & \cdots & a_{n-1n-1} \end{bmatrix},\quad \boldsymbol{B}'=\begin{bmatrix} b_{22} & \cdots & b_{2r-1} \\ \vdots & & \vdots \\ a_{n-12} & \cdots & a_{n-1r-1} \end{bmatrix}$$

由式(4－98)得到输出 $\boldsymbol{y}(s)$ 对输入 u_1,u_r 的传递矩阵为

$$\frac{\boldsymbol{y}}{\boldsymbol{u}'}(s)=\frac{\boldsymbol{C}}{D(s)}\begin{bmatrix} D_{11} & 0 & \cdots & 0 & D_{n-1} \\ D_{12} & D_{22} & \cdots & D_{n-12} & D_{n2} \\ \vdots & \vdots & & \vdots & \vdots \\ D_{1n-1} & D_{2n-1} & \cdots & D_{n-1n-1} & D_{nn-1} \\ D_{1n} & 0 & \cdots & 0 & D_{nn} \end{bmatrix}\boldsymbol{B}' \tag{4-125}$$

式中，$\boldsymbol{u}'=[\boldsymbol{u}_1 \quad \boldsymbol{u}_r]^{\mathrm{T}}$，$\boldsymbol{B}'=\begin{bmatrix} b_{11} & b_{21} & \cdots & b_{n-11} & 0 \\ 0 & b_{2r} & \cdots & b_{n-1r} & b_{nr} \end{bmatrix}^{\mathrm{T}}$。当 $\boldsymbol{C}=\boldsymbol{I}$ 时，$\boldsymbol{y}_1=\boldsymbol{x}_1$ 和 $\boldsymbol{y}_n=\boldsymbol{x}_n$，且考虑到式(4－120)中 $D_{11}(s)$，$D_{nn}(s)$ 的表达式时，得到输出 $\boldsymbol{x}_1$，$\boldsymbol{x}_n$ 分别对输入 $\boldsymbol{u}_1$，$\boldsymbol{u}_r$ 传递函数

$$\frac{\boldsymbol{x}_1}{\boldsymbol{u}_1}(s)=\frac{D_{11}(s)b_{11}}{D(s)}=\frac{(s-a_{nn})b_{11}}{(s-a_{11})(s-a_{nn})-a_{1n}a_{n1}} \tag{4-126}$$

$$\frac{\boldsymbol{x}_n}{\boldsymbol{u}_r}(s)=\frac{D_{nn}(s)b_{nr}}{D(s)}=\frac{(s-a_{11})b_{nr}}{(s-a_{11})(s-a_{nn})-a_{1n}a_{n1}} \tag{4-127}$$

式(4－126)和式(4－127)可用矩阵方程表示 $\boldsymbol{x}_1$，$\boldsymbol{x}_n$ 与输入 $\boldsymbol{u}_1$ 和 $\boldsymbol{u}_r$ 的关系，即

$$\begin{bmatrix} s-a_{11} & -a_{1n} \\ -a_{n1} & s-a_{nn} \end{bmatrix}\boldsymbol{x}'=\begin{bmatrix} b_{11} & 0 \\ 0 & b_{nr} \end{bmatrix}\boldsymbol{u}' \tag{4-128}$$

式中，$\boldsymbol{x}'=[\boldsymbol{x}_1 \quad \boldsymbol{x}_n]^{\mathrm{T}}$；$\boldsymbol{u}'=[\boldsymbol{u}_1 \quad \boldsymbol{u}_r]^{\mathrm{T}}$。

由以上分析可知，双变量不变性局部解耦系统输入、输出的传递函数具有的特点如下：

1) 状态 $\boldsymbol{x}_1$，$\boldsymbol{x}_n$ 对除 $\boldsymbol{u}_1$，$\boldsymbol{u}_r$ 外的其他任意输入 $\boldsymbol{u}_j$ 的传递函数恒为零；

2) 状态 $\boldsymbol{x}_2,\cdots,\boldsymbol{x}_{n-1}$ 对除 $\boldsymbol{u}_1$，$\boldsymbol{u}_r$ 外的其他任意输入 $\boldsymbol{u}_j$ 的传递函数的特征值不包含 λ_1 和 λ_n；

3) 状态 $\boldsymbol{x}_1$，$\boldsymbol{x}_n$ 对输入 $\boldsymbol{u}_1$，$\boldsymbol{u}_r$ 的传递函数特征值不包含 $\lambda_2,\cdots,\lambda_{n-1}$；

4) 状态 $\boldsymbol{x}_2,\cdots,\boldsymbol{x}_{n-1}$ 对输入 $\boldsymbol{u}_1$，$\boldsymbol{u}_r$ 的传递函数不能得到简化，其特征式包含全部特征值因式，以及在输入 $\boldsymbol{u}_1$，$\boldsymbol{u}_r$ 激励下，响应不为零且具有全部振型，这是双变量局部解耦系统与双变量完全解耦系统的主要区别。

4.7.2　双变量不变性完全解耦系统的分析

由于由式(4－115)表示的双变量不变性局部解耦系统的特征式与 $\boldsymbol{A}$ 阵元素 $a_{21},\cdots,a_{n-11}$ 和 $a_{2n},\cdots,a_{n-1n}$ 无关，所以由式(4－129)表示的双变量不变性完全解耦系统的特征式与式(4－115)相同。

$$\begin{bmatrix} s-a_{11} & 0 & & 0 & -a_{1n} \\ 0 & s-a_{22} & \cdots & -a_{2n-1} & 0 \\ \vdots & \vdots & & \vdots & \vdots \\ 0 & -a_{n-12} & \cdots & s-a_{n-1n-1} & 0 \\ -a_{n1} & 0 & & 0 & s-a_{nn} \end{bmatrix}\boldsymbol{x}=\begin{bmatrix} b_{11} & 0 & \cdots & 0 & 0 \\ 0 & b_{22} & \cdots & b_{2r-1} & 0 \\ \vdots & \vdots & & \vdots & \vdots \\ 0 & b_{n-12} & \cdots & b_{n-1r-1} & 0 \\ 0 & 0 & \cdots & 0 & b_{nr} \end{bmatrix}\boldsymbol{u} \tag{4-129}$$

然而，式(4-129)所表示的双变量不变性完全解耦系统矩阵方程可分解为完全独立的两个子矩阵方程，其一由式(4-130)可表示为

$$\begin{bmatrix} s-a_{11} & -a_{1n} \\ -a_{n1} & s-a_{nn} \end{bmatrix} \boldsymbol{x}' = \begin{bmatrix} b_{11} & 0 \\ 0 & b_{nr} \end{bmatrix} \boldsymbol{u}' \tag{4-130}$$

式中，$\boldsymbol{x}'=[\boldsymbol{x}_1 \quad \boldsymbol{x}_n]^{\mathrm{T}}$，$\boldsymbol{u}'=[\boldsymbol{u}_1 \quad \boldsymbol{u}_r]^{\mathrm{T}}$；其二为式(4-129)左、右矩阵都去掉第1，$n$行和第1，$n$列构成，即

$$\begin{bmatrix} s-a_{22} & \cdots & -a_{2n-1} \\ \vdots & & \vdots \\ -a_{n-12} & \cdots & s-a_{n-1n-1} \end{bmatrix} \boldsymbol{x}'' = \begin{bmatrix} b_{22} & \cdots & b_{2r-1} \\ \vdots & & \vdots \\ b_{n-12} & \cdots & b_{n-1r-1} \end{bmatrix} \boldsymbol{u}'' \tag{4-131}$$

式中，$\boldsymbol{x}''=[\boldsymbol{x}_2 \quad \cdots \quad \boldsymbol{x}_{n-1}]^{\mathrm{T}}$；$\boldsymbol{u}''=[\boldsymbol{u}_2 \quad \cdots \quad \boldsymbol{u}_{r-1}]^{\mathrm{T}}$。

当双变量不变性完全解耦系统的输入-输出传递矩阵分解式由式(4-97)表示，即

$$\frac{\boldsymbol{y}}{\boldsymbol{u}}(s)=\boldsymbol{CP}\,[s\boldsymbol{I}-\boldsymbol{\Lambda}]^{-1}\boldsymbol{RB} \tag{4-132}$$

时，式中的左、右特征矩阵 $\boldsymbol{P}$，$\boldsymbol{R}$ 分别为

$$\boldsymbol{P}=[\boldsymbol{p}_1 \quad \cdots \quad \boldsymbol{p}_n]=\begin{bmatrix} 1 & 0 & \cdots & 0 & \dfrac{a_{1n}}{\lambda_n-a_{11}} \\ 0 & 1 & \cdots & \dfrac{(D_{n1})_{n-12}(\lambda_{n-1})}{(D_{n1})_{n-1n-1}(\lambda_{n-1})} & 0 \\ \vdots & \vdots & & \vdots & \vdots \\ 0 & \dfrac{(D_{n1})_{2n-1}(\lambda_2)}{(D_{n1})_{22}(\lambda_2)} & \cdots & 1 & 0 \\ \dfrac{a_{n1}}{\lambda_1-a_{nn}} & 0 & \cdots & 0 & 1 \end{bmatrix}$$

$$\boldsymbol{R}=[\boldsymbol{r}_1 \quad \cdots \quad \boldsymbol{r}_n]^{\mathrm{T}}=\boldsymbol{M}\begin{bmatrix} 1 & 0 & \cdots & 0 & \dfrac{a_{1n}}{\lambda_{11}-a_{nn}} \\ 0 & 1 & \cdots & \dfrac{(D_{n1})_{n-12}(\lambda_2)}{(D_{n1})_{22}(\lambda_2)} & 0 \\ \vdots & \vdots & & \vdots & \vdots \\ 0 & \dfrac{(D_{n1})_{2n-1}(\lambda_{n-1})}{(D_{n1})_{n-1n-1}(\lambda_{n-1})} & \cdots & 1 & 0 \\ \dfrac{a_{n1}}{\lambda_n-a_{11}} & 0 & \cdots & 0 & 1 \end{bmatrix}$$

且

$$\boldsymbol{M}=\begin{bmatrix} M_1 & & \\ & \ddots & \\ & & M_n \end{bmatrix}=\begin{bmatrix} \left[\dfrac{D_{11}(s)}{\dfrac{\mathrm{d}D(s)}{\mathrm{d}s}}\right]_{s=\lambda_1} & & \\ & \ddots & \\ & & \left[\dfrac{D_{nn}(s)}{\dfrac{\mathrm{d}D(s)}{\mathrm{d}s}}\right]_{s=\lambda_n} \end{bmatrix}=$$

$$\begin{bmatrix} \dfrac{\lambda_1-a_{nn}}{\lambda_1-\lambda_n} & & & & \\ & \dfrac{(D_{n1})_{22}(\lambda_2)}{a_{1n}\left[\dfrac{\mathrm{d}D'(s)}{\mathrm{d}s}\right]_{s=\lambda_2}} & & & \\ & & \ddots & & \\ & & & \dfrac{(D_{n1})_{n-1n-1}(\lambda_{n-1})}{a_{1n}\left[\dfrac{\mathrm{d}D'(s)}{\mathrm{d}s}\right]_{s=\lambda_{n-1}}} & \\ & & & & \dfrac{\lambda_n-a_{11}}{\lambda_n-\lambda_1} \end{bmatrix}$$

由式(4－129)描述的双变量不变性完全解耦系统除在输入 $\boldsymbol{u}_j(j=2,\cdots,r-1)$ 激励下，控制和观测特性与双变量不变性局部解耦系统比较没有区别外，在输入 $\boldsymbol{u}_1,\boldsymbol{u}_r$ 的激励下，系统的控制与观测特性的主要区别在于控制向量分量

$$r_k b_i=\begin{bmatrix}0 & \dfrac{(D_{n1})_{2k}(\lambda_k)}{(D_{n1})_{kk}(\lambda_k)} & \cdots & \dfrac{(D_{n1})_{n-1k}(\lambda_k)}{(D_{n1})_{kk}(\lambda_k)} & 0\end{bmatrix}b_i\,\frac{(D_{n1})_{kk}(\lambda_k)}{a_{1n}\left[\dfrac{\mathrm{d}D'(s)}{\mathrm{d}s}\right]_{s=\lambda_k}}\equiv 0\quad(k=2,\cdots,n-1;i=1,n) \tag{4-133}$$

和右特征向量 $\boldsymbol{P}_1,\boldsymbol{P}_n$ 除第 1，n 两个分量外，其他分量都为零。由此引起的区别如下：

1) 由于 $r_k b_1, r_k b_r (k=2,\cdots,n-1)$ 都为零，因此输入 $\boldsymbol{u}_1,\boldsymbol{u}_r$ 除能激发振型 $\mathrm{e}^{\lambda_1 t},\mathrm{e}^{\lambda_n t}$ 外，不能激发振型 $\mathrm{e}^{\lambda_2 t},\cdots,\mathrm{e}^{\lambda_{n-1} t}$，任何输出和状态变量对输入 $\boldsymbol{u}_1,\boldsymbol{u}_r$ 的响应中不存在振型 $\mathrm{e}^{\lambda_2 t},\cdots,\mathrm{e}^{\lambda_{n-1} t}$。

2) 尽管 $r_1 b_i$ 和 $r_n b_i (i=1,n)$ 不为零，振型 $\mathrm{e}^{\lambda_1 t},\mathrm{e}^{\lambda_n t}$ 被输入 $\boldsymbol{u}_1,\boldsymbol{u}_r$ 激发；但由于在右特征向量 $\boldsymbol{p}_1,\boldsymbol{p}_n$ 除 1，n 个分量外其他分量都为零，所以在状态 $\boldsymbol{x}_2,\cdots,\boldsymbol{x}_{n-1}$ 对输入 $\boldsymbol{u}_1,\boldsymbol{u}_r$ 的响应中不存在任何振型，即状态变量 $\boldsymbol{x}_2,\cdots,\boldsymbol{x}_{n-1}$ 对输入 $\boldsymbol{u}_1,\boldsymbol{u}_r$ 具有不变性和 $\boldsymbol{x}_2,\cdots,\boldsymbol{x}_{n-1}$ 对 $\boldsymbol{u}_1,\boldsymbol{u}_r$ 的传递函数分子全为零。这就是说，状态变量 $\boldsymbol{x}_1$，$\boldsymbol{x}_n$ 和输入变量 $\boldsymbol{u}_1,\boldsymbol{u}_r$ 被完全解耦。

3) 在输入变量 $\boldsymbol{u}_j(j=2,\cdots,r-1)$ 作用下，双变量完全解耦系统特性同双变量局部解耦系统。

4.7.3 多变量不变性完全解耦系统的分析

当 n 为偶数时，多变量不变性完全解耦系统的矩阵方程为

$$\begin{bmatrix}
s-a_{11} & & & & & -a_{1n}\\
& s-a_{22} & & & -a_{2n-1} & \\
& & \ddots & \iddots & & \\
& & s-a_{\frac{n}{2}\frac{n}{2}} & -a_{\frac{n}{2}\frac{n}{2}+1} & & \\
& & -a_{\frac{n}{2}+1\frac{n}{2}} & s-a_{\frac{n}{2}+1\frac{n}{2}+1} & & \\
& & \iddots & \ddots & & \\
& -a_{n-12} & & & s-a_{n-1n-1} & \\
-a_{n1} & & & & & s-a_{nn}
\end{bmatrix}\boldsymbol{x}=\begin{bmatrix}b_{11} & & \\ & \ddots & \\ & & b_{nn}\end{bmatrix}\boldsymbol{u} \tag{4-134}$$

式中，$\boldsymbol{x}$ 为 n 维；$\boldsymbol{u}$ 也为 n 维。可以利用双变量不变性解耦分析法得到下列形式的矩阵方程来描述任何一对输入 u_i,u_{n-i+1} 与其对应的一对状态 x_i,x_{n-i+1} 之间的关系为

$$\begin{bmatrix}s-a_{ii} & -a_{in-i+1}\\ -a_{n-i+1i} & s-a_{n-i+1n-i+1}\end{bmatrix}\boldsymbol{x}'=\begin{bmatrix}b_{ii} & 0\\ 0 & b_{n-i+1n-i+1}\end{bmatrix}\boldsymbol{u}' \tag{4-135}$$

式中，$\boldsymbol{x}'=[x_i \quad x_{n-i+1}]^{\mathrm{T}}$；$\boldsymbol{u}'=[u_i \quad u_{n-i+1}]^{\mathrm{T}}$，$i=1,\cdots,\dfrac{n}{2}$。

事实上，由双对角线矩阵 $\boldsymbol{A}$ 构成的多变量不变性完全解耦系统的矩阵方程，可以分解为由系统主矩阵和系数矩阵的上、下和左、右 4 个对称元素构成的 $n/2$ 个二阶矩阵方程，对于每一个二阶矩阵方程都是独立的，与其他二阶矩阵方程不相关。这种解析结果是由双变量不变性系统连续解耦得到的，在此无须详细叙述。

按克莱姆法则可以得到多变量不变性完全解耦系统的传递矩阵，并可按拉普拉斯变换分解法，将多变量不变性完全解耦系统的传递矩阵分解为由式(4－132)表征的矩阵式，即

$$\frac{\boldsymbol{y}}{\boldsymbol{u}}(s)=\boldsymbol{CP}[s\boldsymbol{I}-\boldsymbol{\Lambda}]^{-1}\boldsymbol{RB} \tag{4-136}$$

然而不同的是系统左、右特征矩阵 $\boldsymbol{R},\boldsymbol{P}$ 的表达式。对于多变量不变性完全解耦系统来说，式(4－136)中的 $\boldsymbol{P},\boldsymbol{R}$ 表达式分别为

$$P=[p_1 \quad \cdots \quad p_n]=\begin{bmatrix} 1 & & & & & \frac{a_{1n}}{\lambda_n-a_{11}} \\ & 1 & & & \frac{a_{2n-1}}{\lambda_{n-1}-a_{22}} & \\ & & \ddots & \iddots & & \\ & & \iddots & \ddots & & \\ & \frac{a_{n-12}}{\lambda_2-a_{n-1n-1}} & & & 1 & \\ \frac{a_{n1}}{\lambda_1-a_{nn}} & & & & & 1 \end{bmatrix}$$

$$R=[r_1 \quad \cdots \quad r_n]^{\mathrm{T}}=M\begin{bmatrix} 1 & & & & & \frac{a_{1n}}{\lambda_1-a_{nn}} \\ & 1 & & & \frac{a_{2n-1}}{\lambda_2-a_{n-1n-1}} & \\ & & \ddots & \iddots & & \\ & & \iddots & \ddots & & \\ & \frac{a_{n-12}}{\lambda_{n-1}-a_{22}} & & & 1 & \\ \frac{a_{n1}}{\lambda_n-a_{11}} & & & & & 1 \end{bmatrix}$$

且

$$M=\begin{bmatrix} M_1 & & \\ & \ddots & \\ & & M_n \end{bmatrix}=\begin{bmatrix} \frac{\lambda_1-a_{nn}}{\lambda_1-\lambda_n} & & & & \\ & \frac{\lambda_2-a_{n-1n-1}}{\lambda_2-\lambda_{n-1}} & & & \\ & & \ddots & & \\ & & & \frac{\lambda_{n-1}-a_{22}}{\lambda_{n-1}-\lambda_2} & \\ & & & & \frac{\lambda_n-a_{11}}{\lambda_n-\lambda_1} \end{bmatrix}$$

这样一来，可以得到多变量不变性完全解耦系统的控制与观测特性，其主要内容如下：

1）任两个对称的输入变量 $\boldsymbol{u}_i, \boldsymbol{u}_{n-i+1}$ 对应的控制系数向量 $\boldsymbol{b}_i, \boldsymbol{b}_{n-i+1}$ 当由式(4-134)表示时，系统输入 $\boldsymbol{u}_i$ 和 $\boldsymbol{u}_{n-i+1}$ 通过“控制部分”中控制向量分别为

$$\boldsymbol{R}\boldsymbol{b}_i=\Big[0 \quad \cdots \quad 0 \quad \underset{(i)}{\frac{\lambda_i-a_{n-i+1n-i+1}}{\lambda_i-\lambda_{n-i+1}}\, b_{ii}} \quad 0 \quad \cdots \quad 0 \quad \underset{(n-i+1)}{\frac{a_{n-i+1i}}{\lambda_{n-i+1}-\lambda_i}\, b_{ii}} \quad 0 \quad \cdots \quad 0\Big]^{\mathrm{T}}$$

和

$$\boldsymbol{R}\boldsymbol{b}_{n-i+1}=\Big[0 \quad \cdots \quad 0 \quad \frac{a_{in-i+1}}{\lambda_i-\lambda_{n-i+1}}\, b_{n-i+1n-i+1} \quad 0 \quad \cdots \quad 0 \quad \frac{\lambda_{n-i+1}-a_{ii}}{\lambda_{n-i+1}-\lambda_i}\, b_{n-i+1n-i+1} \quad 0 \quad \cdots \quad 0\Big]^{\mathrm{T}}$$

激发系统固有振型，但由于除第 i 和 $n-i+1$ 个元素不为零外，其他元素都为零，所以系统在输入 $\boldsymbol{u}_i, \boldsymbol{u}_{n-i+1}$ 的作用下，仅能激发振型 $e^{\lambda_i t}$ 和 $e^{\lambda_{n-i+1} t}$，而不能激发其他振型。

2）由于多变量不变性完全解耦系统的“观测部分”中，右特征矩阵 $\boldsymbol{P}$ 的第 i 和 $n-i+1$ 行向量

$$\boldsymbol{p}_i=\Big[0 \quad \cdots \quad 0 \quad \underset{(i)}{1} \quad 0 \quad \cdots \quad 0 \quad \underset{(n-i+1)}{\frac{a_{in-i+1}}{\lambda_{n-i+1}-a_{ii}}} \quad 0 \quad \cdots \quad 0\Big]$$

$$\boldsymbol{p}_{n-i+1}=\begin{bmatrix}0 & \cdots & 0 & \underset{(i)}{\dfrac{a_{n-i+1i}}{\lambda_i-a_{n-i+1n-i+1}}} & 0 & \cdots & 0 & \underset{(n-i+1)}{1} & 0 & \cdots & 0\end{bmatrix}\quad(i=1,\cdots,n)$$

的第 i 和 $n-i+1$ 个元素不为零，其他行向量的第 i 和 $n-i+1$ 个元素都为零，所以状态 $\boldsymbol{x}_i,\boldsymbol{x}_{n-i+1}$ 仅能观测到振型 $\mathrm{e}^{\lambda_i t}$ 和 $\mathrm{e}^{\lambda_{n-i+1}t}$。状态 $\boldsymbol{x}_i,\boldsymbol{x}_{n-i+1}$ 对输入 $\boldsymbol{u}_i,\boldsymbol{u}_{n-i+1}$ 的传递函数分解式分别为

$$\frac{\boldsymbol{x}'}{\boldsymbol{u}_i}(s)=\boldsymbol{p}_i\boldsymbol{r}_i\boldsymbol{b}_i\frac{1}{s-\lambda_i}+\boldsymbol{p}_{n-i+1}\boldsymbol{r}_{n-i+1}\boldsymbol{b}_i\frac{1}{s-\lambda_{n-i+1}}$$

$$\frac{\boldsymbol{x}'}{\boldsymbol{u}_{n-i+1}}(s)=p_ir_i\boldsymbol{b}_{n-i+1}\frac{1}{s-\lambda_i}+\boldsymbol{p}_{n-i+1}\boldsymbol{r}_{n-i+1}\boldsymbol{b}_{n-i+1}\frac{1}{s-\lambda_{n-i+1}}$$

式中，$\boldsymbol{x}'(s)=[x_i\quad\cdots\quad x_{n-i+1}]^{\mathrm{T}}$；$\boldsymbol{p}_i,\boldsymbol{r}_i,\boldsymbol{p}_{n-i+1}$ 和 $\boldsymbol{r}_{n-i+1}$ 由式(4-136)定义；$\boldsymbol{b}_i$ 和 $\boldsymbol{b}_{n-i+1}$ 由式(1-134)定义。其他状态对输入 $\boldsymbol{u}_i,\boldsymbol{u}_{n-i+1}$ 的传递函数都为零，状态 $\boldsymbol{x}_i,\boldsymbol{x}_{n-i+1}$ 对其他输入的传递函数也为零。

3）当输入变量 $\boldsymbol{u}$ 为阶跃函数时，多变量完全解耦系统状态方程的特解由式(4-64)表示时，即

$$\boldsymbol{x}(t)=\boldsymbol{P}\begin{bmatrix}(\mathrm{e}^{\lambda_1 t}-1)\dfrac{1}{\lambda_1} & & \\ & \ddots & \\ & & (\mathrm{e}^{\lambda_n t}-1)\dfrac{1}{\lambda_n}\end{bmatrix}\boldsymbol{RBu}\tag{4-137}$$

式中，$\boldsymbol{P}$ 和 $\boldsymbol{R}$ 由式(4-136)定义。当输入变量 $\boldsymbol{u}_i$ 为单位阶跃函数时，状态 $\boldsymbol{x}_i,\boldsymbol{x}_{n-i+1}$ 的时域解为

$$\boldsymbol{x}'(t)=\boldsymbol{c}_0+\boldsymbol{c}_1\mathrm{e}^{\lambda_i t}+\boldsymbol{c}_2\mathrm{e}^{\lambda_{n-i+1}t}\tag{4-138}$$

式中

$$\boldsymbol{x}'(t)=[\boldsymbol{x}_i\quad\boldsymbol{x}_{n-i+1}]^{\mathrm{T}},\quad\boldsymbol{c}_0=-\left(\frac{1}{\lambda_i}\boldsymbol{p}_i\boldsymbol{r}_i+\frac{1}{\lambda_{n-i+1}}\boldsymbol{p}_{n-i+1}\boldsymbol{r}_{n-i+1}\right)\boldsymbol{b}_i$$

$$\boldsymbol{c}_1=\frac{1}{\lambda_i}\boldsymbol{p}_i\boldsymbol{r}_i\boldsymbol{b}_i\quad\boldsymbol{c}_2=\frac{1}{\lambda_{n-i+1}}\boldsymbol{p}_{n-i+1}\boldsymbol{r}_{n-i+1}\boldsymbol{b}_i$$

由式(4-136)定义的 $\boldsymbol{P}$,$\boldsymbol{R}$ 和由式(4-134)定义的 $\boldsymbol{B}$ 可知，

$$\boldsymbol{p}_i=\begin{bmatrix}0 & \cdots & 0 & \underset{(i)}{1} & 0 & \cdots & 0 & \underset{(n-i+1)}{\dfrac{a_{n-i+1i}}{\lambda_i-a_{n-i+1n-i+1}}} & 0 & \cdots & 0\end{bmatrix}^{\mathrm{T}}$$

$$\boldsymbol{p}_{n-i+1}=\begin{bmatrix}0 & \cdots & 0 & \underset{(i)}{\dfrac{a_{in-i+1}}{\lambda_{n-i+1}-a_{ii}}} & 0 & \cdots & 0 & \underset{(n-i+1)}{1} & 0 & \cdots & 0\end{bmatrix}^{\mathrm{T}}$$

$$\boldsymbol{r}_i=\begin{bmatrix}0 & \cdots & 0 & 0 & \cdots & 0 & \underset{(i)}{\dfrac{\lambda_i-a_{n-i+1n-i+1}}{\lambda_i-\lambda_{n-i+1}}} & 0 & \cdots & 0 & \underset{(n-i+1)}{\dfrac{a_{in-i+1}}{\lambda_i-\lambda_{n-i+1}}} & 0 & \cdots & 0\end{bmatrix}$$

$$\boldsymbol{r}_{n-i+1}=\begin{bmatrix}0 & \cdots & 0 & \underset{(i)}{\dfrac{a_{n-i+1i}}{\lambda_{n-i+1}-\lambda_i}} & 0\cdots & 0 & \underset{(n-i+1)}{\dfrac{\lambda_{n-i+1}-a_{ii}}{\lambda_{n-i+1}-\lambda_i}} & 0 & \cdots & 0\end{bmatrix}$$

$$\boldsymbol{b}_i=[0\quad\cdots\quad0\quad b_{ii}\quad0\quad\cdots\quad0]^{\mathrm{T}}$$

代入 $\boldsymbol{c}_0$,$\boldsymbol{c}_1$ 和 $\boldsymbol{c}_2$ 的表达式中，以及考虑到

$$a_{in-i+1}a_{n-i+1i}=(\lambda_i-a_{ii})(\lambda_i-a_{n-i+1n-i+1})=(\lambda_{n-i+1}-a_{ii})(\lambda_{n-i+1}-a_{n-i+1n-i+1})\tag{4-139}$$

得到

$$\left.\begin{aligned}\boldsymbol{c}_0&=[-a_{n-i+1n-i+1}\quad a_{n-i+1i}]^{\mathrm{T}}\frac{b_{ii}}{\lambda_i\lambda_{n-i+1}}=[c_{i0}\quad c_{n-i+10}]^{\mathrm{T}}\\ \boldsymbol{c}_1&=[\lambda_i-a_{n-i+1n-i+1}\quad a_{n-i+1i}]^{\mathrm{T}}\frac{b_{ii}}{\lambda_i(\lambda_i-\lambda_{n-i+1})}=[c_{i1}\quad c_{n-i+11}]^{\mathrm{T}}\\ \boldsymbol{c}_2&=[\lambda_{n-i+1}-a_{n-i+1n-i+1}\quad a_{n-i+1i}]^{\mathrm{T}}\frac{b_{ii}}{\lambda_{n-i+1}(\lambda_{n-i+1}-\lambda_i)}=[c_{i2}\quad c_{n-i+12}]^{\mathrm{T}}\end{aligned}\right\}\tag{4-140}$$

由于特征值 $\lambda_i,\lambda_{n-i+1}$ 是由特征式

$$(s-a_{ii})(s-a_{n-i+1n-i+1})-a_{n-i+1i}a_{in-i+1}=(s-\lambda_i)(s-\lambda_{n-i+1})=0$$

解出的，且当

$$\frac{1}{4}(a_{ii}+a_{n-i+1n-i+1})^2+a_{n-i+1i}a_{in-i+1}-a_{ii}a_{n-i+1n-i+1}<0$$

时，特征值 $\lambda_i,\lambda_{n-i+1}$ 互为共轭复数，即

$$\lambda_i=-\omega_i(\zeta_i-\mathrm{j}\sqrt{1-\zeta_i^2}) \quad 和 \quad \lambda_{n-i+1}=-\omega_i(\zeta_i+\mathrm{j}\sqrt{1-\zeta_i^2}) \tag{4-141}$$

式中

$$\omega_i=\sqrt{a_{ii}a_{n-i+1n-i+1}-a_{in-i+1}a_{n-i+1i}} \quad 和 \quad \zeta_i=-\frac{1}{2\omega_i}(a_{ii}+a_{n-i+1n-i+1})$$

从而得到

$$\left.\begin{aligned}
c_{i0}&=-\frac{a_{n-i+1n-i+1}}{\omega_i^2}b_{ii}\\
c_{i1}&=\frac{\omega_i(\zeta_i-\mathrm{j}\sqrt{1-\zeta_i^2})+a_{n-i+1n-i+1}}{2\mathrm{j}\omega_i^2\sqrt{1-\zeta_i^2}(\zeta_i-\mathrm{j}\sqrt{1-\zeta_i^2})}b_{ii}=\frac{\omega_i+a_{n-i+1n-i+1}(\zeta_i+\mathrm{j}\sqrt{1+\zeta_i^2})}{2\mathrm{j}\omega_i^2\sqrt{1-\zeta_i^2}}\\
c_{i2}&=-\frac{\omega_i(\zeta_i+\mathrm{j}\sqrt{1-\zeta_i^2})+a_{n-i+1n-i+1}}{2\mathrm{j}\omega_i^2\sqrt{1-\zeta_i^2}(\zeta_i+\mathrm{j}\sqrt{1-\zeta_i^2})}b_{ii}=-\frac{\omega_i+a_{n-i+1n-i+1}(\zeta_i-\mathrm{j}\sqrt{1-\zeta_i^2})}{2\mathrm{j}\omega_i^2\sqrt{1-\zeta_i^2}}b_{ii}\\
c_{n-i+10}&=\frac{a_{n-i+1i}}{\omega_i^2}b_{ii}\\
c_{n-i+11}&=-\frac{a_{n-i+1i}b_{ii}}{2\mathrm{j}\omega_i^2\sqrt{1-\zeta_i^2}(\zeta_i-\mathrm{j}\sqrt{1-\zeta_i^2})}=-\frac{a_{n-i+1i}(\zeta_i+\mathrm{j}\sqrt{1-\zeta_i^2})}{2\mathrm{j}\omega_i^2\sqrt{1-\zeta_i^2}}b_{ii}\\
c_{n-i+12}&=\frac{a_{n-i+1i}b_{ii}}{2\mathrm{j}\omega_i^2\sqrt{1-\zeta_i^2}(\zeta_i+\mathrm{j}\sqrt{1-\zeta_i^2})}=\frac{a_{n-i+1i}(\zeta_i-\mathrm{j}\sqrt{1-\zeta_i^2})}{2\mathrm{j}\omega_i^2\sqrt{1-\zeta_i^2}}b_{ii}
\end{aligned}\right\} \tag{4-142}$$

将 c_{i1},c_{i2} 分别用欧拉公式表示

$$\left.\begin{aligned}
c_{i1}&=\frac{\sqrt{\mathrm{Re}^2+\mathrm{Im}^2}}{2\mathrm{j}}(\cos\varphi_i+\mathrm{j}\sin\varphi_i)=\frac{\sqrt{\mathrm{Re}^2+\mathrm{Im}^2}}{2\mathrm{j}}\mathrm{e}^{\mathrm{j}\varphi_i}\\
c_{i2}&=-\frac{\sqrt{\mathrm{Re}^2+\mathrm{Im}^2}}{2\mathrm{j}}(\cos\varphi_i-\mathrm{j}\sin\varphi_i)=-\frac{\sqrt{\mathrm{Re}^2+\mathrm{Im}^2}}{2\mathrm{j}}\mathrm{e}^{-\mathrm{j}\varphi_i}
\end{aligned}\right\} \tag{4-143}$$

式中

$$\mathrm{Re}=\frac{\omega_i+a_{n-i+1n-i+1}\zeta_i}{\omega_i^2\sqrt{1-\zeta_i^2}}b_{ii},\quad \mathrm{Im}=\frac{a_{n-i+1n-i+1}}{\omega_i^2}b_{ii},\quad \varphi_i=\arctan\frac{a_{n-i+1n-i+1}\sqrt{1-\zeta_i^2}}{\omega_i+a_{n-i+1n-i+1}\zeta_i}$$

将由式(4-142)表征的 c_{i0}，式(4-143)表征的 c_{i1},c_{i2} 和式(4-141)表征的 $\lambda_i,\lambda_{n-i+1}$ 代入式(4-138)，得到

$$x_i(t)=-\frac{a_{n-i+1n-i+1}b_{ii}}{\omega_i^2}\left[1-\frac{\sqrt{\omega_i^2+2\omega_i\zeta_i a_{n-i+1n-i+1}+a_{n-i+1n-i+1}^2}}{a_{n-i+1n-i+1}\sqrt{1-\zeta_i^2}}\mathrm{e}^{-\zeta_i\omega_i t}\times\frac{1}{2\mathrm{j}}(\mathrm{e}^{\omega_i\sqrt{1-\zeta_i^2}t+\varphi_i}-\mathrm{e}^{-\omega_i\sqrt{1-\zeta_i^2}-\varphi_i})\right]$$

并由欧拉公式

$$\sin\varphi=\frac{1}{2\mathrm{j}}(\mathrm{e}^{\mathrm{j}\varphi}-\mathrm{e}^{-\mathrm{j}\varphi})$$

得到

$$x_i(t)=-\frac{a_{n-i+1n-i+1}b_{ii}}{\omega_i^2}\left[1-\frac{\sqrt{\omega_i^2+2\omega_i\zeta_i a_{n-i+1n-i+1}+a_{n-i+1n-i+1}^2}}{a_{n-i+1n-i+1}\sqrt{1-\zeta_i^2}}\mathrm{e}^{-\zeta_i\omega_i t}\times\sin(\omega_i\sqrt{1-\zeta_i^2}t+\varphi_i)\right] \tag{4-144}$$

将 c_{n-i+11} 和 c_{n-i+12} 分别用欧拉公式表示

$$\left.\begin{aligned} c_{n-i+11} &= \frac{a_{n-i+1i}b_{ii}}{\omega_i^2\sqrt{1-\zeta_i^2}}\frac{1}{2\mathrm{j}}(\cos\varphi_{n-i+1}+\mathrm{j}\sin\varphi_{n-i+1}) = \frac{a_{n-i+1i}b_{ii}}{\omega_i^2\sqrt{1-\zeta_i^2}}\frac{1}{2\mathrm{j}}\mathrm{e}^{\mathrm{j}\varphi_{n-i+1}} \\ c_{n-i+12} &= \frac{a_{n-i+1i}b_{ii}}{\omega_i^2\sqrt{1-\zeta_i^2}}\frac{1}{2\mathrm{j}}(\cos\varphi_{n-i+1}-\mathrm{j}\sin\varphi_{n-i+1}) = \frac{a_{n-i+1i}b_{ii}}{\omega_i^2\sqrt{1-\zeta_i^2}}\frac{1}{2\mathrm{j}}\mathrm{e}^{-\mathrm{j}\varphi_{n-i+1}} \end{aligned}\right\} \tag{4-145}$$

式中

$$\varphi_{n-i+1} = \arctan\frac{\sqrt{1-\zeta_i^2}}{\zeta_i}$$

再将由式(4-145)表征的 c_{n-i+11}，c_{n-i+12} 以及 λ_i，λ_{n-i+1} 和 c_{n-i+10} 的表达式代入式(4-138)，得到

$$x_{n-i+1}(t) = \frac{a_{n-i+1i}b_{ii}}{\omega_i^2}\left[1-\frac{1}{\sqrt{1-\zeta_i^2}}\mathrm{e}^{-\zeta_i\omega_i t}\sin(\omega_i\sqrt{1-\zeta_i^2}\,t+\varphi_{n-i+1})\right] \tag{4-146}$$

按上述解析方法还可得到状态 x_i，x_{n-i+1} 对输入 u_{n-i+1} 的响应特性，在此不作赘述。

第 5 章　飞机动力学特性基本概念

飞机动力学特性包括飞机运动的解耦性、稳定性、模态特性和操纵特性。

按泰勒级数展开式取一次项近似得到的飞机运动线性化非时变方程组，表征了飞机这个物理系统运动的数学模型，它为飞机动力学特性分析提供了可能性。这些表征飞机运动的数学模型可用微分方程组、状态方程或相应的矩阵方程等数学方程形式表示。

飞机运动的解耦特性使飞机线性非时变运动方程分解为独立的两组方程：纵向扰动运动方程组和横侧向扰动运动方程组。在无控情况下，每组都是四阶的。飞机运动的近似解耦特性还将飞机纵向运动分解为短周期运动和长周期运动，将飞机的横侧向运动分解为荷兰滚运动和滚转螺旋运动。

飞机这个物理系统和许多过程控制系统一样是多输入和多输出的，一个理想的期望是一个控制输入量只对一个输出量实施控制。如果能实现完全解耦，那么在没有干扰时，便很容易使每个输出量维持在希望的数值上。飞机自身的局部解耦特性为飞机提供了很好的操纵性。

飞机的这种局部解耦特性也为飞机运动稳定性和响应特性分析提供了方便。

飞机运动的固有特性是由描述它的状态方程的特征值、特征矩阵和控制系数决定的。系统特征值决定了它的运动振型和静、动态稳定性；状态变量的初始值 $\boldsymbol{x}(0)$ 通过系统左特征矩阵 $\boldsymbol{R}$ 激发系统运动的固有振型；又通过系统右特征矩阵 $\boldsymbol{P}$ 按不同幅值比和相位差，分别将各个振型分布于各个状态变量中，使系统的运动由 n 个形式为 $\boldsymbol{p}_k e^{\lambda_k t} r_k \boldsymbol{x}(0)$ 的分量组成。对应于每个振型的基本扰动运动向量 $\boldsymbol{p}_k e^{\lambda_k t}$，被称为扰动运动的一个模态，每个模态的特性是由与它对应的特征值 λ_k 和特征向量 $\boldsymbol{p}_k$ 决定的。

操纵特性是指飞机对操纵装置的反应特性。由外部激励通过控制系数矩阵 $\boldsymbol{B}$ 和系统左特征矩阵 $\boldsymbol{R}$ 的乘积激发系统运动振型，并按系统右特征矩阵 $\boldsymbol{P}$ 分别将各个振型分布于各个状态变量中。

5.1　飞机运动状态方程与初等变换

5.1.1　状态方程与近似解耦

由于飞机在大部分飞行时间都是处于对称定常直线飞行状态(如巡航状态)，对于满意的飞机，在一般情况下所遇到的扰动(如紊流扰动)引起的飞机运动变量的变化，相对于基准运动来说是小的，所以，飞机在对称定常直线飞行状态下，对小扰动运动特性的分析具有普遍的现实意义。

当飞机作对称平直飞行时，按稳定轴(或速度轴)坐标系建立的纵向小扰动状态方程由下式表示：

$$\begin{bmatrix}\dot{\alpha}\\ \dot{v}\\ \dot{\vartheta}\\ \dot{\omega}_z\end{bmatrix}=\begin{bmatrix}-y^{\alpha} & -y^{v} & 0 & 1\\ x^{\alpha}+g & x^{v} & -g & 0\\ 0 & 0 & 0 & 1\\ \mu_z^{\alpha}-\mu_z^{\dot{\alpha}}y^{\alpha} & \mu_z^{v}-\mu_z^{\dot{\alpha}}y^{v} & 0 & \mu_z^{\omega_z}+\mu_z^{\dot{\alpha}}\end{bmatrix}\begin{bmatrix}\alpha\\ v\\ \vartheta\\ \omega_z\end{bmatrix}+$$

$$\begin{bmatrix}-y^{\delta_f} & -y^{\delta_T} & -y^{\delta_z}\\ x^{\delta_f} & x^{\delta_T} & x^{\delta_z}\\ 0 & 0 & 0\\ \mu_z^{\delta_f}-\mu_z^{\dot{\alpha}}y^{\delta_f} & \mu_z^{\delta_T}-\mu_z^{\dot{\alpha}}y^{\delta_T} & \mu_z^{\delta_z}-\mu_z^{\dot{\alpha}}y^{\delta_z}\end{bmatrix}\begin{bmatrix}\delta_f\\ \delta_T\\ \delta_z\end{bmatrix} \qquad (5-1)$$

和纵向运动一样，飞机横侧向运动也可由四维矩阵方程描述。当飞机作对称直线飞行时，可按两种坐标——稳定轴系和机体轴系建立运动方程。西方国家习惯用稳定轴系建立运动方程，而俄罗斯和我国过去习惯用机体轴系建立运动方程。用稳定轴系建立的横侧向小扰动状态方程为

$$\begin{bmatrix} \dot{\beta} \\ \dot{\omega}_{xs} \\ \dot{\gamma}_s \\ \dot{\omega}_{ys} \end{bmatrix} = \begin{bmatrix} z^{\beta} & 0 & g\cos\theta_0/v_0 & 1 \\ \mu_{xs}^{\beta} & \mu_{xs}^{\omega_x} & 0 & \mu_{xs}^{\omega_y} \\ 0 & 1 & 0 & -\tan\theta_0 \\ \mu_{ys}^{\beta} & \mu_{ys}^{\omega_x} & 0 & \mu_{ys}^{\omega_y} \end{bmatrix} \begin{bmatrix} \beta \\ \omega_{xs} \\ \gamma_s \\ \omega_{ys} \end{bmatrix} + \begin{bmatrix} 0 & z^{\delta_y} \\ \mu_{xs}^{\delta_x} & \mu_{xs}^{\delta_y} \\ 0 & 0 \\ \mu_{ys}^{\delta_x} & \mu_{ys}^{\delta_y} \end{bmatrix} \begin{bmatrix} \delta_x \\ \delta_y \end{bmatrix} \tag{5-2}$$

用机体轴系建立的横侧向小扰动状态方程为

$$\begin{bmatrix} \dot{\beta} \\ \dot{\omega}_{x} \\ \dot{\gamma}_s \\ \dot{\omega}_{y} \end{bmatrix} = \begin{bmatrix} z^{\beta} & \alpha_0 & g\cos\vartheta_0/v_0 & 1 \\ \mu_{x}^{\beta} & \mu_{x}^{\omega_x} & 0 & \mu_{x}^{\omega_x} \\ 0 & 1 & 0 & -\tan\vartheta_0 \\ \mu_{y}^{\beta} & \mu_{y}^{\omega_x} & 0 & \mu_{y}^{\omega_y} \end{bmatrix} \begin{bmatrix} \beta \\ \omega_{x} \\ \gamma \\ \omega_{y} \end{bmatrix} + \begin{bmatrix} 0 & z^{\delta_y} \\ \mu_{x}^{\delta_x} & \mu_{x}^{\delta_y} \\ 0 & 0 \\ \mu_{y}^{\delta_x} & \mu_{y}^{\delta_y} \end{bmatrix} \begin{bmatrix} \delta_x \\ \delta_y \end{bmatrix} \tag{5-3}$$

依据机体轴系与稳定轴系的关系，以及考虑到三角函数幂级数展开式

$$\sin x = \frac{x}{1} - \frac{x^3}{3!} + \frac{x^5}{5!} - \frac{x^7}{7!} + \cdots \quad (-\infty < x < \infty)$$

$$\cos x = 1 - \frac{x^2}{2!} + \frac{x^4}{4!} - \frac{x^6}{6!} + \cdots \quad (-\infty < x < \infty)$$

当 α_0 很小时，取一次近似得到

$$\begin{bmatrix} \omega_{xs} \\ \omega_{ys} \end{bmatrix} = \begin{bmatrix} 1 & -\alpha_0 \\ \alpha_0 & 1 \end{bmatrix} \begin{bmatrix} \omega_x \\ \omega_y \end{bmatrix} \tag{5-4}$$

$$\begin{bmatrix} M_{xs} \\ M_{ys} \end{bmatrix} = \begin{bmatrix} 1 & -\alpha_0 \\ \alpha_0 & 1 \end{bmatrix} \begin{bmatrix} M_x \\ M_y \end{bmatrix} \tag{5-5}$$

对于稳定轴系的倾斜角速度为

$$\dot{\gamma}_s = \omega_{xs} - \omega_{ys}\tan\theta_0 \tag{5-6}$$

式中，θ_0 为俯仰航迹角，且 $\theta_0 = \vartheta_0 - \alpha_0$。由式(5-4)、式(5-5)得到稳定轴系与机体轴系矩阵方程变量系数之间的关系为

$$\left.\begin{aligned}
\mu_{xs}^{\beta} &= \mu_x^{\beta} - \mu_y^{\beta}\alpha_0 \\
\mu_{ys}^{\beta} &= \mu_y^{\beta} + \mu_x^{\beta}\alpha_0 \\
\mu_{xs}^{\omega_x} &= \frac{1}{1+\alpha_0^2}(\mu_x^{\omega_x} - \mu_y^{\omega_x}\alpha_0 - \mu_x^{\omega_y}\alpha_0 + \mu_y^{\omega_y}\alpha_0^2) \\
\mu_{xs}^{\omega_y} &= \frac{1}{1+\alpha_0^2}(\mu_x^{\omega_y} - \mu_y^{\omega_y}\alpha_0 + \mu_x^{\omega_x}\alpha_0 - \mu_y^{\omega_x}\alpha_0^2) \\
\mu_{ys}^{\omega_y} &= \frac{1}{1+\alpha_0^2}(\mu_y^{\omega_y} + \mu_x^{\omega_y}\alpha_0 + \mu_y^{\omega_x}\alpha_0 + \mu_x^{\omega_x}\alpha_0^2) \\
\mu_{ys}^{\omega_x} &= \frac{1}{1+\alpha_0^2}(\mu_y^{\omega_x} + \mu_x^{\omega_x}\alpha_0 - \mu_y^{\omega_y}\alpha_0 - \mu_x^{\omega_y}\alpha_0^2) \\
\mu_{xs}^{\delta_x} &= \mu_x^{\delta_x} - \mu_y^{\delta_x}\alpha_0 \\
\mu_{xs}^{\delta_y} &= \mu_x^{\delta_y} - \mu_y^{\delta_y}\alpha_0 \\
\mu_{ys}^{\delta_x} &= \mu_y^{\delta_x} + \mu_x^{\delta_x}\alpha_0 \\
\mu_{ys}^{\delta_y} &= \mu_y^{\delta_y} + \mu_x^{\delta_y}\alpha_0
\end{aligned}\right\} \tag{5-7}$$

对于在纵向运动小扰动方程组力矩方程中的力矩项

$$(\mu_z^v - \mu_z^{\dot{\alpha}} y^v) v$$

和升力方程中的升力项

$$y^v v$$

在某一小扰动的过程中，空速变化不大，以及力矩导数 μ_z^v 和升力导数 y^v 的绝对值都很小，使得此两项可以忽略不计。又当考虑到飞机发动机推力和力矩导数 y^{δ_T} 和 $\mu_z^{\delta_T}$、升降舵的升力导数 y^{δ_z} 以及具有襟翼-升降舵交联操纵的俯仰力矩导数 $\mu_z^{\delta_f}$，其绝对值也很小，因此由式(5-1)描述的飞机纵向运动状态方程可近似于由式(4-98)描述的双变量不变性局部解耦系统的状态方程。

按照第4章对双变量局部解耦系统的分析，飞机纵向运动状态方程可近似由

$$\begin{bmatrix} \dot{v} \\ \dot{\theta} \end{bmatrix} = \begin{bmatrix} x^v & -g \\ y^v & 0 \end{bmatrix} \begin{bmatrix} v \\ \theta \end{bmatrix} + \begin{bmatrix} x^{\delta_T} \\ y^{\delta_T} \end{bmatrix} \delta_T \tag{5-8}$$

（式中，$\theta = \vartheta - \alpha$）和

$$\begin{bmatrix} \dot{\alpha} \\ \dot{\omega}_z \end{bmatrix} = \begin{bmatrix} -y^\alpha & 1 \\ \mu_z^\alpha - \mu_z^{\dot{\alpha}} y^\alpha & \mu_z^{\omega_z} + \mu_z^{\dot{\alpha}} \end{bmatrix} \begin{bmatrix} \alpha \\ \omega_z \end{bmatrix} + \begin{bmatrix} -y^{\delta_f} & 0 \\ 0 & \mu_z^{\delta_z} - \mu_z^{\dot{\alpha}} y^{\delta_z} \end{bmatrix} \begin{bmatrix} \delta_f \\ \delta_z \end{bmatrix} \tag{5-9}$$

代替。由式(5-8)描述的运动是被近似解耦简化的长周期运动，或称沉浮运动。由式(5-9)描述的运动是近似解耦简化的短周期运动。

由式(5-8)表征的状态变量 v 和 θ 对输入变量 δ_T 的传递关系在 μ_z^v，y^v 和 $\mu_z^{\delta_T}$ 绝对值很小的条件下是近似正确的。在油门杆操纵下，飞行速度 v 和航迹角 θ 的响应中主要包含沉浮运动模态。然而式(5-8)未能描述飞行迎角 α 和俯仰速率 ω_z 对油门杆的响应特性，这是这种运动方程简化方法的缺点。

在由式(5-2)表示的稳定轴系横侧向运动方程中，当 $g\cos\theta_0/v_0$，$\mu_{ys}^{\omega_x}$ 的绝对值都很小(譬如高速飞行的现代飞机)，以及考虑到方向舵的滚转力矩导数 $\mu_{xs}^{\delta_y}$ 的绝对值很小和具有副翼-方向舵交联操纵情况下，副翼偏航力矩导数 $\mu_{ys}^{\delta_x}$ 的绝对值也很小时，由式(5-2)表征的按稳定轴系建立的横侧向运动状态方程近似于一个双变量不变性局部解耦系统。这样一来，式(5-2)便可简化为两个二维状态方程，即

$$\begin{bmatrix} \dot{\beta} \\ \dot{\omega}_{ys} \end{bmatrix} = \begin{bmatrix} z^\beta & 1 \\ \mu_{ys}^\beta & \mu_{ys}^{\omega_y} \end{bmatrix} \begin{bmatrix} \beta \\ \omega_{ys} \end{bmatrix} + \begin{bmatrix} z^{\delta_y} \\ \mu_{ys}^{\delta_y} \end{bmatrix} \delta_y \tag{5-10}$$

和

$$\begin{bmatrix} \dot{\omega}_{xs} \\ \dot{\gamma}_s \end{bmatrix} = \begin{bmatrix} \mu_{xs}^{\omega_x} & 0 \\ 1 & 0 \end{bmatrix} \begin{bmatrix} \omega_{xs} \\ \gamma_s \end{bmatrix} + \begin{bmatrix} \mu_{xs}^{\delta_x} \\ 0 \end{bmatrix} \delta_x \tag{5-11}$$

式(5-10)是对荷兰滚模态近似处理的一种物理模型，它表征了所谓“平面”偏航侧滑运动。这里采用的“平面”偏航侧滑运动，是假设 $g\cos\theta_0/v_0$，$\mu_{ys}^{\omega_x}$ 和 $\mu_{xs}^{\delta_y}$ 都为零，从而使得 $\omega_x=0$ 和 $\gamma=0$ 造成的结果；而实际上荷兰滚运动是由偏航和滚转运动构成的，即当飞机右滚($\gamma>0$)时，左偏航($\Psi>0$)；左滚($\gamma<0$)时，右偏航($\Psi<0$)，如此反复振荡，如同荷兰人滑冰的姿态。

事实上，由式(5-11)表示的滚转运动方程和倾斜(螺旋)运动方程是两个相互独立的运动。滚转运动几乎是绕稳定轴 Ox_s 转动的单自由度运动，即

$$\frac{d\omega_{xs}}{dt} = \mu_{xs}^{\omega_x} \omega_{xs} + \mu_{xs}^{\delta_x} \delta_x \tag{5-12}$$

而倾斜运动则是滚转速度的积分，即

$$\frac{d\gamma}{dt} = \omega_x \tag{5-13}$$

和纵向运动一样，按双变量不变性局部解耦系统分解得到的简化状态方程，不能全面地描述状态变量与输入变量之间的传递关系。在 $g\cos\theta_0/v_0$，$\mu_{ys}^{\omega_x}$ 和 $\mu_{xs}^{\delta_y}$ 都为零的假设条件下，方向舵操纵也会激起状态变量 ω_{xs}，γ_s 的响应，仅仅由式(5-10)、式(5-11)描述的横侧向运动方程，未能给出 ω_{xs}，γ_s 与 δ_y 的传递关系。

5.1.2　状态方程的初等变换

对于纵向运动状态方程而言，尽管 y^v，μ_z^v 的绝对值很小，使四维的状态方程简化为两个近似独立的二维状态方程，但推力方程中系数 $x^\alpha+g$ 和俯仰角运动关系方程中系数“1”都足够大，使得式(5-8)、式(5-9)不仅不能描述飞机纵向运动全部状态变量与输入变量的传递关系，即使由式(5-8)、式(5-9)描述的部分状态与输入变量的传递关系，也会存在较大的误差，而且当 y^v，μ_z^v 和 $x^\alpha+g$ 的绝对值越大时，这种误差越大。

滚转力矩导数 μ_{xs}^β，$\mu_{xs}^{\omega_y}$ 的绝对值足够大，使得式(5-10)和式(5-11)不仅不能全面地描述状态变量与输入变量之间的传递关系，由式(5-10)和式(5-11)描述的部分状态与输入之间的传递关系，也存在着很大误差，而且这种误差将随着 $g\cos\theta_0/v_0$，$\mu_{ys}^{\omega_x}$，μ_{xs}^β 和 $\mu_{xs}^{\omega_y}$ 绝对值的增大而增加。

利用初等变换法，可将双变量近似局部解耦的状态方程转变为双变量近似完全解耦的状态方程，从而有效地减小简化状态方程的描述误差。

当一个四维状态方程 $\boldsymbol{A}$ 阵中的元素 a_{12}，a_{13}，a_{42} 和 a_{43} 全或近似为零时，可以通过初等变换矩阵

$$\boldsymbol{M}=\begin{bmatrix}1&0&0&0\\m_{21}&1&0&m_{24}\\m_{31}&0&1&m_{34}\\0&0&0&1\end{bmatrix}\tag{5-14}$$

实施初等变换，得到与局部解耦的状态方程相对应的完全解耦的状态方程

$$\dot{\boldsymbol{x}}'=\boldsymbol{A}'\boldsymbol{x}'+\boldsymbol{B}'\boldsymbol{u}\tag{5-15}$$

式中，$\boldsymbol{x}'=\boldsymbol{Mx}$，$\boldsymbol{A}'=\boldsymbol{MAM}^{-1}$，$\boldsymbol{B}'=\boldsymbol{MB}$。其中，矩阵 $\boldsymbol{A}'$ 各元素的表达式为

$$a'_{11}=a_{11}-a_{12}m_{21}-a_{13}m_{31},\quad a'_{12}=a_{12},\quad a'_{13}=a_{13},\quad a'_{14}=a_{14}-a_{12}m_{24}-a_{13}m_{34};$$
$$a'_{21}=-m_{21}^2a_{12}-(a_{22}-a_{11}+a_{42}m_{24}+a_{13}m_{31})m_{21}+a_{21}+a_{41}m_{24}-m_{31}(a_{23}+a_{43}m_{24});$$
$$a'_{22}=a_{22}+a_{12}m_{21}+a_{42}m_{24},\quad a'_{23}=a_{23}+a_{13}m_{21}+a_{43}m_{24};$$
$$a'_{24}=-m_{24}^2a_{42}-(a_{22}-a_{44}+a_{12}m_{21}+a_{43}m_{34})m_{24}+a_{24}+a_{14}m_{21}-(a_{13}m_{21}+a_{23})m_{34};$$
$$a'_{31}=-m_{31}^2a_{13}-(a_{33}-a_{11}+a_{43}m_{34}+m_{21}a_{12})m_{31}+a_{31}+a_{41}m_{34}-m_{21}(a_{32}+a_{42}m_{34});$$
$$a'_{32}=a_{32}+a_{12}m_{31}+a_{42}m_{34},\quad a'_{33}=a_{33}+a_{13}m_{31}+a_{43}m_{34};$$
$$a'_{34}=-m_{34}^2a_{43}-(a_{33}-a_{44}+a_{13}m_{31}+a_{42}m_{24})m_{34}+a_{34}+a_{14}m_{31}-m_{24}(a_{32}+a_{12}m_{31});$$
$$a'_{41}=a_{41}-m_{21}a_{42}-m_{31}a_{43},\quad a'_{42}=a_{42},\quad a'_{43}=a_{43},\quad a'_{44}=a_{44}-a_{42}m_{24}-a_{43}m_{34}。$$

当让 a'_{21}，a'_{24}，a'_{31} 和 a'_{34} 等于零时，从而解析出初等变换阵 $\boldsymbol{M}$ 的元素 m_{21}，m_{24}，m_{31}，m_{34}，使得 $\boldsymbol{A}'$ 阵为双对角阵和由式(5-9)描述的是一个双变量不变性近似完全解耦系统。

对于像飞机纵向或横侧向运动方程一样的四维状态方程，其 $\boldsymbol{A}$ 阵的元素 a'_{34}，a'_{12}，a_{13}，a_{42} 和 a_{43} 不全为零且近似为零，因此由式(4-10)表征的特征方程

$$D(s)=(D_{i1}D_{4j}-D_{ij}D_{41})\div(D_{41})_{ij}\tag{5-16}$$

可近似由下式表示：

$$D(s)\approx-D_{ij}D_{41}\div(D_{41})_{ij}\quad(1<i<4,\ 1<j<4)\tag{5-17}$$

由式(5-17)得到的特征式及其解算出的特征值的误差取决于乘积 $D_{i1}D_{4j}$ 的 s 多项式系数。只有当 a_{12}，a_{13}，a_{42} 和 a_{43} 都为零时，才能得到

$$\left.\begin{aligned}&D_{i1}\equiv0\\&D(s)=-D_{ij}D_{41}\div(D_{41})_{ij}\quad(1<i<4,1<j<4)\end{aligned}\right\}\tag{5-18}$$

D_{4j} 的各项系数的大小不导致特征值误差。但是，当 a_{12}，a_{13}，a_{42} 和 a_{43} 不全为零且近似为零，即 D_{i1} 的各项系数不全为零且近似为零时，D_{4j} 的 s 各项系数的大小，便直接影响特征值的近似程度。当 D_{4j} 存在着较大系数的 s 项，尽管 D_{i1} 的 s 各项系数都很小，但 $D_{i1}D_{4j}$ 对特征值的影响也会很大。

由式(5-15)所示，经初等变换的相似状态方程 $\boldsymbol{A}'$ 阵各元素的表达式可知，除 a'_{12}，a'_{13}，a'_{42}，和 a'_{43} 与 $\boldsymbol{A}$ 阵对应元素相等且近似为零外，矩阵 $\boldsymbol{A}'$ 的其他元素都是 $\boldsymbol{M}$ 阵元素的函数。可以利用 $\boldsymbol{A}'$ 阵元素 a'_{21}，a'_{24}，a'_{31} 和 a'_{34} 等于零以求解 $\boldsymbol{M}$ 阵元素 m_{21}，m_{24}，m_{31} 和 m_{34}。

经线性变换得到的相似状态方程特征式为

$$\det[\boldsymbol{I}s-\boldsymbol{A}'] = (D'_{i1}D'_{4j}-D'_{ij}D'_{41}) \div (D'_{41})_{ij} \quad (1<i<4, 1<j<4) \tag{5-19}$$

$\boldsymbol{A}'$ 阵元素 a'_{12}，a'_{13}，a'_{42}，和 a'_{43} 与 $\boldsymbol{A}$ 阵元素 a_{12}，a_{13}，a_{42} 和 a_{43} 对应相等且近似为零，使得 D'_{i1} 的 s 各项系数为零；同时，当按 $\boldsymbol{A}'$ 阵元素 a'_{21}，a'_{24}，a'_{31} 和 a'_{34} 近似为零选择 $\boldsymbol{M}$ 阵元素 m_{21}，m_{24}，m_{31} 和 m_{34} 时，使得 $D'_{4j}(j\neq 1, 4)$ 的 s 各项系数也近似为零。

比较乘积 $D'_{i1}D'_{4j}$ 和 $D_{i1}D_{4j}$，前者是两个 s 多项式系数都近似为零的乘积，后者只有 D_{i1} 的 s 多项式系数近似为零，且 D_{4j} 的 s 多项式的某些系数可能是很大的。一般地说，$D'_{i1}D'_{4j}$ 和 $D_{i1}D_{4j}$ 更近于零，因此式(5-19)比式(5-17)表示的特征式具有更小的特征值误差。

对于实际系统，不必要严格地按 a'_{21}，a'_{24}，a'_{31} 和 a'_{34} 恒为零求解 $\boldsymbol{M}$ 阵元素 m_{21}，m_{24}，m_{31} 和 m_{34}。依据原状态方程 $\boldsymbol{A}$ 阵有关系数的大小，找到影响问题的主要因素，简单而方便地确定 $\boldsymbol{M}$ 阵元素，从而使 $\boldsymbol{A}'$ 阵元素 a'_{21}，a'_{24}，a'_{31} 和 a'_{34} 的绝对值足够小，提高由式(5-19)表示的系统特征式的近似程度和减小特征值误差。

5.1.2.1 纵向运动状态方程的初等变换

将式(5-1)表示的纵向运动状态方程矩阵 $\boldsymbol{A}$ 的元素由 a_{ij} 表示，线性变换后的相似阵 $\boldsymbol{A}'$ 的元素由 a'_{ij} 表示。如果让 a'_{31}，a'_{34} 近似为零，即按

$$a_{11}m_{31}+a_{41}m_{34}=0 \text{ 和 } a_{44}m_{34}+a_{34}+a_{14}m_{31}=0 \tag{5-20}$$

两个代数方程，便可方便地解析出

$$\left.\begin{aligned} m_{31} &= -\frac{a_{41}a_{34}}{a_{41}a_{14}-a_{11}a_{44}} = -\frac{\mu_z^\alpha-\mu_z^{\dot\alpha}y^\alpha}{\mu_z^\alpha+y^\alpha\mu_z^{\omega_z}} = \frac{\mu_z^\alpha-\mu_z^{\dot\alpha}y^\alpha}{\omega_{\mathrm{ns}}^2} \\ m_{34} &= \frac{a_{11}a_{34}}{a_{14}a_{41}-a_{11}a_{44}} = -\frac{y^\alpha}{\mu_z^\alpha+y^\alpha\mu_z^{\omega_z}} = \frac{y^\alpha}{\omega_{\mathrm{ns}}^2} \end{aligned}\right\} \tag{5-21}$$

如果让 a'_{21}，a'_{24} 近似为零，即由

$$a_{11}m_{21}+a_{21}+a_{41}m_{24}-m_{31}a_{23}=0 \text{ 和 } a_{44}m_{24}+a_{14}m_{21}-a_{23}m_{34}=0 \tag{5-22}$$

两个联立方程和代入 m_{31}，m_{34} 表达式，便可得到 m_{21}，m_{24} 的表达式为

$$\left.\begin{aligned} m_{21} =& \frac{a_{21}a_{44}}{a_{14}a_{41}-a_{11}a_{44}} + \frac{a_{41}a_{34}a_{23}}{(a_{14}a_{41}-a_{11}a_{44})^2}(a_{44}+a_{11}) = \\ & \frac{(x^\alpha+g)(\mu_z^{\omega_z}+\mu_z^{\dot\alpha})}{\mu_z^\alpha+y^\alpha\mu_z^{\omega_z}} - \frac{(\mu_z^\alpha-\mu_z^{\dot\alpha}y^\alpha)g}{(\mu_z^\alpha+y^\alpha\mu_z^{\omega_z})^2}(\mu_z^{\omega_z}+\mu_z^{\dot\alpha}-y^\alpha) = \\ & \frac{x^\alpha(\mu_z^{\omega_z}+\mu_z^{\dot\alpha})+gy^\alpha}{\mu_z^\alpha+y^\alpha\mu_z^{\omega_z}} + \frac{gy^\alpha(\mu_z^{\omega_z}+\mu_z^{\dot\alpha})}{(\mu_z^\alpha+y^\alpha\mu_z^{\omega_z})^2}(\mu_z^{\omega_z}+\mu_z^{\dot\alpha}-y^\alpha) \\ m_{24} =& -\frac{a_{21}a_{14}}{a_{41}a_{14}-a_{11}a_{44}} - \frac{a_{34}a_{23}}{(a_{41}a_{14}-a_{11}a_{44})^2}(a_{14}a_{41}+a_{11}^2) = \\ & -\frac{x^\alpha+g}{\mu_z^\alpha+y^\alpha\mu_z^{\omega_z}} + \frac{g}{(\mu_z^\alpha+y^\alpha\mu_z^{\omega_z})^2}(\mu_z^\alpha-\mu_z^{\dot\alpha}y^\alpha+y^{\alpha^2}) = \\ & -\frac{x^\alpha}{\mu_z^\alpha+y^\alpha\mu_z^{\omega_z}} - \frac{g(\mu_z^{\omega_z}+\mu_z^{\dot\alpha}-y^\alpha)}{(\mu_z^\alpha+y^\alpha\mu_z^{\omega_z})^2} \end{aligned}\right\} \tag{5-23}$$

如果 $\boldsymbol{M}$ 阵元素 m_{21}，m_{24}，m_{31} 和 m_{34} 分别由式(5-23)、式(5-21)表示时，初等变换后的纵向运动状态方程可由式(5-24)表示

$$\dot{\boldsymbol{x}}'=\boldsymbol{A}'\boldsymbol{x}'+\boldsymbol{B}'\boldsymbol{u} \tag{5-24}$$

式中

$$\boldsymbol{x}'=[\alpha \quad v+m_{21}\alpha+m_{24}\omega_z \quad \vartheta+m_{31}\alpha+m_{34}\omega_z \quad \omega_z]^{\mathrm{T}}, \quad \boldsymbol{u}=[\delta_f \quad \delta_T \quad \delta_z]^{\mathrm{T}}$$

$$\mathbf{A}'=\begin{bmatrix} -y^{\alpha}+y^{v}m_{21} & -y^{v} & 0 & 1+y^{v}m_{24} \\ y^{v}m_{21}^{2}-[x^{v}+(\mu_z^{v}-\mu_z^{\dot\alpha}y^{v})m_{24}]m_{21} & x^{v}-y^{v}m_{21}+(\mu_z^{v}-\mu_z^{\dot\alpha}y^{v})m_{24} & -g & -(\mu_z^{v}-\mu_z^{\dot\alpha}y^{v})m_{24}^{2}-(x^{v}-y^{v}m_{21})m_{24} \\ [y^{v}m_{31}-(\mu_z^{v}-\mu_z^{\dot\alpha}y^{v})m_{34}]m_{21} & -y^{v}m_{31}+(\mu_z^{v}-\mu_z^{\dot\alpha}y^{v})m_{34} & 0 & -[(\mu_z^{v}-\mu_z^{\dot\alpha}y^{v})m_{34}+y^{v}m_{31}]m_{24} \\ \mu_z^{\alpha}-\mu_z^{\dot\alpha}y^{\alpha}-(\mu_z^{v}-\mu_z^{\dot\alpha}y^{v})m_{21} & \mu_z^{v}-\mu_z^{\dot\alpha}y^{v} & 0 & \mu_z^{\omega_z}+\mu_z^{\dot\alpha}-(\mu_z^{v}-\mu_z^{\dot\alpha}y^{v})m_{24} \end{bmatrix}$$

$$\boldsymbol{B}'=\begin{bmatrix} -y^{\delta_f} & -y^{\delta_T} & -y^{\delta_z} \\ x^{\delta_f}-y^{\delta_f}m_{21}+(\mu_z^{\delta_f}-\mu_z^{\dot\alpha}y^{\delta_f})m_{24} & x^{\delta_T}-y^{\delta_T}m_{21}+(\mu_z^{\delta_T}-y^{\delta_T})m_{24} & x^{\delta_z}-y^{\delta_z}m_{21}+(\mu_z^{\delta_z}-\mu_z^{\dot\alpha}y^{\delta_z})m_{24} \\ -y^{\delta_f}m_{31}+(\mu_z^{\delta_f}-\mu_z^{\dot\alpha}y^{\delta_f})m_{34} & -y^{\delta_T}m_{31}+(\mu_z^{\delta_T}-\mu_z^{\dot\alpha}y^{\delta_T})m_{34} & -y^{\delta_z}m_{31}+(\mu_z^{\delta_z}-\mu_z^{\dot\alpha}y^{\delta_z})m_{34} \\ \mu_z^{\delta_f}-\mu_z^{\dot\alpha}y^{\delta_f} & \mu_z^{\delta_T}-\mu_z^{\dot\alpha}y^{\delta_T} & \mu_z^{\delta_z}-\mu_z^{\dot\alpha}y^{\delta_z} \end{bmatrix}$$

由于气动导数 y^{v}，μ_z^{v} 的绝对值远小于其他导数的绝对值，在按式(5-14)所示初等变换阵实施线性变换后，飞机纵向运动状态方程中的 **A** 阵将变换为具有双对角优势的相似矩阵 **A′**。这便给飞机纵向动力学特性分析和控制系统设计带来方便。

5.1.2.2　横侧向运动状态方程的初等变换

对于由式(5-2)表示的按稳定轴系建立的飞机横侧向运动状态方程，可把矩阵 **A** 的元素表示为 a_{ij}，把线性变换后的相似矩阵 **A′** 的元素表示为 a'_{ij}。在 **A** 阵元素 a_{12}，a_{23}，a_{31}，a_{33} 和 a_{43} 都为零，a_{13}，a_{34} 和 a_{42} 近似为零的条件下，按相似阵 **A′** 元素 a'_{21}，a'_{24} 恒为零近似得到

$$m_{21}=\frac{a_{21}(a_{44}-a_{22})-a_{24}a_{41}}{a_{14}a_{41}-(a_{11}-a_{22})(a_{44}-a_{22})}\approx\frac{\mu_{xs}^{\beta}\mu_{xs}^{\omega_x}+\mu_{ys}^{\beta}\mu_{xs}^{\omega_y}}{-\mu_{ys}^{\beta}+\mu_{xs}^{\omega_x}(\mu_{xs}^{\omega_x}-z^{\beta}-\mu_{ys}^{\omega_y})} \tag{5-25}$$

$$m_{24}=\frac{a_{24}(a_{11}-a_{22})-a_{21}a_{14}}{a_{14}a_{41}-(a_{11}-a_{22})(a_{44}-a_{22})}\approx\frac{\mu_{xs}^{\beta}+\mu_{xs}^{\omega_x}\mu_{xs}^{\omega_y}}{-\mu_{ys}^{\beta}+\mu_{xs}^{\omega_x}(\mu_{xs}^{\omega_x}-z^{\beta}-\mu_{ys}^{\omega_y})} \tag{5-26}$$

和按元素 a'_{31}，a'_{34} 恒为零近似得到

$$m_{31}=\frac{1}{a_{14}a_{41}-a_{11}a_{44}}(a_{41}m_{24}-a_{44}m_{21})a_{32}\approx\frac{1}{\omega_{\mathrm{nd}}^{2}}(\mu_{ys}^{\omega_y}m_{21}-\mu_{ys}^{\beta}m_{24})\approx m_{24} \tag{5-27}$$

$$m_{34}=\frac{1}{a_{14}a_{41}-a_{11}a_{44}}(a_{14}m_{21}-a_{11}m_{24})a_{32}\approx\frac{1}{\omega_{\mathrm{nd}}^{2}}(z^{\beta}m_{24}-m_{21})\approx-\frac{m_{21}}{\omega_{\mathrm{nd}}^{2}} \tag{5-28}$$

如果 $|a_{11}|\ll|a_{22}|$，$|a_{44}|\ll|a_{22}|$，以及 $|a_{22}a_{24}|\ll|a_{21}|$ 时，得到

$$\left.\begin{aligned} m_{21}&=-\frac{a_{21}a_{22}+a_{24}a_{41}}{a_{41}-a_{22}^{2}}=-\frac{\mu_{xs}^{\beta}\mu_{xs}^{\omega_x}+\mu_{xs}^{\omega_y}\mu_{ys}^{\beta}}{\mu_{ys}^{\beta}-(\mu_{xs}^{\omega_x})^{2}} \\ m_{24}&=-\frac{a_{21}}{a_{41}-a_{22}^{2}}=-\frac{\mu_{xs}^{\beta}}{\mu_{yx}^{\beta}-(\mu_{xs}^{\omega_x})^{2}} \\ m_{31}&=-\frac{a_{21}}{a_{41}-a_{22}^{2}}\approx m_{24} \\ m_{34}&=-\frac{a_{21}a_{22}+a_{24}a_{41}}{a_{41}(a_{41}-a_{22}^{2})}\approx\frac{m_{21}}{\mu_{ys}^{\beta}} \end{aligned}\right\} \tag{5-29}$$

还可以取 m_{24}，m_{31} 都为 $\dfrac{\mu_{xs}^{\beta}}{\mu_{ys}^{\beta}}$ 和 m_{21}，m_{34} 都为 0，也可得到具有双对角优势的相似矩阵 **A′**。

经过 **M** 阵初等变换后，按稳定轴系建立的飞机横侧向运动状态方程可表示为

$$\dot{\boldsymbol{x}}_M=\boldsymbol{A}_M\boldsymbol{x}_M+\boldsymbol{B}_M\boldsymbol{u} \tag{5-30}$$

式中

$$\boldsymbol{x}_M=[\beta \quad \omega_{xs}+m_{21}\beta+m_{24}\omega_{ys} \quad \gamma_s+m_{31}\beta+m_{34}\omega_{ys} \quad \omega_{ys}]^{\mathrm{T}}, \quad \boldsymbol{u}=[\delta_x \quad \delta_y]^{\mathrm{T}}$$

$$\boldsymbol{A}_M=\begin{bmatrix} z^{\beta}-g\cos\theta_0/v_0 m_{31} & 0 & g\cos\theta_0/v_0 & 1-g\cos\theta_0/v_0 m_{34} \\ (-\mu_{yx}^{\omega_x}m_{24}-g\cos\theta_0/v_0 m_{31})m_{21} & \mu_{xs}^{\omega_x}+\mu_{ys}^{\omega_x}m_{24} & g\cos\theta_0/v_0 m_{21} & -\mu_{ys}^{\omega_x}m_{24}^2-g\cos\theta_0/v_0 m_{21}m_{34} \\ -g\cos\theta_0/v_0 m_{31}^2-\mu_{ys}^{\omega_x}m_{21}m_{34} & 1+\mu_{ys}^{\omega_x}m_{34} & g\cos\theta_0/v_0 m_{31} & -(g\cos\theta_0/v_0 m_{31}+\mu_{ys}^{\omega_x}m_{24})m_{34} \\ \mu_{ys}^{\beta}-\mu_{ys}^{\omega_x}m_{21} & \mu_{ys}^{\omega_x} & 0 & \mu_{ys}^{\omega_y}-\mu_{ys}^{\omega_x}m_{24} \end{bmatrix}$$

$$\boldsymbol{B}_M=\begin{bmatrix} 0 & z^{\delta_y} \\ \mu_{xs}^{\delta_x}+\mu_{ys}^{\delta_x}m_{24} & \mu_{xs}^{\delta_y}+z^{\delta_y}m_{21}+\mu_{ys}^{\delta_y}m_{24} \\ \mu_{ys}^{\delta_x}m_{34} & z^{\delta_y}m_{31}+\mu_{ys}^{\delta_y}m_{34} \\ \mu_{ys}^{\delta_x} & \mu_{ys}^{\delta_y} \end{bmatrix}$$

当 $\boldsymbol{M}$ 阵元素 $m_{24}=m_{31}=-\dfrac{\mu_{xs}^{\beta}}{\mu_{ys}^{\beta}}$ 和 $m_{21}=m_{34}=0$ 时，式(5-27) 中的

$$\boldsymbol{x}_M=\begin{bmatrix}\beta & \omega_{xs}-\dfrac{\mu_{xs}^{\beta}}{\mu_{ys}^{\beta}}\omega_{ys} & \gamma_s-\dfrac{\mu_{xs}^{\beta}}{\mu_{ys}^{\beta}}\beta & \omega_{ys}\end{bmatrix}^{\mathrm{T}},\quad \boldsymbol{u}=[\delta_x \quad \delta_y]^{\mathrm{T}}$$

$$\boldsymbol{A}_M=\begin{bmatrix} z^{\beta}+\dfrac{\mu_{xs}^{\beta}}{\mu_{ys}^{\beta}}g\cos\theta_0/v_0 & 0 & g\cos\theta_0/v_0 & 1 \\ 0 & \mu_{xs}^{\omega_x}-\dfrac{\mu_{xs}^{\beta}}{\mu_{ys}^{\beta}}\mu_{ys}^{\omega_x} & 0 & -\left(\dfrac{\mu_{xs}^{\beta}}{\mu_{ys}^{\beta}}\right)^2\mu_{ys}^{\omega_x}+(\mu_{xs}^{\omega_x}-\mu_{ys}^{\omega_y})\dfrac{\mu_{xs}^{\beta}}{\mu_{ys}^{\beta}}+\mu_{xs}^{\omega_y} \\ -\left(\dfrac{\mu_{xs}^{\beta}}{\mu_{ys}^{\beta}}\right)^2 g\cos\theta_0/v_0-\dfrac{\mu_{xs}^{\beta}}{\mu_{ys}^{\beta}}z^{\beta} & 1 & -\dfrac{\mu_{xs}^{\beta}}{\mu_{ys}^{\beta}}g\cos\theta_0/v_0 & -\tan\theta_0 \\ \mu_{ys}^{\beta} & \mu_{ys}^{\omega_x} & 0 & \mu_{ys}^{\omega_y}+\dfrac{\mu_{xs}^{\beta}}{\mu_{ys}^{\beta}}\mu_{ys}^{\omega_x} \end{bmatrix}$$

$$\boldsymbol{B}_M=\begin{bmatrix} 0 & z^{\delta_y} \\ \mu_{xs}^{\delta_x}-\dfrac{\mu_{xs}^{\beta}}{\mu_{ys}^{\beta}}\mu_{ys}^{\delta_x} & \mu_{xs}^{\delta_y}-\dfrac{\mu_{xs}^{\beta}}{\mu_{ys}^{\beta}}\mu_{ys}^{\delta_y} \\ 0 & -\dfrac{\mu_{xs}^{\beta}}{\mu_{ys}^{\beta}}z^{\delta_y} \\ \mu_{ys}^{\delta_x} & \mu_{ys}^{\delta_y} \end{bmatrix}$$

如果横侧向方程是按机体轴系且由式(5-3) 给出的，可利用初等变换的方法变换为像稳定轴系一样形式的状态方程。给出初等变换阵

$$\boldsymbol{M}=\begin{bmatrix}1&0&0&0\\0&1&0&0\\0&0&1&0\\0&\alpha_0&0&1\end{bmatrix} \tag{5-31}$$

对式(5-3) 实施初等变换，得到

$$\begin{bmatrix}\dot\beta\\ \dot\omega_x\\ \dot\gamma\\ \dot\omega_{ys}\end{bmatrix}=\begin{bmatrix} z^{\beta} & 0 & g\cos\vartheta_0/v_0 & 1 \\ \mu_x^{\beta} & \bar\mu_x^{\omega_x} & 0 & \mu_x^{\omega_y} \\ 0 & 1+\alpha_0\tan\vartheta_0 & 0 & -\tan\vartheta_0 \\ \bar\mu_y^{\beta} & \bar\mu_y^{\omega_x} & 0 & \bar\mu_y^{\omega_y}\end{bmatrix}\begin{bmatrix}\beta\\ \omega_x\\ \gamma\\ \omega_{ys}\end{bmatrix}=\begin{bmatrix}0 & z^{\delta_y}\\ \mu_x^{\delta_x} & \mu_x^{\delta_y}\\ 0 & 0\\ \bar\mu_y^{\delta_x} & \bar\mu_y^{\delta_y}\end{bmatrix}\begin{bmatrix}\delta_x\\ \delta_y\end{bmatrix} \tag{5-32}$$

式中，$\omega_{ys}=\omega_y+\alpha_0\omega_x$，$\bar\mu_x^{\omega_x}=\mu_x^{\omega_x}-\mu_x^{\omega_y}\alpha_0$，$\bar\mu_y^{\omega_x}=\mu_y^{\omega_x}-\alpha_0(\mu_y^{\omega_y}-\mu_x^{\omega_x}+\alpha_0\mu_x^{\omega_y})$，$\bar\mu_y^{\omega_y}=\mu_y^{\omega_y}+\alpha_0\mu_x^{\omega_y}$，$\bar\mu_y^{\beta}=\mu_y^{\beta}+\alpha_0\mu_x^{\beta}$，$\bar\mu_y^{\delta_x}=\mu_y^{\delta_x}+\alpha_0\mu_x^{\delta_x}$，$\bar\mu_y^{\delta_y}=\mu_y^{\delta_y}+\alpha_0\mu_x^{\delta_y}$。

仿效上述方法对式(5-32) 实施初等变换。由式(5-14) 给出初等变换阵 $\boldsymbol{M}$，并可按上述三种表达式选

择 m_{21}，m_{24}，m_{31} 和 m_{34}，都能得到双对角优势的相似矩阵 $\boldsymbol{A}_M$，其中最简单、最实用的是取

$$\left.\begin{aligned} m_{24} &= m_{31} = -\frac{\mu_x^\beta}{\bar{\mu}_y^\beta} \\ m_{21} &= m_{34} = 0 \end{aligned}\right\} \tag{5-33}$$

当按式(5-33)所示元素的 $\boldsymbol{M}$ 阵对式(5-32)实施初等变换时，按机体轴系建立的飞机横侧向运动状态方程转换为

$$\dot{\boldsymbol{x}}_M = \boldsymbol{A}_M \boldsymbol{x} + \boldsymbol{B}_M \boldsymbol{u} \tag{5-34}$$

式中

$$\boldsymbol{x}_M = \left[\beta \quad \omega_x - \frac{\mu_x^\beta}{\mu_y^\beta + \alpha_0 \mu_x^\beta}\omega_{ys} \quad \gamma - \frac{\mu_x^\beta}{\mu_y^\beta + \alpha_0 \mu_x^\beta}\beta \quad \omega_{ys}\right]^{\mathrm{T}}, \quad \boldsymbol{u} = [\delta_x \quad \delta_y]^{\mathrm{T}}$$

$$\boldsymbol{A}_M = \begin{bmatrix} z^\beta + \frac{\mu_x^\beta}{\bar{\mu}_y^\beta} g\cos\vartheta_0/v_0 & 0 & g\cos\vartheta_0/v_0 & 1 \\ 0 & \bar{\mu}_x^{\omega_x} - \frac{\mu_x^\beta}{\bar{\mu}_y^\beta}\bar{\mu}_y^{\omega_x} & 0 & \mu_x^{\omega_y} - \left(\frac{\mu_x^\beta}{\bar{\mu}_y^\beta}\right)^2 \bar{\mu}_y^{\omega_x} + (\bar{\mu}_x^{\omega_x} - \bar{\mu}_y^{\omega_y})\frac{\mu_x^\beta}{\bar{\mu}_y^\beta} \\ -\left(\frac{\mu_x^\beta}{\bar{\mu}_y^\beta}\right)^2 g\cos\vartheta_0/v_0 - \frac{\mu_x^\beta}{\bar{\mu}_y^\beta} z^\beta & 1 + \alpha_0\tan\vartheta_0 & -\frac{\mu_x^\beta}{\bar{\mu}_y^\beta} g\cos\vartheta_0/v_0 & -\tan\vartheta_0 \\ \bar{\mu}_y^\beta & \bar{\mu}_y^{\omega_x} & 0 & \bar{\mu}_y^{\omega_y} + \frac{\mu_x^\beta}{\bar{\mu}_y^\beta}\bar{\mu}_y^{\omega_x} \end{bmatrix}$$

$$\boldsymbol{B}_M = \begin{bmatrix} 0 & z^{\delta_y} \\ \mu_x^{\delta_x} - \frac{\mu_x^\beta}{\bar{\mu}_y^\beta}\bar{\mu}_y^{\delta_x} & \mu_x^{\delta_x} - \frac{\mu_x^\beta}{\bar{\mu}_y^\beta}\bar{\mu}_y^{\delta_y} \\ 0 & -\frac{\mu_x^\beta}{\bar{\mu}_y^\beta} z^{\delta_y} \\ \bar{\mu}_y^{\delta_x} & \bar{\mu}_y^{\delta_y} \end{bmatrix}$$

通常气动导数 $\mu_{ys}^{\omega_x}$（或 $\mu_y^{\omega_x}$）和参数 $g\cos\theta_0/v_0$ 或（$g\cos\vartheta_0/v_0$）的绝对值远小于其他参数的绝对值，当按式(5-14)所示初等变换阵实施变换后，飞机横侧向运动状态方程的矩阵 $\mathbf{A}$ 将变换为具有双对角优势的相似矩阵 $\mathbf{A}_M$。这便给横侧向运动特性分析和系统设计带来方便。

在本篇第 4 章已经证明了对角化的双变量不变性完全解耦系统可分解为两个独立的二维系统，那么通过初等变换实现的双对角优势化的飞机纵向和横向侧向运动的四阶状态方程都可近似分解为两个相对独立的二维状态方程，这将便于飞机动力学特性分析和飞行控制系统设计。纵向和横侧向运动的简化二维状态方程，将分别在第 6、第 7 章给出。

5.2　飞机运动的稳定性概念

当飞机在大气中飞行时，通常处于外力和外力矩平衡状态，但总会遇到各种扰动，使表征飞机运动的某些变量发生变化，因此相应的气动力和气动力矩也发生变化，使飞机的平衡状态受到破坏。根据飞行力学的观点，飞机的稳定性问题是指，在驾驶员不施加操纵的情况下，飞机本身是否具有回到原来平衡状态的能力。

本节重点研究飞机在定常直线飞行时，对小扰动的稳定性。因此飞机大部分的飞行时间都处于定常直线飞行状态（如巡航状态）。在一般情况下，飞机所遇到的扰动引起的飞机运动参数的变化，相对基准运动来说都是很小的，因而研究飞机在定常直线飞行中对小扰动的稳定性有普遍的现实意义。

根据李雅普诺夫有关运动稳定性的学说，系统在小扰动情况下的稳定性，对于非临界情况常常是只研究所谓一次近似方程式。这是一个极为重要的并且对控制理论来说具有原理性意义的问题。在非临界情况

下，可将小扰动运动的稳定性（不稳定性）问题的研究，归结为由式（4-66）表示的特征根的研究，并给出了由式（4－67）表征的系统特征式所有根的实部都为负，那么小扰动运动便是稳定的，与微分方程展开式中高于一阶微量的各项无关的结论。这是李雅普诺夫最先解决的一个很有意义的控制理论问题。

因此，研究飞机的稳定性就是研究由一次近似得到的飞机纵向、横侧向小扰动运动状态特征值。

飞行力学将飞机稳定性分为动稳定性和静稳定性。所谓动稳定性，就是李雅普诺夫定义的运动稳定性，这也是在控制系统分析和设计中通常所指的稳定性。系统稳定或不稳定取决于状态方程矩阵 $\boldsymbol{A}$ 特征值实部的负、正，它通常与描述系统小扰动运动特性的状态方程矩阵 $\boldsymbol{A}$ 的全部元素有关，这是稳定性的空间性意义；它的时间性意义在于飞机受到小扰动情况下在整个扰动运动过程中，靠其自身的动力特性，经过一段过渡过程之后，最终是否能回到原始平衡状态。静稳定性是指飞机受扰后，某个或某些基准参数（如迎角 α、飞行速度 v、侧滑角 β 等）偏离原平衡位置，使飞机相应的力矩产生变化，试图减小还是增大被改变的基准参数，恢复还是远离原平衡位置。针对矩阵 $\boldsymbol{A}$ 某个或某几个相应元素而言，当相应的飞机基准参数变化时，是产生减小、增大或者既不减小又不增大该基准参数的力或力矩，静稳定、静不稳定或者中立稳定可由外界干扰停止后的最初瞬间基准运动参数变化的趋势来鉴别。

5.3 飞机的运动模态

5.3.1 关于模态特性的基本概念

线性时不变系统的模态特性，是由状态方程特征值决定的多个振型和决定各个振型在状态变量中以幅值比和相位差分布的多个特征向量两个方面来表征的。每一个实特征值或每一对共轭复特征值对应的运动振型和特征向量（实特征向量或共轭复特征向量）构成和表征运动的一种独特的形态称为系统运动的一个模态。高阶的系统运动由多个运动模态构成。分析每个振型和它相对应的特征向量构成的每个模态的特性在系统动力学特性分析和控制系统设计中，是极其重要的。可以证明，固有振型在状态变量中的分布完全取决于对应的特征向量，而与激励无关，激励仅仅影响它们的大小和相位。因此，不管某个固有振型是如何被激发的，它在各个状态中出现的幅值相对量和相位角是恒定不变的。

一个线性时不变系统在初始条件激励下，其时间响应特性可由式（4－55）表示。由式（4－56）可知 $\boldsymbol{P}$，$\boldsymbol{R}$ 互逆，因此式（4－55）可改写为

$$\boldsymbol{x}(t)=\boldsymbol{W}\mathrm{e}^{\boldsymbol{\Lambda}t}\boldsymbol{W}^{-1}\boldsymbol{x}(0) \tag{5-35}$$

式中，$\boldsymbol{W}=\boldsymbol{P}$，$\boldsymbol{W}^{-1}=\boldsymbol{R}$。当初始条件按右特征向量的分解式表示时，得到

$$\boldsymbol{x}(0)=\boldsymbol{W}\begin{bmatrix}c_1\\c_2\\\vdots\\c_n\end{bmatrix}=[c_1\boldsymbol{p}_1+c_2\boldsymbol{p}_2+\cdots c_n\boldsymbol{p}_n] \tag{5-36}$$

从而得到

$$\begin{bmatrix}c_1\\c_2\\\vdots\\c_n\end{bmatrix}=\boldsymbol{W}^{-1}\boldsymbol{x}(0) \tag{5-37}$$

和

$$\boldsymbol{x}(t)=\boldsymbol{W}\mathrm{e}^{\boldsymbol{\Lambda}t}\begin{bmatrix}c_1\\c_2\\\vdots\\c_n\end{bmatrix}\tag{5-38}$$

可这样认为，$[c_1\quad c_2\quad\cdots\quad c_n]^{\mathrm{T}}$ 是经 $\boldsymbol{W}^{-1}$ 加权的初始条件，是另一种由 $\boldsymbol{W}^{-1}$ 决定的“单位”表示的初始条件。

当由总和形式表示初始条件激励下的瞬态响应时，式(5-38)可改写为

$$\boldsymbol{x}(t)=\sum_{k=1}^{n}\mathrm{e}^{\lambda_k}\boldsymbol{p}_k c_k\tag{5-39}$$

式中，$c_k=\boldsymbol{r}_k\boldsymbol{x}(0)$。它可能是一个实数，也可能是一个复数，取决于 λ_k 是实数还是复数。c_k 的幅值大小和相位角不仅取决于初始条件向量 $\boldsymbol{x}(0)$，也取决于系统左特征向量 $\boldsymbol{r}_k$。c_k 不是飞机固有特性参数。在式(5-39)中描述飞机运动固有特性的是模态参数 $\mathrm{e}^{\lambda_k t}\boldsymbol{p}_k$，它给出了振型参数和该振型在各状态变量中的分布比例和相位角。因此，由模态参数 $\mathrm{e}^{\lambda_k t}\boldsymbol{p}_k$ 决定的飞机运动特性，被称为模态特性；对系统模态特性的分析就是对系统特征值和相应特征向量的分析。

当 λ_k 为实数时，$\mathrm{e}^{\lambda_k t}\boldsymbol{p}_k$ 代表一个运动模态；当 λ_k 为复数且 $\bar{\lambda}_k$ 为共轭复数和 p_k 为复向量且 $\bar{\boldsymbol{p}}_k$ 为共轭复向量时，$(\mathrm{e}^{\lambda_k t}\boldsymbol{p}_k+\mathrm{e}^{\bar{\lambda}_k t}\bar{\boldsymbol{p}}_k)$ 代表一个运动模态。在每个运动模态中，振型 $\mathrm{e}^{\lambda_k t}$(和 $\mathrm{e}^{\bar{\lambda}_k}$) 表征了模态特性的时域特性；与系统特性值 λ_k 相对应的右特征向量 $\boldsymbol{p}_k$(和 $\bar{\boldsymbol{p}}_k$) 决定了该振型 $\mathrm{e}^{\lambda_k t}$(和 $\mathrm{e}^{\bar{\lambda}_k t}$) 在状态变量中的分布比例和相位差，即 $\boldsymbol{p}_k$(和 $\bar{\boldsymbol{p}}_k$) 表征了模态特性的空间特性。由于 $\mathrm{e}^{\lambda_k t}$，$\boldsymbol{p}_k$ 与外激励无关，即由特征值决定的运动振型及其在各状态变量中的分布比例和相位差与外激励无关。因此，系统的模态特性是系统固有的运动特性。

一种特殊的初始条件，即当

$$\boldsymbol{x}(0)=\begin{cases}\boldsymbol{p}_k & (\lambda_k\text{ 为实数})\\(\boldsymbol{p}_k+\bar{\boldsymbol{p}}_k)/2 & (\lambda_k\text{ 为共轭复数})\end{cases}\tag{5-40}$$

时，系统左、右特征矩阵 $\boldsymbol{R}$，$\boldsymbol{P}$ 互逆，使得

$$r_j\boldsymbol{x}(0)=\begin{cases}1 & (j=k)\\0 & (j\neq k)\end{cases}\tag{5-41}$$

由于共轭复数特征值 λ_k，$\bar{\lambda}_k$ 对应的特征向量 $\boldsymbol{p}_k$，$\bar{\boldsymbol{p}}_k$ 也是共轭复向量，所以这种特殊初始条件情况下，瞬态响应被简谐为一个实模态或一个振荡模态，即

$$\boldsymbol{x}(t)=\begin{cases}\mathrm{e}^{\lambda_k t}\boldsymbol{p}_k & (\lambda_k\text{ 为实数})\\\dfrac{1}{2}(\mathrm{e}^{\lambda_k t}\boldsymbol{p}_k+\mathrm{e}^{\bar{\lambda}_k t}\bar{\boldsymbol{p}}_k) & (\lambda_k\text{ 为复数})\end{cases}\tag{5-42}$$

系统在这个特殊的初始条件激励下，只能激发一种运动模态，而不能激发其他运动模态，不是说其他运动模态不存在，而是说明各运动模态的独立性。因此，可以独立地对系统各种模态进行分析和研究。

5.3.2　飞机的典型运动模态

现有刚体飞机运动特征值的分布有鲜明的特征。纵向运动振型由两对共轭复根决定，它们各表征一种特征运动，如图5-1(a)所示。图中：

——沉浮运动①，也称长周期运动，是一种缓慢的飞行航迹振荡，大多为弱阻尼；

——短周期振荡②，一种相对快的、具有良好阻尼的绕 z 轴转动振荡。

横侧向运动包含一对复数极点对应的振荡固有运动和有两个实数极点对应的两个非周期固有运动，如图5-1(b)所示。图中：

——荷兰滚振荡③，是一种阻尼相对较弱的快速振荡，这种振荡中的偏航运动和滚转运动往往是耦合的；

——滚转运动④，是一种快速绕 x 轴的非周期运动；

——螺旋运动⑤，是一种缓慢的和通常为弱不稳定的非周期航迹运动。

在这里，首先定性地介绍这几种运动模态的概况，详细的模态特性将在本篇第 6、第 7 章给予分析。

1. *短周期振荡*

短周期振荡主要是飞机绕它的横轴的转动振荡，参与这种振荡的主要状态变量是迎角 α 和俯仰角 ϑ，从 $\omega_z=\dot{\vartheta}$ 响应中尤为明显辨认出这种振荡。由于 $\theta=\vartheta-\alpha$，所以，在航迹角 θ 响应中，也含有这种振荡分量。这种振荡对飞机空速和飞行高度影响不大。

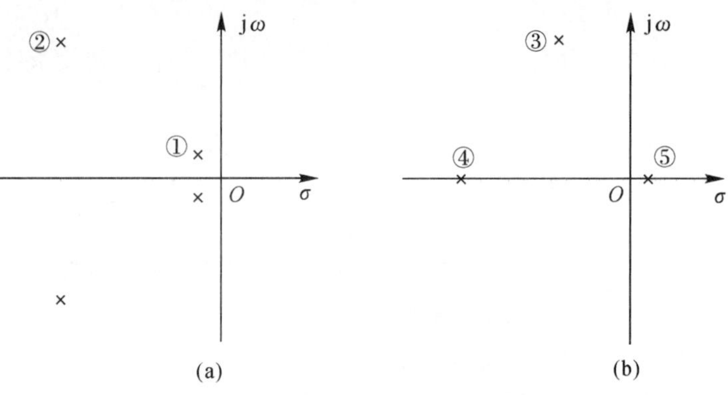

图 5-1　飞机运动特性值的分布
(a)纵向运动；(b)横侧向运动

2. *沉浮运动(长周期运动)*

沉浮运动主要是航迹速度 v_d 和航迹倾角 θ 参与的一种航迹振荡，在俯仰角 ϑ 响应中也含有这种振荡模态；而在迎角响应中这种振荡模态分量很小。分析和计算表明，航迹角 θ 相对航迹速度 v_d 大约有 90° 的相位滞后。

3. *荷兰滚振荡*

荷兰滚振荡主要由偏航和滚转运动组成，这种运动模态不仅在侧滑角 β 和偏航角 ψ 响应中，而且也包含在滚转角 γ 和滚转角速率 ω_x 响应中。偏航角 ψ 和滚转角 γ 的相位大致相同，使得飞机产生一种右滚($\gamma>0$)左偏航($\psi>0$)和左滚($\gamma<0$)右偏航($\psi<0$)的不协调振荡运动。随着飞机机翼上反效应的增大，这种滚转/偏航幅值比变大；对于无后掠大展弦比飞机来说，滚转运动中荷兰滚振荡分量的减小，使荷兰滚振荡仅仅包含在偏航运动中。

4. *滚转运动与螺旋运动*

滚转运动模态几乎只有在滚转角 γ 和滚转速率 ω_x 响应中，在 β 和 ω_y 响应中的分量可以忽略不计。非周期螺旋运动模态，只包含在滚转角 γ 和滚转速率 ω_x 响应中。如果螺旋运动是不稳定的，那么横侧向运动的所有变量都要偏离它的平衡点，描述横侧向运动的线性方程被"破坏"，只有线性化所描述的起始特性是正确的。在有些飞机构型的某些飞行状态下，表征滚转和螺旋振型的两个实极点可能结合成一对共轭复极点，会形成一种缓慢的航迹振荡，即所谓"侧向沉浮运动"。

5.4　飞机的操纵特性

飞机操纵特性的基本概念。飞机操纵特性是指飞机运动对于驾驶员操纵输入的响应特性。驾驶员通过操纵装置试图改变飞机的飞行姿态和轨迹，激发了飞机运动的各种振型并按不同比例和相位角分布于状态变量和输出变量中，这些变量的瞬态和稳态响应的好坏表征了飞机的操纵特性。飞机运动对操纵输入的响应特性包括振型控制特性和振型分布特性。振型分布特性即模态特性，其基本概念已在上一节中说明。本节重点介绍飞机操纵特性的振型控制特性。

在实际系统中，输入向量的每个分量都是时间函数，输入信号具有随机的性质，无法预先知道，并且瞬时的输入量不能以解析的方法表示。只有在典型试验中，人为采用的试验输入信号，包括阶跃、斜坡、指数、脉冲和正(余)弦函数。这些简单的时间函数，可以容易地在试验和数学分析中使用；它们的拉普拉斯变换式也可方便地得到。对于阶跃输入的拉普拉斯变换式为 $\frac{u}{s}$；对于斜坡输入的拉普拉斯变换式为 $\frac{u}{s^2}$；对于指数函数输入的拉普拉斯变换式为 $\frac{u}{s+a}$；对于脉冲函数输入的拉普拉斯变换式为 u；对于正弦输入的拉普拉斯变换式为$\frac{u\omega}{s^2+\omega^2}$。这些典型的输入，除脉冲输入外，其他输入将给系统增加了1～2个振型。这种输入振型在每个状态变量响应中都会存在。

对由式(4－4)表征的拉普拉斯变换解实施拉普拉斯反变换，得到的时间响应特性可表示为

$$\boldsymbol{x}(t)=\mathscr{L}^{-1}\left[\frac{\mathrm{adj}[s\boldsymbol{I}-\boldsymbol{A}]}{D(s)}\boldsymbol{Bu}(s)\right]=\boldsymbol{x}_i(t)+\boldsymbol{x}_u(t) \tag{5-43}$$

式中

$$\boldsymbol{x}_i(t)=\sum_{k=1}^{n}\left\{\left[\frac{s-\lambda_k}{D'(s)}\mathrm{adj}[s\boldsymbol{I}-\boldsymbol{A}]\boldsymbol{Bu}(s)\right]_{s=\lambda_k}\mathrm{e}^{\lambda_k t}\right\}$$

$$\boldsymbol{x}_u(t)=\sum_{l=1}^{m}\left\{\left[\frac{s-\lambda_l}{D'(s)}\mathrm{adj}[s\boldsymbol{I}-\boldsymbol{A}]\boldsymbol{Bu}(s)\right]_{s=\lambda_l}\mathrm{e}^{\lambda_l t}\right\}$$

以及λ_l为输入振型对应的根，可能有m个输入振型；$\boldsymbol{x}_i(t)$为固有振型分量对应的瞬态响应；$\boldsymbol{x}_u(t)$为输入振型分量对应的稳态响应；$D'(s)$是包括固有特征式$D(s)$和输入变量拉普拉斯变换的分式因子的乘积。

如果输入向量的各分量均为阶跃函数时，其状态方程的时域解可由式(4－64)或式(4－65)表示。可见无论瞬态响应或稳态响应，其振型控制特性取决于输入控制系数阵$\boldsymbol{B}$和系统左特征矩阵$\boldsymbol{R}$的乘积。$\boldsymbol{RB}$表征了每个输入激起的n个振型间的分布比例和相位角，由于输入控制系数阵$\boldsymbol{B}$是系统固有参数矩阵，因此与系统固有的左特征矩阵$\boldsymbol{R}$的乘积也是系统固有的。不管这些振型是如何激发的，每个输入激发的n个振型间的幅值相对量和相位角是恒定不变的。因此，振型控制特性也是系统的固有特性。

当控制系数阵$\boldsymbol{B}$用系统右特征向量分解式表示时

$$\boldsymbol{B}=\boldsymbol{PC}=[\boldsymbol{p}_1\quad\cdots\quad\boldsymbol{p}_n][\boldsymbol{c}_1\quad\cdots\quad\boldsymbol{c}_r] \tag{5-44}$$

式中，$\boldsymbol{c}_j=[c_{1j}\quad\cdots\quad c_{nj}]^{\mathrm{T}}(j=1,\cdots,n)$，表征了第$j$个输入激起的$n$个振型的分布比例，并得到

$$\boldsymbol{C}=[\boldsymbol{c}_1\quad\cdots\quad\boldsymbol{c}_r]=\begin{bmatrix}c_{11}&\cdots&c_{1r}\\ \vdots&&\vdots\\ c_{n1}&\cdots&c_{nr}\end{bmatrix}=\boldsymbol{RB}=[\boldsymbol{r}_1\quad\cdots\quad\boldsymbol{r}_n]^{\mathrm{T}}[\boldsymbol{b}_1\quad\cdots\quad\boldsymbol{b}_r] \tag{5-45}$$

由于$\boldsymbol{P}$,$\boldsymbol{R}$互逆，如果

$$\boldsymbol{b}_j=\begin{cases}\boldsymbol{p}_k & (\lambda_k\text{ 为实数})\\ (\boldsymbol{p}_k+\bar{\boldsymbol{p}}_k)/2 & (\lambda_k\text{ 为复数})\end{cases} \tag{5-46}$$

时，得到

$$c_{ij}=\boldsymbol{r}_i\boldsymbol{b}_j=\begin{cases}1 & (i=k)\\ 0 & (i\neq k)\end{cases} \tag{5-47}$$

式(5-46)、式(5-47)说明：当某一输入u_j的控制系数向量$\boldsymbol{b}_j$等于某一实数右特征向量或某两个共轭的右特征向量之和时，该输入u_j只能激励起一个实振型或一对复振型，不能激起其他振型。这就是说，某输入的控制系数向量近似于某个右特征向量(实数)或某一对右特征向量(复数)之和时，它将激起与该右特征向量对应的振型。如果每个输入都能分别激发一个主要振型时，那么便可说这个系统的振型控制特性是好的；又当每个振型对应的右特征向量将该振型主要分布于一个(λ_k为实数)或两个(λ_k为复数)状态变量中，实现每个输入激发一个对应振型，每个振型主要分布于一个(或两个)对应状态响应中的理想控制，只要振型参数$\mathrm{e}^{\lambda_k t}$(包括固有频率和阻尼比)是满意的，那么系统的控制(操纵)响应特性就再好不过了。

为了实现飞机有效操纵，应该有足够大的操纵范围、操纵增益和操纵灵敏度，足够小的操纵延迟响应和结构强度影响，足够简单的操纵装置和操纵方法。

5.4.1　纵向运动的操纵

在不同自由度上作用的纵向运动操纵变量如下：

1) 推力操纵试图改变飞机纵向力；

2）襟翼和扰流片的偏转试图改变飞机法向力；

3）升降舵（或平尾）的偏转试图改变绕飞机 z 轴的俯仰力矩。

飞机操纵装置的作用偏差以及飞机动力学的耦合作用，使得上述三种操纵装置不能单纯地改变相应的力或力矩。

依据飞机纵向运动状态方程式（5-1）以及纵向操纵装置的力和力矩的作用，利用信号流程图（即物理作用链）的表示法，概述纵向操纵变量的振型控制、振型分布等响应特性。

1. 发动机油门杆操纵

考虑到发动机推力作用线接近飞机纵轴，力矩导数 $\mu_z^{\delta_T}\approx 0$，发动机推力操纵杆的作用链如图 5-2 所示。

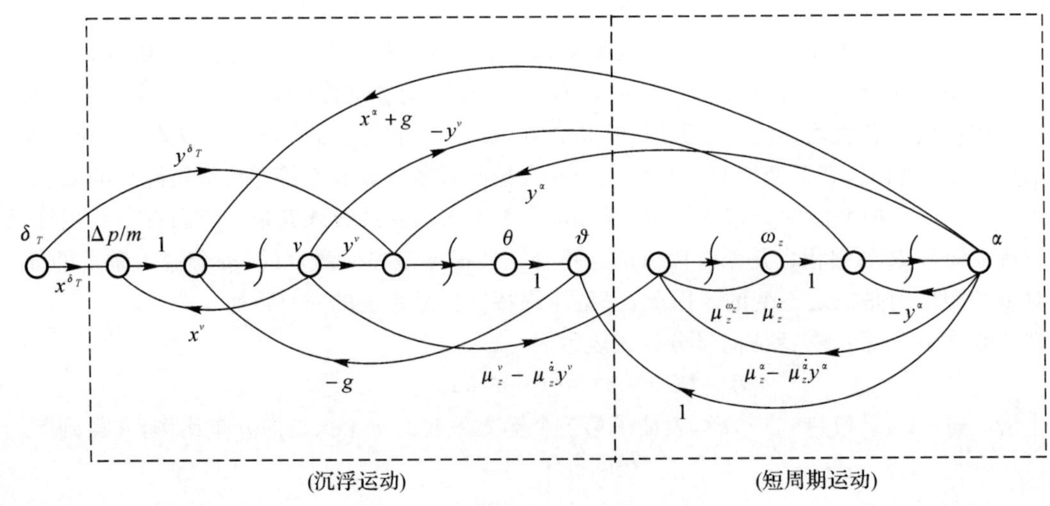

图 5-2　发动机推力操纵杆的作用链

沉浮运动由第 1 个积分反馈回路和第 2 个积分反馈回路构成，短周期运动由第 3 个积分回路和第 4 个积分回路构成。由于气动导数 μ_z^v 和 y^v 的绝对值通常很小，所以发动机油门杆操纵主要激起飞机沉浮运动和很少地激发短周期运动；而且将这种沉浮运动主要分布于飞机速度 v、航迹角 θ 和俯仰角 ϑ 响应中，分布于状态变量 α,ω_z 响应中的分量很小，即油门杆主要控制输出变量 v,θ 和 ϑ。

从气动导数绝对值的大小可知，沉浮振动和短周期振动之间频率间隔很大。因此，相对沉浮运动速度来说，短周期运动网络可以认为是一个比例器，其等效比例系数为

$$K=\lim_{s\to 0}\frac{\alpha}{v}(s)=-\frac{\mu_z^v+\mu_z^{\omega_z}y^v}{\mu_z^\alpha+\mu_z^{\omega_z}y^\alpha}\tag{5-48}$$

这样一来，便得到油门杆操纵的简化结构图如图 5-3 所示，并由图 5-3 得到俯仰角 ϑ、航迹角 θ 和飞行速度 v 对油门杆操纵的传递函数

$$\frac{\vartheta}{\delta_T}(s)=\frac{x^{\delta_T}(Ks+y^v+Ky^\alpha)}{s^2-(Kx^\alpha+x^v)s+(y^v+Ky^\alpha)g}\tag{5-49}$$

$$\frac{v}{\delta_T}(s)=\frac{x^{\delta_T}s}{s^2-(x^v+Kx^\alpha)s+(y^v+Ky^\alpha)g}\tag{5-50}$$

$$\frac{\theta}{\delta_T}(s)=\frac{x^{\delta_T}(y^v+Ky^\alpha)}{s^2-(x^v+Kx^\alpha)s+(y^v+Ky^\alpha)g}\tag{5-51}$$

式中，K 由式（5-48）表示。由传递函数特征式得到沉浮振荡的固有频率 ω_{np} 和阻尼比 ζ_p 的近似表达式

$$\omega_{np}=\sqrt{(y^v+Ky^\alpha)g}\approx\sqrt{gy^v}\tag{5-52}$$

$$\zeta_{\mathrm{p}}=-\frac{x^{v}+Kx^{\alpha}}{2\sqrt{(y^{v}+Ky^{\alpha})g}}\approx\frac{1}{2\sqrt{gy^{v}}}\left[\frac{x^{\alpha}(\mu_{z}^{\omega_{z}}y^{v}+\mu_{z}^{v})}{\mu_{z}^{\alpha}}+x^{v}\right]\tag{5-53}$$

由于空速对油门杆传递函数分子的 s 零次项系数为零，一次微分的作用使初始值足够大的空速对油杆响应，等于剩余推力 ΔP 除以飞机质量 m；然而，空速稳态响应等于零，不像人们想象的那样。利用油门杆操纵可以有效地改变飞机飞行轨迹和俯仰角，油门杆操纵空速无稳态响应的主要原因是，在沉浮运动回路中无反馈的第 2 个积分器不在输入 δ_T 至输出 v 的传递链之间，第 2 积分器的作用是力图使它的输入 v 为零。

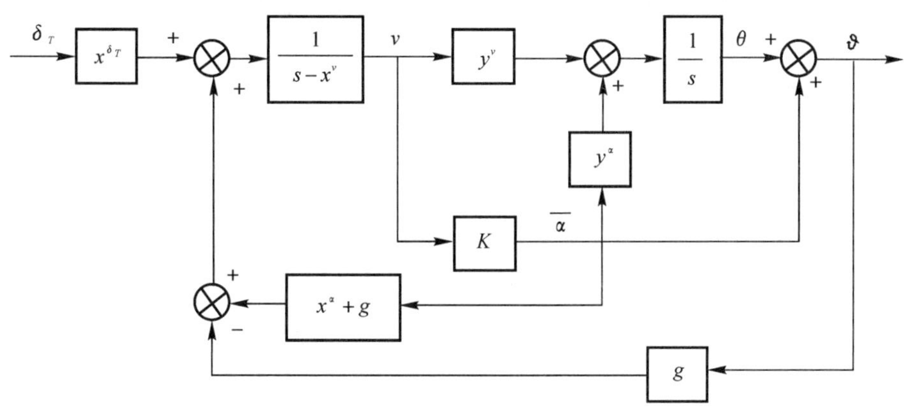

图 5-3　油门杆操纵简化结构图

2. 升降舵操纵

升降舵操纵可有效地改变俯仰角 ϑ、飞行迎角 α 和飞行速度 v。按纵向运动状态方程式(5-1)可以得到升降舵操纵信号流程图如图 5-4 所示。

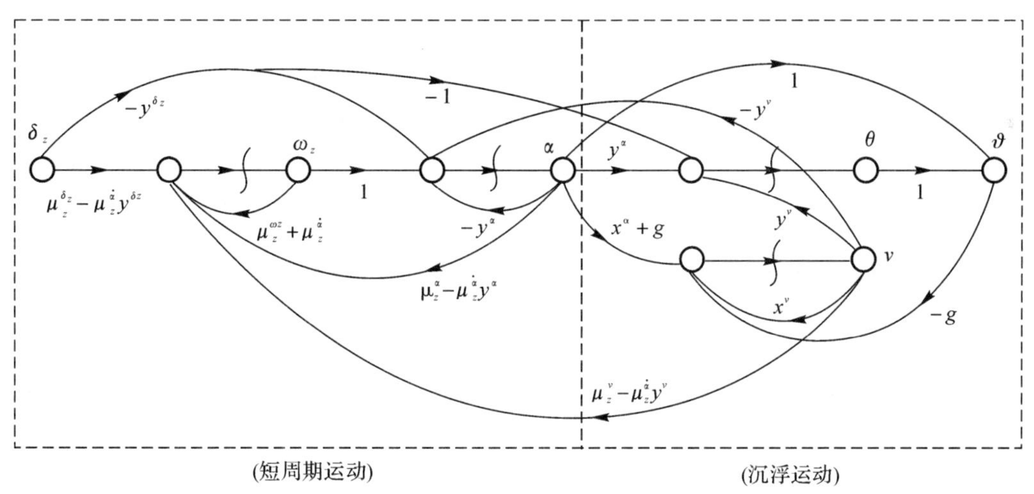

图 5-4　升降舵操纵信号流程图

图 5-4 中未考虑升降舵偏转引起的阻力影响，绝对值很小的舵偏阻力导数 x^{δ_z} 可以忽略不计。短周期运动由第 1、第 2 积分反馈回路构成，沉浮运动由第 3、第 4 积分反馈回路构成。升降舵偏转直接激发短周期运动，并将这种运动直接分布于状态变量 ω_z 和 α 响应中。具有短周期振型和输入振型的迎角响应产生机翼升力和飞行阻力，并通过 $y^\alpha\alpha$ 和 $x^\alpha\alpha$ 以及升降舵附加力项 $y^{\delta_z}\delta_z$ 激起了 θ，v 响应中的沉浮运动分量。远比短周期运动固有频率低的沉浮运动回路对短周期振型起滤波作用，致使 θ，v 响应中沉浮运动分量占主导地位，又以机翼升力激起的沉浮运动分量为主要方面。沉浮运动振型主要分布于 v，θ 和 ϑ 响应中，且导数 μ_z^v，y^v 绝对值甚小，使得沉浮运动回路对短周期运动回路几乎无反馈作用，在 α，ω_z 响应中沉浮运动振型接近为零。

根据图 5－4 所示升降舵操纵流程图，可以得到升降舵操纵情况下纵向运动结构图。由图 5－4 和下述几条理由，可以得到简化的升降舵操纵纵向运动动态结构图，如图 5－5 所示。

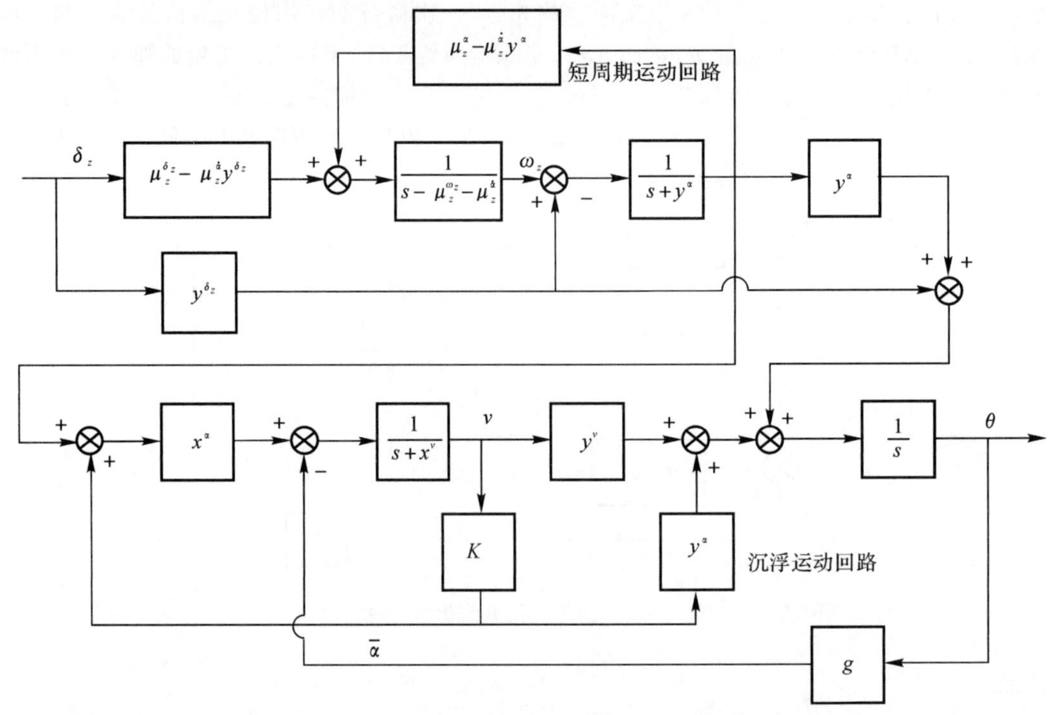

图 5－5　升降舵操纵纵向运动简化结构图　$\left(K=-\dfrac{\mu_z^v+\mu_z^{\omega_z}y^v}{\mu_z^\alpha+\mu_z^{\omega_z}y^\alpha}\right)$

——绝对值足够小的气动导数 μ_z^v, y^v，使纵向运动闭环回路的开环增益也足够小，从而绝对值很小的 μ_z^v, y^v 相对来说对沉浮运动的小复根影响较大，对短周期运动的大复根影响很小；

——绝对值很小的 μ_z^v, y^v，使对应沉浮运动特征根的右特征向量的第 1、第 4 元素很小，从而使沉浮运动振型很小分布在状态 α, ω_z 响应中；

——固有频率远高于沉浮运动的短周期运动网络，相对沉浮运动动态特性来说，可近似为一个比例环节。

升降舵操纵通过俯仰力矩导数 $\mu_z^{\delta_z}$ 和升力导数 y^{δ_z} 能直接激发短周期运动振型，但由于纵向运动近似于双变量不变性局部解耦系统，使得状态变量 α, ω_z 响应中主要包含短周期运动振型，且 ω_z, α 对 δ_z 的传递函数分别为

$$\frac{\omega_z}{\delta_z}(s)=\frac{(\mu_z^{\delta_z}-\mu_z^{\dot\alpha}y^{\delta_z})(s+y^\alpha)-y^{\delta_z}(\mu_z^\alpha-\mu_z^{\dot\alpha}y^\alpha)}{s^2+(y^\alpha-\mu_z^{\omega_z}-\mu_z^{\dot\alpha})s-\mu_z^\alpha-\mu_z^{\omega_z}y^\alpha} \tag{5-54}$$

$$\frac{\alpha}{\delta_z}(s)=\frac{\mu_z^{\delta_z}-y^{\delta_z}(s-\mu_z^{\omega_z})}{s^2+(y^\alpha-\mu_z^{\omega_z}-\mu_z^{\dot\alpha})s-\mu_z^\alpha-\mu_z^{\omega_z}y^\alpha} \tag{5-55}$$

短周期振荡固有频率 ω_{ns} 和阻尼比 ζ_s 可由式(5－56)、式(5－57) 近似表示

$$\omega_{ns}=\sqrt{-\mu_z^\alpha-\mu_z^{\omega_z}y^\alpha} \tag{5-56}$$

$$\zeta_s=\frac{y^\alpha-\mu_z^{\omega_z}-\mu_z^{\dot\alpha}}{2\sqrt{-\mu_z^\alpha-\mu_z^{\omega_z}y^\alpha}} \tag{5-57}$$

具有沉浮振型和短周期振型的航迹角 θ 和飞行速度 v 对升降舵偏度 δ_z 的传递函数近似为

$$\frac{\theta}{\delta_z}(s)=\frac{1}{s^2+2\zeta_p\omega_{np}s+\omega_{np}^2}\left\{\frac{\mu_z^{\delta_z}-y^{\delta_z}(s-\mu_z^{\omega_z})}{s^2+2\zeta_s\omega_{ns}s+\omega_{ns}^2}[x^\alpha y^v+y^\alpha(s-x^v)]+y^{\delta_z}(s-x^v-Kx^\alpha)\right\} \tag{5-58}$$

$$\frac{v}{\delta_z}(s)=\frac{1}{s^2+2\zeta_p\omega_{np}s+\omega_{np}^2}\left[\frac{\mu_z^{\delta_z}-y^{\delta_z}(s-\mu_z^{\omega_z})}{s^2+2\zeta_s\omega_{ns}s+\omega_{ns}^2}(x^\alpha s-y^\alpha g)-y^{\delta_z}g\right] \tag{5-59}$$

3. 襟翼操纵

襟翼和扰流片不仅能引起升力变化，在一定条件下，也会引起阻力和俯仰力矩发生明显变化，而且气动导数 x^{δ_f}，$\mu_z^{\delta_f}$ 的正负号也可能不同，因此它们的交叉控制作用不能做出简单而确切的说明。

4. 纵向运动操纵特性基本结论

1）气动导数 y^v，μ_z^v 的绝对值很小，使得足够大特征值的短周期运动可以忽略其反馈作用，只通过 $x^\alpha\alpha$，$y^\alpha\alpha$ 和 $\vartheta=\theta+\alpha$ 项与沉浮运动串联，且迎角 α 是两种运动之间的主要耦合变量，短周期运动回路如图5－5所示，其固有频率和阻尼比分别由式(5－56)、式(5－57)近似表示。

2）固有频率远低于短周期运动的沉浮运动回路，不能忽略 y^v，μ_z^v 的反馈作用的影响，相对于慢速振荡的沉浮运动来说，快速振荡的短周期运动回路可近似为一个比例环节，且它与反馈系数 y^v，μ_z^v 组成的比例 K 由式(5-48)表示，从而得到沉浮运动回路简化结构图如图 5-3 所示。其沉浮运动的固有频率和阻尼比分别由式(5－52)、式(5－53)近似表示。

3）发动机油门杆主要控制沉浮运动振型，且主要分布于状态变量 v,θ 中，当 y^{δ_T}，$\mu_z^{\delta_T}$ 为零时，发动机推力不能控制飞行速度 v，v 对 δ_T 的稳态值响应为零；发动机推力能有效地控制航迹角 θ。对于单位阶跃输入 δ_T 的情况下，θ 响应稳态值为$\dfrac{x^{\delta_T}}{g}$。

4）升降舵操纵可以控制纵向运动的两种振型，状态变量 α,ω_z 响应中主要包含短周期运动振型；沉浮运动振型主要分布于状态变量 v,θ 响应中，在 v,θ 响应中的短周期模态分量的幅值和相位差，取决于导数 x^α，y^α 和沉浮运动回路的滤波作用。单位阶跃升降舵操纵各输出变量的稳态值响应分别为

$$\lim_{s\to 0}\frac{\omega_z}{\delta_z}(s)=\frac{\mu_z^{\delta_z}y^\alpha-y^{\delta_z}\mu_z^\alpha}{\omega_{ns}^2}\approx-\frac{\mu_z^{\delta_z}y^\alpha}{\mu_z^\alpha} \tag{5-60}$$

$$\lim_{s\to 0}\frac{\alpha}{\delta_z}(s)=\frac{\mu_z^{\delta_z}+y^{\delta_z}\mu_z^{\omega_z}}{\omega_{ns}^2}\approx-\frac{\mu_z^{\delta_z}}{\mu_z^\alpha} \tag{5-61}$$

$$\lim_{s\to 0}\frac{v}{\delta_z}(s)=\frac{\mu_z^{\delta_z}y^\alpha+\mu_z^\alpha y^{\delta_z}}{\mu_z^\alpha y^v-\mu_z^v y^\alpha}\approx\frac{\mu_z^{\delta_z}y^\alpha}{\mu_z^\alpha y^v} \tag{5-62}$$

$$\lim_{s\to 0}\frac{\theta}{\delta_z}(s)=\frac{\mu_z^{\delta_z}(y^\alpha x^v-x^\alpha y^v)+y^{\delta_z}(x^\alpha\mu_z^v-x^v\mu_z^\alpha)}{g(\mu_z^\alpha y^v-\mu_z^v y^\alpha)} \tag{5-63}$$

由式(5-60)、式(5-61)给出的是短周期振荡近似描述的 α,ω_z 响应稳态值，故不能完全代表升降舵阶跃响应的稳态值，尽管如此，鉴于气动导数 μ_z^v，y^v 和 x^{δ_z} 的绝对值甚小，使得升降舵操纵的纵向运动非常接近于双变量不变性局部解耦系统，升降舵操纵引起的 α,ω_z 响应中几乎完全包含着短周期振型分量，因此由上述近似表示表征的 α,ω_z 稳态值响应仍具有实际意义。

5）纵向运动存在初始值与稳态值极性相反的操纵响应特性，这是驾驶员所不希望的。

在包含着纵向运动两种振型的航迹角对升降舵操纵的响应中，由于决定沉浮运动回路开环增益大小的气动导数 y^v，μ_z^v 很小，使按短周期振荡特性变化的迎角响应乘以 y^α 近似成为航迹角响应中短周期振荡分量的微分，即当 y^v，μ_z^v 近似为零时

$$\frac{\dot{\theta}_s}{\delta_z}(s)\approx\frac{\alpha}{\delta_z}(s)y^\alpha=\frac{\mu_z^{\delta_z}-y^{\delta_z}(s-\mu_z^{\omega_z})}{s^2+2\zeta_s\omega_{ns}s+\omega_{ns}^2}y^\alpha \tag{5-64}$$

式中，θ_s 表征航迹角响应中短周期振荡分量。升降舵的附加升力产生使飞机向上（或向下）的加速度，推（拉）杆的强迫指令使航迹角产生正向（或负向）变化，且当 y^v，μ_z^v 的绝对值很小时

$$\frac{\dot{\theta}_u}{\delta_z}(s)=y^{\delta_z} \tag{5-65}$$

式中，θ_u 为升降舵偏转输入直接引起的航迹角分量。当用 $\theta_k=\theta_s+\theta_u$ 表征快速变化的航迹角时，θ_k 对 δ_z 的传递函数可由下式近似表示：

$$\frac{\theta_k}{\delta_z}(s)=\frac{y^{\alpha}\mu_z^{\delta_z}+y^{\delta_z}[s^2-(\mu_z^{\omega_z}+\mu_z^{\dot{\alpha}})s-\mu_z^{\alpha}]}{s(s^2+2\zeta_s\omega_{ns}s+\omega_{ns}^2)} \tag{5-66}$$

由正值的 y^{δ_z} 和近似于短周期极点大小的零点形成的传递函数分子第2项，使"推杆"指令的初始航迹角响应近似按斜率 y^{δ_z} 正向积分，从物理直觉中可以直接得到这一结论；然而，航迹角对升降舵的初始响应还取决于与 $y^{\alpha}\mu_z^{\delta_z}$ 成正比的短周期运动振型分量，绝对值很大的 $y^{\alpha}\mu_z^{\delta_z}$ 通常为负值，故"推杆"指令的 θ 短周期响应向负方向快速积分，从而使航迹角出现先正后负的初始响应。

当以沉浮运动表示航迹角慢速变化时，航迹角对升降舵的传递函数近似为

$$\frac{\theta_p}{\delta_z}(s)\approx\frac{y^{\delta_z}[y^{\alpha}s^2+(x^{\alpha}y^{v}-x^{v}y^{\alpha}+\mu_z^{\alpha})s+\mu_z^{v}x^{\alpha}-x^{v}\mu_z^{\alpha}]-\mu_z^{\delta_z}[x^{\alpha}y^{v}+y^{\alpha}(s-x^{v})]}{(s^2+2\zeta_p\omega_{np}s+\omega_{np}^2)(\mu_z^{\alpha}+\mu_z^{\omega_z}y^{\alpha})} \tag{5-67}$$

式中，θ_p 为航迹角响应中沉浮运动振型分量。当考虑到 y^{v}，μ_z^{v} 的绝对值很小时，得到

$$\frac{\theta_p}{\delta_z}(s)\approx\frac{[y^{\delta_z}(y^{\alpha}s+\mu_z^{\alpha})-y^{\alpha}\mu_z^{\delta_z}](s-x^{v})}{(s^2+2\zeta_p\omega_{np}s+\omega_{np}^2)\mu_z^{\alpha}} \tag{5-68}$$

沉浮运动特征值很小，以及 μ_z^{α} 绝对值足够大，使得 $y^{\alpha}s+\mu_z^{\alpha}\approx\mu_z^{\alpha}$；又 y^{δ_z} 通常远小于 $y^{\alpha}\dfrac{\mu_z^{\delta_z}}{\mu_z^{\alpha}}$，最终得到航迹角沉浮运动分量 θ_p 对升降舵 δ_z 的传递函数可近似为

$$\frac{\theta_p}{\delta_z}(s)\approx-\frac{\mu_z^{\delta_z}}{\mu_z^{\alpha}}y^{\alpha}\frac{s-x^{v}}{s^2+2\zeta_p\omega_{np}s+\omega_{np}^2} \tag{5-69}$$

表征剩余推力 ΔP 对速度 v 的导数 x^{v} 在正常飞行范围内为负，当升降舵正向偏转时，航迹角沉浮运动分量的初始值与稳态值都为负，这是符合正常操纵习惯的。但是，当飞行速度 v 小于"最小阻力点"对应的速度时，x^{v} 由负变为正，结果使正偏升降舵产生航迹角沉浮运动分量为负的初始值和为正的稳态值响应，这就是说，在极低的飞行速度下，升降舵操纵出现的另一种不希望的纵向运动响应。它表现在传递函数分子上，使得特征根坐标原点附近有一个正的零点。当飞行速度在"最小阻力点"对应的速度时，在坐标原点上的零点，使升降舵偏转产生的航迹角具有微分特性，升降舵不能控制航迹角。

5.4.2 横侧向运动的操纵

横侧向运动的操纵变量主要包括副翼操纵和方向舵操纵，并分别在滚转轴和偏航轴两个自由度上作用。绝对值足够小的参数 $g\cos\theta_0/v_0$ 和 $\mu_{ys}^{\omega_x}$ 使横侧向运动具有双变量不变性局部解耦特性，使这两种操纵基本上能分别控制不同振型和状态变量，实现它们在各自自由度上的良好操纵响应。然而，由于横侧向运动状态方程的建立是在 $\gamma=0$ 的条件下作的线性化处理，而且由于在坐标原点附近的螺旋根可能是不稳定的，所以很快就会偏离线性化方程的有效范围。另外，很小的特征式 s 零次项系数，使不少状态变量的传递函数具有微分特性，在上述两种操纵情况下，大部分变量会达到很大的稳态值。

在副翼和方向舵操纵下，由式(5-2)得到横侧向运动的近似流程图，如图5-6所示。

图5-6中第一个积分回路和第二个积分回路构成偏航运动，第三个积分回路和第四个积分回路构成滚转运动。下面将分别概述滚转和偏航操纵情况下横侧向的运动特性。

在现役飞机上采用的滚转操纵形式包括副翼、襟副翼、差动平尾等几种滚转操纵形式，在偏航轴引入副翼-方向舵交联，可有效地改善滚转运动特性。副翼偏转不仅产生滚转力矩，并通过副翼滚转力矩导数 $\mu_{xs}^{\delta_x}$ 作用于滚转力矩方程，而且还产生偏航力矩，且通过副翼偏航力矩导数 $\mu_{ys}^{\delta_x}$ 作用于偏航力矩方程。为负值的 $\mu_{xs}^{\delta_x}$ 使正偏副翼时，飞机负向(向左)滚转；容易变换其正负号的 $\mu_{ys}^{\delta_x}$，当正偏副翼时，正值的 $\mu_{ys}^{\delta_x}$ 使飞机正偏航

（向左）运动，由于它对应飞机左滚转，故称正值的 $\mu_{ys}^{\delta_x}$ 为有利偏航；负值的 $\mu_{ys}^{\delta_x}$ 使飞机负偏航（向右）运动，这与飞机滚转方向相反，故称负值的 $\mu_{ys}^{\delta_x}$ 为不利偏航。副翼偏转基本上不产生侧力，即 $z^{\delta_x}\approx 0$。

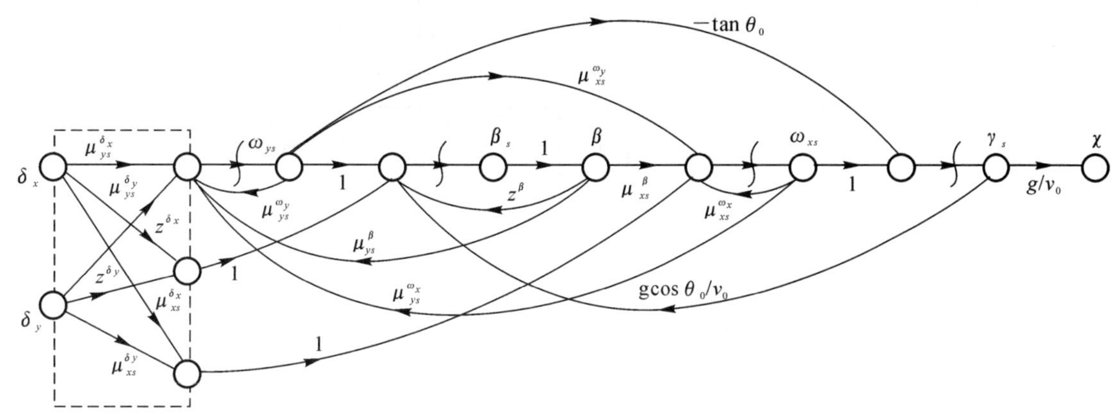

图 5-6　副翼和方向舵操纵下横侧向运动流程图

飞机在滚转中，为负值的滚转速率力矩导数 $\mu_{xs}^{\omega_x}$ 试图阻碍飞机滚转，滚转速率交叉力矩导数 $\mu_{ys}^{\omega_x}$ 也可能是正也可能是负，当 $\mu_{ys}^{\omega_x}$ 为正时称不利偏航，为负时称有利偏航，有利偏航（负值）的 $\mu_{ys}^{\omega_x}$，使飞机左滚（负）左偏航（正），右滚（正）右偏航（负），$\mu_{ys}^{\omega_x}$ 的绝对值往往很小。

侧力方程中的系数 $g\cos\theta_0/v_0$ 和偏航方程中导数 $\mu_{ys}^{\omega_x}$ 的绝对值很小，这已为很多种飞机气动导数所证实。这样，由状态方程阵 **A** 结构可知，横侧向运动方程也可近似为一个双变量不变性局部解耦系统。绝对值足够小的反馈系数 $g\cos\theta_0/v_0$，$\mu_{ys}^{\omega_x}$，使得当正向通路中增益 μ_{xs}^{β}，$\mu_{xs}^{\omega_y}$ 的绝对值较小时，可以把反馈回路中 $g\cos\theta_0/v_0$，$\mu_{ys}^{\omega_x}$ 近似取消，那么便可通过 μ_{xs}^{β}，$\mu_{xs}^{\omega_y}$ 把偏航运动网络与滚转螺旋运动网络串联起来，构成平面偏航运动和纯滚转运动；然而，对于现代高性能飞机来说，尽管反馈回路系数 $g\cos\theta_0/v$，$\mu_{ys}^{\omega_x}$ 的绝对值很小，机翼大后掠和大上反效应使正向通路导数 μ_{xs}^{β}，$\mu_{xs}^{\omega_y}$ 的绝对值变得很大，使偏航运动中的荷兰滚模态强烈地耦合于滚转运动响应中，使两种自由度串联描述的有效性变差。

如何像纵向运动一样利用简化方法将横侧向运动分解为偏航运动与滚转运动的串联？在 $g\cos\theta_0/v_0$，$\mu_{ys}^{\omega_x}$ 值不大的情况下，依据图 5-6 所示流程图，本书给出一种误差较小的包括副翼和方向舵操纵的横侧向运动简化结构图，如图 5-7 所示。

作为以荷兰滚运动振型为主的偏航运动的输入是倾斜角 γ_s 和滚转角速率 ω_{xs}；输出是侧滑角 β 和偏航速率 ω_{ys}。当考虑到 ω_{xs} 和 γ_s 的简单关系时，得到侧滑角 β 和偏航角速率 ω_{ys} 对倾斜角 γ_s 的传递函数，且分别为

$$\frac{\beta}{\gamma_s}(s)=\frac{g\cos\theta_0/v_0(s-\mu_{ys}^{\omega_y})+\mu_{ys}^{\omega_x}s}{s^2-(z^{\beta}+\mu_{ys}^{\omega_y})s-\mu_{ys}^{\beta}+Z^{\beta}\mu_{ys}^{\omega_y}} \tag{5-70}$$

$$\frac{\omega_{ys}}{\gamma_s}(s)=\frac{\mu_{ys}^{\omega_x}s(s-z^{\beta})+g\cos\theta_0/v_0\mu_{ys}^{\beta}}{s^2-(z^{\beta}+\mu_{ys}^{\omega_y})s-\mu_{ys}^{\beta}+z^{\beta}\mu_{ys}^{\omega_y}} \tag{5-71}$$

在图 5-7 中

$$\frac{\beta}{\gamma_s}(0)=-\frac{\mu_{ys}^{\omega_y}g\cos\theta_0/v_0}{z^{\beta}\mu_{ys}^{\omega_y}-\mu_{ys}^{\beta}},\quad \frac{\omega_{ys}}{\gamma_s}(0)=\frac{\mu_{ys}^{\beta}g\cos\theta_0/v_0}{z^{\beta}\mu_{ys}^{\omega_y}-\mu_{ys}^{\beta}} \tag{5-72}$$

$$\frac{\beta}{\gamma_s}(\mu_{xs}^{\omega_x})=\frac{g\cos\theta_0/v_0(\mu_{xs}^{\omega_x}-\mu_{ys}^{\omega_y})+\mu_{ys}^{\omega_x}\mu_{xs}^{\omega_x}}{z^{\beta}\mu_{ys}^{\omega_y}-\mu_{ys}^{\beta}+\mu_{xs}^{\omega_x}(\mu_{xs}^{\omega_x}-z^{\beta}-\mu_{ys}^{\omega_y})}$$

$$\frac{\omega_{ys}}{\gamma_s}(\mu_{xs}^{\omega_x})=\frac{\mu_{ys}^{\omega_x}(\mu_{xs}^{\omega_x}-z^{\beta})\mu_{xs}^{\omega_x}+\mu_{ys}^{\beta}g\cos\theta_0/v_0}{z^{\beta}\mu_{ys}^{\omega_y}-\mu_{ys}^{\beta}+\mu_{xs}^{\omega_x}(\mu_{xs}^{\omega_x}-z^{\beta}-\mu_{ys}^{\omega_y})} \tag{5-73}$$

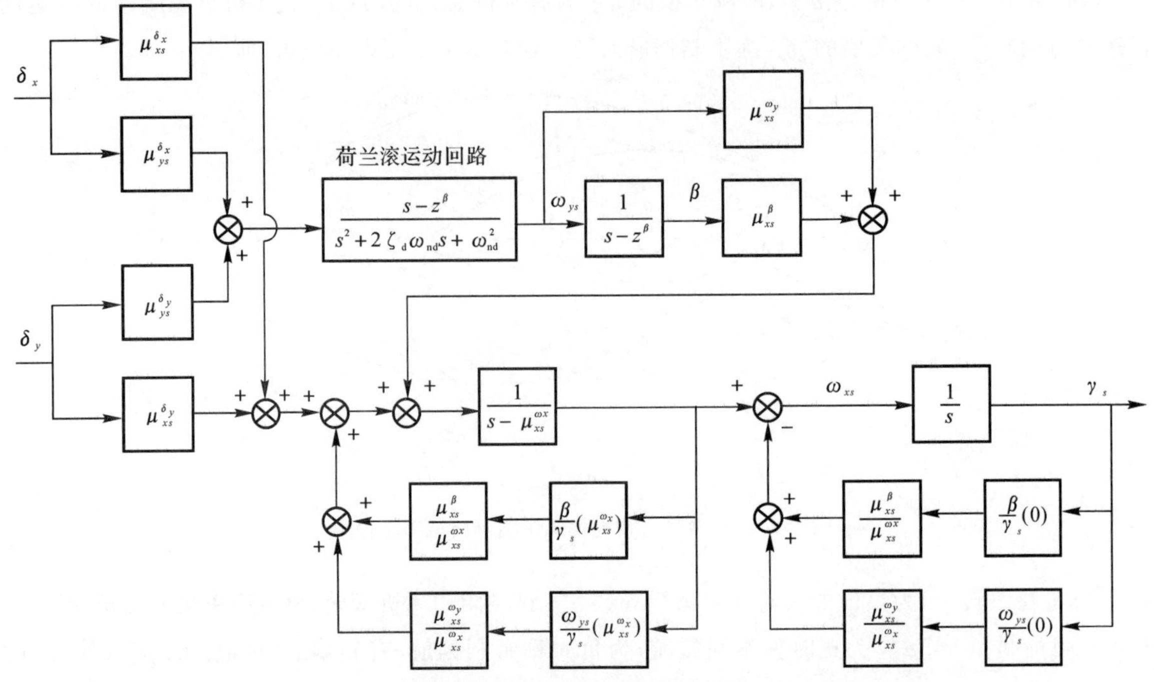

图 5-7　副翼和方向舵操纵下横侧向运动简化结构图

由图 5-7 和式(5-72)、式(5-73) 得到螺旋根 λ_S 和滚转根 λ_R 的近似表达式

$$\lambda_S = \frac{g\cos\theta_0/v_0(\mu_{ys}^{\beta}\mu_{xs}^{\omega_y} - \mu_{xs}^{\beta}\mu_{ys}^{\omega_y})}{\mu_{xs}^{\omega_x}(z^{\beta}\mu_{ys}^{\omega_y} - \mu_{ys}^{\beta})} \tag{5-74}$$

$$\lambda_R = \mu_{xs}^{\omega_x} + \frac{\mu_{xs}^{\beta}\left[g\cos\theta_0\Big/v_0\left(1 - \dfrac{\mu_{ys}^{\omega_y}}{\mu_{xs}^{\omega_x}}\right) + \mu_{ys}^{\omega_x}\right]}{z^{\beta}\mu_{ys}^{\omega_y} - \mu_{ys}^{\beta} + \mu_{xs}^{\omega_x}(\mu_{xs}^{\omega_x} - z^{\beta} - \mu_{ys}^{\omega_y})} \approx \mu_{ys}^{\omega_x} - \frac{\mu_{xs}^{\beta}}{\mu_{ys}^{\beta}}(g\cos\theta_0/v_0 + \mu_{ys}^{\omega_s}) \tag{5-75}$$

尽管图 5-6 所示横侧向运动流程图的反馈回路参数 $g\cos\theta_0/v_0$ 和 $\mu_{ys}^{\omega_x}$ 的绝对值很小，但由于正向通路中的偏航运动与滚转运动的连接参数 μ_{xs}^{β} 和 $\mu_{xs}^{\omega_y}$ 的绝对值足够大，不仅改变了螺旋模态和滚转模态的特征值 λ_S，λ_R，而且对荷兰滚模态特征值参数也有影响。多种飞机的实际算例证明了荷兰滚振荡固有频率 ω_{nd} 变化不大，即可由平面偏航运动的固有频率近似表示

$$\omega_{nd}^2 = z^{\beta}\mu_{ys}^{\omega_y} - \mu_{ys}^{\beta} \tag{5-76}$$

但是，荷兰滚振荡阻尼比 ζ_d 变化较大。由于荷兰滚根的实部与滚转、螺旋根之和不因反馈回路开环增益的大小而变化，所以荷兰滚根的实部变化应等于滚转、螺旋根变化之和，且符号相反。事实上，螺旋根变化很小，荷兰滚根实部变化可近似等于滚转根变化乘以 -1，即

$$2\zeta_d\omega_{nd} = -z^{\beta} - \mu_{ys}^{\omega_y} + \frac{\mu_{xs}^{\beta}\left[g\cos\theta_0\Big/v_0\left(1 - \dfrac{\mu_{ys}^{\omega_y}}{\mu_{xs}^{\omega_x}}\right) + \mu_{ys}^{\omega_x}\right]}{z^{\beta}\mu_{ys}^{\omega_y} - \mu_{ys}^{\beta} + \mu_{xs}^{\omega_x}(\mu_{xs}^{\omega_x} - z^{\beta} - \mu_{ys}^{\omega_y})} \approx -z^{\beta} - \mu_{ys}^{\omega_y} - \frac{\mu_{xs}^{\beta}}{\mu_{ys}^{\beta}}(g\cos\theta_0/v_0 + \mu_{ys}^{\omega_x}) \tag{5-77}$$

横侧向运动操纵特性的基本结论如下：

1) 侧力方程中参数 $g\cos\theta_0/v_0$ 和偏航力矩方程中参数 $\mu_{ys}^{\omega_x}$ 的绝对值都很小，使得足够大特征值的荷兰滚振动只需阻尼比作稍许变化便可通过 $\mu_{xs}^{\beta}\beta$，$\mu_{xs}^{\omega_y}\omega_{ys}$ 项与滚转运动串联，且侧滑角 β 和偏航角速率 ω_{ys} 是它们之间的耦合变量。荷兰滚运动回路及其与滚转运动的串联结构由图 5-7 表示；荷兰滚振荡固有频率和阻尼比分别由式(5-76)、式(5-77) 近似表示。

2) 在 $g\cos\theta_0/v_0$，$\mu_{ys}^{\omega_x}$ 绝对值较小情况下，可将滚转根近似值 $\mu_{xs}^{\omega_x}$ 代以 $\dfrac{\beta}{\gamma_s}(s)$ 和 $\dfrac{1}{s}$ 中的 s，构成滚转模态反馈回路，又将螺旋近似值 0 代以 $\dfrac{\beta}{\gamma_s}(s)$，$\dfrac{\omega_{ys}}{\gamma_s}(s)$ 和 $\dfrac{1}{s}$ 中的 s，构成螺旋模态反馈回路，并将此二回路串联，构成串联的滚转运动回路和螺旋运动回路，如图 5-7 所示。其螺旋模态和滚转模态特征值分别由式(5-74)和式(5-75)近似表示。

3) 副翼和方向舵操纵，分别通过气动导数 $\mu_{xs}^{\delta_x}$，$\mu_{ys}^{\delta_x}$，z^{δ_x} 和 $\mu_{xs}^{\delta_y}$，$\mu_{ys}^{\delta_y}$，z^{δ_y} 能激发横侧向运动所有振型——荷兰滚振荡、滚转和螺旋非周期振型，能控制全部状态变量——β，ω_{ys}，ω_{xs} 和 γ_s。

当 $\mu_{ys}^{\delta_x}$，z^{δ_x} 近似为零或实施副翼-方向舵交联操纵，并且能够实现协调操纵，即

$$\left.\begin{aligned}\mu_{ys}^{\delta_x}+K_\delta\mu_{ys}^{\delta_y}\approx 0\\ z^{\delta_x}+K_\delta z^{\delta_y}\approx 0\end{aligned}\right\}\qquad(5-78)$$

时，副翼操纵主要激发滚转、螺旋振型，很少激发荷兰滚振型；同时主要控制 ω_{xs} 和 γ_s 状态变量，且 ω_{xs}，γ_s 响应中主要包含滚转、螺旋振型。在近似于双变量不变性局部解耦系统的横侧向运动的 β 和 ω_{ys} 响应中，主要包含荷兰滚振型。因此，很少激发荷兰滚振型的副翼、方向舵协调操纵，很少产生 β 和 ω_{ys} 响应。

绝对值足够大的方向舵偏航力矩导数 $\mu_{ys}^{\delta_y}$，使方向舵操纵主要激发荷兰滚振型。如果滚转力矩导数 $\mu_{xs}^{\delta_y}$ 不为零时，方向舵操纵不仅通过 β 响应间接激发滚转、螺旋振型，还可通过 $\mu_{xs}^{\delta_y}$ 直接激发滚转螺旋振型。在方向舵操纵激起的足够大的 β，ω_{ys} 响应中，主要包含荷兰滚振荡分量；然而在 ω_{xs} 和 γ_s 响应中，存在横侧向运动的三种振型，各分量的大小很难定性说明。

4) 在横侧向控制系统设计中，操纵变量的耦合作用，使 γ_s/δ_x，ω_{ys}/δ_y 传递函数存在二次零极点偶问题和使系统设计复杂化。如果仅仅涉及方向舵操纵输入和 β，ω_{ys} 响应，仅仅利用图 5-7 所示荷兰滚回路便可容易地实现设计要求；在 $\mu_{ys}^{\delta_x}$ 近似为零或者具有满足式(5-78)的副翼-方向舵协调操纵情况下，利用副翼通道和 γ_s，ω_{xs} 响应设计控制系统，可单独利用滚转、螺旋回路实现滚转操纵的设计要求。

5.5　大气扰动特性概述

大气运动是飞机飞行轨迹和飞行姿态的主要扰动源。由于空气动力(包括力和力矩)是由飞机和空气之间的相对速度引起的，因此当飞机以某一速度 $\boldsymbol{v}$ 在静止空气中运动时，飞机与空气的相对运动规律和相互作用力与当飞机固定不动而让空气以同样大小和方向相反的速度 $\boldsymbol{W}(\boldsymbol{W}=-\boldsymbol{v})$ 流过飞机的情况是等效的。这就是相对性原理。事实上，飞机是在运动中的空气中飞行，飞机与空气之间的相对速度是 $\boldsymbol{v}$，$\boldsymbol{W}$ 两种矢量之差。

风被人为地划分成平均风和紊流两部分，即风是平均风和紊流之和，其目的在于建模容易和数学处理简单。平均风是以低频为特征的缓慢变化风，是定常风、高频扰动的基准值；紊流是具有随机过程的高频气流，是短暂时间内变化的风(阵风)，它叠加在平均风上面。由于工程的目的，平均风不随时间变化，仅随空间坐标变化。某些规范认为仅仅是高度的函数。大气紊流表示风速是连续随机的。为了方便工程实现，大气紊流被假定为一种正态分布的随机过程，但实际上是非正态分布的。

平均风速矢量的三个分量相对三个坐标位置的导数，称为风切变，某些规范定义为平均风幅值随高度的变化率。除风速大小的切变外，还有风的方向的切变，某些规范对平均风方向随高度的变化率定义为矢量切变。用模型化描述风切变时，为简单起见，人们大多选用风矢量与空间坐标的线性关系，而实际并非如此。

突风这一术语是用来表示一种在风速上离散的或确定的变化。突风可以单独使用，也可叠加在平均风和紊流上，以代表更大扰动。突风实际上代表一种离散的风切变。当评定飞机对大气扰动的反应或驾驶员对大气扰动的操纵时，可以单独地或复合地使用规范给出的突风模型，也可使用阶跃函数或斜坡函数代替。

本节只限于刚体飞机在风场中运动特性的分析，并且只讨论与飞机速度相比幅值小得多的风速对飞机

动力学特性的影响，仅仅分析使飞机运动变量在平衡点产生的小变化，因此可用相当准确的线性化方程描述和估算风速的影响。对于发生在雷暴中和地面附近的风切变，它使飞机能量状况和平衡状态发生显著变化，而只有通过驾驶员复杂地和大幅度地操纵才能避免灾难的发生，对于这种风场影响，必须采用非线性方程才能正确描述。

5.5.1 风速与飞机运动的耦合方程

作为刚体飞机在风场中以航迹速度$\dfrac{\mathrm{d}\boldsymbol{s}}{\mathrm{d}t}=\boldsymbol{v}_{\mathrm{d}}$飞行时，以$x_{\mathrm{d}}, y_{\mathrm{d}}, z_{\mathrm{d}}$三个位置和时间构成的风速矢量$\boldsymbol{W}(\boldsymbol{s},t)$在地面轴系上的分量$\boldsymbol{W}_{x\mathrm{d}}, \boldsymbol{W}_{y\mathrm{d}}, \boldsymbol{W}_{z\mathrm{d}}$可以展开为以位置矢量$\boldsymbol{s}$的三个坐标$x_{\mathrm{d}}, y_{\mathrm{d}}, z_{\mathrm{d}}$为变量的泰勒级数。当忽略泰勒级数展开式中高于一阶导数项，再合并为矢量时，得到一个以风速矢量$\boldsymbol{W}(\boldsymbol{s},t)$在地面轴系的分量

$$\begin{bmatrix}\boldsymbol{W}_{x\mathrm{d}}\\\boldsymbol{W}_{y\mathrm{d}}\\\boldsymbol{W}_{z\mathrm{d}}\end{bmatrix}=\begin{bmatrix}W_{x\mathrm{do}}\\W_{y\mathrm{do}}\\W_{z\mathrm{do}}\end{bmatrix}+\begin{bmatrix}w_{xx}&w_{xy}&w_{xz}\\w_{yx}&w_{yy}&w_{yz}\\w_{zx}&w_{zy}&w_{zz}\end{bmatrix}\begin{bmatrix}x_{\mathrm{d}}\\y_{\mathrm{d}}\\z_{\mathrm{d}}\end{bmatrix}\tag{5-79}$$

描述飞机以速度$\boldsymbol{v}_{\mathrm{d}}$穿越的风场。式中$w_{ij}=\dfrac{\partial W_i}{\partial j}, i=j=x,y,z$。角标“$o$”表示飞机重心处。当动力学方程按航迹轴系建立时，在航迹轴系上的风速分量为

$$\begin{bmatrix}\boldsymbol{W}_{x\mathrm{h}}\\\alpha_W\boldsymbol{v}_{\mathrm{d}}\\-\beta_W\boldsymbol{v}_{\mathrm{d}}\end{bmatrix}=\begin{bmatrix}\boldsymbol{W}_{x\mathrm{h}}\\W_{y\mathrm{h}}\\W_{z\mathrm{h}}\end{bmatrix}=\boldsymbol{B}_{\mathrm{d}}^{\mathrm{h}}\begin{bmatrix}W_{x\mathrm{do}}\\W_{y\mathrm{do}}\\W_{z\mathrm{do}}\end{bmatrix}+\boldsymbol{B}_{\mathrm{d}}^{\mathrm{h}}\begin{bmatrix}w_{xx}&w_{xy}&w_{xz}\\w_{yx}&w_{yy}&w_{yz}\\w_{zx}&w_{zy}&w_{zz}\end{bmatrix}\boldsymbol{B}_{\mathrm{h}}^{\mathrm{d}}\begin{bmatrix}\boldsymbol{v}_{\mathrm{d}}\\\boldsymbol{0}\\\boldsymbol{0}\end{bmatrix}t\tag{5-80}$$

式中，$\boldsymbol{W}_{x\mathrm{h}}, W_{y\mathrm{h}}, W_{z\mathrm{h}}$分别为风速矢量$\boldsymbol{W}$在航迹轴系上的分量；$\alpha_W=\dfrac{\boldsymbol{W}_{y\mathrm{h}}}{\boldsymbol{v}_{\mathrm{d}}}, \beta_W=\dfrac{-\boldsymbol{W}_{z\mathrm{h}}}{\boldsymbol{v}_{\mathrm{d}}}$分别为风速矢量$\boldsymbol{W}$带来的等效迎角和侧滑角；$\boldsymbol{B}_{\mathrm{d}}^{\mathrm{h}}$为地面轴系到航迹轴系的变换矩阵，且

$$\boldsymbol{B}_{\mathrm{d}}^{\mathrm{h}}=\begin{bmatrix}\cos\theta\cos\psi_{\mathrm{s}}&\sin\theta&-\cos\theta\sin\psi_{\mathrm{s}}\\-\sin\theta\cos\psi_{\mathrm{s}}&\cos\theta&\sin\theta\sin\psi_{\mathrm{s}}\\\sin\psi_{\mathrm{s}}&0&\cos\psi_{\mathrm{s}}\end{bmatrix}\tag{5-81}$$

式中，ψ_{s}为航迹速度$\boldsymbol{v}_{\mathrm{d}}$在水平面上投影与轴$Ox_{\mathrm{d}}$的夹角。

5.5.1.1 风切变带来的附加微分方程

风场对运动飞机的作用与飞机的轨迹速度有关。当风速矢量$\boldsymbol{W}$相对随飞机运动，且当称为重心坐标系的地面坐标系变化时，它在重心坐标系上的分量相对惯性坐标系变化的时间导数，等于它在重心坐标系上的分量相对重心坐标变化的时间导数和重心坐标系相对惯性空间转动矢量与它的位置矢量$\boldsymbol{s}$对时间导数的乘积之和，即

$$\frac{\mathrm{d}\boldsymbol{W}}{\mathrm{d}t}=\frac{\partial\boldsymbol{W}}{\partial t}+(\boldsymbol{\nabla}\boldsymbol{W})^{\mathrm{T}}\frac{\mathrm{d}\boldsymbol{s}}{\mathrm{d}t}\tag{5-82}$$

式中

$$\frac{\mathrm{d}\boldsymbol{s}}{\mathrm{d}t}=\boldsymbol{v}_{\mathrm{d}},\quad \boldsymbol{\nabla}=\begin{bmatrix}\dfrac{\partial}{\partial x}&\dfrac{\partial}{\partial y}&\dfrac{\partial}{\partial z}\end{bmatrix}^{\mathrm{T}}$$

$\boldsymbol{\nabla}$称为 Nabla 算子。

如果按地面坐标系给出风场速度分量，那么由场论中并矢得到的由 Jacobi 转置矩阵表示的风切变张量为

$$(\boldsymbol{\nabla}\boldsymbol{W})^{\mathrm{T}}=\begin{bmatrix}\boldsymbol{W}_{x\mathrm{d}}\\\boldsymbol{W}_{y\mathrm{d}}\\\boldsymbol{W}_{z\mathrm{d}}\end{bmatrix}\begin{bmatrix}\dfrac{\partial}{\partial x}\dfrac{\partial}{\partial y}\dfrac{\partial}{\partial z}\end{bmatrix}=\begin{bmatrix}w_{xx}&w_{xy}&w_{xz}\\w_{yx}&w_{yy}&w_{yz}\\w_{zx}&w_{zy}&w_{zz}\end{bmatrix}\tag{5-83}$$

这个矩阵的元素是三个速度分量对三个地面坐标的梯度。因为这些元素总是在地面坐标系中使用，所以省略了角标“d”。

通常风速矢量 $\boldsymbol{W}$ 在重心轴系上的分量相对重心坐标系变化的时间导数远比速度 $\frac{d\bar{s}}{dt}$ 有关的牵连项要小得多，因此不考虑重心轴系上相对重心轴系变化的时间导数，即式(5－82)等号右边第一项可以忽略不计，并且，将航迹轴系上的航迹速度 $\boldsymbol{v}_d$ 转换到地面轴系时，式(5－82)可改写为

$$\begin{bmatrix}\dot{W}_{xd}\\\dot{W}_{yd}\\\dot{W}_{zd}\end{bmatrix}=(\nabla\boldsymbol{W})^{T}\boldsymbol{v}_d=\begin{bmatrix}w_{xx}&w_{xy}&w_{xz}\\w_{yx}&w_{yy}&w_{yz}\\w_{zx}&w_{zy}&w_{zz}\end{bmatrix}\begin{bmatrix}\cos\theta\cos\psi_s\\\sin\theta\\-\cos\theta\sin\psi_s\end{bmatrix}\boldsymbol{v}_d \tag{5-84}$$

式(5－84)说明了风速对时间的导数，不仅与三个方向上的风速对三个方向位移的导数有关，也与飞机航迹参数 $\boldsymbol{v}_d$，θ 和 ψ_s 有关，表征了风速随时间的变化与飞机运动的耦合关系。由式(5－80)可知，飞机空气动力的参数 $\boldsymbol{W}_{xh}$，α_W 和 β_W 是风速分量 $\boldsymbol{W}_{xd}$，$\boldsymbol{W}_{yd}$，$\boldsymbol{W}_{zd}$ 的函数，而风速分量 $\boldsymbol{W}_{xd}$，$\boldsymbol{W}_{yd}$，$\boldsymbol{W}_{zd}$ 随时间的变化又是 Jacobi 矩阵元素定义的切变张量(风梯度)和飞机航迹参数 $\boldsymbol{v}_d$，θ 和 ψ_s 决定的，可见风速随时间的变化取决于风切变和飞机的运动。

将风速分量对时间的导数转换到航迹轴系上时，得到

$$\begin{bmatrix}\dot{W}_{xh}\\\dot{W}_{yh}\\\dot{W}_{zh}\end{bmatrix}=\boldsymbol{B}_d^h\begin{bmatrix}\dot{W}_{xd}\\\dot{W}_{yd}\\\dot{W}_{zd}\end{bmatrix}=\boldsymbol{B}_d^h\begin{bmatrix}w_{xx}&w_{xy}&w_{xz}\\w_{yx}&w_{yy}&w_{yz}\\w_{zx}&w_{zy}&w_{zz}\end{bmatrix}\begin{bmatrix}\cos\theta\cos\psi_s\\\sin\theta\\-\cos\theta\sin\psi_s\end{bmatrix}\boldsymbol{v}_d \tag{5-85}$$

当飞机以小角度飞行，即 θ 和 ψ_s 很小时，$\boldsymbol{B}_d^h$ 可近似为单位矩阵，那么式(5－85)可简化为

$$\begin{bmatrix}\dot{W}_{xh}\\\dot{W}_{yh}\\\dot{W}_{zh}\end{bmatrix}=\begin{bmatrix}w_{xx}\\w_{yx}\\w_{zx}\end{bmatrix}\boldsymbol{v}_d \tag{5-86}$$

或者

$$\begin{bmatrix}\dot{W}_{xh}\\\dot{\alpha}_W\\\dot{\beta}_W\end{bmatrix}=\begin{bmatrix}w_{xx}\boldsymbol{v}_d\\w_{yx}\\-w_{zx}\end{bmatrix} \tag{5-87}$$

式(5－87)表征了风切变干扰情况下，增加了三个描述飞机运动的附加微分方程。

5.5.1.2　风切变引起的等效角速度

当考虑到飞机外形尺寸足够大，风梯度使左、右机翼或者机头和机尾受到不相等的风速作用时，不仅使风速、附加迎角和侧滑角随时间变化，而且还给飞机带来附加的角速度。和飞机运动角速度一样，在飞机三个机体轴周围产生风的转动角速度，并由风场 $\boldsymbol{W}(s)$ 旋度表示。

如果按叉积(矢量积) $\nabla\times\boldsymbol{W}$ 给出的旋度

$$\mathrm{rot}\boldsymbol{W}=\nabla\times\boldsymbol{W}=\begin{bmatrix}w_{zy}-w_{yz}\\w_{xz}-w_{zx}\\w_{yx}-w_{xy}\end{bmatrix}=\boldsymbol{\Omega}_W \tag{5-88}$$

不为零时，便会在飞机机体轴上产生与风的转动角速度符号相反的等效机体角速度：

$$\begin{bmatrix}\omega_{xw}\\\omega_{yw}\\\omega_{zw}\end{bmatrix}_t=\boldsymbol{B}_d^t\begin{bmatrix}\omega_{xw}\\\omega_{yw}\\\omega_{zw}\end{bmatrix}_d=\boldsymbol{B}_d^t\begin{bmatrix}w_{yz}-w_{zy}\\w_{zx}-w_{xz}\\w_{xy}-w_{yx}\end{bmatrix} \tag{5-89}$$

式中

$$\boldsymbol{B}_{\mathrm{d}}^{t}=\begin{bmatrix}1 & 0 & 0\\ 0 & \cos\gamma & \sin\gamma\\ 0 & -\sin\gamma & \cos\gamma\end{bmatrix}\begin{bmatrix}\cos\vartheta & \sin\vartheta & 0\\ -\sin\vartheta & \cos\vartheta & 0\\ 0 & 1 & 1\end{bmatrix}\begin{bmatrix}\cos\psi & 0 & -\sin\psi\\ 0 & 1 & 0\\ \sin\psi & 0 & \cos\psi\end{bmatrix} \tag{5-90}$$

当飞机在小角度飞行中，γ,ϑ,ψ 都很小，以及考虑到 w_{xy},w_{zy} 很小时，式(5－89) 可简化为

$$\begin{bmatrix}\omega_{xw}\\ \omega_{yw}\\ \omega_{zw}\end{bmatrix}\approx\begin{bmatrix}w_{yz}\\ w_{zx}-w_{xz}\\ -w_{yx}\end{bmatrix} \tag{5-91}$$

比较式(5－87) 可知，$\dot{\alpha}_W=-\omega_{zw}=w_{yx}$。

式(5－91) 表征了风切变在机体轴系上引起的等效角速度。

5.5.1.3　在风场中飞机运动的状态方程

(一) 作用于飞机运动方程中的风速变量

当飞机在小角度飞行，即 θ,ψ_s 较小时，$\boldsymbol{B}_{\mathrm{d}}^{\mathrm{h}},\boldsymbol{B}_{\mathrm{h}}^{\mathrm{d}}$ 可近似为单位矩阵，这样由式(5－80) 得到

$$\begin{bmatrix}W_{x\mathrm{h}}\\ \alpha_W\\ \beta_W\end{bmatrix}=\begin{bmatrix}W_{x\mathrm{do}}\\ W_{y\mathrm{do}}/\boldsymbol{v}_{\mathrm{d}}\\ -W_{z\mathrm{do}}/\boldsymbol{v}_{\mathrm{d}}\end{bmatrix}+\begin{bmatrix}w_{xx}\boldsymbol{v}_{\mathrm{d}}\\ w_{yx}\\ -w_{zx}\end{bmatrix}t \tag{5-92}$$

如果飞机在非均匀风场中飞行，即 w_{xx},w_{yx},w_{zx} 不为常数时，式(5－92) 可改写为

$$\begin{bmatrix}W_{x\mathrm{h}}\\ \alpha_W\\ \beta_W\end{bmatrix}=\begin{bmatrix}W_{x\mathrm{do}}\\ W_{y\mathrm{do}}/\boldsymbol{v}_{\mathrm{d}}\\ -W_{z\mathrm{do}}/\boldsymbol{v}_{\mathrm{d}}\end{bmatrix}+\begin{bmatrix}\int_0^t w_{xx}\boldsymbol{v}_{\mathrm{d}}\,\mathrm{d}t\\ \int_0^t w_{yx}\,\mathrm{d}t\\ \int_0^t w_{zx}\,\mathrm{d}t\end{bmatrix} \tag{5-93}$$

这样一来，作用于飞机运动方程的空气动力和力矩项的全量参数为

$$\begin{bmatrix}v\\ \alpha\\ \beta\\ \omega_x\\ \omega_y\\ \omega_z\end{bmatrix}=\begin{bmatrix}v_{\mathrm{d}}-W_{x\mathrm{h}}\\ \alpha_{\mathrm{d}}+\alpha_W\\ \beta_{\mathrm{d}}+\beta_W\\ \omega_{x\mathrm{d}}+\omega_{xw}\\ \omega_{y\mathrm{d}}+\omega_{yw}\\ \omega_{z\mathrm{d}}+\omega_{zw}\end{bmatrix} \tag{5-94}$$

式中，下角标“d”表征飞机相对惯性空间的运动变量。当考虑到全量参数等于平衡参数和增量参数之和时，那么在线性方程中增量参数为

$$\begin{bmatrix}\Delta v\\ \Delta\alpha\\ \Delta\beta\\ \Delta\omega_x\\ \Delta\omega_y\\ \Delta\omega_z\end{bmatrix}=\begin{bmatrix}\Delta v_{\mathrm{d}}-W_{x\mathrm{h}}\\ \Delta\alpha_{\mathrm{d}}+\alpha_W\\ \Delta\beta_{\mathrm{d}}+\beta_W\\ \Delta\omega_{x\mathrm{d}}+\omega_{xw}\\ \Delta\omega_{y\mathrm{d}}+\omega_{yw}\\ \Delta\omega_{z\mathrm{d}}+\omega_{zw}\end{bmatrix} \tag{5-95}$$

但是，当在书写飞机运动的状态方程时，往往把符号“Δ”去掉，这是国内、外书籍和刊物中经常见到的。

在一定限制条件下，风和飞机的运动关系可在飞机对称面和水平面内描述，表征飞机运动特性的状态方程也可分解为相对独立的纵向和横侧向状态方程。为单独讨论包括顺(逆) 风和垂直风与飞机纵向运动的关系，假设飞机对称面与地平面垂直，这将使得飞机纵向运动在垂直面上，横侧向运动在水平面上；同时，描

述飞机运动的航迹轴系、稳定轴系、气流轴系、机体轴系和地面轴系的 z 轴重合；航迹轴系、稳定轴系和气流轴系的三个坐标轴也是重合的。若 θ,ψ_s 皆为小量时，$\boldsymbol{B}_{\mathrm{d}}^{\mathrm{h}}$ 可近似为单位矩阵，使得由地面轴系给出的 $W_{x\mathrm{do}}$，$W_{y\mathrm{do}}$ 和 w_{xx},w_{yx} 转换为 $W_{x\mathrm{h}},\alpha_W,\omega_{zw}$ 用于按稳定轴系建立的纵向运动状态方程中；又当 γ,ϑ,ψ 为小量时，$\boldsymbol{B}_{\mathrm{d}}^{\mathrm{t}}$ 可近似为单位矩阵，使得由地面坐标系给出的 $W_{z\mathrm{do}},w_{xz},w_{zx},w_{yz}$ 转换为 $\beta_W,\omega_{xw},\omega_{yw}$ 等风速变量用于按机体轴系或稳定轴系建立的横侧向运动状态方程中。

（二）在风场中飞机运动状态方程的建立

任何一个运动方程（微分的或代数的）都可以表示成如下形式：

$$f(x,y,\cdots,\omega)=0 \tag{5-96}$$

那么按泰勒级数展开式取一次近似的线化方程为

$$\left(\frac{\partial f}{\partial x}\right)_0\Delta x+\left(\frac{\partial f}{\partial y}\right)_0\Delta y+\cdots+\left(\frac{\partial f}{\partial \omega}\right)_0\Delta\omega=0 \tag{5-97}$$

这样一来，将稳定轴系的飞机质点动力学方程组中阻力方程

$$m\frac{\mathrm{d}v_{\mathrm{d}}}{\mathrm{d}t}=P\cos(\alpha+\varphi_P)\cos\beta-Q-mg\sin\theta_{\mathrm{s}} \tag{5-98}$$

（式中，$\theta_{\mathrm{s}}=\vartheta-\alpha$ 为空速航迹角）线性化为

$$\begin{aligned}m\dot{v}_{\mathrm{d}}=&\Delta P\cos(\alpha_0+\varphi_P)\cos\beta_0-P_0\sin(\alpha_0+\varphi_P)\cos\beta_0\Delta\alpha-\\&P_0\cos(\alpha_0+\varphi_P)\sin\beta_0\Delta\beta-\Delta Q-mg\cos\theta_0\Delta\theta_{\mathrm{s}}\end{aligned} \tag{5-99}$$

当 $\beta_0=0,\varphi_P\approx 0$ 和 $\theta_0=0$ 时，近似得到

$$m\dot{v}_{\mathrm{d}}=\Delta P-P_0\sin\alpha_0\Delta\alpha-\Delta Q-mg(\Delta\vartheta-\Delta\alpha) \tag{5-100}$$

也可将机体轴系的飞机质点动力学方程组中阻力方程

$$m\left(\frac{\mathrm{d}v_{xt}}{\mathrm{d}t}+\omega_y v_{zt}-\omega_z v_{yt}\right)=P\cos\varphi_P-Q\cos\alpha\cos\beta+Y\sin\alpha-Z\cos\alpha\sin\beta-mg\sin\vartheta \tag{5-101}$$

线性化为

$$\begin{aligned}m(\dot{v}_{xt}+\omega_{y0}\Delta v_{zt}+v_{zt0}\Delta\omega_y-\omega_{z0}\Delta v_{yt}-v_{yt0}\Delta\omega_z)=&\Delta P\cos\varphi_P-\Delta Q\cos\alpha_0\cos\beta_0+Q_0\sin\alpha_0\cos\beta_0\Delta\alpha+\\&Q_0\cos\alpha_0\sin\beta_0\Delta\beta+\sin\alpha_0\Delta Y+Y_0\cos\alpha_0\Delta\alpha-\\&\cos\alpha_0\sin\beta_0\Delta Z+Z_0\sin\alpha_0\sin\beta_0\Delta\alpha-Z_0\cos\alpha_0\cos\beta_0\Delta\beta-\\&mg\cos\vartheta_0\Delta\vartheta\end{aligned} \tag{5-102}$$

当 $\beta_0=0,\varphi_P\approx 0,\Delta\omega_y=\omega_{y0}=\omega_{z0}=0,v_{yt0}=v_{zt0}=0,Z_0=0$，以及 α_0,ϑ_0 为小量时，得到

$$m\dot{v}_{xt}=\Delta P-\Delta Q+Y_0\Delta\alpha-mg\Delta\vartheta\approx\dot{v}_{\mathrm{d}}m \tag{5-103}$$

从而得到

$$Y_0\approx mg-P_0\sin\alpha_0 \tag{5-104}$$

和

$$m\dot{v}_{\mathrm{d}}=\Delta P+Y_0\Delta\alpha-\Delta Q-mg\Delta\vartheta \tag{5-105}$$

因为式(5-105)中的偏量 $\Delta P,\Delta Q$ 分别为

$$\Delta P=P^v\Delta v+P^h\Delta h+\Delta P_c \tag{5-106}$$

$$\Delta Q=Q^v\Delta v+Q^\alpha\Delta\alpha+Q^h\Delta h+Q^{\delta_z}\Delta\delta_z \tag{5-107}$$

式(5-106)、式(5-107)中 Δh 为高度偏量；Δv 为空速偏差；$\Delta\alpha$ 为空速迎角增量；$\Delta\delta_z$ 为升降舵舵偏量，ΔP_c 为发动机推力操纵偏量。

当 $\Delta\delta_z$ 和 ΔP_c 为零以及不考虑高度变化的微小影响时，由式(5-105)得到由增量表示的阻力方程

$$\frac{\mathrm{d}v_{\mathrm{d}}}{\mathrm{d}t}=x^v\Delta v+x^{\alpha\prime}\Delta\alpha-g\Delta\vartheta \tag{5-108}$$

式中

$$x^{v}=(P^{v}-Q^{v})/m \quad 和 \quad x^{\alpha'}=(Y_0-Q^{\alpha})/m\approx g+x^{\alpha},\quad x^{\alpha}=-Q^{\alpha}/m \tag{5-109}$$

此处使用符号“$x^{\alpha'}$”以区别上述文中所采用的符号“x^{α}”,且 $x^{\alpha'}\approx x^{\alpha}+g$。

以同样方法推导也可得到风速干扰情况下,线性化的升力和俯仰力矩微分方程。当考虑到 $\boldsymbol{v}=\boldsymbol{v}_{\mathrm{d}}-\boldsymbol{W}_{x\mathrm{h}}$,$\alpha=\alpha_{\mathrm{d}}+\alpha_W$,$\omega_z=\omega_{z\mathrm{d}}+\omega_{zw}$ 和 $w_{yx}=\dot{\alpha}_W=-\omega_{zw}$ 以及去掉变量增量中前置符号“Δ”时,按稳定轴系建立的飞机纵向运动状态方程可表示为

$$\begin{bmatrix}\dot{\alpha}_{\mathrm{d}}\\ \dot{v}_{\mathrm{d}}\\ \dot{\vartheta}\\ \dot{\omega}_{z\mathrm{d}}\end{bmatrix}=\begin{bmatrix}-y^{\alpha} & -y^{v} & 0 & 1\\ x^{\alpha'} & x^{v} & -g & 0\\ 0 & 0 & 0 & 1\\ \mu_z^{\alpha}-\mu_z^{\dot{\alpha}}y^{\alpha} & \mu_z^{v}-\mu_z^{\dot{\alpha}}y^{v} & 0 & \mu_z^{\omega_z}+\mu_z^{\dot{\alpha}}\end{bmatrix}\begin{bmatrix}\alpha_{\mathrm{d}}\\ v_{\mathrm{d}}\\ \vartheta\\ \omega_{z\mathrm{d}}\end{bmatrix}+\begin{bmatrix}-y^{\alpha} & y^{v} & 0\\ x^{\alpha'} & -x^{v} & 0\\ 0 & 0 & 0\\ \mu_z^{\alpha}-\mu_z^{\dot{\alpha}}y^{\alpha} & \mu_z^{\dot{\alpha}}y^{v}-\mu_z^{v} & -\mu_z^{\omega_z}+\mu_z^{\dot{\alpha}}\end{bmatrix}\begin{bmatrix}\alpha_W\\ W_{x\mathrm{h}}\\ w_{yx}\end{bmatrix} \tag{5-110}$$

在风速干扰情况下,由式(5-91)还可方便地得到按稳定轴系建立的飞机横侧向运动状态方程

$$\begin{bmatrix}\dot{\beta}_{\mathrm{d}}\\ \dot{\omega}_{xs\mathrm{d}}\\ \dot{\gamma}_s\\ \dot{\omega}_{ys\mathrm{d}}\end{bmatrix}=\begin{bmatrix}z^{\beta} & 0 & g/v_0 & 1\\ \mu_{xs}^{\beta} & \mu_{xs}^{\omega_x} & 0 & \mu_{xs}^{\omega_y}\\ 0 & 1 & 0 & 0\\ \mu_{ys}^{\beta} & \mu_{ys}^{\omega_x} & 0 & \mu_{ys}^{\omega_y}\end{bmatrix}\begin{bmatrix}\beta_{\mathrm{d}}\\ \omega_{xs\mathrm{d}}\\ \gamma_s\\ \omega_{ys\mathrm{d}}\end{bmatrix}+\begin{bmatrix}z^{\beta} & 0 & 0 & 0\\ \mu_{xs}^{\beta} & \mu_{xs}^{\omega_x} & -\mu_{xs}^{\omega_x} & 0\\ 0 & 0 & 0 & 0\\ \mu_{ys}^{\beta} & \mu_{ys}^{\omega_x} & 0 & \mu_{ys}^{\omega_y}\end{bmatrix}\begin{bmatrix}\beta_W\\ w_{yz}\\ w_{xz}\\ w_{zx}\end{bmatrix} \tag{5-111}$$

风切变引起的附加微分方程和代数方程分别由式(5-112)、式(5-113)表示

$$\begin{bmatrix}\Delta\dot{W}_{x\mathrm{h}}\\ \Delta\dot{\alpha}_W\\ \Delta\dot{\beta}_W\end{bmatrix}=\begin{bmatrix}v_{\mathrm{d}} & 0 & 0\\ 0 & 1 & 0\\ 0 & 0 & -1\end{bmatrix}\begin{bmatrix}w_{xx}\\ w_{yx}\\ w_{zx}\end{bmatrix} \tag{5-112}$$

$$\begin{bmatrix}W_{x\mathrm{h}}\\ \alpha_W\\ \beta_W\end{bmatrix}=\begin{bmatrix}1 & 0 & 0\\ 0 & \dfrac{1}{v_{\mathrm{d}}} & 0\\ 0 & 0 & -\dfrac{1}{v_{\mathrm{d}}}\end{bmatrix}\begin{bmatrix}W_{x\mathrm{d}}\\ W_{y\mathrm{d}}\\ W_{z\mathrm{d}}\end{bmatrix}\approx\begin{bmatrix}1 & 0 & 0\\ 0 & \dfrac{1}{v_{\mathrm{d}}} & 0\\ 0 & 0 & -\dfrac{1}{v_{\mathrm{d}}}\end{bmatrix}\begin{bmatrix}W_{x\mathrm{do}}\\ W_{y\mathrm{do}}\\ W_{z\mathrm{do}}\end{bmatrix}+\begin{bmatrix}\Delta W_{x\mathrm{h}}\\ \Delta\alpha_W\\ \Delta\beta_W\end{bmatrix} \tag{5-113}$$

5.5.2 风的模型与仿真

尽管不可能真实、完整地描述风场,然而为了估算风速干扰下飞机运动的响应特性,有效地简化风和紊流的模型是很有意义的。

5.5.2.1 离散突风模型与仿真

某些“规范”对离散突风提出了要求,目的是检测和确定驾驶员为从大气扰动中恢复到原飞行状态实施的全部时间内的操纵量;而当机体本身不稳定时,需要依靠飞行控制系统提供稳定性的情况下,突风恢复特性可以作为临界操纵面尺寸和偏度的设计依据。

离散突风模型可用于三个突风速度分量 $W_{x\mathrm{d}}$,$W_{y\mathrm{d}}$,$W_{z\mathrm{d}}$ 中的任何一个,也可转换用于 α_W,β_W 中的任何一个。某些“规范”按“1-cosine”形状和与飞机及其飞行控制系统每个自振频率相调谐的突风长度,表征飞机进入定常风场中的风切变。如[MIL-F-8785C]给出的离散突风模型由式(5-114)或图5-8表示

$$\left.\begin{aligned}&v=0, && x<0\\ &v=\frac{v_{\mathrm{m}}}{2}\left(1-\cos\frac{\pi}{d_{\mathrm{m}}}x\right), && 0\leqslant x\leqslant d_{\mathrm{m}}\\ &v=v_{\mathrm{m}} && x>d_{\mathrm{m}}\end{aligned}\right\} \tag{5-114}$$

式中,v 为地面轴系上三个风速 U_{g},V_{g} 和 W_{g} 中任一个,当由本节符号表示时,$U_{\mathrm{g}}=W_{x\mathrm{d}}$,$V_{\mathrm{g}}=W_{z\mathrm{d}}$,$W_{\mathrm{g}}=$

$-W_{yd}$；d_m 为飞机及其飞行控制系统每个自振频率调谐的突风长度，可以认为

$$\frac{\pi v_d}{d_m}=\omega_n\sqrt{1-\zeta^2} \tag{5-115}$$

式中，$\omega_n\sqrt{1-\zeta^2}$ 为飞机或飞行控制系统的任一个自振频率。

$x=v_d t$，使得按空间余弦分布的突风模型转化为随时间变化的余弦函数，即

$$v=\frac{v_m}{2}\left[1-\cos\left(\frac{\pi}{d_m}x\right)\right]=\frac{v_m}{2}\left[1-\cos\left(\frac{\pi v_d}{d_m}t\right)\right] \tag{5-116}$$

当 $x=d_m$ 时，对应空间余弦分布的风场为半个波长；当 $t=d_m/v_d$ 时，对应由时间余弦函数表示的风速历时为半个周期。

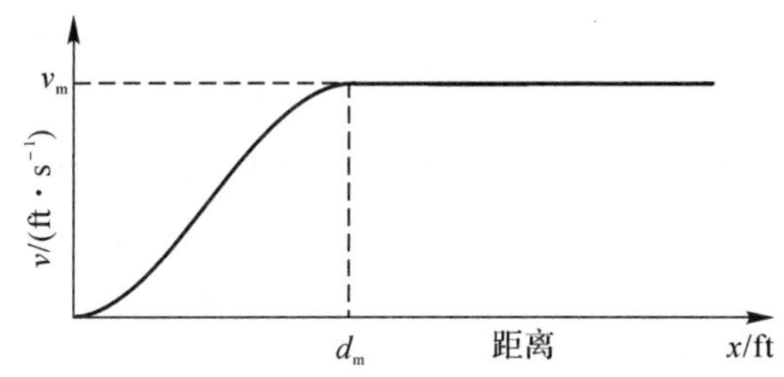

图 5-8　美国军用规范[MIL-F-8785C]给出的突风模型

注：1 ft=0.304 8 m

如果飞机在平直飞行时，突风作为垂直风干扰时，在 $0\leqslant x\leqslant d_m$ 范围内，垂直突风由下式表示：

$$W_{yd}=\frac{v_m}{2}\left[1-\cos\left(\frac{\pi}{d_m}x\right)\right]=\frac{v_m}{2}\left[1-\cos\left(\frac{\pi v_d}{d_m}t\right)\right] \tag{5-117}$$

并由 W_{yd} 对飞行距离 x 求导数，得到垂直风切变

$$w_{yx}=\frac{\partial W_{yd}}{\partial x}=\frac{v_m}{2}\frac{\pi}{d_m}\sin\left(\frac{\pi}{d_m}x\right)=\frac{v_m}{2}\frac{\pi}{d_m}\sin\left(\frac{\pi v_d}{d_m}t\right) \tag{5-118}$$

可以直接利用式(5-117)表示的 W_{yd} 除以 v_d 得到 α_W，即

$$\alpha_W=W_{yd}/v_d=\frac{v_m}{2v_d}\left[1-\cos\left(\frac{\pi v_d}{d_m}t\right)\right] \tag{5-119}$$

以减少由泰勒级数一次近似式带来的误差。

当突风作为顺(逆)风输入时，在 $0\leqslant x\leqslant d_m$ 范围内，顺(逆)向突风的表达式为

$$W_{xh}=W_{xd}=\frac{v_m}{2}\left[1-\cos\left(\frac{\pi}{d_m}x\right)\right]=\frac{v_m}{2}\left[1-\cos\left(\frac{\pi v_d}{d_m}t\right)\right] \tag{5-120}$$

并由 W_{xd} 对飞行距离 x 的导数，得到

$$w_{xx}=\frac{\partial W_{yh}}{\partial x}=\frac{\partial W_{xd}}{\partial x}=\frac{v_m}{2}\frac{\pi}{d_m}\sin\left(\frac{\pi}{d_m}x\right)=\frac{v_m}{2}\frac{\pi}{d_m}\sin\left(\frac{\pi v_d}{d_m}t\right) \tag{5-121}$$

当突风作为侧向输入时，在 $0\leqslant x\leqslant d_m$ 范围内，与侧向突风相对应的附加侧滑 β_W 为

$$\beta_W=\frac{W_{zh}}{v_d}=\frac{W_{zd}}{v_d}=\frac{v_m}{2v_d}\left[1-\cos\left(\frac{\pi}{d_m}x\right)\right]=\frac{v_m}{2v_d}\left[1-\cos\left(\frac{\pi v_d}{d_m}t\right)\right] \tag{5-122}$$

并由 W_{zd} 对飞行距离 x 的导数，得到

$$w_{zx}=\frac{\partial W_{zh}}{\partial x}=\frac{\partial W_{zd}}{\partial x}=\frac{v_m}{2}\frac{\pi}{d_m}\sin\left(\frac{\pi}{d_m}x\right)=\frac{v_m}{2}\frac{\pi}{d_m}\sin\left(\frac{\pi v_d}{d_m}t\right) \tag{5-123}$$

由于美国军用规范[MIL-F-8785C]给出的突风模型仅仅是 x 的函数，因此可认为 w_{xz}，w_{yz} 皆为零。为评定飞机对风速扰动的反应或驾驶员对风扰动的操纵，可单独或复合地使用上述离散突风。

5.5.2.2　大气紊流模型及其在分析中的应用

叠加在平均风速上的随地点、时间无规律变化的大气紊流是由具有摩擦的空气旋涡形成的，主要发生在地面、建筑物和山脉之上。无规则的大气紊流只能作为随机过程加以描述。具有随机过程特性的紊流阵风可由下列几种数学参数表征：

1) 相关函数

$$\left.\begin{aligned}R(\tau)&=\lim_{D\to\infty}\frac{1}{D}\int_0^D\widetilde{W}(t)\widetilde{W}(t+\tau)\mathrm{d}t\\R(0)&=\lim_{D\to\infty}\frac{1}{D}\int_0^D\widetilde{W}^2(t)\mathrm{d}t=\sigma_W^2\end{aligned}\right\}\tag{5-124}$$

2) 由 $R(0)$ 对 $R(\tau)$ 规范化的相关函数所包围的面积(称为“特征时间常数”) 为

$$T=\int_0^\infty\frac{R(\tau)}{R(0)}\mathrm{d}\tau=\frac{1}{\sigma_W^2}\int_0^\infty R(\tau)\mathrm{d}\tau\tag{5-125}$$

3) 在频域内便于数学处理的随机过程功率密度谱,即 $R(\tau)$ 的傅里叶变换为

$$S(\omega)=\int_{-\infty}^{+\infty}R(\tau)\mathrm{e}^{-\mathrm{j}\omega\tau}\mathrm{d}\tau\tag{5-126}$$

式(5-124) 中的 D 为最终观测时间,$\widetilde{W}$ 由下式表示:

$$\widetilde{W}(t)=\boldsymbol{W}-\overline{W},\quad \overline{W}=\frac{1}{D}\int_0^D W(t)\mathrm{d}t\tag{5-127}$$

由 $S(\omega)$ 的傅里叶反变换

$$R(\tau)=\frac{1}{2\pi}\int_{-\infty}^{+\infty}S(\omega)\mathrm{e}^{\mathrm{j}\omega\tau}\mathrm{d}\omega\tag{5-128}$$

得到

$$\sigma_W^2=R(0)=\frac{1}{2\pi}\int_{-\infty}^{+\infty}S(\omega)\mathrm{d}\omega\tag{5-129}$$

有不少接近真实的紊流的功率谱的近似表达式,简单、实用的Dryden紊流模型是最受欢迎的。这种形式的建立是假设阵风速度对于中/高空来说是各向同性的,对低空来讲,水平风速也是各向同性的;从统计学观点来看,按时间变化的功率谱,对应穿越阵风范围的距离变化;而且,对于低、中、高空的阵风模型是相同的。

美国军用规范[MIL-F-8785C] 把风速在地面轴系上的分量分别定义:

U_g—— 沿 x 轴的扰动速度,向前为正;

V_g—— 沿 z 轴的扰动速度,向驾驶员右边为正;

W_g—— 沿 y 轴的扰动速度,向下为正。

与本节给出的风速分量的关系为

$$\begin{bmatrix}U_g\\V_g\\W_g\end{bmatrix}=\begin{bmatrix}W_{xd}\\W_{zd}\\-W_{yd}\end{bmatrix}\tag{5-130}$$

该规范给出的 Dryden 紊流速度功率谱密度为

$$\boldsymbol{\varphi}(\Omega)=\begin{bmatrix}\boldsymbol{\phi}_{Ug}(\Omega)\\\boldsymbol{\phi}_{Vg}(\Omega)\\\boldsymbol{\phi}_{Wg}(\Omega)\end{bmatrix}=\begin{bmatrix}\sigma_U^2 & \dfrac{2L_U}{\pi} & \dfrac{1}{1+(L_U\Omega)^2}\\\sigma_V^2 & \dfrac{L_V}{\pi} & \dfrac{1+3\,(L_V\Omega)^2}{[1+(L_V\Omega)^2]^2}\\\sigma_W^2 & \dfrac{L_W}{\pi} & \dfrac{1+3\,(L_W\Omega)^2}{[1+(L_W\Omega)^2]^2}\end{bmatrix}\tag{5-131}$$

式中,$\Omega=\dfrac{\omega}{v}$为空间频率(rad/ft);ω 为时间频率(rad/s);v 为飞行速度(ft/s);$\sigma_i^2=\int_0^\infty\phi_i(\Omega)\mathrm{d}\Omega=\int_0^\infty\phi_i(\omega)\mathrm{d}\omega$ (ft/s)为紊流速度均方根强度;L_i为紊流长度尺度(ft),$i=U,V,W$。

1. 紊流仿真在飞行模拟中的作用

和突风仿真一样,在飞行模拟中利用紊流模型实施大气紊流的仿真对于飞机和飞行控制系统设计以及飞行品质分析是至关重要的。这种大气扰动模拟可使用于:

(a)在飞行模拟和闭环回路分析中,评价扰动对乘坐品质、飞行品质和操纵能力的影响;

(b)在风速扰动飞行中，操纵系统和主动控制系统的性能分析中；

(c)紊流速度在机体上的精确分布对结构模态影响的试验中；

(d)在扰动中飞行时，驾驶员和控制增稳系统对操纵面权限和速度饱和要求的设计中；

(e)数字飞行控制系统频率混叠效应的试验中。

除去这些，凡飞机穿入风场时，有重要影响的所有方面在分析和试验中都应考虑。本节只讨论连续紊流模型的应用，而又只限于对结构模态影响不大的飞机机体刚性反应的分析中。

2.随机紊流模型的仿真

可以根据配元积分运算法

$$\int_a^b f[\varphi(x)]\varphi'(x)\mathrm{d}x=\int_a^b f[\varphi(x)]\mathrm{d}\varphi(x) \tag{5-132}$$

并考虑到 $\Omega=\omega/v_\mathrm{d}$，得到

$$\int_0^\infty \varphi_i(\Omega)\mathrm{d}\Omega=\int_0^\infty \varphi_i(\Omega)\frac{1}{v_\mathrm{d}}\mathrm{d}\omega \tag{5-133}$$

所以 σ_i^2 表达式中的 $\varphi_i(\omega)$ 表示为

$$\varphi_i(\omega)=\varphi_i(\Omega)\frac{1}{v} \tag{5-134}$$

再将式(5-134)中的 Ω 代以 ω/v_d，得到由时间频率表示的 Dryden 形式的紊流频谱

$$\boldsymbol{\phi}(\omega)=\begin{bmatrix}\phi_{U\mathrm{g}}(\omega)\\ \phi_{V\mathrm{g}}(\omega)\\ \phi_{W\mathrm{g}}(\omega)\end{bmatrix}=\begin{bmatrix}\sigma_U^2\dfrac{2L_U}{\pi v_\mathrm{d}}\dfrac{1}{1+\left(\dfrac{L_U}{v_\mathrm{d}}\omega\right)^2}\\ \sigma_V^2\dfrac{L_V}{\pi v_\mathrm{d}}\dfrac{1+3\left(\dfrac{L_V}{v_\mathrm{d}}\omega\right)^2}{\left[1+\left(\dfrac{L_V}{v_\mathrm{d}}\omega\right)^2\right]^2}\\ \sigma_W^2\dfrac{L_W}{\pi v_\mathrm{d}}\dfrac{1+3\left(\dfrac{L_W}{v_\mathrm{d}}\omega\right)^2}{\left[1+\left(\dfrac{L_W}{v_\mathrm{d}}\omega\right)^2\right]^2}\end{bmatrix} \tag{5-135}$$

具有上述功率谱的紊流速度，可以用一个按高斯分布的随机白噪声信号源通过一个具有适当传递函数 $F_i(s)$ 的线性环节而得到。它的功率密度谱与输入信号的功率密度谱的关系为

$$\phi_i(\mathrm{j}\omega)=F_i(\mathrm{j}\omega)F_i(-\mathrm{j}\omega)\phi_0(\omega)=|F_i(\mathrm{j}\omega)|^2\phi_0(\omega) \tag{5-136}$$

由于频谱可以分解为两个共轭复变因子的乘积，即当

$$\phi_i(\omega)=S_i(\mathrm{j}\omega)S_i(-\mathrm{j}\omega) \tag{5-137}$$

得到

$$F_i(\mathrm{j}\omega)=\frac{S_i(\mathrm{j}\omega)}{\sqrt{\phi_0(\omega)}} \tag{5-138}$$

并且由式(5-135)、式(5-136)和式(5-138)得到

$$\boldsymbol{S}(\mathrm{j}\omega)=\begin{bmatrix}S_U(\mathrm{j}\omega)\\ S_V(\mathrm{j}\omega)\\ S_W(\mathrm{j}\omega)\end{bmatrix}=\begin{bmatrix}\sigma_U\sqrt{\dfrac{2T_U}{\pi}}\dfrac{1}{1+T_U\mathrm{j}\omega}\\ \sigma_V\sqrt{\dfrac{T_V}{\pi}}\dfrac{1+\sqrt{3}T_V\mathrm{j}\omega}{(1+T_V\mathrm{j}\omega)^2}\\ \sigma_W\sqrt{\dfrac{T_W}{\pi}}\dfrac{1+\sqrt{3}T_W\mathrm{j}\omega}{(1+T_W\mathrm{j}\omega)^2}\end{bmatrix} \tag{5-139}$$

再将式(5-139)中每个元素分别代入式(5-138)和 $s=\mathrm{j}\omega$，得到成形滤波器传递函数矢量

$$\boldsymbol{F}(s)=\begin{bmatrix}F_U(s)\\F_V(s)\\F_W(s)\end{bmatrix}=\begin{bmatrix}\sigma_U\sqrt{\dfrac{2T_U}{\pi\phi_0}}\dfrac{1}{1+T_Us}\\\sigma_V\sqrt{\dfrac{T_V}{\pi\phi_0}}\dfrac{1+\sqrt{3}T_Vs}{(1+T_Vs)^2}\\\sigma_W\sqrt{\dfrac{T_W}{\pi\phi_0}}\dfrac{1+\sqrt{3}T_Ws}{(1+T_Ws)^2}\end{bmatrix}\tag{5-140}$$

式中，$T_U=\dfrac{L_U}{v_d}$；$T_V=\dfrac{L_V}{v_d}$；$T_W=\dfrac{L_W}{v_d}$；ϕ_0 为白色噪声发生器信号源的常值功率谱。

在数值仿真时，利用伪随机信号发生器代替不易产生的白色噪声发生器，其计算步长(或钟频)应足够大。将伪随机信号发生器产生的伪噪声信号输入给成形滤波器，其输出信号便可代替实际飞行中的大气紊流。这种方法可以用一种标准函数作为模块，方便地使用于系统分析和飞行模拟中。具有两个参数的紊流模块，通常是由随机序列实现的，不仅使用方便，仿真时间短和便于结果比较也是它的优点。图 5-9 所示为大气紊流的模拟方块图。

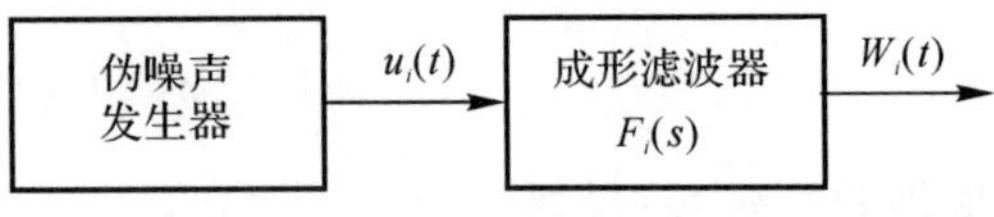

图 5-9　大气紊流的模拟结构图

3. 随机紊流在刚体飞机动力学分析中的应用

正如[MIL-F-8785C]规范指出的那样，突风紊流应当只通过气动力和力矩项对飞机运动方程起作用。且当空气动力敏感元件是飞机增稳系统的一部分时，紊流对敏感元件的直接影响亦应计入。

紊流速度分量按[MIL-F-8785C]规范规定，沿飞机机体轴的正方向为正。因而，由图 5-9 和式(5-140)得到地面轴系上三个紊流速度分量的拉普拉斯变换解

$$U_g(s)=\sigma_U\sqrt{\frac{2T_U}{\pi\varphi_0}}\frac{1}{1+T_Us}u_x(s)\tag{5-141}$$

$$V_g(s)=\sigma_V\sqrt{\frac{T_V}{\pi\varphi_0}}\frac{1+\sqrt{3}T_Vs}{(1+T_Vs)^2}u_y(s)\tag{5-142}$$

$$W_g(s)=\sigma_W\sqrt{\frac{T_W}{\pi\varphi_0}}\frac{1+\sqrt{3}T_Ws}{(1+T_Ws)^2}u_z(s)\tag{5-143}$$

当用本节使用的坐标系方向和符号时，地面轴系上三个紊流速度分量的拉普拉斯变换解为

$$W_{xd}(s)=U_g(s)=\sigma_U\sqrt{\frac{2T_U}{\pi\phi_0}}\frac{1}{1+T_Us}u_x(s)\tag{5-144}$$

$$W_{yd}(s)=W_g(s)=\sigma_W\sqrt{\frac{T_W}{\pi\phi_0}}\frac{1+\sqrt{3}T_Ws}{(1+T_Ws)^2}u_z(s)\tag{5-145}$$

$$W_{zd}(s)=V_g(s)=\sigma_V\sqrt{\frac{T_V}{\pi\phi_0}}\frac{1+\sqrt{3}T_Vs}{(1+T_Vs)^2}u_y(s)\tag{5-146}$$

这样一来，当飞机以小角度飞行时，在航迹轴上的顺(逆)风紊流和附加迎角、侧滑角的拉普斯变换解表示为

$$\begin{bmatrix}W_{xh}(s)\\\alpha_W(s)\\\beta_W(s)\end{bmatrix}=\begin{bmatrix}\sigma_U\sqrt{\dfrac{2T_U}{\pi\phi_0}}\dfrac{1}{1+T_Us}u_x(s)\\\dfrac{\sigma_W}{v_d}\sqrt{\dfrac{T_W}{\pi\phi_0}}\dfrac{1+\sqrt{3}T_Ws}{(1+T_Ws)^2}u_z(s)\\\dfrac{\sigma_V}{v_d}\sqrt{\dfrac{T_V}{\pi\phi_0}}\dfrac{1+\sqrt{3}T_Vs}{(1+T_Vs)^2}u_y(s)\end{bmatrix}\tag{5-147}$$

[MIL-F-8785C]规范给出了紊流引起的角速度 q_g,p_g,r_g 的扰动频谱

$$\begin{bmatrix}\phi_{p_g}(\Omega)\\ \phi_{q_g}(\Omega)\\ \phi_{r_g}(\Omega)\end{bmatrix}=\begin{bmatrix}\dfrac{\sigma_W^2}{L_W}\dfrac{0.8\left(\dfrac{\pi L_W}{4b}\right)^{\frac{1}{3}}}{1+\left(\dfrac{4b}{\pi}\Omega\right)^2}\\ \dfrac{\Omega^2}{1+\left(\dfrac{4b}{\pi}\Omega\right)^2}\phi_{W_g}(\Omega)\\ \dfrac{\Omega^2}{1+\left(\dfrac{3b}{\pi}\Omega\right)^2}\phi_{V_g}(\Omega)\end{bmatrix} \tag{5-148}$$

式中，b 为翼展。这些紊流引起的角速度在效果上相当于飞机的角速度，可按下式近似表示：

$$[q_g \quad p_g \quad r_g]^{\mathrm{T}}=\left[\frac{\partial W_g}{\partial x} \quad -\frac{\partial W_g}{\partial y} \quad -\frac{\partial V_g}{\partial x}\right]^{\mathrm{T}} \tag{5-149}$$

而且紊流引起的迎角对时间的导数为

$$\dot{\alpha}_g=-q_g \tag{5-150}$$

当采用本节使用的坐标系和符号时，紊流引起的角速度为

$$[\omega_{zw} \quad \omega_{xw} \quad \omega_{yw}]^{\mathrm{T}}=[-w_{yx} \quad w_{yz} \quad w_{zx}]^{\mathrm{T}} \tag{5-151}$$

和

$$\dot{\alpha}_W=-\omega_{zw}=w_{yx} \tag{5-152}$$

如果将白色噪声信号通过传递函数为 $F_\omega(s)$ 的成形滤波器，使其输出的随机信号的功率谱由式(5-148)表示，那么该成形滤波器的传递函数应为

$$\boldsymbol{F}_\omega(s)=\begin{bmatrix}F_p(s)\\ F_r(s)\\ F_q(s)\end{bmatrix}=\begin{bmatrix}\sigma_W\sqrt{\dfrac{1}{L_W v_d}}\dfrac{\sqrt{0.8\left(\dfrac{\pi L_W}{4b}\right)^{\frac{1}{3}}}}{1+\dfrac{4b}{\pi v_d}s}\\ \dfrac{\dfrac{1}{v_d}s}{1+\dfrac{3b}{\pi v_d}s}F_V(s)\\ \dfrac{\dfrac{1}{v_d}s}{1+\dfrac{4b}{\pi v_d}s}F_W(s)\end{bmatrix} \tag{5-153}$$

式中，$$F_V(s)=\sigma_V\sqrt{\frac{T_V}{\pi\phi_0}}\,\frac{1+\sqrt{3}\,T_V s}{(1+T_V s)^2},\quad F_W(s)=\sigma_W\sqrt{\frac{T_W}{\pi\phi_0}}\,\frac{1+\sqrt{3}\,T_W s}{(1+T_W s)^2}$$

这样一来，对应紊流角速度 ω_{xw}，ω_{yw}，ω_{zw} 的紊流梯度的拉普拉斯变换解应为

$$\begin{bmatrix}w_{yx}\\ w_{yz}\\ w_{zx}\end{bmatrix}=\begin{bmatrix}F_p(s)u_p(s)\\ F_r(s)u_r(s)\\ F_q(s)u_q(s)\end{bmatrix} \tag{5-154}$$

式中，$u_p(s)$，$u_r(s)$，$u_q(s)$ 分别为三个伪噪声发生器输出的拉普拉斯变换解。

该规范指出，紊流分量 U_g，V_g，W_g 和 p_g 应认为在统计意义上是相互独立(不相关)的。但 q_g 与 W_g 相关，r_g 与 V_g 相关。这就是说，对于紊流分量 W_{xd}，W_{yd}，W_{zd} 和紊流等效滚转速度 ω_{xw} 分别需要四个独立的伪噪声发生器，ω_{zw} 和 W_{yd} 可共用一个伪噪声发生器；ω_{yw} 和 W_{zd} 可共用一个伪噪声发生器。

最后，得到了一个按美国军用规范[MIL-F-8785C] 规范要求的 Dryden 形式紊流仿真结构图，由图 5-10 表示。

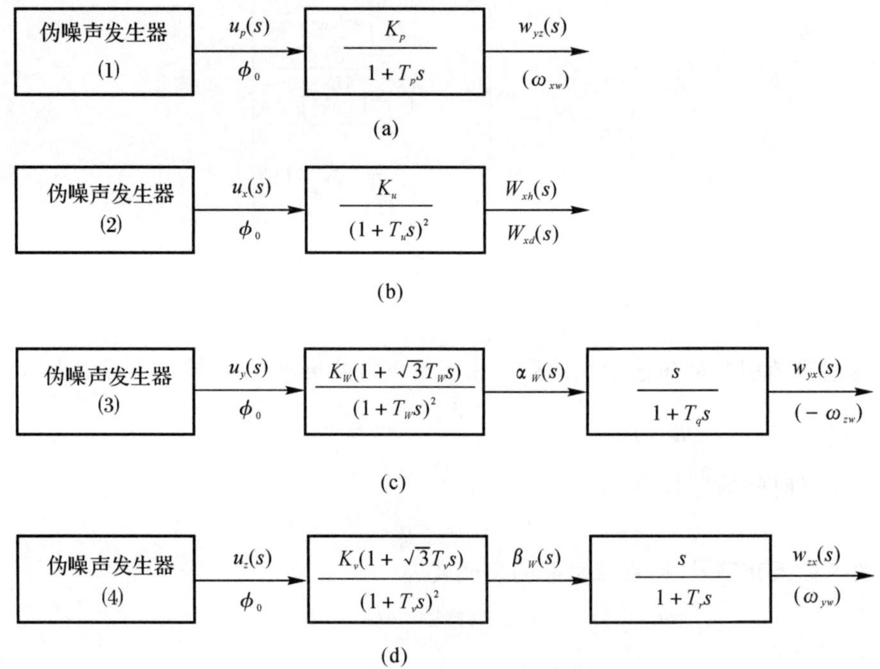

图 5-10　Dryden 形式紊流仿真结构图

图中(a)(b)(c)(d)分别为紊流系数 ω_{yz}，W_{xh}，ω_{yx} 和 ω_{zx} 的成型滤波器的传递函数。图 5-10(a) 中 $K_p=\sigma_W\sqrt{\dfrac{0.8}{L_W v_d \phi_0}}\left(\dfrac{\pi L_W}{4b}\right)^{\frac{1}{3}}$，$T_p=\dfrac{4b}{\pi v_d}$；图 5-10(b) 中 $K_U=\sigma_U\sqrt{\dfrac{2T_U}{\pi\phi_0}}$；图 5-10(c) 中 $K_W=\dfrac{\sigma_W}{v_d}\sqrt{\dfrac{T_W}{\pi\phi_0}}$，$T_q=\dfrac{4b}{\pi v_d}$；图 5-10(d) 中 $K_V=\dfrac{\sigma_V}{v_d}\sqrt{\dfrac{T_V}{\pi\phi_0}}$，$T_r=\dfrac{3b}{\pi v_d}$。

图 5-10 中随机紊流模型参数是按[MIL-F-8785C]规定的三个高度范围内和小、中、强三种紊流强度给出的，在此不必赘述。至于伪随机信号发生器参数的选择可简化叙述如下：

当采用二进制伪随机信号发生器或利用数字机软件实现时，其功率谱的低频段可视为常数，在这个频率范围内，这个伪随机信号发生器可认为是一个白色噪声发生器，其功率谱可近似为

$$\phi_0=\frac{a^2(N+1)\Delta t}{N} \tag{5-155}$$

式中，a 为伪噪声发生器输出高电平的一半；$N=2^n-1$，N 为二进制最大长度序列的长度位数；Δt 为钟频周期(或计算步长)。

可以根据紊流模型频谱确定计算步长。随机紊流成形滤波器的频谱频率为

$$\omega_F=\frac{1}{T_i} \tag{5-156}$$

式中，T_i 代表成形滤波器的时间常数，如 T_U，T_V，T_W 或者 T_p，T_q 等。而伪噪声发生器的有效带宽，即二进制最大长度序列频带为

$$\omega=\frac{2\pi}{3\Delta t} \tag{5-157}$$

那么可选择 Δt 使得 ω 是 ω_F 的 4 ～ 10 倍。

N 的选择取决于噪声发生器的频谱连续性，即为频谱间隔有关，因此可选择 N 足够大为好。

5.5.3　大气对飞机的扰动

本节概述风速矢量 $\boldsymbol{W}_x$、风速附加迎角 α_W、附加侧滑角 β_W 和垂直风切变 w_{yx} 对飞机扰动的基本作用原理，给出风速干扰时简单而直观的抽象概念。风速以及相应的附加变量对飞机的自然扰动过程不可能是阶跃变化的，实际的干扰过程是动态风变化过程，风切变线性干扰也只是在一定条件下才能近似描述，它很快就会偏离线性范围。更应该指出的是，本节给出的线性运动方程是在 $\boldsymbol{W}=\boldsymbol{0}$ 的条件下推导出来的，只允许小幅值的风速作用。

5.5.3.1　大气对纵向运动的扰动

将式(5-110)中的 α_d，v_d 转换为 α，v 和 w_{yx} 转换为 $\dot{\alpha}_W$，得到垂直风干扰情况下纵向运动简化结构图，如图 5-11 所示，图中 $x^{\alpha'}-g=x^\alpha$。

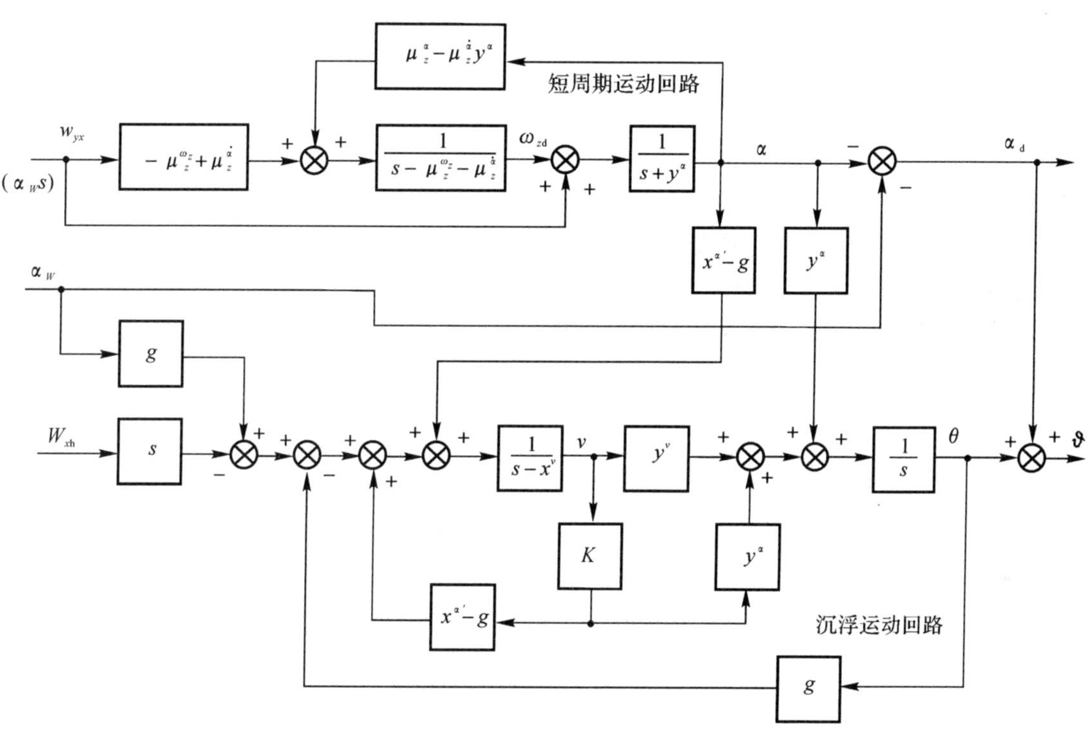

图 5-11　垂直风干扰情况下纵向运动简化结构图

1. α_W 输入

垂直风对应的附加迎角 α_W，不仅仅通过 $\mu_z^\alpha-\mu_z^{\dot\alpha}y^\alpha$，$y^\alpha$ 激发短周期模态，还可通过 x^α，y^α 和 α 响应激发沉浮运动模态，且在 α，ω_z 响应中主要包含短周期模态，在 v，θ 响应中两种纵向运动模态分量都足够大。一个垂直突风引起的空速迎角 α 对 α_W 的传递函数近似为

$$\frac{\alpha}{\alpha_W}(s)=\frac{s(s-2\mu_z^{\omega_z})}{s^2+2\zeta_\mathrm{s}\omega_\mathrm{ns}s+\omega_\mathrm{ns}^2}\tag{5-158}$$

又因 $\alpha=\alpha_\mathrm{d}+\alpha_W$，得到航迹迎角对 α_W 的传递函数近似表达式为

$$\frac{\alpha_\mathrm{d}}{\alpha_W}(s)=\frac{\alpha}{\alpha_W}(s)-1=\frac{-(y^\alpha+\mu_z^{\omega_z}-\mu_z^{\dot\alpha})s-\omega_\mathrm{ns}^2}{s^2+2\zeta_\mathrm{s}\omega_\mathrm{ns}s+\omega_\mathrm{ns}^2}\tag{5-159}$$

可见，对于常值垂直突风来说，空速迎角和航迹迎角初始值分别为

$$\lim_{t=0}\alpha=\alpha_W,\quad \lim_{t=0}\alpha_\mathrm{d}=0,\quad \lim_{t=0}\dot{\alpha}_\mathrm{d}=-(y^\alpha+\mu_z^{\omega_z}-\mu_z^{\dot\alpha})\alpha_W\tag{5-160}$$

当 $w_{yx}=0$ 时，α_W 阶跃干扰的稳态响应

$$\alpha_{\infty}=0 \quad 和 \quad \alpha_{d\infty}=-\alpha_W \tag{5-161}$$

在垂直突风干扰下，考虑到 y^v，μ_z^v 绝对值很小，得到航迹角 θ 对 α_W 的传递函数近似式为

$$\frac{\theta}{\alpha_W}(s)\approx\frac{\omega_{np}^2}{s^2+2\zeta_p\omega_{np}s+\omega_{np}^2}\left\{\frac{s(s-2\mu_z^{\omega_z})\left[\dfrac{x^\alpha}{g}+\dfrac{y^\alpha}{\omega_{np}^2}(s+2\zeta_p\omega_{np})\right]}{s^2+2\zeta_s\omega_{ns}s+\omega_{ns}^2}+1\right\} \tag{5-162}$$

因此

$$\left.\begin{aligned}&\lim_{t=0}\dot{\theta}=y^\alpha\alpha^w\\&\theta_{\infty}=\alpha_W\\&\vartheta_{\infty}=\theta_{\infty}+\alpha_{d\infty}=0\end{aligned}\right\} \tag{5-163}$$

还可以得到空速 v 或航迹速度 v_d 对 α_W 的传递函数近似式为

$$\frac{v_d}{\alpha_W}(s)=\frac{v}{\alpha_W}(s)=\frac{s\{(x^\alpha+g)s^2-[(\mu_z^{\omega_z}+\mu_z^{\dot{\alpha}})g+2\mu_z^{\omega_z}x^\alpha]s+(\mu_z^{\omega_z}y^\alpha-\mu_z^\alpha)g\}}{(s^2+2\zeta_p\omega_{np}s+\omega_{np}^2)(s^2+2\zeta_s\omega_{ns}s+\omega_{ns}^2)} \tag{5-164}$$

因此

$$\lim_{t=0}\dot{v}=\lim_{t=0}\dot{v}_d=(x^\alpha+g)\alpha_W \quad 和 \quad v_{\infty}=v_{d\infty}=0 \tag{5-165}$$

2. W_{xh} 输入

在顺(逆)突风 W_{xh} 干扰下，可近似认为仅仅激发沉浮运动振型，并主要分布于空速 v、航迹角 θ 和俯仰角 ϑ 响应中。对短周期振型影响甚小，以及迎角 α 和俯仰速率响应也足够小。由图 5-11 可以得到空速 v、航迹速度 v_d、航迹角 θ 和俯仰角 ϑ 的传递函数近似表达式

$$\frac{v}{W_{xh}}(s)=\frac{-s^2}{s^2-(x^v+Kx^\alpha)s+(y^v+Ky^\alpha)g} \tag{5-166}$$

$$\frac{v_d}{W_{xh}}(s)=\frac{v}{W_{xh}}(s)+1=\frac{-(x^v+Kx^\alpha)s+(y^v+Ky^\alpha)g}{s^2-(x^v+Kx^\alpha)s+(y^v+Ky^\alpha)g} \tag{5-167}$$

$$\frac{\theta}{W_{xh}}(s)=\frac{-s(y^v+Ky^\alpha)}{s^2-(x^v+Kx^\alpha)s+(y^v+Ky^\alpha)g} \tag{5-168}$$

$$\frac{\vartheta}{W_{xh}}(s)=\frac{-s(Ks+y^v+Ky^\alpha)}{s^2-(x^v+Kx^\alpha)s+(y^v+Ky^\alpha)g} \tag{5-169}$$

并由式(5-166) ~ 式(5-169) 得到

$$\lim_{t=0}v=-W_{xh},\quad \lim_{t=0}\dot{v}_d=-x^vW_{xh},\quad \lim_{t=0}\dot{\theta}=-y^vW_{xh} \tag{5-170}$$

和

$$\left.\begin{aligned}&v_{\infty}=0\\&v_{d\infty}=W_{xh}\\&\theta_{\infty}=0\\&\vartheta_{\infty}=0\end{aligned}\right\} \tag{5-171}$$

还可由式(5-110) 得到 α_d 和 α 的初始斜率为 y^v。

总之，顺风(W_{xh} 为正) 首先使空速 v 减小，而达到稳态时，会使航迹速度 v_d 增大，即使飞机相对地面加速。

3. w_{yx} 输入

$\dot{\alpha}_w=w_{yx}$，使得常值垂直风梯度 w_{yx} 的干扰相当于 α_W 微分输入，因此，在此不作赘述。

5.5.3.2 大气对横侧向运动的扰动

影响横侧向运动的风速干扰包括侧向突风形成的 β_W 输入，不仅影响侧向位移自由度，还影响偏航转动

自由度；风梯度 w_{yz} 不仅影响偏航转动自由度，还影响滚转自由度；风梯度 w_{zx} 主要影响偏航转动自由度，风梯度 w_{xz} 主要影响滚转自由度；尽管式(5-91)表明了 $\omega_{yw} \approx w_{xz} - w_{zx}$，但 w_{xz}，w_{zx} 分别不影响偏航转动自由度和滚转自由度。

1. β_W 输入

由式(5-111)表征的 β_W 干扰，当将变量 β_d 转换为 β 时，这种 β 干扰可转换为 $\dot{\beta}_W$ 干扰。由式(5-112)可知，$w_{zx} = -\dot{\beta}_W$。因此，为了分析简便，可将 β_W，W_{zx} 干扰改变为 $\dot{\beta}_W$ 干扰。在 $\dot{\beta}_W$ 干扰横侧向运动响应特性的概述性分析中，为便于得到正确结论，假设参 $g\cos\theta_0/v_0$，$\mu_{ys}^{\omega_x}$ 绝对值足够小，以至于使耦合严重的横侧向运动回路可简化为荷兰滚运动回路和滚转运动回路串联，使得 $\dot{\beta}_W$ 干扰横侧向运动简化结构图由图5-12表示，并由此得到 β，β_d 对 β_W 的传递函数分别由式(5-172)、式(5-173)近似表示

$$\frac{\beta}{\beta_W}(s) = \frac{s(s - 2\mu_{ys}^{\omega_y})}{s^2 + 2\zeta_d\omega_{nd}s + \omega_{nd}^2} \tag{5-172}$$

$$\frac{\beta_d}{\beta_W}(s) = \frac{\beta}{\beta_W}(s) - 1 = \frac{(z^\beta - \mu_{ys}^{\omega_y})s - \omega_{nd}^2}{s^2 + 2\zeta_d\omega_{nd}s + \omega_{nd}^2} \tag{5-173}$$

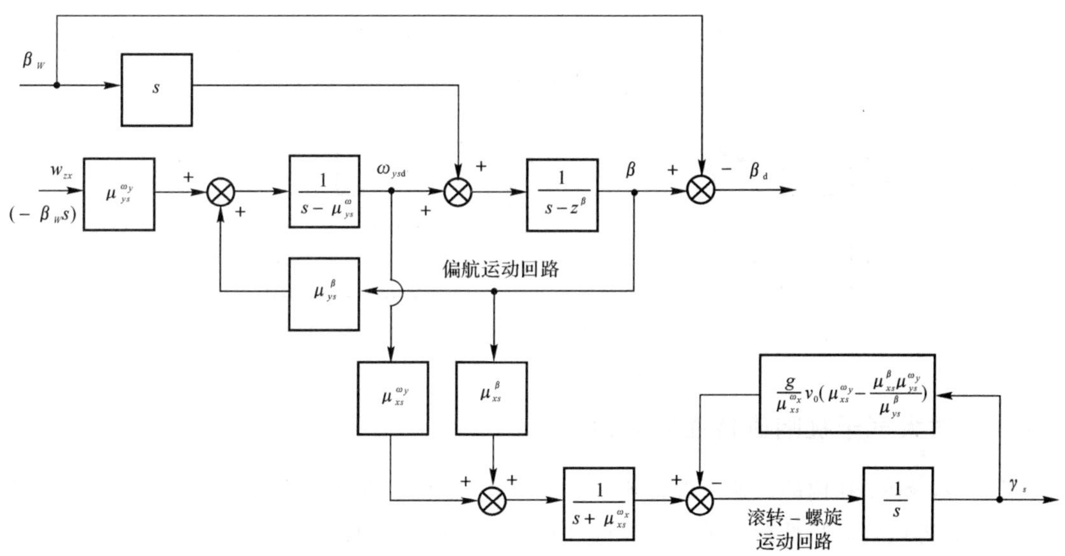

图5-12　β_W 和 w_{zx} 干扰情况下横侧向运动简化结构图

可见，β_W 的影响完全类似于纵向运动中 α_W 的影响。对侧滑角来说，有

$$\lim_{t=0}\beta = \beta_W,\quad \lim_{t=0}\beta_d = 0 \quad 和 \quad \lim_{t=0}\dot{\beta}_d = (z^\beta - \mu_{ys}^{\omega_y})\beta_W \tag{5-174}$$

$$\beta_\infty = 0,\quad \beta_{d\infty} = -\beta_{W\infty} \tag{5-175}$$

β_W，w_{zx} 扰动主要激起荷兰滚振型，当 $g\cos\theta_0/v_0$，$\mu_{ys}^{\omega_x}$ 绝对值很小时，在 β，β_d 和 ω_{ys} 响应中主要包含荷兰滚振型。β_W，w_{zx} 激起的滚转、螺旋运动振型分量的大小取决于 μ_{xs}^{β}，$\mu_{xs}^{\omega_y}$ 绝对值的大小。在 ω_{xs} 响应中主要包含滚转模态和荷兰滚模态；在 γ_s 响应中主要包含螺旋模态，荷兰滚振荡和非周期的快速滚转运动被螺旋运动回路滤波。

2. w_{xz} 和 w_{yz} 输入

由式(5-91)表征的风梯度 w_{yz} 的作用近似于符号相反的附加滚转角速率 ω_{xw} 的作用。因此，w_{yz} 通过气动导数 $\mu_{xs}^{\omega_x}$，$\mu_{ys}^{\omega_x}$ 分别作用于滚转自由度和偏航转动自由度，但由于 $\mu_{ys}^{\omega_x}$ 的绝对甚小，它对偏航转动自由度的作用可以忽略不计。风梯度 w_{xz} 通过气动导数 $\mu_{xs}^{\omega_x}$ 仅仅作用于滚转自由度。$\mu_{ys}^{\omega_x}$，$g\cos\theta_0/v_0$ 绝对值足够小，以及螺旋运动回路的高频滤波作用，使得风梯度 w_{xz}，w_{yz} 主要作用于滚转、螺旋运动回路，而且在 ω_{xs} 响应中主要包含滚转模态，在 γ_s 响应中主要包含螺旋模态。风梯度 w_{xz}，w_{yz} 干扰的滚转-螺旋运动结构图由图

5-13 表示，并由此得到航迹滚转速率和倾斜角 γ_s 对风梯度 w_{xz}，w_{yz} 的传递函数，分别由式(5-176) 和式(5-177) 近似表示：

$$\left.\begin{aligned}&\frac{\omega_{xsd}}{w_{xz}}(s)=\frac{-\mu_{xs}^{\omega_y}s}{(s-\mu_{xs}^{\omega_x})\left[s+\dfrac{g}{\mu_{xs}^{\omega_x}v_0}\left(\mu_{xs}^{\omega_y}-\dfrac{\mu_{ys}^{\omega_y}\mu_{xs}^{\beta}}{\mu_{ys}^{\beta}}\right)\right]}\\&\frac{\gamma_s}{w_{xz}}(s)=\frac{\omega_{xsd}}{w_{xz}}(s)\ \frac{1}{s}\end{aligned}\right\} \tag{5-176}$$

$$\left.\begin{aligned}&\frac{\omega_{xsd}}{w_{yz}}(s)=\frac{\mu_{xs}^{\omega_x}s}{(s-\mu_{xs}^{\omega_x})\left[s+\dfrac{g}{\mu_{xs}^{\omega_x}v_0}\left(\mu_{xs}^{\omega_y}-\mu_{ys}^{\omega_y}\dfrac{\mu_{xs}^{\beta}}{\mu_{ys}^{\beta}}\right)\right]}\\&\frac{\gamma_s}{w_{yz}}(s)=\frac{\omega_{xsd}}{w_{yz}}(s)\ \frac{1}{s}\end{aligned}\right\} \tag{5-177}$$

在常值风梯度 w_{xz}，w_{yz} 干扰情况下，$\mu_{xs}^{\omega_y}$，$\mu_{xs}^{\omega_x}$ 的绝对值足够大和$\dfrac{g}{v_0}\left(\mu_{xs}^{\omega_x}-\dfrac{\mu_{xs}^{\beta}\mu_{ys}^{\omega_y}}{\mu_{ys}^{\beta}}\right)$的绝对值足够小，使得飞机出现瞬时值较大的滚转速率和滚转角。但由于只能在短时间内保证风梯度不变，以及考虑到倾斜角限制的横侧向运动方程组的有效范围，所以，在这里没有必要研究它们的稳态响应。

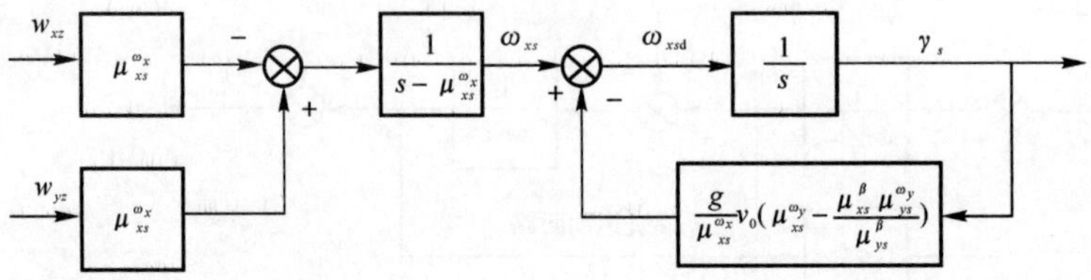

图 5-13　风梯度 w_{xz} 和 w_{yz} 干扰下滚转-螺旋运动结构图

5.5.3.3　对大气干扰响应特性的讨论

由包括 W_{xh}，α_W 和 β_W 在内的风速干扰传递函数近似式，获得了阶跃响应初始特性和稳态特性的边界值，为高频阵风和低频阵风扰动特性给出了某些原则性提示。上述介绍的这些结论性关系式是按某些假设条件得到的，在使用中必须谨慎小心，最好使用非线性仿真来检验。

在同样的大气扰动下，比较一下航迹变量 v_d 和 θ 的初始响应是很有意义的。由式(5-167)、式(5-168) 表示的 $\dot{\theta}$，$\dot{v}_d$ 对 W_{xh} 的传递函数得到

$$\left.\frac{v_0\dot{\theta}/W_{xh}}{\dot{v}_d/W_{xh}}\right|_{t=0}=\frac{v_0 y^v}{x^v} \tag{5-178}$$

和由式(5-162)、式(5-164) 表示的 $\dot{\theta}$，$\dot{v}_d$ 分别对 α_W 的传递函数得到

$$\left.\frac{v_0\dot{\theta}/\alpha_W}{\dot{v}_d/\alpha_W}\right|_{t=0}=\frac{v_0 y^\alpha}{x^\alpha+g} \tag{5-179}$$

这些边界条件相当于高频干扰特性，即高频阵风引起的垂直加速度一般大于水平加速度，还可由这些传递函数得到

$$\left.\frac{\dot{\theta}/\alpha_W}{v_0\dot{\theta}/W_{xh}}\right|_{t=0}=\frac{y^\alpha}{v_0 y^v} \tag{5-180}$$

$$\left.\frac{\dot{v}_d/v_0\alpha_W}{\dot{v}_d/W_{xh}}\right|_{t=0}=\frac{x^\alpha+g}{v_0 x^v} \tag{5-181}$$

由此可见，在高频情况下，α_W 阵风的影响要比 W_{xh} 阵风影响大得多，但不能错误地认为水平阵风没有垂直阵风重要。

第6章　飞机纵向动力学特性分析

利用按稳定轴系(或速度轴系)建立的飞机对称定常直线飞行时的状态方程式(5-1),研究纵向小扰动运动的稳定性和模态特性是简单、合理和具有普遍的现实意义的。但是,尽管已经作了许多限制和假设,线性化处理的纵向运动状态方程式(5-1),仍不能方便地用于系统稳定性和模态特性的分析,也不能有效地简化控制器结构和参数设计。经初等变换的飞机纵向运动状态方程式(5-24),对纵向动力学特性分析和控制器设计更具有实际意义。从表面上观察式(5-24),似乎更为复杂,然而近似不变性解耦使飞机纵向运动分解为两个近似独立的运动模态,这将方便于稳定性、模态特性分析和控制系统结构和参数设计。

6.1　飞机纵向模态特性分析

给定某飞机飞行重力 $G=13.54\times10^5$ N,飞行高度 $H=6\ 100$ m,速度 $v_0=201$ m/s 和 $Ma=0.638$。当等速直线飞行时,按式(5-1)给出相应的有关气动导数

$$x^v=-0.009\ 7\ \mathrm{s^{-1}}\quad \mu_z^v=0.0\ (\mathrm{s\cdot m})^{-1}$$
$$x^\alpha=0.321\ 6\ \mathrm{m\cdot s^{-2}}\quad \mu_z^\alpha=-15.50\ \mathrm{s^{-2}}$$
$$y^v=0.000\ 475\ \mathrm{m^{-1}}\quad \mu_z^{\dot\alpha}=-0.857\ \mathrm{s^{-1}}$$
$$y^\alpha=1.43\ \mathrm{s^{-1}}\quad \mu_z^{\omega_z}=-1.920\ \mathrm{s^{-1}}$$
$$y^{\delta_z}=0.105\ 8\ \mathrm{s^{-1}}\quad \mu_z^{\delta_z}=-26.10\ \mathrm{s^{-2}}$$

当纵向运动状态方程的特征行列式由

$$\det[s\boldsymbol{I}-\boldsymbol{A}]=\begin{bmatrix} s+y^\alpha & y^v & 0 & -1 \\ -x^\alpha-g & s-x^v & g & 0 \\ 0 & 0 & s & -1 \\ -\mu_z^\alpha+\mu_z^{\dot\alpha}y^\alpha & -\mu_z^v+\mu_z^{\dot\alpha}y^v & 0 & s-\mu_z^{\omega_z}-\mu_z^{\dot\alpha}\end{bmatrix}=s^4+c_1s^3+c_2s^2+c_3s+c_4=0 \tag{6-1}$$

表示时,式中

$$c_1=y^\alpha-x^v-\mu_z^{\omega_z}-\mu_z^{\dot\alpha}$$
$$c_2=x^v(\mu_z^{\omega_z}+\mu_z^{\dot\alpha}-y^\alpha)-y^\alpha\mu_z^{\omega_z}-\mu_z^\alpha+y^v(x^\alpha+g)$$
$$c_3=x^v(\mu_z^\alpha+y^\alpha\mu_z^{\omega_z})-y^v[(x^\alpha+g)\mu_z^{\omega_z}+g\mu_z^{\dot\alpha}]-x^\alpha\mu_z^v$$
$$c_4=g(y^\alpha\mu_z^v-y^v\mu_z^\alpha)$$

按式(6-1)解算出某飞机在该飞行状态下的特征值,当用

$$\lambda_2,\lambda_3=-\omega_{\mathrm{np}}(\zeta_{\mathrm{p}}\mp\sqrt{1-\zeta_{\mathrm{p}}^2}) \tag{6-2}$$

表征长周期运动特征值和用

$$\lambda_1,\lambda_4=-\omega_{\mathrm{ns}}(\zeta_{\mathrm{s}}\mp\sqrt{1-\zeta_{\mathrm{s}}^2}) \tag{6-3}$$

表征短周期运动特性值时,得到纵向运动长、短周期运动的阻尼比和固有频率,如表6-1所示精确解。对应于一对共轭复根的模态称为短周期模态或振荡模态。在短周期模态中每振荡一次所需的时间称为周期。短周期模态的振荡频率为

$$\omega = \omega_{\mathrm{n}} \sqrt{1-\zeta^{2}} \tag{6-4}$$

振荡周期为

$$T = \frac{2\pi}{\omega_{\mathrm{n}} \sqrt{1-\zeta^{2}}} \tag{6-5}$$

式中,ω_{n} 为系统特征值固有频率;ζ 为振荡阻尼比。

对应实特征值的运动模态称为非周期模态。

表 6-1　纵向运动特征值精确解与近似解的比较

模态 / 特征值参数 / 解算方式	长周期		短周期	
	ζ_{p}	ω_{np}	ζ_{s}	ω_{ns}
精确解	0.071 4	0.063 0	0.493	4.27
第一近似解	0.071 7	0.062 9	0.492 6	4.271 4
第二近似解	0.072 6	0.068 3	0.492 5	4.271 5

利用纵向运动转换状态方程式(5-24),分别分析长、短周期模态的稳定性和模态特性。在分析之前必须首先利用实例证明,经初等变换的飞机纵向状态方程矩阵 **A** 是否近似为双对角阵,以便按不变性解耦原理将飞机近似分解为两个近似独立的长周期和短周期模态。

可按两种近似程度不一样的计算公式计算纵向运动初等变换阵元素 m_{21},m_{24},m_{31} 和 m_{34}。当使用式(5-23)、式(5-22)、式(5-20) 和式(5-21) 计算时,其计算结果由表 6-2 表示。

表 6-2　飞机纵向运动状态方程初等变换阵 *M* 的元素计算值

M 阵元素	m_{21}	m_{24}	m_{31}	m_{34}
计算值	−1.720 7	−0.342 8	−0.782 4	0.078 4

按式(5-15) 得到飞机纵向运动状态方程的相似矩阵 **A′** 的元素值,列于表 6-3 中。表中没有的元素 a'_{12},a'_{13},a'_{42},a'_{43} 分别等于 **A** 阵中对应元素。

表 6-3　飞机纵向运动状态方程初等变换后相似阵 *A′*,*B′* 的元素计算值

A′ 阵元素	a'_{11}	a'_{14}	a'_{21}	a'_{22}	a'_{23}	a'_{24}
计算值	−1.430 8	0.999 84	−0.01 82	−0.009 02	−9.81	−0.002 64
B′ 阵元素	b'_{11}	b'_{12}	b'_{13}	b'_{14}	b'_{21}	b'_{22}
计算值						
A′ 阵元素	a'_{31}	a'_{32}	a'_{33}	a'_{34}	a'_{41}	a'_{44}
计算值	0.000 4	0.000 404	0.000 0	0.000 0	−14.273 8	−2.776 9
B′ 阵元素	b'_{23}	b'_{24}	b'_{13}	b'_{23}	b'_{33}	b'_{43}
计算值			−0.105 8	9.098 0	−1.95 64	−26.009

A′ 阵元素中 a'_{13},a'_{34} 都为零,a'_{12},a'_{42},a'_{21},a'_{24},a'_{43} 都近似为零,使得由 **A′** 阵表示的纵向运动矩阵方程可近似为双变量不变性完全解耦系统。因此,可由式(4-130) 得到短周期模态固有频率 ω_{ns} 和阻尼比 ζ_{s} 的近似表达式

$$\omega_{\mathrm{ns}} = \sqrt{-a'_{14}a'_{41} + a'_{11}a'_{44}} \tag{6-6}$$

$$\zeta_s = -\frac{a'_{11} + a'_{44}}{2\sqrt{-a'_{14}a'_{41} + a'_{11}a'_{44}}} \tag{6-7}$$

也可由式(4-131)得到长周期模态固有频率 ω_{np} 和阻尼比 ζ_p 的近似表达式

$$\omega_{np} = \sqrt{-a'_{23}a'_{32} + a'_{22}a'_{33}} \tag{6-8}$$

$$\zeta_p = -\frac{a'_{22} + a'_{33}}{2\sqrt{-a'_{23}a'_{32} + a'_{22}a'_{33}}} \tag{6-9}$$

按表6-3中所示数据分别按式(6-8)、式(6-9)和式(6-6)、式(6-7)分别计算长、短周期模态的固有频率和阻尼比列于表6-1中，称为第一近似解，与精确解比较可见误差甚小。

按双变量不变性原理，经初等变换的飞机纵向运动方程可分解为两个近似独立的运动模态，不仅可用来简化纵向运动特性的分析，而且对飞行控制系统的设计来说更具有重要意义。

6.1.1　短周期模态特性分析

1.短周期模态稳定性分析

考虑到多变量不变性原理，由初等变换后的飞机纵向运动状态方程式(5-24)，可以得到在无控制情况下，由初始条件激励的短周期运动方程为

$$\begin{bmatrix}\dot{\alpha}\\ \dot{\omega}_z\end{bmatrix} = \begin{bmatrix} -y^{\alpha} + y^{v}m_{21} & 1 + y^{v}m_{24} \\ \mu_z^{\alpha} - \mu_z^{\dot{\alpha}}y^{\alpha} - (\mu_z^{v} - \mu_z^{\dot{\alpha}})m_{21} & \mu_z^{\omega_z} + \mu_z^{\dot{\alpha}} - (\mu_z^{v} - \mu_z^{\dot{\alpha}}y^{v})m_{24}\end{bmatrix}\begin{bmatrix}\alpha\\ \omega_z\end{bmatrix} + \begin{bmatrix}\alpha_0\\ \omega_{z0}\end{bmatrix} \tag{6-10}$$

式中

$$m_{21} = \frac{(x^{\alpha} + g)(\mu_z^{\omega_z} + \mu_z^{\dot{\alpha}})}{\mu_z^{\alpha} + \mu_z^{\omega_z}y^{\alpha}} - \frac{(\mu_z^{\alpha} - y^{\alpha}\mu_z^{\dot{\alpha}})g(\mu_z^{\omega_z} + \mu_z^{\dot{\alpha}} - y^{v})}{(\mu_z^{\alpha} + y^{\alpha}\mu_z^{\omega_z})^2}$$

$$m_{24} = -\frac{x^{\alpha} + g}{\mu_z^{\alpha} + y^{\alpha}\mu_z^{\omega_z}} + \frac{g(\mu_z^{\alpha} - \mu_z^{\dot{\alpha}}y^{\alpha} + y^{\alpha 2})}{(\mu_z^{\alpha} + y^{\alpha}\mu_z^{\omega_z})^2}$$

在基准飞行状态为水平飞行，即 $\theta_0 = 0$ 的情况下，系统的特征行列式为

$$\begin{vmatrix} s + y^{\alpha} - y^{v}m_{21} & -1 - y^{v}m_{24} \\ -\mu_z^{\alpha} + \mu_z^{\dot{\alpha}}y^{\alpha} + (\mu_z^{v} - \mu_z^{\dot{\alpha}}y^{v})m_{21} & s - \mu_z^{\omega_z} - \mu_z^{\dot{\alpha}} + (\mu_z^{v} - \mu_z^{\dot{\alpha}}y^{v})m_{24}\end{vmatrix} = 0 \tag{6-11}$$

把特征行列式(6-11)化成二阶标准方程为

$$s^2 + 2\zeta_s\omega_{ns}s + \omega_{ns}^2 = 0 \tag{6-12}$$

式中

$$\omega_{ns} = \sqrt{-(1 + y^{v}m_{24})[\mu_z^{\alpha} - \mu_z^{\dot{\alpha}}y^{\alpha} - (\mu_z^{v} - \mu_z^{\dot{\alpha}}y^{v})m_{21}] - (y^{\alpha} - y^{v}m_{21})[\mu_z^{\omega_z} + \mu_z^{\dot{\alpha}} - (\mu_z^{v} - \mu_z^{\dot{\alpha}}y^{v})m_{24}]}$$

$$\zeta_s = \frac{y^{\alpha} - y^{v}m_{21} - \mu_z^{\omega_z} - \mu_z^{\dot{\alpha}} + (\mu_z^{v} - \mu_z^{\dot{\alpha}}y^{v})m_{24}}{2\omega_{ns}}$$

且当 $|y^{v}m_{24}| \ll 1$，$|y^{\alpha}(\mu_z^{v} - \mu_z^{\dot{\alpha}}y^{v})m_{21}| \ll |\mu_z^{\alpha} - \mu_z^{\dot{\alpha}}y^{\alpha}|$，$|y^{v}m_{21}| \ll y^{\alpha}$ 和 $|(\mu_z^{v} - \mu_z^{\dot{\alpha}}y^{v})m_{24}| \ll |\mu_z^{\omega_z} + \mu_z^{\dot{\alpha}}|$ 时，得到 ω_{ns}，ζ_s 的近似表达式为

$$\omega_{ns} = \sqrt{-(\mu_z^{\alpha} + y^{\alpha}\mu_z^{\omega_z})} \tag{6-13}$$

$$\zeta_s = \frac{y^{\alpha} - \mu_z^{\omega_z} - \mu_z^{\dot{\alpha}}}{2\sqrt{-(\mu_z^{\alpha} + y^{\alpha}\mu_z^{\omega_z})}} \tag{6-14}$$

可见，式(6-13)同式(5-56)、式(6-14)同式(5-57)。特征值为

$$\lambda_1, \lambda_4 = -\omega_{ns}(\zeta_s \mp \mathrm{j}\sqrt{1 - \zeta_s^2}) \tag{6-15}$$

应用上例数据，求得 ω_{ns} 和 ζ_s 的第二近似值，也示于表6-1中。与精确解和第一近似解比较，其误差也很小。

由式(6－13)、式(6－14)给定的短周期模态的频率和阻尼比表达式在飞行状态参数和飞机结构参数的相当大的范围之内,给出了很好的短周期振荡模态的近似关系。在很多教科书中也是这样给出。由该二式看出,影响短周期阻尼的主要参数是 $y^{\alpha}(c_y^{\alpha})$,$\mu_z^{\omega_z}(m_z^{\omega_z})$ 和 $\mu_z^{\dot{\alpha}}(m_z^{\dot{\alpha}})$,而影响短周期频率的主要参数是 $\mu_z^{\alpha}(m_z^{\alpha})$,其次是 y^{α} 和 $\mu_z^{\omega_z}$ 等。

由劳斯-霍维茨稳定判据可知,由式(6－12)表征的飞机纵向短周期模态特征方程的系数 $2\zeta_s\omega_{ns}$ 和 ω_{ns}^2 决定短周期模态的稳定性,系统稳定的充要条件是

$$2\zeta_s\omega_{ns} \approx y^{\alpha} - \mu_z^{\omega_z} - \mu_z^{\dot{\alpha}} > 0 \tag{6-16}$$

$$\omega_{ns}^2 \approx -(\mu_z^{\alpha} + y^{\alpha}\mu_z^{\omega_z}) > 0 \tag{6-17}$$

由于 y^{α} 为正值,$\mu_z^{\omega_z}$,$\mu_z^{\dot{\alpha}}$ 都为负值,三者的符号不可能改变,因此式(6－16)是容易得到满足的。短周期模态的稳定性主要取决于式(6－17),只要 $\mu_z^{\alpha} < -y^{\alpha}\mu_z^{\omega_z}$,纵向短周期运动便是稳定的。

2. 定速静稳定性分析

根据飞行力学定义,导数 $m_z^{\alpha}(\mu_z^{\alpha})$ 表征飞机纵向静稳定性,是考虑到 Ma 为常值,即飞行速度不变的情况下,迎角 α 变化引起俯仰力矩变化决定静稳定性,因此导数 $m_z^{\alpha}(\mu_z^{\alpha})$ 也称为定速稳定性导数。

在 $m_z^{\alpha} < 0$(或 $\mu_z^{\alpha} < 0$)的情况下,当出现飞机偏离其平衡迎角时,飞机随即出现自动恢复到平衡迎角的趋势,则纵向运动为静稳定的;反之,当 $m_z^{\alpha} > 0$(或 $\mu_z^{\alpha} > 0$)时,纵向运动是静不稳定的,因为飞机无论是使平衡迎角增大还是减小,所产生的即时气动力矩总是使飞机更加偏离其平衡位置。

比较短周期运动稳定条件式(6－17),导数 μ_z^{α} 的稳定性边界较静稳定性边界要宽,当 $\mu_z^{\alpha} > 0$ 且 $\mu_z^{\alpha} < -y^{\alpha}\mu_z^{\omega_z}$ 时,短周期模态是稳定的,但是定速静不稳定的。

在某些飞机气动导数的有关文件中,除给出了 m_z 随 α 成线性关系,有的文件还给出了 m_z 随 c_y 的变化曲线,因为在相当大的迎角范围内,c_y 与 α 成线性关系,所以导数 $(m_z^{c_y})_{c_{y0}}$ 也像导数 $(m_z^{\alpha})_{\alpha_0}$ 一样,也可用于评定飞机纵向静稳定性。由于它的绝对值的大小代表静稳定程度的大小,所以将 $m_z^{c_y}$ 称为纵向静稳定度。

由于

$$m_z^{c_y} = \frac{\partial m_z}{\partial c_y} = \frac{\partial m_z}{\partial \alpha}\frac{\partial \alpha}{\partial c_y} = \frac{m_z^{\alpha}}{c_y^{\alpha}} \tag{6-18}$$

并且 c_y^{α} 一定为正,否则飞机就不能升空,所以 $m_z^{c_y}$ 与 m_z^{α} 的正负号总是一致的,又因

$$m_z^{c_y} = \frac{x_G - x_F}{b_A} = \bar{x}_G - \bar{x}_F \tag{6-19}$$

其中,x_G 为飞机重心至平均气动弦前端距离;x_F 为气动焦点至平均气动弦前端的距离;b_A 为平均气动弦长。可见,飞机重心到焦点的无因次相对距离决定静稳定的大小。当重心在焦点之前时,$m_z^{c_y} < 0$,飞机是纵向定速静稳定的;当重心在焦点之后时,$m_z^{c_y} > 0$,飞机是纵向定速静不稳定的;当重心与焦点重合时,$m_z^{c_y} = 0$,飞机是中立静稳定的。因此焦点也可称为握杆定速中立重心位置,或简称中性点。

在某些飞机气动导数有关文件中,也给出了平尾偏角与平衡升力系数的关系曲线,即 c_y 对 δ_z 的平衡关系曲线。由这些曲线得到的 δ_z 对 c_y 的导数 $\delta_z^{c_y}$ 也是一个纵向静稳定准则。根据定速直线飞行条件

$$m_z = m_{z0} + m_z^{\alpha}(\alpha - \alpha_0) + m_z^{\delta_z}\delta_z = 0, \quad c_y = c_y^{\alpha}(\alpha - \alpha_0) + c_y^{\delta_z}\delta_z$$

得到平衡舵偏角 δ_z 与平衡升力系数 c_y 的关系式为

$$\delta_z = -\frac{m_{z0}c_y^{\alpha} + m_z^{\alpha}c_y}{m_z^{\delta_z}c_y^{\alpha} - m_z^{\alpha}c_y^{\delta_z}}$$

求 δ_z 对 c_y 的导数,得到

$$\delta_z^{c_y} = \frac{d\delta_z}{dc_y} = \frac{-m_z^{\alpha}}{m_z^{\delta_z}c_y^{\alpha} - m_z^{\alpha}c_y^{\delta_z}} = -\frac{c_y^{\alpha}(\bar{x}_G - \bar{x}_F)}{m_y^{\delta_z}c_y^{\alpha} - m_z^{\alpha}c_y^{\delta_z}} \tag{6-20}$$

通常 $m_y^{\delta_z}c_y^{\alpha} - m_z^{\alpha}c_y^{\delta_z} < 0$,$c_y^{\alpha} > 0$,使得 $\delta_z^{c_y}$ 与 $m_z^{c_y}$ 同号。且当 $\delta_z^{c_y} < 0$ 时,飞机是纵向定速静稳定的;当 $\delta_z^{c_y}$

>0 时，飞机是纵向定速静不稳定的。

当 $\delta_z^{c_y}<0$ 时，表征飞机在定速直线飞行中，飞机具有静稳定性，即重心在焦点之前时，平尾 δ_z 负偏，其前缘向下；当飞机纵向静不稳定，即重心在焦点之后时，平尾正偏，其前缘向上。

3. 短周期模态特征向量分析

由式(5－24)表示的纵向运动线性转换状态方程，当状态系数阵由 $\boldsymbol{A}'$ 表示时，左、右特征矩阵可由 $\boldsymbol{R}',\boldsymbol{P}'$ 表示。近似为双对角阵的 $\boldsymbol{A}'$ 阵，使得 $\boldsymbol{P}',\boldsymbol{R}'$ 阵近似为式(4－132)中的 $\boldsymbol{P},\boldsymbol{R}$ 阵和对应特征值 λ_1,λ_4 的右特征向量为

$$\boldsymbol{p}_1'=\begin{bmatrix}1 & 0 & 0 & \dfrac{a_{41}'}{\lambda_1-a_{44}'}\end{bmatrix}^{\mathrm{T}} \tag{6-21}$$

$$\boldsymbol{p}_4'=\begin{bmatrix}\dfrac{a_{14}'}{\lambda_4-a_{11}'} & 0 & 0 & 1\end{bmatrix}^{\mathrm{T}} \tag{6-22}$$

将 $s=\lambda_1,\lambda_4$ 代入式(6－11)，得到

$$\frac{a_{14}'}{\lambda_1-a_{11}'}=\frac{\lambda_1-a_{44}'}{a_{41}'}\qquad \text{和} \qquad \frac{a_{14}'}{\lambda_4-a_{11}'}=\frac{\lambda_4-a_{44}'}{a_{41}'}$$

因此，与特征值 λ_1,λ_4 对应的右特征向量也可分别由式(6－23)、式(6－24)表示

$$\boldsymbol{p}_1'=\begin{bmatrix}1 & 0 & 0 & \dfrac{\lambda_1-a_{11}'}{a_{14}'}\end{bmatrix}^{\mathrm{T}}=\begin{bmatrix}\dfrac{\lambda_1-a_{44}'}{a_{41}'} & 0 & 0 & 1\end{bmatrix}^{\mathrm{T}}\frac{\lambda_1-a_{11}'}{a_{14}'} \tag{6-23}$$

$$\boldsymbol{p}_4'=\begin{bmatrix}\dfrac{\lambda_4-a_{44}'}{a_{41}'} & 0 & 0 & 1\end{bmatrix}^{\mathrm{T}}=\begin{bmatrix}1 & 0 & 0 & \dfrac{\lambda_4-a_{11}'}{a_{14}'}\end{bmatrix}^{\mathrm{T}}\frac{\lambda_4-a_{44}'}{a_{41}'} \tag{6-24}$$

由于特征值 λ_1,λ_4 互为共轭复数，得到

$$\boldsymbol{p}_1'=\frac{\lambda_1-a_{11}'}{a_{14}'}\bar{\boldsymbol{p}}_4' \tag{6-25}$$

$$\boldsymbol{p}_4'=\frac{\lambda_4-a_{44}'}{a_{41}'}\bar{\boldsymbol{p}}_1' \tag{6-26}$$

式中，$\bar{\boldsymbol{p}}_1',\bar{\boldsymbol{p}}_4'$ 分别为 $\boldsymbol{p}_1',\boldsymbol{p}_4'$ 的共轭复数。

在任何输入激励下，线性变换前状态变量 $\boldsymbol{x}(t)$ 的解为

$$\boldsymbol{x}(t)=\boldsymbol{P}\mathrm{e}^{\boldsymbol{\Lambda}t}\boldsymbol{RBu}(t) \tag{6-27}$$

线性变换后，状态变量 $\boldsymbol{x}'(t)$ 的解为

$$\boldsymbol{x}'(t)=\boldsymbol{P}'\mathrm{e}^{\boldsymbol{\Lambda}t}\boldsymbol{R}'\boldsymbol{B}'\boldsymbol{u}(t) \tag{6-28}$$

又因 $\boldsymbol{x}'(t)=\boldsymbol{MX}(t)$，从而得到线性变换前纵向运动状态方程右特征矩阵和左特征矩阵

$$\boldsymbol{P}=\boldsymbol{M}^{-1}\boldsymbol{P}',\quad \boldsymbol{R}=\boldsymbol{R}'\boldsymbol{M} \tag{6-29}$$

其中特征值 λ_1,λ_4 对应的右特征向量分别为

$$\boldsymbol{p}_1=\boldsymbol{M}^{-1}\boldsymbol{p}_1'=[1\quad -m_{21}-m_{24}p_{41}'\quad -m_{31}-m_{34}p_{41}'\quad p_{41}']^{\mathrm{T}} \tag{6-30}$$

$$\boldsymbol{p}_4=\boldsymbol{M}^{-1}\boldsymbol{p}_4'=[p_{14}'\quad -m_{21}p_{14}'-m_{24}\quad -m_{31}p_{14}'-m_{34}\quad 1]^{\mathrm{T}} \tag{6-31}$$

式中

$$p_{41}'=\frac{a_{41}'}{\lambda_1-a_{44}'}=\frac{\lambda_1-a_{11}'}{a_{14}'},\quad p_{14}'=\frac{a_{14}'}{\lambda_4-a_{11}'}=\frac{\lambda_4-a_{44}'}{a_{41}'}$$

$m_{21},m_{24},m_{31},m_{34}$ 由式(6－10)定义。右特征向量 $\boldsymbol{p}_1,\boldsymbol{p}_4$ 也可互相用它们的共轭复数向量表示，即

$$\boldsymbol{p}_1=\frac{\lambda_1-a_{11}'}{a_{14}'}\bar{\boldsymbol{p}}_4 \tag{6-32}$$

$$\boldsymbol{p}_4=\frac{\lambda_4-a_{44}'}{a_{41}'}\bar{\boldsymbol{p}}_1 \tag{6-33}$$

式中

$$\bar{\boldsymbol{p}}_1=[1\quad -m_{21}-m_{24}\bar{p}_{41}'\quad -m_{31}-m_{34}\bar{p}_{41}'\quad \bar{p}_{41}']^{\mathrm{T}}$$

$$\bar{p}_4=[\bar{p}'_{14}\quad -m_{21}\bar{p}'_{14}-m_{24}\quad -m_{31}\bar{p}'_{14}-m_{34}\quad 1]^{\mathrm{T}}$$

且

$$\bar{p}'_{41}=\frac{a'_{41}}{\lambda_4-a'_{44}}=\frac{\lambda_4-a'_{11}}{a'_{14}},\quad \bar{p}'_{14}=\frac{a'_{14}}{\lambda_1-a'_{11}}=\frac{\lambda_1-a'_{44}}{a'_{41}}$$

由式(6-30)得到飞机纵向短周期模态在 $\boldsymbol{x}(t)$ 各分量中的幅值比为

$$|\alpha|:|v|:|\vartheta|:|\omega_z|=1:K_s^v:K_s^\vartheta:K_s^{\omega_z}\tag{6-34}$$

式中

$$K_s^v=m_{24}\sqrt{\frac{m_{21}}{m_{24}}\left(\frac{m_{21}}{m_{24}}+y^\alpha+\mu_z^{\omega_z}+\mu_z^{\dot{\alpha}}\right)-(\mu_z^\alpha-\mu_z^{\dot{\alpha}}y^\alpha)}$$

$$K_s^\vartheta=m_{34}\sqrt{\frac{m_{31}}{m_{34}}\left(\frac{m_{31}}{m_{34}}+y^\alpha+\mu_z^{\omega_z}+\mu_z^{\dot{\alpha}}\right)-(\mu_z^\alpha-\mu_z^{\dot{\alpha}}y^\alpha)}=\frac{1}{\omega_{\mathrm{ns}}}\sqrt{\mu^\alpha y^\alpha-\mu_z^\alpha}$$

$$K_s^{\omega_z}\sqrt{-(\mu_z^\alpha-\mu_z^{\dot{\alpha}}y^\alpha)}$$

状态变量 v,ϑ 和 ω_z 与 α 的相位差近似式为

$$\varphi_s^v=\angle v-\angle\alpha=\arctan\frac{2\omega_{\mathrm{ns}}\sqrt{1-\zeta_s^2}}{2\dfrac{m_{21}}{m_{24}}+y^\alpha+\mu_z^{\omega_z}+\mu_z^{\dot{\alpha}}}\tag{6-35}$$

$$\varphi_s^\vartheta=\angle\vartheta-\angle\alpha=\arctan\frac{-\sqrt{1-\zeta_s^2}}{\dfrac{\omega_{\mathrm{ns}}}{y^\alpha}-\zeta_s}\tag{6-36}$$

$$\varphi_s^{\omega_z}=\angle\omega_z-\angle\alpha=\pi-\arctan\frac{\omega_{\mathrm{ns}}\sqrt{1-\zeta_s^2}}{\zeta_s\omega_{\mathrm{ns}}-y^\alpha}=\pi-\arctan\frac{2\omega_{\mathrm{ns}}\sqrt{1-\zeta_s}}{-(y^\alpha+\mu_z^{\dot{\alpha}}+\mu_z^{\omega_z})}\tag{6-37}$$

当将式(6-28)等号左、右左乘以初等变换阵

$$\boldsymbol{M}_1=\begin{bmatrix}1 & 0 & 0 & 0\\ -m_{21} & 1 & 0 & -m_{24}\\ -m_{31}-1 & 0 & 1 & -m_{34}\\ 0 & 0 & 0 & 1\end{bmatrix}$$

得到飞机纵向运动的状态变量为

$$\boldsymbol{x}(t)=[\alpha\quad v\quad \theta\quad \omega_z]^{\mathrm{T}}\tag{6-38}$$

和特征值 λ_1,λ_4 对应的右特征向量分别为

$$\boldsymbol{p}_1=[1\quad -m_{21}-m_{24}p'_{41}\quad -m_{31}-1-m_{34}p'_{41}\quad p'_{41}]^{\mathrm{T}}\tag{6-39}$$

$$\boldsymbol{p}_4=[p'_{14}\quad -m_{21}-m_{24}p'_{14}\quad -(m_{31}+1)p'_{14}-m_{34}\quad 1]^{\mathrm{T}}\tag{6-40}$$

并由式(6-40)得到式(6-39)所示状态变量短周期模态的幅值比

$$|\alpha|:|v|:|\theta|:|\omega_z|=1:K_s^v:K_s^\theta:K_s^{\omega_z}$$

式中

$$K_s^\theta=m_{34}\sqrt{\frac{m_{31}+1}{m_{34}}\left(\frac{m_{31}+1}{m_{34}}+y^\alpha+\mu_z^{\omega_z}+\mu_z^{\dot{\alpha}}\right)-(\mu_z^\alpha-\mu_z^{\dot{\alpha}}y^\alpha)}\approx\frac{y^\alpha}{\omega_{\mathrm{ns}}}\tag{6-41}$$

K_s^v,$K_s^{\omega_z}$ 同式(6-34)定义。v,ω_z 与 α 的短周期模态相位差 φ_s^v,$\varphi_s^{\omega_z}$ 分别同式(6-35)、式(6-37)定义,θ 与 α 的短周期模态相位差为

$$\varphi_s^\theta=\arctan\frac{2\omega_{\mathrm{ns}}\sqrt{1-\zeta_s^2}}{2\dfrac{m_{31}+1}{m_{34}}+y^\alpha+\mu_z^{\omega_z}+\mu_z^{\dot{\alpha}}}-\pi=\arctan\frac{\sqrt{1+\zeta_s^2}}{\zeta_s}-\pi\tag{6-42}$$

当 $y^\alpha\ll|\mu_z^\alpha|$ 时,$m_{31}\approx-1$,$m_{34}\approx0$,得到 $K_s^v\approx-m_{21}$,$K_s^\vartheta\approx1$,$K_s^{\omega_z}\approx\omega_{\mathrm{ns}}$,$\varphi_s^\vartheta\approx0$,$\varphi_s^v=$

$\arctan\dfrac{\sqrt{1+\zeta_s^2}}{\zeta_s}-\pi$，$\varphi_s^{\omega_z}=\pi-\arctan\dfrac{\sqrt{1+\zeta_s^2}}{\zeta_s}$，$K_s^\theta\approx 0$。

当将上例给定的气动导数和由表 5-2 给出的 m_{21}，m_{24}，m_{31} 和 m_{34} 之值，代入式(6-34)～式(6-37)和式(6-41)、式(6-42)，得到状态变量 $\theta,v,\vartheta,\omega_z,\alpha$ 之间短周期模态的幅值比和相位差，并列于表 6-4 中。

表 6-4　纵向运动模态幅值比与相位差

	短周期模态				长周期模态			
	幅值比		相位差 /rad		幅值比		相位差 /rad	
θ	K_s^θ	$0.334\ 89\ \dfrac{(°)}{(°)}$	φ_s^θ	$-2.086\ 18$	K_P^θ	$0.367\ 98\ \dfrac{(°)}{\text{m/s}}$	φ_P^θ	$-1.642\ 14$
v	K_s^v	$0.034\ 27\ \dfrac{\text{m/s}}{(°)}$	φ_s^v	0.707 28	K_P^v	$1\ \dfrac{\text{m/s}}{\text{m/s}}$	φ_P^v	0
ϑ	K_s^ϑ	$0.884\ 6\ \dfrac{(°)}{(°)}$	φ_s^ϑ	$-0.335\ 77$	K_P^ϑ	$0.367\ 98\ \dfrac{(°)}{\text{m/s}}$	φ_P^ϑ	$-1.642\ 14$
ω_z	$K_s^{\omega_z}$	$3.778\ 16\ \dfrac{(°)/\text{s}}{(°)}$	$\varphi_s^{\omega_z}$	1.750 56	$K_P^{\omega_z}$	0	$\varphi_P^{\omega_z}$	～
α	K_s^α	$1\ \dfrac{(°)}{(°)}$	φ_s^α	0deg	K_P^α	0	φ_P^α	～

由表 6-4 所示，短周期模态在纵向运动变量 α,ϑ 和 ω_z 中的分布比例比较大，在飞行速度 v 中的分布比例很小。当飞行迎角 α 变化 1°时，飞行速度仅能变化 0.034 m/s，几乎没有变化。因此在短周期模态中，速度变化可忽略，而俯仰角 ϑ 振荡的振幅和相位与飞行迎角 α 没有多大差别。俯仰角速率 ω_z 与俯仰角 ϑ 的幅值之比等于短周期模态的固有频率 ω_{ns}。在此模态中航迹角 $\theta=\vartheta-\alpha$ 变化很小，即飞行轨迹偏离直线很小，因此短周期模态的主要特点是飞机作快速的俯仰转动运动。

由于短周期运动的俯仰振荡较快，驾驶员难以通过驾驶杆控制，并感到不够舒服，所以在飞机设计和飞控系统设计中往往对短周期模态特性提出比较高的要求。

6.1.2　长周期模态特性分析

1. 长周期模态稳定性分析

初等变换使飞机纵向运动状态方程矩阵 **A** 近似为双对角阵 **A**′，因此可按式(4-117)和式(5-24)得到长周期模态的近似特征行列式

$$\begin{vmatrix} s-x^v+y^v m_{21}-(\mu_z^v-\mu_z^{\dot\alpha}y^v)m_{24} & g \\ y^v m_{31}-(\mu_z^v-\mu_z^{\dot\alpha}y^v)m_{34} & s \end{vmatrix}=0 \tag{6-43}$$

式中

$$m_{31}=-\frac{\mu_z^\alpha-\mu_z^{\dot\alpha}y^\alpha}{\mu_z^{\dot\alpha}+\mu_z^{\omega_z}y^\alpha},\quad m_{34}=-\frac{y^\alpha}{\mu_z^{\dot\alpha}+y^\alpha\mu_z^{\omega_z}}$$

其展开式为 s 的二次多项式

$$s^2-a'_{22}s+ga'_{32}=0 \tag{6-44}$$

将 m_{21}，m_{24}，m_{31} 和 m_{34} 的表达式代入 a'_{22}，a'_{32} 的表达式中，得到长周期运动特征方程近似式

$$s^2-\left[m_{24}(y^v\mu_z^{\omega_z}+\mu_z^v)-\frac{gy^\alpha y^v}{\mu_z^{\dot\alpha}+y^\alpha\mu_z^{\omega_z}}+x^v\right]s+\frac{g}{\mu_z^{\dot\alpha}+\mu_z^{\omega_z}y^\alpha}(y^v\mu_z^\alpha-\mu_z^v y^\alpha)=0 \tag{6-45}$$

式中

$$m_{24}=-\frac{x^\alpha}{\mu_z^{\dot\alpha}+\mu_z^{\omega_z}y^\alpha}-\frac{gy^\alpha(\mu_z^{\omega_z}+\mu_z^{\dot\alpha}-y^\alpha)}{(\mu_z^{\dot\alpha}+\mu_z^{\omega_z}y^\alpha)^2}$$

由式(6-45)解出特征值

$$\lambda_2,\lambda_3=-\omega_{\mathrm{np}}(\zeta_{\mathrm{p}}\mp\sqrt{1-\zeta_{\mathrm{p}}^2}) \tag{6-46}$$

式中

$$\omega_{\mathrm{np}}=\sqrt{\frac{g}{\mu_z^\alpha+\mu_z^{\omega_z}y^\alpha}(y^v\mu_z^\alpha-\mu_z^v y^\alpha)} \tag{6-47}$$

$$\zeta_{\mathrm{p}}=-\frac{m_{24}(y^v\mu_z^{\omega_z}+\mu_z^v)-\dfrac{gy^\alpha y^v}{\mu_z^\alpha+y^\alpha\mu_z^{\omega_z}}+x^v}{2\sqrt{\dfrac{g}{\mu_z^\alpha+\mu_z^{\omega_z}y^\alpha}(y^v\mu_z^\alpha-\mu_z^v y^\alpha)}} \tag{6-48}$$

其中，m_{24} 同式(6-45)定义。

按上例给出的气动数据，利用由矩阵 $\boldsymbol{A}'$ 元素 a'_{ij} 表示的式(6-8)、式(6-9)和由气动导数表示的式(6-47)、式(6-48)计算的长周期模态特征值参数 $\omega_{\mathrm{np}},\zeta_{\mathrm{p}}$，之值相同，并示于表 6-1 中第一近似解。比较按四维纵向运动方程得到的精确解，其误差甚小。

当飞机在超声速飞行时，通常 $y^\alpha\ll|\mu_z^\alpha|$，此时纵向长周期模态固有频率和阻尼比可简化为

$$\omega_{\mathrm{np}}=\sqrt{gy^v} \tag{6-49}$$

$$\zeta_{\mathrm{p}}=\frac{1}{2\sqrt{gy^v}}\left[\frac{x^\alpha(y^v\mu_z^{\omega_z}+\mu_z^v)}{\mu_z^\alpha}-x^v\right] \tag{6-50}$$

可见同于式(5-52)和式(5-53)所示近似表达式。按上式计算得到的近似解示于表 6-1 中第二近似解。比较第一近似解和精确解的误差稍大一点，但也足够精确，何况本例是亚声速($Ma=0.638$)飞行状态，气动导数 y^α 未能远小于 μ_z^α 的绝对值。

依据劳斯-霍尔维茨稳定判据，式(6-45)s 零次和一次项系数应大于零，长周期模态的稳定条件为

$$\frac{g}{\mu_z^\alpha+\mu_z^{\omega_z}y^\alpha}(y^v\mu_z^\alpha-\mu_z^v y^\alpha)>0 \tag{6-51}$$

$$-m_{24}(y^v\mu_z^{\omega_z}+\mu_z^v)+\frac{gy^v y^\alpha}{\mu_z^\alpha+\mu_z^{\omega_z}y^\alpha}-x^v>0 \tag{6-52}$$

式中，m_{24} 同式(6-45)定义。

飞机在超声速飞行中，在通常 $y^\alpha\ll|\mu_z^\alpha|$ 的情况下，长周期模态稳定判据可简化为

$$y^v>0 \tag{6-53}$$

$$\frac{x^\alpha(y^v\mu_z^{\omega_z}+\mu_z^v)}{\mu_z^\alpha}-x^v>0 \tag{6-54}$$

但是，由于一般具有较好气动外形的飞机，气动导数 y^v 往往大于零，因此在超声速飞行中长周期模态的稳定性主要取决于式(6-54)。然而，y^v,μ_z^v 的绝对值很小，使得 x^v 必须小于零，长周期模态才是稳定的；又因当 $\cos(\alpha_0+\varphi_{\mathrm{p}})\approx1$ 时

$$x^v=(P-Q)^v/m=\Delta P^v/m \tag{6-55}$$

所以 x^v 与剩余推力 ΔP 对速度 v 的导数成正比。图 6-1 象征性地给出了推力和阻力随速度的变化曲线。飞机只有在左侧的阴影部分(反操纵区)对应的低速飞行范围内 $x^v>0$，且当不满足式(6-52)时，存在沉浮模态不稳定。飞机在超声速飞行中，通常不存在长周期模态的稳定性问题。

飞机在亚声速和跨声速飞行中，有可能不满足式(6-51)，也有可能不满足式(6-52)，甚至于式(6-51)和式(6-52)都不满足。由式(6-51)可知，对于常规布局的飞机来说，通常 $\mu_z^\alpha+\mu_z^{\omega_z}y^\alpha$ 小于零，因此长周期模态稳定的第一条件可改为

$$y^\alpha\mu_z^v-\mu_z^\alpha y^v>0 \tag{6-56}$$

对于放宽静稳定性布局的飞机来说，在亚声速或跨声速飞行状态，$\mu_z^\alpha+\mu_z^{\omega_z}y^\alpha$ 有可能为正值，因此长周期模态稳定的第一个条件应改为

$$y^v\mu_z^\alpha - \mu_z^v y^\alpha > 0 \tag{6-57}$$

绝对值甚小的 y^v，μ_z^v 使得长周期模态的第二个稳定条件式(6-52)可简化为

$$x^v < 0 \tag{6-58}$$

如图6-1所示，当飞机在低于最小阻力 $Q_{\min}$ 对应的空速飞行时，$x^v > 0(\Delta P^v/m > 0)$，长周期模态不稳定。在这个不稳定空速区域内，空速的减小引起阻力的增大，当阻力大于可用推力时，空速将继续减小，因此国外某些文献中称为"空速不稳定性"。

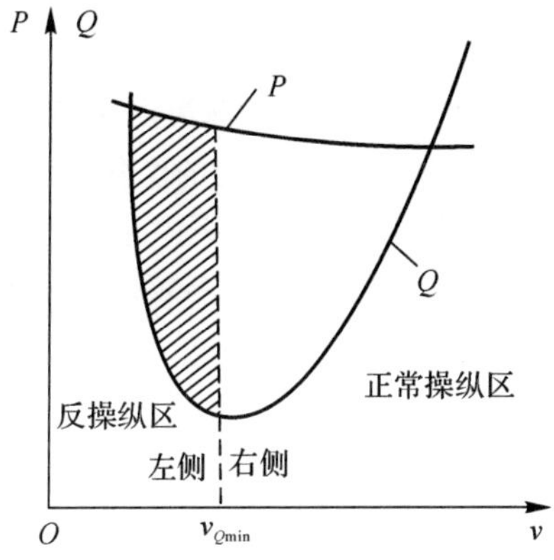

图6-1　推力和阻力随速度的变化曲线

2. 定载静稳定性分析

所谓定载是指飞机在扰动过程中始终保持 $Y=G$，即过载系数 $n_y=Y/G=1$ 保持不变。因此，可描述纵向定载静稳定性的是经过线性化处理的纵向小扰动静态升力和俯仰力矩微量方程

$$\Delta Y = -(y^\alpha\Delta\alpha + y^v\Delta v + y^{\delta_z}\Delta\delta_z)v_0 m = 0 \tag{6-59}$$

$$\Delta M_z = (\mu_z^\alpha\Delta\alpha + \mu_z^v\Delta v + \mu_z^{\delta_z}\Delta\delta_z)J_z = 0 \tag{6-60}$$

式中，ΔY 为扰动引起的升力静态增量；ΔM_z 为扰动引起的俯仰力矩静态增量。

当考虑到 y^{δ_z} 的绝对值甚小时，由式(6-59)得到

$$\Delta v = -\frac{y^\alpha}{y^v}\Delta\alpha \tag{6-61}$$

代入式(6-60)中，得到

$$\Delta M_z = [(\mu_z^\alpha - \mu_z^v y^\alpha/y^v)\Delta\alpha + \mu_z^{\delta_z}\Delta\delta_z]J_z = 0 \quad (n_y=1) \tag{6-62}$$

当令

$$\left.\frac{\Delta M_z}{\Delta\alpha}\right|_{n_y=1} = \mu_z^\alpha - \mu_z^v y^\alpha/y^v \tag{6-63}$$

为定载静稳定性导数时，

$$\mu_z^\alpha - \mu_z^v y^\alpha/y^v < 0 \tag{6-64}$$

为定载静稳定性判据。将气动力大导数的表达式

$$\mu_z^\alpha = \frac{1}{2}\rho v_0^2 S b_A m_z^\alpha/J_z$$

$$\mu_z^v = \frac{1}{2}\rho v_0^2 S b_A(m_z^M M_0 + 2m_{z0})/J_z \quad (\text{发动机推力偏心距 } e_p=0)$$

$$y^\alpha = \frac{1}{2}\rho v_0 S c_y^\alpha/m$$

$$y^v = \frac{1}{2}\rho v_0 S(c_y^M M_0 + 2c_{y0})/m \quad (\sin(\alpha_0+\varphi_p)=0)$$

代入式(6-64)，得到按气动力小导数表示的定载静稳定性判据：

$$\left(\frac{dm_z}{d\alpha}\right)_{n_y=1} = m_z^\alpha - \frac{c_y^\alpha(m_z^M M_0 + 2m_{z0})}{c_y^M M_0 + 2c_{y0}} < 0 \tag{6-65}$$

或者

$$\left(\frac{dm_z}{dc_y}\right)_{n_y=1} = \bar{x}_G - \bar{x}_F - \frac{m_z^M M_0 + 2m_{z0}}{c_y^M M_0 + 2c_{y0}} < 0 \tag{6-66}$$

前面所述焦点位置 $\bar{x}_F$ 是在不考虑速度(Ma)影响时，飞机作直线飞行时的静稳定边界，即临界重心位置。但在跨声速附近飞行时，洗流的影响使 Ma 的变化影响升力和俯仰力矩系数 c_y 和 m_z。因此，当考虑了速度影响时，静稳定性边界-临界重心位置为

$$\bar{x}_s = \bar{x}_F + m_z^v \frac{m_z^M M_0 + 2m_{z0}}{c_y^M M_0 + 2c_{y0}} \tag{6-67}$$

像偏导数 m_z^α 和 $m_z^{c_y}$ 称为定速静稳定导数一样，常把全导数 $(\mathrm{d}m_z/\mathrm{d}\alpha)_{n_y=1}$ 或 $(\mathrm{d}m_z/\mathrm{d}c_y)_{n_y=1}$ 称为定载静稳定导数。由于考虑了速度的变化，所以国外一些飞行力学科技书中称它为速度静稳定性导数；把临界重心位置 $\bar{x}_s$ 称为中性速度稳定位置；把这种特性称为中立速度稳定特性。

由式(6-59)和式(6-60)得到速度增量与升降舵偏角增量的关系式为

$$\frac{\Delta\delta_z}{\Delta v} = \frac{\mu_z^v y^\alpha - \mu_z^\alpha y^v}{\mu_z^\alpha y^{\delta_z} - \mu_z^{\delta_z} y^\alpha} \tag{6-68}$$

当考虑到

$$y^{\delta_z} = \frac{1}{2}\rho v_0 S c_y^{\delta_z}/m, \quad \mu_z^{\delta_z} = \frac{1}{2}\rho v_0^2 S b_A m_z^{\delta_z}/J_z$$

以及 $Ma = v/a$ 时，得到

$$\frac{\Delta\delta_z}{\Delta Ma} = \frac{\mathrm{d}\delta_z}{\mathrm{d}Ma} = \frac{m_z^\alpha\left(c_y^M + \dfrac{2c_{y0}}{M_0}\right) - c_y^\alpha\left(m_z^M + \dfrac{2m_{z0}}{M_0}\right)}{m_z^{\delta_z} c_y^\alpha - m_z^\alpha c_y^{\delta_z}} = \frac{c_y^\alpha}{m_z^{\delta_z} c_y^\alpha - m_z^\alpha c_y^{\delta_z}}\left(c_y^M + \frac{2c_{y0}}{M_0}\right)(\bar{x}_G - \bar{x}_s) \tag{6-69}$$

式中

$$\bar{x}_s = \bar{x}_F + \frac{m_z^M + \dfrac{2m_{z0}}{M_0}}{c_y^M + \dfrac{2c_{y0}}{M_0}} \tag{6-70}$$

由于通常 $m_z^{\delta_z} c_y^\alpha - m_z^\alpha c_y^{\delta_z}$ 为负值，所以当考虑速度影响时，对应速度的升降舵平衡曲线斜率 $\mathrm{d}\delta_z/\mathrm{d}Ma$ 也是定载静稳定性的一个判据，当 $\mathrm{d}\delta_z/\mathrm{d}M = 0$ 时为中立速度稳定，即静稳定边界，且

$$\frac{\mathrm{d}\delta_z}{\mathrm{d}Ma} > 0 \tag{6-71}$$

即

$$x_G > x_s \tag{6-72}$$

是定载静稳定(或速度稳定)条件。在跨声速区可能存在 $\mathrm{d}\delta_z/\mathrm{d}Ma < 0$ 的反梯度，飞机变成静不稳定。如图6-2所示，在 $Ma_A < Ma < Ma_B$ 范围内，$\mathrm{d}\delta_z/\mathrm{d}Ma < 0$，出现反操纵现象，这给驾驶员操纵带来困难。

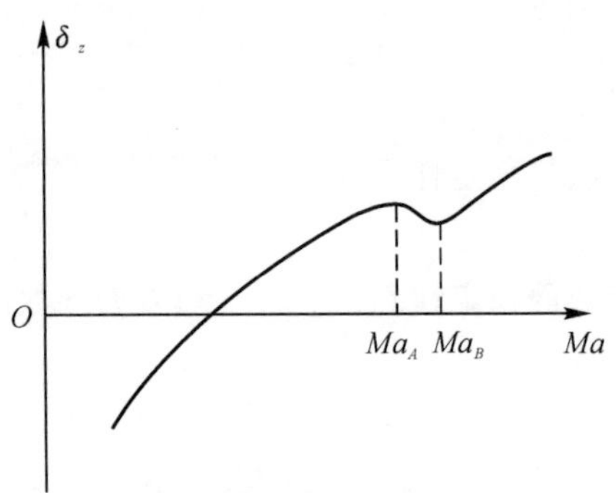

图6-2　跨声速区内的舵偏度与 Ma 的关系

飞机在定常直线飞行时，静稳定的正常操纵是，若速度增大($\mathrm{d}v > 0$)，则为了维持 $Y = G$ 的直线飞行，驾驶员推杆使升降舵下偏($\delta_z > 0$)，从而使飞机低头，迎角和升力系数 c_y 减小；若速度减小($\mathrm{d}v < 0$)，驾驶员拉杆($\delta_z < 0$)使飞机抬头，迎角和 c_y 增大。因此，正常操纵要求 $\mathrm{d}\delta_z/\mathrm{d}Ma$(或 $\mathrm{d}\delta_z/\mathrm{d}v$) > 0；当在跨音区出现 $\mathrm{d}\delta_z/\mathrm{d}Ma < 0$ 时，为了维持飞机平直飞行，驾驶员的操纵动作是加速时拉杆，减速时推杆，这与正常习惯恰好相反，很不适应；如果在某飞行速度区出现中性速度稳定(或临界静稳定)时，若速度增加，驾驶员可能先推杆而后又拉杆到原来位置；若速度减小时，驾驶员可能先拉杆，而后又推回原位置。

某些飞机在跨声速区出现 $(\mathrm{d}m_z/\mathrm{d}c_y)_{n_y=1} > 0$ 的静不稳定，为改善飞机的操纵性能，采用了具有马赫数自动配平功能的飞行控制系统，它有效地保证了速度稳定性，减少了飞机操纵中的困难。

对于常规布局的飞机，$\mu_z^\alpha + \mu_z^{\omega_z} y^\alpha < 0$ 和 $y^\alpha > 0$，因此长周期模态的第一个稳定条件为式(6-56)与定载静稳定条件式(6-64)是完全相同的，这就是说对于常规布局飞机长周期模态是稳定的，它也是定载(或速度)静稳定的；对于放宽静稳定性，且 $\mu_z^\alpha + \mu_z^{\omega_z} y^\alpha$ 大于零时，长周期模态的第一稳定条件由式(6-57)决定，比较定载静稳定条件式(6-64)，二者正好相反，当飞机是定载静稳定时，且长周期模态是不稳定的。

3. 长周期模态特征向量分析

可以利用求解短周期模态特征向量的办法，求解长周期模态的特征向量。

由式(4-132)定义的右特征矩阵 $\boldsymbol{P}$ 得到长周期模态两个特征值 λ_2,λ_3 对应的两个特征向量为

$$\boldsymbol{p}_2'=\begin{bmatrix}0 & 1 & \dfrac{a_{32}'}{\lambda_2-a_{33}'} & 0\end{bmatrix}^{\mathrm{T}} \tag{6-73}$$

$$\boldsymbol{p}_3'=\begin{bmatrix}0 & \dfrac{a_{23}'}{\lambda_3-a_{22}'} & 1 & 0\end{bmatrix}^{\mathrm{T}} \tag{6-74}$$

当考虑到

$$\frac{a_{23}'}{\lambda_2-a_{22}'}=\frac{\lambda_2-a_{33}'}{a_{32}'} \quad 和 \quad \frac{a_{23}'}{\lambda_3-a_{22}'}=\frac{\lambda_3-a_{33}'}{a_{32}'}$$

时，得到特征值 λ_2,λ_3 对应的右特征向量的另一种表达式

$$\boldsymbol{p}_2'=\begin{bmatrix}0 & 1 & \dfrac{\lambda_2-a_{22}'}{a_{23}'} & 0\end{bmatrix}^{\mathrm{T}} \tag{6-75}$$

$$\boldsymbol{p}_3'=\begin{bmatrix}0 & \dfrac{\lambda_3-a_{33}'}{a_{32}'} & 1 & 0\end{bmatrix}^{\mathrm{T}} \tag{6-76}$$

或者由 $\boldsymbol{p}_2',\boldsymbol{p}_3'$ 的共轭复数表示时，

$$\boldsymbol{p}_2'=\frac{\lambda_2-a_{22}'}{a_{23}'}\bar{\boldsymbol{p}}_3' \tag{6-77}$$

$$\boldsymbol{p}_3'=\frac{\lambda_3-a_{33}'}{a_{32}'}\bar{\boldsymbol{p}}_2' \tag{6-78}$$

式中，$\bar{\boldsymbol{p}}_2',\bar{\boldsymbol{p}}_3'$ 分别为 $\boldsymbol{p}_2',\boldsymbol{p}_3'$ 的共轭复数向量，即

$$\bar{\boldsymbol{p}}_2'=\begin{bmatrix}0 & 1 & \dfrac{\lambda_3-a_{22}'}{a_{23}'} & 0\end{bmatrix}^{\mathrm{T}},\quad \bar{\boldsymbol{p}}_3'=\begin{bmatrix}0 & \dfrac{\lambda_2-a_{33}'}{a_{32}'} & 1 & 0\end{bmatrix}^{\mathrm{T}}$$

然而，特征向量 $\boldsymbol{p}_2',\boldsymbol{p}_3'$ 是初等变换后状态变量

$$\boldsymbol{x}'=[\alpha \quad v+m_{21}\alpha+m_{24}\omega_z \quad \vartheta+m_{31}\alpha+m_{34}\omega_z \quad \omega_z]^{\mathrm{T}} \tag{6-79}$$

的长周期模态对应的特征向量。为了得到原状态变量

$$\boldsymbol{x}=[\alpha \quad v \quad \vartheta \quad \omega_z]^{\mathrm{T}}$$

的长周期模态特征向量，和短周期模态一样，应按式(6-29)实施反初等变换得到。但是，特征向量 $\boldsymbol{p}_2'$ 中的元素 p_{12}',p_{42}' 近似为零，$\boldsymbol{p}_3'$ 中的元素 $p_{13}'=p_{43}'=0$，使得状态变量 $\boldsymbol{x}$ 与状态变量 $\boldsymbol{x}'$ 的长周期模态特征向量相等。当考虑到

$$a_{22}'=-2\zeta_{\mathrm{p}}\omega_{\mathrm{np}},\quad a_{23}'=-g,\quad a_{32}'=-\frac{\omega_{\mathrm{np}}^2}{g} \quad 和 \quad a_{33}'=0$$

时，由式(6-75)得到长周期模态右特征向量

$$p_2=p_2'=\begin{bmatrix}0 & 1 & -\dfrac{\omega_{\mathrm{np}}}{g}(\zeta_{\mathrm{p}}+\mathrm{j}\sqrt{1-\zeta_{\mathrm{p}}^2}) & 0\end{bmatrix}^{\mathrm{T}} \tag{6-80}$$

$$p_3=p_3'=\begin{bmatrix}0 & -\dfrac{g}{\omega_{\mathrm{np}}}(\zeta_{\mathrm{p}}-\mathrm{j}\sqrt{1-\zeta_{\mathrm{p}}^2}) & 1 & 0\end{bmatrix}^{\mathrm{T}} \tag{6-81}$$

并且得到长周期模态在状态变量 α,v,ϑ 和 ω_z 中幅值比的近似表达式

$$|\alpha|:|v|:|\vartheta|:|\omega_z|=0:1:K_{\mathrm{p}}^{\vartheta}:0 \tag{6-82}$$

式中

$$K_{\mathrm{p}}^{\vartheta}=\frac{\omega_{\mathrm{np}}}{g}$$

以及飞行速度 v 与俯仰角 ϑ 的相位差近似表达式

$$\varphi_{\mathrm{p}}^{\vartheta}=\angle\vartheta-\angle v=\arctan\frac{\sqrt{1-\zeta_{\mathrm{p}}^2}}{\zeta_{\mathrm{p}}}-\pi=\arccos\zeta_{\mathrm{p}}-\pi \tag{6-83}$$

由以上所述数学分析可知，长周期运动是以微增量速度 v 和微增量俯仰角 ϑ 为主要变量的运动，且俯仰角的幅值是速度幅值的$\frac{\omega_{np}}{g}\left(\frac{(°)}{m/s}\right)$倍；俯仰角 ϑ 比速度 v 滞后 $180-\arccos\zeta_p(°)$；在飞行迎角和俯仰速率增量中的长周期模态分量近似为零，因此，得到航迹角的分布比例系数和相位差的近似式

$$K_p^\theta \approx K_p^\vartheta = \frac{\omega_{np}}{g}\left(\frac{(°)}{m/s}\right) \approx 18.3\sqrt{y^v}\left(\frac{(°)}{m/s}\right) \tag{6-84}$$

$$\varphi_p^\theta \approx \varphi_p^\vartheta = \arccos\zeta_p - \pi \approx -\frac{\pi}{2} \tag{6-85}$$

在低速飞行情况下，由于 $c_y^M=0$，所以 $y^v=c_{y0}\rho S/m$，考虑到 $c_{y0}=mg/\frac{1}{2}\rho v_0^2 S$，故有 $y^v=2g/v_0^2$，从而得到

$$K_p^\theta \approx K_p^\vartheta = 81/v_0\left(\frac{(°)}{m/s}\right) \tag{6-86}$$

可见，飞行速度 v 与航迹角 θ 的长周期模态分布比例为 $1:81/v_0\left(\frac{(°)}{m/s}\right)$，且 θ 比 v 大约滞后 90°。

按上例给定数据，得到长周期模态在各状态变量中的分布比例和相位差，并示于表 6-4 中。

6.2 飞机纵向操纵响应特性分析

在 6.1 节利用数学方法，分析了无控飞机纵向运动的稳定性、静稳定性和模态分布特性。即当升降舵（或平尾）、油门杆和襟翼固定不变时，分析了飞机受到外界扰动或初始条件作用后的飞机自然特性。这种情况下的飞机运动在控制理论领域内称为自由运动。本节将通过数学方法，分析在无初始条件和外界扰动的情况下，飞机纵向运动对纵向操纵面（升降舵、平尾和前后缘襟翼）和油门杆操纵的飞机反应特性。这种飞机运动在控制理论中称为强迫运动。飞机的操纵输入分为开环操纵和闭环操纵。如果驾驶员的操纵量不以飞机运动的反应特性而改变驾驶员的操纵量，则称为开环操纵；如果驾驶员利用飞机运动的输出变量而决定操纵输入的大小，称为闭环操纵。这种“开、闭环控制”也来源于控制理论。

利用泰勒级数实施的线性化处理，使非线性的飞机运动方程分解为在定态邻域内取微增量的一次近似线性动力学方程，它给飞机自由运动的分析带来了方便；控制理论中的卷积定理，使操纵机构任意输入响应的计算成为可能。这就是说，可以把任意操纵输入的总响应看成是一系列阶跃输入或脉冲输入反应特性的叠加。因此在本节中，主要研究最简单的飞机典型操纵响应，就足够了。这样的操纵响应特性由典型操纵响应函数表示。

在飞机纵向操纵响应特性的计算和分析中，仅仅利用把有关操纵响应和操纵输入联系起来的传递函数是难以全面地获得响应特性的时域或频域解。本节主要分析工具是状态空间分析法，所获得的响应函数是由拉普拉斯变换和反变换得到的矩阵解或总和解。在分析中使用的飞机纵向运动方程是经线性化处理的飞机纵向运动状态方程；具体分析方法采用了双变量不变性近似解耦分析法，它可方便地得到近似的响应函数和容易地找到影响反应特性的主要因素。

对于飞机纵向操纵，按飞行阶段和飞行任务的不同，往往需要改变的两个主要运动变量是飞行速度 v 和俯仰航迹角 θ。为达到此目的，需要在平行或垂直于飞行速度方向的方向施加操纵力，可通过油门杆改变推力和通过偏转升降舵（或平尾）或襟翼来实现。加大油门的主要初始反应是增加飞行速度，而升降舵偏转的初始反应是飞机抬头或低头，伴随迎角和升力的变化，从而产生航迹角速率。

线性化处理的飞机运动方程，迫使在输入响应特性分析中，施加的操纵输入应是“小量”的，从而获得的整个过程中的操纵响应都在要求的定态邻域范围内，即“小扰动”范围内。否则将不能利用线性化处理的飞机运动方程作为控制对象的描述方程。

输入响应特性是由系统振型的激励（即振型控制）以及振型在各状态变量和输出变量中的分布（即振型

的观测)两部分组成的。后者已在上一节中作了详细讨论。本节主要分析振型的控制,找出各振型在各状态变量中分布的“公共因子”。由于它是每个输入的控制系数与任一振型对应的左特征向量乘积的总和构成的,因此本节所讨论的纵向运动输入响应特性主要讨论的就是对应每个振型的“公共因子”。对于每个输入来说,所有振型的“公共因子”构成一个控制向量;对全部输入来说,全部“公共因子”构成一个控制矩阵。系统的某一振型的可控性完全取决于与这个“控制矩阵”对应的某一行向量。

6.2.1　升降舵(活动平尾)操纵响应特性分析

对于飞机纵向运动一个最重要的操纵输入是升降舵(或平尾)操纵,它不仅随飞机速度的变化,改变舵偏度与相应迎角平衡,保持飞机定常直线飞行;当飞机在机动飞行时,必须在改变油门杆位置的同时偏转升降舵,以改变飞行速度或航迹角;对于飞机纵向飞行控制系统绝大多数功能,要靠升降舵控制系统完成。

6.2.1.1　升降舵控制向量

在本节中,将被使用的升降舵控制系数是经过初等变换后的纵向运动状态方程式(5-24) 所示 $\boldsymbol{B}'$ 阵中的列向量

$$\boldsymbol{b}'_3=\begin{bmatrix} -y^{\delta_z} \\ x^{\delta_z}-y^{\delta_z}m_{21}+(\mu_z^{\delta_z}-\mu_z^{\dot{\alpha}}y^{\delta_z})m_{24} \\ -y^{\delta_z}m_{31}+(\mu_z^{\delta_z}-\mu_z^{\dot{\alpha}}y^{\delta_z})m_{34} \\ \mu_z^{\delta_z}-\mu_z^{\dot{\alpha}}y^{\delta_z} \end{bmatrix}=\begin{bmatrix} b'_{13} \\ b'_{23} \\ b'_{33} \\ b'_{43} \end{bmatrix} \tag{6-87}$$

经初等变换后的纵向运动状态方程矩阵 $\boldsymbol{A}'$ 的左特征矩阵由式(4-132) 中 $\boldsymbol{R}'$ 阵表示,即

$$\boldsymbol{R}'=\boldsymbol{M}'\begin{bmatrix} 1 & 0 & 0 & \dfrac{a'_{14}}{\lambda_1-a'_{44}} \\ 0 & 1 & \dfrac{a'_{23}}{\lambda_2-a'_{33}} & 0 \\ 0 & \dfrac{a'_{32}}{\lambda_3-a'_{22}} & 1 & 0 \\ \dfrac{a'_{41}}{\lambda_4-a'_{11}} & 0 & 0 & 1 \end{bmatrix}=[\boldsymbol{r}'_1\quad \boldsymbol{r}'_2\quad \boldsymbol{r}'_3\quad \boldsymbol{r}'_4]^{\mathrm{T}} \tag{6-88}$$

式中

$$\boldsymbol{M}'=\begin{bmatrix} \dfrac{\lambda_1-a'_{44}}{\lambda_1-\lambda_4} & & & \\ & \dfrac{\lambda_2-a'_{33}}{\lambda_2-\lambda_3} & & \\ & & \dfrac{\lambda_3-a'_{22}}{\lambda_3-\lambda_2} & \\ & & & \dfrac{\lambda_4-a'_{11}}{\lambda_4-\lambda_1} \end{bmatrix}$$

且 $a'_{11},a'_{14},a'_{22},a'_{23},a'_{32},a'_{33},a'_{41}$ 和 a'_{44} 等为式(5-24) 矩阵 $\boldsymbol{A}'$ 的元素。

由式(4-132) 得到双对角线结构的飞机纵向运动升降舵单位脉冲操纵响应函数

$$\boldsymbol{x}'(t)=[\boldsymbol{p}'_1\quad \boldsymbol{p}'_2\quad \boldsymbol{p}'_3\quad \boldsymbol{p}'_4]\begin{bmatrix} \mathrm{e}^{\lambda_1 t} & & & \\ & \mathrm{e}^{\lambda_2 t} & & \\ & & \mathrm{e}^{\lambda_3 t} & \\ & & & \mathrm{e}^{\lambda_4 t} \end{bmatrix}[\boldsymbol{r}'_1\quad \boldsymbol{r}'_2\quad \boldsymbol{r}'_3\quad \boldsymbol{r}'_4]^{\mathrm{T}}\boldsymbol{b}'_3 \tag{6-89}$$

式中,$\boldsymbol{x}'(t)$ 同式(5-24) 定义;$\boldsymbol{p}'_1,\boldsymbol{p}'_2,\boldsymbol{p}'_3,\boldsymbol{p}'_4$ 分别同式(6-21)、式(6-73)、式(6-74) 和式(6-22);b'_3 由式

(6-87) 定义;$\boldsymbol{r}'_1,\boldsymbol{r}'_2,\boldsymbol{r}'_3$ 和 $\boldsymbol{r}'_4$ 由式(6-88) 得到,即

$$\left.\begin{aligned}
\boldsymbol{r}'_1&=\frac{\lambda_1-a'_{44}}{\lambda_1-\lambda_4}\begin{bmatrix}1 & 0 & 0 & \dfrac{a'_{14}}{\lambda_1-a'_{44}}\end{bmatrix}\\
\boldsymbol{r}'_2&=\frac{\lambda_2-a'_{33}}{\lambda_2-\lambda_3}\begin{bmatrix}0 & 1 & \dfrac{a'_{23}}{\lambda_2-a'_{33}} & 0\end{bmatrix}\\
\boldsymbol{r}'_3&=\frac{\lambda_3-a'_{22}}{\lambda_3-\lambda_2}\begin{bmatrix}0 & \dfrac{a'_{32}}{\lambda_3-a'_{22}} & 1 & 0\end{bmatrix}\\
\boldsymbol{r}'_4&=\frac{\lambda_4-a'_{11}}{\lambda_4-\lambda_1}\begin{bmatrix}\dfrac{a'_{41}}{\lambda_4-a'_{11}} & 0 & 0 & 1\end{bmatrix}
\end{aligned}\right\}\tag{6-90}$$

并由此得到控制向量

$$[\boldsymbol{r}'_1\quad \boldsymbol{r}'_2\quad \boldsymbol{r}'_3\quad \boldsymbol{r}'_4]^{\mathrm{T}}\boldsymbol{b}'_3$$

的各分量

$$\boldsymbol{r}'_1\boldsymbol{b}'_3=\frac{1}{\lambda_1-\lambda_4}[b'_{13}(\lambda_1-a'_{44})+b'_{43}a'_{14}]\tag{6-91}$$

$$\boldsymbol{r}'_4\boldsymbol{b}'_3=\frac{1}{\lambda_4-\lambda_1}[b'_{13}a'_{41}+b'_{43}(\lambda_4-a'_{11})]\tag{6-92}$$

$$\boldsymbol{r}'_2\boldsymbol{b}'_3=\frac{1}{\lambda_2-\lambda_3}[b'_{23}(\lambda_2-a'_{33})+b'_{33}a'_{23}]\tag{6-93}$$

$$\boldsymbol{r}'_3\boldsymbol{b}'_3=\frac{1}{\lambda_3-\lambda_2}[b'_{23}a'_{32}+b'_{33}(\lambda_3-a'_{22})]\tag{6-94}$$

由于

$$\frac{a'_{41}}{\lambda_4-a'_{44}}=\frac{\lambda_4-a'_{11}}{a'_{14}}\quad 和 \quad \frac{a'_{32}}{\lambda_3-a'_{33}}=\frac{\lambda_3-a'_{22}}{a'_{23}}$$

因此,与特征值 λ_4,λ_3 对应的控制向量分量还可表为

$$\left.\begin{aligned}
\boldsymbol{r}'_4\boldsymbol{b}'_3&=\frac{a'_{41}}{(\lambda_4-\lambda_1)(\lambda_4-a'_{44})}[b'_{13}(\lambda_4-a'_{44})+b'_{43}a'_{14}]=\frac{a'_{41}}{\lambda_4-a'_{44}}\bar{\boldsymbol{r}}'_1\\
\boldsymbol{r}'_3\boldsymbol{b}'_3&=\frac{a'_{32}}{(\lambda_3-\lambda_2)(\lambda_3-a'_{33})}[b'_{23}(\lambda_3-a'_{33})+b'_{33}a'_{23}]=\frac{a'_{32}}{\lambda_3-a'_{33}}\bar{\boldsymbol{r}}'_2
\end{aligned}\right\}\tag{6-95}$$

式中,$\bar{\boldsymbol{r}}'_1$ 是 $\boldsymbol{r}'_1$ 中 λ_1 代以 λ_4、$\bar{\boldsymbol{r}}'_2$ 是 $\boldsymbol{r}'_2$ 中 λ_2 代以 λ_4 得到的。由于 λ_1,λ_4 和 λ_2,λ_3 为两对共轭复数,因此 $\boldsymbol{r}'_1,\bar{\boldsymbol{r}}'_1$ 和 $\boldsymbol{r}'_2,\bar{\boldsymbol{r}}'_2$ 也是两对共轭复向量。当 $\boldsymbol{p}'_4$ 由式(6-26) 表示和 $\boldsymbol{p}'_3$ 由式(6-78) 表示时,由式(6-89) 得到

$$\boldsymbol{x}'(t)=[\boldsymbol{p}'_1\quad \boldsymbol{p}'_2\quad \bar{\boldsymbol{p}}'_2\quad \bar{\boldsymbol{p}}'_1]\begin{bmatrix}e^{\lambda_1 t} & & & \\ & e^{\lambda_2 t} & & \\ & & e^{\lambda_3 t} & \\ & & & e^{\lambda_4 t}\end{bmatrix}[\boldsymbol{r}'_1\quad \boldsymbol{r}'_2\quad \bar{\boldsymbol{r}}'_2\quad \bar{\boldsymbol{r}}'_1]^{\mathrm{T}}\boldsymbol{b}'_3\tag{6-96}$$

将 $\lambda_1,\lambda_4=-\omega_{\mathrm{ns}}(\zeta_{\mathrm{s}}\mp\sqrt{1-\zeta_{\mathrm{s}}^2})$ 和 $\lambda_2,\lambda_3=-\omega_{\mathrm{np}}(\zeta_{\mathrm{p}}\mp\sqrt{1-\zeta_{\mathrm{p}}^2})$ 分别代入 $\boldsymbol{r}'_1,\bar{\boldsymbol{r}}'_1$ 和 $\boldsymbol{r}'_2,\bar{\boldsymbol{r}}'_2$ 中,并将 $\boldsymbol{r}'_1\boldsymbol{b}'_3$,$\boldsymbol{r}'_2\boldsymbol{b}'_3$ 和 $\bar{\boldsymbol{r}}'_1\boldsymbol{b}'_3,\bar{\boldsymbol{r}}'_2\boldsymbol{b}'_3$ 化为指数形式,得到以指数形式表示的升降舵操纵的控制向量各分量

$$\boldsymbol{r}'_1\boldsymbol{b}'_3=\frac{1}{2\mathrm{j}}r_{\mathrm{s}}^{\delta_z}e^{\varphi_{\mathrm{s}}^{\delta_z}}\tag{6-97}$$

式中

$$\begin{aligned}
r_{\mathrm{s}}^{\delta_z}&=\frac{1}{\omega_{\mathrm{ns}}\sqrt{1-\zeta_{\mathrm{s}}^2}}\sqrt{[b'_{43}a'_{14}-b'_{13}(a'_{44}+\zeta_{\mathrm{s}}\omega_{\mathrm{ns}})]^2+(b'_{13}\omega_{\mathrm{ns}})^2(1-\zeta_{\mathrm{s}}^2)}=\\
&\frac{1}{\omega_{\mathrm{ns}}\sqrt{1-\zeta_{\mathrm{s}}^2}}\sqrt{\left[\frac{1}{2}y^{\delta_z}(y^{\alpha}+\mu_z^{\omega_z}-\mu_z^{\dot{\alpha}})+\mu_z^{\delta_z}\right]^2+(y^{\delta_z}\omega_{\mathrm{ns}})^2(1-\zeta_{\mathrm{s}}^2)}\approx\\
&\frac{1}{\omega_{\mathrm{ns}}\sqrt{1-\zeta_{\mathrm{s}}^2}}\sqrt{(\mu_z^{\delta_z})^2+(y^{\delta_z}\omega_{\mathrm{ns}})^2(1-\zeta_{\mathrm{s}}^2)}\approx-\frac{\mu_z^{\delta_z}}{\omega_{\mathrm{ns}}\sqrt{1-\zeta_{\mathrm{s}}^2}}
\end{aligned}$$

$$\varphi_{\mathrm{s}}^{\delta_z}=\arctan\frac{b'_{13}\omega_{\mathrm{ns}}\sqrt{1-\zeta_{\mathrm{s}}^2}}{b'_{43}a'_{14}-b'_{13}(a'_{44}+\zeta_{\mathrm{s}}\omega_{\mathrm{ns}})}=\arctan\frac{-y^{\delta_z}\omega_{\mathrm{ns}}\sqrt{1-\zeta_{\mathrm{s}}^2}}{\frac{1}{2}(y^{\alpha}+\mu_z^{\omega_z}-\mu_z^{\dot{\alpha}})y^{\delta_z}+\mu_z^{\delta_z}}\approx$$

$$\arctan\frac{-y^{\delta_z}\omega_{\mathrm{ns}}\sqrt{1-\zeta_{\mathrm{s}}^2}}{\mu_z^{\delta_z}}\approx-\pi$$

$$\boldsymbol{r}'_2\boldsymbol{b}'_3=\frac{1}{2\mathrm{j}}r_{\mathrm{p}}^{\delta_z}\mathrm{e}^{\varphi_{\mathrm{p}}^{\delta_z}} \tag{6-98}$$

式中

$$r_{\mathrm{p}}^{\delta_z}=\frac{1}{\omega_{\mathrm{np}}\sqrt{1-\zeta_{\mathrm{p}}^2}}\sqrt{[b'_{33}a'_{23}-b'_{23}(a'_{33}+\zeta_{\mathrm{p}}\omega_{\mathrm{np}})]^2+(b'_{23}\omega_{\mathrm{np}})^2(1-\zeta_{\mathrm{p}}^2)}=$$

$$\frac{1}{\omega_{\mathrm{np}}\sqrt{1-\zeta_{\mathrm{p}}^2}}\sqrt{\{[y^{\delta_z}m_{21}-(\mu_z^{\delta_z}-\mu_z^{\dot{\alpha}}y^{\delta_z})m_{24}-x^{\delta_z}]\omega_{\mathrm{np}}\zeta_{\mathrm{p}}+[y^{\delta_z}m_{31}-(\mu_z^{\delta_z}-\mu_z^{\dot{\alpha}}y^{\delta_z})m_{34}]g\}^2+[y^{\delta_z}m_{21}-(\mu_z^{\delta_z}-\mu_z^{\dot{\alpha}}y^{\delta_z})m_{24}-x^{\delta_z}]^2\omega_{\mathrm{np}}^2(1-\zeta_{\mathrm{p}}^2)}\approx$$

$$\frac{g}{\omega_{\mathrm{ns}}^2\omega_{\mathrm{np}}}(y^{\delta_z}\mu_z^{\alpha}-\mu_z^{\delta_z}y^{\alpha})$$

$$\varphi_{\mathrm{p}}^{\delta_z}=\arctan\frac{b'_{23}\omega_{\mathrm{np}}\sqrt{1-\zeta_{\mathrm{p}}^2}}{b'_{33}a'_{23}-b'_{23}(a'_{33}+\zeta_{\mathrm{p}}\omega_{\mathrm{np}})}=$$

$$\arctan\frac{-[y^{\delta_z}m_{21}-(\mu_z^{\delta_z}-\mu_z^{\dot{\alpha}}y^{\delta_z})m_{24}-x^{\delta_z}]\omega_{\mathrm{np}}\sqrt{1-\zeta_{\mathrm{p}}^2}}{[y^{\delta_z}m_{21}-(\mu_z^{\delta_z}-\mu_z^{\dot{\alpha}}y^{\delta_z})m_{24}-x^{\delta_z}]\omega_{\mathrm{np}}\zeta_{\mathrm{p}}+[y^{\delta_z}m_{31}-(\mu_z^{\delta_z}-\mu_z^{\dot{\alpha}}y^{\delta_z})m_{34}]g}\approx$$

$$\arctan\frac{-m_{24}\omega_{\mathrm{np}}}{m_{34}g}\approx\arctan\left[-\left(\frac{x^{\alpha}}{y^{\alpha}g}+\frac{2\zeta_{\mathrm{s}}}{\omega_{\mathrm{ns}}}\right)\omega_{\mathrm{np}}\right]\approx 0$$

$$\bar{\boldsymbol{r}}\boldsymbol{b}'_3=-\frac{a'_{32}}{\lambda_3-a'_{33}}\frac{1}{2\mathrm{j}}r_{\mathrm{p}}^{\delta_z}\mathrm{e}^{-\varphi_{\mathrm{p}}^{\delta_z}} \tag{6-99}$$

$$\bar{\boldsymbol{r}}_1\boldsymbol{b}'_3=-\frac{a'_{41}}{\lambda_4-a'_{44}}\frac{1}{2\mathrm{j}}r_{\mathrm{s}}^{\delta_z}\mathrm{e}^{-\varphi_{\mathrm{s}}^{\delta_z}} \tag{6-100}$$

按上例给定数据，按式(6－97)、式(6－98)中的表达式计算得到 $r_{\mathrm{s}}^{\delta_z}$，$\varphi_{\mathrm{s}}^{\delta_z}$，$r_{\mathrm{p}}^{\delta_z}$ 和 $\varphi_{\mathrm{p}}^{\delta_z}$ 值，并列于表 6－5 中。

表 6－5　单位脉冲(1°)升降舵操纵激起的短、长周期模态的幅值与相角

模态	短周期		长周期	
幅值、相角符号	$r_{\mathrm{s}}^{\delta_z}/(\mathrm{m\cdot s^{-2}})$	$\varphi_{\mathrm{s}}^{\delta_z}/\mathrm{rad}$	$r_{\mathrm{p}}^{\delta_z}/(\mathrm{m\cdot s^{-2}})$	$\varphi_{\mathrm{p}}^{\delta_z}/\mathrm{rad}$
计算值	7.021 0	－3.126 29	5.321 11	0.029 843

由于短周期模态在 α 响应中的分布比例和长周期模态在 v 响应中分布比例都为 1，因此，$r_{\mathrm{s}}^{\delta_z}$，$\varphi_{\mathrm{s}}^{\delta_z}$，$r_{\mathrm{p}}^{\delta_z}$，$\varphi_{\mathrm{p}}^{\delta_z}$ 分别是单位脉冲操纵升降舵 α 响应中的短周期模态分量和 v 响应中的长周期模态分量的幅值和相位。

6.2.1.2　升降舵单位脉冲操纵响应

将式(6－96)等号左、右左乘以初等变换阵 $\boldsymbol{M}$ 的逆，得到升降舵单位脉冲操纵响应矩阵解

$$\boldsymbol{x}(t)=[\boldsymbol{p}_1\quad\boldsymbol{p}_2\quad\boldsymbol{p}_3\quad\boldsymbol{p}_4]\begin{bmatrix}\mathrm{e}^{\lambda_1 t}&&&\\&\mathrm{e}^{\lambda_2 t}&&\\&&\mathrm{e}^{\lambda_3 t}&\\&&&\mathrm{e}^{\lambda_4 t}\end{bmatrix}[\boldsymbol{r}'_1\quad\boldsymbol{r}'_2\quad\boldsymbol{r}'_3\quad\boldsymbol{r}'_4]^{\mathrm{T}}\boldsymbol{b}'_3 \tag{6-101}$$

式中，$\boldsymbol{p}_1$ 由式(6－30)表示，$\boldsymbol{p}_4=\bar{\boldsymbol{p}}_1$，$\boldsymbol{p}_2=\boldsymbol{p}'_2$，$\boldsymbol{p}_3=\bar{\boldsymbol{p}}_2$。将式(6－101)改为总和式

$$\boldsymbol{x}(t)=\sum_{i=1}^{4}\boldsymbol{p}_i\boldsymbol{r}'_i\boldsymbol{b}'_3\mathrm{e}^{\lambda_i t} \tag{6-102}$$

并展开式(6－102)，得到由复数表示的单位脉冲升降舵操纵的响应函数为

$$\alpha(t)=\frac{1}{\lambda_1-\lambda_4}\{[b'_{13}(\lambda_1-a'_{44})+b'_{43}a'_{14}]\mathrm{e}^{\lambda_1 t}-[b'_{13}(\lambda_4-a'_{44})+b'_{43}a'_{14}]\mathrm{e}^{\lambda_4 t}\} \tag{6-103}$$

$$\begin{aligned}v(t)=&\frac{1}{\lambda_2-\lambda_3}\{[b'_{23}(\lambda_2-a'_{33})+b'_{33}a'_{23}]\mathrm{e}^{\lambda_2 t}-[b'_{23}(\lambda_3-a'_{33})+b'_{33}a'_{23}]\mathrm{e}^{\lambda_3 t}\}-\\&\frac{1}{\lambda_1-\lambda_4}\left\{\left(m_{21}+m_{24}\frac{\lambda_1-a'_{11}}{a'_{14}}\right)[b'_{13}(\lambda_1-a'_{44})+b'_{43}a'_{14}]\mathrm{e}^{\lambda_1 t}-\left(m_{21}+m_{24}\frac{\lambda_4-a'_{11}}{a'_{14}}\right)\times\right.\\&\left.[b'_{13}(\lambda_4-a'_{44})+b'_{43}a'_{14}]\mathrm{e}^{\lambda_4 t}\right\}\end{aligned} \tag{6-104}$$

$$\begin{aligned}\vartheta(t)=&\frac{1}{\lambda_2-\lambda_3}\left\{[b'_{23}(\lambda_2-a'_{33})+b'_{33}a'_{23}]\frac{\lambda_2-a'_{22}}{a'_{23}}\mathrm{e}^{\lambda_2 t}-[b'_{23}(\lambda_3-a'_{33})+b'_{33}a'_{23}]\frac{\lambda_3-a'_{22}}{a'_{23}}\mathrm{e}^{\lambda_3 t}\right\}-\\&\frac{1}{\lambda_1-\lambda_4}\left\{\left(m_{31}+m_{34}\frac{\lambda_1-a'_{11}}{a'_{14}}\right)[b'_{13}(\lambda_1-a'_{44})+b'_{43}a'_{14}]\mathrm{e}^{\lambda_1 t}-\left(m_{31}+m_{34}\frac{\lambda_4-a'_{11}}{a'_{14}}\right)\times\right.\\&\left.[b'_{13}(\lambda_4-a'_{44})+b'_{43}a'_{14}]\mathrm{e}^{\lambda_4 t}\right\}\end{aligned} \tag{6-105}$$

$$\omega_z(t)=\frac{1}{\lambda_1-\lambda_4}\left\{[b'_{13}(\lambda_1-a'_{44})+b'_{43}a'_{14}]\frac{\lambda_1-a'_{11}}{a'_{14}}\mathrm{e}^{\lambda_1 t}-[b'_{13}(\lambda_4-a'_{44})+b'_{43}a'_{14}]\frac{\lambda_4-a'_{11}}{a'_{14}}\mathrm{e}^{\lambda_4 t}\right\} \tag{1-106}$$

将特征值 $\lambda_1,\lambda_2,\lambda_3$ 和 λ_4 的表达式代入式(6-103) ~ 式(6-106) 中,并将式中的复数由其模和幅角表示,得到以指数形式表示的升降舵单位脉冲操纵的状态变量响应函数为

$$\alpha(t)=\frac{1}{2\mathrm{j}}r_{\mathrm{s}}^{\delta_z}\mathrm{e}^{-\zeta_{\mathrm{s}}\omega_{\mathrm{ns}}t}(\mathrm{e}^{\mathrm{j}(\omega_{\mathrm{ns}}\sqrt{1-\zeta_{\mathrm{s}}^2}t+\varphi_{\mathrm{s}}^{\delta_z})}-\mathrm{e}^{-\mathrm{j}(\omega_{\mathrm{ns}}\sqrt{1-\zeta_{\mathrm{s}}^2}t+\varphi_{\mathrm{s}}^{\delta_z})}) \tag{6-107}$$

$$\begin{aligned}v(t)=&\frac{1}{2\mathrm{j}}[r_{\mathrm{p}}^{\delta_z}\mathrm{e}^{-\zeta_{\mathrm{p}}\omega_{\mathrm{np}}t}(\mathrm{e}^{\mathrm{j}(\omega_{\mathrm{np}}\sqrt{1-\zeta_{\mathrm{p}}^2}t+\varphi_{\mathrm{p}}^{\delta_z})}-\mathrm{e}^{-\mathrm{j}(\omega_{\mathrm{np}}\sqrt{1-\zeta_{\mathrm{p}}^2}t+\varphi_{\mathrm{p}}^{\delta_z})})+\\&r_{\mathrm{s}}^{\delta_z}K_{\mathrm{s}}^{v}\mathrm{e}^{-\zeta_{\mathrm{s}}\omega_{\mathrm{ns}}t}(\mathrm{e}^{\mathrm{j}(\omega_{\mathrm{ns}}\sqrt{1-\zeta_{\mathrm{s}}^2}t+\varphi_{\mathrm{s}}^{\delta_z}+\varphi_{\mathrm{s}}^{v})}-\mathrm{e}^{-\mathrm{j}(\omega_{\mathrm{ns}}\sqrt{1-\zeta_{\mathrm{s}}^2}t+\varphi_{\mathrm{s}}^{\delta_z}+\varphi_{\mathrm{s}}^{v})})]\end{aligned} \tag{6-108}$$

$$\begin{aligned}\vartheta(t)=&\frac{1}{2\mathrm{j}}[K_{\mathrm{p}}^{\vartheta}r_{\mathrm{p}}^{\delta_z}\mathrm{e}^{-\zeta_{\mathrm{p}}\omega_{\mathrm{np}}t}(\mathrm{e}^{\mathrm{j}(\omega_{\mathrm{np}}\sqrt{1-\zeta_{\mathrm{p}}^2}t+\varphi_{\mathrm{p}}^{\delta_z}+\varphi_{\mathrm{p}}^{\vartheta})}-\mathrm{e}^{-\mathrm{j}(\omega_{\mathrm{np}}\sqrt{1-\zeta_{\mathrm{p}}^2}t+\varphi_{\mathrm{p}}^{\delta_z}+\varphi_{\mathrm{p}}^{\vartheta})})+\\&r_{\mathrm{s}}^{\delta_z}K_{\mathrm{s}}^{\vartheta}\mathrm{e}^{-\zeta_{\mathrm{s}}\omega_{\mathrm{ns}}t}(\mathrm{e}^{\mathrm{j}(\omega_{\mathrm{ns}}\sqrt{1-\zeta_{\mathrm{s}}^2}t+\varphi_{\mathrm{s}}^{\delta_z}+\varphi_{\mathrm{s}}^{\vartheta})}-\mathrm{e}^{-\mathrm{j}(\omega_{\mathrm{ns}}\sqrt{1-\zeta_{\mathrm{s}}^2}t+\varphi_{\mathrm{s}}^{\delta_z}+\varphi_{\mathrm{s}}^{\vartheta})})]\end{aligned} \tag{6-109}$$

$$\omega(t)=\frac{1}{2\mathrm{j}}K_{\mathrm{s}}^{\omega_z}r_{\mathrm{s}}^{\delta_z}\mathrm{e}^{-\zeta_{\mathrm{s}}\omega_{\mathrm{ns}}t}(\mathrm{e}^{\mathrm{j}(\omega_{\mathrm{ns}}\sqrt{1-\zeta_{\mathrm{s}}^2}t+\varphi_{\mathrm{s}}^{\delta_z}+\varphi_{\mathrm{s}}^{\omega_z})}-\mathrm{e}^{-\mathrm{j}(\omega_{\mathrm{ns}}\sqrt{1-\zeta_{\mathrm{s}}^2}t+\varphi_{\mathrm{s}}^{\delta_z}+\varphi_{\mathrm{s}}^{\omega_z})}) \tag{6-110}$$

由欧拉公式

$$\sin\varphi=\frac{1}{2\mathrm{j}}(\mathrm{e}^{\mathrm{j}\varphi}-\mathrm{e}^{-\mathrm{j}\varphi})$$

得到以正弦函数表示的单位脉冲升降舵操纵时,变量 $\alpha,v,\vartheta,\omega_z$ 和 θ 的时域响应函数为

$$\alpha(t)=r_{\mathrm{s}}^{\delta_z}\mathrm{e}^{-\zeta_{\mathrm{s}}\omega_{\mathrm{ns}}t}\sin(\omega_{\mathrm{ns}}\sqrt{1-\zeta_{\mathrm{s}}^2}t+\varphi_{\mathrm{s}}^{\delta_z}) \tag{6-111}$$

$$v(t)=r_{\mathrm{p}}^{\delta_z}\mathrm{e}^{-\zeta_{\mathrm{p}}\omega_{\mathrm{np}}t}\sin(\omega_{\mathrm{np}}\sqrt{1-\zeta_{\mathrm{p}}^2}t+\varphi_{\mathrm{p}}^{\delta_z})+r_{\mathrm{s}}^{\delta_z}K_{\mathrm{s}}^{v}\mathrm{e}^{-\zeta_{\mathrm{s}}\omega_{\mathrm{ns}}t}\sin(\omega_{\mathrm{ns}}\sqrt{1-\zeta_{\mathrm{s}}^2}t+\varphi_{\mathrm{s}}^{\delta_z}+\varphi_{\mathrm{s}}^{v}) \tag{6-112}$$

$$\vartheta(t)=r_{\mathrm{p}}^{\delta_z}K_{\mathrm{p}}^{\vartheta}\mathrm{e}^{-\zeta_{\mathrm{p}}\omega_{\mathrm{np}}t}\sin(\omega_{\mathrm{np}}\sqrt{1-\zeta_{\mathrm{p}}^2}t+\varphi_{\mathrm{p}}^{\delta_z}+\varphi_{\mathrm{p}}^{\vartheta})+r_{\mathrm{s}}^{\delta_z}K_{\mathrm{s}}^{\vartheta}\mathrm{e}^{-\zeta_{\mathrm{s}}\omega_{\mathrm{ns}}t}\sin(\omega_{\mathrm{ns}}\sqrt{1-\zeta_{\mathrm{s}}^2}t+\varphi_{\mathrm{s}}^{\delta_z}+\varphi_{\mathrm{s}}^{\vartheta}) \tag{6-113}$$

$$\omega_z(t)=r_{\mathrm{s}}^{\delta_z}K_{\mathrm{s}}^{\omega_z}\mathrm{e}^{-\zeta_{\mathrm{p}}\omega_{\mathrm{ns}}t}\sin(\omega_{\mathrm{ns}}\sqrt{1-\zeta_{\mathrm{s}}^2}t+\varphi_{\mathrm{s}}^{\delta_z}+\varphi_{\mathrm{s}}^{\omega_z}) \tag{6-114}$$

$$\theta(t)=r_{\mathrm{p}}^{\delta_z}K_{\mathrm{p}}^{\vartheta}\mathrm{e}^{-\zeta_{\mathrm{p}}\omega_{\mathrm{np}}t}\sin(\omega_{\mathrm{np}}\sqrt{1-\zeta_{\mathrm{p}}^2}t+\varphi_{\mathrm{p}}^{\delta_z}+\varphi_{\mathrm{p}}^{\vartheta})+r_{\mathrm{s}}^{\delta_z}K_{\mathrm{s}}^{\theta}\mathrm{e}^{-\zeta_{\mathrm{s}}\omega_{\mathrm{ns}}t}\sin(\omega_{\mathrm{ns}}\sqrt{1-\zeta_{\mathrm{s}}^2}t+\varphi_{\mathrm{s}}^{\delta_z}+\varphi_{\mathrm{s}}^{\theta}) \tag{6-115}$$

6.2.1.3 升降舵单位阶跃操纵响应

依据式(4-65) 到阶跃操纵响应的总和式

$$\boldsymbol{x}(t)=\sum_{i=1}^{4}\boldsymbol{p}_i\boldsymbol{r}_i\boldsymbol{b}'_3\frac{1}{\lambda_i}(\mathrm{e}^{\lambda_i t}-1) \tag{6-116}$$

比较式(6-102) 可知,升降舵单位脉冲响应是单位阶跃响应的导数。对于每个振型来说,阶跃响应与脉

冲响应的幅值比和相位差由下式决定：

$$\frac{1}{\lambda_i}=\frac{1}{-\omega_i(\zeta_i-\mathrm{j}\sqrt{1-\zeta_i^2})}=\frac{-\omega_i(\zeta_i+\mathrm{j}\sqrt{1-\zeta_i^2})}{\omega_i^2}=\frac{1}{\omega_i}\mathrm{e}^{\mathrm{j}\varphi_i} \tag{6-117}$$

式中，$\varphi_i=\arctan\dfrac{\sqrt{1-\zeta_i^2}}{\zeta_i}-\pi$。按上述实例数据，对应特征值 λ_1 的相位角

$$\varphi_{\mathrm{s}}=-2.086\ 33\ \mathrm{rad}$$

对应特征值 λ_2 的相位角

$$\varphi_{\mathrm{p}}=-1.642\ 257\ \mathrm{rad}$$

由式(6-116)得到单位升降舵操纵变量响应的稳态函数为

$$c_{\alpha}^{\delta_z}=c_{\alpha\mathrm{s}}^{\delta_z}=\frac{1}{\lambda_1\lambda_4}(b'_{43}-b'_{13}a'_{44})=\frac{1}{\omega_{\mathrm{ns}}^2}(\mu_z^{\delta_z}+y^{\delta_z}\mu_z^{\omega_z}) \tag{6-118}$$

$$c_v^{\delta_z}=c_{v\mathrm{p}}^{\delta_z}+c_{v\mathrm{s}}^{\delta_z} \tag{6-119}$$

式中

$$c_{v\mathrm{p}}^{\delta_z}=-\frac{b'_{33}}{a'_{32}}=\frac{y^{\delta_z}\mu_z^{\alpha}-\mu_z^{\delta_z}y^{\alpha}}{\mu_z^{v}y^{\alpha}-y^{v}\mu_z^{\alpha}}$$

$$c_{v\mathrm{s}}^{\delta_z}=-\frac{1}{\lambda_1\lambda_4}(m_{24}a'_{11}-m_{21})(b'_{43}-b'_{13}a'_{44})+m_{24}b'_{13}=\frac{1}{\omega_{\mathrm{ns}}^2}[(y^{\delta_z}\mu_z^{\alpha}-\mu_z^{\delta_z}y^{\alpha})m_{24}-(\mu_z^{\delta_z}+y^{v}\mu_z^{\omega_z})m_{21}]$$

$$c_{\vartheta}^{\delta_z}=c_{\vartheta\mathrm{p}}^{\delta_z}+c_{\vartheta\mathrm{s}}^{\delta_z} \tag{6-120}$$

式中

$$c_{\vartheta\mathrm{p}}^{\delta_z}=-\frac{b'_{23}}{a'_{23}}-\frac{b'_{33}a'_{22}}{\lambda_2\lambda_3}=$$

$$\frac{1}{g}\left\{x^{\delta_z}-y^{\delta_z}m_{21}+(\mu_z^{\delta_z}-\mu_z^{\dot{\alpha}}y^{\delta_z})m_{24}-\frac{\mu_z^{\delta_z}y^{\alpha}-y^{\delta_z}\mu_z^{\alpha}}{\mu_z^{v}y^{\alpha}-y^{v}\mu_z^{\alpha}}[x^{v}-y^{v}m_{21}+(\mu_z^{v}-\mu_z^{\dot{\alpha}}y^{v})m_{24}]\right\}$$

$$c_{\vartheta\mathrm{s}}^{\delta_z}=\frac{1}{\lambda_1\lambda_4}(m_{24}a'_{11}-m_{31})(b'_{43}-b'_{13}a'_{44})+m_{34}b'_{13}=$$

$$[(y^{\delta_z}\mu_z^{\alpha}-y^{\alpha}\mu_z^{\delta_z})y^{\alpha}-(\mu_z^{\delta_z}+y^{\delta_z}\mu_z^{\omega_z})(\mu_z^{\alpha}-\mu_z^{\dot{\alpha}}y^{\alpha})]\frac{1}{\omega_{\mathrm{ns}}^4}$$

$$c_{\omega_z}^{\delta_z}=c_{\omega_z\mathrm{s}}^{\delta_z}=\frac{1}{\omega_{\mathrm{ns}}^2}a'_{11}(b'_{13}a'_{44}-b'_{43})-b'_{13}=\frac{1}{\omega_{\mathrm{ns}}^2}(y^{\alpha}\mu_z^{\delta_z}-y^{\delta_z}\mu_z^{\alpha})$$

$$c_{\theta}^{\delta_z}=c_{\theta\mathrm{p}}^{\delta_z}+c_{\theta\mathrm{s}}^{\delta_z} \tag{6-121}$$

式中

$$c_{\theta\mathrm{p}}^{\delta_z}=c_{\vartheta\mathrm{p}}^{\delta_z}$$

$$c_{\theta\mathrm{s}}^{\delta_z}=c_{\vartheta\mathrm{s}}^{\delta_z}-c_{\alpha}^{\delta_z}=\frac{1}{\lambda_1\lambda_4}(m_{34}a'_{11}-m_{31}-1)(b'_{43}-b'_{13}a'_{44})+m_{34}b'_{13}=$$

$$\frac{y^{\alpha}}{\omega_{\mathrm{ns}}^4}[y^{\delta_z}\mu_z^{\alpha}-y^{\alpha}\mu_z^{\delta_z}+(\mu_z^{\delta_z}+y^{\delta_z}\mu_z^{\omega_z})(\mu_z^{\dot{\alpha}}+\mu_z^{\omega_z})] \tag{6-122}$$

最终得到升降舵单位阶跃操纵时，$\alpha,v,\vartheta,\omega_z$ 和 θ 的时域响应函数为

$$\alpha(t)=\frac{r_{\mathrm{s}}^{\delta_z}}{\omega_{\mathrm{ns}}}\mathrm{e}^{-\zeta_{\mathrm{s}}\omega_{\mathrm{ns}}t}\sin(\omega_{\mathrm{ns}}\sqrt{1-\zeta_{\mathrm{s}}^2}t+\varphi_{\mathrm{s}}^{\delta_z}+\varphi_{\mathrm{s}})+c_{\alpha\mathrm{s}}^{\delta_z} \tag{6-123}$$

$$v(t)=\frac{r_{\mathrm{p}}^{\delta_z}}{\omega_{\mathrm{np}}}\mathrm{e}^{-\zeta_{\mathrm{p}}\omega_{\mathrm{np}}t}\sin(\omega_{\mathrm{np}}\sqrt{1-\zeta_{\mathrm{p}}^2}t+\varphi_{\mathrm{p}}^{\delta_z}+\varphi_{\mathrm{p}})+c_{v\mathrm{p}}^{\delta_z}+\frac{r_{\mathrm{s}}^{\delta_z}K_{\mathrm{s}}^{v}}{\omega_{\mathrm{ns}}}\mathrm{e}^{-\zeta_{\mathrm{s}}\omega_{\mathrm{ns}}t}\sin(\omega_{\mathrm{ns}}\sqrt{1-\zeta_{\mathrm{s}}^2}t+\varphi_{\mathrm{s}}^{\delta_z}+\varphi_{\mathrm{s}}^{v}+\varphi_{\mathrm{s}})+c_{v\mathrm{s}}^{\delta_z} \tag{6-124}$$

$$\begin{aligned}\vartheta(t)=&\frac{r_{\mathrm{p}}^{\delta_z}K_{\mathrm{p}}^{\vartheta}}{\omega_{\mathrm{np}}}\mathrm{e}^{-\zeta_{\mathrm{p}}\omega_{\mathrm{np}}t}\sin(\omega_{\mathrm{np}}\sqrt{1-\zeta_{\mathrm{p}}^2}t+\varphi_{\mathrm{p}}^{\delta_z}+\varphi_{\mathrm{p}}^{\vartheta}+\varphi_{\mathrm{p}})+c_{\vartheta\mathrm{p}}^{\delta_z}+\\&\frac{r_{\mathrm{s}}^{\delta_z}K_{\mathrm{s}}^{\vartheta}}{\omega_{\mathrm{ns}}}\mathrm{e}^{-\zeta_{\mathrm{s}}\omega_{\mathrm{ns}}t}\sin(\omega_{\mathrm{ns}}\sqrt{1-\zeta_{\mathrm{s}}^2}t+\varphi_{\mathrm{s}}^{\delta_z}+\varphi_{\mathrm{s}}^{\vartheta}+\varphi_{\mathrm{s}})+c_{\vartheta\mathrm{s}}^{\delta_z}\end{aligned} \tag{6-125}$$

$$\omega_z(t)=\frac{r_s^{\delta_z}K_s^{\omega_z}}{\omega_{ns}}e^{-\zeta_s\omega_{ns}t}\sin(\omega_{ns}\sqrt{1-\zeta_s^2}\,t+\varphi_s^{\delta_z}++\varphi_s^{\omega_z}+\varphi_s)+c_{\omega_z s}^{\delta_z} \tag{6-126}$$

$$\theta(t)=\frac{r_p^{\delta_z}K_p^{\theta}}{\omega_{np}}e^{-\zeta_p\omega_{np}t}\sin(\omega_{np}\sqrt{1-\zeta_p^2}\,t+\varphi_p^{\delta_z}+\varphi_p^{\vartheta}+\varphi_p)+c_{\theta p}^{\delta_z}+$$
$$\frac{r_s^{\delta_z}K_s^{\theta}}{\omega_{ns}}e^{-\zeta_s\omega_{ns}t}\sin(\omega_{ns}\sqrt{1-\zeta_s^2}\,t+\varphi_s^{\delta_z}+\varphi_s^{\theta}+\varphi_s)+c_{\theta s}^{\delta_z} \tag{6-127}$$

6.2.1.4 升降舵操纵响应特性分析

升降舵操纵响应特性分析的原始状态方程由式(5-1)表示。当油门杆和襟翼固定不动，即式(5-1)中δ_T和δ_f都为零时，且在升降舵操纵之前飞机是在作对称定常直线水平飞行，即航迹角$\theta_0=0$的条件下，仅仅实施升降舵(或平尾)操纵。除式(5-1)给出的4个状态变量分量外，还有另外一些输出变量，如俯仰航迹角θ，法向过载n_y等，它们也是升降舵操纵响应变量。它们是状态变量和输入变量的线性函数，如

$$\theta=\vartheta-\alpha \tag{6-128}$$

$$n_y=\frac{\Delta Y}{mg}=\frac{v_0}{g}\frac{d\theta}{dt}\approx\frac{v_0}{g}(y^{\alpha}\alpha+y^{\delta_z}\delta_z) \tag{6-129}$$

这两个纵向运动输出变量随升降舵操纵的变化反映了升降舵操纵响应的好坏。

本节利用升降舵脉冲和阶跃操纵响应函数的形式表示飞机的纵向动态特性，不仅可以得到操纵动作后的初始响应和稳态响应，而且还能得到从初始状态到最终状态的过渡过程的特性。

由升降舵控制向量$\boldsymbol{R}'\boldsymbol{b}'_3$可知，升降舵不仅能激起短周期模态，也能激起长周期模态。由式(6-91)和式(6-92)所示的控制向量分量$\boldsymbol{r}'_1\boldsymbol{b}'_3$，$\boldsymbol{r}'_4\boldsymbol{b}'_3$决定了单位升降舵偏度产生的短周期模态的幅值与相位差；由式(6-93)、式(6-94)所示的控制向量分量$\boldsymbol{r}'_2\boldsymbol{b}'_3$，$\boldsymbol{r}'_3\boldsymbol{b}'_3$决定了单位升降舵偏度产生的长周期模态的幅值与相位差。

由式(6-97)可知，$y^{\delta_z}\ll|\mu_z^{\delta_z}|$，使得升降舵单位脉冲偏度产生的短周期模态，主要在于升降舵面力矩效应系数$\mu_z^{\delta_z}$作用下被激起的。然而，升降舵偏转激起的短周期模态不仅取决于力矩导数$\mu_z^{\delta_z}$；同时，还受到短周期模态自身特性的限制。升降舵激起的短周期模态幅值与$\mu_z^{\delta_z}$，$\omega_{ns}\sqrt{1-\zeta_s^2}$成反比；在$y^{\alpha}\ll|\mu_z^{\delta_z}|$的条件下，短周期模态的相位角近似(且超过)180°，随$\omega_{ns}\sqrt{1-\zeta_s^2}$的增大有所增加。

当升降舵为阶跃操纵时，所激起的短周期模态相对于同样大小的脉冲操纵，其幅值减小ω_{ns}倍，相位滞后角增加$\arccos\zeta_s-180°$。

升降舵脉冲操纵激起的长周期模态幅值与相位角由式(6-98)决定。由于升降舵偏转引起的飞行阻力和升力变化很小，以及长周期模态固有频率和阻尼比都很小，因此当忽略ζ_p，ω_{np}等参数的某些影响时，由式(6-98)表示的单位脉冲升降舵偏度激起的长周期模态幅值与相位角可近似为

$$r_p^z=\frac{g}{\omega_{ns}^2\omega_{np}}(y^{\delta_z}\mu_z^{\alpha}-\mu_z^{\delta_z}y^{\alpha}) \tag{6-130}$$

$$\varphi_p^{\delta_z}=\arctan\left[-\left(\frac{x^{\alpha}}{y^{\alpha}g}+\frac{2\zeta_s}{\omega_{ns}}\right)\omega_{np}\right] \tag{6-131}$$

可见升降舵脉冲操纵激起的长周期模态的幅值不仅取决于升降舵力矩效应$\mu_z^{\delta_z}$和长周期模态固有频率ω_{np}，而且还与飞行迎角α的气动力导数x^{α}，y^{α}和短周期模态参数ω_{ns}，ζ_s有关。这就是说升降舵操纵激起的长周期模态幅值不仅受到与它有关参数的影响，还受到短周期模态特性的影响。长周期模态的固有频率ω_{np}甚小，使得升降舵脉冲操纵产生的长周期模态相位角滞后很小。

任何模态输入响应的相位滞后角与状态变量和输入变量的符号定义有关，当升降舵偏度与它激起的α变量的极性不一致时，升降舵脉冲操纵所产生的短周期模态滞后角大约为180°，而长周期模态滞后角大约为零度；但是，当定义升降舵偏度与其产生的迎角极性一致时，脉冲操纵产生的短、长周期模态的相位滞后角将

分别接近零度和 180°，正好相反。

对于阶跃操纵升降舵所产生的长周期模态的幅值比较脉冲操纵减小 ω_{np} 倍。长周期阻尼比 ζ_p 很小，致使升降舵阶跃操纵较脉冲操纵产生的长周期模态相位滞后近似 90°。

按纵向运动特征值对应的右特征向量各分量的幅值和相位角形式，将升降舵操纵激起的具有一定幅值和相位角的长、短周期模态分配于各个状态变量的响应函数中。其中在变量 α 和 ω_z 的响应函数中，主要包含短周期模态，而长周期模态早在多变量不变性分析中就被忽略了。当 $|y^v| \ll |y^\alpha|$，$|\mu_z^v| \ll |\mu_z^\alpha|$ 时，可以由初等变换和不变性近似解耦得到短周期运动状态方程为

$$\begin{bmatrix} \dot{\alpha} \\ \dot{\omega}_z \end{bmatrix} = \begin{bmatrix} -y^\alpha & 1 \\ \mu_z^\alpha - \mu_z^{\dot{\alpha}} y^\alpha & \mu_z^{\omega_z} + \mu_z^{\dot{\alpha}} \end{bmatrix} \begin{bmatrix} \alpha \\ \omega_z \end{bmatrix} + \begin{bmatrix} -y^{\delta_z} \\ \mu_z^{\delta_z} - \mu_z^{\dot{\alpha}} y^{\delta_z} \end{bmatrix} [\delta_z] \tag{6-132}$$

尽管它不能全面地描述升降舵操纵的飞机纵向运动，但它表征了升降舵操纵时短周期模态的产生和状态变量 α，ω_z 全部的响应特性。由式(6-132)得到的状态变量 α 和 ω_z 对升降舵脉冲和阶跃操纵响应，等于由式(6-111)、式(6-114)和式(6-123)、式(6-126)所示 $\alpha(t)$，$\omega_z(t)$ 的响应函数。因此，利用式(6-132)分析短周期模态和升降舵操纵响应特性是非常接近的。更为重要的意义在于，式(6-132)可作为控制对象模型，设计由升降舵(或平尾)作为输入的各种短周期模态控制系统，不仅使系统分析、设计得到简化和带来方便，还会获得非常理想的结果。

在升降舵操纵中，对法向过载响应特性有较高的要求。过载的变化表征了飞行轨迹的改变。由式(6-129)可知，当 $y^{\delta_z} \approx 0$ 时，法向过载响应便近似于迎角响应乘以 $\frac{v_0 y^\alpha}{g}$。在短周期运动的不长时间里，飞行速度 v 和迎角升力系数 y^α 变化不大，因此由式(6-111)或式(6-123)表示的迎角响应函数，再乘以这个特定常数，便是由升降舵脉冲或阶跃操纵的法向过载响应函数。

在实际飞行中，驾驶员为了精确操纵飞行轨迹，在操纵升降舵时，要求飞机的初始反应要快，稳态值要合适，两者之间的比值可用 $(\ddot{\vartheta}/\delta_z)_{t=0^+} / (n_y/\delta_z)_{t\to\infty}$ 表示。当 $\dot{\omega}_z \approx \ddot{\vartheta}$ 时，由式(6-132)可知，当 ω_z 和 α 还未产生增量的时刻

$$\left(\frac{\ddot{\vartheta}}{\delta_z}\right)_{t=0^+} = \mu_z^{\delta_z} - \mu_z^{\dot{\alpha}} y^{\delta_z} \tag{6-133}$$

且单位升降舵产生的法向过载稳态值可由式(6-118)给出的升降舵阶跃操纵 α 响应函数的常值项 $c_\alpha^{\delta_z}$ 乘以 $\frac{v_0 y^\alpha}{g}$ 得到，即

$$\left(\frac{n_y}{\delta_z}\right)_{t\to\infty} = c_\alpha^{\delta_z} \frac{v_0 y^\alpha}{g} = \frac{1}{\omega_{ns}^2}(\mu_z^{\delta_z} + y^{\delta_z}\mu_z^{\omega_z}) \frac{v_0 y^\alpha}{g} \tag{6-134}$$

由于 y^{δ_z} 的绝对值甚小，以及考虑到

$$\frac{n_y}{\alpha} \approx \frac{v_0 y^\alpha}{g} \tag{6-135}$$

时得到

$$\frac{\left(\frac{\ddot{\vartheta}}{\delta_z}\right)_{t=0^+}}{\left(\frac{n_y}{\delta_z}\right)_{t\to\infty}} = \frac{\omega_{ns}^2}{n_y/\alpha} \tag{6-136}$$

式中，参数 $\omega_{ns}^2/(n_y/\alpha)$ 是评价短周期模态特性的重要飞行品质参数之一。在美国军用规范有人驾驶飞机的飞行品质[MIL-F-8785B]或[MIL-F-8785C]中有明确和详细的规定。该参数称为“驾驶员操纵期望参数”，英文缩写为“CAP”。它代表着驾驶员最关心的两个概念：初始俯仰姿态的反应和飞行轨迹的最终变化。如果 CAP 太小，由驾驶员操纵所产生的初始俯仰角反应就很小，即反应过于迟钝，这将促使驾驶员进一步操纵驾驶杆以加快俯仰姿态的反应，结果容易使最终的轨迹变化超出所要求值；相反，如果 CAP 太大，则

驾驶员很小的操纵都能引起大的初始俯仰角加速度，飞机的反应过于灵敏和突然，结果驾驶员将倾向于减小或取消他的俯仰操纵，以避免这种突然的姿态反应，这将易于使轨迹改变量变小。

其实，期望参数 CAP 等于杆力梯度 F_z/n_y 和杆力灵敏度 $M_F=\ddot{\vartheta}/\Delta F_z$ 的乘积。因此 CAP 还反映着驾驶员操纵感觉有直接关系的机动杆力和杆力灵敏度。机动杆力和杆力灵敏度必须匹配，才能使驾驶员满意。当杆力梯度过大或杆力灵敏度过小时，驾驶员容易将飞机拉"漂"，或出现驾驶员诱发振荡；如果杆力梯度过小，或杆力灵敏度过大时，驾驶员会感到飞机机动能力不够。无论哪种情况，都是驾驶员所不能接受的。

也可由初等变换和不变性解耦获得的式(5-24)，近似得到升降舵操纵下仅仅表征长周期模态运动的状态方程为

$$\begin{bmatrix}\dot{v}+m_{21}\dot{\alpha}+m_{24}\dot{\omega}_z\\ \dot{\vartheta}+m_{31}\dot{\alpha}+m_{34}\dot{\omega}_z\end{bmatrix}=\begin{bmatrix}x^v-y^v m_{21}+(\mu_z^v-\mu_z^{\dot{\alpha}}y^v)m_{24} & -g\\ -y^v m_{31}+(\mu_z^v-\mu_z^{\dot{\alpha}}y^v)m_{34} & 0\end{bmatrix}\begin{bmatrix}v+m_{21}\alpha+m_{24}\omega_z\\ \vartheta+m_{31}\alpha+m_{34}\omega_z\end{bmatrix}+$$
$$\begin{bmatrix}x^{\delta_z}-y^{\delta_z}m_{21}+(\mu_z^{\delta_z}-\mu_z^{\dot{\alpha}}y^{\delta_z})m_{24}\\ -y^{\delta_z}m_{31}+(\mu_z^{\delta_z}-\mu_z^{\dot{\alpha}}y^{\delta_z})m_{34}\end{bmatrix}\delta_z \tag{6-137}$$

相对飞机纵向运动方程式(5-1)，利用不变性解耦原理得到的这个简化方程，解算长周期模态特征值、升降舵操纵激起的长周期模态的幅值和相位角以及长周期模态在变量 v,ϑ 中的分布比例和相位差都是非常接近的。然而，利用它不能得到升降舵操纵中 v,ϑ 的全部响应函数。由任何操纵和干扰激起的短周期模态分量，都按与它对应的右特征向量分量分布于变量 v,ϑ 的响应函数中，其幅值之大可与长周期模态响应接近。

应该指明长周期模态特性和输入响应特性在某种程度上取决于短周期模态特性及其输入响应特性。

通常由于 $|\mu^v|\ll|y^v|$，使得长周期模态的固有频率、阻尼比近似为

$$\omega_{\mathrm{np}}\approx\sqrt{-gy^v(m_{31}-\mu_z^{\dot{\alpha}}m_{34})}=\sqrt{gy^v\left(\frac{\mu_z^{\omega_z}y^\alpha}{\omega_{\mathrm{ns}}^2}+1\right)} \tag{6-138}$$

$$\zeta_{\mathrm{p}}\approx\frac{1}{2\omega_{\mathrm{np}}}\left[y^v(m_{21}+\mu_z^{\dot{\alpha}}m_{24})-x^v\right]=-\frac{1}{2\omega_{\mathrm{np}}}\left\{\frac{y^v}{\omega_{\mathrm{ns}}^2}\left[gy^\alpha\left(\frac{2\zeta_{\mathrm{s}}}{\omega_{\mathrm{ns}}}\mu_z^{\omega_z}+1\right)+x^\alpha\mu_z^{\omega_z}\right]+x^v\right\} \tag{6-139}$$

由式(6-138)和式(6-139)可知，短周期模态的固有频率、阻尼比等参数影响长周期模态的固有频率和阻尼比。尽管对常规飞机而言，影响不大，但对放宽静稳定性飞机来说，这种影响是不能忽视的。

由式(6-82)可知，长周期模态在变量 ϑ 响应中的分布系数 $K_{\mathrm{p}}^{\vartheta}$ 正比于长周期模态固有频率，当将式(6-138)代入式(6-82)时，便可知道短周期模态对长周期模态分配比例的影响。

由式(6-130)、式(6-131)可知，升降舵操纵激起的长周期模态幅值与相位角也与短周期模态参数有关。

总之，长周期模态特性和响应特性与短周期模态特性密切相关。在短周期模态参数已知的情况下，可以利用式(6-137)分析长周期模态特性和响应特性；但是在飞控系统设计中，不能单独地利用式(6-137)设计长周期模态控制系统(如飞行速度控制系统)，尤其对放宽静稳定性飞机来说更是这样。在设计长周期模态控制系统的同时，必须考虑短周期模态控制系统对长周期模态特性的影响。

按前面所举实例数据，和利用式(6-111)～式(6-115)，得到升降舵单位脉冲操纵($\delta_z=1°$)激发的状态变量响应函数为

$$\alpha(t)=7.021\mathrm{e}^{-2.1051t}\sin(3.715t-3.1263) \tag{6-140}$$

$$v(t)=5.3211\mathrm{e}^{-0.0045t}\sin(0.06284t+0.02984)+0.2401\mathrm{e}^{-2.1051t}\sin(3.715t-5.56043) \tag{6-141}$$

$$\vartheta(t)=1.9582\mathrm{e}^{-0.0045t}\sin(0.06284t-1.61222)+6.2108\mathrm{e}^{-2.1051t}\sin(3.715t-3.46176) \tag{6-142}$$

$$\omega(t)=26.5267\mathrm{e}^{-2.1051t}\sin(3.7115t-1.37628) \tag{6-143}$$

$$\theta(t)=1.9582\mathrm{e}^{-0.0045t}\sin(0.06284t-1.61222)+2.3506\mathrm{e}^{-2.1051t}\sin(3.715t-5.21184) \tag{6-144}$$

按上述实例数据计算得到升降舵单位阶跃操纵产生的状态变量稳态值，列于表 6－6 中。

表 6－6　升降舵单位阶跃操纵($\delta_z=1°$)产生的状态变量和输出变量的稳态值

变量	α_∞	v_∞		ϑ_∞		$\omega_{z\infty}$	$n_{y\infty}$		θ_∞	
符号	$c_\alpha^{\delta_z}$	$c_{vp}^{\delta_z}$	$c_{vs}^{\delta_z}$	$c_{\vartheta p}^{\delta_z}$	$c_{\vartheta s}^{\delta_z}$	$c_{\omega_z}^{\delta_z}$	$c_{n_y}^{\alpha}$	$c_{n_y}^{\delta_z}$	$c_{\theta p}^{\delta_z}$	$c_{\theta s}^{\delta_z}$
单位	(°)	m/s	m/s	(°)	(°)	(°)/s	g	g	(°)	(°)
计算值	－1.442 6	84.512 6	－0.055 03	－3.518 7	－0.975 2	－1.958 3	－0.737 7	0.037 83	－3.518 7	0.467 4

由表 6－6 所示升降舵阶跃操纵产生的状态变量稳态值可知，升降舵对飞机纵向运动 5 个状态变量的操纵都很有效。在变量 α,ω_z 的响应中主要包含短周期模态伴随常值分量，其极性与升降舵偏度极性相反；在变量 v 的响应中，主要包含长周期模态伴随常值分量，其极性与升降舵偏度极性相同；在变量 ϑ 响应中，长、短周期模态的伴随常值分量都足够大，其极性与升降舵偏度极性相反；在变量 θ 响应中，长周期模态伴随常值分量与 ϑ 相同，而短周期模态伴随常值分量可由式(6－122) 定义的表达式近似，即

$$c_{\theta s}^{\delta_z}=-\frac{2\zeta_s y^\alpha \mu_z^{\delta_z}}{\omega_{ns}^3} \tag{6－145}$$

正比于升降舵力矩系数 $\mu_z^{\delta_z}$，且与升降舵偏度极性相同。

由于法向过载与迎角、升降舵偏度的近似关系为

$$n_y(t)\approx\frac{v_0}{g}[y^\alpha\alpha(t)+y^{\delta_z}\delta_z(t)] \tag{6－146}$$

得到升降舵单位偏度($\delta_z=1°$) 产生的法向过载稳态值表达式

$$n_y(\infty)=c_{n_y}^\alpha+c_{n_y}^{\delta_z}=\frac{v_0}{g}(y^\alpha c_\alpha^{\delta_z}+y^{\delta_z}) \tag{6－147}$$

式中，$c_{n_y}^\alpha=\dfrac{v_0}{g}y^\alpha c_\alpha^{\delta_z}$；$c_{n_y}^{\delta_z}=\dfrac{v_0}{g}y^{\delta_z}$。

依据上述实例数据，得到升降舵单位阶跃操纵时状态变量和输出变量的时域响应函数为

$$\alpha(t)=1.644\,3\mathrm{e}^{-2.105\,1t}\sin(3.715t-5.212\,47)-1.442\,6\quad(°) \tag{6－148}$$

$$\begin{aligned}v(t)=&84.596\,2\mathrm{e}^{-0.004\,5t}\sin(0.062\,84t-1.612\,51)+84.512\,6+\\&0.056\,23\mathrm{e}^{-2.105\,1t}\sin(3.715t-4.505\,34)-0.055\,03\quad(\mathrm{m/s})\end{aligned} \tag{6－149}$$

$$\begin{aligned}\vartheta(t)=&31.08\,25\mathrm{e}^{-0.004\,5t}\sin(0.062\,84t-3.254\,43)-3.518\,7+\\&1.454\,5\mathrm{e}^{-2.105\,1t}\sin(3.715t-5.547\,94)-0.975\,2\quad(°)\end{aligned} \tag{6－150}$$

$$\omega_z(t)=6.212\,3\mathrm{e}^{-2.105\,1t}\sin(3.715t-3.462\,89)-1.958\,3\quad(°)/\mathrm{s} \tag{6－151}$$

$$n_y(t)=\frac{v_0}{57.3g}[y^\alpha\alpha(t)+y^{\delta_z}\delta_z(t)]=0.840\,8\mathrm{e}^{-2.1051t}\sin(3.715t-5.212\,47)-0.699\,9\quad(g) \tag{6－152}$$

$$\begin{aligned}\theta(t)=&31.082\,5\mathrm{e}^{-0.004\,5t}\sin(0.062\,84t-3.254\,43)-3.518\,7+\\&0.550\,5\mathrm{e}^{-2.105\,1t}\sin(3.715t-1.015\,46)+0.467\,4\quad(°)\end{aligned} \tag{6－153}$$

由式(6－152)、式(6－153) 可知，升降舵操纵的过载响应中主要包含短周期模态及其伴随常值分量，而在航迹角响应中主要包含长周期模态及其伴随常值分量。

6.2.2　油门杆操纵与速度和航迹角控制

操纵油门杆可改变发动机推力。当按稳定轴系建立飞机纵向运动状态方程时，由式(5－1) 可知，控制系数阵 $\boldsymbol{B}$ 中第 2 列向量便是油门杆控制系数向量，即

$$
\boldsymbol{b}_2=\begin{bmatrix}-y^{\delta_T}\\x^{\delta_T}\\0\\\mu_z^{\delta_T}-\mu_z^{\dot{\alpha}}y^{\delta_T}\end{bmatrix}\tag{6-154}
$$

式中，$x^{\delta_T}=P^{\delta_T}\cos(\alpha_0+\varphi_P)/m$；$y^{\delta_T}=P^{\delta_T}\sin(\alpha_0+\varphi_P)/mv_0$；$\mu_z^{\delta_T}=-P^{\delta_T}e_P/J_z$；且 φ_P 为发动机推力线与飞机机体纵轴的夹角；e_P 为飞机重心至发动机推力线的距离。当飞机纵向运动由初等变换后的状态方程式(5-24)表示时，油门杆控制系数向量由 $\boldsymbol{B}'$ 阵的第 2 列表示，即

$$
\boldsymbol{b}_2'=\begin{bmatrix}-y^{\delta_T}\\x^{\delta_T}-y^{\delta_T}m_{21}+(\mu_z^{\delta_T}-\mu_z^{\dot{\alpha}}y^{\delta_T})m_{24}\\-y^{\delta_T}m_{31}+(\mu_z^{\delta_T}-\mu_z^{\dot{\alpha}}y^{\delta_T})m_{34}\\\mu_z^{\delta_T}-\mu_z^{\dot{\alpha}}y^{\delta_T}\end{bmatrix}=\begin{bmatrix}b_{12}'\\b_{22}'\\b_{32}'\\b_{42}'\end{bmatrix}\tag{6-155}
$$

由式(5-24)，可以求出单位阶跃油门杆操纵情况下，经初等变换的状态变量 $\boldsymbol{x}'(t)$ 的时域解

$$
\begin{bmatrix}\alpha\\v+m_{21}\alpha+m_{24}\omega_z\\\vartheta+m_{31}\alpha+m_{34}\omega_z\\\omega_z\end{bmatrix}(t)=[\boldsymbol{p}_1'\quad\boldsymbol{p}_2'\quad\boldsymbol{p}_3'\quad\boldsymbol{p}_4']\times
\begin{bmatrix}(\mathrm{e}^{\lambda_1t}-1)\dfrac{1}{\lambda_1}&&&\\&(\mathrm{e}^{\lambda_2t}-1)\dfrac{1}{\lambda_2}&&\\&&(\mathrm{e}^{\lambda_3t}-1)\dfrac{1}{\lambda_3}&\\&&&(\mathrm{e}^{\lambda_4t}-1)\dfrac{1}{\lambda_4}\end{bmatrix}[\boldsymbol{r}_1'\quad\boldsymbol{r}_2'\quad\boldsymbol{r}_3'\quad\boldsymbol{r}_4']^{\mathrm{T}}\boldsymbol{b}_2'\tag{6-156}
$$

将式(6-156)等号左、右左乘以初等变换阵 $\boldsymbol{M}$ 的逆，得到油门杆操纵纵向运动状态变量的时域解为

$$
\begin{bmatrix}\alpha(t)\\v(t)\\\vartheta(t)\\\omega_z(t)\end{bmatrix}=[\boldsymbol{p}_1\quad\boldsymbol{p}_2\quad\boldsymbol{p}_3\quad\boldsymbol{p}_4]\times
\begin{bmatrix}(\mathrm{e}^{\lambda_1t}-1)\dfrac{1}{\lambda_1}&&&\\&(\mathrm{e}^{\lambda_2t}-1)\dfrac{1}{\lambda_2}&&\\&&(\mathrm{e}^{\lambda_3t}-1)\dfrac{1}{\lambda_3}&\\&&&(\mathrm{e}^{\lambda_4t}-1)\dfrac{1}{\lambda_4}\end{bmatrix}[\boldsymbol{r}_1'\quad\boldsymbol{r}_2'\quad\boldsymbol{r}_3'\quad\boldsymbol{r}_4']^{\mathrm{T}}\boldsymbol{b}_2'\tag{6-157}
$$

其总和形式为

$$
\boldsymbol{x}(t)=\sum_{i=1}^{4}\boldsymbol{p}_i\boldsymbol{r}_i'\boldsymbol{b}_2'\frac{1}{\lambda_i}(\mathrm{e}^{\lambda_it}-1)\tag{6-158}
$$

6.2.2.1 油门杆控制向量

在升降舵操纵响应分析的基础上，对其他输入响应特性进行分析，将是非常方便的。这就是空间法分析

系统的好处。

将 $\boldsymbol{b}'_2$ 的各分量 $b'_{12}, b'_{22}, b'_{32}$ 和 b'_{42} 分别替换式(6-91)～式(6-94)中的 $b'_{13}, b'_{23}, b'_{33}$ 和 b'_{43}，便可得到油门杆操纵情况下，对应特征值 $\lambda_1, \lambda_2, \lambda_3$ 和 λ_4 的控制向量 $\boldsymbol{R}'\boldsymbol{b}'_2$ 的各分量：

$$\boldsymbol{r}'_1\boldsymbol{b}'_2 = \frac{1}{\lambda_1 - \lambda_4}[b'_{12}(\lambda_1 - a'_{44}) + b'_{42}a'_{14}] \tag{6-159}$$

$$\boldsymbol{r}'_4\boldsymbol{b}'_2 = \frac{1}{\lambda_4 - \lambda_1}[b'_{12}a'_{41} + b'_{42}(\lambda_4 - a'_{11})] = \frac{a'_{41}}{(\lambda_4 - \lambda_1)(\lambda_4 - a'_{44})}[b'_{12}(\lambda_4 - a'_{44}) + b'_{42}a'_{14}] \tag{6-160}$$

$$\boldsymbol{r}'_2\boldsymbol{b}'_2 = \frac{1}{\lambda_2 - \lambda_3}[b'_{22}(\lambda_2 - a'_{33}) + b'_{32}a'_{23}] \tag{6-161}$$

$$\boldsymbol{r}'_3\boldsymbol{b}'_2 = \frac{1}{\lambda_3 - \lambda_2}[b'_{22}a'_{32} + b'_{33}(\lambda_3 - a'_{22})] = \frac{a'_{32}}{(\lambda_3 - \lambda_2)(\lambda_3 - a'_{33})}[b'_{22}(\lambda_3 - a'_{33}) + b'_{32}a'_{23}] \tag{6-162}$$

由于 λ_1, λ_2 分别与 λ_4, λ_3 互为共轭复数，油门杆控制向量各分量也可由指数函数表示，即

$$\boldsymbol{r}'_1\boldsymbol{b}'_2 = \frac{1}{2\mathrm{j}}\boldsymbol{r}_{\mathrm{s}}^{\delta_T}\mathrm{e}^{\varphi_{\mathrm{s}}^{\delta_T}} \tag{6-163}$$

式中

$$r_{\mathrm{s}}^{\delta_T} = \frac{1}{\omega_{\mathrm{ns}}\sqrt{1-\zeta_{\mathrm{s}}^2}}\sqrt{[b'_{42}a'_{14} - b'_{12}(a'_{44} + \zeta_{\mathrm{s}}\omega_{\mathrm{ns}})]^2 + (b'_{12}\omega_{\mathrm{ns}})^2(1-\zeta_{\mathrm{s}}^2)} =$$

$$\frac{1}{\omega_{\mathrm{ns}}\sqrt{1-\zeta_{\mathrm{s}}^2}}\sqrt{\left[\frac{1}{2}y^{\delta_T}(y^{\alpha} + \mu_z^{\omega_z} - \mu_z^{\dot{\alpha}}) + \mu_z^{\delta_T}\right]^2 + (y^{\delta_T}\omega_{\mathrm{ns}})^2(1-\zeta_{\mathrm{s}}^2)}$$

$$\varphi_{\mathrm{s}}^{\delta_T} = \arctan\frac{b'_{12}\omega_{\mathrm{ns}}\sqrt{1-\zeta_{\mathrm{s}}^2}}{b'_{42}a'_{14} - b'_{12}(a'_{44} + \zeta_{\mathrm{s}}\omega_{\mathrm{ns}})} = \arctan\frac{-y^{\delta_T}\omega_{\mathrm{ns}}\sqrt{1-\zeta_{\mathrm{s}}^2}}{\frac{1}{2}(y^{\alpha} + \mu_z^{\omega_z} - \mu_z^{\dot{\alpha}})y^{\delta_T} + \mu_z^{\delta_T}}$$

$$\boldsymbol{r}'_2\boldsymbol{b}'_2 = \frac{1}{2\mathrm{j}}r_{\mathrm{p}}^{\delta_T}\mathrm{e}^{\varphi_{\mathrm{p}}^{\delta_T}} \tag{6-164}$$

式中

$$r_{\mathrm{p}}^{\delta_T} = \frac{1}{\omega_{\mathrm{np}}\sqrt{1-\zeta_{\mathrm{p}}^2}}\sqrt{[b'_{32}a'_{23} - b'_{22}(a'_{33} + \zeta_{\mathrm{p}}\omega_{\mathrm{np}})]^2 + (b'_{22}\omega_{\mathrm{np}})^2(1-\zeta_{\mathrm{p}}^2)} = \frac{1}{\omega_{\mathrm{np}}\sqrt{1-\zeta_{\mathrm{p}}^2}}$$

$$\sqrt{\{[y^{\delta_T}m_{21} - (\mu_z^{\delta_T} - \mu_z^{\dot{\alpha}}y^{\delta_T})m_{24} - x^{\delta_T}]\omega_{\mathrm{np}}\zeta_{\mathrm{p}} + [(y^{\delta_T}m_{31} - (\mu_z^{\delta_T} - \mu_z^{\dot{\alpha}}y^{\delta_T})m_{34}]g\}^2 + [y^{\delta_T}m_{21} - (\mu_z^{\delta_T} - \mu_z^{\dot{\alpha}}y^{\delta_T})m_{24} - x^{\delta_T}]^2\omega_{\mathrm{np}}^2(1-\zeta_{\mathrm{p}}^2)}$$

$$\varphi_{\mathrm{p}}^{\delta_T} = \arctan\frac{b'_{22}\omega_{\mathrm{np}}\sqrt{1-\zeta_{\mathrm{p}}^2}}{b'_{32}a'_{23} - b'_{22}(a'_{33} + \zeta_{\mathrm{p}}\omega_{\mathrm{np}})} =$$

$$\arctan\frac{-[y^{\delta_T}m_{21} - (\mu_z^{\delta_T} - \mu_z^{\dot{\alpha}}y^{\delta_T})m_{24} - x^{\delta_T}]\omega_{\mathrm{np}}\sqrt{1-\zeta_{\mathrm{p}}^2}}{[y^{\delta_T}m_{21} - (\mu_z^{\delta_T} - \mu_z^{\dot{\alpha}}y^{\delta_T})m_{24} - x^{\delta_T}]\omega_{\mathrm{np}}\zeta_{\mathrm{p}} + [y^{\delta_T}m_{31} - (\mu_z^{\delta_T} - \mu_z^{\dot{\alpha}}y^{\delta_T})m_{34}]g}$$

$$\boldsymbol{r}'_3\boldsymbol{b}'_2 = \frac{a'_{32}}{\lambda_3 - a'_{33}}\frac{1}{2\mathrm{j}}\boldsymbol{r}_{\mathrm{p}}^{\delta_T}\mathrm{e}^{-\varphi_{\mathrm{p}}^{\delta_T}} \tag{6-165}$$

$$\boldsymbol{r}'_4\boldsymbol{b}'_2 = \frac{a'_{41}}{\lambda_4 - a'_{44}}\frac{1}{2\mathrm{j}}\boldsymbol{r}_{\mathrm{s}}^{\delta_T}\mathrm{e}^{-\varphi_{\mathrm{s}}^{\delta_T}} \tag{6-166}$$

6.2.2.2　油门杆单位阶跃操纵响应

由式(6-157)，得到纵向运动变量对油门杆单位阶跃操纵的响应函数

$$\alpha(t) = \frac{r_{\mathrm{s}}^{\delta_T}}{\omega_{\mathrm{ns}}}\mathrm{e}^{-\zeta_{\mathrm{s}}\omega_{\mathrm{ns}}t}\sin(\omega_{\mathrm{ns}}\sqrt{1-\zeta_{\mathrm{s}}^2}\,t + \varphi_{\mathrm{s}}^{\delta_T} + \varphi_{\mathrm{s}}) + c_{\alpha}^{\delta_T} \tag{6-167}$$

式中

$$c_{\alpha}^{\delta_T} = \frac{b'_{42}a'_{14} - b'_{12}a'_{44}}{\lambda_1\lambda_4} = \frac{1}{\omega_{\mathrm{ns}}^2}(\mu_z^{\delta_T} + y^{\delta_T}\mu_z^{\omega_z})$$

$$v(t) = \frac{r_{\mathrm{p}}^{\delta_T}}{\omega_{\mathrm{np}}}\mathrm{e}^{-\zeta_{\mathrm{p}}\omega_{\mathrm{np}}t}\sin(\omega_{\mathrm{np}}\sqrt{1-\zeta_{\mathrm{p}}^2}\,t + \varphi_{\mathrm{p}}^{\delta_T} + \varphi_{\mathrm{p}}) +$$

$$\frac{r_s^{\delta_T} K_s^v}{\omega_{ns}} e^{-\zeta_s \omega_{ns} t} \sin(\omega_{ns}\sqrt{1-\zeta_s^2}\,t + \varphi_s^{\delta_T} + \varphi_s^v + \varphi_s) + c_{vp}^{\delta_T} + c_{vs}^{\delta_T} \tag{6-168}$$

式中 $c_{vp}^{\delta_T} = -\dfrac{b'_{32}}{a'_{32}} = \dfrac{y^{\delta_T}\mu_z^{\alpha} - \mu_z^{\delta_T} y^{\alpha}}{\mu_z^v y^{\alpha} - y^v \mu_z^{\alpha}}$

$$c_{vs}^{\delta_T} = \frac{1}{\lambda_1\lambda_4}(a'_{11}m_{24} - a'_{14}m_{21})(b'_{42} - b'_{12}a'_{44}) + m_{24}b'_{12} = \frac{1}{\omega_{ns}^2}[(y^{\delta_T}\mu_z^{\alpha} - \mu_z^{\delta_T}y^{\alpha})m_{24} - (\mu_z^{\delta_T} + y^{\delta_T}\mu_z^{\omega_z})m_{21}]$$

$$\vartheta(t) = \frac{r_p^{\delta_T} K_p^{\vartheta}}{\omega_{np}} e^{-\zeta_p \omega_{np} t} \sin(\omega_{np}\sqrt{1-\zeta_p^2}\,t + \varphi_p^{\delta_T} + \varphi_p^{\vartheta} + \varphi_p) + c_{\vartheta p}^{\delta_T} +$$
$$\frac{r_s^{\delta_T} K_s^{\vartheta}}{\omega_{ns}} e^{-\zeta_s \omega_{ns} t} \sin(\omega_{ns}\sqrt{1-\zeta_s^2}\,t + \varphi_s^{\delta_T} + \varphi_s^{\vartheta} + \varphi_s) + c_{\vartheta s}^{\delta_T} \tag{6-169}$$

式中

$$c_{\vartheta p}^{\delta_T} = -\frac{b'_{22}}{a'_{23}} - \frac{a'_{22}b'_{32}}{\lambda_2\lambda_3} =$$
$$\frac{1}{g}\left\{x^{\delta_T} - y^{\delta_T}m_{21} + (\mu_z^{\delta_T} - \mu_z^{\dot{\alpha}}y^{\delta_T})m_{24} - \frac{\mu_z^{\delta_T}y^{\alpha} - y^{\delta_T}\mu_z^{\alpha}}{\mu_z^v y^{\alpha} - y^v\mu_z^{\alpha}}[x^v - y^v m_{21} + (\mu_z^v - \mu_z^{\dot{\alpha}}y^v)m_{24}]\right\}$$

$$c_{\vartheta s}^{\delta_T} = \frac{b'_{12}m_{34}}{a'_{14}} + (b'_{42} - \frac{b'_{12}a'_{44}}{a'_{14}})(a'_{11}m_{34} - a'_{14}m_{31})\frac{1}{\lambda_1\lambda_4} =$$
$$\frac{1}{\omega_{ns}^4}[(y^{\delta_T}\mu_z^{\alpha} - y^{\alpha}\mu_z^{\delta_T})y^{\alpha} - (\mu_z^{\delta_T} + y^{\delta_T}\mu_{zs}^{\omega_z})(\mu_z^{\alpha} - \mu_z^{\dot{\alpha}}y^{\alpha})]$$

$$\omega_z(t) = \frac{r_s^{\delta_T} K_s^{\omega_z}}{\omega_{ns}} e^{-\zeta_s \omega_{ns} t} \sin(\omega_{ns}\sqrt{1-\zeta_s^2}\,t + \varphi_s^{\delta_T} + \varphi_s^{\omega_z} + \varphi_s) + c_{\omega_z}^{\delta_T} \tag{6-170}$$

式中 $$c_{\omega_z}^{\delta_T} = -\frac{b'_{12}}{a'_{14}} - \frac{1}{\lambda_1\lambda_4}\left(b'_{42} - \frac{b'_{12}a'_{44}}{a'_{14}}\right)a'_{11} = \frac{1}{\omega_{ns}^2}(y^{\alpha}\mu_z^{\delta_T} - y^{\delta_T}\mu_z^{\alpha})$$

6.2.2.3 飞行速度和航迹角控制分析

由于发动机推力线与飞机机体轴系纵轴的夹角很小，且当飞行迎角不大时，发动机推力在稳定轴 y_s 上的分力很小，因此升力系数 y^{δ_T} 也很小，可以忽略不计；又因飞机重心至发动机推力线的距离很小，近似认为发动机推力线通过飞机重心，故发动机推力不产生俯仰力矩，以至于 $\mu_z^{\delta_T}$ 近似为零。这样一来，便可由初等变换和不变性原理获得的式(5-24)，得到油门杆操纵下，仅仅具有长周期模态运动的状态方程为

$$\begin{bmatrix}\dot{v}\\ \dot{\theta}\end{bmatrix} = \begin{bmatrix}x^v - y^v m_{21} + (\mu_z^v - \mu_z^{\dot{\alpha}}y^v)m_{24} & -g\\ -y^v m_{31} + (\mu_z^v - \mu_z^{\dot{\alpha}}y^v)m_{34} & 0\end{bmatrix}\begin{bmatrix}v\\ \theta\end{bmatrix} + \begin{bmatrix}x^{\delta_T}\\ 0\end{bmatrix}\delta_T \tag{6-171}$$

y^{δ_T}，$\mu_z^{\delta_T}$ 近似为零，使得油门杆操纵激起的 α，ω_z 响应近似为零和 $\theta=\vartheta$。因此，利用式(6-171)不仅能近似地分析长周期模态特性，而且也可以近似地分析油门杆操纵响应特性，以及利用式(6-171)作为控制对象，初步设计速度，马赫数和航迹角控制系统是简单和方便的。

油门杆阶跃操纵下，除变量 α，ω_z 响应函数为零外，变量 v，ϑ，θ 的响应函数近似为

$$v(t) = \frac{x^{\delta_T}}{\omega_{np}\sqrt{1-\zeta_p^2}} e^{-\zeta_p \omega_{np} t} \sin(\omega_{np}\sqrt{1-\zeta_p^2}\,t + \varphi_p^{\delta_T} + \varphi_p) \tag{6-172}$$

$$\vartheta(t) = \theta(t) = \frac{x^{\delta_T}}{g}\left[\frac{1}{\sqrt{1-\zeta_p^2}} e^{-\zeta_p \omega_{np} t} \sin(\omega_{np}\sqrt{1-\zeta_p^2}\,t + \varphi_p^{\delta_T} + \varphi_p^{\vartheta} + \varphi_p) + 1\right] \tag{6-173}$$

式中，$\varphi_p^{\delta_T} = 180° - \arctan\dfrac{\sqrt{1-\zeta_p^2}}{\zeta_p}$；$\varphi_p^{\vartheta} = \arctan\dfrac{\sqrt{1-\zeta_p^2}}{\zeta_p} - 180°$；$\varphi_p = \arctan\dfrac{\sqrt{1-\zeta_p^2}}{\zeta_p} - 180°$。且当 $\zeta_p \approx 0$ 时，得到

$$v(t) \approx \frac{x^{\delta_T}}{\omega_{np}} e^{-\zeta_p \omega_{np} t} \sin(\omega_{np} t) \tag{6-174}$$

$$\vartheta(t)\approx\theta(t)=\frac{x^{\delta_T}}{g}[\mathrm{e}^{-\zeta_p\omega_{np}t}\sin(\omega_{np}t-90°)+1] \tag{6-175}$$

可见当升降舵偏度为零时，加大油门（增加推力）的最初反应是增大飞行速度，但最终结果是增大航迹角 θ（或 ϑ）而速度不变。加大油门使飞行速度按式(6-172)或式(6-174)所示过渡函数增大，伴随着动压的增加，升力也被增大，从而使航迹角（或俯仰角）按式(6-173)或式(6-175)所示过渡函数增加。待航迹角达到某一值后，重力沿轨迹的分力 $G\sin\theta$ 又使速度减小。当油门杆操纵的过渡过程结束时，发动机推力的变化与航迹角变化的关系为

$$P-Q=x^{\delta_T}m\delta_T=G\sin\Delta\theta\approx G\Delta\theta \tag{6-176}$$

即增加推力完全用于平衡重力沿飞行轨迹方向的分力，而速度恢复至原始值。这种变化可由推力曲线图 6-3 表示。

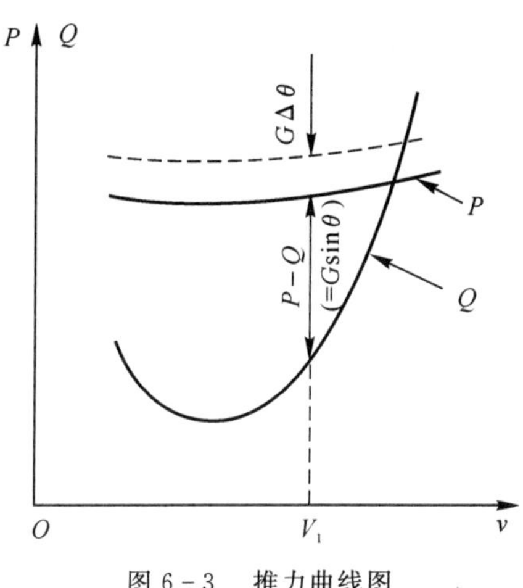

图 6-3　推力曲线图

如果操纵油门杆的目的是为改变飞行速度而不是改变航迹角，那么就必须同时改变驾驶杆位置，即对发动机和升降舵实施综合与协调操纵。

在油门杆与驾驶杆协调操纵中，在改变飞行速度的同时，必须保持航迹角不变，那么由单位升降舵偏度产生的稳态航迹角为

$$\theta(\infty)\mid_{\delta_z=1}=[\vartheta(\infty)-\alpha(\infty)]\mid_{\delta_z=1}=c_{\theta s}^{\delta_z}+c_{\theta p}^{\delta_z}=c_{\vartheta s}^{\delta_z}-c_{\alpha}^{\delta_z}+c_{\vartheta p}^{\delta_z} \tag{6-177}$$

当 $|y^\alpha|\ll|\mu_z^\alpha|$ 时，$m_{31}\approx-1$，$m_{34}\approx0$ 和 $c_{\vartheta s}^{\delta_z}=c_{\alpha}^{\delta_z}$，因此得到

$$\theta(\infty)\mid_{\delta_T=1}\approx c_{\theta p}^{\delta_z}=c_{\vartheta p}^{\delta_z}=-\frac{b'_{23}}{a'_{23}}-\frac{a'_{22}b'_{33}}{\lambda_2\lambda_3} \tag{6-178}$$

又因为

$$\theta(\infty)\mid_{\delta_z=1}\approx c_{\vartheta p}^{\delta_T}=-\frac{b'_{22}}{a'_{23}}-\frac{a'_{22}b'_{32}}{\lambda_2\lambda_3} \tag{6-179}$$

所以当操纵比例为

$$\frac{\delta_T}{\delta_z}=-c_{\vartheta p}^{\delta_z}/c_{\vartheta p}^{\delta_T}=-\frac{x^{\delta_T}a'_{32}}{b'_{23}a'_{32}-b'_{33}a'_{22}} \tag{6-180}$$

时，便可使油门杆和升降舵操纵产生的稳态航迹角大小相等、极性相反。

由于发动机推力的变化只能改变航迹角（包括瞬态和稳态），不能改变速度的稳态值（只能使飞行速度瞬态变化），因此利用油门杆操纵飞机爬升或俯冲是合理的。单独利用升降舵或协同油门杆一起操纵飞机爬升或俯冲也是驾驶员经常采用的方法。

由式(6-98)、式(6-164)可知，足够小的 ω_{np} 和 ζ_p，使得 $\varphi_p^{\delta_z}$ 近似为 0° 和 $\varphi_p^{\delta_T}$ 近似为 −90°，因此在油门杆和升降舵协调控制飞行速度或航迹角时，必须考虑到油门杆操纵的滞后特性。在飞行速度的协调控制中，为了让航迹角在整个过渡过程中保持不变，在油门杆快速操纵后，缓慢地操纵升降舵，以使舵迹角基本保持不变；在航迹角控制中，最好是同时快速操纵升降舵和油门杆，以便迅速改变飞行轨迹。当需要保持速度不变时，应将升降舵逐渐回到原来位置。

如果长周期模态稳态条件式(6-53)得不到满足，特征值 λ_2,λ_3 是实部不为负的一对共轭复数，可引起长周期模态振荡不稳定，称为长周期模态不稳定，或称为沉浮运动不稳定。在这种情况下，升降舵操纵的变量响应仍可由式(6-123)等表示，油门杆操纵的变量响应函数仍可由式(6-172)等表示。对于常规飞机来说，$\mu_z^\alpha+\mu_z^{\omega_z}y^\alpha<0$ 和 $y^v>0$，使得由式(6-64)表示的定载（速度）静稳定性与由式(6-57)表征的长周期模态的另一个稳定条件相一致。如果仅仅式(6-57)得不到满足时，特征值 λ_2,λ_3 是两个实数，且一个为负实数，另一个为正实数。因此与实数特征值 λ_2,λ_3 对应的模态不应称为长周期模态，而应称为非周期模态。正实

数的特征值使得非周期模态不稳定。因此对应定载(速度)静稳定条件的式(6-64)是判别飞行速度和航迹角有没有非周期发散的判据。

对于定载(速度)静不稳定飞机油门杆单位阶跃操纵的变量响应函数,除 $\alpha(t)$,$\omega_z(t)$ 近似为零外,$v(t)$,$\theta(t)$ 或 $\vartheta(t)$ 的响应函数为

$$v(t)=\frac{x^{\delta_T}}{\lambda_2-\lambda_3}(e^{\lambda_2 t}-e^{\lambda_3 t}) \tag{6-181}$$

$$\theta(t)=\vartheta(t)=\frac{x^{\delta_T}}{g(\lambda_2-\lambda_3)}(\lambda_3 e^{\lambda_2 t}-\lambda_2 e^{\lambda_3 t}+\lambda_2-\lambda_3) \tag{6-182}$$

式中的 λ_2,λ_3 是在

$$(y^v\mu_z^\alpha-\mu_z^v y^\alpha)<0$$

的条件下,按式(6-44)解算的两个实数特征值。

当考虑到 $a'_{22}=\lambda_2+\lambda_3$,$a'_{23}=-g$,$a'_{32}=\lambda_2\lambda_3/g$,$a'_{33}=0$ 以及 λ_2,λ_3 为两个实数特征值时,由等式(6-103)得到升降舵单位阶跃操纵下状态变量响应函数为

$$\alpha(t)=\frac{r_s^{\delta_z}}{\omega_{ns}}e^{-\zeta_s\omega_{ns}t}\sin(\omega_{ns}\sqrt{1-\zeta_s^2}\,t+\varphi_s^{\delta_z}+\varphi_s)+c_\alpha^{\delta_z} \tag{6-183}$$

$$\begin{aligned}v(t)=&\frac{1}{\lambda_2-\lambda_3}\left[(b'_{23}-b'_{33}\frac{g}{\lambda_2})e^{\lambda_2 t}-(b'_{23}-b'_{33}\frac{g}{\lambda_3})e^{\lambda_3 t}\right]+c_{vp}^{\delta_z}+\\&\frac{r_s^{\delta_z}K_s^v}{\omega_{ns}}e^{-\zeta_s\omega_{ns}t}\sin(\omega_{ns}\sqrt{1-\zeta_s^2}\,t+\varphi_s^{\delta_z}+\varphi_s^v+\varphi_s)+c_{vs}^{\delta_z}\end{aligned} \tag{6-184}$$

$$\begin{aligned}\theta(t)=\vartheta(t)-\alpha(t)=&\frac{1}{\lambda_2-\lambda_3}\left[\left(b'_{23}-b'_{33}\frac{g}{\lambda_2}\right)\frac{\lambda_3}{g}e^{\lambda_2 t}-\left(b'_{23}-b'_{33}\frac{g}{\lambda_3}\right)\frac{\lambda_2}{g}e^{\lambda_2 t}\right]+c_{\theta p}^{\delta_z}+\\&\frac{r_s^{\delta_z}K_s^\theta}{\omega_{ns}}e^{-\zeta_s\omega_{ns}t}\sin(\omega_{ns}\sqrt{1-\zeta_s^2}\,t+\varphi_s^{\delta_z}+\varphi_s^\theta+\varphi_s)+c_{\theta s}^{\delta_z}\end{aligned} \tag{6-185}$$

$$\omega_z(t)=\frac{r_s^{\delta_z}K_s^{\omega_z}}{\omega_{ns}}e^{-\zeta_s\omega_{ns}t}\sin(\omega_{ns}\sqrt{1-\zeta_s^2}\,t+\varphi_s^{\delta_z}+\varphi_s^{\omega_z}+\varphi_s)+c_{\omega_z s}^{\delta_z} \tag{6-186}$$

当式(6-52)所示稳定条件不能满足时,在任何阶跃输入条件下,变量 α,ω_z 的响应函数以及与其伴随的常值项不受影响;变量 v,θ 的响应函数中,短周期分量以及与其伴随的常数项也保持不变。然而,在变量 v,θ 的响应中,按时间衰减和发散的两个非周期模态代替了长周期振荡模态,其伴随的常值分量 $c_{vp}^{\delta_z}$ 和 $c_{\vartheta p}^{\delta_z}$ 随 $(y^v\mu_z^\alpha-\mu_z^v y^\alpha)$ 的极性改变而改变。

美国军用规范[MIL-F-8785C]中对飞机纵向静稳定性(即速度或定载静稳定性)给出了明确的要求。当飞机在配平状态受到扰动时,无论驾驶杆固持或松浮,飞机的速度应无非周期发散的趋势。其具体检测方法是,在水平直线飞行条件下,即法向过载为 1,飞行轨迹角为 0 的情况下,驾驶员不使配平机构和油门杆偏离配平位置,在配平速度附近某范围内,利用驾驶杆操纵飞行速度,如果杆力和杆位移随速度的变化是光滑的,且局部梯度稳定,则可认为速度静稳定性要求是满足的。该规范给出的梯度稳定定义是,为使飞机以较大的速度飞行,需用飞机低头的操纵,为使飞机以较小的速度飞行,需用飞机抬头的操纵。由于与短周期模态伴随的速度常值分量远小于与长周期(或非周期)模态伴随的速度常值分量,因此,"局部梯度"主要是指长周期模态伴随的常值速度分量对应的杆力、杆位移梯度。当以升降舵偏度代替杆力或杆位移时,长周期(非周期)模态伴随的速度常值分量所对应的升降舵偏度梯度为

$$\frac{\Delta\delta_z}{\Delta v}=\frac{1}{c_{vp}^{\delta_z}}=\frac{\mu_z^v y^\alpha-y^v\mu_z^\alpha}{y^{\delta_z}\mu_z^\alpha-\mu_z^{\delta_z}y^\alpha} \tag{6-187}$$

与式(6-68)比较,其结果是一致的。当长周期模态第一个稳定条件 —— 定载(速度)稳定条件得到满足时,升降舵偏度对速度变化的局部梯度为正,即要使飞机速度增加,驾驶杆前推、升降舵正偏和飞机低头;要使飞机速度减小,驾驶杆后拉、升降舵负偏和飞机抬头。

在[MIL－F－8785C]中明确指出，速度稳定性由飞行控制系统实现时，杆力和杆位移梯度可能为零。如法向过载指令控制系统，允许杆力和杆位移对速度的梯度为零。

规范[MIL－F－8785C]中给出了沉浮运动(即长周期运动)的稳定性要求。这项要求实际上是给长周期模态的阻尼比 ζ_p 给出了限制。由于该模态周期长，驾驶员容易对付这种长周期沉浮运动，因此规范限制的长周期运动的阻尼比要比短周期运动的阻尼比小得多，甚至于允许倍幅时间很长(大于 55 s)的不稳定长周期运动。沉浮运动的稳定性已在 6.1.2 节中分析过，在此不多赘述。

该规范除对速度静稳定性、长周期运动阻尼比给出限制外，还对飞行轨迹稳定性给出限制。飞行轨迹稳定性是指驾驶员不改变油门杆位置，只改变升降舵偏度引起的飞行轨迹角随空速的变化来定义的。该项规定是针对进场着陆飞行阶段，飞行轨迹角对空速在最小实用速度 $v_{0\min}$ 处的局部斜率 $\mathrm{d}\theta/\mathrm{d}v$ 为负或者比某些数值为小的正值。

升降舵单位偏度操纵下产生的航迹角稳态值由式(6－122)表示，即

$$\theta(\infty)\mid_{\delta_z=1}=c_{\theta\mathrm{p}}^{\delta_z}+c_{\theta\mathrm{s}}^{\delta_z}=\frac{1}{g}\left(b'_{23}-\frac{a'_{22}b'_{33}}{a'_{32}}\right)+\frac{1}{\omega_{\mathrm{ns}}^2}(m_{34}a'_{11}-m_{31}-1)(b'_{43}-b'_{13}a'_{44})+m_{34}b'_{13} \tag{6-188}$$

$c_{\theta\mathrm{p}}^{\delta_z}$ 的绝对值远大于 $c_{\theta\mathrm{s}}^{\delta_z}$，使得

$$\theta(\infty)\mid_{\delta_z=1}\approx c_{\theta\mathrm{p}}^{\delta_z}=\frac{1}{g}\left(b'_{23}-\frac{a'_{22}b'_{33}}{a'_{32}}\right) \tag{6-189}$$

又因 x^{δ_z}，y^{δ_z} 的绝对值远小于 $\mu_z^{\delta_z}$ 的绝对值，故 $b'_{23}\approx\mu_z^{\delta_z}m_{24}$，$b'_{33}\approx\mu_z^{\delta_z}m_{34}$；$y^v$，$\mu_z^v$ 的绝对值远小于 x^v 的绝对值，使得 $a'_{22}\approx x^v$；以及当 $|\mu^v|\ll|y^v|$，$|m_{34}|\ll|m_{31}|$ 时，使得 $a'_{32}\approx-y^v m_{31}$；常规飞机 $y^\alpha\ll|\mu_z^\alpha|$，使得 $m_{24}\approx-\dfrac{x^\alpha}{\mu_z^\alpha}$，$\dfrac{m_{34}}{m_{31}}\approx\dfrac{y^\alpha}{\mu_z^\alpha}$。这样一来，式(6－188)还可简化为

$$\theta(\infty)\mid_{\delta_z=1}\approx c_{\theta\mathrm{p}}^{\delta_z}\approx\frac{\mu_z^{\delta_z}}{g}\left(m_{24}+\frac{x^v m_{34}}{y^v m_{31}}\right)\approx\frac{\mu_z^{\delta_z}}{g}\left(\frac{x^v}{y^v}\frac{y^\alpha}{\mu_z^\alpha}-\frac{x^\alpha}{\mu_z^\alpha}\right) \tag{6-190}$$

x^v，y^v 都是 v_0 的一次函数，x^v，y^v，μ_z^α 和 $\mu_z^{\delta_z}$ 都是 v_0 的二次函数，使得比值 $\dfrac{x^v}{y^v}$，$\dfrac{y^\alpha}{\mu_z^\alpha}$ 和 $\dfrac{x^\alpha}{\mu_z^\alpha}$ 都不是 v_0 的函数。因此，$\theta(\infty)$ 对 v_0 的导数，即飞行轨迹角 θ 在速度 v_0 处的斜率为

$$\frac{\mathrm{d}\theta}{\mathrm{d}v}=\frac{2\mu_z^{\delta_z}}{g v_0\mu_z^\alpha}\left(\frac{x^v}{y^v}y^\alpha-x^\alpha\right) \tag{6-191}$$

因该规范要求 $\mathrm{d}\theta/\mathrm{d}v<0$，得到飞行轨迹稳定判据

$$\left(\frac{x^\alpha}{y^\alpha}-\frac{x^v}{y^v}\right)>0 \tag{6-192}$$

即为

$$\left(\frac{c_x^M M_0+2c_{x0}}{c_y^M M_0+2c_{y0}}-\frac{c_x^\alpha}{c_y^\alpha}\right)>0 \tag{6-193}$$

当忽略压缩性的影响，$c_x^M=c_y^M=0$；以及 $(\partial c_x/\partial\alpha)/(\partial c_y/\partial\alpha)=\mathrm{d}c_x/\mathrm{d}c_y$ 时，得到飞行轨迹角稳定判据

$$\left(\frac{c_{x0}}{c_{y0}}-\frac{\mathrm{d}c_x}{\mathrm{d}c_y}\right)>0 \tag{6-194}$$

从剩余推力曲线图 6－1 可知，在反操纵区低速范围内 $x^v>0$，又 y^v，y^α 为正值和 x^α 为负值，使得不能满足轨迹稳定判据。在这个区域内，长周期模态可能是不稳定的，即使稳定其阻尼比也会很小，而且航迹角对速度变化的曲线的斜率 $\mathrm{d}\theta/\mathrm{d}v$ 为正值。这将在着陆进场飞行阶段，驾驶员为保持直线飞行轨迹，必须集中精力地对驾驶杆实施反操纵，将会给下滑轨迹操纵带来很大的困难。在不可避免的反操纵区中，对于最小使用速度 $v_{0\min}$ 处的局部斜率 $\mathrm{d}\theta/\mathrm{d}v$，规范[MIL－F－8785C]给出了小于某规定正值的要求。

可以利用飞行控制系统和发动机推力控制系统的综合控制，改善飞行轨迹稳定性，减轻驾驶员在着陆进场飞行阶段操纵飞行轨迹的困难。

6.2.3 襟翼操纵与直接升力控制

对于常规飞机来说，升降舵偏转的直接效果主要是产生俯仰力矩，而直接产生的作用于飞机上的力并不大。只是在俯仰力矩作用下，迎角的变化产生足够大的气动力变化，从而改变飞机的航迹。因此，这个过程将有相当明显的延迟，从而使驾驶技术复杂化和难以实现准确的航迹控制。

为了直接产生升力和阻力，在机翼的后缘和(或) 前缘按功能需要装设不同形式的襟翼，或在机翼表面安装所谓扰流板，以迅速地减少升力。

在起飞、着陆中为增加升力(或升力系数) 可以放下襟翼，有效地改善起飞着陆性能；在直接力控制中，利用襟翼控制可以直接产生升力和直接控制飞机的航迹角，而不必依赖于飞机姿态的变化，从而减小航迹响应的延迟效应。这将大大改善飞机的操纵性能。

作为输入变量的襟翼和扰流板不仅引起升力变化，通常也会导致飞行阻力和俯仰力矩产生大的变化。放下襟翼时，在升力增大的同时，阻力也增大，而俯仰力矩的大小取决于升力作用点至重心的距离，极性取决于升力作用点相对重心的位置。因此襟翼的作用较升降舵和发动机推力的作用具有更强烈的耦合。因此，在前缘襟翼、后缘襟翼或扰流板的操纵中，必须协调操纵升降舵或前置可控鸭翼。其目的是为不产生俯仰力矩，从而不产生姿态变化，直接产生升力和没有时延的航迹角。

由式(5-1) 可知，控制系数阵 $\boldsymbol{B}$ 中第 1 列向量是襟翼控制系数向量

$$\boldsymbol{b}_1=\begin{bmatrix}-y^{\delta_f} & x^{\delta_f} & 0 & \mu_z^{\delta_f}-\mu_z^{\dot{\alpha}}y^{\delta_f}\end{bmatrix}^{\mathrm{T}} \tag{6-195}$$

当纵向运动方程由初等换后的状态方程式(5-24) 表示时，在襟翼、升降舵协调操纵情况下，其控制系数向量为

$$\boldsymbol{b}_1'=\begin{bmatrix}-y^{\delta_{f_z}} \\ x^{\delta_{f_z}}-y^{\delta_{f_z}}m_{21}+(\mu_z^{\delta_{f_z}}-\mu_z^{\dot{\alpha}}y^{\delta_{f_z}})m_{24} \\ -y^{\delta_{f_z}}m_{31}+(\mu_z^{\delta_{f_z}}-\mu_z^{\dot{\alpha}}y^{\delta_{f_z}})m_{34} \\ \mu_z^{\delta_{f_z}}-\mu_z^{\dot{\alpha}}y^{\delta_{f_z}}\end{bmatrix}=\begin{bmatrix}b_{11}' \\ b_{21}' \\ b_{31}' \\ b_{41}'\end{bmatrix} \tag{6-196}$$

式中，$x^{\delta_{f_z}}=x^{\delta_f}+K_z^f x^{\delta_z}$；$y^{\delta_{fz}}=y^{\delta_f}+K_z^f y^{\delta_z}$；$\mu_z^{\delta_{fz}}=\mu_z^{\delta_f}+K_z^f\mu_z^{\delta_z}$。其中 K_z^f 为襟翼至升降舵的交联系数，随不同功能的直接力控制而异。

单位襟翼和升降舵协调阶跃操纵的状态变量响应函数为

$$\begin{bmatrix}\alpha(t) \\ v(t) \\ \theta(t) \\ \omega_z(t)\end{bmatrix}=\begin{bmatrix}\boldsymbol{p}_1 & \boldsymbol{p}_2 & \boldsymbol{p}_3 & \boldsymbol{p}_4\end{bmatrix}\begin{bmatrix}(\mathrm{e}^{\lambda_1 t}-1)\dfrac{1}{\lambda_1} & & & \\ & (\mathrm{e}^{\lambda_2 t}-1)\dfrac{1}{\lambda_3} & & \\ & & (\mathrm{e}^{\lambda_3 t}-1)\dfrac{1}{\lambda_3} & \\ & & & (\mathrm{e}^{\lambda_4 t}-1)\dfrac{1}{\lambda_4}\end{bmatrix}\times$$

$$\begin{bmatrix}\boldsymbol{r}_1' & \boldsymbol{r}_2' & \boldsymbol{r}_3' & \boldsymbol{r}_4'\end{bmatrix}^{\mathrm{T}}b_1' \tag{6-197}$$

式中，$\boldsymbol{p}_1$，$\boldsymbol{p}_4$ 分别同式(6-39)、式(6-40)；$\boldsymbol{p}_2$，$\boldsymbol{p}_3$ 分别由 $\boldsymbol{p}_2'$，$\boldsymbol{p}_3'$的表达式(6-73)、式(6-74) 表示。

襟翼操纵有多种控制功能，本节主要分析襟翼-升降舵协调实现的纯升力操纵。

6.2.3.1 纯升力操纵响应函数

按起飞、着陆不同飞行阶段以不同偏度放下襟翼，可以提高升力系数 c_y；按迎角 α 和马赫数改变起飞、着陆飞行阶段的升力导数 $c_y^{\alpha}(Ma)$，可有效地提高飞机起、降性能；利用襟翼-升降舵协调控制可以补偿升降舵偏度的反升力，也可以实现各种功能的直接升力控制。

利用襟翼-升降舵协调操纵，实现操纵力矩为零的纯升力操纵是直接力操纵的一种基本功能。纯升力操纵可以直接和迅速地改变飞行轨迹和飞行高度。当

$$b'_{41}=\mu_z^{\delta_{fz}}-\mu_z^{\dot{\alpha}}y^{\delta_{fz}}=0 \tag{6-198}$$

时，实现纯升力操纵，其襟翼-升降舵交联系数

$$K_z^f=\frac{\mu_z^{\dot{\alpha}}y^{\delta_f}-\mu_z^{\delta_f}}{\mu_z^{\delta_z}-\mu_z^{\dot{\alpha}}y^{\delta_z}} \tag{6-199}$$

并且得到

$$\boldsymbol{b}'_1=[b'_{11}\quad b'_{21}\quad b'_{31}\quad b'_{41}]^{\mathrm{T}}=[-y^{\delta_{f_z}}\quad x^{\delta_{f_z}}-y^{\delta_{f_z}}m_{21}\quad -y^{\delta_{f_z}}m_{31}\quad 0]^{\mathrm{T}} \tag{6-200}$$

仿照由式(6-123)～式(6-127)表示的升降舵单位阶跃操纵时，状态变量的时域响应函数，得到单位阶跃升力操纵时，状态变量的时域响应函数

$$\alpha(t)=\frac{r_{\mathrm{s}}^{\delta_{fz}}}{\omega_{\mathrm{ns}}}\mathrm{e}^{-\zeta_{\mathrm{s}}\omega_{\mathrm{ns}}t}\sin(\omega_{\mathrm{ns}}\sqrt{1-\zeta_{\mathrm{s}}^2}\,t+\varphi_{\mathrm{s}}^{\delta_{f_z}}+\varphi_{\mathrm{s}})+c_{\alpha\mathrm{s}}^{\delta_{f_z}} \tag{6-201}$$

$$\begin{aligned}v(t)=&\frac{r_{\mathrm{p}}^{\delta_{fz}}}{\omega_{\mathrm{np}}}\mathrm{e}^{-\zeta_{\mathrm{p}}\omega_{\mathrm{np}}t}\sin(\omega_{\mathrm{np}}\sqrt{1-\zeta_{\mathrm{p}}^2}\,t+\varphi_{\mathrm{p}}^{\delta_{fz}}+\varphi_{\mathrm{p}})+c_{v\mathrm{p}}^{\delta_{fz}}+\\&\frac{r_{\mathrm{s}}^{\delta_{fz}}K_{\mathrm{s}}^{v}}{\omega_{\mathrm{ns}}}\mathrm{e}^{-\zeta_{\mathrm{s}}\omega_{\mathrm{ns}}t}\sin(\omega_{\mathrm{ns}}\sqrt{1-\zeta_{\mathrm{s}}^2}\,t+\varphi_{\mathrm{s}}^{\delta_{fz}}+\varphi_{\mathrm{s}}^{v}+\varphi_{\mathrm{s}})+c_{v\mathrm{s}}^{\delta_{fz}}\end{aligned} \tag{6-202}$$

$$\begin{aligned}\vartheta(t)=&\frac{r_{\mathrm{p}}^{\delta_{fz}}K_{\mathrm{p}}^{\vartheta}}{\omega_{\mathrm{np}}}\mathrm{e}^{-\zeta_{\mathrm{p}}\omega_{\mathrm{np}}t}\sin(\omega_{\mathrm{np}}\sqrt{1-\zeta_{\mathrm{p}}^2}\,t+\varphi_{\mathrm{p}}^{\delta_{fz}}+\varphi_{\mathrm{p}}^{\vartheta}+\varphi_{\mathrm{p}})+c_{\vartheta\mathrm{p}}^{\delta_{fz}}+\\&\frac{r_{\mathrm{s}}^{\delta_{fz}}K_{\mathrm{s}}^{\vartheta}}{\omega_{\mathrm{ns}}}\mathrm{e}^{-\zeta_{\mathrm{s}}\omega_{\mathrm{ns}}t}\sin(\omega_{\mathrm{ns}}\sqrt{1-\zeta_{\mathrm{s}}^2}\,t+\varphi_{\mathrm{s}}^{\delta_{fz}}+\varphi_{\mathrm{s}}^{\vartheta}+\varphi_{\mathrm{s}})+c_{\vartheta\mathrm{s}}^{\delta_{fz}}\end{aligned} \tag{6-203}$$

$$\omega_z(t)=\frac{r_{\mathrm{s}}^{\delta_{fz}}K_{\mathrm{s}}^{\omega_z}}{\omega_{\mathrm{ns}}}\mathrm{e}^{-\zeta_{\mathrm{s}}\omega_{\mathrm{ns}}t}\sin(\omega_{\mathrm{ns}}\sqrt{1-\zeta_{\mathrm{s}}^2}\,t+\varphi_{\mathrm{s}}^{\delta_{fz}}+\varphi_{\mathrm{s}}^{\omega_z}+\varphi_{\mathrm{s}})+c_{\omega_z\mathrm{s}}^{\delta_{fz}} \tag{6-204}$$

$$\begin{aligned}\theta(t)=&\frac{r_{\mathrm{p}}^{\delta_{fz}}K_{\mathrm{p}}^{\theta}}{\omega_{\mathrm{np}}}\mathrm{e}^{-\zeta_{\mathrm{p}}\omega_{\mathrm{np}}t}\sin(\omega_{\mathrm{np}}\sqrt{1-\zeta_{\mathrm{p}}^2}\,t+\varphi_{\mathrm{p}}^{\delta_{fz}}+\varphi_{\mathrm{p}}^{\theta}+\varphi_{\mathrm{p}})+c_{\theta\mathrm{p}}^{\delta_{fz}}+\\&\frac{r_{\mathrm{s}}^{\delta_{fz}}K_{\mathrm{s}}^{\theta}}{\omega_{\mathrm{ns}}}\mathrm{e}^{-\zeta_{\mathrm{s}}\omega_{\mathrm{ns}}t}\sin(\omega_{\mathrm{ns}}\sqrt{1-\zeta_{\mathrm{s}}^2}\,t+\varphi_{\mathrm{s}}^{\delta_{fz}}+\varphi_{\mathrm{s}}^{\theta}+\varphi_{\mathrm{s}})+c_{\theta\mathrm{s}}^{\delta_{fz}}\end{aligned} \tag{6-205}$$

式中

$$r_{\mathrm{s}}^{\delta_{fz}}=-\frac{b'_{11}}{\omega_{\mathrm{ns}}\sqrt{1-\zeta_{\mathrm{s}}^2}}\sqrt{a'_{44}+2\zeta_{\mathrm{s}}\omega_{\mathrm{ns}}a'_{44}+\omega_{\mathrm{ns}}^2}=\frac{y^{\delta_{fz}}}{\omega_{\mathrm{ns}}\sqrt{1-\zeta_{\mathrm{s}}^2}}\sqrt{y^{\alpha}\mu^{\dot{\alpha}}-\mu_z^{\alpha}}\quad(\mathrm{rad})$$

$$\varphi_{\mathrm{s}}^{\delta_{fz}}=\arctan\frac{\omega_{\mathrm{ns}}\sqrt{1-\zeta_{\mathrm{s}}^2}}{-(a'_{44}+\zeta_{\mathrm{s}}\omega_{\mathrm{ns}})}-\pi=\arctan\frac{2\omega_{\mathrm{ns}}\sqrt{1-\zeta_{\mathrm{s}}^2}}{-(y^{\alpha}+\mu_z^{\omega_z}-\mu_z^{\dot{\alpha}})}-\pi\quad(\mathrm{rad})$$

$$\begin{aligned}r_{\mathrm{p}}^{\delta_{fz}}=&\frac{1}{\omega_{\mathrm{np}}\sqrt{1-\zeta_{\mathrm{p}}^2}}\sqrt{[b'_{31}a'_{23}-b'_{21}(a'_{33}+\zeta_{\mathrm{p}}\omega_{\mathrm{np}})]^2+(b'_{21}\omega_{\mathrm{np}})^2(1-\zeta_{\mathrm{p}}^2)}=\\&\frac{1}{\omega_{\mathrm{np}}\sqrt{1-\zeta_{\mathrm{p}}^2}}\sqrt{[(y^{\delta_{fz}}m_{21}-x^{\delta_{fz}})]\omega_{\mathrm{np}}\zeta_{\mathrm{p}}+y^{\delta_{fz}}m_{31}g]^2+(y^{\delta_{fz}}m_{21}-x^{\delta_{fz}})^2\omega_{\mathrm{np}}^2(1-\zeta_{\mathrm{p}}^2)}\approx\\&-\frac{g}{\omega_{\mathrm{np}}\omega_{\mathrm{ns}}^2}y^{\delta_{fz}}(\mu_z^{\alpha}-\mu_z^{\dot{\alpha}}y^{\alpha})\quad(\mathrm{m/(s\cdot rad)})\end{aligned}$$

$$\begin{aligned}\varphi_{\mathrm{p}}^{\delta_{fz}}=&\pi+\arctan\frac{b'_{21}\omega_{\mathrm{np}}\sqrt{1-\zeta_{\mathrm{p}}^2}}{b'_{31}a'_{23}-b'_{21}(a'_{33}+\zeta_{\mathrm{p}}\omega_{\mathrm{np}})}=\pi+\arctan\frac{-(y^{\delta_{fz}}m_{21}-x^{\delta_{fz}})\omega_{\mathrm{np}}\sqrt{1-\zeta_{\mathrm{p}}^2}}{(y^{\delta_{fz}}m_{21}-x^{\delta_{fz}})\zeta_{\mathrm{p}}\omega_{\mathrm{np}}+y^{\delta_{fz}}m_{31}g}\approx\\&\pi+\arctan\left(\frac{-m_{21}\omega_{\mathrm{np}}}{m_{31}g}\right)\approx\pi\quad(\mathrm{rad})\end{aligned}$$

$$c_{\alpha\mathrm{s}}^{\delta_{fz}}=-\frac{b'_{11}a'_{44}}{\omega_{\mathrm{ns}}^2}=\frac{y^{\delta_{fz}}}{\omega_{\mathrm{ns}}^2}(\mu_z^{\omega_z}+\mu_z^{\dot{\alpha}})\quad(\mathrm{rad})$$

$$c_{vp}^{\delta_{fz}}=-\frac{b'_{31}}{a'_{32}}\approx\frac{y^{\delta_{fz}}(\mu_z^{\alpha}-\mu_z^{\dot{\alpha}}y^{\alpha})}{y^{\alpha}\mu_z^{v}-y^{v}\mu_z^{\alpha}}\quad(\text{m/s})$$

$$c_{vs}^{\delta_{fz}}=b'_{11}[m_{24}-\frac{1}{\omega_{\text{ns}}^2}(m_{24}a'_{11}-m_{21})a'_{44}]=\frac{y^{\delta_{fz}}}{\omega_{\text{ns}}^2}[(\mu_z^{\alpha}-\mu_z^{\dot{\alpha}}y^{\alpha})m_{24}-(\mu_z^{\omega_z}+\mu_z^{\dot{\alpha}})m_{21}]\quad(\text{m/s})$$

$$c_{\vartheta s}^{\delta_{fz}}=b'_{11}\left[m_{34}-(m_{34}a'_{11}-m_{31})\frac{a'_{44}}{\omega_{\text{ns}}^2}\right]=-\frac{y^{\delta_{fz}}}{\omega_{\text{ns}}^2}\left\{y^{\alpha}+\frac{\mu_z^{\omega_z}+\mu_z^{\dot{\alpha}}}{\omega_{\text{ns}}^2}[\mu_z^{\alpha}-(\mu_z^{\dot{\alpha}}-y^{\alpha})y^{\alpha}]\right\}\quad(\text{rad})$$

$$c_{\vartheta p}^{\delta_{fz}}=-\frac{b'_{21}}{a'_{23}}-\frac{b'_{31}a'_{22}}{\omega_{\text{np}}^2}=-\frac{1}{g}\left\{x^{\delta_{fz}}-y^{\delta_{fz}}\left[m_{21}-\frac{\mu_z^{\alpha}-\mu_z^{\dot{\alpha}}y^{\alpha}}{\mu_z^{v}y^{\alpha}-y^{v}\mu_z^{\alpha}}\times(x^{v}-y^{v}m_{21}-\mu_z^{v}m_{24}+\mu_z^{\dot{\alpha}}y^{v}m_{24})\right]\right\}\approx$$

$$-\frac{y^{\delta_{fz}}x^{v}}{gy^{v}}(1-\mu_z^{\dot{\alpha}}\frac{y^{\alpha}}{\mu_z^{\alpha}})\quad(\text{rad})$$

$$c_{\theta p}^{\delta_{fz}}=c_{\vartheta p}^{\delta_{fz}}$$

$$c_{\theta s}^{\delta_{fz}}=-b'_{11}\left[(m_{34}a'_{11}-m_{31}-1)\frac{a'_{44}}{\omega_{\text{ns}}^2}-m_{34}\right]=-\frac{y^{\alpha}y^{\delta_{fz}}}{\omega_{\text{ns}}^2}\left[\frac{2\zeta_{\text{s}}}{\omega_{\text{ns}}}(\mu_z^{\omega_z}+\mu_z^{\dot{\alpha}})+1\right]\quad(\text{rad})$$

$$c_{\omega_z s}^{\delta_{fz}}=b'_{11}\left(\frac{1}{\omega_{\text{ns}}^2}a'_{11}a'_{44}-1\right)=-\frac{y^{\delta_{fz}}}{\omega_{\text{ns}}^2}\mu_z^{\alpha}+\mu_z^{\dot{\alpha}}y^{\alpha}\quad(\text{rad/s})$$

当给定其飞机参数

$$x^{\delta_f}=-4.955\quad(1/(\text{s}\cdot\text{rad}))$$

$$y^{\delta_f}=0.1647\ 3\quad(1/(\text{s}\cdot\text{rad}))$$

$$\mu_z^{\delta_f}=-0.010\ 44\quad(1/(\text{s}^2\cdot\text{rad}))$$

时，得到 $K_z^f,x^{\delta_{fz}},y^{\delta_{fz}},\mu_z^{\delta_{fz}}$ 和 $b'_{11},b'_{21},b'_{31},b'_{41}$ 列于表 6－7 中，$r_s^{\delta_{fz}},\varphi_s^{\delta_{fz}},r_p^{\delta_{fz}},\varphi_p^{\delta_{fz}}$ 列于表 6－8 中，以及单位阶跃纯升力操纵（$\delta_f=1°$）时，各状态的稳态值列于表 6－9 中。

表 6－7　某飞机飞行状态襟翼-升降舵纯升力操纵参数

符号	K_z^f	$x^{\delta_{fz}}$	$y^{\delta_{fz}}$	$\mu_z^{\delta_{fz}}$	b'_{11}	b'_{21}	b'_{31}	b'_{41}
参数值	−0.184 1	−0.010 5	0.145 01	−0.124 40	−0.145 20	0.239 12	0.113 60	0

表 6－8　单位脉冲纯升力操纵（$\boldsymbol{\delta_f=1(°)}$）激起的长、短周期模态的幅值与相角

模态	短周期		长周期	
幅值与相角符号	$r_s^{\delta_{fz}}$	$\varphi_s^{\delta_{fz}}$	$r_p^{\delta_{fz}}$	$\varphi_p^{\delta_{fz}}$
单位	$\frac{(°)}{(°)}$	rad	$\frac{(°)}{(°)}$	rad
计算值	0.147 5	−1.749 7	0.309 7	3.128 1

表 6－9　单位阶跃纯升力操纵（$\boldsymbol{\delta_f=1°}$）时状态和输出变量的稳态值

变量稳态值	$\alpha(\infty)$	$v(\infty)$		$\vartheta(\infty)$		$\omega_z(\infty)$	$\theta(\infty)$		$n_y(\infty)$	
符号	$c_{\alpha s}^{\delta_{fz}}$	$c_{vp}^{\delta_{fz}}$	$c_{vs}^{\delta_{fz}}$	$c_{\vartheta p}^{\delta_{fz}}$	$c_{\vartheta s}^{\delta_{fz}}$	$c_{\omega_z s}^{\delta_{fz}}$	$c_{\theta p}^{\delta_{fz}}$	$c_{\theta s}^{\delta_{fz}}$	$c_{n_y}^{\alpha}$	$c_{n_y}^{\delta_{fz}}$
单位	(°)	m/s	m/s	(°)	(°)	(°)/s	(°)	(°)	g	g
计算值	−0.022	−4.911	0.000 02	0.282 4	−0.026 2	0.113 5	0.282 4	−0.004 0	−0.011 3	0.051 9

6.2.3.2　俯仰力矩操纵的主要缺点

升降舵偏转在垂直方向改变航迹角是有效的，然而，其俯仰力矩激发的航迹角初始反应(或短时间反应)与稳态反应(长时间反应)相反和带来等效“时延”；在法向过载响应中也存在初始反应反向现象；在俯仰速率 ω_z 响应中出现大的过调量。这些都是升降舵操纵带来的缺点。

飞机在由图 6-1 所示的最小阻力速度之内飞行时，正值的 x^v 使长周期模态成为不稳定振荡，正值的飞行航迹角对速度的变化斜率 $d\theta/dv$，使飞行轨迹不稳定和驾驶员难以保持直线飞行轨迹；然而，在大于最小阻力速度飞行时，绝对值足够大和符号为负的 x^v，使长周期模态伴随常值分量 $c_{\theta p}^{\delta_z}$ 为负值，且与由式(6-122)或式(6-145)表示的短周期模态伴随常值分量 $c_{\theta s}^{\delta_z}$ 的极性恰好相反。足够大的短周期模态及其伴随常值分量，使航迹角对升降舵操纵的初始反应和最终反应不一致。

由于升降舵单位脉冲响应是单位阶跃响应的导数，所以单位脉冲响应中的长、短周期模态分量分别是单位阶跃响应中的长、短周期模态分量的导数。因此，当将由式(6-115)表示的升降舵单位脉冲操纵下，航迹角响应函数中的短周期模态分量为零时，便可求得升降舵单位阶跃操纵下航迹角响应函数中，短周期模态分量最大值对应的时间

$$t_p=-\frac{\varphi_s^{\delta_z}+\varphi_s^{\theta}+\pi}{\omega_{ns}\sqrt{1-\zeta_s^2}}\approx\frac{\pi-\arccos\zeta_s}{\omega_{ns}\sqrt{1-\zeta_s^2}} \tag{6-206}$$

按上例数据，得到

$$t_p=0.557\ 26\ (\mathrm{s})$$

将式(6-206)代入式(6-127)中，得到升降舵操纵下航迹角响应中短周期模态的最大值

$$\theta_p=\frac{r_s^{\delta_z}K_s^{\theta}}{\omega_{ns}}e^{-\zeta_s\omega_{ns}t_p}\sin(\varphi_s+\pi)+c_{\theta s}^{\delta_z}\approx-\frac{\mu_z^{\delta_z}y^{\alpha}}{\omega_{ns}^2}\left[e^{-\frac{\zeta_s}{\sqrt{1-\zeta_s^2}}(\pi-\arccos\zeta_s)}+\frac{2\zeta_s}{\omega_{ns}}\right] \tag{6-207}$$

按上述实例数据得到

$$\theta_p=1.100\ 3^\circ$$

这就是说，对于“推杆”指令 $\delta_z=1^\circ$ 的航迹角响应中，短周期模态的正向最大值大约为 1.1°，比较长、短周期模态伴随常值分量决定的航迹角最终变化($-3.051\ 3^\circ$)，大约有 36% 的航迹角反向运动。

长、短周期模态分量的综合影响，可能使航迹角响应的初始反应变化不大，但是由长、短周期模态分量极性相反给航迹角带来的这种“时延”效应也是不能令人满意的。

在高空、高速飞行中，较小的升力系数 y^α 和短周期模态阻尼比 ζ_s，以及较大的短周期固有频率 ω_{ns}，使升降舵操纵下，航迹角 θ 的初始反应和滞后效应会很小；然而，在小于最小阻力速度的较小速度飞行中，大的升力系数 y^α 和短周期振荡阻尼比 ζ_s，小的短周期固有频率 ω_{ns}，使升降舵操纵的航迹角响应中含有大的短周期模态及其伴随常值分量，航迹角响应中出现大的反向初始反应和操纵等效“时延”

$$\dot{H}\approx v_0\theta \tag{6-208}$$

也使高度控制出现反向初始反应和滞后。

升降舵操纵的另一个缺点是俯仰速率 ω_z 具有大的超调量，尽管 ω_z 的超调量使航迹角初始反向反应和等效“时延”减小，但是在俯仰姿态闭环跟踪操纵中，俯仰姿态响应是驾驶杆输入的积分函数(K/s)，当驾驶杆输入时，俯仰角按斜率 K 随时间增大；当杆输入回零时，姿态角保持在撤销时刻的值。然而实际上是不能精确实现的。通常姿态角要从驾驶杆回零时刻值回落到某一稳态值，二者之差称为俯仰姿态回落值，其标称值由下式定义：

$$\text{回落标称值}=\frac{\text{松杆瞬时俯仰角}-\text{稳态俯仰角}}{\text{松杆瞬时俯仰角}}$$

如果姿态角出现大的回落，姿态响应便很难精确地停在目标上；如果在驾驶杆回零时刻俯仰角出现欠调量，也会导致操纵过度的趋势。姿态回落定义由图 6-4 表示。

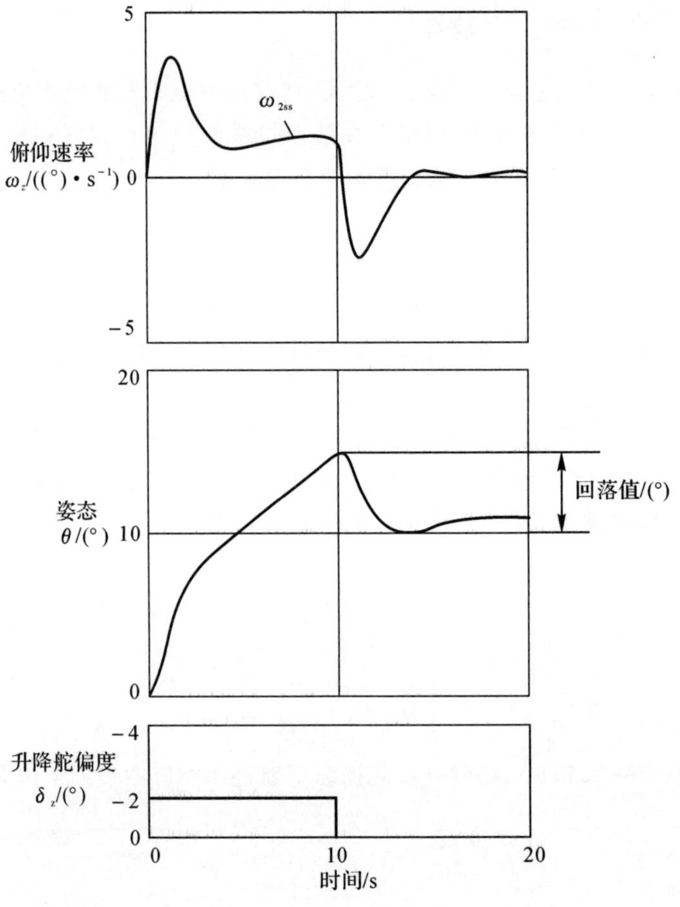

图 6-4　俯仰姿态回落的定义

在驾驶杆释放后，飞行轨迹角也会出现峰值过调量。它可能使飞机在着陆过程中出现拉漂的趋势。

俯仰姿态角回落值的大小，取决于它的导数——也就是俯仰角速率的过调量的大小。过大的俯仰角速率过调量和俯仰姿态角回落值，从飞行品质观点看，是非常不利的。

当由式(6-114)表示的升降舵单位脉冲操纵的 ω_z 响应函数为零时，可以得到单位阶跃操纵时 ω_z 响应中最大值出现的时刻为

$$t_p = -\frac{\varphi_s^{\delta_z} + \varphi_s^{\omega_z}}{\omega_{ns}\sqrt{1-\zeta_s^2}} \approx \frac{\arctan\dfrac{\omega_{ns}\sqrt{1-\zeta_s^2}}{\zeta_s\omega_{ns} - y^\alpha}}{\omega_{ns}\sqrt{1-\zeta_s^2}} \tag{6-209}$$

按上述实例数据，得到

$$t_p = 0.370\ 32\ \text{s}$$

由式(6-126)得到升降舵单位阶跃操纵 ω_z 响应的超调量为

$$\sigma_{\omega_z} = \frac{\dfrac{r_s^{\delta_z} K_s^{\omega_z}}{\omega_{ns}} e^{-\zeta_s\omega_{ns}t_p}\sin\varphi_s}{c_{\omega_z s}^{\delta_z}} \approx \frac{1}{y^\alpha}\sqrt{y^\alpha\mu_z^\alpha - \mu_z^\alpha}\, e^{-\frac{\zeta_s \arctan\frac{\sqrt{1-\zeta_s^2}}{\zeta_s - y^\alpha/\omega_{ns}}}{\sqrt{1-\zeta_s^2}}} \tag{6-210}$$

按上述实例得到

$$\sigma_{\omega_z} = 126.516\%$$

如此大的 ω_z 响应超调量，主要取决于 y^α，μ_z^α 和 ζ_s。当 y^α 远小于 $|\mu_z^\alpha|$ 和短周期模态阻尼比 ζ_s 越小时，σ_{ω_z} 值越大。由于飞机在高空、超声速飞行时，y^α 和 ζ_s 都很小，因此，由升降舵操纵激起的俯仰速率 ω_z 的过调量

和松杆激起的俯仰姿态角回落值越大。

升降舵操纵的第三个缺点是明显的，舵偏转直接产生的升力和由力矩间接产生的升力其极性相反，使法向过载响应也存在初始反向响应。其数学关系由式(6－129)描述，在此不多赘述。

升降舵操纵激起的航迹角θ、俯仰速率ω_z和法向过载n_y响应如图6－5中虚线所示。

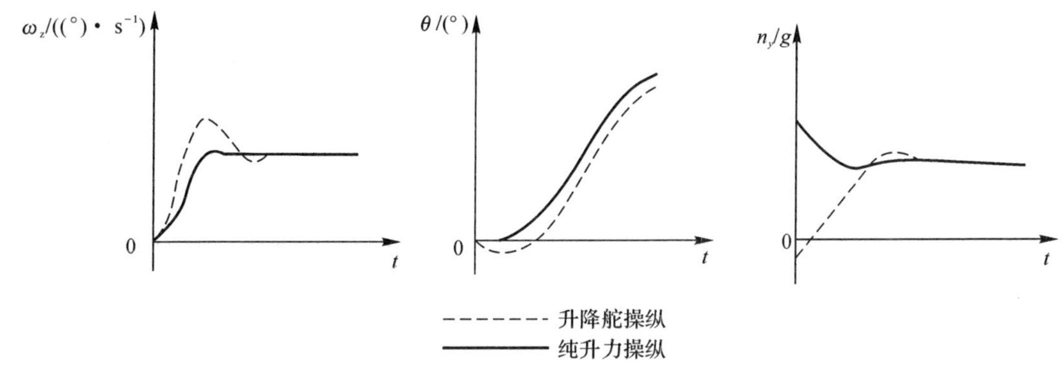

图6－5　ω_z，θ和n_y的阶跃响应示意图

6.2.3.3　纯升力操纵的优、缺点

直接升力操纵的主要目的是改善航迹响应特性。由于改变升力操纵面构造形式的不同，其升力增量与力矩增量之比也极不相同，且比值的极性也不相同；通过与恰当的直接升力操纵面协调偏转升降舵，在一定限度内也可得到不同的总升力和总力矩之比。一个特殊的和理想的升力操纵面与升降舵的协调操纵是使总操纵力矩为零，实现纯升力操纵。纯升力操纵能克服升降舵力矩操纵的缺点，提供了改善俯仰运动和垂直运动耦合特性的可能。

当飞机在大于“最小阻力点”速度飞行时，纯升力的正常操纵是正偏襟翼产生上升力和正的航迹角变化，此时对应长周期模态的伴随常值分量$c_{\theta p}^{\delta_{fz}}$应为正值。为使航迹角初始反应不反向和减小等效“时延”，由式(6－205)中的$c_{\theta s}^{\delta_{fz}}$表达式可知，需要

$$-\frac{2\zeta_s}{\omega_{ns}}(\mu_z^{\omega_z}+\mu_z^{\dot{\alpha}})>1$$

才能使$c_{\theta s}^{\delta_{fz}}$与$c_{\theta p}^{\delta_{fz}}$的极性相同，便可避免航迹角初始反应反向和减小等效“时延”。按上述实例数据得到的$c_{\theta s}^{\delta_{fz}}$值，尽管极性与$c_{\theta p}^{\delta_{fz}}$相反，但绝对值远小于$c_{\theta p}^{\delta_{fz}}$值，因此不会(或很少)导致航迹角初始反向反应和大的等效滞后。

进一步增大襟翼-升降舵交联，使$c_{\theta s}^{\delta_{fz}}$等于/大于零，便可有效地减小航迹角初始响应的反向现象。升力和俯仰力矩的混合操纵可用于多种功能的直接升力操纵，但这些不同功能的直接升力操纵，都是在纯升力操纵结构基础上改进得到的。

为了减小纯升力阶跃操纵ω_z响应的超调量，首先按ω_z响应函数对时间t的导数为零，求出ω_z响应最大值出现的时刻t_p。由式(6－37)、式(6－204)可知

$$\varphi_s^{\delta_{fz}}+\varphi_s^{\omega_z}=0 \tag{6-211}$$

求得

$$t_p=\frac{\pi}{\omega_{ns}\sqrt{1-\zeta_s^2}} \tag{6-212}$$

于是，可得

$$\sigma_{\omega_z}=\frac{\dfrac{r_s^{\delta_z}K_s^{\omega_z}}{\omega_{ns}}e^{-\frac{\zeta_s}{\sqrt{1-\zeta_s^2}}\pi}\sin(\pi+\varphi_s)}{c_{\omega_z s}^{\delta_{fz}}}=e^{-\frac{\pi\zeta_s}{\sqrt{1-\zeta_s^2}}} \tag{6-213}$$

按上述实例数据计算,得到 $t_p=0.845\ 65$ s,$\sigma_{\omega_z}=16.861\%$。比较俯仰力矩操纵 ω_z 响应的超调量大为减小,这将有效地降低松杆姿态角 ϑ 的回落值。

纯升力操纵获得的法向过载响应可由式(6-129)改为

$$n_y=\frac{v_0}{g}\frac{\mathrm{d}\theta}{\mathrm{d}t}=\frac{v_0}{g}(y^{\alpha}\alpha+y^{\delta_{fz}}\delta_{fz}) \tag{6-214}$$

襟翼的偏转可直接和随即产生升力,但襟翼的偏转也激起了主要为短周期模态及其伴随常值分量的迎角响应,并由此间接产生的升力分量,使总升力随时间的推移而减小。为了消除纯升力操纵的这一缺点,可增设另一个襟翼-升降舵交联,使得

$$c_{\alpha s}^{\delta_{fz}}+K_{\alpha}^{\delta_f}c_{\alpha s}^{\delta_z}=0 \tag{6-215}$$

实现稳态迎角不变的直接升力操纵。

纯升力操纵对航迹角、俯仰速率和法向过载响应的改善,象征性的说明由图 6-5 表示。然而,纯升力操纵的重要意义在于使飞机飞行时,升力和俯仰力矩操纵相对独立了。可以通过力矩控制的升降舵和升力控制的襟翼实现纯升力控制功能的纵向飞行控制系统,在分别使某些运动变量保持不变的情况下,利用纯升力操纵分别实现对另一些运动变量的独立控制。在升降舵控制系统保持飞行迎角不变的条件下,利用纯升力操纵快速改变航迹角;在升降舵控制系统保持俯仰姿态的条件下,可利用纯升力操纵实现使飞机机身平移的航迹角控制;还可通过升降舵控制系统保持直线飞行(保持航迹角)的条件下,利用纯升力操纵实现机头指向(即俯仰姿态角)控制。

6.3 飞机纵向运动对风速扰动的响应

风速分量不可能是阶跃型变化,等风梯度(风切变)也只有在一定条件下才能描述,因为它们本身状态是动态变化的过程,阶跃风和等梯度风速局限于一段很短的时间内,很快就会脱离这种典型状态,因此,它们代表的是一种抽象概念。尽管本节涉及的飞机动力学特性是由线性化方程描述的,只允许小幅值的风,然而可以依据扰动响应边界实施控制系统设计,譬如要用哪些状态变量才能有效地抑制高频范围内的风速扰动,在控制系统中什么地方引入这些状态反馈,才能达到稳态精度要求,这对某些杀伤性飞行器来说更为需要。

本节仅仅分析和讨论风速矢量 $\boldsymbol{W}_{xh}$ 和附加迎角 α_W 的阶跃响应,对典型特性的研究,可以推断出高频范围内对扰动抑制的需要。在阶跃响应的初始反应或剧烈反应的状态变量中,存在着风速干扰的最早信息,也只有这些变量才是抑制高频阵风(随机紊流)影响的最好反馈量,也只有在扰动直接进入和最初反应的地方才能实施有效控制。

6.3.1 顺(逆)风 $\boldsymbol{W}_{xh}$ 干扰的阶跃响应

由式(5-110)控制系数阵 $\boldsymbol{B}$ 中第二列向量得到顺(逆)风干扰的控制系数向量

$$\boldsymbol{b}_2=[y^v\quad -x^v\quad 0\quad \mu_z^{\dot{\alpha}}y^v-\mu_z^v]^{\mathrm{T}} \tag{6-216}$$

当飞机纵向运动由初等变换状态方程表示时,顺风干扰的控制系数向量为

$$\boldsymbol{b}_2'=\begin{bmatrix}b_{12}'\\ b_{22}'\\ b_{32}'\\ b_{42}'\end{bmatrix}=\begin{bmatrix}y^v\\ -x^v+y^v m_{21}+(\mu_z^{\dot{\alpha}}y^v-\mu_z^v)m_{24}\\ y^v m_{31}+(\mu_z^{\dot{\alpha}}y^v-\mu_z^v)m_{34}\\ \mu_z^{\dot{\alpha}}y^v-\mu_z^v\end{bmatrix} \tag{6-217}$$

在单位阶跃顺风(1 m/s)干扰情况下,可以得到由式(6-157)或式(6-158)所示形式一样的纵向运动状态变量的解。假设式(5-110)所示状态方程 $\boldsymbol{A}$ 阵中 y^v,μ_z^v 值很小,利用双变量不变性原理,得到

$$r_1'b_2'=\frac{1}{2\mathrm{j}}r_s^{W_{xh}}\mathrm{e}^{\varphi_s^{W_{xh}}} \tag{6-218}$$

式中

$$r_{\mathrm{s}}^{W_{x\mathrm{h}}} = \frac{1}{\omega_{\mathrm{ns}}\sqrt{1-\zeta_{\mathrm{s}}^2}}\sqrt{\left[\frac{1}{2}y^v(y^\alpha+\mu_z^{\omega_z}-\mu_z^{\dot{\alpha}})+\mu_z^v\right]^2+(y^v\omega_{\mathrm{ns}})^2(1-\zeta_{\mathrm{s}}^2)} \approx y^v$$

$$\varphi_{\mathrm{s}}^{W_{x\mathrm{h}}} = \arctan\frac{y^v\omega_{\mathrm{ns}}\sqrt{1-\zeta_{\mathrm{s}}^2}}{-\dfrac{1}{2}y^v(y^\alpha+\mu_z^{\omega_z}-\mu_z^{\dot{\alpha}})-\mu_z^v}$$

$$r'_2 b'_2 = \frac{1}{2\mathrm{j}} r_{\mathrm{p}}^{W_{x\mathrm{h}}} \mathrm{e}^{\varphi_{\mathrm{p}}^{W_{x\mathrm{h}}}} \tag{6-219}$$

式中

$$r_{\mathrm{p}}^{W_{x\mathrm{h}}} = \frac{1}{\omega_{\mathrm{np}}\sqrt{1-\zeta_{\mathrm{p}}^2}}\sqrt{\{[x^v(\mu_z^v-\mu_z^{\dot{\alpha}}y^v)m_{24}-y^v m_{21}]\omega_{\mathrm{np}}\zeta_{\mathrm{p}}+[(\mu_z^v-\mu_z^{\dot{\alpha}}y^v)m_{34}-y^v m_{31}]g\}^2+[(\mu_z^v-\mu_z^{\dot{\alpha}}y^v)m_{24}-y^v m_{21}+x^v]^2\omega_{\mathrm{np}}^2(1-\zeta_{\mathrm{p}})} \approx \omega_{\mathrm{np}} = \frac{1}{\omega_{\mathrm{ns}}}\sqrt{-\mu_z^{\dot{\alpha}}y^v g}$$

$$\varphi_{\mathrm{p}}^{W_{x\mathrm{h}}} = \arctan\frac{-[(\mu_z^v-\mu_z^{\dot{\alpha}}y^v)m_{24}-y^v m_{21}+x^v]\omega_{\mathrm{np}}\sqrt{1-\zeta_{\mathrm{p}}^2}}{[x^v+(\mu_z^v-\mu_z^{\dot{\alpha}}y^v)m_{24}-y^v m_{21}]\omega_{\mathrm{np}}\zeta_{\mathrm{p}}+[(\mu_z^v-\mu_z^{\dot{\alpha}}y^v)m_{34}-y^v m_{31}]g} \approx \arctan\frac{-x^v\omega_{\mathrm{ns}}^2\omega_{\mathrm{np}}}{-y^v\mu_z^{\dot{\alpha}}g}$$

考虑到式(5-110)所示 **A** 阵第二列与 $W_{x\mathrm{h}}$ 对应的 **B** 阵第二列对应元素大小相等、符号相反以及行列式性质，可知除飞行航迹速度 v_{d} 外，其他任何变量($\alpha_{\mathrm{d}},\vartheta,\theta,\omega_{z\mathrm{d}}$) 对 $W_{x\mathrm{h}}$ 的阶跃干扰稳态响应都为零。

这样一来，在单位阶跃顺风(1 m/s) 干扰情况下，其状态变量的响应函数为

$$\alpha_{\mathrm{d}}(t) = \frac{r_{\mathrm{s}}^{W_{x\mathrm{h}}}}{\omega_{\mathrm{ns}}}\mathrm{e}^{-\zeta_{\mathrm{s}}\omega_{\mathrm{ns}}t}\sin(\omega_{\mathrm{ns}}\sqrt{1-\zeta_{\mathrm{s}}^2}\,t+\varphi_{\mathrm{s}}^{W_{x\mathrm{h}}}+\varphi_{\mathrm{s}}) \tag{6-220}$$

$$\begin{aligned} v_{\mathrm{d}}(t) = &\frac{r_{\mathrm{p}}^{W_{x\mathrm{h}}}}{\omega_{\mathrm{np}}}\mathrm{e}^{-\zeta_{\mathrm{p}}\omega_{\mathrm{np}}t}\sin(\omega_{\mathrm{np}}\sqrt{1-\zeta_{\mathrm{p}}^2}\,t+\varphi_{\mathrm{p}}^{W_{x\mathrm{h}}}+\varphi_{\mathrm{p}})+ \\ &\frac{r_{\mathrm{s}}^{W_{x\mathrm{h}}}K_{\mathrm{s}}^v}{\omega_{\mathrm{ns}}}\mathrm{e}^{-\zeta_{\mathrm{s}}\omega_{\mathrm{ns}}t}\sin(\omega_{\mathrm{ns}}\sqrt{1-\zeta_{\mathrm{s}}^2}\,t+\varphi_{\mathrm{s}}^{W_{x\mathrm{h}}}+\varphi_{\mathrm{s}}^v+\varphi_{\mathrm{s}})+c_{v\mathrm{p}}^{W_{x\mathrm{h}}}+c_{v\mathrm{s}}^{W_{x\mathrm{h}}} \end{aligned} \tag{6-221}$$

式中

$$c_{v\mathrm{p}}^{W_{x\mathrm{h}}} = 1$$

$$c_{v\mathrm{s}}^{W_{x\mathrm{h}}} = \frac{1}{\omega_{\mathrm{ns}}^2}[(\mu_z^v y^\alpha - y^v\mu_z^\alpha)m_{24}+(\mu_z^v+y^v\mu_z^{\omega_z})m_{21}] = 0$$

$$\begin{aligned} \vartheta_{\mathrm{d}}(t) = &\frac{r_{\mathrm{p}}^{W_{x\mathrm{h}}}K_{\mathrm{p}}^\vartheta}{\omega_{\mathrm{np}}}\mathrm{e}^{-\zeta_{\mathrm{p}}\omega_{\mathrm{np}}t}\sin(\omega_{\mathrm{np}}\sqrt{1-\zeta_{\mathrm{p}}^2}\,t+\varphi_{\mathrm{p}}^{W_{x\mathrm{h}}}+\varphi_{\mathrm{p}}^\vartheta+\varphi_{\mathrm{p}})+ \\ &\frac{r_{\mathrm{s}}^{W_{x\mathrm{h}}}K_{\mathrm{s}}^\vartheta}{\omega_{\mathrm{ns}}}\mathrm{e}^{-\zeta_{\mathrm{s}}\omega_{\mathrm{ns}}t}\sin(\omega_{\mathrm{ns}}\sqrt{1-\zeta_{\mathrm{s}}^2}\,t+\varphi_{\mathrm{s}}^{W_{x\mathrm{h}}}+\varphi_{\mathrm{s}}^\vartheta+\varphi_{\mathrm{s}}) \end{aligned} \tag{6-222}$$

$$\omega_{z\mathrm{d}}(t) = \frac{r_{\mathrm{s}}^{W_{x\mathrm{h}}}K_{\mathrm{s}}^{\omega_z}}{\omega_{\mathrm{ns}}}\mathrm{e}^{-\zeta_{\mathrm{s}}\omega_{\mathrm{ns}}t}\sin(\omega_{\mathrm{ns}}\sqrt{1-\zeta_{\mathrm{s}}^2}\,t+\varphi_{\mathrm{s}}^{W_{x\mathrm{h}}}+\varphi_{\mathrm{s}}^{\omega_z}+\varphi_{\mathrm{s}}) \tag{6-223}$$

当将上述实例数据代入式(6-220)～式(6-223)，得到单位(1 m/s) 阶跃顺风干扰响应特性为

$$\alpha_{\mathrm{d}}(t) = 0.006\,382\mathrm{e}^{-2.105\,1t}\sin(3.715t-0.466\,2) \tag{6-224}$$

$$\begin{aligned} v_{\mathrm{d}}(t) = &1.000\,056\mathrm{e}^{-0.004\,5t}\sin(0.062\,84t-1.498\,44)+1+ \\ &0.000\,218\,3\mathrm{e}^{-2.105\,1t}\sin(3.715t+0.241\,10)\quad(\mathrm{m/s}) \end{aligned} \tag{6-225}$$

$$\vartheta_{\mathrm{d}}(t) = 0.367\,98\mathrm{e}^{-0.004\,5t}\sin(0.062\,84t-3.140\,58)+0.005\,645\mathrm{e}^{-2.105\,1t}\sin(3.715t-0.801\,95)(^\circ) \tag{6-226}$$

$$\omega_{z\mathrm{d}}(t) = 0.024\,112\mathrm{e}^{-2.105\,1t}\sin(3.715t+1.284\,38)\quad((^\circ)/\mathrm{s}) \tag{6-227}$$

绝对值足够小的 y^v 和 μ_z^v，不仅使飞机纵向运动近似于双变量不变性解耦系统，还使控制增益 $r_{\mathrm{s}}^{W_{x\mathrm{h}}}$ 近似为零；绝对值足够大的阻力导数 x^v，使控制增益 $r_{\mathrm{p}}^{W_{x\mathrm{h}}}$ 和稳态参数 $c_{v\mathrm{p}}^{W_{x\mathrm{h}}}$ 都近似为 1，使顺(逆) 风干扰主要激起沉浮运动模态，主要分布于 v_{d} 和 ϑ 响应中。

顺风干扰在任何状态变量中所激起的短周期模态分量甚小，以短周期模态为主的飞行迎角，无论瞬态和稳态变化几乎为零；以短周期模态为主的俯仰角速率响应也几乎为零，但比迎角响应大得多；在飞行速度和俯仰角的响应中，短周期模态分量也很小。

在飞行速度 v_d 和俯仰角 ϑ 或航迹角 θ 响应中的长周期模态，在 W_{xh} 为正值(顺风) 阶跃干扰情况下，飞机飞行的航迹速度 v_d 大约滞后 90°，以沉浮运动缓慢振荡增长，最终增加的速度等于顺风速度 W_{xh}。由于空速等于航迹速度与风速之差，所以在顺风阶跃输入的瞬时空速的减小与风速相等，方向与风速相反，直至稳态后，空速变化为零；俯仰角 ϑ 的响应中长周期模态分量足够大，远远大于短周期模态分量，且大约滞后 180°，即比航迹速度 v_d 还滞后 90°。

由于航迹角等于俯仰角与迎角之差，所以在迎角响应很小的情况下，航迹角响应几乎等于俯仰角响应。沉浮运动的航迹角和俯仰角一样其稳态响应为零。

6.3.2 α_W 干扰的阶跃响应

由式(5-110) 控制系数阵 $\boldsymbol{B}$ 中第一列得到垂直风引起的附加迎角 α_W 的控制系数向量

$$\boldsymbol{b}_1=\begin{bmatrix}-y^\alpha & x^\alpha+g & 0 & \mu_z^\alpha-\mu_z^{\dot\alpha}y^\alpha\end{bmatrix}^{\mathrm{T}} \tag{6-228}$$

当飞机纵向运动由初等变换状态方程表示时，α_W 干扰的控制系数向量为

$$\boldsymbol{b}_1'=\begin{bmatrix}b_{11}'\\ b_{21}'\\ b_{31}'\\ b_{41}'\end{bmatrix}=\begin{bmatrix}-y^\alpha\\ x^\alpha+g-y^\alpha m_{21}+(\mu_z^\alpha-\mu_z^{\dot\alpha}y^\alpha)m_{24}\\ -y^\alpha m_{31}+(\mu_z^\alpha-\mu_z^{\dot\alpha}y^\alpha)m_{34}\\ \mu_z^\alpha-\mu_z^{\dot\alpha}y^\alpha\end{bmatrix} \tag{6-229}$$

在单位阶跃 $\alpha_W(1°)$ 的干扰情况下，可以得到如式(6-197) 所示形式一样的纵向运动状态变量的解。但是，式(5-110)$\boldsymbol{A}$ 阵第一列与 $\boldsymbol{B}$ 阵第一列对应元素相对应，使得除 α_d 以外的其他变量($v_d,\vartheta,\omega_{zd}$) 的稳态响应为零。对于两对共轭复特征值的纵向运动系统来说，由于

$$r_1'b_1'=\frac{1}{2\mathrm{j}}r_s^{\alpha_W}\mathrm{e}^{\varphi_s^{\alpha_W}} \tag{6-230}$$

式中

$$r_s^{\alpha_W}=\frac{1}{\omega_{ns}\sqrt{1-\zeta_s^2}}\sqrt{\left[\frac{1}{2}y^\alpha(y^\alpha+\mu_z^{\omega_z}-\mu_z^{\dot\alpha})+\mu_z^\alpha\right]^2+(y^\alpha\omega_{ns})^2(1-\zeta_s^2)}=$$

$$\frac{1}{\sqrt{1-\zeta_s^2}}\sqrt{y^\alpha\mu_z^{\dot\alpha}-\mu_z^\alpha}=\omega_{ns}\sqrt{\frac{-m_{31}}{1-\zeta_s^2}}$$

$$\varphi_s^{\alpha_W}=\arctan\frac{-y^\alpha\omega_{ns}\sqrt{1-\zeta_s^2}}{-\dfrac{1}{2}y^\alpha(y^\alpha+\mu_z^{\omega_z}-\mu_z^{\dot\alpha})+\mu_z^\alpha}=\arctan\frac{-y^\alpha\sqrt{1-\zeta_s^2}}{y^\alpha\zeta_s-\omega_{ns}}=-\varphi_s^\vartheta-\pi$$

和

$$r_2'b_1'=\frac{1}{2\mathrm{j}}r_p^{\alpha_W}\mathrm{e}^{\varphi_p^{\alpha_W}} \tag{6-231}$$

式中

$$r_p^{\alpha_W}=\frac{1}{\omega_{np}\sqrt{1-\zeta_p^2}}\sqrt{[b_{31}'a_{23}'-b_{21}'(a_{33}'+\zeta_p\omega_{np})]^2+(b_{21}'\omega_{np})^2(1-\zeta_p^2)}=-\frac{g}{\sqrt{1-\zeta_p^2}}m_{31}$$

$$\varphi_p^{\alpha_W}=\arctan\frac{b_{21}'\omega_{np}\sqrt{1-\zeta_p^2}}{b_{31}'a_{23}'-b_{21}'(a_{33}'+\zeta_p\omega_{np})}=\arctan\frac{b_{21}'\omega_{np}\sqrt{1-\zeta_p^2}}{(a_{12}m_{31}+a_{42}m_{34})m_{21}a_{23}'-b_{21}'\zeta_p\omega_{np}}\approx$$

$$\pi-\arctan\frac{\sqrt{1-\zeta_p^2}}{\zeta_p}$$

得到在单位阶跃 $\alpha_W(°)$ 干扰情况下各状态变量的响应函数 $\alpha_d(t)$，$\vartheta_d(t)$ 和 $\theta(t)$ 的表达式

$$\alpha_d(t)=\frac{r_s^{\alpha_W}}{\omega_{ns}}e^{-\zeta_s\omega_{ns}t}\sin(\omega_{ns}\sqrt{1-\zeta_s^2}\,t+\varphi_s^{\alpha_W}+\varphi_s)+c_{\alpha s}^{\alpha_W} \tag{6-232}$$

式中
$$c_{\alpha s}^{\alpha_W}=\frac{1}{\omega_{ns}^2}(\mu_z^{\alpha}+y^{\alpha}\mu_z^{\omega_z})=-1$$

$$v_d(t)=\frac{r_p^{\alpha_W}}{\omega_{np}}e^{-\zeta_p\omega_{np}t}\sin(\omega_{np}\sqrt{1-\zeta_p^2}\,t+\varphi_p^{\alpha_W}+\varphi_p)+c_{vp}^{\alpha_W}+\frac{r_s^{\alpha_W}K_s^v}{\omega_{ns}}e^{-\zeta_s\omega_{ns}t}\sin(\omega_{ns}\sqrt{1-\zeta_s^2}\,t+\varphi_s^{\alpha_W}+\varphi_s^v+\varphi_s)+c_{vs}^{\alpha_W} \tag{6-233}$$

式中

$$c_{vp}^{\alpha_W}=-\frac{b'_{31}}{a'_{32}}=-\frac{m_{21}}{a'_{32}}(a_{12}m_{31}+a_{42}m_{34})=-m_{21}$$

$$c_{vs}^{\alpha_W}=\frac{1}{\lambda_1\lambda_4}(m_{24}a'_{11}-m_{21})(b'_{41}-b'_{11}a'_{44})+m_{24}b'_{11}=m_{21}$$

$$\vartheta_d(t)=\frac{r_p^{\alpha_W}K_p^{\vartheta}}{\omega_{np}}e^{-\zeta_p\omega_{np}t}\sin(\omega_{np}\sqrt{1-\zeta_p^2}\,t+\varphi_p^{\alpha_W}+\varphi_p^{\vartheta}+\varphi_p)+c_{\vartheta p}^{\alpha_W}+\frac{r_s^{\alpha_W}K_s^{\vartheta}}{\omega_{ns}}e^{-\zeta_s\omega_{ns}t}\sin(\omega_{ns}\sqrt{1-\zeta_s^2}\,t+\varphi_s^{\alpha_W}+\varphi_s^{\vartheta}+\varphi_s)+c_{\vartheta s}^{\alpha_W} \tag{6-234}$$

式中

$$c_{\vartheta p}^{\alpha_W}=\frac{1}{g}[x^{\alpha}+g-y^{\alpha}m_{21}+(\mu_z^{\alpha}-\mu_z^{\dot{\alpha}}y^{\alpha})m_{24}]=-\frac{1}{\omega_{ns}^2}(\mu_z^{\alpha}-\mu_z^{\dot{\alpha}}y^{\alpha})=-m_{31}$$

$$c_{\vartheta s}^{\alpha_W}=\frac{1}{\omega_{ns}^2}(\mu_z^{\alpha}-\mu_z^{\dot{\alpha}}y^{\alpha})=m_{31}$$

$$\omega_z(t)=\frac{r_s^{\alpha_W}K_s^{\omega_z}}{\omega_{ns}}e^{-\zeta_s\omega_{ns}t}\sin(\omega_{ns}\sqrt{1-\zeta_s^2}\,t+\varphi_s^{\alpha_W}+\varphi_s^{\omega_z}+\varphi_s)+c_{\omega_z}^{\alpha_W} \tag{6-235}$$

式中，$c_{\omega_z}^{\alpha_W}=0$。

$$\theta(t)=\frac{r_p^{\alpha_W}K_p^{\theta}}{\omega_{np}}e^{-\zeta_p\omega_{np}t}\sin(\omega_{np}\sqrt{1-\zeta_p^2}\,t+\varphi_p^{\alpha_W}+\varphi_p^{\theta}+\varphi_p)+c_{\theta p}^{\alpha_W}+\frac{r_s^{\alpha_W}K_s^{\theta}}{\omega_{ns}}e^{-\zeta_s\omega_{ns}t}\sin(\omega_{ns}\sqrt{1-\zeta_s^2}\,t+\varphi_s^{\alpha_W}+\varphi_s^{\theta}+\varphi_s)+c_{\theta s}^{\alpha_W} \tag{6-236}$$

式中，$c_{\theta p}^{\alpha_W}=c_{\vartheta p}^{\alpha_W}$；$c_{\theta s}^{\alpha_W}=-\frac{y^{\alpha}}{\omega_{ns}^2}(\mu_z^{\omega_z}+\mu_z^{\dot{\alpha}})=1+m_{31}$。

将上例数据代入式(6-232)～式(6-236)，得到单位阶跃 $\alpha_W((°))$ 的响应特性：

$$\alpha_d(t)=1.016\,67e^{-2.105\,1t}\sin(3.715t-4.892\,46)-1\quad(°) \tag{6-237}$$

$$v_d(t)=2.116\,33e^{-0.004\,5t}\sin(0.063t-0.014\,064)+0.034\,81e^{-2.105\,1t}\sin(3.715t-4.185\,18)\quad(\mathrm{m/s}) \tag{6-238}$$

$$\vartheta(t)=0.784\,897e^{-0.004\,5t}\sin(0.062\,84t-1.499\,336)+0.899\,88e^{-2.105\,1t}\sin(3.715t-5.227\,923)\quad((°)) \tag{6-239}$$

$$\omega_z(t)=3.843\,46e^{-2.105\,1t}\sin(3.715t-\pi)\quad((°)/\mathrm{s}) \tag{6-240}$$

$$\theta(t)=0.7848\,97e^{-0.004\,5t}\sin(0.062\,84t-1.499\,336)+0.340\,67e^{-2.105\,1t}\sin(3.715t-0.695\,46)+1\quad(°) \tag{6-241}$$

式(6-230)、式(6-231) 表明了飞机从静止空气进入垂直风场被激起的纵向运动两种模态的大小和相位。由振型控制参数 $r_s^{\alpha_W}$，$r_p^{\alpha_W}$ 的表达式可知，在附加迎角 α_W 脉冲干扰情况下，激起的短周期振型幅值 $r_s^{\alpha_W}$ 随阻尼比 ζ_s 的增大而增大，随纵向静稳定性(m_z^{α})或短周期频率 ω_{ns} 增大而增大；长周期振型幅值 $r_p^{\alpha_W}$ 仅随阻尼

比 ζ_p 的增大而减小，与长周期固有频率 ω_{np} 无关。由 $\varphi_s^{\alpha_W}$，$\varphi_p^{\alpha_W}$ 的表达式可知，短周期模态相位滞后大约180°；长周期模态滞后很小。

由式(6－232)～式(6－236)可知，在垂直风附加迎角 α_W 单位阶跃干扰情况下，各状态变量被激励的响应特性如下所示：

(1) 在 α_d 响应中，长周期模态分量甚小。占主导地位的短周期模态分量的幅值大约为 $\sqrt{\dfrac{-m_{31}}{1-\zeta_s^2}}$，滞后角大约为270°，短周期模态伴随常值分量，即 α_d 稳态响应值为－1，空速迎角稳态值为零。

(2) 在 v_d 响应中，大约滞后 $2(\pi-\arccos\zeta_s)$rad 的短周期模态分量的幅值近似为 $-\dfrac{m_{21}}{\sqrt{1-\zeta_s^2}}$，伴随常值分量为 m_{21}；滞后角近似为零的长周期模态分量幅值近似为 $-\dfrac{gm_{31}}{\omega_{np}\sqrt{1-\zeta_p^2}}$，伴随常值分量为 $-m_{21}$。v_d 稳态值为零。

(3) 在 ϑ 响应中存在较大的长、短周期模态。在 $|y^\alpha|\ll|\mu_z^\alpha|$ 的情况下，短周期模态振幅近似为

$$\frac{r_s^{\alpha_W}K_s^\vartheta}{\omega_{ns}}=-\frac{\mu_z^\alpha-\dot{\mu}_z^\alpha y^\alpha}{\omega_{ns}^2\sqrt{1-\zeta_s^2}}=-\frac{m_{31}}{\sqrt{1-\zeta_s^2}} \tag{6-242}$$

大约超前 $\arccos\zeta_s$ rad，短周期模态伴随常值分量为 m_{31}；长周期模态振荡幅值近似为

$$\frac{r_p^{\alpha_W}K_p^\vartheta}{\omega_{ns}}=-\frac{\mu_z^\alpha-\dot{\mu}_z^\alpha y^\alpha}{\omega_{ns}^2\sqrt{1-\zeta_p^2}}=-\frac{m_{31}}{\sqrt{1-\zeta_p^2}} \tag{6-243}$$

大约滞后90°，长周期模态伴随常值分量为 $-m_{31}$。最终，俯仰角 ϑ 响应从近似于 m_{31} 值按慢衰减的长周期振荡回到零。

(4) 由于 $\theta=\vartheta-\alpha_d$，滞后于航迹迎角 α_d 近似为 $2(\pi-\arccos\zeta_s)$ (rad) 的 θ 响应中短周期分量幅值近似为 $\dfrac{y^\alpha}{\omega_{ns}}\sqrt{\dfrac{m_{31}}{1-\zeta_s^2}}$，短周期伴随常值分量为 $1+m_{31}$；大约滞后90°的长周期模态分量幅值近似为 $-\dfrac{m_{31}}{\sqrt{1-\zeta_p^2}}$，其伴随常值分量 $-m_{31}$。因此，航迹角稳态响应为1。

垂直风附加迎角 α_W 常值干扰，除使稳态航迹迎角 α_d 减小 α_W 角度和空速迎角 α 不变外，还使航迹角 θ 增加 α_W 角度和空速航迹角恢复到原来值。这就说明，在常值垂直风作用下，飞机随同周围风场上、下漂移。

(5) 由反三角函数公式

$$\arctan x\pm\arctan y=\arctan\left(\frac{x\pm y}{1\mp xy}\right) \tag{6-244}$$

得到

$$\varphi_s^{\alpha_W}=-(\varphi_s^{\omega_z}+\varphi_s)-\pi \tag{6-245}$$

因此，俯仰速率 ω_z 响应中的短周期模态滞后半个周期。短周期振荡幅值为

$$\frac{r_s^{\alpha_W}K_s^{\omega_z}}{\omega_{ns}}=\frac{1}{\omega_{ns}\sqrt{1-\zeta_s^2}}(\dot{\mu}_z^\alpha y^\alpha-\mu_z^\alpha)=-\frac{\omega_{ns}m_{31}}{\sqrt{1-\zeta_s^2}} \tag{6-246}$$

以及伴随常值分量为零。在 ω_z 响应中的长周期模态分量很小。

以上讨论说明，在常值垂直风作用下，如果让 ϑ_A，θ_A 表征飞机相对周围大气的俯仰角和航迹角时，包括 ϑ_A，θ_A，α，v，ω_z 在内的所有变量最终又恢复到它们原来建立的平衡工作点上。

6.3.3　垂直风切变 w_{yx} 阶跃干扰的响应特性分析

由式(5－110)、式(5－112)、式(5－113)可知，在垂直风切变 w_{yx} 干扰下，飞机纵向运动不仅受到由 w_{yx} 直接产生的力矩干扰，也受到由 w_{yx} 产生附加迎角 α_W 的间接干扰。且当

$$w_{yx} = 1\ \frac{(°)}{\mathrm{s}} \tag{6-247}$$

时

$$\alpha_W = w_{yx} t = t \quad (°) \tag{6-248}$$

以及 w_{yx} 为单位((°)/s) 常值风切变干扰时，α_W 的拉普拉斯变换式为

$$\alpha_W(s) = \frac{1}{s^2} \tag{6-249}$$

在初始条件为零的情况下，按式(6-232) ~ 式(6-236) 得到阶跃风切变 w_{yx} 产生的 α_W 干扰响应函数为

$$\begin{aligned} x_1(t) = \Big\{ \int_0^t \Big[& \frac{r_s^{\alpha_W} K_s^i}{\omega_{ns}} e^{-\zeta_s \omega_{ns} t} \sin(\omega_{ns}\sqrt{1-\zeta_s^2}\, t + \varphi_s^{\alpha_W} + \varphi_s^i + \varphi_s) + \\ & \frac{r_p^{\alpha_W} K_p^i}{\omega_{np}} e^{-\zeta_p \omega_{np} t} \sin(\omega_{np}\sqrt{1-\zeta_p^2}\, t + \varphi_p^{\alpha_W} + \varphi_p^i + \varphi_p) \Big] dt + (c_{is}^{\alpha_W} + c_{ip}^{\alpha_W}) t \Big\} w_{yx} \end{aligned} \tag{6-250}$$

式中，$x_1 = \alpha_{d1}, v_{d1}, \vartheta_1, \theta_1, \omega_{z1}$，对应 $i = \alpha, v, \vartheta, \theta, \omega_z$；$K_s^\alpha = K_p^v = 1$；$\varphi_s^\alpha = \varphi_p^v = K_p^\alpha = K_p^{\omega_z} = c_{\alpha p}^{\alpha_W} = c_{\omega_z p}^{\alpha_W} = 0$；$r_s^{\alpha_W}, \varphi_s^{\alpha_W}$，$r_p^{\alpha_W}, \varphi_p^{\alpha_W}$ 同式(6-230)、式(6-231) 中定义。

阶跃风切变 w_{yx} 直接产生的力矩干扰项($(\mu_z^{\dot\alpha} - \mu_z^{\omega_z}) w_{yx}$) 激起的状态变量响应函数为

$$\begin{aligned} x_2(t) = \Big[& \frac{r_s^{w_{yx}} K_s^i}{\omega_{ns}} e^{-\zeta_s \omega_{ns} t} \sin(\omega_{ns}\sqrt{1-\zeta_s^2}\, t + \varphi_s^{w_{yx}} + \varphi_s^i + \varphi_s) + c_{is}^{w_{yx}} + \\ & \frac{r_p^{w_{yx}} K_p^i}{\omega_{np}} e^{-\zeta_p \omega_{np} t} \sin(\omega_{np}\sqrt{1-\zeta_p^2} + \varphi_p^{w_{yx}} + \varphi_p^i + \varphi_p) + c_{ip}^{w_{yx}} \Big] w_{yx} \end{aligned} \tag{6-251}$$

式中，$x_2 = \alpha_{d2}, v_{d2}, \vartheta_2, \theta_2, \omega_{z2}$；$K_s^\alpha = K_p^v = 1$；$K_p^\alpha = K_p^{\omega_z} = 0$；$c_{\alpha p}^{w_{yx}} = c_{\omega_z p}^{w_{yx}} = 0$；$\varphi_s^\alpha = \varphi_p^v = 0$；$i$ 同式(6-250) 定义，以及

$$r_s^{w_{yx}} = -\frac{1}{\omega_{ns}\sqrt{1-\zeta_s^2}} (\mu_z^{\omega_z} - \mu_z^{\dot\alpha})$$

$$\varphi_s^{w_{yx}} = 0$$

$$r_p^{w_{yx}} = -\frac{1}{\omega_{np}\sqrt{1-\zeta_p^2}} (\mu_z^{\omega_z} - \mu_z^{\dot\alpha}) \sqrt{m_{24}^2 \omega_{np}^2 + 2 m_{24} m_{34} \zeta_p \omega_{np} g + m_{34}^2 g^2} = -\frac{g y^\alpha}{\omega_{ns}^2 \omega_{np}\sqrt{1-\zeta_p^2}} (\mu_z^{\omega_z} - \mu_z^{\dot\alpha})$$

$$\varphi_p^{w_{yx}} = \arctan \frac{m_{24}\omega_{np}\sqrt{1-\zeta_p^2}}{-m_{24}\omega_{np}\zeta_p - m_{34} g} \approx \arctan \frac{m_{24}\omega_{np}\sqrt{1-\zeta_p^2}}{-m_{34} g} \approx -\pi$$

$$c_{\alpha s}^{w_{yx}} = \frac{1}{\omega_{ns}^2} (\mu_z^{\dot\alpha} - \mu_z^{\omega_z})$$

$$c_{vp}^{w_{yx}} = \frac{(\mu_z^{\omega_z} - \mu_z^{\dot\alpha}) y^\alpha}{\mu_z^v y^\alpha - y^v \mu_z^\alpha}$$

$$c_{vs}^{w_{yx}} = \frac{1}{\omega_{ns}^2} (\mu_z^{\omega_z} - \mu_z^{\dot\alpha})(y^\alpha m_{24} + m_{21})$$

$$c_{\vartheta p}^{w_{yx}} = \frac{1}{g} (\mu_z^{\dot\alpha} - \mu_z^{\omega_z}) \Big\{ m_{34} - \frac{y^\alpha}{\mu_z^v y^\alpha - y^v \mu_z^\alpha} [x^v - y^v m_{21} + (\mu_z^v - \mu_z^{\dot\alpha} y^v) m_{24}] \Big\}$$

$$c_{\vartheta s}^{w_{yx}} = \frac{1}{\omega_{ns}^4} (\mu_z^{\omega_z} - \mu_z^{\dot\alpha})(y^\alpha + \mu_z^\alpha - \mu_z^{\dot\alpha} y^\alpha)$$

$$c_{\omega_z s}^{w_{yx}} = \frac{y^\alpha}{\omega_{ns}^2} (\mu_z^{\dot\alpha} - \mu_z^{\omega_z})$$

$$c_{\theta p}^{w_{yx}} = c_{\vartheta p}^{w_{yx}}$$

$$c_{\theta s}^{w_{yx}} = \frac{y^\alpha}{\omega_{ns}^4} (\mu_z^{\dot\alpha} - \mu_z^{\omega_z})(\mu_z^{\dot\alpha} + \mu_z^{\omega_z} - y^\alpha)$$

为了区别阶跃风切变 w_{yx} 产生的 α_W 干扰和力矩干扰的响应函数，令其 α_W 干扰的变量响应函数分别为 $\alpha_{d1},v_{d1},\vartheta_1,\omega_{z1},\theta_1$ 和力矩干扰的变量响应函数分别为 $\alpha_{d2},v_{d2},\vartheta_2,\omega_{z2},\theta_2$。按本节给出的实例计算，得到单位阶跃上升风切变 w_{yx} ((°)/s) 力矩干扰的响应函数为

$$\alpha_{d2}(t)=0.067\,01e^{-2.105\,1t}\sin(3.715t+5.227\,92)+0.058\,30\quad(°)\tag{6-252}$$

$$v_{d2}(t)=3.606\,67e^{-0.004\,5t}\sin(0.062\,84t-4.755\,74)-3.603\,208\,3+0.002\,293e^{-2.105\,1t}\sin(3.715t-1.379\,05)+0.002\,25\quad(\mathrm{m/s})\tag{6-253}$$

$$\vartheta_2(t)=1.328\,18e^{-0.004\,5t}\sin(0.062\,84t-0.114\,7)+0.152\,69+0.059\,28e^{-2.105\,1t}\sin(3.715t-2.422\,1)+0.039\,105\quad(°)\tag{6-254}$$

$$\omega_{z2}(t)=0.253\,18e^{-2.105\,1t}\sin(3.715t-0.335\,77)+0.083\,37\quad((°)/\mathrm{s})\tag{6-255}$$

$$\theta_2(t)=1.328\,18e^{-0.004\,5t}\sin(0.062\,84t-0.114\,7)+0.152\,69+0.022\,44e^{-2.105\,1t}\sin(3.715t-4.172\,51)-0.019\,237\quad(°)\tag{6-256}$$

垂直风切变 w_{yx} 的直接力矩干扰的响应特性近似于升降舵操纵，当它们的幅值分别为

$$w_{yx}=1/57.3\ \mathrm{s}\quad 和\quad \delta_z=1°$$

进行比较时，w_{yx} 和 δ_z 激起的长、短周期模态的幅值比和相角可近似为

$$\frac{r_s^{w_{yx}}}{r_s^{\delta_z}}\approx\frac{r_p^{w_{yx}}}{r_p^{\delta_z}}\approx\frac{\mu_z^{\dot\alpha}-\mu_z^{\omega_z}}{\mu_z^{\delta_z}}\tag{6-257}$$

$$\varphi_p^{\delta_z}\approx\varphi_s^{w_{yx}}=0\tag{6-258}$$

$$\varphi_s^{\delta_z}\approx\varphi_p^{w_{yx}}=-\pi\tag{6-259}$$

当 y^{δ_z} 越小时，这种近似关系越接近。

垂直风切变 w_{yx} 干扰对飞机运动特性影响颇大，各状态变量的响应特性如下：

1) 风切变 w_{yx} 引起的力矩干扰对航迹迎角 α_d 的静、动态变量影响不大，当 $\mu_z^{\omega_z}-\mu_z^{\dot\alpha}$ 的绝对值较大和 ω_{ns} 较小时，这种干扰会引起较大的迎角变化。然而由 w_{yx} 引起的附加迎角

$$\alpha_W=\int_0^t w_{yx}\,\mathrm{d}t\tag{6-260}$$

对空速迎角的干扰是严重的。当阶跃风切变 w_{yx} 干扰时，航迹迎角的总和响应为

$$\alpha_d(t)=\alpha_{d1}(t)+\alpha_{d2}(t)\tag{6-261}$$

式中，$\alpha_{d2}(t)$ 由式(6-351) 表示，且 $i=\alpha$。$\alpha_{d1}(t)$ 可由下式表征：

$$\alpha_{d1}(t)=\left[\int_0^t\frac{r_s^{\alpha_W}}{\omega_{ns}}e^{-\zeta_s\omega_{ns}t}\sin(\omega_{ns}\sqrt{1-\zeta_s^2}\,t+\varphi_s^{\alpha_W}+\varphi_s)\mathrm{d}t+c_{\alpha s}^{\alpha_W}t\right]w_{yx}=\left\{\left[\frac{r_s^{\alpha_W}}{\omega_{ns}^2}e^{-\zeta_s\omega_{ns}t}\sin(\omega_{ns}\sqrt{1-\zeta_s^2}\,t+\varphi_s^{\alpha_W}+2\varphi_s)\right]\Bigg|_0^t+c_{\alpha s}^{\alpha_W}t\right\}w_{yx}\tag{6-262}$$

$c_{\alpha s}^{\alpha_W}=-1$，使得稳态迎角 α_d 随垂直风干扰附加迎角 α_W 按斜率为 w_{yx} 的时间比例函数 $-w_{yx}t$ 变化，当为下降垂直风切变时，稳态的航迹迎角增加。事实上，非常值的 w_{yx} 使得航迹迎角的增加是暂时的。此时的空速迎角响应为

$$\alpha(t)=\alpha_d(t)+\alpha_W=\alpha_{d1}(t)+\alpha_{d2}(t)+\alpha_W\tag{6-263}$$

按时间比例增长的斜坡分量被抵消，其展开式由下式表示：

$$\alpha(t)=\left\{\left[\frac{r_s^{\alpha_W}}{\omega_{ns}^2}e^{-\zeta_s\omega_{ns}t}\sin(\omega_{ns}\sqrt{1-\zeta_s^2}\,t+\varphi_s^{\alpha_W}+2\varphi_s)\right]\Bigg|_0^t+\frac{r_s^{w_{yx}}}{\omega_{ns}}e^{-\zeta_s\omega_{ns}t}\sin(\omega_{ns}\sqrt{1-\zeta_s^2}\,t+\varphi_s^{w_{yx}}+\varphi_s)+c_{\alpha s}^{w_{yx}}\right\}w_{yx}\tag{6-264}$$

并由此得到空速迎角稳态响应

$$\alpha(\infty)=\left[c_{\alpha s}^{w_{yx}}-\frac{r_s^{\alpha W}}{\omega_{ns}^2}\sin(\varphi_s^{\alpha W}+2\varphi_s)\right]w_{yx} \tag{6-265}$$

又考虑到反三角函数公式(6-244)，得到

$$\varphi_s^{\alpha W}+2\varphi_s=\arcsin\frac{\sqrt{1-\zeta_s^2}\,(\mu_z^{\omega_z}+\mu_z^{\dot{\alpha}})}{\sqrt{y^\alpha\mu_z^{\dot{\alpha}}-\mu_z^\alpha}} \tag{6-266}$$

当将

$$c_{\alpha s}^{w_{yx}}=\frac{1}{\omega_{ns}^2}(\mu_z^{\dot{\alpha}}-\mu_z^{\omega_z})\quad 和\quad r_s^{\alpha W}=\frac{1}{\sqrt{1-\zeta_s^2}}\sqrt{y^\alpha\mu_z^{\dot{\alpha}}-\mu_z^\alpha}$$

以及由式(6-266)所示 $\varphi^{\alpha W}+2\varphi_s$ 的表达式代入式(6-265)，得到

$$\alpha(\infty)=-\frac{2\mu_z^{\omega_z}}{\omega_{ns}^2}w_{yx} \tag{6-267}$$

由式(6-267)可知，对应负值 w_{yx} 的下沉风切变将引起空速迎角的减小，从而导致升力和航迹角减小，有可能出现灾难性的急剧下沉。对于俯仰力矩导数 $\mu_z^{\omega_z}/\mu_z^\alpha$ 比值较大的飞行状态，如低空、低速的起飞、着陆飞行阶段，容易出现这种灾难性飞行事故。

2）在垂直风切变 w_{yx} 干扰中，空速等于航迹速度($v=v_d$)，由 w_{yx} 干扰引起的飞行速度响应函数是 w_{yx} 产生的 α_W 干扰响应和直接力矩干扰响应的总和，即

$$v(t)=v_d(t)=v_{d1}(t)+v_{d2}(t) \tag{6-268}$$

式中

$$\begin{aligned}v_{d1}(t)=\Bigg\{&\left[\frac{r_s^{\alpha W}K_s^v}{\omega_{ns}^2}e^{-\zeta_s\omega_{ns}t}\sin(\omega_{ns}\sqrt{1-\zeta_s^2}\,t+\varphi_s^{\alpha W}+\varphi_s^v+2\varphi_s)\right]\Bigg|_0^t+c_{vs}^{\alpha W}t+\\&\left[\frac{r_p^{\alpha W}}{\omega_{np}^2}e^{-\zeta_p\omega_{np}t}\sin(\omega_{np}\sqrt{1-\zeta_p^2}\,t+\varphi_p^{\alpha W}+2\varphi_p)\right]\Bigg|_0^t+c_{vp}^{\alpha W}t\Bigg\}w_{yx}\end{aligned}$$

$$\begin{aligned}v_{d2}(t)=\Bigg[&\frac{r_s^{w_{yx}}K_s^v}{\omega_{ns}^2}e^{-\zeta_s\omega_{ns}t}\sin(\omega_{ns}\sqrt{1-\zeta_s^2}\,t+\varphi_s^{w_{yx}}+\varphi_s^v+\varphi_s+c_{vs}^{w_{yx}}+\\&\frac{r_p^{w_{yx}}}{\omega_{np}^2}e^{-\zeta_p\omega_{np}t}\sin(\omega_{np}\sqrt{1-\zeta_p^2}\,t+\varphi_p^{w_{yx}}+\varphi_p)+c_{vp}^{w_{yx}}\Bigg]w_{yx}\end{aligned}$$

在 α_W 激起的 $v_{d1}(t)$ 响应中，在以斜率为 w_{yx} 的时间函数 $\alpha_W(w_{yx}t)$ 干扰下，由于 $c_{vs}^{\alpha W}=-c_{vp}^{\alpha W}=m_{21}$，因此，在 v_{d1} 响应中不存在时间斜坡分量。

在 w_{yx} 干扰下，飞行速度的总和常值分量为

$$v(\infty)=v_{d1}(\infty)+v_{d2}(\infty) \tag{6-269}$$

其展开式为

$$v(\infty)=\left[c_{vs}^{w_{yx}}+c_{vp}^{w_{yx}}-\frac{r_s^{\alpha W}K_s^v}{\omega_{ns}^2}\sin(\varphi_s^{\alpha W}+\varphi_s^v+2\varphi_s)-\frac{r_p^{\alpha W}}{\omega_{np}^2}\sin(\varphi_p^{\alpha W}+2\varphi_p)\right]w_{yx} \tag{6-270}$$

由于 $|c_{vs}^{w_{yx}}|\ll|c_{vp}^{w_{yx}}|$ 和 $\frac{r_s^{\alpha W}K_s^v}{\omega_{ns}^2}\ll\frac{r_p^{\alpha W}}{\omega_{np}^2}$ 以及当考虑到 $\varphi_p^{\alpha W}+\varphi_p\approx 0$ 时，得到

$$v(\infty)\approx\left[c_{vp}^{w_{yx}}-\frac{r_p^{\alpha W}}{\omega_{np}^2}\sin(\varphi_p^{\alpha W}+2\varphi_p)\right]w_{yx}=-\frac{-\mu_z^\alpha+\mu_z^{\omega_z}y^\alpha}{\mu_z^v y^\alpha-y^v\mu_z^\alpha}w_{yx}\approx\frac{w_{yx}}{y^v} \tag{6-271}$$

这就是说，在风切变 w_{yx} 干扰情况下，在 v 响应中主要包含长周期模态及其伴随常值分量，且由于

$$\varphi_p^{\alpha W}+2\varphi_p\approx\varphi_p=\arctan\frac{\sqrt{1-\zeta_p^2}}{\zeta_p}-\pi\approx-\frac{\pi}{2} \tag{6-272}$$

得到常值风切变 w_{yx} 干扰下，飞行速度 v 的响应函数近似式为

$$v(t) \approx -\frac{gm_{31}}{\omega_{\text{np}}^2}\left[\mathrm{e}^{-\zeta_{\text{p}}\omega_{\text{np}}t}\sin\left(\omega_{\text{np}}\sqrt{1-\zeta_{\text{p}}^2}\,t-\frac{\pi}{2}\right)+1\right]w_{yx} \tag{6-273}$$

这是一个滞后 90° 的典型的二阶振荡特性，振荡幅值随长周期固有频率的二次方成反比变化。下降风切变不仅使空速迎角按短周期模态特性减小，也使空速按长周期模态特性减小。风切变使飞行速度的变化，在 $|y^\alpha| \ll |\mu_z^\alpha|$ 和 $|\mu_z^v| \ll |y^v|$ 的情况下，主要取决于 y^v。当 y^v 的绝对值较小时，下降风切变 w_{yx} 使飞行速度 v 减小更多。飞行速度的减小，使升力进一步减小。尽管按长周期模态特性变化的速度响应，其变化速度非常缓慢，然而长周期振荡幅值确很大，这将显著地加剧飞机下沉的危险性。

3) 由式(6-236) 可知，因为

$$c_{\theta\text{p}}^{\alpha_W} + c_{\theta\text{s}}^{\alpha_W} = 1 \tag{6-274}$$

故在常值垂直风切变 w_{yx} 干扰情况下，存在随时间增长按比例变化的航迹角响应分量，且等于 $w_{yx}t$。忽略垂直风切变的直接力矩干扰的影响，由式(6-250) 得到 α_W 干扰航迹角常值响应分量

$$\theta_c = -\left[\frac{r_{\text{s}}^{\alpha_W}K_{\text{s}}^{\theta}}{\omega_{\text{ns}}^2}\sin(\varphi_{\text{s}}^{\alpha_W}+\varphi_{\text{s}}^{\theta}+2\varphi_{\text{s}}) + \frac{r_{\text{p}}^{\alpha_W}K_{\text{p}}^{\theta}}{\omega_{\text{np}}^2}\sin(\varphi_{\text{p}}^{\alpha_W}+\varphi_{\text{p}}^{\theta}+2\varphi_{\text{p}})\right]w_{yx} \tag{6-275}$$

并由 $\varphi_{\text{s}}^{\alpha_W}+2\varphi_{\text{s}}$ 和 $\varphi_{\text{s}}^{\theta}$ 的表达式得到

$$\varphi_{\text{s}}^{\alpha_W}+\varphi_{\text{s}}^{\theta}+2\varphi_{\text{s}} = \arcsin\frac{\sqrt{1-\zeta_{\text{s}}^2}\,(\mu_z^{\omega_z}+\mu_z^{\dot{\alpha}})}{\sqrt{y^\alpha\mu_z^{\dot{\alpha}}-\mu_z^\alpha}} + \arcsin\sqrt{1-\zeta_{\text{s}}^2} - \pi \tag{6-276}$$

且当 $|\mu_z^{\omega_z}+\mu_z^{\dot{\alpha}}| < \sqrt{\mu^{\dot{\alpha}}y^\alpha-\mu_z^\alpha}$ 时，$-\frac{2}{\pi} < \varphi^{\alpha_W}+\varphi_{\text{s}}^{\theta}+2\varphi_{\text{s}} < -\pi$，使式(6-275) 右边第一项为正值。因此，在下降风切变的作用下，航迹角响应中短周期模态及其伴随常值分量使航迹角减小。然而

$$\varphi_{\text{p}}^{\alpha_W}+\varphi_{\text{p}}^{\theta}+2\varphi_{\text{p}} \approx -\pi \tag{6-277}$$

除使航迹角长周期伴随常值分量为零外，振幅足够大的航迹角长周期模态分量，在下降风切变 w_{yx} 作用下，按滞后 180° 的长周期模态特性，缓慢地增加，减弱飞机下沉。这似乎是改善了下降风切变的危险性。然而，交变的垂直风切变，使航迹角减小到那种程度，以至于使灾难性的事故产生。

第 7 章　飞机横侧向动力学特性分析

第 5.1 节已经给出了飞机横侧向运动状态方程和经过初等变换的状态方程。无论是按稳定轴系还是按机体轴系建立的横侧向运动方程都是用侧向力、滚转力矩和偏航力矩三个平衡方程式描述的。所谓飞机横侧向运动是指互相耦合的横向运动(即滚转运动)和侧向运动(即偏航运动)的总称。飞机的横侧向运动要比纵向运动复杂得多。飞机的纵向运动是指沿稳定轴系或机体轴系 x 轴或 y 轴的位移以及绕 z 轴的转动；而飞机的横侧向运动是指沿稳定轴系或机体轴系 z 轴的移动和绕 x 轴和 y 轴的转动。有时把绕 x 轴的滚转运动称为横向运动，把绕 y 轴的偏航运动称为侧向运动(或航向运动)，但是力矩 M_x，M_y 的互相耦合使横向运动和侧向运动互相耦合，不能分开进行单独分析。从操纵面来说，纵向运动分别通过升降舵(或平尾)、襟翼(升力操纵面)和发动机油门杆产生俯仰力矩、升力和推力；横侧向运动主要通过副翼、方向舵、扰流片、差动平尾和垂直可控鸭翼(侧力操纵面)产生滚转力矩、偏航力矩和侧向力。

滚转操纵形式选择是飞机和飞行控制系统设计中一个很重要的问题。目前有三种形式，即副翼、扰流片和差动平尾在现役飞机上应用。国外现代战机多采用襟副翼和差动平尾两种滚转操纵形式，并在偏航轴引入副翼-方向舵交联，这对于改善滚转特性是十分有效的。如图 7-1 所示，如果仅用副翼操纵滚转，其优点在于线性特性好，在小迎角飞行情况下，偏航效应小；其主要缺点包括，对于很大后掠角(或三角机翼)飞机来说，在大迎角飞行情况下，滚转效应不足，产生不利偏航。如果仅用差动平尾操纵滚转，其优点是，在特大迎角飞行情况下，保持有效的滚转线性特性，在大迎角飞行情况下产生有利偏航有助于提高滚转速度；但是仅用差动平尾，对于小后掠角、大展弦比机翼的飞机来说，舵面效率不够，有利偏航大，尤其在小迎角飞行时更为严重。在偏航轴加入副翼-方向舵交联可以弥补这个缺点。

横侧向动力学空间法分析主要包括以下几个方面的内容：

1) 横侧向运动近似分析的理论依据；
2) 横侧向稳定性与模态特性分析；
3) 副翼操纵反应特性分析；
4) 方向舵操纵反应特性分析；
5) 关于滚转中的协调操纵和定常转弯特性分析；
6) 侧向干扰特性分析。

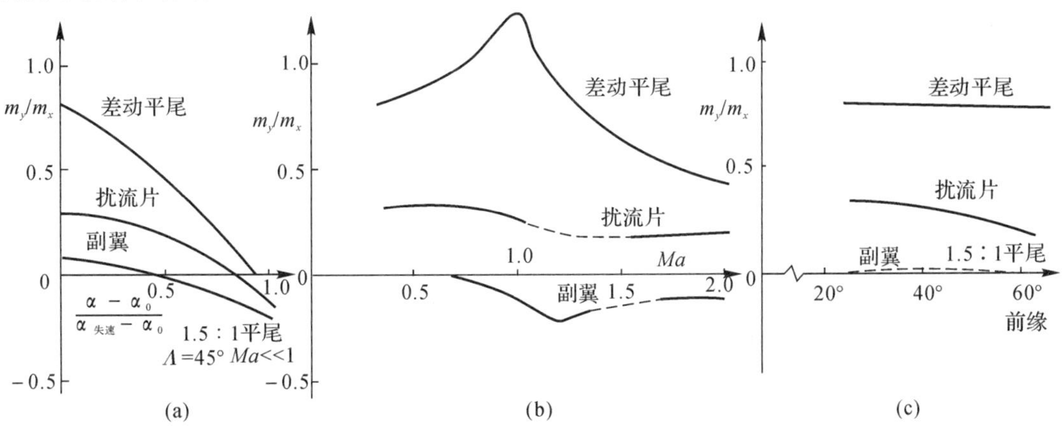

图 7-1　各种滚转操纵形式的偏航力矩与滚转力矩之比随迎角、马赫数和后掠角的变化

(a) 迎角的影响；(b) 马赫数的影响；(c) 机翼后掠角的影响

7.1 横侧向系统矩阵 A 的双对角优势化推导

将稳定轴系或经初等变换的机体轴系横侧向小扰动状态方程式(5-2)和式(5-32)用一个相同结构的 **A**,**B** 阵状态方程

$$\dot{\boldsymbol{x}}=\boldsymbol{A}\boldsymbol{x}+\boldsymbol{B}\boldsymbol{u} \tag{7-1}$$

描述。除输入变量 $\boldsymbol{u}=[\delta_x \quad \delta_y]^{\mathrm{T}}$ 相同外,不同点在于:在稳定轴系状态方程中

$$\boldsymbol{x}=[\beta \quad \omega_{xs} \quad \gamma_s \quad \omega_{ys}]^{\mathrm{T}} \tag{7-2}$$

$$\boldsymbol{A}=\begin{bmatrix} z^{\beta} & 0 & g\cos\theta_0/v_0 & 1 \\ \mu_{xs}^{\beta} & \mu_{xs}^{\omega_x} & 0 & \mu_{xs}^{\omega_y} \\ 0 & 1 & 0 & -\tan\theta_0 \\ \mu_{ys}^{\beta} & \mu_{ys}^{\omega_x} & 0 & \mu_{ys}^{\omega_y} \end{bmatrix} \tag{7-3}$$

$$\boldsymbol{B}=\begin{bmatrix} 0 & z^{\delta_y} \\ \mu_{xs}^{\delta_x} & \mu_{xs}^{\delta_y} \\ 0 & 0 \\ \mu_{ys}^{\delta_x} & \mu_{ys}^{\delta_y} \end{bmatrix} \tag{7-4}$$

在初等变换的机体轴系状态方程中

$$\boldsymbol{x}=[\beta \quad \omega_x \quad \gamma \quad \omega_{ys}]^{\mathrm{T}} \tag{7-5}$$

$$\boldsymbol{A}=\begin{bmatrix} z^{\beta} & 0 & g\cos\vartheta_0/v_0 & 1 \\ \mu_x^{\beta} & \mu_x^{\omega_x}-\alpha_0\mu_x^{\omega_y} & 0 & \mu_x^{\omega_y} \\ 0 & 1 & 0 & -\tan\vartheta_0 \\ \mu_y^{\beta}+\alpha_0\mu_x^{\beta} & \mu_y^{\omega_x}+\alpha_0(\mu_x^{\omega_x}-\mu_y^{\omega_y}-\alpha_0\mu_x^{\omega_y}) & 0 & \mu_y^{\omega_y}+\alpha_0\mu_x^{\omega_y} \end{bmatrix} \tag{7-6}$$

$$\boldsymbol{B}=\begin{bmatrix} 0 & z^{\delta_y} \\ \mu_x^{\delta_x} & \mu_x^{\delta_y} \\ 0 & 0 \\ \mu_y^{\delta_x}+\alpha_0\mu_x^{\delta_x} & \mu_y^{\delta_x}+\alpha_0\mu_x^{\delta_y} \end{bmatrix} \tag{7-7}$$

当初等变换阵 **M** 的元素 m_{21},m_{24},m_{31} 和 m_{34} 分别由式(5-25) ~ 式(5-28)确定时,横侧向运动状态方程的相似状态方程为

$$\dot{\boldsymbol{x}}_M=\boldsymbol{A}_M\boldsymbol{x}_M+\boldsymbol{B}_M\boldsymbol{u} \tag{7-8}$$

式中

$$\boldsymbol{u}=[\delta_x \quad \delta_y]^{\mathrm{T}}$$

对于按稳定轴系建立的横侧向运动方程来说

$$\boldsymbol{x}_M=[\beta \quad \omega_{xs}+m_{21}\beta+m_{24}\omega_{ys} \quad \gamma_s+m_{31}\beta+m_{34}\omega_{ys} \quad \omega_{ys}]^{\mathrm{T}} \tag{7-9}$$

对于按机体轴系建立的横侧向运动方程来说

$$\boldsymbol{x}_M=[\beta \quad \omega_x+m_{21}\beta+m_{24}\omega_{ys} \quad \gamma+m_{31}\beta+m_{34}\omega_{ys} \quad \omega_{ys}]^{\mathrm{T}} \tag{7-10}$$

$$\boldsymbol{A}_M=\begin{bmatrix} a_{11}-a_{13}m_{31} & 0 & a_{13} & a_{14}-a_{13}m_{34} \\ -m_{21}(a_{42}m_{24}+a_{13}m_{31}) & a_{22}+a_{42}m_{24} & a_{13}m_{21} & -a_{42}m_{24}^2-a_{13}m_{21}m_{34} \\ a_{42}m_{21}m_{34}-a_{13}m_{31}^2 & 1+a_{42}m_{34} & a_{13}m_{31} & -m_{34}(a_{42}m_{24}+a_{13}m_{31}) \\ a_{41}-a_{42}m_{21} & a_{42} & 0 & a_{44}-a_{42}m_{24} \end{bmatrix} \tag{7-11}$$

$$\boldsymbol{B}_M=\begin{bmatrix}0 & b_{12}\\ b_{21}+b_{41}m_{24} & b_{22}+b_{12}m_{21}+b_{42}m_{24}\\ b_{41}m_{34} & b_{12}m_{31}+b_{42}m_{34}\\ b_{41} & b_{42}\end{bmatrix} \tag{7-12}$$

当按稳定轴系建立横侧向运动方程时，式(7-11)、式(7-12)中的 a_{ij}，b_{ij} 分别在式(7-3)、式(7-4)中表征；当按机体轴系建立横侧向运动方程时，式中 a_{ij}，b_{ij} 分别在式(7-6)、式(7-7)中表征。

在 a_{13}，a_{42} 的绝对值很小的条件下(如在超声速飞行时)，状态方程式(7-7)中矩阵 $\boldsymbol{A}_M$ 可由它的双对角阵近似表示

$$\boldsymbol{A}_M\approx\begin{bmatrix}a_{11}-a_{13}m_{31} & 0 & 0 & 1-a_{13}m_{34}\\ 0 & a_{22}+a_{42}m_{24} & a_{13}m_{21} & 0\\ 0 & 1+a_{42}m_{34} & a_{13}m_{31} & 0\\ a_{41}-a_{42}m_{21} & 0 & 0 & a_{44}-a_{42}m_{24}\end{bmatrix} \tag{7-13}$$

然而，当飞机在低速飞行时(如起飞、着陆状态)，这种近似描述，会给横侧向运动特性分析带来足够大的误差。尤其是对小值特征根对应的模态而言，其特征值、特征向量以及响应特性都具有较大误差。对于大值特征根对应的模态来说，利用式(7-13)描述的系统矩阵 $\boldsymbol{A}_M$，可以足够精确地确定这种模态的特征值、特征向量以及二者在状态变量响应中的振型分量。

为了得到足够精确的小值特征根和全面地分析飞机横侧向运动特性，还可利用初等变换的方法，进一步转化为多变量不变性典型解耦结构。当选择初等变换阵

$$\boldsymbol{N}=\begin{bmatrix}1 & 0 & 0 & 0\\ 0 & 1 & 0 & 0\\ 0 & 0 & 1 & 0\\ 0 & 0 & n_{43} & 1\end{bmatrix} \tag{7-14}$$

且

$$n_{43}=\frac{a_{13}}{1-a_{13}m_{34}} \tag{7-15}$$

时，飞机横侧向运动状态方程最终转换为

$$\dot{\boldsymbol{x}}'=\boldsymbol{A}'\boldsymbol{x}'+\boldsymbol{B}'\boldsymbol{u} \tag{7-16}$$

当横侧向运动方程由稳定轴系建立时，式中

$$\boldsymbol{x}'=\boldsymbol{N}\boldsymbol{x}_M=[\beta\quad \omega_x+m_{21}\beta+m_{24}\omega_{ys}\quad \gamma_s+m_{31}\beta+m_{34}\omega_{ys}\quad \omega_{ys}+n_{43}(\gamma_s+m_{31}\beta+m_{34}\omega_{ys})]^{\mathrm{T}} \tag{7-17}$$

当横向运动方程由机体轴系建立时，式(7-16)中

$$\boldsymbol{x}'=\boldsymbol{N}\boldsymbol{x}_M=[\beta\quad \omega_x+m_{21}\beta+m_{24}\omega_{ys}\quad \gamma+m_{31}\beta+m_{34}\omega_{ys}\quad \omega_{ys}+n_{43}(\gamma+m_{31}\beta+m_{34}\omega_{ys})]^{\mathrm{T}} \tag{7-18}$$

$$\boldsymbol{A}'=\boldsymbol{N}\boldsymbol{A}_M\boldsymbol{N}^{-1}=\begin{bmatrix}a'_{11} & 0 & 0 & a'_{14}\\ a'_{21} & a'_{22} & a'_{23} & a'_{24}\\ a'_{31} & a'_{32} & a'_{33} & a'_{34}\\ a'_{41} & a'_{42} & a'_{43} & a'_{44}\end{bmatrix} \tag{7-19}$$

式中

$a'_{11}=a_{11}-a_{13}m_{31}$，$a'_{14}=1-a_{13}m_{34}$，$a'_{21}=-m_{21}(a_{42}+a_{13}m_{31})$，$a'_{22}=a_{22}+a_{42}m_{24}$

$a'_{23}=a_{13}m_{21}+n_{43}(a_{42}m_{24}^2+a_{13}m_{21}m_{24})$，$a'_{24}=-m_{24}(a_{42}m_{24}+a_{13}m_{21})$

$a'_{31}=a_{42}m_{21}m_{34}-a_{13}m_{31}^2$，$a'_{32}=1+a_{42}m_{34}$，$a'_{33}=a_{13}m_{31}+m_{34}(a_{42}m_{24}+a_{13}m_{31})n_{43}$

$a'_{34}=-m_{34}(a_{42}m_{24}+a_{13}m_{31})$，$a'_{41}=a_{41}-a_{42}m_{21}+n_{43}(a_{42}m_{21}m_{34}-a_{13}m_{31}^2)$

$a'_{42}=a_{42}+n_{43}(1+a_{42}m_{34})$，$a'_{43}=n_{43}(a_{13}m_{31}-a_{44}+a_{42}m_{24})$

$a'_{44}=a_{44}-a_{42}m_{24}-n_{43}m_{34}(a_{42}m_{24}+a_{13}m_{31})$

$$\boldsymbol{B}' = \boldsymbol{N}\boldsymbol{B}_M = \begin{bmatrix} 0 & b'_{12} \\ b'_{21} & b'_{22} \\ b'_{31} & b'_{32} \\ b'_{41} & b'_{42} \end{bmatrix} \tag{7-20}$$

式中

$$b'_{21}=b_{21}+b_{41}m_{24},b'_{31}=b_{41}m_{34},b'_{41}=b_{41}(1+n_{43}m_{34}),b'_{12}=b_{12}$$

$$b'_{22}=b_{22}+b_{12}m_{21}+b_{42}m_{24},b'_{32}=b_{12}m_{31}+b_{42}m_{34}$$

$$b'_{42}=b_{42}(1+n_{43}m_{34})+n_{43}b_{12}m_{31}$$

因为 a_{13},a_{42} 和 n_{43} 的绝对值很小,相似状态方程式(7-16)中的矩阵 $\boldsymbol{A}'$ 可以由它的双对角阵近似表示

$$\boldsymbol{A}' = \begin{bmatrix} a_{11}-a_{13}m_{31} & 0 & 0 & a_{14} \\ 0 & a_{22}+a_{42}m_{24} & a_{13}(m_{21}+a_{42}m_{24}^2+a_{13}m_{21}m_{34}) & 0 \\ 0 & 1+a_{42}m_{34} & a_{13}[m_{31}+m_{34}(a_{42}m_{24}+a_{13}m_{31})] & 0 \\ a_{41}-a_{42}m_{21} & 0 & 0 & a_{44}-a_{42}m_{24} \end{bmatrix} \tag{7-21}$$

为了方便分析和计算,对于某些绝对值大的 $\boldsymbol{A}'$ 阵元素,忽略了 a_{13},a_{42} 和 n_{43} 参数中任两参数的乘积项,如

$$a'_{14}\approx 1,\quad a'_{32}\approx 1,\quad a'_{41}\approx a_{41},\quad a'_{44}\approx a_{44}-a_{42}m_{24}$$

双对角优势化的意义是指系统阵的任一行或任一列不在双对角线上的元素满足

$$\left.\begin{aligned} &\sum_{j=1}^{n}|a_{ij}|\ll|a_{ij}| && (j=1,\cdots,n) \\ &(j\neq i,i+j\neq n+1) \qquad (j=i,i+j=n+1) \\ &\sum_{i=1}^{n}|a_{ij}|\ll|a_{ij}| && (j=1,\cdots,n) \\ &(i\neq j,i+j\neq n+1) \qquad (i=j,i+j=n+1) \end{aligned}\right\} \tag{7-22}$$

当按照式(5-25)~式(5-28)或按照式(5-29)选取 $\boldsymbol{M}$ 阵元素 m_{21},m_{24},m_{31} 和 m_{34} 以及按照式(7-15)选择 $\boldsymbol{N}$ 阵元素 n_{43} 时,可以使得式(7-19)所示 $\boldsymbol{A}'$ 阵元素满足式(7-21),那么经过两次初等变换后的横侧向运动状态方程的相似阵 $\boldsymbol{A}'$ 可以简化为式(7-21)所示典型双对角阵。

在整个飞机横侧向运动动力学空间法分析中,将利用由式(7-21)和式(7-20)分别表征的系统相似系统阵 $\boldsymbol{A}'$ 和相似控制阵 $\boldsymbol{B}'$,分析横侧向运动的稳定性、模态特性、各振型在各状态变量中的分布,以及包括风速干扰在内的各外部扰动的响应特性。在分析过程中,尽量结合由时域特性给出的横侧向飞行品质要求,讨论横侧向飞行品质要求的几个主要方面。

7.2 横侧向模态特性分析

尽管飞机横侧向运动各个特征模态不能像纵向运动那样容易分开处理,因为状态方程中 $\boldsymbol{A}$ 阵参数的相对大小和构形不像纵向那样,符合多变量不变性解耦系统的特点,但经过初等变换之后,也可近似构成典型的双对角系统,这给横侧向模态特性分析带来方便。

飞机构形明显的不同,使飞机横侧向运动方程参数、根的分布和模态特性也各不相同。尽管如此,多数情况下,仍可认为其特征方程的结构为

$$\det[s\boldsymbol{I}-\boldsymbol{A}'] = s^4+c_1s^3+c_2s^2+c_3s+c_4=(s-\lambda_S)(s-\lambda_R)(s^2+2\zeta_d\omega_{nd}s+\omega_{nd}^2)=0 \tag{7-23}$$

式中

$$c_1=2\zeta_d\omega_{nd}-\lambda_R-\lambda_S=-[z^\beta+\mu_{xs}^{\omega_x}+\mu_{ys}^{\omega_y}]$$

$c_2=\omega_{nd}^2+\lambda_S\lambda_R-2\zeta_d\omega_{nd}(\lambda_R+\lambda_S)=-\mu_{ys}^\beta+z^\beta\mu_{xs}^{\omega_x}+\mu_{ys}^{\omega_y}(z^\beta+\mu_{xs}^{\omega_x})-\mu_{xs}^{\omega_x}\mu_{ys}^{\omega_x}$

$c_3=2\zeta_d\omega_{nd}\lambda_R\lambda_S-\omega_{nd}^2(\lambda_S+\lambda_R)=\mu_{xs}^{\omega_x}(\mu_{ys}^\beta-z^\beta\mu_{ys}^{\omega_y})-\mu_{xs}^\beta(\mu_{ys}^{\omega_x}+g/v_0)+z^\beta\mu_{xs}^{\omega_y}\mu_{ys}^{\omega_x}$

$c_4=g/v_0(\mu_{xs}^\beta\mu_{ys}^{\omega_y}-\mu_{ys}^\beta\mu_{xs}^{\omega_y})$

对于普通飞机作对称直线飞行时，具有十分典型的三种模态，其一为由共轭复根表征的对应周期为几秒的小阻尼比横侧向振荡模态，又称荷兰滚模态；其二为由小实根表征的非周期缓慢变化的螺旋模态，其半衰期很长。螺旋模态可能是稳定的，也可能是不稳定的；其三为大实根对应的非周期快速滚转收敛模态，又称为滚转模态。对于平直机翼的低速飞机来说，这三种模态可以用有关气动导数分别表征，然而对于现代高速、高空和高机动性的飞机来说，由于机翼后掠角的增大，滚转 / 偏航惯矩比的减小，尤其在大过载、大机动飞行中，将会出现模态间气动导数的相互影响，改变了各种模态的特性，甚至使滚转、螺旋耦合为振荡模态。

下面给出一组与纵向实例相同的飞机和飞行状态的横侧向稳定轴系参数：

$a_{11}=z^\beta=-0.0829$	(1/s)	$a_{44}=\mu_{ys}^{\omega_y}=-0.096$	(1/s)
$a_{13}=g\cos\theta_0/v_0=0.048$	(1/s)	$b_{21}=\mu_{xs}^{\delta_x}=-27.25$	(1/s²)
$a_{21}=\mu_{xs}^\beta=-4.77$	(1/s²)	$b_{41}=\mu_{ys}^{\delta_x}=-1.383$	(1/s²)
$a_{22}=\mu_{xs}^{\omega_x}=-1.695$	(1/s)	$b_{12}=z^{\delta_y}=-0.0116$	(1/s)
$a_{24}=\mu_{xs}^{\omega_y}=-0.177$	(1/s)	$b_{22}=\mu_{ys}^{\delta_y}=-0.666$	(1/s²)
$a_{41}=\mu_{ys}^\beta=-3.55$	(1/s²)	$b_{42}=\mu_{ys}^{\delta_y}=-1.388$	(1/ s²)
$a_{42}=\mu_{ys}^{\omega_x}=0.062$	(1/s)	$\theta_0=0.0$	(°)

将上述参数代入式(7-1)所示状态方程，利用一般解根程序，解算出的特征值如表7-1中所示精确解。

表 7-1　某飞机横侧向特征值精确解与近似解的比较

特征根参数 / 解算值 / 解算法	螺旋根	滚转根	荷兰滚阻尼比	荷兰滚固有频率
	$\lambda_S=-1/\tau_S$	$\lambda_R=-1/\tau_R$	ζ_d	ω_{nd}
精确解	0.001 36	−1.777	0.024 3	1.877 5
第一近似解	0.001 34	−1.776 44	0.025 4	1.884 7
第二近似解	0.001 34	−1.775 9	0.025 5	1.884 7

7.2.1　横侧向特征值近似表达式

有多种横侧向特征值近似表达式仅仅是一些粗略的近似，对于大后掠、三角翼的现代高性能飞机来说，很大的偏航、滚转惯矩比，使得按单自由度滚转力矩方程和按二自由度侧力方程、偏航力矩方程分别获得的滚转根和荷兰滚振荡根近似解的误差颇大。

利用初等变换后的飞机横侧向运动状态方程式(7-16)中$\boldsymbol{A}'$阵的近似表达式(7-21)可以获得飞机横侧向特征值参数的近似表达式

$$\omega_{nd}^2=(a_{11}-a_{13}m_{31})(a_{44}-a_{42}m_{24})-a_{41}\approx-\mu_{ys}^\beta+z^\beta\mu_{ys}^{\omega_y} \tag{7-24}$$

$$2\zeta_d\omega_{nd}=-(a_{11}+a_{44}-a_{13}m_{31}-a_{42}m_{24})\approx-z^\beta-\mu_{ys}^{\omega_y}+(g/v_0+\mu_{ys}^{\omega_x})m_{24} \tag{7-25}$$

$$\lambda_R=a_{22}+a_{42}m_{24}+a_{13}m_{31}+a_{13}m_{34}(a_{42}m_{24}+a_{13}m_{31})\approx$$
$$a_{22}+a_{42}m_{24}+a_{13}m_{31}=\mu_{xs}^{\omega_x}+(g/v_0+\mu_{ys}^{\omega_x})m_{24} \tag{7-26}$$

$$\lambda_S=\frac{a_{13}}{\lambda_R}\{(a_{22}+a_{42}m_{24})[m_{31}+m_{34}(a_{42}m_{24}+a_{13}m_{31})]-(1+a_{42}m_{34})(m_{21}+a_{42}m_{24}^2+a_{13}m_{21}m_{34})\}$$

(7-27)

由式(7-21)得到的螺旋根λ_S近似表达式(7-27)颇为复杂，为了便于分析和计算可由下式近似表示：

$$\lambda_{\mathrm{S}}=\frac{a_{13}}{\lambda_{\mathrm{R}}}\left(a_{24}-a_{44}\,\frac{a_{21}}{a_{41}}\right) \tag{7-28}$$

它是由横侧向运动特征方程中 s 零次项除以近似值 λ_{R}，ω_{nd}^2 得到的。

利用式(7-24)～式(7-28)，不仅可以获得足够精确的横侧向特征值，更重要的是利用这些公式卓有成效地分析有关气动导数等飞行参数对横侧向特征值的影响，找到偏航运动对滚转运动或滚转运动对偏航运动耦合作用的因素。更重要的是，通过这些特征值表达式，合理地选择状态反馈和前向解耦控制，才能有效地改善模态特性和增加主控振型在主控状态变量中的分量，减小非主控振型在主控状态变量中的分量。譬如，对荷兰滚特征值的正确描述，可容易地找到解决两个“二次极点偶”问题的有效办法。

利用上述实例数据，可以证明特征值两种近似表达式的近似程度。

由式(5-25)～式(5-28)得到的 $\boldsymbol{M}$ 阵元素 m_{21}，m_{24}，m_{31} 和 m_{34} 之值列入表 7-2 中，为第一计算值；由式(5-29)得到的 $\boldsymbol{M}$ 阵元素 m_{21}，m_{24}，m_{31} 和 m_{34} 之值也列于表 7-2 中，为第二计算值。比较两组参数值，其相对误差不大。

表 7-2　$\boldsymbol{M}$ 阵元素 m_{21}，m_{24}，m_{31} 和 m_{34} 计算值

计算值	$\boldsymbol{M}$ 阵元素			
	m_{21}	m_{24}	m_{31}	m_{34}
第一计算值	1.347 72	−0.731 64	−0.766 26	−0.361 74
第二计算值	1.356 93	−0.742 64	−0.742 64	−0.382 23

将 m_{21}，m_{24}，m_{31} 和 m_{34} 第一计算值和第二计算值代入式(7-24)～式(7-27)中，分别得到特征值的第一近似解和第二近似解，并列于表7-1中。可见，二者与精确解比较相差甚小，二者相比误差更小。因此，可以利用式(5-29)所示 $\boldsymbol{M}$ 阵元素表达式分析横侧向运动模态特性是简单、可信的。

7.2.2　横侧向特征值分析

模态特性是与输入无关的飞机固有特性，满足一定模态特性要求是飞机具有良好飞行品质的必要条件。除少数现代飞机在某飞行状态可能存在滚转、螺旋耦合为振荡模态外，一般飞机的横侧向模态特性包括一个横侧向振荡(荷兰滚)和滚转、螺旋两个非周期模态。下面将分别分析和讨论这三种模态的特点。

7.2.2.1　荷兰滚振荡根特性分析

荷兰滚振荡是飞机各种模态中最为复杂的，它可能存在于偏航、侧滑和滚转等运动变量中。它的性质主要取决于其无阻尼振荡频率 ω_{nd}、阻尼比 ζ_{d} 以及在各状态变量中的振幅比和相位差。随着近代高性能飞机的发展，大过载、大后掠机翼致使此模态特性恶化和显得更为突出。

当荷兰滚固有频率 ω_{nd} 表达式由气动导数表征时，由式(7-24)得到

$$\omega_{\mathrm{nd}}^2=-\mu_{ys}^{\beta}+\left[z^{\beta}+g/v_0\,\frac{\mu_{xs}^{\beta}}{\mu_{ys}^{\beta}-\mu_{xs}^{\omega_x}(\mu_{xs}^{\omega_x}-z^{\beta}-\mu_{ys}^{\omega_y})}\right]\left[\mu_{ys}^{\omega_y}+\frac{\mu_{ys}^{\omega_x}\mu_{xs}^{\beta}}{\mu_{ys}^{\beta}-\mu_{xs}^{\omega_x}(\mu_{xs}^{\omega_x}-z^{\beta}-\mu_{ys}^{\omega_y})}\right] \tag{7-29}$$

通常由于式(7-29)等号右边第 2 项远小于第一项，因此式(7-29)可简化为

$$\omega_{\mathrm{nd}}^2=-\mu_{ys}^{\beta}=-\mu_{y}^{\beta}-\alpha_0\mu_{x}^{\beta} \tag{7-30}$$

式(7-30)中使用了两种坐标系——稳定轴系和机体轴系参数近似描述荷兰滚固有频率。由于机体轴不是惯性轴，就有 $I_{xy}\neq 0$。惯性积 I_{xy} 的存在使滚转运动与偏航运动之间产生惯性耦合，即滚转力矩方程中出现 ω_y 项，偏航力矩方程中出现 ω_x 项。因而，横侧向运动的分析复杂化了。由于

$$\mu_{y}^{\beta}=g\,\frac{Sl}{I_y\Delta}\left(m_{y}^{\beta}-\frac{I_{xy}}{I_x}m_{x}^{\beta}\right) \tag{7-31}$$

$$\mu_x^\beta = g\frac{Sl}{I_x\Delta}\left(m_x^\beta - \frac{I_{xy}}{I_y}m_y^\beta\right) \tag{7-32}$$

得到

$$\omega_{\mathrm{nd}}^2 = -q\frac{Sl}{\Delta}\left[\frac{m_y^\beta}{I_y}\left(1+\alpha_0\frac{I_{xy}}{I_x}\right)+\frac{m_x^\beta}{I_x}\left(\alpha_0+\frac{I_{xy}}{I_y}\right)\right] \tag{7-33}$$

式中

$$\Delta = 1 - I_{xy}^2/I_xI_y \tag{7-34}$$

由于惯性积 I_{xy} 和 α_0 的存在，所以动力学导数 μ_y^β，μ_x^β 等的含义不单纯了。表征动力学特性的大导数不仅反映了与它同轴的小导数的作用，同时也通过 I_{xy} 和 α_0 反映了其他轴上参数的影响，包括纵向运动参数 α_0。但是，I_{xy} 终究比 I_x，I_y 小得多，在平直飞行中 α_0 终究是一个很小的量，所以仍要粗略地说荷兰滚固频率 ω_{nd} 的二次方与航向静稳定性导数 m_y^β 成正比。当保证飞机具有一定的航向静稳定性($m_y^\beta<0$)时，便可获得足够大的荷兰滚固有频率。但是，忽略惯性积和飞行迎角的影响，在低空大迎角和高空、高速飞行中，会带来显著误差。尤其是在大马赫数、大过载飞行中，随马赫数和飞行迎角的增加，航向静稳定性急剧减小，横向静稳定性急剧增大，导致荷兰滚固有频率主要依赖于横向静稳定性导数 m_x^β 和迎角 α_0 的乘积。

各种飞行品质规范都对荷兰滚固有频率 ω_{nd} 提出了最小值要求。为了保证飞机具有良好的航向稳定性和动态反应特性，利用偏航增稳系统，合理地增大荷兰滚固有频率是行之有效的。过大地增大飞机立尾面积会给飞机机体设计带来许多麻烦。

对于荷兰滚阻尼的要求，在某些规范中对 ζ_{d} 和 $\zeta_{\mathrm{d}}\omega_{\mathrm{nd}}$ 都作了规定。当 $\boldsymbol{M}$ 阵元素

$$m_{24}\approx m_{31}\approx -\frac{\mu_{xs}^\beta}{\mu_{ys}^\beta-\mu_{xs}^{\omega_x}(\mu_{xs}^{\omega_x}-z^\beta-\mu_{ys}^{\omega_y})} \tag{7-35}$$

时，由式(7-25)得到的按稳定轴系参数表征的荷兰滚模态特征方程阻尼项为

$$2\zeta_{\mathrm{d}}\omega_{\mathrm{nd}} = -\left[z^\beta+\mu_{ys}^{\omega_y}+\frac{\mu_{xs}^\beta}{\mu_{ys}^\beta-\mu_{xs}^{\omega_x}(\mu_{xs}^{\omega_x}-z^\beta-\mu_{ys}^{\omega_y})}(g/v_0+\mu_{ys}^{\omega_x})\right] \tag{7-36}$$

当考虑到 $\alpha_0\ll 1$，$|\mu_y^{\omega_x}|\ll|\mu_x^{\omega_x}|$ 时，得到

$$\mu_{xs}^{\omega_x}\approx\mu_x^{\omega_x},\ \mu_{ys}^{\omega_y}\approx\mu_y^{\omega_y}+\alpha_0\mu_x^{\omega_y}\quad 和\quad \mu_{ys}^{\omega_x}\approx\mu_y^{\omega_x}+\alpha_0(\mu_x^{\omega_x}-\mu_y^{\omega_y}-\alpha_0\mu_x^{\omega_y}) \tag{7-37}$$

从而得到按机体轴系参数表征的荷兰滚模态特征方程阻尼项为

$$2\zeta_{\mathrm{d}}\omega_{\mathrm{nd}} = -\left\{z^\beta+\mu_y^{\omega_y}+\alpha_0\mu_x^{\omega_y}+\frac{\mu_x^\beta-\alpha_0\mu_y^\beta}{\mu_y^\beta+\alpha_0\mu_x^\beta-\mu_x^{\omega_x}(\mu_x^{\omega_x}-z^\beta-\mu_y^{\omega_y}-\alpha_0\mu_x^{\omega_y})}\times\right.$$
$$\left.[\mu_y^{\omega_x}+g/v_0+\alpha_0(\mu_x^{\omega_x}-\mu_y^{\omega_y}-\alpha_0\mu_x^{\omega_y})]\right\} \tag{7-38}$$

由式(7-38)可以看出，随着 α_0 和 $|\mu_x^\beta|$ 的增加，偏航阻尼力矩系数 $\mu_y^{\omega_y}$ 对荷兰滚阻尼的作用被减小；而滚转阻尼力矩系数 $\mu_x^{\omega_x}$ 对荷兰滚阻尼的作用增加，且

$$|\mu_x^{\omega_x}|>|\mu_y^{\omega_y}+\alpha_0\mu_x^{\omega_y}|$$

致使大迎角飞行状态较平飞状态的荷兰滚阻尼增大。尤其是当大马赫数、大迎角飞行时，航向静稳定性急剧减小，横向静稳定性急剧增大以及滚转阻尼减小时，荷兰滚模态特征方程阻尼项可近似为

$$2\zeta_{\mathrm{d}}\omega_{\mathrm{nd}}\approx -(z^\beta+\mu_x^{\omega_x})-\frac{1}{\alpha_0}(\mu_y^{\omega_x}+g/v_0) \tag{7-39}$$

这时荷兰滚阻尼不取决于 $\mu_y^{\omega_y}$，而主要决定于 $\mu_x^{\omega_x}$ 了。因此在大迎角飞行中，对于小的滚转阻尼导数和大的横向静稳定性状态，偏航速率 ω_y 反馈到方向舵通道以衰减荷兰滚振荡相对无效；为了有效地提高大迎角飞行状态的荷兰滚振荡阻尼，可以通过滚转速率反馈到副翼通道的办法，在小迎角飞行中以增大滚转模态特征值，而在大迎角飞行状态以增加荷兰滚振荡阻尼。这种方法的效果是明显的，将在第四篇中作详细说明，它涉及大迎角飞行状态通过什么操纵面作为输入变量、什么变量用于观测，以实施飞行控制，在此不做赘述。

7.2.2.2 滚转与螺旋根特性分析

滚转运动是一种几乎只有滚转角参与的绕滚转轴的非周期转动运动。滚转模态时间常数 T_R 的大小,直接影响驾驶员对飞机倾斜角进行精确操纵的难易程度;螺旋运动是飞机横侧向运动的另一个非周期运动,在飞机滚转角 γ 和偏航角 ψ 的响应中经常出现。如果螺旋运动是不稳定的,横侧向运动的所有变量都将偏离平衡状态,并使飞机掉高度。对于这种不稳定螺旋运动用线性方程只能描述它的起始状态特性。对螺旋运动时间常数 T_S 大小的要求,目的在于确保在驾驶员不注意的期间内,飞机的滚转角、偏航角受扰后不至于出现迅速发散现象。这对飞行安全来说是必要的。

滚转运动和螺旋运动这两个实根可能耦合成为一对低频、小阻尼的共轭复根,形成一种缓慢的方位航迹振动,即所谓"侧向沉浮运动"。

由式(7-21)表征的飞机横侧向运动相似矩阵 $\mathbf{A}'$ 的近似表达式,可以得到滚转、螺旋模态特征方程的近似表达式

$$s^2 + bs + c = 0 \tag{7-40}$$

当用稳定轴系参数表示和忽略一些微小量时,式中

$$b = -\mu_{xs}^{\omega_x} - \frac{\mu_{xs}^{\beta}}{\mu_{xs}^{\beta} - \mu_{xs}^{\omega_x}(\mu_{xs}^{\omega_x} - z^{\beta} - \mu_{ys}^{\omega_y})}(g/v_0 + \mu_{ys}^{\omega_x}) \tag{7-41}$$

$$c = \frac{g}{\mu_{ys}^{\beta} v_0}(\mu_{ys}^{\beta}\mu_{xs}^{\omega_y} - \mu_{xs}^{\beta}\mu_{ys}^{\omega_y}) \tag{7-42}$$

当用机体轴系参数表示,且忽略一些微小量时,式(7-40)中的

$$b = -\left\{\mu_x^{\omega_x} - \alpha_0\mu_x^{\omega_y} - \frac{\mu_x^{\beta}[\mu_y^{\omega_x} + g/v_0 + \alpha_0(\mu_x^{\omega_x} - \mu_y^{\omega_y} - \alpha_0\mu_x^{\omega_y})]}{\mu_y^{\beta} + \alpha_0\mu_x^{\beta} - \mu_x^{\omega_x}(\mu_x^{\omega_x} - z^{\beta} - \mu_y^{\omega_y} - \alpha_0\mu_x^{\omega_y})}\right\} \tag{7-43}$$

$$c = \frac{g}{v_0}\frac{\mu_y^{\beta}\mu_x^{\omega_y} - \mu_x^{\beta} - \mu_y^{\omega_y}}{\mu_y^{\beta} + \alpha_0\mu_x^{\beta}} \tag{7-44}$$

由式(7-40)可以得到滚转、螺旋根的近似表达式

$$\lambda_S, \lambda_R = -\frac{b}{2} \pm \sqrt{\frac{b^2}{4} - c} \tag{7-45}$$

对于一般构形的飞机来说,通常 $c \ll b$,使得当按机体轴参数表示时

$$\lambda_R = -b = \mu_x^{\omega_x} - \alpha_0\mu_x^{\omega_y} - \frac{\mu_x^{\beta}[\mu_y^{\omega_x} + g/v_0 + \alpha_0(\mu_x^{\omega_x} - \mu_y^{\omega_y} - \alpha_0\mu_x^{\omega_y})]}{\mu_y^{\beta} + \alpha_0\mu_x^{\beta} - \mu_x^{\omega_x}(\mu_x^{\omega_x} - z^{\beta} - \mu_y^{\omega_y} - \alpha_0\mu_x^{\omega_y})} \tag{7-46}$$

$$\lambda_S = -\frac{c}{b} = -\frac{g}{\lambda_R v_0}\frac{\mu_y^{\beta}\mu_x^{\omega_y} - \mu_x^{\beta} - \mu_y^{\omega_y}}{\mu_y^{\beta} + \alpha_0\mu_x^{\beta}} \tag{7-47}$$

当按稳定轴系参数表示时

$$\lambda_R = -b = \mu_{xs}^{\omega_x} - \frac{\mu_{xs}^{\beta}}{\mu_{ys}^{\beta} - \mu_{xs}^{\omega_x}(\mu_{xs}^{\omega_x} - z^{\beta} - \mu_{ys}^{\omega_y})}(g/v_0 + \mu_{ys}^{\omega_x}) \tag{7-48}$$

$$\lambda_S = -\frac{c}{b} = -\frac{1}{\lambda_R}\frac{g}{v_0\mu_{ys}^{\beta}}(\mu_{ys}^{\beta}\mu_{xs}^{\omega_y} - \mu_{xs}^{\beta}\mu_{ys}^{\omega_y}) \tag{7-49}$$

只有当

$$\frac{b^2}{4} < c \tag{7-50}$$

时,滚转运动和螺旋运动便相互结合成一对共轭复根。

由于为负值的滚转力矩导数 $\mu_{xs}^{\omega_x}$(或 $\mu_x^{\omega_x}$)的绝对值足够大,所以滚转根为负值,滚转运动为稳定的非周期运动模态,然而螺旋模态的稳定性取决于

$$\mu_{xs}^{\beta}\mu_{ys}^{\omega_y} > \mu_{ys}^{\beta}\mu_{xs}^{\omega_y} \quad 或者 \quad \mu_x^{\beta}\mu_y^{\omega_y} > \mu_y^{\beta}\mu_x^{\omega_y} \tag{7-51}$$

即式(7-51)为螺旋运动的稳定条件，对于大后掠和三角机翼的现代飞机来说，横向稳定性远比航向稳定性大，即

$$|\mu_{xs}^{\beta}| \gg |\mu_{ys}^{\beta}| \quad \text{或者} \quad |\mu_{x}^{\beta}| \gg |\mu_{y}^{\beta}| \tag{7-52}$$

尽管

$$|\mu_{xs}^{\omega_y}| > |\mu_{ys}^{\omega_y}| \quad \text{或者} \quad |\mu_{x}^{\omega_y}| > |\mu_{y}^{\omega_y}| \tag{7-53}$$

螺旋模态也是稳定的。

对于$|\mu_{xs}^{\beta}|$或者$|\mu_{x}^{\beta}|$较小，$|\mu_{ys}^{\beta}|$或者$|\mu_{y}^{\beta}|$较大的飞机来说，滚转模态特征值可由下式近似表示：

$$\lambda_{\mathrm{R}} = \mu_{xs}^{\omega_x} \approx \mu_{x}^{\omega_x} \tag{7-54}$$

但是，对于上反效应颇大的现代飞机来说，由于$|\mu_{xs}^{\beta}|$(或$|\mu_{x}^{\beta}|$)较$|\mu_{ys}^{\beta}|$(或$|\mu_{y}^{\beta}|$)大很多，且随迎角的增大，$|\mu_{xs}^{\beta}|$，$|\mu_{x}^{\beta}|$更大和$|\mu_{ys}^{\beta}|$，$|\mu_{y}^{\beta}|$更小。$|\mu_{xs}^{\omega_x}|$(或$|\mu_{x}^{\omega_x}|$)也随α的增大而减小，所以$\mu_{xs}^{\omega_x}$(或$\mu_{x}^{\omega_x}$)对滚转根λ_{R}的影响减小，而$\mu_{ys}^{\omega_y}$(或$\mu_{y}^{\omega_y}$)对λ_{R}的影响被增大。尤其是当飞机在大马赫数、大迎角飞行时，急剧减小的$|\mu_{y}^{\beta}|$，$|\mu_{x}^{\omega_x}|$接近为零，并和急剧增大的$|\mu_{x}^{\beta}|$共同的作用，不仅使荷兰滚固有频率ω_{nd}主要取决于μ_{x}^{β}的大小，阻尼比ζ_{d}主要取于$\mu_{x}^{\omega_x}$的大小，而且滚转根近似为

$$\lambda_{\mathrm{R}} \approx \mu_{y}^{\omega_y} - \frac{1}{\alpha_0}(\mu_{y}^{\omega_x} + g/v_0) \tag{7-55}$$

可见主要取决于$\mu_{y}^{\omega_y}$，$\mu_{y}^{\omega_x}$和g/v_0的大小。

由式(7-50)得到滚转-螺旋模态的耦合条件，当用稳定轴系参数表示时，

$$\left[\mu_{xs}^{\omega_x} - \frac{\mu_{xs}^{\beta}}{\mu_{ys}^{\beta} - \mu_{xs}^{\omega_x}(\mu_{xs}^{\omega_x} - z^{\beta} - \mu_{ys}^{\omega_y})}(g/v_0 + \mu_{ys}^{\omega_x})\right]^2 < \frac{4g}{\mu_{ys}^{\beta} v_0}(\mu_{ys}^{\beta}\mu_{xs}^{\omega_y} - \mu_{xs}^{\beta}\mu_{ys}^{\omega_y}) \tag{7-56}$$

当用机体轴系参数表示时，为

$$\left\{\mu_{x}^{\omega_x} - \alpha_0\mu_{x}^{\omega_y} - \frac{\mu_{x}^{\beta}[\mu_{y}^{\omega_x} + g/v_0 - \alpha_0(\mu_{x}^{\omega_x} - \mu_{y}^{\omega_y} - \alpha_0\mu_{x}^{\omega_y})]}{\mu_{y}^{\beta} + \alpha_0\mu_{x}^{\beta} - \mu_{x}^{\omega_x}(\mu_{x}^{\omega_x} - z^{\beta} - \mu_{y}^{\omega_y} - \alpha_0\mu_{x}^{\omega_y})}\right\}^2 < \frac{4g}{v_0}\frac{\mu_{x}^{\beta}\mu_{x}^{\omega_y} - \mu_{x}^{\beta}\mu_{y}^{\omega_y}}{\mu_{y}^{\beta} + \alpha_0\mu_{x}^{\beta}} \tag{7-57}$$

对于现代大细长比、大后掠机翼的高速飞机，在高空大迎角、大马赫数飞行中，$|m_{x}^{\beta}|$的增大和$|m_{y}^{\beta}|$的显著减小，以及滚转阻尼导数$|\mu_{x}^{\omega_x}|$的减小，使得由该二式描述的滚转-螺旋耦合条件容易得到满足。

7.2.3　横侧向特征向量分析

由于经初等变换的飞机横侧向运动相似矩阵$\boldsymbol{A}'$可近似等于它的双对角阵，因此可由双变量不变性完全解耦系统的输入-输出拉普拉斯变换分解式描述它的时域特性。本节首先利用双对角线性系统的特征向量，分析横侧向运动变量响应中各模态分量的幅值比与相位差。由式(4-129)定义的双对角线性系统的右特征矩阵，得到由式(7-21)表示的$\boldsymbol{A}'$阵对应的特征矩阵：

$$\boldsymbol{P}' = [\boldsymbol{p}_1' \quad \boldsymbol{p}_2' \quad \boldsymbol{p}_3' \quad \boldsymbol{p}_4'] = \begin{bmatrix} 1 & 0 & 0 & \dfrac{a_{14}'}{\lambda_4 - a_{11}'} \\ 0 & 1 & \dfrac{a_{23}'}{\lambda_3 - a_{22}'} & 0 \\ 0 & \dfrac{a_{32}'}{\lambda_2 - a_{33}'} & 1 & 0 \\ \dfrac{a_{41}'}{\lambda_1 - a_{44}'} & 0 & 0 & 1 \end{bmatrix} \tag{7-58}$$

由式(4-107)描述的系统特征方程，当$n=4$时，得到

$$\frac{a_{14}'}{\lambda_1 - a_{11}'} = \frac{\lambda_1 - a_{44}'}{a_{41}'} \tag{7-59}$$

$$\frac{a_{14}'}{\lambda_4 - a_{11}'} = \frac{\lambda_4 - a_{44}'}{a_{41}'} \tag{7-60}$$

$$\frac{a'_{23}}{\lambda_2 - a'_{22}} = \frac{\lambda_2 - a'_{33}}{a'_{32}} \tag{7-61}$$

$$\frac{a'_{23}}{\lambda_3 - a'_{22}} = \frac{\lambda_3 - a'_{33}}{a'_{32}} \tag{7-62}$$

这样一来,式(7-58)表征的各模态对应的特征向量分别为

$$\boldsymbol{p}'_1 = \begin{bmatrix} 1 & 0 & 0 & \dfrac{\lambda_1 - a'_{11}}{a'_{14}} \end{bmatrix}^{\mathrm{T}} = \begin{bmatrix} \dfrac{\lambda_1 - a'_{44}}{a'_{41}} & 0 & 0 & 1 \end{bmatrix}^{\mathrm{T}} \frac{\lambda_1 - a'_{11}}{a'_{14}} \tag{7-63}$$

$$\boldsymbol{p}'_4 = \begin{bmatrix} \dfrac{\lambda_4 - a'_{44}}{a'_{41}} & 0 & 0 & 1 \end{bmatrix}^{\mathrm{T}} = \begin{bmatrix} 1 & 0 & 0 & \dfrac{\lambda_4 - a'_{11}}{a'_{14}} \end{bmatrix}^{\mathrm{T}} \frac{\lambda_4 - a'_{44}}{a'_{41}} \tag{7-64}$$

$$\boldsymbol{p}'_2 = \begin{bmatrix} 0 & 1 & \dfrac{\lambda_2 - a'_{22}}{a'_{23}} & 0 \end{bmatrix}^{\mathrm{T}} = \begin{bmatrix} 0 & \dfrac{\lambda_2 - a'_{33}}{a'_{32}} & 1 & 0 \end{bmatrix}^{\mathrm{T}} \frac{\lambda_2 - a'_{22}}{a'_{23}} \tag{7-65}$$

$$\boldsymbol{p}'_3 = \begin{bmatrix} 1 & \dfrac{\lambda_3 - a'_{33}}{a'_{32}} & 1 & 0 \end{bmatrix}^{\mathrm{T}} = \begin{bmatrix} 0 & 1 & \dfrac{\lambda_3 - a'_{22}}{a'_{23}} & 0 \end{bmatrix}^{\mathrm{T}} \frac{\lambda_3 - a'_{33}}{a'_{32}} \tag{7-66}$$

由于 λ_1,λ_4 互为共轭复根,因此 $\boldsymbol{p}'_1,\boldsymbol{p}'_4$ 可相互用它们的共轭复数向量表示

$$\boldsymbol{p}'_1 = \frac{\lambda_1 - a'_{11}}{a'_{14}} \bar{\boldsymbol{p}}'_4 \tag{7-67}$$

$$\boldsymbol{p}'_4 = \frac{\lambda_4 - a'_{44}}{a'_{41}} \bar{\boldsymbol{p}}'_1 \tag{7-68}$$

式中

$$\bar{\boldsymbol{p}}'_4 = \begin{bmatrix} \dfrac{\lambda_1 - a'_{44}}{a'_{41}} & 0 & 0 & 1 \end{bmatrix}^{\mathrm{T}}$$

$$\bar{\boldsymbol{p}}'_1 = \begin{bmatrix} 1 & 0 & 0 & \dfrac{\lambda_4 - a'_{11}}{a'_{14}} \end{bmatrix}^{\mathrm{T}}$$

由式(7-58)表征的横侧向运动相似矩阵 $\boldsymbol{A}'$ 的近似右特征矩阵与第6章中纵向运动相似。矩阵 $\boldsymbol{A}'$ 的近似特征矩阵从形式上看完全相同,但是式中的 a'_{ij} 的表达式不同。本章所述公式中的 a'_{ij} 均由式(7-19)定义,b'_{ij} 均由式(7-20)定义,以及 m_{21},m_{24},m_{31} 和 m_{34} 由式(5-29)表征。

当在任何输入激励下,线性变换后的横侧向运动状态变量的解为

$$\boldsymbol{x}'(t) = \boldsymbol{P}' \mathrm{e}^{\Lambda t} \boldsymbol{R}' \boldsymbol{B}' \boldsymbol{u}(t) \tag{7-69}$$

如果再进行线性反变换,即将式(7-69)等号左、右乘以线性变换 $\boldsymbol{M}^{-1}\boldsymbol{N}^{-1}$,即

$$\boldsymbol{M}^{-1}\boldsymbol{N}^{-1}\boldsymbol{x}'(t) = \boldsymbol{M}^{-1}\boldsymbol{N}^{-1} P' \mathrm{e}^{\Lambda t} \boldsymbol{R}' \boldsymbol{B}' \boldsymbol{u}(t) \tag{7-70}$$

得到

$$\boldsymbol{x}(t) = \boldsymbol{P} \mathrm{e}^{\Lambda_t} \boldsymbol{R}' \boldsymbol{B}' \boldsymbol{u}(t) \tag{7-71}$$

式中,$\boldsymbol{x}(t)$ 为线性变换前的横侧向运动状态变量;$\boldsymbol{P}$ 为线性变换前的特征矩阵,即

$$\boldsymbol{P} = [\boldsymbol{p}_1 \quad \boldsymbol{p}_2 \quad \boldsymbol{p}_3 \quad \boldsymbol{p}_4] \tag{7-72}$$

式中

$$\begin{aligned}
\boldsymbol{p}_1 &= [1 \quad -m_{21} - m_{24} p'_{41} \quad -m_{31} - m_{34} p'_{41} \quad p'_{41}]^{\mathrm{T}} \\
\boldsymbol{p}_4 &= [p'_{14} \quad -m_{21} p'_{14} - m_{24} \quad -m_{31} p'_{14} - m_{34} \quad 1]^{\mathrm{T}} \\
\boldsymbol{p}_2 &= [0 \quad 1 + m_{24} n_{43} p'_{32} \quad p'_{32}(1 + m_{34} n_{43}) \quad -n_{43} p'_{32}]^{\mathrm{T}} \\
\boldsymbol{p}_3 &= [0 \quad p'_{23} + m_{24} n_{43} \quad 1 + m_{34} n_{43} \quad -n_{43}]^{\mathrm{T}}
\end{aligned}$$

以及

$$p'_{41} = \frac{a'_{41}}{\lambda_1 - a'_{44}} = \frac{\lambda_1 - a'_{11}}{a'_{14}}, \quad p'_{14} = \frac{a'_{14}}{\lambda_4 - a'_{11}} = \frac{\lambda_4 - a'_{44}}{a'_{41}}$$

$$p'_{32} = \frac{a'_{32}}{\lambda_2 - a'_{33}} = \frac{\lambda_2 - a'_{22}}{a'_{23}}, \quad p'_{23} = \frac{a'_{23}}{\lambda_3 - a'_{22}} = \frac{\lambda_3 - a'_{33}}{a'_{32}}$$

当 $n_{43}=a_{13}\approx 0$ 时

$$\boldsymbol{p}_2=[0\quad 1\quad p'_{32}\quad 0]^{\mathrm{T}},\quad \boldsymbol{p}_3=[0\quad p'_{32}\quad 1\quad 0]^{\mathrm{T}}$$

7.2.3.1　荷兰滚模态在状态变量中的分布

由式(7-72)中 $\boldsymbol{p}_1,\boldsymbol{p}_4$ 的表达式得到飞机横侧向运动荷兰滚模态在状态变量 $\beta,\omega_{xs},\gamma_s$ 和 ω_{ys} 响应中的幅值比为

$$|\beta|:|\omega_{xs}|:|\gamma_s|:|\omega_{ys}|=1:K_{\mathrm{d}}^{\omega_x}:K_{\mathrm{d}}^{\gamma}:K_{\mathrm{d}}^{\omega_y} \tag{7-73}$$

式中

$$K_{\mathrm{d}}^{\omega_x}=m_{24}\sqrt{\left(\frac{m_{21}}{m_{24}}+\zeta_{\mathrm{d}}\omega_{\mathrm{nd}}+a'_{11}\right)^2+\omega_{\mathrm{nd}}^2(1-\zeta_{\mathrm{d}}^2)}\approx-\frac{\mu_{xs}^{\beta}}{\sqrt{-\mu_{ys}^{\beta}+\mu_{xs}^{\omega_x}(\mu_{xs}^{\omega_x}-z^{\beta}-\mu_{ys}^{\omega_y})}} \tag{7-74}$$

其中

$$a'_{11}=a_{11}-a_{13}m_{31}=z^{\beta}+g/v_0\frac{\mu_{xs}^{\beta}}{\mu_{ys}^{\beta}-\mu_{xs}^{\omega_x}(\mu_{xs}^{\omega_x}-z^{\beta}-\mu_{ys}^{\omega_y})}$$

$$K_{\mathrm{d}}^{\gamma}=m_{34}\sqrt{\left(\frac{m_{31}}{m_{34}}+\zeta_{\mathrm{d}}\omega_{\mathrm{nd}}+a'_{11}\right)^2+\omega_{\mathrm{nd}}^2(1-\zeta_{\mathrm{d}}^2)}\approx\frac{K_{\mathrm{d}}^{\omega_x}}{\sqrt{-\mu_{ys}^{\beta}}}=-\frac{\mu_{xs}^{\beta}}{\sqrt{\mu_{ys}^{\beta}[\mu_{ys}^{\beta}-\mu_{xs}^{\omega_x}(\mu_{xs}^{\omega_x}-z^{\beta}-\mu_{ys}^{\omega_y})]}} \tag{7-75}$$

$$K_{\mathrm{d}}^{\omega_y}=\sqrt{(\zeta_{\mathrm{d}}\omega_{\mathrm{nd}}+a'_{11})^2+\omega_{\mathrm{nd}}^2(1-\zeta_{\mathrm{d}}^2)}\approx\omega_{\mathrm{nd}}=\sqrt{-\mu_{ys}^{\beta}} \tag{7-76}$$

$\omega_{xs},\gamma_s,\omega_{ys}$ 与 β 的相位差分别为

$$\varphi_{\mathrm{d}}^{\omega_x}=\angle\omega_{xs}-\angle\beta=\arctan\frac{-m_{24}\omega_{\mathrm{nd}}\sqrt{1-\zeta_{\mathrm{d}}^2}}{-m_{21}+m_{24}(\zeta_{\mathrm{d}}\omega_{\mathrm{nd}}+a'_{11})}\approx\arctan\frac{-\mu_{xs}^{\beta}\omega_{\mathrm{nd}}\sqrt{1-\zeta_{\mathrm{d}}^2}}{-\mu_{xs}^{\beta}\left[\mu_{xs}^{\omega_x}-\frac{1}{2}(\mu_{xs}^{\omega_x}+z^{\beta})\right]-\mu_{xs}^{\omega_y}\mu_{ys}^{\beta}} \tag{7-77}$$

$$\varphi_{\mathrm{d}}^{\gamma}=\angle\gamma_s-\angle\beta=\arctan\frac{-m_{34}\omega_{\mathrm{nd}}\sqrt{1-\zeta_{\mathrm{d}}^2}}{-m_{31}+(\zeta_{\mathrm{d}}\omega_{\mathrm{nd}}+a'_{11})m_{34}}\approx\arctan\frac{\mu_{xs}^{\beta}\mu_{xs}^{\omega_x}+\mu_{ys}^{\beta}\mu_{xs}^{\omega_y}}{-\mu_{xs}^{\beta}\sqrt{-\mu_{ys}^{\beta}}}\approx-\varphi_{\mathrm{d}}^{\omega_x}-\frac{\pi}{2} \tag{7-78}$$

$$\varphi_{\mathrm{d}}^{\omega_y}=\angle\omega_{ys}-\angle\beta=\arctan\frac{\omega_{\mathrm{nd}}\sqrt{1-\zeta_{\mathrm{d}}^2}}{-\zeta_{\mathrm{d}}\omega_{\mathrm{nd}}-a'_{11}}\approx\frac{\pi}{2} \tag{7-79}$$

在[MIL-F-8785C]规范要求中，除对荷兰滚阻尼比 ζ_{d} 给出了最小值要求外，作为品质指标对 $\zeta_{\mathrm{d}}\omega_{\mathrm{nd}}$ 也给出了最小值要求。说明在横侧向振荡模态特性要求上，单独利用 ζ_{d} 作为品质指标要求，不足以对特性的全面限制。在某些情况下，驾驶员的评价与 ζ_{d} 相关性很好；在另外一些情况下，则驾驶员的评价又与 $\zeta_{\mathrm{d}}\omega_{\mathrm{nd}}$ 相关性比较好。该规范给出了 $\zeta_{\mathrm{d}}\omega_{\mathrm{nd}}$ 的最小值要求，且当 $\omega_{\mathrm{nd}}^2|\varphi/\beta|_{\mathrm{d}}$ 大于 $20(\mathrm{rad/s})^2$ 时，则在 $\zeta_{\mathrm{d}}\omega_{\mathrm{nd}}$ 的最小值的基础上增加了下列值：

$$\Delta\zeta_{\mathrm{d}}\omega_{\mathrm{nd}}=K(\omega_{\mathrm{nd}}^2|\varphi/\beta|_{\mathrm{d}}-20) \tag{7-80}$$

式中，K 按不同等级给出了不同的数值。这就是说，$\omega_{\mathrm{nd}}^2|\varphi/\beta|_{\mathrm{d}}$ 是一个评价荷兰滚阻尼的有意义的参数。其中 $|\varphi/\beta|_{\mathrm{d}}$ 的定义是滚转角 γ_s 响应中的荷兰滚模态分量的幅值与在侧滑角 β 响应中荷兰滚模态分量幅值之比，即

$$K_{\mathrm{d}}^{\gamma}=|\varphi/\beta|_{\mathrm{d}}=\frac{\mu_{xs}^{\beta}}{\mu_{ys}^{\beta}}\frac{1}{\sqrt{1-\frac{\mu_{xs}^{\omega_x}(\mu_{xs}^{\omega_x}-z^{\beta}-\mu_{ys}^{\omega_y})}{\mu_{xs}^{\beta}}}}\approx\frac{\mu_{xs}^{\beta}}{\mu_{ys}^{\beta}} \tag{7-81}$$

K_{d}^{γ}(即 $|\varphi/\beta|_{\mathrm{d}}$)对驾驶员评定滚转时间常数 τ_{R} 值的大小是有影响的。对于低的或中等的 $|\varphi/\beta|_{\mathrm{d}}$ 值的飞机，当 $\tau_{\mathrm{R}}=1.0$ 时，驾驶员也认为是满意的，而对大的 K_{d}^{γ} 值的飞机，由于对扰动反应不利，引起了驾驶员评价的降级。

K_{d}^{γ} 值对大气扰动的横侧向反应有很大影响，该幅值比是荷兰滚运动的一项重要模态特性，特别大的 K_{d}^{γ}，对大气扰动的反应过于显著，这样的飞机的飞行品质不能认为是很好的。其详细分析内容将在本章下

一节给出。

K_d^γ 值对副翼操纵的反应特性的影响也是极大的。对于具有较高 K_d^γ 外形的飞机，首先应该注意到的是参数 K_d^γ 的影响。在副翼操纵引起的滚转运动和侧滑响应中，荷兰滚振幅的大小与 K_d^γ 有密切关系。必须将副翼输入引起的荷兰滚振荡限制在允许的范围内，才能保证飞机具有良好的开环或闭环滚转操纵品质。

7.2.3.2 滚转、螺旋模态在状态变量中的分布

当飞机飞行速度 v_0 较大时，使 $n_{43}=a_{13}=g/v_0$ 远小于1，因此在滚转、螺旋模态特征向量分析中，不考虑 n_{43} 的影响，即滚转模态右特征向量近似为

$$\boldsymbol{p}_2=\begin{bmatrix}0 & 1 & \dfrac{\lambda_R-a'_{22}}{a'_{23}} & 0\end{bmatrix}^T \tag{7-82}$$

螺旋模态的右特征向量近似为

$$\boldsymbol{p}_3=\begin{bmatrix}0 & \dfrac{\lambda_S-a'_{33}}{a'_{32}} & 1 & 0\end{bmatrix}^T \tag{7-83}$$

式(7-82)、式(7-83)表征了滚转、螺旋模态在状态变量 β 和 ω_{ys} 中的分布近似为零。当任何输入激起的滚转模态在变量 ω_{xs} 响应中的分量系数 $K_R^{\omega_x}$ 为1时，在变量 γ_s 响应中的分量系数近似为

$$K_R^\gamma=\frac{\lambda_R-a'_{22}}{a'_{23}}=\frac{m_{31}+m_{34}(a_{42}m_{24}+a_{13}m_{31})}{m_{21}+a_{42}m_{24}^2+a_{13}m_{21}m_{34}}\approx\frac{m_{31}}{m_{21}}\approx\frac{1}{\mu_{xs}^{\omega_x}+\mu_{xs}^{\omega_y}\dfrac{\mu_{xs}^\beta}{\mu_{ys}^\beta}} \tag{7-84}$$

当任何输入激起的螺旋模态在变量 γ_s 响应中的分量系数为1时，那么在变量 ω_x 响应的分量系数近似为

$$K_S^{\omega_x}=\frac{\lambda_S-a'_{33}}{a'_{32}}=\frac{a_{13}\left[\dfrac{1}{\lambda_R}\left(a_{24}-a_{44}\dfrac{a_{21}}{a_{41}}\right)-m_{31}-m_{34}(a_{42}m_{24}+a_{13}m_{31})\right]}{1+a_{42}m_{34}} \tag{7-85}$$

当忽略一些微量项时，得到

$$K_S^{\omega_x}\approx a_{13}\left[\frac{1}{\lambda_R}(a_{24}-a_{44}\frac{a_{21}}{a_{41}})-m_{31}\right]\approx\frac{g/v_0(\mu_{xs}^\beta-\mu_{xs}^{\omega_x}\mu_{xs}^{\omega_y})}{\mu_{ys}^\beta-\mu_{xs}^{\omega_x}(\mu_{xs}^{\omega_x}-z^\beta-\mu_{ys}^{\omega_y})} \tag{7-86}$$

由式(7-82)表征的滚转模态特征向量和由式(7-84)表征的滚转模态在变量 γ_s 响应中的分布系数可知，滚转运动是一种几乎只有在滚转角速率 ω_{xs} 和滚转角 γ_s 响应中存在的一种非周期运动，而在变量 β,ω_{ys} 响应中几乎不存在这种运动，当任何输入激起的滚转模态在 ω_{xs} 响应中的分量为1时，而在 γ_s 响应中的分量大约为 τ_R 倍。

由式(7-83)表征的螺旋模态特征向量和由式(7-85)、式(7-86)表征的螺旋模态在变量 ω_{xs} 响应中的分布系数可知，或稳定、或不稳定的非周期螺旋运动主要存在于变量 γ_s 的响应中，不仅几乎不存在于变量 β 和 ω_{ys} 响应中，在滚转角速率 ω_{xs} 响应中的分量也很小。对于无后掠矩形翼飞机，横向稳定性的显著减小，使任何输入激起的螺旋模态很少存在于变量 ω_{xs} 响应中；对于大后掠机翼和大细长比的飞机，当以低速、大迎角飞行时，任何输入激起的螺旋模态可能较大地存在于 ω_{xs} 响应中。然而，应该清楚，螺旋特征值的大小与侧向方程中的倾斜角有关的项为

$$g\cos\theta_0/v_0\sin\gamma_s$$

只有当 θ_0,γ_s 很小时才能近似为 $g/v_0\Delta\gamma_s$，因此这种运动用线性化方程只能描述它的起始特性。在大航迹角和大倾斜角飞行中，这个或稳定、或不稳定的螺旋根将趋于零。事实上，当按泰勒级数展开式取一次项的线性化方法，得到的特征值很小时，必须考虑泰勒级数高次项的作用。因此，在验证螺旋模态对横侧向运动影响时，最好采用六自由度全量方程进行数字仿真才是最有效的方法。

由上述给定的横侧向运动方程的一组参数，得到各模态在各状态变量响应中的分布幅值比和相位差列于表7-3中：

表 7－3　横侧向运动模态幅值比与相位差

状态变量 \ 幅值比与相位差 \ 模态	荷兰滚模态				滚转模态		螺旋模态	
	幅值比		相位差 /rad		幅值比		幅值比	
β	K_d^{β}	1	φ_d^{β}	0	K_R^{β}	0	K_S^{β}	0
ω_{xs}	$K_d^{\omega_x}$	1.924 165	$\varphi_d^{\omega_x}$	2.367 79	$K_R^{\omega_x}$	1	$K_S^{\omega_x}$	0.037 904
γ_s	K_d^{γ}	1.023 772	φ_d^{γ}	0.725 049	K_R^{γ}	－0.542 366	K_S^{γ}	1
ω_{xs}	$K_d^{\omega_y}$	1.876 946	$\varphi_d^{\omega_y}$	1.570 736	$K_R^{\omega_y}$	0	$K_S^{\omega_y}$	0

7.3　滚转操纵响应特性分析

横侧向运动的稳定性和模态特性只能近似地加以分析，因为在 $\gamma_s=0$ 的条件下，做出的线性化处理，在横侧向操纵和大气扰动中很快就会偏离线性化方程的有效范围。另外，很小的非线性的倾斜角侧力系数随倾斜角和航迹角增大，横侧向运动特征方程中的 s 零次项系数趋于零，使横侧向运动的某些传递函数具有显著的微分特性，因此，使对应的变量 γ_s，ω_{xs} 在非线性情况下，出现很大的稳态误差。

7.3.1　副翼控制向量

副翼控制系数向量应该是由式(7－20)表征的经初等变换后的横侧向运动状态方程控制系数阵 $\boldsymbol{B}'$ 第一列向量，即

$$\boldsymbol{b}_1'=[0\quad b_{21}'\quad b_{31}'\quad b_{41}']^{\mathrm{T}} \tag{7-87}$$

当考虑变换阵 $\boldsymbol{N}$ 的元素 n_{43} 很小时，$\boldsymbol{b}_1'$ 可近似为

$$\boldsymbol{b}_1'=\begin{bmatrix}0\\ b_{21}+m_{24}b_{41}\\ m_{34}b_{41}\\ b_{41}\end{bmatrix}=\begin{bmatrix}0\\ \mu_{xs}^{\delta_x}+m_{24}\mu_{ys}^{\delta_x}\\ m_{34}\mu_{ys}^{\delta_x}\\ \mu_{ys}^{\delta_x}\end{bmatrix} \tag{7-88}$$

由式(7－21)表示的双对角阵，得到初等变换后的横侧向运动相似系统阵 $\boldsymbol{A}'$ 的左特性矩阵

$$\boldsymbol{R}'=[r_1'\quad r_2'\quad r_3'\quad r_4']^{\mathrm{T}}=\boldsymbol{M}'\begin{bmatrix}1 & 0 & 0 & \dfrac{a_{14}'}{\lambda_1-a_{44}'}\\ 0 & 1 & \dfrac{a_{23}'}{\lambda_2-a_{33}'} & 0\\ 0 & \dfrac{a_{32}'}{\lambda_3-a_{22}'} & 1 & 0\\ \dfrac{a_{41}'}{\lambda_4-a_{11}'} & 0 & 0 & 1\end{bmatrix} \tag{7-89}$$

式中

$$\boldsymbol{M}'=\begin{bmatrix}\dfrac{\lambda_1-a_{44}'}{\lambda_1-\lambda_4} & & & 0\\ & \dfrac{\lambda_2-a_{33}'}{\lambda_2-\lambda_3} & & \\ & & \dfrac{\lambda_3-a_{22}'}{\lambda_3-\lambda_2} & \\ 0 & & & \dfrac{\lambda_4-a_{11}'}{\lambda_4-\lambda_1}\end{bmatrix} \tag{7-90}$$

比较式(6-88)、式(6-89)，与纵向运动系统相似矩阵 $\mathbf{A}'$ 的左特征矩阵从形式上看完全相等，然而式(7-89)、式(7-90)中的 a_{ij} 由式(7-19)定义，$\lambda_1,\lambda_2,\lambda_3,\lambda_4$ 分别由式(7-24)、式(7-25)、式(7-26)和式(7-28)决定。

由式(7-71)表征的横侧向运动响应函数可知，在副翼操纵情况下，分别对应振型 $e^{\lambda_1 t},e^{\lambda_2 t},e^{\lambda_3 t},e^{\lambda_4 t}$ 的控制向量各元素分别为

$$r'_1 b'_1=\frac{1}{\lambda_1-\lambda_4}[b'_{11}(\lambda_1-a'_{44})+b'_{41}a'_{14}] \tag{7-91}$$

$$r'_4 b'_1=\frac{1}{\lambda_4-\lambda_1}[b'_{11}a'_{41}+b'_{41}(\lambda_4-a'_{11})] \tag{7-92}$$

$$r'_2 b'_1=\frac{1}{\lambda_2-\lambda_3}[b'_{21}(\lambda_2-a'_{33})+b'_{31}a'_{23}] \tag{7-93}$$

$$r'_3 b'_1=\frac{1}{\lambda_3-\lambda_2}[b'_{21}a'_{32}+b'_{31}(\lambda_3-a'_{22})] \tag{7-94}$$

由式(7-59)和式(7-62)得到 $e^{\lambda_4 t},e^{\lambda_3 t}$ 对应的控制向量分量还可表示为

$$r'_4 b'_1=\frac{a'_{41}}{(\lambda_4-\lambda_1)(\lambda_4-a'_{44})}[b'_{11}(\lambda_4-a'_{44})+b'_{41}a'_{14}] \tag{7-95}$$

$$r'_3 b'_1=\frac{a'_{32}}{(\lambda_3-\lambda_2)(\lambda_3-a'_{33})}[b'_{21}(\lambda_3-a'_{33})+b'_{31}a'_{23}] \tag{7-96}$$

将由式(7-91)、式(7-95)表示的控制向量分量化为指数形式表示：

$$r'_1 b'_1=\frac{1}{2j}r_d^{\delta_x}e^{\varphi_d^{\delta_x}} \tag{7-97}$$

$$r'_4 b'_1=-\frac{a'_{41}}{\lambda_4-a'_{44}}\frac{1}{2j}r_d^{\delta_x}e^{-\varphi_d^{\delta_x}}=-\frac{\lambda_4-a'_{11}}{a'_{14}}r'_1 b'_1 \tag{7-98}$$

式中

$$\gamma_d^{\delta_x}=\frac{1}{\omega_{nd}\sqrt{1-\zeta_d^2}}\sqrt{[b'_{41}a'_{14}-b'_{11}(a'_{44}+\zeta_d\omega_{nd})]^2+(b'_{11}\omega_{nd})^2(1-\zeta_d^2)}=-\frac{\mu_{ys}^{\delta_x}}{\omega_{nd}\sqrt{1-\zeta_d^2}} \tag{7-99}$$

$$\varphi_d^{\delta_x}=\arctan\frac{b'_{11}\omega_{nd}\sqrt{1-\zeta_d^2}}{b'_{41}a'_{14}-b'_{11}(a'_{44}+\zeta_d\omega_{nd})}=-\pi \tag{7-100}$$

由于 $\lambda_2=\lambda_R$ 和 $\lambda_3=\lambda_S$ 分别为滚转、螺旋模态非周期的实根，当选择 $r_R^{\delta_x}=r'_2b'_1$ 和 $r_S^{\delta_x}=r'_3b'_1$ 时，得到

$$r_R^{\delta_x}\approx\frac{1}{\lambda_R}[(b_{21}+m_{24}b_{41})(a_{22}+a_{42}m_{24})+m_{21}m_{34}b_{41}a_{13}]\approx\mu_{xs}^{\delta_x}+\frac{\mu_{xs}^{\beta}+\mu_{xs}^{\omega_y}\mu_{xs}^{\omega_x}}{\omega_{nd}^2+\mu_{xs}^{\omega_x}(\mu_{xs}^{\omega_x}-z^{\beta}-\mu_{ys}^{\omega_y})}\mu_{ys}^{\delta_x} \tag{7-101}$$

$$r_S^{\delta_x}\approx-\frac{1}{\lambda_R}[b_{21}+m_{24}b_{41}-m_{34}b_{41}(a_{22}+a_{42}m_{24})]\approx r_R^{\delta_x}\tau_R \tag{7-102}$$

将实例中给定数据代入式(7-99)～式(7-102)，得到单位脉冲操纵副翼激起的横侧向模态的幅值与相角值，并示于表7-4中第一计算值。

表7-4　单位脉冲(1°)副翼操纵激起的横侧向各模态的幅值与相角

模态 / 参数值 / 计算法	荷兰滚模态		滚转模态	螺旋模态
	$r_d^{\delta_x}$	$\varphi_d^{\delta_x}$/rad	$r_R^{\delta_x}$	$r_S^{\delta_x}$
第一计算值	0.723 910	−3.145 93	−25.720 964	−14.275 328
第二计算值			−25.986 706	−14.623 92

7.3.2　副翼阶跃操纵的响应函数

依据单位脉冲副翼操纵激起的横侧向各运动模态的幅值和相位，以及这些模态在各状态变量中的分布比例和相位差，可以得到单位阶跃副翼操纵情况下各状态变量的响应函数为

$$\beta(t)=\frac{r_{\mathrm{d}}^{\delta_x}}{\omega_{\mathrm{nd}}}\mathrm{e}^{-\zeta_{\mathrm{d}}\omega_{\mathrm{nd}}t}\sin(\omega_{\mathrm{nd}}\sqrt{1-\zeta_{\mathrm{d}}^2}\,t+\varphi_{\mathrm{d}}^{\delta_x}+\varphi_{\mathrm{d}})+c_{\beta\mathrm{d}}^{\delta_x} \tag{7-103}$$

$$\omega_{xs}(t)=\frac{r_{\mathrm{R}}^{\delta_x}}{\lambda_{\mathrm{R}}}(\mathrm{e}^{\lambda_{\mathrm{R}}t}-1)+\frac{r_{\mathrm{S}}^{\delta_x}K_{\mathrm{S}}^{\omega_x}}{\lambda_{\mathrm{S}}}(\mathrm{e}^{\lambda_{\mathrm{S}}t}-1)+\frac{r_{\mathrm{d}}^{\delta_x}K_{\mathrm{d}}^{\omega_x}}{\omega_{\mathrm{nd}}}\mathrm{e}^{-\zeta_{\mathrm{d}}\omega_{\mathrm{nd}}t}\sin(\omega_{\mathrm{nd}}\sqrt{1-\zeta_{\mathrm{d}}^2}\,t+\varphi_{\mathrm{d}}^{\delta_x}+\varphi_{\mathrm{d}}^{\omega_x}+\varphi_{\mathrm{d}})+c_{\omega_x\mathrm{d}}^{\delta_x} \tag{7-104}$$

$$\gamma_s(t)=\frac{r_{\mathrm{S}}^{\delta_x}}{\lambda_{\mathrm{S}}}(\mathrm{e}^{\lambda_{\mathrm{S}}t}-1)+\frac{r_{\mathrm{R}}^{\delta_x}K_{\mathrm{R}}^{\gamma}}{\lambda_{\mathrm{R}}}(\mathrm{e}^{\lambda_{\mathrm{R}}t}-1)+\frac{r_{\mathrm{d}}^{\delta_x}K_{\mathrm{d}}^{\gamma}}{\omega_{\mathrm{nd}}}\mathrm{e}^{-\zeta_{\mathrm{d}}\omega_{\mathrm{nd}}t}\sin(\omega_{\mathrm{nd}}\sqrt{1-\zeta_{\mathrm{d}}^2}\,t+\varphi_{\mathrm{d}}^{\delta_x}+\varphi_{\mathrm{d}}^{\gamma}+\varphi_{\mathrm{d}})+c_{\gamma\mathrm{d}}^{\delta_x} \tag{7-105}$$

$$\omega_{ys}(t)=\frac{r_{\mathrm{d}}^{\delta_x}K_{\mathrm{d}}^{\omega_y}}{\omega_{\mathrm{nd}}}\mathrm{e}^{-\zeta_{\mathrm{d}}\omega_{\mathrm{nd}}t}\sin(\omega_{\mathrm{nd}}\sqrt{1-\zeta_{\mathrm{d}}^2}\,t+\varphi_{\mathrm{d}}^{\delta_x}+\varphi_{\mathrm{d}}^{\omega_y}+\varphi_{\mathrm{d}})+c_{\omega_y\mathrm{d}}^{\delta_x} \tag{7-106}$$

式中

$$\varphi_{\mathrm{d}}=\arctan\frac{\sqrt{1-\zeta_{\mathrm{d}}^2}}{\zeta_{\mathrm{d}}}-\pi \tag{7-107}$$

$$c_{\beta\mathrm{d}}^{\delta_x}=\frac{1}{\lambda_1\lambda_4}(b'_{41}-b'_{11}a'_{44})=\frac{1}{\omega_{\mathrm{nd}}^2}\mu_{ys}^{\delta_x} \tag{7-108}$$

$$c_{\omega_x\mathrm{d}}^{\delta_x}=\frac{1}{\lambda_1\lambda_4}(m_{24}a'_{11}-m_{21})(b'_{41}-b'_{11}a'_{44})+m_{24}b'_{11}=\frac{1}{\omega_{\mathrm{nd}}^2}(m_{24}a'_{11}-m_{21})b'_{41}\approx$$

$$\frac{1}{\omega_{\mathrm{nd}}^2}\frac{\mu_{ys}^{\beta}\mu_{xs}^{\omega_y}+\mu_{xs}^{\beta}(\mu_{xs}^{\omega_x}-z^{\beta}-\mu_{ys}^{\omega_y})}{\mu_{xs}^{\beta}-\mu_{xs}^{\omega_x}(\mu_{xs}^{\omega_x}-z^{\beta}-\mu_{ys}^{\omega_y})}\mu_{ys}^{\delta_x} \tag{7-109}$$

$$c_{r\mathrm{d}}^{\delta_x}=\frac{1}{\lambda_1\lambda_4}(m_{34}a'_{11}-m_{31})(b'_{41}-b'_{11}a'_{44})+m_{34}b'_{11}=\frac{1}{\omega_{\mathrm{nd}}^2}(m_{34}a'_{11}-m_{31})b'_{41} \tag{7-110}$$

$$c_{\omega_y\mathrm{d}}^{\delta_x}=\frac{1}{\lambda_1\lambda_4}a'_{11}(b'_{11}a'_{44}-b'_{41})-b'_{11}=\frac{1}{\omega_{\mathrm{nd}}^2}a'_{11}b'_{41}\approx-\frac{1}{\omega_{\mathrm{nd}}^2}\left(z^{\beta}-g/v_0\,\frac{\mu_{xs}^{\beta}}{\mu_{ys}^{\beta}-\mu_{ys}^{\omega_x}(\mu_{xs}^{\omega_x}-z^{\beta}-\mu_{ys}^{\omega_y})}\right)\mu_{ys}^{\delta_y} \tag{7-111}$$

7.3.3　参数 g/v_0 和 $\mu_{ys}^{\omega_x}$ 对响应特性的影响

以上分析是在参数 g/v_0，$\mu_{ys}^{\omega_x}$ 的绝对值很小的情况下进行的。很显然 g/v_0 随飞行速度的减小而增加，$\mu_{ys}^{\omega_x}$ 的绝对值随飞行速度的减小也往往有所增加。足够大的 g/v_0，$\mu_{ys}^{\omega_x}$ 绝对值，使横侧向运动右特征向量的某些元素不能近似为零，侧滑角 β 和偏航速率 ω_{ys} 中不仅含有荷兰滚模态分量，也含有较大的滚转和螺旋模态分量；更大的影响是使左特征向量的某些元素不能近似为零，在使绝对值很大的副翼滚转力矩导数 $\mu_{xs}^{\omega_x}$ 的作用下，改变了副翼控制向量中的荷兰滚模态对应元素和副翼操纵激起的荷兰滚模态分量的幅值和相位角，使荷兰滚模态分量不仅取决于副翼偏航力矩导数 $\mu_{ys}^{\delta_x}$，也与滚转力矩导数 $\mu_{xs}^{\delta_x}$ 有关，甚至起主要作用。

当由式(7-19)描述飞机横侧向运动状态方程时，系统阵 $\boldsymbol{A}'$ 的右特征矩阵由下式表示：

$$\boldsymbol{P}'=[\boldsymbol{p}'_1\quad\boldsymbol{p}'_2\quad\boldsymbol{p}'_3\quad\boldsymbol{p}'_4]=\begin{bmatrix}1 & \dfrac{D_{21}(\lambda_2)}{D_{22}(\lambda_2)} & \dfrac{D_{31}(\lambda_3)}{D_{33}(\lambda_3)} & \dfrac{D_{41}(\lambda_4)}{D_{44}(\lambda_4)}\\ \dfrac{D_{12}(\lambda_1)}{D_{11}(\lambda_1)} & 1 & \dfrac{D_{32}(\lambda_3)}{D_{33}(\lambda_3)} & \dfrac{D_{42}(\lambda_4)}{D_{44}(\lambda_4)}\\ \dfrac{D_{13}(\lambda_1)}{D_{11}(\lambda_1)} & \dfrac{D_{23}(\lambda_2)}{D_{22}(\lambda_2)} & 1 & \dfrac{D_{43}(\lambda_4)}{D_{44}(\lambda_4)}\\ \dfrac{D_{14}(\lambda_1)}{D_{11}(\lambda_1)} & \dfrac{D_{24}(\lambda_2)}{D_{22}(\lambda_2)} & \dfrac{D_{34}(\lambda_3)}{D_{33}(\lambda_3)} & 1\end{bmatrix} \tag{7-112}$$

式中，$D_{ij}(\lambda_i)$ 是 $\det[s\boldsymbol{I}-\boldsymbol{A}']$ 的代数余子式，并将 s 代以 λ_i。当考虑到式(4-10)且 s 代以 λ_i 时，得到

$$D_{ij}(\lambda_i)D_{pi}(\lambda_i)=D_{ii}(\lambda_i)D_{pj}(\lambda_i) \tag{7-113}$$

因此，右特征矩阵式(7-112)中的元素

$$\frac{D_{ij}(\lambda_i)}{D_{ii}(\lambda_i)}=\frac{D_{pj}(\lambda_i)}{D_{pi}(\lambda_i)} \tag{7-114}$$

如何选择 $\boldsymbol{P}'$ 值，目的是使比例

$$\frac{D_{pj}(\lambda_i)}{D_{pi}(\lambda_i)}$$

容易得到简化，且在简化过程中，忽略 $a'_{21},a'_{23},a'_{24},a'_{31},a'_{34},a'_{42},a'_{43}$ 中任二参数的乘积项。得到

$$\frac{D_{21}(\lambda_2)}{D_{22}(\lambda_2)}\approx\frac{a'_{42}}{\lambda_{\mathrm{R}}^2+2\zeta_{\mathrm{d}}\omega_{\mathrm{nd}}\lambda_{\mathrm{R}}+\omega_{\mathrm{nd}}^2} \tag{7-115}$$

$$\frac{D_{31}(\lambda_3)}{D_{33}(\lambda_3)}\approx\frac{a'_{43}}{\omega_{\mathrm{nd}}^2} \tag{7-116}$$

$$\frac{D_{41}(\lambda_4)}{D_{44}(\lambda_4)}\approx\frac{a'_{14}}{\lambda_4-a'_{11}} \tag{7-117}$$

$$\frac{D_{23}(\lambda_2)}{D_{22}(\lambda_2)}\approx\frac{a'_{32}}{\lambda_{\mathrm{R}}-a'_{33}} \tag{7-118}$$

$$\frac{D_{24}(\lambda_2)}{D_{22}(\lambda_2)}\approx\frac{a'_{42}(\lambda_{\mathrm{R}}-a'_{11})}{\lambda_{\mathrm{R}}^2+2\zeta_{\mathrm{d}}\omega_{\mathrm{nd}}\lambda_{\mathrm{R}}+\omega_{\mathrm{nd}}^2} \tag{7-119}$$

$$\frac{D_{34}(\lambda_3)}{D_{33}(\lambda_3)}\approx\frac{a'_{43}(\lambda_{\mathrm{S}}-a'_{11})}{\omega_{\mathrm{nd}}^2} \tag{7-120}$$

$$\frac{D_{14}(\lambda_1)}{D_{11}(\lambda_1)}\approx\frac{a'_{41}}{\lambda_1-a'_{44}} \tag{7-121}$$

$$\frac{D_{32}(\lambda_3)}{D_{33}(\lambda_3)}\approx\frac{a'_{23}}{\lambda_3-a'_{22}} \tag{7-122}$$

$$\frac{D_{12}(\lambda_1)}{D_{11}(\lambda_1)}=\frac{D_{22}(\lambda_1)}{D_{21}(\lambda_1)}\approx 0 \tag{7-123}$$

$$\frac{D_{13}(\lambda_1)}{D_{11}(\lambda_1)}=\frac{D_{33}(\lambda_1)}{D_{31}(\lambda_1)}\approx 0 \tag{7-124}$$

$$\frac{D_{42}(\lambda_4)}{D_{44}(\lambda_4)}=\frac{D_{22}(\lambda_4)}{D_{24}(\lambda_4)}\approx 0 \tag{7-125}$$

$$\frac{D_{43}(\lambda_4)}{D_{44}(\lambda_4)}=\frac{D_{33}(\lambda_4)}{D_{34}(\lambda_4)}\approx 0 \tag{7-126}$$

这样一来，当绝对值 $g/v_0,\mu_{ys}^{\omega_x}$ 较大时，相似特征向量 $\boldsymbol{p}'_1,\boldsymbol{p}'_4$ 仍可分别由式(7-63)、式(7-64)表示，$\boldsymbol{p}'_2$，$\boldsymbol{p}'_3$ 可由下列二式表示：

$$\boldsymbol{p}'_2=\left[\frac{a'_{42}}{\lambda_{\mathrm{R}}^2+2\zeta\omega_{\mathrm{nd}}\lambda_{\mathrm{R}}+\omega_{\mathrm{nd}}^2}\quad 1\quad \frac{a'_{32}}{\lambda_{\mathrm{R}}-a'_{33}}\quad \frac{a'_{42}(\lambda_{\mathrm{R}}-a'_{11})}{\lambda_{\mathrm{R}}^2+2\zeta_{\mathrm{d}}\omega_{\mathrm{nd}}\lambda_{\mathrm{R}}+\omega_{\mathrm{nd}}^2}\right]^{\mathrm{T}} \tag{7-127}$$

$$\boldsymbol{p}'_3=\left[\frac{a'_{43}}{\omega_{\mathrm{nd}}^2}\quad \frac{a'_{23}}{\lambda s-a'_{22}}\quad 1\quad \frac{a'_{43}(\lambda_{\mathrm{S}}-a'_{11})}{\omega_{\mathrm{nd}}^2}\right]^{\mathrm{T}} \tag{7-128}$$

特征向量 $\boldsymbol{p}'_1,\boldsymbol{p}'_4$ 不变，因此由式(7-3)和式(7-6)表示的横侧向系统阵 $\boldsymbol{A}$ 的特征向量 $\boldsymbol{p}_1,\boldsymbol{p}_4$ 仍可由式(7-72)定义。因此可认为，绝对值较大的 $g/v_0,\mu_{ys}^{\omega_x}$ 对横侧向系统阵 $\boldsymbol{A}$ 的右特征向量 $\boldsymbol{p}_1,\boldsymbol{p}_4$ 影响不大，即仍可由式(7-72)定义。

在式(7-127)和式(7-128)表征的特征向量 $\boldsymbol{p}'_2,\boldsymbol{p}'_3$ 的元素中，第1,4元素分别远小于第2,3元素，因此由反线性变换得到的横侧向系统阵 $\boldsymbol{A}$ 的右特征向量可近似为

$$\boldsymbol{p}_2=\left[\frac{a'_{42}}{\lambda_{\mathrm{R}}^2+2\zeta_{\mathrm{d}}\omega_{\mathrm{nd}}\lambda_{\mathrm{R}}+\omega_{\mathrm{nd}}^2}\quad 1\quad p'_{32}\quad \frac{a'_{42}(\lambda_{\mathrm{R}}-a'_{11})}{\lambda_{\mathrm{R}}^2+2\zeta_{\mathrm{d}}\omega_{\mathrm{nd}}\lambda_{\mathrm{R}}+\omega_{\mathrm{nd}}^2}-a_{13}p'_{32}\right]^{\mathrm{T}} \tag{7-129}$$

$$\boldsymbol{p}_3=\begin{bmatrix}\dfrac{a'_{43}}{\omega_{\mathrm{nd}}^2} & p'_{23} & 1 & \dfrac{a'_{43}(\lambda_{\mathrm{S}}-a'_{11})}{\omega_{\mathrm{nd}}^2}-a_{13}\end{bmatrix}^{\mathrm{T}} \tag{7-130}$$

在 g/v_0，$\mu_{ys}^{\omega_x}$ 绝对值较大的情况下，荷兰滚模态在状态变量中的分布近似不变，荷兰滚模态在各状态变量响应中的幅值比仍由式(7-73)中参数定义。式(7-129)、式(7-130)说明了各状态变量响应中都含有滚转、螺旋模态分量。由于飞行品质对侧滑角峰值有定量要求，因此应特别注意的是侧滑角响应中的滚转、螺旋模态分量的大小。

g/v_0，$\mu_{ys}^{\omega_x}$ 的大小不仅影响横侧向系统右特征向量某些元素的大小，对左特征向量中某些元素也有影响。当由式(7-19)描述飞机横侧向运动状态方程时，系统阵 $\boldsymbol{A}'$ 的左特征矩阵为

$$\boldsymbol{R}'=[\boldsymbol{r}'_1\quad \boldsymbol{r}'_2\quad \boldsymbol{r}'_3\quad \boldsymbol{r}'_4]^{\mathrm{T}}=\boldsymbol{M}'\begin{bmatrix}1 & \dfrac{D_{21}(\lambda_1)}{D_{11}(\lambda_1)} & \dfrac{D_{31}(\lambda_1)}{D_{11}(\lambda_1)} & \dfrac{D_{41}(\lambda_1)}{D_{11}(\lambda_1)}\\ \dfrac{D_{12}(\lambda_2)}{D_{22}(\lambda_2)} & 1 & \dfrac{D_{32}(\lambda_2)}{D_{22}(\lambda_2)} & \dfrac{D_{42}(\lambda_2)}{D_{22}(\lambda_2)}\\ \dfrac{D_{13}(\lambda_3)}{D_{33}(\lambda_3)} & \dfrac{D_{23}(\lambda_3)}{D_{33}(\lambda_3)} & 1 & \dfrac{D_{43}(\lambda_3)}{D_{33}(\lambda_3)}\\ \dfrac{D_{14}(\lambda_4)}{D_{44}(\lambda_4)} & \dfrac{D_{24}(\lambda_4)}{D_{44}(\lambda_4)} & \dfrac{D_{34}(\lambda_4)}{D_{44}(\lambda_4)} & 1\end{bmatrix} \tag{7-131}$$

可以按照右特征向量元素的近似获取方法得到

$$\frac{D_{21}(\lambda_1)}{D_{11}(\lambda_1)}\approx\frac{a'_{42}}{(\lambda_1-a'_{44})(\lambda_1-\lambda_{\mathrm{R}})} \tag{7-132}$$

$$\frac{D_{31}(\lambda_1)}{D_{11}(\lambda_1)}\approx\frac{a'_{43}}{(\lambda_1-a'_{44})(\lambda_1-\lambda_{\mathrm{S}})} \tag{7-133}$$

$$\frac{D_{41}(\lambda_1)}{D_{11}(\lambda_1)}\approx\frac{a'_{14}}{\lambda_1-a'_{44}} \tag{7-134}$$

$$\frac{D_{12}(\lambda_2)}{D_{22}(\lambda_2)}\approx\frac{D_{11}(\lambda_2)}{D_{21}(\lambda_2)}\approx 0 \tag{7-135}$$

$$\frac{D_{32}(\lambda_2)}{D_{22}(\lambda_2)}\approx\frac{a'_{32}}{\lambda_2-a'_{33}} \tag{7-136}$$

$$\frac{D_{42}(\lambda_2)}{D_{22}(\lambda_2)}\approx\frac{D_{44}(\lambda_2)}{D_{24}(\lambda_2)}\approx 0 \tag{7-137}$$

$$\frac{D_{13}(\lambda_3)}{D_{33}(\lambda_3)}\approx\frac{D_{11}(\lambda_3)}{D_{31}(\lambda_3)}\approx 0 \tag{7-138}$$

$$\frac{D_{23}(\lambda_3)}{D_{33}(\lambda_3)}\approx\frac{a'_{32}}{\lambda_3-a'_{22}} \tag{7-139}$$

$$\frac{D_{43}(\lambda_3)}{D_{33}(\lambda_3)}\approx\frac{D_{44}(\lambda_3)}{D_{34}(\lambda_3)}\approx 0 \tag{7-140}$$

$$\frac{D_{14}(\lambda_4)}{D_{44}(\lambda_4)}\approx\frac{a'_{41}}{\lambda_4-a'_{11}} \tag{7-141}$$

$$\frac{D_{24}(\lambda_4)}{D_{44}(\lambda_4)}\approx\frac{a'_{41}}{\lambda_4-\lambda_{\mathrm{R}}} \tag{7-142}$$

$$\frac{D_{34}(\lambda_4)}{D_{44}(\lambda_4)}\approx\frac{a'_{43}}{\lambda_4-\lambda_{\mathrm{S}}} \tag{7-143}$$

可见式(7-131)中的 $\boldsymbol{r}'_2$，$\boldsymbol{r}'_3$ 与式(7-89)的 $\boldsymbol{r}'_2$，$\boldsymbol{r}'_3$ 是相同的；然而，式(7-131)中的 $\boldsymbol{r}'_1$，$\boldsymbol{r}'_4$ 与式(7-89)中的 $\boldsymbol{r}'_1$，$\boldsymbol{r}'_4$ 不同，且

$$\boldsymbol{r}'_1=\frac{\lambda_1-a'_{44}}{\lambda_1-\lambda_4}\begin{bmatrix}1 & \dfrac{a'_{42}}{(\lambda_1-a'_{44})(\lambda_1-\lambda_{\mathrm{R}})} & \dfrac{a'_{43}}{(\lambda_1-a'_{44})(\lambda_1-\lambda_{\mathrm{S}})} & \dfrac{a'_{14}}{\lambda_1-a'_{44}}\end{bmatrix} \tag{7-144}$$

$$\boldsymbol{r}'_4=\frac{\lambda_4-a'_{11}}{\lambda_4-\lambda_1}\begin{bmatrix}\dfrac{a'_{41}}{\lambda_4-a'_{11}} & \dfrac{a'_{42}}{\lambda_4-\lambda_R} & \dfrac{a'_{43}}{\lambda_1-\lambda_S} & 1\end{bmatrix} \tag{7-145}$$

同样，副翼操纵的控制向量 $\boldsymbol{R}'\boldsymbol{b}'_1$ 的元素 $r'_2b'_1$，$r'_3b'_1$ 与式(7-93)、式(7-94)相同；然而，$r'_1b'_1$，$r'_4b'_1$ 为

$$r'_1b'_1=\frac{1}{\lambda_1-\lambda_4}\left[b'_{11}(\lambda_1-a'_{44})+\frac{a'_{42}b'_{21}}{\lambda_1-\lambda_R}+\frac{a'_{43}b'_{31}}{\lambda_1-\lambda_S}+a'_{14}b'_{41}\right] \tag{7-146}$$

$$r'_4b'_1=\frac{1}{\lambda_4-\lambda_1}\left[b'_{11}a'_{41}+\frac{a'_{42}(\lambda_4-a'_{11})b'_{21}}{\lambda_4-\lambda_R}+\frac{a'_{43}(\lambda_4-a'_{11})b'_{31}}{\lambda_4-\lambda_S}+b'_{41}(\lambda_4-a'_{11})\right] \tag{7-147}$$

将 $r'_1b'_1$，$r'_4b'_1$ 化为指数形式表示，即

$$r'_1b'_1=\frac{1}{2\mathrm{j}}r_d^{\delta_x}\,\mathrm{e}^{\varphi_d^{\delta_x}} \tag{7-148}$$

$$r'_4b'_1=-\frac{a'_{41}}{\lambda_4-a'_{44}}\,\frac{1}{2\mathrm{j}}r_d^{\delta_x}\,\mathrm{e}^{-\varphi_d^{\delta_x}} \tag{7-149}$$

式中

$$\begin{aligned}r_d^{\delta_x}&=\frac{1}{\omega_{nd}\sqrt{1-\zeta_d^2}}\sqrt{\left[b'_{41}a'_{14}-b'_{11}(a'_{44}+\zeta_d\omega_{nd})-\frac{b'_{21}a'_{42}(\lambda_R+\zeta_d\omega_{nd})}{\omega_{nd}^2+2\zeta_d\omega_{nd}\lambda_R+\lambda_R^2}-\frac{b'_{31}a'_{43}(\lambda_S-\zeta_d\omega_{nd})}{\omega_{nd}^2}\right]^2+\omega_{nd}^2(1-\zeta_d^2)\left[b'_{11}-\frac{b'_{21}a'_{42}}{\omega_{nd}^2+2\zeta_d\omega_{nd}\lambda_R+\lambda_R^2}-\frac{b'_{31}a'_{43}}{\omega_{nd}^2}\right]^2}\approx\\&\frac{1}{\omega_{nd}\sqrt{1-\zeta_d^2}}\sqrt{\left[b'_{41}-\frac{b'_{21}a'_{42}(\lambda_R+\zeta_d\omega_{nd})}{\omega_{nd}^2+2\zeta_d\omega_{nd}\lambda_R+\lambda_R^2}\right]^2-\omega_{nd}^2(1-\zeta_d)\left(\frac{b'_{21}a'_{42}}{\omega_{nd}^2+2\zeta_d\omega_{nd}\lambda_R+\lambda_R^2}\right)^2}\end{aligned} \tag{7-150}$$

$$\begin{aligned}\varphi_d^{\delta_x}&=\arctan\frac{\omega_{nd}\sqrt{1-\zeta_d^2}\left[b'_{11}-\dfrac{b'_{21}a'_{42}}{\omega_{nd}^2+2\zeta_d\omega_{nd}\lambda_R+\lambda_R^2}-\dfrac{b'_{31}a'_{43}}{\omega_{nd}^2}\right]}{b'_{41}a'_{14}-b'_{11}(a'_{44}+\zeta_d\omega_{nd})-\dfrac{b'_{21}a'_{42}(\lambda_R+\zeta_d\omega_{nd})}{\omega_{nd}^2+2\zeta_d\omega_{nd}\lambda_R+\lambda_R^2}-\dfrac{b'_{31}a'_{43}(\lambda_S+\zeta_d\omega_{nd})}{\omega_{nd}^2}}\approx\\&\arctan\frac{\omega_{nd}\sqrt{1-\zeta_d^2}\,b'_{21}a'_{42}}{b'_{41}(\omega_{nd}^2+\zeta_d\omega_{nd}\lambda_R+\lambda_R^2)-b'_{21}a'_{42}(\lambda_R+\zeta_d\omega_{nd})}\end{aligned} \tag{7-151}$$

最后得到单位阶跃副翼操纵情况下，各状态变量的响应函数为

$$\beta(t)=\frac{r_d^{\delta_x}}{\omega_{nd}}\mathrm{e}^{-\zeta_d\omega_{nd}t}\sin(\omega_{nd}\sqrt{1-\zeta_d^2}\,t+\varphi_d^{\delta_x}+\varphi_d)+\frac{r_R^{\delta_x}K_R^{\beta}}{\lambda_R}(\mathrm{e}^{\lambda_R t}-1)+\frac{r_S^{\delta_x}K_S^{\beta}}{\lambda_S}(\mathrm{e}^{\lambda_S t}-1)+c_{\beta d}^{\delta_x} \tag{7-152}$$

$$\omega_{xs}(t)=\frac{r_R^{\delta_x}}{\lambda_R}(\mathrm{e}^{\lambda_R t}-1)+\frac{r_S^{\delta_x}K_S^{\omega_x}}{\lambda_S}(\mathrm{e}^{\lambda_S t}-1)+\frac{r_d^{\delta_x}K_d^{\omega_x}}{\omega_{nd}}\mathrm{e}^{-\zeta_d\omega_{nd}t}\sin(\omega_{nd}\sqrt{1-\zeta_d^2}\,t+\varphi_d^{\delta_x}+\varphi_d^{\omega_x}+\varphi_d)+c_{\omega_x d}^{\delta_x} \tag{7-153}$$

$$\gamma_s(t)=\frac{r_S^{\delta_x}}{\lambda_S}(\mathrm{e}^{\lambda_S t}-1)+\frac{r_R^{\delta_x}K_R^{\gamma}}{\lambda_R}(\mathrm{e}^{\lambda_R t}-1)+\frac{r_d^{\delta_x}K_d^{\gamma}}{\omega_{nd}}\mathrm{e}^{-\zeta_d\omega_{nd}t}\sin(\omega_{nd}\sqrt{1-\zeta_d^2}\,t+\varphi_d^{\delta_x}+\varphi_d^{\gamma}+\varphi_d)+c_{\gamma d}^{\delta_x} \tag{7-154}$$

$$\omega_{ys}(t)=\frac{r_d^{\delta_x}K_d^{\omega_y}}{\omega_{nd}}\mathrm{e}^{-\zeta_d\omega_{nd}t}\sin(\omega_{nd}\sqrt{1-\zeta_d^2}\,t+\varphi_d^{\delta_x}+\varphi_d^{\omega_y}+\varphi_d)+c_{\omega_y d}^{\delta_x}+\frac{r_R^{\delta_x}K_R^{\omega_y}}{\lambda_R}(\mathrm{e}^{\lambda_R t}-1)+\frac{r_S^{\delta_x}K_S^{\omega_y}}{\lambda_S}(\mathrm{e}^{\lambda_S t}-1) \tag{7-155}$$

式中，$r_d^{\delta_x}$，$\varphi_d^{\delta_x}$ 分别由式(7-150)、式(7-151)表示；$r_R^{\delta_x}$，$r_S^{\delta_x}$ 分别由式(7-101)、式(7-102)表示；$K_d^{\omega_x}$，K_d^{γ}，$K_d^{\omega_y}$ 分别由式(7-74)、式(7-75)和式(7-76)表示；$\varphi_d^{\omega_x}$，φ_d^{γ}，$\varphi_d^{\omega_y}$ 分别由式(7-77)、式(7-78)和式(7-79)表示；此外

$$K_R^{\beta}=\frac{a'_{42}}{\lambda_R^2+2\zeta_d\omega_{nd}\lambda_R+\omega_{nd}^2} \tag{7-156}$$

$$K_S^{\beta}=\frac{a'_{43}}{\omega_{nd}^2} \tag{7-157}$$

$$c_{\beta d}^{\delta_x}=\frac{1}{\omega_{nd}^2}\left[b'_{41}-b'_{11}a'_{44}-\frac{a'_{42}b'_{21}(2\zeta_d\omega_{nd}+\lambda_R)}{\omega_{nd}^2+\lambda_R(\lambda_R+2\zeta_d\omega_{nd})}-\frac{a'_{43}b'_{31}\times2\zeta_d\omega_{nd}}{\omega_{nd}^2}\right] \tag{7-158}$$

$$K_R^{\omega_y}=\frac{a'_{43}(\lambda_R-a'_{11})}{\lambda_R^2+2\zeta_d\omega_{nd}\lambda_R+\omega_{nd}^2} \tag{7-159}$$

$$K_{\mathrm{S}}^{\omega_y}=-\frac{a'_{43}a'_{11}}{\omega_{\mathrm{nd}}^2}-a'_{13} \tag{7-160}$$

$$c_{\omega_y\mathrm{d}}^{\delta_x}=\frac{a'_{11}}{\omega_{\mathrm{nd}}^2}\left[b'_{11}a'_{44}-b'_{41}+\frac{a'_{42}b'_{21}(2\zeta_{\mathrm{d}}\omega_{\mathrm{nd}}+\lambda_{\mathrm{R}})}{\omega_{\mathrm{nd}}^2+\lambda_{\mathrm{R}}(\lambda_{\mathrm{R}}+2\zeta_{\mathrm{d}}\omega_{\mathrm{nd}})}+\frac{a'_{43}b'_{31}}{\omega_{\mathrm{nd}}^2}\right]-\frac{a'_{42}b'_{21}}{\omega_{\mathrm{nd}}^2+\lambda_{\mathrm{R}}(\lambda_{\mathrm{R}}+2\zeta_{\mathrm{d}}\omega_{\mathrm{nd}})}-\frac{a'_{43}b'_{31}}{\omega_{\mathrm{nd}}^2} \tag{7-161}$$

$$c_{\omega_x\mathrm{d}}^{\delta_x}=\frac{1}{\omega_{\mathrm{nd}}^2}(m_{24}a'_{11}-m_{21})\left[b'_{41}-b'_{11}a'_{44}-\frac{a'_{42}b'_{21}(2\zeta_{\mathrm{d}}\omega_{\mathrm{nd}}+\lambda_{\mathrm{R}})}{\omega_{\mathrm{nd}}^2+\lambda_{\mathrm{R}}(\lambda_{\mathrm{R}}+2\zeta_{\mathrm{d}}\omega_{\mathrm{nd}})}+\frac{a'_{43}b'_{31}}{\omega_{\mathrm{nd}}^2}\right]-$$
$$m_{24}\left[\frac{a'_{42}b'_{21}}{\omega_{\mathrm{nd}}^2+\lambda_{\mathrm{R}}(\lambda_{\mathrm{R}}+2\zeta_{\mathrm{d}}\omega_{\mathrm{nd}})}+\frac{a'_{43}b'_{31}}{\omega_{\mathrm{nd}}^2}\right] \tag{7-162}$$

$$c_{\gamma\mathrm{d}}^{\delta_x}=\frac{1}{\omega_{\mathrm{nd}}^2}(m_{34}a'_{11}-m_{31})\left[b'_{41}-b'_{11}a'_{44}-\frac{a'_{42}b'_{21}(2\zeta_{\mathrm{d}}\omega_{\mathrm{nd}}+\lambda_{\mathrm{R}})}{\omega_{\mathrm{nd}}^2+\lambda_{\mathrm{R}}(\lambda_{\mathrm{R}}+2\zeta_{\mathrm{d}}\omega_{\mathrm{nd}})}+\frac{a'_{43}b'_{31}}{\omega_{\mathrm{nd}}^2}\right]-$$
$$m_{34}\left[\frac{a'_{42}b'_{21}}{\omega_{\mathrm{nd}}^2+\lambda_{\mathrm{R}}(\lambda_{\mathrm{R}}+2\zeta_{\mathrm{d}}\omega_{\mathrm{nd}})}+\frac{a'_{43}b'_{31}}{\omega_{\mathrm{nd}}^2}\right] \tag{7-163}$$

7.3.4　滚转操纵响应特性分析

7.3.4.1　跟踪过程中的滚转特性分析

在副翼操纵响应特性分析中，主要讨论偏航运动与滚转运动的耦合，结合飞行品质评价准则分析滚转操纵动态反应特性的好坏，找到影响滚转操纵性能的气动导数和结构参数；也为横侧向控制系统设计指明方向，找到影响横侧向控制系统性能的因素。

当飞机处于平直飞行，航迹角 θ 为零时，由式(5-2)得到的滚转速率 ω_{xs} 对副翼操纵的传递函数

$$\frac{\omega_{xs}}{\delta_x}(s)=\frac{b_{21}s(s^2+2\zeta_\varphi\omega_\varphi s+\omega_\varphi^2)}{\left(s+\dfrac{1}{\tau_{\mathrm{S}}}\right)\left(s+\dfrac{1}{\tau_{\mathrm{R}}}\right)(s^2+2\zeta_{\mathrm{d}}\omega_{\mathrm{nd}}s+\omega_{\mathrm{nd}}^2)} \tag{7-164}$$

式中

$$\omega_\varphi^2=-\mu_{ys}^\beta+z^\beta\mu_{ys}^{\omega_y}+\frac{\mu_{ys}^{\delta_x}}{\mu_{xs}^{\delta_x}}(\mu_{xs}^\beta-z^\beta\mu_{ys}^{\omega_x})\approx-\mu_{ys}^\beta+\frac{\mu_{ys}^{\delta_x}}{\mu_{xs}^{\delta_x}}\mu_{xs}^\beta=\omega_{\mathrm{nd}}^2\left(1-\frac{\mu_{ys}^{\delta_x}}{\mu_{xs}^{\delta_x}}\frac{\mu_{xs}^\beta}{\mu_{ys}^\beta}\right)$$

$$2\zeta_\varphi\omega_\varphi=-z^\beta-\mu_{ys}^{\omega_y}+\frac{\mu_{ys}^{\delta_x}}{\mu_{xs}^{\delta_x}}\mu_{xs}^{\omega_y}=-(z^\beta+\mu_{ys}^{\omega_y})\left(1-\frac{\mu_{ys}^{\delta_x}}{\mu_{xs}^{\delta_x}}\frac{\mu_{xs}^{\omega_y}}{z^\beta+\mu_{ys}^{\omega_y}}\right)$$

这个分子的二次零点一般为共轭复零点，并在荷兰滚模态极点附近，构成一对二次零极点偶。

由式(7-101)表征的副翼操纵滚转模态幅值表达式可改写为

$$r_{\mathrm{R}}^{\delta_x}=\mu_{xs}^{\delta_x}\frac{\omega_{\mathrm{nd}}^2+\mu_{xs}^{\omega_x}\left(\mu_{xs}^{\omega_x}-z^\beta-\mu_{ys}^{\omega_y}+\dfrac{\mu_{ys}^{\delta_x}}{\mu_{xs}^{\delta_x}}\mu_{xs}^{\omega_y}\right)+\dfrac{\mu_{ys}^{\delta_x}}{\mu_{xs}^{\delta_x}}\mu_{xs}^\beta}{\omega_{\mathrm{nd}}^2+\mu_{xs}^{\omega_x}(\mu_{xs}^{\omega_x}-z^\beta-\mu_{ys}^{\omega_y})} \tag{7-165}$$

考虑到式(7-164)中 ω_φ^2，$2\zeta_\varphi\omega_\varphi$ 的近似表达式，以及 $\omega_{\mathrm{nd}}^2\approx-\mu_{ys}^\beta$ 时，便可得到

$$r_{\mathrm{R}}^{\delta_x}=\mu_{\mathrm{R}}^{\delta_x}\frac{\omega_\varphi^2+\mu_{xs}^{\omega_x}(\mu_{xs}^{\omega_x}+2\zeta_\varphi\omega_\varphi)}{\omega_{\mathrm{nd}}^2+\mu_{xs}^{\omega_x}(\mu_{xs}^{\omega_x}+2\zeta_{\mathrm{d}}\omega_{\mathrm{nd}}-g/v_0m_{31}-\mu_{ys}^{\omega_y}m_{24})} \tag{7-166}$$

$$r_{\mathrm{S}}^{\delta_x}=r_{\mathrm{R}}^{\delta_x}\tau_{\mathrm{R}} \tag{7-167}$$

图 7-2 表示了式(7-164)描述的副翼操纵传递函数零、极点位置。当

$$\mu_{ys}^{\delta_x}\approx 0\quad\text{或者}\quad\mu_y^{\delta_x}+\alpha_0\mu_x^{\delta_x}\approx 0 \tag{7-168}$$

以及 g/v_0，$\mu_{ys}^{\omega_x}$(或者 $\mu_y^{\omega_x}+\alpha_0(\mu_x^{\omega_x}-\mu_y^{\omega_y}-\alpha_0\mu_x^{\omega_y})$)近似为零时，副翼操纵二次零极点偶重合，即 $\omega_\varphi=\omega_{\mathrm{nd}}$，$\zeta_\varphi=\zeta_{\mathrm{d}}$；同时还使得

$$r_{\mathrm{d}}^{\delta_x}\approx 0,\quad r_{\mathrm{R}}^{\delta_x}\approx\mu_{xs}^{\delta_x}=\mu_x^{\delta_x}+\alpha_0\mu_y^{\delta_x}\quad\text{和}\quad r_{\mathrm{S}}^{\delta_x}\approx\mu_{xs}^{\delta_x}\tau_{\mathrm{R}}=(\mu_x^{\delta_x}+\alpha_0\mu_y^{\delta_x})\tau_{\mathrm{R}} \tag{7-169}$$

这就是说，当 $\mu_{ys}^{\delta_x}=0$ 和 g/v_0，$\mu_{ys}^{\omega_x}$ 绝对值很小时，副翼操纵很少激起荷兰滚模态分量，并由 K_{R}^β，$K_{\mathrm{R}}^{\omega_y}$ 和

$K_S^\beta, K_S^{\omega_y}$ 表达式可知，在 β, ω_{ys} 响应中，不仅滚转、螺旋模态分量很小，荷兰滚模态分量也很小；$r_d^{\delta_x}$ 近似为零，也使 ω_{xs}, γ_s 响应中荷兰滚振荡模态分量很小；副翼操纵主要激起滚转模态和螺旋模态分量，其操纵幅值由式(7-169)表示，在滚转速率和倾斜角响应中主要包含滚转、螺旋模态分量。

在大迎角和大马赫数飞行中，$\mu_{ys}^{\delta_x}, \mu_{xs}^\beta$ 的绝对值变大和 $\mu_{xs}^{\delta_x}, \mu_{ys}^\beta$ 的绝对值变小，使得 $\omega_\varphi < \omega_{nd}$，二次零、极点偶的零点在极点下方，如果飞行员作纯增益闭环操纵飞机倾斜角或自动驾驶闭环控制倾斜角误差时，闭环荷兰滚阻尼和系统稳定性增加，由式(7-165)可知，滚转模态幅值减小和滚转效率降低。由 ω_φ^2 表达式可知，当 $\mu_y^{\delta_x}\mu_{xs}^\beta > \mu_x^{\delta_x}\mu_{ys}^\beta$ 时，$\omega_\varphi^2 < 0$，即副翼操纵会引起反向滚转。如果 $\mu_{ys}^{\delta_x}$ 为正值（对应有利偏航）或者 μ_{xs}^β 为正值（机翼上反效应为负）时，$\mu_y^{\delta_x}\mu_{xs}^\beta/\mu_x^{\delta_x}\mu_{ys}^\beta$ 为负值，使得 $\omega_\varphi/\omega_{nd} > 1$，滚转效率尽管提高了，但是，人-机闭环倾斜操纵或倾斜角误差自动控制的荷兰滚阻尼被减小。尤其当 ζ_d, ζ_φ 很小时，2次零极点偶靠近 $j\omega$ 轴，不大的开环增益便会使人-机闭环系统不稳定。对于人-机闭环系统不稳定现象称为驾驶员诱发振荡(PIO)。

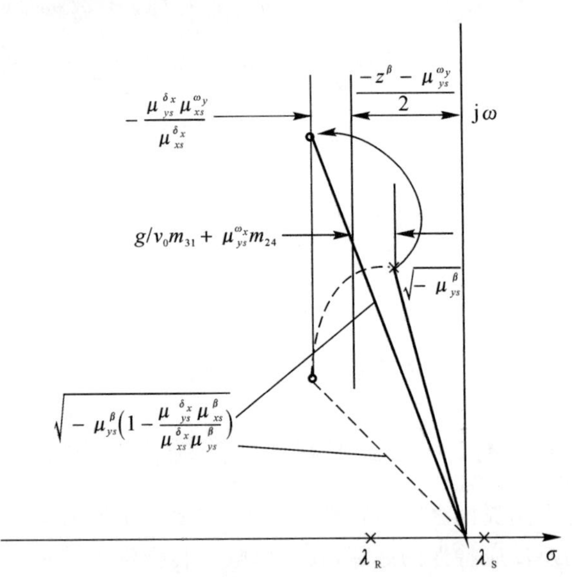

图 7-2　副翼操纵传递函数零极点分布图

1. 倾斜误差控制人-机闭环稳定域

横侧向驾驶员诱发振荡(PIO)是滚转-侧滑耦合在人-机闭环回路中所出现的一种振荡现象。当驾驶员为保持一定倾斜角，或者跟踪目标时，如果滚转-侧滑耦合参数不合适，会引起这种振荡。PIO振荡不仅与飞机气动参数、操纵系统参数有关，而且还与驾驶员反应的纯滞后时间常数、“判断”时间常数、神经肌肉滞后时间常数以及为补偿这些延迟而作的超前补偿动作、操纵增益等有关。这就是说，PIO振荡的出现与驾驶员的技术、经验和“灵敏度”等参数有直接关系。为了抓住问题的主要矛盾和便于分析，只考虑气动特性和操纵纯增益，分析有关飞机气动导数对诱发振荡的作用，试图找到仅与飞机气动参数有关的驾驶员诱发振荡稳定域。

按倾斜角误差控制的人-机闭环回路方块图如图7-3所示。

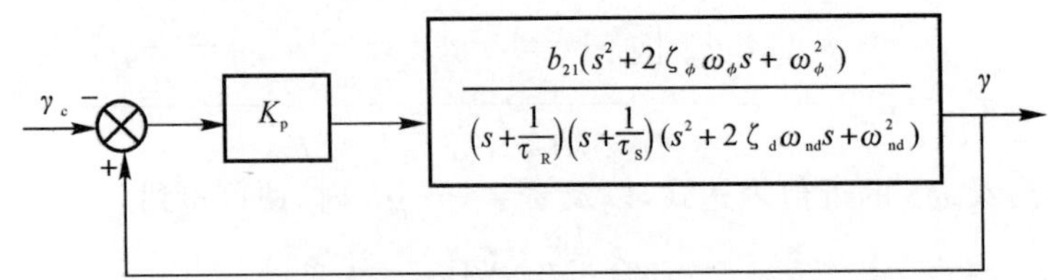

图 7-3　倾斜角误差人-机闭环控制回路

理想情况下的人-机闭环回路的传递函数为

$$\frac{\gamma}{\gamma_c}(s) = \frac{K(s^2+2\zeta_\phi\omega_\varphi s+\omega_\phi^2)}{s^4+a_1s^2+a_2s^2+a_3s+a_4} \tag{7-170}$$

式中

$$K = K_p b_{21}$$
$$a_1 = -\lambda_S - \lambda_R + 2\zeta_d\omega_{nd} = c_1$$
$$a_2 = \lambda_S\lambda_R - 2\zeta_d\omega_{nd}(\lambda_S+\lambda_R) + \omega_{nd}^2 + K = c_2 + K$$

$$a_3 = -\omega_{nd}^2(\lambda_S + \lambda_R) + 2\zeta_d\omega_{nd}\lambda_S\lambda_R + 2\zeta_\phi\omega_\phi K = c_3 + 2\zeta_\phi\omega_\phi K$$

$$a_4 = \omega_{nd}^2\lambda_S\lambda_R + K\omega_\phi^2 = c_4 + K\omega_\phi^2$$

其中，c_1,c_2,c_3,c_4 为由式(7-1)决定的 $\det[s\boldsymbol{I} - \boldsymbol{A}]$ 的 s 多项式各项系数。

利用劳斯-霍尔维茨稳定判据，可知此闭环系统的稳定条件如下：

1)
$$a_1 > 0, a_2 > 0, a_3 > 0 \text{ 和 } a_4 > 0 \tag{7-171}$$

2)
$$a_1a_2a_3 - a_3^2 - a_1^2a_4 > 0 \tag{7-172}$$

第一个稳定条件是容易满足的。由第2个稳定条件可以得到

$$\frac{2\zeta_\phi\omega_\phi}{c_1}\left(1 - \frac{2\zeta_\phi\omega_\phi}{c_1}\right)K^2 + \left[\frac{c_3}{c_1} + \frac{2\zeta_\phi\omega_\phi}{c_1}\left(c_2 - \frac{2c_3}{c_1}\right) - \omega_\phi^2\right]K + \frac{c_3}{c_1}\left(c_2 - \frac{c_3}{c_1}\right) - c_4 < 0 \tag{7-173}$$

当令

$$A_0 = \frac{2\zeta_\phi\omega_\phi}{c_1}\left(1 - \frac{2\zeta_\phi\omega_\phi}{c_1}\right) \tag{7-174}$$

$$A_1 = \frac{c_3}{c_1} + \frac{2\zeta_\phi\omega_\phi}{c_1}\left(c_2 - \frac{2c_3}{c_1}\right) - \omega_\phi^2 \tag{7-175}$$

$$A_2 = \frac{c_3}{c_1}\left(c_2 - \frac{c_3}{c_1}\right) - c_4 \tag{7-176}$$

时，K 值的稳定边界由下式决定：

$$K^* < -\frac{A_1}{2A_0} \pm \frac{1}{A_0}\sqrt{\frac{A_1^2}{4} - A_0A_2} \tag{7-177}$$

如果$\frac{A_1^2}{4} - A_0A_2 > 0$时，$K^*$ 值在式(7-177)表征的限制范围内，系统是不稳定的，除此以外系统是稳定的；如果$\frac{A_1^2}{4} - A_0A_2 = 0$时，$K^*$ 值为$-\frac{A_1}{2A_0}$，系统是中立稳定。

为使倾斜误差人-机闭环控制系统在任何实数 K 值条件下，都是稳定的，需要满足

$$\frac{A_1^2}{4} - A_0A_4 < 0 \tag{7-178}$$

当令

$$m = \frac{c_3}{c_1}\left(1 - \frac{2\zeta_\phi\omega_\phi}{c_1}\right) \tag{7-179}$$

$$n = \frac{2\zeta_\phi\omega_\phi}{c_1}\left(c_2 - \frac{c_3}{c_1}\right) \tag{7-180}$$

时，式(7-178)可改写为

$$(m + n - \omega_\phi^2)^2 - 4mn\left[1 - \frac{c_4}{\frac{c_3}{c_1}\left(c_2 - \frac{c_3}{c_1}\right)}\right] < 0 \tag{7-181}$$

这样一来，得到 ω_ϕ^2 的稳定边界

$$\omega_\phi^{2^*} = m + n \pm 2\sqrt{mn\left[1 - \frac{c_4}{\frac{c_3}{c_1}\left(c_2 - \frac{c_3}{c_1}\right)}\right]} \tag{7-182}$$

即

$$\omega_\phi^{2^*} = \frac{c_3}{c_1} + \frac{2\zeta_\phi\omega_\phi}{c_1}\left(c_2 \pm 2\frac{c_3}{c_1}\right) + 2\sqrt{\frac{c_3}{c_1}\left(c_2 - \frac{c_3}{c_1}\right) - c_4} \times \sqrt{\frac{2\zeta_\phi\omega_\phi}{c_1}\left(1 - \frac{2\zeta_\phi\omega_\phi}{c_1}\right)} \approx$$

$$\left[\sqrt{\frac{c_3}{c_1}\left(1 - \frac{2\zeta_\phi\omega_\phi}{c_1}\right)} \pm \sqrt{\frac{2\zeta_\phi\omega_\phi}{c_1}\left(c_2 - \frac{c_3}{c_1}\right)}\right]^2 \tag{7-183}$$

当将 $\omega_{\phi}^{2^*}$ 写成两部分组成时，即

$$\omega_{\phi}^{2^*}=\omega_{\phi 1}^{2^*}+\omega_{\phi 2}^{2^*} \tag{7-184}$$

式中

$$\omega_{\phi 1}^{2^*}=\frac{c_3}{c_1}+(c_2-2\frac{c_3}{c_1})\frac{2\zeta_\phi\omega_\phi}{c_1} \tag{7-185}$$

$$\omega_{\phi 2}^{2^*}=\pm 2\sqrt{\frac{c_3}{c_1}\left(c_2-\frac{c_3}{c_1}\right)-c_4}\times\sqrt{\frac{2\zeta_\phi\omega_\phi}{c_1}\left(1-\frac{2\zeta_\phi\omega_\phi}{c_1}\right)} \tag{7-186}$$

可见 $\omega_{\phi 1}^{2^*}$ 与 $2\zeta_\phi\omega_\phi$ 成线性关系，而 $\omega_{\phi 2}^{2^*}$ 与 $2\zeta_\phi\omega_\phi$ 的关系由下式决定：

$$\frac{\omega_{\phi 2}^{4^*}}{\frac{c_3}{c_1}\left(c_2-\frac{c_3}{c_1}\right)-c_4}+\frac{\left(2\zeta_\phi\omega_\phi-\frac{c_1}{2}\right)^2}{\left(\frac{c_1}{2}\right)^2}=1 \tag{7-187}$$

式(7－187)表征了变量 $\omega_{\phi 2}^{2^*}$，$\left(2\zeta_\phi\omega_\phi-\frac{c_1}{2}\right)$ 的关系是由椭圆标准方程描述的。这个椭圆的长半轴为 $\frac{c_1}{2}$，短半轴为 $\sqrt{\frac{c_3}{c_1}\left(c_2-\frac{c_3}{c_1}\right)-c_4}$；而其椭圆面积为

$$S=\frac{\pi}{2}\sqrt{c_1c_2c_3-c_3^2-c_4c_1^2} \tag{7-188}$$

从式(7－188)可知，当 $c_1c_2c_3-c_3^2-c_4c_1^2=0$ 时，椭圆面积为零，即 $\omega_{\phi}^{2^*}$ 是由 $\omega_{\phi 1}^{2^*}$ 表达式(7－185)描述的一条直线，而 ω_ϕ^2 的稳定域面积为零；当 $c_1c_2c_3-c_3^2-c_4c_1^2<0$ 时，虚数的椭圆面积表征了 ω_ϕ^2 为任何实数情况下，使系统不稳定的实数 K 值总是存在的；当 $c_1c_2c_3-c_3^2-c_4c_1^2>0$ 时，椭圆面积 S 是实数，这是我们所希望的。

可以利用式(7－184)做出 $\omega_\phi^2\sim 2\zeta_\phi\omega_\phi$ 的稳定域。当副翼-倾斜角误差传递函数分子零点(二次零极点偶零点)在这个稳定域内时，驾驶员操纵增益和副翼舵面效应之积(K)为任何数值时，系统也是稳定的。

实际上，$c_1c_2c_3-c_3^2-c_4c_1^2>0$ 是飞机横侧向运动稳定性采用的劳斯-霍尔维茨稳定判据中的第二个稳定条件。这就是说，如果开环的飞机横侧向运动特性是稳定的，那么椭圆面积才是实数，才有可能存在一个 $\omega_\phi^2\sim 2\zeta_\phi\omega_\phi$ 稳定域，使 K 值为任何数值时，系统都是稳定的；如果飞机本身横侧向运动不稳定，那么就不存在一个 $\omega_\phi^2\sim 2\zeta_\phi\omega_\phi$ 稳定域，能使任何实数的闭环增益 K 满足人-机闭环稳定。

利用式(7－185)做出了某歼击机在高度为 20 km，$Ma=1.8$ 飞行时，$\omega_\phi^2\sim 2\zeta_\phi\omega_\phi$ 的稳定域，如图 7－4 所示。

依据式(7－183)，对 $2\zeta_\phi\omega_\phi$ 取偏导，可以获得 ω_ϕ^2 的极限值。让

$$\frac{\partial\omega_\phi^2}{\partial(2\zeta_\phi\omega_\phi)}=\frac{c_2}{c_1}-\frac{2c_3}{c_1^2}\pm\sqrt{\frac{c_3}{c_1}\left(c_2-\frac{c_3}{c_1}\right)-c_4}\times\frac{c_1-4\zeta_\phi\omega_\phi}{c_1\sqrt{2\zeta_\phi\omega_\phi(c_1-2\zeta_\phi\omega_\phi)}}=0 \tag{7-189}$$

得到

$$2\zeta_\phi\omega_\phi=\frac{c_1}{2}\pm\frac{2c_3-c_1c_2}{2}\frac{1}{\sqrt{c_2^2-4c_4}} \tag{7-190}$$

当 $c_4\ll c_2^2/4$ 时，获得

$$2\zeta_\phi\omega_\phi\approx\frac{c_1}{2}\pm\left(\frac{c_3}{c_2}-\frac{c_1}{2}\right) \tag{7-191}$$

将式(7－191)代入式(7－183)，得到 $\omega_\phi^2\sim 2\zeta_\phi\omega_\phi$ 稳定域中 ω_ϕ^2 的最大和最小值：

$$\omega_{\phi\,\max}^2=c_2\quad\left(\text{当 }2\zeta_\phi\omega_\phi=c_1-\frac{c_3}{c_2}\text{ 时}\right) \tag{7-192}$$

$$\omega_{\phi_{\min}}^2\approx 0\quad\left(\text{当 }2\zeta_\phi\omega_\phi=\frac{c_3}{c_2}\text{ 时}\right) \tag{7-193}$$

由横侧向运动特征值表征的 c_2 表达式代入式(7－192)得到

$$\left(\frac{\omega_\phi^2}{\omega_{nd}^2}\right)_{max}=1-\frac{2\zeta_d\omega_{nd}(\lambda_R+\lambda_S)-\lambda_S\lambda_R}{\omega_{nd}^2}\approx 1-\frac{2\zeta_d\lambda_R}{\omega_{nd}} \tag{7-194}$$

这就是说滚转参数$\left(\frac{\omega_\phi^2}{\omega_{nd}^2}\right)$不应大于$1-\frac{2\zeta_d\lambda_R}{\omega_{nd}}$，否则这种人-机闭环系统存在着使闭环系统不稳定的操纵增益K。

将$\omega_\phi^2\sim 2\zeta_\phi\omega_\phi$的稳定域映射到$s$平面上，如图7-5所示。如果二次零极点偶的零点在这个稳定域内，任何实数的操纵增益不会导致人-机闭环振荡。

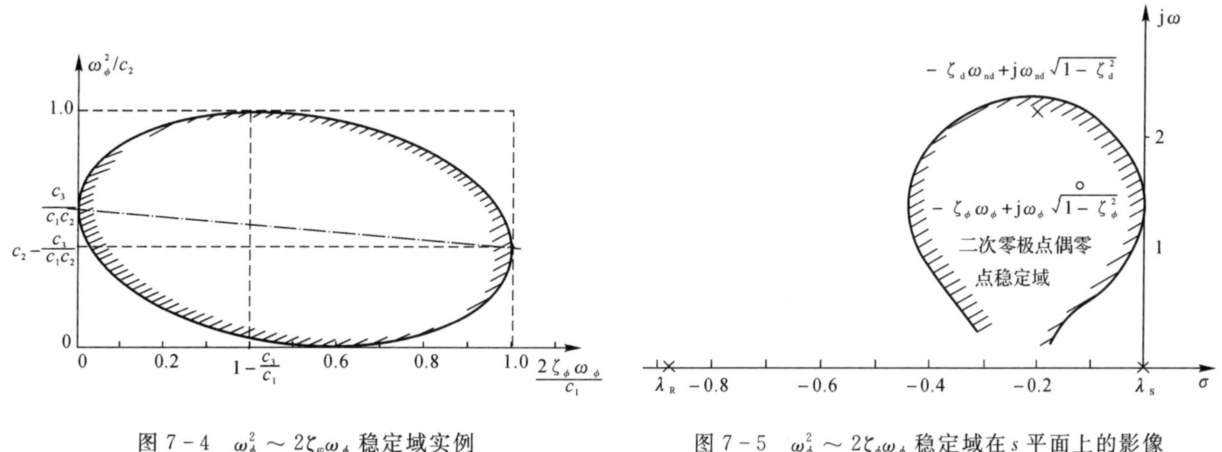

图7-4　$\omega_\phi^2\sim 2\zeta_\phi\omega_\phi$稳定域实例　　　图7-5　$\omega_\phi^2\sim 2\zeta_\phi\omega_\phi$稳定域在$s$平面上的影像

利用求偏导的方法还可以得到$2\zeta_\phi\omega_\phi$的极限值：

$$(2\zeta_\phi\omega_\phi)_{max}=c_1 \tag{7-195}$$

$$(2\zeta_\phi\omega_\phi)_{min}=0 \tag{7-196}$$

当c_1由横侧向运动特征值表示时，得到

$$\left(\frac{\zeta_\phi\omega_\phi}{\zeta_d\omega_{nd}}\right)_{max}\approx 1-\frac{\lambda_R}{2\zeta_d\omega_{nd}} \tag{7-197}$$

当将$\omega_\phi^2,2\zeta_\phi\omega_\phi,\omega_{nd}^2,2\zeta_d\omega_{nd}$以及$c_1,c_2$由横侧向气动导数和其他飞行参数表示时，可以得到副翼舵面效应之比$\frac{\mu_{ys}^{\delta_x}}{\mu_{xs}^{\delta_x}}$，该值是人-机闭环振荡限制的最大值。由式(7-194)、式(7-197)得到

$$\omega_\phi^2<c_2 \tag{7-198}$$

$$2\zeta_\phi\omega_\phi<c_1 \tag{7-199}$$

将式(7-23)定义的c_2,c_1表达式和由式(7-164)定义的$\omega_\phi^2,2\zeta_\phi\omega_\phi$表达式代入式(7-198)、式(7-199)中，最终得到倾斜角误差控制人-机闭环系统的稳定条件为

$$-\frac{\mu_{ys}^{\delta_x}}{\mu_{xs}^{\delta_x}}<-\frac{\mu_{xs}^{\omega_x}(z^\beta+\mu_{ys}^{\omega_y})-\mu_{xs}^{\omega_y}\mu_{ys}^{\omega_x}}{\mu_{xs}^{\beta}-z^\beta\mu_{xs}^{\omega_x}}\approx-\frac{\mu_{xs}^{\omega_x}(z^\beta+\mu_{ys}^{\omega_y})}{\mu_{xs}^{\beta}} \tag{7-200}$$

$$-\frac{\mu_{ys}^{\delta_x}}{\mu_{xs}^{\delta_x}}<\frac{\mu_{xs}^{\omega_x}}{\mu_{ys}^{\omega_y}} \tag{7-201}$$

两式中小于号右边部分为正值。对于现代高性能飞机来说，大的机翼正上反效应使

$$-\frac{\mu_{xs}^{\omega_x}(z^\beta+\mu_{ys}^{\omega_y})}{\mu_{xs}^{\beta}}\ll\frac{\mu_{xs}^{\omega_x}}{\mu_{xs}^{\omega_y}} \tag{7-202}$$

因此只要副翼舵面效应比$\left(-\frac{\mu_{ys}^{\delta_x}}{\mu_{xs}^{\delta_x}}\right)$满足式(7-200)，便能满足式(7-201)。倾斜角误差控制人-机闭环

系统唯一的稳定条件是由式(7-200)表征的。

图7-6所示为倾斜角误差人-机闭环系统开环对数频率特性曲线的一个典型例子。本例对应副翼舵面效应比不满足式(7-200)。由开环增益决定的截止频率ω_c绝不能选择在$\omega_{c3}\sim\omega_{c4}$范围内,此时闭环系统不稳定和相应的闭环荷兰滚阻尼比小于零;为保证系统有足够的稳定贮备,可选择$\omega_c<\omega_{c1}$或者$\omega_c>\omega_{c2}$,然而,很低的截止频率达不到良好的滚转控制;过高的截止频率会给系统响应带来高频干扰。

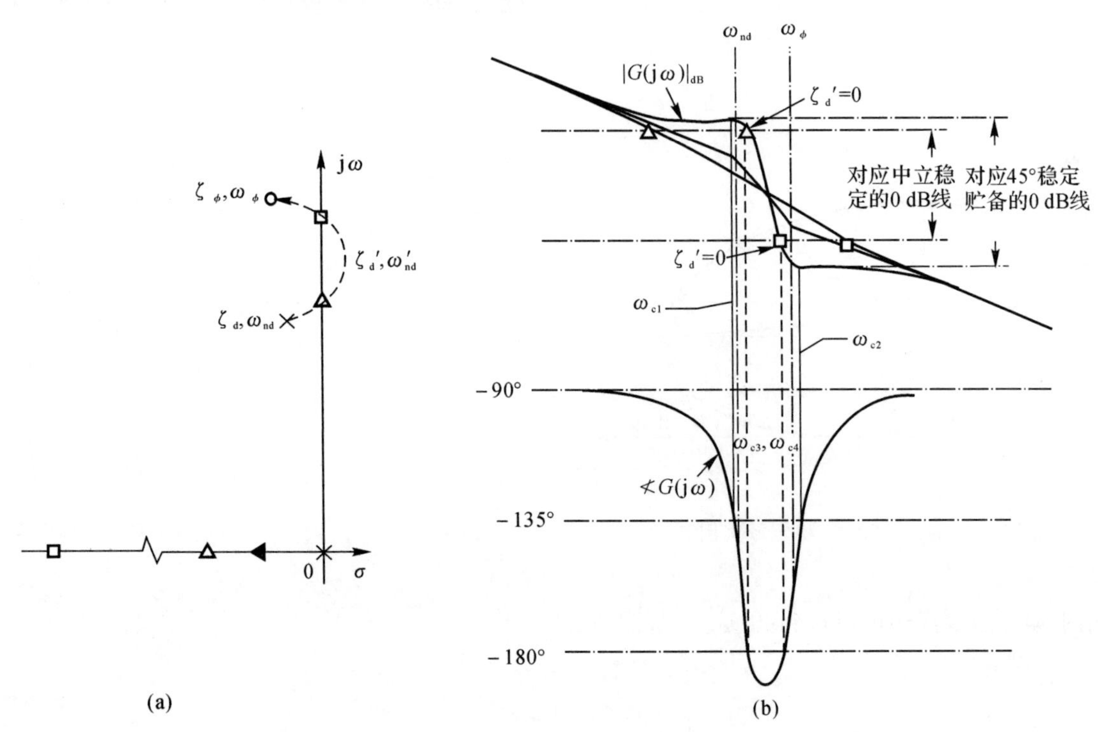

图7-6　二次零极点偶系统分析

(a) 根轨迹图；(b) 开环对数频率特性

2. 倾斜跟踪参数准则

期望$\omega_\phi=\omega_d$和$\zeta_\phi=\zeta_d$,使滚转操纵传递函数的二次零、极点抵消。这样做的好处是,闭环滚转控制优良,副翼控制不激发或很少激发荷兰滚模态分量,并将荷兰滚模态本质地与滚转运动分开。随着2次零极点的抵消,荷兰滚模态既不能由副翼控制,也不能由滚转速率、滚转角响应中观测到。然而,这个最佳期望在实际工程中往往不能实现。

当$\omega_\phi/\omega_{nd}<1$和零、极点距离越大时,副翼操纵激发的滚转模态分量越小和荷兰滚模态分量越大;当$\omega_\phi/\omega_{nd}>1$时,随零极点距离的增加,闭环稳定性下降,有利滚转侧滑角增大,更为驾驶员恼火的是难以通过习惯的方向舵交联操纵,减小有利滚转侧滑角的增大和减小滚转速率响应中荷兰滚模态分量。诺斯罗普准则给出了倾斜跟踪参数限制,如图7-7所示。它把荷兰滚频率、阻尼比与ω_ϕ,ζ_ϕ联系起来,把滚转操纵2次零极点偶所产生的全部相互作用都归结于ω_ϕ/ω_{nd}和$\zeta_\phi\omega_\phi/\zeta_d\omega_{nd}$的影响,然而其他几种参数在全部影响中,也起重要作用,如λ_R,λ_S,m_{31},m_{24}等参数。

当$\mu_{ys}^{\delta_x}$,$\mu_{ys}^{\omega_x}$和g/v_0都近似为零时,二次零极点偶被抵消,副翼激起的荷兰滚模态和侧滑角响应近似为零,提高滚转效率和消除荷兰滚振荡分量。当二次零极点偶未被抵消时,无论是用开环控制还是闭环控制,横侧向的精确跟踪将会受到严重影响,由图7-7表征的诺斯罗普准则,使用了比值ω_ϕ/ω_{nd}为纵轴和比值$\zeta_\phi\omega_\phi/\zeta_d\omega_{nd}$为横轴的限制区域,即为二次零极点偶的抵消给出了误差范围。

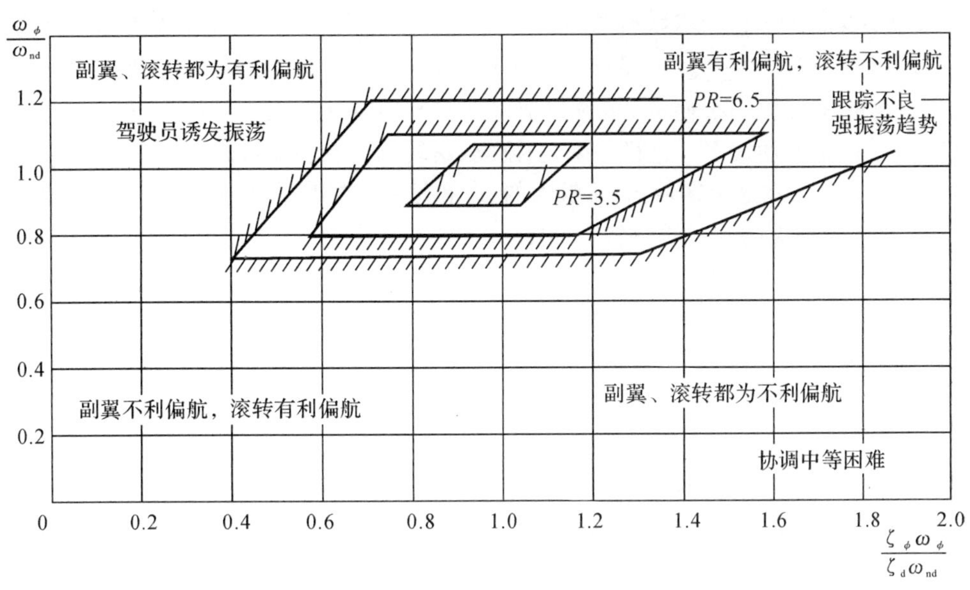

图 7-7　跟踪参数准则

由 ω_ϕ^2，ω_{nd}^2 的表达式可知，ω_ϕ/ω_{nd} 与 $\mu_{xs}^\beta/\mu_{ys}^\beta$ 和 $\mu_{ys}^{\delta_x}/\mu_{xs}^{\delta_x}$ 两个比值的乘积有关。由稳定轴系与机体轴系参数之间的关系，得到

$$\frac{\mu_{xs}^\beta}{\mu_{ys}^\beta}=\frac{\mu_x^\beta-\mu_y^\beta\alpha_0}{\mu_y^\beta+\mu_x^\beta\alpha_0} \tag{7-203}$$

$$\frac{\mu_{ys}^{\delta_x}}{\mu_{xs}^{\delta_x}}=\frac{\mu_y^{\delta_x}+\mu_x^{\delta_x}\alpha_0}{\mu_x^{\delta_x}-\mu_y^{\delta_x}\alpha_0} \tag{7-204}$$

对于现代高性能飞机来说，副翼滚转力矩导数 $\mu_x^{\delta_x}$ 为负值，且随飞行迎角和马赫数的增加，其绝对值减小；副翼偏航力矩导数 $\mu_y^{\delta_x}$ 通常为正值，且随飞行迎角和马赫数的增加而减小，直至某大马赫数之后，由正值变为负值。

按稳定轴系定义的副翼偏航力矩系数 $\mu_{ys}^{\delta_x}$ 为正值时，使正偏副翼产生的侧滑角为正值。正值的侧滑角在机翼为正上反效应(μ_{xs}^β 为负值）的作用下，和副翼滚转力矩导数 $\mu_{xs}^{\delta_x}$ 一样，产生负的滚转力矩。因此正值的 $\mu_{ys}^{\delta_x}$ 为副翼有利(正）偏航；相反，负值的 $\mu_{ys}^{\delta_x}$ 为副翼不利(负）偏航。

现代飞机在小迎角、小马赫数飞行中，尽管 $\mu_x^{\delta_x}$ 为负值，但 α_0 很小，正值且足够大的滚转偏航导数 $\mu_{ys}^{\delta_x}$ 近似等于 $\mu_y^{\delta_x}$，使副翼成为有利(正）偏航；相反，在大迎角、大马赫数飞行中，大迎角 α_0 和为负值且绝对值足够大的 $\mu_x^{\delta_x}$ 使 $\mu_{ys}^{\delta_x}$ 变为负值，则副翼成为不利(负）偏航。

因此，对于大上反效应的现代飞机来说，在小迎角、小马赫数飞行中，负值的 μ_{xs}^β，μ_{ys}^β，$\mu_{xs}^{\delta_x}$ 和正值的 $\mu_{ys}^{\delta_x}$，使 $\omega_\phi/\omega_{nd}>1$，且随比值 $\mu_{xs}^\beta/\mu_{ys}^\beta$ 的增大而增大。在很多文献中，比值 $\mu_{xs}^\beta/\mu_{ys}^\beta$ 往往用 $|\phi/\beta|_d$(本书中的 K_d^γ）近似表示，因此大值 $|\phi/\beta|_d$(或 K_d^γ）使在小迎角、低速飞行中，正值的 $\mu_y^{\delta_x}$ 使

$$\omega_\phi/\omega_{nd}>1 \tag{7-205}$$

而在大迎角、大马赫数飞行中，负值的 $\mu_y^{\delta_x}$ 使

$$\omega_\phi/\omega_{nd}<1 \tag{7-206}$$

只有当 $|\phi/\beta|_d$ 和 ζ_ϕ，ζ_d 很小时，才使

$$\omega_\phi/\omega_{nd}\approx 1 \tag{7-207}$$

滚转-偏航导数 $\mu_{ys}^{\omega_x}$ 为负值时，在正偏副翼操纵情况下，负值的滚转速率 ω_{xs} 产生正偏航力矩和正值的侧滑角。在机翼为正上反效应($\mu_{xs}^\beta<0$）条件下，正值的侧滑角和正偏副翼一样也产生负的滚转力矩，从而加

大了滚转速率。因此，负值的 $\mu_{ys}^{\omega_x}$ 为滚转有利（正）偏航；相反，正值的 $\mu_{ys}^{\omega_x}$ 为滚转不利（负）偏航。

由式(7－165)可知，在比值 $\mu_{xs}^{\beta}/\mu_{ys}^{\beta}$ 足够大的条件下，副翼有利偏航导数 $\mu_{ys}^{\delta_x}$ 使 ω_ϕ 增加很多；再由式(5－26)可知，比值足够大的 $\mu_{xs}^{\beta}/\mu_{ys}^{\beta}$ 使 m_{24} 的绝对值也足够大，因此在 $\mu_{ys}^{\omega_x}$ 为负值（有利偏航）的情况下，由式(7－25)表征的 $\zeta_d\omega_{nd}$ 值也增加很多。这样一来，当副翼、滚转都为有利偏航时，$\omega_\phi/\omega_{nd}>1$ 和 $\zeta_\phi\omega_\phi/\zeta_d\omega_{nd}<1$ 对应图7－7左上角区域。在这个区域内，足够大的 ω_ϕ 和足够小的 ζ_ϕ 使副翼-滚转二次零极点偶的零点靠近 $j\omega$ 轴。又因大的 ω_ϕ 对应大的 $r_R^{\delta_x}$，使倾斜人-机闭环回路的开环增益增大，从而降低了闭环稳定性和荷兰滚阻尼比，甚至出现驾驶员诱发振荡。在这个区域内，驾驶员对于副翼有利偏航和滚转有利偏航的开环侧杆——脚蹬协调操纵不习惯。如果采用了习惯的左杆左舵或右杆右舵的协调操纵，将增大侧滑角峰值和滚转、滚转速率响应中的荷兰滚振荡分量，习惯的“协调操纵”变化为“不协调操纵”。

在图7－7中右下方区域，$\omega_\phi/\omega_{nd}<1$ 和 $\zeta_\phi\omega_\phi/\zeta_d\omega_{nd}>1$，对应 $\mu_{ys}^{\delta_x}<0$ 和 $\mu_{ys}^{\omega_x}>0$，即副翼和滚转都为不利偏航，如果驾驶员不实施习惯的副翼-方向舵协调操纵，或飞行控制系统无副翼-方向舵交联和无偏航增稳系统时，滚转和滚转速率响应中将出现强烈的荷兰滚振荡分量，滚转性能显著恶化，这是由于副翼操纵激起的足够大的荷兰滚模态分量和侧滑角峰值引起的。如果使用左（右）杆、左（右）舵的协调操纵方法可有效地减小这种滚转-偏航耦合现象。然而，方向舵的协调效率也是有限度的。

7.3.4.2　对滚转操纵反应特性规范要求的分析

编写横-航向飞行品质规范要求是困难的，这是航空工业发达国家共同的看法。这主要是由于横航向运动的耦合，每项要求同几个方面的飞行品质有牵连，并且飞行控制系统潜在的效果，如高阶系统动力学特性改变了飞机的模态特性，即人工稳定使飞机产生了附加的模态。因此，使横侧向飞行品质要求更加复杂了。到目前为止，对横航向飞行品质要求还没有找到一个正确的简化原则。复杂的四阶横侧向等效系统是一种由拟配方法得到的近似最佳的传递函数。

某规范对单独副翼操纵的横侧向反应特性做出了详细规定。其理由在于，飞机横侧向反应特性的好坏取决于荷兰滚模态分量在 ω_{xs}，β 和 γ_s 响应中的大小，因为驾驶员对反应中的振荡特性表示不满。这种振荡使他在目标跟踪和侧滑协调中遇到困难。副翼偏航、滚转偏航以及 $|\phi/\beta|_d(K_d^\gamma)$ 值不仅对副翼操纵响应中的荷兰滚模态分量有明显影响外，对横侧向反应特性的定量要求也有严格地限制。由于副翼偏航、滚转偏航和 $|\phi/\beta|_d$ 值都是飞行迎角的函数，因此飞行迎角对副翼操纵反应的振荡特性也有很大影响。

某规范规定的横-航向动态反应特性，是用对大气扰动的反应（见7.5节）以及在规定的向右或向左的滚转和转弯机动飞行中允许的滚转速率振荡、倾斜角振荡、侧滑角峰值、滚转操纵力和偏航操纵力等项来说的。由于副翼和滚转偏航参数以及气动导数所决定的 $\omega_x/\delta_x(s)$ 的零、极点难以测量，故不能方便地用以鉴定副翼操纵动态反应特性。本章着重于常值变量线性系统的飞机动力学系统分析，因此局限于讨论小输入操纵情况下的横-航向动态反应特性。

某规范对于单独利用阶跃滚转操纵指令产生的滚转速率 ω_x 响应中振荡分量给出了限制，如图7－8所示；也对单独使用脉冲滚转操纵指令产生的倾斜角 γ 响应中的振荡分量给出限制，如图7－9所示；还对单独使用阶跃滚转操纵指令引起侧滑角峰值 β_{max} 给出了限制，如图7－10所示。这些限制图中所示参数在飞行试验中是较容易测量的。

$$A=\arccos\zeta_d-\frac{\pi}{2}$$

$$B=\arctan\frac{(\lambda_R+\zeta_d\omega_{nd})\sqrt{1-\zeta_d^2}}{\zeta_d\lambda_R-\omega_{nd}}-\frac{3}{2}\pi$$

$$C=\arccos\zeta_d-\frac{3}{2}\pi$$

$$D=\arctan\frac{(\lambda_R+2\zeta_d\omega_{nd})\sqrt{1-\zeta_d^2}}{\zeta_d\lambda_R-\omega_{nd}}-\frac{5}{2}\pi$$

$$E = \arccos\zeta_d - \frac{5}{2}\pi$$

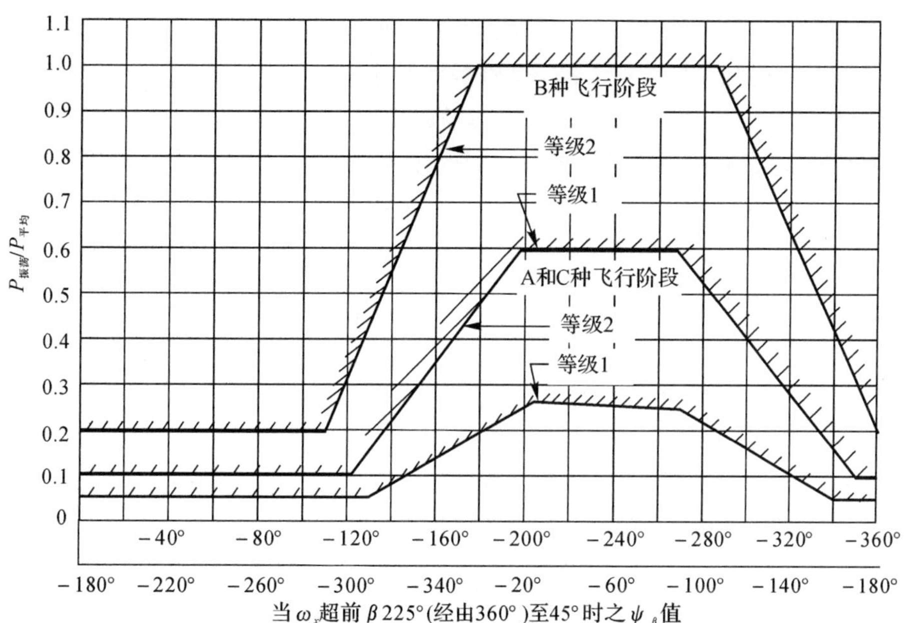

图 7-8　滚转速率振荡限制

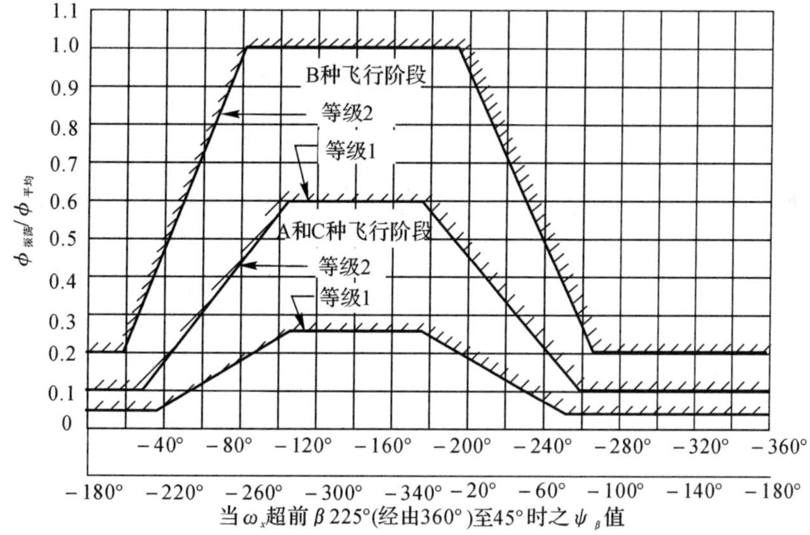

图 7-9　倾斜角振荡限制

(一) 对副翼小输入侧滑幅值要求的分析

单独使用副翼操纵飞机滚转以验证副翼开环操纵协调性能的好坏，并非验证副翼控制倾斜角人-机闭环系统的跟踪性能。使用典型时间函数(如阶跃或脉冲)的输入是基于线性叠加原理，方便于参数观测和分析，并非驾驶员实际操纵中的时间函数。在理论分析、物理和飞行试验中，很难给出副翼-方向舵协调操纵的典型模型，更无法给出符合实际的操纵时间函数。

在滚转操纵中，驾驶员最不喜欢的是滚转和滚转速率中的荷兰滚振荡分量和大的侧滑角峰值。由式(7-150)、式(7-156)、式(7-157)和式(7-158)可知，由于b'_{11}恒为零，只要满足

$$b'_{41} = a'_{42} = a'_{43} = 0 \tag{7-208}$$

那么 $r_{\mathrm{d}}^{\delta_x}$,$K_{\mathrm{R}}^{\beta}$,$K_{\mathrm{S}}^{\beta}$ 和 $c_{\beta\mathrm{d}}^{\delta_x}$ 都为零,且使式(7-152)、式(7-155)所示副翼阶跃操纵侧滑角、偏航速率响应都为零,并由式(7-19)、式(7-20)定义的 a'_{42},a'_{43} 和 b'_{41} 可知,只有

$$\mu_{ys}^{\omega_x}=0,\quad g/v_0=0\quad \text{和}\quad \mu_{ys}^{\delta_x}=0 \tag{7-209}$$

时,才能满足式(7-208)。此时满足了双变量不变性解耦条件。如果

$$\mu_{ys}^{\omega_x}+g/v_0\approx 0 \tag{7-210}$$

和 g/v_0,$\mu_{ys}^{\delta_x}$ 的绝对值很小时,也可近似认为式(7-208)成立。

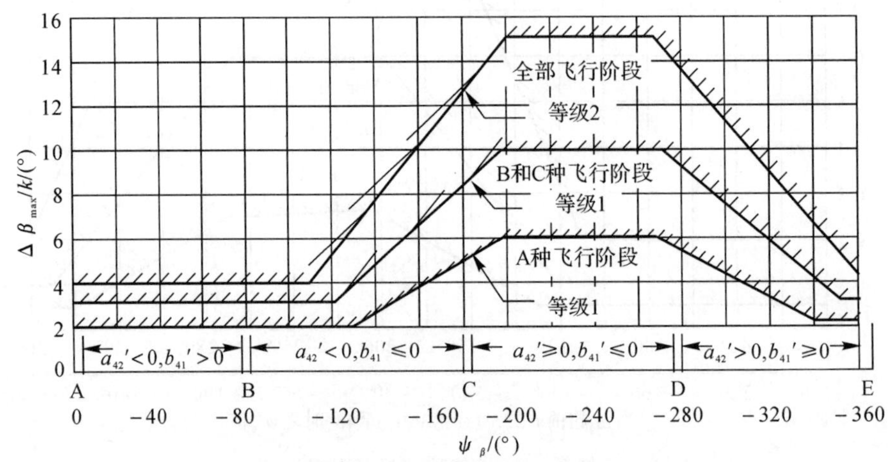

图 7-10 侧滑幅值限制

由式(7-153)、式(7-154)可知,在单独副翼操纵情况下,ω_{xs},γ_s 响应函数中的荷兰滚模态分量中都含有因子 $r_{\mathrm{d}}^{\delta_x}$;以及在式(7-162)、式(7-163)中表示的对应荷兰滚模态的常值分量 $c_{\omega_x\mathrm{d}}^{\delta_x}$ 和 $c_{r\mathrm{d}}^{\delta_x}$ 的每一项分别含有 b'_{41},a'_{42} 和 a'_{43}。因此,如果式(7-208)成立,那么在状态变量 ω_{xs} 和 γ_s 的副翼操纵响应中,将不包含荷兰滚振荡分量。

然而,式(7-209)所示三个参数通常不为零,当合适地引入副翼-方向舵交联可以近似实现 $\mu_{ys}^{\delta_x}=0$;方向舵控制系统中引入 ω_x 交联反馈也可近似实现式(7-210)。但不能使 a'_{42},a'_{43} 全为零。因此,在副翼操纵中,β 响应的幅值和 ω_{xs},γ_s 响应中总是存在荷兰滚振荡分量。为了限制副翼操纵中 β 响应的幅值和 ω_{xs},γ_s 响应中荷兰滚振荡分量,并按照协调操纵习惯决定的难易程度,即按参数 b'_{41}(或 $\mu_{ys}^{\delta_x}$),a'_{42}(或 $\mu_{ys}^{\delta_x}+g/v_0$)极性的不同搭配给出不同的幅值要求。但是,在飞行试验中,这两个参数是不容易观测和计算得到的。为此该规范规定了单独滚转操纵侧滑响应中荷兰滚振荡分量的相位滞后角的要求:

$$\psi_\beta=-\frac{360}{T_{\mathrm{d}}}t_{n\beta}+(n+1)360° \tag{7-211}$$

$t_{n\beta}$ 定义为:对于向右的阶跃或脉冲滚转操纵指令,在侧滑反应中荷兰滚振荡达到第 n 个局部最大值的时间;或对于向左的滚转操纵指令,达到第 n 个局部最小的时间。T_{d} 为荷兰滚振荡的周期,且

$$T_{\mathrm{d}}=\frac{2\pi}{\omega_{\mathrm{nd}}\sqrt{1-\zeta_{\mathrm{d}}^2}} \tag{7-212}$$

ψ_β 可以由单独副翼操纵 β 响应曲线中测量和计算得到,但 ψ_β 如何体现 b'_{41},a'_{42} 极性的不同搭配?

对于一般正弦函数

$$y=A\sin(\omega x+\varphi_0)=A\cos\left(\omega x+\varphi_0-\frac{\pi}{2}\right) \tag{7-213}$$

因此,在式(7-152)描述的 β 响应中,由正弦函数表征的荷兰滚振荡分量可由余弦函数代替,即

$$\frac{r_{\mathrm{d}}^{\delta_x}}{\omega_{\mathrm{nd}}}\mathrm{e}^{-\zeta_{\mathrm{d}}\omega_{\mathrm{nd}}t}\sin(\omega_{\mathrm{nd}}\sqrt{1-\zeta_{\mathrm{d}}^2}\,t+\varphi_{\mathrm{d}}^{\delta_x}+\varphi_{\mathrm{d}})=\frac{r_{\mathrm{d}}^{\delta_x}}{\omega_{\mathrm{nd}}}\mathrm{e}^{-\zeta_{\mathrm{d}}\omega_{\mathrm{nd}}t}\cos\left(\omega_{\mathrm{nd}}\sqrt{1-\zeta_{\mathrm{d}}^2}\,t+\varphi_{\mathrm{d}}^{\delta_x}+\varphi_{\mathrm{d}}-\frac{\pi}{2}\right) \tag{7-214}$$

又因由等式(7－152)描述的各状态变量的响应函数，是在正偏副翼操纵，即为向左的滚转操纵指令情况下得到的，因此按该规范规定，β 响应中的局部最小值对应的余弦函数相位滞后角为

$$\omega_{\mathrm{nd}}\sqrt{1-\zeta_{\mathrm{d}}^{2}}\,t_{n\beta}+\varphi_{\mathrm{d}}^{\delta_x}+\varphi_{\mathrm{d}}-\frac{\pi}{2}=\pi \tag{7-215}$$

这样一来，由式(7－211)表示的 ψ_β 的表达式得到

$$\psi_\beta=-\frac{2\pi}{T_{\mathrm{d}}}t_{n\beta}+(n-1)2\pi=\varphi_{\mathrm{d}}^{\delta_x}+\varphi_{\mathrm{d}}-\frac{3\pi}{2}+(n-1)2\pi \tag{7-216}$$

代入 $\varphi_{\mathrm{d}}^{\delta_x}$，$\varphi_{\mathrm{d}}$ 的表达式，得到

$$\psi_\beta=\arctan\frac{-\omega_{\mathrm{nd}}\sqrt{1-\zeta_{\mathrm{d}}^{2}}\left(\dfrac{b'_{21}a'_{42}}{\omega_{\mathrm{nd}}^{2}+2\zeta_{\mathrm{d}}\omega_{\mathrm{nd}}\lambda_{\mathrm{R}}+\lambda_{\mathrm{R}}^{2}}+\dfrac{b'_{31}a'_{43}}{\omega_{\mathrm{nd}}^{2}}\right)}{b'_{41}-\dfrac{b'_{21}a'_{42}(\lambda_{\mathrm{R}}+\zeta_{\mathrm{d}}\omega_{\mathrm{nd}})}{\omega_{\mathrm{nd}}^{2}+2\zeta_{\mathrm{d}}\omega_{\mathrm{nd}}\lambda_{\mathrm{R}}+\lambda_{\mathrm{R}}^{2}}-\dfrac{b'_{31}a'_{43}(\lambda_{\mathrm{S}}+\zeta_{\mathrm{d}}\omega_{\mathrm{nd}})}{\omega_{\mathrm{nd}}^{2}}}+\arccos\zeta_{\mathrm{d}}-\frac{\pi}{2}+(n-2)2\pi \tag{7-217}$$

当 $b'_{41}=a'_{42}=a'_{43}=0$，即 $\mu_{ys}^{\omega_x}=g/v_0=\omega_{ys}^{\delta_x}=0$ 时，不仅仅使副翼操纵的侧滑角和偏航速率响应为零，以及使滚转、滚转速率响应中的荷兰滚振荡分量也为零；同时，由式(7－217)表示的 ψ_β 值不是唯一的。

通常 a'_{43} 的绝对值很小，忽略它的影响，式(7－217)便可简化为

$$\psi_\beta=\arctan\frac{-\omega_{\mathrm{nd}}\sqrt{1-\zeta_{\mathrm{d}}^{2}}\,b'_{21}a'_{42}}{b'_{41}(\omega_{\mathrm{nd}}^{2}+2\zeta_{\mathrm{d}}\omega_{\mathrm{nd}}\lambda_{\mathrm{R}}+\lambda_{\mathrm{R}}^{2})-b'_{21}a'_{42}(\lambda_{\mathrm{R}}+\zeta_{\mathrm{d}}\omega_{\mathrm{nd}})}+\arccos\zeta_{\mathrm{d}}-\frac{\pi}{2}+(n-2)2\pi \tag{7-218}$$

可见影响 ψ_β 值大小的主要参数包括 b'_{42}（或 $\mu_{ys}^{\delta_x}$）和 a'_{42}（或 $\mu_{ys}^{\omega_x}+g/v_0$）。极性（正、负）不同的 b'_{41} 和 a'_{42} 的相互搭配，使 ψ_β 的第一项在 $0\sim-2\pi$ 范围内分为 4 个区段，从而 ψ_β 也可分为 4 个区段：

1) 当 $a'_{42}\geqslant0$ 和 $b'_{41}<0$ 时，在机翼为正上反效应情况下，对应滚转和副翼都为不利偏航。将 $a'_{42}=0$，$b'_{41}<0$ 和 $b'_{41}=0$，$a'_{42}>0$ 分别代入式(7－218)，且当 $b'_{21}<0$ 和取 $n=1$ 时，得到对应 $a'_{42}\geqslant0$，$b'_{41}<0$ 的 ψ_β 区段为

$$\arccos\zeta_{\mathrm{d}}-\frac{3}{2}\pi\sim\arctan\frac{(\lambda_{\mathrm{R}}+2\zeta_{\mathrm{d}}\omega_{\mathrm{nd}})\sqrt{1-\zeta_{\mathrm{d}}^{2}}}{\zeta_{\mathrm{d}}\lambda_{\mathrm{R}}-\omega_{\mathrm{nd}}}-\frac{5}{2}\pi$$

在这个区段内，无论机翼是正还是负上反效应，驾驶员都可以习惯地协调操纵，容易地减小滚转操纵侧滑响应幅值。因此，在这个 ψ_β 区段，允许较大的单独副翼操纵 β 响应幅值。

对应 $\mu_{ys}^{\omega_x}+g/v_0\geqslant0$ 和 $\mu_{ys}^{\delta_x}<0$，即 $a'_{42}\geqslant0$ 和 $b'_{41}\leqslant0$ 决定的 ψ_β 区段左、右边界为

$$\arccos\zeta_{\mathrm{d}}-\frac{3}{2}\pi<-\pi\quad\text{和}\quad\arctan\frac{(\lambda_{\mathrm{R}}+2\zeta_{\mathrm{d}}\omega_{\mathrm{nd}})\sqrt{1-\zeta_{\mathrm{d}}^{2}}}{\zeta_{\mathrm{d}}\lambda_{\mathrm{R}}-\omega_{\mathrm{nd}}}-\frac{5}{2}\pi>-\frac{3}{2}\pi \tag{7-219}$$

只有当 $\zeta_{\mathrm{d}}=\lambda_{\mathrm{R}}=0$ 时，$a'_{42}\geqslant0$ 和 $b'_{41}\leqslant0$ 决定的 ψ_β 区段才扩展为

$$-\pi\sim-\frac{3}{2}\pi$$

2) 当 $a'_{42}>0$ 和 $b'_{41}\geqslant0$ 时，在机翼为正上反效应情况下，对应滚转不利偏航和副翼有利偏航。将 $b'_{41}=0$，$a'_{42}>0$ 和 $a'_{42}=0$，$b'_{41}>0$ 分别代入式(7－218)，且当 $b'_{21}<0$ 和 $n=1$ 时，得到 $a'_{42}>0$，$b'_{41}\geqslant0$ 决定的 ψ_β 区段

$$\arctan\frac{(\lambda_{\mathrm{R}}+2\zeta_{\mathrm{d}}\omega_{\mathrm{nd}})\sqrt{1-\zeta_{\mathrm{d}}^{2}}}{\zeta_{\mathrm{d}}\lambda_{\mathrm{R}}-\omega_{\mathrm{nd}}}-\frac{5}{2}\pi\sim\arccos\zeta_{\mathrm{d}}-\frac{5}{2}\pi$$

其左、右边界为

$$\arctan\frac{(\lambda_{\mathrm{R}}+2\zeta_{\mathrm{d}}\omega_{\mathrm{nd}})\sqrt{1-\zeta_{\mathrm{d}}^{2}}}{\zeta_{\mathrm{d}}\lambda_{\mathrm{R}}-\omega_{\mathrm{nd}}}-\frac{5}{2}\pi>-\frac{3}{2}\pi\quad\text{和}\quad\arccos\zeta_{\mathrm{d}}-\frac{5}{2}\pi<-2\pi \tag{7-220}$$

只有当 $\zeta_{\mathrm{d}}=\lambda_{\mathrm{R}}=0$ 时，ψ_β 的这个区段才缩小为

$$-\frac{3}{2}\pi\sim-2\pi$$

这个区段在图 7－10 中最右边，对应 ψ_β 的最小区段。在这个区段内，无论机翼是正还是负上反效应，驾驶员的协调操纵具有中度困难。因此在该区段图 7－10 给出了以斜线构成的幅度要求。

3) 当 $a'_{42}<0$ 和 $b'_{41}\leqslant 0$ 时，在机翼为正上反效应情况下，滚转为有利偏航和副翼为不利偏航。将 $b'_{41}=0$，$a'_{42}<0$ 和 $a'_{42}=0$，$b'_{41}<0$ 分别代入式(7-218)，且当 $b'_{21}<0$ 和 $n=1$ 时，得到 $a'_{42}<0$，$b'_{41}\leqslant 0$ 决定的 ψ_β 区段

$$\arctan\frac{(\lambda_{\mathrm{R}}+2\zeta_{\mathrm{d}}\omega_{\mathrm{nd}})\sqrt{1-\zeta_{\mathrm{d}}^2}}{\zeta_{\mathrm{d}}\lambda_{\mathrm{R}}-\omega_{\mathrm{nd}}}-\frac{3}{2}\pi\sim\arccos\zeta_{\mathrm{d}}-\frac{3}{2}\pi$$

只有当 $\zeta_{\mathrm{d}}=\lambda_{\mathrm{R}}=0$ 时，ψ_β 的这个区段才缩小为

$$-\frac{\pi}{2}\sim-\pi$$

在图 7-10 中，以斜线形式给出的侧滑幅值限制值，表明在这个 ψ_β 区段中，驾驶员的副翼-方向舵协调操纵具有中度困难。

4) 当 $a'_{42}<0$ 和 $b'_{41}>0$ 时，在机翼为正上反效应情况下，副翼、滚转都为有利偏航。将 $a'_{42}=0$，$b'_{41}>0$ 和 $b'_{41}=0$，$a'_{42}<0$ 分别代入式(7-218)，且当 $b'_{21}<0$ 和取 $n=1$ 时，得到对应 $a'_{42}\leqslant 0$，$b'_{41}>0$ 的 ψ_β 区段

$$\arccos\zeta_{\mathrm{d}}-\frac{\pi}{2}\sim\arctan\frac{(\lambda_{\mathrm{R}}+2\zeta_{\mathrm{d}}\omega_{\mathrm{nd}})\sqrt{1-\zeta_{\mathrm{d}}^2}}{\zeta_{\mathrm{d}}\lambda_{\mathrm{R}}-\omega_{\mathrm{nd}}}-\frac{3}{2}\pi$$

在这个 ψ_β 区段，图 7-10 给出了以水平线限制的侧滑幅值最小值。这将表明：当 $\mu_{ys}^{\delta_x}>0$ 和 $\mu_{ys}^{\delta_x}+g/v_0<0$ 时，驾驶员以习惯的协调操纵实施滚转操纵时，难以减小侧滑角幅值。只有当 $\zeta_{\mathrm{d}}=\lambda_{\mathrm{R}}=0$ 时，这个 ψ_β 区段才可扩展为

$$0\sim-\frac{\pi}{2}$$

由以上分析可知，ψ_β 能够反映协调操纵的难易程度，可以看作是区别侧滑幅值不同要求的重要参数。而另一个能够反映 β 峰值限制的参数 $\Delta\beta_{\max}/K$，不是通过分析能够给出的。该规范对它给出了明确定义。国外某文献指出：驾驶员在协调操纵过程中，感到讨厌的不是侧滑角的最大值，而主要是侧滑角变化的最大值，它是所需要的协调量较好的度量。因此，某规范选择了 $\Delta\beta_{\max}/K$ 与 ψ_β 的变化关系来表示对侧滑幅值的要求。但是，在要求中引入了参数 K 以及对它的规定，使得它作为侧滑幅值的指标要求，存在的主要缺点为：在同样的 $\Delta\beta_{\max}$ 情况下，滚转性能好的，即用一给定时间内倾斜角变化 γ_t 所表示的滚转性能大的飞机或飞行状态比滚转性能差的，即 γ_t 小的飞机或飞行状态易于满足要求。

(二) 对副翼小输入滚转速率和滚转角振荡要求的分析

对于现代高速飞机，由于采用了小展弦比，大后掠机翼以及高空、高速的影响，滚转与偏航的耦合越来越显著。副翼操纵不仅激起了较大的侧滑角响应，大的副翼和滚转偏航效应使 β 响应中不仅具有荷兰滚振荡分量，还具有滚转和螺旋模态分量；大的机翼上反效应使副翼输入的滚转角和滚转速率响应中存在较大的荷兰滚振荡分量。这些都可通过横侧向运动右特征向量得知。

首先应该注意到的是由式(7-74) 和式(7-75) 表示的荷兰滚模态在 ω_{xs}，γ_s 与 β 响应中的幅值比 $K_{\mathrm{d}}^{\omega_x}$ 和 K_{d}^{γ}。国外许多文献用符号 $|\phi/\beta|_{\mathrm{d}}$ 表示 K_{d}^{γ}。那么 $K_{\mathrm{d}}^{\omega_x}$ 近似等于 $\omega_{\mathrm{nd}}\,|\phi/\beta|_{\mathrm{d}}$。由式(7-75) 和式(7-74) 可知，对于绝对值大的 μ_{xs}^{β}，即大的正上反效应的飞机或飞行状态来说，$|\phi/\beta|_{\mathrm{d}}$ 值大。由于单独副翼操纵 β 响应中的荷兰滚振荡分量不取决于 $|\phi/\beta|_{\mathrm{d}}$ 的大小，而主要取决于 b'_{41}，a'_{42} 和 b'_{21}。因此，当 b'_{41}，a'_{42} 和 b'_{21} 的绝对值足够大时，尽管 $|\phi/\beta|_{\mathrm{d}}$ 很小，荷兰滚振荡分量主要出现在侧滑角响应中，这时导致横侧向反应特性变差的原因主要是航向控制和协调操纵困难；而当 $|\phi/\beta|_{\mathrm{d}}$ 值较大时，则荷兰滚振荡对滚转角、滚转速率都有显著影响，二者之间形成明显耦合，使驾驶员很难精确控制滚转速率和保持给定的倾斜角。

某规范对副翼小输入滚转速率和滚转角振荡要求的目的，在于具有大的机翼正或负上反效应的飞机，在单独副翼典型输入(阶跃或脉冲) 激起的 ω_{xs}，γ_s 响应中，在副翼、滚转不利和有利偏航的不同“搭配”情况下，荷兰滚振荡分量的幅值限制在不同的允许范围内，以保证飞机具有良好的开环或闭环滚转操纵性能。

当机翼具有正上反和大后掠的构形时，$\mu_{xs}^{\beta}<0$，使得不利偏航的 $\mu_{ys}^{\delta_x}$(负值) 不利于滚转，有利偏航的

$\mu_{ys}^{\delta_x}$(正值)有利于滚转;不利偏航的 $\mu_{ys}^{\omega_x}$(正值)不利于滚转,有利偏航的 $\mu_{ys}^{\omega_x}$(负值)有利于滚转。相反,当机翼为负上反和平直构形时,往往 $\mu_{xs}^{\beta} > 0$,使得不利偏航的 $\mu_{ys}^{\delta_x}$(负值),$\mu_{ys}^{\omega_x}$(正值)有利于滚转,有利偏航的 $\mu_{ys}^{\delta_x}$(正值)$\mu_{ys}^{\omega_x}$(负值)不利于滚转。

由式(7-164)对 ω_{ϕ}^2 的定义可知,当 $\mu_{ys}^{\delta_x}\mu_{xs}^{\beta} < 0$,即 $\mu_{ys}^{\delta_x}$ 为有利于滚转时,$\omega_{\phi}/\omega_{\mathrm{nd}} > 1$;由式(7-25)($\zeta_{\mathrm{d}}\omega_{\mathrm{nd}}$ 的表达式)可知,当 $\mu_{ys}^{\omega_x}\mu_{xs}^{\beta} > 0$,即 $\mu_{ys}^{\omega_x}$ 为有利滚转时,$\zeta_{\mathrm{d}}\omega_{\mathrm{nd}}$ 的增大使 $\zeta_{\phi}\omega_{\phi}/\zeta_{\mathrm{d}}\omega_{\mathrm{nd}} < 1$。在这种情况下,副翼-倾斜人-机闭环回路的二次零极点偶的零点在极点上方,且靠近 $\mathrm{j}\omega$ 轴,从而降低了闭环稳定性和荷兰滚阻尼比,甚至出现驾驶员诱发振荡。这种现象更容易出现在 $\mu_{xs}^{\beta} > 0$ 和 $\mu_{ys}^{\delta_x} < 0$ 这种副翼有利偏航的情况,由式(7-164)中 $\zeta_{\phi}\omega_{\phi}$ 的定义可知,负值的 $\mu_{ys}^{\delta_x}$ 使 $\zeta_{\phi}\omega_{\phi}$ 减小。

由式(7-74)、式(7-75)和式(7-150)可知,绝对值大的 μ_{xs}^{β} 使 $K_{\mathrm{d}}^{\omega_x}$,$K_{\mathrm{d}}^{\gamma}$ 增大和绝对值大的 $\mu_{ys}^{\delta_x}$ 使 $r_{\mathrm{d}}^{\delta_x}$ 增加,在 ω_{ϕ} 远大于 ω_{nd} 的同时,增大了单独副翼操纵 ω_{xs},γ_s 响应中荷兰滚振荡分量的幅值。以规范形式限制 ω_{xs},γ_s 响应中的荷兰滚振荡幅值相应地限制了不易测量的二次零极点偶之间的距离。用限制 ω_x,γ 开环响应中荷兰滚模态分量的办法,间接地给出了倾斜误差人-机闭环稳定性要求。

由于气动布局的困难,对于有利或不利滚转的 $\mu_{ys}^{\delta_x}$,$\mu_{ys}^{\omega_x}$ 的任何"搭配",在 ω_x 和 γ 响应中的荷兰滚模态分量幅值不允许用一个限制要求。如果 $\mu_{ys}^{\delta_x}$,$\mu_{ys}^{\omega_x}$ 都是不利滚转的,可以放宽要求,在这种情况下,人-机闭环振荡阻尼增加,系统稳定性变好;在 $\mu_{ys}^{\delta_x}$,$\mu_{ys}^{\omega_x}$ 都为有利滚转的情况下,为避免副翼-倾斜人-机跟踪回路出现弱阻尼,甚至发散振荡,必须严格地限制 ω_x,γ 响应中的荷兰滚模态分量。如果 $\mu_{ys}^{\delta_x}$,$\mu_{ys}^{\omega_x}$ 为有利和不利滚转的两种交叉"搭配",可允许在 ω_{xs},γ_s 响应中存在中等幅值的荷兰滚振荡分量。

由于侧滑角响应中的荷兰滚振荡滞后角 ψ_{β} 的4个区段对应不同极性的 $\mu_{ys}^{\delta_x}$,$\mu_{ys}^{\omega_x}$ 的4种"搭配",那么如果能够找到能表征 μ_{xs}^{β} 极性的易测量参数,与 ψ_{β} 的4个区段相配合,便可得到副翼、滚转有利和不利滚转的"搭配"区段。该规范给出了单独副翼操纵下 ω_{xs} 与 β 响应中荷兰滚振荡分量的超前角 $\angle p/\beta$,作为辨别 μ_{xs}^{β} 极性的参数。

取决于机翼上反角、后掠角和垂尾布局的横向静稳定性导数 μ_{xs}^{β},当机翼为正上反角和大后掠角时,为负;当机翼为负上反角和平直构形时,则往往为正值。由于 $\angle p/\beta$ 等于 $\varphi_{\mathrm{d}}^{\omega_x}$,可由式(7-77)得到 $\angle p/\beta$ 与 μ_{xs}^{β} 的关系式

$$\angle p/\beta=\varphi_{\mathrm{d}}^{\omega_x}=\arctan\frac{[\mu_{xs}^{\omega_y}(z^{\beta}-\mu_{xs}^{\omega_x})-\mu_{xs}^{\beta}]\omega_{\mathrm{nd}}\sqrt{1-\zeta_{\mathrm{d}}^2}}{-\mu_{xs}^{\beta}[\mu_{xs}^{\omega_x}-\frac{1}{2}(\mu_{ys}^{\omega_y}+z^{\beta})]-\mu_{xs}^{\omega_y}\mu_{ys}^{\beta}} \tag{7-221}$$

在通常 $\mu_{xs}^{\omega_y}\mu_{ys}^{\beta} > 0$ 和 $\mu_{xs}^{\omega_y}(z^{\beta}-\mu_{xs}^{\omega_x}) < 0$ 的情况下,当 μ_{xs}^{β} 值在 $-\infty \sim 0$ 范围内时,$\angle p/\beta$ 的角度范围按 $\mu_{xs}^{\omega_x}-\frac{1}{2}(\mu_{ys}^{\omega_y}+z^{\beta})$ 的不同极性有两个,即

1) $\arctan\dfrac{\omega_{\mathrm{nd}}\sqrt{1-\zeta_{\mathrm{d}}^2}}{\mu_{xs}^{\omega_x}-\frac{1}{2}(\mu_{ys}^{\omega_y}+z^{\beta})} \sim \arctan\dfrac{(\mu_{xs}^{\omega_x}-z^{\beta})\omega_{\mathrm{nd}}\sqrt{1-\zeta_{\mathrm{d}}^2}}{\mu_{ys}^{\beta}}$ $\quad \left(\mu_{xs}^{\omega_x}-\frac{1}{2}(\mu_{ys}^{\omega_y}+z^{\beta})>0\right)$

2) $\pi-\arctan\dfrac{\omega_{\mathrm{nd}}\sqrt{1-\zeta_{\mathrm{d}}^2}}{\frac{1}{2}(\mu_{ys}^{\omega_y}+z^{\beta})-\mu_{xs}^{\omega_x}} \sim \arctan\dfrac{(\mu_{xs}^{\omega_x}-z^{\beta})\omega_{\mathrm{nd}}\sqrt{1-\zeta_{\mathrm{d}}^2}}{\mu_{ys}^{\beta}}$ $\quad \left(\mu_{xs}^{\omega_x}-\frac{1}{2}(\mu_{ys}^{\omega_y}+z^{\beta})<0\right)$

由负值的 μ_{xs}^{β} 对应 $\angle p/\beta$ 的两个角度范围可知,第1个角度范围包含第2个角度范围。因此,无论式(7-221)中组合参数 $\mu_{xs}^{\omega_x}-\frac{1}{2}(\mu_{ys}^{\omega_y}+z^{\beta})$ 为任何极性时,可认为负值的 μ_{xs}^{β} 对应 $\angle p/\beta$ 的第1个角度范围;当 μ_{xs}^{β} 值在 $0 \sim +\infty$ 范围内时,$\angle p/\beta$ 的角度范围也有两个,即

1) $\arctan\dfrac{(\mu_{xs}^{\omega_x}-z^\beta)\omega_{\rm nd}\sqrt{1-\zeta_{\rm d}^2}}{\mu_{ys}^\beta}\sim\pi+\arctan\dfrac{\omega_{\rm nd}\sqrt{1-\zeta_{\rm d}^2}}{\mu_{xs}^{\omega_x}-\dfrac{1}{2}(\mu_{ys}^{\omega_y}+z^\beta)}\quad\left(\mu_{xs}^{\omega_x}-\dfrac{1}{2}(\mu_{ys}^{\omega_y}+z^\beta)>0\right)$

2) $\arctan\dfrac{(\mu_{xs}^{\omega_x}-z^\beta)\omega_{\rm nd}\sqrt{1-\zeta_{\rm d}^2}}{\mu_{ys}^\beta}\sim2\pi-\arctan\dfrac{\omega_{\rm nd}\sqrt{1-\zeta_{\rm d}^2}}{\dfrac{1}{2}(\mu_{ys}^{\omega_y}+Z^\beta)-\mu_{xs}^{\omega_x}}\quad\left(\mu_{xs}^{\omega_x}-\dfrac{1}{2}(\mu_{ys}^{\omega_y}+z^\beta)<0\right)$

由于第 4 个区段包含第 3 个区段，因此可认为正值的 μ_{xs}^β 对应 $\angle p/\beta$ 的第 4 个角度范围。

如果组合参数

$$\mu_{xs}^{\omega_x}-\frac{1}{2}(\mu_{ys}^{\omega_y}+z^\beta)\approx\omega_{\rm nd}\sqrt{1-\zeta_{\rm d}^2}\quad 和\quad(\mu_{xs}^{\omega_x}-z^\beta)\omega_{\rm nd}\sqrt{1-\zeta_{\rm d}^2}\approx\mu_{ys}^\beta\tag{7-222}$$

那么，当 μ_{xs}^β 为负值时，对应 $\angle p/\beta$ 的角度范围为 $45^\circ\sim225^\circ$。在这个 $\angle p/\beta$ 的角度范围内，对应 $\mu_{ys}^{\delta_x}<0$ 和 $\mu_{ys}^{\omega_x}+g/v_0>0$ 的区段为

$$\arccos\zeta_{\rm d}-\frac{3}{2}\pi\sim\arctan\frac{(\lambda_{\rm R}+2\zeta_{\rm d}\omega_{\rm nd})\sqrt{1-\zeta_{\rm d}^2}}{\zeta_{\rm d}\lambda_{\rm R}-\omega_{\rm nd}}-\frac{5}{2}\pi$$

正是由 $\mu_{ys}^{\delta_x}<0,\mu_{ys}^{\omega_x}+g/v_0>0$ 和 $\mu_{xs}^\beta<0$ 决定的不利滚转区段；对应 $\mu_{ys}^{\delta_x}>0$ 和 $\mu_{ys}^{\omega_x}+g/v_0<0$ 的 ψ_β 区段为

$$\arccos\zeta_{\rm d}-\frac{\pi}{2}\sim\arctan\frac{(\lambda_{\rm R}+2\zeta_{\rm d}\omega_{\rm nd})\sqrt{1-\zeta_{\rm d}^2}}{\zeta_{\rm d}\lambda_{\rm R}-\omega_{\rm nd}}-\frac{3}{2}\pi$$

正是由 $\mu_{ys}^{\delta_x}>0,\mu_{ys}^{\omega_x}+g/v_0<0$ 和 $\mu_{xs}^\beta<0$ 决定的有利滚转区段。

当 μ_{xs}^β 为正值时，对应 $\angle p/\beta$ 的角度范围应为 $225^\circ\sim315^\circ$，该规范扩大为 225°(经 360°) $\sim45^\circ$。在这个角度范围内，对应 $\mu_{ys}^{\delta_x}<0$ 和 $\mu_{ys}^{\omega_x}+g/v_0>0$ 的 ψ_β 区段变为有利滚转区段，比较 $\mu_{xs}^\beta<0$ 时有利滚转 ψ_β 区段滞后 180°；对应 $\mu_{ys}^{\delta_x}>0$ 和 $\mu_{ys}^{\omega_x}+g/v_0<0$ 的 ψ_β 区段变为不利滚转区段，比较 $\mu_{xs}^\beta<0$ 时不利滚转 ψ_β 区段超前 180°。

可以用两个一元函数 $p_{振}/p_{均}(\psi_{\beta1})$ 和 $p_{振}/p_{均}(\psi_{\beta2})$（或者 $\gamma_{振}/\gamma_{均}(\psi_{\beta1})$ 和 $\gamma_{振}/\gamma_{均}(\psi_{\beta2})$）表征 ω_x（或 γ）响应中振荡分量的限制量，且当 $\angle p/\beta$ 在 $45^\circ\sim225^\circ$ 范围内时，取 ψ_β 为 $\psi_{\beta1}$；当 $\angle p/\beta$ 在 225°(经由 360°) $\sim45^\circ$ 范围内时，取 ψ_β 为 $\psi_{\beta2}$。图 7-8(或图 7-9) 以平面图的方法表征了两个一元函数 $p_{振}/p_{均}(\psi_{\beta1})$ 和 $p_{振}/p_{均}(\psi_{\beta2})$（或者 $\gamma_{振}/\gamma_{均}(\psi_{\beta1})$ 和 $\gamma_{振}/\gamma_{均}(\psi_{\beta2})$）。当 $\mu_{xs}^\beta<0$，即角 $\angle p/\beta$ 范围为 $45^\circ\sim225^\circ$ 时，取横坐标 $\psi_{\beta1}$ 范围为 $0\sim360^\circ$，且按 $\psi_{\beta1}$ 的 4 个区段在纵坐标上给出不同的 $p_{振}/p_{均}$（或 $\gamma_{振}/\gamma_{均}$）限制量；那么当 $\mu_{xs}^\beta>0$，即 $\angle p/\beta$ 范围在 225°(经由 360°) $\sim45^\circ$ 时，横坐标 $\psi_{\beta2}$ 的范围应为 $-180^\circ\sim360^\circ(0^\circ)\sim-180^\circ$，才能使两种情况的纵坐标 $p_{振}/p_{均}$（或 $\gamma_{振}/\gamma_{均}$）的限制边界线相重合。

由于倾斜角振荡限制要求是按单独脉冲滚转操纵指令引起的倾斜响应中荷兰滚振荡幅值比 $\gamma_{振荡}/\gamma_{平均}$ 作为纵坐标的，以两个不同范围的 $\angle p/\beta$ 决定两个 β 响应荷兰滚振荡滞后角 ψ_β 作为横坐标给出的，尽管 $\angle p/\beta$ 与不同输入种类和形式无关，但 ψ_β 与滚转操纵种类和形式有关。脉冲滚转操纵的 ψ_β 要比阶跃滚转操纵的 ψ_β 减少 $\varphi_{\rm d}$，由于 $\varphi_{\rm d}=\arccos\zeta_{\rm d}-\pi$，当 $\zeta_{\rm d}\approx0$ 时，$\varphi_{\rm s}$ 值大约为 -90°。因此，由图 7-9 表示的倾斜角振荡限制图较由图7-8表示的滚转速度振荡限制图中的限制框图大约前移了 90°。这就是说，在脉冲滚转操纵情况下，对应 $\mu_{ys}^{\delta_x}$，$g/v_0+\mu_{ys}^{\omega_x}$ 的 4 种极性“搭配”的 4 个 ψ_β 区段边界值增加了 90°。

由图 7-8 和图 7-9 表示的滚转速率、滚转角幅值限制参数 $p_{振荡}/p_{平均}$ 和 $\gamma_{振荡}/\gamma_{平均}$，代表了荷兰滚模态分量与滚转模态分量之比。希望这种比值越小越好。然而，飞机气动布局的困难，不得不按驾驶员协调操纵习惯对副翼、滚转不利偏航的限制放宽，对有利偏航的限制从严。至于这些幅值限制参数的大小，是由具有丰富经验的多个试飞员评审的综合结果，本书在此不作任何讨论。

7.4　方向舵操纵响应特性分析

尽管驾驶员使用方向舵脚蹬的机会很少，但方向舵脚蹬仍有很多不同的用途。一些较为重要的用途如下：

1)完成侧风着陆——利用恒定的方向舵脚蹬诱导侧滑，或其他对准跑道中心的机动。

2)在飞行包线内任何空间利用方向舵脚蹬加大滚转速率。

3)当驾驶员的双手被其他工作占用时，例如飞机出港时，利用方向舵脚蹬抬起一侧机翼。

4)例如在侧风中进行空对地射击或者在截获目标时利用方向舵脚蹬进行跟踪。

5)对于跃升转弯或其他战术机动，获得航向或倾斜角迅速改变。

6)对于密集的编队飞行。

7)利用“前向”侧滑改善视野，例如驾驶员在串座飞机的后座进行着陆。

8)抵消由于螺旋桨扭曲、速度或马赫数变化、不对称推力和外挂物等引起的偏航力矩。

9)协调转弯进入或定常转弯。

10)滑行。

各种各样的反映，有人认为“方向舵引起飞机滚转是不需要的”，也有人认为滚转速度“每秒3度是不够的”。事实上，一架战术歼击机在尽可能大的飞行状态范围内，需要大的机动性。大迎角下，副翼或者失效或者产生不希望的耦合运动，方向舵引起的滚转就非常有利。但是对于多乘员的运输机就没有必要，使用脚蹬无耦合反应(偏航没有滚转)更能令人满意。对于上述第4)项，随空布局(CCV)飞机的试验已经表明，对于空对地武器投射中以机翼水平的转弯方式是有利的。利用脚蹬可以达到这个目的。

7.4.1　方向舵操纵控制向量

方向舵控制系数向量应为式(7-20)表征的经初等变换后的横侧向运动状态方程控制系数阵$\boldsymbol{B}'$第二列向量，即

$$\boldsymbol{b}'_2=[b'_{12}\quad b'_{22}\quad b'_{32}\quad b'_{42}]^{\mathrm{T}} \tag{7-223}$$

当考虑到变换阵$\boldsymbol{N}$的元素很小时，$\boldsymbol{b}'_2$可近似为

$$\boldsymbol{b}'_2=\begin{bmatrix}b'_{12}\\ b'_{22}\\ b'_{32}\\ b'_{42}\end{bmatrix}\approx\begin{bmatrix}b_{12}\\ b_{22}+b_{12}m_{21}+b_{42}m_{24}\\ b_{12}m_{31}+b_{42}m_{34}\\ b_{42}\end{bmatrix}=\begin{bmatrix}z^{\delta_y}\\ \mu_{xs}^{\delta_y}+z^{\delta_y}m_{21}+\mu_{ys}^{\delta_y}m_{24}\\ z^{\delta_y}m_{31}+\mu_{ys}^{\delta_y}m_{34}\\ \mu_{ys}^{\delta_y}\end{bmatrix} \tag{4-224}$$

在g/v_0，$\mu_{ys}^{\omega_x}$的绝对值比较大的情况下，方向舵控制向量$\boldsymbol{R}'\boldsymbol{b}'_2$的元素

$$r'_1\boldsymbol{b}'_2=\frac{1}{\lambda_1-\lambda_4}\left[b'_{12}(\lambda_1-a'_{44})+\frac{a'_{42}b'_{22}}{\lambda_4-\lambda_{\mathrm{R}}}+\frac{a'_{43}b'_{32}}{\lambda_1-\lambda_{\mathrm{S}}}+a'_{14}b'_{42}\right] \tag{7-225}$$

$$r'_4\boldsymbol{b}'_2=\frac{1}{\lambda_4-\lambda_1}\left[b'_{12}a'_{41}+\frac{a'_{42}(\lambda_4-a'_{11})b'_{22}}{\lambda_4-\lambda_{\mathrm{R}}}+\frac{a'_{43}(\lambda_4-a'_{11})b'_{32}}{\lambda_4-\lambda_{\mathrm{S}}}+b'_{42}(\lambda_4-a'_{11})\right] \tag{7-226}$$

$$r'_2\boldsymbol{b}'_2=\frac{1}{\lambda_{\mathrm{R}}-\lambda_{\mathrm{S}}}[b'_{22}(\lambda_{\mathrm{R}}-a'_{33})+b'_{32}a'_{23}]\approx b'_{22} \tag{7-227}$$

$$r'_3\boldsymbol{b}'_2=\frac{1}{\lambda_{\mathrm{S}}-\lambda_{\mathrm{R}}}[b'_{22}a'_{32}+b'_{32}(\lambda_{\mathrm{S}}-a'_{22})] \tag{7-228}$$

将$r'_1\boldsymbol{b}'_2$，$r'_4\boldsymbol{b}'_2$化为指数形式表示

$$r'_1\boldsymbol{b}'_2=\frac{1}{2\mathrm{j}}r_{\mathrm{d}}^{\delta_y}\mathrm{e}^{\varphi_{\mathrm{d}}^{\delta_y}} \tag{7-229}$$

$$r'_4 \boldsymbol{b}'_2 = -\frac{a'_{41}}{\lambda_4 - a'_{44}} \frac{1}{2\mathrm{j}} r_{\mathrm{d}}^{\delta_y} \mathrm{e}^{-\varphi_{\mathrm{d}}^{\delta_y}} \tag{7-230}$$

式中

$$r_{\mathrm{d}}^{\delta_y} = \frac{1}{\omega_{\mathrm{nd}} \sqrt{1-\zeta_{\mathrm{d}}^2}} \sqrt{\left[b'_{42} a'_{14} - b'_{12}(a'_{44} + \zeta_{\mathrm{d}}\omega_{\mathrm{nd}}) - \frac{b'_{22} a'_{42}(\lambda_{\mathrm{R}} + \zeta_{\mathrm{d}}\omega_{\mathrm{nd}})}{\omega_{\mathrm{nd}}^2 + 2\zeta_{\mathrm{d}}\omega_{\mathrm{nd}}\lambda_{\mathrm{R}} + \lambda_{\mathrm{R}}^2} - \frac{b'_{32} a'_{43}(\lambda_{\mathrm{S}} + \zeta_{\mathrm{d}}\omega_{\mathrm{nd}})}{\omega_{\mathrm{nd}}^2} \right]^2 + \omega_{\mathrm{nd}}^2 (1-\zeta_{\mathrm{d}}^2) \left[b'_{12} - \frac{b'_{22} a'_{42}}{\omega_{\mathrm{nd}}^2 + 2\zeta_{\mathrm{d}}\omega_{\mathrm{nd}}\lambda_{\mathrm{R}} + \lambda_{\mathrm{R}}^2} - \frac{b'_{32} a'_{43}}{\omega_{\mathrm{nd}}^2} \right]^2}$$

$$\varphi_{\mathrm{d}}^{\delta_y} = \arctan \frac{\omega_{\mathrm{nd}} \sqrt{1-\zeta_{\mathrm{d}}^2} \left[b'_{12} - \dfrac{b'_{22} a'_{42}}{\omega_{\mathrm{nd}}^2 + 2\zeta_{\mathrm{d}}\omega_{\mathrm{nd}}\lambda_{\mathrm{R}} + \lambda_{\mathrm{R}}^2} - \dfrac{b'_{32} a'_{43}}{\omega_{\mathrm{nd}}^2} \right]}{b'_{42} a'_{14} - b'_{12}(a'_{44} + \zeta_{\mathrm{d}}\omega_{\mathrm{nd}}) - \dfrac{b'_{22} a'_{42}(\lambda_{\mathrm{R}} + \zeta_{\mathrm{d}}\omega_{\mathrm{nd}})}{\omega_{\mathrm{nd}}^2 + 2\zeta_{\mathrm{d}}\omega_{\mathrm{nd}}\lambda_{\mathrm{R}} + \lambda_{\mathrm{R}}^2} - \dfrac{b'_{32} a'_{43}(\lambda_{\mathrm{S}} + \zeta_{\mathrm{d}}\omega_{\mathrm{nd}})}{\omega_{\mathrm{nd}}}}$$

最后，定义

$$r_{\mathrm{R}}^{\delta_y} = r'_2 b'_2 \tag{7-231}$$

$$r_{\mathrm{S}}^{\delta_y} = r'_3 b'_2 \tag{7-232}$$

7.4.2 方向舵阶跃操纵的响应函数

由式(7-230)～式(7-232)表示的方向舵控制向量的幅值与相位角对应于脉冲方向舵操纵指令激起的横侧向各运动模态的幅值和相位。依据这些控制向量参数和7.3.1节中所述横侧向各运动模态在各状态变量中的分布比例和相位差，可以得到方向舵单位阶跃操纵的响应函数

$$\beta(t) = \frac{r_{\mathrm{d}}^{\delta_y}}{\omega_{\mathrm{nd}}} \mathrm{e}^{-\zeta_{\mathrm{d}}\omega_{\mathrm{nd}} t} \sin(\omega_{\mathrm{nd}} \sqrt{1-\zeta_{\mathrm{d}}^2}\, t + \varphi_{\mathrm{d}}^{\delta_y} + \varphi_{\mathrm{d}}) + \frac{r_{\mathrm{R}}^{\delta_y} K_{\mathrm{R}}^{\beta}}{\lambda_{\mathrm{R}}} (\mathrm{e}^{\lambda_{\mathrm{R}} t} - 1) + \frac{r_{\mathrm{S}}^{\delta_y} K_{\mathrm{S}}^{\beta}}{\lambda_{\mathrm{S}}} (\mathrm{e}^{\lambda_{\mathrm{S}} t} - 1) + c_{\beta\mathrm{d}}^{\delta_y} \tag{7-233}$$

$$\omega_{xs}(t) = \frac{r_{\mathrm{R}}^{\delta_y}}{\lambda_{\mathrm{R}}} (\mathrm{e}^{\lambda_{\mathrm{R}} t} - 1) + \frac{r_{\mathrm{S}}^{\delta_y} K_{\mathrm{S}}^{\omega_x}}{\lambda_{\mathrm{S}}} (\mathrm{e}^{\lambda_{\mathrm{S}} t} - 1) + \frac{r_{\mathrm{d}}^{\delta_y} K_{\mathrm{d}}^{\omega_x}}{\omega_{\mathrm{nd}}} \mathrm{e}^{-\zeta_{\mathrm{d}}\omega_{\mathrm{nd}} t} \sin(\omega_{\mathrm{nd}} \sqrt{1-\zeta_{\mathrm{d}}^2}\, t + \varphi_{\mathrm{d}}^{\delta_y} + \varphi_{\mathrm{d}}^{\omega_x} + \varphi_{\mathrm{d}}) + c_{\omega_x s}^{\delta_y} \tag{7-234}$$

$$\gamma_s(t) = \frac{r_{\mathrm{S}}^{\delta_y}}{\lambda_{\mathrm{S}}} (\mathrm{e}^{\lambda_{\mathrm{S}} t} - 1) + \frac{r_{\mathrm{R}}^{\delta_y} K_{\mathrm{R}}^{\gamma}}{\lambda_{\mathrm{R}}} (\mathrm{e}^{\lambda_{\mathrm{R}} t} - 1) + \frac{r_{\mathrm{d}}^{\delta_y} K_{\mathrm{d}}^{\gamma}}{\omega_{\mathrm{nd}}} \mathrm{e}^{-\zeta_{\mathrm{d}}\omega_{\mathrm{nd}} t} \sin(\omega_{\mathrm{nd}} \sqrt{1-\zeta_{\mathrm{d}}^2}\, t + \varphi_{\mathrm{d}}^{\delta_y} + \varphi_{\mathrm{d}}^{\gamma} + \varphi_{\mathrm{d}}) + c_{\gamma_{\mathrm{d}}}^{\delta_y} \tag{7-235}$$

$$\omega_{ys}(t) = \frac{r_{\mathrm{d}}^{\delta_y} K_{\mathrm{d}}^{\omega_y}}{\omega_{\mathrm{nd}}} \mathrm{e}^{-\zeta_{\mathrm{d}}\omega_{\mathrm{nd}} t} \sin(\omega_{\mathrm{nd}} \sqrt{1-\zeta_{\mathrm{d}}^2}\, t + \varphi_{\mathrm{d}}^{\delta_y} + \varphi_{\mathrm{d}}^{\omega_y} + \varphi_{\mathrm{d}}) + c_{\omega_y \mathrm{d}}^{\delta_y} + \frac{r_{\mathrm{R}}^{\delta_y} K_{\mathrm{R}}^{\omega_y}}{\lambda_{\mathrm{R}}} (\mathrm{e}^{\lambda_{\mathrm{R}} t} - 1) + \frac{r_{\mathrm{S}}^{\delta_y} K_{\mathrm{S}}^{\omega_y}}{\lambda_{\mathrm{S}}} (\mathrm{e}^{\lambda_{\mathrm{S}} t} - 1) \tag{7-236}$$

式中，除 $r_{\mathrm{d}}^{\delta_y}$，$\varphi_{\mathrm{d}}^{\delta_y}$ 由式(7-230)定义；$r_{\mathrm{R}}^{\delta_y}$，$r_{\mathrm{S}}^{\delta_y}$ 分别由式(7-231)、式(7-232)表示外，其他参数分别为

$$c_{\beta\mathrm{d}}^{\delta_y} = \frac{1}{\omega_{\mathrm{nd}}^2} \left[b'_{42} - b'_{12} a'_{44} - \frac{a'_{42} b'_{22}(2\zeta_{\mathrm{d}}\omega_{\mathrm{nd}} + \lambda_{\mathrm{R}})}{\omega_{\mathrm{nd}}^2 + 2\zeta_{\mathrm{d}}\omega_{\mathrm{nd}}\lambda_{\mathrm{R}} + \lambda_{\mathrm{R}}^2} - \frac{a'_{43} b'_{32} \times 2\zeta_{\mathrm{d}}\omega_{\mathrm{nd}}}{\omega_{\mathrm{nd}}^2} \right]$$

$$c_{\omega_x \mathrm{d}}^{\delta_y} = \frac{1}{\omega_{\mathrm{nd}}^2} (m_{24} a'_{11} - m_{21}) \left[b'_{42} - b'_{12} a'_{44} - \frac{a'_{42} b'_{22}(2\zeta_{\mathrm{d}}\omega_{\mathrm{nd}} + \lambda_{\mathrm{R}})}{\omega_{\mathrm{nd}}^2 + 2\zeta_{\mathrm{d}}\omega_{\mathrm{nd}}\lambda_{\mathrm{R}} + \lambda_{\mathrm{R}}^2} - \frac{a'_{43} b'_{32}}{\omega_{\mathrm{nd}}^2} \right] - m_{24} \left[\frac{a'_{42} b'_{22}}{\omega_{\mathrm{nd}}^2 + 2\zeta_{\mathrm{d}}\omega_{\mathrm{nd}}\lambda_{\mathrm{R}} + \lambda_{\mathrm{R}}^2} + \frac{a'_{43} b'_{32}}{\omega_{\mathrm{nd}}^2} \right]$$

$$c_{\gamma\mathrm{d}}^{\delta_y} = \frac{1}{\omega_{\mathrm{nd}}^2} (m_{31} a'_{11} - m_{31}) \left[b'_{42} - b'_{12} a'_{44} - \frac{a'_{42} b'_{22}(2\zeta_{\mathrm{d}}\omega_{\mathrm{nd}} + \lambda_{\mathrm{R}})}{\omega_{\mathrm{nd}}^2 + 2\zeta_{\mathrm{d}}\omega_{\mathrm{nd}}\lambda_{\mathrm{R}} + \lambda_{\mathrm{R}}^2} + \frac{a'_{43} b'_{32}}{\omega_{\mathrm{nd}}^2} \right] - m_{34} \left[\frac{a'_{42} b'_{22}}{\omega_{\mathrm{nd}}^2 + 2\zeta_{\mathrm{d}}\omega_{\mathrm{nd}}\lambda_{\mathrm{R}} + \lambda_{\mathrm{R}}^2} + \frac{a'_{43} b'_{32}}{\omega_{\mathrm{nd}}^2} \right]$$

$$c_{\omega_y \mathrm{d}}^{\delta_y} = \frac{a'_{11}}{\omega_{\mathrm{nd}}^2} \left[b'_{12} a'_{44} - b'_{42} + \frac{a'_{42} b'_{22}(2\zeta_{\mathrm{d}}\omega_{\mathrm{nd}} + \lambda_{\mathrm{R}})}{\omega_{\mathrm{nd}}^2 + 2\zeta_{\mathrm{d}}\omega_{\mathrm{nd}}\lambda_{\mathrm{R}} + \lambda_{\mathrm{R}}^2} + \frac{a'_{43} b'_{32}}{\omega_{\mathrm{nd}}^2} \right] - \frac{a'_{42} b'_{22}}{\omega_{\mathrm{nd}}^2 + 2\zeta_{\mathrm{d}}\omega_{\mathrm{nd}}\lambda_{\mathrm{R}} + \lambda_{\mathrm{R}}^2} - \frac{a'_{43} b'_{32}}{\omega_{\mathrm{nd}}^2}$$

7.4.3 方向舵操纵响应特性分析

方向舵操纵主要激起荷兰滚模态运动，对于滚转、螺旋模态的影响不明显。对于各状态变量响应来说，方向舵操纵主要引起侧滑角 β 和稳定轴系的偏航角速率 ω_{ys} 响应，且在 β，ω_{ys} 响应中主要包含荷兰滚振荡分

量。尤其是当 g/v_0，$\mu_{ys}^{\omega_x}$ 近似为零时，a'_{42}，a'_{43}都近似为零，并由式（4－157）、式(4－158)、式(4－160)、式(4－161)可知，K_R^β，K_S^β，$K_R^{\omega_y}$，$K_S^{\omega_y}$ 等分布系数也近似为零。这就是说，在单独方向舵操纵情况下，β，ω_{ys} 响应中主要包含荷兰滚振荡分量。

将偏航速率反馈到方向舵作为一种方法来衰减荷兰滚振荡，即增大荷兰滚阻尼比 ζ_d，它的有效性通常取决于偏航速率-方向舵传递函数的二次零极点偶零点的位置。由式(7－237)表示的 ω_{ys}-δ_y 传递函数的分子为

$$N_{\omega_{ys}}^{\delta_y}=\mu_{ys}^{\delta_y}\left\{s^3+\left(\frac{\mu_{xs}^{\delta_y}}{\mu_{ys}^{\delta_y}}\mu_{ys}^{\omega_x}+\frac{z^{\delta_y}}{\mu_{ys}^{\delta_y}}\mu_{ys}^{\beta}-z^{\beta}-\mu_{xs}^{\omega_x}\right)s^2+\left[z^{\beta}\mu_{xs}^{\omega_x}-\frac{\mu_{xs}^{\delta_y}}{\mu_{ys}^{\delta_y}}\mu_{ys}^{\omega_x}z^{\beta}+\frac{z^{\delta_y}}{\mu_{ys}^{\delta_y}}(\mu_{xs}^{\beta}\mu_{ys}^{\omega_x}-\mu_{ys}^{\beta}\mu_{xs}^{\omega_x})\right]s-g/v_0\left(\mu_{xs}^{\beta}-\frac{\mu_{xs}^{\delta_y}}{\mu_{ys}^{\delta_y}}\mu_{ys}^{\beta}\right)\right\}\approx\mu_{ys}^{\delta_y}\left(s+\frac{1}{\tau_r}\right)(s^2+2\zeta_r\omega_r s+\omega_r^2)\tag{7-237}$$

式中

$$\left.\begin{aligned}&\omega_r^2=g/v_0\left(\mu_{xs}^{\beta}-\frac{\mu_{xs}^{\delta_y}}{\mu_{ys}^{\delta_y}}\mu_{ys}^{\beta}\right)\frac{1}{\mu_{xs}^{\omega_x}},\quad 1/\tau_r=-\mu_{xs}^{\omega_x}\\&2\zeta_r\omega_r=-z^{\beta}\left(1-\frac{\mu_{ys}^{\delta_y}\mu_{ys}^{\omega_x}}{\mu_{ys}^{\delta_y}\mu_{xs}^{\omega_x}}\right)+\frac{z^{\delta_y}}{\mu_{ys}^{\delta_y}}\left(\mu_{ys}^{\beta}-\mu_{xs}^{\beta}\frac{\mu_{ys}^{\omega_x}}{\mu_{xs}^{\omega_x}}+\frac{g}{v_0}\left(\mu_{xs}^{\beta}-\frac{\mu_{xs}^{\delta_y}}{\mu_{ys}^{\delta_y}}\mu_{ys}^{\beta}\right)\right)\frac{1}{{\mu_{xs}^{\omega_x}}^2}\end{aligned}\right\}\tag{7-238}$$

通常情况下，ω_r 显著低于 ω_{nd}，反馈到方向舵的偏航速率对于增加荷兰滚振荡阻尼是有效的；但在低速、大迎角或对于绝对值小的$\mu_{xs}^{\omega_x}$ 和(或)大的μ_{xs}^{β} 的飞行状态，ω_r 接近于 ω_{nd}，即是稳定轴系的偏航速率反馈到方向舵，以衰减荷兰滚振荡也是无效的。系统分析如图 7－11 所示。

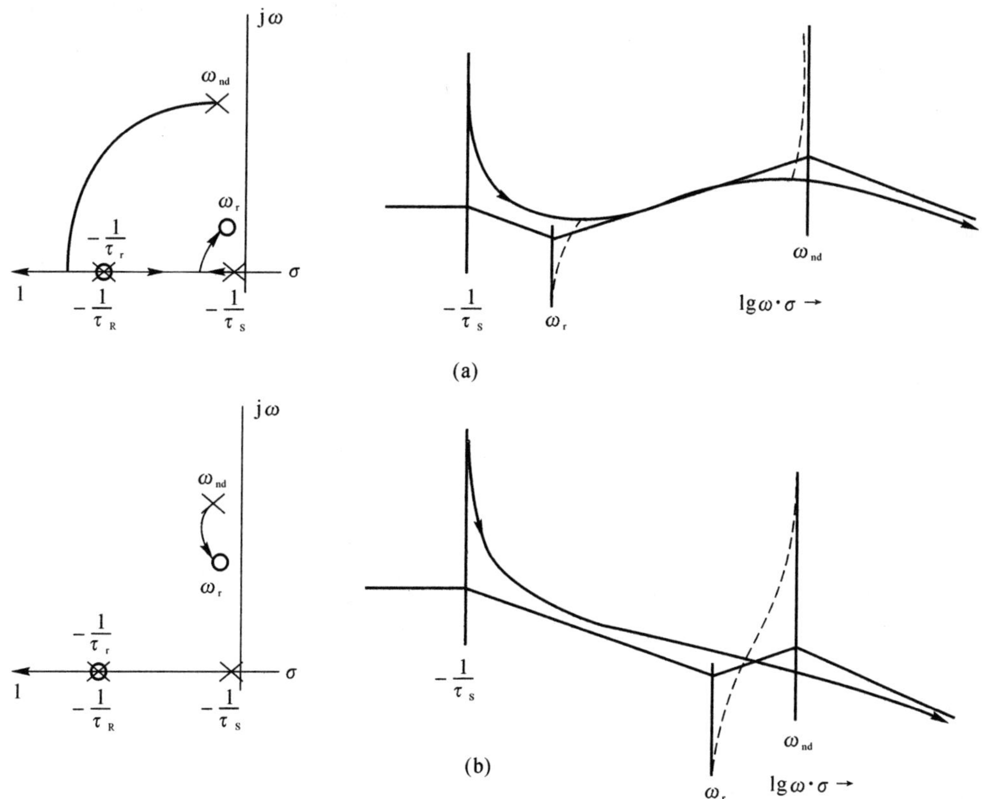

图 7－11　对 $\omega_{ys}\to\delta_y$ 偏航阻尼器系统的闭环分析

(a) $\frac{\omega_r}{\omega_{nd}}<0.3$；　(b) $\frac{\omega_r}{\omega_{nd}}\to 1$

只有当 $\omega_r \ll \omega_{nd}$ 时，偏航速率-方向舵使衰减荷兰滚振荡成为可能。进一步分析说明，反馈回路中的高通网络（它降低由于偏航速率反馈引起的低频负偏航作用）的有效性只在 $\omega_r/\omega_{nd} \leqslant 0.3$ 和高通时间数 $T_{w\omega} \geqslant \frac{1}{\omega_r}$（一般情况）时才能达到。但若 $T_{w\omega} = \frac{1}{\omega_r}$ 趋近于 $\frac{1}{\omega_{nd}}$ 时，带有高通网络的 ω_{ys} 反馈对于增加荷兰滚振荡阻尼的作用不大。后一种情况是在进场着陆中普遍遇到的，这时平飞迎角大或者机动飞行中迎角和过载都大。

为了改善由于 ω_r 不够小带来的问题，可通过滚转速率反馈到副翼以人工的办法增加滚转速率导数 $\mu_{xs}^{\omega_x}$，从而减小 ω_r。这种方法的效果可以通过带有滚转阻尼器回路的 ω_{ys}/δ_y 的分子来理解，在此不作赘述。

在方向舵操纵响应特性分析中，最后应该讨论的是，某规范在荷兰滚振荡阻尼判据中，除对 ζ_d 有最小值要求外，对荷兰滚振荡绝对阻尼 $\zeta_d\omega_{nd}$ 也给出了最小值要求。而且，当 $\omega_{nd}^2 \mid \frac{\varphi}{\beta} \mid_d$ 大于 $20(\text{rad/s})^2$ 时，$\zeta_d\omega_{nd}$ 的最小值在某给定数值的基础上增加一个值

$$\Delta\zeta_d\omega_{nd} = K(\omega_{nd}^2 \mid \phi \mid \beta \mid_d - 20) \tag{7-239}$$

式中，K 随等级要求而异。这表明了该规范的制作者充分注意到了方向舵脚蹬操纵和侧风干扰等任何形式的横侧向输入，不应使飞机具有很大的滚转角加速度。如果存在这种大的滚转角加速度，依滚转角加速度的大小，该规范按线性关系增加荷兰滚振荡的绝对阻尼 $\zeta_a\omega_{nd}$，以使这种使人不舒服的角加速度很快被衰减。同时，驾驶员在侧风着陆中，利用方向舵脚蹬使飞机机头迅速对准跑道，且不至于出现较大的倾斜角。

7.5 飞机对侧风干扰响应特性的分析

如第 5 章所述，利用风速干扰的阶跃响应可以得到控制器设计的某些依据。可以利用某些状态变量的稳态值，确定哪些状态用来抑制低频范围的扰动，在什么地方加入稳态精度控制器；也可以根据某些变量响应中有限的初始值或剧烈的变化量作为这些风速干扰的最早信息，确定抑制高频（随机的）阵风干扰的最好状态反馈和滤波器结构。

在侧风干扰响应函数分析中，采用了按稳定轴系建立的横侧向运动状态方程。因为稳定轴系与机体轴系的 z 轴共轴，不改变由式(5-93)定义的 β_W 干扰的表达式。为了简单、直观地分析、研究侧风对飞机横侧向运动的影响，本节仅仅推导 β_W 干扰的响应函数。

依据式(5-111)，得到 β_W 干扰时按稳定轴系建立的横侧向运动状态方程

$$\begin{bmatrix} \dot{\beta} \\ \dot{\omega}_{xs} \\ \dot{r}_s \\ \dot{\omega}_{ys} \end{bmatrix} = \begin{bmatrix} z^{\beta} & 0 & g/v_0 & 1 \\ \mu_{xs}^{\beta} & \mu_{xs}^{\omega_x} & 0 & \mu_{xs}^{\omega_y} \\ 0 & 1 & 0 & 0 \\ \mu_{ys}^{\beta} & \mu_{ys}^{\omega_x} & 0 & \mu_{ys}^{\omega_y} \end{bmatrix} \begin{bmatrix} \beta \\ \omega_{xs} \\ r_s \\ \omega_{ys} \end{bmatrix} + \begin{bmatrix} 1 \\ 0 \\ 0 \\ 0 \end{bmatrix} \dot{\beta}_W \tag{7-240}$$

式中，$\beta = \beta_d + \beta_W$。只有在有限时间内，存在等风速度，因此阶跃风速表征的是一种抽象概念。如果 β_W 代表单位阶跃侧风速度，即 $\beta_W = -W_{zh}/v_0$，那么 $\dot{\beta}_W$ 将表征单位脉冲侧风加速度，即 $\dot{\beta}_W = -\dot{W}_{zh}/v_0$。单位脉冲 $\dot{\beta}_W$ 干扰也可以用侧滑角初始值干扰来代替。

当按照 7.1 节所述初等变换后的横侧向状态方程分析 β_W 干扰下的飞机响应特性，那么单位脉冲 $\dot{\beta}_W$ 干扰（或单位阶跃 β_W 干扰）的控制系数向量为

$$\boldsymbol{b}'_3 = [b'_{13} \quad b'_{23} \quad b'_{33} \quad b'_{43}]^{\mathrm{T}} = [1 \quad m_{21} \quad m_{31} \quad 0]^{\mathrm{T}}$$

这样一来，得到 $\dot{\beta}_W$ 干扰控制向量 $\boldsymbol{R}'\boldsymbol{b}'_3$ 的各元素

$$r'_1\boldsymbol{b}'_3 = \frac{1}{\lambda_1 - \lambda_4}\left[(\lambda_1 - a'_{44}) + \frac{a'_{42}m_{21}}{\lambda_1 - \lambda_R} + \frac{a'_{43}m_{31}}{\lambda_1 - \lambda_S}\right] \tag{7-241}$$

$$r_4\boldsymbol{b}'_3 = \frac{1}{\lambda_4 - \lambda_1}\left[a'_{41} + \frac{a'_{42}(\lambda_4 - a'_{11})m_{21}}{\lambda_4 - \lambda_R} + \frac{a'_{43}(\lambda_4 - a'_{11})m_{31}}{\lambda_4 - \lambda_S}\right] \tag{7-242}$$

$$r'_2\boldsymbol{b}'_3=\frac{1}{\lambda_R-\lambda_S}[m_{21}(\lambda_R-a'_{33})+m_{31}a'_{23}] \tag{7-243}$$

$$r'_3\boldsymbol{b}'_3=\frac{1}{\lambda_S-\lambda_R}[m_{21}a'_{32}+m_{31}(\lambda_S-a'_{22})] \tag{7-244}$$

将 $r'_1\boldsymbol{b}'_3$，$r'_4\boldsymbol{b}'_3$ 化为指数形式表示：

$$r'_1\boldsymbol{b}'_3=\frac{1}{2j}r_d^{\beta_W}e^{\varphi_d^{\beta_W}} \tag{7-245}$$

$$r'_4\boldsymbol{b}'_3=-\frac{a'_{41}}{\lambda_4-a'_{44}}\frac{1}{2j}\gamma_d^{\beta_W}e^{-\varphi_d^{\beta_W}} \tag{7-246}$$

式中

$$r_d^{\beta_w}=\frac{1}{\omega_{nd}\sqrt{1-\zeta_d^2}}\sqrt{\left[-(a'_{44}+\zeta_d\omega_{nd})-\frac{m_{21}a'_{42}(\lambda_R+\zeta_d\omega_{nd})}{\omega_{nd}^2+2\zeta_d\omega_{nd}\lambda_R+\lambda_R^2}-\frac{m_{31}a'_{43}(\lambda_S+\zeta_d\omega_{nd})}{\omega_{nd}^2}\right]^2+\omega_{nd}^2(1-\zeta_d^2)\left[1-\frac{m_{21}a'_{42}}{\omega_{nd}^2+2\zeta_d\omega_{nd}\lambda_R+\lambda_R^2}-\frac{m_{31}a'_{43}}{\omega_{nd}^2}\right]^2}\approx 1$$

$$\varphi_d^{\beta_W}=\arctan\frac{\omega_{nd}\sqrt{1-\zeta_d^2}\left[1-\dfrac{m_{21}a'_{42}}{\omega_{nd}^2+2\zeta_d\omega_{nd}\lambda_R+\lambda_R^2}-\dfrac{m_{31}a'_{43}}{\omega_{nd}^2}\right]}{-(a'_{44}+\zeta_d\omega_{nd})-\dfrac{m_{21}a'_{42}(\lambda_R+2\zeta_d\omega_{nd})}{\omega_{nd}^2+2\zeta_d\omega_{nd}\lambda_R+\lambda_R^2}-\dfrac{m_{31}a'_{43}(\lambda_S-\zeta_d\omega_{nd})}{\omega_{nd}^2}}\approx\arctan\frac{\omega_{nd}\sqrt{1-\zeta_d^2}}{-a'_{44}-\zeta_d\omega_{nd}}\approx\frac{\pi}{2}$$

并且定义

$$r_R^{\beta_W}=r'_2\boldsymbol{b}'_3\approx m_{21}=\frac{\mu_{xs}^{\beta}\mu_{xs}^{\omega_x}}{-\mu_{ys}^{\beta}+\mu_{xs}^{\omega_x}(\mu_{xs}^{\omega_x}-z^{\beta}-\mu_{ys}^{\omega_y})} \tag{7-247}$$

$$r_S^{\beta_W}=r'_3\boldsymbol{b}'_3\approx-\frac{m_{21}}{\lambda_R}-m_{31}\approx 0 \tag{7-248}$$

这样一来，得到单位阶跃 β_W 干扰的状态变量响应函数

$$\beta(t)=r_d^{\beta_W}e^{-\zeta_d\omega_{nd}t}\sin(\omega_{nd}\sqrt{1-\zeta_d^2}\,t+\varphi_d^{\beta_W})+r_R^{\beta_W}K_R^{\beta}e^{\lambda_R t}+r_S^{\beta_W}K_S^{\beta}e^{\lambda_S t}-1 \tag{7-249}$$

$$\omega_{xs}(t)=r_R^{\beta_W}e^{\lambda_R t}+r_S^{\beta_W}K_S^{\omega_x}e^{\lambda_S t}+r_d^{\beta_W}K_d^{\omega_x}e^{-\zeta_d\omega_{nd}t}\sin(\omega_{nd}\sqrt{1-\zeta_d^2}\,t+\varphi_d^{\beta_W}+\varphi_d^{\omega_x}) \tag{7-250}$$

$$r_s(t)=r_S^{\beta_W}e^{\lambda_S t}+r_R^{\beta_W}K_R^{\gamma}e^{\lambda_R t}+r_d^{\beta_W}K_d^{\gamma}e^{-\zeta_d\omega_{nd}t}\sin(\omega_{nd}\sqrt{1-\zeta_d^2}\,t+\varphi_d^{\beta_W}+\varphi_d^{\gamma}) \tag{7-251}$$

$$\omega_{ys}(t)=r_d^{\beta_W}K_d^{\omega_y}e^{-\zeta_d\omega_{nd}t}\sin(\omega_{nd}\sqrt{1-\zeta_d^2}\,t+\varphi_d^{\beta_W}+\varphi_d^{\omega_y})+r_R^{\beta_W}K_R^{\omega_y}e^{\lambda_R t}+r_S^{\beta_W}K_S^{\omega_y}e^{\lambda_S t} \tag{7-252}$$

由于

$$\omega_{nd}^2\approx-\mu_{ys}^{\beta},\quad 2\zeta_d\omega_{nd}\approx-z^{\beta}-\mu_{ys}^{\omega_y},\quad \tau_R\approx-\frac{1}{\mu_{xs}^{\omega_x}},\quad 2\zeta_d\omega_{nd}\tau_R\ll 1$$

$$r_R^{\beta_W}=m_{21},\quad r_d^{\beta_W}\approx 1,\quad \varphi_d^{\beta_w}\approx\frac{\pi}{2},\quad r_S^{\beta_W}\approx 0,\quad K_R^{\gamma}\approx\frac{m_{31}}{m_{21}}$$

$$m_{31}\approx\frac{\mu_{xs}^{\beta}}{\omega_{nd}^2\left[1+\dfrac{1-2\zeta_d\omega_{nd}\tau_R}{(\omega_{nd}\tau_R)^2}\right]},\quad m_{21}=m_{31}\tau_R$$

$$K_d^{r}=|\phi/\beta|_d=-\frac{\mu_{xs}^{\beta}}{\omega_{nd}^2\sqrt{1+\dfrac{1-2\zeta_d\omega_{nd}\tau_R}{(\omega_{nd}\tau_R)^2}}},\quad K_d^{\omega_x}=\frac{K_d^{\gamma}}{\omega_{nd}}$$

并考虑到分别由式(7-77)、式(7-78)表示的 $\varphi_d^{\omega_x}$，φ_d^{γ} 近似式，得到单位阶跃 β_W 干扰下，r_s，ω_{xs} 和 $\dot{\omega}_{xs}$ 的响应函数近似式

$$r_s(t)\approx-|\varphi/\beta|_d\left\{\frac{\omega_{nd}\tau_R}{\sqrt{1+(\omega_{nd}\tau_R)^2}}e^{-\frac{t}{\tau_R}}+e^{-\zeta_d\omega_{nd}t}\sin[\omega_{nd}\sqrt{1-\zeta_d^2}\,t-\arctan(\omega_{nd}\tau_R)]\right\} \tag{7-253}$$

$$\omega_{xs}(t)\approx\omega_{nd}\,|\varphi/\beta|_d\left\{\frac{1}{\sqrt{1+(\omega_{nd}\tau_R)^2}}e^{-\frac{t}{\tau_R}}-e^{-\zeta_d\omega_{nd}t}\sin[\omega_{nd}\sqrt{1-\zeta_d^2}\,t-\arctan(\omega_{nd}\tau_R)+\arccos\zeta_d]\right\} \tag{7-254}$$

$$\dot{\omega}_{xs}(t) \approx -\omega_{\mathrm{nd}}^2 \mid \varphi/\beta \mid_{\mathrm{d}} \left\{ \frac{1}{\omega_{\mathrm{nd}}\tau_{\mathrm{R}}\sqrt{1+(\omega_{\mathrm{nd}}\tau_{\mathrm{R}})^2}} \mathrm{e}^{-\frac{t}{\tau_{\mathrm{R}}}} + \mathrm{e}^{-\zeta_{\mathrm{d}}\omega_{\mathrm{nd}}t} \sin\left[\omega_{\mathrm{nd}}\sqrt{1-\zeta_{\mathrm{d}}^2}\, t - \arctan(\omega_{\mathrm{nd}}\tau_{\mathrm{R}}) + 2\arccos\zeta_{\mathrm{d}}\right] \right\} \tag{7-255}$$

这就是说，在阶跃侧风($\beta_W = -57.3\dfrac{W_{zh}}{v_0}$) 干扰情况下，尽管未能引起滚转角、滚转角速率和侧滑角静态误差，但是飞机机头指向相对静止大气来说偏离一个称为偏流角的角度，它等于 $-\beta_W$。当飞机在进场着陆时，如果遇到这种侧风，飞机机头不能指向跑道方向，飞机不能沿跑道飞行或滑行。驾驶员必须使方向舵脚蹬修正这个偏流角，并且使用驾驶杆修正由于侧风和方向舵操纵引起的飞机倾斜角。

在侧风干扰情况下，飞机滚转角、滚转角速率和滚转角加速度的最大幅值分别与 $\mid \phi/\beta \mid_{\mathrm{d}}$，$\omega_{\mathrm{nd}} \mid \phi/\beta \mid_{\mathrm{d}}$，$\omega_{\mathrm{nd}}^2 \mid \phi/\beta \mid_{\mathrm{d}}$ 成正比。为了限制侧风引起的滚转角加速度，某规范给出了随 $\omega_{\mathrm{nd}}^2 \mid \phi/\beta \mid_{\mathrm{d}}$ 成比例的最小荷兰滚阻尼 $\zeta_{\mathrm{d}}\omega_{\mathrm{nd}}$ 的要求，其用意在于：如果出现较大的滚转角加速度，大的荷兰滚振荡阻尼使这种滚转角加速度很快衰减掉。与输入形式无关的 $\mid \phi/\beta \mid_{\mathrm{d}}$ 值是侧风干扰引起的滚转角、滚转角速度和滚转角加速度幅值的放大系数。由式(7-81) 可知，如果利用横侧向飞行控制系统，人工增加 μ_{ys}^{β} 和减小 μ_{xs}^{β} 的绝对值，便可有效地减小 $\mid \phi/\beta \mid_{\mathrm{d}}$。因此，利用方向舵通道引入 β 负反馈和通过副翼通道引入 β 正反馈，是改善侧风干扰响应特性的好办法。

第 8 章　飞机飞行动力学非线性特性分析

本篇前两章研究的是飞机线性系统的动力学问题。在飞机的构形对称、基准运动为对称定直飞行和受到的外部扰动是小扰动的条件下，飞机的运动方程可分为彼此独立的纵向和横侧向两组，这就是飞机小扰动线化方程。它们的状态方程分别由式(5-1)、式(5-2)或式(5-3)表示。这两组方程分别研究了飞机纵向运动和横侧向运动的稳定性、模态特性和响应特性。在模态特性和响应特性分析中，主要是以状态空间法进行的。但是，飞机在实际飞行中，有时基准运动不是定直飞行的，受到的外部扰动(包括操纵和干扰)也不是小扰动的运动。比如急滚惯性交感运动和尾旋运动就是两个典型的非对称定直飞行和大扰动运动的例子。这些运动是六自由度的空间运动，其中纵向运动和横侧向运动相互耦合，不能分开分析，而应采用未经线性化的原始方程联立求解。这些方程可化为标准的一阶微分方程形式，即所谓的飞机六自由度运动方程。用机体轴系描述的飞机六自由度运动方程为

$$\left.\begin{aligned}
\frac{\mathrm{d}v}{\mathrm{d}t} &= \frac{P}{m} - \frac{Q}{m}\cos\alpha\cos\beta + \frac{Y}{m}\sin\alpha - g\sin\vartheta \\
\frac{\mathrm{d}\alpha}{\mathrm{d}t} &= \omega_z - \beta\omega_x - \frac{Y}{mv}\cos\alpha - \frac{Q}{mv}\sin\alpha + \frac{g}{v}\cos\vartheta\cos\gamma \\
\frac{\mathrm{d}\beta}{\mathrm{d}t} &= \omega_y + \alpha\omega_x + Z + \frac{g}{v}\cos\vartheta\sin\gamma \\
\frac{\mathrm{d}\omega_x}{\mathrm{d}t} &= B_y\omega_y\omega_z - B_{xy}\omega_x\omega_z + \mu_x \\
\frac{\mathrm{d}\omega_y}{\mathrm{d}t} &= B_{xy}\omega_y\omega_z - B_x\omega_x\omega_z + \mu_y \\
\frac{\mathrm{d}\omega_z}{\mathrm{d}t} &= B_z\omega_x\omega_y + \frac{J_{xy}}{J_z}(\omega_x^2 - \omega_y^2) + \mu_z + \mu_z^{\dot{\alpha}}\dot{\alpha} + \mu_z^{\omega_z}\omega_z \\
\frac{\mathrm{d}\gamma}{\mathrm{d}t} &= \omega_x - \tan\vartheta(\omega_y\cos\gamma - \omega_z\sin\gamma) \\
\frac{\mathrm{d}\vartheta}{\mathrm{d}t} &= \omega_y\sin\gamma + \omega_z\cos\gamma \\
\frac{\mathrm{d}\psi}{\mathrm{d}t} &= \frac{1}{\cos\vartheta}(\omega_y\cos\gamma - \omega_z\sin\gamma)
\end{aligned}\right\} \tag{8-1}$$

式中

$$B_x = \frac{J_x^2 - J_xJ_z + J_{xy}^2}{J_xJ_y - J_{xy}^2},\quad B_y = \frac{J_y^2 - J_yJ_z + J_{xy}^2}{J_xJ_y - J_{xy}^2}$$

$$B_{xy} = \frac{J_{xy}(J_x + J_y - J_z)}{J_xJ_y - J_{xy}^2},\quad B_z = \frac{J_x - J_y}{J_z}$$

P 为发动机推力；

$Q = (C_x + \Delta C_{xH})qS$(kgf[①])，且 $c_x = f(\alpha, \delta_z)$；

$Y = C_y qS$(kgf)，且 $c_y = f(\alpha, \delta_z)$；

$Z = z^\beta\beta + Z(\delta_x) + Z(\delta_y)$，且 $Z(\delta_x) = c_z(\delta_x)qS$，$Z(\delta_y) = c_z(\delta_y)qS$；

① 1 kgf = 9.8 N

$\mu_x = \mu_x^\beta \beta + \mu_x^{\omega_x}\omega_x + \mu_x^{\omega_y}\omega_y + \mu_x(\delta_x) + \mu_x(\delta_y)$ (rad/s)；

$\mu_y = \mu_y^\beta \beta + \mu_y^{\omega_x}\omega_x + \mu_y^{\omega_y}\omega_y + \mu_y(\delta_x) + \mu_y(\delta_y)$ (rad/s)；

$\mu_z = m_z \dfrac{qSb_A}{J_z}$ (rad/s)，且 $\mu_i(\delta_i) = \left[m_i(\delta_i) + m_j(\delta_i)\dfrac{J_{xy}}{J_y}\right]\dfrac{qSl}{J_i \Lambda}$ (rad/s^2)；

$\mu_i(\delta_j) = \left[m_i(\delta_j) + m_j(\delta_j)\dfrac{J_{xy}}{J_y}\right]\dfrac{qSl}{J_i}$ (rad/s^2)；

$i = x, y \quad j = y, x; \quad \Lambda = 1 - \dfrac{J_{xy}^2}{J_x J_y}$。

给定初始条件(包括高度、马赫数、姿态角等)和操纵形式、操纵规律之后，利用数字计算机和合适的计算方法——多维插值系数计算法和龙格-库塔积分法求解由式(8-1)表示的一阶变系数非线性微分方程组，便可获得描述飞机相应空间运动的12个变量(状态变量和输出变量)$v, \alpha, \beta, x_d, y_d$(即 H)，$z_d, \omega_x, \omega_y, \omega_z$ 和 ϑ, γ, ψ 随时间变化的历程。非线性系统的稳定性分析相对线性系统来说是复杂的，本章节第1节试图利用参数冻结法按泰勒级数取一次近似，将一个非线性系统的稳定性分析，变为一个线性系统处理，这对于稳定性分析来说也是合理的。本章除对滚转-俯仰-偏航耦合和失速、尾旋的物理成因作简要介绍外，还将对急滚中的惯性交感和大迎角飞行中失速的稳定性作简单分析。

8.1 飞机惯性耦合稳定性分析

8.1.1 急滚中惯性耦合的物理概念

某规范对于飞机滚转机动中的交叉耦合提出了要求，在无偏航操纵和固定俯仰操纵时，从直线飞行或从转弯、推杆或从 0～0.8 倍结构限制载荷范围内拉起等状态进入 360° 最大滚转机动，其产生的偏航或俯仰运动以及侧滑角或迎角的变化，对小型或高机动飞机来说，应既不超过结构限制又不引起诸如不可操纵的运动或自转等危险的飞行状态。这种急滚惯性交感问题，是在第二次世界大战末期，有些飞机在作急滚机动运动时，不断发生飞行事故之后提出的。通过观察和分析表明，发生这种事故时，飞机迎角和侧滑角迅速增大，导致飞机机体上的气动载荷超过机体(特别是尾翼)所能承受的范围，致使飞机结构遭到破坏。

现代高性能飞机布局特点是绕 x 轴的惯性矩 J_x 减小，绕 y 轴和 z 轴的惯性矩 J_y, J_z 增大，以及绕 xOy 平面的惯性积 J_{xy} 很小，可以忽略。当用 μ_{yi}, μ_{zi} 分别表示 ω_y, ω_z 微分方程中的 $\dfrac{J_z - J_x}{J_y}\omega_x\omega_z$ 和 $\dfrac{J_x - J_y}{J_z}\omega_x\omega_y$ 两项，即

$$\left.\begin{aligned} \mu_{yi} &= \frac{J_z - J_x}{J_y}\omega_x\omega_z \\ \mu_{zi} &= \frac{J_x - J_y}{J_z}\omega_x\omega_y \end{aligned}\right\} \tag{8-2}$$

时，可利用 μ_{yi}, μ_{zi} 分析在急滚中为什么会引起 α 或 β 发散。

假设飞机以较大的滚转角速度 ω_{x0} 绕机体轴 Ox_t 快速向右(正值 ω_x)滚转，这时飞机又在外部干扰下向右(负值的 $\Delta\omega_y$)偏航，则 $\omega_{x0}\Delta\omega_y$ 为负值，又因现代飞机 $J_y \gg J_x$，使得 μ_{zi} 为正值，即飞机产生一个抬头惯性力矩，使飞机迎角增大，一旦 μ_{zi} 超过纵向稳定力矩 $\mu_z^\alpha \alpha$ 和纵向阻尼力矩($\mu_z^{\omega_z}\omega_z + \mu_z^{\dot\alpha}\dot\alpha$)之和，迎角就要继续增加，乃至形成俯仰发散。

同样，飞机以较大的角速度 ω_{x0} 向右($\omega_{x0} > 0$)急滚时，外部干扰使飞机产生下俯角速度($\Delta\omega_z < 0$)，则绝对值较大的 $\omega_{x0}\Delta\omega_z$($\omega_{x0}\Delta\omega_z < 0$)使 $J_z \gg J_x$ 的现代高速飞机产生负(右)偏航惯性力矩 $\mu_{yi}J_y$，它使飞机产生负(左)侧滑角，对于机翼大上反效应($\mu_x^\beta < 0$)的现代高性能飞机来说，滚转速率 ω_x 增大，一旦 μ_{yi} 超过航向静稳定性 $\mu_y^\beta J_y \beta$、阻尼力矩 $\mu_y^{\omega_y} J_y \omega_y$ 和交叉力矩 $\mu_y^{\omega_x} J_y \omega_x$ 之和，有利滚转的侧滑角增大了滚转速率，从而产生

横侧向惯性交感发散。

事实上，由式(8-1)进行数值积分求解急滚运动时，必须给出进入滚转的初始状态(例如飞行迎角 α_0 和飞行速度 v_0)、操纵形式和规律(例如单独副翼阶跃操纵)。机体在产生滚转速率 ω_x 的同时，还产生偏航速率 ω_y 和侧滑角 β。这样，ω_x 和 ω_y 共同作用的结果，使飞机产生俯仰惯性力矩 μ_{zi} 和由它产生的俯仰角速率 ω_z；ω_x 和 ω_z 的共同作用又使飞机产生偏航惯性力矩 μ_{yi}。

分析和计算表明，α 或 β 谁先出现发散取决于参数

$$K=\frac{\mu_z^\alpha}{\mu_y^\beta}=\frac{m_z^\alpha J_y b_A}{m_y^\beta J_z l} \tag{8-3}$$

大于1还是小于1，在 $K>1$ 即 $\mu_y^\beta<\mu_z^\alpha$ 时，首先发散的是 β。α 和 β 是否发散取决于 ω_{x0} 的大小和 β 是有利侧滑还是不利侧滑，有利侧滑角容易引起 α 或 β 发散。ω_{x0} 的大小和 β 是有利还是不利滚转，取决于副翼操纵量、操纵规律和进入滚转时的初始迎角。一旦滚转发散产生，即使是副翼偏度回中也不一定能使飞机停止发散滚转。

通过数字计算，发现从小迎角进入滚转时，容易出现急滚耦合不稳定，发散的滚转机动总是伴随着有利侧滑、小值迎角和低头的俯仰速率。计算结果分析说明，滚转中，除大的滚转速率 ω_x 外，有利侧滑角 β 也是造成急滚耦合不稳定的重要因素。非线性方程的线性化分析证明了侧滑角、俯仰速率和迎角会影响大上反效应飞机的急滚耦合稳定性，改变了由菲里普斯(Phillips)给出的临界滚转率和稳定判据。

飞机的急滚惯性交感运动是一种由大幅操纵引起的不可控自发运动，它极易给飞机飞行安全带来严重后果。在飞行中应该防止或避免飞机进入这种运动，一旦进入，就应采取正确的操纵方法抑制这种自发滚转，及早从发散的滚转中改出。横侧向控制增稳系统能有效地增大急滚耦合稳定边界，限制滚转速率和迎角，减小滚转中出现的侧滑角和俯仰速率，抑制急滚耦合问题的出现。

除去高性能飞机布局特点引起的纵、横、侧向惯性耦合外，当飞机不是绕飞行轨迹滚转时，迎角和侧滑角将出现交替变化的运动耦合，飞机滚转一周(360°)迎角、侧滑角将交替变换一次。惯性耦合、运动耦合和气动力之间的相互作用，引起迎角和侧滑角大幅度变化的俯仰和航向偏离，使飞机出现不可控制的自转，甚至导致飞机载荷过大，超过结构强度的限制。因此，飞机在滚转机动中的耦合稳定性问题，不仅是飞行力学专业的重要问题，也是飞行控制专业所要解决的重要课题之一。

8.1.2　急滚耦合稳定性分析

急滚耦合稳定性是指飞机在快速滚转中，由惯性耦合、运动耦合和气动耦合引起的纵、横、侧向运动的稳定性。考虑到急滚过程比较短，飞行速度变化很小，可以用不考虑切向力平衡方程的五自由度非线性变系数方程描述包括惯性耦合、运动耦合和气动特性之间的相互关系。利用它可以获得甚为精确的动态响应特性。按机体轴系建立的五自由度非线性方程为

$$\left.\begin{aligned}
\dot\beta &= \omega_x\sin\alpha+\omega_y\cos\alpha+\frac{g}{v}\sin\gamma+z^\beta\beta+z^{\delta_y}\delta_y\\
\dot\alpha &= \omega_z-\beta\omega_x+\frac{g}{v}\cos\gamma-y^\alpha\alpha-y^{\delta_z}\delta_z\\
\dot\omega_x &= C\omega_z\omega_y+\mu_x^\beta\beta+\mu_x^{\omega_x}\omega_x+\mu_x^{\omega_y}\omega_y+\mu_x^{\delta_x}\delta_x+\mu_x^{\delta_y}\delta_y\\
\dot\omega_y &= -B\omega_x\omega_z+\mu_y^\beta\beta+\mu_y^{\omega_y}\omega_y+\mu_y^{\omega_x}\omega_x+\mu_y^{\delta_x}\delta_x+\mu_y^{\delta_y}\delta_y-D\omega_z\\
\dot\omega_z &= -A\omega_x\omega_y+\mu_z^\alpha\alpha+\mu_{z0}+\mu_z^{\dot\alpha}\dot\alpha+\mu_z^{\omega_z}\omega_z+\mu_z^{\delta_z}\delta_z+E\omega_y
\end{aligned}\right\} \tag{8-4}$$

式中，$A=\dfrac{J_y-J_x}{J_z}$；$B=\dfrac{J_x-J_z}{J_y}$；$C=\dfrac{J_y-J_z}{J_x}$；$D=\dfrac{H_Д}{J_y}$；$E=\dfrac{H_Д}{J_z}$。方程中不仅包含了惯性耦合项($A\omega_x\omega_y$，$B\omega_x\omega_z$，$C\omega_y\omega_z$)和运动耦合项($\alpha\omega_x$，$\beta\omega_x$)，还引入了发动机转子陀螺力矩项($D\omega_z$，$E\omega_y$)。

为了便于问题的解决，忽略一些微小量，如与系数 C，D，E，μ_{z0}，$\mu_y^{\dot\alpha}$ 和 g/v_0 有关的项，按泰勒级数展开取

一次近似，将方程式(8-4)分解为静平衡方程和导算子矩阵方程，其中静平衡方程由式(8-5)表示，飞机在平衡处的线性导算子矩阵方程由式(8-6)表示：

$$\left.\begin{aligned}&\alpha_0\omega_{x0}+\omega_{y0}+z^{\beta}\beta_0+z^{\delta_y}\delta_{y_0}=0\\&\omega_{z0}-\beta_0\omega_{x0}-y^{\alpha}\alpha_0-y^{\delta_z}\delta_{z0}=0\\&\mu_x^{\beta}\beta_0+\mu_x^{\omega_x}\omega_{x0}+\mu_x^{\omega_y}\omega_{y0}+\mu_x^{\delta_x}\delta_{x0}+\mu_x^{\delta_y}\delta_{y0}=0\\&-B\omega_{x0}\omega_{z0}+\mu_y^{\beta}\beta_0+\mu_y^{\omega_y}\omega_{y0}+\mu_y^{\omega_x}\omega_{x0}+\mu_y^{\delta_x}\delta_{x0}+\mu_y^{\delta_x}\delta_{y0}=0\\&-A\omega_{x0}\omega_{y0}+\bar{\mu}_z^{\alpha}\alpha_0+\bar{\mu}_z^{\omega_z}\omega_{z0}+\bar{\mu}_z^{\delta_z}\delta_{z0}=0\end{aligned}\right\}\tag{8-5}$$

式中，$\bar{\mu}_z^{\alpha}=\mu_z^{\alpha}-\mu_z^{\dot{\alpha}}y^{\alpha}$，$\bar{\mu}_z^{\omega_z}=\mu_z^{\omega_z}+\mu_z^{\dot{\alpha}}$，$\bar{\mu}_z^{\delta_z}=\mu_z^{\delta_z}-\mu_z^{\dot{\alpha}}y^{\delta_z}$。

$$\begin{bmatrix}\dot{\alpha}\\\dot{\omega}_z\\\dot{\beta}\\\dot{\omega}_x\\\dot{\omega}_y\end{bmatrix}=\begin{bmatrix}-y^{\alpha}&1&-\omega_{x0}&-\beta_0&0\\\bar{\mu}_z^{\alpha}&\bar{\mu}_z^{\omega_z}&0&-A\omega_{y0}&-A\omega_{x0}\\\omega_{x0}&0&z^{\beta}&\sin\alpha_0&\cos\alpha_0\\0&0&\mu_x^{\beta}&\mu_x^{\omega_x}&\mu_x^{\omega_y}\\0&-B\omega_{x0}&\mu_y^{\beta}&\mu_y^{\omega_x}-B\omega_{z0}&\mu_y^{\omega_y}\end{bmatrix}\begin{bmatrix}\alpha\\\omega_z\\\beta\\\omega_x\\\omega_y\end{bmatrix}+\begin{bmatrix}-z^{\delta_z}&0&0\\\mu_z^{\delta_z}&0&0\\0&0&z^{\delta_y}\\0&\mu_x^{\delta_x}&\mu_x^{\delta_y}\\0&\mu_y^{\delta_x}&\mu_y^{\delta_y}\end{bmatrix}\begin{bmatrix}\Delta\delta_z\\\Delta\delta_x\\\Delta\delta_y\end{bmatrix}\tag{8-6}$$

关于平衡点附近的局部稳定性由导算子矩阵方程的特征行列式

$$\Delta=\det[s\boldsymbol{I}-\boldsymbol{A}]=0\tag{8-7}$$

决定。式中

$$\Delta=\begin{vmatrix}s+y^{\alpha}&-1&\omega_{x0}&\beta_0&0\\-\bar{\mu}_z^{\alpha}&s-\bar{\mu}_z^{\omega_z}&0&A\omega_{y0}&A\omega_{x0}\\-\omega_{x0}&0&s-z^{\beta}&-\sin\alpha_0&-\cos\alpha_0\\0&0&-\mu_x^{\beta}&s-\mu_x^{\omega_x}&-\mu_x^{\omega_y}\\0&B\omega_{x0}&-\mu_y^{\beta}&B\omega_{z0}-\mu_y^{\omega_x}&s-\mu_y^{\omega_y}\end{vmatrix}$$

经初等变换后得到

$$\Delta=\begin{vmatrix}s+y^{\alpha}&-1&\omega_{x0}&0&0\\-\bar{\mu}_z^{\alpha}-\bar{A}\omega_{x0}^2&s-\bar{\mu}_z^{\omega_z}&(s-z^{\beta})\bar{A}\omega_{x0}&A\omega_{y0}+\beta_0(s-\bar{\mu}_z^{\omega_z})-\bar{A}\omega_{x0}\sin\alpha_0&0\\-\omega_{x0}&0&s-z^{\beta}&-\sin\alpha_0&-\cos\alpha_0\\0&0&-\mu_x^{\beta}&s-\mu_x^{\omega_x}&-\mu_x^{\omega_y}\\0&B\omega_{x0}&-\mu_y^{\beta}-\alpha_0\mu_x^{\beta}&B\omega_{z0}-\mu_y^{\omega_x}+B\beta_0\omega_{x0}+\alpha_0(s-\mu_x^{\omega_x})&s-\mu_y^{\omega_y}-\alpha_0\mu_x^{\omega_y}\end{vmatrix}\tag{8-8}$$

式中，$\bar{A}=A/\cos\alpha_0$，由式(4-10)得到

$$\Delta=(\Delta_{5\beta}\Delta_{4p}-\Delta_{4\beta}\Delta_{5p})/\Delta_{\vartheta}\tag{8-9}$$

式中，Δ_{ij} 由式(4-10)定义，即 i 为行序号；j 为列序号，本节使用状态变量代替；Δ_{ϑ} 代表式(4-10)定义的 $(\Delta_{5\beta})_{4p}$，即

$$\Delta_{\vartheta}=(\Delta_{5\beta})_{4p}=\begin{vmatrix}s+y^{\alpha}&-1\\-\bar{\mu}_z^{\alpha}-\bar{A}\omega_{x0}^2&s-\bar{\mu}_z^{\omega_z}\end{vmatrix}=s^2+(y^{\alpha}-\bar{\mu}_z^{\omega_z})s-y^{\alpha}\bar{\mu}_z^{\omega_z}-\bar{\mu}_z^{\alpha}-\bar{A}\omega_{x0}^2\tag{8-10}$$

在式(8-9)中的

$$\Delta_{4\beta}=\begin{vmatrix}s+y^{\alpha}&-1&0&0\\-\bar{\mu}_z^{\alpha}-\bar{A}\omega_{x0}^2&s-\bar{\mu}_z^{\omega_z}&A\omega_{y0}+\beta_0(s-\bar{\mu}_z^{\omega_z})-\alpha_0\bar{A}\omega_{X0}&0\\-\omega_{x0}&0&-\sin\alpha_0&-\cos\alpha_0\\0&B\omega_{x0}&B\omega_{z0}-\mu_y^{\omega_x}+B\beta_0\omega_{x0}+\alpha_0(s-\mu_x^{\omega_x})&s-\mu_y^{\omega_y}-\alpha_0\mu_x^{\omega_y}\end{vmatrix}=\Delta_{\vartheta}\Delta_{\beta}+\Delta_1\Delta_3\omega_{x0}$$

(8-11)

式中

$$\Delta_\beta=\begin{vmatrix} -\sin\alpha_0 & -\cos\alpha_0 \\ B(\omega_{z0}+\beta_0\omega_{x0})-\mu_y^{\omega_x}+\alpha_0(s-\mu_x^{\omega_x}) & s-\mu_y^{\omega_y}-\alpha_0\mu_x^{\omega_y} \end{vmatrix}\approx$$

$$\overline{B}(\omega_{z0}+\beta_0\omega_{x0})-\mu_y^{\omega_x}\cos\alpha_0-(\mu_x^{\omega_x}-\mu_y^{\omega_y})\sin\alpha_0$$

$$\Delta_1=\beta_0(s-\bar{\mu}_z^{\omega_z})+A\omega_{y0}-\overline{A}\omega_{x0}\sin\alpha_0$$

$$\Delta_3=(1-\overline{B})s-\mu_y^{\omega_y}-\alpha_0\mu_x^{\omega_y}-\overline{B}y^\alpha$$

其中

$$\overline{B}=B\cos\alpha_0$$

在式(8-9)中的

$$\Delta_{5p}=\begin{vmatrix} s+y^\alpha & -1 & \omega_{x0} & 0 \\ -\bar{\mu}_z^\alpha-\overline{A}\omega_{x0}^2 & s-\bar{\mu}_z^{\omega_z} & (s-z^\beta)\overline{A}\omega_{x0} & 0 \\ -\omega_{x0} & 0 & s-z^\beta & -\cos\alpha_0 \\ 0 & 0 & -\mu_x^\beta & -\mu_x^{\omega_y} \end{vmatrix}=\Delta_\vartheta\Delta_p-\omega_{x0}^2\mu_x^{\omega_y}\Delta_2 \tag{8-12}$$

式中

$$\Delta_p=\begin{vmatrix} s-z^\beta & -\cos\alpha_0 \\ -\mu_x^\beta & -\mu_x^{\omega_y} \end{vmatrix}\approx-\mu_x^{\omega_y}s-\mu_x^\beta\cos\alpha_0+z^\beta\mu_x^{\omega_y},\quad \Delta_2=(1-\overline{A})s-\bar{\mu}_z^{\omega_z}-\overline{A}z^\beta$$

在式(8-9)中的

$$\Delta_{5\beta}=\begin{vmatrix} s+y^\alpha & -1 & 0 & 0 \\ -\bar{\mu}_z^\alpha-\overline{A}\omega_{x0}^2 & s-\bar{\mu}_z^{\omega_z} & A\omega_{y0}+\beta_0(s-\bar{\mu}_z^{\omega_z})-\alpha_0\overline{A}\omega_{x0} & 0 \\ -\omega_{x0} & 0 & -\sin\alpha_0 & -\cos\alpha_0 \\ 0 & 0 & s-\mu_x^{\omega_x} & -\mu_x^{\omega_y} \end{vmatrix}=\Delta_\vartheta\Delta_R-\omega_{x0}\mu_x^{\omega_y}\Delta_1 \tag{8-13}$$

式中

$$\Delta_R=\begin{vmatrix} -\sin\alpha_0 & -\cos\alpha_0 \\ s-\mu_x^{\omega_x} & -\mu_x^{\omega_y} \end{vmatrix}\approx\cos\alpha_0 s-\mu_x^{\omega_x}\cos\alpha_0+\mu_x^{\omega_y}\sin\alpha_0$$

在式(8-9)中的

$$\Delta_{4p}=\begin{vmatrix} s+y^\alpha & -1 & \omega_{x0} & 0 \\ -\bar{\mu}_z^\alpha-\overline{A}\omega_{x0}^2 & s-\bar{\mu}_z^{\omega_z} & (s-z^\beta)\overline{A}\omega_{x0} & 0 \\ -\omega_{x0} & 0 & s-z^\beta & -\cos\alpha_0 \\ (s+y^\alpha)B\omega_{x0} & 0 & -\mu_y^\beta-\alpha_0\mu_x^\beta+B\omega_{x0}^2 & s-\mu_y^{\omega_y}-\alpha_0\mu_x^{\omega_y} \end{vmatrix}=\Delta_\vartheta\Delta_d+\omega_{x0}^2\Delta_2\Delta_3 \tag{8-14}$$

式中

$$\Delta_d=\begin{vmatrix} s-z^\beta & -\cos\alpha_0 \\ -\mu_y^\beta-\alpha_0\mu_x^\beta+B\omega_{x0}^2 & s-\mu_y^{\omega_y}-\alpha_0\mu_x^{\omega_y} \end{vmatrix}\approx s^2-(z^\beta+\mu_y^{\omega_y}+\alpha_0\mu_x^{\omega_y})s+z^\beta(\mu_y^{\omega_y}+\alpha_0\mu_x^{\omega_y})-$$

$$\mu_y^\beta\cos\alpha_0-\mu_x^\beta\sin\alpha_0+\overline{B}\omega_{x0}^2$$

这样一来，飞机五自由度线性化导算子矩阵特征式为

$$\Delta=\Delta_\vartheta(\Delta_d\Delta_R-\Delta_\beta\Delta_p)+\omega_{x0}^2\Delta_2(\Delta_R\Delta_3+\Delta_\beta\mu_x^{\omega_y})-\omega_{x0}\Delta_1(\Delta_d\mu_x^{\omega_y}+\Delta_p\Delta_3) \tag{8-15}$$

式中，Δ_ϑ 表征了纵向小扰动方程特征式，但比上述小扰动方程特征式增加了一项 $-\overline{A}\omega_{x0}^2$。式中 $\Delta_d\Delta_R-\Delta_\beta\Delta_p$ 表征了横侧向小扰动方程特征式，其中 Δ_d 表征了平面航向运动的特征式，但比小扰动平面航向运动方程特征式增加了一项 $\overline{B}\omega_{x0}^2$；$\Delta_R$ 表征了小扰动滚转运动特征式；$\Delta_\beta\Delta_p$ 表征了横侧向运动特征式的耦合项，比小扰

动运动方程特征式中 Δ_β 增加了一项 $\overline{B}(\omega_{z0}+\beta_0\omega_{x0})$，而 Δ_p 没有变化。式(8-15)中的后两项是 ω_{x0} 的一次和二次函数，体现了飞机在急滚运动中纵、横、侧向的耦合。

由式(8-15)可以看出，高速滚转率是影响惯性交感特征根的主要因素，它不仅直接减小了纵向短周期和横侧向荷兰滚两模态的固有频率，还使某些飞机动力系数对纵、横、侧向各模态产生了交叉影响。由 β_0，ω_{z0} 和 α_0 构成的组合参数 Δ_β 是影响急滚稳定性的另一个重要因素，它增加了横、侧向之间的耦合，改变了滚转、荷兰滚模态的大小。对于机翼上反效应很大的飞机来说，这个组合参数的影响将是显著的。

8.1.2.1 菲里普斯稳定判据

早在第二次世界大战时期，人们就注意到急滚耦合对飞机稳定性的严重影响。1948 年菲里普斯从理论上解决了这个问题，提出了有名的 Phillips 准则。他研究定常滚转运动，忽略了一些他认为是可以忽略的项：俯仰角 ϑ，倾斜角 γ 对稳定性的影响，气动阻尼参数对急滚运动的影响；y^α，z^β 气动力参数对急滚运动的影响。最后得到一个相当简洁的四阶常微分方程组

$$\left.\begin{aligned}\dot{\alpha}&=\omega_z-\beta\omega_x-c_0(\delta)\\ \dot{\beta}&=\omega_y\cos\alpha+\omega_x\sin\alpha+c_1(\delta)\\ \dot{\hat{\omega}}_y&=-\omega_x\omega_z+\hat{M}_y^\beta\beta+c_2(\delta)\\ \dot{\hat{\omega}}_z&=\omega_x\omega_y+\hat{M}_z^\alpha\Delta\alpha+c_3(\delta)\end{aligned}\right\}\tag{8-16}$$

式中

$$\begin{aligned}&c_0(\delta)=-y^{\delta_z}\Delta\delta_z\\ &c_1(\delta)=z^{\delta_y}\delta_y+z^{\delta_x}\delta_x\\ &c_2(\delta)=\hat{M}_y^{\delta_x}\delta_x+\hat{M}_y^{\delta_y}\delta_y\\ &c_3(\delta)=\hat{M}_z^{\delta_z}\\ &\hat{M}_y^t=\mu_y^t/B_x\qquad(t\text{ 可为 }\alpha,\beta,\delta_x,\delta_y)\\ &\hat{M}_z^t=\mu_x^t/B_z\\ &\hat{\omega}_y=\omega_y/B_x\\ &\hat{\omega}_z=\omega_z/B_z\end{aligned}$$

在运动过程中，$\dot{\omega}_x=0$ 始终满足。尽管 α，β，ω_y，ω_z 均随时间变化，但滚转角速率 ω_x 则一直保持不变。

运用拉普拉斯变换公式，由式(8-16)得到急滚耦合稳定条件

$$\omega_{x0}^2>\hat{M}_z^\alpha,\omega_{x0}^2>\hat{M}_y^\beta\tag{8-17}$$

或者

$$\omega_{x0}^2<\hat{M}_z^\alpha,\omega_{x0}^2<\hat{M}_y^\beta\tag{8-18}$$

菲里普斯准则说明飞机定常滚转运动存在着两个临界定常滚转速率：

$$\omega_{x011}=\sqrt{\max(\hat{M}_z^\alpha,\hat{M}_y^\beta)}\tag{8-19}$$

$$\omega_{x012}=\sqrt{\min(\hat{M}_z^\alpha,\hat{M}_y^\beta)}\tag{8-20}$$

实际飞行中不存在速率介于 ω_{x011} 与 ω_{x012} 之间的定常滚转运动。运动一旦进入该区域，飞机就可能出现发散运动。这就是人们常讲的急滚失稳。

菲里普斯准则仅仅说明了急滚运动中，滚转速率及某些气动力矩参数(μ_z^α，μ_y^β)对惯性耦合运动稳定性的影响，但没有说明其他变量(如 α，β，ω_z，ω_y)和其他气动导数(如 z^β，y^α，μ_x^β，$\mu_y^{\omega_y}$，$\mu_x^{\omega_y}$ 等)对急滚耦合稳定性的影响。因此，菲里普斯给出的稳定判据对实际的急滚运动稳定性的判断存在一定局限性。

8.1.2.2 急滚耦合运动稳定性分析

横向静稳定性对急滚耦合稳定性影响很大。现代高性能飞机由于机翼后掠和上反效应都大，致使横向

静稳定导数 μ_x^β 以及交叉阻尼导数 $\mu_x^{\omega_y}$ 的绝对值都很大，在一定条件下降低了急滚耦合运动稳定性。下面将分别按 μ_x^β 的大小对急滚耦合稳定性进行分析。

（一）低横向静稳定性飞机的急滚稳定性分析

对于平直机翼和小上反角的飞机，不仅 μ_x^β 的绝对值小，而且交叉阻尼导数 $\mu_x^{\omega_y}$ 的绝对值也不大；同时，在通常的急滚运动中，$\alpha_0,\beta_0,\omega_{y0},\omega_{z0}$ 等平衡变量都很小，因此在 $\mu_x^\beta,\mu_x^{\omega_y}$ 绝对值很小的条件下，可以忽略 Δ_β,Δ_1 对急滚耦合运动稳定性的影响。这样一来，式(8－15)可简化为

$$\Delta \approx \Delta_R(\Delta_\vartheta\Delta_d + \omega_{x0}^2\Delta_2\Delta_3) \tag{8-21}$$

由式(4－29)可知，如果 $\mu_x^\beta,\mu_x^{\omega_y}$ 的绝对值很小时，由 $\Delta_R=0$ 得到

$$\lambda_R = \mu_x^{\omega_x} - \alpha_0\mu_x^{\omega_y} \tag{8-22}$$

即急滚耦合运动基本上不改变滚转模态特征值。被改变的纵向短周期和荷兰滚特征值由下式决定：

$$\Delta_\vartheta\Delta_d + \omega_{x0}^2\Delta_2\Delta_3 = s^4 + a_1s^3 + a_2s^2 + a_3s + a_4 = 0 \tag{8-23}$$

式中

$$a_1 = y^\alpha - \bar{\mu}_z^{\omega_z} - z^\beta - \mu_y^{\omega_y} - \alpha_0\mu_x^{\omega_y}$$

$$a_2 = -\mu_y^\beta - \alpha_0\mu_x^\beta + z^\beta(\mu_y^{\omega_y} + \alpha_0\mu_x^{\omega_y}) - \bar{\mu}_z^\alpha - y^\alpha\bar{\mu}_z^{\omega_z} + (\bar{\mu}_z^{\omega_z} - y^\alpha)(z^\beta + \mu_y^{\omega_y} + \alpha_0\mu_x^{\omega_y}) + (1-AB)\omega_{x0}^2$$

$$\begin{aligned} a_3 = &[-\mu_y^\beta - \alpha_0\mu_x^\beta + z^\beta(\mu_y^{\omega_y} + \alpha_0\mu_x^{\omega_y})](y^\alpha - \bar{\mu}_z^{\omega_z}) + (\mu_z^\alpha + y^\alpha\bar{\mu}_z^{\omega_z})(z^\beta + \mu_y^{\omega_y} + \alpha_0\mu_x^{\omega_y}) + \\ &\omega_{x0}^2[\bar{\mu}_z^{\omega_z} + \mu_y^{\omega_y} + \alpha_0\mu_x^{\omega_y} - AB(z^\beta - y^\alpha)] \end{aligned}$$

$$a_4 = -(\bar{\mu}_z^\alpha + y^\alpha\bar{\mu}_z^{\omega_z} + \bar{A}\omega_{x0}^2)[z^\beta(\mu_y^{\omega_y} + \alpha_0\mu_x^{\omega_y}) - \mu_y^\beta - \alpha_0\mu_x^\beta + \bar{B}\omega_{x0}^2] + \omega_{x0}^2(\bar{\mu}_z^{\omega_z} + \bar{A}z^\beta)(\mu_y^{\omega_y} + \alpha_0\mu_x^{\omega_y} + \bar{B}y^\alpha)$$

由于 $\bar{\mu}_z^{\omega_z},z^\beta,\mu_y^{\omega_y}$ 和 $\mu_x^{\omega_y}$ 通常为负值，y^α 通常为正值，α_0 在平飞状态为正值，但下俯急滚飞行时可能是负值，但其绝对值很小，因此 $a_1>0$；对于一般静稳定（包括纵、横、侧向）飞机来说，$\mu_z^{\omega_z},\mu_y^\beta,\mu_x^\beta$ 都为负值，又因 $J_y>J_x,J_z>J_x$，即 A 为正值，B 为负值，所以 $a_2>0,a_3>0$；随着滚转速率 ω_x 的增加，a_4 有可能由大于零变为小于零。

根据劳斯-霍尔维茨稳定判据，除特征方程 s 多项式各个系数(a_i)都应大于零外，对于四阶系统来说，系统组合参数

$$a_1a_2a_3 - a_3^2 - a_1^2a_4 > 0 \tag{8-24}$$

也是稳定条件之一。因为

$$\begin{aligned} a_3(a_1a_2 - a_3) = &\{a_3' - \omega_{x0}^2[\bar{\mu}_z^{\omega_z} + \mu_y^{\omega_y} + \alpha_0\mu_x^{\omega_y} - AB(z^\beta - y^\alpha)]\} \times \\ &\{a_1'a_2' - a_3' + a_1' - \omega_{x0}^2[z^\beta - y^\alpha - AB(\mu_z^{\omega_z} + \mu_y^{\omega_y} + \alpha_0\mu_x^{\omega_y})]\} \end{aligned} \tag{8-25}$$

式中

$$a_2' = -\mu_y^\beta - \alpha_0\mu_x^\beta + z^\beta(\mu_y^{\omega_y} + \alpha_0\mu_x^{\omega_y}) - \bar{\mu}_z^\alpha - y^\alpha\bar{\mu}_z^{\omega_z} + (\bar{\mu}_z^{\omega_z} - y^\alpha)(z^\beta + \mu_y^{\omega_y} + \alpha_0\mu_x^{\omega_y})$$

$$a_3' = [\mu_y^\beta + \alpha_0\mu_x^\beta - z^\beta(\mu_y^{\omega_y} + \alpha_0\mu_x^{\omega_y})](\bar{\mu}_z^{\omega_z} - y^\alpha) + (\bar{\mu}_z^\alpha + y^\alpha\mu_z^{\omega_y})(z^\beta + \mu_y^{\omega_y} + \alpha_0\mu_x^{\omega_y})$$

$$a_1' = a_1$$

又因为

$$-\omega_{x0}^2[\bar{\mu}_z^{\omega_z} + \mu_y^{\omega_y} + \alpha_0\mu_x^{\omega_y} - AB(z^\beta - y^\alpha)] > 0 \tag{8-26}$$

$$a_1 - \omega_{x0}^2[z^\beta - y^\alpha - AB(\bar{\mu}_z^{\omega_z} + \mu_y^{\omega_y} + \alpha_0\mu_x^{\omega_y})] > 0 \tag{8-27}$$

所以得到

$$a_1a_2a_3 - a_3^2 > a_1'a_2'a_3' - a_3'^2 \tag{8-28}$$

因为

$$a_4 < a_4' \tag{8-29}$$

式中，$a_4' = (\bar{\mu}_z^\alpha + y^\alpha\bar{\mu}_z^{\omega_z})[\mu_y^\beta + \alpha_0\mu_x^\beta - z^\beta(\mu_y^{\omega_y} + \alpha_0\mu_x^{\omega_y})]$。所以得到

$$a_1^2a_4 < a_1'^2a_4' \tag{8-30}$$

这样一来，便可得到

$$a_1a_2a_3 - a_3^2 - a_1^2a_4 > a_1'a_2'a_3' - a_3'^2 - a_1'^2a_4' \tag{8-31}$$

事实上，式(8-31)大于号右边组合参数，是当 $\omega_{x0}=\beta_0=\omega_{z0}=\omega_{y0}=0$，即无急滚操纵时，由飞机五自由度状态方程特征式系数表征的劳斯-霍尔维茨行列式得到的，如果

$$a_1'a_2'a_3' - a_3'^2 - a_1'^2a_4' > 0 \tag{8-32}$$

以及 a_1'，a_2'，a_3' 和 a_4' 都大于零时，纵向二自由度和横侧向三自由度小扰动运动都是稳定的。而且，在急滚运动中，飞机五自由度线性化方程特征式系数也满足劳斯-霍尔维茨稳定判据第 2 条件，即

$$a_1a_2a_3 - a_3^2 - a_1^2a_4 > 0 \tag{8-33}$$

这就证明，如果纵向二自由度和横侧向三自由度小扰动运动稳定时，那么急滚稳定性只取决于特征方程中 s 的 0 次项系数 a_4 是否大于零。在 β_0，ω_{y0}，ω_{z0} 和 $\mu_y^{\omega_x}$ 都近似为零时，a_4 的表达式为

$$a_4 = -AB\left[\left(\frac{\omega_{\mathrm{ns}}^2}{\overline{A}} - \omega_{x0}^2\right)\left(-\frac{\omega_{\mathrm{nd}}^2}{\overline{B}} - \omega_{x0}^2\right) - \omega_{x0}^2\left(\frac{\bar{\mu}_z^{\omega_z}}{\overline{A}} + z^\beta\right)\left(\frac{\mu_y^{\omega_y} + \alpha_0\mu_x^{\omega_y}}{\overline{B}} + y^\alpha\right)\right] \tag{8-34}$$

式中

$$\omega_{\mathrm{ns}}^2 = -(\mu_z^\alpha + \mu_z^{\omega_z}y^\alpha) \approx -\mu_z^\alpha$$

$$\omega_{\mathrm{nd}}^2 = -(\mu_y^\beta + \alpha_0\mu_x^\beta) + z^\beta(\mu_y^{\omega_y} + \alpha_0\mu_x^{\omega_y}) \approx -\mu_y^\beta - \alpha_0\mu_x^\beta$$

$$\overline{A} = A/\cos\alpha_0$$

$$\overline{B} = B\cos\alpha_0$$

$$\bar{\mu}_z^{\omega_z} = \mu_z^{\omega_z} + \mu_z^{\dot{\alpha}}$$

由于 $AB<0$，因此得到横向静稳定性小的飞机急滚运动稳定条件为

$$\left(\frac{\omega_{\mathrm{ns}}^2}{\overline{A}} - \omega_{x0}^2\right)\left(-\frac{\omega_{\mathrm{nd}}^2}{\overline{B}} - \omega_{x0}^2\right) - \omega_{x0}^2\left(\frac{\bar{\mu}_z^{\omega_z}}{\overline{A}} + z^\beta\right)\left(\frac{\mu_y^{\omega_y} + \alpha_0\mu_x^{\omega_y}}{\overline{B}} + y^\alpha\right) > 0 \tag{8-35}$$

如果认为 y^α，$\bar{\mu}_z^{\omega_z}$，z^β，$\mu_y^{\omega_y}$，α_0，$\mu_x^{\omega_y}$ 等参数的绝对值很小时，式(8-35)还可以得到简化：

$$\left(\frac{\omega_{\mathrm{ns}}^2}{\overline{A}} - \omega_{x0}^2\right)\left(-\frac{\omega_{\mathrm{nd}}^2}{\overline{B}} - \omega_{x0}^2\right) > 0 \tag{8-36}$$

由式(8-36)获得的 ω_{x0}^2 的不稳定域为

$$-\frac{\omega_{\mathrm{nd}}^2}{\overline{A}} < \omega_{x0}^2 < \frac{\omega_{\mathrm{ns}}^2}{\overline{B}} \quad \left(当\frac{\omega_{\mathrm{ns}}^2}{\overline{A}} > -\frac{\omega_{\mathrm{nd}}^2}{\overline{B}}时\right) \tag{8-37}$$

$$\frac{\omega_{\mathrm{ns}}^2}{\overline{A}} < \omega_{x0}^2 < -\frac{\omega_{\mathrm{nd}}^2}{\overline{B}} \quad \left(当-\frac{\omega_{\mathrm{nd}}^2}{\overline{A}} > \frac{\omega_{\mathrm{ns}}^2}{\overline{B}}时\right) \tag{8-38}$$

这样一来，当 y^α，$\bar{\mu}_z^{\omega_z}$，z^β，$\mu_y^{\omega_y}$，$\mu_x^{\omega_y}$ 等参数近似为零时，得到由稳定性决定的急滚临界滚转速率

$$\omega_{x0l1}^2 = -\frac{\omega_{\mathrm{nd}}^2}{\overline{A}}, \quad \omega_{x0l2}^2 = \frac{\omega_{\mathrm{ns}}^2}{\overline{B}} \tag{8-39}$$

为了分析 y^α，$\bar{\mu}_z^{\omega_z}$，z^β，$\mu_y^{\omega_y}$，$\mu_x^{\omega_y}$ 等参数对急滚特性的影响，将式(8-35)改写为

$$y = \omega_{x0}^4 + b\omega_{x0}^2 + c = \left(\omega_{x0}^2 + \frac{b}{2}\right)^2 + c - \frac{b^2}{4} > 0 \tag{8-40}$$

式中

$$y = -a_4/AB$$

$$b = \frac{\omega_{\mathrm{nd}}^2}{\overline{B}} - \frac{\omega_{\mathrm{ns}}^2}{\overline{A}} - \left(\frac{\bar{\mu}_z^{\omega_z}}{\overline{A}} + z^\beta\right)\left(y^\alpha + \frac{\mu_y^{\omega_y} + \alpha_0\mu_x^{\omega_y}}{\overline{B}}\right)$$

$$c = -\frac{\omega_{\mathrm{ns}}^2\omega_{\mathrm{nd}}^2}{AB}$$

y 与 ω_{x0}^2 的关系可由图 8-1 所示抛物线形式表示

当 $\omega_{x0}^2=-\dfrac{b}{2}$ 时，对应 y 的最小值，即

$$y_{\min}=c-\frac{b^2}{4} \tag{8-41}$$

如果 $y_{\min}<0$，在高速率滚转运动中，有可能出现急滚发散现象。其两个临界滚转速率的平方分别由下式表示

$$\omega_{x011}^2=-\frac{b}{2}-\sqrt{\frac{b^2}{4}-c},\quad \omega_{x012}^2=-\frac{b}{2}+\sqrt{\frac{b^2}{4}-c} \tag{8-42}$$

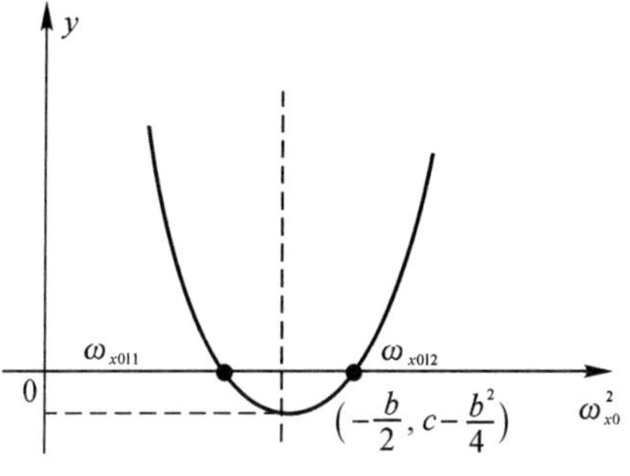

图 8-1　y 与 ω_{x0}^2 的关系曲线

当 $y_{\min}>0$ 时，即 $2\sqrt{c}>-b$ 时，飞机在急滚运动中不会出现急滚发散现象，且 $2\sqrt{c}>-b$ 对应

$$-\left(\frac{\bar{\mu}_z^{\omega_z}}{\bar{A}}+z^\beta\right)\left(y^\alpha+\frac{\mu_y^{\omega_y}+\alpha_0\mu_x^{\omega_y}}{\bar{B}}\right)>\left(\frac{\omega_{\mathrm{ns}}}{\sqrt{\bar{A}}}-\frac{\omega_{\mathrm{nd}}}{\sqrt{-\bar{B}}}\right)^2 \tag{8-43}$$

上述分析结论与按四自由度方程式在相同假设条件下，得到的结果是一致的。式(8-37)、式(8-38)和式(8-39)与菲里普斯的著名判别式比较，除采用符号不一样外，基本上是一致的。

(二) 侧滑角对大上反效应飞机急滚稳定性的影响

对于机翼后掠角和上反角大的飞机来说，尽管在急滚运动中运动耦合产生的侧滑角不大，但大的横向静稳定性以及交叉导数 $\mu_x^{\omega_y}$ 引起的滚转力矩不能忽略。由侧滑引起的滚转力矩在不利侧滑条件下，阻碍飞机滚转；在有利侧滑条件下，使飞机加速滚转，势必影响急滚运动的稳定性；由偏航角速率引起的滚转力矩，当 $\omega_y\omega_x>0$ 时，阻碍飞机滚转；当 $\omega_y\omega_x<0$ 时，加速飞机滚转，也可使飞机急滚运动不稳定。飞行迎角的大小，在横向静稳定性大的条件下，不仅影响荷兰滚无阻尼振荡频率，改变急滚运动稳定域的大小；同时由于运动耦合的作用，对滚转运动中的侧滑角极性起决定性作用。因此，进入滚转运动时的迎角对急滚运动的稳定性也有影响。当考虑飞机在大迎角飞行时，惯性耦合对偏离和尾旋的影响将在本章第 2 节中详述。

对 μ_x^β，$\mu_x^{\omega_y}$ 绝对值大的飞机来说，采用包括滚转力矩方程在内的五自由度非线性方程进行计算分析是合理的；利用五自由度的线性导算子矩阵方程分析急滚运动稳定性也是正确的。

为了便于分析问题，仍需作一些假设，忽略一些不大的因子或项。采用全量五自由度非线性运动方程进行仿真计算，可以证明在这些假设条件下所表示的结果是正确的。由于

$$\Delta_\vartheta\Delta_R\gg-\mu_x^{\omega_y}\Delta_1\omega_{x0},\Delta_\vartheta\Delta_p\gg-\mu_x^{\omega_y}\Delta_2\omega_{x0}^2 \tag{8-44}$$

$$\Delta_\vartheta\Delta_\beta\gg\Delta_1\Delta_3\omega_{x0},\Delta_R\Delta_3\gg\mu_x^{\omega_y}\Delta_\beta$$

因此，由式(8-15)简化得到

$$\Delta=\Delta_\vartheta(\Delta_d\Delta_R-\Delta_\beta\Delta_p)+\omega_{x0}^2\Delta_2\Delta_3\Delta_R \tag{8-45}$$

化为 s 的多项式表示

$$\Delta=s^5+a_1s^4+a_2s^3+a_3s^2+a_4s+a_5 \tag{8-46}$$

在 Δ_β 和 $\mu_x^{\omega_x}$ 的绝对值不大和 μ_x^β 的绝对值很大的条件下，含有 β_0 和 μ_x^β 的 $\Delta_\beta\Delta_p\Delta_\vartheta$ 项只对 a_3，a_4，a_5 等系数有影响，且在 $-\bar{\mu}_z^\alpha-\omega_{x0}^2\bar{A}$ 较大的情况下，对 a_5 的影响最大。由上述内容可知，不稳定的根是由纵向短周期和侧向荷兰滚模态无阻尼频率二次方小于零引起的，而不是其阻尼项小于零造成的。由惯性耦合引起的急滚不稳定是正实根带来的单调发散，而不是振荡发散。因此，使用“实根变符号法”判据和由 $a_5>0$ 分析急滚运动的稳定性是合理的。

由式(8-45)得到 a_5 的表达式为

$$a_5=(-\bar{\mu}_z^\alpha-\bar{\mu}_z^{\omega_z}y^\alpha-\bar{A}\omega_{x0}^2)\{[-\mu_y^\beta-\alpha_0\mu_x^\beta+z^\beta(\mu_y^{\omega_y}+\alpha_0\mu_x^{\omega_y})+\bar{B}\omega_{x0}^2](\alpha_0\mu_x^{\omega_y}-\mu_x^{\omega_x})-$$
$$[\bar{B}\omega_{z0}+\bar{B}\beta_0\omega_{x0}+\alpha_0(\mu_y^{\omega_y}+\alpha_0\mu_x^{\omega_y}-\mu_x^{\omega_x})-\mu_y^{\omega_x}](z^\beta\mu_x^{\omega_y}-\mu_x^\beta)\}+$$

$$(\alpha_0\mu_x^{\omega_y}-\mu_x^{\omega_x})(\mu_y^{\omega_y}+\alpha_0\mu_x^{\omega_y}+\overline{B}y^{\alpha})(\overline{\mu}_z^{\omega_z}+\overline{A}z^{\beta})\omega_{x0}^2 \tag{8-47}$$

当假设静平衡方程式(8-5)法向力方程中

$$y^{\alpha}\alpha_0=-y^{\delta_z}\delta_z \quad 和 \quad \beta_0\omega_{x0}=\omega_{z0} \tag{8-48}$$

考虑到 $\omega_{ns}^2,\omega_{nd}^2$ 的表达式和

$$|\mu_x^{\beta}|\gg z^{\beta}\mu_x^{\omega_y} \tag{8-49}$$

时，得到 a_5 的近似表达式为

$$a_5=-AB(\alpha_0\mu_x^{\omega_y}-\mu_x^{\omega_x})\left[\left(\frac{\omega_{ns}^2}{\overline{A}}-\omega_{x0}^2\right)\left(-\frac{\omega_{nd}^2+W}{\overline{B}}-\omega_{x0}^2\right)-\omega_{x0}^2\left(\frac{\overline{\mu}_z^{\omega_z}}{\overline{A}}+z^{\beta}\right)\left(\frac{\mu_y^{\omega_y}+\alpha_0\mu_x^{\omega_y}}{\overline{B}}+y^{\alpha}\right)\right]=$$
$$AB(\mu_x^{\omega_x}-\alpha_0\mu_x^{\omega_y})(\omega_{x0}^4+b\omega_{x0}^2+c) \tag{8-50}$$

式中

$$W=\frac{\mu_x^{\beta}}{\mu_x^{\omega_x}-\alpha_0\mu_x^{\omega_y}}[\mu_y^{\omega_x}-\overline{B}\omega_{z0}-\overline{B}\beta_0\omega_{x0}-\alpha_0(\mu_y^{\omega_y}+\alpha_0\mu_x^{\omega_y}-\mu_x^{\omega_x})]$$

$$b=\frac{\omega_{nd}^2+W}{\overline{A}}-\frac{\omega_{ns}^2}{\overline{B}}-\left(\frac{\overline{\mu}_z^{\omega_z}}{\overline{A}}+z^{\beta}\right)\left(\frac{\mu_y^{\omega_y}+\alpha_0\mu_x^{\omega_y}}{\overline{B}}+y^{\alpha}\right)$$

$$c=-\frac{\omega_{ns}^2(\omega_{nd}^2+W)}{AB}$$

由于 $AB(\mu_x^{\omega_x}-\alpha_0\mu_x^{\omega_y})$，为正值，$a_5$ 的极性取决于

$$y=\omega_{x0}^4+b\omega_{x0}^2+c \tag{8-51}$$

的正负。如果 $y>0$，则 $a_5>0$，急滚运动是稳定的，即横向静稳定性大的飞机急滚运动稳定条件为

$$\left(\frac{\omega_{ns}^2}{\overline{A}}-\omega_{x0}^2\right)\left(-\frac{\omega_{nd}^2+W}{\overline{B}}-\omega_{x0}^2\right)-\omega_{x0}^2\left(\frac{\overline{\mu}_z^{\omega_z}}{\overline{A}}+z^{\beta}\right)\left(\frac{\mu_y^{\omega_y}+\alpha_0\mu_x^{\omega_y}}{\overline{B}}+y^{\alpha}\right)>0 \tag{8-52}$$

可以利用式(8-41)表征 y_{min}，且当 $y_{min}>0$ 时，即

$$-\left(\frac{\overline{\mu}_z^{\omega_z}}{\overline{A}}+z^{\beta}\right)\left(y^{\alpha}+\frac{\mu_y^{\omega_y}+\alpha_0\mu_x^{\omega_y}}{\overline{B}}\right)>\left[\frac{\omega_{nd}}{\sqrt{\overline{A}}}-\sqrt{\frac{\omega_{nd}^2+W}{-\overline{B}}}\right]^2 \tag{8-53}$$

时，任何大的滚转速率也不会带来急滚运动不稳定。由于

$$\frac{\omega_{ns}^2}{\overline{A}}-\frac{\omega_{nd}^2+W}{\overline{B}}\gg\left|\left(\frac{\overline{\mu}_z^{\omega_z}}{\overline{A}}+z^{\beta}\right)\left(\frac{\mu_y^{\omega_y}+\alpha_0\mu_x^{\omega_y}}{\overline{B}}+y^{\alpha}\right)\right| \tag{8-54}$$

使得横向静稳定性大的飞机急滚运动稳定条件由下式近似表示：

$$\left(\frac{\omega_{ns}^2}{\overline{A}}-\omega_{x0}^2\right)\left(-\frac{\omega_{nd}^2+W}{\overline{B}}-\omega_{x0}^2\right)>0 \tag{8-55}$$

由式(8-55)可以得到两个临界滚转速率平方的近似表达式

$$\left.\begin{aligned}&\omega_{x011}^2=-\frac{\omega_{nd}^2+W}{\overline{B}}=-\frac{1}{\overline{B}}\{\omega_{nd}^2+\frac{\mu_x^{\beta}}{\mu_x^{\omega_x}-\alpha_0\mu_x^{\omega_y}}[\mu_y^{\omega_x}-\overline{B}\omega_{z0}-\overline{B}\beta_0\omega_{x0}+\alpha_0(\mu_x^{\omega_x}-\mu_y^{\omega_y}-\alpha_0\mu_x^{\omega_y})]\}\\&\omega_{x012}^2=\frac{\omega_{ns}^2}{\overline{A}}\end{aligned}\right\} \tag{8-56}$$

当考虑到静平衡方程式(8-5)法向力方程中

$$\left.\begin{aligned}&\omega_{z0}\approx\beta_0\omega_{x0}\\&\mu_y^{\omega_x}+\alpha_0(\mu_x^{\omega_x}-\mu_y^{\omega_y}-\alpha_0\mu_x^{\omega_y})\approx 0\end{aligned}\right\} \tag{8-57}$$

时，ω_{x011}^2 的表达式可近似为

$$\omega_{x011}^2=-\frac{1}{\overline{B}}\left[\omega_{nd}^2-\frac{2\mu_x^{\beta}}{\overline{B}(\mu_x^{\omega_x}-\alpha_0\mu_x^{\omega_y})}\beta_0\omega_{x0}\right] \tag{8-58}$$

或者

$$\omega_{x011}^2=-\frac{1}{\overline{B}}\left[\omega_{nd}^2-\frac{2\mu_x^\beta}{\overline{B}(\mu_x^{\omega_x}-\alpha_0\mu_x^{\omega_y})}\omega_{z0}\right] \tag{8-59}$$

这样一来，得到当 $\omega_{ns}>\omega_{nd}$ 时，由 $\omega_{x0}^2\sim\beta_0\omega_{x0}(\omega_{z0})$ 限制的急滚运动稳定域如图 8-2 所示和由 ω_{x0}，β_0 限制的急滚耦合稳定域如图 8-3 所示。

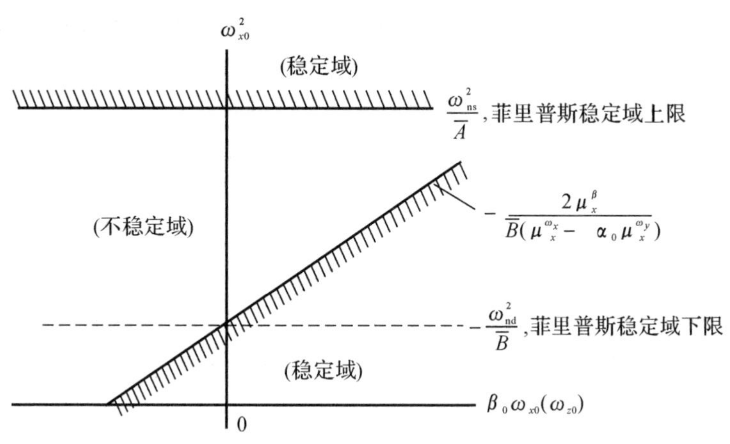

图 8-2　由 $\omega_{x0}^2\sim\beta_0\omega_x(\omega_{z0})$ 限制的急滚运动稳定域

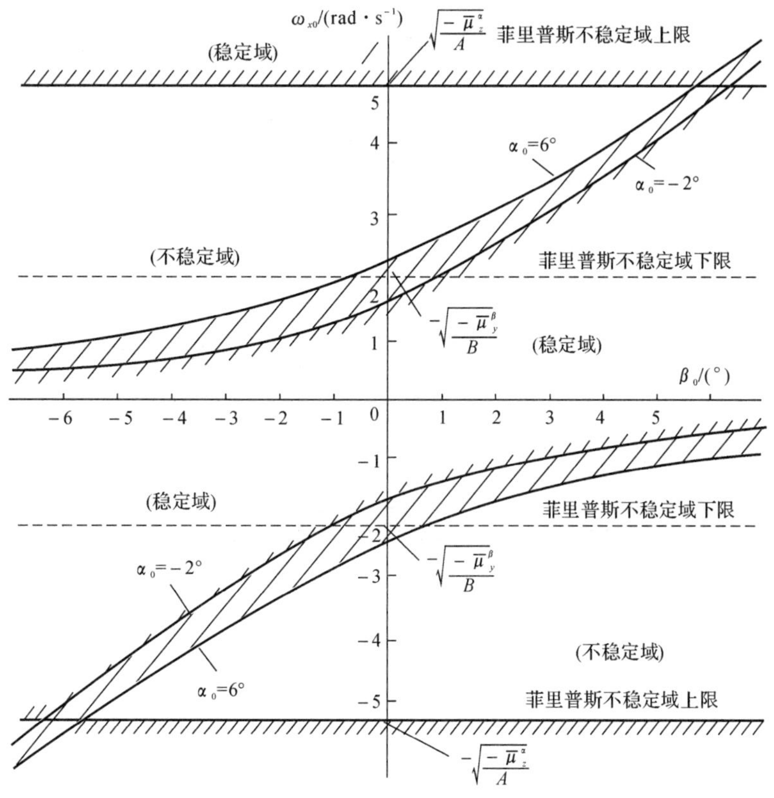

图 8-3　当 $-\frac{\overline{\mu}_z^\alpha}{A}>\frac{\mu_y^\beta}{B}$ 时，由 ω_{x0}，β_0 和 α_0 限制的急滚耦合稳定域

比较菲里普斯稳定性判据决定的稳定域，图 8-2 给出的急滚运动稳定域，当 $\beta_0\omega_{x0}>0$ 时，稳定域增大；当 $\beta_0\omega_{x0}<0$ 时，稳定域减小。由于 $\beta_0\omega_{x0}<0$，表征着 β_0 为有利滚转侧滑角，故在横向稳定性导数 μ_x^β 为负值的情况下，产生的滚转力矩，加快急滚速率，从而使飞机进入急滚耦合发散状态。

迎角的减小，使得急滚运动稳定域减小，这是迎角影响急滚耦合稳定性的一个方面；更为重要的是，急滚操纵时的初始迎角。由式(8-4)中侧向力矩方程可知，在单独操纵副翼时，初始迎角的大小决定侧滑角是有利滚转还是不利滚转。小值的初始迎角，使急滚中产生的侧滑角的极性总是与滚转速率相反，即 $\beta_0\omega_{x0}<0$。这样一来，当飞机横向静稳定($\mu_x^\beta<0$)时，侧滑角 β 总是有利于滚转的。相反，由大值的初始迎角进入急滚时，$\beta_0\omega_{x0}>0$。且当 $\mu_x^\beta<0$ 时，侧滑角 β 总是不利滚转的。这就是说，当进入急滚时的迎角为小值，即在飞机下俯运动中进入急滚时，容易引起急滚耦合发散；相反，当进入急滚时的迎角大时，即在飞机平飞或上仰运动中进入急滚，不容易引起急滚耦合运动发散。

为了进一步说明问题，将五自由度线性化导算子矩阵方程的特征式(8-8)按 s 多项式展开，其中 s 零次项系数 a_5，再按 ω_{x0} 多项式展开，得到

$$a_5=b_0\omega_{x0}^4+b_1\omega_{x0}^3+b_2\omega_{x0}^2+b_3\omega_{x0}+b_4=0 \tag{8-60}$$

只作少许简化，即

$$\omega_{y0}=0,\quad \omega_{z0}=\beta_0\omega_{x0}+\alpha_0 y^\alpha \tag{8-61}$$

当分别给定 α_0 为某些可能的值时，给定一组 β_0 值，按式(8-60)对 ω_{x0} 解根，得到一组与不同的 α_0 相对应的对 ω_{x0} 和 β_0 限制的急滚耦合稳定域，如图8-4所示。比较由临界滚转速率近似表达式得到的急滚耦合稳定域图8-3有一定误差，但基本结论是一致的。

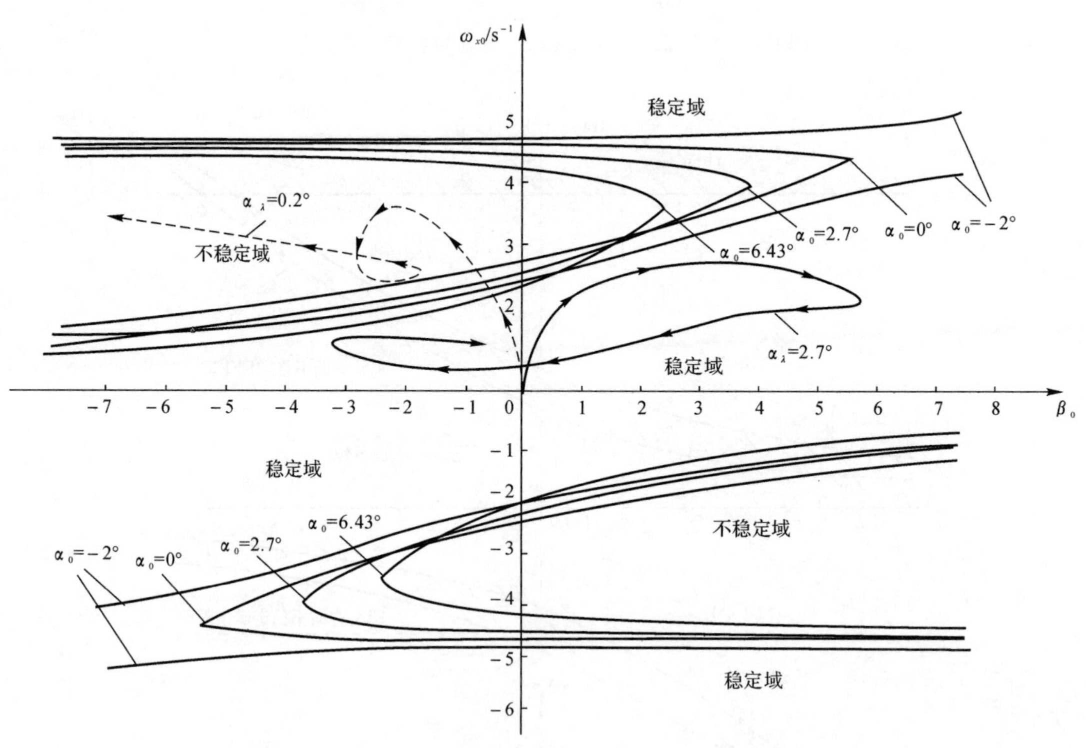

图8-4 假设 $\omega_{y0}=0$，$\omega_{z0}=\beta_0\omega_{x0}+\alpha_0 y^\alpha$，由 ω_{x0} 和 β_0 限制的急滚耦合稳定域
(某飞机 $H/Ma=15/2.2$)

8.1.3 五自由度仿真计算

尽管上述分析对于研究急滚耦合稳定性是正确的，然而在分析中使用简化的线性方程去代替这个非线性严重、耦合项多的时变方程，分析的结果很难使人信服。除去验证本节提出的急滚耦合稳定域和菲里普斯提出的稳定判据外，仿真计算的目的在于：

1) 某飞机在正常状态进入急滚是否存在急滚耦合不稳定；

2）某飞机在 2/3 最大过载状态下，进入 360° 的滚转中，产生的迎角和侧滑角是否超过结构强度限制，最大滚转速率是多少？

3）在飞行中如何防止急滚耦合不稳定出现？

4）验证增稳系统对急滚耦合问题的改善。

仿真计算的主要条件如下：

1）按某型飞机的吹风导数计算，在计算中考虑高度、马赫数和飞行迎角对气动导数的影响，在 $H=11\sim20$ km 和 $Ma=1.5\sim2.2$ 的范围内进行多状态计算；

2）副翼输入形式为梯形操纵，倾斜段时间为 0.25 s；

3）方向舵松浮；

4）从 $\alpha_0=-2°$，平飞到 2/3 最大过载范围内进入滚转，最大滚转角至少 360°。

从仿真计算获得的记录曲线，可知进入滚转时的迎角对飞机的响应特性有很大影响。当进入滚转时的迎角较大时，滚转速率偏小，不利侧滑角大，以及 $\beta\omega_x>0$，$\omega_z>0$，$\alpha>0$ 和 $\omega_y<0$，没有出现急滚不稳定现象。当进入滚转时的迎角很小（或负值）时，出现急滚耦合发散现象。此时，$\beta\omega_x<0$，$\omega_z<0$，$\omega_y>0$，α 由小变大。可见上述内容所分析的 β，ω_z 和 α 的极性对急滚耦合稳定性的影响是正确的。

仿真计算证明，某型飞机在给定的飞行包络内，从平飞到 2/3 最大过载中进入滚转的 32 个飞行状态，都未出现急滚耦合不稳定。图 8-5 所示为某飞机五自由度滚转操纵响应特性仿真计算曲线，随着进入滚转的迎角增加，运动耦合（$\omega_x\alpha$）产生大的不利侧滑，在横向稳定性较大的情况下，减小了滚转速率。

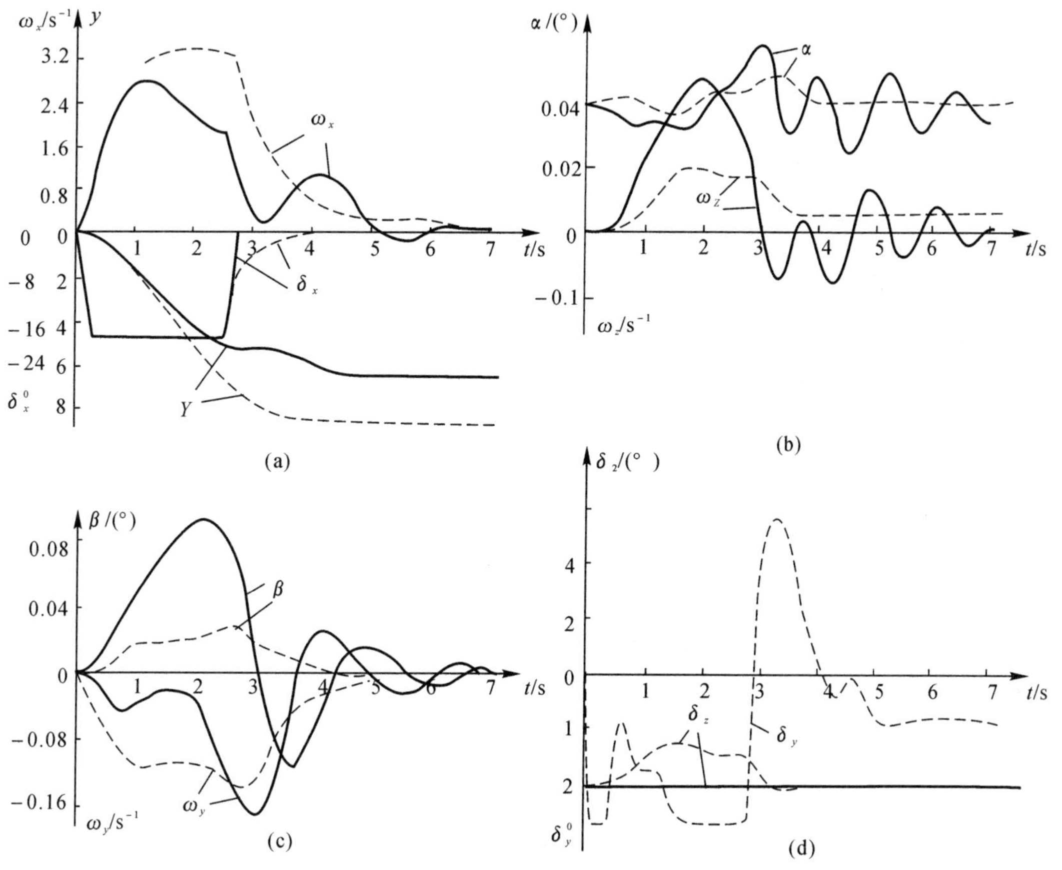

图 8-5　某飞机五自由度滚转操纵响应特性仿真计算曲线

（$H=13.6$ km，$Ma=2.2$，平飞迎角；—— 纯飞机，----- 增稳飞机）

在平飞和 2/3 最大过载的滚转机动中，表 8-1 所示飞行状态的滚转速率已经进入菲里普斯惯性交感稳定性判别式所决定的不稳定域，但各状态变量响应均未出现急滚耦合不稳定现象。

表 8-1　急滚稳定情况下菲里普斯不稳定限与最大滚转率、侧滑角和俯仰速率

(H/km)/Ma		13.6/2.0	13.6/2.2	13.6/2.2	15/2.2	15/2.2	19/2.2	11/1.8
$\alpha_\lambda/(°)$		2.49	2.24	6.93	2.7	6.43	4.73	1.99
菲里普斯不稳定域	上限 /s^{-1}	5	5.4	5.4	4.7	4.7	3.44	5.7
	下限 /s^{-1}	2.7	2.42	1.76	2.28	1.89	1.86	3.6
ω_{xM}/s^{-1}		3.0	2.7	1.8	2.5	2.0	2.0	3.8
$\beta_M/(°)$		4.80	5.25	6.9	5.73	6.50	6.70	2.94
$\omega_{zM}/((°)\cdot s^{-1})$		10.7	13.4	15.3	14.3	14.3	13.6	11.2

出现急滚耦合不稳定的例子如图 8-6 所示。由于进入滚转时的迎角很小，所以副翼和滚转速率的有利偏航力矩产生顺偏航速率和有利侧滑。当滚转速率为正值时，出现负的侧滑角；$\omega_x\beta$ 的运动耦合作用，使迎角增大；正值的迎角增量引起的低头俯仰力矩，在纵向静稳定性足够大的情况下，克服了正值的惯性耦合力矩$(J_x-J_y)\omega_x\omega_y$ 的作用，产生了负的俯仰速率；在机翼大上反效应的情况下，有利侧滑引起的滚转力矩显著地增加了滚转速率；使负值的惯性耦合力矩$(J_z-J_x)\omega_x\omega_z$ 足以克服正值的航向恢复力矩，顺偏航速率及其有利侧滑被增大。这是一个正反馈过程，正是它导致了急滚耦合不稳定。

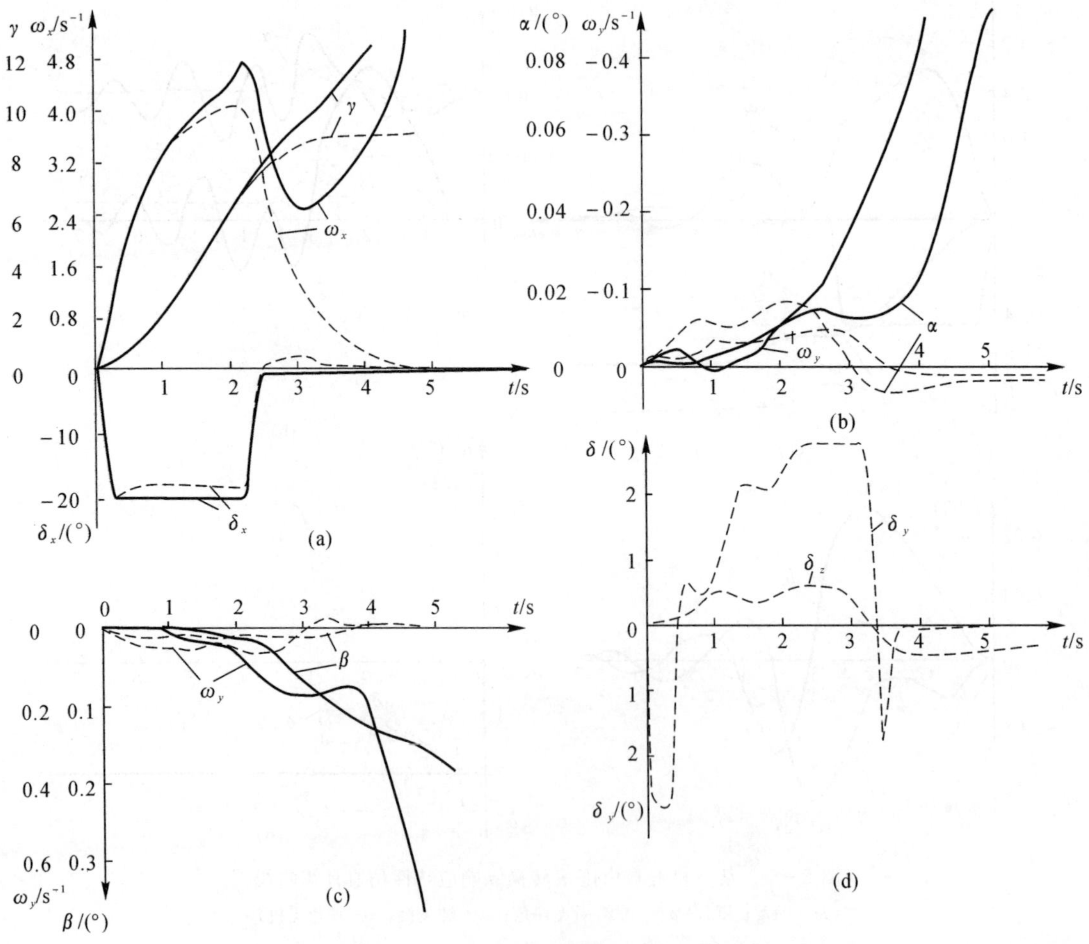

图 8-6　某飞机五自由度滚转操纵响应特性仿真计算曲线

($H=13.6$ km，$Ma=2.2$，$\alpha_\lambda=0°$；—— 纯飞机，----- 增稳飞机)

由图 8-6 可见，当副翼收回到中立位置，滚转速率减小到某值时，飞机的各状态变量发生了急剧发散，不可控制的自转便产生了。急滚耦合不稳定总是伴随着有利侧滑、顺偏航速率、低头俯仰速率和小值的迎角。

由记录曲线可知，在小迎角(或负迎角)进入滚转时，表 8-2 所示的最大滚转速率值小于菲里普斯不稳定域下限，即在菲里普斯稳定判据决定的稳定域内，飞机仍然存在急滚耦合发散现象。进一步说明了菲里普斯准则对于评价机翼大上反效应飞机的急滚耦合稳定性有一定误差和局限性。将对应状态的五自由度全量方程计算出的 β 和 ω_x 值填入表征该状态稳定域的图 8-4 中，可见小迎角进入急滚而产生的 β 和 ω_x 响应进入不稳定域内；由大迎角进入急滚而产生的 β 和 ω_x 响应不进入不稳定域，且最终趋于坐标原点。

表 8-2　急滚不稳定情况下菲里普斯不稳定限与最大滚转速率

$(H/\text{km})/Ma$		15/2.2	19/2.0	19/2.2	20/2.0
$\alpha_\lambda/(°)$		−2.5	−2	−2	−3
菲里普斯	上限 /s^{-1}	4.70	3.25	3.46	3.00
不稳定域	下限 /s^{-1}	2.32	2.10	2.00	1.97
ω_{xM}/s^{-1}		1.80	1.70	1.75	1.20

存在一个临界迎角，当进入滚转迎角大于临界迎角时，副翼在极限的偏度范围内，偏出时间多长，也不会引起飞机急滚耦合发散；当进入滚转迎角小于临界迎角时，只要副翼偏度足够大和偏出时间足够长，便会出现急滚耦合发散。一个临界迎角和操纵时间限制的稳定域如图 8-7 所示。

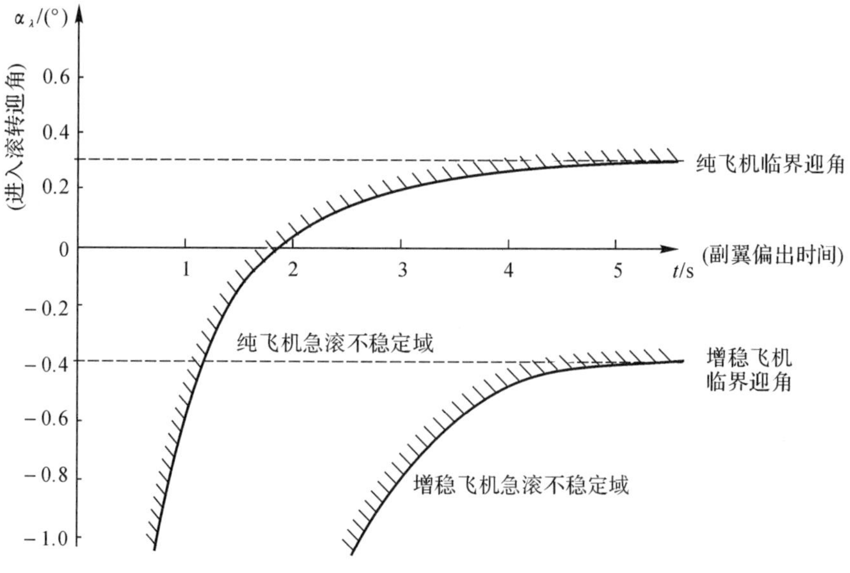

图 8-7　进入滚转迎角与滚转操纵时间所限制的急滚耦合稳定域

8.1.4　急滚耦合运动的结论性意见

1) 用五自由度运动方程分析和计算急滚耦合特性是合适的；

2) 对于机翼上反效应大的飞机来说，除高滚转速率外，有利滚转侧滑和低头俯仰速率对急滚耦合稳定性影响也很大；

3) 影响急滚耦合稳定性的飞机动力系数，除表征航向静稳定性的 μ_y^β，纵向静稳定性的 μ_z^α，以及俯仰和偏航速率阻尼系数 $\mu_z^{\omega_z}$ 和 $\mu_y^{\omega_y}$ 之外，表征横向稳定性的动力系数 μ_x^β 和 $\mu_x^{\omega_y}$ 也是重要参数；

4) 存在一个临界迎角，当进入滚转迎角大于这个临界迎角时，滚转速率降低，不利滚转侧滑和迎角增大,急滚耦合特性是稳定的;当进入滚转迎角小于这个临界迎角时,出现有利滚转侧滑和低头俯仰速率,使急滚耦合运动进入不稳定状态。

根据以上分析和计算结果,为避免急滚耦合不稳定,可对驾驶员提出要求,不在小迎角情况下操纵副翼进入急滚运动,减少副翼偏度以限制滚转速率;协调操纵方向舵以减小有利侧滑或不利侧滑,后拉驾驶杆以产生抬头俯仰速率。但是,这些措施会给驾驶员操纵带来困难。采用纵、横、航向三轴增稳系统,可以改善急滚耦合稳定性和显著地减小迎角和侧滑角增量。

在通常的纵、横、航向三轴增稳系统中,引入法向和侧向过载反馈,除改善模态特性外,还有效地增加了急滚耦合稳定性;在偏航轴引入 δ_x -δ_y 交联和 $\omega_x\alpha$ 反馈,使飞机绕速度轴滚转,避免 α,β 间的运动耦合和减小有利侧滑,避免滚转速率不可控;分别在偏航、俯仰轴增稳系统中引入 $\omega_x\omega_z$,$\omega_x\omega_y$(或 $\omega_x^2\alpha$)信号可抵消惯性耦合影响。

8.2　大迎角飞行特性分析

大迎角飞行特性涉及失速、机翼摇晃、偏离、过失速旋转、尾旋、改出以及有关特性。大迎角特性是指飞行包线以外的速度和迎角特性。对大迎角特性的分析,目的在于确保飞行安全。设计有关飞行控制系统使在空中格斗中驾驶员能尽情地做各种有效机动而不必注意飞行边界特性的限制。

大量的飞机事故归于大迎角飞行时的操纵失效,美国在越南战争中许多飞机失事,尽管尚未找到确切原因,但很可能是大迎角下操纵失效造成的。

对于失速,普遍认为有必要预先发出警告,而不是给出临近失速指示。另一方面是在飞机上装有防止失控的有效限制器。但是,不能将限制器作为推杆器使用,因为推杆器试图将驾驶杆从驾驶员手中夺走,驾驶员是极力反对的。由于限制装置可能在可用飞行包线中断开,它将降低飞机的功能,甚至失效,因此,更关心的应该是飞机固有性能的提高。对于 F-16 飞机来说,为了避免进入深度失速,在飞行控制系统中附加了一个特殊装置 —— 迎角限制器,它在“正常”工作情况下,应能防止进入失速飞行状态。

本节仅仅给出失速、尾旋等大迎角飞行特性的分析,对于失速、尾旋等特性的估算必须利用数值法求解六自由度非线性微分方程组。这是目前为止使用较多的一种研究方法,它要求有大量的与大迎角状态相对应的气动导数、飞机惯性矩参数等。在飞机设计阶段,这些数据是很难得到的。

8.2.1　失速特性

失速通常是由于大迎角引起气流分离而产生的一种现象。失速速度 v_s 定义为,垂直于飞行轨迹方向的法向过载因数为 1 时的失速速度,规定为下列各项中的最大值:

1) 在定常直线飞行中,作为升力系数 c_y 随迎角变化从零增至第一个局部最大值 $c_{y\max}$ 时的速度;

2) 出现非指令性的俯仰、滚转或偏航时的速度;

3) 遇到难以忍受的抖振或结构振动时的速度。

在大迎角飞行特性中另一个常用术语是失速迎角 α_s。在给定状态有关的构形、重量、重心位置和外挂组合下,飞行速度为常数时的失速迎角是如下各值中最小者:

1) 在给定的速度或马赫数条件下,与垂直于飞行轨迹的最大过载因数相对应的迎角;

2) 在给定的速度或马赫数条件下,发生非指令的俯仰、或滚转、或偏航时的迎角;

3) 在给定的速度或马赫数条件下,遇到难以忍受的抖振时的迎角。

与失速迎角相对应的升力系数 c_{ys} 称为失速升力系数。失速速度 v_s 与失速升力系数的关系为

$$v_s = \sqrt{\frac{2G}{c_{ys}\rho S}} \tag{8-62}$$

c_{ys} 可通过风洞试验预测或试飞测量得到。但也可通过判断 α_s,再由 c_y-α 曲线相应确定。还可根据“规

范”对 α_s 的定义，由图 8-8 中所示几个特征迎角比较确定 c_{ys}。

如图 8-8 所示，如果 m_z 曲线没有过分的上仰，则 α_1 可不考虑。关于飞机是否会出现不可忍受的抖振，事先难以判断。因此，确定 α_s 主要是 α_2，α_3 和 α_4，其中 α_2 是由称为横侧操纵偏离参数

$$\mathrm{LCDP}=m_y^\beta - m_x^\beta \frac{m_y^{\delta_x}}{m_x^{\delta_x}}=0 \qquad (8-63)$$

确定；α_3 是由第一个 $c_{y\max}$ 确定；α_4 是由称为方向稳定性参数(DDSP)

$$m_{yD}^\beta = m_y^\beta \cos\alpha + \frac{J_y}{J_x} m_x^\beta \sin\alpha = 0 \qquad (8-64)$$

确定。因为 LCDP，$c_{y\max}$ 和 m_{yD}^β 都是 α 的函数，对于不同飞机，α_2，α_3 和 α_4 的先后顺序可能不尽相同。一般以它们中最小的特征迎角作为失速迎角 α_s，其对应的升力系数为 c_{ys}。如图 8-8 所示 α_s 为 α_2。

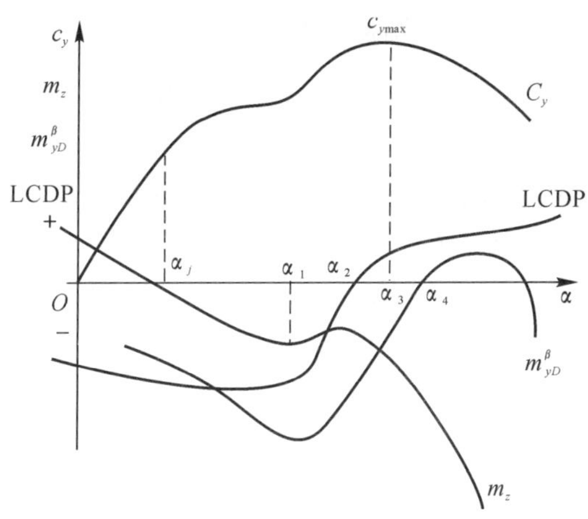

图 8-8　决定 c_{ys} 的特征迎角

此外应该指出，m_z 对 α 的导数 $m_z^\alpha=0$，表征了纵向短周期无阻尼振荡频率

$$\omega_{\mathrm{ns}}^2 \approx -\mu_z^\alpha = -m_z^\alpha q S b_A / J_z = 0 \qquad (8-65)$$

与 m_z 对应的特征迎角 α_1 反映了对纵向短周期模态特性的要求；$m_{yD}^\beta=0$，是在 J_{xy} 不大的情况下，表征了荷兰滚无阻尼振荡频率

$$\omega_{\mathrm{nd}}^2 = -m_{yD}^\beta q S l / J_y = -\left(m_y^\beta + \frac{J_y}{J_x} m_x^\beta \alpha\right) q S l / J_y = 0 \qquad (8-66)$$

与其相对应的特征迎角 α_4 反映了对荷兰滚模态的要求；在此称为横侧操纵偏离参数的 LCDP，也可称为副翼操纵有效参数。滚转角 γ 对副翼操纵输入 δ_x 的传递函数分子中无阻尼振荡频率的二次方 ω_ϕ^2 是它的函数，且当 LCDP$=0$ 时

$$\omega_\phi^2 = -\mathrm{LCDP} q S l / J_y = -\left(m_y^\beta - m_x^\beta \frac{m_y^{\delta_x}}{m_x^{\delta_x}}\right) q S l / J_y = 0 \qquad (8-67)$$

意味着副翼操纵失效；当 LCDP >0 时，副翼操纵反向滚转。因此，与 LCDP$=0$ 对应的特征迎角 α_2 反映了副翼操纵响应特性；由 $c_{y\max}$ 相对应的特征迎角 α_3 直接反映了最大升力系数 $c_{y\max}$。

在飞机改出失速和飞行速度增加之前，油门杆应保持固定的要求反映了驾驶员的意见。对于突然的失速惊慌与精神和体力上的负担可能与危险成正比，因此要求改出失速所需要的协调操纵动作应最简单，这是至关重要的一点。

进入失速后，俯仰轴增稳或控制增稳系统若能正常工作，甚至会引起不稳定作用。显然，当飞行迎角大于 $c_{y\max}$ 对应的迎角(有的规范定义为失速仰角 α_s)时，y^α 由正变为负，法向过载反馈由负反馈变为正反馈，不仅失去它的增稳作用，相反，起减稳作用，致使系统成为不稳定的。实际上将诱导失速。

不少“规范”对“失速警告”提出了要求。“失速警告”能向驾驶员提供已临近最大可用升力的自然飞机特性(如飞机摇晃或抖振)和失速警告信号。人工失速警告装置提供的信号是失速速度和迎角的函数。“规范”按不同情况提出了警告速度与失速速度之间不同余量的要求。自然失速警告所指的那些飞机特性就是临近或达到最大可用升力时的警告信号，在失速发生之前，飞机可能呈现出一种非指令下沉或机翼摇晃，或者在失速发生之后飞机出现强的抖振。

8.2.2　过失速特性

飞行迎角大于失速迎角的飞行状态称为过失速状态，其特性有几种不同性质的运动组成：偏离、过失速

旋转、尾旋和深度失速，但在偏离运动后，未必依次发生后三种运动。

8.2.2.1 偏离特性

偏离是过失速飞行状态里的一种运动现象，是飞机进入过失速旋转、尾旋和深度失速的前奏，标志着飞机从可控飞行到不可控状态过渡的一种短暂、有限的运动。它可用发散的、大振幅的非指令运动来表征，如机头侧偏(航向发散）或上仰。偏离与完全操纵失效是同义词。操纵失效警告应向驾驶员指出飞机已临近或已处于操纵失效。

机头侧偏主要是一种在偏航方向发散的、非指令的横-航向运动。

上仰是非指令的、突然地增大迎角，定义为一种气动俯仰力矩或飞行操纵系统作突然地抬头输入有关的气动效应。它不是由于阻力过大而产生的迎角增大，而可能是由于惯性耦合所发生偏离之后的那种迎角增大。

偏离可能仅仅在最大可用升力范围外迎角稍微增加一点而出现，也可能出现在远比最大可用升力对应迎角大得多的迎角范围内出现。因此前者使失效警告和失速警告同义，后者单纯为失效警告。

8.2.2.2 过失速旋转特性

过失速旋转(PSG）紧接着偏离而发生的绕飞机的一个或多个轴旋转的非操纵运动。这种类型的运动包含着比失速迎角更大的迎角，但在运动过程中可能间断出现较小的迎角。过失速旋转本来是一个包含有尾旋和深度失速在内的所有失控运动的通用术语，但在通常用法上则是指不专门描述尾旋和深度失速的任何过失速失控运动。过失速旋转同尾旋的差别在于它缺少一个占主导地位的持续的偏航运动，以及在它的运动过程中存在小于失速迎角的可能性。

8.2.2.3 尾旋特性

尾旋是超过失速迎角后一种持续的偏航运动。这种尾旋旋转运动在俯仰、滚转和偏航方向上叠加有振荡。初始尾旋是这种运动的初期阶段和过渡阶段，尾旋模态不够明显和不能辨别。在尾旋发展阶段明显的尾旋特性使人容易辨别。如果运动轨迹已变为垂直的且各圈之间的尾旋特性没有明显变化时，就达到了完全发展的尾旋阶段。尾旋模态可以用平均迎角、体轴偏航速率以及绕三个轴的角振荡的大小来区别。

8.2.2.4 深度失速特性

深度失速是一种失控飞行状态，在这种状态中飞机将持续超过 α_s 的迎角，而旋转速度始终可以忽略不计。深度失速能够与过失速旋转相区别在于它缺少过失速旋转的重要运动，而不在于下降率。

把深度失速划归为失控状态，众所周知，它可能是用任何可行的方法都不能改出或改出相当缓慢，或具有非常大的下降率，成为必须研究的一种危险的飞行状态。

在过失速偏离运动中，还存在着非常敏感偏离、敏感偏离、阻抗偏离和非常阻抗偏离等术语，是它们从可控飞行转入不可控飞行的难易程度来划分和定义的。“敏感”意味着容易，“非常敏感”是“非常容易”的同义词；“阻抗”“非常阻抗”在这里是“敏感”“非常敏感”的反义词。

8.2.3 大迎角飞行失速特性分析

飞机在失速迎角和大于失速迎角飞行时，气流的分离使气动力参数出现严重的非线性。同时，由于运动变量的变化幅度大，运动变量间的运动耦合和惯性耦合的影响不能忽略。因此在研究大迎角飞行稳定性时，需要使用完整的六自由度非线性方程组进行分析和仿真计算。忽略结构弹性和发动机转子陀螺力矩的影响。由于飞机飞行速度的改变是一个比较缓慢的过程，在油门杆位置不变的情况下，可忽略速度变化带来的影响。于是，仍按急滚耦合采用的五自由度运动方程式(8-5)，用于大迎角飞行稳定性分析中，并根据常微分方程理论，在一般情况下，非线性系统的稳定性可通过研究其导算子矩阵特征式(8－7)获得，并且利用线性导算子矩阵特征式展开式(8－15)进行分析更为方便。

8.2.3.1　大迎角飞行横侧向运动方程

在大迎角飞行稳定性的研究中，当飞行迎角很大，但除迎角外其他状态变量不大时，仍可按纵向运动和横侧向运动分开进行研究和分析，即飞机纵向和横侧向运动具有相对独立性。尽管纵向运动气动导数随迎角增大会产生大的变化，但在分析大迎角纵向运动稳定性时，仍可用按稳定轴系建立的纵向小扰动状态方程式(5－1)。

尽管纵向气动导数μ_z^α，$\mu_z^{\omega_z}$，$\mu_z^{\dot\alpha}$和y^α在大迎角情况下变化很大，但在动力学分析中，仍可利用经初等变换的纵向运动相似状态方程式(5－24)，长、短周期模态的特征式仍可由式(6－11)和式(6－43)近似表示。短周期模态的稳定性可由式(6－16)、式(6－17)判别，即

$$2\zeta_s\omega_{ns}=y^\alpha-\mu_z^{\omega_z}-\mu_z^{\dot\alpha}>0 \tag{8-68}$$

$$\omega_{ns}^2=-(\mu_z^\alpha+y^\alpha\mu_z^{\omega_z})>0 \tag{8-69}$$

在大迎角横侧向动力学特性分析时，仍可用按稳定轴系建立的横侧向小扰动方程式(5－2)或者按机体轴系建立的横侧向小扰动状态方程式(5－3)。然而，在法向力方程中，ω_y系数由“1”改为“$\cos\alpha_0$”，ω_x系数应由“α_0”改为“$\sin\alpha_0$”。

(一) 大迎角横侧向运动特征值表达式

在大迎角情况下，按机体轴系建立横侧向小扰动状态方程为

$$\begin{bmatrix}\dot\beta\\ \dot\omega_x\\ \dot\gamma\\ \dot\omega_y\end{bmatrix}=\begin{bmatrix}z^\beta & \sin\alpha_0 & g\cos\vartheta_0/v_0 & \cos\alpha_0\\ \mu_x^\beta & \mu_x^{\omega_x} & 0 & \mu_x^{\omega_y}\\ 0 & 1 & 0 & -\tan\vartheta_0\\ \mu_y^\beta & \mu_y^{\omega_x} & 0 & \mu_y^{\omega_y}\end{bmatrix}\begin{bmatrix}\beta\\ \omega_x\\ \gamma\\ \omega_y\end{bmatrix}+\begin{bmatrix}0 & z^{\delta_y}\\ \mu_x^{\delta_x} & \mu_x^{\delta_y}\\ 0 & 0\\ \mu_y^{\delta_x} & \mu_y^{\delta_y}\end{bmatrix}\begin{bmatrix}\delta_x\\ \delta_y\end{bmatrix} \tag{8-70}$$

为了获得与稳定轴系一样形式的状态方程，用初等变换的方法，即用初等变换阵

$$\begin{bmatrix}1 & 0 & 0 & 0\\ 0 & 1 & 0 & 0\\ 0 & 0 & 1 & 0\\ 0 & \tan\alpha_0 & 0 & 1\end{bmatrix}$$

对由机体轴系建立的大迎角横侧向状态方程式(8－70)实施初等变换，得到

$$\begin{bmatrix}\dot\beta\\ \dot\omega_x\\ \dot\gamma\\ \dot\omega_{ys}\end{bmatrix}=\begin{bmatrix}z^\beta & 0 & g\cos\alpha_0/v_0 & \cos\alpha_0\\ \mu_x^\beta & \bar\mu_x^{\omega_x} & 0 & \mu_x^{\omega_y}\\ 0 & 1+\tan\vartheta_0\tan\alpha_0 & 0 & -\tan\vartheta_0\\ \bar\mu_y^\beta & \bar\mu_y^{\omega_x} & 0 & \bar\mu_y^{\omega_y}\end{bmatrix}\begin{bmatrix}\beta\\ \omega_x\\ \gamma\\ \omega_{ys}\end{bmatrix}+\begin{bmatrix}0 & z^{\delta_y}\\ \mu_x^{\delta_x} & \mu_x^{\delta_y}\\ 0 & 0\\ \bar\mu_y^{\delta_x} & \bar\mu_y^{\delta_y}\end{bmatrix}\begin{bmatrix}\delta_x\\ \delta_y\end{bmatrix} \tag{8-71}$$

式中

$$\omega_{ys}=\omega_y+\omega_x\tan\alpha_0$$

$$\bar\mu_x^{\omega_x}=\mu_x^{\omega_x}-\mu_x^{\omega_y}\tan\alpha_0$$

$$\bar\mu_y^{\omega_x}=\mu_y^{\omega_x}-(\mu_y^{\omega_y}+\mu_x^{\omega_y}\tan\alpha_0-\mu_x^{\omega_x})\tan\alpha_0$$

$$\bar\mu_y^{\omega_y}=\mu_y^{\omega_y}+\mu_x^{\omega_y}\tan\alpha_0$$

$$\bar\mu_y^\beta=\mu_y^\beta+\mu_x^\beta\tan\alpha_0$$

$$\bar\mu_y^{\delta_x}=\mu_y^{\delta_x}+\mu_x^{\delta_x}\tan\alpha_0$$

$$\bar\mu_y^{\delta_y}=\mu_y^{\delta_y}+\mu_x^{\delta_y}\tan\alpha_0$$

相似状态方程式(8-71)中的 **A** 阵元素定义为 a_{ij}，如 $a_{11}=z^{\beta}$，$a_{14}=\cos\alpha_0$，$a_{44}=\bar{\mu}_y^{\omega_y}$ 等。

给定初等变换阵

$$\boldsymbol{M}=\begin{bmatrix}1 & 0 & 0 & 0\\ m_{21} & 1 & 0 & m_{24}\\ m_{31} & 0 & 1 & m_{34}\\ 0 & 0 & 0 & 1\end{bmatrix} \tag{8-72}$$

其中

$$m_{21}=\frac{a_{21}(a_{44}-a_{22})-a_{24}a_{41}}{a_{14}a_{41}-(a_{11}-a_{22})(a_{44}-a_{22})},\quad m_{24}=\frac{a_{24}(a_{11}-a_{22})-a_{21}a_{14}}{a_{14}a_{41}-(a_{11}-a_{22})(a_{44}-a_{22})}$$

$$m_{31}=\frac{a_{32}}{a_{14}a_{41}-a_{11}a_{44}}(a_{41}m_{24}-a_{44}m_{21}),\quad m_{34}=\frac{a_{32}}{a_{14}a_{41}-a_{11}a_{44}}(a_{14}m_{21}-a_{11}m_{24})$$

按式(8-72)表示的 **M** 阵和式(7-41)表示的 **N** 阵对式(8-71)实施初等变换，便可将机体轴系建立的飞机横侧向状态方程转换为近似双对角线系统，即

$$\dot{\boldsymbol{x}}'=\boldsymbol{A}'\boldsymbol{x}'+\boldsymbol{B}'\boldsymbol{u} \tag{8-73}$$

式中

$$\boldsymbol{x}'=[\beta\quad \omega_x+m_{21}\beta+m_{24}\omega_{ys}\quad \gamma+m_{31}\beta+m_{34}\omega_{ys}\quad \omega_{ys}]^{\mathrm{T}}$$

$$\boldsymbol{u}=[\delta_x\quad \delta_y]^{\mathrm{T}}$$

$$\boldsymbol{A}'=\begin{bmatrix} z^{\beta}-g\cos\vartheta_0/v_0m_{31} & 0 & g\cos\vartheta_0/v_0 & \cos\alpha_0-g\cos\vartheta_0/v_0m_{34}\\ -(\bar{\mu}_y^{\omega_x}m_{24}+g\cos\vartheta_0/v_0m_{31})m_{21} & \bar{\mu}_x^{\omega_x}+\bar{\mu}_y^{\omega_x}m_{24} & g\cos\vartheta_0/v_0m_{21} & -\bar{\mu}_y^{\omega_x}m_{24}^2-g\cos\vartheta_0/v_0m_{21}m_{34}\\ -g\cos\vartheta_0/v_0m_{31}^2+\bar{\mu}_y^{\omega_x}m_{21}m_{31} & 1+\tan\vartheta_0\tan\alpha_0+\bar{\mu}_y^{\omega_x}m_{34} & g\cos\vartheta_0/v_0m_{31} & -(g\cos\vartheta_0/v_0m_{31}+\bar{\mu}_y^{\omega_x}m_{24})m_{34}\\ \bar{\mu}_y^{\beta}-\bar{\mu}_y^{\omega_x}m_{21} & \bar{\mu}_y^{\omega_x} & 0 & \bar{\mu}_y^{\omega_y}-\bar{\mu}_y^{\omega_x}m_{24}\end{bmatrix}$$

$$\boldsymbol{B}'=\begin{bmatrix}0 & z^{\delta_y}\\ \mu_x^{\delta_x}+\bar{\mu}_y^{\delta_x}m_{24} & \mu_x^{\delta_y}+z^{\delta_y}m_{21}+\bar{\mu}_y^{\delta_y}m_{24}\\ \bar{\mu}_y^{\delta_x}m_{34} & z^{\delta_y}m_{31}+\bar{\mu}_y^{\delta_y}m_{34}\\ \bar{\mu}_y^{\delta_x} & \bar{\mu}_y^{\delta_y}\end{bmatrix}$$

这样一来，由近似双对角线阵 $\boldsymbol{A}'$ 可以得到大迎角飞行时，飞机横侧向运动状态方程的特征式近似表达式

$$\begin{vmatrix} s-z^{\beta}+g\cos\vartheta_0/v_0m_{31} & -\cos\alpha_0+g\cos\vartheta_0/v_0m_{34}\\ -\bar{\mu}_y^{\beta}+\bar{\mu}_y^{\omega_x}m_{21} & s-\bar{\mu}_y^{\omega_y}+\bar{\mu}_y^{\omega_x}m_{24}\end{vmatrix}=0 \tag{8-74}$$

和

$$\begin{vmatrix} s-\bar{\mu}_x^{\omega_x}-\bar{\mu}_y^{\omega_x}m_{24} & -g\cos\vartheta_0/v_0m_{21}\\ -1-\tan\vartheta_0\tan\alpha_0-\bar{\mu}_y^{\omega_x}m_{34} & s-g\cos\vartheta_0/v_0m_{31}\end{vmatrix}=0 \tag{8-75}$$

由式(8-74)得到大迎角飞行时荷兰滚无阻尼振荡频率和阻尼比，并由下列公式表示：

$$\omega_{\mathrm{nd}}^2=-(\bar{\mu}_y^{\beta}-\bar{\mu}_y^{\omega_x}m_{21})(\cos\alpha_0-g\cos\vartheta_0/v_0m_{34})+(z^{\beta}-g\cos\vartheta_0/v_0m_{31})(\bar{\mu}_y^{\omega_y}-\bar{\mu}_y^{\omega_x}m_{24}) \tag{8-76}$$

$$2\zeta_{\mathrm{d}}\omega_{\mathrm{nd}}=-z^{\beta}-\bar{\mu}_y^{\omega_y}+g\cos\vartheta_0/v_0m_{31}+\bar{\mu}_y^{\omega_x}m_{24} \tag{8-77}$$

当

$$|\bar{\mu}_y^{\beta}|\gg|\bar{\mu}_y^{\omega_x}m_{21}|,\quad \cos\alpha_0\gg|g\cos\vartheta_0/v_0m_{34}|$$

$$|\bar{\mu}_y^{\beta}\cos\alpha_0|\gg|(z^{\beta}-g\cos\vartheta_0/v_0m_{31})(\bar{\mu}_y^{\omega_y}-\bar{\mu}_y^{\omega_x}m_{24})|$$

时，式(8-76)可简化为

$$\omega_{\mathrm{nd}}^2=-\mu_y^{\beta}\cos\alpha_0-\mu_x^{\beta}\sin\alpha_0 \tag{8-78}$$

由式(8-75)得到大迎角飞行时滚转、螺旋模态特征值

$$\lambda_S,\lambda_R=-\frac{b}{2}\pm\sqrt{\frac{b^2}{4}-c} \tag{8-79}$$

式中

$$b=-\bar{\mu}_x^{\omega_x}-\bar{\mu}_y^{\omega_x}m_{24}-g\cos\vartheta_0/v_0m_{31}$$

$$c=\frac{g\cos\vartheta_0}{v_0\omega_{nd}^2}[\mu_x^\beta(\mu_y^{\omega_y}+\mu_y^{\omega_x}\tan\vartheta_0)-\mu_y^\beta(\mu_x^{\omega_y}+\mu_x^{\omega_x}\tan\vartheta_0)]$$

如果$\frac{b^2}{4}<c$时，滚转、螺旋模态耦合为由式(8-79)表示的复数根；当$\frac{b^2}{4}\gg c$时，

$$\lambda_R=-b=\bar{\mu}_x^{\omega_x}+\bar{\mu}_y^{\omega_x}m_{24}+g\cos\vartheta_0/v_0m_{31} \tag{8-80}$$

$$\lambda_S=\frac{c}{\lambda_R} \tag{8-81}$$

(二) 非线性的气动导数

在大迎角飞行中，气动力系数和气动力矩系数 c_x,c_y,c_z,m_x,m_y 和 m_z 是多个运动变量和输入变量的函数，这些函数往往是非线性函数，如 c_x,c_y 是迎角 α 的函数，如图 8-9 所示。升力系数 c_y 和阻力系数 c_x 在小迎角范围内，是迎角的线性函数，但在大迎角范围内，c_y^α,c_x^α 不是常数，不同的 α 值对应不同的 c_y^α,c_x^α，甚至 c_y^α 的正、负极性都改变了。阻力系数 c_x 总是随迎角的增加而增加，且在失速迎角后急剧增加。

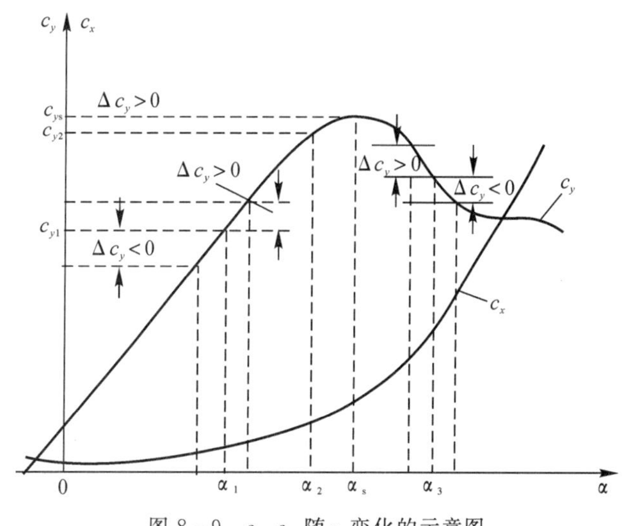

图 8-9　c_y,c_x 随 α 变化的示意图

对于气动力矩系数 m_x,m_y，不仅仅是 β,δ_x,δ_y 的函数，而且它们的导数 $m_x^\beta,m_y^\beta,m_x^{\delta_x},m_y^{\delta_x},m_x^{\delta_y},m_y^{\delta_y}$ 又是α 的函数，如图 8-10 所示。可见，在小于失速迎角范围内，m_y^β 随迎角的增加，负值减小，m_x^β 随迎角的增加，负值增大；当迎角大于 α_s 时，m_y^β 变化为正，且随迎角的增加，正值增加；而 m_x^β 随迎角增加，负值减小，直至 $\alpha=30°$ 之后，m_x^β 才为正值增加。因此，由大导数(μ_y^β,μ_x^β)表征的荷兰滚振荡频率 ω_{nd}^2 的表达式(8-78)可知，仅仅用静导数 m_y^β 检查荷兰滚运动发散特性，会与实际情况差别很大，在大的 J_y/J_x 惯性比条件下，具有正上反效应的飞机，在大迎角飞行中，即使 $m_y^\beta=0(\mu_y^\beta=0)$，小于零的 $m_x^\beta(\mu_x^\beta)$ 使飞机不会出现方向发散。反之，具有负上反效应的飞机，在大迎角飞行时，m_y^β 仍为负值，但飞机已经方向发散了。当令

$$m_{ydyn}^\beta=m_y^\beta\cos\alpha_0+(J_y/J_x)m_x^\beta\sin\alpha_0 \tag{8-82}$$

时，由式(8-78)得到荷兰滚无阻尼振荡频率为

$$\omega_{nd}^2=-m_{ydyn}^\beta qSl/J_y \tag{8-83}$$

用 m_{ydyn}^β 作为方向稳定性判据是飞行力学研究中的一个长足进步，它的发展是一个漫长的过程。20 世纪 60 年代，美国兰利研究中心为了研究方向发散，进行了大量的风洞试验以及飞行试验。研究了多种构形的飞机方向稳定性问题，积累了大量的数据和丰富经验，最终认识到了 $\alpha,m_x^\beta,m_y^\beta,J_x,J_y$ 等参数与方向稳定性的关系。在此基础上，一些理论工作者从飞行力学理论上进行机理性研究，最后发现飞机方向稳定性取决于横侧向四阶微分方程组特征式中 s^2 项系数，并将 m_{ydyn}^β 定义为方向稳定性参数。经过多年的使用、评价，发现 m_{ydyn}^β 在预测大迎角方向稳定性方面也是比较成功的。组合导数 m_{ydyn}^β 在国外称为动方向稳定性参数(DDSP)。图 8-11 示出了某飞机的 m_{ydyn}^β 随α 的变化曲线。

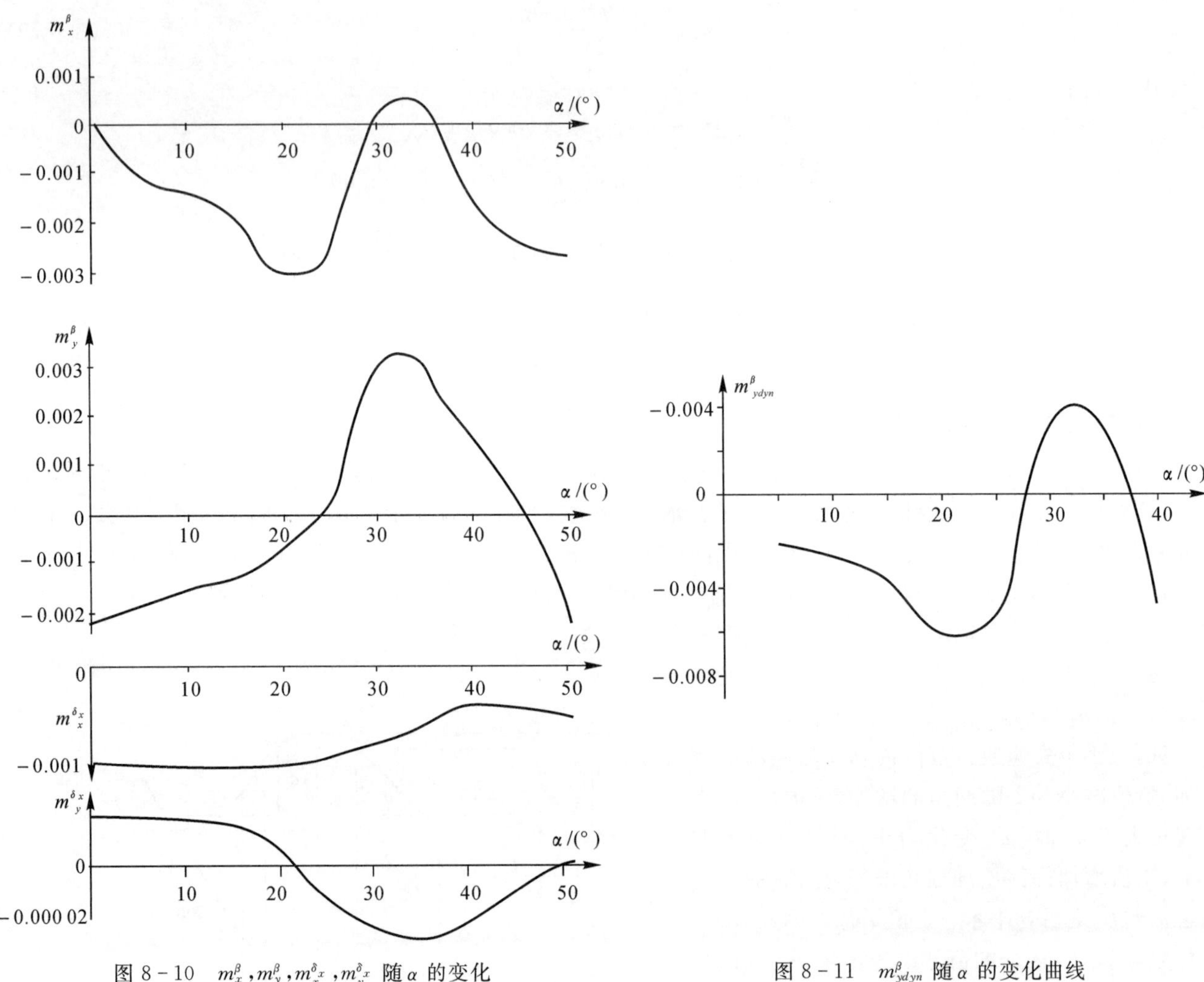

图 8-10　$m_x^\beta, m_y^\beta, m_x^{\delta_x}, m_y^{\delta_x}$ 随 α 的变化

图 8-11　m^β_{ydyn} 随 α 的变化曲线

因此，当要求 $\omega_{\mathrm{nd}}^2 > 0$ 时，保证飞机大迎角方向稳定的条件应该是

$$m^\beta_{ydyn} < 0 \tag{8-84}$$

即是荷兰滚模态稳定条件。从物理实质上讲，m^β_{ydyn} 本身就是飞机的侧滑偏离参数，可以用来检查大迎角下飞机对侧滑扰动的稳定性，即判定飞机的偏离敏感性。

对于旋转导数 $m_x^{\omega_x}, m_y^{\omega_y}, m_x^{\omega_y}$ 和 $m_y^{\omega_x}$ 随 α 的变化，某文献给出了如图 8-12 所示曲线。

由图 8-9 可以看出，在失速前($\alpha < \alpha_s$)，由于 c_y 随 α 的增加而增加，故机翼对滚转扰动起阻尼作用，例如，当以 α 作为对称直线飞行的飞机受到一横向扰动(比如驾驶员偶然向右压了一下驾驶杆，或者左翼受到一股垂直向上的气流)，使飞机产生右滚($\omega_x > 0$)，结果右翼下沉迎角增加，左翼上仰迎角减小，由于这时 $\alpha < \alpha_s$，因此右翼升力增加，左翼升力减小，左右机翼的升力差形成左滚力矩，阻止飞机右滚。这时横向阻尼力矩导数 $m_x^{\omega_x} < 0$；当 α 接近 α_s 时，升力随 α 增加而变化不大，即外界扰动使飞机右滚时，右翼升力增加很小，左翼升力减少不多，左右机翼升力差不大，尽管左右翼升力形成的力矩仍阻尼飞机右滚，与上述情况相比，在 α_2 点的横向阻尼导数 $m_x^{\omega_x}$ 仍小于零，但其绝对值小于 α_1 点处 $m_x^{\omega_x}$ 的绝对值；当 $\alpha > \alpha_s$ 时，升力随迎角的增大而减小，左、右机翼产生的力矩差极性与上述两种情况相反，这时的横向阻尼力矩导数 $m_x^{\omega_x} > 0$。因此，在飞机由小迎角到大迎角飞行过程中，滚转阻尼导数 $\mu_x^{\omega_x}$ 将由负值变为正值。

由图 8-9 还可看到，在整个飞行迎角范围内，阻力总是随迎角增加而增加，且失速后增加得更快。故失速之后飞机以正的 ω_x 右滚时，下沉的右机翼阻力随 α 的增加而剧烈地增大，而上仰的左翼阻力随 α 的减小而减小不多，结果左右翼的阻力差形成右偏航力矩（产生负的 ω_y）；同样飞机左滚时，产生左偏航力矩（$\omega_y > 0$）。这就是说，在失速后飞机受到横向扰动产生的 ω_x 和 ω_y 总是异号的。滚转交叉阻尼导数 $m_y^{\omega_x}$ 总是为负值。这和 $\alpha < \alpha_s$ 情况不一样，飞机在小迎角飞行时，$m_y^{\omega_x}$ 往往为正值。因此，飞机由小迎角到大迎角的飞行过程中，$m_y^{\omega_x}$ 将由正值减小到负值增加。

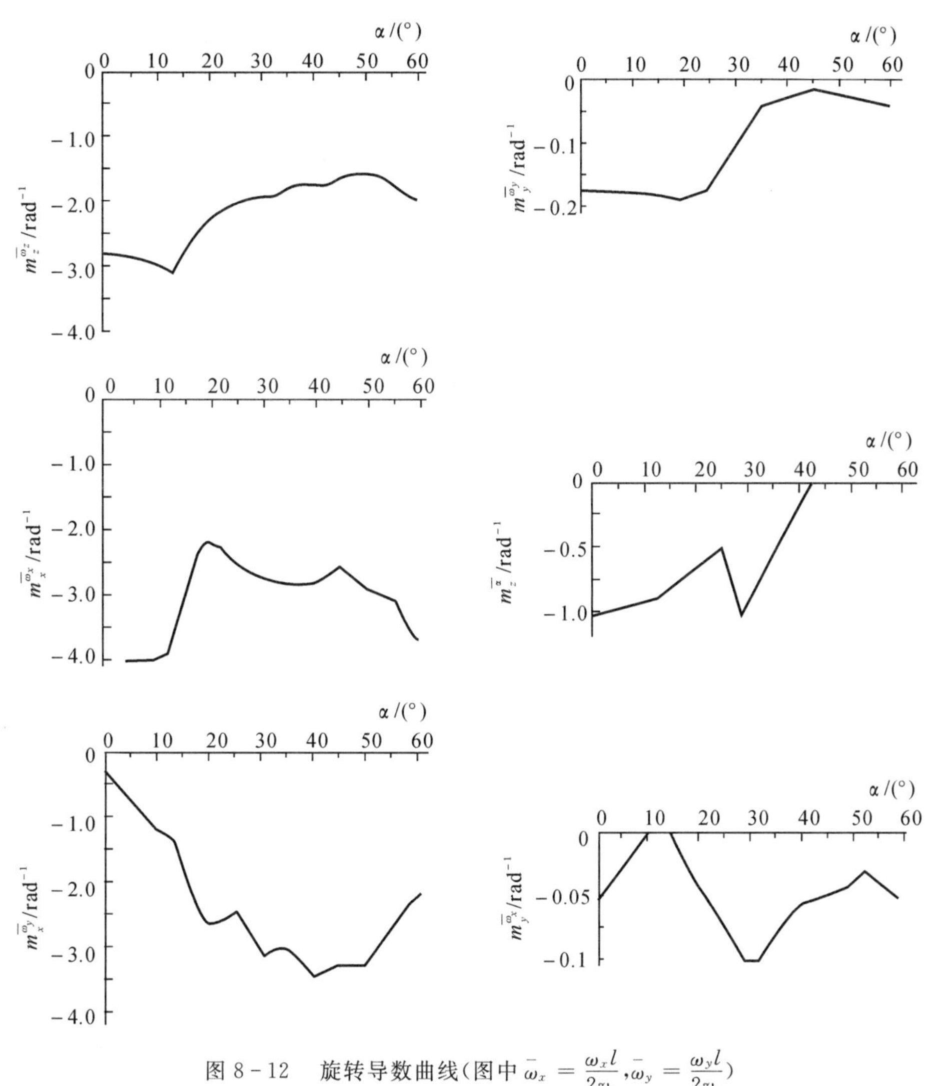

图 8-12　旋转导数曲线（图中 $\bar{\omega}_x = \dfrac{\omega_x l}{2v_0}, \bar{\omega}_y = \dfrac{\omega_y l}{2v_0}$）

（三）大迎角飞行横侧向运动特性分析

1. 正常和失速迎角飞行横侧向运动结构图比较

由机体轴系气动导数表征的荷兰滚无阻尼振荡频率的表达式(7-30)、式(8-78)和荷兰滚振荡阻尼的表达式(7-38)、式(8-77)可知，在正常迎角（小迎角）飞行时，二者似乎是一致的。但在大迎角飞行和考虑到气动导数变化时，二者相差很多。在正常迎角飞行时，绝对值足够大的 μ_y^β 和绝对值足够小的 $\mu_x^\beta \sin\alpha$，使得 ω_{nd}^2 主要取决于 μ_y^β；但在大迎角飞行中，绝对值足够小的 μ_y^β 和绝对值足够大的上反效应 μ_x^β，使得 ω_{nd}^2 主要取决于 $\mu_x^\beta \sin\alpha$。可以由如图 8-13 所示信号流程图（物理作用链）来说明正常迎角和失速迎角飞行横侧向特征值的变化。当仅存在侧风干扰时，在正常迎角飞行状态，由于 μ_x^β，$\mu_y^{\omega_x}$，α_0，$g\cos\vartheta_0/v_0$ 和 $\tan\vartheta_0$ 的绝对值很小，当令其为零时，正常迎角横侧向运动简化结构图如图 8-14(a) 所示；在失速迎角飞行时，仅仅考虑 μ_y^β 的绝对值很小，当令其为零时，失速迎角横侧向运动简化结构图如图 8-14(b) 所示。

应该特别指出，图 8-14(a) 是飞机在正常迎角飞行，且 $\mu_x^\beta \sin\alpha_0$ 绝对值很小的情况下，横侧向运动的简化结构；图 8-14(b) 是飞机在失速迎角飞行中，μ_y^β 的绝对值很小且 $\mu_x^\beta \sin\alpha_0$ 较大的情况下，横侧向运动简化结构图。其目的在于以图示说明飞机在正常迎角和失速迎角飞行中，横侧向特征值与气动导数大小的不同关系，以及运动模态在状态变量中的不同分布。

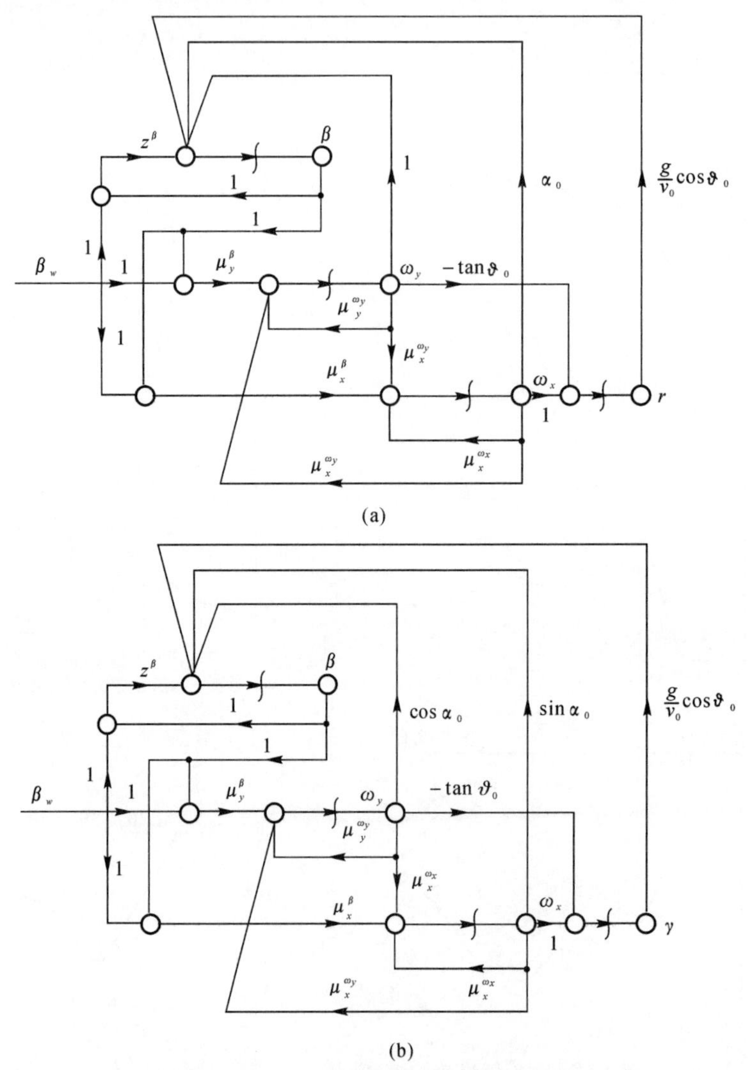

图 8-13　飞机横侧向运动信号流程图

(a) 正常迎角；(b) 失速迎角

在正常迎角飞行中，绝对值不够大的 μ_x^β 和 α_0，使荷兰滚振荡频率主要决定于 μ_y^β，阻尼比主要取决于 $\mu_y^{\omega_y}$ 和 z^β；滚转特征值主要取决于 $\mu_x^{\omega_x}$。在状态变量 β 和 ω_y 响应中，主要包含荷兰滚振荡模态；而在状态变量 ω_x，r 响应中，包含荷兰滚振荡分量和滚转模态分量。

在失速迎角飞行中，绝对值不够大的 μ_y^β，使荷兰滚振荡频率主要取决于 $\mu_x^\beta \sin\alpha_0$，荷兰滚振荡阻尼主要取决于 $\mu_x^{\omega_x}$ 和 z^β，"滚转"模态特征值主要取决于 $\mu_y^{\omega_y}$。在状态 ω_x，β 和 r 响应中，主要包含荷兰滚振荡模态；在状态变量 ω_y 响应中，包含荷兰滚振荡分量和滚转模态分量。

2. 失速迎角飞行横侧向运动特征值近似式

飞机在失速迎角飞行时，为将横侧向状态方程转换为双对角线相似状态方程，所用到的由式(8-72) 表示的初等变换阵 $\boldsymbol{M}$ 的元素 m_{24} 为

$$m_{24}=\frac{\mu_x^{\omega_y}(z^\beta-\mu_x^{\omega_x}+\mu_x^{\omega_y}\tan\alpha_0)-\mu_x^\beta\cos\alpha_0}{\mu_y^\beta\cos\alpha_0+\mu_x^\beta\sin\alpha_0-(z^\beta-\mu_x^{\omega_x}+\mu_x^{\omega_y}\tan\alpha_0)(\mu_y^{\omega_y}+2\mu_x^{\omega_y}\tan\alpha_0-\mu_x^{\omega_x})} \tag{8-85}$$

当飞机在失速迎角附近飞行，且 $\mu_y^\beta,\mu_x^{\omega_x}$ 等参数的绝对值很小和 μ_x^β 的绝对值很大时，使得

$$|\mu_x^\beta\sin\alpha_0|\gg|\mu_y^\beta\cos\alpha_0-(z^\beta-\mu_x^{\omega_x}+\mu_x^{\omega_y}\tan\alpha_0)(\mu_y^{\omega_y}+2\mu_x^{\omega_y}\tan\alpha_0-\mu_x^{\omega_x})| \tag{8-86}$$

$$|\mu_x^\beta\cos\alpha|\gg|\mu_x^{\omega_y}(z^\beta-\mu_x^{\omega_x}+\mu_x^{\omega_y}\tan\alpha_0)| \tag{8-87}$$

得到 m_{24} 的近似表达式

$$m_{24}\approx-\cot\alpha_0 \tag{8-88}$$

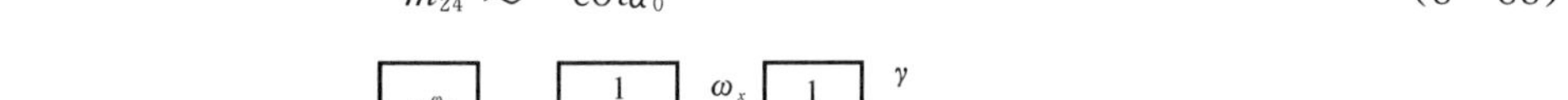

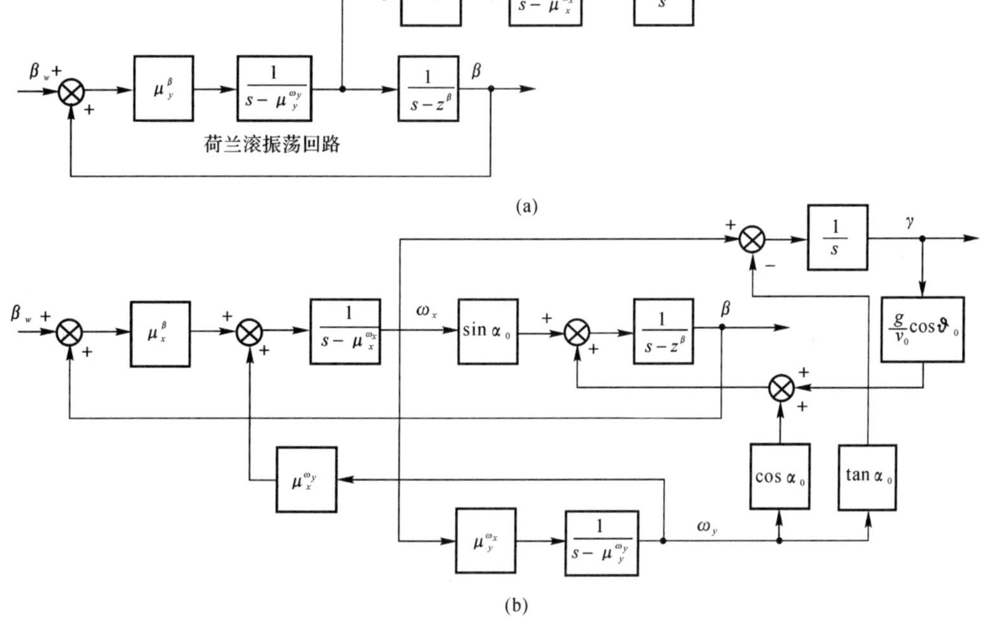

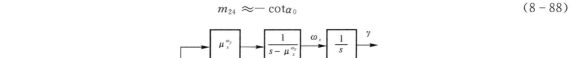

图 8-14　飞机横侧向运动简化结构图

(a) 正常迎角；(b) 失速迎角

初等变换阵元素 m_{21} 为

$$m_{21}=\frac{\mu_x^\beta(\mu_y^{\omega_y}+2\mu_x^{\omega_y}\tan\alpha_0-\mu_x^{\omega_x})-\mu_x^{\omega_y}(\mu_y^\beta+\mu_x^\beta\tan\alpha_0)}{\mu_y^\beta\cos\alpha_0+\mu_x^\beta\sin\alpha_0-(z^\beta-\mu_x^{\omega_x}+\mu_x^{\omega_y}\tan\alpha_0)(\mu_y^{\omega_y}+2\mu_x^{\omega_y}\tan\alpha_0-\mu_x^{\omega_x})} \tag{8-89}$$

当满足式(8-87)和

$$|\mu_y^\beta|\ll|\mu_x^\beta\tan\alpha_0|$$

以及考虑到式(8-86)，得到 m_{21} 的近似表达式

$$m_{21}=\frac{\mu_y^{\omega_y}+\mu_x^{\omega_y}\tan\alpha_0-\mu_x^{\omega_x}}{\sin\alpha_0} \tag{8-90}$$

又当考虑到

$$|\mu_x^\beta\sin\alpha_0|\gg|\mu_y^\beta\cos\alpha_0-z^\beta(\mu_y^{\omega_y}+\mu_x^{\omega_y}\tan\alpha_0)| \tag{8-91}$$

故得到由式(8-72) 定义的 m_{31} 的近似表达式

$$m_{31}=-\frac{1+\tan\vartheta_0\tan\alpha_0}{\mu_x^\beta\sin\alpha_0}\left[\mu_x^\beta+\frac{1}{\sin\alpha_0}(\mu_y^{\omega_y}+\mu_x^{\omega_y}\tan\alpha_0)(\mu_y^{\omega_y}+\mu_x^{\omega_y}\tan\alpha_0-\mu_x^{\omega_x})\right] \tag{8-92}$$

且当

$$|\mu_x^\beta|\gg\left|\frac{1}{\sin\alpha_0}(\mu_y^{\omega_y}+\mu_x^{\omega_y}\tan\alpha_0)(\mu_y^{\omega_y}+\mu_x^{\omega_y}\tan\alpha-\mu_x^{\omega_x})\right| \tag{8-93}$$

时，m_{31} 的近似表达式为

$$m_{31}=-(\tan\vartheta_0+\cot\alpha_0)/\cos\alpha_0 \tag{8-94}$$

将由式(8-88)、式(8-94)表示的 m_{24}，m_{31} 代入式(8-77)、式(8-80)，得到飞机在失速迎角附近飞行和 $|\mu_x^\beta|\gg|\mu_y^\beta|$ 情况下，荷兰滚振荡阻尼 $2\zeta_d\omega_{nd}$ 和滚转模态特征值 λ_R 的近似表达式为

$$2\zeta_d\omega_{nd}=-[z^\beta+\mu_x^{\omega_x}+\mu_y^{\omega_x}\cot\alpha_0+g\cos\vartheta_0(\tan\vartheta_0+\cot\alpha_0)/(v_0\cos\alpha_0)] \tag{8-95}$$

$$\lambda_R=\mu_y^{\omega_y}-\mu_y^{\omega_x}\cot\alpha_0-g\cos\vartheta_0(\tan\vartheta_0+\cot\alpha_0)/v_0\cos\alpha_0 \tag{8-96}$$

在失速迎角附近，可能为负也可能为正的 m_y^β，其绝对值很小，为负值的 m_x^β 其绝对值很大，因此，飞机的荷兰滚无阻尼振荡频率 ω_{nd} 仍足够大，即飞机具有较大的动方向稳定性。对于大上反效应的飞机来说，在失速迎角附近飞行时，一个显著的特点是 m_x^β，m_y^β 比值的绝对值很大，且 $\mu_y^{\omega_x}$ 的绝对值很小，荷兰滚运动主要表现在机体纵轴 Ox_t 上。在这种情况下，如果

$$2\zeta_d\omega_{nd}<0 \tag{8-97}$$

便会导致荷兰滚振动不稳定性现象。而且，由图 8-14(b) 可知，这种振动模态主要包含在滚转速率 ω_x 和侧滑角 β 响应中。因此，国外把这种主要表现在机体纵轴来回转动的荷兰滚振荡称为机翼晃动。且由

$$\omega_{nd}^2\approx-\mu_x^\beta\sin\alpha_0 \tag{8-98}$$

决定的荷兰滚振荡频率 ω_{nd} 可能不太高。

由上述分析可知，在失速迎角附近，偏航速率导数 $\mu_y^{\omega_y}(m_y^{\omega_y})$，不影响荷兰滚振荡阻尼；可能为负也可能为正的 $\mu_x^{\omega_x}$，$\mu_y^{\omega_x}$ 对荷兰滚振荡阻尼的改善，取决于它们的极性。然而，在失速迎角附近，$\mu_x^{\omega_x}$，$\mu_y^{\omega_x}$ 的绝对值都很小，z^β 的绝对值通常也很小，因此飞机在不大的临界失速迎角附近飞行时，影响荷兰滚振荡阻尼的是式(8-95) 最后一项

$$-g\cos\vartheta_0(\tan\vartheta_0+\cot\alpha_0)/(v_0\cos\alpha_0)$$

在飞行速度和俯仰角不太大的情况下，为负值的这一项将显著地减小荷兰滚振荡阻尼。事实上，由六自由度非线性运动方程组式(8-1) 侧力方程可知，与 ϑ，γ 三角函数构成的

$$\frac{g}{v_0}\cos\vartheta\sin\gamma$$

项，在 γ 较大情况下，用泰勒级数展开式取一次项时，可近似为

$$\frac{g}{v_0}\cos\vartheta_0\cos\gamma_0\Delta\gamma$$

只有当 γ_0 等于零时，其值最大。因此，当 $\gamma_0\approx0$ 时，荷兰滚振荡阻尼最小，随 γ_0 绝对值的增加，荷兰滚振荡阻尼增加。故在这种情况下，飞机便在左、右机翼水平位置上晃动，而不是左、右摆头。

这样一来，飞机在临近失速迎角飞行中，荷兰滚振荡稳定条件是

$$\left.\begin{aligned}&-\mu_y^\beta\cos\alpha_0-\mu_x^\beta\sin\alpha_0>0\\&|\mu_x^\beta\sin\alpha_0|\gg|\mu_y^\beta\cos\alpha_0-(z^\beta-\mu_x^{\omega_x}+\mu_x^{\omega_y}\tan\alpha_0)(\mu_y^{\omega_y}+2\mu_x^{\omega_y}\tan\alpha_0-\mu_x^{\omega_x})|\\&z^\beta+\mu_x^{\omega_x}+\mu_y^{\omega_x}\cot\alpha_0+g\cos\vartheta_0(\tan\vartheta_0+\cot\alpha_0)/(v_0\cos\alpha_0)<0\end{aligned}\right\} \tag{8-99}$$

由式(8-96) 可知，在 μ_x^β，μ_y^β 比值绝对值很大的情况下，滚转力矩导数 $\mu_x^{\omega_x}(m_x^{\omega_x})$ 将不影响“滚转”模态的稳定性，且偏航力矩阻尼导数 $\mu_y^{\omega_y}(m_y^{\omega_y})$，$\mu_y^{\omega_x}(m_y^{\omega_x})$ 以及在侧力轴上的飞机重力分量对“滚转” 模态的稳定性有明显影响。滚转二字加引号，意思是指“滚转” 应改为“偏航”。

由于偏航力矩导数 $m_y^{\omega_y}$ 在飞行迎角大于失速迎角的一段迎角范围内，$m_y^{\omega_y}$ 仍为绝对值足够大的负值。在失速迎角附近，$m_y^{\omega_x}$ 通常为负值，以及式(8-96) 左边最后一项

$$-g\cos\vartheta_0(\cot\alpha_0+\tan\vartheta_0)/v_0(v_0\cos\alpha_0)$$

始终为负值。因此，在失速迎角附近，λ_R 为绝对值足够大的负值，“滚转” 模态是稳定的。但当飞行迎角大于失速迎角较多时，负值的 $m_y^{\omega_y}$ 向正值方向变化，正值的 $m_y^{\omega_x}$ 向负值方向变化，直至“滚转” 模态特征值 λ_R 由负

值变为正值。由图 8－14(b) 可知，$\lambda_R > 0$ 引起的非周期发散主要包含在偏航速率 ω_y 响应中，使飞机产生发散的、非指令的机头侧偏(航向发散) 现象。

8.2.3.2　偏离与过失速旋转特性分析

偏离状态是飞机从可控到失控的一个过渡阶段。在这段时间间隔内，迎角和侧滑角可能从易于控制向着与失速旋转、尾旋或深度失速开始值相一致的方向增加。偏离和机翼晃动不一样，后者可以通过放松后拉的杆力，便能使飞机很容易也很迅速地返回到正常迎角飞行状态。偏离意味着操纵完全失效。在偏离之后，不能保证飞机迅速而容易地恢复到偏离出现之前的安全迎角上。

偏离标志着飞机从可控到失控状态过渡的一种短暂而有限的运动。之所以是有限的，说明偏离既有一个开始，又有一个结束，偏离是助长进入上述三种状态的运动过程。

尽管偏离由发散的、大幅度的非指令运动(如机头侧偏或上仰)来表征，但主要特征是不能采用简单操纵的办法从这种状态改出。

在不长时间内保持的偏离状态之后，会进入具有一定量值的、呈旋转形态的非指令滚转状态，称为过失速旋转。这种类型的飞机运动是在比失速迎角更大迎角的飞行中产生的，但在运动过程中可能间断地出现较小的迎角。过失速旋转同尾旋的差别在于它缺少一个占主导地位的、持续的偏航运动以及它呈现出未达失速迎角的可能性。

在过失速飞行中，最容易出现操纵失效的是滚转操纵。一个描述横侧向操纵有效性的参数 LCDP (Lateral Control Departure Parameter)被称为横侧向操纵偏离参数。可以证明，LCDP 和横侧向操纵输入下的短周期特性有关。它是滚转角 γ 对横侧向操纵输入 δ_x 的传递函数表达式分子中的无阻尼自振频率 ω_ϕ 二次方值的函数。

当 $\vartheta_0 = \alpha_0$ 时，由大迎角横侧向状态方程式(8－70)，可得单独副翼输入的传递函数

$$\frac{\gamma(s)}{\delta_x(s)} = \frac{K_r(s^2 + 2\zeta_\phi \omega_\phi s + \omega_\phi^2)}{(s-\lambda_S)(s-\lambda_R)(s^2 + 2\zeta_d \omega_{nd} s + \omega_{nd}^2)} \tag{8-100}$$

式中

$$\omega_\phi^2 = \left(m_y^\beta - m_x^\beta \frac{m_y^{\delta_x}}{m_x^{\delta_x}}\right) K_1, \quad K_1 = -\frac{qSl\cos\alpha_0}{J_y}$$

令

$$\mathrm{LCDP} = m_y^\beta - m_x^\beta \frac{m_y^{\delta_x}}{m_x^{\delta_x}} \tag{8-101}$$

在 $\omega_{nd}^2 > 0$ 和 $\lambda_R < 0$ 的情况下，为了保证正常滚转操纵，要求 $\omega_\phi^2 > 0$，即要求

$$\mathrm{LCDP} = m_y^\beta - m_x^\beta \frac{m_y^{\delta_x}}{m_x^{\delta_x}} < 0 \tag{8-102}$$

如果 LCDP > 0，尽管绝对值足够大且为负值的 m_x^β 仍能使方向稳定并且能有效地消除侧滑角，但是，飞行员想用副翼消除滚转角时，副翼的不利偏航将会产生不利滚转侧滑角，在较大的正上反效应的作用下，可能出现与操纵希望相反的滚转，使飞机不仅没有减小初始滚转角，而且在初始滚转角基础上增大了滚转角，从而引起横向发散，并可能因失速偏离，即操纵失效而促使飞机进入过失速旋转或尾旋等飞行状态。因此，由式(8－102) 表征的这一参数的限制，可以作为判别偏离 / 尾旋敏感性的判据之一。

引入副翼-方向舵交联，可有效地提高横侧向操纵偏离参数，使得

$$\mathrm{LCDP} = m_y^\beta - m_x^\beta \left(\frac{m_y^{\delta_x} + K_\delta m_y^{\delta_y}}{m_x^{\delta_x} + K_\delta m_x^{\delta_y}}\right) \tag{8-103}$$

式中，$K_\delta = \delta_y / \delta_x$。采用副翼-方向舵交联，是现代飞行控制系统用于横侧向协调操纵和在大迎角飞行中避免偏离 / 尾旋运动产生的有效方法。

8.2.3.3　尾旋特性分析

尾旋是飞机在大迎角飞行中，超过失速迎角之后的一种持续的偏航旋转状态。这种尾旋旋转运动可能在俯仰、滚转和偏航方向上具有叠加的振荡，尾旋分为初始尾旋、发展尾旋和完全发展尾旋三个阶段。初始尾旋是这种运动的初期的过渡阶段；当运动轨迹垂直，各圈特性不变时，称为完全发展尾旋阶段。

尾旋问题也是从飞行事故的实践中提出来的，至今仍是造成飞行事故的重要原因。在第三代飞机中不少飞机的飞控系统中，具有自动改出尾旋的功能。

尾旋运动与急滚耦合运动不同点在于：前者是在飞行迎角超过失速迎角以后进入的一种持续的自动偏航旋转运动；而后者是在正常飞行迎角范围内进入的一种持续的自动滚转运动。这两种运动的共同点是纵横向惯性交感力矩在运动中都起很大作用，在运动方程中都不能忽略。在进行仿真计算尾旋运动时，运动变量系数随时间的变化，与仿真计算急滚耦合运动相比，除进入初始飞行状态和进入操纵规律不同外，气动数据的插值计算要复杂得多。

由图 8-9 可知，在整个飞行迎角范围内，阻力总是随迎角增加而增加的，而且失速之后增加更快。故当滚转偏离后飞机以正的 ω_x 右滚时，下沉右机翼的阻力因局部迎角的增加急剧增加，左机翼的阻力因局部迎角的减小而减小，结果左右机翼的阻力差形成右偏航力矩和产生负的偏航速率 ω_y；同样，若滚转偏离后的飞机以负的 ω_x 左滚，则下沉左机翼的阻力大于上仰右机翼的阻力，结果左右机翼的阻力差形成左偏航力矩，产生正的偏航速率 ω_y。总之，在过失速飞行中，在 $\mu_y^{\beta} \approx 0$ 条件下，$\mu_y^{\omega_x}$ 负值增加和 $\mu_y^{\omega_y}$ 负值减小，且当由式(8-96) 决定的 $\lambda_R > 0$ 时，引起偏航发散；同时，在滚转操纵失效的情况下，通过始终为负值的 $\mu_x^{\omega_y}$ 产生了极性相反的滚转；由于 $J_x \ll J_y$，故由 ω_x，ω_y 产生的俯仰惯性耦合力矩

$$\frac{J_x - J_y}{J_z}\omega_x\omega_y$$

总为正值，且由式(8-2) 中俯仰角速率微分方程可知，这将使飞机自动上仰且迎角增加，直至迎角恢复力矩平衡俯仰惯性耦合力矩为止。这就是在尾旋过程中自偏航、自滚转和自动上仰的原因所在。

最后应该指出，负值足够大的 $\mu_y^{\omega_x}$ 和足够小的 $\mu_y^{\omega_y}$ 使由式(8-96) 表示的 λ_R 为正值，是偏航发散的主要原因，并非是 $m_{ydyn}^{\beta} > 0$ 引起的。

综合上述，当飞机在过失速飞行中，滚转操纵失效，滚转和俯仰惯性耦合，从而使飞机进入自动偏航、自动滚转、自动上仰的尾旋运动状态。这样任其发展下去，就有可能形成其质心沿螺旋线作小半径近似垂直下降的完全发展尾旋阶段，如图 8-15 所示。

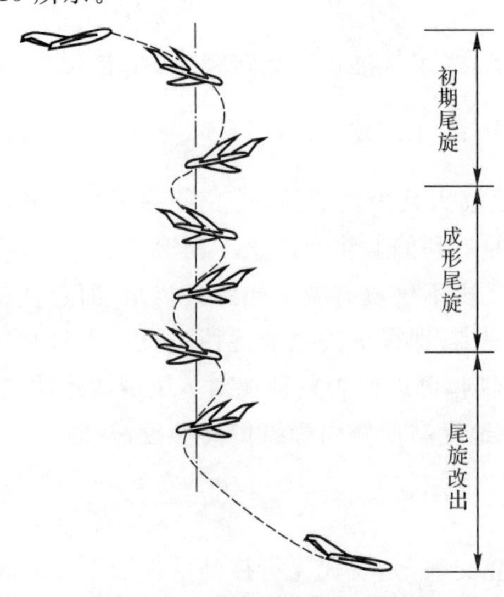

图 8-15　尾旋运动轨迹示意图

由图 8－10 可知，在过失速迎角 α 稍大于 α_s 时，负值的 m_x^β 其绝对值足够大，而 m_y^β 可认为近似为零。再由图8－11 可知，绝对值足够大的动方向稳定导数 m_{ydyn}^β 使包含在滚转速率 ω_x 响应中荷兰滚振荡固有频率（由图8－14(b) 可知）足够大。然而，由式(8－95) 可知，在过失速飞行中 $\mu_x^{\omega_x}$ 的负值减小或变化为正值时，荷兰滚荡阻尼比被减小，甚至为负阻尼。因此，除 ω_y 外在尾旋运动中其他状态各变量响应（尤其是在 ω_x 响应中）都存在较大的振荡分量。某文献给出了某飞机试飞和计算的尾旋状态记录曲线，如图 8－16 所示。

如何从过失速旋转和尾旋中改出，可参考有关文献和书籍。但是恰当的改出方法必须是驾驶员能迅速掌握的，且当遇到这些运动模态时能简单、容易地加以应用。希望改出尾旋的方法与过失速和初始尾旋的方法相同或相似。可以利用飞控系统按程序控制从各种过失速运动中改出。控制程序应根据偏离失控、过失速度旋转、尾旋特性和具体飞机大迎角飞行特点在试验的基础上确定。

飞机在进入失速之后，俯仰轴增稳系统若能正常工作，则会引起不稳定作用。由图 8－9 可知，当 $\alpha > \alpha_s$ 时，负值的 c_y^α 使 y^α 成为负值，法向加速度反馈由增稳作用变化为减稳作用。于是，n_y 指令系统实际上将诱导失速。为此应改变 n_y 反馈极性；另外，在滚转轴增稳系统中，输入副翼通道的滚转速率反馈不仅等效地使 $\mu_x^{\omega_x}$ 负值增加，增大了荷兰滚转振荡阻尼，然而由于副翼的偏航力矩的作用，还使交叉旋转导数 $\mu_y^{\omega_x}$ 负值增加，由式(8－96) 可知，这将有可能使 λ_R 成为正值和导致偏航发散。为改善偏航稳定性，在偏航增稳系统中，应引入无高通网络的 ω_y 反馈，等效地使 $\mu_y^{\omega_y}$ 负值增加，以使 $\lambda_R < 0$。

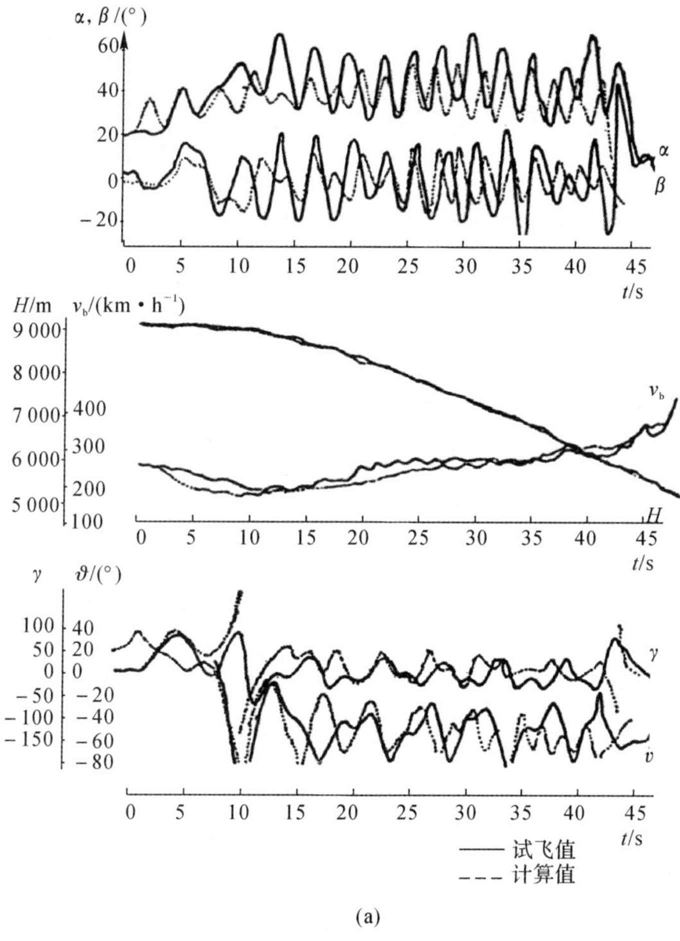

(a)

图 8－16　理论计算的六圈右尾旋特性与试飞结果的比较

(a) 六圈右尾旋特性

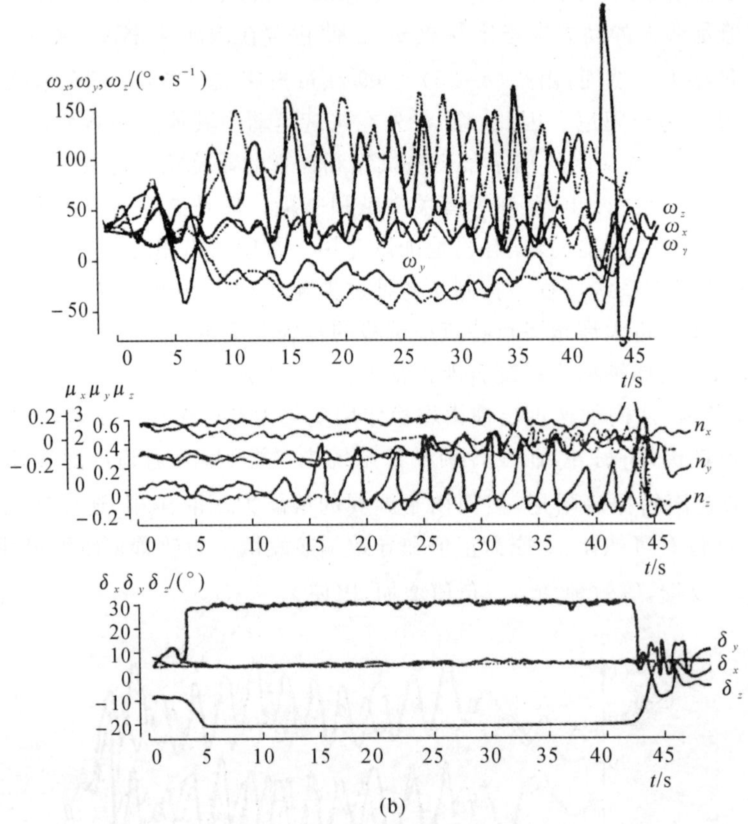

续图 8-16　理论计算的六圈右尾旋特性与试飞结果的比较

(b) 六圈右尾旋特性

8.2.4　预测偏离／尾旋敏感性判据

本节所要提供的方法可用于估算飞机对偏离和尾旋的敏感性，同时近似确定偏离迎角。这是一种适用于初步估算的简单判据。具有后掠和较大 J_y/J_x 比值的一些战斗机应用这些判据获得的结果，与试飞获得的结果有较好的一致性。

在上一节中获得的动方向稳定性参数 m^{β}_{ydyn} 和横侧操纵偏离参数 LCDP，最初是作为评价大迎角飞行飞机横航向稳定性和操纵性品质而分别建起来的。1972 年 Weissman 首先同时使用 m^{β}_{ydyn} 和 LCDP 这两个参数作为预测战斗机尾旋灵敏度的判据（1973 年 Weissman 又进一步在他提出的 m^{β}_{ydyn} - LCDP 判据图上划分了 4 个区间）。在随后的几年里，该判据图在某些飞机上得到验证，并认为有一定使用价值。

m^{β}_{ydyn} 参数和后掠翼密切相关。后掠翼飞机改变了直翼飞机翼下冲的失速特点，它首先可能是方向发散，随后可能是滚转偏离。研究发现，仅仅用静导数 m^{β}_{y} 检查方向发散时，与实际情况往往差别较大，并进一步发现，在大的 J_y/J_x 惯性比条件下，具有正上反效应的飞机，在大迎角飞行时，即使 $m^{\beta}_{y}=0$，飞机也不出现方向发散。反之，具有负上反效应的飞机，在大迎角飞行时，m^{β}_{y} 仍小于零，但飞机已经方向发散了。这一现象很快从理论上得到进一步证实。从理论上不仅证明了

$$m^{\beta}_{ydyn}<0 \tag{8-104}$$

是方向稳定的条件，还证明了 m^{β}_{ydyn} 也与荷兰滚无阻尼振荡频率有关（本节用双对角线矩阵也证明了它们的关系）。因此，这一条件也反映了对荷兰滚模态特性的要求。

8.2.4.1　m^{β}_{ydyn} - LCDP 偏离／尾旋敏感性判据

m^{β}_{ydyn} - LCDP 偏离／尾旋敏感性判据图如图 8-17 所示。图中各区域的含义：

A 区:无偏离;

B 区:轻度的初始偏航发散,接着是反向滚转(轻度滚转偏离),低尾旋敏感度;

C 区:中度初始偏航发散,接着是反向滚转(中度滚转偏离),中度尾旋敏感度

D 区:强烈偏航发散以及反向滚转,高尾旋敏感度。

在判据图 8-17 上,A,B,C 和 D 区域边界,是通过解析计算和经验数据相结合而建立的。在对 F-4,A-7,F-8,F-102,F-109 以及 saab-37 等国外机种和国内几种歼教机的检查中,所得结果一般来说,与试飞或自由飞实验数据吻合较好。

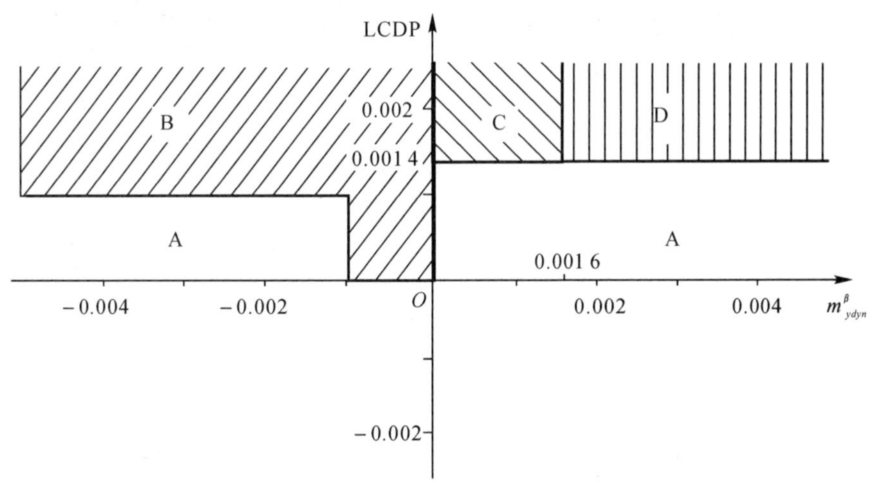

图 8-17　偏离与尾旋敏感性判据

8.2.4.2　β 加 δ 轴稳定性指示

另一种形式的偏离/尾旋敏感性判据是 β 加 δ 轴稳定性指示。当有侧滑扰动时,飞机将产生对侧滑扰动的瞬态反应,沿机体轴 x_t 和 y_t 方向,将存在两个角加速度矢量,它们的合矢量即称为 β 轴,还应当注意,沿体轴 x_t 和 y_t 两个矢量如果投影到稳定轴系的偏航轴上,其合矢量则为稳定轴系的偏航角加速度矢量,并称为 β 轴稳定矢量,如图 8-18(a) 所示,其表达式为

$$\left.\frac{\partial\ddot{\psi}}{\partial\beta}\right|_{\text{稳定轴系}}=\frac{\partial\ddot{\psi}}{\partial\beta}\cos\alpha+\frac{\partial\ddot{\gamma}}{\partial\beta}\sin\alpha=\left(\frac{m_y^{\beta}}{J_y}\cos\alpha+\frac{m_x^{\beta}}{J_x}\sin\alpha\right)qSl=\left(\frac{qSl}{J_y}\right)m^{\beta}_{ydyn}\tag{8-105}$$

于是 m^{β}_{ydyn} 和 β 轴直接相关,并且两者预测同样的偏离($m^{\beta}_{ydyn}=0$) 迎角。

同样,对于副翼和方向舵的输入(单独或者同时的),相对于体轴 x_t,y_t 方向的瞬时反应,也得到两个矢量,并由式(8-106) 表示,其合矢量称为 δ 轴稳定矢量(见图 8-18(b))。

$$\left.\begin{aligned}\frac{\partial\ddot{\psi}}{\partial\delta}&=\left[\frac{m_y^{\delta_x}\delta_x+m_y^{\delta_y}\delta_y}{J_y\delta}\right]qSl=\frac{m_y^{\delta}}{J_y}qSl\\\frac{\partial\ddot{\gamma}}{\partial\delta}&=\left[\frac{m_x^{\delta_x}\delta_x+m_x^{\delta_y}\delta_y}{J_x\delta}\right]qSl=\frac{m_x^{\delta}}{J_x}qSl\end{aligned}\right\}\tag{8-106}$$

式中,$\delta=\delta_x+\delta_y$。

这个系统的稳定性定义为,由输入引起的初始加速度反应具有一种短期内的恢复趋势。当有侧滑以及横侧向操纵输入时,随着侧滑的改变,所引起的初始加速度应在减小侧滑的方向。如果 β 和 δ 轴合矢量位于图 8-19(a) 中 3,4 象限内,则飞机是横航向稳定的,且预测没有发散。当 β 和 δ 轴与速度矢量方向一致时,则达到不稳定的或发散的边界。如果 δ 轴与 β 轴合矢量的方向位于 1,2 象限,则表明横航向不稳定(见图 8-19(b))。矢量($\beta+\delta$) 的实际方向取决于各分量的大小以及它们的方向。

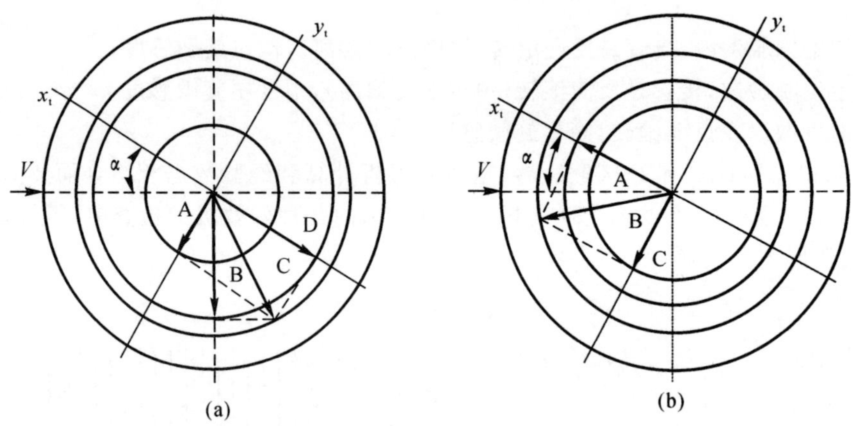

图 8－18　β 和 δ 轴矢量图

(a) β 轴矢量；(b) δ 轴矢量

(a) A—$\left(\dfrac{\partial\ddot{\psi}}{\partial\beta}=\dfrac{m_y^\beta}{J_y}qSl\right)$；B—$\left(\dfrac{\partial\ddot{\psi}}{\partial\beta}\bigg|_{稳定轴系}=\dfrac{m_{ydyn}^\beta}{J_y}qSl\right)$；C—(β 轴)；D—$\left(\dfrac{\partial\ddot{\gamma}}{\partial\beta}=\dfrac{m_x^\beta}{J_x}qSl\right)$

(b) A—$\dfrac{\partial\ddot{\gamma}}{\partial\delta}=\dfrac{m_x^\delta}{J_x}qSl$)；B—δ 轴；C—$\left(\dfrac{\partial\ddot{\psi}}{\partial\delta}=\dfrac{m_y^\delta}{J_y}qSl\right)$

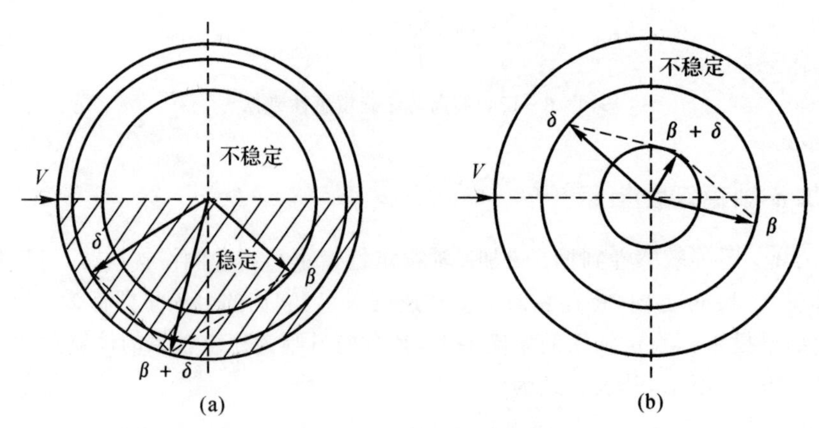

图 8-19　β 和 δ 轴稳定性指示

(a) β+δ 轴稳定矢量方向；(b) β+δ 轴不稳定矢量方向

在实际使用时，不必作矢量图，只要分别求出 β 轴的负方向与速度矢量的夹角 $\alpha_{-\beta}$ 和 δ 轴与速度矢量的夹具 α_δ，它们的表达式是

$$\alpha_{-\beta}=\alpha+\arctan\left(\frac{m_y^\beta}{m_x^\beta}\frac{J_x}{J_y}\right)\tag{8-107}$$

$$\alpha_\delta=\alpha+\arctan\left(\frac{m_y^{\delta_x}}{m_x^{\delta_x}}\frac{J_x}{J_y}\right)\tag{8-108}$$

并将计算结果绘于图 8-20 中。

其中，从 $\alpha_{-\beta}<\alpha_\delta$ 到 $\alpha_{-\beta}=0$ 迎角区间，是潜在的不稳定敏感区。在这个区间内的迎角称为偏离迎角。$\alpha_{-\beta}=0$ 所对应的迎角一般是预计的最大迎角。

一般认为，用 $\beta+\delta$ 轴方法判断偏离迎角较方便，可信度较好。在无操纵输入情况下，用 m_{ydyn}^β 判断偏离迎角也有较好的效果；但是，认为单独使用 LCDP 参数在一些情况下，效果并不好。

$(\beta+\delta)$ 轴和 m_{ydyn}^β - LCDP 两种方法本质上是一致的，可以证明：

当 $\alpha_{-\beta}=\alpha_\delta$ 时

$$\mathrm{LCDP}=m_y^{\beta}-m_x^{\beta}\frac{m_y^{\delta_x}}{m_x^{\delta_x}}=0 \tag{8-109}$$

当 $\alpha_{-\beta}=0$ 时

$$m_{ydyn}^{\beta}=m_y^{\beta}\cos\alpha+m_x^{\beta}\frac{J_y}{J_x}\sin\alpha=0 \tag{8-110}$$

除此以外，m_{ydyn}^{β} - LCDP 方法在判断偏离／尾旋敏感程度上较适用。

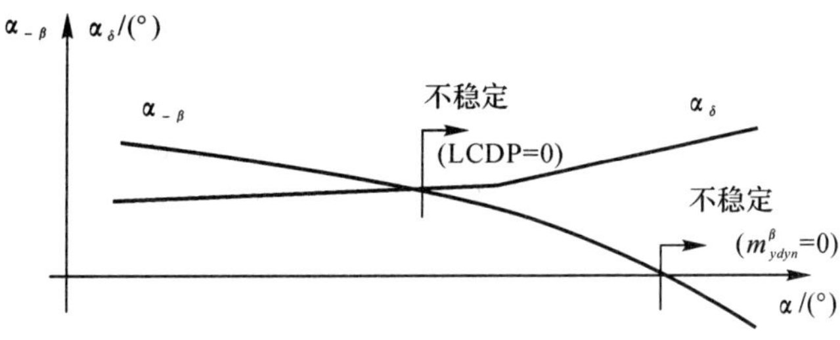

图 8-20　$\beta+\delta$ 稳定性指示

第三篇　控制系统分析与设计方法

第 9 章　控制器分析与设计方法概述

本章介绍一般控制理论和控制器设计方法。在飞机飞行动力学特性分析之后，进一步需要介绍的是控制器分析与设计的理论基础。这里所述内容并不能代替控制理论方面的许多著作，而是为了有的放矢，结合飞机飞行控制系统的具体情况，给出一些行之有效的控制理论基础知识和控制器分析与设计技术方法。更深入地了解控制理论方面的内容，需要进一步研究许多重要文献和优秀著作。

9.1　单输入单输出系统分析与设计概述

经典控制方法主要是针对单输入、单输出(SISO)系统的，而且在早期的飞机飞行控制系统的分析与设计中大量采用了这种控制方法。这种方法的原理简单、设计容易且调试方便，因此在很多控制工程(包括飞机飞行控制系统)设计中得到广泛应用，并获得了很大的成功。

所谓 SISO 系统是指该控制系统只有一个输入、一个输出和一个调节变量的简单系统。根据反馈回路的多少，SISO 系统又分单回路和多回路系统，如图 9-1 所示。

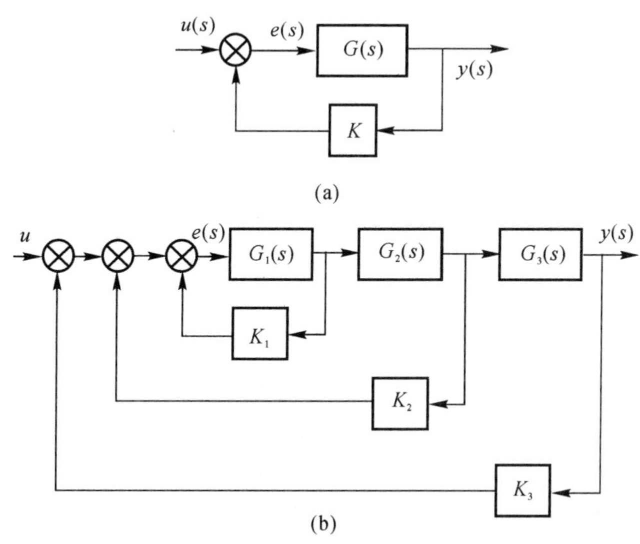

图 9-1　单输入单输出系统结构图

(a)单回路控制系统；(b)不含交叉连接的多回路控制系统

在图 9-1 中反馈增益 K，K_1，K_2 和 K_3 的极性取决于 $G(s)$，$G_1(s)$，$G_2(s)$，$G_3(s)$ 的极性。当 $G(s)\ K<0$ 或者 $G_1(s)\ K_1<0$，$G_1(s)\ G_2(s)\ K_2<0$ 和 $G_1(s)\ G_2(s)\ G_3(s)\ K_3<0$ 时，则 K，K_1，K_2，K_3 均为负反馈。作为控制对象的飞机运动输入、输出传递函数 $G(s)$ 的极性往往为负，因此控制器负反馈系数的极性反而为正。变换后的飞机飞行控制器闭环系统的结构图经常为图 9-1(b) 所示多回路结构。当 K(或 K_3) 的值为 1 时，称为单位反馈回路。

经典控制理论中最常用的是频率法和根轨迹法。频率法包括 Bode 对数坐标图、Nyquist 极坐标图和 Nichols 对数幅相图，都是按开环频率特性分析和设计闭环系统的。根轨迹法主要采用 Evans 根轨迹图。这些方法已经发展得相当成熟，至今仍在飞行控制系统分析与设计中广泛应用，因此本章有必要对这些非常有用的方法给予介绍。当前由于计算机和计算方法的发展，烦琐的手工计算和绘图都可借助于高效的计算机软件完成，因此这些古老的经典分析和设计方法，获得了新生，准确而迅速的屏幕图形显示大大加快了系统设计周期。

单输入单输出系统的设计方法是多输入多输出系统设计方法的基础，对于解耦系统来说，最终的设计是按 SISO 系统设计法完成的。这种方法主要研究系统的输入与输出关系，很少涉及系统的内部结构关系。一旦多输入多输出系统的内部关系被揭示和解耦后，将系统分割为若干个 SISO 系统，简单的经典设计法便可派上用场了。

对于多回路的 SISO 系统，首先应从内回路($G_1(s)K_1$)开始研究，待分析或设计工作完成之后，内回路便可等效为一个新的控制对象，用于第 2 个回路的研究，依此类推，最后才能完成外回路的分析和设计。这种设计步骤符合线性系统的叠加定理。对于前向通路串联、反馈回路并联的多回路 SISO 系统有时被称为顺序控制回路。在飞机飞行控制系统中，这种结构的 SISO 系统是经常遇到的。因此，对于多回路的 SISO 系统的分析与设计应该给予重点介绍。

9.1.1 开环回路传递函数多余极点数对闭环回路传递函数极点的影响

如图 9-1(a) 所示，当控制对象的传递函数，即开环传递函数为

$$G(s)=\frac{b_m s^m+b_{m-1}s^{m-1}+\cdots+b_1 s+b_0}{s^n+a_{n-1}s^{n-1}+\cdots+a_1 s+a_0} \tag{9-1}$$

时，其闭环特征式和闭环传递函数分别由下式表示：

$$s^n+a_{n-1}s^{n-1}+\cdots+a_1 s+a_0+(b_m s^m+b_{m-1}s^{m-1}+\cdots+b_1 s+b_0)K=0 \tag{9-2}$$

$$\phi(s)=\frac{G(s)}{1+G(s)K}=\frac{b_m s^m+b_{m-1}s^{m-1}+\cdots+b_1 s+b_0}{s^n+a'_{n-1}s^{n-1}+\cdots+a'_1 s+a'_0} \tag{9-3}$$

式中，$a'_i=a_i-b_iK$，$i=0,1,\cdots,n-1$，且 $i>m$ 时 $b_i=0$。

在通常情况下，控制对象传递函数的零点数少于极点数，即 $n>m$。当 $n-m=1$ 时，只要对象传递函数的零点都在左半 s 平面内(对应最小相位系统)，那么当采用最简单控制，即

$$e(s)=u(s)+Ky(s) \tag{9-4}$$

时，便能有效地改变极点位置，且肯定能改善系统的总阻尼特性。如果开环系统存在一对主导复极点时，则它将向左移动，且随着 $K\to\infty$，唯一的根轨迹渐近线是复平面坐标负实轴，如图 9-2 所示。在 $n-m=1$ 的条件下，得到如下两条重要结论：

1) 如果开环控制回路的传递函数是有一个多余极点($n-m=1$) 的最小相位系统，那么闭环控制回路的主导极点向左移动，说明了单回路反馈提高了闭环系统的总阻尼。

2) 传递函数的多余极点数等于调节器与其相连接的输出之间存在的最少积分器数，如果最少只有一个积分器，那么这个输出的位置反馈便能有效地提高闭环系统的阻尼特性。

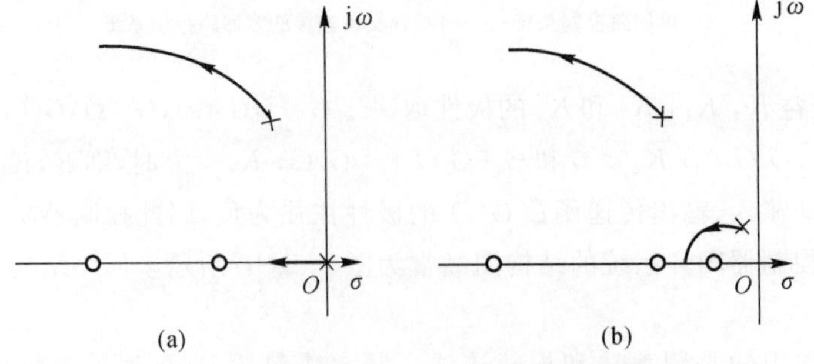

图 9-2　多余极点 $n-m=1$ 时的根轨迹图

(a) 极点在原点上；(b) 极点不在原点上

这两条结论对于纵、航向阻尼系统的设计给出了理论依据。这种单变量反馈系统不仅能增加主导极点的阻尼，而且不必担心其极点向右半 s 平面移动，而导致系统不稳定。

对于开环传递函数 $G(s)$ 的多余极点 $n-m>1$ 的情况，根轨迹线的性质包括以下几种。

1)$n-m=2$：主导极点的两条渐近线为 s 平面虚轴的平行线，该平行线使主导极点的实部为常值，有效地增大了主导极点的虚部及对应的固有频率。

2)$n-m=3$：三条为直线的根轨迹渐近线从主导极点出发以 $\pm 60°$ 指向右半 s 平面和以 $180°$ 趋向 s 平面正实轴。闭环系统稳定性将受到反馈增益的严重影响。

随着多余极点的增加，闭环系统的稳定性总是越来越严重，必须人为地减少多余极点，如采用全状态反馈，使得开环传递函数多余极点为 1，便能有效地改善闭环系统的阻尼特性和带宽。

飞机纵向增稳（控制增稳）系统利用多余极点 $n-m=2$ 的方法分别引入 α，β（实际上由 n_y，n_z 代替）反馈，以增加短周期振荡频率和荷兰滚振荡频率；又利用多余极点为 1 的方法，在两个通道中分别引入 ω_z，ω_y 反馈，以增加短周期振荡阻尼和荷兰滚振荡阻尼。飞机纵向控制增稳系统简化结构与根轨迹图如图 9-3 所示。

多余极点太少，如 $n-m=0$，也可能不够太好。如引入角加速度（$\dot{\omega}_z$，$\dot{\omega}_y$）反馈，可能会使得所有极点都向着零点移动，这样不是阻尼过大，就是对应主导极点的固有频率减小。

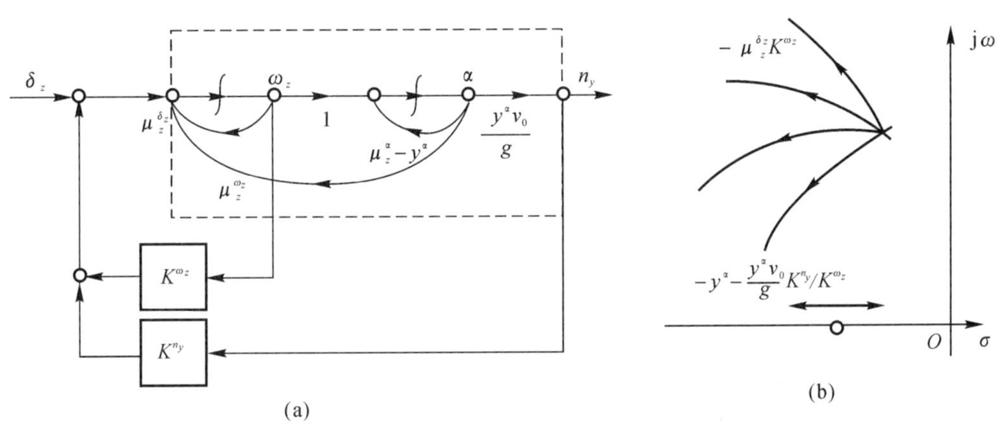

图 9-3　飞机纵向控制增稳系统简化结构图与根轨迹图

(a)框图；(b)根轨迹曲线

9.1.2　Routh-Hurwitz 稳定判据

无论 SISO 系统或 MIMO 系统都可使用第二篇中提到的 Routh-Hurwitz 稳定判据，因为两种控制系统的特征方程都可用 s 次幂的多项式表示。对于特征式 s 次幂较低的系统来说，特征多项式系数 a_i 和劳斯-霍尔维茨行列式的计算还算简单；然而对于五阶以上的系统，这种稳定条件将变得十分复杂，难以计算。人们通常利用特征方程系数全部为正作为稳定的必要条件。对于五阶以下的系统来说，也常常用来确定能保证系统稳定的各参数之间的关系和由参数大小决定的稳定边界。可以令特征方程自由项 a_0 以及倒数第 2 个劳斯-霍尔维茨行列式 Δ_{n-1} 等于零的方法获得稳定域边界。

9.1.3　Nyquist 稳定判据

H. Nyquist 发明了一种判别闭环系统稳定的方法。对于图 9-1(a)所示 $K=-1$ 时的单位反馈系统，将 $s=j\omega$ 代入开环传递函数 $G(s)$ 中，在复平面上按照方程

$$G(j\omega)=\mathrm{Re}G(j\omega)+j\mathrm{Im}G(j\omega) \tag{9-5}$$

绘制 ω 由 $\omega\to-\infty$ 过 $\omega=0$ 到 $\omega\to+\infty$ 变化的开环频率特性曲线，由这条开环频率特性曲线决定的闭环稳定判据为，以点$(-1,j0)$为射线起始点，以频率特性曲线 $G(j\omega)$上任一点为射线终点，按 ω 增加方向（即 ω 从一

∞过 0 到 +∞)在 $G(\mathrm{j}\omega)$ 曲线上移动射线终点位置,当移动轨迹是逆时针方向绕过点(−1,j0)的净剩圈数等于 $G(s)$ 在右半 s 平面上的极点数时,闭环系统便是稳定的。

如图 9-4 所示,为单位反馈回路稳定系统和不稳定系统的开环频率特性曲线图;如图 9-5 所示,为单位反馈系统一个积分环节和两个积分环节的开环频率特性曲线图。在图中没给出负值 ω 的 $G(\mathrm{j}\omega)$ 曲线,它和正值 ω 的 $G(\mathrm{j}\omega)$ 曲线与实轴(Re$G(\mathrm{j}\omega)$)对称。

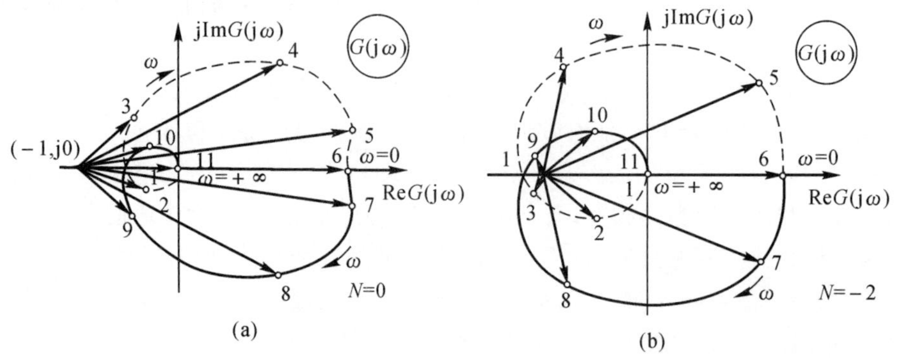

图 9-4 稳定系统(a)和不稳定系统(b)的频率特性曲线

1,2,3,……——从临界点(−1,j0)出发的向量当 ω 增长时所占有的一系列顺序位置

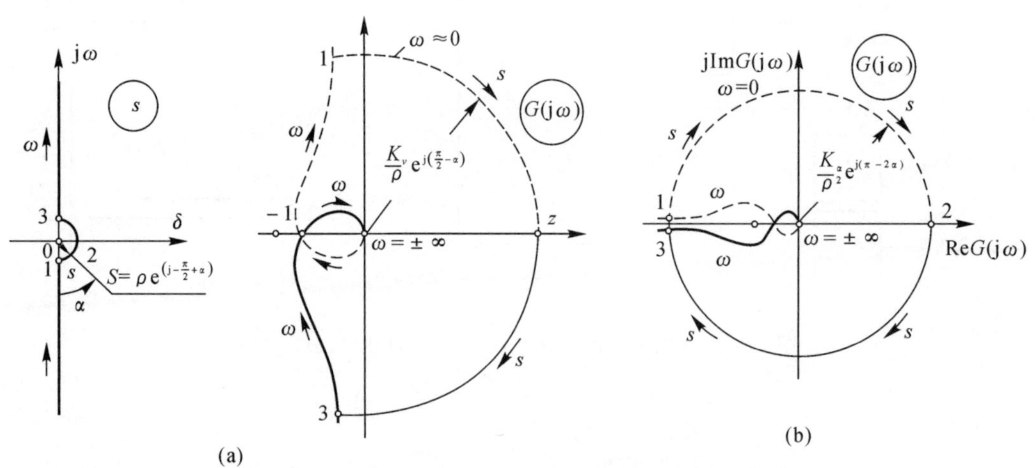

图 9-5 开环传递函数中具有积分环节的开环频率特性曲线

(a)在坐标原点具有一阶极点的函数 $G(\mathrm{j}\omega)$ 的频率特性曲线; (b)坐标原点为二阶极点的函数 $G(\mathrm{j}\omega)$ 的频率特性曲线

闭环系统的稳定性决定于对应开环系统频率特性曲线 $G(\mathrm{j}\omega)$ 相对于临界点(−1,j0)的位置。当频率特性曲线愈靠近(−1,j0)点,闭环系统愈接近稳定边界。对于稳定系统,频率特性曲线 $G(\mathrm{j}\omega)$ 离开临界点(−1,j0)的远近,通常用相位稳定储备和幅值稳定储备来表示。

用下述方法确定相位稳定储备:如图 9-6 所示,在 $G(\mathrm{j}\omega)$ 平面上画一圆心在坐标原点的单位半径的圆,并标出它与频率特性曲线 $G(\mathrm{j}\omega)$ 的交点。通过这一点的半径与负实轴组成的 γ 角称为相位稳定储备。这个角度实际上是表征了开环频率特性在上述交点的相角 φ 与临界值 180°(此时闭环系统处于稳定边界上)的差。

幅值稳定储备用临界点(−1,j0)和靠近它的频率特性曲线 $G(\mathrm{j}\omega)$ 与实轴交点之间的距离来表示。如果交点位于临界点(−1,j0)的右边,将采用从这个点到虚轴距离的倒数 m_1 作为闭环系统稳定储备是适宜的。如果交点位于(−1,j0)点的左边(有条件稳定系统),如图 9-7 所示,则应该取这个交点到虚轴的距离作为稳定储备。显而易见,频率特性曲线 $G(\mathrm{j}\omega)$ 与实轴的交点离临界点(−1,j0)越远,幅值稳定储备 m_1(或 m_2)

越大。由于开环增益小而失稳的闭环系统称为有条件稳定系统。

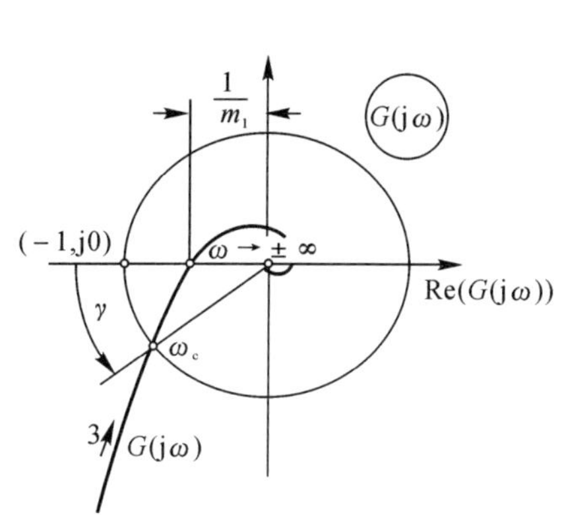

图 9-6 Nyquist 相位与幅值稳定储备示意图

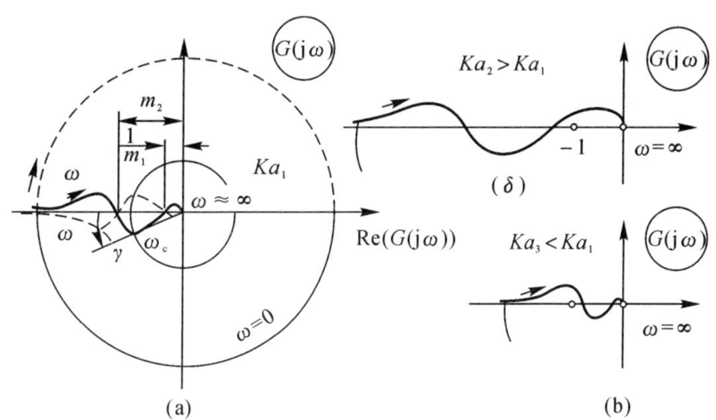

图 9-7 传递函数为 $G(j\omega)=\frac{K_a[T_2^2(j\omega)^2+2\zeta T_2 j\omega+1]}{(j\omega)^2(T_1 j\omega+1)(T_3 j\omega+1)(T_4 j\omega+1)}$ 的频率特性曲线

(a)频率特性曲线；(b)对数频率特性曲线

由于作图复杂等方面的原因，在实际系统分析和设计中，通常不采用 Nyquist 频率特性曲线获得闭环系统幅值、相位稳定储备，而往往利用 Bode 对数频率特性曲线获得闭环系统幅值、相位稳定储备值，似乎更为方便。Nyquist 频率特性曲线经常用于非线性控制系统描述函数法的分析中。本书在第 2 章所述内容中包含频率特性曲线用于非线性系统分析的例子。

9.1.4 Bode 图在闭环系统分析与设计中的应用

上述利用幅相判据研究闭环系统稳定性是基于对开环系统传递函数频率特性 $G(j\omega)$ 的研究。$G(j\omega)$ 的曲线是由它的实、虚部按不同的 ω 逐点计算得到的，在过去没有计算机的帮助时，需要花费大量的劳动和时间。在当时为了减轻这种计算工作量，便提出了对数频率特性法，用简单的图解法来代替繁复的计算。然而，在计算技术迅速发展的今天，缩减计算工作量似乎已经成为多余的考虑。但对数频率特性法还具有许多重大的优点。这些优点包括，能够利用由实验取得的对数频率特性，方便地估计系统参数的变化对稳定性的影响，并利用计算机对话方式，对系统参数和结构进行修改；采用对数频率特性易于系统综合和校正；当然，采用对数频率法分析、综合 SISO 系统单回路和多回路的稳定性符合工程技术人员多年的习惯。

可以将开环频率特性 $G(j\omega)$ 按指数方法表示

$$G(j\omega)=|G(j\omega)|e^{j\varphi(\omega)} \tag{9-6}$$

为方便计算多因子组成的 $|G(j\omega)|$，利用以“分贝”为单位的 $20\lg|G(j\omega)|$ 和以“度”为单位的 φ 作为 Bode 图的两个纵坐标，$\lg(\omega)$ 为 Bode 图的横坐标。称 $20\lg|G(j\omega)|$ 为开环对数幅值频率特性函数，称 φ 为开环相位频率特性函数。另外，相应于频率 ω 增大 10 倍的那一段 $\lg(\omega)$ 称为十倍频程，相应于频率 ω 增大 1 倍的那一段 $\lg(\omega)$ 称为一倍频程。在 Bode 图横轴上，每个十倍频程或每个一倍频程都是相等的。Bode 图的横轴上的 ω 是按对数值 $\lg(\omega)$ 成比例分布的，且在纵轴上按比例分布 $20\lg|G(j\omega)|$ 的值，即 Bode 图是由单对数坐标表示的。

由于 $\lg|G(j\omega)|$ 是 $G(j\omega)$ 的各基本因子幅值对数之和，φ 是 $G(j\omega)$ 的基本因子相位角之和，如果知道了这些基本因子的幅值和相位频率特性，用叠加方法便可容易地得到开环系统的对数幅值频率特性和相位频率特性。

当 $G(s)$ 在 s 的右半平面上没有极点时，在下述情况下闭环系统才是稳定的：当 $G(j\omega)$ 的精确对数幅频特性曲线与横轴相交时，相交点的频率 ω_c 称为截止频率。在截止频率 ω_c 处的相位角 φ_c 的绝对值小于 180°。这个规定对应 $G(j\omega)$ 频率特性曲线不包围临界点(-1,j0)。根据开环系统频率特性决定的相位稳定储备的定义，得到 Bode 图决定的相位稳定储备定义：相位稳定储备等于在截止频率 ω_c 处相角 φ_c 与 $-180°$之间的角度值 γ。至于幅值稳定储备的定义是：相频特性 φ 与 $-180°$线至少存在一个相交点，那么这些交点的纵坐标都是幅值稳定储备。事实上，对数幅频特性曲线与横轴可能有多个交点，因此也有多个截止频率和多个相位稳定储备角。图 9－8 为开环传递函数

$$G(s)=\frac{K_a(T_2^2s^2+2\zeta T_2s+1)}{s^2(T_1s+1)(T_3s+1)(T_4s+1)} \tag{9-7}$$

的对数频率特性与频率特性的对比。图中示出了相位稳定储备 γ 和幅值稳定储备 m_1，m_2。

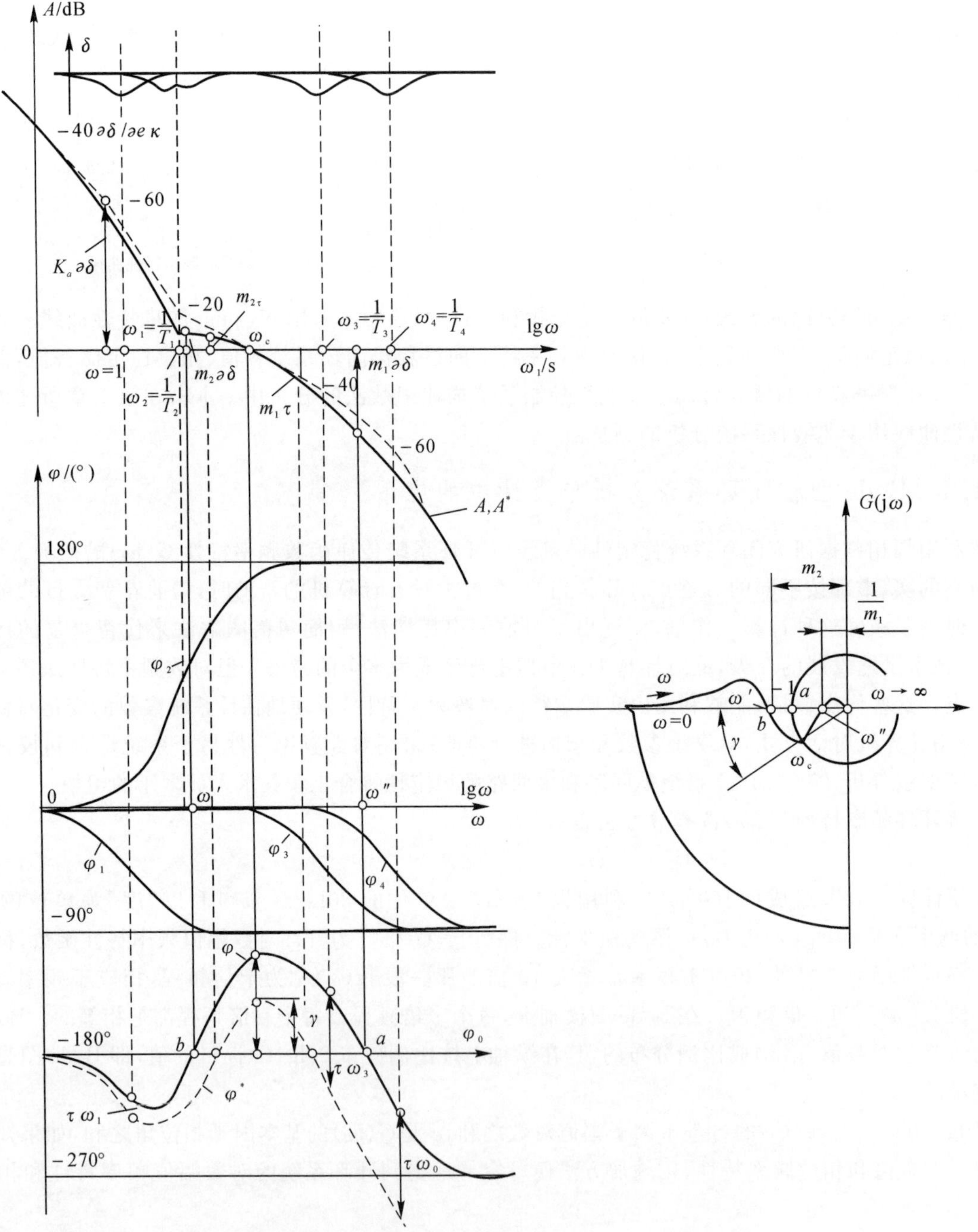

图 9－8　函数 $G(j\omega)=\frac{K_a[T_2^2(j\omega)^2+2\zeta T_2j\omega+1]}{(j\omega)^2(T_1j\omega+1)(T_3j\omega+1)(T_4j\omega+1)}$和 $G^*(j\omega)=\frac{K_\varphi[T_2^2(j\omega)^2+2\zeta T_2j\omega+1]}{(j\omega)^2(T_1j\omega+1)(T_3j\omega+1)(T_4j\omega+1)}e^{-j\tau\omega}$的对数频率特性

当开环对数频率特性曲线与横轴没有交点时，说明了相位稳定储备足够大；当相位频率特性与－180°线没有交点时，说明幅值稳定储备足够大。

当考虑飞机气动弹性影响以及放宽静稳定性时，在很大的频率范围内存在着多个截止频率和多个 φ 与－180°线的交点，因此便可能存在多个相位稳定储备值和多个幅值稳定储备值。这个稳定储备值，可能为正也可能为负。某规范对它们按频率段和飞行速度给出了不同要求。

可以利用对数频率特性校正多回路闭环系统的稳定性。任何一个多回路闭环系统都可变换为如图9-9所示等效单回路系统，闭环系统除主调节器外，还有多个非主调节器。图 9-9 中 $K(s)$ 并非一定是比例系数，可能是由某 s 次幂分子、分母表示的传递函数。等效单回路的开环传递函数为

$$G'(s)=G(s)K(s) \tag{9-8}$$

其开环频率特性函数和对数频率特性函数分别为

$$G'(\mathrm{j}\omega)=G(\mathrm{j}\omega)K(\mathrm{j}\omega) \tag{9-9}$$

$$20\lg|G'(\mathrm{j}\omega)|=20[\lg|G(\mathrm{j}\omega)|+\lg|K(\mathrm{j}\omega)|] \tag{9-10}$$

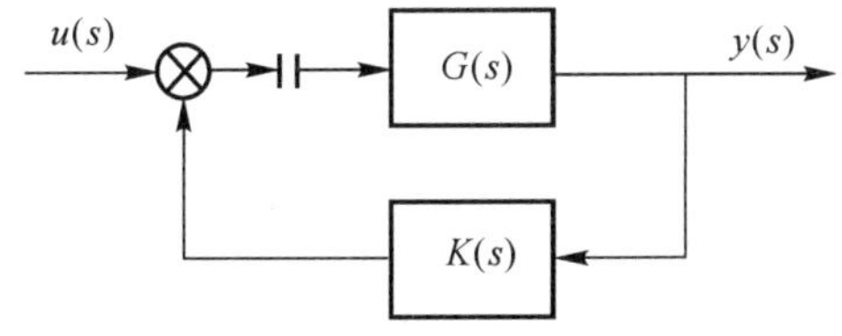

图 9-9　多回路闭环系统的等效单回路闭环系统

利用 Bode 图确定校正环节，使其多回路闭环系统满足稳定储备要求，给出一个例子来说明：

经过不变性解耦以后的偏航轴电传操纵系统简化结构图如图 9-10 所示。它可变换为等效单回路系统，如图 9-9 所示。代入飞机和电传系统参数，得到如图 9-11 所示开环对数频率特性曲线。当 $W(s)=1$（无校正网络）时，幅、相频率特性由 A 线表示，相位稳定储备仅有 28°，不能满足规范要求。可以在 Bode 图上选择校正网络 $W(s)=\dfrac{3s+10}{s+10}$，其零、极点分别在截止频率 $\omega_{cA}=5$ rad/s 的左边和右边。此时尽管相位稳定储备提高到 56°，然而幅值稳定储备减小到 7 dB，显然这种校正网络不够理想。当选择 $W(s)=\dfrac{3s+15}{s+15}$时，其零点等于截止频率 ω_{cA}，其极点大于 ω_{cA}3 倍。显然这种校正网络是好的。它不仅使相位稳定储备提高到 56°，而且还使幅值稳定储备提高到 12.4 dB。

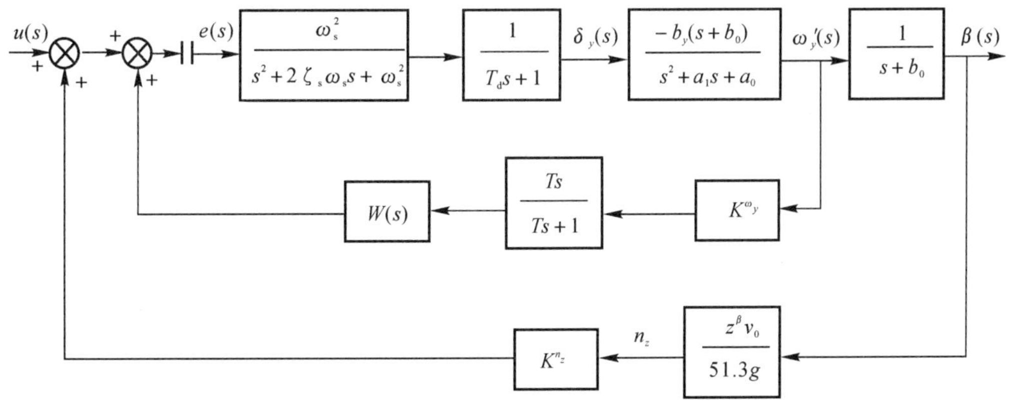

图 9-10　某飞机偏航轴电传操纵系统简化结构图

利用 Bode 图确定校正网络结构参数以改善闭环系统稳定性，得到了工程技术人员的好评。

上述这个典型例子说明，利用 Bode 图选择多回路系统串联校正器，可有效地增大截止频率 ω_{cA} 处附近

的相位角 φ，从而提高相位稳定储备 γ。但截止频率不能改变太多，尤其当截止频率增加很大时，那将使幅值稳定储备明显地减小。

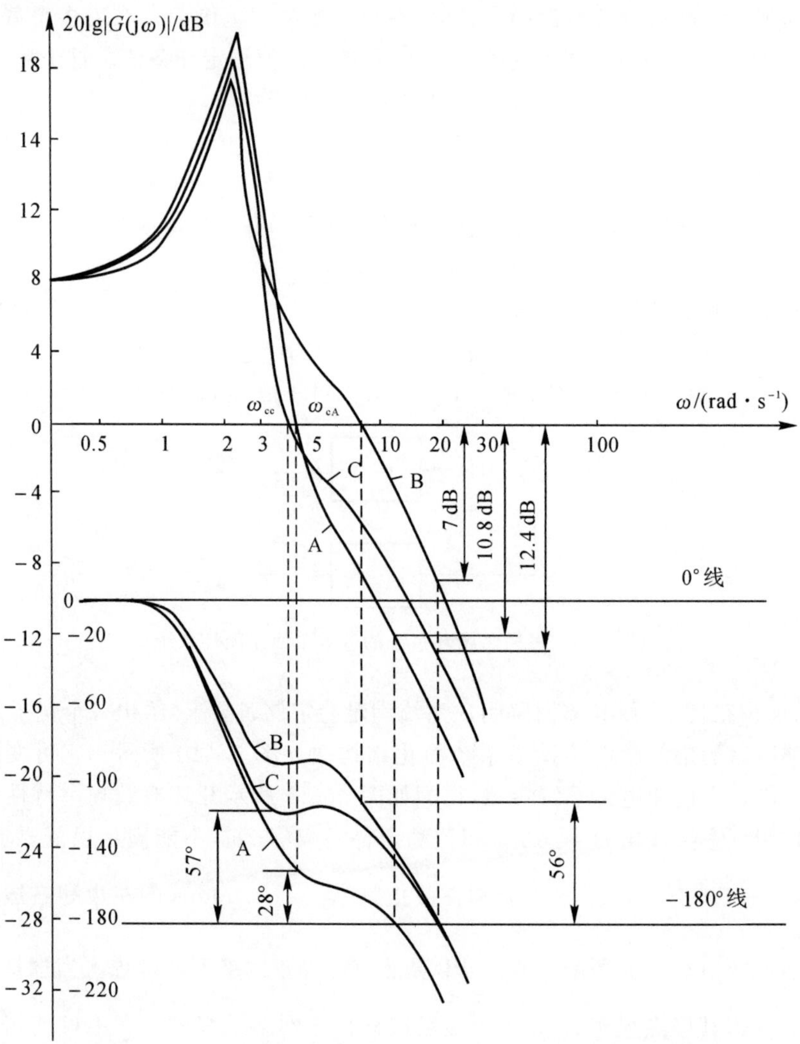

图 9-11　偏航轴电传操纵系统开环对数频率特性的校正

(H=13.6 km，Ma=2.2 和 α=1.39°)

9.1.5　Nichols 列线图

当用对数频率特性方法研究多回路稳定性时，利用图 9-12 所示 Nichols 列线图和按已知的开环系统对数频率特性 $A(\mathrm{dB})=20\lg|G(\mathrm{j}\omega)|$ 和 $\varphi(°)$ 求出闭环系统的对数频率特性 $M(\mathrm{dB})$ 和 $\psi(°)$。

对于 Nichols 列线图专指单位反馈闭环回路系统。当开环、闭环频率特性由指数形式表示

$$G(\mathrm{j}\omega)=A(\omega)\mathrm{e}^{\mathrm{j}\varphi(\omega)},\quad M_0(\mathrm{j}\omega)=M(\omega)\mathrm{e}^{\mathrm{j}\psi(\omega)}$$

时，得到

$$\phi_0(\mathrm{j}\omega)=\frac{G(\mathrm{j}\omega)}{1+G(\mathrm{j}\omega)}=M\mathrm{e}^{\mathrm{j}\psi}=\frac{A\mathrm{e}^{\mathrm{j}\varphi}}{1+A\mathrm{e}^{\mathrm{j}\varphi}} \tag{9-11}$$

$$M\mathrm{e}^{\mathrm{j}(\psi-\varphi)}+MA\mathrm{e}^{\mathrm{j}\psi}=A \tag{9-12}$$

按欧拉公式展开 $\mathrm{e}^{\mathrm{j}(\psi-\varphi)}$ 和 $\mathrm{e}^{\mathrm{j}\psi}$，可得

$$M\cos(\psi-\varphi)+\mathrm{j}M\sin(\psi-\varphi)+MA\cos\psi+\mathrm{j}MA\sin\psi=A \tag{9-13}$$

且由于式(9－13)虚数项恒为零，得到

$$A(\omega)\text{dB}=20\lg\frac{\sin[\varphi(\omega)-\psi(\omega)]}{\sin\psi(\omega)} \tag{9-14}$$

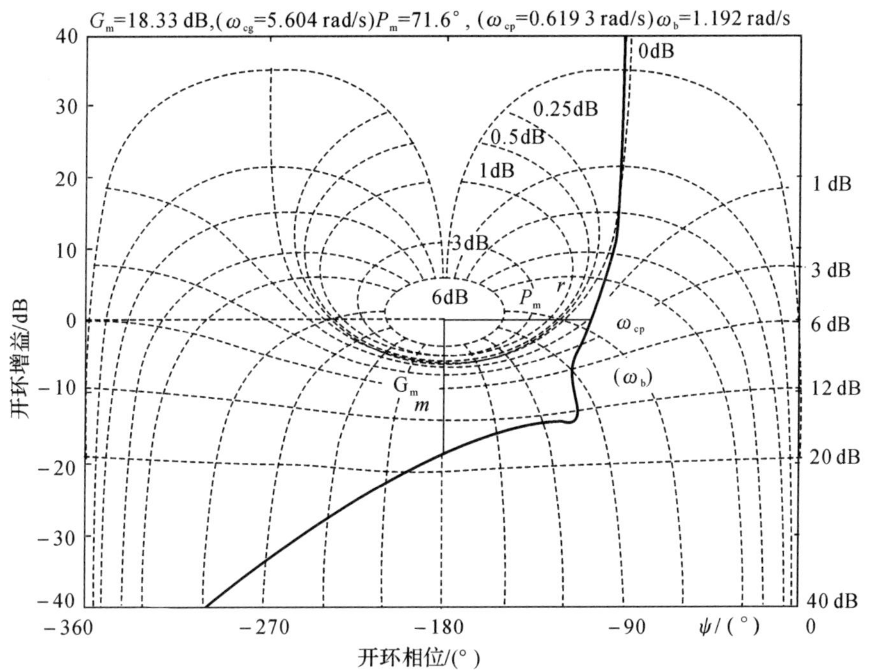

图 9－12　在 Nichols 列线图上的航向控制模式对数频率特性

当将 $G(j\omega)$以实、虚部展开表示，即 $G(j\omega)=\text{Re}+j\text{Im}$ 时，得到

$$\phi_0(j\omega)=\frac{\text{Re}+j\text{Im}}{1+\text{Re}+j\text{Im}}=\frac{\text{Re}^2+\text{Re}+\text{Im}^2+j\text{Im}}{(1+\text{Re})^2+\text{Im}^2} \tag{9-15}$$

$$M=\sqrt{\frac{\text{Re}^2+\text{Im}^2}{(1+\text{Re})^2+\text{Im}^2}} \tag{9-16}$$

并由欧拉公式可知

$$\text{Re}=A\cos\varphi,\quad \text{Im}=A\sin\varphi \tag{9-17}$$

代入式(9－16)和经数学推导后，得到

$$A^2-2A\frac{M^2}{1-M^2}\cos\varphi-\frac{M^2}{1-M^2}=0 \tag{9-18}$$

$$A(\text{dB})=20\lg\left(\frac{\cos\varphi\pm\sqrt{\cos^2\varphi+M^{-2}-1}}{M^{-2}-1}\right) \tag{9-19}$$

这样一来，可在 $A(\text{dB})$，$\psi(°)$平面内，按式(9－14)、式(9－19)分别做出等 ψ 和等 M 曲线，如图 9－12 所示。

当负值的 $A(\text{dB})$绝对值很大时，式(9－14)中的 $\sin(\varphi-\psi)$可近似为零，那么 $\psi\approx\varphi$ 即等 ψ 值曲线通过 Nichols 图横轴时和 φ 的分度线近似重合。因此，在 Nichols 图上通常不在等 ψ 值曲线上加标记。

利用 Nichols 图上的开环对数幅频与相频的关系曲线可很容易地得到单位反馈回路闭环系统的幅值稳定储备 $m(G_m)$、相位稳定储备 $\gamma(P_m)$和闭环系统的通频带(带宽)ω_b。闭环系统对数幅频和相频特性的一般形式由图 9－13 所示。由 Nichols 图定义的闭环系统通频带(带宽)是从 $\omega=0$ 到 $\omega=\omega_b$ 的频率范围称为闭环系统的通频带。幅频特性$|\phi_0(j\omega)|$的最大值 M_p 称为闭环系统的谐振峰值，它所对应的频率 ω_p 称为谐振频率，通常 ω_p 小于带宽频率 ω_b。随着相位稳定储备的减小，ω_p 和 ω_b 之间的差值也减小，当 $\gamma=0$ 时，$\omega_p=$

ω_b。可以推导出闭环系统谐振峰值 M_p 与相位稳定储备的关系近似表达式

$$M_p=\frac{1}{\sin\gamma} \tag{9-20}$$

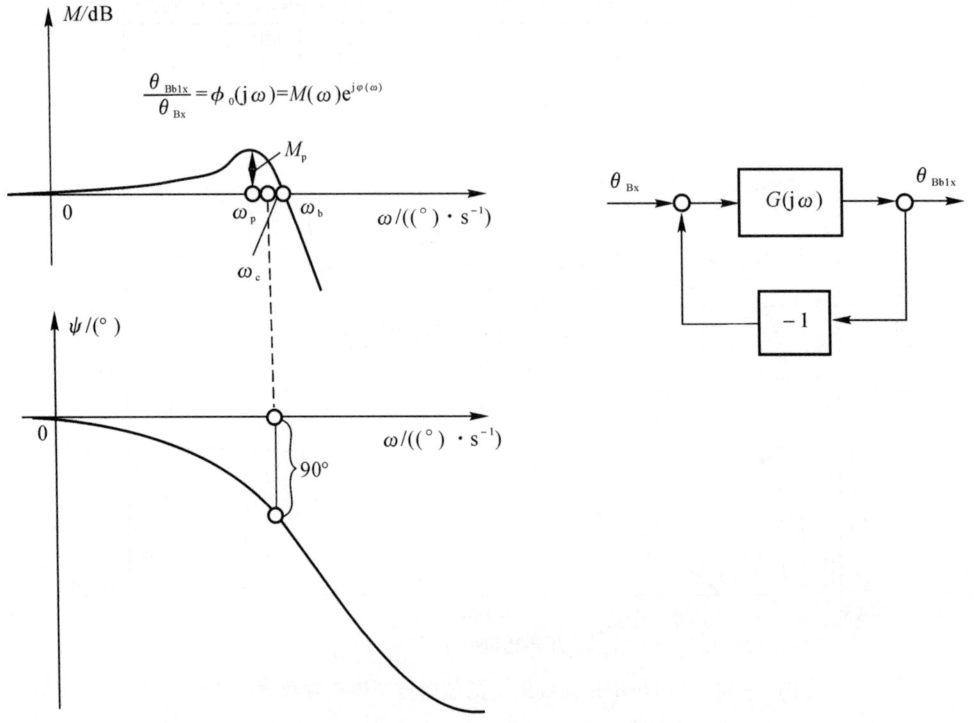

图 9-13　单位反馈闭环系统的对数幅频和相频特性的一般形式

对于一个二阶闭环系统来说,闭环传递函数

$$\phi_0(s)=\frac{\omega_n^2}{s+2\zeta\omega_n s+\omega_n^2} \tag{9-21}$$

与它相应的开环传递函数为

$$G(s)=\frac{\omega_n^2}{s(s+2\zeta\omega_n)} \tag{9-22}$$

如果闭环特征式解出的根是共轭复数,那么在 0～ 0.707 范围内的 ζ 值使闭环系统的幅频特性具有谐振峰值 M_p,且

$$M_p=\frac{1}{2\zeta\sqrt{1-\zeta^2}} \tag{9-23}$$

由式(9-20)得到 ζ 在 0 ～ 0.707 范围内情况下,二阶单位反馈闭环系统的阻比 ζ 与稳定储备的关系式,可由式(9-20)和式(9-23)得到

$$\sin\gamma=2\zeta\sqrt{1-\zeta^2} \tag{9-24}$$

由于二阶系统相频特性为$-90°$处的频率等于二阶系统的固有频率 ω_n,因此由 Nichols 图定义的带宽频率等于二阶系统的固有频率,即

$$\omega_n=\omega_b \tag{9-25}$$

由以上分析可知,对于主导极点为复数的单位反馈闭环系统,当利用 Nichols 图分析时,可很容易地得到闭环系统相位稳定储备 $\gamma(P_m)$、幅值稳定储备 $m(G_m)$、通频带频率 ω_b,还可获得谐振峰值 M_p、谐振振荡频率 ω_p 以及二阶振荡闭环系统的固有频率 ω_n 和阻尼比 ζ 的近似值。

Nichols 图适用于近似二阶特性的闭环系统的分析和设计。由不变性解耦得到的飞机纵向和横侧向飞

行控制系统都可近似为二阶闭环系统，因此，Nichols 图适合于由不变性解耦法设计的飞机飞行控制系统，因为它们的每个功能的闭环回路都可近似为二阶系统。Nichols 图更适合于各种功能的自动驾驶仪系统的分析与设计，因为它们都是单位反馈闭环系统。具体内容可参见本篇第 10 章。Nichols 图也可用于非单位反馈系统，非单位反馈结构可变换为单位反馈结构。

9.1.6　纯滞后和等效时延对系统特性的影响

在许多情况下，自动控制系统的各个环节可能具有"纯"滞后现象，即它不能立即反映输入信号的变化，而是需要经过某一个恒定时间间隔 τ 之后，才产生输出响应。这个恒定滞后，是由于有效传播速度而产生的。例如，基于气压原理获得的测量元件，其传输管道一端的压力到另一端的传输，需要经过一段足够的时间才能达到。更具体地说，飞行控制系统中的测量元件：气压高度、升降速度和空速（马赫数）传感器都具有纯滞后特性。在系统中的这种环节，可假设它是一个无纯滞后环节和滞后环节的串联。滞后环节并不改变输入信号的大小和形状，而仅以某一个恒定延时 τ 在输出端复现这个信号。不难看出，滞后环节的输入、输出的时间函数为

$$y(t)=u(t-\tau) \tag{9-26}$$

由它的象函数决定的纯滞后环节的传递函数为

$$\frac{y(s)}{u(s)}=\mathrm{e}^{-\tau s} \tag{9-27}$$

在由驾驶员操纵飞机组成的人-机闭环回路中，作为驾驶杆操纵的人可以用一个具有线性动态环节和滞后环节串联的环节代替，它和飞机运动特性决定的飞机传递函数 $f(s)$ 构成了如图 9-14 所示单位反馈人-机闭环回路结构。

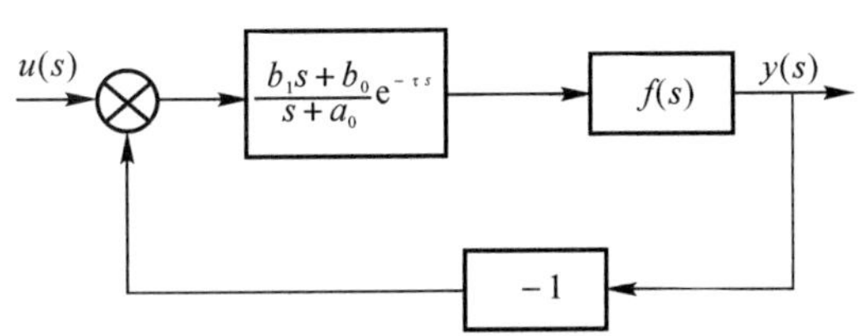

图 9-14　单位反馈人-机闭环系统结构图

通常人的滞后时间常数在 0.1～ 0.3 s 范围内。图 9-14 的开环传递函数为

$$G(s)=G_0(s)\mathrm{e}^{-\tau s}=\frac{b_1s+b_0}{s+a_0}f(s)\mathrm{e}^{-\tau s} \tag{9-28}$$

如果 $G_0(\mathrm{j}\omega)=\dfrac{b_1\mathrm{j}\omega+b_0}{\mathrm{j}\omega+a_0}f(\mathrm{j}\omega)$ 的特性曲线由图 9-15 中虚线表示时，$G(\mathrm{j}\omega)=G_0(\mathrm{j}\omega)\mathrm{e}^{-\mathrm{j}\tau\omega}$ 的特性曲线也就是向量 $G_0(\mathrm{j}\omega)$ 沿顺时针方向转过一个角度 $\omega\tau$，且

$$|G(\mathrm{j}\omega)|=|G_0(\mathrm{j}\omega)f(\mathrm{j}\omega)| \tag{9-29}$$

便可得到具有纯滞后环节 $\mathrm{e}^{-\tau s}$ 的开环频率特性曲线，如图 9-15 实线所示。可见对应每一个频率 ω_i 增加了一个相位角

$$\Delta\varphi(\omega_i)=\omega_i\tau \tag{9-30}$$

由图 9-15 可见，具有纯滞后环节的相位和幅值稳定储备比无纯滞后环节的同一系统被减小了。因此，纯滞后环节使闭环系统的稳定性变坏了。这就是说，为保持或引导飞机某运动变量时，由驾驶员-飞机构成闭环系统来完成，不如由飞行控制系统-飞机构成的闭环系统完成好，至少是人机闭环系统稳定性差。

对于高度保持和引导控制系统，气压高度传感器的纯滞后特性的滞后时间常数 τ 足够大，通常 τ 在 0.3～1 s 范围内，这样大的纯滞后影响，将给高度保持和引导控制系统带来不稳定现象。

在飞行控制系统的分析和设计中，为了方便，往往把一些具有高频特性的传感器（如姿态陀螺信号、加速度传感器信号等）近似为比例器出现在控制回路或方程中，也有一些具有大时间常数 τ 的纯滞后环节（如高度、升降速度和空速传感器），将这种纯滞后环节变换为一阶惯性环节 $\dfrac{K}{Ts+1}$；还有一些具有一阶或二阶特性的环节（如飞机助力器、舵机回路、风标式迎角传感器等），可等效为纯滞后环节。由于它们的惯性时间常数 T 比较小，或固有频率 ω_n 足够大，所以它们在有用的低频信号输入作用下，输出信号的幅值变化很小且相角

变化较大。对于时间常 $T\leqslant 0.03$ s 的惯性环节来说,在$\omega\leqslant 6.28$ rad/s的低频信号作用下,可以用一个纯滞后环节代替,即

$$\frac{1}{Ts+1}\approx e^{-Ts} \tag{9-31}$$

对于一个固有频率 $\omega_n\geqslant 30$ rad/s 的二阶环节来说,在频率 $\omega\leqslant 6.28$ rad/s 的输入信号作用下,此二阶系统传递函数为

$$\frac{\omega_n^2}{s^2+2\zeta\omega_n s+\omega_n^2}\approx e^{-\frac{2\zeta}{\omega_n}s} \tag{9-32}$$

在图 9-16 所示单反馈回路中,正向回路包含着一个小时间常数 T 的惯性环节和一个大固有频率的二阶振荡环节,在反馈回路中也包含着一个高固有频率的二阶振荡环节。这种结构描述了带有助力器、舵机回路和传感器动态特性的飞机飞行控制系统某一个控制通道。

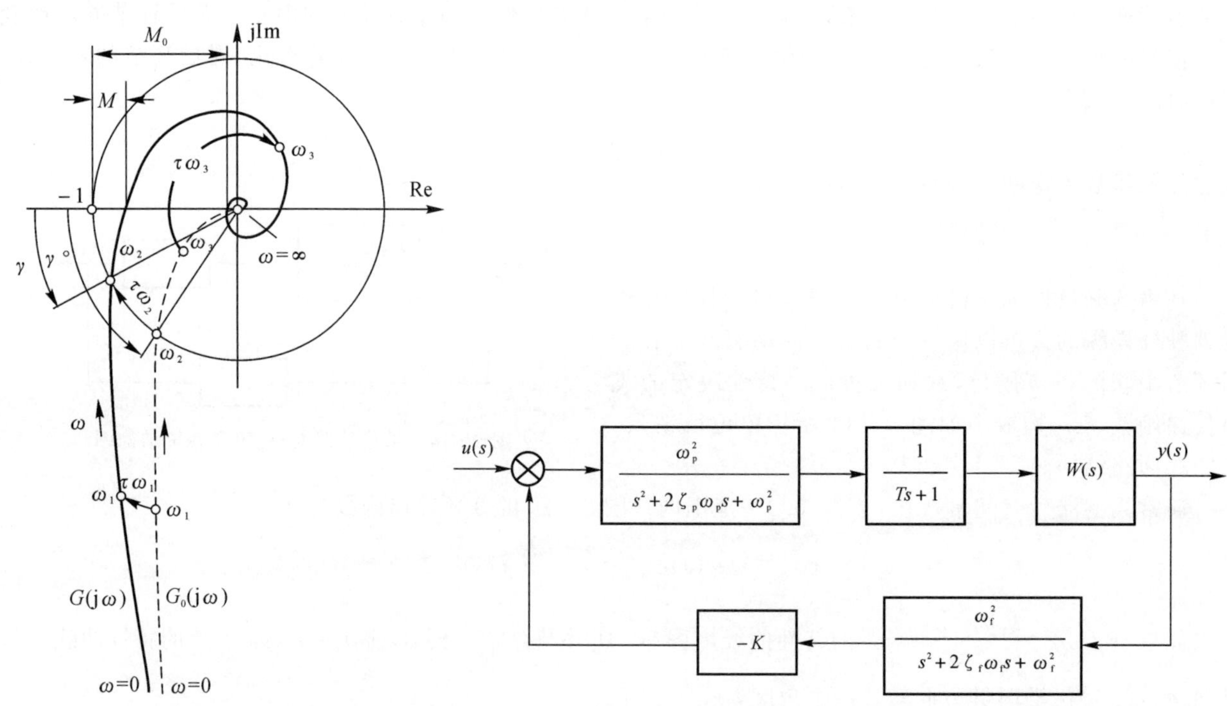

图 9-15 具有纯滞后特性的开环频率特性

具有纯滞后环节 $e^{-\tau s}$——$G(j\omega)$;

无纯滞后环节 $e^{-\tau s}$——$G_0(j\omega)$

图 9-16 具有高频环节的单回路反馈系统结构图

足够大的 ω_p,ω_f 和足够小的 T,使开环频率特性 $G(j\omega)$近似于 $W(j\omega)K$ 与 $e^{-j\tau\omega}$ 串联,即

$$G(j\omega)=\frac{\omega_p^2}{\omega_p^2+2\zeta_p\omega_p j\omega-\omega^2}\frac{1}{Tj\omega+1}W(j\omega)K\,\frac{\omega_f^2}{\omega_f^2+2\zeta_f\omega_f j\omega-\omega^2}\approx W(j\omega)Ke^{-j\tau\omega} \tag{9-33}$$

式中

$$\tau=\frac{2\zeta_f}{\omega_f}+\frac{2\zeta_p}{\omega_p}+T \tag{9-34}$$

反馈增益 K 主要用于改变 $W(s)$中较小的极点位置,使得闭环系统具有合适位置的极点,那么要求反馈增益 K 不必太大,便可有效地获得闭环系统最佳极点位置。在这种情况下,闭环系统的高频极点与开环系统的高频极点近似,闭环系统的高频零点等于反馈回路中的高频极点,因此,在闭环系统中由反馈回路高频极点产生的闭环高频极点和高频零点可近似抵消,从而闭环系统传递函数可近似为

$$\phi(s)=\frac{\omega_p^2}{(s^2+2\zeta_p\omega_p s+\omega_p^2)(Ts+1)}\frac{W(s)}{1+W(s)K}\approx\frac{W(s)}{1+W(s)K}e^{-\tau s} \tag{9-35}$$

式中，$\tau = T + \frac{2\zeta_p}{\omega_p}$。

这就是说，具有高频环节的单回路闭环系统，其开环频率特性要包括正向通路和反馈回路中全部高频环节的影响，可用纯滞后环节代替这些高频环节；其闭环传递函数可近似为正向通路中的高频环节与闭环的低频环节串联，并且用纯滞后环节代替正向通路中的高频环节。反馈回路中的高频环节几乎不影响闭环系统特性。

过去的经验表明，飞机飞行品质的研究主要局限于具有经典特性的飞机：对操纵输入和扰动输入响应是用相应形式的传递函数表征的。由飞行控制系统引入的附加动力学特性的作用已被人们所认识，但由于知识有限，不能做出恰当的处理。在驾驶员操纵的频率范围内，如果有一个或多个动力学模态未予考虑，那将造成不良结果。飞机纵向增稳（或控制增稳）系统是为增加短周期频率而设计的，在某些飞行阶段该系统发挥了很好的作用，但是它也带来了高阶动力学特性，使得总的"有效短周期频率"稍为不同于无增稳系统时的值，驾驶员对短周期响应特性的评分是"差的"到"坏的"。后来，经过许多的飞行试验，人们认识到了增稳或控制增稳系统中高阶动力学特性影响了驾驶员对短周期响应的评分。希望在增加稳定性的同时，不能提高系统响应的阶次。再后来，便在飞行品质规范中，不仅对典型的传递函数提出要求，同时对高频动力学特性以"等效时延参数"的形式给出了综合性的要求。

9.1.7　频率特性的实验方法

开、闭环系统传递函数和频率特性曲线不仅是个数学概念，而且还具有一定的物理意义。对于一个单位反馈回路系统如图 9-17 所示。假定在开环系统输入端分别加入正弦和余弦信号，即

$$e(t) = a\sin\omega t = a\mathrm{Im}e^{j\omega t}, \quad e(t) = a\cos\omega t = a\mathrm{Re}e^{j\omega t} \tag{9-36}$$

那么输出端引起自由振荡和强迫振荡，在自由振荡逐渐衰减之后，最终剩下的是强迫振荡，且

$$y(t) = b\sin(\omega t + \varphi) = \mathrm{Im}\bar{b}e^{j\omega t}, \quad y(t) = b\cos(\omega t + \varphi) = \mathrm{Re}\bar{b}e^{j\omega t} \tag{9-37}$$

式中，$\bar{b} = be^{j\varphi}$，b 为 $y(t)$ 的振荡幅值，φ 为输出与输入振荡的相位差。

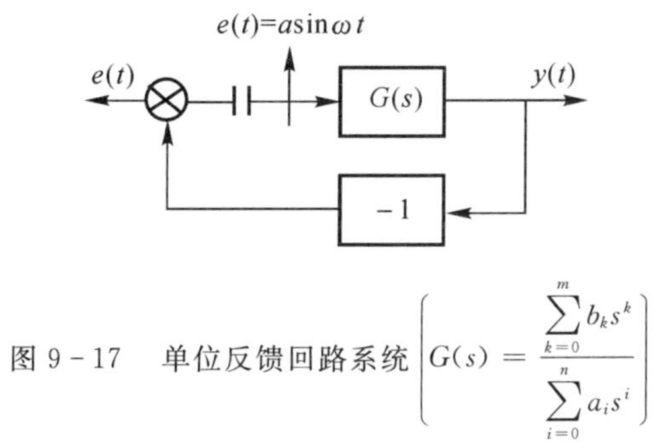

图 9-17　单位反馈回路系统 $\left(G(s) = \dfrac{\sum_{k=0}^{m} b_k s^k}{\sum_{i=0}^{n} a_i s^i}\right)$

注意到

$$a_i D^i \mathrm{Im}[\bar{b}e^{j\omega t}] = \mathrm{Im}[a_i (j\omega)^i \bar{b} e^{j\omega t}] \text{ 和 } b_k D^k \mathrm{Im}[a e^{j\omega t}] = \mathrm{Im}[b_k (j\omega)^k a e^{j\omega t}]$$

与

$$a_i D^i \mathrm{Re}[\bar{b}e^{j\omega t}] = \mathrm{Re}[a_i (j\omega)^i \bar{b} e^{j\omega t}] \text{ 和 } b_k D^k \mathrm{Re}[a e^{j\omega t}] = \mathrm{Re}[b_k (j\omega)^k a e^{j\omega t}]$$

且 $D = \frac{d}{dt}$。这样一来，得到

$$\left.\begin{aligned} \mathrm{Im}\left\{\left[\sum_{i=0}^{n} a_i (j\omega)^i\right]\bar{b} e^{j\omega t}\right\} = \mathrm{Im}\left\{\left[\sum_{k=0}^{m} b_k (j\omega)^k\right] a e^{j\omega t}\right\} \\ \mathrm{Re}\left\{\left[\sum_{i=0}^{n} a_i (j\omega)^i\right]\bar{b} e^{j\omega t}\right\} = \mathrm{Re}\left\{\left[\sum_{k=0}^{m} b_k (j\omega)^k\right] a e^{j\omega t}\right\} \end{aligned}\right\} \tag{9-38}$$

从而得到

$$\frac{\overline{b}}{a}=\frac{\left[\sum_{k=0}^{m}b_k\ (\mathrm{j}\omega)^k\right]}{\left[\sum_{i=0}^{n}a_i\ (\mathrm{j}\omega)^i\right]}=G(\mathrm{j}\omega) \tag{9-39}$$

$$\frac{b}{a}\mathrm{e}^{\mathrm{j}\varphi}=|G(\mathrm{j}\omega)|\,\mathrm{e}^{\mathrm{j}\mathrm{arc}G(\mathrm{j}\omega)} \tag{9-40}$$

即

$$\frac{b}{a}=|G(\mathrm{j}\omega)|,\varphi=\mathrm{arc}G(\mathrm{j}\omega) \tag{9-41}$$

这就是说,当 $s=\mathrm{j}\omega$ 时,开环系统传递函数的幅值等于此系统输出端强迫振荡的振幅与输入端正(余)弦振荡的幅值之比,而相位角则等于输出端强迫振荡对于输入端加入的正(余)弦振荡的相位差。对闭环传递函数也有相同的结论。

依据上述原理,确定线性系统频率特性的一般实验方法如下:在系统的输入端加入一个一定频率的正弦振荡信号,且在足以使自由振荡衰减完之后,测量输出的强迫振荡的振幅和它们对于输入振荡的相位差。再使输入信号为另外的一些频率重复这些测量,根据所得到的结果做出被研究系统的幅频特性 $A(\omega)=\frac{b}{a}$ 和相频特性 $\varphi(\omega)$。

在进行这种实验时,加在被研究系统输入端的振荡频率通常从零点几赫兹开始。产生这样稳定的低频正弦振荡在某些情况下是很困难的。在这种情况下,往往用矩形波振荡代替正弦波。前者可以比较简单和容易实现稳定振荡。

对于频率特性的实验,最初阶段是用模拟式的频率响应测试仪完成的,实验数据的记录和计算(如对数计算)都是以手工完成的。现代高性能的数字式频率响应测试仪,从正弦信号的生成、输出,振荡信号的输入,以及各种测量数据的收集、处理,完全由计算机软件完成。最终给出所需要的 Nyquist 图、Bode 图、Nichols 图和根轨迹图,以及完成用频率特性或时域特性表示的实际系统与典型系统的拟配。

对于开环频率特性的测试,利用频率响应测试仪完成时,有两种方法,一种是在开环状态下测试,如图 9-18(a)所示,由频率响应测试仪给出正弦信号和接收输出信号两条线便可完成。这对于开环系统中不存在不稳定环节来说是一种好方法。但是,对于开环系统中含有不稳定环节,如飞机放宽静稳定性后,短周期振荡模态变为正、负两个非周期运动模态。在开环状态情况下,不稳定的输出难以给出强迫振荡的恒定振幅,不能把强迫振荡和自由振荡分开。因此,对于具有不稳定环节的开环系统频率特性测试,必须在闭环状态测试开环系统频率特性。如图 9-18(b)所示,这种利用闭环测量开环频率特性的方法,频率响应测试仪必须在闭环状态下,由闭环系统输入口给出正弦信号,接收被测量环节的输出和输入信号,从而得到二者之间的幅值比和相位角差。这就是频率响应测试仪的三线测量法。由于闭环系统是稳定的,所以经过一段时间后,不稳定的环节便输出恒定幅值的强迫振荡分量。

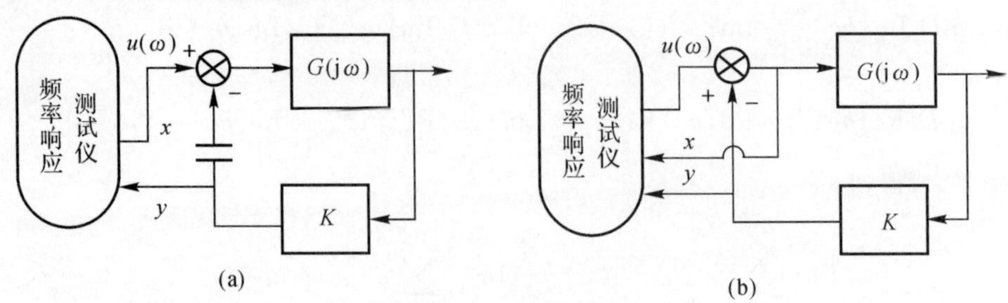

图 9-18 频率特性测试结构图

(a)双线测试; (b)三线测试

可以在一定的频率范围内实现飞机飞行控制系统开环频率特性测试，这个频率范围取决于开环系统各动态环节中最小和最大的截止频率。考虑到沉浮运动和螺旋运动低频截止频率，$\omega=0.1$ rad/s(对应大约60 s一个周期）的输入频率作为飞控系统开环频率特性测试的起始频率，是足够大的了。如果实验时间允许的话，10 min一个周期($\omega=10^{-2}$ rad/s）是适宜的。依据飞控系统中最高截止频率的动态环节是舵机回路或某些信号传感器，确定最高实验频率 $\omega=10^2$ rad/s是适宜的。

输入正弦信号幅值的确定，取决于飞控系统中任何非线性环节都应处于线性区段工作，因为任何频率特性指标是针对线性系统而言的，任何动态环节的非线性特性都会显著地影响它的频率特性的幅值或相位移。

频率响应测试仪还可用在飞机纵向和横侧向增稳、控制增稳和电传操纵系统等效系统参数拟配。为了便于把高阶系统等效为本体飞机的经典特性，需要一个专门的计算机程序。在目前阶段判断一种拟合方法是否合适，仍然是一种技术。任何一种方法都不应该不加工程判断而盲目地使用。当两条幅频曲线和相频曲线之间包含面积大小的度量是价函数时，使价函数达到极小值，便可找到一组最优的等效系统参数。价函数一种可能的选择是，在给定频率范围内，在频率的对数坐标轴上取等间隔点，以dB表示的增益误差的二次方和相位误差的二次方乘以合适加权系数作为价函数，在所采用的拟合程序中，输入频率从 $\omega=0.1\sim10$ rad/s范围内按对数频率等间隔取20个频率点，对于纵向和横侧向运动模态的拟配是合适的。电传操纵系统的试飞成功已经证明了这一点。

对于纵向控制增稳系统闭环频率特性与纵向等效系统

$$\frac{\omega_z}{F(s)}=\frac{K_{\omega_{ze}}(s+y_e^{\alpha})}{s^2+2\zeta_{se}\omega_{nse}s+\omega_{nse}^2}e^{-\tau_{\omega_{ze}}s} \tag{9-42}$$

拟合的Bode曲线的一个典型例子如图9-19所示。获得的等效系统参数：$\omega_{nse}=2.002$，$\zeta_{se}=0.721\,7$，$y_e^{\alpha}=0.533\,8$，$\tau_{\omega_{ze}}=0.061\,49$。

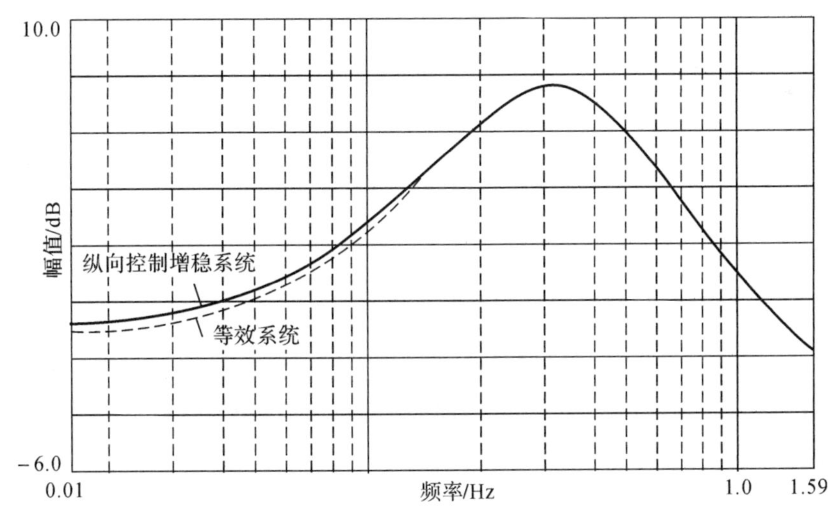

图9-19　纵向控制增稳闭环系统与纵向等效系统拟合的一个典型例子

由图9-18(a)不难看出，用双线法确定开环频率特性，除了反馈与输入综合处的－1以外，考虑了闭环系统的所有环节。因此比较方便的是开环系统的传递函 $G(s)$ 取为包括正向通路、反馈回路中所有环节，即闭合回路内所有环节传递函数的乘积，但不包括反馈信号与输入信号综合时的符号－1。然而，对于飞行控制系统而言，由于定义的飞机舵面效应（即控制系数 b_{ij}）为负值，因此在无论开环或是闭环频率响应测试时，必须在测量回路中乘以－1才对。

9.2　多变量控制系统的分析与设计概述

在多变量控制系统的分析与设计中，状态控制器结构的选择是最重要的。控制器结构选择的依据是以最小可能的代价完成控制任务。在控制器结构确定之后，再依据控制任务选择某种合适的控制器分析与设计的数学方法。

对一般控制系统来说，控制器的设计任务主要是对输出变量

$$\boldsymbol{y}(t)=\boldsymbol{C}\boldsymbol{x}(t)+\boldsymbol{D}\boldsymbol{u}(t) \tag{9-43}$$

提出的静、动态特性要求。而控制系统的输出变量 $\boldsymbol{y}(t)$ 是由数学模型

$$\dot{\boldsymbol{x}}(t)=\boldsymbol{A}\boldsymbol{x}(t)+\boldsymbol{B}\boldsymbol{u}(t)+\boldsymbol{E}\boldsymbol{z}(t);\quad \boldsymbol{x}(0)=\boldsymbol{x}_0 \tag{9-44}$$

确定的。动态特性要求主要包括系统稳定性、瞬态响应特性、抗干扰能力和灵敏度等；静(稳)态特性要求更确切地说是对控制精度的要求。对飞行控制系统而言，更具体的要求是：

1)寻求一种把输出变量从任意初始状态，以预先确定的固有特性恢复到原来给定状态的控制律，实现输出变量保持功能，这种控制律适用于抑制随机扰动。

2) 寻求一种通过控制信号把输出变量跟随一种规定的过程准确地送到一个期望的新量值上去的控制律，实现输出变量(包括状态变量)引导功能，并且，当受到外部扰动时，这种控制律应能使输出(状态)变量保持在引导的工作点上。

除去以上两个任务外，对于实际的工程还有许多技术上、经济上的限制，这就是说系统的设计代价应尽可能地减小；另外，人们对实际系统各个环节的了解总是有限的，即人对系统的描述与实际系统总是不一致的。理论计算结果的可靠性逼着控制系统必须具有鲁棒特性，这也是控制系统设计的重要任务。

这两种飞行控制系统控制律设计任务的完成，必须具有如下两方面的知识和经验。

1)具有丰富的控制理论、方法和经验，也就是具有诸如 PID 控制器前向控制、状态反馈等经典和现代控制技术方面的知识。本篇内容试图给出这方面的经验。

2)具有飞行动力学方面的理论、方法和经验，也就是对飞机飞行物理作用方面的了解。本书第二篇内容试图做到这方面的要求。

9.2.1　多变量控制系统设计方法概述

对上述两种控制律的设计可以用多种方法进行分析和设计，任何设计方法都有它的优点和缺点，必须针对不同的任务和控制器结构灵活运用这些方法，利用它的优点和避开它的缺点，才能立于不败之地，妥善地完成设计任务。

两种控制律和多种设计方法存在的前提条件是状态可控和可观。这是控制器结构的基本特性，许多重要的设计和综合方法都是以这类结构特性为依据而发展起来的。任何飞行控制系统必须能提供足够的体现可观性的观测变量和体现可控性的调节变量。应该指出，本书所述状态可观性和可控性是指各种文献、书籍中的系统完全可观性和系统完全可控性的简称，而可控性和可达性是等价的。

目前在现代控制理论和方法的研究中，既用到了状态空间法，如本书第二篇便利用空间方法分析了飞机动力学特性，又用到了传递函数矩阵方法，等等。本书借鉴并受益于这些分析和设计方法，提供一种设计方法——不变性解耦法。利用这种方法，不仅能够分析飞机动力学特性，如第二篇所述，还可有效地分析和设计飞行控制系统。之所以采用这种方法是由于飞机运动特性符合不变性解耦原理，飞行控制系统的各种任务中要求某些输出变量响应不变和某些输出变量应有单模态响应特性。

状态空间方法在揭示控制系统内部特性，建立严格的、易于计算机计算的控制综合算法方面起了重大作用，而且今后仍将继续发挥它的作用。但对工程设计而言，却常常不便于用来表述和研究诸如带宽、非最小相位特性等问题。

可以设计一个线性状态反馈调节器，无论是全状态还是输出状态反馈，采用常数反馈矩阵 $\boldsymbol{K}$，以获得期望的闭环极点位置。这对于抗干扰稳定性来说，无疑是有效的。然而，闭环响应还和零点有关，而零、极点位置与控制对象和反馈参数的关系一般是很复杂的。用放大器实现的常值反馈意味着具有较宽的频带，这将会导致噪声放大和高频不稳。极点配置可以做到使某些闭环极点对系统参数变化有较低的灵敏度，但带来较大的系统不确定性，增益有限的常数反馈不一定能奏效。然而，灵敏度小的极点在输出响应中的作用下不一定很大。因此极点配置方法在实际工程中，尤其在飞行控制系统设计中是不够理想的。

状态可控性和可观性概念对揭示系统特性无疑是极为重要的，但对工程设计问题不能如愿解决。实际的控制系统要求输出按给定的时间函数变化，但一个可控、可观系统，也许无论如何选择输入函数，也无法使输出与期望的时间函数相符合。

利用传递函数矩阵方法可以克服上述缺点。但是，传递函数矩阵不反映不可控和不可观的模态。一个有经验的工程设计者会把那么重要的和危险的变量特别注意，或者有意限制某些输出，使它们的变化被限制在允许范围内。不必担心在传递函数矩阵中零、极点的抵消，因为一对零、极点在参数变化范围内完全抵消的情况不是经常发生的。尤其对飞行控制系统来说，在全部传递函数中，某对零、极点都被抵消的情况不存在。然而，传递函数矩阵方法有它自身的缺点。首先它总涉及有理多项式矩阵的计算，它要求很复杂的算法，比状态空间法中的常数矩阵计算困难得多，当有时间延滞时更是如此。而且，开环传递函数矩阵的系数与闭环传递函数矩阵系数之间的关系也更加隐蔽和复杂，远不如状态空间法中表现出来的关系那样清晰。

因此，在实际控制工程的分析和综合中对各种系统分析、设计法应有更深入的研究，期望得到一个系统的、简单的算法，特别是参数不确定性较大时的设计方法。但是，对现有的各种系统分析、综合和设计方法应有足够的认识和了解，以便在新的方法中得以更好地借鉴。这样做会促进真正实用的控制系统设计方法的发展。理论研究和实践应用早已表明，许多有用的方法之间是有联系的，而且在许多问题上的研究尽管思路不同，但其结果是相互对应和一致的。

9.2.2　多变量系统控制对象的数学模型

1.控制对象的描述方程

能描述控制对象的一组最少阶数(n)的一阶微分方程和 l 个输出变量代数方程为

$$\dot{\boldsymbol{x}}=\boldsymbol{A}\boldsymbol{x}+\boldsymbol{B}\boldsymbol{u}+\boldsymbol{E}\boldsymbol{z},\quad \boldsymbol{y}=\boldsymbol{C}\boldsymbol{x}+\boldsymbol{D}\boldsymbol{u} \tag{9-45}$$

式中，$\boldsymbol{x}$ 为能描述控制对象的最少变量，称为状态向量，$\boldsymbol{x}\in\mathbf{R}^n$；$\boldsymbol{u}$ 为系统输入向量，$\boldsymbol{u}\in\mathbf{R}^m$；$\boldsymbol{y}$ 为输出向量，$\boldsymbol{y}\boldsymbol{E}^l$；$\boldsymbol{z}$ 为干扰变量，$\boldsymbol{z}\boldsymbol{E}^k$。系数矩阵包括 $\boldsymbol{A}\in\mathbf{R}^{n\times m}$，$\boldsymbol{B}\in\mathbf{R}^{n\times m}$，$\boldsymbol{C}\in\mathbf{R}^{l\times n}$，$\boldsymbol{D}\in\mathbf{R}^{l\times m}$，$\boldsymbol{E}\boldsymbol{E}^{n\times k}$。变量 $\boldsymbol{x},\boldsymbol{u},\boldsymbol{z},\boldsymbol{y}$ 都是时间的函数。$\det(s\boldsymbol{I}-\boldsymbol{A})$ 为 s 的 n 阶首 1 多项式，并由符号 $D(s)$ 表示，即

$$D(s)=\det(s\boldsymbol{I}-\boldsymbol{A}) \tag{9-46}$$

$D(s)=0$ 解出的根是状态变量系数矩阵 $\boldsymbol{A}$ 的特征值，称为由式(9-3)表示的系统极点。

2.控制对象的传递函数矩阵

对于一个 m 个输入 l 个输出的系统可用矩阵向量形式表示

$$\boldsymbol{y}(s)=\boldsymbol{G}(s)\boldsymbol{u}(s) \tag{9-47}$$

定义初始条件为零时输出、输入变量拉普拉斯变换之比，即矩阵 $\boldsymbol{G}(s)$ 为传递函数矩阵：

$$\boldsymbol{G}(s)=[g_{ij}(s)] \tag{9-48}$$

并很容易地由式(9-3)得到

$$\boldsymbol{G}(s)=\boldsymbol{C}\,[s\boldsymbol{I}-\boldsymbol{A}]^{-1}\boldsymbol{B}+\boldsymbol{D} \tag{9-49}$$

此时 $\boldsymbol{G}(s)$ 的元素为

$$\boldsymbol{g}_{ij}(s)=\boldsymbol{c}_i\,[s\boldsymbol{I}-\boldsymbol{A}]^{-1}\boldsymbol{b}_j+d_{ij} \tag{9-50}$$

式中，$\boldsymbol{c}_i$ 为 $\boldsymbol{C}$ 的第 i 行；$\boldsymbol{b}_j$ 为 $\boldsymbol{B}$ 的第 j 行；$\boldsymbol{g}_{ij}$ 表示第 i 个输出变量对第 j 个输入变量的传递函数，还可由下式表示

$$\boldsymbol{g}_{ij}(s)=\det\begin{bmatrix}s\boldsymbol{I}-\boldsymbol{A} & \boldsymbol{b}_j\\ -\boldsymbol{c}_i & d_{ij}\end{bmatrix}\div\boldsymbol{D}(s) \tag{9-51}$$

通常，$g_{ij}(s)$ 中的分母多项式的 s 阶次都高于分子多项式 s 阶次，因此当 $s\to\infty$ 时，在 $D=0$ 的情况下，$\boldsymbol{G}(s)\to 0$。这种系统称为严格真系统（或严格正则系统）；若 $\boldsymbol{G}(s)$ 中至少有一个 $g_{ij}(s)$ 的分母、分子多项式的 s 阶次相等，即 $s\to 0$ 时，$\boldsymbol{G}(s)\to\boldsymbol{D}$，此系统称为真的（或正则的）。另外，系统中可能有迟滞环节，特别是由实验求取传递函数时，常把高阶环节由延滞环节代替，即具有高频环节的传递函数，常用低阶环节加纯延滞环节来近似，在此情况下，系统的传递函数除 $g_{ij}(s)$ 外还包含一个 $e^{-\tau_{ij}s}$ 因子。对于具有控制器的飞机来说，控制器的高频环节，使飞机运动变量的传递函数附加一个纯延滞因子 $e^{-\tau_{ij}s}$。

由特征多项式表示的 $D(s)$ 可由下式描述：

$$D(s)=\det[s\boldsymbol{I}-\boldsymbol{A}]=\det[s\boldsymbol{I}-\boldsymbol{\Lambda}]=\prod_{i=1}^{n}(s-\lambda_i)=a_n s^n+a_{n-1}s^{n-1}+\cdots+a_0 \tag{9-52}$$

其中，$a_n=1$。由于

$$[s\boldsymbol{I}-\boldsymbol{A}]^{-1}=\frac{\mathrm{adj}[s\boldsymbol{I}-\boldsymbol{A}]}{\det[s\boldsymbol{I}-\boldsymbol{A}]} \tag{9-53}$$

可用 Faddeev 展开式表示伴随矩阵，即

$$\mathrm{adj}[s\boldsymbol{I}-\boldsymbol{A}]=D(s)\,[s\boldsymbol{I}-\boldsymbol{A}]^{-1}=\boldsymbol{R}_n s^{n-1}+\boldsymbol{R}_{n-1}s^{n-2}+\cdots+\boldsymbol{R}_2 s+\boldsymbol{R}_1 \tag{9-54}$$

式中，$\boldsymbol{R}_i(i=0,1,\cdots n)$ 均为 $n\times n$ 阶常数矩阵。这就是说，当 $D=0$ 时，由多项式表示的传递函数 g_{ij} 的最高 s 阶次为 $n-1$，因为 $\boldsymbol{b}_i$，$\boldsymbol{c}_i$ 为常数向量。

伴随矩阵多项式中各系数矩阵的关系为

$$\boldsymbol{R}_k=\boldsymbol{A}\boldsymbol{R}_{k+1}+a_k\boldsymbol{I},\quad k=0,1\cdots,n-1 \tag{9-55}$$

且 $\boldsymbol{R}_n=\boldsymbol{I}$。这是由式(9-54)等号两边同乘以$[s\boldsymbol{I}-\boldsymbol{A}]$得到的。此时，

$$D(s)\boldsymbol{I}=\boldsymbol{R}_n s^n+(\boldsymbol{R}_{n-1}-\boldsymbol{A}\boldsymbol{R}_n)s^{n-1}+\cdots+(\boldsymbol{R}_2-\boldsymbol{A}\boldsymbol{R}_3)s^2+(\boldsymbol{R}_1-\boldsymbol{A}\boldsymbol{R}_2)s-\boldsymbol{A}\boldsymbol{R}_1 \tag{9-56}$$

与 $D(s)$ 展开式(9-52)比较，s 的同次幂系数应该相等，得到

$$\left.\begin{aligned}
&\boldsymbol{R}_n=a_n\boldsymbol{I}=\boldsymbol{I}\\
&\boldsymbol{R}_{n-1}=\boldsymbol{A}\boldsymbol{R}_n-a_{n-1}\boldsymbol{I}=\boldsymbol{A}+a_{n-1}\boldsymbol{I}\\
&\boldsymbol{R}_{n-2}=\boldsymbol{A}\boldsymbol{R}_{n-1}-a_{n-2}\boldsymbol{I}=\boldsymbol{A}^2+a_{n-1}\boldsymbol{A}+a_{n-2}\boldsymbol{I}\\
&\cdots\cdots\\
&\boldsymbol{R}_2=\boldsymbol{A}\boldsymbol{R}_3+a_2\boldsymbol{I}=\boldsymbol{A}^{n-2}+a_{n-1}\boldsymbol{A}^{n-3}+a_{n-2}\boldsymbol{A}^{n-4}+\cdots+a_2\boldsymbol{I}\\
&\boldsymbol{R}_1=\boldsymbol{A}\boldsymbol{R}_2+a_1\boldsymbol{I}=\boldsymbol{A}^{n-1}+a_{n-1}\boldsymbol{A}^{n-2}+a_{n-2}\boldsymbol{A}^{n-3}+\cdots+a_1\boldsymbol{I}\\
&\boldsymbol{R}_0=\boldsymbol{A}\boldsymbol{R}_1+a_0\boldsymbol{I}=\boldsymbol{A}^n+a_{n-1}\boldsymbol{A}^{n-1}+a_{n-2}\boldsymbol{A}^{n-2}+\cdots+a_0\boldsymbol{I}=0
\end{aligned}\right\} \tag{9-57}$$

将式(9-53)代入式(9-50)得到 $G(s)$ 的元素

$$g_{ij}(s)=\frac{1}{D(s)}\{\boldsymbol{c}_i\mathrm{adj}[s\boldsymbol{I}-\boldsymbol{A}]\boldsymbol{b}_j\}+D_{ij} \tag{9-58}$$

将式(9-54)代入式(9-58)，得到

$$g_{ij}(s)=\frac{1}{D(s)}\left\{\boldsymbol{c}_i\left[\sum_{k=0}^{n-1}R_{k+1}s^k\right]\boldsymbol{b}_j\right\}+D_{ij} \tag{9-59}$$

将式(9-55)代入式(9-59)，最终得到 $G(s)$ 的元素

$$g_{ij}(s)=\frac{1}{D(s)}\left\{\boldsymbol{c}_i\left[\sum_{k=0}^{n-2}(\boldsymbol{A}\boldsymbol{R}_{k+2}+a_{k+1}\boldsymbol{I})s^k+s^{n-1}\boldsymbol{R}_n\right]\boldsymbol{b}_j\right\}+D_{ij} \tag{9-60}$$

当 $g_{ij}(s)$ 的分子、分母用 s 多项式表示时

$$g_{ij}(s)=\frac{B_{n-1}s^{n-1}+B_{n-2}s^{n-2}+\cdots+B_1 s+B_0}{s^n+a_{n-1}s^{n-1}+\cdots+a_1 s+a_0}+D_{ij} \tag{9-61}$$

式中，a_i，$B_j(i=0,1,\cdots n-1;j=0,1,\cdots,n-1)$ 分别是

$$\det[s\boldsymbol{I}-\boldsymbol{A}]=D(s)=s^n+a_{n-1}s^{n-1}+\cdots+a_1s+a_0 \tag{9-62}$$

$$\boldsymbol{c}_i\left[\sum_{k=0}^{n-2}(\boldsymbol{A}\boldsymbol{R}_{k+2}+a_{k+1}\boldsymbol{I})s^k+s^{n-1}R_n\right]\boldsymbol{b}_j=B_{n-1}s^{n-1}+B_{n-2}s^{n-2}+\cdots+B_1s+B_0 \tag{9-63}$$

按 s 次幂展开式的系数。

有多种代数方程求根法，都可按式(9-62)恒等于零和式(9-63)恒等于零分别获得系统极点和零点的近似值。系统极点就是矩阵 $\boldsymbol{A}$ 的特征值。

3. 左、右特征矩阵的另一种表达式

在第二篇中对特征向量给出定义和表达式。当状态矩阵 $\boldsymbol{A}$ 有不同的特征值 $\lambda_i(i=1,2,\cdots,n)$ 时，存在线性无关的右特征向量 $\boldsymbol{p}_i$ 和左特征向量 $\boldsymbol{r}_i(i=1,2,\cdots,n)$。如果令

$$\left.\begin{aligned}\boldsymbol{P}&=[\boldsymbol{p}_1\quad \boldsymbol{p}_2\quad \cdots\quad \boldsymbol{p}_n]\\ \boldsymbol{R}&=[\boldsymbol{r}_1\quad \boldsymbol{r}_2\quad \cdots\quad \boldsymbol{r}_n]^{\mathrm{T}}\end{aligned}\right\} \tag{9-64}$$

表示控制对象右、左特征(模态)矩阵时，那么存在

$$\boldsymbol{P}^{-1}=\boldsymbol{R},\quad \boldsymbol{R}^{-1}=\boldsymbol{P} \tag{9-65}$$

$$\boldsymbol{R}(\lambda\boldsymbol{I}-\boldsymbol{A})=0,\quad (\lambda\boldsymbol{I}-\boldsymbol{A})\boldsymbol{P}=\boldsymbol{0} \tag{9-66}$$

$$\boldsymbol{R}\boldsymbol{A}\boldsymbol{P}=\boldsymbol{\Lambda}=\mathrm{diag}\{\lambda_i\},\quad \boldsymbol{P}\boldsymbol{\Lambda}\boldsymbol{R}=\boldsymbol{A} \tag{9-67}$$

因而传递函数矩阵

$$\boldsymbol{G}(s)=\boldsymbol{C}(s\boldsymbol{I}-\boldsymbol{A})^{-1}\boldsymbol{B}=\boldsymbol{C}\boldsymbol{P}(s\boldsymbol{I}-\boldsymbol{\Lambda})^{-1}\boldsymbol{R}\boldsymbol{B}=\sum_{i=1}^{n}\frac{1}{s-\lambda_i}\boldsymbol{C}\boldsymbol{p}_i\boldsymbol{r}_i\boldsymbol{B} \tag{9-68}$$

依据第二篇所述特征向量与 $\mathrm{adj}[s\boldsymbol{I}-\boldsymbol{A}]$ 的关系，由式(9-54)得到右、左特征向量矩阵的另一表达式

$$\boldsymbol{P}=\left[\sum_{k=0}^{n-1}R_{k+1}\,\mathrm{diag}(\lambda_1^k,\lambda_2^k,\cdots,\lambda_n^k)\right]\left[\sum_{k=0}^{n-1}\mathrm{diag}(r_{k11}\lambda_1^k,r_{k22}\lambda_2^k,\cdots,r_{knn}\lambda_n^k)\right]^{-1} \tag{9-69}$$

$$\boldsymbol{R}=\begin{bmatrix}\left.\dfrac{\mathrm{d}D(s)}{\mathrm{d}s}\right|_{s=\lambda_1} & & \boldsymbol{0}\\ & \ddots & \\ \boldsymbol{0} & & \left.\dfrac{\mathrm{d}D(s)}{\mathrm{d}s}\right|_{s=\lambda_n}\end{bmatrix}^{-1}\left[\sum_{k=0}^{n-1}\mathrm{diag}(\lambda_1^k,\lambda_2^k,\cdots,\lambda_n^k)\boldsymbol{R}_{k+1}\right] \tag{9-70}$$

式中，r_{kii} 为 $\boldsymbol{R}_{k+1}$ 主对角线上的元素，$i=1,2,\cdots,n$，$\boldsymbol{R}_{k+1}$ 由式(9-57)表示，且 $k=0,1,\cdots,n-1$。

9.2.3　多变量系统的分析

9.2.3.1　多变量系统的可控性与可观性

由于多变量控制系统的输入、输出变量较多，内部联系较为复杂，往往不能像 SISO 系统那样单独依靠传递函数进行分析和设计。对于 MIMO 系统一般要利用控制对象的各种数学描述方法和经过多种形式的分析才能揭示系统内部特性。在第二篇中，主要是利用空间法对飞行动力学特性进行了比较详细的分析，揭示了飞机运动的许多内部特性。在本节试图利用各种多变量系统分析法对多变量系统的基本特性实施一般性的分析。

多变量控制系统的最基本的结构特性如下：

1)系统具有完全的可观测性，这就意味着描述系统运动的状态变量在整个控制过程中能提供全部信息，用于全部控制过程中。

2)系统具有完全可控性，也就是说，给定的已有的调节变量可相互独立和任意影响所有状态变量。

许多有用的设计和综合方法也是以这类结构特性为依据发展起来的。

和 SISO 系统一样，MIMO 系统的极点和零点在系统分析和设计中也起着十分重要的作用，尽管它们的

求取和应用要复杂得多。

不管是 SISO 系统或是 MIMO 系统，稳定性是系统首先必须满足的。在反馈系统分析和设计中往往依靠开环系统特性和反馈结构分析，判断闭环系统的稳定性。对于 MIMO 系统有许多稳定性判据。

另外，一个多变量系统除能满足输入、输出响应特性要求外，还应当具有较强的抗干扰性和鲁棒性，甚至于在部分控制回路失效的情况下，仍能按最低要求工作。

通过利用状态可控矩阵是否满秩来判断系统是否可控，即状态完全可控的充要条件是

$$\mathrm{rank}[\boldsymbol{B},\quad \boldsymbol{AB},\quad \boldsymbol{A}^2\boldsymbol{B},\quad \cdots,\quad \boldsymbol{A}^{n-1}\boldsymbol{B}]=n \tag{9-71}$$

同样，可观性是通过可观性矩阵是否满秩来判断，即系统状态完全可观的充要条件是

$$\mathrm{rank}\begin{bmatrix}\boldsymbol{C}\\ \boldsymbol{CA}\\ \boldsymbol{CA}^2\\ \vdots\\ \boldsymbol{CA}^{n-1}\end{bmatrix}=n \tag{9-72}$$

然而，在实际控制工程中，人们最喜欢的是振型可控判据。如果矩阵 $\boldsymbol{A}$ 的特征值互不相同，那么 $\boldsymbol{A}$ 的特征向量也不相同，特征向量所构成的特征矩阵才能存在逆阵，当不考虑初始条件影响时，$\boldsymbol{x}(t)$ 可由下式描述：

$$\boldsymbol{x}(t)=\boldsymbol{P}\mathrm{e}^{\boldsymbol{\Lambda}t}\boldsymbol{RBu}(t) \tag{9-73}$$

如果对应某一振型 $\mathrm{e}^{\lambda_k t}$ 的行向量 $\boldsymbol{R}_k\boldsymbol{B}$ 的各元素全为零，那么该振型就不能由任意的输入来控制。因此，振型可控的充要条件是：当 $\boldsymbol{A}$ 的特征向量不同时，$\boldsymbol{RB}$ 没有一行元素都为零。

还可以推导完全可观测充要条件的另一种形式。对于一个没有外作用的系统输出为

$$\boldsymbol{y}(t)=\boldsymbol{Cx}(0) \tag{9-74}$$

且当 $\boldsymbol{x}=\boldsymbol{Pz}$ 时，得到

$$\left.\begin{aligned}\dot{\boldsymbol{z}}&=\boldsymbol{P}^{-1}\boldsymbol{AWz}=\boldsymbol{\Lambda z}\\ \boldsymbol{y}&=\boldsymbol{CPz}\end{aligned}\right\} \tag{9-75}$$

那么式(9-74)便可改写为

$$\boldsymbol{y}(t)=\boldsymbol{CP}\mathrm{e}^{\boldsymbol{\Lambda}t}\boldsymbol{z}(0) \tag{9-76}$$

即

$$\boldsymbol{y}(t)=\boldsymbol{CP}\begin{bmatrix}\mathrm{e}^{\lambda_1 t} & & \boldsymbol{0}\\ & \ddots & \\ \boldsymbol{0} & & \mathrm{e}^{\lambda_n t}\end{bmatrix}\boldsymbol{z}(0)=\boldsymbol{CP}\begin{bmatrix}\mathrm{e}^{\lambda_1 t}z_1(0)\\ \vdots\\ \mathrm{e}^{\lambda_n t}z_n(0)\end{bmatrix} \tag{9-77}$$

这样一来，便可得到完全可观性的充要条件是，如果 $l\times n$ 阶矩阵 $\boldsymbol{CP}$ 对应某一振型的任一列中都不包含全为零的元素，那么系统便是完全可观的。

依据第二篇第 4 章中对于 $\boldsymbol{R}$,$\boldsymbol{P}$ 给出的表达式，可以得到另一种形式的振型可控性和可观性充要条件。当 $\boldsymbol{A}$ 的特征值互不相同时，

$$\begin{bmatrix}D_{1j}(\lambda_1) & \cdots & D_{nj}(\lambda_1)\\ \vdots & & \vdots\\ D_{1j}(\lambda_n) & \cdots & D_{nj}(\lambda_n)\end{bmatrix}\boldsymbol{B}\quad \text{或者}\quad \begin{bmatrix}D_{11}(\lambda_1) & \cdots & D_{n1}(\lambda_1)\\ \vdots & & \vdots\\ D_{1n}(\lambda_n) & \cdots & D_{nn}(\lambda_n)\end{bmatrix}\boldsymbol{B}$$

没有一行所有元素都为零时，则系统是完全可控的。前者是 $\mathrm{adj}[s\boldsymbol{I}-\boldsymbol{A}]$ 任意 j 行向量，且 s 分别代以 $\lambda_1,\cdots,\lambda_n$ 构成的矩阵右乘以 $\boldsymbol{B}$；后者是 $\mathrm{adj}[s\boldsymbol{I}-\boldsymbol{A}]$ 中按行序列，分别代以 $\lambda_1,\cdots,\lambda_n$ 构成的矩阵右乘以 $\boldsymbol{B}$。同样，在 $\boldsymbol{A}$ 的特征值互不相同的情况下，

$$\boldsymbol{C}\begin{bmatrix}D_{11}(\lambda_1) & \cdots & D_{n1}(\lambda_n)\\ \vdots & & \vdots\\ D_{1n}(\lambda_1) & \cdots & D_{nn}(\lambda_n)\end{bmatrix}\quad \text{或者}\quad \boldsymbol{C}\begin{bmatrix}D_{i1}(\lambda_1) & \cdots & D_{i1}(\lambda_n)\\ \vdots & & \vdots\\ D_{in}(\lambda_1) & \cdots & D_{in}(\lambda_n)\end{bmatrix}$$

的任一列中都不包含全为零的元素，那么系统便是完全可观的。

可控性、可观性条件可以用传递函数零极点对消的概念描述。多变量系统的传递函数矩阵为

$$\boldsymbol{G}(s)=\frac{\boldsymbol{C}\mathrm{adj}[s\boldsymbol{I}-\boldsymbol{A}]\boldsymbol{B}}{\det[s\boldsymbol{I}-\boldsymbol{A}]}=\frac{1}{\boldsymbol{D}(s)}\boldsymbol{C}\begin{bmatrix}D_{11}(s) & \cdots & D_{n1}(s)\\ \vdots & & \vdots\\ D_{1n}(s) & \cdots & D_{nn}(s)\end{bmatrix}\boldsymbol{B} \tag{9-78}$$

当所有输入变量为单位脉冲时，输出变量的响应特性可由下式表示：

$$y(t)=\sum_{l=1}^{n}\left\{\frac{\boldsymbol{C}\mathrm{adj}[\lambda_l\boldsymbol{I}-\boldsymbol{A}]\boldsymbol{B}}{\dfrac{\mathrm{d}}{\mathrm{d}s}D(s)\mid_{s=\lambda_l}}\mathrm{e}^{\lambda_l t}\right\} \tag{9-79}$$

当 λ_l 为系统 $\boldsymbol{A}$ 的任一个特征值时，由特征方程式(4-10)得到

$$\frac{D_{ik}(\lambda_l)}{D_{ij}(\lambda_l)}=\frac{D_{pk}(\lambda_l)}{D_{pj}(\lambda_l)} \tag{9-80}$$

考虑到等比公式和 $\boldsymbol{B}=[\boldsymbol{b}_1\quad \boldsymbol{b}_2\quad\cdots\quad \boldsymbol{b}_n]^{\mathrm{T}}$ 时，得到

$$\frac{D_{1k}(\lambda_l)}{D_{1j}(\lambda_l)}=\cdots=\frac{D_{ik}(\lambda_l)}{D_{ij}(\lambda_l)}=\cdots=\frac{D_{nk}(\lambda_l)}{D_{nj}(\lambda_l)}=\frac{\sum\limits_{p=1}^{n}D_{pk}(\lambda_l)b_p}{\sum\limits_{p=1}^{n}D_{pj}(\lambda_l)b_p} \tag{9-81}$$

式中，i，j，k 分别为 $1,\cdots,n$ 中任意数值。从而得到

$$\mathrm{adj}[\lambda_l\boldsymbol{I}-\boldsymbol{A}]=\begin{bmatrix}D_{11}(\lambda_l) & \cdots & D_{n1}(\lambda_l)\\ \vdots & & \vdots\\ D_{1n}(\lambda_l) & \cdots & D_{nn}(\lambda_l)\end{bmatrix}=\frac{1}{D_{ij}(\lambda_l)}\begin{bmatrix}D_{i1}(\lambda_l)\\ \vdots\\ D_{in}(\lambda_l)\end{bmatrix}[D_{1j}(\lambda_l)\quad D_{2j}(\lambda_l)\quad\cdots\quad D_{nj}(\lambda_l)]$$

$$(i=1,\ \cdots,\ n) \tag{9-82}$$

这就是说，将 $\boldsymbol{A}$ 的任一特征值 λ_l 代入 $\boldsymbol{A}$ 的伴随阵 $\mathrm{adj}[s\boldsymbol{I}-\boldsymbol{A}]$ 中 s，$\mathrm{adj}[\lambda_l\boldsymbol{I}-\boldsymbol{A}]$ 便可分解为对应特征值 λ_l 的左、右两个特征向量的乘积。如果某一振型 $\mathrm{e}^{\lambda_l t}$ 不可控或不可观，即

$$[D_{1j}(\lambda_l)\quad D_{2j}(\lambda_l)\quad\cdots\quad D_{nj}(\lambda_l)]\boldsymbol{B}=\boldsymbol{0}\quad 或者\quad \boldsymbol{C}[D_{i1}(\lambda_l)\quad D_{i2}(\lambda_l)\quad\cdots\quad D_{in}(\lambda_l)]^{\mathrm{T}}=\boldsymbol{0} \tag{9-83}$$

时，得到

$$\boldsymbol{C}\mathrm{adj}[\lambda_l\boldsymbol{I}-\boldsymbol{A}]\boldsymbol{B}=\boldsymbol{C}\begin{bmatrix}D_{11}(\lambda_l) & \cdots & D_{n1}(\lambda_l)\\ \vdots & & \vdots\\ D_{1n}(\lambda_l) & \cdots & D_{nn}(\lambda_l)\end{bmatrix}\boldsymbol{B}=\boldsymbol{0} \tag{9-84}$$

这就是说，如果系统的某一振型 $\mathrm{e}^{\lambda_l t}$ 不可控或不可观，则系统的传递矩阵中所有 $l\times m$ 个传递函数都含有一个零点 z_l 与特征值 λ_l 相等。显然，如果 λ_l 是复数，那么还存在一个零点是 z_l 的共轭复数，等于另一个与 λ_l 共轭的特征值。

将式(9-54)中 s 代入 λ_l，得到

$$\boldsymbol{C}\mathrm{adj}[\lambda_l\boldsymbol{I}-\boldsymbol{A}]\boldsymbol{B}=\boldsymbol{C}(\boldsymbol{R}_n\lambda_l^{n-1}+\boldsymbol{R}_{n-2}\lambda_l^{n-2}+\cdots+\boldsymbol{R}_2\lambda_l+\boldsymbol{R}_1)\boldsymbol{B} \tag{9-85}$$

式(9-85)可以化为两种形式表征，分别由式(9-86)和式(9-87)表示：

$$\boldsymbol{C}\mathrm{adj}[\lambda_l\boldsymbol{I}-\boldsymbol{A}]\boldsymbol{B}=\boldsymbol{C}[\boldsymbol{R}_n\boldsymbol{B}\quad \boldsymbol{R}_{n-1}\boldsymbol{B}\quad\cdots\quad \boldsymbol{R}_2\boldsymbol{B}\quad \boldsymbol{R}_1\boldsymbol{B}][\lambda_l^{n-1}\quad \lambda_l^{n-2}\quad\cdots\quad \lambda_l 1]^{\mathrm{T}} \tag{9-86}$$

$$\boldsymbol{C}\mathrm{adj}[\lambda_l\boldsymbol{I}-\boldsymbol{A}]\boldsymbol{B}=[\lambda_l^{n-1}\quad \lambda_l^{n-2}\quad\cdots\quad \lambda_l 1][\boldsymbol{C}\boldsymbol{R}_n\quad \boldsymbol{C}\boldsymbol{R}_{n-1}\quad\cdots\quad \boldsymbol{C}\boldsymbol{R}_2\quad \boldsymbol{C}\boldsymbol{R}_1]^{\mathrm{T}}\boldsymbol{B} \tag{9-87}$$

可见，系统可控性和可观性的另一种充要条件是

$$\mathrm{rank}[\boldsymbol{R}_n\boldsymbol{B}\quad \boldsymbol{R}_{n-1}\boldsymbol{B}\quad\cdots\quad \boldsymbol{R}_2\boldsymbol{B}\quad \boldsymbol{R}_1\boldsymbol{B}]=n,\quad \mathrm{rank}[\boldsymbol{C}\boldsymbol{R}_n\quad \boldsymbol{C}\boldsymbol{R}_{n-1}\quad\cdots\quad \boldsymbol{C}\boldsymbol{R}_2\quad \boldsymbol{C}\boldsymbol{R}_1]^{\mathrm{T}}=n \tag{9-88}$$

考虑到 $\boldsymbol{R}_i$ 的表达式(9-57)以及初等变换不改变矩阵的秩，得到系统可控性、可观性的充要条件分别与式(9-71)、式(9-72)相同。这便进一步证明了，系统振型可控性和可观性与系统状态可控性和可观性是一致的，而且在全部传递函数中不存在相同的任何一对相等的零极点。

如果振型不可控或者不可观，系统输出对全部输入的传递函数存在相同的零极点偶，使全部传递函数得到简化。然而，这是人们不希望的，因为与这个极点对应的振型不出现在任何输出响应中，所以无法用反馈技术改变这个极点的大小。一旦它在某种干扰响应中出现，如果是恶劣影响，那将不能容忍。

对于飞机飞行控制系统，输出对全部输入的传递函数中，同样不允许存在相同零极点偶，但是对于某个(些)输出变量对某个(些)输入变量的响应中要求不存在某个(些)振型，甚至于期望不存在任何振型分量，零输出响应为最好。如滚转操纵中，应尽量减小滚转速率和滚转角响应中的荷兰滚振型分量和侧滑角响应中的幅值。前者要求 ω_x 和 γ 对 δ_x 的传递函数的分子含有一对复零点与荷兰滚复极点近似相等，后者要求 β 对 δ_x 传递函数的分子为零，即输入变量 δ_x 对状态变量 β"完全"不可控。从第二篇第 2 章对飞机横侧向动力学特性分析可知，δ_x 对 β 响应的"完全"不可控和 δ_x 对 ω_x，γ 响应中荷兰滚振型不可控是一致的，如果能实现 δ_x 对 β 响应"完全"不可控，那么便能实现 δ_x 对 ω_x，γ 响应中荷兰滚振型不可控。

9.2.3.2 多变量系统的稳定性

一种最简单的多变量反馈闭环系统方块图如图 9-20 所示。当由 a 点观察回路时，得到

$$\boldsymbol{y}(s)=\boldsymbol{G}(s)\boldsymbol{e}(s),\quad \boldsymbol{e}(s)=\boldsymbol{u}(s)-\boldsymbol{F}(s)\boldsymbol{y}(s) \tag{9-89}$$

和闭环回路的传递函数矩阵为

$$\boldsymbol{H}(s)=[\boldsymbol{I}+\boldsymbol{G}(s)\boldsymbol{F}(s)]^{-1}\boldsymbol{G}(s) \tag{9-90}$$

当由 b 点观察回路时，得到

$$\boldsymbol{e}(s)=[\boldsymbol{I}+\boldsymbol{F}(s)\boldsymbol{G}(s)]^{-1}\boldsymbol{u}(s) \tag{9-91}$$

从而得到闭环回路传递函数矩阵

$$\boldsymbol{H}(s)=\boldsymbol{G}(s)\ [\boldsymbol{I}+\boldsymbol{F}(s)\boldsymbol{G}(s)]^{-1} \tag{9-92}$$

1. 多变量状态反馈的传递函数矩阵

由($\boldsymbol{ABC}$)状态空间方程表示的反馈闭环系统如图 9-21 所示。图中 K 为调节器交联控制器。当 $\boldsymbol{x}(s)$ 为 n 阶状态变量，$\boldsymbol{y}(s)$ 为 l 阶输出变量，$\boldsymbol{u}(s)$ 为 m 阶输入变量时，$\boldsymbol{A}$ 为 $n\times n$ 阶矩阵，$\boldsymbol{B}$ 为 $n\times m$ 阶矩阵，$\boldsymbol{K}$ 为 $m\times m$ 阶矩阵，$\boldsymbol{C}$ 为 $l\times n$ 阶矩阵，由图 9-21 得到

$$\left.\begin{aligned}&\boldsymbol{x}(s)=[s\boldsymbol{I}-\boldsymbol{A}]^{-1}\boldsymbol{BKu}(s),\quad \boldsymbol{u}(s)=\boldsymbol{u}_c(s)-\boldsymbol{Fx}(s)\\&[s\boldsymbol{I}-\boldsymbol{A}+\boldsymbol{BKF}]\boldsymbol{x}(s)=\boldsymbol{BKu}_c(s)\end{aligned}\right\} \tag{9-93}$$

从而得到状态反馈闭环系统的传递函数矩阵

$$\frac{\boldsymbol{y}(s)}{\boldsymbol{u}_c(s)}=\boldsymbol{H}(s)=\boldsymbol{C}\ [s\boldsymbol{I}-\boldsymbol{A}+\boldsymbol{BKF}]^{-1}\boldsymbol{BK} \tag{9-94}$$

$$\boldsymbol{H}(s)=\boldsymbol{C}\ [s\boldsymbol{I}-\boldsymbol{A}']^{-1}\boldsymbol{B}' \tag{9-95}$$

式中，$\boldsymbol{A}'=\boldsymbol{A}-\boldsymbol{BK}$，$\boldsymbol{B}'=\boldsymbol{BK}$。当 $\det[s\boldsymbol{I}-\boldsymbol{A}']=\boldsymbol{D}'(s)$ 时，得到状态反馈系统闭环传递函数矩阵

$$\boldsymbol{H}(s)=\frac{\boldsymbol{C}\mathrm{adj}[s\boldsymbol{I}-\boldsymbol{A}']}{\det[s\boldsymbol{I}-\boldsymbol{A}']}=\frac{1}{D'(s)}\boldsymbol{C}\begin{bmatrix}D'_{11}(s)&\cdots&D'_{n1}(s)\\\vdots&&\vdots\\D'_{1n}(s)&\cdots&D'_{nn}(s)\end{bmatrix}\boldsymbol{B}' \tag{9-96}$$

式中，$D'(s)=\det[s\boldsymbol{I}-\boldsymbol{A}']$；$D'_{ij}(s)$ 为 $D'(s)$ 的代数余子式。

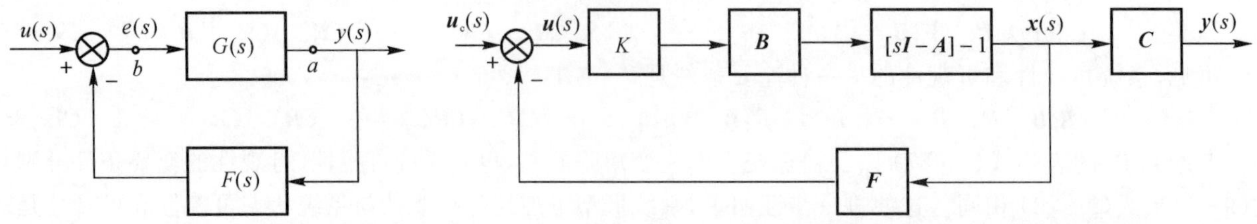

图 9-20 多变量反馈闭环系统方块图　　图 9-21 由状态空间法描述的状态反馈闭环系统结构图

2. 多变量闭环系统的稳定性

对于多变量闭环系统的稳定性分析也可应用 H. Nyquist 判别法。如图 9-20 所示，当

$$\boldsymbol{G}'(s)=\boldsymbol{F}(s)\boldsymbol{G}(s) \tag{9-97}$$

代表开环传递函数矩阵时，将 $s=\mathrm{j}\omega$ 代入各元素中，在复平面上按矩阵方程

$$\boldsymbol{G}'(\mathrm{j}\omega)=\mathrm{Re}\boldsymbol{G}'(\mathrm{j}\omega)+\mathrm{j}\mathrm{Im}\boldsymbol{G}'(\mathrm{j}\omega) \tag{9-98}$$

可以绘制 $\omega\to-\infty$ 过 $\omega=0$ 到 $\omega\to+\infty$ 变化的开环频率特性曲线。当 $\boldsymbol{e}(s)$ 为 m 维调节器变量和 $\boldsymbol{G}(s)$ 为 $l\times m$ 阶时，那么 $\boldsymbol{G}'(s)$ 为 $m\times m$ 阶。因此，由 $\boldsymbol{G}'(\mathrm{j}\omega)$ 决定的开环频率特性曲线有 m 条，由这些条曲线决定的多变量闭环系统的稳定判据如下：

以点$(-1,\mathrm{j}0)$为射线起始点，以 $\boldsymbol{G}'(\mathrm{j}\omega)$ 的 m 条频率特性曲线上任一点为射线终点，按 ω 增加的方向（即 ω 从 $-\infty$ 到 $+\infty$）在 $\boldsymbol{G}'(\mathrm{j}\omega)$ 的每一条曲线上移动射线终点位置，得到 m 条移动轨迹，当 m 条射线终点移动轨迹都是逆时针方向绕过点$(-1,\mathrm{j}0)$的净剩圈数等于 $\boldsymbol{G}'(s)$ 的不稳定极点数时，则多变量闭环系统是稳定的。

利用这个判据可以研究 $\boldsymbol{F}$ 的任一行元素，即

$$\boldsymbol{f}_i=[f_{i1}\quad f_{i2}\quad \cdots\quad f_{il}] \tag{9-99}$$

各元素对闭环系统稳定性的影响，但是应该结合闭环响应（频域或时域）特性和稳定性、鲁棒性问题一起研究。这似乎是十分复杂的。多变量反馈系统开环和闭环特性综合实验结构图如图 9-22 所示。图中点 $e_1(s),e_2(s),\cdots,e_m(s)$ 为开环特性测试点。

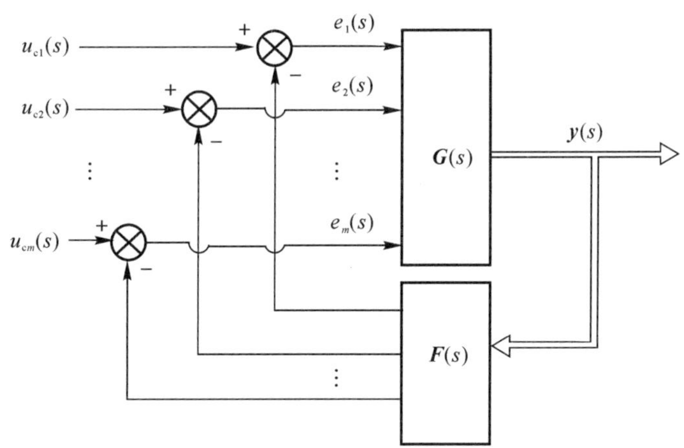

图 9-22　多变量反馈系统开环和闭环特性综合实验结构图

9.2.3.3　多变量系统的反馈特性

1. 跟踪特性分析

多变量反馈系统和单变量反馈系统一样，在调节跟踪问题中，往往要求输出能跟踪输入给定值的变化。具有前、后置补偿器的反馈闭系统如图 9-23 所示，具有前置和后置补偿器的闭环系统，就能给出一个好的跟踪性能。

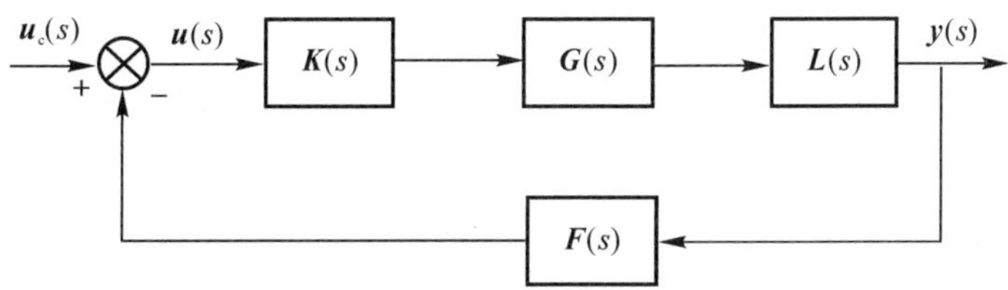

图 9-23　具有前置后置补偿器的反馈闭环系统

前、后置补偿往往是为改善跟踪精度和提高抗干扰能力而设置的高频滤波器。不同观测点可以得到不同的传递函数矩阵形式，一个描述输入、输出跟踪特性的传递函数矩阵形式是

$$\boldsymbol{H}(s)=[\boldsymbol{I}+\boldsymbol{L}(s)\boldsymbol{G}(s)\boldsymbol{K}(s)\boldsymbol{F}(s)]^{-1}\boldsymbol{L}(s)\boldsymbol{G}(s)\boldsymbol{K}(s) \tag{9-100}$$

可见，复杂的描述式不利于问题的分析，当令

$$\boldsymbol{Q}(s)=\boldsymbol{L}(s)\boldsymbol{G}(s)\boldsymbol{K}(s) \tag{9-101}$$

时，便可得到利于分析的闭环传递函数矩阵表达式为

$$\boldsymbol{H}^{-1}=\{[\boldsymbol{I}-\boldsymbol{Q}(s)\boldsymbol{F}(s)]^{-1}\boldsymbol{Q}(s)\}^{-1}=\boldsymbol{Q}^{-1}(s)[\boldsymbol{I}+\boldsymbol{Q}(s)\boldsymbol{F}(s)]=\boldsymbol{Q}^{-1}(s)+\boldsymbol{F}(s) \tag{9-102}$$

类似常数矩阵一样，对于一个是 s 的代数函数矩阵 $\boldsymbol{Q}(s)$ 存在着和特征值类似的特征增益函数，它也是 s 的代数函数 $q_i(s)$，对应每个特征增益函数 $q_i(s)$ 也存在着特征向量函数，当

$$\boldsymbol{Q}(s)\boldsymbol{w}_i(s)=q_i(s)\boldsymbol{w}_i(s),\quad i=1,2,\cdots,m \tag{9-103}$$

时，$\boldsymbol{w}_i(s)$ 称为 $\boldsymbol{Q}(s)$ 的右特征向量函数。当

$$\boldsymbol{v}_i^{\mathrm{T}}(s)\boldsymbol{Q}(s)=\boldsymbol{v}_i^{\mathrm{T}}(s)q_i(s),\quad i=1,2,\cdots,m \tag{9-104}$$

时，$\boldsymbol{v}_i(s)$ 称为 $\boldsymbol{Q}(s)$ 的左特征向量函数。

由于各特征增益函数 $q_i(s)$ 一般是互不相同的，故存在一组线性无关的标准化特征向量 $\boldsymbol{w}_i(s)$ 和 $\boldsymbol{v}_i^{\mathrm{T}}(s)$，从而得到 $\boldsymbol{Q}(s)$ 对角分解形式

$$\boldsymbol{Q}(s)=\boldsymbol{W}(s)\boldsymbol{\Lambda}^q(s)\boldsymbol{V}(s)=\sum_{i=1}^{m}q_i\boldsymbol{w}_i(s)\boldsymbol{v}_i^{\mathrm{T}}(s) \tag{9-105}$$

式中

$$\boldsymbol{\Lambda}^q(s)=\mathrm{diag}\{q_1(s)\quad q_2(s)\quad\cdots\quad q_m(s)\}$$

$$\boldsymbol{W}(s)=[w_1(s)\quad w_2(s)\quad\cdots\quad w_m(s)]$$

$$\boldsymbol{V}^{\mathrm{T}}(s)=[v_1(s)\quad v_2(s)\quad\cdots\quad v_m(s)]$$

于是得到闭环系统传递函数矩阵的另一种形式

$$\boldsymbol{H}^{-1}(s)=\boldsymbol{W}(s)\mathrm{diag}\{q_i^{-1}(s)\}\boldsymbol{V}(s)+\boldsymbol{F}(s) \tag{9-106}$$

为了提高闭环控制精度，设计的 $\boldsymbol{K}(s)$ 应使 $q_i(s)$ 在低频时有较高的量值，即

$$\boldsymbol{H}^{-1}(\mathrm{j}\omega_1)\approx F(\mathrm{j}\omega_1) \tag{9-107}$$

或者

$$\boldsymbol{H}(\mathrm{j}\omega_1)\approx\boldsymbol{F}^{-1}(\mathrm{j}\omega_1) \tag{9-108}$$

式中，ω_1 代表低频段的频率。因此，可以改变 $\boldsymbol{F}(s)$ 来获得某种期望的闭环特性，譬如取 $\boldsymbol{F}(s)=\boldsymbol{I}$ 来达到稳态跟踪。

在实际系统中，$q_i(s)$ 在高频时一般都很小，另外在设计 $K(s)$ 时，往往尽量使 $q_i(s)$ 在高频时具有低的增益，即在高频 ω_{h} 处各 $q_i^{-1}(\mathrm{j}\omega_{\mathrm{h}})$ 的值足够大，从而可以忽略 $\boldsymbol{F}$ 的影响，得到

$$H^{-1}(\mathrm{j}\omega_{\mathrm{h}})\approx\boldsymbol{Q}^{-1}(\mathrm{j}\omega_{\mathrm{h}}) \tag{9-109}$$

或者

$$H(\mathrm{j}\omega_{\mathrm{h}})\approx\boldsymbol{Q}(\mathrm{j}\omega_{\mathrm{h}}) \tag{9-110}$$

这就是说，对于按低频段提高控制精度，高频段衰减干扰的设计思想获得的多变量反馈回路控制系统，无论在稳定性判别的开环试验中，还是在闭环频率特性测试中，不必无限制地计算很高频率的频率特性。可以确信，在这样高的频率之后，幅值很小的频率特性不会再次包围临界点(－1,j0)。

在法向过载指令控制系统设计中，为了提高法向过载的控制(跟踪)精度，使任何非指令过载趋于零，将 $K(s)$ 补偿器设计为比例＋积分控制器，把 $F(s)$ 设计为 $\boldsymbol{I}$，这便使得稳态值的法向过载等于期望的输入指令法向过载；纯积分的过载反馈可有效地减小高频噪声干扰。

后置补偿器 $L(s)$ 的作用和前置补偿器一样，也是为提高跟踪精度而设置的。前、后置补偿器通常不是同时存在的。当系统包含前置补偿器时，可以不要后置补偿器，反之亦然。在飞行控制系统中，可以利用舵机回路速度反馈或弹性反馈实现后置补偿器。舵机回路引入舵机速度反馈，构成软反馈式舵机回路，当不考

虑高频环节时，速度反馈舵机回路可近似为积分特性。当引入弹性反馈，即舵机位置反馈环节串联一个洗除（高通）网络来实现。在不考虑高频环节时，它可近似为比例＋积分环节。二者能够对高频信号起衰减作用，对低频信号能提高 $q_i(s)$ 的增益，从而减小高频干扰（甚至于某些低频干扰）响应和提高低频输入信号的控制精度。

2. 抗干扰性能分析

在 MIMO 系统中，采用反馈控制，除了保证稳定性和跟踪特性调节外，另一个好处是使闭环系统具有较好的抗干扰能力。对多数系统而言，反馈的引入的确起到了抑制干扰的作用。

具有干扰的 MIMO 反馈闭环系统如图 9－24 所示，$\boldsymbol{z}$ 为控制对象受到的外部扰动特性，$\boldsymbol{n}$ 为测量信号中噪声干扰特性。

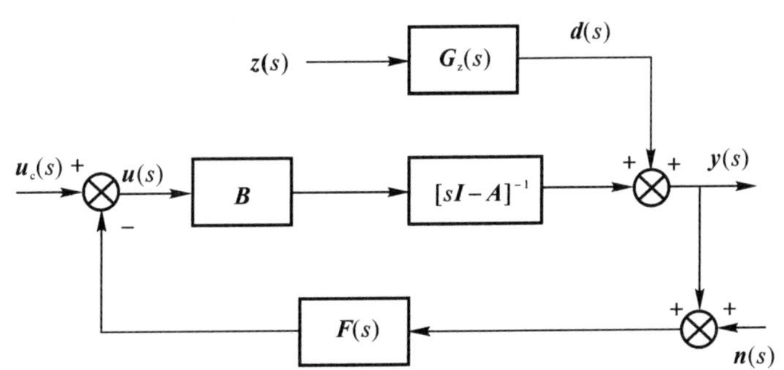

图 9－24　具有干扰的 MIMO 反馈闭环系统

飞机经常受到大气紊流这样的外部扰动（$\boldsymbol{z}$）的影响，尤其在飞越较低高度上的高紊流区最为严重。当然这种紊流干扰也会出现在巡航高度上。附加的空气动力造成了飞机加速度，明显地降低了驾驶员和乘客的舒适性。不仅如此，在机体上产生的动态载荷也会降低机体寿命。然而，利用基本的飞行控制系统，这种简单的反馈控制系统对大气紊流的抑制作用非常有限。必须采用另外的抑制措施，如阵风载荷减缓装置，才能比较有效地抑制这种干扰，以改善支线客机乘员的舒适性，避免飞机因此造成的损坏。

另外一种测量噪声 $\boldsymbol{n}(s)$，如气压高度传感器或无线电高度表敏感的各种中、高频干扰，可以通过前向通路或反馈回路中的滤波器，有效地减小这种干扰的影响。

3. 灵敏度和鲁棒性分析

灵敏度问题涉及系统干扰对系统输出响应和系统参数变化对系统性能影响两个方面。图 9－25 给出了 SISO 反馈系统和 MIMO 反馈系统二者共用一个方块图的例子。应该说明系统干扰是指输出端干扰 $\boldsymbol{d}(s)$。对于 SISO 反馈系统来说，它引起的输出响应为

$$\boldsymbol{y}(s)=\frac{1}{1+\boldsymbol{g}(s)\boldsymbol{f}(s)}\boldsymbol{d}(s) \tag{9-111}$$

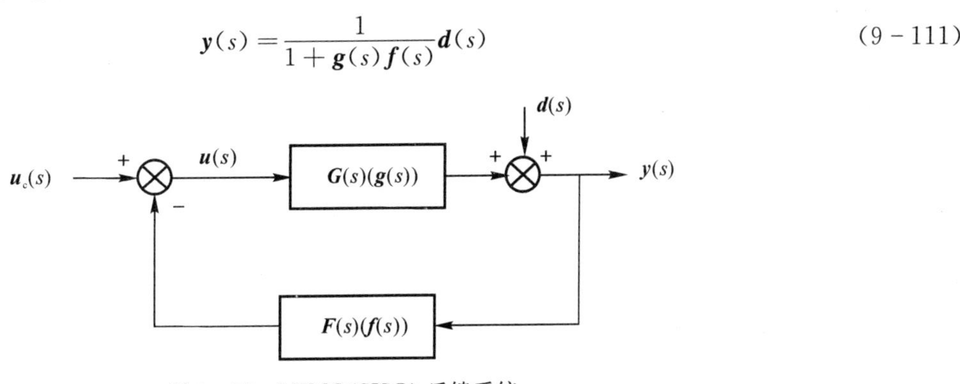

图 9－25　MIMO(SISO) 反馈系统

显然反馈使干扰对输出的影响，当原来为 1 时，现在变化为$\dfrac{1}{1+\boldsymbol{g}(s)\boldsymbol{f}(s)}$。当闭环传递函数为

$$\boldsymbol{h}(s)=\frac{\boldsymbol{g}(s)}{1+\boldsymbol{g}(s)\boldsymbol{f}(s)} \tag{9-112}$$

时，那么定义闭环系统对干扰 $\boldsymbol{d}(s)$ 的灵敏度为闭环传递函数与开环传递函数之比，即

$$\boldsymbol{S}(s)=\frac{\boldsymbol{h}(s)}{\boldsymbol{g}(s)}=\frac{1}{1+\boldsymbol{g}(s)\boldsymbol{f}(s)} \tag{9-113}$$

推广到 MIMO 反馈系统，当闭环传递函数矩阵为

$$\boldsymbol{H}(s)=[\boldsymbol{I}+\boldsymbol{G}(s)\boldsymbol{F}(s)]^{-1}\boldsymbol{G}(s) \tag{9-114}$$

时，定义 MIMO 反馈系统的灵敏度矩阵为

$$\boldsymbol{S}(s)=\boldsymbol{H}(s)\boldsymbol{G}^{-1}(s)=[\boldsymbol{I}+\boldsymbol{G}(s)\boldsymbol{F}(s)]^{-1} \tag{9-115}$$

并称为“动态调节因子”，这是评价控制效能的一般尺度。可见，动态调节因子表征了闭环控制对输出扰动响应和开环控制对输出扰动响应之间的数学关系。

对于参数变化而定义的灵敏度，按下述推导可得到相同表达式定义的结果。当 $g_0(s)$，$h_0(s)$ 分别是 SISO 反馈系统开环和闭环传递函数的标称值时，变化了的开环传递函数及其倒数为

$$g(s)=g_0(s)+\delta g(s),\quad \frac{1}{g(s)}=\frac{1}{g_0(s)}+\delta\hat{g}(s) \tag{9-116}$$

变化了的闭环传递函数及其倒数为

$$h(s)=h_0(s)+\delta h(s),\quad \frac{1}{h(s)}=\frac{1}{h_0(s)}+\delta\hat{h}(s) \tag{9-117}$$

因为

$$\frac{1}{h(s)}=f(s)+\frac{1}{g(s)},\quad \frac{1}{h_0(s)}=f(s)+\frac{1}{g_0(s)} \tag{9-118}$$

得到

$$\delta\hat{h}(s)=\delta\hat{g}(s) \tag{9-119}$$

由于

$$[h_0(s)+\delta h(s)]\left[\frac{1}{h_0(s)}+\delta\hat{h}(s)\right]=1 \quad 和 \quad \delta h(s)\delta\hat{h}(s)\approx 0$$

以及

$$[g_0(s)+\delta g_0(s)]\left[\frac{1}{g_0(s)}+\delta\hat{h}(s)\right]=1 \quad 和 \quad \delta g(s)\delta\hat{g}(s)\approx 0$$

从而得到

$$\delta\hat{h}(s)=-\frac{1}{h_0^2(s)}\delta h(s),\quad \delta\hat{g}(s)=-\frac{1}{g_0^2(s)}\delta g(s) \tag{9-120}$$

考虑到式(9-119)，得到

$$\frac{\delta h(s)/h_0(s)}{\delta g(s)/g_0(s)}=\frac{h_0(s)}{g_0(s)}=\frac{1}{1+g_0(s)f(s)}=S(s) \tag{9-121}$$

同样，对于 MIMO 反馈系统，开、闭环系统传递函数矩阵分别为

$$\boldsymbol{G}(s)=\boldsymbol{G}_0(s)+\delta\boldsymbol{G}(s),\quad \boldsymbol{H}(s)=\boldsymbol{H}_0(s)+\delta\boldsymbol{H}(s) \tag{9-122}$$

式中，$\boldsymbol{G}_0(s)$，$\boldsymbol{H}_0(s)$ 分别为开、闭环传递函数矩阵的标称值。考虑到式(9-114)可得

$$\begin{aligned}[\boldsymbol{H}_0(s)+\delta\boldsymbol{H}(s)]^{-1}&=[\boldsymbol{I}+\boldsymbol{H}_0^{-1}\delta\boldsymbol{H}(s)]^{-1}\boldsymbol{H}_0^{-1}(s)=\boldsymbol{F}(s)+[\boldsymbol{G}_0(s)+\delta\boldsymbol{G}(s)]^{-1}=\\&\boldsymbol{F}(s)+[\boldsymbol{I}+\delta\boldsymbol{G}(s)\boldsymbol{G}_0^{-1}(s)]\boldsymbol{G}_0^{-1}(s)\end{aligned} \tag{9-123}$$

那么利用矩阵 $(\boldsymbol{I}+\boldsymbol{A})^{-1}$ 的级数展开式

$$(\boldsymbol{I}+\boldsymbol{A})^{-1}=\boldsymbol{I}-\boldsymbol{A}+\boldsymbol{A}^2-\boldsymbol{A}^3+\boldsymbol{A}^4\cdots \tag{9-124}$$

可得

$$\begin{aligned}&\boldsymbol{H}_0^{-1}(s)-\boldsymbol{H}_0^{-1}(s)\,\delta\boldsymbol{H}(s)\boldsymbol{H}_0^{-1}(s)+[\boldsymbol{H}_0^{-1}(s)\delta\boldsymbol{H}(s)]^2\boldsymbol{H}_0^{-1}(s)-\cdots=\\&\quad\boldsymbol{F}(s)+\boldsymbol{G}_0^{-1}(s)-\boldsymbol{G}_0^{-1}(s)\delta\boldsymbol{G}(s)\boldsymbol{G}_0^{-1}(s)+[\boldsymbol{G}_0^{-1}(s)\delta\boldsymbol{G}(s)]^2\boldsymbol{G}_0^{-1}(s)-\cdots\end{aligned}$$

传递函数矩阵变化很小，使得 $\|\boldsymbol{G}_0^{-1}(s)\delta\boldsymbol{G}(s)\|<1$ 和 $\|\boldsymbol{H}_0^{-1}(s)\delta\boldsymbol{H}(s)\|<1$。因此可以按一次近似式并利用 $\boldsymbol{H}_0^{-1}(s)=\boldsymbol{F}(s)+\boldsymbol{G}_0^{-1}(s)$ 和式(9-114)，得到

$$\delta\boldsymbol{H}(s)\boldsymbol{H}_0^{-1}(s)=\boldsymbol{H}_0(s)\boldsymbol{G}_0^{-1}(s)\delta\boldsymbol{G}(s)\boldsymbol{G}_0^{-1}(s)=[\boldsymbol{I}+\boldsymbol{G}_0(s)\boldsymbol{F}(s)]^{-1}\delta\boldsymbol{G}(s)\boldsymbol{G}_0^{-1}(s) \tag{9-125}$$

可见，这便是 MIMO 反馈系统闭环传递函数矩阵相对变化与开环传递函数矩阵相对变化之间的数学关系。当假设参数变化前，闭环输出为 $\boldsymbol{y}_0(s)=\boldsymbol{H}_0(s)\boldsymbol{u}_c(s)$，那么参数变化后输出变化量为

$$\delta\boldsymbol{y}(s)=\delta\boldsymbol{H}(s)\boldsymbol{u}_c(s)=\delta\boldsymbol{H}(s)\boldsymbol{H}_0^{-1}(s)\boldsymbol{H}_0(s)\boldsymbol{u}_c(s)=\delta\boldsymbol{H}(s)\boldsymbol{H}_0^{-1}(s)\boldsymbol{y}_0(s) \tag{9-126}$$

这说明输出变化量 $\delta\boldsymbol{y}(s)$ 与闭环传递函数矩阵相对变化量 $\delta\boldsymbol{h}(s)\boldsymbol{H}_0^{-1}(s)$ 成比例。因此，由式(9-115)定义的灵敏度矩阵 $S(s)$ 不仅可以用来描述输出干扰对系统输出特性的影响，也可用来描述参数变化对系统特性的影响。当将 MIMO 反馈系统的灵敏度矩阵改为标称值表示时，式(9-115)可改写为

$$\boldsymbol{S}(s)=[\boldsymbol{I}+\boldsymbol{Q}_0(s)]^{-1}=\boldsymbol{H}_0(s)\boldsymbol{G}_0^{-1}(s) \tag{9-127}$$

式中，$\boldsymbol{Q}_0(s)=\boldsymbol{G}_0(s)\boldsymbol{F}(s)$。

对于 SISO 反馈系统在一定频率范围内，应要求

$$|1+g(\mathrm{j}\omega)f(\mathrm{j}\omega)|\geqslant\varphi(\omega) \tag{9-128}$$

其中，$\varphi(\omega)$ 是一个很大的正值函数。但对于 MIMO 反馈系统，$\boldsymbol{S}(s)$ 为一个矩阵，它的大小应当用矩阵范数 $\|\boldsymbol{S}(s)\|$ 表示。由图 9-25 和式(9-115)可知，称为动态调节因子的 $\boldsymbol{S}(s)$ 恰好是 $\boldsymbol{u}(s)$ 对 $\boldsymbol{u}_c(s)$ 的传递函数矩阵。那么输出 $\boldsymbol{u}(s)$、输入 $\boldsymbol{u}_c(s)$ 模的二次方之比为

$$\frac{\|\boldsymbol{u}(s)\|^2}{\|\boldsymbol{u}_c(s)\|^2}=\frac{\boldsymbol{u}_c^*(s)\boldsymbol{S}^*(s)\boldsymbol{S}(s)\boldsymbol{u}_c(s)}{\boldsymbol{u}_c^*(s)\boldsymbol{u}_c(s)} \tag{9-129}$$

式中，* 号代表共轭转置。当把(s)省略时，$\boldsymbol{S}^*\boldsymbol{S}$ 为半正定 Hermite 矩阵，它的不小于零的特征值 $\sigma_1^2,\sigma_2^2,\cdots,\sigma_m^2$（$\sigma_i$ 称为 $\boldsymbol{S}(s)$ 的奇异值）与其他的特征向量函数 $\boldsymbol{m}_1,\boldsymbol{m}_2,\cdots,\boldsymbol{m}_m$ 的关系为

$$\boldsymbol{S}^*\boldsymbol{S}\boldsymbol{m}_i=\sigma_i^2\boldsymbol{m}_i,\quad i=1,2,\cdots,m \tag{9-130}$$

若输入 $\boldsymbol{u}_c$ 正好和某一个特征向量平行（成比例），譬如 $\boldsymbol{u}_c$ 和 $\boldsymbol{m}_i$ 平行，就有

$$\frac{\|\boldsymbol{u}\|^2}{\|\boldsymbol{u}_c\|^2}=\boldsymbol{S}^*\boldsymbol{S}=\sigma_i^2 \tag{9-131}$$

事实上，任意输入总可用各特征向量的线性叠加来表示

$$\boldsymbol{u}_c=\sum_{i=1}^{m}c_i\boldsymbol{m}_i \tag{9-132}$$

式中，c_i 为一组常数。代入式(9-129)得到

$$\frac{\|\boldsymbol{u}\|^2}{\|\boldsymbol{u}_c\|^2}=\frac{\sum_{i=1}^{m}\bar{c}_i\boldsymbol{m}_i^*\boldsymbol{S}^*\boldsymbol{S}\sum_{j=1}^{m}c_j\boldsymbol{m}_j}{\sum_{k=1}^{m}\bar{c}_k\boldsymbol{m}_k^*\sum_{p=1}^{m}c_p\boldsymbol{m}_p}=\frac{\sum_{i=1}^{m}\sigma_i^2\,|c_i|^2}{\sum_{k=1}^{m}|c_k|^2} \tag{9-133}$$

这样一来，不相等的 σ_i^2，使得输出、输入增益在 $\sigma_{\min}\sim\sigma_{\max}$ 范围内，即

$$\sigma_{\min}\leqslant\frac{\|\boldsymbol{u}\|}{\|\boldsymbol{u}_c\|}=\|\boldsymbol{S}\|\leqslant\sigma_{\max} \tag{9-134}$$

这就是说，灵敏度矩阵 $\boldsymbol{S}(s)$ 的大小，可由它的矩阵范数表示，且在 $\boldsymbol{S}^*\boldsymbol{S}$ 的最大和最小两个特征值范围内。为了判别灵敏度特性的好坏，利用 $\boldsymbol{S}(\mathrm{j}\omega)$ 的谱范数对应的特征值应满足

$$\sigma_{\max}\{[\boldsymbol{I}+\boldsymbol{Q}_0(\mathrm{j}\omega)]^{-1}\}\leqslant\frac{1}{\varphi(\omega)} \tag{9-135}$$

或者

$$\sigma_{\min}\{[\boldsymbol{I}+\boldsymbol{Q}_0(\mathrm{j}\omega)]\}\geqslant\varphi(\omega) \tag{9-136}$$

由于$[\boldsymbol{I}+\boldsymbol{Q}_0(\mathrm{j}\omega)]$是 $m\times m$ 阶方阵，它有特征分解函数 $g_i\{[\boldsymbol{I}+\boldsymbol{Q}_0(\mathrm{j}\omega)]\}$，可以证明

$$\sigma_{\min}\leqslant|g_i|\leqslant\sigma_{\max} \tag{9-137}$$

根据特征值平移定理得到

$$g_i\{[\boldsymbol{I}+\boldsymbol{Q}_0(\mathrm{j}\omega)]\}=1+g_i\{\boldsymbol{Q}_0(\mathrm{j}\omega)\} \tag{9-138}$$

由式(9-136)、式(9-137)和式(9-138)可知,为克服传递矩阵的变化和输出端干扰对输出响应的影响,和单回路系统一样,要求各回路应有较大的回路增益$|g_i'|$。然而,高增益回路固然可以减小输出端的干扰,却不能克服反馈回路中的测量噪声干扰。可以推导出在高增益反馈回路情况下

$$\boldsymbol{y}(s)\approx\boldsymbol{n}(s) \tag{9-139}$$

因此,在高度控制系统中,不能用提高回路增益的办法减小无线电高度信号的噪声干扰影响。

研究系统特性随参数的变化往往采用鲁棒性(Robustness)的概念。鲁棒性是指系统在参数有较大变化时,维持一定期望特性的能力。这里所指的系统特性可以指相对稳定性、闭环极点的所在区域、系统响应的允许区间或控制幅值的允许范围等等。鲁棒控制则指在控制对象中发生有限的参数变化时,采用固定控制器使系统闭环特性维持在给定范围内,系统的不确定性可能是指参数的大范围变化,也可能包括系统结构的变化。模型的不确定性一般分为两类,即结构性不确定性和非结构性不确定性。非结构性不确定性包括环境的变化,运动方程的线性化处理,调节器幅度、频带和功率限制,等等;结构不确定性,一方面是指数学模型不能完全和精确地描述实际的物理系统,另一方面是设备的老化及运行情况的变化等。

在系统鲁棒性分析中,对于飞控系统主要分析两方面的问题,其一是对模型偏差的稳定性分析,其二是调节器受限制的鲁棒性分析。

(1) 模型偏差对稳定性的影响。模型偏差包括系统描述方程的偏差和参数大小的偏差。式(9-122)中开环传递矩阵$\boldsymbol{G}(s)$中包含模型偏差矩阵$\delta\boldsymbol{G}(s)$。当分析$\delta\boldsymbol{G}(s)$对系统稳定性影响时,改变图9-25为图9-26。图中附加的$\delta G(s)$包括结构上的差异和非线性影响,还包括名义上的模型$\boldsymbol{G}_0(s)$和实际的$\boldsymbol{G}(s)$之间的参数大小的差别。按图9-26可知

$$\delta\boldsymbol{y}(s)=\delta\boldsymbol{G}(s)\boldsymbol{u}(s) \tag{9-140}$$

以及

$$\boldsymbol{u}(s)=\boldsymbol{u}_c(s)-\boldsymbol{K}[\delta\boldsymbol{y}(s)+\boldsymbol{G}_0(s)\boldsymbol{u}(s)+\boldsymbol{n}(s)] \tag{9-141}$$

经过变换后,得到

$$\boldsymbol{u}(s)=[\boldsymbol{I}+\boldsymbol{K}\boldsymbol{G}_0(s)]^{-1}\{\boldsymbol{u}_c(s)-\boldsymbol{K}[\delta\boldsymbol{y}(s)+\boldsymbol{n}(s)]\} \tag{9-142}$$

由式(9-140)和式(9-142)画出图9-27。该图前向通路中的$\delta\boldsymbol{G}(s)$对输出响应$\delta\boldsymbol{y}(s)$的影响是明显的。当$\boldsymbol{u}(s)$作为输入变量,即在$\boldsymbol{u}(s)$处断开闭环回路时,开环传递函数矩阵为

$$\boldsymbol{Q}(s)=[\boldsymbol{I}+\boldsymbol{K}\boldsymbol{G}_0(s)]^{-1}\boldsymbol{K}\delta\boldsymbol{G}(s)=\boldsymbol{R}_0\boldsymbol{K}\delta\boldsymbol{G}(s) \tag{9-143}$$

式中,$\boldsymbol{R}_0$等于动态调节因子矩阵。在具有模型偏差的情况下,决定闭环系统稳定性的充要条件是:如果$[\boldsymbol{I}+\boldsymbol{K}\boldsymbol{G}_0(s)]^{-1}\boldsymbol{K}\delta\boldsymbol{G}(s)$在右半$s$平面上无极点,那么式(9-143)等号左边由$s$代以$\mathrm{j}\omega$构成的特征轨迹不包围$(-1,\mathrm{j}0)$点。

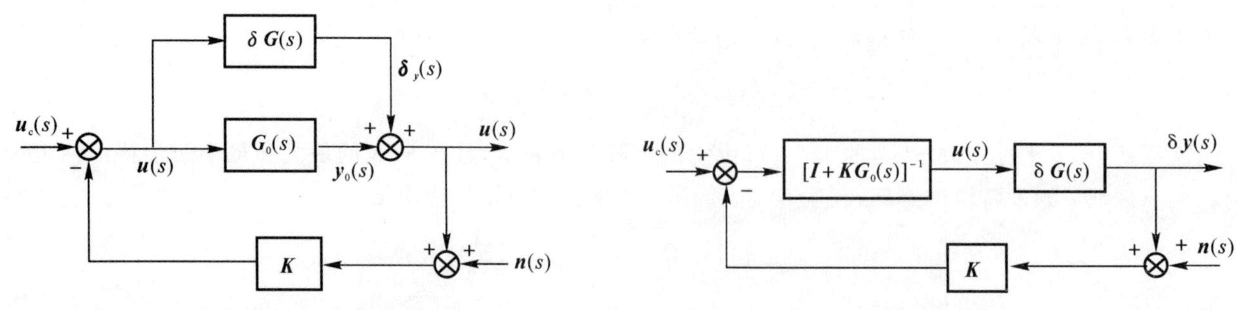

图9-26　模型偏差构成的反馈系统

图9-27　闭环回路前向通路中的模型偏差

(2) 模型偏差对稳定性影响的鲁棒性尺度。模型不确定性包括相加型不确定性和相乘型不确定性。其中相加型不确定性可由下式表征:

$$\boldsymbol{G}(s)=\boldsymbol{G}_0(s)+\delta\boldsymbol{G}(s),\quad \|\delta\boldsymbol{G}(\mathrm{j}\omega)\|<L_n(\omega),\quad \omega\geqslant 0 \tag{9-144}$$

式中，$L_n(\omega)$ 为一个正标量函数。可以证明相加型不确定性构成的闭环系统保持稳定的充要条件是：

(1) $\delta\boldsymbol{G}(s)$ 稳定；

(2) $\sigma_{\max}\{[\boldsymbol{I}+\boldsymbol{G}_0(\mathrm{j}\omega)]^{-1}\}\leqslant\dfrac{1}{L_n(\omega)},\omega>0$　(9-145)

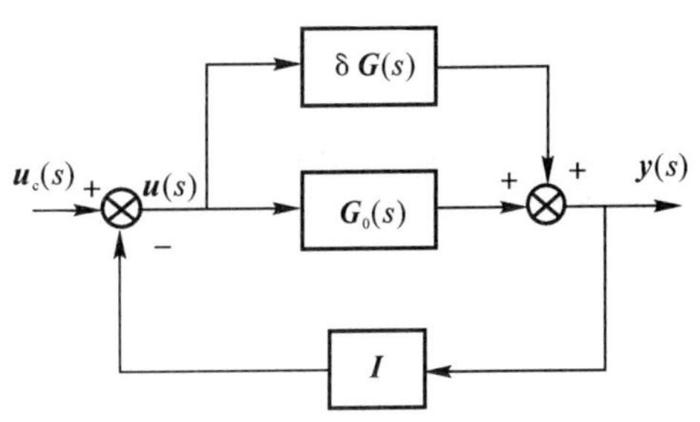

图 9-28　相加型不确定性反馈闭环系统方块图

如图 9-28 所示为相加型不确定性单位反馈闭环系统方块图。其闭环传递函数矩阵由下式表示：

$$\boldsymbol{H}(s)=\{\boldsymbol{I}+[\boldsymbol{I}+\boldsymbol{G}_0(s)]^{-1}\delta\boldsymbol{G}(s)\}^{-1}[\boldsymbol{I}+\boldsymbol{G}_0(s)]^{-1}\delta\boldsymbol{G}(s) \tag{9-146}$$

在 $\delta\boldsymbol{G}(s)$ 为零时，稳定的闭环系统的传递函数矩阵为 $\boldsymbol{H}_0(s)=[\boldsymbol{I}+\boldsymbol{G}_0(s)]^{-1}\boldsymbol{G}_0(s)$，那么包含闭环特征方程因子的 $[\boldsymbol{I}+\boldsymbol{G}_0(s)]^{-1}$ 肯定是一个稳定环节。而在命题中给定 $\delta\boldsymbol{G}(s)$ 是稳定的，因此式(9-146)中 $[\boldsymbol{I}+\boldsymbol{G}_0(s)]^{-1}\delta\boldsymbol{G}(s)$ 是稳定的，即它的右半 s 平面内极点数为零。因此，由闭环系统稳定性充要条件可知，$[\boldsymbol{I}+\boldsymbol{G}_0(\mathrm{j}\omega)]^{-1}\delta(\mathrm{j}\omega)$ 的特征轨迹不包围 $(-1,\mathrm{j}0)$ 点。因为 $\|\delta\boldsymbol{G}(s)\|$ 在 $\delta\boldsymbol{G}(s)$ 的奇异值 $\sigma_{\min}\sim\sigma_{\max}$ 之间，又因式(9-144)中 $\|\delta\boldsymbol{G}(s)\|<L_n(\omega)$，所以得到

$$\sigma_{\max}\{\delta\boldsymbol{G}(\mathrm{j}\omega)\}\leqslant L_n(\omega) \tag{9-147}$$

依据范数柯西-施瓦兹不等式，得到

$$\sigma_{\max}\{[\boldsymbol{I}+\boldsymbol{G}_0(\mathrm{j}\omega)]^{-1}\delta\boldsymbol{G}(\mathrm{j}\omega)\}\leqslant\sigma_{\max}\{[\boldsymbol{I}+\boldsymbol{G}_0(\mathrm{j}\omega)]^{-1}\}\sigma_{\max}\{\delta\boldsymbol{G}(\mathrm{j}\omega)\} \tag{9-148}$$

将式(9-147)代入式(9-148)和考虑到式(9-145)，得到

$$\sigma_{\max}\{[\boldsymbol{I}+\boldsymbol{G}_0(\mathrm{j}\omega)]^{-1}\delta\boldsymbol{G}(\mathrm{j}\omega)\}\leqslant 1 \tag{9-149}$$

又根据特征值与奇异值的关系得到

$$\lambda\{[\boldsymbol{I}+\boldsymbol{G}_0(\mathrm{j}\omega)]^{-1}\delta\boldsymbol{G}(\mathrm{j}\omega)\}\leqslant 1 \tag{9-150}$$

即 $[\boldsymbol{I}+\boldsymbol{G}_0(\mathrm{j}\omega)]^{-1}$ 的特征函数分解的每个分量都不大于 1，因此 $[\boldsymbol{I}+\boldsymbol{G}_0(\mathrm{j}\omega)]^{-1}\delta(\mathrm{j}\omega)$ 的特征轨迹不包围 $(-1,\mathrm{j}0)$ 点，满足稳定性充要条件式(9-145)。

(3) 调节变量受限制时的鲁棒性分析。飞行控制系统的调节器是指反馈信号的综合伺服回路。当调节器不能转换控制器发出的控制信号时，则通过提高控制增益来改善控制性能已成为不可能。若舵机位移已达到极限，那么控制回路将被切断，致使控制器中的积分环节饱和，因此必须采取相应措施以协调一致的方法限制其余调节元件工作。如，当舵机位移达极限时，应随即用反馈的办法取消前向积分器的作用。由于控制器增益与鲁棒性之间有直接关系，因此在具有扰动激励情况下，选择导致限制调节的控制增益是没有意义的。对于测量干扰（噪声）也与此类同。如图 9-29 所示，调节向量为

$$\boldsymbol{u}=\boldsymbol{H}[\boldsymbol{u}_c-\boldsymbol{K}(\boldsymbol{n}+\boldsymbol{G}_z\boldsymbol{z})-\boldsymbol{K}\boldsymbol{G}\boldsymbol{u}]=(\boldsymbol{I}+\boldsymbol{H}\boldsymbol{K}\boldsymbol{G})^{-1}\boldsymbol{H}[\boldsymbol{u}_c-\boldsymbol{K}(\boldsymbol{n}+\boldsymbol{G}_z\boldsymbol{z})] \tag{9-151}$$

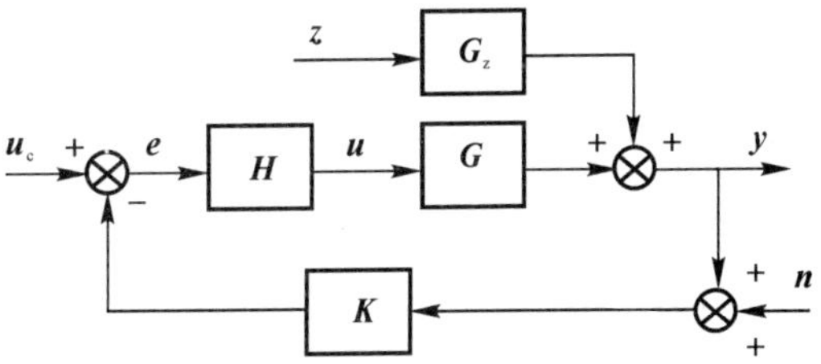

当 $\boldsymbol{H}$ 中含有比例+积分环节时，随着频率的减小，$\boldsymbol{H}$ 将远大于 1，以及考虑到 $\boldsymbol{K}=\boldsymbol{I}$ 时，则变为

$$\boldsymbol{u}\approx\boldsymbol{G}^{-1}(\boldsymbol{u}_c-\boldsymbol{n}-\boldsymbol{G}_z\boldsymbol{z}) \tag{9-152}$$

随着控制增益的增大，调节变量将近似等于输出端干扰 z。随着频率的增大，$\boldsymbol{G}(\mathrm{j}\omega)$ 将趋于零，因此，高频率的测量噪声使调节变量超过所有限制。由式(9-151)可知，测量噪声引起的调节向量传递矩阵为

图 9-29　具有输入和干扰的多变量标准控制回路

$$\boldsymbol{H}_n=(\boldsymbol{I}+\boldsymbol{K}'\boldsymbol{G}_0)^{-1}\boldsymbol{K}'=\boldsymbol{R}_0\boldsymbol{K}' \tag{9-153}$$

式中，$\boldsymbol{K}'=\boldsymbol{H}\boldsymbol{K}$。当 $\boldsymbol{H}_\infty$ 的范数 $\|\boldsymbol{R}_0\boldsymbol{K}'\|_\infty$ 存在时，就可作为最大允许控制增益尺度的最大奇异值 $\sigma_{\max}\{\boldsymbol{R}_0\boldsymbol{K}'\}$，即

$$\|\boldsymbol{R}_0\boldsymbol{K}'\|_\infty=\sigma_{\max}\{\boldsymbol{R}_0\boldsymbol{K}'\} \tag{9-154}$$

它相当于 $\boldsymbol{u}$ 与 $\boldsymbol{n}$ 之间的最大功率比或最大能量比。表征输入能量函数的输出幅值比

$$\frac{\|\boldsymbol{u}\|_2}{\|\boldsymbol{n}\|_2} \leqslant \|\boldsymbol{R}_0\boldsymbol{K}'\|_\infty \tag{9-155}$$

也是一种评价尺度。

尽管对扰动变量的变化过程了解得不够详细，但可由式(9-154)和式(9-155)对有关功率、能量或者幅值的最大值给出了一般的描述。可以求出与调节变量相对应的范数 $\|\boldsymbol{R}_0\boldsymbol{K}'\|_\infty$，又根据特征值与奇异值的关系

$$\lambda_{\max}\{\boldsymbol{R}_0\boldsymbol{K}'\} \leqslant \sigma_{\max}\{\boldsymbol{R}_0\boldsymbol{K}'\} = \|\boldsymbol{R}_0\boldsymbol{K}'\|_\infty \tag{9-156}$$

便可依据 $\boldsymbol{u},\boldsymbol{n}$ 间的最大功率比和最大特征值 $\lambda_{\max}$ 确定调节变量的极限值。

因此，$\|\boldsymbol{R}_0\boldsymbol{K}'\|_\infty$ 值一方面是调节元件限制的控制品质的尺度；另一方面，由式(9-145)可知，$\boldsymbol{R}_0\boldsymbol{K}'$ 与式(9-145)中的 $[\boldsymbol{I}+\boldsymbol{G}_0(\mathrm{j}\omega)]^{-1}$ 相对应，说明 $\|\boldsymbol{R}_0\boldsymbol{K}'\|_\infty$ 又是针对模型不确定性情况下可能达到的鲁棒稳定性尺度。因此，这个尺度应该作为一个重要的设计参数，只有定下这个尺度，才能通过输入控制来调整所希望的控制精度。

在调节器综合网络中，各种滤波环节使调节器在频率方面受到限制。高频率使高通滤波信号的幅值增加，可以用低通滤波器达到对较高频率调节信号的限制；低频率使低通滤波(包括比例加积分)信号幅值增加，可用带通滤波器满足对较低频率的调节号信号的限制。这样，就限制了调节器信号的频率范围，以及调节速度和加速度。为保证闭环系统稳定，应该满足

$$\lambda_{\max}\{\boldsymbol{R}_0\boldsymbol{K}'\} < 1 \tag{9-157}$$

因此，由式(9-156)可知，并考虑不同希望的加权，得到由 H_∞ 范数表示的综合指标为

$$\|\boldsymbol{W}\boldsymbol{R}_0\boldsymbol{K}'\|_\infty < 1 \tag{9-158}$$

也可以通过状态变量或者控制误差的低通滤波达到对较高频率调节信号的限制。例如，可用下式表征：

$$J = \int_0^\infty (\boldsymbol{x}^{\mathrm{T}}(t)\boldsymbol{Q}\boldsymbol{x}(t)\mathrm{e}^{\lambda t} + \boldsymbol{u}^{\mathrm{T}}\boldsymbol{R}\boldsymbol{u})\mathrm{d}t \rightarrow \min \tag{9-159}$$

9.2.4 多变量系统的结构特点

无论从状态空间形式还是传递函数矩阵形式都可看出，MIMO 系统的任一输出一般都不只取决于一个输入，即输入与输出之间有一种交叉的影响。在系统按任何方式闭合后，这种交叉影响的关系可变得更加复杂。这种一个输入影响多个输出，或者一个输出受多个输入影响的现象，称为耦合，这是多变量系统的一个重要特点。

对系统耦合的分析以及获得解耦的研究，在控制器设计中甚为重要。在飞行控制系统设计中，控制对象——飞机运动存在着这种耦合。当控制对象内部耦合很弱时，如飞机纵向和横侧向运动之间，短周期与长周期运动之间或者荷兰滚与滚转螺旋运动之间，就属于这种情况。对于实际的 MIMO 系统，常用某些控制方法将它分解成若干个弱耦合的 SISO 系统，为了使这些相对独立的子系统能适应控制对象的不确定性，往往采用简单的 PID 或 PI 控制器实现各种功能的调节。这就构成了多回路控制。

图 9-30 为一个典型的 MIMO 闭环系统结构图。其中，$\boldsymbol{G}(s)$ 为控制对象传递矩阵；$\boldsymbol{K}(s)$ 为改变控制对象耦合特性而设置的解耦控制补偿器，$\boldsymbol{C}(s)$ 为实现 PID 的串联控制器，一般具有对角形式，即 $\boldsymbol{C}(s)=\mathrm{diag}\{C_i(s)\}$，$C_i$ 可为工程上常用的PID或PI调节器，也可为1；$\boldsymbol{F}(s)$ 为各种反馈增益组成的反馈增益矩阵。当 $\boldsymbol{G}(s)$ 或者 $\boldsymbol{Q}(s)=\boldsymbol{G}(s)\boldsymbol{K}(s)$ 为弱耦合时，$\boldsymbol{G}(s)$ 或 $\boldsymbol{Q}(s)$ 可近似由下式表示：

$$\boldsymbol{G}(s)=\mathrm{diag}\{g_i(s)\},\quad \boldsymbol{Q}(s)=\mathrm{diag}\{q_i(s)\} \tag{9-160}$$

上述系统实际上近似为 m 个 SISO 系统，设计和独立调整 m 个单回路系统是完全可能和方便的。对于一般控制工程而言，$\boldsymbol{G}(s)$ 多半不是对角形的，设计 $\boldsymbol{K}(s)$ 使 $\boldsymbol{Q}(s)$ 成为对角形式也常常是很困难的。在这种情况下，直接利用 $\boldsymbol{G}(s)$ 或 $\boldsymbol{Q}(s)$ 的对角元素 $g_{ii}(s)$ 或 $q_{ii}(s)$ 来独立设计各个回路就不一定能保证整个系统稳定

良好地工作。

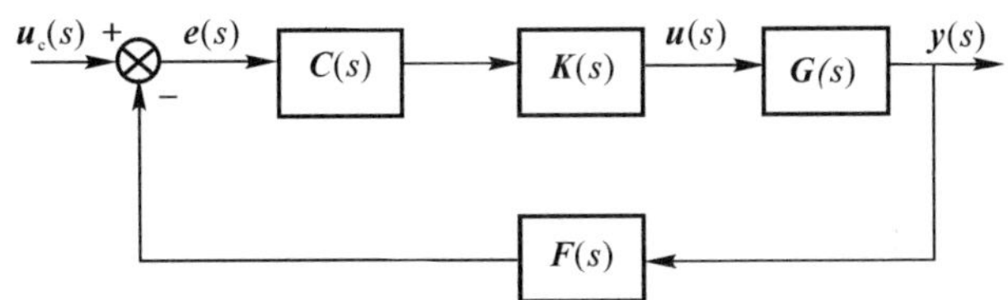

图 9-30　典型的 MIMO 闭环系统结构图

对于任意一个 MIMO 开环系统的输入、输出之间的耦合关系可由下式表征：

$$y_i(s) = g_{ii}(s)u_j(s) + \sum_{\substack{k=1 \\ k \neq i}}^{m} g_{ik}(s)u_k(s) \tag{9-161}$$

显然 $g_{ik}(k \neq i)$ 与 $g_{ii}(s)$ 的幅值可以用来表明输入输出之间耦合的大小及实现多个单回路控制的可能。鉴于耦合对实际系统特性有很大影响，同时也影响设计方案和设计方法的选择，希望有一些简单而有效的指标为 MIMO 系统耦合的尺度和给出多回路单独设计的可能。在 MIMO 系统的解耦和多个单回路设计中，必须首先选好正确的输入输出配对。如果配对不正确，MIMO 系统的特性就可能很差，甚至不能运行。m 个输入和 m 个输出有 $m!$ 种可能的配对。如果能找到一个切实可行的方法，无疑是十分有意义的。

对于飞机飞行控制系统来说，属于弱耦合的控制对象传递矩阵可以近似为对角形的，不仅仅是纵向运动和横侧向运动之间的耦合很弱，而且纵向运动中的短周期运动与长周期运动之间的耦合也很弱。经过简单的副翼-方向舵交联控制便可实现横侧向的荷兰滚运动和滚转、螺旋运动之间的解耦。多年来，尽管未曾使用由 Bristol 提出的相对增益阵列法或由 Rosenbrock 提出的对角优势法来测量飞机运动之间的耦合，但是，设计的实践经验早已选择了输入、输出之间的正确配对，如飞机升降舵输入主要控制短周期模态和迎角 α、俯仰角 ϑ 输出；副翼输入主要控制滚转、螺旋模态和滚转速率 ω_x、滚转角 γ 输出。包括纵向运动和横侧向运动的飞机系统的传递函数矩阵 $\boldsymbol{G}(s)$是对角优势矩阵，对应传递函数矩阵的逆阵 $\boldsymbol{G}^{-1}(s)$和空间法描述的状态系数阵 $\boldsymbol{A}$ 是双对角优势矩阵。本书将在本篇第 10 章介绍，从理论上证明多变量耦合系统的飞机运动可分解为多个单输入单输出(SISO)系统的正确性。

在本节首先介绍对角优势概念，进而介绍状态控制器的结构。

9.2.4.1　对角优势概念

因为在多回路控制中的设计主要是依据$\boldsymbol{G}(s)$(或$\boldsymbol{Q}(s)$)的对角元素进行的，所以总希望前向通路传递函数矩阵的对角元素能在系统中起主导作用，对角优势就是度量这种主导作用的指标。

对于 $m \times m$ 阶传递函数矩阵 $\boldsymbol{G}(s)$，若在 s 平面的某个域 S 内满足

$$|g_{ii}(s)| > \sum_{\substack{j=1 \\ j \neq i}}^{m} |g_{ij}(s)|, \quad i = 1,2,\cdots,m \tag{9-162}$$

或

$$|g_{ii}(s)| > \sum_{\substack{j=1 \\ j \neq i}}^{m} |g_{ji}(s)|, \quad i = 1,2,\cdots,m \tag{9-163}$$

就称 $\boldsymbol{G}(s)$ 在 S 域内是行对角优势的或列对角优势的。如果 $\boldsymbol{G}(s)$ 同时满足上述两个不等式，则说 $\boldsymbol{G}(s)$ 在 S 域内是对角优势的。不过从分析、设计上考虑，$\boldsymbol{G}(s)$ 不一定同时满足行对角优势和列对角优势。在不至于引起混淆的情况下，$\boldsymbol{G}(s)$ 满足上述任一不等式也可称 $\boldsymbol{G}(s)$ 是对角优势的。

可以通过实验方法求出对象的频率响应矩阵序列 $\boldsymbol{G}(\mathrm{j}\omega_k)$，$k=1,2,\cdots,n$，可以用来计算和检验对象传递函数矩阵的对角优势性。

特别方便的是，对角优势性可以用作图的方法直观地表示出来。若 S_0 沿 S 域内的某一曲线 C 运动，就可以在 $\boldsymbol{G}(s)$ 的平面上得到 $g_{ii}(s)$ 的映像 Γ_{io}。令

$$d_i(s_0)=\sum_{\substack{j=1\\j\neq i}}^{m}|g_{ij}(s_0)| \quad 或 \quad d'_i(s_0)=\sum_{\substack{j=1\\j\neq i}}^{m}|g_{ji}(s_0)| \tag{9-164}$$

在 Γ_i 上以与 S_0 对应的点为圆心，以 $d_i(s_0)$ 或 $d'_i(s_0)$ 为半径作圆，这样的圆就称为 Gershgorin 圆，如图 9－31 所示。当 S_0 沿曲线 C 变化时，可以用 Γ_i 上的各点为圆心做出一系列 Gershgorin 圆，这些圆在 $\boldsymbol{G}(s)$ 平面上会扫成一条包含 Γ_i 曲线的带域，称为 Gershgorin 带，如图 9－32 所示。按对角优势性定义，如果这样做出的 m 个 Gershgorin 带都不扫过原点，那么就是对角优势。

将 $\boldsymbol{G}(s)$ 各元素的极坐标图按相对位置画在同一张图上，就构成了一幅奈奎斯特阵列图（Nyquist Array）。同时在对应元素的 Nyquist 曲线 $q_{ii}(s)$ 上画上相应的 Gershgorin 圆，便可直观、准确地判断对象的对角优势化，也可研究 $\boldsymbol{G}(s)$ 的逆阵 $\boldsymbol{G}^{-1}(s)$ 的对角优势性。由 $\boldsymbol{G}(s)$ 和 $\boldsymbol{G}^{-1}(s)$ 做出的极坐标图分别称为正奈奎斯特阵列（DNA）和逆奈奎斯特阵列（INA）。因此如果在设计过程始中终保持传递函数矩阵的对角优势性，那就可以设计出耦合较小的系统。然而，基于对角优势概念得到的解耦设计方法，必须利用计算机及其相应软件包才能有效地应用于实际工程中。

在飞机飞行控制系统设计中不必采用奈奎斯特阵列图的办法检测系统对角优势性，本书将在第 10 章中提出零极点偶相对距离不大于百分之几的办法检测系统对角优势性。

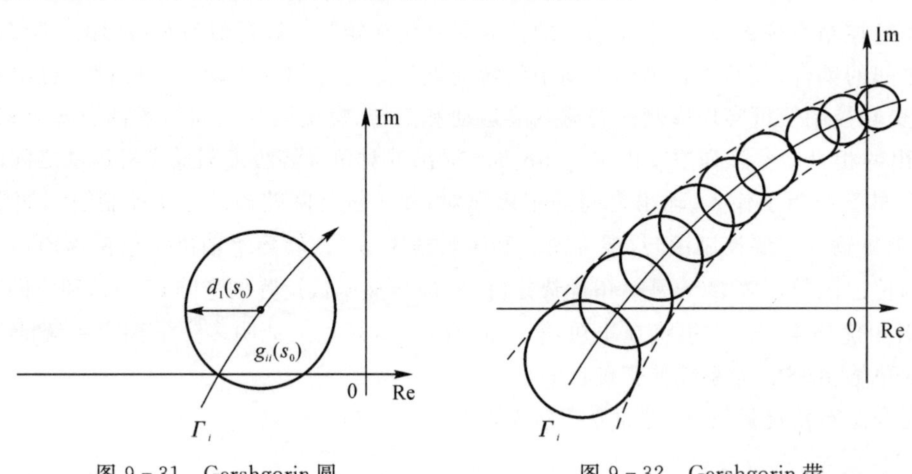

图 9－31　Gershgorin 圆　　　　图 9－32　Gershgorin 带

9.2.4.2　状态反馈与输出反馈控制器结构

只要能提供足够合适的测量变量和调节变量，才能有效地改变完全可控和完全可观系统的稳定性和动态特性。系统的稳定性取决于系统的极点，系统的动特性取决于系统的极点和零点。可以通过状态反馈或输出反馈的方法改变系统的零、极点位置是控制系统设计的一个重要的颇有成效的方法。图 9－33 是一个由状态空间法表示的状态反馈控制系统。给定控制对象的状态方程为

$$\dot{\boldsymbol{x}}=\boldsymbol{Ax}+\boldsymbol{Bu} \tag{9-165}$$

$$\boldsymbol{y}=\boldsymbol{Cx} \tag{9-166}$$

控制对象的开环特征多项式为

$$D_0(s)=\det(s\boldsymbol{I}-\boldsymbol{A})=\prod_{i=1}^{n}(s-\lambda_i)=s^n+a_{n-1}s^{n-1}+\cdots+a_1s+a_0 \tag{9-167}$$

式中，$\lambda_i(i=1,\cdots,n)$ 为 $\boldsymbol{A}$ 的特征值。

1. 状态向量反馈

基于状态向量包含控制过程的全部信息的考虑，给出一种最简单的控制律

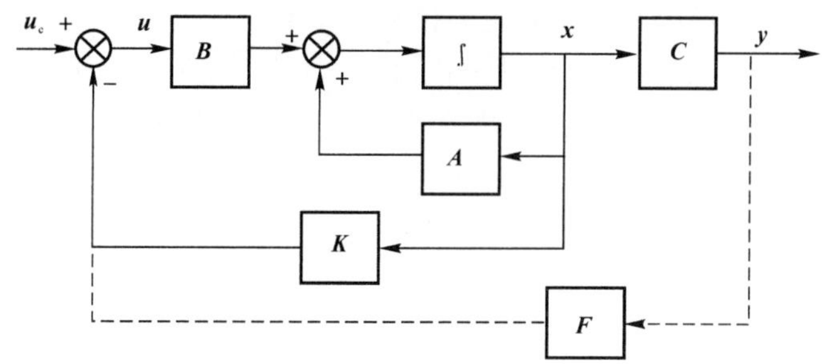

图 9-33　状态反馈与输出反馈系统方块图

$$\boldsymbol{u}(t)=\boldsymbol{u}_c(t)-\boldsymbol{Kx}(t) \tag{9-168}$$

得到闭环系统状态方程

$$\dot{\boldsymbol{x}}=(\boldsymbol{A}-\boldsymbol{BK})\boldsymbol{x}+\boldsymbol{Bu}_c \tag{9-169}$$

当全部状态变量反馈于输入变量 $\boldsymbol{u}(t)$ 中时，便是著名的完全状态反馈控制律。由于 $\boldsymbol{x}(t)$ 含有全部的控制信息，所以从理论上讲不需要其他一些变量（如 $\dot{\boldsymbol{x}}$）反馈以改善系统的性能。这就是说，全状态反馈控制器是一种没有时间特性的纯比例控制器。因此在忽略高频环节（如伺服系统、测量传感器动态等）情况下，它可以和控制对象参数有机地放在一起。当 $\boldsymbol{x}(t)$ 为 n 阶状态向量，$\boldsymbol{y}(t)$ 为 l 阶输出向量，$\boldsymbol{u}(t)$ 为 m 阶输入向量时，可控的状态系数矩阵 $\boldsymbol{A}$ 为 $n\times n$ 阶，控制系数矩阵为 $n\times m$ 阶，那么全状态反馈系数阵 $\boldsymbol{K}$ 应为 $m\times n$ 阶。

对于状态反馈闭环系统有几个基本定理，本章仅引用其中一个定理，以说明状态反馈对闭环极点的改变：单输入系统 $(\boldsymbol{A},\boldsymbol{b})$ 是完全可控的，则通过状态反馈 $\boldsymbol{u}=\boldsymbol{u}_c-\boldsymbol{Kx}$ 可使闭环状态系数矩阵 $\boldsymbol{A}'=\boldsymbol{A}-\boldsymbol{bK}$ 具有一组任意假定的特征值。

由于任何可控系统都可用线性变换 $\boldsymbol{x}=\boldsymbol{Tz}$ 得到可控标准形式

$$\dot{\boldsymbol{z}}=\boldsymbol{T}^{-1}\boldsymbol{ATz}+\boldsymbol{T}^{-1}\boldsymbol{bu}=\bar{\boldsymbol{A}}\boldsymbol{z}+\bar{\boldsymbol{b}}\boldsymbol{u}=\begin{bmatrix}0 & 1 & 0 & \cdots & 0\\ 0 & 0 & 1 & \cdots & 0\\ \vdots & & & \ddots & \\ 0 & & & & 1\\ -a_0 & -a_1 & \cdots & & -a_{n-1}\end{bmatrix}\boldsymbol{z}+\begin{bmatrix}0\\0\\ \vdots\\1\end{bmatrix}\boldsymbol{u} \tag{9-170}$$

当期望的闭环特征多项式为

$$D'(s)=\prod_{i=1}^{n}(s-\lambda_i')=s^n+d_{n-1}s^{n-1}+\cdots+d_1s+d_0 \tag{9-171}$$

时，只要变换后的状态反馈系数向量

$$\bar{\boldsymbol{K}}^{\mathrm{T}}=\boldsymbol{K}^{\mathrm{T}}\boldsymbol{T}=[d_0-a_0\quad d_1-a_1\quad\cdots\quad d_{n-1}-a_{n-1}] \tag{9-172}$$

就可满足由式(9-171)表示的闭环系统极点要求。由于相似变换不改变状态系数矩阵的特征值，对于变换后的闭环系统状态系数矩阵

$$\bar{\boldsymbol{A}}'=\bar{\boldsymbol{A}}-\bar{\boldsymbol{b}}\bar{\boldsymbol{K}}=\boldsymbol{T}^{-1}\boldsymbol{AT}-\boldsymbol{T}^{-1}\boldsymbol{bKT} \tag{9-173}$$

施行反变换，得到

$$\boldsymbol{T}\bar{\boldsymbol{A}}'\boldsymbol{T}^{-1}=\boldsymbol{A}-\boldsymbol{bK}$$

从而得到原系统要求的状态反馈矩阵为

$$\boldsymbol{K}^{\mathrm{T}}=\bar{\boldsymbol{K}}^{\mathrm{T}}\boldsymbol{T}^{-1}=[d_0-a_0\quad d_1-a_1\quad\cdots\quad d_{n-1}-a_{n-1}]\boldsymbol{T}^{-1} \tag{9-174}$$

如果有多个调节变量可供使用，那么不再能明确地给出反馈 $\boldsymbol{K}$，特征多项式和特征值可通过元素足够多的矩阵 $\boldsymbol{K}$ 来实现。这样，除了对固有特性影响外，还可由矩阵 $\boldsymbol{K}$ 满足另外一些要求，这些要求如下：

1）改变各传递函数的零点或者改变 $\boldsymbol{A}$ 的特征向量（包括在特征结构预置中）；

2）实现输入通道解耦，通过传递函数分子恒为零，实现传递函数中某些零极点对消；

3）满足尽可能高的参数不敏感性和控制系统的鲁棒性要求；

4）减小调节幅值和能量，实现有效的调节，把不同的 $\boldsymbol{K}$ 向量合理地分配于各个调节变量中。

状态反馈不仅能改变系统特征值，使传递函数的极点任意移动，还可改变传递函数的零点。若状态向量仅仅反馈到一个调节变量中，由式(9－170) 表示的控制标准形式不因状态反馈而改变，仅仅是最后一行的元素变化。因此，当状态变量反馈于一个调节变量中，当 $\boldsymbol{b}=[0 \quad 0 \quad \cdots \quad 0 \quad 1]^{\mathrm{T}}$ 时，改变的仅是传递函数的极点，而不改变其零点。然而，当状态变量反馈到多个调节变量中时，状态系数矩阵的多个行将发生变化，这样将使所有输出对任一输入传递函数分子中含有另外调节变量引入的状态反馈系数。势必使这些传递函数的零点产生变化。

然而，状态向量反馈对极点的可移动性，实际上是受限制的。这些限制如下：

1）为了明显地改变系统的固有特性，需要很高的反馈增益和大幅值的调节变量，这样便增大了测量噪声和输出干扰的影响；

2）大幅值的调节变量和调节速度造成足够大的调节器功率，否则将会带来足够大系统延滞，反过来影响系统固有特性改善的有效性；

3）全部状态反馈的要求，不能只限于控制对象的状态。调节装置与测量元件的动态特性不一定都为高频特性。只要这些环节没有“快”到可以略去它的动态特性的程度时，利用全状态反馈实现最优控制便成为不可能。何况，表征它们这些动态特性的变量不一定是容易测量的。

因此，所谓全部状态反馈系统，只限于在理论上研究，大多数情况下，人们只满足一种“非完全状态变量反馈”。

2. 输出反馈

为了清楚地说明输出反馈系统的作用，再研究一下控制对象的结构形式。如图 9－34 所示，为控制标准形式的状态反馈系统。其控制对象的传递函数由下式表示：

$$g(s)=\frac{b_0}{s^2+a_1 s+a_0} \tag{9-175}$$

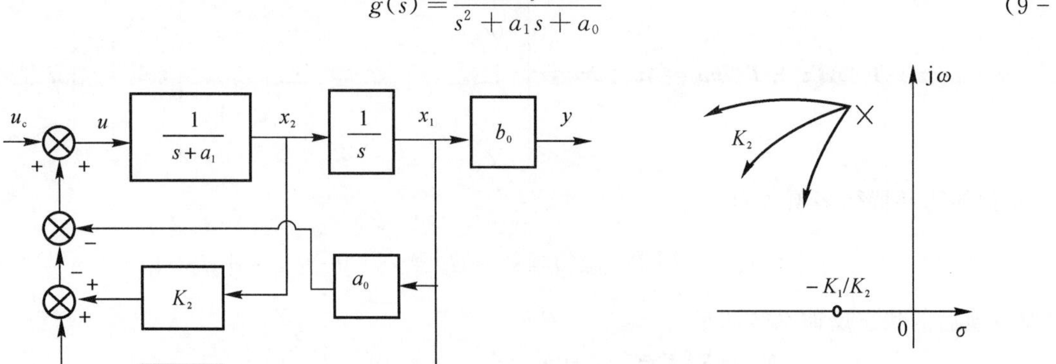

图 9－34　控制标准形式的状态反馈系统

(a) 方块图；(b) 根轨迹

调节变量的全状态反馈由式(9－176) 表示：

$$u(s)=u_{\mathrm{c}}(s)-K_1 x_1(s)-K_2 x_2(s) \tag{9-176}$$

由控制对象和状态反馈增益形成的开环传递函数为

$$g(s)K(s)=\frac{b_0(K_2 s+K_1)}{s^2+a_1 s+a_0} \tag{9-177}$$

显然多余极点 $d=1$，因此当 $-K_1/K_2$ 不太大的情况下，K_2 的增大将有效地提高闭环系统的阻尼。其闭环传递函数为

$$h(s)=\frac{b_0}{s^2+(a_1+K_2)s+(a_0+K_1)} \tag{9-178}$$

事实上，K_1 起到增加固有频率的作用，当 $K_2\to\infty$ 时，根轨迹的渐近线在左半 s 平面上平行于实轴。

同样，对 n 阶控制标准形式的状态向量反馈系统，其控制对象传递函数为

$$g(s)=\frac{b_0}{s^n+a_{n-1}s^{n-1}+\cdots+a_1s+a_0} \tag{9-179}$$

调节变量的拉普拉斯变换式为

$$u(s)=u_c(s)-\sum_{i=1}^{n}K_ix_i(s) \tag{9-180}$$

由控制对象和控制器构成的开环传递函数为

$$g(s)K(s)=\frac{b_0(K_ns^{n-1}K_{n-1}s^{n-2}+\cdots+K_1)}{s^n+a_{n-1}s+\cdots+a_1s+a_0} \tag{9-181}$$

可见多余极点 $d=n-(n-1)=1$，全状态反馈将有效地提高闭环系统的阻尼。

如果控制对象本身含有一定的超前量，即传递函数分子存在零点时，为了提高闭环系统的阻尼，就没有必要采用全状态反馈系统。一个最简单的具有超前的对象传递函数为

$$g(s)=\frac{b_1s+b_0}{s^2+a_1s+a_0} \tag{9-182}$$

如果给出一个常值的输出反馈，如图 9-35 所示。

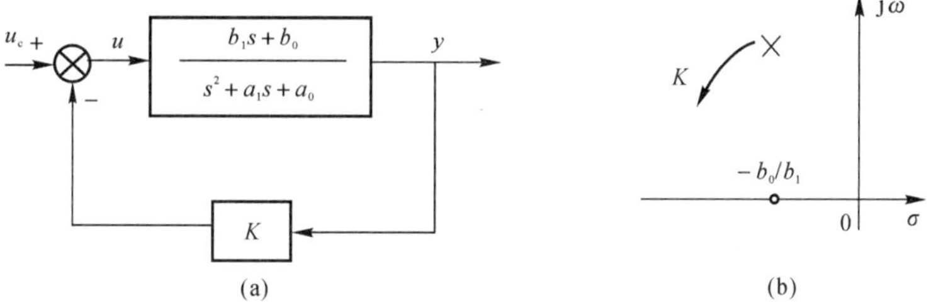

图 9-35　具有超前控制对象的输出反馈系统

(a) 方块图；(b) 根轨迹图

其控制对象和控制器构成的开环传递函数为

$$g(s)K=\frac{K(b_1s+b_0)}{s^2+a_1s+a_0} \tag{9-183}$$

闭环传递函数为

$$h(s)=\frac{b_1s+b_0}{s^2+(a_1+Kb_1)s+(a_0+Kb_0)} \tag{9-184}$$

可见，多余极点 $d=1$ 使得输出反馈增益 K 的增加，只要 b_0/b_1 不太大，K 的增加将有效地提高闭环系统的阻尼。

推广到具有 m 个零点的 n 阶($n>m$)控制对象，其控制器传递函数为

$$K(s)=K_1+K_2s+\cdots+K_{n-m}s^{n-m-1} \tag{9-185}$$

它相当于部分状态反馈即输出反馈的综合。那么开环控制回路的传递函数为

$$g(s)K(s)=\frac{(b_ms^m+\cdots+b_0)(K_{n-m}s^{n-m-1}+\cdots+K_1)}{s^n+a_{n-1}s^{n-1}+\cdots+a_1s+a_0} \tag{9-186}$$

由于多余极点 $d=1$，只要对象传递函数的零点在左半 s 平面内(最小相位系统)，那么，用有限的输出反馈，就肯定能改善闭环系统的阻尼。然而，由于控制器只有 $n-m$ 个 K 系数，只能互不相关地改变 $n-m$ 个极点位置。

和全状态反馈一样，输出反馈系统除应完成固有特性的改变外，还应完成另外一些要求。

9.2.5 多变量系统极点配置设计方法

大部分多变量系统的设计方法都是以线性系统为基础，通过严格的数学分析而得到的。按照以往的控制理论知识，给出一个描述“最佳”过程的性能函数，设计控制器的结构和计算控制律参数。事实上，这些方法只能给出解决问题的初步解，为了完善任何一种方法的设计，必须以控制理论和技术要求，按线性、非线性全面地计算和检查可能存在的任何问题，最终还必须进行全方位的包括部件与系统的实物实验，以证明设计方案和参数计算的正确性。如飞机飞行控制系统需要进行多次反复的地面物理实验和空中飞行试验，才能最终确定系统设计的正确性。

在本节介绍的这些重要的设计方法，都应针对某一特定的控制对象、控制任务和控制器结构选择使用。

9.2.5.1 Riccati 设计法

当用状态反馈设计调节器控制规律时，可以采用多种方法，譬如极点配置法、二次型性能指标最小化——LQR 法。极点配置可使系统有良好的瞬态响应，线性二次型调节器具有较好的反馈特性。如果二次型性能函数

$$J=\int_0^{\infty}(\boldsymbol{x}^{\mathrm{T}}\boldsymbol{Q}\boldsymbol{x}+\boldsymbol{u}^{\mathrm{T}}\boldsymbol{R}\boldsymbol{u})\mathrm{d}t \tag{9-187}$$

最小，那么由空间法描述的线性时不变系统就最优。这里的最优意味着状态变量从起始条件 $\boldsymbol{x}(0)$ 到逐渐趋于零，而由式(9-187)描述的性能指标就最小，式中 $\boldsymbol{R}$ 为正定的($\boldsymbol{R}$ 为特征值都大于零的实对称矩阵)，$\boldsymbol{Q}$ 为半正定的($\boldsymbol{Q}$ 为特征值不小零的实对称矩阵)，以及($\boldsymbol{A},\boldsymbol{B}$) 可控。满足这一条件的反馈矩阵为

$$\boldsymbol{K}=\boldsymbol{R}^{-1}\boldsymbol{B}^{\mathrm{T}}\boldsymbol{P} \tag{9-188}$$

其中，$\boldsymbol{P}$ 是代数矩阵 Riccati 方程

$$\boldsymbol{A}^{\mathrm{T}}\boldsymbol{P}+\boldsymbol{P}\boldsymbol{A}+\boldsymbol{Q}-\boldsymbol{P}\boldsymbol{B}\boldsymbol{R}^{-1}\boldsymbol{B}^{\mathrm{T}}\boldsymbol{P}=\boldsymbol{0} \tag{9-189}$$

的正定解。闭环系统的 $\boldsymbol{A}'=\boldsymbol{A}-\boldsymbol{B}\boldsymbol{K}$，由式(9-188)、式(9-189)得到

$$(\boldsymbol{A}-\boldsymbol{B}\boldsymbol{K})^{\mathrm{T}}\boldsymbol{P}+\boldsymbol{P}(\boldsymbol{A}-\boldsymbol{B}\boldsymbol{K})+\boldsymbol{Q}+\boldsymbol{K}^{\mathrm{T}}\boldsymbol{R}\boldsymbol{K}=\boldsymbol{0} \tag{9-190}$$

设计 $\boldsymbol{K}$ 可用两种方法，一种是给定 $\boldsymbol{A},\boldsymbol{B},\boldsymbol{Q},\boldsymbol{R}$ 和闭环预置极点，采用各种优化方法求解 $\boldsymbol{K}$，在闭环极点符合要求的情况下验证 J 最小；另一种方法是先利用闭环极点与加权矩阵的关系求加权矩阵 $\boldsymbol{Q},\boldsymbol{R}$，再按最优控制的方法求 $\boldsymbol{K}$。

用这种设计方法得到的闭环系统在随机扰动的情况下，从状态变量响应方差最小意义上看，是有意义的。但是，在实际应用中存在许多缺点，其中，性能指标中的加权矩阵难以确定，当用于飞行控制系统的设计时，得到的闭环系统适用于扰动响应的保持，不适于飞机运动的选择和引导；再者，全状态反馈使得状态变量的可观测性和可估计性提出了更高的要求。因此，这种方法难以使用和适用于飞机飞行控制系统的设计中，除非使用其他方法不能实现期望的设计目标。

由式(9-187)表示的性能指标最小，相当于输入、输出传递特性的二次范数最小。近年来，取名为 H_2 设计而著名的一些方法，也是根据同样的基本思想，给出了同样的结果。这些方法的特点是针对 Riccati 设计方法的不足，考虑了扰动抑制和引导控制之间的矛盾，做出了良好的折中。在此不作详细介绍。

9.2.5.2 状态反馈极点配置

飞行品质要求的重要部分是关于传递函数极点的要求。如关于短周期振荡、沉浮运动和荷兰滚振荡的频率和阻尼，以及滚转、螺旋运动的时间常数等，直接涉及系统极点的要求。当然这种要求也可转化为二次性能指标，但由于复杂的转换方式不如简单地直接采用极点配置更方便可行。

极点配置有多种方法。从大的方面讲有状态反馈极点配置、输出反馈极点配置和动态输出反馈设计法等。对于每一种大的极点配置设计法又包含着不同的方法。

状态反馈极点配置法包括状态空间法和传递矩阵设计法，尽管设计方法的形式不同，但归根结底包含着同一个设计思想。一个最简单的极点配置法是单输入状态空间极点配置。当系统为

$$\dot{\boldsymbol{x}} = \boldsymbol{Ax} + \boldsymbol{bu} \tag{9-191}$$

时，给出闭环系统状态系数矩阵 $\boldsymbol{A} - \boldsymbol{bK}$ 所期望的特征值 $\lambda_1', \lambda_2', \cdots, \lambda_n'$，求出控制律

$$\boldsymbol{u} = -\boldsymbol{Kx} \tag{9-192}$$

所包含的状态反馈系数向量的各元素。当控制对象即开环特征多项式为

$$D(s) = \det(s\boldsymbol{I} - \boldsymbol{A}) = \prod_{i=1}^{n}(s - \lambda_i) = s^n + a_{n-1}s^{n-1} + \cdots a_1 s + a_0 \tag{9-193}$$

期望的闭环特征多项式为

$$D' = \det(s\boldsymbol{I} - \boldsymbol{A} + \boldsymbol{bK}) = \prod_{i=1}^{n}(s - \lambda_i') = s^n + d_{n-1}s^{n-1} + \cdots + d_1 s + d_0 \tag{9-194}$$

时，如果$(\boldsymbol{A}, \boldsymbol{b})$是可控的，便可找到一个适合计算求解的公式。式中，$\boldsymbol{K} = [K_1 \quad K_2 \quad \cdots \quad K_n]$。

利用 $\mathrm{tr}[\boldsymbol{QbK}] = \boldsymbol{KQb}$，得到极点配置后的单输入闭环特征多项式为

$$D'(s) = \det(s\boldsymbol{I} - \boldsymbol{A} + \boldsymbol{bK}) = D(s) + \boldsymbol{K}\mathrm{adj}(s\boldsymbol{I} - \boldsymbol{A})b = D(s) + \mathrm{tr}[D(s)\,(s\boldsymbol{I} - \boldsymbol{A})^{-1}\boldsymbol{bK}] \tag{9-195}$$

并由式(9－54)和式(9－57)得到

$$D(s)\,(s\boldsymbol{I} - \boldsymbol{A})^{-1} = \mathrm{adj}(s\boldsymbol{I} - \boldsymbol{A}) = \boldsymbol{I}s^{n-1} + (\boldsymbol{A} + a_{n-1}\boldsymbol{I})s^{n-2} + (\boldsymbol{A}^2 + a_{n-1} + \boldsymbol{A}a_{n-2}\boldsymbol{I})s^{n-3} + (\boldsymbol{A}^{n-1} + a_{n-1}\boldsymbol{A}^{n-2} + \cdots + a_1\boldsymbol{I}) \tag{9-196}$$

从而得到

$$D'(s) - D(s) = \mathrm{tr}[D(s)\,(s\boldsymbol{I} - \boldsymbol{A})^{-1}\boldsymbol{bK}] = \sum_{i=1}^{n}\boldsymbol{K}[\boldsymbol{bAb} \quad \cdots \quad \boldsymbol{A}^{i-1}\boldsymbol{b}]\,[a_{n-i+1} \quad a_{n-i+2} \quad \cdots \quad a_{2n-i}]^{\mathrm{T}}s^{n-i} \tag{9-197}$$

式中，$a_n = 1$，当 $i < j$ 时，$a_{n-i+j} = 0$。当令

$$\boldsymbol{\Phi}_{\mathrm{c}} = [\boldsymbol{b} \quad \boldsymbol{Ab} \quad \cdots \quad \boldsymbol{A}^{n-1}\boldsymbol{b}] \quad (\text{可控性矩阵}) \tag{9-198}$$

$$\boldsymbol{X} = \begin{bmatrix} 1 & 0 & \cdots & \cdots & 0 \\ a_{n-1} & 1 & 0 & \cdots & 0 \\ a_{n-2} & a_{n-1} & 1 & \cdots & 0 \\ \vdots & \vdots & \vdots & & \vdots \\ a_1 & a_2 & \cdots & a_{n-1} & 1 \end{bmatrix} \tag{9-199}$$

$$\boldsymbol{d} = [d_{n-1} \quad d_{n-2} \quad \cdots \quad d_0]^{\mathrm{T}} \tag{9-200}$$

$$\boldsymbol{a} = [a_{n-1} \quad a_{n-2} \quad \cdots \quad a_0]^{\mathrm{T}} \tag{9-201}$$

时，由式(9－197)得到矩阵向量方程

$$\boldsymbol{X\Phi}_{\mathrm{c}}^{\mathrm{T}}\boldsymbol{K}^{\mathrm{T}} = \boldsymbol{d} - \boldsymbol{a} \tag{9-202}$$

最终得到

$$\boldsymbol{K}^{\mathrm{T}} = [\boldsymbol{X\Phi}_{\mathrm{c}}^{\mathrm{T}}]^{-1}(\boldsymbol{d} - \boldsymbol{a}) \tag{9-203}$$

在多输入情况下，为了计算方便需要采用并矢反馈矩阵

$$\boldsymbol{K} = \boldsymbol{fp}^{\mathrm{T}} \tag{9-204}$$

进行极点配置。$\boldsymbol{K}$ 的秩为 1，$\boldsymbol{f}$ 和 $\boldsymbol{p}$ 分别为 m 和 n 维列向量。先设置 f 使系统$(\boldsymbol{A}, \boldsymbol{Bf})$可控。令

$$\boldsymbol{\Phi}_{\mathrm{c}} = [\boldsymbol{Bf} \quad \boldsymbol{ABf} \quad \cdots \quad \boldsymbol{A}^{n-1}\boldsymbol{Bf}] \tag{9-205}$$

便可得到

$$\boldsymbol{P} = [\boldsymbol{X\Phi}_{\mathrm{c}}^{\mathrm{T}}]^{-1}(\boldsymbol{d} - \boldsymbol{a}) \tag{9-206}$$

从而由式(9－204)得到 $\boldsymbol{K}$。

另一个状态反馈极点配置法是传递函数矩阵设计法。当用频域方法设计闭环系统时，若采用状态反馈

需要利用输入到状态之间的传递矩阵

$$\boldsymbol{G}(s)=\frac{1}{\boldsymbol{D}(s)}\mathrm{adj}(s\boldsymbol{I}-\boldsymbol{A})\boldsymbol{B} \tag{9-207}$$

当仍采用并矢反馈矩阵 $\boldsymbol{K}=\boldsymbol{f}\boldsymbol{P}^{\mathrm{T}}$，且 $\boldsymbol{f}$ 已经决定时，得到

$$\boldsymbol{G}(s)\boldsymbol{f}=\frac{1}{\boldsymbol{D}(s)}\mathrm{adj}(s\boldsymbol{I}-\boldsymbol{A})\boldsymbol{b}_f=\frac{1}{\boldsymbol{D}(s)}\boldsymbol{n}(s) \tag{9-208}$$

式中，$\boldsymbol{b}_f=\boldsymbol{B}\boldsymbol{f}$。由式(9－54)得到

$$\boldsymbol{n}(s)=\mathrm{adj}(s\boldsymbol{I}-\boldsymbol{A})b_f=R_nb_fs^{n-1}+R_{n-1}b_fs^{n-2}+\cdots+R_2b_fs+R_1b_f \tag{9-209}$$

由于期望的闭环特征多项式为

$$\boldsymbol{D}'(s)=\det(s\boldsymbol{I}-\boldsymbol{A}+\boldsymbol{B}\boldsymbol{K})=\boldsymbol{D}(s)+\boldsymbol{P}^{\mathrm{T}}\mathrm{adj}(s\boldsymbol{I}-\boldsymbol{A})b_f=\boldsymbol{D}(s)+\boldsymbol{p}^{\mathrm{T}}n(s) \tag{9-210}$$

所以

$$\boldsymbol{D}'(s)-\boldsymbol{D}(s)=\boldsymbol{P}^{\mathrm{T}}\boldsymbol{n}(s) \tag{9-211}$$

使式(9－211)左右同幂次项系数相等，便可得到矩阵向量

$$\boldsymbol{P}=\boldsymbol{Y}^{-1}(\boldsymbol{d}-\boldsymbol{a}) \tag{9-212}$$

式中

$$\boldsymbol{Y}=[R_nb_f\quad R_{n-1}b_f\quad R_2b_f\quad R_1b_f]^{\mathrm{T}} \tag{9-213}$$

$$(\boldsymbol{d}-\boldsymbol{a})=[d_{n-1}-a_{n-1}\quad d_{n-2}-a_{n-2}\quad\cdots\quad d_0-a_0] \tag{9-214}$$

以及 $R_{n-1},R_{n-2},\cdots,R_1,R_0$ 同式(9－57)定义。解方程式(9－212)便可求出 $\boldsymbol{P}$，从而由式(9－204)得到 $\boldsymbol{K}$。

可以证明，由式(9－199)和式(9－205)得到的 $\boldsymbol{X}\boldsymbol{\Phi}_c^{\mathrm{T}}$ 和由式(9－213)表征的 $\boldsymbol{Y}$ 是相等的。这就说明状态空间设计法与传递函数矩阵设计法得到的状态反馈极点配置结果是一致的。只要采用并矢方法的配置技术和选择相同的 $\boldsymbol{f}$，那么不管利用什么方法，都可得到唯一的 $\boldsymbol{P}$ 向量各元素，除非 $\boldsymbol{f}$ 向量不同。

9.2.5.3 特征结构配置

由上一节内容可知，对于唯一一个调节变量的全状态反馈，在控制对象完全可控的情况下，可以得到期望的闭环系统的特征值，但不一定获得更好的闭环响应特性。对于一个实际的 MIMO 反馈系统，设计的目的不在于任意改变状态矩阵 $\boldsymbol{A}$ 的所有特征值，一方面它的某些开环特征值已经满足期望；另一方面，尽管某些开环特性未能满足要求，但通过状态反馈获得希望的特征值需要很大的代价，甚至不可实现。例如在飞机纵向运动中，对应沉浮运动的特征值，不必在升降舵通道中引入飞行速度或俯仰角反馈给予修正，那样将给迎角 α 和俯仰角速率 ω_z 响应特性带来坏的影响，倒不如不予理睬为好，因为在 α 和 ω_z 的升降舵操纵或垂直风干扰响应中，沉浮运动模态分量很小。更为重要的是，在改善占主导地位的闭环特征值的同时，提高该特征值对应的幅值，也就是改善主导特征值相应的主导特征向量。在配置特征值的同时，配置特征向量，称为特征结构配置。

在实际 MIMO 系统中，状态矩阵 $\boldsymbol{A}$ 的特征值 $\lambda_i(i=1,2,\cdots,n)$ 各不相同，并且与 λ_i 对应的右特征向量 $\boldsymbol{p}_i$ 或左特征向量 $\boldsymbol{r}_i$ 是线性无关的。按本书第二篇给出的定义，右特征矩阵和左特征矩阵分别由下式表示：

$$\boldsymbol{P}=[\boldsymbol{p}_1\quad\boldsymbol{p}_2\quad\cdots\quad\boldsymbol{p}_n],\quad\boldsymbol{R}=[\boldsymbol{r}_1\quad\boldsymbol{r}_2\quad\cdots\quad\boldsymbol{r}_n]^{\mathrm{T}} \tag{9-215}$$

并有

$$\boldsymbol{R}\boldsymbol{A}\boldsymbol{P}=\boldsymbol{\Lambda}=\mathrm{diag}\{\lambda_i\} \tag{9-216}$$

从而得到

$$\boldsymbol{G}(s)=\boldsymbol{C}\,(s\boldsymbol{I}-\boldsymbol{A})^{-1}\boldsymbol{B}=\boldsymbol{C}\boldsymbol{P}\,(s\boldsymbol{I}-\boldsymbol{\Lambda})^{-1}\boldsymbol{R}\boldsymbol{B}=\sum_{i-1}^{n}\frac{1}{s-\lambda_i}\boldsymbol{C}\boldsymbol{p}_i\boldsymbol{r}_i\boldsymbol{B} \tag{9-217}$$

这里 $\boldsymbol{R}=\boldsymbol{P}^{-1}$，$\boldsymbol{p}_i$ 是列向量，$\boldsymbol{r}_i$ 是行向量。可见影响系统特性的不仅仅是极点本身，还应包括相应的特征向量。闭环响应特性的速度取决于闭环特征值，而响应的幅值大小和相位很大程度上取决于特征向量。这种

影响在第二篇飞机动力学分析中已经详尽地说明了。如在滚转操纵响应中，滚转模态幅值应该足够大，而荷兰滚振荡的幅值应尽量减小，以及与滚转角速率和侧滑角的相位角有关，不仅操纵输入响应与特征向量有关，初始状态 x_0 的输出响应

$$\boldsymbol{y}(t)=\sum_{i=1}^{n}\boldsymbol{C}\boldsymbol{p}_i\boldsymbol{r}_i\mathrm{e}^{\lambda_i t}\boldsymbol{x}(0) \tag{9-218}$$

也与特征向量有关。正确选择 $\boldsymbol{p}_i,\boldsymbol{r}_i$ 使 $\boldsymbol{x}_0$ 在 $\boldsymbol{y}(t)$ 中的影响很小。因此，应在配置特征值的同时，也应相应地配置特征向量。

9.2.6　解耦控制与对角优势设计

闭环控制系统如果能够完全解耦，即一个输入给定值只能控制一个输出变量响应，那么无疑是一种非常理想的系统。达到这一目标的途径有两种，一是先使开环系统完全解耦，从而形成 m 个完全独立的单回路系统，利用 SISO 系统的设计方法，便可获得 m 个良好的独立系统；另一种途径则是利用解耦补偿器和反馈矩阵使闭环系统解耦，同时得到 m 个具有良好性能的单输入单输出系统。

有多种方法对 MIMO 闭环系统实施解耦设计，可根据对角特性的具体情况和解耦程度的不同要求，采用不同的解耦方法。最简单的方法是串联解耦法，其优点是显然的。这种方法也有不少缺点。在实际工程中，串联解耦控制的前向通路补偿器不容易实现。通常要求它是稳定的，不仅在右半 s 平面上没有极点，也应在右半 s 平面上没有零点。但是，如果控制对象在右半 s 平面上存在极点时，最好不用前向补偿器设置右半 s 平面零点抵消的办法解决。考虑到参数的微小变化，这些不稳定极点可能重新出现，这就是说这种消失是不完全的。解耦控制的另一种办法是反馈解耦，它要求对象具有可控性，不满足这一条便无法进行反馈解耦，但可采用特殊结构获得串联解耦。

9.2.6.1　状态反馈解耦控制介绍

如图 9-36 所示，为状态反馈解耦控制闭环系统。

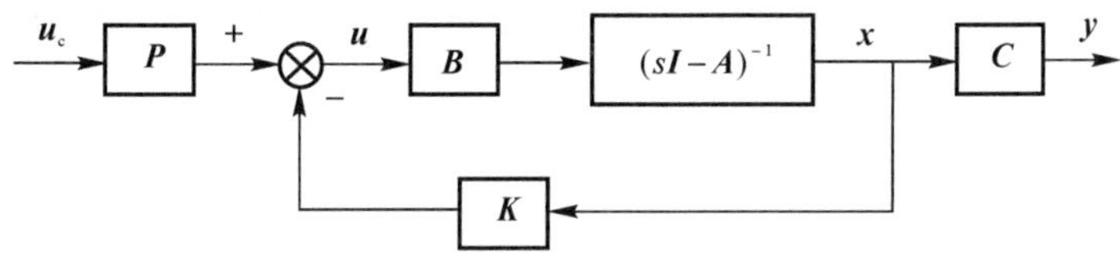

图 9-36　状态反馈解耦控制回路

其控制对象的状态方程和输出方程分别为

$$\dot{\boldsymbol{x}}=\boldsymbol{A}\boldsymbol{x}+\boldsymbol{B}\boldsymbol{u},\quad \boldsymbol{y}=\boldsymbol{C}\boldsymbol{x} \tag{9-219}$$

式中，$\boldsymbol{x}\in\mathbf{R}^n,\boldsymbol{u}\in\mathbf{R}^m,\boldsymbol{y}\in\mathbf{R}^m$。

状态反馈方程为

$$\boldsymbol{u}=-\boldsymbol{K}\boldsymbol{x}+\boldsymbol{P}\boldsymbol{u}_c \tag{9-220}$$

式中，$\boldsymbol{u}_c\in\mathbf{R}^m$；$\boldsymbol{P}$ 为 $m\times n$ 阶的非奇异矩阵。解耦控制的目的是确定矩阵对 $\boldsymbol{K}$ 和 $\boldsymbol{P}$，从而获得非奇异的闭环传递函数矩阵

$$\boldsymbol{H}(s)=\boldsymbol{C}(s\boldsymbol{I}-\boldsymbol{A}+\boldsymbol{B}\boldsymbol{K})^{-1}\boldsymbol{B}\boldsymbol{P}=\mathrm{diag}\{h_{11}(s)\quad h_{22}(s)\quad\cdots\quad h_{mm}(s)\} \tag{9-221}$$

式中，$h_{ii}(s)$ 代表 m 个不耦合的独立系统。这就是状态反馈解耦控制，且 $\boldsymbol{K}$ 和 $\boldsymbol{P}$ 称为解耦矩阵对。在什么条件下才有可能引入控制律式(9-220)使闭环系统成为无耦合的 m 个输入分别控制 m 个输出的解耦系统，这是首先应该解决的问题。第 2 个问题才是求解矩阵对 $\boldsymbol{K},\boldsymbol{P}$。这就是说，由状态方程和输出方程表示的控制对象，只有在一定条件下，才能采用状态反馈 $\boldsymbol{K}$ 矩阵和前向通道 $\boldsymbol{P}$ 矩阵的办法，实现解耦控制。由状态反馈解耦控制获得的闭环系统将由 m 个独立的一阶系统构成，且

$$h_{ii}(s)=\frac{\gamma_{0i}}{s+m_{0i}} \tag{9-222}$$

解耦控制除状态反馈解耦外，还有多种解耦方法，在此不多介绍。在大多数情况下，解耦的先决条件是控制对象的可逆性。对于具有精确模型的控制对象，可以实现解耦控制，因为它需要精确的参数计算。由于飞机这种控制对象模型的不确定性，所以不易实现精确的解耦控制。事实上，对飞机飞行控制系统的要求，不必要实现精确的完全解耦，对于某些运动变量只要实现一定程度上的解耦，如幅值限制、模态分量限制以及稳态解耦就足够了。精确的完全的解耦控制可用于飞行/火力综合控制中，精确解耦实现精确跟踪、瞄准和高命中率。

9.2.6.2 逆奈氏阵列(INA)对角优势化设计方法介绍

对角优势的概念已在本章前述内容中介绍过，是指传递函数矩阵对角优势化，这种方法称为正奈氏列阵(DNA)方法。英国学者 Rosenbrock 提出了另一种分析、设计方法，那就是利用传递函数矩阵的逆实现对角优势化，称为逆奈氏阵列法(INA)。基于近似对角这一设想，通过前置或后置滤波器使前向通道传递函数矩阵逆的对角元素起主导作用，再利用这些对角元素的倒数进行单回路设计，最终将使整个系统设计满足预先提出的各种性能指标，包括各通道之间的耦合作用减少到可以接受的地步。

逆奈氏阵列(INA)法判别传递函数矩阵逆对角元素起主导作用的标准是，设 $\boldsymbol{A}(s)$ 为 $m\times m$ 阶矩阵，当 s 在某一域 S 内满足

$$|a_{ii}(s)|>\sum_{\substack{j=1\\j\neq i}}^{m}|a_{ij}(s)|,\quad i=1,2,\cdots,m \tag{9-223}$$

或

$$|a_{ii}(s)|>\sum_{\substack{j=1\\j\neq i}}^{m}|a_{ji}(s)|,\quad i=1,2,\cdots,m \tag{9-224}$$

则称为矩阵 $\boldsymbol{A}(s)$ 在 S 域上是行对角优势或列对角优势的。对角优势化应满足这个标准，可以利用图形法逐点计算加以检验。当 s 沿 S 域中某一曲线运动时，在复平面上可以得到 $a_{ii}(s)$ 的映像 Γ_i，在 Γ_i 上的各点为圆心，并以

$$d_i=\sum_{\substack{j=1\\j\neq i}}^{m}|a_{ij}(s)| \tag{9-225}$$

或

$$d_i'>\sum_{\substack{j=1\\j\neq i}}^{m}|a_{ji}(s)| \tag{9-226}$$

为半径作圆，此圆称为 Gershgorin 圆。当 s 沿 S 域中曲线运动时，这些圆的圆心将沿 Γ_i 曲线运动，这些圆本身将扫出一条带域，称为 Gershgorin 带。如果式(9-223)和式(9-224)得到满足，那么各 Gershgorin 圆将不包围 s 平面原点(0,0)，Gershrogin 带也不扫过原点。

利用 Gershgorin 带可以研究闭环系统的稳定性及其允许的反馈增益，在此不多赘述。利用 Gershgorin 带可以给出第 i 个输入对第 i 个输出的传递函数 $h_i(s)$或 $h_i^{-1}(s)$的较为粗略的估计。还可以利用 Ostrowski 定理，在其他回路闭合时，可以研究某个单回路特性及其增益裕量。受篇幅限制，在此也不作介绍。

1. 对角优势化的获得

获得对角优势是本设计的重要一环。只有采用合适的补偿器，才能得到对角优势。补偿器可以在输入端也可在输出端，为不改变系统输出特性，通常采用合适的前置补偿器 $\boldsymbol{K}(s)$ 得到对角优势。如图 9-37 所示，为对角优势前置串联补偿结构。

一般要求 $\boldsymbol{K}(s)$ 要简单和容易实现。它的极点和零点应在左半 s 平面，以尽量避免引入不稳定的开环极点和逆向响应特性(非最小相位系统)。理想的情况是 $\boldsymbol{K}(s)$ 应为常数矩阵，即对 $\boldsymbol{G}^{-1}(s)$ 进行简单的行交换或

乘以常数因子加到另一行就可以变为对角优势矩阵。

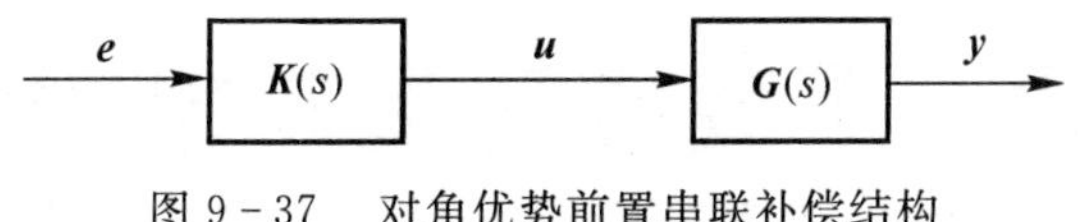

图 9-37　对角优势前置串联补偿结构

获得对角优势的方法如下：

—— 图形试凑法，做出 $\boldsymbol{G}^{-1}(\mathrm{j}\omega)$ 各元素的曲线，利用这些曲线对 $\boldsymbol{G}^{-1}(\mathrm{j}\omega)$ 进行行变换，从而得到一个实数的 $\boldsymbol{K}^{-1}$。

—— 零频率对角优势化，令 $\boldsymbol{K}^{-1}=\boldsymbol{G}(0)$，这样便可使 $\boldsymbol{Q}^{-1}(\mathrm{j}\omega)=\boldsymbol{K}^{-1}\boldsymbol{G}^{-1}(\mathrm{j}\omega)$ 在 $\omega=0$ 处对角化，再作些处理获得对角优势。这种方法实际上保证了稳态解耦。

—— 伪对角化方法，在某些指定频率处，给定一个常数矩阵 $\boldsymbol{K}$，使 $\boldsymbol{Q}^{-1}(\mathrm{j}\omega)$ 的同行（列）非对角元素幅值之和与对应的对角元素幅值相比尽量的小。

事实上，需要反复综合才能获得对角优势，而且也不能保证所有控制对象都能通过补偿达到对角优势。不能采用过分复杂的 $\boldsymbol{K}(s)$ 以获得对角优势。设计者可以通过不同算法算出 $\boldsymbol{K}(s)$，但是，这样得到的 $\boldsymbol{K}(s)$ 可能是任意形式，当按 $\boldsymbol{K}(s)$ 的 $m\times m$ 个元素补偿时，整个系统变得十分复杂，一旦闭环系统特性不太理想，不容易从改变参数的途径去改进系统特性。

2. 对 INA 设计方法的讨论

关于逆奈氏阵列设计法是继承和发展了 SISO 系统的概念和方法，比较容易为熟悉经典控制方法的设计师和工程技术人员所接受。如果能通过完善的计算机软件来实现，那么设计人员便可避开那么复杂的计算，比较容易掌握和实用。这种方法为设计人员提供了较多的自由度，可以利用个人经验和智慧选定参数，进行设计。

INA 设计方法最关键问题是设计前置补偿器以获得逆奈氏矩阵的单对角优势。要求这种补偿器应当是稳定的、简单的和可以实现的。在实际工程设计中，一个常数的 $\boldsymbol{K}$ 矩阵通过行变换能否得到一个理想的对角优势矩阵，主要取决于控制对象 $\boldsymbol{G}^{-1}(s)$ 的结构和参数。如果 $\boldsymbol{G}^{-1}(s)$ 具有一定近似程度的对角优势特点，或者多数元素符合对角优势标准，那么便可得一个简单的前置补偿器，否则，尽管进行了反复调试，最终得到的 $\boldsymbol{K}(s)$ 仍是过分的复杂和难以实现，而且人们总是倾向于采用最简单和最直接的方法。因此，控制对象的逆奈氏特性是否存在单对角优势化设计的可能，成为逆奈氏阵列设计法被采用的焦点，而不是单回路设计要求所能决定的。单回路控制是一种最佳控制，不是所有控制对象都能实现的。

飞机飞行控制系统的控制对象是由飞机运动微分方程或状态方程描述的。由飞机状态方程获得的传递函数矩阵的逆，通过前置补偿器难以实现单对角优势，在它的每一行（列）中存在绝对值很大的元素，不仅它自身不能满足由式(9-223)和式(9-224)描述的传递函数矩阵逆对角元素起主导作用的标准，也难以采用简单的实施行变换的前置补偿器实现逆奈氏列阵对角优势化。实际上，也不是把一个输入操纵控制一个输出响应作为飞机飞行控制系统设计的重要要求，因为任何要求都要考虑它能实现的可能性。

飞机飞行控制系统的要求是局部解耦，并非完全解耦或近似完全解耦。譬如，副翼操纵输入应尽量减小侧滑角的幅值，尽管主要控制是滚转速率或滚转角，但也允许偏航速率的变化；在滚转速率和滚转角响应中主要控制滚转模态和尽量减小荷兰滚振荡模态分量，但是允许它所控制的偏航速率响应中存在荷兰滚振荡模态分量。这种局部解耦要求，至少在过去和现在一直是这样的。

利用不变性原理可以获得传递函数矩阵逆的双对角优势化的分析设计法。采用这种方法不仅能分析飞机动力学特性（如第二篇所述），还可用于飞机飞行控制系统各种功能的设计中。其内容将在本篇第 10 章叙述。

第10章　不变性解耦与鲁棒性设计

早在20世纪60年代初期，苏联学者就将不变性原理扩展到多变量系统领域内，严格地论证了多变量系统绝对不变性条件，给出了1个变量对$n-2$个扰动或者$n-2$个变量对1个扰动具有绝对不变性的必要条件是系统基本矩阵主行列式某一列或行的$n-2$个余子式恒为零，并提出负反馈的多变量系统某一变量最多能对$n-1$个外扰实现绝对不变性，或最多$n-1$个变量对1个外扰实现绝对不变性。此时，产生了选择不变性理论。在多变量系统控制理论发展的萌芽时期，不变性理论和多变量控制理论这两门分支学科就进行了某些理论结合。

不变性的基本概念是指系统某一变量对于扰动(内扰或外扰)具有独立无关的性质，即变量不随扰动的变化而变化。它被分为绝对、近似、选择、稳态等几种基本不变性类型。它可以使关联性较强的多变量系统实现某些独立和不相关性。具有不变性的多变量系统能实现局部或完全解耦，使多变量系统除满足某些不相关性和其他性能指标外，还能使多变量系统的分析和设计简单化，如本书第二篇所述，便是利用不变性解耦原理和初等变换法，对飞机动力学特性实施了近似解耦的空间法简化分析，从理论上使我们弄清了飞机运动模态特性、运动变量与操纵变量之间的某些鲜为人知的关系。具有前向交联控制器和反馈补偿器的解耦矩阵对，实现了多变量不变性局部解耦或完全解耦，使闭环系统状态矩阵$\boldsymbol{A}$实现双对角优势化。在实际工程中，对于多变量系统来说，总是要求闭环系统有弱的关联，要求某个输出变量对某个输入变量产生弱的响应，或者某个输出变量对某个输入变量的响应中不存在某些振型模态，或者对于某个(些)输出变量对某输入变量的响应为单模态或双模态特性等关联性指标。

多变量不变性解耦控制系统使多变量系统分解成若干相互独立的二阶系统，将一个复杂的多变量系统转化为多个人们所熟悉的双输入双输出系统。这种双变量系统，可以采用SISO系统的设计方法进行分析与设计。它给多变量系统的设计开辟了一条新的途径，将多变量系统交叉回路的设计问题简化为一组单回路控制系统的设计问题。对于每一个单回路来说，系统的简化结构是闭环传递函数的零、极点对消的结果。然而，由于在这个回路中被零点相消的极点却在另一个回路中出现，这表明了系统是完全可控和完全可观测的。不同的控制对象和系统性能指标要求，需要不同的控制系统结构(控制策略)去实现；不同的控制策略需要不同的分析、设计方法。对于飞机运动方程所描述的控制对象特性和飞行控制系统的功能指标要求，采用前馈和反馈控制方法，实现闭环系统矩阵方程特征行列式某些代数余子式恒为零，实现飞机飞行控制闭环系统的局部解耦、极点配置和保持、引导等各种功能的响应特性要求。这种多变量系统的分析与设计方法，是多年来在飞机飞行控制系统分析和控制律设计中经常使用的方法。

事实上，这种设计方法属于多变量系统频域设计方法的范畴。利用不变性解耦理论将多变量系统划分为若干个二阶子系统，每个二阶子系统具有一个调节器。对于飞行控制系统来说，根据功能要求，这个子系统的输出变量通过某个简单环节输出另外一个变量，它又通过某个环节输出另外一个变量，等等。如此多个变量(自由度)的串联以及它们中的每一个又通过某种前向控制器串联反馈于同一个调节器，构成串联嵌套多反馈回路。这种串联形式的多反馈控制器的结构优点是，可以按照从内回路逐步到外回路构成，并按由内到外逐一对各回路实施鲁棒性设计。这种结构的设计使得某一条外回路一旦出现故障时，如果取消此外回路而构成的新的外回路子系统仍具有满意的特性，而且驾驶员可承担故障外回路的功能。

对于每个二阶子系统构成的回路以及和它们的各个外回路构成的多反馈嵌套系统，尽管非常复杂，但仍可作为单回路控制系统，按照经典的频率响应法和根轨迹法为主体的频域设计方法来完成整个系统的设计。经典的频域法有很多优点，因为这种设计方法使整个设计过程既有明确的设计方向和十分直观的物理解释，又可充分结合设计者的经验和技巧，设计出来的控制系统不像状态空间法或传递矩阵法获得的控制策略那样复杂和不易理解，既有简单实用的系统结构，又有满意的动态和稳态性能。

由多种功能组成的飞机飞行控制系统，最基本的功能往往是飞行品质的改善。最基本的功能是由飞行控制系统最内层回路实现的，它也是其他控制功能实现的先决条件。系统设计的首要任务就是要用不变性解耦原理和初等变换方法得到各种二阶特性的子系统。有许多设计方法可以得到二阶指令动态特性和高抗扰动特性的控制器，然而指令控制和抗扰特性的兼顾是比较困难的。隐式模型跟踪控制设计方法为这两种需求提供了实现的可能性。

随着改善飞行品质基本回路设计任务的完成，无论在军用飞机或民用飞机的领域内，新的飞行任务不断提出，解决一个又要增加一个，对飞机飞行控制系统任务的要求，似乎是无止境的。目的只有一个，如何协助驾驶员完成更多的任务，实现更精确的控制。因此，在飞行控制系统每个最基本回路上，串联了一个又一个控制器，嵌套了一层又一层反馈回路。任何一层外回路之内的全部回路都是该外回路的内回路。这种多环节串联、多层次反馈结构能实现多种功能，每个功能本身都应有明确的设计目标，每一层控制回路都应具有起主导作用的二阶特性，包括全部控制回路的最后一种功能也应具有良好的二阶特性。简便的设计步骤应该把各种功能的控制回路依次由内向外进行；同样，在系统工作中也是由内向外逐个启动。隐式模型跟踪控制适合于这种串联、嵌套的多功能控制系统的设计要求。

多年来，在飞机飞行控制系统初步设计阶段，按理想化原始模型进行闭环系统分析和设计取得了令人满意的结果。所谓“理想化原始模型”是指在控制回路中不计调节器的动态特性、输出最大幅值和最大调节速度，不考虑状态(或输出)变量测量装置的动态特性和非线性影响。但是，在原始模型参数确定后，必须充分地考虑系统中一切高频环节(如调节器、状态传感器)带来的相位滞后和非线性的影响。尤其是调节器的带宽、幅值和调节速度，不仅显著地影响系统的稳定性、响应特性和飞行安全，还有碍于系统对扰动的抑制，必须按最大扰动量(如最大紊流)检验调节器的输出幅值和调节速度是否满足要求。最终的结果不是增大调节器幅值和速度，就是减小控制器增益，修正系统结构和增设补偿网络。

迄今为止，复杂非线性过程的控制理论偏少。因此，这里只介绍和讨论线性结构的控制系统。所选择的都是飞行控制系统中经过实践证明了的，而且实际上已能用于非线性过程的一些内容。同时，这些线性的数学模型应该用尽可能明显的物理形式帮助理解一些关心的主要指标，作为初步设计这是允许的。

在系统设计的最后阶段，是在考虑了非线性和时变性的飞机六自由度运动方程基础上进行的最大指令和最大扰动的数学仿真计算研究，最终验证调节器和测量装置的权限是否满足设计和规范对于指令响应特性和扰动抑制的要求。

由于系统多数环节的输入、输出信号是连续的(或者模拟的)，所以决定了系统应按连续系统设计。在这个基础上，再将计算机软件实现的控制器和滤波器函数实施离散化。由于模拟信号的采样、量化和计算对时间的消耗足够大，势必影响系统的稳定性。离散化设计详见本篇第 11 章。

10.1　不变性解耦控制

10.1.1　单、双变量不变性解耦控制系统

10.1.1.1　单变量不变性解耦系统的实现条件和标准矩阵方程

所谓单变量不变性系统是指多变量系统的某一状态变量对于某些输入变量的控制作用具有不变性的系统。例如，当初始条件为零时，多变量系统除某一输入变量外，在其他 $m-1$ 个输入变量作用下，某一个状态 $x_k(t)$ 在整个过渡过程时间间隔内保持不变。这表征 x_k 对这些输入的传递函数分子为零。由于传递函数的分子是 s 不同次幂的多项式，这将意味着包括 0 次项在内的 s 各项系数全为零。对于一个变量多、s 次幂高的

多变量系统来说，复杂的系数表达式不便于系统分析与设计。为了求解不变性条件、分析系统解耦特性和设计前馈和反馈参数，首先利用有限次初等变换方法，可得到与状态方程等效的矩阵方程。

通常多变量状态方程的形式为

$$\dot{\boldsymbol{x}} = \boldsymbol{A}\boldsymbol{x} + \boldsymbol{B}\boldsymbol{u} \tag{10-1}$$

式中，$\boldsymbol{x}$ 为 n 个分量的状态向量；$\boldsymbol{A}$ 为 $n\times n$ 阶的系统系数矩阵；$\boldsymbol{u}$ 为 m 个分量的控制输入向量；$\boldsymbol{B}$ 为 $n\times m$ 阶的控制系数矩阵。

将式(10-1)进行拉普拉斯变换，得到

$$[s\boldsymbol{I} - \boldsymbol{A}] = \boldsymbol{B}\boldsymbol{u}(s) \tag{10-2}$$

式中

$$[s\boldsymbol{I} - \boldsymbol{A}] = \begin{bmatrix} s-a_{11} & -a_{12} & \cdots & -a_{1n} \\ -a_{21} & s-a_{22} & \cdots & -a_{2n} \\ \vdots & \vdots & & \vdots \\ -a_{n1} & -a_{n2} & \cdots & s-a_{nn} \end{bmatrix}, \quad \boldsymbol{B} = \begin{bmatrix} b_{11} & b_{12} & \cdots & b_{1m} \\ b_{21} & b_{22} & \cdots & b_{2m} \\ \vdots & \vdots & & \vdots \\ b_{n1} & b_{n2} & \cdots & b_{nm} \end{bmatrix}$$

在什么情况下可以实现不变性，什么结构的控制系统才有可能实现不变性，这是多变量不变性系统设计时首先需要解决的问题。研究判别不变性条件能否实现的准则和系统结构具有重要的实际意义。

为了获得单变量不变性实现条件，通过初等变换法改变系统矩阵形式，而不因这种变化而改变系统特征值和传递函数矩阵。给出由式(10-3)表示的初等变换矩阵

$$\boldsymbol{M} = \begin{bmatrix} 1 & 0 & \cdots & 0 & 0 \\ 0 & 1 & \cdots & 0 & 0 \\ \vdots & \vdots & & \vdots & \vdots \\ 0 & 0 & \cdots & 1 & 0 \\ 0 & m_2 & \cdots & m_{n-1} & m_n \end{bmatrix} \tag{10-3}$$

式中

$$m_2 = a_{12}/a_{1n}, \quad \cdots, \quad m_{n-1} = a_{1n-1}/a_{1n}, \quad m_n = 1$$

左乘以系统方程式(10-2)等式两边，得到由式(10-4)表示的系统矩阵方程

$$\boldsymbol{M}(s\boldsymbol{I} - \boldsymbol{A}) = \boldsymbol{M}\boldsymbol{B}\boldsymbol{u} \tag{10-4}$$

式中

$$\boldsymbol{M}(s\boldsymbol{I} - \boldsymbol{A}) = \begin{bmatrix} s-a_{11} & -a_{12} & \cdots & -a_{1n} \\ -a_{21} & s-a_{22} & \cdots & -a_{2n} \\ \vdots & \vdots & & \\ -\bar{a}_{n1} & m_2 s-\bar{a}_{n2} & \cdots & s-\bar{a}_{nn} \end{bmatrix}, \quad \boldsymbol{M}\boldsymbol{B} = \begin{bmatrix} b_{11} & b_{12} & \cdots & b_{1j} & \cdots & b_{1m} \\ b_{21} & b_{22} & \cdots & b_{2j} & \cdots & b_{2m} \\ \vdots & \vdots & & \vdots & & \vdots \\ \bar{b}_{n1} & \bar{b}_{n2} & \cdots & \bar{b}_{nj} & \cdots & \bar{b}_{nm} \end{bmatrix}$$

其中，

$$\bar{a}_{n1} = \sum_{i=2}^{n} m_i a_{i1}, \quad \bar{a}_{n2} = \sum_{i=2}^{n} m_i a_{i2}, \quad \bar{a}_{nn} = \sum_{i=2}^{n} m_i a_{in}$$

$$\bar{b}_{n1} = \sum_{i=2}^{n} m_i b_{i1}, \quad \bar{b}_{n2} = \sum_{i=2}^{n} m_i b_{i2}, \quad \bar{b}_{nj} = \sum_{i=2}^{n} m_i b_{ij}, \quad \bar{b}_{nm} = \sum_{i=2}^{n} m_i b_{im}$$

为了实现某个状态变量对多个输入变量具有不变性，引入交联控制器和反馈补偿器，构成闭环系统如图10-1所示。

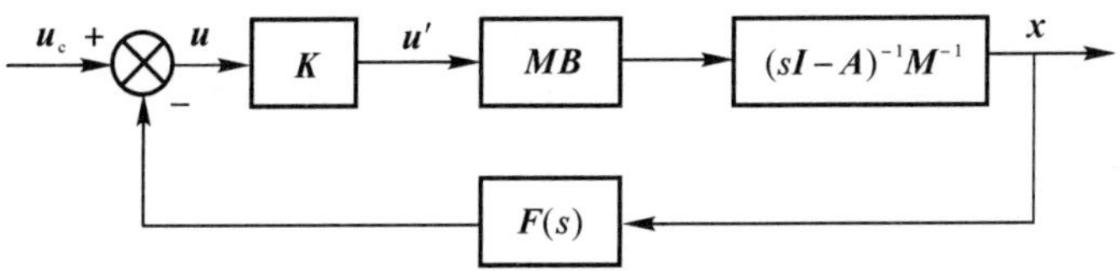

图 10-1　单变量不变性闭环系统结构图

图中 $\boldsymbol{K}$ 为交联控制器矩阵，$\boldsymbol{F}$ 为反馈补偿器矩阵。如果要求状态变量 x_1 除 u_{c1}，u_{cm} 外对其他 $m-2$ 个输入变量具有不变性，$\boldsymbol{K}$ 可由式(10-5)表示：

$$\boldsymbol{K}=\begin{bmatrix}1 & k_{12} & \cdots & k_{1j} & \cdots & k_{1m}\\ 0 & 1 & \cdots & 0 & \cdots & 0\\ \vdots & \vdots & & \vdots & & \vdots\\ 0 & k_{m2} & \cdots & k_{mj} & \cdots & 1\end{bmatrix}\tag{10-5}$$

这将意味着，除两个输入变量(u_1，u_m)外，其他任一输入变量 u_j 都与 u_1，u_m 按比例 k_{1j}，k_{mj} 交联和实施复合控制；另外，u_m 按比例 k_{1m} 与 u_1 交联。为实现单变量不变性解耦控制，给出状态反馈矩阵 $\boldsymbol{F}$ 如下：

$$\boldsymbol{F}=\begin{bmatrix}0 & \cdots & 0\\ 0 & \cdots & 0\\ \vdots & & \vdots\\ f_{m1} & \cdots & f_{mn}\end{bmatrix}\tag{10-6}$$

这意味着仅在输入变量 u_m 中引入全部状态变量反馈的情况下

$$u_1=u_{ci}+\sum_{j=2}^{m}k_{1j}u_j,\quad u_2=u_{c2},\quad \cdots,\quad u_m=u_{cm}-\sum_{i=1}^{n}f_{mi}x_i+\sum_{j=2}^{m-1}k_{mj}u_j\tag{10-7}$$

由图 10-1 得到单变量不变性闭环系统的矩阵方程：

$$\boldsymbol{M}(s\boldsymbol{I}-\boldsymbol{A}+\boldsymbol{BKF})\boldsymbol{x}=\boldsymbol{MBKu}_c\tag{10-8}$$

当由 $\boldsymbol{B}'$ 表示交联控制系数矩阵时，得到

$$\boldsymbol{B}'=\boldsymbol{MBK}=\begin{bmatrix}b'_{11} & \cdots & b'_{1m}\\ \vdots & & \vdots\\ b'_{n1} & \cdots & b'_{nm}\end{bmatrix}=[\boldsymbol{b}'_1\quad \boldsymbol{b}'_2\quad \cdots\quad \boldsymbol{b}'_m]\tag{10-9}$$

式中

$$\boldsymbol{b}'_1=\left[b_{11}\quad b_{21}\quad \cdots\quad \sum_{i=2}^{n}m_ib_{i1}\right]^{\mathrm{T}}$$

$$\boldsymbol{b}'_2=\left[k_{12}b_{11}+b_{12}+k_{m2}b_{1m}\quad k_{12}b_{21}+b_{22}+k_{m2}b_{2m}\quad \cdots\quad \sum_{i=2}^{n}m_i(b_{i2}+k_{12}b_{i1}+k_{m2}b_{im})\right]^{\mathrm{T}}$$

$$\vdots$$

$$\boldsymbol{b}'_{m-1}=\left[k_{1m-1}b_{11}+b_{1m-1}+k_{mm-1}b_{1m}k_{1m-1}b_{21}+b_{2m-1}+k_{mm-1}b_{2m}\cdots\sum_{i=2}^{n}m_i(b_{im-1}+k_{1m-1}b_{i1}+k_{mm-1}b_{im})\right]^{\mathrm{T}}$$

$$\boldsymbol{b}'_m=\left[k_{1m}b_{11}+b_{1m}k_{1m}b_{21}+b_{2m}\cdots\sum_{i=2}^{n}m_i(k_{1m}b_{i1}+b_{im})\right]^{\mathrm{T}}$$

当令

$$\boldsymbol{A}'(s)=[\boldsymbol{A}'_1\quad \boldsymbol{A}'_2\quad \cdots\quad \boldsymbol{A}'_n]^{\mathrm{T}}=\boldsymbol{M}(s\boldsymbol{I}-\boldsymbol{A}+\boldsymbol{BKF})\tag{10-10}$$

时，$\boldsymbol{A}'(s)$，$\det\boldsymbol{A}'(s)$ 分别称为单变量不变性系统的主矩阵和主行列式。

为了实现单变量不变性，要求 $\boldsymbol{A}'(s)$ 的第 1 和第 n 行中除 $\boldsymbol{x}$ 外其他状态变量系数应该具有相同的比例，为此要求

$$b'_{1m}=k_{1m}b_{11}+b_{1m}=0 \tag{10-11}$$

使得具有不变性的状态变量 $\boldsymbol{x}_1$ 的微分方程中状态变量系数不变，即主矩阵 $\boldsymbol{A}'(s)$ 的第 1 行对应的行向量与 $(s\boldsymbol{I}-\boldsymbol{A})$ 的第 1 行相同，即

$$\boldsymbol{A}'_1=[s-a_{11}\quad -a_{12}\quad \cdots\quad -a_{1n}] \tag{10-12}$$

当状态 $\boldsymbol{x}_n$ 的反馈系数 f_{mn} 按闭环极点配置确定后，可按式(10-13)计算出除 f_{m1}，f_{mn} 外的其他状态反馈系数。

$$f_{mj}=\frac{1}{b'_{nm}}\sum_{i=1}^{n}m_i\left(a_{ij}-\frac{a_{1j}}{a_{1n}}a_{in}\right)+\frac{a_{1j}}{a_{1n}}f_{mn}\quad (j=2,\cdots,n-1) \tag{10-13}$$

这样选择参数的目的是使单变量不变性闭环系统主矩阵 $\boldsymbol{A}'(s)$ 第 n 行对应的行向量成为

$$\boldsymbol{A}'_n=\left[-\sum_{i=1}^{n}m_ia_{i1}+b'_{nm}f_{m1}\ \frac{a_{12}}{a_{1n}}(s-a'_{nn})\ \frac{a_{13}}{a_{1n}}(s-a'_{nn})\cdots s-a'_{nn}\right] \tag{10-14}$$

式中

$$a'_{nn}=\sum_{i=2}^{n}m_ia_{in}-b'_{nm}f_{mn}$$

可按式(10-15)、式(10-16)解联立方程，得到交联控制系数 k_{1j}，k_{mj} $(j=2,\cdots,m-1)$。

$$b'_{1j}=b_{1j}+k_{1j}b_{11}+k_{mj}b_{1m}=0 \tag{10-15}$$

$$b'_{nj}=\sum_{i=1}^{n}m_i(k_{1j}b_{i1}+b_{ij}+k_{mj}b_{im})=0 \tag{10-16}$$

按式(10-11)、式(10-15)和式(10-16)解算出的全部交联控制系数可使矩阵 $\boldsymbol{B}'$ 中的第 1 行和第 n 行成为

$$\boldsymbol{b}'^{\mathrm{T}}_1=[b_{11}\quad 0\quad \cdots\quad 0] \tag{10-17}$$

$$\boldsymbol{b}'^{\mathrm{T}}_n=\left[\sum_{i=2}^{n}m_ib_{i1}\quad 0\quad \cdots\quad 0\quad \sum_{i=2}^{n}m_i(b_{im}+k_{1m}b_{i1})\right] \tag{10-18}$$

这样一来，便获得了单变量不变性解耦系统的标准矩阵方程：

$$\boldsymbol{A}'(s)\boldsymbol{x}=\boldsymbol{B}'\boldsymbol{u}_{\mathrm{c}} \tag{10-19}$$

式中

$$\boldsymbol{A}'(s)=\begin{bmatrix} s-a_{11} & -a_{12} & \cdots & -a_{1n} \\ -a_{21}+b'_{2m}f_{m1} & s-a_{22}+b'_{2m}f_{m2} & \cdots & -a_{2n}+b'_{2m}f_{mn} \\ \vdots & \vdots & & \vdots \\ -\sum\limits_{i=2}^{n}m_ia_{i1}+b'_{nm}f_{m1} & \frac{a_{12}}{a_{1n}}(s-a'_{nn}) & \cdots & s-a'_{nn} \end{bmatrix}$$

$$\boldsymbol{B}'=\begin{bmatrix} b'_{11} & 0 & \cdots & 0 & 0 \\ b'_{21} & b'_{22} & \cdots & b'_{2m-1} & b'_{2m} \\ \vdots & \vdots & & \vdots & \vdots \\ b'_{n1} & 0 & \cdots & 0 & b'_{nm} \end{bmatrix}$$

当定义 $D(s)$ 为 $\det\boldsymbol{A}'(s)$ 和 $D_{i1}(s)$ 是 $D(s)$ 的代数余子式时，按式(10-19)得到由 $g_{1j}(s)$ 表示的状态 x_1 对除 $u_{\mathrm{c}1}$，$u_{\mathrm{c}m}$ 外的任一输入 $u_{\mathrm{c}j}$ 的传递函数分子为

$$g_{1j}(s)=\sum_{i=2}^{n-1}D_{i1}b'_{ij}=\frac{s-a'_{nn}}{a_{1n}}\begin{vmatrix} 0 & -a_{12} & \cdots & -a_{1n} \\ b'_{2j} & s-a'_{22} & \cdots & -a'_{2n} \\ \vdots & \vdots & & \vdots \\ 0 & a_{12} & \cdots & a_{1n} \end{vmatrix}=0,\quad (j=2,3,\cdots,m-1) \tag{10-20}$$

式中，$a'_{22}=a_{22}-b'_{2m}f_{m2}$，$a'_{2n}=a_{2n}-b'_{2m}f_{mn}$，$a'_{nn}=\sum_{i=2}^{n}m_i a_{in}-b'_{nm}f_{mn}$。

主行列式 $D(s)=\det\boldsymbol{A}'(s)$ 的代数余子式

$$D_{i1}=0 \quad (i=2,\cdots,n-1) \tag{10-21}$$

和除 $\boldsymbol{u}_{c1}$，$\boldsymbol{u}_{cm}$ 外的任一输入 u_{cj} 的控制系数满足式(10-15)、式(10-16)，即

$$b'_{1j}=b'_{nj}=0 \tag{10-22}$$

不仅使得 $g_{1j}=0$，也使得除 u_1，u_m 外的其他输入变量中状态反馈不会影响闭环系统主矩阵第1，n 两行的状态变量系数。

必须正确地选择两个输入变量 u_1，u_m，以实现单变量 x_1 的不变性控制。其中 u_1 对于 x_1 微分方程的控制系数 b_{11} 应能有效地抵消其他 $m-1$ 个输入变量对于 x_1 微分方程的控制系数 $b_{1j}(j=2,\cdots,m-1)$；另一个输入变量 u_m 对于 x_n 微分方程的控制系数 b_{nm}，也应有效地抵消除 u_1 外其他 $m-2$ 个输入变量对于该微分方程的控制系数 $b_{nj}(j=2,\cdots,m-1)$。在 u_m 中应能实现全状态反馈，完成不变性解耦控制。这就是实现单变量不变性的双通道准则。

输入变量 u_1 和 u_m 的控制律分别由下式表示：

$$u_1=u_{c1}+\sum_{j=2}^{m}k_{1j}u_j \tag{10-23}$$

$$u_m=u_{cm}+\sum_{j=2}^{m-1}k_{mj}u_j-\sum_{j=1}^{n}f_{mj}x_j \tag{10-24}$$

式中，交联系数 k_{1j}，k_{mj} 应按式(10-11)、式(10-15) 和式(10-16) 解算；状态反馈系数 f_{mj} 应按式(10-13) 算出。式(10-11)、式(10-13)、式(10-15) 和式(10-16) 是单变量不变性控制的实现条件。如果实际工程对系统的不变性和解耦要求不很精确和严格，或者解算出的交联或反馈系数很小时，这些系数可近似为零。甚至于在输入变量 u_1 中不引入任何交联信号，即仅仅在输入 u_m 中引入输入交联控制和状态变量补偿反馈，用一个通道近似实现单变量不变性解耦，以获得简单的控制结构是合适的。

10.1.1.2　双变量不变性解耦系统的实现条件和标准矩阵方程

如果能够实现式(10-25) 所示多变量系统的矩阵方程

$$\boldsymbol{A}'(s)\boldsymbol{x}=\boldsymbol{B}'\boldsymbol{u}_c \tag{10-25}$$

式中

$$\boldsymbol{A}'(s)=\begin{bmatrix} s-a_{11} & 0 & \cdots & 0 & -a_{1n} \\ -a'_{21} & s-a'_{22} & \cdots & -a'_{2n-1} & -a'_{2n} \\ \vdots & \vdots & & \vdots & \vdots \\ -a'_{n1} & 0 & \cdots & 0 & s-a'_{nn} \end{bmatrix},\quad \boldsymbol{B}'=\begin{bmatrix} b'_{11} & 0 & \cdots & 0 & 0 \\ b'_{21} & b'_{22} & \cdots & b'_{2m-1} & b'_{2m} \\ \vdots & \vdots & & \vdots & \vdots \\ 0 & 0 & \cdots & 0 & b'_{nm} \end{bmatrix}$$

且

$$a'_{21}=a_{21}-b'_{2m}f_{m1},\quad a'_{22}=a_{22}-b'_{21}f_{12}-b'_{2m}f_{m2},\quad a'_{2n-1}=a_{2n-1}-b'_{21}f_{1n-1}-b'_{2m}f_{mn-1}$$

$$a'_{2n}=a_{2n}-b'_{2m}f_{mn},\quad a'_{n1}=a_{n1}-b'_{nm}f_{m1},\quad a'_{nn}=a_{nn}-b'_{nm}f_{mn}$$

那么便可得到一个双变量不变性系统。这个系统不仅使状态 x_1 在除 u_1，u_m 外的任何输入 $u_j(j\neq 1,m)$ 作用下实现不变性；同时还能使状态变量 x_n 在任何输入变量 $u_j(j\neq 1,m)$ 作用下实现不变性。

按式(10-25) 得到由 $g_{1j}(s)$ 表示的状态变量 x_1 对除 u_1，u_m 外的任一输入变量 $u_j(j\neq 1,m)$ 的传递函数的分子，即

$$g_{1j}(s)=\sum_{i=1}^{n}D_{i1}b'_{ij}=-a_{1n}(s-a'_{nn})\begin{vmatrix} 0 & 0 & \cdots & 0 & 1 \\ b'_{2j} & s-a'_{22} & \cdots & -a'_{2n-1} & -a'_{2n} \\ \vdots & \vdots & & \vdots & \vdots \\ 0 & 0 & \cdots & 0 & 1 \end{vmatrix}=0 \tag{10-26}$$

式中，D_{i1} 是 $\det\boldsymbol{A}'(s)$ 的代数余子式。

同样，按式(10－25)得到由 $g_{nj}(s)$ 表示的状态变量 x_n 对除 u_1，u_m 外的任一输入变量 u_j 的传递函数分子，即

$$g_{nj}(s)=\sum_{i=1}^{n}D_{in}b'_{ij}=-a'_{n1}(s-a_{11})\begin{vmatrix}1 & 0 & \cdots & 0 & 0\\ -a'_{21} & s-a'_{22} & \cdots & -a'_{2n-1} & b'_{2j}\\ \vdots & \vdots & & \vdots & \vdots\\ 1 & 0 & \cdots & 0 & 0\end{vmatrix}=0 \tag{10-27}$$

式中，D_{in} 是 $\det\boldsymbol{A}'(s)$ 的代数余子式。

由于 $g_{1j}(s)\equiv 0$ 和 $g_{nj}(s)\equiv 0$，所以状态变量 x_1 和 x_n 在除 u_1，u_m 外的任意输入变量的作用下具有不变性。定义式(10－25)为双变量不变性解耦系统的标准矩阵方程。

为实现双变量不变性解耦，如图 10－1 所示，选择前向交联控制器矩阵式为

$$\boldsymbol{K}=\begin{bmatrix}1 & k_{12} & \cdots & k_{1j} & \cdots & k_{1m}\\ 0 & 1 & \cdots & 0 & \cdots & 0\\ \vdots & \vdots & & \vdots & & \cdots\\ k_{m1} & k_{m2} & \cdots & k_{mj} & \cdots & 1\end{bmatrix} \tag{10-28}$$

状态反馈补偿器矩阵式为

$$\boldsymbol{F}=\begin{bmatrix}0 & f_{12} & \cdots & f_{1n-1} & 0\\ 0 & 0 & \cdots & 0 & 0\\ \vdots & \vdots & & \vdots & \vdots\\ f_{m1} & f_{m2} & \cdots & f_{mn-1} & f_{mn}\end{bmatrix} \tag{10-29}$$

当图 10－1 中 $\boldsymbol{M}=\boldsymbol{I}$ 时，得到

$$\boldsymbol{B}'=\boldsymbol{MB}K=\begin{bmatrix}b'_{11} & \cdots & b'_{1m}\\ \vdots & & \vdots\\ b'_{n1} & \cdots & b'_{nm}\end{bmatrix}=[\boldsymbol{b}'_1\quad \boldsymbol{b}'_2\quad \cdots\quad \boldsymbol{b}'_j\quad \cdots\quad \boldsymbol{b}'_m] \tag{10-30}$$

式中

$$\boldsymbol{b}'_1=[b_{11}+k_{m1}b_{1m}\quad b_{21}+k_{m1}b_{2m}\quad \cdots\quad b_{n1}+k_{m1}b_{nm}]$$

$$\boldsymbol{b}'_2=[k_{12}b_{11}+b_{12}+k_{m2}b_{1m}\quad k_{12}b_{21}+b_{22}+k_{m2}b_{2m}\quad \cdots\quad k_{12}b_{n1}+b_{n2}+k_{m2}b_{nm}]$$

$$\boldsymbol{b}'_j=[k_{1j}b_{11}+b_{1j}+k_{mj}b_{1m}\quad k_{1j}b_{21}+b_{2j}+k_{mj}b_{2m}\quad \cdots\quad k_{1j}b_{n1}+b_{nj}+k_{mj}b_{nm}]$$

$$\boldsymbol{b}'_m=[k_{1m}b_{11}+b_{1m}\quad k_{1m}b_{21}+b_{2m}\quad \cdots\quad k_{1m}b_{n1}+b_{nm}]$$

由式(10－25)可知，当

$$b'_{1m}=k_{1m}b_{11}+b_{1m}=0 \tag{10-31}$$

$$b'_{n1}=b_{n1}+k_{m1}b_{nm}=0 \tag{10-32}$$

时，便可以解算出 k_{1m} 和 k_{m1} 之值。还可按式(10－33)、式(10－34)解联立方程得到当 $j=2,\cdots,m-1$ 时的交联控制系数 k_{1j} 和 k_{mj} 之值：

$$b'_{1j}=b_{1j}+k_{1j}b_{11}+k_{mj}b_{1m}=0\quad (j=2,\cdots,m-1) \tag{10-33}$$

$$b'_{nj}=b_{nj}+k_{1j}b_{n1}+k_{mj}b_{nm}=0\quad (j=2,\cdots,m-1) \tag{10-34}$$

在输入 u_1 中引入除状态变量 x_1 和 x_n 外的其他状态反馈，可使式(10－25)所示矩阵 $\boldsymbol{A}'(s)$ 第一行中除第 1 个和第 n 个元素外，其他元素都为零。其状态反馈系数由下式得到：

$$f_{1j}=\frac{a_{1j}}{b'_{11}}\quad (j=2,\cdots,n-1) \tag{10-35}$$

在输入变量 u_m 中引入全部状态反馈，除反馈系数 f_{m1} 和 f_{mn} 用以改善二阶子系统性能外，其他反馈系数可使式(10－25)所示矩阵 $\boldsymbol{A}'(s)$ 第 n 行中除第 1 和第 n 个元素外都为零，并由式(10－36)算出。

$$f_{mj}=\frac{a_{nj}}{b'_{nm}}\quad (j=2,\cdots,n-1) \tag{10-36}$$

对于双变量不变性解耦系统,同样需要两个输入变量 u_1,u_m 来实现。对输入 u_1,u_m 的正确选择同上一节所述。通过两个输入变量(即双通道)实现双变量不变性解耦是合理的。双变量不变性实现条件由式(10-31)～式(10-36)表示。

输入变量 u_1 和 u_m 的控制律分别由式(10-37)和式(10-38)描述:

$$u_1=u_{c1}+\sum_{j=2}^{m}k_{1j}u_j-\sum_{j=2}^{n-1}f_{1j}x_j \tag{10-37}$$

$$u_m=u_{cm}+\sum_{j=1}^{m-1}k_{mj}u_j-\sum_{j=1}^{n}f_{mj}x_j \tag{10-38}$$

和单变量不变性解耦系统一样,为了获得简单的控制结构,可近似实现双变量不变性解耦,譬如可以简化某些交联和状态补偿反馈。对于给出的控制对象原始矩阵方程具有近似双变量不变性,即具有双变量自然不变性时,就不必要引入任何输入交联和除 x_1,x_n 外的任何状态反馈。

10.1.1.3　单(双)变量不变性系统的解耦特性分析

本着由简到繁的原则,首先分析单、双变量不变性系统的解耦特性。

由式(10-19)和式(10-25)分别描述的单、双变量不变性系统改由式(10-39)描述:

$$\boldsymbol{A}'(s)\boldsymbol{x}=\boldsymbol{B}'\boldsymbol{u}_c \tag{10-39}$$

式中,$\boldsymbol{A}'(s)=\boldsymbol{M}(s\boldsymbol{I}-\boldsymbol{A}+\boldsymbol{BKF})$,$\boldsymbol{B}'=\boldsymbol{MBK}$。令 $\boldsymbol{A}'(s)$,$\boldsymbol{B}'$ 的矩阵展开式为

$$\boldsymbol{A}'(s)=\begin{bmatrix} s-a'_{11} & \cdots & -a'_{1n} \\ \vdots & & \vdots \\ -a'_{n1} & \cdots & s-a'_{nn} \end{bmatrix} \tag{10-40}$$

$$\boldsymbol{B}'=\begin{bmatrix} b'_{11} & \cdots & b'_{1m} \\ \vdots & & \vdots \\ b'_{n1} & \cdots & b'_{nm} \end{bmatrix} \tag{10-41}$$

这样一来,多变量系统的闭环传递函数矩阵可由下式表示:

$$\boldsymbol{G}(s)=\frac{\mathrm{adj}\boldsymbol{A}'(s)}{\det\boldsymbol{A}'(s)}\boldsymbol{B}'=\frac{1}{D(s)}\begin{bmatrix} D_{11}(s) & \cdots & D_{n1}(s) \\ \vdots & & \vdots \\ D_{1n}(s) & \cdots & D_{nn}(s) \end{bmatrix}\begin{bmatrix} b'_{11} & \cdots & b'_{1m} \\ \vdots & & \vdots \\ b'_{n1} & \cdots & b'_{nm} \end{bmatrix} \tag{10-42}$$

式中,$D(s)=\det\boldsymbol{A}'(s)$,$D_{ij}(s)$ 为 $D(s)$ 的代数余子式。闭环系统的任一状态变量 x_k 对除 u_{c1},u_{cm} 外的任一输入变量 u_{cj} 的传递函数为

$$g_{kj}(s)=\frac{1}{D(s)}\sum_{i=1}^{n}D_{ik}(s)b'_{ij}=\frac{1}{D(s)}[D_{1k}(s)\quad\cdots\quad D_{nk}(s)][b'_{ij}\quad\cdots\quad b'_{nj}]^{\mathrm{T}} \tag{10-43}$$

根据 n 阶行列式与其余子式的关系(第二篇中式(4-10)),得到闭环系统的特征方程

$$D(s)=\det\boldsymbol{A}'(s)=(D_{i1}D_{nk}-D_{ik}D_{n1})/(D_{n1})_{ik}\quad (i\neq n,k\neq 1) \tag{10-44}$$

式中,$(D_{n1})_{ik}=(D_{ik})_{n1}$,即等于 $\det\boldsymbol{A}'(s)$ 去掉第 i,n 行和第 $1,k$ 列乘以 $(-1)^{n+i+k+1}$。对于单、双变量不变性系统来说,由式(10-19)、式(10-25)中 $\boldsymbol{A}'(s)$ 的表达式可知

$$D_{i1}\equiv 0\quad (i=2,\cdots,n-1) \tag{10-45}$$

从而得到

$$D(s)=-D_{ik}D_{n1}/(D_{n1})_{ik} \tag{10-46}$$

式中,$i\neq 1,n$;$k\neq 1$(单)或 $k\neq 1,n$(双)。可见,具有单、双变量不变性的多变量解耦系统,其特征行列式可以分解为特征行列式的两个代数余子式 D_{ik} 和 D_{n1} 之积除以 $(D_{n1})_{ik}$。

对于单变量不变性系统来说，除 x_1 外，而对双变量不变性系统来说，除 x_1，x_n 外，其他任何状态变量 x_k 对除 u_{c1}，u_{cm} 外的任何输入 u_{cj} 的传递函数可由式(10-43)简化为

$$g_{kj}(s)=\frac{x_k(s)}{u_{cj}(s)}=-\frac{1}{D_{n1}(s)}\sum_{i=2}^{n-1}(D_{n1})_{ik}\boldsymbol{b}'_{ij} \tag{10-47}$$

式中，$j=2,3,\cdots,m-1$；$i=2,3,\cdots,n-1$；$k=2,3,\cdots,n$(单) 或 $k=2,3,\cdots,n-1$(双)。

如式(10-47)所示，D_{n1} 是除 x_1(单) 或 x_1，x_n(双) 外的其余 $n-1$(单) 或 $n-2$(双) 个状态中任一状态 x_k 对除 u_{c1}，u_{cm} 外的任一输入 u_{cj} 传递函数的分母，因此 $D_{n1}(s)$ 是闭环系统特征行列式 $D(s)$ 的一个因子式。又因为 $D_{n1}(s)$ 是 s 的 $n-2$ 次多项式，$D_{n1}=0$ 解出的 $n-2$ 个根全是闭环系统的特征值。这样便使得 x_k 对输入 u_{cj} 的传递函数和响应特性减少了两个模态特性。

单、双变量不变性解耦闭环系统的另外两个特征值是由 $D_{ik}=0$ 解算出的根中的两个。由于 D_{ik} 是由式(10-47)定义的 i,k 任意组合构成的代数余子式，不同的 i,k 组合对应不同的 D_{ik}。除由 $D_{ik}=0$ 解出的那两个闭环系统特征值不随 i,k 不同而改变外，其余的根都随 i,k 的不同组合而异，且与 $(D_{n1})_{ik}=0$ 解算出的全部根相等，并在式(10-46)中被抵消。闭环系统特征值不因具有状态不变性而增减。

对于单、双变量不变性系统来说，状态 x_1 对输入 u_{cm} 的传递函数可以得到简化。由式(10-43)得到

$$g_{1m}(s)=\frac{x_1(s)}{u_{cm}(s)}=\frac{1}{D(s)}\sum_{i=1}^{n}D_{i1}b'_{im} \tag{10-48}$$

$D_{i1}\equiv 0$，即 $D_{21}=D_{31}=\cdots=D_{n-11}=0$ 和控制系统 $b'_{1m}=0$，使得由式(10-48)表示的传递函数简化为

$$g_{1m}(s)=\frac{x_1(s)}{u_{cm}(s)}=\frac{1}{D(s)}D_{n1}b'_{nm} \tag{10-49}$$

将式(10-46)代入式(10-49)，得到

$$g_{1m}(s)=-\frac{(D_{n1})_{ik}}{D_{ik}}b'_{nm} \tag{10-50}$$

根据代数余子式与余子式之间的关系，得到

$$D_{ik}=(-1)^{i+k}M_{ik} \tag{10-51}$$

式中，M_{ik} 是 $D(s)$ 去掉第 i 行和第 k 列后 $D(s)$ 的余子式。对于单变量不变性系统来说，由式(10-19)定义的 $\boldsymbol{A}'(s)$ 得到

$$M_{ik}=\begin{vmatrix} s-a_{11} & -a_{12} & \cdots & -a_{1k-1} & -a_{1k+1} & \cdots & -a_{1n} \\ -a'_{21} & s-a'_{22} & \cdots & -a'_{2k-1} & -a'_{2k+1} & \cdots & -a'_{2n} \\ \vdots & \vdots & & \vdots & \vdots & & \vdots \\ -a'_{i-11} & -a'_{i-12} & \cdots & -a'_{i-1k-1} & -a'_{i-1k+1} & \cdots & -a'_{i-1n} \\ -a'_{i+11} & -a'_{i+12} & \cdots & -a_{i+1k-1} & -a'_{i+1k+1} & \cdots & -a'_{i+1n} \\ \vdots & \vdots & & \vdots & \vdots & & \vdots \\ -a'_{n1} & \frac{a_{12}}{a_{1n}}(s-a'_{nn}) & \cdots & \frac{a_{1k-1}}{a_{1n}}(s-a'_{nn}) & \frac{a_{1k+1}}{a_{1n}}(s-a'_{nn}) & \cdots & s-a'_{nn} \end{vmatrix} \tag{10-52}$$

式中，i 为 $2,3,\cdots,n-1$ 中任一值；k 为 $2,3,\cdots,n$ 中任一值；a'_{ij} 由式(10-19)$\boldsymbol{A}'(s)$ 元素定义。

由于在 M_{ik} 的第1行和第 $n-1$ 行中，除第一个元素外其他对应元素具有相同的比例。其实，双变量不变性解耦系统主行列式的余子式第1行和第 $n-1$ 行也具有这个特点。因此，得到

$$M_{ik}=(s-a_{11})(M_{ik})_{11}-(-1)^n(M_{ik})_{n-11}a'_{n1} \tag{10-53}$$

式中，$a'_{n1}=\sum_{i=1}^{n}m_i a_{i1}+b'_{nm}f_{m1}$(单) 或 $a'_{n1}=a_{n1}-b'_{nm}f_{m1}$(双)。$(M_{ik})_{11}$ 为 M_{ik} 去掉第1行和第1列构成的余子式；$(M_{ik})_{n-11}$ 为 M_{ik} 去掉第 $n-1$ 行和第1列构成的余子式。为了找到 $(M_{ik})_{11}$ 和 $(M_{ik})_{n-11}$ 的关系式，将 $(M_{ik})_{11}$ 的第 $n-2$ 行交换 $n-3$ 次至第1行。根据行列式性质以及考虑到 $(M_{ik})_{11}$ 的第 $n-2$ 行与 $(M_{ik})_{n-11}$ 的第1行对应元素之间具有公因子，得到

$$(M_{ik})_{11}=(-1)^{n-2}\frac{s-a'_{nn}}{a_{1n}}(M_{ik})_{n-11} \tag{10-54}$$

式中，$a'_{nn}=\sum_{i=1}^{n}m_i a_{in}-b'_{nm}f_{mn}$（单）或 $a'_{nn}=a_{nn}-b'_{nm}f_{mn}$（双）。

将式(10-54)代入式(10-53)，得到

$$M_{ik}=\left[\frac{(s-a_{11})(s-a'_{nn})}{a_{1n}}-a'_{n1}\right](-1)^n(M_{ik})_{n-11} \tag{10-55}$$

式中，a'_{n1}同式(10-53)定义，a'_{nn}同式(10-54)定义。

由于在 $D(s)$ 中去掉第 i,n 行和第 $k,1$ 列，相当于在 M_{ik} 中去掉第 $n-1$ 行和第 1 列，那么依据$(D_{ik})_{n1}$的定义得到

$$(M_{ik})_{n-11}=(-1)^{-(i+k+n+1)}(D_{ik})_{n1} \tag{10-56}$$

将式(10-56)代入式(10-55)，并乘以$(-1)^{i+k}$，得到

$$D_{ik}(s)=\left[a'_{n1}-\frac{(s-a_{11})(s-a'_{nn})}{a_{1n}}\right](D_{ik})_{n1} \tag{10-57}$$

式中

$$a'_{n1}=\begin{cases}\sum_{i=1}^{n}m_i a_{i1}-b'_{nm}f_{m1}（单）\\ a_{n1}-b'_{nm}f_{m1}（双）\end{cases},\quad a'_{nn}=\begin{cases}\sum_{i=1}^{n}m_i a_{in}-b'_{nm}f_{mn}（单）\\ a_{nn}-b'_{nm}f_{mn}（双）\end{cases}$$

这样一来，由式(10-50)表示的状态变量 x_1 对输入 u_{cm} 的传递函数可由式(10-58)表示：

$$g_{1m}(s)=\frac{x_1(s)}{u_{cm}(s)}=\frac{a_{1n}b'_{nm}}{(s-a_{11})(s-a'_{nn})-a'_{n1}a_{1n}} \tag{10-58}$$

式中，a'_{n1}，a'_{nn}同式(10-57)所示；b'_{nm}（单）同式(10-9)定义；b'_{nm}（双）同式(10-30)定义。

同理，可以得到状态变量 x_1 对输入 u_{c1} 的传递函数：

$$g_{11}(s)=\frac{x_1(s)}{u_{c1}(s)}=\frac{1}{D(s)}\sum_{i=1}^{n}D_{i1}b'_{i1} \tag{10-59}$$

$D_{i1}(s)\equiv 0$，即 $D_{21}=D_{31}=\cdots=D_{n-11}=0$，使得

$$g_{11}(s)=\frac{1}{D(s)}(D_{11}b'_{11}+D_{n1}b'_{n1}) \tag{10-60}$$

由式(10-19)、式(10-25)得到单、双变量不变性主行列式代数余子式 D_{11}，D_{n1} 之间的关系为

$$D_{11}=\frac{s-a'_{nn}}{a_{1n}}D_{n1} \tag{10-61}$$

将式(10-46)、式(10-61)代入式(10-60)，得到

$$g_{11}(s)=\frac{a_{1n}b'_{n1}+(s-a'_{nn})b'_{11}}{(s-a_{11})(s-a'_{nn})-a'_{n1}a_{1n}} \tag{10-62}$$

式中，a'_{n1}，a'_{nn}同式(10-57)所示。

对于双变量不变性系统，状态变量 x_n 对输入 u_{c1} 的传递函数为

$$g_{n1}(s)=\frac{x_n(s)}{u_{c1}(s)}=\frac{1}{D(s)}\sum_{i=1}^{n}D_{in}b'_{i1} \tag{10-63}$$

$D_{2n}=D_{3n}=\cdots=D_{n-1n}=b'_{n1}=0$，使得

$$g_{n1}(s)=\frac{x_n(s)}{u_{c1}(s)}=\frac{1}{D(s)}D_{1n}b'_{11} \tag{10-64}$$

并由式(10-25)得到

$$D_{1n}=-\frac{b'_{nm}f_{m1}-a_{n1}}{a_{1n}}D_{n1} \tag{10-65}$$

将式(10-46)、式(10-65)代入式(10-64),得到双变量不变性系统状态变量 x_n 对输入 u_{c1} 的传递函数：

$$g_{n1}(s)=\frac{x_n(s)}{u_{c1}(s)}=\frac{(D_{ik})_{n1}}{D_{ik}}\frac{b'_{nm}f_{m1}-a_{n1}}{a_{1n}}b'_{11} \tag{10-66}$$

再将式(10-57)代入式(10-66),最终得到双变量不变性系统状态变量 x_n 对输入 u_{c1} 的传递函数：

$$g_{n1}(s)=\frac{x_n(s)}{u_{c1}(s)}=-\frac{(b'_{nm}f_{m1}-a_{n1})b'_{11}}{(s-a_{11})(s-a_{nn}+b'_{nm}f_{mn})+(b'_{nm}f_{m1}-a_{n1})a_{1n}} \tag{10-67}$$

式中,b'_{11} 同式(10-30)所示。

同理得到双变量不变性系统状态 x_n 对输入 u_{cm} 的传递函数：

$$g_{nm}(s)=\frac{x_n(s)}{u_{cm}(s)}=\frac{(s-a_{11})b'_{nm}}{(s-a_{11})(s-a_{nn}+b'_{nm}f_{mn})+(b'_{nm}f_{m1}-a_{n1})a_{1n}} \tag{10-68}$$

式中,b'_{nm} 同式(10-30)所示。

现在就单、双变量不变性解耦系统讨论如下一些问题：

(1) 由式(10-47)表征的传递函数 $g_{kj}(s)$ 的分母

$$D_{n1}(s)=(-1)^{n+1}M_{n1}=(-1)^{n+1}\sum_{j=1}^{n-1}(-1)^{j}a_{1j+1}(M_{n1})_{1j} \tag{10-69}$$

当 $j=n-1$ 时,$(M_{n1})_{1n-1}$ 的 s 首项系数为1,从而使得 $D_{n1}(s)$ 的 s 首项(s^{n-2} 次项)系数为 a_{1n}。因此,对于单、双变量不变性解耦系统特征方程的一个因子式为 D_{n1}/a_{1n}。

又知由式(10-58)表征的传递函数 $g_{1m}(s)$ 的分母是单、双变量不变性解耦系统特征方程的另一个因子式。这样一来,便获得了由两个因子式组成的单、双变量不变性解耦系统闭环特征方程

$$D(s)=[(s-a_{11})(s-a'_{nn})-a'_{n1}a_{1n}]\frac{D_{n1}(s)}{a_{1n}} \tag{10-70}$$

式中,a'_{n1},a'_{nn} 由式(10-57)表示;$D_{n1}(s)$ 由式(10-69)表示。

(2) 由式(10-58)、式(10-62)、式(10-67)和式(10-68)表征的闭环传递函数可由矩阵方程

$$\begin{bmatrix} s-a_{11} & -a_{1n} \\ -a'_{n1} & s-a'_{nn} \end{bmatrix}\begin{bmatrix} x_1 \\ x_n \end{bmatrix}=\begin{bmatrix} b'_{11} & 0 \\ b'_{n1} & b'_{nm} \end{bmatrix}\begin{bmatrix} u_{c1} \\ u_{cm} \end{bmatrix} \tag{10-71}$$

代替。可见,主矩阵和控制系数矩阵分别是由单、双变量不变性解耦系统闭环主矩阵和控制系数矩阵4个角上的4个元素构成的。

由式(10-71)可得双变量不变性解耦系统的状态 x_1 和 x_n 对输入 u_{c1},u_{cm} 的传递函数,与式(10-58)、式(10-62)、式(10-67)和式(10-68)比较是一致的。但是,对于单变量不变性解耦系统来说,由式(10-71)得到的状态 x_1 分别对输入 u_{c1} 和 u_{cm} 的传递函数与式(10-58)和式(10-62)比较也是一致的和正确的。然而,对于单变量不变性解耦系统来说,由式(10-71)得到的 x_n 分别对输入 u_{c1},u_{cm} 的传递函数是不对的。这是因为单变量不变性解耦系统的状态 x_n 对 u_{c1},u_{cm} 外的其他任何输入 u_{cj} 不具有不变性。其正确的传递函数应由单变量不变性闭环系统矩阵方程式(10-8)得到。然而,利用式(10-71)确定反馈增益 f_{m1} 和 f_{mn} 是正确的。

和SISO系统一样,可以利用包括高频环节和校正网络在内的反馈回路对这个由单、双变量不变性解耦获得的二阶系统按频域法进行分析和设计。一个比例反馈回路的理想化原始模型如图10-2所示。当然,也可以构成比例+积分的反馈回路。

对于一个多输入、多输出系统,当要求某个或某两个状态变量对某些输入变量为不可控,还要求这个或这两个状态对另外一个或两个输入响应为二阶特性时,可采用单(或双)变量不变性解耦方法实现。

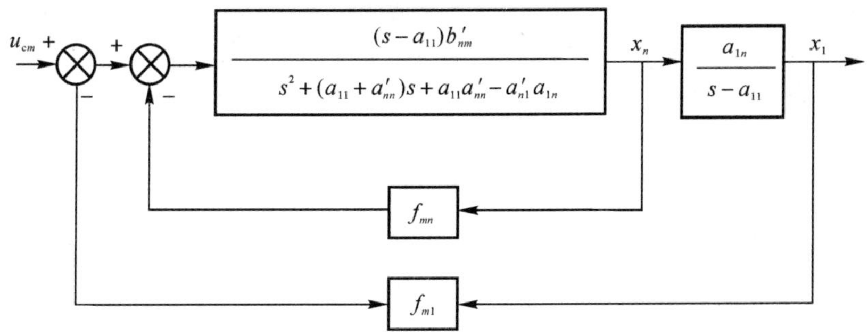

图 10 - 2　不变性解耦二阶子系统比例反馈控制回路结构图

(3)对于双变量不变性闭环系统特征方程的另一个因子,由式(10 - 69)得到:

$$\frac{D_{n1}(s)}{a_{1n}}=(M_{n1})_{1n-1} \tag{10 - 72}$$

式中,M_{n1} 为代数余子式 $D_{n1}(s)$ 对应的余子式;$(M_{n1})_{1n-1}$ 为余子式 M_{n1} 的余子式,即 M_{n1} 去掉第 1 行和第 $n-1$ 列后构成的行列式,也是不变性闭环系统主行列式 $D(s)$ 去掉第 1,n 行和第 1,n 列构成的行列式。这样一来,便可得到双变量不变性解耦系统由行列式表示的特征方程,即

$$D(s)=\begin{vmatrix} s-a_{11} & 0 & \cdots & 0 & -a_{1n} \\ 0 & s-a'_{22} & \cdots & -a'_{2n-1} & 0 \\ \vdots & \vdots & & \vdots & \vdots \\ 0 & -a'_{n-12} & \cdots & s-a'_{n-1n-1} & 0 \\ -a'_{n1} & 0 & \cdots & 0 & s-a'_{nn} \end{vmatrix} \tag{10 - 73}$$

式中

$$\begin{vmatrix} s-a'_{22} & \cdots & -a'_{2n-1} \\ \vdots & & \vdots \\ -a'_{n-12} & \cdots & s-a'_{n-1n-1} \end{vmatrix}=(M_{n1})_{1n-1}=\frac{D_{n1}(s)}{a_{1n}}$$

其中,a_{ij} 是式(10 - 25) 主矩阵 $\mathbf{A}'(s)$ 的对应元素。

在式(10 - 73) 所示行列式中,第 1,n 列中除属于第 1,n 行的 4 个元素外,其他元素人为地写为“0”,因为它们为任何值都不影响特征多项式方程和特征值。这意味着特征方程和特征值与在这些位置上的元素 $-a'_{21},\cdots,-a'_{n-1}$ 和 $-a'_{2n},\cdots,-a'_{n-1n}$ 无关。

然而,在双变量不变性闭环系统的主矩阵 $\mathbf{A}'(s)$ 中,这些元素不能写为“0”,因为它们的大小直接影响状态 $x_2,\cdots,x_{n-1}$ 对输入 u_{c1},u_{cm} 的传递函数分子。正是它们不都为 0,才使得状态 $x_2,\cdots,x_{n-1}$ 对输入 u_{c1},u_{cm} 不具有不变性。这就是说,只有当这些元素全为 0 时,输入变量才有可能只控制状态 x_1 和 x_n,形成单输入双输出控制的二阶特性系统,实现双状态双输入的局部解耦控制。类似的对其他状态和输入也能实现这种控制,那便得到一组单输入双输出控制,双(复) 模态,双对角线状态系数矩阵 $\mathbf{A}$ 的完全解耦控制系统。这些内容将在下一节中分析和叙述。

10.1.2　多变量不变性解耦系统的结构与实现条件

众所周知,“解耦控制”是解决多变量系统耦合性问题的一种自然而有效的方法,早在 20 世纪 50 年代初期美国学者勃克森包姆(A. S. Boksenbom)和胡德(R. Hood)就提出这种设计互不相关控制系统的普遍方法。后来卡瓦(R. J. Kavanagh)用矩阵表示法把这类问题作了一般性处理。在整个控制系统的闭环传递函数矩阵中,不在对角线上的元素或者全为 0,或者可由对角线上的元素表示。在 20 世纪 60 年代状态空间理论蓬勃发展,并在某些领域获得了成功的应用,但是,这种先进的时域设计方法并没有给从事复杂控制工程的工程师们带来根本性的方便。在状态空间法研究和发展的同时，有不少学者又恢复了对频域法的研究兴趣。这其中一个最有意义的作开创性工作的英国学者 Rosenbrock 把经典频域法推广应用于多变量系统的设计中，提出了"逆奈氏阵列(INA)"设计法。该方法已在前一章扼要介绍过。这个方法是通过开环递传递函数矩阵成为对角优势阵而将多变量系统设计问题转化为一组单变量系统的设计问题，这种方法在很大程度上依赖设计者的经验和技巧。经过多年和众多研究者的努力，最终成为一种利用 CAD 算法设计的成熟方法。还有不少设计方法，如特征轨迹设计方法等。这些方法有一个共同的特点，都是将多变量系统的设计化简为一组单回路控制系统的设计，都是以实现或者传递函数矩阵对角化，或是逆传递函数矩阵对角化；或是对角优势化、"准对角化"的基本设计思想。尽管这些方法的最终结果可能是具有相当简单的结构，解耦后的每个单回路成为一阶特性，但控制器的结构可能是十分复杂的，甚至于难以实现；这些方法中，有的本质上属于试凑法，需要设计者具有丰富的经验和技巧，以及往往需要多次重复设计和修改才行。

利用双变量不变性解耦的机理，在 $m=n$ 的条件下，可将多变量系统分解为 $\frac{n}{2}$（n 为偶数）或 $(n-1)/2$（n 为奇数）个完全独立的二阶子系统，此系统称为多变量不变性"完全解耦"系统；当 $m<n$ 时，可将多变量系统分解为 $\frac{m}{2}$（m 为偶数）个或 $\frac{m-1}{2}$（m 为奇数）个相对独立的二阶子系统和一个 $n-m$ 或 $n-m+1$ 阶的子系统，此系统称为多变量不变性"局部解耦"系统。作为二阶系统的暂态或稳态响应特性，利用经典的频域法指标评价，往往比一阶系统的响应特性更好。多变量不变性完全解耦系统具有双对角线闭环状态系数矩阵的结构特点。与它对应的控制结构相对于单对角正(逆)传递函数矩阵的"完全解耦"系统控制器结构要简单。在多变量不变性解耦控制系统的整个设计过程中，不仅有明确的设计方向和直观的物理解释，而且还有严格而简单的解算方法。因此，这种不变性解耦设计法，可能成为一种有效而方便的频域设计法，会在飞机飞行控制领域内，得到广泛应用和取得令人满意的结果。

10.1.2.1 多变量不变性完全解耦系统的结构与实现条件

如果能满足某些解耦条件，使双变量不变性解耦系统的矩阵方程为

$$\begin{bmatrix} s-a_{11} & 0 & \cdots & 0 & -a_{1n} \\ 0 & s-a_{22} & \cdots & -a_{2n-1} & 0 \\ \vdots & \vdots & & \vdots & \vdots \\ 0 & -a_{n-12} & \cdots & s-a_{n-1n-1} & 0 \\ -a'_{n1} & 0 & \cdots & 0 & s-a'_{nn} \end{bmatrix} \boldsymbol{x} = \begin{bmatrix} b'_{11} & 0 & \cdots & 0 & 0 \\ 0 & b'_{22} & \cdots & b'_{2m-1} & 0 \\ \vdots & \vdots & & \vdots & \vdots \\ 0 & b'_{n-12} & \cdots & b'_{n-1m-1} & 0 \\ 0 & 0 & \cdots & 0 & b'_{nm} \end{bmatrix} u_c \qquad (10-74)$$

式中，$a'_{n1}=a_{n1}-b'_{nm}f_{m1}$，$a'_{nn}=a_{nn}-b'_{nm}f_{mn}$；合理的交联控制器矩阵 $\boldsymbol{K}$ 使双变量不变性解耦系统的控制系数矩阵 $\boldsymbol{B}'$ 的某些元素为零。此种不变性系统结构，不仅具有式(10-25)所示双变量不变性解耦系统所具有的特点外，即状态变量 x_1,x_n 对除 u_{c1},u_{cm} 外的其他输入变量的响应具有不变性，且 x_1,x_n 对 u_{c1},u_{cm} 的响应具有二阶特性以及除 x_1,x_n 外的其他状态变量对除 u_{c1},u_{cm} 外的其他输入变量的影响具有 $n-2$ 阶特性。而且它还能实现除 x_1,x_n 外的其他状态变量对输入 u_{c1},u_{cm} 的响应具有不变性，即 u_{c1},u_{cm} 不能控制 $x_2,x_3,\cdots,x_{n-1}$ 等状态变量。这样一来，便实现了状态 x_1,x_n 仅受输入 u_{c1},u_{cm} 控制和 u_{c1},u_{cm} 仅控制 x_1,x_n 的"双变量完全解耦"控制。

当把状态 x_1,x_n 和输入 u_{c1},u_{cm} 实现完全解耦后，再将状态 x_2,x_{n-1} 和输入 u_{c2},u_{cm-1} 实施解耦，即将式(10-74)所示矩阵方程的主矩阵和控制系数矩阵去掉第 $1,n$ 行和第 $1,n$ 列，构成新的矩阵方程，并按双变量不变性解耦方法，使其构成式(10-74)所示矩阵方程形式，使状态 x_2,x_{n-1} 和输入 u_{c2},u_{cm-1} 构成二控二子系统。在输入变量足够多的情况下，可以实现多个这种"双变量完全解耦"控制。最理想情况是使全部状态变量和输入变量分解为 $\frac{n}{2}$（n 为偶数）个或 $\frac{(n-1)}{2}$（n 为奇数）个二控二独立系统。对于这种最佳的多变量不变

性完全解耦系统的矩阵方程可由下式表示：

$$\begin{bmatrix} s-a'_{11} & & & & & & -a'_{1n} \\ & s-a'_{22} & & \mathbf{0} & & -a'_{2n-1} & \\ & & \ddots & & \iddots & & \\ & & & s-a'_{\frac{n}{2}\frac{n}{2}} & -a'_{\frac{n}{2}\frac{n}{2}+1} & & \\ & \mathbf{0} & & -a'_{\frac{n}{2}+1\frac{n}{2}} & s-a_{\frac{n}{2}+1\frac{n}{2}+1} & & \mathbf{0} \\ & & \iddots & & & \ddots & \\ & -a'_{n-12} & & \mathbf{0} & & s-a'_{n-1n-1} & \\ -a'_{n1} & & & & & & s-a'_{nn} \end{bmatrix} \boldsymbol{x} = \begin{bmatrix} b'_{11} & & & & \mathbf{0} \\ & b'_{22} & & & \\ & & \ddots & & \\ & & & b'_{n-1n-1} & \\ \mathbf{0} & & & & b'_{nn} \end{bmatrix} u_{\mathrm{c}} \tag{10-75}$$

式中，a'_{ii} 和 a'_{in+1-i} 中含有与其对应的反馈系数项，a'_{ii} 用以改善它所对应的二阶子系统的阻尼比，a'_{in+1-i} 用以改善对应二阶子系统的特征频率；由交联控制系数矩阵决定的 b'_{ii} 不为零，以实现对应输入的控制，$b'_{ij}\ (j\neq i)$ 为零，以实现输入变量的解耦。

式(10－75)所示完全解耦矩阵方程的阶数 n 为偶数；n 为奇数的不变性解耦矩阵方程在此未能列出。式(10－75)的另一种形式由下式表示：

$$\begin{bmatrix} s-a'_{11} & -a'_{1n} & & & & & \\ -a'_{n1} & s-a'_{nn} & & & \mathbf{0} & & \\ & & s-a'_{22} & -a'_{2n-1} & & & \\ & & -a'_{n-12} & s-a'_{n-1n-1} & & & \\ & & & & \ddots & & \\ & \mathbf{0} & & & & s-a'_{\frac{n}{2}\frac{n}{2}} & -a'_{\frac{n}{2}\frac{n}{2}+1} \\ & & & & & -a'_{\frac{n}{2}+1\frac{n}{2}} & s-a'_{\frac{n}{2}+1\frac{n}{2}+1} \end{bmatrix} \boldsymbol{x} = \begin{bmatrix} b'_{11} & & & & \mathbf{0} \\ & b'_{nn} & & & \\ & & \ddots & & \\ & & & b'_{\frac{n}{2}\frac{n}{2}} & \\ \mathbf{0} & & & & b'_{\frac{n}{2}+1\frac{n}{2}+1} \end{bmatrix} u_{\mathrm{c}} \tag{10-76}$$

为实现不变性完全解耦，控制系数矩阵 $\boldsymbol{B}'$ 为式(10－75)所示，那么交联控制器矩阵 $\boldsymbol{K}$ 和反馈补偿矩阵 $\boldsymbol{F}$ 应由下式表示：

$$\boldsymbol{K}=\begin{bmatrix} 1 & k_{12} & \cdots & k_{1n} \\ k_{21} & 1 & \cdots & k_{2n} \\ \vdots & \vdots & & \vdots \\ k_{n1} & k_{n2} & \cdots & 1 \end{bmatrix},\quad \boldsymbol{F}=\begin{bmatrix} f_{11} & \cdots & f_{1n} \\ \vdots & & \vdots \\ f_{n1} & \cdots & f_{nn} \end{bmatrix} \tag{10-77}$$

从而得到 $\boldsymbol{B}'$ 的表达式

$$\boldsymbol{B}'=\boldsymbol{BK}=\begin{bmatrix} b'_{11} & b'_{12} & \cdots & b'_{1n} \\ b'_{21} & b'_{22} & \cdots & b'_{2n} \\ \vdots & \vdots & & \vdots \\ b'_{n1} & b'_{n2} & \cdots & b'_{nn} \end{bmatrix} \tag{10-78}$$

式中，$b'_{ij}=\sum_{l=1}^{n}k_{lj}b_{il}$，$i=1,\cdots,n$，$j=1,\cdots,n$；且当 $l=j$ 时 $k_{lj}=1$。

由 $b'_{ij}=0\ (j\neq i)$ 得到多变量"完全解耦"系统控制系数的实现条件

$$\sum_{l=1}^{n}k_{lj}b_{ij}=0 \quad (j\neq i) \tag{10-79}$$

为了构成式(10－75)所示主矩阵，在每个输入变量中引入全状态反馈，在反馈补偿矩阵 $\boldsymbol{F}$ 中，双对角线上的元素 f_{ii} 和 $f_{in+1-i}\ (i=1,\cdots,n)$ 用以改善各二阶子系统的阻尼比和特征频率，其他元素用以实现式

(10－75) 所示的完全解耦主矩阵结构，且满足反馈系数的"完全解耦" 条件

$$a'_{ij}=a_{ij}-f_{ij}b_{ij}=0 \quad (j\neq i,n+1-i) \tag{10-80}$$

10.1.2.2　多变量不变性局部解耦系统的分析

多变量不变性完全解耦系统的结构十分复杂和难以实现，它不仅要求状态全反馈和输入全交联，而且要求系统具有 n 个输入变量，这样的多变量控制系统实际上是不存在的。在多变量解耦设计中，一般不要求完全消除系统的关联，而是按照设计要求，或者采用局部解耦的办法，使某个或某些状态对某个或某些输入实现不变性，从而解耦一对或几对仅与主矩阵两个对角线上的对应参数有关的模态；使一个(对) 或几个(对) 状态变量与其对应的输入响应为二阶特性；或者采用双对角优势法，将闭环系统的关联性减小到可以接受的程度。任何形式的解耦系统都很难做到"完全解耦"。

对于输入变量个数少于状态变量个数($m<n$) 的多变量控制系统，可以按双变量不变性解耦设计法，实现多变量不变性"局部解耦" 系统。当采用双变量不变性解耦方法实施一次解耦后，根据设计要求和输入变量的多少，还可进行 2 次、3 次等等这样的解耦。然而，最多只能进行$\frac{m}{2}$(m 为偶数) 或$\frac{(m-1)}{2}$(m 为奇数) 次。作为例子，给出一个 4 输入变量的 n 维多变量不变性解耦系统矩阵方程，如式(10－81) 所示：

$$\boldsymbol{A}'(s)\boldsymbol{x}=\boldsymbol{B}'\boldsymbol{u}_c \tag{10-81}$$

式中

$$\boldsymbol{A}'(s)=\begin{bmatrix} s-a_{11} & 0 & 0 & \cdots & 0 & 0 & -a_{1n} \\ -a_{21} & s-a_{22} & 0 & \cdots & 0 & -a_{2n-1} & -a_{2n} \\ -a_{31} & -a_{32} & s-a_{33} & \cdots & -a_{3n-2} & -a_{3n-1} & -a_{3n} \\ \vdots & \vdots & \vdots & & \vdots & \vdots & \vdots \\ -a'_{n-21} & -a'_{n-22} & -a'_{n-23} & \cdots & s-a'_{n-2n-2} & -a'_{n-2n-1} & -a'_{n-2n} \\ -a'_{n-11} & -a'_{n-12} & 0 & \cdots & 0 & s-a'_{n-1n-1} & -a'_{n-1n} \\ -a'_{n1} & 0 & 0 & \cdots & 0 & 0 & s-a'_{nn} \end{bmatrix}$$

$$\boldsymbol{B}'=\begin{bmatrix} b'_{11} & 0 & 0 & 0 \\ 0 & b'_{22} & 0 & 0 \\ b'_{31} & b'_{32} & b'_{33} & b'_{34} \\ \vdots & \vdots & \vdots & \vdots \\ b'_{n-21} & b'_{n-22} & b'_{n-23} & b'_{n-24} \\ 0 & 0 & b'_{n-13} & 0 \\ 0 & 0 & 0 & b'_{n4} \end{bmatrix}$$

当按双变量不变性解耦条件把状态 x_1,x_n 和输入 u_{c1},u_{cm} 实现解耦之后，将矩阵方程的主矩阵去掉第 1，n 行和第 1，n 列和将控制系数矩阵去掉第 1，n 行和第 1，m 列，构成新的矩阵方程。然后，按这个新的矩阵方程按双变量不变性解耦条件实施第 2 次解耦。以此类推，最后将得到$\frac{m}{2}$(或$\frac{m-1}{2}$) 个相对独立的二阶子系统和一个 $n-m$(或 $n+1-m$) 阶子系统。当按主矩阵行的序号排列时，这些二阶子系统分别为第 1，第 2，…，第$\frac{m}{2}$(或$\frac{m-1}{2}$) 子系统。

和完全解耦系统一样，局部解耦的第 1 个二阶子系统的两个输入 u_{c1},u_{cm} 能激励该子系统的二阶振型和控制这个子系统的状态变量 x_1,x_n，除此以外的任何输入不能控制这个子系统的振型和变量。然而，和完全解耦系统不一样之处在于 u_{c1},u_{cm} 仍能按全部模态控制除 x_1,x_n 外的其他状态变量 $x_2,\cdots,x_{n-1}$。对于第 2 个子系统的两个输入 u_2,u_{cm-1} 能激发该子系统的二阶振型和控制状态变量 x_2,x_{n-1}，除不能激发第 1 子系统的

二阶振型和控制状态 x_1，x_n 外，还能控制其他振型和变量。总之，经不变性局部解耦出的任何子系统的输入不能控制比它序号小的子系统的振型和状态，能以该子系统的振型去控制该子系统的两个状态，还能以包括该子系统振型在内的其他振型和控制其他状态。这就是不变性局部解耦的特点。

10.1.3　四维系统的双变量不变性解耦

对于四维多变量系统可利用多变量不变性解耦原理分解为两个二阶二输入-二输出系统，并可采用经典的频域法完成两个单回路的分析和设计。对于四维多变量系统实施一次双变量不变性解耦，便可实现“局部解耦”或“完全解耦”。这是一个既简单又能说明问题的好例子。

在实际工程中有不少控制对象为四维多变量系统，譬如，作为刚体运动的飞行器，在一定条件下其线性非时变运动方程可分解为两个四阶微分方程，即纵向扰动运动方程组和横航向扰动运动方程组。当然，与它们对应的状态方程和矩阵方程也是四维的。在过去，很多教科书中依据某些物理成因和试飞数据，人为地作了某些假设，近似地将纵向运动简化为短周期和长周期运动，把横航向运动分解为偏航和倾斜运动。实际上这种划分具有一定的正确性，但在某些条件下，存在着较大误差。利用不变性解耦原理可以清楚地看出这种划分的局限性，在什么条件下是正确的，又在什么条件下是不正确的。

10.1.3.1　四维系统的双变量不变性局部解耦

双变量不变性局部解耦四维系统的矩阵方程为

$$\begin{bmatrix} s-a_{11} & 0 & 0 & -a_{14} \\ -a'_{21} & s-a'_{22} & -a'_{23} & -a'_{24} \\ -a'_{31} & -a'_{32} & s-a'_{33} & -a'_{34} \\ -a'_{41} & 0 & 0 & s-a'_{44} \end{bmatrix} \boldsymbol{x} = \begin{bmatrix} b'_{11} & 0 & 0 \\ b'_{21} & b'_{22} & b'_{23} \\ b'_{31} & b'_{32} & b'_{33} \\ 0 & 0 & b'_{43} \end{bmatrix} \boldsymbol{u}_{\mathrm{c}} \tag{10-82}$$

为了获得由式(10-82)表示的双变量不变性局部解耦系统，系统至少有两个输入变量，当系统有 3 个输入变量时，设置交联控制器矩阵模型为

$$\boldsymbol{K} = \begin{bmatrix} 1 & k_{12} & k_{13} \\ 0 & 1 & 0 \\ k_{31} & k_{32} & 1 \end{bmatrix} \tag{10-83}$$

状态反馈补偿器矩阵模型为

$$\boldsymbol{F} = \begin{bmatrix} 0 & f_{12} & f_{13} & 0 \\ 0 & f_{22} & f_{23} & 0 \\ f_{31} & f_{32} & f_{33} & f_{34} \end{bmatrix} \tag{10-84}$$

这样，便可得到

$$\left.\begin{aligned} b'_{i1} &= b_{i1} + k_{31} b_{i3} \\ b'_{i2} &= k_{12} b_{i1} + b_{i2} + k_{32} b_{i3} \\ b'_{i3} &= k_{13} b_{i1} + b_{i3} \end{aligned}\right\} \tag{10-85}$$

式中，$i=1,\cdots,4$。当 $b'_{12}=b'_{13}=b'_{41}=b'_{42}=0$ 时，便可得到控制系数解耦条件，即得到 k_{12}，k_{13}，k_{31} 和 k_{32} 的表达式。按式(10-82)和式(10-84)还可获得

$$\left.\begin{aligned} a'_{i1} &= a_{i1} - b'_{i3} f_{31} \\ a'_{i2} &= a_{i2} - b'_{i1} f_{12} - b'_{i2} f_{22} - b'_{i3} f_{32} \\ a'_{i3} &= a_{i3} - b'_{i1} f_{13} - b'_{i2} f_{23} - b'_{i3} f_{33} \\ a'_{i4} &= a_{i4} - b'_{i3} f_{34} \end{aligned}\right\} \tag{10-86}$$

式中，$i=1,\cdots,4$。当 $a'_{12}=a'_{13}=a'_{42}=a'_{43}=0$ 时，便可得到状态反馈系数的解耦条件，即获得 f_{12}，f_{13}，f_{32} 和 f_{33}

的表达式。

由式(10－82)得到状态 x_1,x_4 对输入 u_{c1},u_{c3} 的解耦简化传递矩阵方程为

$$\begin{bmatrix} s-a_{11} & -a_{14} \\ -a'_{41} & s-a'_{44} \end{bmatrix}\begin{bmatrix} x_1 \\ x_4 \end{bmatrix}=\begin{bmatrix} b'_{11} & 0 \\ 0 & b'_{41} \end{bmatrix}\begin{bmatrix} u_{c1} \\ u_{c3} \end{bmatrix} \tag{10-87}$$

和状态 x_2,x_3 对输入 u_{c2} 的传递矩阵方程为

$$\begin{bmatrix} s-a'_{22} & -a'_{23} \\ -a'_{32} & s-a'_{33} \end{bmatrix}\begin{bmatrix} x_2 \\ x_3 \end{bmatrix}=\begin{bmatrix} b'_{22} \\ b'_{32} \end{bmatrix}[u_{c2}] \tag{10-88}$$

双变量不变性局部解耦控制使 x_1,x_4 对 u_{c2} 的传递函数为零,即 u_{c2} 不能控制 x_1 和 x_4;然而,状态 x_2,x_3 对输入 u_{c1},u_{c3} 的传递关系仍由式(10－82)决定的四阶传递函数表示。

由于 f_{31},f_{34} 分别改变了 a'_{31},a'_{34} 的大小,因此,f_{31},f_{34} 分别用以改善由式(10－87)描述的二阶特性的特征频率和阻尼比。这就是说,f_{31},f_{34} 的大小是由闭环特征值要求决定的。反馈系数 f_{22} 和 f_{23} 分别改变了 a'_{22},a'_{32} 和 a'_{23},a'_{33} 的大小,因此,由式(10－88)可知,f_{22},f_{23} 将有效地改善由式(10－88)描述的二阶特性的阻尼比和特征频率,至于哪一个用以增加阻尼哪一个用以增加固有频率,取决于 b'_{22} 和 b'_{32} 的绝对值大小。

10.1.3.2 四维系统的双变量不变性完全解耦

给出一个四维多变量系统,其矩阵方程由下式表示:

$$\begin{bmatrix} s-a_{11} & -a_{12} & -a_{13} & -a_{14} \\ -a_{21} & s-a_{22} & -a_{23} & -a_{24} \\ 0 & -1 & s & 0 \\ -a_{41} & -a_{42} & a_{43} & s-a_{44} \end{bmatrix}\boldsymbol{x}=\begin{bmatrix} b_{11} & b_{12} & b_{13} \\ b_{21} & b_{22} & b_{23} \\ 0 & 0 & 0 \\ b_{41} & b_{42} & b_{43} \end{bmatrix}\boldsymbol{u} \tag{10-89}$$

式中,$\boldsymbol{x}=[x_1 \quad x_2 \quad x_3 \quad x_4]^{\mathrm{T}}$,$\boldsymbol{u}=[u_1 \quad u_2 \quad u_3]^{\mathrm{T}}$。当选择

$$\boldsymbol{K}=\begin{bmatrix} 1 & k_{12} & k_{13} \\ k_{21} & 1 & k_{23} \\ k_{31} & k_{32} & 1 \end{bmatrix} \tag{10-90}$$

$$\boldsymbol{F}=\begin{bmatrix} 0 & f_{12} & f_{13} & 0 \\ f_{21} & f_{22} & f_{23} & f_{24} \\ f_{31} & f_{32} & f_{33} & f_{34} \end{bmatrix} \tag{10-91}$$

和合理选择 k_{ij} 和 f_{ij} 时,便可得到双变量不变性完全解耦四维系统的矩阵方程:

$$\begin{bmatrix} s-a_{11} & 0 & 0 & -a_{14} \\ 0 & s-a'_{22} & -a'_{23} & 0 \\ 0 & -1 & s & 0 \\ -a'_{41} & 0 & 0 & s-a'_{44} \end{bmatrix}\boldsymbol{x}=\begin{bmatrix} b'_{11} & 0 & 0 \\ 0 & b'_{22} & 0 \\ 0 & 0 & 0 \\ 0 & 0 & b'_{43} \end{bmatrix}\boldsymbol{u}_{\mathrm{c}} \tag{10-92}$$

式中,$\boldsymbol{u}_{\mathrm{c}}=[u_{c1} \quad u_{c2} \quad u_{c3}]^{\mathrm{T}}$。

当 $\boldsymbol{B}'=\boldsymbol{BK}$ 时,得到控制系数解耦条件为

$$\left.\begin{aligned} b'_{12}&=k_{12}b_{11}+b_{12}+k_{32}b_{13}=0 \\ b'_{42}&=k_{12}b_{41}+b_{42}+k_{32}b_{43}=0 \end{aligned}\right\} \tag{10-93}$$

$$\left.\begin{aligned} b'_{13}&=k_{13}b_{11}+b_{13}+k_{23}b_{12}=0 \\ b'_{23}&=k_{13}b_{21}+b_{23}+k_{23}b_{22}=0 \end{aligned}\right\} \tag{10-94}$$

$$\left.\begin{aligned} b'_{21}&=k_{21}b_{22}+b_{21}+k_{31}b_{23}=0 \\ b'_{41}&=k_{21}b_{42}+b_{41}+k_{31}b_{43}=0 \end{aligned}\right\} \tag{10-95}$$

并按联立方程式(10－93)、式(10－94)和式(10－95)分别解算出 $k_{12},k_{32},k_{13},k_{23},k_{21}$ 和 k_{31},从而得到控制系

数为

$$\left.\begin{aligned} b'_{11}&=b_{11}+k_{21}b_{12}+k_{31}b_{13}\\ b'_{22}&=b_{22}+k_{12}b_{21}+k_{32}b_{23}\\ b'_{43}&=b_{43}+k_{13}b_{41}+k_{23}b_{42} \end{aligned}\right\} \tag{10-96}$$

并且得到状态反馈系数的解耦条件为

$$\left.\begin{aligned} a'_{12}&=a_{12}-b'_{11}f_{12}=0\\ a'_{13}&=a_{13}-b'_{11}f_{13}=0\\ a'_{21}&=a_{21}-b'_{22}f_{21}=0\\ a'_{24}&=a_{24}-b'_{22}f_{24}=0\\ a'_{41}&=a_{41}-b'_{43}f_{32}=0\\ a'_{43}&=a_{43}-b'_{43}f_{33}=0 \end{aligned}\right\} \tag{10-97}$$

双变量不变性完全解耦系统具有双对角线主矩阵和单对角线控制系数矩阵。因此，这个系统实现了二控二完全解耦。对于式(10-92)表示的四维完全解耦系统来说，状态 x_1，x_4 对输入 u_{c1}，u_{c3} 的传递矩阵方程为

$$\begin{bmatrix} s-a_{11} & -a_{14}\\ -a'_{41} & s-a'_{44} \end{bmatrix}\begin{bmatrix} x_1\\ x_4 \end{bmatrix}=\begin{bmatrix} b'_{11} & 0\\ 0 & b'_{43} \end{bmatrix}\begin{bmatrix} u_{c1}\\ u_{c3} \end{bmatrix} \tag{10-98}$$

状态 x_2，x_3 对输入 u_{c1}，u_{c3} 的传递函数分子为 0，对 u_{c2} 的传递矩阵方程为

$$\begin{bmatrix} s-a'_{22} & a'_{23}\\ -1 & s \end{bmatrix}\begin{bmatrix} x_2\\ x_3 \end{bmatrix}=\begin{bmatrix} b'_{22}\\ 0 \end{bmatrix}[u_{c2}] \tag{10-99}$$

状态 x_1，x_4 对输入 u_{c2} 的传递函数分子为 0。

10.1.4　不变性解耦的双对角优势

从理论上讲，确定包括输入交联控制器和状态反馈补偿器在内的控制器结构和参数是容易的。但是，这只是在原理上解决了问题，在实际工程中，这样得到的控制器还是很复杂的，在某些情况下甚至不能实现。加之在飞行控制系统中，控制对象的数学模型和参数并不十分精确，甚至是不确定的，因此，难以实现各种不变性解耦。何况在实际工程中，这种使某些元素为零的精确解耦并非绝对需要。出于这种考虑，可以借鉴对角优势概念，对多变量不变性解耦系统提出是否可以放宽对主矩阵为双对角阵和控制系数矩阵为单对角阵的要求，以实现多变量不变性近似解耦设计。输入交联控制器用以使闭环系数矩阵 $\boldsymbol{B}'$ 的近似于右倾斜单对角线上的元素占主导地位；状态反馈补偿器除去使闭环系数主矩阵双对角线上的元素占主导地位外，还用以改善各二阶子系统的静动态特性。这样一来，将使不变性解耦控制结构简单化。由于控制对象矩阵方程往往具有一定的不变性解耦特性，如飞机纵向或横航向运动矩阵方程，那将显著地减少不变性解耦控制的复杂性。

10.1.4.1　双对角优势的评价指标

由于多变量不变性解耦主要是在闭环系统矩阵 $\boldsymbol{A}$ 双对角线上的元素和控制系数矩阵 $\boldsymbol{B}$ 单对角线上的元素进行的，而且总希望这些对角元素能在系统中起主导作用，因此便需要一个评价主导地位的尺度和判定双对角元素起主导作用的标准。是否可以采用类似 INA 方法来定义行和列对角优势以评价不变性解耦的程度，是否能采用 Gershgorin 带和定理确定不变性解耦系统的稳定性，显然是不行的。因为，多变量不变性近似解耦系统矩阵 $\boldsymbol{A}$ 双对角线上的元素占主导地位，显然，在 $\boldsymbol{A}$ 的左倾斜对角线上的元素 a_{in+1-i} 使得

$$\left.\begin{aligned} |a_{ii}|&>\sum_{j=1;j\neq i}^{n}|a_{ij}|,\quad i=1,2,\cdots,m\\ |a_{ii}|&>\sum_{j=1;j\neq i}^{n}|a_{ji}|,\quad i=1,2,\cdots,m \end{aligned}\right\} \tag{10-100}$$

的对角优势标准得不到满足。同样，足够大的 Gershorin 圆半径

$$d_i = \sum_{j=1;j\neq i}^{n} |a_{ij}| \quad 和 \quad d'_i = \sum_{j=1;j\neq i}^{n} |a_{ji}| \tag{10-101}$$

使 Gershgorin 圆会包围 s 域原点和 Gershorin 带将扫过 s 域原点。因此，由不变性解耦系统矩阵 **A** 双对角元素起主导作用的标准不能采用控制理论中通常提出的"对角优势"那样的尺度。

但是，可以参考和借监 INA 法对角优势概念，给出一个多变量不变性解耦系统矩阵 **A** 双对角线上的元素占主导地位的指标。

设 **A** 为多变量不变性解耦闭环系统矩阵，当它的任两个对称行和对应列上的元素满足

$$|a_{ii}| + |a_{in+1-i}| \gg \sum_{j=1;j\neq i,n+1-i}^{n} |a_{ij}|, \quad |a_{ii}| + |a_{n+1-ii}| \gg \sum_{j=1;j\neq i,n+1-i}^{n} |a_{ji}| \tag{10-102}$$

时，则这两行及其对应列上的元素称为双对角优势。式中 $i = k, n+1-k$，且 $k = 1, 2, \cdots, \frac{n}{2}$（$n$ 为偶数）或 $\frac{n-1}{2}$（n 为奇数）。如果有一对这样的行和列，则近似解耦出一个二阶子系统；如果有 k 对这样的行和列，那么便近似解耦出 k 个二阶子系统；当 $k = \frac{n}{2}$（或$\frac{n-1}{2}$）时，那么就是近似完全解耦了。

对于多变量不变性解耦系统控制系数矩阵单对角优势的指标，可由下式描述：

设 **B** 为多变量不变性解耦系统的控制系数矩阵，当它的某一列元素满足

$$|b_{ik}| \gg \sum_{j=1;j\neq k}^{n} |b_{ij}| \quad (j = 1, \cdots, n \text{ 和 } i = 1, \cdots, m) \tag{10-103}$$

则 **B** 的第 i 列具有单对角优势。如果 **B** 的 m 列都具有单对角优势，那么将占主导作用的 b_{ik} 按近似右倾斜单对角线重新排列，则构成"单对角优势"的控制系数矩阵 **B**。

利用双对角优势法设计多变量不变性近似解耦系统，在初步设计完成后，应该利用解根加以检验，这是鉴定解耦程度最重要的一步。首先按多变量不变性解耦系统主行列式 $D(s)$ 解算闭环系统特征值，再按 $D(s)$ 中对应双对角优势的 4 个对角元素按二阶行列式排列和解根，并与闭环系统主行列式解出的特征值比较，如果二者模值之差为该闭环特征值模的比值小于百分之几，那么对于这个二阶子系统的解耦便是"双对角优势"的。

更有意义的是利用某个(些) 状态变量对某个(些) 输入变量传递函数的零极点位置来检验。为了检验某一个二阶子系统的解耦程度，检验非该子系统的某个状态变量和某个输入变量的传递函数是否存在一对极点与该二阶子系统的极点相近，如果这两对极点模之差与其极点模之比不大于百分之几；同时，这个传递函数还存在一对与其极点相近的零点，如果这两对零极点模之差与极点模之比也不大于百分之几，那么该二阶子系统的解耦便是足够精确的了。

10.1.4.2 实现双对角优势的初等变换法

利用状态反馈补偿器，可以使多变量不变性解耦闭环系统矩阵 **A** 的一对对称行和相应的一对对称列的元素实现由式(10-102) 表示的双对角优势指标，但是，往往需要许多个输入变量和许多个状态反馈才能实现，这将使解耦控制器结构变得十分复杂，尤其是输入变量的增加，就意味着控制通道和调节器的增加，这通常是难以实现的。为分解出一个二阶子系统，需要多个伺服通道，这不仅是一个经济性代价问题，也是一个安全性代价问题。飞机飞行控制系统设计的最高要求是保证飞行安全，其他所有指标都要服从这项指标要求。控制系统控制律设计，决不仅仅是数学问题，一定要考虑它的经济性和安全性代价。

为实现由式(10-102) 表示的不变性解耦双对角优势，式(10-102) 中用以实现一对对称行双对角优势的第一不等式，最多通过两个调节器引入合适状态反馈便可实现。当控制对象具有自然的双对角优势时，譬如 **A** 阵中有一行满足式(10-102) 所示第一不等式，那么就可减少一个调节器。当满足行双对角优势时，可

利用初等变换法实现由式(10－102)第2不等式表示的列双对角优势指标。当然，如果控制对象具有自然的列双对角优势，也可利用初等变换法实现行双对角优势。

本书已经在第二篇中利用初等变换法为飞机纵向和横航运动方程实现了不变性解耦的双对角优势。为不失一般性，在此给出一个不变性近似局部解耦的四维状态方程

$$\dot{\boldsymbol{x}}=\boldsymbol{A}\boldsymbol{x}+\boldsymbol{B}\boldsymbol{u}_c \tag{10-104}$$

式中

$$\boldsymbol{A}=\begin{bmatrix}a_{11}&a_{12}&a_{13}&a_{14}\\a_{21}&a_{22}&a_{23}&a_{24}\\a_{31}&a_{32}&a_{33}&a_{34}\\a_{41}&a_{42}&a_{43}&a_{44}\end{bmatrix},\quad \boldsymbol{B}=\begin{bmatrix}b_{11}&0&0\\b_{21}&b_{22}&b_{23}\\b_{31}&b_{32}&b_{33}\\0&0&b_{43}\end{bmatrix}$$

以及 $\boldsymbol{x}=[x_1\quad x_2\quad x_3\quad x_4]^{\mathrm{T}}$，$\boldsymbol{u}_c=[u_{c1}\quad u_{c2}\quad u_{c3}]^{\mathrm{T}}$。绝对值足够小的 a_{12}，a_{13} 和 a_{42}，a_{43}，使得满足行双对角优势不等式；绝对值足够大的 a_{21}，a_{31} 和 a_{24}，a_{34}，使得不满足列双对角优势不等式。将初等变换矩阵

$$\boldsymbol{M}=\begin{bmatrix}1&0&0&0\\m_{21}&1&0&m_{24}\\m_{31}&0&1&m_{34}\\0&0&0&1\end{bmatrix}$$

左乘以状态方程式(10－104)，得到

$$\dot{\boldsymbol{x}}'=\boldsymbol{A}'\boldsymbol{x}'+\boldsymbol{B}'\boldsymbol{u}_c \tag{10-105}$$

式中，$\boldsymbol{x}'=\boldsymbol{M}\boldsymbol{x}=[x_1\quad x_2+m_{21}x_1+m_{24}x_4\quad x_3+m_{31}x_1+m_{34}x_4\quad x_4]^{\mathrm{T}}$；$\boldsymbol{B}'=\boldsymbol{M}\boldsymbol{B}$ 和

$$\boldsymbol{A}'=\boldsymbol{M}\boldsymbol{A}\boldsymbol{M}^{-1}=\begin{bmatrix}a'_{11}&\cdots&a'_{14}\\\vdots&&\vdots\\a'_{41}&\cdots&a'_{44}\end{bmatrix} \tag{10-106}$$

其中，$\boldsymbol{A}'$ 的元素 a'_{ij} 的表达式与式(5－15)定义相同。

在 a_{12}，a_{13}，a_{42} 和 a_{43} 的绝对值很小的情况下，当 a'_{21}，a'_{24}，a'_{31} 和 a'_{34} 近似为零时得到初等变换阵 $\boldsymbol{M}$ 元素 m_{21}，m_{24}，m_{31} 和 m_{34} 的表达式为

$$m_{21}=\frac{a_{21}a_{44}}{a_{14}a_{41}-a_{11}a_{44}}+\frac{a_{41}a_{34}a_{23}}{(a_{14}a_{41}-a_{11}a_{44})^2}(a_{44}+a_{11}) \tag{10-107}$$

$$m_{24}=-\frac{a_{21}a_{14}}{a_{41}a_{14}-a_{11}a_{44}}-\frac{a_{34}a_{23}}{(a_{41}a_{14}-a_{11}a_{44})^2}(a_{14}a_{41}+a_{11}^2) \tag{10-108}$$

$$m_{31}=-\frac{a_{41}a_{34}}{a_{41}a_{14}-a_{11}a_{44}} \tag{10-109}$$

$$m_{34}=\frac{a_{11}a_{34}}{a_{41}a_{14}-a_{11}a_{44}} \tag{10-110}$$

这就是说，如果实现了行双对角优势，只通过数学变换，就可获得列双对角优势，不需要增加输入变量(即控制通道)和状态反馈。利用初等变换法使得任何一个四阶子系统实现不变性解耦，最多使用两个控制通道和某些状态反馈便可实现。

在输入 u_1 中引入了 u_2，u_3 的交联信号 $k_{12}u_2$，$k_{13}u_3$，$k_{13}u_3$ 和在 u_3 中引入了 u_1，u_2 的交联信号 $k_{31}u_1$，$k_{32}u_2$，得到

$$\boldsymbol{B}=\begin{bmatrix}b_{11}&0&0\\b_{21}&b_{22}&b_{23}\\b_{31}&b_{32}&b_{33}\\0&0&b_{43}\end{bmatrix} \tag{10-111}$$

经初等阵 $\boldsymbol{M}$ 变换后，得到

$$\boldsymbol{B}'=\boldsymbol{MB}=\begin{bmatrix} b_{11} & 0 & 0 \\ b'_{21} & b_{22} & b'_{23} \\ b'_{31} & b_{32} & b'_{33} \\ 0 & 0 & b_{43} \end{bmatrix} \tag{10-112}$$

式中

$$b'_{21}=m_{21}b_{11}+b_{21},\quad b'_{23}=b_{23}+m_{24}b_{34},\quad b'_{31}=m_{31}b_{11}+b_{31},\quad b'_{33}=b_{33}+m_{34}b_{34}$$

这说明经初等阵 $\boldsymbol{M}$ 变换后，控制系数矩阵 $\boldsymbol{B}'$ 保留它原来的结构。

10.2　不变性解耦系统的鲁棒性设计

二阶子系统的鲁棒性设计。在飞行控制系统初步设计中存在着某些近似，这些近似包括飞机、操纵系统、伺服器和测量装置模型的简化，测量信号的误差、噪声干扰、幅值量化和采样等。这些近似中的多数将在系统详细设计和试验中逐步完善。但在初步设计中，首先应考虑的是飞机模型的不确定性。

按不变性近似解耦和初等变换后，得到的二阶子系统矩阵方程为

$$\begin{bmatrix} s-a_{11} & -a_{1n} \\ -a_{n1} & s-a_{nn} \end{bmatrix}\begin{bmatrix} x_1 \\ x_n \end{bmatrix}=\begin{bmatrix} b_{11} & 0 \\ 0 & b_{nm} \end{bmatrix}\begin{bmatrix} u_1 \\ u_m \end{bmatrix} \tag{10-113}$$

它可作为二阶子系统控制回路中对象的描述方程。尽管在输入 u_1 和 u_m 中未能表示出用以不变性解耦的其他输入交联信号和状态反馈信号，但在该二阶子系统控制回路中始终不应忘记这些解耦信号的存在。给出二阶子系统典型控制回路如图 10-3 所示。

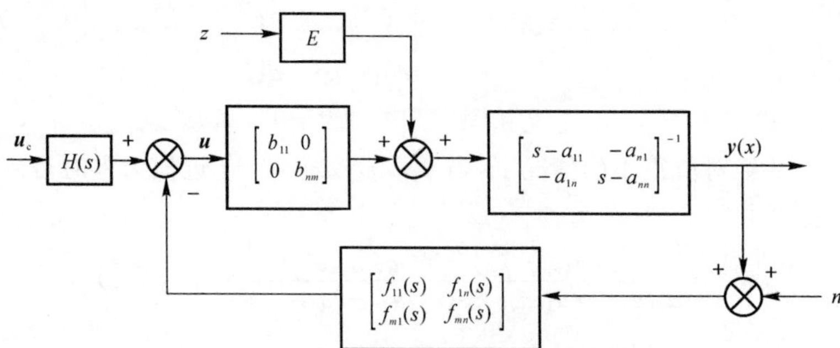

图 10-3　二阶子系统典型控制回路

图中 $\boldsymbol{y}=\boldsymbol{x}=[x_1\quad x_n]^{\mathrm{T}}$，$\boldsymbol{u}_c=[u_{c1}\quad u_{cm}]$，$z$，$n$ 为扰动变量，控制向量

$$\boldsymbol{H}(s)=\begin{bmatrix} h_1(s) \\ h_m(s) \end{bmatrix} \tag{10-114}$$

且当输入 u_{cm} 对状态 x_1，x_n 的控制效率远大于 u_{c1} 对 x_1，x_n 的控制效率时，取

$$h_1(s)=0,\quad h_m(s)=f_{m1}(s) \tag{10-115}$$

或者当 u_{c1}，u_{cm} 对 x_1，x_n 的控制效率与上述相反时，那么可取

$$h_1(s)=f_{1n}(s),\quad h_m(s)=0 \tag{10-116}$$

对于第一种情况，由于控制对象传递函数为

$$g_{1m}(s)=\frac{x_1(s)}{u_{cm}(s)}=\frac{b_0}{s^2+a_1s+a_0},\quad g_{nm}(s)=\frac{x_n(s)}{u_{cm}(s)}=\frac{b_{nm}(s-a_{11})}{s^2+a_1s+a_0} \tag{10-117}$$

式中，$a_0=a_{11}a_{nn}-a_{1n}a_{n1}$，$a_1=-a_{11}-a_{nn}$，$b_0=b_{nm}a_{1n}$。对于 $g_{1m}(s)$ 存在两个多余极点，使得状态 x_1 反馈系数 f_{m1} 起增加固有频率的作用。这种作用取决于控制对象参数 a_{1n} 和 b_{nm}。如果这种作用有效，在 a_{1n} 的绝对

值很小的情况下，必须在输入 u_1 中引入 x_n 反馈信号，以人为地增大 a_{1n} 值，即取 f_{1n} 为合适的值。对于 $g_{nm}(s)$ 存在1个多余零点，使得 x_n 反馈系数 f_{m1} 起到增加阻尼的作用。由 $g_{nm}(s)$ 的表达式可知，如果 a_{11} 为正值，那么在 u_{cm} 输入情况下，将会出现 x_n 响应具有逆向响应特性，即全通性。只有在输入 u_1 中引入状态 x_1 反馈，即合理地选择反馈系数 f_{11}，以消除这种逆向响应特性，同时还有效地增加二阶子系统的阻尼比。然而，当 a_{1n} 绝对值足够大和 a_{11} 不为正值时，在输入 u_1 中除不变性解耦信号外，不必引入任何状态反馈，即 f_{11}，f_{1n} 全为零。

对于第2种情况也有类似的结果，在此不作赘述。

分析上述第1种情况。在输入 u_1，u_m 中分别引入除它本身以外的其他输入交联信号和除 x_1，x_n 外的其他状态反馈信号，以实现双变量不变性局部解耦；利用初等变换以实现系统完全解耦；以及利用输入 u_1 引入状态 x_1 和 x_n，以消除逆向响应特性和增加反馈系数 f_{mn} 的有效性。为了获得代价低的控制器，以上这些设计可能是近似的，得到的系统往往是近似完全解耦的。只要能满足近似不变性解耦指标，便可近似分解出一个二阶子系统。可将矩阵方程

$$\begin{bmatrix} s-a_{11} & -a_{1n} \\ -a_{n1} & s-a_{nn} \end{bmatrix} \begin{bmatrix} x_1 \\ x_n \end{bmatrix} = \begin{bmatrix} 0 \\ b_{nm} \end{bmatrix} [u_{cm}] \tag{10-118}$$

作为控制对象原始模型。采用比例(P)，比例微分(PD)或比例积分微分(PID)不同的控制结构取决于控制功能和指标要求。对于飞机运动的扰动特性和结构、参数的不确定性，也应包括在这些控制功能和指标要求中。一个包括输入和干扰的二阶子系统闭环控制回路如图10-4所示，它没有考虑到调节器和测量装置的动态特性。

10.2.1　具有比例反馈控制的二阶子系统

图10-4所示为具有状态反馈和二阶控制对象的比例(P)闭环控制回路和根轨迹曲线。图中：$a_0 = a_{11}a_{nn} - a_{1n}a_{n1}$，$a_1 = -(a_{11} + a_{nn})$。

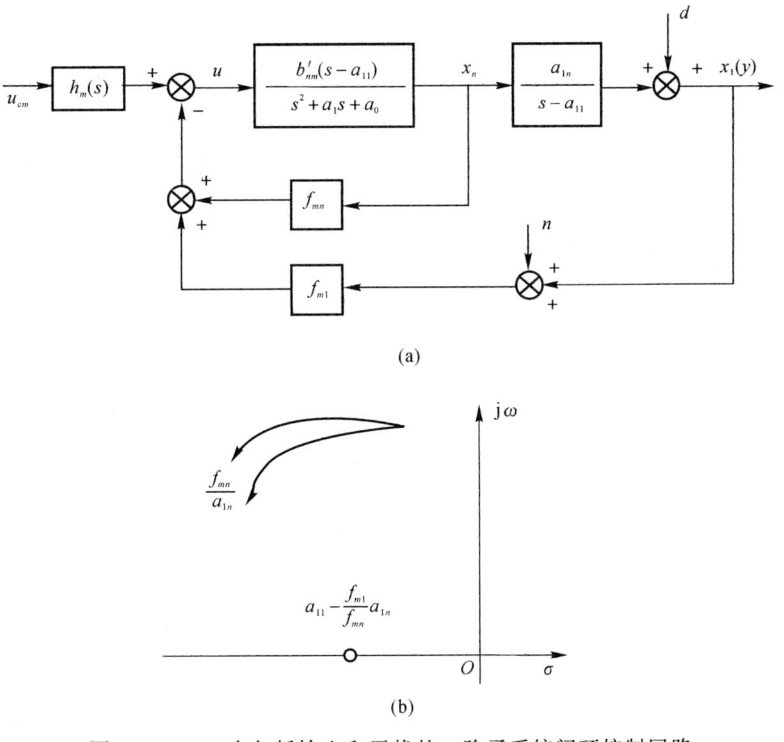

图10-4　一个包括输入和干扰的二阶子系统闭环控制回路
(a)闭环回路；(b)根轨迹曲线

对于具有传递特性

$$y(s)=x_1(s)=\frac{b_{nm}a_{1n}}{s^2+a_1s+a_0}u(s)=g(s)u(s) \tag{10-119}$$

的比例(P) 控制对象来说,调节变量为

$$u(s)=h_m u_{cm}(s)-f_{m1}x_1(s)-f_{mn}x_n(s)=h_m u_{cm}-\left(f_{m1}+\frac{s-a_{11}}{a_{1n}}f_{mn}\right)x_1(s) \tag{10-120}$$

相当于一个 PD 输出反馈。在闭环情况下,得到

$$y(s)=\frac{b_{nm}a_{1n}h_m}{s^2+(a_1+f_{mn}b_{nm})s+(a_0-f_{mn}b_{nm}a_{11}+f_{m1}b_{nm}a_{1n})}u_{cm}(s) \tag{10-121}$$

闭环特征频率和阻尼比分别为

$$\omega_{\mathrm{n}}^2=a_0+(f_{m1}a_{1n}-f_{mn}a_{11})b_{nm} \tag{10-122}$$

$$2\sigma=-(a_1+f_{mn}b_{nm}) \tag{10-123}$$

$$\zeta=-\frac{\sigma}{\omega_{\mathrm{n}}}=\frac{a_1+f_{m1}b_{nm}}{2\sqrt{a_0+(f_{m1}a_{1n}-f_{mn}a_{11})b_{nm}}} \tag{10-124}$$

动态调节因子,即灵敏度为

$$r(s)=\frac{1}{1+g(s)f(s)} \tag{10-125}$$

式中

$$g(s)=\frac{b_{nm}a_{1\mathrm{n}}}{s^2+a_1s+a_0},\quad f(s)=\frac{s-a_{11}}{a_{1n}}f_{mn}+f_{m1}$$

所以,当 b_{nm},a_{1n} 的绝对值足够大时,状态 x_1 的反馈增益 f_{m1} 将有效地增加闭环特征频率,状态 x_n 的反馈系数 f_{mn} 将有效地增加闭环阻尼比。

然而,当 a_0 值足够大,即系统特征频率足够大时,可不必引入 x_1 反馈,即 f_{m1} 等于零,只需引入 x_n 反馈以改善系统阻尼;如果 a_1 值足够大,即系统阻尼比较大时,不必引入 x_n 反馈,即 $f_{mn}=0$,仅仅引入 x_1 反馈以提高系统特征频率。

在本篇第 9 章中已经证明了动态调节因子(灵敏度) 对 d 干扰和开环传递函数参数变化的影响。对于 SISO 系统来说,$1+g(s)f(s)$ 应取尽可能大的值,或者在一定频率范围内,$|1+g(\mathrm{j}\omega)f(\mathrm{j}\omega)|$ 应为一个很大的值,才能有效地减小类似 d 这样的干扰和克服控制对象参数变化的不良影响。例如,飞行中的飞机,垂直风和垂直风切变对于飞机纵向运动的影响是剧烈的,甚至是灾难性的。有效地改善和消除这种干扰影响是飞行控制系统一项迫不及待的任务。然而,反馈增益 f_{m1},f_{mn} 不能无限制的增大。

众所周知,高的反馈增益 f_{m1},f_{mn} 使得回路输出端干扰 $d(s)$ 引起的输出变化为

$$y(s)=\frac{1}{1+g(s)f(s)}d(s) \tag{10-126}$$

减少到原来的$\dfrac{1}{1+g(\mathrm{j}\omega)f(\mathrm{j}\omega)}$,并且也取决于干扰 $d(s)$ 的频率。然而,高增益回路却不能克服反馈回路中的干扰 $n(s)$,当 $f(s)$ 很大时,输出 $y(s)$ 对于干扰 $n(s)$ 影响为

$$y(s)=\frac{g(s)f(s)}{1+g(s)f(s)}n(s)\approx n(s) \tag{10-127}$$

这就是说,反馈测量装置给出的干扰影响不能通过高回路增益来解决。

考虑实际系统的调节器(伺服系统) 输出的调节变量幅值、速度和带宽限制,高增益的反馈回路,使调节变量 $u(s)$ 大到不可容忍,按线性模型设计的带宽,在不太大的输入信号作用下,就足以使非线性的调节器带宽变得比线性带宽还窄得多。不仅堵塞了正常的控制输入,而且滞后的影响难以保证系统的稳定和控制。

另外,也是一个必须考虑的重要原因,比例的 PD 反馈增益,主要用于改善闭环系统静、动态特性,如图 10-4 所示给出的二阶控制回路,f_{mn} 主要用于增加二阶振荡特性阻尼,f_{m1} 主要用于增加二阶振荡特征频

率。由式(10-121)可知，在P控制的情况下，总是存在着稳态控制误差，当反馈回路中的增益f_{mn}越大时，这种控制误差越大，为此，必须在输入通路中设置增益$h_m(s)$以减小这种控制误差。但是，由于控制对象参数a_0的不确定性，也难以给出合适的h_m值。对于闭环系统特征值要求，往往是在一定中、低频范围内，因此，不能无限制地增大反馈增益f_{m1}和f_{mn}，应充分考虑到二者对于引导特性和扰动抑制的兼容性，折中选取。

总之，具有PD反馈的二阶子系统，通过反馈增益f_{m1}，f_{mn}可有效地改善由特征频率和阻尼比表示的二阶系统的静、动态特性，在一定程度上改善输出端干扰和控制对象参数不确定性的影响，这种抗干扰能力和鲁棒性控制是有限的。这种系统总是存在着稳态控制误差。在控制回路输入端引入控制增益或者把反馈增益移到闭环回路前向通路中，可以对此有所补救。然而，只要开环传递函数具有比例特性，包括控制误差和输出干扰的影响就不可能为零。

如果在控制回路的前向通路中和在扰动变量d进入之前存在着积分，它可能是控制对象特有的或者控制器、调节器具有的，在有限的输入信号情况下，只要不存在稳态测量误差，则稳态控制误差为零。

10.2.2　具有比例＋积分反馈控制的二阶子系统

具有输入控制器的状态比例反馈，修改了系统运动过程的固有特性，抑制和衰减了某些干扰的影响，达到了一定程度的控制精度，以及降低了控制对象参数变化对这些系统特性的影响，但是并不能完全补偿掉。如果仅仅是为了补偿稳态控制精度、稳态干扰误差及控制对象稳态参数变化的影响，那么便需要一个稳态控制器以实现稳态鲁棒性设计。这只能靠控制误差为零来实现。然而，纯粹的积分控制器往往给控制回路带来延滞，引起响应过程迟钝。因此，在引入输入、反馈控制误差积分的同时，引入输入比例控制，即比例＋积分控制，以实现稳态鲁棒性设计。

包括二阶系统的两个状态变量和比例＋积分的两个输入控制信号构成的控制律由式(10-128)表示。具有比例＋积分控制的二阶子系统控制回路由图10-5所示。

$$u(s)=h_m y_c(s)+V(s)-f_{m1}x_1-f_{mn}x_n \tag{10-128}$$

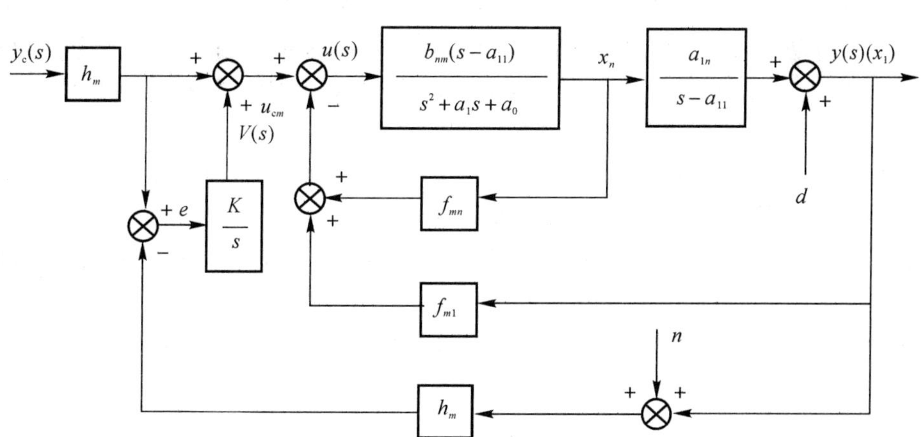

图10-5　具有比例＋积分控制的二阶子系统控制回路

按图10-5得到的$y(s)$闭环传递函数为

$$\frac{y(s)}{y_c(s)}=\frac{h_m b_{nm}(s+K)a_{1n}}{s^3+(a_1+f_{mn}b_{nm})s^2+(a_0-f_{mn}b_{nm}a_{11}+f_{m1}b_{nm}a_{1n})s+h_m b_{nm}Ka_{1n})} \tag{10-129}$$

式中，a_0，a_1同图10-4定义。由式(10-129)可知，$y(s)$的控制误差为零。三阶的特征方程通常可以解算出一对共轭复根和一个实根。当这对复根的特征频率和阻尼比分别由ω_n和ζ表示，以及这个实根由λ表示时，式(10-129)可改写为

$$\frac{y(s)}{y_c(s)}=\frac{h_m b_{nm}(s+K)a_{1n}}{(s^2+2\zeta\omega_n s+\omega_n^2)(s-\lambda)} \tag{10-130}$$

如果能使 $\lambda=-K$，那么式(10-130)便可简化为

$$\frac{y(s)}{y_c(s)}=\frac{\omega_n^2}{s^2+2\zeta\omega_n s+\omega_n^2} \tag{10-131}$$

式(10-131)说明了具有比例+积分控制的二阶子系统控制回路，在一定条件下能简化为一个新的没有控制误差的二阶子系统，按特征频率 ω_n 和阻尼比 ζ 的设计要求确定 f_{m1}，f_{mn} 和 h_m 值。在 $K=-\lambda$ 的条件下，并合理地给定 K 值，从而得到

$$h_m=\omega_n^2\div(b_{nm}a_{1n}) \tag{10-132}$$

$$f_{mn}=(K+2\zeta\omega_n-a_1)\div b_{nm} \tag{10-133}$$

$$f_{m1}=\left\{\left[1+(K+a_{11})\frac{f_{mn}}{h_m a_{1n}}\right]\omega_n^2-K^2+Ka_1-a_0\right\}\div(b_{nm}a_{1n}) \tag{10-134}$$

如何正确选择积分斜率 K 值，取决于系统设计的目的。当使前向积分器斜率尽量大于控制对象参数，如 a_1，a_0 和 a_n 的绝对值时，便可使得闭环回路对控制对象参数不确定性有高的鲁棒性。

由图 10-5 得到闭环系统的动态调节因子

$$r(s)=\frac{1}{1+g(s)f(s)} \tag{10-135}$$

式中

$$g(s)=\frac{a_{1n}}{s^2+a_1 s+a_0} \tag{10-136}$$

$$f(s)=\frac{\dfrac{f_{mn}}{a_{1n}}s^2+\left(f_{m1}-\dfrac{f_{mn}}{a_{1n}}a_{11}\right)s+h_m K}{s} \tag{10-137}$$

如果图 10-5 所示闭环回路，对于指令控制 $y_c(s)$ 来说是无静差控制，对于输出端干扰 d 来说，抑制了稳态值和低频干扰；对于外回路的测量装置给出的高频扰动，将被积分器有效地抑制。

总之，对于具有比例+积分输入控制和状态反馈的二阶子系统控制回路，可以得到如下结论：

1) 系统的闭环固有动态特性由控制器系数 h_m，f_{m1}，f_{mn} 和 K 来决定；控制对象参数变化对它影响的大小，取决于这些参数的大小。但由这些参数的表达式可知，归根结底取决于积分斜率 K 的大小，大的 K 值可提高控制回路鲁棒性。

2) 积分控制使指令输入和输出端干扰所产生的稳态误差为零，稳态控制精度与控制回路中所有参数无关，积分器承担着补偿未知的稳态干扰和参数变化的影响。

3) 与积分器输入状态反馈系数相等的指令输入系数 h_m 构成了加速引导特性的提前量，使得隐含在闭环回路中特征实根的影响减少到最小。

4) 积分器斜率 K 的选择应大到这种程度：闭环系统稳定裕度足够或者在最大输入或扰动下，大到可供使用的调节器输出幅值和速度限制。

10.2.3 二阶子系统的模型跟踪控制设计

若想设计一种系统，它的动态过程是由给定的模型特性决定的，那么这个系统便可称为模型跟踪控制系统。如通过二次型代价函数最小化，即

$$J=\int_0^\infty(\boldsymbol{x}^T\boldsymbol{Q}\boldsymbol{x}+\boldsymbol{u}^T\boldsymbol{R}\boldsymbol{u})\mathrm{d}t\rightarrow\min \tag{10-138}$$

对于一个明确的模型特性为基础决定的状态矩阵模型 $\boldsymbol{A}_m$ 和 $\boldsymbol{B}_m$，通过全状态反馈控制使 J 最小，从而把闭环控制系统调整到由性能准则函数表现的模型特性上来，人们把这种非结构形式的模型跟踪控制称为“隐式模型”控制。

然而，人们不能方便地建立加权矩阵 $\boldsymbol{Q}$，$\boldsymbol{R}$ 和模型状态矩阵 $\boldsymbol{A}_m$ 与 $\boldsymbol{B}_m$ 之间的关系，常常人为地在实现一种动态模型的同时，抵消控制对象模型，如图 10-6 所示，由于它具有实在的模型结构，因此，人们把它称为“显

式模型”跟踪控制。

这种最早的模型跟踪方法涉及模型 $G_M(s)$ 和控制对象逆特性 $G^{-1}(s)$ 组成的线性控制，使输出、输入关系为

$$y(s)=G(s)G^{-1}(s)G_M(s)u_c(s)=G_M(s)u_c(s) \tag{10-139}$$

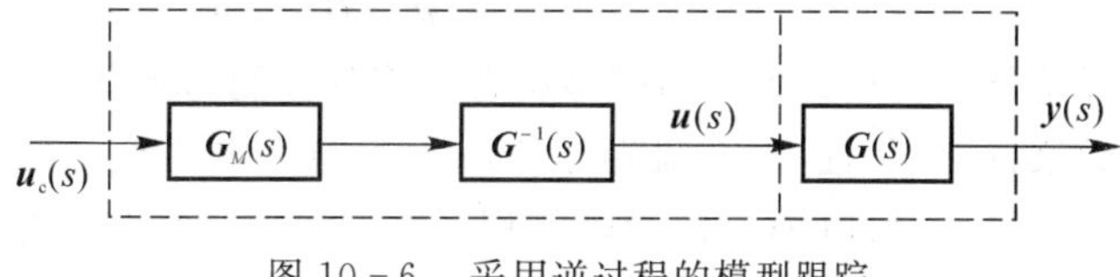

图 10－6　采用逆过程的模型跟踪

然而，这种简单的表达式存在着很大的缺点：控制对象的逆传递函数不易得到，以及它不能补偿扰动和控制对象参数的不确定性。因此，需要寻求一种容易实现的方法。

为了减少控制代价和具有良好的响应特性，大多数选择模型的阶次要低于或者与实际过程相当的模型阶次。例如，人们给飞机的俯仰运动选择为二阶模型，这与飞机自身和飞行品质要求相一致。

本节首先介绍这种模型跟踪控制的基本原理，但仅局限于讨论线性模型跟踪控制，继而给出一个二阶系统的模型跟踪控制的例子。在本节最后，还要给出另外一种“隐式模型”跟踪控制设计方法，这种方法不仅用于二阶子系统的鲁棒性设计中，还可用于串联、嵌套控制回路的鲁棒性设计中。这种设计方法在实际工程中将会得到广泛应用。

10.2.3.1　显式模型跟踪控制的基本原理

对于每一个自由度至少有一个独立的调节变量，它是多变量过程跟踪模型的一个条件。这个条件若能满足，则可由控制对象的状态方程式(10－140)和模型状态方程式(10－141)

$$\dot{x}(t)=Ax(t)+Bu(t),\quad x(t_0)=x_0 \tag{10-140}$$

$$\dot{x}_m(t)=A_m x_m(t)+B_m u_m(t),\quad x_m(t_0)=x_{m0}=x_0 \tag{10-141}$$

按如下想法得到控制律：

如果对象状态变量和模型状态变量是一致的，那么两种对应状态变量的变化也是一样的，这样，控制对象的运动过程就准确地跟踪模型了。因此，模型跟踪的另一个条件是

$$x_m(t)=x(t)\quad 和\quad \dot{x}_m(t)=\dot{x}(t) \tag{10-142}$$

那么，对象状态方程式(10－140)可由下式代替：

$$\dot{x}_m(t)=Ax_m(t)+Bu(t) \tag{10-143}$$

从而得到调节变量 $u(t)$ 的表达式，即模型跟踪控制律为

$$u(t)=B^{-1}[\dot{x}_m(t)-Ax_m(t)] \tag{10-144}$$

这是在调节变量与状态变量数目相等的条件下得到的。然而，一般可供使用的调节变量数目比状态变量数目要少，因此，只能使用 B 的伪逆

$$B^{+}=(B^{T}B)^{-1}B^{T} \tag{10-145}$$

代替式(10－144)中的 B^{-1}。这是在最小二次型误差意义上给出的近似解。但在下面的分析中，仍按假设条件决定的 B^{-1} 进行。

如果能准确地知道状态方程矩阵 A 和 B，并且控制矩阵是正则的，那么，将式(10－144)代入式(10－140)，得到

$$\dot{x}=Ax+BB^{-1}(\dot{x}_m-Ax_m)=\dot{x}_m+A(x-x_m) \tag{10-146}$$

当定义 $e=x_m-x$ 时，从而得到模型误差微分方程

$$\dot{e}=A(x_m-x)=Ae \tag{10-147}$$

可见初始模型误差按控制对象动态特性(A)来衰减。因此，要想改变误差衰减的动态特性，需要通过模型误差反馈来改善模型跟踪控制，从而使模型与系统(线性或非线性)的稳定工作点协调一致。

尽管可以将 $\dot{x}_m$ 使用于式(10－144)所示控制律中，但可以用 u_m 和 x_m 来代替，将模型状态方程式(10－141)代入控制律方程式(10－144)，得到

$$\boldsymbol{u}=\boldsymbol{B}^{-1}[(\boldsymbol{A}_m-\boldsymbol{A})\boldsymbol{x}_m+\boldsymbol{B}_m\boldsymbol{u}_m] \tag{10-148}$$

可见调节变量的大小与模型状态矩阵和控制对象状态矩阵之差成正比。这就是说，模型特性应该接近控制对象特性，并且，由于调节功率的限制，模型状态变量的变化应比控制对象状态变量的变化要慢。

将式(10－141)对应的矩阵方程和式(10－148)代入式(10－140)对应的矩阵方程中，得到

$$\boldsymbol{x}=(s\boldsymbol{I}-\boldsymbol{A})^{-1}[(\boldsymbol{A}_m-\boldsymbol{A})(s\boldsymbol{I}-\boldsymbol{A}_m)^{-1}+\boldsymbol{I}]\boldsymbol{B}_m\boldsymbol{u}_m=(s\boldsymbol{I}-\boldsymbol{A}_m)^{-1}\boldsymbol{B}_m\boldsymbol{u}_m \tag{10-149}$$

这个关系式表明了由式(10－148)描述的控制律提供了一个准确的模型跟踪，它隐含着由图10－6中的控制对象传递特性的逆。当控制系数矩阵是正则矩阵时，在稳态情况下，由式(10－140)得到

$$\boldsymbol{u}=\lim_{s\to 0}\boldsymbol{B}^{-1}(s\boldsymbol{I}-\boldsymbol{A})\boldsymbol{x}=-\boldsymbol{B}^{-1}\boldsymbol{A}\boldsymbol{x} \tag{10-150}$$

这由式(10－144)得到的结果是一致的。这充分说明由式(10－144)表示的模型跟踪控制中按控制对象特性矩阵$\boldsymbol{A}$和$\boldsymbol{B}$(逆)加权的$\dot{\boldsymbol{x}}_m$和$\boldsymbol{x}_m$，避免了图10－6中的控制对象传递特性逆的问题。对于线性控制系统，可以采用式(10－148)表示的模型跟踪控制律；对于非线性系统来说，由式(10－144)表示的模型跟踪控制律中引入稳定工作点处的$\dot{\boldsymbol{x}}_m$，实现"动态模型跟踪"更具有实际意义。然而，模型状态变量$\boldsymbol{x}_m$及其导数$\dot{\boldsymbol{x}}_m$的引入都将受到控制系数奇异矩阵$\boldsymbol{B}$的限制。

为了补偿控制对象参数的不确定性和减少输出端干扰的影响，必须通过控制对象状态反馈$\boldsymbol{F}$实现。这样由式(10－148)表示的模型跟踪控制律扩展为

$$\boldsymbol{u}=\boldsymbol{H}\boldsymbol{u}_c+\boldsymbol{M}\boldsymbol{x}_m-\boldsymbol{F}\boldsymbol{x} \tag{10-151}$$

并由图10－7表示。这里把模型输入$\boldsymbol{u}_m$改为$\boldsymbol{u}_c$。

将式(10－151)代入式(10－140)，得到状态方程

$$\dot{\boldsymbol{x}}=\boldsymbol{A}\boldsymbol{x}+\boldsymbol{B}(\boldsymbol{H}\boldsymbol{u}_c+\boldsymbol{M}\boldsymbol{x}_m-\boldsymbol{F}\boldsymbol{x}) \tag{10-152}$$

当定义$\boldsymbol{F}_M=\boldsymbol{F}-\boldsymbol{M}$时，由式(10－141)和式(10－152)得到模型误差方程

$$\dot{\boldsymbol{e}}=(\boldsymbol{A}_m-\boldsymbol{B}\boldsymbol{M})\boldsymbol{e}+(\boldsymbol{A}_m-\boldsymbol{A}+\boldsymbol{B}\boldsymbol{F}_M)\boldsymbol{x}+(\boldsymbol{B}_m-\boldsymbol{B}\boldsymbol{H})\boldsymbol{u}_c \tag{10-153}$$

可见，可以通过预置$\boldsymbol{M}$，使得误差动态特性与模型动态特性无关；还可以通过设置

$$\boldsymbol{H}=\boldsymbol{B}^{-1}\boldsymbol{B}_m \tag{10-154}$$

$$\boldsymbol{F}_M=\boldsymbol{F}-\boldsymbol{M}=-\boldsymbol{B}^{-1}(\boldsymbol{A}_m-\boldsymbol{A}) \tag{10-155}$$

$$\boldsymbol{M}=\boldsymbol{B}^{-1}(\boldsymbol{A}_m-\boldsymbol{A})+\boldsymbol{F} \tag{10-156}$$

实现模型误差与$\boldsymbol{x}$和$\boldsymbol{u}_c$无关。这便使得模型输出与控制对象的过程一致。当$\boldsymbol{F}=\boldsymbol{0}$时，式(10－156)同式(10－148)。按式(10－156)通过$\boldsymbol{F}$和$\boldsymbol{M}$之间的分配，确定由$\boldsymbol{F}$决定的扰动动态特性和由$\boldsymbol{M}$决定的模型误差动态特性之间的折中调整。

若能做到模型输出与被控对象输出是一致的，即$\boldsymbol{e}=\boldsymbol{0}$，那么，一个十分有意义的模型跟踪结构便产生了。由图10－7转化而来的这种结构如图10－8所示。可见，这种纯粹的反馈和纯粹输入的无模型跟踪控制是隐式模型跟踪控制。选择输入控制$\boldsymbol{H}$和反馈矩阵$\boldsymbol{F}$的合适结构和参数，能够实现如图10-8所示结构的隐式模型跟踪控制。对于二阶子系统的显式或者隐式模型跟踪控制都是容易实现的。本节首先给出某文献提供的二阶显式模型跟踪控制方法，而后给出一种二阶隐式模型跟踪控制方法，读者可以比较它们的优、缺点。

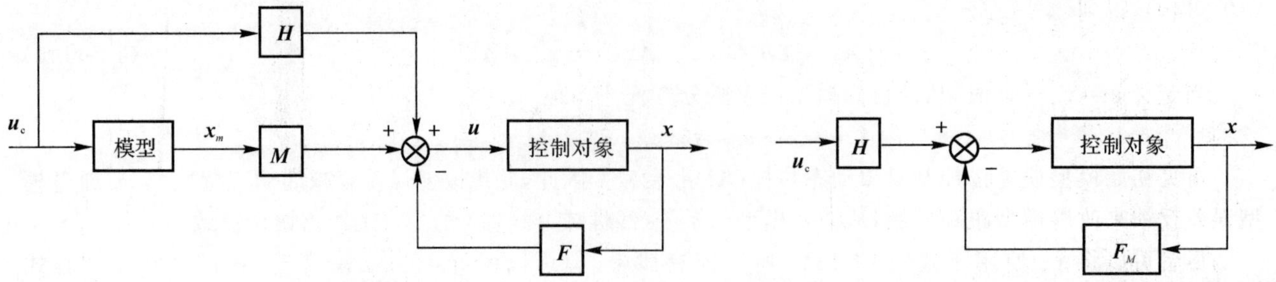

图10－7　模型跟踪结构图

图10－8　模型误差$\boldsymbol{e}=\boldsymbol{0}$的模型跟踪控制结构

10.2.3.2　二阶子系统显式模型跟踪控制设计

通过不变性解耦获得的二阶子系统比较容易地实现模型跟踪控制。由于控制对象的固有特性为二阶，可以设置相同阶次的模型特性，因此，这种低的相同阶次的显式模型跟踪控制从物理概念上来说更是容易实现和理解的。由于模型动态特性和控制对象的扰动特性仅仅通过前向通路中的状态控制器单方向交联，这就有可能对模态动态特性和扰动动态特性分开单独设计。在设计中可以按照模型设计、扰动抑制的鲁棒性设计以及连接这两种设计的控制器设计三个步骤进行。

按不变性解耦法和初等变换法得到的二阶子系统传递矩阵方程为

$$\begin{bmatrix} s-a_{11} & -a_{1n} \\ -a_{n1} & s-a_{nn} \end{bmatrix} \begin{bmatrix} x_1 \\ x_n \end{bmatrix} = \begin{bmatrix} b_{11} & 0 \\ 0 & b_{nm} \end{bmatrix} \begin{bmatrix} u_1 \\ u_m \end{bmatrix} \tag{10-157}$$

设计的目的试图利用模型跟踪控制方法，使由式(10-157)表示的控制对象矩阵方程转化为由模型矩阵方程

$$\begin{bmatrix} s-a_{m11} & -a_{m1n} \\ -a_{mn1} & s-a_{mnn} \end{bmatrix} \begin{bmatrix} x_{m1} \\ x_{mn} \end{bmatrix} = \begin{bmatrix} b_{m11} & 0 \\ 0 & b_{mnm} \end{bmatrix} \begin{bmatrix} u_{m1} \\ u_{mm} \end{bmatrix} \tag{10-158}$$

表征的良好的二阶特性，即具有合适的特征频率和阻尼。

1. 模型设计

模型设计作为模型跟踪控制设计的第一步。在模型设计中，除去设计规范要求的那些特性外，应保留控制对象原有的其他特性。修改极点位置是设计规范对模型特性的最基本的要求。确定可以跟踪的现实模型特性 $\boldsymbol{A}_m$ 和 $\boldsymbol{B}_m$，利用无控对象方程，借助于 2 次型最佳性能指标，按控制要求的调节器特性条件下，设计反馈增益 $\boldsymbol{F}_M$，如图 10-8 所示。这样，在模型动态特性和调节器代价之间做出折中，并按控制精度要求确定输入矩阵 $\boldsymbol{H}$。这种模型设计相当于用隐式模型作为跟踪模型，其所获得的特性将作为模型跟踪控制总系统设计的基础。可以利用图 10-8 进行模型动态特性设计。

对于由式(10-157)表示的二阶子系统，引入状态反馈矩阵

$$\boldsymbol{F}_M = \begin{bmatrix} 0 & 0 \\ f_{m1} & f_{mn} \end{bmatrix} \tag{10-159}$$

和输入矩阵

$$\boldsymbol{H} = [0 \quad h_m]^{\mathrm{T}} \tag{10-160}$$

考虑到 $\boldsymbol{B}^{-1}\boldsymbol{B}=\boldsymbol{I}$，获得由图 10-9 表示的模型控制回路。其闭环传递函数为

$$G_{1m}(s) = \frac{x_1(s)}{u_{cm}(s)} = \frac{a_{1n}h_m}{s^2+(a_1+f_{mn})s+(a_0+f_{m1}a_{1n}-f_{mn}a_{11})} = \frac{\omega_{\mathrm{n}}^2}{s^2+2\zeta\omega_{\mathrm{n}}s+\omega_{\mathrm{n}}^2} \tag{10-161}$$

合理地选择 f_{m1}，f_{mn} 和 h_m 以获得规范要求的特征频率、阻尼比和控制精度。对于一个二阶控制对象特性来说，采用一般反馈技术便可获得合适的状态反馈和输入控制系数，并非一定通过 Riccati 代数方程解出。

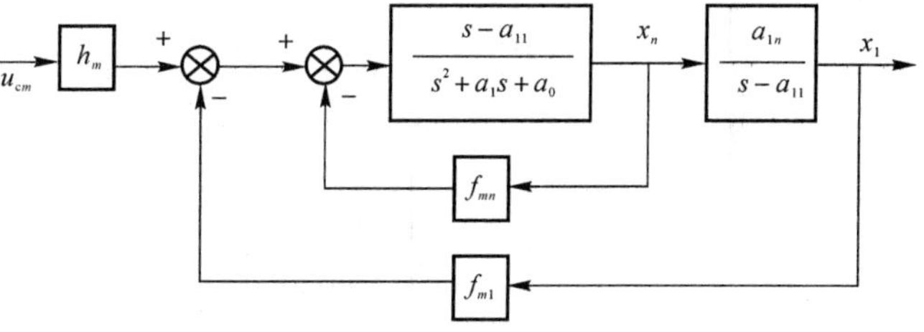

图 10-9　模型控制回路结构图

由图 10-9 得到模型矩阵方程为

$$\begin{bmatrix} s-a_{11} & -a_{1n} \\ -a_{mn1} & s-a_{mnn} \end{bmatrix} \begin{bmatrix} x_{m1} \\ x_{mn} \end{bmatrix} = \begin{bmatrix} 0 \\ h_m \end{bmatrix} u_{cm} \tag{10-162}$$

它是模型跟踪控制进一步设计的基础。式中 a_{mn1}，a_{mnn} 可由式(10-161)、式(10-162)导出。

2. 扰动抑制与鲁棒性设计

根据扰动动态特性和模型误差动态特性要求之间的折中，确定 $\boldsymbol{K}$ 或者 $\boldsymbol{M}$ 值。无论误差动态特性还是扰

动动态特性要求应比模态动态特性要快。同时，调节器最大使用范围和最大扰动作用决定反馈增益 **F** 的大小。这就是说，从鲁棒性设计的意义上来看，为实现良好的扰动抑制和减小对象参数变化的敏感性，确定足够大的 **F** 或 **M** 值。

由模型动态特性和扰动动态特性之间有足够大差距要求和调节器特性限制，确定的反馈矩阵

$$\boldsymbol{F}=\begin{bmatrix}0 & 0\\ f_1 & f_n\end{bmatrix} \tag{10-163}$$

从而得到扰动特性控制回路传递函数

$$G_{1m}(s)=\frac{x_1(s)}{u_{cm}(s)}=\frac{h_m a_{1n}}{s^2+(a_1+f_n)s+(a_0+f_1a_{1n}-f_na_{11})}=\frac{\omega_n^2}{s^2+A_1s+A_0} \tag{10-164}$$

并由 x_1,x_n 的简单关系，得到 $x_n(s)$ 对 $u_{cm}(s)$ 的传递函数为

$$G_{nm}(s)=\frac{x_n(s)}{u_{cm}}=\frac{h_m(s-a_{11})}{s^2+A_1s+A_0} \tag{10-165}$$

3. 模型与扰动抑制回路交联设计

如图 10-10 所示，为二阶模型跟踪控制总系统结构图。当令 $u_c=u_1+u_2$ 时，得到

$$u_c(s)=h_m\left(1+\frac{K_n(s-a_{11})+K_1a_{1n}}{s^2+2\zeta\omega_ns+\omega_n^2}\right)u_{cm}=h_m\frac{s^2+(2\zeta\omega_n+K_n)s+(\omega_n^2-K_na_{11}+K_1a_{1n})}{s^2+2\zeta\omega_ns+\omega_n^2}u_{cm} \tag{10-166}$$

这样一来，得到

$$x_1(s)=\frac{a_{1n}}{s^2+A_1s+A_0}u_c(s)=\frac{a_{1n}}{s^2+A_1s+A_0}h_m\frac{s^2+(2\zeta\omega_n+K_n)s+(\omega_n^2-K_na_{11}+K_1a_{1n})}{s^2+2\zeta\omega_ns+\omega_n^2}u_{cm}$$

式中，A_0,A_1 同式(10-164)定义。如果能使

$$2\zeta\omega_n+K_n=A_1,\quad \omega_n^2-K_na_{11}+K_1a_{1n}=A_0 \tag{10-167}$$

即选择

$$K_n=A_1-2\zeta\omega_n=f_n-f_{mn} \tag{10-168}$$

$$K_1=(K_na_{11}-\omega_n^2+A_0)\div a_{1n}=f_1-f_{m1} \tag{10-169}$$

时，得到

$$x_1(s)=\frac{\omega_n^2}{s^2+2\zeta\omega_ns+\omega_n^2}u_{cm} \tag{10-170}$$

$$x_n(s)=\frac{h_m(s-a_{11})}{s^2+2\zeta\omega_ns+\omega_n^2}u_{cm} \tag{10-171}$$

式中，ω_n,ζ 同式(10-161)定义。

实际上，模型与扰动抑制回路交联设计就是矩阵 **M** 的元素设计，从它们(K_1,K_n)的表达式可见 $\boldsymbol{M}=\boldsymbol{F}-\boldsymbol{F}_m$。可以把扰动抑制回路前，包括模型和交联的网络看作是一个二阶带通滤波器，其滤波频率在 $\omega_n\sim\sqrt{A_0}$ 范围内。对于输入 u_{cm} 的控制、扰动抑制特性中快的极点由前置带通滤波器的零点相抵消，形成了一个完全由模型特性决定的输出响应。然而，当控制对象参数(包括 a_0,a_1 和 b_{mn})的变化，使得这对零、极点值不能相消，而且在模型网络中(图 10-10 未能明显标出)逆阵 $\boldsymbol{B}^{-1}$ 与参数变化后的 $\boldsymbol{B}'(=\boldsymbol{B}+\Delta\boldsymbol{B})$ 的乘积也不为 $\boldsymbol{I}$。因此，输入控制的输出响应将受到扰动抑制回路的影响。但是，模型带通滤波器虽不能准确地补偿扰动抑制回路的极点，且模型极点仍占主导地位。如果能在矩阵 **M** 决定的模型、反馈误差回路内引入积分，可以进一步地改善稳定工作点变化的敏感性。一个完整的实际模型跟踪系统，除引入模型误差积分器外，还应引入前置滤波器。由于受到某些限制，如在初始快速输入时，调节器特性的限制(包括速度和幅值)，模型与系统输出出现误差，这可以通过前置滤波器予以降低，避免阶跃型输入进入模型跟踪系统中导致的跟踪误差。

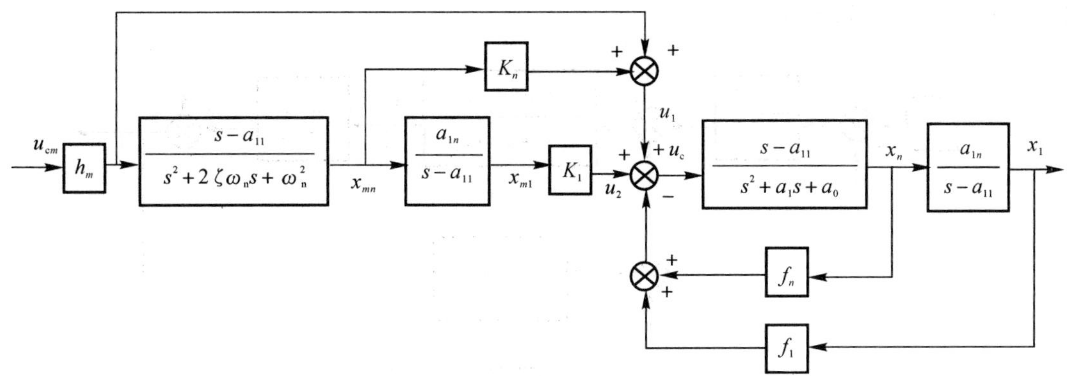

图 10-10 二阶模型跟踪控制总系统结构图

10.2.3.3 二阶子系统隐式模型跟踪控制设计

显式模型跟踪控制律通过 $\dot{x}_m$ 附加输入控制，隐含地等于控制对象传递函数的逆，避免了对控制对象传递特性求逆；同时，依靠扰动抑制回路补偿了扰动和对象参数不确定性的影响，实现了比较准确的模型跟踪控制。然而，这种模型跟踪系统需要一个实实在在的模型滤波器，如果要求准确跟踪，需要模型和对象特性的阶次相同，这对于一个复杂的控制对象来说，通过显式模型输出一些复杂的引导信号和把对象所有可供使用的信息都要反馈给调节器，这是否有些过分的复杂呢？对于二阶特性的控制对象来说，这种复杂性是可以容忍的。但是，如果能找到一个结构更简单的模型跟踪方法那不更好吗。

由上述分析可知，在扰动抑制回路中隐含着模型跟踪回路，从而实现了模型误差 $\boldsymbol{e}=\boldsymbol{0}$ 的准确模型跟踪控制。然而，为了获得外界扰动和内部参数变化影响的抑制，必须在“对象模型”回路外引入附加的 $\boldsymbol{M}$ 反馈，构成扰动抑制回路。这个回路只用于扰动和参数变化的抑制上。在输入控制中，它的滞后特性被模型的交联网络完全或近似抵消了。近似抵消是对象参数变化引起的，但足够大的 $\boldsymbol{F}$ 反馈系数，使对象参数变化导致的近似抵消更精确了。这就使得显式模型跟踪控制具有很高的鲁棒性。

可以实现扰动抑制回路中的隐式模型不被抵消，被抵消的是控制对象参数和某些反馈系数构成的一些相同的或近似相同的简单环节，它们近似为闭环系统一个大极点。当指令输入时，设置的零点与其抵消，化简为纯粹的模型特性；当扰动存在时，大的闭环极点和模型特性一起衰减扰动影响；当对象参数变化时，由于这种变化与大极点相比要小得多，因此，它对零极点偶对消的影响甚小。这样，便不需要设置显式模型和引入 $\dot{\boldsymbol{x}}_m$ 信号以抵消扰动抑制回路特性，实现隐式模型跟踪控制。

给出一个比例＋积分控制的二阶隐式模型跟踪控制回路如图 10-11 所示。显然，具有 PI 调节器的图 10-11 回路为三阶系统，它的传递函数为

$$G_{1m}(s)=\frac{x_1(s)}{u_{cm}(s)}=\frac{h_m b_{nm} a_{1n}(s+K)}{s^3+(a_1+f_n b_{nm})s^2+[a_0+(f_1+h_m)b_{nm}a_{1n}]s+Kh_m b_{nm} a_{1n}}=$$
$$\frac{h_m b_{nm} a_{1n}(s+K)}{s^2(s+a_1+f_{n1}b_{nm})+f_{n2}b_{nm}[s+a_0/(f_{n2}b_{nm})+f_1 a_{1n}/f_{n2}]s+h_m b_{nm} a_{1n}(s+K)} \tag{10-172}$$

式中，$f_{n1}+f_{n2}=f_n$。选择 f_{n1}，f_1 使得

$$a_1+f_{n1}b_{nm}=a_0/(f_{n2}b_{nm})+a_{1n}\frac{f_1}{f_{n2}}=K \tag{10-173}$$

可见，对象参数 a_0，a_1 包含在 K 的表达式中，并随零极点偶对消在闭环传递函数中，使得

$$G_{1m}(s)=\frac{\omega_n^2}{s^2+2\zeta\omega_n s+\omega_n^2} \tag{10-174}$$

式中，$2\zeta\omega_n = f_{n2}b_{nm}$，$\omega_n^2 = h_m b_{nm} a_{1n}$。

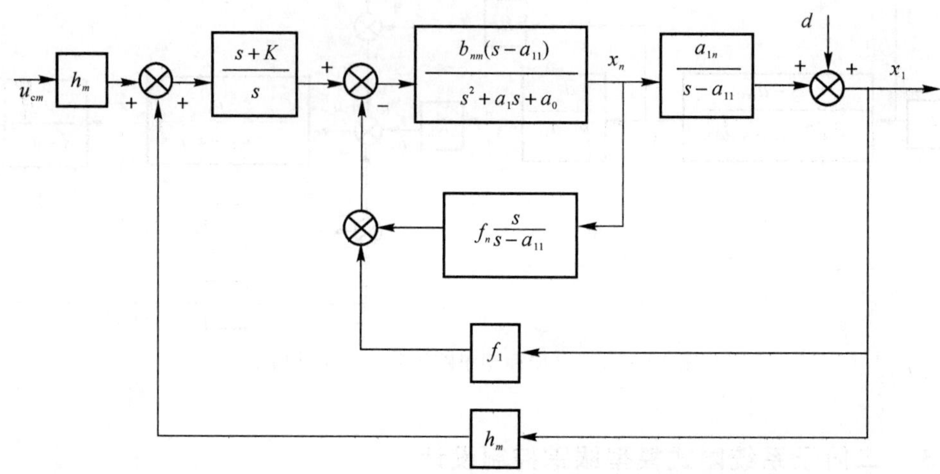

图 10-11　比例＋积分二阶隐式模型跟踪控制回路

选择 f_{n1}，f_1 值足够大，使 a_0，a_1 在 K 中的比例相对减小到无足轻重，a_0，a_1 的微小变化不影响式(10-172)中的大实极点和零点彼此接近和相互抵消。这就是说，控制对象参数 a_0，a_1 以及它们的变化不影响由式(10-174)表示的指令输入与输出的传递关系。由于以传递函数形式表示的这种关系隐含在闭环回路中，因此，把它称为隐式模型。和显式模型一样，对象参数 b_{nm}，a_{1n} 值的变化对模型参数 ζ，ω_n 有一定影响，但不太大。实际上，规范要求的二阶特性参数往往是一个范围，不是局限在一定数值上的。

比例＋积分＋微分的调节器控制，使反馈二阶隐式模型跟踪系统的反馈传递函数为

$$f(s)=\frac{f_n/a_{1n}s^2+(f_1+h_m)s+h_mK}{s} \tag{10-175}$$

积分的作用不仅实现了良好的模型跟踪，提高了引导精度；同时，进一步改善输出端扰动误差，将常值干扰的影响减小到零，以及进一步改善工作点变化的敏感性。仅凭这一点，由图 10-11 表示的隐式模型跟踪系统比由图 10-10 表示的显式模型跟踪控制更具有优越性。

当给定 K 时，可由式(10-173)得到

$$f_{n1}=(K-a_1)/b_{nm} \tag{10-176}$$

$$f_1=[K-a_0/(f_{n2}b_{nm})]\frac{f_{n2}}{a_{1n}} \tag{10-177}$$

在模型参数 ζ，ω_n 给定的情况下，由式(10-174)得到

$$f_{n2}=2\zeta\omega_n/b_{nm} \tag{10-178}$$

$$h_m=\omega_n^2/a_{1n}b_{nm} \tag{10-179}$$

如何正确地给定 K 值，这是隐式模型跟踪系统鲁棒性设计的重要依据。它涉及调节变量在包括干扰在内的一切最大扰动中，最大幅度和最大调节速度，限制了 K 值的选择。闭环系统的稳定性，取决于调节器的带宽和开环增益的大小，K 值选取直接影响开环增益的大小和闭环稳定性。在 x_n 反馈回路中，引入合适的超前滤波器，可以有效地提高系统的稳定性。这将涉及超前网络时间常数的选取。

第 11 章　数字式控制系统的设计原理

全部由模拟部件构成的飞行控制系统已经过时。模拟技术的精度和计算速度曾经很适用于飞行控制系统的要求。但是，当可靠性要求和系统复杂性日益提高时，用模拟系统来获得多功能控制系统和高性能的监控、故障检测和余度管理变得越来越困难。实际上，对于电传飞行控制系统，模拟设备的能力就已接近极限，那么，对于未来的复杂的多功能飞行控制系统不采用数字技术，那将是不堪设想的。数字系统以它的精度潜力和灵活多变的能力为主动控制技术、飞行／火力／推力综合控制和推力矢量控制等等提供了保证。这种以它的时分特性实现了控制律计算、余度管理、自监控和自试验等多种工作的连续进行。而且，由于小型计算机技术的迅速发展，大大地促进了飞行控制系统的发展。计算机的灵活性、适应性、可靠性、可达性和低成本，促使现役飞机必然地采用数字式飞行控制系统。这些事实早已得到公认，并且早已有了一些实际的数字式飞行控制系统方案证明是可行的。然而，由于飞行控制系统的最新要求和迅速发展的机载计算机设计和工艺技术水平以及最好的数字式飞行控制系统的设计方法尚未最后确定，因此，数字式飞行控制系统仍然属于现代飞行控制系统的发展阶段。

计算机参与控制的形式是多种多样的，它取决于受控对象特性和控制律的选择。任何一个由计算机参与的控制系统中，计算机只是系统的一个组成部分。由于受控对象 —— 飞机运动是连续的，以及现阶段能够完成的传感器、伺服器也是连续的，因此，这样组成的数字式飞行控制系统属于“数、模混合系统”的范畴。对于任何一个具体物理系统进行分析、综合和设计，首先应解决的是数学描述问题。

对于“混合系统”一般有两种不同方法进行分析和综合。一种是直接数字设计方法，即在离散域(z 平面)内设计；另外一种是先按连续系统综合设计，即在连续域(s 平面)内设计，然后再离散化。第 2 种方法之所以被广泛应用，是它利用了多年来连续系统的设计经验，要求增加的离散化步骤可在连续系统设计之后进行。

在飞行控制系统中包含许多滤波环节，可以用许多方法进行离散化，但无法提供在各方面都像连续系统那样的静、动特性，希望在转换后能保持原有的稳定性，并允许多个滤波器级联，且使系统的阶数、增益和脉冲响应都不变。存在一种模-数变换法，称为 Tustin 变换法，与精确的 z 变换相比，虽然在高频特性和脉冲响应有明显不同外，但却具有相同的低频特性。选择合适的采样频率，在控制系统基本频率范围内，可使变换后的数字系统频率响应与原连续系统相比差别很小。在多个模-数变换的方法中，唯 Tustin 变换更容易实现。

可以利用 Tustin 变换公式

$$s=\frac{2}{T}\frac{1-z^{-1}}{1+z^{-1}} \tag{11-1}$$

代入模拟式滤波器 s 传递函数中，便可得到分子、分母由多项式表示的 z 传递函数。然而，数字滤波器的实现不仅需要有正确的输入、输出关系，同时与计算时间、存储单元以及量化误差有关的结构安排也很重要。本章给出控制系统通常采用的各种线性滤波器的 z 传递函数。

数字式飞行控制系统的比例尺标定和连续系统的比例尺分配一样，是系统控制律工程实施的具体问题之一。数字系统比例尺标定的目的，对于定点运算来说可能出现的最大输入信号，不应工作在系统(或支路)饱和段和失去控制作用；对于精度要求范围内的小信号输入，系统不应工作在阈值和死区内。为防止计算机溢出，除合理地配置比例因子外，还应采取溢出保护措施，以防过大信号偶然出现，一旦在起飞、着陆中伺服器的输入信号出现溢出，如果没有保护措施，那将是灾难性的。

11.1 数字式控制系统的基本原理

11.1.1 数字式飞行控制系统的一般结构

图 11-1 表示了一个数字式飞行控制系统的典型结构,这种数-模混合系统的数、模两部分是由模拟/数字(A/D)和数字/模拟(D/A)两种转换器连接起来的。A/D 转换器是由采样器和量化器组成的,D/A 转换器在原理上也是由两部分组成的,首先经过离散模拟化装置,将计算机输出代码转换成离散的模拟信号,然后再经过保持器变成连续的模拟信号。

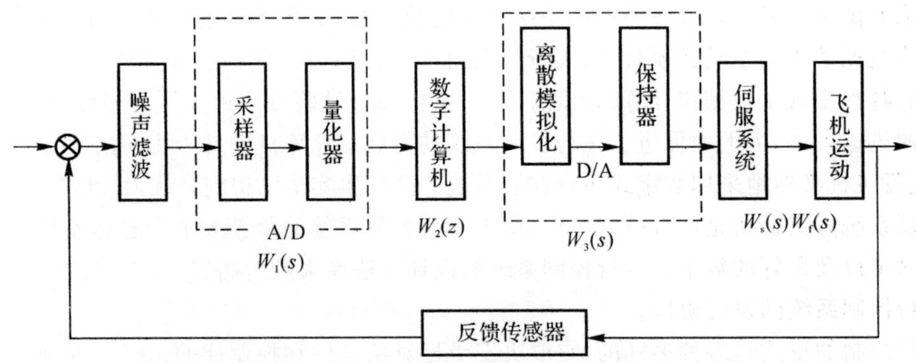

图 11-1 数字式飞行控制系统闭环结构图

可以按照图 11-1 中有关环节分析数字系统的基本性质和特点:

1)对 A/D,D/A 转换器的静动特性分析和相位补偿;

2)Tustin 变换方法及其滤波器 z 传递函数和结构图;

3)对采样周期的分析和采样数据性能估计。

11.1.2 对两种变换器的分析和相位补偿

A/D 转换器是由采样器和量化器组成的。采样周期 T 的选择直接影响数字信号的失真度;同样,量化单位过大,将等效于引入较大的干扰量(量化误差)。计算机的输出是由 D/A 转换器与连续环节——舵机伺服回路连接。D/A 转换器的结构尽管不同,但在原理上是由两部分组成的。首先把计算机输出数码转换为与之对应的离散模拟信号,然后经过保存器保存到下一个数码变为模拟信号为止,之后又重新保持下一个离散模拟信号,从而将前后相邻的离散模拟信号连起来,构成连续信号。如果 D/A 转换保持器为零阶,则输出为阶梯式连续信号;如果它为一阶保持器,则输出为斜坡式连续信号。

当输入到 A/D 转换器的模拟信号 $x(t)$ 的傅里叶变换用 $x(\mathrm{j}\omega)$ 表示时,经采样获得的采用信号,其傅里叶变换在低频段(采样定理决定的频率 $\omega=\frac{\pi}{T}$ 以下)的近似式为

$$x^*(t)\approx\frac{1}{T}x(\mathrm{j}\omega) \tag{11-2}$$

这样一来,A/D 转换器的传递函数可近似为

$$W_{\mathrm{A/D}}(s)=\frac{1}{T} \tag{11-3}$$

在 A/D 转换中,信号的量化是一个非线性过程。输入信号 $x(t)$ 可以是任何有限值,而输出是在一个采样周期内不变的接近输入量的整数个量化幅度的脉冲量 $x(nT)$ 的阶梯波,输入、输出之差的量化误差像一个随机噪声源一样,会给系统带来高频干扰和驱动伺服器。过大的量化误差还可能表现为瞬态过程中的极

限环振荡。

通常的D/A转换器是用零阶保持器恢复成连续信号的。输入的模拟信号通过A/D转换器、数字机运算和D/A转换器到模拟线路，时延了一个采样周期。对于时延环节的定义是

$$y(t)=u(t-T) \tag{11-4}$$

其中输入信号 $u(t-T)$ 对于其自变量 $t-T$ 的负值取为零。对函数 $u(t-T)$ 展开为泰勒级数表示，即

$$u(t-T)=u(t)+\frac{\dot{u}(t)}{1!}(-T)+\frac{\ddot{u}(t)}{2!}(-T)^2+\cdots \tag{11-5}$$

这样一来，当考虑到指数函数幂级数展开式时，$y(t)$ 的拉普拉斯变换式为

$$\mathscr{L}[y(t)]=[1-\frac{Ts}{1!}+\frac{(Ts)^2}{2!}-\frac{(Ts)^3}{3!}+\cdots]u(s)=\mathrm{e}^{-Ts}u(s) \tag{11-6}$$

从而得到纯时延环节的传递函数

$$W_T(s)=\mathrm{e}^{-Ts} \tag{11-7}$$

对于零阶保持器，在如图 11-2(a) 所示的单位脉冲 $\delta(t)$ 的作用下，其脉冲过渡函数如图 11-2(b) 所示。因此，得到

$$y(t)=u(t)-u(t-T) \tag{11-8}$$

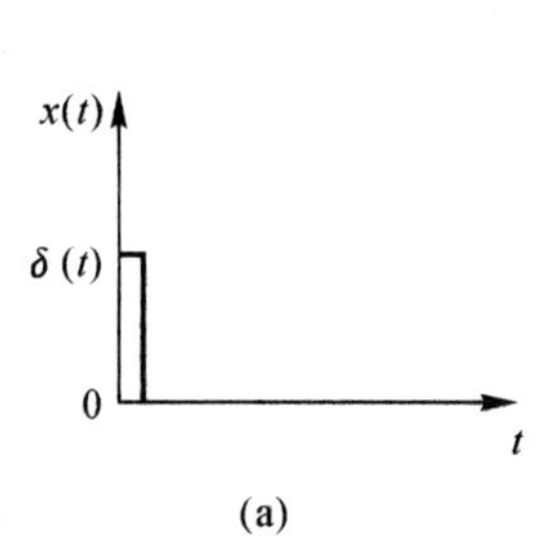

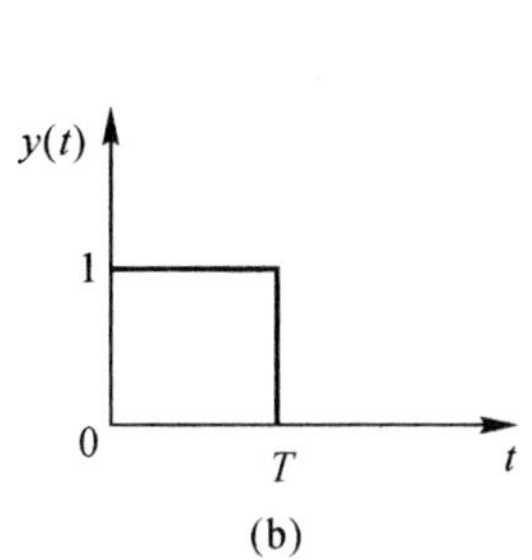

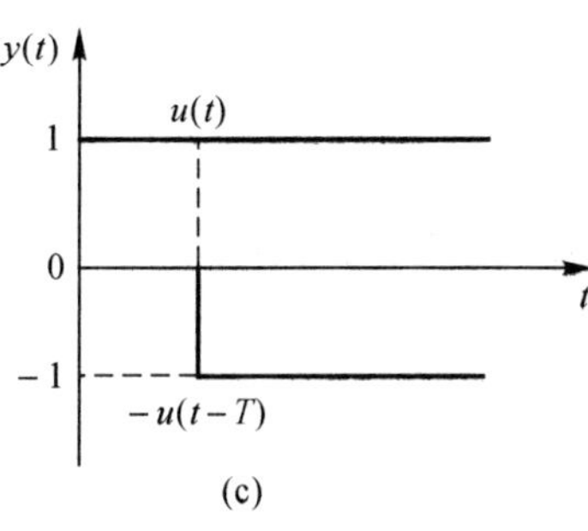

图 11-2　零阶保持器的脉冲过渡函数

(a) 输入；(b) 输出；(c) 波形分解

由此得到零阶保持器的传递函数

$$W_0(s)=\frac{y(s)}{u(s)}=\frac{1-\mathrm{e}^{-Ts}}{s} \tag{11-9}$$

这样一来，包括 A/D,D/A 转换器，并时延了一个采样周期的总传递函数为

$$W(s)=\frac{\mathrm{e}^{-Ts}(1-\mathrm{e}^{-Ts})}{Ts} \tag{11-10}$$

相应的傅里叶变换是

$$W(\mathrm{j}\omega)=\frac{1-\mathrm{e}^{-\mathrm{j}T\omega}}{\mathrm{j}T\omega}\mathrm{e}^{-\mathrm{j}T\omega}=\frac{\mathrm{e}^{-\mathrm{j}T\omega}}{\mathrm{j}\omega}[1-(\cos T\omega-\mathrm{j}\sin T\omega)]=\frac{2\sin\frac{T\omega}{2}}{\omega T}\left(\cos\frac{T\omega}{2}-\mathrm{j}\sin\frac{T\omega}{2}\right)=\frac{\sin\frac{T\omega}{2}}{T\omega/2}\mathrm{e}^{-\mathrm{j}3T\omega/2} \tag{11-11}$$

按式(11-11) 做出 A/D,D/A 和时延一拍的低频段频率特性如图 11-3 中曲线 ① 所示。可见，相位和幅值随频率的增大都被降低，而相位滞后较多。当 $T\omega=0.1$ 时，相位滞后 8.6°；当 $T\omega=0.3$ 时，相位滞后 25.8°；当 ω 为采样频率的 1/10，即 $T\omega=0.2\pi$ 时，相位滞后 54°；又当 $T\omega=1$ 时，相位滞后 86°。当 $T\omega<1$ 时，幅值降低很少，当 $T\omega=1$ 时，降低 0.365 dB；当 $T\omega=2$ 时，幅值降低 1.5 dB。

时延和采样保持器引起的相位滞后会直接影响数字式飞行控制系统的稳定性，减小相位稳定储备。如果合理地减小采样周期，可以将相位储备限制在容许的范围内，然而采样周期的减小要受到计算时间不够的限制。

采用相位校正的办法可以补偿由于零阶保持器和时延引起的相位滞后。某些教材和文献给出了一种数字校正补偿方法。我们对这种校正器进行了频率特性分析，证明了该相位补偿方法效果是明显的。

应用拉格朗日插值公式得到的数字校正器 z 传递函数为

$$W_x(z)=4.375-5.25z^{-1}+1.875z^{-2} \tag{11-12}$$

式中，z^{-1} 定义为一个纯时延环节，且时间常数 T 为采样周期，即 $z^{-1}=\mathrm{e}^{-Ts}$。当将 $s=\mathrm{j}\omega$ 代入式(11-12)，便可得到数字校正器 $W_x(z)$ 的频率特性，如图 11-4 所示。可见，数字校正器 $W_x(z)$ 的相位补偿效果是很明显的。我们将经数字校正的零阶保持和时延的对数频率特性也表示在图 11-3 中，可见当 $T\omega=0.2$ rad 时，相位反而超前了 7.8°；当 $T\omega=1$ rad 时，相位仅仅滞后了 11.6°；然而，经校正后的幅值增大了，当 $T\omega=0.2\pi$ 时，增加 3.3 dB；当 $T\omega=1$ rad 时，增加 8.6 dB。

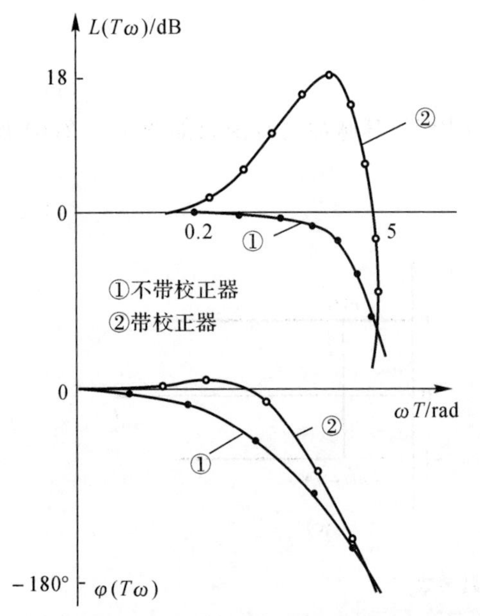

图 11-3　A/D,D/A 和时延一拍的对数频率特性

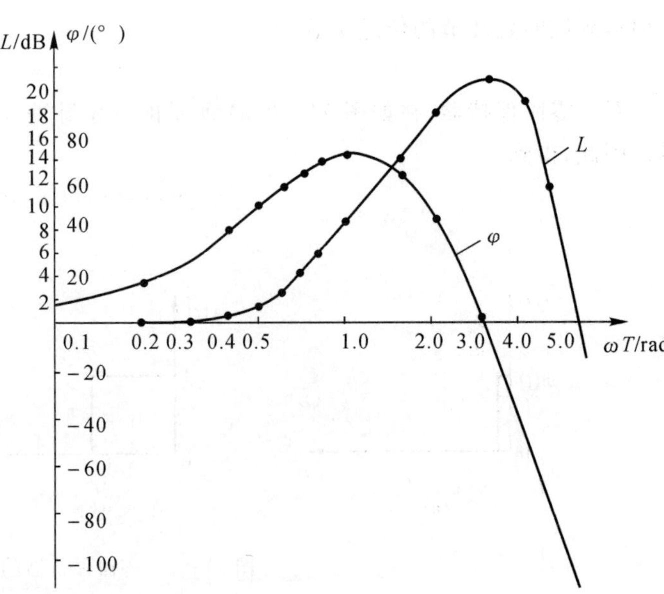

图 11-4　数字校正器 $W_x(z)$ 的低频段频率特性

对于飞行控制系统来说，系统开环截止频率往往小于 15 rad/s，当 $T=0.012\ 5$ s 时，对应 $T\omega=0.19$ rad。因此，带有上述数字校正器的采样保持器和时延不影响相位储备；又因系统的开环相位交界频率通常在 30～40 rad/s 范围内，如上 T 值决定的 $T\omega$ 在 0.375～0.5 rad 之间，因此，具有这种校正器的零阶保持器和时延对增益储备的减小不大于 3 dB。

从图 11-3 还可看到，当 $T\omega=2.5$ rad 左右时，幅值增大 18 dB，因此，引入这种数字滤波器将显著地增大 A/D 转换器和其他量化效应带来的噪声干扰，最大可能放大 8 倍，这会给伺服器带来较大的高频扰动。因此，在实际的数字式飞行控制系统中不必要引入这种数字校正器去补偿由 D/A 引起的相位滞后。

采用类似方法，可以导出一阶保持器传递函数

$$W_1(s)=T(1+Ts)\left(\frac{1-\mathrm{e}^{-Ts}}{Ts}\right)^2 \tag{11-13}$$

与零阶保持器相比，一阶保持器更能复现原信号。但是，一阶保持器的幅频特性普遍要高一些，这使得高频信号容易通过，从而带来噪声干扰。另外，它的相位滞后比零阶保持器严重，这对系统的稳定性是不利的。因此，在实际工程中很少使用，反之，由于零阶保持器比较简单，容易实现，相位滞后相对小得多，因此被广泛采用。

11.1.3　离散化控制规律的理论

由图 11-1 所示，控制律计算由机载飞行控制系统计算机承担。对于飞行控制系统控制律所涉及的一

切模拟方程,可用许多种方法进行离散,但无法提供一组在各方面都像连续情况那样的差分方程,希望的变换能保持其稳定性,允许滤波器级联,稳态增益和脉冲响应都应相同。Tustin 算法,也称双线性变换,除不能实现脉冲响应外,具有所有这些特性。该算法很容易实现代数变换,虽然对高频极点需要进行某些补偿。

在一般情况下,使用计算机求解微分方程的算法,对于实时控制系统中的数字滤波器来说是不适用的。因为微分方程所给出的高频极点,在模拟方程中很难呈现出来;同时,对计算机计算时间和存储要求要比其他方法要更高一些。z 变换和双线性算法,都能保持模拟方法的稳定性和稳态增益,然而,双线性变换不能保持脉冲响应,z 变换又没有级联特性。级联意味着可以把 s 的一次变换提高到适当 z 方次的办法来代替 s 的各次方。

由于飞行控制系统有许多一阶和不少二阶 s 滤波器,希望能够单独地转换并能使级联数字滤波器的响应(包括时域和频域)等于/或近似模拟滤波器。由分析可知,双线性变换可以做到这一点。

11.1.3.1　数字信号的基本概念

数字计算只能接受和处理按时间离散的数码,它可以代表某一物理量数值大小,也可代表字符的约定代码,统称为数字信号。

大量的物理过程或物理量的数学描述都是模拟信号。因此,数字机要获得原始信息,则应有通过 A/D 转换器对模拟信号采样和量化的过程,即将模拟信号转换为数字信号的过程。在这里首先给出几个名词,以便于今后的讨论。

模拟信号(也可称为连续信号):指在时间上连续和幅值上也连续的信号;

离散模拟信号:指在时间上离散而幅值上连续的信号;

数字信号:指在时间上和幅值上都离散的信号,它可用一个序列来表示;

采样:将模拟信号按一定的时间间隔抽样成离散模拟信号的过程;

量化:采用一组数码(如二进制)来近似离散模拟信号的幅值,将其转换为数字信号。

采样信号可以用下式描述:

$$x^*(t)=x(t)\sum_{n=0}^{\infty}\delta(t-nT) \tag{11-14}$$

式中,δ 函数定义为当 $t\neq nT$ 时,$\delta(t-nT)=0$。因此,$x(t)$ 在 $t\neq nT$ 时的取值大小也就没有意义了,故式(11-14)可改写为

$$x^*(t)=\sum_{n=0}^{\infty}x(nT)\delta(t-nT) \tag{11-15}$$

这就是理想脉冲采样的数学表达式。式中函数 $x(nT)$ 是实际的采样值,可将它看作是脉冲序列 $\delta(t-nT)$ 的加权。计算机不可能对 $x(nT)\delta(t-nT)$ 接受和进行处理,而实际接受和处理的是量化后的代表脉冲大小的数列。尽管量化后的序列与理想的脉冲采样信号在数学处理中是等价的,然而在它们之间存在一个量化误差。

如果二进制字长 i 选得足够的大,可使得量化误差任意小,然而 i 总是存在一个很大的限度,因此,必须允许有一定误差。在量化过程中,截尾或舍入带来的不确定量,通常称量化噪声。假定 $x_{\max}$ 和 $x_{\min}$ 分别为信号的最大值和最小值,则量化单位为

$$q=\frac{x_{\max}-x_{\min}}{2^i}=\frac{x_{\max}-x_{\min}}{m} \tag{11-16}$$

11.1.3.2　z 变换

将由式(11-15)表示的采样信号 $x^*(t)$ 实施拉普拉斯变换,得

$$x^*(s)=\int_{-\infty}^{+\infty}\left[\sum_{n=0}^{\infty}x(nT)\delta(t-nT)\right]e^{-st}dt=\sum_{n=0}^{\infty}x(nT)\left[\int_{-\infty}^{+\infty}\delta(t-nT)e^{-st}dt\right] \tag{11-17}$$

根据脉冲函数的性质

$$\int_{-\infty}^{+\infty}\delta(t-nT)x(t)\mathrm{d}t=x(nT) \tag{11-18}$$

可由式(11-17)得到

$$x^*(s)=\sum_{n=0}^{\infty}x(nT)\mathrm{e}^{-snT} \tag{11-19}$$

显然，和式(11-19)的每一项都包含有因式 e^{sT}，并且为了书写方便，更是为在滤波器的模—数变换中使用方便，令 $z=\mathrm{e}^{sT}$，这和纯时延环节的定义是一致的，并将 $x^*(s)$ 写为 $x(z)$，则式(11-19)可改写为

$$x(z)=\sum_{n=0}^{\infty}x(nT)z^{-n} \tag{11-20}$$

这样就得到了 $x^*(t)$ 的 z 变换式，记作

$$x(z)=\mathscr{Z}[x^*(t)]=\mathscr{Z}[x(t)] \tag{11-21}$$

并且式(11-20)称为单边 z 变换，即当 $n<0$ 时 $x(n)=0$，这在工程上是这样的。然而，可将采样信号的变换推广到一般情况：

$$x(z)=\sum_{n=-\infty}^{+\infty}x(n)z^{-n} \tag{11-22}$$

由 z 变换导出的过程可知，z 变换实质上是拉普拉斯变换的一种推广，因此也可称为采样拉普拉斯变换，或离散拉普拉斯变换。它是研究离散系统的有力工具。

11.1.3.3 z 变换的基本性质和基本定理

1) 线性性质

若

$$\mathscr{Z}[x_1(n)]=x_1(z),\quad \mathscr{Z}[x_2(n)]=x_2(z) \tag{11-23}$$

则

$$\mathscr{Z}[a_1x_1(n)+a_2x_2(n)]=a_1x_1(z)+a_2x_2(z) \tag{11-24}$$

2) 平移定理

平移是指把整个采样序列 $x(n)$ 在时间轴上左、右移动若干个采样周期，当然允许超前，也允许延迟(滞后)。

若

$$\mathscr{Z}[x(n)]=x(z) \tag{11-25}$$

则

$$\mathscr{Z}[x(n+k)]=z^k[x(z)-x(0)]-z^{k-1}x(1)-z^{k-2}x(2)-\cdots-zx(k-1)=z^kx(z)-\sum_{j=0}^{k-1}z^{k-j}x(j) \tag{11-26}$$

$$\mathscr{Z}[x(n-k)]=z^{-k}x(z) \tag{11-27}$$

式(11-26)表示 $x(n)$ 向左移动 k 个周期，即超前；也称向前差分；式(11-27)表示 $x(n)$ 向右移动 k 个周期，即延迟，也称向后差分。从物理意义上讲，z^{-k} 代表延滞环节，把脉冲延迟 k 个采样周期。应该指出平移定理在解差分方程时是非常有用的，特别是当 $k=1$ 时，有

$$\mathscr{Z}[x(n+1)]=\mathscr{Z}[x(z)-x(0)] \tag{11-28}$$

$$\mathscr{Z}[x(n-1)]=z^{-1}x(z) \tag{11-29}$$

z 变换的基本性质和基本定理还包括复域微分、复域积分、初值定理、终值定理、迭值定理、卷积定理等在此不作详细介绍。

11.1.3.4 双线性变换法设计数字滤波器

称为 Tustin 算法的双线性变换法，可以用 $\mathrm{e}^{\frac{sT}{2}}$ 的展开式的前两项并对 s 求解得到。因为

$$z = e^{sT} = e^{\frac{sT}{2}} \Big/ e^{-\frac{sT}{2}} \tag{11-30}$$

以及考虑到

$$e^{x} = 1 + x + \frac{x^2}{2!} + \frac{x^3}{3!} + \cdots + \frac{x^n}{n!} + \cdots \qquad (-\infty < x < +\infty) \tag{11-31}$$

当取 $e^{\frac{sT}{2}}$ 和 $e^{-\frac{sT}{2}}$ 的级数展开式的前两项时，由式(11-30) 得到

$$z = \left(1 + \frac{sT}{2}\right) \Big/ \left(1 - \frac{sT}{2}\right) \tag{11-32}$$

再由式(11-32) 得到

$$s = \frac{2}{T} \frac{1 - z^{-1}}{1 + z^{-1}} \tag{11-33}$$

双线性变换的一个缺点在于高频时的频率失真将使零-极点分布产生误差，这就要求补偿。然而，在控制系统中，最高频率滤波器通常是一个一阶滞后的或者是二阶弯振模型滤波器，并且，为了有效地衰减截止频率以上的分量，采样频率还不能太低。采用扭曲校正的方法，可以移动模拟极点，以便在正确位置处出现数字滤波器极点。当将

$$z^{-1} = e^{-sT} \qquad 和 \qquad s = j\omega_0 \tag{11-34}$$

代入式(11-33) 等号右边，得到

$$s = \frac{2}{T} \frac{1 - e^{-j\omega_0 T}}{1 + e^{-j\omega_0 T}} \tag{11-35}$$

考虑到欧拉公式

$$e^{-j\varphi} = \cos\varphi - j\sin\varphi \tag{11-36}$$

从而得到以数字滤波器转折频率 ω_0 表示的 s 表达式

$$s = \frac{2}{T} \frac{\sin\frac{\omega_0 T}{2}\left(\sin\frac{\omega_0 T}{2} + j\cos\frac{\omega_0 T}{2}\right)}{\cos\frac{\omega_0 T}{2}\left(\cos\frac{\omega_0 T}{2} - j\sin\frac{\omega_0 T}{2}\right)} = j\,\frac{2}{T}\tan\frac{\omega_0 T}{2} \tag{11-37}$$

由于模拟滤波器傅里叶变换与拉普拉斯变换的关系式为

$$s = j\Omega_A$$

从而获得模拟滤波器与数字滤波器截止频率的关系式，并被称为扭曲方程，由下式表示：

$$\Omega_A = \frac{2}{T}\tan\frac{\omega_0 T}{2} \tag{11-38}$$

式中，Ω_A 为模拟滤波器的转折频率；ω_0 为数字滤波器的转折频率。可依据式(11-38)，用希望的模拟转折频率 Ω_A 算出数字滤波器的转折频率 ω_0，从而实现模-数滤波器的转换。

通常，一阶模拟滤波器的拉普拉斯表达式为

$$f_1(s) = \frac{T_1 s + K}{s + K} \tag{11-39}$$

用双线性变换得到的数字滤波器 z 传递函数为

$$f_1(z) = \frac{a_0 + a_1 z^{-1}}{1 + b_1 z^{-1}} \tag{11-40}$$

二阶模拟滤波器的 s 传递函数为

$$f_2(s) = \frac{A_2 s^2 + A_1 s + A_0}{B_2 s^2 + B_1 s + B_0} \tag{11-41}$$

或者由下式按固有频率和阻尼比表示，即

$$f_2(s) = \frac{T_0^2 s + 2\zeta_0 \omega s + \omega^2}{s^2 + 2\zeta\omega s + \omega^2} \tag{11-42}$$

经双线性变换后得到的数字滤波器 z 传递函数为

$$f_2(z)=\frac{a_0+a_1z^{-1}+a_2z^{-2}}{1+b_1z^{-1}+b_2z^{-2}} \tag{11-43}$$

11.2 数字式控制系统滤波器决定的字长和采样频率

将模拟滤波器数字化时，滤波器的低频极点决定了存储器的字长，而高频极点决定了采样频率。

11.2.1 滤波器决定的存储器字长

数字滤波器性能可以用阈值和死区这个概念来表示。在滤波器任何输出出现之前，输入信号必须增加到某一数值，该数值就称为阈值。死区即不灵敏区或不工作区是指阶跃输入后的最终值和阶跃输入后的理想值或计算值之间的差别。

当采样时间间隔的变化是如此的小，使得差分方程中，滞后变量的变化因字长的限制不能超过最小量值时，将在低频处出现死区现象。因而对于阶跃函数的响应不能达到理想的阶跃终点值，而为某一个较低值。或者更为麻烦的是，高通网络的输出不能衰减到零，而存在某个剩余值。因此，在某些系统中，将产生零位偏差。补救死区的办法是增加计算机字长。将抖动信号引入滞后变量的差分方程中，能使输出死区降低。随机噪声也可以减小死区。

可采用如下方法计算阈值：

对于一阶差分方程可由下式表示，即

$$y_n=a_0x_n+a_1x_{n-1}+b_1y_{n-1} \tag{11-44}$$

式中
$$a_0=a_1=\frac{KT}{2+KT},\quad b_1=\frac{KT-2}{KT+2}$$

对于一阶滞后滤波器，并且在高采样频率的情况下，$K\ll\frac{2}{T}$，因此

$$a_0=a_1\approx\frac{KT}{2} \tag{11-45}$$

当输入 x 从零缓慢增加，直到为一个很小的值 x_n 时，使得

$$\left.\begin{aligned}&y_{n-1}=0\\&y_n=\frac{KT}{2}(x_n+x_{n-1})\geqslant 2^{-M_i+1}\end{aligned}\right\} \tag{11-46}$$

式中，x_n，x_{n-1} 是 2^{-C_i+1} 的足够小的整倍数。且 $x_{n-1}\approx x_n$。

假设 C_i 为包括符号位在内的A/D转换器字长，M_i 为包括符号位在内的存储器字长，以及 2^n 为最佳比例因子。当令 $\bar{x}_n=x_n\times 2^{C_i-1}$，$\bar{x}_{n-1}=x_{n-1}\times 2^{C_i-1}$ 和 $\bar{y}_n=y_n\times 2^{C_i-1}$ 时，得到

$$\bar{y}_n\times 2^{-C_i+1}=\frac{KT}{2}2^n\times(\bar{x}_n\times 2^{-C_i}+\bar{x}_{n-1}\times 2^{-C_i})\times 2^{-n+1} \tag{11-47}$$

为了使 y_n 能累加为有效的二进制数，方程的右边必须等于或大于最小有效存储器二进制数，即当

$$\frac{KT}{2}2^n(\bar{x}_n\times 2^{-C_i}+\bar{x}_{n-1}\times 2^{-C_i})\times 2^{-n+1}\geqslant 2^{-M_i+1} \tag{11-48}$$

时，x_{n-1} 近似为 x_n，得到阈值

$$\bar{x}_{n\text{th}}=\frac{2^{-M_i+1}}{\frac{KT}{2}\times 2^{2+C_i}}=\frac{2^{-M_i+C_i}}{KT} \tag{11-49}$$

这个求阈值很方便的关系式是以存储器字长、转换器字长和传递函数极点与采样周期乘积的函数形式表示出来的。

当采样周期很小和一阶滞后网络转折频率很小，即 KT 很小时，从而必须增加存储器字长，以保持阈值不增加。图 11-5 给出了一阶滞后环节的阈值与 KT 和字长的关系。例如，采样周期为 0.01 s，$K=0.1/s$，转换字长为 12 位和存储器字长为 20 位时，则可得到阈值为 4。因为 $KT=0.001$ 和存储器字长比转换器字长多 8 位。同时，考虑到转换器有一位符号位和系统比例因子合适的话，产生的阈值误差将为 $2^2/2^{11}=2^{-9}=1/512$。

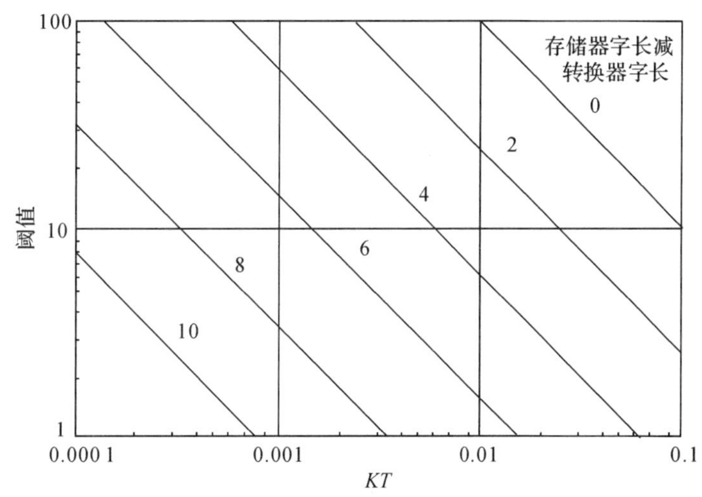

图 11-5　一阶滞后环节的阈值与 KT 和字长的关系

仅仅存在一个数字滤波器的系统不存在字长的问题，因为采样周期可以这样选择，使得 KT 在 0.5 ～ 1.0 范围内。由于误差可以忽略不计，故转换器字长可以作为存储器字长。但是，如果存在若干个数字滤波器来实现系统，则应将最大极点的数字滤波器决定采样周期(下一节叙述)，而最小极点的数字滤波器将决定存储器的字长。

在机载计算机中使用浮点运算，基本上可以消除阈值问题，但死区却没有什么变化。

11.2.2　滤波器决定的采样周期

采样周期是数字式飞行控制系统的重要参数。对于滤波器模-数转换的飞行控制系统控制律设计来说，采样周期的确定已经成为设计者必须首先解决的问题之一。在选择采样周期时，为防止频率混迭的采样定理给我们指出了基本原则；同时，还应考虑控制频率上的相位滞后(如零阶保持器和滤波器模-数转换带来的相位移)，以及计算时间、结构振荡和抗干扰能力等众多因素，才能得到采样周期的最佳选择。

11.2.2.1　采样定理

对于连续时间函数 $x(t)$ 经过等间隔理想采样后，得到的离散模拟信号为

$$x^*(t)=x(t)p(t) \tag{11-50}$$

式中，$p(t)$ 为等间隔 T 的单位脉冲序列，即

$$p(t)=\sum_{n=-\infty}^{+\infty}\delta(t-nT) \tag{11-51}$$

利用傅里叶变换将时域函数 $x(t)$(这里是 $x^*(t)$) 变换为与它对应的频率函数 $x(f)$ 或 $x(\omega)$，即将在时域内描述的函数变换为在频域内描述，因此，称 $x(f)$ 为 $x(t)$ 的频谱密度函数。众所周知，它在连续系统分析中是很有意义的，同样，它对于离散的数字系统分析也是很有用的。

依据傅里叶变换的褶积(或卷积)性质，当 $x(t)$，$h(t)$ 的傅里叶变换分别为 $x(\omega)$，$h(\omega)$ 时，$x(t)$，$h(t)$ 的卷积积分定义为

$$x(t) * h(t)=\int_{-\infty}^{+\infty} x(\tau) h(t-\tau) \mathrm{d}\tau \tag{11-52}$$

式中，“$*$”代表卷积积分符号，并且，与 $x(t) * h(t)$ 对应的傅里叶变换为 $x(\omega)h(\omega)$。

由傅里叶变换的对称性可知，时域中两个函数的乘积 $x(t) \cdot h(t)$ 的傅里叶变换，即频谱密度等于 $x(\omega)$ 和 $h(\omega)$ 的卷积（称为频率卷积），即为 $x(\omega) * h(\omega)$。

这样一来，便可得到离散信号 $x^*(t)=x(t) \cdot p(t)$ 的频谱密度（即傅里叶变换）为 $x(f) * p(f)$，并且，$p(t)$ 为由式(11-51)表示的单位脉冲序列，使得包含脉冲函数的卷积为

$$x(f) * p(f)=x(f) * \frac{1}{T} \sum_{n=-\infty}^{+\infty} \delta(f-n f_{\mathrm{s}})=\frac{1}{T} \sum_{n=-\infty}^{+\infty} x(f) * \delta(f-n f_{\mathrm{s}})=\frac{1}{T} \sum_{n=-\infty}^{+\infty} x(f-n f_{\mathrm{s}}) \tag{11-53}$$

式中，$f_{\mathrm{s}}=\dfrac{1}{T}$ 称为采样频率。这就是说，由式(11-53)表示的 $x(t) \cdot p(t)$ 的频谱形状与采样频率有关，如图 11-6 所示，给定的连续信号 $x(t)$ 和频谱 $x(f)$ 由图 11-6(a)表示，脉冲采样函数 $p(t)$ 和频谱 $p(f)$ 由图 11-6(b)表示。采样后的离散模拟信号 $x(t) \cdot p(t)$ 和频谱(频率卷积) $x(f) * p(f)$ 由图 11-6(c)表示。

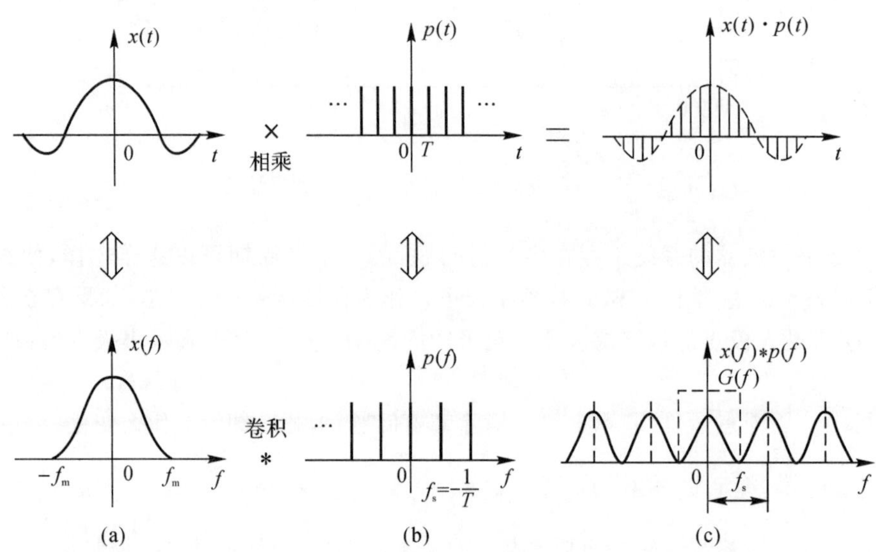

图 11-6　采样前后频谱密度的变化

由图 11-6 所见，连续频谱的信号经采样后，其频谱仍为连续的。如果希望不失真地恢复原来的信号 $x(t)$ 或 $x(f)$，必须引入图 11-6(c)中所示频谱为 $G(f)$ 的滤波器，便可实现，然而这是理想，难以实现的。图 11-6(c)中所使用的采样频率 f_{s} 是信号频带(最大频率) f_{m} 的两倍，因此，不会出现“混迭现象”。在给定信号中的最大频率 f_{m} 或者滤波器截止频率 f_{c} 已定的情况下，选择采样周期 T(或采样频率 f_{s})满足

$$\frac{1}{T}=f_{\mathrm{s}} \geqslant 2 f_{\mathrm{m}} \quad \text{或者} \quad \frac{1}{T}=f_{\mathrm{s}} \geqslant 2 f_{\mathrm{c}} \tag{11-54}$$

当 $x^*(t)$ 是 $x(t)$ 的理想采样信号时，那么，一定可以由采样信号 $x^*(t)$ 唯一地决定出原始信号 $x(t)$，即

$$T \leqslant \frac{1}{2 f_{\mathrm{m}}} \quad \text{或} \quad T \leqslant \frac{1}{2 f_{\mathrm{c}}} \tag{11-55}$$

时，则可由 $x^*(t)$ 完全地恢复出 $x(t)$ 来。

然而当

$$T>\frac{1}{2 f_{\mathrm{m}}} \tag{11-56}$$

时，便会产生“混迭现象”。如图 11-7 所示，是 $f_{\mathrm{s}}=f_{\mathrm{m}}$ 的情况，由虚线表示的 $x^*(t)$ 的频谱（简

称）$x(f) * p(f)$，将大大地区别于图 11-6(a) 中的 $x(f)$。因此，在选择采样频率时，应该足够的大才能避免这种混迭效应，但也不能无限制地加大 f_s，它会造成计算和存储的过大负担。如何正确选择采样频率，将在下一节叙述。

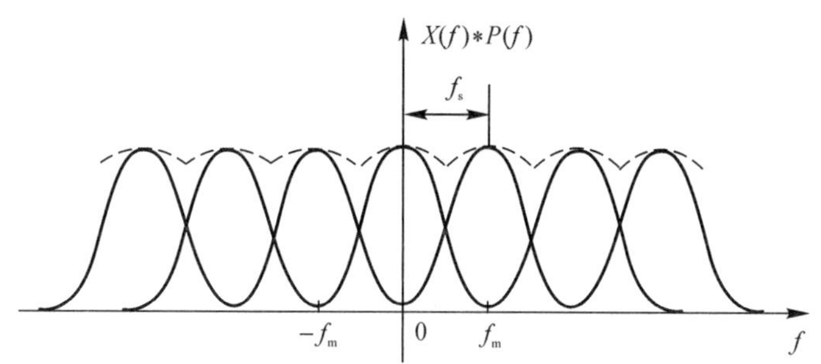

图 11-7　采样信号的频谱混迭效应示意图

采样定理的叙述为，如果 $x(t)$ 是有限带宽信号，即 $|f| < f_m$ 时，$x(f)=0$，而且 $x^*(t)$ 是 $x(t)$ 的理想采样信号，若采样频率 $f_s \geqslant 2f_m$，那么，一定可以由采样信号 $x^*(t)$ 唯一地确定出原始信号 $x(t)$，即，若 $f_s \geqslant 2f_m$，则由 $x^*(t)$ 完全地恢复出 $x(t)$ 来。

11.2.2.2　按最大极点滤波器决定采样周期

采样定理给出了一个指导原则，它给出的是不产生“混迭效应”的最大采样间隔 $T=\dfrac{1}{2f_m}$，即给出了采样频率的下限，称为 Nyquist 频率。而在实际上，“带宽有限”的信号这一条件是容易满足的。因此，合理的做法总是假定“混迭效应”可以忽略的情况下采样，或者是先将原始信号 $x(t)$ 进行合理的前置滤波，然后再采样。工程上，一般总是取实际采样频率 f_s 比 $2f_m$ 大，而不是恰好等于 $2f_m$。那么，又应该大多少才为合理？

选择采样周期的主要方法：其一为依据采样信号的最高频率按采样定理决定；对于具有多滤波网络的系统按滤波网络最大极点决定采样周期为其二；另外一种方法是按闭环频率带宽确定为其三。采样定理和某些参考文献给出了这三种确定采样周期的经验公式，按上述三种方法的顺序，这种计算公式分别为

$$T\omega_m \leqslant \pi \tag{11-57}$$

$$T\alpha \leqslant 1 \tag{11-58}$$

$$T\omega_c \leqslant 0.2\pi \tag{11-59}$$

式中，ω_m 为采样信号最大频率；对于一阶网络 $\alpha=K$，对于二阶网络 $\alpha=\omega_n$；ω_c 为系统带宽。

哪种方法更为合理，需要进行分析。实际系统的被采样信号包括有用的控制变量信号和无用的噪声干扰信号，前者频率较低，后者频率较高。尽管利用滤波器可有效地衰减高频信号的幅值，但仍然得不到理想的控制变量信号，因此，便无法按理想采样信号频率决定采样频率。采用滤波网络最大极点确定采样周期的方法，主要为使数字滤波器近似于对应的模拟滤波器特性，使模-数转换设计法设计的数字系统逼近原连续系统的特性。这种方法对于具有结构滤波器和模-数转换设计的数字式飞行控制系统来说是有实际意义的。对于无高频滤波器的高增益系统，按闭环带宽决定采样周期是合适的。这种方法实际上是基于改善系统稳定性和动态响应特性考虑的。

对于具有高频特性的结构模态滤波器的增稳系统，尤其是电传操纵系统来说，目的在于消除飞机结构弹性模态引起的结构振荡，应使被转换的数字滤波器接近原模拟滤波器的频率特性，因此，数字式增稳系统的采样周期按高频极点选择是合适的，并且应按扭曲方程来校正，以使数字滤波器与模拟滤波器的中心频率相等，否则数字滤波器将起不到结构滤波的作用。

在选择采样周期时，还应考虑到对闭环系统稳定性的影响。对于按双线性变换公式得到的数字滤波器与其对应的模拟滤波器频率响应特性的区别，主要在于高频段存在相位滞后和幅值减小，这种变化将随着采

样周期增长而加大。由式(11-11)可以看出,大的采样周期会使采样-保持器的相位滞后较多。这些因素都将影响数字控制系统的稳定性。因此,当按式(11-58)选择采样周期时,应该给出较大的余量为好。例如,某飞行控制系统的结构滤波器传递函数为

$$f(s)=\frac{s^2+2\times 0.1\times 35s+35^2}{s^2+2\times 0.6\times 35s+35^2}$$

其中心频率是 $\omega_n=35$ rad/s,如果按 $\omega_n T=1.0$ rad 选择采样周期,T 应近似为 0.03 s,但是,当考虑到采样-保持器相移时,迫使采样周期变为 0.0125 s。

从数-模滤波器转换的逼真度和系统稳定性考虑得到的采样周期较小,这不仅影响经济使用计算时间,也会使某些小 K 的滤波器阈值增大,这就是说小的采样周期将要求采用长的存储器字长。选择的办法是采用多采样速率系统,通过采用更大的采样周期使字长减小到可以接受的程度。

11.2.3 多速率系统的采样频率变换和低通滤波器选择

包括模拟式和数字式的完整的飞行控制系统都是串联和嵌套的多回路系统,它能实现包括控制增稳、姿态保持与控制、航迹保持与控制等多种功能。由前向后和由内向外的各控制回路的闭环频率宽度,如前所述基本上是以 1/2 的衰减率减小的,为合理地使用计算时间和减小滤波器阈值,采样速率应按这个顺序和一定比例相应地减小它们的采样频率。

为了合理地配置各个信号的采样频率,按照不同控制回路的闭环带宽大小确定每个回路信号的采样频率。而且,由于控制回路的带宽由内向外按 1/2 比例衰减,因此,可将反馈和指令信号的采样频率按内、外控制回路进行分类也是合适的。

由于作为内回路的控制增稳系统中含有足够大截止频率的结构滤波器或一阶惯性滤波器,为满足经验公式 $\alpha T\leqslant 1$,通常选择包括纵、横、侧向增稳系统中各种反馈和指令信号的采样频率 f_s 为 80 Hz。其中,对于纵向控制增稳系统中的指令和反馈信号包括俯仰操纵杆力、俯仰速率、法向过载、升降舵位置、升降舵速率和输出至升降舵伺服器的指令信号;对于横侧向控制增稳系统中的输入和反馈信号包括横滚操纵杆力、方向舵脚蹬力、滚转速率、偏航速率、侧向加速度、左右副翼位置、左右副翼速率、方向舵位置、方向舵速率和输出给副翼、方向舵伺服器的指令。由于横侧向控制增稳系统的带宽偏低,所以在满足结构滤波器对采样周期要求的情况下,采样频率也可选择为 40 Hz。

作为控制增稳系统的外回路:俯仰姿态控制、滚转姿态控制和航向角控制等控制回路的指令和反馈信号,以及由内回路引入外回路的交联信号,其采样信号通常选择为 20 Hz。这些控制回路中的信号包括俯仰角、滚转角和偏航角指令,俯仰姿态、滚转姿态和偏航角等。

对于襟翼(包括扰流片)控制的襟翼指令、襟翼(扰流片)位置和速率信号的采样频率也可选择为 20 Hz。

对于航迹控制用的高度或下滑角控制系统,指示空速或马赫数控制系统,以及油门杆控制系统的指令和反馈信号的采样频率,通常选择为 10 Hz。这些信号包括气压(或无线电)高度、指示空速和马赫数、纵向加速度、油门杆指令、油门杆位置和油门杆速率。对于气压高度信号的采样频率还可选择为更低的值,如2.5 Hz。

最后应该指出,具有数字处理器的伺服回路,实践证明,采样频率与伺服回路带宽之比为 14 是合适的。

可以利用数字方法直接变换采样频率,这种变换包括以整数因子 M 进行抽取的采样频率减低和以整数因子L 按时间均匀插入的采样频率增高。在飞行控制系统控制律离散化工程实施图中,通常以如图 11-8 所示符号表示。

譬如,在某数字式飞行控制系统中,来自CAS的信号采样频率 $f_s=80$ Hz,抽取后用于AP控制律计算的采样速率 $f_s=20$ Hz,则 $M=4$;自动驾驶仪控制律计算完成后应与CAS信号综合,将 $f_s=20$ Hz低频信号按相等时间插入 $f_s=80$ Hz 的高频信号,则 $L=4$。

图 11-8　采样速度变换符号

(a) 采样率减低器；(b) 采样率增高器

为了在减低采样速率过程中，避免数字信号的频率混迭，采用递归型低通滤波器，并且应按照前置滤波器时间常数的选择方法选择其时间常数，这种数字式低通滤波器可由图 11-9 表示。

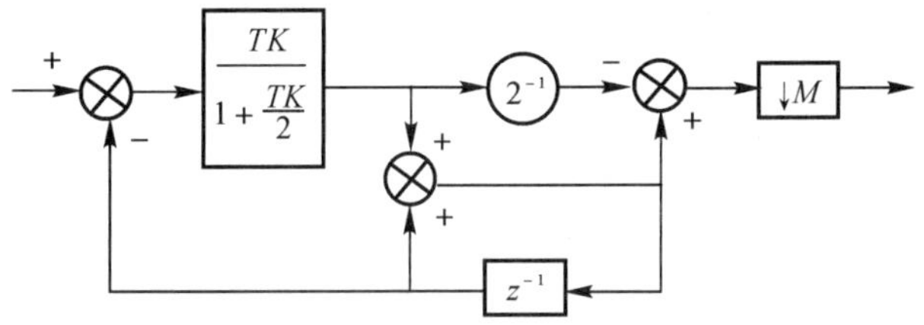

图 11-9　减低采样速率的数字式低通滤波器结构图(IIR)

为了在增高采样速率时，消除不需要的频率镜像分量，应该将增高采样频率的信号通一个数字低通滤波器。该滤波器应逼近下列理想特性：

$$H(e^{j\omega_a})=\begin{cases}L & |\omega_a|\leqslant\dfrac{\pi}{L}\\0 & \text{其他 } \omega_a\end{cases}\qquad(11-60)$$

式中，$\omega_a=2\pi f_a$。为此，给出一种 FIR 型低通滤波器如图 11-10 所示，它的频谱特性如图 11-11 所示。

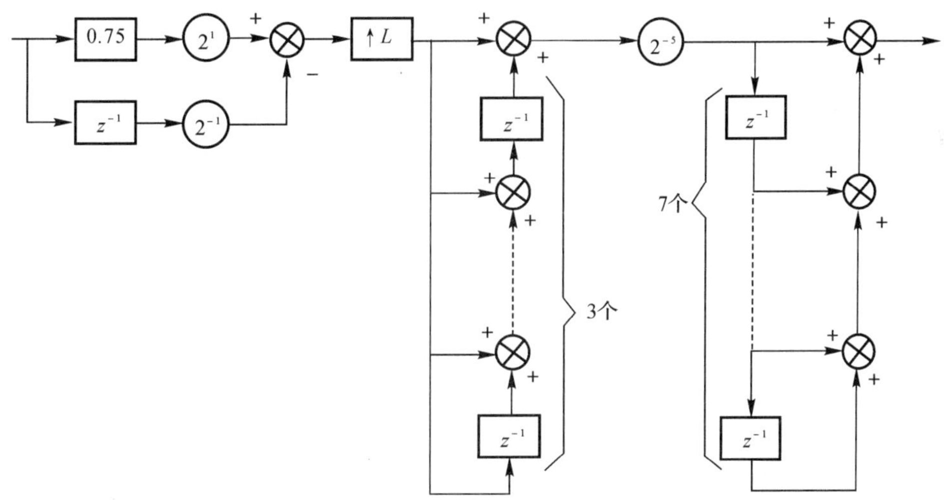

图 11-10　增高采样速率低通滤波器(FIR)

可见，由图 11-10 所示的 FIR 低通滤波器，在 $f=10\sim70$ Hz 范围内，其输出幅值可近似为 0，在 $f=0\sim5$ Hz 范围内，幅值变化很小。尽管未能实现式(11-60)所示理想化要求，但在足够高的频率范围内基本上消除了频率镜像分量。是否在飞控系统的增高采样频率的过程中，引入这种 FIR 滤波器，视其在飞控系统的低采样频率的信号中，高频分量的大小。通常不需要这种消镜像滤波器。

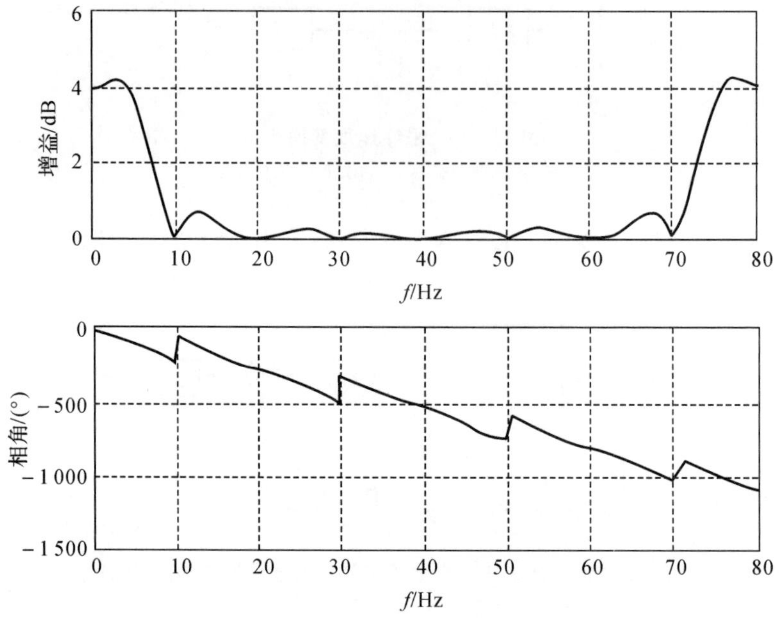

图 11-11　图 11-10 所示 FIR 滤波器的频谱特性

11.3　高频干扰的抑制方法

11.3.1　前、后置滤波器时间常数的选择

按最高交界频率选择采样频率，尽管能得到满意的逼真度，然而，由采样定理可知，当传感器输出的连续信号中包含有频率高于 1/2 采样频率的信号或噪声时，经采样后将产生频率混迭现象。对于灵敏度较高的加速度信号传感器、杆力信号传感器以及角速率信号传感器总会感受到与结构弹性模态和发动机振动有关的高频信号，并在它们的输出中夹杂着这些高频噪声。因此，在采样频率不太高的情况下，采用模拟式前置滤波器将敏感元件输出的高频噪声消除或使幅值减小。简单的前置滤波器传递函数一般为

$$G_f(s)=\frac{1}{\tau_f s+1} \tag{11-61}$$

选择前置滤波器带宽的原则是，当 $\omega \geqslant \omega_s$，即噪声频率大于 / 等于采样频率时，滤波器对噪声最少能衰减 20 dB；对有用信号的最高频率 ω_m 处允许的相位滞后角 θ_m 应对系统稳定性无大的影响。满足上述原则的比值 $C=\omega_s/\omega_m$ 可作为评定前置滤波器性能优劣的参数。

某文献给出的前置滤波器时间常数的经验公式是

$$\tau_f=T \tag{11-62}$$

另一文献给出的折中公式是

$$\tau_f=\frac{2}{\pi}T \tag{11-63}$$

但是，不少实际的数字式飞行控制系统的信号前置滤波器时间常数选择为 $\tau_f=0.01$ s，比较式(11-62)和式(11-63)得到的 τ_f 值，介于两者之间。它将使 1/2 采样频率的输入信号衰减 63%。然而它给系统带来的相位滞后，不在于 1/2 采样频率处的相位滞后角的大小，应该注意到的是系统相位稳定储备的影响。对于一个实际的数字式纵向电传操纵系统来说，在给定的计算状态中，相位稳定储备最大降低了 3°。这对于稳定储备较大的系统来说，可以不必要加以补偿。

对于显著影响系统稳定储备的反馈信号(如俯仰角速率和偏航角速率信号)的前置滤波器应选择交界频率较大的二阶前置滤波器,合理地选择固有频率和阻尼比,使得在衰减幅值较大条件下,而不至于很多地影响系统稳定储备。如某飞机的电传操纵系统,俯仰速率信号的前置滤波器传递函数为

$$G_f(s)=\frac{142^2}{s^2+200s+142^2} \tag{11-64}$$

前置滤波器除提供希望的低频特性外,还能减小对电磁干扰的敏感性。

后置滤波器是抑制D/A转换器输出的高频噪声。这些噪声包括采样信号中的噪声、A/D转换器的量化效应、定点或浮点运算中的量化误差以及受采样周期和字长限制带来的零阶保持器原理误差,它们像一个随机噪声源一样,致使舵面产生高频抖动。尤其是当采样周期较大,转换器字长较短和伺服回路带宽较高时,舵面抖动幅值将更大。采用后置滤波的办法,可以明显地减小这些量化误差的干扰。通常由一阶惯性环节实现后置滤波器,其时间常数 τ_p 等于采样周期 T。

11.3.2　量化噪声的抑制方法

量化效应是一种非线性特性,存在于A/D,D/A转换器的变换过程中,也存在于控制器的运算过程中,且乘(除)法运算远比加(减)法运算的误差要大。理论上全面地分析这些非线性影响是很困难的。利用数-模混合仿真计算的方法,对于分析量化效应是一种简单、实用的好方法。下面给出这方面的试验结果:

1. 浮点与定点(16位)运算的量化噪声比较

图11-12中的(a)和(b)分别给出了浮点运算和定点(16位)运算情况下D/A转换器输出的量化噪声曲线,二者相差不多、噪声峰-峰值都为0.5 V左右。这将明显地说明定点16位运算相对于A/D,D/A转换信号来说,量化效应的影响要小得多。在A/D,D/A转换器为12位的条件下,采用16位运算字长是合理的,无须采用双倍字长或浮点运算去提高计算精度,那将使运算速度大为降低。又因计算机内软件形式的控制律增益往往大于1,它将A/D转换器的量化误差在运算传播中增大,而D/A转换器的变换误差没有增大,因此量化噪声主要来源于A/D转换器。

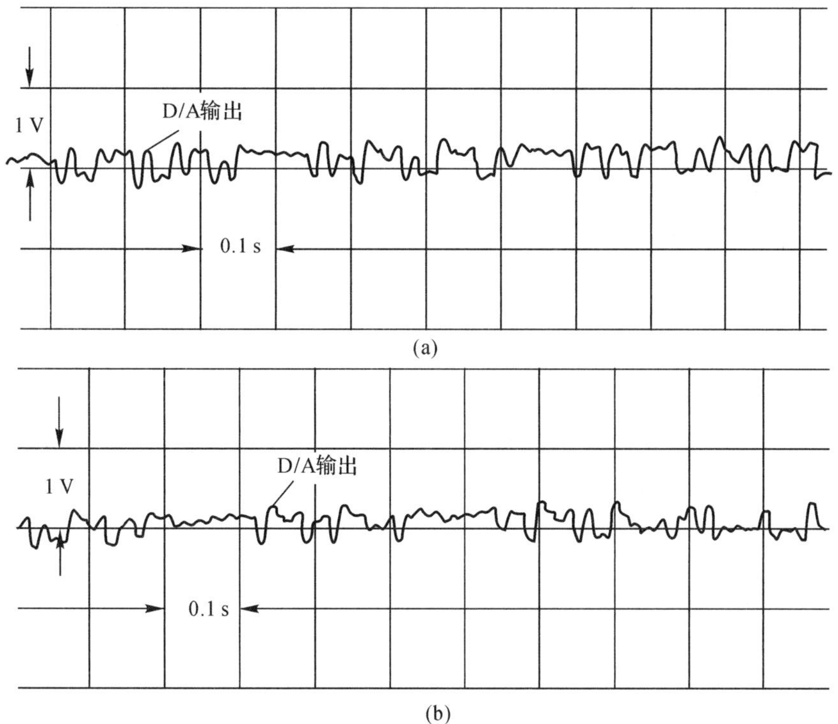

图11-12　浮点与定点(16位)运算时D/A转换器输出噪声的比较

(a)浮点运算;　(b)定点(16位)运算

2. 一种消除量化噪声的方法

对于多输入、多反馈的飞行控制系统，有多个信号采样转换器，计算表明：俯仰速率和伺服器反馈信号的A/D转换器输出噪声最大。可通过如下计算方法得以证明：将俯仰角速率信号A/D转换器的输出信号乘以很小的数(如2^{-7})，再乘以这个数的倒数(2^{7})，尽管总增益未变，但D/A转换器的输出噪声被减小了很多。这个结论可由图11－13与图11－12所示噪声曲线比较得知。如果将俯仰速率和伺服反馈信号的A/D转换器都乘以2^{-7}后再乘以2^{7}，D/A转换器输出的噪声曲线如图11－14所示。可见，量化噪声全部被消除了，剩下的仅仅是由50 Hz电源带来的高频噪声。这一切明显地说明了量化噪声主要来源于具有超前-滞后滤波器的ω_Z信号和增益较高的伺服反馈信号。

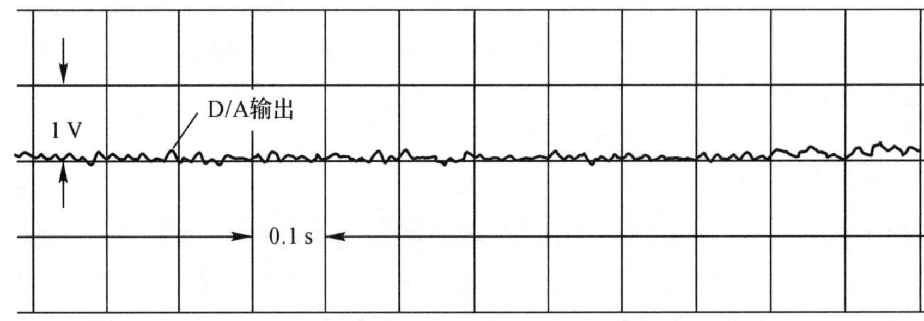

图11－13　俯仰速率A/D转换器的输出端乘以2^{-7}再乘2^{7}后D/A转换器的输出噪声

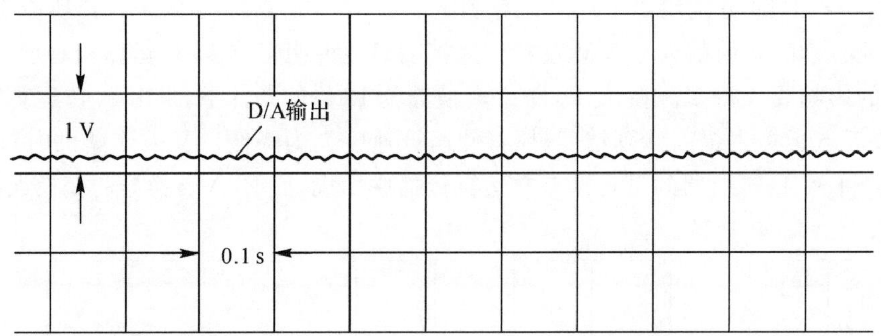

图11－14　俯仰速率A/D和伺服器反馈A/D的输出端分别乘以2^{-7}再乘以2^{7}后D/A的输出噪声

3. 另一种量化噪声的抑制方法

仿真计算研究表明，抑制量化噪声的一种方法是将俯仰速率信号在A/D转换之前乘以合理的加权系数(如3)，而在A/D转换之后再除以它；同时，在D/A转换器输出端串联一个阶滤波器，其时间常数τ_p可选择为采样周期T。

第四篇　飞机飞行控制系统设计

第 12 章　飞行控制系统的功能和设计指标

随着航空事业的不断发展，先进的飞行控制系统已经成为现代高性能飞机上不可缺少的重要设备。它在飞机上的作用逐渐由协助飞机完成飞行任务到不可缺少和共同完成飞行任务。飞行控制系统不仅改善了飞机自身的运动特性，辅助驾驶员完成各种艰巨的飞行任务和精确的飞行指标，它还使飞机设计者大胆地改变飞机气动布局，充分发挥出现代飞机的飞行潜力，这便使得它在设计、试验和试飞中除去按有人驾驶飞机一样的飞行品质规定限制外，还有它自身的设计、试验和性能要求。在研制军用飞机及其控制器时，包括中国在内的许多国家都有它自己的飞行品质军用规范和飞行控制系统军用规范。在美国有“军用标准——有人驾驶飞机的飞行品质[MIL－STD－1797]”和“飞行控制系统军用规范[MIL－F－9490D]”，而两种军用标准已经是经过几种修正版发展而来的。在我国早在 1986 年就制定了国军标 GJB185—1986《有人驾驶飞机(固定翼)飞行品质》，同时还相应地制定了 GJB2191—1994《有人驾驶飞机飞行控制系统通用规范》、GJB1690—1993《有人飞机自动驾驶仪通用规范》、GJB2874—1997《电传操纵系统飞机的飞行品质》等。这些规范适用于保证完成任务和飞行安全，不管何种设计措施和飞行控制系统如何构成，它的各项要求都在设计权衡、分析和试验等方面起指导作用。

12.1　飞行控制系统的功能要求

对于自动飞行控制系统(AFCS)的要求是多方面的，它包括系统设计、部件设计、使用、维修以及研制内容和步骤等。而最重要的是保证安全可靠，其他任何要求都要服从这项要求。使用、操作和维护诸方面应尽可能简单、直接，也是空、地勤人员的殷切希望。受篇幅限制，本书仅就系统设计方面给出一些适航标准和规范要求。这些设计要求主要来自四个方面的需要，说明了设计飞行控制系统的必要性。这就是说，自动飞行控制系统的产生和发展是由飞机自身的某些缺点和飞行任务要求决定的。

首先是随着飞机飞行速度和飞行高度的增加，飞机自身的气动布局已不能提供良好的稳定性、操纵性和机动性，以及对阵风敏感性的要求。为了提高驾驶员的飞行能力，增加飞行中的舒适性和保证完成飞行任务，希望有自动飞行控制系统这样的装置给予帮助。这就是说，飞行控制系统来自于飞行品质改善方面的要求。

其次，辅助驾驶员操纵和减轻驾驶员负担，提高飞机的运载能力和作战性能，使起飞、巡航、进场和着陆等飞行阶段的航迹操纵变得简单和容易。有人驾驶飞机的全部飞行活动需要飞行控制系统协助完成，无人驾驶飞机的全部飞行活动由飞行控制系统承担。这就是飞行控制系统来自驾驶员驾驶飞机方面的要求。

另外，通过飞行控制系统可以改善飞机性能。不仅在战斗机上应用“主动控制”技术扩大飞行范围；在民用飞机上的飞行控制系统，也有利于改善飞行品质和飞行性能。如主动控制中的放宽静稳定性和机动载荷控制将有效地提高飞机升力和载荷因数，还可以通过控制主动限制某些飞机运动边界，提高驾驶员无忧虑操纵的信心。这便是飞行控制系统来自飞机性能发展方面的要求。

包括飞行/火力综合控制和飞行/推力综合控制的飞机综合控制系统是为提高战斗机作战性能和扩大飞行包络、提高边界飞行(如低速着陆和高空飞行)性能方面的要求，这便是飞行控制系统来自于作战性能提高方面的要求。

由于飞机结构和性能的日新月异的变化，对于飞行控制系统要求的项目也在不断增加。因此，有关飞机飞行品质要求和飞行控制系统的功能和指标也在不断扩展一些新的要求，或者必须重新拟定和编写一部新的标准和规范。本书仅就当前对现代飞机和飞行控制系统有关规范中系统设计方面的要求给予介绍。

自动飞行控制系统的功能包括四种:改善飞行品质、辅助驾驶员操纵和减轻驾驶员负担、飞行航迹引导和综合控制功能。这些功能要求是飞行控制系统和部件共同所要完成的,又是根据飞机本身性能、使用范畴、适应环境和不同类别、机种决定的。

12.1.1 飞行品质的改善

飞行品质的主要内容是飞机的稳定性和操纵性。对稳定性和操纵性的修改统称为飞行品质改善。对于那些驾驶员难以驾驶的飞机,可以利用飞行控制予以改善,并且首先应该改善的是飞机固有的运动特性,它主要包括飞机俯仰、滚转和偏航运动的频率特性和阻尼特性,它们是由某些运动参数的大小决定的(详见本书第二篇)。飞行品质第二方面的问题是操纵特性,即飞机对驾驶员操纵输入的响应特性。这不仅标志着操纵响应幅值(即操纵灵敏度)的重要性,也标志着响应时间过程的重要性,在操纵中,缓慢的航迹运动可允许轻微的不稳定,与此相反,转动自由度的稳定性应该占首要地位,因为驾驶员至少在短时间内可以不顾及短周期运动。令驾驶员满意的稳定性,使驾驶员在操纵中不易产生诱发振荡和过操纵现象。

对于现代高性能飞机,不通过不可逆液压助力器的帮助,各种控制面的操纵是不能实现的。在操纵中驾驶员感觉的杆力不是与操纵面偏度成比例的反作用力,而是通过设置机械式或液压式弹簧产生的模拟力,尽管由动压和飞行高度信号自动调节了弹簧梯度和驾驶杆-操纵面的传动比,也不能保证杆力对飞机运动响应具有良好的传递关系。如俯仰操纵驾驶杆力与飞机法向载荷系数之间的传动比-杆力梯度,是评价飞行品质的重要参数。另外,由加速度或转动角速度表征的初始响应,也是评价操纵性好坏的重要指标;传感器、控制器和作动器等高频环节带来的等效时延也会影响操纵性能。

除稳定性和操纵性之外,飞机的飞行品质还取决于大气扰动的响应特性。由第二篇分析可知,垂直阵风和风切变不仅造成了飞行迎角 α、载荷因数 n_y、航迹倾角 θ 和俯仰角 ϑ 的变化,大型飞机在进场着陆飞行阶段,受垂直风切变的影响,灾难性的飞行事故也易发生。大气紊流不仅激发刚性飞机的运动振型,还特别容易激发弹性运动模态,因此,由大气紊流引起的飞机尾部加速度要比机翼附近的振幅大得多。利用属于飞行控制系统的一种功能模式——阵风缓和控制器,基本上用以增加弹性振动的阻尼,但是,由于增加了一些传感器和执行机构,所以需要花费更大的代价。因而,在一般情况下,不是靠闭环控制抑制这种高频的弹性振动,而是利用带通滤波的办法,将弹性振动的幅值降低到控制器不灵敏区之内,不至于由于飞行控制系统闭环控制的作用,产生更大的弹性模态闭环不稳定振荡。

利用飞行控制系统可以有效地减少由于一侧发动机停车或者投掷重物而引起的大扰动的影响。飞行控制系统的作用,不仅不允许形成灾难性飞行姿态,也不能出现较大的初始加速度和转动角速度,且能重新配平飞机。这里不是指自动驾驶仪所要解决的问题,而是说增稳或控制增稳等系统所能解决的。

所有这些自动控制功能,应以不妨碍驾驶员正常工作为基准。驾驶员在承担航迹控制中,应毫无感觉控制器的工作和不把控制器工作放在心上。对于飞行控制系统设置在飞机上,而在驾驶员的心目中,只不过是他驾驶了一架稳定性、操纵性特好的飞机,这样的飞行控制系统的设计才是成功的。绝对不允许有任何妨碍驾驶员正常操纵和在完成任务中座舱内存在不应有的动作,如力反传-作动器的运动或力反传到驾驶杆上。如果存在飞行控制系统的闭环剩余振荡,也应限制在驾驶员等乘客许可的、规范要求的运动幅值和频率范围内。

随着飞行控制系统元、部件可靠性的增加和系统余度技术的发展,电传操纵系统(FBS)和主动控制技术(ACT)产生了。驾驶员可以通过电传操纵系统作剧烈、迅速变化的机动飞行;主动控制技术允许飞机放宽静稳定性、直接力控制、机动载荷控制和阵风缓和控制。这些功能有效地改善了飞行品质和性能。增稳和控制增稳系统对此是无能为力的。

作动器全权限的电传操纵系统,顾名思义,它代替了机械操纵系统,它不具有指令操纵面的功能,和增稳或控制增稳系统一样,角速度和过载反馈依然存在,稳定性、操纵性改善的功能仍然具有。然而,驾驶杆操纵量已不对应操纵面偏度，而是飞机运动变量。因此，杆力梯度的要求容易满足和实现“最佳”值；飞机运动的指令响应限制也成为可能。

用改变焦点与重心位置的办法放宽飞机静稳定性(RSS)，可以提高飞机升阻比、平飞加速能力和减小盘旋半径。这就是说，放宽静稳定性可提高飞机的机动性和飞行性能。稳定性的不足可由主动控制系统的增稳作用补偿。

直接力控制是通过解耦方法使通过飞机重心的作用力直接控制飞机上、下或左、右移动；通过力矩作用控制飞机作纯粹转动，这对于提高飞机机动性、攻击准确度和精确控制航迹很有实际意义。

机动载荷控制和阵风缓和控制都是以减轻机翼质量、提高机动性和改善乘坐品质为目的的。

12.1.2　辅助驾驶员操纵和减轻驾驶员负担

辅助驾驶员操纵和减轻驾驶员负担是全自动化飞行的重要功能，和增稳系统、控制增稳系统或者电传操纵系统一样，在系统设计、操作和维护诸方面都应该尽可能简单、直接和安全可靠，这是控制系统设计的总要求。

辅助驾驶员操纵和减轻驾驶员负担的自动驾驶仪，能使飞机航迹操纵变得简单、容易和精确。在这个功能模式的工作范围内，主要功能如下：

1)姿态保持(俯仰和滚转)；

2)航向保持；

3)航向选择；

4)横向加速度和侧滑限制，稳定倾斜转弯中的协调，滚转时横向加速度限制，水平直线飞行中的协调；

5)高度保持；

6)空速保持；

7)马赫数保持。

另外一些功能方式如机动载荷控制、阵风缓和乘坐平稳，以及颤振抑制等也在这个功能范畴内。

对于自动驾驶仪工作方式的设计要求如下：

(1)只有当自动驾驶仪和其他交联系统加电并同步时，才能接通系统，也可以从一种工作方式转入另一种工作方式。但与其他功能方式无关的增稳方式不受限制。如果从一个工作方式转换到另一种工作方式，或者断开系统时，其过渡过程不应超出规范要求的范围。除非在系统设计规范里另有要求，否则所有控制通道应能同时接通。如果某一工作方式包含着另一工作方式，即后者是前者的内回路时，没有后者的接通，仅仅接通外回路不能称其为接通前者这个工作方式。同步的目的是使接通(或转换)系统(工作方式)以后，应随即保持飞机某种飞行姿态或其他控制模式，或者按系统规定使飞机以某一给定速度转入预定的姿态上。为不致引起规范限制的静、动态响应误差，同步速度应足够快。

(2)应有断开和重新接通自动驾驶仪的设备。系统应能在任何功能方式中真正可靠地实现断开。不是驾驶员引起的系统断开，应能按订货方提出的办法给出指示。在系统停止工作后，自动驾驶仪伺服系统应能以适当速度确实地回中，回中速度应以合适的过渡过程为依据。

(3)自动飞行控制系统的性能指标一般是相对于传感器指示值规定的。在许多情况下，传感器的精度又是考虑人工操纵精度作为依据规定的。因而，在不是相对于飞行控制系统传感器基准来规定性能指标的情况，必须把传感器误差包括在内一齐考虑。

(4)在自动驾驶仪工作中，允许座舱内驾驶装置有所反应，它可以伴随自动驾驶仪工作状态产生随机的虚假运动。对于增稳(或控制增稳，或电传操纵)系统这种运动是不允许的。

(5)应有使控制系统配平误差自动减小到接近于零的装置，称为自动配平。它的工作速率对飞机运动过渡过程应没有明显影响。它的作用不仅使自动驾驶仪伺服器的权限得到充分应用，而且能有效地减轻驾驶员的工作负担。在自动驾驶仪接通后，人工配平动力装置不工作。这样的安排，使得自动驾驶仪故障和断开后，对人工配平的影响减少到最小。自动配平为串联配平结构时，应给出驾驶杆位置剩余操纵行程量的指示。

(6)为保证驾驶员完全的机动能力，在满足某些要求的情况下，允许自动飞行控制系统转入人工操纵和自动断开。当飞行控制系统接通时，驾驶员依靠驾驶杆(盘)将输入指令引入系统中。有三种形式的驾驶杆(盘)操纵："助力操纵"型操纵是在机动飞行中自动飞行控制系统不提供稳定作用，只提供功率放大作用；"控制基准"型操纵是在机动飞行中，自动飞行控制系统仍保持接通状态，并提供已选定的任何稳定作用。控制参数一般为姿态，但也可能是 $\dot{H},\theta,\dot{\psi}$ 或马赫数等变量。这些参数随驾驶杆(盘)上的作用力而变动；"断开"型操纵系统仅在驾驶员操纵机动飞行过程中暂时断开自动飞行控制系统，并在完成机动飞行后自动再接入。可以应用力开关实现断开和再接入的逻辑控制。

12.1.3 自动引导功能

自动引导工作范畴应包括按照飞行控制系统以外的引导系统所产生的导航信号实施航迹自动控制。当前，它应包括如下几种控制功能。

(1)自动导航：伏尔(VOR)捕获和跟踪，塔康(TACAN)捕获和跟踪；

(2)低空自动仪表进场：航向信标工作状态，下滑信标工作状态，复飞工作状态；

(3)全天候着陆；

(4)自动地形跟踪。

自动导航功能属于飞行航迹控制。对飞行控制系统要求的项目中，不仅包含飞行品质和协助驾驶员操纵飞机的功能，这些仅仅涉及包括驾驶员在内的飞机本身。然而，飞行航迹不仅与单独飞机飞行任务和目标有关，而且还与飞行环境有关。这个飞行环境包括空间内的其他飞机，监控该空间的地面控制站，还与惯性空间和地面位置有关。

在自动引导时，在完整的引导回路里自动飞行控制系统与飞机的组合是这回路里的一个部件。这个部件所要满足的要求取决于引导回路、引导方法和所采用的特殊功能的计算机的性能要求。除去在适用的系统规范中规定的特殊性能指标外，还应满足下列一般性要求：

1)引导控制装置能精确地调整相对于引导信号接入瞬间的现有配平姿态的俯仰和倾斜指令要求：

对于近似为二阶的俯仰运动的短周期振型的阻尼比和特征频率限制在一定数值范围内。由静增益表征的升降舵偏转与俯仰姿态误差之比应限制在某一数据范围之内。

对于横向控制的倾斜指令的近似二阶传递函数的特征频率和阻尼比也应限制在某一数值范围内。飞机应以协调转弯的方法进行横向机动，不协调侧滑角不应超过某一规定范围。在着陆阶段为了减小侧风对接地横向偏离的影响，不应把飞机纵轴限制在航向基准上。

2)在自动引导功能中，应该通过推力控制系统实现空速自动保持功能，当遇到阵风扰动时，应能很快将空速误差减小到规定范围内。当地速保持作为一项要求时，应将地速雷达信号引入俯仰和滚转控制中。

3)对于自动引导系统的外部导航信号耦合装置的交联，以及飞行控制系统-飞机组合体要求的数据，应该与整个引导回路的性能相互协调一致。

除去以上所述要求，对于指令信号的限制、噪声相容性、间隙和死区以及数据传输接口都应有某些限制和要求。

12.1.4 飞行/火力和飞行/推力综合控制

12.1.4.1 飞行/火力综合控制系统的功能

飞行/火力综合控制(IFFC)大大提高了飞机的作战能力，研究结果表明，空-空命中率提高两倍，首次攻击时间缩短一半，射击机会提高三倍，机翼非水平机动投弹命中精度提高一倍，在地面高炮攻击下的生存能力提高四倍。

火力控制系统的工作范畴很广，按武器类别和攻击目标分类有许多种。控制任务包括突防、接敌跟踪、瞄准、武器投放（或攻击）和退出等，这不仅是一个控制问题，它涉及多种学科和专业。在过去，飞行控制与火力控制基本上是独立完成的，驾驶员和飞行控制系统以保持飞行航迹，武器操纵者通过火力控制系统完成作战任务。对于具有飞行/火力综合控制系统和采用主动控制技术的战斗机，依据解耦能力强的飞行控制系统和火力控制系统给出的控制信号，快速解算和精确控制飞机跟踪目标，并自动攻击目标。

具有近似二阶特性的飞机俯仰和倾斜回路与按目标与飞机的几何关系建立的瞄准方程在前向通路中串联，将目标高低角或方位角及其积分作为外回路反馈于飞行控制系统的控制器，构成串联嵌套反馈控制系统。采用隐式模型跟踪控制方法，合理地选择控制结构和参数，便可获得具有鲁棒性的近似二阶的飞行/火力综合控制闭环系统。

12.1.4.2　飞行/推力综合控制系统的功能

飞行/推力综合控制（IFPC）技术是在利用主动控制技术提高飞机性能的基础上发展起来的。IFPC 技术主要包含飞行控制系统与推进系统的综合控制，推进系统又包含油门杆控制和发动机进气道控制等。长久以来，有人驾驶飞机的飞行控制系统和推进控制系统是彼此独立的，二者在有必要时靠驾驶员人工协调控制。由于近代具有推力矢量的飞机和反推特性的发动机的出现，推力与气动力的耦合作用增强，在发动机-进气道和飞机机身之间严重的耦合作用下，系统容易产生发散的横向振荡、不稳定荷兰滚和长周期振荡，甚至于出现发动机熄火现象。因此，很有必要综合考虑飞行控制和推进控制，以抑制耦合作用对飞机稳定性、操纵性的影响。IFPC 技术不仅能大大提高飞机的作战能力，而且，还可减轻驾驶员的工作负担，对于具有低空突防能力的作战飞机来说更是至关重要的。

具有主动控制技术各种功能的飞行控制系统与包括油门杆控制、进气道控制和尾喷管控制在内的推力控制系统并联，分别控制飞机的有关操纵面、油门及其他装置的作动器，使飞机力矩和力的作用融为一体、协调动作，以达到最好的性能。然而，一切动作都是由操纵指令或者飞行管理轨迹优化指令的发生器给出控制信号，经各控制器计算出跟踪期望轨迹所需要的各种控制子系统的控制量和控制选择器按一定控制逻辑构成的指令执行的。

对于并联结构的飞行/推力综合控制系统，可按叠加原理把综合系统的若干子系统，按模块分别设计各子系统反馈回路的控制律。譬如，按模型跟踪控制方法设计飞行控制系统和油门杆控制系统，最后，按照具体的设计任务进行综合设计和试验。

随着多功能的主动控制技术和多受控参数的推力控制技术的发展，复杂的飞行/推力综合控制系统将使飞机的总体性能大大提高，新一代的飞机将会逐步推广采用。

12.2　飞行品质规范中的某些重要指标

本节主要参考[MIL-F-8785C]给出的有关飞行控制系统设计中涉及飞行品质方面的某些重要指标，作为增稳、控制增稳和电传操纵等系统的设计依据。指导性地给出与飞机自身特性相一致的飞机-飞行控制系统组合体的稳定性、操纵性和机动性指标，并示范性地讨论这些指标在飞行控制系统设计和试验中的意义。

12.2.1　纵向飞行品质要求

纵向飞行品质要求主要包括三个方面的内容。

（1）短周期运动特性：主要包括短周期振荡特征频率、阻尼和反应特性。

（2）速度稳定性：主要包括纵向静稳定性，沉浮运动稳定性和飞行航迹稳定性。

(3)飞机纵向操纵方面的要求。

12.2.1.1 短周期反应特性

短周期反应特性是指飞行速度近似不变时驾驶员突然的俯仰操纵产生的俯仰速率ω_z和飞行迎角α的短周期反应特性。表征短周期特性的CAP($\omega_{ns}^2/(n_y/\alpha)$),$\zeta_s$,$\tau_\theta$的有效性已在大多数高增稳系统的常规响应中得到验证。因此,通常采用它们作为性能指标参数。

按等效系统方法得到飞机-飞行控制系统组合体的纵向等效传递函数为

$$\frac{\dot{\vartheta}(s)}{F_z(s)}=\frac{K_\theta(T_{\theta1}s+1)(T_{\theta2}s+1)e^{-\tau_\theta s}}{(s^2+2\zeta_s\omega_{ns}s+\omega_{ns}^2)(s^2+2\zeta_p\omega_{np}s+\omega_{np}^2)} \tag{12-1}$$

其中短周期模态特性是重要的纵向飞行品质参数,主要表现为初始阶段的阶跃响应特性,不仅取决于传递函数极点,即短周期振荡特征频率ω_{ns}和阻尼比ζ_s,而且还取决于分子中的时间常数$T_{\theta2}$。等效于高频环节迟后特性的纯时延环节的时间常数τ_θ是在$0.1\sim10$ rad/s频率范围拟配得到的。短周期评价等级参数范围如图12-1所示,某文献给出了"好""可以接受"和"差"三个区域,是评价纵向短周期响应特性的等级范围。驾驶员经验证明,若在ω_{ns}过高的2区域,飞机操纵和阵风扰动响应快速变化,驾驶员感到飞机太灵敏,短周期振荡周期不能远大于人体肌肉系统的时间常数,因此,存在着进一步引起驾驶员诱发振荡(PIO)的危险;相反,若ω_{ns}过低(见图12-1中区域4),驾驶员又会觉得飞机响应过于迟钝;若阻尼过大(见图12-1中3区域),驾驶员操纵的初始响应太小,往往容易引起过操纵现象;若阻尼过小(见图12-1中5区域),除阵风响应太激烈外,驾驶员难以稳定飞机且容易产生诱发振荡(PIO)。

有多种短周期响应特性评价标准,在飞机及其控制器的设计中,可以采用这些准则中的全部。由[MIL-F-8785C]给出的CAP或$\omega_{ns}^2/(n_y/\alpha)$,$\zeta_s$和$\tau_\theta$参数标准不仅适用于一般飞机本体,而且,已经验证了它对大多数高增稳飞机也是有效的。

单独的短周期特征频率不是评价飞机升降舵操纵响应的完整尺度。对图12-1的分析可知,足够大的短周期特征频率ω_{ns},使飞机操纵响应过分灵敏,然而在$n_y/\alpha|_{t\to\infty}$足够大时,大的ω_{ns}是允许的。因为,由迎角变化$\Delta\alpha$引起相应法向过载因数的变化Δn_y,当$\Delta\alpha$愈小时,航迹角θ与俯仰角ϑ变化就愈准确一致,通过预测ϑ代替θ去控制θ也就愈容易。因此,载荷系数n_y与必需的迎角α之比成为航迹角控制的前提条件,足够大的n_y/α使θ的控制愈准确,从而可以放宽飞机操纵的灵敏度要求,允许短周期特征频率ω_{ns}适当地增大。[MIL-F-8785C]以及它之前几个版本的飞行品质规范对短周期特征频率的要求,具有如图12-2所示ω_{ns}与n_y/α的限制关系。

在第二篇中给出了描述驾驶员操纵期望参数CAP的表达式,即

$$\mathrm{CAP}=\frac{(\ddot{\vartheta}/\delta_z)_{t=0}}{(n_y/\delta_z)_{t\to\infty}}=\frac{\omega_{ns}^2}{n_y/\alpha} \tag{12-2}$$

该式说明,参数$\omega_{ns}^2/(n_y/\alpha)$代表着升降舵阶跃输入所产生的初始俯仰角加速度和稳态法向过载的比值。实际飞行中为了精确操纵飞机航迹,驾驶员要求飞机的反应是,操纵的初始反应要快,最终的稳态值也要合适。驾驶员根据飞机的最初姿态响应推测飞行航迹的最终情况,而最好的初始响应是驾驶员所感受的俯仰角加速度。

另外,由

$$\mathrm{CAP}=\frac{\omega_{ns}^2}{n_y/\alpha}=\frac{(\Delta\ddot{\vartheta}/\Delta F_z)}{(\Delta n_y/\Delta F_z)_{t\to\infty}}=M_P\frac{F_z}{n_y} \tag{12-3}$$

可见,参数$\omega_{ns}^2/(n_y/\alpha)$等于杆力梯度$F_z/n_y$与杆力灵敏度$M_P$的乘积。其中杆力灵敏度$M_P$为单位杆力所产生的俯仰角加速度。因此,CAP还反映着与驾驶员操纵感觉有直接关系的两个概念:机动杆力和杆力灵敏度的大小。如果CAP值较小,则必须减小杆力梯度以保持满意的杆力灵敏度,或者减小杆力灵敏度以保证满意的杆力梯度。实践表明,CAP值过小,在飞行试验和模拟中,驾驶员无论怎样改变操纵系统传动比,都

不能得到满意的操纵特性。例如，改变操纵增益以保持满意的机动杆力，结果会使杆力灵敏度太低，初始反应不足；反之，如果按满意的杆力灵敏度选择操纵增益，结果又会使机动力太轻。无论哪种情况，都是驾驶员不能接受的。同样，CAP 值过大，则杆力梯度和灵敏度之间同样很难取得满意的折中值。因此，CAP 值应该控制在一定数值范围内。

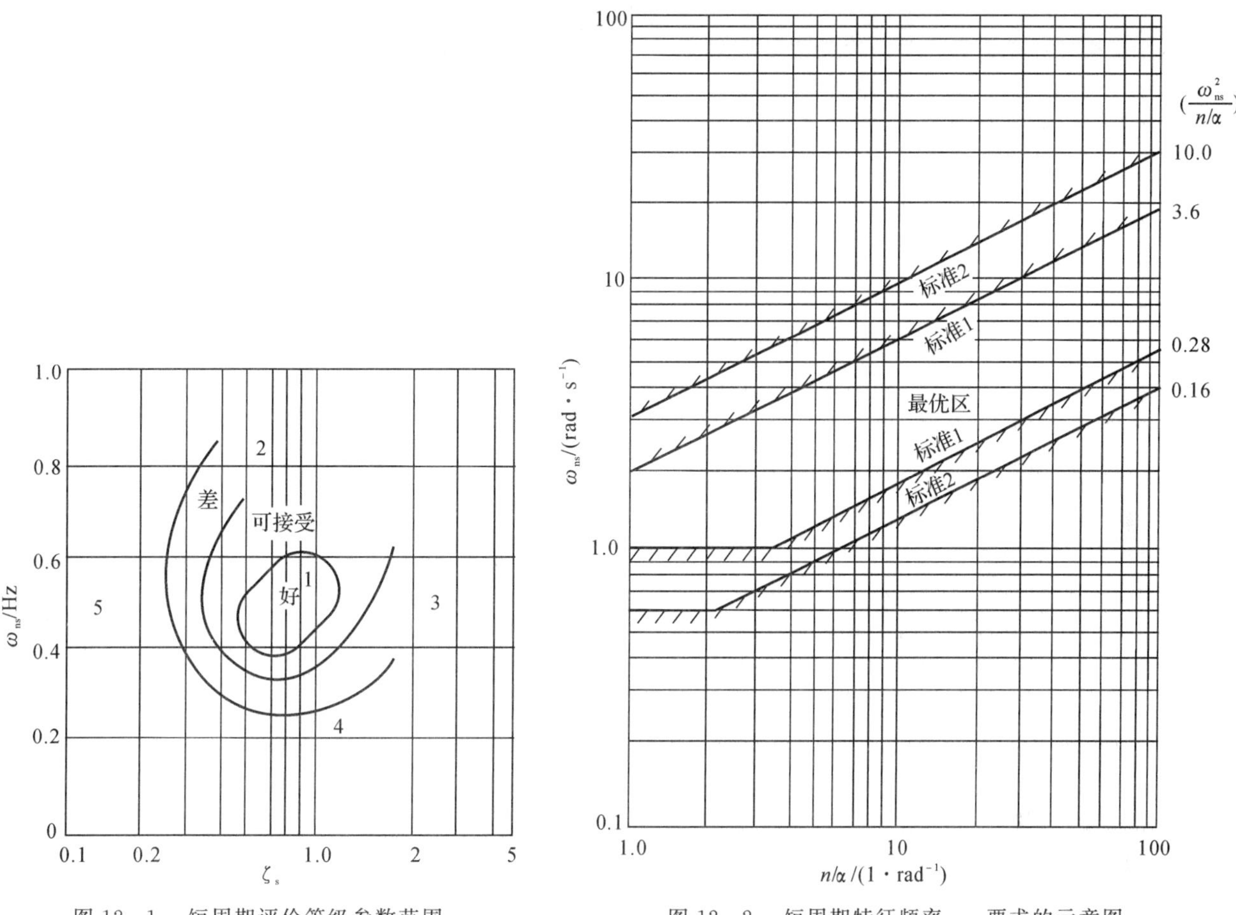

图 12-1　短周期评价等级参数范围

图 12-2　短周期特征频率 ω_{ns} 要求的示意图

在 $y^{\delta_z}\approx 0$ 的情况下

$$\left.\frac{\Delta n_y}{\Delta\alpha}\right|_{t\to\infty}=\frac{n_y/\delta_z}{\alpha/\delta_z}=\frac{v_0}{g}y^{\alpha}=\frac{v_0}{g}\frac{1}{T_{\theta2}} \tag{12-4}$$

和

$$\mathrm{CAP}=\frac{\ddot{\vartheta}/\delta_z\ |_{t=0}}{n_y/\delta_z\ |_{t\to\infty}}=-\frac{g}{v_0}\frac{\mu_z^{\alpha}+\mu_z^{\omega_z}y^{\alpha}}{y^{\alpha}}=\frac{g}{v_0}\omega_{ns}^2T_{\theta2} \tag{12-5}$$

可见，n_y/α 的稳态值与式(12-1) 中的分子时间常数 $T_{\theta2}(\approx 1/y^{\alpha})$ 成反比，这个比值不能采用升降舵作为唯一的控制变量的控制器来改变，而只能通过直接力控制来改变。为了满足操纵期望参数 CAP 的要求，通常不易改变值 n_y/α(除非采用直接升力控制的办法) 必须通过升降舵控制器改变 ω_{ns} 值，使得短周期特征频率与飞机特征分子时间常数 $T_{\theta2}$ 相匹配。

在式(12-1) 中的 $e^{-\tau_\theta s}$ 描述了增稳飞机纵向运动特性中包含着等效的纯时延特性。高阶的反馈控制系统不可能从飞机的基本特性中分离出来，又不能忽略掉它们对飞机基本特性的影响。为了在分析飞机运动特性中应用标准的飞机运动特性，一种将高阶系统降阶的方法，即通过等效拟配的方法，将飞机飞行控制系统等效拟配为标准特性和仅考虑高阶模态在某一频率范围内只对标准系统的相位起滞后作用。那么便构成了由式(12-1) 表示的飞机增稳系统的纵向运动特性。

对于飞机纵向运动，当长周期和短周期模态频率相差较大时，可以分解为短周期运动和长周期运动，即

$$\frac{\mu_z^{\delta_z}(s+y^\alpha)\mathrm{e}^{-\tau_\theta s}}{s^2+2\zeta_s\omega_{ns}s+\omega_{ns}^2} \quad 和 \quad \frac{-\mu_z^{\delta_z}/\mu_z^\alpha(s+y^\alpha)}{s^2+2\zeta_p\omega_{np}s+\omega_{np}^2}$$

（短周期）　　　　（长周期）

在适当的各自的频率范围内，二者可以代替三自由度俯仰角速度等效系统式(12-1)。在系统评价中也可用法向过载对升降舵的传递函数实施等效拟配。拟配频率可选择在 0.1 ～ 10 rad/s 范围内。对于放宽静定性($\mu_z^\alpha \approx 0$) 时，长、短周期分离的假定被破坏，考虑到增稳系统的作用，等效拟配的计算或试验，同样可按长、短周期分开进行。

在等效系统拟配过程中一个关键的问题是让 $T_{\theta2}$ 固定还是自由。当允许 $T_{\theta2}$ 是自由时，获得的 $T_{\theta2}$ 可能是很小(或很大) 的值。有不少例子说明，$T_{\theta2}$ 固定和 $T_{\theta2}$ 自由拟配之间存在着所有指标评价参数 ω_{ns}，ζ_s，$T_{\theta2}$ 和 τ_θ 都有本质的区别。大量的拟配实例表明，这种不一致的原因在于飞机 / 增稳系统特性中含有短周期频率范围内的根。

在一般情况下，可以采用俯仰速率和法向过载传递函数同时拟配的方法。其中 n_y 应为瞬时转动中心处的法向过载，以避免转动角加速度的影响。尽管在 y^{δ_z}，y^v，μ_z^v 不为零的情况下，在 n_y/δ_z 的分子中存在两个高频因子，但可以忽略，使 n_y/δ_z 的分子成为一个常数。同时，拟配 ω_z/F_z 和 n_y/F_z 保证了两个频率响应中具有相同的等效特征频率和阻尼比。

可以利用式(12-4) 表征的瞬时转动中心的过载 n_y 和飞行迎角 α 与 $T_{\theta2}$ 的关系，在低频拟配过程中确定固定的 $T_{\theta2}$，或者按升力曲线斜率确定值 $T_{\theta2}$。

在采用姿态和航迹微分量的两种传递函数和固定 $T_{\theta2}$ 值的拟配中，滞后(如在拟配频率范围内的中频段存在杆力信号前置滤波器引起的相位滞后) 的影响，将使这种拟配结果不理想，一种解决问题的方法是采用分子为一阶，分母为二阶的低阶等效系统(LOES) 而不管失配度的大小；另一种解决方法是不强调分子为一阶，分母为二阶，而是随着飞行控制系统的设置而变化，某规范建议避免这种设想。

对于等效系统拟配过程中的失配度定义：

$$S=\sum(\Delta G)^2+K\sum(\Delta\phi)^2=\sum(G_{\mathrm{HOS}}-G_{\mathrm{LOES}})^2+K\sum(\phi_{\mathrm{HOS}}-\phi_{\mathrm{LOES}})^2 \qquad (12-6)$$

式中，G 为幅值(dB)；ϕ 为相位(rad/s)；ΔG 是在 $\omega_1=0.1$ rad/s(或大于 ω_{np}) 和 $\omega_2=10$ rad/s(或大于得到的等效 ω_{ns} 和 $1/T_{\theta2}$) 之间不连续的频率处按频率对数值范围等间隔取值计算。

一种最新版本的规范对等效俯仰时延 τ_θ 的要求，对于杆位移指令(控制) 系统的 $\vartheta(s)/\delta_z(s)$ 和对于杆力指令(控制) 系统的 $\vartheta(s)/F_z(s)$ 具有相同的值，且一级要求的允许值为 0.1 s。同时，该规范以指导性为目的，给出增稳飞机在机动飞行阶段的等效频率和阻尼比的一级要求

$$0.37 \leqslant \omega_{ns}^2/(n/\alpha) \leqslant 3.6, \quad \zeta_s \geqslant 0.5$$

12.2.1.2　按速度的纵向稳定性

当飞机在配平状态受到扰动时，无论驾驶杆处于固定或松弛状态，只要飞机具有按速度的纵向静稳定性，一般会产生一个稳定的二阶长周期振荡。在某些临界飞行情况下，这一稳定的二阶长周期会变化为二阶长周期发散(阻尼系数 ζ_p 小于零) 或一阶非周期发散(对应 $\omega_{np}^2<0$)。按速度的纵向稳定性就是用一阶非周期发散定义的。

规范对按速度的纵向稳定性要求是，当飞机在配平状态受扰动时，对于 1 级和 2 级，飞机的飞行速度无非周期发散趋势；对于 3 级其倍幅时间不小于 6 s。这些要求适用于座舱操纵固定和松浮。

12.2.1.3　长周期俯仰响应稳定性

按三自由度等效拟配的纵向俯仰角传递函数定义的等效长周期阻尼比要求是，周期大于或等于 15 s 的任何振荡阻尼比的推荐值，对于 1 级要求至少为 0.4；对于 2 级要求至少为 0；对于 3 级要求是倍幅时间至少

为 55 s，即允许稍微有点不稳定。这些要求可适用于座舱操纵固定和松浮两种情况。长周期模态主要包含在俯仰角和速度响应中。

12.2.1.4　飞行轨迹稳定性

飞行轨迹稳定性是按飞行轨迹角随空速的变化定义的，表示为航迹倾角 θ 对空速 v 变化的曲线斜率。当驾驶员不改变油门杆位置，只改变升降舵来保持轨迹倾斜角时，飞机是否具有速度稳定的特性。在着陆进场飞行阶段，轨迹倾斜角对空速变化的曲线在最小使用速度 $v_{0\min}$ 处的局部斜率 $\frac{d\theta}{dv}$ 应为负值或小于下列正数值：

等级 1　　$0.032°/(km \cdot h^{-1})$；

等级 2　　$0.080°/(km \cdot h^{-1})$；

等级 3　　$0.128°/(km \cdot h^{-1})$。

推力状态应是以最小使用速度 $v_{0\min}$ 正常进场下滑轨迹所要求的状态。飞行轨迹对空速的变化曲线在比 $v_{0\min}$ 小 9.4 km/h 处的斜率不应在正方向比 $v_{0\min}$ 处的斜率大 $0.026\,7°/(km \cdot h^{-1})$，航迹角对空速的变化曲线如图 12－3 所示。

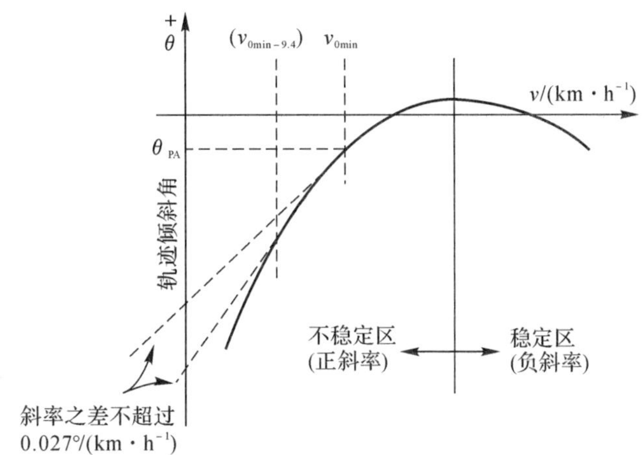

图 12－3　航迹角对空速的变化曲线

12.2.1.5　剩余振荡

剩余振荡是由操纵系统和飞行控制系统的结构中存在着非线性环节(如间隙、死区)等因素引起的。它应不影响驾驶员完成各项飞行任务为限度。随着操纵系统、控制器伺服系统的复杂化，非线性因素的不断增加，逐渐暴露出该问题的严重性。足够大幅值的剩余振荡，已限制了飞行控制系统各种功能的实现和难以获得良好的响应特性。实践证明，这是飞行控制系统试验研究中存在的最突出的问题，使系统设计不得不把开环增益降低，从而大大地减小了飞行控制系统的抗干扰能力和鲁棒性，以及得不到良好的指令响应特性。飞行控制系统的非线性闭环振荡分析详见本篇第 13 章。

规范对剩余振荡的要求包括，在平静大气飞行中，任何持续的剩余振荡不应妨碍驾驶员完成实际任务的能力。在任何飞行阶段，对于 1 级和 2 级要求是驾驶员座舱处的法向加速度振荡大于 $\pm 0.05g$ 就被认为是过度的。对于正常飞行阶段的精确姿态控制，俯仰姿态振荡大于 $\pm 0.172°$ 同样被认为是过度的。

12.2.1.6　等速飞行中的操纵感觉和稳定性

机动飞行时驾驶员的操纵感觉必须符合生理习惯。为了增加法向过载，后拉驾驶杆和升降舵向着使飞机抬头的方向偏转；相反，为了减小法向过载应该前推驾驶杆，升降舵向着飞机低头的方向偏转。

1)对于机动飞行中的操纵力的要求是,定常转弯、拉起和推杆时,俯仰操纵力在等速情况下稳态法向加速度的变化在要求的不同机种的限制范围内应该没有讨厌的非线性。

2)对于机动飞行中的操纵位移的要求是,对于各种形式的俯仰操纵机构,机动飞行时每单位俯仰操纵偏转和操纵力平均梯度,随操纵形式的不同有不同的要求,人工增稳系统应该满足这个要求。

12.2.1.7 纵向驾驶员诱发振荡

驾驶员诱发振荡是指:当操纵系统的机械特性、动力学特性和飞机或飞行控制系统-飞机组合体的动力学特性配合不当时,由于驾驶员操纵而引起的人-机闭环系统持久的和不可控制的强迫振荡。"驾驶员诱发振荡"通常由英文缩写"PIO"表示。

引起纵向驾驶员诱发振荡的因素很多,已经知道的有飞机短周期动力学特性、操纵系统的动力学特性、杆力梯度、杆位移梯度、操纵系统的摩擦和空行程等。尽管飞行控制系统设计的技术状况对驾驶员诱发振荡的影响因素尚不明确,上述这些因素在飞行控制系统设计中必须考虑。同时,飞行控制系统中的高频环节带来的等效操纵时延,势必对人-机闭环系统的稳定性造成影响,在飞行控制系统的设计和试验中,必须认真考虑和应小心谨慎。对于飞机和飞行控制系统的设计和试验者来说必须非常重视这个至关重要的问题。

根据国外的研究结果可知,产生纵向驾驶员诱发振荡时,表现的特点是,在作精确操纵以保持预定的飞行轨迹,或者作快速的精确机动,如跟踪、瞄准等动作时,驾驶员感到杆轻、杆位移相位超前杆力,操纵感觉异常。飞机持续振荡时,它的频率高于飞机短周期特征频率,阻尼比小于飞机短周期振荡阻尼比,甚至振幅剧增,致使驾驶员难以控制。

规范对于纵向驾驶员诱发振荡的要求是,不应有驾驶员诱发振荡的趋势。飞机本体加控制系统的俯仰姿态反应动力学特性不应随俯仰运动的幅值、俯仰速率或法向加速度急剧地变化。具体飞机运动幅值和频率应都满足机动飞行中的动态操纵力和操纵感觉的要求。这些要求如下:

1)驾驶员处法向加速度对俯仰操纵力的频率反应应是这样,即当频率大于 1.0 rad/s 时,其幅值的倒数大于下列数值:杆式操纵 1.3 kg/g,盘式操纵 2.6 kg/g。

2)操纵感觉:在驾驶员操纵输入的整个频率范围内,驾驶员的操纵偏转不应超前于操纵力。此外,在急剧机动时,所形成的俯仰操纵力峰值不应不适宜的轻,且在进入机动飞行时,操纵力的增加应超前于法向加速度的增加。

在飞机纵向运动飞行品质方面的要求中,还有一些内容,本书在此不作赘述。

12.2.2 滚转轴飞行品质要求

通常,对杆(盘)力输入经典的三自由度滚转响应,并考虑到一个时间迟后环节作为等效的横向-航向运动特性。对于滚转和侧滑角等效传递函数分别为

$$\frac{\gamma(s)}{F_x(s)}=\frac{K_\gamma(s^2+2\zeta_\phi\omega_\phi s+\omega_\phi^2)\mathrm{e}^{-\tau_{ep}s}}{(s+1/T_S)(s+1/T_R)(s^2+2\zeta_d\omega_{nd}s+\omega_{nd}^2)} \tag{12-7}$$

$$\frac{\beta(s)}{F_x(s)}=\frac{(b_3s^3+b_2s^2+b_1s+b_0)\mathrm{e}^{-\tau_{ep}s}}{(s+1/T_S)(s+1/T_R)(s^2+2\zeta_d\omega_{nd}s+\omega_{nd}^2)} \tag{12-8}$$

12.2.2.1 模态特性

(一) 滚转模态

[MIL-F-8785C]对于等效滚转时间常数 T_R 的要求,随飞机类别和飞行阶段的不同而规定。对于小型或者高机动性飞机来说,在非进场域的机动、跟踪和飞行轨迹精确控制飞行阶段,1 级要求为 1.0 s,2 级要求为 1.4 s,3 级要求为 10 s。

大量的数据表明:驾驶员评分是滚转阻尼的函数,滚转阻尼通常以跟踪阶跃滚转指令输入的滚转速率响

应的一阶滚转模态时间常数 T_R 来表示。因此,规范直接按 T_R 来评价滚转响应的好坏。

由式(5-75),即由滚转模态特征值 $\lambda_R(\approx-\frac{1}{T_R})$ 的近似表达式可知,$\frac{1}{T_R}$ 不仅与单自由度滚转阻尼导数 $\mu_{xs}^{\omega_x}$ 有关,同时在一定程度上与式(5-75)和式(5-77)表示的飞机横侧向运动耦合参数

$$-\frac{\mu_{xs}^{\beta}}{\mu_{ys}^{\beta}}(g\cos\theta_0/v_0+\mu_{ys}^{\omega_x})$$

也存在相反的影响。在 $\mu_{xs}^{\beta}/\mu_{ys}^{\beta}$ 过大情况下(如大迎角飞行时),低的飞行速度将增大滚转时间常数 T_R。飞行速度的提高可使横滚运动接近单自由度系统所描述的情况。对滚转运动影响的次要因素是操纵系统的动态特性和操纵力梯度。

具有高增益的滚转控制增稳系统可以使飞机具有较小的 T_R,高的开环增益使滚转操纵出现过分的操纵灵敏度和棘轮状滚转。棘轮状滚转使驾驶员评分降低。该现象的运动特点是以频率为 2 ~ 3 Hz 之间的极限环振荡。出现这种棘轮状运动的主要因素是在较高频率处存在过大的控制增益。对棘轮滚转可能的相关解释其本质是生理上的。人的手 / 手臂及操纵装置组成的质量块受到了突然的侧向加速度的作用,和平衡钟摆一样反馈到飞行控制系统中和引起飞机运动。该现象与纵向驾驶员诱发振荡相似。

解决这种棘轮滚转的措施是:① 减少小输入即中立滚转指令附近的杆力梯度;② 增加一个驾驶杆非线性低频前置滤波器;③ 避免增稳飞机过大的 $1/T_R$ 值。

(二) 螺旋模态

螺旋模态稳定性要求的主要目的是在保证飞机在飞行员不注意期间其倾斜角不会从机翼水平位置发散得过快。按最小倍幅时间 $t_2=(\ln 2)/(-\lambda_s)$ 给出螺旋稳定性标准。

(三) 滚转 - 螺旋耦合振荡

从完整的横向和航向传递函数来看,通常在分母中存在两个实一阶极点,一旦变成一对共轭复极点时,便构成了一个二阶的滚转-螺旋振荡模态。[MIL-F-8785C] 给出了滚转-螺旋阻尼系数 $\zeta_{RS}\omega_{RS}$ 的要求。A 种飞行阶段 $\zeta_{RS}\geqslant 1$,B 种飞行阶段的 1 级要求为 $\zeta_{RS}\omega_{RS}\geqslant 0.5$。

由式(7-56)、式(7-57)分别给出了由稳定轴系和机体轴系运动参数表示的滚转-螺旋模态的耦合条件。对于现代大细长比,大后掠机翼的飞机,在高空大迎角、大马赫数飞行中,m_x^{β} 的负值增大和 m_y^{β} 的负值显著减小,以及滚转阻尼导数 $m_x^{\omega_x}$ 的负值减小,使得滚转-螺旋耦合条件容易满足。具有横侧向两个通道的增稳或控制增稳系统的飞机,等效的 $m_x^{\omega_x}$ 和 m_y^{β} 的负值增大可有效地减小这种耦合振荡的产生概率。

12.2.2.2　滚转运动中的荷兰滚振荡

在第二篇第 7.3.4 节中详细地分析了滚转操纵响应特性中荷兰滚振荡分量的影响和对滚转操纵反应特性的规范要求。在此,重复叙述某些分析结论:

1) 从式(12-7)可以看出,当 $\omega_\phi=\omega_{nd}$,$\zeta_\phi=\zeta_d$ 时,滚转角 γ 或滚转速率 ω_x 对横向杆力 F_x 的传递函数分子、分母中的一对二阶零极点偶相抵消,因此,滚转杆力操纵根本不会激起荷兰滚模态。

2) 由式(7-164)可知

$$\frac{\omega_\phi^2}{\omega_{nd}^2}\approx 1-\frac{\mu_{xs}^{\beta}}{\mu_{ys}^{\beta}}\frac{\mu_{ys}^{\delta_x}}{\mu_{xs}^{\delta_x}} \tag{12-9}$$

使得大上反效应的飞机在小迎角和小马赫数飞行中,负值的 μ_{xs}^{β},μ_{ys}^{β},$\mu_{xs}^{\delta_x}$ 和正值的 $\mu_{ys}^{\delta_x}$,使

$$\frac{\omega_\phi^2}{\omega_{nd}^2}>1 \tag{12-10}$$

且随 $\mu_{xs}^{\beta}/\mu_{ys}^{\beta}$ 和 $-\mu_{ys}^{\delta_x}/\mu_{xs}^{\delta_x}$ 值的增大而增加,不仅使滚转响应中出现较大的荷兰滚振荡分量,而且使人-机闭环

阻尼降低。尤其当 ζ_d 很小时，出现人-机闭环不稳定的 PIO 现象。

3）在大迎角、大马赫数飞行时，负值的 μ_{xs}^{β}，μ_{ys}^{β}，$\mu_{xs}^{\delta_x}$ 使

$$\frac{\omega_{\phi}^2}{\omega_{\mathrm{nd}}^2} < 1 \tag{12-11}$$

且随 $\mu_{xs}^{\beta}/\mu_{ys}^{\beta}$ 和 $\mu_{ys}^{\delta_x}/\mu_{xs}^{\delta_x}$ 值的增大而减小，不仅也使滚转响应中出现较大的荷兰滚分量，但滚转响应的稳态值被降低。然而，人-机闭环阻尼增加了。

4）在滚转增稳系统中引入副翼-方向舵交联可等效地使

$$\mu_{ys}^{\delta_x} = 0 \tag{12-12}$$

那么，由式(7-165)可知，不仅使得

$$\frac{\omega_{\phi}^2}{\omega_{\mathrm{nd}}^2} = 1 \tag{12-13}$$

而且使得

$$2\zeta_{\varphi}\omega_{\varphi} = -(z^{\beta} + \mu_{ys}^{\omega_y}) \tag{12-14}$$

比较式(7-36)，当组合参数

$$\frac{\mu_{xs}^{\beta}}{\mu_{ys}^{\beta} - \mu_{xs}^{\omega_x}(\mu_{xs}^{\omega_x} - z^{\beta} - \mu_{ys}^{\omega_y})}(g/v_0 + \mu_{ys}^{\omega_x})$$

的绝对值不大时，便可使得 $\zeta_{\phi} \approx \zeta_d$。这样一来，在滚转杆力操纵响应中便不存在荷兰滚振荡分量了。

在滚转操纵反应特性规范要求的分析中，[MIL-F-8785C]对滚转速率振荡、倾斜角振荡以及侧滑角幅值给出了限制。而且将参数 $p_{振荡}/p_{平均}$ 和 ψ_{β} 规定为不同飞行阶段划分等级的评定标准，并且利用滚转与侧滑角的超前角 $\angle p/\beta$ 作为 ψ_{β} 角作用的函数

采用余弦时间函数表示的滚转操纵侧滑角响应中荷兰滚振荡分量为

$$\frac{\beta_d}{F_x}(t) = C_d \mathrm{e}^{-\zeta_d\omega_{\mathrm{nd}}t}\cos(\omega_{\mathrm{nd}}\sqrt{1-\zeta_d^2}\,t + \psi_{\beta}) \tag{12-15}$$

式中，ψ_{β} 负值表示迟后，可由式(7-217)或式(7-218)表示。规范设计者依据 $\mu_{ys}^{\omega_x}$，$\mu_{ys}^{\delta_x}$ 不同极性的配合，抽象出参数 ψ_{β} 在 $0 \sim -2\pi$ 范围内的四个区段。

由式(7-221)表示的 $\angle p/\beta$ 的表达式可知，在通常 $\mu_{xs}^{\omega_x}\mu_{ys}^{\beta} > 0$ 和 $\mu_{xs}^{\omega_y}(z^{\beta} - \mu_{xs}^{\omega_x}) < 0$ 的情况下，$\mu_{xs}^{\beta} < 0$ 时，$\angle p/\beta$ 的角度在 $45° \sim 225°$ 范围内；$\mu_{xs}^{\beta} > 0$ 时，$\angle p/\beta$ 的角度在 225°(经 360°) $\sim$ 45° 范围内。这就是说，规范设计者依据 $\angle p/\beta$ 的角度范围抽象出参数 μ_{xs}^{β} 的正负极性。

规范设计者将 $p_{振荡}/p_{平均}$ 和 $\phi_{振荡}/\phi_{平均}$ 的限制，按 ψ_{β}，$\angle p/\beta$ 的不同搭配也划分为四个限制区，且随飞行阶段和标准等级不同而异。为什么这样划分，其理由至少有三个：

1）驾驶员操纵下闭环稳定性的差异；

2）平均滚转速率(稳态滚转速率)的差异；

3）滚转操纵和方向舵操纵生理习惯的差异。

在第二篇第 7.3.4.2 节将参数 $\angle p/\beta$，ψ_{β} 推导为参数 μ_{xs}^{β}，$\mu_{ys}^{\delta_x}$ 和 $\mu_{ys}^{\omega_x}$ 的函数，因此，利用这些参数的极性或大小相互搭配来划分 $p_{振荡}/p_{平均}$ 和 $\varphi_{振荡}/\varphi_{平均}$ 不同要求的限制范围，就可比较清楚地认识到为什么这样划分，由抽象概念转化为物理概念，主要分析内容已在第二篇中作过详细叙述。在此仅仅列出参数 μ_{xs}^{β}，$\mu_{ys}^{\delta_x}$ 和 $\mu_{ys}^{\omega_x}$ 的极性和大小的搭配与参数 $\angle p/\beta$ 在 $0 \sim 2\pi$ 范围内的两个区段和 ψ_{β} 在 $0 \sim -2\pi$ 范围内的四个区段的对应关系。这里仅仅给出阶跃操纵滚转时的 ψ_{β} 角区段，对于脉冲操纵滚转时，ψ_{β} 角各区段超前 90°。表 12-1 给出了阶跃操纵滚转时，滚转速率振荡限制区段与参数 $\mu_{ys}^{\delta_x}$，$\mu_{ys}^{\omega_x}$ 和 μ_{xs}^{β} 之间的关系；表 12-2 给出了阶跃滚转操纵时，侧滑幅值限制区段与参数 $\mu_{ys}^{\delta_x}$，$\mu_{ys}^{\omega_x}$ 之间的关系。分别对应表 12-1、表 12-2 四个区段 $p_{振荡}/p_{平均}$，$\beta_{\max}/K$ 的限制值可参阅图 7-8 ～ 图 7-10。

表 12-1　$p_{振荡}/p_{平均}$ 限制区与参数 $\mu_{ys}^{\delta_x}$，$\mu_{ys}^{\omega_x}$ 和 μ_{xs}^{β} 之间的关系

各区段参数 / $p_{振}/p_{均}$ 的限制区段	ψ_β，$\mu_{ys}^{\delta_x}$，$\mu_{ys}^{\omega_x}$ 的对应关系			$\angle p/\beta$ 与 μ_{xs}^{β} 的对应关系	
	ψ_β	$\mu_{ys}^{\delta_x}$	$\mu_{ys}^{\omega_x}$	$\angle p/\beta$	μ_{xs}^{β}
1	$0 \sim -\frac{\pi}{2}$	>0	$<-g/v_0$	$45° \sim 225°$	<0
	$-\pi \sim -\frac{3}{2}\pi$	<0	$>-g/v_0$	$225° \sim 45°$	>0
2	$-\frac{\pi}{2} \sim -\pi$	<0	$<-g/v_0$	$45° \sim 225°$	<0
	$-\frac{3}{2}\pi \sim -2\pi$	>0	$>-g/v_0$	$225° \sim 45°$	>0
3	$-\pi \sim -\frac{3}{2}\pi$	<0	$>-g/v_0$	$45° \sim 225°$	<0
	$0 \sim -\frac{\pi}{2}$	>0	$<-g/v_0$	$225° \sim 45°$	>0
4	$-\frac{3}{2}\pi \sim -2\pi$	>0	$>-g/v_0$	$45° \sim 225°$	<0
	$-\frac{\pi}{2} \sim -\pi$	<0	$<-g/v_0$	$225° \sim 45°$	>0

表 12-2　β_{max}/K 限制区分与参数 $\mu_{ys}^{\delta_x}$，$\mu_{ys}^{\omega_x}$ 之间的关系

各区段的参数 / β_{max}/K 限制区段	ψ_β	$\mu_{ys}^{\delta_x}$	$\mu_{ys}^{\omega_x}$
1	$0 \sim -\frac{\pi}{2}$	>0	$<-g/v_0$
2	$-\frac{\pi}{2} \sim -\pi$	<0	$>-g/v_0$
3	$-\pi \sim -\frac{3}{2}\pi$	<0	$>-g/v_0$
4	$-\frac{3}{2}\pi \sim -2\pi$	>0	$>-g/v_0$

由表 12-1 可知，当 $\mu_{ys}^{\delta_x}<0$ 和 $\mu_{xs}^{\beta}<0$ 或者 $\mu_{ys}^{\delta_x}>0$ 和 $\mu_{xs}^{\beta}>0$ 时，由式(12-9)可知 $\omega_\phi^2/\omega_{nd}^2<1$，即传递函数 ω_x/F_x 的零点位置相对于荷兰滚极点来说处于较低的 s 平面位置，因此当驾驶员把倾斜角误差闭合于副翼回路时，荷兰滚振荡阻尼增加，所以，在 $p_{振荡}/p_{平均}$ 的第 3 限制区段，驾驶员对 $p_{振荡}/p_{平均}$ 的容忍程度趋于增加；相反，在 $p_{振荡}/p_{平均}$ 的第 1 限制区段，$\mu_{ys}^{\delta_x}\mu_{xs}^{\beta}<1$，使得 $\omega_\varphi^2/\omega_{nd}^2>1$，即 ω_x/F_x 的零点在荷兰滚极点处于较高 s 平面位置，这将在驾驶员用正比于倾斜角误差的副翼操纵中，闭环阻尼下降，所以在这个限制区段内，驾驶员对 $p_{振荡}/p_{平均}$ 的容忍程度趋于减少。利用人-机闭环稳定性决定 $p_{振荡}/p_{平均}$ 或者 $\phi_{振荡}/\phi_{平均}$ 限制区段的不同限制值是[MIL-F-8785]各种版本规范的特点。但是，当 ζ_d 为大值时，零极点位置的影响就减小了，即相对大的荷兰滚阻尼比来说，ω_ϕ/ω_d 对阻尼变化的影响是很小的。

由表 12-2 可知，对于 $\mu_{ys}^{\delta_x}<0$ 和 $\mu_{ys}^{\omega_x}>-g/v_0$ 对应副翼和滚转都为不利偏航，当驾驶员左压滚转驾驶杆($\delta_x>0$)，引起左侧滑($\beta<0$)，需要蹬左舵($\delta_y<0$)产生右侧滑($\beta>0$)以减小左压杆产生的左侧滑($\beta<0$)，这是驾驶员生理习惯和飞行品质规范要求的协调操纵方法。因此，在这个区段驾驶员可用正常协调操纵方法，将侧滑角峰值减小到最小，驾驶员可以容许单独副翼操纵所产生的不利滚转侧滑角峰值；相反，

当 $\mu_{ys}^{\delta_x}>0$ 和 $\mu_{ys}^{\omega_x}>-g/v_0$ 时，滚转操纵时出现有利滚转侧滑角，驾驶员无法利用习惯的协调操纵方法减小这种有利滚转侧滑角，因此，在这个区段内，对侧滑角峰值要求要严格。这就是侧滑幅值不同限制的理由。

12.2.2.3 滚转时间延滞

为了确保前置滤波器、增稳系统、伺服器等高阶环节组合构成的等效时间延迟作用不致降低滚转操纵中驾驶员的跟踪能力，俯仰轴时延限制也适用于横滚轴。

12.2.2.4 滚转操纵中的驾驶员诱发滚转振荡(PIO)

引起横航向驾驶员诱发振荡的因素有四：其一为耦合的滚转-螺旋模态存在；其二为过大的 ω_ϕ/ω_{nd} 的影响；第三个是与操纵面速率限制有关，当驾驶员试图用大于操纵面速率进行滚转操纵和精确跟踪时，就可能出现超过 180° 的相位滞后，势必引起 PIO 趋向；第四是滚转操纵灵敏度。对于所有的飞机，其操纵灵敏度是影响飞行品质的一个重要因素，过度灵敏会引起驾驶员诱发振荡。

为了防止极易引起滚转 PIO 的过度灵敏度，对滚转操纵梯度必须设置一个绝对而严格的上限。实际上，具有控制增稳系统的飞机，其滚转操纵的 PIO 倾向，取决于非线性杆力形式、杆力信号滤波器时间常数的大小以及滚转控制增稳系统增益的大小。如图 12-4 所示，是一个全权限滚转速率指令增稳系统的示意方块图，这里"指令"和"控制"是等效的。

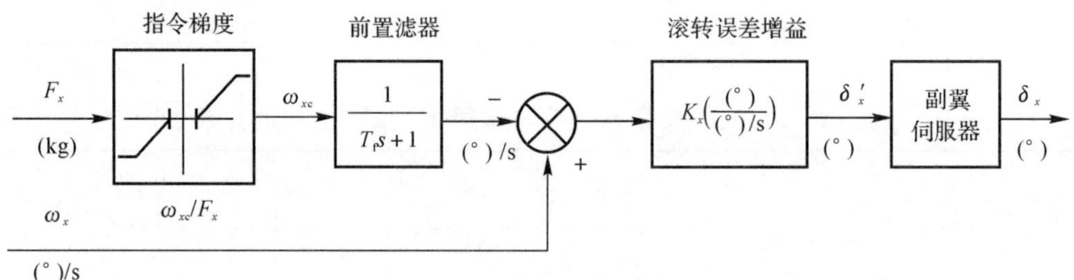

图 12-4 全权限滚转速度指令增稳系统示意方块图

在滚转速率 CAS 中，经过滤波的驾驶员操纵输入直接与滚转速率响应相比较，并行的指令和反馈链可以有效地限制 CAS 的权限，实际上国外多种型号的飞机大致都是这种结构，如 F-16 就是这种高指令增益和全权限相结合的。

对于高滚转权限的飞机，其 CAS 对指令输入响应是快速和急剧的，操纵精度也非常好；在扰动情况下，具有很好的松杆飞行特性。然而，同时又出现了一些明显的问题：对小输入过分灵敏，对大输入需要过大的操纵，出现驾驶员诱发振荡，以及众所周知的棘轮滚转现象。下面将简单地讨论这些问题成因和解决方法。

12.2.2.5 滚转轴操纵灵敏度

在滚转速率指令与杆力之间存在一个关键环节 ω_{xc}/F_x，称为操纵杆力梯度或灵敏度。高增益的高权限系统会出现对小输入的过度灵敏，而大输入时滚转速率不够大问题。一种解决的方法是通过非线性杆力特性 ω_{xc}/F_x 以实现小输入低的 ω_{xc}/F_x 和大输入高的 ω_{xc}/F_x。某规范给出了抛物线形状的滚转操纵杆力特性，如图 12-5 所示。有限的几个 CAS 系统的经验表明，只要系统满足滚转时间常数和滚转效能要求，当滚转角速率稳态值 ω_{xss} 与横向杆力的函数曲线落在图 12-5 中实际达到的范围时，便可得到可以接受的响应特性。图 12-5 反映了指令成型网络与实际达到的最大滚转速率稳态值两个范围。对于小输入来说，可以获得指令的滚转速率；对于大输入来说，由于作动器速率限制和指令不能保持足够长的时间，所以不能达到大指令滚转速率。

F-16 滚转侧杆杆力梯度 ω_{xss}/F_x 如图 12-5 中所示，包括正常使用区域的横滚杆力特性和着陆阶段的横滚杆力特性。在作战使用区域，杆力梯度很大，以提高滚转机动能力；在起飞着陆阶段为提高滚转控制精度，要求杆力梯度要小。指令梯度的非线性要求，是防止杆在中立位置附近出现过分的操纵灵敏度，以导致在精确的跟踪任务中出现驾驶员诱发振荡，而在大杆力时出现欠灵敏性和导致机动性受限制。

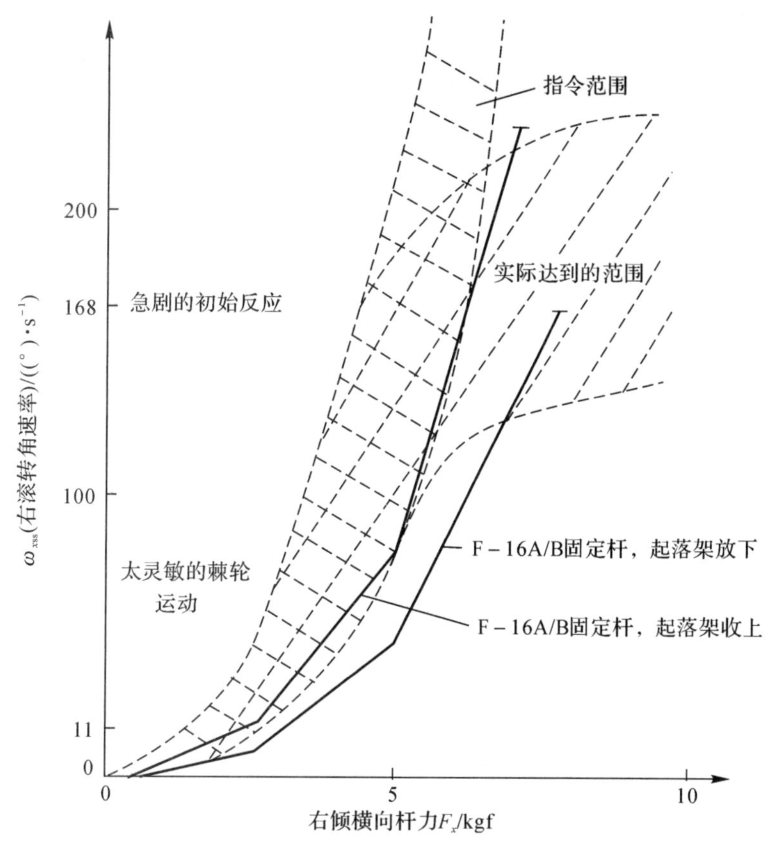

图 12－5　可接受的非线性滚转指令成型网络的范围(高机动性飞机，急剧机动)

12.2.3　偏航轴飞行品质要求

12.2.3.1　荷兰滚模态特性要求

对于高速飞行中的飞机，用一个合适的低阶等效系统，如下式所示：

$$\frac{\beta}{F_y}(s)=\frac{K_\beta \mathrm{e}^{-\tau_{e\beta}s}}{s^2+2\zeta_\mathrm{d}\omega_\mathrm{nd}s+\omega_\mathrm{nd}^2} \tag{12-16}$$

去拟配在方向舵操纵下的侧滑响应就足够了。这是因为在高速飞行中 g/v_0 和 $\mu_{ys}^{\omega_x}$ 随速度的增加而减小，飞机横侧向运动方程具有自然的不变性解耦特性，方向舵操纵的侧滑角响应主要表现为荷兰滚振荡的二阶特性。然而，在低速飞行时，绝对值足够大的 g/v_0，$\mu_{ys}^{\omega_x}$ 和$\dfrac{\mu_{xs}^{\beta}}{\mu_{ys}^{\beta}}$，使横侧向运动的耦合增大，自然的不变性解耦分解横、航向运动，将会存在较大的误差。其中方向舵操纵的侧滑角响应中，不仅包含荷兰滚振荡模态，滚转、螺旋模态分量也足够的大，必须使用更完全的三自由度经典式(12－17)作为拟配的等效系统。

$$\frac{\beta}{F_y}(s)=\frac{A_\beta(s+1/T_{\beta1})(s+1/T_{\beta2})(s+1/T_{\beta3})}{(s+1/T_\mathrm{R})(s+1/T_\mathrm{S})(s^2+2\zeta_\mathrm{d}\omega_\mathrm{nd}s+\omega_\mathrm{nd}^2)}\mathrm{e}^{-\tau_{e\beta}s} \tag{12-17}$$

式中，一个零点非常大，一个低于 $1/T_\mathrm{S}$，另一个接近于 $1/T_\mathrm{R}$。

由于 $\mu_{xs}^{\beta}/\mu_{ys}^{\beta}$ 可近似为文献中常有的 $|\phi/\beta|_\mathrm{d}$，或者可近似于第二篇中的 K_d^{γ}，某文献中提出采用

式(12-17) 拟配的条件是 $|\phi/\beta|_d$ 足够大。然而,这是不全面的,这只是矛盾的一个方面。矛盾的另一个方面在于 g/v_0,$\mu_{ys}^{\omega_x}$ 绝对值较大。如果 $g/v_0 \approx 0$,$\mu_{ys}^{\omega_x} \approx 0$ 时,再大的 $|\phi/\beta|_d$ 也不影响横、航向不变性解耦,仍可采用式(12-16) 实施等效拟配。比值 $|\phi/\beta|_d$ 是滚转和侧滑响应振荡曲线包线幅值的比值。

[MIL-F-8785C]按不同种类飞机、不同飞行阶段给出了三个级别的荷兰滚模态参数 ω_{nd},ζ_d 的推荐值,如机动性强的飞机在正常飞行阶段,要求 ω_{nd} 大于/等于 1,ζ_d 大于/等于 0.19,以及 $\zeta_d\omega_{nd}$ 的最小值为 0.35。

而且,当 $\omega_d^2 |\phi/\beta|_d$ 大于 20 $(rad/s)^2$ 时,$\zeta_d\omega_{nd}$ 最小值应按式(12-18) 增加一个 $\Delta\zeta_d\omega_{nd}$,且

$$\Delta\zeta_d\omega_{nd} = K(\omega_{nd}^2 |\phi/\beta|_d - 20) \tag{12-18}$$

式中,K 对于不同评价级别有不同的值,如 1 级要求时 $K=0.014$。

在荷兰滚振荡阻尼判据中 $\zeta_d\omega_{nd}$ 作为 $\omega_{xd}^2 |\phi/\beta|_d$ 函数要求是针对阵风、紊流和方向舵操纵输入有很大横滚加速度的一些飞机而提出的。$\zeta_d\omega_{nd}$ 的大小表征了荷兰滚振荡的衰减时间。可以推导出单位阶跃阵风 $(\beta_W = \frac{57.3v_z}{v} = 1°)$ 干扰下,飞机滚转角、滚转速率和滚转角加速度的响应函数值,并由式(7-253)、式(7-254) 和式(7-255) 近似表示。

能够证明 $|\phi/\beta|_d$ 的大小与输入形式无关,任何一种输入引起的响应中,$|\phi/\beta|_d$ 值都相等。其近似表达式为

$$|\phi/\beta|_d = -\frac{\mu_{xs}^{\beta}}{\omega_{nd}^2\sqrt{1+\frac{1-2\zeta_d\omega_{nd}T_R}{(\omega_{nd}T_R)^2}}} \tag{12-19}$$

由式(7-255) 可知,为了保证在紊流作用下对于具有高荷兰滚特征频率和高 $|\phi/\beta|_d$ 值的飞机有良好的响应特性,即当 $\omega_{xd}^2 |\phi/\beta|_d$ 较大时,尽管滚转角加速度的幅值较大,但如果具有较大的指数形式的衰减率 $\omega_{nd}\zeta_d$,足够大的角加速度幅值也是允许的。

对于空-空或空-地跟踪任务中,1 级要求荷兰滚振荡阻尼比限制为 $\zeta_d \geqslant 0.4$。

由于驾驶员在正常情况下,不用偏舵操纵实现侧滑角精确跟踪,故对 $\tau_{e\beta}$ 的限制未加规定。

12.2.3.2 机翼水平转弯要求

利用机翼水平转弯完成跟踪和攻击任务,是由直接侧力操纵(DFC) 实现的。当使用 DFC 操纵时,侧滑角应近似为零,倾斜角应近似为零或具有小的常值。这种由零倾斜角改变指向的模式称为"A_y"模式,对于我国采用的坐标系来说,应称为"A_z"模式。

利用机身指向(航向) 或横向飞行轨迹角对 DFC 输入的开环频率响应带宽的大小来评价机翼水平转弯的好坏。由于闭环跟踪响应特性取决于开环系统的带宽,因此,在 DFC 模式中,利用带宽准则来评估闭环跟踪性能和精确操纵航向或航迹角误差最小是能被普通接受的。

带宽(ω_{BW}) 是操纵输入最大频率的限制值,在这个频率范围内,驾驶员不使用任何有利的动态补偿和不危及人-机闭环稳定性的情况下,便可顺利完成闭环跟踪任务。

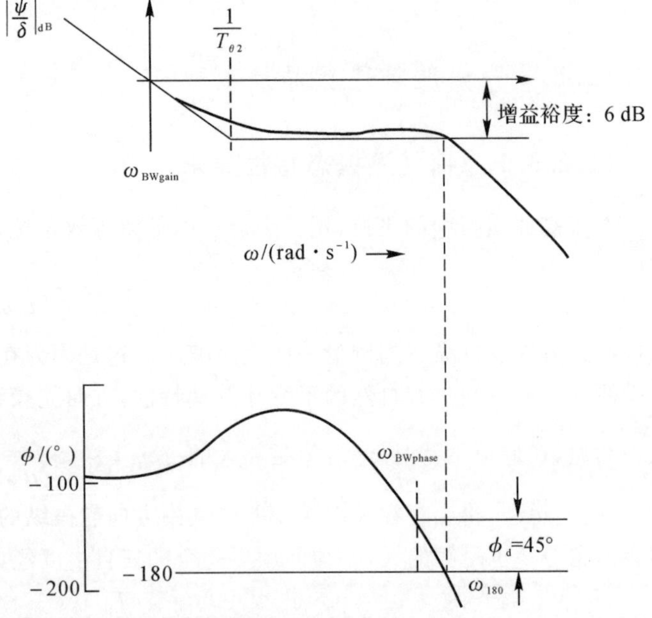

图 12-6 带宽频率的定义(带宽是 $\omega_{BWPhase}$ 和 ω_{BWgain} 中较小者)

由图 12－6 给出了带宽的定义，具体说它是以下两种频率的较低者：相位裕度为 45° 对应的频率 $\omega_{BWPhase}$ 和相频曲线 －180° 处的幅值(dB) 再加 6 dB 与幅频曲线交点处的频率 ω_{BWgain}。如果 $\omega_{BW}=\omega_{BWPhase}$，则该系统称为有限相位裕度；如果 $\omega_{BW}=\omega_{BWgain}$，则该系统称为有限增益裕度，即当驾驶员将其操纵增益增加二倍(6 dB)，人-机闭环系统便达到临界稳定。有限增益裕度系统可使人-机开环系统具有很大的相位裕度 Φ_M。

某规范对机翼水平转弯模态给出了推荐值，如机动飞行阶段的跟踪、空-空射击和空-地攻击的 1 级要求，带宽大于 / 等于 1.25 rad/s；机动飞行和起飞、着陆阶段的轨迹偏离、编队飞行、空中加油和进场飞行中 1 级要求带宽为 0.3 rad/s。

12.2.3.3　滚转机动中的耦合要求

对于现代飞机，滚转和俯仰与偏航运动间的气动及惯性耦合是普遍存在的。所产生的运动本质上可能是猛烈的，从而导致操纵持续失效。俯仰和偏航耦合动力学特性与快速滚转耦合是复杂且是非线性的。一般情况下，该动力学特性包括飞机惯性性质、气动性质和滚转运动动力学之间的相互作用；沿机身质量越集中就越严重。这里指的纵、横、侧向耦合不是指接近失速或失速后有关的轴间耦合现象。

在本书第二篇第 8.1 节中对滚转机动耦合稳定性问题已经作了详细的分析，并且利用五自由度非线性方程进行了仿真计算，证明了横向稳定性大的飞机，除去高的滚转速率外，有利滚转侧滑角和负的俯仰速率对惯性交感稳定性影响颇大。当在小迎角进入滚转时出现有利滚转侧滑、下俯的俯仰速率和惯性耦合不稳定。在某文献中指出：低头可能增加对滚转惯性耦合的灵敏性 …… 飞机低头俯仰操纵普遍是较为危险的。

三轴增稳系统可以有效地改善滚转机动中的轴间耦合运动。对于纵向静稳定性足够大的飞机来说，使用降低纵向静稳定性以及引入 ω_z 反馈的办法，可以改善这种耦合运动。对于机翼大上反效应的飞机，在偏航轴除引入 β 和 ω_y 反馈外，引入副翼交联和 $\alpha\omega_x$ 信号，使得飞机滚转操纵绕航迹轴滚转，不仅使大迎角飞行情况下，滚转操纵引起的不利侧滑减小，在小迎角飞行中有利侧滑也减小，这将导致轴间运动耦合减小；然而，滚转速率的增加使惯性耦合增加。因此，在增稳系统设计中必须在允许的侧滑与惯性耦合间进行折中。

尽管[MIL－F－8785C]对于滚转机动中的耦合运动未能给出确切的定量要求，但是，要求在某种特定的飞行状态进入 360° 的最大滚转机动中，其产生的偏航或俯仰以及侧滑角或迎角的变化，应既不超过结构限制，又不引起不可操纵的运动或自转等危险飞行状态。这种半定性半定量要求，需要至少以五自由度非线性(速度为常值) 方程来描述运动特性和进行滚转操纵仿真计算验证和检查。

12.3　[MIL－F－9490D]对飞行控制系统的某些要求

12.3.1　姿态保持(俯仰和倾斜)

在平静大气中，姿态保持相对于参考基准的静态精度，对于俯仰姿态(机翼水平)应为±0.5°，对应倾斜姿态应为±1.0°。在强紊流中，姿态的均方根偏差，俯仰不应超过 5°，倾斜不应超过 10°。在使用自动驾驶仪旋钮情况下，当旋钮位于固定位置时，飞机应返回机翼水平姿态。对于高机动性能飞机受到 5°姿态扰动时，在工作状态接通 3 s 内，应达到并保持所要求的精度，对于其他飞机则应 5 s 内达到并保持所要求的精度。

12.3.2　航向保持

在平静大气中，应在相对于参考基准±0.5°的静态精度范围内保持航向。在紊流中，对于规定紊流强度，航向均方根偏差不应超过 5°。

12.3.3　航向选择

飞机应以最小的角度自动地转弯到驾驶员所选择的或预先选定的任何航向上，并在航向保持的精度内保持该航向。承包商应确定一个能够提供满意的转弯速率并在防止失速危险的倾斜角范围内，航向角选择器应具有360°的控制。对于高机动飞机，滚转角速度不应超过20°/s，滚转角加速度不应超过$10°/s^2$。其他类型飞机不应超过这些值的1/2。

12.3.4 横向加速度和侧滑角限制

12.3.4.1 稳定倾斜转弯中的协调

在接通自动飞行控制系统的正常机动中，当稳态倾斜角达到机动倾斜角极限时，侧滑角不应大于2°，侧向加速度不应超过0.03g。

12.3.4.2 滚转时横向加速度的限制

对于滚转角速度从0°/s一直到30°/s的飞机，重心处机体轴横向加速度不应超过±0.1g，对于滚转角速度(30～90)°/s的飞机，不应超过±0.2g，或者对于滚转角速度超过90°/s的飞机，不应超过±0.5g。对于基本上是在定高度上飞行的飞机，当以自动飞行控制系统工作状态可得到的最大倾斜角速度从一侧平稳地向另一侧滚转时，这些限制应该得到满足。

12.3.4.3 水平直线飞行中的协调

飞机作水平直线飞行时应保持的精度：侧滑角在±1°范围内，重心处横向加速度在±0.02g以内，取其中较低者。

12.3.5 高度保持

当爬升和俯冲速度不大于1 m/s时，应当选择高度保持功能接通时的气压指示高度作为基准高度，并以此基准高度控制飞机。对于高机动性飞机，所产生的法向加速度增量不应超过0.5g和其他类别飞机其增量不应超过0.2g。当爬升或俯仰速度大于1 m/s接通时，自动飞行控制系统不应引起不安全的机动。在飞机推力-阻力能力范围内，在稳定倾斜角时，高度保持应具有表12-3所规定的控制精度。

表12-3 最低可接受的高度控制精度

<table>
<tr><th rowspan="2">高度/m</th><th colspan="3">倾斜角/(°)</th></tr>
<tr><th>0～1</th><th>1～30</th><th>30～60</th></tr>
<tr><td>16 775～24 400</td><td>16 775 m时为±1%然后线性变化到24 400 m为±0.2%</td><td rowspan="3">±18.3 m或±0.3%取大者</td><td rowspan="3">±27.45 m或±0.4%取大者</td></tr>
<tr><td>9 150～16 775</td><td>±0.1%</td></tr>
<tr><td>0～9150</td><td>±9.15m</td></tr>
</table>

这些精度要求适用于速度小于或等于马赫数为1.0的情况。马赫数超过1.0时，这些值可以加倍，马赫数在2.0以上时可以用这些数值的三倍。当爬升或俯冲速度等于或小于1 m/s时，这一工作状态接通或受扰动后，应在30 s内达到规定的精度。在这些范围内，任何周期性剩余振荡的周期至少应为20 s。

12.3.6 马赫数保持

马赫数保持工作状态接通时的马赫数应为基准马赫数。在马赫数保持工作状态接通和稳定后，自动驾驶仪应保持所指示的马赫数，相对基准马赫数，误差不应超过马赫数±0.01或指示马赫数的±2%，取其中较大值。在这些范围内，任何周期性振荡的周期至少应为20 s，承包商应确定达到适合任务阶段要求的工作状态响应或最大时间。

12.3.7　空速保持

空速保持接通时的空速应为基准空速，所指示的空速相对于基准空速的偏离应保持在 9.26 km/h 或基准空速的±2%以内，取其中较大者。在此范围内，任何周期性振荡的周期至少应为 20 s。承包商确定达到适合任务阶段要求的工作状态响应或最大时间。

12.3.8　稳定性

对于采用反馈系统的飞行操纵系统应具有 12.3.8.1 节规定的稳定性；或者，如经订货方批准，承包商提供并通过 12.3.8.2 节敏感度分析所确定的稳定性。当采用分析法来论证满足这些稳定性要求时，应把系统主要的非线性影响包括进去。

12.3.8.1　稳定裕度

在表 12-4 中规定了所有气动力闭合的飞行控制系统回路，相对于名义值的增益和相位的裕度要求。当这些增益和相位在表中规定范围内变化时，不应出现幅值大于 12.3.9 节中所许可的剩余振荡幅值的振荡不稳定，并且飞机的任何非振荡发散应保持在[MIL-F-8785]或[MIL-F-83300]的适用范围内。当这些增益和相位在表中规定的范围内变化时，自动飞行控制系统回路都应是稳定的，但幅值可以大于 12.3.9 节中允许的剩余振荡幅值。在多回路系统中，应在除研究的通路外，其他所有反馈通路的增益和相位都保持为名义值的条件下，进行增益和相位测试。通路定义为，从一个传感器到一个力或力矩发生器所包括的所有部件。对于气动力和非气动力闭合回路，在零空速时至少应具有 6 dB 的增益裕量。在系统磨损试验结束时，所有回路在零空速时的增益裕量至少为 4.5 dB。在整个使用飞行包线内，在最不利的重心位置，质量分布和外挂方案的条件下，以及在地面工作中，都应保持表 12-4 所规定的裕度。

表 12-4　增益和相位裕度要求

<table>
<tr><th rowspan="2">模态频率/Hz</th><th colspan="4">空速</th></tr>
<tr><th>在 v_{omin} 以下</th><th>$v_{omin} \sim v_{omax}$</th><th>极限空速（v_L）时</th><th>在 1.15 v_L 时</th></tr>
<tr><td>$f_M<0.06$</td><td rowspan="3">$GM=6$ dB
（在 v_{omin} 以下，不要求相裕量）</td><td>$GM=\pm 4.5$ dB
$PM=\pm 30°$</td><td>$GM=\pm 3.0$ dB
$PM=\pm 20°$</td><td rowspan="3">$GM=0$
$PM=0$
（在名义相位和增益时稳定）</td></tr>
<tr><td>$0.06 \leqslant f_M<$一次弹性模态</td><td>$GM=\pm 6.0$ dB
$PM=\pm 45°$</td><td>$GM=\pm 4.5$ dB
$PM=\pm 30°$</td></tr>
<tr><td>$f_M>$一次弹性模态</td><td>$GM=\pm 8.0$ dB
$PM=\pm 60°$</td><td>$GM=\pm 6.0$ dB
$PM=\pm 45°$</td></tr>
</table>

其中：

v_L——极限空速[MIL-A-8860]；

v_{omin}——最小使用空速[MIL-F-8785]；

v_{omax}——最大使用空速[MIL-F-8785]；

弹性模态——飞机气动弹性的特征响应，由飞机/飞行控制系统组合的动态运动方程的气动弹性特征根所描述；

GM——增益裕量，在名义相位时，将导致超过剩余振荡所允许的不稳定回路增益的最小变化值；

PM——相位裕度，在名义回路增益时，将导致不稳定的相位最小变化值；

f_M——模态频率，Hz（与飞行控制系统连接后）；

名义相位和增益——在验证要求的时候，承包商对飞行控制系统和飞机的相位和增益特性可以得到的最好估计值或测量值。

在[MIL－F－9490D]的背景材料和使用指南中，给出了它对“稳定性”的解释：所列的增益和相位裕度的定义一般是适用于飞行控制技术领域内，而不是大多数教科书中所能找到的经典定义。这种裕量既可以是正的，又可以是负的。正的和负的相位裕量，分别表示出现不稳定之前可以增加的滞后和超前量。

规定的裕量随着频率变化而变化，这些裕量可以应用古典的线性分析方法来确定，并根据已知的非线性加以修正。一般的试验中，可以确定低频模态的试验裕量，而高频时的增益裕量是不能观察到的。因此，在大多数订货中，是否满足这些增益和相位裕量要求多半要通过分析加以验证。

图 12－7 说明了典型的飞行控制系统方块图。尽管图中表示了几个反馈回路，但因只包含一个传感器和一个力矩发生器，所以只表示一个反馈通路。因而，只有一个控制通道，就只有一个稳定性要求。

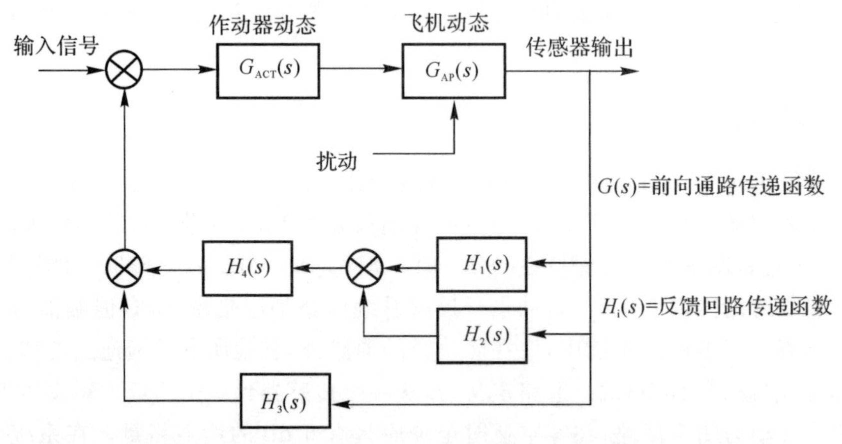

图 12－7　典型的飞行控制系统方块图

12.3.8.2　敏感度分析

应根据名义试验值或估算值和外场使用值之间存在的增益和相位的误差范围，系统在这一级上应制定增益和相位裕量的容差。这些误差是由于非线性和高阶动态确定的不合适，预期的制造公差、老化、磨损等因素引起的。经过这一敏感度分析建立的稳定性要求应不小于 12.3.8.1 节给出的幅值和相位要求的 50%。

在[MIL－F－9490D]的背景材料和使用指南中指出：

在验证满足要求而进行的分析中要包括主要非线性影响，其目的是为了保证系统在线性和非线性范围中工作时，能保持足够的裕量。为了评定像启动死区或迟滞一类非线性，必须考虑反馈元件工作于小扰动中的相位和增益特性，同时为了评定接近线性情况和操纵面高频大幅值偏转时的角速度限幅非线性情况，必须分别考虑操纵面在中等幅值和大幅值工作中反馈元件的增益和相位特性。在采用模拟的地方，可以直接包含这些非线性，并可用测量不同操纵面幅值时的频率响应方法来进行评定。承包商可以同时选用线性分析和非线性模拟两种方法，因为线性分析法一般能较好地表征气动弹性的影响，而模拟方法对非线性评定比较优越。

12.3.9　剩余振荡

在正常操纵和稳定飞行过程中，飞行控制系统所引起的飞机剩余振荡在所有乘员和旅客座位处，法向过载不应超出 0.04g 的加速度峰-峰值或横向不应超出 0.02g 的加速度峰-峰值。俯仰姿态角的剩余振荡应满足[MIL－F－8785]（本章第 12.2.1.5 节）的纵向机动性要求。对于要求精确控制姿态的飞行阶段，在驾驶员座位处的滚转和偏航姿态的剩余振荡不应超出 0.6°峰-峰值。

第 13 章　飞机飞行控制系统设计

由于飞机运动方程组分解为互不相关的两组扰动方程，其中一组仅仅具有对称平面的运动变量，如 α，ω_z，ϑ 和 v 等，被称为纵向扰动运动方程，这些变量被称为纵向运动变量；而另一组方程只含有对称面以外的运动变量，如 ω_x，γ，β 和 ω_y 等，被称为横侧向运动方程，而这些运动变量被称为横侧向运动变量。因此，对应这两组方程和改变这两组运动变量的操纵和扰动响应特性的飞行控制系统也是相对独立的。其中控制纵向运动变量的控制器，称为纵向飞行控制系统，它最多只有三个调节变量：升降舵（或全动平尾）、前后缘襟翼和发动机油门；另外，控制飞机横侧向运动参数的控制器，称为横侧向飞行控制系统，它也具有三个调节变量：副翼（包括襟副翼、差动平尾等）、方向舵和侧力控制面。除直接侧力控制功能需要设置侧力控制面外，通常飞机仅具有前两个调节变量。因为纵向运动具有自然的不变性解耦特点，所以纵向运动飞行控制系统相对要简单一些。但是，横侧向运动需要引入副翼-方向舵交联和其他交联反馈才能实现不变性解耦，使得横侧向控制器相对复杂一些。

包括增稳、控制增稳和电传控制系统的基本控制器不仅有效地改善了飞机本身的固有特性，减轻了驾驶员对飞机操纵和稳定飞机飞行的工作负担，而且也为包括姿态、航向控制和航迹控制等工作方式，也就是为自动驾驶仪功能的外控制回路的设计和正常工作建立了应有的先决条件和奠定了踏实的工作基础。因此，对于飞行控制系统的设计，务必要按照由内向外、由简单到复杂和功能逐步扩展的设计步骤进行。

在各种功能的控制回路设计中，首先应按不变性原理将飞机运动实施近似解耦，把纵向运动按不变性解耦方法分解为短周期和长周期运动，把横侧向运动分解为荷兰滚和滚转、螺旋运动。这是因为按二阶运动模态实施单项控制的设计方法，相对于完整的四阶系统设计要简单得多。利用简单的计算方法获得各回路的反馈增益，继而进行三自由度和六自由度运动方程的频域和时域响应特性的测试和检查。

在单模态控制器设计中，由于涉及的是基本特性研究，可以首先不考虑操纵系统（包括伺服回路和作动器）、传感器动态特性和非线性的影响。为了简单起见和由简到繁的设计步骤，仅仅通过测量变量的反馈，不考虑任何环节的迟后影响，对刚性飞机施加力或者力矩控制。这样所得的结果总是理想的。因此，对于这种纯反馈和直接链前向通路构成的控制回路，称其为“控制回路原始模型”。这种近似研究的目的在于以尽可能简单的模型突出表现它们之间的主要关系，从而提高了系统设计的透明度和获得充分的理解。当然，这种方法的最终解将因实际过程中控制器各种环节的动态和非线性影响而恶化。飞机飞行控制系统设计步骤如下：

(1)按设计要求和飞机运动特点，选择有效的状态（或输出）反馈，用以建立最基本的反馈控制结构。在选择过程中，被选择的测量变量应具有最好的动态和静态传递特性，从而以尽可能少的控制代价和以尽可能低的控制器增益来完成控制任务。

(2)按照不变性解耦得到的控制对象二阶运动特性和最基本的状态反馈构成控制回路原始模型。依据最佳的响应特性和鲁棒性要求，初步确定反馈增益和动态调节因子，即按单项控制任务设计单项控制系统。

(3)在控制器中引入伺服系统和某些传感器的动态特性，以及设置某些滤波器，按二阶和四阶控制对象的运动特性进行频域和时域响应特性测试，并适当调整反馈增益和设置合适时间常数的校正滤波器，以获得名义上最佳的稳定裕量和时域响应特性。

(4)将控制系统中所有环节（如作动器、传感器）的非线性特性置入控制通路中的合适位置，按三自由度运动方程和选用模拟方法，进行大、中、小三种伺服器运动幅值的频率响应和时间响应测试，以获得系统近似真实的稳定性裕量和时间响应特性指标。

(5)按规范给定的突风、紊流模型和订货商给出的重物投掷、武器发射和一侧发动机熄火等带来的扰动进行三自由度仿真计算，测试和检查有关指标是否满足规范和订货商要求。尽管本章没能列出阵风和紊流扰动的指标要求，但在飞行控制系统设计中，务必进行随机紊流和离散突风的扰动测试，因为，它涉及飞行安全和飞行任务的完成。尤其在起飞、着陆飞行阶段，垂直风干扰测试对于飞行安全是至关重要的。

(6)利用线性分析法验证气动弹性模态的影响，确定结构滤波器时间常数以及它设置在哪个状态反馈回路中为最好，这项工作可在控制回路原始模型决定之后进行。

(7)最终实施全面的模拟仿真计算。飞机按非线性和时变的六自由度运动方程，飞行控制系统按非线性结构(包括作动器、伺服系统、传感器、操纵系统等)和包含各种工作方式转换的控制逻辑，进行全面的接近实际的仿真计算。

尽管上述 7 条未能包括地面台架和飞行模拟试验，以及未能进行试飞验证，飞行控制系统的设计尚未最终完成，然而，作为飞行控制系统控制律设计可以说是暂告一个阶段。至于在地面物理试验和空中试飞中发现某些问题，那将涉及系统结构、参数修改和控制性能进一步改善，这些工作可以不放在飞行控制系统控制律设计步骤之中。

在控制律设计中，按照订货方给出的多个飞行状态的气动力和力矩导数作为飞行控制系统设计的原始数据，可以获得多组飞行控制系统的反馈增益值，它们使得飞行控制系统在每个给定的飞行状态都具有良好的稳定性、响应特性和抗干扰能力。然而，有许多状态反馈增益在整个飞行范围内的很多个飞行状态中，其值差异很大。尽管在飞行控制系统设计中考虑了飞机运动参数在整个飞行包络内的不确定性，然而，固定的反馈增益在整个飞行范围内也难以满足性能指标要求。必须通过自动调参的办法，按高度、马赫数或者动、静压的大小自动调整反馈增益值。

通常情况下，由于技术上的限制和实施带来的困难，要求在一个控制系统中，随大气数据调节的增益数量应尽可能地少，而且调参规律也要简单。中、外多种飞机飞行控制系统为保证在整个飞行包线范围内具有最佳的控制性能，某些反馈增益按大气数据单变量或双变量调节，并按一重和二重插值法获得。现役飞机充分证明了它的有效性，如 F－16 飞机自动驾驶仪就有 17 个由二重插值方法获得的变增益。一个仅仅按动压调节增益的例子如图 13－1 所示，图中 $K_a(q)$是横向杆力指令和滚转率反馈增益。二重插值调参的例子如图 13－2 所示为俯仰速率和法向过载反馈增益公用的调节因子 K_θ 二维调节网格示意图。

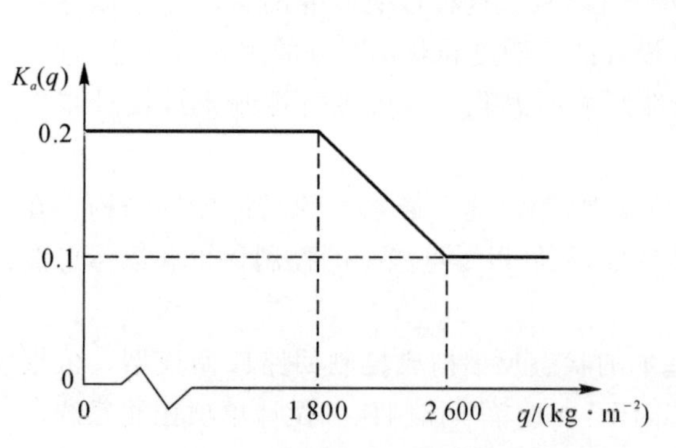

图 13－1　横向二重插值调参调参程序 $K_a(q)$

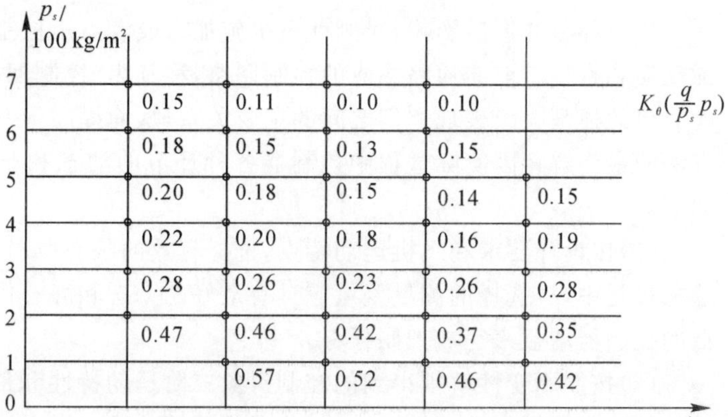

$K_\theta(\frac{q}{p_s}, p_s)$

p_s/100 kg/m² \ q/p_s	1–2	2–3	3–4	4–5	5–6
6–7	0.15	0.11	0.10	0.10	
5–6	0.18	0.15	0.13	0.15	
4–5	0.20	0.18	0.15	0.14	0.15
3–4	0.22	0.20	0.18	0.16	0.19
2–3	0.28	0.26	0.23	0.26	0.28
1–2	0.47	0.46	0.42	0.37	0.35
0–1		0.57	0.52	0.46	0.42

图 13－2　二维插值网格示意图

二重插值方法是根据拉格朗日二重插值公式推导出来的。如图 13－3 所示，在区间 $x_1 \leqslant x \leqslant x_2, y_1 \leqslant y \leqslant y_2$ 范围内求点(x_i, y_i) 的增益值 $Z_{ij} = Z(x_i, y_i)$。当 $y = y_1$ 时，得到

$$Z_{i1}(x, y_1) = \frac{x_2 - x_i}{x_2 - x_1} Z_{11} + \frac{x_i - x_1}{x_2 - x_1} Z_{21} \tag{13-1}$$

$$Z_{i2}(x,y_2)=\frac{x_2-x_i}{x_2-x_1}Z_{12}+\frac{x_i-x_1}{x_2-x_1}Z_{22} \tag{13-2}$$

再进行二重插值，得到

$$Z_{ij}(x_i,y_j)=\frac{y_2-y_j}{y_2-y_1}Z_{i1}+\frac{y_j-y_1}{y_2-y_1}Z_{i2} \tag{13-3}$$

本章旨在设计纵向和横侧向运动飞行控制系统各种控制功能的控制回路结构和参数。从最低级控制回路开始，按功能需要由低级到高级顺序串联各个控制器和由内回路到外回路嵌套构成各种功能的反馈回路。由于控制器的功能扩展涉及控制回路由内向外的结构扩展。因此，不得不将随功能增加使结构扩展的纵向和横侧向控制器分别进行设计。

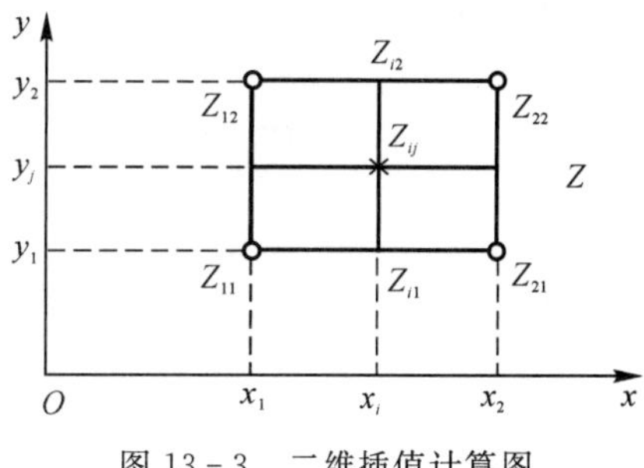

图 13-3　二维插值计算图

13.1　纵向飞行控制系统设计

13.1.1　纵向飞行控制系统设计的模型建立

13.1.1.1　飞机纵向运动方程

在纵向飞行控制系统最初设计阶段，仍然利用第二篇所述按不变性解耦得到的纵向运动模态的两个近似方程，其中短周期模态状态方程为

$$\begin{bmatrix}\dot{\alpha}\\ \dot{\omega}_z\end{bmatrix}=\begin{bmatrix}-y^{\alpha} & 1\\ \mu_z^{\alpha}-\mu_z^{\dot{\alpha}}y^{\alpha} & \mu_z^{\omega_z}+\mu_z^{\dot{\alpha}}\end{bmatrix}\begin{bmatrix}\alpha\\ \omega_z\end{bmatrix}+\begin{bmatrix}-y^{\delta_f} & 0\\ 0 & \mu_z^{\delta_z}-\mu_z^{\dot{\alpha}}y^{\delta_z}\end{bmatrix}\begin{bmatrix}\delta_f\\ \delta_z\end{bmatrix}+\begin{bmatrix}1\\ \mu_z^{\dot{\alpha}}-\mu_z^{\omega_z}\end{bmatrix}w_{yx} \tag{13-4}$$

式中，$w_{yx}=\dot{\alpha}_{\mathrm{W}}$，$\alpha=\alpha_{\mathrm{d}}+\alpha_{\mathrm{W}}$。沉浮运动的状态方程为

$$\begin{bmatrix}\dot{v}\\ \dot{\theta}\end{bmatrix}=\begin{bmatrix}x^{v} & -g\\ y^{v} & 0\end{bmatrix}\begin{bmatrix}v\\ \theta\end{bmatrix}+\begin{bmatrix}x^{\delta_T}\\ y^{\delta_T}\end{bmatrix}\delta_T \tag{13-5}$$

在控制回路原始模型建立之后，即控制器主要反馈增益选择之后，需要利用三自由度非时变线性状态方程进行名义特性测试。在测试计算中，要涉及某些高频环节（如伺服系统、作动器、传感器和功能滤波器）的动态特性。通过这一步骤的设计，将进一步确定反馈增益、校正滤波器时间常数等，从而获得系统稳定性、响应特性等名义值。当飞机作平直对称飞行时，按稳定轴系建立的纵向小扰动状态方程由下式表示：

$$\dot{\boldsymbol{x}}=\boldsymbol{Ax}+\boldsymbol{Bu} \tag{13-6}$$

式中

$$\boldsymbol{A}=\begin{bmatrix}-y^{\alpha} & -y^{v} & 0 & 1\\ x^{\alpha}+g & x^{v} & -g & 0\\ 0 & 0 & 0 & 1\\ \mu_z^{\alpha}-\mu_z^{\dot{\alpha}}y^{\alpha} & \mu_z^{v}-\mu_z^{\dot{\alpha}}y^{v} & 0 & \mu_z^{\omega_z}+\mu_z^{\dot{\alpha}}\end{bmatrix}$$

$$\boldsymbol{B}=\begin{bmatrix}-y^{\delta_f} & -y^{\delta_T} & -y^{\delta_z} & 1\\ x^{\delta_f} & x^{\delta_T} & 0 & 0\\ 0 & 0 & 0 & 0\\ \mu_z^{\delta_f}-\mu_z^{\dot{\alpha}}y^{\delta_f} & \mu_z^{\delta_T}-\mu_z^{\dot{\alpha}}y^{\delta_T} & \mu_z^{\delta_z}-\mu_z^{\dot{\alpha}}y^{\delta_z} & \mu_z^{\dot{\alpha}}-\mu_z^{\omega_z}\end{bmatrix}$$

$$\boldsymbol{x}=[\alpha\quad v\quad \vartheta\quad \omega_z]^{\mathrm{T}}$$

$$\boldsymbol{u}=[\delta_f\quad \delta_T\quad \delta_z\quad w_{yx}]^{\mathrm{T}}$$

它不仅用于纵向飞行控制系统第二步骤设计中，也用于第三步骤非线性设计与测试中。它是纵向运动不变性解耦的原始方程。即式(13-4)、式(13-5)是在 y^v，μ_z^v 绝对值很小的情况下，由式(13-6)按不变性自然解耦得到的。

由式(13-4)得到的纵向运动短周期振荡频率 ω_{ns} 和阻尼比 ζ_s 的近似表达式分别为

$$\omega_{ns}=\sqrt{-(\mu_z^\alpha+\mu_z^{\omega_z}y^\alpha)} \tag{13-7}$$

$$\zeta_s=\frac{y^\alpha-\mu_z^{\omega_z}-\mu_z^{\dot\alpha}}{\sqrt{-(\mu_z^\alpha+\mu_z^{\omega_z}y^\alpha)}} \tag{13-8}$$

由式(13-5)得到沉浮运动的振荡频率 ω_{np} 和阻尼比 ζ_p 的近似表达式为

$$\omega_{np}=\sqrt{\frac{g}{\mu_z^\alpha+\mu_z^{\omega_z}y^\alpha}(y^v\mu_z^\alpha-\mu_z^v y^\alpha)}\approx\sqrt{gy^v} \tag{13-9}$$

$$\zeta_p=\frac{1}{2\sqrt{gy^v}}\left[\frac{x^\alpha(y^v\mu_z^{\omega_z}+\mu_z^v)}{\mu_z^\alpha}-x^v\right] \tag{13-10}$$

在纵向飞行控制系统设计中，控制对象短周期模态最基本的传递函数为

$$\frac{\omega_z}{\delta_z}(s)=\frac{(s+1/T_{\theta2})\mu_z^{\delta_z}}{s^2+2\zeta_s\omega_{ns}s+\omega_{ns}^2}\quad 和 \quad \frac{\alpha}{\delta_z}(s)=\frac{\mu_z^{\delta_z}}{s^2+2\zeta_s\omega_{ns}s+\omega_{ns}^2} \tag{13-11}$$

除升降舵控制外，还可使用襟翼控制纵向运动短周期特性，其基本的传递函数为

$$\frac{\alpha}{\delta_f}(s)=-\frac{y^{\delta_f}(s-\mu_z^{\omega_z}-\mu_z^{\dot\alpha})}{s^2+2\zeta_s\omega_{ns}s+\omega_{ns}^2}\quad 和 \quad \frac{\omega_z}{\delta_f}(s)=-\frac{y^{\delta_f}(\mu_z^\alpha-\mu_z^{\dot\alpha}y^\alpha)}{s^2+2\zeta_s\omega_{ns}s+\omega_{ns}^2} \tag{13-12}$$

由于$\frac{\omega_z}{\delta_z}(s)$ 和$\frac{\alpha}{\delta_f}(s)$ 的多余极点数 $d=1$，因此 $\omega_z\to\delta_z$ 和 $\alpha\to\delta_f$ 将有效地改善短周期运动阻尼，$\frac{\alpha}{\delta_z}(s)$ 和 $\frac{\omega_z}{\delta_f}(s)$ 的多余极点数 $d=2$，因此，$\alpha\to\delta_z$ 和 $\omega_z\to\delta_f$ 将有效地改善短周期频率。式(13-11)、式(13-12)中的 ω_{ns}，ζ_s 可分别由式(13-7)、式(13-8)近似得到，也可按飞机纵向运动三自由度运动方程等效拟配得到；$1/T_{\theta2}$ 可近似为 y^α，也可使用飞机纵向三自由度运动方程等效拟配值。

在纵向运动中长周期运动最基本的传递函数为

$$\frac{v}{\delta_T}(s)=\frac{x^{\delta_T}s}{s^2+2\zeta_p\omega_{np}s+\omega_{np}^2} \tag{13-13}$$

可见，v 对 δ_T 的传递函数中多余极点 $d=1$，因而 $v\to\delta_T$ 可以有效地改变沉浮运动阻尼比，微分的作用使得油门杆操纵不能改变沉浮运动特性频率。除非采用 $\int v\mathrm{d}t\to\delta_T$ 反馈控制才能有效地改善沉浮运动特征频率。

由于油门杆控制对飞行迎角影响很小，因此，对俯仰角的控制就是对航迹角的控制，因此，航迹角 θ 对油门杆位置 δ_T 的传递函数可近似为

$$\frac{\vartheta}{\delta_T}(s)=\frac{\theta}{\delta_T}(s)=-\frac{x^{\delta_T}y^v}{s^2+2\zeta_p\omega_{np}s+\omega_{np}^2} \tag{13-14}$$

可见，油门杆可以控制俯仰角和航迹角。式中的 ω_{np} 和 ζ_p 由式(13-9)、式(13-10)获得，也可由纵向三自由度运动方程等效拟配获得。

在纵向控制系统初步设计阶段，必须考虑阵风和大气紊流对飞机-飞行控制系统组合体的影响。一个好的控制系统需要有一个好的动态调节因子，它不仅能有效地抑制大气紊流对飞机的扰动，也应能减小气动导数不确定性对飞机-飞行控制系统组合体的稳定性、响应特性的不良影响。也就是说，在纵向控制系统设计中，鲁棒性也是系统设计的一个目标。

对于纵向飞行控制系统设计来说，最重要的大气干扰是垂直风切变 w_{yx}，它相对于顺(逆)风 W_{xh} 和垂直风引起的附加迎角 α_W 对飞机的扰动影响要严重得多，它涉及飞行安全问题。由式(13-4)得到空速迎角 α 对垂直风切变 w_{yx} 的传递函数

$$\frac{\alpha}{w_{yx}}(s)=\frac{s-2\mu_z^{\omega_z}}{s^2+2\zeta_s\omega_{ns}s+\omega_{ns}^2} \tag{13-15}$$

$\mu_z^{\omega_z}$ 通常为负值，当飞机遇到下降垂直风切变时，负值的 w_{yx} 将产生负值的空速迎角增量 $\Delta\alpha$，从而使飞机升力减小。这对于大型飞机来说，在进场着陆飞行阶段，绝对值足够大的 $\mu_z^{\omega_z}$ 和足够小的 ω_{ns}^2 使下降垂直风切变产生的空速迎角负增量足够大以及飞机升力显著地减小。因此，对于大型飞机来说，在进场着陆阶段飞行中，当受到下降垂直风切变干扰时，容易出现灾难性的飞行事故。

合适的控制增稳系统结构和参数，可以有效地抑制垂直风（包括垂直风切变）对飞机的扰动，譬如利用高增益的隐式模型跟踪系统，可使垂直风的干扰影响减小到最小，避免下降垂直风切变造成灾难性飞行事故。

对于全面地六自由度运动的地面试验（包括台架和飞行模拟器试验），必须按第二篇给出的突风和强紊流模型进行大气扰动试验，以验证调节器输出幅值和速度是否满足要求。

13.1.1.2　纵向操纵系统的建模

包括杆系、载荷弹簧、力臂调节器、作动器（助力装置）以及人工配平装置等环节构成的纵向操纵系统，是当前现役飞机常用的结构形式，然而，对于第三、四代飞机往往具有电传操纵系统，不存在机械的操纵系统，甚至于简单的机械备份操纵系统也不存在。在控制增稳系统设计中，必须涉及机械操纵系统的传动比和杆力特性以及作动器的动态和非线性特性，从而给出某些系统设计依据和先决条件。因为这些环节的静、动态特性直接影响飞机-飞行控制系统组合体的各种性能和指标。

（一）纵向操纵系统的静态传动比

纵向操纵系统的静态传动比是指驾驶杆在中立位置时，驾驶杆位移至平尾偏度（顺气流）之间的传动比。它等于驾驶杆至力臂调节器、力臂调节器本身、力臂调节器至助力器、助力器至平尾四个传动比之积，即

$$K_{ex}=K_{eB}K_BK_{Bs}K_{s\delta} \tag{13-16}$$

式中，K_{ex} 为驾驶杆-平尾在中立位置处的传动比（(°)/mm）；K_{eB} 为驾驶杆-力臂调节器在中立位置处的传动比；K_B 为力臂调节器的传动比；K_{Bs} 为力臂调节器-助力器输入端的传动比；$K_{s\delta}$ 为助力器-平尾偏度（顺气流）的传动比（(°)/mm）。

力臂调节器原理图如图 13-4 所示。图中 R_A（或 R_B）是动压 q_c 和静压 p_s 的函数，如图 13-5 所示。力臂调节器的机械输入-输出传动比 K_B 和臂长 R_A 分别由式(13-17)、式(13-18) 表示：

$$K_B=\max(K_{Bq},K_{Bp}) \tag{13-17}$$

$$R_A=\min(R_{Aq},R_{Ap})\quad 和\quad R_B=R_C-R_A \tag{13-18}$$

式中，max 为取大值符号；min 为取小值符号。

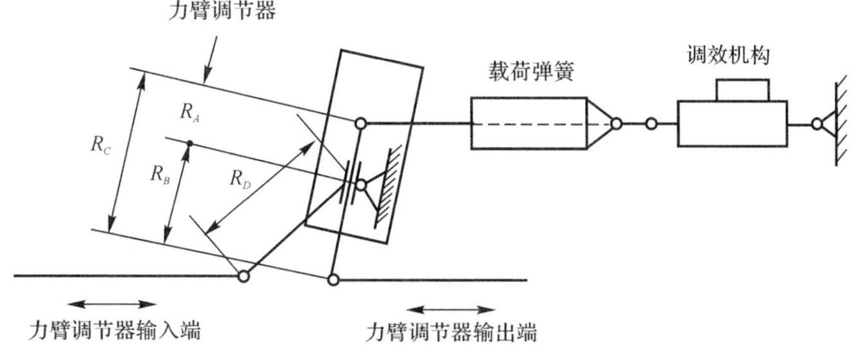

图 13-4　力臂调节器原理图

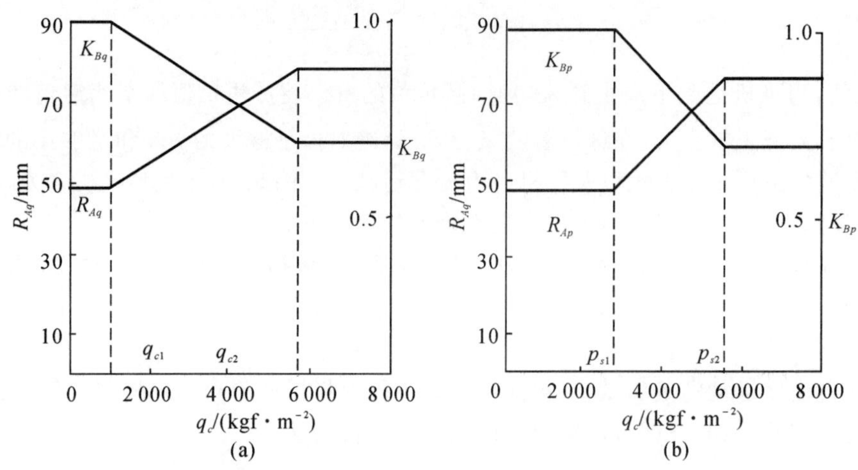

图 13-5　R_A,K_B 与 q_c,p_s 的关系曲线

(a) R_{Aq},K_{Bq} 与 q_c 的关系；（b）R_{Ap},K_{Bp} 与 p_s 的关系

（二）纵向杆力-杆位移静特性估计

全动平尾（或升降舵）操纵系统中采用了无反力液压助力器，在操纵链中设置载荷弹簧机构，用以模拟正比于平尾偏度的铰链力矩，使驾驶员能从驾驶杆上间接地感受到空气动力对飞机舵面的作用。由于这种力随飞行速度和高度不同而变化，因此，这种感觉装置串联于力臂调节器杆系中，如图13-4所示。不同刚度的各种弹簧（包括机械的、气压或液压的）给出了合适的驾驶杆位移刚度，和力臂调节器杆系连接在一起的弹簧，其刚度也受动压 q_c 和静压 p_s 调节，使之相同的驾驶杆位移，在大动压、低高度飞行中，载荷机构刚度增加和在小动压、大高度飞行中，载荷弹簧刚度减小。

通常订货商给出按力臂调节器大、中、小力臂状态的杆力-杆位移特性曲线，没有给出载荷机械的弹簧刚度。三个定点力臂状态的杆力-杆位移特性不能全面地描述整个飞行包络内各种飞行状态对应的杆力-杆位移特性。必须推导出适用于整个飞行状态的杆力-杆位移特性的数学模型。

由图 13-4 可知，驾驶杆-载荷机构的传动比

$$K_{ez} = K_{eB} \frac{R_A}{R_D} \tag{13-19}$$

那么，载荷机构弹簧力 F_s 与驾驶杆力 F_e 的关系式为

$$F_s = \frac{F_e}{K_{ez}} = F_{eA} \frac{R_D}{K_{eB}} \tag{13-20}$$

式中，$F_{eA} = \dfrac{F_e}{R_A}$；载荷机构的位移 x_s 与驾驶杆位移 x_e 的关系为

$$x_s = K_{ez} x_e = x_{eA} \frac{K_{eB}}{R_D} \tag{13-21}$$

式中，$x_{eA} = x_e R_A$，并由式(13-20)、式(13-21)得到

$$\frac{F_{eA}}{x_{eA}} = \left(\frac{K_{eB}}{R_D}\right)^2 \frac{F_s}{x_s} \tag{13-22}$$

可见，F_{eA}/x_{eA} 为常值，不随动、静压的不同而变化。如果已知载荷机构弹簧刚度 F_s/x_s，代入式(13-22)便可得到 F_{eA}/x_{eA}。然而，订货商不能给出载荷机构弹簧刚度 F_s/x_s，只能给出某一力臂（如大力臂）状态的六个转折点(A,B,C,D,E,F)的 F_e，x_e 值。这样一来，在给定大力臂的 R_A 值(R_{Ada})的情况下，由下式便可获得 F_{eA}，x_{eA} 六个转折点的值：

$$F_{eA} = F_e / R_{\mathrm{Ada}}, \quad x_{eA} = R_{\mathrm{Ada}}(x_e - x_y) \tag{13-23}$$

式中，x_y 为“引动量”，且

$$x_y = \frac{F_{eD}x_{ec} - F_{ec}x_{eD}}{F_{ec} - F_{eD}}$$

考虑到包括摩擦、预加载等的启动力，纵向操纵系统的杆力、杆位移特性可由图 13－6 表示。图中 R_A 是由图 13－5 表示的 q_c，p_s 的函数。

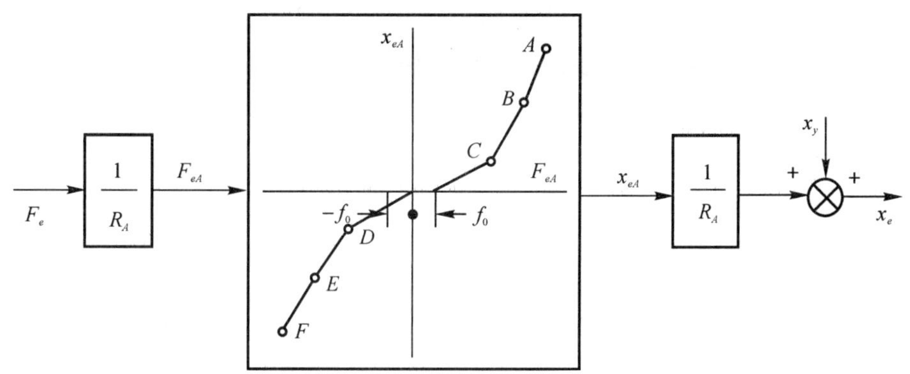

图 13－6　纵向杆力-杆位移特性

(三) 人感系统参数的估计

驾驶杆力与杆位移的动态特性可由下述微分方程描述：

$$F_e = m_e\ddot{x}_e + B_e\dot{x}_e + C_e x_e \tag{13-24}$$

式中，C_e 为载荷机构弹簧刚度在驾驶杆处的折合值，$C_e = F_e/x_e$；B_e 为杆系阻尼系数在驾驶杆处的折合值；m_e 为杆系总质量在驾驶杆处的折合值。

由式(13－24)得到杆位移对杆力的传递函数为

$$W_e(s) = \frac{x_e}{F_e}(s) = \frac{1/m_e}{s^2 + 2\zeta_f\omega_f s + \omega_f^2} \tag{13-25}$$

式中

$$\omega_f^2 = \frac{C_e}{m_e}, \quad 2\zeta_f\omega_f = \frac{B_e}{m_e}$$

订货方往往给出在大臂状态和驾驶杆中立位置附近的人感系统的固有频率 ω_{fda}，在不考虑启动力的情况下，得到

$$m_e = \frac{F_{ec}/x_{ec}}{\omega_{fda}^2} = \frac{F_{eAc}/x_{eAc}}{\omega_{fda}^2}R_{Ada}^2 \quad (\mathrm{s^2/mm}) \tag{13-26}$$

式中，F_{ec}，x_{ec} 分别是大臂状态下，转折点 C 处的杆力和杆位移值。

由于 B_e 是由杆系和助力器分油活门摩擦力构成的干摩擦特性决定的，可由订货方通过杆系实物试验得到。其实，固有频率 ω_f 也是由实物试验获得的。

(四) 助力器传递函数与非线性结构

在线性系统分析与设计中，助力器(作动器) 可为一阶惯性环节来使用。即

$$G_z(s) = \frac{1}{Ts+1} \tag{13-27}$$

式中，T 可依据助力器本身某些线性参数计算得到，或通过实物测试得到，通常 $T \approx 0.03$ s。

实际上，助力器-舵面系统的输出响应的主要模态是一个非周期模态和一个振荡模态叠加构成的。但是，振荡模态的频率通常很高(大约为 15 Hz)，且幅值甚小，考虑到飞机运动的低频特性，因此在研究飞机-飞行控制系统动态特性时，助力器-舵面系统的运动可用一个非周期模态表示，并用于飞行控制系统设计和分析之中。

然而，受到机械限制的助力器输出最大位移，以保证舵面偏度在有用的有限范围内变化；由分油活门最大值决定助力器输出功率和舵面偏转最大速度，以保证驾驶员操纵响应的快速性和飞行控制系统对大气紊流足够的抑制能力。在飞行控制系统的设计中必须校验助力器最大输出速度是否适应于驾驶员大机动飞行操纵和强紊流扰动的抑制，从而进一步确定助力器输出速度。具有前向积分的控制增稳系统，不够大的助力器极限输出速度，在大杆力操纵情况下，容易出现大幅值、低频率的极限环振荡，这种不可控制的大幅振荡是灾难性的，将在本章中进行分析，并提出抑制这种大幅极限环振荡的方法。

各种结构的助力器，都具有分油活门(滑阀)、执行机构(作动筒和活塞)和机械反馈装置。通常使用的不可逆助力器又可分为内反馈和外反馈式两种，当忽略高频振荡模态时，助力器-舵面系统的非线性结构图如图 13-7 所示。

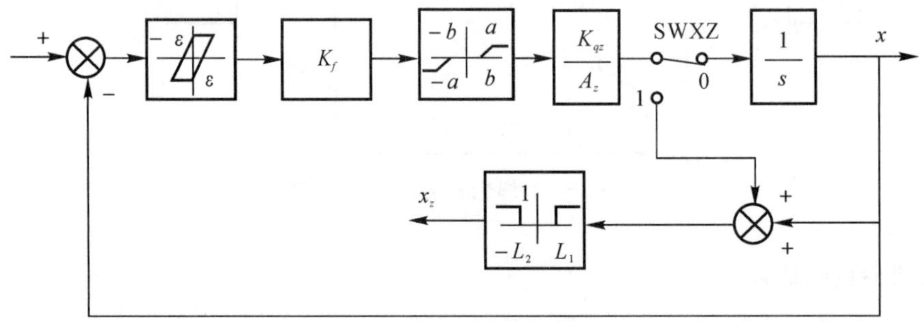

图 13-7　助力系统结构图

上图可用于飞行控制系统控制律非线性仿真计算中，没有考虑舵面负载、支撑和连接刚度以及工作油液的可压缩性。对于内反馈式助力器来说，ε 为驾驶杆系与反馈杆系之间间隙在助力器输入拉杆处的折合值(mm)，其值足够大；对于外反馈式助力器来说，ε 为反馈杆系与助力器壳体之间间隙(mm)。K_f 为助力器机械反馈系数；a 为分油活门(滑阀)最大开启量(mm)；b 为滑阀不灵敏区(mm)。K_{qz} 为滑阀流量系数(mm^3/s)；A_z 为作动器有效面积(mm^2)；L_1，L_2 为作动器最大位移(mm)，SWXZ 为助力器位移极限开关。依据提供的助力器有关数据，经过换算可以获得这些数据。

13.1.1.3　舵机回路和传感器模型的建立

(一) 舵机回路建模

在飞机上所有电动驱动力矩和驱动速度能胜任的地方，都可使用电动舵机回路，以较小的代价完成飞行控制系统驱动任务。这对于小型低速飞机来说，可省去液压能源和减轻飞机质量；在大型飞机上为了减小复杂性，电动舵机能够满足飞行控制系统的要求，采用代价较小的电动舵机也未尝不可。

对于现代高性能飞机，快速性和大功率是它的飞行控制系统的重要特点。液压式舵机回路具有这种特点，它包括伺服放大器、伺服阀和作动器。其中，包括伺服力矩马达线圈在内的伺服放大器输入为电压(V)，输出为电流(mA)，其传递函数为

$$G_F(s)=\frac{K_L}{T_L s+1} \tag{13-28}$$

伺服阀输入为电流，输出为油液流量，其传递系数为 K_{qs}(mm^3/(mA·s))；舵机作动器的输入为油液流量，输出为舵机位移，二者的传递函数为

$$G_E(s)=\frac{1}{A_p s}\frac{K_{qs}}{T_s s+1} \tag{13-29}$$

舵机回路的反馈系数为 K_{fR}(V/mm)。在不考虑非线性情况下，且当 T_L 近似为零时，线性液压舵机回路的传递函数为

$$G_s(s)=\frac{K}{s^2+2\zeta_s\omega_{ns}s+\omega_{ns}^2} \tag{13-30}$$

式中

$$K=\frac{K_L}{T_s}\frac{K_{qs}}{A_p},\quad \omega_n^2=\frac{K_L}{T_s}\frac{K_{qs}}{A_p}K_{fR},\quad 2\zeta_s\omega_{ns}=\frac{1}{T_s}=K_{vf}$$

对于电动舵机回路来说，其传递函数也可由式(13－30)表征的二阶特性表示。液压舵机回路固有频率 ω_{ns} 大约为 10 Hz，阻尼比 ζ_s 在 0.7～1 之间。

在非线性仿真计算中，应采用非线性的舵机回路，在不考虑负载和油液压缩性的情况下，非线性的液压舵机回路通常可由图 13－8 表示：

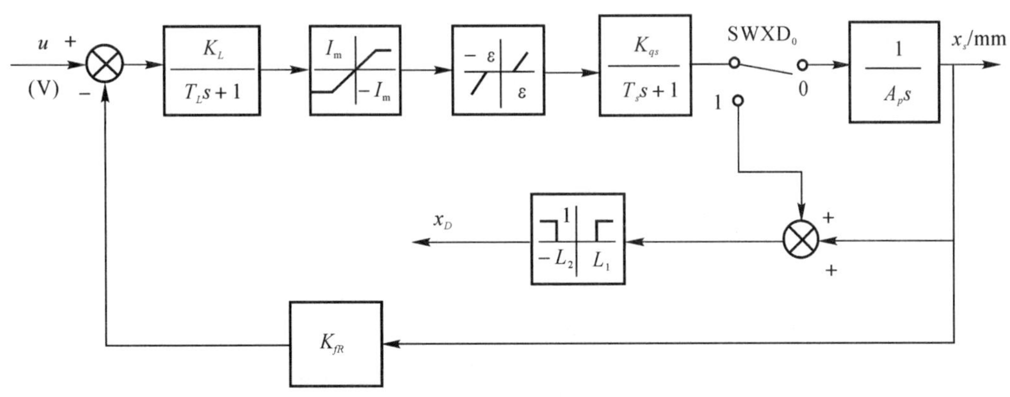

图 13－8　液压舵机回路非线性结构图

图中 I_m 是伺服放大器输出最大电流(mA)，ε 为伺服阀电流不灵敏区。L_1，L_2 为舵机最大位移(mm)。

(二) 纵向飞行控制系统测量传感器的动态特性与测量误差

飞行控制系统的变量测量传感器一般都有测量滞后，尽管是很小的。有些传感器具有明显的动态固有特性，如法向加速度计、俯仰速率陀螺和迎角传感器等，因为它们像弹簧-质量块系统那样，具有二阶振荡特性。基于大气压力测量原理的变量传感器，通常存在一阶惯性延迟或纯时延，它们的时间常数与管路长度和容积大小有关。但是，另外一些传感器提供的测量数据，实际上是没有滞后的，例如，姿态陀螺就在此列。它所测量的是一个空间坐标固定的惯性质量相对固连在飞机上的壳体的角度。由无线电技术测量方法获得的测量变量传输存在时间滞后，它的大小可能是毫秒级的。最后还应指出，数据模-数、数-模转换当中的采样、量化、传输和处理以及滤波计算过程中也存在时间延迟，尽管对系统调整过程影响甚小，但仍有可能使计算步长增长，或计算精度降低。

管路长度和容积大小影响的高度、空速和升降速度测量传感器的时间延迟可用一阶惯性环节来表征：

$$G_A(s)=\frac{K_A}{T_As+1} \tag{13-31}$$

对于高度表来说，时间常数 T_A 在 0.3～1 s 范围内；对于空速表来说，T_A 在 0.2～0.5 s 范围内；对于升降速度表来说，T_A 在 0.5～2.0 s 范围内。对于这样大的时间常数的动态环节，和飞机运动固有特性接近，势必影响飞机-飞行控制系统组合体的稳定性和响应特性，必须采用有效的相位超前校正法，以抵消这些大气数据传感器带来的相位滞后。

对于纵向控制系统而言，法向过载传感器、俯仰速率陀螺和迎角传感器的动态特性都可由二阶振荡模态表示：

$$G_0(s)=\frac{K\omega_0^2}{s^2+2\zeta_0\omega_0s+\omega_0^2} \tag{13-32}$$

其中法向加速度的特征频率在 20～80 Hz 范围内，阻尼比在 0.2～1.0 范围内；俯仰角速率陀螺的特征频率在 10～30 Hz 范围内，阻尼比在 0.7～1.0 范围内；迎角传感器的特征频率在 5～20 Hz 范围内，对于压差式迎角传感器来说，阻尼比在 0.5～1.0 范围内，而风标式迎角传感器的阻尼比则小得多，在 0.05～0.2 之间。这三种传感器的特征频率如此之高，故在飞行控制系统设计中，可不必考虑它们的动态特性。

对于测量设备的动态特性，需要检查它对控制系统过程影响到何种程度，确定是否在控制器设计中可以略去。绝大多数的传感器确实属于这种情况，因为与控制对象时间常数（或固有频率）相比，它们的动态时间常数要小得多。对于刚体飞机运动的带宽小于 1 Hz，如果传感器输入-输出频率响应在 1 Hz 处的相位滞后仅仅有几度，那么就不必要计较测量传感器的动态特性了。但是，对于气动-弹性模态特征频率不是特别高的弹性飞机来说，在弹性模态稳定性分析中，需要考虑某些测量传感器的动态特性，例如俯仰角速率陀螺，在分析中不仅要考虑它的动态特性，而且还要考虑它对气动-弹性振型的敏感。传感器在机上的安装位置是有要求的，为减小加速度计对弹性模态的敏感，它应装于弹性振型驻点处，这样又将产生测量误差，在仿真计算研究中，应考虑它所测量的俯仰角加速度产生的误差影响；对于俯仰角速率陀螺应装于一阶弹性振型的波腹处，否则使用合适时间常数的陷波滤波器，以衰减弹性模态幅值。在飞行控制系统的线性和非线性仿真计算研究中，必须考虑结构滤波器对系统稳定性和时域响应特性的影响。

测量反馈变量的传感器另外一个重要问题是测量误差。如远离重心安装的法向过载传感器，它所测量的俯仰角加速度分量便是它的测量误差。又如传感器的不灵敏区也给传感器带来测量误差。在系统的非线性测试计算中，对一些可能的足够大的测量误差，必须计入系统回路中，用以分析它对系统特性的影响。

传感器测量误差产生的原因很多，主要包括以下几点：

1）飞机运动量与测量变量之间的关系不直接、不准确。如高度与静压的关系，按标准大气换算出的高度不等于实际大气状态换算出的高度，何况管路传输和膜盒容积带来延时。地面上各种大小的物体给无线电高度表测量信号带来干扰。对于这些不确定的时变影响，只能作一些不够明确的估计和进行一些十分有限的校正。

2）传感器结构特性带来的测量误差。这种误差除动态特性外，还包括死区、饱和以及各种各样的单值非线性和非单值非线性特性（包括继电、摩擦、滞环、间隙等）。如果它们可能对系统稳定性和响应特性有明显影响的情况，在系统分析和非线性仿真中，应该引入它们。尤其是在精确控制中应该考虑不灵敏区的影响，在大机动操纵中应该考虑饱和特性的影响。通常不灵敏区与饱和特性是矛盾的，灵敏度高的传感器往往测量范围变小；相反，测量范围大的传感器往往灵敏度不够。因此，对不灵敏区和饱和特性应该折中要求。

3）传感器安装位置与测量方向存在误差也会带来测量误差，除在机上安装有公差要求外，不可避免的安装误差（如加速度计不能严格地装在重心位置上），必须在仿真计算中校验它对系统性能的影响，视其影响大小给予合适的修正。

还有一些测量数据转换、传输和处理等方面带来的测量数据误差，通常是控制系统可以容忍的，不必要对它们修改和补偿。不合理的修改和补偿还会带来其他方面的影响和高昂的代价。

13.1.2 纵向运动飞行品质的改善

13.1.2.1 短周期运动特性

短周期运动特性包括短周期振荡频率和阻尼比、过载-杆力特性和抗干扰能力等。为了提高短周期振荡阻尼，可以通过下列反馈与控制变量实现：

1）$\omega_z \to \delta_z$，把俯仰角速度反馈到升降舵（或全动平尾）上，用以人工产生 $\mu_z^{\omega_z}$；

2）$\alpha \to \delta_f$，把飞行迎角反馈到襟翼上，用以人工产生 y^α。

对于第一种情况（$\omega_z \to \delta_z$）相当于通常称谓的俯仰阻尼器或纵向阻尼器。所谓“阻尼器”是否能表征它的实质作用，不如由我国驾驶员起名为“减摆器”更具有直观性。对于第二种反馈（$\alpha \to \delta_f$），至今尚极少使用，因为没有有效的直接力控制面，对襟翼的控制需要大的功率，但难以保证快速控制性能（小的惯性时间常数)。当 y^{α} 值足够大时,$\omega_z \to \delta_z$ 反馈在增加短周期振荡阻尼的同时,也增大了短周期特征频率。

短周期特征频率的增加可以用 $\alpha \to \delta_z$ 或 $n_y \to \delta_z$ 反馈来实现,它可人工增大 μ_z^{α} 的绝对值。然而,由于迎角的测量代价太大,且受到测量误差的影响,利用 $n_y \to \delta_z$ 反馈增加短周期特征频率更为合算。

为了完全地改进短周期特征频率和阻尼,除同时引入 $n_y \to \delta_z$ 和 $\omega_z \to \delta_z$ 反馈外,可以引入 $\dot{\omega}_z \to \delta_z$ 反馈,因为 $\dot{\omega}_z$ 是 ω_z 和 α 的线性组合;也可引入 ω_z 的滞后微分和滞后两种反馈,前者用以提高短周期振荡阻尼,后者用以提高短周期特征频率。

下面将按PD和PID两种结构形式的短周期运动特性改善的纵向阻尼器、增稳和控制增稳系统实施初步设计和讨论。

(一) 纵向阻尼器

对于某飞机,在整个飞行包络内飞行时,大多数飞行状态的短周期特征频率 ω_{ns} 满足规范指标1级要求,很少有不满足 2 级要求的;然而,在大多数飞行状态中,短周期阻尼满足一级要求的很少,满足 2 级或 3 级要求的居多。为了有效地改善短周期运动阻尼,采用代价最小的 $\omega_z \to \delta_z$ 反馈构成的俯仰阻尼器是最合理的方案。由于现代超声速飞机上存在着不可逆助力操纵系统,为了使阻尼器工作时,不影响驾驶员正常操纵和毫无感觉,而仅仅增加短周期运动阻尼而已,采用串联式舵机,与人工操纵杆系并行控制助力器和全动平尾(或升降舵)。作为调节器的舵机回路在 $\omega_z \to \delta_z$ 反馈回路内。阻尼器的作用仅仅为减少驾驶员操纵和大气扰动响应特性的振荡次数和相应的振幅,有限舵机权限使舵面偏度仅占最大偏度的 5% ~ 10%。这便有效地提高了阻尼器的安全性,即使是舵机位移卡在极限位置也不致引起灾难性事故。足够小的反馈增益保证了足够小的舵机位移和速度,然而由此形成的动态调节因子不足以改善大气扰动的影响。因此,这种简单结构的控制器,其控制功能也是有限的。

足够大的升力系数 y^{α},使 $\omega_z \to \delta_z$ 比例反馈的俯仰阻尼器增大了短周期特征频率和减小了单位杆力产生的过载,使驾驶员的正常机动操纵稳态响应减小,为此,选择一个合适时间常数的高通网络(如$\dfrac{Ts}{Ts+1}$),以阻塞俯仰速率稳态值对操纵量的减小。

另外,当飞机在稳定转弯过程中,由于速率陀螺的正常测量轴方向与机体轴系 Oz_t 相同,在盘旋角速度矢量垂直地面和飞机协调转弯倾斜飞行时,俯仰角速率陀螺按式

$$\omega_z = -\dot{\psi}\sin\gamma\cos\vartheta \tag{13-33}$$

计算敏感转弯角速度分量,由于在协调转弯中,无论左盘旋或是右盘旋,$\dot{\psi}$ 与 γ 的极性总是相反的,致使它所导致的俯仰速率总为正值,即在盘旋过程中,$\omega_z \to \delta_z$ 的比例反馈使

$$\delta_z = K_z^{\omega_z}\omega_z \tag{13-34}$$

总为正值,因此,具有俯仰角速率比例反馈的纵向阻尼器,使飞机在盘旋中总是趋于下俯(低头) 方向运动。显然这是不希望的,为此在反馈回路引入高通网络也是很有必要的。

这样一来,纵向运动阻尼器的控制律可由下式表示:

$$\delta_z = K_z^{\omega_z}\frac{Ts}{Ts+1}\omega_z + K_{ex}x_e \quad \text{或} \quad \delta_z = K_z^{\omega_z}\frac{Ts}{Ts+1}\omega_z + K_{eF}F_e \tag{13-35}$$

式中,$K_{eF} = \dfrac{x_{eA}}{F_{eA}}\dfrac{K_{ex}}{R_A^2}$。这样一来,理想的纵向阻尼器闭环回路方块图如图 13-9 所示。其飞机-纵向阻尼器闭环系统 ω_z,α 对 x_e 的传递函数分别由式(13-36)、式(13-37) 表示。

$$\frac{\omega_z}{x_e}(s) = \frac{K_{ex}\mu_z^{\delta_z}(s+y^{\alpha})\left(s+\dfrac{1}{T}\right)}{s^3+\left(2\zeta_s\omega_{ns}+\dfrac{1}{T}-K_z^{\omega_z}\mu_z^{\delta_z}\right)s^2+\left(\omega_{ns}^2+\dfrac{2}{T}\zeta_s\omega_{ns}-K_z^{\omega_z}\mu_z^{\delta_z}y^{\alpha}\right)s+\dfrac{\omega_{ns}^2}{T}} \tag{13-36}$$

$$\frac{\alpha}{x_e}(s) = \frac{K_{ex}\mu_z^{\delta_z}\left(s+\dfrac{1}{T}\right)}{s^3+\left(2\zeta_s\omega_{ns}+\dfrac{1}{T}-K_z^{\omega_z}\mu_z^{\delta_z}\right)s^2+\left(\omega_{ns}^2+\dfrac{2}{T}\zeta_s\omega_{ns}-K_z^{\omega_z}\mu_z^{\delta_z}y^{\alpha}\right)s+\dfrac{\omega_{ns}^2}{T}} \tag{13-37}$$

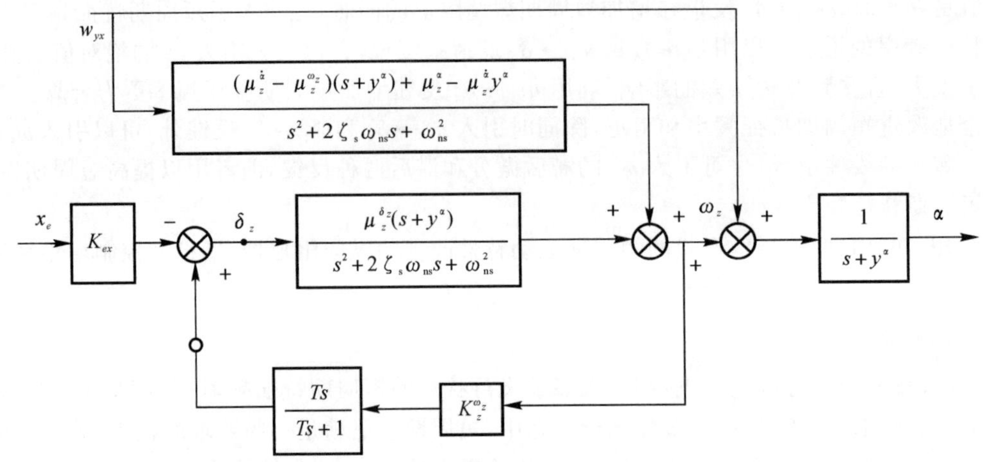

图 13-9 纵向阻尼器闭环回路方块图

（图中，· — 助力器所在位置， ◦ — 舵机回路所在位置。忽略二者动态特性，且传动比为“1”。）

如果选择的高通网络时间常数 $T\approx 1/y^\alpha$，那么式(13-36)和式(13-37)便可得到简化：

$$\frac{\omega_z}{x_e}(s)=\frac{K_{ex}\mu_z^{\delta_z}(s+y^\alpha)}{s^2+(2\zeta_s\omega_{ns}-K_z^{\omega_z}\mu_z^{\delta_z})s+\omega_{ns}^2} \tag{13-38}$$

$$\frac{\alpha}{x_e}(s)=\frac{K_{ex}\mu_z^{\delta_z}}{s^2+(2\zeta_s\omega_{ns}-K_z^{\omega_z}\mu_z^{\delta_z})s+\omega_{ns}^2} \tag{13-39}$$

这样一来，便可由等式

$$2\zeta_s\omega_{ns}-K_z^{\omega_z}\mu_z^{\delta_z}=2\zeta'_s\omega_{ns} \tag{13-40}$$

给定一个合适的闭环阻尼比 ζ'_s，初步获得俯仰速率 ω_z 反馈增益 $K_z^{\omega_z}$ 的名义值。

由图 13-9 可以获得闭环系统 ω_z 和 α 对 w_{yx} 的传递函数近似表达式为

$$\frac{\omega_z}{w_{yx}}(s)=\frac{(\mu_z^{\dot\alpha}-\mu_z^{\omega_z})(s+y^\alpha)-\mu_z^{\dot\alpha}y^\alpha+\mu_z^\alpha}{s^2+(2\zeta_s\omega_{ns}-K_z^{\omega_z}\mu_z^{\delta_z})s+\omega_{ns}^2} \tag{13-41}$$

$$\frac{\alpha}{w_{yx}}(s)=\frac{s-2\mu_z^{\omega_z}-K_z^{\omega_z}\mu_z^{\delta_z}}{s^2+(2\zeta_s\omega_{ns}-K_z^{\omega_z}\mu_z^{\delta_z})s+\omega_{ns}^2} \tag{13-42}$$

由式(13-41)和式(13-42)可知，如图 13-9 所示纵向阻尼器对于减小垂直风切变 w_{yx} 对俯仰速率 ω_z 的扰动响应是有作用的；然而，对于垂直风切变 w_{yx} 对迎角 α 扰动响应也有不大的抑制作用。

对于现代高机动飞机来说，协调转弯中产生过大的倾斜角，这个信号往往使阻尼器达到饱和，即便有高通滤波器也难防止这种现象的产生，需要利用直接预置值方法给予克服。

机体轴系与地面轴系的转换关系决定的 $\dot\psi$，ω_z 的表达式为

$$\left.\begin{aligned}\dot\psi&=\frac{1}{\cos\vartheta}(\omega_y\cos\gamma-\omega_z\sin\gamma)\\ \omega_z&=\dot\vartheta\cos\gamma-\dot\psi\sin\gamma\cos\vartheta\end{aligned}\right\} \tag{13-43}$$

无侧滑的侧力方程静平衡的近似关系为

$$\omega_y=-\frac{g}{v_0}\sin\gamma \tag{13-44}$$

在 $\dot\vartheta\approx 0$，$\vartheta\approx 0$ 的情况下，由式(13-43)和式(13-44)得到

$$\dot\psi=-\frac{g}{v_0}\tan\gamma \tag{13-45}$$

再将式(13-45)代入式(13-43)得到

$$\omega_z = \frac{g}{v_0} \frac{\sin^2\gamma}{\cos\gamma} \tag{13-46}$$

可见，不管$\dot{\psi}$为正还是为负，$\dot{\psi}$在机体轴z_t上的分量ω_z总为正值，其大小由式(13-46)决定。因此，ω_z反馈使得δ_z正值变化，从而飞机将下俯飞行。在大倾斜角转弯时，为了不使纵向阻尼器达到饱和，将式(13-46)表示的俯仰角速率ω_z的预置量与ω_z反馈综合，如图13-10所示。由理想的纯比例ω_z反馈的纵向阻尼器，y^α比较大，使得它不仅能有效地改善短周期振荡阻尼，也能改善短周期特征频率。这种预置法设计的纵向阻尼器，已用在高机动性战斗机上，而且也可用于运输类飞机的现代数字控制系统中。

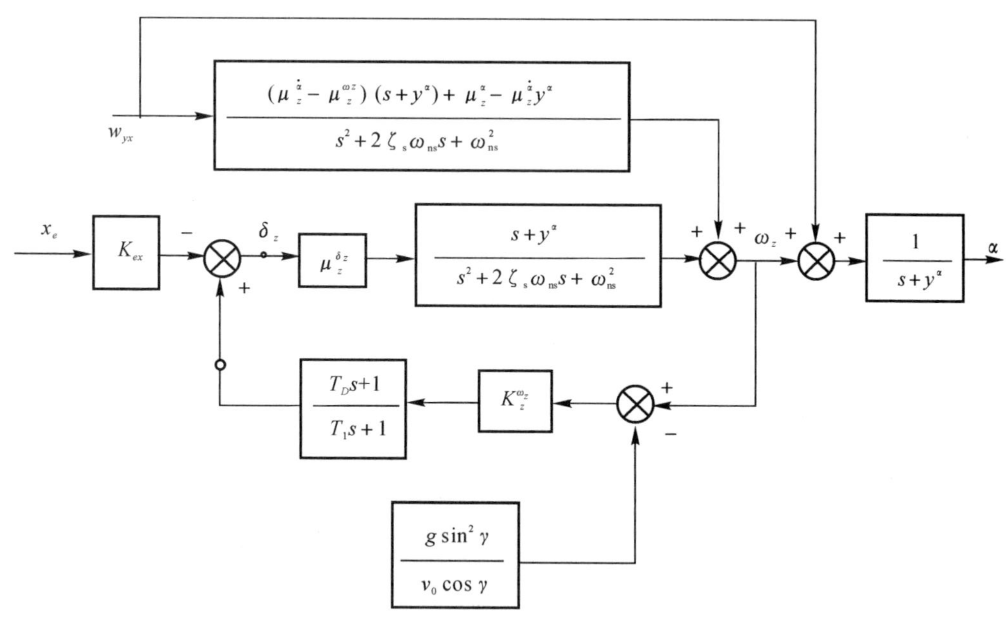

图 13-10　倾斜角预置补偿式纵向阻尼器原始模型

对于图13-10所示结构的纵向阻尼器，其设计准则为短周期振荡频率和阻尼比，因此极点配置法适用于这种控制器的设计。然而，更直观的是特征多项式系数的配置，这是对于一个简单的二阶特征方程来说的。特征方程系数配置更为简单和合理。对于短周期模态动态准则所要求的n_y和α的稳态比值是难以由$\omega_z \to \delta_z$反馈来改变的。运动变量$\dot{\omega}_z$，ω_z和n_y响应特性的改变，也是只能通过$\omega_z \to \delta_z$反馈来改变传递函数极点，而不能改变其零点。特征方程系数配置法，用于短周期特征频率和阻尼比改善的设计中，是最有效和最常用的设计方法。

由$\omega_z \to \delta_z$比例反馈构成的纵向阻尼器，尤其是反馈增益固定不变的情况下，难以同时满足各种飞行状态的短周期特性准则。如果加入PD-T_1滤波器，即ω_z反馈通过滤波器

$$W_1(s) = \frac{T_D s + 1}{T_1 s + 1} \tag{13-47}$$

进入调节器中，便可得到较好的结果。如果选择$T_1 = \dfrac{1}{y^\alpha}$，那么，由图13-10得到的闭环传递函数便可简化为

$$\frac{\omega_z}{x_e}(s) = \frac{K_{ex}\mu_z^{\delta_z}(s+y^\alpha)}{s^2+\left(2\zeta_s\omega_{ns}-\dfrac{T_D}{T_1}K_z^{\omega_z}\mu_z^{\delta_z}\right)s+\left(\omega_{ns}^2-\dfrac{1}{T_1}K_z^{\omega_z}\mu_z^{\delta_z}\right)} \tag{13-48}$$

$$\frac{\alpha}{x_e}(s) = \frac{K_{ex}\mu_z^{\delta_z}}{s^2+\left(2\zeta_s\omega_{ns}-\dfrac{T_D}{T_1}K_z^{\omega_z}\mu_z^{\delta_z}\right)s+\left(\omega_{ns}^2-\dfrac{1}{T_1}K_z^{\omega_z}\mu_z^{\delta_z}\right)} \tag{13-49}$$

如果选择的T_D和$K_z^{\omega_z}$满足

$$\omega_{\mathrm{ns}}'^{2}=\omega_{\mathrm{ns}}^{2}-\frac{1}{T_1}K_z^{\omega_z}\mu_z^{\delta_z} \tag{13-50}$$

$$2\zeta_{\mathrm{s}}'\omega_{\mathrm{ns}}'=2\zeta_{\mathrm{s}}\omega_{\mathrm{ns}}-\frac{T_D}{T_1}K_z^{\omega_z}\mu_z^{\delta_z} \tag{13-51}$$

式中，ω_{ns}'，ζ_{s}'为短周期运动准则期望值。那么对于每个飞行状态将存在一组 T_1，T_D 和 $K_z^{\omega_z}$ 值。可以按动压 q_c 和静压 p_s 或者飞行高度 H 和马赫数实施二重插值法获得整个飞行包络内各个飞行状态的纵向阻尼器参数 T_1，T_D 和 $K_z^{\omega_z}$ 的名义值。从而获得较好的闭环稳定性和响应特性。

对应图 13－10 的动态调节因子为

$$r(s)=\frac{s^2+2\zeta_{\mathrm{s}}\omega_{\mathrm{ns}}s+\omega_{\mathrm{ns}}^2}{s^2+2\zeta_{\mathrm{s}}'\omega_{\mathrm{ns}}'s+\omega_{\mathrm{ns}}'^2} \tag{13-52}$$

它将随 ω_{ns}'，ω_{ns} 和 ζ_{s}'，ζ_{s} 差值的增加，对扰动响应的抑制能力增大。然而，有限的差值使 $r(s)$ 不能足够小，因此，图 13－10 所示纵向阻尼器对垂直风切变等大气扰动响应的抗干扰能力也是有限的。

纵向阻尼器的 ω_z 反馈可能会激发气动弹性振荡，甚至会出现不稳定的弹性振荡。通过安装俯仰速率陀螺于弹性振型波腹处以改善气动弹性振荡这是难以工程实现的。如果短周期振荡和弹性振荡模态之间，在特征频率方面存在较大间隔时，可以通过低通滤波器或陷波滤波器来抑制这种高频弹性振荡。如果两种频率之间的比值小于 10，那么利用陷波器的办法也难奏效。必须在闭环系统设计中，引入相位超前滤波器，使系统满足相位稳定条件。

从以上分析可知，纵向阻尼器可有效地改善飞机短周期振荡阻尼，在一定程度上也能增加短周期特征频率，然而，阻尼器的作用还要受到某些因素的限制：

其一，由于可靠性的原因，阻尼器结构应尽量简单，它只把一个测量变量与一个调节变量连接起来；

其二，由于舵机回路的机械输出机构与驾驶杆系传动链总和控制舵面偏转作动器，从安全角度考虑舵机最大行程不宜太大；

其三，为了基本保持原飞机的指令操纵特性和机动性，无指令输入的反馈控制器要求反馈增益足够的小，仅仅能够改善操纵响应阻尼那么大就可以了。

因此，权限这样小的阻尼器难以抑制大气扰动响应。可以利用附加的指令通过宽频带的舵机回路操纵助力器，从而允许大的调节器权限和高的反馈增益，即采用控制增稳或电传操纵系统，可使控制系统的种种约束减少，从而获得更高的大气扰动抑制效能。这种控制器的设计将在下一节进行讨论。

（二）纵向增稳系统和控制增稳系统

ζ_{s} 和 ω_{ns} 反映了飞机纵向短周期运动特性的最简单的飞行品质。纵向阻尼器可有效地提高短周期阻尼比 ζ_{s}，也能在一定程度上提高短周期特征频率 ω_{ns}。具有 $n_y,\alpha,\omega_z\rightarrow\delta_z$ 反馈的增稳系统(SAS)、控制增稳系统(CAS) 和电传控制系统(FBW)，不仅能有效地提高短周期阻尼，还能有效地提高短周期特征频率。补偿飞机纵向静稳定性的不足。由于法向过载

$$n_y=\frac{v}{g}(y^{\alpha}\alpha+y^{\delta_z}\delta_z) \tag{13-53}$$

在 y^{δ_z} 很小的情况下，可简化为

$$n_y=\frac{v}{g}y^{\alpha}\alpha \tag{13-54}$$

因此，在理想情况下，带有这三种纯比例反馈控制的增稳系统，在得到

$$\omega_{\mathrm{ns}}'^{2}=\omega_{\mathrm{ns}}^{2}-\mu_z^{\delta_z}\left(y^{\alpha}K_z^{\omega_z}+K_z^{\alpha}+\frac{v}{g}K_z^{n_y}\right) \tag{13-55}$$

$$2\zeta_{\mathrm{s}}'\omega_{\mathrm{ns}}'=2\zeta_{\mathrm{s}}\omega_{\mathrm{ns}}-\mu_z^{\delta_z}K_z^{\omega_z} \tag{13-56}$$

的同时，这三种反馈都能改善“8785C”中关于飞机纵向短周期特征频率和加速度灵敏度要求，即满足操纵期望参数 CAP 值的规范要求，因为

$$\mathrm{CAP}=\frac{\omega_{\mathrm{ns}}^2}{n/\alpha}=\frac{mgb_A}{J_z}(\bar{x}_F-\bar{x}_G)-\mu_z^{\delta_z}\left[K_z^n+\frac{g}{v}\left(K_z^{\omega_z}+\frac{K_z^{\alpha}}{y^{\alpha}}\right)\right] \tag{13-57}$$

式中，$\bar{x}_F=\dfrac{x_F}{b_A}$，$\bar{x}_G=\dfrac{x_G}{b_A}$，其中 b_A 为机翼的平均气动弦，x_F 和 x_G 分别为全机焦点和飞机重心距 b_A 前缘的距离。

然而，短周期特征频率二次方值 ω_{ns}^2 的增加，使杆力（或杆位移）操纵响应稳态值降低，使得 ω_{ns} 的增加和 CAP 的改善受到限制。因此，在早期的具有纯比例的 $n_y(\alpha)$，$\omega_z\to\delta_z$ 反馈构成的增稳系统，具有反馈增益低和舵机位移权限小的特点。随着元、部件可靠性的提高和余度技术的发展，大权限和高增益的控制增稳系统便产生了。它不仅能有效地改善短周期模态特性和 CAP 值，还使法向过载随杆力操纵具有良好的线性特性。在纵向控制增稳系统中引入法向过载反馈比迎角反馈更为合理；同时，还引入附加的杆力指令信号。

为了进一步改善杆力 /g 特性，在杆力指令和 n_y 反馈总和后的前向通路中不仅具有比例控制，还设置了一个与直接链并联的积分器。比例加积分控制实现了中性速度稳定性，使飞机在任何非机动飞行中，驾驶杆处于松杆状态的中立位置。积分的作用使任何非指令的法向加速度减小到零，使飞机随飞行速度或高度的改变而自动保持配平状态。

1. 纵向比例式增稳系统

一种短周期模态的纵向比例式增稳系统的结构图如图 13-11 所示。图中 K_{ex} 为杆位移至平尾偏度（顺气流）的传动比，由式（13-16）表示，K_{ex} 是 q_c，p_s 的函数。

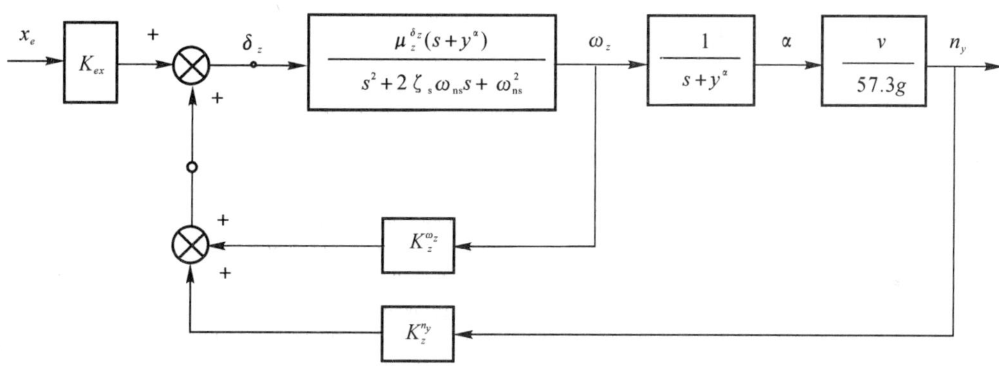

图 13-11　一种纵向比例式增稳系统结构图

对应图 13-11 所示俯仰增稳系统原始模型的实际系统，在前向通路中总和号之后是助力器模型，在反馈回路中总和号之后是舵机回路，为便于简化分析，在此忽略它们的动态特性影响。由图 13-11 可方便地得到俯仰增稳系统闭环传递函数

$$\frac{\omega_z}{x_e}(s)=\frac{K_{ex}\mu_z^{\delta_z}(s+y^{\alpha})}{s^2+(2\zeta_s\omega_{\mathrm{ns}}-K_z^{\omega_z}\mu_z^{\delta_z})s+\left[\omega_{\mathrm{ns}}^2-\mu_z^{\delta_z}\left(K_z^{\omega_z}y^{\alpha}+K_z^{n_y}\dfrac{v}{57.3g}\right)\right]} \tag{13-58}$$

$$\frac{\alpha}{x_e}(s)=\frac{K_{ex}\mu_z^{\delta_z}}{s^2+(2\zeta_s\omega_{\mathrm{ns}}-K_z^{\omega_z}\mu_z^{\delta_z})s+\left[\omega_{\mathrm{ns}}^2-\mu_z^{\delta_z}\left(K_z^{\omega_z}y^{\alpha}+K_z^{n_y}\dfrac{v}{57.3g}\right)\right]} \tag{13-59}$$

$$\frac{n_y}{x_e}(s)=\frac{K_{ex}\mu_z^{\delta_z}\dfrac{v}{57.3g}}{s^2+(2\zeta_s\omega_{\mathrm{ns}}-K_z^{\omega_z}\mu_z^{\delta_z})s+\left[\omega_{\mathrm{ns}}^2-\mu_z^{\delta_z}\left(K_z^{\omega_z}y^{\alpha}+K_z^{n_y}\dfrac{v}{57.3g}\right)\right]} \tag{13-60}$$

可以按照二阶系统特征系数配置法确定 ω_z 和 n_y 的反馈系数 $K_z^{\omega_z}$ 和 $K_z^{n_y}$。然而，在确定特征系数之前应首先按最佳的操纵期望参数 CAP 的表达式确定希望的闭环短周期特征频率 ω_{ns}'，即由式

$$\mathrm{CAP}=\frac{\omega_{\mathrm{ns}}'^{2}}{n/\alpha} \tag{13-61}$$

$$\frac{n}{\alpha}=\frac{v}{g}\frac{y^{\delta_z}\mu_z^{\alpha}-y^{\alpha}\mu_z^{\delta_z}}{\mu_z^{\omega_z}y^{\delta_z}-\mu_z^{\delta_z}}\approx\frac{v}{g}y^{\alpha}\quad y^{\delta_z}\approx 0) \tag{13-62}$$

按不同飞行状态(高度 H 和马赫数)的 y^{α} 和 v 确定 n/a,再由 n/a 值在 $\omega_{\mathrm{ns}}\sim n/a$ 规范要求图上获得期望的闭环短周期特征频率 ω_{ns}',并给出闭环短周期振荡阻尼比 ζ_{s}',从而按系数配置法得到反馈增益 $K_z^{\omega_z}$ 和 $K_z^{n_y}$。为了防止单纯增稳系统对操纵的不利影响,选择的反馈增益 $K_z^{\omega_z}$,$K_z^{n_y}$ 不够大,致使这种增稳系统对大气扰动响应抑制效果不明显。

2. PI 型法向过载和俯仰速率指令增稳系统

一种比例加积分式法向过载指令增稳系统原始模型结构图如图 13-12 所示。

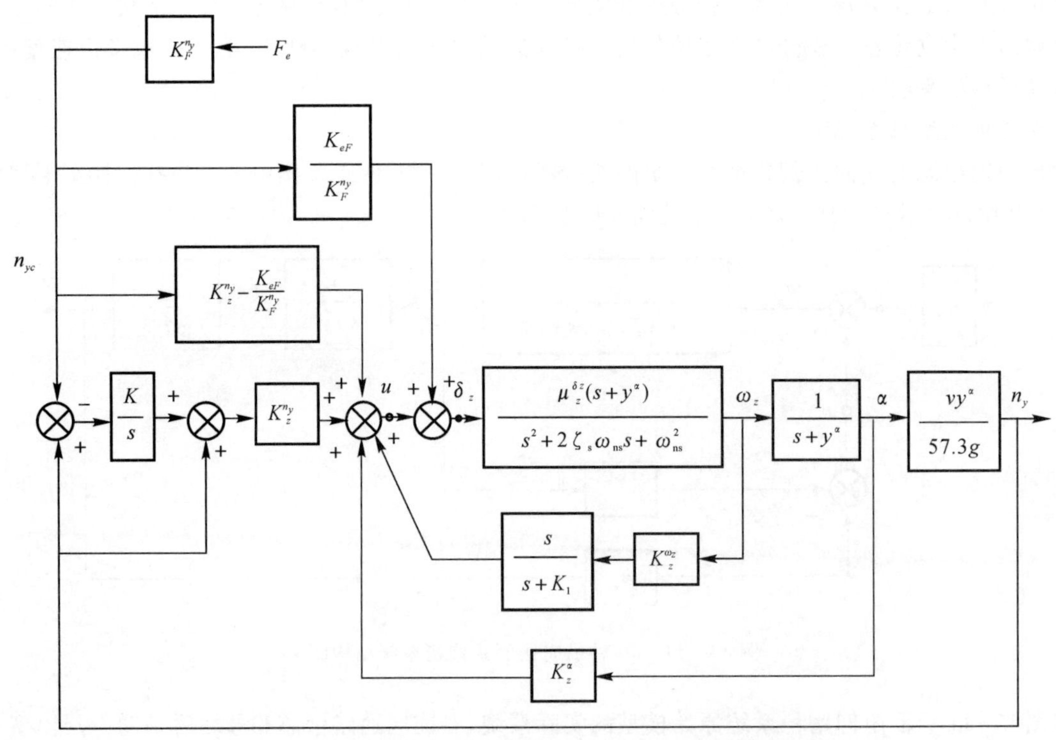

图 13-12　PI 型法向过载指令控制增稳系统原始模型结构图

图中 K_{eF} 是驾驶杆力至平尾偏度(顺气流)的传动比,由图 13-6 得到

$$x_e=\frac{1}{R_A^2}\frac{x_{eA}}{F_{eA}}F_e \tag{13-63}$$

$$K_{eF}=\frac{\delta_z}{F_e}=\frac{\delta_z}{x_e}\frac{x_e}{F_e}=\frac{K_{ex}}{R_A^2}\frac{x_{eA}}{F_{eA}} \tag{13-64}$$

式中,$K_F^{n_y}$ 是由期望的杆力 /g 特性决定的给定法向过载与杆力的比例因子,可根据规范要求给定。在图 13-12 中环节$\frac{K_{eF}}{K_F^{n_y}}$表征了纵向操纵系统的机械输入。在"• "处存在助力器环节,在此忽略其动态特性,且传动比为 1;在"∘"处存在舵机回路,忽略其动态特性,且传动比为 1。为了便于分析与设计,将图 13-12 所示法向过载指令控制增稳系统化简为典型的 PI 型结构,如图 13-13 所示。

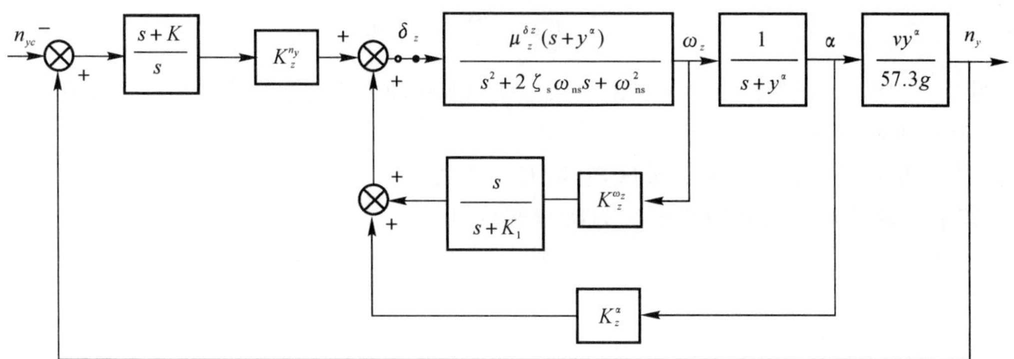

图 13－13　PI 型法向过载指令控制增稳系统原始模型简化结构图

如图 13－12 和图 13－13 所示，为了产生良好的杆力 /g 特性和短周期运动特性，对 PI 型纵向控制增稳系统采用法向过载、迎角和俯仰速率反馈。这种具有良好杆力 /g 特性的 PI 型法向过载指令增稳系统工作模式称为中性速度稳定的操纵模式。但是，这种模式在垂直风切变扰动下，会引起较大的 ω_z 反应。因此，在平直飞行状态或等速起飞爬升和下滑着陆时，为减小大气紊流干扰，当 $F_e < F_0$（杆力启动力）时，转换为如图 13－14 所示中性速度稳定的稳定模式。

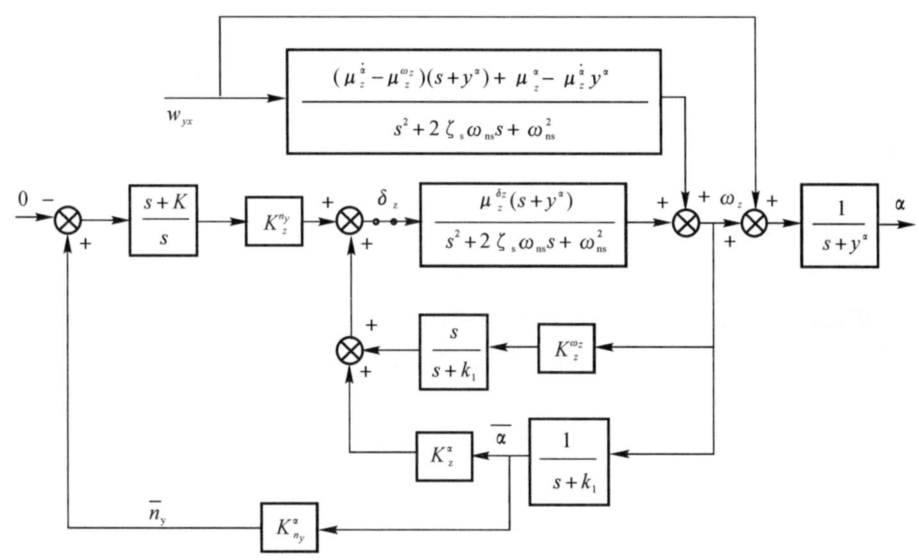

图 13－14　PI 型增稳系统中性速度稳定的稳定模式结构图

对于中性速度稳定的 CAS 操纵模式，如果杆力操纵信号驱动舵机产生位移，在整个操纵过程中，能够抵消操纵链位移对助力器的作用，那么，在 CAS 操纵模式，飞机的运动响应将不受操纵链位移控制，完全受控于控制增稳系统的指令信号。在前向积分器前总和的法向加速度信号除改善每 g 杆力 / 特性外，还可有效地提高纵向稳定性，使短周期频率满足操纵期望参数（CAP）以及每 g 杆力要求，以及实现法向过载的自动配平；在前向积分器后，总和的 α 反馈和 ω_z 反馈，以提高飞机-增稳系统合适的动态特性，包括短周期阻尼比和一个合适的闭环实极点。当 α 传感器的代价足够大时，可采用法向过载反馈代替，因为

$$n_y \approx \frac{vy^{\alpha}}{57.3g}\alpha \tag{13-65}$$

图 13－14 所示抑制大气紊流的 PI 型 CAS 稳定模式的作用将在后文介绍。

3. 法向过载指令增稳系统的杆力 /g 特性

图 13－12 中给出的杆力 /g 特性

$$K_F^{n_y} = \frac{n_{yc}}{F_e} \tag{13-66}$$

可根据图 12－5 所示要求给出。对于有限权限串联伺服作动方式的法向指令增稳系统来说，$K_F^{n_y}$ 应与飞机自身的杆力特性近似一致。一个典型例子如图 13－15 所示。

在驾驶杆中立位置处存在一个不灵敏区，它应对应驾驶杆启动力，应能满足规范对启动力的要求。为防止舵机-助力器工作中可能出现的力反传造成的驾驶杆无规则移动，驾驶杆启动力应足够大，并相应地提高杆力指令信号不灵敏区。如图 13－15 所示，在驾驶杆中立位置附近提供一个小的指令梯度，而当接近驾驶杆全偏时，提供大的增益。这种增益整型方法，无论驾驶杆小偏度或大偏度，除应满足机动飞行中的操纵力和操纵位置要求外，还应防止在驾驶杆中立位置附近出现过分的操纵灵敏度；大杆力对应大指令增益，是为了充分发挥飞机潜在的机动能力。

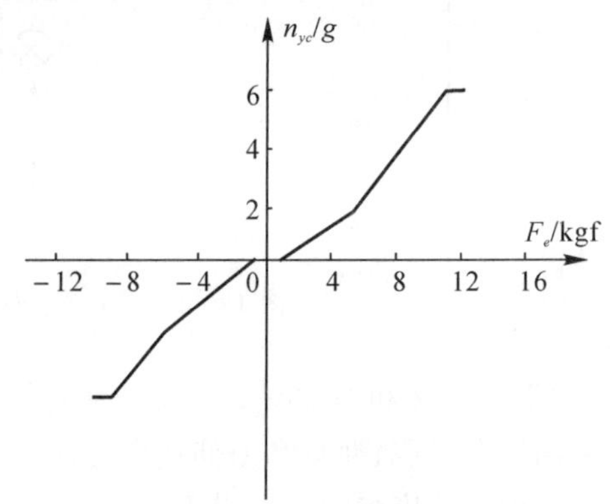

图 13－15　给定法向过载与驾驶杆力的非线性特性

前向积分器的作用，使得大速度模式的实际过载 n_y 等于给定过载 n_{yc}，实际的杆力 /g 特性可完全同图 13－15 所示。参数 $\mathrm{d}F_e/\mathrm{d}n$（或 $\mathrm{d}x_e/\mathrm{d}n$）是飞机的重要机动特性之一。通常在低杆力段 $\mathrm{d}F_e/\mathrm{d}n \approx 2.5$ kg/g，在大杆力段 $\mathrm{d}F_e/\mathrm{d}n \approx 1.5$ kg/g。通常，战斗机的法向过载范围为 $-4g \sim 7g$ 之间。在小速度飞行状态，俯仰角速率和法向过载的混合反馈，使得 $\mathrm{d}F_e/\mathrm{d}n$ 增大，这是驾驶员所希望的。由图 13－6 可知，非线性的杆力-杆位移特性，使得通常小杆力段 $\mathrm{d}x_e/\mathrm{d}n$ 在 $7 \sim 20$ mm/g 之间，大杆力段 $\mathrm{d}x_e/\mathrm{d}n$ 在此 $0 \sim 90$ mm/g 范围内。高、低限的存在是由大、小力臂状态决定的。

4. 控制增稳系统作动方式的选择

由图 13－12 可知，对于通常由驾驶杆至舵面构成的完整操纵链，即规范[MIL－F－8785C]中的主操纵系统已经成为控制增稳系统设计的障碍，为消除它的操纵作用不得不装置电子的或数字的“模拟主操纵系统”，但机械参数的非线性（包括传动链中存在的原理性非线性机构以及摩擦、间隙等）因素，使得难以利用模拟技术准确地获得实际主操纵系统参数，较大的误差将给控制增稳系统的性能带来不良结果。

从本质上来说，人为附加的飞行控制系统可以提供飞机运动阻尼、稳定性和杆力/g 特性，以及其他自动控制功能，如自动驾驶仪功能等。由于它们的信号、校正线路是电子的或者数字的，因而，作为改善和处理被控对象特性的增稳或控制增稳系统，是高度灵活的和多功能的。它可完成除它以外其他装置所不能完成的任务，因此，它呈现出巨大的吸引力，并能够给订货商更多的许诺。但是，不能不清楚地看到包括控制增稳在内的飞行控制系统还具有若干个潜在的问题，这是因为它们是一些复杂元、部件构成的，尤其是它具有多个调节变量和反馈回路，这些调节变量紧紧地与主操纵系统的操纵感觉机构、配平系统和作动器等等连接和耦合在一起。当把控制增稳系统称为附加操纵系统时，主、副耦合的并联操纵系统，比较无主操纵系统的电传操纵系统更为复杂，因而，它具有更多的潜在问题。虽然电传操纵系统已经非常普遍，但是，并联的机械-电器数字控制增稳系统仍将继续应用一些时间。即使是完全的电传操纵系统也存在与各种形式的备份系统并联和交互使用的问题。

作为主、副操纵系统并联工作的中心问题之一是控制增稳系统需要大的有效作动权限。解决问题的可能方法有二：其一为采用“全权限串联位置伺服器”；其二为采用“有限权限串联伺服作动器”和“并联自动配平作动器”。主、副操纵系统连接关系最复杂的地方是舵面作动器（助力器），是一切飞行操纵作用的最终共用部件，它对系统动态稳定性、操纵负载（舵面）的功率等起决定性作用。飞行控制系统这两种最基本的伺服器和驾驶杆主操纵链的控制作用是通过该作动器实现的。因此，全权限或有限权限的伺服器安装方式成为协调主、副操纵系统工作的关键。

伺服器安装有两种方式:串联式和并联式。串联式伺服系统在驱动作动器和舵面运动时是不会带动驾驶杆及其相关操纵链运动的;而并联式伺服器却同时驱动作动器和驾驶杆运动。将高频抖动信号与驾驶杆隔离开,这是驾驶员所希望的,因此,为了增加飞机运动稳定性的增稳或控制增稳系统采用串联式伺服器是驾驶员的希望。反之,并联式舵机回路通常用于自动驾驶仪的航迹、速度和姿态控制,并且同时控制驾驶杆运动。并联伺服器给出它工作的直接"指示",因而从安全观点来看,具有给予驾驶员监视系统工作手段是它的优点。

指令增稳系统极其重要的特点是需要高权限的增稳舵机作动器,以适应于大的指令输入。为了避免位置限幅,不少控制增稳系统提供了全偏舵面的伺服器权限,然而当出现硬性故障时,飞机的安全问题较有限权限伺服器变得更为重要。有几种预防和解决硬性故障的保护方法,采用多余度的故障预防措施,产生硬性故障和危及飞行安全的概率仍然存在。另一种解决硬性故障的保护方法是限制串联增稳舵机作动器权限到足够小,工程实施上一般不超过舵面最大偏度 30%的舵机行程。

有限权限的串联作动器最好和自动配平系统结合起来使用。前者主要用于改善飞机瞬态响应,而后者保证串联伺服作动器在中立位置附近工作。应该特别指出的是,如果这种设计能够实现的话,重要的措施在于法向过载指令增稳系统给定的杆力/g 特性应与实际飞机机械操纵杆力/g 特性相一致,稳态过载响应主要依靠机械操纵导致的舵面偏度而获得,不需要过大的舵机位移。

对于全权限或有限权限的串联伺服器要能正常地工作,串联作动器与驾驶杆之间的机械阻抗必须甚大于串联伺服作动器与舵面作动器(助力器)分油活门之间的机械阻抗。对于任何形式的串联作动器来说,需要如同"大地支撑"反作用力一样,它是由载荷机构(感觉系统)给出的启动力和弹簧梯度提供的。在串联伺服作动器与它的"地"之间不存在任何游隙的情况下,此作动器的全部运动传递到助力器的分油活门。串联伺服作动器必须克服的主要力是助力器分油活门摩擦力、定中力和伯努利力。如果这些力很大,需要的支撑反作用力就可能过大了,于是,在驾驶杆与助力器之间再插入一个起分离作用的功率作动器为最好,或者增大驾驶杆启动力,即增大载荷弹簧的预压缩力。

如果增稳舵机伺服作动器输出的位移过大,引起助力器分油活门与壳体相撞,在分油活门处的阻力成为无穷大,从而使继续增大的舵机位移将全部传递为驾驶杆位移。这种"反传"不仅发生在助力器分油活门的行程不足以适应驾驶杆全行程和串联伺服作动器全行程之和等情况,同时,当助力器的最大输出速度远小于增稳舵机最大输出速度时,也存在这种"反传"的可能。助力器的最大速度应该比串联增稳舵机和配平作动器的速度要大。

对于控制增稳系统最常用的作动方式是有限权限的串联伺服作动器加自动并联配平作动器。实际的系统应保留无增稳系统飞机的人工配平功能。规范[MIL-F-8785C]对于人工配平系统的要求是,在整个使用飞行包线内作直线飞行时,对等级 1 和等级 2,配平装置应具有把各种座舱操纵力减小到零的能力。

有限权限的串联伺服作动器加有限权限的自动并联配平,可使指令增稳系统获得舵面全权限,而又不会带来全权限串联作动器方案中所遇到的故障安全性问题。有限权限作动器完成全部控制行程内的增稳作用。并联的配平作动器工作于串联伺服作动器超过了预定位移和时间限制时,并联的自动配平作动器将按回中的方向驱动串联伺服作动器,从而使串联作动器经常工作在其中立位置附近,并且在它的最大权限处出现硬性故障时,驾驶员操纵飞机仍能安全着陆。这便是串联作动器最大权限值设计的出发点。为了不破坏串联作动器、自动配平和人工配平作动器之间的紧凑关系,必须对它们进行一体化设计才行。

一个有限权限串联舵机的控制增稳系统和自动配平、人工配平的原理图如图 13-16 所示。图中 F_0 是包括摩擦、预加载等在内的驾驶杆启动力稍大一些的开关控制力。当法向过载传感器存在着原理性和实际安装测量误差时,使得在"1g"过载飞行中,驾驶杆力不为零,需要人工配平装置能把杆力配平到零。为使在整个人工配平过程中不因杆力的减小而导致飞机稳态和瞬态响应变化,设置一个杆力信号补偿逻辑,如图 13-17 所示。

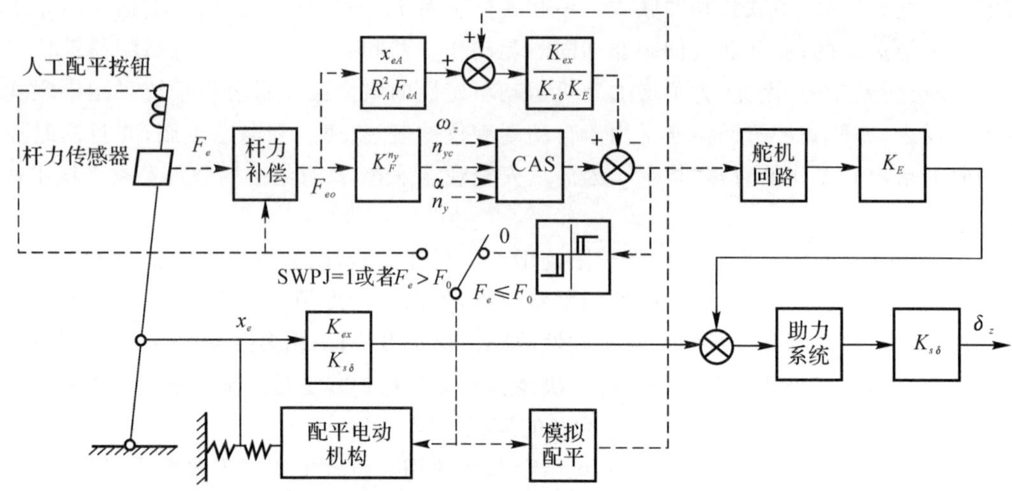

图 13－16　有限权限串联舵机的人工与自动配平原理图

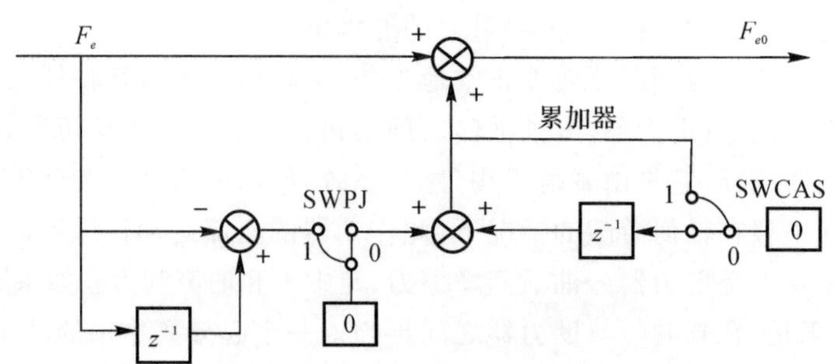

图 13－17　杆力信号补偿逻辑图

在由人工配平开关 SWPJ 控制的杆力信号补偿器中，累加器将前后拍误差累加后补偿杆力 F_e 的减小，从而使杆力信号保持为接通人工配平时刻的值。控制增稳系统接通开关 SWCAS 用以累加器清零。

自动配平装置工作是在杆力 F_e 小于 F_0 时使用的。为了防止自动配平过程中出现不希望的振荡，对应串联作动器中立位置处的自动配平信号，必须设置一个带有明显死区的继电特性环节。当采用计算机软件实现时，那将是非常容易的。

对于有限权限串联伺服作动器加自动配平系统作动方式的法向过载指令增稳系统来说，如图 13－16 或图 13－12 中表征杆力特性的 $K_F^{n_y}$（通常是由订货方提供的设计要求），在满足规范要求的条件下应尽量与实际飞机驾驶杆系机械操纵的杆力特性相一致。如果近似相等时，使得任何大小杆力的机动飞行中，舵机输出稳态值都在中立位置附近。这便是有限串联舵机使用的先决条件，否则机动飞行中的舵机位移将很容易达到极限位置。在这种情况下，与人工配平公用的自动配平作动器不必要是全权限的，其权限的大小可由人工配平功能确定，对应舵面最大偏度的 3/4 是足够的了。

5. PI 型法向过载指令增稳系统的鲁棒性设计

可以用多变量不变性解耦方法将四阶纵向运动方程分解为两个二阶运动方程 —— 短周期运动方程和长周期运动方程；也可以将二阶的短周期运动方程作为控制对象方程，设计 PI 型法向过载指令增稳系统；还可以按照隐式模型跟踪法对 PI 型法向过载指令增稳系统实施鲁棒性设计。

一个比例加积分式的法向过载指令增稳系统的原始模型如图 13-13 所示。图中没有给出包括伺服器等在内的高频环节，也未能给出超前网络、结构滤波器等稳定性补偿环节。理想化的结构，便于初步确定系统参数。图中

$$2\zeta_s\omega_{ns}=y^{\alpha}-\mu_z^{\omega_z}-\mu_z^{\dot{\alpha}} \tag{13-67}$$

$$\omega_{ns}^2 = -(\mu_z^\alpha + \mu_z^{\omega_z} y^\alpha) \tag{13-68}$$

由图 13-13 可知，PI 型法向过载指令增稳系统的理想控制律为

$$\delta_z = \frac{s}{s+K_1}K_z^{\omega_z}\omega_z + \left(K_z^\alpha + \frac{vy^\alpha}{57.3g}\frac{s+K}{s}K_z^{n_y}\right)\alpha - \frac{s+K}{s}K_z^{n_y}n_{yc} \tag{13-69}$$

事实上，在调节变量 δ_z 中仅仅引入了状态变量 ω_z 和 α 反馈。图中反馈变量 n_y 可近似为状态变量 α 的比例函数。合理地选择系统结构和参数，使得具有比例加积分式法向过载指令增稳系统的飞机纵向运动，仍保持原有的两个二阶特性 —— 短周期运动特性和长周期运动特性。但改变了的短周期特征频率和阻尼比应满足有关规范的 1 级要求。当选择

$$K_1 = y^\alpha \tag{13-70}$$

时，由图 13-13 得到闭环传递函数

$$G_{n_y}(s) = \frac{n_y(s)}{n_{yc}(s)} = \frac{K_z^{n_y}\mu_z^{\delta_z}\dfrac{vy^\alpha}{57.3g}(s+K)}{s^2(s+2\zeta_s\omega_{ns} - K_{z1}^{\omega_z}\mu_z^{\delta_z}) - \mu_z^{\delta_z}K_{z2}^{\omega_z}s\left(s+\dfrac{K_z^\alpha}{K_{z2}^{\omega_z}} - \dfrac{\omega_{ns}^2}{\mu_z^{\delta_z}K_{z2}^{\omega_z}}\right) - \dfrac{vy^\alpha}{57.3g}K_z^{n_y}\mu_z^{\delta_z}(s+K)} \tag{13-71}$$

式中

$$K_{z1}^{\omega_z} + K_{z2}^{\omega_z} = K_z^{\omega_z} \tag{13-72}$$

当 ω'_{ns}，ζ'_s 分别为期望的闭环短周期模态特征频率和阻尼比时，选择

$$K = 2\zeta_s\omega_{ns} - K_{z1}^{\omega_z}\mu_z^{\delta_z} \tag{13-73}$$

$$K_{z2}^{\omega_z} = -\frac{2\zeta'_s\omega'_{ns}}{\mu_z^{\delta_z}} \tag{13-74}$$

$$K_z^\alpha = -\frac{1}{\mu_z^{\delta_z}}(4\zeta_s\omega_{ns}\zeta'_s\omega'_{ns} - \omega_{ns}^2) + 2\zeta'_s\omega'_{ns}K_{z1}^{\omega_z} \tag{13-75}$$

$$K_z^{n_y} = -\frac{\omega'^2_{ns}}{\mu_z^{\delta_z}}\frac{57.3g}{vy^\alpha} \tag{13-76}$$

使得式(13-71) 简化为

$$G_{n_y}(s) = \frac{n_y(s)}{n_{yc}(s)} = \frac{-\dfrac{vy^\alpha}{57.3g}K_z^{n_y}\mu_z^{\delta_z}}{s^2 - \mu_z^{\delta_z}K_{z2}^{\omega_z}s - \dfrac{vy^\alpha}{57.3g}K_z^{n_y}\mu_z^{\delta_z}} \tag{13-77}$$

当选择 $K_{z2}^{\omega_z} = -\dfrac{2\zeta'_s\omega'_{ns}}{\mu_z^{\delta_z}}$ 和 $K_z^{n_y} = -\dfrac{\omega'^2_{ns}}{\mu_z^{\delta_z}}\dfrac{57.3g}{vy^\alpha}$ 时，得到 PI 型法向过载指令增稳系统闭环传递函数

$$G_{n_y}(s) = \frac{n_y(s)}{n_{yc}(s)} = \frac{\omega'^2_{ns}}{s^2 + 2\zeta'_s\omega'_{ns}s + \omega'^2_{ns}} \tag{13-78}$$

在式(13-73) 和式(13-75) 分别表征的 K 和 K_z^α 的表达式中，存在 ω_z 反馈增益 $K_{z1}^{\omega_z}$，它的选择原则是在闭环系统稳定性要求的前提下，尽量增大 $K_{z1}^{\omega_z}$ 之值，用以提高隐式模型跟踪系统的鲁棒性能力。足够大的 $K_{z1}^{\omega_z}$ 可使被零、极点相抵消的飞机运动参数 ζ_s，ω_{ns} 不大的变化对闭环系统稳定性和响应特性的影响减小到最小，还可有效地抑制大气扰动响应。

由于闭环系统的稳定性决定了反馈增益 $K_{z1}^{\omega_z}$ 的选取，因此，$K_{z1}^{\omega_z}$ 也取决于舵机回路和舵面作动器动态特性相位滞后的大小，这就是说频带较宽的舵机回路和舵面作动器可允许较大的 ω_z 反馈增益 $K_{z1}^{\omega_z}$。如果对于大气扰动响应抑制还不够有效的话，可在 ω_z 反馈链中插入超前网络，使得 $K_{z1}^{\omega_z}$ 为更大值的情况下，满足闭环稳定性要求。

6. PI 型法向过载指令增稳系统对垂直风切变扰动的抑制作用

飞机的主要扰动变量是风和大气紊流，它们直接影响飞机的力和力矩，从而引起移动加速度和转动角速

度。这不仅使驾驶员和乘客感到不舒服，给飞机的结构加载，更重要的是升力的减小使飞机在起飞、着陆阶段（尤其是着陆阶段）由于升力的不足而导致飞机下沉和出现灾难性事故。一个理想的法向过载指令增稳系统必须能完全消除由于阵风（包括风切变）所引起的升力变化，也就是说它能通过适当的自动偏转控制面产生一个大小相等、方向相反的升力变化，将阵风影响减小到最小。减轻风切变和阵风对飞机升力的影响是法向过载指令增稳系统的重要任务。

由式（13-4）和式（13-14）可知，垂直风切变 w_{yx} 不仅直接影响飞机升力还同时影响俯仰力矩。升力和俯仰力矩又以相同的方向影响飞机空速迎角 α。下降风切变对应的 w_{yx} 为负值，使得飞机空速迎角减小，从而飞机升力减小和产生负过载。由式（13-14）可知，对于起飞、着陆阶段的大型飞机其短周期特征频率 $\omega_{\rm ns}$（对应静稳定性导数 μ_z^α）很小，且俯仰阻尼导数 $\mu_z^{\omega_z}$ 却很大，因此，当飞机着陆阶段遇到下降风切变时，空速迎角 α 和升力 Y 将迅速减小，飞机急剧下沉，从而导致灾难性事故。

一般情况下，控制器设置的目的是为减小阵风对飞机移动加速度和转动角加速度的影响，并在这两种要求之间寻求折中方案。显然，抑制扰动最有效的方式是确定一种尽量无滞后地利用扰动方面的信息，并能直接在干扰作用处（或附近）产生补偿反作用力（或力矩）的控制回路。这种实际想法某文献给出了下列法则：

应该测量含有对阵风响应最早的状态变量，并把这些状态变量反馈给能直接控制这些状态变量的调节变量。

由于

$$w_{yx}=\dot{\alpha}_W \quad 和 \quad \dot{\alpha}=\dot{\alpha}_d+\dot{\alpha}_W \tag{13-79}$$

可见，含有对阵风（风切变）响应最早的状态变量是空速迎角 α。又从式（13-4）可知，能直接控制这个状态变量的调节变量，是襟翼 δ_f 和升降舵（活动平尾）δ_z。因此，为了抑制垂直风切变 w_{yx} 对纵向运动的扰动影响，给出

$$\dot{\alpha}\rightarrow\delta_f \quad 和 \quad \dot{\alpha}\rightarrow\delta_z$$

的两种反馈形式，且当襟翼与升降舵交联控制，即使 $\mu_z^{\delta_f}\approx 0$ 和 $y^{\delta_z}\approx 0$ 时，最理想的垂直风切变抑制控制律为

$$\delta_z=K_z^{\dot{\alpha}}\dot{\alpha} \tag{13-80}$$

$$\delta_f=K_f^{\dot{\alpha}}\dot{\alpha} \tag{13-81}$$

式中

$$K_z^{\dot{\alpha}}=-\frac{\mu_z^{\dot{\alpha}}-\mu_z^{\omega_z}}{\mu_z^{\delta_z}} \tag{13-82}$$

$$K_f^{\dot{\alpha}}=-\frac{1}{y^{\delta_f}} \tag{13-83}$$

如果能够测量无滞后的 $\dot{\alpha}$，就可利用这个扰动方面的信息，并直接在干扰作用处（升力方程和俯仰力矩方程）产生补偿反作用力和力矩，抵消由垂直风切变 w_{yx} 所产生的升力和俯仰力矩。$\mu_z^{\omega_z}$，$\mu_z^{\dot{\alpha}}$ 通常为负值，且通常是 $|\mu_z^{\omega_z}|>|\mu_z^{\dot{\alpha}}|$，使 ω_z，$\dot{\alpha}\rightarrow\delta_z$ 是负反馈，且能有效地改善短周期振荡阻尼。对于 $\dot{\alpha}\rightarrow\delta_f$ 显然也是负反馈，它能直接在机翼上补偿风切变的影响，并能很好地抑制升力变化引起的俯仰角速率 ω_z。

对于阵风扰动的抑制要受到下列因素的限制：

1）出于对风切变抑制的有效性考虑，用于反馈的测量变量应尽量无滞后和无噪声；

2）出于可靠性和实现性原因，抑制控制器应尽量简单，最好是一个测量变量和一个调节器；

3）由于抑制阵风控制器所涉及的是无指令引导回路，其反馈增益不能太大；但也不能太小，它要满足式（13-82）和式（13-83）；

4）为了直接得到与扰动力和力矩相抵消的舵面力和力矩，要求舵机回路和舵面作动器具有较宽的频带以及较大的输出幅值。

这些限制使得由式(13-80)和式(13-81)表示的垂直风切变直接抑制控制律难以实现。可以利用鲁棒能很强的由图13-14表示的PI型CAS稳定模式来抑制垂直风切变 w_{yx} 对俯仰角速率 ω_z 的扰动作用。由图13-14得到 ω_z 对 w_{yx} 的闭环传递函数：

$$\frac{\omega_z}{w_{yx}}(s)=\frac{(\mu_z^{\dot{\alpha}}-\mu_z^{\omega_z})(s+y^\alpha)+\mu_z^\alpha-\mu_z^{\dot{\alpha}}y^\alpha}{s^2(s+2\zeta_s\omega_{ns}-K_{z1}^{\omega_z}\mu_z^{\delta_z})-\mu_z^{\delta_z}K_{z2}^{\omega_z}s\left(s+\frac{K_z^\alpha}{K_{z2}^{\omega_z}}-\frac{\omega_{ns}^2}{\mu_z^{\delta_z}K_{z2}^{\omega_z}}\right)-K_{n_y}^\alpha K_z^{n_y}\mu_z^{\delta_z}(s+K)}=$$

$$\frac{(\mu_z^{\dot{\alpha}}-\mu_z^{\omega_z})(s+y^\alpha)+\mu_z^\alpha-\mu_z^{\dot{\alpha}}y^\alpha}{(s^2+2\zeta'_s\omega'_{ns}s+\omega'^2_{ns})(s+K)} \tag{13-84}$$

式中，$K_{n_y}^\alpha=\dfrac{vy^\alpha}{57.3g}$。可得到空速迎角 α 对垂直风切变 w_{yx} 的传递函数为

$$\frac{\alpha}{w_{yx}}(s)=\left[\frac{(\mu_z^{\dot{\alpha}}-\mu_z^{\omega_z})(s+y^\alpha)+\mu_z^\alpha-\mu_z^{\dot{\alpha}}y^\alpha}{(s^2+2\zeta'_s\omega'_{ns}s+\omega'^2_{ns})(s+K)}+1\right]\frac{1}{s+y^\alpha} \tag{13-85}$$

在满足闭环稳定性条件下，可尽量增大 K，$K_z^{\omega_z}$ 和 K_z^α 值。这样可有效地抑制垂直风切变对俯仰角速率扰动作用。由式(13-85)可知，$\omega_z\to\delta_z$ 反馈的PI型CAS对于垂直风切变导致的空速迎角响应的扰动不够理想。最好的办法是采用 $\dot{\alpha}\to\delta_f$ 和 $\omega_z\to\delta_z$ 反馈将有效地抑制垂直风切变对空速迎角 α 和俯仰角速率 ω_z 的影响。

7. PI型法向过载指令增稳系统的缺点

由于法向加速度不仅是迎角 α 的函数，也是活动平尾(升降舵)偏度的函数，即

$$n_y=\frac{v}{57.3g}(y^\alpha\alpha+y^{\delta_z}\delta_z) \tag{13-86}$$

这样一来，n_y 反馈实际上对应 α 负反馈和 δ_z 正反馈，这将等效地增加开环增益，降低系统稳定性。但是，如果加速度传感器安装在平尾旋转中心，即在重心前距离为

$$x_a=-\frac{y^{\delta_z}v}{\mu_z^{\delta_z}} \tag{13-87}$$

时，加速度传感器的输出为

$$n_{yg}=n_y+\frac{x_a}{57.3g}\dot{\omega}_z \tag{13-88}$$

此时，在 $\dot{\omega}_z=\mu_2^z\delta_z$ 的情况下，法向过载可认为仅仅是迎角的函数，即由式(13-65)表示。

对大速度飞行状态，如图13-12和图13-13所示，对于法向过载来说是无静差的。但是，这种模态在垂直风扰动下，会引起较大的 ω_z 响应。在小速度飞行状态的起飞、着陆飞行阶段，应该减小这种干扰。为此，当动压小于某一特定值时，将 α 反馈断开而接通一个带滞后环节的 ω_z 反馈，且在比例加积分控制器之前与 n_y 反馈总和。这种混合反馈在积分器的作用下，使任何非指令的俯仰角速率和法向过载减小到零。由于在低速平直飞行以及起飞爬升和着陆下滑时，法向过载为1和俯仰角速率为零，因此，前向积分器的作用实质上仍是保持法向过载为1、俯仰角速度为零的配平状态。

尽管PI型的法向过载指令增稳系统有着自动配平的优点，但是，它也存在某些明显的缺点。

被固接安装在飞机上的法向过载传感器，其敏感轴垂直于飞机基准参考轴线，该轴线在飞机处于正常巡航状态是近似水平的，法向过载传感器用调偏的方法抵消1g 的重力输入，这样它便敏感相对于1g 飞行的偏差，此时，加速度计敏感的过载为

$$n_{yg}=\cos\vartheta_0\cos\gamma_0-1 \tag{13-89}$$

式中，ϑ_0，γ_0 分别为法向过载传感器相对于重力矢量的静态俯仰角和倾斜角。由于过载反馈的符号应是这样选取的：即当 n_{yg} 大于给定值 n_{yc} 时能使飞机产生低头的舵面偏转；当 n_{yg} 小于 n_{yc} 时，能使飞机产生抬头的舵面偏转。当平直飞行时，$\vartheta_0\approx0$ 和 $\gamma_0=0$，为零的杆力指令 n_{yc} 对应为零的法向过载反馈 n_{yg}，飞机保持平直

飞行;对于不加速的下滑 $\vartheta_0 < 0$ 和 $\gamma_0 = 0$,此时,法向过载反馈为负值。在这种情况下,为零的杆力指令 n_{yc} 与为负值的法向过载反馈 n_{yg} 使平尾(升降舵)负偏(后缘向上)和使飞机由下滑姿态趋向于平飞;而对不加速的爬高,$\vartheta_0 > 0$ 和 $\gamma_0 \approx 0$,但法向过载反馈 n_{yg} 仍为负值。在这种情况下,负偏的平尾将使飞机进一步增加爬升姿态。如果具有能自动配平的前向积分器,这种影响就特别危险,因为这样会造成飞行航迹和飞行速度的发散,最终将导致飞机失速。

事实上,当飞机倾斜角不变且绝对值小于 90° 时,由式(13-89)的微量方程

$$\Delta n_{yg} = -\sin\vartheta_0 \cos\gamma_0 \Delta\vartheta \tag{13-90}$$

可知,表征由重力分量导致的法向过载的误差,由于 $K_z^{n_y} > 0$ 和 $\mu_z^{\delta_z} < 0$,使得在下滑($\vartheta_0 < 0$)飞行时对于变量 $\Delta\vartheta$ 是负反馈;而在爬升($\vartheta_0 > 0$)飞行中,对于变量 $\Delta\vartheta$ 是正反馈。因此,在下滑飞行中,负反馈的俯仰 $\Delta\vartheta$ 使飞机保持俯仰角 ϑ_0;而在爬升飞行中,正反馈的俯仰角 $\Delta\vartheta$ 使飞机向着进一步爬升的方向发散增大俯仰角 ϑ,并使前向积分器的极点趋向 s 右半平面。

可以利用人工配平指令的办法,来克服爬升或下滑飞行中舵面负偏和飞机抬头现象。图 13-16 所示作动方式满足这种期望,杆力补偿器保证在人工配平过程中舵机输入指令不变,由 Δn_{yg} 引起的负舵面偏度,可由人工配平指令通过操纵链和作动器使舵面正偏,从而克服固连在飞机基准轴上的法向过载传感器所敏感的重力分量带来的原理性误差。

中性速度稳定模式在起飞着陆近地阶段难以满足迎角控制的要求。因为在起飞与着陆时,驾驶员一般要随着过程的进展逐渐使迎角增加,而 n_y 和 ω_z 的变化不应过分显著。如在着陆拉平阶段,为了增加迎角,驾驶员必须操纵舵面逐渐向上偏转,以平衡由于状态变化所产生的不平衡力矩。在前向积分器的作用下,不平衡的力矩不断被平衡,只要稍一拉杆,n_{yc} 和 n_y 之差不为零,就会使平尾转动到过大角度,以致使飞机动作过分猛烈,甚至造成事故。总之,积分器的作用,使杆位置与舵面偏度不成对应关系,因而造成驾驶员操纵上的困难。为了避免出现这种不利情况,在起飞、着陆阶段,应采用适当的逻辑将积分器切除,实现比例式控制对应的正向速度稳定模态。

比例加积分的 PI 型法向过载指令增稳系统对于大气紊流的抗干扰能力不如正向速度稳定的比例式法向过载指令增稳系统,甚至于在过大的阵风作用下,可能由于伺服器速率限制而引起潜在的极限环振荡问题(详见本篇下文)。因此,对于这个潜在问题利用按钮人工断开前向积分器的方法更为合适。

在断开前向积分器的同时,将积分器输出负反馈到积分器输入口,形成一个时间常数为 $1/K$ 的一阶惯性环节,还要增大杆力指令增益,以补偿缓慢消除的前向积分信号,使这种转换对飞机的反应减小到最小。为了改善正向速度稳定模态的阻尼特性,在断开前向积分器的同时,还将接入一个通过一阶惯性环节的 ω_z 反馈。

8. 纵向控制增稳系统原始模型结构图

如图 13-18 所示,是一种具有中性、正向速度稳定性的法向过载指令增稳系统和中性、正向速度稳定性的增稳系统设计原理图,其简化内容如下:

1) 平尾升力系数为零,即 $y^{\delta_z} = 0$;

2) 按飞机纵向二自由度小扰动方程式(13-4)得到控制对象传递函数;

3) 未涉及舵机回路和舵面作动器动态特性和非线性因素;

4) 认为模拟操纵系统与实际机械操纵系统对飞机的操纵作用相互抵消;

5) 未涉及数字噪声滤波器和结构滤波器。

这个理想的纵向控制系统可以认为是二输入(杆力信号成型的 n_{yc} 和垂直风切变 w_{yz})和三输出(ω_z,α 和 n_y)的多变量系统,有四种控制模式:

1) 中性速度稳定的操纵模式(起落架收起,杆力大于启动杆力);

2）中性速度稳定的稳定模式（起落架收起，杆力小于启动杆力）；

3）正向速度稳定的操纵模式（起落架放下，杆力大于启动杆力）；

4）正向速度稳定的稳定模式（起落架放下，杆力小于启动杆力）。

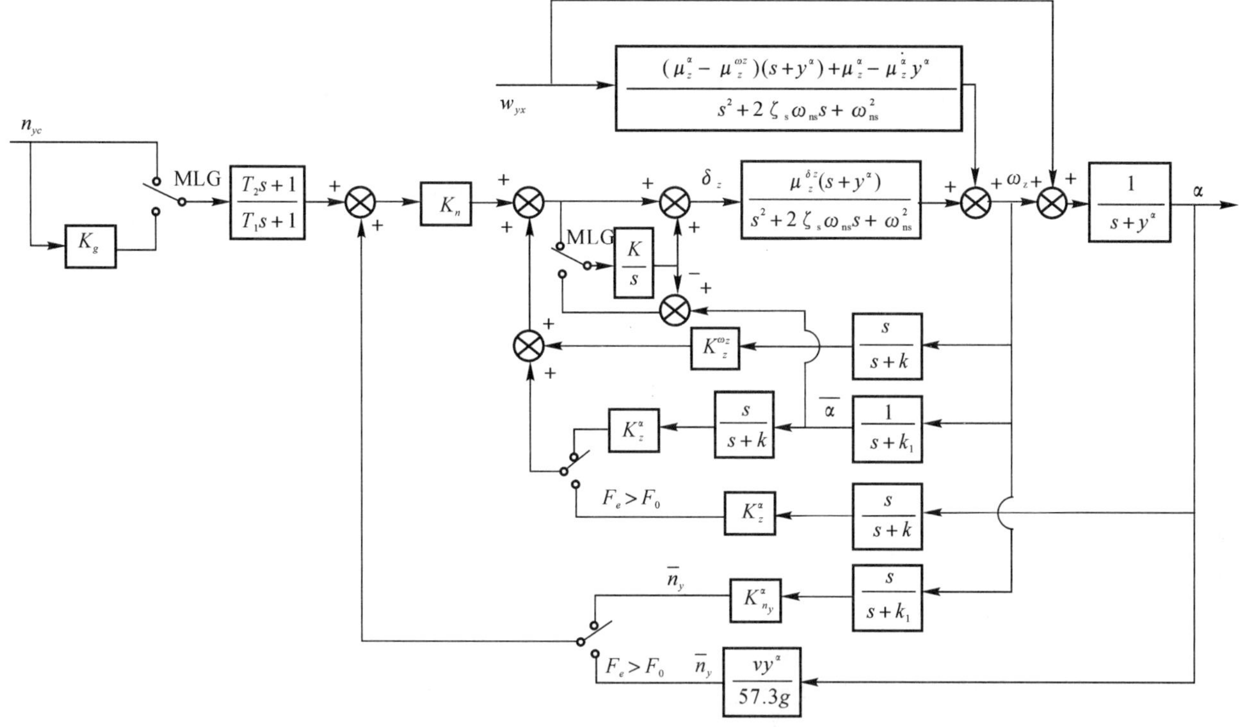

图 13-18　纵向控制增稳系统控制律模型结构图

可以利用隐式模型跟踪方法选择这四种控制模式的参数，在满足稳定指标的前提下，尽量增大 K 和相应变化的参数 $K_z^{\omega_z}$，K_z^{α} 和 $K_{z1}^{\omega_z}$，以获得较小的动态调节因子和 ω_z，α 的扰动响应。显然，中性稳定性和正向稳定性的稳定模式比操纵模式的动态调节因子和 ω_z，α 的扰动响应要小。

如图 13-19 所示，给出了某飞机某飞行状态 $1g$ 杆力操纵的响应特性，显然，具有法向过载指令增稳系统的飞机响应远比原飞机响应特性要好得多。如图 13-20 所示，在垂直风切变紊流扰动情况下，具有纵向控制增稳系统的大气扰动响应，远比原飞机的扰动响应要小，同时还可看出，在垂直风切变扰动下，稳定模式要比操纵模式的扰动响应要小得多。这就是说，在进场着陆飞行阶段，采用稳定模式控制律的增稳系统，可以有效地抑制垂直风切变对 ω_z 和 α 的扰动。因此，是否可以做出这种结论：

1）当具有纵向 CAS 的飞机作为平台使用，即在大气紊流扰动的情况下，要求飞机俯仰角变化很小，那么采用 $\omega_z \to \delta_z$ 反馈的 PI 型 CAS 是合理的；

2）当使用于起飞爬升和下滑着陆飞行阶段时，防止垂直风切变使空速迎角和升力减小，甚至于发生灾难性事故，那么采用 $\dot{\alpha}$，α 和 $n_y \to \delta_z$ 反馈的 PI 型 CAS 是合理的。为了进一步减小这种不良影响，同时采用 $\dot{\alpha}$，$\alpha \to \delta_f$ 反馈的襟翼控制系统，那将是最为合理的了；

3）对于任何一种结构形式的纵向 CAS，采用隐式模型跟踪方法设计控制律结构和参数，那将使任何形式的 CAS 既有良好的操纵性，又有很强的鲁棒性，有效地抑制垂直风切变的恶劣影响。

4）应充分考虑调节器（包括舵机回路和舵面作动器）的最大幅值和最大速度，足以满足大机动飞行和强紊流干扰的要求；足够大的调节器带宽，也不至于宽的不能满足弹性模态要求的相位稳定条件。

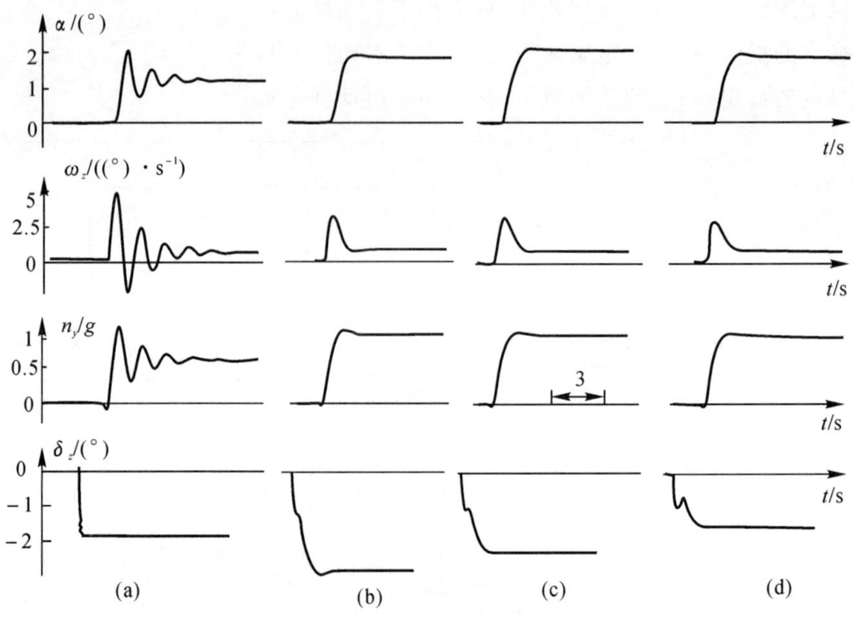

图 13-19　纯飞机与 CAS 飞机 $1g$ 杆力指令响应特性比较

(a) 纯飞机；(b)$\bar{x}_G = 0.333$ 的 CAS 飞机；(c)$\bar{x}_G = 0.37$ 的 CAS 飞机；(d)$\bar{x}_G = 0.42$ 的 CAS 飞机

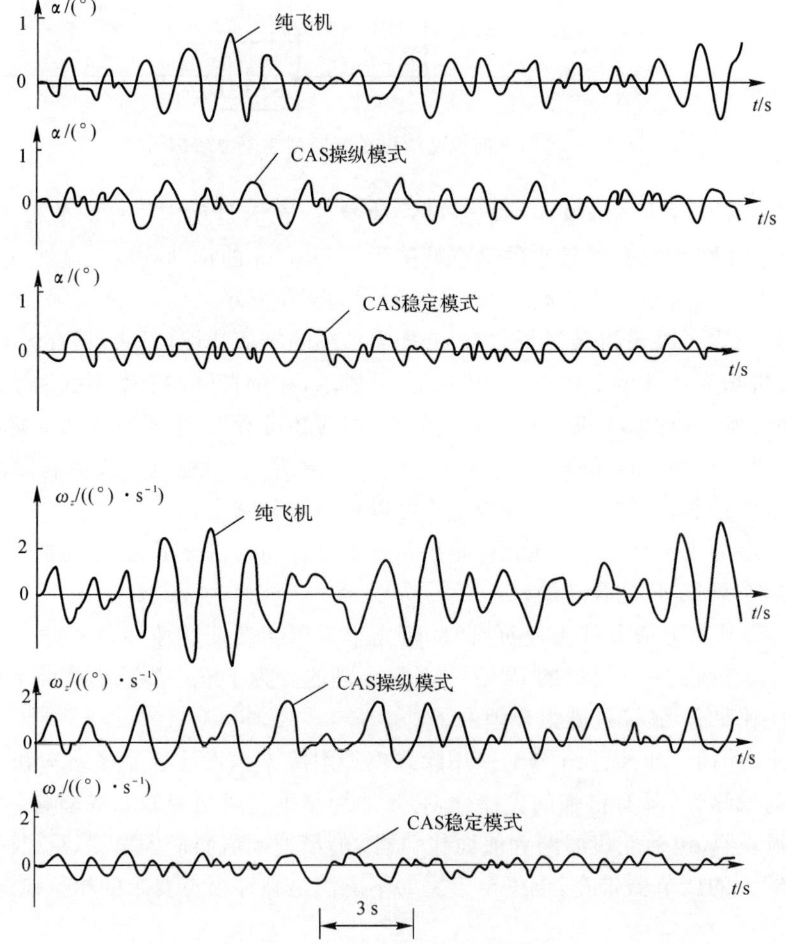

图 13-20　纯飞机、CAS 操纵模式飞机和 CAS 稳定模式飞机在垂直风切变紊流扰动情况下响应特性的比较

(三) 弹性模态稳定性分析

在理想的控制增稳系统控制律结构和参数选择之后，还需要研究与弹性模态有关的高频稳定性问题，因为敏感元件所拾取的信号不仅是飞机刚体自由度运动，而且也要包括局部的机体弹性变形。这种弹性自由度运动可能会给飞行控制系统带来严重的极限环振荡。然而，弹性模态的稳定性是飞行控制系统设计中最困难的问题之一。主要是由于不能精确地了解弹性振型特性。但是，只有弹性变形模态和刚体运动模态在频率上离得相当远，适当选择增益、敏感元件的位置和结构滤波器，就可以得到满意的设计。例如某飞机，最大的纵向刚体短周期特性频率为 5.65 rad/s，而最小纵向一阶弯曲频率为 8 Hz，即弯曲振型是刚体振型的 9 倍。因此，它们之间的耦合程度是较小的。

如果订货商能够给出飞机机身几个点的集中质量 m_i 和机身弹性系数 EI，便可依据集中参数的拉格朗日方程和某些转换公式得到描述飞机纵向机身弯曲的 $n-1$ 个微分方程：

$$(s^2+2\zeta^{(i)}\omega^{(i)}s+\omega^{(i)2})q^{(i)}=\frac{\varphi^{(i)}(L_\delta)}{M^{(i)}}y^{\delta_z}v_0 m\delta_z \tag{13-91}$$

式中，$q^{(i)}$ 为弹性引起的第 i 个弯曲振型的广义坐标；$\omega^{(i)}$ 为第 i 个弯曲振型的特征频率；$\zeta^{(i)}$ 为第 i 个弯曲振型的阻尼比；$\varphi^{(i)}$ 为第 i 个弯曲振型的归一化振型函数，考虑到归一化是在平尾处进行的，使得 $\varphi^{(i)}(L_\delta)=1$；$M^{(i)}$ 为第 i 个弯曲振型的广义质量。

给出某飞机的一、二阶弯曲振型示意图如图 13－21 所示。

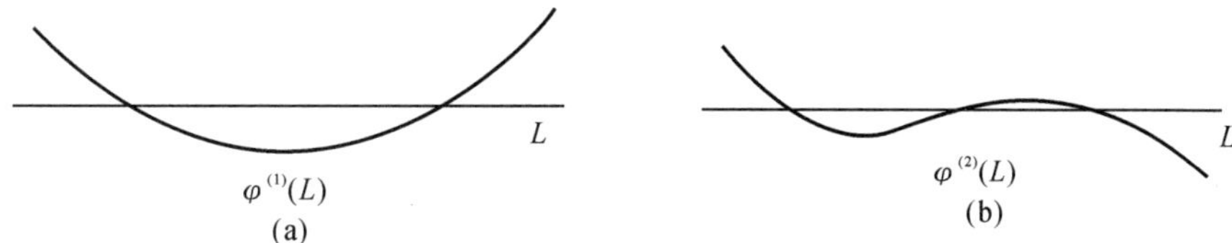

图 13－21　弯曲振型示意图

(a) 一阶弯曲振型；(b) 二阶弯曲振型

传感器的敏感值计算如下。

速率陀螺仪：

$$\omega_{zG}=\omega_z+\sum_i \sigma^{(i)}(L_G)q^{(i)} \tag{13-92}$$

法向过载传感器：

$$a_{yA}=a_y+L_A\dot{\omega}_z+\sum_i[\varphi_A^{(i)}(L_A)\ddot{q}^{(i)}] \tag{13-93}$$

迎角传感器：

$$\alpha_m=\alpha+\sum_i \sigma^{(i)}(L_m)q^{(i)} \tag{13-94}$$

式中，$\sigma^{(i)}$ 为飞机对称平面(俯仰平面) 内的第 i 个弯曲振型负斜率，且

$$\sigma^{(i)}=-\partial\varphi^{(i)}/\partial L \tag{13-95}$$

ω_{zG}，a_{yA}，α_m 分别为上述三传感器的敏感值；L_G，L_A，L_m 分别为三传感的安装位置。

以上所述多个振型和振型参数，应由订货商计算和试验得到，并提供给承包部门。

式(13－91) 表明，有多个弯曲振型的联立方程，再和飞机刚体运动方程并联，这给系统分析带来很大困难。但是，国外广泛的经验表明，每个弯曲振型的影响可分别考虑，对于各个弯曲振型每次一个地进行分析是允许的，因为它们互成正交。它们之间的耦合仅仅通过空气动力学产生。因此，每次对一个振型单独进行分析，不仅对于系统动力学基本特性容易弄清，而且，也能得到和全面计算机计算很接近的结果。

现在仅限于分析初级振型对迎角反馈的影响。迎角 α_m 对平尾传递函数可以近似为

$$\frac{\alpha_m}{\delta_z}(s)=\frac{\mu_z^{\delta_z}-y^{\delta_z}(s-\mu_z^{\omega_z})}{s^2+2\zeta_s\omega_{ns}s+\omega_{ns}^2}+\frac{\frac{mv_0}{M^{(1)}}y^{\delta_z}\sigma_m^{(1)}}{s^2+2\zeta^{(1)}\omega^{(1)}s+\omega^{(1)2}}\approx\frac{\mu_z^{\delta_z}\left(1-\frac{mv_0}{M^{(1)}}\frac{y^{\delta_z}}{\mu_z^{\delta_z}}\sigma_m^{(1)}\right)(s^2+2\zeta_k\omega_k s+\omega_k^2)}{(s^2+2\zeta_s\omega_{ns}s+\omega_{ns}^2)(s^2+2\zeta^{(1)}\omega^{(1)}s+\omega^{(1)2})} \tag{13-96}$$

式中，

$$2\zeta_k\omega_k=\frac{2\zeta^{(1)}\omega^{(1)}\left(1-\frac{mv_0}{M^{(1)}}\frac{y^{\delta_z}}{\mu_z^{\delta_z}}\sigma_m^{(1)}\frac{\zeta_n\omega_{ns}}{\zeta^{(1)}\omega^{(1)}}\right)}{1-\frac{mv_0}{M^{(1)}}\frac{y^{\delta_z}}{\mu_z^{\delta_z}}\sigma_m^{(1)}},\quad \omega_k^2=\frac{(\omega^{(1)})^2\left(1-\frac{mv_0}{M^{(1)}}\frac{y^{\delta_z}}{\mu_z^{\delta_z}}\sigma_m^{(1)}\frac{\omega_{ns}^2}{\omega^{(1)2}}\right)}{1-\frac{mv_0}{M^{(1)}}\frac{y^{\delta_z}}{\mu_z^{\delta_z}}\sigma_m^{(1)}}$$

从式(13－96)可知，当考虑一个弯曲振型时，则在开环传递函数中级联了一对零、极点。如果考虑几个弹性振型，则将在开环传递函数中出现几对这样的零、极点。

确定包括一个弯曲振型的系统稳定性是比较方便的，这对零、极点的位置是很关键的，因为它们的位置通常确定闭环系统的稳定性。零点位置与传感器安装位置、飞机气动参数、弹性振型以及控制系统某些参数有关，而极点仅与弹性振型有关。重要的参数

$$\frac{mv_0}{M^{(i)}}\frac{y^{\delta_z}}{\mu_z^{\delta_z}}\sigma_m^{(i)}$$

影响了零点位置。分三种情况进行分析：

$$\frac{mv_0}{M^{(i)}}\frac{y^{\delta_z}}{\mu_z^{\delta_z}}\sigma_m^{(i)}<0,\quad 0<\frac{mv_0}{M^{(i)}}\frac{y^{\delta_z}}{\mu_z^{\delta_z}}\sigma_m^{(i)}<1,\quad 1<\frac{mv_0}{M^{(i)}}\frac{y^{\delta_z}}{\mu_z^{\delta_z}}\sigma_m^{(i)}$$

对于第一种情况，由于 ω_{ns} 总是小于 $\omega^{(i)}$ 和 $\zeta_s\omega_{ns}$ 总是大于 $\zeta^{(i)}\omega^{(i)}$，可见 $\omega_k<\omega^{(i)}$，而且 $\zeta_k\omega_k>\zeta^{(i)}\omega^{(i)}$，故零点在极点的左下角。在这种情况下。弯曲振型极点的根轨迹的出射角近似为

$$\theta^{(i)}=\angle-\frac{\pi}{2}+\angle G(j\omega^{(i)}) \tag{13-97}$$

式中，$\angle G(j\omega^{(i)})$ 为刚体系统开环相频特性，当频率为 $\omega^{(i)}$ 时的相角值，如果相频特性满足

$$-\pi<\angle G(j\omega^{(i)})<0 \tag{13-98}$$

即 $\omega^{(i)}$ 小于开环相位交界频率时，系统是稳定的。实际上，$\sigma_m^{(i)}<0$ 对应传感器安装在一阶弯曲振型的波腹后。

对于第二种情况，$\omega_k>\omega^{(i)}$ 和 $\zeta_k\omega_k<\zeta^{(i)}\omega^{(i)}$，故零点在极点右上角。在这种情况下，当 $\omega^{(i)}$ 大于开环相位交界频率时，闭环系统是稳定的。对应这种情况，传感器应安装在一阶弯曲振型波腹前。

对于第三种情况，意味着开环增益为负值，使反馈回路成为正反馈系统。同时两个振型复零点变成一个为正、一个为负的两个实数零点。可见，即使是负值的开环增益很小，对于正反馈系统来说，闭环系统也往往是不稳定的。

这样一来，得到角度、角速度传感器安装位置决定的弹性振动的相位稳定条件是

$$\left.\begin{aligned}&\sigma^{(i)}<0,\quad -\pi<\angle G(j\omega^{(i)})<0\\&\sigma^{(i)}>0,\quad -2\pi<\angle G(j\omega^{(i)})<-\pi(\text{或者 }0<\angle G(j\omega^{(i)})<\pi)\end{aligned}\right\} \tag{13-99}$$

如果第一阶弹性振动频率小于系统开环相位交界频率，将角度、角速率传感器安装在后机身让 $\sigma^{(1)}<0$。在此情况下，弹性振动的稳定性通过在弹性振动频率上的相位超前来保证；如果第一弹性振动频率大大超过系统开环相位交界频率，这种传感器应装在前机身，让 $\sigma^{(1)}>0$，在这种情况下，弹性振动的稳定性通过弹性振动频率上的相位滞后来保证。

对于法向过载传感器来说，垂直加速度最小的位置是在振型驻点处。实际上，一阶弯振驻点接近二阶弯振驻点，因此，这点的振动加速度几乎为零。法向加速度传感器安装在飞机前机身垂直一阶弯曲振型驻点处是合适的。角度(包括俯仰角、迎角)和角速率传感器安装在垂直一阶弯曲振型波腹处，此处 $\sigma^{(1)}=0$，因此，它们的安装位置对于一阶弯曲振型来说是合适的，因为它使一阶振型的零、极点相等。为了顾全二阶弯曲振

型的稳定性，将这些传感器安装于飞机前机身，且在一阶振型前驻点之后和二阶弯曲振型中间驻点之前，此处 $\sigma^{(1)}$ 和 $\sigma^{(2)}$ 都大于零，且由于通常飞机的一阶、二阶弯曲振型频率 $\omega^{(1)}$ 和 $\omega^{(2)}$ 都大于系统开环相位交界频率，即相角 $\angle G(\mathrm{j}\omega^{(1)})$ 和 $\angle G(\mathrm{j}\omega^{(2)})$，都在 $-\pi$ 与 -2π 之间。因此，这个位置对一阶或二阶弯曲振型来说都是合适的。这种靠安装位置稳定弹性模态的措施称为振幅稳定法。但是，飞机燃料和载荷的改变，使弹性振型以及驻点、波腹和斜率发生变化，弹性振动稳定性难以保证。

确定传感器安装位置和满足相位稳定条件是设计弹性飞机飞行控制系统的重要内容。然而，合适的安装位置难以找到，不得不采用相位补偿滤波器的办法改善弹性模态的稳定性。如果受条件所限，角速率陀螺和迎角传感器安装在一阶弯曲振型波腹之后，二阶振型后波腹之前；法向过载传感器安装在一阶振型前驻点之后，二阶振型前波腹之前，使得 $\sigma_G^{(1)}$，$\sigma_m^{(1)}$ 和 $\varphi_A^{(1)}$ 为负值，$\sigma_G^{(2)}$，$\sigma_m^{(2)}$ 和 $\varphi_A^{(2)}$ 为正值。再在前向回路中，串入一个相位补偿滤波器，使得刚体系统的开环相位交界频率在一阶和二阶弹性振荡频率之间，使得一阶和二阶弹性振型都满足相位稳定条件式(13－94)，即使相位角 $\angle G_G(\mathrm{j}\omega^{(1)})$，$\angle G_m(\mathrm{j}\omega^{(1)})$，和 $\angle G_A(\mathrm{j}\omega)$ 都在 $-\pi$ 与 0 之间，相位角 $\angle G_G(\mathrm{j}\omega^{(2)})$，$\angle G_m(\mathrm{j}\omega^{(2)})$，$\angle G_A(\mathrm{j}\omega^{(2)})$ 都在 -2π 与 $-\pi$ 之间。给出一个相位超前滤波器的例子，其传递函数为

$$W_F(s)=\frac{4s^2+64s+6\,400}{s^2+80s+6\,400}\tag{13-100}$$

其对数频率特性如图 13－22 所示。这种相位超前滤波器也有利于刚体系统的稳定性。

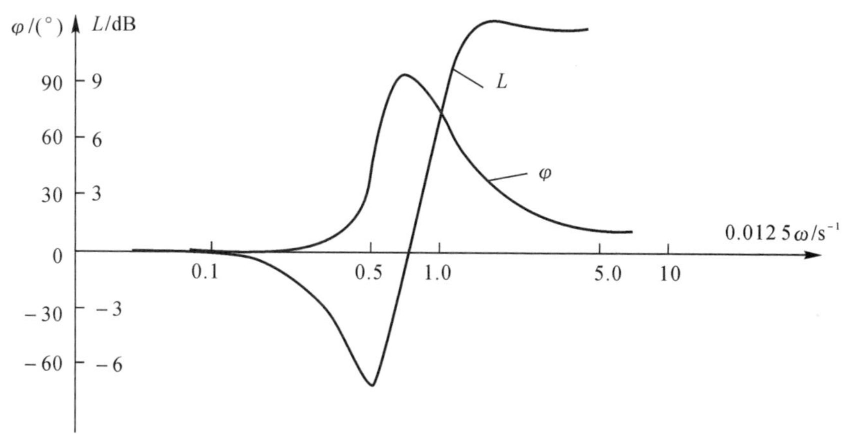

图 13－22　相位超前滤波器 $W_F(s)=\dfrac{4s^2+64s+6\,400}{s^2+80s+6\,400}$ 的对数频率特性

当 $\sigma^{(1)}$ 为正值时，可以利用惯性环节 $\dfrac{1}{(Ts+1)}$，调整 $\angle G(\mathrm{j}\omega^{(1)})$ 在 -2π 与 $-\pi$ 之间，这对于低频的弹性模态是有效的。这种正反馈系统的相位滞后滤波不影响刚体运动的稳定性。

对于较高频率的弹性模态可采用陷波滤波的办法，衰减传感器输出中的高频模态分量，从而显著地减小弹性模态的开环增益，避免产生不稳定的高频模态。这种情况下，无论 $\sigma^{(i)}$，$\varphi^{(i)}$ 为正值或为负值，这种措施都是有效的。一个陷波滤波器的例子，其传递函数为

$$W_F(s)=\frac{0.871(s^2+6s+60^2)}{s^2+89.6s+56^2}\tag{13-101}$$

其对数频率特性由图13-23表示。这种方法如果有效，它的陷波深度应该是足够大；陷波宽度应包含弹性模态特性频率的变化范围及其不准确性。

具有多个弹性模态的飞机控制系统，可简化为单独一个弹性模态与刚性飞机模态并联的数个弹性飞机运动与控制器组成闭环回路，一个简单的例子是纵向阻尼器闭环系统，如图 13－24 所示。

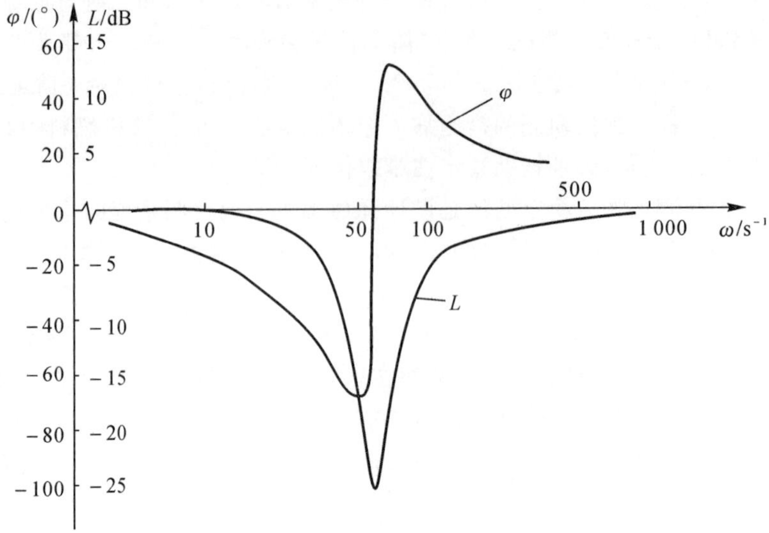

图 13-23　陷波滤波器$\dfrac{0.871(s^2+6s+60^2)}{s^2+89.6s+56^2}$的对数频率特性

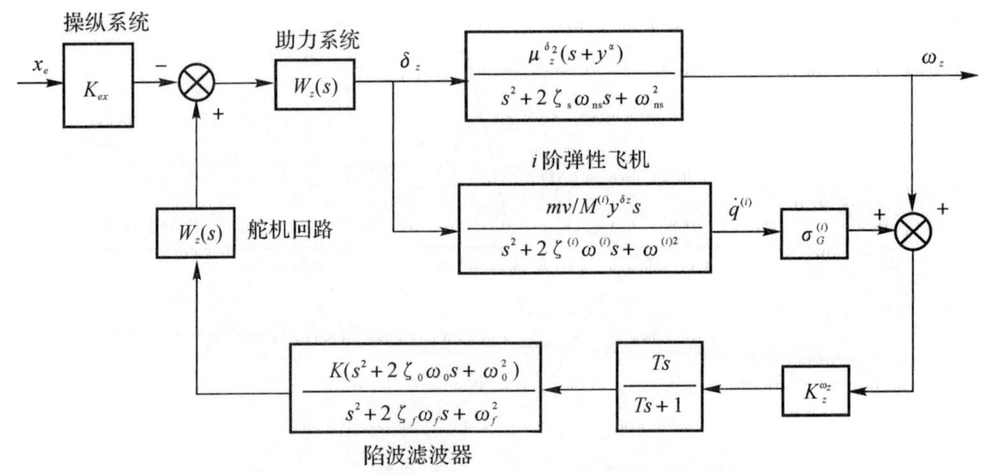

图 13-24　具有 i 阶弹性模态的飞机纵向阻尼器回路

与刚体飞机比较，弹性飞机舵机回路、舵面作动器以及操纵系统的性能对整个闭环系统的影响更大。图 13-24 中的舵机回路，通常为二阶特性，即

$$W_s(s)=\frac{\omega_s^2}{s^2+2\zeta_s\omega_s s+\omega_s^2} \tag{13-102}$$

通常希望舵机回路有较宽的频带(即 ω_s 较大)，以使刚性飞机控制系统具有好的稳定性和响应特性。但是，它在高频区的相位移使 $\angle G(\mathrm{j}\omega^{(1)})$ 不满足相位稳定条件。因此，舵机回路的频带并非愈宽愈好。另外，在弹性模态稳定性分析中，一定要考虑舵面质量、弹性以及负载的影响，这样一来，舵面作动器可视为三阶系统，即

$$W_z(s)=\frac{\omega_{zl}^2}{(T_{zl}s+1)(s^2+2\zeta_{zl}\omega_{zl}s+\omega_{zl}^2)} \tag{13-103}$$

由于助力器输出端至舵面的动态特性也会引起闭环系统的不稳定，而且，这种极限环振荡往往与作动器的非线性(不灵敏区、间隙等)和作动器结构形式有关，非线性环节会使输出变量产生相位移，从而使系统产生自振甚至是不稳定的。因此，为了提高弹性飞机-控制系统的稳定性，应尽可能避免舵面作动器和舵机回

路中的非线性因素。在最终确定系统参数、校正网络以及结构滤波器的仿真计算与物理试验中，不仅考虑弹性模态，同时也要考虑助力系统和舵机回路中的非线性因素对稳定性的影响。

13.1.2.2　纵向电传操纵系统控制律设计

纵向短周期模态飞行品质的改善，是通一个调节变量——全动平尾(或升降舵)和几个测量变量(ω_z，α，n_y)反馈来完成控制任务的。在一种定常的主操纵(机械操纵)链操纵的基础上，利用控制增稳功能的控制算法，给了一个不大的却随时变化的舵面偏转量，相应地产生了随时变化的俯仰力矩，从而改善了飞机纵向短周期模态特征值、特征向量和驾驶员指令输出的响应特性，同时还有效地抑制和减轻了大气紊流的扰动响应，并且，这种控制算法主要是依据飞机运动最基本的线性方程和最简单的叠加原理(包括四则运算和微积分法则)而获得的。控制增稳系统这种神奇的功能不能不说这是对飞机总体和气动布局设计的一大贡献。

但是，在以上各节中所述增稳与控制增稳系统是在具有主操纵系统的条件下使用的。这个主操纵系统是指驾驶杆至舵面之间的不可缩减的完整的机械操纵链，它是由机械传动链、机械-电气增益调节器(力臂调节器)、液压或电器舵面作动器等组件构成的。然而，就是它们对飞行控制系统的某些元、部件的正常工作构成了障碍。它们使得增稳和控制增稳系统存在着若干潜在问题，正是由于主操纵系统与增稳或控制增稳复合工作带来的。其中，二者连接关系最为复杂的地方便是控制系统的伺服舵机与主操纵系统舵面作动器(助力器)的连接。上述内容已经说明了它们之间连接的潜在问题。在此应强调指出增稳或控制增稳系统存在的这些缺点，相比之下便可得出电传操纵系统的必要性。这些缺点主要包括以下几点：

1) 有限权限的控制增稳系统伺服舵机很难满足整个飞行范围内的飞行品质要求。当舵机位移和速度饱和时，不仅不能改善飞行品质，在某些条件下，还有可能产生大幅值的极限环振荡。

2) 力反传或功率反传的存在，不仅会使驾驶杆产生不规则运动，还使控制器失去增稳和其他飞行品质改善的作用。

3) 难以实现良好的杆力 /g 特性。不能做到模拟操纵链与实际机械操纵链作用的相抵消，使得期望的杆力 /g 特性不能实现，使飞机机动飞行中的引导特性变差。

4) 难以利用主动控制技术扩展飞行范围边界。建立在安全可靠基础上的电传操纵系统可以实现飞机放宽静稳定性、直接力控制和其他阻尼功能的扩展，以及实现飞机边界控制。这些功能作为具有主操纵系统的控制增稳系统是难以实现的。

5) 战场生存能力低：由于机械杆传输链的集中安置，在作战或任何其他任务飞行中，一旦出现操纵链断裂、阻止等事故时，机械操纵链将失去操纵能力。这将意味着这种机械操纵系统的战场生存能力低。

由以上所述内容可知，产生这些缺点的根本原因在于控制增稳系统存在和离不开机械杆系。早在 20 世纪 50 年代末期，飞机设计者们就提出了一种不要机械操纵系统的电气操纵系统，进而发展为具有控制增稳功能的电传操纵系统(FBW)。

电传操纵系统产生和发展的主要原因不在于具有机械操纵系统的控制增稳系统具有多少缺点，而在于是否存在电传操纵系统的技术条件。人们的愿望是无止境的，但能否实现是主要原因。事实上，只有当电传操纵系统的安全可靠性高于机械操纵系统时，电传操纵系统才能被广泛使用。电子技术、液压技术和计算机技术的发展，增稳控制系统的很多元、部件可靠性的提高，尤其是计算机软件技术的迅速发展使余度技术日趋成熟，使电传操纵系统的失效概率大为减少，保证了电传操纵系统任务完成的可靠性和故障安全性超过了具有机械操纵系统的控制增稳系统。这才使得电传操纵系统日益得以广泛应用。

由于本书侧重于系统控制律的分析与设计，对于系统可靠性分析和系统余度设计在此不作介绍。本节将对电传操纵系统的控制增稳功能的控制律、纵向放宽静稳定性(RSS)回路以及电传操纵系统可能存在的问题等进行分析和设计。由于现代高性能飞机对于电传操纵系统的渴求已经从控制增稳系统补救飞机本身特性的不足转变为在飞机总体设计阶段就主动地将自动飞行控制系统作为整个飞机系统的基本要素之一，甚至作为中心环节来考虑。从此，飞行控制系统已经上升至与气动布局、结构、发动机等飞机要素相同的地位。因此，对于飞行控制系统中最基础的电传操纵功能的分析与设计必须作详尽的介绍才行。

(一) 纵向电传操纵系统的结构

如图 13－25 所示，是某飞机控制律结构图。它是在控制增稳系统的基础上发展而来的。在电传操纵模式取消了机械操纵链，保留了驾驶员通过杆力(或杆位移) 传感器输出的电指令信号操纵飞机法向过载或俯仰速率。在正向通路中，增加了过载限制器、自动配平网络和为了补偿飞机静不稳定而设置的人工增稳回路；在反馈回路中，除去包括 ω_z，α，n_y 反馈以增加短周期特征频率、阻尼比和实现中性速度稳定性(NSS) 外，还增加了迎角限制器，以实现驾驶员无顾虑操纵和增加飞机的安全性。此外，还具有抑制伺服系统中非线性环节引起的小幅极限环振荡的条件反馈校正回路和由舵机速度饱和引起的大幅极限环振荡的速度限制回路。

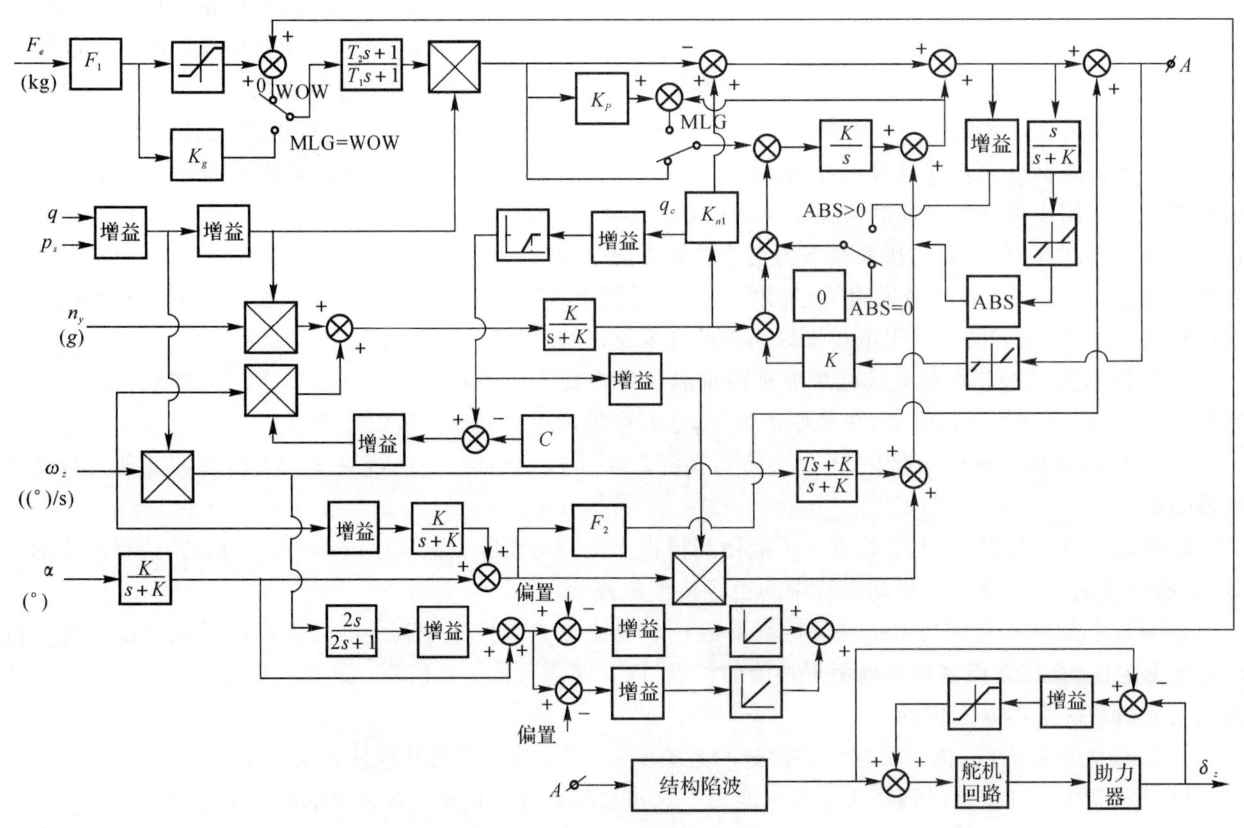

图 13－25　某飞机控制律结构图

尽管模拟技术在精度和运算速度方面曾经很适合飞行控制系统的要求，但是对于多余度的电传操纵系统来说，模拟的能力已经接近极限。数字机的灵活性和多用性，使得用数字控制器实现控制系统越来越具有吸引力，这将促使未来飞机必然地采用数字式飞行控制系统。对于数字式飞行控制系统控制律设计，一般可以用两种不同的方法进行：一种是直接数字设计方法，即在离散域(或 z 平面) 内设计；另一种是按连续系统综合、设计，即在连续域(或 s 平面) 内设计，然后再离散化。第二种方法之所以有吸引力，是因为它利用了多年来连续系统的设计经验，而且要求增加的设计步骤可在连续设计之后进行。模-数转换的离散化设计方法已经在第三篇第 11 章介绍过。

(二) 未放宽纵向静稳定性 CAS 控制律设计

1. CAS 的三种工作模式

为了产生良的控制梯度、满意的稳定性和动态响应特性，和机械操纵控制增稳系统一样，电传操纵系统的控制增稳模式必须采用法向过载、俯仰速率和迎角反馈控制活动平尾(或升降舵)。为满足驾驶员要求，飞机在高速飞行时杆力指令法向加速度，而在低速飞行时，杆力指令俯仰速率，以及在起飞、着陆飞行阶段也有良好的操纵、稳定性，控制增稳回路应有三个工作模式，即高速飞行模式、低速飞行模式和起飞、着陆飞行模式。而且，前两个工作模式应具有中性速度稳定性(NSS) 功能，实现杆力(或杆位移) 指令飞机运动变量；第三种工作模式应具有正向速度稳定性(PSS)，实现杆力(或杆位移) 指令舵面偏度。

在大速度($q_c > 1\ 200\ \mathrm{kg/m^2}$) 飞行中，引入前向积分器的杆力指令和过载反馈直接改善了杆力特性，使杆力$/g$如图13-26所示特性；改善纵向静稳定性，使短周期特征频率满足操纵期望参数(CAP)要求；前向积分的作用使任何非指令的法向过载减小到零，实现法向过载自动配平。包含超前滤波器在内的俯仰速率和迎角反馈，提供合适的动态响应。比例加积分的杆指令控制所构成的零点与法向过载积分反馈形成的电传操纵系统闭环实极点相互接近，使具有前向积分器的控制增稳飞机纵向运动仍具有典型的二阶短周期模态特性。杆力指令的直接链控制还有效地提高了操纵灵敏度、减小等效时延时间常数和改善飞机操纵响应动态特性。

当动压$q_c < 1\ 200\ \mathrm{kg/m^2}$时，电传操纵系统处于小速度工作模式，在前向积分器前引入混合的法向过载和俯仰角速率反馈，以改善低速大迎角飞行时的可控性，抵制超过c_{ym}的机动飞行中法向过载反馈带来的上仰效应；提高小n/α飞行时的短周期特征频率，为实现空中格斗中的精确跟踪和目标截获，俯仰速率反馈有利于姿态修正和稳定；对于不同飞行状态的相同操纵可获得相近的俯仰角速率响应。

在起落架放下时的起飞、着陆模式，断开前向积分器。因为，当飞机在地面滑跑时，不变的n_y和ω_z反馈不再对应驾驶杆指令，系统的前向积分器将导致平尾可能进入任何符号的最大偏度，这可能引起飞机着陆时不自主的“跳动”或者使其起飞困难。在起飞、着陆飞行阶段，为使驾驶杆位置与舵面位置对应，保证从一个状态到另一个状态的平滑过渡，以及在离地起飞至起落架收上阶段或者在起落架放下至机轮着地阶段获得满意的杆力特性和动态响应，在断开积分器的同时，除形成一个将积分器输出自动回零的惯性环节外，在前置滤波器前更换较大的杆指令传动比。然而，必须清楚地认识到指令增益的增大，意味着俯仰操纵梯度的提高，那将有可能潜藏着人-机闭环振荡(PIO) 问题，至少使飞机容易拉漂。对于一个负责任的设计者来说，这种操纵增益的提高，必须要谨慎从事为好。在地面滑跑阶段，为使开环的电传操纵具有适宜的灵敏度，减小杆力至平尾间的传动比。当机轮开关置于承载位置时，应按大速度模式的杆力指令增益。当$q_c < 120\ \mathrm{kg/m^2}$时，断开迎角反馈，以防止低速滑行时不正确的迎角信号输入。

如图13-26所示，为了保证俯仰姿态修正和法向过载操纵中都有良好的操纵灵敏度，设置一个非线性的指令增益，在驾驶杆中立位置附近提供小的指令梯度；而在接近大杆力时，提供大的指令梯度。设置死区的目的在于防止不被注意的杆力对电传-飞机系统的影响。

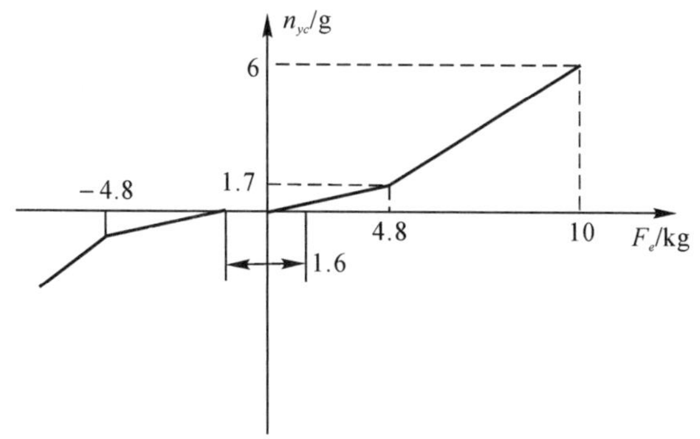

图13-26　非线性杆力指令特性(图13-25中F_1)

2. CAS大速度工作模式控制理想结构和参数选择

一个理想的CAS的大速度工作模式结构图如图13-27所示。按图13-27得到的输出n_y对输入指令n_{yc}的传递函数由下式表示：

$$\frac{n_y}{n_{yc}}(s)=\frac{-K_n\mu_z^{\delta_z}\dfrac{vy^\alpha}{57.3g}(s+K)}{s^3+(2\zeta_s\omega_{ns}-K_\theta\mu_z^{\delta_z})s^2+(\omega_{ns}^2-K_\theta\mu_z^{\delta_z}y^\alpha-K_\alpha\mu_z^{\delta_z})s-K_n\mu_z^{\delta_z}K\dfrac{vy^\alpha}{57.3g}} \tag{13-104}$$

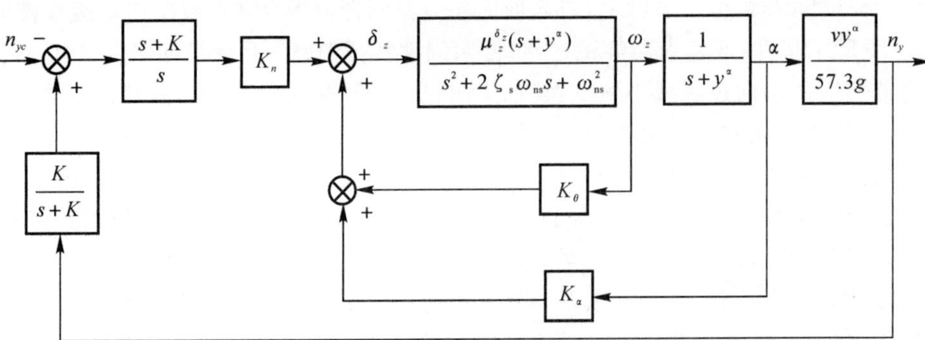

图 13-27　CAS大速度工作模式原始模型结构图

由式(13-104)可见，对于理想的CAS大速度模式控制律与飞机纵向运动短周期模态构成的闭环系统是中性速度稳定的三阶系统。因此，它可按照隐式模型跟踪法进行设计。三阶的特征方程式，通常可以含有一对共轭复根和一个实根。当对应这对复根的频率为 ω'_{ns}、阻尼比为 ζ'_s，以及这个实根为 λ 时，式(13-104)可简化为

$$\frac{n_y}{n_{yc}}(s)=\frac{-K_n\mu_z^{\delta_z}\dfrac{vy^\alpha}{57.3g}(s+K)}{(s^2+2\zeta'_s\omega'_{ns}s+\omega'^2_{ns})(s-\lambda)} \tag{13-105}$$

如果能够使得 $\lambda\approx-K$，那么式(13-105)便可简化为

$$\frac{n_y}{n_{yc}}(s)=\frac{\omega'^2_{ns}}{s^2+2\zeta'_s\omega'_{ns}s+\omega'^2_{ns}} \tag{13-106}$$

式(13-106)说明了利用模型跟踪法可以使比例加积分的中性速度稳定的法向过载指令增稳系统，即使飞机-电传闭环系统接近一个典型的飞机纵向短周期运动特性。

选择CAS参数的依据是在系统稳定性条件满足的情况下，尽量提高开环增益，以抑制大气紊流对飞机的扰动响应，可以依据驾驶员操纵期望参数CAS近似确定法向过载反馈系数

$$K_n=-57.3\mathrm{CAP}\div\mu_z^{\delta_z} \tag{13-107}$$

根据规范[MIL-F-8785C]的有关要求，共轭复根的固有频率 ω'_{ns} 应使操纵期参数CAP在0.28～3.6范围内和阻尼比 ζ'_s 在0.35～1.3范围内。理想的设计数据为CAP=c 和 $\zeta'_s=\sqrt{2}/2$，这样便可获一个理想的三阶特征方程式：

$$s^3+\left(K+\sqrt{\frac{2vy^\alpha c}{g}}\right)s^2+\left(K\sqrt{\frac{2vy^\alpha c}{g}}+\frac{vy^\alpha c}{g}\right)s+K\frac{vy^\alpha c}{g}=0 \tag{13-108}$$

比较式(13-104)，得到

$$K_\theta=-\frac{1}{\mu_z^{\delta_z}}\left(K+\sqrt{\frac{2vy^\alpha c}{g}}-2\zeta_s\omega_{ns}\right) \tag{13-109}$$

$$K_\alpha=-\frac{1}{\mu_z^{\delta_z}}\left(K\sqrt{\frac{2vy^\alpha c}{g}}+\frac{vy^\alpha c}{g}-\omega_{ns}^2\right)-K_\theta y^\alpha \tag{13-110}$$

由于 K_θ，K_α 和 K_n 等反馈增益都是气动导数 y^α，$\mu_z^{\delta_z}$ 和飞行速度 v 以及原飞机纵向短周期特征频率 ω_{ns} 和阻尼比 ζ_s 的函数，可以利用自动调参的办法，近似获得不同飞行状态的这些参数。在满足稳定性要求的前提下，K 值可尽量取大，以提高系统的鲁棒性。

在电传飞行控制系统的综合中，重要问题之一是保证带有飞行控制系统的飞机，其稳定性和静、动态响

应特性对飞行状态和飞行参数的变化应具有小的敏感性。到目前为止，具有实际意义的主要方法是按大气数据自动调节系统反馈增益。当然，在控制器设计阶段，设计方法决定的鲁棒性设计为自动调参带来方便，足够大的 K 值可使调参规律简单化。

实践证明，比值近似为常数的 K_n 和 K_θ 按相同调参律调参是合理的，且在低动压状态是表速的函数；在高动压状态是高度的函数。飞行实践还证明，利用二维插值法对 K_θ，K_n 等参数调参往往是很有效的。但是，最终应该指明的是，随飞行状态改变的参数应尽量减小，调节规律应尽量简单，几个需要调整的参数应共用一种调节律为好。

3. CAS 小速度工作模式控制律理想结构和参数选择

如图 13－28 所示为 CAS 小速度模式理想的结构图，当 $q_c < 1\ 200\ \mathrm{kg/m^2}$ 时，系统应能自动转换为法向过载和俯仰速率的混合反馈于前向积分器，取消迎角反馈。增加的俯仰角速率反馈不仅和迎角反馈一样可以提供系统合适的动态特性，同时，和迎角反馈不同之处在于它能有效地改善飞行纵向静稳定性和短周期特征频率。有效地补偿在大迎角飞行时法向过载反馈的失控影响。随着飞行速度的减小和飞行迎角的增大，法向过载反馈的静稳定性反作用被减小，这一路的俯仰速率反馈作用相对增加。

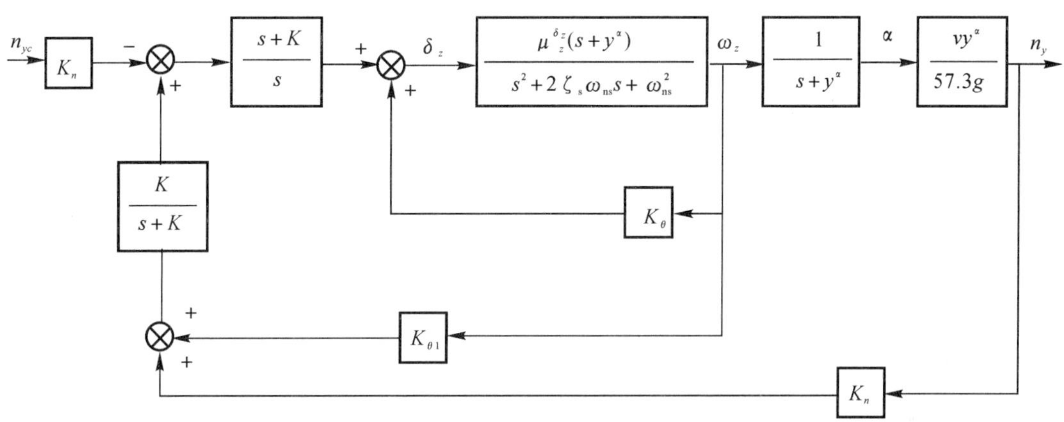

图 13－28 CAS 小速度模式原始模型结构图

在理想情况下，小速度模式的法向过载对指令的传递函数为

$$\frac{n_y}{n_{yc}}(s)=\frac{-\mu_z^{\delta_z}K_n\dfrac{vy^\alpha}{57.3g}(s+K)}{s^3+(2\zeta_s\omega_{ns}-K_\theta\mu_z^{\delta_z})s^2+(\omega_{ns}^2-K_\theta\mu_z^{\delta_z}y^\alpha-K_{\theta1}K\mu_z^{\delta_z})s-K_nK\mu_z^{\delta_z}\dfrac{vy^\alpha}{57.3g}-K_{\theta1}Ky^\alpha\mu_z^{\delta_z}} \tag{13-111}$$

由式(13－111)可知，中性速度稳定的法向过载和俯仰速率混合指令增稳系统，对于法向过载来说是稳态有差系统。在这种情况下，当按模型跟踪法设计系统时，使三阶系统的实极点 λ 近似等于 K 值。那么二阶模型的特征频率

$$\omega_{ns}'^2=-\mu_z^{\delta_z}\left(K_n\frac{vy^\alpha}{57.3g}+K_{\theta1}y^\alpha\right) \tag{13-112}$$

将式(13－111)的特征式与式(13－108)比较，获得反馈增益

$$K_\theta=-\frac{1}{\mu_z^{\delta_z}}\left(K+\sqrt{\frac{2vy^\alpha c}{g}}-2\zeta_s\omega_{ns}\right) \tag{13-113}$$

$$K_{\theta1}=-\frac{1}{\mu_z^{\delta_z}}\left(K\sqrt{\frac{2vy^\alpha c}{g}}+\frac{vy^\alpha c}{g}-\omega_{ns}^2\right)-K_\theta y^\alpha \tag{13-114}$$

并由式(13－112)得到

$$K_n=-\frac{57.3}{\mu_z^{\delta_z}}\left(c-\frac{K_{\theta 1}g}{v}\right) \tag{13-115}$$

c 在 0.28 ~ 3.6 范围内，合理地选择 c 值可使 K_n 不为负值。

4. CAS 起飞、着陆模式理想控制律结构与参数选择

理想的 CAS 起飞、着陆工作模式理想的控制律结构图如图 13-29 所示。起飞、着陆工作模式是小速度工作模式，在特征方程中增加了如下几项：

$$K\{s^2+[2\zeta_s\omega_{ns}-(K_\theta+K_{\theta 1})\mu_z^{\delta_z}]s+\omega_{ns}^2-(K_\theta+K_{\theta 1})\mu_z^{\delta_z}y^\alpha\}$$

当把它作为小速度工作模式的反馈时，二阶的分子和三阶的分母构成开环传递函数，其多余极点数 $d=1$，因此，相当于小速度模式闭环系统的起飞、着陆模式的稳定性更高，其二阶振荡阻尼和一阶实根绝对值更大。

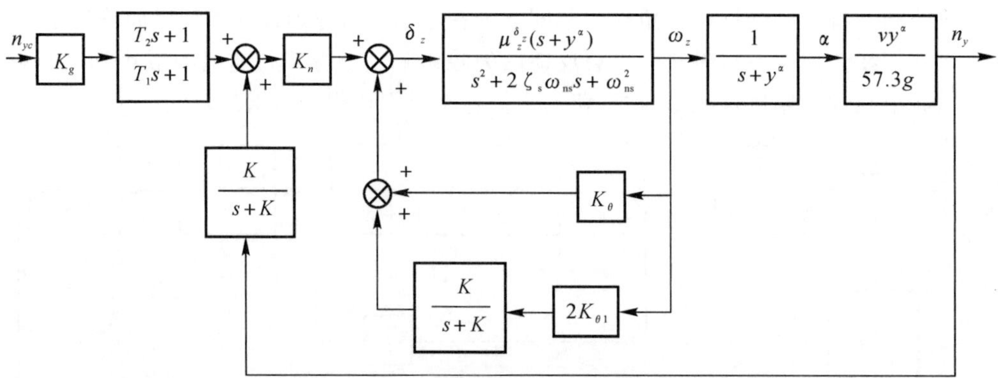

图 13-29　CAS 起飞着陆模式控制律原始模型结构图

5. 迎角和法向过载传感器测量噪声的抑制

由第三篇第 10 章所述内容可知，高增益的反馈回路可以抑制闭环系统输出端干扰，如大气紊流的扰动，可以依靠俯仰角速率反馈和PI 型控制增稳系统，将有效地抑制这种输出端干扰。然而，在反馈回路中的测量元件，如迎角传感器和法向加速度计，在测量飞机运动变量的同时，又测量了许多包括飞机内部和外部的噪声干扰，这些反馈干扰是不能用高增益反馈的办法给予抑制的。

任何测量变量中都包含有误差和干扰噪声，将这种模型化的干扰 n 引入反馈回路中，如图 13-30 所示。这种干扰对输出量的作用可由下式表示：

$$y(s)=-\frac{g(s)K(s)}{1+g(s)K(s)}n(s)=[r(s)-1]n(s) \tag{13-116}$$

为了理想地抑制输出端扰动 z，总是尽量使动态调节因子 $r(s)$ 在总的频率范围内趋近于零，$K(j\omega)$ 越大，就越能满足这个要求。然而，由式(13-116)可知，$r(s)$ 越小，$n(s)$ 对输出 y 的影响就越大。为了抑制飞机的主要扰动源——大气紊流的干扰，不得不把反馈增益 $K(s)$ 选取为足够大的值，故使动态因子 $r(s)$ 很小，这将使迎角和法向过载反馈带来较大的噪声干扰影响。

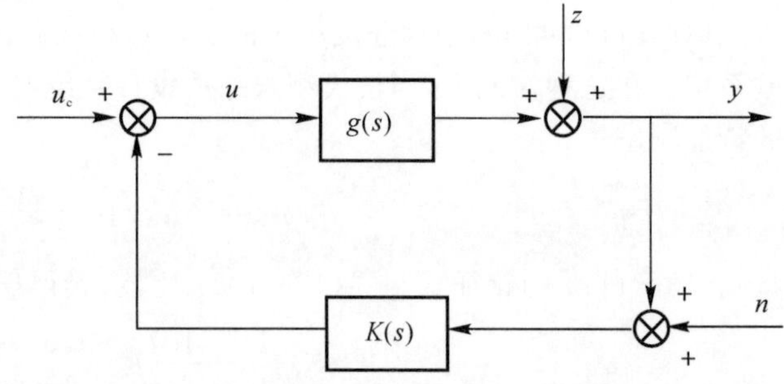

图 13-30　输出端与测量噪声对反馈系统的干扰结构图

对于反馈回路的噪声干扰，通常采用低通滤波的办法解决。滤波器时间常数的选择依据噪声扰动的频率范围而定。大气紊流对迎角传感器的扰动频率较低，时间常数为0.1 s的低通滤波器便可有效地衰减大气紊流引起的迎角误差。缺少比例仅有积分的法

向过载也可有效地抑制机体振荡对法向加速度计输出的影响。

(三)放宽静稳定性飞机稳定性补偿

1. 放宽稳定性的好处

为了保证飞机在飞行中具有良好的稳定性，飞机必须具有适当的静稳定性，也就是自然稳定性。这是从飞机机体本身的动力学分析得出的结论。但是，如果飞机装有性能良好的控制增稳系统，那么只要保证“飞机＋自动器”闭环系统具有良好的静、动稳定性就可以了，在这种情况下，对飞机本身静稳定的要求可以放宽，甚至可以允许飞机为静不稳定的。这就是放宽静稳性(RSS)的概念，或者说，利用控制增稳系统获得人工稳定性的概念。

放宽静稳定性的主要好处是减小飞机的配平阻力。常规飞机在定常飞行状态的平衡条件是，由于翼身组合体的升力作用在重心之后，所以产生低头力矩。为了平衡这个力矩，平尾后缘上偏产生抬头力矩，以抵消翼身组合升力引起的低头力矩。然而，平尾上偏产生抬头力矩的同时，产生向下的负升力，因此，为了抵消这种下降力，翼身组合体必须增加升力 Y，以抵消平尾的负升力。这种俯仰力矩和升力的平衡状态，加重了机翼的负担。

然而，放宽静稳定性的飞机，翼身组合体的升力 Y 的作用点在重心之前，使飞机产生抬头力矩。为了克服这个力矩，平尾后缘下偏，产生低头力矩以平衡翼身组合体升力产生的抬头力矩。在这种情况下，后缘下偏的平尾产生上升力，和翼身组合体的上升力方向相同，故使机翼载荷减轻。

平尾升力和翼身组合体升力方向的一致性，使飞机平直飞行时的迎角减小，因此升致阻力减小。这就是说，放宽静稳定性的配平阻力比常规飞机配平阻力要小些。因此 RSS 可以提高飞机的续航能力。

除了提高升阻比外，RSS 飞机还可以减少尾翼面积和载荷，以及减轻机身、机翼载荷，从而减轻了飞机的结构质量。

飞机升力的增大，使法向过载能力提高，从而使飞机的盘旋半径减小，提高了飞机的机动性。

飞行阻力的减小和飞机质量的减轻，使飞机平飞加速能力提高，即增加了飞机水平加速能力。

总之，放宽静稳定性带来的好处是相当显著的。例如，F-16 飞机采用了 RSS 之后当重心位置在 $38\%b_A$ 时，和常规重心位置 $25\%b_A$ 的飞机相比较，在 900 m 高度的最大推力条件下，在马赫数等于 0.9 和 1.2 时，转弯速度分别增加 0.75°/s 和 1.1°/s，马赫数从 0.9 增加到 1.6 的加速时间减少了 1.8 s，马赫数为 0.8，0.9 和 1.2 时，过载系数 n_y 分别提高了 $0.2g$，$0.4g$ 和 $0.6g$。升阻比在亚声速提高 8%，超声速提高 15%，等等，这样的例子甚多，不仅对于小型的战斗机有很多益处，对于大型的轰炸机、运输机带来的好处也是明显的。

2. RSS 对飞机性能的影响

对于放宽静稳性的飞机，由于重心位置相对不随迎角变化的焦点的距离或极性发生了变化，迎角增量 $\Delta\alpha$ 导致的俯仰力矩系数

$$m_z^{\alpha}=\frac{\partial m_z}{\partial c_y}\frac{\partial c_y}{\partial \alpha}=(\bar{x}_G-\bar{x}_F)c_y^{\alpha} \tag{13-117}$$

式中，$\bar{x}_G$，$\bar{x}_F$ 分别为重心和焦点至平均气动弦 b_A 前缘的相对距离。因此，$\bar{x}_G$ 的增加或者 $\bar{x}_F$ 的减小，将减小飞机的静稳定性，或者成为静不稳定飞机，同样平尾力矩系数 $m_z^{\delta_z}$ 将随 $\bar{x}_G$ 的增大而减小。

3. RSS 飞机纵向静稳定性的补偿方法

对于重心后移的 RSS 飞机 CAS 控制律设计，实际上是对正常重心位置飞机 CAS 控制律的修改。这种修改措施不改变正常重心位置 CAS 控制律的主要结构和参数。

在纵向电传操纵系统 CAS 控制律中，引入飞行迎角、俯仰速率或法向过载的比例反馈，都可有效地补偿 RSS 飞机的稳定性。三种补偿方案的特点如下。

1)当仅仅采用迎角比例反馈时，在原 CAS 控制律中增加一个迎角比例反馈，其反馈增益可按下式近似求得：

$$K_{\alpha_1} = (\bar{x}_G - \bar{x}'_G)\frac{c_y^\alpha}{m_z^{\delta_z}} \tag{13-118}$$

式中，$\bar{x}'_G$为重心后移后的重心位置（相对平均气动弦长）。由于 $c_y^\alpha, m_z^{\delta_z}$ 是马赫数的函数，因此，K_{α_1} 也应是马赫数的函数，如图 13-31 所示。因此，可以取 $c_y^\alpha/m_z^{\delta_z}$ 的折中值得到的 RSS 补偿迎角反馈的增益并由下式表示：

$$K_{\alpha_1} = (\bar{x}'_G - \bar{x}_G) \times \begin{cases} 5, & Ma \leqslant 0.8 \\ 5 + \dfrac{10}{3}(Ma - 0.8), & Ma > 0.8 \end{cases} \tag{13-119}$$

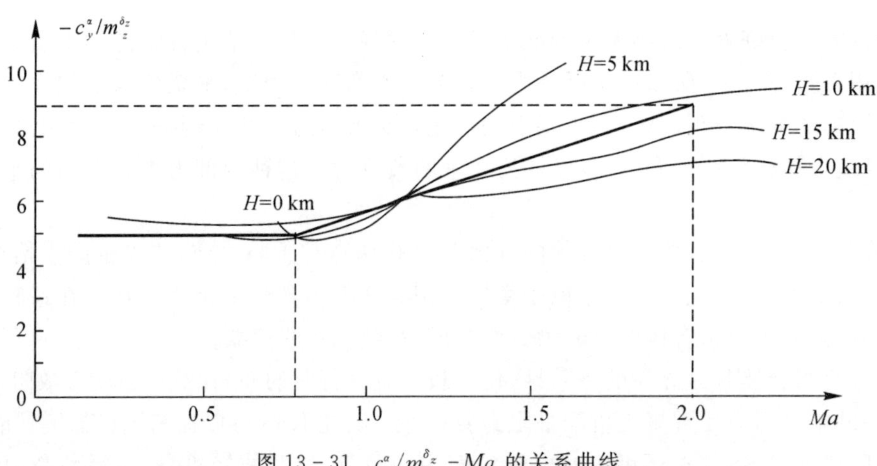

图 13-31　$c_y^\alpha/m_z^{\delta_z}$ -Ma 的关系曲线

可见，K_{α_1} 是马赫数的非线性函数，但又是重心位置的函数，并可由下式表示：

$$K_{\alpha_1} = k_\alpha k_M \tag{13-120}$$

式中，k_α 和 k_M 分别由图 13-32(a)(b) 所示。用图形表示的 K_{α_1} 便是图 13-25 中的 F_2。

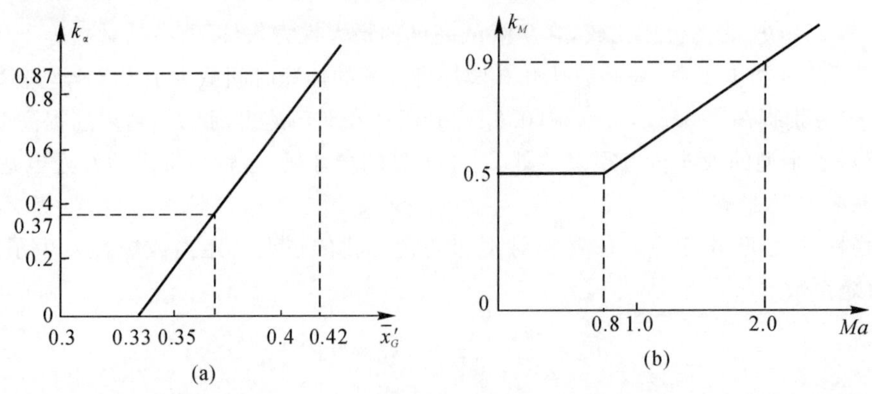

图 13-32　重心后移的 RSS 飞机稳定性补偿增益

2) 采用俯仰速率补偿 RSS 飞机的稳定性，一种方案是在前向积分器后接入一个一阶惯性环节的俯仰速率反馈，因为在 y^{δ_z} 很小和没有垂直风干扰的情况下

$$\Delta\alpha \approx \frac{1}{s + y^\alpha}\omega_z \tag{13-121}$$

因此这个惯性环节的时间常数应近似为 $1/y^\alpha\omega_z$，俯仰速率反馈增益应为

$$K_{\omega_z} = (\bar{x}_G - \bar{x}'_G)/m_z^{\delta_z} \tag{13-122}$$

另一种俯仰速率反馈方案是在前向积分器前接入一个比例的俯仰速率反馈，其反馈增益可近似为

$$K_{\omega_z}=\frac{1}{K}(\bar{x}_G-\bar{x}'_G)\frac{c_y^{\alpha}}{m_z^{\delta_z}} \tag{13-123}$$

对于俯仰速率反馈的补偿方案，有利于小速压飞行状态和起飞、着陆飞行阶段对垂直风扰动的抑制，有效地的减小 ω_z 对大气紊流的扰动响应。

3）法向加速度反馈补偿 RSS 飞机的纵向静稳定性，原理上也是可行的。因为，在 y^{δ_z} 较小的情况下，法向过载对 n_y 与空速迎角 α 的关系可近似为

$$\Delta n_y=\frac{qS}{G}c_y^{\alpha}\Delta\alpha \tag{13-124}$$

因此，可以得到法向过载对 RSS 飞机纵向静稳定性补偿的反馈增益为

$$K_{n_y}=\frac{G}{Sq}\frac{\bar{x}_G-\bar{x}'_G}{m_z^{\delta_z}} \tag{13-125}$$

可见，n_y 反馈增益 K_{n_y} 是动压、马赫数以及重心位置的函数，因此，需要一个复杂的调参规律。

总之，在迎角反馈代价不大的情况下，如迎角传感器性能指标满足要求和制造费用不大时，应该选用 α 反馈以实现 RSS 飞机的人工稳定性。采用俯仰速率 ω_z 反馈作为 RSS 飞机稳定性补偿信号也是可行的。应尽量避免使用法向过载反馈，因为它在小速度和大迎角飞行时，接近或超过 $c_{y\max}^{\alpha}$ 时，不可控的 n_y 反馈将失去它的增稳作用。

（四）校正滤波器的选择

1．系统稳定性校正滤波器的选择

经过理想化设计、计算建立的未校正系统，称为系统的原始模型。但是，实际系统的高频环节（舵机回路、舵面作动器、反馈传感器、低通和结构滤波器等）对电传操纵系统的开、闭环特性影响很大，使系统稳定储备降低和等效时延增大。因此，在理想化设计之后系统综合的主要任务是引入校正滤波器，补偿高频环节对系统性能的影响。

为提高系统的稳定性，降低开环增益的办法不是一个好办法，那样不仅有可能降低系统静、动态响应特性，也往往使系统的抗干扰和适应参数不确定性的能力降低，即减弱了系统的鲁棒性。一种有效的办法是在前向回路或反馈回路中设置相位超前滤波器。这种滤波器的特点是，在低频段不改变系统开环增益，保持电传操纵系统有满意的操纵期望参数 CAP 和短周期阻尼比 ζ_s 的要求；在中频段能减少截止频率附近的相位滞后，提高系统的相位稳定储备；在高频段不应减小增益稳定储备，不增大结构弹性振荡频率处的增益，以及不增加噪声幅值。

为了便于开环系统特性分析，变换系统结构成单回路形式，如图 13-33 所示，为飞机纵向电传操纵系统 NSS 模式的简化结构图。

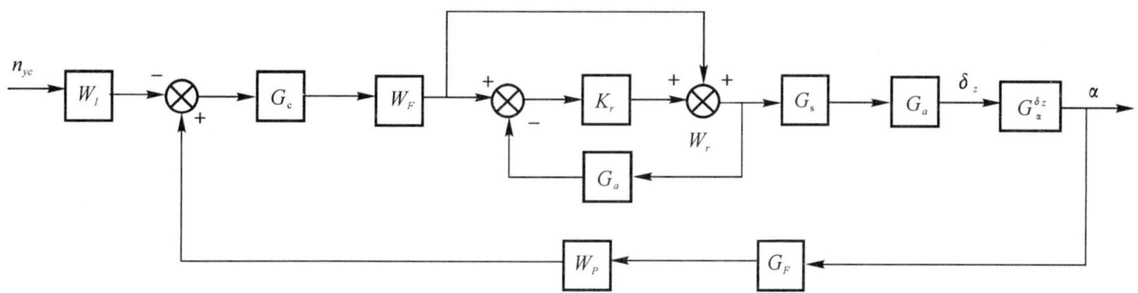

图 13-33　飞机纵向电传操纵系统 NSS 模式简化结构图

图中各环节特性分别如下：

（1）CAS 反馈组合传递函数

$$G_F(s)=\frac{K_\theta(s^2+2\zeta_0\omega_0 s+\omega_0^2)}{s+K} \tag{13-126}$$

式中

$$\omega_0^2=\begin{cases}\left(\dfrac{vy^\alpha}{57.3g}+K_L\right)\dfrac{K_n}{K_\theta}K & \text{(大速度工作模态)}\\ \left(\dfrac{vy^\alpha}{57.3g}+K_L\right)\dfrac{K_n}{K_\theta}+\dfrac{K_{\theta 1}}{K_\theta}Ky^\alpha & \text{(小速度工作模态)}\end{cases}$$

$$2\zeta_0\omega_0=\begin{cases}\dfrac{K_\alpha+K_{\alpha 1}}{K_\theta}+y^\alpha & \text{(大速度工作模态)}\\ \dfrac{K_{\theta 1}}{K_\theta}K+\dfrac{K_{\alpha 1}}{K_\theta}+y^\alpha & \text{(小速度工作模态)}\end{cases}$$

(2) 飞行空速迎角对平尾偏度的传递函数

$$G_\alpha^{\delta_z}(s)=\frac{\mu_z^{\delta_z}}{s^2+2\zeta_s\omega_{ns}s+\omega_{ns}^2} \tag{13-127}$$

(3) 前向控制特性为

$$G_c(s)=\frac{s+K}{s} \tag{13-128}$$

(4) 弯振陷波器特性

$$W_F(s)=\frac{0.871(s^2+6s+60^2)}{s^2+89.6s+56^2} \tag{13-129}$$

(5) 舵机回路传递函数

$$G_s(s)=\frac{\omega_n^2}{s^2+2\zeta\omega_n s+\omega_n^2} \tag{13-130}$$

(6) 舵面作动器传递函数

$$G_a(s)=\frac{1}{T_a s+1} \tag{13-131}$$

(7) 法向过载指令前置滤波器传递函数

$$W_I(s)=\frac{T_2 s+1}{T_1 s+1} \tag{13-132}$$

(8) 其他两个校正环节是

$$W_p(s)=\frac{T_4 s+1}{T_3 s+1} \tag{13-133}$$

$$W_r(s)=\frac{(1+K_r)(T_a s+1)}{T_a s+1+K_r} \tag{13-134}$$

这样一来，在未经相位超前校正的情况下，由图 13-33 得到开环传递函数为

$$W(s)=G_c(s)W_F(s)G_s(s)G_a(s)G_\alpha^{\delta_z}(s)G_F(s)=$$

$$-\frac{K_\theta\mu_z^{\delta_z}(s^2+2\zeta_0\omega_0 s+\omega_0^2)}{s(s^2+2\zeta_s\omega_{ns}s+\omega_{ns}^2)}\,\frac{0.871(s^2+6s^2+60^2)}{s^2+89.6s+56^2}\,\frac{\omega_n^2}{s^2+2\zeta\omega_n s+\omega_n^2}\,\frac{1}{T_a s+1} \tag{13-135}$$

依据订货方给出的气动导数、舵面作动器、结构滤波器参数和承包商确定的舵面回路和计算机参数，通过计算获得包括不同动压、高度和重心位置等数个飞行状态的开环对数频率特性，其中高度为 0 km，马赫数为 0.8 和 $\bar{x}_G=0.41$ 的某飞机-电传操纵系统 NSS 模式的开环对数频率特性如图 13-34 曲线(1)所示。其相位储备不满足 60° 的要求，但增益储备满足 10 dB 要求。

如果在反馈回路中，设置相位超前滤波器$\dfrac{T_4 s+1}{T_3 s+1}$且

$$T_3=\frac{1}{15},\quad T_4=\frac{1}{5} \tag{13-136}$$

过低的舵面作动器带宽(如$G_a(s)=\dfrac{20}{s+20}$)使得系统相位稳定储备仍不能满足要求,如图13-34中曲线(2)所示。为此,又在前向通路中设置$W_r(s)$,这种结构的滤波器可以减少高频噪声干扰,获得的频率特性如图13-34曲线(3)所示。从而得到相稳定储备为62°,增益稳定储备为14.4 dB,满足了线性系统相位稳定储备60°和增益稳定储备10 dB的要求。应该注意的是:对线性系统而言,稳定储备要求应高于规范要求,才能保证在实物试验中满足规范要求。

在反馈回路里如何实现相位超前,对于具有高频噪声的迎角和过载反馈,3倍时间常数的超前网络,会使高频噪声幅值增加近似3倍,因此,需要按反馈变量的具体情况,合理地选择不同形式的串联校正装置,使其既能起到超前作用,又不至于放大噪声响应。这里便需要某些控制技巧,实现无副作用的有效校正。

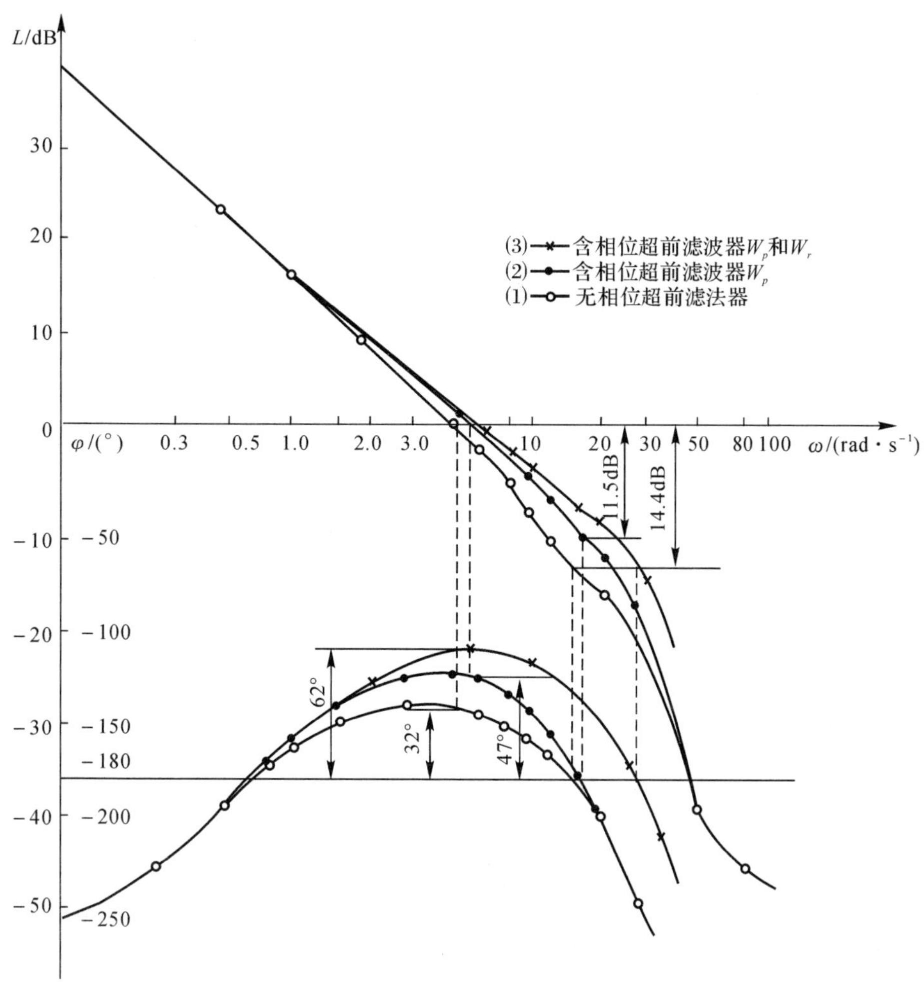

图13-34　纵向电传操纵系统NSS模式Bode图

对于过载反馈支路而言,如图13-35所示,由于它是纯积分反馈,可以让它先通过惯性环节$\dfrac{15}{s+15}$,再增加一路直接比例反馈,便相当于n_y反馈由超前网络$\dfrac{3s+15}{s+15}$校正,并由图13-35获得

$$\frac{15}{s+15}\left(\frac{1}{s}+0.2\right)K=\frac{3s+15}{s+15}\,\frac{K}{s} \tag{13-137}$$

对于迎角反馈而言,不少低高度、大马赫数的飞行状态,其稳定储备比较低。对于这些状态的升力系数$y^{\alpha}\approx 1$,以及考虑到

$$\alpha \approx \frac{1}{s+y^{\alpha}}\omega_z \tag{13-138}$$

给出如图 13－36 所示结构，便可近似实现迎角反馈的超前校正，因为

$$\frac{15}{s+15}[0.2(s+y^{\alpha})+0.8]=\frac{3s+15}{s+15} \tag{13-139}$$

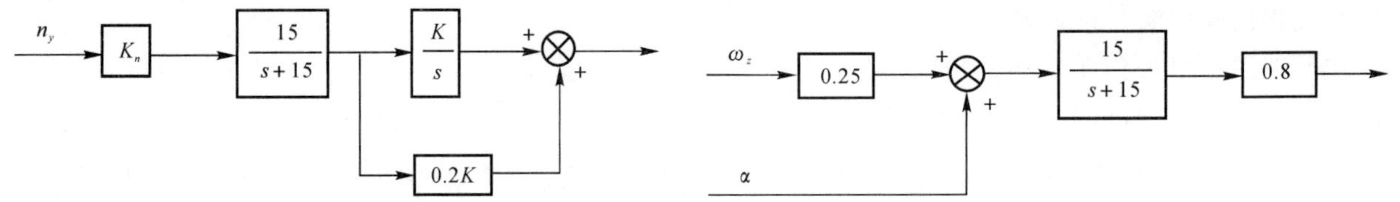

图 13－35　法向过载积分反馈的超前校正　　　图 13－36　迎角反馈的超前校正

为了更好地抑制 α 反馈回路中的噪声，通常取惯性环节时间常数为 0.1 s。对于某些反馈的超前校正，通常就是采用不带噪声的微分变量，校正含有噪声的和带有滤波器的反馈变量。

对于角速率反馈，由于通常它含有很少的噪声分量，所以可直接串入一个相位超前滤波网络。

2. 减小等效时延的措施

由等效系统定义的等效延迟时间常数 τ_e 表征了包括高频动态环节(舵机回路、舵面作动器、结构滤波器等)、数字采样、量化和计算延迟在内的总有效时间滞后，这些环节通常都在正向通路中。反馈回路中的高频环节一般对等效时延影响不大。

在前向通路中引入比例加积分控制，如前所述，目的在于形成比例加积分的前向控制器，其零点用以抵消飞机-电传操纵闭环系统的实极点，从而使具有 PI 型 CAS 的飞机闭环传递函数逼近纯飞机典型的纵向二阶特性。由直接链(比例)和积分斜率形成的零点，通常属于中、低频零点，难以抵消高频极点对操纵时延的影响。因此，试图利用直接链去减小等效时延时间常数是不合理的。

在杆力指令信号通路中设置滞后-超前滤波器，其传递函数为

$$W_I(s)=\frac{T_2s+1}{T_1s+1} \tag{13-140}$$

当选择 $T_2=0.1$ s 和 $T_1=0.05$ s 时，等效时间常数 τ_e 可减小 0.05 s 左右。

(五) 自持振荡的抑制

在电传操纵系统的综合中，对于飞机-电传闭环系统的动力学方面获得了实际上非常重要的结果。但是，必须对可能严重地改变驾驶员对飞机-电传操纵系统的感觉和关系到飞行安全的非线性影响进行分析和研究。由于电传操纵系统中的非线性因素，如执行机构(包括舵机、舵面作动器等) 中的不灵敏区、间隙、位置和速度饱和等，可能导致飞机-电传闭环系统产生极限环振荡。

仿真计算和地面物理模拟试验表明，作动器速度不灵敏区使 NSS 模态在低高度、高亚声速飞行状态，引起一种振幅不大($n_y<0.5g$)、频率较低(6 rad/s 左右) 的小幅自持振荡，如图 13－37 所示，它给飞行员带来不良感觉和难以精确地完成任务；作动器的速度饱和在 NSS 工作模态的低高度、小速压飞行状态，引起一种振幅很大($n_y>4g$)、频率较低(3 rad/s 以下) 的大幅自持振荡，如图 13－38 所示。它会导致飞机损坏，操纵链机械间隙也会引起小幅自振。

从根本上消除自持振荡的方法是减小操纵链中间隙和执行机构中的不灵敏区，以及增大舵面作动器的最大速度。然而，间隙和不灵敏区的减小会遇到不少制造方面的困难，减小作动器的间隙和不灵敏区还有可能使作动器与平尾构成的弹簧、质量系统本身自振；增大作动器的最大速度和位移也会受到驱动功率和平尾强度的限制。在飞机电传操纵系统设计中通常采用如下几种抑制自持振荡的措施：

1) 降低电传操纵系统的开环增益。这通常是不合适的，它直接影响飞机-电传闭环系统的响应特性和抗干扰能力；

2）在系统正向或反馈回路中，串联相位超前滤波器，这对小幅自持振荡是有作用的；

3）在舵机回路-舵面作动器之间设置条件反馈校正，可有效地抑制小幅自持振荡；

4）限制系统最大输出速度可有效地抑制大幅极限环振荡。

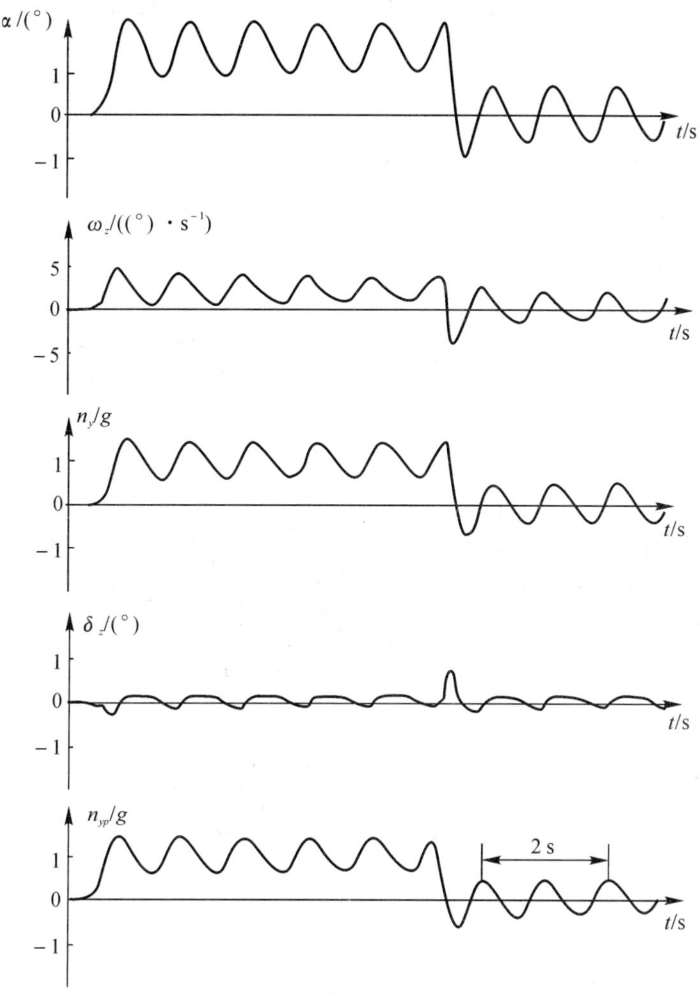

图 13-37　小幅自持振荡曲线(无条件反馈，$H=0$ km，$Ma=0.8$，$\bar{x}_G=41\%$)

具有非线性环节的飞机纵向电传操纵系统的简化结构图如图 13-39 所示。为了简化分析，将舵机回路视为线性系统，在此主要分析舵面作动器中分油器活门不灵敏区和最大位移构成的非线性以及舵机输出至作动器分油活门之间的机械间隙非线性，其他环节均为线性环节。可以利用描述函数法分析舵面作动器两种非线性引起的极限环振荡。

具有两种非线性特性的等效传递函数为

$$G_a(s,A)=\frac{1}{T_a s+1} \tag{13-141}$$

式中，T_a 为作动器等效时间常数，且

$$T_a=\frac{A_a}{K_f K_a N_1(A)} \tag{13-142}$$

式中，K_f 为作动器机械反馈传动比；K_a 为作动器分油活门流量系数；$N_1(A)$ 为不灵敏区、饱和特性的描述函数，且

$$N_1(A)=\frac{2}{\pi}\left[\arcsin\frac{a_2}{A}-\arcsin\frac{a_1}{A}+\frac{a_2}{A}\sqrt{1-\left(\frac{a_2}{A}\right)^2}-\frac{a_1}{A}\sqrt{1-\left(\frac{a_1}{A}\right)^2}\right] \tag{13-143}$$

$N_2(A)$ 为机械间隙特性的描述函数，且

$$N_2(A)=g_0\left(\frac{A}{\varepsilon}\right)+\mathrm{j}b_0\left(\frac{A}{\varepsilon}\right) \tag{13-144}$$

式中

$$g_0\left(\frac{A}{\varepsilon}\right)=\frac{2}{\pi}\left(\frac{3}{4}\pi-\frac{\alpha}{2}-\cos\alpha+\frac{\sin2\alpha}{4}+\frac{\varepsilon}{A}2\cos\alpha\right)$$

$$b_0\left(\frac{A}{\varepsilon}\right)\approx\frac{2}{\pi}\left(-\frac{3}{4}+\sin\alpha^2+\frac{1}{4}\cos2\alpha\right)$$

$$\alpha=\arcsin\left(1-2\,\frac{\varepsilon}{A}\right)$$

对于具有两种非线性环节的闭环系统，必须分别按一个非线性环节单独进行分析。

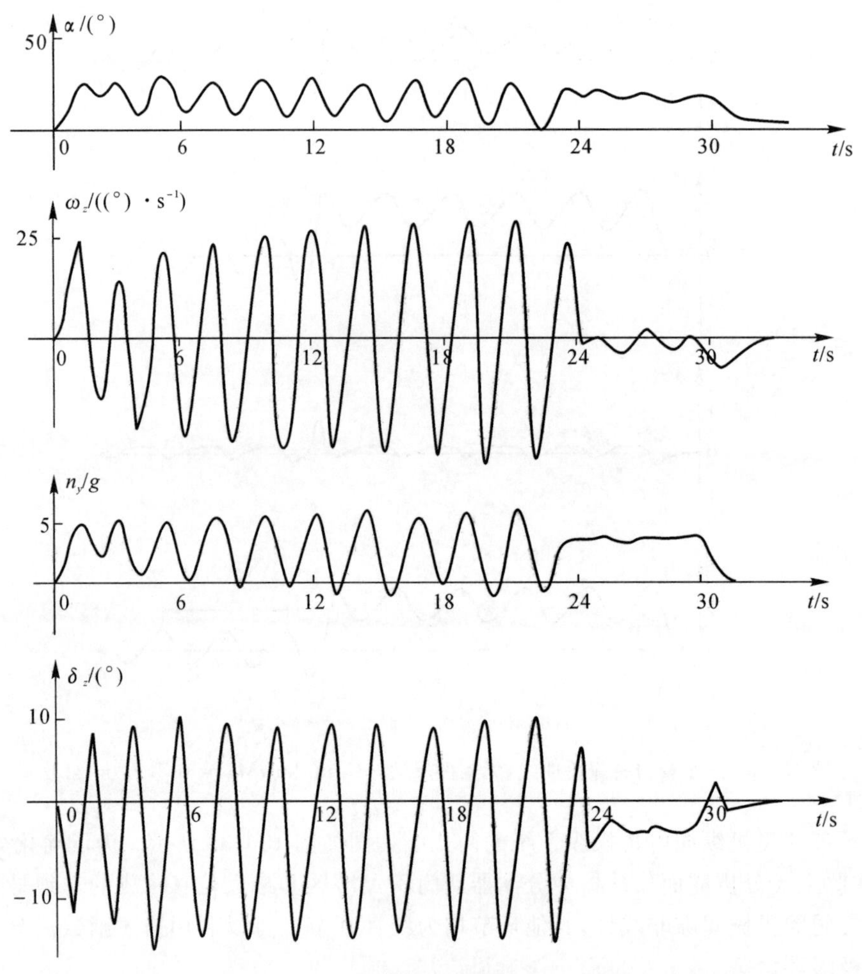

图 13-38　大幅极限环振荡的一个例子

（$H=8$ km，$Ma=0.6$，$\bar{x}_G=33\%$，第 24 s 由 NSS 转入 PSS，第 30 s 杆力回零）

（一）作动器速度非线性导致自振的分析与抑制

1. 对 NSS 模态自持振荡的分析

首先假设操纵链中机械间隙为零，仅仅具有作动器分油活门不灵敏区和包含一个非线性环节。那么，当由图 13-39 得到的纵向电传操纵系统闭环特征式满足

$$G_0(\mathrm{j}\omega)=-1-\mathrm{j}T_a\omega \tag{13-145}$$

时，系统将出现自持振荡，式中

$$G_0(\mathrm{j}\omega)=-G_c(\mathrm{j}\omega)G_a^{\delta_z}(\mathrm{j}\omega)G_s(\mathrm{j}\omega)W_F(\mathrm{j}\omega)W_r(\mathrm{j}\omega)W_P(\mathrm{j}\omega)G_F(\mathrm{j}\omega)$$

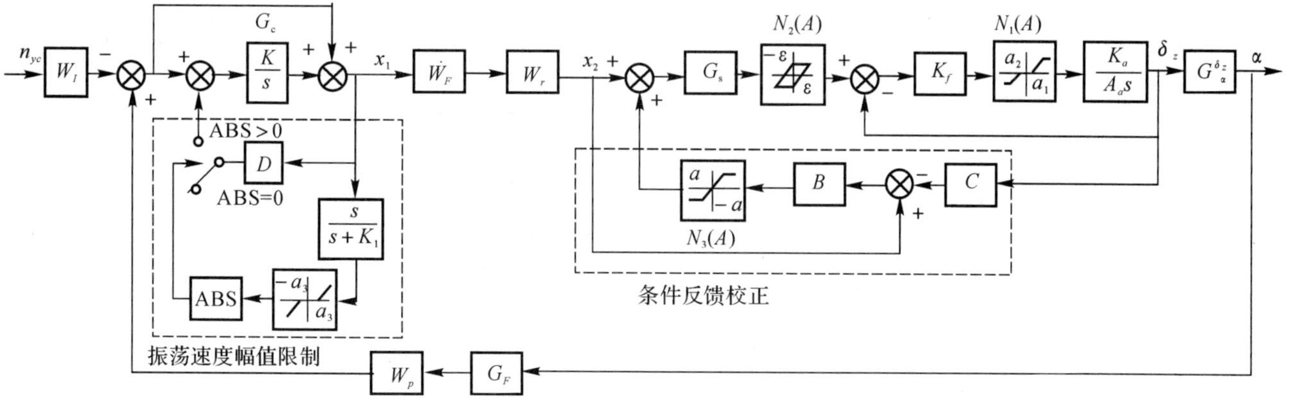

图 13-39　某飞机纵向电传操纵系统非线性分析用简化方块图

给定舵面作动器参数 K_f,K_a,A_a 和 a_1,a_2 值，得到非线性作动器等效时间常数 $T_a(A)$ 的描述函数 $N_1(A)$，如图 13-40 所示。如果将 $G_0(\mathrm{j}\omega)$ 由实部和虚部表示，即

$$G_0(\mathrm{j}\omega)=G_{OR}(\mathrm{j}\omega)+\mathrm{j}G_{0I}(\mathrm{j}\omega) \tag{13-146}$$

时，当闭环系统能满足

$$G_{OR}=-1 \tag{13-147}$$

$$G_{OI}=-T_a\omega \tag{13-148}$$

时，电传-飞机系统将出现极限环振荡。

可以利用奈奎斯特图分析作动器分油活门不灵敏区和饱和特性对 NSS 模态稳定性的影响。给出某个典型飞行状态(包括静稳定和静不稳定两种情况)，按式(13-145)将 $G_0(\mathrm{j}\omega)$ 和 $-1-\mathrm{j}T_a\omega$ 按不同 ω 值做出奈奎斯特曲线于图 13-41 中。由式(13-141)得到的 $-\frac{1}{G_a(\mathrm{j}\omega)}$(以下简写为 $-\frac{1}{G_a}$)的轨迹线在过(−1,j0)点的虚轴平行线上，且当振幅 $A<a_1$ 时，$-\frac{1}{G_a}=-1-\mathrm{j}\infty$；当 A 由 a_1 趋于 a_2 时，$-\frac{1}{G_a}$ 趋于 $-1-\mathrm{j}\frac{A_a}{K_fK_a}\omega$；当 A 由 a_2 趋于 ∞ 时，$-\frac{1}{G_a}$ 由 $-1-\mathrm{j}\frac{A_a}{K_fK_a}\omega$ 反向趋向 $-1-\mathrm{j}\infty$。图 13-41 中，标号 ①②③ 和 ④ 曲线是不同飞行状态 $G_0(\mathrm{j}\omega)$ 的轨迹线。对于 $G_0(\mathrm{j}\omega)$ 的轨迹线分两种情况进行分析：

(1) 对静稳定飞机的分析。如果飞机是静稳定的，当短周期特征频率较高，系统开环增益较小，组合反馈零点频率 ω_0 较小，以及舵机回路频带较宽和计算机计算时延较小时，$G_0(\mathrm{j}\omega)$ 的轨迹线(曲线 ①) 和 $-\frac{1}{G_a}$ 的轨迹线不相交，电传-飞机系统是稳定的，不出现极限环振荡。

但是，当飞机短周期特征频率较小，系统开环增益较大，组合反馈零点频率 ω_0 较大，以及舵机回路频带较窄和计算机时延较大时，$G_0(\mathrm{j}\omega)$(曲线 ②) 和 $-\frac{1}{G_a}$ 有两处相交(b_1 点和 b_2 点)。因此，在这种情况下，电传-飞机系统有两个自振工作点。它对应两个自振频率，两个作动器时间常数和 4 个自振振幅。对应 b_1 点的自振频率 ω_1^* 小和作动器时间常数 T_{a1} 大；对应 b_2 点的自振频率 ω_2^* 大和作动器等效时间常数 T_{a2} 小。将 T_{a1} 和 T_{a2} 画在图 13-40(c) 中，对应 T_{a1}(即对应 b_1 点) 有两个自振振幅，小振幅为 A_{11}，大振幅为 A_{12}；对应 T_{a2}(即对应 b_2 点) 也有两个振幅，小振幅为 A_{21}，大振幅为 A_{22}。

依据非线性描述函数法，可以判断 b_1 点为大振幅(A_{12}) 自振工作点，且为小振幅(A_{11}) 自振不稳定工作点；b_2 点为小振幅(A_{21}) 自振稳定工作点，且为大振幅(A_{22}) 自振不稳定工作点；当系统扰动幅值初值小于 A_{21} 时，系统振荡将收敛于 a_1；当扰动振幅初值在 A_{21} 和 A_{22} 之间时，系统在 b_2 点产生稳定的小幅(A_{21}) 自振；当扰动振幅初值大于 A_{22} 时，系统在 b_1 点产生稳定的大幅(A_{12}) 自振。A_{21} 被称为小幅自振起始振幅，A_{22} 被称为大幅自振起始振幅。

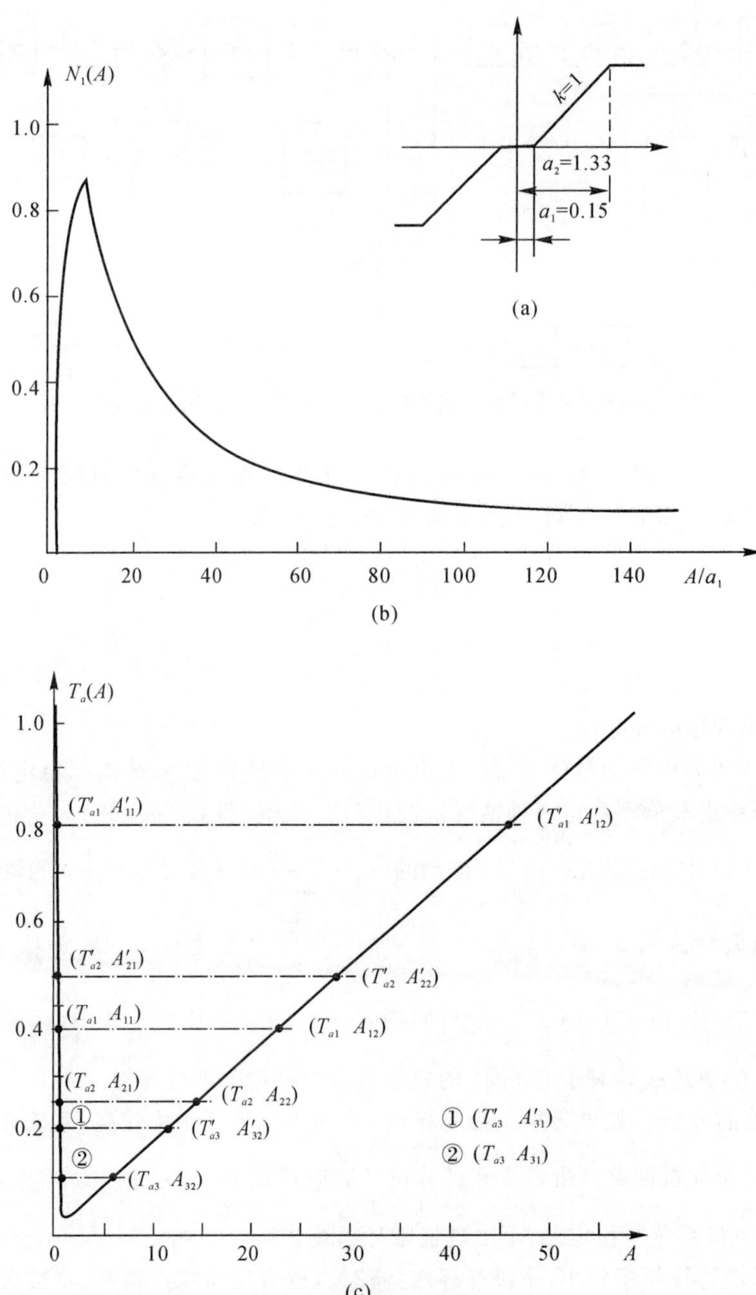

图 13-40　舵面作动器不灵敏区和饱和特性的描述函数 $N_1(A)$ 以及等效时间常数 T_a

(a) 不灵敏区和饱和特性；(b) 不灵敏和饱和特性的描述函数 $N_1(A)$；(c) 助力器等效时间常数 $T_a(A)$ 图

(2) 对静不稳定飞机的分析。由于放宽静稳定性给飞机带来很多益处，今后的飞机将向这个方向发展。因此，对静不稳定飞机的分析是有实际意义的。对静不稳定飞机来说，也有两种情况。当舵机回路频带较宽，计算机时延不大，以及飞机静不稳定度较小和系统开环增益不大时，$G_0(j\omega)$（曲线③）与 $-\dfrac{1}{G_a}$ 的轨迹线只有一个交点 b_3。对应 b_3 点的自振频率为 ω_3^* 和舵面作动器等效时间常数为 T_{a3}。可以判断 b_3 点为小幅（A_{31}）自振稳定工作点，且为大幅（A_{32}）自振不稳定工作点。在这种情况下，扰动振幅从零开始增大，直至等于 A_{31} 时，形成稳定的小幅自振；当振幅起始值大于 A_{32} 时，系统将产生发散的大幅自振，直至受到舵面最大偏度的限制。

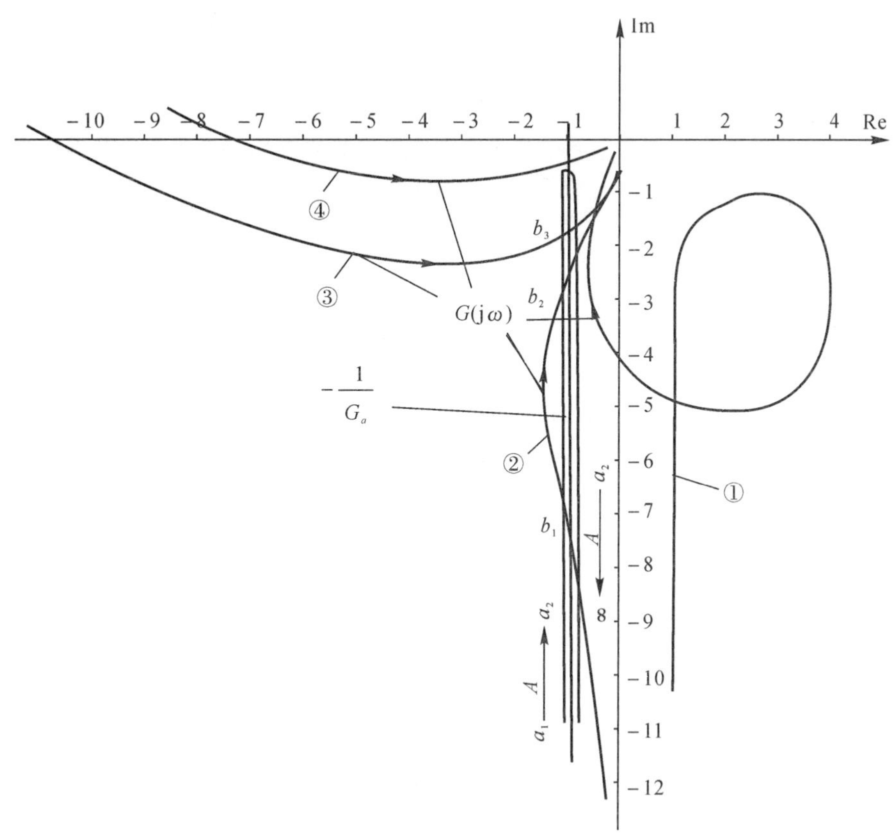

图 13-41　$G(j\omega)$ 和 $\frac{1}{G_a}$ 在奈奎斯特图上的轨迹线

当舵机回路频带较窄和计算机时延较大，飞机静不稳定较大和系统开环增益较高时，尽管 $G_0(j\omega)$ 的轨迹线(曲线 ④) 与过(−1,j0) 点的虚轴平行线相交，但是，这个交点对应的作动器时间常数 T_a 值小于图 13-40(c) 中的最小值 $T_{a\min}$。因此，图 13-41 曲线 ④ 所示的 $G_0(j\omega)$ 与 $-\frac{1}{G_a}$ 的轨迹线没有交点。此时，电传-飞机系统不会出现自持振荡。但是，由于 $G_0(j\omega)$ 的轨迹包围了 $-\frac{1}{G_a}$ 的轨迹，因此，当输入幅值大于 a_1 时，系统将是一个非自振的不稳定系统。

总之，具于中性速度稳定性的飞机-电传操纵系统，非线性速度特性的舵面作动器使静稳定性飞机-电传闭环系统可能出现两种自持振荡，其中小幅振荡是由作动器速度不灵敏区导致的，自振频率相对较大；大幅自振是由作动器最大速度不满足全杆力操纵要求，自振频率相对小幅自振要低。对于静不稳定飞机来说，当舵面作动器不灵敏区较大时，必然地出现小幅自持(甚至于发散) 振荡；当最大杆力操纵(或最大阵风干扰) 引起的作动器速度超过起始振幅时，也必然出现大幅发散振荡。因此，除对舵面作动器速度特性做出要求外，当作动器不能满足要求时，必须采取有效措施抑制和消除这两种大、小幅值的振荡。

2. NSS 工作模态的系统稳定判据

首先进行简化分析，认为舵机回路通频带很宽，可近似为比例环节，并且没考虑相位超前滤波器时，NSS 工作模态的系统开环线性部分频率特性 $G_0(j\omega)$ 的实部由下式表示：

$$G_{OR}(j\omega)=\frac{2\mu_z^{\delta_z}K_\theta[(\omega_0^2-\omega^2)\zeta_s\omega_{ns}-(\omega_{ns}^2-\omega^2)\zeta_0\omega_0]}{(\omega_{ns}^2-\omega^2)+4\zeta_s^2\omega_{ns}^2\omega^2} \tag{13-149}$$

当满足 $G_{OR}(j\omega)=-1$ 时，获得 NSS 模态的自振频率表达式：

$$\omega^{*2}=\omega_{ns}^2+\frac{B}{2}\pm\sqrt{\left(\frac{B}{2}\right)^2-C} \tag{13-150}$$

式中 $B=-2K_\theta\mu_z^{\delta_z}\left[\zeta_0\omega_0-\zeta_s\omega_{ns}\left(1-\frac{2\zeta_s\omega_{ns}}{K_\theta\mu_z^{\delta_z}}\right)\right]$，$C=2\zeta_s\omega_{ns}K_\theta\mu_z^{\delta_z}\left[\omega_0^2-\omega_{ns}^2\left(1-\frac{2\zeta_s\omega_{ns}}{K_\theta\mu_z^{\delta_z}}\right)\right]$

当$\left(\frac{B}{2}\right)^2-C<0$时，不存在一个实数的$\omega^{*2}$使得$G_0(j\omega)$的实部$G_{0R}(j\omega)=-1$。根据这个“条件”得到的NSS工作模态的系统稳定判据为

$$\left[\zeta_0\omega_0-\zeta_s\omega_{ns}\left(1-\frac{2\zeta_s\omega_{ns}}{K_\theta\mu_z^{\delta_z}}\right)\right]^2<\frac{2\zeta_s\omega_{ns}}{K_\theta\mu_z^{\delta_z}}\left[\omega_0^2-\omega_{ns}^2\left(1-\frac{2\zeta_s\omega_{ns}}{K_\theta\mu_z^{\delta_z}}\right)\right] \tag{13-151}$$

并按式(13-151)做出某飞行状态的$\zeta_0\omega_0$，ω_0^2双参数平面稳定域，如图13-42所示。

决定$\zeta_0\omega_0$，ω_0^2双参数稳定边界的式(13-151)是双曲线方程。它的适用性在于它能方便地估算出电传反馈增益的最大值。在这些值以下，系统可能是稳定的。这些值的不等式为

$$\left.\begin{aligned}\omega_0^2&<\omega_{ns}^2\left(1-\frac{2\zeta_s\omega_{ns}}{K_\theta\mu_z^{\delta_z}}\right)\\\zeta_0\omega_0&<\zeta_s\omega_{ns}\left(1-\frac{2\zeta_s\omega_{ns}}{K_\theta\mu_z^{\delta_z}}\right)\end{aligned}\right\} \tag{13-152}$$

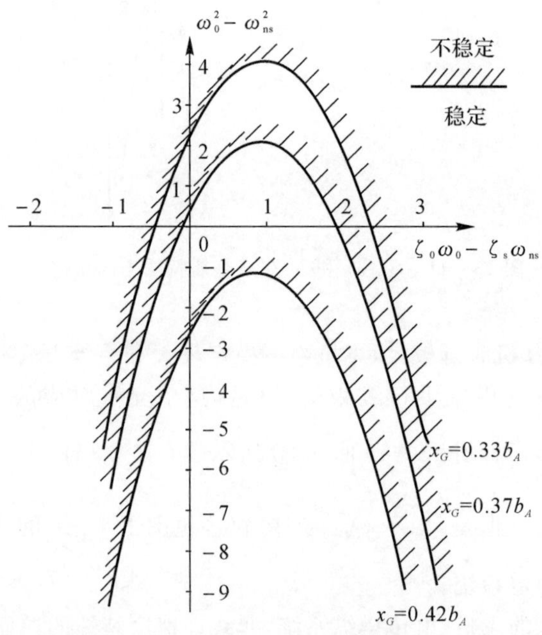

图13-42　不同重心位置参数ω_0和$\zeta_0\omega_0$稳定域($H=0$ km，$Ma=0.8$)

$\overline{X}_T/(\%)$	33	37	41
ω_{ns}^2	9.431	4.736	−2.521
$2\zeta_s\omega_{ns}$	4.321	4.110	3.949

将飞机有关气动参数和电传操纵系统反馈增益代入式(13-152)，得到

$$\left.\begin{aligned}K_nK&<-\frac{57.3Gb_A}{J_z}\left(K_\theta-\frac{y^\alpha-\mu_z^{\omega_z}-\mu_z^{\dot\alpha}}{\mu_z^{\delta_z}}\right)(\bar{x}_G-\bar{x}_F)\\K_\alpha+K_{\alpha1}&<-(\mu_z^{\omega_z}+\mu_z^{\dot\alpha})K_\theta-\frac{y^\alpha-\mu_z^{\omega_z}-\mu_z^{\dot\alpha}}{\mu_z^{\delta_z}}\end{aligned}\right\} \tag{13-153}$$

从式(13－152)、式(13－153)可知，飞机短周期频率和阻尼越大，平尾偏度效应越小，电传-飞机的稳定性越好。对于稳定度较大的静稳定飞机，尤其在超声速飞行时，允许大的法向过载反馈增益 K_n 和前向积分斜率 K。增加俯仰角速率反馈增益 K_θ 可以提高系统的稳定性。俯仰阻尼大的飞机允许大的迎角反馈增益 K_α，$K_{\alpha 1}$。对于静不稳定飞机，此 $\bar{x}_G - \bar{x}_F$ 为正值时，不可能存在一组正值的组合参数 ω_0^2 和 $2\zeta_0\omega_0$ 满足稳定判据。

当 $\left(\frac{B}{2}\right)^2 - C = 0$ 时，自振频率的解 ω^{*2} 有重根，对应 $G_0(\mathrm{j}\omega)$ 与 $-\frac{1}{G_a}$ 的轨迹线相切。此时，电传-飞机系统处于临界自振状态。

当 $\left(\frac{B}{2}\right)^2 - C > 0$ 时，ω^{*2} 有两个解。对于静稳定飞机来说，由于 ω_{ns}^2 值较大，使得 ω^{*2} 有两个正解，对应 $G_0(\mathrm{j}\omega)$ 与 $-\frac{1}{G_a}$ 的轨迹线有两个交点，此时电传-飞机系统有两个自振稳定工作点；对于静不稳定飞机来说，负值的 ω_{ns}^2 使得 ω^{*2} 的解可能为一正一负，对应 $G_0(\mathrm{j}\omega)$ 与 $-\frac{1}{G_a}$ 的轨迹只有一个交点，此时存在稳定的小幅自振和发散的大幅自振；ω^{*2} 的解也可能都是负值，说明两条轨迹线没有交点，此时电传-飞机系统是不稳定的，只要输入幅值超过 a_1 值，系统将出现非振荡的发散运动。

当 $G_0(\mathrm{j}\omega)$ 的虚部 $G_{0\mathrm{I}}(\mathrm{j}\omega) = -T_a\omega^*$ 时，可以获得作动器等效时间常数的解析式：

$$T_a = \frac{-K_\theta\mu_z^{\delta_z}\left[(\omega_0^2-\omega^{*2})(\omega_{\mathrm{ns}}^2-\omega^{*2})+4\zeta_0\omega_0\zeta_s\omega_{\mathrm{ns}}\omega^{*2}\right]}{\omega^{*2}\left[(\omega_{\mathrm{ns}}^2-\omega^{*2})^2+(2\zeta_s\omega_{\mathrm{ns}}\omega^*)^2\right]} \tag{13-154}$$

将自振频率的解 ω_1^{*2} 和 ω_2^{*2} 分别代入式(13－154)中，得到作动器时间常数 T_{a1} 和 T_{a2}，且 $T_{a1} > T_{a2}$。将 T_a 的解画入图 13－40(c)中，便可预估出作动器分油活门的自振振幅。对应 T_{a1} 的两个自振振幅，其大者为大幅自持振荡振幅，小者为小幅自振起始振幅。对应 T_{a2} 也有两个振幅，其小者为小幅自持振荡振幅，大者为大幅自振起始振幅。

由于舵机回路的频率特性在低频段($\omega < \frac{1}{2}\omega_{\mathrm{n}}$)可以近似为

$$G_s(\mathrm{j}\omega) \approx \mathrm{e}^{-\mathrm{j}\frac{2\zeta}{\omega_{\mathrm{n}}}\omega} \tag{13-155}$$

以及计算机频率特性在低频段可以近似为

$$G_D(\mathrm{j}\omega) \approx \mathrm{e}^{-\mathrm{j}\tau_D\omega} \tag{13-156}$$

便可获得包括舵机回路滞后和计算机时延影响在内的自振频率近似表达式：

$$\omega^{*2} = \omega_{\mathrm{ns}}^2 + \frac{B}{2A} \pm \sqrt{\left(\frac{B}{2A}\right)^2 - \frac{C}{A}} \tag{13-157}$$

式中：

$$A = 1 + K_\theta\mu_z^{\delta_z}\left(\frac{2\zeta}{\omega_{\mathrm{n}}} + \tau_D\right)$$

$$B = -K_\theta\mu_z^{\delta_z}\left[\zeta_0\omega_0 - \zeta_s\omega_{\mathrm{ns}}\left(1-\frac{2\zeta_s\omega_{\mathrm{ns}}}{K_\theta\mu_z^{\delta_z}}\right) - \frac{1}{2}\left(\frac{2\zeta}{\omega_{\mathrm{n}}}+\tau_D\right)(\omega_0^2-\omega_{\mathrm{ns}}^2-4\zeta_0\omega_0\zeta_s\omega_{\mathrm{ns}})\right]$$

$$C = 2\zeta_s\omega_{\mathrm{ns}}K_\theta\mu_z^{\delta_z}\left\{\omega_0 - \omega_{\mathrm{ns}}^2\left[1-\frac{2\zeta_s\omega_{\mathrm{ns}}}{K_\theta\mu_z^{\delta_z}} - 2\zeta_0\omega_0\left(\frac{2\zeta}{\omega_{\mathrm{n}}}-\tau_D\right)\right]\right\}$$

这样一来，便可得到包括舵机回路滞后和计算机时延在内的系统稳定判据为

$$\left\{\left[\zeta_0\omega_0 - \zeta_s\omega_{\mathrm{ns}}\left(1-\frac{2\zeta_s\omega_{\mathrm{ns}}}{K_\theta\mu_z^{\delta_z}}\right) + \frac{1}{2}\left(\frac{2\zeta}{\omega_{\mathrm{n}}}+\tau_D\right)(\omega_0^2-\omega_{\mathrm{ns}}^2-4\zeta_0\omega_0\zeta_s\omega_{\mathrm{ns}})\right]\right\}^2 <$$

$$\frac{2\zeta_s\omega_{\mathrm{ns}}\left[1+K_\theta\mu_z^{\delta_z}\left(\frac{2\zeta}{\omega_{\mathrm{n}}}+\tau_D\right)\right]}{K_\theta\mu_z^{\delta_z}} \times \left\{\omega_0^2 - \omega_{\mathrm{ns}}^2\left[1-\frac{2\zeta_s\omega_{\mathrm{ns}}}{K_\theta\mu_z^{\delta_z}} - 2\zeta_0\omega_0\left(\frac{2\zeta}{\omega_{\mathrm{n}}}+\tau_D\right)\right]\right\} \tag{13-158}$$

当然，还可以得到作动器等效时间常数的近似表达式。

舵机回路的滞后和计算机时延不仅能显著地减小系统稳定性，使系统容易出现极限环振荡，同时还增大小幅自振频率和减小作动器时间常数，从而使小幅自振振幅增大和大幅自振起始振幅减小。这种不利影响，对于舵面效应较大的飞行状态更为显著。

应该指出，舵机回路和计算机的滞后影响，在舵面效应足够大的情况下，增大俯仰速率反馈增益 K_{θ} 可能使系统稳定性变差，自振频率增大，小幅自振振幅增大和大幅自振起始振幅减小。

3. 对 PSS 工作模态自振特性的分析

对于起飞、着陆飞行阶段的正向速度稳定模态，同样采用描述函数法分析系统自振特性也是方便的。PSS 模态的电传-飞机系统开环传递函数与 NSS 模态比较，分母中 $s+K$ 代替了 s。这相当于在开环回路中串联一个高通网络一样，其相位的超前有利于系统的稳定。图 13-43 表示了中性和正向速度稳定模态 $G_0(j\omega)$ 的幅相特性比较。

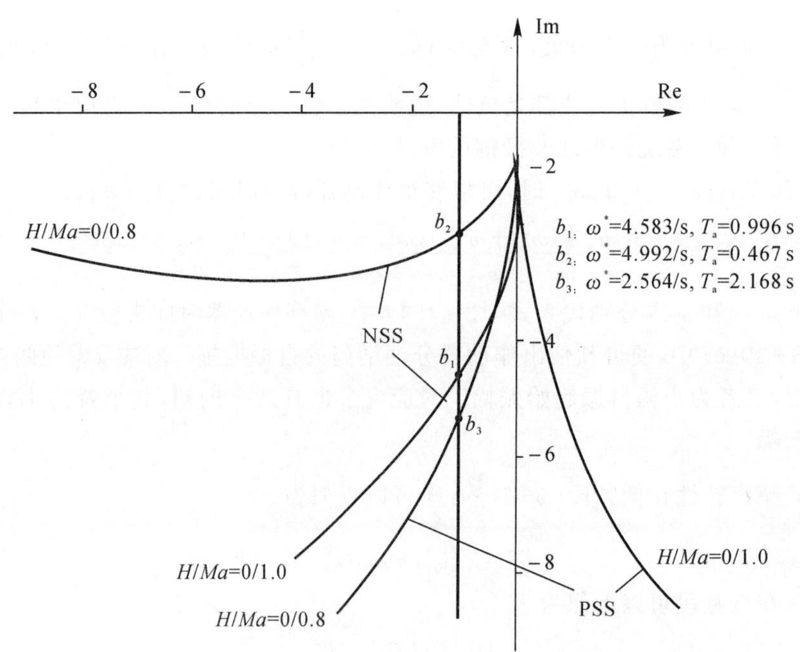

图 13-43　PSS 和 NSS 两种工作模式的 $G(j\omega)$ 和 $-\dfrac{1}{G_a}$ 在奈奎斯特图上的轨迹线

（$x_G=0.41\ b_A$，未计舵机回路的滞后和计算时延的影响）

在图 13-43 所示的奈奎斯特稳定判据图上可清楚地看出，其中，一个飞行状态（$H/Ma=0/1.0$）的 $G_0(j\omega)$，对于 NSS 模态有交点 b_1，而对 PSS 模态没有交点；另一个飞行状态（$H/Ma=0/0.8$）的 $G_0(j\omega)$ 与 $-\dfrac{1}{G_a}$ 轨迹线，对于两种工作模态都有交点（b_2 和 b_3），然而 PSS 模态交点 b_3 对应的自振频率明显地小于 NSS 模态交点 b_2 对应的自振频率，且作动器时间常数 T_a，PSS 比 NSS 模态明显地要大，这将使小幅自振幅值小到如此程度 —— 稍大于作动器不灵敏区；更为重要的是，使大幅自振起始振幅大到如此程度 —— 任何大的机动操纵和垂直风干扰都不会达到大幅振荡起始振幅和不能导致大幅极限环振荡。

大量的仿真计算和试验表明，PSS 模态与 NSS 模态比较，小幅极限环振荡出现的飞行状态少得多，自振振幅也小得多；对于 PSS 模态，所有计算和试验的飞行状态中，没有一个出现大幅自持振幅。

4. 作动器速度非线性导致极限环振荡的抑制措施

由于作动器分油活门不灵敏和位置限制引起两种不同振幅的自振，可以分别按照不同的方法，抑制这两种性质的自振。对于小幅自振可用“条件反馈”的办法，可以获得显著的抑制效果；对于大幅自振，可以利用限制系统作动器最大速度的办法，使作动速度小于大幅自振起始振幅，那么，将有效地消除电传-飞机系统NSS模态的大幅自振现象。

众所周知，降低系统开环增益和引入超前校正网络对于减小极限环振荡幅值是有用的。然而，对于某些低高度、高亚声速飞行状态在重心后移之后，极限环振荡幅值仍不能满足规范关于剩余振荡的要求，需要寻求其他方法解决。

采用负反馈校正在一定程度上能减少反馈回路中的非线影响。这种补偿作用随着反馈的加强而增大。然而首先遇到的问题是电传-飞机系统开环增益被减小，改变了系统的静、动态特性。如果在被反馈校正所包围的前向通路中，设置较大的增益，便可有效地补偿系统开环增益的降低。然而，足够大放大系数会使被反馈校正所包围的舵机-舵面作动器闭环系统自身不稳定。

采用前馈和反馈相结合的条件反馈（或称选择反馈）校正如图13－39中所示，不仅可以补偿舵机-作动器内部干扰的影响，也可补偿它内部存在的非线性影响。

当条件反馈校正回路满足如下条件

$$G_s G_a C = 1 \tag{13-159}$$

时，测量点 x_2，δ_z 之间受到的一切扰动或非线性影响，都可得到不同程度的补偿。当操纵链中间隙为零时，包含条件反馈校正回路在内的飞机-电传闭环系统的特征式为：

$$G_0(\mathrm{j}\omega)[1+BN_3(A)]+BCN_3(A)G_s(\mathrm{j}\omega)=-1-\mathrm{j}T_a\omega \tag{13-160}$$

式中，$N_3(A)$ 为条件反馈校正回路中饱和特性的描述函数。如果选择

$$C=\frac{1}{G_s(\mathrm{j}\omega)}\approx\frac{1}{G_s(0)} \tag{13-161}$$

那么，便可得到

$$G_0(\mathrm{j}\omega)=-1-\mathrm{j}\,\frac{T_a}{1+BN_3(A)}\omega \tag{13-162}$$

可见，随着 $BN_3(A)$ 的增大，式(13－162)右边的虚部项被减小。当 $BN_3(A)$ 足够大时，式(13－162)可近似为

$$G_0(\mathrm{j}\omega)=-1 \tag{13-163}$$

式(13－163)描述的是一个线性特征式，表征了条件反馈校正的最佳补偿效果。但是，在实际控制工程中，$BN_3(A)$ 过大会导致条件反馈回路自身不稳定。

当 $N_3(A)$ 表示的饱和特性的宽度足够大时，自振状态工作在线性段，此时，式(13－162)便可近似为

$$G_0(\mathrm{j}\omega)=-1-\mathrm{j}\,\frac{T_a}{1+B}\omega \tag{13-164}$$

在奈奎斯特图（见图13－41）上，经条件反馈校正的 $-1-\mathrm{j}[T_a/(1+B)]\omega$ 的轨迹与未经条件反馈校正的 $-1-\mathrm{j}T_a\omega$ 的轨迹相重合，与 $G_0(\mathrm{j}\omega)$ 的轨迹交点位置不变，自振频率不变。然而，交点处的作动器等效时间常数增大(1＋B)倍。

令 T'_{a1}，T'_{a2} 和 T'_{a3} 分别表示 b_1，b_2 和 b_3 交点对应的作动器时间常数；并将 T'_{a1}，T'_{a2} 和 T'_{a3} 映射在图13－40(c)中，得到与 T'_{a1} 对应的自振振幅为 A'_{11} 和 A'_{12}，且 $A'_{11}<A_{11}$，$A'_{12}>A_{12}$；与 T'_{a2} 对应的自振振幅为 A'_{21} 和 A'_{22}，且 $A'_{21}<A_{21}$，$A'_{22}>A_{22}$；与 T'_{a3} 对应的自振振幅为 A'_{31} 和 A'_{32}，且 $A'_{31}<A_{31}$，$A'_{32}>A_{32}$。这些振幅的变化说明：

1) 小幅自振起始振幅被减小，即 $A'_{11}<A_{11}$；

2) 小幅自振的稳定振幅被减小，即 $A'_{21}<A_{21}$，$A'_{31}<A_{31}$；

3) 大幅自振的起始振幅被增大，即 $A'_{22}>A_{22}$，$A'_{32}>A_{32}$；

4) 大幅自振的稳定振幅被增大，即 $A'_{12}>A_{12}$；

5) 两种幅值的自持振荡频率不变。

合理的 B 和 $N_3(A)$ 值，可使小幅自振处于规范允许的范围内；还可使大幅自振的起始振幅大于可能存

在的任何大杆力操纵所导致的运动速率，避免出现大幅自振。然而对于速度饱和很小的作动器来说，采用条件反馈校正的方法，尽管能使大幅自振起始振幅增加到一定值，使在某一操纵量范围内不会出现大幅自振；但是，对于可能存在的更大操纵和在大气强紊流的共同作用下，会使作动器输入速度大于相应的大幅自振起始振幅，从而导致大幅自振。

如果能够限制作动器输入的最大速度，使其小于大幅自振起始振幅时，那么，便可有效地避免作动器速度饱和所导致的大幅自振。如图 13-39 所示，足够大的 K_1 使得$\frac{s}{s+K_1}$可近似为微分环节，当 x_1 的微分量大于 a_3 时，利用绝对值 ABS 开关，将前向控制器转换为

$$G_c(s)=\frac{s+K}{s+KD} \tag{13-165}$$

且当 $D=1$ 时，系统将由 NSS 模态转换为 PSS 模态。如果此时存在大幅自振，如图 13-38 所示，那将有效地消除这种大幅自振。当选择的死区特性宽度 a_3 适当和反馈增益 D 足够大时，这种结构对大幅振荡的抑制将是有效的。

另一种作动器速度限制方法，是利用计算机计算周期特性得到的，如图 13-44 所示，速度限制器输入信号为 x_{in}，输出信号为 x_{out}。输出信号的瞬时速度由下式定义：

$$x_{out}-x_{out1}=\dot{x}_{out}T \tag{13-166}$$

式中，x_{out1} 为 x_{out} 的前一拍信号；T 为计算机计算周期。由图 13-44 可知

$$x_{out}=\begin{cases}x_{in}, & |x_{in}-x_{out1}|<CT\\ x_{out1}+CT, & x_{in}-x_{out1}\geqslant CT\\ x_{out1}-CT, & x_{in}-x_{out1}<-CT\end{cases} \tag{13-167}$$

因此，如图 13-44 所示速度限制器输出速度由下式决定：

$$\dot{x}_{ou}=\begin{cases}\dot{x}_{in}, & |x_{in1}-x_{out1}|<CT\\ \dfrac{x_{out}-x_{out1}}{T}=C, & x_{in}-x_{out1}\geqslant CT\\ \dfrac{x_{out}-x_{out1}}{T}=-C, & x_{in}-x_{out1}<-CT\end{cases} \tag{13-168}$$

对于多个飞行状态的全杆力操纵和强紊流干扰的仿真计算和试验，不仅用以确定作动器最大输出速度、功率和位置，还可以确定速度限制器饱和参数 CT。这种大机动飞行和强紊流干扰的仿真与试验，对于飞机-电传系统的成功设计是至关重要求的。

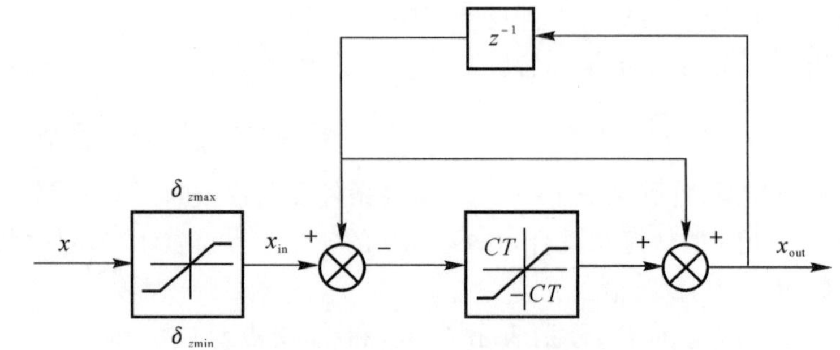

图 13-44　数字信号速度限制器

最后给出一个条件反馈校正回路抑制小幅极限振荡的例子。在上述给出的图13-37所示为无条件反馈校正情况下的“1g”操纵曲线，在此给出同一飞机、作动器和飞行状态的有条件反馈校正的“1g”操纵曲线，如图 13-45 所示，可见，条件反馈校正回路将作动器速度非线性引起的小幅自振几乎完全消除了。

(二) 条件反馈校正对间隙产生自振的抑制

分离式的舵机和舵面作动器之间往往存在着机械间隙。对于外反馈式舵面作动器，这个间隙非线性环节在舵机回路与作动系统之间，如图 13-39 所示；对于内反馈式作动器，则这个间隙环节在作动器回路的前向通路中。首先分析和抑制舵机回路至舵面作动器之间的间隙引起的自持振荡。

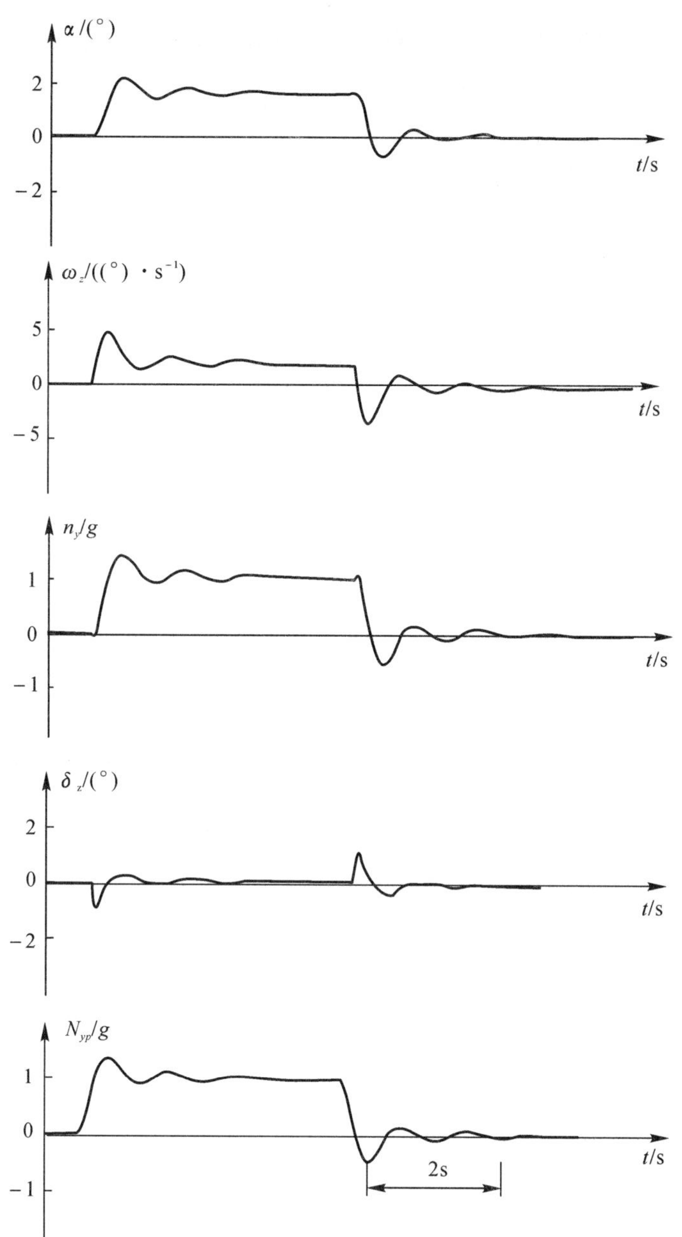

图 13-45　舵面作动器速度非线性和有条件反馈校正的“1g”操纵响应

($H=0$ km, $Ma=0.8$, $\bar{x}_G=41\%$)

在线性作动器和无条件反馈校正的条件下，如果存在实数的 ω 和 A 能满足

$$G(\mathrm{j}\omega)=-\frac{1}{N_2(A)} \tag{13-169}$$

系统会出现极限环振荡。

式中，$N_2(A)$ 为间隙非线性的描述函数，$G(\mathrm{j}\omega)$ 为电传-飞机系统线性部分开环传递函数，即

$$G(\mathrm{j}\omega)=-G_c(\mathrm{j}\omega)W_F(\mathrm{j}\omega)G_D(\mathrm{j}\omega)G_s(\mathrm{j}\omega)G_a(\mathrm{j}\omega)G_F(\mathrm{j}\omega)W_p(\mathrm{j}\omega) \tag{13-170}$$

将线性部分的频率特性 $G(\mathrm{j}\omega)$ 和间隙描述函数的负倒特性 $-\dfrac{1}{N_2(A)}$ 按实、虚部形式同时画在一张奈奎斯特图上，便可按奈奎斯特稳定判据判别系统的稳定性，而且很方便地求出自振频率和振幅值。图 13-46 所

示为某飞机在 $H=0$ km，$Ma=0.8$ 和的 $G(\mathrm{j}\omega)$ 和 $-\dfrac{1}{N_2(s)}$ 的轨迹图。

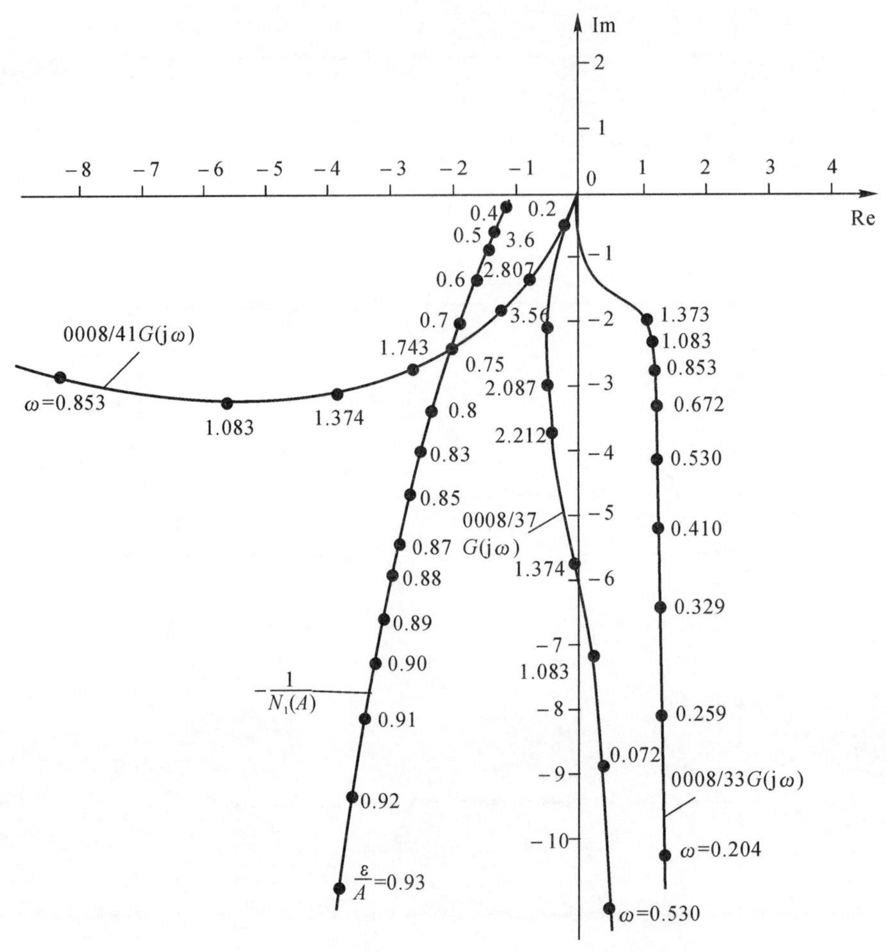

图 13-46　$G(\mathrm{j}\omega)$ 和 $-1/N_2(A)$ 的轨迹图

从非线性分析、仿真和试验中，可以得到如下结论：

1）舵机-作动器传动链中间隙所导致的自持振荡，出现在重心后移的亚声速飞行状态，振荡频率低，振荡幅值小，随单位过载平尾偏度 δ_Z/n_y 的减小，飞机响应振荡幅值增大。

2）减小电传操纵系统的组合反馈零点频率 ω_0，即降低反馈增益 K_n 和前向积分斜率 K，使系统线性部分 $G(\mathrm{j}\omega)$ 的实部 $G_R(\mathrm{j}\omega)$ 在一定频率范围内增大，$G(\mathrm{j}\omega)$ 的轨迹线右移，对于稳定飞行状态（$\omega_{ns}^2>0$）可以避免出现自持振荡，对静不稳定飞机（$\omega_{ns}^2<0$），难免不出现自持振荡。

3）舵机回路、作动系统和计算机滞后，使 $G(\mathrm{j}\omega)$ 的实部 $G_R(\mathrm{j}\omega)$ 在一定频率范围内减小，$G(\mathrm{j}\omega)$ 的轨迹线左移，系统容易进入自振状态。

4）在开环系统中串联相位超前滤波器，可以有效地补偿舵机回路、作动器和计算机的滞后影响，在一定频率范围内，使 $G(\mathrm{j}\omega)$ 轨迹线右移，对系统自振起到一定的抑制作用。

然而，仿真和试验证明，降低系统参数和引入超前校正后，某些低高度、高亚声速飞行状态的剩余振荡幅值仍不能满足规范要求，因此，需要寻求其他方法解决。

同样，采用前馈和负反馈相结合的条件反馈校正，不仅能有效地抑制作动器速度非线性导致的小幅极限环振荡，也能有效地抑制开环回路中的机械间隙引起的小幅自振。当条件反馈校正回路满足如下条件：

$$G_s G_a C=1 \tag{13-171}$$

时，图 13－39 中测量点 x_2，δ_z 之间受到的一切扰动或者非线性影响，都可得到不同程度的补偿。

为了方便地应用描述函数法，在分析操纵链中间隙影响时，假定作动器为线性环节，得到图 13－39 的闭环频率特性式为

$$G(j\omega)[1+BN_3(A)]+BCN_3(A)G_s(j\omega)G_a(j\omega)G_D(j\omega)=-\frac{1}{N_2(A)} \tag{13-172}$$

当反馈系数

$$C=\frac{1}{G_s(j\omega)G_a(j\omega)} \tag{13-173}$$

时，式(13－172) 可变化为

$$G(j\omega)=-\frac{\dfrac{1}{N_2(A)}+BN_3(A)}{1+BN_3(A)} \tag{13-174}$$

由于实际的自振频率低，低频工作的高频环节(如舵机回路、作动系统和计算机) 可以近似为比例环节，这样一来，可选择

$$C=\frac{1}{G_s(0)G_a(0)} \tag{13-175}$$

如果令 Re_2，Im_2 分别表示 $1/N_2(A)$ 的实部和虚部，那么，式(13－174) 可变化为

$$G(j\omega)=-\left[1+\frac{\mathrm{Re}_2-1}{1+BN_3(A)}+j\frac{\mathrm{Im}_2}{1+BN_3(A)}\right] \tag{13-176}$$

从式(2－176) 可知，包围间隙的条件反馈校正等效地改变了间隙特性。随着 $BN_3(A)$ 的增大，式(13－176) 中 $(\mathrm{Re}_2-1)/[1+BN_3(A)]$、$\mathrm{Im}_2/[1+BN_3(A)]$ 被减小，当 $BN_3(A)$ 足够大时，式(13－176) 便可近似为

$$G(j\omega)=-1 \tag{13-177}$$

式(13－177) 恰似以频率特性表示的线性系统特征方程，它表征了条件反馈校正的最佳补偿作用。但是，在实际工程中，$BN_3(A)$ 的增大仍受到舵机回路-作动器闭环稳定性和噪声干扰的限制。

条件反馈回路中饱和非线性 $N_3(A)$ 的饱和度宽度 a 应与间隙非线性宽度 ε 相匹配，使饱和非线性经常工作在线性段，在这种条件下，$N_3(A)=1$，式(13－176) 可简化为

$$G(j\omega)=-\left(1+\frac{\mathrm{Re}_2-1}{1+B}+j\frac{\mathrm{Im}_2}{1+B}\right)=-\frac{1}{N_2'(A)} \tag{13-178}$$

当选择 $B=4$ 时，将经条件反馈校正的间隙负倒特性 $-1/N_2'(A)$ 的轨迹画入图 13-47 中，与未经校正的 $-1/N_2(A)$ 的轨迹线相比较，相同点是，当 $A=\varepsilon$ 时，二者都趋于 $-\infty-j\infty$，当 $A\to\infty$ 时，二者都趋于 -1；不同点在于：$-1/N_2'(A)$ 的轨迹随着 ε/A 的增、减变化很大。在与 $G(j\omega)$ 相交点附近，ε/A 值明显增大。这将使间隙输出的振幅 $A-\varepsilon$ 显著减小。当间隙宽度 $\varepsilon=0.4$ mm 时，依据图 13-47 可以算出：0008/41 状态的间隙输出幅值中由 0.155 6 mm 减小到 0.032 4 mm；0009/41 的状态的间隙输出幅值由 0.053 5 mm 减小到 0.015 8 mm。

对于内反馈式作动器，由于输入杆系是反馈杆系的支承，因此输入杆系的间隙包含在作动器闭环回路内，如图 13-48 所示。这里仅仅画出含有间隙的作动器回路、线性舵机回路和高通式条件反馈校正回路。其他线性环节同图 13－39。

包含机械间隙的作动器回路也容易使 NSS 模式的飞机-电传闭环系统产生小幅极限环振荡。且当满足

$$G_0(j\omega)=-1-jT_a'\omega \tag{13-179}$$

时，闭环系统出现自持振荡。式中 $G_0(j\omega)$ 同式(13-145) 定义。当机械间隙由描述函数 $N_2(A)$ 表示时，作动器等效时间常数 $T_a'(A)$ 由下式表示：

$$T_a'(A)=\frac{A_a}{K_fK_aN_2(A)}=\frac{A_a}{K_fK_a}(\mathrm{Re}_2+j\mathrm{Im}_2) \tag{13-180}$$

式中，$N_2(A)$ 为机械间隙的描述函数，同式(13-144)定义；Re_2，Im_2 同式(13-176)定义。

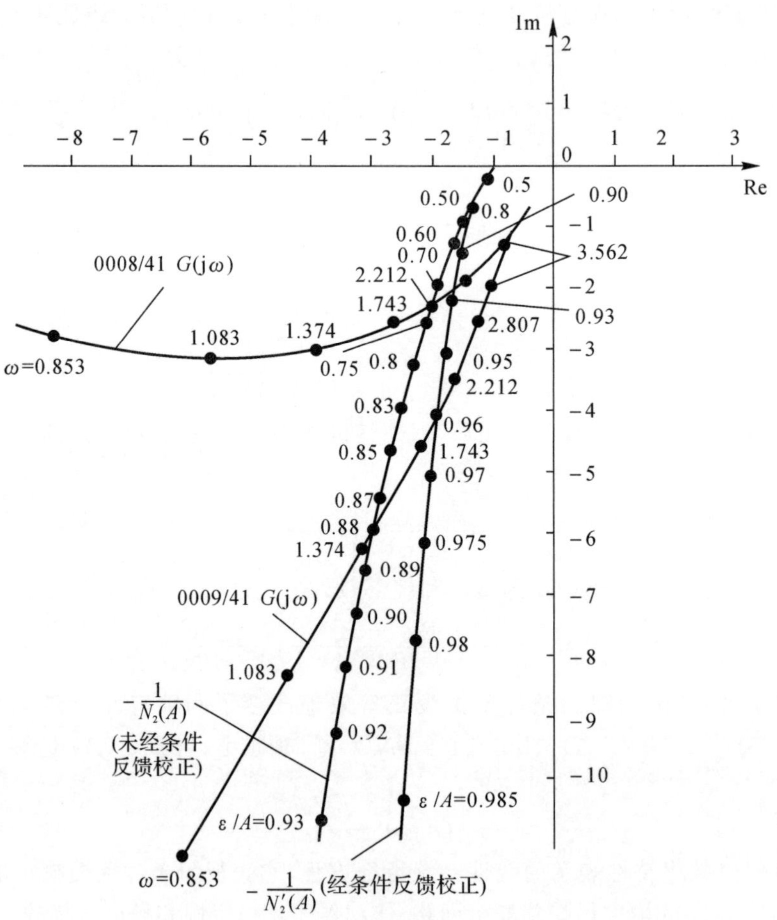

图 13-47　$G(j\omega)$ 和 $-1/N_2(A)$，$-1/N_2'(A)$ 的轨迹图

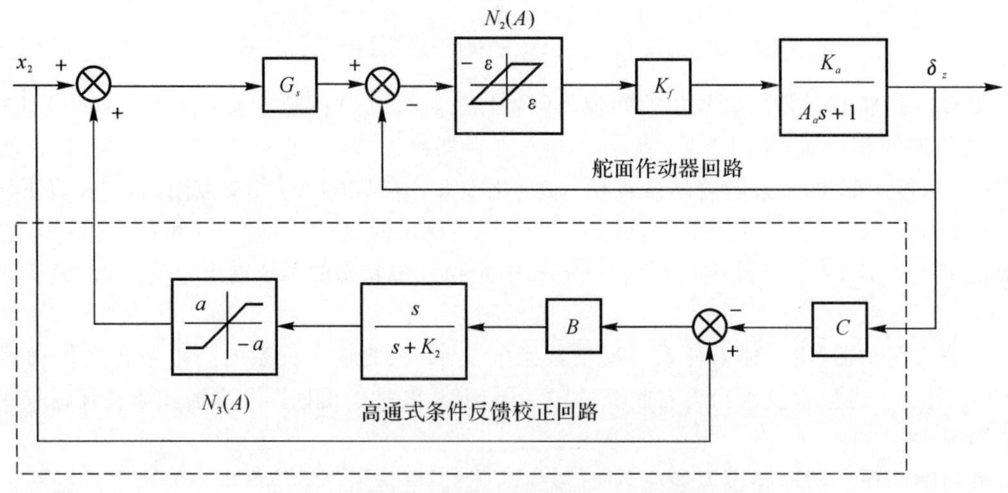

图 13-48　间隙作动器回路与高通式条件反馈校正回路

当采用高通式条件反馈校正(见图 13-48)时，对于包含有机械间隙非线性作动器的飞机纵向电传闭环系统 NSS 模式的稳定条件是

$$G_0(\mathrm{j}\omega)\left[1+BN_3(A)\frac{\mathrm{j}\omega}{\mathrm{j}\omega+K_2}\right]+BCN_3(A)\frac{\mathrm{j}\omega}{\mathrm{j}\omega+K_2}G_s(\mathrm{j}\omega)=-1-\mathrm{j}T'_a\omega \tag{13-181}$$

如果选择

$$C=\frac{1}{G_s(\mathrm{j}\omega)} \tag{13-182}$$

便可得到

$$G_0(\mathrm{j}\omega)=-1-\frac{\mathrm{j}T'_a\omega}{1+BN_3(A)\dfrac{\mathrm{j}\omega}{\mathrm{j}\omega+K_2}} \tag{13-183}$$

当选择 $K_2\approx\dfrac{K_fK_a}{A_a}$ 时，且 $K_2\gg\omega\gg1$，使得式(13-183)可简化为

$$G_0(\mathrm{j}\omega)=-1-\frac{\mathrm{Re}_2+\mathrm{jIm}_2}{BN_3(A)} \tag{13-184}$$

考虑到自振工作在 $N_3(A)$ 的线性段，那么可近似为

$$G_0(\mathrm{j}\omega)=-1-\frac{\mathrm{Re}_2+\mathrm{jIm}_2}{B} \tag{13-185}$$

足够大的 B 使得

$$G_0(\mathrm{j}\omega)\approx-1 \tag{13-186}$$

这就是说，具有高通式条件反馈校正的飞机-电传闭环系统，只要参数 B 足够大，就可有效地改善作动器前向通路中存在间隙环节而使静不稳定飞机在 NSS 工作模式出现的极限环振荡。

总之，采用上述各种措施可以有效地抑制作动器速度非线性、舵机 — 作动器间间隙(包括作动器回路内的间隙)引起的小幅极限环振荡，这两种自持振荡容易出现在静不稳定飞机的某些飞行状态。利用两种形式的条件反馈校正可以有效地抑制小幅自持振荡，减小自振振幅；利用限制作动器输入信号最大速度的方法，可以有效地抑制和消除大幅自持振荡。在闭环系统自振出现时，应该首先找到自振的原因，是由哪种非线性因素引起的，然后再采用合适的抑制方法，便可有的放矢地解决这类棘手的问题。

(六)按二自由度方程设计纵向电传操纵系统的有效性

由上述内容分析可知，通常气动导数 y^v 和 μ_2^v 的绝对值甚小，使得四维的三自由度运动方程按不变性解耦原理可分解为两个二维的二自由度 —— 短周期和长周期运动方程。为了简化设计，降低控制对象阶次，在短周期模态各控制功能的设计中，按二自由度的短周期运动方程设计；对于沉浮运动模态按二自由度的长周期运动方程设计。这种降阶处理的解耦设计是否有效，可用某飞机纵向电传操纵系统的设计结果来说明。

在某飞机纵向电传操纵系统的设计中，采用了不变性解耦原理和隐式模型跟踪设计法。地面物理试验和空中试飞证明了这种设计方法的正确性，在此不准备全面地介绍系统设计、地面试验和空中试飞的结果，仅仅对其控制律设计中二自由度和三自由度两种运动方程的测试结果进行比较，便可容易地得出结论：在飞机短周期运动各控制模态的设计中，按飞机纵向二自由度短周期运动方程进行分析和设计是正确、有效的。

为了确保设计无误，在整个飞行包络内，按不同高度，不同马赫数和三种重心位置($\bar{x}_G=0.33$，0.37 和 0.41)共 150 多个飞行状态的飞机-电传闭环系统，进行了时域响应、闭环传递函数零极点、等效系统拟配和开环对数频率特性计算和试验，并对二自由度和三自由度运动的两种不同“控制对象”的各种特性进行了比较。受篇幅限制，在此仅仅对三种重心位置的三个飞行高度和马赫数(九个飞行状态)的稳定储备参数和等效系统参数进行比较。

如表 13-1 所示，为稳定储备参数比较，其中 ω_{cd} 为增益交界频率，ω_{cp} 为相位交界频率，Φ 为相位稳定储备，L 为增益稳定储备。在相同的包括线性舵机回路和作动器传递函数在内的纵向电传操纵系统，与不同的飞机纵向二自由度或三自由度运动方程连接所构成的飞机-电传闭环系统，其稳定储备参数相差甚小。这种

情况，不仅局限于表 13－1 给出的这些飞行状态，在整个飞行包络的 150 多个飞行状态都是这样密切吻合的。

从表 13－2 中给出的部分状态的飞机-纵向电传操纵系统等效拟配结果可见，对于二自由度和三自由度运动方程不同的闭合回路，所得拟配参数差别很小，也是令人欣慰的。同样，不仅在表13-2中给出的飞行状态拟配参数近似相等，在计算和试验中给出的全部飞行状态也近似相等。表 13－2 中，S 表征拟配过程中的失配度。

关于飞机纵向短周期运动控制的简化设计，是建立在空速变化对飞机升力和俯仰力矩影响不大的情况下获得的。事实上，完整的纵向运动传递函数 $g_{\omega_z}^{\delta_z}$ 中，含有处于坐标原点附近两对相近似的零极点，使在反馈 $\omega_z, \alpha, n_y \rightarrow \delta_z$ 设计中不予考虑。在阶跃响应中，当沉浮运动发生作用时，短周期运动早已衰减掉，因此，对于传递函数 $g_{\omega_z}^{\delta_z}$ 的PI型控制以及自动驾驶仪设计中，可以不考虑沉浮运动的影响。当然，这种近似只在短周期运动频率范围内有效，或者说，对阶跃响应的有限时间内有效。

表 13－1　某飞机纵向二自由度和三自由度运动的电传操纵系统稳定储备的比较

No.(H Ma)	$\bar{x}_G$/(%)	二自由度				三自由度			
		ω_{cd}/s^{-1}	Φ/(°)	ω_{cp}/s^{-1}	L/(dB)	ω_{cd}/s^{-1}	Φ/(°)	ω_{cp}/s^{-1}	L/dB
00 08	33	5.11	92.9	29.4	14.7	5.1	92.9	29.4	14.7
	37	5.2	73.6	28.7	14.8	5.2	73.6	28.7	14.8
	41	5.3	59.9	27.9	14.8	5.3	59.9	27.9	14.8
13 18	33	10.5	81.6	29.4	10.3	10.4	81.7	29.5	10.9
	37	9.2	84.1	29.3	10.6	9.2	84.1	29.3	11.5
	41	8.4	81.8	29.0	11.2	9.1	80.1	29.0	11.6
20 18	33	6.7	95.1	29.5	13.1	6.7	95.1	29.5	13.1
	37	6.2	91.6	29.3	13.5	6.2	91.5	29.3	13.5
	41	5.5	89.2	29.2	14.0	5.5	89.2	29.2	14.0

表 13－2　飞机纵向二自由度和三自由度运动的电传操纵系统等效参数的比较

No.(H Ma)	$\bar{x}_T$(%)	二自由度							三自由度						
		S	ζ_{se}	$\frac{\omega_{nse}}{1/s}$	K_e	$\frac{1/T_{\theta e}}{1/s}$	$\frac{\tau_e}{s}$	$\frac{CAP_e}{1/s^2}$	S	ζ_{se}	$\frac{\omega_{nse}}{1/s}$	K_e	$\frac{1/T_{\theta e}}{1/s}$	$\frac{\tau_e}{s}$	$\frac{CAP_e}{1/s^2}$
0008	33	0.097 2	0.661 6	4.297 4	21.96 5	1.723 7	0.061 9	0.386 2	0.092 8	0.667 9	4.303 3	22.18	1.711 8	0.062 7	0.389 9
	37	0.280 0	0.641 6	4.310 0	21.402	1.791 1	0.062 9	0.373 8	0.411 7	0.633 8	4.308 7	21.12 3	1.814 1	0.061 9	0.368 9
	41	0.117 0	0.668 4	4.424 0	22.980	1.752 0	0.072 2	0.402 7	0.365 1	0.625 4	4.421 0	21.53 8	1.875 1	0.067 0	0.375 7
1318	33	0.531 0	0.602 0	3.808 1	30.85 8	0.507 5	0.053 0	0.527 9	0.493 5	0.601 7	3.810 2	30.84 1	0.508 7	0.052 4	0.471 1
	37	0.661 0	0.595 8	3.864 9	30.247	0.534 6	0.057 0	0.516 2	0.600 9	0.602 2	3.891 7	30.71 5	0.534 4	0.053 1	0.527 2
	41	0.076 6	0.578 4	3.661 3	29.441	0.485 0	0.057 1	0.510 7	0.107 0	0.573 8	3.654 2	29.18 4	0.489 3	0.059 5	0.523 1
2018	33	0.220	0.581 4	2.120 2	25.31 2	0.195 5	0.059 0	0.424 8	0.184 8	0.580 0	2.125 6	25.301	0.200 7	0.059 0	0.415 9
	37	6.000	0.676 4	2.126 0	25.62 9	0.203 0	0.064 0	0.411 3	4.761 9	0.704 1	2.179 6	27.08 5	0.204 6	0.071 3	0.429 0
	41	2.750 0	0.630 0	2.051 7	24.251	0.193 0	0.065 8	0.402 9	2.066 8	0.648 8	2.087 3	25.189	0.194 3	0.070 1	0.414 2

同样，气动导数 y^v，μ_z^v 绝对值很小，不变性解耦不仅分解出独立的短周期运动，同时还分解出独立的长周期运动，不仅使得短周期运动的改善按二自由度短周期运动方程得到，对于长期运动的改善也可按二自由度的沉浮运动方程获得。

13.1.2.3　纵向自动驾驶仪工作模式的设计

纵向自动驾驶仪包括三个工作模式：俯仰姿态控制、航迹自动改平和飞行高度控制。

驾驶员在没有地平仪的情况下，也能准确地观测和粗略地控制俯仰姿态角，在有了地平仪和给出俯仰姿态角之后，使得这种观测和控制更为方便和精确。尤其是在出现了 $\omega_z, \vartheta \to \delta_z$ 反馈控制系统后，自动保持和自动引导俯仰姿态角已成为现实。

俯仰姿态角 ϑ 是飞机运动变量 ω_z 的近似积分，$\omega_z, \vartheta \to \delta_z$ 反馈所构成的回路是飞机纵向自动驾驶仪的基本工作模式。它同时又是自动驾驶仪其他工作模式的内回路。由于 $\theta = \vartheta - \alpha$，因此 $\omega_z, \theta \to \delta_z$ 反馈控制回路可构成俯仰航迹自动改平工作模式；由于 $\dot{H} \approx v\theta$，因此，由航迹自动改平工作方式作为内回路的 $\dot{H}, H \to \delta_z$ 反馈构成高度控制回路。

纵向自动驾驶仪控制系统的设计可以按照串联嵌套系统的设计方法，由内向外逐步进行。

(一) 俯仰姿态控制系统的设计

为了弄清俯仰控制系统长、短周期运动模态的变化，必须采用完整的三自由度飞机纵向运动方程，获得俯仰角 ϑ 对于升降舵偏角 δ_z 的四阶传递函数：

$$G_{\vartheta}^{\delta_z}(s) = \frac{A_{\vartheta}\left(s + \frac{1}{T_{\theta p}}\right)\left(s + \frac{1}{T_{\theta s}}\right)}{(s^2 + 2\zeta_s\omega_{ns}s + \omega_{ns}^2)(s^2 + 2\zeta_p\omega_{np}s + \omega_{np}^2)} \tag{13-187}$$

式中，ζ_p，ω_{np} 和 ζ_s，ω_{ns} 可能是纯飞机长短周期运动模态特征参数，也可能是人工增稳飞机的纵向运动等效参数，式中其他参数

$$A_{\vartheta} = \mu_z^{\delta_z} - \mu_z^{\dot{\alpha}} y^{\delta_z} \tag{13-188}$$

$$\frac{1}{T_{\theta s}} \approx y^{\alpha} - \frac{y^{\delta_z}}{A_{\vartheta}}(\mu_z^{\alpha} - \mu_z^{\dot{\alpha}} y^{\alpha}) \tag{13-189}$$

$$\frac{1}{T_{\theta p}} \approx -x^v + \frac{x^{\alpha} + g}{y^{\alpha}}\left[y^v - \frac{y^{\delta_z}}{A_{\vartheta}}(\mu_z^v - \mu_z^{\dot{\alpha}} y^v)\right] \tag{13-190}$$

在气动导数 y^v，μ_z^v 绝对值很小的情况下，ω_{np} 可以近似为零，以及

$$\frac{1}{T_{\theta p}} \approx 2\zeta_p\omega_{np} \approx -x^v \tag{13-191}$$

在这种情况下，ϑ 对 δ_z 的传递函数可简化为

$$G_{\vartheta}^{\delta_z}(s) = \frac{A_{\vartheta}\left(s + \frac{1}{T_{\theta s}}\right)}{(s^2 + 2\zeta_s\omega_{ns}s + \omega_{ns}^2)s} \tag{13-192}$$

又当 y^{δ_z} 近似为零时，时间常数 $T_{\theta s}$ 可由下式近似表示：

$$\frac{1}{T_{\theta s}} \approx y^{\alpha} \tag{13-193}$$

在此应该特别指出的是式(13-192)所示 ϑ 对 δ_z 的传递函数，是包括长、短周期运动模态在内的总传递函数的简化式，它不仅表征了飞机短周期特性，也表示了在一定条件下的长周期特性。这个条件就是气动导数 y^v，μ_z^v 的绝对值很小。

利用式(13-192)所表征的传递函数 $G_{\vartheta}^{\delta_z}(s)$ 作为控制对象设计俯仰姿态控制系统，对于“最小阻力点”对应速度以上飞行范围内，这种设计是相当正确的。然而，在“最小阻力点”以下速度范围飞行，对于某种简单的 $\vartheta \to \delta_z$ 比例控制系统，会存在一种发散的响应特性，当采用式(13-192)作为控制对象传递函数设计俯仰

姿态控制系统时，是发现不了这个使人厌烦的问题。这种不稳定现象是由闭环的两个小实根中的其一为正值造成的。

为了获得验证俯仰姿态控制系统稳定性的办法，本节给出一种按长、短周期响应特性分开设计的办法，这种方法的有效性是建立在长、短周期特征频率间隔足够大基础之上的。为此，首先应该得到按长、短周期特性分开描述的 ϑ 对 δ_z 的传递函数。

由第二篇中式(6－132) 和式(6－137) 得到升降舵操纵传递函数向量为

$$\begin{bmatrix} \dfrac{\alpha}{\delta_z}(s) \\ \dfrac{v+m_{21}\alpha+m_{24}\omega_z}{\delta_z}(s) \\ \dfrac{\vartheta+m_{31}\alpha+m_{34}\omega_z}{\delta_z}(s) \\ \dfrac{\omega_z}{\delta_z}(s) \end{bmatrix} = \begin{bmatrix} \dfrac{A_\vartheta\left[1-\dfrac{y^{\delta_z}}{A_\vartheta}(s-\mu_z^{\omega_z}-\mu_z^{\dot{\alpha}})\right]}{s^2+2\zeta_s\omega_{ns}s+\omega_{ns}^2} \approx \dfrac{[\mu_z^{\delta_z}-y^{\delta_z}(s-\mu_z^{\omega_z})]}{s^2+2\zeta_s\omega_{ns}s+\omega_{ns}^2} \\ \dfrac{(A_\vartheta m_{24}-y^{\delta_z}m_{21})s-(A_\vartheta m_{34}-y^{\delta_z}m_{31})g}{s^2+2\zeta_p\omega_{np}s+\omega_{np}^2} \\ \dfrac{(A_\vartheta m_{34}-y^{\delta_z}m_{31})(s-x_m^v)-(A_\vartheta m_{24}-y^{\delta_z}m_{21})y_m^v}{s^2+2\zeta_p\omega_{np}s+\omega_{np}^2} \\ \dfrac{A_\vartheta\left[(s+y^\alpha)-\dfrac{y^{\delta_z}}{A_\vartheta}(\mu_z^\alpha-\mu_z^{\dot{\alpha}}y^\alpha)\right]}{s^2+2\zeta_s\omega_{ns}s+\omega_{ns}^2} \end{bmatrix} \tag{13-194}$$

式中，

$$x_m^v=x^v-y^v m_{21}+(\mu_z^v-\mu_z^{\dot{\alpha}}y^v)m_{24},\quad y_m^v=y^v m_{31}-(\mu_z^v-\mu_z^{\dot{\alpha}}y^v)m_{34}$$

将式(13－194) 等号两边左侧同乘以行向量

$$[-m_{31}\quad 0\quad 1\quad -m_{34}]$$

得到 ϑ 对 δ_z 按长、短周期分项表示的传递函数：

$$\frac{\vartheta}{\delta_z}(s)=\frac{-A_\vartheta\left\{\left[1-\dfrac{y^{\delta_z}}{A_\vartheta}(s\mu_z^{\omega_z}-\mu_z^{\dot{\alpha}})\right]m_{31}+\left[s+y^\alpha-\dfrac{y^{\delta_z}}{A_\vartheta}(\mu_z^\alpha-\mu_z^{\dot{\alpha}}y^\alpha)\right]m_{34}\right\}}{s^2+2\zeta_s\omega_{ns}s+\omega_{ns}^2}+$$
$$\frac{(A_\vartheta m_{34}-y^{\delta_z}m_{31})(s-x_m^v)-(A_\vartheta m_{24}-y^{\delta_z}m_{21})y_m^v}{s^2+2\zeta_p\omega_{np}s+\omega_{np}^2} \tag{13-195}$$

作为俯仰姿态控制系统，按反馈到升降舵(或平尾) 的控制变量来分，包括单独俯仰角 $\vartheta\to\delta_z$ 反馈，俯仰角与俯仰速率 $\vartheta,\omega_z\to\delta_z$ 混合反馈和俯仰角、俯仰角积分 $\vartheta,\int\vartheta\to\delta_z$ 混合反馈等几种结构形式。对于具有油门杆速度控制和PI型CAS的现代飞机来说，$\vartheta,\omega_z\to\delta_z$ 反馈的俯仰角控制结构是合理的，既具有抗干扰能力强，又不会在“最小阻力点” 速度以下飞行时产生发散现象。单纯的俯仰角比例反馈结构形式，往往以改善沉浮运动阻尼为目的，但由于减小短周期运动阻尼，所以，适用于短周期运动阻尼大的纯飞机或增稳飞机。

1. 俯仰角比例反馈姿态控制系统分析

首先利用完整的四阶状态方程式(13－6) 得到的传递函数式(13－187) 作为控制对象，构成单独 $\vartheta\to\delta_z$ 控制系统如图 13－49(a)) 所示。其闭环传递函数

$$\frac{\vartheta}{\vartheta_c}(s)=\frac{-A_\vartheta K_z^\vartheta(s+1/T_{\theta s})(s+1/T_{\theta p})}{(s^2+2\zeta_s\omega_{ns}s+\omega_{ns}^2)(s^2+2\zeta_p\omega_{np}s+\omega_{np}^2)-A_\vartheta K_z^\vartheta(s+1/T_{\theta s})(s+1/T_{\theta p})}=$$
$$\frac{-A_\vartheta K_z^\vartheta(s+1/T_{\theta s})(s+1/T_{\theta p})}{(s^2+2\zeta_s'\omega_{ns}'s+\omega_{ns}'^2)(s+1/T_{p1}')(s+1/T_{p2}')} \tag{13-196}$$

图 13-49(b) 给出 $\vartheta\to\delta_z$ 反馈闭环系统的根轨迹图。由图可知，不大的反馈增益 K_z^ϑ，使闭环的长周期特征根转化为两个实极点：$-\dfrac{1}{T_{p1}'}$，$-\dfrac{1}{T_{p2}'}$。由于绝对值很小，所以其相对移动速度较快，即分别接近于零点：$-\dfrac{1}{T_{\theta p}}$，$-\dfrac{1}{T_{\theta s}}$；闭环的短周期特征值基本上是沿着虚轴平行线向上移动的，使其特征频率增大和阻尼减小。这就是说，当系统中仅仅引入 $\vartheta\to\delta_z$ 反馈时，在较大地提高长周期模态阻尼或转化为两个实根(过阻尼) 的同

时，使短周期模态特征频率增大和阻尼比减小。因此，人们只能在短周期运动的自然阻尼或人工阻尼足够大的情况下，采用 $\vartheta\to\delta_z$ 反馈以改善长周期阻尼。

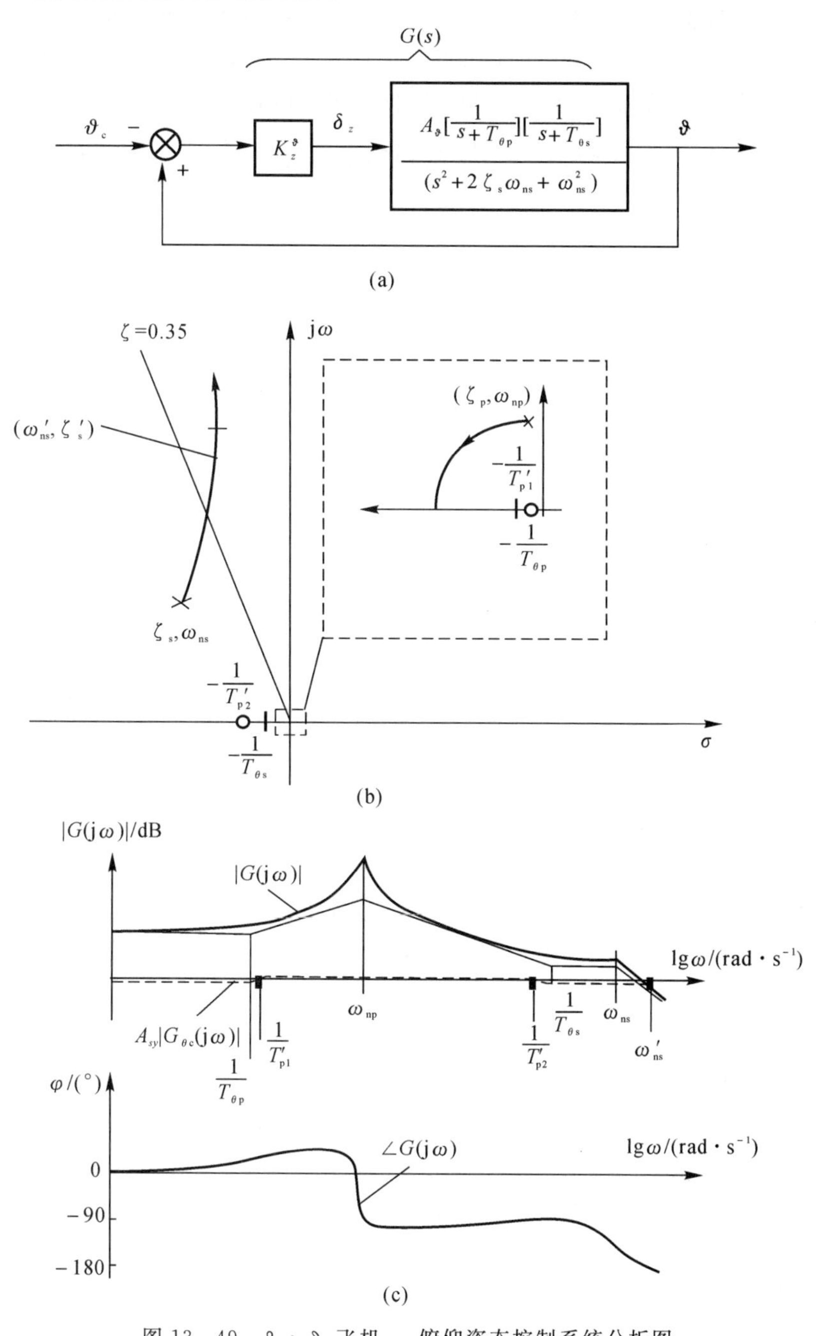

图 13-49　$\vartheta\to\delta_z$ 飞机—俯仰姿态控制系统分析图

(a) 俯仰姿态控制回路；(b) 根轨迹；(c) 幅相特性

图 13-49(c) 给出了 $\vartheta\to\delta_z$ 反馈系统的开环和闭环对数频率特性。当由 $G_{\theta c}(\mathrm{j}\omega)$ 表示闭环频率特性时，在低频段 $|G_{\theta c}(\mathrm{j}\omega)|<1$ 和接近于 1，因此，说明该系统有静态误差，其值甚小；在中频段，闭环的长周期模态实极点 $-\frac{1}{T'_{\mathrm{p1}}}$，$-\frac{1}{T'_{\mathrm{p2}}}$ 分别逼近零点 $-\frac{1}{T_{\theta\mathrm{p}}}$，$-\frac{1}{T_{\theta\mathrm{s}}}$ 和构成两对零、极点偶。使得在 $\frac{1}{T'_{\mathrm{p1}}}\sim\frac{1}{T'_{\mathrm{p2}}}$ 频段内，闭环幅频特性曲线接近平坦和使 $|G_{\theta c}(\mathrm{j}\omega)|$ 近似为 1。这便说明了在此频段内闭环系统对指令 ϑ_c 的响应是很好复现的，并且长周期运动特性的影响近似消失了。同时，还说明了在这样低的操纵频率范围内，驾驶员利用目

视仪表的办法很容易地实现 $\vartheta \to \delta_z$ 反馈的人-机闭环操纵，从而有效地抑制飞机纵向长周期运动；在 $\frac{1}{T'_{\mathrm{p2}}} \sim \omega'_{\mathrm{ns}}$ 频段，$|G_{\theta c}(\mathrm{j}\omega)| < 1$ 和近似为1，它表征了 ϑ_c 输入引起的 ϑ 响应中短周期分量有静态误差；当频率大于闭环的短周期特征频率 ω'_{ns} 时，$G_{\theta c}(\mathrm{j}\omega) \approx G(\mathrm{j}\omega)$，说明 $|G(\mathrm{j}\omega)| << 1$，即开环系统的高频响应衰减很大，且 $G(\mathrm{j}\omega)$ 在奈奎斯特图上不包围和远离于点 $(-1,\mathrm{j}0)$，以保持足够的稳定性。

然而，由于闭环长周期模态的一个极点 $-\frac{1}{T'_{\mathrm{p1}}}$ 近似等于零点 $-\frac{1}{T_{\theta\mathrm{p}}}$，一个值得注意的问题便产生了。由第二篇第6章可知

$$x^v = \frac{1}{m}\left(\frac{\partial P}{\partial v} - \frac{\partial Q}{\partial v}\right) = \frac{1}{m}\Delta P^v$$

和由式(13-191)得到

$$\frac{1}{T'_{\mathrm{p1}}} \approx \frac{1}{T_{\theta\mathrm{p}}} \approx -x^v = -\frac{1}{m}\left(\frac{\partial P}{\partial v} - \frac{\partial Q}{\partial v}\right) \tag{13-197}$$

在正常飞行情况下，负值的 x^v 使得 $1/T_{\theta\mathrm{p}}$ 为正值，从而这个被近似抵消的闭环极点为负值，尽管短周期振荡频率增大和阻尼减小，但这个闭环回路仍然是稳定的。然而，令人不满意的是，对于最大剩余推力的飞行状态，或者当推力随空速变化不大时，在最小阻力飞行状态($\frac{\partial Q}{\partial v}=0$)，阻力导数 x^v 将变号为正值。这在极低速进场，特别是舰载飞机着舰时，或者在动升限高度飞行和按希望飞行在最小阻力以下情况下，$1/T_{\theta\mathrm{p}}$ 为负值可能是一个普遍的情况。正值 x^v 使 $\vartheta \to \delta_z$ 反馈闭环系统存在着不稳定的潜在因素，它是这种俯仰姿态控制系统的一个重大缺陷，尽管它在俯仰姿态的引导过程中，非最小相位的零极点偶的作用近似相互抵消，但在飞行中遇到各种可能的扰动，闭环系统的不稳定性便显现出来。

为了获得比例式 $\vartheta \to \delta_z$ 反馈系统响应特性中长、短周期模态分量和静态误差，以及弄清长、短周期模态特性的相互影响，更重要的是找到一个简化分析和设计俯仰姿态控制系统的方法，利用按模态分项的俯仰角 ϑ 对升降舵 δ_z 的传递函数，构成单独 $\vartheta \to \delta_z$ 反馈的俯仰姿态控制回路，如图13-50(a)所示。为了突出升降舵偏转主要产生俯仰力矩而操纵飞机，忽略它的升力作用，即设 $y^{\delta_z}=0$，那么由式(13-195)表征的传递函数 $\vartheta/\delta_z(s)$ 按不同模态并联于图13-50(a)中。由于长、短周期特征频率的间隔足够大，两种模态并联的俯仰姿态控制系统可以分解为按不同模态控制的两个独立的控制系统。成功的分析与设计经验早已证明，对于各个模态逐次进行分析和设计是正确的。在构成短周期模态俯仰角控制回路(见图13-50(b))时，图13-50(a)中长周期模态支路与 $\vartheta \to \delta_z$ 反馈回路构成一个反馈回路，其反馈传递函数分子、分母分别是 s 一次和 s 二次函数。除分母 s 首项系数为"1"外，其他 s 项系数都很小。因此，这个包含在短周期模态闭环回路中的这个反馈回路，在 m_{34} 很小和短周期特征值足够大的情况下，其反馈增益可近似为"零"，这将意味着长周期模态反馈回路对短周期模态反馈的影响几乎为零。因此，由图13-50(b)表示的短周期模态闭环回路可直接由图13-50(a)得到；在构成长周期模态俯仰角控制回路(见图13-50(c))时，图13-50(a)所示的短周期模态支路与反馈回路可简化为另外一个动态环节，它包含在长周期模态控制回路中，相对于长周期的慢速运动，这个环节的分子、分母中 s 可取为零，剩余的 s 零次项之比

$$\frac{\omega_{\mathrm{ns}}^2}{\omega_{\mathrm{ns}}^2 + \mu_z^{\delta_z} K_z^{\vartheta}(m_{31} + y^{\alpha} m_{34})} \approx \frac{\omega_{\mathrm{ns}}^2}{\omega_{\mathrm{ns}}^{\prime 2}}$$

代替这个动态环节。它表征了短周期模态反馈回路对长周期模态反馈回路的影响。

m_{31} 是绝对值稍小于1的负数和 m_{34} 为甚小于1的正值，使得俯仰姿态短周期模态分量控制回路成为具有非最小相位零点的正反馈回路，因此，它的根轨迹图如图13-50(b)所示。在闭环特征频率 ω'_{ns} 增加的同时，阻尼比 ζ'_{s} 迅速减小。对于长周期模态分量闭环控制回路，存在一个接近于 $-\frac{1}{T_{\theta\mathrm{p}}}$ 的零点，这便使得根轨迹图如图13-50(c)所示。

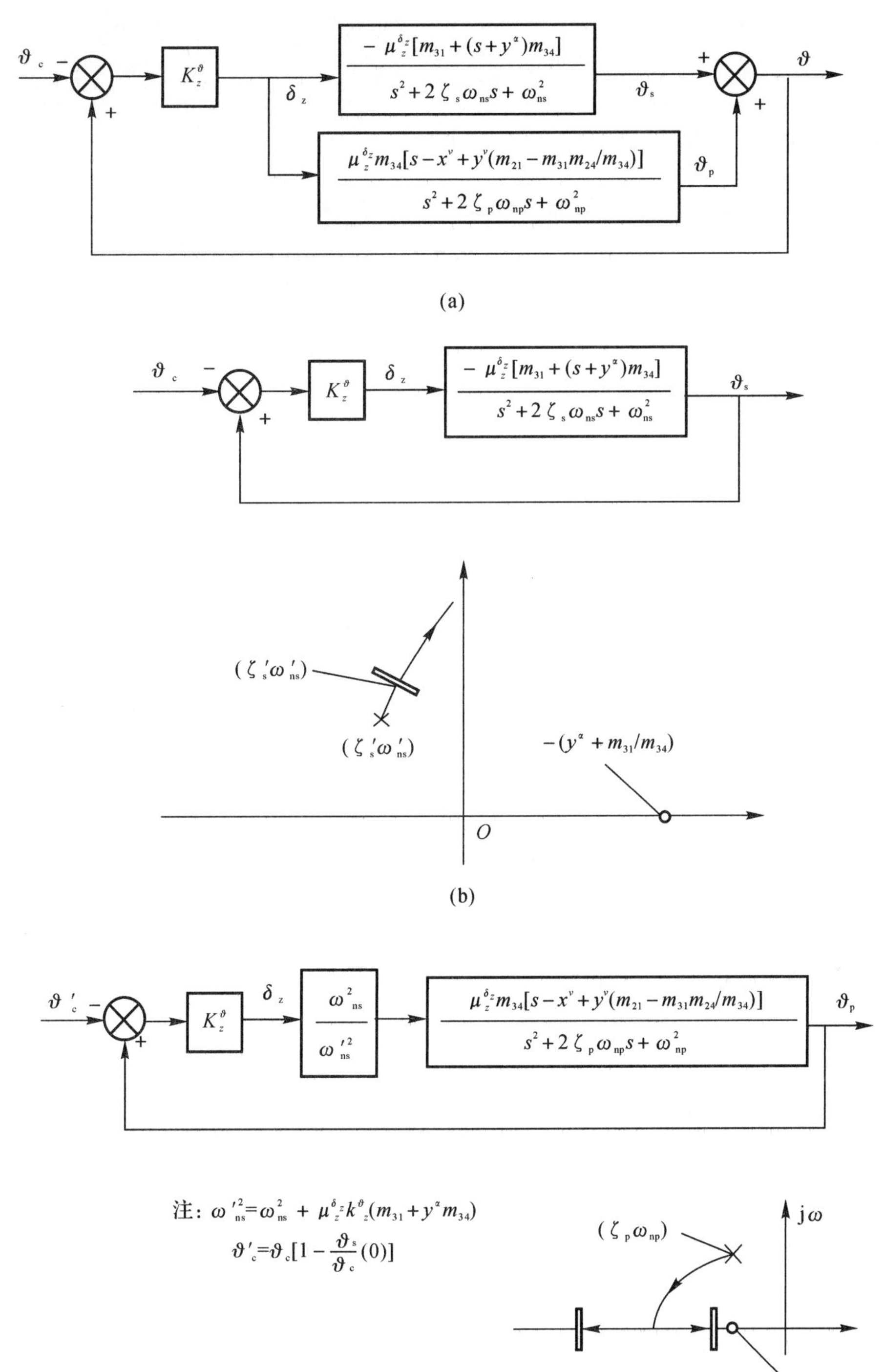

图 13-50　按长短周期模态传递函数$\frac{\vartheta_s}{\delta_z}(s)$和$\frac{\vartheta_p}{\delta_z}(s)$构成的俯仰姿态比例式控制回路

(a) 长短周期模态并联的俯仰角控制闭环回路；(b) 俯仰角短周期模态分量闭环控制回路与根轨迹图；(c) 俯仰角长周期模态分量闭环控制回路与根轨迹图

由图 13-50(b) 和(c) 分别得到 ϑ_s 对 ϑ_c 和 ϑ_p 对 ϑ_c' 的传递函数分别为

$$\frac{\vartheta_s}{\vartheta_c}(s)=\frac{\mu_z^{\delta_z}K_z^\vartheta[m_{31}+(s+y^\alpha)m_{34}]}{s^2+2\zeta_s'\omega_{ns}'s+\omega_{ns}'^2} \tag{13-198}$$

式中 $\omega_{ns}'^2=\omega_{ns}^2+\mu_z^{\delta_z}K_z^{\vartheta}(m_{31}+y^{\alpha}m_{34})$， $2\zeta_s'\omega_{ns}'=2\zeta_s\omega_{ns}+\mu_z^{\delta_z}K_z^{\vartheta}m_{34}$

$$\frac{\vartheta_p}{\vartheta_c}(s)=\frac{-\mu_z^{\delta_z}K_z^{\vartheta}\frac{y^{\alpha}}{\omega_{ns}'^2}\left(s+\frac{1}{T_{\theta p}}\right)}{s^2+\left(2\zeta_p\omega_{np}-\mu_z^{\delta_z}K_z^{\vartheta}\frac{y^{\alpha}}{\omega_{ns}'^2}\right)s+\omega_{np}^2-\mu_z^{\delta_z}K_z^{\vartheta}\frac{y^{\alpha}}{\omega_{ns}'^2}\frac{1}{T_{\theta p}}}=-\frac{\mu_z^{\delta_z}K_z^{\vartheta}\frac{y^{\alpha}}{\omega_{ns}'^2}\left(s+\frac{1}{T_{\theta p}}\right)}{(s+1/T_{p1}')(s+1/T_{p2}')} \tag{13-199}$$

式中，$1/T_{\theta p}=y^v(m_{21}-m_{31}m_{24}/m_{34})-x^v$，并获得按模态分项的俯仰姿态控制闭环传递函数：

$$\frac{\vartheta}{\vartheta_c}(s)=\frac{\vartheta_s}{\vartheta_c}(s)+\frac{\vartheta_p}{\vartheta_c}(s)=\frac{-\mu_z^{\delta_z}K_z^{\vartheta}[m_{31}+(s+y^{\alpha})m_{34}]}{s^2+2\zeta_s'\omega_{ns}'s+\omega_{ns}'^2}-\frac{\frac{\omega_{ns}^2}{\omega_{ns}'^2}\mu_z^{\delta_z}K_z^{\vartheta}\frac{y^{\alpha}}{\omega_{ns}'^2}(s+1/T_{\theta p})}{(s+1/T_{p1}')(s+1/T_{p2}')} \tag{13-200}$$

如果选择的 K_z^{ϑ} 足够大，以及考虑到 y^v，μ_z^v 的绝对值很小，使得当

$$-\mu_z^{\delta_z}K_z^{\vartheta}\frac{y^{\alpha}}{\omega_{ns}'^2}[y^v(m_{21}-m_{31}m_{24}/m_{34})-x^v]\gg\omega_{np}^2 \tag{13-201}$$

$$2\zeta_p\omega_{np}\approx 1/T_{\theta p}\approx -x^v \tag{13-202}$$

时，由式(13-199)表征的俯仰姿态控制闭环传递函数长周期分量简化为

$$\frac{\vartheta_p}{\vartheta_c'}(s)=\frac{1/T_{p2}'}{s+1/T_{p2}'}=\frac{-\mu_z^{\delta_z}K_z^{\vartheta}y^{\alpha}/\omega_{ns}'^2}{s-\mu_z^{\delta_z}K_z^{\vartheta}y^{\alpha}/\omega_{ns}'^2} \tag{13-203}$$

这样一来，由式(13-200)得到按模态分项表示的比例式俯仰姿态控制回路传递函数为

$$\frac{\vartheta}{\vartheta_c}(s)\approx-\frac{\mu_z^{\delta_z}K_z^{\vartheta}[m_{31}+(s+y^{\alpha})m_{34}]}{s^2+2\zeta_s'\omega_{ns}'s+\omega_{ns}'^2}+\frac{\omega_{ns}^2}{\omega_{ns}'^2}\frac{1/T_{p2}'}{s+1/T_{p2}'} \tag{13-204}$$

式中，$\omega_{ns}'^2$，$2\zeta_s'\omega_{ns}'$由式(13-198)表示；以及

$$\frac{1}{T_{p2}'}=-\mu_z^{\delta_z}K_z^{\vartheta}y^{\alpha}/\omega_{ns}'^2 \tag{13-205}$$

在这种情况下，由式(13-204)表示的闭环传递函数，表征了俯仰姿态控制系统主要包括较原飞机短周期频率高和阻尼比小的二阶振荡特性和一个时间常数稍小于 $1/y^{\alpha}$ 的一阶非周期特性；另外，还有一个极点 $-\frac{1}{T_{p1}'}$ 与零点 $-\frac{1}{T_{\theta p}}$ 近似相等，因此，它对闭环动态特性影响甚小。将 $\omega_{ns}'^2$的表达式代入式(13-204)中，得到

$$\frac{\vartheta}{\vartheta_c}(0)\approx 1 \tag{13-206}$$

因此，在 K_z^{ϑ} 足够大的情况下，俯仰姿态控制系统的静差也很小。

然而，对于短周期自然阻尼或人工阻尼不大的飞机，比例式俯仰姿态控制系统的反馈增益 K_z^{ϑ} 不能取值较大。在这种情况下，

$$\omega_{np}^2 \text{ 与 } -\mu_z^{\delta_z}K_z^{\vartheta}\frac{y^{\alpha}}{\omega_{ns}'^2}[y^v(m_{21}-m_{31}m_{24}/m_{34})-x^v]$$

为相同数量级，在分析过程中不能忽略 ω_{np} 的影响。如果飞机在“最小阻力点”速度附近飞行时，可能为负也可能为正且绝对值很小的 x^v，使得

$$\frac{1}{T_{p1}'}>\frac{1}{T_{\theta p}}\neq -x^v \tag{13-207}$$

和 $1/T_{p2}'$远小于 y^{α}。这些原因使得俯仰姿态控制闭环传递函数不能简化为式(13-204)。俯仰姿态控制闭环动特性除去上述二阶振荡特性和一个时间常数较大的滞后特性外，还有一个时间常数更大的超前 / 滞后非周期特性，且可能是稳定的也可能是发散的，取决于 x^v 的极性和大小。

当令

$$T_{\theta s}=\frac{1}{y^{\alpha}} \tag{13-208}$$

时，可由式(13-200)得到比例式俯仰姿态控制系统的静态传递系数

$$\frac{\vartheta}{\vartheta_c}(0)=1-\frac{\omega_{ns}^2\omega_{np}^2T_{\theta p}T_{\theta s}}{\omega_{ns}'^2\omega_{np}'^2T_{\theta 1}T_{\theta 2}-\mu_z^{\delta_z}K_z^{\vartheta}} \tag{13-209}$$

由式(13-209)可知，随着$\omega_{np}^2T_{\theta p}T_{\theta s}$值的增大，比例式俯仰姿态控制闭环回路的静差增大；并且，反馈增益K_z^{ϑ}越小，静态误差越大。

由第二篇式(6-43)和本篇式(13-199)、式(13-208)得到

$$\frac{1}{\omega_{np}^2T_{\theta p}T_{\theta s}}=-\frac{y^{\alpha}[y^{v}(m_{21}-m_{31}m_{24}/m_{34})-x^{v}]}{g[y^{v}m_{31}-(\mu_z^{v}-\mu_z^{\dot{\alpha}}y^{v})m_{34}]} \tag{13-210}$$

当$|(\mu_z^{v}-\mu_z^{\dot{\alpha}}y^{v})m_{34}|\ll|y^{v}m_{31}|$时，式(13-210)可简化为

$$\frac{1}{\omega_{np}^2T_{\theta p}T_{\theta s}}=\frac{y^{\alpha}}{g}\left(\frac{m_{24}}{m_{34}}-\frac{m_{21}}{m_{31}}-\frac{x^{v}}{y^{v}}\right) \tag{13-211}$$

因为从飞行性能观点来看，接近最小阻力飞行是所希望的，所以“在最小阻力点”处飞行并非不普遍。在这种情况下飞行可能具有良好的俯仰控制，但它仍然存在着大的控制静差和俯仰姿态发散问题。

2. 比例加积分式俯仰姿态控制系统

对于用来跟踪指令的自动驾驶系统，例如具有俯仰姿态保持功能的系统，这个由低频增益形成的品质缺陷，可以用积分控制来弥补。加入一个俯仰积分器，与控制器的比例增益相并联，导致控制器的传递函数为

$$G_c(s)=K_z^{\vartheta}+K_{zI}^{\vartheta}/s=\frac{K_z^{\vartheta}}{s}(s+K) \tag{13-212}$$

具有超前-积分功能的前向控制器与飞机动态传递函数相串联，构成比例加积分式俯仰姿态控制系统，如图 13-51(a) 所示；其根轨迹如图 13-51(b) 所示。

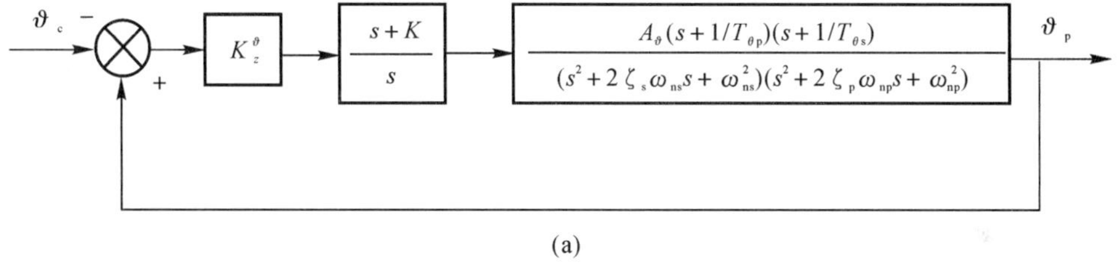

(a)

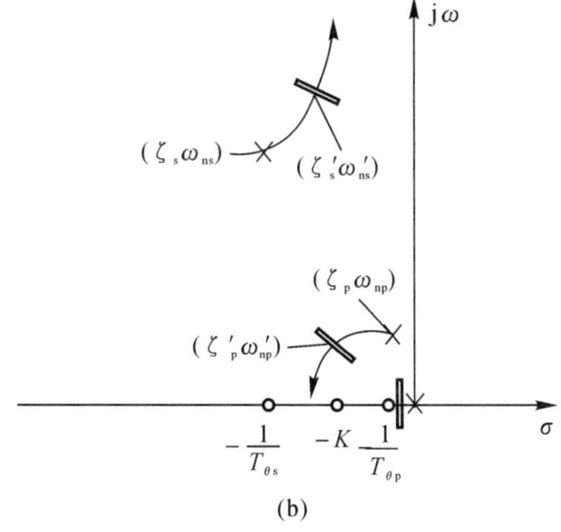

(b)

图 13-51　比例加积分式俯仰姿态控制结构图与根轨迹图

(a) 比例加积分式俯仰姿态控制系统结构图；(b) 根轨迹图

为了能有效地消除静态误差，使控制器$G_c(s)$的转折频率K远大于ω_{np}，并且在$\left(\omega_{np},\frac{1}{T_{\theta s}}\right)$之间。这样，其增加的极点从原点趋于零点$-\frac{1}{T_{\theta p}}$，而长周期模态阻尼比的增大相对减缓，且最终趋于零点$-\frac{1}{T_{\theta s}}$和$-K$；

对于短周期模态特征值的增大和阻尼比的减小影响不大。

和比例式俯仰姿态控制回路一样，也可按模态近似分为两个控制回路，如图 13－52 所示。

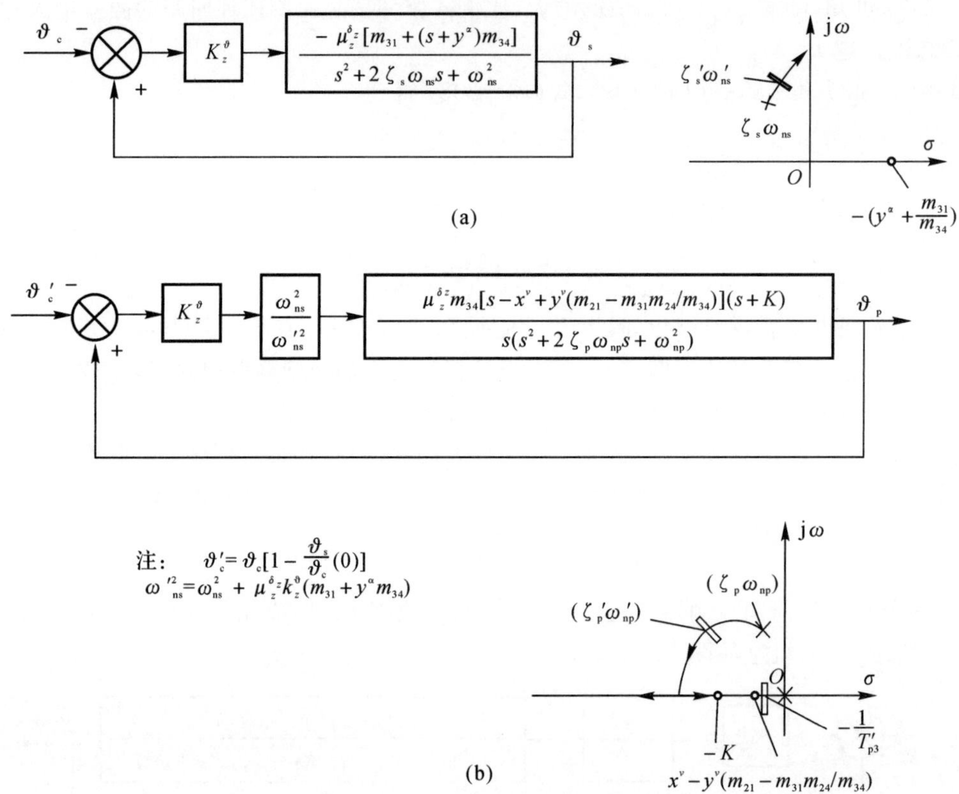

(a)
(b)
注：$\vartheta'_c=\vartheta_c[1-\frac{\vartheta_s}{\vartheta_c}(0)]$
$\omega'^2_{ns}=\omega^2_{ns}+\mu_z^{\delta_z}k_z^{\vartheta}(m_{31}+y^{\alpha}m_{34})$

图 13－52　比例加积分式俯仰角控制系统按模态分项控制回路与根轨迹图

(a) 俯仰角短周期模态分量闭环控制回路与根轨迹图；(b) 俯仰角长周期模态分量闭环回路根轨迹图

由图 13－52(a) 和(b) 得到 ϑ 对 ϑ_c 按模态分项的比例加积分式姿态控制系统的传递函数为

$$\frac{\vartheta}{\vartheta_c}(s)=\frac{-\mu_z^{\delta_z}K_z^{\vartheta}[m_{31}+(s+y^{\alpha})m_{34}]}{s^2+2\zeta'_s\omega'_{ns}s+\omega'^2_{ns}}-\frac{\omega^2_{ns}}{\omega'^2_{ns}}\frac{\mu_z^{\delta_z}K_z^{\vartheta}y^{\alpha}/\omega'^2_{ns}(s+1/T_{\theta p})(s+K)}{(s^2+2\zeta'_p\omega'_{np}s+\omega'^2_{np})(s+1/T'_{p3})} \tag{13-213}$$

式中

$$\omega'^2_{np}/T'_{p3}=-(\mu_z^{\delta_z}K_z^{\vartheta}y^{\alpha}K/\omega'^2_{ns}T_{\theta p})/\omega'^2_{ns} \tag{13-214}$$

这便有效地消除了俯仰姿态控制回路的静态误差。然而，闭环系统增加了一个绝对值小于 $1/T_{\theta p}$ 的特征值。当 $1/T_{\theta p}$ 为负值时，同样存在一个不稳定的实根 $-1/T'_{p3}$。

3. 比例加微分的隐式模型跟踪俯仰姿态控制系统

对于现代高性能飞机，尤其是战斗机在高空、高速飞行时，阻尼比很小的纵向短周期特性，使得比例式或比例加积分式俯仰姿态控制系统存在阻尼比更小的闭环短周期特性。为了改善飞机纵向短周期特性，现代飞机往往采用增稳、控制增稳或电传操纵系统用以提高短周期特征频率和阻尼比到合适值。然而，比例或比例加积分的俯仰姿态控制系统也会将闭环短周期模态阻尼比降低到不可容忍的地步。因此，对于现代飞机，不管它是否存在人工增稳装置，在俯仰姿态控制系统设计中，必须首先引入俯仰速率反馈，将短周期模态阻尼提高到过阻尼状态，使得俯仰姿态控制系统闭环短周期模态阻尼减小到合适值。

为了提高俯仰姿态控制系统的稳定性、响应特性以及抗干扰能力的鲁棒性，开环系统增益必须足够大。按隐式模型跟踪法设计是现代高性能俯仰姿态控制系统设计经常采用的方法。简单的比例反馈已不能满足模型跟踪法设计的要求，控制增稳系统作为内回路的串联嵌套式俯仰姿态控制结构是飞机纵向自动驾驶仪控制系统的基本控制回路。

一个比例加微分的俯仰姿态控制系统结构图如图 13-53 所示。由回路 1 表示的系统内回路根轨迹图，如图 13-54 所示，足够大的 $K_z^{\omega_z}$ 使得长周期模态特征值趋于原点和 $-\dfrac{1}{T_{\theta p}}$ 两个零点；短周期模态特征值随 $K_z^{\omega_z}$ 的增大转化为过阻尼的两个负实根。当令 $G_1(s)$ 为内回路的传递函数时，那么

$$G_1(s)=\frac{\mu_z^{\delta_z}(s+1/T_{\theta p})(S+1/T_{\theta s})}{(s+1/T'_{s1})(s+1/T'_{s2})(s+1/T'_{p1})(s+1/T'_{p2})} \tag{13-215}$$

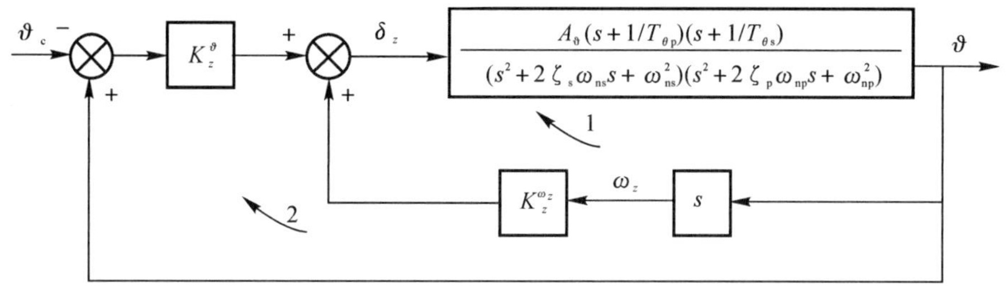

图 13-53　比例加微分的俯仰姿态控制系统结构图

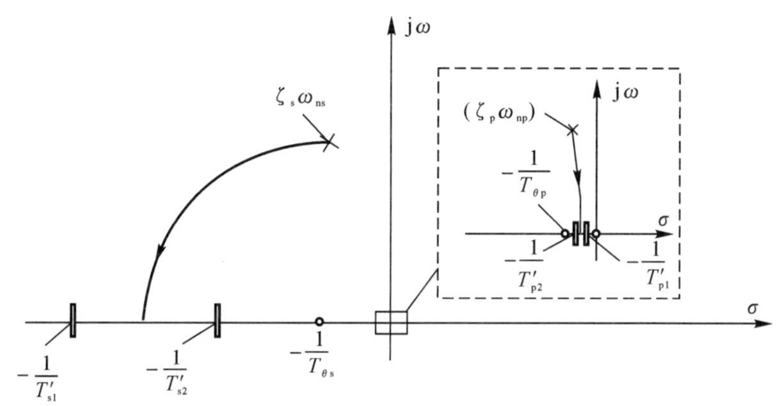

图 13-54　图 13-53 内回路根轨迹图

由于 $-\dfrac{1}{T'_{p1}}$ 趋于零和 $-\dfrac{1}{T'_{p2}}$ 趋于 $-\dfrac{1}{T_{\theta p}}$，与足够大的短周期特征值相比，足够小的 $\dfrac{1}{T_{\theta p}}$，$\dfrac{1}{T'_{p2}}$ 可认为近似相等，而且 $-\dfrac{1}{T'_{p1}}$ 可认为近似为零。那么由式(13-215) 表示的内回路传递函数可近似为

$$G_1(s)=\frac{\mu_z^{\delta_z}(s+1/T_{\theta s})}{[s^2+(2\zeta_s\omega_{ns}-\mu_z^{\delta_z}K_z^{\omega_z})s+\omega_{ns}^2-\mu_z^{\delta_z}K_z^{\omega_z}/T_{\theta s}]s} \tag{13-216}$$

这样一来，可将式(13-216) 代替图 13-53 回路 1，设计比例加积分式俯仰姿态控制系统。

一个隐式模型跟踪式俯仰姿态控制系统结构图如图 13-55 所示，图中积分器代替了由长周期特性和零点 $-1/T_{\theta p}$ 构成的低频环节。当 $K_1=1/T_{\theta s}$ 时，由图 13-55 得到隐式模型跟踪式俯仰姿态控制系统的传递函数

$$\frac{\vartheta}{\vartheta_c}(s)=\frac{-\mu_z^{\delta_z}K_z^{\vartheta}T_\vartheta(s+K_{z3})}{s^2(s+K_{z1})-\mu_z^{\delta_z}K_{z2}^{\omega_z}s(s+K_{z2})-\mu_z^{\delta_z}K_z^{\vartheta}T_\vartheta(s+K_{z3})} \tag{13-217}$$

式中，$K_{z1}=2\zeta_s\omega_{ns}-\mu_z^{\delta_z}K_{z1}^{\omega_z}$，$K_{z2}=\dfrac{K_{z0}^{\omega_z}}{K_{z2}^{\omega_z}}-\dfrac{\omega_{ns}^2}{K_{z2}^{\omega_z}\mu_z^{\delta_z}}$，$K_{z3}=\dfrac{1}{T_\vartheta T_{\theta s}}$ 和 $K_{z1}^{\omega_z}+K_{z2}^{\omega_z}=K_z^{\omega_z}$。如果选择参数满足

$$T_\vartheta=\frac{1}{(2\zeta_s\omega_{ns}-K_{z\bar{1}}^{\omega_z}\mu_z^{\delta_z})T_{\theta s}} \tag{13-218}$$

$$K^{\omega_z}_{z0} = \left(\frac{1}{T_\vartheta T_{\theta s}} + \frac{\omega_{ns}^2}{K^{\omega_z}_{z2}\mu_z^{\delta_z}}\right) K^{\omega_z}_{z2} \tag{13-219}$$

那么,式(13-217)可简化为

$$\frac{\vartheta}{\vartheta_c}(s) = \frac{\omega_\vartheta^2}{s^2 + 2\zeta_\vartheta\omega_\vartheta s + \omega_\vartheta^2} \tag{13-220}$$

式中

$$\omega_\vartheta^2 = -K_z^\vartheta \mu_z^{\delta_z} T_\vartheta, \quad 2\zeta_\vartheta\omega_\vartheta = -K^{\omega_z}_{z2}\mu_z^{\delta_z} \tag{13-221}$$

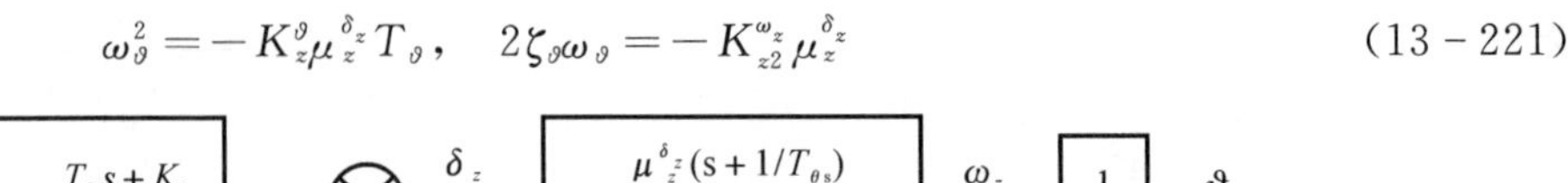

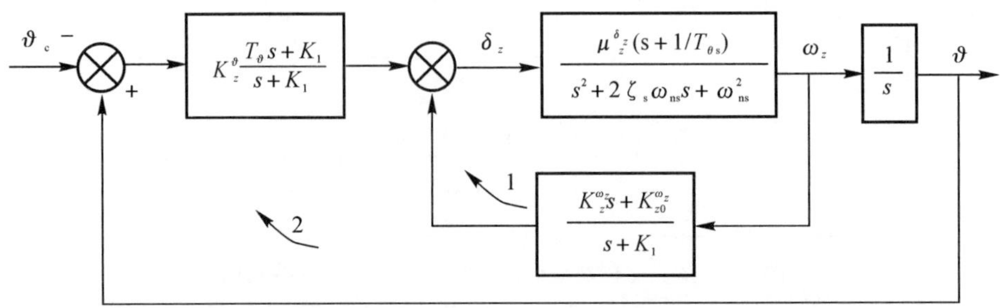

图 13-55 隐式模型跟踪式俯仰姿态控制系统的近似结构图

模型跟踪式俯仰姿态控制回路设计和其他系统设计一样,也是一个反复调整的过程。首先按经验给出增益 $K^{\omega_z}_{z1}$,在满足稳定储备条件下(或者经过相位超前校正后),最大限度地选择 $K^{\omega_z}_{z1}$ 值,从而按式(13-218)确定 T_ϑ 值,以满足模型跟踪条件;按调节时间和超调量限制,确定 ω_ϑ 和 ζ_ϑ 值,从而按式(13-221)确定参数 $K^{\omega_z}_{z2}$ 和 K_z^ϑ,以保证闭环系统具有最佳的响应特性;最后按式(13-219)确定 $K^{\omega_z}_{z0}$ 值,以满足模型跟踪条件。最终测量系统稳定储备,如果不满足指标要求或者过大,可适当改变 $K^{\omega_z}_{z1}$ 的大小,重复以上所述计算,最终可以获得满意的结果。

模型跟踪式俯仰姿态控制系统的高增益反馈不仅有效地减小阵风和力矩干扰响应,并且对于飞机气动导数的不确定性具有强的鲁棒性;同时,对于俯仰角的引导也能显著地减小静态误差,以满足控制精度的要求。因此,模型跟踪式俯仰姿态控制系统可以作为一个纵向平台使用。

4. 控制增稳飞机的俯仰姿态控制

具有控制增稳系统(包括电传操纵系统)的飞机,俯仰姿态控制回路的设计,可将控制增稳系统作为俯仰姿态控制回路的内回路;采用串联与嵌套反馈结构和利用隐式模型跟踪法进行设计是方便的。一个控制增稳飞机的串联、嵌套式俯仰姿态控制回路的原始模型结构图如图 13-56 所示。图中考虑到长周期模态的一个特征值与其零点构成零极点偶,而另一个极点趋于原点;图中 $G_s(s)$ 表示控制增稳飞机俯仰速率对法向过载指令 n_{yc} 的传递函数,即

$$G_s(s) = -\frac{\mu_z^{\delta_z} K_n (s + 1/T_{\theta s})}{s^2 + 2\zeta'_s\omega'_{ns}s + \omega'^2_{ns}} \tag{13-222}$$

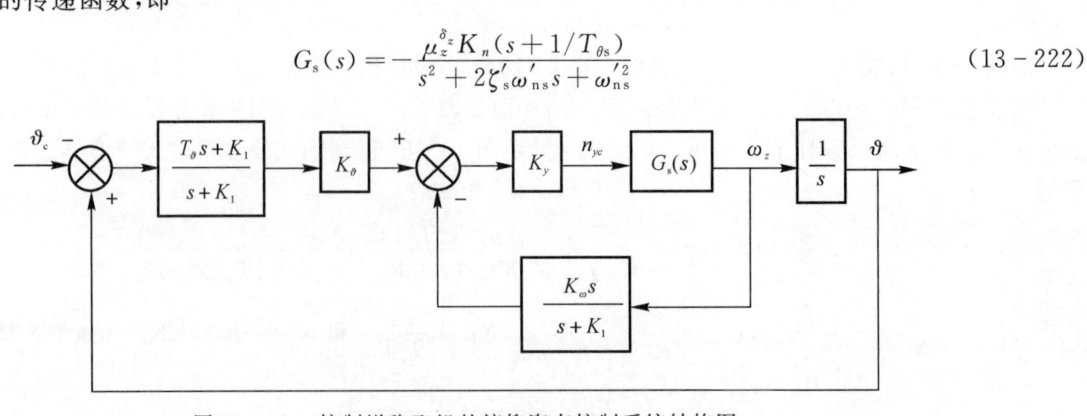

图 13-56 控制增稳飞机的俯仰姿态控制系统结构图

图中

$$K_y=\frac{vK_1}{57.3g} \tag{13-223}$$

$$K_1=\frac{1}{T_{\theta s}}=y^{\alpha} \tag{13-224}$$

由图 13-56 得到控制增稳飞机的俯仰控制回路的闭环传递函数为

$$\frac{\vartheta}{\vartheta_c}(s)=\frac{\omega_{ns}'^2K_\vartheta(T_\vartheta s+K_1)}{s^2(s+2\zeta_s'\omega_{ns}')+\omega_{ns}'^2(K_\omega s+1)s+\omega_{ns}'^2K_\vartheta(T_\vartheta s+K_1)} \tag{13-225}$$

式中，ω_{ns}'，ζ_s'分别为控制增稳飞机的纵向短周期模态等效特征频率和阻尼比，当按下列公式选择参数

$$K_\omega=\frac{1}{2\zeta_s'\omega_{ns}'} \tag{13-226}$$

$$T_\vartheta=\frac{K_1}{2\zeta_s'\omega_{ns}'}=K_1K_\omega \tag{13-227}$$

$$K_\vartheta=\frac{\omega_{ns}'}{8\zeta_s'\zeta_\vartheta^2K_1}=\frac{1}{16\zeta_s'^2\zeta_\vartheta^2K_1K_\omega} \tag{13-228}$$

时，由式(13-225) 表示的俯仰姿态控制回路的传递函数可简化为

$$\frac{\vartheta}{\vartheta_c}(s)=\frac{\omega_\vartheta^2}{s^2+2\zeta_\vartheta\omega_\vartheta s+\omega_\vartheta^2} \tag{13-229}$$

式中，$\omega_\vartheta^2=\omega_{ns}'^2/16\zeta_s'^2\zeta_\vartheta^2$ 和 $2\zeta_\vartheta\omega_\vartheta=\omega_{ns}'^2K_\omega$。当给定 $\zeta_\vartheta=\zeta_s'=0.707$ 时，得到

$$\omega_\vartheta=0.5\omega_{ns}',\quad K_\vartheta=0.25/K_1K_\omega \tag{13-230}$$

按上述结构方案获得的俯仰姿态控制回路，和原飞机短周期特性一样，具有二阶特性的主导模态，长周期模态的两个特征值，其一与零点 $-\frac{1}{T_{\theta p}}$ 构成零极点偶，相互近似抵消，其二与零点 $-K_1/T_\vartheta$ 构成零极点偶，也近似抵消了。俯仰姿态控制回路二阶特性的特征频率 ω_ϑ 是控制增稳飞机短周期模态等效频率的一半。

一个典型例子为某飞机的俯仰姿态控制系统控制律设计，其中某个飞行状态的 Nichols 曲线如图 13-57所示，输入响应曲线如图 13-58 所示。

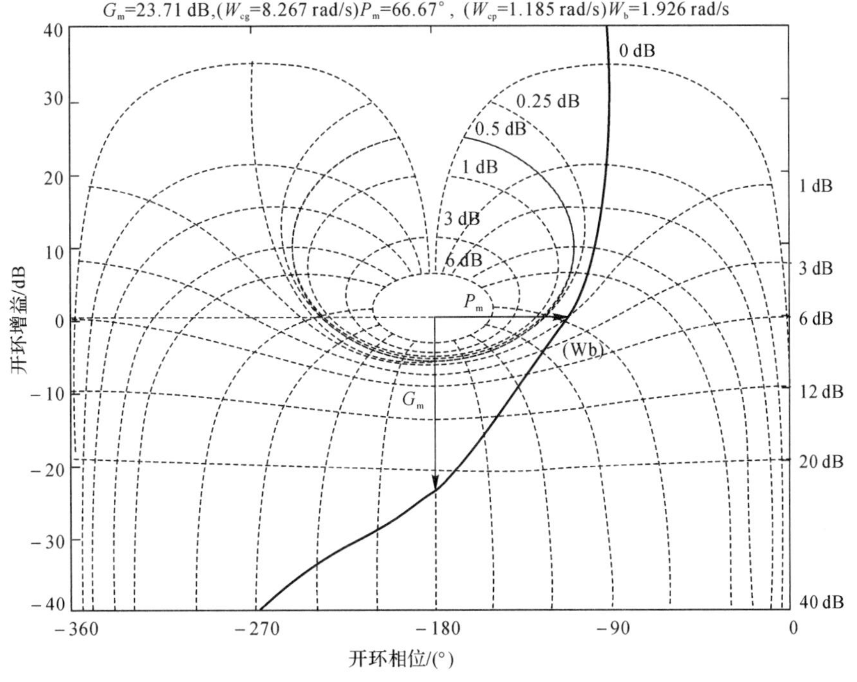

图 13-57　俯仰姿态控制 Nichols 曲线

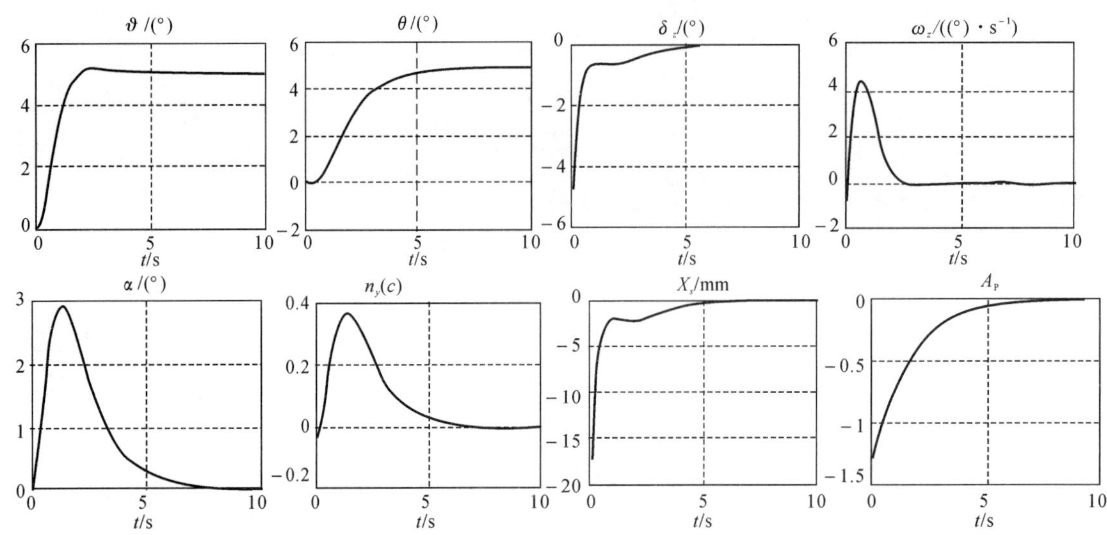

图 13-58　俯仰姿态控制引导时间响应曲线的一个例子

5. 俯仰姿态发散问题的修正

对于单独使用升降舵实现良好的俯仰姿态控制来说，无论何种结构方案，都避免不了在"最小阻力点"速度以下飞行时潜在的俯仰姿态发散。考虑到低速飞行的普遍性（包括起飞、着陆、动升限飞行等）以及姿态控制回路无所不在的特点，这种俯仰姿态发散应该得到妥善解决。但是，由于这种发散是由 $1/T_{\theta P}$ 变号引起的，如果没有除升降舵外其他控制器的作用，这个零点的改善是不可能获得的。完成这个问题的几种可能方法，是由 $1/T_{\theta P}$ 和 m_{21} 的表达式得到的。这里表明了无论改善 x^v 或 x^α 都能消除发散。这通常是借助油门杆控制来完成的。对于现代飞行控制系统来说，包括在推力综合控制系统中的自动油门功能是应该具有的。否则，订货方应允许具有俯仰姿态或高度控制系统的飞机在低速飞行中存在一定程度的发散现象。这是本书在此必须强调的一点。

（二）高度与垂直速度的控制

到本节为止，我们只讨论了改善飞机纵向运动飞行品质和稳定俯仰姿态的控制器。这类控制器不能使飞机保持在一定高度上飞行，因此在这之前总是认为，或者由驾驶员，或者由外控制回路来引导飞机。本节将介绍高度控制的外控制回路的标准功能和设计方法。因为是用外控制回路全自动地引导飞机，所以，把这一类控制器列入"自动驾驶仪"这一范畴才对。

早期的自动驾驶仪是常值控制器，它们的任务是保持过去由驾驶员稳定的飞行状态（飞行姿态、飞行速度）不变，或者保持直线飞行航迹（飞行高度、航向）不变，由于需要调整的相对于规定值的偏差不大，所以，采用线性控制器就足够了。对于纵向控制来说，只用升降舵或全动平尾作为调节变量，后来又加上发动机推力（自动油门杆）。这对于狭义上的自动驾驶仪功能作为工作方式也被用于现代飞行控制系统中。

这类控制器只能在一定工作范围内代替驾驶员，而不能完全代替驾驶员，驾驶员必须自己完成飞机构形的改变，譬如说，他必须亲自放下着陆襟翼和阻力板，还经常要控制发动机推力和配平，任何航迹的变化也要驾驶员去完成。为此，在简单情况下，驾驶员需要断开自动驾驶仪，待飞机飞到一个新的高度或航向时，再"接通"自动驾驶仪，以稳定在这个高度和航向上飞行。现代的复杂的控制器，能够设置新的给定值，并且自动地通过非线性控制律改变飞行高度和航向。

原则上，具有高度保持功能的自动驾驶仪应完成两项任务：稳定飞行高度和减缓大气紊流对飞行高度的影响。这两项任务直接由飞机运动变量（如 $\alpha, \omega_z, \vartheta, v$）反馈用于调节变量（如升降舵）中是不行的，必须利用与这些状态变量有关的输出变量 $\dot{H}$ 和 θ 才能完成。这两个输出变量与状态变量的简单关系为

$$\dot{H} = v_d \sin\theta \tag{13-231}$$

$$\theta = \vartheta - \alpha + \alpha_W \tag{13-232}$$

式(13-231)表征了飞行高度 H 由航迹速度 v_d 和航迹角正弦函数的不定积分给出。当认为航迹速度 v_d 不变和航迹角 θ 很小时，微量的升降速度 $\Delta\dot{H}$ 可由下式近似表示：

$$\dot{H} = v_d\theta \tag{13-233}$$

式中，$\dot{H}$ 表征 $\Delta\dot{H}$，θ 表征 $\Delta\theta$。因此，对于线性控制来说，相应的高度控制传递函数增加了一个极点在坐标原点上。这将意味着，飞机高度特性具有中性稳定特性，状态变量中的不可避免的偏差，使不加控制的飞机越来越偏离它的飞行高度。因此，必须通过相应的反馈来使飞行高度稳定，即必须使坐标原点上的极点向 s 左半平面移动，有效地调节变量是 θ 或者由 ϑ 与 α 之差代替。

为了完成第 2 项任务，减缓阵风和紊流对高度的影响，而且至少保证稳态引导精度，控制对象传递函数中的积分作用补偿了相应控制器中无积分器的不足。

对于纵向自动驾驶仪来说，除了俯仰姿态控制以外，自动驾驶仪最简单的工作方式是分别保持纵向运动中的两个变量，即高度或者空速不变，前者在本节介绍，后者将在下一节叙述。在巡航飞行时，利用高度保持这种工作方式，可有效地减轻驾驶员的工作负担。这种工作方式可建立在上述纵向基本控制器基础上，也可建立在自动改平功能的航迹控制回路基础上。当建立在前者之上时，驾驶员可通过外控制回路的方法，从姿态控制方式转换到高度控制方式；当建立在后者之上时，驾驶员可通过改平按钮，将飞机从任意的飞行姿态中，自动引导致平飞状态，最终自动保持飞机于某高度(或规定高度)上飞行。

因为总是采用升降舵(或平尾)作为调节变量的，所以，这类控制器的设计往往涉及单变量控制系统的串联、嵌套式控制结构，由于空速控制也可由升降舵调节实现，因此，纵向自动驾驶仪只能控制两个航迹变量中的一个，而且比较简单的控制结构是以驾驶员参与控制为代价的。但是，只要涉及的是稳态飞行阶段(例如，高度保持)，它就能有效地减轻驾驶员负担。

1. 高度控制器结构

高度控制系统必须具有测量相对给定高度偏差的测量装置，即高度差传感器，如气压式高度表、无线电高度表或大气数据计算机等。高度控制器主要靠高度差信号控制飞机姿态和改变飞机航迹倾斜角，使飞机回到预定高度或保持在高度控制器接通时刻的高度上。有两种高度控制结构，其一是在俯仰姿态控制回路外嵌套高度差 ΔH 和高度微分信号，当单独执行姿态控制时，应将高度差等测量信号断开，这种结构的好处在于设计高度控制系统时，不改变已设计好的姿态控制系统，并便于工作模式的转换，如图 13-59 所示；其二，利用航迹改平回路作为内回路，即利用航迹角 θ 作为高度控制的"调节变量"，使航迹角给定值 θ_c 正比于高度差 ΔH，尽管由式(13-231)表征的真实的航迹角 θ 很难实现，但可用空速航迹角 θ_A 来代替，即

$$\theta_A = \vartheta - \alpha \tag{13-234}$$

如果目的不是控制航迹角 θ，而仅仅是为改善高度控制的动态过程时，这种近似控制是可行的。由于阵风和紊流所形成的 α_W 可直接反馈于调节变量(升降舵)中，会带来较大的高度误差，所以只能靠合适的低通滤波器(如 $10/(s+10)$)对迎角实施低通滤波。这种类型的高度控制器结构如图 13-60 所示。

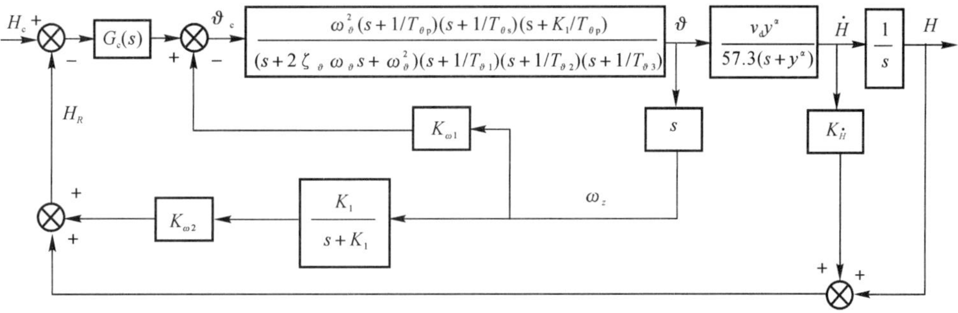

图 13-59　由俯仰姿态控制作为内回路的高度控制回路

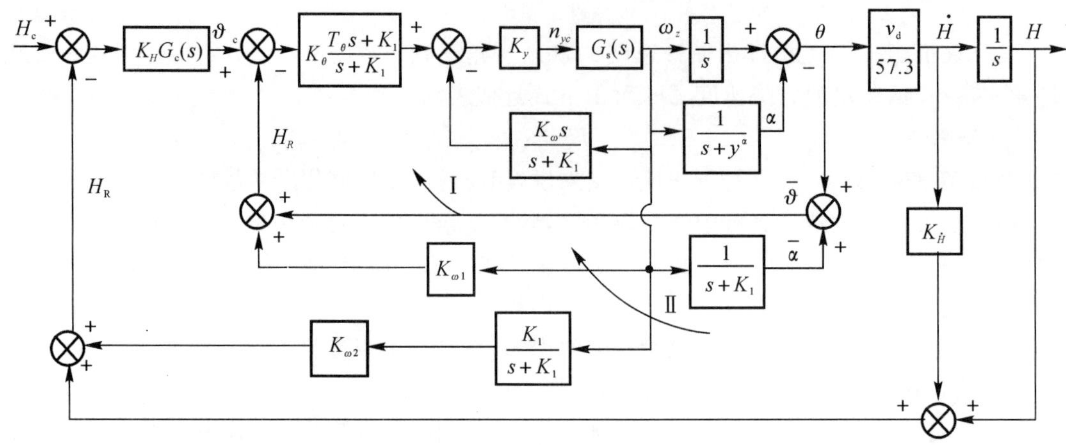

图 13-60　由航迹角控制作为内回路的高度控制回路

2. 俯仰姿态控制作为内回路的高度控制系统设计

如图 13-59 所示，传递函数 $\vartheta/\vartheta_c(s)$ 是由图 13-55 所示俯仰姿态控制器结构和三自由度飞机纵向运动方程闭环回路得到的。根据隐式模型跟踪的设计方法，使得

$$T_{\vartheta 3}=K_\omega,\quad T_{\vartheta 2}=T_{\theta s},\quad T_{\vartheta 1}\approx T_{\theta p}\quad 和\quad \omega_\vartheta^2=-K_\vartheta T_{\vartheta}\mu_z^{\delta_z} \tag{13-235}$$

从而得到由式(13-220)表示的理想俯仰姿态控制系统的传递函数。

当忽略垂直风切变 w_{yx} 和垂直风附加迎角 α_W 影响时，按 y 向力方程得到航迹角 θ 的微分量

$$\dot{\theta}=\omega_z-\dot{\alpha}=y^\alpha\alpha+y^v v_0+y^{\delta_z}\delta_z \tag{13-236}$$

且当 $y^\alpha\gg y^v, y^{\delta_z}\approx 0$，以及顺风干扰为零时，可以近似得到

$$\dot{H}=v_a\theta,\quad \theta=\frac{y^\alpha}{S+y^\alpha}\vartheta \tag{13-237}$$

不必花很高的代价去测量航迹角，即不反馈 α 和 θ，通常使用它们的线性组合参数 ϑ 是合理的，即在所希望的基本控制器工作方式的基础上，再引入 $H,\dot{H}$ 和 ω_z 就够用了。然而，当进一步研究高度控制系统的结构时，可知，高度控制回路的开环传递函数至少有两个多余极点，以及在小于“最小阻力点”速度下飞行时，具有引起反向响应特性的非最小相位零点 $-1/T_{\theta p}$，使得高度控制系统出现稳定性问题。因此，高度控制器的结构是至关重要的。

在图 13-59 中，控制器 $G_c(s)$ 由下式表示：

$$G_c(s)=\frac{(K_{\omega 1}s+1)\left(\frac{1}{K_1}s+1\right)}{(T_1 s+1)(T_2 s+1)} \tag{13-238}$$

式中，零点 $-K_1$ 是为抵消 $\dot{H}$ 与 ϑ 传递关系中的极点 $-y^\alpha$ 设置的；零点 $-K_{\omega 1}$ 用以抵消闭环的三阶特征值的实极点。这样一来，当由网络实现这两个有用零点时，必然带来两个无用极点 $-1/T_1$ 和 $-1/T_2$，它们不仅增加了高度控制回路的阶次，还影响了闭环系统的稳定性和响应特性。可以通过 $\dot{H}$ 和 ω_z 信号与主控变量 H 构成组合反馈，当考虑到高度增量与俯仰速率的近似关系

$$\Delta H=\frac{v_d y^\alpha}{57.3s^2(s+y^\alpha)}\omega_z \tag{13-239}$$

以及

$$K_1=y^\alpha \tag{13-240}$$

时，得到 $\omega_z,\dot{H}$ 和 H 变量的组合反馈 H_R 与高度差 H 的关系：

$$H_R(s)=\left(\frac{57.3}{v_d}K_{\omega 2}s^2+K_H s+1\right)H \tag{13-241}$$

当选择

$$K_H = T_1 + T_2 \tag{13-242}$$

$$K_{\omega 2} = \frac{v_d T_1 T_2}{57.3} \tag{13-243}$$

时,式(13－241)便可化简为

$$H_R = (T_1 s + 1)(T_2 s + 1) H \tag{13-244}$$

这样一来,当考虑到式(13－235)、式(13－244)时,图13－59可由图13－61近似代替:

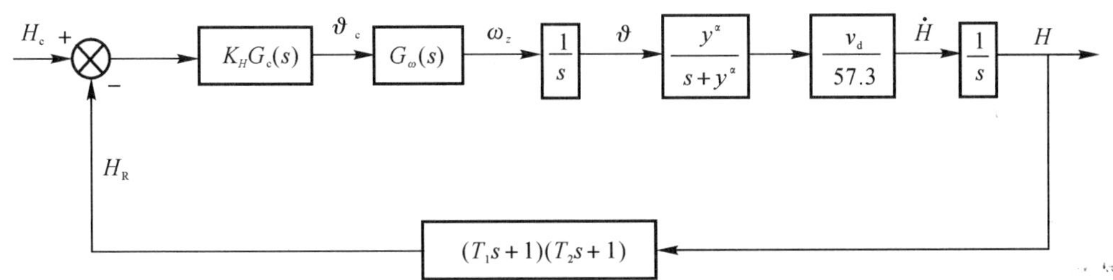

图13－61　由俯仰姿态控制作为内回路的高度控制回路简化图

图中

$$G_\omega(s) = \frac{\omega_\vartheta^2 s}{s(s + 2\zeta_\vartheta \omega_\vartheta) + \omega_\vartheta^2 (K_{\omega 1} s + 1)} \tag{13-245}$$

可依据图13－61得到高度控制系统的传递函数

$$\frac{H}{H_c}(s) = \frac{K_H \omega_\vartheta^2 \frac{v_d}{57.3}(K_{\omega 1} s + 1)}{\left[s^2(s + 2\zeta_\vartheta \omega_\vartheta) + \omega_\vartheta^2 (K_{\omega 1} s + 1) s + K_H \omega_\vartheta^2 \frac{v_d}{57.3}(K_{\omega 1} s + 1)\right](T_1 s + 1)(T_2 s + 1)} \tag{13-246}$$

当给定 T_1,T_2 值很小和选择

$$K_{\omega 1} = \frac{1}{2\zeta_\vartheta \omega_\vartheta} = \frac{K_{\omega 2}}{K_n K_y} \tag{13-247}$$

$$K_H = \frac{\omega_\vartheta}{8\zeta_\vartheta \zeta_H^2} \frac{57.3}{v_d} = \frac{K_n K_1}{16\zeta_\vartheta^2 \zeta_H^2 g K_{\omega 2}} \tag{13-248}$$

时,高度控制系统的传递函数可简化为

$$\frac{H}{H_c}(s) = \frac{\omega_H^2}{s^2 + 2\zeta_H \omega_H s + \omega_H^2} \tag{13-249}$$

式中

$$\omega_H^2 = \frac{\omega_\vartheta^2}{16\zeta_\vartheta^2 \zeta_H^2} \tag{13-250}$$

且当 $\zeta_\vartheta = \zeta_H = 0.707$ 时,得到

$$\omega_H = 0.5\omega_\vartheta \tag{13-251}$$

综合上述可知,由图13－59表示的高度控制回路也可近似为二阶系统,其固有频率为内回路-俯仰姿态控制回路固有频率的一半。如果俯仰姿态控制回路是图13－56表示的结构,即它的内回路是控制增稳系统时,且闭环阻尼比(或等效阻尼比)ζ_s'为0.707时,那么,经两次串联和嵌套的高度控制系统的固有频率 ω_H 是最内层控制回路(控制增稳回路)固有频率 ω_{ns}'的1/4。

在纵向飞行控制系统设计中,采用串联、嵌套反馈结构和零、极点偶配置法设计的各功能控制系统,都具有"最佳"的二阶特性,它极大地方便了多回路控制系统的设计。仿真计算和物理试验以及空中试飞表明,采用这种方法设计的纵向飞行控制系统,在稳定性、响应特性方面获得了满意的结果。不仅仅是这些,如果俯仰姿态控制或者控制增稳系统是按隐式模型跟踪法设计的，那么，最外层的高度控制系统也具有高的抗干扰能力和参数不确定的鲁棒性。

3. 航迹角自动改平模式为内回路的高度控制系统的设计

由俯仰航迹角自动改平回路构成的高度自动保持回路的原始模型如图 13－60 所示。对于现代飞机来说，航迹角自动改平回路和俯仰角控制回路一样，都是控制增稳回路的外回路。依据飞行任务的不同，二者可分时工作。它们之间没有内、外回路的关系。俯仰航迹角改平回路用以自动改平飞机或按预定航迹角强拉飞机脱离危险高度。俯仰航迹角改平回路又是高度控制回路的内回路，飞机改平到某种程度，自动转入到高度保持模式。

在图 13－60 中，$G_s(s)$ 是控制增稳飞机 ω_z 对 n_{yc} 的传递函数，即

$$G_s(s)=\frac{\omega_z}{n_{yc}}(s)=\frac{\mu_z^{\delta_z}(s+y^{\alpha})}{s^2+2\zeta'_s\omega'_{ns}s+\omega'^2_{ns}} \tag{13-252}$$

且长周期特征值，其一趋于原点，构成 $\vartheta=\frac{1}{s}\omega_z$；其二，与零点 $-1/T_{\theta p}$ 相抵消。当按下列各式选择参数

$$K_{\omega}=\frac{1}{2\zeta'_s\omega'_{ns}}=-\frac{1}{K_z^{\omega_z}\mu_z^{\delta_z}} \tag{13-253}$$

$$T_{\theta}=\frac{K_1}{2\zeta'_s\omega'_{ns}}=K_1K_{\omega}=T_{\vartheta} \tag{13-254}$$

$$K_{\theta}=\frac{\omega'_{ns}}{8\zeta'_s\zeta_{\theta}^2K_1}=\frac{1}{16\zeta'^2_s\zeta_{\theta}^2K_1K_{\omega}}=K_{\vartheta} \tag{13-255}$$

且 K_y 由式(13－223)表示，K_1 由式(13－224)表示，以及 θ 与 ϑ 的关系由式(13－237)表示时，得到

$$\frac{\theta}{\theta_c}(s)=\frac{\omega_{\theta}^2K_1}{(s^2+2\zeta_{\theta}\omega_{\theta}s+\omega_{\theta}^2)(s+K_1)} \tag{13-256}$$

式中，$\omega_{\theta}^2=\frac{\omega'^2_{ns}}{16\zeta'^2_s\zeta_{\theta}^2}$，$2\zeta_{\theta}\omega_{\theta}=\omega'^2_{ns}K_{\omega}$。且当 $\zeta_{\theta}=\zeta'_s=0.707$ 时，得到

$$\omega_{\theta}=0.5\omega'_{ns} \tag{13-257}$$

$$K_{\theta}=\frac{0.25}{K_1K_{\omega}} \tag{13-258}$$

又当选择 K_H，K_{ω_z} 分别同式(13－242)、式(13－243)时，得到由图 13－60 表示的航迹角控制回路作为内回路的高度控制回路的简化图同图 13－61，其中

$$G_{\omega}(s)=\frac{\omega_{\theta}^2s}{s(s+2\zeta_{\theta}\omega_{\theta})+\omega_{\theta}^2(K_{\omega1}s+1)} \tag{13-259}$$

如果选择 T_1，T_2 值很小且

$$K_{\omega1}=\frac{1}{2\zeta_{\theta}\omega_{\theta}} \tag{13-260}$$

$$K_H=\frac{\omega_{\theta}}{8\zeta_{\theta}\zeta_H^2}\frac{57.3}{v_d} \tag{13-261}$$

时，航迹角控制作为内回路的高度控制传递函数也可由式(13－249)表示，但式中

$$\omega_H^2=\frac{\omega_{\theta}^2}{16\zeta_{\theta}^2\zeta_H^2} \tag{13-262}$$

且当 $\zeta_{\theta}=\zeta_H=0.707$ 时，得到

$$\omega_H=0.5\omega_{\theta}=0.25\omega'_{ns} \tag{13-263}$$

如上所述一样，航迹角控制作为内回路的高度控制系统也可近似为二阶系统，其固有频率是航迹控制回路固有频率的一半，是控制增稳飞机等效短周期特征频率的 1/4。

作为例子，如图 13－62 所示，是对某控制增稳飞机，当航迹控制作为内回路时，在某个飞行状态的情况

下,做出的高度控制回路 Nichols 曲线,如图 13-62 所示,给出了相同飞行状态的高度指令响应如图 13-63 所示曲线。

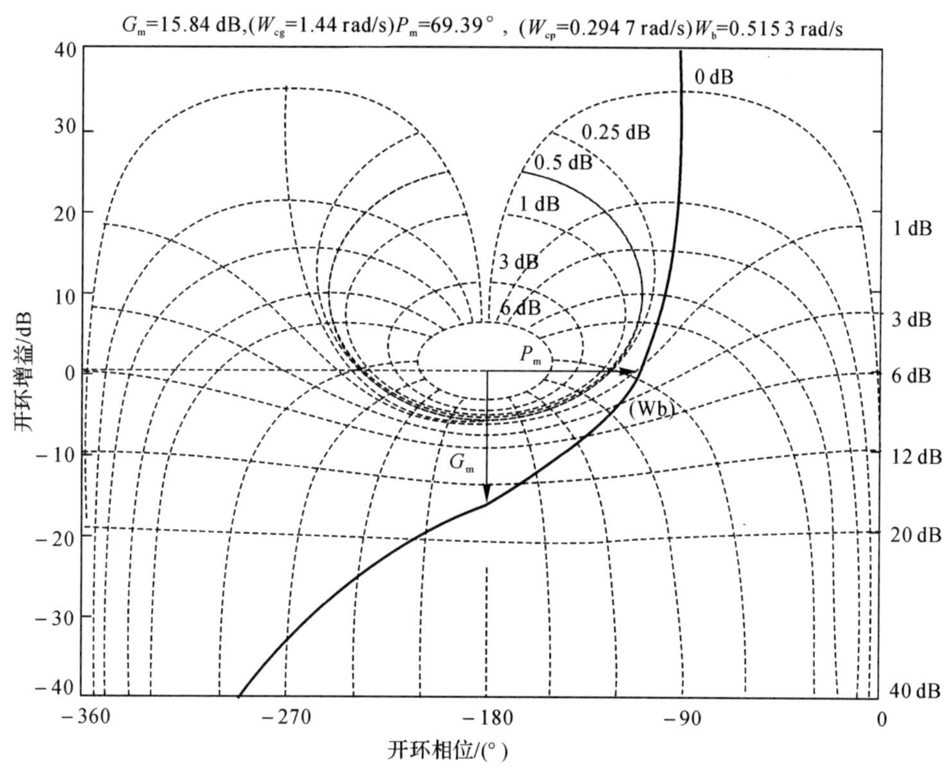

图 13-62　高度控制回路的 Nichols 曲线

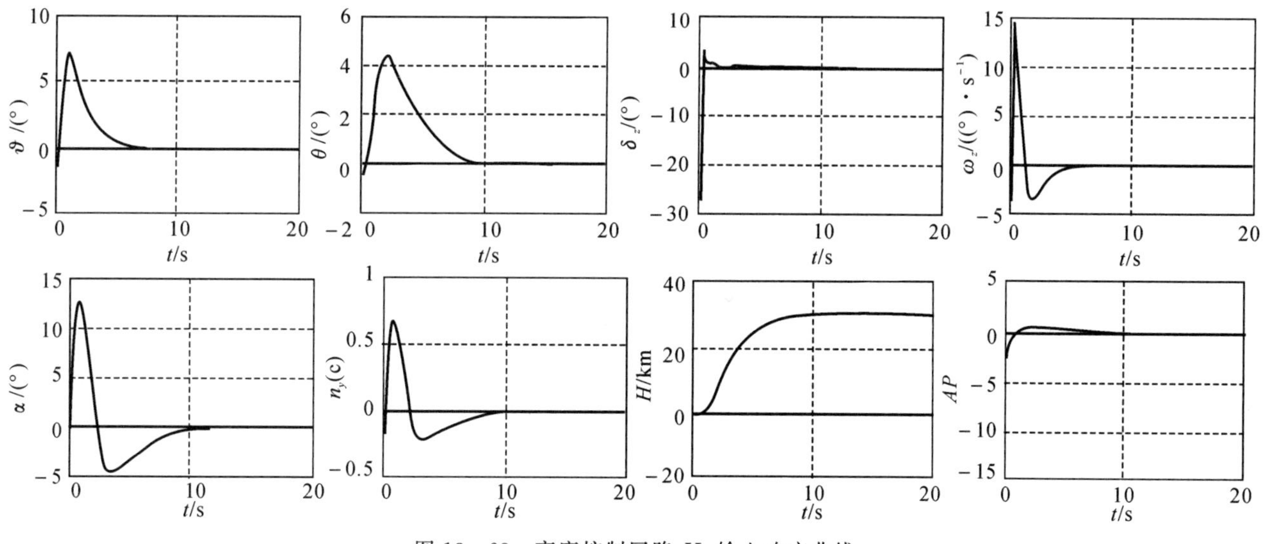

图 13-63　高度控制回路 H_c 输入响应曲线

4. 低速飞行中的高度控制回路的不稳定现象

高度控制回路一旦出现长周期发散运动,其主要原因便是由 $1/T_{\theta p}$ 变负造成的。在这种情况下,高度控制回路的作用将使在原点的极点进入 s 右半平面向零点 $-1/T_{\theta p}$ 移动。结果在任何开环增益情况下,出现非周期发散现象。对于通常采用的高度控制器增益的典型值,在原点的极点被移动到很接近零点 $-1/T_{\theta p}$ 的位置。因此,在闭环高度控制传递函数中,就我们关心的任何高度指令来说,尽管在理论上存在不稳定,但实

际上将被零点 $-1/T_{\theta p}$ 所抵消。所以，由 $1/T_{\theta p}$ 为负值带来的高度发散不明显。它只以临界发散的形式出现于俯仰响应中，因为俯仰姿态有效地控制着长周期运动。这种发散现象明显地显示为飞行速度的降低，因为在它的传递函数中不包含零点 $-1/T_{\theta p}$。最终，空速将缓慢地达到那种程度，以致可用推力不足以控制飞行航迹。换言之，高度控制增益不能有效地减小这种发散，从而使得这种发散变得更为明显。事实上，当达到最终极限时，飞机将失速，并且所有闭环控制失效。

解决这个问题的关键是 $1/T_{\theta p}$，正如上节所述，按 $1/T_{\theta p}$ 的表达式可知，借助油门杆控制，无论是改善 x^v 或 x^α 都能消除这种不稳定现象。单独的升降舵控制是不能消除这种发散的。

5.地形和气流干扰对无线电高度控制系统影响的抑制方法

在飞行高度自动控制回路中，无线电高度传感器存在着地形和大气紊流干扰；垂直速度 $\dot{H}$ 的测量往往采用无线电高度或气压高度的微分，微分的结果使噪声分量大为增加。尽管这些高频干扰不会使飞机处于高频运动中，然而，它对舵机回路和作动器的工作有恶劣的影响。为了抑制高度控制回路中的噪声干扰，需要设置时间常数为 0.5 ～ 2.5 s 的惯性环节或滞后-超前环节。然而，这种低通滤波器对高度控制回路动态特性带来相位滞后影响，以至于使闭环系统阻尼减小，甚至不稳定。因此，必须在这些滤波器上提供某些无干扰的微分或相位超前的状态变量，补偿这些滤波器的延迟，以获得高度控制回路应具有的稳定性和响应特性。

选择合适的时间常数的一阶惯性环节 $\dfrac{1}{T_3 s+1}$ 引入线性组合信号 $H+T_3\dot{H}$ 通路中，如图 13-64 中所示，其综合结果相当于 H 反馈，即 $\bar{H}=H$，目的是有效地抑制 H 信号中的高频噪声的影响，同时，在图 13-64 中的另一 $\dot{H}$ 反馈回路中设置一个惯性环节 $\dfrac{1}{T_4 s+1}$，并且引入另一路 ω_z 反馈，通过增益 $K_{\omega 3}$ 与该路 $\dot{H}$ 反馈综合。在这种情况下，由 ω_z，$\dot{H}$ 和 H 构成的线性组合反馈 H_R 可由下式表示：

$$H_R=H+\frac{K_1}{s+K_1}K_{\omega 2}\omega_z+\frac{1}{T_4 s+1}\left(K_H\dot{H}+\frac{K_1}{s+K_1}K_{\omega 3}\omega_z\right) \tag{13-264}$$

考虑到式(13-239)，以及 $K_1=y^\alpha$ 和 $\Delta H=H$，得到

$$H_R=\left[\frac{57.3}{v_d}K_{\omega 2}s^2+\frac{s}{T_4 s+1}\left(K_H+\frac{57.3}{v_d}K_{\omega 3}s\right)+1\right]H \tag{13-265}$$

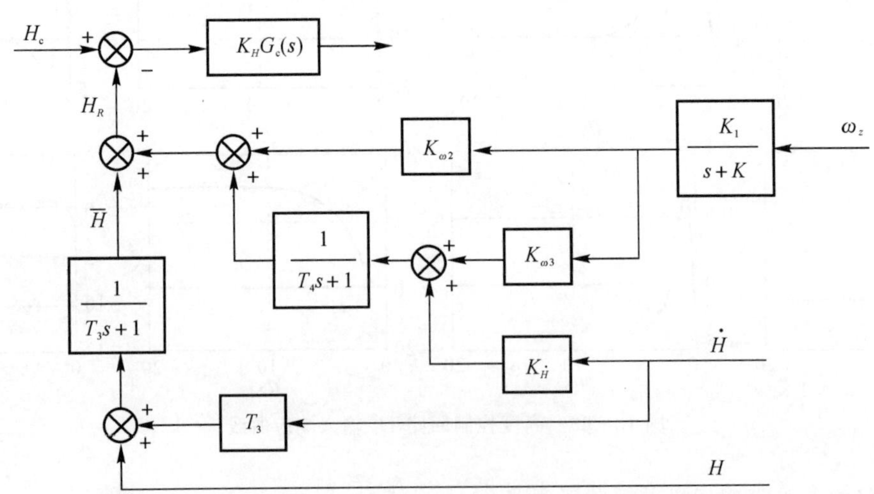

图 13-64　无线电高度差和高度微分信号中的高频噪声的抑制结构

当选择

$$K_{\omega 3}=\frac{v_d K_H T_4}{57.3} \tag{13-266}$$

时，得到与式(13-241)相同结果。同时，选择 K_H，$K_{\omega 2}$ 分别同于式(13-242)和式(13-243)，便可得到与式(13-244)相同的结果。

这是抑制反馈回路中噪声干扰的一个典型例子。依据第三篇第9章中所述，当在反馈回路中，即反馈变量传感器中含有高频噪声干扰 n 时，用提高开环增益的办法试图抑制这种外部干扰是无济于事的。按照噪声干扰的频率范围，引入适宜的噪声滤波器，可有效地减小输出响应中的噪声幅值；由噪声滤波器带来的相位滞后，会影响闭环系统的稳定性和响应特性，可利用原反馈变量的微分或相位超前的变量与原反馈构成线性组合反馈，它可有效地补偿噪声滤波器的相位滞后，改善闭环系统的稳定性。

6. 气压高度和垂直速度的测量滞后的补偿

由第一篇所述内容可知，气压高度测量原理是根据标准大气的静压和高度之间的关系近似得到的；垂直速度是静压随时间的变化量，它是绝对高度的变化率。无论气压高度和垂直速度都存在着随高度增加而增大的测量误差(灵敏度)和测量滞后。尤其对气压垂直速度测量来说，包括测量灵敏度和测量滞后的测量精度对控制系统来说，是不够的，因此，人们更喜欢采用高度信号的微分。

基于测压原理的高度测量方法，由气流管道长度和膜盒膨胀体积的大小决定的纯延迟可近似为一阶惯性环节，其时间常数 T 在 0.3～1.0 s 范围内，这样大的滞后作用，无论何种大小的高度反馈增益，都会不可避免的影响高度控制回路的稳定性。对于合适的高度反馈增益，往往使系统出现稳定的或不稳定的极限环低频振荡。降低高度反馈增益，对于这种振荡的抑制似乎是有作用的，然而，冗长的响应过程使得驾驶员难以容忍。显然，降低系统开环增益以改善系统稳定性的办法，不是系统设计者常用的办法。一种气压高度及其微分量滞后的补偿结构如图13-65所示，在 H 和 $\dot{H}$ 反馈回路中，虚框中的惯性环节 $1/(Ts+1)$，表征了气压高度测量的滞后，通过增益为 T 的 $\dot{H}$ 反馈支路与 H 反馈的综合结果，相当于没有滞后影响的 H 反馈，以补偿 H 反馈回路中一阶滞后的影响。在图13-65中的另一 $\dot{H}$ 反馈支路中，通过增益 $K_{\omega 3}$ 和一阶惯性环节 $1/(Ts+1)$ 的 ω_z 反馈进行并联综合。在这种情况下，由 ω_z，$\dot{H}$ 和 H 构成的组合反馈 H_R 可用式(13-264)和式(13-265)表示，式中 T_4 应更换为 T。且当

$$K_{\omega 3}=\frac{vK_HT}{57.3} \tag{13-267}$$

时，也可得到与式(13-241)相同的结果，按式(13-242)、式(13-243)分别选择 K_H 和 $K_{\omega 2}$，便可得到与式(13-244)相同的结果。

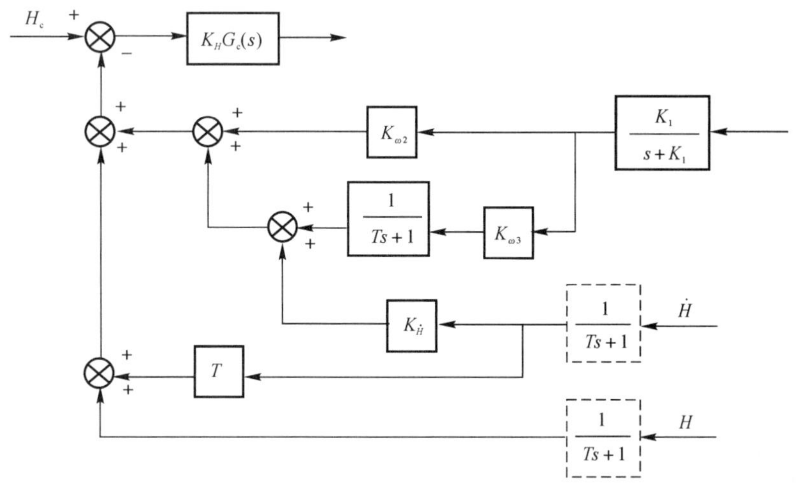

图13-65　气压高度及其微分测量滞后的补偿结构

7. 高度敏感元件的选择和高度控制的工作方式

由于气压高度不是对地面的绝对高度，而是相对平均海平面的等压高度，而且在地面附近的高度误差可

达 25 m,因此,当飞机飞行在接近地面(如进场着陆飞行阶段)时,转入精确的雷达(无线电)高度表是合理的。由于在高空飞行中,受雷达高度表测量范围的限制,采用气压高度表作为高度控制的信号敏感元件是合适的。

如果我们把高度控制功能的接通方式称为高度控制功能的工作方式时,国内、外飞机自动驾驶仪高度控制功能的工作方式以工作性质不同可大致分为三种。为了保证高度控制器在接通瞬时具有柔和的过渡过程,以减小对飞机和机上人员的扰动影响,应该采取有效的防范措施。

对于大型飞机,最简单的高度控制工作方式是在规定高度接通高度控制器,高度控制器便把飞机保持在接通时刻的高度上,这就是高度保持工作方式。它可以很简单地实现无论哪一种高度敏感元件,在高度控制功能接通前,测量的高度信号始终被近似同步的同步器(模拟的或数字的)输出信号相抵消,即反馈 至高度控制器中的高度差信号 ΔH 为零。一旦高度控制器接通,在接通瞬时,高度同步器停止工作,并在高度不变化时输出为零,在高度变化时输出高度差(相对接通高度控制功能的瞬时高度)ΔH,自动驾驶仪将以 ΔH 成比例的反馈信号控制飞机使 ΔH 趋于零。

另外一种工作方式通常用于机动性能好的轻型飞机上。为使飞机在机动飞行中,当驾驶员需要改平飞机飞行时,随着自动改平功能的接通,飞机俯仰航迹角 θ 受自动改平控制的作用逐渐趋于零。为使简单的航迹角控制的改平功能最终能使飞机平飞,在航迹角绝对值减小到某一规定范围时,自动接通高度保持器,将飞机保持在某一高度上飞行。

第三种工作方式是高度选择方式,即预选某一可能的飞行高度作为飞机的飞行高度,待高度控制功能接通后,高度控制器将依据飞机所处高度和姿态,应该按照最佳路线和柔和的过渡方式,将飞机引导到预先给定的高度上,然后保持这个高度不变。在接通高度控制器瞬时可能出现大的高度控制偏差 ΔH,从而给俯仰基本控制器输入了一个很大的等效 ϑ_c,使飞机过度上仰,因此,必须通过某种结构的 ϑ 限制器,予以避免。由于这种高度控制方式,会产生俯仰角静态偏差,从而引起高度静差,为此 ϑ 反馈应通过一个大时间常数的高通网络。

如图 13-66 所示为高度选择工作模式的俯仰角限制结构,可以实现以柔和方式改变飞行高度。

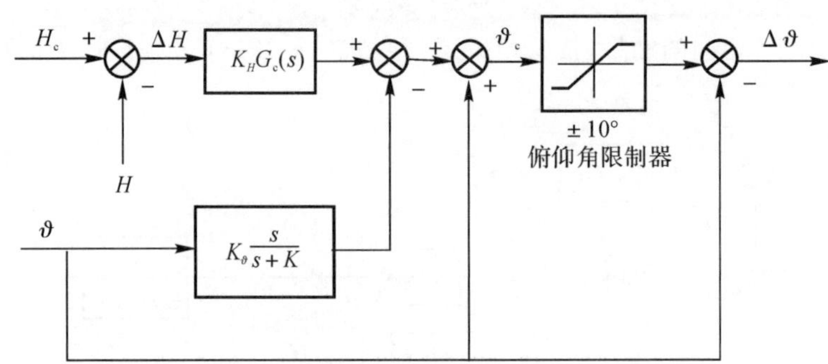

图 13-66 高度选择模式俯仰角限制器框图

正向高度阶跃控制引起正值的俯仰角,若 $\vartheta_c < 10°$,通过高通网络的 ϑ 反馈和限制器左、右 ϑ 反馈相互抵消。当 H_c 值不大时,经高通滤波的 ϑ 和 H 反馈通过限制器控制高度变化;当给定的 H_c 很大时,ϑ_c 被限制在 10° 值上,当 ϑ 达到 10° 时,$\Delta\vartheta$ 近似为零,飞机以等俯仰角(10°)上升,且当接近给定高度 H_c 时,限制器失去作用,高度控制模式工作。

8. *垂直速度控制*

利用 $\dot{H}$ 反馈实现航迹控制不必付出昂贵的代价。以 $\dot{H}$ 控制实现的航迹控制可自动地引导或保持飞机在一条航迹上。如果还能引导和保持飞机在某一规定的航向上,那么,飞机的飞行航迹(飞行高度和航向)便可自动控制了。因此,由 $\dot{H}$ 实现的航迹控制要比陀螺仪实现的姿态控制优越得多。事实上,在某些现代飞机上装设了带 $\dot{H}$ 控制的自动驾驶仪,以代替姿态控制作为基本控制器。垂直速度控制甚至能补偿垂直风和紊流的影响，保持 $\dot{H}$ 近似不变，而且，升降舵可作为 $\dot{H}$ 控制器的唯一调节变量，因此，垂直速度控制的实现也是容易的，从而使得它具有广泛的应用性。

一个 $\dot{H}$ 控制回路的原理模型如图 13－67 所示。和姿态控制回路一样，对于现代飞机来说，$\dot{H}$ 控制回路也是控制增稳回路的外回路，图中 $G(s)$ 是控制增稳飞机 ω_z 对 n_{yc} 的传递函数，且考虑到长周期特征值近似为 0 和 $-1/T_{\theta p}$，从而构成控制增稳飞机的传递函数为

$$G(s)=\frac{\omega_z}{n_{yc}}(s)=\frac{\mu_z^{\delta_z}(s+y^\alpha)}{s^2+2\zeta'_s\omega'_{ns}s+\omega'^2_{ns}} \quad 和 \quad \frac{\vartheta}{\omega_z}(s)=\frac{1}{s} \tag{13-268}$$

当按前面所述串联-嵌套法设计，且分别按式(13－253)～式(13－255)确定 K_ω，T_ϑ 和 K_θ 以及 K_y，K_1 分别由式(13－223)和式(13－224)表示时，便可得到垂直速度控制的传递函数

$$\frac{\dot{H}}{\dot{H}'_c}(s)=\frac{\omega_H^2K_1}{(s^2+2\zeta_H\omega_Hs+\omega_H^2)(s+K_1)} \tag{13-269}$$

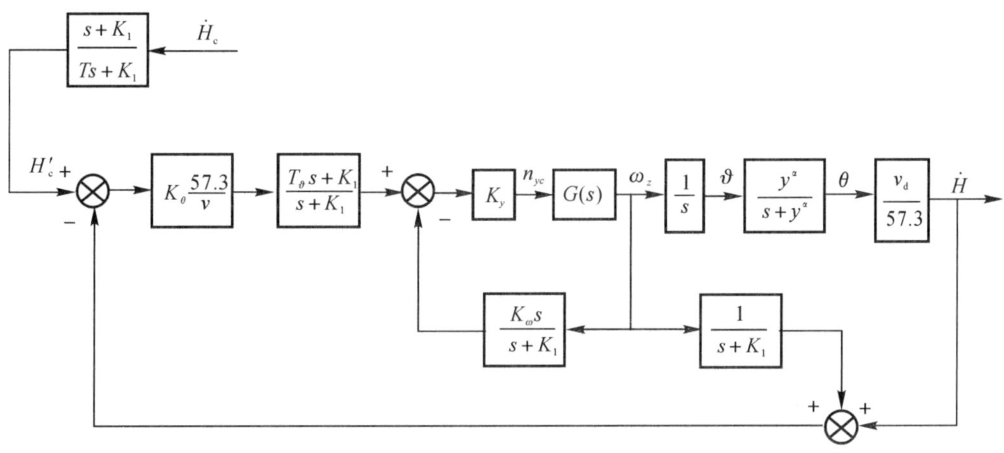

图 13－67　垂直速度控制回路原始模型

为了使垂直速度控制回路近似为二阶特性，结构和参数的选择，应使得由式(13－269)表示的闭环特征因式中含有一阶因式 $s+K_1$，已知 K_1 等于飞机的升力系数 y^α。尽管 y^α 和其他气动力导数一样具有一定的不确定性，然而，应该清楚，利用现代技术所获得的气动导数往往是近似正确的，当然它们随飞行状态不同而异。因此，可在 $\dot{H}$ 指令信号通路中设置如图 13－67 所示超前网络，即

$$\dot{H}'_c(s)=\frac{s+K_1}{Ts+K_1}\dot{H}_c \tag{13-270}$$

且当 T 值很小时，垂直速度控制的指令传递函数可简化为

$$\frac{\dot{H}}{\dot{H}_c}(s)=\frac{\omega_H^2}{s^2+2\zeta_H\omega_Hs+\omega_H^2} \tag{13-271}$$

式中，$\omega_H^2=\dfrac{\omega'^2_{ns}}{16\zeta'^2_s\zeta_H^2}$，$2\zeta_H\omega_H=\omega'^2_{ns}K_\omega$。当选择 $\zeta_H=\zeta'_s=0.707$ 时，得到

$$\omega_H=0.5\omega'_{ns} \tag{13-272}$$

上述这种设计方法，可有效地降低闭环回路主导特征因式的阶次，改善闭环系统指令响应特性。只要能使某个(些)闭环特征值近似于预知值，那么便可采用这种指令滤波消元法，以改善闭环系统指令响应。

还可导出图 13－67 所示 $\dot{H}$ 控制回路的初始值响应函数

$$\frac{\dot{H}}{\dot{H}'_0}(s)=\frac{s+2\zeta_H\omega_H}{s^2+2\zeta_H\omega_Hs+\omega_H^2} \tag{13-273}$$

最后，应该指出，当给定垂直速度较大时，可能使空速变化较大，必须通过油门杆修正推力；当飞机处于最小阻力点速度以下飞行时，闭环的 $\dot{H}$ 控制可能使长周期模态变为不稳定，必须改变气动导数 x^v 的极性，才

能有效地抑制这种不稳定现象。为了避免上述两种现象出现的可能，$\dot{H}$ 控制应与油门杆控制联合使用。这就是说，对于现代飞机的自动驾驶仪不仅需要垂直速度控制，也需要由油门杆推力控制实现的空速控制。

13.1.3　空速控制与长周期运动特性的改进

飞行高度的控制是航迹控制的一个重要方面，另一个重要方面是飞行速度(或马赫数)控制。飞机的最基本、最重要的运动参数是飞行速度。飞机是在地球表面以上某个高度上按某一定飞行速度运动的机器，否则不称其为“飞机”。飞机相对大气的运动速度是由它的发动机推力和它自身构形在大气中运动的阻力平衡形成的。油门杆的位置可改变发动机推力，升降舵、襟翼等控制面的偏转可改变飞机飞行阻力，因此，空速的控制可分为升降舵空速控制和油门杆空速控制。当然，利用襟翼也可有效地改变飞行速度，但是为适应于空速控制的瞬态响应要求，襟翼运动作动器的功率和快速性，往往不能满足快速的控制要求。但是，全偏的前、后缘襟翼可产生足够大的阻力，用以在着陆飞行阶段降低飞行速度。

除了姿态控制以外，自动驾驶仪最简单的工作方式是分别保持纵向运动中的一个变量，即高度或者空速二者之一为常数。特别是在巡航飞行中，用这种具有给定恒定值的控制器工作模式来减轻驾驶员的工作负担。如果仅仅是升降舵作为调节变量，这类控制器的特点在于所涉及的控制器是不能同时使用的单变量系统。这样一来，被自动控制的纵向运动变量只是两个航迹变量中的一个，且当时的另一个变量的“控制”则由驾驶员自己来完成。因此，可以这样说，比较简单的控制器结构是以驾驶员参与控制过程为代价的。飞机在巡航飞行中，为了保证飞机在规定的空速情况下，保持在规定的高度上飞行，需要驾驶员首先接通空速控制模式，将飞机引导到规定的空速后，在断开空速回路的同时，接通高度控制器，因此，空速控制器必须具有 PI 特性。积分器的作用不仅用于减小稳态空速偏差，还用于断开空速控制模式后，不返回的升降舵偏度，仍使飞机按断开空速控制模式时刻的空速飞行。

在进场着陆飞行阶段，希望同时自动控制高度和空速，这种要求首先促进了油门杆推力控制器的产生和发展。高度控制任务已由升降舵这个调节变量承担，但是，为了同时或独立地控制第 2 个航迹变量——空速，必须把发动机推力(对应油门杆位置)作为第 2 个调节变量。如前所述，尽管油门杆操纵不能有效地控制空速，然而，合理的油门杆控制结构使得在改变发动机推力的同时，可准确地控制空速，要比升降舵更有效。$v_A \to \delta_T$ 反馈的有效条件在于具有积分式或弹性反馈的伺服器，即由油门杆实现的空速控制器必须具有 PI 特性。具有积分特性的油门杆控制器在 s 平面原点处的极点与空速对油门杆位置传递函数在原点处的零点相抵消，从而获得油门杆对空速控制的有效性。

尽管推力控制系统可以作为一个独立的控制器使用，似乎与升降舵控制的存在没有关系。从调节伺服机构的可靠性方面来考虑，由故障原因断开升降舵控制器似乎对油门杆控制没有任何影响。然而，推力指令的空速和航迹角与升降舵指令响应之间存在着强烈的耦合作用，不允许独立地使用 $v_A \to \delta_T$ 反馈控制。通常情况，单独使用推力控制器并不能减轻驾驶员负担，相反，会带来一些操纵困难，驾驶员必须承担一些与空速控制相耦合的姿态控制。例如，驾驶员必须补偿由推力力矩带来的飞机不平衡或由空速改变带来的飞机航迹变化。

油门杆空速控制器的主要作用，除去与升降舵控制联合使用有效地保持和引导空速，减轻驾驶员在航迹稳定和引导中的工作负担，以及它具有 PI 结构和高的控制增益，使得它能够有效地减缓大气紊流对航迹的影响。此外，它还可有效地改善低动压状态平飞时的速度稳定性和低速飞行中的飞行轨迹稳定性，还能改善沉浮运动的阻尼和长周期模态的稳定性，以及跨声速飞行时的马赫数自动配平。随着航空事业在军事和运输方面的发展，尤其是自动着陆技术和无人驾驶飞机性能的提高，都对空速控制精度提出了更高的要求，因此，空速控制已经成为现代飞机自动飞行控制系统的一个不可缺少的工作模式。

13.1.3.1　升降舵作为调节变量的空速控制器设计

空速对升降舵作用的传递函数可由式(13－194)得到。将式(13－194)等号两边左乘以行向量

$$m_2=[-m_{21}\quad 1\quad 0\quad -m_{24}]$$

得到 v 对 δ_z 按长、短周期分项表示的传递函数：

$$G_v(s)=\frac{v}{\delta_z}(s)=\frac{(A_\vartheta m_{24}-y^{\delta_z}m_{21})s-(A_\vartheta m_{34}-y^{\delta_z}m_{31})g}{s^2+2\zeta_{\mathrm{p}}\omega_{\mathrm{np}}s+\omega_{\mathrm{np}}^2}-$$
$$\frac{A_\vartheta\left\{\left[1+\frac{y^{\delta_z}}{A_\vartheta}(\mu_z^{\omega_z}+\mu_z^{\dot\alpha})\right]m_{21}+\left[(s+y^\alpha)-\frac{y^{\delta_z}}{A_\vartheta}(\mu_z^\alpha-\mu_z^{\dot\alpha}y^\alpha)\right]m_{24}\right\}}{s^2+2\zeta_{\mathrm{s}}\omega_{\mathrm{ns}}s+\omega_{\mathrm{ns}}^2}\tag{13-274}$$

由第二篇所述飞行速度对升降舵的阶跃响应数据可知，v 响应中的短周期模态分量大大小于长周期模态分量，因此，在设计升降舵作为调节变量的空速控制器控制律时，在初步分析和综合中，不必考虑短周期模态分量对 $v\to\delta_z$ 回路响应特性的影响。因此，当 y^{δ_z} 绝对值很小时，$v\to\delta_z$ 控制回路的控制对象传递函数可简化为

$$G_v(s)=\frac{v}{\delta_z}(s)=\frac{\mu_z^{\delta_z}(m_{24}s-m_{34}g)}{s^2+2\zeta_{\mathrm{p}}\omega_{\mathrm{np}}s+\omega_{\mathrm{np}}^2}\tag{13-275}$$

适用于 $v\to\delta_z$ 控制系统的飞机运动方程在不同的教科书中有不同的近似，本书在第二篇式(5-59)给了另外一种 v 对 δ_z 的传递函数，即

$$\frac{v}{\delta_z}(s)=\frac{1}{s^2+2\zeta_{\mathrm{p}}\omega_{\mathrm{np}}s+\omega_{\mathrm{np}}^2}\left[\frac{\mu_z^{\delta_z}-y^{\delta_z}(s-\mu_z^{\omega_z})}{s^2+2\zeta_{\mathrm{s}}\omega_{\mathrm{ns}}s+\omega_{\mathrm{ns}}^2}(x^\alpha s-y^\alpha g)-y^{\delta_z}g\right]\tag{13-276}$$

它给出了长、短周期按因式表示的传递函数，当考虑到 v 响应中短周期分量很小，以及 y^{δ_z} 的绝对值很小时，式(13-276)可简化为

$$G_v(s)=\frac{v}{\delta_z}(s)=\frac{\mu_z^{\delta_z}/\omega_{\mathrm{ns}}^2(x^\alpha s-y^\alpha g)}{s^2+2\zeta_{\mathrm{p}}\omega_{\mathrm{np}}s+\omega_{\mathrm{np}}^2}\tag{13-277}$$

如果将 m_{24} 和 m_{34} 的简化表达式代入式(13-275)，其结果同于式(13-277)。因此，在最初的 $v\to\delta_z$ 控制回路设计中，其控制对象传递函数按式(13-277)表示是合理的。当然，最终的仿真计算应该使用全面的飞机纵向运动方程。

为负值的 $\mu_z^{\delta_z}$，x^α 和正值的 y^α，使得 v 对 δ_z 的传递函数符号为正，这和其他变量对升降舵传递函数的极性不一样，这将要求 $v\to\delta_z$ 控制回路反馈变量应为负值综合。

这样一来，一个具有PI特性的高增益的 $v\to\delta_z$ 模型跟踪控制回路如图13-68所示。其闭环传递函数为

$$\frac{v}{v_c}(s)=\frac{K_v\mu_z^{\delta_z}\frac{x^\alpha}{\omega_{\mathrm{ns}}^2}(s+K_2)}{s^2(s+K_{v1})+K_{v12}\mu_z^{\delta_z}\frac{x^\alpha}{\omega_{\mathrm{ns}}^2}s(s+K_{v2})+K_v\mu_z^{\delta_z}\frac{x^\alpha}{\omega_{\mathrm{ns}}^2}(s+K_2)}\tag{13-278}$$

式中，$K_{v1}=2\zeta_{\mathrm{p}}\omega_{\mathrm{np}}+K_{v11}\mu_z^{\delta_z}\frac{x^\alpha}{\omega_{\mathrm{ns}}^2}$，$K_{v2}=\frac{K_1K_{v1}}{K_{v12}}+\frac{\omega_{\mathrm{np}}^2\omega_{\mathrm{ns}}^2}{K_{v12}\mu_z^{\delta_z}x^\alpha}$ 和 $K_{v11}+K_{v12}=K_{v1}$。选择 K_{v11} 在稳定储备足够的情况下，尽量取大值，以满足高增益模型跟踪系统要求；当选择 $K=-\frac{y^\alpha}{x^\alpha}g$ 和其他参数满足

$$K_2=2\zeta_{\mathrm{p}}\omega_{\mathrm{np}}+K_{v11}\mu_z^{\delta_z}\frac{x^\alpha}{\omega_{\mathrm{ns}}^2}\tag{13-279}$$

$$K_1=\left(K_2-\frac{\omega_{\mathrm{np}}^2\omega_{\mathrm{ns}}^2}{K_{v12}\mu_z^{\delta_z}x^\alpha}\right)\frac{K_{v12}}{K_{v1}}\tag{13-280}$$

时，式(13-278)可化简为

$$\frac{v}{v_c}(s)=\frac{K_v\mu_z^{\delta_z}x^\alpha/\omega_{\mathrm{ns}}^2}{s^2+K_{v12}\mu_z^{\delta_z}\frac{x^\alpha}{\omega_{\mathrm{ns}}^2}s+K_v\mu_z^{\delta_z}\frac{x^\alpha}{\omega_{\mathrm{ns}}^2}}=\frac{\omega_v^2}{s^2+2\zeta_v\omega_vs+\omega_v^2}\tag{13-281}$$

式中，ω_v 和 ζ_v 表征 $v\to\delta_z$ 控制回路二阶特性的特征频率和阻尼比。当 ω_v，ζ_v 给定时，可由下列二式决定 K_v 和 K_{v12}：

$$K_v = \frac{\omega_v^2 \omega_{ns}^2}{\mu_z^{\delta_z} x^{\alpha}} \tag{13-282}$$

$$K_{v12} = \frac{2\zeta_v \omega_v \omega_{ns}^2}{\mu_z^{\delta_z} x^{\alpha}} \tag{13-283}$$

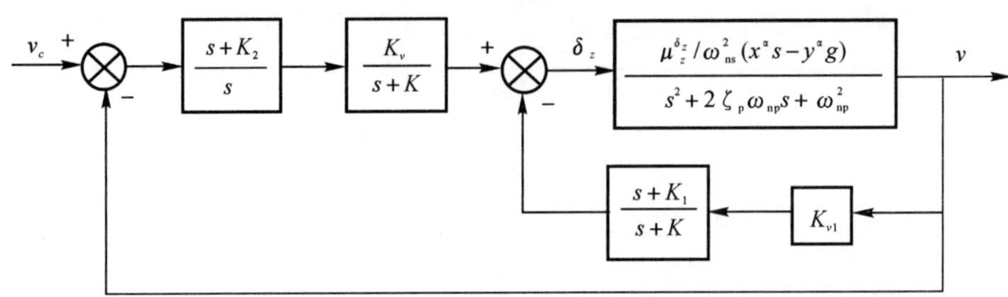

图 13-68　PI 式高增益 $v \rightarrow \delta_z$ 模型跟踪控制回路

在空速控制器设计中，长周期模态特征频率 ω_{np} 和阻尼比 ζ_p 可取第二篇式(5-1)所示飞机纵向三自由度方程解算值，也可按第二篇式(2-52)、式(2-53)，或者式(6-138)、式(6-139)近似解算值。在空速控制器设计中，长周期模态特征式，可按下式近似：

$$s^2 + 2\zeta_p \omega_{np} s + \omega_{np}^2 = s^2 + (x^v + K x^\alpha)s + (y^v + K y^\alpha)g \tag{13-284}$$

式中，K 见第二篇式(5-48)，即

$$K = -\frac{\mu_z^v + \mu_z^{\omega_z} y^v}{\mu_z^\alpha + \mu_z^{\omega_z} y^\alpha} \tag{13-285}$$

13.1.3.2　油门杆作为调节变量的空速控制器设计

将第二篇式(6-137)中的“δ_z”改写为“δ_T”，并考虑到 y^{δ_T}，$\mu_z^{\delta_T}$ 近似为零，从而 $\dot{\alpha}$，$\dot{\omega}_z$ 和 α，ω_z 均为零，得到油门杆操纵时的飞机纵向运动状态方程的近似表达式：

$$\begin{bmatrix} \dot{v} \\ \dot{\vartheta} \end{bmatrix} = \begin{bmatrix} x^v - y^v m_{21} + (\mu_z^v - \mu_z^{\dot{\alpha}} y^v) m_{24} & -g \\ -y^v m_{31} + (\mu_z^v - \mu_z^{\dot{\alpha}} y^v) m_{34} & 0 \end{bmatrix} \begin{bmatrix} v \\ \vartheta \end{bmatrix} + \begin{bmatrix} x^{\delta_T} \\ 0 \end{bmatrix} [\delta_T] \tag{13-286}$$

由式(13-286)获得作为油门杆控制回路中控制对象的传递函数：

$$\frac{v}{\delta_T}(s) = \frac{x^{\delta_T} s}{s^2 + 2\zeta_p \omega_{np} s + \omega_{np}^2} \tag{13-287}$$

式中，ω_{np} 和 ζ_p 分别由第二篇式(6-138)、式(6-139)或者式(5-52)、式(5-53)表示。

为了利用油门杆有效地控制空速，油门杆伺服器应采用积分或弹性反馈式。本书在构造 $v \rightarrow \delta_T$ 空速控制回路时，采用了弹性反馈伺服器，其理想的传递函数为

$$G_s(s) = \frac{s+K}{s} \tag{13-288}$$

事实上，油门杆控制也可采用位置式伺服器，只要它的输入通过上式表示的比例加积分滤波器便可起到与弹性反馈式伺服器相同的作用。

这样一来，为了有效地抑制风切变对空速的影响，采用具有 PI 结构和高增益的模型跟踪式 $v \rightarrow \delta_T$ 控制器，其原理性结构图如图 13-69 所示；其闭环传递函数由下式表示：

$$\frac{v}{v_c}(s) = \frac{(s+K_2)K_v x^{\delta_T}}{s^2(s + 2\zeta_p\omega_{np} + K_{v11}x^{\delta_T}) + x^{\delta_T}K_{v12}s\left(s + \frac{K_1 K_{v1}}{K_{v12}} + \frac{\omega_{np}^2}{x^{\delta_T}K_{v12}}\right) + x^{\delta_T}K_v(s+K_2)} \tag{13-289}$$

合适的弹性反馈系数 K，使舵机回路在高频段近似比例环节，低频段呈现积分特性。式中

$$K_{v11} + K_{v12} = K_{v1} \tag{13-290}$$

其中,K_{v11} 用以提高开环增益,在满足推力平稳性要求的情况下,折中选取其值。当参数满足

$$K_2 = 2\zeta_p\omega_{np} + K_{v11}x^{\delta_T} \tag{13-291}$$

$$K_1 = \left(K_2 - \frac{\omega_{np}^2}{x^{\delta_T}K_{v12}}\right)\frac{K_{v12}}{K_{v1}} \tag{13-292}$$

时,式(13-289)可简化为

$$\frac{v}{v_c}(s) = \frac{K_v x^{\delta_T}}{s^2 + K_{v12}x^{\delta_T}s + K_v x^{\delta_T}} = \frac{\omega_v^2}{s^2 + 2\zeta_v\omega_v s + \omega_v^2} \tag{13-293}$$

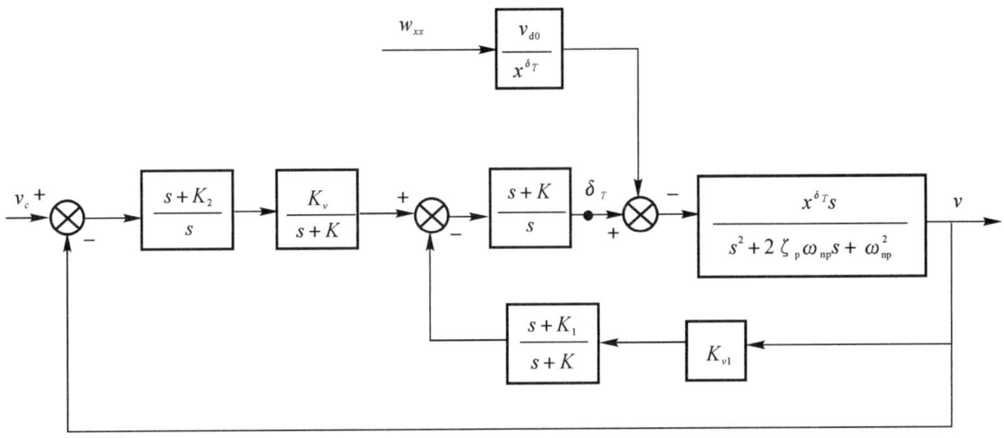

图 13-69　PI 式高增益 $v \to \delta_T$ 模型跟踪控制回路第一方案

合理地给定 ω_v 和 ζ_v,便可得到 K_v 和 K_{v12} 的表达式,即

$$K_v = \frac{\omega_v^2}{x^{\delta_T}} \quad 和 \quad K_{v12} = \frac{2\zeta_v\omega_v}{x^{\delta_T}} \tag{13-294}$$

利用推力控制器实现的空速控制功能存在的主要问题是空速引导和保持精度与推力平稳度的矛盾。对油门杆空速控制器的要求,即使出现风切变,也应尽量保持空速,尤其是在使用油门杆控制器最频繁的着陆进场阶段。为了减小接地速度和着陆滑跑距离,空速在这个飞行阶段比最小空速仅大 30%,绝对不能再继续减小。为了有效地抑制风切变的影响,除需要高的开环增益和采用积分调节伺服器外,油门杆空速控制器还设置了具有积分特性的 PI 结构。然而,高增益的油门杆控制,会猛烈地改变发动机推力,这不仅显著地增大燃料的消耗和减小发动机寿命,而且,由此产生的发动机噪声使驾驶员和其他乘客会烦躁不安,同时还对座舱压力、供电和液压供给等相关设备带来大的扰动。

按第二篇式(5-166)所示空速 v 对顺风 W_{xh} 干扰的传递函数和由式(5-93)表示的风切变 w_{xx} 与顺风 W_{xh} 对时间导数 $\dot{W}_{xh}$ 的关系,即当令 v_{d0} 为干扰初始时刻的航迹速度时,得到

$$\dot{W}_{xh} = w_{xx}v_{do} \tag{13-295}$$

从而得到如图 13-69 所示风切变 w_{xx} 对空速的作用链。这样一来,当给定空速 v_c 为零时,得到 v 对 w_{xx} 的传递函数:

$$\frac{v}{w_{xx}}(s) = -\frac{v_d s^2}{(s^2 + 2\zeta_v\omega_v s + \omega_v^2)(s+K_2)} \approx -\frac{v_d}{s+K_2} \tag{13-296}$$

那么,空速 v 对顺风 W_{xh} 的传递函数为

$$\frac{v}{W_{xh}}(s) = -\frac{s^3}{(s^2 + 2\zeta_v\omega_v s + \omega_v^2)(s+K_2)} \approx -\frac{s}{s+K_2} \tag{13-297}$$

由式(13-293)、式(13-296)和式(13-297)可知,这种结构的推力控制器,不仅使空速具有良好的二阶控制特性,使沉浮运动具有合适的频率和阻尼;同时,对于顺风及其风切变具有抗干扰能力较强的三阶特性。足够大的 K_2,将有效地衰减阵风干扰带来的空速变化幅值,使得着陆减速飞行阶段所使用的最小空速

不致小于失速空速 v_s 的 1.3 倍。

在图 13－69 中，符号“•”处为发动机环节，发动机推力和扰动取决于油门杆位置 δ_T 的变化，由图 13－69 可知，δ_T 与 W_{xh} 的关系可近似为

$$\delta_T = -\frac{1}{s - x^v}\left[K_{v1}(s + K_1) + \frac{K_v}{s}(s + K_2)\right]W_{xh} \tag{13-298}$$

由此可知，为了限制发动机推力的剧烈变化，参数 K_{v1}，K_v，K_1 和 K_2 都不能太大。不大的 K_{v1}，K_v 值将使得空速控制回路的引导响应特性变慢；不大的 K_1 和 K_2 将不利于顺风对空速扰动的抑制。这就是说，在推力空速控制器设计中，需要在推力平稳性与空速引导响应和精度要求之间做出折中才行。

图 13－69 所示方案适合于发动机推力惯性较小情况下的空速控制。当其惯性时间常数较大时，将直接影响空速控制回路的稳定性，以至于限制开环增益的增大，从而不利于顺风扰动抑制和空速保持精度的提高。如果发动机惯性时间常数较大，譬如 $T > 2$ s时，可采用空速速度和加速度反馈方案，如图 13-70 所示。在空速控制器设计中，选择弹性反馈式或者具有 PI 型滤波器的比例式伺服器，使其特征零点与发动机惯性极点相抵消，以消除发动机的惯性影响。由图 13－70 得到的包括空速引导和顺风干扰在内的闭环传递函数与图 13－69 所得相同。在系统参数 K_{v1}，K_v，K_1 和 K_2 的表达式不变的情况下，给定输入和顺风干扰响应也是相同的。

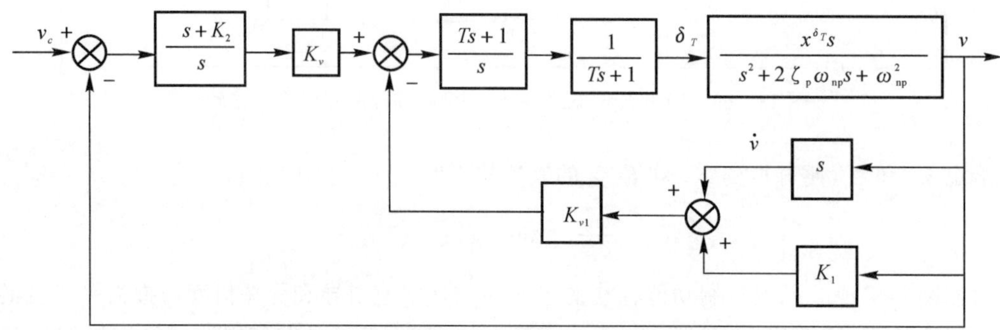

图 13－70　PI 式高增益 $v \to \delta_T$ 模型跟踪控制回路第二方案

另一个 $v \to \delta_T$ 控制器方案如图 13－71 所示，它采用了空速 v 和航迹加速度 $\dot{v}_d$ 反馈。由第二篇式 (5－167) 得到顺风干扰的作用链，其闭环传递函数 $v/v_c(s)$ 同式(13－293)，空速 v 对顺风 W_{xh} 的传递函数为

$$\frac{v}{W_{xh}}(s) = -\frac{s[s^2 + K_{v1}x^{\delta_T}(s + K_1)]}{(s^2 + 2\zeta_v\omega_v s + \omega_v^2)(s + K_2)} \tag{13-299}$$

比较表征方案一和方案二空速对顺风干扰的传递函数式(13－297) 可知，在顺风干扰情况下，方案三的空速变化增大了。由图 13－71 可知，尽管外回路和方案一、二一样，包含着全部顺风作用链；然而，内回路仅仅包含着顺风对航迹速度 v_d 影响的部分作用链，直接且主要影响空速的作用链不包括在内。

图 13-71 所示方案相对于其他两种方案的好处在于顺风对发动机的扰动影响较小，由图 13-71 得到油门杆位置与顺风干扰的关系式为

$$\delta_T = \frac{1}{s(s^2 + 2\zeta_p\omega_{np}s + \omega_{np}^2)}[K_{v1}(s + K_1)(2\zeta_p\omega_{np}s + \omega_{np}^2) - K_v s(s + K_2)]W_{xh} \tag{13-300}$$

当考虑到 ω_{np}^2 很小和 $2\zeta_p\omega_{np} \approx - x^v$ 时，得到

$$\delta_T = -\frac{1}{s(s - x^v)}[K_{v1}x^v(s + K_1) + K_v(s + K_2)]W_{xh} \approx -\frac{K_v(s + K_2)}{s(s - x^v)}W_{xh} \tag{13-301}$$

比较式(13－298) 可见，在顺风干扰情况下，方案三比方案一和方案二对油门杆位移 δ_T 的作用弱。

空速控制方案三得到了相对于方案一、二的推力平静性，然而，这是以减弱对顺风干扰的抑制为代价的。这种物理现象表明：如果试图显著地提高空速控制精度，在顺风干扰情况下，空速变化小，那么，便使得

发动机推力随顺风扰动的变化加大；如果试图减弱顺风干扰时发动机推力的变化，那么，空速随顺风扰动的影响加大。因此，二者不能兼顾，更好的空速控制方案难以得到。

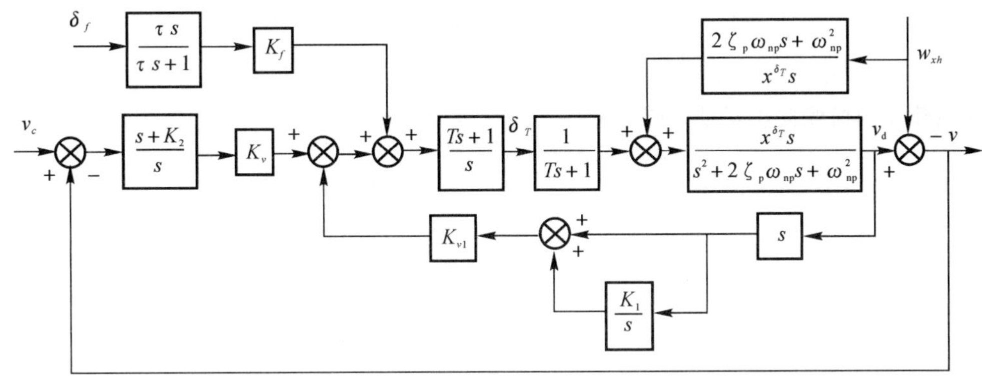

图 13-71　PI 式高增益 $v\rightarrow\delta_T$ 模型跟踪空速控制回路第三方案

对于运输类飞机在着陆最终进场阶段和等高度（$H=460$ m）飞行情况下，把飞机稳定在着陆方向，同时慢慢地把空速减小到 $v=1.3v_s$ 值上，并且以步进方式放下襟翼。在这个飞行阶段，空速控制器不仅按指令 $v_c=1.3v_s$ 将飞机空速引导到 v_c 值上，而且，还应在襟翼放下时对推力控制器的扰动尽量减小，最好的方法是将襟翼偏度交联于推力控制器中。不经过 PI 控制器的襟翼微分信号，可以有效地保持推力控制器的平稳性。

空速控制和高度控制之间存在着耦合作用，它在航迹剧烈变化时尤为明显。这在航迹控制精度很高的进场着陆阶段，应该考虑这种耦合作用。

$v\rightarrow\delta_T$ 控制器外回路积分器的作用，有效地防止了推力增减造成的稳态空速变化，然而，推力的变化会引起航迹倾角的变化。这种不良特性可以通过在 $\theta\rightarrow\delta_z$ 或 $\vartheta\rightarrow\delta_z$ 控制器中的 θ 或 ϑ 的积分反馈加以改善。

$\vartheta\rightarrow\delta_z$ 反馈回路明显地改善了空速对推力变化的稳态响应，克服了在 y^{δ_T}，$\mu_z^{\delta_T}$ 较大时可能出现的阶跃控制反向动态响应。

在低于最小阻力点速度范围内飞行时，正值的 x^v 不仅使传递函数 $\theta/\delta_z(s)$ 具有缓慢的反向动态响应特性，而且，如前所述，使 $\vartheta\rightarrow\delta_z$，$H\rightarrow\delta_z$ 控制回路存在不稳定的极点和不能精确地控制飞行高度。利用 $v\rightarrow\delta_T$ 反馈人工改变 x^v 极性和大小，不仅能克服 θ 控制响应的反向动态特性，而且提高了 $\vartheta\rightarrow\delta_z$，$H\rightarrow\delta_z$ 控制回路的稳定性。

并联使用的油门杆控制器和升降舵控制器，改善了航迹控制中两种可能出现的反向动态响应特性，提高了两种控制系统的稳定性，获得了对两种航迹指令的良好响应特性。因此，这种控制器组合是航迹控制的理想结构。

13.2　横侧向飞行控制系统设计

13.2.1　横侧向飞行控制系统设计的模型建立

13.2.1.1　飞机横侧向运动方程

由第二篇有关飞机横侧向运动方程可知，当飞机作对称平直飞行时，可按两种坐标系-稳定轴系和机体轴系建立运动方程。其中，按稳定轴系建立的横侧向小扰动矩阵方程为

$$\begin{bmatrix} s-z^{\beta} & 0 & -g\cos\theta_0/v_0 & -1 \\ -\mu_{xs}^{\beta} & s-\mu_{x}^{\omega_x} & 0 & -\mu_{ys}^{\omega_y} \\ 0 & -1 & s & \tan\theta_0 \\ -\mu_{ys}^{\beta} & -\mu_{ys}^{\omega_x} & 0 & s-\mu_{ys}^{\omega_y} \end{bmatrix} \begin{bmatrix} \beta \\ \omega_{xs} \\ \gamma_s \\ \omega_{ys} \end{bmatrix} = \begin{bmatrix} 0 & z^{\delta_y} \\ \mu_{xs}^{\delta_x} & \mu_{xs}^{\delta_y} \\ 0 & 0 \\ \mu_{ys}^{\delta_x} & \mu_{ys}^{\delta_y} \end{bmatrix} \begin{bmatrix} \delta_x \\ \delta_y \end{bmatrix} \tag{13-302}$$

按机体轴系建立的横侧向小扰动矩阵方程为

$$\begin{bmatrix} s-z^{\beta} & -\alpha_0 & -g\cos\vartheta_0/v_0 & -1 \\ -\mu_{x}^{\beta} & s-\mu_{x}^{\omega_x} & 0 & -\mu_{x}^{\omega_y} \\ 0 & -1 & s & \tan\vartheta_0 \\ -\mu_{y}^{\beta} & -\mu_{y}^{\omega_x} & 0 & s-\mu_{y}^{\omega_y} \end{bmatrix} \begin{bmatrix} \beta \\ \omega_{x} \\ \gamma \\ \omega_{y} \end{bmatrix} = \begin{bmatrix} 0 & z^{\delta_y} \\ \mu_{x}^{\delta_x} & \mu_{x}^{\delta_y} \\ 0 & 0 \\ \mu_{y}^{\delta_x} & \mu_{y}^{\delta_y} \end{bmatrix} \begin{bmatrix} \delta_x \\ \delta_y \end{bmatrix} \tag{13-303}$$

式(13-302)和式(13-303)的主要区别在于多个矩阵元素的大小不一样，尤其在侧力方程中第2个元素，在稳定轴系方程中为零，在机体轴系方程中为“$-\alpha_0$”。为使机体轴系运动方程与稳定轴系运动方程结构相同，用以便于不变性解耦分析与设计，利用初等变换法，将式(13-303)改为

$$\begin{bmatrix} s-z^{\beta} & 0 & -g\cos\vartheta_0/v_0 & -1 \\ -\mu_{x}^{\beta} & s-\bar{\mu}_{x}^{\omega_x} & 0 & -\mu_{x}^{\omega_y} \\ 0 & -1 & s & \tan\vartheta_0 \\ -\bar{\mu}_{y}^{\beta} & -\bar{\mu}_{y}^{\omega_x} & 0 & s-\bar{\mu}_{y}^{\omega_y} \end{bmatrix} \begin{bmatrix} \beta \\ \omega_{x} \\ \gamma \\ \omega_{ys} \end{bmatrix} = \begin{bmatrix} 0 & z^{\delta_y} \\ \mu_{x}^{\delta_x} & \mu_{x}^{\delta_y} \\ 0 & 0 \\ \bar{\mu}_{y}^{\delta_x} & \bar{\mu}_{y}^{\delta_y} \end{bmatrix} \begin{bmatrix} \delta_x \\ \delta_y \end{bmatrix} \tag{13-304}$$

式中，$\bar{\mu}_{x}^{\omega_x}=\mu_{x}^{\omega_x}+\alpha_0\mu_{x}^{\omega_y}$；$\bar{\mu}_{y}^{\beta}=\mu_{y}^{\beta}+\alpha_0\mu_{x}^{\beta}$；$\bar{\mu}_{y}^{\omega_x}=\mu_{y}^{\omega_x}+\alpha_0(\mu_{x}^{\omega_x}-\omega_{y}^{\omega_y}-\alpha_0\mu_{x}^{\omega_y})$；$\bar{\mu}_{y}^{\omega_y}=\mu_{y}^{\omega_y}+\alpha_0\mu_{x}^{\omega_y}$；$\bar{\mu}_{y}^{\delta_x}=\mu_{y}^{\delta_x}+\alpha_0\mu_{x}^{\delta_x}$；$\bar{\mu}_{y}^{\delta_y}=\mu_{y}^{\delta_y}+\alpha_0\mu_{x}^{\delta_y}$。

为了便于横侧向运动特性分析及其控制系统设计，和纵向运动方程一样，可以将稳定轴系或者经初等变换后的机体轴系表示的横侧向运动状态方程改变为具有双变量不变性完全解耦形式的状态方程，如第二篇式(7-16)～式(7-21)所示。利用这些公式可以精确地分析横侧向运动特性，包括特征值和各模态特性。但是，精确性的提高往往伴随着复杂性的增加，在横侧向飞行控制系统的设计中，利用简化的解耦方程进行初步设计，始终是控制系统设计应该采用的方法。在设计中如果出现某些棘手问题(如稳定性问题)时，可以返回去利用复杂方程进行详细分析和设计。

$g\cos\theta_0/v_0$，$\mu_{ys}^{\omega_x}$ 或者 $g\cos\vartheta_0/v_0$，$\bar{\mu}_{y}^{\omega_x}$ 的绝对值很小，由式(5-30)得到稳定轴系的飞机横侧向运动矩阵方程近似式为

$$\begin{bmatrix} s-z^{\beta}+g\cos\theta_0/v_0 m_{31} & 0 & 0 & -1+g\cos\theta_0/v_0 m_{34} \\ 0 & s-\mu_{xs}^{\omega_x}-\mu_{ys}^{\omega_x}m_{24} & -g\cos\theta_0/v_0 m_{21} & 0 \\ 0 & -1-\mu_{ys}^{\omega_x}m_{34} & s-g\cos\theta_0/v_0 m_{31} & 0 \\ -\mu_{ys}^{\beta}+\mu_{ys}^{\omega_x}m_{21} & 0 & 0 & s-\mu_{ys}^{\omega_y}+\mu_{ys}^{\omega_x}m_{24} \end{bmatrix}\times$$

$$\begin{bmatrix} \beta \\ \omega_{xs}+\beta m_{21}+\omega_{ys}m_{24} \\ \gamma_s+\beta m_{31}+\omega_{ys}m_{34} \\ \omega_{ys} \end{bmatrix} = \begin{bmatrix} 0 & z^{\delta_y} \\ \mu_{xs}^{\delta_x}+\mu_{ys}^{\delta_x}m_{24} & \mu_{ys}^{\delta_y}+z^{\delta_y}m_{21}+\mu_{ys}^{\delta_y}m_{24} \\ \mu_{ys}^{\delta_x}m_{34} & z^{\delta_y}m_{31}+\mu_{ys}^{\delta_y}m_{34} \\ \mu_{ys}^{\delta_x} & \mu_{ys}^{\delta_y} \end{bmatrix} \begin{bmatrix} \delta_x \\ \delta_y \end{bmatrix} \tag{13-305}$$

式中，m_{21}，m_{24}，m_{31} 和 m_{34} 同式(5-29)定义，即

$$m_{21}=-\frac{\mu_{xs}^{\beta}\mu_{xs}^{\omega_x}-\mu_{ys}^{\beta}\mu_{xs}^{\omega_y}}{\mu_{ys}^{\beta}-\mu_{xs}^{\omega_x}(\mu_{xs}^{\omega_x}-z^{\beta}-\mu_{ys}^{\omega_x})} \tag{13-306}$$

$$m_{24}=m_{31}=-\frac{\mu_{xs}^{\beta}}{\mu_{ys}^{\beta}-\mu_{xs}^{\omega_x}(\mu_{xs}^{\omega_x}-z^{\beta}-\mu_{ys}^{\omega_y})} \tag{13-307}$$

$$m_{34}=\frac{m_{21}}{\mu_{ys}^{\beta}} \tag{13-208}$$

同样，按式(5-34)可以得到机体轴系的飞机横侧向运动矩阵方程近似式为

$$\begin{bmatrix} s-z^{\beta}+g\cos\vartheta_0/v_0m_{31} & 0 & 0 & -1+g\cos\vartheta_0/v_0 \\ 0 & s-\bar{\mu}_x^{\omega_x}-\bar{\mu}_y^{\omega_x}m_{24} & -g\cos\vartheta_0/v_0m_{21} & 0 \\ 0 & -1-\bar{\mu}_y^{\omega_x}m_{34} & s-g\cos\vartheta_0/v_0m_{31} & 0 \\ -\bar{\mu}_y^{\beta}+\bar{\mu}_y^{\omega_x}m_{21} & 0 & 0 & s-\bar{\mu}_y^{\omega_y}+\bar{\mu}_y^{\omega_x}m_{24} \end{bmatrix}\times$$

$$\begin{bmatrix} \beta \\ \omega_x+\beta m_{21}+\omega_{ys}m_{24} \\ \gamma+\beta m_{31}+\omega_{ys}m_{34} \\ \omega_{ys} \end{bmatrix}=\begin{bmatrix} 0 & z^{\delta_y} \\ \mu_x^{\delta_x}+\bar{\mu}_y^{\delta_x}m_{24} & \mu_x^{\delta_y}+z^{\delta_y}m_{21}+\bar{\mu}_y^{\delta_y}m_{24} \\ \bar{\mu}_y^{\delta_x}m_{34} & z^{\delta_y}m_{31}+\bar{\mu}_y^{\delta_y}m_{34} \\ \bar{\mu}_y^{\delta_x} & \bar{\mu}_y^{\delta_y} \end{bmatrix}\begin{bmatrix} \delta_x \\ \delta_y \end{bmatrix} \tag{13-309}$$

式中

$$m_{21}=-\frac{\mu_x^{\beta}\bar{\mu}_x^{\omega_x}-\bar{\mu}_y^{\beta}\mu_x^{\omega_y}}{\bar{\mu}_y^{\beta}-(\bar{\mu}_x^{\omega_x}-z^{\beta}-\bar{\mu}_y^{\omega_y})\bar{\mu}_x^{\omega_x}} \tag{13-310}$$

$$m_{24}=m_{31}=-\frac{\mu_x^{\beta}}{\bar{\mu}_y^{\beta}-(\bar{\mu}_x^{\omega_x}-z^{\beta}-\bar{\mu}_y^{\omega_y})\bar{\mu}_x^{\omega_x}} \tag{13-311}$$

$$m_{34}=\frac{m_{21}}{\bar{\mu}_y^{\beta}} \tag{13-312}$$

由式(13-305)和式(13-309)得到飞机横侧向运动的特征方程为

$$(s^2+2\zeta_d\omega_{nd}s+\omega_{nd}^2)(s+\lambda_R)(s+\lambda_S)=0 \tag{13-313}$$

式中，$2\zeta_d\omega_{nd}$，ω_{nd}^2，λ_R 和 λ_S 的近似表式为

$$2\zeta_d\omega_{nd}=\begin{cases} -\left[z^{\beta}+\mu_{ys}^{\omega_y}+\dfrac{\mu_{xs}^{\beta}}{\mu_{ys}^{\beta}}(g\cos\theta_0/v_0+\mu_{ys}^{\omega_x})\right] & (\text{对应稳定轴系}) \\ -\left[z^{\beta}+\bar{\mu}_y^{\omega_y}+\dfrac{\mu_x^{\beta}}{\bar{\mu}_y^{\beta}}(g\cos\vartheta_0/v_0+\bar{\mu}_y^{\omega_x})\right] & (\text{对应机体轴系}) \end{cases} \tag{13-314}$$

$$\omega_{nd}^2=\begin{cases} -\mu_{ys}^{\beta}+\left(z^{\beta}+g\cos\theta_0\Big/v_0\dfrac{\mu_{xs}^{\beta}}{\mu_{ys}^{\beta}}\right)\left(\mu_{ys}^{\omega_y}+\mu_{ys}^{\omega_x}\dfrac{\mu_{xs}^{\beta}}{\mu_{ys}^{\beta}}\right) & (\text{稳定轴系}) \\ -\bar{\mu}_y^{\beta}+\left(z^{\beta}+g\cos\vartheta_0\Big/v_0\dfrac{\mu_x^{\beta}}{\bar{\mu}_y^{\beta}}\right)\left(\bar{\mu}_y^{\omega_y}+\bar{\mu}_y^{\omega_x}\dfrac{\mu_x^{\beta}}{\bar{\mu}_y^{\beta}}\right) & (\text{机体轴系}) \end{cases} \tag{13-315}$$

$$\lambda_R=-b\quad 和\quad \lambda_S=-\frac{c}{b} \tag{13-316}$$

式中

$$b=\begin{cases} -\mu_{xs}^{\omega_x}-(g\cos\theta_0/v_0+\mu_{ys}^{\omega_x})\dfrac{\mu_{xs}^{\beta}}{\mu_{ys}^{\beta}} & (\text{稳定轴系}) \\ -\bar{\mu}_x^{\omega_x}-(g\cos\vartheta_0/v_0+\bar{\mu}_y^{\omega_x})\dfrac{\mu_x^{\beta}}{\bar{\mu}_y^{\beta}} & (\text{机体轴系}) \end{cases} \tag{13-317}$$

$$c=\begin{cases} \dfrac{g}{v_0\mu_{ys}^{\beta}}(\mu_{ys}^{\beta}\mu_{ys}^{\omega_y}-\mu_{xs}^{\beta}\mu_{ys}^{\omega_y})\cos\theta_0 & (\text{稳定轴系}) \\ \dfrac{g}{v_0\bar{\mu}_y^{\beta}}(\bar{\mu}_y^{\beta}\mu_x^{\omega_y}-\mu_x^{\beta}\bar{\mu}_y^{\omega_y})\cos\vartheta_0 & (\text{机体轴系}) \end{cases} \tag{13-318}$$

由此公式还可得到它们的状态变量与输入变量的传递函数向量，且当 $z^{\delta_y}\approx 0$ 时，稳定轴系和机体轴系的传递函数分别为

$$\begin{bmatrix} \dfrac{\beta}{\delta_i}(s) \\ \dfrac{\omega_{xs}+\beta m_{21}+\omega_{ys}m_{24}}{\delta_i}(s) \\ \dfrac{\gamma_s+\beta m_{31}+\omega_{ys}m_{34}}{\delta_i}(s) \\ \dfrac{\omega_{ys}}{\delta_i}(s) \end{bmatrix} = \begin{bmatrix} \dfrac{\mu_{ys}^{\delta_i}(1-g\cos\theta_0/v_0m_{34})}{s^2+2\zeta_{\mathrm{d}}\omega_{\mathrm{nd}}s+\omega_{\mathrm{nd}}^2} \\ \dfrac{(\mu_{xs}^{\delta_i}+\mu_{ys}^{\delta_i}m_{24})(s-g\cos\theta_0/v_0m_{31})+\mu_{ys}^{\delta_i}m_{34}g\cos\theta_0/v_0m_{21}}{(s+\lambda_{\mathrm{R}})(s+\lambda_{\mathrm{S}})} \\ \dfrac{(\mu_{xs}^{\delta_i}+\mu_{ys}^{\delta_i}m_{24})(1+\mu_{ys}^{\omega_x}m_{34})+\mu_{ys}^{\delta_i}m_{34}(s-\mu_{xs}^{\omega_x}-\mu_{ys}^{\omega_x}m_{24})}{(s+\lambda_{\mathrm{R}})(s+\lambda_{\mathrm{S}})} \\ \dfrac{\mu_{ys}^{\delta_i}(s-z^{\beta}+g\cos\theta_0/v_0m_{31})}{s^2+2\zeta_{\mathrm{d}}\omega_{\mathrm{nd}}s+\omega_{\mathrm{nd}}^2} \end{bmatrix} \tag{13-319}$$

式中，$i=x,y$；m_{21},m_{24} 和 m_{31},m_{34} 分别由式(13-306)、式(13-307)和式(13-308)描述。

$$\begin{bmatrix} \dfrac{\beta}{\delta_i}(s) \\ \dfrac{\omega_x+\beta m_{21}+\omega_{ys}m_{24}}{\delta_i}(s) \\ \dfrac{\gamma+\beta m_{31}+\omega_{ys}m_{34}}{\delta_i}(s) \\ \dfrac{\omega_{ys}}{\delta_i}(s) \end{bmatrix} = \begin{bmatrix} \dfrac{\bar{\mu}_y^{\delta_j}(1-g\cos\vartheta_0/v_0m_{34})}{s^2+2\zeta_{\mathrm{d}}\omega_{\mathrm{nd}}s+\omega_{\mathrm{nd}}^2} \\ \dfrac{(\mu_x^{\delta_i}+\bar{\mu}_y^{\delta_j}m_{24})(s-g\cos\vartheta_0/v_0m_{31})+\bar{\mu}_y^{\delta_j}m_{34}g\cos\vartheta_0/v_0m_{21}}{(s+\lambda_{\mathrm{R}})(s+\lambda_{\mathrm{S}})} \\ \dfrac{(\mu_x^{\delta_i}+\bar{\mu}_y^{\delta_j}m_{24})(1+\bar{\mu}_y^{\omega_x}m_{34})+\bar{\mu}_y^{\delta_j}m_{34}(s-\bar{\mu}_x^{\omega_x}-\bar{\mu}_y^{\omega_x}m_{24})}{(s+\lambda_{\mathrm{R}})(s+\lambda_{\mathrm{S}})} \\ \dfrac{\bar{\mu}_y^{\delta_j}(s-z^{\beta}+g\cos\vartheta_0/v_0m_{31})}{s^2+2\zeta_{\mathrm{d}}\omega_{\mathrm{nd}}s+\omega_{\mathrm{nd}}^2} \end{bmatrix} \tag{13-320}$$

式中，$i=x,y$；m_{21},m_{24} 和 m_{31},m_{34} 分别由式(13-310)、式(13-311)和式(13-312)描述。

将式(13-310)和式(13-311)等号两边左乘以初等矩阵

$$\boldsymbol{M}^{-1}=\begin{bmatrix} 1 & 0 & 0 & 0 \\ -m_{21} & 1 & 0 & -m_{24} \\ -m_{31} & 0 & 1 & -m_{34} \\ 0 & 0 & 0 & 1 \end{bmatrix} \tag{13-321}$$

得到横侧向运动状态变量对输入变量的传递函数，其中 β,ω_{ys} 对 δ_i 的传递函数仍由式(13-319)或式(13-320)表示，ω_{xs},γ_s 或者 ω_x,γ 分别对 δ_i 的传递函数可由不同模态分项式表示。当由稳定轴系表示时

$$\begin{aligned} \frac{\omega_{xs}}{\delta_i}(s)=&\frac{(\mu_{xs}^{\delta_i}+\mu_{ys}^{\delta_i}m_{24})(s-g\cos\theta_0/v_0m_{31})+\mu_{ys}^{\delta_i}m_{34}g\cos\theta_0/v_0m_{21}}{(s+\lambda_{\mathrm{R}})(s+\lambda_{\mathrm{S}})}- \\ &\frac{\mu_{ys}^{\delta_i}[(1-g\cos\theta_0/v_0m_{34})m_{21}+(s-z^{\beta}+g\cos\theta_0/v_0m_{31})m_{24}]}{s^2+2\zeta_{\mathrm{d}}\omega_{\mathrm{nd}}s+\omega_{\mathrm{nd}}^2} \end{aligned} \tag{13-322}$$

$$\begin{aligned} \frac{\gamma_s}{\delta_i}(s)=&\frac{(\mu_{xs}^{\delta_i}+\mu_{ys}^{\delta_i}m_{24})(1+\mu_{ys}^{\omega_x}m_{34})+\mu_{ys}^{\delta_i}m_{34}(s-\mu_{xs}^{\omega_x}-\mu_{ys}^{\omega_x}m_{24})}{(s+\lambda_{\mathrm{R}})(s+\lambda_{\mathrm{S}})}- \\ &\frac{\mu_{ys}^{\delta_i}[(1-g\cos\theta_0/v_0m_{34})m_{31}+(s-z^{\beta}+g\cos\theta_0/v_0m_{31})m_{34}]}{s^2+2\zeta_{\mathrm{d}}\omega_{\mathrm{nd}}s+\omega_{\mathrm{nd}}^2} \end{aligned} \tag{13-323}$$

当由机体轴系表示时

$$\begin{aligned} \frac{\omega_x}{\delta_i}(s)=&\frac{(\mu_x^{\delta_i}+\bar{\mu}_y^{\delta_j}m_{24})(s-g\cos\vartheta_0/v_0m_{31})+\bar{\mu}_y^{\delta_j}m_{34}g\cos\vartheta_0/v_0m_{21}}{(s+\lambda_{\mathrm{R}})(s+\lambda_{\mathrm{S}})}- \\ &\frac{\mu_y^{\delta_i}[(1-g\cos\vartheta_0/v_0m_{34})m_{21}+(s-z^{\beta}+g\cos\vartheta_0/v_0m_{31})m_{24}]}{s^2+2\zeta_{\mathrm{d}}\omega_{\mathrm{nd}}s+\omega_{\mathrm{nd}}^2} \end{aligned} \tag{13-324}$$

$$\begin{aligned} \frac{\gamma}{\delta_i}(s)=&\frac{(\mu_x^{\delta_i}+\bar{\mu}_y^{\delta_j}m_{24})(1+\bar{\mu}_y^{\omega_x}m_{34})+\bar{\mu}_y^{\delta_j}m_{34}(s-\bar{\mu}_x^{\omega_x}-\bar{\mu}_y^{\omega_x}m_{24})}{(s+\lambda_{\mathrm{R}})(s+\lambda_{\mathrm{S}})}- \\ &\frac{\bar{\mu}_y^{\delta_j}[(1-g\cos\vartheta_0/v_0m_{34})m_{31}+(s-z^{\beta}+g\cos\vartheta_0/v_0m_{31})m_{34}]}{s^2+2\zeta_{\mathrm{d}}\omega_{\mathrm{nd}}s+\omega_{\mathrm{nd}}^2} \end{aligned} \tag{13-325}$$

在横侧向飞行控制系统设计中，荷兰滚模态最基本的传递函数是表示在式(13－319)和式(13－320)中的 $\beta/\delta_y(s)$ 和 $\omega_{ys}/\delta_y(s)$，它是以方向舵舵偏角 δ_y 作为基本输入的。由于 $\omega_{ys}/\delta_y(s)$ 的多余极点 $d=1$，因此，$\omega_{ys}\rightarrow\delta_y$ 反馈将有效地改善荷兰滚模态特征阻尼比。由于 $\beta/\delta_y(s)$ 的多余极点 $d=2$，因此 $\beta\rightarrow\delta_y$ 反馈将有效地提高荷兰滚模态特征频率。这就是说，当荷兰滚模态阻尼比不满足规范 1 级要求时，可引入 $\omega_{ys}\rightarrow\delta_y$ 或者 $\omega_y+\alpha\omega_x\rightarrow\delta_y$ 反馈作为偏航阻尼器以提高荷兰滚阻尼。但是，仅仅引入 $\omega_y\rightarrow\delta_y$ 反馈只能在小迎角飞行中对荷兰滚阻尼的提高是有效的。当荷兰滚模态特征阻尼和频率都不满足要求时，可同时引入 ω_{ys} 和 $\beta\rightarrow\delta_y$ 反馈，以提高荷兰滚振荡的阻尼和频率，然而，代价较高的 β 角传感器往往由侧向过载传感器代替，因为

$$n_z=\frac{v_0}{g}(z^{\beta}\beta+z^{\delta_y}\delta_y)\approx\frac{v_0}{g}z^{\beta}\beta \tag{13-326}$$

在横侧向控制系统设计中，滚转、螺旋模态最基本的传递函数是由式(13－322)、式(13－323)或者式(13－324)、式(13－325)表示。依据含有滚转、螺旋和荷兰滚两种基本模态的状态变量 ω_{xs}，γ_s 或者 ω_x，γ 对输入变量 δ_x，δ_y 的传递函数，选择改善滚转-螺旋模态特性的反馈变量和控制变量。从 ω_{xs} 或 ω_x 对 δ_x 传递函数的两个分项式可知，绝对值足够大的 $\mu_{xs}^{\delta_x}$ 或 $\mu_x^{\delta_x}$，使滚转-螺旋模态分项占主导地位，且多余极点 $d=1$，因此，引入 $\omega_x\rightarrow\delta_x$ 可有效地改善滚转-螺旋模态的稳定性，人工的滚转力矩导数将有效地增大滚转阻尼和减小滚转时间常数 T_R。又从 γ_s 或 γ 对 δ_x 的传递函数可知，占主导作用的滚转-螺旋模态分项，其多余极点 $d=2$，因此，引入 $\gamma_s\rightarrow\delta_x$ 或 $\gamma\rightarrow\delta_x$ 反馈构成倾斜角控制回路。绝对值足够小的 $\mu_{ys}^{\delta_x}$ 或 $\bar{\mu}_{ys}^{\delta_x}$，使荷兰滚模态分项在滚转速率和倾斜角对副翼传递函数中为非主导地位。如果引入 $\delta_x\rightarrow\delta_y$ 交联，使得人工导数 $\mu_{ys}^{\delta_x'}$ 或 $\bar{\mu}_y^{\delta_x'}$ 近似为零，那么这种耦合影响将减小到最小。

当航向角 ψ 反馈作为荷兰滚模态控制回路或滚转-螺旋模态控制回路的外回路时，便可获得第 3 种航迹控制回路，以保持或引导飞行航向。当引入侧向距离反馈时，也可构成导航回路，引导飞机在预定航线上飞行。

13.2.1.2　横侧向操纵系统的建模

(一) 副翼操纵系统的建模

相对飞机纵向操纵系统来说，横侧向操纵系统要简单得多。副翼操纵系统包括操纵杆(盘)、非线性传动机构、弹簧载荷机构、调整片效应机构、助力器、左右差动副翼。这些元、部件，在驾驶杆 → 左、右副翼之间通过铰链连接在一条操纵链中。地面状态驾驶杆最大横向位移对应副翼最大偏度。在飞行控制系统控制律设计中，各种舵面偏度相对顺气流方向给出。

为了提高滚转操纵灵敏度和最大滚转能力，弹簧载荷机构给出非线性杆力-杆位移特性，其示意图如图 13－72(a) 所示；非线性机构也给出了如图 13－72(b) 所示非线性特性。

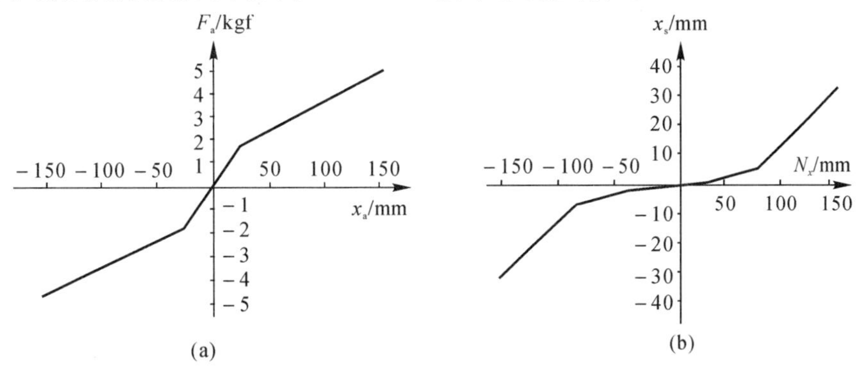

图 13－72　副翼操纵系统中的非线性特性

(a) 副翼杆力-杆位移特性示意图；(b) 副翼操纵系统非线性机构特性示意图

副翼调整片效应机构用以人工或自动配平飞机滚转力矩，一般行程对应驾驶杆（盘）总行程的 1/4 左右。调效速度为 3 mm/s 左右。

最大副翼操纵杆力是有限制的，对歼击机而言，5 kg 左右便认为足够大了。±150 mm 左右的驾驶杆最大位移通常对应副翼舵偏±20°。助力器速度限制的副翼最大偏转速率大约为 50°/s。

由弹簧载荷机构构成的人感系统线性模型为

$$\frac{x_a}{F_a}(s)=\frac{K_{ax}\omega_{af}^2}{s^2+2\zeta_{af}\omega_{af}s+\omega_{af}^2} \tag{13-327}$$

式中，ω_{af} 大约为 25°/s；ζ_{af} 在 0.1 ～ 0.5 范围内。

驾驶杆→舵面之间的间隙和摩擦力（启动力）应满足规范要求。

对于高性能飞机的副翼操纵助力器和升降舵（全动平尾）一样，通常采用液压传动形式。在飞行控制系统控制律设计中，其线性模型可用式（13－27）表示，其非线性模型结构可用图 13－7 所示结构。

（二）方向舵操纵系统建模

方向舵操纵系统相对于升降舵（全动平尾）操纵系统更为简单，其主要元、部件包括：脚蹬、载荷机构、调整片效应机构和方向舵。脚蹬最大位移为±90 mm 左右。方向舵最大偏度大约为±25°。由助力器速度限制决定的方向舵最大偏转速率大约为 50°/s。和升降舵、副翼一样，为适应全权限的电传操纵系统，舵偏速率应大于 60°/s 为好。

在不同速压情况下，为了获得近似相同的脚蹬响应特性，脚蹬力与脚蹬位移的关系曲线应按指示空速自动调整，一个典型的例子如图 13－73 所示。当空速小于 500 km/h 时，$F_r - x_r$ 斜率随空速而减小。

调整片效应机构的配平能力：在脚蹬总行程的 1/4 范围内，可以完全消除脚蹬力。

脚蹬位移间隙和脚蹬启动力应在规范要求范围内。

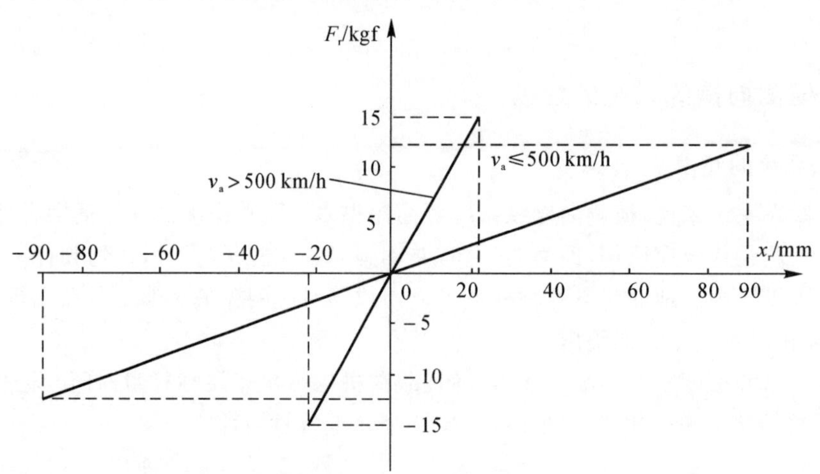

图 13－73　方向舵脚蹬力（F_r）－脚蹬位移（x_r）关系曲线

在控制系统分析和设计中，液压式方向舵助力器线性模型可由式（13－27）所示一阶惯性环节表示，非线性模型可按图 13－7 所示结构。

13.2.1.3　舵机回路与传感器模型的建立

关于横侧向飞行控制系统舵机回路和传感器模型的建立的论述同 13.1.1.3 节所述纵向飞行控制系统舵机回路和传感器模型的建立。

13.2.2　横侧向运动飞行品质的改善

13.2.2.1　横侧向飞行品质改善的设计思想

横侧向运动飞行品质的改善和纵向一样，实现的形式包括阻尼器、增稳系统、控制增稳系统和电传操纵系统。这几种飞行品质改善措施的排列，表征了飞机飞行品质改善的4个发展阶段。$\omega_x \rightarrow \delta_x$ 反馈构成的滚转阻尼器或增稳系统，对增加滚转阻尼、减小滚转时间常数以及消除滚转-螺旋耦合振荡是有效的。受舵机权限的影响，这种改善是有限的。大权限和机械、电气两种指令形式的控制增稳系统，除利用 $\omega_x \rightarrow \delta_x$ 反馈减小滚转时间常数和消除滚转-螺旋耦合外，电气指令协助机械指令改善滚转操纵特性。大权限和全电气指令的滚转电传操纵系统，增益适宜的 $\omega_x \rightarrow \delta_x$ 反馈将滚转时间常数减小到最佳值，非线性的电气指令，使小杆力对应小的滚转速度梯度，合适的灵敏度利于人-机闭环操纵，大杆力操纵能发挥飞机最大滚转能力。自动调参和鲁棒性能力，使整个飞行包络内的每种飞行阶段具有相同的操纵响应。按不同飞行阶段和在不同飞行迎角条件下，给出电气指令最大值，以实现滚转速率最大边界限制。

1. 滚转操纵面的选择

为改善滚转性能，滚转操纵面的选择是一个很重要的问题。利用副翼操纵滚转，其优点在于线性特性好，在小迎角飞行情况下，滚转效应大和偏航效应小。主要缺点是大迎角飞行情况下滚转效应低和产生不利偏航。设想在偏航通道中引入 $\delta_x \rightarrow \delta_y$ 交联，可有效地改善副翼的不利偏航作用，但滚转效应在某种程度上被降低。对于现代高性能飞机多采用副翼、差动平尾和方向舵联动操纵滚转。正如第二篇所述，差动平尾操纵滚转的优点在于特大迎角飞行情况下，保持有效的滚转操纵线性特性，产生的有利偏航有助于滚转速率的增大。但是，对于小后掠、大展弦比机翼的飞机来说，滚转效率不够，有利偏航过大，尤其在小迎角飞行中更为严重。引入 $\delta_x \rightarrow \delta_y$ 交联可有效地弥补这些缺点。例如，某飞机在小马赫数和小迎角飞行中，仅用副翼操纵滚转其滚转效应是足够的，但在马赫数大于1.6，迎角大于8°时，产生的不利偏航，引起副翼—滚转操纵响应中包含足够大幅值的荷兰振荡分量，以及出现大的侧滑峰值；在大迎角飞行中，有可能出现副翼—滚转反操纵现象。为了妥善解决副翼操纵的这些缺点，在改型机种上得到了改进。

2. 控制增稳系统电气指令的作用

典型的控制增稳系统，包括机械和电气两个指令控制舵面，电气指令为系统综合提供了良好的设计灵活性。对于数字控制系统，软件的能力可以提供任何希望的操纵特性。

设想的电气指令又分为两个指令。其一为滚转指令增稳系统提供一个希望的非线性指令增益。这个非线性增益，在驾驶杆中立位置附近提供最佳的滚转操纵增益，使得滚转操纵既不过份灵敏又不过份迟钝；当接近驾驶杆全偏时，提供大的指令增益，使得最大的杆力(或杆位移)获得最大的滚转操纵面偏度，且使飞机获得最大的滚转能力。其二为机械操纵系统提供一个相反的舵偏指令，在增稳状态下抵消机械操纵引起的滚转操纵面偏度。尽管在副翼操纵系统中具有大量线性增益调节机构，但不具有希望的操纵灵活性；在自动配平状态下，抵消机械操纵的电气指令有效地减小舵机位移，直至为零。如果说模拟式控制增稳系统难以实现这种指令抵消功能，那么，数字式的控制增稳系统，以软件实现这种指令抵消功能是容易实现的。

3. $\omega_{ys} \rightarrow \delta_y$ 或 $\omega_y + \alpha_0\omega_x \rightarrow \delta_y$ 反馈的作用

在偏航通道内仅仅引入 $\omega_y \rightarrow \delta_y$ 反馈实现的偏航阻尼器，只能有效地增加小迎角飞行中的荷兰滚阻尼，大迎角飞行中，尤其是在 μ_y^β 绝对值很小的情况下，$\omega_y \rightarrow \delta_y$ 反馈对荷兰滚阻尼的影响明显降低。将式(13-304)表示的 $\bar{\mu}_y^{\omega_y}$，$\bar{\mu}_y^{\omega_x}$ 和 $\bar{\mu}_y^\beta$ 表达式代入式(13-314)，得到

$$2\zeta_{\rm d}\omega_{\rm nd} \approx -\left\{\left[z^\beta + \mu_y^{\omega_y} + \alpha_0\mu_x^{\omega_y} + \frac{\mu_x^\beta}{\mu_y^\beta + \alpha_0\mu_x^\beta}\right]\left[g\cos\vartheta_0/v_0 + \mu_y^{\omega_x} + \alpha_0(\mu_x^{\omega_x} - \mu_y^{\omega_y} - \alpha_0\mu_x^{\omega_y})\right]\right\} \tag{13-328}$$

由于在大迎角飞行时，μ_y^β 趋于零，且 μ_x^β 负值急剧增加，因此，式(13-328)可简化为

$$2\zeta_{\mathrm{d}}\omega_{\mathrm{nd}} = -\left[z^{\beta} + \mu_x^{\omega_x} + \frac{1}{\alpha_0}(g\cos\vartheta_0/v_0 + \mu_y^{\omega_x})\right] \tag{13-329}$$

又由式(13-315)可以得到大迎角飞行中的荷兰滚特征频率可近似表示为

$$\omega_{\mathrm{nd}}^2 \approx -(\mu_y^{\beta} + \alpha_0\mu_x^{\beta}) \approx -\alpha_0\mu_x^{\beta} \tag{13-330}$$

由式(13-329)、式(13-330)可见，在大迎角飞行中，荷兰滚特征频率主要取决于μ_x^{β}和α_0，而特征阻尼主要决定于$\mu_x^{\omega_x}$，$\mu_y^{\omega_x}$和μ_x^{β}，α_0的大小，与偏航速率导数$\mu_y^{\omega_y}$无关，因此，利用$\omega_y \to \delta_y$反馈试图增大荷兰滚阻尼，在大迎角飞行情况下是徒劳无功的。但是，当在偏航阻尼器中引入$\omega_y + \alpha_0\omega_x \to \delta_y$反馈，在人工增加$\mu_y^{\omega_y}$值的同时，人工增加$\mu_y^{\omega_x}$值，使得在任何迎角飞行情况下，都具有良好的荷兰滚阻尼特性。

4. *高通滤波的 $\omega_{ys} \to \delta_y$ 反馈对荷兰滚阻尼改善的影响*

$\omega_{ys} \to \delta_y$反馈在各种形式的侧向飞行品质改善措施中，能人工增大$\mu_{ys}^{\omega_y}$值和改善偏航阻尼。然而，由第二篇式(7-153)、式(7-158)、式(7-159)和式(7-19)可知，低速飞行中进行滚转操纵，较大的$\mu_{ys}^{\omega_y}$值使侧滑响应中螺旋和常值分量增大。将ω_{ys}反馈通过高通滤波器后再给方向舵，具有高通滤波器的偏航阻尼器示意图如图13-74所示，偏航阻尼器对ω_{ys}的常值信号将不起作用。此时，应能在给出足够的荷兰滚阻尼的同时还具有良好的滚转操纵性。然而起决定性作用的高通滤波器时间常数的大小将直接影响荷兰滚频率和阻尼的提高，以及改变侧滑角的螺旋模态和常值分量的大小。引入高通滤波后，在s平面原点处的零点，使螺旋模态根可能出现不稳定现象，这项任务的解决只有依靠倾斜角姿态控制器来完成。

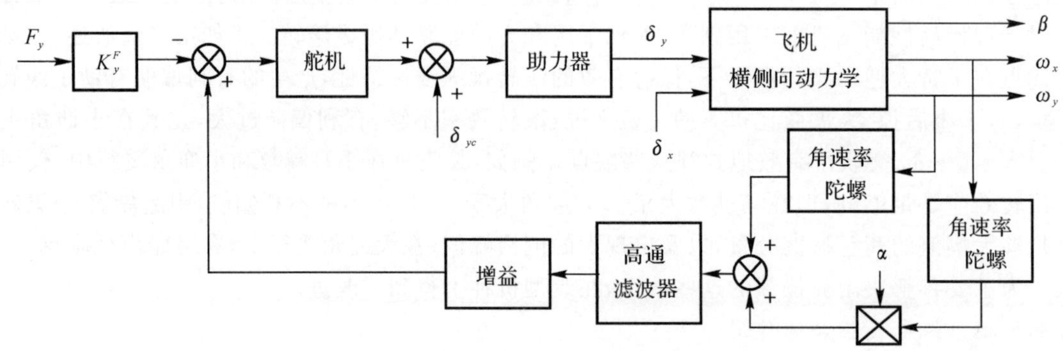

图13-74　具有高通滤波器的偏航阻尼器示意图

应该正确选择高通网络的时间常数T，T太小时，ω_y信号的阻尼作用减小，尤其是在低动压飞行状态，不仅不能提高荷兰滚阻尼，同时还降低了荷兰滚特征频率；T太大时，高通网络的除稳过程增大。高通滤波器的时间常数T通常选择在$0.5 \sim 2$ s之间。

利用最小动压飞行状态分析和确定高通滤波器的时间常数是合理的。因为，通常最小动压状态的荷兰滚特征频率最小，在s平面上距离高通网络的零、极点最近，因此，偏航系统的根轨迹受高通网络时间常数的影响最大。如图13-75所示为某飞机在$H=20$ km，$Ma=1.8$时偏航增稳系统的根轨迹图。在其他反馈增益固定的情况下，做出不同T值的$K_y^{\omega_y}$根轨迹，可见T对根轨迹的影响甚大。当$T=0.5$时，随$K_y^{\omega_y}$的增加，荷兰滚阻尼比增加不多，但荷兰滚特征频率被减小很多。当$T \geqslant 1$时，随着$K_y^{\omega_y}$的增加，荷兰滚阻尼的改善很明显，且特征频率增大不少。

为了更为合理地解决高通网络带来的这些问题，采用$\dot{\beta}$反馈代替ω_{ys}，或者采用滞后-超前滤波器的$n_z \to \delta_y$反馈，合理地选择这个超前网络的时间常数，可以有效地补偿$\omega_{ys} \to \delta_y$反馈高通网络对偏航阻尼的影响，详见本章第13.2.2.2节之(二)。

5. *副翼 → 方向舵交联的作用和增益选择*

采用$\delta_x \to \delta_y$交联试图克服副翼的偏航力矩，即人工实现$\mu_{ys}^{\delta_x'}$（或$\bar{\mu}_y^{\delta_x'}$）近似为零。这样一来，在$\mu_{ys}^{\omega_x}$（或$\bar{\mu}_{ys}^{\omega_x}$）和$g\cos\theta_0/v_0$（或$g\cos\vartheta_0/v_0$）的绝对值很小的情况下，实现了滚转操纵主要激发滚转和螺旋模态，其对应

的特征向量将该 2 模态主要分布于稳定轴系的滚转角速率和倾斜角响应中，很少分布于侧滑角和稳定轴系的偏航角速率响应中。因此，这种副翼-方向舵交联使滚转角速率和倾斜角响应中荷兰滚模态分量很小，并有效地减小了滚转操纵中 β 和 ω_{ys} 的响应幅值，从而减小协调转弯过程中的侧滑角，提高进入和退出协调转弯的快速性。

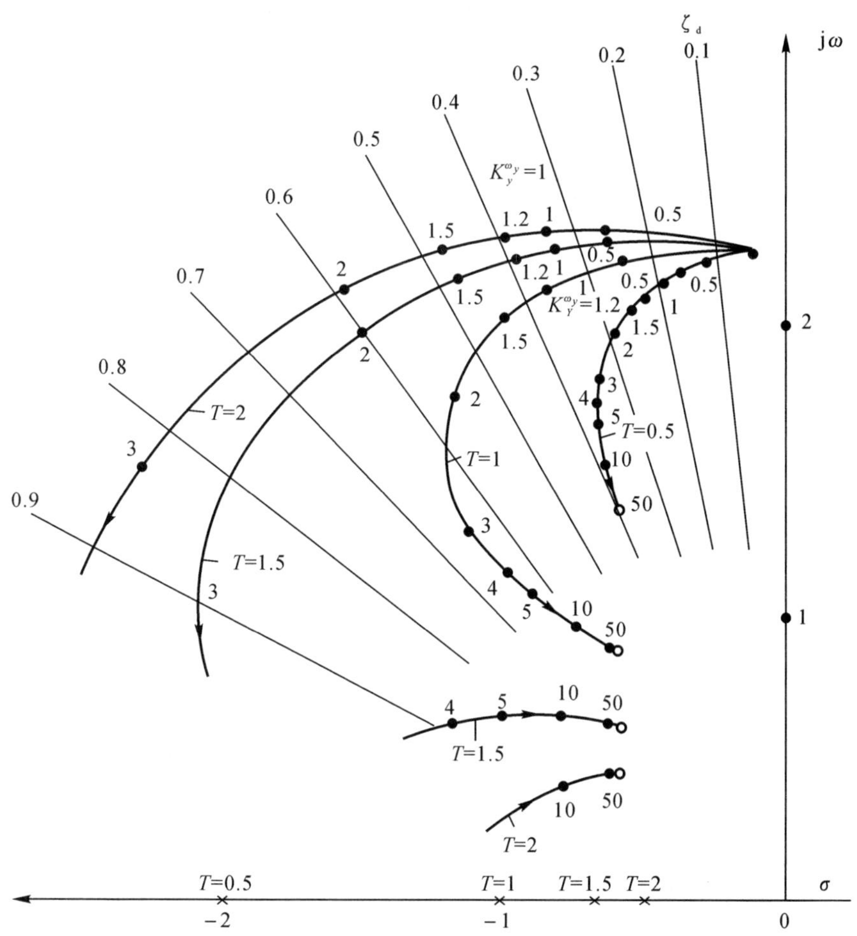

图 13-75　高通网络时间常数 T 对 ω_y 增益的根轨迹影响

条件：1）未考虑舵回路和助力器动态影响；

2）K_{yz}^{n} 与 $K_{yy}^{\omega_y}$ 成比例变化；

3）某飞机飞行状态为：$H=20$ km，$Ma=1.8$。

在 $\mu_{ys}^{\omega_x}$，g/v_0 近似为零时，只要引入 $\delta_x\rightarrow\delta_y$ 交联，合理的交联增益便可实现两种模态（荷兰滚和滚转-螺旋）和分别对应的两对状态变量（β,ω_{ys} 和 ω_{xs},γ_s）的不变性解耦控制。它的意义不仅在于有效地改善了飞机滚转运动的飞行品质，更重要的是使横侧向飞行控制系统各种控制功能（包括姿态控制和导航控制）控制回路的设计变得简单而又方便，使得横、侧向飞行控制系统分解为两个近似独立系统和按两个简单系统进行单独设计。

副翼→方向舵交联使滚转速率对副翼操纵的传递函数零点频率 ω_φ 与荷兰滚特征频率 ω_{nd} 近似相等，增加大迎角飞行中副翼操纵的有效性。特别是在大马赫数和大迎角飞行中，如某飞机在 $Ma>1.6$ 和 $\alpha>8°$ 时，偏航力矩系数 $m_y^{\delta_x}$ 由正变负，又在 m_y^β 的绝对值足够小和 m_x^β 的绝对值足够大的情况下，使近似为 ω_φ^2 的副翼有效性参数

$$-m_y^\beta+m_x^\beta\frac{m_y^{\delta_x}}{m_x^{\delta_x}}$$

变小，甚至有可能变负，此时，滚转操纵会引起反向滚转。可以利用$\beta \rightarrow \delta_x$正反馈的办法，减小$m_x^\beta$的绝对值，然而，正反馈控制系统一直是不受欢迎的。只有将$m_y^{\delta_x}$人工变为零或始终为正值，那么就不会出现副翼操纵反向滚转了。当副翼有效性参数为负时，由式(7-164)定义的ω_φ^2也为负。因此，$\delta_x \rightarrow \delta_y$交联能使$\omega_\varphi^2$由负变正，副翼-滚转操纵由反向响应变为正常方向，这是很有意义的。

存在$\delta_x \rightarrow \delta_y$交联，合适的交联增益，以及绝对值很小的$g\cos\theta_0/v_0$和$\mu_{ys}^{\omega_x}$使滚转操纵侧滑响应近似为零。依据运动耦合可知，当飞机绕飞行轨迹以外的任何轴线作滚转运动时，都会产生侧滑角。因此，当飞机在滚转运动中，侧滑角近似为零，只能说明飞机是在绕航迹轴滚转。如果在滚转操纵中，不引入$\delta_x \rightarrow \delta_y$交联和出现较大侧滑角时，滚转运动中的运动交感使侧滑角的增加转换为迎角的增加，甚至可能使迎角由可控变为不可控。迎角失控的重要原因在于侧力方程中存在$\alpha\omega_x$项。当绕稳定轴滚转时，无侧滑的滚转运动，使

$$\omega_y = -\alpha_0\omega_x \tag{13-331}$$

即$\omega_{ys}=0$，避免了运动交感引发的迎角失控现象。

然而，在大迎角飞行情况下，使座舱远离与速度矢量重合的滚转轴，急速的滚转运动使驾驶员感受到某种不舒适的侧向加速度，这种弊端是应设法解决的。解决方法详见13.2.2.2.1节。

此外，在大迎角情况下绕航迹轴急速滚转时，产生大的偏航角速率($\omega_y=-\alpha\omega_x$)和使飞机上仰的惯性交感俯仰力矩

$$(J_x - J_y)\omega_x\omega_y = -(J_x - J_y)\alpha_0\omega_x^2 \tag{13-332}$$

如果能在纵向控制增稳或电传操纵系统中，引入$\alpha\omega_x^2 \rightarrow \delta_z$交叉反馈，以克服这种俯仰惯性交感现象。

$\delta_x \rightarrow \delta_y$交联，人为地改变了副翼滚转力矩导数和副翼偏航力矩导数，当交联增益为$K_y^{\delta_x}$时，对于稳定轴系来说

$$\mu_{xs}^{\delta_x'} = \mu_{xs}^{\delta_x} + K_y^{\delta_x}\mu_{xs}^{\delta_y} \tag{13-333}$$

$$\mu_{ys}^{\delta_x'} = \mu_{ys}^{\delta_x} + K_y^{\delta_x}\mu_{ys}^{\delta_y} \tag{13-334}$$

对于机体轴系来说

$$\mu_x^{\delta_x'} = \mu_x^{\delta_x} + K_y^{\delta_x}\mu_x^{\delta_y} \tag{13-335}$$

$$\bar{\mu}_y^{\delta_x'} = \bar{\mu}_y^{\delta_x} + K_y^{\delta_x}\bar{\mu}_y^{\delta_y} \tag{13-336}$$

为使副翼-方向舵交联后，滚转操纵面的偏航力矩为零，即$\mu_{ys}^{\delta_x'}$(或$\bar{\mu}_y^{\delta_x'}$)为零，得到交联增益

$$K_y^{\delta_x} = \begin{cases} -\mu_{ys}^{\delta_x}/\mu_{ys}^{\delta_y} & \text{（稳定轴系）} \\ -\bar{\mu}_y^{\delta_x}/\bar{\mu}_y^{\delta_y} & \text{（机体轴系）} \end{cases} \tag{13-337}$$

将式(13-304)中所示$\bar{\mu}_y^{\delta_x}$，$\bar{\mu}_y^{\delta_y}$的表达式代入式(13-337)中，得到机体轴系原气动导数表示的交联增益表达式：

$$K_y^{\delta_x} = -\frac{\mu_y^{\delta_x} + \alpha_0\mu_x^{\delta_x}}{\mu_y^{\delta_y} + \alpha_0\mu_x^{\delta_y}} = -\frac{\alpha + (m_y^{\delta_x}J_x)/(m_x^{\delta_x}J_y)}{(m_y^{\delta_y}J_x)/(m_x^{\delta_x}J_y) + \alpha m_x^{\delta_y}/m_x^{\delta_x}} \tag{13-338}$$

在通常情况下，$K_y^{\delta_x}$值为负值。在大迎角飞行中，这种$\delta_x \rightarrow \delta_y$交联降低了副翼滚转操纵的有效性。当考虑到$m_y^{\delta_x}$的绝对值很小时，式(13-338)还可简化为

$$K_y^{\delta_x} = -\frac{m_x^{\delta_x}J_y}{m_y^{\delta_y}J_x}\alpha \tag{13-339}$$

式(13-339)表示副翼-方向舵交联增益与迎角近似为线性关系。

如果滚转操纵面同时采用副翼和差动平尾时，在小迎角和跨声速飞行状态，存在较大的有利偏航力矩，必须减小或断开这种交联，以减小或消除由于交联带来的偏航力矩。如果飞机电传操纵系统采用了如图13-76所示交联增益调参方案，$\delta_x \rightarrow \delta_y$交联增益按迎角和马赫数(对应$q$，$P_s$之比)调节。图中$K_1$为抵消副翼不利偏航而设置的，$K_2$和成形折线$F_1$，$F_2$为消除差动平尾在小迎角和一定马赫数范围内的偏航力矩。

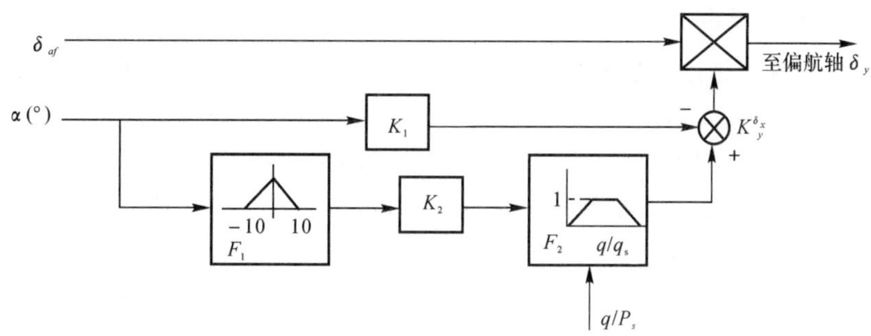

图 13－76　副翼(差动平尾)-方向舵交联结构图

飞机在侧风接地过程中,会使迎风机翼上升,并且机头向风标一样随风顺向偏转。因此,驾驶员的正常反应是按机头摆动方向反方向蹬舵,以及向风吹方向移动驾驶杆。然而,负值的副翼-方向舵交联,使在滚动反方向运动中,增大向风吹方向摆头。因此,要求在接地时断开副翼-方向舵交联。

13.2.2.2　横侧向飞行品质改善系统的设计

多年来,我们对于飞机横侧向飞行品质改善系统(包括阻尼器、增稳系统、控制增稳系统和电传操纵系统)控制律的研究,揭示了对改善高性能飞机横侧向运动特性的若干问题,找到了一个适合现代高性能飞机横侧向增稳或控制增稳系统的控制律结构,获得了一个切实可行的分析、综合方法。

横侧向飞行品质改善系统结构如图 13－77 所示。其任务范围更广泛,其结构相对纵向要复杂一些,因此,应尽量减小控制器结构的复杂性,提高它的有效性。然而,$\delta_x \rightarrow \delta_y$ 交联实现了不变性解耦控制,使得横轴和偏航轴分解为近似独立两个系统,从而方便了系统分析和综合。图中

$$\dot{\boldsymbol{x}} = \boldsymbol{A}\boldsymbol{x} + \boldsymbol{B}\boldsymbol{\delta} \tag{13-340}$$

飞机横侧向运动状态方程。图13-77表征了包括阻尼器、增稳、控制增稳和电传操纵在内的任何一种类型的横侧向飞行品质改善措施的可能结构。它是倾斜、偏航等姿态控制以及自动导航系统的内回路,它不仅改善了飞机横侧向飞行品质,减轻驾驶员的操纵负担,同时,还能有效地简化外控制回路,并能降低各控制回路的“有效阶次”,它是各控制回路性能指标获得的基础。

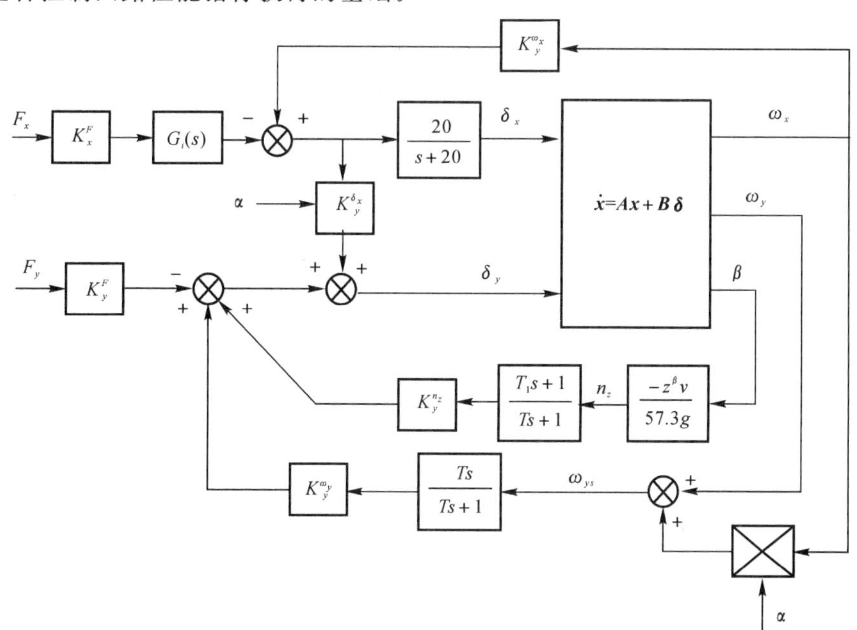

图 13－77　横侧向飞行品质改善系统结构图

(一) 滚转轴飞行品质改善系统设计

如果能够利用电气指令抵消副翼机械操纵指令，那么，这种理想的滚转控制增稳系统便和电传操纵系统一样，除能合理地减小滚转时间常数 T_R 和有效地抑制滚转-螺旋耦合振荡外，还可以提高和限制最大滚转能力，获得最佳指令灵敏度。滚转阻尼器只能做到改善滚转时间常数和抑制滚转-螺旋耦合，而滚转控制增稳系统除此以外，还能在一定程度上改善滚转操纵性能。因此，本节针对滚转轴电传操纵系统设计作为重点来介绍，更具有普遍意义。

一个被解耦的滚转轴电传操纵系统理想结构图如图 13-78 所示。

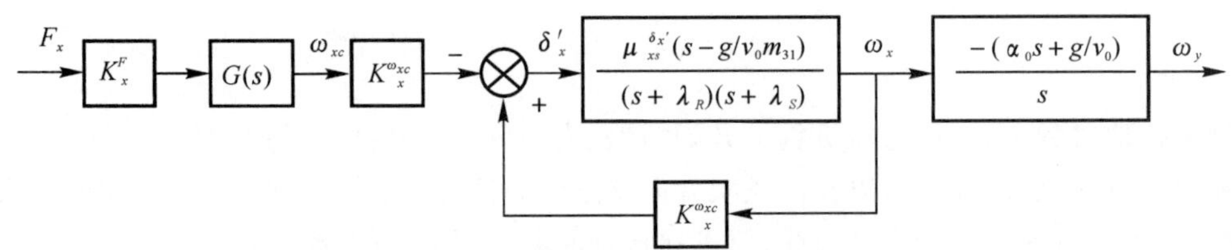

图 13-78 滚转轴电传操纵系统理想结构图

当人-机闭环操纵倾斜角实施航迹控制时，为提高航迹控制精度和防止出现驾驶员诱发振荡，对于小幅值的航迹控制，要求杆力增益 K_x^F 在驾驶杆中立位置附近提供小的指令梯度；为实现大的滚转能力，要求 K_x^F 在大杆力附近提供足够大的指令梯度。

某飞机横向电传操纵系统侧杆杆力指令特性如图 13-79 所示，图 13-79(a) 为正常使用区域的滚转侧杆杆力指令特性；图 13-79(b) 为着陆阶段侧杆杆力指令特性。在作战使用区域，杆力梯度大，用以提高滚转能力；在起飞着陆阶段，杆力梯度小，用以提高滚转控制精度。

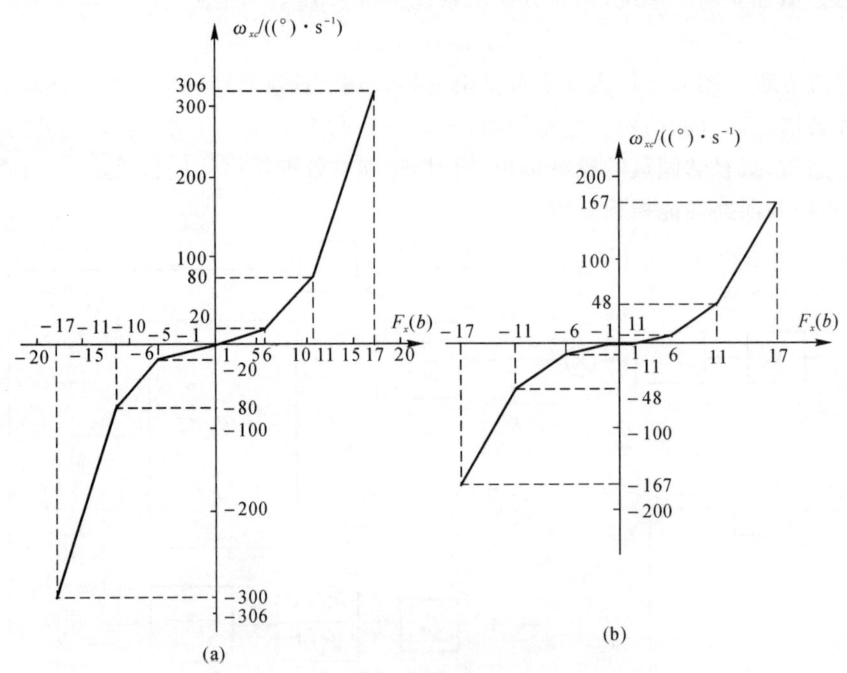

图 13-79 某飞机滚转侧杆杆力指令特性曲线

(a) 正常使用区域； (b) 起飞着陆阶段

为了减小在大迎角飞行中绕航迹轴急速滚转引起惯性交感效应和产生附加的俯仰力矩，以及避免在小速度、大迎角快速滚转中，下沉机翼出现局部失速，滚转速率最大值应按迎角给出不同的限制值。某飞机采用了按俯仰杆力减敏的办法改变滚转操纵增益。这种减敏装置的输入、输出特性如图 13-80 所示。当俯仰杆力在零位附近(即飞机平飞法向过载为1g时),滚转杆力提供最大的滚转速率。实际上,这种措施,除去避免了在小速压、大迎角飞行中的失速影响,也减小了在大速压、小迎角飞行中对结构强度的不良影响。然而,在着陆飞行中,为保持机头向上,须向后拉杆,势必降低滚转效率。为此,在放下起落架时,应断开减敏装置。

另一种飞机的数字式横向电传操纵系统,采用如图13-81所示典型杆位移指令非线性特性。

其非线性曲线是由输入、输出关系式得到的,即

$$\omega'_{xc}=[A+ABS(x_a)+B]x_a \tag{13-341}$$

式中,A,B为常数,且随起落架收上或放下而不同。

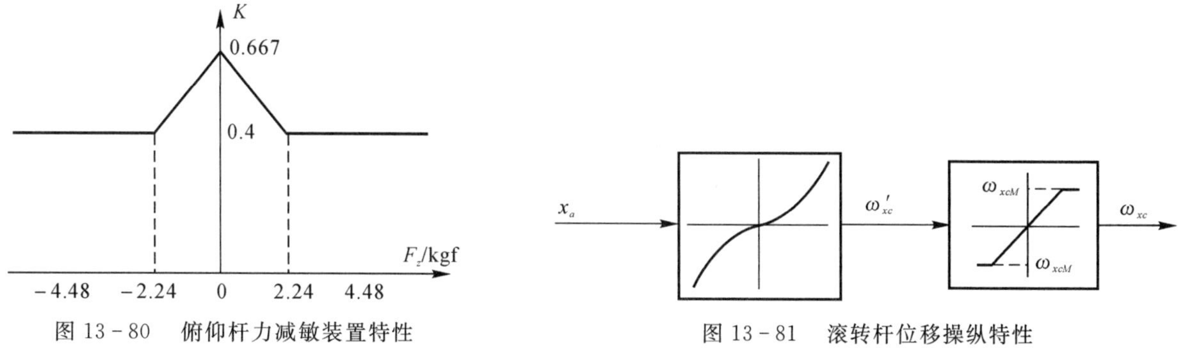

图13-80　俯仰杆力减敏装置特性

图13-81　滚转杆位移操纵特性

为了实现最大滚转速率限制,最大给定滚转速率ω_{xcM}在起落架放下时给出了一个比较小的值,避免起飞、着陆飞行阶段引起驾驶员诱发振荡。在起落架收上的正常飞行阶段,按照某种控制逻辑,使在小表速、大迎角滚转飞行中避免出现失速和尾旋;在大速压和大马赫数滚转飞行中减少对结构强度的影响。

当在大迎角飞行中,驾驶员指令飞机做大的急骤的滚转运动时,座舱高出与航迹相一致的滚转轴,使驾驶员位置处出现讨厌的横向加速度。为了避免这种不利影响,杆力信号通常加一个时间常数为0.5 s左右的一阶滤波器。但是,在目标跟踪时,小而快的跟踪操纵有可能引起驾驶员诱发振荡。对于上述前一种飞机,为解决这个矛盾,让滚转杆力信号通过了一个如图13-82所示非线性滤波器。这种滤波器使其压杆信号经过一个时间常数较大的滤波器;而回杆信号经过一个时间常数较小的滤波器。这样便可以减小在急骤压杆时出现的过大滚转角加速度,而在回杆时不致出现大的相位滞后,从而避免了驾驶员诱发振荡现象的产生。这种滤波器的传递函数由式(13-342)表示,它所描述的特性是压杆过程慢,回杆过程快。适用于驾驶员作大机动滚转时,压杆快而回杆慢的特点,有效地减小压杆操纵中产生的过大滚转加速度。

$$Na(s)=\begin{cases}\dfrac{10(s+20)}{(s+2.28)(s+87.72)} & (压杆时)\\ \dfrac{10}{s+10} & (回杆时)\end{cases} \tag{13-342}$$

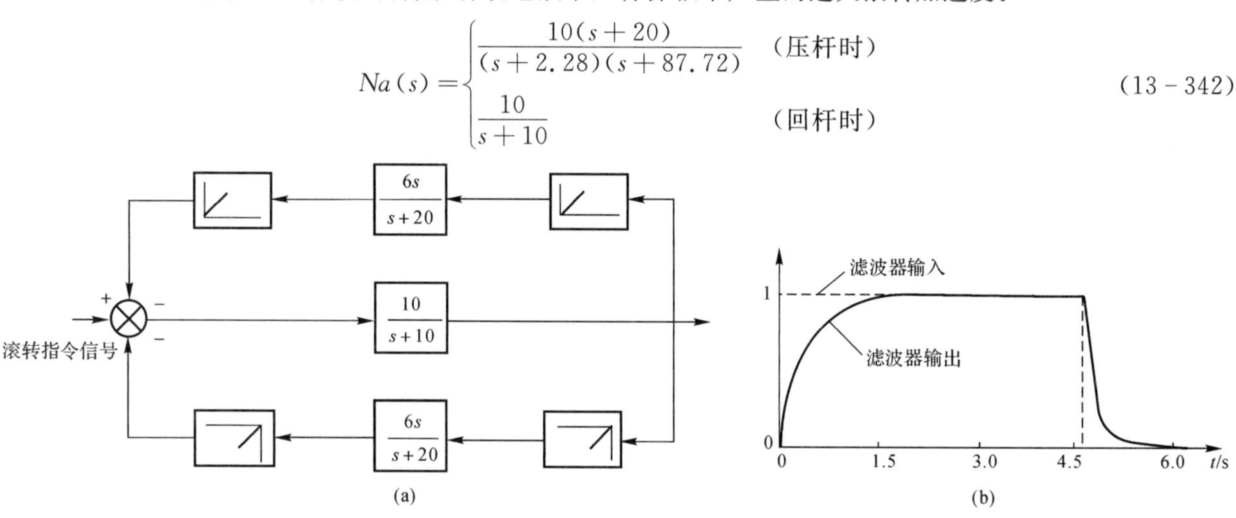

图13-82　滚转杆力信号非线性滤波器和阶跃响应特性

(a) 滚转杆力信号非线性滤波器结构；(b) 输入-输出阶跃响应特性

上述后一种飞机，为了解决滚转操纵中大指令产生过大滚转加速度与小而快指令产生过大相位滞后的矛盾，给出如图 13 - 83 所示非线性滞后 — 超前滤波器，并按下式确定增益：

$$W_a = \begin{cases} 4 & \mathrm{ABS}(\omega_{xc}) > 40 \\ 8 & \mathrm{ABS}(\omega_{xc}) \leqslant 40 \end{cases} \tag{13-343}$$

当合理地选择积分输入饱和度 ω_{xM1}，便可起到小指令惯性时间常数小，大指令惯性时间常数大的滤波作用。合理的 K_1，K_2 之比可有效地减小操纵时延。

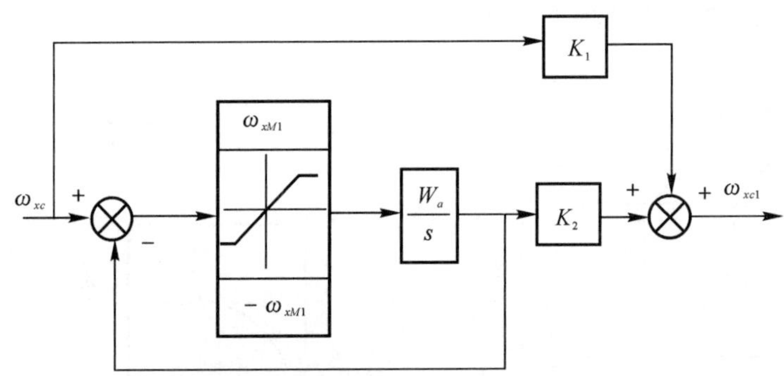

图 13 - 83　ω_{xc} 指令滤波器 $C_i(s)$ 的结构图

最后，由图 13 - 78 得到理想情况下 ω_x 对 ω_{xc} 的闭环传递函数：

$$\frac{\omega_x}{\omega_{xc}}(s) = \frac{-\mu_{xs}^{\delta_x'}(s - g/v_0 m_{31})K_x^{\omega_{xc}}}{(s+\lambda_\mathrm{R})(s+\lambda_\mathrm{S}) - K_x^{\omega_x}\mu_{xs}^{\delta_x'}(s - g/v_0 m_{31})} \approx \frac{-\mu_{xs}^{\delta_x'}K_x^{\omega_{xc}}}{s+\lambda_\mathrm{R} - K_x^{\omega_{xc}}\mu_{xs}^{\delta_x'}} \tag{13-344}$$

并要按照最佳滚转时间常数 T_R' 确定增益 $K_x^{\omega_x}$ 和 $K_x^{\omega_{xc}}$。多余极点 $d=1$ 的 $\omega_x \to \delta_x$ 反馈，不仅有效地增加滚转阻尼，且能消除滚转-螺旋耦合振荡。

(二) 偏航轴飞行品质改善系统的设计

改善偏航轴飞行品质的系统包括偏航阻尼器、偏航增稳系统和偏航轴电传操纵系统。偏航阻尼器和偏航增稳系统与偏航轴电传操纵系统的主要区别在于前者为纯机械指令，后者为电气指令。依据偏航轴操纵特性的简单要求，具有机械和电气指令的控制增稳系统是不常见的。

1. 偏航阻尼器简述

仅仅具有偏航角速度至方向舵的反馈控制系统称为偏航阻尼器，用以提高荷兰滚振荡的阻尼。对于现代高性能喷气运输机的荷兰滚阻尼一般都较弱，所以，为了满足飞行品质要求，一般都需要有偏航阻尼器，而且是在飞行的始终都要接通。因此，它必须满足最高的可靠性要求。

由于 $\omega_y \to \delta_y$ 的反馈作用，人为地增大了气动导数 $\mu_y^{\omega_y}$，并由式(13 - 314) 可知，$\mu_y^{\omega_y}$ 的增加有效地增大了荷兰滚振荡阻尼。然而，这仅仅是在小迎角飞行情况下是这种结果，正如 13.2.2.1 节所述，仅靠 $\omega_y \to \delta_y$ 反馈，不能有效地提高大迎角飞行中的荷兰滚振荡阻尼。这对于机动性能强的战斗机来说，这种偏航阻尼器是不适用的。

偏航阻尼器最大的优点是抑制由于侧风干扰引起的荷兰滚偏航运动。但是，它阻碍了平面转弯操纵的偏航角速度，增加了协调转弯中侧滑角的螺旋模态和常值分量，以及减缓了进入和退出转弯时的响应速度。如 13.2.2.1 节所述，当将偏航角速率反馈通过高通滤波器去控制方向舵时，如图 13 - 74 所示，偏航阻尼器对低频信号没用作用，需要在荷兰滚振荡阻尼和机动性能之间做出折中。

和俯仰阻尼器一样，常规的偏航阻尼器是一种无电气指令的辅助控制器，在初步设计中可按式(13 - 319) 或式(13 - 320) 所示向量等式中 $\beta/\delta_y(s)$ 作为控制对象传递函数。具体设计在此不作赘述。

2. 偏航轴增稳和电传操纵系统控制律设计

对于偏航轴增稳和电传操纵系统在控制律方面具有大同小异的结构特点，主要用于：

1) 增加荷兰滚特征频率，尤其在大迎角飞行中，能有效地改善航向静稳定性；

2) 改善大、小迎角飞行中的荷兰滚振荡阻尼，减小侧风干扰对航向运动的影响；

3) 实现倾斜跟踪参数准则和改善滚转操纵响应特性；减小滚转速率和滚转角响应中的荷兰振荡分量，提高大迎角飞行中滚转操纵效率；

4) 减小滚转操纵侧滑角响应幅值和实现协调转弯中的无侧滑飞行。

为了增加飞机的航向静稳定性，在常规的偏航增稳系统或电传操纵系统中最经常采用的是侧向加速度 n_z 反馈，即采用 $n_z \rightarrow \delta_y$ 反馈。由于沿飞机机体轴上的侧向加速度为

$$a_{zc} = v_0\left(z^{\beta}\beta + z^{\delta_y}\delta_y + \frac{g}{v}\sin\gamma\cos\vartheta\right) \tag{13-345}$$

侧向加速度传感器的输出为

$$a_z = a_{zc} - g\sin\gamma\cos\vartheta = v_0(z^{\beta}\beta + z^{\delta_y}\delta_y) \tag{13-346}$$

通常 z^{δ_y} 的绝对值很小，尤其是当将侧向加速度传感器安装在旋转中心时，则

$$a_z \approx v_0 z^{\beta}\beta \tag{13-347}$$

因此，$n_z \rightarrow \delta_y$ 反馈可代替 $\beta \rightarrow \delta_y$ 反馈，除能人工增大气动导数 μ_y^{β}，以提高航向静稳定性外，还能有效地抑制滚转操纵和侧风干扰激起的侧滑角。采用 $\beta \rightarrow \delta_y$ 反馈，也能满足上述两种要求。但是，侧滑角传感器的动态特性和静态精度一般情况下不能令人满意，除非花费更高的代价来实现。

为了有效地改善荷兰滚特性，除在偏航增稳系统中引入用以增加荷兰滚频率，且与 β 成正比的侧向过载 n_z 反馈外，还需引入稳定轴上的偏航速率 ω_{ys}（即 $\omega_y + \alpha\omega_x$）反馈。为了改善低速飞行时滚转运动的操纵特性，如前所述，设计者们往往将 ω_{ys} 反馈引入高通网络，主要用以减小滚转操纵时 β 响应中的螺旋和常值分量。但是，高通网络时间常数的选择难以兼顾滚转操纵 β 响应和荷兰滚阻尼两个指标的要求。为此，在 n_z 反馈中引入滞后-超前滤波器。

如前所述，为实现不变性解耦控制，在偏航增稳系统中，引入副翼-方向舵交联，并按式(13-339)选取交联增益，以克服副翼偏航力矩，降低滚转操纵时侧滑角响应幅值和滚转速率、滚转角响应中的荷兰滚分量，即减小滚转-侧滑耦合和改善滚转操纵特性。使偏航增稳系统与滚转轴飞行控制系统在滚转操纵中处于并行、联动状态，以获得最佳滚转操纵性能。

由稳定轴偏航速率 ω_{ys}、侧向过载 n_z 反馈和副翼 δ_x 交联构成的偏航轴增稳系统的原始模型结构图由图13-84表示，图中未考虑包括伺服回路、作动器等高频环节在内的动态特性。在正向通路中的控制对象动态环节是由式(13-319)或式(13-320)中传递函数 $\beta/\delta_y(s)$，$\omega_{ys}/\delta_y(s)$ 简化得到的。

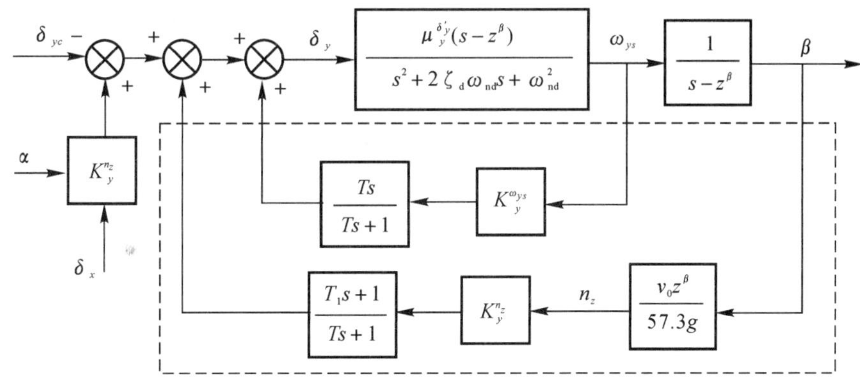

图 13-84　偏航轴增稳系统原始模型结构图

图中

$$\mu_y^{\delta_y'}=\begin{cases}\mu_{ys}^{\delta_y} & （稳定轴系）\\ \bar{\mu}_{y'}^{\delta_y} & （机体轴系）\end{cases} \tag{13-348}$$

当 β 单位以“度”表示时，侧滑角 β 的反馈增益为

$$K_y^\beta=\frac{v_0 z^\beta}{57.3g}K_y^{n_z} \tag{13-349}$$

在 ω_{ys} 反馈回路中引入高通网络 $Ts/(Ts+1)$，在状态 β 反馈回路引入滞后-超前网络 $(T_1 s+1)/(Ts+1)$，当满足

$$T_1=T+(z^\beta T+1)\frac{K_y^{\omega_{ys}}}{K_y^\beta} \tag{13-350}$$

时，图 13-84 虚线框中并联反馈回路的总和传递函数为

$$G_1(s)=K_y^{\omega_{ys}}s+K_y^\beta=K_y^{\omega_{ys}}s+\frac{v_0 z^\beta}{57.3g}K_y^{n_z} \tag{13-351}$$

这样一来，便可得到图 13-84 所示偏航轴增稳系统原始模型的闭环传递函数为

$$\frac{\beta}{\delta_{yc}}(s)=\frac{-\mu_y^{\delta_y'}}{s^2+(2\zeta_d\omega_{nd}-\mu_y^{\delta_y'}K_y^{\omega_{ys}})s+\omega_{nd}^2-\mu_y^{\delta_y'}K_y^{n_z}\dfrac{v_0 z^\beta}{57.3g}} \tag{13-352}$$

当合理地选择 $K_y^{\omega_{ys}}$ 和 $K_y^{n_z}$ 时，便可获得一个满意的荷兰滚模态特性。

在这种情况下，高通网络时间常数 T 可允许选取较小的值，譬如为 1，那将有效地提高高通网络的洗除速度，改善滚转操纵性能，而不致影响 ω_{ys} 反馈对荷兰滚阻尼的改善作用。

由式(13-352) 得到偏航增稳系统的荷兰滚振荡频率和阻尼，并分别由以下两式表示：

$$\omega_{nd}'^2=\omega_{nd}^2-\mu_{ys}^{\delta_y'}K_y^{n_z}\frac{v_0 z^\beta}{57.3g}\approx-\mu_{ys}^\beta+z^\beta(\mu_{ys}^{\omega_y}+\mu_{ys}^{\delta_y'}K_y^{\omega_{ys}})-\mu_{ys}^{\delta_y'}K_y^{n_z}\frac{v_0 z^\beta}{57.3g} \tag{13-353}$$

$$2\zeta_d'\omega_{nd}'=2\zeta_d\omega_{nd}-\mu_{ys}^{\delta_y'}K_y^{\omega_{ys}}\approx-z^\beta-\mu_{ys}^{\omega_y}-\mu_{ys}^{\delta_y'}K_y^{\omega_{ys}} \tag{13-354}$$

由第二篇式(7-164) 可知，具有 $\delta_x\to\delta_y$ 交联和 $\omega_{ys}\to\delta_y$，$n_z\to\delta_y$ 反馈的偏航增稳系统，不仅使滚转操纵偏航力矩系数 $\mu_{ys}^{\delta_x'}$(或 $\bar{\mu}_{y}^{\delta_x'}$) 为零，并且人工地增大了偏航静稳定性导数 μ_{ys}^β 和偏航阻尼导数 $\mu_{ys}^{\omega_y}$，从而改变了倾斜跟踪参数 ω_ϕ 和 ζ_ϕ，参考第二篇式(7-165)，得到具有偏航增稳系统飞机的倾斜跟踪参数的表达式为

$$\omega_\phi^2=-\mu_{ys}^\beta+z^\beta(\mu_{ys}^{\omega_y}+\mu_{ys}^{\delta_y'}K_y^{\omega_{ys}})-\mu_{ys}^{\delta_y'}K_y^{n_z}\frac{v_0 z^\beta}{57.3g} \tag{13-355}$$

$$2\zeta_\phi\omega_\phi=-z^\beta-(\mu_{ys}^{\omega_y}+\mu_{ys}^{\delta_y'}K_y^{\omega_{ys}}) \tag{13-356}$$

分别比较式(13-353)、式(13-355) 和式(13-354)、式(13-356)，可以得到

$$\omega_\phi^2\approx\omega_{nd}'^2 \tag{13-357}$$

$$2\zeta_\phi\omega_\phi=2\zeta_d'\omega_{nd}' \tag{13-358}$$

这将使得系统满足倾斜跟踪参数准则，有效地减小滚转操纵中滚转速度和滚转角响应中的荷兰滚振荡分量，并且，还能提高在低速、大迎角飞行中滚转操纵的有效性。

在偏航轴增稳系统中引入 $\delta_x\to\delta_y$ 交联的主要目的是用以减小滚转操纵和协调转弯中的侧滑角；引入 $n_z\to\delta_y$ 反馈可以减小任何操纵输入和各种外部干扰引起的侧滑角的响应幅值；而且，$\omega_{ys}\to\delta_y$ 反馈通过了较小时间常数的高通网络，使得在滚转机动中，附加的侧滑响应幅值减小。

总之，如图 13-84 所示偏航轴增稳系统(或电传操纵系统) 能够完成对它提出的各项功用。

3. 超前网络对偏航轴增稳系统稳定性的补偿

偏航轴增稳系统各元、部件的动态相位滞后会引起闭环系统不稳定或者稳定储备不够。主要滞后元、部件包括舵机回路、助力器、结构滤波器和反馈变量传感器等。为了补偿这些环节的相位滞后对闭环系统稳定性的影响，通过一种叫作超前滤波器的网络环节进行校正，通常是将偏航速率反馈通过这个超前网络实现的。

由于元、部件相位滞后带来的系统不稳定，往往出现在大动压飞行状态以及 $K_{y^{ys}}^{\omega}$ 较大的情况下。这是因为大动压状态舵面效应大（对于简化分析的偏航轴来说，等效舵面效应为 $\mu_y^{\delta_y'}$），且当反馈增 $K_{y^{ys}}^{\omega}$ 较大时，形成大的开环增益，从而使闭环系统不稳定或稳定储备不足。图 13-85 给出了某机在高度为 13.6 km，马赫数为 2.2 和平飞状态的开环对数频率特性图，其中未经超前校正时相位稳定储备为 28°，幅值稳定储备为 10.8 dB，可见，不经相位超前校正是不能满足相位 45° 的稳定储备要求的。

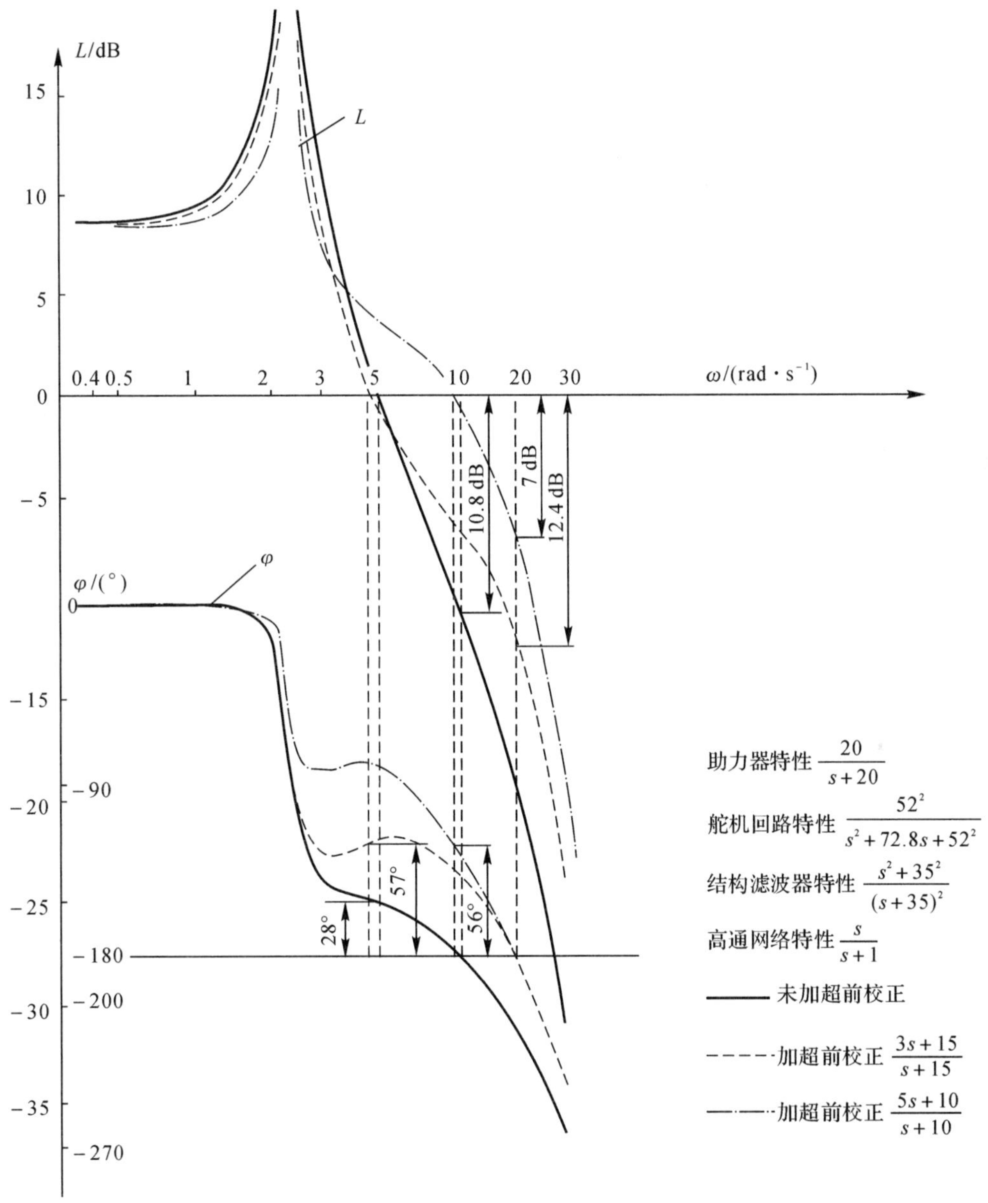

图 13-85　偏航轴增稳系统开环频率特性校正例子（$K_{y^z}^{n}/K_{y^{ys}}^{\omega}=-20$）

一个偏航轴增稳系统的例子如图 13-86 所示。结构滤波器结构和参数是依据飞机弹性模态参数和按相位稳定条件或幅值稳定条件决定的，具体结构和参数应按纵向控制系统结构滤波器相同设计方法获得。合理的结构滤波器特性和参数将有效地提高弹性模态所处高频段的系统稳定性。

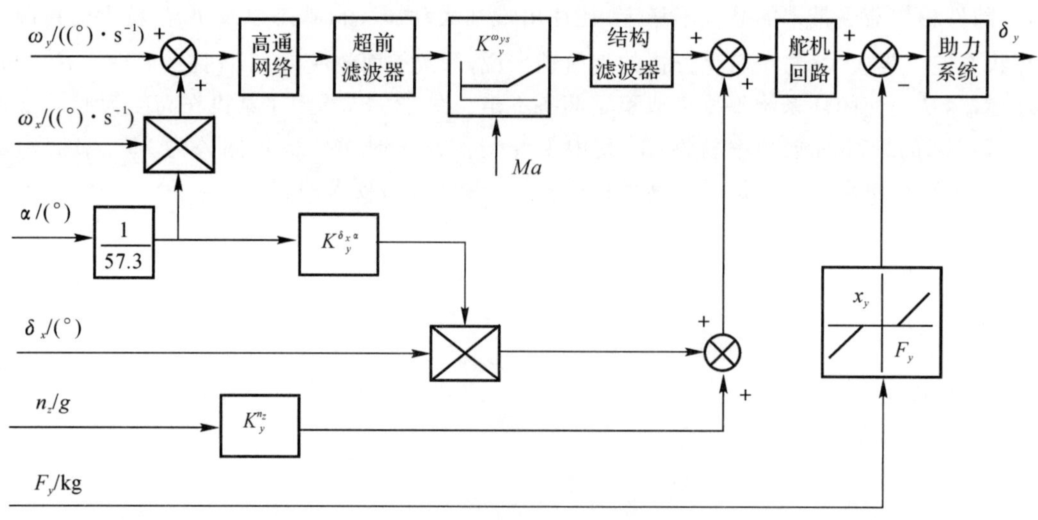

图 13-86　偏航轴增稳系统结构图

(三) 侧向增稳系统对阵风干扰的抑制作用

飞机横侧向运动在大气扰动中应具有可以接受的响应和操纵特性。某些"规范"要求对于横向静稳定性大(即上反效应大)的飞机来说,绝对值大的 μ_{xs}^{β} 使飞机滚转加速度、滚转速率和滚转角对侧向突风的反应剧烈。应该进行审查,但没有定量要求。

1. 侧风扰动滚转运动的抑制

由第二篇式(7-253)、式(7-254)和式(7-255)可知,单位侧风($\beta_W=57.3\dfrac{W_{zh}}{v}$)引起的滚转角、滚转角速率和滚转角加速度分别与 $\left|\dfrac{\phi}{\beta}\right|_d$,$\omega_{nd}\left|\dfrac{\phi}{\beta}\right|_d$ 和 $\omega_{nd}^2\left|\dfrac{\phi}{\beta}\right|_d$ 成正比,这对于现代高性能飞机在大马赫数、大迎角飞行状态 $\left|\dfrac{\phi}{\beta}\right|_d$ 和 ω_{nd} 都较大,因此,对于这些飞行状态,侧向突风引起的滚转角、滚转角速率和滚转角加速度是很大的。由第二篇式(7-81),即由 $\left|\dfrac{\phi}{\beta}\right|_d$ 的表达式

$$\left|\frac{\phi}{\beta}\right|_d=\frac{\mu_{xs}^{\beta}}{\mu_{ys}^{\beta}}\frac{1}{\sqrt{1-\dfrac{\mu_{xs}^{\omega_x}(\mu_{xs}^{\omega_x}-z^{\beta}-\mu_{ys}^{\omega_x})}{\mu_{ys}^{\beta}}}}\tag{13-359}$$

可知,在偏航轴和滚转轴增稳系统中,引入

$$\beta(\text{或 } n_z)\rightarrow\delta_y \text{ 和 } \omega_x\rightarrow\delta_x$$

反馈,人工增大 μ_{ys}^{β} 和 $\mu_{xs}^{\omega_x}$ 的绝对值,将有效地减小 $\left|\dfrac{\phi}{\beta}\right|_d$ 值,从而减小了侧风对倾斜角、倾斜角速度的影响。但是,足够大的 $\mu_{xs}^{\delta_y}$ 将显著地增大 μ_{xs}^{β},使得减小 $\left|\dfrac{\phi}{\beta}\right|_d$ 成为不可能,因此,在滚转轴引入

$$\beta(\text{或 } n_z)\rightarrow\delta_x$$

反馈,以人工减小 μ_{xs}^{β},也可有效地减小 $\left|\dfrac{\phi}{\beta}\right|_d$ 值,然而,由于 $\beta\rightarrow\delta_x$ 为正反馈,通常不被设计者采用。由于在偏航轴增稳系统中设置了

$$\omega_{ys}\rightarrow\delta_y$$

反馈,不仅增加了小迎角飞行状态侧风干扰时的滚转运动阻尼,在大迎角飞行中也有很强的阻尼抑制作用。

2. 侧向突风 β_W 和侧向风切变 w_{zx} 扰动偏航运动的抑制

当 $\mu_{xs}^{\omega_x}$ 和 $g/v\cos\theta_0$ 绝对值较小时,可以得到 β_W 和 w_{zx} 干扰时,偏航轴增稳系统闭环回路如图 13-87 所示。

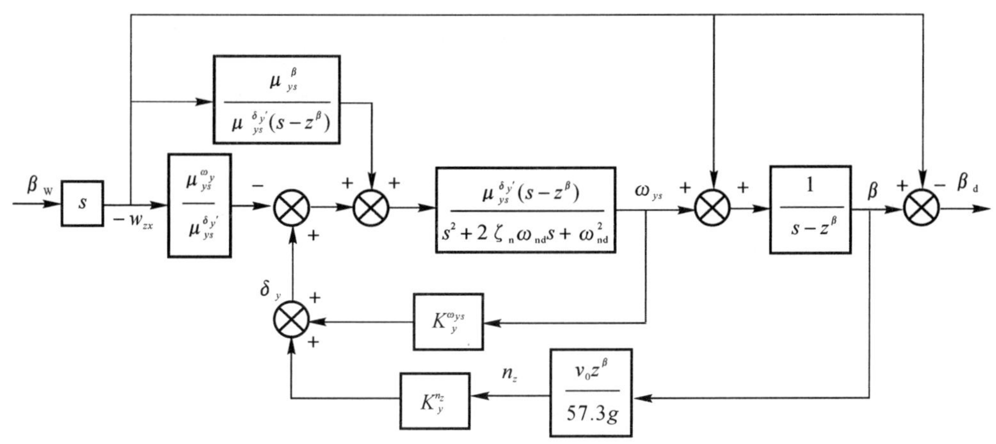

图 13－87　β_W 和 w_{zx} 干扰情况下偏航轴增稳系统结构图

由此得到 β,β_d 对 β_W 的闭环传递函数分别由式(13－360)、式(13－361)表示：

$$\frac{\beta}{\beta_W}(s)=\frac{s(s-2\mu_{ys}^{\omega_y}-\mu_{ys}^{\delta_y'}K_y^{\omega_y})}{s^2+2\zeta_d'\omega_{nd}'s+\omega_{nd}'^2} \tag{13-360}$$

$$\frac{\beta_d}{\beta_W}(s)=\frac{(z^\beta-\mu_{ys}^{\omega_y})s-\omega_{nd}'^2}{s^2+2\zeta_d'\omega_{nd}'s+\omega_{nd}'^2} \tag{13-361}$$

式中，$2\zeta_d'\omega_{nd}'$，$\omega_{nd}'^2$分别由式(13－354)、式(13－353)表示，并由侧向风切变 w_{zx} 与侧向阵风 β_W 的关系，得到 β 对 w_{zx} 的传递函数：

$$\frac{\beta}{w_{zx}}(s)=\frac{s-2\mu_{ys}^{\omega_y}-\mu_{ys}^{\delta_y'}K_y^{\omega_y}}{s^2+2\zeta_d'\omega_{nd}'s+\omega_{nd}'^2} \tag{13-362}$$

偏航速率 ω_{ys} 对侧向风切变 w_{zx} 的传递函数为

$$\frac{\omega_{ys}}{w_{zx}}(s)=\frac{\mu_{ys}^{\omega_y}(s-z^\beta-\mu_{ys}^{\beta}/\mu_{ys}^{\omega_y})}{s^2+2\zeta_d'\omega_{nd}'s+\omega_{nd}'^2} \tag{13-363}$$

式中，$\mu_{ys}^{\delta_y'}$ 由式(13－348)表示。

由以上四个传递函数可知，具有 $\omega_{ys}\rightarrow\delta_y$ 和 $\beta(n_z)\rightarrow\delta_y$ 反馈的偏航轴增稳系统，不仅增大了 β_W(或 w_{zx})扰动激起的 β,β_d 和 ω_{ys} 等输出变量振荡响应特性阻尼，还有效地减小了这些输出变量的响应幅值。但是，航迹侧滑角 β_d 的稳定值不会因为具有这些反馈而改变，且

$$\beta_{d\infty}=-\beta_W \tag{13-364}$$

这就是说，在常值侧风干扰情况下，飞机航向轨迹误差不会因为具有偏航增稳系统而改变。

由这些传递函数可知，微分或超前的分子使侧向加速度在很短的时间内随侧风干扰剧烈增加，使向着起相反作用的方向舵急剧偏转。所以，尽管偏航增稳系统对侧风(包括阵风和风切变)扰动起到一定的抑制作用，但是，为了减小侧向阵风引起的驾驶员座位处的加速度、整个机身对阵风的影响的敏感性以及结构振荡和载荷变化，需要安装减弱阵风影响的主动控制系统——阵风缓和控制器。在大型飞机上(如波音747)，侧向阵风不仅激发荷兰滚振荡，而且还激发机身一阶弯曲振荡(鱼尾状左右摆动)，这将严重地影响乘坐舒适性，必须通过相应措施予以降低。

(四) 某飞机横侧向电传操纵系统在设计中实现的指标参数

本节给出某飞机横侧向电传操纵系统在设计中实现的指标参数，以验证上述设计方法的正确性，仅供从事该专业的设计师们参考。

1. 滚转模态参数评定

表 13－3 依次列出了飞机自然特性的时间常数 T_R，T_S，TT，$T*T$ 和滚转轴电传操纵系统的等效拟配参

数 T_{Re},T_{Se},T_eT_e,T_e*T_e。TT(或 T_eT_e) 表示$\frac{1}{4}\left(\frac{1}{T_R}+\frac{1}{T_S}\right)^2\left[或\frac{1}{4}\left(\frac{1}{T_{Re}}+\frac{1}{T_{Se}}\right)^2\right]$,$T*T$ 表示$\frac{1}{T_RT_S}$(或$\frac{1}{T_{Re}T_{Se}}$),$TT\geqslant T*T$(或者 $T_eT_e\geqslant T_e*T_e$) 表征不出现滚转-螺旋耦合振荡。由表 13-3 可知,系统满足有关滚转、螺旋时间常数的要求。

2. 荷兰滚特征频率和阻尼比的评定

按照有关规范要求,将飞机自然特性参数 $\zeta_d\omega_{nd}$ 和 ω_{nd}、增稳飞机等效拟配得到的参数 $\zeta_{de}\omega_{nde}$ 和 ω_{nde} 分别填入图 13-88(a)(b) 中,比较可知,自然飞机的荷兰滚特征频率和阻尼比,有很多飞行状态未能满足规范要求,加上增稳系统后的荷兰滚等效特征频率和阻尼比均能达到设计要求,并有绝大多数飞行状态满足一级品质要求。

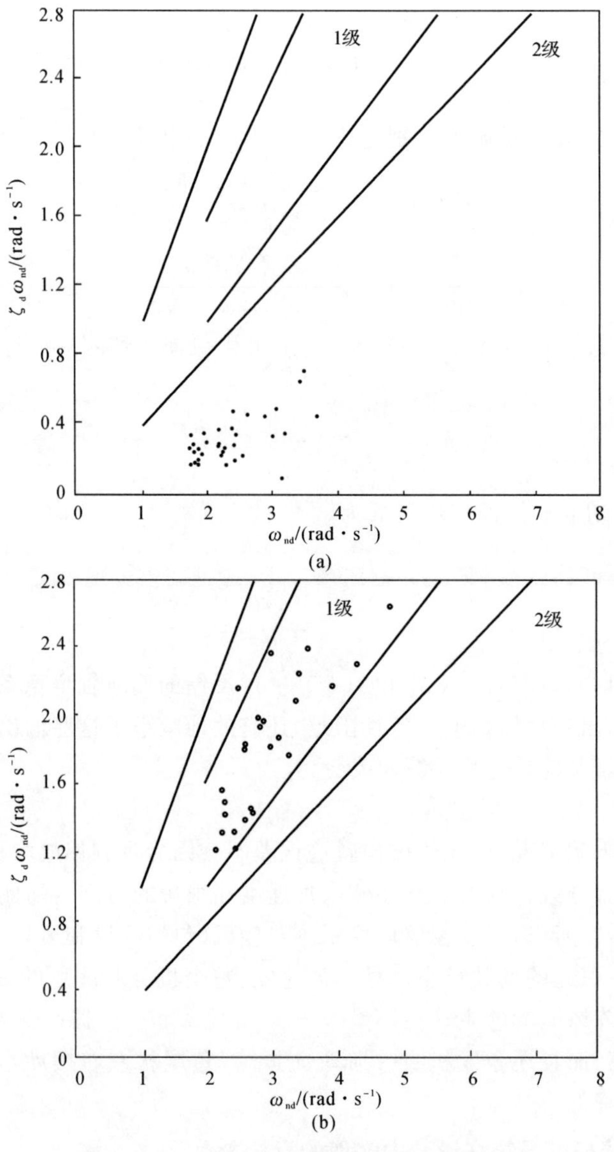

图 13-88 荷兰滚特征频率和阻尼比评定图

(a) 自然飞机; (b) 增稳飞机

3. 跟踪参数评定

按照规范要求，将飞机自然特性参数$\frac{\omega_\phi}{\omega_{nd}}$，$\frac{\zeta_\phi\omega_\phi}{\zeta_d\omega_{nd}}$和增稳飞机参数$\frac{\omega_{\phi e}}{\omega_{nde}}$，$\frac{\zeta_{\phi e}\omega_{\phi e}}{\zeta_{de}\omega_{nde}}$分别填入图 13-89(a) 和 (b) 中，由图比较可知，自然飞机的跟踪参数均未满足一级要求，增稳飞机的跟踪参数全部进入最佳区。

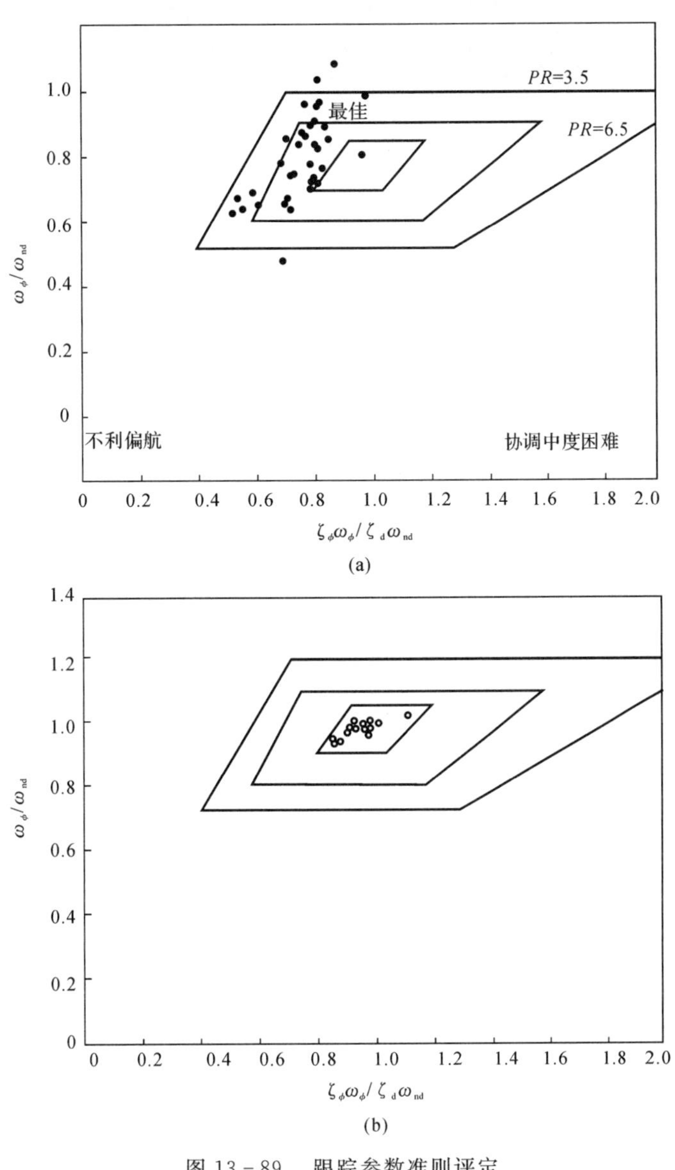

图 13-89　跟踪参数准则评定

(a) 自然飞机；(b) 增稳飞机

4. 稳定性评定

表 13-4、表 13-5 分别给出了某飞机横侧向电传操纵系统的稳定储备参数。表中 ω_c 为相位交界频率，PM 为相位稳定储备，ω_g 为幅值交界频率，*GM* 为幅值稳定储备。对于偏航轴增稳系统来说，所有飞行状态相位储备 *PM* 均大于55°，幅值储备 *GM* 均大于 9 dB，分别满足 45° 和 6 dB 的要求；对于滚转轴增稳系统来说，相位储备大于 60°，幅值储备大于 10 dB，全部飞行状态满足规范要求。

5. 系统等效拟配评定

每个飞行状态的拟配结果表明，失配度小于 0.5；等效时间延迟小于 0.1 s，这充分表明了由表 13-3 和图 13-88(b)给出的增稳飞机模态特性是有效的。

表 13-3 滚转模态和螺旋模态参数

No.	T_R/s	T_S/s	TT/s^{-2}	$T*T/s^{-2}$	T_{Re}/s	T_{se}/s	T_eT_e/s^{-2}	T_e*T_e/s^{-2}
1	0.685 4	25.876 7	0.560 7	0.056 4	0.411 0	39.781 2	1.510 7	0.061 2
2	0.361 5	46.344 5	1.943 0	0.059 7	0.212 5	135.570 6	5.553 7	0.034 7
3	0.273 8	54.614 3	3.368 3	0.066 9	0.198 1	166.245 2	603 857	0.030 4
4	0.197 5	62.470 4	6.449 8	0.081 1	0.170 1	141.290 6	8.661 2	0.041 6
5	0.915 4	33.59 67	0.314 8	0.032 5	0.372 5	59.94 97	1.824 2	0.044 8
6	0.415 7	70.94 69	1.463 7	0.033 9	0.297 3	128.921 0	208 415	0.026 1
7	0.257 9	170.150 6	3.770 1	0.022 8	0.256 2	246.538 2	3.816 7	0.015 8
8	1.187 7	42.080 9	0.187 4	0.020 0	0.333 6	87.321 4	202 636	0.034 3
9	0.577 8	97.769 0	0.757 7	0.017 7	0.193 0	282.079 3	6.720 8	0.018 4
10	0.403 3	94.261 9	1.550 2	0.026 3	0.415 1	61.231 0	1.470 6	0.039 3
11	0.414 0	98.208 4	1.470 9	0.024 6	0.493 3	49.347 5	1.048 0	0.041 1
12	1.438 1	66.941 0	0.126 1	0.010 4	0.289 1	138.676 6	3.003 7	0.024 9
13	0.724 2	395.782 6	0.478 4	0.003 5	0.362 1	250.764 2	1.912 2	0.011 0
14	0.695 5	132.985 0	0.522 2	0.010 8	0.484 8	67.676 0	1.079 0	0.030 5
15	1.409 9	88.378 2	0.129 8	0.008 0	0.301 2	153.856 7	2.766 5	0.021 6
16	0.921 5	410.093 2	0.295 7	0.002 6	0.489 1	92.078 1	1.056 2	0.022 2
17	0.890 3	18.882 3	0.345 8	0.059 5	0.441 1	30.824 6	1.321 9	0.073 5
18	0.336 9	35.952 9	2.244 1	0.082 6	0.284 6	79.480 2	3.108 7	0.044
19	0.888 1	28.248 7	0.337 2	0.039 9	0.304 5	106.420 1	2.711 7	0.030 9
20	0.558 3	38.82 17	0.825 3	0.046 1	0.394 5	82.109 4	1.621 8	0.030 9
21	0.533 3	39.886 2	0.902 7	0.047 0	0.390 0	64.388 9	1.663 6	0.039 8
22	1.421 5	30.182 7	0.135 6	0.023 3	0.357 3	83.230 4	1.975 1	0.033 6
23	1.090 5	39.779 1	0.222 9	0.024 9	0.287 4	101.226 2	3.043 9	0.034 4
24	0.915 9	39.549 5	0.312 0	0.027 6	0.308 2	96.472 6	2.648 8	0.033 6
25	1.594 7	34.357 9	0.107 6	0.018 3	0.352 0	101.537 7	2.031 7	0.028 0
26	1.214 9	38.992 5	0.180 1	0.021 1	0.276 0	164.024 4	3.292 9	0.022 1
27	1.095 5	16.661 9	0.236 6	0.054 8	0.501 3	31.318 8	1.026 9	0.063 7
28	0.626 9	20.545 9	0.675 5	0.077 6	0.552 8	17.386 1	0.870 9	0.104 0
29	0.481 5	24.446 7	1.121 2	0.085 0	0.410 1	46.477 6	1.512 8	0.052 5
30	1.877 3	21.983 3	0.083 6	0.024 2	0.786 1	28.088 7	0.427 5	0.045 3
31	0.964 8	24.202 8	0.290 4	0.042 8	0.402 3	57.295 0	1.566 5	0.043 4
32	0.662 9	32.781 4	0.592 2	0.046 0	0.497 1	46.725 7	1.033 3	0.043 1
33	1.747 4	26.524 3	0.093 0	0.021 6	0.417 6	75.007 0	1.449 6	0.031 9
34	1.175 2	29.590 7	0.195 7	0.028 8	0.388 7	68.050 1	1.673 6	0.037 8
35	1.576 2	30.635 2	0.111 2	0.020 7	0.379 8	71.324 2	1.751 6	0.036 9

表 13-4　偏航通道开环稳定储备数据

No.	$\omega_c/(\mathrm{rad \cdot s^{-1}})$	$PM/(^\circ)$	$\omega_g/(\mathrm{rad \cdot s^{-1}})$	GM/dB
1	2.660 8	73.536 8	9.982 5	9.981 9
2	3.777 3	61.085 5	12.036 0	10.494 4
3	4.570 3	58.260 2	14.288 7	12.018 7
4	5.507 0	68.399 0	20.458 3	16.393 5
5	2.680 4	68.984 5	9.776 1	9.933 3
6	4.434 4	62.286 4	14.803 4	12.282 7
7	5.327 6	81.634 0	24.462 4	20.344 1
8	2.665 0	65.451 3	9.523 6	9.880 8
9	4.146 4	67.964 8	15.821 8	13.688 5
10	4.621 3	82.742 4	23.101 6	20.054 6
11	4.998 5	83.045 5	24.295 0	19.918 0
12	2.771 3	64.021 2	10.204 7	11.188 7
13	3.642 6	79.797 3	16.972 3	17.467 3
14	3.664 4	85.505 4	19.578 0	20.228 0
15	2.637 0	68.651 1	11.113 4	13.455 5
16	3.277 8	84.042 2	17.120 5	19.054 3
17	2.908 9	76.883 7	11.399 6	12.478 3
18	5.188 6	57.029 0	16.321 7	12.830 0
19	6.097 5	64.476 6	20.961 4	15.101 6
20	3.873 1	65.000 4	13.282 5	11.674 1
21	5.607 4	62.067 6	18.758 4	13.511 0
22	5.703 9	66.404 6	20.380 4	14.771 0
23	3.449 7	65.074 0	11.870 0	10.795 1
24	4.067 4	67.268 7	14.999 1	13.130 5
25	4.585 6	68.230 0	17.534 8	14.368 9
26	3.526 6	64.549 1	12.214 1	11.058 1
27	3.818 8	76.720 3	16.339 7	14.593 8
28	2.379 5	78.629 8	10.385 9	12.688 6
29	3.134 6	68.787 4	13.000 8	14.331 6
30	3.929 1	67.954 5	16.112 6	15.828 4
31	2.038 5	93.842 7	9.254 6	12.971 1
32	3.004 3	72.391 4	13.158 5	14.639 5
33	3.973 4	73.254 7	18.282 5	17.356 6
34	2.306 1	69.550 8	10.722 9	12.288 4
35	3.163 9	75.893 3	15.422 7	16.678 1
36	2.763 7	77.580 3	14.110 8	16.776 2

表 13-5　副翼通道开环稳定储备数据

No.	ω_c/(rad·s^{-1})	PM/(°)	ω_g/(rad·s^{-1})	GM/dB
1	/	/	/	/
2	/	/	/	/
3	/	/	/	/
4	/	/	/	/
5	0.358 6	171.414 9	22.954 9	24.663 9
6	/	/	/	/
7	/	/	/	/
8	2.692 3	110.790 8	22.730 1	22.908 2
9	2.257 6	111.074 2	23.318 1	21.832 2
10	/	/	/	/
11	/	/	/	/
12	3.112 0	96.996 1	22.564 2	21.632 9
13	0.644 8	152.544 6	23.023 8	26.734 8
14	/	/	/	/
15	2.581 5	106.316 5	22.551 8	22.555 3
16	/	/	/	/
17	/	/	/	/
18	/	/	/	/
19	/	/	/	/
20	2.157 0	107.770 4	22.862 7	22.850 8
21	/	/	/	/
22	/	/	/	/
23	1.975 5	111.145 9	22.516 2	24.161 6
24	2.129 9	101.804 1	22.686 7	23.229 7
25	1.680 4	105.422 3	22.838 6	24.937 5
26	2.108 7	105.796 8	22.443 7	23.806 5
27	1.785 3	115.313 2	22.680 9	23.094 3
28	/	/	/	/
29	/	/	/	/
30	/	/	/	/
31	/	/	/	/
32	0.944 0	129.354 5	22.824 8	28.050 9
33	/	/	/	/
34	2.091 5	114.305 6	22.430 2	24.898 8
35	1.329 8	108.742 0	22.674 4	26.536 2
36	1.783 7	108.782 0	22.483 7	24.774 2

注：表中“/”表明该状态的幅频曲线不过零分贝线。

(五)小结

正确的计算和试验结果,不仅表明了示例横侧向电传操纵系统满足规范和设计要求,更重要的是证明了横侧向增稳系统或电传操纵系统简化设计方法的正确性。在 $\mu_{ys}^{\omega_x}$(或 $\bar{\mu}_{y}^{\omega_x}$) 和 $g\cos\theta_0/v_0$(或 $g\cos\vartheta_0/v_0$) 绝对值很小的情况下,横侧向运动可以按不变性解耦原理分解为两个由状态方程及其部分系数独立描述的运动模态-荷兰滚振荡模态和滚转-螺旋模态;如果通过 $\delta_x\rightarrow\delta_y$ 交联,使得包括副翼和差动平尾、方向舵交联在内的滚转操纵面的偏航力矩为零,从而使得滚转操纵中 β 和 ω_{ys} 响应近似为零。因此,滚转操纵主要激发滚转-螺旋模态和主要控制滚转速率和滚转角;而方向舵控制尽管同时激起荷兰和滚转-螺旋模态,但在测滑角 β 和偏航速率 ω_{ys} 响应中,主要包含荷兰滚振荡模态。因此,在横侧向飞行品质改善系统设计中,采用滚转联合操纵面,引入滚转速率反馈,改善滚转模态;采用方向舵引入稳定轴偏航速率和侧滑角(或侧向加速度) 反馈,改善荷兰滚振荡模态。实践证明,分别按两个近似独立的二阶系统设计横侧向飞行品质改善系统是正确的。

13.2.3　倾斜自动驾驶仪控制律设计

在横向自动驾驶仪中,引入倾斜角反馈,作为滚转轴增稳系统或电传操纵系统的外回路,用以保持和控制飞机倾斜姿态,改平飞机和保持机翼水平。为了提高控制精度和具有高的抗干扰能力,还可将系统设计成为具有 PI 调节器和高增益的模型跟踪系统。

滚转姿态控制是侧向运动中各种功能控制的基本控制器,在它的基础上,引入 $\psi\rightarrow\delta_x$ 外回路反馈,来保持和控制飞行航向;在航向控制回路外引入偏离航迹线距离的反馈,实现航迹引导和保持。滚转姿态控制除去作为其他功能回路的内回路外,其自身的主要功能如下:

1) 引导滚转姿态 γ,改变升力矢量方向,控制飞机曲线飞行和实现自动协调转弯;

2) 保持机翼水平使升力矢量稳定在垂直面内,使在起飞和着陆时减少机翼擦地的危险性。

副翼是改变倾斜姿态角的最有效的调节变量,以上功能是通过 $\gamma\rightarrow\delta_x$ 反馈实现的。但是,实际上,滚转姿态控制各种功能的实现,离不开偏航轴增稳系统的作用。这和纵向运动基本控制器不一样,滚转姿态控制功能的实现,必须依靠两对状态反馈和它们分别控制的两个调节变量,以及两个调节变量的交联,即利用

$$\omega_{ys}\rightarrow\delta_y,\quad \beta(n_z)\rightarrow\delta_y,\quad \delta_x\rightarrow\delta_y\quad 和\quad \omega_x\rightarrow\delta_x,\quad \gamma\rightarrow\delta_x$$

反馈和交联实现的。

一个全面地描述倾斜自动驾驶仪的结构图如图 13-90 所示,为了说明问题,利用对象某些信号流线将航向运动和横向运动用虚线连接起来,但每个自由度自身的连接关系和控制器反馈用实线连接,表明了由偏航运动和滚转运动构成的倾斜自动驾驶仪的两个子系统。

图 13-90 表明了倾斜自动驾驶仪回路是一个多变量控制系统,存在着飞机自然耦合和飞行控制系统解耦特性。通常 $\mu_{ys}^{\omega_x}$ 和 g/v_0 的绝对值很小,使得滚转运动对偏航运动的交叉影响很小;然而,导数 μ_{xs}^{β},$\mu_{ys}^{\omega_x}$ 的绝对值往往很大,使得偏航运动对滚转运动的耦合影响很大。但是,可以通过偏航增稳系统减轻和消除偏航子系统对滚转子系统的自然耦合作用,不仅因为它采用 ω_{ys} 反馈阻尼了荷兰滚振荡,采用 $\beta(n_z)$ 反馈抑制了侧滑运动,更重要的原因在于在偏航控制器中,引入 $\delta_x\rightarrow\delta_y$ 交联,且按式(13-338)或式(13-339)确定的交联增益 $K_y^{\delta_x}$,使得由式(13-334)或式(13-336)表示的滚转操纵舵面偏航效应 $\mu_{yx}^{\delta_x'}$(或 $\bar{\mu}_{y}^{\delta_{x'}}$) 近似为零,从而在滚转操纵中实现侧滑角和稳定轴偏航速率的响应近似为零。这样一来,偏航运动通过 μ_{xs}^{β},$\mu_{xs}^{\omega_y}$ 对滚转运动的耦合便失去了它们的作用。因此,在 $\mu_{ys}^{\omega_x}$ 和 g/v_0 很小的情况下,在偏航增稳系统中,引入合适增益 $\delta_x\rightarrow\delta_y$ 交联,便可使滚转操纵很少影响偏航运动,使得包括倾斜自动驾驶仪在内的一切“副翼控制器” 都可按照简化了的滚转运动传递函数进行闭环设计。

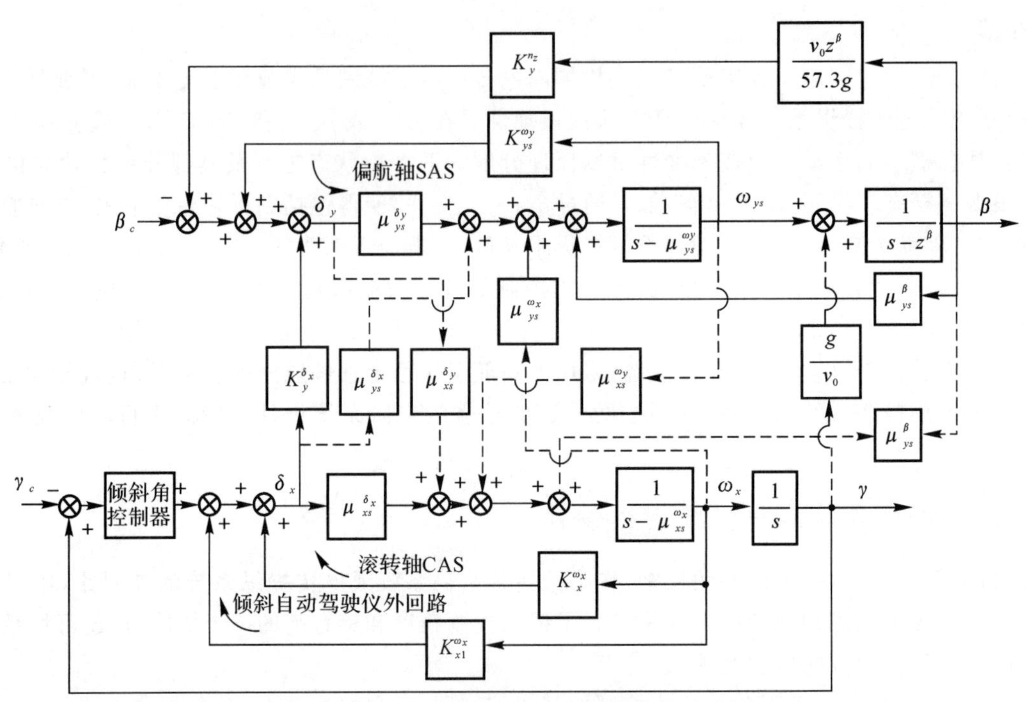

图 13-90　倾斜自动驾驶仪基本控制回路

图 13-90 中倾斜角控制器可以是纯增益 K_x^{γ}，也可以是具有增益 K_x^{γ} 的 PI 控制器。图中另一路增益为 $K_{x1}^{\omega_x}$ 的 ω_x 反馈，用以改善倾斜角控制器的稳定性和动态特性。

13.2.3.1　比例式倾斜自动驾驶仪控制律设计

对于倾斜自动驾驶仪控制律的设计，可以按照图 13-90 所示下面一个二阶子系统简化回路进行。在滚转增稳系统反馈增益 $K_x^{\omega_x}$ 确定之后，便可进行倾斜自动驾驶仪控制律设计。$\mu_{ys}^{\omega_x}$，g/v_0 绝对值很小，以及 $\delta_x \to \delta_y$ 交联使 $\mu_{yx}^{\delta_x'}$ 为零，且倾斜角自动驾驶仪回路的存在，基本上不改变偏航增稳系统特性。然而，当偏航增稳系统断开时，倾斜角控制器的存在不仅影响了荷兰滚频率和阻尼（甚至不稳定），同时，倾斜角响应特性也变差。因此当偏航轴增稳系统出现故障时，应该同时断开“副翼控制器”。

如果倾斜角控制器仅仅由控制增益 K_x^{γ} 表示，系统称为比例式倾斜角自动驾驶仪。由图 13-90 所示下面为倾斜角控制回路，为二阶子系统，因此，在反馈增益设计中可按二阶特性要求确定 $K_{x1}^{\omega_x}$ 和 K_x^{γ} 值，当对 $\gamma_c \to \gamma$ 响应特性要求较缓慢时，$K_{x1}^{\omega_x}$ 可取为零。从 $\gamma_c \to \gamma$ 的全面的四阶传递函数可知，g/v_0 不为零使倾斜角控制误差存在。因此，在低速飞行时，比例式倾斜角自动驾驶仪的引导精度不高。

作为例子，图 13-91 给出了一个比例式倾斜控制回路 Nichols 曲线图，图 13-92 给出了该控制回路倾斜角引导的时间响应特性。

13.2.3.2　模型跟踪式倾斜自动驾驶仪控制律设计

为了减小倾斜角控制误差，实现精确的自动协调转弯，以及有效地减缓阵风影响和在整个飞行范围内补偿飞机参数变化的影响，将倾斜角自动驾驶仪设计成具有 PI 控制器的隐式模型跟踪系统是很有必要的。这种形式的基本控制器将为其外回路的各种自动驾驶仪工作方式提供良好的控制基础，它还为各种作战功能提供一个很好的横向稳定平台。

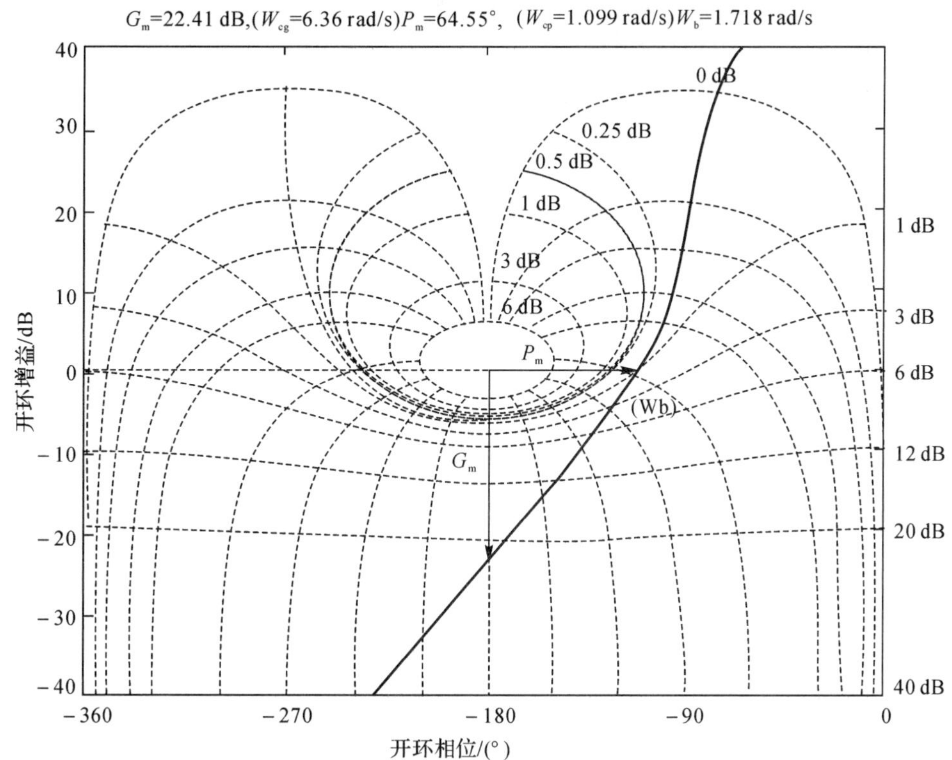

图 13-91　比例式倾斜角稳定 / 控制模式的 Nichols 曲线图

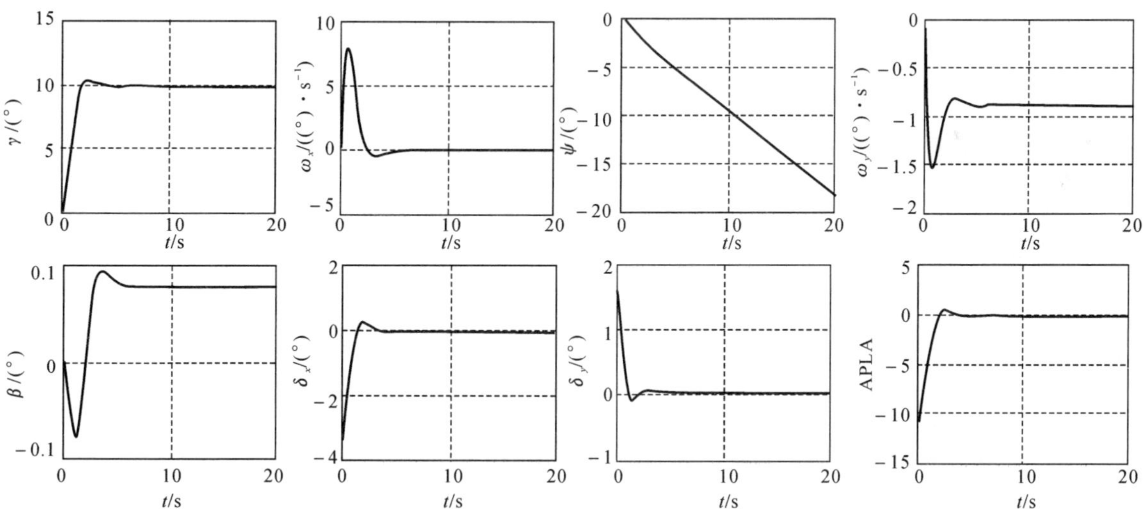

图 13-92　比例式倾斜姿态稳定 / 控制模式的时间响应曲线

图 13-93 所示为模型跟踪式倾斜角控制回路，其中回路 1 为滚转轴增稳系统简化回路，回路 2 中的 3 个反馈变量和由$(s+K)/s$表征的 PI 控制器构成了回路的外回路，包括回路 1 和回路 2 的完整系统称为倾斜角控制回路，图中 $\mu_{xs}^{\delta_x'}$ 由式(13-333) 表示。由图 13-93 得到倾斜角控制回路闭环传递函数：

$$\frac{\gamma}{\gamma_c}(s)=\frac{-K_x^r\mu_{xs}^{\delta_x'}(s+K)}{s^2[s-\mu_{xs}^{\omega_x}-\mu_{xs}^{\delta_x'}(K_x^{\omega_x}+K_{x11}^{\omega_x})]-K_{x12}^{\omega_x}\mu_{xs}^{\delta_x'}s\left(s+\dfrac{K_{x1}^{\gamma}}{K_{x12}^{\omega_x}}\right)-K_x^{\gamma}\mu_{xs}^{\delta_x'}(s+K)} \tag{13-365}$$

式中，$K_{x11}^{\omega_x}$，$K_{x12}^{\omega_x}$ 之和等于 $K_{x1}^{\omega_x}$。当选择参数

$$K=-\mu_{xs}^{\omega_x}-\mu_{xs}^{\delta_x'}(K_x^{\omega_x}+K_{x11}^{\omega_x}) \tag{13-366}$$

$$K_{x1}^{\gamma}=-[\mu_{xs}^{\omega_x}-\mu_{xs}^{\delta_x'}(K_x^{\omega_x}+K_{x11}^{\omega_x})]K_{x12}^{\omega_x} \tag{13-367}$$

时，倾斜角控制回路的闭环传递函数便可简化为

$$\frac{\gamma}{\gamma_c}(s)=\frac{\omega_\gamma^2}{s^2+2\zeta_\gamma\omega_\gamma s+\omega_\gamma^2} \tag{13-368}$$

式中

$$2\zeta_\gamma\omega_\gamma=-K_{x12}^{\omega_x}\mu_{xs}^{\delta_x'} \tag{13-369}$$

和

$$\omega_\gamma^2=-K_x^{\gamma}\mu_{xs}^{\delta_x'} \tag{13-370}$$

依据飞机种类的不同，给定 ω_γ 和 ζ_γ 值，从而由式(13－369) 和式(13－370) 确定增益 $K_{x12}^{\omega_x}$ 和 K_x^{γ} 值。

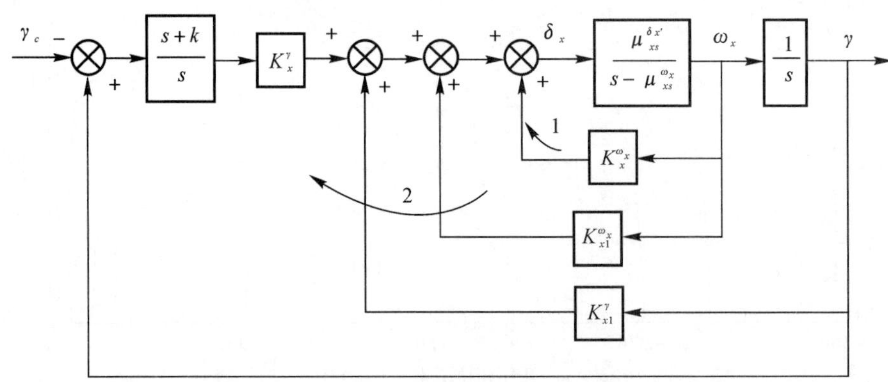

图 13－93　模型型跟踪式倾斜自动驾驶仪模型结构图

按闭环稳定性要求，将反馈增益 $K_{x11}^{\omega_x}$ 和 K 尽量取大值，以提高系统的鲁棒性；或者按照对侧向阵风 β_W、风切变 w_{zx}，w_{xz} 和 w_{yz} 的抑制要求，确定 $K_{x11}^{\omega_x}$ 值，并设置超前网络，以提高系统稳定性。在确定 $K_{x11}^{\omega_x}$ 的同时，按式(13－366)、式(13－367) 确定 K，K_{x1}^{γ} 值。

13.2.3.3　协调转弯分析

飞机在水平面内保持飞行高度和速度，以常值滚转角和零侧滑角连续改变飞行方向的飞行，称为协调转弯。对于自然飞机，为实现协调转弯，需要驾驶员同时操纵副翼、方向舵和升降舵，以实现稳态滚转角 γ_∞、稳态偏航速率 $\dot\psi_\infty$、稳态飞行高度 H_∞ 和速度 v_∞ 都为常值，以及稳态侧滑角为零；对于具有纵向、横向和含有 $\delta_x\rightarrow\delta_y$ 交联的控制增稳飞机，需要驾驶员给出滚转速率指令，获得恒定的滚转角，给出相应的法向过载指令，以实现上述协调转弯飞行条件；对于具有倾斜自动驾驶仪的飞机，只要驾驶员给出协调转弯倾斜角指令，飞机便自动进入协调转弯，自动实现上述飞行条件。

飞机在协调转弯时，升力方向不垂直于地平面，而向转弯中心倾斜，必须负偏升降舵以增大升力，使得垂直地面方向的分量与重力平衡，保持飞机在水平面内飞行。升力在水平面的分量应与飞机等速转弯时的离心力平衡，实现以恒定的转弯角速度 $\dot\psi$ 在水平面内作圆周运动。

依据升力垂直分量与重力的关系和升力水平分量与等速转弯离心力的关系，即

$$Y\cos\gamma=G=mg \tag{13-371}$$

$$Y\sin\gamma=mv\dot\psi \tag{13-372}$$

式中，Y 为飞机通过重心的总升力。便可获得表征协调转弯的飞行条件

$$\dot\psi=\frac{g}{V_0}\tan\gamma \tag{13-373}$$

又根据机体轴上的升力方程

$$Y=mg\cos\gamma+mv_0\omega_z \tag{13-374}$$

和飞机俯仰速率 ω_z 与转弯角速率 $\dot{\psi}$ 的关系

$$\omega_z = \dot{\psi}\sin\gamma \tag{13-375}$$

获得协调转弯时，固连轴 y 上的总升力为

$$Y = mg\left(\cos\gamma + \frac{\sin^2\gamma}{\cos\gamma}\right) = \frac{G}{\cos\gamma} \tag{13-376}$$

由于飞机水平直线飞行时过载因数 $n_y=1$，因此，在协调转弯操纵时，通过纵向控制增稳系统给出过载指令

$$n_{yc} = \frac{1}{\cos\gamma} - 1 \tag{13-377}$$

以补偿因飞机倾斜而造成的升力不足，保持飞机等高度飞行，并利用不变的油门杆位置，保持飞行速度不变。

依据横侧向运动方程，当 $\beta_\infty = 0$ 时，得到

$$\omega_{y\infty} = -\frac{g}{v_0}\sin\gamma_\infty \tag{13-378}$$

$$-\mu_{xs}^{\omega_y}\omega_{y\infty} = \mu_{xs}^{\delta_x}\delta_x + \mu_{xs}^{\delta_y}\delta_y \tag{13-379}$$

$$-\mu_{ys}^{\omega_y}\omega_{y\infty} = \mu_{ys}^{\delta_x}\delta_x + \mu_{ys}^{\delta_y}\delta_y \tag{13-380}$$

从而获得协调转弯定常操纵偏度

$$\delta_x = \frac{\mu_{xs}^{\delta_y}\mu_{ys}^{\omega_y} - \mu_{ys}^{\delta_y}\mu_{xs}^{\omega_y}}{\mu_{xs}^{\delta_y}\mu_{ys}^{\delta_x} - \mu_{xs}^{\delta_x}\mu_{ys}^{\delta_y}}\frac{g}{v_0}\sin\gamma \tag{13-381}$$

$$\delta_y = \frac{\mu_{ys}^{\delta_x}\mu_{xs}^{\omega_y} - \mu_{xs}^{\delta_x}\mu_{ys}^{\omega_y}}{\mu_{xs}^{\delta_y}\mu_{ys}^{\delta_x} - \mu_{xs}^{\delta_x}\mu_{ys}^{\delta_y}}\frac{g}{v_0}\sin\gamma \tag{13-382}$$

因此，在协调转弯操纵中，不大的副翼、方向舵相互协调偏转，其偏转比例为

$$k_y^{\delta_x} = \frac{\delta_y}{\delta_x} = \frac{\mu_{ys}^{\delta_x}\mu_{xs}^{\omega_y} - \mu_{xs}^{\delta_x}\mu_{ys}^{\omega_y}}{\mu_{xs}^{\delta_y}\mu_{ys}^{\omega_y} - \mu_{ys}^{\delta_y}\mu_{xs}^{\omega_y}} \tag{13-383}$$

考虑到侧滑角对副翼、方向舵联合操纵的传递函数

$$\frac{\beta}{\delta_x}(s) = \frac{-\mu_{xs}^{\delta_x'}(b_0s^2 + b_1s + b_2)}{(s+\lambda_{\mathrm{R}})(s+\lambda_{\mathrm{S}})(s^2 + 2\zeta_{\mathrm{d}}\omega_{\mathrm{nd}}s + \omega_{\mathrm{nd}}^2)} \tag{13-384}$$

式中

$$b_0 = -\frac{\mu_{ys}^{\delta_x'}}{\mu_{xs}^{\delta_x'}}$$

$$b_1 = -\mu_{ys}^{\omega_x} - \frac{g}{v_0}\cos\gamma_0 + \frac{\mu_{ys}^{\delta_x'}}{\mu_{xs}^{\delta_x'}}\mu_{xs}^{\omega_x}$$

$$b_2 = \frac{g}{v_0}\left(\mu_{ys}^{\omega_y} - \mu_{xs}^{\omega_y}\frac{\mu_{ys}^{\delta_x'}}{\mu_{xs}^{\delta_x'}}\right)\cos\gamma_0$$

由 $b_2=0$ 得到 $k_y^{\delta_x}$ 的表达式同于式(13-383)，这充分说明了按交联增益 $k_y^{\delta_x}$ 协调操纵副翼和方向舵其侧滑角稳态值为零。

比较式(13-337)和式(13-383)分别表征的交联增益 $K_y^{\delta_x}$ 和 $k_y^{\delta_x}$ 是不相同的，前者是以滚转操纵偏航力矩，为使滚转响应(ω_x 和 γ)中无荷兰滚分量；后者为协调转弯操纵中侧滑角，其稳态值为零。当 $b_0=0$，即 $\mu_{ys}^{\delta_x'}=0$ 时，获得的交联增益与式(13-337)表征的相同。这就是说，按滚转操纵面偏航力矩系数 $\mu_{ys}^{\delta_x'}$ 为零所决定的 $\delta_x \to \delta_y$ 交联，仅仅使得

$$b_0 = 0,\quad b_1 = -\mu_{ys}^{\omega_x} - \frac{g}{v_0}\cos\gamma \quad 和 \quad b_2 = \frac{g}{v_0}\mu_{ys}^{\omega_x}\cos\gamma_0 \tag{13-385}$$

在 $\mu_{ys}^{\omega_x}$ 和$\frac{g}{v_0}\cos\gamma_0$ 绝对值很小的情况下，才能有效地减小协调转弯操纵中侧滑角的响应幅值，但是，不能使其稳态值为零。可以依靠 $\beta \to \delta_y$ 反馈的增稳作用，减小常值侧滑幅值。

对于自然飞机或阻尼器飞机，驾驶员可按式(13-383)所示交联增益 $k_y^{\delta_x}$ 协调控制副翼和方向舵，目视仪表，操纵升降舵保持飞机在水平面内盘旋；对于三轴增稳飞机，且具有式(13-337)表征的 $\delta_x \to \delta_y$ 交联时，驾驶员操纵飞机滚转至希望的滚转角上的同时，方向舵自动按式(13-337)所示交联增益等比例偏转，并且按式(13-377)自动给出法向过载指令，实现增稳方式的协调转弯；最理想的协调转弯是靠三轴交联的滚转角引导工作方式，驾驶员按希望给出滚转角指令，按式(13-337)和式(13-383)分别给出方向舵和纵向控制系统交联指令，自动实现精确的协调转弯。

最后应该指出，当利用滚转引导模式实现协调转弯时，应断开航向保持和俯仰保持工作模式，可以在高度保持模式实施协调转弯，但应断开 $\gamma \to \delta_z$ 交联。

13.2.4 航向角自动驾驶仪控制律设计

除对倾斜角稳定与控制外，另一个横侧向运动变量——航向角也应通过专门的控制器将飞机稳定在或控制到某一规定值上。这种飞行控制器称为航向角自动驾驶仪。

13.2.4.1 航向稳定与控制的基本方式

侧向力能改变飞行速度矢量在水平面内的方向，偏航力矩能改变飞机纵轴在水平面内的方向。侧向力包括由侧滑产生的侧向气动力和由倾斜飞行产生的升力水平分量。因此，飞机航向控制方式有三种，即由方向舵作为调节变量稳定和控制航向；由副翼稳定和控制航向；由副翼和方向舵共同稳定和控制航向。

早期的航向自动驾驶仪是由副翼调节的倾斜自动驾驶仪和由方向舵引入航向误差反馈和偏航速率反馈构成完整的平面航向控制回路，实现航向稳定和控制的。显然这种控制律在修正航向时，采用带侧滑的水平转弯，在方向舵偏转时产生偏航力矩以使纵轴转动，并且由纵轴转动产生的侧滑角产生侧力使其速度矢量改变方向，即依据纵轴与空速不协调性，实现航向稳定和控制。因此，这种控制存在原理上的缺点，只能用于小角度修正。

第二种航向控制方式，是通过副翼产生与航向误差成正比的滚转力矩，在滚转过程中升力方向改变和产生水平分量，从而使空速改变方向和产生侧滑角，在航向稳定力矩的作用下改变航向。这种方式也存在纵轴与空速方向的不协调性。

航向稳定与控制的目的在于稳定和控制航迹偏角。由于

$$\psi = \psi_s + \beta - \beta_W \tag{13-386}$$

式中，ψ_s 为航迹角。在无侧风条件下，只有无侧滑飞行，才能使航向角 ψ 等于航迹角 ψ_s。由于上述两种航向控制方式的控制过程中都存在着侧滑角，所要稳定或控制的航向角不等于航迹偏角。

利用 $\delta_x \to \delta_y$ 交联，使滚转操纵偏航力矩为零，又有自然和人工增稳的航向稳定性，使得具有($\psi - \psi_c \to \delta_x$)反馈的“副翼控制器”和具有 $\delta_x \to \delta_y$ 交联的偏航增稳系统，构成第3种航向稳定与控制方式。滚转角的作用，使升力产生侧向力和改变空速方向，合理的 $\delta_x \to \delta_y$ 交联增益和良好的航向稳定性，使飞机纵轴与速度矢量在整个航向修正过程中近似重合，从而使得航迹偏角 ψ_s 始终近似等于航向角 ψ。因此，现代飞机航向控制器多采用第3种航向控制方式。

由地面轴系与航迹轴系参数之间的关系可知，在 $\theta = 0$ 和 γ_s 较小的情况下，得到

$$\dot{\psi} = \frac{1}{\cos\theta}(\omega_y \cos\gamma_s - \omega_z \sin\gamma_s) \approx \omega_{ys} \tag{13-387}$$

在 z^{δ_y} 绝对值很小和 β 近似为零的情况下，由侧向力方程得到

$$\dot{\psi}_s = \omega_{ys} - \dot{\beta} + \dot{\beta}_W = -z^{\beta}\beta - z^{\delta_y}\delta_y - \frac{g}{v_0}\gamma_s \approx -\frac{g}{v_0}\gamma_s \tag{13-388}$$

并依据定义可知

$$\dot{\beta}_W = -w_{zx} \tag{13-389}$$

这样,便可由式(13-388)、式(13-389)和式(13-386)得到控制对象的"航迹方位角"部分。表征滚转角控制的"基本控制器"输出 γ 作为"航迹方位角"部分的输入。不包含偏航增稳回路的部分航向控制回路如图13-94所示,由于"航迹方位角"部分含有积分器,可以自然地提高稳态引导精度。故不必在外回路引入PI控制器。但是,为实现模型跟踪式航向控制器,引入滞后-超前网络 $\frac{T_\psi s+K_1}{s+K_1}$ 和控制增益 K_x^ψ 作为外回路控制器。ω_x 反馈增益 $K_{x2}^{\omega_x}$ 也是为实现模型跟踪回路而设置的。虚线连接表征小值的 β 对系统的影响可以不计。

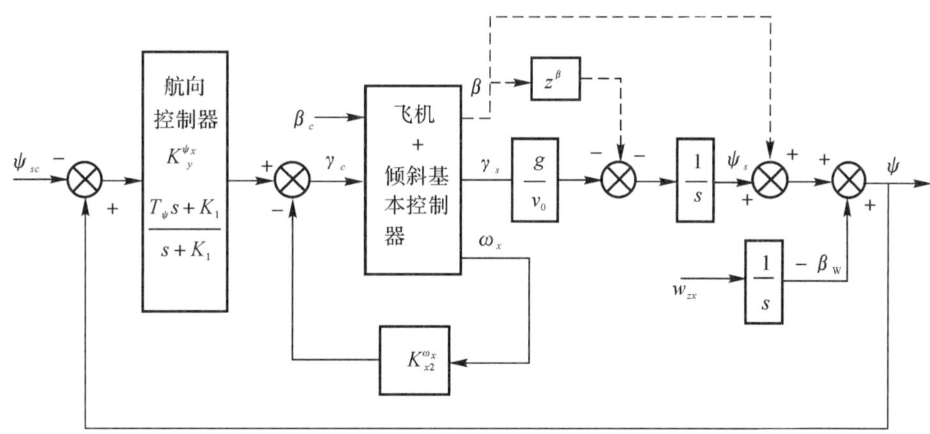

图13-94　航向控制回路原理结构图

作为基本控制回路的二阶倾斜控制回路是航向控制回路内回路,可以使串联和嵌套在外的航向控制具有很好的稳定性;当选择 K_1 足够大时,三阶特性的航向控制回路可以通过模型跟踪设计法实现具有良好响应特性的二阶系统。由于系统所涉及的调节变量只有副翼一个,因此,系统可按串联单变量系统设计。

航向控制系统也有保持和引导两种工作方式。和高度控制回路一样,为了防止航向控制器在引导过程中产生过大的倾斜角,以至于出现过大的法向过载,因此,需要限制图中 γ_c 的大小。利用容易实现的航向角代替航迹方位角是以不精确性为代价的,这不能不说是一种折中措施。

13.2.4.2　模型跟踪式航向自动驾驶仪控制律设计

如图13-95所示,为模型跟踪式航向自动驾驶仪简化结构图。在图13-95中,回路3是航向保持/控制回路,它们的内回路是以回路2表示的倾斜保持/控制回路。正如上节所述回路2的内回路是回路1——滚转增稳回路。这便是一种三级串联嵌套控制系统。依据倾斜控制回路的二阶传递函数很容易地写出航向控制回路传递函数:

$$G_3(s)=\frac{\psi}{\psi_c}(s)=\frac{\frac{g}{v_0}(T_\psi s+K_1)K_x^\psi\omega_\gamma^2}{(s+K_1)\left[s^2(s+2\zeta_\gamma\omega_\gamma)+\omega_\gamma^2(K_{x2}^{\omega_x}s+1)s+\frac{g}{v_0}K_x^\psi\omega_\gamma^2\frac{1}{K_1}(T_\psi s+K_1)\right]} \tag{13-390}$$

当选择 K_1 足够大以及

$$K_{x2}^{\omega_x}=\frac{1}{2\zeta_\gamma\omega_\gamma} \tag{13-391}$$

$$T_\psi=\frac{K_1}{2\zeta_\gamma\omega_\gamma} \tag{13-392}$$

时,则航向保持与控制回路(即回路3)的传递函数可简化为

$$G_3(s)=\frac{\psi}{\psi_c}(s)\approx\frac{\omega_\psi^2}{s^2+2\zeta_\psi\omega_\psi s+\omega_\psi^2} \tag{13-393}$$

式中

$$2\zeta_\psi\omega_\psi=\omega_\gamma^2K_{x2}^{\omega_x}=\frac{\omega_\gamma}{2\zeta_\gamma} \tag{13-394}$$

$$\omega_\psi^2=\frac{g}{v_0K_1}K_x^\psi\omega_\gamma^2T_\psi=\frac{\omega_\gamma g}{2\zeta_\gamma v_0}K_x^\psi \tag{13-395}$$

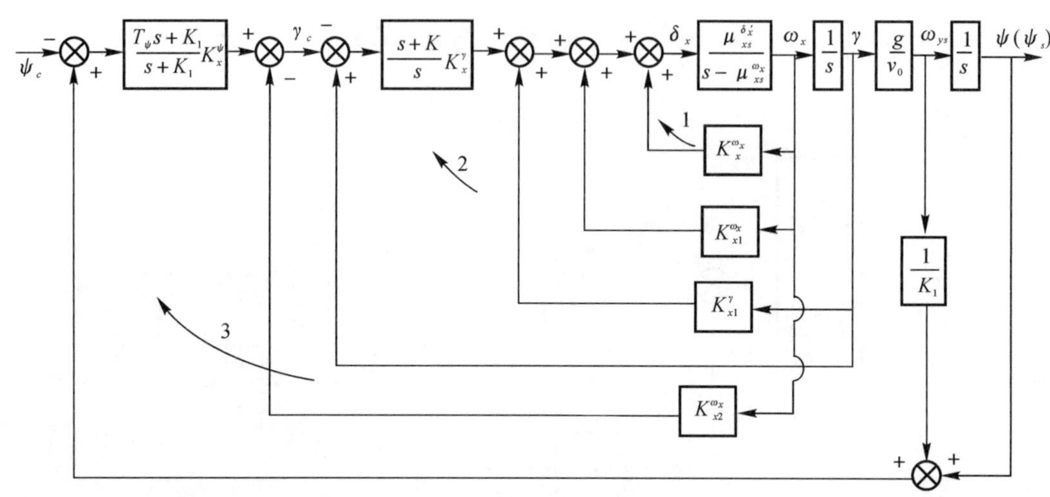

图 13-95　模型跟踪式航向自动驾驶仪简化结构图

又由式(13-394)得到

$$\omega_\psi^2=\frac{\omega_\gamma^2}{16\zeta_\gamma^2\zeta_\psi^2} \tag{13-396}$$

从而由式(13-395)、式(13-396)得到

$$K_x^\psi=\frac{\omega_\gamma v_0}{8\zeta_\gamma\zeta_\psi^2 g} \tag{13-397}$$

由上面这些参数表达式可知，只要给定 $\omega_\gamma,\zeta_\gamma,\zeta_\psi$ 和已知飞行速度 v_0 的情况下，便很容易地获得航向控制回路中的各个未知参数，并且，当给定 $\zeta_\gamma=\zeta_\psi=0.707$ 时，那么

$$\omega_\psi=0.5\omega_\gamma \tag{13-398}$$

这就是说，按隐式模型跟踪法设计的二阶串联嵌套系统，当阻尼比按最佳要求(0.707)设计时，那么，外回路的特征频率是内回路特征频率的二分之一。

如果倾斜控制回路是按高增益PI型控制设计的，针对扰动和对象参数变化，系统都具有很强的鲁棒性，以及 ω_γ 和 ζ_γ 基本上不随飞行状态不同而变化，因此，与 $\omega_\gamma,\zeta_\gamma$ 相关的 ω_ψ,ζ_ψ 也变化不大。这表明不变的内回路特性决定了外回路特性也不变，因此，外回路不必设计为高增益系统，航向控制回路的有关参数不必取值很大，系统仍具有很强的鲁棒性。

一个航向控制回路的 Nichols 列线图和阶跃响应特性曲线的例子分别如图 13-96 和 13-97 所示。

13.2.4.3　侧风扰动时的航向控制方法

这里所要研究的是飞机受侧风扰动后的稳态响应，而不是受扰时的动态特性。研究的目的在于寻找一种方法，使得在侧风干扰中不改变飞行航迹方位角。

首先所考虑的侧向风是常值的。在侧风干扰前，航迹方位角等于航向角，即 $\psi_s=\psi_c$；在常值侧风干扰后，稳态的侧滑角 β 仍为零，稳态的航向角仍为 ψ_c。因此，由式(13-386)得到

$$\psi_s = \psi_c + \beta_W \tag{13-399}$$

式中，$\psi_s = \psi_{sc} + \Delta\psi_s$，$\Delta\psi_s$ 称为偏流角，且因 $\psi_{sc} = \psi_c$，得到

$$\Delta\psi_s = \beta_W \tag{13-400}$$

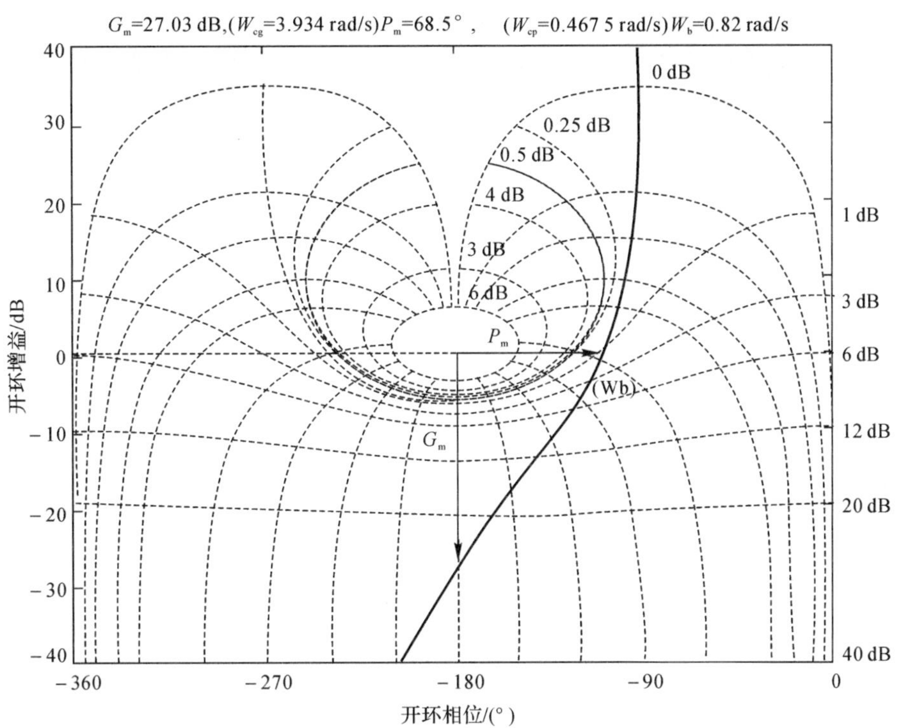

图 13-96　模型跟踪式航向稳定/控制模式的 Nichols 列线图

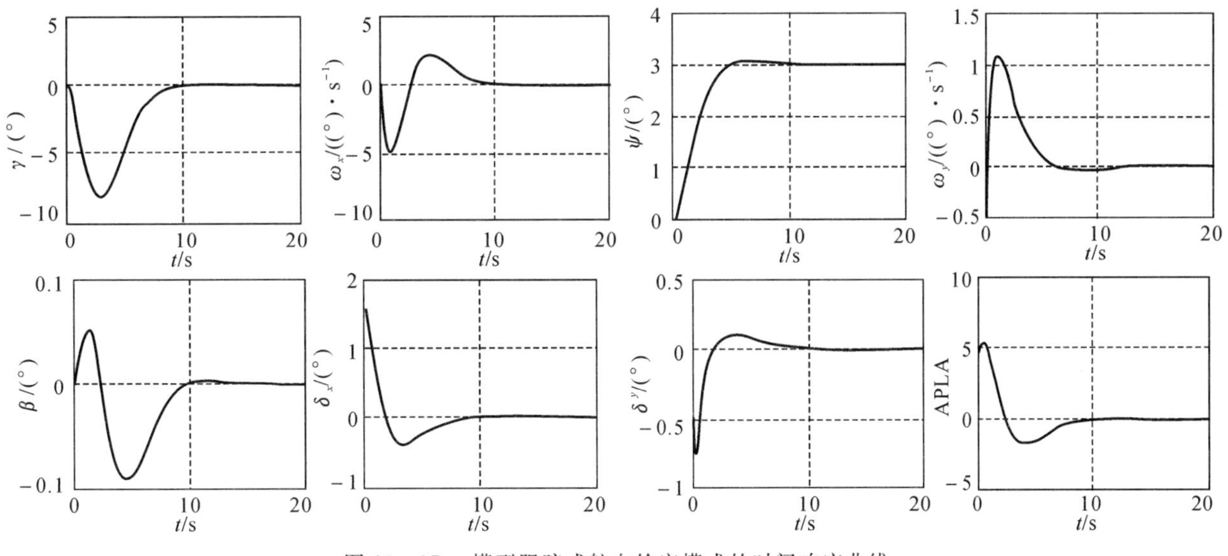

图 13-97　模型跟踪式航向给定模式的时间响应曲线

一种修正偏流角使 $\Delta\psi_s = 0$ 的方法，是在航向控制器给出指令 $\Delta\psi_c = -\beta_W$ 和偏航增稳系统保持 β 为零。由于 $\Delta\psi_c$ 指令后的航向角 $\psi = \psi_c + \Delta\psi_c$，因此得到

$$\Delta\psi = -\beta_W \quad 和 \quad \Delta\psi_s = 0 \tag{13-401}$$

称 $\Delta\psi$ 为偏流修正角。这种由偏航增稳系统保持 β 为零和由航向控制器给出指令改变航向角为负 β_W 的偏流

修正方法，其优点是稳态倾斜角和方向舵偏角为零带来的飞行阻力变化小，因此，这种方法宜于在巡航飞行中采用。其主要缺点是航迹速度矢量不在飞机纵轴指向上，使得近似处于纵轴上的推力矢量相对航迹方向有一个为负 β_W 的夹角。因此，难以用于航迹方向与飞机纵轴相同指向的着陆飞行最后阶段。为使飞机指向跑道方向可采用下述偏流修正方法。

在侧风干扰情况下，为使航迹速度矢量在飞机纵轴指向上，可以采用另一种偏流修正方法，在航向保持模式工作条件下，利用脚蹬或侧滑角指令 β_c，控制偏航增稳系统或侧滑控制器，使飞机产生侧滑角，且

$$\beta \approx \beta_c = \beta_W \tag{13-402}$$

当考虑到侧风干扰前 $\psi_c = \psi_{\infty}$ 时，那么，由式(13－400) 便可得到

$$\Delta\psi_s = 0 \quad 和 \quad \gamma_s = \frac{v_0 z^{\beta}}{g\cos\theta_0}\beta_W \tag{13-403}$$

由于着陆过程时间短，要求这种方法的偏流修正必须在接地前尽量迅速的完成，当撤销侧滑角指令使倾斜角趋于零时，应无超调量，以避免翼尖擦地和单机轮接地。

然而，侧风往往不是常值风，在飞机上也无法测量突风侧滑角 β_W，因此，对于紊流风需要在一定时间间隔上通过由平均风确定的基准点来计算它的平均值，由此求出偏流角 $\Delta\psi_s = \beta_W$。因为 β_W 不是常值，所以，驾驶员只能反复调整，最终找到 β_W 的近似值，并以 $\Delta\psi_c = -\beta_W$ 作为航向控制器的指令，或者以 $\beta_c = \beta_W$ 作为侧滑控制器的指令，按航向角或侧滑角修正偏流角。

13.2.5 航线自动驾驶仪控制律设计

有各种地面无线电引导系统可供飞机直线飞行和航迹水平引导使用，这些无线电引导系统尤其被用于交通稠密飞行区域和机场附近区域。虽然飞向甚高频全向信标(VOR)和根据仪表着陆系统(ILS)着陆飞行时，航向测量方法不一样，但是，这两种情况都可用同样的方法描述飞机相对给定航线的航迹特性，因而，控制器的基本结构是类似的。

给定航线是经过无线电发射台的某一垂直面与水平面的交线。在 ILS 着陆情况下，给定航线是由着陆跑道方向规定的；一般情况下的给定航线是具有发射台的飞行出发点至最终目标或者是两个无线电信标之间的直线。对于 ILS 着陆系统，在飞机上直接接收的是飞机所处位置和信标发射机连线与跑道方向的夹角 $\Delta\rho$，称为测向角偏差；而采用 VOR 无线电信标进近时，飞机上接收到的是飞机所处位置和发射机连线与指北方向的夹角 ρ，当知道跑道方向与指北方向的夹角 ρ_c 时，简单的计算便可得到测向角偏差 $\Delta\rho$。因此，在这两种情况下，不是把给定航线的侧向偏离 $\Delta z = D$ 作为观测变量的，而是把角度偏差 $\Delta\rho$ 作为观测变量。图 13－98所示为飞机在水平面内相对给定航线的位置。

由图 13－98 可知，由飞机相对于下一个航路点 P_i 的距离R 和水平测向角偏差 $\Delta\rho$ 决定的偏离航线距离

$$\Delta z = R\Delta\rho \tag{13-404}$$

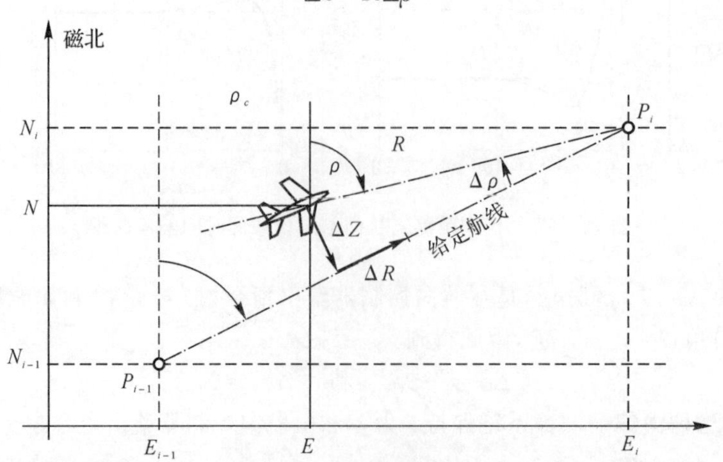

图 13－98　飞机在水平面内相对于给定航线的位置

由于航迹轴系表示的飞行速度矢量转换成地面轴系速度矢量为

$$\boldsymbol{v}_{\mathrm{d}}=\begin{bmatrix}\dot{x}_{\mathrm{d}}\\ \dot{y}_{\mathrm{d}}\\ \dot{z}_{\mathrm{d}}\end{bmatrix}=\begin{bmatrix}\cos\theta\cos\psi_s\\ \sin\theta\\ -\cos\theta\sin\psi_s\end{bmatrix}v_{\mathrm{d}} \tag{13-405}$$

式中，v_{d} 为无风干扰情况下的飞行速度。选择地面轴系原点 O_{d} 在飞机重心上，轴 $O_{\mathrm{d}}y_{\mathrm{d}}$ 与地面垂直向上，轴 $O_{\mathrm{d}}x_{\mathrm{d}}$，$O_{\mathrm{d}}z_{\mathrm{d}}$ 在水平面内，且方向分别与在水平面内飞行的飞机航迹轴 $O_{\mathrm{h}}x_{\mathrm{h}}$，$O_{\mathrm{h}}z_{\mathrm{h}}$ 重合。这样一来，式(13-405)中的 ψ_s 在 $t=0$ 时为零，使得 $\dot{z}_{\mathrm{d}t=0}=0$。当 $t>0$ 时，任何可能的原因使得 ψ_s 由零变化为 $\Delta\psi_s$，在 θ，ψ_s 为小角度的情况下，并将 $\dot{z}$ 代替 $\Delta\dot{z}_{\mathrm{d}}$，得到

$$\dot{z}=-\psi_s v_{\mathrm{d}} \tag{13-406}$$

寻找航线(路)，并在规定的时间内到达目的地的技术称为导航，因此，航线控制器便是自动导航控制器。如上所述，可以利用无线电信标的位置直接测量飞机相对于地面固定点的位置。这种方法包括两个测量要素：测距和测向。把测量得到的数据，经人工或计算机计算同该时刻所希望的(给定的)位置进行比较，从而定出合理的航迹修正量。除无线电技术方法(除多普勒测量方法外)外，天文导航也属于这类直接测量法。

另外一种导航方法是根据测出的速度大小和方向，由速度和时间的乘积计算出所飞过的路程。按照这种方法，便可由已知的起点数据，确定路程中每个实际位置的有关数据。依据推测数据寻找航线的方法称为推测导航。利用罗盘指示逐段确定航线的方法称为“航迹推算法”。受偏流的影响，实际航迹存在明显偏差和需要定期修正。

惯性导航也基于这种推算原理，由所测量的速度矢量的大小和用高精度姿态角决定的方向精确积分求出地面轴系各轴方向上的速度，再积分求出各航路点位置数据。只要加速度和姿态角测量准确和积分计算无误差，那么便可得任何时刻的实际位置。由于基于惯性力测量，所获得的速度与风速无关，因此，具有高精度的传感器和计算机的惯性系统，将给出误差甚小的位置数据。

近年来，GPS 卫星定位法已在导航控制中得到应用。它同惯性导航系统(INS)组合可能成为一种通用的定位导航方法。

航线控制器和高度控制器在原理上有许多相似之处。高度控制系统以俯仰姿态控制作为内回路，航线自动控制系统则以航向角和倾斜角控制系统作为内回路。航线控制一般利用飞机转弯的方式来修正航线，因此，航线控制的协调方法与倾斜和航向控制是一致的，即利用副翼通道滚转和转弯，利用方向舵通道协调和稳定。对于高性能飞机使用这种方法目前最为广泛。

但是，也有利用方向舵通道保持航向角，靠滚转控制器给出倾斜角，侧力的变化改变航迹角并产生侧滑，依靠侧滑角产生侧力，修正航线偏离 z。由于侧滑角产生的侧力较小，故 z 的修正过程很缓慢。因此现代飞机不多采用这种方法。由于篇幅所限，本书仅仅讨论第一种方法的航线控制器设计。

以基本控制器(倾斜角控制)和航向角控制器为内回路的航线控制，把状态变量 z 或者 ρ 作为外反馈变量。尽管系统存在 ψ_s 与 ρ(或 z)之间的积分器，自然地提高了稳态引导精度，然而，由于存在容易测量的偏航角 ψ(而不是 ψ_s)反馈，在 ψ 反馈回路中含有侧风 β_{W} 的影响。在无侧滑的 z(或 ρ)$\rightarrow\delta_x$ 控制中，由式(13-386)得到航向角的表达式为

$$\psi=\psi_s-\beta_{\mathrm{W}} \tag{13-407}$$

β_{W} 的作用通过航向控制器自动产生偏流修正角 $\Delta\psi=-\beta_{\mathrm{W}}$；在 $\beta=0$ 的情况下，使得 $\Delta\psi_s=\Delta\psi+\beta_{\mathrm{W}}$ 和 $\dot{z}=-\Delta\psi_s v_{\mathrm{d}}$。尽管存在 z 反馈，最终使 $\Delta\psi_s$，$\dot{z}$ 为零，然而，对于常值的侧向风 β_{W} 来说，会产生 z 的常值误差。为了提高侧风飞行中航线控制精度，在接通航线控制器的同时，将航向反馈回路中接入一个合适的时间常数的高通网络，以消除常值侧风 β_{W} 对航线控制精度的影响。

在通常情况下，导航设备不能给出发射台到飞机所处位置的距离 R，可把测量值 $\Delta\rho$ 直接作为反馈变量，由此造成外反馈回路增益随着至信标发射机的距离 R 的减小成反比增大，因此，基于角度 $\Delta\rho$ 测量的航线控制回路，将随着 R 的减小而阻尼变小和稳定性变差。在系统设计中应逐点研究 $R=R_0=\mathrm{const}$ 情况下的闭

环回路稳定性。

一种滚转轴串联嵌套式航线控制器结构图如图 13－99 所示。图中“控制对象”

$$G_\gamma(s)=\frac{\omega_\gamma^2}{s^2+2\zeta_\gamma\omega_\gamma s+\omega_\gamma^2} \tag{13-408}$$

表征了倾斜控制回路闭环传递函数，而它可由图 13－93 所示结构图得到，最好是具有内回路（滚转增稳回路）和 PI 控制器的高增益的模型跟踪式倾斜控制器，这样，不仅使倾斜控制和航向控制具有很强的鲁棒性，而且还可使外回路的航线控制也具有很强的鲁棒性。

图 13－99 中虚线反馈表示当无线电信标装置无法提供航线侧向偏离 z 时，航线控制器外回路可采用 ρ 反馈，此时反馈增益应增大 R_0 倍。高通网络使常值风 β_W 扰动时侧向偏离 z 的稳态误差为零，由此带来的闭环阻尼变差可由通过比例环节 $57.3K_2K_3/v_d$ 的 z 反馈来改善。ψ_s，z 之间具有自然的积分器，为实现模型跟踪回路不必引入 PI 特性，超前-滞后滤波器 $(T_zs+1)/(T_1s+1)$ 可代替比例加积分结构。与 z 反馈并联的 ψ' 反馈，通过比例器 $v_dT_1/57.3$ 实现零、极点抵消，使得超前-滞后滤波器极点与系统稳定性无关。

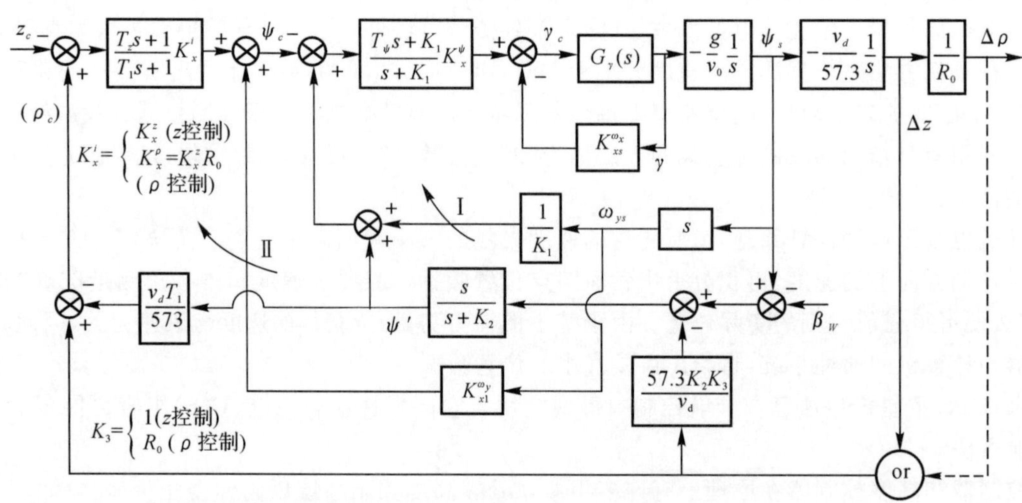

图 13－99　模型跟踪式航线自动驾驶仪原始模型结构图

由于图 13－99 所示回路Ⅰ可近似认为与图 13－95 结构相同，即回路Ⅰ的传递函数可近似航向控制回路传递函数，为

$$G_1(s)=\frac{\omega_\psi^2}{s^2+2\zeta_\psi\omega_\psi s+\omega_\psi^2} \tag{13-409}$$

这样一来，便很容易地得到回路Ⅱ，即航线控制器的传递函数为

$$G_Z(s)=\frac{z}{z_c}(s)=\frac{\dfrac{T_zs+1}{T_1s+1}\dfrac{v_d\omega_\psi^2}{57.3}K_x^z}{s^2(s+2\zeta_\psi\omega_\psi)+\omega_\psi^2(K_{x1}^{\omega_y}s+1)s+\dfrac{v_d\omega_\psi^2}{57.3}K_x^z(T_zs+1)} \tag{13-410}$$

当 T_1 取值很小以及

$$T_z=\frac{1}{2\zeta_\psi\omega_\psi}=\frac{2\zeta_\gamma}{\omega_\gamma} \tag{13-411}$$

$$K_{x1}^{\omega_y}=T_z=\frac{2\zeta_\gamma}{\omega_\gamma} \tag{13-412}$$

时，航线控制回路的传递函数可简化为

$$G_Z(s)=\frac{z}{z_c}(s)=\frac{\omega_z^2}{s^2+2\zeta_z\omega_z s+\omega_z^2} \tag{13-413}$$

式中

$$2\zeta_z\omega_z = K_{x1}^{\omega_\gamma}\omega_\psi^2 = \frac{\omega_\gamma}{8\zeta_\gamma\zeta_\psi^2} \tag{13-414}$$

$$\omega_z^2 = \frac{v_d}{57.3}\omega_\psi^2 K_x^z T_z = \frac{\omega_\gamma^2}{256\zeta_\gamma^2\zeta_\psi^4\zeta_z^2} \tag{13-415}$$

并由此得到

$$K_x^z = \frac{1.790\ 6\omega_\gamma}{\zeta_\gamma\zeta_\psi^2\zeta_z^2 v_d} \tag{13-416}$$

作为例子，图 13-100、图 13-101 分别给出某飞机某飞行状态的航线控制回路的 Nichols 列线图和航线引导响应曲线。

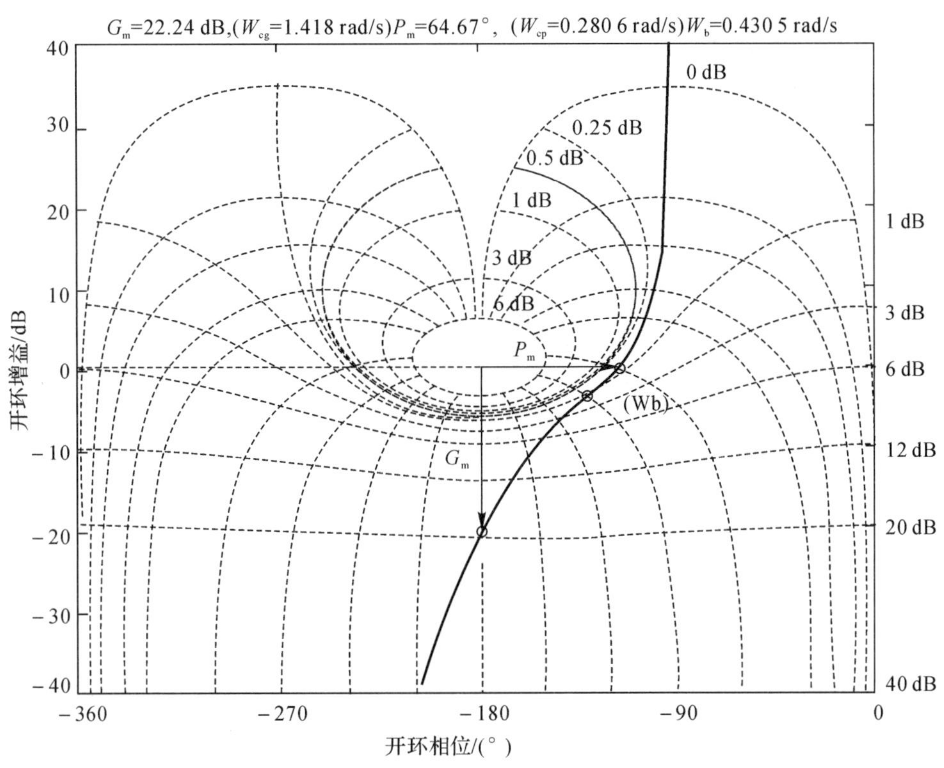

图 13-100　航线引导模式 Nichols 列线图

13.2.6　小结

基于稳定轴系或机体轴系的飞机横侧向运动矩阵方程，利用不变性解耦原理，将横侧向运动分解为荷兰滚和滚转-螺旋两个独立的运动模态。利用方向舵作为调节变量，引入 ω_{ys}，$\beta(n_z)$ 反馈和 $\delta_x \to \delta_y$ 交联，构成阻尼或增稳系统，实现阻尼、增稳和解耦控制；利用副翼（和差动平尾）作为调节变量，引入 ω_x，γ，ω_{ys}，ψ 和 $z(\rho)$ 反馈，构成滚转阻尼（或增稳）、倾斜、航向和航线控制的串联嵌套式控制回路，并且，按所述顺序前者是后者的内回路，改善滚转模态时间常数，实现倾斜、航向和航线精确控制。

由最简单的滚转阻尼器到最复杂的 4 级串联嵌套结构的航线控制，都可简化为二阶特性。最重要的是基本回路-倾斜控制器的二阶特性参数，在倾斜控制回路特征频率 ω_γ 和阻尼比 ζ_γ 给定之后，航向控制回路的特征频率为

$$\omega_\psi = \frac{\omega_\gamma}{4\zeta_\gamma\zeta_\psi} \tag{13-417}$$

航线控制回路的特征频率为

$$\omega_z=\frac{\omega_\gamma}{16\zeta_\gamma\zeta_\psi^2\zeta_z} \tag{13-418}$$

当选择 $\zeta_\gamma=\zeta_\psi=\zeta_z=0.707$ 时，便有

$$\omega_\psi=\omega_\gamma/2 \quad 和 \quad \omega_z=\omega_\psi/2=\omega_\gamma/4 \tag{13-419}$$

这种外回路相对内回路特征频率按 1/2 衰减率减小是副翼控制系统的重要特点。只要内回路具有良好的稳定性和响应特性，那么，外回路的稳定性和响应特性也是令人满意的。

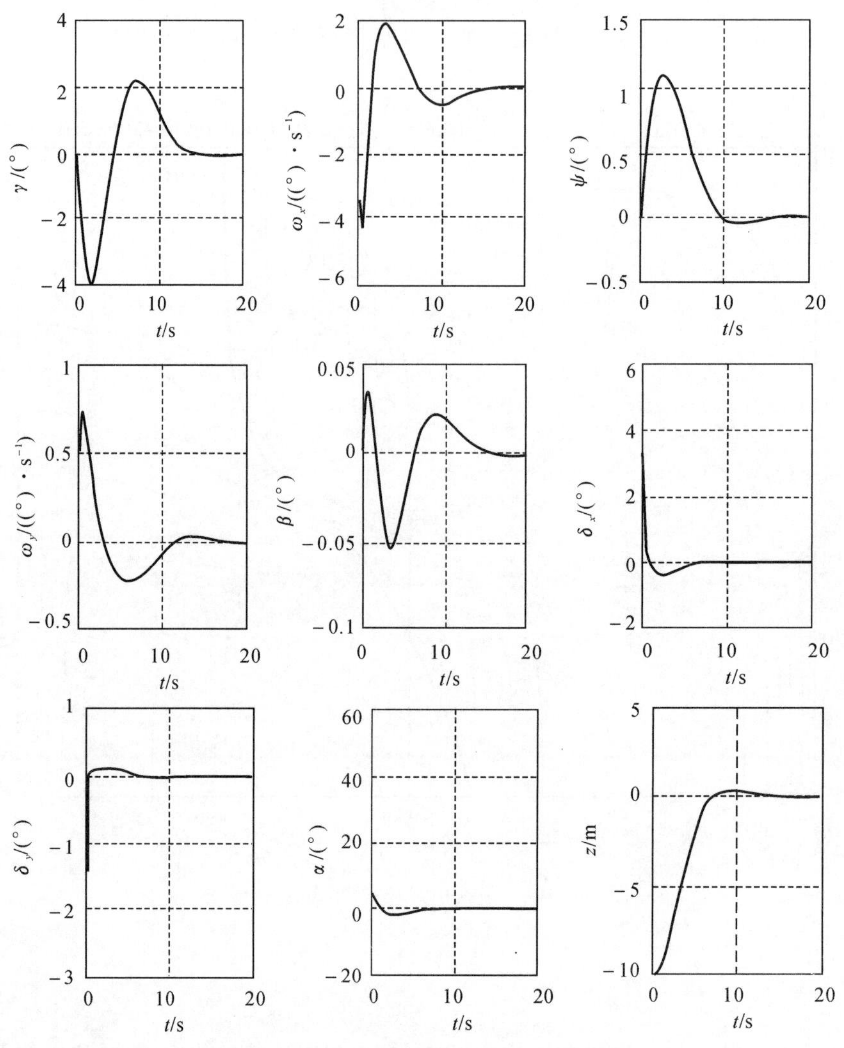

图 13-101　航线引导模式引导响应特性曲线

在基本回路设计中，按 PI 型和高增益设计的隐式模型跟踪式倾斜控制器，可使倾斜、航向和航线三种控制回路都具有很高的鲁棒性，有效地减小了正向通路中的各种扰动响应，并且不因对象参数的变化和不确定性改变各控制功能的稳定性和响应特性。

13.3　自动引导系统设计

经典的飞机飞行控制系统各种控制回路的设计已在上两节中分别介绍。包括升降舵、油门杆、方向舵和副翼(含差动平尾)等 4 个调节变量与包括运动角速率、姿态角、航迹角、法向和侧向加速度、高度和侧向偏离等反馈构成的近 10 种控制回路，可使用于整个飞行包线内，以改善飞机飞行特性和协助飞机完成包括作战、

运输等多项飞行任务。4 个调节变量的控制系统可使 4 种控制回路同时工作。当然，现代和未来的飞行控制系统将有更多的调节变量和反馈测量变量，构成更多的控制回路和实现更加繁重的飞行任务。

经典飞行控制系统的各个控制回路，在一定条件下，可以让驾驶员接通和断开，使飞机在所需工作模式中飞行。在整个飞行范围内，每个控制回路可独立接通和工作，但是，它们之间必须具有协调和并行工作的特点，譬如，在着陆进近飞行时，首先希望同时自动控制高度和空速，尽管它们都被看作为独立的控制器，并且也可选择带或不带另一个控制器的独立设备。这主要出于这样的考虑，即主要由于调节元件可靠性方面的原因，分开保持各个控制器的完整性为好。然而，由于飞机对各调节变量控制的强烈耦合作用，不允许孤立地采用某一个控制回路。一个典型的例子是副翼控制器的任何工作模式都离不开偏航增稳系统的协调工作。在正常情况下，单独使用任一个控制器并不能很好地减轻驾驶员的负担。

进场和着陆是最复杂的飞行阶段，由于这一阶段的飞行高度低，所以对飞行安全的要求也最高，尤其在终端进场时，飞机的所有运动参数必须高精度地控制和保持，直到准确地在规定地点接地为止。为此，自 20 世纪 60 年代发展起来的仪表自动着陆系统(ILS)，能在恶劣气候无目视基准的条件下自动引导飞机安全、正确地着陆，实现人们期待的全天候飞行。ILS 的着陆程序将上述多个控制回路有机地连接，构成自动着陆系统，获得自动着陆的基本功能，经过近 60 年的发展和考验，现已将自动着陆系统用于先进运输机上。

标准化了的 ILS 仪表着陆系统是由一系列准确规定的程序工作的，在这个范围内给控制器提供了合理的使用条件，使自动驾驶仪大有用武之地。

包含有ⅢB/C 等级的自动着陆工作方式的自动驾驶仪已经超过了驾驶员，从到达着陆航向直到接地的全部过程都不需要驾驶员的帮助而自动降落到跑道上。

另一个按控制程序工作的是自动地形跟踪系统。地形跟随系统是根据外界地形的千变万化，由机载计算机根据所测得或自主给出的地形信息，按地形跟随要求，不断实时计算给出轨迹控制指令，实现隐蔽飞行和完成低空突防任务，以有效地利用地形的起伏和敌方防御雷达的不灵敏区，躲避敌方防御系统的袭击。在自动地形跟随系统工作中，依据三维地形信息，有效地利用飞机纵向和侧向的机动能力，通过飞机最基本、最经典的各种控制器，并以理想的地形跟随轨迹控制，安全、可靠地完成作战任务。

本节除去叙述自动着陆和自动地形跟随系统以外，还将介绍自动拉平、自动配平等系统的工作原理。

13.3.1　自动着陆控制系统设计

几十年来，自动着陆方法都是依赖于仪表着陆系统(ILS)实现的。该系统在着陆跑道的延长线上某固定点发射上仰角为 2.5°～3°的引导波束，着陆航向信标台的天线安放在与着陆跑道入口相反的跑道终端点上，发射载波频率为 110 MHz 的清晰聚焦波，且左、右射束分别用 90 Hz 和 150 Hz 调制，均匀场强平面提供一个垂直基准面，作为航向基准。在±25°角范围内可以接收到信号，然而，线性计算范围只有±2.5°，作用距离为 25 n mile。

下滑道发射机的天线，安放在着陆跑道侧面 60 m 和着陆跑道入口后 300 m 处的接地点高度上，它也发射载波频率为 330 MHz 的两个 90 Hz(上面)和 150 Hz(下面)的调制波束。提供高度基准的两个波束相交面与地平面成 2.5°～3°角，其信号在相交面上下的±0.5°范围内才可使用。下滑道信号的作用距离为 10 n mile。图 13-102 所示为 ILS 系统制导波束。

着陆航向和下滑线的测量原理，在几何关系上，ILS 制导波束构成着陆航向平面和下滑线平面之间的交线，它是预先给定和不变的；在着陆信息方面，它为飞机提供了角度信息 $\Delta\rho$ 和 $\Delta\varepsilon$，并且，不需要在飞机上进行计算，由角度误差转换的电信号可直接作为控制误差送给自动驾驶仪。

现代 ILS 设备常常不提供连续的距离信息。为了最低限度地给驾驶员提供中间定位信息，在进场航路上提供两个向上的无线电聚焦信标，包括外指点标(OM)和中指点标(MM)，另外还有一个内指点标。它们为自动驾驶仪提供脉冲开关信息，以转换工作方式。在下滑线上飞机测得的雷达高度可代替在下滑线的测距。当制导波束的几何关系一定和地形为水平时，便可由角度 ε_c 和雷达高度 H_R 换算成到着陆跑道入口的距离。各信标台在机场的配置如图 13－103 所示。

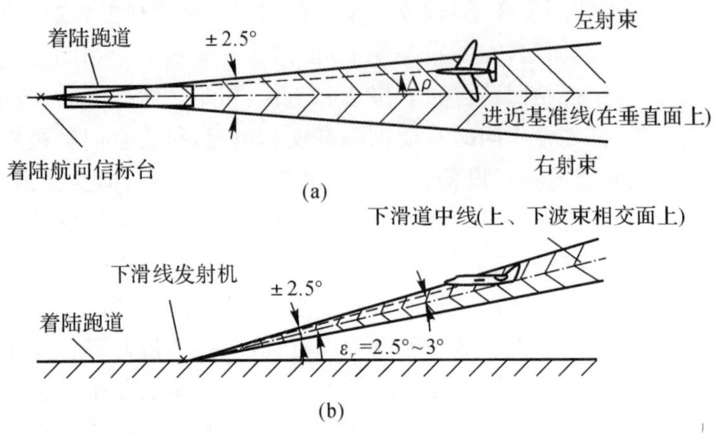

图 13－102　ILS 系统制导波束

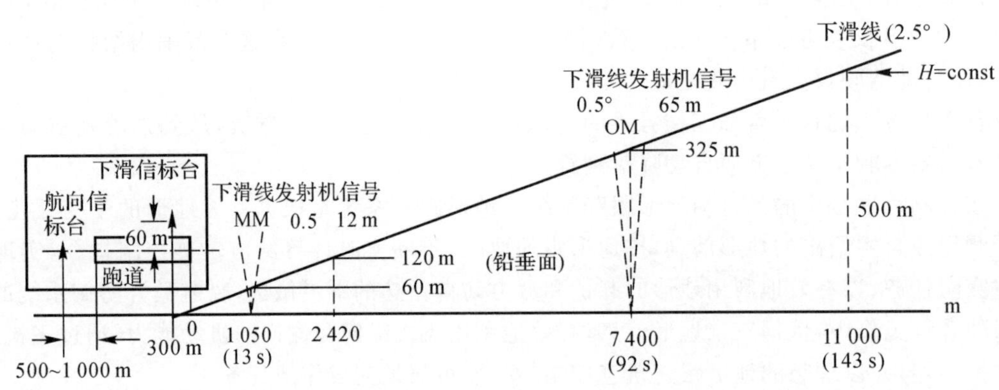

图 13－103　ILS 制导波束位置分布图(高度按 $\varepsilon=2.5°$计算,时间按 $v_d=80$ m/s 计算)

20 世纪 70 年代发展了一种新型的引导波束系统,即微波着陆系统(MLS),它在航向±60°和俯仰方向 1°～20°的覆盖范围内,高精度地提供水平测向角 ρ、俯仰测向角 ε 和斜距 R,从而,飞机不再像 ILS 制波束系统那样受固定飞行航路的约束,相反,由于连续定位,因此可以在飞机上预定一条希望的飞行轨迹,且这条航迹也不必由直线段组成,可以是连续弯曲的。

13.3.1.1　ILS 终端进场程序

当飞机沿着无线电信标点进入 100 n mile 范围内的管制区后,必须安全地把飞机引导到着陆跑道,即能使飞机尽量直接地,但彼此间有足够间隔到达进近基准线,完成终端进近和着陆,首先由空管人员通过无线电话给出航向、空速和高度等规定数据,驾驶员应通过手动或自动驾驶仪调准和保持这些值,直到又有新的指令为止。

飞机在机场终端管制区(TMA)可以用修正飞行速度、改变航线长度和弯曲飞行办法等待在航线上飞行。除去在水平方向上引导外,在垂直方向上,空管人员也给出固定的空速和高度指令,通常更喜欢的是预测飞机的垂直航迹。

运输类飞机在终端进近时,有五个飞行阶段,由图 13－104 给出。

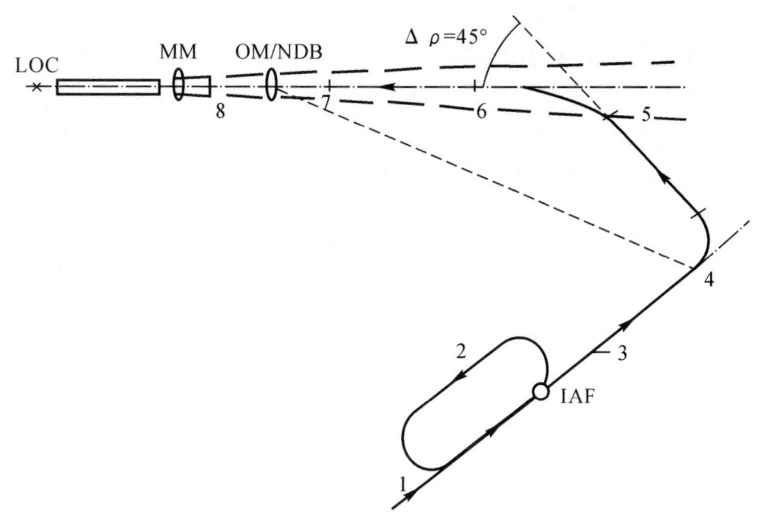

图 13-104　典型进场阶段

图中标志 1 是指飞机从“空中交通服务航线”(ATS)到达终端机动区(TMA)边界,从称为起始进近定位点的 IAF 开始进近到机场。当进近航线没有空位时,飞机在此作标准等待方式 2 飞行,直至监控指令脱离等待飞行为止。从起始进近段 3 引导飞机到进近基准线(着陆航向信标给出的着陆航向平面)的延长线上,在这一飞行阶段飞机下降率应尽量大一些(最大可为 153 m/n mile),在到达着陆航向平面时,切入角应不大于 45°,实现柔和过渡。可借助全向信标(NDB)的航向控制器给出,因为 ILS 的着陆航向信标只能给出很小的角度范围。

如果达到 NDB 的规定方位角和 VOR 规定的测距台(DME)距离 4,那么飞机应以标准转弯进入进近基准线,所有的转弯(包括等待航线)都要以 2°/s 的转弯速率或者最大坡度 25°完成。达到着陆航向平面作用区后,飞机转入着陆航向控制,在 6 处开始终端进近。首先等高度(457.5 m)把飞机保持在着陆方向上,同时慢慢地把空速 v 减小到稍大于 $1.3v_s$ 值上,并同时步进式地放下襟翼,在高度=500 m,$\varepsilon_c=2.5°$的典型数值下,在着陆跑道端前 11.5 km 距离 7 处,达到下滑线,飞机被稳定在下滑线上,直到飞至着陆跑道前 7.4 km处的外指点标(OM),飞机开始最后终端进近,如图 13-105 所示。

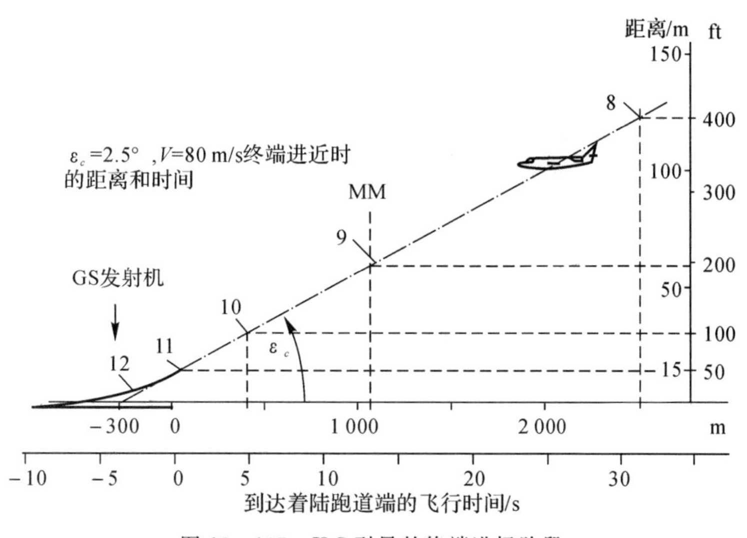

图 13-105　ILS 引导的终端进场阶段

最迟到飞至高度为 120 m(≈400 ft)时,飞机必须以着陆构形(即放下起落架和着陆襟翼)并以终端进近速度最后稳定在下滑线上(图 13-104 和 13-105 中的 8 点)。以典型速度 $v_d=80$ m/s,再飞 30s,直到着陆跑道起点。如果在上述高度上仍未看到着陆跑道(最低云底),则在没有 ILS 地面设备的情况下,必须中断进近。约在 60 m(200 ft)高度上 9,飞越主着陆标志(中指点标 MM)。在这个高度上一类制导波束系统与机载系统断开联系,对于二类制导波束系统断开高度为 30 m。约在 45 m 高度上,不能再使用下滑线信号了,系统断开下滑线信号和接通无线电高度表信号,用于控制和显示,处于水平地形上方时雷达高度表的测量误差小。

从大约 15 m 高度 11 开始拉平飞机,把下沉速度大约 3.5 m/s 减小到 0.5 m/s。而空速减小到略大于失速速度 v_s。接地之前约在 6 m 高度 12 上,应尽快把偏流修正角减小到零和发动机空转运行。在接地后飞机减速并在着陆航线信标引导下滑跑。

在 1～5 飞行阶段以及在 TMA 区的飞行取决于机场情况,精度要求尽管不高但情况相对变化较大,难以使它们全部自动化。为遵循高度、空速和航向方面的飞行安全规定,驾驶员需要经常干预。因此在 1～5 飞行阶段,驾驶员更喜欢借助飞行指引仪而不用自动驾驶仪,进行手动飞行。但是,在等待方式飞行时,也需要自动化飞行。

当到达着陆航向平面和转入着陆航向,直到接地的 5～12 各飞行阶段,在国际上已普遍标准化了,并由一系列标准程序组成,在这个范围内给自动化提供了条件,利用自动驾驶仪飞行已超过了驾驶员手动飞行。现代飞机自动驾驶仪如果具有ⅢB/C 等级的自动着陆工作方式,从到达着陆航向到接地的全部过程,都不需要驾驶员帮助而自动飞行。

13.3.1.2 下滑线控制器控制律设计

下滑线控制包括航线控制和高度控制,这两种控制器的设计已经在 13.1 和 13.2 节作了详细介绍,对于下滑着陆阶段的航线控制器反馈也可以用 $z\to\delta_x$ 反馈,但最直接的信号是由 ILS 给出的航向测向角 $\Delta\rho$ 代替的,由于因子 $1/R$ 作为控制对象的变增益,因此,如果 ILS 能给出 R(可允许不十分准确)值,将 K_x^{ψ} 改为与 R 成正比的自调整参数,便可补偿对象增益的变化。

下滑线高度控制可以用于着陆进近飞行阶段,但是,更为直接的是利用 ILS 给出的俯仰测向角 $\Delta\varepsilon$ 作为下滑线控制的外回路反馈,更为合理。因此,像航线控制一样,也存在因子 $1/R$ 使对象成为变增益,可以导出下滑线控制方程

$$\Delta H=\Delta\varepsilon R \tag{13-420}$$

$$\Delta\dot{H}=\Delta\theta v_d \tag{13-421}$$

$$\Delta\theta=\theta-\theta_c=\theta-\varepsilon_c \tag{13-422}$$

在垂直引导平面内做出下滑航迹的几何关系,如图 13-106 所示。在飞机重心处作为地面坐标系原点,在垂直面内过原点 O_d 和平行地面向前的直线为 x_d 轴,过原点垂直向上的是 y_d 轴。由于航迹角 θ 定义为航迹速度向量 $\boldsymbol{v}_d$ 在 x_d 轴之上为正,那么,要求飞机沿下滑线飞行,即 $\boldsymbol{v}_d$ 在 x_d 轴之下时,希望的航迹角

$$\theta_c=\varepsilon_c \tag{13-423}$$

应为负值。从几何关系可知,实际航迹角与希望航迹角之差与式(13-422)相同。

由于实际的 $\varepsilon,\varepsilon_c$ 都为小角度,因此,其正弦函数可以用角度(弧度)代替,以及考虑到 $\varepsilon,\varepsilon_c$ 均为负值,得到

$$H=-(R+\Delta R)\varepsilon=-(R\varepsilon_c+R\Delta\varepsilon+\Delta R\varepsilon_c+\Delta R\Delta\varepsilon)\ \text{和}\ H_c=-R\varepsilon_c \tag{13-424}$$

在 $\Delta R,\Delta\varepsilon$ 很小的情况下,从而得到式(13-420)。同样,θ,θ_c 也为小角度,以及 θ_c 为负值,得到

$$\dot{H}=-(v_d+\Delta v)\theta_c+v_d\theta=-v_d(\theta_c+\theta)-\Delta v\,\theta_c \tag{13-425}$$

在 Δv 很小的情况下,便可由式(13-425)得到式(13-421)。

依据式(13-420)、式(13-421)和式(13-422)得到下滑线控制回路对象下滑线控制部分的线性结构,如图 13-107 所示,从 θ_c 到 θ 的对象部分仍由图 13-60 所示。可见,自动着陆系统的下滑线控制所涉及的是一

个特殊的高度控制回路，因此，下滑线控制器可以作成如图 13－59 所示高度控制器那样，在 ϑ 基本控制器基础上以 $\Delta\varepsilon$ 构成下滑线控制外回路。因此，当由高度控制转化为下滑线控制时，只须把控制偏差 $\Delta\vartheta$ 调整为零，以使飞机进入和保持在下滑线上，而且不存在大的模式转换带来的扰动。为了保持原高度控制回路的动态特性，需按比例因子 R_0 调整外回路增益。至于 R_0 的获得是以依据飞机近似在下滑线上飞行，那么可用无线电高度 H_R 计算出 R_0 值，即

$$R_0 = -\frac{H_R}{\sin\varepsilon} \approx -\frac{H_R}{\sin\varepsilon_c} \tag{13-426}$$

然而，由于地形的不平坦使得 $H_R \neq H$，只有到达跑道之上时，$H_R = H$，所以这种方法具有一定局限性。为此，人们找到了第 2 种方法。

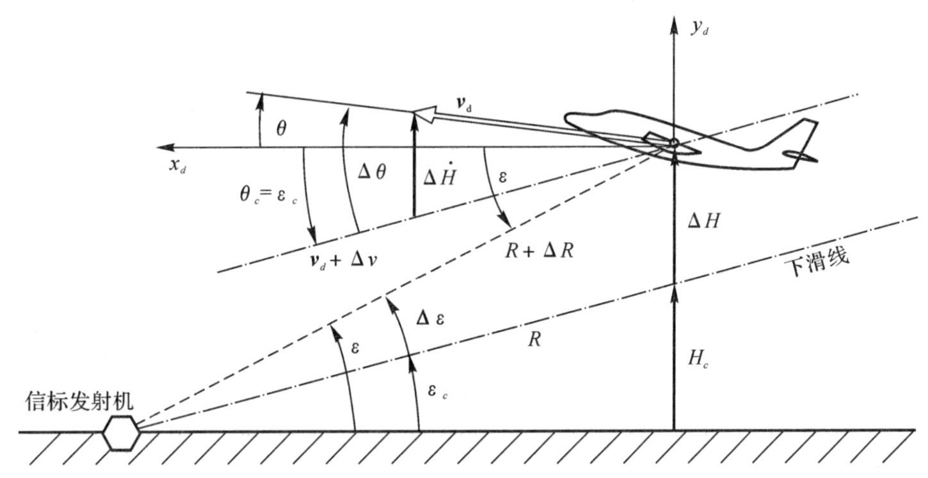

图 13－106　飞机着陆下滑段的几何关系图

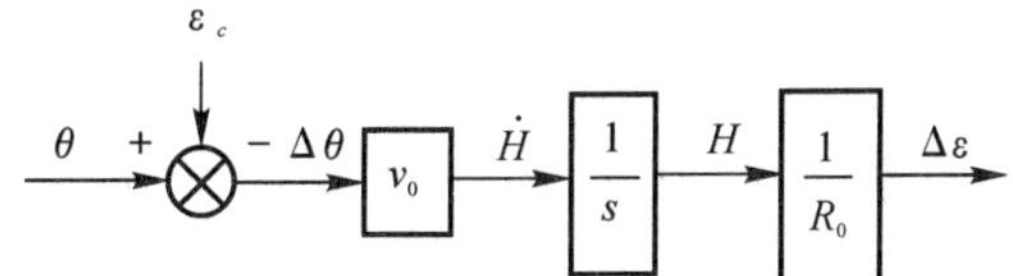

图 13－107　控制对象下滑线控制部分线性结构图

当航迹速度 v_d 不变时，并且已知外指点标到接地点的距离 R_{OM}，那么，通过下式计算便可近似得到 R 值，即

$$R(t) = R_{OM} - \int_0^t v_d \mathrm{d}t \approx R_{OM} - v_d t \tag{13-427}$$

尽管这两种方法所得 R 值相当不准确，但作为下滑线波束引导系统的增益调整来说，是足够满足要求的了，因为 R_0 只影响下滑线控制回路的动特性，而不影响其静态特性。下滑线的控制精度取决于下滑线偏差角 $\Delta\varepsilon$ 的测量误差大小。如果不进行增益补偿，那么，当离发射机很远时，外回路开环增益小而使引导精度变差，或者在距离发射机很近时，大的外回路开环增益会使控制回路不稳定。

当从高度控制转换为下滑线控制时，通常还要改变基本控制器。为提高垂直风 α_W 干扰情况下的 $\Delta\varepsilon$ 控制精度，俯仰角反馈必须通过一个合适时间常数的高通滤波器，因为，当存在常值 α_W 干扰时，航迹角的表达式为

$$\Delta\theta = \Delta\vartheta - \Delta\alpha + \alpha_W \tag{13-428}$$

在稳态情况下，$\Delta\alpha$ 为零和包含常值风 α_W 的 $\Delta\theta$ 反馈将使 $\Delta\varepsilon$ 产生静态误差。因此，在 θ(或 ϑ) 反馈回路中引入高通网络。为了保持 ε 控制具有原高度控制的良好阻尼和稳定性，需要一个附加的并要通过低通滤

波器的 $\dot{H}$ 反馈，这和航线控制所述对 $\Delta\psi$ 控制所采取的措施是一样的。

由图 13-56 和图 13-59 得到由俯仰角控制作为内回路的下滑线控制系统，如图 13-108 所示。它近似于俯仰姿态控制作为内回路的高度控制器。为了改善下滑线控制系统的阻尼和稳定性，在反馈回路中也要引入 $\dot{H}$ 反馈信号。为了补偿开环增益随 R_0 的减小而增加，在正向通路中置入因子 R_0，尽管实际的测量值不准确，但在设计中应按理论值计算。图中 $G_s(s)$ 为控制增稳飞机传递函数，它最好是按高增益和 PI 结构设计的。具有模型跟踪特点的纵向控制增稳系统(见图 13-13) 不仅使俯仰姿态控制、高度控制具有良好的鲁棒性，对于下滑线控制也能起到同样作用。图中 K 值可取合适值，以消除常值 α_W 产生的 ε 静差；K_1 按式(13-240) 取值；$G_c(s)$ 仍由式(13-238) 表示。

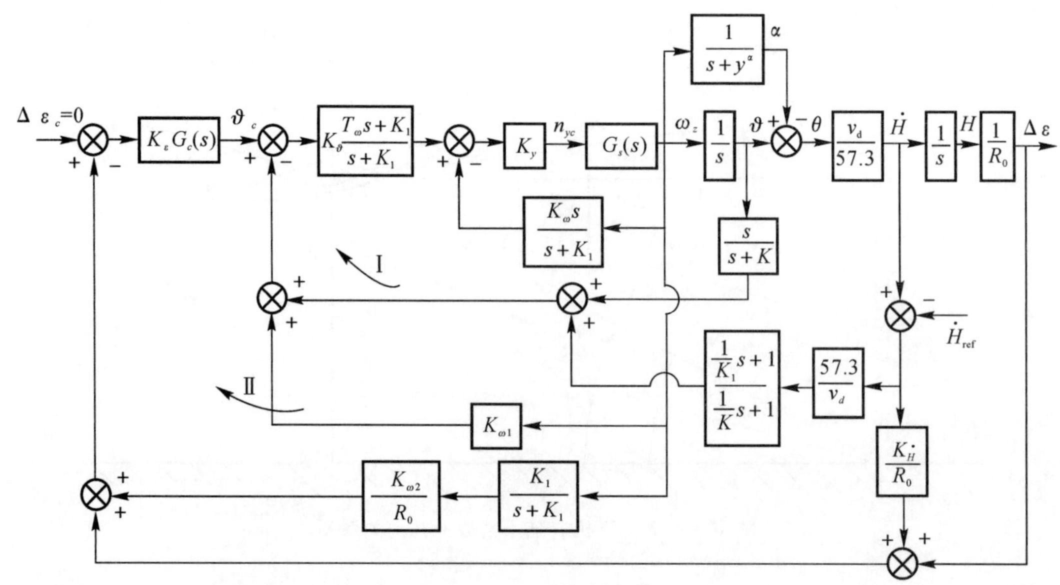

图 13-108 由俯仰角控制作为内回路的下滑线控制系统

为减小噪声影响，合理地给定 T_1 和 T_2 值，那么，K_H 和 $K_{\omega 2}$ 可分别由式(13-242) 和式(13-243) 表示。当已知回路 I(即姿态控制回路) 的特征频率 ω_ϑ 和阻尼比 ζ_ϑ 时，便可由式(13-247) 和式(13-248) 分别得到 $K_{\omega 1}$ 和 K_H 值。这样一来，对于初始下滑线偏角 $\varepsilon(0)$ 的理想响应函数可由下式表示：

$$\varepsilon(s) = \frac{s + 2\zeta_\varepsilon \omega_\varepsilon}{s^2 + 2\zeta_\varepsilon \omega_\varepsilon s + \omega_\varepsilon^2}\varepsilon(0) \tag{13-429}$$

式中

$$\omega_\varepsilon^2 = \frac{\omega_\vartheta^2}{16\zeta_\vartheta^2 \zeta_\varepsilon^2} \tag{13-430}$$

且当给定 $\zeta_\varepsilon = \zeta_\vartheta = 0.707$ 和给定

$$K_\varepsilon = R_0 K_H \tag{13-431}$$

时，得到

$$K_\varepsilon = \frac{R_0 K_x^{n_y} K_1}{39.24 K_{\omega 2}} \tag{13-432}$$

$$\omega_\varepsilon = 0.5\omega_\vartheta = 0.25\omega'_{ns} \tag{13-433}$$

即 ε 控制回路的特征频率是 ϑ 控制回路特征频率的 1/2，又是法向过载控制增稳系统特征频率的 1/4。

最后应该指出，图 13-108 中的基准信号 $\dot{H}_{ref}$ 是为减小 $\dot{H}$ 反馈带来的下滑角误差而设置的。

13.3.1.3 自动仪表进场系统的控制律

飞机的仪表进场飞行，应以柔和的过渡方式无超调地完成。飞入下滑线应由航向进入控制律和纵向进入控制律完成。航向进场控制律也适用于航线进入。

(一) 航向信标工作状态的进场控制律

飞机进入下滑线，首先应从侧向进入下滑线(或航线)铅垂面，为使在进入过程中柔和和小超调，必须限制在转弯过程中的倾斜角和与给定的下滑线铅垂面或航线的交角。对于大型运输机来说 $\gamma_{\max}$ 应小于/等于 25°；当定义航向角 ψ 与航线给定角 ρ_c 之差为交角 $\Delta\psi$ 时，$\Delta\psi$ 限制为 45°。在这种情况下，应准确地控制 ψ，因此，在侧向进入下滑线铅垂面或航线时，应去掉图 13-99 中高通滤波器 $s/(s+K_2)$ 和附加 Δz 反馈。

如图 13-109 所示，飞机径向进场，且当由右侧进入时，由于规定航线左侧 $\Delta\rho$ 为负，右侧 $\Delta\rho$ 为正，这样一来，正值 $\Delta\rho$ 将产生正值的 $\Delta\psi$ 和负值的 γ，以减小偏差角 $\Delta\rho$ 和使飞机飞向下滑线铅垂面(或航线)。

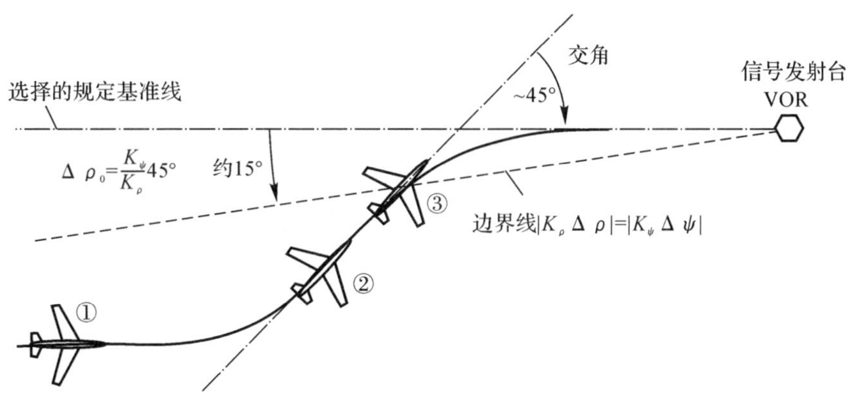

图 13-109 沿信标发射台径向进场

如图 13-110 所示，给出了侧向进入下滑线(或航线)的航向进场(包括航线)非线性控制律框图，是由图 13-99 中 $\Delta\psi$ 和 $\Delta\rho$ 控制回路中的动态环节(包括超前和高通滤波器)改为比例 1，并且定义

$$K_\psi=K_x^\psi\left(1+\frac{v_0T_1K_x^z}{57.3}\right),\quad K_\rho=K_x^\rho K_x^\psi\quad 和\quad K_{\omega_y}=K_{x1}^{\omega_y}K_x^\psi \tag{13-434}$$

得到。当偏差角 $\Delta\rho$ 较大时(图 13-109 所示 ① 点)，由方程

$$\gamma_c=[(K_\psi\Delta\psi-K_\rho\Delta\rho+K_{\omega_y}\omega_{ys}-\Delta\psi)_{\max45°}+\Delta\psi]_{\max25°} \tag{13-435}$$

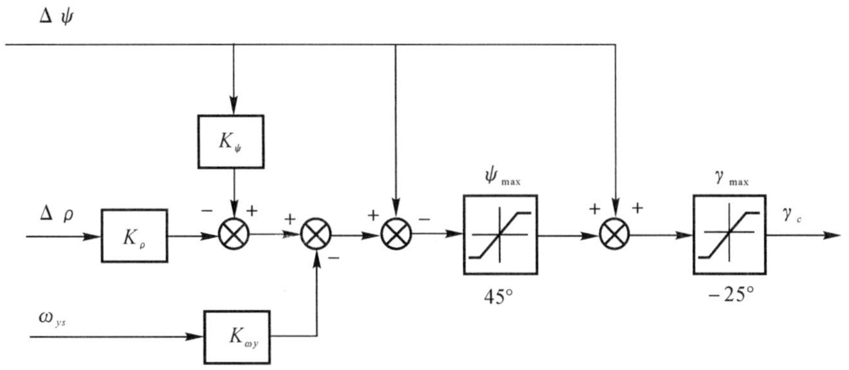

图 13-110 航向进场(包括航线)的非线性控制律框图

得到指令倾斜角，足够大的 $\Delta\rho$ 和较小的 $\Delta\psi$ 产生负值的倾斜角指令 $\gamma_c\approx-\gamma_{\max}$，飞机大约以常值正偏航速率向下滑线(或航线)方向转弯，直到偏航角 $\Delta\psi$ 等于 45°(图 13-109 所示 ② 点)，且仍然存在

$$K_\psi\Delta\psi-K_\rho\Delta\rho+K_{\omega_y}\omega_{ys}<0 \tag{13-436}$$

时，和 $-\Delta\psi$ 共同的作用，使 $\psi_{\max}$ 限幅器饱和，从而使得 $\Delta\rho$，$\Delta\psi$ 和 ω_{ys} 反馈都失去作用，且滚转角指令 γ_c 为零。只要飞机处在图 13-109 所示边界线之外，即只要

$$|K_{\rho}\Delta\rho| > |K_{\psi}\Delta\psi + K_{\omega_y}\omega_{ys}| \tag{13-437}$$

那么，组合参数（$K_{\psi}\Delta\psi - K_{\rho}\Delta\rho + K_{\omega_y}\omega_{ys}$）就为负值，对应的 $\psi_{\max}$ 限制器就保持饱和状态，且 $\gamma_c = 0$，$\omega_{ys} = 0$ 和 $\Delta\psi = 45°$。当进入这条边界线之内时（图 13-109 所示 ③ 点），将存在

$$K_{\psi}\Delta\psi - K_{\rho}\Delta\rho + K_{\omega_y}\omega_{ys} > 0 \tag{13-438}$$

这便取消了饱和环节的限制作用。相反极性的 $\Delta\psi$ 信号相互平衡，这时综合信号

$$\gamma_c = K_{\psi}\Delta\psi - K_{\rho}\Delta\rho + K_{\omega_y}\omega_{ys} \tag{13-439}$$

又起作用，且由于足够大的 $\Delta\psi$ 值起主要作用，正值的 $\Delta\psi$ 产生正值的滚转角指令 γ_c，因而飞机向相反方向偏航，直至在下滑线铅垂面（或航线）上。这就是航线控制的捕获阶段（capture - phase）工作方式。飞机一旦达到下滑线铅垂面（或航线），假如当倾斜角 $\gamma < 6°$ 时，控制器就转换到图 13-99 所示航线保持工作模式，即跟踪阶段（track - phase），接上上述去掉的各个滤波器，或者改变它们的时间常数。

（二）下滑信标工作状态的进场控制律

在飞机进入下滑线铅垂面飞行后，一般在着陆方向上把飞机高度引导到下滑线上，因此飞机是从下滑线下面进入下滑线的。也存在从上面飞向下滑线的特殊情况，那么必须经过一条很陡的路程作俯冲飞行。由于下滑信号仅在 $\Delta\varepsilon = \pm 0.5°$ 范围内可用，因此，只有在这个不大的波束范围内，通过 $\Delta\varepsilon$ 控制进入下滑线。

当飞机在下滑线下面进入下滑线时，在规定下滑线上面 $\Delta\varepsilon$ 为正和下面 $\Delta\varepsilon$ 为负的情况下，由图 13-108 可知，负值的 $\Delta\varepsilon$ 将产生正值的俯仰角指令 ϑ_c，从而指令飞机上仰。只有当飞机处于下滑线之上，即 $\Delta\varepsilon$ 为正值时，下滑线控制器工作的飞机在较长时间内才能进入下滑线。为了减少进入时间，采用大坡度进入下滑线的办法，然而，$\Delta\varepsilon$ 响应会出现过大超调。为此，给出如图 13-111 所示的进入下滑线的控制律框图，是由图 13-108 转换得到的。它不仅能实现大坡度进入下滑线，而且 $\Delta\varepsilon$ 响应超调很小。

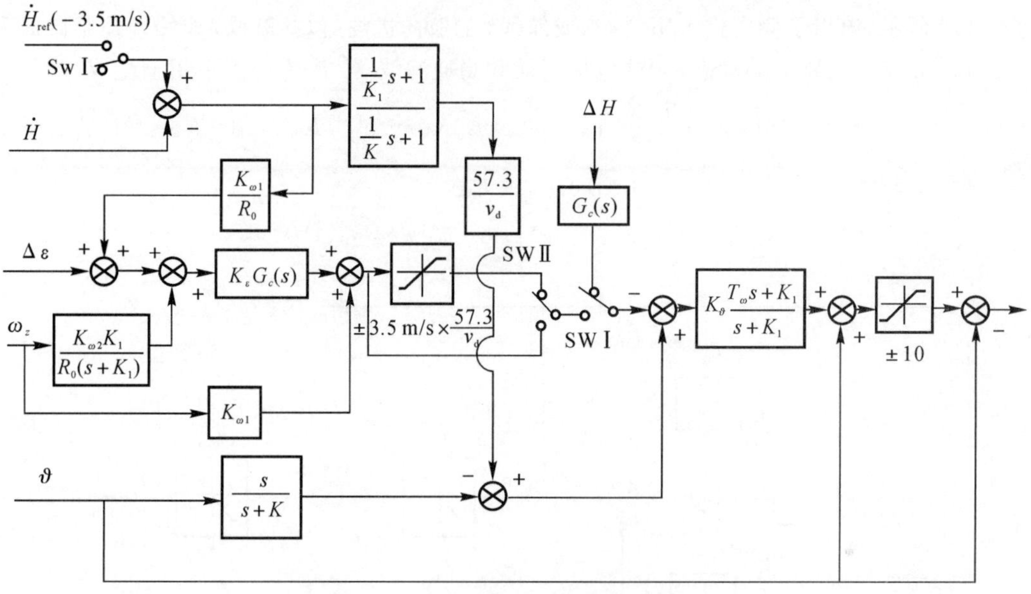

图 13-111　进入下滑线控制律框图

利用 SWI 开关，在断开高度控制模式的同时，接通下滑线进入控制模式。由于 $\Delta\varepsilon$ 等反馈信号限制在图中给定值上，因此，此时飞机处于俯仰姿态控制（基本控制）模式。除 $\Delta\varepsilon$ 限制器给出指令外，还接入一个基准信号 $\dot{H}_{\text{ref}} = -3.5$ m/s，两个相同下降速率指令的理想传递函数为

$$\frac{\dot{H}}{\dot{H}_{\text{ref}}}(s) = \left(\frac{K}{s+K} + \frac{K_1}{s+K_1}\right)\frac{\omega_{\vartheta}^2}{s^2 + 2\zeta_{\vartheta}\omega_{\vartheta}s + \omega_{\vartheta}^2} \tag{13-440}$$

可见，对于下滑线进入控制模式，且当 $\Delta\varepsilon$ 等反馈组合信号大于 / 等于限制值时，在两个相同指令的作用

下，迅速产生大的下降速率，但由于两个特征因子的惯性作用，不会造成大超调趋势。

随着飞行高度的大坡度降低，波束偏差角 $\Delta\varepsilon$ 很快被减小，使得 $\Delta\varepsilon$ 等反馈组合信号小于给定限制值，此时，飞机处于下滑线控制模式。正值的 $\Delta\varepsilon$ 信号按初值响应函数

$$\frac{\Delta\varepsilon}{\varepsilon_0}(s)=\frac{s+2\zeta_\varepsilon\omega_\varepsilon}{s^2+2\zeta_\varepsilon\omega_\varepsilon s+\omega_\varepsilon^2} \tag{13-441}$$

继续被减小；$\dot{H}_{\text{ref}}-\dot{H}$ 的作用使得 $\Delta\varepsilon$ 响应按传递函数

$$\frac{\Delta\varepsilon}{\dot{H}_{\text{ref}}-\dot{H}}(s)=\frac{57.3}{v_{\text{d}}}\frac{\frac{1}{K_1}s+1}{\frac{1}{K}s+1}\frac{\omega_\varepsilon^2}{(K_{\omega1}s+1)(s^2+2\zeta_\varepsilon\omega_\varepsilon s+\omega_\varepsilon^2)} \tag{13-442}$$

进一步地减小，直至 $\dot{H}=\dot{H}_{\text{ref}}$ 和 $\Delta\varepsilon=0$ 为止。

为了使自动仪表着陆系统能有效的工作，应该接通空速控制回路，当空速保持在 $v=80$ m/s 飞行时，2.5°的下滑角 ε_0 使飞机下降速率 $\dot{H}$ 近似为 -3.5 m/s。这就是说，当 $\Delta\varepsilon=0$ 时，$\dot{H}\approx-3.5$ m/s。所以，当 $\dot{H}$ 与 $\dot{H}_{\text{res}}$ 相等时，飞机已经进入下滑线。可以通过开关 SWⅡ 取消 $\Delta\varepsilon$ 等反馈组合信号的限制。此时飞机便以下滑线控制和空速保持模式在下滑坡度 $\Delta\varepsilon=2.5°$、下滑速率 $\dot{H}\approx-3.5$ m/s 和地速 v_{d} 保持为 80 m/s 的条件下沿下滑线飞行，直至自动拉平着陆阶段，系统转换为拉平着陆工作模式。

最后，应该指出的是，在整个下滑线进入和控制模式中，始终存在基准下降速率指令 $\dot{H}_{\text{ref}}$，它在下滑线进入过程中，起指令进入下滑线的作用；在下滑线控制模式工作中，起抵消下降速率 $\dot{H}$ 的作用，以避免附加的 $\dot{H}$ 反馈带来下滑角静差。采用基准下降速率要比基准俯仰角对于补偿静差更为合理，因为在等速下滑中 $\dot{H}$ 更为准确。

13.3.1.4　自动拉平着陆模式控制律

(一) 姿态保持阶段的控制

在距下滑线波束发射台 800 m 处，飞行高度约 35 m，作为调参用 R_0 值的将测得很不准确；下滑线信号也因地面反射缘故而不能再用。因此，必须把 $\Delta\varepsilon$ 等有关下滑线控制的反馈信号切断。若基本控制器是 $\dot{H}$ 控制器，那么，为继续飞行直到接地，往往需要通过保持稳定在下滑线上的下滑速度来完成。但是，由于在下滑线上定常降落所对应的俯仰角是一定的，所以，直到拉平之前的这一短暂过程中，可以不用 $\dot{H}$ 而保持当时的俯仰角，把与 $\Delta\varepsilon$ 控制有关的反馈和动态环节切除，通过高通网络的 ϑ 反馈，可用自动回零逻辑输出的 $\Delta\vartheta$ 反馈代替，在这一飞行阶段按俯仰姿态模式工作。

(二) 拉平阶段的航迹曲线控制

拉平阶段的航迹曲线也称拉平轨迹。在接地前不远处，必须把下滑线上的下降速度减小到允许的下降速度(约为 -0.5 m/s)。因此，必须在规定的高度上离开并高于下滑线飞行，即拉平机动开始，机头逐渐抬起达到规定的俯仰角，实现连续飘落和保证安全接地。

拉平轨迹如果能为指数曲线形式，那将实现柔和着陆。当初始高度的响应函数近似为

$$\frac{H}{H_0}(s)=\frac{1}{s+\frac{1}{T_A}} \tag{13-443}$$

时，那便获得指数形式的高度初始值响应特性

$$H(t)=H_0\mathrm{e}^{-\frac{t}{T_A}} \tag{13-444}$$

以上二式中 H_0 为拉平开始高度(约 15 m)；H 为无线电高度表测出的相对着陆跑道的高度；T_A 为拉平时间常数(大约为 5 s)。可见，若拉平轨迹在跑道平面上时，那么，从理论上讲，飞机着地需要无穷大的时间，并使飞机下降速度为零。这当然要求机场跑道无限长。

当飞机在拉平过程中飞行速度为常值时，那么从拉平开始到着陆点的距离应近似为

$$L = v_0 t\cos\theta \approx v_d t \tag{13-445}$$

对式(13-444)按时间求导，得到

$$\dot{H}(t) = -\frac{H_0}{T_A}e^{-\frac{t}{T_A}} \tag{13-446}$$

将 $t = L/v_d$ 代入式(13-446)后，得到

$$\dot{H}(L) = \dot{H}_0 e^{-\frac{L}{T_A v_d}} \quad 和 \quad H(L) = H_0 e^{-\frac{L}{T_A v_d}} \tag{13-447}$$

式中

$$\dot{H}_0 = -\frac{H_0}{T_A} \tag{13-448}$$

对式(13-447)取自然对数，并代以 $\dot{H}_0 = -\dfrac{H_0}{T_A}$，得到

$$L = T_A v_d \ln\left(-\frac{H_0}{T_A \dot{H}}\right) \tag{13-449}$$

由于拉平终止时，$\dot{H} = H = 0$，因此拉平距离 $L \to \infty$，这显然是不允许的。为此，将跑道平面高出拉平轨迹渐近线 H_c 距离，也可以说将下滑线沿长到跑道平面下 H_c 距离的平面上。那么，拉平轨迹与跑道平面的交点便是着陆点。这意味着拉平开始高度 H_0 增加了 H_c 距离，并且 H 等于无线电高度表测量值 H_r 与 H_c 之和，即

$$H = H_r + H_c \tag{13-450}$$

由式(13-447)得到

$$\dot{H}(t) = -\frac{H(t)}{T_A} = -\frac{1}{T_A}(H_r + H_c) = -\frac{H_r}{T_A} + \dot{H}_g \tag{13-451}$$

式中，$\dot{H}_g = -H_c/T_A$，定义为飞机着地时的下降速度。当要求着地下降速度 $\dot{H}_g = -0.5$ m/s 和选择 T_A 为 5 s 时，H_c 应为 2.5 m。由式(13-451)可知，在拉平过程中，下降速度 $\dot{H}(t)$ 随无线电高度 H_r 成比例($1/T_A$)减小，以实现飞机平稳、安全着地。当 $H_r = 0$ 时，$\dot{H}(t) = \dot{H}_g$；$H_r = -H_c$ 时，$\dot{H}(t) = 0$。

将 $\dot{H} = \dot{H}_g$ 和式(13-448)表示的 $\dot{H}_0$ 代入式(13-449)，得到从拉平开始到接地点的距离：

$$L = T_A v_d \ln\left(\frac{\dot{H}_0}{\dot{H}_g}\right) \tag{13-452}$$

这样一来，当 $\dot{H}_g = -0.5$ m/s，$\dot{H}_0 = -3$ m/s，$T_A = 5$ s 和 $v_d = 80$ m/s 时，得到拉平-接地距离 $L = 716.7$ m。

由式(13-443)给出的响应函数可用线性控制器实现。然而，飞行航迹是时间的函数，而不是距离的函数，因此，接地点也与当时风的状况有关。控制器的简便性是以接地点相对大的散度(约为±250 m)和接地时下降速度变化为代价的。

拉平控制器可作为基本控制器的外回路，因此，由图13-108所示下滑线控制回路便可能转换为拉平控制器结构图，如图13-112所示。同样，图中 $G_s(s)$ 表征了具有隐式模型跟踪的法向过载指令控制增稳飞机的理想传递函数，即 $G_s(s) = \omega_z/n_{yc}(s)$，同式(13-252)，$K_y$ 同式(13-223)。当 $K_\omega, T_\vartheta, K_\vartheta$ 分别由式(13-226)，式(13-227)和式(13-228)表示时，回路 I 的传递函数 $\vartheta/\vartheta_c(s)$ 同式(13-229)。考虑到接通拉平模式时刻飞行高度为 H_0(约15 m)和下降速度与基准下降速度 $\dot{H}_{ref}$ 相等，因此，图中

$$H_r = H_0 + \Delta H_r \quad 和 \quad \dot{H} = \dot{H}_{ref} + \Delta\dot{H} \tag{13-453}$$

图中引入 $\dot{H}_{ref}$ 的目的，以抵消 $\dot{H}$ 中的初值分量，使得在接通拉平模式时，不因此分量的存在而改变指数形式的拉平轨迹。经过高通滤波的 ϑ 反馈，以减小拉平控制的高度静差；为补偿阻尼和稳定性影响引入附加的 $\dot{H}$ 反馈。增益 $K_{\omega1}$ 为实现零极点对消，和 $G_c(s)$ 中的因子($K_{\omega1}s+1$)的目的一样将三阶的拉平控制系统简化为二阶系统；图中($1+\tau s$)环节，可将二阶特性和一阶零点的高度初始响应函数变成一阶的拉平指数特性，

在下述中将作进一步说明。关键在于如何实现这种比例加微分环节，微分特性可用很小时间常数的高通滤波代替；对于数字控制系统来说，可将本拍减前拍除以步长得到近似微分变量。由它带来的高频噪声可由 $G_c(s)$ 中大时间常数 T_1，T_2 构成的两个惯性环节来衰减。

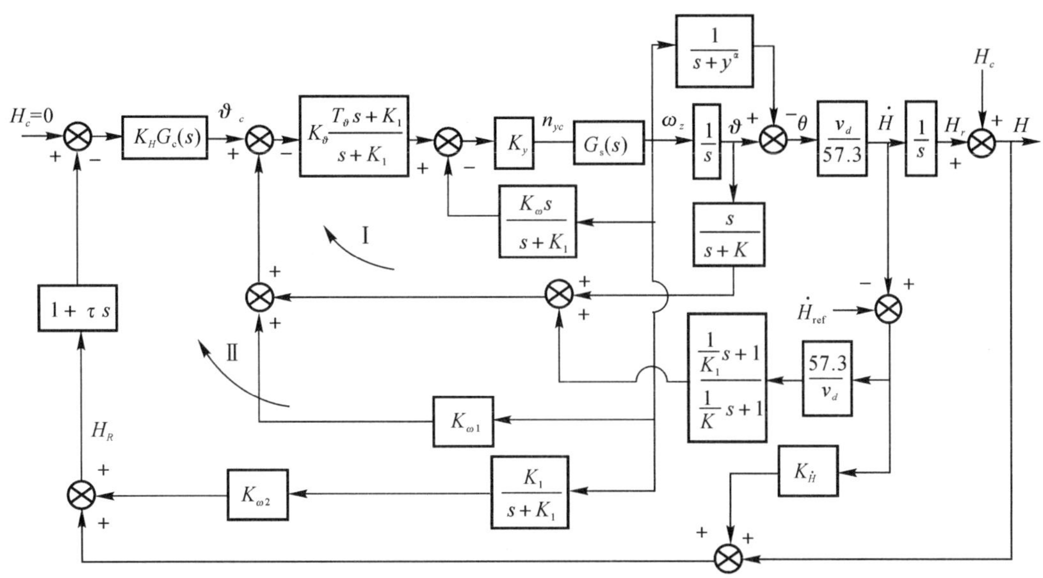

图 13－112　由俯仰姿态控制作为内回路的拉平模态控制回路原始模型

这样一来，当 K_H 和 $K_{\omega 2}$ 与 $G_c(s)$ 中 T_1，T_2 的关系分别由式(13－242)和式(13－243)表示时，图 13－112 可简化为图 13－113。图中，$G_\omega(s)$ 由式(13－243)表示，即

$$G_\omega(s)=\frac{\omega_\vartheta^2 s}{s(s+2\zeta_\vartheta\omega_\vartheta)+\omega_\vartheta^2(K_{\omega 1}s+1)} \tag{13-454}$$

式中，ω_ϑ，ζ_ϑ 由式(13－229)给出。由图 13－113 得到初始值 H_0+H_c 的响应函数为

$$\frac{H}{H_0+H_c}(s)=\frac{s(s+2\zeta_\vartheta\omega_\vartheta)+\omega_\vartheta^2(K_{\omega 1}s+1)}{s^2(s+2\zeta_\vartheta\omega_\vartheta)+\omega_\vartheta^2(K_{\omega 1}s+1)s+K_H\omega_\vartheta^2\frac{v_0}{57.3}(K_{\omega 1}s+1)(\tau s+1)} \tag{13-455}$$

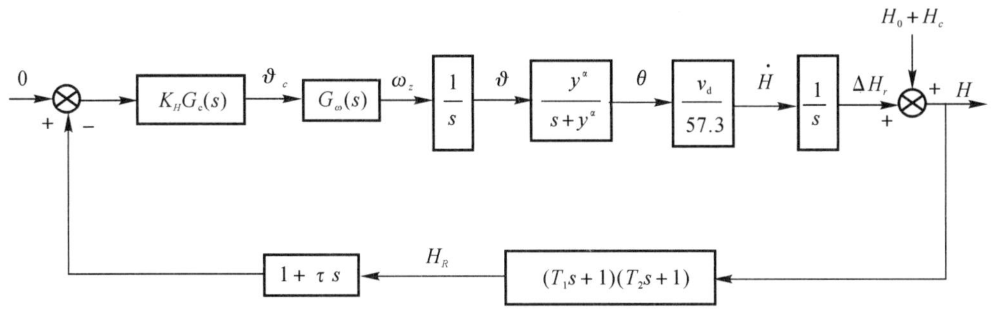

图 13－113　图 13－112 的简化图

且当 $K_{\omega 1}$ 由式(13－247)表示时，式(13－455)可简化为

$$\frac{H}{H_0+H_c}(s)=\frac{s+\omega_\vartheta^2K_{\omega 1}}{s^2+\omega_\vartheta^2K_{\omega 1}s+K_H\omega_\vartheta^2\frac{v_d}{57.3}K_{\omega 1}(\tau s+1)} \tag{13-456}$$

又当

$$\tau=\frac{1}{\omega_\vartheta^2K_{\omega 1}} \tag{13-457}$$

时,式(13-455)最终简化为

$$\frac{H}{H_0+H_c}(s)=\frac{1}{s+K_H\frac{v_d}{57.3}}=\frac{1}{s+\frac{1}{T_A}} \tag{13-458}$$

式中

$$T_A=\frac{57.3}{K_H v_d} \tag{13-459}$$

当要求 T_A 为常数,即拉平轨迹为指数形式时,K_H 的选择应由下式表示

$$K_H=\frac{57.3}{T_A v_d} \tag{13-460}$$

在全部下滑飞行过程中,应利用空速保持回路保持空速为常数,因而,推力也近似为常值。但是,在拉平过程中应减小空速,以至于在接地时差不多达到失速速度 v_s,与此相应,也要调节推力,约在 10 m 高度上,推力减小到空转推力。在空速减小的过程中,应按空速的减小,成反比地增大高度反馈系数 K_H,以保持 T_A 不变和拉平轨迹呈指数形式。

最后,应该指出,在侧风着陆进场中,必须避免由偏流角引起的飞机与跑道相垂直方向上的偏移。可利用航向指令法或侧滑指令法纠正这种偏移。航向指令法改变机头方向在偏流修正角 $\Delta\psi=-\beta_W$ 上。但是,在接地前不远处,必须把飞机机头对准跑道方向,起落架机轮才能正常沿飞机纵轴和跑道方向相同的方向滚动。侧滑指令法使飞机产生侧滑角 $\beta=\beta_W$,但是,在侧滑角产生的同时,出现与 β 极性相反的倾斜角,这在飞行高度很低时是不允许的。为此,大约在 6 m 高度上,应快速和无超调地撤销侧滑角指令。

13.3.2 地形跟随系统控制律设计

地形跟随控制和超低空突防技术是随着防空武器和雷达技术的日益完善,使得飞机在中、高空突防成功率不断下降而发展起来的。现代飞机突防任务的完成必须依靠有利的地形起伏和敌方防御雷达的死区,以躲避敌防御系统的袭击,因此,超低空突防技术和地形跟随控制系统已成为现代空军的一种新的作战手段和工具。从 20 世纪 50 年代开始,到 70 年代,地形跟随系统已经用于实际空袭和作战中,并且证明它是行之有效的空战和侦察任务完成的重要技术,已成为其他各种技术发展的基础。例如,地形回避技术、地形数字地图自主飞行技术等。

13.3.2.1 建立地形跟踪轨迹所要考虑的问题

地形跟踪控制是一个典型的航迹控制,但是该航迹控制回路的给定航迹角 θ_c 是根据外界地形的不同,由机载计算机依据前视雷达、姿态角传感器和雷达高度表给出的有关地形信息数据,按地形跟随性能和飞机能力限制要求,不断实时计算给出的。因此在地形跟随系统设计中,应首先找到影响地形跟随轨迹的因素,基于这些因素才能正确地确定地形跟随飞机的理想轨迹。不同的地形应有不同的理想轨迹,任何地形跟踪轨迹都是依据地形信息按计算机给出的控制程序和控制量大小确定的,因此,根据外界地形确定的地形跟随轨迹是千变万化的。

地形跟随控制系统首先应该考虑的是安全飞行高度。超低空突防的目的是通过降低高度来减小危险性的,但高度降低到某种程度之后,撞地坠毁的可能又增加了飞行的危险性。两种危险性的存在,使得人们必须找到一个合适的高度,以避免任一种危险性的出现。然而,这个安全高度也是很难确定的,只能给出一个安全高度范围,如 60～300 m 之间。安全高度的大小最好是在多种地形条件下多次试飞的实践中获得的。

地形跟随轨迹的确定,还应考虑飞机的性能和操纵极限的限制。这些保证飞行安全的约束条件如下:

1)法向过载不能超过飞机的允许值;

2)航迹斜率应限制在飞机最大航迹倾斜角和最大下滑角所规定的范围内;

3)尽量缩短飞机在过载正负极限下飞行的时间。

除此以外，应依据敌方地面武器设置的分布情况，尽可能提高飞行高度，以缩短飞越障碍的时间，避免无目的的贴地飞行。

尽管地形多种多样，飞行轨迹随之相应变化，但从总体上讲，飞机飞越独立山峰的理想轨迹，如图13－114所示，由下述7个飞行阶段组成。

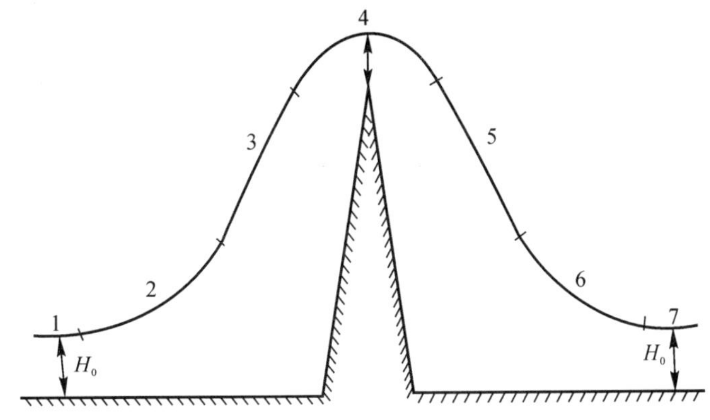

图 13－114　独立山峰的理想飞行轨迹

1）平飞段，$n_y=1,\theta=0,H=H_0$；

2）以最大正法向过载拉起，$n_y=n_{y\max}$，θ 角由零到 $\theta_{\max}$；

3）以最大航迹倾角爬升，$n_y=1,\theta=\theta_{\max}$；

4）进入推越阶段（在山顶之上飞行称为"平飞推越过山顶"），n_y 由 1 到最小，θ 由较大到零又到负值；

5）以最大下滑角下滑，$n_y=1,\theta=\theta_{\min}$；

6）以最大正过载拉平，$n_y=n_{y\max}$，θ 由 $\theta_{\min}$ 到零；

7）进入平飞行阶段，$n_y=1,\theta=0,H=H_0$。

为评价地形跟随系统的性能，需要建立一条参考航迹作为实际飞行轨迹评价的依据。

13.3.2.2　地形跟随控制系统的组成

地形跟随控制系统由如图13－115所示的主要部件组成。由前视雷达测得飞机前下方的地形信息，输入地形跟随计算机，计算机将地形信息、飞机机动约束条件以及瞬时的飞行状态参数，按预先设置的航迹算法，计算得出航迹给定信号 θ_c，引导飞行控制系统作航迹机动，以完成地形跟随任务。其中雷达高度表的作用是在平坦地形上空飞行时，由于前视雷达回波信号很弱，系统处于雷达高度保持工作模式。另外，在地形跟随过程中，由于垂直风干扰造成突然掉高度时，可依据高度表信息，紧急拉起飞机。

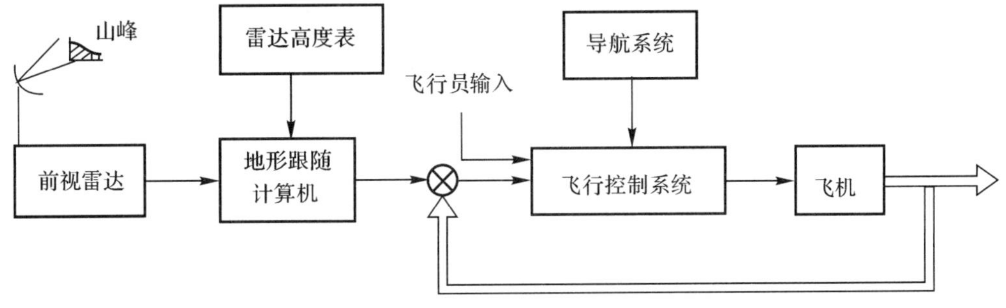

图 13－115　地形跟随系统的组成

13.3.2.3 地形跟随控制系统航迹给定控制律

为了获得理想的地形跟随轨迹，应该给出一个航迹控制指令。这种随雷达信息、飞行性能极限和瞬时飞机状态参数变化的航迹指令，可按多种控制规律计算得到。一种原理简单，实现方便和效果良好的航迹指令控制律是获得广泛应用的适应角算法，它是由角指令控制律算法改进产生的。

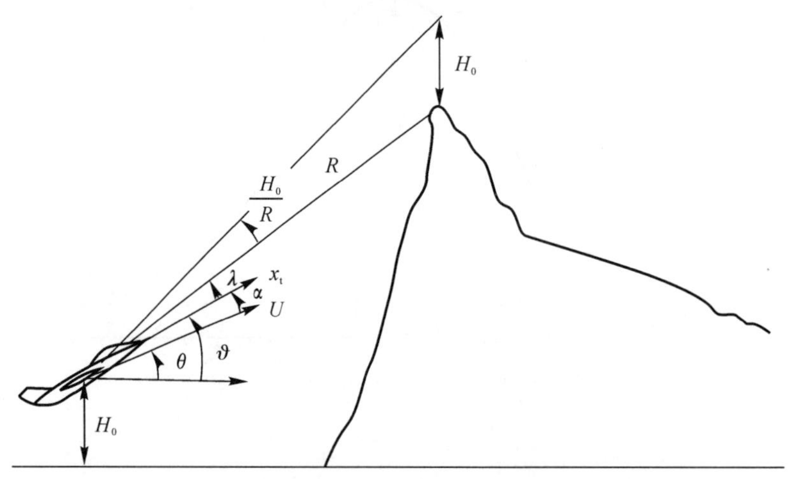

图 13-116 地形跟随角指令关系

(一) 角指令控制律

首先假设地形跟随前视雷达的测试中心轴线与机体轴 Ox_t 重合，便可得到由图 13-116 所示地形跟随角运动的几何关系。为跟随地形爬越山峰，飞机的航迹角指令应为

$$\theta_{FL}=\lambda+\vartheta+\frac{H_0}{R} \tag{13-461}$$

式中，俯仰角 ϑ 也可用航迹倾角 θ 代替，因为在地形跟随过程中，由乘坐品质舒适度限制的正负最大过载不大，因此，与它相对应的最大迎角变化也不大，故 $\vartheta\approx\theta$。

地形跟随航迹角指令可由俯仰角(或者航迹角)和前视雷达信号(包括 λ 和 R)综合得到。然而，它存在着主要缺点包括，对于独立山峰来说在接近山峰时有可能过早地拉起飞机；在两峰或多峰障碍情况下，峰-峰间的航迹接近平飞，且下滑又太慢。因此，这种跟随航迹指令控制律不能充分发挥飞机的机动能力。

(二) 适应角地形跟随航迹角指令控制律

在角指令控制律中引入抑制函数 F_s，有效地弥补了角指令控制的缺点，使其飞机在飞越障碍时不会立即产生过大的拉起角，且让飞机在足够接近障碍物时利用其自身最大能力及时拉起。在航迹指令控制律中引入加权增益 K_{FL} 使其在爬升过程中充分发挥飞机机动能力，尽快拉起飞机；又在下滑时，防止撞地坠毁，增加安全概率。这样一来，飞机的航迹角指令应为

$$\theta_{FL}=K_{FL}(\lambda+\vartheta+H_0/R-F_s) \tag{13-462}$$

式中，F_s 的选择应综合考虑雷达测距 R、飞行速度 v、航迹倾角 θ 以及最大正负允许过载 n_{ymax}，n_{ymin}，即

$$F_s=f(R,v,\theta,n_{ymax},n_{ymin}) \tag{13-463}$$

由式(13-462)可知，永为正值的抑制函数 F_s 使得在飞行过程中总是起减小航迹角 θ_{FL} 的作用，推迟拉起航迹角。雷达测距 R 是决定 F_s 大小的主要因素。R 越大，即离障碍物较远时，则选择足够大的 F_s，以推迟拉起地点和拉起强度；随着 R 的减小，F_s 的作用逐渐消失，以保证飞机尽快飞越障碍区。一个 F_s 和 R 的关系图用如图 13-117 所示的三段线性函数表示，当然还可采用更多段线性函数。离地高度 H_0 对于大型飞机来说可选择在 60 ~ 600 m 范围内，对于小型战斗机来说，可选择 H_0 在 30 ~ 300 m 范围内，根据地形平坦还是

崎岖分挡选择。由正负法向过载限制决定的乘坐品质通常分为软、硬两挡，分别对应过载为 $\pm 0.45g$ 和 $\pm 0.9g$。为安全起见，F_s 值应随飞行速度的增加而减小。

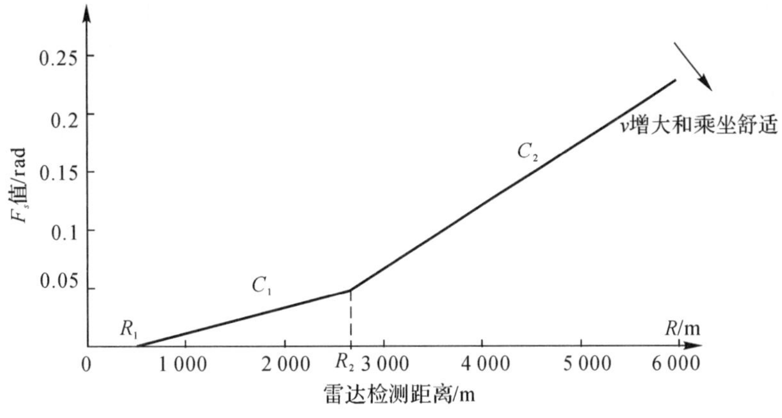

图 13-117　F_s 与 R 的关系曲线

θ 角指令的加权系数 K_{FL} 在 $\theta \geqslant 0$ 时，取值为 1.5；在 $\theta < 0$ 时，取值为 1。这就是说 K_θ 的作用只是在爬升过程中增强角指令，而在下滑时，考虑到撞地安全问题，不对 θ 增强指令。

(三)雪橇板法航迹指令控制律

自动地形跟随系统的另一种现已广泛应用的方法是“雪橇板”法。这种方法的基本原理是在地形跟随计算机中沿飞机前方设置一个“雪橇板”，地形探测器所获得的地形与这条雪橇板的位置进行比较，依据其相对位置关系给出飞机平飞、拉起或俯冲的指令，如图 13-118 所示。

这种方法的关键是雪橇板的尺寸和控制指令的生成。

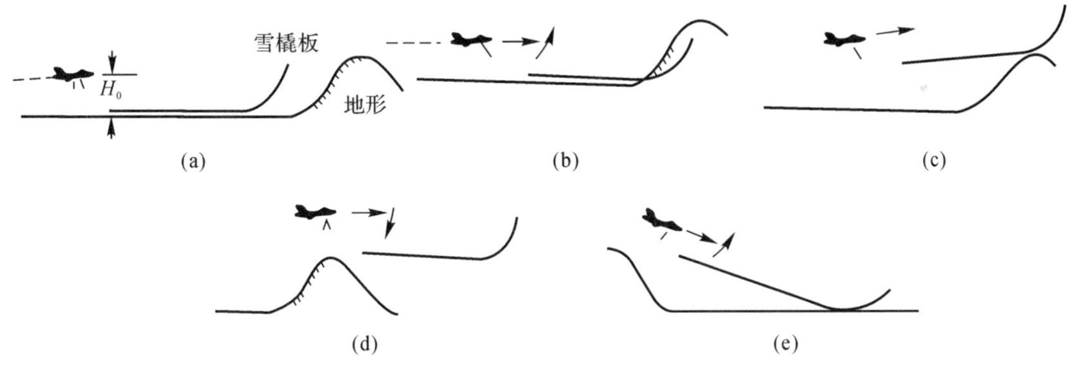

图 13-118　“雪橇板”工作原理

(a)平飞、无指令产生；(b)雪橇板与地相交，产生拉起指令；(c)飞机沿雪橇板与山头相切的航迹爬升；(d)飞越山头、雪橇板与地面不相交产生俯冲指令；(e)向下俯冲直到雪橇板再次与地面相交、改为平飞

1. 雪橇板的形状和尺寸

雪橇板法是通过判别飞机前下方“安装”的雪橇与地形的位置关系，给出飞机爬升、俯冲或拉平指令的，因此，雪橇法的关键是确定雪橇的形状、尺寸和安装方式。

雪橇由橇底和橇头两部分组成，如图 13-119 所示，为简单起见，二者由两段直线表示。

橇底长度 L_N 要比橇头长度 L_H 大得多，因此，L_N 的长度决定了飞机拉起点与障碍物的距离。不同飞行速度，不同的地形高度和不同的乘坐品质要求，L_N 的长度不同。此外，飞机下滑要比爬升时的过载增量要小，所以，橇底的长度又应随航迹角的极性变化。由于地形跟随过程中，飞行迎角都在较小的范围内，为了量测简单，用俯仰角 ϑ 代替航迹角 θ，得到 L_N 的长度表达式为

$$L_N=\begin{cases}K_L[(H_{em}-H_r)L_h+L_v v] & \vartheta\geqslant 0\\ K_L[(H_{em}-H_r)L_h+L_v v-L_\vartheta\vartheta] & \vartheta<0\end{cases} \tag{13-464}$$

式中，K_L 为乘坐品质系数，硬乘坐品质 $K_L=1$，中等乘坐品质 $K_L=1.5$，软乘坐品质 $K_L=3$；H_{em}，H_r 分别为探测到的地形最大高度和飞机既时离地高度；L_h，L_v，L_ϑ 为常系数，依据不同飞机性能选择的。

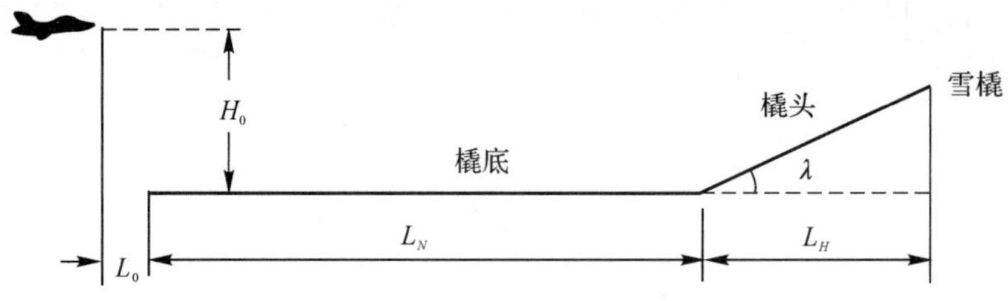

图 13-119　雪橇的形状和尺寸

橇头的长度 L_H 是固定的，因此，橇头的角度 λ 起主要作用，橇头尺寸主要影响爬升指令的大小和急剧性。为了对不同障碍物高度得到近似一致的过载增量限制，橇头角度随障碍物的高度变化，即

$$\lambda=L_\lambda H_{em}/500 \tag{13-465}$$

式中，L_λ 是个常数，它的确定应与飞机性能有关。

雪橇距机头的水平距离 L_0 与雷达盲区有关，它直接影响飞机飞越山顶后下俯的早晚，过大的 L_0 会使飞机下俯过早，通常取 L_0 在 300 ～ 500 m 范围内。

雪橇的"安装" 高度 H_0 应在飞机前下方，距离飞机的高度为设置间隙高度。

橇底与飞机纵轴的夹角直接影响爬升段或下滑段飞出后的直线航迹。雪橇俯仰角 ϑ_s 与飞机俯仰角的关系为

$$\vartheta_s=K_s\vartheta \tag{13-466}$$

且当 $\vartheta>0$ 时，$K_s<1$ 和 $\vartheta\leqslant 0$ 时，$K_s\geqslant 1$。

2. 雪橇法的航迹指令控制律

依据储存在机载计算机中雪橇形状和尺寸，利用前视雷达扫描信息找到雪橇与障碍的交点和在规定距离内的障碍最大高度，以及即时的飞机航迹角（或俯仰角）便可按照预定的航迹（或俯仰）角指令控制律计算得到即时的航迹（或俯仰）角指令。为得到希望的地形跟随轨迹，需要对拉起、俯冲和平飞给出不同的航迹指令控制律。

对于如图 13-120(a) 所示情况，飞机应按拉起航迹指令爬升；对于如图 13-120(b) 所示情况，飞机应按俯冲航迹指令在下俯中拉起飞机。当雪橇与地形相切时，应给出平飞指令，使之保持平飞。

雪橇法的航迹指令控制律如下：

1) 对应图 13-120 所示情况下，雪橇与地形相交产生拉起航迹（或俯仰）角指令由下式表示：

$$\theta_{cn+1}=\theta_{cn}+\arctan\frac{H_m-H_n}{L_x-x_G} \tag{13-467}$$

式中，θ_{cn+1}，θ_{cn} 分别为第 $n+1$，n 步的拉起航迹指令；H_m 为雪橇与地形相交点至前方 1 000 m 内的最大地形高度；H_n 为雪橇与地形相交点至前方 1 000 m 内的最小雪橇高度；L_x-x_G 为雪橇相交点至飞机的水平距离。

2) 当雪橇与地形既不相交又不相切时，缺少许多航迹指令的几何数据，可采用固定下俯速率下俯：

$$\theta_{cn+1}=\theta_{cn}-\theta_0 \tag{13-468}$$

式中，θ_0 为常值，每个运算周期内下俯航迹角为 θ_0 度，当 T 为步长时，航迹角减小率为 θ_0/T。θ_0 的选择应满足负过载的限制要求。

3) 当雪橇与地平面平行时，应产生平飞离散指令，使系统处于无线电高度保持工作模式。

以上按雪橇法给出的指令是航迹角指令，它可以由$\theta=\vartheta-\alpha$计算得到。容易得到的ϑ和α是以不精确的航迹角为代价的，因为存在垂直风干扰时，$\theta=\vartheta-\alpha+\alpha_W$。如果按俯仰姿态控制实现地形跟随时，只需把$\theta$用$\vartheta$代替即可。

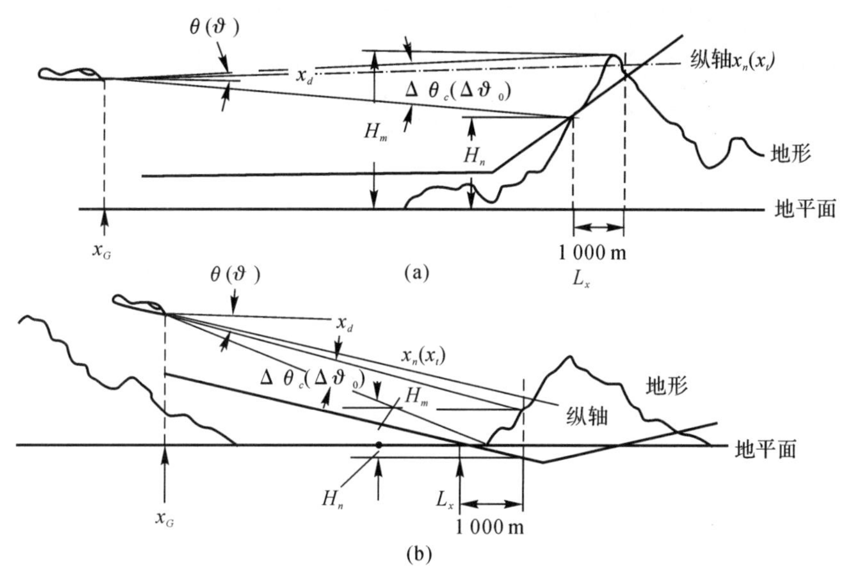

图 13-120　爬升指令计算原理

(a) 爬升中拉起指令解算的各物理量；(b) 下俯中拉起指令解算的各物理量

(四) 地形跟随系统控制律设计

对于按雷达信息和即时的飞机姿态给出的航迹指令，控制飞机航迹角确定的轨迹飞行，最好是通过航迹角控制回路来实现。航迹控制回路可以按自然飞机直接设计，没有内回路；也可以在控制增稳系统的基础上，串联和嵌套航迹控制外回路来实现。然而，为提高地形跟随控制器的鲁棒性，最好的内回路是按隐式模型跟踪法设计和具有过载、迎角限制的电传操纵系统。多余度的电传操纵系统能有效地增加控制增稳系统、航迹控制回路和高度控制器的可靠性。地形跟随控制系统包括航迹控制、高度保持和引导工作模式。

1. 水平飞行工作模式

当飞机航迹角为零，并且雪橇与地形相切，即飞机保持平飞时，地形跟随系统应工作在雷达高度工作模式，并且高度控制的内回路为航迹控制回路，这将便于航迹角控制模式的转换。图13-60为这种高度保持模式的原始框图。为了减小地形变化对雷达高度表的输出影响，最好采用由图13-64给出的噪声抑制结构。

对于地形跟随功能的雷达高度控制可采用13.1.2.3节之(二)所述高度自动选择工作模式，按地形跟随离散指令，输入规定高度H_0指令，飞机将自动引导至规定高度，为实现柔和过渡，应采用图13-66所示俯仰姿态角限制结构，限制航迹角变化。

在地形跟随模式工作中，可依据地形跟随舒适度要求，改变控制增稳系统的正、负过载限制值。为了在协调转弯等倾斜运动中，避免由铅垂面内升力的减小引起的掉高度现象，在过载给定的输入口引入$\dfrac{1}{\cos\gamma}-1$信号。

2. 航迹控制工作模式

可依据雷达信息给出离散信号，断开高度控制模式，使系统转入航迹控制工作模式，并按雷达、地形和飞机姿态、性能参数用规定算法得到航迹角指令，以改变飞行轨迹。

依据图13-60回路Ⅰ，给出航迹控制回路原始模型，如图13-121所示，图中$G_s(s)$是按模型跟踪法设计的PI型法向过载指令增稳飞机ω_z对n_y的传递函数，具体结构由图13-13表示，它具有过载限制功能，系统参数按式(13-70)、式(13-72)～式(13-75)、式(13-78)和式(13-79)确定。$G_s(s)$可由式(13-252)表示，即

$$G_s(s)=\frac{\omega_z}{n_{yc}}(s)=\frac{\mu_z^{\delta_z}(s+y^{\alpha})}{s^2+2\zeta'_s\omega'_{ns}s+\omega'^2_{ns}} \tag{13-469}$$

式中，ω'_{ns}和ζ'_s是在规范要求范围内，人为给定的，又是飞机和增稳系统某些参数的因变量。当选择$K_1=y^{\alpha}$和K_ω，T_θ，K_θ分别由式(13-253)、式(13-254)和式(13-255)表示时，得到闭环传递函数

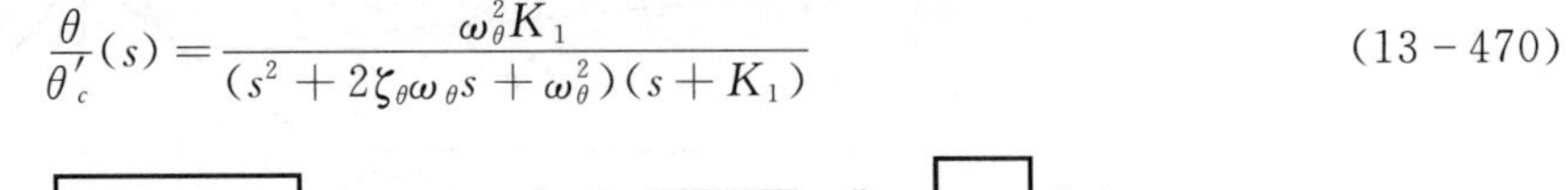

$$\frac{\theta}{\theta'_c}(s)=\frac{\omega_\theta^2K_1}{(s^2+2\zeta_\theta\omega_\theta s+\omega_\theta^2)(s+K_1)} \tag{13-470}$$

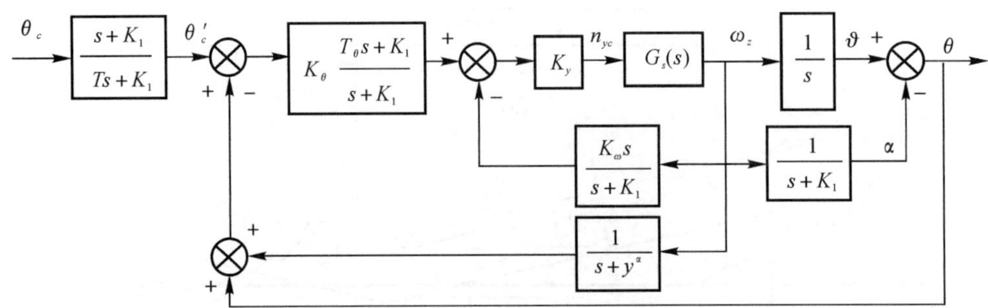

图 13-121 航迹角控制回路原始模型

且当$\zeta_\theta=\zeta'_s=0.707$时，$\omega_\theta=0.5\omega'_{ns}$。由于$K_1=y^{\alpha}$，使得$\theta/\theta'_c(s)$中存在一个与升力系数$y^{\alpha}$极性相反的极点，如果$y^{\alpha}$是已知的，那么，航迹角指令$\theta_c$可通过一个超前滤波器$\frac{s+K_1}{Ts+K_1}$，当$T$很小时，航迹角对指令的传递函数可近似为

$$\frac{\theta}{\theta'_c}(s)=\frac{\omega_\theta^2}{s^2+2\zeta_\theta\omega_\theta s+\omega_\theta^2} \tag{13-471}$$

作为例子，给出某飞机某飞行状态按图 13-121 得到的航迹控制回路 Nichols 图和θ_c指令响应特性，分别由图 13-122 和图 13-123 所示。

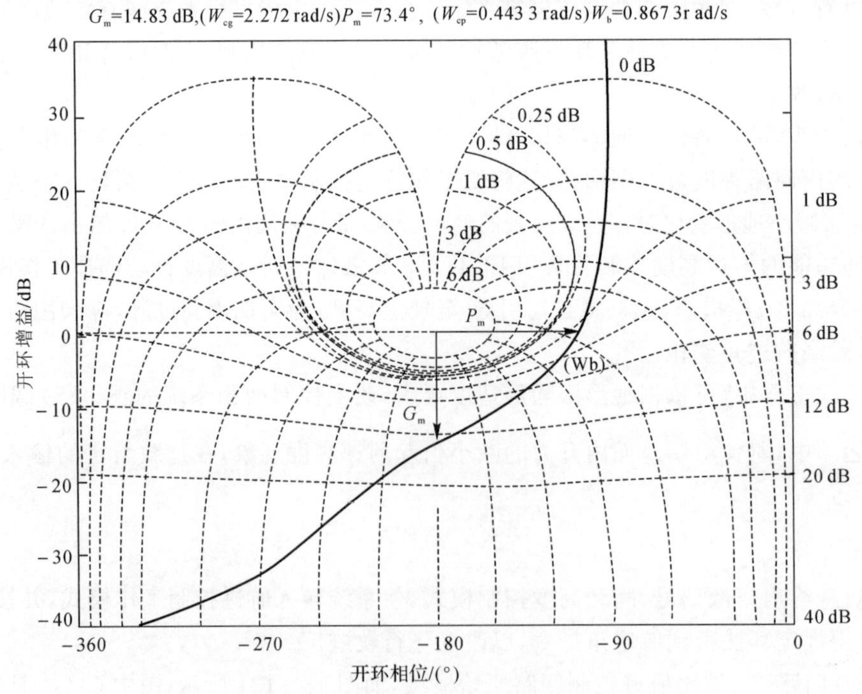

图 13-122 某飞机某飞行状态航迹控制回路 Nichols 图

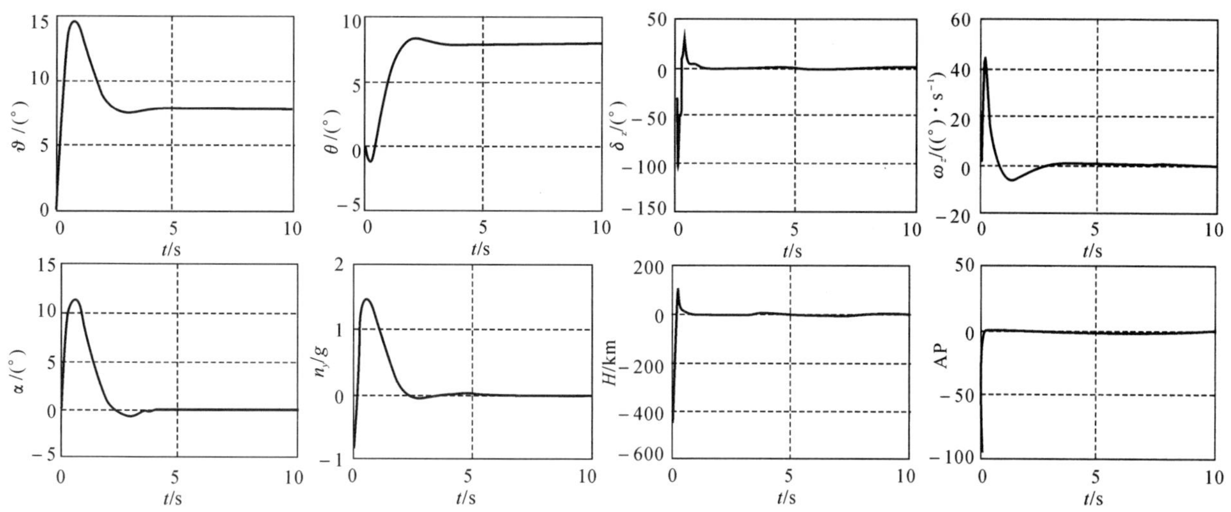

图 13-123　某飞机某飞行状态航迹控制回路 θ_c 指令响应曲线

3. 地形跟随系统对常规飞行控制器的要求

(1)俯仰和横滚轴应具有控制增稳系统,偏航轴应具有自动增稳系统;

(2)在给定的使用姿态限制范围内,任意姿态保持工作模式接通后,应能保持即时的姿态角;

(3)俯仰和倾斜姿态应能自动回零,实现自动改平;

(4)对于航向控制器,既能实现航向保持,又能实施航向微调;

(5)可以进行±180°范围的航向选择;

(6)具有气压高度自动保持功能;

(7)具有无线电高度自动保持、引导和危险高度自动拉起功能;

(8)应与导航系统交联,按导航计算机给出的航迹飞行;

(9)应与火控系统(导弹指挥仪、平显火控系统等)交联,实现火控机动自动控制。

(五)地形跟随系统的程序控制

地形跟随系统控制程序的主要功能如下:

(1)接收来自前视雷达(TFR)和无线电高度表提供的地形数据,设置的间隙高度、乘坐品质,指令飞机在平坦的地形上做等高度飞行,在复杂的地形上空做地形跟随飞行;

(2)地形跟随系统一旦接通,便可自动指令飞机下滑飞行和进入预定的间隙高度;

(3)极限工作状态和故障状态下指令飞机自动爬升。在爬升过程中保持恒定爬升角和机翼水平;

(4)当超过低限高度、过载限制和遇障碍危险工作状态,以及地形传感器出现故障时,应能及时发出警告信号。

适应角法指令产生程序框图如图 13-124 所示,雪橇法指令产生程序的原理性框图如图 13-125 所示。

由于前视雷达在每一个扫描周期内,可以给出一组地形数据,因此,可以得到一组控制指令,这组控制指令需要经过峰值检测,使其中最大的一个作为下一周期的指令信号。这个控制信号还必须与无线电高度表、俯仰速率陀螺提供的有关信号 H_r,$\dot{H}_r$ 和 ω_z 综合解算,按图中运算式

$$\theta_H = K_H G_c(s)\left(H_0 - H_r + K_H \dot{H} + \frac{K_{\omega 2} K_1}{s + K_1}\omega_z\right) \tag{13-472}$$

得到的 θ_H 经最正逻辑处理后,找出二者最正的一个作为航迹控制指令,即由最正逻辑选择高度保持还是航迹控制工作模式。利用一个饱和特性环节限制航迹角 θ,以柔和方式进行航迹引导;利用另一个饱和器限制正负过载,以实现地形跟随过程中硬、中、软三种可能舒适度的乘坐品质。

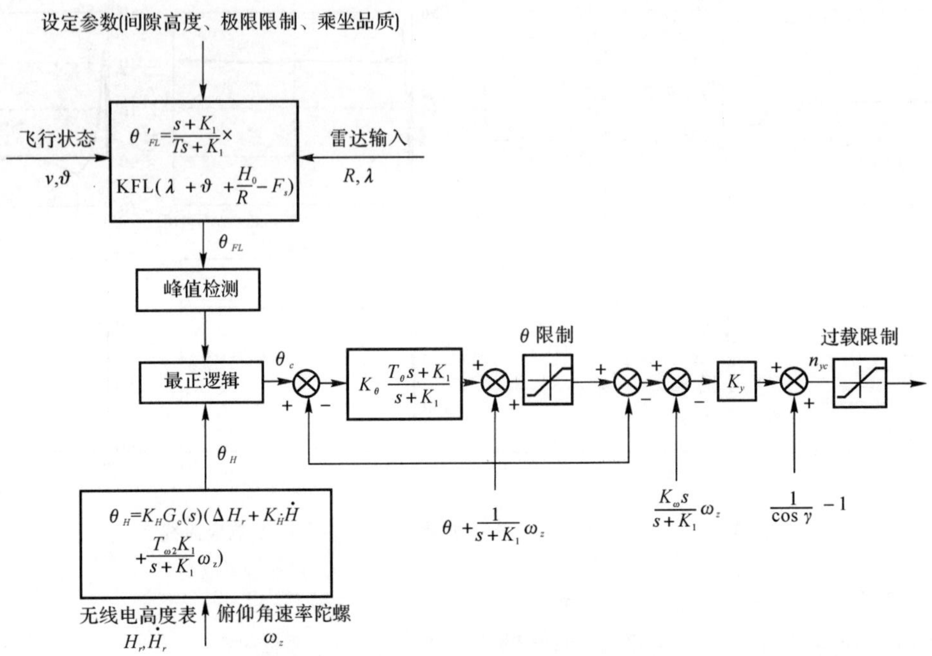

图 13-124 适应角法指令产生程序框图

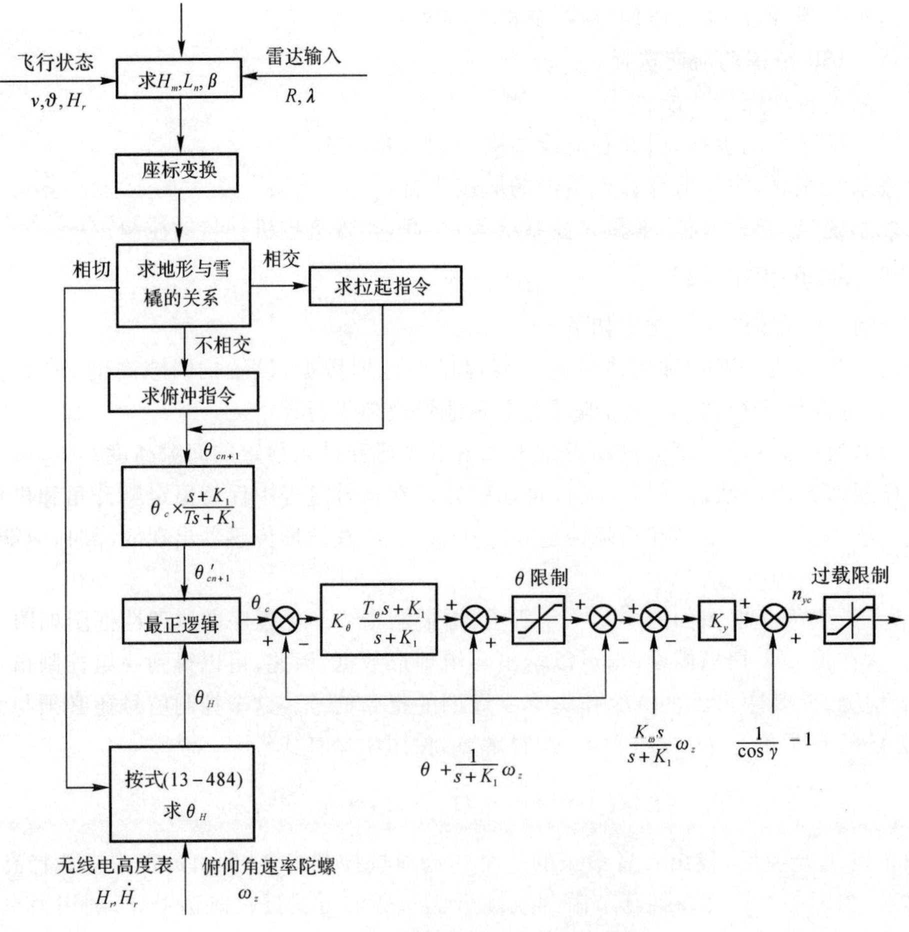

图 13-125 雪橇法指令产生程序框图

为了实现在自动地形跟随情况下，按预定的航线程序进行地形回避飞行，可由自动导航设置实现的航线控制器控制飞机按给定的航线飞行。其航线控制回路由图 13－99 表示，由导航计算机给出与航线垂直的横向偏差 Δz、航迹角偏差 $\Delta\psi_s$ 和地速 v_d，以及航向陀螺装置给出航向角偏差 $\Delta\psi$，垂直陀螺装置给出倾斜角 γ，并按图 13－110 连接和限制 $\Delta\psi$ 和 γ，以规定的转入航线航向交角(大约为 45°) 进入航线，倾斜角也应限制在规定范围内(约 $\pm 25°$)，使飞机以常值偏航速率转向规定航向交角。在航线控制模式工作中，偏航轴应处于自动增稳状态。

13.3.3　自动改平与自动拉起

飞机在任何姿态上飞行都应能进行自动改平，并且应使飞机平滑地沿着最小角度自动地恢复到水平直线飞行状态，在改平控制过程中，应该断开任何别的自动控制工作模式。当飞机达到水平时，它应处于航向保持和高度保持模式中。

当飞机飞行在危险高度上时，应能按给定航迹角自动拉起至预定高度上。这里所指飞行高度，应该是由雷达高度表给出的，飞机相对于地面的高度。自动拉起模式最终使飞机在预置高度上作平飞直线飞行。

13.3.3.1　自动改平程序

当起落架在收上位置时，飞机处于除低高度拉起模式以外的其他任何工作模式，驾驶员都可以使用自动改平按钮，接通自动改平工作模式，将飞机按最佳路径(最小角度) 和适度过载恢复到水平直线飞行。

对于不同飞机类型有不同的改平内容、步骤和逻辑。作为小型的歼击机来说，可以在大的机动范围内，在包括大迎角飞行、急滚惯性交感和尾旋等复杂运动中，应能及时、安全和舒适地将飞机转入水平飞行状态，那将需要一个适用的逻辑顺序，使得飞机各种控制器在程序控制下工作。对于大型飞机来说，改平模式的工作程序，要比小型飞机简单得多。本书给出歼击机改平模式的改平程序和步骤如下。

为了使飞机按最小角度和适度过载平滑地改平到水平直线飞行，根据飞机初始俯仰角的不同，分为 4 种自动改平程序：

(1) 当初始俯仰角 ϑ_0 在 $-80° \sim 10°$，$170° \sim 180°$ 和 $-180° \sim -99°$ 范围内时自动改平程序如下：

1) 俯仰通道随即进入姿态保持模式，且当 $-81° \leqslant \vartheta_0 < -80°$ 时，保持 $\vartheta = -80°$；又当 $-100° \leqslant \vartheta_0 < -99°$ 时，保持 $\vartheta = -100°$；初始俯仰角为其他值时，保持在接通时刻的俯仰角 ϑ_0 上。

2) 倾斜角通道按最短路径进入自动改平状态，倾斜角趋于零。当 $|\vartheta_0| < 90°$，$\gamma_0 > 0°$，飞机左滚向 $\gamma = 0°$ 方向改平；当 $|\vartheta_0| < 90°$，$\gamma_0 < 0°$ 时，飞机右滚向 $\gamma = 0°$ 方向改平；当 $|\vartheta_0| \geqslant 90°$，$\gamma_0 \geqslant 0°$ 时，飞机右滚向 $\gamma = 180°$ 方向改平；当 $|\vartheta_0| \geqslant 90°$，$\gamma_0 < 0°$ 时，飞机左滚向 $\gamma = -180°$ 方向改平。

3) 当倾斜角改平至 $|\gamma| < 6°$($|\vartheta_0| < 90°$)，或者 $|\gamma| > 174°$($|\vartheta_0| \geqslant 90°$) 之后，俯仰角通道进入航迹自动改平状态，且当 $-81° \leqslant \vartheta_0 < 10°$ 时，向 $\vartheta = 0$ 方向改平；又当 $170° < \vartheta_0 \leqslant 180°$ 时，向 $\vartheta = 180°$ 方向改平；$-180° \leqslant \vartheta_0 < -99°$ 时，向 $\vartheta = -180°$ 方向改平。

4) 当姿态角改平到 $|\gamma| < 6°$，$|\vartheta| < 40°$，或者 $|\gamma| > 174°$，$|\vartheta| > 140°$ 时，倾斜通道进入航向保持模式。

5) 当俯仰航迹角改平至 $-2° \leqslant \theta \leqslant 4°$ 范围内和 $|\gamma| < 6°$($\vartheta < 90°$) 或者 $|\gamma| > 174°$($|\vartheta| \geqslant 90°$) 时，俯仰通道进入高度保持工作模式。

(2) 当初始俯仰角 $10° \leqslant \vartheta < 45°$ 或者 $135° \leqslant \vartheta_0 \leqslant 170°$ 时，根据不同倾斜角，有两种自动改平程序：

第 1 种，当 $10° \leqslant \vartheta_0 < 45°$，$0° \leqslant |\gamma_0| < 2\vartheta_0$ 或者 $135° \leqslant \vartheta_0 \leqslant 170°$，$2\vartheta_0 - 180° < |\gamma_0| \leqslant 180°$ 时，改平程序如下：

1) 倾斜通道处于改平-引导状态。按最短路径强拉飞倾斜，当初始姿态角 $10° \leqslant \vartheta_0 < 45°$，$0° \leqslant \gamma_0 < 2\vartheta_0$ 时，强拉飞机向右倾斜，直至 $\gamma \geqslant 2\vartheta_0 + 5°$；当初始姿态角 $10° \leqslant \vartheta_0 < 45°$，$-2\vartheta_0 < \gamma_0 < 0°$ 时，强拉飞机向左倾斜，直至 $\gamma \geqslant -2\vartheta_0 - 5°$；当初始姿态角 $135° < \vartheta_0 \leqslant 170°$，$-180° \leqslant \gamma_0 \leqslant 180° - 2\vartheta_0$ 时，强拉飞机右倾斜直至 $\gamma \geqslant 175° - 2\vartheta_0$；当 $135° < \vartheta_0 \leqslant 170°$，$2\vartheta_0 - 180° \leqslant |\gamma_0| < 180°$ 时，强拉飞机左倾斜直至 $\gamma \leqslant 2\vartheta_0 - 175°$。

2）在倾斜角强拉过程中，俯仰通道处于姿态保持模式。

3）直至 $|\gamma| \geqslant 2\vartheta_0 + 5°$ 或者 $|\gamma| \leqslant 2\vartheta_0 - 175°$，倾斜角强拉结束后，倾斜通道处于姿态保持模态；俯仰通道处于姿态改平状态，且当 $10° \leqslant \vartheta_0 < 45°$ 时，向 $\vartheta = 10°$ 方向改平；$135° < \vartheta_0 \leqslant 170°$ 时，向 $\vartheta = 170°$ 方向改平。

4）当俯仰角改平到 $\vartheta < 10°$ 或者 $\vartheta > 170°$ 后，按（1）所述程序进行自动改平。

第 2 种，当初始俯仰角和倾斜角分别在 $10° \leqslant \vartheta_0 < 45°$，$2\vartheta_0 \leqslant |\gamma_0| \leqslant 180°$ 或者 $135° < \vartheta_0 \leqslant 170°$，$0° \leqslant |\gamma_0| \leqslant 2\vartheta_0 - 180°$ 范围内时，自动改平程序如下：

1）倾斜通道处于姿态保持状态，保持初始倾斜角；俯仰通道处于姿态改平状态。

2）当俯仰角改平到 $\vartheta < 10°$ 或者 $\vartheta > 170°$ 后，按（1）所述程序进行自动改平。

（3）当初始俯仰角 $45° \leqslant \vartheta_0 < 81°$ 或者 $99° < \vartheta_0 \leqslant 135°$ 时，其自动改平程序也有两种：

第 1 种，当 $45° \leqslant \vartheta_0 < 81°$，$0° \leqslant |\gamma_0| < 172°$ 或者 $99° < \vartheta_0 \leqslant 135°$，$8° < |\gamma_0| \leqslant 180°$ 改平程序如下：

1）俯仰通道随即进入姿态保持状态，且当 $80° \leqslant \vartheta_0 < 81°$ 时，保持 $\vartheta = 80°$；当 $99° < \vartheta_0 \leqslant 100°$ 时，保持 $\vartheta = 100°$；初始俯仰角为其他值时，保持在接通时刻的俯仰角 ϑ_0 上。

2）倾斜通道处于强拉飞机倒飞行状态，当 $45° \leqslant \vartheta_0 < 81°$，$0° \leqslant \gamma_0 < 172°$ 时，将飞机拉向 $\gamma = 178°$；当 $45° \leqslant \vartheta_0 < 81°$，$-172° < \gamma_0 < 0°$ 时，将飞机拉向 $\gamma = -178°$；当 $99° < \vartheta_0 \leqslant 135°$，$8° < \gamma_0 \leqslant 180°$ 时，将飞机拉向 $\gamma = 2°$；当 $99° < \vartheta_0 \leqslant 135°$，$-180° \leqslant \gamma_0 < -8°$ 时，将飞机拉向 $\gamma = -2°$。

3）当 $45° \leqslant \vartheta_0 < 81°$、倾斜角拉至 $|\gamma| \geqslant 172°$ 或者当 $99° < \vartheta_0 \leqslant 135°$、倾斜角拉至 $|\gamma| \leqslant 8°$ 后，俯仰通道处于姿态改平状态，且当 $45° \leqslant \vartheta_0 < 81°$ 时，向 $\vartheta = 45°$ 方向改平；当 $99° < \vartheta \leqslant 135°$ 时，向 $\vartheta = 135°$ 改平。

4）当俯仰角改平至 $\vartheta < 45°$ 或 $\vartheta > 135°$ 后，按 2）所述程序进行。

第 2 种，当初始俯仰角和倾斜角分别为 $45° \leqslant \vartheta_0 < 81°$，$|\gamma| \geqslant 172°$，或者 $99° < \vartheta_0 \leqslant 135°$，$|\gamma| \leqslant 8°$ 时，自动改平程序如下：

1）倾斜通道处于改平-强拉状态〔同（3）〕。

2）俯仰通道处于姿态改平状态〔同（3）〕。

3）当俯仰角改平至 $\vartheta < 45°$ 或 $\vartheta > 135°$ 时，按（2）所述程序进行。

（4）当初始俯仰角 $81° \leqslant |\vartheta_0| \leqslant 99°$ 时，其自动改平程序如下：

1）倾斜通道处于无任何驾驶仪反馈和输入信号的改平-控制增稳工作模式。

2）俯仰通道处于无任何驾驶仪反馈信号，但具有强拉控制信号 $n_{yc} = 2.7g$，强拉飞机俯仰角不在 $\pm 81° \sim \pm 99°$ 范围内。

3）当俯仰角拉至 $\vartheta < 81°$ 或者 $\vartheta > 99°$ 时，按（3）所述程序进行；当俯仰角拉至 $\vartheta > -81°$ 或者 $\vartheta < -99°$ 时，按（1）所述程序进行。

以上 4 种改平程序中，为何将 $\pm 81°$ 和 $\pm 99°$ 作为分界线，是因为俯仰角在 $\pm 81° \sim \pm 99°$ 范围内，某种航姿系统测试的飞机倾斜角不准确，其原因是当俯仰角在这个范围内时，倾斜角测量轴与陀螺转子轴近似重合，从而产生了很大的倾斜角误差，不仅倾斜角不能作为系统反馈变量，而且俯仰角也不能作为系统的反馈变量，这是因为俯仰角对应 $|\gamma| < 90°$ 和 $|\gamma| > 90°$ 有两种相反的信号极性，当倾斜角测量不准确时，难以确定俯仰角信号极性。

13.3.3.2　低高度自动拉起模式的控制程序

当飞机处于增稳状态、姿态保持或自动改平模式中飞行时，只要起落架在收上位置，都可打开低高度自动拉起开关，但不能立即接通自动拉起模式，只有当飞行高度等于/低于预定高度时，且飞机处于正飞状态，无线高度表发出 27 V 指令信号，才能接通低高度拉起模式。

按照不同的初始姿态角，低高度拉起模式两种自动拉起程序如下：

（1）初始俯仰姿态角为 $|\vartheta_0| < 81°$ 或 $|\vartheta_0| > 99°$ 时的自动拉起程序。

1）当 $|\vartheta_0|<81°$ 和 $|\gamma_0|<90°$ 或者 $|\vartheta_0|>99°$ 和 $|\gamma_0|\geqslant 90°$ 时，飞机处于正飞状态。横向通道首先进入由倾斜控制回路实现的低拉-改平状态；俯仰通道处于低拉-姿态保持状态。如果初始俯仰角在 $-81°<\vartheta_0\leqslant-80°$ 范围内时，俯仰角保持在 $-80°$；当初始俯仰角在 $-100°\leqslant\vartheta_0<-99°$ 范围内时，俯仰角保持在 $-100°$；如果初始俯仰角 $\vartheta_0>-80°$ 或者 $\vartheta_0<-100°$ 时，俯仰角保持在低拉模式接通时刻的俯仰角上。

2）当倾斜角改平至 $|\gamma|<6°(|\vartheta_0|<81°)$ 或者 $|\gamma|>174°(|\vartheta_0|>99°)$ 范围内时，俯仰角通道处于航迹控制回路构成的低高度强拉状态，给出航迹角指令 θ_c，飞机大约以 8° 航迹角向上爬升；

3）当飞机爬升到预定高度之上多少米之后，低拉模式离散指令撤销，同时断开航迹角指令 θ_c 和接通无线高度保持工作模式，飞机将在预定高度之上，进入水平直线飞行。

（2）初始俯仰角 $-99°\leqslant\vartheta_0\leqslant-81°$ 时的自动拉起程序。

当低拉模式接通时的初始俯仰角 $-99°\leqslant\vartheta_0\leqslant-81°$ 时，倾斜通道处于控制增稳模式；俯仰通道处于控制增稳模式，并以 $2.7g$ 过载指令强拉飞机上仰直至 $\vartheta>-81°$ 或 $\vartheta<-99°$ 为止，倾斜、俯仰通道执行 1）所述自动拉起程序。

13.3.4　自动驾驶仪的自动配平与回零逻辑

为了使飞行控制系统具有高度安全、可靠性，伺服舵机的权限往往受到限制，对于无余度的控制增稳系统来说，占舵面总偏度 30% 的舵机权限，可以认为足够大了。具有与驾驶杆并联运动的自动驾驶仪舵机行程往往更小，除考虑安全性外，驾驶杆随舵机的大位移运动，也使驾驶员感到厌恶。因此，不够大的舵机位移，有可能在控制器引导和遇到大的干扰过程中，舵机位移达到饱和，阻塞了飞行控制系统的正常工作，甚至于比未接通飞行控制系统的情况更加糟糕。

为了减小飞行控制系统通、断过程引起的扰动，不仅要求舵机位移为零，在接通自动驾驶仪各工作模式中，相对应的姿态或航迹信号初始值也应为零，这将有效地保持即时的姿态或航迹变量，也能减小接通时刻的扰动，除非是自动改平或低拉回零或引导模式的接通。

13.3.4.1　人工与自动配平

通常，在接通自动驾驶仪系统之前，驾驶员首先进行人工配平，即通过人工配平按钮，控制人工配平舵机，并带动驾驶杆和助力器输入杆。在握杆情况下，卸掉驾驶杆力保持松杆情况下的力矩平衡，实现法向过载为 $1g$ 的平直飞行或横向机翼水平飞行；或者在松杆情况下，利用人工配平装置移动驾驶杆和相应的舵面偏度，微调新飞行状态的精确配平。

当驾驶杆“卸荷”和配平飞机之后，接通自动驾驶仪姿态保持或高度保持工作模式，在平衡和稳定飞行状态下，飞机应无扰动响应，舵机位移应为零。如果在自动驾驶仪某个工作模式中，人工或自动引导飞机到新的姿态或航迹上，或者某种原因破坏了飞机的力矩平衡，自动驾驶仪将通过舵机位移带动相应舵面引导或平衡飞机，实现操纵和稳定飞机。在没有自动配平装置的情况下，常值的过大舵机位移可能接近或达到舵机最大权限，当新的引导指令或者干扰出现时，自动驾驶仪将不能正常工作和完成它所承担的任务。当断开或转入某个工作模式时，不为零的舵机偏度在“卸荷”或转接过程中，带来飞机的扰动，往往使驾驶员难以接受。

如果自动驾驶仪具有自动配平系统，当舵机位移达到某个“门限”值，通过位移电刷在电门左右不同位置给出不同极性的常值电压，驱动配平舵机，并且，按自动驾驶仪舵机位移的相同方向驱动助力器位移和相应的舵面偏转，从而使得姿态（或航迹）角在原来方向上增加，自动驾驶仪的稳定和保持作用，通过与初始值相反方向的舵机移动，带动助力器、相应舵面和飞机姿态（或航迹）向着相反方向变化。最终舵机位移减小到“门限”之内，配平舵机停止工作，助力器、舵面恢复到原来位置，飞机姿态（或航迹）也恢复到原先保持或引导值上。作为例子，给出如图 13-126 所示自动配平的原理图。

自动配平舵机具有继电型积分特性，与助力器特性、飞机动力学特性和姿态角、姿态角速率反馈以及舵机回路构成控制回路。这种积分回路，往往存在着稳定性问题，可采用增大继电特性死区的办法，抑制这种不稳定现象。

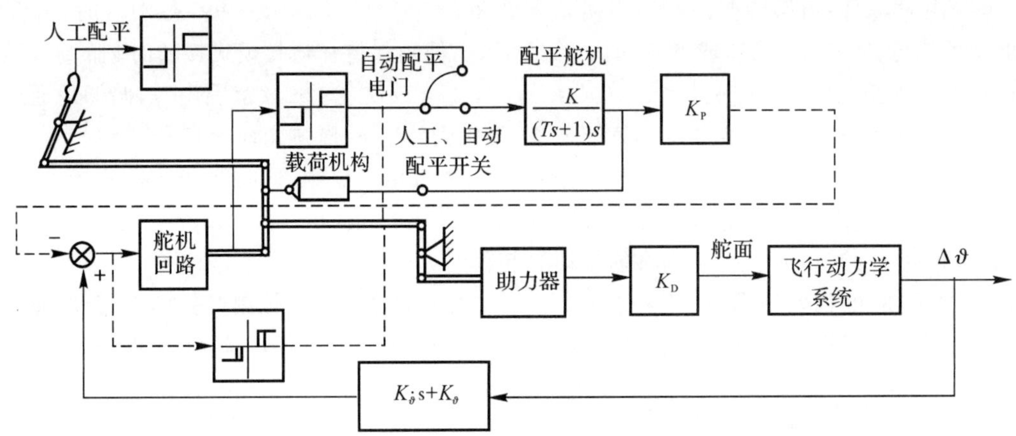

图 13-126　自动配平系统原理框图

通常自动配平与人工配平合用一个配平舵机，并靠人工、自动配平开关控制其不能同时工作，因此，和人工配平一样，驾驶杆也随自动配平舵机联动。图中，自动配平指令取自舵机位移输出信号，也可采用舵机回路输入信号，用如图 13-126 所示的虚线连接。调整继电特性的失灵区和非单值段可有效地提高系统稳定性。

这种自动配平系统的主要缺点在于配平过程中对飞机要产生足够大的扰动，因为它是依据飞机闭环系统的外反馈使舵机位移减小的，没有飞机姿态（或航迹）的瞬态变化，就没有舵机位移的减小，并且，由于系统稳定性的缘故，较大的单值继电特性死区使舵机输出位移远离中立位置，使自动配平精度不高。

可以采用内反馈的办法，代替飞机姿态（或航迹）反馈的外回路，使得在一定程度上减小姿态变化幅值。其原理图如图 13-126 中虚线所示。合适地选择 K_P，使得舵机位移减小导致的助力器位移的减小量与自动配平直接作用的助力器位移增加量近似相等，那么，在自动控制过程中，系统将不出现大的配平扰动。

13.3.4.2　自动驾驶仪的自动回零逻辑

飞行控制器的姿态和航迹保持存在于多种自动引导系统的引导过程中，姿态和航迹（包括高度）保持功能是自动驾驶仪重要功能，它有效地将飞机保持在某种姿态、航迹和航线中飞行，并且，飞机能在一定范围内的飞行姿态和航迹下接通自动驾驶仪，在保持接通时刻原有飞行状态的同时，不产生任何异常的动作和保证飞行安全可靠。自动回零系统给出了实现这种功能的可能。

自动驾驶仪保持某种飞行状态的功能原理是在这种状态基础上，一旦由各种因素引起状态误差，在自动驾驶仪的控制作用下，将这种误差逐渐减小。这就是说，自动驾驶仪控制的是某些姿态（或航迹）与基准姿态（或航迹）的误差，而不是它们的全部。因此，在自动驾驶仪的工作中，不必要求基准变量参与到控制过程中。然而，自动驾驶仪的敏感元件总是把全部信息接收和输出，其中还包含着这些元件的零位输出。因此，在自动驾驶仪接通和工作模式转换之前很有必要将有关基准信号和零位输出取消。这便需要一种装置（称为自动回零系统）完成这种信号回零任务。

在过去，老式的模拟式自动驾驶仪是通过一个小型随动系统，快速地将它的输出去平衡它的输入，在与它相应的某种变量保持的工作模式接通之前，回零系统的输入、输出信号始终处于平衡状态，直至该工作模式接通为止，断开回零系统的输入，它将保持接通时刻的输出值。随动系统的惯性作用，使得这个输出值可能比接通时刻的输入值稍小；误差取决于回零系统的快速性。因此，利用随动系统作为回零装置，其自动驾驶仪的保持精度不仅取决于敏感元件的测量误差，回零系统的跟随速度也是自动驾驶仪保持精度大小的重要因素。

随着数字式飞行控制系统的发展，自动驾驶仪的模拟式滤波器由数字式滤波器代替，电器-机械式开关实现的逻辑控制由数字开关和程序控制代替，就连自动驾驶仪所需的回零系统也可由数字式自动回零逻辑替换，这将使得自动驾驶仪的硬件大大减少。如某飞机飞行控制系统，对于模拟式的自动驾驶仪，需要近300个继电器，当改为数字式自动驾驶仪时，所有控制逻辑，没有使用一个硬件开关。对于有关数字式控制器的设计，已在第三篇中叙述过。

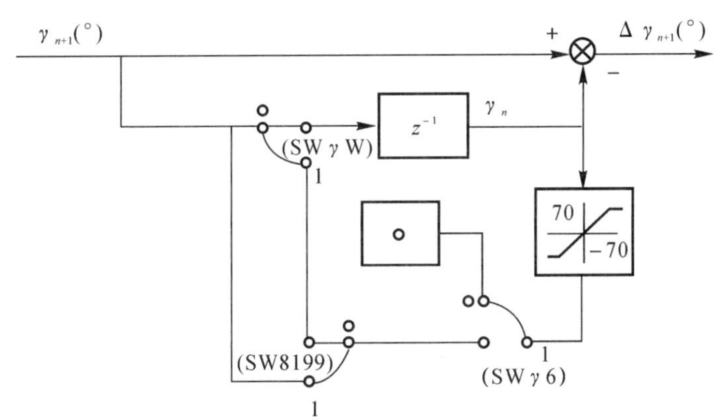

图 13-127　倾斜角自动回零逻辑图

一个数字回零逻辑的例子如图13-127所示。它是倾斜角自动回零逻辑图。当倾斜角保持开关SWγW在“0”位时，$\Delta\gamma_{n+1}=\gamma_{n+1}-\gamma_n$被认为是零。当SW$\gamma$W在“1”位时，构成的循环回路，始终保持$\gamma_n$等于接通“1”时刻的值。变化的$\gamma_{n+1}$将使$\Delta\gamma_{n+1}$不为零，并传输给倾斜角保持回路，使其保持倾斜角为接通“1”时刻的值。当$\gamma\leqslant 6°$时，SWγ6在“0”位置，$\gamma_n=0$，$\Delta\gamma_{n+1}=\gamma_{n+1}$，自动驾驶仪保持飞机机翼水平飞行；当$\gamma_{n+1}\geqslant 70$时，在循环过程中$\gamma_n$始终为$\pm 70°$，自动驾驶仪只能保持飞机在$\gamma=\pm 70°$上飞行；当$\gamma$在$\pm 6°\sim\pm 70°$范围内时，自动驾驶仪可保持飞机在接通时刻的任何角度上飞行。

采用数字式回零逻辑代替电器-机械式回零机构，不仅减少了许多复杂的硬件设备，还具有回零速度快、误差小的优点，有效地提高了自动驾驶仪对姿态角、航迹角和高度、航线的稳定精度。

第五篇　现代飞行控制系统的发展

第 14 章　主动控制系统概述

20 世纪 70 年代，对于飞机总体设计来说，出现了一种随控布局设计新概念，处于主动地位的控制系统设计是飞机布局设计的主要部分。这种随控布局设计方向是以“主动控制技术”或“CCV 技术”(Control Configured Vehicle)为基础而著称的。

从飞机飞行控制系统的发展过程可以看出“主动控制系统”这个名称的更广泛的含义。如图 14-1(a)所示，对纵向运动控制来说，最早的控制系统是在驾驶杆与升降舵之间，通过机械杆系(硬杆或钢索)直接连接在一起实现的。驾驶员操纵飞机运动除通过油门杆改变发动机推力外，便是通过驾驶杆和脚蹬操纵升降舵、副翼和方向舵，从而产生舵面力和力矩，使飞机运动的。那么，舵面力或力矩的支撑力就是驾驶员作用在驾驶杆或脚蹬上的力。因此，由图 14-1(a)表示的这种操纵也称为“气动操纵”，它的显著特点是驾驶员作用在驾驶杆上的杆力与绕舵面转轴的力矩成正比，也就是说舵面到驾驶杆存在“力的反馈”。然而，这种控制方法对于低速飞机来说，不大的舵面力矩反馈到驾驶杆上，驾驶员是可以忍受的。随着飞机飞行速度的增大，大的舵面铰链力矩使得驾驶员难以承担，直到 20 世纪 40 年代开始，飞机的控制系统发展为图 14-1(b)和图 1(c)所示阶段。舵面上安装的随动调整片产生的力矩为平衡舵面力矩，有效地降低和消除了驾驶员施加的杆力；具有回力杆的可逆式助力器也可起到同样的作用，同时它还保留了气动力控制的特点，局部连接舵面，并有较小的力比例反馈。自 20 世纪 50 年代开始，飞机的操纵有一个根本的变化，如图 14-1(d)所示。可见助力器完全补偿了舵面铰链力矩，这将不存在任何力反传到驾驶杆上。但是，为能有感觉地操纵飞机，需要一个机构能产生与驾驶杆位置成比例的人为力发生机构，故称为“人工感觉机构”或“载荷机构”。由于从舵面到驾驶杆没有力的反馈，驾驶杆的位置不受舵面偏度的影响，因此，人们把这种操纵称为“不可逆操纵系统”。为了更近似地模拟作用在舵面和驾驶杆上的力，在杆系中串联一种称为力臂自动调节器的装置，它按飞行动压和高度自动调节驾驶杆至舵面之间的机械传动比和驾驶杆至人工感觉系统之间的杆力传动比。为了实现人工配平功能，便在驾驶杆位移不变的情况下使杆力为零，从而使驾驶员能在平直飞行中松杆，在人工感觉装置的支撑中串接一个称为“调整片效应机构”的装置(简称“调效机构”)。

在图 14-1(e)所示的发展阶段，飞行控制系统有了一个很大的发展。早期为改善飞机的固有特性，利用反馈技术，在飞机操纵系统中，设置了阻尼和增稳系统；为满足飞机对飞行操纵不断提高的要求，在这一阶段的后期，随着飞行范围(速度和高度)的扩大，在改善飞机稳定性的同时，引入杆力(或杆位移)指令，改善飞机操纵特性。以驾驶员机械-电器指令和飞机运动变量反馈构成的控制律，通过伺服回路与操纵系统并联在一起，共同操纵飞机，以改善飞机的操纵性、稳定性为目的，被称为控制增稳系统。它意味着构成它的元部件(包括传感器、计算机和执行机构)在可靠性方面要求要高，而且工作权限也较增稳系统要大，由于要与操纵系统连接，所以它任一故障都可能意味着一个不可收拾的危险和灾难。因此，这时的飞行控制系统的权限和功能也应受到限制，以及更多的只是从辅助功能的设计思想出发，去改善飞机固有特性和减轻驾驶员的工作负担。但是，由于它能“主动地”和敢于影响飞机的固有特性，所以可以称为早期的主动控制系统。

由图 14-2(a)表示的飞行控制系统，表征了飞机控制器的又一发展阶段，即从上面讲到的机械-电器系统过渡到具有单纯电器指令的控制增稳系统(电传操纵系统)，美国人称它为“Fly-by-wire”。这种系统具有机械结构简单、系统综合灵活性大等优点，并非常适用于控制增稳系统和自动驾驶仪各工作模式。这种系统已用在多个国家的第 3 代飞机上，实际应用证明是切实可行和应广泛应用的。但是，为安全、可靠起见，这种系统至少应具有 3 个余度，才能满足一次以上故障情况下工作，还应有一个机械(或电器)备份系统，以便当电传控制系统一旦发生最后一级故障时，驾驶员可使用它安全返回和着陆。电传控制系统的一个显著的特点是控制面权限可随飞行状态调节，这是机械杆系取消后的必然结果，多余度和自检测系统有效地保证了全权限的安全与可靠性。

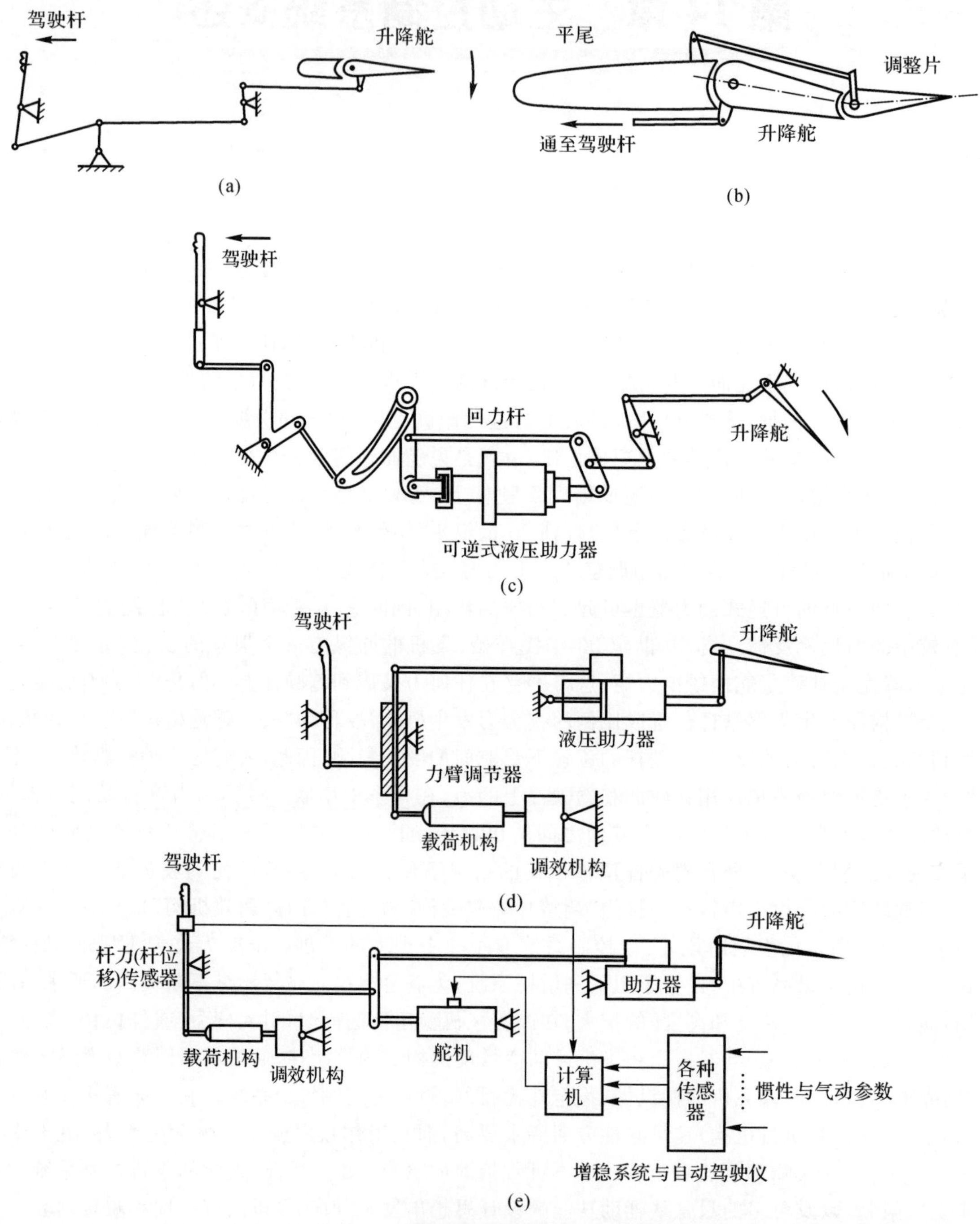

图 14-1 飞机纵向控制系统的发展示意图

图 14-2(b)表示了飞行控制系统最近的发展阶段，即主动控制系统阶段。它的传感器接收到气动或气动弹性运动变量，通过计算机完成控制律计算，决定各控制面的偏转角度，使飞机动态特性在一定程度上发生变化，这在以前是不能做到的。除去利用了常规的操纵面外，还另外采用了不少新式操纵面，这样对飞机气动力和其他力的分布便有更大的影响。这就在更广泛的意义上改变了刚体运动，并引进了新的运动模态。它还影响到结构动力学以及对结构有影响的外载荷。

主动控制系统是否得到成功，是以各种各样技术问题的解决为前提的。在20世纪70年代以来得以迅速发展的数字计算机的硬件和软件，除了处理测量数据来确定控制量外，还承担着监控任务。另外，为证明整个系统有足够的可靠性，这就有必要进行具有错误自识别以及选择正确信号的余度管理方案的研究。

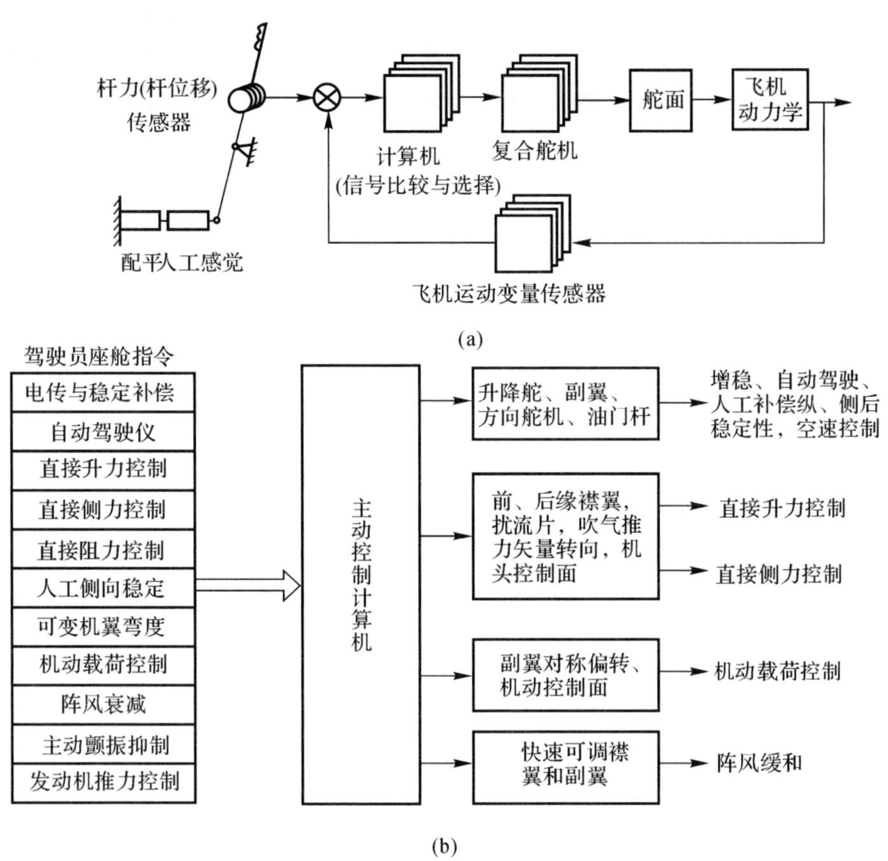

图14-2　现代飞机飞行控制系统

(a)四余度电传控制系统；(b)现代飞机飞行控制系统

由于主动控制系统对飞机特性有很大的改变，所以人们在飞行力学方面的设计中主要考虑的是飞机性能，而不计及按古典设计方法所务必满足的那些限制条件。这一点对于稳定性要求来说非常明显，在古典设计中是通过飞机的固有稳定性来保证飞机的稳定性要求，即不惜牺牲飞行性能的。为此，主动控制技术给出了这样的可能性，即按飞行性能要求来制订最佳气动布局，即使这种布局使得飞机不稳定，但是，通过主动控制系统仍可使它达到具有足够稳定性的水平。

除了人工稳定技术外，主动控制技术还包括一些其他不同任务方面的概念。概括起来有如下几个方面：

1)利用纵向和侧向运动的人工稳定，补偿静稳定性降低时的飞行稳定性；

2)通过包括升力和侧力的直接力控制，改善飞机机动性；

3)自动调节前、后缘襟翼，实现变弯度机翼，提高升阻比；

4)通过机动载荷控制，改变机动飞行中的机翼载荷分布，减少机翼结构质量；

5)利用快速可调襟翼和副翼，实现阵风影响减弱，减少结构载荷和驾驶员负担，提高乘客舒适性；

6)通过外侧襟、副翼，利用快速伺服器和精确的传感器，实现主动颤振抑制，改善弯曲、扭转振型造成的不稳定。

主动控制的主要目的在于最大限度地提高飞机性能。这从狭义上讲是飞行性能，例如减小配平阻力，提高最大配平升力或者降低结构质量。此外，还包括扩大飞行范围(颤振边界)，通过新的运动形式来改善飞机的机动性，而这些运动形式用常规控制技术(通过常规舵面)是根本办不到的。

从上述控制系统的发展过程可知，采用主动控制技术是现代飞机的总要求，作为各种控制任务总称的“主动控制”表征了现代飞机控制器的共同目标：主动控制要完成驾驶员不能承担的或者需要用不可能的精力消耗才能承担的任务。

自20世纪70年代开始，随着计算机技术的发展，出现了数字式电传控制系统和数字式飞行控制系统，并且，电传控制系统易与火控、导航和推力控制系统交联形成综合航空自动控制系统。包括数字式控制增稳系统、电传控制系统、主动控制系统等多模态飞行控制系统与飞机其他控制系统(火控和推力控制)的联合设计，构成了现代战斗机技术的综合设计，全面地提高了作战飞机的性能，这也是飞机自动控制系统在军用方面发展的必然趋势。

上述两种现代飞机控制系统的新发展，得益于数字式计算机微型化、标准化和计算速度不断提高的结果。数字计算机对所有的科学领域都产生了巨大的影响和推动，人们力图把计算机的巨大潜力引入飞机的各个系统中。早在20世纪60年代就已在火控、导航系统中应用，70年代开始其小型化和可靠性得到解决，使得它在各方面已经超过了模拟式飞行控制系统，因此，也逐渐进入了实用阶段。在第三篇最后一章给出数字式飞行控制系统控制律的设计方法，仅仅涉及数控原理、数字滤波器的设计等，不涉及余度管理和软件开发等。

进入21世纪，人们对战斗机不再像过去那样单纯追求高空、高速和高机动性能，而且还要求飞机具有所谓“机敏性(agility)”。特别是在过失速特大迎角下的超机动性与超稳定性要求，早已提到飞机研究日程上来了。为实现机敏性和过失速特性，推力矢量控制是不可缺少的基本手段。推力矢量控制不仅对战斗机攻击和逃逸大有好处，对运输机的短距起落、阻力减小、成本降低以及安全、可靠性提高也带来很多好处。因此，推力矢量控制的飞机的确是未来飞机的发展方向。

14.1 放宽静稳定性(RSS)

14.1.1 自然稳定性飞机的缺点

在自然稳定性的飞机设计中，水平尾翼的作用是提供操纵和稳定所需的力矩。因此，在飞机设计中，当考虑到各种不同装载情况所需要的重心范围时，要求有足够的操纵力矩和稳定力矩对确定尾翼尺寸具有重要意义。由于要求飞机具有良好的自然稳定性，所以由尾翼产生的升力范围中有一部分就不能用于操纵。为了操纵飞机，偏转升降舵或全动平尾，主要为产生与尾翼偏转方向相反的升力，若不用尾翼稳定飞机时，仅仅以对称偏转平尾实现俯仰操纵，不需要那样大的尾翼面积便能实现。减小尾翼还可有效地减小飞机总阻力，这对改善飞机的经济性具有深远的意义。

在自然稳定性飞机的平尾设计中，有两个很重要的准则：

1)重心的最后位置是由对自然稳定性最低要求决定的，即它对应于稳定性要求；

2)重心最前位置是由临界状态(对操纵状态有最大要求的状态)的操纵决定的，即它对应操纵要求。

如图14-1所示，为非加速水平飞行的自然稳定性飞机的配平状态(见图14-3(a))和迎角偏离配平状态的升力分布图(见图14-3(b))。在图14-3(a)中Y_{ys}为翼-身组合升力，作用在压力中心上，一般不通过飞机重心，它的大小主要是由机翼迎角(可近似认为等于飞行迎角)成比例的机翼升力和不随迎角变化的常值机翼升力决定的。对于自然稳定性飞机的配平靠负值的尾翼升力Y_{pw}平衡，即当Y_{ys}乘以压力中心至飞机重心位置的距离等于Y_{pw}乘以尾翼中性点至飞机重心位置距离时，俯仰力矩为零。这样一来，在配平状态，飞机的总升力必须等于飞机重力，即

$$Y = Y_{ys} + Y_{pw} = G \qquad (14-1)$$

此时翼-身升力Y_{ys}不仅包含平衡重力的升力分量，而且还必须通过附加的升力分量来补偿尾翼负升力Y_{pw}。

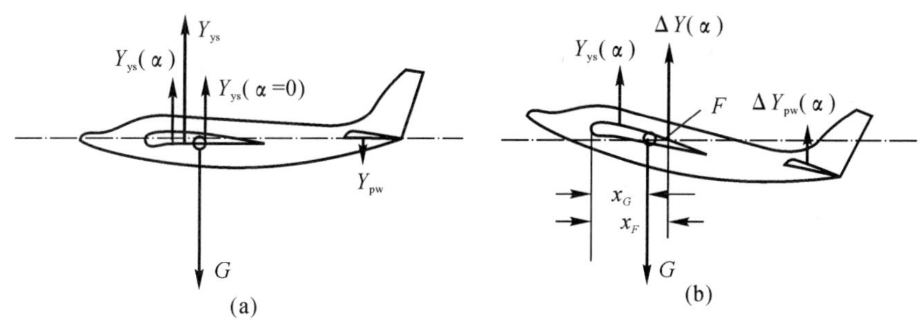

图 14-3 正常布局飞机的升力和纵向力矩

(a) 配平状态； (b) 迎角增大 $\Delta\alpha$ 时

由于压力中心随α的变化而前后移动，利用它分析力矩平衡不够方便，但是，在马赫数一定的情况下，无论机翼或翼-身组合体，存在一个固定点F，对该点的气动力矩不随α而变化，此点被称为“焦点”，并可定义为迎角增量$\Delta\alpha$引起总升力变化ΔY的作用点。当飞机重心在此点上时，飞机纵向具有纵向中性稳定性，因此，焦点又称为中性点。为能实现自然稳定性飞机的第1个准则，前后变化的重心总是在随马赫数前后变化的焦点之前，如图14-3(b)所示。飞机总升力变化ΔY是翼-身升力变化ΔY_{ys}和平尾升力变化ΔY_{pw}之和，并且当$\Delta\alpha$为正值时，ΔY_{ys}和ΔY_{pw}均为正值，以保证除大迎角飞行外，全部飞行范围内，具有良好的纵向稳定性，即

$$m_z^\alpha = (\bar{x}_G - \bar{x}_F)c_y^\alpha \tag{14-2}$$

小于0，那么，便要求ΔY_{pw}乘以尾翼焦点至重心位置的距离大于ΔY_{ys}乘以翼-身焦点至重心位置的距离。这在机身长度和平尾翼型已定的情况下，必须增大平尾有效面积，使得在一定迎角变化情况下，获得足够的ΔY_{pw}，以实现稳定性准则对m_z^α的要求。

这就是说，由稳定性要求使得尾翼面积和ΔY_{pw}足够大，同时，在配平状态使得负值的Y_{pw}也足够大。那么，由上述分析可知，为配平飞行，必须增大翼-身升力的附加分量，因此，需相应增大机翼有效面积。这样一来，由飞行力学知识可知，机翼、尾翼面积和升力的增大，将使与升力二次方成正比的升致阻力增大很多。阻力与升力成二次函数关系，使得翼-身升力大的自然稳定性飞机在配平飞行中存在很大的飞行阻力。

飞行控制系统的功能和安全可靠性的发展，尤其是具有多余度的电传操纵系统在实际作战和民航飞机中的应用，使得人们敢于放弃自然稳定的翼-尾结构布局，改变配平飞行中的尾翼升力为正值，便可相应地减小机翼升力，从而有效地降低飞行阻力，并且，可把机翼面积、厚度和质量减小，从而在定常飞行中可相应地减小推力和降低油耗。结构和燃料质量的减少，又可以有效地增大飞机的载荷和航程。这种翼-尾结构使得在尾翼设计中放弃自然稳定性要求，仅仅按操纵要求设计，并且在飞机设计开始就把纵向稳定性让给完善的主动控制技术来完成，改变自然稳定性飞机为人工稳定性飞机。

14.1.2 放宽静稳定性的飞行动力学关系

所谓放宽静稳定性(RSS)就是把飞机静稳定度要求放宽了。所谓放弃静稳定性是指在飞机尾翼设计中不考虑纵向稳定性准则，仅考虑包括静态和动态的操纵性要求。特意把飞机纵向静稳定性设计得小于稳定性要求，甚至设计成静不稳定，即使焦点向前靠近重心，或者与重心重合，甚至移到重心之前。可通过减少平尾面积或采用机头鸭翼的办法，使飞机焦点前移实现放宽静稳定性要求。在放宽静稳定性和人工稳定性补偿的飞行试验中，也可加配重使重心后移的办法实现放宽静稳定性。

如图14-4(a)所示，为重心移动到翼-身总升力作用点(即压力中心)之后和翼、身、尾全机随$\Delta\alpha$产生的升力增量ΔY的作用点(即焦点)之前。由于重心位置移至翼-身升力压力中心之后，所以，为了平衡飞机平尾必须产生正的升力，配平的翼-身总升力Y_{ys}可相应减小，但因重心位置至翼-身升力压力中心的距离很小，致使尾翼正升力不大，故翼-身总升力减少不多。又从图14-4(b)可知，重心位置与焦点距离的减少，明显地

降低了飞机纵向稳定性，飞机对力矩变化（如推力力矩）的响应更敏感，可以用改变平尾安装角的办法来补偿这种重心后移引起的静稳定性降低。通常，重心在翼-身升力作用点之前，平尾安装角为负，那么，对于图14－4(a)所示重心在翼-身压力中心之后情况，这必须将平尾安装角由负变正来补偿。

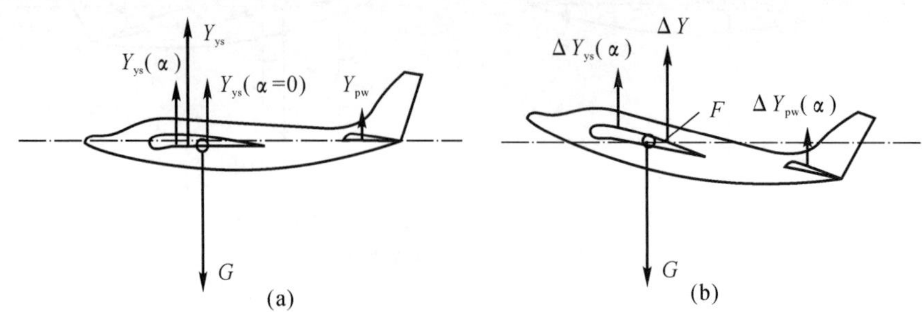

图 14－4　重心在翼-身升力压力中心之后和全机焦点之前的升力和力矩分布

(a) 重心在翼身压力中心之后的配平飞行；(b) 重心在焦点之前的迎角变化引起的升力分量

图14－4所示的重心后移，尽管未能移至全机焦点之后，但重心至焦点距离的减小使静稳定性导数 m_z^α 降低，从而造成纵向短周期固有频率减小。向正方向调整平尾安装角，才能平衡负值减小的零升力矩；利用 α 或 ω_z 反馈调节升降舵可有效地补偿静稳定性的降低。

如图14－5所示，若重心从翼-身升力作用点之后继续后移，那么，为了获得力矩平衡和配平飞行，平尾升力 Y_{pw} 必须越来越大，直到移至全机焦点之后，力矩导数 m_z^α 变为正值和飞机纵向静不稳定。由图 14－5(a)可知，为正值的零升力矩，必须靠正值的平尾安装角，才能获得力矩平衡和配平飞机；飞机的纵向静稳定性必须依靠 α 或 ω_z 反馈调节升降舵或全动平尾偏转，从而实现人工稳定性。

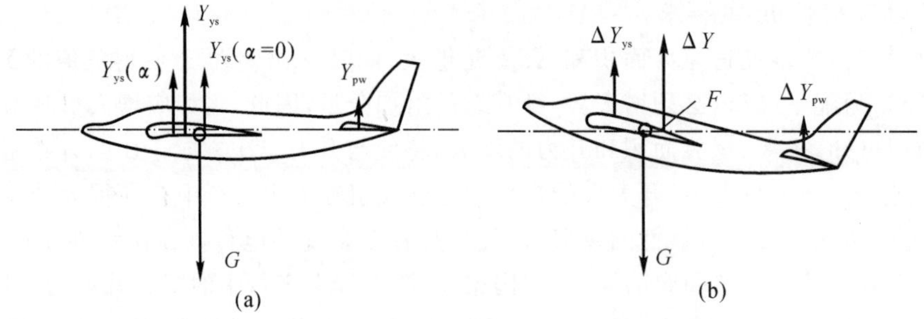

图 14－5　重心在焦点之后的升力和力矩分布

(a) 重心在焦点之后的配平；(b) 迎角变化引起的升力变化

14.1.3　尾翼面积与重心变化的关系

无论是自然稳定性飞机还是人工稳定性飞机，尾翼设计是至关重要的。平尾的作用包括维持力矩平衡的条件下，实现飞机的稳定性和操纵性。较大的尾翼面积可使自然稳定性飞机有较大的稳定裕度；放宽静稳定性可有效地减小尾翼尺寸，从而减小飞行阻力和结构重力等，给飞机带来了不少机动性和经济性效益。

14.1.3.1　静稳定边界决定的尾翼面积

若不考虑阻力的影响，由图14－6得到力矩平衡式为

$$M_z = Y_{ys}(x_G - x_F)\cos\alpha + M_{z0ys} - Y_{pw}L_{pw}\cos(\alpha - \varepsilon) = 0 \tag{14-3}$$

式中

$$\left.\begin{aligned} Y_{ys} &= c_{yys} qS \\ Y_{pw} &= c_{ypw} q_{pw} S_{pw} \\ M_{z0ys} &= m_{z0} qSb_A \end{aligned}\right\} \tag{14-4}$$

ε 为机翼后面拖出的涡系在尾翼附近产生的下洗速度 v_y 和空速 v 的矢量和 v_{pw} 与 v 构成的角度，称为下洗角。其他参数如图 14-6 所示。通常 α,ε 都为小角度（$< 12°$），使得 $\cos\alpha \approx 1, \cos(\alpha-\varepsilon) \approx 1$。将式(14-3)除以 qSb_A，得到力矩系数方程

$$m_z = c_{yys} \frac{x_G - x_{Fys}}{b_A} + m_{z0ys} - c_{ypw} \frac{q_{pw} S_{pw}}{qS} \frac{L_{pw}}{b_A} = 0 \tag{14-5}$$

对于稳定性起决定性作用的力矩特性是当迎角偏离式(14-5)的平衡状态而变化时发生的力矩变化决定的。当迎角增量是从翼-身组合体零升力基础上给出时，那么，升力系数

$$c_{yys} = c_{yys}^{\alpha} \Delta\alpha \tag{14-6}$$

$$c_{ypw} = c_{ypw}^{\alpha} \left[(1-\varepsilon^{\alpha})\Delta\alpha - \varepsilon_0 + \varphi_{pw} + \frac{\partial\alpha_{pw}}{\partial\delta_z}\delta_z \right] \tag{14-7}$$

其中尾翼项考虑了下洗角的影响，其中

$$\varepsilon = \varepsilon_0 + \varepsilon^{\alpha}\Delta\alpha \tag{14-8}$$

并考虑了平尾安装角 φ_{pw} 和升降舵舵偏角 δ_z 的影响。此时对应平尾的总迎角为

$$\alpha_{pw} = \alpha - \varepsilon + \varphi_{pw} + \frac{\partial\alpha_{pw}}{\partial\delta_z}\delta_z \tag{14-9}$$

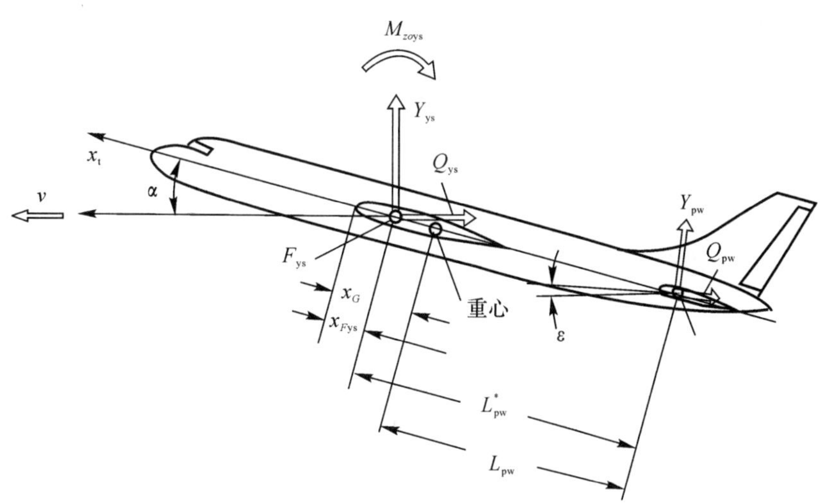

图 14-6　纵向运动的力和力矩

将式(14-5)对 α 取导数，并考虑到式(14-7)，得到力矩系数对迎角的导数

$$m_z^{\alpha} = c_{yys}^{\alpha} \frac{x_G - x_{Fys}}{b_A} - c_{ypw}^{\alpha}(1-\varepsilon^{\alpha}) \frac{q_{pw}}{q} \frac{S_{pw}}{S} \frac{L_{pw}}{b_A} \tag{14-10}$$

表征静稳定性的参数是全机中性点，它是迎角变化而产生升力变化的作用点，即焦点。可从式(14-10)等于零，即 $m_z^{\alpha}=0$ 求得的重心位置就是中性点，也就是 $x_F = (x_G)_{m_z^{\alpha}=0}$。这样一来，式(14-10)可变为

$$m_z^{\alpha} = 0 = c_{yys}^{\alpha} \frac{x_F - x_{Fys}}{b_A} - (1-\varepsilon^{\alpha}) c_{ypw}^{\alpha} \frac{q_{pw}}{q} \frac{S_{pw}}{S} \frac{L_{pw}}{b_A} \tag{14-11}$$

L_{pw} 随 x_G 变化，并可以按下式表示：

$$L_{pw} = L_{pw}^{*} + x_{Fys} - x_G \tag{14-12}$$

代入式(14-11)中，这样便可得到尾翼面积与焦点位置之间的关系：

$$\frac{S_{pw}}{S}=\frac{c_{yys}^{\alpha}/c_{ypw}^{\alpha}}{(1-\varepsilon^{\alpha})q_{pw}/q}\frac{x_F-x_{Fys}}{L_{pw}^{*}-(x_F-x_{Fys})} \tag{14-13}$$

可见，中立稳定性飞机尾翼面积与 $c_{yys}^{\alpha}/c_{ypw}^{\alpha}$ 成正比，而这个升力比主要由翼、尾的几何形状（展弦比、后掠角和翼梢比）确定。此外，还与下洗梯度 ε^{α} 有关，而 ε^{α} 又与机翼展弦比和机翼、尾翼相对位置有关。

中性稳定性所决定的尾翼面积是自然稳定性飞机尾翼设计的一个重要标准。在给定最小稳定余量的情况下，可分别由 S_{pw}/S，$(x_G-x_{Fys})/L_{pw}^{*}$ 表示纵、横坐标和按式(14-13)给出自然稳定边界曲线图，其稳定域将随 ε^{α} 的增大而减小。然而，对于放弃稳定性要求的重心后移飞机来说，尾翼面积的设计已经不受这个稳定域限制了。

14.1.3.2 配平操纵边界决定的尾翼面积

在放宽静稳定性飞机的尾翼设计中，必须由配平操纵要求确定尾翼面积与重心范围前、后边界的关系，以使尾翼能在整个飞行范围内有足够的平衡操纵力矩，使得包括操纵力矩、襟翼放下和跨声速变化引起的不平衡力矩在内的全机俯仰力矩 $M_z=0$。由配平操纵要求确定的尾翼面积与重心前边界的关系是自然稳定性飞机尾翼设计的另一个准则要求；对于放宽静稳定飞机来说，它仍然还是尾翼设计的一个准则，按式(14-5)表示的力矩系数平衡关系，代入式(14-12)表示的 L_{pw}，得到尾翼面积与重心位置的关系式为

$$\frac{S_{pw}}{S}=\frac{c_{yys}}{c_{ypw}}\frac{q}{q_{pw}}\frac{x_G-x_{Fys}+b_A m_{z0ys}/c_{yys}}{L_{pw}^{*}-(x_G-x_{Fys})} \tag{14-14}$$

为了平衡自然静稳定和静不稳定的放宽静稳定性飞机，由操纵产生的力矩，不仅能使尾翼产生正升力，也能提供负升力，尾翼升力系数在下属范围内

$$-c_{ypwmin}\leqslant c_{ypw}\leqslant c_{ypwmax} \tag{14-15}$$

式中，c_{ypwmin} 表征向下为正的尾翼力系数。

负的极限值 $-c_{ypwmin}$ 对于控制重心最前位置是重要的。在尾翼面积给定的情况下，当 c_{ypw} 负值越大时，则重心位置越向前移，x_G 越小于 x_{Fys}。在放下襟翼的情况下，飞机的增升构形处于临界状态，因为此时 c_{yys} 为最大以及零升力矩系数 m_{z0ys} 负值最大。对于尾翼面积要求来说，二者所起的作用是方向一致的。当定义 x_{Gq} 为最前重心位置时，尾翼面积与 x_{Gq} 的关系为

$$\frac{S_{pw}}{S}=-\frac{c_{yysmax}}{c_{ypwmin}}\frac{q}{q_{pw}}\frac{x_{Gq}-x_{Fys}+b_A m_{z0ys}/c_{yysmax}}{L_{pw}^{*}-(x_{Gq}-x_{Fys})} \tag{14-16}$$

尾翼面积还要受力矩静平衡所用最大正升力系数 c_{ypwmax} 来约束，在 S_{pw} 和 m_{z0ys} 给定的情况下，c_{ypw} 越大，则 x_G 应越大，但不能太大，以使 x_G-x_{Fys} 小于 L_{pw}^{*}。由式(14-14)和重心最后位置得到尾翼最大正升力时的 S_{pw} 与最后重心位置 x_{Gh} 的关系式为

$$\frac{S_{pw}}{S}=\frac{c_{yys}^{*}}{c_{ypwmax}}\frac{q_{pw}}{q}\frac{x_{Gh}-x_{Fys}+b_A m_{z0ys}/c_{yys}^{*}}{L_{pw}^{*}-(x_{Gh}-x_{Fys})} \tag{14-17}$$

式中，当在巡航飞行时 $c_{yys}^{*}=c_{yys}$；当在增升构形飞行时，$c_{yys}^{*}=c_{yysmax}$，这是为了得到操纵方面可能的后重心位置的限制范围，不仅要考虑放下襟翼的增升构形，也要考虑收上襟翼的巡航飞机构形。为此给出了一幅直观图像，如图14-7所示。可见，在 S_{pw} 较小时，巡航飞行状态($\delta_f=0$)决定后重心位置限制边界，且当 S_{pw} 较大时，增升构形才是确定后重心边界的决定因素。其原因是和前重心位置边界相反，m_{z0ys} 和 c_{yys} 对后重心位置边界起的作用相反。

图14-7描绘了水平尾翼的相对面积和重心与翼-身组合体焦点相对距离的关系，可见在不考虑静稳定性的情况下，在操纵方面扩大了允许的重心位置范围，相对于稳定性边界来说，在一定重心位置范围内，也减小了平尾面积。在平尾面积一定的情况下，放宽静稳性的重心后移，也要受到操纵平衡方面的限制。

对于静不稳定飞机的以上讨论有关力平衡问题时有一个前提是通过人为产生恢复力矩而得到稳定的，因此，如同气动稳定飞机一样，它也有稳定配平点。但是，即使在这个前提下，人工稳定的飞机在产生力矩平衡方面，以及在导致配平状态变化方面也有不同于自然稳定飞机的操纵特点。尽管在操纵中同样保持着舵

偏与姿态改变之间的常规关系，如为使迎角增大而应“拉杆”，但是，稳态增大的迎角对应舵偏角为正值，似乎需要“推杆”才能得到，实质上是迎角反馈致使升降舵同极性偏转且大于相反极性的操纵舵偏量造成的。

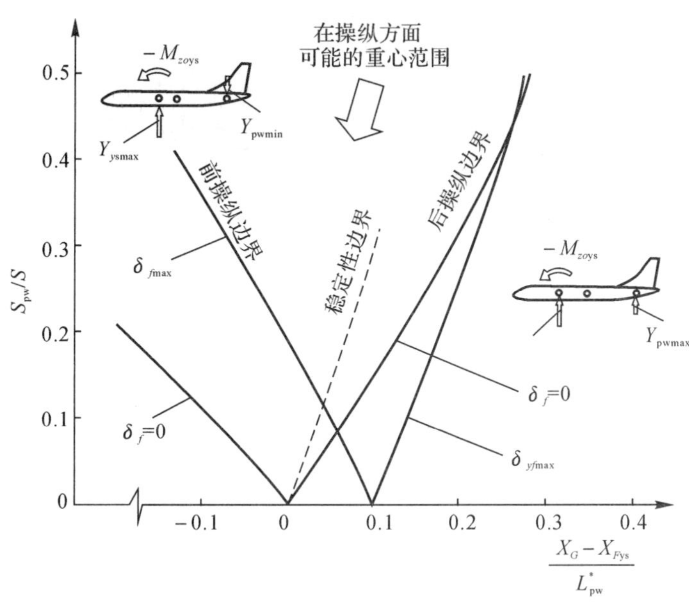

图 14－7　放宽静稳定性时，在操纵方面可能的尾翼面积和重心范围示意图

14.1.4　放宽静稳定性的效益

图14－8给出了焦点位置随马赫数变化的示意图，并标出了自然稳定飞机和人工稳定飞机的重心后限。由图14－8可见，自然稳定飞机在整个超声速范围内总是稳定的，在亚声速飞行时，稳定余度较超声速飞行要小，然而过大的静稳定度，会使飞机操纵的最大过载能力降低。由人工稳定的飞机本身在亚声速飞行中具有一定的不稳定性；在超声速飞行中，稳定性减小到一定程度，在实现最大配平能力的同时，有效地提高了飞机的机动能力。

若把飞机重心后移(或者焦点前移)，由图 14－5 可知，在亚声速情况下，飞机重心在焦点之后，为了维持力矩平衡，尾翼必须把它的升力由负变正。尾翼升力为正的结果使总升力增加，重心后移和总升力的增加一直持续到尾翼升力达到它的最大值，它对重心的力矩再也无法平衡翼-身升力对重心的力矩为止。总升力的增大使得升力导数 c_y^α 增大和配平迎角 α_{stat} 减小，这是因为，在配平状态的铅垂面内升力分量始终是平衡重力，正值尾翼升力的结果是使翼-身升力降低，从而使得 α_{stat} 减小。这样一来，无论在亚声速或超声速飞行，升致阻力将随 α_{stat} 的减小而降低。除此以外，在考虑到放宽静稳性后，可允许尾翼面积减小和机翼承载能力降低导致的机翼厚度减小，从而使得二者的摩擦阻力也得到减少。因此，依据平飞加速公式

$$\frac{dv}{dt}=(P-Q)g/G \tag{14-18}$$

在发动机推力不变的情况下，平飞阻力的减小，使得 dv/dt 增大，即增加了飞机水平加速性能。

放宽静稳定性的一个最大的效益是过载能力的提高。放宽静稳定性后，法向过载与升降舵偏度仍可用如下关系式，即

$$\Delta n_y=-\frac{\mu_z^{\delta_z}}{\mu_z^\alpha+y^\alpha\mu_z^{\omega_z}}\frac{y^\alpha v}{57.3g}\Delta\delta_z \tag{14-19}$$

法向过载增量与力矩导数 μ_z^α 成反比和与升降舵偏度 $\Delta\delta_z$ 成正比，放宽静稳定性后，在亚声速和跨声速飞行阶段，静不稳定性可能使 $\mu_z^\alpha+y^\alpha\mu_z^{\omega_z}$ 为正值，那么在 $\mu_z^{\delta_z}y^\alpha$ 为负值的情况下，Δn_y 与 $\Delta\delta_z$ 极性相同；当 $\mu_z^\alpha+y^\alpha\mu_z^{\omega_z}$ 近似为零时，很小的 $\Delta\delta_z$ 操纵，便可得到较大过载增量；在超声速飞行阶段，由图 14－5 可知，被减

小静稳定性导数 μ_z^α 尽管仍为负值，但绝对值较未放宽静稳定性时小得多，因此，在舵偏相同的情况下，却得到较大的过载增量，这便有效地提高了由最大舵偏决定的最大过载能力。这些已在第四篇中所述某飞机在放宽静稳定性后过载能力得到很大提高，充分证明了这一点。

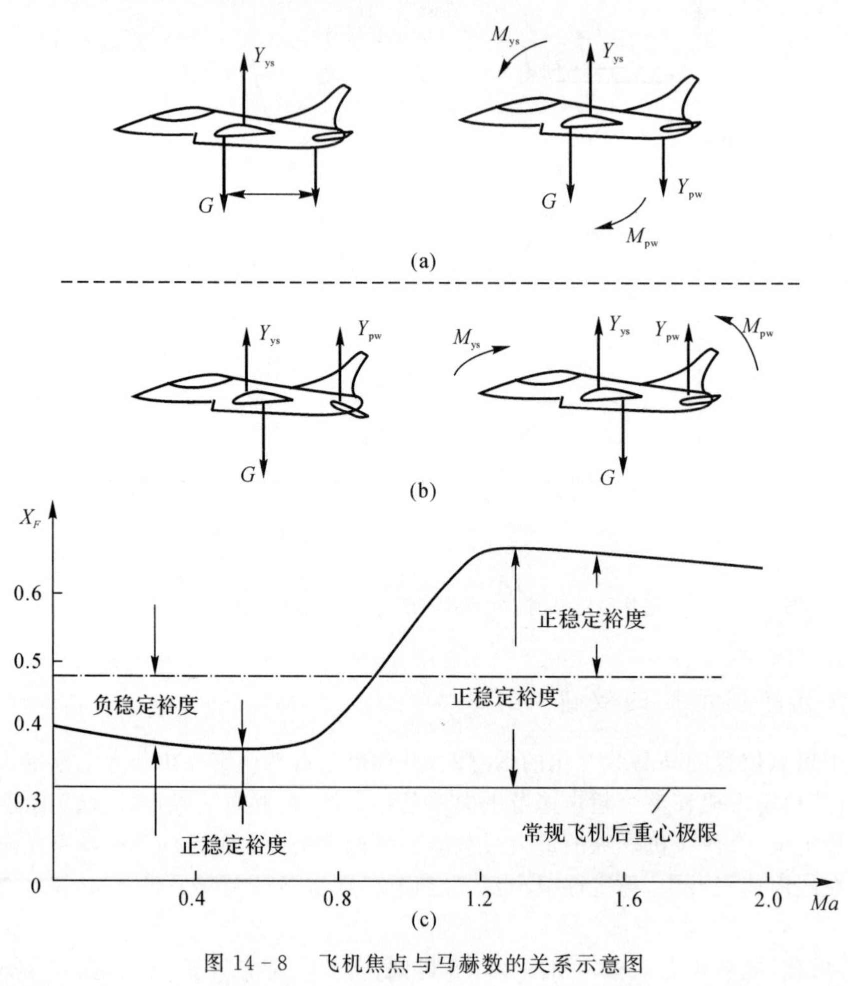

图 14-8　飞机焦点与马赫数的关系示意图

(a) 常规飞机；(b) 非常规飞机；(c) x_F 与 Ma 的关系

飞机最小盘旋半径和最短盘旋时间分别由下二式表示：

$$R=\frac{v}{g\sqrt{n_y^2-1}} \tag{14-20}$$

$$T=\frac{2\pi v}{g\sqrt{n_y^2-1}} \tag{14-21}$$

可见，放宽静稳定性的飞机在升力和过载能力提高的同时，有效地减小了盘旋半径和盘旋一周的时间。但是，n_y 不能无限制地增大，首先应该受到飞机结构强度和人的生理条件的限制。对于战斗机来说，允许的最大过载 n_{ymax} 应由机动飞行时间的长短和人的生理承受能力来确定，一般 n_{ymax} 在 $4g \sim 8g$ 之间。对于大型运输飞机允许的最大过载 n_{ymax} 应由飞机的结构强度来确定，即按强度规范来限制。对于旅客机来说，乘坐舒适性一般要求 n_{ymax} 不大于 $2g$。如果从飞行安全角度考虑，盘旋时飞行迎角不能过大，又何况放宽静稳定性后，小值的 μ_z^α 使 α 的操纵变得比较敏感，可能很容易地无意超过最大迎角，因此，必须利用主动控制系统加以限制。

放宽静稳定性除可提高飞机机动性外，还可改善飞机飞行性能、结构质量和燃料消耗，直接降低了使用经济成本。这一切效益都是从放弃静稳定性要求得来的，因此，补偿静稳定性的人工增稳系统不是可要可不要的辅助系统，它应该和飞机主体、发动机一样是飞机总体不可缺少的一部分。

对于放宽静稳定性飞机在尾翼设计中，放弃了自然稳定性要求，使得在尾翼设计中不仅重心前限是由操纵性要求决定的，重心后限也是由操纵要求产生的。这就是说，由重心前、后限要求设计的尾翼可以有效地提高飞机的操纵性，这也是放宽静稳定性带来的益处。放弃自然稳定性对于改进飞行性能(包括阻力最佳重心位置和升力最佳重心范围)的好处是使飞机获得最小配平阻力和最大配平升力，它涉及宽静稳定性飞机的构形设计，在此不作介绍。

14.1.5　不稳定飞机的动态特性

以上有关主动控制飞机讨论的目的在于揭示放宽静稳定性而达到改进飞机性能的可能性。但是，尚未讨论飞行运动特性问题，或者说只讨论了重心后移的结果是飞机纵向静稳定性降低或者变为静不稳定而获得了好的配平飞行性能，而没有对飞机本身的动态特性作较深入讨论。

放宽静稳定性不仅对力和力矩的静态关系有影响，而且对飞机的动态特性具有决定性的作用。作为飞行控制技术工作者来说，了解控制对象的动态特性是完全必要的，和自然稳定性飞机一样，只有了解了放宽静稳定性飞机的动态特性，才能有的放矢地实施稳定化技术和承担稳定控制任务。本篇对于稳定控制技术以及系统可靠性问题不作讨论。

本节试图讨论由飞机外形变化引起的气动力系数和稳定性导数的变化，阐明静不稳定飞机动态特性的变化。重点讨论与时域特性有关的和由特征值和特征向量表征的运动模态。

14.1.5.1　放宽静稳定性对飞机气动导数的影响

(一) 对纵向气动导数的影响

主动控制飞机的设计和自然稳定飞机的设计在翼-身组合体和尾翼的几何关系上是不同的，它可以用典型的气动系数和稳定性导数表示出来。在进行原理性讨论时，可认为翼-身组合体的主要特征没有变化，而尾翼不仅本身发生了变化，并且与翼-身组合体的相对关系也发生了变化。这就是说，一方面，不稳定飞机的构形特征主要是通过与尾翼有关的系数和导数的变化表示出来的；另一方面，必须对舵面的气动效率和偏转速度提出特别高的要求，以便提供人工稳定所需要的气动力矩，这个力矩不仅应该足够大，而且还应有足够大的变化速度。

对于纵向运动的动态稳定性和操纵至关重要的系数和导数涉及升力、阻力和俯仰力矩。

为了便于动态特性分析，在本节所讨论的气动系数和导数与第二篇一样是在运动方程中出现的简化符号，对纵向运动气动系数和导数的命名法则是：

x 表示切向力除以 m；

y 表示法向力除以 mv；

μ_z 表示俯仰力矩除以 J_z。

并且加右上标表示相应的偏导数。为了便于抓住主要矛盾，有必要只讨论一些变化较大的系数和导数。

1. 气动系数对迎角 α 的导数

飞机的总升力是由翼-身组合体和尾翼两部分组成的，当尾翼下洗角很小时，飞机总升力由下式表示：

$$Y = Y_{ys} + Y_{pw} \tag{14-22}$$

式中，$Y = qSc_y$；$Y_{ys} = qSc_{yys}$；$Y_{pw} = q_{pw}S_{pw}c_{ypw}$，且 q 为机翼来流的动压 $\rho v^2/2$，q_{pw} 为平尾的平均动压 $\rho v_{pw}^2/2$，S 为机翼面积，S_{pw} 为平尾面积；c_y，c_{yys}，c_{ypw} 分别为全机、翼-身组合体和尾翼的升力斜率(升力系数)，当 $Y = c_y qS$ 来定义 c_y 时，从而由式(14－7)得到

$$c_y = c_{yys} + \frac{q_{pw}}{q}\frac{S_{pw}}{S}c_{ypw} \tag{14-23}$$

那么，在考虑机翼后面拖出的涡系对尾翼产生的下洗(或诱导)速度 v_y 相对空速 v 的下洗角 ε 时，升力系数对 α 的导数

$$c_y^\alpha = c_{yys}^\alpha + c_{ypw}^\alpha(1-\varepsilon^\alpha)\frac{q_{pw}}{q}\frac{S_{pw}}{S} \tag{14-24}$$

式中，$\varepsilon^\alpha = \partial\varepsilon/\partial\alpha$ 称为下洗梯度，下洗角 ε 与翼-身组合体有效迎角 $\alpha-\alpha_{0ys}$ 成正比，而 $\varepsilon=\varepsilon^\alpha(\alpha-\alpha_{0ys})$，$\alpha_{0ys}$ 为翼-身组合体零升力迎角。对于自然稳定性飞机，尾翼分量比全机升力导数 c_y^α 小于 10%，这是因 $S_{pw}\ll S$，而且下洗梯度 ε^α 削弱了尾翼对升力导数的影响，并且一般情况下 $c_{ypw}^\alpha < c_{yys}^\alpha$，因此，尾翼面积的变化对 c_y^α 的影响甚微，并且由于

$$y^\alpha = \frac{\partial Y}{\partial\alpha}\Big/mv = qSc_y^\alpha\Big/m = \frac{qS}{mv}\left[c_{yys}^\alpha + c_{ypw}^\alpha(1-\varepsilon^\alpha)\frac{q_{pw}}{q}\frac{S_{pw}}{S}\right] \tag{14-25}$$

因此，可以认为 y^α 和 c_y^α 一样都是不受尾翼面积变化影响的固定量。

阻力导数 c_x^α 或者运动方程中的 x^α，在实现最小配平阻力时，二者会减小。阻力导数可能的变化范围对飞机的飞行性能来说是重要的，然而从运动特性和稳定性角度来看并不重要。

参照式(14-9)可以得到俯仰力矩对 α 的导数

$$m_z^\alpha = c_y^\alpha(\bar{x}_G - \bar{x}_F) - (1-\varepsilon^\alpha)c_{ypw}^\alpha\frac{q_{pw}}{q}\frac{S_{pw}}{S}\frac{L_{pw}}{b_A} \quad 和 \quad \mu_z^\alpha = qSb_Am_z^\alpha/J_z \tag{14-26}$$

式中，L_{pw} 为平尾焦点至重心位置的距离；b_A 为机翼平均气动弦长。对于放宽静稳定性来说，这个导数的变化主要取决于尾翼面积 S_{pw} 的变化。该公式表征尾翼与重心和焦点之间的距离，对于稳定性具有决定性意义。由此式可知，对于稳定性的影响二者可以结合起来考虑，因为由 S_{pw} 变化造成的 m_z^α(或 μ_z^α)的变化可以通过适当的重心位置选择得到补偿。因而，从这一点考虑，可以不管尾翼面积大小如何，导数 m_z^α(或 μ_z^α)都可取得任何希望值。m_z^α(或 μ_z^α)是受重心位置影响最大的导数，甚至还可近似地说 m_z^α(或 μ_z^α)是唯一受重心影响的导数。

为了获得关于静不稳定飞机的动态特性，可以利用在第二篇中关于自然稳定性飞机动态特性简化分析法，并先分析稳定飞机特性，然后再研究重心后移的影响。这种做法与直接研究放宽静稳定性飞机的 m_z^α 具有相同的意义和结果。

2. 气动系数对 ω_z 的导数

尾翼还可引起升力系数 c_y 和俯仰力矩系数 m_z 分别对俯仰角速率 ω_z 导数的变化。绕机体轴 y_t 的旋转运动 ω_z 可近似等于俯仰角速率 $\dot{\vartheta}$，因此，可以一般的认为，这类导数是由于下述原因产生的：对于速度为 v 运动的飞机，当绕重心旋转时，由此产生的来流方向对于不同飞机部位是不相同的。如图 14-9 所示，给出了平尾的来流方向。尾翼至重心的距离 L_{pw} 很大，使得 ω_zL_{pw} 值足够的大，从而尾翼出现了一个由俯仰角速率 ω_z 引起的大的来流方向变化，它相当一个附加迎角，并称为"动态"迎角 α_{dt}。

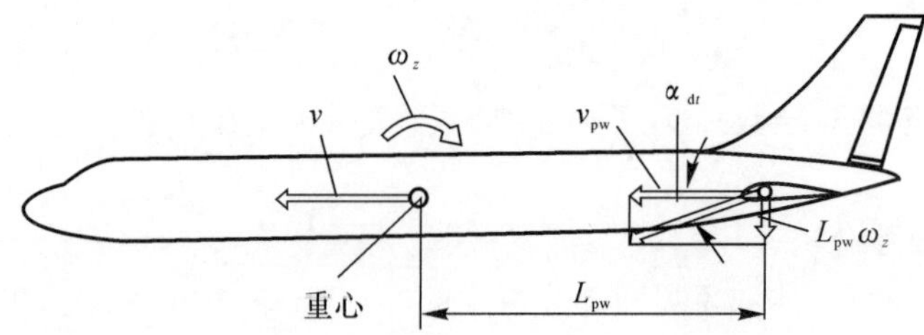

图 14-9　当有俯仰角速率 ω_z 时在尾翼上的合成来流方向

由图 14-9 可直接求出

$$\alpha_{dt} = \arctan(\omega_zL_{pw}/v_{pw}) \tag{14-27}$$

图中 $v_{pw}=v\sqrt{q_{pw}/q}$，表征尾翼来流速度小于机翼来流速度，且 $q_{pw}=\frac{1}{2}\rho v_{pw}^2$。这样一来，动态迎角

$$\alpha_{dt}=\omega_z L_{pw}/(v\sqrt{q_{pw}/q}) \tag{14-28}$$

由俯仰角速率引起的附加升力为

$$\Delta Y_{pw\omega_z}=c^{\alpha}_{ypw}q_{pw}S_{pw}\frac{\omega_z L_{pw}}{v\sqrt{q_{pw}/q}} \tag{14-29}$$

因此,按翼-身折合的尾翼升力系数为

$$\Delta c_{ypw}=\frac{q_{pw}}{q}\frac{S_{pw}}{S}c^{\alpha}_{ypw}\frac{\omega_z L_{pw}}{v\sqrt{q_{pw}/q}} \tag{14-30}$$

当定义导数 $c^{\omega_z}_{ypw}=\partial c_{ypw}/\partial(\omega_z b_A/v)$ 时,那么尾翼升力对俯仰速率的导数

$$c^{\omega_z}_{ypw}=\sqrt{\frac{q_{pw}}{q}}\frac{S_{pw}}{S}\frac{L_{pw}}{b_A}c^{\alpha}_{ypw} \tag{14-31}$$

由于翼-身组合体升力对俯仰速率的气动导数近似为零,因此,全机升力对俯仰速率的气动导数近似为

$$c^{\omega_z}_{y}=c^{\omega_z}_{ypw}=\sqrt{\frac{q_{pw}}{q}}\frac{S_{pw}}{S}\frac{L_{pw}}{b_A}c^{\alpha}_{ypw} \tag{14-32}$$

从而得到

$$y^{\omega_z}=qS\frac{b_A}{v}c^{\omega_z}_{y}/(mv)=\frac{1}{2}v\rho\sqrt{\frac{q_{pw}}{q}}\frac{S_{pw}}{S}\frac{L_{pw}}{b_A}c^{\omega_z}_{ypw}/m \tag{14-33}$$

俯仰阻尼力矩导数 $m^{\omega_z}_{z}$ 也可按同样方法确定。由于俯仰角速率产生的尾翼俯仰力矩 $\Delta M_{pw\omega_z}=-\Delta Y_{pw\omega_z}L_{pw}$,代入 ΔY_{pw} 的表达式,得到

$$\Delta M_{pw\omega_z}=-c^{\alpha}_{ypw}\frac{\omega_z L^2_{pw}}{\sqrt{\frac{q_{pw}}{q}}v}q_{pw}S_{pw} \tag{14-34}$$

当令

$$m_{zpw}=\frac{\Delta M_{pw\omega_z}}{qSb_A}\quad 和 \quad m^{\omega_z}_{zpw}=\partial m_{zpw}/\partial\left(\omega_z\frac{b_A}{v}\right) \tag{14-35}$$

时,得到

$$m^{\omega_z}_{zpw}=-c^{\alpha}_{ypw}\frac{L^2_{pw}}{b^2_A}\frac{S_{pw}}{S}\sqrt{\frac{q_{pw}}{q}} \tag{14-36}$$

那么,在考虑到翼-身组合体之后,全机的俯仰力矩系数对 ω_z 的导数为

$$m^{\omega_z}_{z}=m^{\omega_z}_{zys}-c^{\alpha}_{ypw}\frac{L^2_{pw}}{b^2_A}\frac{S_{pw}}{S}\sqrt{\frac{q_{pw}}{q}} \tag{14-37}$$

最终得到俯仰力矩方程中气动力矩导数

$$\mu^{\omega_z}_{z}=qS\frac{b^2_A}{v}\frac{m^{\omega_z}_{z}}{J_z}=qS\frac{b^2_A}{vJ_z}\left(m^{\omega_z}_{zys}-c^{\alpha}_{ypw}\frac{L^2_{pw}}{b^2_A}\frac{S_{pw}}{S}\sqrt{\frac{q_{pw}}{q}}\right) \tag{14-38}$$

尾翼的贡献取决于$\frac{L^2_{pw}}{b^2_A}$的大小,足够大的 L_{pw} 使尾翼对 $m^{\omega_z}_{z}$ 的贡献远比对 $c^{\omega_z}_{y}$ 的贡献更大,这说明尾翼对于 $m^{\omega_z}_{z}$ 起决定性作用。对于自然稳定性飞机翼-身部分只占10%的量级。这就是说,平尾面积的变化对短周期模态阻尼起决定性作用。

3. 气动系数对 $\dot{\alpha}$ 的导数

由于平尾在机翼之后,并近似为 L_{pw} 的距离,所以由翼-身组合体产生的涡流要经过一个时间间隔 τ,才能达到平尾处,并且

$$\tau\approx\frac{L_{pw}}{v_{pw}}=\frac{L_{pw}}{\sqrt{\frac{q_{pw}}{q}}v} \tag{14-39}$$

理论分析表明，翼-身组合体在尾翼附近产生的下洗角 ε 的大小与翼-身组合体的有效迎角成正比，即

$$\varepsilon=\varepsilon^{\alpha}(\alpha-\alpha_{oys}) \tag{14-40}$$

这样 t_0 时刻平尾处的下洗角由 $(t_0-\tau)$ 时刻的迎角 $\alpha(t_0-\tau)$ 来决定，因此下洗角增量与迎角增量的关系为

$$\Delta\varepsilon=\varepsilon^{\alpha}[\alpha(t_0)-\alpha(t_0-\tau)] \tag{14-41}$$

对于高速飞行的飞机来说，τ 足够小，依据微分法则可以得到

$$\Delta\varepsilon=\varepsilon^{\alpha}\frac{d\alpha}{dt}\tau \tag{14-42}$$

这样一来，$\dot{\alpha}$ 引起的平尾升力的变化为

$$\Delta Y_{pw\dot{\alpha}}=c_{ypw}^{\alpha}\Delta\varepsilon q_{pw}S_{pw}=c_{ypw}^{\alpha}q_{pw}S_{pw}\varepsilon^{\alpha}\tau\dot{\alpha} \tag{14-43}$$

那么，对应的升力系数增量应为

$$\Delta c_y=\frac{q_{pw}}{q}\frac{S_{pw}}{S}c_{ypw}^{\alpha}\varepsilon^{\alpha}\tau\dot{\alpha} \tag{14-44}$$

因此，当定义 $c_y^{\dot{\alpha}}=\partial c_y/\partial(\dot{\alpha}b_A/v)$ 时，由式(14-39) 和式(14-44) 得到升力系数对 $\dot{\alpha}$ 的导数为

$$c_y^{\dot{\alpha}}=\frac{S_{pw}}{S}c_{ypw}^{\alpha}\varepsilon^{\alpha}\frac{L_{pw}}{b_A}\sqrt{q_{pw}/q} \tag{14-45}$$

又因为尾翼升力增量引起的俯仰力矩的变化为

$$\Delta M_{z\dot{\alpha}}=-\Delta Y_{pw\dot{\alpha}}L_{pw}=-c_{ypw}^{\alpha}q_{pw}S_{pw}\varepsilon^{\alpha}\tau\dot{\alpha}L_{pw} \tag{14-46}$$

所以，当定义 $\Delta m_z=\dfrac{\Delta M_{z\dot{\alpha}}}{qSb_A}$ 和 $m_z^{\dot{\alpha}}=\partial m_z/\partial(\dot{\alpha}b_A/v)$ 时，得到

$$m_z^{\dot{\alpha}}=-\frac{S_{pw}}{S}c_{ypw}^{\alpha}\varepsilon^{\alpha}\frac{L_{pw}^2}{b_A^2}\sqrt{q_{pw}/q} \tag{14-47}$$

比较式(14-37) 和考虑到 $m_{zys}^{\omega_z}$ 近似为零时，得到

$$m_z^{\dot{\alpha}}=\varepsilon^{\alpha}m_z^{\omega_z} \tag{14-48}$$

由第二篇分析可知，$m_z^{\dot{\alpha}}$ 和 $m_z^{\omega_z}$ 一样，都是纵向阻尼导数，又因 ε^{α} 为小于1的正值，因此 $m_z^{\dot{\alpha}}$ 和 $m_z^{\omega_z}$ 一样都为负，且 $|m_z^{\dot{\alpha}}|<|m_z^{\omega_z}|$。这样一来，纵向运动方程中的 $\mu_z^{\dot{\alpha}}$ 可由下式表示：

$$\mu_z^{\dot{\alpha}}=qS\frac{b_A^2}{v}\frac{m_z^{\dot{\alpha}}}{J_z}=-\frac{L_{pw}^2S_{pw}}{vJ_z}c_{ypw}^{\alpha}\sqrt{q_{pw}/q}\varepsilon^{\alpha} \tag{14-49}$$

4.气动系数对 δ_z 的导数

气动系数对 δ_z 的导数是尾翼本身产生的。升降舵的偏转角 δ_z 引起的总升力的变化为

$$\Delta Y_{\delta z}=\Delta c_{ypw}q_{pw}S_{pw} \tag{14-50}$$

式中

$$\Delta c_{ypw}=c_{ypw}^{\alpha}\frac{\partial\alpha_{pw}}{\partial\delta_z} \tag{14-51}$$

如果是全动平尾，这个关系仍是可用的，但是，对全动平尾来说

$$\frac{\partial\alpha_{pw}}{\partial\delta_z}=1 \tag{14-52}$$

当利用以机翼面积 S 为参考面积和翼-身组合体动压 q 来定义 $c_y^{\delta_z}$ 时，升降舵偏转引起的升力为

$$\Delta Y_{\delta_z}=c_y^{\delta_z}qS\delta_z \tag{14-53}$$

从而得到以系数形式表示的升力系数对升降舵的导数为

$$c_y^{\delta_z}=c_{ypw}^{\alpha}\frac{\partial\alpha_{pw}}{\partial\delta_z}\frac{q_{pw}}{q}\frac{S_{pw}}{S} \tag{14-54}$$

升力方程中对升降舵的导数为

$$y^{\delta_z}=\frac{qS}{mv}c_y^{\delta_z}=c_{ypw}^{\alpha}\frac{\partial\alpha_{pw}}{\partial\delta_z}\frac{q_{pw}S_{pw}}{mv}\tag{14-55}$$

由升降舵偏转引起的俯仰力矩变化为

$$\Delta M_{\delta_z}=m_z^{\delta_z}qSb_A\delta_z\tag{14-56}$$

又知舵面力矩和舵面升力的关系为

$$\Delta M_{\delta_z}=-\Delta Y_{\delta_z}L_{pw}\tag{14-57}$$

所以力矩系数对升降舵偏转的导数的表达式为

$$m_z^{\delta_z}=-c_{ypw}^{\delta_z}\frac{\partial\alpha_{pw}}{\partial\delta_z}\frac{q_{pw}}{q}\frac{S_{pw}}{S}\frac{L_{pw}}{b_A}\tag{14-58}$$

力矩方程中升降舵偏转导数为

$$\mu_z^{\delta_z}=qSb_Am_z^{\delta_z}/J_z=-c_{ypw}^{\delta_z}\frac{\partial\alpha_{pw}}{\partial\delta_z}q_{pw}S_{pw}L_{pw}/J_z\tag{14-59}$$

由式(14-54)和式(14-58)可以清楚地看出，对于升降舵引起的升力和俯仰力矩导数，尾翼面积是决定性的因素。因此，平尾有效面积的变化对升降舵的这两个导数具有决定性意义。然而，经常并不是取决于导数本身的大小，而是取决于可使用的舵面力矩 $m_z(\delta_{z\max})$ 和 $m_z(\delta_{z\min})$。由于尾翼面积的减小而引起的舵面力矩的减小可以通过提高气动效率来补偿，然而，这只是在一定限度内才有可能，因为，其一，正负舵偏度的增大受气流分离的限制；其二，增大升降舵面积到全动平尾时，$\frac{\partial\alpha_{pw}}{\partial\delta_z}$ 的最大值也只不过等于1；另外，用于主动控制的升降舵偏转较小时，为了满足产生即时舵面力矩还必须满足高调节速度的要求，过大的舵面力矩受伺服器功率和速度要求的限制。

结　论

重心后移后飞机纵向气动导数的主要变化如下：

1) 如果仅仅移动重心位置而不改变飞机其他布局，对迎角升力导数并没有多少影响，可以认为 c_y^{α}(或 y^{α}) 不随重心位置的移动而变化。

2) 重心后移后迎角力矩导数 m_z^{α} 的大小随 x_G-x_F 成正比变化，当移动到翼-身升力作用点之后和全机焦点之前时，尾翼升力应为正才能平衡飞机；当重心位置移动至全机焦点之后时，飞机成为静不稳定的，重心移动后限受尾翼最大配平升力限制。重心后移变化最大的气动导数就属 m_z^{α}。

3) 重心后移后，舵面升力系数随平尾面积增大而增加，在尾翼面积不变的情况下 $c_y^{\delta_z}$ 不随重心后移而变化。

4) 随着重心位置的后移，升降舵面力矩导数 $m_y^{\delta_z}$ 随 L_{pw} 的减小而负值减小，表明了舵面效应下降。然而，可用提高气动效率来补偿，如增大升降舵面积和增大舵偏度等，但是，也往往受到某些因素的限制。

5) 尽管导数 $m_z^{\omega_z}$ 是翼、身、尾各部分产生的阻尼力矩导数之和，但以尾翼分量为主，即 $m_{zpw}^{\omega_z}$ 占主要部分。因此，在平尾面积不变的情况下，L_{pw} 随重心后移的减小使阻尼力矩导数 $m_z^{\omega_z}$ 下降；然而，数值很小的升力系数对俯仰角速率的导数 $c_y^{\omega_z}$ 也随重心后移而改变。

6) 由机翼涡流对尾翼的迟滞作用产生的力矩导数 $m_z^{\dot{\alpha}}$ 和导数 $m_z^{\omega_z}$ 一样，随重心后移而减小。

(二) 对侧向气动导数的影响

重心后移对翼-身侧向力导数没有影响，垂尾侧力系数也不变；重心后移也不会改变对 x_t 轴的力矩，主要影响是由垂直尾翼侧向力产生的偏航力矩导数。

1. 对 m_y^{β} 的影响

m_y^{β} 的大小主要取决于垂直尾翼，机身也有一定的作用。当垂尾力臂(即垂尾侧力作用点至飞机重心的距离)大，垂尾侧力 Z_{cw} 产生的偏航力矩 $M_y=Z_{cw}L_{cw}$ 也大。当在运动中出现 $\beta>0$ 时，产生负的垂尾侧向力 Z_{cw} 和负的垂尾偏航力矩，所以 $m_{ycw}^{\beta}<0$。当 c_{zcw}^{β} 为侧向力系数对 β_{cw} 的导数时，那么

$$m_y^{\beta} \approx m_{ycw}^{\beta} = c_{zcw}^{\beta} q_{cw} S_{cw} L_{cw} / qSl \approx c_z^{\beta} \frac{S_{cw} L_{cw}}{Sl} \tag{14-60}$$

式中，c_{zcw}^{β}，c_z^{β} 分别为垂直尾翼侧力系数对其侧滑角 β_{cw} 和全机侧力系数对其侧滑角 β 的导数；L_{cw} 为垂尾焦点至重心距离；l 为翼展；$q_{cw} \approx q$ 为垂尾动压。重心后移使 L_{cw} 减小，从而使 m_y^{β} 负值减小，航向静稳定性降低。

2. 对 $m_y^{\omega_y}$ 的影响

飞机绕其体轴 y_t 旋转时产生偏航力矩；当 $\omega_y > 0$ 时，垂尾产生附加侧滑角

$$\Delta\beta_{cw} = \omega_y L_{cw} / \sqrt{q_{cw}/q}\, v \approx \omega_y L_{cw} / v \tag{14-61}$$

比较式(14-28)，类似于平尾上的动态迎角表达式。当定义 $c_{zcw}^{\omega_y} = \partial c_{zcw} / \partial(\omega_y l / 2v)$ 时，那么，垂尾侧力对偏航速率的导数

$$c_{zcw}^{\omega_y} = 2 \frac{S_{cw}}{S} \frac{L_{cw}}{l} c_{zcw}^{\beta} \tag{14-62}$$

同样，在翼-身组合体侧力对偏航速率的导数近似为零，因此，$c_z^{\omega_y} \approx c_{zcw}^{\omega_y}$，以及 $m_y^{\omega_y} \approx m_{ycw}^{\omega_y}$。这样一来，当

$$\Delta M_{cw\omega_y} = \Delta Z_{cw} L_{cw}, \quad m_{ycw} = \frac{\Delta M_{cw\omega_y}}{qSl} \quad 和 \quad m_{ycw}^{\omega_y} = \partial m_{ycw} \Big/ \partial\left(\omega_y \frac{l}{2v}\right) \tag{14-63}$$

时得到

$$m_y^{\omega_y} = 2 c_z^{\beta} \frac{S_{cw}}{S} \frac{L_{cw}^2}{l^2} \tag{14-64}$$

可见，$m_y^{\omega_y}$ 随重心后移后 L_{cw} 的减小成二次方函数减小，从而偏航阻尼力矩降低。

3. 对侧向力导数 z^{δ_z} 和偏航力矩导数 $m_y^{\delta_y}$ 的影响

类似于升降舵气动导数的推导，可以得到侧力导数 $c_z^{\delta_y}$ 的表达式为

$$c_z^{\delta_z} = c_{zcw}^{\beta} \frac{\partial\beta_{cw}}{\partial\delta_y} \frac{S_{cw}}{S} \tag{14-65}$$

偏航力矩导数 $m_y^{\delta_y}$ 的表达式为

$$m_y^{\delta_y} = c_{ycw}^{\delta_z} \frac{\partial\beta_{cw}}{\partial\delta_y} \frac{S_{cw}}{S} \frac{L_{cw}}{l} \tag{1-66}$$

可见，$m_y^{\delta_y}$ 随重心后移后 L_{cw} 的减小而减小，方向舵的偏航效率降低。

14.1.5.2 放宽静稳定性对运动模态特征值的影响

人工稳定性飞机和自然稳定性飞机的运动方程(包括纵向和横侧向运动的线性和非线性方程)相同，不因重心后移而改变，然而，某些气动系数和导数随着重心后移有不同程度的改变，从而使得纵向和横侧向运动的固有模态参数都有所变化。尤其是纵向短周期模态随着重心的后移，固有频率减小，当重心后移到 $x_G \geqslant x_F$ 后，m_z^{α} 由负变正，使得振荡型的短周期模态变化为两个非周期模态，其中一个可能是不稳定的。

为了阐述静不稳定飞机的运动动态特性，首先应弄清由特征值表示的飞机固有的模态特性，它反映在输出响应中，并以典型的运动模式描述了飞机运动的动态特点。因此，在重心后移动态特性研究中，分析特征值的变化是必需的。

随着重心的后移，特征值的变化趋势以及它按着一条什么样的轨迹变化最能说明重心后移对特征值的影响。因此，借助于经典设计法中的根轨迹曲线，最能恰当地描述重心向焦点移动以至超过焦点时特征值的变化。

在本书第二篇有关模态分析中，在气动导数 y^v 和 μ_z^v 绝对值很小的情况，按不变性解耦原理，飞机纵向运动可分解为由两种模态分别独立表示的短周期运动方程和长周期运动方程。利用这两个微分方程又可分别解析出表征短周期运动和沉浮运动的特征值。对于横侧向运动，在参数 g/v 和 $\mu_{ys}^{\omega_x}$ 的绝对值不大的情况下，也可按照不变性解耦原理，分解为荷兰滚运动和滚转螺旋运动两个近似独立的微分方程，也可以解析出描述

两种运动的荷兰滚振荡和滚转、螺旋非周期运动的特征值。

由上一节关于气动导数随重心后移的变化来看，横侧向导数 m_y^β 和 $m_y^{\omega_y}$ 的降低可直接减小荷兰滚振型固有频率和阻尼比，然而，重心后移量受到操纵方面的限制，致使 L_{cw} 减小不多，因此，变化不大的 m_y^β 和 $m_y^{\omega_y}$ 不会导致荷兰滚振荡固有频率和阻尼比有较大的降低，再由滚转、螺旋特征值的表达式可知，μ_y^β，$\mu_y^{\omega_y}$ 的影响更小，因此，在重心后移特征值分析中，对于横侧向特征值和特征向量不予讨论。

在变化的气动导数中，以 μ_z^α 变化为最大，其他气动导数随着 L_{pw} 的减小也有所降低，然而有限变化的 $x_G - x_F$，使得 L_{pw} 的变化与其值大的 L_{pw} 相对变化不多，因此，与 L_{pw} 有关的其他导数相对原值变化也不多。由纵向运动特征值表达式可知，μ_z^α 不仅出现在短周期模态特征值表达式中，对沉浮运动特征值影响也很大，因此，本书在重心后移对特征值影响的分析中，首先讨论重心后移对短周期特征值的影响，而后讨论对长周期特征值的影响。

为了把根轨迹法运用到设计中，有必要把特征方程分成如下两部分，即

$$N(s) + \Delta\bar{x}_G Z(s) = 0 \tag{14-67}$$

在式(14－67)中第一项 $N(s)$ 表示自然稳定余度足够大的情况，第2项中，$\Delta\bar{x}_G = \bar{x}_G - \bar{x}_F$，$Z(s)$ 表示与 $\Delta\bar{x}_G$ 成正比的因子。若改变式(14－67)为下式：

$$1 + \Delta\bar{x}_G \frac{Z(s)}{N(s)} = 0 \tag{14-68}$$

那么，重心后移与根轨迹法的关系便一目了然了。在式(14－68)中，$Z(s)/N(s)$ 可以理解为“开环回路的传递函数”，此回路的零极点是已知的，重心后移量 $\Delta\bar{x}_G$ 相当于“开环增益”。在此必须注意到随“开环增益”变化而形成的根轨迹曲线仅仅是由 $Z(s)/N(s)$ 的零、极点位置确定的，且零、极点的位置是已知的。应该指出，上述公式是在忽略 $c_y^{\omega_z}$ 和 c_x^α 以及式(14－26)中的最后一项的微小变化，使

$$\mu_z^\alpha \approx c_y^\alpha \frac{qSb_A}{J_z}(\bar{x}_G - \bar{x}_F) \tag{14-69}$$

得到的。

μ_z^α 的变化不改变飞机纵向运动矩阵方程的自然不变性解耦特点，分解出的短周期运动特征式仍为

$$s^2 + 2\zeta_s\omega_{ns}s + \omega_{ns}^2 = 0 \tag{14-70}$$

式中，$2\zeta_s\omega_{ns} \approx y^\alpha - \mu_z^{\omega_z} - \mu_z^{\dot{\alpha}}$；$\omega_{ns}^2 \approx -\mu_z^\alpha - y^\alpha\mu_z^{\omega_z}$。考虑到重心后移主要引起 μ_z^α 的变化，得到重心后移的短周期运动特征方程为

$$s^2 + 2\zeta_s\omega_{ns}s + \omega_{ns}^2 - \Delta\mu_z^\alpha = 0 \tag{14-71}$$

式中

$$\Delta\mu_z^\alpha = c_y^\alpha \frac{qSb_A}{J_z}\Delta\bar{x}_G \tag{14-72}$$

其中，$\Delta\bar{x}_G = \dfrac{\Delta x_G}{b_A}$，$\Delta x_G$ 为重心位置后移量。当式(14－71)改写为式(14－68)形式，得到

$$1 + \frac{-\Delta x_G c_y^\alpha \dfrac{qS}{J_z}}{s^2 + 2\zeta_s\omega_{ns}s + \omega_{ns}^2} = 0 \tag{14-73}$$

可把传递函数

$$\frac{c_y^\alpha \dfrac{qS}{J_z}}{s^2 + 2\zeta_s\omega_{ns}s + \omega_{ns}^2}$$

等效为“开环传递函数”，$-\Delta x_G$ 等效为“开环增益”。这样一来，对于负值开环增益的根轨迹图可用图14－10示意。可见，随着重心的后移，短周期固有频率降低和阻尼比增大，直到

$$\Delta\mu_z^\alpha = \omega_{ns}^2(1 - \zeta_s^2) \tag{14-74}$$

时，短周期模态特征根由复数根转变为两个实根；当重心继续后移，使得

$$\Delta\mu_z^\alpha = \omega_{ns}^2 \quad (14-75)$$

即

$$\Delta x_G = \frac{\omega_{ns}^2 c_y^\alpha J_z}{qS} \quad (14-76)$$

那么，两个实根中的一个为零，另一个仍小于零，此时飞机纵向为中性稳定。当重心再向后移动时，为正值的实根将使飞机纵向运动不稳定，而另一个实根负值足够地大。

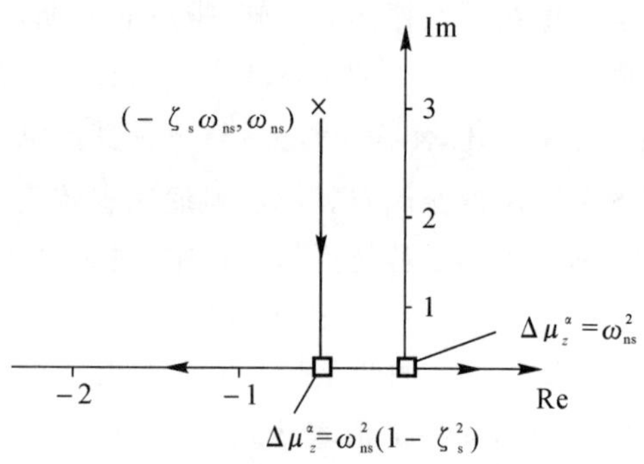

图 14－10　短周期模态随重心后移 Δx_G 变化的根轨迹图

由式(14－77)可以获得重心后移后由短周期模态的一对复数根转化为两个实数根

$$\lambda_1, \lambda_4 = -\zeta_s\omega_{ns} \pm \sqrt{\zeta_s^2\omega_{ns}^2 - \omega_{ns}^2 + c_y^\alpha \frac{qS}{J_z}\Delta x_G} \quad (14-77)$$

且当 $\zeta_s^2\omega_{ns}^2 + c_y^\alpha \frac{qS}{J_z}\Delta x_G \geqslant \omega_{ns}^2$ 时，λ_1 和 λ_4 才分别为两个实数根。

事实上，重心后移不仅显著地改变了短周期模态特征值，对于沉浮运动特征值的影响也很大，必须利用全面的纵向运动特征式和借助根轨迹法，才能做出包括短周期运动和沉浮运动的全部特征值随重心后移变化的轨迹图。

按第二篇式(6－1)得到重心后移后的纵向运动特征式

$$s^4 + c_1 s^3 + c_2 s^2 + c_3 s + c_4 - \Delta\mu_z^\alpha(s^2 - x^v s + y^v g) = 0 \quad (14-78)$$

式中，c_i 同第二篇式(6－1)定义。将由式(14－72)表示的 $\Delta\mu_z^\alpha$ 代入式(14－78)，并以零、极点参数表示，式(14－78)可转化为

$$1 + \frac{-\Delta x_G c_y^\alpha \frac{qS}{J_z}(s^2 + 2\zeta_z\omega_{nz}s + \omega_{nz}^2)}{(s^2 + 2\zeta_s\omega_{ns}s + \omega_{ns}^2)(s^2 + 2\zeta_p\omega_{np}s + \omega_{np}^2)} = 0 \quad (14-79)$$

式中，ω_{ns}，ζ_s 和 ω_{np}，ζ_p 可由第二篇中有关公式近似表示，且零点参数

$$\omega_{nz} = \sqrt{y^v g} \quad (14-80)$$

$$\zeta_z = -\frac{x^v}{2\sqrt{y^v g}} \quad (14-81)$$

比较 ω_{np}，ω_{nz} 和 ζ_p，ζ_z 的表达式可以看出 $\omega_{nz} \approx \omega_{np}$，$\zeta_z \approx \zeta_p$，这表明零点在沉浮运动特征值位置附近。这个事实对于根轨迹曲线的形状是至关重要的。重心后移时纵向运动特征值的轨迹曲线如图 14－11 所示，该曲线是根据根轨迹曲线法的规则由 $Z(s)/N(s)$ 的极点和零点相对位置决定的。未放宽静稳定性时的极点位置作起始点，由于重心后移量增大，负值的开环增益 $-\Delta x_G$ 使得沉浮运动的极点背离与它相近的零点；而最终当 Δx_G 的值很大时又趋于该零点；短周期运动的极点随重心后移平行于纵轴向横轴方向移动，最终在实轴上某点分离，两个根轨迹分支在实轴上分别向左、右移动，这些便是随重心后移根轨迹变化的主要特点。

纵向运动特征值随重心后移的变化轨迹有三个典型范围：

1）首先只有短周期运动特征值受到影响，而沉浮运动基本上保持不变，这是附近零点的作用。短周期复数特征值变化的特点是在实部($-\zeta_s\omega_{ns}$)近似不变的直线上减小虚部，这个范围表征了静稳定度足够大的情况。

2）当短周期特征值达到实轴上时，根轨迹开始在实轴上分成左、右两个实根分支。此时，沉浮运动特征值出现较大的变化，背离零点方向，首先向实轴移动，并在实轴上同样分成两个实部分支。向左移动的部分与来自短周期运动特征值的一个实数分支又构成一个复数值，沿着一条弧线趋向零点。沉浮运动特征值的另一分支在实轴上向 s 右半平面移动。这个范围表示了由重心移动造成的在稳定性方面不利的结果，因为

它对应于振幅非周期增长的动不稳定运动模态。在这个所讨论的重心范围内代表较小静稳定度或者是不稳定的情况。

3）在这个具有较大静不稳定度的重心范围内，根轨迹曲线的复数部分达到了零点附近，几乎不再移动，并且与其他特征值的不稳定度无关。在正实轴上的不稳定性特征值继续向着数值增大的方向上移动，它将使含有此特征值的状态在时域内产生一种越来越快的运动。这种现象与那种认为重心在焦点之后越远，不稳定运动就越快的观点是完全一致的。

当短周期运动特征值由重心后移至 $\Delta\mu_z^{\alpha}$ 满足式(14－74)时，两复数根变为实数根，其一，λ_1 沿实轴向右移动；其二，λ_4 沿实轴向左移动。λ_1 的负值减小量等于 λ_4 的负值增加量。

当重心后移至全机焦点时，致使气动导数 $\mu_z^{\alpha}=0$，$\lambda_1=-y^{\alpha}$ 和 $\lambda_4=\mu_z^{\omega_z}+\mu_z^{\dot{\alpha}}$，纵向运动将由静稳定状态变为静不稳定状态，当重心后移，致使 $\Delta\mu_2^{\alpha}$ 满足式(14－75)时，$\lambda_1=0$ 和 $\lambda_4=\mu_z^{\omega Z}+\mu_Z^{\dot{\alpha}}-y^{\alpha}$，纵向运动将由动态稳定状态变化为动态不稳定状态。

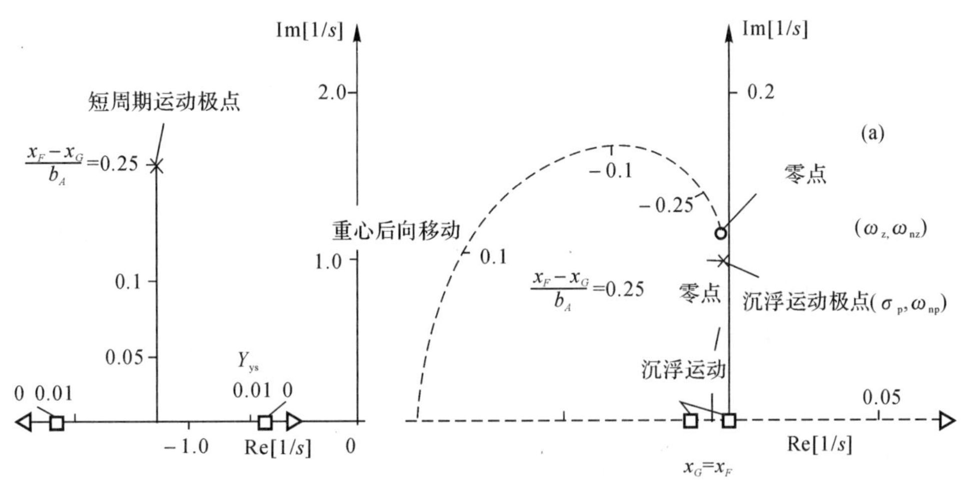

图 14－11　重心后移时纵向运动特征值的轨迹曲线

14.1.5.3　放宽静稳定性对纵向运动特征向量的影响

系统右特征向量表征了由特征值表示的各种周期或非周期振型在各个状态变量或输出变量中的分布，左特征向量表征各输入向量对各振型的激励程度。由 n 个 n 维左、右特征向量构成的左、右 n 阶特征矩阵互为逆阵。本节主要讨论重心后移后两个“短周期”实根相对应的两个右特征向量，分析这两个非周期振型如何分布于各个状态变量中；对于相应的沉浮运动，仅仅讨论仍为周期性运动的情况，非周期运动情况在此不予讨论。

由第二篇中式(6－30)和式(6－31)给出的短周期复数特征值对应的两个复数特征向量 $\boldsymbol{p}_1$ 和 $\boldsymbol{p}_4$ 表达式也是实数特征值的实数特征向量的表达式；在 y^{v}，μ_z^{v} 近似为零的情况下，由第二篇中式(6－80)和式(6－81)给出的长周期运动特征向量 $\boldsymbol{p}_2$，$\boldsymbol{p}_3$ 表达式仍然是重心后移后的长周期运动特征向量近似式。

由于 λ_1，λ_4 在一般情况下不相等，因此，通常 $\boldsymbol{p}_1$ 和 $\boldsymbol{p}_4$ 也不相等，即对应实数值的 λ_1 和 λ_4 的振型在 α，v，ϑ(或 θ)和 ω_z 等状态变量中的分布比例和极性是不相同的，只有当 $\Delta\mu_z^{\alpha}$ 满足式(14－74)，即

$$\mu_z^{\alpha}+\mu_z^{\omega_z}y^{\alpha}=-(y^{\alpha}-\mu_z^{\omega_z}-\mu_z^{\dot{\alpha}})^2/4 \tag{14-82}$$

时，λ_1 和 λ_4 相等，且

$$\lambda_1=\lambda_4=(\mu_z^{\omega_z}+\mu_z^{\dot{\alpha}}-y^{\alpha})/2 \tag{14-83}$$

$$\boldsymbol{p}_1=\boldsymbol{p}_{41}^{*}\boldsymbol{p}_4=[1\quad -m_{21}-m_{24}p_{41}^{*}\quad -m_{31}-m_{34}p_{41}^{*}\quad p_{41}^{*}]^{\mathrm{T}} \tag{14-84}$$

式中，$p_{41}^{*}=-\dfrac{2(\mu_z^{\alpha}-\mu_z^{\dot{\alpha}}y^{\alpha})}{\mu_z^{\omega_z}+\mu_z^{\dot{\alpha}}y^{\alpha}}=\dfrac{\mu_z^{\omega_z}+\mu_z^{\dot{\alpha}}+y^{\alpha}}{2}$。由于通常 m_{21}，m_{24} 和 m_{31} 为负值，m_{34} 为正值，且 $|m_{24}|\ll|m_{21}|$，$|m_{34}|\ll|m_{31}|$，以及 $|p_{41}^{*}|$ 也不够大，使得两个相等的特征值对应的振型在 α，v 和 ϑ 响应中的分量极性相同，在 ω_z 响应中的分量极性与 p_{41}^{*} 的极性相一致。

当重心移动至全机焦点时，$\mu_z^{\alpha}=0$，那么，若一个特征值(比如 λ_1)为 $-y^{\alpha}$，而另一个特征值(λ_4)便为 $\mu_z^{\omega_z}+\mu_z^{\dot{\alpha}}$。由于 $\mu_z^{\omega_z}$，$\mu_z^{\omega_z}$ 都小于零且 y^{α} 大于零，使得 λ_1，λ_4 仍为负值，即纵向运动仍为动态稳定的。由于 $\lambda_1+y^{\alpha}=0$ 和 $\lambda_4-\mu_z^{\omega_z}-\mu_z^{\dot{\alpha}}=0$，使得 λ_1，λ_4 对应的特征向量分别为

$$\boldsymbol{p}_1=[1\quad -m_{21}\quad -m_{31}\quad 0]^{\mathrm{T}}\tag{14-85}$$

$$\boldsymbol{p}_4=[0\quad -m_{24}\quad -m_{34}\quad 1]^{\mathrm{T}}\tag{14-86}$$

可见，对于 λ_1 对应的振型在 α 响应中为 1 时，那么，在 v，ϑ 和 ω_z 响应中的分量分别为 $-m_{21}$，$-m_{31}$ 和 0，且前三者极性相同；对应 λ_4 的振型当在 ω_z 响应中的分量为 1 时，那么，在 α，v 和 ϑ 响应中的分量分别为 0，$-m_{24}$ 和 $-m_{34}$，且由于 m_{24} 为负值和 m_{34} 为正值，使得 v 与 ω_z 的极性相同，ϑ 与 ω_z 的极性相反。由于 $\mu_z^{\alpha}=0$，使分式 m_{21}，m_{24}，m_{31} 和 m_{34} 的分母减少，从而 m_{21}，m_{24}，m_{31} 和 m_{34} 的数值增大很多，因此，当重心移至全机焦点附近时，在状态变量 v 和 ϑ 响应中，由短周期振型转化的非周期振型分量足够大。

当重心后移至使 μ_z^{α} 满足

$$\mu_z^{\alpha}=-\mu_z^{\omega_z}y^{\alpha}\tag{14-87}$$

时，其中一个短周期运动特征值(如 λ_1)为零，而别一个特征值(λ_4)为 $\mu_z^{\omega_z}+\mu_z^{\dot{\alpha}}-y^{\alpha}$，此时对应纵向运动为临界动态稳定，其特征向量可近似为

$$\boldsymbol{p}_1=[1\quad -m_{21}-m_{24}y^{\alpha}\quad -m_{31}-m_{34}y^{\alpha}\quad y^{\alpha}]^{\mathrm{T}}\tag{14-88}$$

$$\boldsymbol{p}_4=\left[\frac{1}{\mu_z^{\omega_z}+\mu_z^{\dot{\alpha}}}\quad -m_{21}\frac{1}{\mu_z^{\omega_z}+\mu_z^{\dot{\alpha}}}-m_{24}\quad -m_{31}\frac{1}{\mu_z^{\omega_z}+\mu_z^{\dot{\alpha}}}-m_{34}\quad 1\right]^{\mathrm{T}}\tag{14-89}$$

由于作为分式的 m_{21}，m_{24}，m_{31} 和 m_{34} 的分母近似为零，使得短周期振型转化的非周期振型在 v 和 ϑ 响应中的分量更加地大。对于 λ_1 对应的振型，当在 α 响应中的分量为 1 时，那么，在 ω_z 响应中的分量为 y^{α}，且极性相同；在 v，ϑ 响应中的大值分量极性应与 m_{21}，m_{31} 的极性相反；对于 λ_4 对应的振型，当在 α 响应中的分量为 1 时，那么在 ω_z 响应中的分量为 $\mu_z^{\omega_z}+\mu_z^{\dot{\alpha}}$，且极性相反；同样，在 v，ϑ 响应中的大值分量极性也应与 m_{21}，m_{31} 的极性相反。

当重心继续后移至纵向运动动态不稳定区时，由短周期复数特征值转化的两个实根，其一为 λ_1 且为正根，而另一个为负根的 $\lambda_4=\mu_z^{\omega_z}+\mu_z^{\dot{\alpha}}-y^{\alpha}-\lambda_1$。与 λ_1，λ_4 相对应的特征向量分别由式(14-90)和式(14-91)表示，即

$$\boldsymbol{p}_1=[1\quad -m_{21}-m_{24}(\lambda_1+y^{\alpha})\quad -m_{31}-m_{34}(\lambda_1+y^{\alpha})\quad \lambda_1+y^{\alpha}]^{\mathrm{T}}\tag{14-90}$$

$$\boldsymbol{p}_4=\left[\frac{1}{\mu_z^{\omega_z}+\mu_z^{\alpha}-\lambda_1}\quad -m_{21}\frac{1}{\mu_z^{\omega_z}+\mu_z^{\dot{\alpha}}-\lambda_1}-m_{24}\quad -m_{31}\frac{1}{\mu_z^{\omega}+\mu_z^{\dot{\alpha}}-\lambda_1}-m_{34}\quad 1\right]^{\mathrm{T}}\tag{14-91}$$

在动态不稳定区域内，$\mu_z^{\alpha}+\mu_z^{\omega_z}y^{\alpha}>0$，使得 m_{21}，m_{24} 都为正值，m_{31} 和 m_{34} 都为负值。这样一来，λ_1+y^{α} 也为正值，使得 $\boldsymbol{p}_1$ 的第 2 元素为负值，第 3，4 元素都为正值，因此，对应正实根 λ_1 的振型在 α，ϑ 和 ω_z 响应中的分量极性是一致的，三者与 v 响应中的分量极性相反；对应负实根 λ_4 的振型，在 ω_z 和 α 响应中的分量极性相反，特征向量 $\boldsymbol{p}_4$ 的第 2，3 元素是正值还是负值难以确定，因此，λ_4 振型在 v，ϑ 响应中的极性也难以确定。

依据第二篇表 6-4 所示某飞机纵向短周期运动振型和沉浮运动振型分别在各状态变量中的幅值比和相位差，做出该飞机纵向运动的特征向量图，如图 14-12 所示。由图可见，短周期运动主要在 α，ω_z 和 ϑ(或 θ)响应中；而沉浮运动主要在 v，ϑ(或 θ)响应中。对于短周期运动，ω_z 超前 α 100°，v 超前 α 40.5°，ϑ 滞后于 α 19.2°，θ 滞后于 α 120°。对于长周期运动，ϑ(或 θ)滞后于 v 94°，并可近似认为在 α，ω_z 响应中的分量为零。图中 $\Delta\alpha$，$\Delta\vartheta$ 都以“rad”为单位，$\Delta\omega_z$ 以“rad/s”为单位，Δv 以“m/s”为单位。

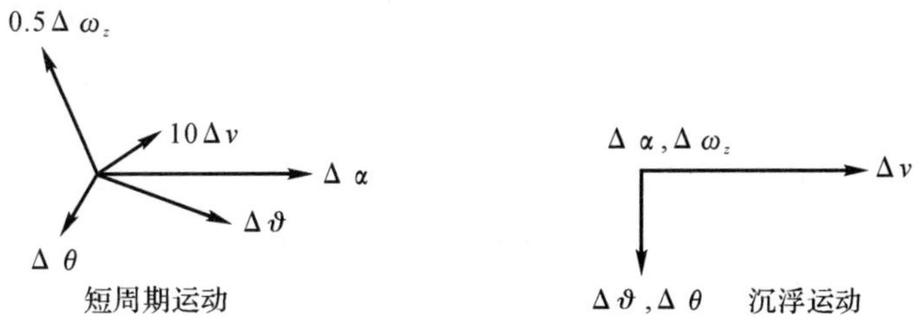

图 14-12　自然稳定度较大的某飞机的纵向运动特征向量图

(v = 201 m/s，　H = 6 100 m)

当重心后移至全机焦点之后原重心位置对称点上时，μ_z^α 为复数的短周期特征值变化为两个实数根，其中，λ_1 为正根，且等于 3.167 1/s，λ_4 为负根，且等于 −7.374 1/s；复数的沉浮运动固有频率 ω_{np} 由原值变为 0.072 16/s，阻尼比 ζ_p 由原值变为 0.070 64。初等变换矩阵 $\boldsymbol{M}$ 的元素 m_{21} 和 m_{24} 由负变正且分别为 2.009 7 和 0.514 5；m_{31} 符号不变，但由原值变化为 −1.170 0；m_{34} 由正变负，且为 −0.061 2。这样一来，得到三种特征值对应的特征向量图，如图 14-13 所示。图中各变量单位同图 14-12 定义。可见，由短周期振荡模态转化的非周期模态，无论是稳定的或不稳定的运动分量，在 α,ϑ 和 ω_z 响应中都占主要地位，沉浮运动分量主要在 v,ϑ 状态变量响应中。这和自然稳定性飞机纵向运动模态在状态变量中的分布情况相类似。

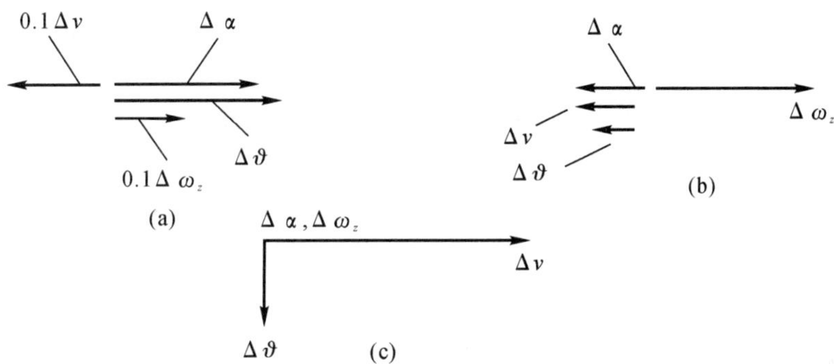

图 14-13　重心后移至焦点后对称点时，某飞机的纵向运动特征向量图

(a) 正实根对应的特征向量；(b) 负实根对应的特征向量；(c) 沉浮运动的特征向量

(v = 201m/s;　H = 6 100 m)

以上讨论的例子仅改变了重心位置，而未改变飞机其他布局，如仍保留原型机的尾翼尺寸，则这种只改变重心位置的放宽静稳定性飞机，其效益将是有限的。

对于 RSS 飞机，必须依据气动导数的变化情况有针对性地设计增稳系统，以得到良好的静稳定补偿，实现人工稳定。然而，在控制增稳系统设计中，不仅仅是实现人工补偿静稳定性，而且还应有效地改善飞机的动态稳定性，操纵响应特性以及增设运动边界限制装置，以实现驾驶员无忧虑操纵。

具有放宽静稳定性飞机的控制增稳系统控制律的设计方法，与常规飞机控制增稳系统控制律设计方法相一致，不过更应该充分注意到气动导数的准确性和控制律设计的正确性，尤其是它的安全可靠性问题从设计、实验到试飞整个过程中必须做到万无一失，以保证完成飞行任务和实现安全着陆。

14.2　直接力控制(DFC)

直接力控制(Direct Force Control,DFC)是相对常规飞行控制方法的扩展。因为它能直接产生按照愿望改变航迹的力。当采用常规方法操纵飞机时，首先改变飞机姿态，然后才产生力的变化，使航迹按要求发生变化。可以把通过舵面实施的常规飞行控制技术称为力矩控制，它是通过改变力矩平衡对力间接产生影响的,因此,控制航迹的常规方法是建立在力和力矩耦合作用基础上的。而直接力控制则是直接对飞机力的平衡产生影响的,因此,它可以消除力和力矩的耦合作用,因而也就消除了航迹运动和姿态运动控制的耦合影响。

由于包括飞行高度、飞行航向和飞行速度的航迹运动是由升力、侧向力和阻/推力操纵获得的,因此,直接力控制包括直接升力控制、直接侧力控制和直接阻力或推力控制。

如果能够消除力与力矩的耦合,那么,便可实现直接力控制,不仅不需要改变飞机姿态就能直接产生力和从而获得希望的航迹,其主要收效是避免时间滞后。常规控制的时间延迟,是由先产生力矩从而获得姿态变化,再通过耦合作用产生力而改变航迹的。直接力控制可直接改变航迹到希望值上,因此,便减小了过程时间,避免了不利运动。

为了改变自然飞机的稳定性和操纵性,常规控制技术除推力控制采用油门作为调节变量实现推力控制外,其他控制都是通过操纵面(升降舵、副翼和方向舵)作为调节变量实现力矩控制的;直接力控制必须通过专门的操纵面(襟翼、可动鸭翼等)作为调节变量实现直接力控制,必须实现力和力矩解耦,它是缩短控制过程时间和消除不良运动的关键。

14.2.1 直接升力控制

直接升力是为控制飞机在铅垂面内运动,或者是为控制预定飞行轨迹上的高度偏差。在第二篇第6.2.3.2节讨论了俯仰力矩操纵的主要缺点。当利用升降舵操纵飞机航迹时,出现航迹角响应的反向变化,其值尽管不大,但给航迹角带来了一种“时延”效应,是不能令人满意的。另外,升降舵操纵的俯仰角速率响应具有很大的超调量,使得俯仰姿态出现很大的回落,造成机头指向难以停止在目标上。在6.2.3.3节中指出,要从根本上改变上述状况只有采用直接升力控制才有可能。

还有一个涉及升降舵操纵的航迹角初始反向效应,这里所要指出的是由于空气运动或阵风出现的结果。当飞机低速飞行时出现顺航向阵风,其影响特别不利。也就是说顺风会导致空速减小,由此升力受到损失,因而直接导致下沉速度。在这种情况下使升降舵出现相反的升力,这种不利作用特别有害,因为它直接导致下沉速度增大。其结果是所希望的下沉速度的修正是在更晚的时刻才进行的。若采用直接升力法控制技术,可使由于顺风而引起的升力损失直接得到弥补,从而避免飞机下沉和修正时延。这种不利效应在着陆进场飞行的最后阶段特别重要,因为这时飞机已接近地面了。对于鸭翼式构形的飞机,由于高度变化导致的升力在正确的方向上产生,因此,可望对高度响应有较大的改进。

14.2.1.1 直接升力产生的方法

为了直接产生升力,飞机必须安装适宜的特殊控制面,这种控制面必须满足如下要求:

1)控制面能在正、负个两方向偏转,这将能在两个极性相反的方向上修正航迹;

2)由控制面偏转而直接产生的升力作用点必须在重心附近;

3)控制面必须是快速调整的。

如图14-14所示,产生直接升力的装置包括前、后缘襟翼、扰流片、吹气、推力矢量转向、与升降舵配合使用的机头控制面(鸭翼)和对称偏转的副翼。

襟翼的作用与着陆襟翼类似,是通过襟翼偏转角来提高和降低升力的。着陆襟翼所需调节速度较慢,而用于直接力控制的襟翼则要求能快速调节,以满足系统稳定性和响应特性要求。因此,在维持高的气动效率的同时对结构设计要求也提高了。吹气襟翼是在主襟翼不变的情况下,利用发动机喷流在襟翼上或下引入流场从而改变升力的,这将等效地提高襟翼气动效率和结构强度。通常扰流片是用于滚转操纵的,而且在着陆后打开扰流片不仅会降低升力,也会增大阻力,它的作用是扰乱绕机翼翼型的气流,从而减小升力。必须考虑到打开扰流片时升力减小这个事实,因此在操作中必须使偏转角为零作为基准进行控制。

其他的直接力控制方法都是很复杂的方法,从动力系统方面来讲受到构形条件的限制。装在机头上的控制面相对重心位置的力臂大，因此对俯仰力矩影响大，需要升降舵配合偏转以达到力矩平衡，这样二者同时产生相同方向的升力，升降舵偏转等效地增大了机头控制面的升力。

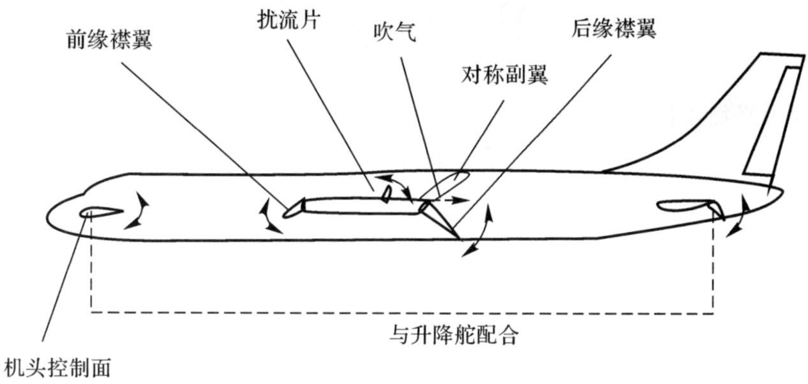

图 14－14　直接升力产生的装置

14.2.1.2　直接升力的作用点概念

为了获得纯粹力控制，直接力的作用点必须这样来选择，为不出现总合力矩，这样便允许迎角保持不变。因此，首先设想的作用点便是重心。但若深入讨论，这种假设是不正确的，需要进行深一步探讨。首先应从飞机上任一点上的升力变化着手分析。

直接升力作用点的选择如图 14－15 所示，把这个直接升力作用点的位置定义为 x_{δ_f}，那么，在忽略其他俯仰升力的情况下，升力和力矩方程便可用下式表示：

$$mv\dot{\theta} = \Delta Y = (c_y^{\alpha}\Delta\alpha + c_y^{\delta_f}\delta_f)qS \tag{14-92}$$

$$\Delta m = 0 = \left(m_z^{\alpha}\Delta\alpha - c_y^{\delta_f}\frac{x_{\delta_f} - x_G}{b_A}\delta_f + m_z^{\omega_z}\frac{b_A}{v}\omega_z\right)qSb_A \tag{14-93}$$

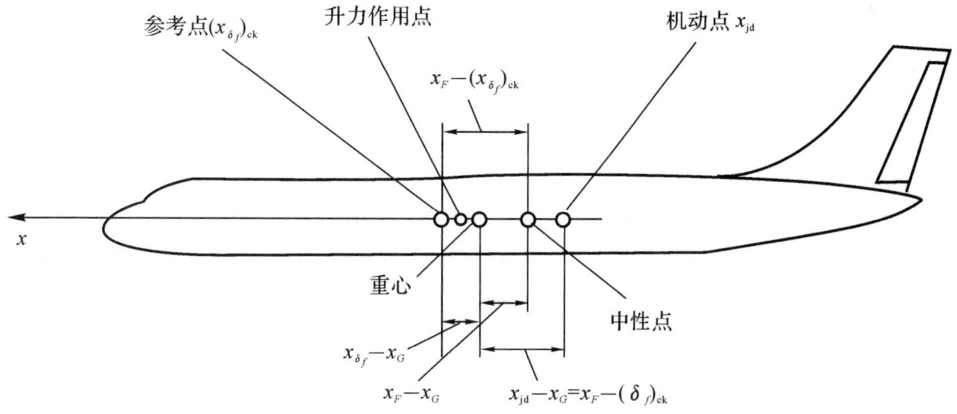

图 14－15　直接升力作用点的选择

飞机在直接升力的作用下，处于非定常曲线运动中，可以按准定常处理方法，即以静态条件计算 α 和 δ_f 引起的升力和力矩以及只考虑等角速度 ω_z 产生的力矩，给出上述两个方程，这在飞机运动呈现出准定常特性的时间范围内是有效的。这种运动与常规控制方法的飞机为了确定机动点而进行的拉升运动相类似，并且在此时间范围内表示短时间的机动性。从操纵直接力控制面的时刻开始，飞机就进入航迹曲率不变的拉升运动之中，此时

$$\omega_z = \dot{\theta} \tag{14-94}$$

并且考虑短时间的机动飞行，其飞行速度保持不变，那么由式(14－92)和式(14－93)便可获得垂直加速度的

表达式：

$$v_0\dot{\theta}=\frac{qS}{m}\frac{m_z^\alpha/c_y^\alpha+\dfrac{x_{\delta_f}-x_G}{b_A}}{m_z^\alpha/c_y^\alpha+\dfrac{S\rho m_z^{\omega_z}b_A}{2m}}c_y^{\delta_f}\delta_f \tag{14-95}$$

依据定常飞行时力平衡条件

$$Y_0=c_{y0}qS=mg \tag{14-96}$$

和过载增量关系式

$$\Delta n_y=\frac{\Delta Y}{mg}=\frac{v_0}{g}\dot{\theta} \tag{14-97}$$

以及令无量纲质量

$$\mu=\frac{2m}{\rho Sb_A} \tag{14-98}$$

将式(14－95)代入式(14－97)，并且考虑到式(14－98)后得到由直接升力引起的过载增量表达式为

$$\Delta n_y=\frac{c_y^{\delta_f}}{c_{y0}}\frac{m_z^\alpha/c_y^\alpha+(x_{\delta_f}-x_G)/b_A}{m_z^\alpha/c_y^\alpha+m_z^{\omega_z}/\mu}\delta_f \tag{14-99}$$

因为全机焦点位置与重心位置的相对关系

$$\frac{x_G-x_F}{b_A}=\frac{m_z^\alpha}{c_y^\alpha} \tag{14-100}$$

和机动点位置与重心位置的关系

$$\frac{x_{\mathrm{jd}}-x_G}{b_A}=-\left(\frac{m_z^\alpha}{c_y^\alpha}+\frac{m_z^{\omega_z}}{\mu}\right)=\frac{x_F-x_G}{b_A}-\frac{m_z^{\omega_z}}{\mu} \tag{14-101}$$

式中，x_{jd}为“握杆机动点”至平均气动弦前端的距离，且定义机动点是在定常拉升运动中由$\Delta\alpha$产生的升力增量和ω_z产生的升力增量之和的作用点。所以，可由式(14－99)得出与直接升力作用点有关的法向过载增量

$$\Delta n_y=\frac{c_y^{\delta_f}}{c_{y0}}\frac{x_{\delta_f}-x_F}{x_G-x_{\mathrm{jd}}}\delta_f \tag{14-102}$$

由式(14－100)和式(14－101)得到

$$x_{\mathrm{jd}}=x_F-\frac{m_z^{\omega_z}b_A}{\mu} \tag{14-103}$$

由于$m_z^{\omega_z}$为负值，所以握杆机动点位于飞机焦点之后。对于常规飞机来说，由于$x_G<x_F$，因此，机动点便在重心位置之后，即$x_{\mathrm{jd}}>x_F>x_G$。

由式(14-102)可知，x_{δ_f}越小，即直接升力作用点越向前，则可达到过载增量越大。然而，是否存在一个参考点不仅仅使Δn_y足够大，而且使稳态迎角增量$\Delta\alpha_\infty$为零，或者更进一步地说，是否存在一个无须改变升降舵偏度而保持力矩平衡，且能有效地改变法向过载的直接升力作用点？在分析这个问题时，首先认为存在一个参考点能使$\Delta\alpha=0$，那么，便可将去掉$\Delta\alpha$项的式(14-92)和式(14-96)一同代入式(14-97)，得到参考点作为直接升力作用点的过载增量表达式：

$$\Delta n_{y\mathrm{ck}}=\frac{c_y^{\delta_f}}{c_{y0}}\delta_f \tag{14-104}$$

然后，再将这个特殊点的位置$(x_{\delta_f})_{\mathrm{ck}}$代入式(14－102)，只有当

$$x_{\delta_f}-x_F=x_G-x_{\mathrm{jd}} \tag{14-105}$$

时式(14－102)才能与式(1－104)所表示的过载增量相等，即$\Delta n_y=\Delta n_{y\mathrm{ck}}$。这就是说，存在一个可使迎角增量为零和能有效地产生过载增量的直接升力作用点。这个结果表明了参考点在焦点之前的距离与重心在机动点之前的距离是相等的，并且还表明了在纯粹力控制时，直接升力的作用点不允许与重心重合，而应该在重心前面，且

$$(x_{\delta_f})_{ck}=x_F+x_G-x_{jd} \tag{14-106}$$

看来这个条件要求太严格了,事实上重心位置和焦点位置都是变化的。重心位置随载重配置的变化而异。焦点位置随马赫数的不同而变化,当然 x_{jd} 也随马赫数变化。因此,依靠直接升力作用点实现迎角增量为零是没有实际意义的。然而,可将尽量增大过载增量和减小迎角稳态值作为依据,当选择升力作用点位置适宜时,可利用控制器的解耦技术实现迎角增量为零。

当作用点在重心上,即 $x_{\delta_f}=x_G$ 时,由式(14-105)得到

$$\frac{\Delta n_y}{\Delta n_{yck}}=\frac{x_{\delta_f}-x_F}{x_{jd}-x_G}<1 \tag{14-107}$$

由此可知,可达到的过载增量小于纯粹升力控制的 Δn_{yck}。这就是说,当 $x_{\delta_f}=x_G$ 时不能充分发挥升力控制面的升力潜力。

当作用点在全机焦点上,即 $x_{\delta_f}=x_F$ 时,由式(14-105)可得

$$\Delta n_y=0 \tag{14-108}$$

这就是说,作用点在飞机焦点上的直接升力控制面对升力没有影响。其原因是迎角也有变化,且迎角变化所产生的升力与由控制面偏转所产生的升力大小相等、方向相反。

当作用点在握杆机动点上,即 $x_{\delta_f}=x_{jd}$ 时,

$$\Delta n_y/\Delta n_{yck}<0 \tag{14-109}$$

因此,升力是在与要求相反的方向上产生的,这样,为获得高度而操纵升力控制面时会产生相反的效果,即飞机反而掉高度。

当作用点在参考点之前的某一位置时,由于 $x_{\delta_f}<(x_{\delta_f})_{ck}$ 得到

$$\frac{\Delta n_y}{\Delta n_{yck}}=1+\frac{(x_{\delta_f})_{ck}-x_{\delta_f}}{x_{jd}-x_G}>1 \tag{14-110}$$

可见,在此可达到的过载增量比作用点在参考点的控制面所获得的过载增量还大一些。这说明在参考点之前的直接升力控制面会引起迎角的变化,且变化方向决定的升力方向与直接力控制面产生的升力方向是一致的。

由上述几种直接升力作用点位置所引起的升力来看,最后一种,即作用点在参考点之前时,所获得的升力最大,然而,这种方法存在着迎角稳态值变化,使得不能称其为纯粹升力控制,即不纯是直接力控制,即使控制器具有稳态解耦功能,但仍存在大的迎角扰动响应,除非控制器具有静、动态完全解耦的功能,才能有效地抑制迎角的变化,然而,这种全解耦控制器是难以实现的。因此,作用点在参考点附近是最理想的位置。

最后,应该特别强调的是重心位置不是最好的直接力作用点。飞机在拉升运动中,准定常的航迹弯曲会导致在平尾上产生由俯仰速率引起的"动态迎角",从而产生附加的升力 $\Delta Y(\omega_z)$ 和俯仰阻尼力矩$\Delta M(\omega_z)=-Y_{pw}\Delta Y(\omega_z)$。为了对这个俯仰阻尼力矩(包括翼-身阻尼力矩)进行补偿,直接升力的作用点必须在重心位置之前,此时,这个俯仰阻尼力矩的作用对应飞机焦点与机动点之间的差距,因此,直接升力的作用点必须在重心之前,并且它们之间应有上述差距相等的距离。直接升力作用点在重心上时,为力矩平衡必须改变迎角,对常规飞机来说,要求迎角减小,从而抵消了部分直接升力和减小了过载增量。由于直接升力对重心的力矩为零,因此,不能通过直接升力 $\Delta Y(\delta_f)$ 去补偿弯曲运动中的俯仰阻尼力矩。

14.2.1.3 定常状态的直接升力特性

常规舵面控制在过载增量控制方面存在着某些缺点,因此提出了直接升力控制的新概念,它表征了短时间范围内的机动特性。此外,从整个运动过程来看还需要讨论舵面操纵后得到的新的定常状态特性。相对前面所述的是短时间范围的机动特性,后边将讨论的是长时间范围内的配平特性。在进一步研究的时候必须把长时间变化(即配平状态的纯定常变化)和短时间机动范围内的准定常变化加以区别。

(一) 机动升力线与配平升力线的关系式

由式(14-92)和式(14-93)所表示的短时间机动范围内的升力和俯仰力矩方程得到升力系数增量和力矩系数增量方程分别由式(14-111)和式(14-112)表示：

$$(\Delta c_y)_d = c_y^{\alpha}\Delta\alpha + c_y^{\delta_f}\delta_f \tag{14-111}$$

$$(\Delta m_z)_d = m_z^{\alpha}\Delta\alpha - c_y^{\delta_f}\ \frac{x_{\delta_f} - x_G}{b_A} + m_z^{\omega_z}\ \frac{b_A}{v_0}\omega_z = 0 \tag{14-112}$$

其中，下标 d 表示为得到过载增量的短时间范围的准定常变化。为了获得短时间机动范围内升力系数对迎角的全微分$(\mathrm{d}c_y/\mathrm{d}\alpha)_{\mathrm{jd}}$，首先必须找到 ω_z 的表达式。

在准定常的弯曲运动中，由于 $\dot{\theta} = \omega_z$，得到

$$\omega_z = \frac{g}{v_0}\Delta n_y \tag{14-113}$$

又因 $\Delta n_y = \Delta Y/mg = \Delta Y/Y_0$，$\Delta Y = (\Delta c_y)_{\mathrm{jd}}qS$ 和 $Y_0 = c_{y0}qS = mg$，所以

$$\omega_z = \frac{g}{v_0}\ \frac{(\Delta c_y)_{\mathrm{jd}}}{c_{y0}} \tag{14-114}$$

若将式(14-114)代入式(14-112)中，再与式(14-111)并联解出

$$\frac{(\Delta c_y)_{\mathrm{jd}}}{\Delta\alpha} = \left(\frac{\mathrm{d}c_y}{\mathrm{d}\alpha}\right)_{\mathrm{jd}} = \frac{c_y^{\alpha}(x_{\delta_f} - x_G)/b_A + m_z^{\alpha}}{(x_{\delta_f} - x_G)/b_A - m_z^{\omega_z}/\mu} \tag{14-115}$$

式中，$\mu = 2m/(\rho S b_A)$，由式(14-100)和式(14-101)表示的焦点、机动点和重心位置的关系，得到

$$\left(\frac{\mathrm{d}c_y}{\mathrm{d}\alpha}\right)_{\mathrm{jd}} = c_y^{\alpha}\ \frac{x_F - x_{\delta_F}}{x_F - x_{\delta_f} - (x_{\mathrm{jd}} - x_G)} \tag{14-116}$$

应该注意的是导数 $c_y^{\alpha} = \partial c_y/\partial\alpha$，它是当其他参数不变时，升力系数对迎角的一阶偏导数。$(\mathrm{d}c_y/\mathrm{d}\alpha)_{\mathrm{jd}}$ 表征了短时间机动范围内，升力系数相对迎角的变化，被称为机动升力线。

现在再来导出与机动升力线相对应的配平升力线。纯定常的配平状态升力和力矩方程如下：

$$Y = (c_{y0} + \Delta c_y)\ \frac{1}{2}\rho\ (v_0 + \Delta v)^2 S = mg \tag{14-117}$$

$$M = (m_{z0} + \Delta m_z)\ \frac{1}{2}\rho\ (v_0 + \Delta v)^2 S b_A = 0 \tag{14-118}$$

式中，有下标“0”的参数表征操纵舵面前的定常起始状态，其变化参数由 Δc_y，Δv 和 Δm_z 表示。如果起始状态的升力和力矩方程由如下两式表示：

$$Y_0 = c_{y0}qS = mg \tag{14-119}$$

$$M_0 = m_{z0}qSb_A = 0 \tag{14-120}$$

系数变化由下述关系给定：

$$\Delta c_y = c_y^{\alpha}\Delta\alpha + c_y^{\delta_f}\delta_f \tag{14-121}$$

$$\Delta m_z = m_z^{\alpha}\Delta\alpha - c_y^{\delta_f}\delta_f\ \frac{x_{\delta_f} - x_G}{b_A} = 0 \tag{14-122}$$

将上二式并联，则得到配平升力线的关系式

$$\left(\frac{\mathrm{d}c_y}{\mathrm{d}\alpha}\right)_{\mathrm{pp}} = c_y^{\alpha}\ \frac{(x_{\delta_f} - x_G)/b_A + m_z^{\alpha}/c_y^{\alpha}}{(x_{\delta_f} - x_G)/b_A} \tag{14-123}$$

当考虑到$(x_{\delta_f} - x_G)/b_A = -m_z^{\alpha}/c_y^{\alpha}$ 时，得到配平升力线的最终关系式为

$$\left(\frac{\mathrm{d}c_y}{\mathrm{d}\alpha}\right)_{\mathrm{pp}} = c_y^{\alpha}\ \frac{x_F - x_{\delta_f}}{x_G - x_{\delta_f}} \tag{14-124}$$

(二) 不同作用点位置对应的机动升力线和配平升力线

对于常规的升降舵控制，也可把升降舵有效升力作用点作为直接升力作用点，那么，当考虑到 $x_{\delta_f} - x_G =$

L_{pw} 和 $x_F - x_G \ll L_{pw}$，$x_{jd} - x_G \ll L_{pw}$ 时，便可获得升降舵控制的机动升力线和配平升力线的近似相等的关系为

$$\left(\frac{dc_y}{d\alpha}\right)_{jd} \approx \left(\frac{dc_y}{d\alpha}\right)_{pp} \approx c_y^{\alpha} = \frac{\partial c_y}{\partial \alpha} \tag{14-125}$$

由此得到升降舵控制的特点如下：

1）机动升力线和配平升力线几乎是一致的；

2）这两条线近似与 $\delta_z = \text{const}$ 时的升力线重合，即斜率近似为 $c_y^{\alpha} = \partial c_y / \partial \alpha$。

当将这两条升力线画在全机升力特性图上时，如图 14-16 所示，两种升力线的任何一种都不能实现纯升力控制。

对于直接升力控制的升力线情况和升降舵控制比较则完全不一样。由图 14-17 所示，在 $c_y-\alpha$ 特性图中给出了三种典型作用点的机动升力线和配平升力线的位置。

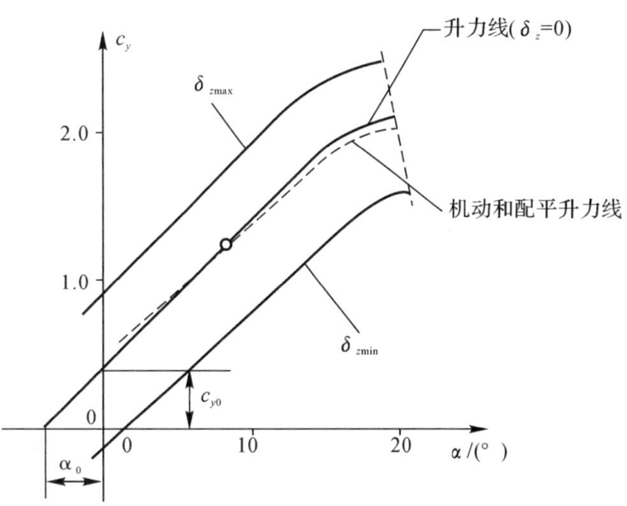

图 14-16　采用常规升降舵控制时的机动和配平升力线

在图 14-17(a) 中表示了短时间机动范围内纯粹升力控制的情况，此时由于升力作用点在参考点上，即 $x_{\delta_f} = (x_{\delta_f})_{ck} = x_G - (x_{jd} - x_F)$，按照式(14-116) 和式(14-123) 分别得到

$$\left(\frac{dc_y}{d\alpha}\right)_{jd} = \infty \quad 和 \quad \left(\frac{dc_y}{d\alpha}\right)_{pp} = c_y^{\alpha} \frac{x_{jd} - x_G}{x_{jd} - x_F} > 0 \tag{14-126}$$

图 14-17(a) 中表征为机动升力线垂直于 α 轴。这里表明了，对于机动弯曲运动的直接升力控制来说，迎角没有变化，实现了机动飞行中的纯升力控制。但是，对于配平升力线来说，正斜率的直线关系说明了从一个配平状态转入另一个配平状态的飞行中，需要迎角变化及不是纯升力控制，并需要利用升降舵配平随迎角变化的俯仰力矩。

在图 14-17(b) 中表示了直接升力作用点在重心的情况，由于 $x_{\delta_f} = x_G$，所以

$$\left(\frac{dc_y}{d\alpha}\right)_{jd} = c_y^{\alpha} \frac{x_F - x_G}{x_F - x_{jd}} < 0 \quad 且 \quad \left(\frac{dc_y}{d\alpha}\right)_{pp} = \infty \tag{14-127}$$

在这种情况下配平升力线垂直于 α 轴，表明了当利用直接升力从这个定常状态转入另一个定常状态时，迎角没有变化，实现了配平状态的纯升力控制。然而，机动升力线却表示，在短时间的机动弯曲飞行中有迎角变化，且为负斜率的机动升力线，这与直接力控制相反。

在图 14-17(c) 中表示了直接升力作用点在全机焦点上。$x_{\delta_f} = x_F$，使得

$$\left(\frac{dc_y}{d\alpha}\right)_{jd} = \left(\frac{dc_y}{d\alpha}\right)_{pp} = 0 \tag{14-128}$$

这种情况的特点是机动升力线和配平升力线重合，且和 α 轴平行。这就表明了直接力控制没有改变升力系数 c_y，既不能在短时间机动范围内也不能在长时间配平范围内对航迹进行控制。

还可从两个升力线之比的关系式

$$\frac{(dc_y/d\alpha)_{jd}}{(dc_y/d\alpha)_{pp}} = \frac{x_G - x_{\delta_f}}{x_G - x_{\delta_f} - (x_{jd} - x_F)} \tag{14-129}$$

得知，无论重心 x_G 或者作用点 x_{δ_f} 的很小的相对位移会使机动升力线和配平升力线的相对位置发生很大的变化。

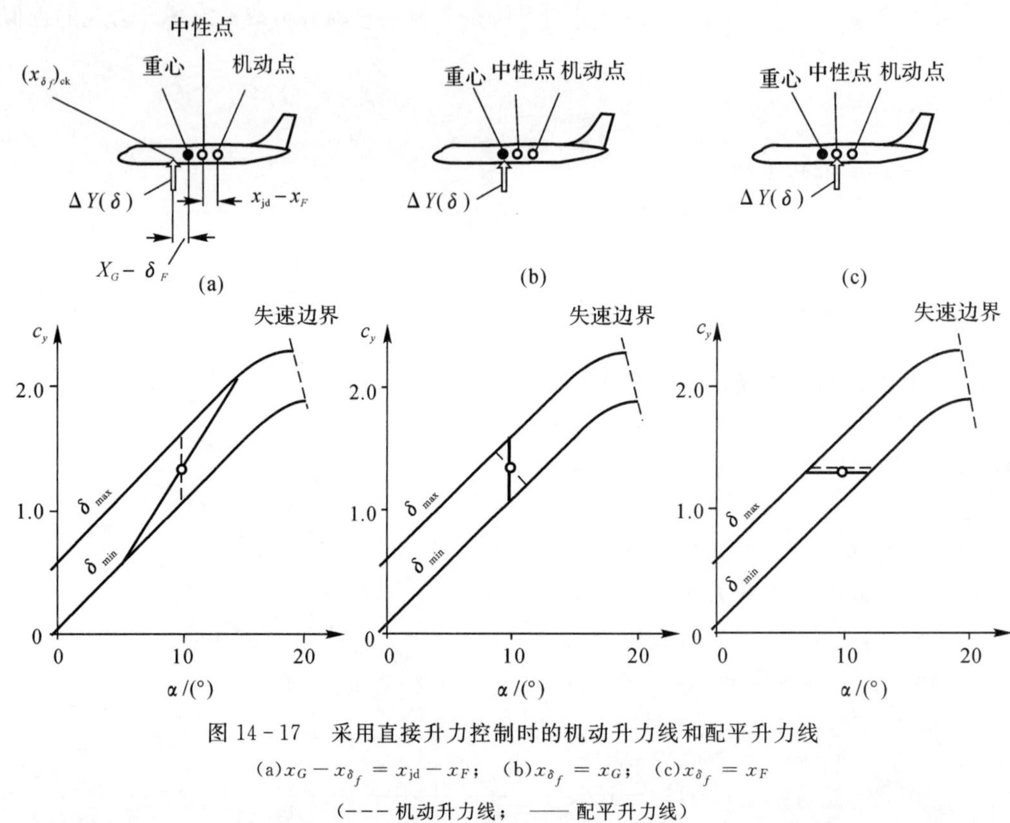

图 14-17　采用直接升力控制时的机动升力线和配平升力线

(a)$x_G-x_{\delta_f}=x_{jd}-x_F$；(b)$x_{\delta_f}=x_G$；(c)$x_{\delta_f}=x_F$

(--- 机动升力线；—— 配平升力线)

由图 14-17 可以观察到在 $x_{jd}>x_F$ 的情况下，当 x_{δ_f} 从 x_F 值逐渐减小时，两种升力线按顺时针方向旋转，其中配平升力线随 x_{δ_f} 变化旋转速度大，且当 $x_{\delta_f}=x_G$ 时，配平升力线垂直于 α 轴，相对于 $x_{\delta_f}=x_F$ 时偏转了 90°，然而机动升力线仅仅偏转了一个锐角；继续减小 x_{δ_f}，且当 $x_{\delta_x}=x_G-(x_{jd}-x_F)$ 时，机动升力线相对 $x_{\delta_f}=x_F$ 时才偏转 90°，即垂直于 α 轴；然而配平升力线偏转角度大于 90°。两种升力线随 x_{δ_f} 减小的偏转速度不同，使得机动升力线和配平升力线不能同时垂直于 α 轴，从这一事实中可以得知，要想不仅在短时间范围内，而且也在长时间范围内都实现没有迎角变化的纯升力控制，仅仅依靠直接升力控制来实现是不可能的。只能使其中一个时间范围内实现纯升力控制，而另外一个时间范围既要通过升力控制面，又要通过迎角的变化才能实现升力的控制，这是单独直接升力控制的一个特点。

随着 x_{δ_f} 再继续减小，当 $x_{\delta_f}<x_G-(x_{jd}-x_F)$，即 $x_{\delta_f}<(x_{\delta_f})_{ck}$ 时，配平升力线首先与失速边界相交，机动升力线偏角也大于 90°，随着 x_{δ_f} 的进一步减小也有可能与失速边界相交。因此，单独直接升力控制在迎角较大的进场状态不能避免升力线与失速边界相交，使得在上升阵风扰动下，仍有可能造成飞机失速。

14.2.1.4　直接升力与升降舵的自动交联控制

直接升力控制的过载增量随重心移动是敏感的，当重心移动时，可达到的过载增量可能有很大的区别，由式(14-102) 和式(14-104) 得到直接升力作用点在任意位置与在参考点位置的过载增量关系为

$$\Delta n_y=\Delta n_{yck}\frac{x_F-x_{\delta_f}}{x_{jd}-x_G}\tag{14-130}$$

当最后和最前的重心位置分别定义为 x_{Gh} 和 x_{Gq} 时，那么，在相同直接力控制面偏度的情况下，最大和最小过载增量分别为

$$\Delta n_{ymax}=\Delta n_{yck}\frac{x_F-x_{\delta_f}}{x_{jd}-x_{Gh}}\tag{14-131}$$

$$\Delta n_{\text{ymin}} = \Delta n_{\text{nck}} \frac{x_F - x_{\delta_f}}{x_{\text{jd}} - x_{Gq}} \tag{14-132}$$

其比值

$$\frac{\Delta n_{\text{ymax}}}{\Delta n_{\text{ymin}}} = \frac{x_{\text{jd}} - x_{Gq}}{x_{\text{jd}} - x_{Gh}} \tag{14-133}$$

对于运输机来说这个比值大约为 2，对高性能作战飞机来说，这个比值大约为 4，因此，由于正常的重心移动所引起的大的过载增量变化对直接升力的有效应用是不利的。在这种情况下，必须想办法使直接力作用点与重心位置相匹配，不可能按照上述要求来改变直接升力控制面的安装位置。从结构上讲可实现的安装点是限制在机翼上的一定范围，也是预先给定和不能改动的。因此，这种匹配可通过移动直接升力作用点而不改变控制面安装点，即通过升力控制面和升降舵的配合动作来达到。

然而，这种交联控制增益是重心位置的函数，要求必须了解重心位置和重心位置在飞行中的变化，这将给设计者带来很大困难，尽管重心变化是有规律的，但很难利用函数关系来描述。若有可能可以放弃这种改变控制面作用点的办法，而采用通过升降舵引入 α 反馈的办法，以减小直接升力控制中的迎角变化，直至这种变化为零。但是，这种办法的有效性取决于 α 反馈增益的大小，为显著地减小迎角增量，需要大的反馈增益或采用积分反馈，这也要受到系统稳定性和响应特性要求的限制。

能使迎角保持不变的直接升力控制的主要目的是对于每一个重心位置都能得到相等的过载增量。迎角反馈和直接升力的开环交联，使升降舵合理地偏转，其合成的作用点与重心位置相匹配，都有可能使机动弯曲飞行和配平飞行的直接升力控制都没有迎角的变化，那么，就能实现两种状态的纯升力控制。本节主要讲述直接升力与升降舵的自动交联控制。

当升力控制面和升降舵交联动作时，升力和力矩方程分别由式(14－134) 和式(14－135) 表示：

$$\Delta c_y = c_y^{\delta_f} \delta_f + c_y^{\delta_z} \delta_z \tag{14-134}$$

$$\Delta m_z = c_y^{\delta_f} \delta_f \frac{x_G - x_{\delta_f}}{b_A} - c_y^{\delta_z} \delta_z \frac{L_{\text{pw}}}{b_A} \tag{14-135}$$

可以按照图 14－18 那样把两个分力综合成一个等效的力，就可求出合成的等效作用点

$$x_{\delta\text{dx}} = x_G + \frac{c_y^{\delta_f}(x_{\delta_f} - x_G) + c_y^{\delta_z} \delta_z / \delta_f L_{\text{pw}}}{c_y^{\delta_f} + c_y^{\delta_z} \delta_z / \delta_f} \tag{14-136}$$

由式(14－136) 可以清楚地看出，只要合适地选择耦合比 δ_z/δ_f，就有可能把合成的等效作用点 $x_{\delta\text{dx}}$ 移动到所愿望的位置。当 $c_y^{\delta_f} \gg c_y^{\delta_z} \delta_z/\delta_f$ 时，式(14－136) 可简化为

$$x_{\delta\text{dx}} \approx x_{\delta_f} + \frac{c_y^{\delta_z}}{c_y^{\delta_f}} L_{\text{pw}} \frac{\delta_z}{\delta_f} \tag{14-137}$$

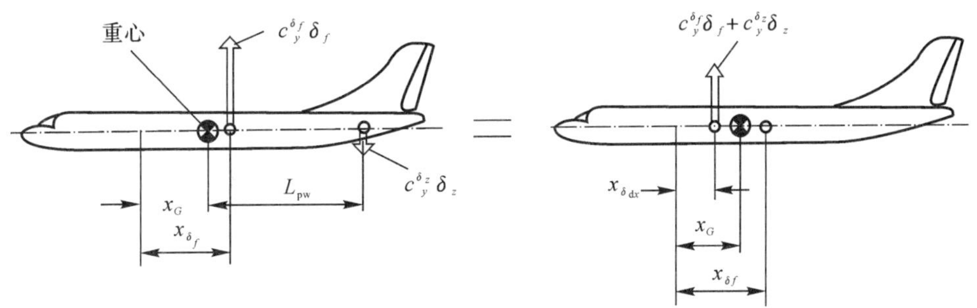

图 14－18　升力控制面和交联升降舵的等效作用点

选择等效作用点是在参考点上还是在重心上，取决于希望机动升力线或者配平升力线垂直于 α 轴，就我们的愿望来说，二者都应垂直于 α 轴，以取得无论机动飞行还是配平飞行都是纯升力控制，并且，使得重心位置变化不影响过载增量的大小。在这里首先考虑应满足配平升力线垂直于 α 轴，以使配平飞行是纯升力控

制，即使 $x_{\delta \mathrm{dx}}=x_G$。由式(14-136)得到配平状态的升降舵交联增益为

$$\left(\frac{\delta_z}{\delta_f}\right)_{\mathrm{pp}}=-\frac{c_y^{\delta_f}}{c_y^{\delta_z}}\frac{x_{\delta_f}-x_G}{L_{\mathrm{pw}}} \tag{14-138}$$

如果要求满足机动线垂直 α 轴，即实现机动飞行纯升力控制，便要求 $x_{\delta \mathrm{dx}}=(x_{\delta_f})_{\mathrm{ck}}$，这样一来，将式(14-106)代入式(14-136)得到

$$x_F-x_{\mathrm{jd}}=\frac{c_y^{\delta_f}(x_{\delta_f}-x_G)+c_y^{\delta_z}L_{\mathrm{pw}}(\delta_z/\delta_f)_{\mathrm{jd}}}{c_y^{\delta_f}+c_y^{\delta_z}(\delta_z/\delta_f)_{\mathrm{jd}}} \tag{14-139}$$

从而得到机动升力控制要求的 $\delta_f \rightarrow \delta_z$ 交联增益

$$\left(\frac{\delta_z}{\delta_f}\right)_{\mathrm{jd}}=\frac{c_y^{\delta_f}}{c_y^{\delta_z}}\frac{x_{\delta_f}-x_{\mathrm{jd}}}{L_{\mathrm{pw}}-x_F+x_{\mathrm{jd}}} \tag{14-140}$$

由于 $x_{\mathrm{jd}}-x_F \ll L_{\mathrm{pw}}$，式(14-140)可简化为

$$\left(\frac{\delta_z}{\delta_f}\right)_{\mathrm{jd}}=\frac{c_y^{\delta_f}}{c_y^{\delta_z}}\frac{x_{\delta_f}-x_{\mathrm{jd}}}{L_{\mathrm{pw}}} \tag{14-141}$$

由式(14-138)和式(14-141)可知，当 $x_G<x_{\delta_f}<x_{\mathrm{jd}}$ 时，$(\delta_z/\delta_f)_{\mathrm{pp}}$ 为正值，且 $(\delta_z/\delta_f)_{\mathrm{jd}}$ 为负值；又当 $x_{\delta_f}<x_G<x_{\mathrm{jd}}$ 时，则 $(\delta_z/\delta_f)_{\mathrm{pp}}$，$(\delta_z/\delta_f)_{\mathrm{jd}}$ 都为负值，且 $|(\delta_z/\delta_f)_{\mathrm{jd}}|>|(\delta_z/\delta_f)_{\mathrm{pp}}|$。

尽管 x_G 和 x_{jd} 在飞行过程中是变化的，当能够知道它们的变化因素时，可以获得 x_G，x_{jd} 在某些飞行状态上的近似值，就可和其他随飞行状态变化的参数 $c_y^{\delta_z}$，$c_y^{\delta_f}$ 一起解算出某些状态的 $(\delta_z/\delta_f)_{\mathrm{pp}}$，$(\delta_z/\delta_f)_{\mathrm{jd}}$ 值，再经线性化处理，便可得到随飞行状态变化的即时值，并且，按配平状态或机动状态更换交联增益 $(\delta_z/\delta_f)_{\mathrm{pp}}$ 和 $(\delta_z/\delta_f)_{\mathrm{jd}}$，以实现配平升力线和机动升力线都垂直于 α 轴。这样，这两个升力线就重合了，都能保持迎角不变，以获得对于每一个重心位置都能得到相等的过载增量。另外一个效益是对失速特性的影响，机动升力线和配平升力线总是与 $\delta_{f\max}$ 边界相交，而不与失速边界线相交，这样在操纵升力控制面时就可避免失速。

14.2.1.5 直接升力控制的功能

直接升力控制的主要任务是尽快地产生所希望的升力变化，以便能够消除对预定标准航迹的偏差。在初始时间阶段内，由于飞机有旋转惯性，常规的升降舵控制在航迹响应上表现出时间滞后。对于尾翼式飞机，特别是无尾飞机，舵面升力正好在相反的方向上起作用，使得时间延迟更大。正是基于这种考虑才提出了直接升力控制和常规升降舵控制相配合的工作方案。其中直接升力控制的任务是在升降舵的飞机响应不够快的初始时间内，使飞机快速反应，以抵消飞机的旋转惯性以及升降舵在相反方向上起作用的弊端。在以后的时间内，单独升降舵控制的时间响应特性和效率就足够了，这时就可以取消直接升力控制的作用。直接升力控制的过载时域响应曲线如图14-19所示。图中①②分别表示了单升降舵控制和单独直接升力控制的 Δn_y 响应曲线，图中 c 表示了由它们合成的总的 Δn_y 响应。取消直接升力控制是由"洗除"系统来完成的。

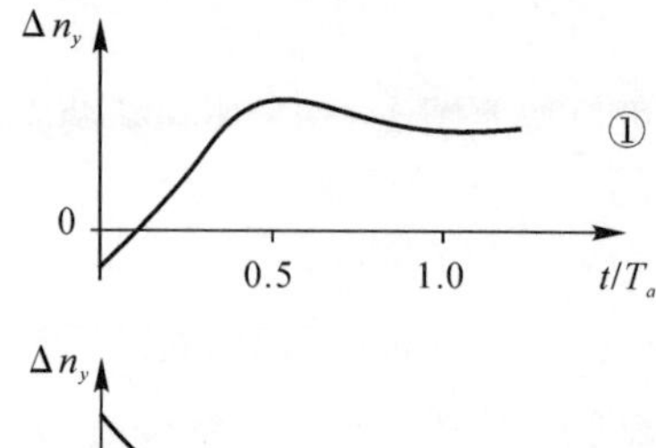

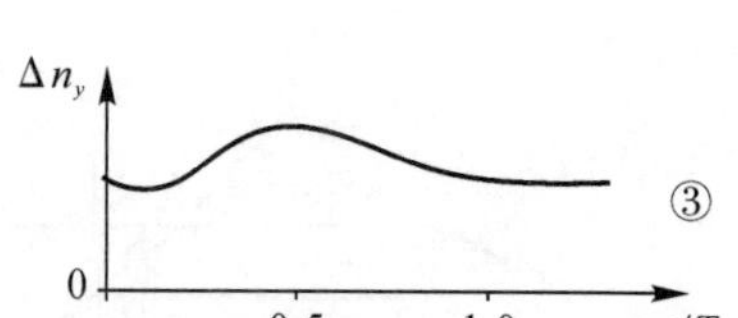

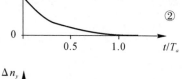

图 14-19 直接升力控制的过载时域响应曲线

(T_a:迎角运动振荡时间)

① 单独升降舵控制；

② 单独直接升力控制；

③ 由 ① 和 ② 合成的总响应

由于直接升力控制面在短时间偏转之后又回至中立位置，因此，在使用这种具有瞬变时间特性的直接力控制时，若在同一方向上连续地偏转升力控制面，使其具有重新工作的能力，提高了它的应用潜力。但是，直接升力和升降舵的这种配合控制，使得不能把飞机的姿态和航迹运动分开进行控制。总之，升降舵和直接升力控

制面的联合控制，有效地消除了升降舵单独控制的缺点。

除去上述改善纵向操纵初始反应的功能外，直接升力控制系统还可完成航迹和姿态其他方面的任务，而这些功能靠升降舵控制是根本无法完成的。直接升力控制还可完成以下三种工作模式。

1. 直接升力控制模式

该方式是保持迎角不变和航迹角增量等于俯仰姿态角增量，即

$$\Delta\alpha = 0, \quad \Delta\theta = \Delta\vartheta \tag{14-142}$$

的情况下，使空速矢量和机体轴 x_t 作等速转动，从而在垂直平面内直接和迅速地改变飞行航迹。这种运动方式适合于空对地投射武器后的快速拉起，或在空战中加快垂直面内的运动。这种模式是最被注意的一种非常规的机动方法。

2. 俯仰指向控制模式

该方式是保持航迹不变和迎角增量等于俯仰角增量，即

$$\Delta\theta = 0 \quad 和 \quad \Delta\alpha = \Delta\vartheta \tag{14-143}$$

情况下，控制飞机俯仰角和迎角。航迹不变意味着法向过载不变，即

$$\Delta n_y = 0 \quad 和 \quad \Delta Y = 0 \tag{14-144}$$

这种运动方式能迅速地对准射击目标和提高击中目标的准确性。

3. 垂直平移控制模式

该方式是在俯仰姿态角不变和迎角增量等于航迹角增量，即

$$\Delta\vartheta = 0 \quad 和 \quad \Delta\alpha = \Delta\theta \tag{14-145}$$

的情况下，控制飞机垂直飞行速度 v_y。这种运动方式适于微小的垂直位置修正。这在编队飞行中对于航迹的调整是很理想的操纵方式。

对于第 2 和第 3 种工作模式要求迎角有变化，因此有可能对力矩产生影响，为此，必须与升降舵进行配合工作。无论第 2 种或是第 3 种模式，为增大被控制量俯仰角或航迹角都必须增大对迎角的控制，那么，就要求升力控制面能够对升力施加足够大的影响。例如第 2 种模式的最大值可以从 $\Delta Y=0$ 关系式中求出。在速度不变的情况下，这将意味着

$$\Delta c_y = c_y^{\alpha}\Delta\alpha + c_y^{\delta_f}\delta_f = 0 \tag{14-146}$$

这样，姿态角或迎角的最大变化为

$$\Delta\vartheta_{\max} = \Delta\alpha_{\max} = -(c_y^{\delta_f}/c_y^{\alpha})\delta_{f\max} \tag{14-147}$$

在此需要检查一下当 $\Delta\vartheta_{\max}$ 要求很大时，由襟翼（或扰流片）提供的升力增量是否够用，甚至于襟翼有效面积和偏度是否满足升力要求。

14.2.1.6　对直接升力三种工作模式的分析

本节以某直接升力控制系统为例，分析这三种直接升力控制模式的工作原理。它们都是在由升降舵控制的电传操纵系统基础上再加上由前、后缘襟翼控制的直接升力控制系统构成的。因此，直接升力控制系统的交联或反馈增益或函数，有的依赖于飞机气动导数，而有的则是电传操纵系统增益（或函数）的函数。在分析过程中，由于气动导数 y^v 和 μ_z^v 的数值很小，所以控制对象的运动特性是由不变性解耦近似得到的短周期二阶传递函数决定的。

（一）直接升力工作模式的分析

依据某文献给出的某飞机直接升力模式（A_N）方块图，可以得到具有飞机运动特性的直接升力工作模式的闭环控制结构图，如图 14-20 所示，图右半部分是由在自然不变性解耦条件下的常规小扰动短周期线性化方程得到的结构图。给出的稳定性和操纵性气动导数是相对稳定轴系的，且静稳定导数 μ_z^{α} 是正值，即飞机本身是静不稳定的。此外，襟翼和升降舵都是产生力矩的操纵面。在上述三种直接升力飞行模式中，为抵消

襟翼偏转产生的力矩，要求一定量的升降舵偏转。

线性化的控制系统模型由图 14－20 左半部分表示。它由洗除网络、滤波器和指令模型等“高阶”模型组成。图中伺服舵机和助力器的串联结构是用一个 13 rad/s 的一阶滞后环节来代替的。纵向飞行控制系统使用常规的俯仰速率和法向加速度反馈，在前向通路中有一个比例加积分的自动配平环节，且

$$G_c(s)=\frac{s+5}{s}K_z^{n_y} \tag{14-148}$$

迎角反馈是用以补偿飞机本身静不稳定特性的。仅仅具有开环控制的襟翼控制器是用虚线连接的。

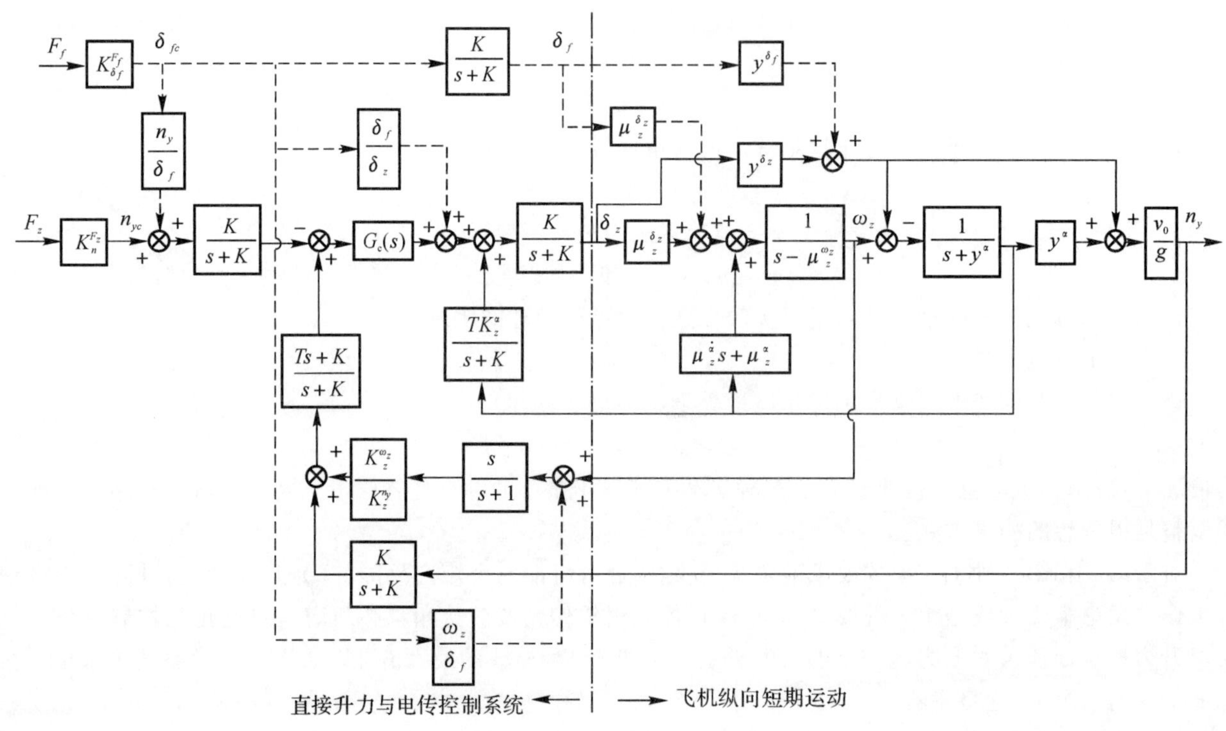

图 14－20　某飞机直接升力模式(A_N)闭环控制结构图

驾驶员通过直接升力(DLM)模式按钮给出指令信号 F_f，通过低通滤波，然后偏转襟翼。为了抵消襟翼偏转产生的力矩，采用的第 1 个襟翼-升降舵交联，当忽略伺服器动特性影响时，明显地得到

$$\frac{\delta_z}{\delta_f}=-\frac{\mu_z^{\delta_f}}{\mu_z^{\delta_z}} \tag{14-149}$$

这个表达式和式(14－138)是一致的，即 $\delta_z/\delta_f=(\delta_z/\delta_f)_{\mathrm{pp}}$，满足配平升力线垂直升力特性曲线图的 α 轴，实现配平状态纯升力控制。这种交联控制属于“输入(操纵)解耦”，即通过襟翼-升降舵交联，实现襟翼控制仅对 y_s 轴提供操纵(输入)升力，而不对 z_s 轴提供操纵力矩。

在图 14－20 中的另一个襟翼-升降舵交联用于抵消由襟翼偏转引起的稳态法向过载在升降舵控制器中的反馈，从而解除了控制增稳系统对非升降舵指令过载增量静态响应为零的约束。这种方法属于“静态解耦”范畴。在忽略伺服器动态特性影响时，也容易地得到第 2 个襟翼-升降舵交联增益

$$\frac{n_y}{\delta_f}=-y^{\delta_f}\frac{v_0}{g} \tag{14-150}$$

直接升力模式的第 3 个襟翼-升降舵交联是为使直接升力控制引起的迎角增量静态响应为零，实现纯升力控制和完成直接升力任务。变化图 14－20 部分结构，即由图 14－21(a)转化为(b)所示结构，且二者是相互等效的，这样一来，当不考虑伺服作动器动态特性影响时，$\delta_{fc}\approx\delta_f$，那么，可以选择第 3 个襟翼-升降舵交联增益

$$\frac{\omega_z}{\delta_f} = -y^{\delta_f} \tag{14-151}$$

以及考虑到 y^{δ_z} 的数值很小时，图 14－21 可由图 14－22 近似表示。

观察图 14－20 和图 14－22 可知，与 ω_z 变量综合的襟翼输入信号 $y^{\delta_f}\delta_f$ 与比例加积分环节 $G_c(s)$ 之间不存在任何变量反馈于 $G_c(s)$ 的输入端，且在 ω_z，$y^{\delta_f}\delta_f$ 综合点之后的反馈引入 $G_c(s)$ 的输出端，积分的作用将使这个综合点之后的 α 稳态响应为零，即 $\Delta\alpha_\infty=0$。因此，第 3 个襟翼-升降舵交联起到静态解耦作用。

直接升力模式的主要特点是开环控制襟翼产生直接升力和襟翼-升降舵交联，使得在快速精确地改变航迹的同时，迎角变化最小。按图 14－20 推导出襟翼指令情况下迎角增量的传递函数，选择襟翼-升降舵的各交联增益，使直接升力模式的传递函数 $\Delta\alpha/\delta_{fc}$ 的分子近似为零。

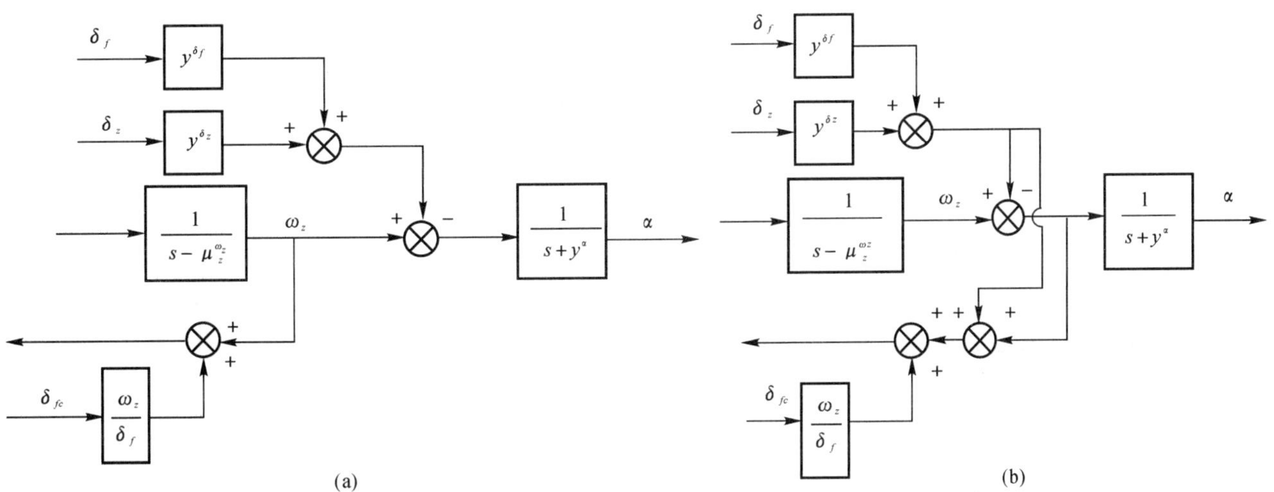

图 14－21　图 14－20 中部分结构图的转换

(a)图 14－20 中部分结构图；(b)图 14－21(a)的转换结构图

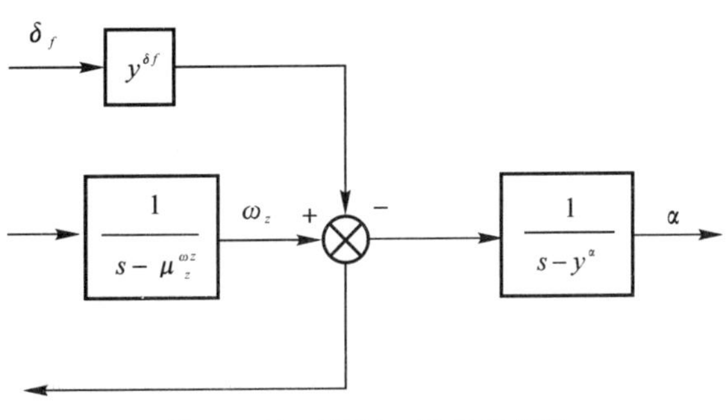

图 14－22　图 14－21 的近似图

在不考虑伺服舵机回路和作动器动态特性的情况下，由图 14－20 获得直接升力模式(A_N)的理想控制律为

$$\left.\begin{aligned} &\delta_f=\delta_{fc} \\ &\delta_z=K_z^\alpha\alpha+\left(K_z^{\omega_z}\frac{Ts}{Ts+1}\omega_z+K_z^{n_y}n_y\right)\frac{s+K}{s}-\left[\left(\frac{n_y}{\delta_f}K_z^{n_y}+\frac{\omega_z}{\delta_f}\frac{Ts}{Ts+1}K_z^{\omega_z}\right)\frac{s+K}{s}+\frac{\delta_z}{\delta_f}\right]\end{aligned}\right\} \tag{14-152}$$

将式(14－152)所表示的 δ_z，δ_f 表达式代入短周期运动方程中，当忽略 y^{δ_z} 的微小影响时，获得具有常规电传操纵系统和直接升力模式控制器的短周期运动和过载增量表达式构成的矩阵方程为

$$\begin{bmatrix} s+n_{22} & -1 & 0 \\ n_0 s+n_{32} & s+n_{33} & n_{34} \\ -\dfrac{v_0}{g}n_{22} & 0 & 1 \end{bmatrix}\begin{bmatrix} \alpha \\ \omega_z \\ n_y \end{bmatrix}=\begin{bmatrix} -n_{2f} \\ -n_{3z}K_z^f-n_{3f} \\ \dfrac{v_0}{g}n_{2f} \end{bmatrix}[\delta_{fk}] \tag{14-153}$$

式中

$$n_{22}=y^{\alpha},\quad n_0=-\mu_z^{\dot{\alpha}},\quad n_{32}=-\mu_z^{\alpha}-\mu_z^{\delta_z}K_z^{\alpha}$$

$$n_{33}=-\mu_z^{\omega_z}-\mu_z^{\delta_z}K_z^{\omega_z}\frac{Ts}{Ts+1}\frac{s+K}{s},\quad n_{34}=-\mu_z^{\delta_z}K_z^{n_y}\frac{s+K}{s},\quad n_{2f}=y^{\delta_f}$$

$$n_{3f}=-\mu_z^{\delta_f},\quad K_z^f=\left(\frac{n_y}{\delta_f}K_z^{n_y}+\frac{\omega_z}{\delta_f}\frac{Ts}{Ts+1}K_z^{\omega_z}\right)\frac{s+K}{s}+\frac{\delta_z}{\delta_f},\quad n_{3z}=-\mu_z^{\delta_z}$$

由式(14－153)得到传递函数

$$\frac{\Delta\alpha}{\delta_f}(s)=-\frac{n_{2f}(s+n_{33})+(n_{3z}K_z^f+n_{3f})+\dfrac{v_0}{g}n_{2f}n_{34}}{D(s)} \tag{14-154}$$

式中

$$D(s)=\begin{vmatrix} s+n_{22} & -1 & 0 \\ n_0 s+n_{32} & s+n_{33} & n_{34} \\ -\dfrac{v_0}{g}n_{22} & 0 & 1 \end{vmatrix} \tag{14-155}$$

由于直接升力模式要求襟翼指令的迎角稳态值为零，那么需要

$$n_{2f}n_{33}+n_{3z}K_z^f+n_{3f}+\frac{v_0}{g}n_{2f}n_{34}=0 \tag{14-156}$$

将式(14－156)代入 K_z^f 的表达式得到

$$n_{3z}\left[\left(\frac{n_y}{\delta_f}K_z^{n_y}+\frac{\omega_z}{\delta_f}\frac{Ts}{Ts+1}K_z^{\omega_z}\right)\frac{s+K}{s}+\frac{\delta_z}{\delta_f}\right]=-n_{2f}\left[\left(n_{33}+n_{3z}K_z^{\omega_z}\frac{Ts}{Ts+1}\frac{s+K}{s}\right)+\frac{v_0}{g}n_{32}K_z^{n_y}\frac{s+K}{s}\right]-n_{3f} \tag{1-157}$$

由式(14－157)可知，如果按式(14－150)选择$\dfrac{n_y}{\delta_f}$，按式(14－151)选择$\dfrac{\omega_z}{\delta_f}$，以及按下式选择：

$$\frac{\delta_z}{\delta_f}=-\frac{\mu_z^{\delta_f}+y^{\delta_f}\mu_z^{\omega_z}}{\mu_z^{\delta_z}} \tag{14-158}$$

那么，式(14－156)和式(14－157)得到满足，从而使得由式(14－154)表示的迎角对襟翼的传递函数

$$\left.\frac{\alpha}{\delta_f}(s)\right|_{s=0}=0 \tag{14-159}$$

这表明了在理想情况下，即忽略伺服器等高阶环节时，襟翼指令迎角的静态响应为零。

事实上，襟翼产生的俯仰力矩不引起迎角稳态值的变化，仅从稳态响应考虑可不必引入增益为$\dfrac{\delta_z}{\delta_f}$的交联，然而，为减小迎角动态响应，引入这个交联是很有效的。可按式(14－149)选择增益值，这将与另外两个工作模式是一致的，然而，数值足够大的 y^{δ_f} 和 $\mu_z^{\omega_z}$，使交联增益$\dfrac{\delta_z}{\delta_f}$必须按式(14－158)选择。

上述三个交联信号传递系数 δ_z/δ_f，n_y/δ_f 和 ω_z/δ_f 都是气动导数的函数，与动压 q、飞行高度 H、马赫数和飞行速度 v 有关，因此，可以利用动、静压(q,p_s)或高度(H)、马赫数双自变量实施网络法调参。不仅需要在地面试验中，而且应在空中试飞中精确调试才能最终确定网格参数。

(二)俯仰指向工作模式的分析

如图 14－23 所示为某飞机俯仰指向(α_1)模式控制系统方块图。图中具有与 A_N模式相同的常规纵向电传操纵系统的基本结构，为了简化表示，没有给出与图 14－20 相同的飞机纵向短周期运动结构图。在俯仰

指向模式中，同样利用襟翼开环控制，将襟翼指令交联于升降舵基本控制器中，并且给常规控制系统提供俯仰角指令。对于升降舵的交联使用了一个"非最小相位系统"的时间延迟环节，用以避免响应中不希望的过程响应。

俯仰指向模式又称机身瞄准模式，其主要特点是开环指令襟翼对称偏转，襟翼至升降舵交联增益按预定程序调节，二者在使迎角改变的期间，使法向加速度的变化降到最小。按程序调节的交联增益$\frac{\alpha}{\delta_f}$是用来产生预期的α偏置信号，它加到基本飞行控制计算机中，以防止α反馈影响希望的工作模式响应。某飞机的基本串联配平机构还用来保证α_1模式的适宜稳态作用。因此，升降舵将被连续地驱动，直到飞机法向加速度等于驾驶杆单独的指令值为止。

由于机身瞄准模式要求航迹角不变，即增量

$$\Delta\theta = \Delta\vartheta - \Delta\alpha = 0 \tag{14-160}$$

此时，ϑ和α同时、同值增大或减小，又因

$$a_y = v_0(\omega_z - \dot{\alpha}) \approx v_0(\dot{\vartheta} - \dot{\alpha}) \tag{14-161}$$

所以

$$\theta = \int (\dot{\vartheta} - \dot{\alpha})\,\mathrm{d}t = \frac{1}{v_0}\int a_y\,\mathrm{d}t \tag{14-162}$$

即

$$\theta(s) = \frac{g}{v_0}\frac{n_y(s)}{s} \tag{14-163}$$

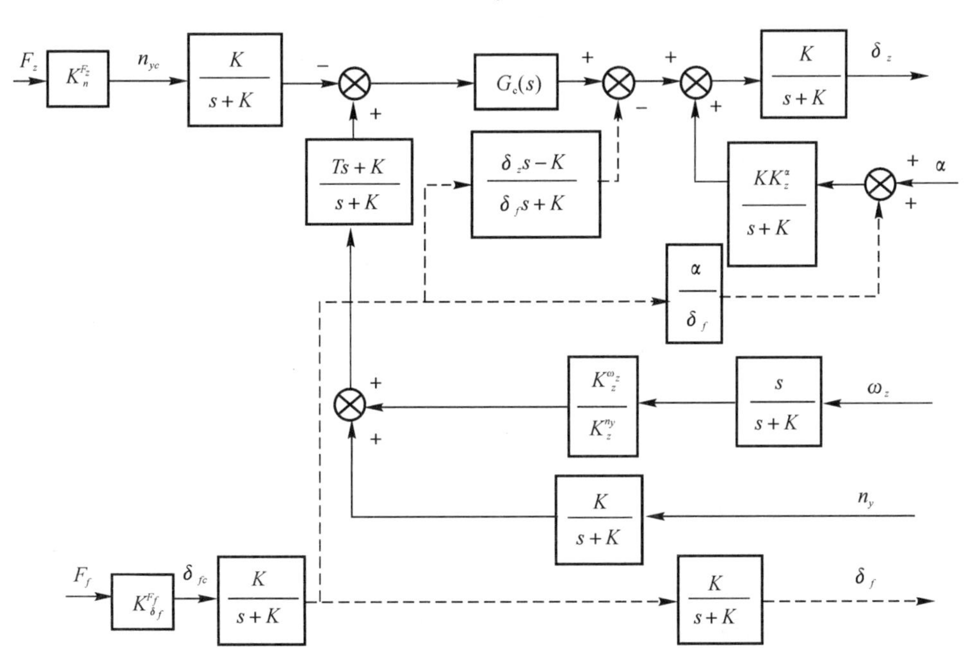

图 14-23　俯仰指向(α_1)模式控制系统方块图

这样一来，由式(14-153)表示的具有俯仰指向控制的飞机纵向短周期运动矩阵方程可改写为

$$\begin{bmatrix} s+n_{22} & -1 & 0 \\ n_0 s+n_{32} & s+n_{33} & \frac{v_0}{g}n_{34}s \\ -\frac{v_0}{g}n_{22} & 0 & \frac{v_0}{g}s \end{bmatrix}\begin{bmatrix}\alpha \\ \omega_z \\ \theta\end{bmatrix} = \begin{bmatrix} -n_{2f} \\ -n_{3z}K_z^f - n_{3f} \\ \frac{v_0}{g}n_{2f}\end{bmatrix}[\delta_{fc}] \tag{14-164}$$

式中的系数n_0，n_{22}等参数同式(14-153)定义，K_z^f由下式表示：

$$K_z^f=\frac{\alpha}{\delta_f}+\frac{\delta_z}{\delta_f}\frac{s-8}{s+8} \tag{14-165}$$

由图 14 - 23 可知，机身瞄准模式(α_1)的控制律为

$$\left.\begin{aligned}\delta_z&=K_z^\alpha+\left(K_z^{\omega_z}\frac{Ts}{Ts+1}\omega_z+K_z^{n_y}n_y\right)\frac{s+K}{s}+\delta_{fc}K_z^f\\ \delta_f&=\delta_{fc}\end{aligned}\right\} \tag{14-166}$$

这样便可得到机身瞄准模式的航迹角对襟翼指令的传递函数为

$$\frac{\Delta\theta}{\delta_{fc}}(s)=\frac{v_0n_{22}\left\{n_{2f}(s+n_{33})+\left[n_{3f}+n_{3z}\left(\frac{\alpha}{\delta_f}-\frac{\delta_z}{\delta_f}\frac{s-8}{s+8}\right)\right]\right\}-v_0n_{2f}\left[(s+n_{22})(s+n_{33})+(n_0s+n_{32})\right]}{sD(s)} \tag{14-167}$$

式中，$D(s)$同式(14 - 155)定义。当要求 $\Delta\theta$ 的稳态值为零时，需要满足

$$n_{22}\left[n_{3f}+n_{3z}\left(\frac{\alpha}{\delta_f}+\frac{\delta_z}{\delta_f}\right)\right]=n_{2f}n_{32} \tag{14-168}$$

从而得到 δ_z/δ_f 的表达式同于式(14 - 149)和

$$\frac{\alpha}{\delta_f}=\frac{y^{\cdot\delta_f}}{y^\alpha}\left(\frac{\mu_z^\alpha}{\mu_z^{\delta_z}}+K_z^\alpha\right) \tag{14-169}$$

由襟翼和两个交联造成的升降舵偏转产生升力和俯仰力矩，改变了俯仰姿态和飞行迎角，当这两个襟翼交联分别满足式(14 - 149)和式(14 - 169)时，在动态过程中航迹角和法向过载也有变化。具有比例加积分的过载反馈控制，最终使任何扰动引起的航迹角和过载增量为零，即使

$$\Delta n_{y\infty}=0 \quad 和 \quad \Delta\vartheta_\infty=\Delta\alpha_\infty \tag{14-170}$$

可依据定常飞行状态的升力和俯仰力矩平衡方程获得迎角、俯仰角与襟翼指令的关系。升力和俯仰力矩平衡方程分别由下列 2 式表示：

$$y^{\delta_f}\delta_f+y^{\delta_z}\Delta\delta_z+y^\alpha\Delta\alpha=0 \tag{14-171}$$

$$\mu_z^{\delta_f}\delta_f+\mu_z^{\delta_z}\Delta\delta_z+\mu_z^\alpha\Delta\alpha=0 \tag{14-172}$$

当 δ_f 作为输入时，解联立代数方程得到

$$\frac{\Delta\delta_z}{\delta_{fc}}=\frac{\mu_z^{\delta_f}y^\alpha-y^{\cdot\delta_f}\mu_z^\alpha}{y^{\delta_z}\mu_z^\alpha-y^\alpha\mu_z^{\delta_z}}=\frac{c_y^\alpha m_z^{\delta_f}-c_y^{\delta_f}m_z^\alpha}{c_y^{\delta_z}m_z^\alpha-c_y^\alpha m_z^{\delta_z}} \tag{14-173}$$

$$\frac{\Delta\alpha}{\delta_{fc}}=\frac{\Delta\vartheta}{\delta_{fc}}=\frac{y^{\delta_f}\mu_z^{\delta_z}-y^{\delta_z}\mu_z^{\delta_f}}{y^{\delta_z}\mu_z^\alpha-y^\alpha\mu_z^{\delta_z}}=\frac{c_y^{\delta_f}m_z^{\delta_z}-c_y^{\delta_z}m_z^{\delta_f}}{c_y^{\delta_z}m_z^\alpha-c_y^\alpha m_z^{\delta_z}} \tag{14-174}$$

(四)垂直平移工作模式的分析

如图 14 - 25 所示为某飞机垂直平移模式(α_2)控制系统方块图。其结构特点包括，开环指令襟翼对称偏转，襟翼至升降舵的第 1 个交联增益$\frac{\delta_z}{\delta_f}$与 A_N 方式相等。预定程序的$\frac{\alpha}{\delta_f}$增益与 α_1 模式相同，用来产生 α 偏置信号，它加到基本飞行控制计算中，以防止 α 反馈反对希望的变量响应。其主要区别在于在 α_2 模式工作的整个时间内，俯仰姿态保持功能是自动接通的。这个模式存在一个初始法向加速度，但随着垂直速度达到稳态值而逐渐减小到零。

由图 14 - 24 可知某飞机垂直平移模式控制系统的控制律为

$$\left.\begin{aligned}\delta_f&=\delta_{fc}\\ \delta_z&=K_z^\alpha\alpha+\left(K_z^{\omega_z}\frac{Ts}{Ts+1}\omega_z+K_z^{n_y}n_y+K_z^\vartheta\vartheta\right)\frac{s+K}{s}-\delta_{fc}\left(\frac{\delta_z}{\delta_f}+\frac{\alpha}{\delta_f}\right)\end{aligned}\right\} \tag{14-175}$$

代入飞机纵向短周期运动方程之后，得到以矩阵方程表示的具有垂直平移控制的运动方程为

$$\begin{bmatrix} s+n_{22} & -s & 0 \\ n_0 s+n_{32} & s(s+n_{33})+n_{35} & n_{34} \\ -\dfrac{v_0}{g}n_{22} & 0 & 1 \end{bmatrix}\begin{bmatrix} \alpha \\ \vartheta \\ n_y \end{bmatrix}=\begin{bmatrix} -n_{2f} \\ -n_{3z}K_z^f-n_{3f} \\ \dfrac{v_0}{g}n_{2f} \end{bmatrix}[\delta_{fc}] \tag{14-176}$$

式中，$n_{35}=n_{3z}K_z^{\vartheta}\dfrac{s+K}{s}$；$K_z^f=\dfrac{\delta_z}{\delta_f}+\dfrac{\alpha}{\delta_f}$。

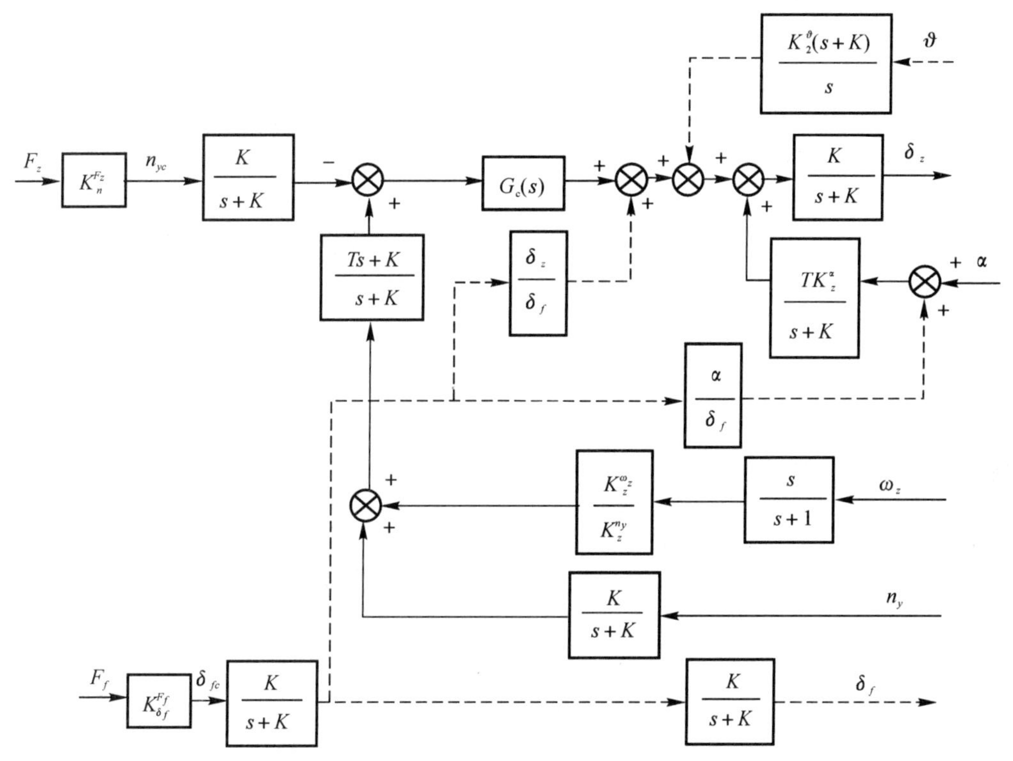

图 14-24　某飞机垂直平移模式(α_2)控制系统方块图

由式(14-176)得到 ϑ 对 δ_{fc} 的传递函数为

$$\frac{\vartheta}{\delta_{fc}}(s)=\frac{n_{2f}\left[(n_0 s+n_{32})+\dfrac{v_0}{g}n_{34}s\right]-(s+n_{22})(n_{3z}K_z^f+n_{3f})}{D'(s)} \tag{14-177}$$

式中，特征式

$$D'(s)=\begin{vmatrix} s+n_{22} & -s & 0 \\ n_0 s+n_{32} & s(s+n_{33})+n_{35} & n_{34} \\ -\dfrac{v_0}{g}n_{22} & 0 & 1 \end{vmatrix} \tag{14-178}$$

为实现垂直平移，俯仰角稳态值应保持不变，那么，要求传递函数$\dfrac{\vartheta}{\delta_{fc}}(s)$分子中 s 的 0 次项应为零，从而得到与 α_1 模式相同的传递函数式(14-167)，并且得到交联增益 δ_z/δ_f 的表达式同式(14-149)和$\dfrac{\alpha}{\delta_f}$的表达式同式(14-169)。

垂直平移工作模式操纵响应的最终结果是 $\Delta\vartheta(\infty)=0$，这将使得

$$\Delta\theta(\infty)=-\Delta\alpha(\infty) \tag{14-179}$$

和垂直平移速度

$$v_y = -v_0 \Delta\alpha(\infty) \tag{14-180}$$

以及迎角和升降舵增量满足定常飞行状态升力和俯仰力矩平衡方程式(14－171)和式(14－172),因此,升降舵增量与襟翼控制指令的关系满足式(14－173),并且由式(14－174)得到垂直平移速度与襟翼指令的关系为

$$\frac{v_y}{\delta_{fc}} = \frac{v_0 \Delta\alpha}{\delta_{fc}} = -\frac{c_y^{\delta_f} m_z^{\delta_z} - c_y^{\delta_z} m_z^{\delta_f}}{c_y^{\delta_z} m_z^{\alpha} - c_y^{\alpha} m_z^{\delta_z}} v_0 \tag{14-181}$$

(四)襟翼指令的响应特性

包括直接升力、俯仰指向和垂直平移三种工作模态的指令响应特性如图 14－25 所示。图 14－25(a)所示是 A_N模式的响应过程,可见襟翼向下偏转 15°时要求全动平尾向上偏转 5°,就能保持迎角 α 不变。然而,过载增量不大,大约为 1.0。图 14－25(b)所示是 α_1 模式的响应过程,襟翼向上偏转 15°,需要平尾下偏大约 3°,可以保持法向过载不变。迎角稳态值大约为 4°。图 14－25(c)所示是 α_2 模式的响应过程,襟翼和平尾分别下偏和上偏的角度与 A_N模式相近。在此过程中先产生起始法向加速度,然后逐渐趋于零,因此,这时垂直速度 v_y 达到一个稳态值。

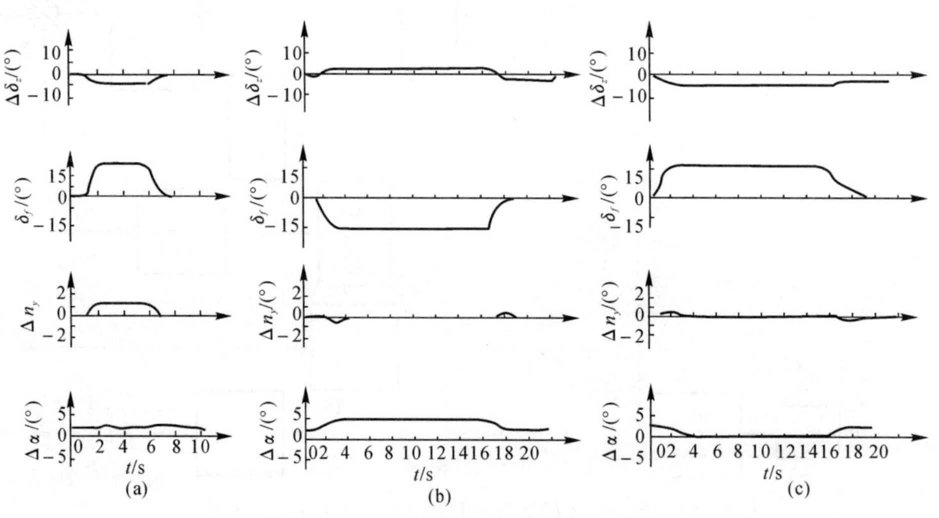

图 14－25　三种纵向运动模式的响应特性

为了比较三种纵向运动模式的控制方式,将直接升力三种控制模式的特点列于表 14－1 中。

表 14－1　直接升力三种控制模式的特点

运动模式与代号	襟翼指令滤波	保持变量	襟翼交联增益				常规系统修改	获得结果
直接升力(A_N)	$\frac{4}{s+4}$	α	δ_z/δ_f	ω_z/δ_f	n_y/δ_f	——	——	纯升力
俯仰指向(α_1)	$\frac{2}{s+2}$	θ	$\frac{\delta_z}{\delta_f}\frac{s-8}{s+8}$	——	——	α/δ_f	——	稳态 α
垂直平移(α_2)	$\frac{2}{s+2}$	ϑ	δ_z/δ_f	——	——	α/δ_f	ϑ 比例加积分反馈	稳态 v_y

14.2.2　直接侧力控制

14.2.2.1　直接侧力控制的必要性

和直接升力控制一样,直接侧力控制提供了通过力的直接变化控制飞机侧向航迹的可能性,此时的运动是在横侧向方向完成的。侧向航迹工作原理是,安装合适的控制面,产生一种直接引起侧向加速度的侧向力,从而达到按照愿望改变航线(转弯)的目的。这样就能在不改变飞机滚转姿态的情况下修正飞机的航线。

直接侧力控制使飞机只需作一个自由度的运动就能进行转弯运动，即改变航线的机动飞行。而常规的转弯方法是三自由度的机动飞行，它包括滚转、俯仰和偏航。为此，驾驶员必须协调地依次操纵相应舵面偏转，做出对三个轴的复杂操纵动作。例如，对于常规的转弯操纵来说，与简单的矩形副翼偏转相对应的是一个复杂得多的方向舵偏转操纵，并且为了平衡偏航力矩，对方向舵力矩的要求可能很大，特别是滚转加速度 $\dot{\omega}_x$ 将通过偏离力矩 $J_{xy}\dot{\omega}_x$ 的反作用对偏航力矩起作用，而这种反作用是现代外形细长飞行器的特点。

常规的转弯技术，由于升力潜力很大，即过载系数大，因此，通过相应的滚转角产生的侧向加速度也大，从而能够达到较高的转弯角速度，这是衡量转弯性能的尺度。因此，从飞行性能的角度来看，常规的转弯技术是取得较大转弯角度的一种较好的办法。但是，倘若要求在短时间内取得好的转弯性能，例如需要对航迹作小的改动，或者为了严格地沿已定航迹飞行需要对航迹修正等。可使用直接侧力控制技术立即改变航线；当采用常规技术转弯时即使要达到的某个很小的转弯角度也不可避免地有一个时间延迟。在这个进入和改出滚转角的时间内，可能得不到或者只能得到一个减小了的转弯角速度。此外，倘若要求对航迹作小的改动，或者其他的对时间有限制的一些情况下，由于可供使用的总控制时间有限，可达到的滚转角将比相应于产生最大侧向加速度的值要小。这点对可达到的转弯角速度也产生影响，从而降低了飞机的性能。这是因为在使用常规技术转弯时，只有滚转角速度大才能使侧向加速度大，而在此时却不能充分利用大滚转角的特点。

常规控制技术和直接侧力控制技术下的转弯性能比较：若把在常规控制技术方法可达到的转弯角 ψ_s 与控制时间 t_{st} 的关系作一估算，某文献给出了它们的关系曲线，如图 14－26 所示虚线表示的曲线。图中 T_R 为滚转模态时间常数，$\omega_{x\text{stat}}$ 为定常状态下可达到的滚转角速度。在该图中也画出了直接侧力控制所能获得的转弯角，它们与控制时间呈线性关系。把两种控制方法得到的数据进行比较后表明，对于短的时间控制来修正航线比用常规方法要快。这就是说，直接侧力控制法不仅在控制和运动过程方面比常规控制法简单，而且在对航线作小修改方面也有改进飞行性能的优点。

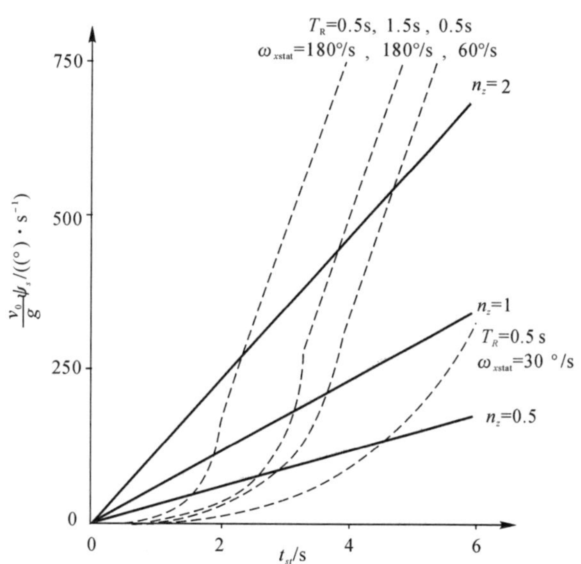

图 14－26　可达到的转弯角 ψ_s 与控制时间 t_{st} 的关系曲线

-----用常规控制法转弯，$n_{y\max}=5g$；—— 用直接侧力控制转弯

由于直接侧力 Z 与航迹角速度 $\dot{\psi}_s$ 的关系式为

$$Z=mv_0\dot{\psi}_s \tag{14-182}$$

又知侧向过载与侧力的关系为

$$n_z=\frac{Z}{mg} \tag{14-183}$$

从而得到转弯角速度 $\dot{\psi}_s$ 与侧向过载的关系式

$$\dot{\psi}_s=(g/v_0)n_z \tag{14-184}$$

若考虑到侧向加速度不变，即 $n_z=\text{const}$，则得到在给定时间 t_{st} 内转弯角的线性关系式：

$$\psi_s=\frac{g}{v_0}n_z t_{st} \tag{14-185}$$

由此可见，直接侧力控制立即产生的侧向加速度使得转弯角随时间成正比增加，其增长速度与侧力过载 n_z 成正比，与飞行速度成反比。这样，在转弯时就不会出现时间滞后。

然而，对于常规控制技术进行转弯时，侧向力是依靠飞机倾斜角获得的，即

$$Z=Y\sin\gamma \tag{14-186}$$

又考虑到

$$mg=Y\cos\gamma \tag{14-187}$$

这样一来，由式(14-182)得到

$$\dot{\psi}_s=\frac{g}{v_0}\tan\gamma \tag{14-188}$$

从而获得在一定控制时间 t_{st} 内的转弯角

$$\psi_s=\frac{g}{v_0}\int^{t_{st}}\tan\gamma\mathrm{d}t \tag{14-189}$$

由于在短时间的转弯机动飞行中滚转角不可视为常值，所以必须考虑它的进入阶段和改出阶段中的变化。为了方便分析，仅仅考虑滚转力矩为滚转角速率及其微分的单自由度关系

$$\dot{\omega}_x-\mu_x^{\omega_x}\omega_x=\mu_x^{\delta_x}\delta_x \tag{14-190}$$

当令 T_R 为简化的滚转模态时间常和 $\omega_{x\mathrm{stat}}$ 为定常状态下可达到的滚转角速度，即

$$T_\mathrm{R}=-\frac{1}{\mu_z^{\omega_x}} \quad 和 \quad \omega_{x\mathrm{stat}}=-\frac{\mu_x^{\delta_x}}{\mu_x^{\omega_x}} \tag{14-191}$$

时，式(14-190)，便可写为

$$T_\mathrm{R}\dot{\omega}_x+\omega_x=\omega_{x\mathrm{stat}} \tag{14-192}$$

当考虑到阶跃操纵副翼，以及初始条件 $\omega_x(0)=0$ 和 $\gamma(0)=0$ 时，式(14-192)的解为

$$\omega_x(t)=\omega_{x\mathrm{stat}}(1-\mathrm{e}^{-\frac{t}{T_\mathrm{R}}}) \tag{14-193}$$

又因 $\gamma(t)=\int\omega_x(t)\mathrm{d}t$，从而得到

$$\gamma(t)=\omega_{x\mathrm{stat}}T_\mathrm{R}[t/T_\mathrm{R}-(1-\mathrm{e}^{-\frac{t}{T_\mathrm{R}}})] \tag{14-194}$$

为在有限时间内获得尽可能大的转弯角速度 $\dot{\psi}_s$，以在最短时间内获得所希望的 ψ_s，那么就要求能够尽快地形成倾斜角，并且在航线修正结束时，又恢复到零。又为防止在副翼偏度回零时，出现过大修正量，要求在达到最大倾斜角之前就得开始操纵副翼回中。因此，希望的航线修正是一个复杂的过程，而且由式(14-194)可知，具有惯性特性的滚转角的获得将给航线修正带来时间滞后，又何况转弯角与滚转角由小到大的非常值的积分关系，也增长了航线修正的时间。

直接侧力控制效能也受到某些条件的约束，首先应该指出，直接侧力控制所用的侧向加速度值是以可实现的 n_z 范围为依据的，因此，由式(14-185)可知，受限制的 n_z 势必增长航线修正时间。直接侧力控制的另一问题是，侧向加速度不仅受到实现可能性的限制，也受到驾驶员忍受侧向加速度程度的限制。可以肯定地说，飞行员对侧向加速度比对法向加速度要敏感得多。

14.2.2.2 直接侧力产生的方法

有几种产生侧力的方法，其中多为气动方法实现的，如机翼控制面、机身中段控制面、机头控制面和与方向舵相配合的非对称阻力控制面；也可应用动力系统产生侧力，如推力矢量转向等。

当在机翼和机身中段安装特殊气动控制面时，可以看作是产生侧力的直接方法。由于侧力的作用点靠近重心位置，这将不会出现或者很少产生偏航力矩，若把侧力控制面安装在机头上，则要求偏转方向舵和它配合工作，以便抵消附加的偏航力矩，并且，由于二者所产生的侧力方向是一致的，其结果加强了机头控制面的作用。与安装在重心附近的侧力控制面相比，如果没有什么干扰效应的话，控制面安装在机头上所需的控制面面积要小一些。

机头处的控制面可以是垂直的，也可以是水平的。在机头上水平安装的控制面通常称为鸭翼布局。这种控制面当差动偏转时会产生非对称流场，在与翼-身组合体的干扰下而产生侧力，且侧力的作用方向是朝向负向偏转（即后缘向上）的控制面的。为平衡偏航力矩所需的方向舵偏转也产生方向相同的侧力，从而增加了控制面的总侧力。更应使人喜悦的是，在大迎角飞行情况下，该控制面的效率还会增加。鸭翼布局的优点是不仅能产生侧力，而且也应用于直接升力控制。因此比较水平和垂直方向上同时安装升力和侧力控制面的方法，这种布局既可减小阻力又可减轻质量。一种同时实现两种控制方式的布局是 V 形控制面，当对称偏转时产生升力，而差动偏转时产生侧力。

非对称阻力控制面必须和方向舵协调工作才能产生侧力，由于它本身不能直接产生侧力，而直接产生的是阻力，因此，方向舵的协调偏转其一用以抵消非对称阻力控制面产生的偏航力矩，同时提供侧力。因此，这种方法的特点是间接产生侧力。可用像副油箱那种结构的阻力控制面，也可用与副翼偏转相配合的分裂式阻力板那样的结构。该方案的主要缺点是，在产生侧力的同时，产生了很大的阻力；其优点是不改变原飞机的构形。

通过推力矢量转向的方法可产生很大的侧向分力，在大约 20°的偏转范围内几乎按线性增加，并且对纵向推力影响很小。这种方法最适用于短距起落飞机，它不仅使用于直接侧力控制侧风着陆，同时还要产生升力，因此，要求发动机推力和功率较大。对于低速飞行的短距起落的飞机来说，气动控制面的作用相对减小，因此，需要较大的控制面，或者进一步说不易采用气动方法产生侧力。

当绕滚转轴和俯仰轴偏转侧力控制面时，有可能存在改变滚转姿态和俯仰姿态的耦合效应。为抵消这种效应就要求侧力控制面与副翼、方向舵和升降舵协调动作。侧力控制面与机翼和/或机身之间出现的干扰对于耦合效应也是非常重要的。当侧力控制面安装在机翼上时，可能出现非对称的耦合效应，这是一个特点。出现这种非对称的耦合力矩的大小不仅取决于侧力的大小，而且控制面的向左或者向右偏转方向也很有影响。这些问题对于直接侧力控制器的设计和控制面的选择来说是很重要的。

14.2.2.3　直接侧力作用点的选择

和直接升力控制一样，在直接侧力的控制情况下，为了进行纯侧力控制应选择的作用点并不是重心，而且是重心之前的某个点。依据侧力方程和偏航力矩方程进行推导便可获得这个结论。

由于协调转弯机动飞行的飞机

$$\dot{\beta}=0 \quad 和 \quad \omega_y=\dot{\psi}_s \tag{14-195}$$

并当略去侧力导数 $c_z^{\omega_y}$ 的影响时，水平机翼位置的侧力方程为

$$-mv_0\omega_y=(c_z^{\delta_c}\delta_c+c_z^{\beta}\beta)qS=Z \tag{14-196}$$

式中，$c_z^{\delta_c}=c_{zc}^{\delta_c}\dfrac{q_c}{q}\dfrac{S_c}{S}$，且 $c_{zc}^{\delta_c}$，q_c 和 S_c 分别为侧力控制面的侧力系数、局部动压和面积。偏航力矩系数方程为

$$o=c_z^{\delta_c}\frac{x_{\delta_C}-x_G}{l}\delta_c+m_y^{\beta}\beta+m_y^{\omega_y}\frac{l}{2v_0}\omega_y \tag{14-197}$$

式中，x_{δ_c} 为侧力控制面作用点到平面气动弦前端的距离；l 为机翼展长，即左右翼梢之间垂直飞机对称面的直线距离。如图 14-27 所示，直接侧力的作用点在重心位置之前。

由式(14-183)和式(14-196)得到与侧力对应的过载系数

$$n_z=\frac{Z}{mg}=-\frac{v_0}{g}\omega_y \tag{14-198}$$

当把侧滑角为零的这种状态作为参考状态时，由 $\beta=0$ 和式(14－196)得到

$$(n_z)_{ck}=\frac{c_z^{\delta_c}\delta_c qS}{mg} \tag{14-199}$$

又当令 c_{yd} 为定常飞行时的升力系数，即

$$c_{yd}=mg/qS \tag{14-200}$$

时，式(14－199)可写为

$$(n_z)_{ck}=\frac{c_z^{\delta_c}}{c_{yd}}\delta_c \tag{14-201}$$

由式(14－196)、式(14－198)和式(14－200)得到

$$n_z=\frac{1}{c_{yd}}(c_z^{\delta_c}\delta_c+c_z^{\beta}\beta) \tag{14-202}$$

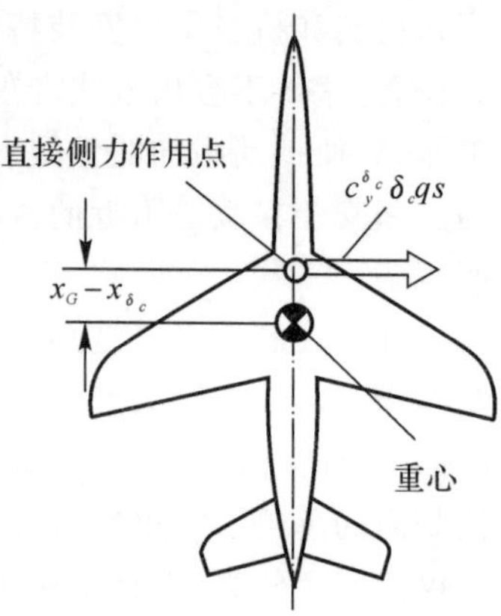

图 14－27　直接侧力作用点

再将式(14－198)决定的 ω_y 表达式代入式(14－197)，得到 β 的表达式：

$$\beta=-\left(c_Z^{\delta_c}\delta_c\frac{x_G-x_{\delta_c}}{l}-m_y^{\omega_y}\frac{lg}{2v_0^2}n_z\right)/m_y^{\beta} \tag{14-203}$$

代入式(14－202)，并考虑到 c_{yd} 的表达式，得到

$$n_z=\frac{c_z^{\delta_c}}{c_{yd}}\delta_c\frac{m_y^{\beta}/c_z^{\beta}-(x_{\delta_c}-x_G)/l}{m_y^{\beta}/c_z^{\beta}-m_z^{\omega_y}/(2\mu_2)} \tag{14-204}$$

式中，$\mu_2=2m/\rho Sl$，称为横侧向运动中相对密度。这个式子对于侧力的任何作用点都是适用的。

比较式(14－201)和式(14－204)可知，当选择侧力作用点 $(x_{\delta_c})_{ck}$，且满足

$$\frac{(x_{\delta_c})_{ck}-x_G}{l}=\frac{m_y^{\omega_y}}{2\mu_2} \tag{14-205}$$

时，参考状态的侧向加速度 $(n_z)_{ck}$ 是可以得到的。而且 $m_y^{\omega_y}<0$，所以 $(x_{\delta_c})_{ck}$ 只有小于 x_G 才能满足式(14－205)。这就是说，侧力参考作用点应该位于重心位置之前。

将式(14－201)和式(14－205)代入式(14－204)得到

$$n_z=(n_z)_{ck}\frac{m_y^{\beta}/c_z^{\beta}-(x_{\delta_C}-x_G)/l}{m_y^{\beta}/c_z^{\beta}-[(x_{\delta_c})_{ck}-x_G]/l} \tag{14-206}$$

可见，当 $x_{\delta_c}=x_G$ 时，$m_y^{\beta}/c_z^{\beta}>0$，且小于 $m_y^{\beta}/c_z^{\beta}-[(x_{\delta_c})_{ck}-x_G]/l$，使 $n_z<(n_z)_{ck}$，即作用点位于重心位置处，则会降低可能达到的侧向过载系数。

m_y^{β}/c_z^{β}，l 足够大，使得侧向加速度对于重心的移动并不敏感。如果存在一个“有效”作用点 x_{yx} 满足

$$\frac{m_y^{\beta}}{c_z^{\beta}}=\frac{x_{yx}-x_G}{l} \tag{14-207}$$

时，可见这个有效作用点在重心之后，且到重心的距离很大。

式(14－204)充分说明在无侧滑的直接侧力转弯中，为抵消转弯速率产生的偏航力矩，侧力控制面作用点 x_{δ_c} 必须选择在重心位置之前，否则，当 $x_{\delta_c}=x_G$ 时，可依靠直接侧力转弯中的侧滑偏航力矩来抵消。

14.2.2.4　直接侧力控制中方向舵和副翼的协调动作

上述分析忽略了滚转轴的耦合力矩的影响，需要考虑侧向运动的所有自由度，即对侧力方程、偏航力矩方程和滚转力矩方程进行详细的分析。如果存在某些副效应时，则应该使侧力控制面、方向舵和副翼协调动作。即使侧力控制面本身不引起滚转力矩，但在方向舵的配合动作中，产生的滚转力矩，以及偏航运动引起的滚转力矩也是不能忽略的，而且应该使副翼协调偏转。

侧力控制面的操纵不仅对静态力和力矩平衡有影响，而且对飞机动态特性也有影响。在操纵控制面之

后，在开始阶段有瞬变过程，可以通过自动控制器等装置有效地抑制这种瞬时扰动，至少是减小到一定程度。因此，在原理分析中仍可只局限于讨论转弯机动的定常状态，并认为在稳定轴上的三自由度力平衡和力矩平衡方程为

$$Z=-mv_0\omega_y, M_x=0 \quad 和 \quad M_y=0 \tag{14-208}$$

将式(14-208)改成三个系数形式的方程，并考虑到式(14-198)，在 $\beta=0$ 的情况下，当令

$$Z=c_z qS, M_x=m_x qSl \quad 和 \quad M_y=m_y qSl \tag{14-209}$$

时，侧力平衡方程和力矩平衡方程可分别用系数方程表示，即

$$\left(\frac{4m}{\rho Sl}+c_z^{\omega_y}\right)\bar{\omega}_y+c_z^{\delta_x}\delta_x+c_z^{\delta_y}\delta_y=-c_z^{\delta_c}\delta_c \tag{14-210}$$

$$m_y^{\omega_y}\bar{\omega}_y+m_y^{\delta_y}\delta_y+m_y^{\delta_x}\delta_x=-\frac{x_{\delta_c}-x_G}{l}c_z^{\delta_c}\delta_c \tag{14-211}$$

$$m_x^{\omega_y}\bar{\omega}_y+m_x^{\delta_y}\delta_y+m_x^{\delta_x}\delta_x=y_{\delta_c}c_z^{\delta_c}\delta_c \tag{14-212}$$

式中，y_{δ_c} 表示侧力控制面垂直于 xOz 平面的距离。定义

$$c_z^{\omega_y}=\frac{\partial c_z}{\partial[\omega_y l/(2v_0)]},\quad m_y^{\omega_y}=\frac{\partial m_y}{\partial[\omega_y l/(2v_0)]} \quad 和 \quad m_x^{\omega_y}=\frac{\partial m_x}{\partial[\omega_y l/(2v_0)]} \tag{14-213}$$

使得力和力矩方程中的偏航速率变量采用符号“$\bar{\omega}_y$”，且

$$\bar{\omega}_y=\frac{l}{2v_0}\omega_y \tag{14-214}$$

当考虑到 n_z，c_{yd} 和 μ_2 的表达式时，式(14-214)也可由下式表示：

$$\bar{\omega}_y=-n_z c_{yd}/(2\mu_2) \tag{14-215}$$

这样一来，由式(14-210)、式(14-211)和式(14-212)表示的力和力矩系数的平衡方程可由下列矩阵方程表示：

$$\begin{bmatrix} c_z^{\omega_y}+2\mu_2 & c_z^{\delta_y} & c_z^{\delta_x} \\ m_y^{\omega_y} & m_y^{\delta_y} & m_y^{\delta_x} \\ m_x^{\omega_y} & m_x^{\delta_y} & m_x^{\delta_x} \end{bmatrix}\begin{bmatrix} -n_z c_{yd}/(2\mu_2) \\ \delta_y \\ \delta_x \end{bmatrix}=-\begin{bmatrix} 1 \\ \dfrac{x_{\delta_c}-x_G}{l} \\ -y_{\delta_c}/l \end{bmatrix}[c_z^{\delta_c}\delta_c] \tag{14-216}$$

由式(14-216)得到偏转 δ_c 所产生的侧向过载系数以及为了使 $\beta=0$ 所需的方向舵、副翼的协调偏转的表达式为

$$\left.\begin{aligned} n_z&=-\frac{2\mu_2}{c_{yd}}\frac{D_{n_z\delta_c}}{D}c_z^{\delta_c}\delta_c \\ \delta_y&=\frac{D_{\delta_y\delta_c}}{D}c_z^{\delta_c}\delta_c \\ \delta_x&=\frac{D_{\delta_x\delta_c}}{D}c_z^{\delta_c}\delta_c \end{aligned}\right\} \tag{14-217}$$

式中，D，$D_{i\delta_c}$ 分别为矩阵方程主行列式及其代数余子式的组合式，且 $i=n_z$，或者 δ_y，或者 δ_x。其中

$$\left.\begin{aligned} D&=(c_z^{\omega_y}+2\mu_2)(m_y^{\delta_y}m_x^{\delta_x}-m_y^{\delta_x}m_x^{\delta_y})-m_y^{\omega_y}(c_z^{\delta_y}m_x^{\delta_x}-c_z^{\delta_x}m_x^{\delta_y})+m_x^{\omega_y}(c_z^{\delta_y}m_y^{\delta_x}-c_z^{\delta_x}m_y^{\delta_y}) \\ D_{n_z\delta_c}&=-m_y^{\delta_y}m_x^{\delta_x}+m_y^{\delta_x}m_x^{\delta_y}+\frac{x_{\delta_c}-x_G}{l}(c_z^{\delta_y}m_x^{\delta_x}-c_z^{\delta_x}m_x^{\delta_y})+\frac{y_{\delta_c}}{l}(c_z^{\delta_y}m_y^{\delta_x}-c_z^{\delta_x}m_y^{\delta_y}) \\ D_{\delta_y\delta_c}&=m_y^{\omega_y}m_x^{\delta_x}-m_y^{\delta_x}m_x^{\omega_y}-\frac{x_{\delta_c}-x_G}{l}[(c_z^{\omega_y}+2\mu_2)m_x^{\delta_x}-c_z^{\delta_x}m_x^{\omega_y}]-\frac{y_{\delta_c}}{l}[(c_z^{\omega_y}+2\mu_2)m_y^{\delta_x}-c_z^{\delta_x}m_y^{\omega_y}] \\ D_{\delta_x\delta_c}&=-m_y^{\omega_y}m_x^{\delta_y}+m_x^{\omega_y}m_y^{\delta_y}+\frac{x_{\delta_c}-x_G}{l}[(c_z^{\omega_y}+2\mu_2)m_x^{\delta_y}-c_z^{\delta_y}m_x^{\omega_y}]+\frac{y_{\delta_c}}{l}[(c_z^{\omega_y}+2\mu_2)m_y^{\delta_y}-c_z^{\delta_y}m_y^{\omega_y}] \end{aligned}\right\} \tag{14-218}$$

式(14－217)和式(14－218)对于侧力控制面任何作动点 x_{δ_c}，y_{δ_c} 都适用，从而使得无侧滑的转弯机动成为可能。这就是说，在侧向加速度对控制面的侧力作用点并不敏感的情况下，可以任选作用点位置。

1. 侧力作用点的无耦合位置

方向舵和副翼的协调偏转，使直接侧力控制获得无侧滑转弯机动飞行($\beta=0$)成为可能。然而，也可通过选择适当的侧力作用点实现无方向舵和副翼协调偏转的侧力控制。相应的 x_{δ_c}，y_{δ_c} 可依据

$$D_{\delta_y\delta_c}=0 \quad 和 \quad D_{\delta_x\delta_c}=0 \tag{14-219}$$

来确定。在这种情况下，$\delta_y=0$ 和 $\delta_x=0$ 使得式(14－217)得到简化：

$$\begin{bmatrix} c_z^{\omega_y}+2\mu_2 \\ m_y^{\omega_y} \\ m_x^{\omega_y} \end{bmatrix}\frac{c_{yd}}{2\mu_2}n_z=-\begin{bmatrix} 1 \\ -\dfrac{x_{\delta_c}-x_G}{l} \\ -y_{\delta_c}/l \end{bmatrix}c_z^{\delta_c}\delta_c \tag{14-220}$$

从而得到无力矩耦合的侧力作用点$(x_{\delta_c})_{w0}$和$(y_{\delta_c})_{w0}$之表达式

$$\frac{(x_{\delta_c})_{w0}-x_G}{l}=-\frac{m_y^{\omega_y}/(2\mu_2)}{1+c_z^{\omega_y}/(2\mu_2)} \tag{14-221}$$

$$(y_{\delta_c})_{w0}/l=\frac{m_x^{\omega_y}}{1+c_z^{\omega_y}/(2\mu_2)} \tag{14-222}$$

此时的侧向加速度为

$$(n_z)_{w0}=\frac{1}{1+c_z^{\omega_y}/(2\mu_2)}\frac{c_z^{\delta_c}}{c_{yd}}\delta_c \tag{14-223}$$

比较式(14－201)和式(14－223)可见，当 $c_z^{\omega_y}$ 的数值很小时，$(n_z)_{w0}=(n_z)_{ck}$，这就是侧力导数 $c_z^{\omega_y}$ 对侧向加速度的影响。然而，利用式(14－221)和式(14－222)选择控制面作用点位置更为合理，利用式(14－223)确定侧向加速度更为正确。

2. 机头侧力控制面和方向舵的协调动作

为了便于分析，首先假设 $m_x^{\delta_y}=0$，$m_y^{\delta_x}=0$ 和 $c_z^{\delta_x}=0$，并考虑到

$$m_y^{\delta_y}=\frac{L_{tw}}{l}c_z^{\delta_y} \tag{14-224}$$

式中，L_{tw} 为方向舵焦点到飞机重心的距离。可由式(14－217)和 D，$D_{n_z\delta_c}$ 的关系式得到

$$n_z=\frac{1-\dfrac{x_{\delta_c}-x_G}{L_{tw}}}{1-\dfrac{l}{L_{tw}}\dfrac{m_y^{\omega_y}/(2\mu_2)}{1+c_z^{\omega_y}/(2\mu_2)}}\frac{c_z^{\delta_c}\delta_c/c_{yd}}{1+c_z^{\omega_y}/(2\mu_2)} \tag{14-225}$$

那么，当令$(n_z)_{\delta_c}=c_z^{\delta_c}\delta_c/c_{yd}$以及忽略 $c_z^{\omega_y}$ 的影响时，得到

$$n_z=\frac{L_{tw}+x_G-x_{\delta_c}}{L_{tw}-lm_y^{\omega_y}/(2\mu_2)}(n_z)_{\delta_c} \tag{14-226}$$

这个公式具有“加权因子”的形式，它定量地表明了侧力控制面与方向舵的耦合作用。若 $|x_G-x_{\delta_c}|\ll L_{tw}$，则“加权”的作用是微不足道的。若它们的数量级相同则放大因子的作用将很大。假若设计特别要求飞机有一定的侧向加速度能力，并能排除不利的干扰影响，那么把侧力控制面安装在机头为宜，但这种布局由于要和方向舵协调动作，将使得控制系统复杂化，然而和安装在重心附近的布局相比，却有减小控制面的优点。

14.2.2.5 直接侧力控制的其他用途

上面所述直接侧力控制的用途是作为改变飞机航迹的一种方法来讨论的，这时飞机的纵轴在速度矢量

的方向上($\beta=0$)，并且偏航角速率 $\dot{\psi}$ 保持不变，因此，这种无侧滑转弯也称作 $\dot{\psi}$ 方法。除此以外，直接侧力控制还有两种用途：其一，偏航姿态变化，但航迹不变；其二为侧向有位移，但飞机姿态不变。在这两种方法中出现侧滑角，因此，又称为“β 方法”。从可达到的侧向加速度来看，β 方法不如 $\dot{\psi}$ 方法好。三种用途的示意图如图 14－28 所示。

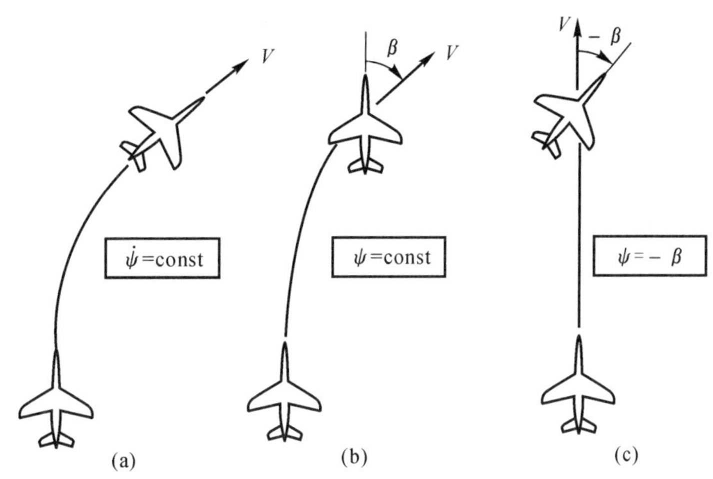

图 14－28　直接侧力控制的用途

(a)航迹改变，但无侧滑；(b)侧向有位移，但航向角不变；(c)航向角变化，但航迹不变

利用直接侧力控制进行侧风着陆。通常飞机侧风着陆有几种方法，其中之一为侧航方法，此时飞机地速对准跑道，而飞机纵轴偏向来风方向，且指向角由地速和风速反向的合成矢量决定的。因此，此时没有侧滑角和保持机翼水平，从而不存在侧力。飞机机头指向与跑道方向不一致，这就要求飞机在接地前，或者在着陆滑跑过程之前立即绕它的偏航轴做旋转运动。这样才能使起落架(通常起落架不能绕垂直轴转动)随飞机而转向跑道方向，并使飞机在正确的跑道方向上滑跑。

另一种方法是飞机纵轴方向与跑道方向一致，但飞机不是在对称流场中运动的，即存着侧滑角，因此这种方法称为侧滑法。为了平衡由侧滑角产生的侧力，就需要飞机有一个倾斜角，其倾斜方向是迎风的半边机翼离地较近，在操纵飞机倾斜的同时，操纵飞机抬头以产生迎角增量和增大飞机升力，以防止飞机下沉。此时，升力与重力方向不一致，其矢量之和沿下沉机翼方向上，并与侧力大小相等、方向相反。从而保持飞机地速沿跑道方向。然而在飞机接地前不立即抬起下沉机翼就会使飞机在着陆时发生非对称的着陆撞击。当侧风垂直跑道方向时，侧滑法着陆产生的侧滑角可由关系式

$$\beta=-\arcsin(W_z/v) \tag{14-227}$$

描述。当把侧风速度 W_z 看作为给定值时，进场空速越小，被控制侧滑角则越大。因此，对于短距起落飞机来说，由于着陆速度极小，所以对飞机的着陆要求就很高。

利用直接侧力控制进行侧风着陆是采用气动手段实现侧力平衡的，从而实现了有侧滑和无倾斜的进场飞行成为可能。这样，便使飞机在侧风着陆时可按无侧风时相同的方式进行操纵。但是，在大的侧风干扰情况下，利用直接侧力控制产生的最大侧力不能平衡侧风构成的侧滑角侧力时，则需要和上述两种常规进场飞行方法结合使用。

直接侧力控制的三种功能用于作战飞机的机动飞行和偏航瞄准中，提高作战中的机动性能和在目标跟踪中提高跟踪能力和减小瞄准误差。下面根据某飞机直接侧力控制系统结构图，分析该飞机的直接侧力控制特性。

14.2.2.6　某飞机直接侧力控制模式的分析

和直接升力控制模式一样，直接侧力控制也是和常规的横侧向控制器结合起来使用的，在机动增强模式

中能加快响应速度，改善跟踪操纵性能和实现自动机身瞄准，提高射击精度。

如上所述，直接侧力控制包括三种航向工作模式，这三种控制模式分别如下。

1)直接侧力(A_z)模式[①]：保持 $\beta=0$ 和无须飞机倾斜，自动提供侧力和侧向加速度以达到改变航迹（和航向）的目的。

2)机身偏航瞄准(β_1)模式：在保持零值侧向加速度和航迹角不变的同时，利用侧滑角的改变提供航向角控制。

3)侧向平移(β_2)模式：在保持航向角不变的同时，提供侧向速度和航迹控制。

三种航向工作模式中的飞机响应特性与直接升力控制模式相似。三种工作模式是利用机头鸭翼和方向舵协调动作实现的。

(一)对直接侧力(A_z)控制模式的分析

直接侧力控制模式的动作特点是，开环指令垂直鸭翼，且采用 $\delta_c\rightarrow\delta_y$，$\delta_c\rightarrow\delta_x$ 交联，其交联增益按预定程序调节。直接侧力(A_z)模式飞行控制系统方块图如图 14-29 所示：a_z/δ_c 和 ω_y/δ_c 增益是用以产生侧向加速度和偏航速率的交联偏置信号，以防止对应的反馈信号对希望响应的反作用。δ_c 全偏 25°对应的 δ_y 要求接近 25°，且限制在 25°之内，留下 5°给航向增稳系统用。

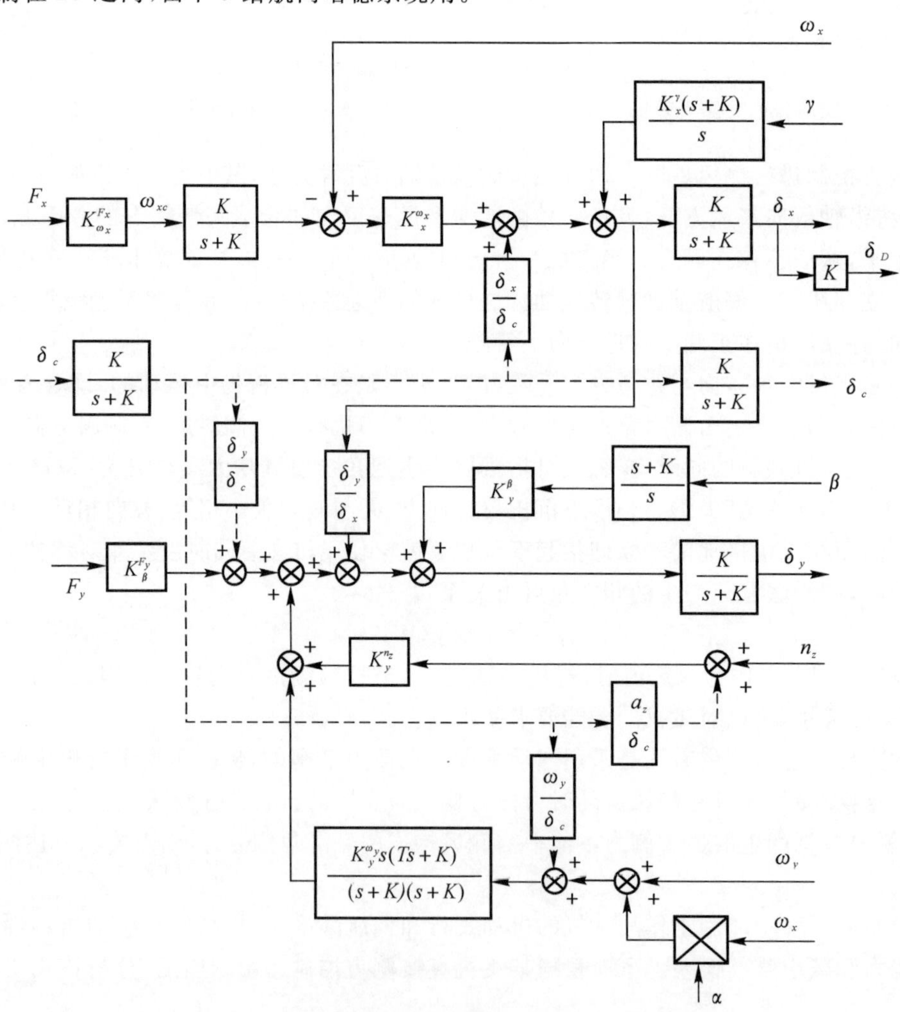

图 14-29　直接侧力(A_z)模式飞行控制系统方块图

① 由于坐标的定义不同，该飞机直接侧力模式为“A_y”，依据本书采用的坐标系，改为“A_z”。

常规控制系统中的β比例加积分反馈和γ比例加积分反馈，使$\beta(\infty)=0$和$\gamma(\infty)=0$，由垂直鸭翼偏转提供侧向加速度。实际的副翼控制包含着1/4交联增益的差动平尾控制。在这种情况下直接侧力(A_z)模式的控制律为

$$\left.\begin{aligned}&\delta_c=\delta_{c0}=\frac{4}{s+4}\delta_{\alpha}\\&\delta_y=K_y^{n_z}n_z+K_y^{\omega_y}\frac{Ts}{Ts+1}(\omega_y+\omega_x\alpha)+\left(\frac{\delta_y}{\delta_c}+\frac{\omega_y}{\delta_c}+\frac{a_z}{\delta_c}\right)\delta_{c0}+K_y^{\beta}\frac{s+K_{\beta}}{s}\beta+\frac{\delta_y}{\delta_x}\delta_x\\&\delta_x=\frac{\delta_x}{\delta_c}\delta_{c0}+K_x^{\omega_x}\omega_x+K_x^{\gamma}\frac{s+K_{\gamma}}{s}\gamma\\&\delta_D=0.25\delta_x\end{aligned}\right\}\tag{14-228}$$

式中，δ_D为差动平尾偏度。

将包括常规横侧向控制系统在内的直接侧力控制理想控制律代入飞机稳定轴系横侧向运动方程中，并考虑仅仅存在直接侧力指令，得到描述直接侧力控制的飞机横侧向运动矩阵方程为

$$\begin{bmatrix}s+n_{11}&n_{12}&n_{14}&n_{13}\\n_{21}&s+n_{22}&n_{24}&n_{23}\\0&-1&s&0\\n_{31}&n_{32}s&n_{34}&s+n_{33}\end{bmatrix}\begin{bmatrix}\beta\\\omega_{xs}\\\gamma_s\\\omega_{ys}\end{bmatrix}=\begin{bmatrix}-(n_{1c}+n_{1y}K_y^c)\\-\left(n_{2c}+n_{2y}K_y^c+n_{2x}\dfrac{\delta_x}{\delta_c}\right)\\0\\-\left(n_{3c}+n_{3y}K_y^c+n_{3x}\dfrac{\delta_x}{\delta_c}\right)\end{bmatrix}[\delta_{c0}]\tag{14-229}$$

式中

$$n_{11}=-z^{\beta}-z^{\delta_y}k_r^{\beta}\frac{s+K_{\beta}}{S}\approx z^{\beta},\quad n_{1c}=-z^{\delta_c}$$

$$n_{12}=-z^{\delta_y}K_y^{\omega_y}\frac{Ts}{Ts+1}\alpha\approx0,\quad n_{2c}=-\mu_{xs}^{\delta_c}\approx0$$

$$n_{13}=-1-z^{\delta_y}K_y^{\omega_y}\frac{Ts}{Ts+1}\approx-1,\quad n_{3c}=-\mu_{ys}^{\delta_c}$$

$$n_{14}=-\frac{g}{v_0}-\frac{\delta_y}{\delta_x}z^{\delta_y}K_x^{\gamma}\frac{s+K_{\gamma}}{s}\approx-\frac{g}{v_0},\quad n_{1y}=-z^{\delta_y}$$

$$n_{21}=-\mu_{xs}^{\beta}-\mu_{xs}^{\delta_y}K_y^{\beta}\frac{s+K_{\beta}}{s},\quad n_{2y}=-\mu_{xs}^{\delta_y}$$

$$n_{22}=-\mu_{xs}^{\omega_x}-\left(\mu_{xs}^{\delta_x}+\frac{\delta_y}{\delta_x}\mu_{xs}^{\delta_y}\right)K_x^{\omega_x}-\mu_{xs}^{\delta_y}K_y^{\omega_y}\frac{Ts}{Ts+1}\alpha\quad n_{3y}=-\mu_{ys}^{\delta_y}$$

$$n_{23}=-\mu_{xs}^{\omega_y}-\mu_{xs}^{\delta_y}K_y^{\omega_y}\frac{Ts}{Ts+1},\quad n_{1x}=-\frac{\delta_y}{\delta_x}z^{\delta_y}\approx0$$

$$n_{24}=-\left(\mu_{xs}^{\delta_x}+\frac{\delta_y}{\delta_x}\mu_{xs}^{\delta_y}\right)K_x^{\gamma}\frac{s+K_{\gamma}}{s},\quad n_{2x}=-\mu_{xs}^{\delta_x}-\frac{\delta_y}{\delta_x}\mu_{xs}^{\delta_y}$$

$$n_{31}=-\mu_{ys}^{\beta}-\mu_{ys}^{\delta_y}K_y^{\beta}\frac{s+K_{\beta}}{s},\quad n_{3x}=-\mu_{ys}^{\delta_x}-\frac{\delta_y}{\delta_x}\mu_{ys}^{\delta_y}$$

$$n_{32}=-\mu_{ys}^{\omega_x}-\mu_{ys}^{\delta_y}K_y^{\omega_y}\frac{Ts}{Ts+1}\alpha-\left(\mu_{ys}^{\delta_x}+\frac{\delta_y}{\delta_x}\mu_{ys}^{\delta_y}\right)K_x^{\omega_x}$$

$$n_{33}=-\mu_{ys}^{\omega_y}-\mu_{ys}^{\delta_x}K_y^{\omega_y}\frac{Ts}{Ts+1}$$

$$n_{34}=-(\mu_{ys}^{\delta_x}+\frac{\delta_x}{\delta_y}\mu_{ys}^{\delta_y})K_x^{\gamma}\frac{s+K_{\gamma}}{s}$$

其中K_y^c是由如下理由确定的。

由于侧向加速度可由下式描述：

$$a_z=v_0\left(z^{\beta}\beta+z^{\delta_y}\delta_y+z^{\delta_c}\delta_c-\frac{g}{v_0}\gamma\right) \tag{14-230}$$

在 $\beta=0,\gamma=0$ 和 z^{δ_y} 的数值很小的情况下，对应侧向加速度的侧向过载系数可近似为

$$n_z=\frac{v_0}{g}z^{\delta_c}\delta_c=\frac{v_0}{g}z^{\delta_c}\frac{13}{s+13}\delta_{c0} \tag{14-231}$$

当不考虑伺服作动器动态影响时，式(14-231)可近似为

$$n_z=\frac{v_0}{g}z^{\delta_c}\delta_{c0} \tag{14-232}$$

这样一来，在偏航通道中的 n_z 反馈作用将力图减小由直接侧力指令引起的侧力和侧向过载系数的变化，而达不到直接侧力控制的目的。为此，在直接侧力指令输入的同时，引入 $\delta_c\to\delta_y$ 交联，其交联增益应为

$$\frac{a_z}{\delta_c}=-\frac{v_0}{g}z^{\delta_c} \tag{14-233}$$

因此，这种 $\delta_c\to\delta_y$ 交联与侧向过载反馈相抵消，当不考虑伺服作动器动态特性影响时，这个交联将不引起直接侧力控制系统的输出响应，在系统分析中可不涉及这个交联的作用，这样，在式(14-229)中的 K_y^c 可由下式表示：

$$K_y^c=\frac{\delta_y}{\delta_c}+\frac{\omega_y}{\delta_c}K_y^{\omega_y}\frac{Ts}{Ts+1} \tag{14-234}$$

考虑到 $\delta_x\to\delta_y$ 交联使副翼偏航力矩为零，即

$$n_{3x}=-\mu_{ys}^{\delta_x}-\frac{\delta_x}{\delta_y}\mu_{ys}^{\delta_y}=0 \tag{14-235}$$

以及当气动导数 $\mu_y^{\omega_x}$ 和配平迎角(弧度)的数值很小时，$n_{34}=0$ 和 $n_{32}\approx0$，为使鸭翼、方向舵偏转引起的滚转力矩为零，同时引入 $\delta_c\to\delta_y$ 和 $\delta_c\to\delta_x$ 交联。为使

$$n_{2c}+n_{2y}K_y^c+n_{2x}\frac{\delta_x}{\delta_c}=0 \tag{14-236}$$

在 $n_{2c}=-\mu_x^{\delta_c}=0$ 的条件下，最好选择

$$\frac{\delta_x}{\delta_c}=-\frac{\mu_{xs}^{\delta_y}}{\mu_{xs}^{\delta_x}}\left(\frac{\delta_y}{\delta_c}+\frac{\omega_y}{\delta_c}K_y^{\omega_y}\frac{Ts}{Ts+1}\right) \tag{14-237}$$

这是容易实现的，然而，为简单起见，图(14-29)未能这样选择，因它仅仅考虑了式(14-237)的前一项。

由于 $n_{32}\approx0,n_{34}=0$ 和 $n_{12}=0$ 以及在高速飞行中 n_{14} 的数值很小，所以直接侧力控制系统可按双变量不变性解耦原理近似分解为偏航和倾斜两个独立系统，其中偏航系统用以保持 $\beta=0$，倾斜系统用以保持 $\gamma=0$。在实现不变性解耦的条件下，直接侧力指令的侧滑角对鸭翼指令的传递函数为

$$\frac{\beta}{\delta_{c0}}(s)=\frac{-(n_{1c}+n_{1y}K_y^c)(s+n_{33})+\left(n_{3c}+n_{3y}K_y^c+n_{3x}\dfrac{\delta_x}{\delta_c}\right)n_{13}}{D_\psi(s)} \tag{14-238}$$

式中，$D_\psi(s)$为偏航系统的特征式。为使稳态侧滑响应为零，考虑到 $n_{3x}=0$，需要

$$-(n_{1c}+n_{1y}K_y^c)n_{33}+(n_{3c}+n_{3y}K_y^c)n_{13}=0 \tag{14-239}$$

将 K_y^c，n_{33} 等参数的表达式代入式(14-239)中，并考虑到 z^{δ_y} 的数值很小时，得到

$$-z^{\delta_c}\left(\mu_{ys}^{\omega_y}+\mu_{ys}^{\delta_y}K_y^{\omega_y}\frac{Ts}{Ts+1}\right)+\mu_{ys}^{\delta_c}+\mu_{ys}^{\delta_y}\left(\frac{\delta_y}{\delta_c}+\frac{\omega_y}{\delta_c}K_y^{\omega_y}\frac{Ts}{Ts+1}\right)=0 \tag{14-240}$$

这样一来，当选择

$$\frac{\omega_y}{\delta_c}=z^{\delta_c} \tag{14-241}$$

$$\frac{\delta_y}{\delta_c}=\frac{1}{\mu_{ys}^{\delta_y}}(z^{\delta_c}\mu_{ys}^{\omega_y}-\mu_{ys}^{\delta_c}) \tag{14-242}$$

时，便可使式(14－240)得到满足，实现在鸭翼控制时稳态侧滑角为零的要求。

(二)对机身偏航瞄准(β_1)模式的分析

机身偏航瞄准(β_1)模式又称偏航指向模式，类似于俯仰指向模式。这是在没有侧向加速度的条件下改变飞机的侧滑角，或者说在不改变航迹角的情况下，通过鸭翼操纵改变飞机偏航角。偏航指向(β_1)模式控制系统结构图如图 14－30 所示。图中，比例加积分的侧向过载反馈和倾斜反馈，使得偏航指向模式控制的稳态侧向加速度和滚转角精确地等于零。然而，为了提高解耦精度，实现"纯"偏航指向模式，引入 $\delta_c\rightarrow\delta_y$ 和 $\delta_c\rightarrow\delta_x$ 交联，由图 14－30 得到偏航指向模式的理想控制律为

$$\left.\begin{aligned}
&\delta_c=\delta_{c0}=\frac{1}{0.6s+1}\delta_{cc}\\
&\delta_y=K_y^{n_z}\ \frac{s+K_{n_z}}{s}n_z+K_y^{\omega_y}\ \frac{Ts}{Ts+1}(\omega_y+\alpha\omega_x)+\frac{\delta_y}{\delta_x}\delta_x+\frac{\delta_y}{\delta_c}\delta_{c0}\\
&\delta_x=\frac{\delta_x}{\delta_c}\delta_{c0}+K_x^{\omega_x}\omega_x+K_x^{\gamma}\ \frac{s+K_\gamma}{s}\gamma
\end{aligned}\right\}\tag{14-243}$$

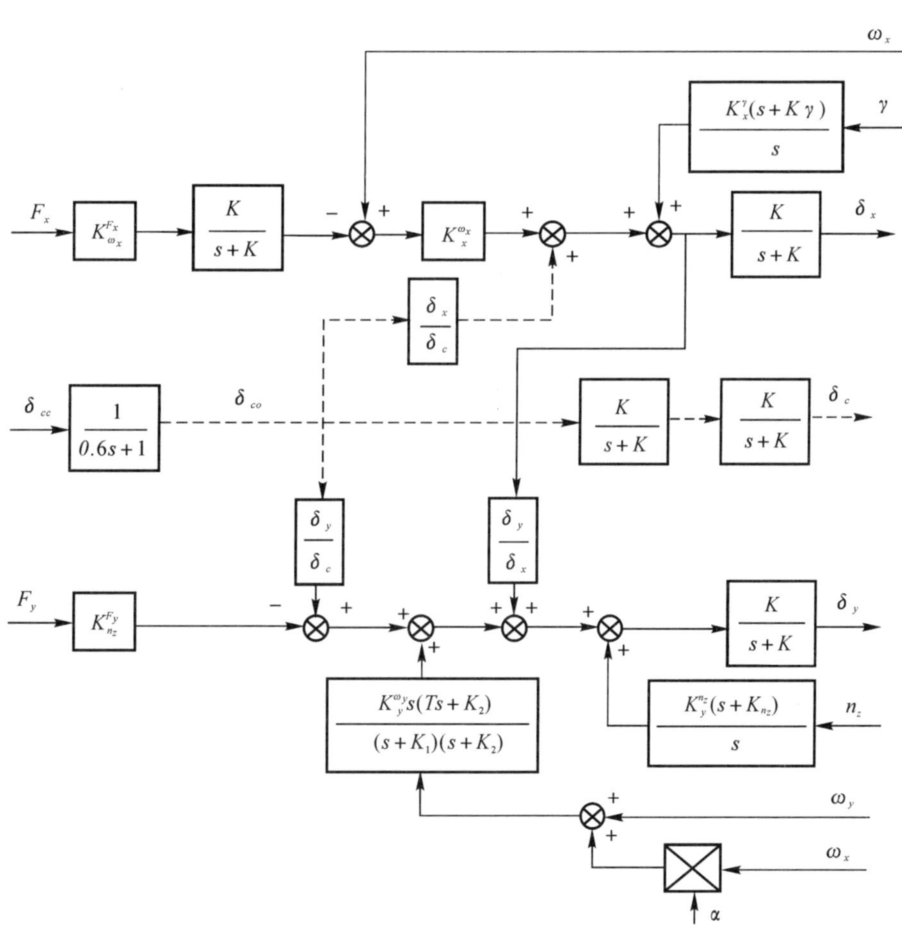

图 14－30 偏航指向(β_1)模式控制系统方块图

当考虑到合理的 $\delta_x\rightarrow\delta_y$ 使 $n_{3x}=0$，$n_{34}=0$，$n_{32}\approx0$，以及 $n_{12}=0$ 和在高速度飞行情况下 n_{14} 的数值很小时，具有偏航指向控制系统的飞机横侧向运动方程可解耦为偏航和滚转两种近似独立的运动方程。

在滚转通道引入 $\delta_c\rightarrow\delta_x$，为使鸭翼指令下的鸭翼、方向舵和副翼的协调动作中滚转力矩为零，即

$$n_{2c}+n_{2y}\frac{\delta_y}{\delta_c}+n_{2x}\frac{\delta_x}{\delta_c}=0 \tag{14-244}$$

在 n_{2c} 近似为零的条件下，得到

$$\frac{\delta_x}{\delta_c}=-\frac{\mu_x^{\delta_y}}{\mu_x^{\delta_x}}\frac{\delta_y}{\delta_c} \tag{14-245}$$

又滚转通道中具有比例加积分的滚转角反馈，这将使得在垂直鸭翼指令过程中，滚转角变化不大，且最终保持机翼水平。因此，可以利用单独的偏航运动和侧向过载表达式建立矩阵方程，由下式表示：

$$\begin{bmatrix} s+n_{11} & n_{13} & n_{15} \\ n_{31} & s+n_{33} & n_{35} \\ \frac{v_0}{g}n_{11} & 0 & 1 \end{bmatrix}\begin{bmatrix}\beta \\ \omega_{ys} \\ n_z\end{bmatrix}=\begin{bmatrix} -\left(n_{1c}+n_{1y}\frac{\delta_y}{\delta_c}\right) \\ -\left(n_{3c}+n_{3y}\frac{\delta_y}{\delta_c}\right) \\ -\frac{v_0}{g}\left(n_{1c}+n_{1y}\frac{\delta_y}{\delta_c}\right)\end{bmatrix}[\delta_{c0}] \tag{14-246}$$

式中，$n_{11}=-z^{\beta}$；$n_{12}=-z^{\delta_y}K_y^{\omega_y}\ \frac{Ts}{Ts+1}$；$n_{15}=-z^{\delta_y}K_y^{n_z}\ \frac{s+K_{n_z}}{s}$；$n_{31}=-\mu_{ys}^{\beta}$；$n_{33}=-\mu_{ys}^{\omega_y}-\mu_{ys}^{\delta_y}K_y^{\omega_y}\ \frac{Ts}{Ts+1}$；$n_{35}=-\mu_{ys}^{\delta_y}K_y^{n_z}\ \frac{s+K_{n_z}}{s}$。另外，$n_{1c}$，$n_{3c}$ 和 n_{1y}，n_{3y} 同式(14－229)定义。

为抵消鸭翼偏转引起的偏航力矩，选择

$$\frac{\delta_y}{\delta_c}=-\frac{n_{3c}}{n_{3y}}=-\frac{\mu_{ys}^{\delta_c}}{\mu_{ys}^{\delta_y}} \tag{14-247}$$

这样一来，在忽略 n_{1y}（即 z^{δ_y}）的影响情况下，侧向过载对垂直鸭翼偏转的传递函数为

$$\frac{n_z}{\delta_c}(s)=-\frac{v_0}{g}\frac{[(s+n_{11})(s+n_{33})-n_{11}(s+n_{33})]n_{1c}}{D(s)} \quad 和 \quad \frac{n_z}{\delta_c}(0)=0 \tag{14-248}$$

式中，$D(S)$ 为式(14－246)的主行列式。由此可见，对于俯仰指向模式来说，只要引入 $\delta_c\to\delta_y$ 交联，并按式(14－247)选择增益值，以及引入 $\delta_c\to\delta_x$ 交联，并按式(14－245)选择增益，那么便可实现输入解耦，即垂直鸭翼输入仅仅存在直接侧力，而无偏航和滚转力矩，由式(14－248)的分子可知，s 的零次项为零，故垂直鸭翼指令的稳态侧向加速度为零。

(三)对侧向平移(β_2)模式的分析

侧向平移模式是在不改变飞机航向的条件下，控制飞机侧向平移速度 v_z。它和纵向运动 α_2 模式一样，适用于空中加油和编队飞行时的小位移修正，并且也是理想的侧风修正模式。

某飞机的侧向平移模式控制系统结构图如图 14－31 所示。和以上两种横侧向直接侧力控制模式一样，在副翼通道中引入滚转角的比例加积分反馈，以使在侧向平移过程中最终阶段保持机翼水平；为保持航向角不变，引入 ω_y 的积分反馈。比较直接侧力(A_z)模式结构图，可知，垂直鸭翼指令至副翼通道和方向航通道的交联及其增益大小，具有极其相似之处，不同点在于交联增益 a_z/δ_c 和高通网络 $s/(s+0.4)$ 串接在一起，以使在进入侧向平移初期抵消侧向过载的反馈作用，从而尽快地建立侧向平移速度，而最终是利用侧向过载的反馈作用，建立近似常值的平移速度。

在理想情况下，侧向平移模式的控制律为

$$\left.\begin{aligned} &\delta_c=\delta_{c0}=\frac{2}{s+2}\delta_{cc} \\ &\delta_y=K_y^{n_z}n_z+K_y^{\omega_y}\ \frac{Ts}{Ts+1}(\omega_y+\omega_x\alpha)+\left(\frac{\delta_y}{\delta_c}+\frac{a_z}{\delta_c}\frac{s}{s+0.4}\right)\delta_{c0}+\frac{\delta_y}{\delta_x}\delta_x \\ &\delta_x=\frac{\delta_x}{\delta_c}\delta_{c0}+K_x^{\omega_x}\omega_x+K_x^{\gamma}\ \frac{s+K_{\gamma}}{s}\gamma \end{aligned}\right\} \tag{14-249}$$

当按第四篇中有关 $\delta_x \to \delta_y$ 交联增益的选择方法，实现 $n_{3x}=0$，从而使得 n_{34} 为零和 n_{32} 近似为零，以及 $n_{12}=0$ 和 n_{14} 的数值很小的情况下，按双变量不变性解耦原理，使横侧向运动分解为偏航和滚转两种近似独立运动，因此，便可获得无倾斜运动的偏航运动和侧向过载表达式构成的矩阵方程，当忽略 n_{1y} 的微小影响时，这个矩阵方程可由下式表示：

$$\begin{bmatrix} s+n_{11} & n_{13}s & n_{15} \\ n_{31} & s(s+n_{33}) & n_{35} \\ \dfrac{v_0}{g}n_{11} & 0 & 1 \end{bmatrix} \begin{bmatrix} \beta \\ \psi \\ n_z \end{bmatrix} = \begin{bmatrix} -n_{1c} \\ -(n_{3c}+n_{3y}K_y^c) \\ -\dfrac{v_0}{g}n_{1c} \end{bmatrix} \boldsymbol{\delta}_{c0} \tag{14-250}$$

式中，$n_{11}=-z^{\beta}$；$n_{12}=-z^{\delta_y}\left(K_y^{\omega_y}\dfrac{Ts}{Ts+1}+K_y^{\psi}\dfrac{1}{s}\right)$；$n_{15}=-z^{\delta_y}K_y^{n_z}$；$n_{31}=-\mu_{ys}^{\beta}$；$n_{33}=-\mu_{ys}^{\omega_y}-\mu_{ys}^{\delta_y}\left(K_y^{\omega_y}\dfrac{Ts}{Ts+1}+K_y^{\psi}\dfrac{1}{s}\right)$；$n_{35}=-\mu_{ys}^{\delta_y}K_y^{n_z}$；$K_y^c=\dfrac{\delta_y}{\delta_c}+\dfrac{a_z}{\delta_c}\dfrac{s}{s+0.4}$。其他参数 n_{1c}，n_{3c} 和 n_{3y} 同式(14－229)定义。

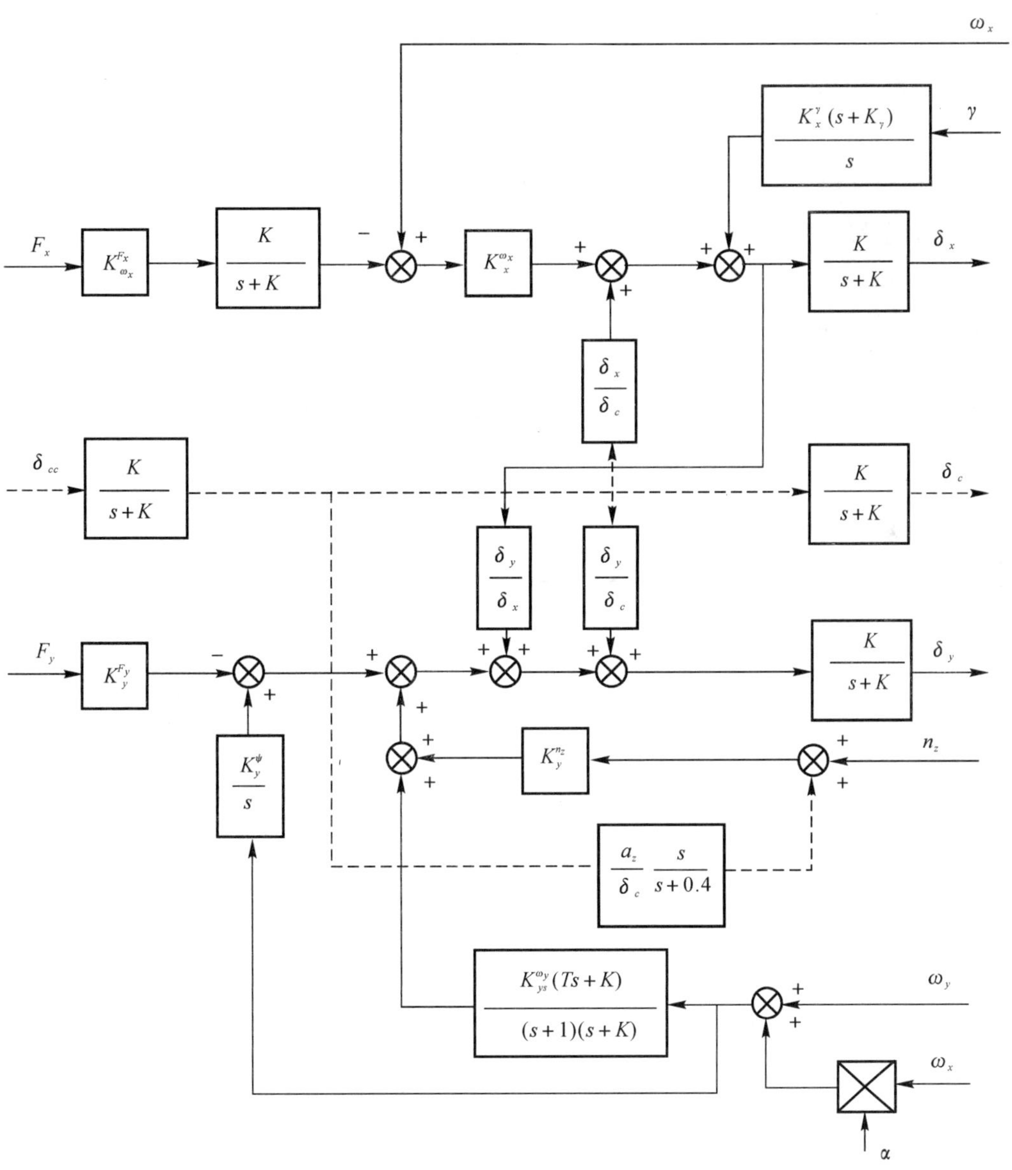

图 14－31　侧向平移(β_2)模式控制系统方块图

当考虑到 z^{δ_y} 的数值很小时，由式(14－250)得到航向角对垂直鸭翼偏转的传递函数为

$$\frac{\psi}{\delta_c}(s)=\frac{n_{1c}\left(n_{31}+\dfrac{v_0}{g}n_{35}s\right)-(n_{3c}+n_{3y}K_y^c(s+n_{11})}{D(s)} \tag{14-251}$$

式中，$D(s)$等于矩阵方程式(14－250)的主行列式。为实现侧向平移，稳态偏航角应保持不变，那么，要求传递函数 $\psi/\delta_c(s)$的分子中 s 的 0 次项应为零，从而得到

$$n_{1c}n_{31}=n_{11}(n_{3c}+n_{3y}K_y^c) \tag{14-252}$$

考虑到侧向平移模式用于小而快的侧向速度控制，高通网络$\dfrac{s}{s+0.4}$可视为比例环节。因而，当按式(14－247)选择交联增益$\dfrac{\delta_y}{\delta_c}$时，那么，由式(14－252)便可得到

$$\frac{a_z}{\delta_c}=\frac{z^{\delta_c}}{z^{\beta}}\frac{\mu_{ys}^{\beta}}{\mu_{ys}^{\delta_y}} \tag{14-253}$$

(四)垂直鸭翼指令的变量响应特性

直接侧力(A_z)、偏航指向(β_1)和侧向平移(β_2)三种侧向运动的响应过程如图 14－32 所示。在侧力控制模式响应中，垂直鸭翼全偏 25°，要求方向舵偏转 20°。垂直鸭翼、方向舵和副翼的协调交联控制以及 β 的比例加积分反馈使得侧滑角近似为零。垂直鸭翼响应过程的惯性特性主要是由前置滤波 $4/(s+4)$形成，伺服作动器的动态影响较小。

图 14－32(b)示出了偏航指向模式的响应过程，当 δ_c 负向(向右)偏转 20°时，方向舵 δ_y 向右(正向)偏转 25°，达极限位置。可见 β_1 模式的工作是受方向舵最大偏度的限制，它所指令的 β 角大约为 5°。

β_2 模式的响应过程如图 14－32(c)所示。可见过程开始是建立侧向加速度 n_z，当侧向平移速度达到稳态时，n_z 逐渐减小到零，过程变化缓慢，大约需要 10 s。

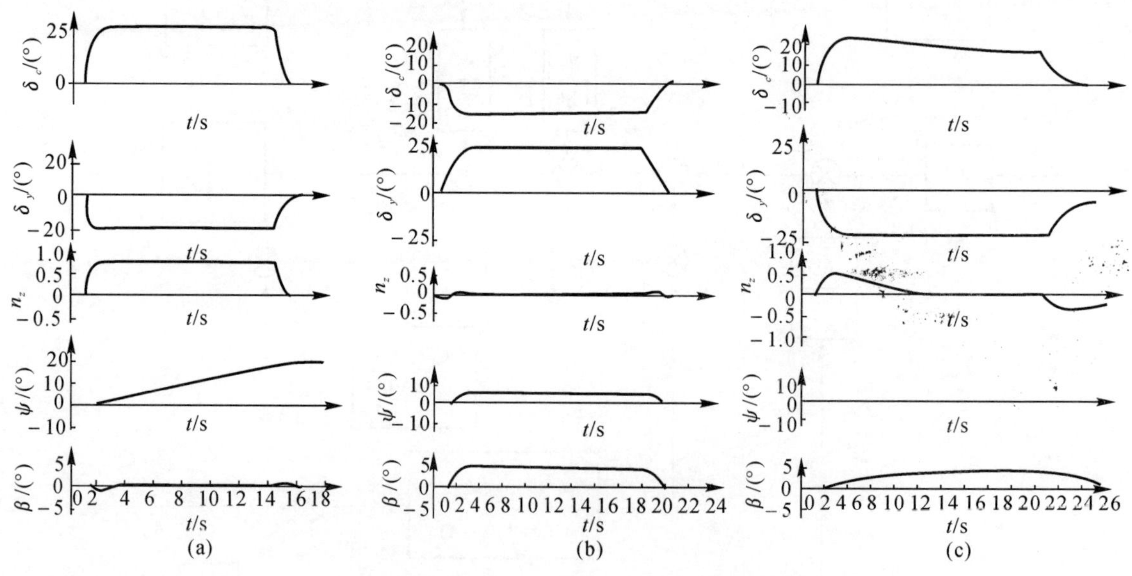

图 14－32　直接侧力三种工作模式的响应特性

为了对直接侧力三种控制模式进行比较，列于表 14－2 中。

表 14-2 某飞机直接侧力三种控制模式的特点

运动模式与代号	鸭翼指令滤波	保持变量	鸭翼交联增益				常规系统修改	获得结果
直接侧力 (A_z)	$\frac{4}{s+4}$	γ,β	δ_x/δ_c	δ_y/δ_c	a_z/δ_c	ω_y/δ_c	γ 比例加积分反馈 β 比例加积分反馈	纯侧力
偏航指向 (β_1)	$\frac{1}{0.6s+1}$	γ,a_z	δ_x/δ_c	δ_y/δ_c			γ 比例加积分反馈 n_z 比例加积分反馈	稳态偏航角 (ψ)
侧向平移 (β_2)	$\frac{2}{s+2}$	γ,ψ	δ_x/δ_c	δ_y/δ_c	$a_z/\delta_c\times\frac{4}{s+4}$		γ 比例加积分反馈	稳态侧向速度 (v_z)

14.2.3 直接阻力控制

直接阻力控制就是直接对平行于航迹的力起平衡作用,它的作用与减速板相类似。利用它就有可能进行大的负加速度飞行,或者在保持足够推力时作陡峭的着陆进场飞行。除此以外,直接阻力控制还可用来控制下滑航迹以及在作大的负航迹角飞行(俯冲)时,控制飞行速度。为了对平行于航迹的力的平衡施加有效的影响,考虑采用气动控制面和能引起发动机喷流转向的可调节面。当然也可以与用于其他控制目的的控制面结合使用。图 14-33 所示的是为 Alpha-Jet 飞机研究出的直接阻力控制的方法。它是在原有的挂架上加装分裂式挡板。当挡板向一侧偏转时,飞机上产生侧力,并可用于直接侧力控制。若安装在机翼挂架上的所有分裂式挡板分别向两侧偏转,则产生用于直接阻力控制的阻力。其阻力系数和力矩系数可作为挡板偏转角的函数,如图 14-34 所示,当与减速板相比较时,可见,作为阻力发生器的分裂式挡板的效率是很高的。

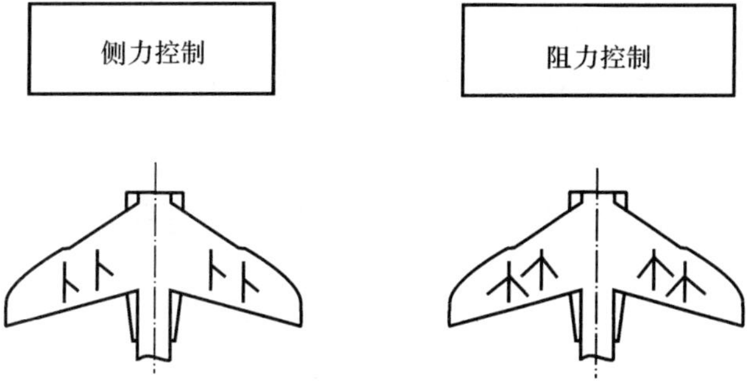

图 14-33 使用分裂式挡板进行侧力和阻力控制

它的减速能力可以与航迹平行的力方程式中得到

$$\dot{m}=P-Q-mg\sin\theta \tag{14-254}$$

在定常状态

$$F_0=P_0-Q_0-mg\sin\theta_0=0 \tag{14-255}$$

并且考虑推力和航迹角不变时,则得到下述减速关系:

$$\dot{m}=-\Delta Q \tag{14-256}$$

若定义 x 方向上的过载系数为 $n_x=\dot{v}/g$,则得到

$$n_x=-\frac{\Delta Q}{mg} \tag{14-257}$$

由阻力控制板偏转角 δ 所产生的阻力为

$$\Delta Q=\Delta c_x(\delta)qS \tag{14-258}$$

并考虑升力不变的情况下，与重力的关系为

$$Y=c_y qS=mg\cos\theta_0 \tag{14-259}$$

时，就可得到小航迹角($\cos\theta_0\approx1$)飞行时 x 方向上的过载系数为

$$n_x=-\frac{\Delta c_x(\delta)}{c_y} \tag{14-260}$$

可见，n_x 与 c_y 成反比，而且

$$c_y=c_y^{\alpha}(\alpha-\alpha_0)+c_y^{\delta_z}\delta_z \tag{14-261}$$

其中，$c_y^{\delta_z}$ 很小，可忽略升降舵对全机升力系数 c_y 的影响，而 c_y^{α} 和 α_0 与飞机气动布局有关，是马赫数的函数。对于 Alpha - Jet 飞机以 $Ma=0.6$ 作地面飞行时，其减速过载系数可达 $n_x=-1.25g$。

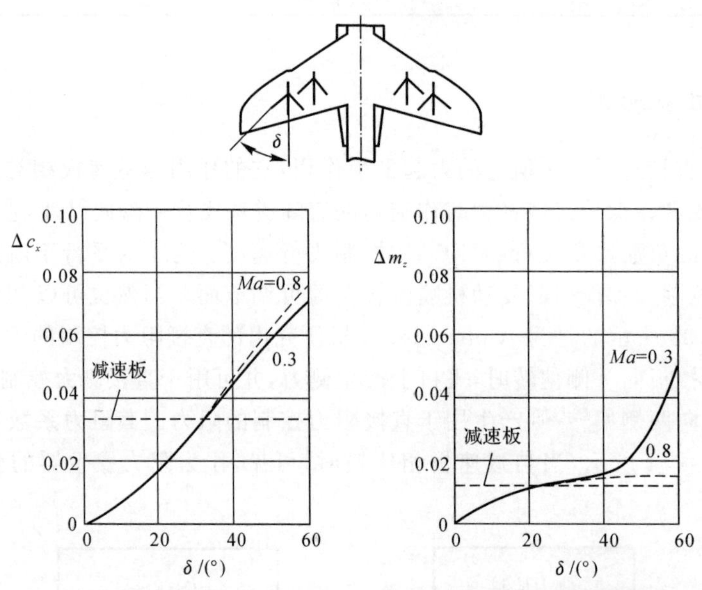

图 14-34 分裂式挡板的对称偏转对阻力和俯仰力矩的影响

14.3 主动控制技术其他用途的概述

主动控制技术除放宽纵向静稳定性、直接力控制外，还有一些控制能使飞行性能、飞行品质和机动性得到改进，以及使飞行范围得以扩大，这些用途如下：

1)人工侧向稳定；

2)自动机动襟翼/可变机翼弯曲度；

3)机动载荷控制；

4)阵风影响的减弱；

5)主动颤振抑制。

在本节的叙述中，仅仅从概念上讨论它们的工作原理和使用范围。对于人工侧向稳定控制器的设计已在第四篇详细讨论过，在此只讨论后 4 种主动控制技术所涉及的一些概念问题。

14.3.1 机动襟翼控制与可变机翼弯度

14.3.1.1 飞行性能与阻升比的关系

机动飞行要求很高的升力系数，最好的飞行性能要求很小的阻力。例如转弯飞行，特别是在高亚声速的

机动飞行情况就是这样，只有很高的升力系数才能尽可能快地改变航线。飞机在离地后应立即爬升也是高升力系数的一个例子，在这个飞行阶段，为了取得尽可能好的爬升性能，还要尽量小的阻力。作为一个例子，为提高转弯性能需要高的升力和低的阻力，来说明机动襟翼控制的必要性。

飞机可以达到的转弯角速度是一个重要的飞行性能参数，对此需要研究转弯速度一定时它与阻升比 c_x/c_y 的关系。为了增大总续航时间，在机动或转弯飞行中降低燃油消耗率也是要考虑的。飞机在协调转弯中，离心力与升力和倾斜角的关系为

$$Z=Y\sin\gamma \tag{14-262}$$

与飞行速度和转弯角速度的关系为

$$Z=mv\dot{\psi} \tag{14-263}$$

升力与倾斜角的关系为

$$Y=mg/\cos\gamma \tag{14-264}$$

升力与法向过载系数的关系为

$$Y=n_y mg \tag{14-265}$$

由式(14-262)、式(14-263)得到

$$\dot{\psi}=\frac{g}{v}\frac{\sin\gamma}{\cos\gamma} \tag{14-266}$$

由式(14-264)、式(14-265)得到

$$\frac{\sin\gamma}{\cos\gamma}=\sqrt{n_y^2-1} \tag{14-267}$$

从而得到转弯角速率与飞行速度和过载系数的关系为

$$\dot{\psi}=\frac{g}{v}\sqrt{n_y^2-1} \tag{14-268}$$

因为在非加速飞行中推力等于阻力，即 $P=Q$，又由式(14-265)得到

$$\frac{P}{mg}=n_y\frac{Q}{Y}=n_y\frac{c_x}{c_y} \tag{14-269}$$

将由式(14-269)获的 n_y 的表达式代入式(14-268)得到

$$\dot{\psi}=\frac{g}{v}\frac{c_y}{c_x}\sqrt{\left(\frac{P}{mg}\right)^2-\left(\frac{c_x}{c_y}\right)^2} \tag{14-270}$$

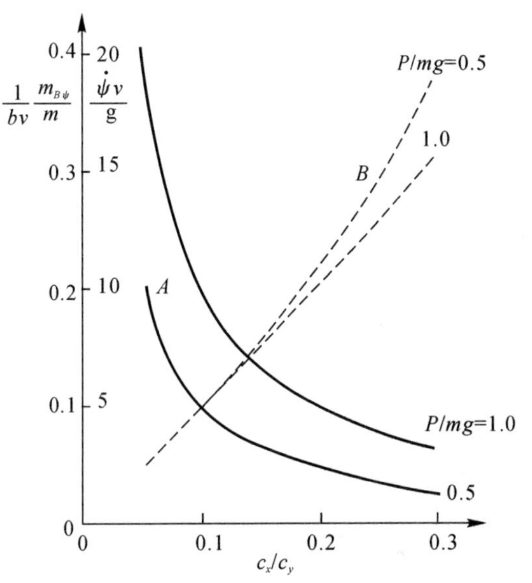

图 14-35　阻力与推力对可达到的转弯飞行性能的影响

A—转弯角速度 $\left(\frac{\dot{\psi}v}{g}\right)$；

B—燃油消耗 $(m_{B\psi}/m)/bv$，其中 $m_{B\psi}$ 为单位转弯速度的燃油消耗量，b 为单位消耗率

这个关系式表明了当 v 和 c_y 给定时，阻升比 c_x/c_y 越小则可达到的转弯角速度越大，这个非线性的关系，使得转弯速度 $\dot{\psi}$ 随 c_x/c_y 的减小而提高，如图 14-35 所示。也可以推导出相对于飞机质量 m 而言的单位转弯角速度的燃油消耗量

$$\frac{m_{B\psi}}{m}=\frac{bv}{\sqrt{\left(\frac{P}{mg}\right)^2-\left(\frac{c_x}{c_y}\right)^2}}\frac{P}{mg}\frac{c_x}{c_y} \tag{14-271}$$

将式(14-270)决定的燃油消耗量的相对值 $\left(\frac{1}{bv}\frac{m_{B\psi}}{m}\right)$ 与阻升比 c_x/c_y 的关系曲线画入图 14-33 中。在 c_x/c_y 很小时

$$\frac{m_{B\psi}}{m}\approx bv\frac{c_x}{c_y} \tag{14-272}$$

可见，阻升比 c_x/c_y 对燃油消耗量也起决定性作用。

14.3.1.2 襟翼偏转对阻升比的影响

利用襟翼偏度控制实现阻升比调节：当升力系数 c_y 很小时，襟翼在收起位置（$\delta_f=0$）的构形显示出最佳阻升比；然而，当升力系数 c_y 较大时，相应的最佳阻升比逐渐向有利于襟翼放下的构形移动。这种情况可由图 14-36 来说明，这里反映出阻升比改善取决于襟翼偏转度的逐级改变。这些极曲线的包线表示出可能出现的最佳阻升比。因此，为了能够取得上述改进，要求在机动飞行时对襟翼偏度进行调节，这种调节应与升力系数有关，也就是应与迎角大小有关。应该连续地改变襟翼位置才有可能达到最佳匹配值的包线所对应的数。当考虑压缩性时，除了飞行迎角以外，必须考虑马赫数对升力系数的影响，因此，马赫数也是襟翼偏度调节中的一个影响参数。图 14-37 以实例表明两种马赫数情况下的极曲线，可见随着马赫数的增大，小的襟翼偏角便可使升阻比极曲线接近包线。这就是说，在较大马赫数飞行时，如某飞机在 $Ma\geqslant1.2$ 时，襟翼偏转角为零。

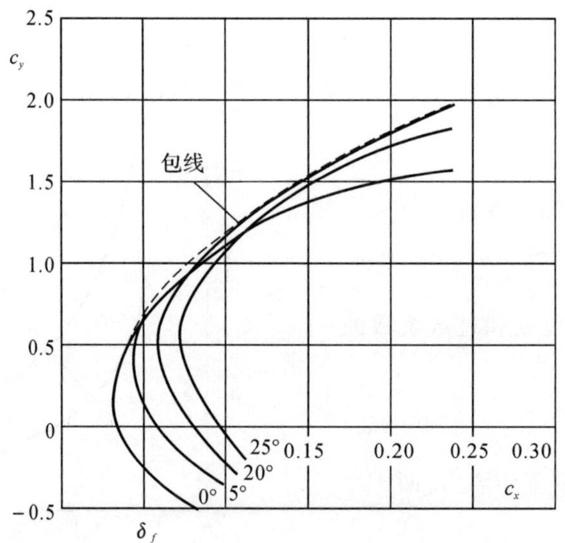

图 14-36　襟翼偏度对升阻力极曲线的影响

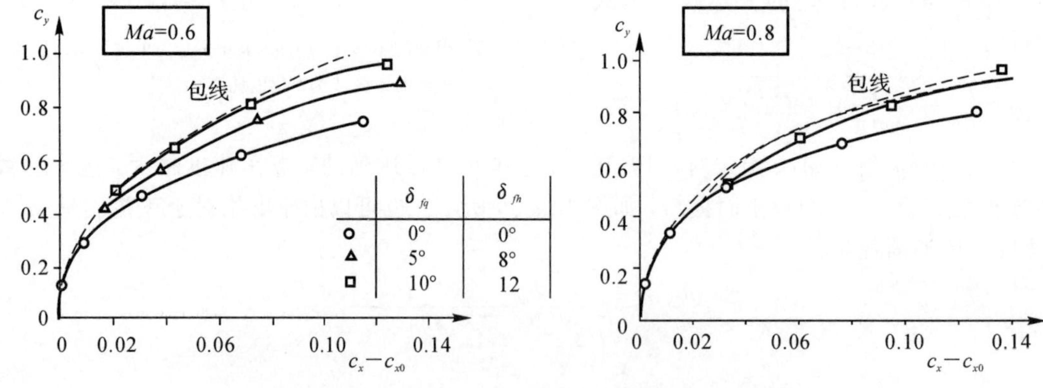

图 14-37　某飞机配平阻力极曲线（扣除了零升力时的阻力）

（δ_{fq}—前缘襟翼偏转角；　δ_{fh}—后缘襟翼偏转角）

某飞机的机动襟翼的控制规律如图 14-38 所示，它考虑了迎角和马赫数的影响。它所采用的自动调节的简单的后、前缘襟翼是变弯度机翼的翼型，若采用可连续改变的翼型，则效果会更好。

机动襟翼控制有一个特点是在跨声速范围内襟翼效率会降低。当 $Ma=0.9$ 时比较 $Ma=0.7$，无论简单的襟翼控制还是连续变弯度襟翼控制，它们的效率都有较大的下降。迄今为止，凡装有自动机动襟翼的飞机都出现过这种情况。

除去改变前、后缘襟翼弯度外，还可以改变翼型厚度，或者在机身范围内安装可收放的大后掠附加机翼（边条）。还应提到的是通过改变后掠角来改变机翼几何形状并使它和可变弯度机翼或自动机动襟翼一起使用的办法。

自动机动襟翼或者变弯度机翼的另一个效应涉及机动飞行中的最大升力。在这个方面也改变了飞机的飞行性能，尤其是连续可变弯度能在一定马赫数范围内大大提高最大可用升力。这里所指效应是考虑出现在机翼或机身上被称为“抖振”的振动效应。这就是说机动襟翼的另一个目的是提高最大升力。

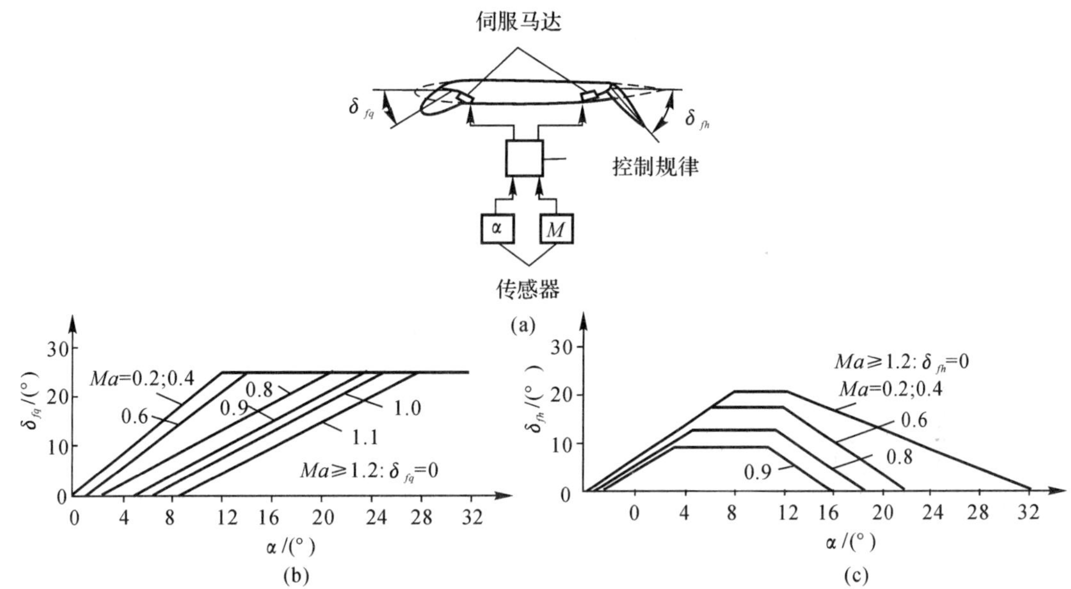

图 14-38　某飞机机动襟翼的控制规律

(a)襟翼偏转示意图；(b)前缘襟翼偏转角；(c)后缘襟翼偏转角

自动的机动襟翼或可变机翼弯度是一个开环控制。引入 α 和马赫数信号的目的在于改变襟翼位置或机翼弯度以减小阻升比和提高转弯速度等机动飞行能力，不是以反馈的作用保持/控制迎角和马赫数。

目前在多种作战飞机上采用了这种机动襟翼控制，如某型放宽静稳定的作战飞机采用了前缘机动襟翼后，通过襟翼自动随 α 和马赫数的变化而偏转，相应地改变了机翼弯度，从而减小了气流分离和阻升比，通常襟翼的有利偏转规律是由风洞试验得出的。该飞机的前缘襟翼偏转的控制律为

$$\delta_f=K_f[\alpha-\alpha_0(Ma)] \tag{14-273}$$

式中

$$\alpha_0(M)=\begin{cases}2° & Ma<0.6\\ 2°+k_1(Ma-0.6) & 0.6\leqslant Ma<0.9\\ 6°+k_2(Ma-0.9) & 0.9\leqslant Ma\leqslant 1.0\\ 11.6° & Ma>1.0\end{cases} \tag{14-274}$$

$$K_f=\begin{cases}1.6 & K_f[\alpha-\alpha_0(Ma)]<25°\\ 0 & K_f[\alpha-\alpha_0(Ma)]\geqslant 25°\end{cases} \tag{14-275}$$

可以由图 14-39 表示式(14-273)所表示的 δ_f 与 α 和马赫数的关系。

如图 14-40 所示为某飞机前缘机动襟翼控制系统方块图，系统中除去引入 α 和 Ma 信号外，还引入了带洗除网络的 ω_z 反馈，以增加系统的动态阻尼。该飞机在高度为 900 m 时作最大推力的盘旋时，按上述控制律偏转襟翼与不偏转襟翼相比，稳定盘旋过载提高了 18%。

应该考虑与平尾的交联，因为机动襟翼控制给纵向配平和飞行性能带来影响。

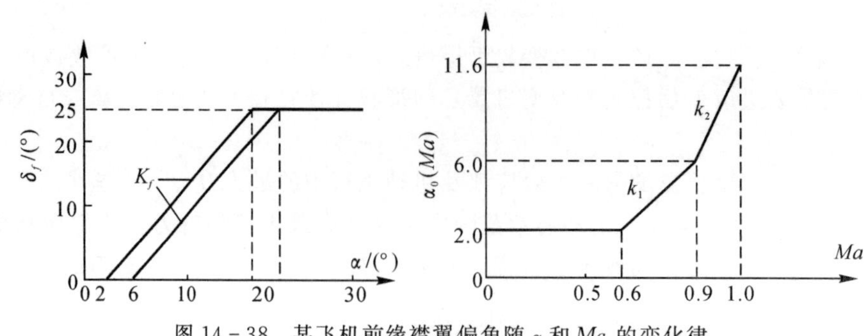

图 14-38 某飞机前缘襟翼偏角随 α 和 Ma 的变化律

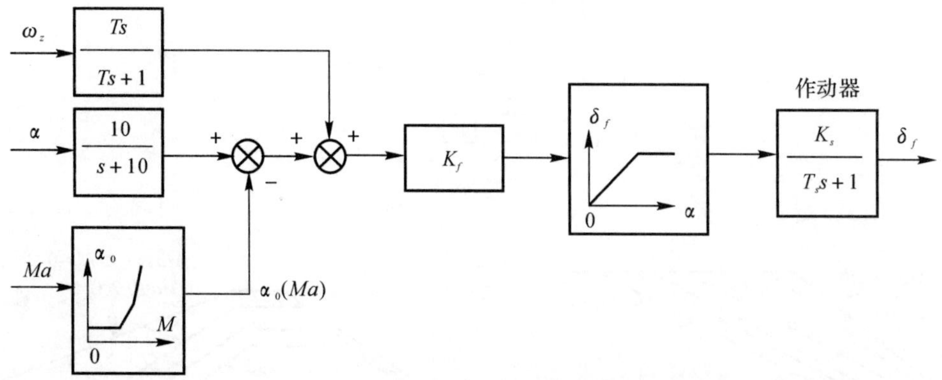

图 14-40 某飞机前缘襟翼控制系统方块图

14.3.2 机动载荷控制

机动载荷控制是一种通过改变在机动飞行中出现的载荷分布来减小机翼结构质量的方法。通常人们是按最大载荷要求来设计机翼结构的。在机动飞行(拉升和转弯)中最大载荷情况是按具有最大过载系数 n_{ymax} 的飞行状态来给定的。在水平飞行中气动载荷引起的翼根弯曲力矩为

$$M_{wsp}=\frac{1}{2}\int_{z_R}^{l/2}\frac{\mathrm{d}Y}{\mathrm{d}z}z\,\mathrm{d}z=\frac{1}{2}Y_{sp}z_F \tag{14-276}$$

这个公式是由直线水平飞行和机动飞行中的升力分布和弯曲力矩示意图(见图 14-41)得到的。特别指出的是 z_F 表示作用在半个机翼上的合升力的作用点至翼根的距离。首先应假设,当迎角增大时升力分布以几何形状相似的方式发生变化,但合升力的作用点保持不变。由此得到机动飞行时翼根弯曲力矩的关系式为

$$M_w=\frac{1}{2}nY_{sp}z_F=nM_{wsp} \tag{14-277}$$

此式表明了翼根弯曲力矩和相应的载荷都是与过载系数 n 成比例增长的。因此在最大过载系数 $n=n_{max}$ 的机动飞行中载荷为最大。

能否把机动飞行时的升力分布向机翼中段集中,却使总升力保持不变,于是力臂 z_F 减小了,这样一来翼根的弯曲力矩也就减小了。图 14-42 说明了副翼对称偏转对升力分布的影响。图中,情况①表示了通常情况下的机动飞行时升力分布,情况②表示机动飞行时升力分布集中在机翼中段范围内的情况。后一种情况只要在机动飞行中增加迎角的同时随着过载系数的改变相应地对称偏转两个副翼就能达到。这就是说,副翼在这里从某种意义上讲具有减轻载荷的作用。通过这种措施可降低机动飞行时机翼承受的最大载荷。因此,当具有这一措施的情况下,在结构设计中,可允许减轻机翼结构质量,这又间接地改进了飞机的飞行性能,减轻了飞机质量和燃油消耗。

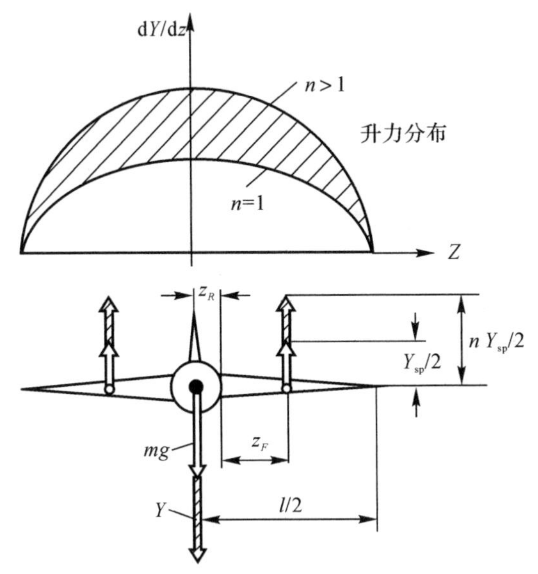

图 14-41　在直线飞行和机动飞行中的升力分布和力矩
（$n=1$：水平飞行，$n>1$：机动飞行）

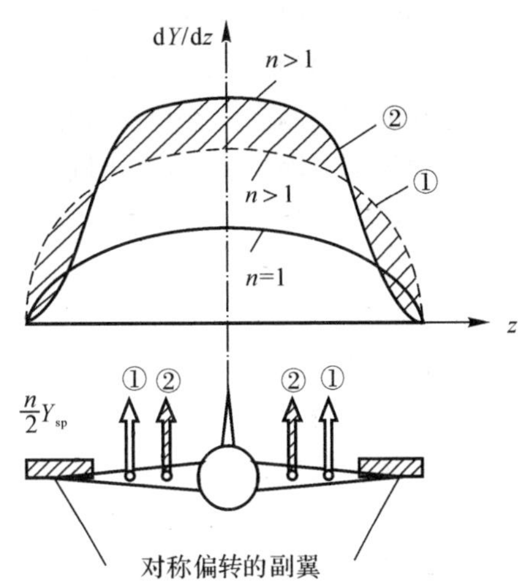

图 14-42　副翼的对称偏转对升力分布的影响
（$n=1$：水平飞行，$n>1$：机动飞行；① 无副翼偏转，② 有副翼偏转）

改变机动飞行的升力分布除去对称偏转副翼外，还有一些其他方法。譬如，用机翼内侧襟翼也可使升力分布接近机翼中段。这种情况，襟翼是向着提高升力的方向偏转的，在这个意义上它的作用与副翼不同。研究证明，对于机身较宽的飞机来说，使用机翼内侧的襟翼进行机动载荷控制所导致的结构质量的减轻不如采用副翼控制好。如果机翼外侧都可活动时，那将得到特别高的效率。然而，由于需要增加新的控制措施，而不能充分利用原有用于其他目的的控制面，因而增加了机翼结构的复杂性。

升力分布集中在机翼中部，存在着两个缺点：其一，增加机动飞行中的阻力；其二，减小机动飞行中的最大可用升力。阻力的增加连同阻升比的增大，这种有损飞行性能的缺点妨碍了机动载荷控制技术在那些具有高机动能力、必须在更大范围内作机动飞行的飞机上使用。这不仅涉及上述机动襟翼控制可取得的最大转弯角速度，也涉及机动飞行中的燃油消耗问题。具有机动载荷控制的机翼外侧升力较小这一事实使得总升力减小，因此，对于高机动性能的飞机来说，在部分飞行范围内，其转弯性能受到最大升力的限制。总之，机动载荷控制技术，不利于在机动性能好的飞机上使用；然而，可以用于运输机和轰炸机，因为它们在整个飞行时间内，机动飞行只占很小的时间，阻力的增大并不重要，可以利用它能降低结构载荷这一优点。

某型轰炸机具有机动载荷控制系统，它除把内襟翼换成快速作动的机动襟翼外，并在原副翼外侧增加一对同时对称偏转的外侧襟副翼。在机动飞行中，左右内侧机动襟翼同时向下偏转，提高机翼中段的升力；左右外侧襟副翼则同时向上偏转，降低机翼外段的升力，从而改变升力分布和保持总升力不变，在满足减小翼根区的弯矩的同时，满足机动飞行对总升力的要求。根据计算，该飞机的机动载荷控制使翼根弯矩减小10％～15％，机翼结构质量减轻5％，航程约增加30％。

14.3.3　阵风减缓控制

减缓阵风对飞机影响的主动控制系统的主要用途如下：

1）减小结构载荷；

2）减小飞行员座位处的加速度；

3）提高乘客舒适性。

下面将按照这三种功能分别叙述阵风减缓控制系统的基本概念。

14.3.3.1 减小结构载荷的阵风减缓控制

为减小作用在飞机结构上的载荷，阵风减缓和机动载荷控制往往一起予以考虑和设计。当飞机受到阵风影响时，出现一个附加的升力分布，直观的示意图如图 14-41 所示。可以定性地考虑，为了减少阵风引起的载荷变化，设想相应控制面向着相反的卸荷方向偏转，从而减小翼-身上的总载荷。然而，阵风干扰的交变特点，使得在阵风影响减缓控制时，要比机动载荷控制时更多地考虑气动力随时间的变化，以及由载荷变化引起的结构振荡问题。因此，对于阵风减缓控制所要求的控制面的反应速度要求要大得多。这就是说，对于这种主动控制系统不仅要减小静态载荷，也要减小动态载荷。

当飞机遇到周期性阵风时，会产生两种运动，其一为刚体的扰动运动；其二为因机体弹性而引起的结构弹性振动。两者都是阵风减缓控制系统的任务，其中后者还要抑制弹性振动。

阵风减缓控制实际上是直接力控制在扰动运动中的应用。在第四篇中已对增稳系统或自动驾驶仪进行了讨论，它们在一定程度上具有衰减阵风响应的作用，有效地改善了飞机在气流扰动中的稳定性。但是，它们所采用的控制面是常规控制面(如升降舵、方向舵和副翼)，即利用加速度反馈通过这些基本控制面间接地产生升力和侧力，以抵消阵风引起的加速度，或角速度、角位移等姿态变化。依靠间接力的控制不如直接地产生升力或侧力，以避免控制中的耦合运动。因此，常规的控制器不能获得阵风减弱的最好效果。

为了有效地衰减阵风引起的过载增量，采用上节所述的直接力控制操纵面(机动襟翼、水平鸭翼等)以及与基本舵面之间的协调控制方法，但在阵风减缓的控制模式下，这些舵面是由过载反馈驱动而不是由驾驶员指令驱动的。

实现阵风减弱控制的基本方法是安装在重心附近的法向过载传感器信号，按一定增益控制襟翼伺服作动器，并按合适的交联增益驱动升降舵，以实现无俯仰力矩的纯升力增量，以抵消阵风干扰引起的法向加速度。一个简单的阵风减缓控制方案如图 14-43 所示。

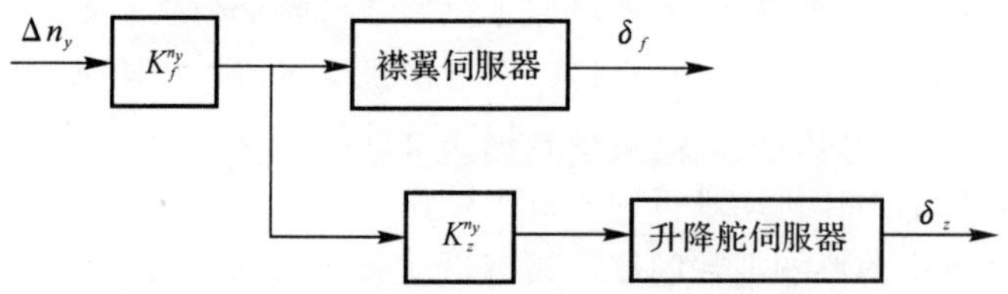

图 14-43 阵风减缓控制方案示意图

当垂直阵风引起的等效迎角为 α_W 时，那么，相对应的法向过载为

$$\Delta n_y = \frac{v_0}{g} y^{\alpha} \alpha_W \tag{14-278}$$

在不考虑伺服器动态特性的情况下，由图 14-43 得到

$$\delta_f = K_f^{n_y} \frac{v_0}{g} y^{\alpha} \alpha_W \tag{14-279}$$

$$\Delta \delta_f = K_z^{n_y} \frac{v_0}{g} y^{\alpha} \alpha_W \tag{14-280}$$

式中，$K_z^{n_y} = K_f^{n_y} K_z^{\delta_f}$。由力和力矩平衡方程

$$y^{\alpha} \alpha_W + y^{\delta_f} \delta_f + y^{\delta_Z} \Delta \delta_z = 0 \tag{14-281}$$

$$\mu_z^{\alpha} \alpha_W + \mu_z^{\delta_f} \delta_f + \mu_z^{\delta_z} \Delta \delta_z = 0 \tag{14-282}$$

得到

$$K_z^{n_y} = \frac{g}{v_0} \frac{y^{\delta_Z} \mu_z^{\alpha} - y^{\alpha} \mu_z^{\delta_z}}{(y^{\delta_f} \mu_z^{\delta_z} - \mu_z^{\delta_f} y^{\delta_z}) y^{\alpha}} \approx -\frac{g}{v_0} \frac{1}{y^{\delta_f}} \tag{14-283}$$

$$K_z^{\delta_f}=\frac{y^{\alpha}\mu_z^{\delta_f}-\mu_z^{\alpha}y^{\delta_f}}{y^{\delta_z}\mu_z^{\alpha}-\mu_z^{\delta_z}y^{\alpha}}\approx\frac{\mu_z^{\alpha}y^{\delta_f}}{\mu_z^{\delta_z}y^{\alpha}} \tag{14-284}$$

某型战斗机利用增稳系统和全动平尾全偏产生的间接升力衰减的均方根阵风加速度仅为 11% ～15%，而利用阵风减缓控制的直接力可衰减 30% ～40%的均方根阵风加速度。另一 CCV 飞机由阵风减缓控制系统的直接力控制衰减的阵风加速度的均方根值可达 50%左右。

14.3.3.2　减小飞行员负担的阵风减缓控制

阵风减缓控制的第 2 个功用是减小飞行员座位处的加速度。降低这里出现的结构振荡和加速度对于大速度低空飞行特别重要，这是因为低空空气层的紊流度和密度都大，从而加速度也大。飞行员在这种飞行状态可能承受不了很大的加速度。装在座舱区附近的特殊控制面可以降低飞行员座位处的加速度，这个控制面可直接抵消阵风的影响。与提高飞机结构刚度的方法相比，这种方法将具有节省飞机质量的优点。某大型轰炸机上采用了这种方法，在座舱区装上 V 形气动力控制面，当它对称偏转时产生升力，当它非对称偏转时产生侧力，如图 14－44 所示。通过这种方法，不仅能够在纵向平面上，而且在侧向平面上都能抵消驾驶员座位处的两种加速度。图 14－44(a)(b)分别表示了试飞中在两个方向上的加速度减小情况。

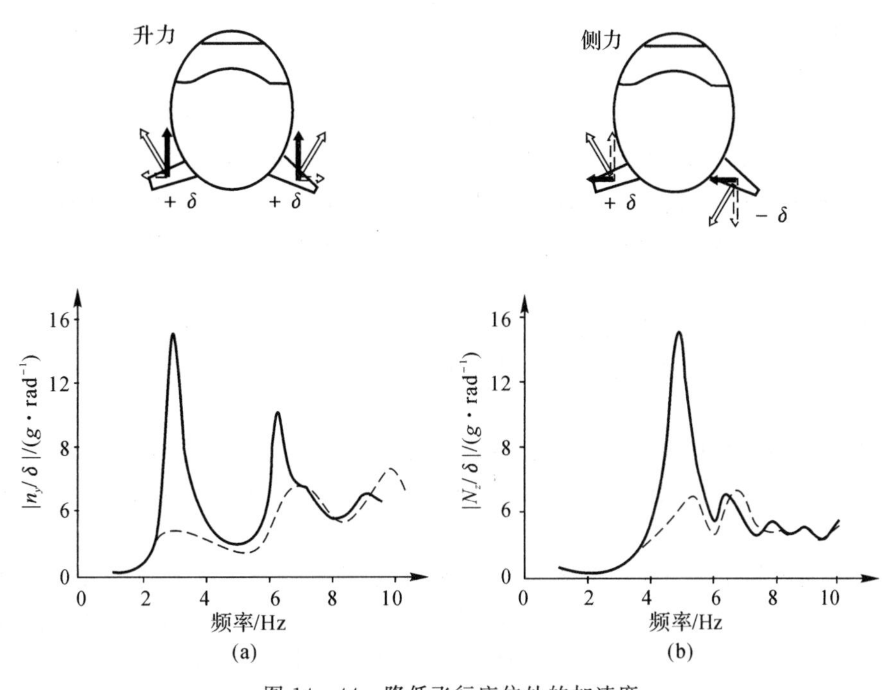

(a)　(b)

图 14－44　降低飞行座位处的加速度

(a)垂直加速度；(b)侧向加速度；

阵风减弱系统：——断开，-----接通

14.3.3.3　乘客舒适性的乘感控制

提高乘客舒适性的乘感控制又称乘坐品质控制。这项任务特别针对机身细长和挠性大的飞机，因为这种布局对阵风很敏感。对于喷气式旅客机来说，与上面讲的相同之处在于低空空气紊流要比高空大，不同之处是前者仅仅在机身一定部位(座舱)减弱阵风影响，而后者对于整个机身必须减轻来自阵风的影响。

当飞机处于没有平移和旋转的固有动态运动时，出现垂直速度为 W_{yd} 的阵风时，升力的变化为

$$\Delta Y=c_y^{\alpha}\Delta\alpha_W qS \tag{14-285}$$

式中，附加迎角为

$$\Delta\alpha_W=W_{yd}/v_0 \tag{14-286}$$

那么由阵风引起的过载变化为

$$\Delta n_{yW}=\frac{\Delta Y}{mg} \tag{14-287}$$

这样一来,过载增量与垂直阵风的比值为

$$\frac{\Delta n_{yW}}{W_{yd}}=\frac{\rho}{2}v_0\frac{c_y^{\alpha}}{mg/S} \tag{14-288}$$

当将纵向运动相对密度 $\mu_1=2m/\rho Sb_A$ 代入式(14-288)后,得到

$$\frac{\Delta n_{yW}}{W_{yd}}=\frac{v_0}{b_A g}\frac{c_y^{\alpha}}{\mu_1} \tag{14-289}$$

从式(14-288)或式(14-289)可见,升力气动导数 c_y^{α} 增大,翼载 mg/S 减小将使阵风敏感度增大。大的升力导数是大展弦比和小后掠机翼的特点。这个特点适合于在支线飞行的具有良好着陆性能的飞机。而且这种飞机往往在空气紊流较强的低高度范围内飞行,因此,特别容易受到阵风影响。

理想的阵风减弱控制系统应该能完全消除由于阵风所引起的升力变化,也就是说它能适当地偏转相应控制面产生一个大小相等,却方向相反的升力变化。作为这种用途的控制面包括在机翼上的可调整襟翼或副翼。这些控制面必须具有中性工作点,以便既能产生正升力,也能产生负升力。从原理上讲,也可采用扰流片,但它有缺点,即当它在中性工作点(不产生升力变化的工作位置)的定常位置上时,阻力增大,这将对巡航飞行的经济性有很大影响。

本节关于减弱阵风影响的用途,除去减小结构载荷外,还有飞行员负担和乘客舒适性的改善,美国人把二者归结为"乘坐品质"改善,并称为"乘坐品质控制"。一般情况下,可以把二者作为一种主动控制方法,用以减弱飞机刚体振动或者结构弹性振动,从而达到减小乘员(包括飞行员和乘客)负担或提高乘客在旅行中的舒适性。譬如,B-1 型轰炸机上的乘坐品质控制系统,便是为减轻飞行员负担的。

B-1 型飞机是早在 20 世纪 70 年代由美国人研制的超声速、变后掠的大型战略轰炸机,具有高、低空突防能力,特别是以低空突防为主。其驾驶舱位于细长机身最前端,机身的固有挠性使飞机容易产生弹性振动。这种振动不仅使乘员不舒适,而且还易产生错觉和引起不正确的操纵。为此,在 B-1 飞机上采用了"乘坐品质控制系统"。

在 B-1 飞机驾驶舱下方的机身上增设了如图 14-44 所示的一对下反角为 30°的前置鸭翼。具有对称和差动两种偏转方式,以实现升力和侧力控制,并分别抑制机身的垂直和侧向的挠性振动,其最大偏转角为 ±20°。

B-1 飞机乘坐品质控制系统的设计方法,采用了所谓"加速度计与控制力同位法",即把测量加速度的传感器和产生抑制力的控制面放在需要抑制振动的机身相同部位。这种方法的最大优点是,它能在较大的飞行范围内和飞机振动很大的情况下,有效和方便地实施控制,并保持系统的稳定性。

图 14-45 所示为 B-1 飞机乘坐品质控制系统的方块图。

安装在鸭翼处机身上的垂直加速度计和侧向加速度计分别与安装在重心位置处的垂直加速度计和侧向加速度计的信号差作为控制信号,阻塞飞机刚体运动加速度和通过结构振荡的加速度。陷波器用于消除伺服系统固有频率相近信号,以避免伺服弹性振动。受动压调节的可变增益使系统在不同飞行状态都具有合适的开环增益,使飞机在整个飞行包络内都具有良好的稳定性。迟后滤波器的近似积分作用,使结构振荡加速度信号变为速度信号,实现系统抑制阵风引起的振动。系统中高通网络用于衰减飞机刚体运动响应的加速度和角加速度信号。限幅器是为防止超过作动器最大行程信号对作动器产生的剧烈撞击。

左、右鸭翼分别由两个伺服作动器操纵鸭翼对称或差动运动,取决于垂直或侧向阵风速度的不同。它所产生的气动控制力回避阵风干扰力的作用,从而减小了飞行员所处位置的颠簸,改善了飞行员的工作环境。

14.3.3.4 主动颤振抑制

颤振是一个气动弹性的动态不稳定问题,它是由非定常弹性变形和由这种变形所引起的气动载荷耦合

而形成的。若不能采取有效措施减小这种振动，势必使飞行范围受到限制。所谓主动颤振抑制是相对于被动式颤振抑制而言的，后者所采用的对策是改变结构刚度分布和质量分布的。一般情况下，这种办法会明显地增加质量，这将对飞行性能有消极的影响。

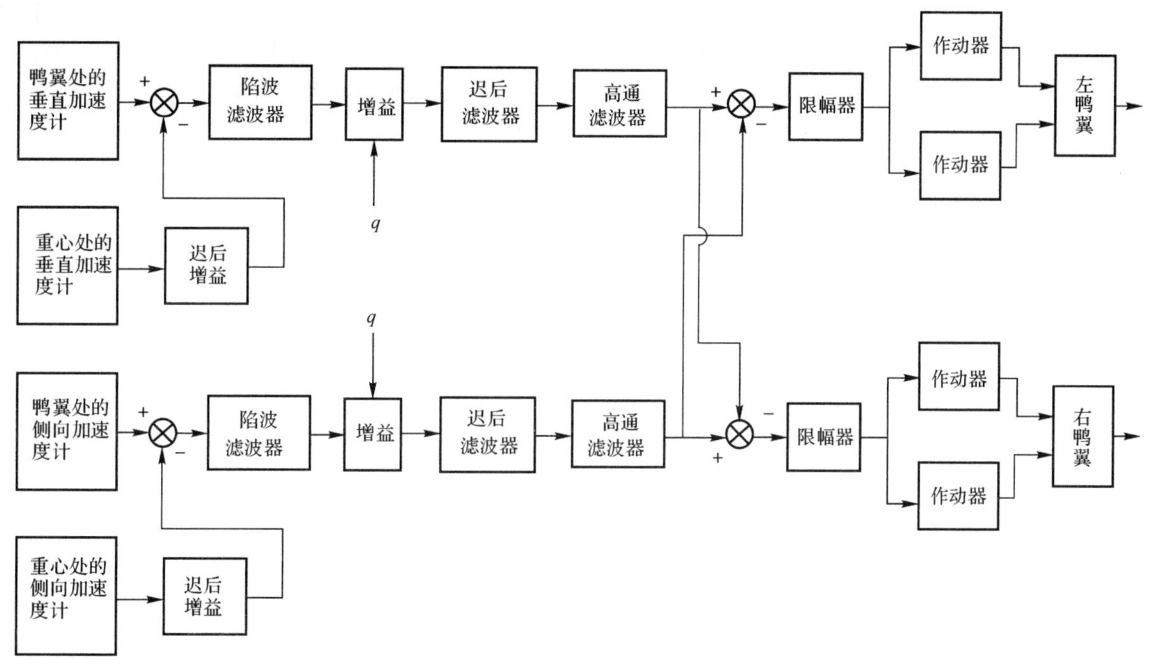

图 14-45　B-1 飞机乘坐品质控制系统方块图

颤振是飞机上各种振动中最剧烈、最危险的一种振动，在飞机的飞行包络内绝对不能允许发生。出现颤振模态的原因是多种多样的，它们可能基于复杂的物理关系。机翼存在着结构弯曲和扭转的耦合运动，两种振动的频率和阻尼随着飞行速度的变化而异。两种运动在开始时是分开的，然而随着速度的增加而逐渐接近，从而两种运动的耦合便产生了，以相同的频率和不同的相位在振动，正是这种相位差，使扭转运动引起的气动力对于弯曲运动具有反作用效应，并且这种效应对扭转有增强的作用，由此便产生了不稳定的弯曲-扭转颤振运动，如图 14-46①所示。

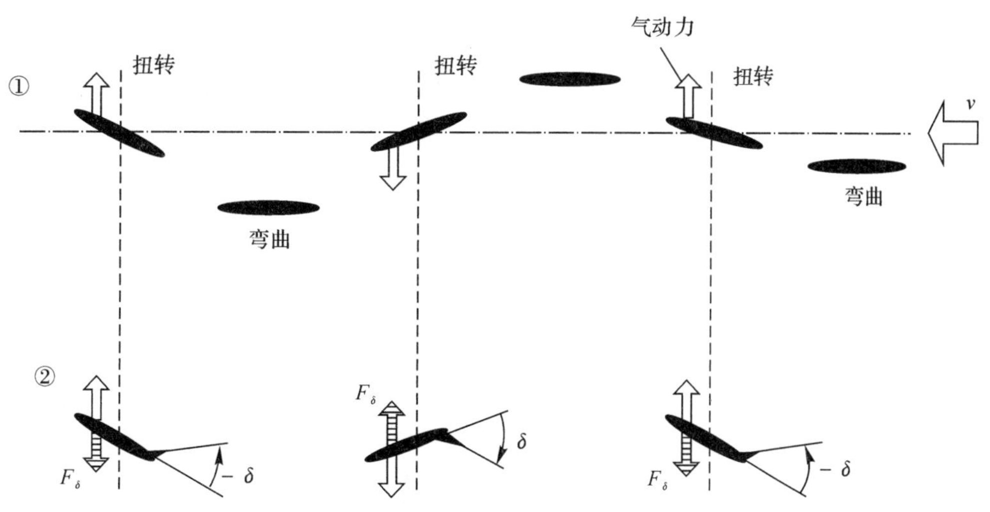

图 14-46　矩形机翼主动颤振抑制的一个实例

①无颤振阻尼时的弯曲和扭转运动：频率相同，相位差为 90°；②用控制面进行主动颤振抑制

一种主动抑制颤振的可能办法是通过一个主动控制面的协调偏转，产生一种气动力，以抵消扭转运动所产生的气动力，对引起不稳定的气动力进行补偿，从而避免颤振的出现，如图 14-46②所示。

很高的颤振模态频率要求控制面及其伺服回路的调节速度也足够高。应准确了解非定常气动力和颤振频率、振幅和相位，在设计中做到有的放矢。对测量结构运动的加速度计的测量精度要求要高，安装位置也要合适，并不影响飞行安全。最好采用多余度设计和故障鉴别措施，以保证系统安全可靠。为使颤振抑制系统与不同飞机构形实现最佳匹配，必须严密和细致地设计颤振主动控制系统的控制律。

这里所指构形变化是指诸如不同外挂物或者变后掠机翼的不同后掠位置等。它们对颤振特性有很大的影响。主动颤振控制系统可以在所有飞行范围内取得最佳效果，而通过改变质量分布和刚度分布对颤振施加被动影响的办法，只能笼统地考虑不同要求，而具有很少灵活性。

一个颤振抑制的实例如图 14-47 所示，可以看出主动控制系统对于提高颤振阻尼的效果。

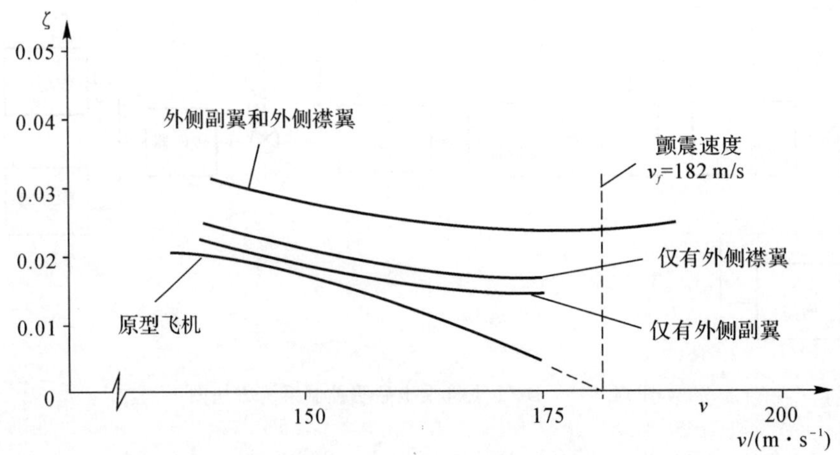

图 14-47　具有主动颤振系统的某飞机试飞结果（ζ为阻尼比，H=6 400 m，G=120 ton）

第 15 章　综合控制系统概述

综合控制系统是指飞行/火力综合控制(IFFC)系统和飞行/推进综合控制(IFPC)系统，或统称综合飞行/火力/推进控制系统。它能够自动操纵作为武器载体和投射平台的飞机完成对目标的攻击，从而提高飞机火力控制性能和飞机机动、作战能力。无论是飞行/火力综合控制还是飞行/推进综合控制都是利用主动控制技术在飞机上应用的基础上发展起来的。在主动控制技术的战斗机上，安装上具有解耦能力的飞行控制和火力控制系统所产生的自动控制信号，提供快速目标跟踪解算，以改善射击目标和武器投放精度。飞行/推进综合控制使自动油门控制和发动机自动控制系统与飞行控制系统交联，可有效地提高飞机飞行性能和扩大飞行包线，特别是改善了飞机低速着陆性能和高空性能，提高作战飞机的低空突防能力。两种综合控制都能有效地减轻驾驶员的工作负担。

随着飞行控制系统主动控制技术的发展和航空火控技术的进步，美国在 20 世纪 70 年代中期便提出了综合火力/飞行控制的概念，即通过火/飞耦合器将指挥仪型火控系统与飞行控制系统综合成一个能自动进行武器瞄准的闭环控制系统，并开展了一系列的研究。到 80 年代中期，美国完成了综合火力/飞行控制系统及在此基础上的自动机动攻击系统的研制。试飞结果表明，在空对空作战中可以实现对目标的全向攻击，缩短了攻击占位时间，获得首次射击机会的时间缩短 1/2，射击次数与射击持续时间提高 3 倍，命中率提高 2 倍；在空对地作战中，可以实施机动攻击，对地面防空火力的生存力提高了 4 ～ 9 倍，俯冲轰炸武器投放精度提高 2.5 倍；同时，攻击操纵的自动化大大减轻了飞行员的负担。综合火力/飞行控制系统主要解决的是飞机姿态的控制。

在此期间，为了进一步提高飞机性能，减轻飞行员负担，美国进行了综合飞行/推进控制系统的研究，主要解决了发动机/进气道/机身之间的耦合问题。其主要优点包括，提供最优或次优响应，扩大飞行包络，安全接近飞行包线状态，使燃油效率提高。对战斗机来说，其成果可应用于地形跟随(回避)、能量管理和大迎角飞行。

综合飞行/火力控制不是火力控制与飞行控制的简单组合，综合飞行/推进控制不是推进控制与飞行控制的简单组合，综合飞行/火力/推进控制将是以实现自动攻击、提高火控性能指标为目标，以综合飞行控制为手段，以飞机为对象，通过系统设计实现综合控制。可将综合飞行/火力/推进控制系统定义为，在指挥仪型火控系统、电传(光传)操纵的飞行控制系统和电调推进控制系统基础上，进行综合设计的闭环控制系统，它能够在飞/推/火耦合控制律调节下自动(或半自动)地操纵作为武器载体和投射平台的飞机，完成对目标的攻击。

15.1　飞行/火力综合控制系统(IFFCS)

飞行/火力综合控制系统可在战斗机的各个飞行阶段中使用，这些飞行阶段包括起飞、巡航、突防、搜索、攻击和着陆等。依据不同武器特征可分为，空-空和空-地导弹的发射与跟踪追击，机枪和机炮的火力控制等。按攻击目标可分为空中高速机动目标、地面运动目标和静止目标。控制任务包括突防、接敌、跟踪、瞄准、武器投放(攻击)和退出等。这些情况所涉及的问题不但是一个控制问题，而且还涉及弹道学、轰炸学、平显、雷达、光学等检测和显示设备等，对于每一种学科都属专著讨论的问题，本书仅仅讨论有关飞行/火力综合系统的控制问题。

综合飞行/火力控制技术可应用于战术导航、攻击引导、武器投射及回避逃逸飞行等各方面。根据战术任务情况，火控系统给出瞄准高低角误差和方位角误差，送给综合显示和飞行/火力耦合器，飞行/火力耦合器计算出优化飞行指令，通过超控耦合器综合实现自动/手动控制飞机，完成优化飞行动作。综合飞行/火力控制系统原理如图 15-1 所示，其关键是综合飞行/火力控制律的设计和仿真试验验证。优化综合控制律的设计使综合飞行/火力控制系统具有良好的稳定性、快速性和控制精度。

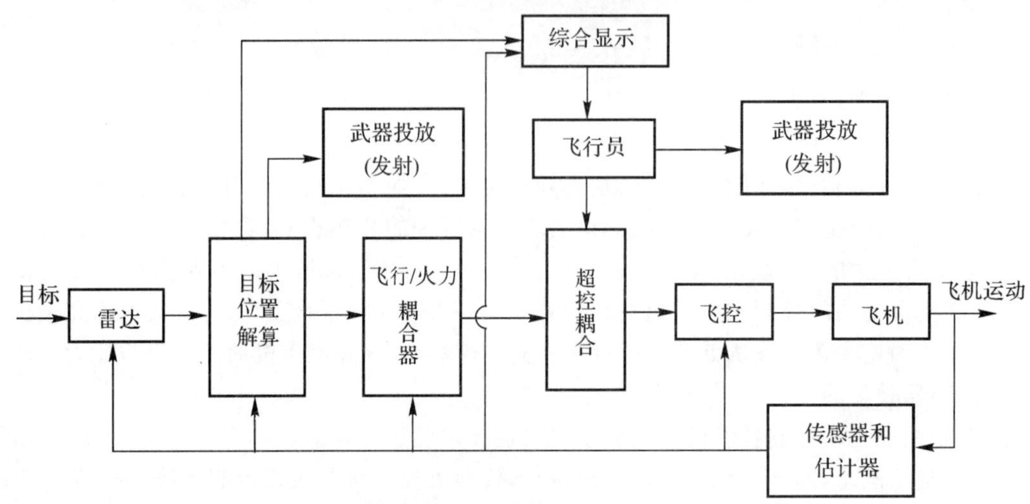

图 15-1　综合飞行/火力控制系统空对空模式原理图

15.1.1　综合飞行/火力控制系统设计要求

对于空战格斗任务模式，综合飞行/火力控制系统的内回路是飞行控制系统，外回路是火控解算得到的武器瞄准线，通过设计飞行/火力耦合器和超控耦合器将飞控系统和火控系统综合起来，实现自动或手动控制飞机瞄准目标。飞控系统的设计目标就是要快速跟踪空间指向指令，因此飞控系统设计的纵向指令为俯仰角速率 ω_z 和高低角误差；横侧指令为滚转角速率 ω_x、偏航角速率 ω_y 和方位角误差。

目标状态估值器的设计目的在于：从雷达提供的目标测量信息和本机状态测量信息中估计出目标的速度和加速度，同时，经过滤波提高目标位置的测量精度，以满足火力控制和解耦控制律的要求。

火控解算的设计目的在于根据综合飞行/火力控制自动攻击原理，空-空航炮武器按指挥仪式火控原理设计，要求实现全向攻击，空-地武器要求实现机翼非水平轰炸。火控解算出当前射击的高低角和方位角，送给综合显示和飞行/火力耦合器，飞行/火力耦合器将高低角和方位角分别作为纵向指令和横向指令。

为了使综合飞行/火力控制系统具有良好的稳定性、快速性和控制精度，飞行/火力耦合器控制律要完成以下两个使命。

1. 飞行/火力耦合器输出的指令要符合逻辑和飞行员的驾驶习惯

对于如图 15-2 所示，我机在上和敌机在下的空战态势，飞行/火力耦合器应首先输出让飞机滚转的指令，然后是俯仰和横侧混合机身瞄准指令，而不应是由于敌机在下，就直接输出一个让飞机低头的负过载指令。对于如图 15-3 所示，我机在下、敌机在上的空战态势，飞行/火力耦合器应直接输出一个向上拉起的正过载指令。对于我机、敌机同处一高度的态势，需要转弯瞄准时，飞行/火力耦合器应输出俯仰和横侧混合机身瞄准指令，在转弯的同时，不让飞机掉高度，等等，这些都是设计飞行/火力耦合器要遵循的。这是第一条，首先保证瞄准策略是合理的。

2. 通过飞行/火力耦合器综合起来的闭环系统应满足稳定性和快速性要求

稳定性要求包括两个方面，一方面是常规的 45°/6 dB 线性稳定储备要求，另一方面则是系统工作在大幅值非线性区或纵横航向气动特性耦合时，系统工作应满足不发散的稳定性要求。

快速性是要求系统在满足稳定性要求的前提下响应尽可能地快，响应过程应尽量减小超调量。

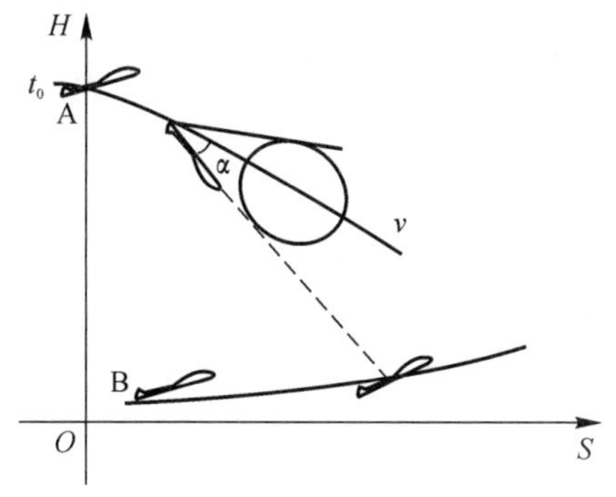

图 15－2　空战态势Ⅰ(A 我机、B 敌机)

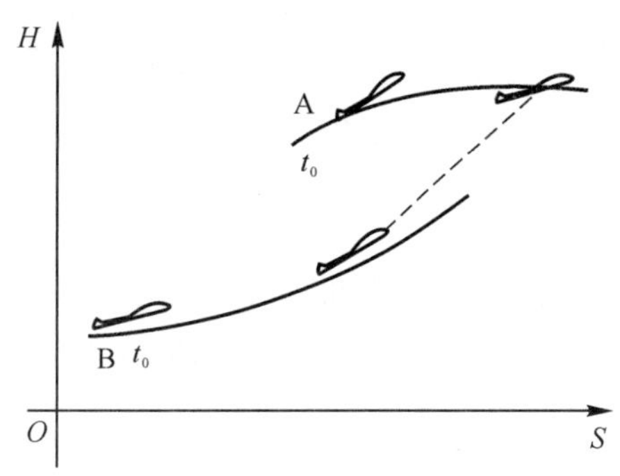

图 15－3　空战态势Ⅱ(B 我机、A 敌机)

15.1.2　综合飞行/火力控制耦合控制律设计中应考虑的问题

从空战应用来说，在接敌时瞄准误差大，飞行员利用手动操纵能更快地减小初始瞄准误差，当瞄准误差减小到比较小时，利用综合飞行/火力控制实现精确快速持续瞄准。因此，要求综合飞行/火力控制在给定的权限内能稳定地控制飞机自动瞄准目标。

然而，接敌时刻的初始相对态势是千变万化的，这使飞行员的操纵负担加重，既要顾及飞机的飞行性能，又要时刻考虑最佳的攻击策略、格斗瞄准、开火时机、摆脱动作等等。为了尽可能地减轻飞行员操纵负担，提高飞机作战效能，综合飞行/火力控制系统应是全方位的。当误差较大时，综合飞行/火力控制系统决策并给出快速减小瞄准误差的操纵指令和指引。针对这种设计要求，虽然增加了综合飞行/火力系统的设计难度，但却大大提高了飞行/火力系统的实用性。

图 15－2 和图 15－3 给出了两种飞机的相对初始态势，举例说明了综合飞行/火力控制系统如何操纵飞机才是合理的。除去某些理性概念去实现飞机最佳操纵，更为重要的是将优秀飞行员的作战经验融合于飞行/火力系统控制模式中去，即在飞行/火力系统的耦合器中，建立最佳攻击策略、格斗瞄准、开火时机等作战专家系统，协助或代替驾驶员完成“攻则准、逃则逸”的作战宗旨。这就要求飞行/火力系统能发挥飞机的最大飞行性能和武器的最佳攻击性能。那么，飞行/火力控制系统如何才能具有这种功能，那就要求飞行/火力系统具有全方位的工作模式，每种模式具有最佳的控制律，各种工作模式之间应具有最优的控制逻辑。智能化的模式转换和最优控制律是综合飞行/火力控制系统设计的关键。

作战专家系统应根据当时的作战态势：包括敌机型号、编队作战、单机格斗、敌我相对位置、作战空域等等，决策我机的有效作战策略。识别敌机型号，才能依据敌机性能、武器和机载设备的特点，以优对劣决定策略，做到“知已知彼，百战不殆”。作战专家系统在远距时就应给出有效的接敌路线，力争通过有效的接敌，形成利于我机的接敌态势。例如编队作战，作战专家系统根据敌我战机性能对比和数量对比做出合理有效的编队分布和接敌路线，形成整体利于我方的攻击阵形。又如作战空域地处我方领域、敌方领域或是公海上空等，作战专家系统都将给出对我方有利的决策。由于有利的战机转瞬即逝，因此作战专家系统必须是实时的，专家系统应根据接敌的不同阶段，将任务分割简化，以提高实时性和有效性。

在设计飞控系统控制律时，应按阶段和作战重点建立线性和非线性模型。对于综合飞行/火力控制系统的设计，飞控部分可遵循原有的设计原理，但对于火控工作方式要求应有一个可用于系统线性化的设计模型。需要遵循的最基本概念是在飞机姿态一定的情况下，瞄准目标机实际就是控制我机的机身指向，而目标瞄准线就是预订的飞机机身指向位置。若这样理解综合飞行/火力控制的实质，就可按照线性化理论，按线性小幅值运动设计飞行/火力控制律、滤波器和调参规律，使综合飞行/火力闭环控制系统具有合适的控制特性。可以按照 PID 设计法、多重递阶设计法、目标线速率辅助设计法和最优控制设计法等设计方法，对各种工作模式进行相互关联的单独设计，再进一步引入合适的逻辑，按不同起始位置开始实施控制，在实时的运动中将各种作战模式有机地连接起来,构成最佳的作战方案。在非线性工作区,依据飞机性能和武器特点,设计某些限制环节和网络,以便在非线性区具有良好的响应和安全可靠性。随着飞行/火力系统和飞/推系统的发展,新的控制理论也将用于综合飞行/火力控制系统的设计中。

15.1.3 目标相对运动数学模型的建立

飞机的空对空格斗、瞄准和攻击是综合飞行/火力控制系统最复杂的作战任务。目标运动速度大,机动性强,使驾驶员捕获目标的难度很大,为完成跟踪追击(包括机炮射击和空-空导弹发射),为提高驾驶员的机炮(枪)攻击和空-空导弹的命中概率,利用 IFFCS 完成这项复杂的任务是一个重要的途径之一。在分析、设计综合飞行/火力控制系统之前,应该首先弄清楚控制对象特性,其中关于飞机的运动特性在此不必多加讨论。在分析、设计综合飞行/火力控制系统之前,建立目标相对运动的数学模型是至关重要的。

15.1.3.1 目标相对运动的坐标系

由于综合飞行 / 火力控制系统中涉及的目标、机载雷达和飞机都在运动,定义相应的坐标系是应该的。如图 15-4 所示,表征了机体坐标系($Ox_t y_t z_t$)、地面坐标系($Ox_d y_d z_d$)和瞄准线坐标系($Ox_m y_m z_m$)之间的关系。图中 O 点表示飞机重心的空间位置,T 点表示目标的位置。OT 连线称为瞄准线(D),又是瞄准线坐标系的 Ox_m 轴。机体、地面轴系之间的欧拉角用 ϑ(俯仰)、ψ(偏航) 和 γ(倾斜) 三个角度表示。瞄准线坐标系的 Oy_m 轴取在 $x_m Oy_t$ 平面内与 Ox_m 轴垂直,Oz_m 轴垂直于 $x_m Oy_m$ 平面指向右方。由瞄准线坐标系形成的方位角 ν 和高低角 μ 是这样形成的:将机体坐标系的 Ox_t 和 Oz_t 绕 Oy_t 旋转一个角度 ν,使 Ox_t 转至 $x_m Oy_m$ 平面上,Oz_t 轴与 Oz_m 轴重合,ν 称为目标方位角;然后再绕 Oz_m 轴旋转一个角度 μ,使 Ox_t 与 Ox_m 重合,Oy_t 与 Oy_m 重合,μ 称为目标高低角。

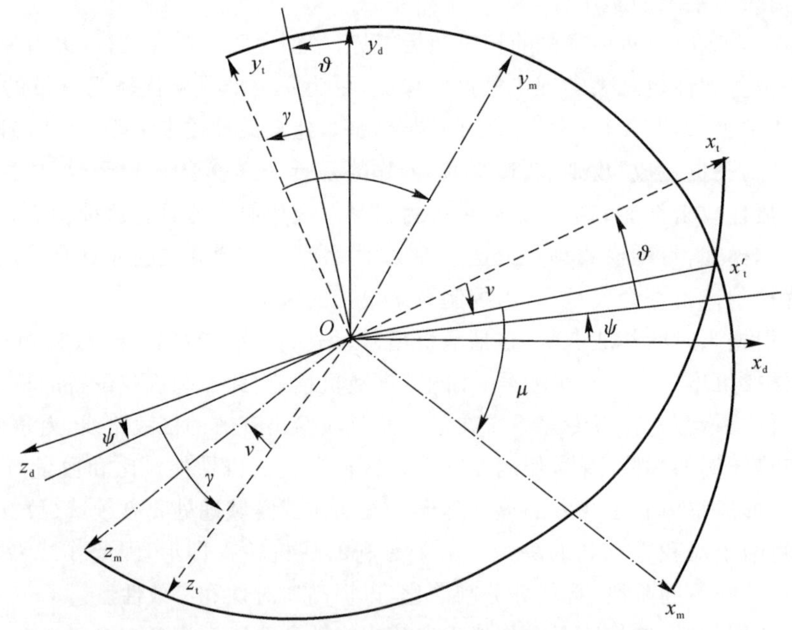

图 15-4　地面、机体和瞄准线三种坐标系的关系

15.1.3.2 瞄准偏差的推导

空-空瞄准方程是在下面假设条件下建立的:

1) 机炮的炮管方向与机体轴 Ox_t 方向一致;

2) 目标在弹丸的飞行时间内作匀加速运动。

如图 15－5 所示，弹丸的未来距离矢量为

$$\boldsymbol{D}_d=\xi\boldsymbol{I}_{v01}+\boldsymbol{\eta} \tag{15-1}$$

式中

$$\boldsymbol{\eta}=\frac{1}{2}\boldsymbol{g}T_{\mathrm{d}}^2,\quad \boldsymbol{I}_{v01}=\frac{v}{v_{01}}\boldsymbol{I}_v+\frac{v_0}{v_{01}}\boldsymbol{I}_{v0},\quad \xi=v_{\mathrm{PJ}}T_{\mathrm{d}} \tag{15-2}$$

以及 $\boldsymbol{I}_{(\cdot)}$ 为(•)所在方向上的单位向量；ξ 为弹丸射程；$\boldsymbol{g}$ 为重力加速度；T_{d} 为弹丸飞行时间；$\boldsymbol{v}$ 为本机相对空气的速度矢量；$\boldsymbol{v}_0$ 为弹丸相对于本机的初速矢量；$\boldsymbol{v}_{01}$ 为弹丸相对空气的速度矢量；v_{PJ} 为弹丸的平均速度。这样一来，目标未来距离矢量为

$$\boldsymbol{D}_{\mathrm{w}}=\boldsymbol{D}+\boldsymbol{v}_{\mathrm{m}}T_{\mathrm{d}}+\frac{1}{2}\boldsymbol{a}_{\mathrm{m}}T_{\mathrm{d}}^2 \tag{15-3}$$

式中，$\boldsymbol{D}$ 为当时的目标位置矢量；$\boldsymbol{D}_{\mathrm{w}}$ 为目标未来距离矢量；$\boldsymbol{a}_{\mathrm{m}}$ 为目标的加速度矢量，$\boldsymbol{v}_{\mathrm{m}}$ 为目标相对空气的速度矢量，并且

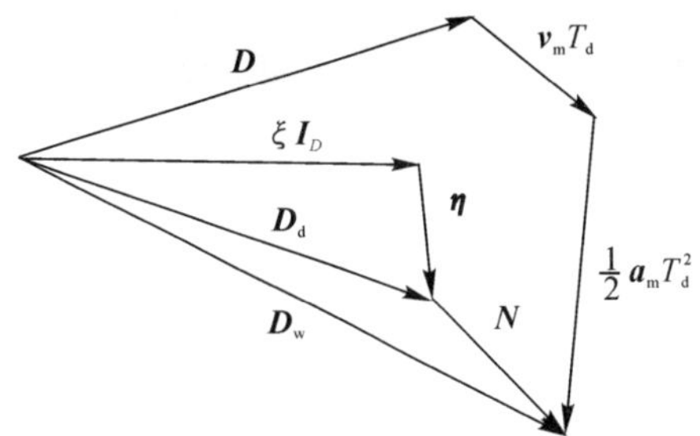

图 15－5　偏差状态下的空射向量关系图

$$\boldsymbol{v}_{\mathrm{m}}=\dot{D}\boldsymbol{I}_D+\boldsymbol{\omega}_D\times\boldsymbol{D}+\boldsymbol{v} \tag{15-4}$$

式中，$\dot{D}$ 为目标相对线速度；$\boldsymbol{I}_D$ 为与 $\boldsymbol{D}$ 同向的单位矢量；$\boldsymbol{\omega}_D$ 为瞄准线 $\boldsymbol{D}$ 的转动角速度。

这样，便由式(15－1)～式(15－3)得到瞄准偏差为

$$\boldsymbol{N}=\boldsymbol{D}_{\mathrm{d}}-\boldsymbol{D}_{\mathrm{w}}=\xi\boldsymbol{I}_{v01}+\boldsymbol{\eta}-\boldsymbol{D}-\boldsymbol{v}_{\mathrm{m}}T_{\mathrm{d}}-\frac{1}{2}\boldsymbol{a}_{\mathrm{m}}T_{\mathrm{d}}^2 \tag{15-5}$$

为了获得偏差矢量 $\boldsymbol{N}$ 在机体轴系中三个轴上的投影分量，必须弄清各矢量的方向。在 $\boldsymbol{I}_{v01}$ 表达式中的 $\boldsymbol{I}_v$ 与气流坐标系 Ox_{q} 一致，$\boldsymbol{I}_{v0}$ 与机体坐标系 Ox_{t} 相一致；$\boldsymbol{\eta}$ 与地面轴系 Oy_{d} 方向相反；$\boldsymbol{D}$ 与目标线轴系 Ox_{m} 相一致；$\boldsymbol{a}_{\mathrm{m}}$ 在机体轴系三个轴上的分量分别为 $a_{\mathrm{m}}^x,a_{\mathrm{m}}^y,a_{\mathrm{m}}^z$；在 $\boldsymbol{v}_{\mathrm{m}}$ 表达式中的 $\dot{D}\boldsymbol{I}_0$ 与瞄准线 Ox_{m} 相一致，而且

$$\boldsymbol{\omega}_D\times\boldsymbol{D}=\begin{bmatrix}\omega_D^x\\ \omega_D^y\\ \omega_D^z\end{bmatrix}\times\boldsymbol{B}_{\mathrm{m}}^{\mathrm{t}}\begin{bmatrix}D\\0\\0\end{bmatrix} \tag{15-6}$$

式中，$\omega_D^x,\omega_D^y,\omega_D^z$ 分别为 $\boldsymbol{\omega}_D$ 在机体轴系 Ox_{t}，Oy_{t} 和 Oz_{t} 轴上的分量；$\boldsymbol{B}_{\mathrm{m}}^{\mathrm{t}}$ 为瞄准线坐标系到机体坐标系的变换矩阵，并且

$$\boldsymbol{B}_{\mathrm{m}}^{\mathrm{t}}=\begin{bmatrix}\cos\mu\cos\nu & -\sin\mu\cos\nu & \sin\nu\\ \sin\mu & \cos\nu & 0\\ -\cos\mu\sin\nu & \sin\mu\sin\nu & \cos\nu\end{bmatrix} \tag{15-7}$$

这样一来，由矢量积公式得到

$$\boldsymbol{\omega}_D\times\boldsymbol{D}=\begin{vmatrix}\boldsymbol{i} & \boldsymbol{j} & \boldsymbol{k}\\ \omega_D^x & \omega_D^y & \omega_D^z\\ \cos\mu\cos\nu & \sin\mu & -\cos\mu\sin\nu\end{vmatrix}\boldsymbol{D}=$$

$$\boldsymbol{D}[-(\omega_D^y\cos\mu\sin\nu+\omega_D^z\sin\mu)\boldsymbol{i}+(\omega_D^x\cos\mu\sin\nu+\omega_D^z\cos\mu\cos\nu)\boldsymbol{j}+(\omega_D^x\sin\mu-\omega_D^y\cos\mu\cos\nu)\boldsymbol{k}] \tag{15-8}$$

式中，$\boldsymbol{i}$，$\boldsymbol{j}$，$\boldsymbol{k}$ 分别为机体轴系三个轴上的单位矢量。

这样，便可依据坐标系变换矩阵获得偏差矢量 $\boldsymbol{N}$ 在机体轴系中三个轴上的分量，并由下式表示：

$$\begin{bmatrix}N_x\\N_y\\N_z\end{bmatrix}=\left[\frac{v_0}{v_{01}}v_{\mathrm{PJ}}T_{\mathrm{d}}+\frac{v}{v_{01}}v_{\mathrm{PJ}}T_{\mathrm{d}}\boldsymbol{B}_{\mathrm{q}}^{\mathrm{t}}-(\boldsymbol{D}+\dot{\boldsymbol{D}}T_{\mathrm{d}})\boldsymbol{B}_{\mathrm{m}}^{t}\right]\begin{bmatrix}1\\0\\0\end{bmatrix}-\frac{1}{2}gT_{\mathrm{d}}^2\boldsymbol{B}_{\mathrm{d}}^{t}\begin{bmatrix}0\\1\\0\end{bmatrix}-\frac{1}{2}T_{\mathrm{d}}^2\begin{bmatrix}a_{\mathrm{m}}^x\\a_{\mathrm{m}}^y\\a_{\mathrm{m}}^z\end{bmatrix}-$$

$$\boldsymbol{D}T_{\mathrm{d}}\begin{bmatrix}-(\omega_D^y\cos\mu\sin\nu+\omega_D^Z\sin\mu\\ \omega_D^x\cos\mu\sin\nu+\omega_D^z\cos\mu\cos\nu\\ \omega_D^x\sin\mu-\omega_D^y\cos\mu\cos\nu\end{bmatrix}\tag{15-9}$$

式中，$\boldsymbol{B}_{\mathrm{q}}^{\mathrm{t}}$ 由第一篇式(1-142) 表示；$\boldsymbol{B}_{\mathrm{d}}^{\mathrm{t}}$ 由第一篇式(1-139) 表示。当将 $\boldsymbol{B}_{\mathrm{q}}^{\mathrm{t}}$，$\boldsymbol{B}_{\mathrm{d}}^{\mathrm{t}}$ 的表达式代入式(15-9)，得到偏差矢量 $\boldsymbol{N}$ 在机体轴系三个轴上的分量为

$$N_x=\frac{v_0}{v_{01}}v_{\mathrm{PJ}}T_{\mathrm{d}}+\frac{v}{v_{01}}v_{\mathrm{PJ}}T_{\mathrm{d}}\cos\alpha\cos\beta-\frac{1}{2}gT_{\mathrm{d}}^2\sin\vartheta-\frac{1}{2}T_{\mathrm{d}}^2a_{\mathrm{m}}^x-vT_{\mathrm{d}}\cos\alpha\cos\beta-(D+\dot{D}T_{\mathrm{d}})\cos\mu\cos\nu+$$
$$DT_{\mathrm{d}}(\omega_D^y\cos\mu\sin\nu+\omega_D^z\sin\mu)\tag{15-10}$$

$$N_y=-\frac{v}{v_{01}}v_{\mathrm{PJ}}T_{\mathrm{d}}\sin\alpha\cos\beta-(D+\dot{D}T_{\mathrm{d}})\sin\mu-\frac{1}{2}gT_{\mathrm{d}}^2\cos\nu\cos\vartheta-\frac{1}{2}T_{\mathrm{d}}^2a_{\mathrm{m}}^y-$$
$$DT_{\mathrm{d}}(\omega_D^x\cos\mu\sin\nu+\omega_D^z\cos\mu\cos\nu)+vT_{\mathrm{d}}\sin\alpha\cos\beta\tag{15-11}$$

$$N_z=\frac{v}{v_{01}}v_{\mathrm{PJ}}T_{\mathrm{d}}\sin\beta+(D+\dot{D}T_{\mathrm{d}})\cos\mu\sin\nu-\frac{1}{2}gT_{\mathrm{d}}\sin\nu\cos\vartheta-\frac{1}{2}a_{\mathrm{m}}^zT_{\mathrm{d}}^2-$$
$$DT_{\mathrm{d}}(\omega_D^x\sin\mu-\omega_D^y\cos\mu\cos\nu)-vT_{\mathrm{d}}\sin\beta\tag{15-12}$$

为了便于给予驾驶员和耦合控制器提供操纵指令，还需将线偏差转变成角偏差。角偏差通常很小，因此可用下列二式近似，其俯仰方向的瞄准偏差为

$$e_\mu=-\frac{N_y}{D}\tag{15-13}$$

方位方向上的瞄准偏差为

$$e_\nu=-\frac{N_z}{D}\tag{15-14}$$

式(15-13) 表明了目标偏离 Ox_{t} 轴下方时 e_μ 为正，式(15-14) 表明了目标在 Ox_{t} 右侧时 e_ν 为正。

15.1.3.3 目标相对运动的微分方程

当瞄准偏差为零时，弹丸空射目标的矢量图如图 15-6 所示，并且由式(15-15) 表示这种关系：

$$\boldsymbol{D}+\boldsymbol{v}_{\mathrm{m}}T_{\mathrm{d}}+\frac{1}{2}\boldsymbol{a}_{\mathrm{m}}T_{\mathrm{d}}^2=\xi\boldsymbol{I}_{v01}+\boldsymbol{\eta}\tag{15-15}$$

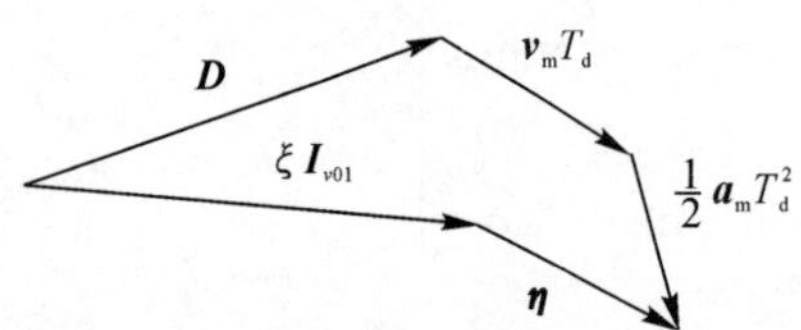

图 15-6 瞄准情况下的空射向量图

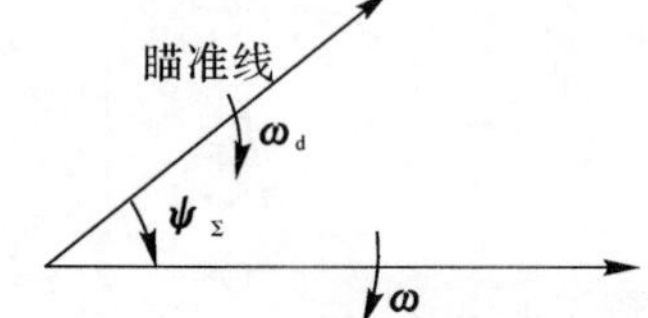

图 15-7 $\boldsymbol{\omega}$，$\dot{\boldsymbol{\psi}}_\Sigma$ 与 $\boldsymbol{\omega}_D$ 的几何关系

将 $\boldsymbol{\eta}$，$\boldsymbol{I}_{v01}$ 和 ξ 的表达式代入式(15-15)，得到

$$\frac{v_{\mathrm{PJ}}T_{\mathrm{d}}v_0}{v_{01}}\boldsymbol{I}_{v0}=\boldsymbol{D}+\boldsymbol{v}_{\mathrm{m}}T_{\mathrm{d}}+\frac{1}{2}T_{\mathrm{d}}^2(\boldsymbol{a}_{\mathrm{m}}-\boldsymbol{g})-\frac{v_{\mathrm{PJ}}vT_{\mathrm{d}}}{v_{01}}\boldsymbol{I}_v\tag{15-16}$$

当修正角不大时，可以把角度用矢量积表示，且由下式近似给出瞄准线与机体轴的夹角矢量

$$\boldsymbol{\psi}_\Sigma=\boldsymbol{I}_D\times\boldsymbol{I}_{v0}\tag{15-17}$$

式中，$\boldsymbol{I}_D\times\boldsymbol{I}_{v0}=\sin\psi_\Sigma\approx\psi_\Sigma$。用 $\boldsymbol{I}_D$ 左叉乘式(15-16)，得到

$$\frac{v_{\mathrm{PJ}}v_0}{v_{01}}\boldsymbol{\psi}_\Sigma=\boldsymbol{I}_D\times\left[\boldsymbol{v}_{\mathrm{m}}-\frac{vv_{\mathrm{PJ}}}{v_{01}}\boldsymbol{I}_v\right]+\frac{1}{2}T_{\mathrm{d}}[\boldsymbol{I}_D\times\boldsymbol{a}_{\mathrm{m}}-\boldsymbol{I}_D\times\boldsymbol{g}]\tag{15-18}$$

依据式(15-4) 和三重矢积公式得

$$\boldsymbol{I}_D\times\boldsymbol{v}_{\mathrm{m}}=\boldsymbol{I}_D\times(\dot{D}\boldsymbol{I}_D+\boldsymbol{\omega}_D\times\boldsymbol{D})=\boldsymbol{I}_D\times(\boldsymbol{\omega}_D\times\boldsymbol{D})=D[\boldsymbol{\omega}_D-(\boldsymbol{I}_D\boldsymbol{\omega}_D)\boldsymbol{I}_D]\tag{15-19}$$

将式(15-19)代入式(15-18)，并整理化简后得到

$$v_J \boldsymbol{\psi}_\Sigma = D[\boldsymbol{\omega}_D - (\boldsymbol{\omega}_D \cdot \boldsymbol{I}_D)\boldsymbol{I}_D] + \frac{v(v_0 - v_J)}{v_{01}}\boldsymbol{\alpha}_G + \frac{1}{2}T_d \boldsymbol{I}_D \times (\boldsymbol{a}_m - \boldsymbol{g}) \tag{15-20}$$

式中，v_J 为弹丸相对于本机的平均速度和

$$\boldsymbol{\alpha}_G = \boldsymbol{I}_{v0} \times \boldsymbol{I}_v, |\boldsymbol{I}_{v0} \times \boldsymbol{I}_v| = \sin\alpha_G \approx \alpha_G \tag{15-21}$$

图 15-7 给出瞄准线角速度 $\boldsymbol{\omega}_D$、机炮安装轴线(与 Ox_t 同向)角速度 $\boldsymbol{\omega}$ 和角速度 $\dot{\boldsymbol{\psi}}_\Sigma$ 之间的关系，即

$$\boldsymbol{\omega}_D = \boldsymbol{\omega} - \dot{\boldsymbol{\psi}}_\Sigma \tag{15-22}$$

在某直角坐标系情况下，设 $\boldsymbol{\omega}_D$ 与 $\boldsymbol{I}_D$ 的坐标分别为

$$\boldsymbol{\omega}_D = [\omega_D^1 \quad \omega_D^2 \quad \omega_D^3]^T \quad 和 \quad \boldsymbol{I}_D = [a \quad b \quad c]^T \tag{15-23}$$

那么内积 $\boldsymbol{\omega}_D \cdot \boldsymbol{I}_D$ 便可由下式表示：

$$\boldsymbol{\omega}_D \cdot \boldsymbol{I}_D = \omega_D^1 a + \omega_D^2 b + \omega_D^3 c \tag{15-24}$$

从而得到

$$(\boldsymbol{\omega}_D \cdot \boldsymbol{I}_D)\boldsymbol{I}_D = (\omega_D^1 a + \omega_D^2 b + \omega_D^3 c)\ [a \quad b \quad c]^T = A\boldsymbol{\omega}_D \tag{15-25}$$

式中

$$\boldsymbol{A} = \begin{bmatrix} a^2 & ab & ac \\ ba & b^2 & bc \\ ca & cb & c^2 \end{bmatrix} \tag{15-26}$$

这样一来，式(15-20)中的 $\boldsymbol{\omega}_D - (\boldsymbol{\omega}_D \cdot \boldsymbol{I}_D)\boldsymbol{I}_D$ 便可由下式表示：

$$\boldsymbol{\omega}_D - (\boldsymbol{\omega}_D \cdot \boldsymbol{I}_D)\boldsymbol{I}_D = \bar{\boldsymbol{A}}\omega_D \tag{15-27}$$

式中

$$\bar{\boldsymbol{A}} = \begin{bmatrix} 1-a^2 & -ab & -ac \\ -ab & 1-b^2 & -bc \\ -ac & -bc & 1-c^2 \end{bmatrix} \tag{15-28}$$

将式(15-22)、式(15-27)代入式(15-20)中，改变某些项的位置得到

$$\bar{\boldsymbol{A}}\dot{\boldsymbol{\psi}}_\Sigma = \bar{\boldsymbol{A}}\boldsymbol{\omega} + \frac{v_0 - v_J}{Dv_{01}}v\boldsymbol{\alpha}_G - \frac{v_J}{D}\boldsymbol{\psi}_\Sigma + \frac{T_d}{2D}\boldsymbol{I}_D \times (\boldsymbol{a}_m - \boldsymbol{g}) \tag{15-29}$$

在 μ,ν 角较小的情况下和上述定义的某直角坐标系为机体轴系($Ox_t y_t z_t$)时，**D** 轴(目标线)可近似为 Ox_t 轴。这样一来，与 **D** 轴方向一致的 $\boldsymbol{I}_D$ 可近似为

$$\boldsymbol{I}_D = [1 \quad 0 \quad 0]^T \tag{15-30}$$

即 $a=1$，$b=c=0$，从而 $\bar{\boldsymbol{A}}$ 阵可退化为

$$\bar{\boldsymbol{A}} = \begin{bmatrix} 0 & 0 & 0 \\ 0 & 1 & 0 \\ 0 & 0 & 1 \end{bmatrix} \tag{15-31}$$

以及 **D** 轴的旋转角速度 $\boldsymbol{\omega}_D$ 可近似为

$$\boldsymbol{\omega}_D = [0 \quad \omega_D^y \quad \omega_D^z]^T \tag{15-32}$$

即 $\omega_D^1 = 0$，$\omega_D^2 = \omega_D^y$ 和 $\omega_D^3 = \omega_D^z$；并且，式(15-22)中的 $\boldsymbol{\omega}$，$\boldsymbol{\psi}_\Sigma$ 可分别由下二式近似表示：

$$\boldsymbol{\omega} = [0 \quad \omega_y \quad \omega_z]^T \tag{15-33}$$

$$\boldsymbol{\psi}_\Sigma = [0 \quad \psi_{\Sigma\nu} \quad \psi_{\Sigma\mu}]^T \tag{15-34}$$

从而由式(15-22)得到

$$\omega_y = \dot{\psi}_{\Sigma\nu} + \omega_D^y \quad 和 \quad \omega_z = \dot{\psi}_{\Sigma\mu} + \omega_D^z \tag{15-35}$$

又当考虑到目标作匀加速运动和重力加速度不变，以及

$$\boldsymbol{\alpha}_G = [0 \quad \beta \quad \alpha]^T \tag{15-36}$$

时，式(15－29)便可以按机体轴坐标系分解，并且经线性化处理后，得到目标相对运动的增量方程为

$$\begin{bmatrix}\dot{\psi}_{\Sigma\mu}\\ \dot{\psi}_{\Sigma r}\end{bmatrix}=\begin{bmatrix}\omega_z\\ \omega_y\end{bmatrix}-\frac{v_J}{D}\begin{bmatrix}\psi_{\Sigma\mu}\\ \psi_{\Sigma r}\end{bmatrix}+\frac{v(v_0-v_J)}{Dv_{01}}\begin{bmatrix}\alpha\\ \beta\end{bmatrix}\tag{15-37}$$

式中，各状态变量的含义都应为对应变量的增量，在方程中省略了符号"Δ"。

15.1.3.4 目标跟踪轨迹方程的推导

将 $\boldsymbol{I}_{v0}$ 右叉乘式(15－16)两边，由于 $\boldsymbol{I}_{v0}\times\boldsymbol{I}_{v0}=\boldsymbol{0}$，所以得到

$$(D+\dot{D}T_d)\boldsymbol{T}_D\times\boldsymbol{T}_{v0}=\frac{vT_d}{v_{01}}(v_{PJ}-v_{01})\boldsymbol{I}_v\times\boldsymbol{I}_{v0}-\frac{1}{2}T_d^2(\boldsymbol{a}_m-\boldsymbol{g})\times\boldsymbol{I}_{v0}-DT_d(\boldsymbol{\omega}_D\times\boldsymbol{I}_D)\times\boldsymbol{I}_{v0}\tag{15-38}$$

考虑到式(15－17)和式(15－21)，以及

$$(\boldsymbol{\omega}_D\times\boldsymbol{I}_D)\times\boldsymbol{I}_{v0}=(\boldsymbol{\omega}_D\cdot\boldsymbol{I}_{v0})\cdot\boldsymbol{I}_D-(\boldsymbol{I}_D\cdot\boldsymbol{I}_{v0})\cdot\boldsymbol{\omega}_D\approx-\boldsymbol{\omega}_D\tag{15-39}$$

$$\boldsymbol{g}\times\boldsymbol{I}_{v0}=g\begin{bmatrix}\sin\gamma & \cos\gamma\end{bmatrix}^{\mathrm{T}}\quad(\psi=0)\tag{15-40}$$

从而得到按机体轴系的目标跟踪轨迹方程为

$$\begin{bmatrix}\psi_{\Sigma\mu}^*\\ \psi_{\Sigma\nu}^*\end{bmatrix}=\frac{D_0T_d}{D_0+\dot{D}_0T_d}\begin{bmatrix}\omega_D^z\\ \omega_D^y\end{bmatrix}+\frac{vT_d(v_{PJ}-v_{01})}{(D_0+\dot{D}_0T_a)v_{01}}\begin{bmatrix}\alpha\\ \beta\end{bmatrix}+\frac{T_d^2}{2(D_0+D_0T_d)}\left(\begin{bmatrix}a_m^y\\ -a_m^z\end{bmatrix}-g\begin{bmatrix}\sin\gamma\\ \cos\gamma\end{bmatrix}\right)\tag{15-41}$$

式中，$\psi_{\Sigma\mu}^*$，$\psi_{\Sigma\nu}^*$ 是按希望值控制飞机跟踪命中目标的轨迹参数，即为跟踪期望值；D_0，$\dot{D}_0$ 的下标"0"表示基准值；其他变量均为基准值加增量值，如，$\alpha=\alpha_0+\Delta\alpha$，$\beta=\beta_0+\Delta\beta$，$\omega_D^z=\omega_{D0}^z+\Delta\omega_D^z$，$\omega_D^y=\omega_{D0}^y+\Delta\omega_D^y$；当目标作匀加速运动时，$a_m^y=a_{m0}^y$，$a_m^z=a_{m0}^z$。

按照雷达和其他测量元件给出测量值，以及按迭代法获得的 v_{PJ}，T_d 代入式(15－41)，通过计算机计算获得 $\psi_{\Sigma\mu}^*$，$\psi_{\Sigma\nu}^*$。输入系统并控制飞机按命中目标的轨迹运动，又在系统中引入有关状态变量如($\psi_{\Sigma\mu}$，$\psi_{\Sigma\nu}$)作为反馈信号，消除 $\psi_{\Sigma\mu}$ 和 $\psi_{\Sigma\nu}$ 的实际值与期望值的偏差。

15.1.3.5 弹丸平均速度 v_{PJ} 和运行时间 T_d 的计算

由外弹道学得知，v_{PJ} 和 T_d 的关系为

$$D_d=v_{PJ}T_d\tag{15-42}$$

$$v_{PJ}-v_{01}+K_BD_d\sqrt{v_{01}}\,\rho(H)=f(v_{PJ},T_d)=0\tag{15-43}$$

式中，K_B 为弹道系数；$\rho(H)$ 为空气相对密度。假设偏差 N_x 为零时，由式(15－10)得到

$$\begin{aligned}&\frac{v_{PJ}}{v_{01}}T_dv_0+v_{PJ}T_d\frac{v}{v_{01}}\cos\alpha\cos\beta-\frac{1}{2}gT_d^2\sin\vartheta-vT_d\cos\alpha\cos\beta-(D+\dot{D}T_d)\cos\mu\cos\nu+\\&DT_d(\omega_D^y\cos\mu\sin\nu+\omega_D^z\sin\nu)-\frac{1}{2}a_m^xT_d^2=N_x(v_{PJ},T_a)=0\end{aligned}\tag{15-44}$$

按照式(15－43)和式(15－44)，可利用迭代法求得 v_{PJ} 和 T_d。在此仅简单介绍解非线性方程组的牛顿法。

假定非线性方程组为

$$\left.\begin{aligned}u(x,y)=N_x(v_{PJ},T_d)=0\\ v(x,y)=f(v_{PJ},T_d)=0\end{aligned}\right\}\tag{15-45a}$$

当存在一组近似解 $P_0(x_0,y_0)$，且

$$\begin{vmatrix}\dfrac{\partial u}{\partial x} & \dfrac{\partial u}{\partial y}\\ \dfrac{\partial v}{\partial x} & \dfrac{\partial v}{\partial y}\end{vmatrix}\neq 0\tag{15-45b}$$

时，便可利用迭代公式

$$
\left.\begin{aligned}
x_{n+1} &= x_u + \frac{1}{J_n}\begin{vmatrix} \dfrac{\partial u}{\partial x} & u \\ \dfrac{\partial v}{\partial y} & v \end{vmatrix}_{P_n} \\
y_{n+1} &= y_n + \frac{1}{J_n}\begin{vmatrix} u & \dfrac{\partial u}{\partial x} \\ v & \dfrac{\partial v}{\partial y} \end{vmatrix}_{P_n}
\end{aligned}\right\} \tag{15-45c}
$$

获得第 $n+1$ 次 x,y 的近似值。式(15－45c) 中 P_n 为点(x_n,y_n)，J_n 为雅可比式 J 在 P_n 的值，即

$$
J_n = \begin{vmatrix} \dfrac{\partial u}{\partial x} & \dfrac{\partial u}{\partial y} \\ \dfrac{\partial v}{\partial x} & \dfrac{\partial v}{\partial y} \end{vmatrix}_{P_n} \tag{15-45d}
$$

15.1.3.6　飞机运动和目标相对运动的状态方程

空对空射击模式的综合飞行／火力控制系统的控制对象是运动中的飞机和运动中的目标。描述飞机动力学特性的方程是飞机全量非线性方程。但是，利用线性化的运动方程可以分析出飞机稳定性和操纵性的普遍规律，也可以推导出作为控制对象的飞机运动的状态方程和传递函数，这对于飞行控制系统的分析和设计是极其重要的。描述目标相对于攻击机运动的方程也是非线性方程。基于基准轨迹小偏离前提下进行的线性化，对于综合飞行／火力控制系统的设计也是重要的。

对于飞机纵向运动的状态方程可采用包括长、短周期的三自由度矩阵形式的状态方程，但由于跟踪、控制和射击过程很短，可不考虑长周期运动的影响，利用描述短周期运动的二自由度矩阵形式的状态方程在综合飞行／火力控制系统控制律初步设计中更为方便和合理。

描述目标高低角运动的增量方程是式(15－37) 的第 1 式。

这样一来，描述飞机和目标相对运动的纵向状态方程为

$$
\begin{bmatrix} \dot{\alpha} \\ \dot{\psi}_{\Sigma\mu} \\ \dot{\omega}_z \end{bmatrix} = \begin{bmatrix} -y^{\alpha} + g\sin\theta/v & 0 & 1 \\ \dfrac{v(v_0 - v_J)}{Dv_{01}} & -\dfrac{v_J}{D} & 1 \\ \mu_z^{\alpha} - \mu_z^{\dot{\alpha}}(y^{\alpha} - g\sin\theta/v_0) & 0 & \mu_z^{\omega_z} + \mu_z^{\dot{\alpha}} \end{bmatrix} \begin{bmatrix} \alpha \\ \psi_{\Sigma\mu} \\ \omega_z \end{bmatrix} + \begin{bmatrix} -y^{\delta_z} \\ 0 \\ \mu_z^{\delta_z} - \mu_z^{\dot{\alpha}} y^{\delta_z} \end{bmatrix} \delta_z \tag{15-46}
$$

对于飞机横侧向运动的状态方程可采用三自由度矩阵形式的状态方程，对于歼击飞机来说，不能用一自由度的倾斜运动或二自由度的偏航运动方程代替。描述目标相对方位角运动的式(15－37) 第 2 增量方程可作为飞机和目标横侧向运动的另一个微分方程。这样一来，描述飞机和目标横侧向运动的矩阵形式的状态方程为

$$
\begin{bmatrix} \dot{\beta} \\ \dot{\omega}_x \\ \dot{\psi}_{\Sigma\nu} \\ \dot{r} \\ \dot{\omega}_y \end{bmatrix} = \begin{bmatrix} z^{\beta} & \alpha_0 & 0 & g\cos\vartheta/v & 1 \\ \mu_x^{\beta} & \mu_x^{\omega_x} & 0 & 0 & \mu_x^{\omega_y} \\ \dfrac{v(v_0 - v_J)}{Dv_{01}} & 0 & -\dfrac{v_J}{D} & 0 & 1 \\ 0 & 1 & 0 & 0 & -\tan\vartheta \\ \mu_y^{\beta} & \mu_y^{\omega_x} & 0 & 0 & \mu_y^{\omega_y} \end{bmatrix} \begin{bmatrix} \beta \\ \omega_x \\ \psi_{\Sigma\nu} \\ r \\ \omega_y \end{bmatrix} + \begin{bmatrix} 0 & z^{\delta_y} \\ \mu_x^{\delta_x} & \mu_x^{\delta_y} \\ 0 & 0 \\ 0 & 0 \\ \mu_y^{\delta_x} & \mu_y^{\delta_y} \end{bmatrix} \begin{bmatrix} \delta_x \\ \delta_y \end{bmatrix} \tag{15-47}
$$

15.1.3.7 飞机运动和目标相对运动的特征值和传递函数

(一) 飞机和目标纵向运动的特征值和传递函数

1. 飞机和目标纵向运动的特征值

由式(15－46)得到基准飞行状态为水平飞行(即 $\theta \approx 0$)情况下的飞机/目标相对运动的纵向特征方程为

$$\begin{vmatrix} s+y^{\alpha} & 0 & -1 \\ \dfrac{v(v_0-v_{\mathrm{J}})}{Dv_{01}} & s+\dfrac{v_{\mathrm{J}}}{D} & -1 \\ -\mu_z^{\alpha}+\mu_z^{\dot{\alpha}}y^{\alpha} & 0 & s-\mu_z^{\omega_z}-\mu_z^{\dot{\alpha}} \end{vmatrix}=0 \tag{15-48}$$

由式(15-48)可见,飞机/目标相对运动行列式形式的特征方程符合局部解耦形式,因此,式(15-48)可以由下列二式代替:

$$\begin{vmatrix} s+y^{\alpha} & -1 \\ -\mu_z^{\alpha}+\mu_z^{\dot{\alpha}}y^{\alpha} & s-(\mu_z^{\omega_z}+\mu_z^{\dot{\alpha}}) \end{vmatrix}=s^2+2\zeta_{\mathrm{s}}\omega_{\mathrm{ns}}s+\omega_{\mathrm{ns}}^2=0 \tag{15-49}$$

$$s+\frac{v_{\mathrm{J}}}{D}=0 \tag{15-50}$$

显然,目标运动不改变飞机运动模态的特征值,仍可采用第二篇中关于短周期特征方程二阶标准形式表示。由式(15－50)表示的目标相对运动模态的特征方程式,可以化成一阶标准形式:

$$s-\lambda_{\mu}=0 \tag{15-51}$$

其中

$$\lambda_{\mu}=-\frac{v_{\mathrm{J}}}{D}\approx\frac{v-v_{\mathrm{PJ}}}{D} \tag{15-52}$$

即与目标平均速度和飞机运动速度之差成正比,与飞机至目标的距离成反比。

2. 飞机/目标纵向运动的传递函数

和飞机纵向运动短周期特征值一样,目标相对运动不改变飞机纵向输出变量 α,ω_z 对输入量 δ_z 的传递函数,这是如式(15－46)所示的局布解耦形式的状态方程所具有的特点。这两个输出变量(α,ω_z)的传递函数近似式为

$$\frac{\alpha(s)}{\delta_z(s)}=\frac{-y^{\delta_z}s+(\mu_z^{\delta_z}+\mu_z^{\omega_z}y^{\delta_z})}{s^2+2\zeta_{\mathrm{s}}\omega_{\mathrm{ns}}s+\omega_{\mathrm{ns}}^2} \tag{15-53}$$

$$\frac{\omega_z(s)}{\delta_z(s)}=\frac{(\mu_z^{\delta_z}-\mu_z^{\dot{\alpha}}y^{\delta_z})s+(y^{\alpha}\mu_z^{\delta_z}-y^{\delta_z}\mu_z^{\alpha})}{s^2+2\zeta_{\mathrm{s}}\omega_{\mathrm{ns}}s+\omega_{\mathrm{ns}}^2} \tag{15-54}$$

由式(15－46)得到目标高低角 $\psi_{\Sigma\mu}$ 对升降舵 δ_z 操纵的近似传递函数为

$$\frac{\psi_{\Sigma\mu}(s)}{\delta_z(s)}=\frac{(\mu_z^{\delta_z}-\mu_z^{\dot{\alpha}}y^{\delta_z})\left(s+y^{\alpha}+\dfrac{v(v_0-v_{\mathrm{J}})}{Dv_{01}}\right)-y^{\delta_z}\left[\dfrac{v(v_0-v_{\mathrm{J}})}{Dv_{01}}(s-\mu_z^{\omega_z}-\mu_z^{\dot{\alpha}})+\mu_z^{\alpha}-\mu_z^{\omega_z}y^{\alpha}\right]}{(s+\lambda_{\mu})(s^2+2\zeta_{\mathrm{s}}\omega_{\mathrm{ns}}s+\omega_{\mathrm{ns}}^2)} \tag{15-55}$$

由式(15－55)可知,在目标高低角($\mu \approx \psi_{\Sigma\mu}$)的升降舵响应中不仅具有目标相对运动模态分量,也具有飞机纵向短周期运动模态分量。这表明了目标高低角是飞机/目标相对运动的函数。因此,可以通过合理地选择飞行/火力控制系统的结构和参数,引入跟踪目标的轨迹信号,控制飞机运动,实现目标高低角的期望值,按理想的目标轨迹跟踪和命中目标。

(二) 飞机和目标横侧向运动特征值和传递函数

1. 飞机/目标横侧向运动的特征值

和纵向运动特征值一样,跟踪目标飞行不改变飞机横侧向运动的特征值。飞机横侧向运动标准形式的

特征方程为

$$(s^2+2\zeta_{\mathrm{d}}\omega_{\mathrm{ns}}s+\omega_{\mathrm{nd}}^2)(s-\lambda_{\mathrm{R}})(s-\lambda_{\mathrm{S}})=0 \tag{15-56}$$

目标横侧向运动的特征方程和纵向一样，即

$$s-\lambda_\nu=0 \tag{15-57}$$

式中

$$\lambda_\nu=\lambda_\mu=-\frac{v_{\mathrm{J}}}{D} \tag{15-58}$$

2. 飞机/目标横侧向运动的传递函数

众所周知，横侧向运动特性是由滚转运动和偏航运动以及它们之间彼此耦合的形式来表征的，不仅涉及固有特性，而且也还涉及扰动和操纵特性。有关动力学特性方面的问题已在第二篇中作了详尽的分析和讨论。把滚转运动和偏航运动自由度分开的作法，是建立在它们之间的彼此耦合的程度决定的。在通常情况下，某些变量除对该自由度影响较大外，而对另外的自由度影响很小，使得横侧向运动的矩阵方程具有局部解耦的结构形式，以及滚转、偏航运动自由度分开和明显的简化有了可能。具体来说，导数 z^{ω_x}，z^γ，$\mu_y^{\omega_x}$ 和 μ_y^γ 不是为零，就是数量甚小，使滚转运动和偏航运动的特征值具有相对独立性；同时，这种局部解耦形式，使得方向舵操纵的侧滑角 β 和偏航角速率 ω_{ys} 的响应中主要为荷兰滚振荡分量，即 β 和 ω_{ys} 对 δ_y 的传递函数可近似为仅包含荷兰滚振荡模态的二阶系统，这便为偏航控制器的简化设计奠定了理论基础；当引入合适的副翼-方向舵交联增益时，由于克服了副翼的偏航力矩，在横侧向运动方程具有局部解耦的情况下，滚转速率对副翼操纵的传递函数复零点近似于荷兰滚振荡极点，并且侧滑角对副翼操纵的传递函数分子近似为零。这些便为滚转控制系统的简化设计奠定了理论基础。

这样一来，在偏航控制系统设计中，通常采用的是“平面”侧滑偏航运动方程，即

$$\begin{bmatrix} s-z^\beta & -1 \\ -\bar{\mu}_y^\beta & s-\bar{\mu}_y^{\omega_y} \end{bmatrix}\begin{bmatrix} \beta \\ \omega_{ys} \end{bmatrix}=\begin{bmatrix} z^{\delta_y} \\ \bar{\mu}_y^{\delta_y} \end{bmatrix}\boldsymbol{\delta}_y \tag{15-59}$$

经验表明，利用式(15-59)作为控制对象的传递特性是合理的。但是，应特别指出的是，式(15-59)中的 ω_{ys} 是稳定轴系的偏航角速率，在偏航增稳系统中应采用 $\omega_{ys}(=\omega_y+\alpha_0\omega_x)$ 反馈。当仅采用机体轴系的偏航速率 ω_y 作为反馈信号时，在大迎角飞行中用以改善荷兰滚阻尼是不够的。为了消除副翼的偏航效应，在偏航控制系统中必须引入合适增益的副翼-方向舵交联。在横侧向综合飞行/火力控制器设计中，主要依靠滚转运动的控制，偏航运动的控制仍按普通形式的控制增稳系统就足够了。但是，应特别提出，在偏航增稳系统中必须引入合适增益的 $\delta_x\rightarrow\delta_y$ 交联控制和 $\omega_x\alpha\rightarrow\delta_y$ 交叉反馈。

为了使横侧向综合飞行/火力控制系统具有很大的转弯、偏航机动性，利用副翼操纵飞机转弯，修正目标方位角，对于空对空跟踪和攻击来说最为有效，而且为提高飞机转弯和目标方位角修正的速度，飞机应具有单自由度滚转运动特性，这样，不仅要求偏航运动控制应具有良好的稳定性和扰动抑制特性，而且一定要有副翼-方向舵交联，使目标方位角的修正为单自由度的滚转运动。这样一来，简化了的滚转速率 ω_x 对滚转操纵的传递函数为

$$\frac{\omega_x(s)}{\delta'_x(s)}=\frac{\mu_x^{\delta'_x}}{s-\bar{\mu}_x^{\omega_x}} \tag{15-60}$$

利用这种简单关系来初步设计横侧向综合飞行/火力控制系统是非常方便的，这种近似结果与精确(且很复杂)的传递函数相比是非常接近的。然而，最终还要用式(15-47)或更复杂的非线性六自由度运动方程进行仿真和试验。式(15-60)中的 $\mu_x^{\delta'_x}$ 由第四篇式(13-340)定义，它是考虑了副翼-方向舵交联后组合舵面 δ'_x 的效应；$\bar{\mu}_x^{\omega_x}$ 由第四篇式(13-317)定义。

在以消除副翼偏航力矩为目的的副翼-方向舵交联的条件下，和考虑到滚转操纵侧滑角响应为零的情况下，目标方位角 ν 对副翼偏转角 δ'_x 的传递函数近似为

$$\frac{\psi_{\Sigma\nu}(s)}{\delta'_x(s)}=\frac{\omega_x(s)}{\delta'_x(s)}\frac{\omega_y(s)}{\omega_x(s)}\frac{\psi_{\Sigma\nu}(s)}{\omega_y(s)}=-\frac{\mu_x^{\delta'_x}(\alpha_0 s+g/v_0)}{s(s-\lambda_R)(s+\dfrac{v_J}{D})} \tag{15-61}$$

15.1.4 综合飞行/火力控制系统空-空模式控制律设计

综合飞行/火力控制系统的设计除保证闭环系统的稳定性外,还应达到高的攻击精度,快速的操纵响应特性和良好的鲁棒性控制。只有这样,在大范围内才能有效地提高攻击机的命中率和生存能力。为了实现全自动的目标引导和攻击控制,必须将状态矢量反馈的基本原理围绕"积分控制器"和"输入控制"概念,应用到每个自由度控制系统中。对于综合飞行/火力控制系统主要涉及纵向平面控制和滚转平面控制。本节介绍的引导控制与动态特性修改相结合的模型跟踪控制,不仅一直成功地应用于飞机控制增稳系统和各种自动驾驶仪模式中,同时更有望适用于具有精确、快速输入控制特性的自动目标引导和攻击控制系统中。

为了使输出变量跟踪规定的引导变量,单独使用比例式状态矢量反馈是不能避免比例控制误差的。在综合飞行/火力控制的每个自由度的控制中必须采用控制误差的积分反馈和输入指令的控制律,才能完成自动目标引导和攻击任务。因此,对于综合飞行/火力控制系统,引入积分误差反馈和精确输入指令,是状态反馈概念的合乎逻辑的拓宽,也是飞行控制系统设计者应该充分认识到的问题。结合"积分控制"的"模型跟踪控制"也是状态反馈控制的扩展,它能简单而有效地提高综合飞行/火力控制系统的鲁棒性,显然也是以提高目标跟踪和命中率为目标的。

15.1.4.1 前向通路中积分器的作用

对于这个问题已在控制理论篇讲述过,为了强调前向回路中积分器的重要性,在此,仍按一般性原理叙述前向积分器的作用。

一个具有前向控制器的控制回路如图15-8所示。图中,$g(s)$为控制对象的传递函数,$h(s)$为前向控制器的传递函数,w为输入控制信号,z,n分别是前向通路和反馈回路中的干扰量,$h_z(s)$表征了前向通路中干扰量z的作用特性,Δw为输入指令误差。

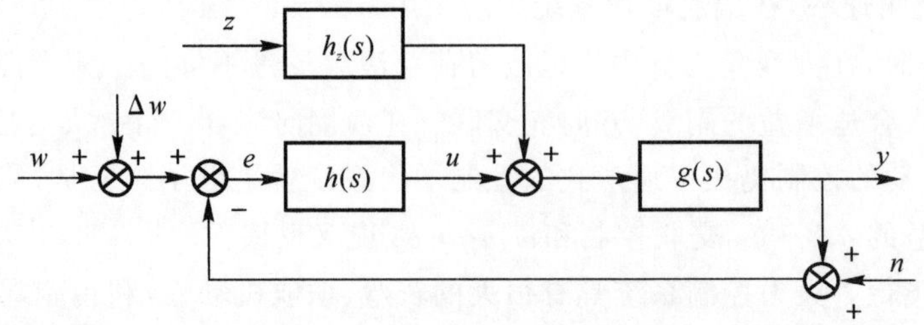

图15-8 具有前向控制器的控制回路

在输入和干扰作用下,输出变量与输入变量的关系式为

$$y=\frac{gh_z}{1+gh}z+\frac{gh}{1+gh}(w+\Delta w-n) \tag{15-62}$$

当没有干扰和指令误差时,输出特性为

$$y=\frac{gh}{1+gh}w=f_w w \tag{15-63}$$

现在的情况是,随着控制器$h(s)$增益的增大,引导(目标跟踪)频率特性$f_w(\mathrm{j}\omega)$趋近于1,则$y\approx w$。引导频率特性等于矢量$g(\mathrm{j}\omega)h(\mathrm{j}\omega)$和$1+g(\mathrm{j}\omega)h(\mathrm{j}\omega)$之比。由于引导输入偏差$\Delta w(s)$和反馈测量噪声$n(s)$与引导输入$w(s)$都在控制回路的同一部位进入,因此,指令偏差和测量噪声对输出变量的影响,当然就同样趋于1。这样一来,其总的控制偏差为

$$e=w+\Delta w-n-y=\frac{1}{1+gh}(w+\Delta w-n)-\frac{h_z g}{1+gh}z=r(w+\Delta w-n)-h_z grz \tag{15-64}$$

式中，称为动态因子的 r 由下式表示：

$$r=\frac{1}{1+gh} \tag{15-65}$$

可见，动态因子 $r(s)$ 越小，控制偏差也越小；同时参数变化对引导特性的影响也下降了。调节变量 u 对输入变量的特性为

$$u=\frac{h}{1+gh}(w+\Delta w-n)-\frac{hgh_z}{1+gh}z \tag{15-66}$$

因此，在目标跟踪控制设计中，必须在引导精度、干扰影响、调节活动和测量品质之间做出折中。然而，与纯粹反馈控制器的情况相反，这种在前向回路中的控制器的这种配置，控制器增益可以按调节活动允许的程度来选择，以同时改善引导特性和抗干扰特性。

然而，只要开环传递函数具有比例特性，并且 $|f(\mathrm{j}\omega)|<\infty$，这里的控制偏差就不能为零。若至少是稳态控制偏差应为零，即 $e_\infty=0$，那么 $f(s)$ 中必须含有所需要的调节变量 u 的积分。在具有大的干扰 z 的情况下，只要不把 z 在一起积分的条件下，在控制器中的积分，或者控制对象中的积分，一般地结论如下：如果在控制回路的前向通路中，在扰动变量进入之前存在积分，那么，在有限的输入信号下，只要不存在引导输入偏差和稳态反馈测量误差(包括干扰)，则引导系统的稳态控制误差为零。

通过以上分析，可以给出目标跟踪控制器设计的部分准则如下：

1) 控制回路应具有前向积分器；

2) 引导输入信号应没有偏差；

3) 系统输出变量的测量误差应为零。

15.1.4.2　线性模型跟踪控制

在控制回路中引入前向积分器，可有效地提高控制系统的稳态精度，不仅能使稳态误差趋于零，也使前向通路中的干扰引起的稳态值为零。然而，对于飞行 / 火力综合控制，为了不失良机地攻击和命中目标，对于引导指令响应应具有过程快速特性；在大的干扰扰动中不仅稳态误差为零，同时，动态误差也应很小；在整个作战攻击区域内，系统具有近似相同的响应特性，不受飞机参数变化的影响。若欲给出一种动态过程赋予一定模型特性，那么，可以通过使二次型代价函数最小化来实现，即

$$J=\int_0^\infty(\boldsymbol{x}^{\mathrm{T}}\boldsymbol{Q}\boldsymbol{x}+\boldsymbol{u}^{\mathrm{T}}\boldsymbol{R}\boldsymbol{u})\mathrm{d}t\rightarrow\min \tag{15-67}$$

这样，通过控制使积分 J 最小，就与把控制系统调整到由性能准则函数所表现的模型特性上具有同样的意义。因此，人们把这种情况称为“隐式模型”的跟踪控制。

但是，不能轻而易举地就能建立加权矩阵 $\boldsymbol{Q}$，$\boldsymbol{R}$ 和模型-状态矩阵 $\boldsymbol{A}_{\mathrm{m}}$，$\boldsymbol{B}_{\mathrm{m}}$ 之间的关系。因此，人们常常直接这样做：人为实现一种动态模型，同该模型不断地比较过程的特性，并用一种控制器使模型和过程之间的偏差最小。当然，这种比较不仅限于输出变量，而且还包括所有的状态变量。人们把这种方法称为“显式模型跟踪”控制。

如图 15-9 所示为最早的逆过程特性模型跟踪方法，它涉及由模型 G_{M} 和逆过程特性 G^{-1} 组成的控制。可见，总的传递函数为

$$y(s)=G(s)G^{-1}(s)G_{\mathrm{m}}(s)w(s)=G_{\mathrm{M}}(s)w(s) \tag{15-68}$$

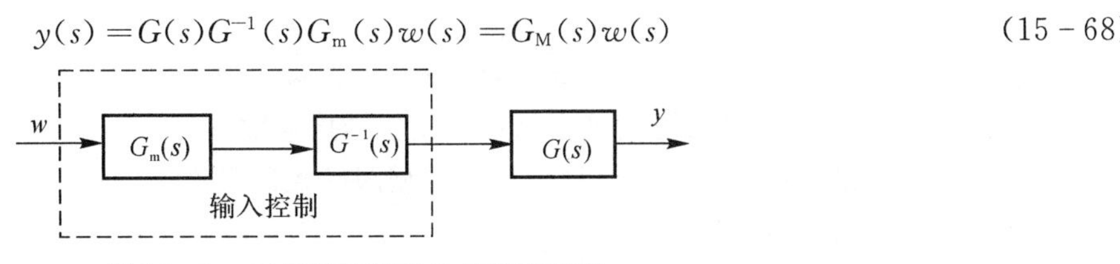

图 15-9　采用逆过程特性的模型跟踪

然而，由于过程的逆传递函数不可能实现和不能补偿扰动和过程参数的不确定性，因此，不能采用这种模型跟踪方法，需要找到另一种实用的方法。

具体的希望得到的过程特性，极少超过一阶或二阶的。模型的阶次大多数选择为低于或相当于真实过程的阶次，例如，人们给俯仰运动选择为二阶模型，这与飞行品质要求相类似。模型跟踪控制的基本原理，也往往局限于讨论模型与线性系统相似的情况。作为模型的时间函数主要是阶跃函数，它可完整地描述线性系统的特性，这种理论方法在一定程度上也可扩展到非线性情况，从而，也用在真实的边界条件下。

本节基于这些考虑，在第四篇有关飞行控制系统的常规功能（包括控制增稳系统和各种模式的自动驾驶仪）系统的设计中采用了如图 15-10 所示的模型跟踪结构。

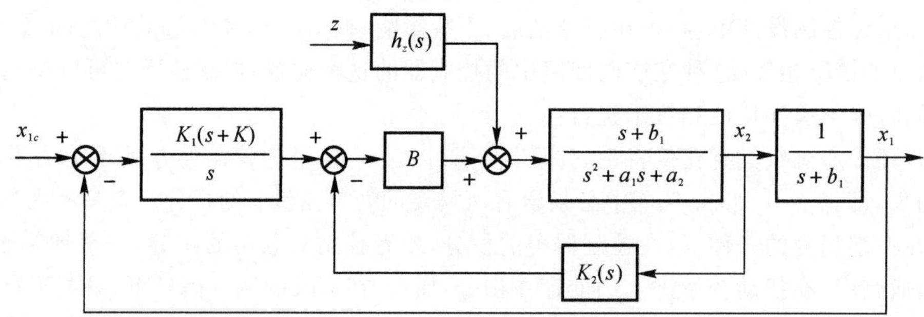

图 15-10　模型跟踪控制结构

合理地选择 $K_2(s)$ 的结构和参数，如

$$K_2(s)=\frac{(K_{21}+K_{22})s+K_{23}}{s+b_1} \tag{15-69}$$

且当参数 K_{21}，K_{22} 和 K_{23} 能满足下式：

$$a_1+BK_{21}=\frac{K_{23}}{K_{22}}+\frac{a_2}{BK_{22}}=K \tag{15-70}$$

时，图 15-10 便可转换为图 15-11。这样一来，没有干扰 z 的情况下，输出特性为

$$x_1=\frac{BK_1}{s^2+BK_{22}s+BK_1}x_{1c} \tag{15-71}$$

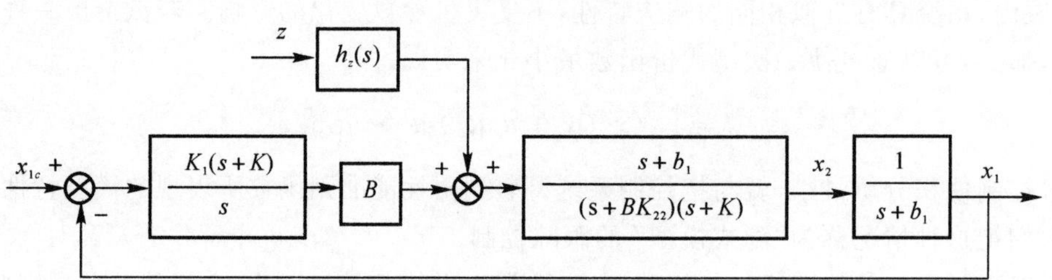

图 15-11　图 15-10 的转换图

按期望值（模型参数）ζ_m，ω_{nm} 确定 K_{22} 和 K_1 值，即

$$K_{22}=\frac{2\zeta_m\omega_{nm}}{B}\quad 和 \quad K_1=\frac{\omega_{nm}^2}{B} \tag{15-72}$$

这就是说，在正常输入 x_{1c} 作用下，系统传递函数为跟踪模型，即

$$\frac{x_1(s)}{x_{1c}(s)}=\frac{\omega_{nm}^2}{s^2+2\zeta_m\omega_{nm}s+\omega_{nm}^2} \tag{15-73}$$

由于在结构图 15-10 中没有明确表示跟踪模型结构参数，因此，本节称这种系统为“隐式跟踪模型”控制。由于在前向通路中具有积分器，因此，这种模型跟踪控制具有前向积分控制回路的优点。输出 x_1 对于前向通路中干扰 z 的传递函数为

$$\frac{x_1(s)}{z(s)}=\frac{h_z(s)s}{(s_2+2\zeta_m\omega_{nm}s+\omega_{nm}^2)(s+K)} \tag{15-74}$$

当 $K=0$ 时，如图 15-10 所示控制回路，便是一般的状态反馈系统。然而，随着 K(相应的 K_{21}，K_{23}) 值的增加，前向通路中的扰动特性降低，其中前向积分的作用使扰动稳态特性为零，扰动动态影响随 K 的增大而减小。如果 $K\to\infty$，则这种扰动动态特性趋于零。

在这种模型跟踪控制结构形成的引导特性中，包含有控制对象参数的指令动态特性中的大极点由前置的比例加积分构成的零点予以补偿，当对象的某些参数(如 a_1，a_2) 发生变化时，如果这个很大的极点和零点彼此很靠近，并且由于模型极点居主导地位(主导极点)，那时虽然不能给出准确的补偿，但却对模型动态特性影响甚小。通过输入与外反馈误差的前向积分，能进一步改善对工作点变化的敏感性。

由于受到各种各样的限制，所以不可能实现准确的模型跟踪。特别在起始特性中，由于调节变量限制的缘故，必须允许出现误差，但是，可以通过如下方法予以降低：

1) 前置积分器增益 K 和包括由式(15-70) 决定的 K_{21}，K_{23} 等参数的选择大到这种程度：恰好在最大扰动下，用到可供使用的调节范围内。这样，从鲁棒性设计的意义上看，实现了良好的扰动抑制和小的对象参数变化的敏感性。

2) 合理的输入响应特性，即把模型的动态特性选择得比其在名义对象时的特性要慢一些。以便有足够的控制剩余能量，以平衡扰动和参数变化的影响。这样，就应在可以实现的模型动态特性和鲁棒特性之间做出折中。

3) 可通过前置滤波器的办法将快速动态输入予以降低，这就是避免阶跃引导指令进入模型跟踪系统中；当然，还可以限制引导指令信号的幅值。

4) 如图 15-12 所示，设置显式模型，获得由显式模型给出的最佳跟踪轨迹与实际跟踪特性的误差，并通过积分修正，使得在对总系统影响很小的情况下，恰好可以达到所需的引导精度。

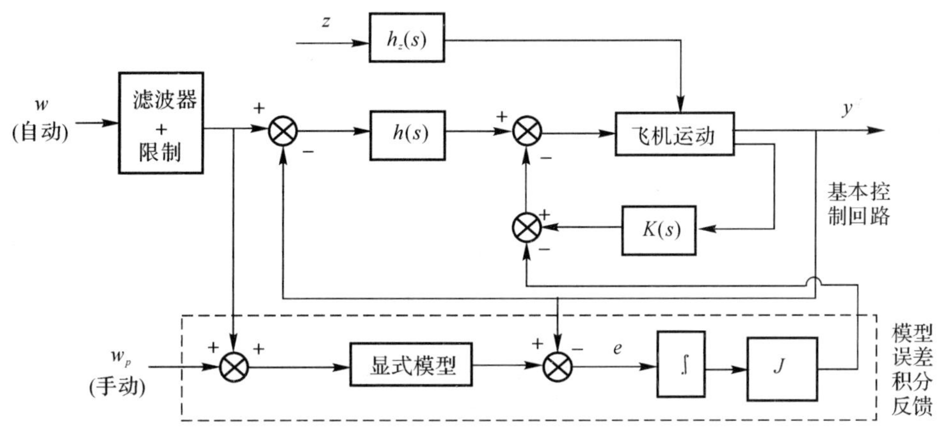

图 15-12　具有前置滤波器和模型误差积分反馈的模型跟踪系统

如图 15-10 所示模型跟踪控制的主要缺点是不能减小对控制系数 B 和对象零点 $-b1$ 变化的敏感。通过附加的显式模型跟踪误差的积分反馈可以补偿这些参数的影响。如果能够预知这些参数随飞行状态不同的变化，应在基本控制回路参数设计中给出自动调参措施。

15.1.4.3　综合飞行 / 火力控制空-空模式纵向系统基本回路设计

通过前向积分器和“隐式模型跟踪控制”的分析，可以按飞机运动和目标相对运动的传递函数做出综合飞行 / 火力控制系统的线性结构图和控制律。这种系统具有快速准确跟踪、扰动抑制、鲁棒性和调节活动之间最好的折中。只要火控雷达能提供正确的测量变量，目标跟踪轨迹计算机依据这些测量量按目标轨迹计算公式给出跟踪期望值(μ^* 和 ν^*)，按上述作用原理设计的飞行控制系统，将把飞机引导到最佳跟踪和命中目标的轨迹上。图 15－13 所示为综合飞行／火力控制系统空-空模式纵向结构图。图中飞机俯仰角速度和目标与飞机相对运动的高低角对升降舵偏转的传递函数是在忽略 y^{δ_z} 的影响后得到的；为了获得如图 15－10 所示"隐式模型跟踪控制"的典型结构图，在前向通路中设置滤波器：

$$F_\mu(s)=\frac{T_f s+1}{T_f(s+K_f)} \tag{15-75}$$

式中

$$T_f=\frac{D}{v_J} \text{ 和 } K_f=y^\alpha+\frac{v(v_0-v_J)}{Dv_{01}} \tag{15-76}$$

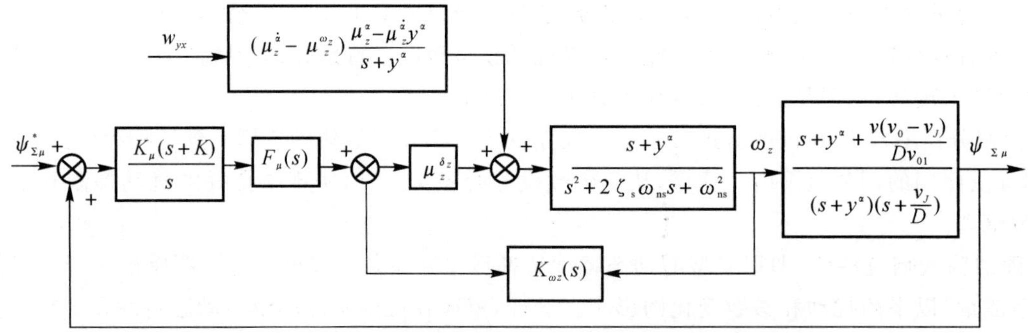

图 15－13　综合飞行／火力控制空-空模式纵向系统结构图

按式(15－69)得到

$$K_{\omega_z}(s)=\frac{(K_{\omega_{z1}}+K_{\omega_{z2}})s+K_{\omega_{z3}}}{s+y_\alpha} \tag{15-77}$$

为实现模型跟踪控制，按式(15－70)得到

$$K_{\omega_{z1}}=-\frac{K-2\zeta_s\omega_{ns}}{\mu_z^{\delta_z}} \quad \text{和} \quad K_{\omega_{z3}}=KK_{\omega_{z2}}+\frac{\omega_{ns}^2}{\mu_z^{\delta_z}} \tag{15-78}$$

为获得期望的模型参数 ζ_m，ω_{nm}，按式(15－72)得到

$$K_{\omega_{z2}}=-\frac{2\zeta_m\omega_{nm}}{\mu_z^{\delta_z}} \quad \text{和} \quad K_\mu=-\frac{\omega_{nm}^2}{\mu_z^{\delta_z}} \tag{15-79}$$

当以上关系式得到满足时，图 15－13 所示纵向综合飞行控制系统的输入-输出的传递函数为

$$\frac{\psi_{\Sigma\mu}(s)}{\psi_{\Sigma\mu}^*(s)}=\frac{\omega_{nm}^2}{s^2+2\zeta_m\omega_{nm}s+\omega_{nm}^2} \tag{15-80}$$

可由式(15－74)得到目标高低角 $\psi_{\Sigma\mu}$ 对垂直风切变 w_{yx} 的传递函数为

$$\frac{\psi_{\Sigma\mu}(s)}{w_{yx}(s)}=\frac{(\mu_z^{\dot\alpha}-\mu_z^{\omega_z})(s+y^\alpha)+\mu_z^\alpha-\mu_z^{\dot\alpha}y^\alpha}{(s^2+2\zeta_m\omega_{nm}s+\omega_{nm}^2)(s+K)(s+y^\alpha)} \tag{15-81}$$

可见，如图 15-13 所示结构的纵向综合飞行／火力控制系统，当按调节器活动范围或稳定性要求选择 K 和相应的 $K_{\omega_{z1}}$，$K_{\omega_{z3}}$ 值足够大时，便可获得输入-输出良好的响应特性和对垂直风扰动具有很强的抑制作用。如果考虑到实际系统的非线性影响时，可采用如图 15－12 所示模型误差积分反馈的办法，予以补偿。

在系统设计中忽略了升降舵升力系数 y^{δ_z} 的影响，显然，它的作用同样可通过模型误差积分反馈给予补偿。

15.1.4.4　综合飞行／火力控制空-空模式横侧向回路设计

为了精确地控制目标相对运动的方位角 ν，同样可以采用具有前向积分器的隐式模型跟踪控制结构，实现快速、准确跟踪和命中目标。

如图 15－14 所示，为综合飞行／火力控制系统空-空模式横侧向结构图。图中

$$F_{\nu}(s)=\frac{T_1(s+K)}{T_2 s+1} \tag{15-82}$$

其中

$$T_1=\frac{v}{g} \quad 和 \quad T_2=\frac{v\alpha_0}{g} \tag{15-83}$$

当满足

$$-(\lambda_R+\mu_{\bar{x}}^{\delta_x'}K_{\omega_x})=K \tag{15-84}$$

和

$$-\mu_{\bar{x}}^{\delta_x'}K_{\omega_y}=2\zeta_m\omega_{nm}, \quad -\mu_{\bar{x}}^{\delta_x'}K_{\nu}=\omega_{nm}^2 \tag{15-85}$$

时，横侧向综合飞行／火力控制回路的闭环传递函数为

$$\frac{\psi_{\Sigma\nu}(s)}{\psi_{T\nu}^*(s)}=\frac{\omega_{nm}^2}{s^2+2\zeta_m\omega_{nm}s+\omega_{nm}^2} \tag{15-86}$$

当 K 值选择的足够大时，便可实现鲁棒性强的横侧向综合飞行／火力空-空模式模型跟踪控制。

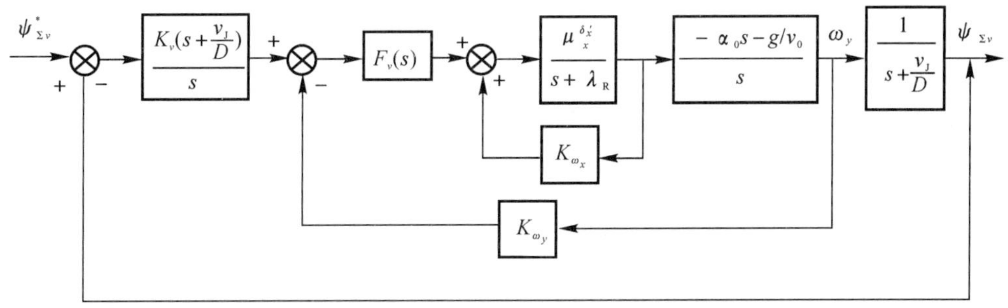

图 15-14　综合飞行/火力控制空-空模式横侧向系统结构图

小　结

飞行控制的这一新领域正处在全面发展过程中，对未来飞机的机载系统将产生重大影响。经过大量的研究项目，将有一些新的控制措施成功应用，不仅在军用领域有很大发展，在民用领域也会有很大的发展。

综合飞行/火力控制系统将用于第 4 代战斗机中，以改善高性能飞机的空-空作战能力。然而，现有的综合飞行/火力控制系统控制律设计是极为复杂的，仅仅按线性系统来设计是远远不够的，必须经过反复的迭代优化设计才能获得一个良好的控制器结构和参数，以满足未来飞机的作战要求。为简化设计过程和缩短研制周期，本节给出了这种鲁棒性结构和线性设计方法，需要非线性仿真和试验、试飞验证，以最终获得一个良好的综合飞行/火力控制器结构。

对于一个好的综合飞行/火力控制系统，首先应该具有各个有关参数的测量设备，依据它们所提供的精确数据，按照正确的计算公式和切实可行的迭代方法，解算出目标跟踪轨迹参数，如期望的方位角和高低角；进一步要求飞行控制系统在最短的时间内实现这些期望参数，这就需要有一个简单而实用的控制律结构和参数。这种综合飞行/火力控制器控制律，应能最大限度地发挥飞机的机动能力和火力控制系统的攻击能力。这种控制律功能的实现往往需要一个活动范围很大的调节器，它能提供最大输入和扰动特性要求的运动范围和速度，具有足够使用的控制功率。这样，又对综合飞行/火力控制系统的伺服舵机回路提出了很高的静、动态要求，继而又对飞机的能源容量提出更高的要求。

15.2 综合飞行/推进控制系统(IFPCS)

15.2.1 概述

在20世纪70年代以前,飞行控制、火力控制和发动机有关控制器是并行单独发展的。随着控制理论、计算机技术和包括电传操纵系统在内的主动飞行控制系统的发展,美国在20世纪70年代中期提出了综合飞行/火力控制的概念,大大提高了飞机的作战能力和减轻了飞行员负担。在此期间,为了进一步提高飞机性能,减轻飞行员负担,美国又率先进行了综合飞行/推进控制系统的研究,主要解决了发动机/进气道/机身之间的耦合问题。其突出的优点是,可提供最优或次优响应,扩大了飞行包线,使飞机可安全操纵到接近飞行包线,使燃油效率更高。对战斗机而言,其成果主要应用于地形跟随(回避)、能量管理和大迎角飞行。在此便开始了飞行与推进综合化研究,并从自动油门和发动机电子控制开始,逐步实现了自动驾驶仪、自动油门以及发动机进气道数字控制的综合控制计划。直到20世纪80年代美国在不同的机种上,依据综合控制系统设计方法(DMICS),验证了IFPC技术的可行性,完成了短距起落、地形跟随/回避、空-空格斗机动性、空-地攻击机动性和超声速巡航的IFPC系统的建模、控制律设计、仿真和评价方法的研究。此后,又在某型飞机上验证了IFPC技术,试飞证明,IFPC可扩大飞行包络,提高飞行性能,特别是低速着陆和高空飞行性能。

15.2.2 综合飞行/推进控制系统的功能和组成

具有推力矢量、反推特性和进气道几何变形的发动机,其推力与飞机的气动力之间存在一定程度的耦合作用。当这种发动机/进气道/机身之间的耦合作用较严重时,可使飞机产生发散的横向荷兰滚振荡和纵向长周期振荡,甚至出现发动机熄火的故障。因此,有必要综合考虑飞行控制和推进控制,抑制耦合作用对飞机稳定性和飞行性能的影响。这是综合飞行/推进控制系统的主要功能。

图15-15所示为综合飞行/推进控制系统的原理图,其系统工作过程如下:计算机接受驾驶员根据飞行任务发出的指令,并同时接受迎角、侧滑角、加速度信号,以及发动机进气道压力比和进气整流锥位置等信号。经过控制律计算,向飞行控制系统发出控制信号,操纵飞机的相应控制面,使飞机按预定的姿态和航向飞行;同时向发动机系统发出控制信号,改变进气道整流锥位置和油门大小,控制发动机推力,从而使飞行控制与推进控制融为一体,达到综合控制的目的。

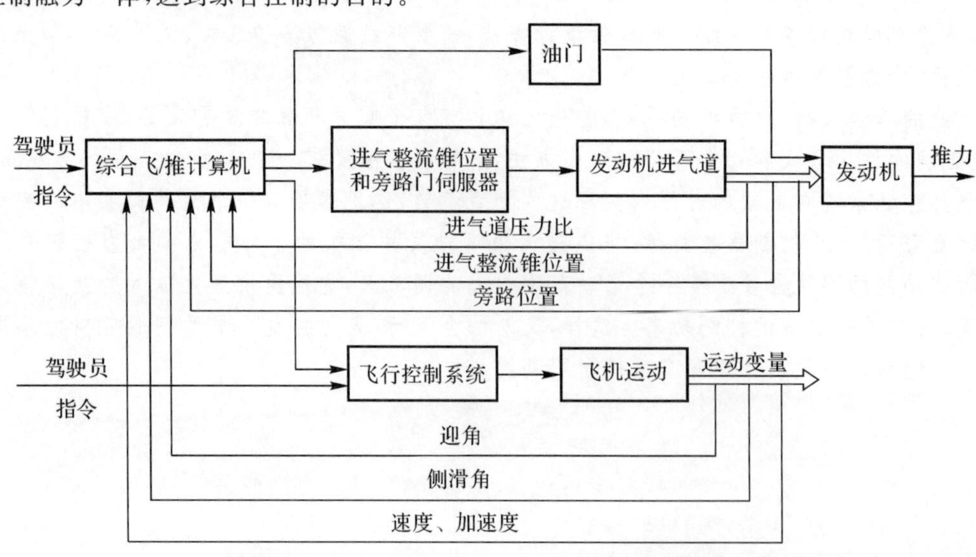

图15-15 综合飞行/推进控制系统原理图

图 15－16 所示为综合飞行/推进控制系统的结构图。基于递阶、分散概念把综合系统划分为若干子系统，按功能模块设计各子系统的控制律。操纵指令发生器的功能是把驾驶员的指令或飞行管理轨迹优化命令生成器给出的信号转化为飞机的飞行组合变量，产生希望的飞机响应。控制器计算出跟踪期望轨迹所需的控制量。控制选择器输出按一定控制逻辑构成的执行指令，使各气动面、进气道、发动机和尾喷管协调动作，以达到最佳性能。

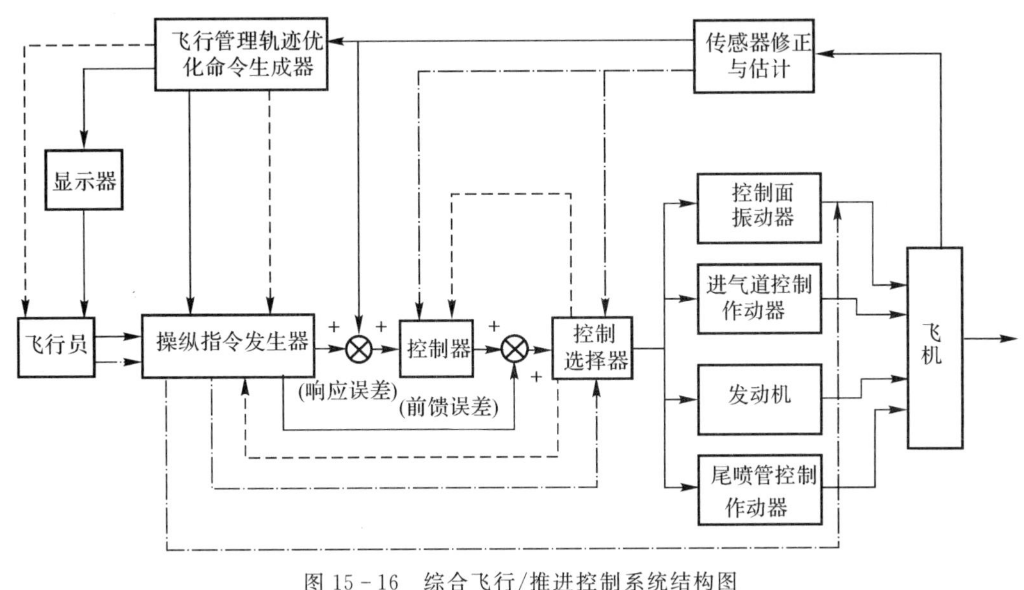

图 15－16　综合飞行/推进控制系统结构图

——连续控制信号；-----离散控制信号；—·—增益调参信号

15.3　综合飞行/火力/推进控制系统(IFFPC)的概念

前面介绍了综合飞行/火力控制和综合飞行/推进控制两种系统，自然会联想到综合飞行/火力/推进控制系统。实际上，美国早在 20 世纪 80 年代就着手进行综合飞行/火力/推进控制系统的研究，IFFPC 一体化设计基于各项先进主动控制技术，更加完善地综合飞行、火力、推进、导航及航空电子等机载设备子系统，未来飞机的总体性能将大大提高。

作战飞机使用航空武器攻击和摧毁目标离不开航空火力控制系统，根据火力控制的要求，武器投射时必须满足武器轴线相对目标有合适的指向和武器距目标应具有适当的距离两个基本条件。过去这两个条件是专门靠飞行员依据显示仪表操纵飞机和发动机油门力争满足的。但是，尽管驾驶员具有精确和熟练地操纵飞机、发动机和武器的能力，但相对现代飞机作战的瞬时性、大机动交战等情况，驾驶员已经是力不从心和不能做到力所能及了。在机动飞行时加速度增大而导致跟踪能力下降，低速跟踪时会产生明显的低速率死区，跟踪目标时的精确瞄准会产生晃动。此外，空战环境造成的压力与疲劳也会影响飞行员的能力。在空对空机炮作战时，发动机和飞机动态响应的延迟和非线性，飞行员对距离变化率、加速度的视觉延迟和误差，使得射击距离的控制成为一个艰难的任务。因此，飞行员在攻击目标时几乎集中了全部精力于飞机的操纵。

随着综合飞行/火力控制和综合飞行/推进控制两种系统的发展，提高了飞机的作战能力，扩大了飞行包线，增加了地形跟随和大攻角飞行的能力，同时还大大减轻了飞行员的负担。那么，为了进一步地提高飞机的作战能力，综合飞行/火力/推进一体化控制已成为必然。它不是飞行、火力和推进控制系统的简单组合，它是以实现自动攻击和提高火控性能指标为目标，以综合飞行/推进控制为手段，以飞机为统一的控制对象，通过综合控制系统设计，最终实现对目标跟踪和攻击的一套完整的系统。

综合飞行/火力/推进控制系统的设计是在指挥仪型火力控制系统、主动控制技术的飞行控制系统和电调推进控制系统的基础上进行综合设计的。综合飞行/火力/推进控制系统设计的主要任务是完成如下任务的耦合控制律:能自动操纵作为武器载体和投射平台的飞机,完成对目标的攻击。

把综合飞行/火力/推进控制概念扩展到战斗机作战的各个阶段(起飞、巡航、突防、搜索、攻击、着陆等),随之便产生了综合任务/平台控制概念:通过综合飞行/推进控制系统,实现完成飞行任务所需的飞机操纵的自动化。综合任务/平台控制系统能够根据作战任务的要求,实现载机姿态和载机航迹(六自由度)的精确控制,最大限度地发挥作战飞机的能力,减轻飞行员操纵飞机的负担,提高作战飞机的整体作战能力。

第 16 章　推力矢量控制技术简介

推力矢量控制技术也称推力转向技术，它通过控制发动机尾喷流方向来控制飞机机动飞行，即它可补充或取代常规飞机飞行控制面产生的气动力来对飞机进行飞行控制。战斗机采用推力矢量控制后，可显著地提高机动性和垂直/短距起飞等技/战术性能。研究试验发现，如果飞机采用全推力矢量控制，那么还可去掉飞机的尾翼，即构成无尾飞机，这对于改善飞机的隐身性能是很有帮助的。

16.1　战斗机推力矢量控制技术的发展

推力矢量控制技术最早由德国人应用到 V-2 火箭上，利用安装在火箭喷口处的可控制扰流板，利用喷气流的偏转来操纵火箭的飞行轨迹。但由于这种技术的复杂性和困难程度高，直到二十世纪五六十年代，推力矢量技术才逐渐在战斗机上采用。

20 世纪 50 年代末，德国首先研制了采用推力矢量技术的 F-11F“虎”试验机；英国在此后成功地将推力矢量控制技术应用到“鹞”式战斗机上，使该机具有垂直起落能力。

美国 1985 年开始进行的 F-15STOL 验证机计划，验证了具有推力矢量的综合飞行/推力控制技术，该验证机于 1988 年 3 月进行了首飞。试飞结果表明该技术可以明显地改善飞机的机动性，并证明 F-15STOL 具有更好的短距起落性能。此后，各国的 IFPC 技术开始把推力矢量作为关键内容进行研究。1990 年以后，美国先后进行了 NASA F-18/HARV，NASA X-29A，Rockwell/MBB X-31 及 McDonnel/MRF 等多项推力矢量技术的研究计划，对大迎角下的推力矢量控制规律设计、偏航/俯仰二维矢量喷管及轴对称矢量喷管等关键技术进行了全面的研究。美、德联合研制了采用矢量控制技术的 X-31“增强战斗机机动性”的验证机可操纵迎角达 76°，试验证明了推力矢量控制技术的采用可取代垂直尾翼所起的作用。

比较美、英等国要晚的俄罗斯(苏联)，对战斗机推力矢量控制技术非常重视，着重于实际应用，发展速度较快。从 20 世纪 80 年代开始对推力矢量控制技术进行试验，1989 年开始在 C_y-27 飞机上试验。在 20 世纪 90 年代俄罗斯在 C_y-37 飞机上采用了装有轴对称可转喷管的两台 AL-37FU 发动机，它在俯仰方向能实现±15°的推力转向。目前俄罗斯已掌握了发动机喷口可全向偏转的推力矢量控制技术，并用于 C_y-35，T-50 战斗机上。

16.2　推力矢量控制技术对战斗机性能的改善

战斗机的机动控制能力决定了战斗机的作战效能，对于最大效率地取得空战胜利至关重要。应用综合飞行控制技术的先进战机，通过一体化协同控制推力矢量发动机喷管偏转与飞机气动舵面偏转，实现大迎角配平可控平飞、过失速机动动态可控，同时改善飞机低速性能、扩展飞行包线、提高飞机机动性、敏捷性，改善飞行性能，能够提高更强的综合飞行控制能力。图 16-1 所示为推力矢量综合飞行控制的收益示意图。

在起飞着陆性能方面，具有垂直/短距起落性能的战斗机可降低对机场的要求和减少对机场的依赖性。美国在 F-15S/MTD 试验机上控制发动机喷流下偏 90°后，滑跑距离由 1 200 m 减小到 460 m。目前，英、俄、美等国通过控制发动机喷管向下偏转 90°，垂直向下喷射的喷气流可使飞机具有垂直起降能力，因此采用推力矢量控制技术的战斗机可显著地改善垂直/短距起落性能。

在机动性和控制能力上，具有推力矢量控制技术的战斗机具有超机动性和超可控性。过失速(PST)机动称为超机动性；过失速(PST)可控性称为超可控性；超机动性加超可控性称为敏捷性(Agility)，敏捷性是指飞机转动机动平面和改变机动飞行状态的能力。关于敏捷性的性能可用三个任务或能力组合起来描述：①在敌机指向你之前你首先指向敌机；②可以长时间连续地以高转弯速率转弯，以获得多次攻击的有利地位；③可以从极快的加速前飞以到达某点，再次获得所需机动速度或跟踪一个即将离开目标的能力。具有超机动性能的现代战斗机可扭转不利的空战态势，由被动变主动，提高空战效能。战斗机有了超机动性与超可控性，则可在进行攻击时最快地把机头和武器对准目标机并首先进行射击，赢得了较短的攻击时间，并且在遇到多机和导弹攻击时，可用非常规机动迷惑敌机(弹)和实施逃逸，从而提高了生存能力。

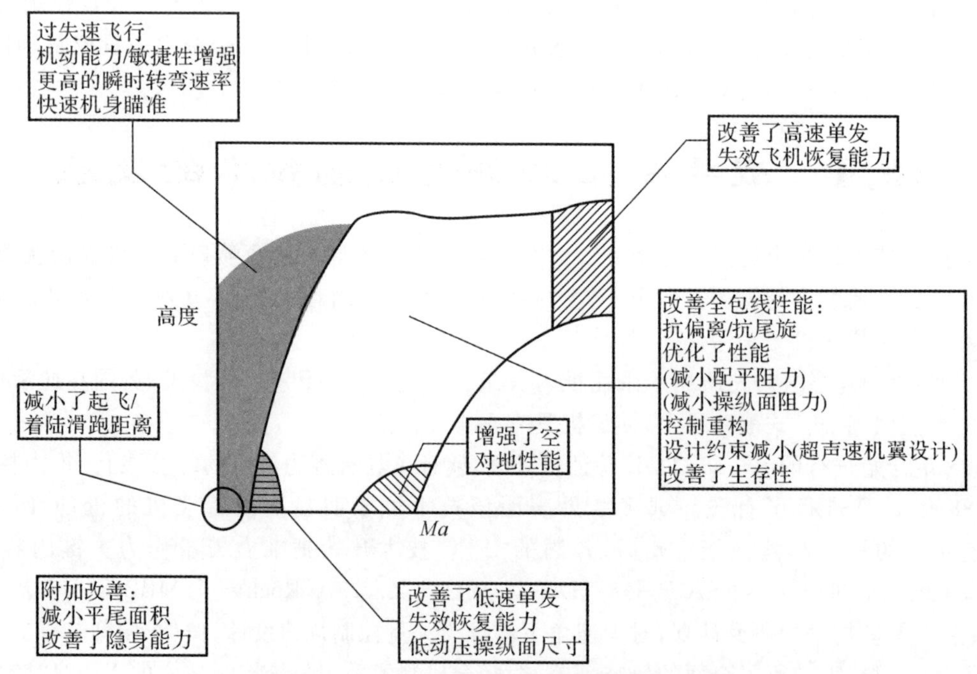

图 16-1　推力矢量综合飞行控制的收益示意图

为了评估飞机的敏捷性，20 世纪 80 年代起，各国进行了大量的研究，并总结出了各种评估敏捷性的尺度。其中，比较权威的是美国 Kansas 大学飞行力学研究所根据各种研究结果所总结出的敏捷性尺度研究报告。

敏捷性还可分为俯仰敏捷性、扭转敏捷性和轴向敏捷性。俯仰敏捷性用"使飞机上仰到设计迎角，又迅速下俯所需时间"来衡量。所谓扭转敏捷性是指飞机改变其机动平面的能力，主要包括绕气流轴的滚转能力。用飞机产生倾斜角并停止倾斜的敏捷性与转弯速率除以滚转并停止滚转所需时间来衡量。所谓轴向敏捷性是指快速改变推力与阻力的能力。推力矢量飞机在这三个方面均比传统飞机优越。例如，采用了推力矢量控制技术后的 F-22 飞机，迎角为 20°时的最大滚转角速度由 65°/s 提高则 110°/s，滚转 360°的时间由 10.5 s 减少到 5.7 s。

在隐身能力方面，采用了推力矢量控制技术的战斗机可提高它的隐身能力。飞机垂尾是主要雷达截面反射(RCS)源之一，侧面照射垂尾的雷达波获得的 RCS 值是飞机前方向照射的 3 ～ 4 倍，所以垂尾对飞机的隐身性能影响很大。推力矢量控制可以全部或大部分代替垂尾的作用，从而提高了战斗机的隐身性能。

在操纵效率方面，推力矢量控制技术可提高战斗机的操纵效率。例如采用二元喷管推力矢量的飞机，由于其喷口距飞机重心远，推力矢量能提供较大的操纵力矩，并且不随迎角的改变而变化。当二元喷管推力矢量用于横侧向操纵时，低速操纵效率可提高一倍，大迎角时尤为显著，非常有利于飞机的亚声速和超声速机动能力的提高。同时，二元喷管推力矢量便于用作反推力装置和飞行中的减速。

16.3　推力矢量控制的实现方法

推力矢量飞机按推力矢量作用和影响的大小分纯推力矢量飞机和部分推力矢量飞机两种。

(1)纯推力矢量飞机：在这种飞机中原来由传统空气动力操纵面产生的与空气动力密切相关的力和力矩为发动机较强的内推力矢量所代替，在这种飞机上不再有传统的空气动力操纵面，如升降舵、副翼、方向舵等，但有时可有鸭翼。

(2)部分推力矢量飞机：指同时应用推力矢量和空气动力操纵面的飞机。

推力矢量按其与发动机结构关系分为内推力矢量和外推力矢量两种。内推力矢量是直接通过改变发动机尾喷口喷射角来改变矢量的方向的。内推力矢量可用缩写英文词 ITV 表示。外推力矢量与 ITV 不同，它的活动平板零件装在尾喷口外边，可用英文缩写词 ETV 表示。当利用 3 个外部活动平板，按不同的偏移组合，可获得等效的纵向和航向操纵面偏角(δ_z 与 δ_y)。外推力矢量 ETV 属于部分推力矢量范围，它不能完全代替常规操纵面。

“纯矢量”飞机矢量推力可控性远比部分推力矢量飞机好，具有安全、简单、经济和容易实现的特点。

图 16-2 所示是一个没有垂直尾翼的扁平状飞机，带有可转动的鸭翼。它的发动机尾喷口除能绕水平轴偏转一个纵向角 $|\delta_\nu| \leqslant 20°$ 外，还能绕垂直轴向左、右偏转一个角度 δ_y。左、右各有一台可上下、左右旋转的尾喷口，这样，利用这两台发动机便可实现同时产生偏航、滚转和俯仰的推力矢量。利用鸭翼产生冷推力矢量，还可产生必要的平衡力和力矩，以便实现相应机动。

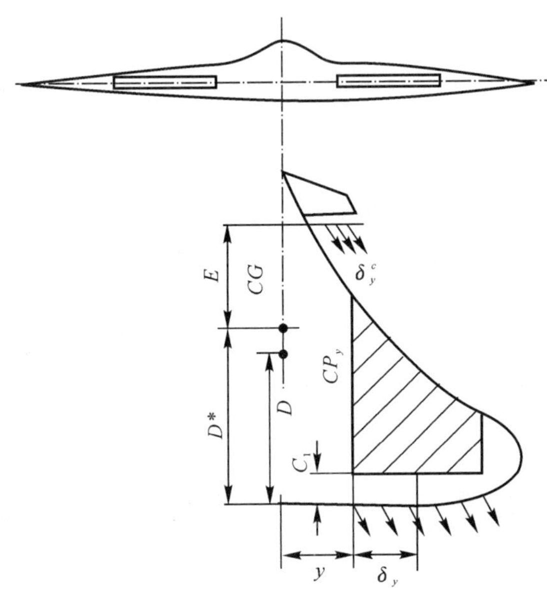

图 16-2　一种无垂直尾翼和两台推力矢量控制发动机的飞机示意图

设左、右两台发动机同时产生了一个向下偏角 $\delta_\nu(>0)$ 和另一个向右偏角 $\delta_y(>0)$(见图 16-3)，这时沿机体轴的推力值分别为

$$T_x = c_{\text{tg}} T_i \cos\delta_\nu \cos\delta_y \tag{16-1}$$

$$T_y = c_{\text{tg}} T_i \sin\delta_\nu \cos\delta_y \tag{16-2}$$

$$T_z = -c_{\text{tg}} T_i \cos\delta_\nu \sin\delta_y \tag{16-3}$$

式中

$$T_i = M_{\text{actual}} \left[RT_r \frac{2r}{r-1} \left(1 - \left\{ \frac{P_a}{P_r} \right\}^{r-1/r} \right) \right] \tag{16-4}$$

M_{actual}为实际气体流量，简写为 M_a；c_{tg}为推力效率系数，它随喷口压比（NPR）以及 M_a 而变化；同时也稍稍随着 δ_v,δ_y 的大小而变化。系数 c_{tg} 的测试结果早在 1983 年 Straight 和 Cullom 在 NASA－TP－217 上发表了。

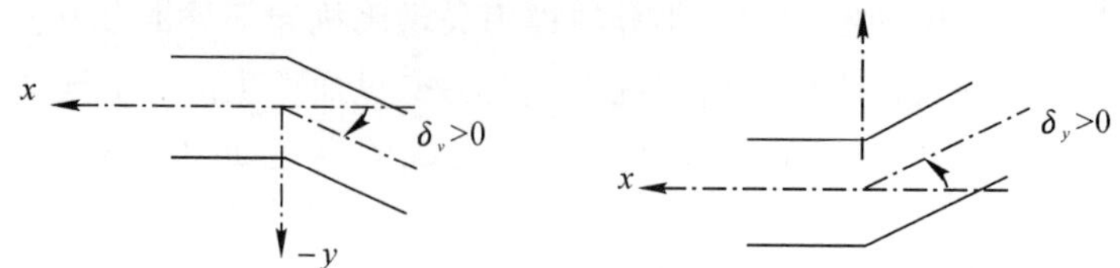

图 16－3　左右两台发动机同时向下和向右偏转的示意图

在两台发动机同样偏转时产生的推力力矩为

$$M_y=2T_zD^* \tag{16-5}$$

$$M_z=-2T_yD^* \tag{16-6}$$

$$M_x=0 \tag{16-7}$$

如果希望利用推力矢量产生滚转力矩，则在右发动机尾喷口向下偏转的同时，让左发动机尾喷口向上偏转。这时产生绕 x 轴的力矩为

$$M_x=-2T_zz \tag{16-8}$$

如果要求实现纯侧滑机动，可利用矢量鸭翼与两个发动机的侧向推力所产生的偏航力矩互相平衡，而它们的侧向力便是同向的，因而便可叠加起来，使飞机产生侧向平移加速度，在这个加速度的作用下，飞机逐渐产生侧向平移速度，随着侧向速度的增加，必然产生与侧向推力方向相反的阻力，该阻力的作用点不在重心 $C.G$ 上，而在压力中心 CP_y上。因而这时为了保持纯侧滑，必须有两个推力和一个阻力所产生的力矩来平衡。即可知，应有

$$2c_{tg}T_i\cos\delta_y\times D^*=2T^c\cos\delta_y^c\times E+D_{rg}(D^*-D) \tag{16-9}$$

但是，上述分析仅仅考虑了尾喷口偏转所可能产生的力和力矩，而没有提到其中十分重要的问题，就是在大迎角下发动机的进气问题。当迎角变到很大时，如果进气道不动，则由于进气不顺，很可能引起发动机熄火，从而使推力矢量控制失效。因此，必须采取适当办法来解决。在某书中提到有如下几种方案：

（1）采用可调节 PST 进气道；

（2）采用高旁路比涡扇发动机或带罩的桨扇发动机，或者侧臂进气方案；

（3）利用二冲程或四冲程活塞式发动机取代涡扇发动机以产生所谓冷推力。

16.4　推力矢量飞机的飞行控制系统设计方法

对于推力矢量飞机，飞行控制系统的控制对象典型特征为大迎角大侧滑角飞行，飞机动力学特性呈现强非线性特性。在设计飞行控制系统时，必须建立推力矢量飞机发动机多变量运动模型、气动力模型。

建立飞行状态与推力矢量状态之间的耦合运动模型是实现飞/推综合一体化协调控制的基础，也是实现过失速超机动飞行控制的必要条件。任何超机动飞行动作的实现离不开推力矢量的协调配合，为此必须建立推力矢量发动机正常工作状态与飞行状态耦合的多变量运动模型。这种模型包括姿态角和马赫数有关的进气道特性数学模型、轴对称矢量喷管数学模型、飞行器气流角对于发动机稳定裕度的影响模型等。

飞行运动状态和发动机推力矢量状态边界是飞行运动状态和发动机推力矢量状态处于失控的临界状态，超过这个边界将无法使飞行状态恢复到正常飞行状态。当飞机作机动飞行、处于边界飞行状态时，发动机推力矢量状态也将处于边界工作状态，那么实现这种危险边界内的鲁棒稳定控制，首先必须建立飞行运动状态边界与推力矢量状态边界之间的耦合运动模型。这种边界之间的耦合模型主要包括：①迎角边界、侧滑

角边界、过失速飞行速度边界与推力矢量边界之间的耦合模型。②过失速机动过载边界与滚转角边界、偏航角边界(包括侧滑角边界)、迎角边界、飞行速度边界和推力矢量系统之间的耦合模型。边界耦合模型的建立可为危险边界之间的鲁棒稳定的综合协调一体化控制问题研究奠定可靠基础。

大迎角、大侧滑角气动数据的吹风结果与实际飞行有较大误差,需要开展过失速状态风洞试验结果与实际气动参数的相关性规律研究,通过试验试飞校准气动数据。

在飞行控制信号方面,大迎角大侧滑角传感器测量误差也比常规飞机大,大机动飞行时多余度传感器信号的不一致也导致飞控系统报故,飞控系统难以直接采用迎角、侧滑角传感器信号进行有效的控制,因此开展迎角、侧滑角、惯导系统、大气机等多传感信息的数据融合也需要深入开展算法研究和工程化推进。

在设计推力矢量飞机飞行控制系统中,应考虑如下一些因素:

1)参数的不确定性、滞环效应、非线性补偿、鲁棒控制问题;

2)控制面偏度/速率饱和限制;

3)推力矢量接通和断开条件、故障情况、转换逻辑、转换瞬态、告警;

4)飞行品质/敏捷性综合、折中;

5)在动态飞行品质指标方面,重点考察时域响应,充分发挥仿真、模拟试验的作用;

6)与飞行员充分沟通和交流,使其直接参与控制律设计的各个阶段。

在推力矢量飞机的控制律设计方法方面,由于被控对象的强非线性特性,常规的基于线性小扰动理论设计飞控控制律难以解决大机动飞行的各项战、技术指标,一般采用非线性设计方法,尽管控制理论界发表了众多非线性控制律设计方法,但是对于推力矢量飞机,目前工程实用的方法主要为非线性动态逆设计方法,例如国外典型战机 F-35 采用的非线性动态逆设计方法。

在鹞式推力矢量飞行控制(VAAC)飞机中应用动态逆控制方法。中央操纵杆用来控制盘旋时的法向加速度,它同时也要控制俯仰速率。

鹞式飞机中采用的动态逆包括一个核心算法,算法使用了一系列不同飞行条件的配平映射。这些配平映射通过将某一飞行条件下的飞机非线性动力模型转化为动态逆的方法构造出来。这个控制方法固有的优点是同一个控制器能够控制不同的飞行状态时,就不再需要增益调参表。

研究表明,采用动态逆控制器的系统有良好的性能,然而,动态逆控制器是与数据紧密相连的,所以会产生计算负担。

NASA 在 Ames 的实验室为一种短距起降(STOVL)飞机开发了一种基于动态逆控制思想的非线性逆控制器。只考虑用经典方法控制速度矢量,研究表明,如果能获得相应的数据,用动态逆设计的控制器在低速飞行包线内能够提供满意的性能。控制系统能够有效地控制有建模误差的系统,且对于有 20%建模误差的气动参数具有鲁棒性。美国已将动态逆技术广泛应用于新型无垂尾的先进无人机控制律、X-31A 推力矢量飞机控制律及 F-35 飞机控制律设计。

在 F35A/B/C 三种构型中(见图 16-4),均采用了相同架构的动态拟控制律,控制律与控制面分配结构原理见图 16-5,控制律由前项指令成型、动态逆控制律及效应面混合算法组成,效应器混合最优分配的期望加速度指令,指令飞行员操纵期望加速度。

(a)

(b)

(c)

图 16-4 F-35A、短距/垂直起降 F-35B、以及航母舰载型 F-35C

(a)F-35A; (b)F35B; (c)F35C

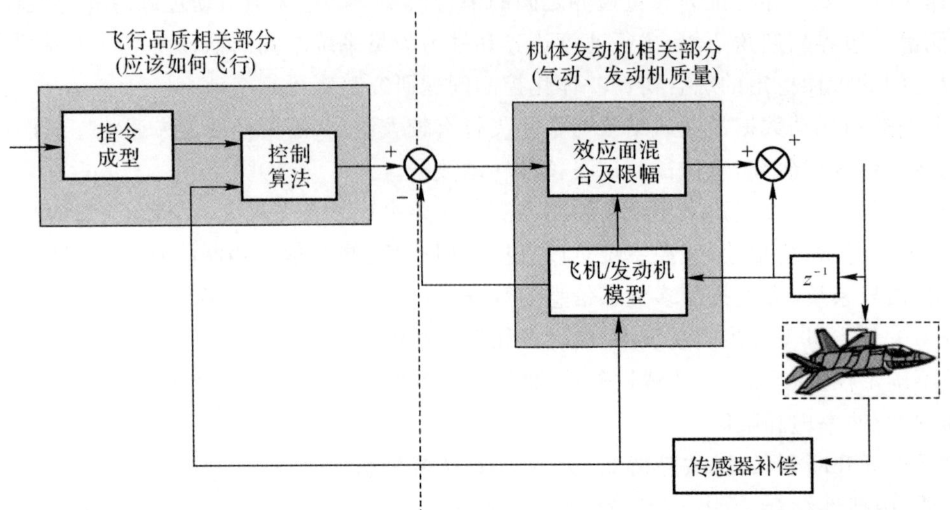

图 16-5　F35A/B/C 动态逆控制律与操纵面分配

在飞行品质评定方面，由于没有统一的设计标准，大迎角过失速机动评定准则也一直是飞行控制系统设计的难点，尤其是面向各种作战任务使用场景的飞行品质标准急需研究开发。

附录　符号对照表

本书所用符号定义与现行国家标准（GB/T 14410《飞行力学 概念、量和符号》）对照说明如下表所示。

附表　符号对照表

本书符号	GB/T 14410 标准符号	含义	备注
b_A	c_A	平均气动弦长	
λ	λ	展弦比	
m	m	飞机质量	
S	S_w	机翼面积	
$Ox_d-Ox_g y_g z_g$	$S_g-Ox_g y_g z_g$	铅垂地面坐标系	
$Ox_t-Ox_t y_t z_t$	S_b-Oxyz	机体坐标系	
$Ox_q-Ox_q y_q z_q$	$S_a-Ox_a y_a z_a$	气流坐标系	
$Ox_h-Ox_h y_h z_h$	$S_k-Ox_k y_k z_k$	航迹坐标系	
$Ox_s-Ox_s y_s z_s$	$S_s-Ox_s y_s z_s$	稳定性坐标系	
c_x	C_D	阻力系数	
c_y	C_L	升力系数	
c_z	C_Y	侧力系数	
m_x	C_l	滚转力矩系数	
m_y	C_n	偏航力矩系数	
m_z	C_m	俯仰力矩系数	
M_x	L	滚转力矩	
M_y	N	偏航力矩	两者极性相反
M_z	M	俯仰力矩	
Ma	Ma	马赫数	
α	α	迎角	
β	β	侧滑角	
ϑ	θ	俯仰角	
γ	ϕ	滚转角	
ψ	ψ	偏航角	两者极性相反
δ_x	δ_a	副翼偏度	
δ_y	δ_r	方向舵偏度	两者极性相反
δ_z	δ_e	升降舵偏度	

续表

本书符号	GB/T 14410 标准符号	含义	备注
δ_f	δ_f	襟翼偏度	
ω_x	p	滚转角速率	
ω_y	R	偏航角速率	两者极性相反
ω_z	q	俯仰角速率	
N_y	n_z	法向过载	
N_z	n_y	侧向过载	
γ_s	μ	绕速度矢量的倾斜角	GB/T 14410 为“航迹倾角”
θ	γ 或 θ_k	航迹角或爬升角	
ψ_s	χ 或 ψ_k	航迹方位角	二者极性相反
q	q	动压	
p_s	p_s	静压	
v	V	空速	
v_{xt}	u	空速在体轴纵向分量	
v_{yt}	v	空速在体轴侧向分量	两者极性相反
v_{zt}	w	空速在体轴垂向分量	
P	T	推力	
Q	D	阻力	
Y	L	升力	
Z	C 或 Y_a	侧力	
J_x	I_x	绕纵轴的惯性矩	
J_y	I_z	绕竖轴的惯性矩	
J_z	I_y	绕横轴的惯性矩	
J_{zx}	I_{yx}	惯性积	
J_{yz}	I_{zy}	惯性积	
m_z^{α}	$C_{m\alpha}$	纵向静稳定性导数	
m_x^{β}	$C_{l\beta}$	横滚静稳定性导数	
m_y^{β}	$C_{n\beta}$	航向静稳定性导数	
$m_z^{\delta_z}$	$C_{m\delta_e}$	俯仰操纵导数	
$m_x^{\omega_x}$	$C_{l\bar{p}}$	滚转阻尼导数	
$m_x^{\omega_y}$	$C_{l\bar{r}}$	横航向交叉动导数	
$m_y^{\omega_x}$	$C_{n\bar{p}}$	横航向交叉动导数	

续表

本书符号	GB/T 14410 标准符号	含义	备注
$m_x^{\delta_x}$	$C_{l\delta_a}$	滚转操纵导数	
$m_x^{\delta_y}$	$C_{l\delta_r}$	方向舵操纵交叉导数	
$m_y^{\delta_x}$	$C_{n\delta_a}$	副翼操纵交叉导数	
$m_y^{\delta_y}$	$C_{n\delta_r}$	航向操纵导数	
$m_y^{\omega_y}$	$C_{n\bar{r}}$	航向阻尼导数	
x^{α}	X_{α}	纵向力对迎角的偏导数	
x^{v}	X_u	纵向力对前向速度的偏导数	
x^{δ_z}	X_{δ_e}	纵向力对俯仰操纵器偏度的偏导数	
x^{δ_T}	X_{δ_X}	纵向力对纵向力操纵器偏度的偏导数	
y^{α}	Z_{α}	法向力对迎角的偏导数	
y^{v}	Z_u	法向力对前向速度的偏导数	
y^{δ_z}	Z_{δ_e}	法向力对俯仰操纵器偏度的偏导数	
y^{δ_T}	Z_{δ_X}	法向力对纵向力操纵器偏度的偏导数	
z^{β}	Y_{β}	侧向力对侧滑角的偏导数	
z^{ω_x}	Y_p	侧向力对滚转角速率的偏导数	
z^{ω_y}	Y_r	侧向力对偏航角速率的偏导数	
z^{δ_y}	Y_{δ_r}	侧向力对偏航操纵器的偏导数	
μ_x^{β}	L_{β}	滚转力矩对侧滑角的偏导数	
$\mu_x^{\omega_x}$	L_p	滚转力矩对滚转角速率的偏导数	
$\mu_x^{\omega_y}$	L_r	滚转力矩对偏航角速率的偏导数	
$\mu_x^{\delta_x}$	L_{δ_a}	滚转力矩对滚转操纵器偏度的偏导数	
$\mu_x^{\delta_y}$	L_{δ_r}	滚转力矩对偏航操纵器偏度的偏导数	
μ_y^{β}	N_{β}	偏航力矩对侧滑角的偏导数	
$\mu_y^{\omega_x}$	N_p	偏航力矩对滚转角速率的偏导数	
$\mu_y^{\omega_y}$	N_r	偏航力矩对偏航角速率的偏导数	
$\mu_y^{\delta_x}$	N_{δ_a}	偏航力矩对滚转操纵器偏度的偏导数	
$\mu_y^{\delta_y}$	N_{δ_r}	偏航力矩对偏航操纵器偏度的偏导数	
μ_z^{α}	M_{α}	俯仰力矩对迎角的偏导数	
$\mu_z^{\dot{\alpha}}$	$M_{\dot{\alpha}}$	俯仰力矩对迎角变化率的偏导数	
μ_z^{v}	M_u	俯仰力矩对速度的偏导数	
$\mu_z^{\omega_z}$	M_q	俯仰力矩对俯仰角速度的偏导数	
$\mu_z^{\delta_z}$	M_{δ_e}	俯仰力矩对俯仰操纵器偏度的偏导数	
$\mu_z^{\delta_T}$	M_{δ_X}	俯仰力矩对纵向力操纵器偏度的偏导数	

注 1:GB/T 14410—2008《飞行力学 概念、量和符号》

注 2:当本书气动力符号有下标 s 时,表示为稳定轴系的导数如 $\mu_{xs}^{\omega_y}$。

参 考 文 献

[1] 刘同仁，肖业伦. 空气动力学与飞行力学[M]. 北京:北京航空学院出版社，1986.

[2] 鲍德涅尔，科兹洛夫. 飞行器的稳定与自动驾驶仪[M]. 王行仁，王宗学，译. 北京:国防工业出版社，1965.

[3] 肖顺达. 飞行自动控制系统[M]. 北京:国防工业出版社，1980.

[4] 别洛格拉斯基. 飞机着陆控制自动化[M]. 江云祥，译. 北京:国防工业出版社，1980.

[5] 王占林，李培滋. 飞机液压传动与伺服控制[M]. 北京:国防工业出版社，1980.

[6] 鲁道夫. 布罗克豪斯. 飞行控制[M]. 金长江，译. 北京:国防工业出版社，1999.

[7] 于波，陈云相，郭秀中. 惯性技术[M]. 北京:北京航空航天大学出版社，1994.

[8] 阿瑟，格林雪特. 飞行控制系统的分析与设计[M]. 长工，译. 北京:国防工业出版社，1978.

[9] 王诗宓. 多变量控制系统的分析[M]. 北京:中国电力出版社，1996.

[10] 莱顿. 多变量控制理论[M]. 黎鸣，译. 北京:科学出版社，1996.

[11] 索洛多夫尼柯夫. 自动调整原理[M]. 王众託，译. 北京:水利电力出版社，1960.

[12] 张明廉. 飞行控制系统[M]. 北京:航空工业出版社，1994.

[13] 徐鑫福，冯亚昌. 飞机飞行操纵系统[M]. 北京:北京航空航天大学出版社，1989.

[14] 库佐夫柯夫. 频率法自动调节原理[M]. 张明华，译. 北京:国防工业出版社，1966.

[15] 王新民，吕应祥. 自动化技术进展[M]. 北京:科学出版社，1963.

[16] 刘植桢，郭木河，何克忠. 计算机控制[M]. 北京:清华大学出版社，1981.

[17] 李志信，张新国. 数字式纵向电传操纵系统控制律设计[M]. 北京: 航空工业出版社，1987.

[18] 李志信. 对大上反效应飞机急滚耦合特性的计算与分析[J]. 飞行力学，1985(3): 45-54.

[19] 李志信. 助力器非线性引起的飞机纵向电传操纵系统极限环振荡特性的分析[J]. 飞行力学，1986(4): 54-65.

[20] 李志信. 某飞机纵向 DFBW 自持振荡的抑制措施[J]. 飞行力学，1989(4): 55-63.

[21] 李志信. 某 ACT 验证机纵向 DFBW 控制律设计[J]. 航空学报，1993，14(4): 175-180.

[22] 张翔伦，李志信. 零极点偶配置在横侧向自动驾驶仪设计中的应用[J]. 飞行力学，1996(2): 92-96.

[23] 李志信. F-8ACT 验证机平尾助力系统抖振分析[J]. 飞控与惯导技术，1990(3): 75-88.

[24] 李志信. 特征式的代数余子式在单一系统分析中的应用[J]. 飞控与惯导技术，1997(4): 18-23.

[25] 张翔伦，李志信. 电传飞行操纵系统纵向自动驾驶仪控制律设计[J]. 飞行力学，1996(4): 39-44.

[26] 马宝. 综合飞/火控制律设计和仿真试验技术研究[C]. 北京:中国航空学会控制与应用第十届学术年会论文集，2002，230-234.

[27] 史兆明. 综合火力飞行控制空对空射击模态研究[J]. 北京:火力指挥与控制，1987(1):38-49.

[28] 高金源，焦宗夏，张平. 飞机电传操纵系统与主动控制技术[M]. 北京:北京航空航天大学出版社，2005.

[29] 吴森堂. 飞行控制系统[M]. 北京:北京航空航天大学出版社，2005.

[30] 吴文海. 飞行综合控制系统[M]. 北京:航空工业出版社，2007.

[31] 蔡满意. 飞行控制系统[M]. 北京:国防工业出版社，2007.

[32] 陈迎春，宋文滨，刘洪. 民用飞机总体设计[M]. 上海:上海交通大学出版社，2010.